中国经济植物志

上册

中华人民共和国商业部土产废品局
中国科学院植物研究所 主编

科学出版社
北京

内 容 简 介

本书系我国第一部经济植物志，选入以野生植物为主的、利用价值较大的纤维类、淀粉及糖类、油脂类、鞣料类、芳香油类、树脂及树胶类、橡胶及硬橡胶类、药用类、土农药类与其他类的植物共 2411 种（按一物一用计）。全书按原料类别分为十章，每章分总论和各论两部分。总论内容概括地论述本类原料的用途、经济价值、理化性质、采收和加工方法等；各论记载了每种植物的中名、地方名、学名、原料名、形态特征、生长环境、产地、用途、理化性质、采收处理及加工方法的特点等等。除少数情况外，每种植物并附有插图，以资识别。

本书为我国劳动人民长期以来、特别是大跃进以来利用野生植物资源的一个科学总结，内容丰富，体裁新颖，图说明确，可供人民公社技术干部，各地土产收购工作人员，轻工业、林业、农业、医药、化工、纺织等部门工作人员采收利用野生植物原料的参考，亦可供大专学校及研究机构人员研究或学习植物资源学的参考。

图书在版编目(CIP)数据

中国经济植物志：上、下册/中华人民共和国商业部土产废品局，中国科学院植物研究所主编. —北京：科学出版社，2012

ISBN 978-7-03-033386-5

I. 中… II. ①中… ②中… III.①经济植物–植物志–中国 IV. ①Q949.9

中国版本图书馆 CIP 数据核字(2012)第 009288 号

责任编辑：李 锋 霍春雁

责任印制：钱玉芬/封面设计：北京美光制版有限公司

排版编辑制作：李敏 张璋（中国植物图像库 www.plantphoto.cn）

科学出版社 出版

北京东黄城根北街 16 号

邮政编码：100717

http://www.sciencep.com

中国科学院印刷厂 印刷

科学出版社发行 各地新华书店经销

*

2012 年 3 月第 一 版 开本：787×1092 1/16

2012 年 3 月第一次印刷 印张：78 3/4

字数：1 864 000

定价：450.00 元(上、下册)

(如有印装质量问题，我社负责调换)

协作单位(以笔画为序)

广西壮族自治区、广东省、山西省、山东省、内蒙古自治区、云南省、四川省、辽宁省、甘肃省、江西省、江苏省、安徽省、吉林省、河北省、河南省、青海省、陕西省、浙江省、贵州省、黑龙江省、湖北省、湖南省及福建省商业厅

上海化工原料采购供应站

中华人民共和国化学工业部橡胶司、技术司及橡胶设计院

中华人民共和国纺织工业部纺织科学研究院试验室

中华人民共和国商业部土产废品局

中华人民共和国轻工业部科学研究设计院食品所、造纸所、发酵所、皮革所及上海食品工业设计院

中国林业科学研究院林业研究所及林产化学工业研究所

中国医学科学院药物研究所

中国科学院植物研究所、内蒙古分院内蒙古植物研究所、四川分院农业生物研究所、兰州分院甘肃省野生植物利用研究所、林业土壤研究所、西北生物土壤研究所、江西分院庐山植物园、武汉植物园、昆虫研究所、昆明植物研究所、陕西分院生物研究所、南京植物研究所(中山植物园)、华南植物研究所及广西植物研究所

内蒙古大学

内蒙古师范学院

北京市海淀区甘家口小学

甘肃师范大学

青海省农林厅

湖南省轻工业厅农副产品及野生植物综合利用研究所

湖南师范学院

关于重印《中国经济植物志》的说明

1958 年 4 月国务院发布“关于利用和收集我国野生植物原料的指示”，1959 年 2 月，国务院批准中国科学院和商业部联合提出的“开展野生植物资源普查和编写经济植物志”的报告，并转发各省、区和有关单位参照执行。于是全国植物学研究机构和有关大专院校以及有关产业部门一起于 1958 和 1959 年在全国掀起了“入山探宝取宝”的群众运动，开展了对我国丰富植物资源的全面深入的大普查。估计在这两年内“动员了约三万人，进行了上万次调查，采集了二十多万号植物标本，完成了万余次化验”。这两年收集到的丰富资料为全国性经济植物志的编写奠定了良好基础。

1960 年 1 月，根据国务院的指示，中国科学院植物研究所和商业部土产废品局共同成立“中国经济植物志编写联合办公室”，由植物研究所姜纪五和林镕二副所长，植物所分类室主任秦仁昌，商业部土产废品局正、副局长史立德和吴建华五人组成领导小组，编写地址选在北京甘家口的商业部招待所，于当年 1 月初编写工作开始，至 3 月中旬结束。参加工作人员共计 110 人，其中在植物分类学方面有以下 11 个单位的 20 位研究人员参加：贾良智（华南植物所），李树刚、刘兰芳（广西植物所），李锡文、陈介（昆明植物所），丁志遵、王铁僧（江苏植物所），聂敏祥（庐山植物园），王作宾（西北植物所）、关克俭、王文采、黄秀兰、石铸、戴天伦、曹子余（植物研究所），宋万志（中国医科院药物研究所），王薇、李冀云（沈阳林业土壤研究所），马毓泉（内蒙古大学生物系），杨锡麟（内蒙古师范学院生物系）。整个编写工作由植物研究所的所务秘书王宗训和植物资源室副主任朱太平全面计划、安排，遇到问题时，他们随时向姜纪五汇报解决。

全部编写工作费时两个多月，在 1960 年 3 月中旬完成《中国经济植物志》全稿。这部书分上、下两册出版：上册包括序言，凡例，第一章纤维类（468 种），第二章淀粉及糖类（278 种），第三章油脂类（430 种），第四章鞣料类（301 种）；下册包括第五章芳香油类（320 种），第六章树脂及树胶类（30 种），第七章橡胶及硬橡胶类（35 种），第八章药用类（466 种），第九章土农药类（50 种），第十章其他类（43 种），全书共收载经济植物 2411 种。每一章分为总论和各论两部分。总论扼要叙述各类原料的经济价值、重要用途、利用简史、理化性质、原料植物所隶属的科、属、有用物质的存在部位、采收处理、加工方法等。各论部分列出有关经济植物，每一种植物均包含以下诸项内容：中名、地方名、拉丁学名、原料名、形态描述、生长环境、产地、用途、理化性质、采收处理、加工方法等。大多数植物均附有墨线图，全书共有插图 1566 幅。科学出版社对此书极为重视，对此书的出版给予了大力支持。1960 年 3 月交稿，在 1961 年 9 月，我国植物资源方面的第一部全面性著作《中国经济植物志》就由科学出版社出版问世了。

在本书交稿前，商业部领导提出本书中有关加工方法、化验数据等内容不宜公开发表，据此，中科院植物所和商业部土产废品局一同决定本书内部发行。但是，由于内部发行，投入大量人力、物力编写出的《中国经济植物志》因而不能放在书店公开发售，也就不能为国人利用，甚至不为国人知晓。就是在1961年了解此书出版的植物学工作者为了保密，近五十年来，从未在任何植物资源学和植物分类学的著作中提起或引用这部重要的植物资源学文献，因此，现在我国稍年轻的植物学工作者大多都不了解我国曾出版过这样一部经济植物志。考虑到现在这部经济植物志已无须保密，为了使这部志书的有关经济植物的丰富内容能为城乡农业、轻工业等方面所利用，使其在国家经济建设上发挥作用，同时也考虑到不使我国植物学史中的第一部经济植物志遭遇淹没的境地，我们征得科学出版社的同意，将这部志书重印，公开发行。在这次重印中只对书中一些植物拉丁学名的异名和错误鉴定以及个别形态术语进行了修改，对其他内容均未做任何变动，以便全国读者能了解本书1961年出版时的全部内容。

中国科学院植物研究所

2012年2月

序　言

我国土地辽阔，自然条件复杂，蕴藏的植物资源极为丰富。劳动人民长期以来累积了许多利用野生植物的经验，特别是在新中国成立后的十年中，在党和政府的领导下，我国人民广泛利用野生植物资源获得了显著的成就，发现了许多具有经济价值的食品、药材和轻工业方面亟需的原料，在提高人民生活、增加出口货源等方面，都起了很大的作用。因此，开展全面调查，进行系统研究，做出利用规划，使我国丰富的植物资源得到充分利用和积极发展，将是今后社会主义建设中的一项重要任务。

自从 1958 年 4 月国务院发出“关于利用和收集我国野生植物原料的指示”以后，全国人民在党的社会主义建设总路线的光辉照耀下，掀起了“入山探宝取宝”的高潮，形成了空前规模的野生有用植物普查的群众运动。中国科学院和中华人民共和国商业部为了进一步贯彻国务院指示，于 1959 年 2 月向国务院提出关于“开展野生植物普查和编写经济植物志的报告”，经国务院批准后转发各省（区）和有关单位参照执行。许多地区在当地党政的领导和支持下，成立了植物资源普查机构，组织了产业部门、大专学校和研究机构的专业人员，与当地群众在一起，开展了更全面、更深入的普查工作。估计在一年内动员了约三万人，进行了上万次调查，采集了二十多万号植物标本，完成了万余次化验。通过这一系列工作，初步摸清了我国野生植物资源的情况，为今后全面开发和综合利用植物资源奠定了良好基础；同时，各地区收集和整理的丰富资料，也为全国性经济植物志的编写提供了有利的条件。

1960 年 1 月，根据国务院指示，中国科学院和中华人民共和国商业部又设立了中国经济植物志编辑联合办公室，组织有关各方面的力量，开展大协作，共同进行编写工作。参加工作人员前后共计有 110 人，分属于产业部门、大专学校和科学机构等 57 个单位；此外，还有不少人员在原单位绘制插图、整理资料，给编写工作很大的支援。工作过程大致可分下列几个阶段，即：整理资料和制定计划；按照原料类别分组编写和互相审查；按照植物科属审查和按照原料类别复查；编制目录、附录、索引、主要原料产量统计和其他收尾工作；最后进行全面审查和定稿。在编写和审查过程中，参加工作人员不断展开讨论，互相学习，人人信心百倍，斗志昂扬，充分发挥了共产主义大协作的精神，同时也出现了一个科学工作大跃进的局面，在不到三个月的紧张劳动后，终于完成了这一繁重而光荣的任务。

中国经济植物志的主要内容，除概括叙述各类植物原料在国民经济上的意义、工艺性能及其加工利用过程等情况外，还经过筛选、复讨论，收载了价值较高或有发展前途的原料植物计有纤维类 468 种，淀粉及糖类 278 种，油脂类 430 种，鞣料类 301 种，芳香油类 320 种，树脂及树胶类 30 种，橡胶及硬橡胶类 25 种，药用类 466 种，土农药类 50 种，其他类 43 种，按一物一用计，共有 2411 种。在编写中，除利用有关研究单位的科学成果外，又广泛引用了二十多个省（区）的普查资料和许多地区的经济植物志或手册，参考了数百种有关的中外书籍和专著。因此，本书的内容不但反映了广大群众在1959年规模巨大的普查工作中所取得的辉煌成果，并且也总结了我国劳动人民长期利用野生植物的丰富经验。可以预料，本书的出版，对今后野生植物资源的扩大利用将起着促进和指导的作用。

数年来，在党的正确领导和大力支持下，我国植物资源的开发利用事业已进入一个新阶段，今后将会得到更大规模的发展。因此，本着科学为生产服务的原则，编辑一部具有科学内容适合于产业、教学、研究部门专业人员和人民公社技术干部广泛应用的全国经济植物志，以应当前工作上的迫切需要，是十分适时的。中国经济植物志广泛收集了广大群众和科学工作者有关野生经济植物普查利用的成果，并加以系统的整理，对促进我国丰富的植物资源的进一步开发利用，无疑地具有一定的重要参考价值。但由于过去的普查工作还缺乏足够的经验，如收集的资料往往零碎不全，化验的方法、规格和数据还不够统一，以致在汇总和筛选时存在不少的困难；又如少数种类因缺乏对照标本而不能肯定品名，以致所得的资料也还无法充分应用。这样就使得中国经济植物志的编写存在着某些缺点。希望今后从广大群众利用植物资源的新创造中和一些地区植物资源的进一步调查中，随时能取得新资料，也希望广大读者对本书提出宝贵的意见，使本书得到不断的补充和修正，更好地为我国的社会主义建设的崇高事业服务。

中国经济植物志编辑联合办公室
1960年5月

凡　例

一、本书系按植物原料类别顺序编排，分为：纤维类、淀粉及糖类、油脂类、鞣料类、芳香油类、树脂及树胶类、橡胶及硬橡胶类、药用类、土农药类和其他类等十大类。每大类各立一章，分总论与各论两部分。除总目录外，各类亦设有目录。

二、总论部分扼要地叙述各类原料的经济价值、重要用途、利用历史简介、理化性质、原料植物所属主要科和属、有用物质的存在部位、采收处理、加工方法等，以便读者对各类植物原料在国民经济中的意义、工艺性能、利用方法等方面有个概括的了解。

三、各论部分按各原料类别一物一用合计，共记载有经济价值的维管束植物2411种(在每种后“其他”项下记载的附属种类尚未计算在内)。其中纤维类468种；淀粉及糖类278种；油脂类430种；鞣料类301种；芳香油类320种；树脂及树胶类30种，橡胶及硬橡胶类25种；药用类466种；土农药类50种；其他类43种。

我国植物种类繁多，有利用价值的种类实际远不止此数。本书所选入的种类，仅以现阶段利用价值较高的野生植物为主；对少数价值高的特种经济作物和一般栽培作物而有新用途者也适当选入，但对一些用途久已熟知的栽培植物如麦、棉等以及许多还在研究中的有经济价值的种类，则暂未列入。

四、每大类中的植物种类，按分类学的科序排列。蕨类植物照秦仁昌系统排列，种子植物按恩格勒系统排列(但单子叶植物纲列在双子叶植物纲之后)。属、种则按拉丁学名字母顺序排列。

五、每种植物按下列项目记述：中名、地方名、学名、原料名（芳香油类用“商品名”，药用类用“药材名”）、形态特征、生长环境、产地、用途、理化性质、采收处理、加工及其他等项，并在形态特征后，尽可能注明其花期、果期，以供原料采收工作的参考。除少数种类外，均附有插图一幅，以便识别。

六、书中采用的中名，以参照前中国科学院编译局编订的“种子植物名称”和中国科学院编译出版委员会名词室编的“拉汉种子植物名称（补编）”为主。该两书未包括的种类，则采用地方植物志、植物手册中的中名；其尚无中名的种类，则另拟新名，并在中名后加括号注明“拟”字。为了读者方便，中名后均附有汉语拼音。

已知的地方名尽量列入，并在括号内注明出处，以备查考。

学名采用国际通用的拉丁文植物名称。正名用正体字排印，其常见的主要异名或误用名，列入正名后括号内，并用斜体字表示。

七、形态特征描述所采用的术语，系根据中国科学院编译出版委员会名词室编订的“英中植物学名词汇编”（1958）。

八、许多植物种类的繁殖方法要点，在“其他”项下注明。对近似种的区分，特别是药用类的某些种类，包括其同物异名、同名异物、用途、产地和形态特征等，也扼要说明，以便读者易于鉴别。

九、遇一种植物有许多种用途时，其记载同时分别列入有关原料类别内，但为了避免不必要的重复和节省篇幅起见，其中相同部分，如地方名、形态特征、生长环境、产地及其他用途等，仅在主要用途种类的记载中出现，插图也附在主要用途种类下，在次要用途种类中不再重复记载其相同部分，而仅注明参考某类某页。

在主要用途种类的“用途”项下，它的主要用途和一些未列入其他原料类下的次要用途，均详细叙述，但对已列入其他原料类下的用途，只仅附带地提及，它的详细用途，也采用“参阅”某类某页的方式处理。

十、各种原料的一般采收处理、加工方法，均见于有关原料类别的总论中，不重复叙述，而仅注明其方法名称，但遇有特殊方法、特殊经验时，则仍分别在各种内说明。

十一、本书内所列理化性质的数据，大都引自各单位的初步化验结果，由于材料的采收季节、生长环境和化验方法等不同，往往差异颇大，仅供参考。尚待今后进一步的精细工作，以便再版时陆续加以修正补充。

十二、在书末附有按植物分类系统排列的“经济植物用途及产地一览表”、“中名索引”和“拉丁名索引”。“中名索引”根据国务院公布的“汉字简化方案”所规定的简化字按笔画顺序排列（但只偏旁简化的汉字仍采用繁体），并附检字表；拉丁名依字母顺序排列。

十三、本书由于篇幅较多，分为上、下两册装订，上册包括：序言、凡例、第一章纤维类、第二章淀粉及糖类、第三章油脂类、第四章鞣料类；下册包括：第五章芳香油类、第六章树脂及树胶类、第七章橡胶及硬橡胶类、第八章药用类、第九章土农药类、第十章其他类以及附录、索引等。下册的页码承接上册连续编号，不另起。

总 目 录

第一章

纤 维 类

目　录

一、总　　论

纤维植物的应用范围很广，除日常生活必需的纺织用品需要纤维作为原料外，一切绳索、包装用品、编织用品、纸张、塑料以及炸药等也都需要纤维原料。

一般地说，编织用的纤维，加工工艺比较简单，取材容易，许多草本和木本植物的茎杆、枝条以及某些单子叶植物的叶子，都能编织各种草帽、凉席、草鞋、筐、篮和家具、容器等。绳索用纤维则须经过初步脱胶过程，纤维也要求有一定的长度和强力。纺织用的纤维质量则须较高，除要求具有一定的长度和细度外，而且要光泽好、富有弹性和有较大的强力。目前用于纺织的，在栽培作物中主要有棉、亚麻、苧麻等几种。野生植物中的罗布麻、南蛇藤以及荨麻科一些植物纤维也用于单纺或与棉、毛混纺，织成很好的衣料，至于纺织包装用布、粗帆布、麻袋用的纤维和供填充用的纤维，就有更多种野生植物可以利用。造纸和制人造丝工艺过程较为复杂，须先经过化学方法或机械方法制成纸浆。纸浆以往多用棉麻和木材制造，现在除了制高级纸和其他特种用纸外，已广泛利用农副产品和各种野生植物纤维。纸浆的用途很广，不仅可以制造各种文化用纸、电气工业用纸、农业用纸、建筑用纸板等，并可以制造人造丝、火药棉、无烟火药、塑料、喷漆、乳浊剂、粘合剂等。

纸浆经苛性钠、二硫化碳处理胶化，生成磺酸纤维素酯，可以抽成人造丝。纸浆经醋酸酯化，变成醋酸纤维，溶解于丙酮中，经过抽丝即得醋酸人造丝。人造长纤维可以纺织成人造丝绸、汗衫、袜子等各种纺织品。人造短纤维可单纺，也可混纺。细而短的称人造棉，粗而短的称人造毛，如与羊毛混纺则为人造毛，与棉混纺则为人造棉，都可以制成各种价廉物美的纺织品。纸浆经过高度硝化（含氮量为 12.5~13.3%），则可制成具有强烈爆炸性的火药棉，并可制造无烟火药。纸浆醚化后的甲基纤维素、乙基纤维素、苯基纤维素等纤维醚，可为塑料、喷漆、乳浊剂、粘合剂等的原料，将纸浆浸渍于树脂中，加热加压即成层压体。这些新型塑料的纸基层压板，广泛应用于工业上。由此可见，植物纤维经过各种不同的加工，不仅为人民日常生活所必需，而且可以广泛地应用于化学工业、国防工业、电气工业、建筑工业，对于社会主义建设事业具有极为密切的关系。

植物纤维是植物体的一种特别细胞组织，它的细胞壁很厚，中空，胞腔狭窄，长度较大，两端封闭而渐尖，全体成长纺锤状。纯净的纤维是无臭无味，多为细长的白色物质，从外观上看，单纤维直径一般自几微米至几十微米，而它的长度比直径要大 l~1000 倍，甚至更长。它的主要成分是纤维素$(C_6H_{10}O_5)_n$，其余是蜡质、脂肪、果胶质、木质素、水分和其他杂质等。纤维素是构成植物细胞膜和细胞壁主要成分的高级多糖化合物，并赋予植物组织以机械的韧性和弹性，组成了植物的骨架。正因为如此，植物才能坚固地生长在大地上，使叶子能够与空气和阳光进行接触，而成长发育，开花结果。蜡质生于纤维表皮的外层，具有保护纤维、增强弹性的功能。脂类含在纤维分子中，为硬脂酸、软脂酸等脂肪酸化合物。果胶质分布在植物纤维内各部，外层含量最多，渐近内部则含量渐少。木质素主要存在于植物体的木质部分，它是构成植物茎杆的坚强部分。从利用价值上来说，凡含木质素成分较多的，其纤维的韧性、弹性、伸长度都较差，反之则较好。

植物纤维存在于植物体的各部分，如根、茎、叶、果实与种子都含有纤维，其中以茎部的纤维最为重要。今将纤维在各器官中的情况分述如下：

1. 茎 可分草质茎与木质茎两大类：在草本植物的茎杆中含有若干维管束。维管束分二部分，外面是韧皮部，里面是木质部；在韧皮部中有许多韧皮纤维，常成束状存在，大麻、亚麻与苎麻等的韧皮纤维束特别发达，可供纺织用。在木本植物的树干中，外面有树皮，里面是木质部；韧皮纤维存在于树皮的内层，如构树皮、山棉皮、椴树皮等，即用树皮提取纤维；树干木质部中含有大量木纤维，如杨树、柳树、榆树等的木材可供造纸原料。

2. 叶 在叶子里的纤维存在于叶脉中，通常不发达；只有少数单子叶植物种类，如剑麻、马兰等的叶可供纤维用。

3. 果实 有些植物的果实外面有长绵毛，如大火草（野棉花）。还有一些植物的果皮内富含纤维，如椰子。

4. 种子 生在种子外面的长毛是细长的单纤维，例如棉花、木棉、杨树与柳树的种子上都有这种纤维。

5. 根 根部的纤维与茎部相近似，韧皮纤维存在于韧皮部中，木纤维存在木质部中。例如马兰与甘草根部的纤维。

纺织用的野生植物纤维以用韧皮纤维为多，其中以荨麻科、锦葵科、椴树科、梧桐科、桑科植物一些种的纤维较好，夹竹桃科的罗布麻、卫矛科的南蛇藤的纤维尤为优良。制造高级文化用纸的纤维中，以瑞香科与桑科植物的树皮为最好。

由于植物纤维存在的部位不同和用途不同，因此采收处理时，也必须根据不同季节，采取各种不同的方法。草本和木本植物的采收期各有不同。草本植物中，凡属一年生草类，可在其开花结果时期进行采收，否则不是剥皮困难，便是纤维质量不好，强力、韧性减低。对于多年生草类多在开花抽穗前，在其离根蔸 4~6 厘米处割下（根据不同品种生长情况，每年采割一次或二次），把割下来的茎杆摊开晒干（雨天晾干，应防止沤坏变质）。至于采收木本植物及竹类、藤本植物等，则须注意以下各点。

1. 小灌木或其他树干不大的植物，如山棉皮、黄荆条等，采伐时要在植物茎杆基部离地面 5~10 厘米处，用利刀砍断，保留近根部分使其继续发芽生长。

2. 对枝杆粗大的植物，必须采伐枝桠，如构树、梧桐、木芙蓉等，都可采取削枝方法，用弯月形利刀，嵌在竹秆或木杆上，削下枝条，每棵树木每次砍下的枝条数量不宜超过树枝总数量的三分之一或三分之二，以免妨碍植物的生长；对生长迅速、发育能力强的植物，也可把整树的枝干砍下，如水冬瓜树（赤杨）萌发力很强，枝干全部砍下后，一年内又可重行长出一米左右高的嫩枝条。

3. 树皮是植物运输养分的必经之路，没有树皮植物便不能继续生长，因此剥取树的干皮，绝对不能过多。以往不少地区，对不宜采伐和刈枝的高大乔木，大都采取三角留皮法，就是剥去干皮总面积的四分之一。但用三角留皮法剥皮，费力多，收获少，很不合算。因此必须与林业部门密切配合，在采伐用材林的同时，进行全面剥皮。辽宁省已经这样做，效果很好。

4. 藤本植物纤维，一般常年可采，但以夏秋季采收为好。因这时含水分较多，便于剥皮，纤维质量也较佳。若是作为编制用，最好选取全藤大小均匀而光滑的藤条，削去侧生枝叶，捆扎成束备用。

5. 竹类的品种很多，用途极广，特别是毛竹（南竹），已成为国家生产建设的重要用材。南方各省每届农历小满前后，砍伐当年嫩竹作造纸原料，很是可惜。如有必要，只在交通不便的深山可进行砍伐，更应注意不挖食春笋。对材用竹类宜砍伐三年以上的植株，从蔸部 6~10 厘米处砍下。其他小杂竹（篱竹、箸竹、京竹、水竹等），则按用途砍伐一至二年生的，一般应以砍伐量占竹林全面积三分之一为原则。

6. 由于各种植物纤维用途不同，各地区应按资源分布情况，指导群众掌握各种纤维用途的知识，可用折、搓、拉、捶等方法，来区别纤维素多少，纤维长度、细度和强力、柔软性、弹性及伸长度等。根据上述性能来决定每一种纤维的用途。如拉力强、长度适宜，细而柔软，具有弹力、光泽较好的纤维，可用于纺织。如果纤维细长、拉力强、欠柔软、光泽较差的，就可用于代麻。质地脆弱又短的纤维，则可用于造纸。剥皮困难的藤条，则可用于编制日用品。总之，要预先安排好用途，采集时分类分扎，这对分别加工和综合利用，有着重要关系。

7. 剥制枝条皮有三种方法，（1）剥鲜皮：先用木捶敲打后剥皮或用剥皮机剥皮；（2）湿剥：将枝条浸入水内，等浸透后再剥；（3）干剥：将枝条晒干后，用石滚碾碎，使韧皮很自然地脱下来。以上方法，要根据植物的性质和劳动力的安排来选择使用，如农忙时不能剥鲜皮，可暂时摊开保存，闲时再湿剥或干剥。但用作编制品的藤条，则忌用捶打碾压方法。

8. 采集后的枝条，或经过剥皮后的原料，应即存放在通风干燥处，并按各种不同品种和用途及时加工，避免堆置露天，任其雨淋日晒。

甲. 纺织纤维

我国野生纤维植物原料种类极为丰富，仅据 1959 年全国普查结果，已找到有利用价值的野生纤维植物 460 余种，经过研究分析，证实这些野生植物不仅有很多种可以作为编织、填充以及造纸原料，而且有很多种还可以作为代棉麻纺织的优良原料。

作为纺织用的纤维，要求具备一定的物理、化学性能，分述如下：

（一）物理性质

1. 强度　是指纤维抵抗拉断的能力，因纤维的种类、产地及强力测定等条件不同而异。纤维的强度愈大，纺出的纱愈强韧，且在纺织过程中纤维亦不易被折断。单根粗纤维的强度，一般比细纤维略大，但其单位面积的裂断负荷比细纤维小。下面是几种主要植物单纤维强力比较表：

强力（克）＼名称	桑皮	构皮	水麻	三元麻	苧麻	亚麻	大麻
平均	16.77	12.65	18.80	46.68	40.68	24.27	42.32
最高				105	105		
最低				15	9		

2. 长度、细度和比重　纤维长度是决定纺纱价值的主要因素之一，它直接影响纱的质量，通常是纤维愈长者愈好，如纤维长度在 5 毫米以下，则难于纺纱。

纤维细度直接影响其本身的物理机械性能，细的纤维往往较粗纤维柔软、天然捻曲多，光泽好，强力高，因此，纤维愈细，制成的成品愈精致。

纤维的比重，系纤维与水之比，一般比重为 1.61，但因纤维含有气孔及不纯物质，故比重为 1.5~1.55。几种主要植物纤维的长度、细度和比重如下表：

名称	单纤维长度（厘米）			单纤维宽度（微米）			比重
	平均	最长	最短	平均	最粗	最细	
苧麻	60~80			40~80			1.52
亚麻	20~60			16~25			1.52~1.58
大麻	15~25.5	29	12.4	15~25	32	7	
三元麻	18.28			36.81			
水麻	7.91			20.17			
构皮	0.6~0.9	1.4	0.57	24~28	32	15	
桑皮	14~20	45.2	6.50	19~25	38	5	
稻草	1.14~1.52	2.66	0.20	6~9	28	3	
芦苇	0.95~1.52	2.66(毫米)	0.20	9~19	36	3	

3. 韧软性、弹性、可塑性、伸长度　纤维的韧软性、弹性、可塑性、伸长度在纺织工业加工过程中很为重要，它直接关系到成品的柔软、弹性和坚牢度。各种纤维的韧软性、弹性、可塑性、伸长度皆不相同，它们与组成纤维的成分有关，一般含木质素成分较多的纤维较差，反之较好。

4. 吸湿性　纤维能吸收大气中的水汽而达平衡状态，常态时所吸收的水分，动物纤维约为其重量的 11~16%，植物纤维约为 6~8%。

纤维含水量的多少与纤维强力、弹性、伸长度有直接关系。一般地说，棉、亚麻等天然植物纤维，水分的增减与强度成正比；丝、毛等动物纤维及各种纤维素人造丝则成反比。天然植物纤维在润湿状态时，强力最大可增至干燥时的10%，伸长度可增至25%，弹性亦较好；但如果过于湿润，因有霉菌作用，反而使纤维表皮易于穿孔，强力大大降低。通常含水量在8~12%之间。

5. 保温性　各种纤维的比热、导热系数，因纤维所含成分和组成结构的不同而有差异。各种纤维之比热约略如次：

人造丝	0.324	木棉	0.324
亚麻	0.321	大麻	0.323
棉	0.319	稻草	0.325
黄麻	0.324		

如果是含水的纤维，可按照下列公式计算：

$$C = C_f + \frac{a}{100}(C_w - C_f)$$

C为含水纤维的比热，C_f为干燥纤维的比热，a为含水率，C_w为水的比热，标准状态时约为1。

从以上计算结果可以看出，一般植物纤维均为热的不良导体，具有良好的保温性，因此，我们可以利用植物纤维做成衣服、被褥等来御寒。

6. 透明性、色彩及光泽　作为纺织原料用的纤维，最理想的是透明体，但实际上因植物纤维内部有腔道和含有气泡、或其构造为不连续性，故大部分均为半透明体。

纤维光泽的有无，大半决定于纤维表面的构造，表面愈平滑，则光泽愈显。

植物纤维的色泽，大多数因天然色素的存在而呈黄色或褐色。此种色素一般用漂白方法可以除去，但亦有部分纤维因含有较多的木质素而不易漂白。含有木质素的纤维，它对碱性染料和直接染料的亲和力特别强，容易染色，使纤维色泽鲜艳多彩。

了解纤维的物理性质，就可以掌握植物纤维的正确用途。如纤维细长、柔软、光泽好、富有弹性和拉力的桑树皮、罗布麻等，可作各种较高级的纺织用品；纤维较短，光泽次，拉力较弱的龙须草、水麻等可作中级或低级纺织用品；纤维粗短，缺乏弹性，如稻草、玉米果穗苞片（包谷壳）、甘蔗渣等可做棉絮、药棉、地毯及包装用品等。

（二）化学性质

纤维受热或经化学作用，纤维素被破坏后，几乎不能复原。为了使纤维在加工处理过程中不遭受剧烈的破坏，必须了解纤维的化学性质。

1. 水对纤维的作用　纤维不溶解于冷水和温水中，亦不起化学变化，但浸入水中或经水煮，会起形态上的变化，其横截面增大，最高可达45~50%；长度收缩，最高可达2%左右。若在高温及高压水中进行长时间的蒸煮，则能使一部分纤维变成水合纤维素，强力脆弱，呈现褐色。

将纤维浸入流水中，通过水中细菌所起的发酵作用，能除去纤维中的一部分水溶物（粗皮）、杂质和果胶质等，完成脱胶作用，但不能除去木质素和半纤维素而变成纯纤维，故经过浸水脱胶法的纤维，只适用于制绳索和麻袋；由于除去了果胶质、杂质等，加上水对纤维的膨胀作用，可以减少用碱量和缩短碱煮时间。

2. 热和日光对纤维的作用　纤维加热至105℃时，自然存在的水分完全蒸发掉；加热至140~150℃时，纤维即起分解作用；继续加热至260℃以上，纤维就发生剧烈的分解，色泽开始转为褐色，同时析出复杂的气态物质和水；如继续加热，即行燃烧而发生火花。

在日光下，纤维受紫外线的作用，逐渐变成氧化纤维素，使纤维易于脆损，因此一般纤维不宜在日光下曝晒过久，最好是晾干。

3. 碱对纤维的作用　纤维在稀碱溶液中，能分离木质素、半纤维素、蜡质、脂肪和大部分果胶，对纤维素几乎无侵蚀损伤作用，故通常用碱来作植物纤维的精炼剂。碱化纤维素仍保持着纤维的结构，而使纤维在物理上引起变化，发生膨胀，变粗变短。膨胀的纤维素在冲洗掉碱液之后，具有新的特殊光泽，称为丝光化纤维素。它在伸长的情况下，干燥后变得坚韧且带有丝光的色泽，能够很好地吸收染料。

这里值得指出的是过浓的碱液（17.5~25%），会引起纤维素的变化，严重时会变成纸浆状，因此用碱处理纤维时，用碱量应掌握适度。

4. 酸对纤维的作用　纤维经过碱煮处理以后，带有一些洗不掉的余碱。经使用硫酸予以中和，纤维就不带酸性也不带碱性。

一般有机酸对植物纤维的作用，是极其轻微的。没有挥发性的有机酸（如草酸、酒石酸等）溶液，在高温时对植物纤维略有损伤，温度愈高，损伤愈强烈；挥发性的冰醋酸对植物纤维没有破坏作用。无机酸则完全不同，稀薄无机酸对植物纤维能起水合作用，形成水合纤维素，引起拉力脆弱；如果把它放在沸热的浓硝酸中，即变成氧化纤维素；放在浓硝酸与浓硫酸的混合液中，则因时间长短而变成各种硝基纤维素。

5. 氧化剂对纤维的作用　漂白粉、过氧化氢、高锰酸钾等氧化剂的浓溶液，对于植物纤维均能起氧化作用，使之变成脆弱的氧化纤维素。其损伤的程度与浓度、温度、时间成正比，故使用漂白粉或其他氧化剂处理纤维时，对漂液的温度、浓度和漂白时间要特别注意，要既能达到漂白的目的，又能防止纤维受到破坏，因此必须随时检查纤维强力，如发现开始氧化而破坏纤维素时，可用亚硫酸盐中和或立即用清水洗净。

漂白时，氧化剂对脱去木质素起一定的作用，能使木质素变成氯化木质素和氧化木质素而溶解出去。

为了使纤维素与其伴生的果胶、鞣质、木质素等有害杂质溶解分离，必须经过脱胶。现在介绍两种比较常用的简单脱胶法：

I. 浸水脱胶法

工序　选料→浸料→捶打→洗晒→储藏保管。

1. 选料捆扎　将树皮按长、短、老、中、嫩分别整理好，扎成1~1.5公斤重的小捆，捆把不要过紧或太松（每根都能抽出又不致松散），以利发酵均匀，如不注意挑选分开扎捆浸泡，则需要浸泡时间较长，其结果是等待老树皮浸好了，而嫩的树皮则会因浸久而变质；如浸泡时间短，嫩树皮已经浸好，而老的却尚未浸透，则影响脱胶。

2. 浸料　目的是利用水中多种果胶杆菌溶蚀果胶的作用，并利用水的流动，将溶蚀的胶质冲净。

浸料前，首先要选择水源条件。各地经验证明，大河的回水湾或小溪常年有缓和流水的地方为最好，死水池塘虽可浸料，但对纤维拉力和颜色有影响，纤维的发酵时间也要慢些。因为死水中空气较少，缺乏氧气，影响部分细菌繁殖；在流水中含氧较多，需氧性细菌能比在死水中成长繁殖较快，脱胶也要快些。养鱼池塘不宜浸料，因为有些树皮，例如化香树皮等含有毒质，会把鱼苗毒死。在回水湾的地方浸料便于操作，水涨时也不致把料冲走，如在城镇附近的河流浸料，务必要在饮水码头的下游，以保持居民饮水的卫生。

浸料的时间一般是：老树皮需时约 40 天，中树皮约 25 天，嫩树皮约 20 天。但应掌握季节气候的不同而适当的缩短或延长。检查树皮是否浸透的方法，是察看树皮上是否有白泡，颜色是否由黑红转为黄白。用手抓纤维时已感觉松软，则证明胶质已泡出，浸透已适度，应及时出水转入捶打工序，否则浸泡过久，会使纤维变质或腐烂。总之，泡料要达到泡透阶段，以能够在捶打工序中去掉粗皮，脱尽胶质，又不损坏纤维的拉力为宜。

具体操作可根据水源条件不同，采用下列不同方法：

（1）河水排筏浸料法 用原木条或毛竹扎成小排，然后将捆好的小把树皮用小绳索或野藤拴在竹木排下面，沉入水内浸泡。此法不但可防止树皮流失，而且操作人员下料、看料、取料，均可不必下水。

（2）浸水沉泡法 是在溪水里浸料，将捆扎好的小把树皮，沉浸在有岩底的溪中（用岩石压住小把的上端），如水底有淤泥，则要扎好木架，把树皮拴在竹竿上，再将竹竿放在木架上浸泡，避免淤泥沾污树皮，影响纤维质量。

（3）带杆浸渍法 把树枝砍下后，削去旁枝，扎成小捆，用竹木排法放在水里去浸渍，浸到枝皮可以用手撸下，撕裂能成细纤维时，就可以剥皮、洗捶、晾晒。

3. 捶打 树皮经过浸泡，所含的胶质就自然脱离了，但外层还有一层胶壳皮，必须经过捶打，将外壳皮捶碎，使胶质和外壳完全与纤维分离。

捶打方法是把浸好的树皮放在厚木板上，用硬木棒上下左右反复捶打，用力不可过重，以免捶断纤维，捶到树皮外壳能够脱离纤维为适当。如利用各种不同形式的捶打机进行捶打，工作效率可以大大提高。

4. 洗晒　纤维经过捶打后，还必须经过梳洗干净，可放于流动的清水内进行洗涤，除去杂质，使颜色达到黄白光泽。然后将纤维理顺，挂在晒架上晒干；如遇雨天，必须松散地挂在竹竿上，放在通风处晾干，防止沤坏。晒干后的纤维，应经过散热再打捆入仓。

脱胶好的纤维，即可用来制造各种绳索或纺织成麻袋、麻布。

II. 石灰蒸煮脱胶法

水源不足的地区或北方冬季天寒，用浸水脱胶法有一定的困难时，可采取石灰蒸煮法。湖南道县商业局用此法对山甲皮（即扁担杆子皮）进行脱胶，已成功地制出麻袋。其具体操作方法如下：

选料扎把方法同浸水脱胶法。

砌造浸料池一个，把已扎成把的树皮，依次分层平放入浸料池的同时，分层铺上一层生石灰（石灰的用量为原料 100 斤用石灰 10 斤），料满后盖上木板，取大石头压住，放水入池（宜用含矿物质较少的水），浸三天后将料斗底翻转一次，浸 7 天即可捞出蒸煮。如需要加速浸料过程或在严冬季节，可用温水浸料（加石灰的比例仍与上同），只需一天多时间。检查浸渍程度是否适当，当树皮纤维能撕成细长条时，即可捞起。

把捞起来的树皮放到铁锅内，用 10%的石灰水（即 10 斤生石灰加 90 斤水）熬煮，一般经过 6 小时即可脱胶，老树皮可适当延长熬煮时间。

把熬煮过的树皮用手棒或吊锤捶打一遍，使胶质能全部脱去，然后在清水中漂洗干净，晾干后，即可梳弹纺织麻袋。

III. 土法人造棉的加工方法

各种野生植物纤维所含的纤维素、木质素、果胶质、蛋白质等含量各不相同，因此不能采用同一加工方法，虽然如此，其基本原理还是相同的。现将加工人造棉的一般操作过程介绍如下：

工序 选料→碱煮→皂化→浸酸→漂白→油化→梳弹。

1. 选料浸料 树皮原料分头、中、尾三部分，铡成 8~14 厘米长，再分开处理；草本植物则须去掉根蔸和籽实等坚硬部分、铡成 11~15 厘米长的小段。然后用温水浸泡 3~5 天，捞出捻干，准备碱煮。用水浸泡的好处可以减少用碱量，并使纤维皮层的细胞膨胀，便于碱液渗入。浸泡时间的长短可按原料和气候的不同情况具体掌握。

2. 碱煮 每 100 斤原料可用 4~8 斤的烧碱（用纯碱或土碱加石灰化为烧碱亦可），溶于可以漫过树皮原料的温水（70℃）中，加热到 100℃，把浸好的原料放入煮 3~7 小时，每隔半小时搅动一次并盖好锅盖。中途因水分蒸发，溶液变稠，应添热水补足，经常保持液面漫过原料。煮 2~5 小时后，要检查原料是否成熟。成熟的标志是粗皮全部脱落，横撕不费力，放在水里用玻璃棒摊拨，纤维可以散开时就可以出锅，在流水中冲洗干净，捻干扯松。

3. 皂化 在锅内用占原料重量 2~4%的肥皂，切片放在 13 倍于原料的 80℃温水里，和以 2~3%的纯碱。肥皂溶后，把已煮好的原料放入煮 1 小时。如皂化时不加纯碱，皂化后可用 4%的小苏打液浸泡。操作法是将小苏打溶于 45~60℃温水中，水要漫过原料，再将纤维放入小苏打溶液，经 2~3 小时，使纤维进一步分裂松散。

4. 浸酸 原料经过碱煮和皂化，带有洗不掉的余碱，必须经过酸液中和。因此用占原料重量 0.2~0.35%的硫酸，慢慢地注入 10 倍于原料的 30℃水中搅匀（切忌先倒酸后加水，以免引起激烈反应，酸液会飞溅出来，发生事故），将料散开放入浸泡 20 分钟，取出用水洗净。

5. 漂白 （1）初漂：用占原料重量 5~8%的漂白粉，放进足以浸透原料的温水（30℃）中搅匀，使漂白粉所含的有效氯分解于水，等生成的碳酸钙沉淀缸底时，将上面澄清的漂液转到另一个缸，再将原料散开放进漂液里，盖好缸盖，漂白 30 分钟后，将漂物取出，再用占原料重量 4%的小苏打加热水配成溶液，倒入原漂白粉溶液内，再放下漂物搅匀，使分解出新生氧加速有效氯的漂白作用，延续浸 20 分钟后，取出洗净捻干。（2）脱氯：用占原料 3%的大苏打，放入 8 倍 40℃的温水，搅拌溶解后，将漂物放入浸泡 30 分钟，取出用水洗两次。

6. 油化 用占原料 2.5~3%的中性太古油，倒入 6.5 倍 50℃的温水中搅匀，将扯松了的纤维放进浸泡 3~5 小时取出捻干，此时纤维已柔软光滑，易梳易弹。

7. 梳弹 将油化后的纤维摊散，晾在阴处到九成干，就可以上梳。梳是用一块木板，上面钉上一排排的尖头外露的铁钉，梳上 2~3 次，然后弹松即成人造棉。

以上系加工人造棉的一般方法，至于烧碱、漂白粉、太古油等的用量和煮料时间，是指的最高和最低的限度，运用时除参照各论中的具体规定外，一般用料和时间是：木本纤维用料较多，时间较长；草类纤维用料较少，时间也较短，并需要根据原料的性质等具体情况而决定。为了节约用碱量和蒸煮时间，可先采用浸水脱胶法进行初步脱胶后，再用碱煮法加工人造棉，其用碱量和蒸煮时间，可减少三分之二。

乙．造纸纤维

我国是世界上最早发明纸浆与造纸的国家。早在公元 105 年，东汉蔡伦总结了劳动人民的经验，用树皮、麻头、破布与鱼网等为原料，制成纸浆与纸张。纸张的发明对于文化发展起了重大的促进作用。公元 185 年左右，左伯造纸十余种，并且提高了纸的质量，使纸面细致、均匀且带光泽。从三国至六朝，我国劳动人民在实践中又创造了许多新品种，例如用稻草制成草纸，海苔制成侧理纸，以及藤纸与竹纸等。到了唐代，纸的品种繁多，有麻纸、皮纸、谷纸、蜀纸、宣纸、窗纸、印纸、薄纸等；并且质量优异，达到了细匀、莹润、洁白与光滑的程度。宋、元以后，纸在民间获得广泛的应用，尤其从我国活字版印刷发明以后，造纸事业就更加发达了。据“天工开物”记载，我国古代利用竹子、楮树、桑树、芙蓉和稻秆等造纸，且对造竹纸的方法有详细的叙述与附图。古代造竹纸是用石灰蒸煮法，我国建立机器造纸厂是从 1891 年开始，从那时起到解放前，造纸工业发展得非常缓慢。解放后，我国造纸工业获得飞跃地发展。现在我国制纸浆工业应用的方法有：机械制浆法、亚硫酸盐法、苛性钠法、硫酸盐法，并且正在向连续制浆法、氯化法、发酵制浆法、机械化学法等方面发展。我们完全可以用飞跃的速度赶上和超过世界先进水平。

一般纤维的形态与化学成分对于制浆造纸有直接的影响。凡是纤维细长、两端尖、强度高、在制浆造纸过程中能够经受长期的打浆与加工处理的，生产的纸张质量高；反之，纤维粗而短、交织组合能力低、经不起长期打浆的，制成的纸张质量就差。其次纤维的长宽度和杂细胞的多少，也是鉴定纤维优劣的标准。纤维的长宽比数愈大愈好，杂细胞愈少愈好，例如龙须草长宽比较大，又如小叶章所含杂细胞较少，乃是良好的造纸原料。关于纤维的化学成分，可分纤维素与非纤维素两类，非纤维素指木质素、果胶、淀粉和少量的树脂、蜡质、脂肪、鞣料、蛋白质与色素等。供造纸用的纤维以纤维素含量高的好，纤维素含量愈高，能够获得纸浆物质愈多，那么制浆的价值也高。非纤维素成分除半纤维素以外，在制浆时必须用化学药品把它们溶解出来，若含量高则需用化学药品的量也大，使制浆成本加高，不经济；还有木质素、鞣质与色素含量高的纤维，制浆漂白时增加技术上许多困难，也是不利的。半纤维素在纸浆中可以增进纤维水化膨胀能力，容易打浆；还可以提高纸浆的交织能力，增进纸张的强度，因此在溶解非纤维素成分时，应当保留它。我们可以从纤维的化学成分分析来预测制浆造纸的效果。例如稻草含木质素少，稀碱溶出物多，制浆较容易，化学药品用量也少。这些特点在近年来实践制浆过程中已经得到了证实。

纸浆按制造方法可分机械纸浆与化学纸浆两大类。

机械纸浆是把木材等原料在磨木机中用机械的方法加水磨成的纸浆。纸浆收获率可以达到原木重量的90%，成本较低。但由于木材中的木质素、树脂等非纤维物质没有去掉，所以机械纸浆的强度远赶不上化学纸浆。

机械木浆的特点是：原料利用率高，成本低，印刷性能好，这种方法适用于颜色较浅组织较松的木材，例如沙松、云杉、山杨、香杨等树种。

化学纸浆分为亚硫酸盐纸浆、苛性钠纸浆、硫酸盐纸浆等几种。亚硫酸盐纸浆可简称为酸法纸浆；苛性钠纸浆及硫酸盐纸浆也可简称为碱法纸浆。亚硫酸盐纸浆是用酸性亚硫酸盐(一般为钙、镁等盐类) 的亚硫酸溶液为蒸煮药液，适用于树脂含量少的木材及芦苇、甘蔗渣等草类原料。亚硫酸盐纸浆，柔软而有韧性，颜色浅，容易漂白，为用途广的一种纸浆，可单独或者和其他纸浆合用，例如加入机械木浆，制造各种印刷纸、新闻纸等。质量好的可制造证券纸、照相原纸、画图纸、书写纸等较高级纸张。

苛性钠纸浆为用苛性钠溶液蒸煮植物原料制得的纸浆。苛性钠溶解树脂的能力较强，但有侵蚀纤维的可能，如处理不得当，将减低纤维的强韧性；若损伤过甚，将减低纸浆的收获率。鞣质较多的植物原料，制成的纸浆颜色较深。苛性钠法适用范围较广，尤其适合于草类植物。

硫酸盐纸浆是用苛性钠和硫化钠混合溶液蒸煮植物原料制成的纸浆，由于蒸煮药剂对原料的作用比较缓和，因此纸浆纤维强韧有力，适于制造强度高的纸张，例如纸袋纸、电缆纸、电报纸等，虽然颜色较深，但可以漂白制造各种印刷纸。这是最普遍的一种制浆方法，适用于竹、草、木等原料。

纸浆按各种原料不同，可分木浆、竹浆、苇浆、草料制浆、蔗渣浆等。今分述如下：

以木材为原料的，有机械木浆、亚硫酸盐木浆、苛性钠木浆、硫酸盐木浆等。

竹浆是我国西南、中南、华东等地区的重要纸浆，有些纸厂采用硫酸盐法生产化学竹浆、硫酸盐竹浆，纤维强度高，可以制造牛皮纸、水泥袋纸、胶版印刷纸、新闻纸、打字纸等。

芦苇是我国丰富的野生植物，有夹杠芦、毛苇、青芦、泡苇等，华北、东北等地某些纸厂，以芦苇为原料进行亚硫酸苇浆的生产，在生产技术上积累了丰富的经验。生产的苇浆可制造印刷纸、有光纸、新闻纸等，可代替化学木浆制造多种纸张。硫酸盐苇浆可生产凸板印刷纸及一般印刷纸。

草料制浆在我国最为普遍，广大农村人民公社及小型纸厂大多利用农业副产品如稻草、麦秆、高粱秆、玉蜀黍秆等为原料，现在多用大叶章、小叶章、芨芨草、猪鬃草、黄背草、白草、荻、芒、大油芒等为原料，采用苛性钠法制造草浆，可以抄造书写纸、有光纸、印刷纸等，也可制人造棉及人造丝浆。1958 年个别造纸厂用大叶章、小叶章试制成水泥袋纸，强度很高。1959 年一些造纸厂用稻草制浆抄成胶版印刷纸。

甘蔗渣浆是我国新兴的浆料，我国南方各省盛产甘蔗，可以利用制糖后的甘蔗渣作造纸原料。制蔗渣浆的方法，可采用亚硫酸镁法、苛性钠法、硫酸盐法等，抄造成高级文化用纸、工业用纸、建筑纸板及制成人造丝浆等。

我国制造纸浆和造纸方法很多。纸浆方面有：发酵法、常压蒸煮法、亚硫酸盐法、机械制浆法、苛性钠法、硫酸盐法、氯化法、机械化学法、连续制浆法、冷碱化法等。当前比较普遍采用的，则为：发酵法、常压蒸煮法、机械制浆、亚硫酸盐、苛性钠、硫酸盐等方法；而适合于目前农村人民公社采用的方法，则为发酵法和常压蒸煮法二种。在造纸方面，可分为机器和手工造纸二种。为了使各地能充分利用野生纤维制造纸浆和加工各种纸张，以及在制造纸浆的原有设备基础上制造纤维板，以扩大多种经营，增加社会财富，现就制造纸浆(包括手工抄纸和人造纤维板）方法分别介绍，供各地参考。

I. 发酵法

发酵法制浆是由于微生物与碱性物质作用的结果，使部分非纤维物质分解溶出，使原料纤维分离成为纸浆。这是我国传统的制浆方法之一。它的优点是不用烧碱，不需蒸煮，能节约化工原料、燃料，降低成本，操作技术简单，适宜于人民公社就地取材、就地加工、供应工厂的需要。其具体操作方法如下：

1.建池　选择面临陡坡水源方便的平地上，挖好方形土坑，坑的大小可根据需要而定，一般容积是能装原料 2500 公斤。但坑愈大，发生热量也愈大，可加速纤维分解，因此凡有条件的地区，可挖备容量 5000 公斤的坑。坑的底部靠陡坡下方，挖一小洞，套上竹筒，以备在加工过程中冲洗原料完毕后放水之用。坑的四边要比平地高 15 厘米左右，以免雨水侵入，影响坑内温度，延长发酵时间。

2.整料　凡纤维短、强力较弱的草本植物，如芒、荻、白茅等原料，首先清除杂质和边叶，再捶破切成6~9厘米长的小段，其次按每100公斤原料用15~20公斤石灰，放入木桶或砖池内，掺入适量的清水，搅成稀糊状，然后将原料投入石灰水中，使沾满石灰汁。.

3.下料　将涂好石灰汁的原料下入挖好的坑里，边下边踩，一直堆出坑一米左右高，呈丘状；随着盖上干草以防雨水侵入，同时塞好底部洞口，不让石灰汁外溢。经过10~15天，坑内原料得到石灰汁的热能而发酵，当温度达到80~90℃时，手搓原料柔软，则可证明原料纤维中的胶质已脱掉，即可取去复盖着的干草和坑底小洞口的塞子，注入清水冲洗，使坑内污水、杂质从坑底小洞口排出，即可碾料。如果不能及时碾完，可再塞住坑底小洞口，注入清水以免日久变干或沤烂。

4.碾料　将脱好胶的原料，从坑里捞出，利用水力或畜力石碾，均匀地碾到又细又软为止。

5.制浆板　首先将碾好的浆料，投入另一个方形木槽里(三合土制成的水池亦可)，加入适量的清水，搅拌均匀，成为较稠的糊状，用木勺舀入合乎纸浆规格的有小孔漏底的木槽中，摊开，铺上一层竹帘，然后上一层浆料，又铺上一层竹帘，这样一层层地进行，直到与木槽口齐平为止。然后进行压榨，排去水分，再一张张地取出晒干或烘干，即成纸浆板。

Ⅱ. 常压蒸煮法

1. 浆灰　在常压蒸煮前，浆灰应先发酵，以缩短蒸煮时间。可按整好的原料(整料方法可参照发酵法中的整料)，以鲜石灰20~30%(按原料重量)，用水搅拌成石灰乳，然后把石灰乳和原料混和，搅拌均匀，使原料全部吸收石灰液，堆放在地里，盖上茅草、篾摺等，让其发酵5~6天。

2. 工具设备　常压蒸煮器的类型很多，有用砖身铸铁锅，有的是木桶铁锅，有的利用53加仑铁桶或用其他钢板制成大铁桶。但根据农村的条件，采用砖身铸铁器具较好。它是用砖灰砌成灶台，安装两口大型铸铁锅，在锅的上面，用砖砌成圆筒形，筒壁内外涂水泥层，并在锅口处加上铁腰，铁锅与水泥层连接处应特别注意接缝严密，可采用石灰与桐油和头发作为粘合剂，以防止走气和漏水。在锅底上面安装假底。假底是用小竹竿系扎铁丝连接起来的竹帘子，放在一个井字形的木架上，蒸煮时原料放在竹帘子上面，假底中部安装一个白铁皮铁筒，作为内循环之用。铁筒的下口钉在木架上，上口做一个伞状的铁盖，盖与筒口之间有一间隔，以便溶液循环。锅盖用松板制成，锅身底部可开一直径为200毫米的放料口，安上一陶管与洗料池连接，蒸煮时用胶皮布盖在放料口上，外面用木盖盖严，再用螺丝扭紧。

3.蒸煮　甑内假底下放满清水，装料后盖上木盖，加螺丝扭紧，勿使走气。在100℃的温度下，蒸煮约12小时，保温约5~6小时，即可出料洗涤。

4.洗料、碾料、压浆板等工序，均可参照发酵法。

III. 手工抄纸

生产程序　备料→浆灰→发酵→蒸煮→漂洗→打浆→抄纸→焙纸→整切包装。

以各地产量最多的芒草(又称冬茅草) 为例，说明制造文化纸张的方法如下：

1.备料　选择叶子带青绿色的嫩料，每制成纸张100公斤需要选好原料200~250公斤。选料时注意除去过老的及其他杂草，趁鲜利用压秆铡草联合机，压扁秆茎和铡成长约2厘米左右小段(抄文化纸要比制纸浆铡得短些)，如无此机器，可采用木捶捶扁和铡刀铡断。

2.浆灰发酵　按原料重量用30%的新鲜石灰，加入适量的清水，搅成石灰乳与原料搅拌均匀，放在池里，上压以干草和石头，使其发酵。时间可根据气候不同而决定，一般夏季2~3天，冬季5~6天。如果原料用手轻扯即断，或搓揉成丝状时，就证明发酵已到适当程度。

3.蒸煮　可采用常压蒸煮法，在100℃的温度下蒸煮12小时，保温4~6小时，即可出料漂洗。

4.漂洗　先将漂池洗刷干净，再将原料自甑内取出，不松不紧，平铺池内，放入清水进行漂洗，连续换水3~4次，使料洁白干净后，取出滤干，堆置1~2天，再进行坐桶(即将料放入桶内、注入沸水)，使其再行发酵，即可取出进行打浆。

5.打浆(踩料)　将洗净的浆料放入水碓、水磨或木质打浆机内进行打浆，打到浆料又细又软为止。无上项设备的地区，可用人力踩料，必须踩得细致。但人力踩料效率低，应设法改用打浆机以提高工作效率。

6.抄纸　一般是利用竹帘，在纸槽内反复捞动，使纸浆平铺帘上而成湿纸坯。以前是两人端帘操作，近年来不少地区已改为吊帘造纸法，即在纸槽的一端，嵌一木质支柱，将纸帘悬吊于支柱上，抄纸工人在另一端掌握竹帘抄作，能节约劳力，提高功效。

我国改制的第二号牛耳式造纸机，仅用少量的钢铁、大半木质，造价低廉，只需一人摇动转轮，一人掌握出纸，操作简单，推广容易，功效较吊帘造纸能提高两倍，适合于农村人民公社应用。附图于右。

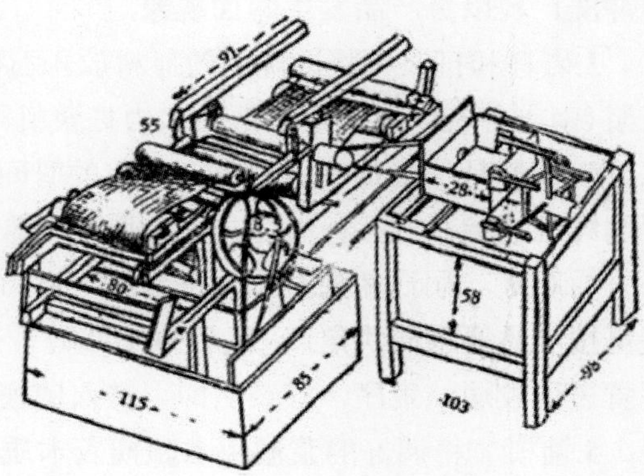

广西第二号牛耳式造纸机示意图

轻工业科学研究设计院造纸所，在牛耳式造纸机的基础上，结合圆网造纸机的原理，设计出改良牛耳式造纸机和解放式手摇造纸机，曾在内蒙古自治区宁城县制成投入生产。这两种纸机的构造，一般原理和安装中应注意事项，该所已编印出“改良牛耳式、解放式手摇造纸机”一书，各地新华书店均有出售。

7.压榨　就是用端帘或吊帘抄出来的湿纸坯，经过木榨，压去其中大部的水分，使每张纸层分开，便于撕离而粘于焙笼上成为纸张。用牛耳式造纸机，可以省去此道工序，可直接取出湿纸坯在焙笼上焙干。

8.焙纸　在特制的焙笼下升火，使焙笼两面发热，将湿纸坯贴于焙笼上，借助热量，蒸发纸中水分，成为一张干纸，然后即可切边包装。

Ⅳ. 制造纤维板

是利用各种草本、木本纤维，使它在一定温度下(185~195℃)，经过加压产生可塑性，使已经分离的纤维重行紧密交织而粘合起来的一种人造纤维板。它的用途极广，可代替木材用于建筑，造房屋间壁、车船隔板及天花板等，具有隔音效能；还适宜作各种包装材料，可大量节约竹木原材料。

纤维板的质量可根据用途灵活掌握，如用于一般包装，制造时不需要加其他胶料即可制成。如用作车船内壁和房屋间板天花板等，可在浆液中加少量松香乳和明矾水，以增强防水性能。制成后，并可喷上油漆，使其美观耐用。其操作方法如下：

1.备料　一切草本、木本植物纤维都可作原料，但不宜混杂在一起，以免蒸煮打浆困难。清除原料中沙石及其他杂质后，切成 10 厘米左右长，木本植物的厚度不宜超过 2 毫米(如铇花或木屑则不需切碎)，然后投入水池中，浸泡 3~5 小时。

2.蒸煮　将浸好的原料放入蒸煮锅，按不同原料的绝对干重加入烧碱 3~10%。碱的用量一般木本纤维约为 5~10%，草本纤维约为 3~5%(使用液体烧碱时按浓度换算)。如无烧碱，以原料绝对干量 20~30%的石灰溶液代之亦可，并加入足够淹料的水，升火蒸煮。草本纤维煮沸后，再继续煮 3~5 小时；木本植物则需 5~10 小时，煮至原料全部松软，用手容易剥解为止。然后捞出洗至无碱性为度(最好是以篾箩盛原料在流水中冲洗)，以免产品发生翘曲现象。

3.碾料和打浆　将冲洗后的原料放入石碾槽中碾压，约 1 小时，再转入打浆机中打浆(南方各省农村制造土纸的水力打浆机即可利用)。在打浆过程中需要保持一定的水分，一般是干浆量 20~30 倍。打浆的时间，须根据原料种类及产品质量要求决定，观测纤维达到 0.5~1 毫米的长度，即可停止。

4.调胶　为了增强纤维板的防水性能，在浆液中可加适量的松香乳和明矾水，数量可按产品要求而决定，一般以每 100 公斤干料放 2~5 公斤为度。如制一般包装材料，可省去调胶这一工序，打浆后即可转入铺模工作。

5.铺模　将调好的浆液用木瓢搅入木质的模型框中，木框的大小和倒浆分量可根据产品的需要而决定(必须与热压机大小相同，以便继续进行热压)，木框底部有流水的小孔，上面铺上一层铁丝网，网眼为每平方厘米 24 个小孔，浆液倒入让其自然脱水 3~5 分钟，再在浆液上加上一层亚麻布送到预压机脱水。

6.预压　成模型送上预压机后，在亚麻布上加上木压板，然后推转预压机的螺架，使压板慢慢地向下降，并逐渐加紧，使水分陆续流出，不要过骤，要求压到没有水分流出来为止。此时的含水率大约在 50%左右，越压干越好(以免影响下一步热压炉温的降低，增多热压时间)。取出预压好的纤维板，按次序放入台上，并洒上一层滑石粉，使纤维板光滑，经干燥即成软质纤维板，可作一般包装材料，如要求硬质纤维板可继续进行热压。在农村中，可利用打豆腐制粉条用的木榨代替预压机。

7.热压　将经过预压后的纤维板的两面，各夹上一块锌铁皮(最好有铝板，或用镀铁板)，上面的一块锌铁皮，必须预先磨光滑，并涂上油脂，夹住纤维板送进烘房式的热压机，用大转盘绞紧螺丝，这时会有少量水分流出，因此热压机底部要设置排水道，防止降低炉温，要求保持 185~195℃，使软质纤维板经过加热产生可塑性，促进纤维重新紧密交织起来。在加压时要求每平方厘米达到 25 公斤压力，压 15 分钟后，松开转盘，使水分蒸发，然后继续加大压力，经 30 分钟出炉，便成为坚硬的板，为了避免因气候变化而使加热后的纤维板变形翘曲，下热压机后可送入干燥室调剂湿度及温度，如无此项设备，可将纤维板平放于台上，上压木板和石块，经过 24 小时后，可保持定型，并可涂上桐油或亚麻仁油；或用喷漆处理，使其美观坚牢。

附烘房式热压机示意图(此机每次能压 61 厘米×45 厘米×4 厘米纤维板 7 张)。

8.锯边　将经过加热处理后的纤维板根据规格，锯去四周的毛边即为成品。

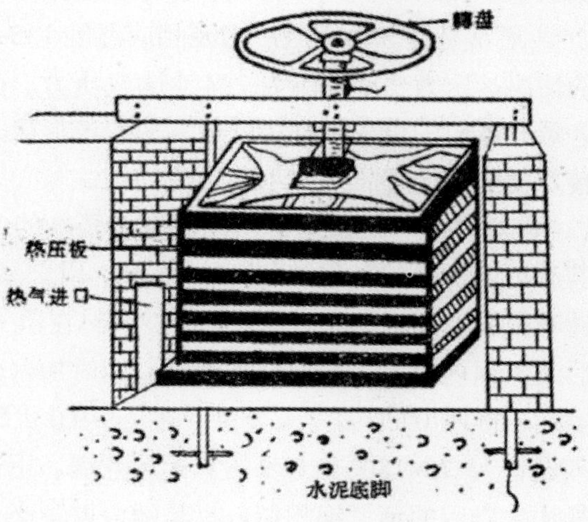

烘房式热压机示意图

Ⅴ. 其他制浆法

我国比较普遍采用的制浆法，除以上所介绍的发酵法和常压蒸煮法二种外，还有机械制浆法、亚硫酸盐法、苛性钠法、硫酸盐法等。为了使各地人民公社在制造纸浆方面，在采用上述两种方法的基础上，开展土洋结合，由土到洋，把纸浆技术逐步提高到先进水平，特将机械制浆法等分别介绍如下：

1.机械制浆法　机械制浆法是把原木置于磨木机中，紧压在旋转着的磨石上，使木材在不断用水喷冲和快速旋转的磨石上进行磨擦而制成纸浆，生产过程是把木材中相互紧密连接着的纤维部分解离，在操作过程中，必须不断地向磨木机中注水，以冷却磨石，并将解离开的纤维带走。磨木机依照其主要构造可分为袋式磨木机、库式磨木机、连续式磨木机等三种。机械制浆法在本质上是连续式的，生产过程系将原木经磨木机制成机械木浆，再经粗筛、精选等程序，用湿抄机抄成磨木浆板。影响磨木过程的因素为磨石的粗度、磨石的刻纹、单位压力、浆料温度、磨石浸入浆料中的深度、磨碎区段中的浆料浓度、磨木机槽中的浆料浓度、圆周速度、木材性质等。

2.亚硫酸盐法　亚硫酸盐法是利用亚硫酸镁盐或钙盐来处理植物原料，可以月来蒸煮木材、芦苇、蔗渣、稻草、麦秆等原料。如以木材为原料，在蒸煮前须先将原木剥去皮、锯断、削成木片，再经筛选，装入蒸煮锅蒸煮。在蒸煮前与加入木片同时，加入 16~20%的酸性亚硫酸盐药液，然后通气升温，并保持一定的压力，直至把浆煮好。蒸煮制浆的过程主要是除去木质素的过程，亚硫酸盐与木质素作用，将其转变为木质硫酸，蒸煮到一定时间，木质硫酸便溶于溶液中，同时，大部分半纤维素和部分纤维素水解而溶于溶液中。蒸煮时间为 5 小时或 5 小时以上，温度由 105~110℃升至 140~150℃，最高温度保持半小时至一小时，锅内压力一般保持在 5~6 个大气压之间，临放锅前半小时进行放气，再放出废液，然后将浆料由放锅口流入洗浆池。用亚硫酸盐法蒸煮苇浆、木浆所用的蒸煮设备，是由钢板制成的立式蒸煮锅，容积为 130~300 立方米，在锅内壁搪砌耐酸砖，以避免被酸侵蚀，在锅外面铺一层保温灰，使锅保温。

3.苛性钠法　苛性钠法所用的蒸煮药剂为氢氧化钠，在蒸煮锅内加压蒸煮制成纸浆，多应用于蒸煮草类、破布、废棉或木材中的阔叶树材。装料时将切好的草与碱液装入锅中(一般碱与原料的用量比，是木材为 16~20%，草类为 10~14%，破布废棉为 5%)，通常是在 3 个大气压力及相应温度 135~140℃之下进行蒸煮。根据所需浆料要求的情况，压力变动范围为 2~4 个大气压力，在最高温度保温 2~3 小时，即可煮得纸浆。蒸煮纸浆的设备是利用铁板制成的，形状为圆球形的蒸球，在蒸煮时由齿轮带动运转，使碱液循环良好，纸浆蒸煮均匀。

4.硫酸盐法　硫酸盐法所用的蒸煮药剂的主要成分为氢氧化钠和硫化钠，消耗了的药品可用价廉的硫酸钠(芒硝）补充，用来蒸煮稻草、芦苇、竹子、龙须草、木材中的针叶树材及阔叶树材等植物原料。原料在蒸煮前需要切断或削成片，经过筛选除尘，然后装入锅内蒸煮。当装料入锅时，同时加入药液。蒸煮锅内容物用蒸汽加热，最高温度达 160~170℃，锅内压力保持在 7.5~9.0 大气压力之下，总蒸煮时间约为 3~5 小时。蒸煮设备为 75~180 立方米的立式蒸煮锅，用铁板铆接或焊接而成。锅的型式与亚硫酸盐法生产用的蒸煮锅相似，只是锅内壁不必搪砌耐酸砖，因为碱液不损坏铁板。锅的外面用绝热材料保护，以免蒸煮时热量损失。

丙. 对于我国开发利用植物纤维的意见

建国 11 年来，特别是 1958 年大跃进以来，工农业生产飞跃发展，人民的文化物质生活普遍提高，对纤维原料的需要量迅速增加，对如何扩大原料来源问题提出了新的任务。除了合理利用已成批的生产的以外，我国野生纤维原料很丰富，经过 1959 年全国对野生资源的普查，已发现并已开发利用的野生纤维植物有 460 多种，蕴藏量很大，必须充分合理利用这些野生植物资源，大闹技术革新与技术革命，以充分发展生产。为了降低成本，要多方面考虑综合利用问题，生产系列化、一条龙化，加强综合生产，以扩大原料来源。例如：甘蔗制糖后，其残渣还可造酒、造纸或养猪；橡实取单宁后，还可造酒、榨油又可养猪；南蛇藤种子可榨油，种皮供药用，皮纤维是优良的人造棉原料，油渣又是猪饲料。这许多新课题，用什么办法产生出更多更好的东西，还待我们人人动脑，个个动手，破除迷信，解放思想，发扬敢想、敢说、敢干的精神，就可以取得辉煌的成就。如黑龙江省用罄麻织成帆布，并提高到纺出42支纱，可以织成细布；上海用罗布麻织成各色细花布，还织成混纺华达呢、哔叽、呢料、凡立丁；辽宁省用南蛇藤麻织成混纺呢等等，都是前人不敢梦想的新事情。

造纸方面应当贯彻党中央指出的非木材为主的方针，可以利用木材中的等外材、树皮、板皮、枝桠、梢头木等制浆造纸，并建立原料基地。自1951年以来，党指出这一方针后，几年来取得了巨大的成就。非木材纤维包括竹子、芦苇、龙须草、芨芨草、大叶章、小叶章、黄白草、蔗渣、稻草、麦秆、棉秆、高粱秆、玉米秆、雁皮、山棉皮以及许多种野生植物纤维。根据纤维的形态和性能来讲，有的优于木材纤维或者相当于木材纤维，有的虽然次于木材纤维，但如果用适当的工艺方法处理后，也可以克服许多缺点。上海许多造纸厂1959年用100%的稻草为原料，已成功地制出合格的胶板印刷纸。以前认为一定要用木材纤维才可制造的工业技术用纸，现在也可以采用或掺用部分非木材纤维制成。从科学研究和生产实践，都证明用非木材纤维制浆是很适宜的，因为在蒸煮打浆的工艺操作上，比木材纤维容易达到要求，并可缩短时间，提高设备利用率，大大节约化工原料和水电的消耗，使成本大为降低，质量又比机械木浆好，这是一个很大的节约与创造，是一个多快好省的方法。非木材纤维的广泛利用是与多办小厂密切联系的，特别是农村副产品及野生纤维，必须根据资源分散的实际情况，多办小厂，采取土洋结合的办法。

必须坚持政治挂帅，依靠群众，大闹制浆工业技术革新与技术革命，实行机械化半机械化，发挥现有设备潜力，时时提出不断革命，要使草类纤维制造高级纸张；对于已发现的萌芽，必须抓紧扶植，例如适宜于处理草类纤维的连续蒸煮法，草类纤维原料的综合利用，圆盘磨处理草浆的进一步研究等，是当前技术关键问题。必须集中力量，继续突破，使制浆工艺进一步提高，生产更快跃进。

继续巩固与提高小型纸浆厂，大搞小土群，实现大中小结合，遍地开花，逐步实现工业合理布局，减少原料与成品的长途运输，促使各地区经济全面发展，也可在大办小型纸厂的同时，迅速的从实践中培养出大批技术力量，不但使原有技术人员在体力劳动与技术实践中得到极有意义的锻炼，更重要的是成千上万的农民走上了制浆工业的技术岗位。在巩固提高小厂的基础上，必须根据各地资源、交通、厂址等具体情况加以适当安排，使部分小厂由小到中，少数由中到大，或者适宜维持小厂型式的也应不断提高技术，或者继续增建小厂，使大中小结合，形成一个全面发展的制浆工业网；此外，一些小厂也可以担负起为大厂进行原料初步加工的任务，如草浆的制造等。

应有计划地安排纤维原料的合理使用，如瑞香科的山棉皮、梦花皮、雁皮等原料质量较高的品种，应大量作为薄型纸，如打字蜡纸、蜡纸等原料；构树皮应充分利用为制绝缘纸、雨伞纸原料，小竹皮编织用，大竹材建筑用，青檀皮造宣纸。它们虽然也为很好的纺织原料，但应合理安排发挥它们能制高级要求的薄型用纸、雨伞用纸及宣纸等的最大价值；此外，对麻袋、绳索以及纺织等需要，均应合理安排原料的有效利用率；又如很多木材都是造纸及人造棉的优良原料，为了满足国家基本建设的需要，目前都不能充分考虑它们在纤维方面的用途，但速生树种的培育和农田林的营造，将为木材纤维的供应提供新的来源。

为了长远有效的利用野生植物纤维，还应当考虑保护这些原料资源，利用必须与保护相结合，如利用树皮的多年生灌木、乔木等，不宜活剥树皮，而应配合森林采伐同时进行；利用枝条的应当采用疏伐或剪取部分枝条的办法；许多藤本植物如软枣子、猕猴桃或葡萄藤等，应考虑对果实生产是否有损害，如何利用修枝等办法提高许多植物有效的利用价值；更重要的是引种培育会更提高植物的有效利用效率，如竹子、芦苇、荻、龙须草、罗布麻、南蛇藤、螯麻子、雁皮等均应当研究它们的适宜的生态习性，培育出优良品种。对于农业副产品中的稻草、麦秆、棉花秆、向日葵秆等，要根据各地区可能利用的资源，由制浆厂或商业收购部门与人民公社挂钩，划片定点，全面安排，并在技术、设备方面，予以大力支持，使土纸浆发展计划落实到人民公社，再发挥群众冲天干劲，改进生产加工技术，与企业管理制度，这样我国纤维资源的发展是大有可为的。

二、各　论

1 金毛狗脊（jinmaogouji）（图 361）

［学　　名］ **Cibotium barometz** (L.) J. Sm. 蚌壳蕨科

［原 料 名］ 狗脊毛(福建)

(地方名、形态特征、生长环境、产地及其他用途见“淀粉及糖类”，442 页)

［用　　途］ 根状茎上的毛可制人造棉，和棉花混纺。

［采收处理］ 结合采挖根状茎进行。根状茎从山上挖回后，挑选头部（根状茎）无泥较长的毛，然后把它用刀刮下，晒干后去掉杂质，取其纯毛。

［加　　工］ 将纯毛加 40%的棉花混合，用松花机或弹棉花机弹松，至毛与棉花完全混合均匀为止(一般松 3~4 次即可)。将混合均匀的棉搓成棉条，用手工或土纺纱机纺成纱。

2 蕨（jue）（图 362）

［学　　名］ **Pteridium aquilinum** (L.) Kuhn var. **latiusculum** (Desv.) Underw. (*P. aquilinum* auct. Fl. Chin. non Kuhn；*P. aquilinum* Kuhn var. *japonicum* Nakai) 蕨科

(地方名、形态特征、生长环境、产地及其他用途见“淀粉及糖类”，443 页)

［用　　途］ 根状茎纤维可造纸浆板及人造纤维板。

［理化性质］ 根状茎含纤维 30%。

［采收处理］ 10 月至次年 2 月挖取根状茎，洗净捶捣，提取淀粉后，即可取出蕨渣。

［加　　工］ 将蕨渣晒干，打成包即供工厂造纸；制人造纤维板或纸浆板的方法参阅总论。

3 买麻藤（maimateng）（图 1）

[地 方 名] 木花生、大节藤、力梅（广西），博节藤、山米藤（广东、福建），米麻藤、鸡母麻（广东、海南），山花生、狗屎藤、乌目藤(福建)。

[学　　名] **Gnetum montanum** Markgr. [*G. indicum* (Lour.) Merr.]　买麻藤科

[形态特征] 高大藤本，常攀援于乔木上，植株褐色，干时变黑色、具明显的节。叶对生，近革质，长圆形至卵状长圆形，长 7~25 厘米，宽 3.5~10 厘米，基部钝或楔形，先端短渐尖，全缘，两面光滑无毛；侧脉羽状；叶柄长约 2 厘米左右。花单性，雌雄同株或异株，轮生于有节的穗状花序上。穗状花序开花时长 2.5~4 厘米，结果时中轴延长，通常 3~5 着生总花梗上。种子核果状，卵状长圆形，长 18~20 毫米，宽 11 毫米，平滑

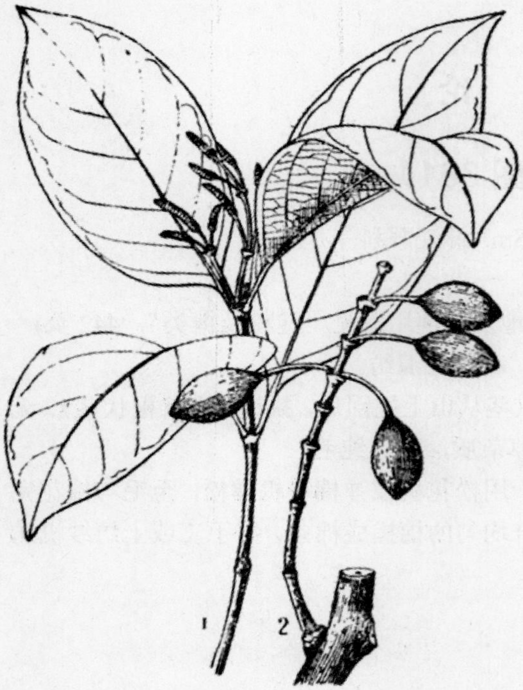

图 1 买麻藤
Gnetum montanum Markgr.
1.花枝；2.结种子的枝。

有光泽。夏季开花。

[生长环境] 多生于土壤湿润而炎热的山坡，以山谷河边密林下生长最好。

[产　　地] 云南、广西、广东、福建(南部) 等省区。

[用　　途] 茎皮纤维可代黄麻制麻袋、渔网、绳索、草鞋和人造棉，代粗线纺粗纱。

种子可作油料。炒熟可食，也为酿酒原料，每 100 公斤子仁可酿造 30 度白酒 122.54 公斤。树液黄色可作饮料，为清凉剂。

[理化性质] 据中国科学院广州应用化学研究所分析：水分 11.09%，灰分 2.83%，油脂 2.59%，木质素 21.6%，果胶微量，半纤维素 6.30%，纤维素 14.0%。厦门大学分析，含纤维量：鲜物中 12.69%，晒干物中 21%，烘干物中 23.36%；纤维长 10 毫米，纤维品质黄褐色强度坚韧。福建林学院分析：纤维长一般为 26.7 毫米，最长为 37 毫米，最短为 10.5 毫米。

[采收处理] 秋季采收，采收时将藤砍断，再截成 1.3 米左右长，扎成小把。

[加　　工] 用浸水脱胶法初步脱胶后，再加 10%的石灰或 0.5%的纯碱（原料比），加水蒸煮 3~4 小时，捞起冲洗晒干。

[其　　他] 播种繁殖。

4 响叶杨（xiangyeyang）（图 2）

[地 方 名] 杨树(安徽)

[学　　名] **Populus adenopoda** Maxim.　杨柳科

[原 料 名] 杨树皮

[形态特征] 乔木，高 15~30 米；树冠卵形；树皮灰色；嫩枝圆棒状，棕色或灰棕色，幼时具柔毛。芽圆锥状，锐尖，无毛，胶粘，长约 1.5 厘米，芽鳞边缘具茸毛。长枝上的叶卵形，长 7~10(15) 厘米，宽 5~10 厘米，基部截形或心形，**并具 2 枚显著的腺体，先端渐尖，边缘锯齿内弯有腺**，表面深绿无毛，背面淡绿，嫩时至少在背面有灰色

细毛；短枝上的叶较小，卵形或卵圆形，长 5~8 厘米；叶柄长 1.5~3 厘米，有时至 6 厘米，**扁平**。花单性，雌雄异株，柔荑花序；雄花序长 6~12 厘米，苞深裂，边缘有长纤毛；花盘杯状。果序长 12~18 厘米；蒴果无毛，椭圆形，锐尖，有短柄。花期 3~4 月，果期 5 月。

[生长环境]　生于海拔 300~2500 米的阳坡灌丛中。

[产　　地]　江苏、安徽、江西、湖南、湖北、贵州、四川、陕西、云南(东部) 等省。

[用　　途]　树枝皮纤维可作造纸等原料。

木材可用以制火柴杆、牙签等物；叶可作饲料。

[理化性质]　据四川省资料：枝皮含纤维素 29.69%，灰分 3.29%，碱抽出物 39.64%，木质素 20.14%，树脂 13.2%，五碳糖 13.76%。

[采收处理]　夏秋季砍伐枝条，去掉小枝侧叶，趁鲜剥皮。

[加　　工]　用浸水脱胶法。

图 2 响叶杨

Populus adenopoda Maxim.

1.雌花枝；2.雄花枝；3.雄花和苞片；4.雌花和苞片；5.果（尚未开裂）。

（自“江苏南部种子植物手册”）

5 山杨（shanyang）（图 3）

[地 方 名]　响杨(东北)，山杨树(辽宁)，明杨(河南)。

[学　　名]　**Populus davidiana** Dode [*P. tremula* L. var. *davidiana* (Dode) Schneid.] 杨柳科

[形态特征]　落叶乔木，高达 20 米，胸径可达 50 厘米；树冠圆形或卵圆形，分枝不密；树皮平滑，灰绿色，老树干下部暗褐色，纵裂；小枝灰褐色，**无毛**，**圆棒状**；花芽圆钝，叶茅细尖形，**均无毛**。单叶互生，阔卵形，长 3~6(~8) 厘米，宽 2.5~5.5(~7.6) 厘米，**基部圆形或近截形**，先端**钝头或锐尖**，**边缘具细浅波状齿**，幼时具纤毛，后无毛；果枝的叶三角状圆形至近圆形，较小；萌发枝的叶特大，基部近心形；叶柄长约与叶片相等或稍短，无毛，**中部以上扁平**；托叶狭披针形或披针形，早落。柔荑花序先叶开放，

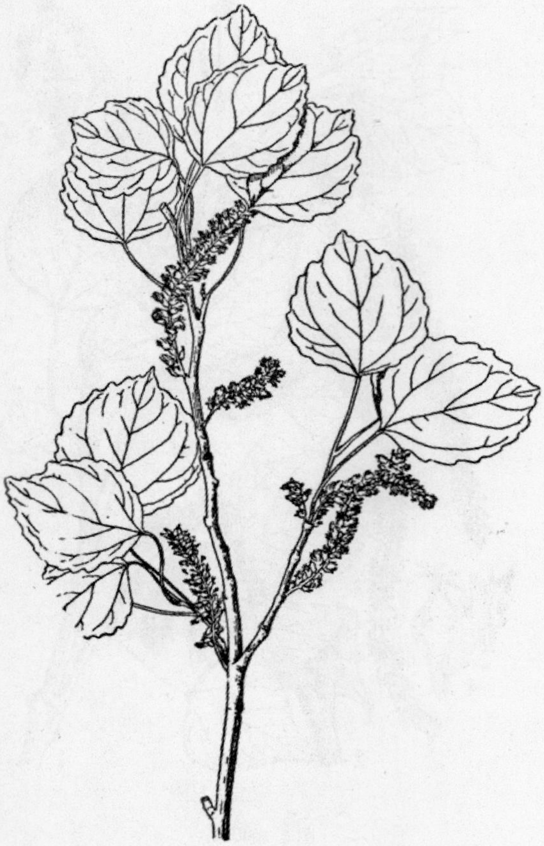

图 3 山杨
Populus davidiana Dode
果枝

无柄或具短柄，雄花序长 4~9 厘米，花轴微有短柔毛，苞圆扇形，细裂，黑色，长 4~5 毫米；杯状腺斜倒圆锥形，雄蕊 6~11，花药紫红色，球形；雌花序长 4~7 厘米，雌花子房长 2 毫米，柱头 2~3。蒴果椭圆状纺锤形。花期 4 月，果期 5 月（辽宁）。

[生长环境] 生于山坡上，常与桦木、栎树形成混交林或成纯林。在湖北、四川山区上升至海拔 1600~2500 米。

[产　　地] 黑龙江、吉林、辽宁、内蒙古、河北、山西、河南、陕西、四川等省区。

[用　　途] 木材纤维可作机制纸的原料，树皮也可造纸。

树皮含鞣质。

[理化性质] 据中国科学院林业土壤研究所资料：树皮内全部纤维含量 48.62%。

据黑龙江省资料：含水分 15.27%，灰分 1.39%，冷水水溶物 2.26%，温水水溶物 4.47%，1%氢氧化钠抽出物 20.02%，纤维素 15.05%，α-纤维素 33.69%；纤维平均长 1.28 毫米，平均宽 0.093 微米。

据“中国造纸植物原料志”记载：纤维长 0.935~1.020 毫米，宽 19~30 微米；化学成分：水分 11.31%，冷水水溶物 1.38%，1%氢氧化钠抽出物 15.61%，全纤维素 43.24%，木质素 17.10%，温水水溶物 2.46%，醚抽出物 0.23%，多缩戊糖 22.61%，粗蛋白质 0.23%，果胶 1.76%。

[采收处理] 秋冬季结合林业部门砍伐木材时剥取树皮。

[加　　工] 可先提制栲胶，再用石灰蒸煮法造纸。

6 香杨（xiangyang）（图 4）

[地 方 名] 朝鲜杨、皱叶杨、黄铁木、大青杨（东北）

[学　　名] **Populus koreana** Rehd. 杨柳科

[形态特征] 落叶乔木，高达20~30米，胸径达70~100厘米；树皮暗灰色，具深纵沟裂；**小枝圆柱形，初时粘腺质**，有香气，以后转褐色；**芽具粘树脂，大而长卵形**。叶倒卵状长椭圆形或椭圆形，长4~12(~15)厘米，宽4~7(~8.5)厘米，基部阔楔形、圆形或微心形，先端短渐尖，边缘为具腺的细圆锯齿，表面暗绿色，叶脉凹陷，**具显明皱纹**，背面带白色，无毛，或短枝上的叶片脉上和叶柄有时微有长柔毛；叶柄长**0.5~1.5厘米**。花单性，雌雄异株，雄花呈柔荑花序下垂，长达3.5厘米，苞近圆形或肾形，长3~4毫米，杯状腺淡黄色，雄蕊10~30，药暗红色；雌花序长3~5厘米，无毛，雌花无柄，子房绿色。蒴果卵圆形，绿色，2~4瓣裂。花期5月，果期6月（东北）。

[生长环境] 喜生于河流两岸，在针阔叶混交林及杂木林中。

图4 香杨
Populus koreana Rehd.
1.枝条；2.果枝。

[产　　地] 黑龙江、吉林、辽宁、内蒙古（东部）等省区。

[用　　途] 木材造纸，为机制纸和火柴杆的原料。树皮纤维可代麻制绳索。树皮含鞣质，可做栲胶原料。

[采收处理] 一般在冬季结合砍伐木材时进行采剥，去其幼枝，趁鲜剥皮。

[加　　工] 先提制栲胶，再用石灰蒸煮法加工成麻。

7 大青杨（daqingyang）（图5）

[学　　名] **Populus ussuriensis** Kom. 杨柳科

[形态特征] 乔木，高可达20余米；老树皮色暗，有深沟裂，幼树皮灰绿色；小枝棒状，粗壮，生短柔毛，初带红色，后变灰色；芽大，有粘性。单叶互生，革质，阔椭圆形或阔卵形，长10~12厘米，宽7~9厘米，基部近心形，先端短渐尖或急尖，边缘具小波状锯齿，锯齿先端有腺点；背面脉上有柔毛；叶柄长1~4厘米，**有短柔毛**。雄花呈柔荑花序，**花轴有毛**，苞尖裂，生长毛；花盘杯状，雄蕊30~40；雌花序细长，结果时长达10~25厘米，花轴无毛。蒴果3~4瓣裂，无柄或近无柄。

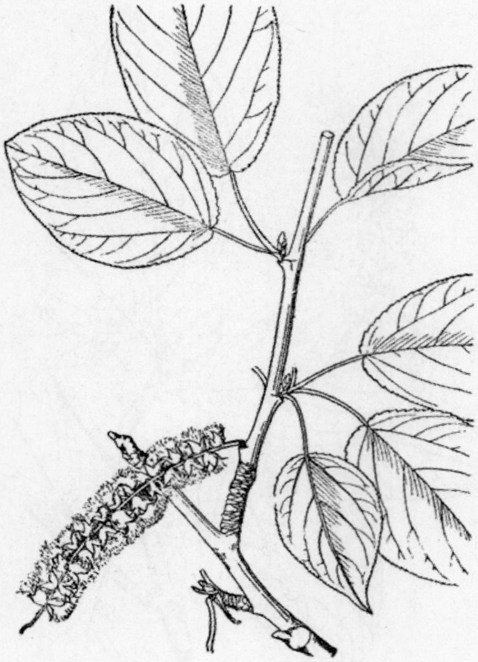

图 5 大青杨
Populus ussuriensis Kom.
果枝

[生长环境] 生于林内、山坡、河岸。

[产　　地] 黑龙江省尚志、东宁、伊春等地。

[用　　途] 枝皮纤维可造纸及人造棉；种子的绵毛可代替絮棉用；幼枝又可编织筐、篓与农具。

[理化性质] 据黑龙江省资料：含水分 11.52%，灰分 0.77%，冷水水溶物 1.85%，温水水溶物 3.69%，氢氧化钠抽出物 19.49%，全纤维素 59.73%，α-纤维素 74.68%，β-纤维素 5.03%，γ-纤维素 20.30%，纤维平均长 1.108 毫米，平均宽 18 微米。

[采收处理] 秋冬两季砍伐木材，为造纸原料。

8 垂柳(chuiliu)(图 838)

[学　　名] **Salix babylonica** L. 杨柳科

[原 料 名] 柳树皮

（地方名、形态特征、生长环境、产地及其他用途见“鞣料类”，1043 页）

[用　　途] 茎皮含纤维，可作造纸原料；枝条可编制篮筐等用具。

[采收处理] 参阅水杨柳（本页）。

[加　　工] 参阅水杨柳。

9 水杨柳（shuiyangliu）（图 6）

[地 方 名] 大叶柳（山东、江苏），紫心柳（山东），红杨柳、老鸦杨（安徽），河柳、白塘柳（江苏）。

[学　　名] **Salix glandulosa** Seem. 杨柳科

[原 料 名] 柳树皮

[形态特征] 乔木，直径达 60 厘米；幼枝鲜赤色至暗褐色，无毛，有光泽。叶卵圆形至椭圆状披针形，长 4~12 厘米，宽 2~4.5 厘米，基部阔楔形或圆形，先端渐尖或短尖，边缘具向内弯细锯齿，齿尖有显著的腺，**叶基部及叶柄上有时有腺体**，两面无毛，

背面稍带白粉；叶柄长 5～12 毫米，初有毛，后渐变无毛；托叶 2，半心形，边缘有细锯齿，长约 7 毫米，早落。花单性，雌雄异株，柔荑花序与叶同时发出，长 4~5 厘米，雌花序疏松；雄花有雄蕊 3～5，基部有毛，**腺体腹背各 1**；雌花具单腺体，**子房无毛，无花柱，柄长为腺体的 2~4 倍**。蒴果倒卵形，果穗中轴有白色绒毛。花期 3 月（江苏）。

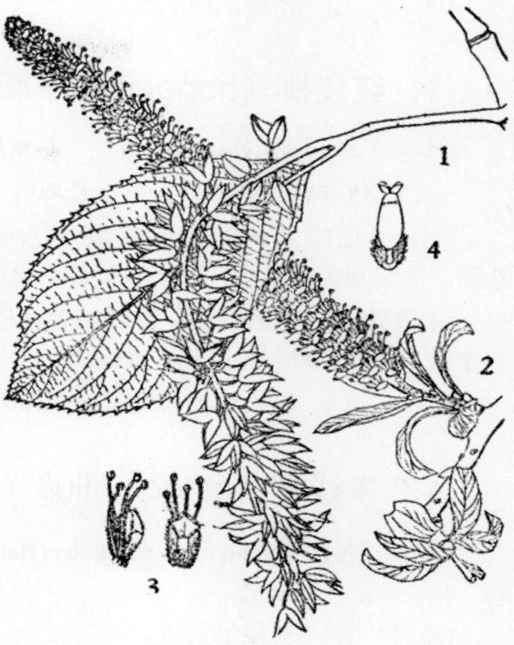

图 6 水杨柳
Salix glandulosa Seem.
1.果枝；2.雄花序；3.雄花；4.雌花。

[生长环境]　喜生于池塘或河岸边。

[产　　地]　河北、山东、河南、陕西、安徽、江苏等省。

[用　　途]　枝皮的纤维可作纺织及绳索原料。剥皮后的枝条可编织家庭用具、提篮、抬筐、水斗子、柳条包、柳条箱及矿工用的安全帽等。

树皮含鞣质，为栲胶原料，或用作黄色染料。柳材韧性很大，可作小农具、小器具之用，也可烧木炭。在开花时为蜜源植物。

[理化性质]　据山东省资料：茎皮纤维滞硬，对束纤维性质的初步测定，其纤维强力最高约 18 公斤，最低约 10 公斤，平均 14 公斤。

[采收处理]　夏秋两季采剥。将枝条割下后，趁鲜剥皮，用浸水脱胶法取麻。柳条可供编织。

[加　　工]　用碱煮法制人造棉。

10 旱柳（hanliu）（图 841）

[学　　名]　**Salix matsudana** Koidz. 杨柳科

[原 料 名]　柳树皮

（地方名、形态特征、生长环境、产地及其他用途见“鞣料类”，1046 页）

[用　　途]　枝条纤维可代麻用，并可作造纸原料；枝条可用于编制筐篓等用具。

[理化性质]　据山西省资料：茎皮含纤维素 23.42%，α-纤维素 20.47%，β-纤维素 0.6%，γ-纤维素 2.32%，木质素 22.42%，单宁 3.53%，淀粉 1.2%，糠醛 5.82%，氮 0.32%，磷 1.38%，钾 1.26%。

[采收处理]　作纤维用，夏季采割枝条，趁鲜剥皮或浸泡一天，再剥皮，皮晒干后，可收藏备用。

[加　　工]　用浸水脱胶法。

11 红皮柳（hongpiliu）（图 845）

[学　　名]　**Salix purpurea** L.　杨柳科

（地方名、形态特征、生长环境、产地及其他用途见“鞣料类”，1050 页）

[用　　途]　茎皮纤维可制麻袋、人造棉或造纸原料。去皮后的柳枝色洁白，柔韧性强，供编制各种器具，如柳条箱、手提篮、簸箕、油篓、桌椅等用具原料。

[采收处理]　一般在夏、秋季结合修枝，进行砍割枝条，去除枝叶，趁鲜剥皮，硬心作编制用，皮可制人造棉或造纸等用。

[加　　工]　制人造棉和造纸的操作工序见总论。

12 青钱柳（qingqianliu）（图 850）

[学　　名]　**Cyclocarya paliurus** (Batal.) Iljinsk. (*Pterocarya paliurus* Batal.)　胡桃科

[原 料 名]　青铁柳树皮

（地方名、形态特征、生长环境、产地及其他用途见“鞣料类”，1055 页）。

[用　　途]　茎皮纤维可供搓绳及造纸用。

[理化性质]　据湖南省资料：茎皮含纤维 17.8%，安徽省资料：茎皮含纤维 19%。

[采收处理]　参阅枫杨（47 页）。

[加　　工]　用浸水脱胶法制取纤维。

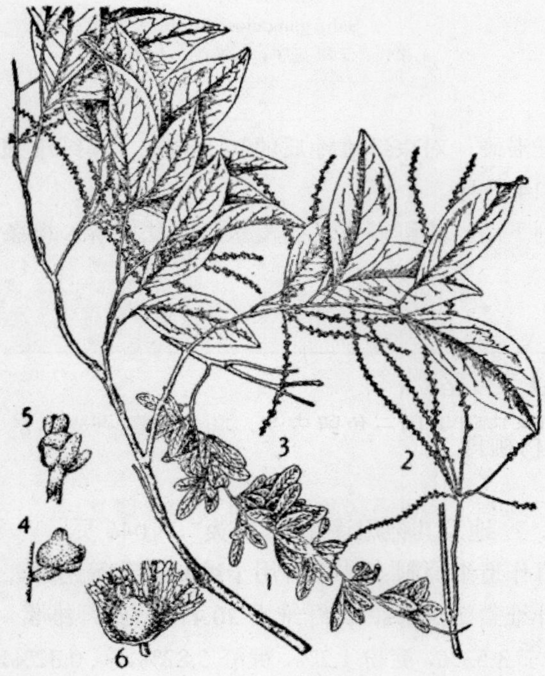

图 7 黄杞
Engelhardtia chrysolepis Hance
1. 花枝；2. 花序；3. 果枝；4，5. 雌花；6. 果实与一部分苞片。

13 黄杞（huangqi）（图 7）

[地 方 名]　黑油换、黄泡木（四川），黄榉、山砻糠（福建、浙江），杪木、杨杞麻（广东），假玉桂（云南、广东、海南），柏辣矮（广东、海南），艮柴、银杞、香头、溪榉（福建）。

[学　　名]　**Engelhardtia chrysolepis** Hance 胡桃科

[原 料 名]　黄杞树皮

[形态特征]　常绿乔木，高达 8～18 米，**全体无毛**；树皮暗灰褐色。叶偶数羽状复叶，革质，小叶 4～10，卵状长圆形或倒卵状长圆形，长 6～10 厘米，宽 2.5～5 厘米，先端长渐尖或短尖，稀为钝形，基部狭楔形或斜广楔形，全缘，表面仅被稀疏的鳞状腺体，背面有暗褐色的鳞状腺体。花单性，雌雄同株，雄花成下垂柔荑花序；**雌花序长达 20 厘米，较雄花序长；雌花序 1 条，雄花序数条常形成顶生的圆锥花序**；苞片 3 裂，均密生黄褐色鳞状腺体。小坚果近圆球形，直径约 5 毫米左右；苞为膜质，裂片 3，长椭圆形，形如鸡爪，其中间 1 片较两侧裂片为长，先端钝，有明显中肋及短细侧脉。花期 4～5 月，果期 9～10 月。

[生长环境]　生于海拔 250～1000 米，也有生长 1600 米的山地杂木林或平地疏林中比较潮湿的环境。

[产　　地]　浙江、福建、台湾、湖北、湖南、四川、贵州、云南、广东、海南、广西等省区。

[用　　途]　树皮纤维质量好，可制人造棉。亦含鞣质可提栲胶（见"鞣料类"，1056 页）。

叶和树皮可制成溶剂，能防治农作物病虫害，叶有毒亦可毒鱼。木材为工业用材和制造家具。

[理化性质]

分析单位	利用部分	纤维含量%			纤维长度（毫米）			纤维宽度（微米）		
		鲜物	晒干	烘干	一般	最长	最短	一般	最宽	最窄
厦门大学	树皮	17.38	24	29.60	10					
厦门大学	树皮	8.87	17.5	19.66	10					
福建林学院	树皮		25.2		13.9	15.0	9			
福建林学院	树皮		20.5		7.7	11.0	6			
华东师范大学	树皮		37.2		0.8	1.7	0.6	22	29	13
南京大学	树皮		36.8		13.7	19	7			

据厦门大学分析：纤维黑褐色或棕色；强度坚韧。

[采收处理]　4～10 月茎皮易剥离，剥茎皮可采用三角留皮法，防止全部剥光，最好结合木材砍伐剥皮，以保护资源。

[加　　工]　宜用水浸泡后，再用碱煮法制人造棉，其浸泡液可利用提取栲胶。

14　云南黄杞（yunnanhuangqi）（图 8）

[地 方 名]　烟包树、摇钱树（云南）

[学　　名]　**Engelhardtia spicata** Bl.　胡桃科

[原 料 名]　黄杞树皮

[形态特征]　乔木，高约 10～12 米；树皮暗褐色，粗糙；幼枝初时密被黄褐色鳞片，

以后脱落。偶数羽状复叶互生，长 15～25 厘米，小叶 4～7 对，生于上端者，**长椭圆形至长椭圆状披针形**，长 10～15 厘米，宽 3～5 厘米，生于下端者，椭圆状卵形至长椭圆状卵形，长 7～12 厘米，宽 2～4 厘米，基部歪斜，一侧近圆，一侧斜尖，先端渐尖或短尖，全缘，嫩叶有时背面中脉有疏生柔毛，**老叶两面均无毛**；小叶柄长 2～5 毫米。花单性，雌雄同株；雄柔荑花序穗状，雄花无花柄，苞片 3 裂，花被片 4；雌花序比雄花序长，子房近圆形，托以 3 裂的苞片，苞片于花后增大，果时为膜质翅状，3 深裂，基部被有灰黄色刚毛，具明显的网脉，倒披针状长圆形，长 2～3.5 毫米，最宽处约 8～14 毫米，先端圆，中间一片较两侧的约长一倍或稍短。小坚果圆球形，顶端尖，直径 4～6 毫米，有灰黄色的长刚毛。花期 10～11 月，果期 1～2 月(云南）。

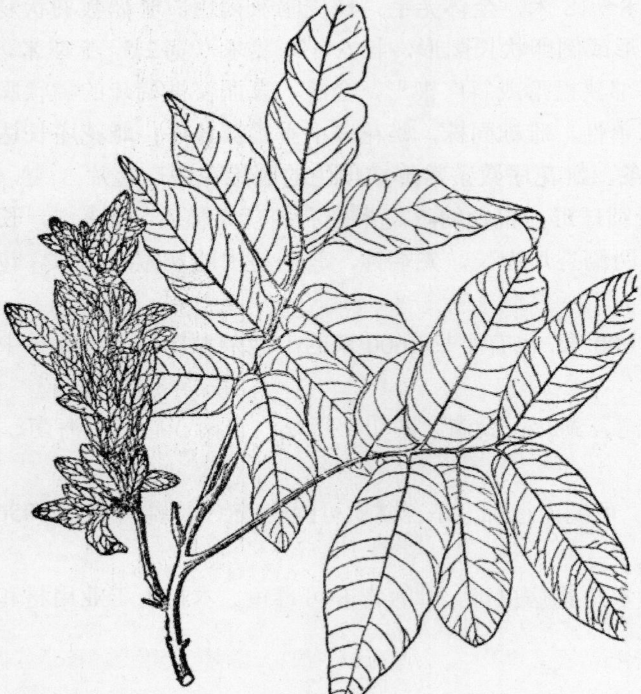

图 8 云南黄杞
Engelhardtia spicata Bl.
果枝

[生长环境] 常见于海拔 200～1500 米的山坡杂木林中，山间的溪沟边亦有生长。

[产　　地] 云南、广西、贵州、四川、福建等省区。

[用　　途] 茎、枝皮富含纤维，可制绳索。

茎皮含鞣质可提制栲胶。木材轻软，富弹性，可供建筑用材。

[理化性质] 据云南省资料：纤维含量 37.9%。

[采收处理] 一般在 6～8 月，采割树枝，去掉幼枝旁叶，趁鲜剥皮，如利用茎皮宜在秋冬季采用三角留皮法剥皮，最好结合木材砍伐时进行。

[加　　工] 枝皮用浸水脱胶法；茎皮可先提制栲胶，再用石灰蒸煮法加工成麻。

15 核桃楸（hetaoqiu）（图 558）

[学　　名] **Juglans mandshurica** Maxim. 胡桃科

[原 料 名] 楸皮（东北）

（地方名、形态特征、生长环境、产地及其他用途见“油脂类”，702 页）

[用　　途] 树枝皮可作人造棉及造纸原料，还可做绳索。

[理化性质] 据吉林省地方工业研究所分析，化学成分：含纤维素29.37%，水分7.2%，灰分3.87%，木质素16.83%，碱抽出物51.49%，苯醇抽出物11.61%，多缩戊糖15.15%。

据黑龙江省资料，化学成分：纤维素61.66%，其中α-纤维素51.26%，β-纤维素6%，γ-纤维素4.4%；物理性质：纤维平均长11毫米，宽23微米。

据厦门大学分析：树皮含纤维量，鲜物中19.47%，晒干物中29.50%，纤维长一般10毫米。

[采收处理] 宜在夏季采割枝条（不影响核果生长），趁鲜剥皮。

[加　　工] 用浸水脱胶法。

16 化香树（huaxiangshu）（图851）

[学　　名] **Platycarya strobilacea** Sieb. et Zucc. 胡桃科

[原 料 名] 化香树皮（通称）

（地方名、形态特征、生长环境、产地及其他用途见"鞣料类"，1059页）

[用　　途] 枝皮能代麻搓绳或织麻袋。

[理化性质] 据河南省资料：出麻率19.77%，含水率5.95%，脂肪及蜡质1.65%，冷水水溶物1.7%，热水水溶物0.33%，果胶0.89%，半纤维素4.13%，木质素19.71%，纤维素65.6%，灰分2.50%；单纤维平均长26.86毫米；短绒率40.61%，平均长（包括短绒）17.99毫米，上半部长33.13毫米，整齐度81.20。

据云南省资料：全纤维素17.55%，其中α-纤维素92.21%。据安徽省资料：皮部可提纤维30~40%。

[采收处理] 在7～8月间结合修枝，采割枝条，过早纤维强力不好，过迟则皮老不易剥落。剥皮时应趁鲜先从树枝的中部折断，再向两头撕扯，较易剥。剥下后晒干捆紧，放通风干燥处。

[加　　工] 可先提制栲胶后，再加20%的石灰（与原料比），蒸煮4～5小时，脱去胶质，然后捶洗晒干成麻，供纺织麻袋用。

17 云南枫杨（yunnanfengyang）（图9）

[地 方 名] 水核桃（云南）

[学　　名] **Pterocarya delavayi** Franch. 胡桃科

[原 料 名] 枫杨树皮

[形态特征] 乔木，高8～15米；芽为1枚大的芽鳞包围，长椭圆形，长2～3厘米，先端渐尖，几无毛，被有小鳞片状腺体。嫩枝被锈黄色柔毛，枝有黄色皮孔，褐棕色，无毛。奇数羽状复叶，互生，小叶3～5对，纸质，对生或近对生，狭长圆形或狭

披针形，长10～15厘米，宽3～5厘米，基部偏斜圆形，先端长渐尖，边缘具细小锐锯齿，表面疏生柔毛或无毛，背面密被毛或在叶脉上被毛，常有棕色鳞状腺体。雄花序生于枝上部近顶部，下垂，长6～14厘米，花密生；苞片2，花被片4，雄蕊多数，均被毛；雌花序顶生，比雄花序长，花无柄，花柱短，柱头2。坚果略平或凸起，**有圆形或菱形膜质翅，果实及果翅或多或少**有短柔毛。花期5～6月，果期7～8月。

［生长环境］　山坡疏林中或密林中，坡地或近沟旁。

［产　　地］　云南各地。

［用　　途］　树皮纤维可制绳索。

［采收处理］　参阅化香树（45页）。

［加　　工］　用石灰蒸煮脱胶法参见总论。

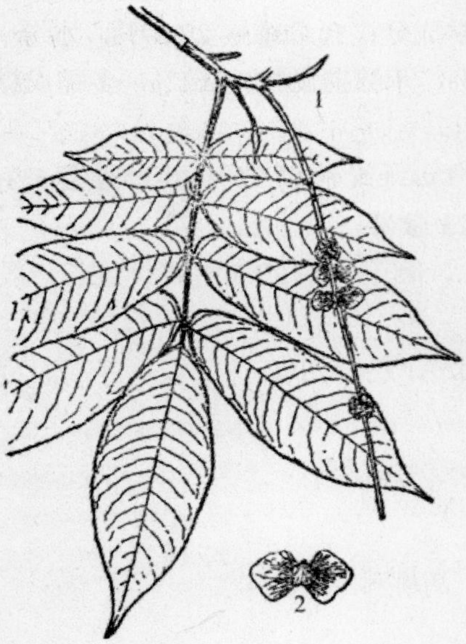

图9　云南枫杨

Pterocarya delavayi Franch.

1.果枝；2.果。

18　湖北枫杨（hubeifengyang）（图10）

［地 方 名］　山柳树（湖北）

［学　　名］　**Pterocarya hupehensis** Skan　胡桃科

［形态特征］　落叶乔木，高达8米；树皮纵裂，灰白色，老则深裂；小枝无毛；芽裸出。羽状复叶，**小叶5～9**亦有多至10的，其大小及被毛变异很大，长椭圆形至披针形，长6～14厘米，幼时背面有褐色糠状鳞片，渐次脱落而平滑，**惟叶脉及脉腋有永存星状毛**；叶轴上不具翅。花单性，雌雄同株；成下垂穗状花序。**果实无毛，果翅圆形**，直径2.5～3厘米。花期5～6月，果期7～8月。

［生长环境］　多生于河岸或湿润地，也有作为行道树栽培的。

［产　　地］　湖北、河南、陕西、甘肃、四川等省。

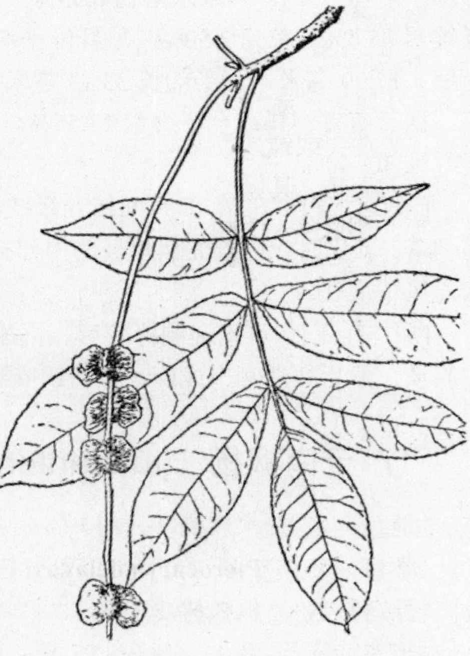

图10　湖北枫杨

Pterocarya hupehensis Skan

果枝

[用　　途]　树枝皮纤维强力较强，可代麻用，亦可造纸，作人造棉及搓绳等。

[采收处理]　作纤维用宜采1～3年生的枝条剥皮，其余参看枫杨（本页）。

[加　　工]　用浸水脱胶法或石灰蒸煮法脱胶。

[其　　他]　与本种相似的有瓦山榉树（Pterocarya insignis Rehd. et Wils），其主要区别后者冬芽有复瓦状排列的大鳞片2～3，单生，有柄，果翅较大。主要产于贵州、云南、四川、湖北（西部）等省。据贵州省分析其茎皮含纤维52～55%。

19 枫杨（fengyang）（图11）

[地 方 名]　鬼柳树（湖南、湖北、河南），榉柳（河南），溪榉、溪谷树（浙江），大叶柳、河树（江西），柳丝子、水槐树（云南），平柳、燕子树、燕子柳（山东），水麻柳（四川、甘肃、云南、湖北），元宝柳、平杨柳（辽宁、江苏），麻柳（陕西、甘肃、四川），大叶头杨树、元宝杨柳（江苏），野扁豆（安徽），白杨（江苏、安徽）。

[学　　名]　**Pterocarya stenoptera** DC. 胡桃科

[原 料 名]　鬼柳树皮（湖南）

[形态特征]　落叶大乔木，高可达30米，胸径1～2米；树皮灰褐色，纵裂；小枝灰色，有毛，皮孔圆形或长圆形，明显，枝上叶痕明显，肾形或倒心形，周回稍突起；顶芽褐色，裸露，具短柄。**偶数或稀奇数羽状复叶**，互生，叶轴具翅，小叶对生，9～25片，长圆形或椭圆状长圆形，长2.5~9厘米，宽1~3厘米，基部圆形或偏斜，先端尖或钝，边缘有细锯齿，表面深绿色，无毛，具光泽，背面色稍淡，沿脉有毛，侧脉9～12对；无柄。花单性，雌雄同株；雄花序生于去年枝上，柔荑状，长6～12厘米，雄花具1苞片及2小苞片，花被片1～2，雄蕊6或较多；雌花序生于新枝顶端，长达40厘米，成直立穗状；雌花单生苞腋，左右各有一小苞，后来发育成翅果，花被片通常4，贴生于子房，子房1室，1胚珠，花柱2。果序下垂，长达40厘米，小坚果，有2长椭圆形至长圆状披针形狭翅。花期5月，果期9月（河南）。

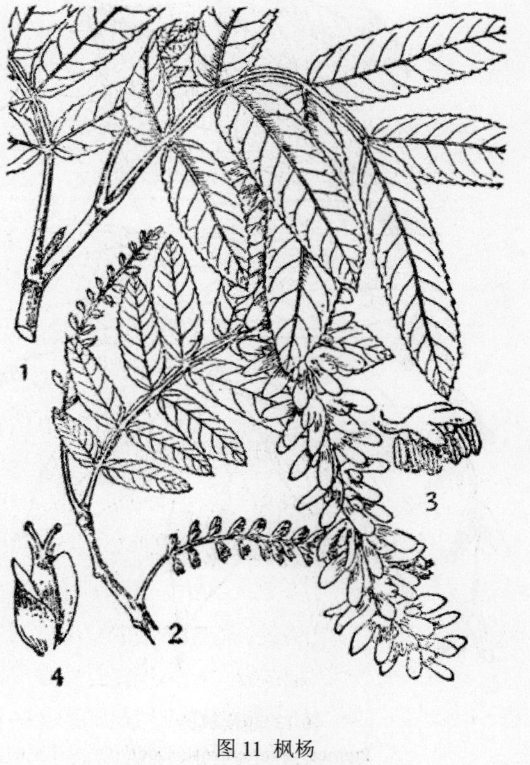

图11 枫杨
Pterocarya stenoptera DC.
1.果枝；2.花枝；3.雄花；4.雌花。

[生长环境]　喜湿润，常生长溪旁、河滩或阴湿山坡地，在砂质土壤及出没水

浸之溪滩上生长最好。

［产　　地］ 浙江、江苏、安徽、山东、江西、河南、湖北、湖南、贵州、云南、四川、广东、台湾、广西、陕西、甘肃、辽宁等省区。

［用　　途］ 枝皮纤维坚韧，出麻率达 38%，可作麻类代用品，织麻袋、制绳索，亦为造纸及人造棉原料。

树皮气味辛、大热、有毒，主治风蹋齿痛。又树皮烧水，可以洗疥癣等皮肤病。树皮和枝皮含鞣质，可提制栲胶(见“鞣料类”，1058 页)。叶含水杨酸，可作土农药，果实可作饲料及酿酒。种子可榨油(见“油脂类”，704 页)。

［理化性质］ 据河南省资料：枝皮含水量 4.9%，脂肪及蜡质 2.6%，冷水水溶物 1.71%，热水水溶物 1.67%，果胶 4.22%，纤维素 74.8%，半纤维素 5.26%，木质素 4.96%，灰分 5.46%。

据浙江省资料，化学成分：纤维素 28.15%，半纤维素 32.50%，木质素 4.37%，灰分 5.20%，热水水溶物 5.34%，冷水水溶物 8.08%，苯醇抽出物 3.13%；物理性质：纤维长 0.6～0.28 毫米，平均 0.15 毫米，宽 2.5～27.5 微米，平均 12.67 微米，比重 1.3261；束纤维强力 11～30 公斤，平均 20.70 公斤。

据安徽省资料：皮含纤维 27%，纤维滞硬，属半脱胶质纤维，束纤维强力最高 18 公斤，最低 10 公斤。

［采收处理］ 在春季或秋季，砍回树枝，除去小枝和叶子趁鲜剥皮，再按老嫩长短扎成捆。

［加　　工］ 须注意综合利用，可先提制栲胶后再用石灰蒸煮法脱胶，即可搓绳，如制人造棉则用碱煮法。

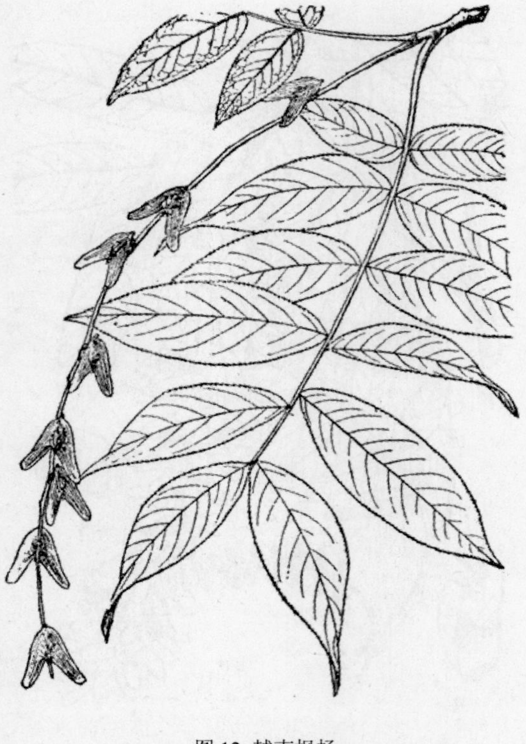

图 12 越南枫杨
Pterocarya tonkinensis Dode
果枝

20 越南枫杨（yuenan-fengyang）（图 12）

［地 方 名］ 妹宗(云南河口)，麻柳(云南金屏)。

［学　　名］ **Pterocarya tonkinensis** Dode 胡桃科

［原 料 名］ 枫杨树皮

［形态特征］ 乔木，高约 15～20 米；枝无毛，有少数皮孔。偶数或奇数羽状复叶，互生，小叶 4～6 对或更多，

长圆形或卵状长圆形，长 7～15 厘米，宽 2.5～5 厘米，基部圆形或阔楔形，不对称，先端渐尖或短尖，边缘具小锯齿，表面无毛或幼时中脉有毛，背面脉腋有簇毛；近无柄，**叶轴无翅**。花序及花与枫杨相似。坚果有 2 翅，膜质，斜上，连翅长约 2 厘米，果翅极狭，成极狭的角度展开，坚果顶端具宿存花柱，有肋纹。花期 3 月，果期 5～6 月。

［生长环境］ 喜生于近溪涧、水沟边或潮湿地方。

［产　　地］ 云南、广西等省区。

［用　　途］ 树皮纤维可代麻搓绳，又可作造纸原料。

［理化性质］ 据云南省资料：枝皮含纤维素 32.24%；纤维粗长，强力大。

［采收处理］ 参阅枫杨(47 页)。

［加　　工］ 用石灰蒸煮法取麻制绳索和麻袋。

［其　　他］ 本种根据我国南部的标本与枫杨极相近，并且有一系列的中间类型存在，或许不能成为一个独立种，仅为枫杨的一个变种，若当作变种，其学名则为 Pterocarya stenoptera var. tonkinensis Franch.。

21 糙叶树（caoyeshu）（图 13）

［地 方 名］ 假枫树(广西)，丝棉树(四川)，牛筋树、山朴(浙江)，糙皮树(山东)，加条(福建)，白鸡油(台湾)。

［学　　名］ **Aphananthe aspera** (Thunb.) Planch. 榆科

［形态特征］ 落叶乔木，高可达 20 米，树皮带黄褐色，有灰色斑纹和皱纹，老时纵裂。单叶互生，卵形或卵状长圆形，长 6.5～11 厘米，宽 3～6 厘米，基部圆形或阔楔形，先端渐尖，边缘有锯齿，表面粗糙，背面疏生短柔毛，叶脉表面凹陷，背面突出；叶柄长 5 毫米，被毛；托叶线形。花单性，雌雄同株，花与叶同时开或先叶开放；雄花序生于新枝下部，伞房花序；花被 5 裂，背面密生短毛；雄蕊 5，花丝与花被同长；雌花于枝端顶生或腋生；花被 5 裂，背面有毛，柱头 2 裂，子房 1 室，有毛。核果球

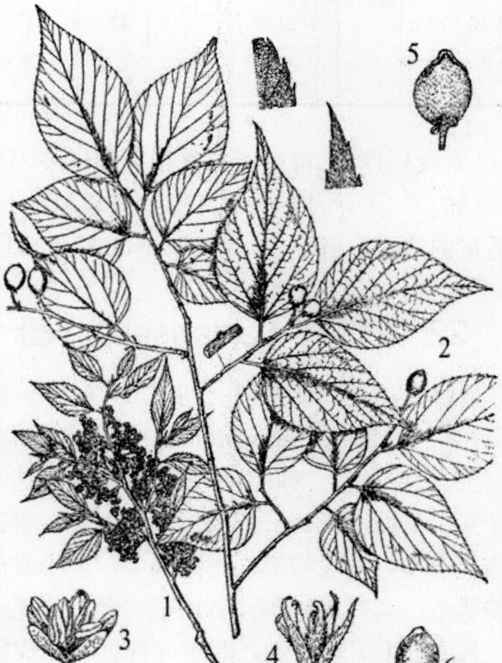

图 13 糙叶树
Aphananthe aspera (Thunb.) Planch.
1.雄花枝；2.果枝；3.雄花；4.雌花；5.果；6.种子。
(自“中国森林植物志”)

形，略扁，紫黑色，有细毛，花柱宿存；种子球形，先端尖，带灰黑色。花期5～7月，果期8～10月。

［生长环境］ 生于海拔600～1000米处，性喜温暖，在肥沃而深厚的土壤中生长良好，多见于村边、路旁、河边，常与朴树、栎树等混生。

［产　　地］ 广西、广东、湖南、江西、福建、台湾、浙江、安徽、江苏、山东、四川等省区。

［用　　途］ 树皮坚韧，可剥纤维，经处理后可代次棉，亦为较好的造纸原料。

叶可制土农药，15倍水浸液可以防治棉蚜虫，杀虫率可达100%。果实可榨油。

［理化性质］ 据安徽省资料：茎皮含纤维达34%。

另据其他分析资料列如下表：

分析单位	含纤维量			纤维长度（毫米）			纤维宽度（微米）			纤维品质		分析部分
	鲜物中	晒干物中	烘干物中	一般	最长	最短	一般	最宽	最细	色泽	强度	
厦门大学	15.38	40.50	46.23	9.0						灰黄	极坚韧	韧皮部
厦门大学	5.69	38.50	42.29	10						灰色		树皮
南京大学		41.20		7.9	12	5						”
福建林学院		25.60		7.4	10	6						”
福建林学院		24.00		43.1	54	24						”
华东师范大学		37.00		1.5	1.8	0.9	9	15	4			”

［采收处理］ 可在春末夏初采割树枝，用鲜剥法将树皮剥下后，并用麻刀刮去粗皮。

［加　　工］ 用10%的石灰（与原料比），调成乳液，与原料搅拌均匀后，放入锅中，加适量的清水，煮3～4小时取出，在流水中搓洗，除去杂质即成麻。

22 紫弹树（zidanshu）（图14）

［地 方 名］ 糯米树（四川），黄果朴（江苏、湖南），沙南子树、香丁（湖南）。

［学　　名］ **Celtis biondii** Pamp.　榆科

［形态特征］ 落叶乔木或灌木，高可达14米；树皮灰色，嫩枝被赤褐色细软毛。单叶互生，卵圆形，长卵圆形，长圆形或椭圆状卵圆形，长3～9厘米，宽2～4厘米，基部阔楔形，两边相等，先端渐尖，全缘或仅中部以上具钝锯齿，表面暗黄绿色，幼时常被软毛，老时毛脱落，背面苍白色，无毛，基出3脉，沿主脉有毛；叶柄长3～8毫米，具细软毛。花杂性，雌雄同株；雄花成簇着生于枝条下部叶腋间；雌花单生或呈聚伞花序着生于上部叶腋；花被4～5，椭圆形，分离；雄蕊4～5，与花被对生；子房无柄，1室，花柱2裂，平展。果柄比叶柄长，亦具柔毛，花柱宿存，外果皮肉质，成熟

后黑色或橙黄色，果核骨质，凹陷或有棱脊。花期 4 月（广东）。

［生长环境］　本种为亚热带温带树种，适应性较强，生于气候温暖、土壤疏松的丘陵地和山地的山坡疏林中，但以土壤中性或微碱性的山谷和河滨地区生长最好。

［产　　地］　安徽、江苏、浙江、福建、江西、湖南、广东、广西、云南、贵州、四川、陕西等省区。

［用　　途］　茎部韧皮纤维可为造棉纺织原料。

种子可榨油（见“油脂类”，715 页）。木质坚硬，作家具、车辆等用。

［理化性质］　据中国科学院广州应用化学研究所分析，化学成分：纤维素 21.3%，半纤维素 16.02%，木质素 24.24%，灰分 9.9%，油脂 2.28%。

［采收处理］　5～6 月采收枝条趁鲜剥皮，用水沤 5～7 天脱去外层粗皮。

［加　　工］　放入锅内煮 4～8 小时（时间长短，是以纤维与木质素易于分离为准），再放入清水中搓洗，除净杂质晒干成麻。

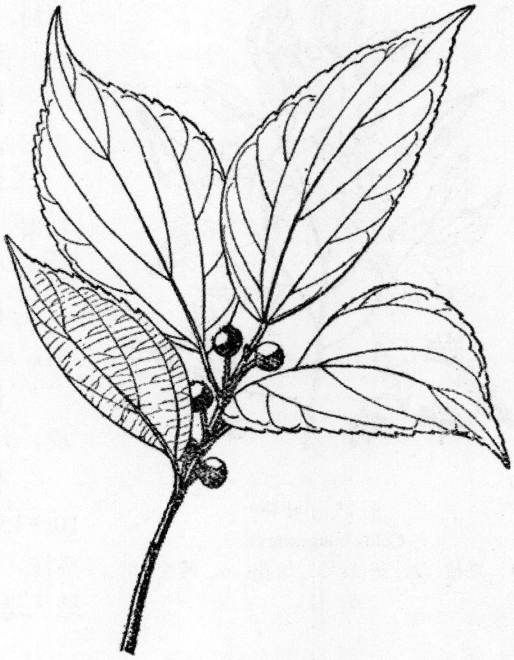

图 14　紫弹树
Celtis biondii Pamp.
果枝

［其　　他］　长叶朴，耐娃树（陕西）（C. labilis Schneider）叶厚，革质，对生，长卵形或椭圆形，基部圆形，先端长渐尖，边缘中部以上具整齐的锯齿，表面绿色，背面色淡，两面有毛。产于陕西、河南、湖北等省。茎皮纤维可制人造棉。另外还有一种陕西亦称耐娃树（C. cerasifera Schneider），叶薄纸质，互生，基部楔形，先端急尖，边缘有不整齐锯齿，表面暗绿色，背面色淡，两面疏生毛，用途与紫弹树同。

23 小叶朴（xiaoyepu）（图 15）

［地 方 名］　黑弹树（四川、陕西），棒子树（河北），白麻子（河南）。

［学　　名］　**Celtis bungeana** Bl.　榆科

［形态特征］　乔木，高可达 15 米，胸径 30～60 厘米，枝条粗大，树冠圆形或扁圆形，树皮灰色，平滑，小枝褐色，无毛，有光泽。叶卵形或卵状披针形，长 3～7 厘米，基部不对称或近圆形，先端渐尖，边缘上部有锯齿，有时近全缘，表面绿色，光滑，

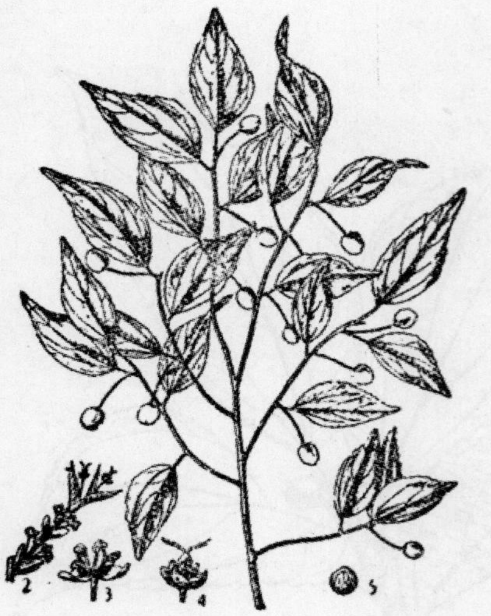

图 15 小叶朴
Celtis bungeana Bl.
1．果枝；2．花枝；3．雄花；4．两性花；5．核。

背面灰绿色，光滑无毛，有光泽；叶柄长 5～10 毫米；托叶狭长，早落。核果球形，黑紫色，有白粉，直径 7 毫米，核球形，白色，光滑，果梗细，长 1～2 毫米。花期 5 月（广西）。

［生长环境］ 生于向阳山坡及平地，喜生于深厚的粘质土。

［产　地］ 辽宁、河北、河南、陕西、甘肃、山东、江苏、浙江、安徽、湖北、四川、云南等省。

［用　途］ 枝条韧皮纤维坚韧，可代麻用，或为纸浆及人造棉的原料。

［采收处理］ 宜在夏季砍割枝条，趁鲜剥皮，分别老嫩捆成很松的小把。

［加　工］ 将捆好的枝皮放入水中浸泡 10～15 天，待胶质脱完后，取出放入清洁流水中搓洗，去掉粗皮和杂质，即成半脱胶成品。如制造人造棉，可用碱煮法。

24 珊瑚朴（shanhupu）（图 16）

［地 方 名］ 棠壳子树（湖北）

［学　名］ **Celtis julianae** Schneid. 榆科

［形态特征］ 落叶乔木，高达 25 米；树皮光滑，灰色；一年生枝密被黄锈色短绒毛，微具棱角，冬季鳞片有深棕或绿色绒毛。单叶互生，质厚，椭圆形或倒卵形，长 6～13（14）厘米，宽 3～7 厘米，基部偏斜，圆形，先端渐尖，中部以上边缘有锯齿，下部全缘，表面绿色，粗糙，疏生毛，背面黄绿色，有软柔毛，基三出脉；叶柄长 1～1.5 厘米，较粗壮，上面有沟纹，密被黄色茸毛。雄花序聚伞状，着生于新枝基部，雄花小梗疏生毛，萼 5 深裂，裂片卵状披针形，雄蕊 5；雌花单生于枝端叶腋；萼片 5，子房平滑，柱头 2 裂。果

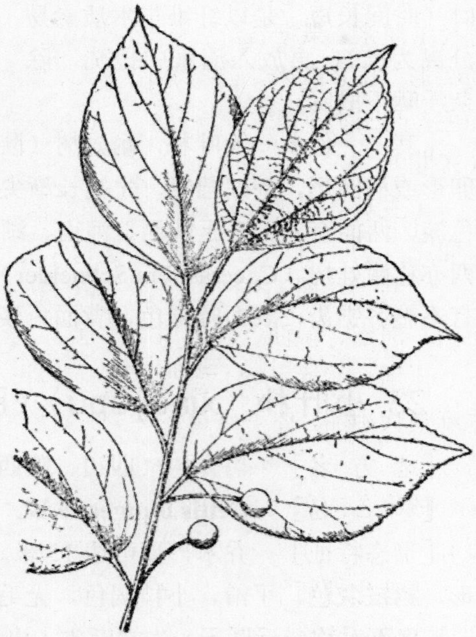

图 16 珊瑚朴
Celtis julianae Schneid.
果枝

实卵球形，橙红色，核有不显著凹陷，果柄长 1.5～2 厘米，密生细茸毛。

［生长环境］　山坡疏林中或林旁、路旁，海拔 600～1300 米的地区。

［产　　地］　浙江、安徽、江西、湖北、河南、陕西、四川、贵州等省。

［用　　途］　韧皮纤维可代麻用，可作造纸和人造棉原料。

［采收处理］　夏秋季剥树枝皮。

［加　　工］　参阅小叶朴（51 页）。

25 大叶朴（dayepu）（图 17）

［地 方 名］　山灰枣、白麻子、草榛子、白白脸、石榆子（山东），灰秆子、山高粱（辽宁），山麻子、大叶白麻（河南）。

［学　　名］　**Celtis koraiensis** Nakai　榆科

［形态特征］　乔木，高达 12 米；树皮暗灰色，微裂，小枝褐色，平滑无毛或有时有柔毛，散生淡褐色皮孔。单叶互生，倒卵形、阔倒卵形或卵圆形，长 7～14 厘米，宽 4～9 厘米，基部不对称，圆形或阔楔形，先端截形或圆形，伸出 1～3 个尾状长尖，边缘有粗锯齿，表面绿色，平滑无毛，背面淡绿色，无毛或有时沿叶脉有短柔毛；叶柄长 5～15 毫米，疏生粗毛。核果近球形，暗橙色，直径 1 厘米，果梗长约 2 厘米，核卵状椭圆形，长 8 毫米，直径约 6 毫米，黑褐色，凸凹不平，常呈网状，果期 9 月（东北）。

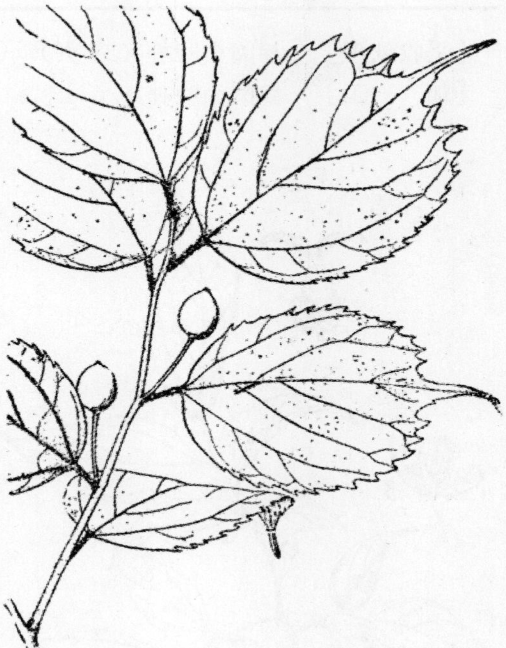

图 17　大叶朴
Celtis koraiensis Nakai
果枝

［生长环境］　生于向阳山坡及岩石间。

［产　　地］　辽宁、河北、山东、山西、河南、陕西、江苏等省。

［用　　途］　枝条纤维脱胶后可作麻类代用品，亦可作造纸、人造棉原料。

核果含油脂（见“油脂类”，715 页）。

［理化性质］　据山东省资料：枝条含纯纤维素 31.6%。陕西省资料；纤维平均长 28.36 毫米，宽 73.20 微米，平均单纤维强力 34.00 克，公制支数 309。

［采收处理］ 宜在秋季割下枝条，趁鲜剥皮，不宜存放过久，以免剥皮困难。

［加　　工］ 参阅小叶朴（51页）。

26 朴树（pushu）（图569）

［学　　名］ **Celtis sinensis** Pers.　榆科

（地方名、形态特征、生长环境、产地及其他用途见“油脂类”，715页）

［用　　途］ 枝纤维可代麻用，供搓绳索、织麻袋、土布等，也可为造纸原料。

［理化性质］ 据福建省资料如下表：

分析单位	利用部分	晒干物中含纤维%	纤维长度（毫米）		
			一般	最长	最短
福建林学院	树皮	32.00	6.20	8.00	5.00
福建林学院	树皮	36.00	13.60	19.00	10.00

［采收处理］ 参阅小叶朴（51页）。

［加　　工］ 参阅小叶朴。

27 云南朴（yunnanpu）（图18）

［地方名］ 沙糖蒿（云南）

［学　　名］ **Celtis yunnanensis** Schneid.　榆科

［形态特征］ 乔木，高8～12米。叶厚纸质，卵状披针形，长4～8.5厘米，宽2～4.5厘米，叶身两侧不对称，叶缘一侧由叶基起至1/2～1/3处为全缘，其余至顶部均有不规则的小裂齿，另一侧全缘，有时近顶部有小裂齿，两面主脉及侧脉上均被短柔毛，其余无毛。果成熟时黑色，单生或成对聚生于叶腋，果柄长1.5厘米以上，无毛或几无毛，核（内果皮）坚硬，圆球形，表面蜂窝状，脐稍凸起。花期5～6月，果期9月。

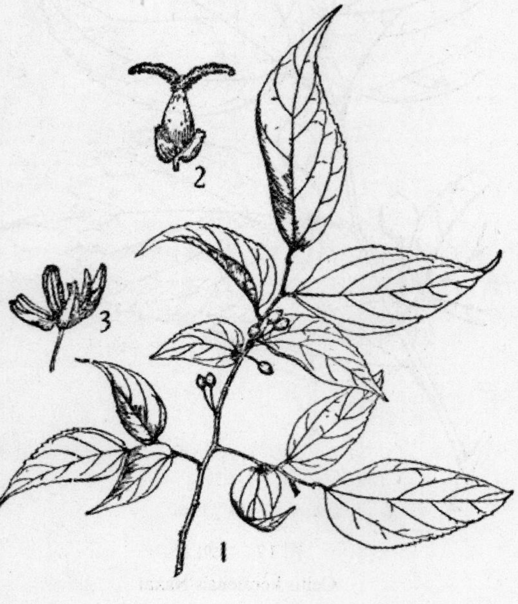

图18　云南朴
Celtis yunnanensis Schneid.
1. 果枝；2. 雌花；3. 雄花。

［生长环境］　生于河谷近水处或路旁。

［产　　地］　仅见于云南。

［用　　途］　韧皮含纤维，可用以造纸和制绳索及织麻袋。

［理化性质］　据云南省资料：茎皮含纤维 50.7%。

［采收处理］　7～8 月采割枝条，趁鲜剥皮。

［加　　工］　用浸水脱胶法。

28 大叶白颜树（dayebaiyanshu）（图 19）

［学　　名］　**Gironniera subaequalis** Planch.　榆科

［形态特征］　乔木，高 6～8 米；小枝被疏粗毛。单叶互生，革质，椭圆形或椭圆状长圆形，长 8～20 厘米，宽 4～7 厘米，基部圆形或阔楔形，先端渐尖，通常中部以上具浅锯齿或近全缘，表面光滑，背面粗糙及脉上被粗毛，侧脉 8～10 对，背面突起；叶柄长约 5 毫米，被疏粗毛；托叶长 12～18 毫米，被长粗毛。雄花序比叶柄长，分歧；雌花序单生或成对生于叶腋，被疏长毛。核果 1～5，无柄，稍压扁，长 8～10 毫米，基部有近圆形，略被粗毛的宿存萼片 5。花期 3 月。

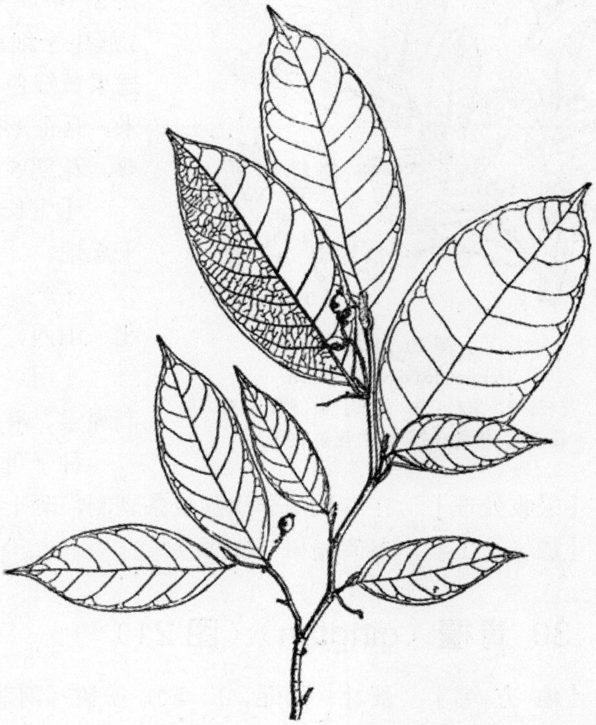

图 19　大叶白颜树
Gironniera subaequalis Planch.
果枝

［生长环境］　生于山坡向阳处和疏林中。

［产　　地］　广东、广西、云南等省区。

［用　　途］　茎部韧皮纤维可制人造棉，供絮棉用。

［采收处理］　秋季采收，用剪或刀割取树枝，去掉梢枝和叶后，由枝干基部剥皮晒干备用。

［加　　工］　参阅青榆（63 页）。

29 刺榆（ciyu）（图 20）

［地 方 名］ 刺叶子（辽宁）

［学　　名］ **Hemiptelea davidii** Planch.　榆科

［形态特征］ 落叶小乔木，高可达 10 米；树皮暗灰色，深沟裂；幼枝褐灰色，具粗而长的刺，刺长 1.5～8 厘米，有淡褐色的皮孔。叶互生，椭圆形或椭圆状长圆形，长 2～5.5 厘米，宽 1～3 厘米，两端渐尖而略圆，边缘有整齐的粗锯齿，两面均无毛，表面有许多小圆点，背面叶脉 9～12 对，明显。叶柄短，长 2～4（6）毫米，密被短茸毛。杂性花，1～4 簇生于细枝下或叶腋，萼 4～5 裂，雄蕊 4，翅果黄绿色，扁平，长 5～6 毫米，宽 3～4 毫米，具歪形的翅，顶部成鸡头状，基部有宿存萼。花期 5 月，果期 9 月（东北、内蒙古）。

图 20　刺榆

Hemiptelea davidii planch.

1．花枝；2．果枝；3．果实；4．雌花；5．雄花；6．雄蕊；7．除去花被的雌蕊。

［生长环境］ 山麓或道旁，亦能生长于干燥地。

［产　　地］ 内蒙古、吉林、辽宁、河北、山西、河南、安徽、江西等省区。

［用　　途］ 枝皮、根皮纤维可代麻，制绳索、麻袋及人造棉和造纸等。

种子可榨油，嫩叶可食或作饲料。

［采收处理］ 在春秋两季砍割枝条剥制，晒干捶去粗皮后备用。

［加　　工］ 参阅榆树（66 页）。

30 青檀（qingtan）（图 21）

［地 方 名］ 翼朴（河北、广西），檀树（河北、湖南），青藤（陕西、甘肃）。

［学　　名］ **Pteroceltis tatarinowii** Maxim.　榆科

［形态特征］ 落叶乔木，高可达 20 米，胸径可达 40～60 厘米；树皮淡灰色，呈长条剥落；小枝栗褐色，光滑无毛。单叶互生，皮纸质，卵形或卵状椭圆形，长 4～8 厘米，宽 2～3.5（4）厘米，基部圆形或阔楔形，先端长尾状渐尖，边缘有不整齐的单锯齿，基出 3 脉，草绿色，无毛。花单性，雌雄同株，雄花生于小枝叶腋，花被 5 裂，雄蕊 5，花丝伸出，雌花单生于小枝叶腋，花被 4 裂，裂片披针形，绿色，子房上位，2 室，生有疏毛。翅果圆形，稍凹，直径 1～1.2 厘米，熟后黄褐色，果柄细长，长约 1.5 厘米。花期 4～5 月，果期 9～10 月（陕西）。

［生长环境］ 喜生于山谷溪流两岸杂木林内或岩石附近及石灰岩山地，是石灰质土壤的指示植物。

［产 地］ 安徽、江苏、浙江、江西、山东、河北、河南、陕西、甘肃、青海、四川、贵州、湖南、湖北等省。

［用 途］ 树枝的韧皮纤维为制宣纸的必需的原料。

茎干木质坚硬，纹理致密，可做家具、农具、车轴、建筑等用材。

［理化性质］ 据轻工业部科学研究设计院制浆造纸研究所测定：青皮纤维最长为4.20毫米，最短为0.53毫米，一般为1.29～3.31毫米，平均为2.15毫米，最宽为22微米，最窄为5微米，一般为7～15微米，平均为11微米。含纤维素58.67%。

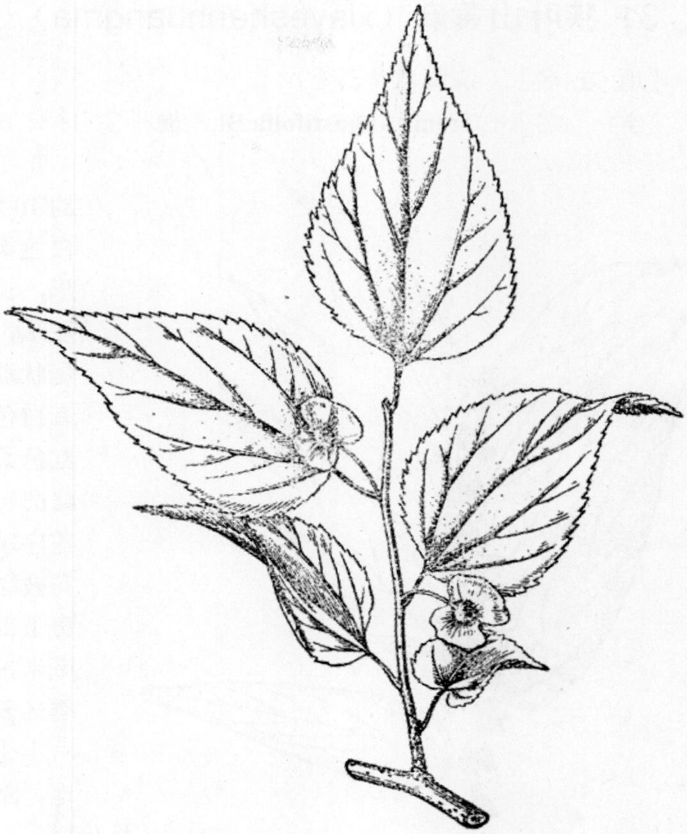

图21 青檀
Pteroceltis tatarinowii Maxim.
果枝

［采收处理］ 在11月至次年2～3月采割枝条后，除去旁枝、叶，再分别长、短、老、嫩，扎成小捆。

［加 工］ 将各类枝条的小捆，再分别扎成大捆(捆的大小可按锅的大小而定)，竖立在锅内，注入清水，再用一个倒置有底的圆木桶罩住，蒸煮约8小时，检查枝条刀砍处的皮层已收缩，露出一点枝杆，即可取出，放入清水池中，再浸泡12小时，捞起将皮剥下，晒干扎成捆，称为毛皮，即为宣纸原料。

［其 他］ 本种为我国的特产，枝皮又为宣纸的必需的原料，故宜大力繁殖，其种植方法很多，如播种、移栽野生苗、压条、插条均可，种植三年，砍去树梢使成树桩发生新枝，每二年可砍枝剥皮一次。

31 狭叶山黄麻（xiayeshanhuangma）（图22）

［地 方 名］ 麻脚树（云南）

［学　　名］ **Trema angustifolia** Bl.　榆科

图22　狭叶山黄麻
Trema angustifolia Bl.
花枝

［形态特征］ 小乔木，高约10米，小枝褐红色，幼时略被白色柔毛。单叶互生，卵状披针形，长5～12厘米，宽1.2～2.5厘米，基部钝圆或略偏狭，先端尾状渐尖，边缘有小锯齿，表面有白色乳头状突起，背面略被褐红色柔毛，侧脉5～6对，在下面略凸起；叶柄长4～6毫米。聚伞花序腋生，总梗长不超过叶柄；花被绿色，内被茸毛，雄蕊5，子房下部被毛。核果小，直径约2毫米，黑色。花期春季；果期冬季（云南）。

［生长环境］ 生于向阳坡地、路边，生长迅速2～3年可成树。

［产　　地］ 云南、广西、广东等省区。

［用　　途］ 茎皮纤维可造纸。

［理化性质］ 据云南省资料：纤维素含量27.26～51%。

［采收处理］ 参阅光叶山黄麻（本页）。

［加　　工］ 参阅光叶山黄麻。

32 光叶山黄麻（guangyeshanhuangma）（图23）

［地 方 名］ 尖尾斧头树（广东），山海麻（广西）。

［学　　名］ **Trema cannabina** Lour. (*T. virgata* Bl.)　榆科

［形态特征］ 常绿灌木或小乔木，高5～8米；小枝纤弱，被短粗毛。单叶互生，近膜质，卵形，卵状长圆形或卵状披针形，长4～10厘米，宽1.8～4厘米，基部圆形或浅心形，先端尾状长尖，边缘有锯齿，有明显的基出3脉，表面平滑或略粗糙，背面近

无毛或疏生微小柔毛；叶柄长 6～10 毫米，被微柔毛。花单性，聚伞花序短，稠密，腋生，有数花，与叶柄等长或略短，几无毛，小花，长不及 1 厘米，无花瓣，萼片 5，直立；子房无柄，1 室，柱头 2。核果圆球形，略扁，长约 3 毫米，核有皱纹。花期 3～4 月，果期 10～11 月（广东）。

图 23 光叶山黄麻
Trema cannabina Lour.
1．花枝；2．雄花。

［生长环境］ 本种为热带植物，生于丘陵地带和平原旷野的灌木林或灌木草坡上，以气候温热、阳光充足、土壤湿润的山谷和森林采伐迹地生长最好。

［产　　地］ 云南、贵州、湖南、江西、福建、广东、广西等省区。

［用　　途］ 韧皮纤维可搓绳索、造纸及人造棉，供制棉絮用。

种子可榨油（见“油脂类”，717 页）

［理化性质］ 据中国科学院广州应用化学研究所分析，化学成分：纤维素 18.2%，半纤维素 8.66%，木质素 34.71%，油脂 0.48%，水分 8.6%，灰分 3.57%，果胶微量。

［采收处理］ 秋季采收枝条（最好选一年以上的），砍伐时应从离地面 4～5 厘米处砍断，然后除去叶及幼小枝条，分别老嫩捆成小把，置于水中浸泡，约 7 天左右，就可进行湿剥。枝条采割后切勿日晒，以免剥皮困难和影响纤维质量。

［加　　工］ 代麻用可用浸水脱胶法；人造棉可用碱煮法。

33 山油麻（shanyouma）（图 24）

［地 方 名］ 山野麻、山油桐、野麻苎（福建），山黄麻（江西）。

［学　　名］ **Trema dielsiana** Hand. -Mzt. 榆科

［原 料 名］ 三脚麻（福建）

［形态特征］ 落叶灌木或小乔木，高 1~5 米，树皮暗褐色或紫褐色，呈细薄片剥落；小枝赤褐色，密生茸毛。单叶互生，纸质，卵状长圆形或长椭圆形，长 4～7 厘米，宽 1.8～3（4）厘米，基部圆形或阔楔形，先端长渐尖或尾状尖，边缘有细锯齿，两面

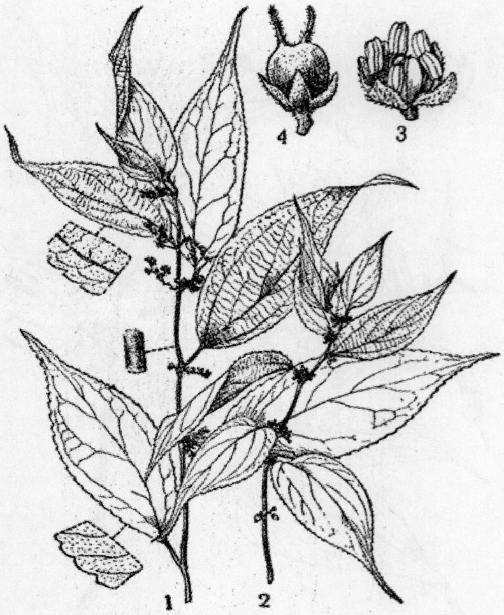

图 24 山油麻

Trema dielsiana Hand. -Mzt.

1．部分的植株；2．果枝；3．雄花；4．果。

均被白色绢毛或表面近无毛，草绿色；叶柄长 3～9 毫米，有短茸毛；托叶侧生早落。花单性，聚伞花序腋生，为单被花；雄花雄蕊 4～5；雌花子房无柄，1 室，柱头 2 裂。核果阔卵形或圆形，桔红色，光滑。花期 4～5 月（浙江），7～8 月（福建），果期 9～10 月。

［生长环境］ 山坡疏林中，向阳山坡，干燥山谷旷地或灌丛中，有时也在火烧迹地或砍伐迹地上形成大片灌丛。

［产 地］ 福建、浙江、安徽、湖北、江西、广东、广西、云南等省区。

［用 途］ 树皮纤维坚韧，细长，富弹力，可制人造棉，为纯纺或混纺的原料，亦可制麻袋、制绳索和造高级纸。

［理化性质］

分析单位	利用部分	含纤维量%			纤维长度（毫米）			纤维宽度（微米）		
		鲜物中	晒干物中	烘干物中	一般	最长	最短	一般	最宽	最细
福建林学院	树皮		47.00		12.40	23.00	7.00			
华东师范大学	树皮		41.84		5.60	8.60	2.00	14	15	13

据浙江省资料，化学成分：水分 12.68%，灰分 4.58%，冷水水溶物 8.39%，热水水溶物 6.62%，苯醇抽出物 0.96%，果胶 8.08%，半纤维素 34.09%，纤维素 27.99%；物理性质：单纤维最长 0.53 毫米，最短 0.05 毫米，平均 0.29 毫米；最宽 30 微米，最窄 7.5 微米，平均 15.43 微米；比重 1.64。另据福建纤维厂分析：茎皮含纤维素 36.3%，水分 13.7%，灰分 4.0%，果胶 3.76%，其他 2.19%。

［采收处理］ 最好在 9～10 月间，用刀剥取茎枝皮，宜用鲜剥方法，但须注意保存原料的来源，切勿使树死亡。

［加 工］ 用碱煮法制人造棉，工序见总论。用料、蒸煮的时间及温度掌握如下：

（1）一次碱煮用烧碱 8%（与原料比，下同），升温至 100℃煮 4 小时，二次碱煮用烧碱 4%，100℃煮 3 小时。

（2）漂白溶液浓度为波美 0.5～0.6，溶液比 10 倍，漂 1～1.5 小时。

（3）用大苏打 0.5～1%，溶液比 10 倍，在常温下浸 10～15 分钟。

［其　　他］　山油麻是最有前途的纤维植物之一，经初步鉴定可用以纺 80 支以上的高级纱。

34 麻柳树（maliushu）（图 25）

［学　　名］　**Trema levigata** Hand. -Mzt.　榆科

［形态特征］　灌木或乔木，高可达 10 米，一年生枝纤细，上面密被白色柔毛，较老枝条呈淡灰色，光滑，有近圆形的小皮孔；芽小。单叶互生，纸质，卵圆状披针形或披针形，长 1.6～10 厘米，宽 1 厘米左右，基部近斜心形，先端渐尖，边缘有圆形细齿，表面深绿色，光滑无毛，稀近粗糙，背面色淡，有时近粉白色，极平滑，脉上被有茸毛，侧脉 4～6 对，通常表面脉稍下凹，背面脉近突出；叶柄长 3～8 毫米，被白色茸毛。花单性，雌雄异株；聚伞花序腋生，梗短，与叶柄等长，雄花被茸毛，花被片卵圆形，先端密被纤毛。未成熟果实近球形，直径达 2 毫米。

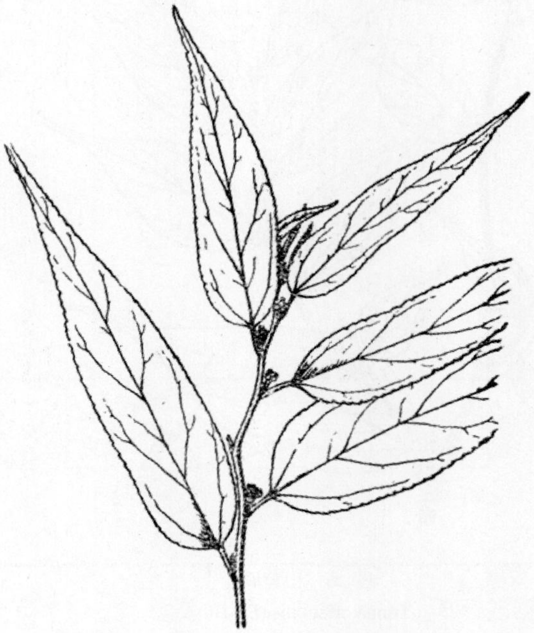

图 25　麻柳树
Trema levigata Hand. -Mzt.
花枝

［生长环境］　草原、稀疏草原及森林中。

［产　　地］　云南、四川、湖北等省。

［用　　途］　茎皮纤维可作人造棉。

［理化性质］　据云南省资料：出棉率可达 67.60%。

［采收处理］　一般在 6～8 月进行采割，用镰刀将一年生以上嫩椏和独枝砍下，除掉叶子，趁鲜剥皮。

［加　　工］　将鲜皮分别老嫩，捆成疏松的小把，放入池塘中浸泡，一般 12～16 天，用手检查感觉树皮松软纤维能分离均匀时，即为发酵成熟，捞出进行反复捶洗，去净表皮和胶质，将水拧干，晒干即得半脱胶纤维。如进一步加工人造棉可参阅山油麻（59 页）。

35 山黄麻（shanhuangma）（图 26）

［地 方 名］ 蛤蚧树（广东、湖南），麻桐树，小叶磨兰麻（广东），山角麻（福建），鞭炮麻（广东、海南、湖南），蚂蚁树、短命树（云南），麻布树（台湾），山王麻、马冷麻、雷温、抗哥、昏（广东、海南）。

［学　　名］ **Trema orientalis** (L.) Bl. 榆科

［形态特征］ 常绿乔木，高 5～8 米或更高，嫩枝密被柔毛，树皮平滑，灰黑色，多皮孔。单叶互生，卵圆形至披针形，长 6～15 厘米，宽 2～6 厘米，基部截形或浅心形，通常稍偏斜，先端长渐尖，叶缘有小锯齿，有明显的三基出脉，其侧生的二脉常达叶中部以上，表面极粗糙，被短毛，背面密被银灰色柔毛；叶柄短，长约 1 厘米，密被银灰色柔毛；托叶 2，披针形，与叶柄等长或稍短，早落。花单性；聚伞花序短，稠密，腋生，被柔毛，通常长于叶柄。多花；花小，无花瓣，萼片 5，黄褐色，外面密被柔毛；雄花长约 1 毫米，雄蕊 5，与萼片对生；雌花长约 2 毫米，子房无柄，1 室，柱头 2。核果卵圆形，长约 3 毫米，无毛。花期 3～7 月，果期 8～11 月（云南）。

图 26　山黄麻
Trema orientalis (L.) Bl.
1．雌花枝；2．雌花。

［生长环境］ 性喜较阴湿的环境，多生于林中、谷地林边，但在旷野之处亦常见。

［产　　地］ 湖南、福建、台湾、广东、广西、云南等省区。

［用　　途］ 茎部韧皮纤维，可制人造棉、织粗布、搓绳索和作造纸原料。树皮含鞣质，可提制栲胶（见“鞣料类”，1091 页）。种子可榨油（见“油脂类”，717 页）。

［理化性质］ 据广东省资料，化学成分：韧皮含纤维素 55.77%，冷水水溶物 4.00%，热水水溶物 6.31%，苯醇抽出物 3.19%，1%氢氧化钠抽出物 23.38%，灰分 0.57%，水分 12.24%，多缩戊糖 15.68%，粗蛋白 0.67%，全纤维中含 α-纤维素 73.60%，β-纤维素 14.10%，γ-纤维素 12.30%；物理性质：单纤维最长 2.5 毫米，平均长 1.45 毫米，宽 3.25 微米。又据南京大学分析：晒干物中纤维量 39.00%，纤维最长 18.0 毫米，最短 11.0 毫米，一般 14.4

毫米。据福建林学院分析：纤维最长25.0毫米，最短18.0毫米，一般为20.7毫米。

［采收处理］ 参阅光叶山黄麻（58页）。

［加　　工］ 参阅光叶山黄麻。

36 青榆（qingyu）（图27）

［地 方 名］ 青榆、大叶榆（东北）

［学　　名］ **Ulmus laciniata** Mayr. 榆科

［形态特征］ 落叶乔木，高10米，有时达20米；树皮淡灰褐色，浅纵裂，成薄片反卷剥裂，皮层纤维带粘性；小枝暗褐灰色，幼时有毛，后无毛。叶互生，倒卵形，长8～15厘米，宽7～8.5厘米。基部狭楔形，先端3～7裂，裂片三角状突尖或成尾状尖，边缘具重锯齿，表面深绿色，密生短粗硬毛，背面白绿色，疏生短硬毛，沿叶脉较密；具短柄。花为团状聚伞花序，有短梗；花被钟状，先端5～6裂，边缘及外面有密毛；雄蕊 5～6，伸出花被外，药长圆形，紫红色；子房绿色，花柱先端2裂。翅果扁平，卵状长圆形，长1.5～2厘米，宽1.1～1.2厘米；种子位于中央稍下部。花期4～5月，果期5～6月（东北）。

图27 青榆
Ulmus laciniata Mayr.
果枝

［生长环境］ 阔叶林中或溪谷旁。

［产　　地］ 辽宁、吉林、黑龙江、河北、江苏、安徽等省。

［用　　途］ 树皮可代麻用以制绳，织麻袋或制人造棉，木材可作造纸原料。

果实可榨油。

［理化性质］ 中国科学院林业土壤研究所分析：枝皮出麻率35.83%。吉林省地方工业技术研究所分析：树皮含灰分4.7%，木质素20.66%，全纤维素38.10%，苯醇抽出物8.03%，碱抽出物47.52%，多缩戊糖13.71%。

［采收处理］ 通常于8～9月间割下枝条（较老枝条），当即剥皮，春季采集亦可。

［加　　工］ 将剥下的皮浸入水中泡 7～10 天，当纤维分离时，取出用清水洗净，再用力揉搓即成柔软的黄白色。初制品可代麻用。如制人造棉可用碱煮法。

37 黄榆（huangyu）（图 28）

［地 方 名］ 大果榆（东北、华北），山榆（山东）。

［学　　名］ **Ulmus macrocarpa** Hance　榆科

［形态特征］ 落叶灌木或小乔木，高可达 10 米；树皮褐黑色，浅裂，小枝灰褐色或黄褐色，有粗毛。单叶互生，倒卵形，长 8～12 厘米，宽 4～7 厘米，基部偏斜形，先端长尖，边缘具重锯齿，表面绿色，被粗毛，背面灰绿色，密被粗短毛；具短柄，长 3～6 毫米，密被短柔毛。花先叶开放，5～9 朵为一簇，花大形，花被 4～5 裂，绿色；雄蕊 4，花药大，带黄玫瑰色；雌蕊绿色，花柱 2。翅果大形，扁平，倒卵形，长 2.5～3.5 厘米，直径 2.2～2.7 厘米，全部被短柔毛，果具短柄；种子位于中央。花期 5～6 月（东北）。

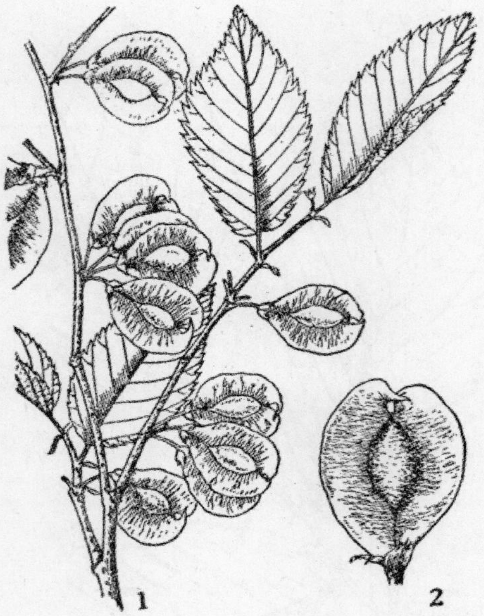

图 28　黄榆
Ulmus macrocarpa Hance
1．果枝；2．果。

［生长环境］ 山地、山麓及岩石地。

［产　　地］ 辽宁、吉林、黑龙江、内蒙古、河北、河南、山西、陕西等省区。

［用　　途］ 树皮柔韧，可代麻制绳，枝条可编筐。

［理化性质］ 据黑龙江省资料：含水分 1.03%，冷水水溶物 0.87%，温水水溶物 1.59%，1%氢氧化钠抽出物 23.53%，纤维素 54.85%，其中 α-纤维素 16.44%；纤维平均长 0.85 毫米，宽为 18.5 微米。

［采收处理］ 参阅青榆（63 页）。

［加　　工］ 参阅青榆。

38 榔榆（langyu）（图 29）

［地 方 名］ 由榔树（四川），秋榆、掉皮榆（河南），桥皮榆、杨丝榆、构树榆（江苏），蚊子树（湖南）。

［学　　名］ **Ulmus parvifolia** Jacq. (*U. chinensis* Pers. , *U. shirasawana* Daveau.) 榆科

［原 料 名］ 蚊榔皮、蚊子树皮、榔皮（湖南）

［形态特征］ 落叶乔木，高达 25 米，胸径可达 70 厘米，树皮灰褐色，成不规则鳞片状脱落。老枝灰色，小枝红褐色，多柔毛。单叶互生，椭圆形，椭圆状倒卵形至卵圆形或倒卵形，长 1.5～5.5 厘米，宽 1～2.8 厘米，基部圆形，稍歪，先端短尖，叶缘具单锯齿，表面光滑或微粗糙，深绿色，背面幼时有毛，后脱落，淡绿色；叶有短柄；托叶狭，早落。花簇生于叶腋，有短梗；花被 4 裂，雄蕊 4，花药椭圆形；雌蕊柱头 2 裂，向外反卷。翅果卵状椭圆形，顶端有凹陷，种子位于中央，长约 1 厘米。花期 7～9 月，果期 10 月（浙江）。

图 29 榔榆

Ulmus parvifolia Jacq.

1．花枝；2．果枝；3．花；4．雌蕊；5．翅果。

（自“中国森林树木志”）

［生长环境］ 平原丘陵地、山地及石灰岩山地疏林中，但以在气候温暖、土壤肥沃而疏松、呈中性反应的土壤上生长最好。

［产　　地］ 广西、广东、台湾、湖南、江西、福建、安徽、浙江、江苏、山东、四川等省区。

［用　　途］ 树皮纤维纯细，含杂质少，可作蜡纸及人造棉原料。还可织麻袋、编绳索。

木材坚硬，可作油榨、船橹、车辆。根皮可作线香。

［理化性质］ 据四川省资料：出麻率 29%。南京大学分析：树皮晒干含纤维 36%；纤维最长 5 毫米，最短 3 毫米，一般长 4.3 毫米。

另据中国科学院广州应用化学研究所分析，化学成分：树皮含纤维素 22.3%，半纤维素 10.56%，木质素 25.17%，果胶 8.0%，灰分 6.74%，水分 8.85%，油脂 7.75%；物理性质：纤维长 4～8 毫米，拉力 217.48 克 / 毫克，比重 1.140。

［采收处理］ 参阅青榆（63 页）。

［加　　工］ 参阅青榆。

39 春榆（chunyu）（图 30）

［地 方 名］ 山榆（辽宁、山东），红榆（辽宁），蜡条榆（吉林）。

［学　　名］ **Ulmus propinqua** Koidz. (*U. japonica* Sarg.) 榆科

［形态特征］ 落叶乔木，高可达 30 米，树冠圆形，树皮暗灰色，不规则剥裂，粗糙；小枝褐色，密生白色短柔毛。单叶互生，卵状椭圆形，长 5～9 厘米，宽 4～5 厘米，基部阔楔形，先端渐尖，边缘具重锯齿，表面绿色，被疏毛，背面淡绿色，被短柔毛，沿叶脉较密；叶柄长 1 厘米左右，被毛；托叶披针形，被茸毛。花于早春先叶开放，具短花梗及苞，为束状聚伞花序；花被钟形，4 裂，淡绿色，先端带褐色，边缘具褐色毛；雄蕊 4，比花被长，淡红色，花药球形，紫色。翅果扁，倒卵形，顶端为心状缺口；**种子位于中上部接近缺口处，翅果无毛**，基部楔形。花期 4～5 月，果期 5～6 月（东北）。

图 30 春榆
Ulmus propinqua Koidz.
果枝

［生长环境］ 河流两岸排水良好、湿润肥沃的土壤上，或湿润的山坡及缓坡上。

［产　　地］ 黑龙江、吉林、辽宁、内蒙古、河北、山东、河南、四川等省区。

［用　　途］ 幼枝皮柔韧，可代麻制绳用，枝条还可编筐。树皮含胶质，粉碎后可做榆面。树皮还可提取栲胶。嫩果供食用。种子可榨油，酿酒或制酱油。叶可做饲料。

［理化性质］ 据中国科学院林业土壤研究所分析：枝皮含全纤维素 44.2%。据黑龙江省资料：纤维黄褐色，柔软，长 1.1 毫米，宽 10 微米。

［采收处理］ 参阅榆树（本页）。

［加　　工］ 参阅榆树。

40 榆树（yushu）（图 31）

［地 方 名］ 白榆（山西、甘肃、江苏），钻地榆、钱榆（江苏），家榆（河北、河南），海力斯（内蒙古）。

［学　　名］ **Ulmus pumila** L.　榆科

［形态特征］ 落叶乔木，高达 20 米，胸径约 30 厘米；树冠近圆形，树皮暗灰褐色，粗糙，有纵沟裂，小枝柔软，有毛，淡灰黄色。单叶互生，倒卵形，**椭圆状卵形或椭圆状披针形，基部近对称**，长 2～7（8）厘米，宽 2～2.5 厘米，基部圆形或楔形，先端锐尖或渐尖，边缘通常**单锯齿**，表面暗绿色，无毛，背面幼时有短柔毛，后变光滑，仅脉腋有白色茸毛；叶柄长 2～8 毫米，有毛；托叶披针形，长 1 厘米，有毛。花先叶开放，簇生，花有短梗，花萼 4～5 裂，雄蕊 4～5，花药紫色；子房扁平，花柱 2。**翅果倒卵形或近圆形，光滑，先端有缺口；种子位于中央，**与缺口相接，长 1～1.5 厘米。花期 3 月（江西、江苏），4 月（东北、河北、山东），果期 4 月（江西、江苏），5～6 月（东北、河北、山东）。

图 31　榆树
Ulmus pumila L.
1．花枝；2．果枝；3．花；4．果。
（自“中国森林植物志”）

［生长环境］ 生于较肥沃的土壤上，亦能耐旱、耐碱，常见于平原地带的河堤两岸、田梗和路边；山麓、沙地上亦有生长。

［产　　地］ 黑龙江、辽宁、吉林、内蒙古、河北、山西、山东、河南、湖北、湖南、江苏、安徽、浙江、福建、江西、四川、云南、陕西、甘肃、青海、新疆等省区。

［用　　途］ 枝皮纤维坚韧，可代麻制绳索、麻袋或作人造棉和造纸。

树皮可作淀粉（见“淀粉及糖类”，495 页），种子可榨油（见“油脂类”，718 页），叶可作饲料。根皮碾碎成粉是蚊香的好原料。

［理化性质］ 据山东省资料：枝皮含纤维素 16.14%。辽宁省资料：含全纤维素 56.29%。山西省资料：出麻率 10%，单纤维平均长 3.66 毫米，宽 19.8 微米。

［采收处理］ 8～9 月或春季采割枝条，当即剥皮。

［加　　工］ 将剥下的树皮浸水中泡 10～15 天，当纤维分离时，取出用清水揉搓洗净，即成柔软而黄白色的半脱胶纤维；制人造棉可用碱煮法。

［其　　他］ 浸泡树皮的水中含有胶质，掺混于涂料中，能增加粘性，光滑美观

而耐久。

41 光叶榉（guangyeju）（图 32）

［地 方 名］ 红珠树、大叶树（安徽）

［学　　名］ **Zelkova serrata** Makino　榆科

［形态特征］ 落叶乔木，高达 30 米，胸径达 1.5 米；树皮成不规则的片状剥裂；小枝褐紫色，有短柔毛。单叶互生，长圆状卵形或卵状披针形，长 1～1.5 厘米，宽 1～1.7 厘米，基部微心形，不对称，边缘有整齐的粗锯齿，表面绿色，背面色淡，初有毛，后无毛，叶脉显明；叶柄长 1～2 毫米，有毛；托叶长圆形或披针形，早落。单性花，雌雄同株；雄花 1～3，生于小枝基部，小花梗极短，有微毛；花被钟状带黄绿色，4～5 裂，裂片椭圆形，长 1.5 毫米；雄蕊 4～5，花药黄色；雌花单一，生于新枝上部叶腋，无柄或有短柄，花梗有微毛，花被 4～5 裂，长 1～1.3 毫米，子房无柄，花柱自基部 2 裂。核果斜卵形，带绿色，背面有棱角，长宽均约 3 毫米。花期 4～5 月，果期 10 月。

图 32　光叶榉
Zelkova serrata Makino
1. 花枝；2. 果，正面观；3. 果，侧面观。

［生长环境］ 喜肥沃土地，多生于山坡、河边。但亦有栽培。

［产　　地］ 吉林、辽宁、陕西、安徽、湖南、江西、四川、福建等省。

［用　　途］ 树皮纤维强韧，可供人造棉，供制绳索及造纸等用。

［理化性质］ 据南京大学分析：树皮晒干后含纤维 46%。

［采收处理］ 秋季采收，用剪或刀割取树枝，去掉梢枝、叶，即可从枝干基部剥皮。

［加　　工］ 参阅青榆（63 页）。

42 见血封喉（jianxuefenghou）

［学　　名］ **Antiaris toxicaria** Leschen.　桑科

［形态特征］　乔木，高达 30 米；基部有周长达 8 米的板根；小枝粗糙有节疣，初为黄色有柔毛，后变灰色，光滑无毛。单叶互生，长圆形或椭圆状长圆形，长 6 厘米，宽约 3.5 厘米，基部圆形或楔形，先端渐尖或有小突尖，全缘或有粗锯齿，两面粗糙，背面脉上有时有睫毛；叶柄长 8～10 毫米；托叶披针形，长 6 毫米，早落。花单性，雌雄同株，雄花序单一或 2～3 个，球形，直径约 1 厘米，总花梗长约 1 厘米，雄花苞片部分与萼片连合，萼片 4，长 2 毫米先端膨大，有短毛，雄蕊 4，几无花丝，花药卵状长圆形，长约 1 毫米；雌花单生，长 6 毫米，生于带鳞片的卵状花托上，子房下位，1 室，具有 1 倒生胚珠，花柱 2，线形，长 2～3 毫米。果肉质，长达 18 毫米，直径 12 毫米，紫色；种子卵形，微扁，长约 13 毫米，厚约 8 毫米。

［生长环境］　生于山地常绿阔叶林中，海拔 1000 米以下地区。

［产　　地］　云南（西双版纳）、广东（海南）等省。

［用　　途］　纤维细长柔软，强力大，易脱胶，可为麻类代用品，或制人造棉。树干流出的乳汁有剧毒，海南少数民族常涂其液于箭头上以猎兽，称它为“加独”。

［采收处理］　夏秋季采收侧枝，趁鲜剥皮。

［加　　工］　用浸水脱胶法。

43 藤构（tenggou）（图 33）

［地 方 名］　葡蟠（湖南、湖北），小构树（河南、陕西、江苏、湖南、湖北、四川、福建），小叶构、皮树花、野桑叶、麻沙藤（广西），棉花藤（云南），女谷（河南），山树藤（湖南）。

［学　　名］　**Broussonetia kaempferi** Sieb.　桑科

［原 料 名］　小构皮

［形态特征］　落叶灌木，高 1～3 米；枝蔓生常下垂，暗褐色或棕色。单叶互生，卵形至狭卵形，长 6～10 厘米，宽 2～3 厘米，基部圆形而偏斜，先端渐尖，边缘具锯齿，表面粗糙，稍有毛，背面初微有细毛，后变无毛；叶柄长 1～2 厘米；托叶早落。花单性，雌雄异株；雄花序为圆

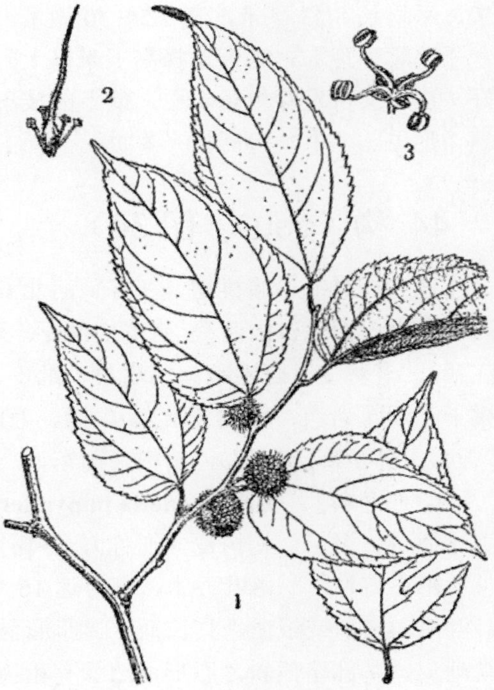

图 33　藤构
Broussonetia kaempferi Sieb.
1．果枝；2．雌花；3．雄花。

筒状柔荑花序，腋生，下垂，长 1 厘米，直径 2 毫米，花密生；雌花序为头状花序，直径 5～6 毫米，柱头细长如线状。椹果球形，红色。花期 5～6 月（湖北），4～5 月（广西），果期 7～8 月（湖北），7 月（广西）。

［生长环境］　山坡灌丛或次生杂木林中。适宜生于黄色土壤上。

［产　　地］　河南、陕西、安徽、江苏、浙江、湖南、江西、湖北、四川、贵州、福建、广东、广西、云南等省区。

［用　　途］　树皮纤维富韧性，可制绝缘纸、雨伞用的棉纸，并可代麻用，制人造棉与高级混纺原料。

［理化性质］　据中国科学院广州应用化学研究所分析，化学成分：树皮含水分 10.05%，半纤维素 6.5%，果胶 3.62%，木质素 20.7%，油脂 7.02%，灰分 4.61%，纤维素 25%；物理性状：纤维强力 129.48 克，公制支数 105.3，比重 1.27。浙江省资料，化学成分：水分 11%，半纤维素 33.10%，果胶 9.20%，木质素 1.7%，灰分 6.76%，纤维素 29.62%，冷水水溶物 5.87%，热水水溶物 3.70%，苯醇抽出物 5.52%；物理性状：单纤维长 3.5～19 毫米，平均长 8.23 毫米，宽 7.5～30 微米，平均宽 14.60 微米，比重 1.34。

［采收处理］　秋天选择高 1 米以上的茎杆，在离地面 5～7 厘米处砍下，用松土壅好，次年又可发芽生长新枝，砍下的枝条，先去掉小枝和叶，然后进行鲜剥皮。

［加　　工］　参阅构（本页）。

44 构（gou）（图 34）

［地 方 名］　楮桃树（江苏、河北），葛树、壳树（江苏），谷树（浙江、福建、江西、湖南、河北、山西），褚皮、谷皮、褚皮柴、大谷皮绳（浙江），野杨梅、合浆树（江西），老鸦皮、野毛桑、野皮桑、纸皮、山桃子、土桃子、构皮（安徽），当当树、楮桃子、油匠当当、毛桃（山东），楮、毛构树（四川），大构（贵州），哥沙、地沙皮（广西），乌子麻（海南），楮树（山东）。

［学　　名］　**Broussonetia papyrifera** (L.) Vent.　桑科

［原 料 名］　构树皮（通称），谷树皮（湖南，广东）。

［形态特征］　落叶乔木，高可达 16 米；树皮暗灰色而光滑；小枝有毛，有乳汁。单叶互生，膜质或纸质，具长柄，阔卵形至长圆状卵形，长 7～20 厘米，宽 4～8 厘米，先端渐尖，基部略偏斜，心形，边缘有粗齿，幼时常 2～3 深裂，表面深绿色，粗糙，背面灰绿色，密被柔毛，叶脉明显；叶柄长 2.5～8 厘米；托叶膜质，大而脱落。花单性，雌雄异株，雄花为柔荑花序，腋生，下垂，上方有毛；雄蕊与萼片同数，花丝长，药 2 室；花梗短，有 2～3 个小苞片；雌花序为稠密的头状花序，雌蕊为苞片所包围，柱头细长丝状，有刺，带暗红色，子房筒状，花梗长 1 厘米，有细白毛。椹果球形，肉质，熟时鲜红色。花期 4～5 月，果期 8～9 月（江苏）。

［生长环境］　多生长在丘陵、山坡、平坦地或村落附近，屋前、屋后；性耐干燥

瘠薄。也有栽培的。

［产　　地］　河北、山西、山东、河南、陕西、甘肃、四川、湖北、湖南、江西、安徽、浙江、江苏、福建、台湾、广东、广西、云南、贵州等省区。

［用　　途］　构树皮是高级纤维，可制复写纸、蜡纸、绝缘纸、制雨伞用的棉纸；纤维细而柔软可制人造棉。江苏省吴江县已织成与凡立丁一样的高档布。构树皮纤维与等量的棉花混纺做经纱，再以 21 支棉纱做纬纱，织成平布或斜纹布。

种子可榨油（见“油脂类”，718 页）。树皮、茎、叶均含鞣质可提制栲胶（见“鞣料类”，1092 页）。果实和树中白汁可供药用（见“药用类”，1646 页）。果实可食用及酿酒。木材富有韧性，可作扁担及家具。叶可作农药，杀蚜虫及瓢虫。

［理化性质］　纤维性韧，富拉力。单纤维最长 14 毫米，最短 5.7 毫米；最宽 32 微米，最窄 15 微米，平均 22.89 微米；单纤维强力平均 12.65 克。

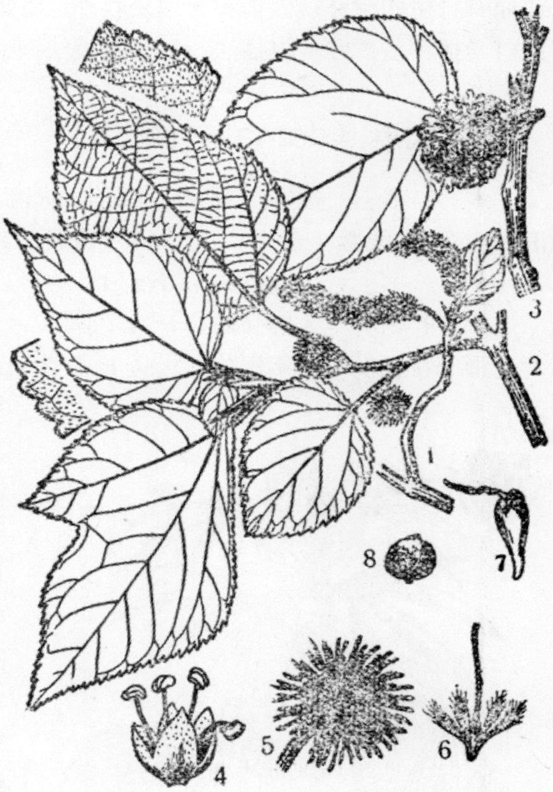

图 34　构

Broussonetia papyrifera Vent.

1. 雄花枝；2. 雌花枝；3. 果枝；4. 雄花；5. 雌花序；6. 雌花；7. 肉质子房柄和小瘦果；8. 小瘦果。

（自“江苏省植物药材志”）

［采收处理］　宜在夏秋之间采割枝条，枝条采下后，除去叶和幼嫩枝梢，即可鲜剥其皮。

［加　　工］　制人造棉方法如下：（1）选料，老皮厚而层数多，嫩皮薄而层数少，应分别处理，用铡刀铡成 5～8 厘米长小段，即放入清水中泡 1～2 天；（2）碱煮，用 5～7%的固体烧碱，再用 18 倍于原料的水进行碱煮。做法是先把水烧到 80℃时加碱，溶解后烧至 100℃时下料，煮 2～4 小时，至用手横撕不费力很柔软为止。取出用清水洗净；（3）皂煮，将 10 倍于原料的水烧至 80℃时加进占原料 4%的肥皂，溶液烧至 100℃时下料，煮 0.5～1 小时，取出用清水洗净；（4）漂白，将 10 倍于原料的水，加进占原料 8～10%的漂白粉，取清液漂白，时间约 20 分钟；（5）脱氯，50℃的温水中，加进 1%的大苏打，溶后下料，15～30 分钟取出，用清水洗净；（6）油化，将 10 倍于原料 70℃的水，加进占原料 4%的太古油，浸 1 日取出，捻过晾干；（7）梳弹，晾至近于干燥时取出梳弹。

［其　　他］　构树皮、叶、木材用途很大，尤其在纤维工业上用途很广。因此除目前原有野生构树必须保护和合理采收外，还必须适当发展栽培。其繁殖方法有以下几种：（1）播种法；（2）根插法；（3）插枝法；（4）分蔸法。

45 大麻（dama）（图 35）

［地 方 名］　胡麻、野麻（江苏），火麻、糖麻（湖北），大火麻（安徽），好麻、山麻（山东），线麻（东北），野大麻（内蒙古）。

［学　　名］　**Cannabis sativa** L.　桑科

［原 料 名］　大麻（通称）

［形态特征］　一年生草本，高 1～3 米；茎粗壮直立，皮层富纤维，基部木质化。掌状复叶互生或下部的对生，直径 10～20 厘米，具小叶 3～11，披针形至线状披针形，两端渐尖，边缘具粗锯齿，表面深绿色，有糙毛，背面密被灰白色毡毛；柄长 4～15 厘米，有短绵毛；托叶侧生。花单性，雌雄异株：雄花着生在长而疏散的圆锥花序上，黄绿色；花被片 5，长卵形；雄蕊 5，花丝细长；雌花丛生叶腋，绿色，每朵花外具一卵形苞片；花被片 1，薄膜状，雌蕊 1，子房球形，无柄，花柱 2 分枝。瘦果扁卵形，有细网状纹，外围有黄褐色的苞片。花期 5～6 月（南方各地），7～8 月（北方各地），果期 7 月（南方各地），8～9 月（北方各地）。

图 35　大麻

Cannabis sativa L.

1．雄植株上部；2．雄花。

［生长环境］　从热带到北温带都适于栽培，但在排水良好的砂质土壤或粘质土壤上产量较大。

［产　　地］　辽宁、吉林、黑龙江、内蒙古、甘肃、陕西、山西、山东、河南、河北、江苏、浙江、安徽、江西、湖北、四川、云南、贵州、广东等省区。

［用　　途］　大麻是高级纤维，可单纺或混纺，单纺可纺 60 支以上的麻纱。用 25%的大麻纤维与 25%棉花混纺，再以 21 支的棉纺做经纱，混纺的纱做纬纱，能织成平布与帆布。

种子可榨油供作油漆和制软皂、肥皂等。油粕也可作肥料或家畜饲料（见“油脂类”，718 页）。

果实可入药（见“药用类”，1646 页）。

［理化性质］ 据江苏省资料，化学成分：大麻纤维含水分 8.88～14.56%，纤维素 68.78～77.77%，灰分 0.82～2.17%，木质素 30.09%，多缩戊糖 6.04%，果胶 1.91～9.31%，蜡质及脂肪 0.56%，碱溶液抽出物 46.7%，水溶物 3.48%；物理性质：纤维颜色白而柔软，有光泽，单纤维长 150～255 毫米，宽 15～25 微米，强力为 42.32 克。

［采收处理］ 宜在 8～9 月收割，如不及时采收，茎干倒伏触地受潮腐烂，影响纤维质量。分干剥和鲜剥两种：鲜剥可用手工剥取，将割回的茎秆去掉枝叶，用手将皮剥下后再用麻刀除净粗皮，晒干成麻；干剥宜用机械剥取，采用亚麻机轧秆剥皮。

［加　　工］ 同一般麻类纤维。

［其　　他］ 大麻的一个变型，叫做野大麻［C. sativa L. f. ruderalis（Janisch.）Chu］，与本种的区别是植株较矮小，叶及果实均较小，瘦果表面具棕色大理石花纹，基部具关节。其用途与大麻同。

46 构棘（gouji）（图 36）

［地 方 名］ 野梅子（湖南），山荔子（安徽、浙江），乌脚靴、鸡食子、日早子（福建），九层皮、黄母鸡、刺楮（浙江）。

［学　　名］ **Cudrania cochinchinensis** (Lour.) Kudo et Masam. (*C. javanica* Trecul.) 桑科

［原 料 名］ 柘树皮

［形态特征］ 直立或攀援状灌木，高 2～4 米；根皮柔软，黄色；树皮灰褐色，略粗糙；枝灰褐色，光滑，皮孔散生，具粗壮、直立或微弯棘刺，长 5～10 毫米。单叶互生，革质，倒卵状披针形，椭圆形或长椭圆形，长 4～9 厘米，宽 1.5～2.8 厘米，基部楔形，先端钝或渐尖，两面无毛，侧脉 6～10 对；叶柄长 5～10 毫米。花单性、雌蕊异株；头状花序单生或成对，具短柄，被柔毛；雄花序直径 6 毫米，雄花萼片 3～5，楔形，不等形，被毛；雌花序球状，雌花萼片 4，顶端厚，被茸毛。椹果肉质，直径达 5 厘米。花期 4～5 月，果期 9～10 月。

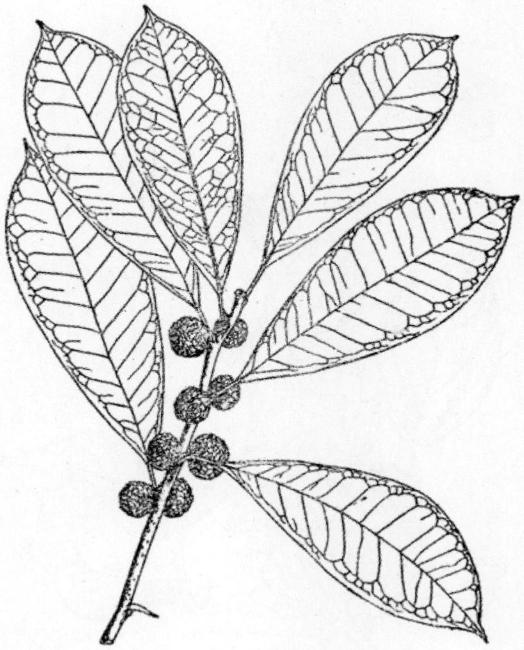

图 36 构棘
Cudrania cochinchinensis（Lour.）Kudo et Masam.
果枝

［生长环境］　山坡溪边灌丛中或山谷湿润林中，海拔 400～700 米。

［产　　地］　湖南、安徽、浙江、福建、广东、广西等省区。

［用　　途］　茎皮可作绳索或造纸原料。

果实可供食用或酿酒。心材煎汁可作黄色染料。木材可制手杖、烟管等。

［理化性质］　据厦门大学分析：茎皮含纤维量，鲜物中 5.84%，晒干物中 13.00%，烘干物中 13.14%。

［采收处理］　参阅柘（本页）。

［加　　工］　用浸水脱胶法。

47 柘（zhe）（图 37）

［地 方 名］　柘树、柘柴、柘桑（山东），棘针树、角针、柘骨针（江苏），柘刺（江苏、浙江、安徽），野梅子（湖南、江西），铁刻针、柘子、铁结子、铁黑子（河南），野荔枝（福建），老虎肝、黄桑（广西），文章树（陕西），柞树、刺桑（四川），鸡脚刺（山东）。

［学　　名］　**Cudrania tricuspidata** (Carr.) Bur. [*Vaniera tricuspidata* (Carr.) Hu]　桑科

［原 料 名］　柘树皮

［形态特征］　落叶灌木或小乔木，高可达 8 米或更高；小枝黑绿褐色，光滑无毛，具坚硬棘刺，刺长 5～35 毫米。单叶互生，近革质，卵圆形或倒卵形，长 5～13 厘米，基部楔形或圆形，先端钝或渐尖，全缘或 3 裂，表面暗绿色，背面淡绿色。幼时两面均有毛，成长后除下面主脉略有毛外，余均光滑无毛。基部三出脉，侧脉 4～5 对；叶柄长约 1 厘米，略有毛；托叶小，分离，侧生。花单性，雌雄异株；皆成头状花序，具短梗，单一或成对腋生；雄花被 4 裂，苞片 2 或 4，雄蕊 4，花丝直立；雌花被 4 裂，花柱 1。椹果近球形，直径约 2.5 厘米，红色，有肉质宿存花被及苞片，包裹瘦果。花期 6 月中旬，果期 9～10 月（河南）。

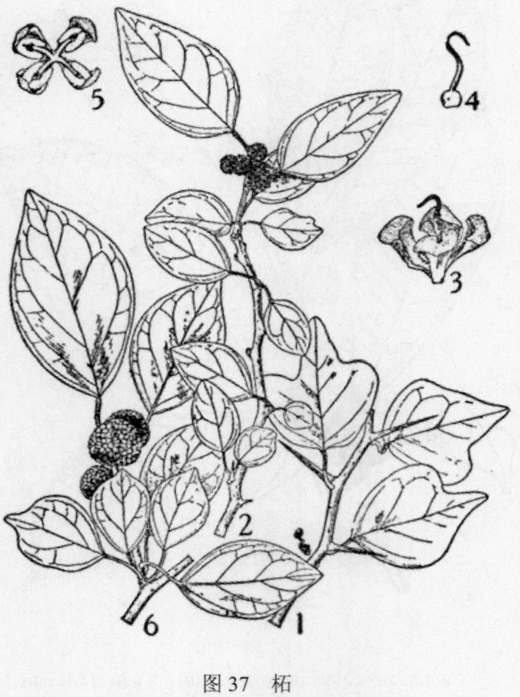

图 37　柘

Cudrania tricuspidata（Carr.）Bur.

1．枝条；2．雌花枝；3．雌花；4．雌蕊；5．雄花；6．果枝。（自“江苏南部种子植物手册”）

［生长环境］　喜生于阳光充足的荒山、坡地、丘陵地、溪旁，在砂壤或粘壤的灌木丛中也可生长。

［产　　地］　河北（南部）、山东、河南、江苏、浙江、安徽、江西、福建、湖北、湖南、陕西、甘肃、四川、贵州、云南、广西、广东等省区。

［用　　途］　树皮纤维可制人造棉。质地较柔软，可与棉花混纺；亦可制绳索及造纸等。

根皮供药用。治妇女崩血症，补虚痨，治阳萎、遗精、耳聋、肺病、跌打等症。果实可食与酿酒（见“淀粉及糖类”，496 页）。叶可饲蚕。树心黄色可做黄色染料。木质坚硬细致，可制家具等。

［理化性质］　据河南省资料：树皮含脂肪及蜡质 6.00%，冷水水溶物 4.33%，热水水溶物 3%，果胶 1%，灰分 3.67%，纤维素 62.67%，半纤维素 12.67%，木质素 1.67%，出麻率 23.33%，含水率 8.67%；纤维长度约在 10 毫米以下。据安徽省资料：纤维含量为 30%。

［采收处理］　春、秋季砍割枝条，削去分枝和叶，然后进行剥皮。

［加　　工］　可采用浸水脱胶法。

48 天仙果（tianxianguo）（图 38）

［地 方 名］　布叟、牛奶子（福建、江西），牛奶、牛奶浆、牛奶杵（浙江），鹿饭（广西）。

［学　　名］　**Ficus beecheyana** Hook. et Arn. [*F. erecta* Thunb. var. *beecheyana* (Hook. et Arn.) King] 桑科

图 38　天仙果
Ficus beecheyana Hook. et Arn.
果枝

［形态特征］　落叶小乔木，高 3～8 米，胸径 5～12 厘米，或灌木高 1～3 米；树皮灰白色或灰褐色；枝淡赤褐色，幼时被短柔毛。单叶互生，倒卵形或卵状长圆形，长 7～18 厘米，宽 3.5～9 厘米，中部以上较宽，基部近心形，稀偏斜，具三出脉，先端渐尖，常成尾状，全缘，表面深绿色，粗糙，疏生短粗毛；背面淡绿色，被疏毛，侧脉 5～7 对；叶柄长 1.2～1.5 厘米；托叶披针形，淡红色。花序托（隐头花序）通常单生叶腋或成对，球形或近梨形，直径约 1.5～1.8 厘米，先端具凸头，基部

有时急缩成短柄状，初为黄绿色，带淡红色斑点，后变暗紫红色，被白色短毛或无毛；苞片 4，永存，柄长 1～2 厘米；雄花具梗，花被片 4，雄蕊 2 或 3。花期 4 月，果期 8～9 月。

［生长环境］ 山坡林下阴湿处、山谷溪边灌丛中及田野沟边石缝内。

［产　　地］ 浙江、湖南、福建、台湾、广东、广西、云南等省区。

［用　　途］ 树皮纤维可制人造棉及造纸原料。

［理化性质］ 据福建林学院分析：树皮含纤维量 22.80%；纤维长 5～8 毫米，一般长 6.6 毫米。南京大学分析：树皮含纤维量 31.60%；纤维长 5～12 毫米，一般为 6 毫米。

［采收处理］ 全年均可剥制，但以秋季为宜，采割树枝可趁鲜剥皮。

［加　　工］ 采用浸水脱胶法。

49 青果榕（qingguorong）（图 39）

［地 方 名］ 马乳、定驼、小种、牛奶（广东海南）

［学　　名］ **Ficus chlorocarpa** Benth.　桑科

［原 料 名］ 榕树皮

［形态特征］ 常绿中等乔木或大乔木；有乳液，无毛。单叶互生，革质，卵形或卵状长圆形，长 8～20 厘米，基部圆形或微心形，先端渐尖，具 5 出脉，全缘或带波状，两面均无毛，背面有斑点，侧脉约 5 对；叶柄粗壮，长 2～7 厘米；托叶长约 1 厘米，无毛，合生包围顶芽，早落，留有疤痕。花序托聚生于树干或老枝上，球形，直径约 2 厘米，淡绿色，熟时黄色，无毛，基部有苞片 3 枚；柄长约 12 毫米，有棱，疏被微毛；花小，单性，雌雄同株，极多数，生于肉质瓮状的花托内壁上，成隐头花序，以后连同花序托发育为复合果（即榕果或无花果）。花期在冬季。

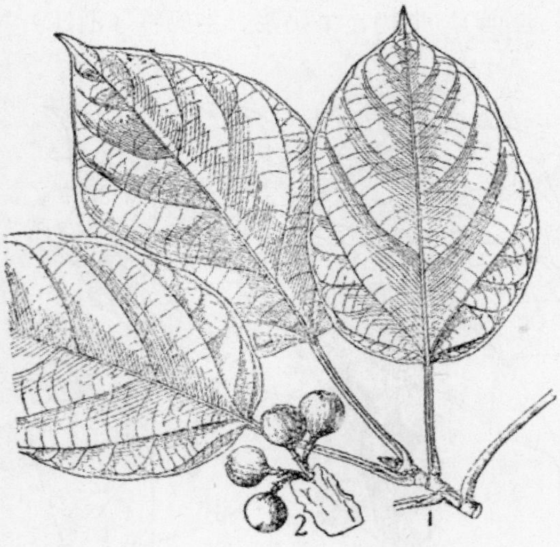

图 39 青果榕
Ficus chlorocarpa Benth.
1. 植株的一部分；2. 果枝。

［生长环境］ 为热带性树种，生于气候温暖、土壤肥沃的平原、丘陵地、山谷及溪边疏林中。

［产　　地］　广东、广西、福建等省区。

［用　　途］　茎韧皮纤维可织麻布和麻袋。

此种植物可作园庭观赏树或行道树。

［理化性质］　据中国科学院广州应用化学研究所分析，化学成分：纤维素 21%，半纤维素 8.98%，木质素 17.72%，果胶 1.4%，灰分 4.52%，油脂 2.83%，水分 9.6%。厦门大学分析：枝皮含纤维量 16.71%；纤维长 15 毫米。色泽灰褐，强力坚韧。

［采收处理］　全年均可剥取纤维，但最适宜时期是秋季，将树枝砍下，去掉旁枝和叶，然后进行剥皮。

［加　　工］　可用浸水脱胶法。

50 山枇杷果（shanpibaguo）（图 40）

［地 方 名］　鸡嗉子果（云南），榕树（贵州）。

［学　　名］　**Ficus cunia** Ham.　桑科

［原 料 名］　榕树皮

［形态特征］　小乔木，高 3～10 米，胸径约达 30 厘米；枝密被褐黄色硬毛。单叶互生，具柄，椭圆形或长圆状披针形，长 20～25 厘米，宽 8～10 厘米，基部偏心形，一侧成耳状，具四出脉，一侧渐狭，先端渐尖，全缘或边缘具疏微锯齿，表面粗糙，背面被褐黄色硬毛，侧脉 8～11 对；托叶线状披针形，长 2～2.5 厘米；叶柄粗壮，长 5～12 毫米。花序托（隐头花序）具极短梗，成对或成簇，着生在无叶的帚状枝条上，圆球形或梨形，径约 1.5～2 厘米，被硬毛，常在侧面生有苞片，基生苞片 3，熟时红褐色；雄花花被片 4，雄蕊 1，瘿花子房有侧生短花柱；雌花花被片 5，花柱长。花期 6 月，果期 7 月（贵州）。

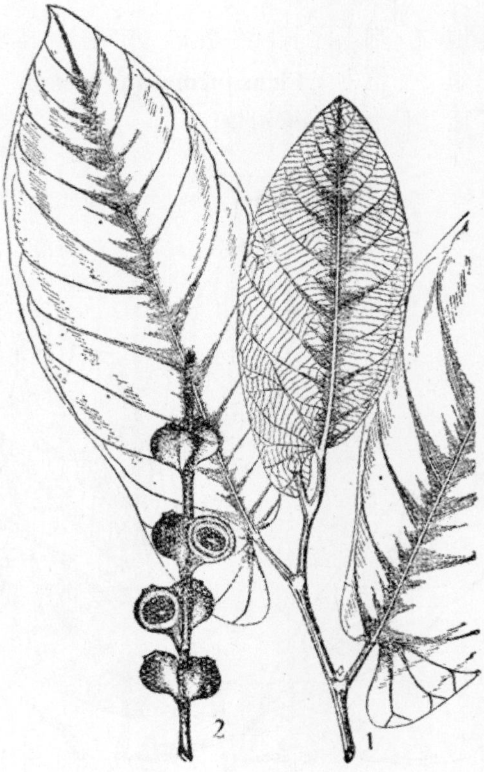

图 40　山枇杷果
Ficus cunia Ham.
1. 枝条；2. 果序。

［生长环境］　喜生长在向阳处，公路旁或稀疏草地上，垂直分布范围海拔 400～1600 米。

［产　　地］　云南、贵州等省。

［用　　途］　树皮纤维代麻用或为造纸原料。果可食用。

［理化性质］　据贵州省野生植物普查队分析：树皮含α-纤维素 48%；纤维拉力很强，并较柔软。云南省资料：α-纤维素含量 71.68%；纤维长 8～9 毫米，宽 2～3 微米。

［采收处理］　秋季伐树，趁鲜剥皮。

［加　　工］　用浸水脱胶法。

51 台湾榕（taiwanrong）（图 41）

［地 方 名］　长叶牛乳树（广东），羊乳子（广东海南）。

［学　　名］　**Ficus formosana** Maxim.　桑科

［原 料 名］　榕树皮

［形态特征］　灌木，高约 1.2 米；小枝和叶柄初时被疏毛，后无毛，枝柔弱，平滑，淡黄褐色。单叶互生，膜质，倒卵状披针形或倒卵状长圆形，长 6～11 厘米，宽 1～3 厘米，基部楔形，先端渐尖或尾状，表面深绿色，无毛，干时褐黑色，背面灰绿色，具小凸点或被短柔毛，全缘或在顶端以下有时具 1～2 钝齿；托叶无毛，长约 5 毫米，干时褐黑色。花序托（隐头花序）腋生，绿色或紫红色，梨形或球形，长 7～10 毫米，宽约 6 毫米，基部具小苞片 3；柄长 2～7 毫米；雄花具长梗，萼片 3～4，雄蕊 2，花药椭圆形，瘿花具短梗或无梗，花被片 3～4 或较多，花柱短，雌花似瘿花但花柱较长。花期夏季。

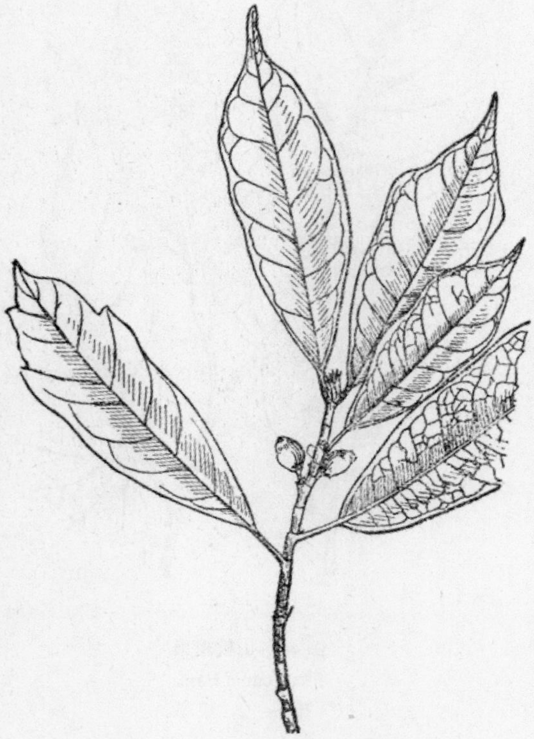

图 41　台湾榕

Ficus formosana Maxim.

果枝

［生长环境］　溪边灌木丛中。

［产　　地］　广西、广东、福建、台湾、浙江、江西、湖南、四川等省区。

［用　　途］　韧皮纤维可代麻织麻袋。

［理化性质］　据福建林学院分析：树皮含纤维量 27%；纤维长 5～12 毫米，一般为 6.9 毫米。

［采收处理］　一般在 5～8 月，将枝条割下，除去小枝和叶，趁鲜进行剥皮，晒干，扎捆贮存备用。

［加　　工］　用浸水脱胶法。

52 珍珠莲（zhenzhulian）（图 42）

［地 方 名］　牛奶蒲（福建），冰粉树、巴梨子、崖荔枝（四川）。

［学　　名］　**Ficus foveolata** Wall.　桑科

［原 料 名］　榕树皮

［形态特征］　常绿攀援藤本，幼枝黄褐色或紫褐色，初被褐色柔毛，后渐无毛，具纵沟。单叶互生，革质，长椭圆形、披针形或长卵形，长 6～21 厘米，宽 2～6 厘米，基部圆形，先端渐尖，或成短尾状，全缘，表面无毛具光泽，背面被柔毛；侧脉 7～11 对，在背面突起，小脉突起，形成蜂窝状网脉；叶柄粗壮，长 1～2 厘米；托叶长约 8 毫米，初被茸毛，早落。花序托（隐头花序）单一或成对腋生，无柄或具短柄，球形，直径 1.2～1.5 厘米，初被毛，后无毛，基部具苞片 3，阔三角形；雄花具长花梗，花被片 4，雄蕊 2。花期 3～10 月（云南）。

图 42　珍珠莲
Ficus foveolata Wall.
果枝

［生长环境］　生于山谷水边的密林或灌丛中，攀援于林中乔木上，有时生于岩石边或村庄附近。

［产　　地］　安徽、浙江、湖南、江西、湖北、四川、贵州、福建、广东、广西、云南等省区。

［用　　途］　茎皮纤维可制人造棉或造纸；全藤可扭制绳索、犁缆等。

［理化性质］　据华东师范大学分析：晒干树皮含纤维量 8.20%；纤维长一般 3.00 毫米，最长 4.40 毫米，最短 1.70 毫米，宽一般为 11 微米，最宽 16 微米，最窄

7 微米。

［采收处理］　参阅粗叶榕（83 页）。

［加　　工］　用浸水脱胶法。

53 斜叶榕（xieyerong）（图 43）

［地 方 名］　水榕、石榕（广东），大叶榕（广西），野水君子（云南）。

［学　　名］　**Ficus gibbosa** Bl.　桑科

［原 料 名］　榕树皮

［形态特征］　乔木，高 10～20 米，具乳白色粘胶质，枝条无毛。单叶互生，革质，无毛，斜菱状椭圆形、卵状长圆形或卵状椭圆形，长 6～15 厘米，宽 3～7 厘米，基部楔形，两侧不对称，先端渐尖或短尖，全缘，表面具光泽，侧脉 10～14；叶柄长 8～15 毫米；托叶长 6～8 毫米。总花梗基部有苞片；雄花与瘿花萼片 4～6，肉质，线形，被毛；雄花萼片 4，透明，线形，稍有毛。花序托（即隐头花序）成对或丛生于叶腋内，圆球形，直径 6～8 毫米，无毛，成熟时橙黄色，顶部隆起；柄长 3～5 毫米，基部有 2 苞片；假两性花，花被片 5，雄蕊 1，不孕雌蕊 1，瘿花子房光滑，有短花柱，雌花生于另一花序托中，花被片 4，花柱长。花期与果期 4～12 月（云南）。

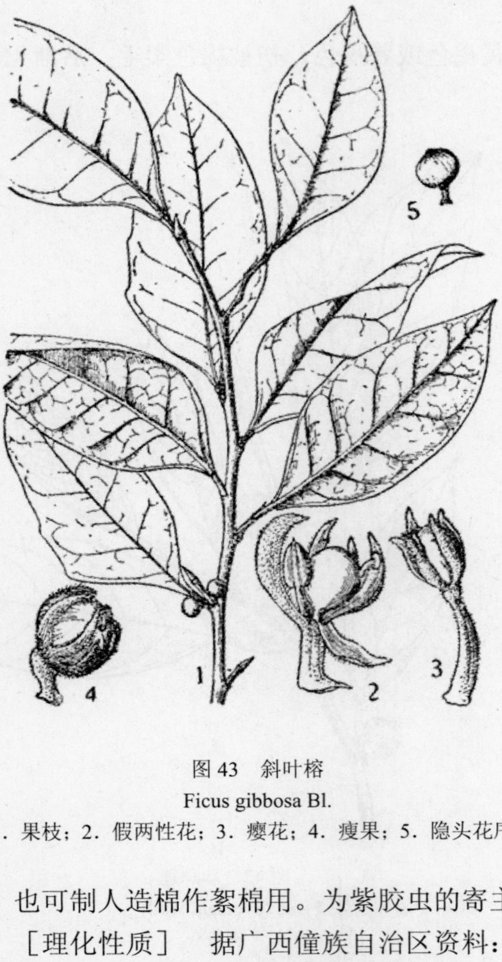

图 43　斜叶榕

Ficus gibbosa Bl.

1．果枝；2．假两性花；3．瘿花；4．瘦果；5．隐头花序。

［生长环境］　生于山谷、湿度较大的林中。

［产　　地］　云南、广东、广西、福建、贵州等省区。

［用　　途］　树皮纤维可制纸，也可制人造棉作絮棉用。为紫胶虫的寄主。木材可制器具。

［理化性质］　据广西僮族自治区资料：树皮含纤维量 33.74～57.7%。

［采收处理］　秋季采侧枝，趁鲜剥皮。

［加　　工］　用浸水脱胶法。

54 海南榕（hainanrong）（图 44）

［地 方 名］　马屎树（广东海南）

［学　　名］　**Ficus hainanensis** Merr. et Chun　桑科

［原 料 名］　榕树皮

［形态特征］　乔木，高 4～10 米；全株无毛，有乳汁；枝圆柱形；小枝粗壮。单叶互生，纸质，长圆形或长椭圆状倒卵形，长 15～25 厘米，宽 5～9 厘米，有时更大，基部短尖或近钝形，先端短尖或短渐尖，边缘上部每边有不规则的粗浅锯齿 2～3 或 10 个，近顶端的齿细小，有明显的三出脉或离基三出脉，侧脉每边 5～6 条，在背面明显凸起，并在近叶缘处连接；叶柄长 4～6 厘米；托叶合生，包围顶芽呈三角形，渐尖，长 1.5 厘米，脱落后在枝上留有环状疤痕。基生的花序最少长达 10 厘米，分枝粗而少，木质，直径可达 5 毫米以上。花小，单性同株；极多数，生于肉质瓮状的花序托内，成隐头花序；花序托（即隐头花序）倒卵形或近椭圆形，长约 2 厘米，干时有小瘤体，略具鳞粃状茸毛，基部有苞片 3，苞片三角状卵形，长约 3 毫米；果柄长约 2 厘米。花期秋冬季。

［生长环境］　常生于丘陵地和山地的山谷及溪旁的密林中。

［产　　地］　广东、海南、广西等省区。

［用　　途］　茎韧皮纤维可织麻布、麻袋，搓绳索及作造纸原料。

图 44　海南榕
Ficus hainanensis Merr. et Chun
1．枝条；2．果枝。

［理化性质］　据中国科学院广州应用化学研究所分析，化学成分：水分 9.12%，纤维素 18.20%，半纤维素 9.70%，木质素 14.46%，果胶 3.40%，油脂 4.5%，灰分 11.74%；物理性质：纤维长 0.350～1.700 毫米，强力 386.8 克 / 毫克，公制支数 140.8，比重 1.27。

［采收处理］　秋季采取侧枝，趁鲜剥皮。

［加　　工］　用浸水脱胶法。

55 尖尾榕（jianweirong）（图 45）

［地 方 名］ 细叶牛奶树（广东），青藤公、雅开树（广东海南）。

［学　　名］ **Ficus harmandii** Gagnep.　桑科

［原 料 名］ 榕树皮

［形态特征］ 乔木，高 6～15 米，多分枝，有乳汁；树皮红色或灰黄色；小枝纤细，疏被短微毛，褐色。单叶互生，纸质，长圆形或椭圆状披针形，长 7～18 厘米，宽 3～7 厘米，先端渐尖或尾状渐尖，尖头长达 2～2.5 厘米，基部楔形或阔楔形，全缘，两面均无毛，具三出脉，两侧的基脉沿着边缘直达叶片的中部，侧脉 2～3 对，弯拱形，联结成边缘叶脉，小脉网结；叶柄纤细，长 10～40 毫米，疏被短柔毛；托叶合生，包围顶芽，披针形，渐尖，长 7～10 毫米，无毛，脱落后在枝上留有环状疤痕。花序托（隐头花序）具柄，成对或单个着生在叶腋内，球形，顶部多少具脐状凸起，成熟时平滑，直径约 7 毫米，疏被短微柔毛，或无毛，绿色，后变橙色；基部苞片 3；梗长 3～5 毫米；雄花生于瘿花序托上部，花被片 4，雄蕊 2，有时 1；瘿花花被片 5；雌花生于另一花序托中。花期全年。

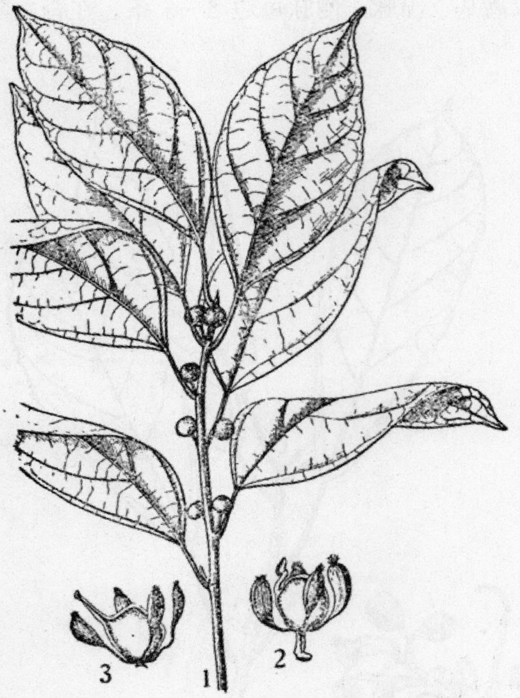

图 45　尖尾榕

Ficus harmandii Gagnep.

1．果枝；2．雌花；3．瘦果。

［生长环境］ 常见于海拔 500～1500 米间的丘陵地和山地的山谷和溪旁疏林或灌木丛中。

［产　　地］ 福建、广东、广西、云南等省区。

［用　　途］ 茎皮纤维可制绳索、织麻袋，又为造纸原料，亦可制成人造棉，作絮棉及供土纺原料。

［理化性质］ 据中国科学院广州应用化学研究所分析：纤维素 23.1%，半纤维素 6.09%，木质素 31.12%，果胶微量，灰分 6.62%，水分 13.32%。厦门大学分析：树皮含纤维鲜物中 4.13%，晒干物中 25.50%，烘干物中 28.94%；纤维灰棕色，强度坚韧。

［采收处理］ 6～9 月采收侧枝，趁鲜剥皮。

［加　　工］ 采用浸水脱胶法。

56 异叶榕（yiyerong）（图 46）

［地 方 名］　奶浆树、树地瓜（四川），无花果（贵州），红结香（福建），四丐楸（湖北），牛奶子、牛奶浆（浙江），山结香（河南）。

［学　　名］　**Ficus heteromorpha** Hemsl.　桑科

［原 料 名］　榕树皮

［形态特征］　乔木，高 8～15 米；或灌木高 2～6 米，树皮灰褐色，幼枝常被粘质锈色硬毛。单叶互生，形状变化甚大，倒卵状长圆形、倒卵形、长圆形或琴形，长 8～18 厘米，宽 3～8 厘米，基部短尖、圆形或浅心形，先端长渐尖至长尾状尖，近全缘，两面粗糙；侧脉 5～7 对，具三出脉；叶柄长 1.5～4 厘米。花序托（隐头花序）常单个或成对着生在当年生枝上部，无梗，圆球形，直径 6～8 毫米，成熟时紫色或紫黑色，平滑无毛，顶端凸起；花有 5 花被片，雄花有 3 雄蕊。花期与果期 1～10 月。

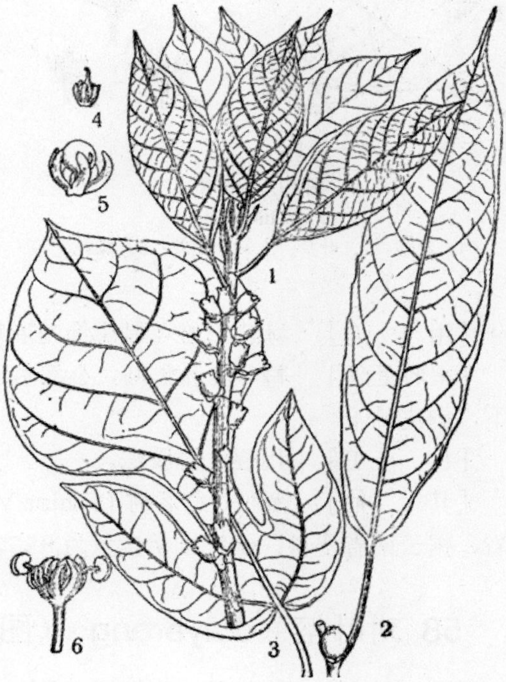

图 46　异叶榕
Ficus heteromorpha Hemsl.
1，2．果枝；3．叶；4．瘿花；5．雌花；6．雄花。

［生长环境］　生于山谷或坡地林中。

［产　　地］　云南、四川、湖北、湖南、贵州、广西、广东、江西、福建、浙江、河南等省区。

［用　　途］　树皮纤维可制纸与人造棉。

［理化性质］　据贵州省野生植物普查队分析：树皮含纤维素 51%，强力与扭力较强，单纤维细而柔软。福建林学院分析：树皮含纤维素 21%；纤维长 5～11 毫米，一般为 6.40 毫米。

［采收处理］　6～9 月采收侧枝，趁鲜剥皮。

［加　　工］　用浸水脱胶法。

57 粗叶榕（cuyerong）（图 47）

［地 方 名］　牛奶木、猪母奶（广西），佛掌榕（广东海南）。

［学　　名］　**Ficus hirta** Vahl　桑科

［原 料 名］　榕树皮

［形态特征］　灌木或小乔木；高 2～8 米，有乳汁，枝、叶、叶柄和花托均密被伸展的锈色或淡黄色糙硬毛。单叶互生，多型：卵形、椭圆形或长圆状披针形，长 8～25 厘米，宽 4～13 厘米，基部狭，圆形或心形，先端渐尖，边缘有锯齿，全缘或 3～5 裂，两面均粗糙，背面密被糙硬毛，基出脉 3～7 条，其上每边有侧脉 7～11；叶柄粗壮，长 1.2～7 厘米；托叶卵状披针形，长 12～21 毫米，被粗毛。花序托（隐头花序）球形，成对腋生，无柄，直径 8～20 毫米；基生苞片卵形，渐尖；花有 4 花被片，雄花有 2 或 3 雄蕊。

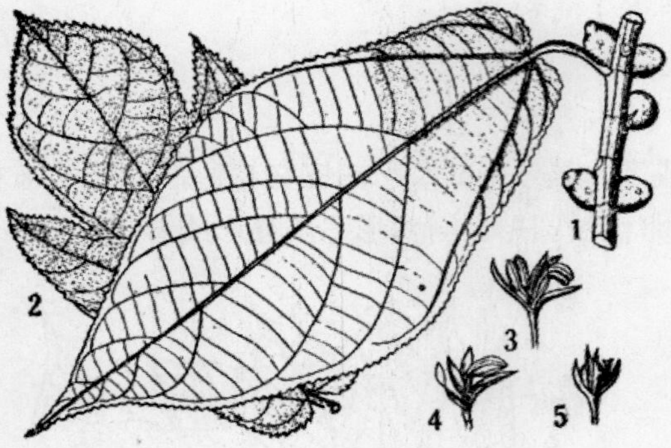

图 47　粗叶榕
Ficus hirta Vahl
1．果枝；2．叶片；3，4．雄花；5．雌花。

［生长环境］　多生于旷地上、山谷、水旁、密林中。

［产　　地］　云南、贵州、广西、广东等省区。

［用　　途］　茎皮纤维可制麻绳与麻袋。

［采收处理］　每年夏秋之间，小乔木可采枝。灌木可从根部离地面 6～10 厘米处砍下，剥皮晒干。

［加　　工］　用浸水脱胶法。

［其　　他］　变种：翁老树（F. hirta Vahl var. roxburghii King）分布于华南与西南各省，据云南省资料：α-纤维素含量为 85.7%；纤维长 6～20 毫米，宽 2～3 微米。

58 对叶榕（duiyerong）（图 48）

［地 方 名］　牛奶子、牛奶树（广东），猪奶树、牛奶麻、能麻（广东海南），米津（广西）。

［学　　名］　**Ficus hispida** L. f.　桑科

［原 料 名］　榕树皮

［形态特征］　灌木或小乔木，高 3～5 米，胸径约 10 厘米，具乳汁；幼枝被刚毛，中空。叶薄，革质，常对生，卵形、倒卵形或长圆形，长 10～20 厘米，宽 6～12 厘米，基部圆形或阔楔形，先端短尖或具短尾尖，全缘或具不规则细锯齿，或仅顶部具锯齿，两面均粗糙，表面疏被稀刚毛，背面密被粗毛；侧脉 6～8 对；叶柄长 2～4.5 厘米；托叶阔披针形，长 1.5 厘米，早落。花序托（隐头花序）聚生于老树干或由树干发出的无叶枝条，扁球形或陀螺形，直径 1.5～3 厘米，成熟时黄色，具柄，被粗毛，中部以下常具数枚苞片，排列不规则，基部苞片 3，梗长 4～8（18）毫米；雄花生于瘿花序托口部，

花被片 3，雄蕊 1；瘿花及雌花无花被。花期 6～7 月（广西）。

［生长环境］　平原、丘陵地和山地的山谷和溪边疏林或灌木丛中，在村庄旁及池塘边也有生长。

［产　　地］　广西、广东、贵州、云南等省区。

［用　　途］　茎皮纤维可以编织麻绳、麻袋，又可制成人造棉供制絮棉和混纺原料，常喜生于河旁，故可为护堤植物。

［理化性质］　据广西僮族自治区资料：树皮含纤维素 55.34%。云南省资料：含纤维素 43.36%。中国科学院广州应用化学研究所分析，化学成分：纤维素 16.5%，半纤维素 7.59%，木质素 22.45%，油脂 5.48%，灰分 14.5%，水分 4.6%；物理性质：纤维长 3.90～11.00 毫米，比重 1.08。

［采收处理］　参阅粗叶榕（83 页）。

［加　　工］　用浸水脱胶法。

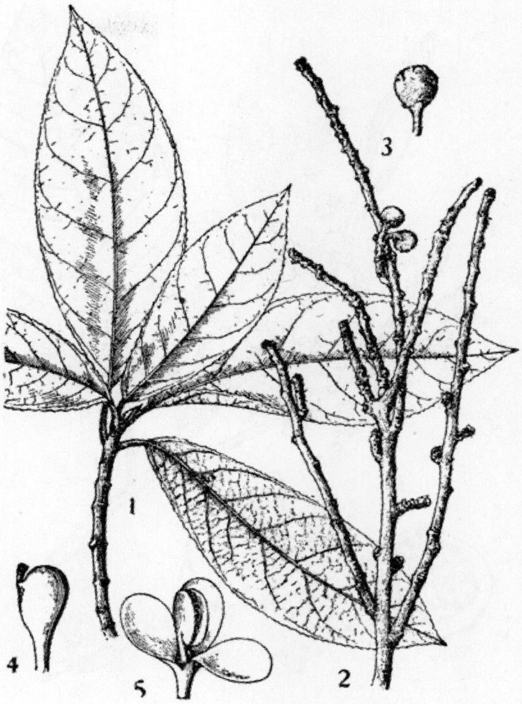

图 48　对叶榕
Ficus hispida L. f.
1．枝条；2．果枝；3．花托；4．瘿花；5．雄花。

59 黄葛树（huanggeshu）（图 49）

［地 方 名］　大叶榕（广西、广东），笔管树（广东），猪麻榕、马尾榕（广东海南），山榕（浙江），小无花果（贵州）。

［学　　名］　**Ficus lacor** Ham.　桑科

［原 料 名］　榕树皮

［形态特征］　落叶大乔木，高可达 15～26 米，胸径在 60 厘米以上，树冠广展成荫，全株无毛。叶互生、卵形或长圆形，长 10～15 厘米，宽 4～7 厘米，基部圆形，先端短尖或短渐尖，边缘全缘或微波状，表面深绿色，背面浅绿色；侧脉 7～10 对；叶柄长 3～5 厘米；托叶披针形，长约 1 厘米，早落而留明显的环状痕迹。花序托（隐头花序）单一或成对生于叶腋内，或 3～4 个丛生于老枝干上，近球形，无梗，直径约 5～8 毫米，带白色，有红晕与红色小斑点，熟时黄色；基生苞片 3 枚；雄花少数生于花序托口部，花被片 3，雄蕊 1，瘿花及雌花均有 4 花被片。花期 5～6 月。

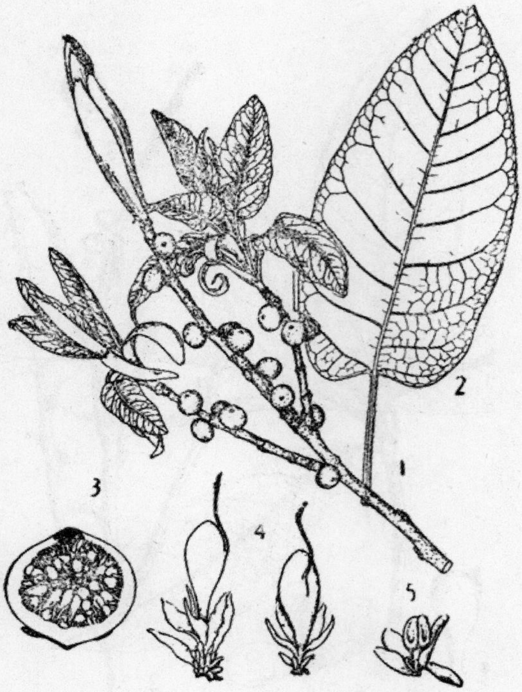

图 49 黄葛树
Ficus lacor Ham.
1．果枝；2．叶；3．花托纵切面；4．雌花；5．雄花。
（自“中国森林植物志”）

［生长环境］ 本种适应性较强，常生于平原、丘陵、山地及石灰岩山地的山谷疏林中，溪边或路旁、村旁。

［产　　地］ 广东、广西、贵州、四川、云南、浙江等省区。

［用　　途］ 茎皮纤维可制麻绳，又可制成絮棉和纺纱。

木材暗灰色，质轻软，纹理美而粗，可做器具、农具等。亦供药用，据生草药备要载：味涩，性平，除骨内风，同时捣敷，能接骨。枝供养紫胶虫。树冠张开，形成浓荫，常在村旁培作炎夏遮荫树。

［理化性质］ 据贵州省资料：树皮含纤维 51.8%、拉力较强，单纤维细长而柔软。中国科学院广州应用化学研究所分析：纤维素 23.5%，半纤维素 4.91%，木质素 31.44%，果胶 2.5%，油脂 0.87%，灰分 2.57%，水分 8.1%。

［采收处理］ 6～9 月割取侧枝，趁鲜剥皮。

［加　　工］ 用浸水脱胶法。

60 爬藤榕（拟）（patengrong）（图 50）

［地 方 名］ 小叶风藤（浙江），马氏榕（广西），岩石榴、爬墙虎（安徽）。

［学　　名］ **Ficus martini** Lévl. et Vant. (*F. impressa* Champ, *F. kwangtungensis* Merr.) 桑科

［原 料 名］ 榕树皮

［形态特征］ 常绿攀援灌木，长 2～10 米，枝光滑，棕褐色，有棕色皮孔，幼枝及芽有棕色茸毛，有时节上生根。单叶互生，革质，无毛，椭圆形或椭圆状披针形，长 5～9 厘米，宽 1.5～3 厘米，基部圆形或楔形，先端渐尖或长渐尖，表面光滑，绿色，背面灰白色，脉网背面隆起，成蜂窝状；叶柄长 4～7 毫米，密生棕色毛。花序托（隐头花序）单一或成对，单生于叶腋或聚生于老枝，球形，直径 4～7 毫米，具短梗（长

约3毫米）；雄花生于瘿花序托口部，花被片3～4，雄蕊2；瘿花有5花被片。花期4月，果期7月（浙江）。

［生长环境］ 常攀援在山间树干上，溪边岩石上或屋墙上。

［产　　地］ 云南、四川、贵州、广西、广东、湖南、江西、浙江、安徽、江苏等省区。

［用　　途］ 茎皮纤维可制人造棉及造纸，全藤可扭制绳索与犁缆等。

可作攀援性绿化树种。浙江龙泉民间用其根部治风湿病。

［理化性质］ 据安徽省资料：茎皮纤维含量25%。

［采收处理］ 夏秋之间，采取植株，应在离地面5厘米处左右砍下，趁鲜剥皮晒干。

［加　　工］ 用浸水脱胶法。

图50 爬藤榕
Ficus martini Lévl. et Vant.
1．果枝；2．雄花；3．瘿花。

61 枇杷果（pibaguo）（图51）

［地 方 名］ 小糙叶子、万年果、野构叶（云南）

［学　　名］ **Ficus obscura** Bl.　桑科

［原 料 名］ 榕树皮

［形态特征］ 灌木或小乔木，高2～7米；小枝，叶柄及花托密被短硬毛。单叶互生，极不对称，长圆形或倒披针形，或椭圆状倒卵形，长9～16（25）厘米，宽4.4～7（12）厘米，基部偏斜，一侧圆形，一侧楔形，先端渐尖或尾状尖，边缘具锯齿，表面粗糙被粗糙硬毛，背面被短硬毛，侧脉8～12；叶柄长1～1.4厘米。花托（隐头花序）单一或成对着生，卵球形或球形，直径6～8毫米，先端具脐，被长硬毛，熟时呈红色或橙黄色，无基部苞片，梗长约5毫米；雄花生于瘿花序托的口部，花被片4，雄蕊1。

［生长环境］ 沟边疏林或密林中，垂直分布于海拔1000～2000米间的山地。

［产　　地］ 云南、贵州等省。

［用　　途］ 茎皮纤维拉力强，单纤维较细，可制麻袋和人造棉。叶可作饲料。

图 51　枇杷果
Ficus obscura Bl.
1．果枝；2．雄花；3．瘿花。

4.5（6.3）厘米，基部圆形或阔楔形，先端突尖，中部常多少收缩而成窄腰形，两面无毛，有时背面被短柔毛；柄长 4～8 毫米。花序托（隐头花序）单生于叶腋内，绿色或紫红色，卵圆形，直径 10 毫米，无毛，具短梗，基生苞片 3，阔卵形；雌花长 1 毫米，花被片 4。花期 6～7 月（广东）。

［生长环境］　生于海拔 400～1200 米处，山地的灌木丛、疏林中或村落旁。

［产　　地］　广东、广西、云南、江西、福建、浙江等省区。

［用　　途］　树皮纤维可制人造棉与造纸用。

［理化性质］　据云南省资料：茎皮含纤维 45%，α-纤维素含量 90%；纤维长 5～

［理化性质］　据云南省资料：茎皮含纤维 44.7%，α-纤维素 90%。贵州省资料：树皮含纤维素 48%。

［采收处理］　参阅粗叶榕（83 页）。

［加　　工］　用浸水脱胶法。

62 琴叶榕（qinyerong）（图 52）

［地 方 名］　牛乳树、狗婆子树（江西），牛奶绳（浙江），茶叶牛奶子、牛根子（福建），小无花果（贵州）。

［学　　名］　**Ficus pandurata** Hance　桑科

［原 料 名］　榕树皮

［形态特征］　落叶小灌木，高 1～2 米；小枝及叶柄幼时被白色短疏毛，后无毛，常呈红紫色。单叶互生，变异甚大，小提琴形或倒卵形，长 4～10 厘米，宽 1.5～

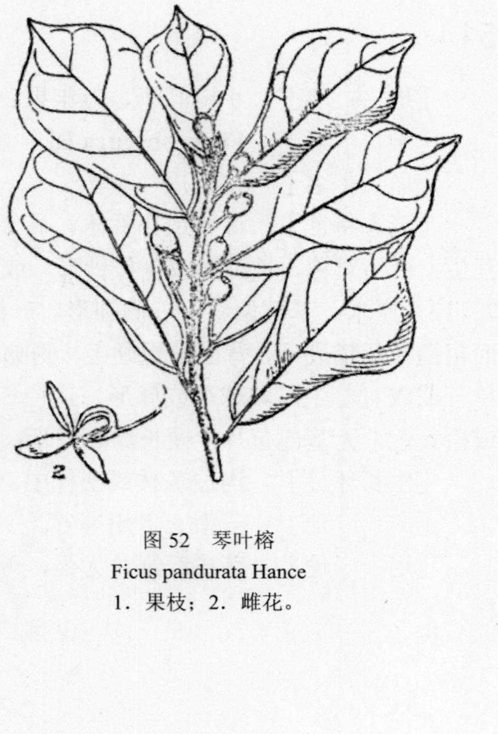

图 52　琴叶榕
Ficus pandurata Hance
1．果枝；2．雌花。

7毫米，宽2～2.5微米。

［采收处理］　参阅粗叶榕（83页）。

［加　　工］　用浸水脱胶法。

［其　　他］　本种与台湾榕（F. formosana Maxim.）亲缘关系最近，外形也极为相似，区别仅在叶形方面，本种的叶常为琴形，全缘；而台湾榕的叶不为琴形，在中部以上常有少数不规则的锯齿。

63 薜荔（bili）（图406）

［学　　名］　**Ficus pumila** L.　桑科

［原 料 名］　薜荔皮

（地方名、生长环境、产地及其他用途见“淀粉及糖类”，496页）

［用　　途］　茎皮纤维可制人造棉、造纸与绳索。

［理化性质］　据福建林学院分析：晒干的树皮含纤维量33.3%。

［采收处理］　秋季采割枝皮。

［加　　工］　用浸水脱胶法。

64 榕（rong）（图53）

［地 方 名］　细叶榕树（广东），正榕（浙江）。

［学　　名］　**Ficus retusa** L.　桑科

［原 料 名］　榕树皮

［形态特征］　常绿大乔木，高20（25）米，胸径达2米以上，有气根。单叶互生，革质，阔倒卵形或倒卵状长圆形，长4～8（10）厘米，宽2～4（5.5）厘米，基部楔形或圆形，先端钝短渐尖，全缘，两面均无毛，侧脉5～6对，表面不明显；叶柄长7～15毫米，粗壮。花序托（隐头花序）无柄，单生或对生于叶腋内，倒卵球形，直径约5～10毫米，初乳白色，熟时黄色或淡红色，基部苞片3，阔卵形，钝，雄花花被3～4，雄蕊1，雌花花被片3，柱头长；瘿花似雌花，但子房有双翅类的昆虫。花期5月，

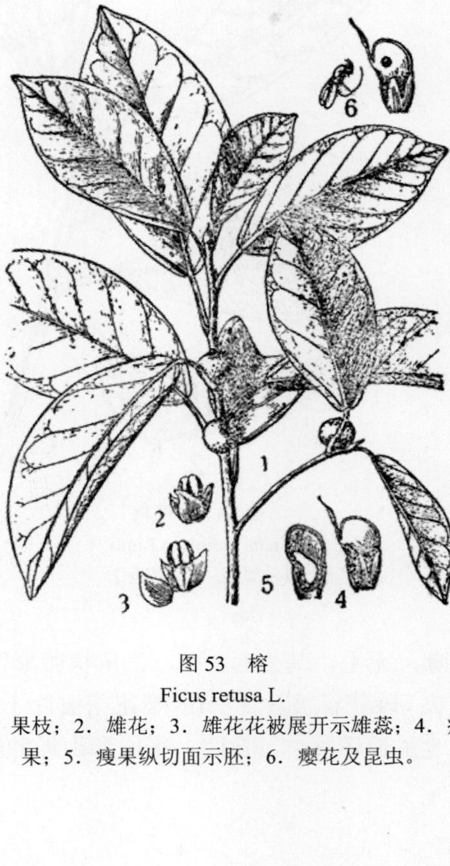

图53　榕

Ficus retusa L.

1．果枝；2．雄花；3．雄花花被展开示雄蕊；4．瘦果；5．瘦果纵切面示胚；6．瘿花及昆虫。

果期10月（广西）。

［生长环境］ 河边冲积土砂壤或粘壤的地方，耐旱力强，屋顶、塔顶或峭壁亦见有生长。

［产　　地］ 广西、广东、福建、台湾、云南、浙江、贵州等省区。

［用　　途］ 树皮纤维代麻织麻袋，编渔网及绳索，也可制人造棉。气生根、树皮及叶芽供药用（见“药用类”，1647页）。木材褐红色，可供器材及薪炭用。树叶可为柿的催熟物。树皮含鞣料，可提制栲胶。还可以植为荫蔽树，风景树及防风树。

［采收处理］ 每年6～9月为采收季节将树枝割下，除去傍枝侧叶，然后趁鲜剥皮。

［加　　工］ 用浸水脱胶法。

65 变叶榕（bianye-rong）（图54）

图54　变叶榕
Ficus variolosa Lindl.
1．果枝；2．雌花。

［地 方 名］ 细叶牛乳木、牛乳树、山榕、芷葛（广东），常绿天仙果（福建），斑榕（浙江）。

［学　　名］ **Ficus variolosa** Lindl.　桑科

［原 料 名］ 榕树皮

［形态特征］ 灌木或小乔木，全体无毛，高3～10米，胸径约12厘米；树皮灰褐色，光滑。单叶互生，近革质，长圆形或倒披针形，长5～8厘米，宽1.5～3厘米，基部楔形，先端钝或短钝尖，全缘而背卷，侧脉8～10对，与中脉几乎成直角展出，近边缘处汇合；具短柄，长6～19毫米；托叶长约6毫米。花序托（隐头花序）具梗，腋生，球形，直径10～12毫米，顶端有凸喙，无毛，基生苞片3，三角状卵形，基部合生，梗长5～14毫米；雄花花被片4，雄蕊2；雌花花被片3～4；瘿花花被片5～6。花期6～7月（广东）。

［生长环境］ 丘陵、平原和山地的疏林灌丛中，在山谷、溪旁阳光稍充足的地方

也有生长。

［产　　地］ 浙江、江西、湖南、福建、广东、广西、云南等省区。

［用　　途］ 纤维可制人造棉供纺织用，也可制麻绳、麻袋与造纸。

［理化性质］ 据中国科学院广州应用化学研究所分析：树皮含纤维素25%，半纤维素7.5%，果胶5.67%，木质素17.5%，油脂1.7%，灰分5.11%，水分11%。南京大学分析：福建产变叶榕树皮含纤维素量为25.60%；纤维长9.20毫米。

［采收处理］ 参阅粗叶榕（83页）。

［加　　工］ 用浸水脱胶法。

66 啤酒花（pijiuhua）（图55）

［地 方 名］ 忽布（东北）

［学　　名］ **Humulus lupulus** L.　桑科

［形态特征］ 本种与葎草（92页）的区别：叶卵形，不裂或3～5裂，稀7裂。雌穗膨大呈球果状。花期7～8月，果期8～9月（东北、河北）。

［生长环境］ 宜于栽培。

［产　　地］ 黑龙江（哈尔滨）、辽宁、河北、山东（青岛）等省均有栽培。

［用　　途］ 茎皮纤维为良好的造纸原料。

雌花用于造酒［见“其他类”（蛇麻），2097页］。用雌花成熟时基部的腺体作药用，为镇静、健胃、利尿药，又可用于治疗失眠、膀胱炎等症；另有抗菌作用，能防腐和治肺结核病。

［理化性质］ 据山东省资料：茎皮含粗纤维10～18%。

［采收处理］ 参阅葎草（92页）。

［加　　工］ 制纸浆方法参照总论。

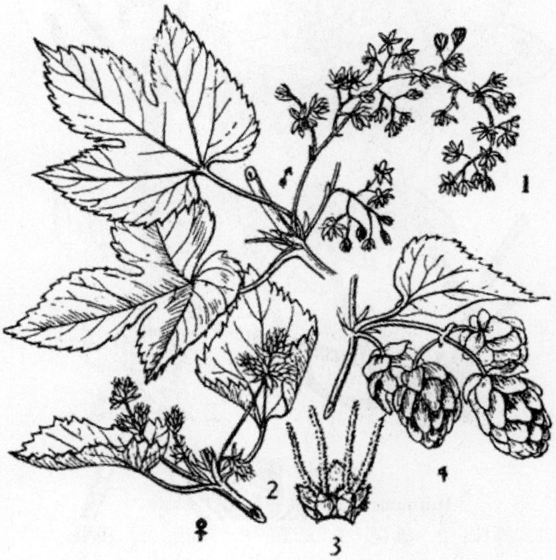

图55 啤酒花

Humulus lupulus L.

1. 雄花枝；2. 雌花枝；3. 雌花；4. 果序。

［其　　他］ 还有一个变种：蛇麻（Humulus lupulus L. var. cordifolius Maxim.）（产河北、山西、陕西、浙江、广东等省），野生或栽培，其茎皮纤维也可作造纸原料（见“其他类”，2097页）。

67 葎草（lücao）（图 56）

［地 方 名］ 拉拉秧（吉林、黑龙江、河北、山东），拉拉蔓（河北、山东），拉拉藤（辽宁、江苏、浙江），割人藤（江苏），苣苣藤（四川），拉马藤子（辽宁），拉狗蛋（山东），假苦瓜、苦瓜藤（广东），老虎藤（安徽）。

［学 名］ **Humulus scandens** (Lour.) Merr. (*H. japonicus* Sieb. et Zucc.) 桑科

［形态特征］ 一年生蔓性草本，长达数米，常缠绕于他物，有倒钩刺。单叶对生，掌状 5 深裂，稀为 3～7 裂，裂片卵形或卵状披针形，基部心形，先端锐尖或渐尖，边缘有锯齿，表面生刚毛，背面有油点，脉上有刚毛，两面粗糙，叶柄长 5～20 厘米。花单性，雌雄异株；花序腋生；雄花成圆锥状花序，有多数淡黄绿色小花，萼片 5，披针形，外侧生有茸毛及细油点，雄蕊 5，花药大，长约 2 毫米，花丝甚短；雌花十余朵集成短穗，腋生，每一雌花有一阔卵状披针形的鳞状苞，无花被，花柱 2。果穗呈绿色，鳞状苞花后成卵圆形，先端短尾尖，外侧有暗紫斑及长白毛。瘦果卵形，两面凸，长 4～5 毫米，质坚硬。花期 7～8 月，果期 8～9 月（吉林）。

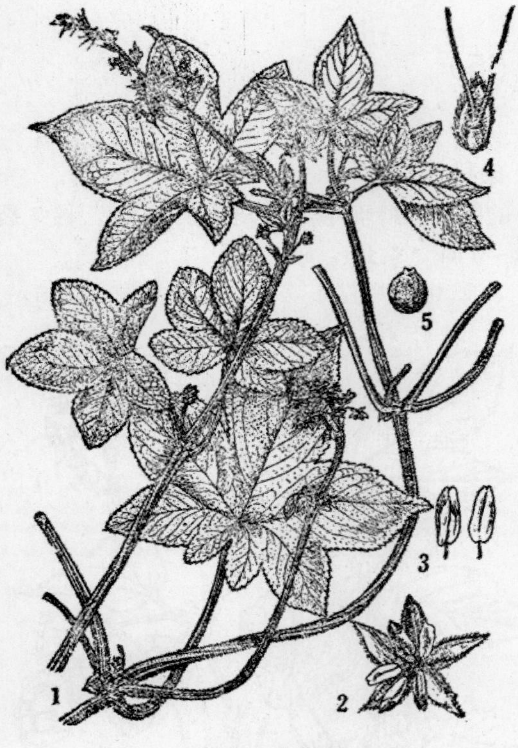

图 56 葎草
Humulus scandens（Lour.）Merr.
1. 雄株；2. 雄花；3. 雄蕊；4. 雌花；5. 瘦果。
（自“江苏南部种子植物手册”）

［生长环境］ 常生于沟边、路旁、荒地、住宅附近，为常见的恶性杂草之一。

［产 地］ 黑龙江、辽宁、吉林、内蒙古、河北、山东、山西、河南、安徽、江苏、浙江、福建、台湾、广东、江西、湖南、湖北、四川、云南、陕西、甘肃等省区。

［用 途］ 茎纤维可供造纸用、也可代麻，制成人造棉，可供纺织。

全草供药用（见“药用类”，1647 页）。种子可榨油（见“油脂类”，719 页）。还可作杀虫剂，将全草 1 公斤，加水 1.5 公斤煮成原液，每公斤原液加水 3 公斤，喷射蚜虫时，其杀虫率为 90%。

［理化性质］ 据中国科学院林业土壤研究所分析：茎皮含全纤维 43.64%。山东省

资料：茎皮含纤维 34.55%。

［采收处理］　在辽宁省，8～9 月割取全株（黑龙江省 10 月采收），晒干后，用棒捶打，即脱皮成麻。每 15～25 公斤打成捆，置于通风处，但须保持少量水分，以免麻质脆硬。

［加　　工］　搓绳及制麻袋，均应掺入少量其他韧性较强的麻类；制人造棉可用碱煮法。

68 牛筋藤（niujinteng）（图 57）

［学　　名］　**Malaisia scandens** (Lour.) Planch.　桑科

［形态特征］　藤本；枝褐色，具多数皮孔。单叶互生，革质，长椭圆形或长圆形，长 8～12 厘米，宽 3～4 厘米，基部圆形或微心形，常偏斜，先端短尖或短尾尖，全缘或具微小的锯齿，表面光滑，背面叶脉突起；叶柄短，粗壮，长约 0.5～1 厘米。花单性异株；雄花为稠密的穗状花序，腋生，花被 3～4 裂，阔卵形，雄蕊 3～4，退化子房小；雌花为腋生的小头状花序，花为小苞片围绕，只 1～2 朵结果，其他的常不育；花被壶状，子房内藏，花柱 2 裂。果肉质，小，红色，每一头状花序只 1～2 个。花期 6～7 月。

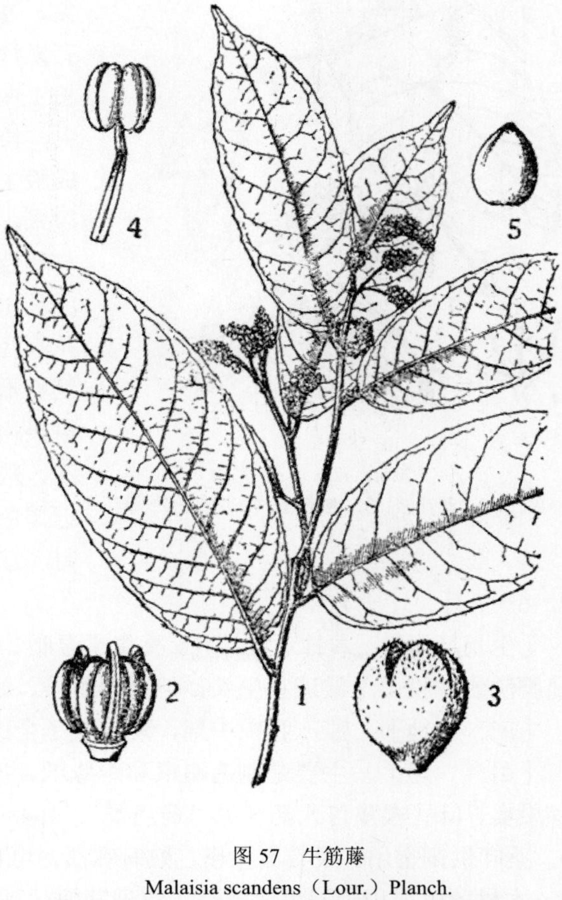

图 57　牛筋藤
Malaisia scandens（Lour.）Planch.
1. 花枝；2. 雄花（去花被）；3. 雌花；4. 雄蕊；5. 果实。

［生长环境］　多生于山地、山坡和旷野；多攀援岩石上。

［产　　地］　广西、广东、台湾等省区。

［用　　途］　茎皮纤维可制绳索，或全藤扭成绳索。

［理化性质］　据广西僮族自治区资料：茎皮含纤维 48.54%。

［采收处理］　参见粗叶榕（83 页）。

［加　　工］　参阅粗叶榕。

69 桑（sang）（图 58）

［地 方 名］ 家桑（河南、吉林、山西），桑椹（辽宁），白桑（山东、广东），荆桑（湖南、广东），山桑树（浙江），洋桑（河北），岩桑（四川、湖北、陕西）。

［学　　名］ **Morus alba** L.　桑科

［原 料 名］ 桑树皮（通称）

［形态特征］ 落叶乔木，高 3～7 米或更高，通常成灌木状：树皮厚，直裂，黑色；枝灰色或灰黄色，细长疏生，幼嫩时略被柔毛。单叶互生，膜质，卵形或圆卵形，长 5～10 厘米，最长可达 20 厘米，宽 5.5～11 厘米，基部圆形或浅心形稍偏斜，先端锐尖，边缘有粗锯齿，表面粗糙无毛，淡绿色，有光泽，背面近无毛或仅脉上有疏毛；叶柄长 1～2.5 厘米，稍被柔毛；托叶披针形，长尖，长约 12 毫米，早落。花单性，雌雄异株成腋生的柔荑花序；雄花序下垂，长 2～3.5 厘米，密被毛，雄花萼片 4，淡绿色，雄蕊 4，与萼片对生，花中央有不发育的雌蕊；雌花序长 12～20 毫米，总花梗长 6～12 毫米，雌花直径约 2 毫米，无柄，萼片 4，绿色，阔倒卵形，无毛；子房上位，1 室，花柱 2 裂。椹果由许多卵圆形外部有肉质花被的瘦果组成，腋生，具柄，长 1～2.5 厘米，暗紫色或近黑色，少有白色的。花期 2 月（广东），4 月（江苏），5～6 月（辽宁），果期夏季（广东），6～7 月（辽宁）。

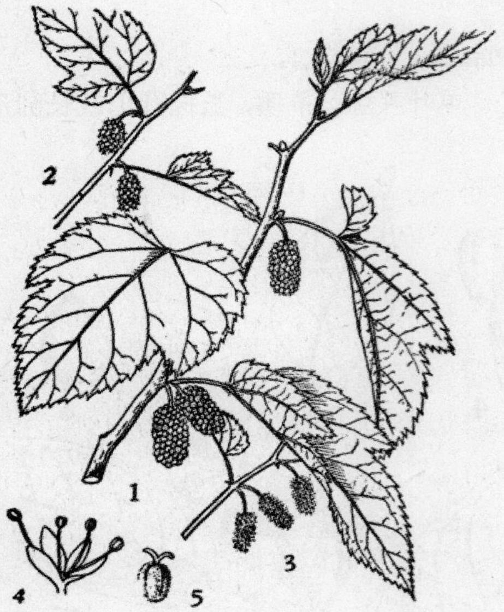

图 58　桑

Morus alba L.

1. 果枝；2. 雌花枝；3. 雄花枝；4. 雄花；5. 雌花。

［生长环境］ 本种适应性广，喜生于温暖、土壤稍润而肥沃的山谷或溪边疏林中，潮湿肥沃的冲积土上最适宜生长，但亦稍耐旱、耐瘠丘陵地仍可生长。

［产　　地］ 原产我国中部，现遍栽于全国各地。

［用　　途］ 主要是制造蜡纸和绝缘纸、皮纸等，也可制人造棉。

果实、叶、根皮可入药（见“药用类”，1648 页）。种子可榨油（见“油脂类”，719 页）。桑叶供饲蚕用。果实名桑椹，熟时味甜，可食，亦可酿酒（见“淀粉及糖类”，497 页）。木材黄色或稍带褐色，质坚，纹理美丽，可作装饰材、家具材、地板，也可供作旋工、雕刻、乐器等用。

［理化性质］ 据四川省资料：韧皮纤维含灰分 5.14%，水分 12.7%，果胶 1.49%，热水水溶物 25.84%，乙醚抽出物 3.76%，1%氢氧化钠抽出物 57.03%，全纤维素 48.22%，

半纤维素 15.7%，木质素 11.97%；纤维长 27.00 毫米，宽 17.21 微米，强力 16.77 克。

［采收处理］ 夏、秋两季进行采收为宜，因此时桑蚕已过，可以利用修枝砍下枝条，采取鲜剥或湿剥方法剥取桑皮，晒干即成，可供工厂造蜡纸等用。

［加　　工］ 制人造棉可用碱煮法。

70 鸡桑（jisang）（图 59）

［地 方 名］ 小叶桑（河南），岩桑（广西、四川），野桑（云南、广西），马桑（云南），野刺桑、金绒桑（安徽），山桑（山东）。

［学　　名］ **Morus australis** Poir. (*M. bombycis* Koidz; *M. acidosa* Griff; *M. japonica* Bail.) 桑科

［原 料 名］ 桑树皮

［形态特征］ 灌木或乔木，通常高 2～3 米，稀高 8～15 米；枝开展，无毛，树皮褐灰色，纵裂。单叶互生，卵圆形，有时 3～5 裂，长 6～15 厘米，宽 4～10 厘米，先端锐尖或渐尖，基部截形或近心形，具粗锯齿，表面粗糙，背面疏被短柔毛；具柄，长 1.5～4 厘米。花单性，雌雄异株；雄柔荑花序长 1.5～3 厘米；雌花序较短，花柱与柱头等长，柱头 2 裂。椹果长 1～1.5 厘米，初红色，后变暗紫色。花期 4～5 月，果期 6～7 月（广西）。

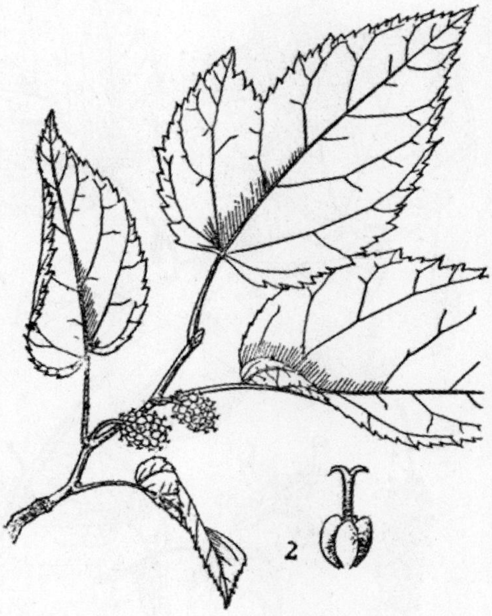

图 59 鸡桑
Morus australis Poir.
1．雌花枝；2．雌花。

［生长环境］ 一般生长在石灰岩或其他岩石悬崖上或山坡上。

［产　　地］ 广西、广东、福建、江西、湖南、安徽、山东、河北、河南、四川、贵州、云南等省区。

［用　　途］ 枝皮纤维可制蜡纸和绝缘纸，也可以制人造棉。

果实酿酒（见“淀粉及糖类”，498 页）。种子可榨油（见“油脂类”，720 页）。

［理化性质］ 据云南省资料：枝条皮含 α-纤维素含量 90%；纤维长 8～15 毫米，宽 2～3 微米。广西僮族自治区资料：枝条含纤维 50.91%。福建林学院资料：晒干物质中含纤维量为 13%；纤维长 11～31 毫米。一般为 18.60 毫米。四川省资料：茎皮出棉率 62.5%。

［采收处理］ 参阅桑（94 页）。

［加　　工］ 制人造棉可用碱煮法。

［其　　他］ 我国常见的桑属植物，还有蒙桑（Morus mongolica Schneid）（产于东北、内蒙古、华北、西北、华中与西南），主要特征是叶缘细锯齿，其齿尖具针刺头，柱头明显；黔鄂桑（M. wittiorum Hand. -Mzt.）（产于贵州、湖北），主要特征是叶缘为圆齿状细锯齿。

71 华桑（huasang）（图 60）

［地 方 名］ 花桑（河北），葫芦桑（陕西、湖北），毛桑（湖北），大叶皮桑、花叶皮桑、板皮桑（安徽），花山桑（浙江）。

［学　　名］ **Morus cathayana** Hemsl. 桑科

［原 料 名］ 桑皮

［形态特征］ 落叶乔木，高可达 10 米，有时成灌木状；树皮灰白色，平滑；枝密，伸展，小枝初被茸毛。单叶互生，纸质，卵形或阔卵形，长 8～20 厘米，宽 7～14 厘米，基部心形或截形，先端渐尖，边缘有粗钝锯齿，常呈不整齐三深裂，表面粗糙，疏生糙伏毛，背面密生糙伏毛，脉腋部毛更多且长，侧脉 4～6 对；叶柄长 2～5 厘米或更长，具柔毛。花单性，雌雄同株；雄柔荑花序，长 3～5 厘米，雄花花被 4 裂，裂片长卵形，有短毛，黄绿色，雄蕊 4 和裂片对生；雌柔荑花序，长 2 厘米，雌花花被 4 裂，裂片圆状倒卵形或卵形，有短毛；子房 1 室，花柱短，柱头 2 裂。椹果长圆形，长 2～3 厘米，白色、带红色或黑色。花期 4 月；果熟期 6 月（河南）。

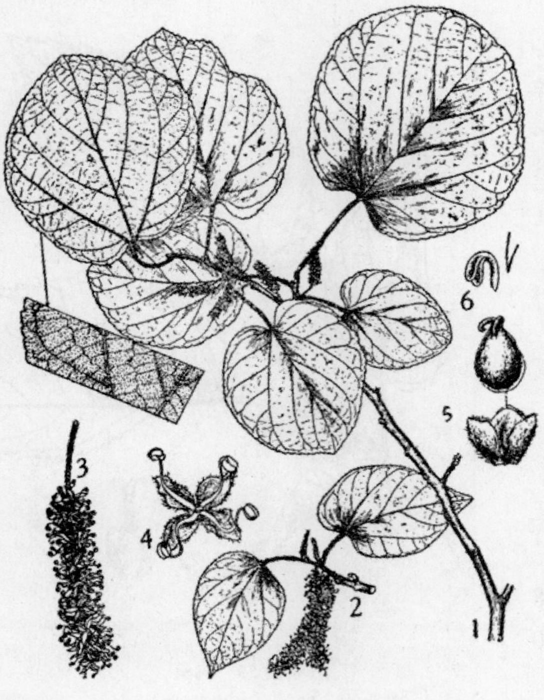

图 60 华桑

Morus cathayana Hemsl.

1. 雌花枝；2. 雄花枝；3. 雄花序；4. 雄花；5. 雌花；6. 胚。

（自“江苏南部种子植物手册”）

［生长环境］ 生于向阳的山坡和沟边；抗旱力较强，且能耐碱。

［产　　地］ 河北、河南、陕西、四川、湖北、湖南、江苏、浙江、安徽等省。

［用　　途］　茎皮纤维可制蜡纸、绝缘纸和皮纸等，也可制人造棉。果实含糖可酿酒（见“淀粉及糖类”，498 页）。

［理化性质］　据河南省资料：皮和叶含水分 8.97%，脂肪及蜡质 7.32%，冷水水溶物 4.39%，热水水溶物 1.95%，果胶 1.46%，灰分 5.17%，半纤维素 8.05%，木质素 1.71%，纤维素 67.32%；纤维长 10 毫米以下。

据陕西省资料：单纤维平均长 14.76 毫米，宽 20.46 微米，平均强力 4.89 克，公制支数为 4329。

［采收处理］　参阅桑（94 页）。

［加　　工］　制人造棉可用碱煮法。

72 鹊肾树（queshenshu）（图 61）

［学　　名］　**Streblus asper** Lour.　桑科

［形态特征］　灌木，高约 4 米，具乳汁；小枝具短毛。单叶互生，坚硬粗糙，长卵形或长椭圆状倒卵形，长 5.3～11 厘米，先端长渐尖，基部圆形，全缘或具不整齐的锯齿。花单性，雌雄异株，少有同株；雄花为具柄的小头状花序，球形，单一或 2～3 花序同生；花小，萼片 4；雄蕊 4，退化子房宿存；雌花具柄，单生或 2～4 朵聚生于叶腋，子房直立，花柱长。果球形，肉质，为花后增长的萼片所包围，有种子 1 颗。

［生长环境］　生于疏林灌木丛中。

［产　　地］　云南、广西、广东等省区。

［用　　途］　茎皮纤维可织麻袋，并可制人造棉及造纸原料。

［采收处理］　参阅桑（94 页）。

［加　　工］　制麻袋用浸水脱胶法；制人造棉用碱煮法。

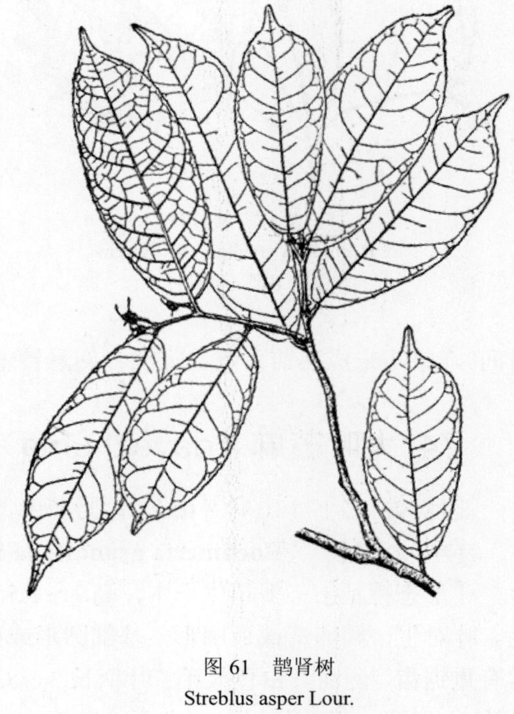

图 61　鹊肾树
Streblus asper Lour.

73 细野麻（xiyema）（图 62）

［学　　名］　**Boehmeria gracilis** C. H. Wright　荨麻科

［形态特征］　多年生草本，高 60～92 厘米；茎初生短伏毛，或近光滑，较细弱。叶对生，纸质，卵圆形或卵形，长 7～11 厘米，基部圆形或钝楔形，边缘有粗锯齿，先端尾状渐长尖，表面疏生粗糙伏硬毛，背面脉上疏生有硬毛；叶柄长 3～4 厘米，被伏毛；托叶狭披针形，长 3～4 毫米。花单性，雌雄异株；穗状花序 1～2 个腋生，约与叶（带叶柄）等长，穗轴疏被白色短毛，雌花簇球形，簇间多少有距离。瘦果长 0.5 毫米，略扁，有微毛，两端均偏斜，先端有尖嘴，花柱宿存，长等于果实的 2～3 倍。花期 6～7 月，果期 8～9 月（陕西）。

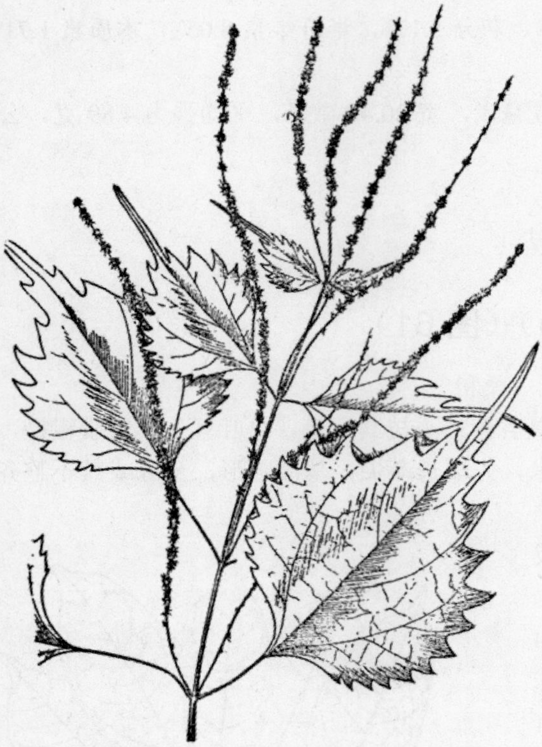

图 62　细野麻
Boehmeria gracilis C. H. Wright
茎的上部（雌花序）

［生长环境］　喜阴湿，在阴坡草丛下生长，一般在海拔 1200～2600 米之间。

［产　　地］　四川、湖北、江西、福建、浙江、江苏、安徽、山东、陕西、甘肃、山西、河北、辽宁等省。

［用　　途］　茎皮纤维坚韧，可拧绳索、作麻刀、人造棉，脱胶后纤维柔软、色白、质好，可作纺织原料。

［采收处理］　开花后（8～9 月间），果实未成熟前采收，方法参阅悬铃木叶苎麻（101 页）。

74 大叶苎麻（dayezhuma）（图 63）

［地 方 名］　山麻（山东），野苎麻、野线麻（安徽）。

［学　　名］　**Boehmeria grandifolia** Wedd.　荨麻科

［形态特征］　多年生草本，高 1～1.5 厘米；茎单一，直立，绿褐色，茎被白色柔毛。叶对生，阔卵形或近圆形，基部圆形或截形，先端长渐尖，边缘具粗大锯齿，上部常有重锯齿，两面具白色柔毛；叶柄长 3～8.5 厘米；托叶披针形。穗状花序密集，腋生，长约 20 厘米；雄花位于雌花之下，花细小，绿色，雄花花萼 4 裂，雄蕊 2～4；雌花萼筒状，花柱 1，柱头线形，宿存。瘦果细小，长倒卵形，表面生刚毛，多数聚集，呈球状，绿色。花期 6 月，果期 9 月。

［生长环境］　生于河边、山坡、路旁、林下、溪边、阴坡石缝内或沟谷、山道两旁的草丛中。

［产　　地］　山东、江苏、福建、江西、广西等省区。

［用　　途］　茎皮纤维可代麻供纺织麻布用。

［理化性质］　华东师范大学分析：树皮晒干后含纤维量 50.44%，纤维最长 11.4 毫米，最短 1.7 毫米，一般长 6.6 毫米；最宽 37 微米，最窄 17 微米，一般为 24 微米。

［采收处理］　参阅悬铃木叶苎麻（101 页）。

［加　　工］　参阅悬铃木叶苎麻。

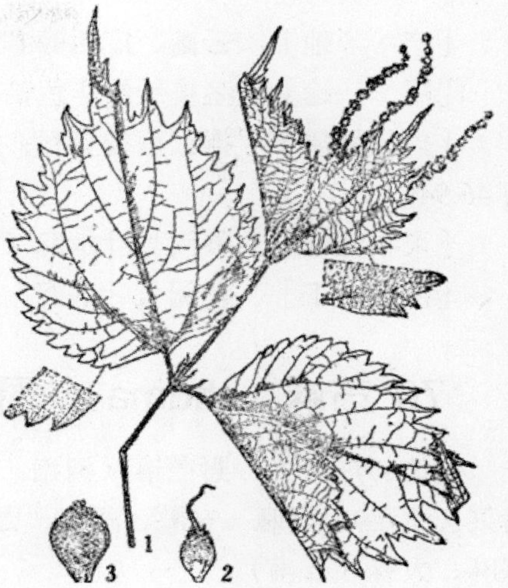

图 63　大叶苎麻

Boehmeria grandifolia Wedd.

1．茎的上部；2．雌花；3．果。

（自“江苏南部种子植物手册”）

75 长叶苎麻（changyezhuma）（图 64）

［地 方 名］　水麻、水细麻（云南），折听藤、米顶心（广西）。

［学　　名］　**Boehmeria macrophylla** D. Don　荨麻科

［形态特征］　灌木或小乔木，直立，高达 3 米；枝粗壮，四棱，微被短伏毛，叶对生，近革质，**披针形**，基部圆形或阔楔形，先端长渐尖，边缘具微细锯齿，表面绿色，多皱，**有泡状突起**，背面灰绿色，被疏柔毛，有明显基出三脉；叶柄长 1～3 厘米；托叶披针形，被毛，与叶柄近等长。穗状花序腋生，花单性，下垂，常比叶片短，花小，多数簇生成球状；雄花萼 3～5 裂；雌花花萼管状，2～4 齿裂。

图 64　长叶苎麻

Boehmeria macrophylla D. Don.

花枝

瘦果狭倒卵形，被纤毛。花期 8 月，果期 12 月（云南）。

［生长环境］　喜阴湿，常生于沟边灌木丛中或密林中、在海拔 1700 米以下地带普遍

生长。

［产　　地］　云南、广西等省区。

［用　　途］　茎皮纤维、色洁白、纤维柔软，可代苎麻供纺织用。

［理化性质］　据云南省资料：纤维含量为 55%。广西僮族自治区资料：纤维含量为 46.94%。

［采收处理］　参阅长叶水麻（105 页）。

［加　　工］　参阅长叶水麻。

76 苎麻（zhuma）（图 65）

［地 方 名］　野苎麻（河南、甘肃、江苏、浙江、湖北、贵州），苎、山麻叶、猪菜（浙江），野麻（安徽、湖南、贵州），苎仔（湖南），苦麻、野线麻（安徽），元麻、家麻、大麻（云南）。

［学　　名］　**Boehmeria nivea** (L.) Gaud.　荨麻科

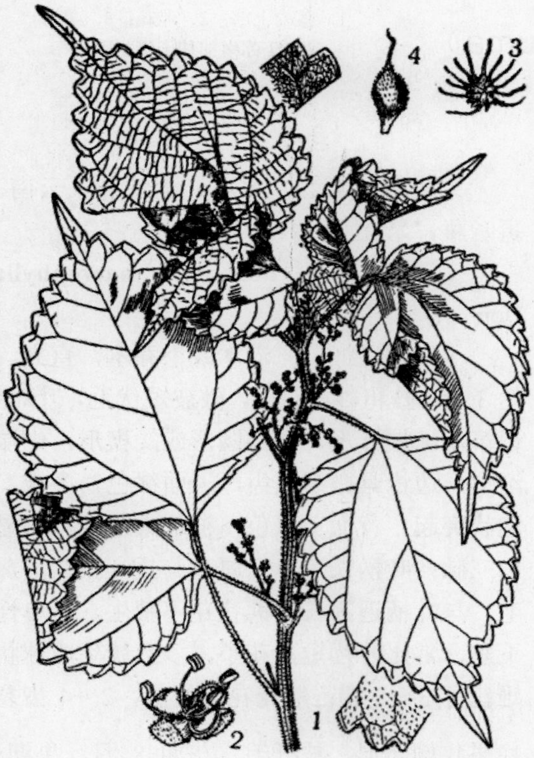

图 65　苎麻

Boehmeria nivea（L.）Gaud.

1．茎的上部；2．雄花；3．雌花簇；4．果。

（自"江苏省植物药材志"）

［形态特征］　多年生草本或灌木，高约 2 米。茎直立，多分枝，青褐色，密生粗长毛。单叶互生，阔卵圆形至卵圆形，长 7～15 厘米，宽 6～14 厘米，基部阔楔形或截形，先端渐尖或长尾尖，边缘具粗钝齿，表面绿色，粗糙，背面密生白色茸毛，脉上有长柔毛，基部具三出脉；叶柄长 2～11 厘米，密生长毛；托叶 2，分离，早落。花单性，雌雄同株，淡绿色，雄花成长形下垂的圆锥花序，长 7～15 厘米；雄花序通常位于雌花序之下；雄花萼 3～5 裂，雄蕊 4；雌花簇球形，亦成圆锥花序；雌花具管状花被，有 2～4 齿，子房 1 室，花柱 1，柱头细尖。瘦果椭圆形，具毛，为宿存花萼包裹，内含一粒种子，聚生成小球形。花期 5 月（河南），7～8 月（江苏），9 月（山东、湖南），果期 10 月（湖南、山东、广东等地）。

［生长环境］　喜生温暖雨量充足的山坡、阴湿地、山沟、路边等，

以肥沃的砂质壤土、粘质壤土、腐殖质壤土最为合适，贫瘠之地亦可栽培。

［产　地］　主产湖南、江西、湖北、四川、贵州、福建、广东、广西、云南，也分布在河南、山东、安徽、江苏、浙江及陕西南部；多数栽培，也有野生的。

［用　途］　茎皮纤维细长，洁白，有光泽，适于织夏布、人造棉、人造丝等，并能与羊毛、棉花混纺成高级衣料，亦可单纺。目前郑州市纺织工业研究所已应用苎麻织成白漂布、各色麻纱、劳动布等等；茎皮纤维强韧，具能抗湿、耐久、质轻、耐热、绝缘等特性，可用于国防工业，如飞机的翼布、降落伞、橡胶工业的衬布、电线包布、渔网等；短纤维成碎屑可造高级纸张及火药，又可织耐用的地毯、麻袋等。

根、叶供药用（见“药用类”，1648 页）。叶还可以养蚕及作饲料和肥料等。种子可榨油（见“油脂类”，720 页）。

［理化性质］　据贵州省资料：茎皮纤维含量 60%；单纤维长 59.8 毫米，最短 12 毫米，平均 21 毫米；最宽 56.64 微米，最窄 17.70 微米，平均 37.52 微米；单纤维强力最高 52.50 克。

据李宗道著“苎麻和黄麻”记载：水分 18%，灰分 2.6%，蜡质 0.2%，果胶 6.1%，纤维素 78%；单纤维最长 620 毫米，平均 600 毫米，长宽比例 1200 以上，比重 1.484，束纤维强力 50 公斤。

［采收处理］　每年可采割 2～3 次，云南南部气候炎热，可采割 3～5 次。在广东、湖南普遍每年收三次（第一次在 5～6 月间，第二次 7～8 月间，第三次在 10～11 月间）。苎麻收获应选晴天清晨，雨天收的麻色暗黑。收获方法：用刀在近地约 5 厘米处把茎割下，除去叶片，或用竹竿先打落叶片再割，分别长短捆扎成捆，送回剥制。

割下来的茎，如不能及时运回，亦不应在烈日下曝晒，宜放在阴处，以防止水分蒸发，剥制困难。

［加　工］　可用浸水脱胶法浸出麻皮部分胶质，便于剥麻，第一、二次采割时气温较高，故浸水时间宜短；在溪水、泉水中浸 1～3 小时，在池沼中浸 0.5～1 小时；第三次采割时气温较低，浸水时间可稍长。水浸后，刮去表皮，用清水洗净杂质，晒干即成麻。将刮下的表层青皮再浸泡 10 天左右，使木质腐烂，洗净晒干成麻绒。

［其　他］　除本种外，尚有一变种，青叶苎麻［B. nivea（L.）Gaud. var. tenacissima（Gaud.）Bl.］，与本种区别为性状较坚强，叶较大，先端和边缘有时有白色绵毛，两面白色。其理化性质据福建林学院分析：树皮含纤维量 58%；纤维长度：最长 35 毫米，最短 12 毫米，一般 19.3 毫米。

77 悬铃木叶苎麻（xuanlingmuyezhuma）（图 66）

［地 方 名］　八角麻、方麻（浙江），野苎麻（安徽）。

［学　名］　**Boehmeria platanifolia** Franch. et Sav.　荨麻科

［形态特征］　多年生草本，高 1～1.5 米；茎直立，单一，常丛生，密被短毛。叶

对生，皮纸质，卵形或阔卵形，长 7～12 厘米，宽 8～13 厘米，基部圆形或截形，先端三骤尖，中央骤尖狭三角形，边缘疏生不整齐的粗锯齿或重锯齿，两面均密被伏硬毛；叶柄长 6～9 厘米；托叶披针形。花单性，雌雄同株组成腋生穗状或穗状圆锥花序，通常比叶长，绿色或带紫色；雌花簇球形，位于雄花簇上方；雄花萼片 4，长圆形，绿色，有毛，雄蕊 4，与萼片对生；雌花子房 1 室，有毛，花柱截形。瘦果集聚呈球状。花期 6～7 月，果期 8～10 月。

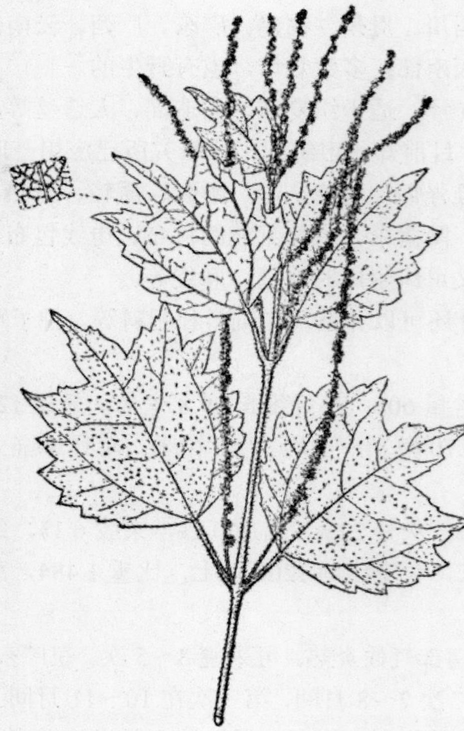

图 66　悬铃木叶苎麻
Boehmeria platanifolia Franch. et Sav.
花枝

［生长环境］　喜潮湿腐植土壤，生于谷沟、路边灌丛或草丛中。

［产　　地］　江西、湖南、浙江、安徽、福建、四川、湖北、青海、甘肃（南部）、陕西、河南、山东、河北等省。

［用　　途］　茎皮纤维坚韧，光泽如丝，弹力和拉力很强，用于纺纱织布，亦为高级纸张的原料。民间多用茎皮搓绳、编草鞋。

种子含脂肪油，油可以制肥皂及食用；叶可为猪饲料，青贮或晒干均可。

［理化性质］　据山东省资料：茎皮含纯纤维素 59.44%，其中 α-纤维素 90.97%。据南京大学分析：干物中纤维含量为 25%，纤维最长为 37 毫米，最短为 24 毫米，一般为 28.50 毫米。又据复旦大学分析：干物质中纤维含量为 36%，纤维长 25 毫米。

［采收处理］　9 月下旬（秋分前后）收割质量最好。民间多在霜降前后，叶不发黄，茎由绿黄变褐色时，用镰刀割下麻秆，进行水沤后，刮去表皮洗净杂质，晒干，即成麻。

78 水苎麻（shuizhuma）（图 67）

［地 方 名］　水麻、癞蛤蟆棵（云南）

［学　　名］　**Boehmeria platyphylla** D. Don　荨麻科

［形态特征］　落叶灌木或亚灌木，高可达 4 米；树皮灰褐色；枝细弱。叶对生，或上部的有时互生，卵形或阔卵形，长 7～15 厘米，宽 4～10 厘米，基部圆形或微心形，

先端渐尖或尾状渐尖，边缘具粗锯齿，两面疏生短柔毛，微粗糙或近无毛，基出三脉；叶柄长 3～10 厘米；有毛或无毛；托叶线状披针形，被毛，早落。花单性，雌雄同株或异株，穗状花序与叶片等长或较长，单一或分歧。瘦果细小，扁而具角，先端有 4 齿。花期 9 月，果期 11～12 月。

［生长环境］　喜阴湿，常生于荫蔽地方，潮湿的溪沟两岸森林下，海拔 1900～2800 米的地带。

［产　　地］　云南、广西等省区。

［用　　途］　茎皮纤维长而细柔，拉力强，可作人造棉、纺纱、制绳索、纺织麻袋用。

［理化性质］　据中国科学院昆明植物研究所分析：茎皮含纤维 13～27.76%，α-纤维素含量 91.6%，单纤维长 0.9～1.8 厘米，宽 2～4 微米，强力 24.41 克。

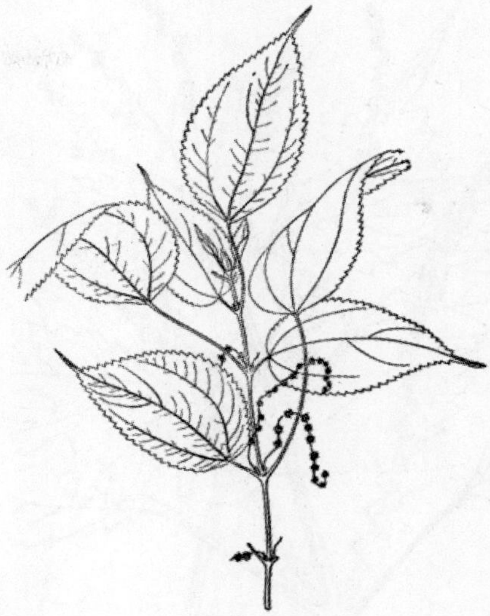

图 67　水苎麻
Boehmeria platyphylla D. Don
果枝

［采收处理］　参阅长叶水麻（105 页）。

［加　　工］　参阅长叶水麻。

［其　　他］　除本种外，尚有一变种茸毛水苎麻（B. platyphylla Don var. tomentosa Wall.），与本种的区别为枝条粗壮，叶两面均密被灰色茸毛。产于云南。生于稀疏向阳的灌丛中，多聚生成丛，海拔 1700～2000 米的地带较多。用途同本种。

79 赤麻（chima）（图 68）

［地 方 名］　三裂苎麻（河南）

［学　　名］　**Boehmeria tricuspis** (Hance) Makino (*B. platyphylla* var. *tricuspis* Hance)　荨麻科

［形态特征］　多年生草本，高约 50～90 厘米。茎直立，通常丛生，不分枝，近四棱形，通常红褐色，基部光滑，幼枝被灰色短毛。单叶对生，**纸质**，卵形至阔卵形，长 4～8 厘米，宽 3～7 厘米，基部阔楔形或截形，**先端具 3 骤尖**，中间骤尖具长尾状渐尖，或茎上部叶先端只具一骤尖，边缘具粗锯齿，**表面及背面均疏被短伏毛**，基出脉 3 条；叶柄短，长约 1～2 厘米；托叶早落，红褐色。花单性，雌雄同株或异株，成腋生的穗状花序，长 9～16 厘米；雄花细小淡黄白色，花萼 4～5 裂，雄蕊 4～5；雌花淡红色，聚成小球形，包于管状花萼内，花柱 1。瘦果倒卵形，具细毛，集成球形。花期 5～6 月（河南），7～8 月（吉林），果期 8～9 月（河南、吉林）。

图 68 赤麻
Boehmeria tricuspis（Hance）Makino
花枝

［生长环境］ 生于山沟附近及荒芜寺庙的略阴湿处。

［产 地］ 黑龙江、吉林、辽宁、河北、甘肃、陕西、河南、四川、湖北、江西、安徽等省。

［用 途］ 茎可剥取纤维，可织麻布。

［采收处理］ 参阅苎麻（100 页）。

［加 工］ 参阅苎麻。

［其 他］ 本种与细野麻（B. gracilis C. H. Wright）的亲缘关系最为接近，但本种的叶先端具三骤尖而与后种不同；本种叶外形似悬铃木叶苎麻（B. platanifolia Franch. et Sav.），但本种叶的质地较薄，只被疏生伏柔毛或近无毛而与后种不同。

80 水麻（shuima）（图 69）

［地 方 名］ 水麻秧（云南）

［学 名］ **Debregeasia edulis** (Sieb. et Zucc.) Wedd. 荨麻科

［原 料 名］ 水麻（通称）

［形态特征］ 落叶灌木，高达 1～2 米；小枝细，灰褐色，密被贴生短柔毛。叶披针形或狭披针形，长 6～16 厘米，宽 2～3 厘米，基部圆形或楔形，先端渐尖，边缘有细锯齿，表面粗糙，具皱纹，背面密被白柔毛，基出 3 脉，侧脉 5～6 对；叶柄长 3～6 毫米，具毛；托叶卵状披针形，比叶柄长。小穗球形头状，再组成稀疏的聚伞花序；花单性，雄花花被 4 裂，雄蕊 4，苞片较萼片长；雌花花被片 4，合生。瘦果多数成球形，花被肉质，橙黄色，直径 7 毫米。花期 6 月，果期 9 月（湖北），8～10 月（云南）。

［生长环境］ 生于溪涧边或林缘隙地，

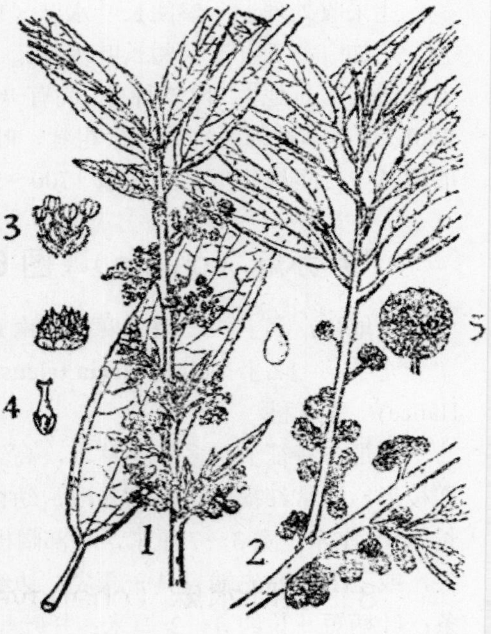

图 69 水麻
Debregeasia edulis（Sieb. et Zucc.）Wedd.
1．雄花花枝；2．雌花花枝；3．雄花；4．雌花；5．球形瘦果。

在石灰岩地带较常见，耐阴湿，但在向阳荒坡亦能生长。

［产　　地］　广西、云南、贵州、四川、湖南、湖北、台湾等省区。

［用　　途］　茎皮纤维优良，为麻代用品及制人造棉原料。

果实可食，亦可供于酿酒、做糖等用。渣与叶可喂猪。

［理化性质］　据云南省资料：杆皮含纤维 13%，其中 α-纤维含量 85～95.48%。

据贵州省野生植物普查队黔北队分析：茎皮纤维素含量 37%；黔南队分析：含纤维 43%。

据湖北省资料：出棉率 32%。

据“中国造纸植物原料志”记载，化学成分：纤维素 35.53%，木质素 30.09%，多缩戊糖 16.67%，果胶 0.75%，灰分 9.80%，水分 13.80%，冷水水溶物 34.44%，热水水溶物 44.17%，乙醚抽出物 75.04%；物理性质：单纤维长为 79.10 毫米，宽为 20.17 微米，强力 18.80 克。

［采收处理］　秋季采收剥皮。

［加　　工］　剥下之皮置水中浸泡 10～15 天，捞起捶洗成麻，如加工人造棉可用碱煮法。按原料的 5～7%的烧碱溶解于 15 倍的水中升温 100℃时，下料煮 3～4 小时，第二次用肥皂 2%和纯碱 3～4%溶解于 12 倍水中，升温 70～80℃时煮 50～60 分钟。其他操作方法见总论。

［其　　他］　本种与长叶水麻［D. longifolia（Burm. f.）Wedd.］很为近似，区别点在于本种小枝及叶柄被贴生的短毛，花球少数（通常一对），成短聚伞花序，长不超过 1 厘米，而后种的小枝及叶柄被伸展的糙毛，花球数目较多，聚伞花序 2～3 次两叉状分枝，长达 2.2 厘米。

我国还有一种卵叶水麻（D. squamata King）分布于广东南部和海南岛，这种水麻的叶为卵形或近心形而与上述二种水麻不同。

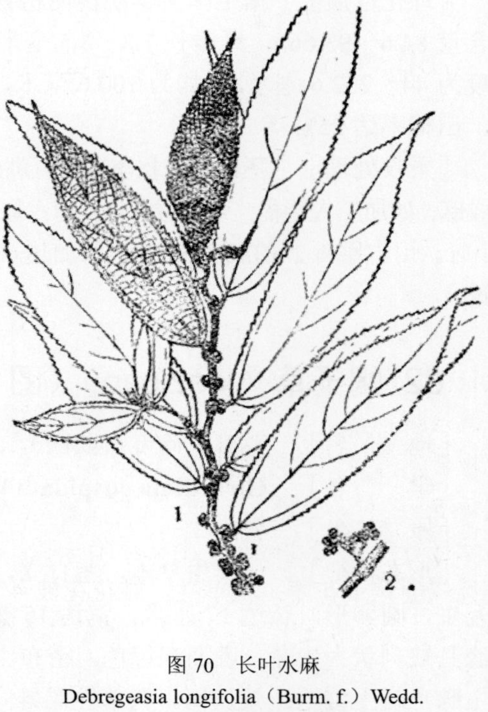

图 70　长叶水麻

Debregeasia longifolia（Burm. f.）Wedd.

1. 花枝；2. 雌花球。

81 长叶水麻（changye-shuima）（图 70）

［地 方 名］　水麻（陕西、湖北、四川、云南）

［学　　名］　**Debregeasia longifolia** (Burm. f.) Wedd.　荨麻科

［原 料 名］　水麻（通称）

［形态特征］　落叶灌木或小乔木，高1～3米（陕西），4～6米（广西）；小枝圆筒形，有浅沟与叶柄被白色或淡黄色伸展的糙毛。单叶互生，披针形至长椭圆状披针形，长10～16厘米，宽1.5～4厘米，基部圆形，具三出脉，先端尾状渐尖，边缘有细锯齿，**背面灰白色有短茸毛**，表面粗糙，疏被短毛，侧脉4～5对，网状细脉显著，有皱纹；叶柄长5～10毫米。花单性，雌雄同株或异株，雌花球直径约3毫米，雄花球直径约4毫米，均排成腋生聚伞花序，总花梗常二叉状分枝，最大的花序长约2.2厘米，宽约2厘米；雄花萼4～5裂，雌花花萼壶形包围雌蕊，裂片4，倒卵形，子房上位，1室，柱头画笔状。小核果，花被橙红色，多浆汁，直径4～5毫米。花期5～6月（陕西），秋季（广西），果期6～7月（陕西）。

［生长环境］　生于山野沟谷旁向阳处，沟边或河床乱石滩上，也有生长在酸碱度为5.5～7的粘性湿土壤上。一般生长在海拔700～1600米的山区。

［产　　地］　陕西、甘肃（南部）、四川、湖北、云南、广西、贵州等省区。

［用　　途］　茎皮纤维供搓绳索织麻袋，制人造棉，可与棉花混纺或单纺。果实成熟可食。种子能榨油。

［理化性质］　据中国科学院昆明植物研究所分析：茎皮含纤维素40.76%，α-纤维素含量84.6～93.66%，纤维长1.8～3.5毫米，宽1.0～1.5微米。据陕西省资料：单纤维长度为44～252.6毫米，平均为100.6毫米，宽为59微米，强力为6～78克，平均为38.03克，出棉率达25%。

［采收处理］　茎杆宜于秋季采收，剥皮，剩下之皮置入水中浸泡10～15日，捞起捶洗成麻。如加工人造棉，可用碱煮法；用占原料6～8%的烧碱和15倍的水加热60℃，煮1～2小时。用占原料2%的肥皂和10倍水加热60℃，煮40～60分钟，捞起洗净，其他办法见总论。

82 蝎子草（xiezicao）（图71）

［地 方 名］　荨麻、险麻（陕西），蝥麻、哈拉海（辽宁）。

［学　　名］　**Girardinia cuspidata** Wedd.　荨麻科

［原 料 名］　蝥麻

［形态特征］　一年生草本，茎直立，高达1米，具条棱，被伏毛及大形蝥毛。单叶互生，圆卵形，长达17厘米，宽达15厘米，基部圆形或近平截，**先端渐尖成尾状**，边缘具缺刻状大齿牙，表面深绿色，密布小球状突起，背面色淡，两面伏生粗硬毛，背面主脉上疏生蝥毛；具长柄。花单性雌雄同株，花序腋生，比叶短；雄花序生于下部，雄花花萼5深裂；雌花序细长，生于上部，雌花花萼2裂。瘦果阔卵形，两面凸起呈双凸镜状，具一向侧面斜生的宿存花柱。花期7～8月，果期8～9月。

［生长环境］　生于山坡阔叶疏林内岩石间，林缘地山沟旁多石地阴处。

［产　　地］　辽宁、吉林、黑龙江、河北、陕西及内蒙古（东部）等省区。

［用　　途］　茎皮纤维可制绳，经加工处理后，可供纺织用，其纤维强度与宽叶荨麻相似。

［理化性质］　据河北省资料：约含纤维素20%。

［采收处理］　9月间为采割期，用刀割下全株，捆成小捆，置水中浸泡发酵，经10天左右即可取出剥皮，晒干后扎成把即为成品麻。如秋季不割至次年春，经过风吹雪浸，割下后直接剥麻亦可。按照需要打捆，放于干燥通风处保管，严防水湿以免变质。

［加　　工］　用碱煮法进行加工，但碱煮时间要延长到10小时。

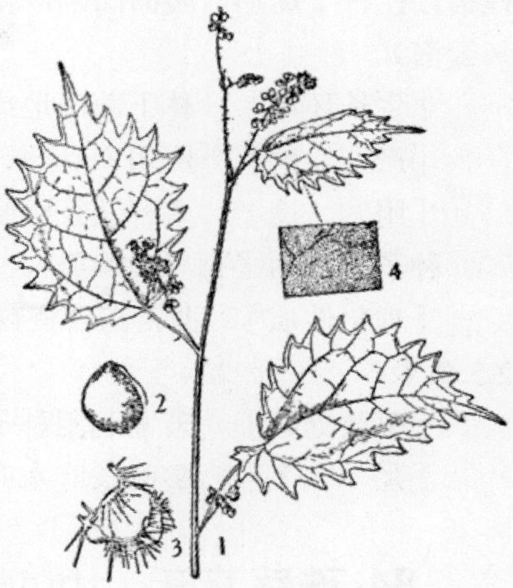

图71　蝎子草
Girardinia cuspidata Wedd.
1．果枝；2．瘦果；3．花序分枝上的长螫毛；4．叶表面放大，示毛及钟乳体。
（自“东北草本植物志”）

83 大蝎子草（daxiezicao）（图72）

图72　大蝎子草
Girardinia palmata（Forsk.）Gaud.
果枝

［学　　名］　**Girardinia palmata** (Forsk.) Gaud.　荨麻科

［形态特征］　多年生直立草本；枝叶均疏被糙毛和尖锐刺状螫毛。叶互生，阔卵圆形至扁圆形，长8～15厘米，宽7～14厘米，有时宽达16厘米，基部圆形、截形或心形，**先端3～5裂**，裂片近三角形，两侧二裂片通常有粗大齿裂，其余裂片又常为三浅裂，裂片边缘均有齿裂，两面均被半透明的长硬毛，有时还具淡黄色粗螫毛；托叶成对，生于叶柄基部，常合生至中部，阔卵形，长6～8毫米，宽4～6毫米，外面被毛。花序腋生，穗状，雄花序较雌花序短，花几无柄，细小，有粗硬毛。瘦果灰棕色，扁圆形，直径约3毫米，花

柱宿存；种子扁形，腹面凹陷，背面稍隆起，成黄色。花期6～11月，果期10～11月（云南）。

［生长环境］　林下荫湿地或林缘坡地草丛中。

［产　　地］　四川、贵州、云南、广西等省区。

［用　　途］　茎秆及纤维坚强可制绳索等用。

种子可榨油（见“油脂类”，720页）。

［理化性质］　据云南省资料：韧皮含α-纤维素97%；单纤维长4～12毫米，宽1～2.5微米。

［采收处理］　若需利用种子榨油时，可待种子成熟后采收。

［加　　工］　参阅长叶水麻（105页）。

84 珠芽艾麻（zhuyaaima）（图73）

［地 方 名］　螯麻子（黑龙江）

［学　　名］　**Laportea bulbifera** (Sieb. er Zucc.) Wedd.　荨麻科

［形态特征］　多年生直立草本，高50～70（100）厘米。根纺锤状或绳状，黑褐色。茎具棱，生小刺毛或疏生长螯毛。叶互生，卵形，长卵形或卵状椭圆形，长8～13厘米，宽3～6厘米，基部钝形至圆形，先端渐尖，边缘具圆齿状锯齿，表面深绿色，生短伏毛、螯毛及小球状钟乳体，背面淡绿色，毛较少，主脉上生有短毛及长螯毛；通常在叶腋生1～3个褐色、肉质、球状的珠芽；叶柄长3～6（8.5）厘米，具小刺毛及长螯毛。花单性，雌雄同株；雄花序圆锥状，无总梗，生于叶腋，呈水平开展，长2～4厘米，雄花具短而扁的小梗，花被4～5全裂，绿白色，裂片卵圆形，雄蕊4～5，与花被裂片对生，子房退化物成杯状，半透明；雌花序圆锥状，顶生，具长总梗，共长11～15厘米，分枝扁，生短毛及长螯毛，雌花有短梗，花梗扁平、稍具翼（翼在果期较明显），萼片4，淡绿色，背面2片在花后显

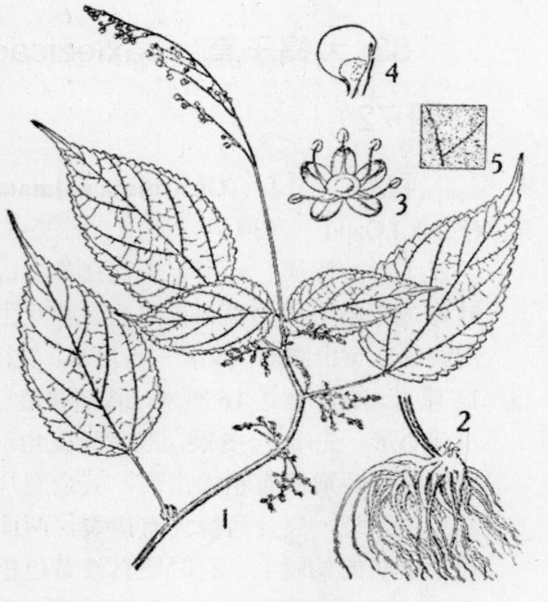

图73　珠芽艾麻

Laportea bulbifera（Sieb. et Zucc.）Wedd.

1. 花枝上部为雄花序，下部为雌花序；2. 根部；3. 雄花；4. 果实；5. 叶表面放大，示毛及钟乳体。

（自“东北草本植物志”）

著增大，雌蕊 1，最初直立，以后斜生，花柱线形。瘦果扁平，近于圆形，有短柄，连柄长 2.5～3 毫米，淡黄色，花柱侧生、宿存。花期 7～8 月，果期 8～9 月。

［生长环境］ 生于山坡草地、荫坡阔叶林内针阔叶混交林下或林缘稍湿地。

［产　　地］ 辽宁、吉林、黑龙江等省。

［用　　途］ 茎皮纤维强韧，可供纺织用。

［理化性质］ 据吉林省资料，化学成分：水分 14.95%，灰分 8.83%，木质素 17.94%，全纤维素 43.75%，苯醇抽出物 1.63%，碱抽出物 39.94%，多缩戊糖 11.83%；物理性状：韧皮纤维的横断面为不规则的多角形，长 4～33.4 毫米，宽 23～64 微米，强力 36.52 克，纤维白色，有光泽，但制成人造棉质量不如荨麻属植物。

［采收处理］ 各地收割、剥皮方法大致有三种：1．秋天割下，用水沤，晒干后剥麻；2．秋天割，用冬雪埋沤，春雪化后晒干剥麻；3．秋天不割，利用冬雪自然沤，入春雪化后再割、剥。各地经验证明第一种方法所得纤维最为优良，因此最好是在 8 月中旬收割，捆成小把，放在清水中沤制，上面盖草压石头，压下水面 15 厘米左右深，入水后要有专人检查，待麻秆发滑，撕开麻皮成网状时，即应出水洗净晒干，以后用手剥或捶碎麻秆，抖掉麻骨，即得纤维。各地的大麻剥麻机、轧胡麻机均能利用。

［加　　工］ 制人造棉采用碱煮法。

85 艾麻（aima）（图 74）

［地 方 名］ 山苎麻

［学　　名］ **Laportea macrostachya** (Maxim.) Ohwi (*Scepirocnide macrostachya* Maxim.) 荨麻科

［形态特征］ 多年生草本，高 50～70 厘米。主根粗多节，茎直立，绿色，有细毛，韧皮纤维坚韧。叶互生，卵圆形或卵形，长 8～13 厘米，宽 4.5～9 厘米，基部圆形，先端尾状骤尖，边缘有粗大锐齿牙，表面被伏细毛；叶柄长 5～11 厘米。花单性，雌雄同株，雄花序生于上部叶腋，成圆锥花序，雄花白色，花被片 5，雄蕊 5；雌花序穗状，生茎稍叶腋，细长，绿色；雌花花被片 4，其中 2 片较大；花柱 1，细长。果实斜卵

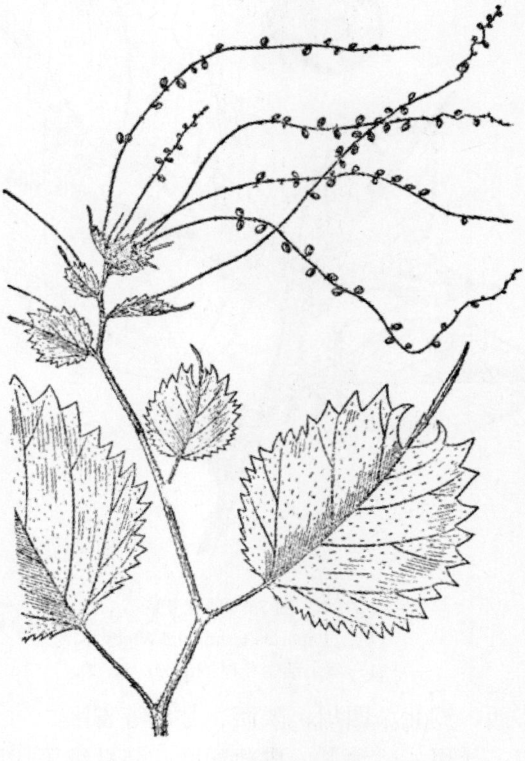

图 74 艾麻
Laportea macrostachya（Maxim.）Ohwi
枝条上部

形，花柱宿存，基部花被宿存。花期7～8月，果期9～10月（浙江）。

［生长环境］ 生于海拔800～900米偏阴的山坡、溪边、林下或岩石旁。

［产　　地］ 云南、四川、湖南、湖北、浙江、陕西、河南、山西等省。

［用　　途］ 茎皮纤维可制麻布和绳索。

［采收处理］ 秋季割取地上部分，扎成小捆，浸泡于水中发酵后剥麻。

［加　　工］ 参阅宽叶荨麻（118页）。

86 顶花艾麻（dinghuaaima）（图75）

［地 方 名］ 艾麻草（陕西、甘肃），顶花火麻（云南），火麻子（四川）。

［学　　名］ **Laportea terminalis** Wight 荨麻科

［形态特征］ 多年生直立草本。茎高65～130厘米，被短柔毛及螫毛，有沟纹，四棱形。叶卵形或卵状长圆形，长8～15（20）厘米，宽3～6厘米，基部圆形，先端渐尖，边缘疏生粗锯齿，表面有极细小粗糙的钟乳体，沿中脉疏生短粗毛，背面脉上有短螫毛；叶柄长1～3厘米；托叶早落。花单性，雌雄同株，成圆锥花序；雌花序腋生，雌花花萼通常4裂，合生，外2片细小，浅青色，膜质；雄花序腋生或顶生，雄花花萼5裂，分离，雄蕊5，细小。瘦果扁圆形，先端微尖，有向下斜生的宿存花柱，棕色，有皱纹，四周边环呈带状。花期5～7月（云南），7～8月（陕西）；果期9～10月（陕西）。

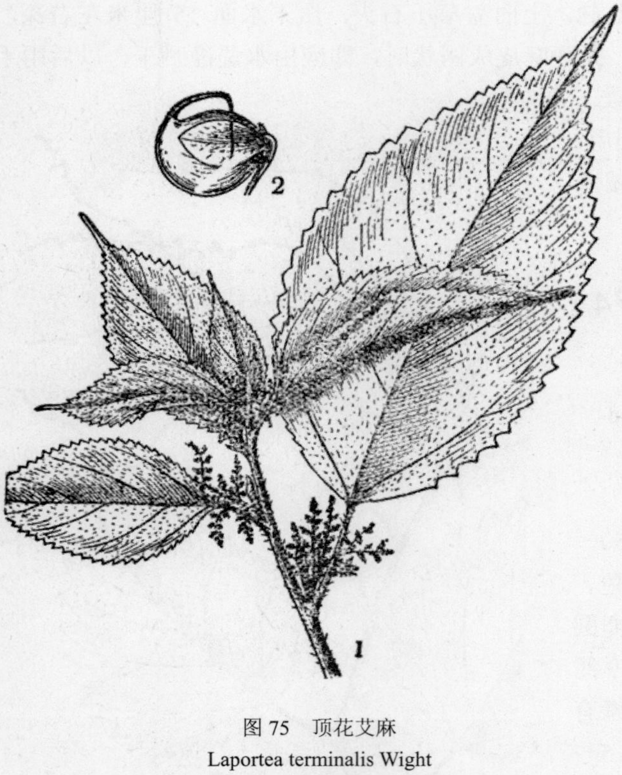

图75 顶花艾麻

Laportea terminalis Wight

1．茎上部生花序的部分；2．果。

［生长环境］ 在疏林或密林下，近溪谷荫湿处。一般分布在海拔1300～1800米的山区。

［产　　地］ 云南、广东、广西、湖北、四川、陕西、甘肃等省区。

［用　　途］ 皮薄如麻，其纤维可代麻用，又为造纸与人造棉的原料。

种子含油（见“油料类”，720页）。

［采收处理］ 开花时采收，去掉枝叶，捆成2.5～5公斤的小捆，置池塘中压以石

块，泡沤成熟，剥麻洗净即成。如综合利用其种子榨油，采收宜在果实成熟后进行。

［加　　工］　参阅长叶水麻（105 页）。

87 水丝麻（shuisima）（图 76）

［地 方 名］　翻白叶（云南），三元麻（四川）。

［学　　名］　**Maoutia puya** (Wall.) Wedd.　荨麻科

［原 料 名］　三元麻（四川），翻白叶麻（云南）。

［形态特征］　灌木，高 1～2 米，有时可达 3 米；枝密生长柔毛。单叶互生，椭圆形至卵状披针形，长 9～12 厘米，宽 4.5～6 厘米，基部阔楔形或近圆形，先端尾状渐尖，边缘具粗钝锯齿，表面粗糙呈绿色，背面密生白茸毛；叶柄长 1.5～7 厘米，也密生白茸毛；托叶基部合生，披针形，长 1 厘米。花单性或两性，成稀疏二歧聚伞状花序，腋生或顶生，开展，柔弱；花细小，雄花萼片 5，雄蕊 5，退化雌蕊毛状；雌花无花被，子房直立。瘦果卵圆形，具糙硬毛。花期 9 月至次年 1 月（云南）。

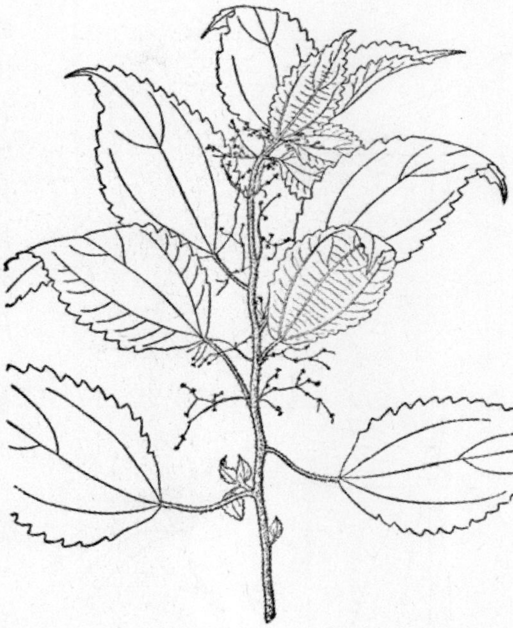

图 76　水丝麻

Maoutia puya（Wall.）Wedd.

枝条上部

［生长环境］　生于海拔 300～1800 米的干旱草坡，有时也分布于较潮湿的山沟地，小灌丛间。

［产　　地］　广西、云南、贵州、四川等省区。

［用　　途］　云南芒市傣族农民用茎皮专作渔网，皮坚韧耐久。如用作人造棉，有光泽，质量好。

［理化性质］　据云南省资料：秆皮含纤维 28%，其中 α-纤维素含量 84～91%。

据重庆市第二工业局分析，化学成分：水分 13.23%，灰分 2.98%，冷水水溶物 15.91%，热水水溶物 17.51%，乙醚抽出物 1.82%，1%氢氧化钠抽出物 32.3%，果胶 1.94%，多缩戊糖 4.24%，木质素 5.95%，纤维素 79.27%；物理性质：单纤维平均长度 182.8 毫米，平均宽度 36.81 微米，平均强力 48.63 克。

［采收处理］　9～10 月采割，以一年生的茎秆皮为佳，茎皮棕黄色，剥皮时从先端往下把皮剥下来。二、三年的老秆分枝较多，不易剥皮，三年以上的老秆“灰黑色”，

"疤痕多"无麻，可割去使根部再生新苗。

［加　　工］　将生麻捆成小把，放入锅内，用含碱量较多的草木灰煮，其方法是：一层灰，一层麻，皮不要露出水面，加热100℃，煮6小时左右，捞出后用清水洗，除掉粗皮，晒干即成麻。人造棉加工见总论。

88 糯米团（nuomituan）（图 77）

［地 方 名］　糯米条（浙江），糯米草（四川、云南）。

［学　　名］　**Memorialis hirta** (Bl.) Wedd.　荨麻科

［原 料 名］　糯米条（浙江）

［形态特征］　多年生草本。茎常蔓生，长30～90厘米，带紫色，有白色柔毛。单叶对生，薄纸质，长卵形或卵状披针形，长3～8厘米；宽1.2～2.5厘米，基部圆形或微心形，先端渐尖，全缘，有纤毛，基出3脉直达叶尖，表面稍粗糙，被伏硬毛，背面疏生柔毛；叶柄短或近无柄。花单性，雌雄同株，淡绿色，簇生于叶腋；雄花萼片5，雄蕊5；雌花花萼筒状，柱头钻形。瘦果阔卵形，先端尖，有纵棱，黑色，有光泽。花期6～7月（云南），8～9月（浙江）。

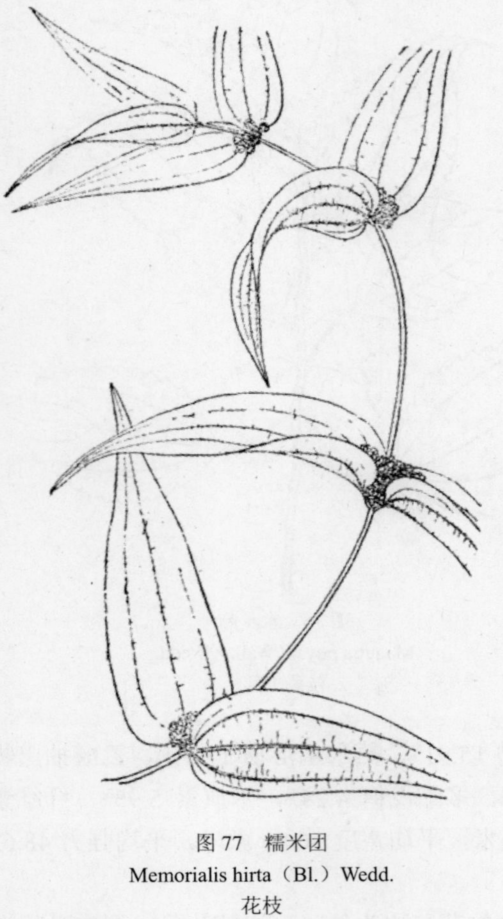

图 77　糯米团
Memorialis hirta（Bl.）Wedd.
花枝

［生长环境］　溪谷林下阴湿地和山麓水沟边，在向阳坡的水湿环境，常聚生成片。

［产　　地］　江苏、浙江、安徽、湖南、四川、云南、广东、广西等省区。

［用　　途］　茎皮纤维可制人造棉供混纺或单纺。

全草入药，捣烂外敷，治疗疔疮；拌醋用可治肿毒症（浙江天台县）。

［理化性质］　据华东师范大学分析：晒干秆皮含纤维量64.40%，纤维长10.1～18.9毫米，一般14.2毫米；宽20～31微米，一般24微米。

［采收处理］　参阅长叶水麻（105页）。

［加　　工］　参阅苎麻（100页）。

89 紫麻（zima）（图 78）

［地 方 名］ 野麻（贵州），大叶麻、大毛叶（云南），火麻条（四川）。

［学 名］ **Oreocnide fruticosa** (Gaud.) Hand. -Mzt. 荨麻科

［形态特征］ 直立灌木，被柔毛或近无毛。单叶互生，膜质，卵状长圆形或卵状披针形，长 5～12 厘米，宽 2～5 厘米，基部阔楔形或圆形，先端渐尖或尾状渐尖，边缘有牙齿，表面被柔毛或无毛，稍粗糙，背面被白色短茸毛或被短柔毛；叶柄长 1～4 厘米，上部叶的叶柄短，仅长 4～8 毫米；托叶披针形，长 1 厘米，早落。雄花序腋生，近无柄，花被片 3；雌花序球形，直径约 2.5～3.5 毫米，近无柄；花 8～11，小形。瘦果卵圆形，微具糙毛。花期春季，果期 6～7 月。

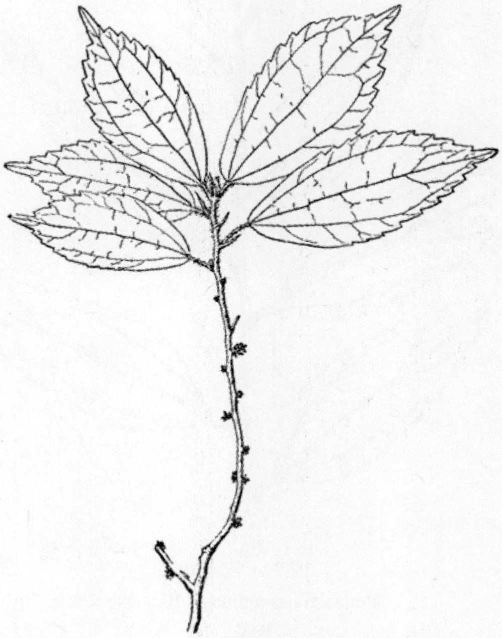

图 78 紫麻

Oreocnide fruticosa（Gaud.）Hand. -Mzt.

雌花枝

［生长环境］ 生于山谷、溪边、林下潮湿处、常与水麻（Debregeasia）、荨麻（Urtica）、楼梯草（Elatostema）等林下小灌木及草本等混生；在海拔 100～2500 米的山上均有分布。

［产 地］ 云南、广西、广东、贵州、四川、湖北、湖南、江西、福建、台湾等省区。

［用 途］ 茎皮纤维好，可制绳索、人造棉与纺织麻袋。

［理化性质］ 据贵州省资料：含纤维素 40%，拉力极强，单纤维较细。

［采收处理］ 参阅水麻（104 页）。

［加 工］ 参阅水麻。

90 红雾水葛（hongwushuige）（图 79）

［地 方 名］ 青白麻叶、籽藤、水麻（云南）

［学 名］ **Pouzolzia sanguinea** (Bl.) Merr. (*P. ovalis* Miq. , *P. viminea* Wedd.) 荨麻科

［形态特征］ 半灌木或小灌木，高 80～200 厘米。茎枝及叶均被甚粗糙的硬毛。单叶互生，长圆状卵形至长圆状披针形，长 6～12 厘米，宽 3～4.5 厘米，基部圆形或阔

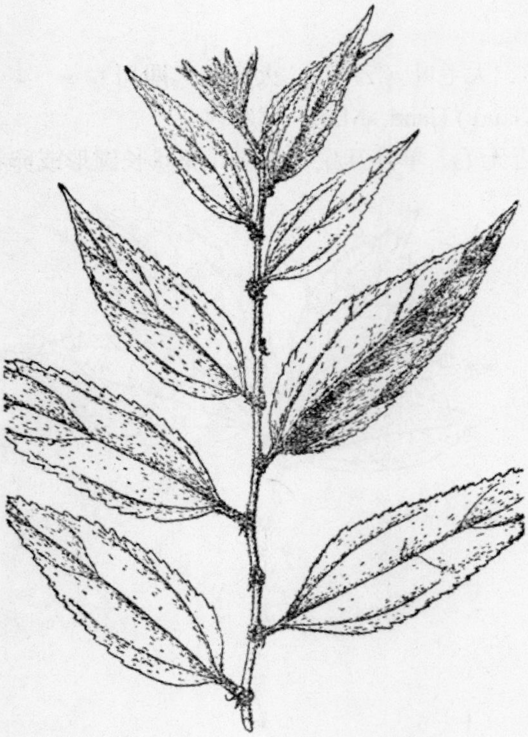

图 79 红雾水葛
Pouzolzia sanguinea（Bl.）Merr.
枝条上部

楔形，先端长渐尖或渐尖，边缘有疏大的锐锯齿，基出三脉，在背面凸起；叶柄长 1～5 厘米；托叶细小，棕色，几无毛。花单性雌雄同株，稀异株，花多数，簇生于叶腋；雄花花被片 4，雄蕊 4；雌花雌蕊顶部被毛。瘦果直径约 1 毫米，有肋纹；种子平滑，有光泽，花期 4～10 月。

［生长环境］ 喜生于坡地草丛中向阳处，疏林下，村边路旁亦有。

［产　　地］ 云南、贵州、广西、广东等省区。

［用　　途］ 茎及枝皮含纤维，为较好的代麻用品，可制绳及麻布、麻袋等。

［理化性质］ 据中国科学院昆明植物研究所分析：纤维素含量 43%，其中 α-纤维素 87～90.45%，纤维长 3～7 毫米，宽 2～3 微米。据贵州省资料：含纤维素 40%。

［采收处理］ 参阅水麻（104 页）。

［加　　工］ 参阅水麻。

91 狭叶荨麻（xiayexunma）（图 80）

［地 方 名］ 哈拉海（内蒙古），螯麻子（黑龙江、吉林、辽宁）。

［学　　名］ **Urtica angustifolia** Fisch. 荨麻科

［形态特征］ 多年生草本，根状茎匍匐。茎直立，高 50～150 厘米，生有螯毛，通常单一或分歧，具钝棱。叶对生，长圆状披针形或卵状披针形，长 6～12 厘米，宽 2～2.5（3）厘米，基部圆形，或心形，先端渐尖，边缘具粗锯齿，表面深绿色，生稀疏的短毛，背面色淡，基部有三出脉，叶脉凸起，沿叶脉上稍有短毛；叶柄长 1～2 厘米，生有螯毛；托叶线形，膜质。花单性，雌雄异株，花序为狭长的圆锥状花序，生有螯毛和伏毛；花集生成簇，雄花近于无梗，苞片膜质，长达 1 毫米，花萼 4 深裂，雄蕊 4，与萼片对生，花药大，退化雌蕊半透明，杯状；雌花无梗，萼片 4，背面生有螯毛，子房长圆形，柱头画笔状，2 枚背生的萼片花后增大呈圆状阔椭圆形，紧包瘦果，比成熟的瘦果大，瘦果阔椭圆状卵形，黄色。花期 7～8 月，果期 8～9 月。

［生长环境］ 生于林边灌丛间、山地混交林内湿地、林缘湿地，泉水边、碎石磖子或山坡上、山野多阴地或沙丘灌丛间。

［产　　地］ 河北、吉林、辽宁、黑龙江、内蒙古（东部）等省区。

［用　　途］ 选制出的长纤维可做高级纺织原料，目前黑龙江省利用亚麻纺织设备纺成21支纯麻纱织成帆布，经有关单位实验，肯定可以纺 42 支以上的细麻纱，可与棉、毛混纺，织成各种高级衣料及毛毯等物。还可以纺织轮船用布、马达转动带、轻软牢固的绳索等；短纤维可做高级纸张原料；纯短纤维下脚可供作化学纤维工业原料；麻骨、木质部、下脚可压制麻胶板、瓦楞纸、隔音板等建筑材料。

全草药用，治风湿、糖尿病等。并能解虫、蛇、咬伤之毒。茎、叶含鞣质，可提制栲胶（参见“鞣料类”，1093 页）。

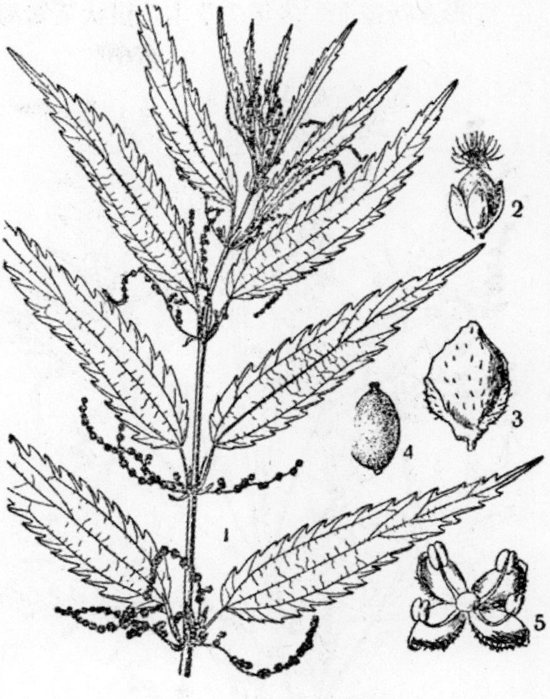

图 80　狭叶荨麻

Urtica angustifolia Fisch.

1．雌株枝条的上部；2．雌花；3．带花被的果实；4．瘦果；5．雄花。

［理化性质］ 据中国科学院林业土壤研究所分析：茎皮含全纤维素 70.99%，出麻率 55.82%。据黑龙江省师范学院分析：纤维横断面为不规则长方形或多角形，纤维长 5～55 毫米，平均 10～20 毫米；宽 20～70 微米，平均 50 微米；纤维纯白色、柔软、有光泽，强力 38.52 克。

［采收处理］ 9 月间为采割期，用刀割下全株，捆成小把，置水中浸泡发酵，10 天左右即可取出剥皮，晒干后扎把成捆，放于干燥通风处保管，严防水湿，以免变质。如秋季不割至第二年春天经过风吹、雪浸，割下后直接剥麻亦可。

［加　　工］ 参见长叶水麻（105 页）。

92 焮麻（xinma）（图 81）

［地 方 名］ 哈拉海（吉林、内蒙古），蝎子草（黑龙江），螫麻子、焮麻（吉林、黑龙江），火麻（甘肃）。

［学　　名］ **Urtica cannabina** L.　荨麻科

［形态特征］　多年生草本，根状茎匍匐。茎直立，高 70～150 厘米，具棱，生短伏毛及少数螫毛。叶对生，掌状 3 深裂或全裂，裂片再次羽状分裂，长 5～14 厘米，表面深绿色，叶脉凹入，疏生短柔毛或近无毛，密布小颗粒状钟乳体，背面色淡、叶脉隆起；叶柄长 2～8 厘米，生有短毛及少数螫毛或无毛；托叶宽线形，离生。花单性，雌雄同株或异株，同株者雄花序生于下方；花序穗状，生于枝的上部叶腋，长达 12 厘米，密生花簇，生短柔毛及螫毛；苞膜质，透明，背部密生毛；雄花萼 4 深裂，裂片阔椭圆状卵形，先端尖略呈盔状，背部有毛；雄蕊 4，与花萼裂片对生，花丝扁，超出花萼，花药大形、黄色，退化雌蕊杯状、半透明；雌花花萼深 4 裂，裂片椭圆形，背面生有短毛及 1～3 蓝绿色螫毛，背生萼片大，花后增大包着果实，侧生萼片小，其离生部分短。瘦果卵形，两面凸形，稍扁，长约 2 毫米，灰褐色。花期 7～8 月，果期 8～9 月。

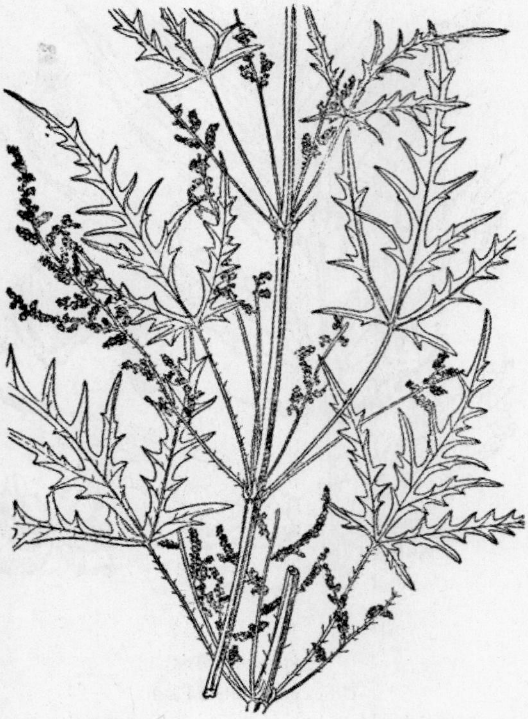

图 81　焮麻
Urtica cannabina　L.
茎的一部分

［生长环境］　丘陵性草原，沙丘坡上，丘陵坡地，干燥山野路边等地。

［产　　地］　辽宁、吉林、黑龙江、内蒙古、河北、甘肃、青海、宁夏、新疆等省区。

［用　　途］　茎皮纤维可作纺织原料，亦可供制麻绳。

全草入药，用于治风湿、糖尿病等，并能解虫咬、蛇咬伤之毒。

［理化性质］　据黑龙江省和吉林省资料：在显微镜下，纤维的形状与大麻相似，单纤维长 3～37 毫米，宽 25～60 微米，色白，拉力 44.12 克，吸水后拉力较强；化学成分主要含有蚁酸、酪酸、氮素，及不挥发性有刺激作用的酸性物质。

［采收处理］　7 月（中旬）～9 月（中旬）为采割期。采收处理参阅宽叶荨麻（118 页）。

［加　　工］　参阅宽叶荨麻。

［其　　他］　本种分布广泛，纤维质量较好，为确保年产量的稳定，一方面保持

自生群落的繁茂，采收时不要挖根，另一方面可考虑播种繁殖。

93 乌苏里荨麻（wusulixunma）（图 82）

［地 方 名］　哈拉海（吉林）

［学　　名］　**Urtica cyanenscens** Kom. [*U. platyphlla* (non Wedd.) Kom. et Alis.; *U. laetevirens* (non Maxim.) Kitag. pro parte]　荨麻科

［形态特征］　多年生草本，根状茎匍匐。茎直立，高 80 余厘米，具棱单一或有时分枝，茎上部及分枝上生有短毛及螫毛。单叶对生，阔椭圆状卵形、阔卵形或卵形，长 3～8 厘米，宽 2～6 厘米，基部稍心形、圆形或阔楔形，先端尾尖或锐尖，**边缘具大形牙齿状锯齿**，两面及边缘或多或少地生有短毛，密布钟乳体，背面叶脉隆起，脉上毛较多；叶柄长 1～5 厘米，生短毛及螫毛；托叶离生，膜质，**线形**，长达 12 毫米。雌雄异株，雄花序总状，腋生成对，向上，密生小花，花轴有毛，苞小，长圆形或线形，花萼 4 深裂，裂片内凹，椭圆形，背部有毛；雄蕊 4，花药黄色，退化雌蕊杯状，半透明；雌花序短，成对腋生，花成簇，断续着生，花轴有毛，萼片 4，背部及边缘生有长毛，侧生 2 枚小，背生 2 枚花后增大，包被瘦果，子房长圆形。瘦果阔卵形，稍扁平，长约 1.5 毫米。花期 7～8 月，果期 8～9 月。

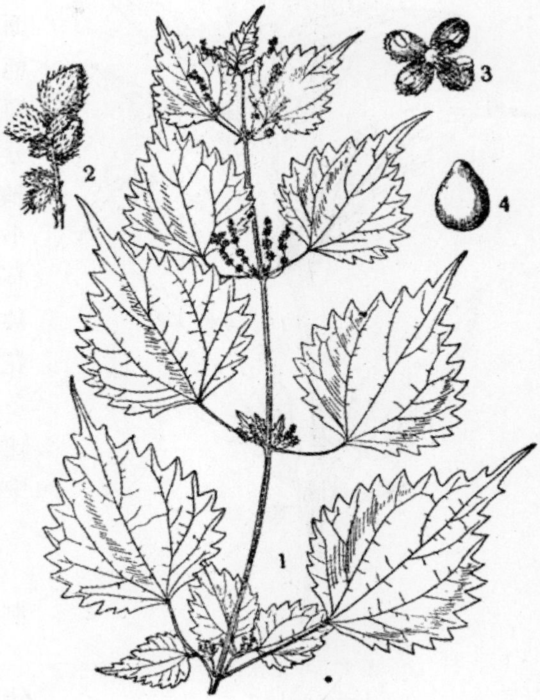

图 82　乌苏里荨麻
Urtica cyanenscens Kom.
1. 雌株的上部；2. 雌花序的一部分；3. 雄花；4. 瘦果。

［生长环境］　山地阳坡针阔混交林下，林缘或溪流旁的草丛中。

［产　　地］　吉林、黑龙江等省。

［用　　途］　茎皮纤维优良，可供纺织用，亦可制麻绳。

［采收处理］　参阅宽叶荨麻（118 页）。

［加　　工］　参阅宽叶寻麻。

94 单性荨麻（danxingxunma）（图 83）

［学　　名］　**Urtica dioica** L.　荨麻科

［形态特征］ 多年生草本，高30～150厘米；茎单一或分歧，有刺毛及被粗硬毛，有沟纹。叶对生，**卵形或卵状长圆形**，长3～7厘米，宽1.5～4厘米，基部截形或近圆形，先端渐尖，边缘具牙齿状粗锯齿，两面深绿色，除叶脉上有刺毛外尚有微硬毛，表面较疏少或无毛，但有极细微的钟乳体；叶柄比叶片短，常有刺毛及短微硬毛；有托叶，通常枝下部托叶4，枝顶部托叶2，狭披针形，分离。花单性，雌雄异株或同株；雄花在花轴的上部，雌花在下部，花序穗状腋生，花小，无柄；雄花萼片4，雄蕊4，退化雌蕊小，杯状；雌花萼片4，2大2小，大的二片，包被果实，无毛。瘦果扁圆形，平滑；种子1。花期3～6月。

图83 单性荨麻
Urtica dioica L.
枝条的上部

［生长环境］ 生于海拔500～2000米比较阴湿的山坡、山谷或平地，或路边草丛中。

［产　　地］ 云南、四川等省。

［用　　途］ 茎含优质纤维，供麻用制麻绳或作人造棉等用。

［采收处理］ 秋季割取植株的地上部分，扎成捆置水中浸泡。

［加　　工］ 参阅宽叶荨麻（本页）。

95 宽叶荨麻（kuanyexunma）（图84）

［地 方 名］ 螫麻（辽宁、吉林、黑龙江），哈拉海（辽宁、吉林、内蒙古）。

［学　　名］ **Urtica laetevirens** Maxim. 荨麻科

［形态特征］ 多年生草本，全株淡绿色。茎高40～100厘米，常单一，或由叶腋生有短枝。叶交互对生，阔卵形或卵形，长4～9厘米，宽2.5～6厘米，基部阔楔形或近心形，先端锐尖、渐尖或尾状，**边缘具大形稀疏的锐尖牙齿**，生有缘毛，主脉3条，背面叶脉隆起，两面多少密生短毛，密布短棒状钟乳体；叶柄长2～3厘米，生有短毛和螫毛；托叶线状披针形。**雌雄同株**，雄花序长，生于茎上部或短枝上部的叶腋，雌花序短，生于雄花序的下方叶腋或短枝下部叶腋，花簇断续丛生，雄花花被4裂，背部生有短毛，雄蕊4，与花被片对生，花丝比花被片长，花药黄色大型，退化雌蕊呈杯状，半透明；雌花花被片4，2片侧生者小，2片背生花被片花后增大呈阔卵形，背部及边缘有长毛，与瘦果等长而包着瘦果。瘦果卵形。花期7～8月，果期8～9月。

［生长环境］　生于林荫下阴湿的石旁或裂隙间、林路旁、山溪沟边。

［产　　地］　黑龙江、吉林、辽宁、内蒙古、河北、山东、山西、陕西等省区。

［用　　途］　茎皮纤维强韧，供纺织、制绳索等用。

全草含不挥发性有刺激作用的酸性物质，可供药用，治风湿、糖尿病等，并能解虫蛇咬伤之毒。

［理化性质］　据吉林省资料，物理性质：纤维强韧，强力为42.13克，单纤维长4～48毫米，平均25～30毫米，宽18～65微米；化学成分：茎皮含全纤维66.71%，出麻率63.07%。

［采收处理］　宜在9～10月间采割，用镰刀在基部割下全株，如当年未采割的植株，经霜雪浸后，明春就可直接剥麻。

［加　　工］　将割下的茎秆，扎成小捆，放在清水中浸泡发酵，10天左右即可取出剥皮制麻。晒干，置于干燥通风处。

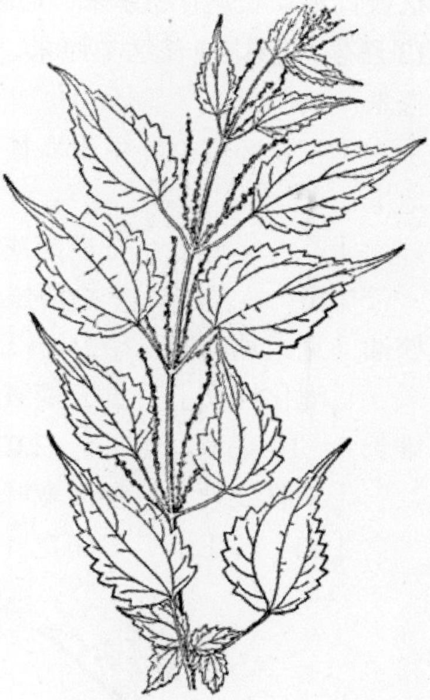

图84　宽叶荨麻
Urtica laetevirens Maxim
花枝

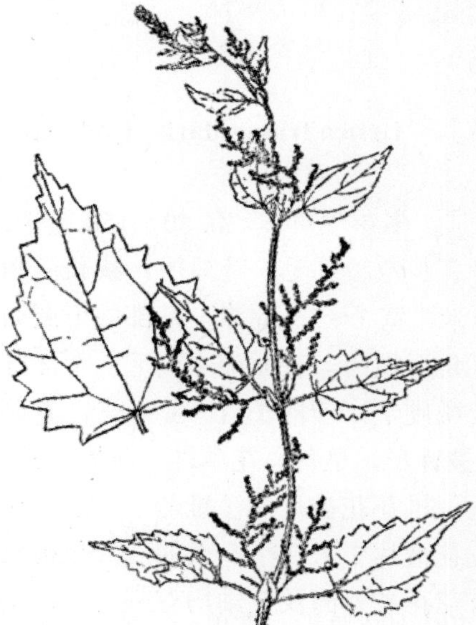

图85　巨根荨麻
Urtica macrorrhiza Hand.-Mazz.
花枝

96 巨根荨麻（jugenxunma）（图85）

［地 方 名］　荨麻、火麻、活麻、老虎麻（云南）

［学　　名］　**Urtica macrorrhiza** Hand.-Mazz.　荨麻科

［形态特征］　多年生草本，茎直立多分歧，高2～3米，四棱，被稀疏白色螫毛。叶对生，有时上部轮生，卵形，茎上部叶卵状披针形，长6～11厘米，宽4～5厘米，基部近心形，先端尖，**边缘具粗大牙齿，在茎中部叶有附加的小牙齿**，表面黄绿色，被微毛，背面灰绿色，粗糙，被微毛，脉上有短硬毛；基部5脉，下部叶的叶柄几与叶片等长，上部叶的叶柄渐向上渐短，被螫毛；**每节有托叶2，长圆**

状披针形，长达 1.5 厘米，边缘近膜质。花单性，**雌雄异株**，圆锥花序，腋生，长 6.5～12 厘米，总花梗长达 1 厘米，四棱形；花聚生，具极短的花梗。瘦果双凸镜状，长 1.5 毫米，黄色。

［生长环境］ 生于海拔 1900 米左右的地区，常见于村庄附近的灌木草丛中或荒地上。

［产　　地］ 云南西部。

［用　　途］ 茎皮纤维细长柔软，易于脱胶漂白，宜代麻或人造棉用。种子可以榨油（见“油料类”，721 页）。

［理化性质］ 据云南省资料：茎皮含纤维 55.3%，其中 α-纤维 81.15～90.6%；纤维长 4～10 毫米，宽 1.5～2.0 微米。

［采收处理］ 参阅宽叶荨麻（118 页）。

［加　　工］ 参阅宽叶荨麻。

97 三角叶荨麻（sanjiaoyexunma）（图 86）

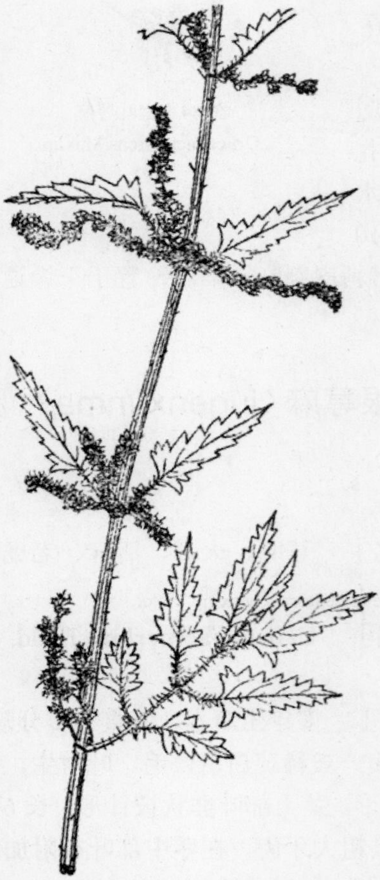

图 86 三角叶荨麻
Urtica triangularis Hand.-Mzt.
雌株一部分

［学　　名］ **Urtica triangularis** Hand.-Mzt. 荨麻科

［形态特征］ 多年生草本，高 60～150 厘米；茎四棱，分歧，有少数短刺毛。叶对生，**狭长三角形**，长 3～11 厘米，宽 1～3.5 厘米，基部截形或微心形，边缘有三角形粗齿，表面疏生刺毛，背面脉上有稀少刺毛及微硬毛；叶柄长 1～3 厘米，有刺毛；托叶 4，狭披针形，早落。花单性，雌雄异株，圆锥状花序腋生；雄花花被片 4，雄蕊 4，退化雌蕊小杯状；雌花花被片 2 大 2 小，大的二片包被果实，无毛；雌雄花花被外面及花轴均有刺毛。瘦果扁圆形，上有小疣点。花期 6～7 月。

［生长环境］ 多生于海拔 2000～3200 米地区的荒地、草坡、河谷边、岩石边及村落附近农地旁边。

［产　　地］ 云南西北部及四川西南部。

［用　　途］ 茎皮纤维较好，宜制麻袋，亦可制绳索和人造棉。

［采收处理］ 参阅宽叶荨麻（118 页）。

［加　　工］　参阅宽叶荨麻。

98 大火草（dahuocao）（图 87）

［地 方 名］　野棉花、山棉花（河南）

［学　　名］　**Anemone tomentosa** (Maxim.) P'ei　毛茛科

［形态特征］　多年生草本，高 40～150 厘米，全株被有白色茸毛。三出复叶，基生叶具长柄，长 15～45 厘米，小叶 3，中间小叶卵圆形或为不规则卵圆形，长 10～16 厘米，宽 7.5～14 厘米，2 裂，各裂片又具浅裂，先端钝，基部楔形，边缘有锯齿，表面疏生硬白毛，背面密生白色茸毛；小叶柄长 2～6 厘米；两侧小叶较小，基部斜，小叶柄长 1～3 厘米；苞叶 2～3，对生或轮生，似基生叶，有时为单叶，长 12～34 厘米。花梗细长，被白色茸毛，花被片 5，倒卵形，先端圆、凹或凸，粉红色，表面无毛，背面被白色茸毛；雄蕊多数，无毛；雌蕊多数，头状，柱头斜倾，有毛。瘦果长约 3 毫米，密生长绵毛。花期 7～10 月。

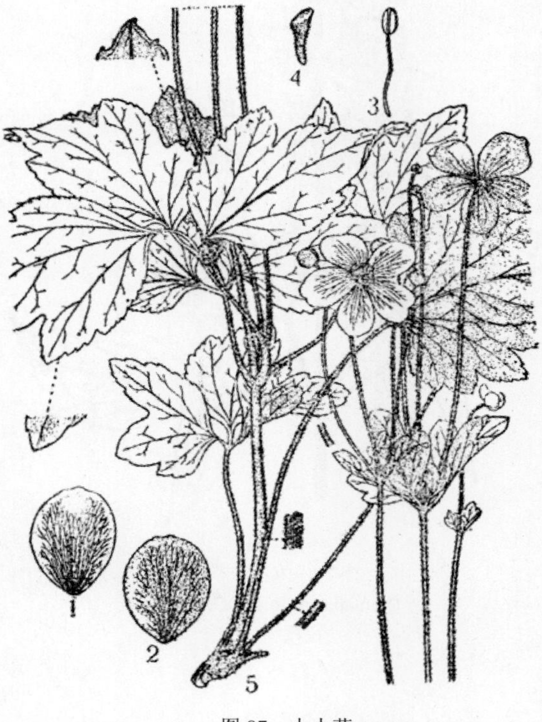

图 87　大火草

Anemone tomentosa（Maxim.）P'ei.

1．花被表面；2．花被背面；3．雄蕊；4．瘦果；5．植株全形。

（自“中国药用植物志”）

［生长环境］　生于瘠瘦干燥的砾石坡地、山沟、路旁、田间。

［产　　地］　山西、河北（南部）、陕西、河南（西部）、甘肃、四川、云南等省。

［用　　途］　茎皮含纤维，脱胶后即可搓绳。

种子上的茸毛可以作填充物、救生衣。种子可以榨油，含油率为 15%左右。根含鞣质为 1.95%，主要为凝缩类鞣质，次为水解类鞣质。又据“植物名实图考”记载，根味苦，性寒，有毒，为下气、杀虫用良药。

［采收处理］　在 8～9 月间割收地上茎，去掉叶子，将茎秆扎成小束，置于水中浸泡 8～10 天，脱胶后，捞出晒干，用木棒捶打，使其轻软如麻，即可搓绳；采收种毛，应在种子成熟时，逐枝逐个采摘，清除种子，即得种毛。

99 女萎（nüwei）（图 88）

［地 方 名］ 威灵仙（安徽），百根草（福建）。

［学　　名］ **Clematis apiifolia** DC. 毛茛科

［形态特征］ 藤本，茎近方形，紫色，被白色柔毛。三出复叶，对生，中间小叶较大，小叶卵形，上部有时三裂，基部圆形，先端尖，长 2～6.5 厘米，宽 1.2～5.5 厘米，边缘中部以上具 2～3 缺刻状钝齿，中部以下全缘，两面均被伏短白毛；叶柄细长。圆锥状聚伞花序；花白色，直径约 2 厘米；萼片 4，外面密被毛，内面无毛；雄蕊多数，花药较花丝短，黄色；心皮多数，被短毛，花柱有长白毛，成熟时花柱延长，较瘦果长 2 倍。瘦果狭斜卵形，长约 5 毫米。花期 8 月。

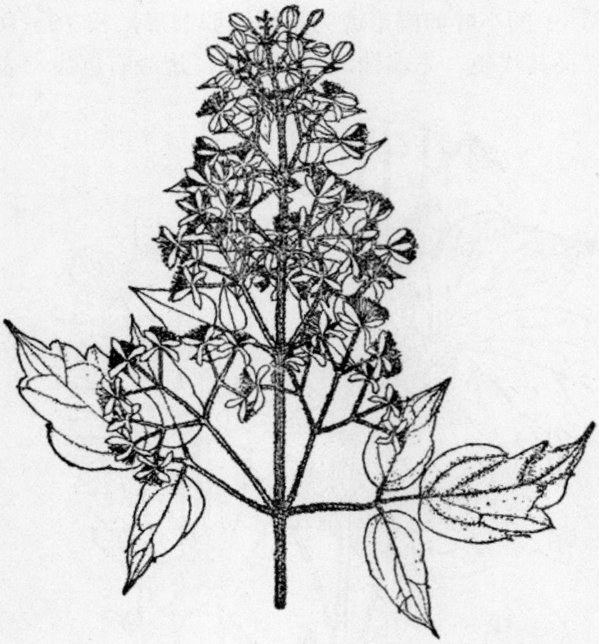

图 88 女萎
Clematis apiifolia DC.
花枝

［生长环境］ 山野间或栽培于山区庭园中。

［产　　地］ 安徽、江苏、浙江、江西、福建、台湾、广东、广西等省区。

［用　　途］ 根及茎皮可做人造棉及造纸原料。

蔓藤入药，主治霍乱、泄痢。花大美丽，供观赏用。但系有毒植物，加工时应特别注意。

［其　　他］ 湖北及西南各省有一变种毛女萎（C. apiifolia DC. var. obtusidentata Rehd. et Wils.），其区别为小叶较大，叶背面密被毛。

100 老虎须藤（laohuxuteng）（图 89）

［学　　名］ **Clematis meyeriana** Walp. 毛茛科

［形态特征］ 落叶攀援藤本，无毛。叶对生，薄革质，三出复叶，小叶卵形或卵状长圆形，长 7～12 厘米，宽 4.5～6 厘米，基部圆形或阔楔形，先端钝或微尖，全缘，两面无毛；小叶柄长 1.5～3 厘米，叶柄长 8～10 厘米。圆锥花序腋生，长约 15 厘米；萼片 4，白色，花瓣状，边缘有茸毛，无花瓣。瘦果长约 5 毫米，花柱宿存，长约 3 厘

米。花期夏季。

［生长环境］　疏林灌木丛中，攀援或缠绕于其他树上。

［产　　地］　云南、广西、广东、福建、江西、湖南等省区。

［用　　途］　茎纤维可扭制绳索及造纸原料。

［采收处理］　8～9 月砍下藤条，小的晒干即可扭制绳索或作包装用品，较大的可捶破用清水脱胶法，浸泡 10～12 天，捶洗干净即成代麻用品。

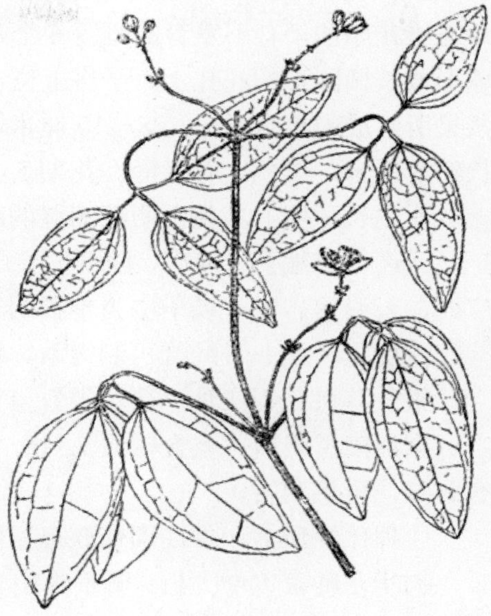

图 89　老虎须藤
Clematis meyeriana Walp.
花枝

101 大血藤（daxueteng）（图 90）

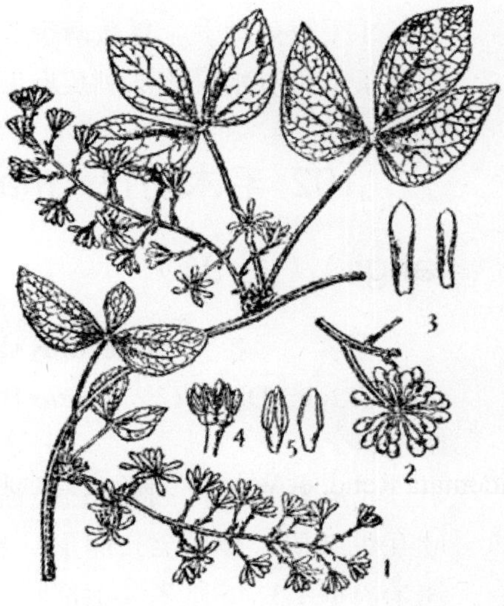

图 90　大血藤
Sargentodoxa cuneata（Oliv.）Rehd. et Wils.
1．雄花枝；2．果序；3．萼片；4．雄花去花萼后；5．雄蕊放大示正反面。
（自“中国药用植物志”）

［地 方 名］　血藤、红藤、山红藤（河南），黄香绳、黄散藤、卦藤、黄藤（浙江），红藤（广西、江西、陕西、云南），大红藤（广西），老鸦棉藤、牛麻藤（四川），过山龙（陕西）。

［学　　名］　**Sargentodoxa cuneata** (Oliv.) Rehd. et Wils.　木通科

［原 料 名］　牛藤麻

［形态特征］　落叶攀缘藤本，长 7～10 米。茎褐色，无毛，圆形，有条纹。三出复叶互生，具 3 小叶，薄革质，顶生小叶叶片菱状，倒卵形，长 7～12 厘米，宽 3～7 厘米，基部楔形，顶端尖，全缘；柄长约 1 厘米，两侧小叶较顶生小叶稍小或稍大，斜卵形，基部楔形，两侧极不对称，先端尖，全缘，几无柄；叶轴长 5～15 厘米。花单性，雌雄异株，下垂总状花序，腋生，具木质苞片，有细长花梗；花黄色，有香味，多数，有小苞片；雄花萼片

6，呈花瓣状，菱状圆形而小；雄蕊6，花丝甚短，中央有1～8不发育心皮；雌花的萼片与雄花相同，有不发育的雄蕊6个，具有多数锥状披针形分离之心皮，螺旋状排列于球形或长椭圆形的花托上，子房上位，一室。果实集生于花托上，为多数卵形有柄的小浆果所组成的聚合果，长8～10厘米，每果具1长6～12厘米的柄；种子1个，卵形，长约5厘米，黑色，有光泽。花期5月，果期9～10月（河南）。

［生长环境］　生于阴蔽潮湿的疏林中，常攀援于其他植物上。

［产　　地］　河南、陕西、安徽、浙江、湖南、江西、湖北、四川、福建、广东、广西、云南等省区。以华中为本种的主产区。

［用　　途］　纤维可制绳索、造纸与人造棉。

根及茎供药用（见“药用类”，1708页）。藤心为藤条代用品，可编制藤椅等。

据河南省资料：茎含鞣质7.71%，可供栲胶原料。还可作杀虫药剂。此外，花美丽，有香味，可供观赏。

［理化性质］　据广西僮族自治区资料：含纤维39.88～49.22%。

据华东师范大学分析：晒干物中含纤维量为17.80%；纤维长一般为6.40毫米，最长为8.40毫米，最短为3.50毫米，纤维宽一般为22微米，最宽29微米，最窄14微米。

［采收处理］　夏秋两季收割较嫩的藤条，用浸水脱胶法剥皮取麻。

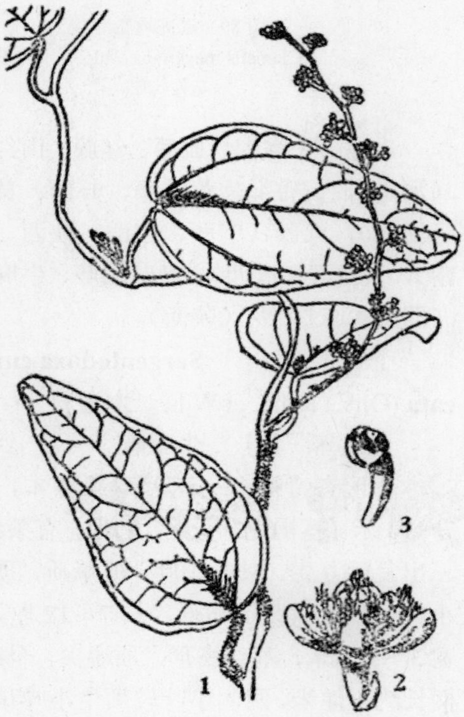

图91　毛木防己
Cocculus sarmentosus（Lour.）Diels
1．花枝；2．花；3．雄蕊。
（自“广州植物志”）

102　毛木防己（maomu-fangji）（图91）

［学　　名］　**Cocculus sarmentosus** (Lour.) Diels (*C. cuneatus* Benth.) 防己科

［形态特征］　藤本；枝被毛。单叶互生纸质，卵形至狭卵形，长3～9厘米，宽1.3～6厘米，上部叶常极狭，长圆状线形，基部钝，有时心形，先端钝，常有小突尖，两面均散生长毛或近无毛；叶柄长3～10毫米，被毛。聚伞花序具柄，分枝，花3至多朵，连总花梗长0.5～2厘米，通常再成总状花序或排列在总花梗上，稀腋生或单生；总梗

被毛；花梗长 1～1.5 厘米，无毛；花极小，带黄色，长 2 毫米左右，无毛。核果近扁圆形，直径约 4 毫米，熟时呈蓝黑色。花期 6～8 月。

［生长环境］　常生于向阳石质山坡，溪边灌木林中，缠绕于乔木上。

［产　　地］　广东、广西、福建、台湾、贵州、湖南等省区。

［用　　途］　茎皮纤维坚韧，可代麻制绳索和编织用，并为造纸原料。

［采收处理］　参阅蝙蝠葛（126 页）。

103 木防己（mufangji）（图 92）

［地 方 名］　青绳儿、土木香、牛木香（浙江），青藤（四川、福建），青藤子（福建），小葛子、狗条子、狗葛子、海葛子、小金葛（山东），小葛藤、葛藤、葛条（江苏），小青藤、青木香、白山香薯、广防己、滇防己（河南）。

［学　　名］　**Cocculus trilobus** (Thunb.) DC.　防己科

［形态特征］　缠绕藤本；茎及小枝上有细槽，密被柔毛。单叶互生，阔卵形或卵状长圆形，长 3～10 厘米，宽 2.5～9 厘米，基部圆形、阔楔形或心形、微心形，先端尖或钝，全缘稀为 3 裂片，中间裂片常伸长，两面均被短柔毛；叶柄长 0.7～5 厘米。雌雄异株，聚伞花序腋生，花细小，黄绿色，花萼 6，2 轮；花瓣 6。核果近球形，黑色或蓝黑色，果皮上附有白粉；种子 1。花期 5～6 月，果期 7～9 月。

图 92　木防己

Cocculus trilobus（Thunb.）DC.

1. 雄花枝；2. 雄花（正面观及背面观）；3. 雌花；4. 雌蕊；5. 果枝；6. 种子；7. 根；8. 叶，示三裂形。

（自“中国药用植物志”）

［生长环境］　生于山坡、梯田、石缝间、路边灌丛中。

［产　　地］　辽宁、河南、山东、江苏、浙江、安徽、江西、湖北、四川、云南、广东、福建等省。

［用　　途］　茎皮纤维坚韧、不易拉断，民间用以代绳索或编斗笠圈等；亦可制人造棉，色洁白细腻，为纺织原料。

根，茎可药用（见“药用类”，1715 页）；根又含淀粉可酿酒（见“淀粉及糖类”，516 页）。

［采收处理］ 在夏秋季采收茎藤，削去分枝和叶，扎成小捆，晒干后，即可为编织用。

［其　　他］ 江苏省新海连及邳县称本种为葛藤；江苏徐州又称为葛条，易与豆科植物葛藤或葛条（Pueraria pseudohirsuta Tang et Wang）混用，应注意区别。

104 蝙蝠葛（bianfuge）（图 93）

［地 方 名］ 山豆根（辽宁、江苏），汉防己（内蒙古），金钱吊蛤蟆（浙江），黄条香、防己葛、黄根（山西）。

［学　　名］ **Menispermum dauricum** DC. 防己科

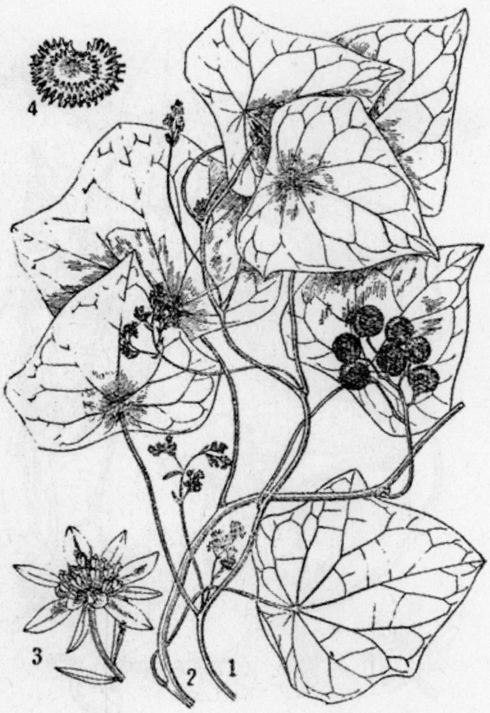

图 93 蝙蝠葛
Menispermum dauricum DC.
1．雄花枝；2．果枝；3．雄花；4．果核。
（自“江苏南部种子植物手册”）

［形态特征］ 多年生缠绕藤本。有地下块根。茎圆形，有线槽及白色粉末。单叶互生，圆状卵形，长 6～12 厘米，宽 7～12 厘米，基部近心形或近截形，先端有小突尖，边缘为角状大缺裂，3～7 裂，沿边向背稍反卷，表面深绿色，背面灰绿色，两面均光滑无毛；叶柄长 7～12 厘米。花单性，雄雌异株，圆锥花序，腋生，稀为伞形花序；花小，黄绿色；花梗为叶柄长的一半。核果近球形，直径约 1 厘米，熟时黑紫色，有光泽；种子 1。花期 6～7 月，果期 7～8 月。

［生长环境］ 野生于山坡路旁灌木丛中。

［产　　地］ 江西、浙江、江苏、福建、安徽、山东、河南、山西、河北、辽宁、吉林、黑龙江、内蒙古等省区。

［用　　途］ 韧皮纤维可代麻，亦可供造纸原料，茎可用于编筐笼等物。

种子可榨油。

［采收处理］ 秋季花末期果初期割取藤条为宜（如采种子榨油，可在果熟后采藤）。割下后用浸水脱胶法取麻，或用蒸煮法取麻均可。如作为藤用时，可在鲜时摘去叶子，将茎条捆成束，晒干后备用。

105 防己（fangji）（图 1325）

［学　　名］ **Sinomenium acutum** (Thunb.) Rehd. et Wils.　防己科

（地方名、形态特征、生长环境、产地及其他用途见“药用类”，1716 页）

［用　　途］ 茎供编制日用品，成品美观耐用，富弹性。浙江绍兴一带藤器生产合作社，已用防己藤大量生产各种日用编织品。

［采收处理］ 常年均可采收，但以秋季最好，用刀在离地面 3 厘米左右处割下，除去枝叶、晒至半干时，再用刀剖成两片晒干即成。

106 千金藤（qianjinteng）（图 419）

［学　　名］ **Stephania japonica** (Thunb.) Miers.　防己科

（地方名、形态特征、生长环境、产地及其他用途见“淀粉及糖类”，516 页）

［用　　途］ 茎可供编织用。

［采收处理］ 8～9 月采割藤茎，经碱煮脱胶去外皮，即可供编制用（采收时间宜结合采收淀粉及药材用块根一并进行，以利综合利用）。

107 粪箕笃（fenjidu）（图 94）

［学　　名］ **Stephania longa** Lour.　防己科

［形态特征］ 缠绕藤本；茎柔弱，有纵条纹，无毛。叶互生，纸质或膜质，**三角状卵形**，长 3～9 厘米，宽 2～6 厘米，基部**近截形**，先端钝或具小突尖，全缘，表面绿色，背面淡绿色或粉绿色，主脉约 10 条，由叶柄的着生处向四周放射，背面略突起；叶柄盾状着生，长 3～5 厘米。雄花的伞形花序不分枝；花序梗长 1.5～3 厘米，常为 5～8 个小伞形花序合生，生于短而匍匐状小枝上，被粉状柔毛；花无柄，聚合成头状的小聚伞花序；**雄花萼片 8**，被柔毛，花瓣 4。核果红色，长约 6 毫米，宽 4～5 毫米。花期 6～8 月。

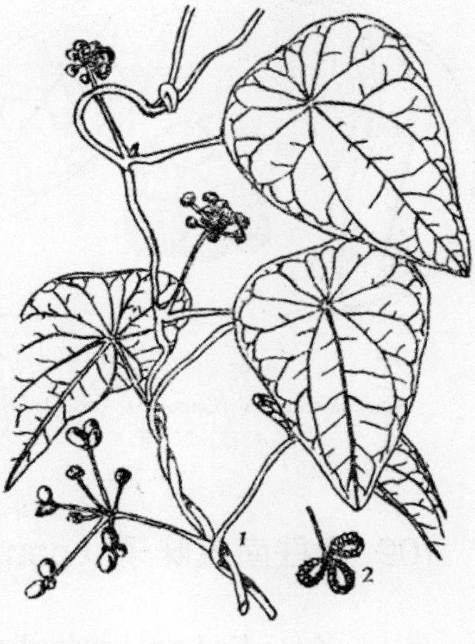

图 94　粪箕笃
Stephania longa Lour.
1. 花枝及果枝；2. 果束。
（自“广州植物志”）

［生长环境］ 生于山地、疏林中土

壤干燥处，常缠绕于灌木上。

［产　　地］　广西、广东等省区。

［用　　途］　全藤光滑可用作编织藤篮等。茎、叶供药用，可止泻除湿。

［采收处理］　参阅蝙蝠葛（126 页）。

108 冷饭团（lengfantuan）（图 95）

［地 方 名］　血藤、大叶冷饭团（广西）

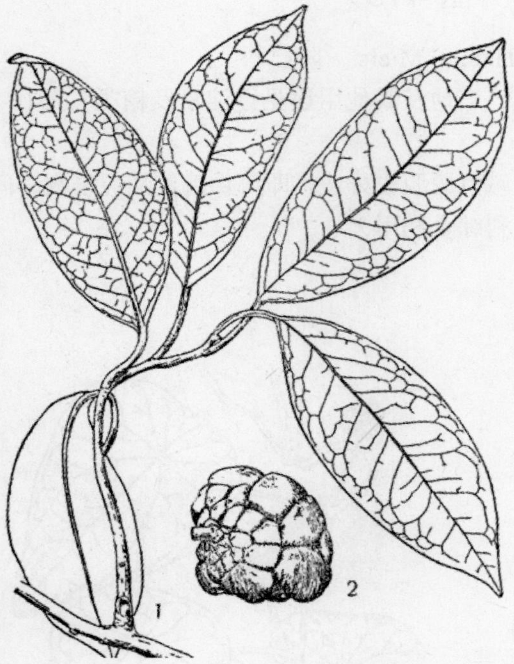

图 95　冷饭团
Kadsura coccinea（Lemoine）A. C. Smith
1. 叶枝；2. 果。

［学　　名］　**Kadsura coccinea** (Lemoine) A. C. Smith　木兰科

［形态特征］　藤本。叶互生，革质，椭圆形，长 10～15 厘米，宽 4～7 厘米，基部圆形或阔楔形，先端尖，全缘，两面无毛，叶脉不明显；叶柄长约 2 厘米。花单性，雌雄同株，单生于叶腋；花被裂片 7 枚以上，花紫色，**雄蕊退化成锥形**。结果时聚集一短轴状的花托上，成圆头状肉质体；果柄长约 3 厘米。花期 6 月。

［生长环境］　多生于山地、山谷、水旁疏林中，常缠绕于树上。

［产　　地］　广西、云南，我国南部其他各省亦有分布。

［用　　途］　全藤可代绳索捆扎竹、木筏等及编织用。

果实可食，亦供药用。

［采收处理］　宜在秋季采割，晒干备用。

109 盘柱南五味子（panzhunanwuweizi）（图 1030）

［学　　名］　**Kadsura longipedunculata** Finet et Gagnep. (*Kadsura peltigena* Rehd. et Wils.)　木兰科

（地方名、形态特征、生长环境、产地及其他用途见“芳香油类”，1305 页）

［用　　途］　茎皮纤维可供编绳、纺织用。

［采收处理］ 宜在秋季采割，但不宜将藤条全部砍光，应留三分之一，使其能继续生长。采回晒干后即可供编织用。其茎叶含芳香油，可先提取制用，所剩纤维可再进行加工。

110 酒饼叶（jiubingye）（图 96）

［地 方 名］ 假莺爪、鸡爪果、鸡爪藤（广东），都蝶（广西），狗牙花（广东海南）。

［学　　名］ **Desmos cochinchinensis** Lour.　番荔枝科

［形态特征］ 大藤本，枝粗糙，有灰白色凸起的皮孔。单叶互生，薄革质，长圆形或长圆状椭圆形，长 4～12 厘米，宽 2～4 厘米，基部圆形，先端钝或短尖，全缘，无毛，表面光亮，背面粉绿色，无托叶。花黄白色，与叶对生或近对生，花梗长 2～4 厘米；萼片 3，卵圆形，长 3～5 毫米，外被短柔毛；花瓣 6，2 列，外轮的大于内轮的，镊合状排列，长圆形或长圆状披针形，长 3～5 厘米，宽 1～1.8 厘米，先端钝，外被短柔毛；雄蕊多数，楔形，药室线形，外向，花丝粗大，肉质。成熟心皮多数，具柄，延长而在种子间收缩为念珠状，长 2～5 厘米，内有种子 1～6 粒；种子圆球形，直径约 5 毫米。花期 6 月，果期 10～11 月。

图 96　酒饼叶
Desmos cochinchinensis Lour.
1．花枝；2．果序。
（自“广州植物志”）

［生长环境］ 性喜温热，生于阳光较充足、土壤稍潮湿的平原、丘陵及海滨的疏林中或灌木间。

［产　　地］ 贵州、云南、广东、广西等省区。

［用　　途］ 茎皮纤维代麻制绳索、织麻袋、制人造棉供纺织，亦为制造高级文化用纸原料。

广东海南农民用叶制酒饼，故有酒饼叶之名；花美丽且有香味，供观赏。

［理化性质］ 据中国科学院广州应用化学研究所分析：茎皮含纤维素 13.5%，半纤维素 5.55%，木质素 42.34%，水分 8.9%，灰分 3.5%，油脂 1.49%，果胶微量。

［采收处理］ 参阅南岭荛花（277 页）。

［加　　工］　参阅南岭荛花。

111 瓜馥木（guafumu）（图 97）

［地 方 名］　降香藤、火索藤（广西）

［学　　名］　**Fissistigma oldhamii** (Hemsl.) Merr. (*Melodorum oldhamii* Hemsl.) 番荔枝科

［形态特征］　藤状灌木，枝灰色，平滑无毛，幼枝被黄色柔毛。单叶互生，长圆形至倒披针形，长 4～13 厘米，宽 2.5～4.5 厘米，基部楔形，先端短尖或钝圆，表面除中脉外全部无毛，中脉下凹，被柔毛，背面全部被黄色的薄柔毛，中脉在背面突起，侧脉 12～15 对，明显，接近平行；叶柄长 1.2～1.5 厘米，被黄色毛。花与叶对生或腋生；萼片 3，卵圆形，先端短尖，有毛；花瓣 6，外轮花瓣披针形，先端钝，内轮较小；雄蕊多数，花药长线形；心皮多数，分离，花柱弯曲，柱头 2 裂，成熟时圆球形，浆果状，直径约 1.5 厘米，被毛，柄长约 3 厘米，密被黄色茸毛。花期 4～6 月，果期 11 月。

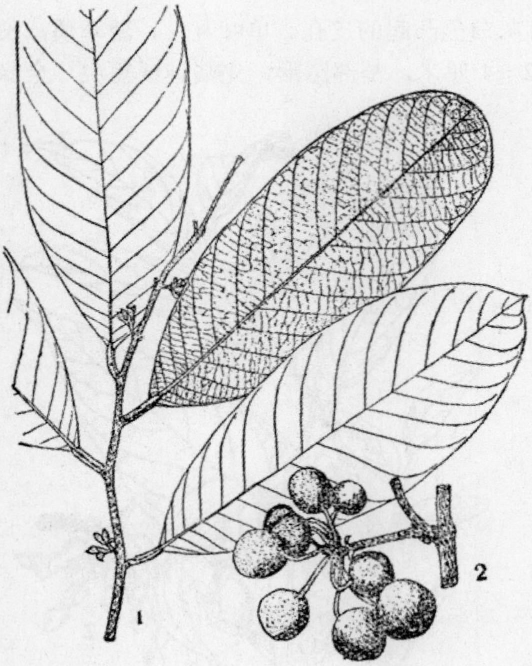

图 97　瓜馥木
Fissistigma oldhamii (Hemsl.) Merr.
1．花枝；2．果。

［生长环境］　常生于山谷路边溪旁、潮湿的疏林中。

［产　　地］　福建、台湾、广东、广西等省区。

［用　　途］　茎纤维可造纸，也可以制绳和织麻袋。

鲜花含芳香油，为香精原料（见“芳香油类”，1319 页）；种子可以榨油（见“油脂类”，737 页）。

［采收处理］　参阅南岭荛花（277 页）。

［加　　工］　参阅南岭荛花。

112 斜脉暗罗（xiemaianluo）（图 98）

［地 方 名］　九层皮（广西）

［学　　名］　**Polyalthia plagioneura** Diels　番荔枝科

［原 料 名］ 九层皮

［形态特征］ 乔木，高约 7 米，小枝被微毛。单叶互生，长椭圆形，长 7～18 厘米，宽 3～5 厘米，基部及先端皆渐尖，全缘；叶柄短，叶柄及叶背近中肋处被微毛。花顶生，淡黄色，被柔毛，直径约 2.5 厘米，具长梗；萼片 3，花瓣 6，2 裂；雄蕊及心皮多数。果长卵形，紫黑色，直径 8～10 毫米，果梗长达 3.5～4 厘米。花期 6～8 月，果期 10～11 月。

［生长环境］ 生于山地、山坡的密林及疏林中。

［产　　地］ 广东、广西等省区。

［用　　途］ 茎皮纤维可代麻及造纸。木材细致供细工材料用。

［采收处理］ 在夏秋季砍割枝条，趁鲜剥皮。

［加　　工］ 用浸水脱胶法。

图 98 斜脉暗罗
Polyalthia plagioneura Diels
果枝

113 大叶鼠刺（dayeshuci）（图 99）

图 99 大叶鼠刺
Itea macrophylla Wall.
花枝

［学　　名］ **Itea macrophylla** Wall. 虎耳草科

［形态特征］ 乔木，高达 10 米。单叶互生，革质，**阔卵形或阔椭圆形，长 11～18 厘米**，宽 5～8 厘米，先端急尖，基部圆形，边缘有锯齿，两面均无毛，侧脉 7～8 对；叶柄长 1～2 厘米。**总状花序腋生**，约与叶等长，通常无毛；花梗长 3～4 毫米；花萼 5 裂，下部合生成管状，宿存；花瓣 5，披针形，**开放后反曲**，淡黄色；雄蕊 5，稍短于花冠；**子房半下位**，心皮 2，胚珠多数；花柱 2，柱头较小，球形。蒴果长卵形，长 7～8 毫米，无毛，基部为宿存萼包围。

［生长环境］ 较阴湿杂灌林中。

［产　　地］ 广东（海南）、广西、云南等省区。

［用　　途］ 茎皮纤维作绳索、麻袋及造纸。

［理化性质］ 据云南省资料：茎皮含 α-纤维素 39.75%，纤维细而短。

［采收处理］ 8～9 月砍伐枝条，趁鲜剥皮。

［加　　工］　用浸水脱胶法脱去胶质，即可加工制成绳索或麻袋。如利用造纸，鲜剥皮后晒干，即可供工厂的需要。

114 光叶海桐（guangyehaitong）（图 619）

［学　　名］　**Pittosporum glabratum** Lindl.　海桐花科

（地方名、形态特征、生长环境、产地及其他用途见“油脂类”，773 页）

［用　　途］　树皮含纤维，可做造纸原料。

［理化性质］　据福建省资料：树皮含纤维 12.8%，纤维一般长为 0.6 毫米，最长 2.3 毫米，一般宽为 15 微米，最宽 25 微米，最窄 6 微米。

［采收处理］　参阅异叶海桐花（本页）。

［加　　工］　参阅异叶海桐花。

115 异叶海桐花（yiyehaitonghua）（图 100）

［地 方 名］　细杉树（云南），鸡骨头（四川）。

［学　　名］　**Pittosporum heterophyllum** Franch.　海桐花科

图 100　异叶海桐花
Pittosporum heterophyllum Franch.
1．花枝；2．除去花瓣后的花；3．花。

［形态特征］　灌木，高 1～2 米，多分枝，无毛。单叶互生，倒卵状长圆形，或狭长披针形，长 2～6 厘米，宽 8～22 毫米，基部狭楔形，先端短尖，或长渐尖，全缘或稍呈波状凹缺，两面无毛，侧脉不明显；叶柄长 1～2 毫米。伞房状花序，腋生或顶生；花 3 至多数，黄色，芳香，萼片 5，近三角形，长约 1.5 毫米；花瓣 5，狭长圆形，长约 5 毫米，有半透明腺点；雄蕊 5，花丝无毛；子房圆球形，花柱 1，柱状，柱头头状。蒴果近球形，直径 8 毫米，每室具种子 2～8 粒。　花期 4～6 月，果期 8 月（云南）。

［生长环境］　灌木丛、杂木林中，田埂上。

［产　　地］　云南、四川等省。

［用　　途］　树皮作绳索及人造棉原料。

［采收处理］ 6～7 月将树枝用刀砍下，除去小枝叶，趁鲜剥皮。

［加　　工］ 将树皮放入池塘中进行浸泡脱胶，底层用竹木隔离，上面使不露出水面，浸泡到纤维能分离均匀时，及时捞出（一般 7～15 天），进行捶洗，除尽杂质，在日光下晒干，分长短整理好后，即可备用。

116 黄刺玫（huangcimei）（图 443）

［学　　名］ **Rosa xanthina** Lindl.　蔷薇科

（地方名、形态特征、生长环境、产地及其他用途见“淀粉及糖类”，542 页）

［用　　途］ 茎皮纤维可造纸及纤维板的原料。

［理化性质］ 据山西省资料：茎皮中含纤维素 32.51%；叶中含纤维素 14.84%。

［采收处理］ 在 6～7 月果实成熟时，一并采收，每次采割最少应留植株 1 / 2，并须离地面 5 厘米左右处割下，以利来年生长。

［加　　工］ 将割下植株，削去旁枝叶及枝条上的扁刺，然后浸泡在水中约 2～3 天，再行湿剥皮，并用石灰蒸煮法制造纸浆或制造纤维板。

117 蓬藟（penglei）（图 447）

［学　　名］ **Rubus crataegifolius** Bge.　蔷薇科

（地方名、形态特征、生长环境、产地及其他用途见“淀粉及糖类”，546 页）

［用　　途］ 茎皮纤维可造纸及作纤维板原料。

［理化性质］ 据中国科学院林业土壤研究所分析：茎皮含纤维 44.07%。

［采收处理］ 8～9 月间采收茎杆，削掉分枝和叶（可收集提取栲胶），用木棒捶打，使茎皮破裂，然后剥皮，晒干贮存备用。

118 水榆（shuiyu）（图 452）

［学　　名］ **Sorbus alnifolia** (Sieb. et Zucc.) K. Koch. [*Micromeles alinfolia* (Sieb. et Zucc.) Koehne]　蔷薇科

（地方名、形态特征、生长环境、产地及其他用途见“淀粉及糖类”，550 页）

［用　　途］ 树皮纤维可供造纸。

［理化性质］ 据山东省资料：茎皮含纤维素 17%。

［采收处理］ 一般在 7～8 月用刀将树枝砍下，除去细小旁枝，趁鲜剥皮，晒干束捆备用；剥取老树干皮，须配合采伐进行。

［加　　工］ 树皮宜先提取鞣质，后再利用造纸。

119 野珠兰（yezhulan）（图 101）

［地 方 名］ 指地头青阳、稀米菜、檬子树青阳（安徽）

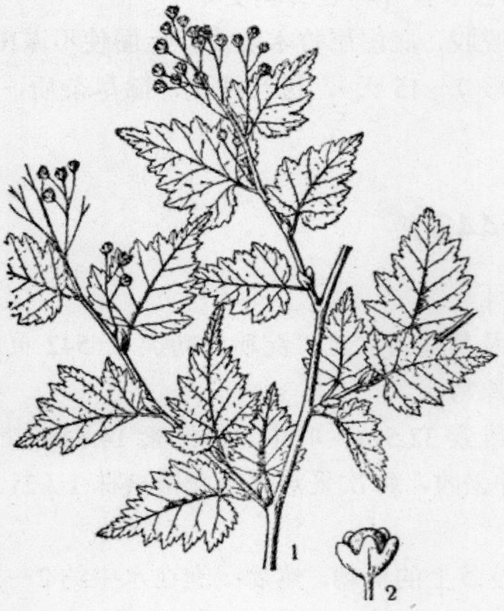

图 101 野珠兰
Stephanandra incisa（Thunb.）Zabel.
1．果枝；2．果。

［学　　名］ **Stephanandra incisa** (Thunb.) Zabel. (*Spiraea incisa* Thunb.) 蔷薇科

［形态特征］ 落叶灌木，高达 2 米；小枝圆筒形细弱，稍曲折，多分枝，光滑无毛。叶三角状卵形或卵圆状披针形，长 5～7 厘米，先端钝或渐尖，边缘具重锯齿，两面被毛；叶柄长 3～10 毫米，被毛；托叶线状长圆形或披针形，具稀疏锯齿。圆锥花序顶生，长 2～6 厘米，苞早落；花多数，黄白色，直径 4～5 毫米；萼杯状，具 5 齿裂，卵状三角形，花瓣 5，匙形，雄蕊 10，花盘有毛，心皮 10。蓇葖果小形。花期 5 月（安徽）。

［生长环境］ 河边及路旁。

［产　　地］ 安徽省。

［用　　途］ 茎皮纤维可作造纸原料。

［采收处理］ 参阅蓬藁（546 页）。

［加　　工］ 参阅蓬藁。

120 红叶藤（hongye-teng）（图 102）

［地 方 名］ 荔枝藤、铁藤（广西），牛见愁（广东）。

［学　　名］ **Santaloides microphyllum** (Hook. et Arn.) Schellenb. (*Rourea microphylla* Planch.) 牛栓藤科

［形态特征］ 多分枝藤本，无毛，长达 2 米。羽状复叶，小叶通常 11～17，稀有 5～9，近革质，卵状长圆形，长 1.5～4 厘米，宽 8～15 毫米，基部阔楔形，常扁斜，先端渐尖钝，两面均无毛，表面光泽，背面粉绿色；小叶柄长约 1 毫米。总

图 102 红叶藤
Santaloides microphyllum（Hook. et Arn.）Schellenb.
1．果枝；2．花。

状花序腋生，花序柄及花序均纤弱；花有芳香，长约2～3毫米，萼片5，圆形，长约1毫米，结果实时长约3毫米；花瓣5，白色；雄蕊10，花丝基部合生，心皮5，分离常仅一个发育。蓇果长约12～15毫米，长椭圆形，背部弯曲，腹面开裂，基部为增大的宿存萼所包围，种子1，有假种皮。花期8～9月，果期10月。

［生长环境］　多生于山坡干燥地方，疏林、灌木丛中攀援树上。

［产　　地］　广西、广东、云南等省区。

［用　　途］　全藤纤维可制绳索，农民常用以做犁缆及牛鞭。又据民间经验可作外科用药，果供食用。

［理化性质］　据广西僮族自治区资料：藤皮含纤维65.48%。

［采收处理］　参阅鸡血藤（见158页）。

121 阔叶相思树（kuoyexiangsishu）（图103）

［地 方 名］　老虎刺（云南）

［学　　名］　**Acacia delavayi** Franch.　豆科

［形态特征］　攀援藤本。枝干及叶柄上均有向下倒钩刺。二回羽状复叶，羽片6～10；小叶线形，长约1厘米，宽2～3毫米，基部偏斜，先端钝，全缘，两面均无毛；叶脉偏向一侧。**头状花序球形，1～2 个生于叶腋，不聚生为顶生圆锥花序**；花瓣长约2.5毫米，雄蕊多数，较花瓣长3倍。**子房被毛**。荚果扁，边缘直或有凹陷，长10～16厘米，宽2.5～3.5厘米。种子扁球形，干时黑色。花期7月，果期8～10月。

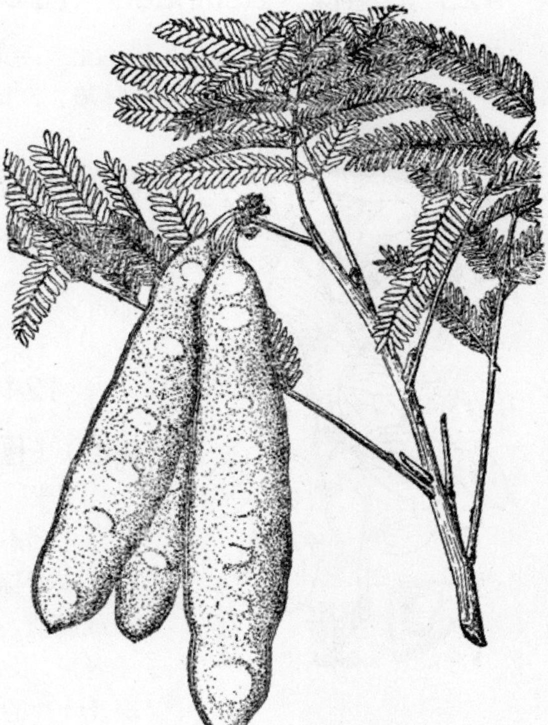

图103　阔叶相思树
Acacia delavayi Franch.
果枝

［生长环境］　生长于村落附近、公路旁或林下。

［产　　地］　云南省的昆明、西畴、麻栗坡与漾濞等地。

［用　　途］　韧皮纤维可为造纸及填充原料。

［理化性质］　据云南省野生植物普查队野外粗分析：纤维含量达75%。

［采收处理］ 7～8 月将藤离根部 6 厘米以上割下，去其侧枝小叶，捆成小捆，晒干后储存备用。

［加 工］ 用石灰蒸煮法初步脱胶，经捶洗晾干即成麻。

122 山合欢（shanhehuan）（图 922）

［学 名］ **Albizzia kalkora** (Roxb.) Prain. 豆科

（地方名、形态特征、生长环境、产地及其他用途见“鞣料类”，1148 页）

［用 途］ 树皮纤维可制人造棉及造纸原料。

［理化性质］ 据福建林学院分析：晒干树皮含纤维量 24%。据湖南省资料，纤维回收率约为 20%。

［采收处理］ 春、秋季砍割枝条、趁鲜剥皮。

［加 工］ 茎皮可在提制栲胶后，再用其纤维制人造棉或造纸。

123 紫穗槐（zisuihuai）（图 633）

［学 名］ **Amorpha fruticosa** L. 豆科

（地方名、形态特征、生长环境、产地及其他用途见“油脂类”，787 页）

［用 途］ 枝条皮可代麻打绳索，也可为造纸原料。

［采收处理］ 参阅胡枝子（151 页）。

［加 工］ 用浸水脱胶法，浸泡 8～10 天即可。

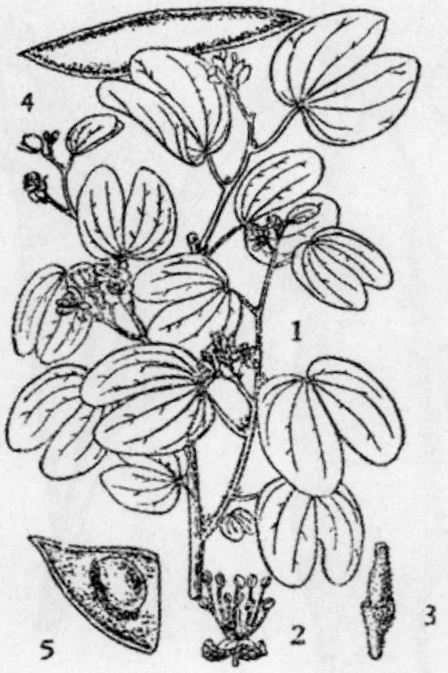

图 104 马鞍叶羊蹄甲

Bauhinia faberi Oliv.

1. 花枝；2. 花；3 萼管和雌蕊；4. 荚果；5. 部分剖开的荚果，示种子。

（自“中国主要植物图说，豆科”）

124 马鞍叶羊蹄甲（maanyeyang-tijia）（图 104）

［学 名］ **Bauhinia faberi** Oliv. 豆科

［形态特征］ 小灌木；小枝细长，具纵棱，棕色或紫棕色，被茸毛，后无毛。单叶互生，近革质或膜质，叶片变化很大，通常宽度大于长度，近于肾形，长 2～6 厘米，宽 3～8.5 厘米，先端 2 深裂，深及叶片的 1 / 3，裂片圆形，基部近心形或阔圆形，表面近于无毛，背面灰绿色，被短柔毛和松脂质丁字毛，掌状脉 7～9 条；叶柄 1.5～2 厘米，被柔毛；托叶线形。花小，为腋生被毛的总状花序，长 2～2.5 厘米；苞片 2，被毛，萼管陀螺状，2 裂，先端再 2

裂；花瓣5，白色，匙形或倒披针形；**雄蕊10，5长5短**；子房具短柄，被毡毛。荚果长圆形，革质，顶端细尖，偏斜，基部渐狭，长5厘米，宽9～11毫米，微被毛。

［生长环境］　多生长在温暖干燥的环境中，荒坡、路旁或村边。

［产　　地］　云南、四川、贵州、广西等省区。

［用　　途］　纤维较短，可作填充物、造纸及人造纤维板。

［理化性质］　据云南省资料：茎皮含纤维35～40%，纤维长5～10毫米；宽1～2微米。

［采收处理］　7～8月间采收枝条，用鲜剥法剥皮，铡成1厘米左右长。

［加　　工］　制人造纤维板或纸浆方法参阅总论。

125 鄂羊蹄甲（eyangtijia）（图105）

［地 方 名］　马蹄（四川），猪腰子藤、羊蹄甲、云霄藤、肾子叶（湖北）。

［学　　名］　**Bauhinia hupehana** Craib　豆科

［形态特征］　藤本，长达7米。枝初被红棕色柔毛，后无毛，卷须1或2个对生，被红棕色柔毛。叶圆肾形，长3～6.5厘米，宽5～10厘米，基部心形，先端分裂达叶片1/4～1/3处，裂片顶端圆形，两面被疏柔毛，表面后渐无毛；掌状脉5～7条；叶柄长3～4厘米。**花多数为伞房花序**，长5～9厘米；总花梗被红棕色柔毛，苞片与小苞片丝状，长7毫米；**萼筒长仅1.3～1.6厘米**，被红棕色柔毛；**花瓣**5，粉红色，倒卵形或椭圆形，长12毫米；**能育雄蕊**4；子房有长柄，无毛。荚果带形，扁平，无毛，长14～29厘米，宽4～5厘米，含多数种子。花期6月，果期8月。

［生长环境］　多生于海拔750～2000米处的灌木丛、林内、山坡石缝中。

［产　　地］　湖南、江西、湖北、四川、贵州、云南、广西等省区。

［用　　途］　茎皮纤维可制人

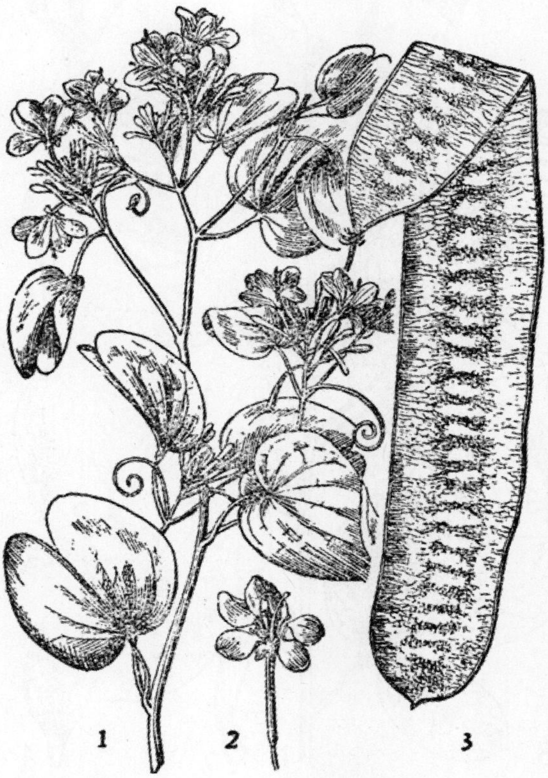

图105　鄂羊蹄甲

Bauhinia hupehana Craib

1. 花枝；2. 花；3. 果实。

造棉，出棉率达 22%，也可造纸。

根皮供药用，泡酒服用，可治腰痛与痨伤。

［理化性质］　据华东师范大学分析：纤维长一般为 1.9 毫米，最长为 2.9 毫米，最短为 1.2 毫米，纤维宽一般为 11 微米，最宽 16 微米，最窄为 6 微米（样品采自福建省）。

［采收处理］　7～8 月间，在离藤基部 6 厘米以上割下，去掉侧枝小叶，捆成小捆，晒干后储存备用。

［加　　工］　制人造棉用碱煮法。

126 杭子梢（hangzishao）（图 106）

［学　　名］　**Campylotropis macrocarpa** (Bge.) Rehd.　豆科

［形态特征］　小灌木，高 1～2 米。3 小叶，小叶长圆形、倒卵形或椭圆形，顶生小叶较大，长 3～6 厘米，宽 1.5～3 厘米，侧生小叶长 2～4.5 厘米，宽 1.2～2 厘米，基部近圆形，先端微凹，具细尖，全缘，表面近无毛，背面密被丝状柔毛；主脉在背面隆起，侧脉不明显；小叶柄长 1～2 毫米，被短柔毛；总叶轴长 2～5 厘米，上面具沟，被短柔毛；托叶披针形，褐色，长 1～2 毫米。总状或圆锥状花序，顶生或腋生，长达 12 厘米，苞片卵状披针形，褐色，被柔毛，早落，花梗长 5～8 毫米，近萼处具关节；花萼长 3 毫米，萼齿 5 裂，裂片三角形，短于萼筒；花冠蝶形，红紫色，长约 1 厘米；雄蕊 10，2 体。荚果狭椭圆形，长约 1 厘米，宽 5～6 毫米，被短柔毛，具网纹，含单种子。花期 6～8 月，果期 9 月。

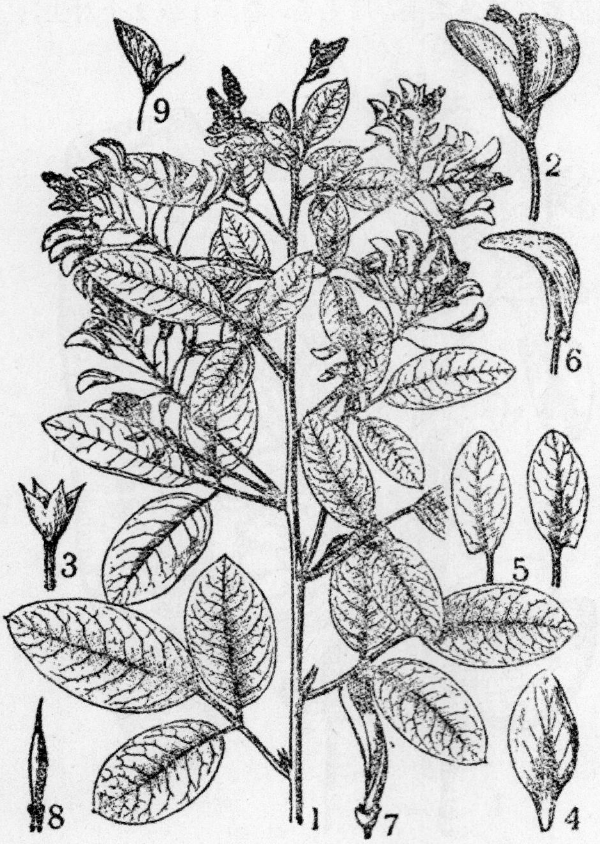

图 106　杭子梢

Campylotropis macrocarpa（Bge.）Rehd.

1．花枝；2．花；3．花萼；4．旗瓣；5．翼瓣；6．龙骨瓣；7．除去花瓣的花；8．雌蕊；9．果实。

［生长环境］　多生于山坡、山沟、草坡、林缘或疏林下，海拔 150～1100 米处。

［产　　地］　辽宁、河北、河南、山西、陕西、甘肃等省。

［用　　途］　茎皮纤维可作绳

索，枝条可编制筐篓。

嫩叶可食，或作牲畜饲料及绿肥。花稠密、鲜艳，且花期较长，可供观赏与作蜜源植物。

［理化性质］ 据河南省纺织工业局纺织研究所分析，化学成分：出麻率 13.75%，含水率 5.98%，脂肪及蜡质 2.4%，冷水水溶物 2.05%，热水水溶物 1.33%，果胶 6.72%，半纤维素 9.24%，木质素 4.79%，纤维素 73.92%，灰分 2%；物理性质：单纤维强力 1.57 毫克，公制支数 135，单纤维平均长 18.51 毫米，短绒率 40%，平均长（包括短绒）13.07 毫米，上半部长 25.16 毫米，整齐度 73.57。此外茎部含儿茶类鞣质 0.33%。

［采收处理］ 枝条以秋季落叶或春季发芽时采割为好，去掉枝梢，打成捆，以便编物。若利用其纤维，则可采用鲜剥皮法剥皮。

［加　　工］ 皮剥下后，可先提制栲胶，再加 10%的石灰（与原料比）蒸煮 2～3 小时，脱去胶质，捶洗后即成麻。

127 鬼箭锦鸡儿（guijianjinjier）（图 107）

［地 方 名］ 鬼见愁（内蒙古），浪麻（青海）。

［学　　名］ **Caragana jubata** (Pall.) Poir. 豆科

［原 料 名］ 浪麻（青海）

［形态特征］ 灌木，直立，稀伏地面，高 1～3 米，在基部分枝；树皮绿灰色、深灰色或黑色；枝具密生叶，因叶轴不脱落，故针刺甚多，幼时被白长毛。偶数羽状复叶，密集于枝条上部，小叶 4～6 对，线状长圆形，长 7～22 毫米，宽 1.5～7 毫米，基部圆形，先端圆或尖，具尖刺，被长柔毛；叶轴硬化成针刺，长而细瘦，易于折断，幼时密被柔毛，长 5～7 厘米，深灰色；托叶先端成刚毛状，不硬化成针刺。花梗单生，每梗具 1 花，极短，长约 0.5 毫米，基部具关节；苞片 1，线形；萼钟状筒形，长 14～17 毫米，被长柔毛，萼 5 裂，裂片披针形，为萼筒的 1/2 长；花冠蝶形，长 2.7～3.2

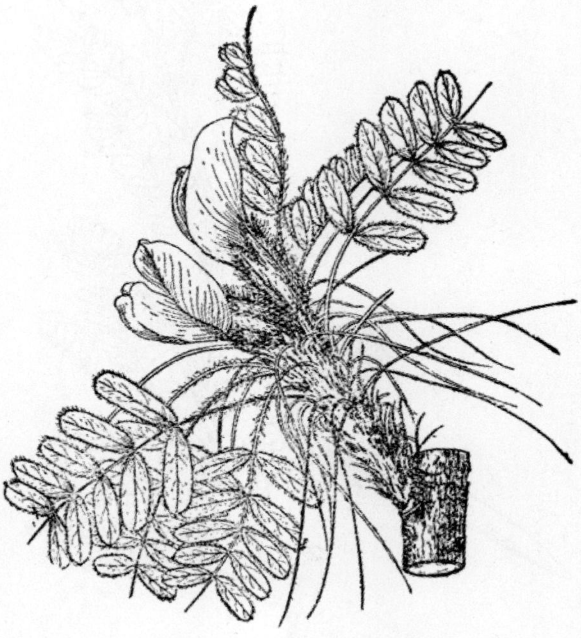

图 107　鬼箭锦鸡儿
Caragana jubata（Pall.）Poir.
花枝

厘米。荚果具长尖头，被柔毛。花期6～7月，果期8～9月。

［生长环境］ 生长于山坡灌木丛中。

［产 地］ 新疆、陕西、甘肃、青海、宁夏、内蒙古、辽宁、河北、山西、四川等省区。

［用 途］ 茎纤维可制绳索与麻袋。

［理化性质］ 据山西省资料列表如下：

分析器官	纤维（%）	α-纤维素（%）	β-纤维素（%）	γ-纤维素（%）	糠醛（%）	淀粉	磷	钾
茎	38.93	31.40	3.10	4.13	10.80	9.3	0.34	0.23
根	40.07	36.50	3.43	0.11	11.28	9.1	0.36	0.26

［采收处理］ 9～10月间采割枝条，趁鲜剥皮；剥时先将梢部拧扭，使木质与韧皮分离，然后撕剥。

［加 工］ 用浸水脱胶法。

128 小叶锦鸡儿（xiaoyejinjier）（图108）

［地 方 名］ 乌和日-哈尔嘎那（内蒙古），猴獠刺（河北）。

［学 名］ **Caragana microphylla** Lam. (*C. altagara* Poir.) 豆科

［形态特征］ 多分枝灌木，常成疏丛，高40～80厘米；树皮黄灰色。偶数羽状复叶互生，小叶5～10对，倒卵形或近椭圆形，长4～10毫米，宽2～6毫米，先端钝，具细针尖头，幼时两面被丝状短柔毛，后微被疏短柔毛；叶轴长15～30毫米，常脱落；托叶在长枝上者宿存并硬化成微弯针刺，长3～10毫米。花梗通常单生，长1～1.5厘米，每梗一花，近中部具关节；萼管钟状，萼齿5，阔三角形；花冠蝶形，黄色，长25毫米。荚果线形，长4～5厘米，宽5～

图108 小叶锦鸡儿
Caragana microphylla Lam.
果枝

7毫米，急尖头。花期6～7月，果期9月。

［生长环境］ 生长在草原地带的沙地、沙丘与干燥的坡地上。为内蒙古草原地区景观植物。

［产 地］ 内蒙古、黑龙江、辽宁、河北、山东等省区。

［用 途］ 茎纤维可供造纸及制人造纤维板。

嫩枝叶与花可作饲料。种子可榨油。

［采收处理］ 在8～9月间，用镰刀将枝条割下，去掉侧枝及小叶，趁鲜剥皮。

［加 工］ 造纸及制人造纤维板方法，均参阅总论。

［其 他］ 与本种相近的种类为柠条锦鸡儿（Caragana korshinskii Kom.）（陕北一带称为柠条），产内蒙古、陕西、甘肃等省区，其区别在于后者的幼枝及叶密被白色伏生丝质毛，小叶较长而狭，子房具毛，果实较短（长约20～25毫米，宽约5毫米），用途与小叶锦鸡儿相同。

129 矮锦鸡儿（aijinjier）（图109）

［地 方 名］ 鸦马恩-哈拉嘎那（内蒙古）

［学 名］ **Caragana pygmaea** (L.) DC. 豆科

［形态特征］ 矮灌木，高约1米（少有更高者），紧密丛生；茎金黄色，光亮，直立或斜立。偶数羽状复叶，小叶4，小叶呈假掌状着生，狭倒卵状披针形或线状披针形，长8～22毫米，宽1～2.5毫米，基部渐狭，先端尖头具刺尖，全缘，两面均暗绿色，几无毛或被伏毛；在长枝上有叶轴及托叶宿存硬化成细长的针刺，在短枝上的叶无叶柄，花梗单生，较小叶长，每梗具一花，近中部具关节；萼管状，外被灰白色毛，萼齿5，狭三角形；花冠蝶形，黄色，长1.7～2.2厘米；子房密被灰白色伏毛。荚果线形，长23～30毫米，宽约3毫米，两端渐尖，幼时被毛，成熟时几无毛。花期6月，果期8月。

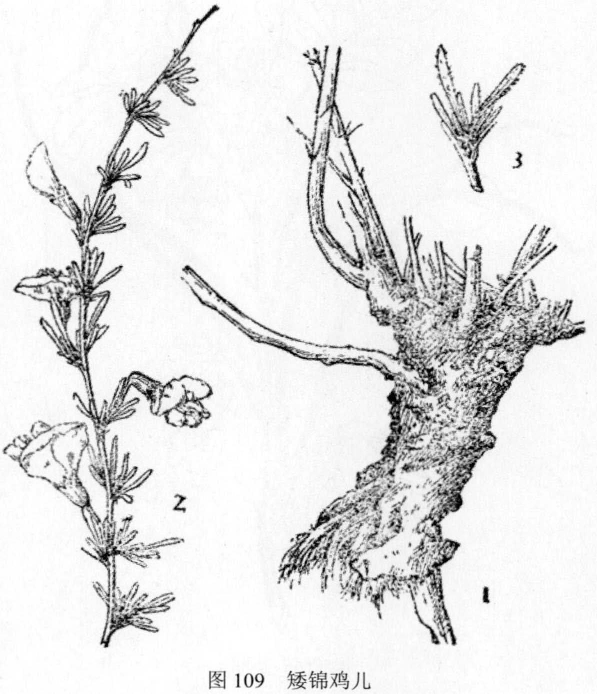

图109 矮锦鸡儿

Caragana pygmaea（L.）DC.

1．根和茎的基部；2．花枝；3．叶枝，示针刺。

［生长环境］ 生长在半荒漠与草原地带多碎石的斜坡与平坦地，常与针茅混生。

［产　　地］　内蒙古、山西、陕西、甘肃等省区。

［用　　途］　茎纤维可供造纸和制人造纤维板。嫩枝、叶与花可作饲料。

［采收处理］　8～9 月用镰刀将枝条割下，去掉侧枝及小叶，晒干后打捆备用。

［加　　工］　造纸和制人造纤维板方法均可参阅总论。

［其　　他］　与本种极相近的种类为狭叶锦鸡儿（Caragana stenophylla Pojark.），产东北、内蒙古、河北、山西、甘肃等省区，其区别在于后者的花梗较短（通常较小叶为短），萼及子房无毛。

130 决明（jueming）（图 110）

［地 方 名］　地槐根（江苏），野绿豆、夜笠草（广西），铃铛草（云南河口），亚拉闷（云南西双版纳）。

［学　　名］　**Cassia tora** L.　豆科

［形态特征］　一年生半灌木状草本，高 0.5～1 米，具霉腐气味。偶数羽状复叶，长 7～12 厘米，总轴在**小叶间有线形腺体**；**小叶通常 3 对**，膜质，倒卵形或长圆状倒卵形，长 3～6 厘米，宽 1.5～3 厘米，基部偏斜，先端钝有小锐尖，表面近无毛，背面被柔毛，具短柄；托叶线形，被柔毛，早落。花两性，成对，腋生，上部花聚生；总花梗极短，被柔毛；苞片线形，萼片倒卵形；**花瓣 5，鲜黄色**。**荚果**线形纤弱，**近四棱形**，长达 15 厘米，直径 3～4 毫米；种子菱形，咖啡色，有光泽。花期 8～9 月，果期 10～11 月。

图 110　决明
Cassia tora L.
带花与果实的枝

［生长环境］　生于海拔 1200～2200 米山谷疏林下、田间、路旁与河边的荒地上。

［产　　地］　云南、广西、广东、福建、台湾、浙江、江苏、安徽、山东、河北等省区均有栽培。

［用　　途］　茎皮纤维可代麻织麻袋制绳索，亦可制人造棉、造纸。嫩果与嫩叶可作蔬菜。种子药用治目疾，并有解热清泻的功效（见“药

用类”，1765 页）。

［理化性质］　据云南省资料：茎皮含纤维 37.4%。

［采收处理］　参阅胡枝子（151 页）。

［加　　工］　用浸水脱胶法。

131 垂丝紫荆（chuisizijing）（图 111）

［学　　名］　**Cercis racemosa** Oliv.　豆科

［形态特征］　落叶小乔木，高 4～12 米。幼枝微被短柔毛，后无毛，具皮孔。**叶阔卵形或近圆形，两侧对称**，长 6～11 厘米，宽 4～9 厘米，基部截形、圆形或心形，先端短尖；表面无毛，背面疏被短柔毛；叶柄长 3～4 厘米；托叶早落。**总状花序**下垂，长 2.5～10 厘米；花先叶开放，花萼杯状，萼齿 5 裂，多少不等形；花瓣 5，玫瑰色，旗瓣长圆形，深红色斑纹，爪线形；翼瓣与旗瓣同形，无斑纹；龙骨瓣舟形，长 1 厘米。荚果线状披针形，扁平，具明显网脉，长 6～12 厘米，宽 1.2～1.7 厘米，含种子 2～4 粒，种子扁椭圆形，长约 5 毫米。花期 4 月，果期 8～10 月。

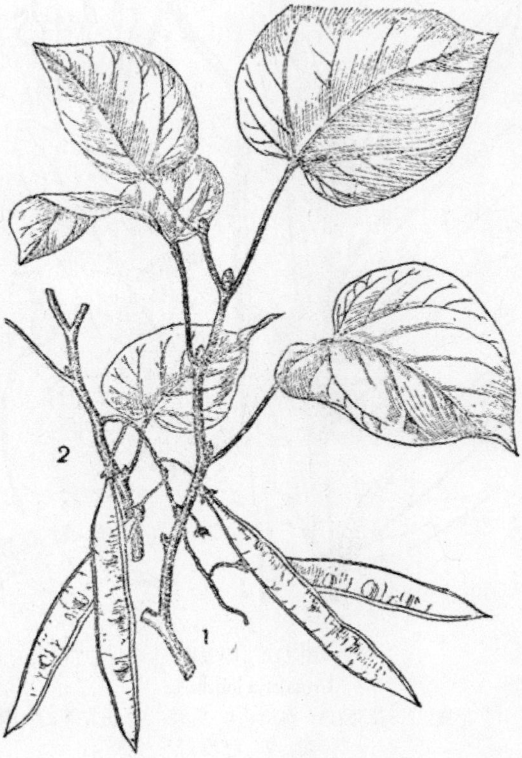

图 111　垂丝紫荆
Cercis racemosa Oliv.
1. 叶枝；2. 果枝。

［生长环境］　较湿润的路边与村落附近。

［产　　地］　云南、贵州、四川、湖北、陕西等省。

［用　　途］　树皮纤维可制人造棉及代麻用。

［采收处理］　参阅胡枝子（151 页）。

［加　　工］　参阅胡枝子。

132 印度麻（yinduma）（图 112）

［地 方 名］　自消容、菽麻、太阳麻（广东）

［学　　名］ **Crotalaria juncea** L. (*C. sericea* Willd. non Retz., *C. tenuifolia* Roxb.)

豆科

［形态特征］ 直立、半灌木状草本，多分枝，高 1～2 米，全株密被丝光质短柔毛，茎和枝均圆柱形，具多数槽纹。单叶互生，线状长圆形，长 4～10 厘米，宽 5～17 毫米，基部短尖，先端钝而具小凸尖，两面均密被丝光质短柔毛，背面尤密；具短柄；托叶极小刚毛状。总状花序顶生，长 8～20 厘米，有花 10～20 朵，苞片细小阔披针形或卵形，小苞片着生于萼基部，细小，均被丝质柔毛；花散生，长约 2.5 厘米，萼 5 裂，长 1.2～2 厘米，密被淡褐色茸毛，裂齿极长，线状披针形；蝶形花冠，鲜黄色，比萼长，花瓣 5，旗瓣外被疏长毛；雄蕊 1 束；子房上位，无柄。荚果长圆形，无柄，约长 3 厘米，密被短而扩展的茸毛；有种子 10～15 粒。花期 8 月。

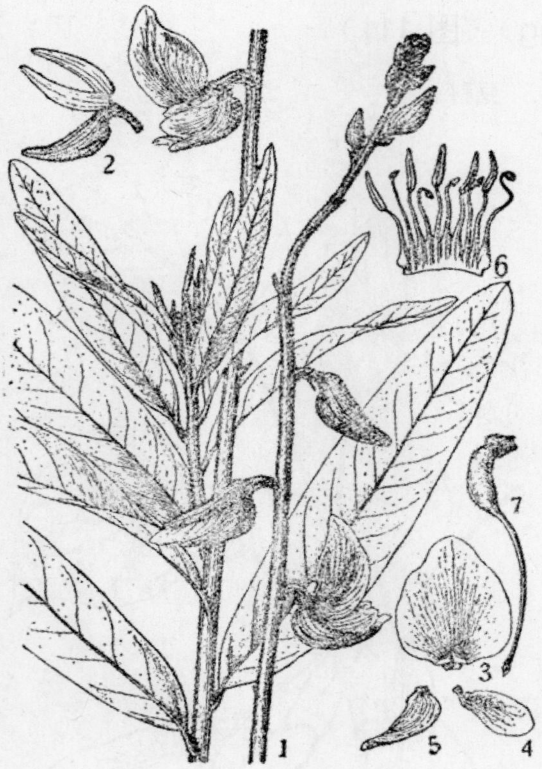

图 112 印度麻

Crotalaria juncea L.

1. 花枝；2. 花萼；3. 旗瓣；4. 翼瓣；5. 龙骨瓣；6. 雄蕊；7. 雌蕊。

［生长环境］ 适于气候温热、土壤湿润肥沃的地区，干旱地区生长不良。原为栽培作物，常于平原和丘陵地河谷地区时有野生，在撩荒地、溪边及村庄旁有时可以见到。

［产　　地］ 广东（海南），我国南部其他各省也有栽培。

［用　　途］ 茎纤维可作绳索，为船上的绞缆、渔网、麻袋及粗麻布、制纸和其他织物的原料。

种子可作牛的饲料。

［理化性质］ 印度麻韧皮纤维的化学成分：氮素 0.27%，灰分 6.66%，热水水溶物 30.07%，稀碱抽出物 40.07%，苯醇抽出物 9.81%，果胶 11.53%，木质素 15.66%，纤维素 54.95%，纤维素中含 α-纤维素 89.55%，γ-纤维素 10.45%；物理性质：单纤维长 4.96 毫米，宽 22 微米。

［采收处理］ 在 8～9 月进行采割，可在茎基部处割下，然后按长短粗嫩分别扎成小把。

［加　　工］ 用浸水脱胶法，但只需浸泡 2～3 天，经捶洗即成麻。

133 猪屎豆（zhushidou）（图 113）

［地 方 名］　水蓼竹（福建）

［学　　名］　**Crotalaria mucronata** Desv. (*C. striata* DC, *C. saltiana* auctt. non Andr.)　豆科

［形态特征］　半灌木，高 0.6～1 米；茎被短柔毛。**3 小叶**，掌状，小叶薄，倒卵形或倒卵状长圆形，长 5～7 厘米，宽 2～3.5 厘米，基部阔楔形，**先端钝，常凹入**，全缘，具短柄，表面绿色，无毛，背面淡绿色，被紧贴短柔毛；叶柄长 4～7 厘米；托叶极小，锥形，早脱落。总状花序顶生或侧生，长 15～30 厘米，具多数花；苞片锥形，长约 4 毫米，早落；**花萼钟状，被柔毛**，裂齿长三角形，与管部近等长；花冠蝶形，黄色，有深色线条，长 12～15 毫米。荚果熟时下曲，圆柱形，长 2.5～4 厘米，直径 5～6 毫米，幼时被毛，后无毛；种子 20～30。花、果期 6～11 月。

图 113　猪屎豆
Crotalaria mucronata Desv.
1．花枝；2．果枝；3．花除去花瓣，示雌雄蕊。

［生长环境］　丘陵坡地、田边与村庄附近。一般在不大肥沃的砂质土壤上生长亦很好。

［产　　地］　福建、台湾、广东、广西、云南等省区。华中及华东地区有栽培。

［用　　途］　茎部纤维棕黄色，质韧，可织麻袋和制绳索。

植株可作绿肥和粗饲料。据说种子可作咖啡代用品。

［理化性质］　据厦门大学分析，树皮含纤维量：鲜物中 10.20%，晒干物中 31.00%，烘干物中 37.18%；纤维长 25～32 毫米。

［采收处理］　参阅胡枝子（151 页）。

［加　　工］　用浸水脱胶法。

134 两粤黄檀（liangyuehuangtan）（图 114）

［地 方 名］　蕉藤麻（广东）

［学　　名］　**Dalbergia benthamii** Prain　豆科

［形态特征］　藤本。奇数羽状复叶，小叶 5～7，互生，卵形或椭圆形，长 3.5～6

图 114 两粤黄檀
Dalbergia benthamii Prain
1．花枝；2．花序的分枝；3．花去掉花冠；4．旗瓣；5．翼瓣；6．龙骨瓣。

厘米，宽 1.5～3 厘米，基部阔楔形或钝，先端钝微凹，表面无毛，背面略被伏柔毛。短圆锥花序，腋生，长 4 厘米，具多数小花，有香味；总花梗，花梗和花萼均被褐色茸毛，基生小苞片长圆形，脱落，副萼状，小苞片披针形，先端钝，不落；萼钟形，5 齿裂，齿钝近等长，三角形；花冠蝶形，白色，花瓣均具长爪；**雄蕊 9，集成单体**，药顶裂；子房无毛具长柄，含胚珠 2～3。荚果狭长圆形，扁平，无毛，长 5～7.5 厘米，宽 1.5 厘米，含种子 1～2 粒，种子肾形，扁平。花期 2～3 月，果期 4～5 月。

［生长环境］ 生于丘陵地及山地疏林中；山谷和溪边生长最好。

［产　　地］ 广西、广东等省区。

［用　　途］ 纤维可造纸又能作混纺原料。

［理化性质］ 据中国科学院广州应用化学研究所分析，化学成分（二次分析数据）（%）：

分析次数 \ 分析项目	纤维素	半纤维素	果胶	木质素	油脂	灰分	水分
I	4.5	7.85	2.64	28.5	6.53	3.66	7.65
II	—	10.17	—	71.55	2.3	3.5	9.14

物理性质（二次分析数据）：

分析次数 \ 分析项目	长度（毫米）	公制支数	比重
I	250～330	70	1.28
II	270～1170		1.169

［采收处理］ 参阅葛藤（163 页）。

135 藤黄檀（tenghuangtan）（图 930）

［学　　名］ **Dalbergia hancei** Benth.　豆科

（地方名、形态特征、生长环境、产地及其他用途见“鞣料类”，1156 页）

［用　　途］ 茎韧皮纤维可制绳索、织麻袋或麻布。

［理化性质］ 据南京大学等资料列表如下：

分析单位	利用部分	含纤维量（%）			纤维长度（毫米）			纤维宽度（微米）			纤维品质	
		鲜物中	晒干物中	烘干物中	一般	最长	最短	一般	最长	最短	色泽	强度
南京大学	树皮		16.80		5.20							
福建林学院	”		24.00									
厦门大学	”	7.14	28.90	30.42	16.00						淡黄	韧
厦门大学	”	16.07	28.00	33.02	10.00						棕灰	极坚韧
厦门大学	”	11.53	16.00	19.85								
南京大学	”		23.20		5.50							

［采收处理］ 参阅葛藤（163 页）。

136 中南鱼藤（zhongnanyuteng）（图 115）

［学　　名］ **Derris fordii** Oliv.　豆科

［形态特征］ 藤本，茎与枝无毛。奇数羽状复叶，小叶 5～7，对生，膜质，**卵状长圆形或阔卵形，长 6～9 厘米**，宽 2～4.5 厘米，基部圆形或阔楔形，先端渐尖，两面无毛，侧脉 6～7 对，两面均凸起；小叶柄长 4～6 毫米。　圆锥花序腋生，长 15 厘米，几无总花梗，分枝少而开展或呈总状花序式；花两性，长 12～14 毫米，数朵簇生于花序每一节上，花梗细，与萼近等长，苞片小，生于花梗中部或紧贴萼的基部，萼斜钟状，长 2～3 毫米，外面微被稀疏柔毛，萼齿短而阔，齿牙状，花冠蝶形，

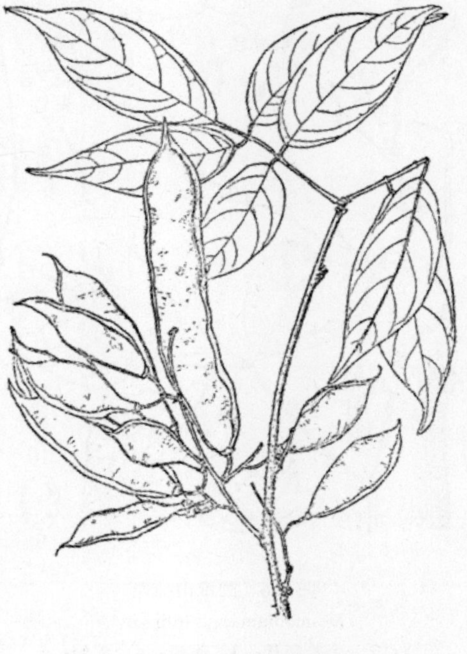

图 115　中南鱼藤
Derris fordii Oliv.
果枝

白色，有爪，旗瓣阔倒卵状椭圆形，顶端圆形，微缺，翼瓣一边有耳，顶端钝；雄蕊 10，2 体，药丁字着生；子房上位，无柄，被紧贴的短柔毛，有 4～6 个胚珠。荚果扁，长圆形，薄革质，长 5～10 厘米，宽约 2 厘米，种子部分肿胀，沿腹缝线有狭翅，上缝的翅宽 2～3 毫米，下缝的翅极狭，宽不及 1 毫米；种子 1～4，长肾形，长 1.4～1.8 厘米，宽约 10 毫米，褐红色。花期 8 月，果期 11 月（广东）。

［生长环境］ 性喜温暖，生于山坡、丘陵地及溪边的灌木丛或疏林中。

［产 地］ 贵州、四川、湖南、江西、浙江、福建、广东、广西等省区。

［用 途］ 茎部韧皮纤维可用以织麻袋，制绳索，又可以制人造棉供纺织等。

［理化性质］ 据中国科学院广州应用化学研究所分析：水分 11.4%，木质素 35.78%，灰分 4.08%，半纤维素 12.03%，油脂 1.12%，纤维素 20%，果胶微量。

［采收处理］ 应于夏季收割，将藤由基部离地面 2～4 厘米处砍下，除去叶和幼枝。

［加 工］ 将藤砍成长约 1 米的小段，捆成小把，每把重约 2～3 公斤，投入河流及清水池塘中，底下不要接触泥浆，通常在水温 30℃浸 7 天左右，水温低则浸的时间要长，以发酵用手指搓擦树皮胶质脱落、纤维分离为度（要防止发酵过度，必须经常检查），捞出用刀将外皮刮去，再用木锤轻打，然后用清水漂洗干净，晒干即成麻。

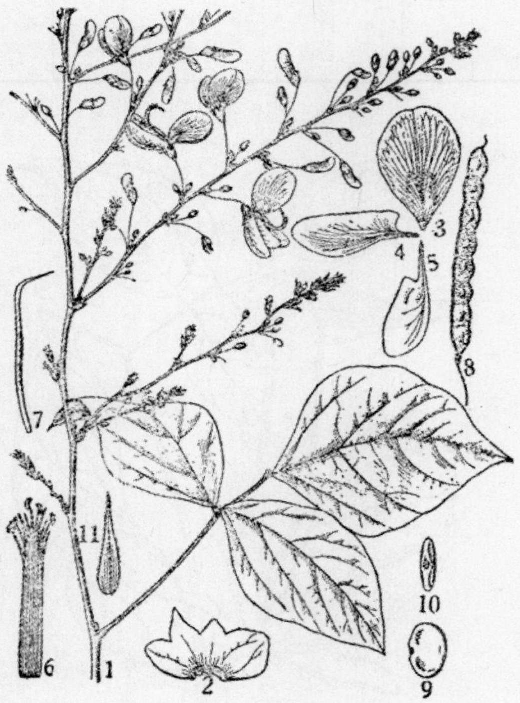

图 116 圆锥山马蝗

Desmodium esquirolii Lévl.

1. 花枝；2. 花萼展开；3. 旗瓣；4. 翼瓣；5. 龙骨瓣；6. 雄蕊；7. 雌蕊；8. 果实；9，10. 种子；11. 苞片。

137 圆锥山马蝗（yuanzhuishanmahuang）（图 116）

［地 方 名］ 棉筋、黄皮条（云南）

［学 名］ **Desmodium esquirolii** Lévl. (*D. cinerascens* Franch. non A. Gray; *D. franchetii* Rehd.) 豆科

［原 料 名］ 黄皮条（云南）

［形态特征］ 灌木，高 1～2 米。三出小叶羽状。顶端小叶阔卵形或菱形，长 3～6 厘米，宽 1.7～4 厘米，基部阔楔形，先端短渐尖或钝，边缘浅波状；两侧

小叶卵形，长 2～5 厘米，宽 1.5～3.5 厘米，基部圆形略偏斜，先端短尖，**表面被疏柔毛，背面密被短柔毛**；叶柄长达 5.5 厘米。**圆锥花序**顶生，长达 23 厘米；花两性，长 10～13 毫米；萼筒长约 3 毫米，疏被短毛，萼齿三角形，长约 1 毫米；花冠蝶形，紫色。**荚果长 3～4.5 厘米**，宽 5 毫米，腹缝线近直，背缝线圆齿状，**由 5～8 节组成，节近方形**。花期 7～10 月（云南），果期 6～8 月（四川）。

［生长环境］　生长在 1000～2600 米的山地或山谷密林中。

［产　　地］　云南、四川等省。

［理化性质］　据云南省资料：纤维含量达 54.43%。

［采收处理］　参阅胡枝子（151 页）。

［加　　工］　参阅胡枝子。

138 榼藤子（ketengzi）（图 117）

［地 方 名］　眼镜豆（云南），牛眼睛（广东海南）。

［学　　名］　**Entada phaseoloides** (L.) Merr. [*E. scandens* (L.) Benth., *Lens phaseoloides* L.]　豆科

［形态特征］　**大藤本**。二回偶数羽状复叶，总叶轴先端有时**具卷须**，羽片 4～6 个；小叶 6～8，革质，椭圆形或长圆形，长 3～8 厘米，宽 2～4.5 厘米，基部圆形偏斜，先端钝，全缘，两面中脉微被疏柔毛。由数个穗状花序组成大圆锥花序；花细小，略有芳香；苞片线形，被毛；萼钟状，5 齿裂，密被锈色短柔毛；花瓣 5，分离，卵形，先端尖，无毛；雄蕊 10，分离；子房具短柄。荚果大而扁，木质，无毛，盘状，由许多一个种子的节组成，长达 60 厘米，宽达 10 厘米；**种子扁圆形，直径 4～6 厘米，种皮木质，光泽，褐棕色无胚乳**。花期 4～5 月，果期 9～10 月。

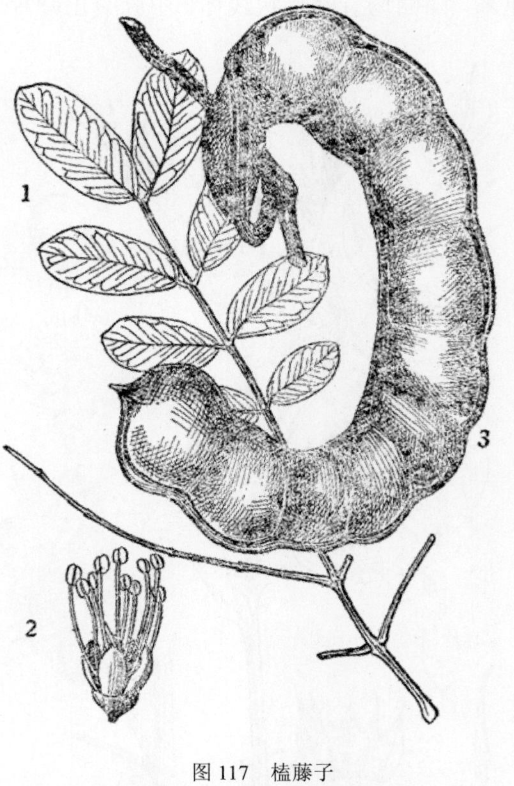

图 117　榼藤子
Entada phaseoloides（L.）Merr.
1. 叶；2. 花；3. 果。

［生长环境］　生于山谷多岩石的溪涧两岸或山坡、混交林中，攀援于高大乔木上。海拔多在 600～1000

米处。

［产　　地］　云南、广西、广东、福建、台湾等省区。

［用　　途］　藤皮纤维可制人造棉与做造纸原料。

种子坚硬，作为装饰品或小匣。

［采收处理］　在7～8月将藤离根部6厘米以上割下，去其侧枝小叶，捆成小捆，晒干后贮存备用。

［加　　工］　用浸水脱胶法。

139 刺果甘草（ciguogancao）（图118）

［地 方 名］　马兰杆子、马狼秆、马狼柴、湖金绳子、唤娘拳头（江苏）

［学　　名］　**Glycyrrhiza pallidiflora** Maxim.　豆科

［形态特征］　多年生草本。茎基部木质化，枝有棱，全体被鳞片状黄色腺体。奇数羽状复叶，长10～20厘米，小叶4～6对，阔披针形或长圆形，长2～5厘米，宽0.5～2厘米，两面均有鳞片状线体，中脉突出叶片外成一短尖；托叶披针形或基部阔成钻状。总状花序腋生，较疏松，长1.5～7厘米；花长8～10毫米；萼钟状，5裂；花冠蝶形。荚果黄褐色，长椭圆形，长15毫米，宽8毫米，顶端尖，具较少较疏的褐色刺毛，含2黑色种子。花期6～7月，果期8～9月。

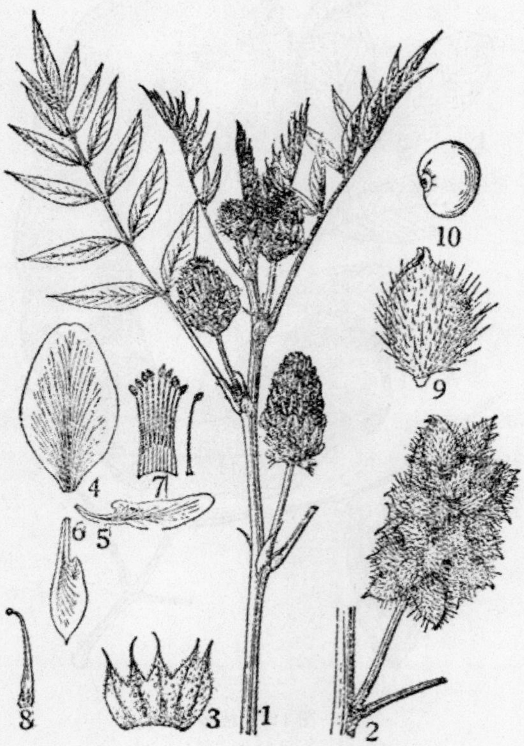

图118　刺果甘草

Glycyrrhiza pallidiflora Maxim.

1．花枝；2．果枝；3．花萼展开；4．旗瓣；5．翼瓣；6．龙骨瓣；7．雄蕊；8．雌蕊；9．果实；10．种子。

［生长环境］　生于田边、路边、河边、水沟边草丛中。

［产　　地］　江苏、山东、河南、河北、山西、陕西、内蒙古及东北等地区。

［用　　途］　茎皮纤维强力较强，宜织麻袋或作编织用。

种子含油脂可用以榨油。

［采收处理］　单纯利用茎皮纤维，可在秋初采割，如需利用其种子，应在果实成熟后再采割全枝剥皮。

［加　　工］　用浸水脱胶法初步脱胶可制麻袋。

140 甘草（gancao）（图 1363）

［学　　名］ **Glycyrrhiza uralensis** Fisch.　豆科

（地方名、形态特征、生长环境、产地及其他用途见“药用类”，1768 页）

［用　　途］ 茎的韧皮纤维可纺织麻袋，搓绳索；其木质部与根部提取甘草膏后的残渣，可以造纸。

［采收处理］ 在秋季采挖甘草的同时，将地面遗留下来的茎杆收集起来趁鲜剥皮，或放在水中浸泡 3～5 天，再进行湿剥。

［加　　工］ 剥下的皮，用浸水脱胶法初步脱胶后，即可制麻袋或搓绳索，其根部提取甘草膏后的残渣，可参照总论中的制纸浆板方法进行制造纸浆板。

141 花木蓝（huamulan）（图 931）

［学　　名］ **Indigofera kirilowii** Maxim.　豆科

（地方名、形态特征、生长环境、产地及其他用途见“鞣科类”，1157 页）

［用　　途］ 茎皮纤维可制人造棉、麻袋、纤维板与造纸原料；枝条为编制筐及扎扫帚；其根可编草帽圈，根皮可搓绳索。

［理化性质］ 据山东省资料：茎皮含纤维 31.60%。

［采收处理］ 参阅胡枝子（本页）。

［加　　工］ 用浸水脱胶法。

142 垂花木蓝（chuihuamulan）

［学　　名］ **Indigofera pendula** Franch.　豆科

［形态特征］ 小灌木，高 1～3 米；枝紫褐色，被白色伏短毛。奇数羽状复叶，小叶 9～21，椭圆形，长 10～18 毫米，宽 4～8 毫米，基部圆或近短尖，先端圆有细小的凸尖头，全缘；背面有较密的丁字毛。总状花序腋生，下垂，具多花，花轴，苞片，萼片及花瓣等外面均被毛；苞片小，针尖状，早落；萼 5 齿裂，最下一裂片最长；花冠深紫红色，长 8～12 毫米，旗瓣内面近基部具有色条纹，龙骨瓣有短尖头。荚果线形，长 4～5 厘米，被白色伏短毛。花期 5～7 月，果期 7 月。

［生长环境］ 山坡灌木丛中或疏林下。

［产　　地］ 云南（西部及西北部）

［用　　途］ 茎皮纤维可制人造棉、造纸原料。

［采收处理］ 参阅胡枝子（本页）。

［加　　工］ 参阅胡枝子。

143 胡枝子（huzhizi）（图 641）

［学　　名］ **Lespedeza bicolor** Turcz.　豆科

（地方名、形态特征、生长环境、产地及其他用途见“油脂类”，796 页）

［用　　途］　枝皮纤维可造纸及代麻制绳索亦可制人造棉，枝条又可编筐篓等小农具。

［理化性质］　据黑龙江省资料：幼枝中含水分 10.71%，纤维 55.57%，灰分 2.61%；单纤维长 6～18 毫米，平均 11 毫米，宽 29～36 微米，平均 29 微米。

据中国科学院林业土壤研究所分析：茎皮含纤维 41.315%，出麻率 32.03%。据山西省资料：茎皮含纤维 39.7%，α-纤维素 34.07%，β-纤维素 3.23%，γ-纤维素 3.43%，鞣质 4.68%，糠醛 9.6%，淀粉 10.31%，磷 0.34%，钾 0.35%。又据山东省资料：新鲜的皮含水分 7.85%，灰分 5.85～6.35%，粗纤维 29.45～31.96%，无氮浸出物 32.86～35.66%，脂肪为 5.15～5.59%，蛋白质为 18.84～20.44%。

根据厦门大学等资料列如下表：

分析单位	利用部分	含纤维量%			纤维长度（毫米）			纤维品质	
		鲜物中	晒干物中	烘干物中	一般	最长	最短	色泽	强度
厦门大学	树皮	9.22	17.50	20.98	10.00.			深灰	脆
福建林学院	根皮与茎皮		24.10		5.10	8.00	4.00		
”	”		27.30		19.00.	29.00	10.00		
”	”		36.00		8.50	15.00	4.00		
南京大学	茎皮		26.00		5.20	6.00	4.00		

［采收处理］　为了利用其种子榨油，宜在 9～10 月间砍割枝条，细嫩的作编筐用，粗壮的趁鲜剥皮，剥时先将梢部拧扭，使木质与韧皮分开，然后撕剥。

［加　　工］　（1）选择较细嫩的枝条，削去旁枝叶，作为编筐用；（2）将剥下来的粗壮枝条扎成小捆，先用浸水脱胶法初步脱胶，即可代麻制绳索，制麻袋等。如制人造棉，可再用碱煮法或用石灰蒸煮法制造纸浆，方法均见总论。

144 短梗胡枝子（duangenghuzhizi）（图 119）

［地 方 名］　籽条（辽宁）

［学　　名］　**Lespedeza cyrtobotrya** Miq.　豆科

［形态特征］　直立灌木，高达 2 米。小叶纸质，倒卵形、卵状披针形或阔针形，顶生小叶长 1～5 厘米，宽 0.5～2.7 厘米，侧生小叶稍小，基部圆形，先端微缺，急尖或具短尖，表面无毛，背面灰白色，被伏毛。总状花序腋生，花密集，短，呈圆锥花序状，几无总花梗；花梗短，为萼的一半长；小苞片卵形或倒卵形，急尖，有纵纹，棕色；萼筒状，稀为钟状，上部 4 裂，裂片卵圆形或卵圆状披针形，渐尖，有缘毛；花冠长为萼的 2～2.5 倍，紫色，龙骨瓣长，旗瓣倒卵形，急尖，爪部呈耳状。荚果斜圆状卵圆形，表面具有不显明网状脉络，被锈绢毛。花期 7～8 月，果期 9 月。

［生长环境］　海拔 1500 米以下的干山坡、灌木丛或杂木林间。

［产　　地］　吉林、辽宁、内蒙古、河北、山西及陕西等省区。

［用　　途］　二年以上茎皮即可提纤维，制人造棉或制麻、造纸。枝条可供编织用。

叶可作饲料，并可作绿肥。

［采收处理］　参阅胡枝子（151页）。

［加　　工］　参阅胡枝子。

［其　　他］　山豆花［L. tomentosa（Thunb.）Sieb.］花有无瓣花，腋生，萼5裂，裂片长针形，长为花冠1/2；小叶卵圆形或卵状椭圆形，背面及边缘被黄色茸毛。北自东北，西至陕西，南达福建，西南至云南等省均产，海拔1000米以下。可制纤维板。多花胡枝子（L. floribunda Bge.）萼5裂，裂皮狭披针形，不及花冠1/2长，花紫色；小叶倒卵形。原产北京，分布自河北，西至宁夏、甘肃，南达江苏、江西，西南到四川，海拔1300米以下石山及干山坡，枝皮纤维可造纸或制绳索。

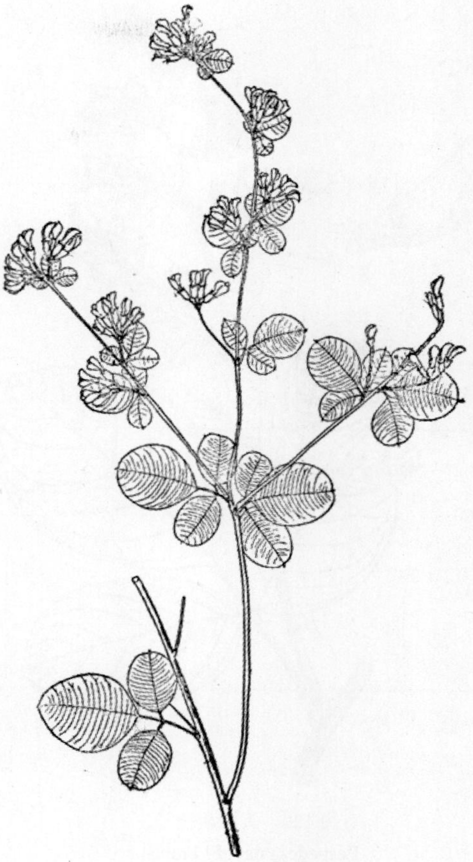

图119　短梗胡枝子
Lespedeza cyrtobotrya Miq.
花枝

145 大叶胡枝子（dayehuzhizi）（图120）

［学　　名］　**Lespedeza davidii** Franch.　豆科

［原 料 名］　梢箕树兜皮（湖南）

［形态特征］　灌木，高2米；枝条密被茸毛。三出复叶，小叶卵圆形或阔倒卵形，革质，顶生小叶，长4～5厘米，宽3～4厘米，侧小叶较小，先端圆形或微缺，两面被绢毛，背面灰色。总状花序短，花密集，腋生，单生，在植株上部成圆锥花序；花梗短，被绢毛，小苞片线状披针形，与萼筒等长；萼被短伏柔毛，5深裂，裂片线状，披针形，比萼筒长，渐尖，被绢毛，花冠紫色。荚果密被绢毛，先端长渐尖。花期7～9月，果期9～11月。

［生长环境］　生于干旱山坡、海拔800～1800米。

［产　　地］　浙江、江西、湖南、广东、广西、贵州等省区。

［用 途］ 茎皮纤维性能柔软，可作造纸原料，还可制人造棉或制成筲条麻，掺少量韧性较强的麻纺织麻袋，制绳索。茎杆可用于编织筐篓。

［采收处理］ 参阅胡枝子（151页）。

［加 工］ 参阅胡枝子。

图 120 大叶胡枝子
Lespedeza davidii Franch.
1．果枝；2．花。

146 印度草木樨（yinducaomuxi）

［地 方 名］ 天蓝楷、野花生、各答菜、马来菜（江苏）

［学 名］ **Melilotus indicus** (L.) All. 豆科

［形态特征］ 二年生草本，高30～50 厘米，有时可达 100 厘米。三出羽状复叶，互生，小叶狭椭圆形或倒卵形，长 1～2.5 厘米，基部楔形，先端钝或微凹，边缘中部以上具锯齿，下部全缘。总状花序腋生，长 5～10 厘米；花小，长 2～3 毫米，黄色；花冠蝶形，旗瓣长于翼瓣。荚果长卵圆形，长 2～2.5 毫米，通常含 1 粒种子。花期 6～7 月，果期 7～9 月（江苏）。

［生长环境］ 河边、路旁及沿海地区的堤岸上。

［产 地］ 江苏、浙江、安徽、四川、云南、贵州、广西、广东等省区。

［用 途］ 杆皮纤维良好，色白质软，可制人造棉供纺织原料。全草可作饲料及绿肥；江苏已大量播种作绿肥。

［理化性质］ 据江苏省资料：杆皮含纤维素 45.23%，半纤维素 24.44%，木质素 3.16%，水分 10.82%，果胶 7.09%，灰分 5.06%；单纤维长 34.9 毫米，宽 10.04 微米，强力 62.21 克。

［采收处理］ 作纤维用可在秋季收割，放在清水中沤泡 7～8 天，捞出剥取茎皮，再用水洗涤，晒干即可备用。

［加 工］ 用碱煮法制人造棉。

147 草木樨（caomuxi）（图 121）

［地 方 名］　扫帚苗、木樨草、野木樨（山东），天蓝楷、野花生、马兰菜、各答菜（江苏）。

［学　　名］　**Melilotus suaveolens** Ledeb.　豆科

［形态特征］　二年生或一年生草本，高 60～120 厘米；茎直立，多分枝。三出羽状复叶，互生，小叶椭圆形或倒披针形，长 10～15 毫米，宽约 5 毫米，基部楔形，先端钝，边缘自基部以上有锯齿；总叶轴长 1～2 厘米；托叶线形，长约 5 毫米。总状花序腋生或顶生，长而纤细，具多数花；花小，长 3～4 毫米，具苞片与短梗；萼钟状，5 裂；花冠蝶形，黄色旗瓣长椭圆形，长于翼瓣，翼瓣钝形。荚果倒卵形，下垂，具网纹，无毛，种子单一。花期 5～7 月，果期 8～9 月。

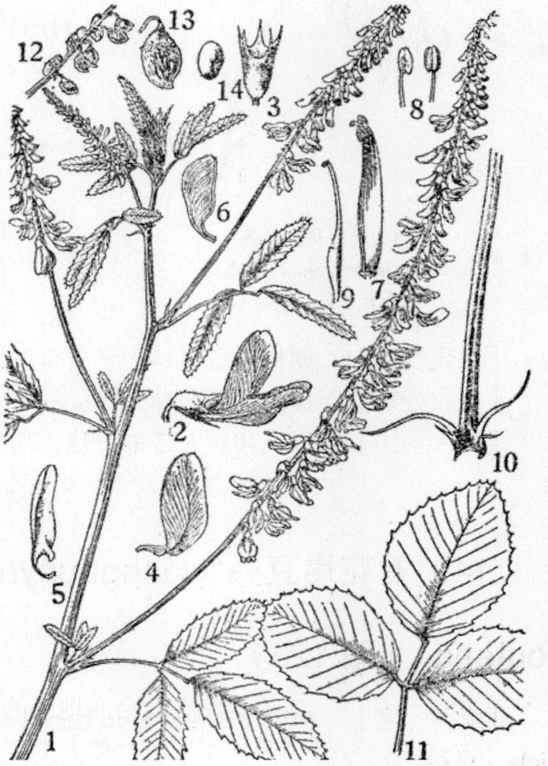

图 121　草木樨

Melilotus suaveolens Ledeb.

1. 花枝；2. 花；3. 萼；4. 旗瓣；5. 翼瓣；6. 龙骨瓣；7. 雄蕊群；8. 雄蕊；9. 雌蕊；10. 托叶；11. 叶；12. 果序；13. 荚果；14. 种子。

［生长环境］　适应性强，能耐旱、耐寒、耐盐碱，多生低温地，沙丘，山坡及平坦草原上，在海边也有生长。

［产　　地］　内蒙古、黑龙江、辽宁、吉林、河北、山东、河南、陕西、甘肃、四川、云南、贵州等省区。

［用　　途］　茎杆皮纤维可用作造纸原料，也可作人造棉。

全株可作牧草与绿肥。种子可酿酒。花期较长；花较多，为蜜源植物。茎叶可提取芳香油（见“芳香油类”，1360 页）。

［理化性质］　据山东省资料：水分 10.82%，脂肪油 3.503%，水溶物 5.755%，果胶 7.091%，半纤维素 24.438%，木质素 3.162%，纤维素 42.229%，灰分 5.06%；单纤维平均长 3.49 毫米，平均宽 10.04 微米，单纤维强力 62.21 克。

［采收处理］　作纤维用可在秋季收割，放在清水池里沤泡 7～8 天，捞出剥取茎皮，再用清水洗涤，晒干即可备用。

［加　　工］　用石灰蒸煮法造纸；碱煮法制人造棉。

148 绿花崖豆藤（lühuayadou-teng）（图 122）

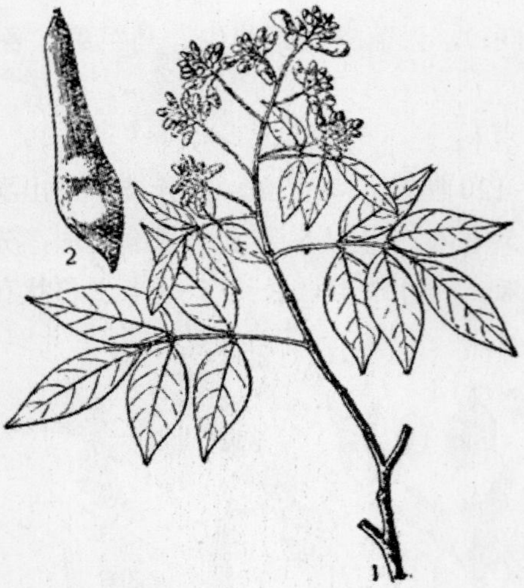

图 122 绿花崖豆藤
Millettia championi Benth.
1. 花枝；2. 荚果。

［学　　名］ **Millettia championi** Benth. 豆科

［形态特征］ 攀援灌木，除花序外无毛。羽状复叶，小叶 5，长 10～20 厘米；小叶卵圆形至长圆形，长 3～6 厘米，先端钝渐尖，光亮，有网状脉。圆锥花序顶生，长 15 厘米；花单生，密集，长 1.2 厘米，淡绿色；雄蕊单体。荚果线形，长 6～12 厘米，内有 2 或 3 种子。花期 7 月，果期 8 月（广东）。

［生长环境］ 山沟、山坡的灌丛中。

［产　　地］ 广东、福建等省。

［用　　途］ 茎皮纤维可制人造棉和造纸，亦可供编制用。

［理化性质］ 据福建省资料：茎皮含纤维 37.6%，纤维长 4.1 毫米。

［采收处理］ 参阅葛藤（163 页）。

［加　　工］ 造纸和制人造棉方法，均见总论。

149 香花崖豆藤（xianghuaya-douteng）（图 123）

［学　　名］ **Millettia dielsiana** Harms et Diels 豆科

［形态特征］ 藤本，长 2～5 米。小枝被毛或近无毛。羽状复叶，长 15～30 厘米，无毛；小叶 5，革质，披针形或长圆形，长 4～15 厘米，基部钝或近圆形，先端短渐尖，钝头，表面无毛，近光亮，背面略被短微毛。圆锥花序顶生，小形，直立，或大形下垂，长 15 厘米，稀达 40 厘米，密被褐黄色茸毛；花芳香，长 1.2～2.4 厘米，粉红色或深红色，具短柄；花萼钟形，长约 5 毫米，密被锈色茸毛；花冠

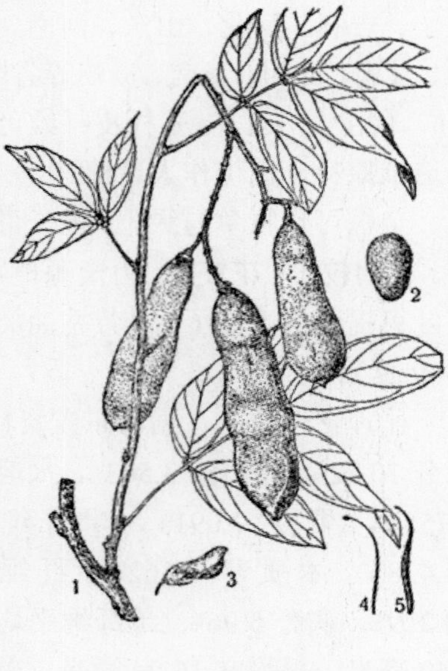

图 123 香花崖豆藤
Millettia dielsiana Harms et Diels
1. 果枝；2. 种子；3. 花；4. 雄蕊；5. 雌蕊。

长 1.2～1.5 厘米，旗瓣外面密被锈色茸毛或丝状毛；雄蕊 2 体。荚果狭长圆形，长 7～12 厘米，近木质，密被锈色茸毛；种子 3～4 厘米，长圆形。花期 8 月（广东），果期 7～8 月（四川）。

［生长环境］ 习见于山野间。

［产　　地］ 四川、云南、贵州、湖北、湖南、广西、广东、福建等省区。

［用　　途］ 茎含纤维，可代麻作绳索等，亦为造纸原料。

种子磨成粉可作杀虫药。

［理化性质］ 据云南省资料：茎纤维出棉率为 46.6%，纤维细，拉力强。

［采收处理］ 参阅葛藤（163 页）。

［加　　工］ 参阅葛藤。

150 光叶崖豆藤（guangyeyadouteng）（图 124）

［学　　名］ **Millettia nitida** Benth.　豆科

［形态特征］ 攀援灌木，幼枝有平贴丝状细毛，最后近无毛。羽状复叶，长 15～20 厘米；小叶 5，披针形，长 5～7.5 厘米，两面光亮，有网脉。圆锥花序顶生，长 6～10 厘米；花单生，长 1.9 厘米，旗瓣强反曲，基部有胼胝，外面白色，内有深青莲紫色；雄蕊 2 体。荚果长 10～14 厘米，宽 1.5～2 厘米，有茸毛，内有种子 4～5。果期 11 月（广东）。

［生长环境］ 习见于山野间。

［产　　地］ 广东、福建、台湾等省。

［用　　途］ 茎皮纤维可制绳索或供造纸。

［理化性质］ 据福建省资料：茎皮含纤维 24.84%；纤维长 15 毫米。

［采收处理］ 参阅葛藤（163 页）。

［加　　工］ 用浸水脱胶法。

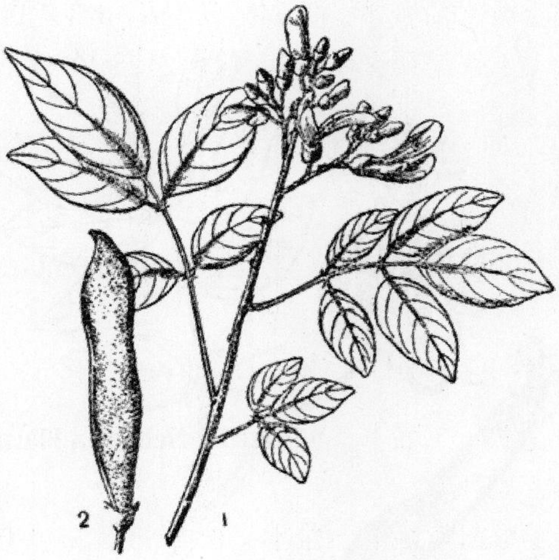

图 124　光叶崖豆藤
Millettia nitida Benth.
1．花枝；2．荚果。

151 厚果鸡血藤（houguojixueteng）（图 1546）

［学　　名］ **Millettia pachycarpa** Benth.　豆科

（地方名、形态特征、生长环境、产地及其他用途见“土农药类”，2031 页）

［用　　途］ 茎皮纤维，可作人造棉及造纸，亦可供编织用。

［理化性质］ 据福建省资料：茎皮含纤维 24%；纤维长 8～19 毫米，一般为 12 毫米。

［采收处理］ 参阅葛藤（163 页）。

［加 工］ 参阅葛藤。

152 鸡血藤（jixueteng）（图 125）

［地 方 名］ 三月黄、渣子树、杂骨豆（安徽），血藤、水桶荚、马屎血豆（浙江），黄藤（湖南），白血藤（福建）。

［学 名］ **Millettia reticulata** Benth. 豆科

［形态特征］ 攀援藤本，除花序及幼嫩枝叶被黄褐色柔毛外，余均无毛。羽状复叶长 10～20 厘米，具短柄；托叶极小，针刺状，长约 3 毫米，小叶 7～9，纸质，卵状长圆形，长 2.5～10 厘米，基部近圆形，先端钝而微凹，两面有细脉，无毛；小托叶极小，针刺状。圆锥花序顶生，长 10～20 厘米；花多而密生，暗紫色，长 1.3～1.7 毫米；花梗比萼略短；萼钟形，约 3 毫米，先端裂齿，短而钝，边缘具淡黄色缘毛；花冠长 13～15 毫米，旗瓣比龙骨瓣略短。荚果线状长圆形，长达 15 厘米，宽 1～1.5 厘米，无毛，果瓣薄而硬，具 3～6 个种子。花期 5 月。

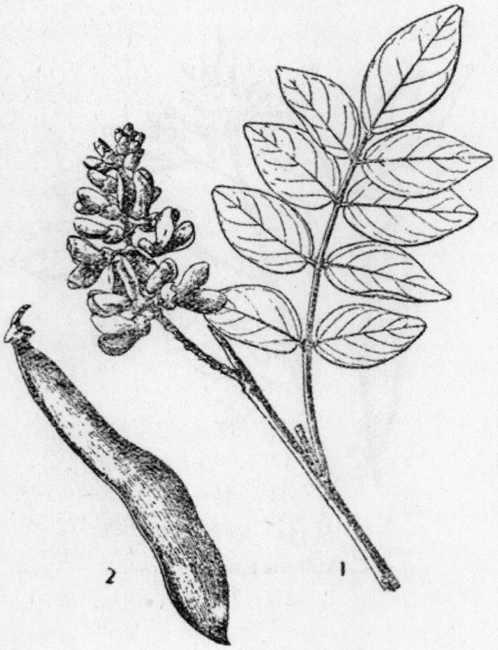

图 125 鸡血藤
Millettia reticulata Benth.
1. 花枝；2. 荚果。

［生长环境］ 山坡或山沟旁的灌木丛中。

［产 地］ 广东、广西、云南、福建、江西、安徽、江苏、浙江、湖北、湖南等省区。

［用 途］ 茎皮纤维坚强，可制人造棉及造纸，亦可供编织用具等。

根入药，浙江南部民间将根煎汁服用，有活筋通血的功效，浙江省平阳、泰顺等地，亦用枝作散气、散风、活血之药。

［理化性质］ 据福建省资料：鲜茎皮中含纤维 22%，烘干皮为 26%；纤维长一般为 14 毫米。

［采收处理］ 作纤维用，可在夏秋季采割其枝条，采回后立即进行剥皮，晒干贮存备用。

［加 工］ 参阅葛藤（163 页）。

153 常春油麻藤（changchunyoumateng）

［地 方 名］ 棉藤、三叶柱（浙江），老鸦枕头（四川），油麻藤（江西），牛肠藤，人丹胶藤、肉藤（福建）。

［学　　名］ **Mucuna sempervirens** Hemsl.　豆科

［形态特征］ 高大藤本，长达 10 米，直径达 30 厘米。小叶 3，革质，长 7.5～12.5 厘米，顶生小叶卵状椭圆形或椭圆形，基部圆形，先端略具尾尖；两侧小叶为偏斜状卵形。总状花序生在老茎上，花多数，美丽，长 6～7 厘米；萼钟状，上面 2 裂齿合生，最下 1 齿较中间 2 齿长；花冠蝶形，暗紫色。荚果木质，扁平，长 30～60 厘米，宽 2.8～3.5 厘米，具刺毛，无翅，沿背腹缝线有纵沟；种子棕色，近圆形，扁平。花期 4 月，果期 9～10 月。

［生长环境］ 生于山谷溪边常绿阔叶林中。

［产　　地］ 四川、云南、贵州、湖北、江西、浙江、福建等省。

［用　　途］ 茎皮纤维可供制麻袋与造纸，枝条可编篓筐。

块根可提取淀粉，种子可食，并可榨油。

［理化性质］ 据厦门大学分析：茎皮含纤维量：鲜物中 10.23%，晒干物中 17.00%，烘干物中 45.69%。

又据四川省资料：茎皮含纤维 50%。

［采收处理］ 参阅葛藤（163 页）。

［加　　工］ 参阅葛藤。

154 蓝花棘豆（lanhuajidou）（图 126）

［地 方 名］ 米布袋（山西）

［学　　名］ **Oxytropis coerulea** (Pall.) DC.　豆科

［形态特征］ 多年生草本，具深长木质主根；植株疏被伏柔毛。羽状复叶，基生，小叶 17～41，卵状披针形至披针形，长 4～20 毫米，宽 2～8 毫米，基部近圆形，先端急尖，全缘；托叶和叶柄连生，分离部分呈披针状锥形。总状花序自基部生出，较叶长；花长约 1 厘米，萼钟状，5 裂，裂片披针形，与萼管近等长；花冠蝶形，紫色、蓝色或青色，旗瓣圆形，顶端圆形有细尖，

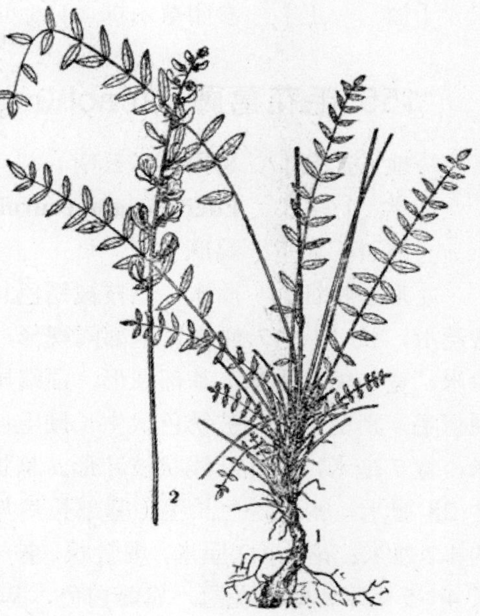

图 126　蓝花棘豆
Oxytropis coerulea（Pall.）DC.
1．植株；2．花序。

具短爪，翼瓣斜倒卵形，具短耳与爪，较旗瓣稍短，龙骨瓣喙长3毫米，爪亦长3毫米，子房几无毛。荚果披针形，直立，1室，顶端渐尖，长11～16毫米；种子椭圆形，绿棕色而有黑色斑点。花期6～7月，果期7～9月。

［生长环境］ 生长山坡上、路边、石山与草原上。海拔1200～2500米。

［产　　地］ 山西、河北、内蒙古等省区。

［用　　途］ 根与茎的茎皮纤维可代麻制绳与织麻袋。

［理化性质］ 据山西省资料列如下表：

部位＼含量＼分析项目	纤维含量（%）	α-纤维素（%）	β-纤维素（%）	γ-纤维素（%）	鞣质（%）	糠醛（%）	淀粉（%）	氮（%）	钾（%）
茎	29.3	25.23	1.5	2.57	1.91	6.24	10.41	0.235	1.16
根	36.5	32.47	2.2	1.83		9.12		0.169	0.63

［采收处理］ 作纤维用时，可在秋季采收，收割后放在清水池中浸泡7～8天，捞出剥取茎皮，再用清水洗涤，晒干即可备用。

［加　　工］ 参阅草木樨（155页）。

155 毛花葛藤（maohuageteng）

［地 方 名］ 葛根藤（云南）

［学　　名］ **Pueraria alopecuroides** Craib.　豆科

［原 料 名］ 葛麻

［形态特征］ 藤本，小枝被锈色长硬毛。羽状三出复叶，小叶纸质，顶生小叶卵状菱形，长10～17厘米，基部阔楔形，顶端尾状短渐尖；两侧小叶斜卵形，长9～16厘米，宽5～11厘米，基部圆形，顶端尾状短渐尖；小叶边缘疏具波状圆齿，表面被短硬伏毛，粗糙，背面被锈色伏生长硬毛；总叶轴长8～14厘米；托叶箭头状，长约2厘米，宽7毫米，小托叶线状披针形。总状花序单生或聚集成圆锥花序，腋生或顶生，长达28厘米，密被锈色长毛；基部苞片与托叶相似，总状花序上的苞片卵状披针形，长约1.2厘米；花长1.2厘米，萼钟状，被短柔毛，杂有锈色长毛，萼管长3毫米，萼齿4，长4～5毫米；蝶形花冠，旗瓣白色，基部有黄色斑点，翼瓣与龙骨瓣紫色；雄蕊单体；子房无柄，被灰色长毛，约有胚珠6粒。

［生长环境］ 生长在近热带地区的次生灌木丛中或疏林中。

［产　　地］ 云南省的西双版纳、允景洪及元江一带。

［用　　途］ 茎皮纤维可作人造棉或代麻用，全藤也可供编织用。

［理化性质］ 据云南省资料：茎皮含纤维55%。

［采收处理］ 参阅葛藤（163页）。

156 食用葛藤（shiyonggeteng）

［地 方 名］　葛藤（云南）

［学　　名］　**Pueraria edulis** Pamp.　豆科

［原 料 名］　葛麻

［形态特征］　藤本。羽状复叶互生，小叶 3，顶生小叶卵形，长 8～13 厘米，宽 5～6.5 厘米，基部阔楔形，先端渐尖，多少成 3 裂；两侧小叶斜阔卵形，长 8～12 厘米，宽 4～6.5 厘米，基部阔楔形或近圆形，先端渐尖，多少成 2 裂，两面疏被硬毛；托叶箭形，具平行细脉，小托叶卵状披针形或披针形。总状花序腋生，连总梗长约 28 厘米，苞片卵形；花梗纤细，无毛；花紫色，长 15～17 毫米；萼钟状，4 裂，外面无毛，里面被短硬毛；花冠蝶形；子房近于无柄，被短硬毛。荚果线形，长 3.5～6.5 厘米，宽约 1 厘米，黑色，具网纹。花期 7～9 月，果期 9～11 月。

［生长环境］　生于海拔 1900～3200 米的松栎林或杂木林内。

［产　　地］　云南、四川、广西等省区。

［用　　途］　茎皮纤维可作人造棉；全藤可供编织用具等。根状茎含淀粉，可供食用。

［理化性质］　据云南省野生植物普查队野外粗分析：纤维含量为 26%。

［采收处理］　在秋季采割 1～2 年生嫩葛藤，断成 1～2 米长的小段，放在锅内蒸煮 1～2 小时，捞出剥皮，去掉梗中硬心，放在地上沤 3～4 天，使其发酵后用水洗去胶质，晒干成麻。

157 云南葛藤（yunnangeteng）（图 127）

［地 方 名］　苦葛藤（云南、四川）

［学　　名］　**Pueraria peduncularis** Grah. (*P. yunnanensis* Franch.)　豆科

［原 料 名］　葛麻

［形态特征］　藤本，全株被有或疏或密的短硬毛。叶羽状三出，小叶膜质或薄质，顶生小叶卵状菱形，长约 10 厘米，宽约 6 厘米，基部阔楔形，顶端渐尖，全缘；两侧的小叶，斜卵形，长约 8 厘米，

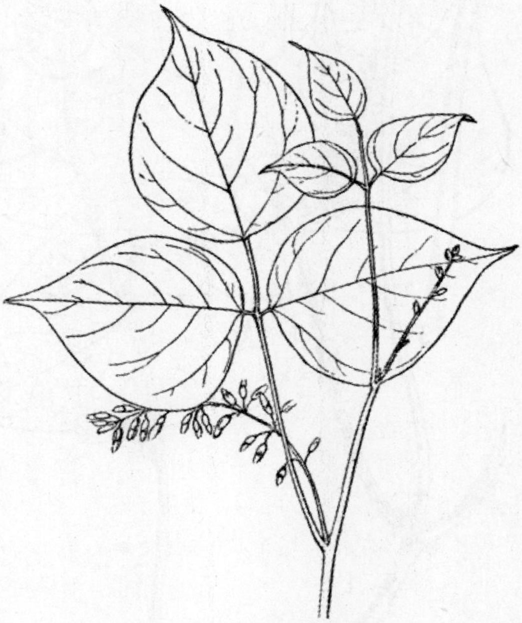

图 127　云南葛藤
Pueraria peduncularis Grah.
花枝

宽约 5 厘米。总状花序长 13～16 厘米；苞片与小苞片早落；花梗纤细，长 4～6 毫米；花白色或淡红色，长 12～15 毫米。荚果线形，扁平，两端均尖，几无毛，黑色，长 5～7 厘米，含种子 4～8。花果期 4～11 月。

[生长环境]　生于海拔 1150～3200 米的岩壁上，山坡、山沟边或路旁的林木中或森林里。

[产　　地]　广西、云南、四川等省区。

[用　　途]　茎皮纤维可制人造棉和代麻用，全藤可供编织用具。根、茎可杀虫（见“土农药类”，2033 页）。

[理化性质]　据云南省资料：茎皮含纤维 65.83%，其中 α-纤维素 95.71%；纤维长 2.4～2.6 毫米，宽 15～20 微米。

[采收处理]　7～9 月间用刀采割，除去叶，断成 1～2 米长的小段，放在清水中沤泡 10～15 天，使其发酵，等到用手能轻撕成麻状时，捞出用木棒捶洗，去掉木质和粗皮后，再用清水洗净，晒干即成麻。

158 三裂叶野葛（sanlieyeyege）（图 128）

[地 方 名]　粉葛、葛藤（浙江）

[学　　名]　**Pueraria phaseoloides** (Roxb.) Benth.　豆科

[原 料 名]　葛麻

[形态特征]　藤本，长 2～4 米，茎被褐色硬毛。羽状复叶互生，小叶 3，顶生小叶变异大，通常呈菱形，3 裂，长 6～13 厘米，宽 5～11 厘米，基部阔楔形，两侧小叶，阔卵形，2 裂，基部偏斜圆形，小叶两面均被硬毛；托叶细小，披针形。总状花序，腋生，长 8～15 厘米，苞片与小苞线状披针形，长 3～4 毫米；花淡蓝色或淡紫色，具短梗。荚果长 5～8 厘米，无毛或稍被硬伏毛。花期 9 月。

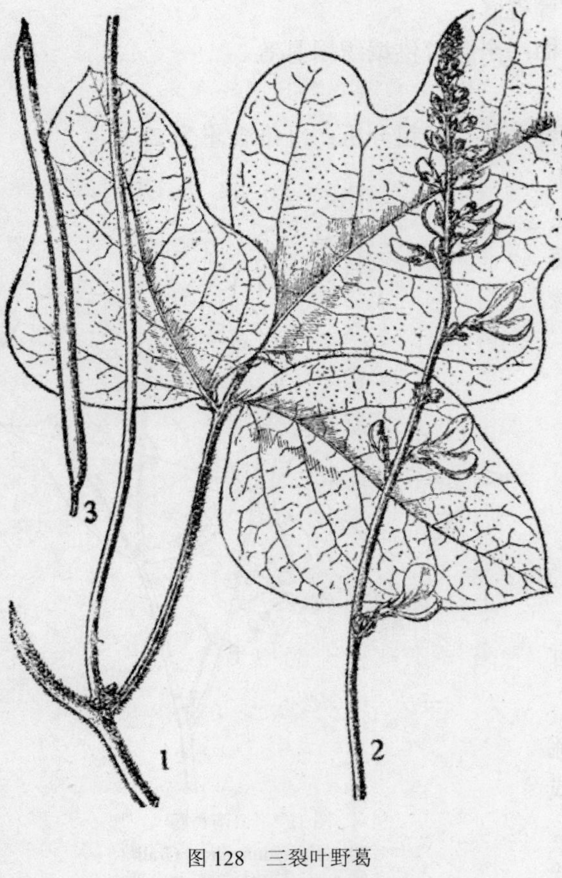

图 128　三裂叶野葛
Pueraria phaseoloides（Roxb.）Benth.
1. 茎与叶；2. 花序；3. 果实。

[生长环境]　生于山坡、河边、

灌木丛或林中。

［产 地］ 浙江、广西、广东、台湾等省区。

［用 途］ 茎韧皮纤维可代黄麻制绳索和织麻袋。根部可提淀粉（见“淀粉及糖类”，557 页）。

［采收处理］ 参阅葛藤（本页）。

［加 工］ 参阅葛藤。

159 葛藤（geteng）（图 129）

［地 方 名］ 葛麻、黄葛麻、苦葛、米葛、毛角藤、勾藤（湖北），葛麻藤（广西），葛条（陕西、河北、河南、辽宁、吉林），葛子（山东），野葛（浙江、山西），刈粉（福建），粉葛（四川），葛藤、大葛藤根（江苏），葛根（湖南）。

［学 名］ **Pueraria pseudo-hirsuta** Tang et Wang (*Pueraria thunbergiana* auct. non Benth.) 豆科

［原 料 名］ 野葛皮、葛藤麻。

［形态特征］ 藤本，长达 8 米，植株密被金黄色硬毛。块根肥大，直径约 20 厘米，往往重达 20～25 公斤，含丰富淀粉。羽状复叶互生，小叶 3，顶生小叶阔卵形或菱状卵形，侧生小叶斜卵形，长 7～15 厘米，基部阔楔形，先端渐尖，全缘或稍呈波状；两面均被硬毛，托叶卵状长圆形，小托叶线形。总状花序腋生，长 15～30 厘米，中部以上密生紫花，小苞片卵形，长 1～2 毫米；花长 12～16 毫米，花萼钟状，长 8～10 毫米；花冠蝶形，旗瓣圆形，近基部有 2 个黄色明显胼胝体。荚果线形，扁平，长 5～10 厘米，宽约 1 厘米，被金黄色硬毛。花期 8～9 月，果期 10～11 月。

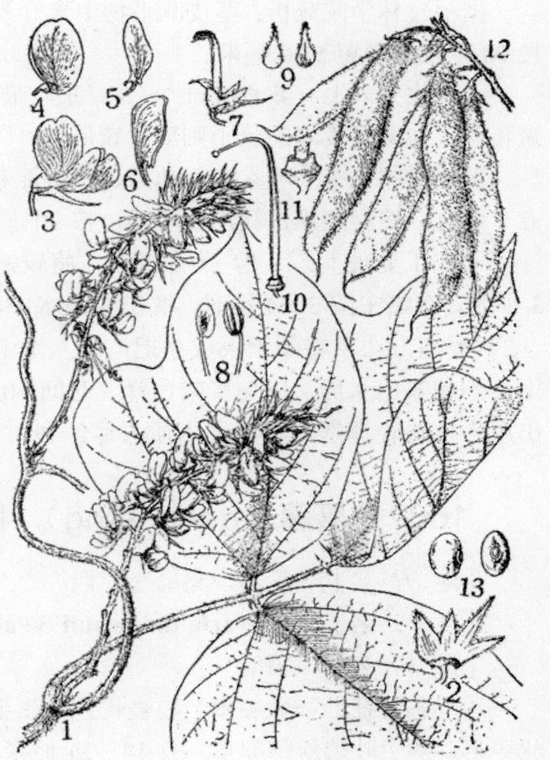

图 129 葛藤

Pueraria pseudo-hirsuta Tang et Wang.

1．花枝；2．花萼展开；3．花；4．旗瓣；5．翼瓣；6．龙骨瓣；7．花除去花瓣；8．雄蕊；9．苞片；10．雌蕊；11．蜜腺；12．果序；13．种子。

［生长环境］ 生于丘陵地区的坡地上或疏林中，分布海拔高度约 300～1500 米处。

［产 地］ 吉林、辽宁、山西、山东、河南、陕西、甘肃、浙江、江苏、安徽、

江西、福建、湖北、湖南、四川、贵州、云南、广东等省。

［用　　途］　我国自古以来即利用葛藤茎皮纤维织布（称葛布）与编绳索，亦可作造纸与人造棉原料。

根含淀粉（见“淀粉及糖类”，557页）。提取淀粉后，其渣纤维还可作填充物及造纸原料，加入油漆又能作修理船板的填充物等。此外，枝叶茂密，被复度大，为良好的水土保持的重要植物。根药用（见“药用类”，1773页）。种子可榨油（见“油脂类”，797页）。

［理化性质］　据浙江省资料，化学成分：水分16.28%，灰分2.96%，苯醇抽出物4.61%，1%氢氧化钠抽出物26.05%，果胶3.14%，纤维素41.3%；物理性质：单纤维最长2.42毫米，最短0.45毫米，平均长1.753毫米，单纤维最宽25微米，最窄75微米，平均14.44微米，束纤维拉力最高23公斤／克，最低8公斤／克，平均11.7公斤／克，分离纤维扭力最高29.54转／厘米，最低8.5转／厘米，平均20.54转／厘米。

据福建林学院分析：茎皮晒干物中含纤维量38.40%，纤维长度一般7.00毫米，最长12.00毫米，最短5.00毫米。

［采收处理］　茎皮纤维7～8月采收最宜，将较嫩的藤子割下时，经加工处理为嫩葛麻，如采收较老的藤子则质量较低。

葛根采收季节一般在清明前后，经提淀粉后，剩下的麻渣每斤用0.5两小苏打加水煮2小时，然后加漂白粉漂白晒干，掺20%原棉，即可弹成棉花。

［加工处理］　（1）蒸煮方法，将较嫩的藤子割下，去其侧叶，用木甑蒸煮2～3小时，在甑中闷3～4小时，取出在清水中轻轻捶洗，去其内层木质，即成洁白纤维；（2）浸泡方法，将藤子束成小把，放入水中浸泡，下面用竹木隔离，以免底触污泥，上面不使露出水面，以免影响色泽，时间10～15天左右，泡至纤维能分离时，即可取出用木棒轻轻捶洗，将内层木质去尽，利用日光晒干，即成有用的好纤维。

160 甘葛藤（gangeteng）（图130）

［地 方 名］　粉葛、葛麻（广西）

［学　　名］　**Pueraria thomsonii** Benth.　豆科

［原 料 名］　葛麻

［形态特征］　大藤本，枝被褐色倒生毛。羽状复叶，小叶3，膜质，顶生小叶卵状菱形，侧生叶偏斜阔卵形，长14～21厘米，宽10～16厘米，基部近截形，先端短渐尖，全缘或浅波状3裂，两面均被黄色硬毛；托叶宿存，中部以下着生，基部下延成尾状；小托叶刚毛状。总状花序腋生，长15～23厘米，苞片早落，小苞片卵形或卵状披针形；花萼长12～15毫米，4裂，下面裂片特长；花冠蝶形，紫蓝色，长2.5厘米。荚果线形，长10~12厘米，宽约1厘米，扁平，膜质，密被红褐色长粗毛，含种子8～12。花期9月。

［生长环境］　生于山野灌丛或疏林中。市郊、村庄也常栽培。

［产　　地］　广东、广西、云南、西藏、湖北、四川、河南等省区。

［用　　途］　茎纤维可制麻绳、麻袋，并可供粗纺织原料。

根入药，为发汗解热剂，花晒干后也供药用。根内含淀粉（见“淀粉及糖类”，558 页）。种子可榨油，供工业机器用。

［采收处理］　参阅葛藤（163 页）。

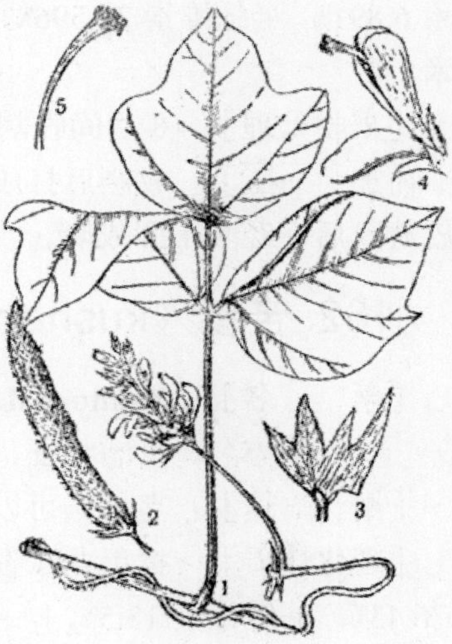

图 130　甘葛藤

Pueraria thomsonii Benth.

1．花枝；2．荚果；3．花萼展开；4．花；5．雄蕊。

161 田菁（tianjing）（图 131）

［地 方 名］　咸青（浙江），野蹒豆（江苏），海松柏（福建）。

［学　　名］　**Sesbania cannabina** Pers.　豆科

［原 料 名］　田菁麻

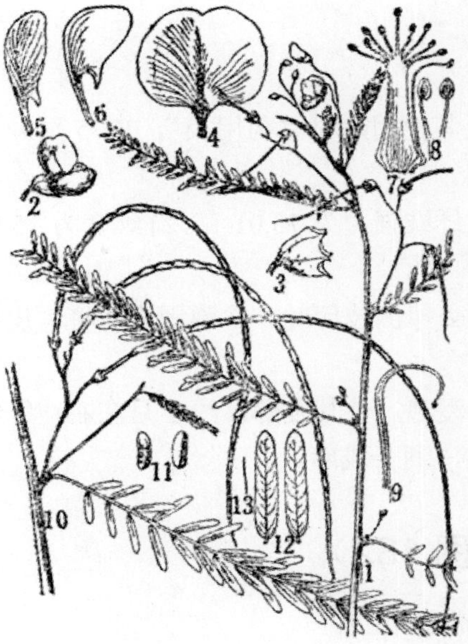

图 131　田菁

Sesbania cannabina Pers.

1．花枝；2．花；3．花萼；4．旗瓣；5．翼瓣；6．龙骨瓣；7．雄蕊；8．药的正反面；9．雌蕊；10．果枝；11．种子；12．叶；13．小叶上的毛。

［形态特征］　小灌木或半灌木状草本，高约 1 米，在南方高可达 2～3 米。偶数羽状复叶，有小叶 20～30，小叶线状长圆形，长 1.2～1.4 厘米，宽 2.5～3 毫米，先端钝具小锐尖，表面具褐色细点，总状花序腋生，3～6 花；花淡黄色，外有紫色细点，长约 1 厘米。荚果长线形，长 15～18 厘米，宽 3 毫米，含种子 25～30；种子圆柱状长圆形，绿褐色，长约 3 毫米。花期 9 月。

［生长环境］　多生长在沿海平坦地与堤岸上，也有栽培的；能耐潮湿与盐碱。

［产　　地］　江苏、浙江、福建、广东、台湾等省。

［用　　途］　茎纤维拉力极强，可制麻袋绳索。

嫩叶为猪的饲料；茎叶可作饲料，并作绿肥。

［理化性质］　据江苏省资料，化学成分：含水分 11.276%，灰分 3.875%，果胶 2.523%，木

质素 6.891%，半纤维素 20.596%，纤维素 49.053%；物理性质：纤维长 25.08 毫米，宽 15.14 微米。

［采收处理］ 8 月间收割田菁麻质量较好，拉力强。

［加　　工］ 收割后打成捆，放入池塘或河里浸泡数天捞起剥皮，然后冲洗除去麻皮薄膜后，经晒干即成麻。

162 苦参（kushen）（图 1368）

［学　　名］ **Sophora flavescens** Ait. 豆科

（地方名、形态特征、生长环境、产地及其他用途见“药用类”，1774 页）

［用　　途］ 茎纤维可以纺织麻袋及制绳，也可造纸。

［理化性质］ 据黑龙江省资料：含水分 15.2%，灰分 0.36%，全纤维素中：α-纤维素 76.43%，β-纤维素 13.5%，γ-纤维素 7.07%，1%氢氧化钠抽出物 31.10%，粗纤维 49.2%。

［采收处理］ 8～10 月间采割时，要注意轮割，不能伤及根部以利扩大繁殖。割下条子扎成小捆，放入水中沤泡 7～10 天，使其发酵，取出剥皮，洗去胶质，疏散晒干，即成麻。

［加　　工］ 制造人造棉可采取碱煮法。

163 槐（huai）（图 1369）

［学　　名］ **Sophora japonica** L. 豆科

（地方名、形态特征、生长环境、产地及其他用途见“药用类”，1775 页）

［用　　途］ 槐树皮纤维可造纸及绳索原料。

［理化性质］ 据河北省资料：树皮纤维黄色，纤维强力为 75.01 克，纤维宽为 15.02 微米。

［采收处理］ 每年秋末果熟时，砍下小枝，去掉侧枝傍叶，趁鲜剥皮，将树皮扎成小把。

［加　　工］ 将扎成小把的茎皮，放入水中浸泡，使其发酵，约半月左右，纤维能分离均匀时，及时捞出进行捶洗脱胶，去其杂质，晒干成麻。

164 银毛灰叶（yinmaohuiye）（图 132）

［学　　名］ **Tephrosia kerrii** Drumm. et Craib. 豆科

［形态特征］ 灌木，高 2～3 米；奇数羽状复叶，有小叶 11～17；小叶披针状长圆形，长 5～8 厘米，宽 1～1.4 厘米，基部楔形，先端渐尖，有小突头，表面无毛，背面密生银色丝状毛。总状花序，长 10 厘米，具多数花；萼钟形，裂齿近相等；花冠蝶形，红色，旗瓣长圆状心形，基部狭窄成爪，先端凹缺，背面有丝状毛，龙骨瓣镰形。荚果长 10 厘米，宽 7.5 毫米，被浅褐色长丝状毛。

［生长环境］　山谷与路边。

［产　　地］　云南河口与西双版纳等地。

［用　　途］　茎皮纤维可制人造棉。

［理化性质］　据云南省资料：从湿样品提出干棉为 6%，α-纤维素含量 78%；纤维长 1～1.5 毫米，宽 1～2 微米。

［采收处理］　参阅田菁（165 页）。

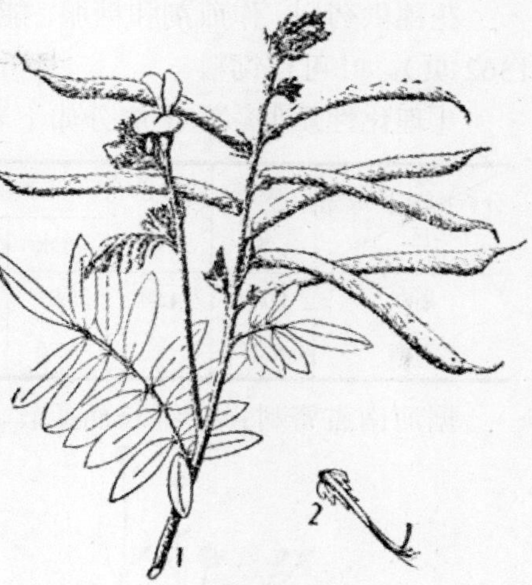

图 132　银毛灰叶

Tephrosia kerrii Drumm. et Craib

1．带花与果的枝；2．除去花冠的花。

165 紫藤（ziteng）（图 133）

［地 方 名］　藤花（江苏），朱藤（江西、四川），绞藤（江西、湖北），绞葛老藤（湖北），棉绞藤、棉藤皮（湖南），葛萝树（河北），皂葛藤、硬葛藤（陕西），黄绞藤、紫花藤、黄牵藤（浙江）。

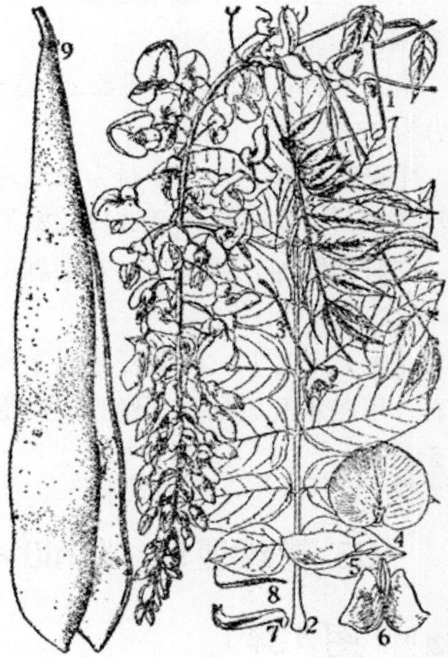

图 133　紫藤

Wistaria sinensis Sweet

1．花序；2．叶；3．萼；4．旗瓣；5．翼瓣；6．展开之二龙骨瓣；7．雄蕊；8．雌蕊；9．荚果。

［学　　名］　**Wistaria sinensis** Sweet (*W. chinensis* DC.)　豆科

［原 料 名］　紫藤麻

［形态特征］　落叶大藤本，茎缠绕，长达 12 米。奇数羽状复叶互生，小叶 9～13，卵状长圆形或卵状披针形，长 4～10 厘米，宽 2～5 厘米，基部阔楔形至圆形，先端渐尖，全缘，幼时两面被毛，后渐脱落；主脉被密毛。总状花序，下垂，长 15～30 厘米；萼钟状，具 5 齿裂；花冠蝶形，淡紫色或紫色，微芳香，长 2 厘米。荚果长线形，扁平，质坚硬，两端尖，长 12～30 厘米，密被淡黄茸毛，内含种子数粒。花期 4～5 月，果期 10 月（河南）。

［生长环境］　海拔 1000 米以下的山坡、山沟、沟边或草地上；常栽培于庭园或村边。

［产　　地］　河北、山西、山东、河南、江苏、浙江、湖北、湖南、四川、陕西、甘肃、广东等省，内蒙古和辽宁也有栽培。

［用　　途］　茎皮纤维色泽洁白，有丝光，制成人造棉，可单纺或混纺。其枝强韧，可编箩筐等。

花穗供药用，作煎剂和糖服，能治腹水及治性病。花亦可提芳香油（见“芳香油类”，1362 页）。叶可作饲料。

［理化性质］　化学成分如下表：

分析 成分 地区	水分 %	灰分 %	溶液抽出物%			果胶 %	半纤维素 %	木质素 %	纤维素 %	油脂及 蜡质
			冷水	热水	苯醇					
浙江	11.44	4.94	5.83	3.12	2.99	4.68	44.98	1.95	25.05	
河南	8.05		1.70	1.92		0.49	5.77	6.62	68.7	5.27

据河南省资料：纤维长而柔软，束纤维最长 112.6 毫米，最短 10 毫米，平均 28.4 毫米，束纤维拉力最高 52.5 克，最低 2.5 克，平均 23.27 克；束纤维最宽 47.2 微米，最窄 11.8 微米，平均 29.74 微米；公制支数 1671。

另据浙江省资料：单纤维最长 0.18 毫米，最短 0.058 毫米，平均 0.14 毫米；单纤维最宽 20 微米，最窄 5 微米，平均 11.37 微米；比重 1.3816。

据江苏省资料：单纤维长 28 毫米，拉力为 23.27 克。

［采收处理］　5～8 月为最适宜的采收季节，砍割时应注意选择较嫩的藤干，立时趁鲜加工或风干，否则剥皮困难。

［加　　工］　将藤杆截成 1 米长左右，用浸水脱胶法进行脱胶，浸泡时间 5～7 天。

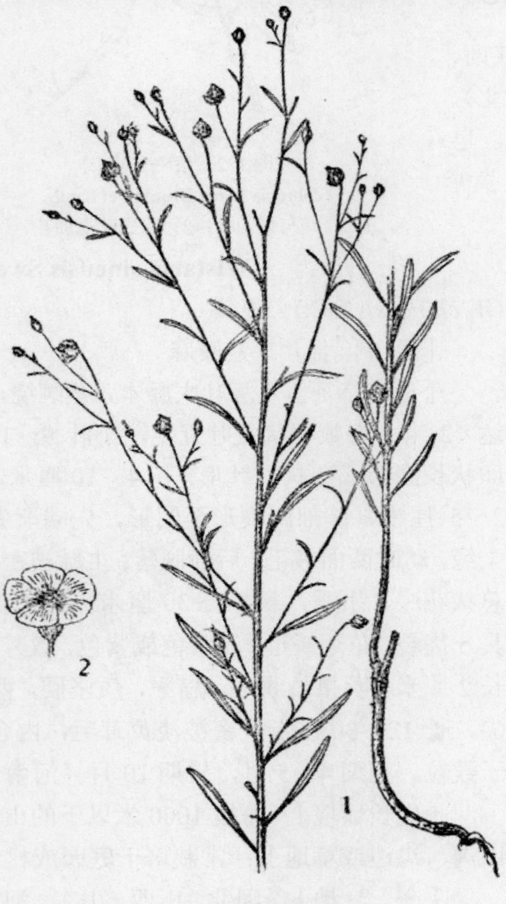

图 134　繁缕亚麻
Linum stelleroides Planch.
1. 植株；2. 花。

166 繁缕亚麻（fanlüya-ma）（图 134）

［地 方 名］　野亚麻（江苏），丁竹草、山胡麻（辽宁），疔毒草（吉林）。

［学　　名］　**Linum stelleroides** Planch.　亚麻科

［形态特征］　一年生草本，高

40～70 厘米；茎直立，细圆柱形，中部以上多分枝，光滑无毛。叶线形，长 2～3 厘米，宽 1.5～2.5 毫米，基部楔形，先端尖，两面无毛，全缘无柄。花单生于枝端，形成聚伞花序；萼片 5，卵形，先端钝或尖，边缘有黑色腺体，花瓣 5，长为萼片的 3～4 倍，淡紫色或蓝色，雄蕊 5，花丝基部连合；雌蕊花柱 5。蒴果球形，长约为萼片的 1.5～2 倍；种子侧扁，卵状，先端尖，暗栗褐色。花期 7～8 月，果期 8～9 月。

［生长环境］　生于干燥开阔的坡地或草原上。

［产　　地］　辽宁、吉林、黑龙江、甘肃、青海、内蒙古、江苏等省区。

［用　　途］　茎皮纤维与亚麻相近，可作人造棉、织麻布及供造纸原料等。种子供榨油。

［理化性质］　吉林省地方工业技术研究所分析：茎皮含水分 10.97%，灰分 2.3%，木质素 20.21％，全纤维素 40.92%，苯醇抽出物 4.30%，碱抽出物 32.41%，多缩戊糖 10.27%。

［采收处理］　开花后割取茎秆，捆成小把送工厂进一步加工。

［加　　工］　参阅红麻(291 页)。

［其　　他］　另外有黑水亚麻，陕西叫宿根亚麻（L. amurense Aley.）分布于东北及陕西、甘肃、内蒙古等省区，用途与繁缕亚麻相同。

167 亚麻（yama）（图 135）

［地 方 名］　胡麻（山西）

［学　　名］　**Linum usitatissimum** L.　亚麻科

［形态特征］　一年生草本，高 25～90 厘米或更高。茎直立，基部稍木质化，分枝少。叶互生，无柄或近于无柄；叶片线形或线状披针形，长 1.8～3.2 厘米，宽 2～5 厘米，全缘，叶脉通常 3 出，近于平行。花多数，生于分枝顶端及上部叶腋间，每叶腋生 1 花，直径约 1.5 厘米，花梗长 1.8～3 厘米；萼片 5，卵

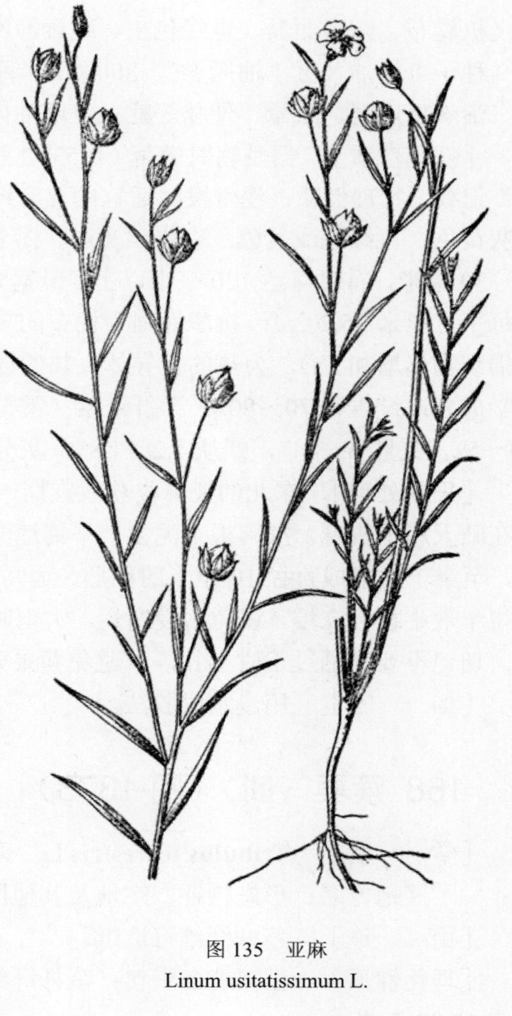

图 135　亚麻
Linum usitatissimum L.

形或卵状椭圆形，长约为花冠的3/4，花瓣5，蓝色或白色，易凋，倒卵形或阔倒卵形，长7～10毫米，宽5～7毫米，先端近圆形，有时微凹，边缘稍有波状缺刻；雄蕊5，花药线形，花丝长3～5毫米，退化雄蕊5；雌蕊1，子房椭圆状卵形，5室，每室有2胚珠，花柱5，线形，分离，柱头头状。蒴果球形且稍扁，长约8毫米，顶端尖，成熟时顶端开裂。种子卵形，扁平，长约6毫米，果期7～9月。

［生长环境］ 山坡、草地；各地均有栽培。

［产　　地］ 黑龙江、吉林、辽宁、河南、河北、内蒙古、山东、山西、陕西、甘肃、宁夏、青海、新疆、四川、云南、福建、台湾等省区。

［用　　途］ 亚麻的纤维长，拉力也强，织成的纺织品耐摩擦，吸水性低，可纺成20～60支纱，制帆布、桌布、家具饰品、麻布；也可制夏服、衬衣或手帕等；其他如飞机翼布、防毒面具、电线包皮、绳索渔网等也都需要。

种子可榨油（见“油脂类”，800页）。种子供药用，补益肝肾，养血祛风，润噪有效，治病后虚弱、眩晕、便秘等症；亚麻油内服为滑润剂，缓泻，可作软膏基质。

［理化性质］ 据季鸣时等著（1953）“亚麻及亚麻浸渍法”与董一忱著（1957）“亚麻”记载，物理性质：浸水发酵适宜的亚麻纤维银白色或灰白色，淡黄色，脱胶不匀的为灰黄色，黄绿色或黄色；有绢丝光泽，劣者不光泽，比重1.5，比热0.32，单纤维长20～30毫米，有时可达120毫米以上，最宽为20～30微米，即长为宽的1200倍；拉力为每平方厘米35.2公斤，抗摩性强为棉布的3倍，含水量6～8%，湿时比干时拉力增25%，（棉织物仅增加5%），为热的良导体，热的放散性平均超过棉的25%，夏季用最适宜；化学成分：纤维素70～80%，半纤维素（常与果胶质及木质部等相连）12～15%，木质2.5～5%，果胶5～14%，蜡质1.2～1.8%，灰分0.6～1.5%。

［采收处理］ 东北的亚麻收获适宜期一般由7月初开始至7月末止，最晚到8月，要在晴天用手拔麻，打落根上泥土，平铺地面2厘米余厚，晒数小时，中间进行一次翻转，至半干时捆成直径10厘米的小捆，运回堆垛管理；如遇雨天，则应拔下后即捆起，再将十数小捆竖立堆，以免水浸腐烂，大雨时可将临时小竖堆用草盖好，雨后再拆开晒干。切记不要曝晒过干时捆扎，以避免蒴果开裂，损失种子。

［加　　工］ 用浸水脱胶法。

168 蒺藜（jili）（图1373）

［学　　名］ **Tribulus terrestris** L.　蒺藜科

（地方名、形态特征、产地及其他用途见“药用类”，1781页）

［用　　途］ 茎杆纤维可造纸。

［理化性质］ 据河北省资料：茎杆纤维单纤维长1.72毫米，最长3.04毫米，平均宽17.82微米。

［采收处理］ 在秋末冬初采收，结合药用和油用采果实时将茎割下，晒干备用。

169 蝉翼藤（chanyiteng）（图 136）

［地 方 名］　蝉翼木（云南）

［学　　名］　**Securidaca inappendiculata** Hassk. (*Securidaca tavoyana* Wall.)　远志科

［形态特征］　攀援藤本。枝光滑无毛。单叶互生，叶纸质，椭圆形，长 6～10 厘米，宽 4～6 厘米，基部圆或钝，先端突尖或圆形；两面被微短伏生柔毛，脉网均显明；叶柄长 8～10 毫米。圆锥花序顶生，花轴密被黄色短茸毛，小花梗长 6～10 毫米，纤细，无毛；萼片 5，外轮 3 片，卵形，近相等，长约 1.5 毫米，边缘具缘毛；2 翼片椭圆形，先端钝，花瓣状；花冠紫红色，长 5～7 毫米，两侧瓣于基部和龙骨瓣合生，龙骨瓣顶端具冠状附属物。果具长翅，长约 8 毫米；种子 1，翅膜质，长 5～6 厘米，宽达 2 厘米，具羽状脉。花期 7～8 月，果期 12 月至次年 1 月。

［生长环境］　海拔 950 米以下杂木林中，攀援于大树上。

［产　　地］　云南、广西、广东（海南）等省区。

［用　　途］　茎皮纤维坚韧，可作麻类代用品和人造棉与造纸的原料。

［理化性质］　据云南省资料：纤维含量为 36.58%。

［采收处理］　秋季采割藤条，趁鲜剥皮，再用清水脱胶法，浸去胶质，捶洗干净，晒干成麻。

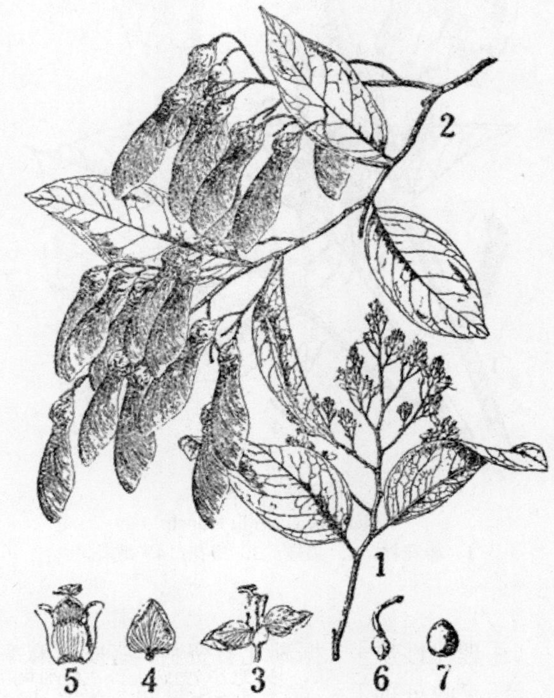

图 136　蝉翼藤
Securidaca inappendiculata Hassk.
1. 花枝；2. 果枝；3. 花；4. 翼状萼片；5. 花冠和雄蕊；6. 雌蕊；7. 种子。
（自“中国植物图鉴”）

170 山麻杆（shanmagan）（图 137）

［地 方 名］　桂圆树（湖南、江苏），巴巴叶树、饼子叶树、红荷叶、狗尾巴树（湖北），桐花杆（陕西）。

［学　　名］　**Alchornea davidii** Franch.　大戟科

［形态特征］ 落叶灌木，高达 1～2 米；幼枝密被茸毛，老枝光滑，有时带紫红色，无乳状液体。叶阔卵形或圆形，长 7～13 厘米，宽 9～17 厘米，基部心形，先端短尖，边缘有齿牙，表面绿色具疏短毛，背面带紫色，有密生茸毛，主脉由基部三出；叶柄长 3～9 厘米；具线形托叶 2 枚。花单性，雌雄同株；无花瓣，雄花密生，成圆筒状穗状花序，萼球形，4 裂，镊合状，雄蕊 8，花丝分离，花药长圆形；雌花疏生成总状花序，位于雄花序下部，子房 3 室，被柔毛；花柱长，线形，3 裂。蒴果 3 瓣裂；种子圆球形。花期 4～6 月。

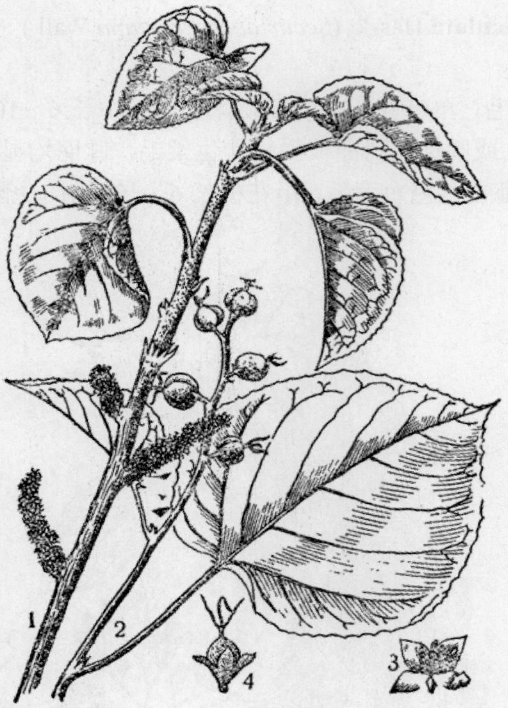

图 137 山麻杆

Alchornea davidii Franch.

1．雄花枝；2．果枝；3．雄花；4．雌花。

［生长环境］ 习见于向阳山坡，路旁的灌木丛中，亦有栽于庭园供观赏或作行道树。

［产 地］ 江苏、浙江、安徽、湖北、湖南、贵州、四川、陕西等省区。

［用 途］ 茎皮纤维细长，拉力强，可纺织作絮棉用，亦可作造纸原料。

种子可榨油，可供制肥皂。秋末冬初，叶子由绿转红，色美丽可观，亦为观赏植物。

［理化性质］ 据湖北省资料：茎皮出麻率 15～18%。贵州省资料：树皮含纤维 43%。

［采收处理］ 宜于 4～5 月间，采其 1～2 年生枝条，趁鲜剥皮，此时剥皮容易，纤维质量亦好；剥下的皮晒干后收藏待用。

［加 工］ 用碱煮法制人造棉。

171 水柳仔（shuiliuzi）（图 138）

［地 方 名］ 水杨梅（四川）

［学 名］ **Homonoia riparia** Lour. 大戟科

［形态特征］ 常绿灌木，高 0.5～1.5 米。单叶互生，长圆形或披针形，长 7.5～21 厘米，全缘或上部有细齿，背面常有腺状鳞片。花单性，雌雄异株，穗状花序，腋生；花小无花瓣；雄花花萼 3 裂，雄蕊多数，密集成一圆头状体，花丝分枝，无退化子房；

雌花花萼 5～8 裂，子房 3 室，每室有 1 胚珠，花柱 3，广展。蒴果近球形，直径 5～10 毫米，具种子 3 枚；种子小，卵圆形，褐色，光滑。果期 6～7 月（四川）。

［生长环境］ 喜生于河边沙坝上及溪旁多石处。

［产　　地］ 台湾、云南、四川等省。

［用　　途］ 茎皮纤维可搓绳索。

［采收处理］ 一般 6～8 月，将枝条砍下趁鲜剥皮。

［加　　工］ 将剥下的鲜皮，置水中浸泡 3～5 小时，用竹刀除去表皮（用力要均匀，以免伤纤维），晒干后即可制绳索。

图 138 水柳仔
Homonoia riparia Lour.
果枝

172 血桐（xuetong）（图 139）

［地 方 名］ 红合儿树、毛桐、山桐子（四川）

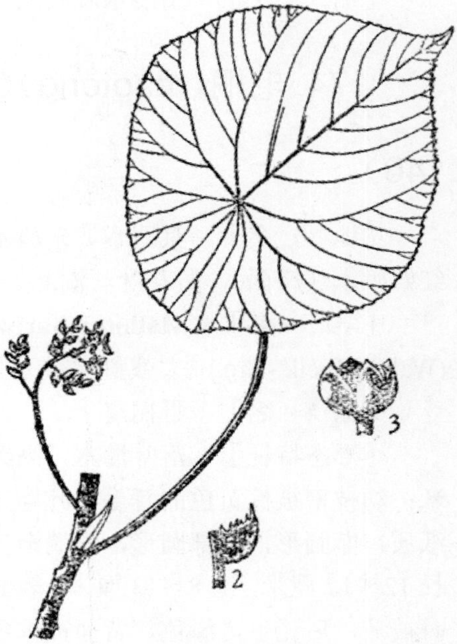

图 139 血桐
Macaranga tanarius Muell. -Arg.
1. 雄花枝；2. 花序部分，示苞片和簇生的花；3. 雄花。

［学　　名］ **Macaranga tanarius** Muell. -Arg. 大戟科

［形态特征］ 常绿小乔木，高达 4～5 米，枝上密布灰白或淡黄色的长茸毛；小枝粗壮，无毛，顶端与小叶常有茸毛。单叶互生，阔盾卵形或近三角形；长阔几相等，或稍有差别，长 6～28 厘米，基部卵形，先端尾状渐尖或短尖，或钝圆，表面无毛或微有茸毛，背面密布短茸毛；叶柄粗壮，密被黄白色长茸毛；托叶卵形，先端尖。花单性，雌雄异株，雄花成圆锥状聚伞花序，腋生，花轴有细分枝，雌花花序较短，分枝少，无毛；雄花具萼片 4，雄蕊 5～6；雌花有淡黄绿色的苞片，密生有茸毛。蒴果近球形，直径约 7 毫米，被有腺毛：种子椭圆形，表面粗糙。

［生长环境］ 海拔 200～900 米的山坡及灌木丛中。

［产　　地］　台湾、广东、四川等省。

［用　　途］　茎皮纤维可制绳索。种子可榨油，叶可作饲料。

［采收处理］　夏季采割枝条趁鲜剥皮。

［加　　工］　用浸水脱胶法。

173 白背叶（baibeiye）（图 672）

［学　　名］　**Mallotus apelta** (Lour.) Muell. -Arg.　大戟科

（地方名、生长环境、产地及其他用途见“油脂类”，836 页）

［用　　途］　茎皮纤维可代黄麻，供织麻袋，制绳索，亦可作人造棉，混纺。

［理化性质］　据广西僮族自治区资料：含纤维 46.96%。据贵州省资料：含纤维素 35%。

据浙江省资料，化学成分：纤维素 32.90%，水分 11.75%，半纤维素 28.52%，冷水水溶物 7.02%，热水水溶物 4.38%，苯醇抽出物 1.38%，木质素 2.77%，灰分 6.06%，果胶 11.28%。

［采收处理］　用其纤维宜在 8～9 月间采收，采收后立即剥皮，干后则不易剥，剥下的皮晒干即可收藏备用。

［加　　工］　用浸水脱胶法。

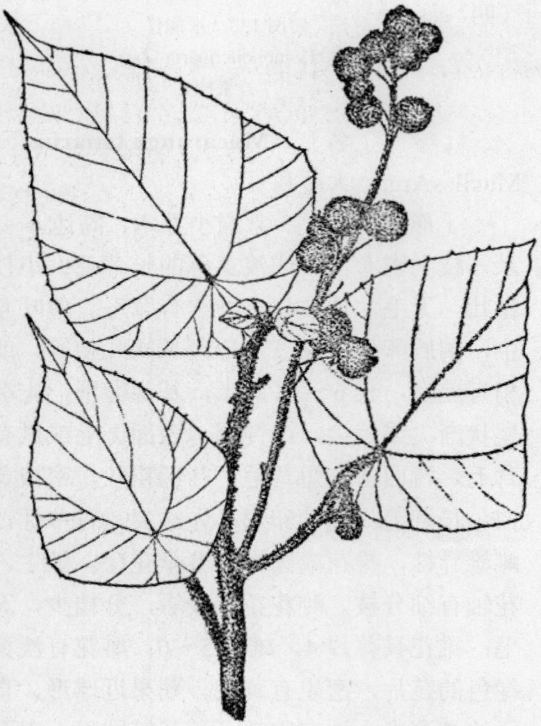

图 140　毛桐
Mallotus barbatus（Wall.）Muell. -Arg.
果枝

174 毛桐（maotong）（图 140）

［地 方 名］　具朋木、朱康木、红妇娘木（广西），黄花叶（湖北）。

［学　　名］　**Mallotus barbatus** (Wall.) Muell. -Arg.　大戟科

［原 料 名］　野桐皮

［形态特征］　落叶灌木，高约 3 米；幼枝密被棕黄色的茸毛。叶互生，纸质，卵圆形，基部圆形，先端渐尖，长 12～17 厘米，宽 8～13 厘米，表面幼时被毛，后无毛，绿色，背面被棕色的柔毛，边缘具微小的齿，有时具不规则的波浪形；具长柄，叶柄长约 6～12 厘米，密被茸毛，盾状着生。花单性，雌雄异株，总状花序腋生或顶生，花序柄

被毛。蒴果圆球形，基部具苞片 3，合生，果柄长 5～8 毫米，所有部分均被柔毛。花期约为 5 月，果期 7～9 月（广西）。

［生长环境］ 习见于山地、坡地的疏林中或小乔灌木林中，日光充足的地方，对土壤要求不苛。

［产　　地］ 湖北、四川、贵州、广东、广西、云南等省区。

［用　　途］ 茎韧皮纤维拉力强，可搓绳索，可作人造棉和造纸等。

种子榨油（见“油脂类”，837 页）。

［理化性质］ 据中国科学院广西植物研究所资料：茎皮含纤维 38.02～42.92%。据贵州省资料：茎皮含纤维三次实验结果：62%，51%，40%。

［采收处理］ 若用茎皮作纤维者，可随时收采，割下枝条剥皮后，晒干即可收藏或包装外运。若须采用其种子榨油，即可在秋末种子成熟时采集茎皮。

［加　　工］ 用浸水脱胶法。

175 白楸（baiqiu）

［地 方 名］ 匏子、帽顶（广西、台湾），白叶仔（台湾）。

［学　　名］ **Mallotus cochinchinensis** Lour.　大戟科

［形态特征］ 落叶乔木，胸径达 66 厘米，树皮褐色，稍平滑，小枝被白色短茸毛。单叶互生，纸质，菱状卵形，长 9～12 厘米，宽 6～7 厘米，基部截形或阔楔形，先端尾状渐尖，全缘或顶部 3 裂呈戟形，表面深绿色，近叶柄处具腺体一对，背面被褐色或白色茸毛；具长柄，长 4～11 厘米，被短茸毛。花单性，雌雄异株，顶生圆锥花序。蒴果 3 裂，具长 6 毫米的刺，外被褐色茸毛。花期 8 月，果期 11 月（广西）。

［生长环境］ 多生长于山坡、山谷、溪边湿润的地方。

［产　　地］ 广东、广西、云南、台湾等省区。

［用　　途］ 树皮纤维可制绳索、麻袋、麻布，亦可造纸。

种子可榨油供点灯等用。

［理化性质］ 据厦门大学分析：鲜树皮含纤维 8.18%，晒干物含纤维 9%，烘干物含纤维 19.56%，纤维一般长 5 毫米。

［采收处理］ 夏季采枝剥皮。

［加　　工］ 用浸水脱胶法。

176 毛桐子（maotongzi）

［地 方 名］ 红火儿、岩桐、矮桐子、山桐子、毛梧桐（四川）

［学　　名］ **Mallotus nepalensis** Muell. -Arg.　大戟科

［原 料 名］ 毛桐子皮

［形态特征］ 小乔木或灌木，高可达6～7米；枝有褐黄色短柔毛。单叶互生，阔卵形或三角状圆形，长8～17厘米，宽8～22厘米，基部心形或截形，全缘或微有波缺，先端圆，突尖，背面被褐色短柔毛与黄色腺点，幼叶毛更密；叶柄长3～13厘米，被褐色短柔毛，柄端两侧各有1个腺体。花单性，雌雄异株，总状花序，顶生，短而不分枝，长约7厘米；花小，无花瓣；雄花萼片3裂，雄蕊多数，花丝较长；雌花萼片3，裂片披针形，被短褐色柔毛；子房上位，3室。蒴果球形，直径约1厘米，有刺状附属物，密被褐色茸毛，种子黑色。

［生长环境］ 海拔300～1000米，丘陵，坡地，路边等灌丛中，生长普遍。

［产　　地］ 四川、湖北、云南等省。

［用　　途］ 树皮纤维可作蜡纸，织麻袋及制人造棉。

种子可榨油，出油率达30%，干性油，可作油漆、肥皂、蜡烛等。根皮含鞣质。嫩叶作饲料。

［采收处理］ 在6～7月采割枝条，趁鲜剥皮。

［加　　工］ 用浸水脱胶法。

177 粗糠柴（cukangchai）（图673）

［学　　名］ **Mallotus philippinensis** (Lam.) Muell. -Arg.　大戟科

（地方名、形态特征、生长环境、产地及其他用途见“油脂类”，837页）

［用　　途］ 树皮纤维可搓绳、作填充物及造纸等。

［理化性质］ 据云南省资料：树皮含纤维53.7%。

［采收处理］ 夏季采割枝条趁鲜剥皮。

［加　　工］ 用浸水脱胶法。

178 石岩枫（shiyanfeng）（图674）

［学　　名］ **Mallotus repandus** Muell. -Arg.　大戟科

（地方名、形态特征、生长环境、产地及其他用途见“油脂类”，838页）

［用　　途］ 茎皮含纤维，可搓绳索与制人造棉。

［理化性质］ 据安徽省资料：茎皮含纤维40%。

［采收处理］ 夏季采割枝条，趁鲜剥皮。

［加　　工］ 用浸水脱胶法和碱煮法。

179 野桐（yetong）（图675）

［学　　名］ **Mallotus tenuifolius** Pax.　大戟科

［原 料 名］ 野桐皮（湖北、福建）

（地方名、形态特征、生长环境、产地及其他用途见“油脂类”，839 页）

［用　　途］　茎韧皮纤维细，少杂质，可作纺织麻袋和搓绳索用，亦可作人造棉及编织草鞋。

［理化性质］　据贵州省资料：茎皮含纤维 50%。广西僮族自治区资料：茎皮纤维收回率 35%。据浙江省资料：纤维素 24.47%，冷水水溶物 6.86%，半纤维素 31.76%，热水水溶物 5.70%，木质素 1.24%，苯醇抽出物 4.84%，果胶 1.84%，水分 11.30%，灰分 4.76%。

［采收处理］　夏季收割枝条剥皮。

［加　　工］　用浸水脱胶法。

180 蓖麻（bima）（图 676）

［学　　名］　**Ricinus communis** L.　大戟科

（地方名、形态特征、生长环境、产地及其他用途见“油脂类”，840 页）

［用　　途］　茎皮纤维可作人造棉及造纸原料等。

［理化性质］　据“中国造纸植物原料志”记载：纤维长 0.43～6.4 毫米，一般为 0.68～0.95 毫米，宽 9～57 微米，一般为 19～28 微米。据山东省资料：茎皮含纤维素 51.60%，木质素 19.30%，乙醚抽出物 1.36%，1%氢氧化钾液抽出物 30.87%，多缩戊糖 16.19%，苯醇抽出物 5.34%，热水水溶物 13.70%，灰分 2.84%，冷水水溶物 13.55%，水分 7.03%。

［采收处理］　秋季待蓖麻子采集后，将茎杆砍下，去掉旁枝和叶，浸入水中 2～3 天，取出剥皮。

［加　　工］　用碱煮法制人造棉。若用以造纸，则先将茎皮铡成 3～5 厘米小段，掺和 20%的石灰乳液（与原料比）。操作工序均见总论。

181 叶底珠（yedizhu）（图 141）

［地 方 名］　一叶萩、狗杏条（东北），小粒蒿、横子、粉条、花扫条（辽宁）。

［学　　名］　**Securinega suffruticosa** (Pall.) Rehd. (*S. ramiflora* Meull. -Arg.)　大戟科

［形态特征］　灌木，高 1～2 米；通常丛生，直立，芽小而明显。单叶互生，椭圆形、长圆形或卵状椭圆形，长 3～5 厘米，宽 1～2 厘米，基部楔形，先端锐尖或钝，全缘或微具不整齐的波状齿或细钝齿，无毛，表面暗绿色，背面色淡：叶柄长 2～5 毫米。雌雄异株；花小，腋生，淡黄色，萼片 5，缺花瓣；雄花 3～12 朵集成一簇，花梗长 2～4 毫米；萼片卵圆形，长 2 毫米，雄蕊 5，超出萼片；退化子房小；雌花单生或数花集生，花梗长达 1 厘米，接近萼片处粗大，子房球形，花柱 3 裂。蒴果三棱状扁球形，直径约 5 毫米，成熟后裂为三瓣，内含 6 种子；种子长约 2 毫米，褐色而有光泽。花期 6～7 月，果期 8～9 月。

［生长环境］ 生于阳光充足的山坡灌木丛中、山区路旁。

［产　　地］ 辽宁、吉林、黑龙江、河北、山西、山东、河南、陕西、安徽、江苏、浙江、福建、四川等省。

［用　　途］ 茎皮纤维可制绳索或为纺织原料，枝条可编筐篓等。

叶及花供药用（见“药用类”，1800 页）。根含单宁，可以提制栲胶；种子含油量 7.13%，可以榨油。

［理化性质］ 据中国科学院林业土壤研究所分析：茎皮含纤维达 46.06%。

［采收处理］ 茎皮在秋季采收，最好结合药用采收叶果同时进行；采回后应立即剥皮，晒干即可。

［加　　工］ 用浸水脱胶法。

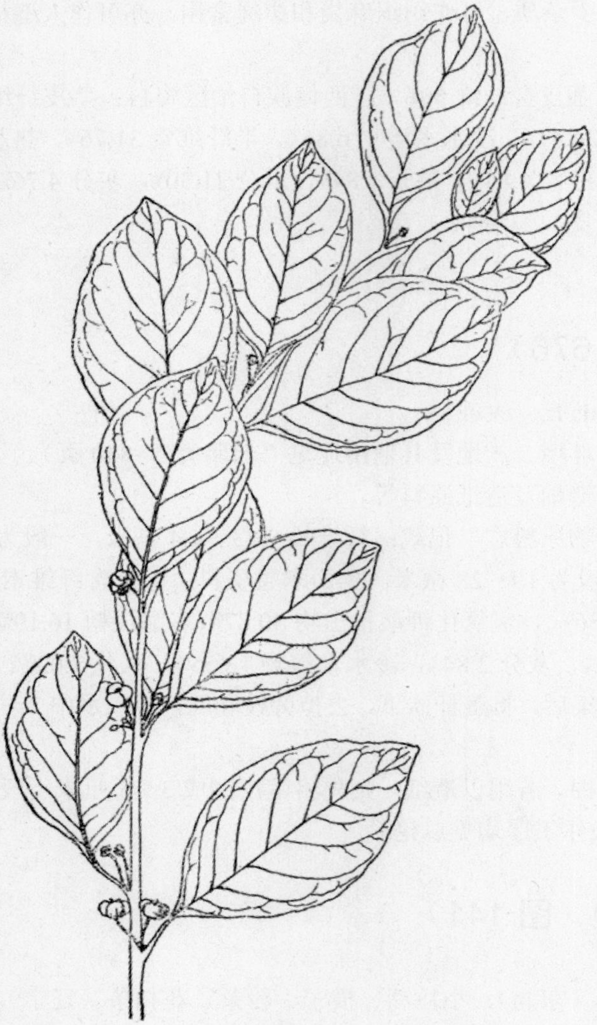

图 141　叶底珠
Securinega suffruticosa（Pall.）Rehd.
花果枝

182 南酸枣（nan-suanzao）（图 952）

［学　　名］ **Choerospondias axillaris** (Roxb.) Burtt. et Hill (*Spondias axillaris* Roxb.) 漆树科

（地方名、形态特征、生长环境、产地及其他用途见“鞣料类”，1179 页）

［用　　途］ 茎皮纤维可制绳及造纸原料。

［理化性质］ 据南京大学分析：茎皮纤维含量，鲜物中 5.68%，晒干物中 23.50%，烘干物中 27.77%；纤维一般长 10 毫米以上。据福建林学院分析：茎皮纤维含量，晒干物中 24.00%；纤维一般长 14.9 毫米，最长 34 毫米，最短 8 毫米。

［采收处理］ 6～7月砍伐枝条，趁鲜剥皮，将剥下的皮，晒干储存通风处备用。

［加　　工］ 将树皮切成长段，待提取鞣质制栲胶后，利用剩纤维制绳或造纸。

183 马断肠（maduanchang）（图142）

［地 方 名］ 萝卜药（河南、陕西、四川），南蛇根（湖北），苦树、苦通皮、菜虫药、涩包、牛虱姑（江西），大马桑、老虎麻、大钓鱼竿（四川），酸枣子藤（四川、云南），南山叶（云南），苦树皮（陕西）。

［学　　名］ **Celastrus angulatus** Maxim. (*C. latifolius* Hemsl.) 卫矛科

［原 料 名］ 南蛇根（湖北），苦树皮（云南）。

［形态特征］ 落叶攀援灌木，高达10米；枝近圆形，**小枝通常具棱角**，无毛，红褐色，发亮，密生细小皮孔；腋芽短卵形，长约2～5毫米。单叶互生，**宽椭圆形、宽卵形至近圆形**，长8～16厘米，宽7～15厘米，基部钝或圆形，先端具短突尖，边缘具不规则圆锯齿，表面无毛，背面沿脉疏被柔毛；叶柄长0.6～3厘米。**圆锥花序顶生**，雌雄异株，**长10～20厘米**；花小、多而密生，绿白色或黄绿色；**雄花萼片开放，长过于宽**；花瓣长椭圆形；**花盘近肉质，近扁平**；退化雌蕊卵形；雌花退化，雄蕊很小，子房近圆球形，花柱柱状，柱头3～4裂，每个2裂，反卷。果近圆球形，3瓣裂，长约6～9（~12）毫米，径8～9（～12）毫米；种子3～6枚，椭圆形，假种皮橙红色，发亮。花期4～6月，果期8～10月（云南）。

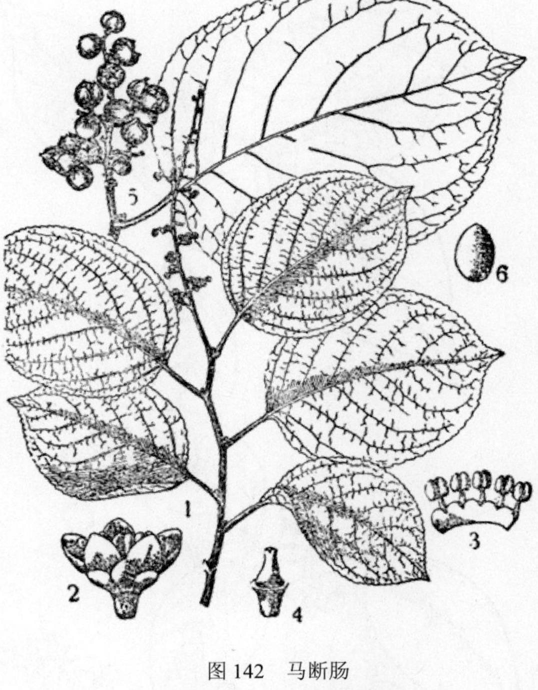

图142 马断肠
Celastrus angulatus Maxim.
1. 花枝；2. 花；3. 剖开的雄蕊；4. 雌蕊；5. 果枝；6. 种子（已去假种皮）。
（自“中国药用植物志”）

［生长环境］ 习见于海拔400～3600米的山坡密林或疏林或灌木丛中湿润处。

［产　　地］ 河南、陕西、甘肃、湖北、四川、云南（东北部）、贵州、广西、广东（北部）等省区。

［用　　途］ 茎皮纤维柔细，光滑，可作人造棉，供棉毛混纺之用，也可作为高级文化用纸的原料。

根皮和茎皮都可用作杀虫剂和灭菌剂（见“土农药类”，2042页），其药效与苦木

［Picrasma quassioides（D. Don）Benn.］相似。根亦可供药用。

［理化性质］　据河南省资料：根部含鞣质 4.3%，皂素 1.7%，植物碱 0.1%；茎皮出麻率为 11.8%（干物），含水率 5.62%，含纤维素 69.6%，半纤维素 4.13%，木质素 19.7%，果胶 1.23%，灰分 2.9%，热水抽出物 2.4%，冷水抽出物 1.23%，脂肪及蜡质 4.33%。物理性质：单纤维平均长 24.33 毫米，短绒率 41.65%，平均长（包括短绒）17.30 毫米，上半部长 29.91 毫米，整齐度 80.23，公制支数 1707。

据云南省资料：茎皮含纤维 33.3%。

据四川省重庆市第二工业局实验所分析，化学成分：水分 13.73%，灰分 6.36%，冷水水溶物 34.43%，热水水溶物 42.66%，乙醚抽出物 2.92%，1%氢氧化钠抽出物 68.87%，果胶 3.37%，多缩戊糖 5.83%，木质素 5.83%，纤维素 37.89%。物理性质：单纤维平均长度 27.0 毫米，平均宽度 25.67 微米，平均强力 33.69 克，练析率 50～60%。根据上述分析，其纤维可与棉毛混纺，是一种较好的纺织原料。

［采收处理］　参阅南蛇藤（181 页）。

［加　　工］　参阅南蛇藤。

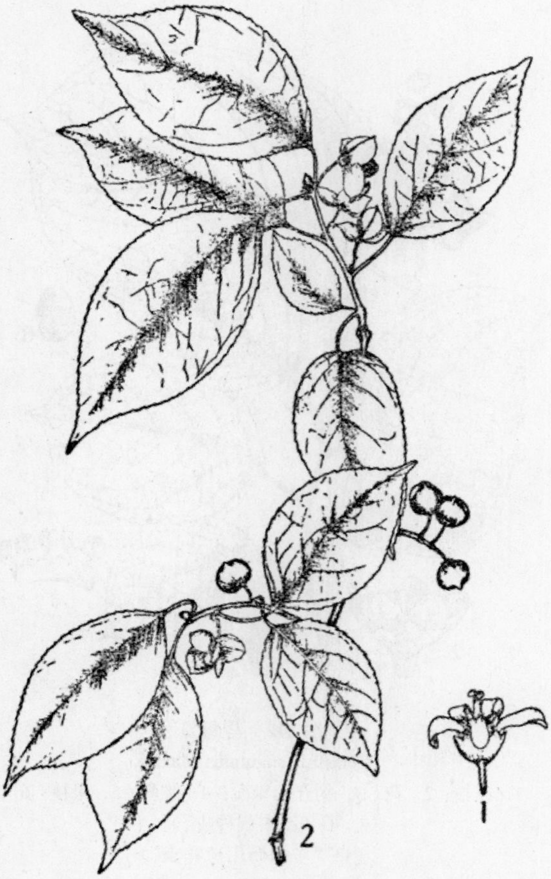

图 143　大芽南蛇藤
Celastrus gemmatus Loes.
1．果枝；2．花。

184　大芽南蛇藤（拟）（dayanansheteng）（图 143）

［学　　名］　**Celastrus gemmatus** Loes.　卫矛科

［原 料 名］　白皮条、钓竿麻（云南）

［形态特征］　攀援灌木，长 3～7 米；小枝圆筒形或微具条纹，淡至暗褐色，疏生近圆形或卵形的突出白皮孔；**腋芽圆锥形，渐尖，长 4～11 毫米**。单叶互生，**阔椭圆形至椭圆状卵圆形**，长 5～15 厘米，宽 2～8 厘米，基部钝圆至楔形，先端渐尖至锐尖，边缘有锯齿，**次生细脉密网状突出**；叶柄长 1～2.5 厘米。花序腋生（雄花序有时

顶生），两歧，3～7 花，总花梗无毛，花黄绿色或白色，**花梗略与总花梗等长**；萼片 5，卵状三角形；花瓣 5，钝；**雄花花药有尖突**；雌花雌蕊瓶状，花柱柱状，柱头 3 裂，反折。蒴果球形，长宽各 7～15 毫米，3 瓣裂，**果柄绿色**；种子 3～6 枚，红褐色，光亮，具红色假种皮。花期 3～5 月，果期 8～10 月（云南）。

［生长环境］ 习见于海拔 400～3000 米的松林边缘，日光充足的灌木丛中或山沟疏林中。

［产　　地］ 安徽、浙江、江西、福建、广东、广西、湖北、湖南、四川、云南等省区。

［用　　途］ 枝条的内皮含有丰富纤维，可搓绳索，亦可作人造棉及造纸的原料。种子含油（见“油脂类”，858 页）。

［理化性质］ 据中国科学院昆明植物研究所分析资料：茎皮含纤维 62.28%，其中 α-纤维素占 74.66%；纤维长度为 3.3～4 毫米，宽 2～3 微米。又据福建省资料，茎皮含纤维 22.8%，纤维长度一般为 5.86 毫米，最长 6.8 毫米，最短 4.2 毫米，宽度一般为 3.4 微米，最宽 4.5 微米，最窄 1.5 微米。

［采收处理］ 参阅南蛇藤（本页）。

［加　　工］ 参阅南蛇藤。

185 南蛇藤（nanshe-teng）（图 144）

［地 方 名］ 老牛筋（辽宁），黄藤、穷榄藤、明开夜合、合欢（辽宁、山东），挂郎鞭、苦树皮、降龙草（江苏），七寸麻、齐寸麻（湖北）。

［学　　名］ **Celastrus orbiculatus** Thunb. [*C. articulatus* Thunb. *C. jeholensis* Nakai; *C. articulatus* var. *orbiculatus* (Thunb.) Wang] 卫矛科

［原 料 名］ 南蛇藤麻

［形态特征］ 落叶缠绕藤本，长达 12 米，皮灰褐色；小枝圆筒形，无毛，皮孔不明显或疏散，冬芽小，扁卵形，长 1～3 毫米。叶互生，近圆形、倒卵形或长圆状倒卵形，长

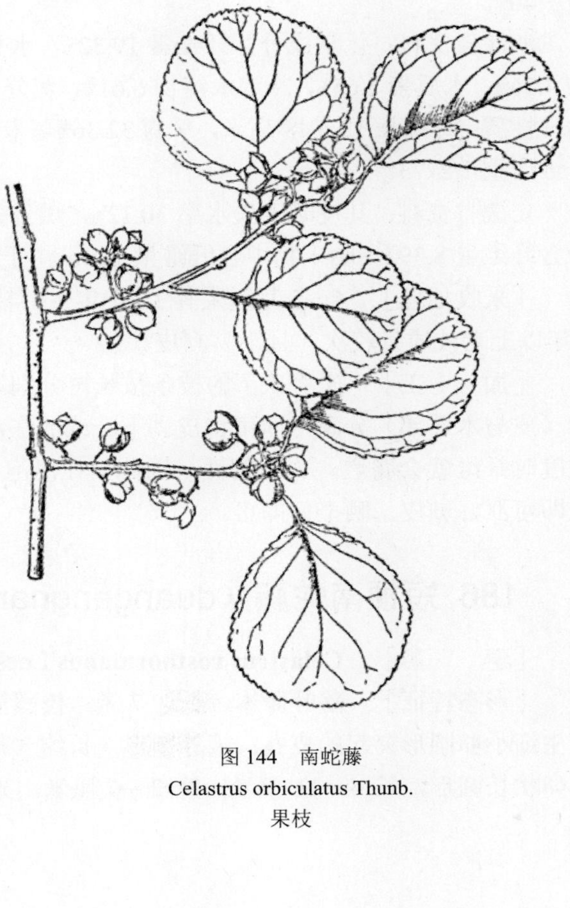

图 144 南蛇藤
Celastrus orbiculatus Thunb.
果枝

2～12 厘米，宽 1.5～8 厘米，基部楔形或近圆形，先端钝或渐尖，边缘有圆锯齿，表面绿色，背面淡绿色，光滑；次生细脉微网状突起；叶柄长 1～3 厘米。聚伞花序腋生，3～7 花，小花梗与总梗等长；花黄绿色，通常雌雄异株，直径约 5 毫米；萼片 5，开展，花瓣 5，长圆状卵形；雄蕊 5，花药钝；子房上位；花柱短，柱头 3 裂，反卷。蒴果球状，通常橙黄色，直径约 8 毫米，花柱宿存似尖刺，3 瓣裂，有纵隔，每瓣具种子 1～2 粒；种子淡红褐色，被有鲜红色肉质假种皮。花期 6～8 月；果期 8～10 月。

［生长环境］ 生于海拔 100～1400 米的丘陵、山沟或多石质山坡的灌木丛间，常缠绕于其他树木上。

［产　　地］ 吉林、辽宁、内蒙古、河北、山西、甘肃、湖北、四川、安徽、河南、江苏、浙江（东北部）等省区。

［用　　途］ 茎皮纤维可作人造棉，能与羊毛混纺或单纺，并为造纸原料。

根及果壳入药（见“药用类”1802 页）。根皮可做农药。种子可榨油（见“油脂类”，856 页）。

［理化性质］ 吉林省资料：枝皮含全纤维素 33.44%（绒毛占 67.85%），α-纤维素 21.16%，稀碱抽出物 48.05%，多缩戊糖 10.29%。

中国科学院林业土壤研究所分析：茎含粗纤维 31.56%，其中全纤维 41.13%。出棉率 37～40%。

浙江省资料：化学成分：纤维素 19.32%，水分 12.44%，半纤维素 47.97%，苯醇抽出物 4.56%，木质素 1.65%，冷水水溶物 6.61%，灰分 3.22%，热水水溶物 3.82%，果胶 3.63%。物理性质：纤维长 13～48 毫米，平均 32.36%毫米；宽度 7.5～75 微米，平均 33.05 微米；纤维比重 1.2773。

安徽省资料：其皮晒干失水率 30.12%，烘干失水率 25.80%，总失水率 48.24%；鲜物中含纤维量 8.39%，晒干物中含纤维量 12%，烘干物中含纤维量 16.17%。

［采收处理］ 4～5 月间采其 1～2 年生的枝条，此时皮部纤维较好，剥皮也容易，3 年以上老枝质量较次，且不易剥皮。

［加　　工］ 先将砍下的枝条按长短分别用细绳扎成小把，用木棒轻击，使其皮骨（皮与木质部）分离，即可将皮剥下。或放在水中浸泡发酵，但必须掌握发酵程度，过度时纤维就会腐烂，失去韧性，因此，在浸泡中两天左右应即检查一次，大约 6～7 天即可沤好剥皮，晒干后即可。

186 短梗南蛇藤（duangengnansheteng）（图 145）

［学　　名］ **Celastrus rosthornianus** Loes. (*C. loesneri* Rehd. et Wils.) 卫矛科

［形态特征］ 落叶藤本，长达 7 米；枝圆筒形，无毛，灰褐色至褐红色，密生或疏生细小卵圆形突起的皮孔；腋芽卵形，长约 3 毫米。单叶互生，**椭圆形**，少为卵形或倒卵状长圆形，长 4～11 厘米，宽 2～6 厘米，先端锐尖，基部楔形至钝形，边缘疏生

细锯齿至锯齿，**齿内弯，具腺状小突起**，叶柄长 0.5～1.5 厘米。**花序在雄株中腋生及顶生，在雌株中仅腋生，花梗极短或近于无**，但单生花的花梗长 2～5 毫米，花柄长 2～5 毫米，**关节在中部或中部以下；萼片镊合状**，先端圆钝，具腺状纤毛；花瓣长圆形至匙形，雄花花药钝；雌花柱头 3 裂，每裂再 2 深裂，丝状。蒴果近球形，**果梗在果下突然增厚，具皮孔**。花期 4～5 月，果期 8～9 月。

［生长环境］ 习见于 500～2500 米海拔的山地灌丛中。

［产 地］ 湖北、湖南、广东、广西、贵州、四川、云南等省区。

［用 途］ 茎皮含丰富的纤维，可制人造棉。

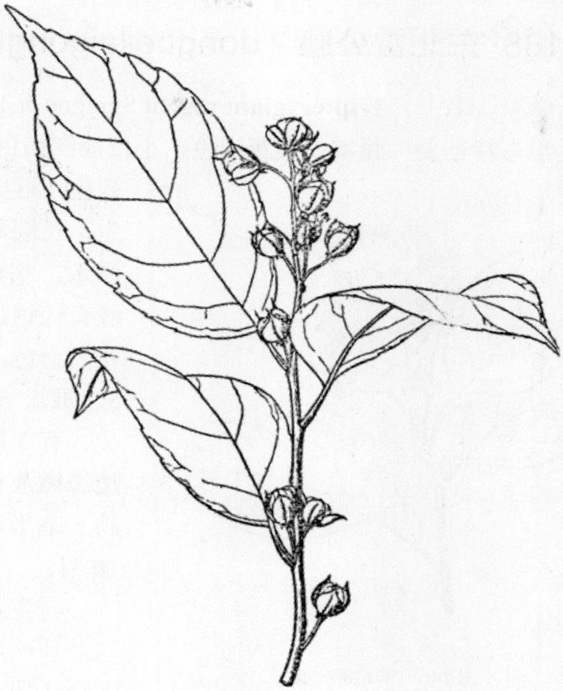

图 145 短梗南蛇藤
Celastrus rosthornianus Loes.
果枝

［理化性质］ 据贵州省资料：含纤维素 45%。

［采收处理］ 4～5 月间，割下 1～2 年生枝条，去其分枝和梢叶，放入河水中沤泡 3～5 天，以发酵脱皮为度，取出剥皮，将剥下的皮用木棒轻捶，去掉胶质和外层粗皮，洗净晒干即成麻。

［其 他］ 安徽省定为本种的植物可能系相近的点纹南蛇藤（Celastrus punctatus Thunb.），产安徽、福建、台湾等省。主要区别在于花盘裂片长过于宽，关节在中部以上。据分析：茎皮含纤维量 28%，纤维具光泽。

187 垂丝卫矛（chuisiweimao）（图 693）

［学 名］ **Evonymus oxyphylla** Miq. 卫矛科

（地方名、形态特征、生长环境、产地及其他用途见“油脂类”，862 页）

［用 途］ 茎皮纤维可制麻袋，搓绳索，亦为造纸原料。

［理化性质］ 据山东省资料：茎皮含纤维素 28.5%。

［采收处理］ 随时都可收采，采回后立即剥皮为佳。

［加　工］　用浸水脱胶法。

188 东北雷公藤（dongbeileigongteng）（图 146）

［学　名］　**Tripterygium regelii** Sprague et Takeda　卫矛科

［形态特征］　藤本；枝灰褐色，小枝淡红褐色，有 5～6 棱及小瘤状皮孔；芽红褐色，近卵状三角形，长 3～4 毫米。单叶互生，长圆形或卵形，长 6～16 厘米，宽约 7 厘米，基部阔楔形或圆形，先端突渐尖，边缘有钝锯齿。圆锥花序顶生，长达 20 厘米；花黄白色，直径约 6～7 毫米；萼 5 裂，花瓣 5，雄蕊 5，着生于杯状花盘边缘上，子房上位，有 3 棱，花柱短。翅果，有 3 个膜质翼，边缘微波状，长 1.5 厘米；内含 1 粒种子，长约 5 毫米，暗红褐色。花期 7～8 月，果期 9～10 月。

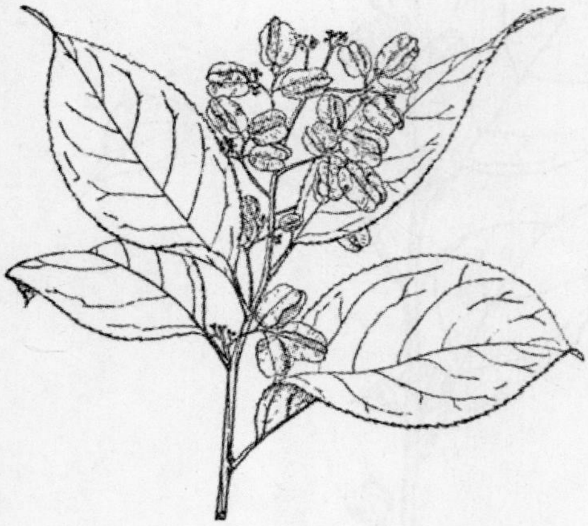

图 146　东北雷公藤
Tripterygium regelii Sprague et Takeda
果枝

［生长环境］　林边及林中

［产　地］　辽宁南部

［用　途］　茎皮纤维可作造纸原料。

［采收处理］　参阅南蛇藤（181 页）。

189 雷公藤（leigongteng）（图 1549）

［学　名］　**Tripterygium wilfordii** Hook. f.　卫矛科

（地方名、形态特征、生长环境、产地及其他用途见“土农药类”，2042 页）

［用　途］　茎皮纤维可为造纸原料。

［理化性质］　据福建省资料：纤维长 0.14～2.00 毫米，一般长 0.58 毫米；宽 0.7～4.1 微米，一般宽 2.2 微米。

［采收处理］　参阅南蛇藤（181 页）。

190 小叶青皮槭（xiaoyeqingpiqi）（图 147）

［地 方 名］　光叶五裂槭、白合柴、山檀木（四川）

［学　名］　**Acer cappadocicum** Gled. var. **sinicum** Rehd.　槭树科

［形态特征］　落叶乔木，高可达 20 米；树皮多少呈网状裂，灰褐色；小枝绿色，平滑无毛。单叶对生，纸质，5 裂，裂片三角状卵形，长 6～10 厘米，基部截形或心形，裂片三角状卵形，先端长渐尖，全缘，表面无毛，背面除脉腋密生毛外，余均无毛。雄

花与两性花同株，伞房花序，花小，淡黄色。翅果较小，**长 3～3.5 厘米，果翅张开成钝角**，长约为小坚果的 2 倍。花期 5～6 月，果期 9 月（四川）。

［生长环境］ 海拔 1200～1500 米的灌木丛中。

［产　　地］ 四川、云南、湖北、安徽、浙江等省。

［用　　途］ 树皮作造纸原料。

［采收处理］ 参阅茶条槭（186 页）。

图 147 小叶青皮槭
Acer cappadocicum Gled. var. sinicum Rehd.
果枝

191 青榨槭（qing-zhaqi）（图 148）

［地 方 名］ 青皮椴、青虾蟆（安徽、河南、云南），青壳皮（湖北），青娃树（陕西），青蛙皮、青蛙舌树、青岩刷子、青渣子（四川），千层皮（云南）。

［学　　名］ **Acer davidii** Franch. 槭树科

［原 料 名］ 千层皮（云南），青壳皮（湖北），青蛙皮（四川）。

［形态特征］ 落叶乔木，高 10～20 米；**树皮淡绿色，常纵裂成蛇皮状；小枝紫褐色，有节**，无毛。单叶对生，坚纸质，卵形或长圆状卵形，不分裂，长 6～15 厘米，宽 4～9 厘米，基部近心形或圆形，先端渐尖，边缘有不整齐重锯齿，两面无毛，幼叶背面被红褐色茸毛，脉腋间具簇毛；叶柄长 15～50 毫米。雄花与两性花同株，总状花序，下垂；花黄绿色，与叶同时开放；雄花序短；雌花序长 5～10 厘米，翅果几成水平开展，连小坚果，长 25～28 毫米。花期 4～5 月，果期 8～10 月（云南）。

［生长环境］ 习见于山沟、路旁、山坡的疏林中：适应性较强，喜生阔叶林中湿润肥沃地，在海拔 2800 米的地区也有生长。

［产　　地］ 云南、贵州、四川、西藏、广西、广东、福建、浙江、江苏、安徽、湖北、江西、湖南、陕西、甘肃、山西、河南、河北等省区。

［用　　途］ 树皮富含纤维，是很好的人造棉及造纸原料。

叶及树皮含有鞣质（见“鞣料类”，1189 页）。

木材细致可做各种农具和用具。叶在秋季变鲜红色，后转橙黄色，最后呈暗紫色，为极美丽的观赏植物。

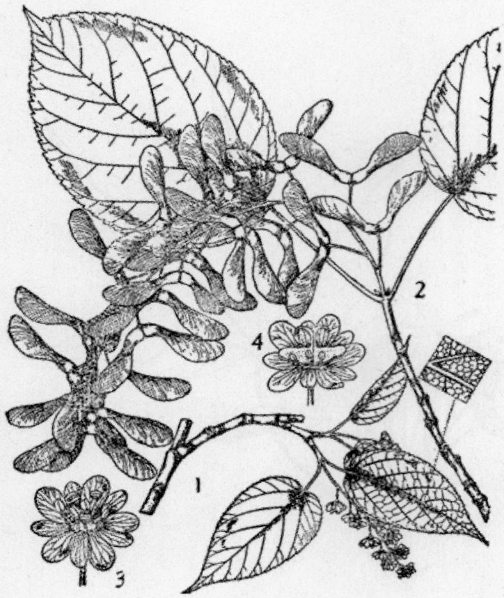

图 148 青榨槭
Acer davidii Franch.
1．花枝；2．果枝；3．雄花；4．两性花。
（自“中国森林植物志”）

［理化性质］ 据河南省资料：树皮含纤维素 64.35%，半纤维素 9.90%，木质素 8.73%，水分 10.67%，果胶 0.73%，冷水水溶物 2.87%，热水水溶物 1.65%，灰分 0.60%，油脂及蜡质 0.06%，鞣质等 0.38%。

［采收处理］ 参阅茶条槭（本页）。

［加 工］ 参阅茶条槭。

192 茶条槭（chatiaoqi）（图 960）

［学 名］ **Acer ginnala** Maxim. 槭树科

（地方名、形态特征、生长环境、产地及其他用途见“鞣料类”，1189 页）

［用 途］ 树皮含纤维，可供制人造棉、造纸的原料。

［理化性质］ 据黑龙江省资料：全纤维素 57%，α-纤维素 40.3%，β-纤维素 5.23%，γ-纤维素 11.48%，灰分 0.4%，水分 11.98%，温水水溶物 3.74%，冷水水溶物 2.40%，1%氢氧化钠抽出物 37.36%；纤维平均长 0.684 毫米，宽 0.014 微米。

［采收处理］ 四季均可采集，但以 8～9 月为佳，大树枝皮纤维较幼树为好，采集时可配合森林部门伐木时进行剥皮，晒干即可。

［加 工］ 将剥下的韧皮放入清水中，浸泡 7～8 天，待纤维与木质素分离，用手轻撕成麻状，为脱胶适度，捞出捶洗干净，晒干即成麻。

193 疏花槭（shuhuaqi）

［学 名］ **Acer laxiflorum** Pax 槭树科

［形态特征］ 落叶小乔木，高 5～10 米，稀达 13～17 米；树皮灰褐色，成不规则剥落，具褐色皮孔；小枝细长，带紫色，无毛。叶对生，纸质，三角状卵形，长 7～12 厘米，宽 5～8 厘米，基部心形，边缘有紧贴的细锯齿，常 3 裂，中裂片较长，先端

尾状渐尖，侧裂片小，急尖，或无裂片，表面无毛，背面脉腋有锈色毛丛。雌雄异株，总状花序，顶生，花梗纤细，下垂，无毛；花绿黄色，萼片 5，无毛；花瓣 5，与萼片等长；花盘无毛，微裂；雄蕊 8，子房上位，无毛。小坚果扁平，黄褐色，果翅成 90° 或 120° 开展或水平开展。花期 4～5 月，果期 9～10 月。

［生长环境］　在海拔 1800～2800 米之高山疏林中。

［产　　地］　四川省

［用　　途］　树皮纤维可作造纸原料。种子可榨油，供制肥皂及点灯等用。

［采收处理］　参阅茶条槭（186 页）。

［加　　工］　参阅茶条槭。

194 色木槭（semuqi）（图 149）

［地 方 名］　色木、色树（辽宁、吉林、黑龙江、内蒙古、河北），水色树（吉林、河北），五角槭（浙江），五角枫（江苏、山西、甘肃）。

［学　　名］　**Acer mono** Maxim.　槭树科

［形态特征］　落叶乔木，高可达 20 米；树皮灰褐色，有纵裂；幼枝有短柔毛，淡黄色或灰色，发亮；老枝呈灰色或暗灰色，具卵形点状的皮孔。叶对生，呈**掌状 5 裂**，少有 3 或 7 裂，长 5～8 厘米，裂片先端尾状渐尖，**全缘，基部稍呈心形**或近截形，表面绿色，平滑无毛，背面淡绿色，于叶腋处有短柔毛；叶柄细，长 4～12 厘米。雌花、两性花同株，伞房花序顶生；花小，淡黄绿色；萼片 5，长椭圆形或长卵形；花瓣 5，阔倒披针形；雄蕊 8；子房平滑，花柱无毛，柱头 2 分歧，外旋。翅果淡黄褐色，两翅外反，开展成钝角，具细脉纹，**翅长为小坚果的 3 倍左右**；内各含种子 1。花期 5 月，果期 9 月（东北）。

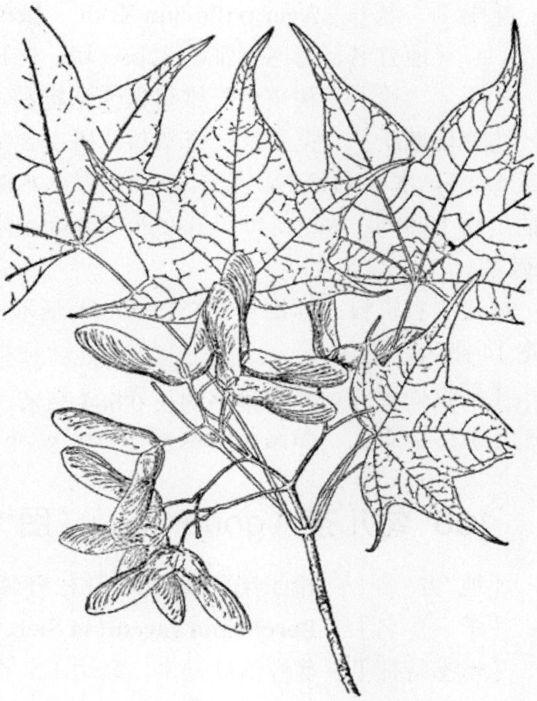

图 149　色木槭
Acer mono Maxim.
果枝

［生长环境］　习见于林缘或河

岸两旁的杂木林中，喜湿润而肥沃的土壤。

［产　　地］　辽宁、吉林、黑龙江、河北、山西、陕西、内蒙古、甘肃、山东、河南、江苏、浙江、安徽、江西、湖北、湖南、四川、云南等省区。

［用　　途］　树皮含纤维，可作人造棉及造纸原料。

树皮、叶、果为鞣料（见鞣料类，1193 页）。种子可榨油。木材材质坚硬，细致而有光泽，可供做家具、建筑、车轮、乐器等细工材料。

［理化性质］　据黑龙江省资料：树皮含全纤维素 56.62%，其中 α-纤维素 70.53%，β-纤维素 18.49%，水分 10.10%，灰分 0.43%，冷水水溶物 1.72%，1%氢氧化钠抽出物 16.91%，热水水溶物 2.26%；木材纤维长 0.456～0.897 毫米，平均长 0.73 毫米，宽 12～29 微米，平均宽 16 微米。

［采收处理］　采用老树皮作纤维时，应配合林业部门采伐。割用枝条时，应在春秋两季采割二年生的枝条为佳。采回后晒干，即可收藏加工。或在鲜时剥皮。

［加　　工］　用浸水脱胶法。

195 三花槭（sanhuaqi）（图 964）

［学　　名］　**Acer triflorum** Kom.　槭树科

（地方名、形态特征、生长环境、产地及其他用途见“鞣料类”，1194 页）

［用　　途］　树皮含纤维可做人造棉和造纸原料。

［理化性质］　据黑龙江省资料：树皮含全纤维素 51.59%，β-纤维素 17.44%，α-纤维素 5.16%，水分 11.84%，灰分 0.86%，温水水溶物 5.16%，冷水水溶物 2.19%，1%氢氧化钠抽出物 19.99%；木材纤维长 0.358～0.858 毫米，平均长 0.597 毫米，宽 23 微米，平均 14 微米。

据辽宁省资料：纤维长 0.351～0.858 毫米，平均长 0.597 毫米，宽 9～23 微米，平均宽 14 微米。

［采收处理］　参阅茶条槭（186 页）。

［加　　工］　参阅茶条槭。

196 勾儿茶（gouercha）（图 150）

［地 方 名］　枪子柴（安徽），咒仔籽藤（福建）。

［学　　名］　**Berchemia racemosa** Sieb. et Zucc.　鼠李科

［形态特征］　蔓性落叶灌木，高达 1.5 米，树皮黄绿色，略光滑，有黑色块状斑。单叶互生，卵圆形，长 1.5～5.5 厘米，宽 0.5～1.7 厘米，基部圆形，先端钝或渐尖，全缘，表面淡绿色，背面灰白色，具 7～9 对侧脉；叶柄长 1～2 厘米。圆锥花序顶生枝端，长 5～15 厘米；花小，粉绿色；花萼 5 裂，花瓣 5，雄蕊 5，子房藏于花盘内，但彼此分离，2 室，花柱 2 深裂。核果卵圆形至倒卵形，基部为萼管所包围，初绿色，后变红

色，最后变为紫黑色。花期 7～8 月，果期 9 月。

［生长环境］　生于山地路旁和灌木林缘，适宜酸性红壤和有机质多的地方。

［产　　地］　安徽、湖北、湖南、江西、广东、福建、台湾等省。

［用　　途］　茎皮含纤维，可代麻制麻袋，并可制人造棉。根皮可药用（见“药用类”，1805 页）。叶含鞣质，可提栲胶。叶可代茶。

［理化性质］　据安徽省资料：茎皮含纤维 43%。

［采收处理］　宜在夏末至秋季采割树枝，割下后趁新鲜剥皮。

［加　　工］　用浸水脱胶法进行脱胶，浸泡约 10 天即可。

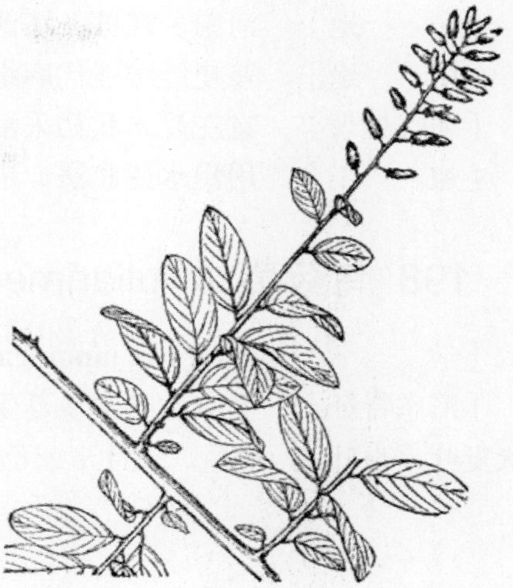

图 150　勾儿茶

Berchemia racemosa Sieb. et Zucc.

果枝

图 151　卵叶猫乳

Rhamnella obovalis Schneid

1．花枝；2．花。

197 卵叶猫乳（luanye-maoru）（图 151）

［地 方 名］　长叶绿柴（江苏无锡）

［学　　名］　**Rhamnella obovalis** Schneid.　鼠李科

［形态特征］　落叶灌木，高达 6 米。树皮暗褐色，嫩枝具细柔毛，后渐脱落，至近无毛，密生淡棕色皮孔，叶互生，纸质，倒卵形至倒卵状椭圆形，长 5～10 厘米，宽 0.5～4 厘米，基部圆形或楔形，先端急尖，侧脉 7～9 对，边缘有小锯齿，表面绿色，无毛，背面沿叶脉有短毛；近无柄；托叶鳞片状。聚伞花序腋生；花萼、花瓣均 5 裂，花萼稍具毛。核果由黄变黑红色，圆柱形，长约 9 毫米。花期 5～6 月，果期 7 月。

［生长环境］ 生于山坡灌丛林间或林缘。
［产　　地］ 河南、江苏、江西、湖北等省。
［用　　途］ 茎皮纤维能代麻织麻袋。
［采收处理］ 宜在夏末秋初采割树枝，趁鲜剥皮。
［加　　工］ 用浸水脱胶法，进行脱胶，浸泡约10天即可。

198 乌蔹莓（wulianmei）（图152）

［学　　名］ **Cayratia japonica** (Thunb.) Gagnep.　葡萄科
［形态特征］ 多年生半木质蔓生草本，有卷须，茎有线条，有时被柔毛。叶为叉指状复叶，小叶5，膜质，披针形或倒卵状长圆形，长4～10厘米，宽2.5～5厘米，基部楔形，先端短尖，边缘有锐锯齿；具长柄，中间小叶柄最长，两侧者较短。聚伞花序腋生及假腋生，具长柄，广展或为广歧的伞房花序式排列，2～3歧分枝；花小具短柄，被粉状微毛或无毛，萼杯状，膜质，花瓣卵状三角形。浆果卵圆形，长5～10毫米；有种子2～4粒。花期5～7月（四川）。

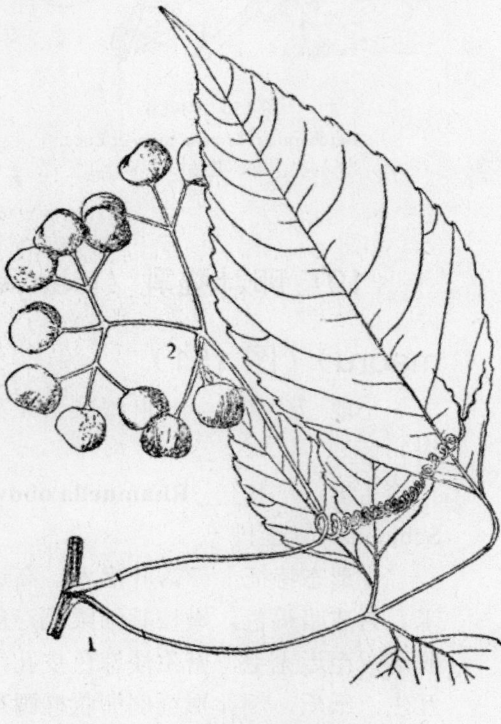

图152 乌蔹莓
Cayratia japonica（Thunb.）Gagnep.
1. 枝条一部分；2. 果序。

［生长环境］ 旷野、山谷、林下。
［产　　地］ 广西、广东、湖南、湖北、四川、云南、福建等省区。
［用　　途］ 茎纤维有韧性，全藤可搓制绳索、犁缆。
根含胶质（见“树脂及树胶类”，1559页）。
［采收处理］ 花后割取地上茎，去掉叶子、晒干、扎成捆，储存备用。
［加　　工］ 用浸水脱胶法。

199 蘡薁（yingao）（图475）

［学　　名］ **Vitis thunbergii** Sieb. et Zucc.　葡萄科
（地方名、形态特征、生长环境、产地及其他用途见“淀粉及糖类”，575页）

［用　　途］ 藤条可代绳索，作捆扎包装用，并为造纸原料。

［采收处理］ 9～10 月将藤条选割一部分，去掉细枝及叶，晒干即可作包装捆扎用，若利用作造纸原料，可浸泡水中约 6～7 天，捶去梗心，留下纤维备用。

［加　　工］ 按总论中所载造纸浆板方法制造纸浆板。

［其　　他］ 本种的果可作酿酒原料，须注意综合利用，采取纤维原料时，应不影响植株的正常生长。

200 山杜英（shanduying）（图 972）

［学　　名］ **Elaeocarpus sylvestris** (Lour.) Poir. 杜英科

（地方名、形态特征、生长环境、产地及其他用途见“鞣料类”，1202 页）

［用　　途］ 树皮纤维可造纸用。

［理化性质］ 据华东师范大学分析：树皮含纤维量 16%，纤维长一般 1.4 毫米，最长 1.6 毫米，最短 0.13 毫米，宽一般 32 微米，最宽 40 微米，最细 24 微米。

［采收处理］ 为了保护树的继续生产，不宜砍树剥皮，如利用其茎皮纤维，可配合林业部门采伐时剥皮，或采用砍枝条剥皮法，将剥下的皮，晒干储存备用。

［加　　工］ 用清水脱胶法脱胶，树皮纤维含鞣质，先提制栲胶，后将纤维造纸。

201 柯榔木（kelangmu）（图 153）

［地 方 名］ 一担柴、大泡火绳、大毛叶子火绳（云南），即剥蒲（云南景颇族语）。

［学　　名］ **Colona floribunda** (Wall.) Crb. 椴树科

［形态特征］ 乔木，高可达 15 米，胸径约 30 厘米；小枝褐色，被灰褐色星状毛。叶互生，偏斜卵状圆形或圆形，长 10～20 厘米，宽 10～16 厘米，基部圆形或心形，先端短尖或具 3～5 浅裂，边缘具刺状细牙齿，基出脉 3～7 条，背面凸起，表面粗糙，疏被星状毛，背面密被

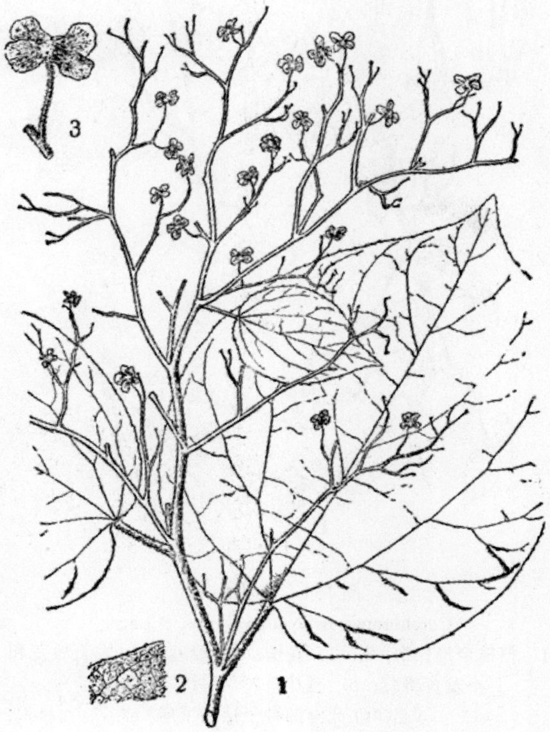

图 153 柯榔木

Colona floribunda（Wall.）Crb.

1．果枝；2．叶表面边缘放大；3．果。

星状毛；叶柄圆柱形，长 2.5～10 厘米，被丛卷毛或星毛。花小，多数组成顶生圆锥花序；**萼片 5，长圆形**，长 5 毫米，外面密被灰褐色星状毛；花瓣 5，**黄色长圆状匙形，与萼片等长或稍长**，基部具腺点；**雄蕊多数，分离，着生于隆起花盘上**；子房 3～5 室，每室具胚珠 2～4 颗，花柱钻状，密被星状毛。蒴果直径 1.5 厘米，具 3～5 翅，被星状毛。果期 12 月（云南）。

［生长环境］ 常生于海拔 1200 米以下地带的干燥向阳次生林中或见于林缘。

［产　　地］ 云南的南部及西南部。

［用　　途］ 杆皮纤维好，拉力强，可供麻类代用品。当地群众多用制绳索。

［理化性质］ 据云南省资料：含纤维量 58%，其中 α-纤维素含量 84.53%；长度 2～5 毫米，宽 2.5～3.5 微米。

［采收处理］ 参阅糠椴（208 页）。

［加　　工］ 参阅糠椴。

202 光果田麻（guangguotianma）（图 154）

［地 方 名］ 北田麻（东北），野芝麻棵子、小芝麻棵子（江苏）。

［学　　名］ **Corchoropsis psilocarpa** Harms. et Loes.　椴树科

［形态特征］ 一年生草本；茎纤细，圆柱形，基部木质化，多分枝，高约 50 厘米，全株被白色星状毛及长柔毛。单叶互生，卵形或椭圆状卵形，长 1.5～4 厘米，宽 0.6～2 厘米，基部圆形、截形或心形，先端短尖，边缘具粗钝锯齿。**花单生**，直径约 6 毫米，萼片 5，狭披针形，密被星状柔毛；花瓣 5，倒卵形，先端凹入。**蒴果长角状圆筒形**，长约 2 厘米，**平滑无毛**，基部具宿存萼，果 2 瓣开裂，种子倒卵形。花期 6～7 月，果期 9～10 月。

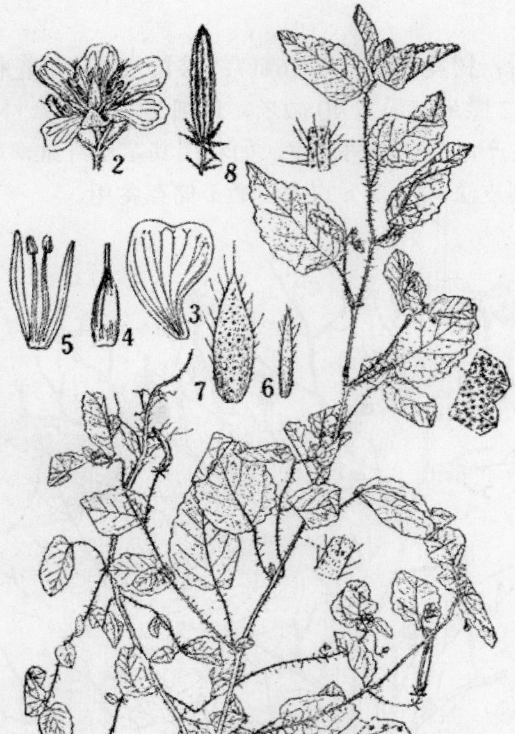

图 154　光果田麻
Corchoropsis psilocarpa Harms. et Loes.
1．植株全形；2．花；3．花瓣；4．雌蕊；5．发育雄蕊和不发育雄蕊；6．苞片；7．萼片；8．蒴果。
（自“江苏南部种子植物手册”）

［生长环境］ 山坡或田梗上，多石砾地方。

［产　　地］ 辽宁、吉林、黑龙江、河北、山东、山西、河南、江苏、安徽、浙江、江西、湖南、湖北等省。

［用　　途］ 茎皮纤维可代麻，作麻袋绳索等。

茎叶为牛羊饲料。

［采收处理］ 在秋季割取全株。

［加　　工］ 用浸水脱胶法，将麻杆扎成小束，浸入水中，待麻皮发酵后用手指摸捻，至表皮易于脱落，由根部撕开成网状时，即取出漂洗，清除表皮和杂质晒干，打成捆（为防止发酵过度必须经常检查）。

203 毛果田麻（maoguotianma）（图 155）

［地 方 名］ 野花生、田麻（浙江）

［学　　名］ **Corchoropsis tomentosa** Makino (*C. crenata* s. et z.) 椴树科

［形态特征］ 一年生草本，高 40～60 厘米，基部木质化，**嫩枝，叶柄均有星状毛及短柔毛**。单叶互生，卵形或卵状椭圆形，长 2.5～6 厘米，宽 1～3 厘米，基部圆形或截形，**先端短尖，两面均被白色星状毛**，边缘具钝圆锯齿。花两性，单生于叶液，直径约 2 厘米；萼片 5，狭披针形，被星状柔毛；花瓣 5，斜卵形，黄色。蒴果长角状圆筒形，长 3～4 厘米，**密被白色星状柔毛**，种子长卵形，深棕色。花期 8～9 月，果期 10 月。

［生长环境］ 干燥石砾山坡，草丛和田埂上，但生长较分散。

［产　　地］ 辽宁、吉林、黑龙江、河北、山东、山西、河南、江苏、安徽、浙江、湖北等省。

［用　　途］ 茎皮纤维代麻，可作绳索及麻袋用。

［采收处理］ 参阅光果田麻（192 页）。

［加　　工］ 参阅光果田麻。

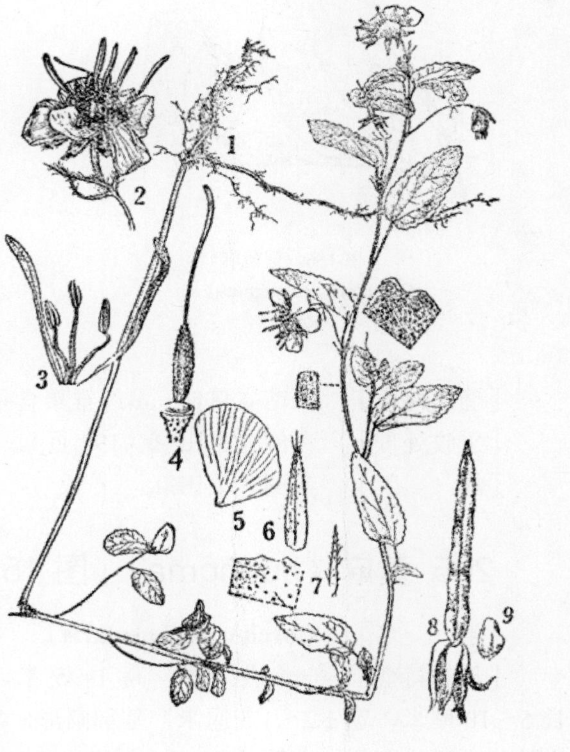

图 155 毛果田麻

Corchoropsis tomentosa Makino

1．植物全形；2．花；3．雄蕊和不发育雄蕊；4．雌蕊；5．花瓣；6．萼片；7．苞片；8：蒴果；9．种子。

（自“江苏南部种子植物手册”）

204 假黄麻（jiahuangma）（图 156）

［学　　名］ **Corchorus acutangulus** Lam.　椴树科

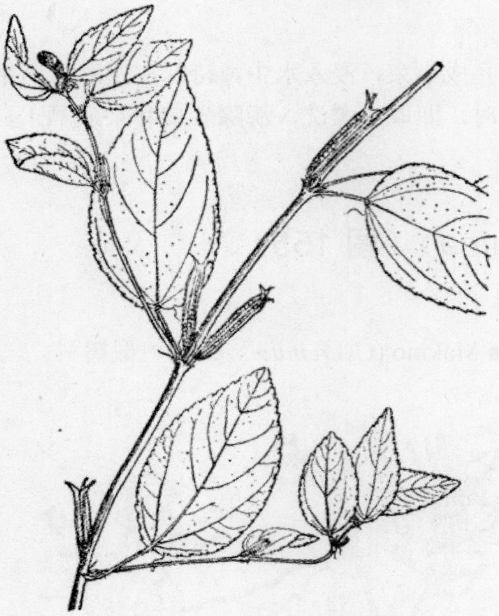

图 156　假黄麻
Corchorus acutangulus Lam.
果枝

［形态特征］ 一年生草本、直立，高可达 1 米，通常疏生柔毛。叶互生，卵形至卵状披针形，长 2～5 厘米，宽 2～3 厘米，基部圆形，先端钝或微尖，边缘具细锯齿，下部叶较小，圆形；叶柄长 1～2 厘米，具柔毛；托叶钻状，长约 3 毫米。花小，黄色，1～3 聚生于总花梗上，花梗短有环节，萼片与花瓣均为 4 或 5，雄蕊多数。**蒴果圆筒形**，长 1.8～3 厘米，**具 6 棱，顶端有 3～4 个伸长，向后弯的喙**。种子细小，花期 7 月，果期 9 月（江苏）；花果期 9～11 月（云南）。

［生长环境］ 路旁、草地、旷地、山坡、林边、田埂。

［产　　地］ 江苏、浙江、安徽、福建、广东、广西、贵州、云南、台湾等省区。

［用　　途］ 茎皮坚韧可作麻织品原料及造纸用。

［理化性质］ 云南省资料：α-纤维素含量 42.57%。

［采收处理］ 参阅光果田麻（192 页）。

［加　　工］ 参阅光果田麻。

205 黄麻（huangma）（图 157）

［学　　名］ **Corchorus capsularis** L.　椴树科

［形态特征］ 一年生草本，高 1～5 米，全株无毛。叶卵圆状披针形或披针形，长 5～10 厘米，宽 1.2～1.5 厘米，基部圆形，先端渐尖，边缘具整齐粗锯齿，最下部 2 齿伸长为尾状裂片；叶柄长 1～3.5 厘米；托叶线形，长约 5～8 毫米。花小，黄色，单生或成对生于叶腋，花梗很短，萼片 5，淡紫色，花瓣 5，黄色，雄蕊多数，子房 5 室。**蒴果球形**，直径约 1 厘米，**顶端不具喙，有纵棱、皱纹及小疣状突起**，5 瓣裂。花期夏季，果期 10～11 月。

［生长环境］ 原产印度，我国普遍引种栽培（宜在半砂质土壤上生长）。

［产　　地］　浙江、江苏、安徽、江西、福建、台湾、广东、广西、云南、贵州、四川、湖南、湖北等省区。

［用　　途］　茎皮纤维可搓绳作麻袋，混纺织布，作窗帘、绒毡等原料。

［理化性质］　与长蒴果黄麻的纤维相似，但拉力较差，纤维较粗糙。

云南省资料：鲜茎皮纤维含量达 10%，其中 α-纤维素 46.52%；纤维长 7～16 毫米，宽 2～3 微米。

在栽培种中，因生长地区环境不同，黄麻有很多品种，如淡红皮、青皮、红皮、印度红皮、印度青皮、爪哇青皮、中生赤种等，纤维的长度、拉力等均不相同。

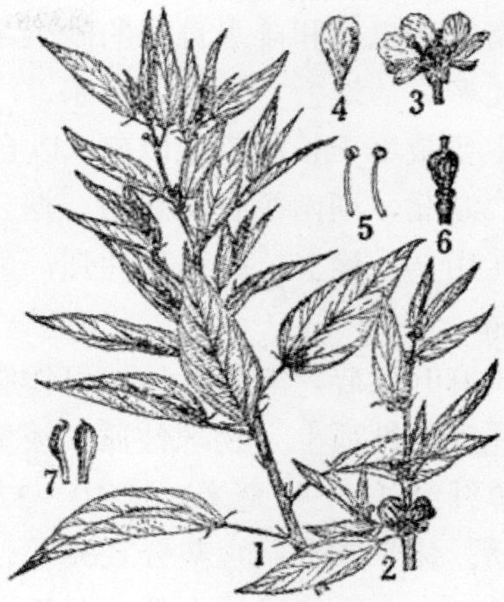

图 157　黄麻

Corchorus capsularis L.

1．花枝；2．果枝；3．花；4．花瓣；5．雄蕊；6．雌蕊；7．蒴果和果爿，示纵棱和皱瘤。

黄麻与亚麻、苎麻、大麻不同，漂白困难，漂后日晒易变黄色，耐湿较差，但栽培较易，用途很广。

［采收处理］　参阅长蒴黄麻（本页）。

［加　　工］　参阅长蒴黄麻。

图 158　长蒴黄麻

Corchorus olitorius L.

1．花果枝；2．果枝；3．花；4．花瓣；5．雄蕊；6．雌蕊；7．种子。

206 长蒴黄麻（changsuohuangma）（图 158）

［地 方 名］　黄麻（云南）

［学　　名］　**Corchorus olitorius** L.　椴树科

［形态特征］　一年生半灌木状草本，高 1～2 米，多分枝。叶互生，纸质，卵圆形或卵状披针形，卵形叶长 2～3 厘米，宽 1.5 厘米；卵状披针形叶长 5～12 厘米，宽 1.5～4 厘米；基部圆形，先端短渐尖，边缘具整齐锯齿，基部两侧裂齿常伸长成尾状，表面无毛，背面无毛或疏具短柔毛；叶柄有毛。花淡黄色，1～3 朵聚生于叶腋短花梗上；萼片 5；花瓣 5，匙形，较萼片长；雄蕊 10。**蒴果长圆筒形，长约 8 厘米，具 10 棱，顶端具微弯曲长喙**，成熟时 3～6 瓣裂；种子陀螺状，先端尖，深绿色。花期夏末，果熟期秋季（云南）。

［生长环境］　草地、溪旁或田埂上较湿润地方，喜阳光、高温、湿润地；适宜栽培于富含有机质和排水良好的砂土壤处。

［产　　地］　云南、广东、广西省等区。据李宗道著"黄麻与苎麻"一书中说，黄麻主要栽培于长江流域以南，以台湾、浙江二省出产最多，江苏、福建、安徽、江西、四川、湖北、湖南等省均栽培。据云南省数据，在北纬 36 度以南均可栽种。

［用　　途］　纤维韧性强，可织麻袋，搓绳索，与棉花混纺织窗帘、桌布、绒毡等制品。

黄麻叶揉碎，取其汁液，可作肥皂代用品。

［理化性质］　物理性质：淡黄色、银灰色或黄褐色，并有光泽。黄麻长 2.5～3 米；单纤维长 1～4 毫米，宽 10～32 微米，原为宽度的一半，在气干状态下平均强力为 85.9 磅；化学成分：含灰分 0.68%，水分 9.86%，水溶物质 1.00%，蜡及脂肪 0.38%，纤维素 63.76%，木质素及蛋白质 24.32%。

［采收处理］　最好收获期是花多果少时收割为宜，过早纤维太嫩，过迟纤维脆硬，出麻率均低，品质坏。

［加　　工］　一般用以下两种方法剥麻：（1）整株浸洗法，即将麻株砍下去叶后扎成小捆，然后浸入水中，浸至适度，取出剥皮后，再漂洗晒干；（2）为生剥麻皮法，即将砍下的麻株，乘新鲜时，用剥麻器剥下麻皮。

［其　　他］　与本种近似的一种假黄麻（C. acutangulus Lam.）的区别，为后者蒴果具 6～8 棱，其中 3～4 棱呈翅状，果喙 3 裂，而本种蒴果具 10 棱，棱无翅，果喙全缘，用途相同。

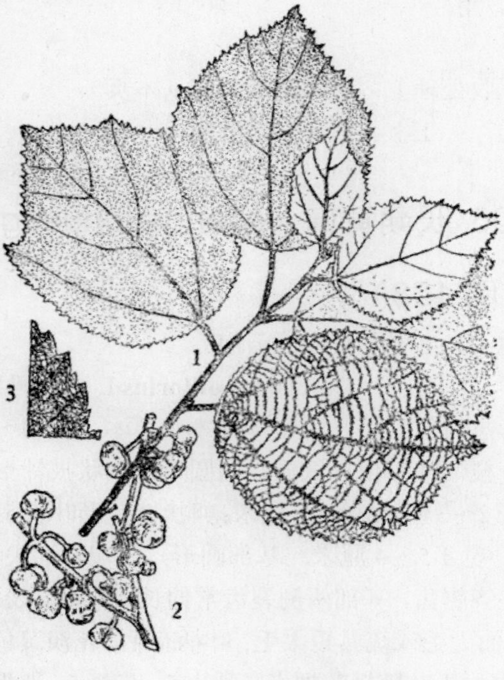

图 159　苘麻叶解宝树
Grewia abutilifolia Juss.
1．枝条的部分；2．果枝；3．叶部分（放大）。

207 苘麻叶解宝树（qingmayejiebaoshu）（图 159）

［地 方 名］　米暖麻（广西），葵叶扁担杆。

［学　　名］　**Grewia abutilifolia** Juss.　椴树科

［形态特征］　落叶灌木或小乔木，高 2～5 米；小枝黄褐色，被星状毛。**叶阔卵形至卵状椭圆形，状如苘麻，**

长8～12厘米，宽6～8厘米，基部心形或圆形，先端急尖，**边缘具不整齐牙齿**，侧脉5对，基部脉3出，细脉直而平行，两面均被星状毛，表面粗糙，背面毛较密；**叶柄长约1.2厘米**，被星状毛。聚伞花序，腋生，具3～4花；萼片、花瓣均长圆形，均为5数，全缘，花瓣较萼片短；雄蕊多数，离生，着生于凸起花托上；子房2室，被糙硬毛，花柱与雄蕊等长，**柱头2裂**。核果近球形，不显明4裂，直径约1厘米，内具种子4粒。

［生长环境］　常生于海拔200～400米的干燥向阳坡地，或灌木丛中。

［产　　地］　广西、云南等省区。

［用　　途］　树皮纤维代麻用，供作人造棉等原料。

［理化性质］　据云南省资料：树皮含纤维25%，长9～13毫米，宽2～2.5微米。

［采收处理］　在夏秋之间，采割枝条，剥皮晒干。

［加　　工］　将枝皮放入水中浸泡，根据气候温度，决定时间，一般在10天左右，用手指搓纤维分离均匀，即可取出在清水中搓洗，使胶质、杂质去净，在日光下晒干，储藏备用。

208 扁担杆（biandangan）（图160）

［地 方 名］　棉筋条（江苏），二裂解宝叶、月亮皮、葛妃麻（河南），孩儿拳头、哨儿菜（山东），沙糖果（四川），麻汤果（四川），版筒柴（福建），圪柏麻、葛荆麻（陕西）。

［学　　名］　**Grewia biloba** G. Don [*G. glabrescens* Benth., *G. parviflora* Bge. var. *glabrescens* (Benth.) Rehd.]　椴树科

［形态特征］　落叶灌木，高可达3米，小枝被黄褐色茸毛。**叶卵形、菱状卵形或菱状披针形**，长5～12厘米，宽2.5～7厘米，基部阔楔形，圆形或微心形，先端尖或渐尖，边缘具不整齐锯齿或重锯

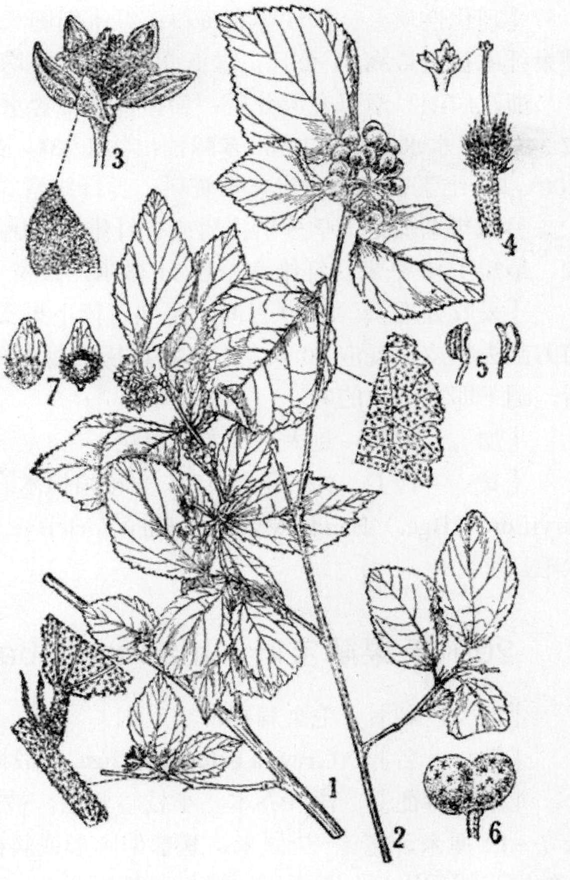

图160　扁担杆

Grewia biloba G. Don

1. 花枝；2. 果枝；3. 花；4. 雌蕊；5. 雄蕊；6. 果实；7. 花瓣的背面和腹面，示基部柔毛和腺体。

齿，表面粗糙，背面被星状短柔毛，基部具3出脉，叶柄长6～15毫米，具星状毛；托叶线形。聚伞花序，与叶对生；萼片5，长圆状披针形，密被星状毛；花瓣5，淡黄色。核果橙红色或红色，常呈完全结合的双球形，直径约8～12毫米，2～4瓣裂。花期7月，果期9～10月。

［生长环境］ 性耐干旱，野生低山坡灌丛中，黄土丘陵地带、田埂、疏林区也有分布。

［产　　地］ 河北、山西、河南、陕西、甘肃、湖北、四川、湖南、江西、江苏、浙江、安徽、广东、广西、云南、贵州等省区。

［用　　途］ 茎皮纤维色白、质地软，为野生植物较好者，可作人造棉，宜混纺或单纺（江苏）；去皮茎杆可作编织用。

种子含油量5.24%。

［理化性质］ 据江苏省资料：纤维细胞长1.53～1.87毫米，宽8.5～17微米；初测束纤维拉力最高31公斤，最低20公斤，平均26公斤，具抗水性。

浙江纺织科学研究所分析：扁担杆纤维含水分13.63%，灰分4.46%，冷水水溶物12.34%，热水水溶物3.32%，苯醇抽出物1.78%，果胶7.38%，半纤维素34.87%，木质素4.00%，纤维素22.95%；贵州省资料：含纤维素37.5%。

另据华东师范大学分析：树皮含纤维25.40%：纤维长一般1.40毫米，最长2.10毫米，最短1.10毫米；纤维宽一般11微米，最宽17微米，最窄7微米。

［采收处理］ 8～9月间，果熟时摘下果实再割下枝条，用浸水脱胶法剥皮取麻，用刀刮去粗皮，浸泡20天左右，将皮捞出用木棒反复轻捶，在清水中冲洗，洗净胶质后，晒干即成洁白的麻。

［加　　工］ 制人造棉参阅总论。

［其　　他］ 本种分布很广。变种扁担木（河北称孩儿拳头）［G. biloba *G. Don* var. parviflora（Bge.）Hand. -Mzt.（*G. parviflora* Bge.）］一般分布在北方，全株有较密的星状毛。

209 毛果解宝叶（maoguojiebaoye）（图161）

［地 方 名］ 毛果扁担杆（广东）

［学　　名］ **Grewia eriocarpa** Juss.　椴树科

［形态特征］ 落叶乔木，小枝暗紫色，被褐色星状毛。叶纸质，卵圆形或卵形，长7～12厘米，宽5～7厘米，基部偏圆形或斜截形，稀微凹，先端短尖，边缘具不整齐的锯齿或重锯齿，两面均被褐色星状短茸毛；叶柄长0.5～1厘米，密被星状褐毛或褐色长毛；托叶线状披针形，长约1厘米，早落。花为腋生聚伞花序，**萼片5，线状披针形，密被褐色长毛**，花瓣5，棕黄色；雄蕊多数，花丝棕黄色。**核果球形，外被柔毛**，直径约5毫米。花期5月（广西）。

［生长环境］　常见于丘陵地，山谷，旷地的灌木丛中。

［产　　地］　云南、广西、广东等省区。

［用　　途］　茎皮纤维可代麻织麻袋、麻布。

花叶煎汁治胃病。

［理化性质］　据中国科学院广州应用化学研究所分析，化学成分：含纤维素 61.8%，半纤维素 9.00%，果胶 2.99%，木质素 26.00%，油脂 2.42%，灰分 3.34%，水分 9.01%；物理性质：束纤维长 150～850 毫米，公制支数 193，比重 1.13。

［采收处理］　参阅扁担杆（197 页）。

［加　　工］　用浸水脱胶法。

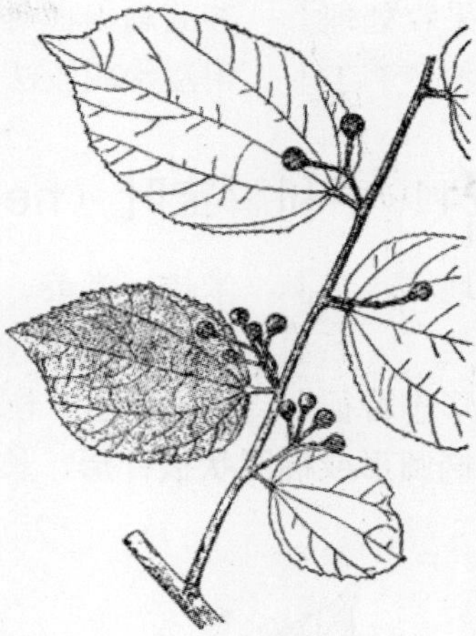

图 161　毛果解宝叶
Grewia eriocarpa Juss.
果枝

210 镰叶解宝叶（lianyejiebaoye）（图 162）

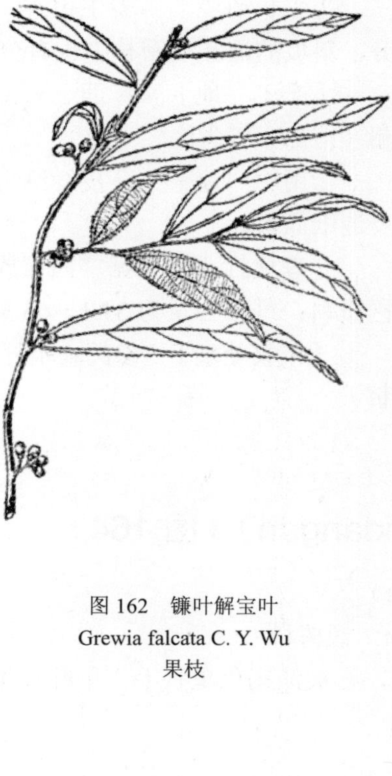

图 162　镰叶解宝叶
Grewia falcata C. Y. Wu
果枝

［学　　名］　**Grewia falcata** C. Y. Wu　椴树科

［形态特征］　小灌木，高约 50 厘米。小枝棕褐色，被棕色柔毛。**叶披针状镰刀形**，长 11～17 厘米，宽 2.5～3 厘米，基部圆形或阔楔形，先端短尖，边缘具不整齐齿；表面绿色，粗糙，具稀疏星状毛，**背面密披灰白色星状茸毛**；侧脉 5～6 对，网脉明显，平行；叶柄长 2～5 毫米，密被棕色柔毛。聚伞花序腋生。核果，球形，**直径约 6 毫米**，被毛，含种子 1 粒；果梗长 1～2 厘米，被棕色柔毛。

［生长环境］　生于海拔 1000 米以下的阳坡矮草地或小灌木丛中，也散生于村落旁。

［产　　地］　云南省潞西县

［用　　途］　茎皮纤维可代麻及造纸原料。

［理化性质］　据云南省资料：纤维含

量为 47.42%。

[采收处理] 参阅扁担杆（197 页）。

[加　　工] 用浸水脱胶法或石灰蒸煮法制成代麻用品或造纸。

211 亨利解宝叶（henglijiebaoye）（图 163）

[地 方 名] 米排、米英、小芒木（广西）

[学　　名] **Grewia henryi** Burret 椴树科

[形态特征] 直立灌木，枝紫褐色，幼时被柔毛，后光滑无毛。单叶互生，**厚纸质，长椭圆形或椭圆状披针形**，长 9～14 厘米，宽 3～5 厘米，**基部阔楔形或近圆形**，先端渐尖，边缘具不整齐疏浅锯齿；表面绿色，疏被星状短毛或较粗糙，背面色淡，密被星状短毛；基部具 3 出脉，叶柄长约 1 厘米，密被褐色毛。**花 2～3 朵成腋生小聚伞花序**，总梗长约 2.5 厘米，**小花梗长 0.5～1 厘米**；花萼 5，披针形，外面褐色，被毛，里面紫红色；花瓣 5，较萼短，雄蕊多数。核果 3～4 圆裂，有毛。花期 7 月（广西）。

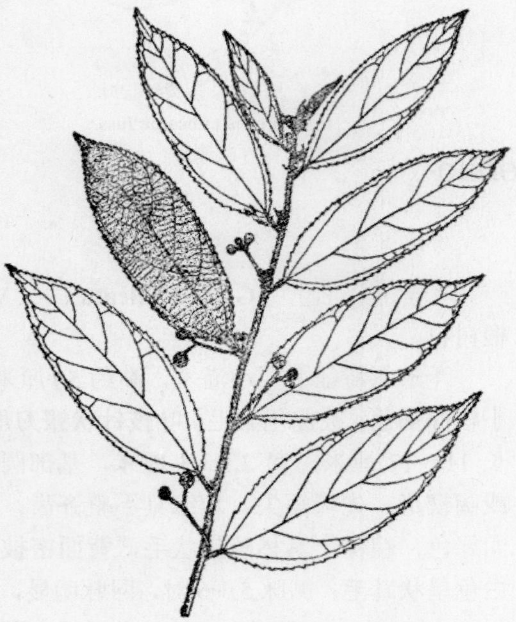

图 163 亨利解宝叶
Grewia henryi Burret
花枝

[生长环境] 多生山谷，流水旁，斜坡的灌丛或密林中也有分布。

[产　　地] 广西、云南、贵州（南部）等省区。

[用　　途] 茎皮纤维可代麻及造纸原料。

[理化性质] 据广西僮族自治区资料：纤维含量为 37.1～65.38%。

[采收处理] 参阅扁担杆（197 页）。

[加　　工] 用浸水脱胶法。

212 黄果扁担杆（huangguobiandangan）（图 164）

[地 方 名] 扁担杆子、大叶铁火绳（云南）

[学　　名] **Grewia hirsuto-velutina** Burret 椴树科

[形态特征] 灌木，高 1～3 米；枝红褐色，密被淡褐色星状毛。单叶互生，倒

卵圆形或卵圆形，长 6～11 厘米，宽 3～6 厘米，基部圆形或钝尖，偏斜，先端短渐尖或短尖，边缘具细小锐锯齿；表面疏被星状毛，背面密被淡褐色星状毛，基部具 3 出脉，背面脉凸起；叶柄圆柱状，长约 1 厘米，密被淡褐色星状毛；**托叶狭三角形**，脱落。聚伞花序，腋生，具花 3 至数朵，稀为单花；花梗及萼均密被星状长毛；萼片 5，狭长圆形，长 8～10 毫米，宽约 2.5 毫米，**里面橙黄色**；花瓣 5，极小，长约 3 毫米，基部有腺；雄蕊多数，雌蕊花柱长，**柱头头状**。核果扁球形。花期 3～6 月（云南）。

［生长环境］　喜阳光、耐旱，常生于山坡草地、路边、村旁。

［产　　地］　广东、广西与云南南部。

［用　　途］　树皮纤维可代麻用，亦可为人造棉及造纸原料。

［采收处理］　参阅扁担杆（197 页）。

［加　　工］　用碱煮法制人造棉。

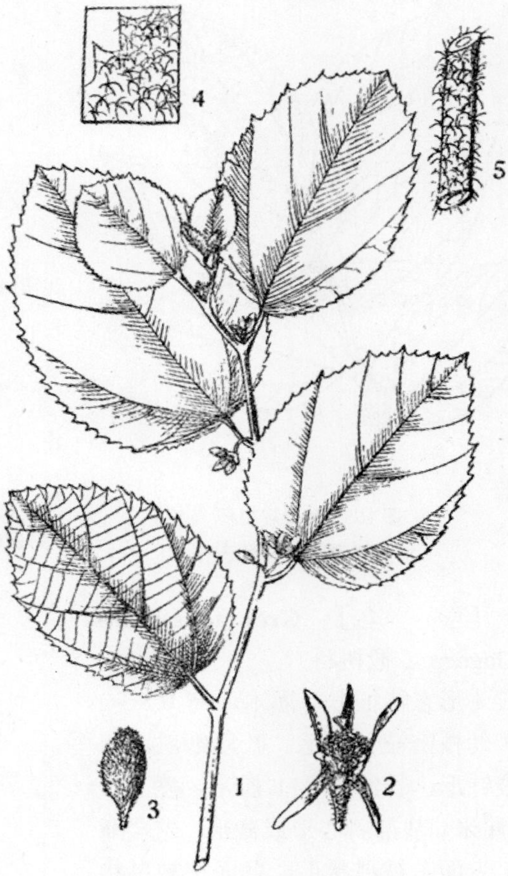

图 164　黄果扁担杆
Grewia hirsuto-velutina Burret
1. 果枝；2. 花；3. 花苞；4. 叶的部分示星状毛；5. 茎的部分示星状毛。

213 澜沧扁担杆（lancangbiandangan）（图 165）

［学　　名］　**Grewia lantsangensis** Hu　椴树科

［形态特征］　乔木或灌木，高可达 9 米。幼枝紫褐色，被星状毛，老时无毛。**叶近革质**偏斜卵形，长可达 10 厘米，宽约 5 厘米；**基部偏斜或近圆形，先端渐尖至尾状渐尖，边缘具粗锯齿**；表面被星状毛，以后粗糙，背面被灰色星状柔毛及短茸毛；叶柄长约 7 毫米，被星状毛。聚伞花序，有花 2～3 朵，腋生，总花梗长约 11 毫米，被星状茸毛；小花梗长约 5 毫米；萼片 5，线形。外被星状茸毛，内面毛较疏；花冠白色狭线形，长 3 毫米，先端急尖，基部无毛；雄蕊多数；子房 2 室，被短柔毛；花柱长约 6 毫

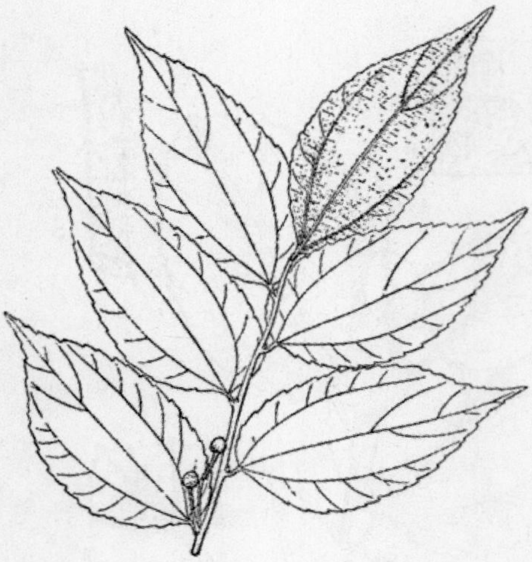

图 165 澜沧扁担杆
Grewia lantsangensis Hu

［学　名］ **Grewia sessiliflora** Gagnep. 椴树科

［形态特征］ 灌木，高 0.5～2 米，幼枝密被长茸毛。叶厚纸质，卵状披针形，长约 6～11 厘米，宽 3～4.5 厘米，基部斜心形或截形，先端渐尖，表面疏被星状毛，背面密被星状毛，叶缘具粗锯齿，基出脉 5 条；**叶柄极短，长约 1～3 毫米**，被茸毛；托叶线形，早落。聚伞花序腋生，通常具 3 花，花序柄长约 3 厘米，密被长毛；苞线形与托叶相似；萼片 5，长 8 毫米，外面密被长柔毛，呈褐黄色；花瓣白色线状长圆形，内侧基部附有腺体，副花冠贴着雄蕊。核果 4 圆裂，4 室，每室具核 1 枚。花期秋至冬季。

［生长环境］ 山地灌丛间、草丛内，或疏林中。

［产　地］ 广东、广西等省区。

米，柱头 2 裂。果实球形，2 裂，被星状柔毛。花期约 5 月。

［生长环境］ 习见于海拔 1100～1500 米之间，山坡杂木林中。

［产　地］ 云南西南部及南部。

［用　途］ 茎皮纤维可作麻代用品及造纸原料。

［理化性质］ 据云南省资料：茎皮含纤维素 39.48%，纤维细长，拉力强。

［采收处理］ 参阅扁担杆（197 页）。

［加　工］ 用石灰蒸煮法造纸。

214 无柄解宝叶（wubingjie-baoye）（图 166）

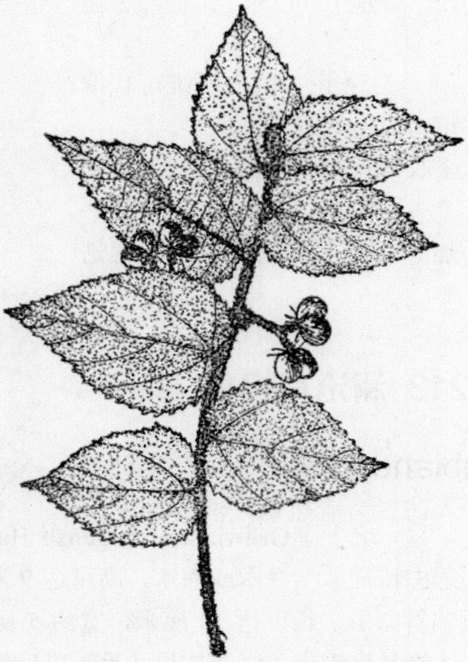

图 166 无柄解宝叶
Grewia sessiliflora Gagnep.
果枝

［用　　途］ 茎皮纤维可织麻袋和搓绳索等。

［采收处理］ 参阅扁担杆（197 页）。

［其　　他］ 在广西僮族自治区有一种少蕊扁担杆（G. oligandra Pierre.），叶线状披针形，长 5～8 厘米，宽 1.2～2 厘米，基部圆形，边缘具细小重锯齿，表面无毛，**疏具瘤状突起，背面密被褐色茸毛**，据记载可作造纸原料，但产量并不太多。

215 破布叶（pobuye）（图 167）

［地 方 名］ 火布麻、瓜布子、刮布果（广西），瓜布木、剥果木、布渣叶（广东）。

［学　　名］ **Microcos paniculata** L.　椴树科

［形态特征］ 灌木或小乔木，高 3～10 米，树皮灰黑色。叶互生，纸质，卵形或卵状长圆形，长 8～15 厘米，宽 3～8 厘米，基部圆形，先端渐尖，**边缘有不明显锯齿**，叶具短柄无毛或叶柄及主脉上被星状柔毛；托叶对生，线状披针形，比叶柄短。**圆锥花序，顶生或**生于上部叶腋，被星状柔毛，花 2～3 朵聚生于苞片内，具短柄，两性；萼片 5，长圆形，被星状柔毛；花瓣 5，黄色，长圆形，较萼片短，雄蕊多数；子房 3 室，花柱锥形。核果近倒卵形，直径约 6～8 毫米，无毛，3 室。花期 7～9 月，果期 10～12 月。

［生长环境］ 山谷、平地、斜坡的灌木丛中。

［产　　地］ 云南、广西、广东等省区。

［用　　途］ 茎韧皮纤维细长柔软，拉力强，可作人造棉，或代麻织麻袋、麻布及制绳索。

叶入药，为清热毒，消炎，止泻剂。果皮可食，种子可榨油。

［理化性质］ 云南省资料：茎皮含 α-纤维素 46.14%。

［采收处理］ 参阅糠椴（208 页）。

［加　　工］ 参阅糠椴。

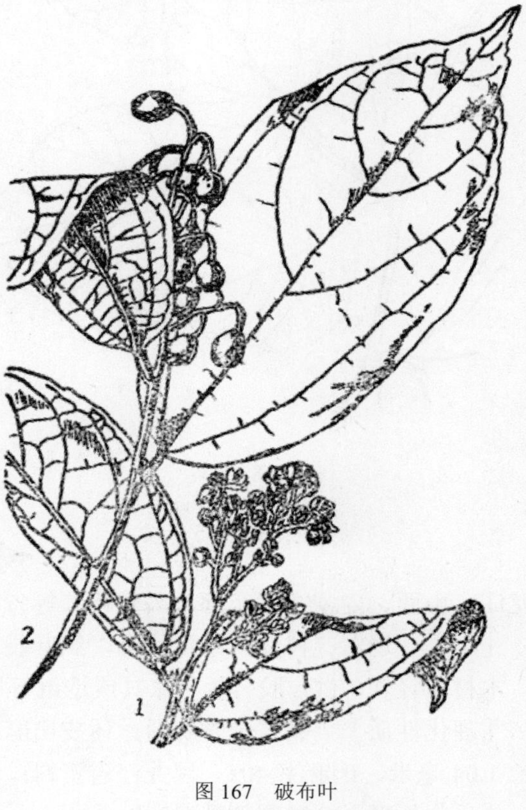

图 167　破布叶
Microcos paniculata L.
1．花枝；2．果枝。

216 紫椴（ziduan）（图 168）

［地 方 名］　籽椴、阿穆尔椴（东北），椴树（东北、山西）。

［学　　名］　**Tilia amurensis** Rupr.　椴树科

［原 料 名］　椴皮

［形态特征］　落叶乔木，高可达 15 米，胸径达 1 米；树皮暗灰色，纵裂，成片状脱落；一年生枝黄褐色，二年生枝红褐色，无毛，有时有白色丝状毛，后脱落。芽卵形，被 3 鳞片，黄褐色，无毛。叶互生，阔卵形或近圆形，长 4.5～6 厘米，宽 4～5.5 厘米，基部心形，先端呈尾状尖，边缘具锯齿，偶具大裂齿，表面绿色，脉腋处簇生褐色毛，叶柄长 3～5 厘米，无毛。聚伞花序长 2～2.5 厘米，花轴无毛；苞片阔披针形，有时线形或长圆形，长 5～6 厘米，下部 1/2 与总花梗愈合，无毛，具柄，长 1～1.5 厘米；萼片 5，阔披针形，外被白色星状毛；花瓣 5，黄色，线形，无毛，稍长于萼片；雄蕊约 20 枚，花丝细长，伸出花冠外，无毛；子房球形，具白色茸毛，花柱无毛，柱头浅 5 裂。果实球形或长圆形，有时为倒卵形，密被褐色毛。花期 7 月，果期 9 月（东北）。

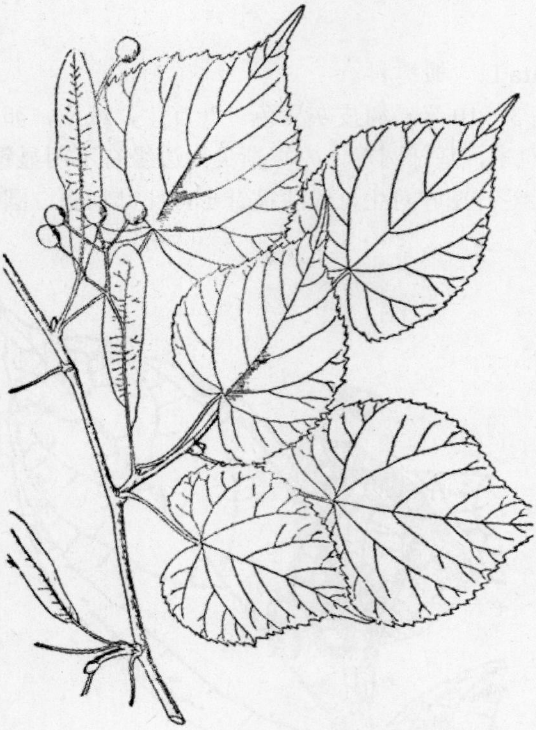

图 168　紫椴
Tilia amurensis Rupr.
果枝

［生长环境］　生于土壤深厚山坡、杂木林及针阔混交林中，为深根性树种。

［产　　地］　辽宁、吉林、黑龙江、山西、内蒙古（东部大兴安岭）等省区。

［用　　途］　树皮纤维可代麻，织麻袋或制绳索。亦可混纺织布。

木材质轻软，供作胶合板、家具或造纸等用。种子可榨油（见“油脂类”，890 页）。

［理化性质］　据辽宁省资料：树皮出麻率 47.83%。吉林省资料：含纤维 50%；纤维长 1.04 毫米，出麻率 40%。黑龙江省资料：纤维含量 20.8%，纤维长 0.9～1.5 毫米。

［采收处理］　参阅糠椴（208 页）。

［加　　工］　参阅糠椴。

217 庐山椴（lushanduan）

［地 方 名］　椴皮树（江西庐山）

［学　　名］　**Tilia breviradiata** Hu et Cheng　椴树科

［形态特征］　落叶灌木，高 8～15 米；树皮灰色，平滑，新枝紫色，有细毛。叶互生，广卵形，长 5～10 厘米，宽 4.5～9.5 厘米，基部斜截形至心形，先端渐尖，边缘具尖锐锯齿，表面深绿色，无毛，背面疏生星状毛；叶柄长 3～5 厘米，无毛。聚伞花序，有花 4～10 朵；总花梗长 1～4 厘米，苞片线状长圆形，长 6～10 厘米，宽 1～1.5 厘米，疏生星状毛，中部以下与总花梗愈合；花淡黄绿色，直径约 12 毫米，萼片 5，外面密生星状毛，花瓣 5，倒披针状长圆形，长约 7 毫米，宽 3 毫米，先端圆形，基部楔形，退化雄蕊 5，花瓣状，比花瓣短；雄蕊多数；子房近球形，有茸毛。果近球形，长 9～11 毫米，先端具小尖头，有疣状突起及茸毛。花期 6 月，果期 11 月（江西）。

［生长环境］　生于山坡杂木林中，与柞树、化香树等混生成林。

［产　　地］　江西（庐山）、广西等省区。

［用　　途］　树皮纤维柔韧，可制人造棉和绳索亦可造纸。

［采收处理］　树皮全年均可采收。

［加　　工］　采下树皮后，可放入池塘或溪水中浸泡，待纤维能分离均匀时，即可捞出捶打冲洗即成麻，亦可用酸或碱加水蒸煮制取纤维。

218 华椴（huaduan）（图 169）

［地 方 名］　中国椴（河南）

［学　　名］　**Tilia chinensis** Maxim.　椴树科

［原 料 名］　椴麻（湖北）

［形态特征］　落叶乔木，高 10～15 米，树皮灰绿色，光滑。枝暗绿色，具纵沟，无毛。冬芽阔卵形，具褐色鳞片。单叶互生，卵形或阔卵形，长 12～16 厘米，宽 7～10 厘米，基部斜圆，偏心形或截形，先端短突尖，**边缘具刺状细锯齿**；表面暗绿色，无毛，背面淡绿色，脉腋间丛生褐色毛茸；叶柄细，长 6～7.5 厘米，黄褐色，光滑。花 1～3 朵成下垂状聚伞花序，腋生；总花梗与叶状苞愈合，苞片黄褐色，线状长圆形，长 4～6 厘米，宽约 1 厘米，近无柄，花带黄色，萼片 5，花瓣 5；雄蕊多数，结合成 5 束，长为花瓣之半，退化雄蕊花瓣状，子房 5 室，柱头 5 裂。小坚果椭圆形，有长梗，单生或成对或 3 个集生，长约 1 厘米，宽约 7 毫米，**具明显 5 棱**，被灰色星状茸毛。花期 7 月，果期 8～9 月（河南）。

［生长环境］　常生于土质较厚湿润山坡或山谷内，海拔在 1000 米以上。

［产　　地］　河南、湖北、四川、陕西、甘肃、云南等省。

［用　　途］　韧皮富含纤维，可代麻制绳索、织麻袋、造纸等用。

木材轻软，色白，易于加工，适于作家具、火柴杆及造纸等。

图 169　华椴
Tilia chinensis Maxim.
果枝

［理化性质］　据河南省资料：皮部含纤维 30%以上，纤维坚韧，拉力较强。

［采收处理］　在 5～6 月间，采割椴树枝条，或剥取椴皮。

［加　　工］　将椴皮剥下后，先刮去外皮，然后放入池塘中浸泡；浸泡时间依气候而定，一般春天泡 15 天左右。沤至纤维能分离时，取出揉搓成麻，晒干即可。

219 红皮椴（hongpi-duan）

［地 方 名］　显脉椴（河南）

［学　　名］　**Tilia dictyoneura** Engler　椴树科

［原 料 名］　椴皮

［形态特征］　落叶小乔木，高约 3 米。树皮红褐色；小枝细弱，红褐色，光滑，无毛。冬芽卵形；光滑。叶卵状，心形或阔卵形，长 4.5～6.5 厘米，宽 2.5～3.5 厘米，基部心形，罕截形，先端长尾状渐尖，边缘锯齿状，齿端具刺尖；表面深绿色，背面淡绿色，均平滑无毛；叶柄细弱，长 2～3 厘米，光滑。腋生聚伞花序，苞片长椭圆形，长 3.5～6.5 厘米，宽 0.7～1.2 厘米，具柄，长约 5～10 毫米，花梗着生在苞片中下部，有花 5～12 朵，小形；萼片 5，卵形，外面紫红色，疏生毛，内面具星状毛；花瓣 5，黄色；雄蕊多数，退化雄蕊 5；子房球形，花柱细长，无毛，柱头 5 裂；果实斜倒卵形，易碎，长 3～6 毫米，宽 3～4 毫米。花期 5 月，果期 7～8 月（河南）。

［生长环境］　生于海拔 1000 米以上的土壤湿润、肥沃的山坡上，为高山林木之一。

［产　　地］　主产在河南的伏牛山、大别山，在陕西、山西亦有分布。

［用　　途］　树皮纤维可制绳索、麻袋，也可制人造棉，供作纺织原料。木材可制家具。

［理化性质］　据河南省资料：树皮含纤维，出麻率为 25%。含纤维素 74.84%，木质素 10.86%，半纤维素 2.7%，果胶 0,9%，脂肪及蜡质 0.6%，冷水水溶物 1.3%，热水水溶

物 1.3%，含水分 7.2%，灰分 1.84%；单纤维拉力 1.35 毫克，公制支数 137，单纤维平均长 29.50 毫米，短绒率 34.24%，上半部长 38.45%，整齐度 76.7。

［采收处理］　参阅糠椴（208 页）。

［加　　工］　参阅糠椴。

220 湘椴（xiangduan）（图 170）

［地 方 名］　火索树（湖南）

［学　　名］　**Tilia endochrysea** Hand. -Mzt.　椴树科

［原 料 名］　椴皮（通用），火索树皮（湖南）。

［形态特征］　落叶乔木，高约 9 米，小枝灰绿色，密被绢状灰柔毛。单叶互生，**厚革质**，圆卵形，或椭圆状卵形，长约 14 厘米，宽约 10 厘米，基部心形，偏斜，先端渐尖，短尾尖或尖，边缘疏生齿牙状锯齿，**有时中部以上两侧各有一较大锯齿，似裂片状**，表面绿色有光泽，背面具短柔毛，脉腋间有簇毛；叶柄长约 6 厘米，被灰色柔毛。花为腋生，聚伞花序，苞长圆状线形，两端宽钝，中间稍狭；萼片 5，被灰色绢状短柔毛，花瓣 5，狭长圆形，长约 12 毫米，带黄色，边缘被白色丝状纤毛，退化雄蕊花瓣状，长不及花瓣之半；雄蕊多数，长极不相等，长者约 5 毫米；子房微被粉状茸毛；花柱较粗，被星状绒毛。

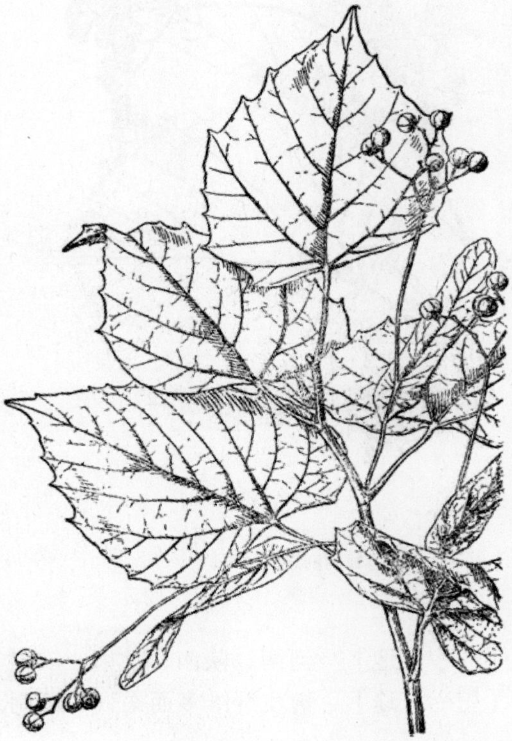

图 170　湘椴
Tilia endochrysea Hand. –Mzt.
果枝

［生长环境］　生于河边，与杨、桐、四照花、杜鹃等混生。

［产　　地］　湖南（宁乡及湘西等地）

［用　　途］　树皮纤维可代麻，制人造棉供纺织用。

［理化性质］　据湖南省资料：半脱胶的纤维色黄，纤维含量 13.1%，拉力最高 20 公斤，最低 14 公斤，平均 16 公斤。

［采收处理］　参阅糠椴（208 页）。

［加　　工］ 参阅糠椴。

221 粉椴（fenduan）（图 171）

［地 方 名］ 糯米椴（河南、安徽）

［学　　名］ **Tilia henryana** Szysz.　椴树科

［原 料 名］ 椴皮

［形态特征］ 落叶乔木，高达 15 米，树皮灰褐色，内皮富粘液及柔软纤维（故称糯米椴）；当年生小枝黄褐色，密被褐色短柔毛，老时无毛。单叶互生，革质，卵形或阔卵形，基部偏斜心形或截形，先端短尖，边缘具粗锯齿，齿端由延长的侧脉成刚毛状刺尖，表面无毛，背面被有褐色星状毛，脉腋间簇生长毛；叶柄长 2.5～5 厘米。花 20 或更多，形成下垂聚伞花序；苞片长椭圆形，被星状毛，下部与总花梗愈合；萼片 5，卵形，被褐色短柔毛；花瓣 5，白色，较长于萼片，先端钝圆，有齿裂；退化雄蕊花瓣状，长于雄蕊，雄蕊多数，子房 5 室，被星状毛，花柱细长，柱头 5。小坚果椭圆形，有 5 棱。花期 7 月，果期 9 月（河南）。

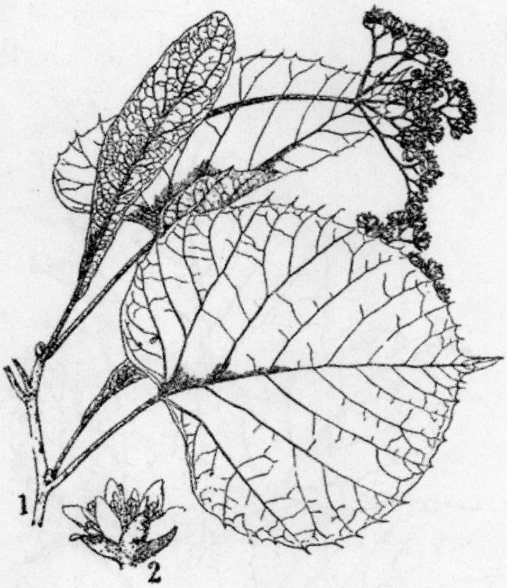

图 171　粉椴
Tilia henryana Szysz.
1. 花枝；2. 花。

［生长环境］ 多生于较高山坡、山谷及山顶，常在海拔 1000 米以上与其他树种混生。

［产　　地］ 河南、陕西、甘肃、安徽、江苏、江西、湖北等省。

［用　　途］ 树皮纤维多而柔韧，可制人造棉、麻袋、绳索，也可作火药的导火线。

木材坚韧，宜作屋梁、桥梁、枕木、坑木、家具等。花及嫩叶可代茶用。

［采收处理］ 参阅糠椴（本页）。

［加　　工］ 参阅糠椴。

222 糠椴（kangduan）

［地 方 名］ 辽椴（辽宁），椴兵子（黑龙江），椴树（山东），大叶椴（吉林、河北）。

［学　　名］ **Tilia mandshurica** Rupr. et Maxim.　椴树科

［原 料 名］ 椴皮

［形态特征］ 落叶乔木，高达 20 米，胸径达 50 厘米，树皮暗灰色，老时纵裂。二年生枝紫褐色，被灰白粉，无毛，一年生枝黄绿色，密生灰白色星状毛。芽卵圆形，密生黄褐色带锈色星状毛。单叶互生，近圆形或广卵形，长 7～12 厘米，宽 8～13 厘米，**基部阔心形**或近截形，先端短尖，边缘锯齿三角形，锐尖呈芒状，表面绿色有光泽，无毛，背面具密淡灰色的星状毛，脉上有时具长柔毛，叶柄圆柱形，长 4～5 厘米，密生灰褐色星状毛。聚伞花序，着生花 7～10 朵，花梗被灰白色柔毛；苞叶线状长圆形，长 5～9.5 厘米，宽 1～2 厘米，具短柄，表面脉上密被褐色毛，其余近乎无毛，背面被星状毛；萼片披针形，两面具毛；花瓣黄色，退化雄蕊发育成花瓣状；子房密被灰褐色毛，花柱无毛。小坚果扁球形或球形，基部略显五棱，外被黄褐色绒毛。花期 7 月中旬至 8 月中旬，果期 9 月（东北）。

［生长环境］ 喜生开阔山地或沟谷地，柞木林或杂木林内土壤湿润肥沃处；在山东地区沙质土上常与赤松混生。

［产　　地］ 黑龙江、吉林、辽宁、内蒙古、河北、山东、河南、甘肃等省区。

［用　　途］ 枝条韧皮纤维，加少量韧性较强的麻混纺，可制绳索、织麻袋、制人造棉，亦可为造纸原料。

果实可榨油（见“油脂类”，890 页）。木材质软，不矫裂，供制胶合板、火柴杆及家具。花可药用，有发汗、镇静及解热作用。

［理化性质］ 据辽宁省资料：树皮出麻率 36.97%，纤维平均长 1.184 毫米，宽 22 微米。吉林省资料：出麻率 40%。黑龙江省资料：含纤维素 65.01%，其中：α-纤维素 76.85%，β-纤维素 10.73%，灰分 0.65%，物理性质：木材纤维长 0.932～1.626 毫米，平均长 1.15 毫米，宽 16.7～35.1 微米，平均宽 25.3 微米。河北省资料：含纤维素 25.76%。

［采收处理］ 树皮全年均可剥取，以春秋季节最适宜，但必须结合木材砍伐同时进行，或采用三角留皮法剥取一部分茎皮，不能乱剥，以免影响树木成长，以致枯死。

［加　　工］ 将剥得的树皮刮去老皮（外皮），置于水中，上压石块，不使露出水面，浸沤 10～15 天，使其自然脱胶，或用锅煮沸 12～14 小时，或碱化脱胶；用木棒捶打，使其松软如麻状，然后捞出晒干，即成麻。

223 南京椴（nanjingduan）（图 172）

［地 方 名］ 弥格椴、菩提椴、菠萝椴（江苏），白椴（河南）。

［学　　名］ **Tilia miqueliana** Maxim.　椴树科

［原 料 名］ 椴皮

［形态特征］ 落叶乔木，高达 15 米，与糠椴相似，**幼枝密被灰白色星状毛**。**叶三角状卵形**，卵圆形，基部偏斜心形或截形，先端短渐尖，边缘具短尖锯齿，表面无毛

或几无毛，暗绿色，背面密被灰白色星状毛；叶柄与叶片近等长，有毛。花 10～20 朵形成聚伞花序，苞片匙形，背面密被星状毛；花梗很长，萼片 5，密被星状茸毛；花瓣 5，先端尖，较雄蕊稍长；雄蕊多数，具退化雄蕊。小坚果近球形，基部具 5 肋，被星状茸毛，表面有小突起。花期 6 月，果期 9 月（华东）。

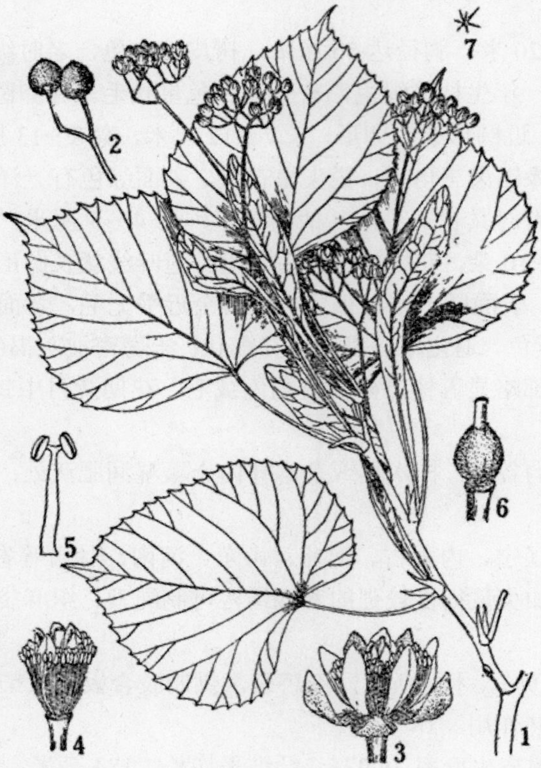

图 172　南京椴

Tilia miqueliana Maxim.

1．花枝；2．果；3．花；4．花去萼和花瓣后示雄蕊和退化雄蕊；5．雄蕊；6．雌蕊；7．星状毛。

（自“江苏南部种子植物手册”）

［生长环境］　山坡、山沟阴湿处。

［产　　地］　山东、安徽、江苏、浙江、四川等省。

［用　　途］　枝及杆皮纤维可制人造棉，并为优良造纸原料。

木材坚韧，可制农具、家具等。

［理化性质］　据河南省资料：椴树皮出麻率为 39.6%，水分 6.05%，脂肪及蜡质 0.7%，果胶 0.8%，半纤维素 2.82%，木质素 7.58%，纤维素 79.4%，灰分 5.22%；物理性质：单纤维强力 1.64 毫克，公制支数 109，单纤维平均长 20.17 毫米，短绒率 47.48%，整齐度 69.50。

［采收处理］　随时均可剥取，但以春秋二季最合宜，采回放在水中泡 15～20 天后，捞出剥皮，刮去粗皮，碾成条状即可打绳用，或再进一步加工，作为纺织及制麻袋用。

［加　　工］　参阅糠椴（208 页）。

224 蒙椴（mengduan）（图 173）

［地 方 名］　椴树（陕西），小叶椴（山西），白皮椴（河南、山西），刀茂特（蒙古语），椴冠冠（内蒙古）。

［学　　名］　**Tilia mongolica** Maxim.　椴树科

［原 料 名］　椴皮

［形态特征］ 落叶小乔木，高达 10 米；树皮灰红褐色；枝暗红褐色，一年生枝黄褐色，无毛；芽卵形，黄褐色。叶三角状卵形或近圆形，长 3～5.5 厘米，宽 2.5～4.5 厘米，基部心形或近截形，先端成尾状尖，边缘为**不整齐的粗大锯齿，或 1～2 对浅裂**，表面绿色，背面淡绿色，无毛，仅脉腋有簇毛；叶柄细长圆柱形，长 3～3.5 厘米。聚伞花序，具 6～12 朵花，花轴平滑，着生于苞片下部；苞片狭长圆形，长 3.5～5.5 厘米，宽 1～1.5 厘米，两面无毛，有柄；萼 5 片，外面无毛，里面具丛毛；花瓣 5，披针形；雄蕊多数，具退化雄蕊 5 枚，花丝无毛；子房球形，密被灰白色茸毛，花柱无毛，柱头微 5 裂。小坚果倒卵形，长 6～8 毫米，顶端具小尖头，外面密被淡褐色茸毛，具明显 5 棱，壳厚。花期 7 月，果期 9 月（东北）。

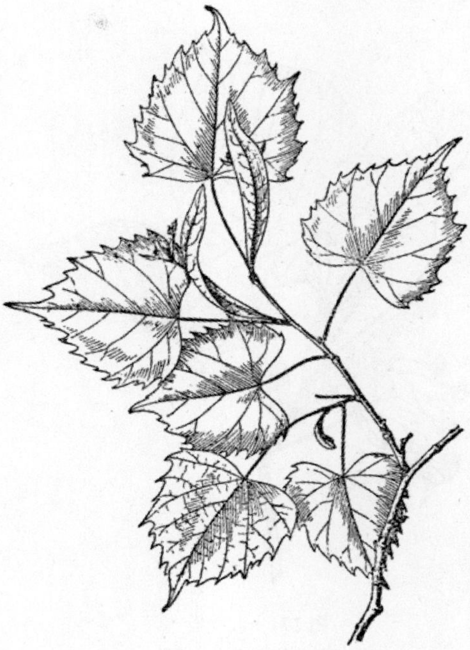

图 173 蒙椴

Tilia mongolica Maxim.

花枝

［生长环境］ 生于向阳山坡、岩石间隙或沙丘上，常与山杨等树种混生。

［产　　地］ 辽宁、内蒙古、河北、山西、河南、陕西、甘肃等省区均有分布。

［用　　途］ 树皮纤维较好，可代麻织麻袋、制绳索等。木材富弹性，可供建筑、器具及薪炭用。花可提芳香油，又能供药用。

［理化性质］ 据山西省资料：木材含纯纤维素 41.45%，木质素 36.5%，钾 0.375%，氮 0.32%；树皮含纯纤维素 29.9%，木质素 27.04%，钾 0.351%，氮 0.17%。

［采收处理］ 参阅糠椴（208 页）。

［加　　工］ 参阅糠椴。

［其　　他］ 在西北分布一种少脉椴（T. pancicostata Maxim.）与本种近似，唯**其叶齿整齐，不具裂片**，花形小，淡黄色，苞片披针形，长约 6 厘米，宽约 1 厘米，小坚果圆筒形，为与本种的区别。产河南、湖北与云南，用途与本种相同。

225 大叶椴（dayeduan）（图 174）

［地 方 名］ 椴树（四川）

［学　　名］ **Tilia nobilis** Rehd. et Wils. 椴树科

［原 料 名］ 椴树皮

［形态特征］ 落叶乔木，高 8～12 米，小枝无毛。**叶大，卵形，长 15～20 厘米，宽 11～15 厘米**，基部斜心形或楔形，先端渐尖，边缘有渐尖针状齿，表面深绿色，无毛，背面几无毛或有疏生星状毛，脉腋有簇毛；叶柄长 4～6 厘米，无毛。聚伞花序，2～4 花集生，花苞长达 12 厘米，有粗短梗，疏生星状细毛，萼片狭三角状卵形，急尖，长约 6 毫米，宽 3～4 毫米，外面被星状绒毛，内面被细毛，花瓣 5，卵圆状披针形，长 7～8 毫米，宽 3 毫米，退化雄蕊 5，为花瓣长之半；雄蕊无毛，子房近球形。果卵圆形，长 10～12 厘米，有 5 肋，密生茸毛。

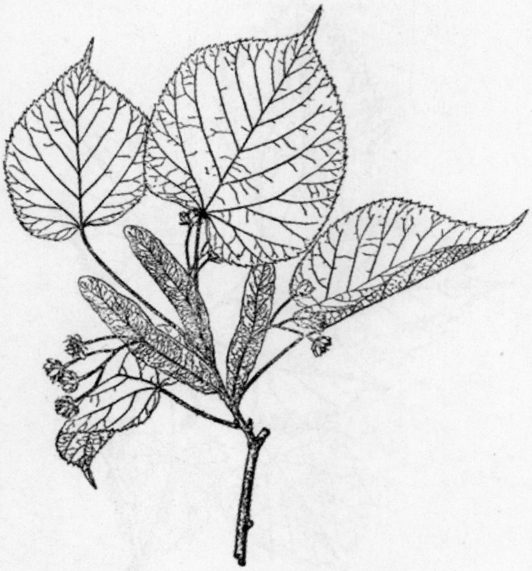

图 174　大叶椴
Tilia nobilis Rehd. et Wils.
花枝

［生长环境］ 生于海拔 2300～2600 米的林内与山坡较阴湿腐植质丰富处。

［产　　地］ 四川（达县）。

［用　　途］ 茎皮纤维色白，拉力强，供纺织用等。

［采收处理］ 参阅糠椴（208 页）。

［加　　工］ 参阅糠椴。

226 鄂椴（eduan）（图 175）

［地 方 名］ 奥氏椴（陕西）

［学　　名］ **Tilia oliveri** Szysz. 椴树科

［原 料 名］ 椴麻（湖北）

［形态特征］ 乔木，高 10～14 米，胸径约 2 米；树皮灰色；**小枝细，幼时下垂**，灰色或栗褐色。叶阔卵形或圆卵形，长 5～8 厘米，宽 4～7 厘米，基部偏斜心形或楔形，先端渐尖或突尖，边缘具刺状锯齿，表面绿色，光泽，无毛，**背面密被灰白色茸毛，脉腋间无簇毛**；叶柄细弱，长约 5 厘米，具短柔毛。花 5～20 朵，形成下垂聚伞花序，腋生，苞片长椭圆形，长 5～9 厘米，宽 1.3～1.7 厘米。背面被短柔毛；无柄；花小，黄色，具短梗，被短柔毛；萼片三角形，长约 3 毫米，花瓣 5，长圆状披针形，长约 7 毫

米；雄蕊多数，具退化雄蕊；子房5室，密被短柔毛，柱头5裂。坚果椭圆状球形，先端有尖，具疣状突起，具5棱，长约8毫米。花期6月，果期8～9月（湖南、陕西）。

［生长环境］　湿润林内，生长在海拔800～2000米以上的高山上。

［产　　地］　河南、陕西、江苏、浙江、湖南、湖北、四川等省。

［用　　途］　皮纤维代麻用，可织麻袋、制绳索及人造棉，亦为造纸和作火药导引线等原料。

木材质量优良、坚硬，宜制细致家具、车辆用。嫩叶为猪饲料。种子可榨油。

［理化性质］　据陕西省资料：开花时，皮含纤维18.18%。

［采收处理］　参阅糠椴（208页）。

［加　　工］　参阅糠椴。

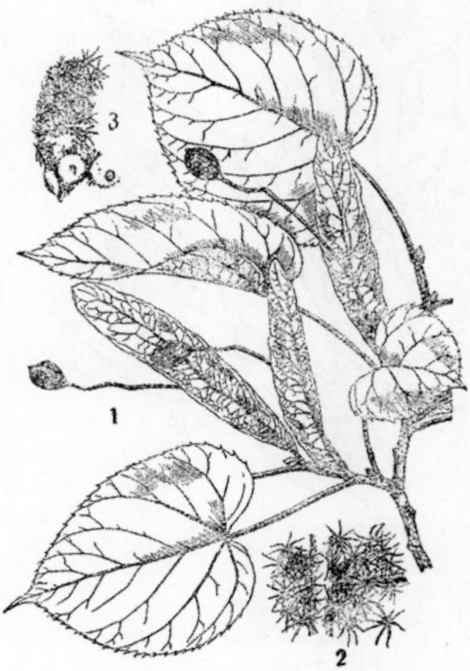

图175　鄂椴
Tilia oliveri Szysz.
1．果枝；2．叶背面的星状毛；3．果之一部示星状毛与小瘤。
（自“中国植物图鉴”）

227 椴树（duanshu）（图176）

［地 方 名］　千层皮（云南），青科榔、家鹤儿（广西、湖南），金桐力树（湖南）。

［学　　名］　**Tilia tuan** Szysz.　椴树科

［原 料 名］　椴麻（湖北、陕西）

［形态特征］　落叶乔木，高约15米，树皮灰色，粗糙，有裂纹；小枝紫灰色，初时有星状短柔毛，后无毛。单叶互生，膜质，斜卵形，长7～10厘米，宽6～7厘米，基部甚偏斜，截形或近心形，先端细长渐尖，边缘疏具小刺状齿牙，通常中部以下全缘；表面无毛，背面疏被星状柔毛，常脱落，脉腋具簇毛；叶柄圆筒形，长约3厘米。聚伞花序腋生，有长梗；苞片长圆形，膜质，总花梗与苞片愈合至苞片中上部；萼及花瓣均为5，雄蕊25～30，具退化雄蕊5枚，花瓣状；子房被白色星状茸毛。坚果球形，直径约8毫米，表面具腺状突起及星状茸毛。花期7月，果期10月（云南）。

［生长环境］　喜湿润土壤，生于山谷或山坡上阔叶杂木林中。

［产　　地］　江苏、浙江、福建、江西、湖北、湖南、陕西、四川、贵州、云南、

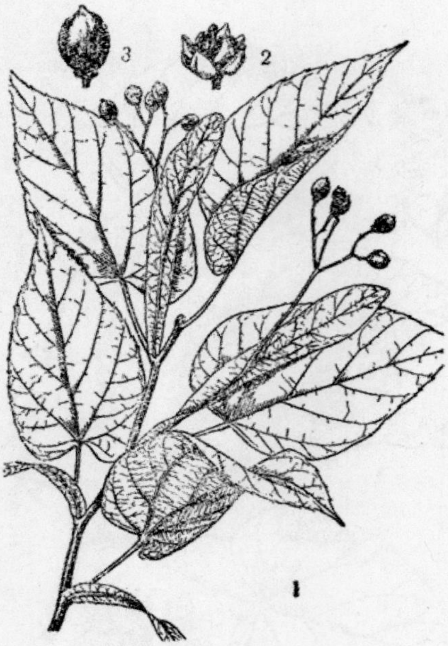

图 176 椴树
Tilia tuan Szysz.
1. 果枝；2. 花；3. 果实。

［形态特征］ 乔木，高达 8 米，小枝灰紫棕色。单叶互生，膜质，斜卵形，长约 7.5 厘米，宽 4.5 厘米、基部偏斜，宽心形，先端长渐尖，边缘具细刺状锯齿；表面无毛，光亮绿色，仅沿脉被有星状毛，背面密被黄褐色星状茸毛，尤其沿脉更密，叶脉间有长毛，叶柄细长，长约 3.5 厘米，疏被星状短柔毛。花由 3 朵组成聚伞花序，总花梗与苞片等长，着生于苞片中部，被星状毛；苞片匙形，先端圆，长约 4～5 厘米，宽约 8 毫米，两面均密被星状茸毛；花于花蕾时具 2 枚不等大的膜质小苞，早落，大的一枚倒卵形，小者匙形；花萼、花梗均被灰色星状茸毛。

［生长环境］ 在海拔 2800～3000 米山谷林内或林缘。

广西、广东等省区。

［用 途］ 枝皮纤维可制麻袋、拧绳索、制人造棉，亦可做火药导引线，当地群众常编织草鞋。

花可提取芳香油（见“芳香油类”，1389 页）。叶可喂猪；木材质软、色白、供制家具用。

［理化性质］ 据云南省资料：枝皮含纤维 42.35%。安徽省资料：枝皮含纤维素 22%。

［采收处理］ 参阅糠椴（208 页）。

［加 工］ 参阅糠椴。

228 滇椴（dianduan）（图 177）

［学 名］ **Tilia yunnanensis** Hu

椴树科

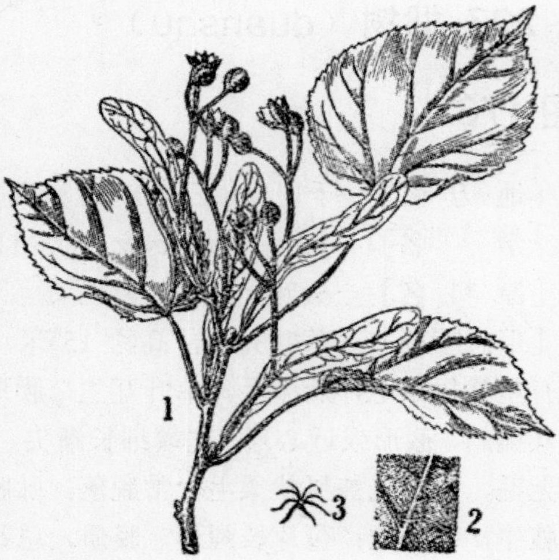

图 177 滇椴
Tilia yunnanensis Hu
1. 花枝；2. 叶背面的一部分；3. 星状毛。

［产　　地］ 云南（丽江）

［用　　途］ 枝皮纤维可制绳索、织麻袋等。

［理化性质］ 据云南省野生植物普查队野外粗分析：纤维含量为28.3%。

［采收处理］ 用浸泡发酵法，将树枝砍下，去其幼枝小叶，再用刀刮去粗皮。

［加　　工］ 在水中浸泡20天左右，待泡到用手指搓擦树皮胶质脱落，纤维分离均匀时（为防止发酵过度，必须经常检查）捞出，再用木棒轻打，然后用清水漂洗干净，晒干即成。

229 小刺蒴麻（xiaocisuoma）（图178）

［学　　名］ **Triumfetta annua** L.　椴树科

［形态特征］ 一年生草本，高0.3～1米，茎一侧被柔毛。叶卵形，基部圆形或略偏斜，先端渐尖，边缘具锯齿；叶柄长；托叶锥形。每3花组成腋生聚伞花序；花瓣橘黄色，雄蕊10。果圆形，被长钩刺，无毛。果期秋季（云南）。

［生长环境］ 喜生于海拔1400～2200米地带的山坡路边。

［产　　地］ 云南（中甸、文山、西双版纳、丽江、鹤庆等地）

［用　　途］ 茎皮纤维较粗，适用于制麻绳及麻袋。

［理化性质］ 据云南省资料：纤维含量23%。

［采收处理］ 8～9月割取全株，去掉粗枝叶，分别老嫩，扎成小把。

［加　　工］ 用石灰蒸煮法，加10%的石灰，蒸煮2～3小时，经捶洗漂净杂质，即成麻。

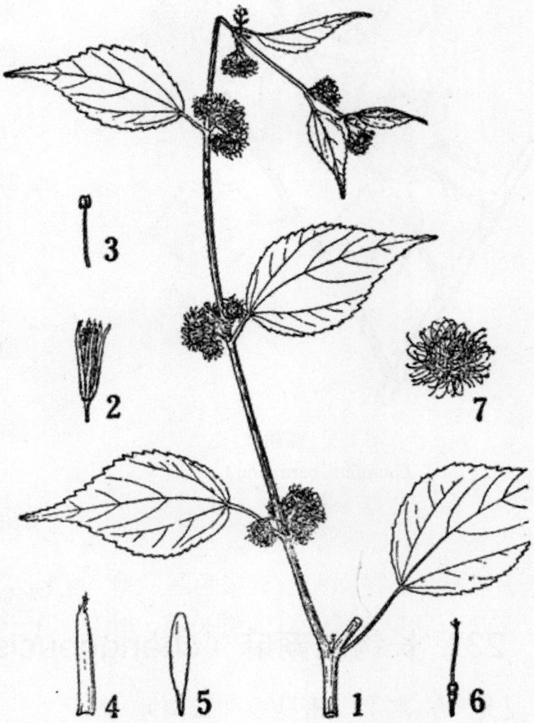

图178 小刺蒴麻
Triumfetta annua L.
1. 果枝；2. 花；3. 雄花；4. 萼片；5. 花瓣；6. 雌蕊；7. 果实。

230 刺蒴麻（cisuoma）（图179）

［地 方 名］ 密马专（云南），黐头婆（广东、广西）。

［学　　名］ **Triumfetta bartramia** L. (*T. rhomboidea* Jacq.)　椴树科

［形态特征］ 落叶半灌木，直立，高约1米，多分枝，被毛。**叶多变形**，通常圆形、斜方状卵形或心形，长4～8厘米，宽3～6厘米，基部圆形，**上部常3裂**，边缘有缺刻状牙齿，3脉，表面被星状毛，背面毛更密；叶柄长1～5厘米，被毛。聚伞花序稠密腋生，花黄色，长约6毫米，萼片长圆形，先端锐尖，被星状柔毛；花瓣长圆形，基部具纤毛；雄蕊8～15。**蒴果球形**，直径3～4毫米，**密被长2～3毫米的钩状刺**，刺无毛或被纤毛，刺间被白色茸毛。果期11～12月。

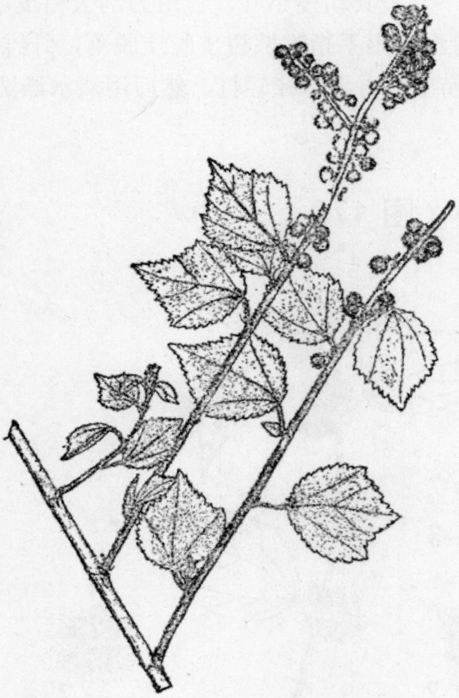

图179　刺蒴麻
Triumfetta bartramia L.
果枝

［生长环境］ 常生于村旁旷地或田边日光充足的矮草丛中，分布于海拔220～2100米的地带。

［产　　地］ 云南、广西、广东、台湾等省区。

［用　　途］ 茎皮含纤维，拉力较强，供拧绳索及纺织麻袋等原料。

［理化性质］ 据广西僮族自治区资料：茎皮含纤维60.29%。

［采收处理］ 参阅毛刺蒴麻（217页）。

［加　　工］ 参阅毛刺蒴麻。

231 长钩刺蒴麻（changgoucisuoma）（图180）

［地 方 名］ 密马专（云南）

［学　　名］ **Triumfetta pilosa** Roth.　椴树科

［形态特征］ **落叶半灌木**，高约1米，**小枝被毛**。**叶卵形或卵状披针形**，长8～16厘米，宽2.5～6厘米，基部圆形，先端短渐尖，下部的叶有时3浅裂，边缘具不整齐牙齿，基部常具3～5脉，两面均被星状柔毛；叶柄长1～5厘米，被长柔毛；托叶锥形，长约5～10毫米。聚伞花序，腋生；花黄色，长1厘米；花梗长约6～10毫米；萼片线形，具细尖；花瓣长圆状匙形，与萼片近等长，基部被纤毛；雄蕊10。**蒴果球形，直径约5毫米**，4室，具种子8粒，**外被长约6～10毫米的钩刺**，刺上被硬毛，果期12月。

［生长环境］ 生于干燥阳坡灌木丛中。

［产　　地］ 台湾、广西、云南等省区。

［用　　途］ 茎皮纤维代麻制绳索、麻线及制人造棉供纺织用。

［理化性质］ 据云南省资料：其中：α-纤维素 87.5%，单纤维长 1.5～5 毫米，宽 1.5～2.5 微米。

［采收处理］ 参阅毛刺蒴麻（本页）。

［加　　工］ 参阅毛刺蒴麻。

232 毛刺蒴麻（maocisuoma）（图 181）

图 181　毛刺蒴麻
Triumfetta tomentosa Bojer.
1．花枝；2．花；3．果枝。
（自“广州植物志”）

图 180　长钩刺蒴麻
Triumfetta pilosa Roth.
果枝

［地 方 名］ 匹逢、下匹、蓬绒木、山黄麻（广西）

［学　　名］ **Triumfetta tomentosa** Bojer.　椴树科

［形态特征］ 直立半灌木，多分枝，高约 1 米，**密被星状茸毛**。单叶互生，茎下部叶大，阔卵形，宽过于长，基部近圆形，茎上部叶椭圆状卵形至披针状卵形，长 5～11 厘米，宽 2～4 厘米，基部圆形或微心形，先端尖，边缘有不规则锯齿，背面密被灰色茸毛，脉 3 条，先端常 3 浅裂。花成稠密的腋生花束；花芽狭长圆形，密被星状茸毛，花黄色，具极短的柄；雄蕊 8～15。蒴果小，球形，**果刺直而硬**，灰褐

色。花期秋季。

［生长环境］　生于山地、山坡灌丛中。

［产　　地］　广东、福建、广西（龙津、百色、靖西、全县）及贵州西南部。

［用　　途］　茎韧皮纤维可代麻织麻袋和绳索。

［理化性质］　广西僮族自治区资料：茎皮含纤维 24.18%。

［采收处理］　7～8 月皮层含水分多，此时进行采割，易剥皮。

［加　　工］　将茎皮放入水中浸泡 10～15 天，但须注意上层不要露出水面，下层用竹木隔离污泥，以防变黑，浸泡到用手搓纤维分离均匀时，即可取出清洗，去尽杂质，晒干，整理成束备用。

233 海南秋葵（hainanqiukui）（图 182）

［学　　名］　**Abelmoschus hainanensis** S. Y. Hu　锦葵科

［形态特征］　似黄葵，唯全株密被黄色长刚毛。叶圆形，5～6 裂，基部心形，直径 11～15 厘米，茎上部叶变小，不裂，三角形。花黄色，总苞片 12，丝状，长 2.5～3.5 厘米，宽 1 毫米，与蒴果等长或更长，被长毛。

［生长环境］　山野灌丛中。

［产　　地］　广东（海南）、云南、贵州等省。

［用　　途］　韧皮纤维可作纺织原料制绳索、麻袋等用。

［理化性质］　据云南省资料：茎皮含 α-纤维素 43.89%。

［采收处理］　一般 7～9 月进行采割，为了保护它的繁殖，采收时不要连根拔起，应在离土 3～6 厘米处割下。

［加　　工］　将麻杆放入水中浸泡，一般为 5～7 天，发酵适度皮秆分离，就可捞出剥皮，并进行清洗，去其胶质，使纤维分离，然后漂洗干

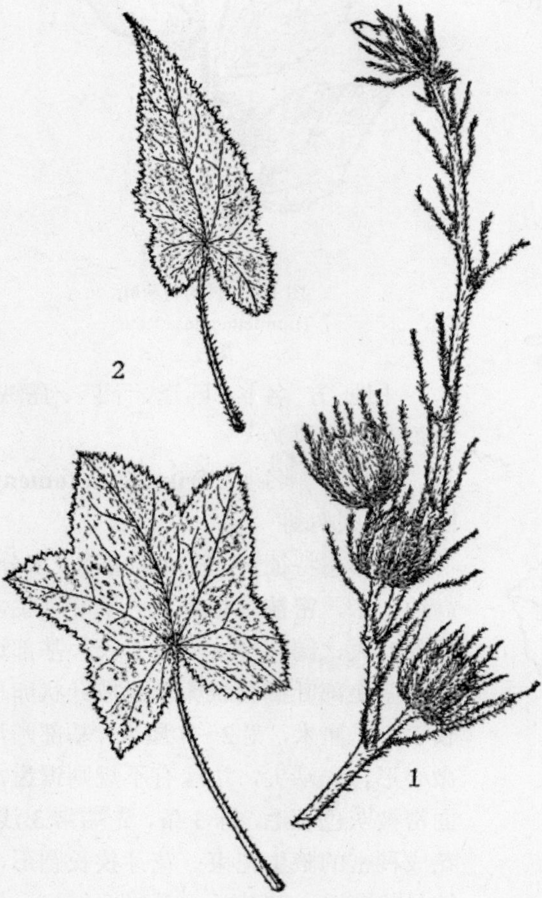

图 182　海南秋葵
Abelmoschus hainanensis S. Y. Hu
1．果序；2．叶。

净，晒干扎把即成麻。

234 刚毛秋葵（gangmaoqiukui）（图 183）

［地 方 名］ 野棉花、豹子眼睛（云南），辣脚（云南景颇语）。

［学　　名］ **Abelmoschus manihot** (L.) Medic. var. **pungens** (Roxb.) Hochr. 锦葵科

［形态特征］ 多年生高大草本，高可达 1～2 米，**全株密被黄色长刚毛**。叶掌状 5～7 裂，裂片长圆状披针形，中央裂片长 10～13 厘米，宽 1.5～5 厘米；先端渐尖，边缘具牙齿状锯齿；叶柄长 8～18 厘米；托叶披针形，长 1～2 厘米。花单个腋生，或多数于茎先端形成近似总状花序；小苞片 4～5，卵状披针形，宿存；花冠黄色，中央紫色，直径约 12 厘米；雄蕊管长 15 毫米，先端有齿，花药近无柄。蒴果卵圆状椭圆形，长 4～5 厘米，直径约 2.5 厘米，先端具短喙。花期 9～10 月，果期 11 月。

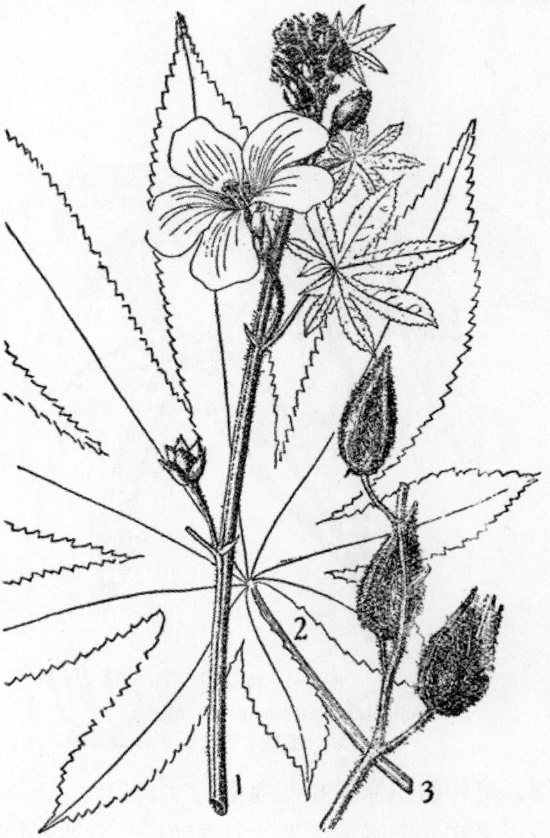

图 183 刚毛秋葵
Abelmoschus manihot（L.）Medic. var. pungens（Roxb.）Hochr.
1. 花枝；2. 叶；3. 果序一部分。

［生长环境］ 喜阳光，生于海拔 1000～2500 米间路边或林缘，或生沟边；间或有栽培。

［产　　地］ 广东、湖北、云南、四川等省。

［用　　途］ 纤维粗而结实，代麻用，亦可作人造棉。

花美丽供观赏。

［理化性质］ 据云南省资料：茎杆皮含纤维 23%，α-纤维素 94.16%，纤维长 8～20 毫米，宽 2～3 微米。据云南省野生植物普查队野外粗分析：含 α-纤维素 50.23%。

［采收处理］ 参阅磨盘草（222 页）。

［加　　工］ 参阅磨盘草。

235 黄葵（huangkui）（图 184）

［地 方 名］　假三稔、假杨桃、毛夹（广东海南），野油麻、鬼布、芙蓉麻（广西）。

［学　　名］　**Abelmoschus moschatus** (L.) Medic.　锦葵科

［形态特征］　一或二年生高大直立草本，高 1～2 米，具分枝，全株被长而扩展的粗毛。单叶互生，长 6～15 厘米，通常掌状 3～5 深裂，裂片狭或阔；茎下部叶卵状三角形，上部叶椭圆形或线形，基部心形，先端渐尖，边缘有不规则的锯齿，但有时具浅裂，两面均被疏粗毛；托叶披针形，长 6～7 毫米。花美丽，大形，腋生，黄色，中心褐红色，直径 7～10 厘米；小苞片线状，通常 7～8 枚，短于萼片，脱落；萼佛焰苞状，长 2～3 厘米，上部 5 齿裂，沿一边开裂，花后成环状脱落；花瓣 5，基部与花柱合生；雄蕊多数，结合成雄蕊柱，包围花柱；子房 5 室，每室有胚珠多数，花柱 5，下部合生。蒴果卵状椭圆形，具 5 棱，长约 5～7 厘米，直径约 2 厘米，先端有短喙，外面被长粗毛；种子淡黑色，有腺状纵行条纹。花期 7～9 月，果期 10 月（广东）。

图 184　黄葵
Abelmoschus moschatus (L.) Medic.
果枝

［生长环境］　多生于潮湿旷野或灌丛附近。

［产　　地］　云南、广西、广东、江西、台湾等省区。

［用　　途］　茎韧皮纤维洁白柔细，可作纺织原料和制绳索。

果实含芳香油（见“芳香油类”，1389 页）。根部含胶状细胞，可制粘滑剂。花大而美丽，供观赏。

［理化性质］　据广东省资料：含纤维素 25%，纤维长度 11 毫米。据福建林学院分析：树皮晒干后含纤维 38.5%。

［加　　工］　选择清水塘，先在塘底用竹先铺隔，不使树皮沾泥，以致影响纤维霉黑变质，再将树皮分别老嫩，松散扎成小扎，不宜扎得太紧，顺次放入，并用竹竿将浮在池面的树皮压在水中，浸泡 8～10 天，经常检查，视树皮是否已呈粘滑状（即纤维易于分离），取出拿到流动的河水中冲洗，并用刀刮去外皮及胶质，将纤维洗净晒干即成麻。

236 苘麻（qingma）（图 185）

［地 方 名］ 野青、紫菁、绿菁、野苘、苘、青麻、野麻、家孔麻、鬼馒头草、野芝麻、野绿麻、活剥皮（江苏），蔄、蔄麻（山东），椿麻（湖北），塘麻（安徽），火麻、桐麻杆（四川、陕西）。

［学　　名］ **Abutilon avicennae** Gaertn.　锦葵科

［原 料 名］ 青麻（东北），苘麻（通称）。

［形态特征］ 一年生草本，高 30～60 厘米；茎直立，具软毛。叶互生，圆心形，直径 7～18 厘米，基部心形，先端尖，边缘具圆齿，两面密生柔毛；叶柄长 8～18 厘米。花单生于叶腋，花梗长 0.8～2.5 厘米，粗壮，短于叶柄；花萼绿色，下部呈管状，上部 5 裂，裂片圆卵形，先端尖锐；**花瓣** 5，黄色，**较萼稍长**，瓣上具明显脉纹；雄蕊筒甚短；心皮 15～20，长 1～1.5 厘米，顶端平截，**有扩展、被毛的长芒 2 枚**，轮状排列，密被软毛。分生果轮列；种子呈褐色，肾形，具微毛。花期 7～8 月，果期 9～10 月。

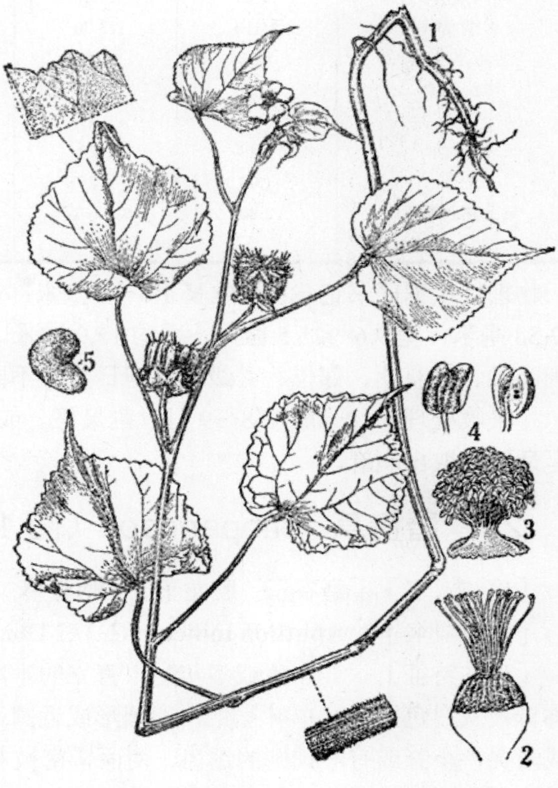

图 185　苘麻
Abutilon avicennae Gaertn.
1．植株全形；2．雌蕊；3．雄蕊筒；4．花药；5．种子。
（自“江苏南部种子植物手册”）

［生长环境］ 常见于路旁、田野、荒地、堤岸上，也有人工栽培的。

［产　　地］ 黑龙江、吉林、辽宁、河北、山西、山东、河南、陕西、甘肃、安徽、江苏、浙江、湖南、江西、湖北、四川、贵州、福建、台湾、广东、广西、云南等省区。

［用　　途］ 茎皮的纤维可织麻袋、搓绳索、编麻鞋，亦可制人造棉供纺织原料。

种子含油（见“油脂类”，890 页）。种子亦可入药（见“药用类”，1808 页）。

［理化性质］ 据涂敦鑫等著“中国的蔄麻”记载，化学成分：粗纤维素 40.7～66.06%，α-纤维素 76%。据研究结果：含水分 11.7%，灰分 2.21%，纤维素 66.06%，果胶 5.17%，水溶性物质 14.34%，脂肪 1.35%。又据同书中记载，我国东北地区苘麻的杆部、木质部及

韧皮部的化学成分（干重百分率）列表如下：

成分	杆部	木质部	韧皮部	备注
酒精苯抽出物	4.31	3.91	0.55	1:1
冷水可溶物	7.36	4.14	0.47	
温水可溶物	8.97	7.39	2.99	
1%苛性钠可溶物	29.35	36.60	18.10	
全纤维素	52.13	49.95	63.37	
α-纤维素	38.85	35.61	49.92	
β-纤维素	1.61	2.76	3.25	
γ-纤维素	11.72	11.48	12.95	
木质胶	19.65	22.40	13.97	
多缩戊糖	21.10	23.70	19.87	
多缩半乳糖	1.50	极少	2.59	
半纤维素	22.60	23.70	22.46	多缩戊糖+多缩半乳糖
氮素	0.40	0.37	0.27	
粗蛋白	2.48	2.28	1.68	
灰分	1.93	1.25	0.88	
果蔬熟胶酸钙	2.80	0.67	2.32	

物理性质据同书记载：纤维长 1.6～6 毫米；宽 19～33 微米；长 1.44～4.2 毫米，平均 2.58 毫米；宽 9.6～25.5 微米，平均 15.9 微米。银白色或黄白色，富有光泽。纤维拉力因品种、收获期、部位、等级、沤泡日数等不同而不同。

[采收处理]　一般在 8～9 月收割最好。或将全株砍下，扎成小捆，放入水中，浸至适度，取出剥麻。

237 磨盘草（mopancao）（图 186）

[地 方 名]　磨谷子、磨龙子、牛估仔麻（广东海南），磨爿果、复盆子（云南）。

[学　　名]　**Abutilon indicum** (L.) G. Don　锦葵科

[形态特征]　一年生或多年生，直立的半灌木状草本；分枝多，高 0.5～2.5 米，全部皆被灰白色柔毛。单叶互生，卵圆形或近圆形，长 3～7 厘米，基部心形，先端短尖或渐尖，全缘或有不规则的锯齿，两面皆密被灰白色星状短柔毛；具长柄。花单生叶腋；花柄柔弱，长可达 4 厘米，近顶端有节；萼绿色、盘状、直径 6～10 毫米，密被灰色短柔毛，5 裂，裂片阔卵形，宽 4～6 毫米，短尖；花冠黄色、直径 2～2.5 厘米、花瓣 5，长 7～8 毫米，较萼长 2 倍以上，基部连合与雄蕊管基部合生，雄蕊多数，合生成一个先端丝状分裂的雄蕊管；子房上位，由 15～20 个心皮成环状围绕轴柱形成，花柱 5，心皮同数，柱头头状。果形倒圆形似磨盘，高约 1.5 厘米，宽 2 厘米，先端截形，心皮稍有毛具短芒；成熟时 5 轴柱分离；种子肾形，被星状疏柔毛。花期 9～10 月（广东）。

[生长环境]　本种为热带性植物，喜生于滨海和平原，砂地、旷地或路旁、丘陵

地和山地的河谷地区及村边亦常见；常生于海拔 800 米以下地带。

［产　　地］ 广西、广东、贵州、云南、福建、台湾等省区。

［用　　途］ 韧皮纤维为麻类的代用品，可扭绳索、纺织麻布，也可制成人造棉供纺织原料。

全草味甘、性平，入药能散风、清血热，能开清降浊、开窍、活血，为治耳聋的良药（据云南采药记载）。果实入药在粤西为小儿科常用的民间草药。

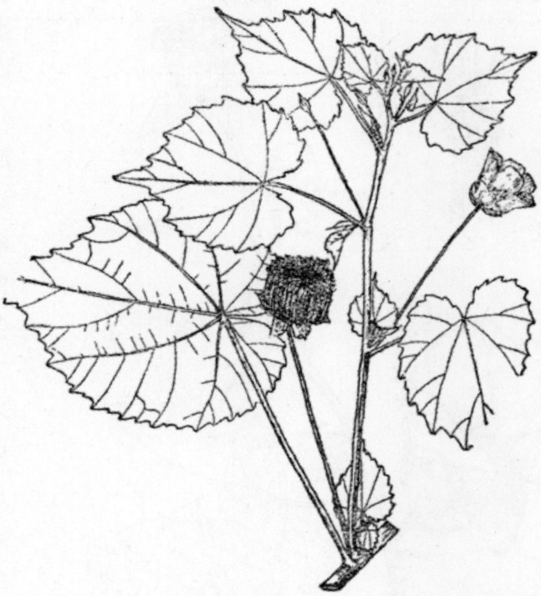

图 186　磨盘草
Abutilon indicum（L.）G. Don
花果枝

［理化性质］ 据云南省资料：茎杆皮含纤维 18%，α-纤维素 86.66%；纤维长 14～18 毫米，宽 1.5～2 微米。

［采收处理］ 最好在花多果少时采收，将全株拔起或用镰刀刈割，削去叶果，平铺地上，晒 1～3 日，然后打捆。

［加　　工］ 将成捆的茎置于 1～2 米深的缓流溪水中或清水池塘中浸泡，上不露出水面，下不接触污泥。浸泡约 2～3 天后，就可进行检查。如发现表皮粘有白液，用手轻撕成麻状时，即为脱胶适度，就可捞起至清水处边捶边洗，至木质素和杂质去净、麻呈白色，晒干即可。

［其　　他］ 变种杨叶磨盘草（拟）［A. indicum（L.）G. Don var. populifolia Wight］与正种主要异点是变种叶多少渐尖。据云南省资料：茎皮含纤维素 51.99%，纤维粗长，拉力大。

238 蜀葵（shukui）（图 187）

［地 方 名］ 蜀季花、麻杆花（河南），舌其花、一丈红（陕西），大蜀季花（辽宁），果木花、木槿花（湖北）。

［学　　名］ **Althaea rosea** Cav.　锦葵科

［形态特征］ 多年生草本，高约 2.5 米，全株被星状毛。茎木质化，直立，不分

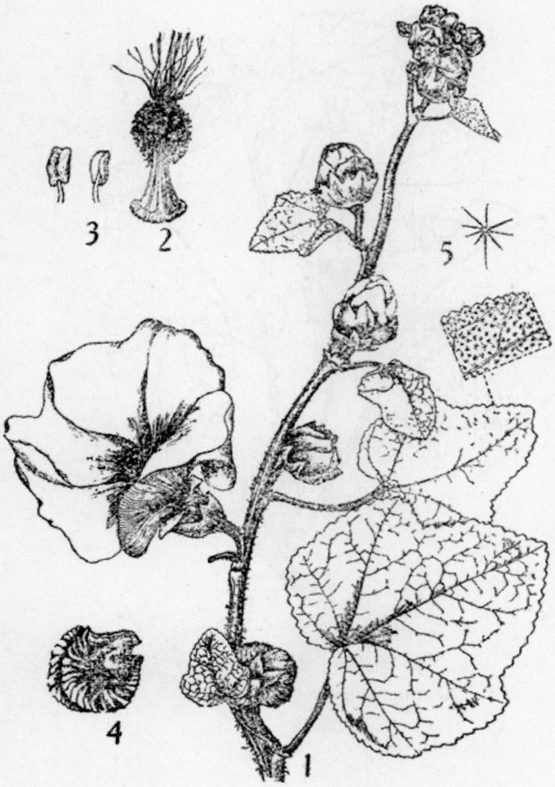

图187 蜀葵
Althaea rosea Cav.
1. 花枝；2. 雄蕊和柱头；3. 花药；4. 心皮；5. 星状毛。
（自“江苏南部种子植物手册”）

枝，通常绿色或绿褐色。单叶互生，纸质，圆形或卵状圆形，有时呈不明显的多角形，长6～10厘米，宽4.5～12厘米，通常具3～7浅裂或波状浅裂，基部心形，先端钝圆，边缘具圆齿，掌状脉5～7条，叶柄长2.5～4厘米，密被星状毛。花单生于叶腋，紫红色，淡红色至白色，直径约7厘米；花梗长约2厘米；苞片纸质，卵形，长约1.2厘米，7～8个，基部连合，先端急尖，里面被长柔毛；花萼钟状，纸质，长约1.7厘米，里面被短茸毛，5裂，裂片卵形，长约1厘米，顶端急尖，花瓣5，倒卵形，仅基部连合，顶端具不整齐的缺刻；雄蕊多数，单体，花丝连合成筒状，包裹花柱，基部与花瓣连合，花药1室；心皮多数，斜肾形，背部边缘竖起如鸡冠状，侧面具斜纹，子房多室，每室1胚珠。果实扁球形，直径约3厘米，熟时每心皮成离果自中轴脱落。花期5～9月，果期7～11月（河南）。

［生长环境］ 为广泛栽培的植物；较少野生。

［产　　地］ 全国各地广泛栽培。

［用　　途］ 茎皮纤维可织麻袋或制绳索，亦可作人造棉。种子可榨油。根可入药。花的色素可为饮料或食品的着色剂。

［理化性质］ 河南省资料：茎皮纤维有光泽，单纤维强力为63.3克，平均长21.58毫米，宽29.6微米，细度为公制支数383，出麻率约68.7%。中国农业科学院（前华北农业科学研究所）分析：强力为25.5公斤，伸长度为10%。厦门大学分析：含纤维量，鲜物中6.91%，晒干后35.64%，烘干物中64.47%；长度30毫米。

［采收处理］ 采集茎皮作纤维用时，以植株花蕾尚未开放时进行收采为宜，若待全部开花结果，其纤维多木质化，质量不好，故采集时间约在7～8月；采回后可立即剥皮，晒干保存。

［加　　工］ 参阅磨盘草（222页）。

239 海岛棉（haidaomian）（图 188）

［学 名］ **Gossypium barbadense** L. 锦葵科

［形态特征］ 多年生植物，灌木状，高 1.5～3 米。单叶互生，3～5 深裂，中央裂片较侧方裂片稍长，卵状披针形，先端渐尖，叶基部心形，背面被茸毛或仅叶脉被茸毛。花单生于叶腋，总苞片 5，基部稍合生或分离，边缘撕裂；花萼合生，具浅圆齿；花冠淡黄色带紫点，5 瓣，基部合生；雄蕊多数，花丝合生成长管；子房上位，3～4 室，每室具胚珠数枚。蒴果长约 6 厘米，3～4 瓣裂；种子卵形，长约 1 厘米，具喙，密被细长种子毛（纤维），毛长 4～5 厘米。花期 3～5 月，9～11 月，果期 6～7 月，12～2 月（每年二期）。

图 188 海岛棉

Gossypium barbadense L.

花枝

［生长环境］ 适宜栽种在热带（雨量较少，年平均温度 25℃，在冬季，月平均温度不应低于 15℃的地区。）对土壤的选择不十分严格，凡土层深厚，肥沃，排水良好，不论砂壤粘壤都可以栽种。

［产 地］ 广东、广西、云南、福建、台湾等省区。

［用 途］ 纤维特别细长，可纺 40～60 支细纱。

［理化性质］ 纤维长度 45.7 毫米，宽 12.5 微米，含水分 8.00%，纤维素 91.00%，蜡质及油脂 0.35%，灰分 0.12%。

240 洋麻（yangma）（图 189）

［地 方 名］ 野麻（台湾）

［学 名］ **Hibiscus cannabinus** L. 锦葵科

［形态特征］ 一年或多年生半灌木状**草本**，高 4～5 米。茎直立，无毛，**疏生锐利小刺**。茎下部叶心形或圆卵形，不分裂，中部叶掌状 3～7 深裂，裂片狭长披针形，上部叶披针形，常不分裂，边缘有锯齿，**叶柄有小刺**；托叶线形，锐尖，脱落。花单生或丛生于叶腋，花梗极短，有小刺，小苞片 7～10，长 6～8 毫米，线形，较萼短，疏具

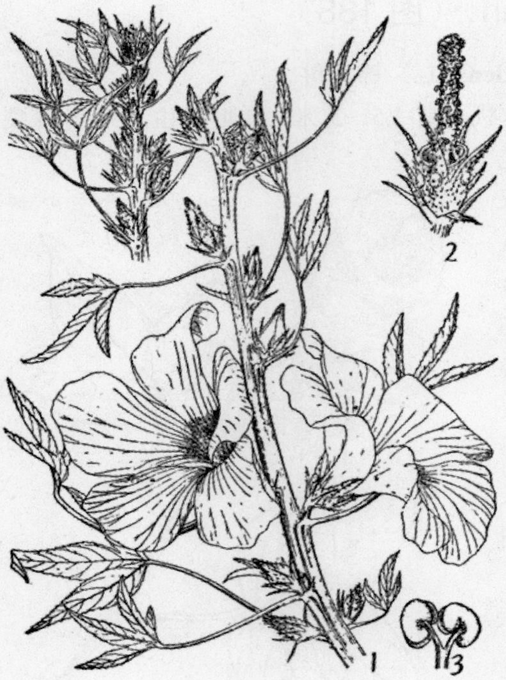

图 189 洋麻

Hibiscus cannabinus L.

1．花枝；2．花去掉花冠，示萼、雄蕊筒和柱头；3．花药。

（自“江苏南部种子植物手册”）

小刺；萼片 5，披针形，被灰白色茸毛，具小刺，中部以下合生，每一裂片背部具一大腺体；花瓣黄色，中部暗红色；雄蕊多数，基部结合成雄蕊管；雌蕊柱头 5 裂。蒴果圆锥状，5 室，表面密生银白色刚毛，顶端尖。花期夏季（广东）。

［生长环境］ 适应性强，能抗寒耐热，容易栽培。野生于山地、路旁及疏林中。

［产　　地］ 黑龙江、吉林、辽宁、河北、山东、河南、江苏、浙江、安徽、湖北、湖南、江西、福建、台湾、广东、广西、贵州、云南、四川等省区。

［用　　途］ 茎皮纤维色白柔软有光泽，与黄麻近似或较好，可织麻袋、麻布、鱼网和制绳索。麻屑可作造纸原料。

种子可榨油制肥皂，油饼可作肥料或饲料。

［理化性质］ 据云南省资料：含 α-纤维素 50.88%。

［采收处理］ 一般在 6～8 月间进行采割，自基部离地面 10～12 厘米处砍下，趁鲜剥皮。

［加　　工］ 将鲜皮放入水中浸泡，约 7～10 天，用手撕纤维分离均匀时，捞出用木棒轻捶搓洗，去净粗壳胶质，再放入清水中浸泡半天，捞出晒干即成白色的麻。

241 大叶木槿（dayemujin）（图 190）

［学　　名］ **Hibiscus macrophyllus** Roxb.　锦葵科

［形态特征］ 乔木或高大灌木，高达 9 米，全株被褐色长柔毛，或具长丝状丛毛。叶大，圆心形，长 20～35 厘米，全缘，稀具裂片，背面密被褐色长柔毛，叶脉 9～11 条；叶柄长约 20 厘米，常较叶长，被褐色长毛；托叶大，长椭圆形，脱落。花大形，直径约 13 厘米，多数，聚伞花序，茎顶腋生，花梗长约 4～7 厘米，与萼均被褐色丛毛；小苞片 10～12，线状匙形，与萼近等长；萼片 5，披针形，中部以下连合成柄状；花瓣

5，紫红色；雄蕊多数，雄蕊管上部截形。蒴果长圆形，与萼等长；**种子密被棕褐色长丝毛。**

［生长环境］　在950～1030米间的树林中。

［产　　地］　云南南部

［用　　途］　茎皮纤维坚韧，可代麻用，制绳索、织麻袋或纺织麻布等原料。

［理化性质］　据云南省资料：茎皮含α-纤维素53.21%。

［采收处理］　一般在6～8月间，将枝条砍下，去其幼枝小叶，趁鲜剥皮。

［加　　工］　宜于水浸脱胶，将鲜皮放入水中浸泡5～7天，如水温低可多泡几天，泡到纤维能分离时，及时捞出捶洗，去尽杂质，整理通顺晒干，即成很白的纤维。

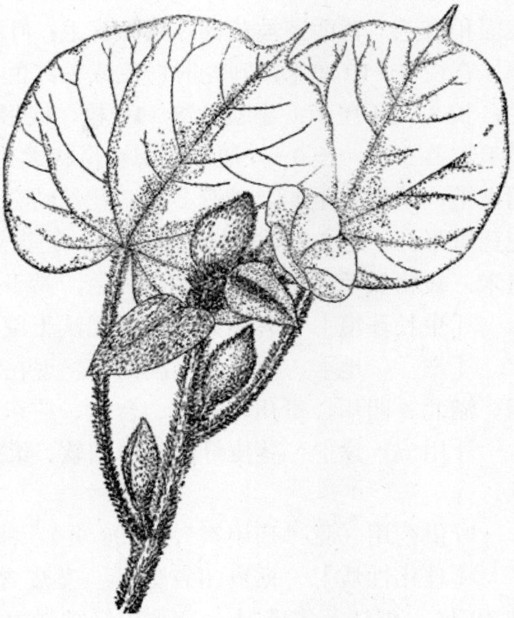

图190　大叶木槿
Hibiscus macrophyllus Roxb.
花枝

图191　木芙蓉
Hibiscus mutabilis L.
1．花枝；2．星状毛。

242 木芙蓉（mufu-rong）（图191）

［地 方 名］　芙蓉花（江苏、湖南、四川、陕西），芙蓉（广东、湖北），酒醉芙蓉（广东、福建），织女麻、地芙蓉（河南），山芙蓉（台湾）。

［学　　名］　**Hibiscus mutabilis L.**　锦葵科

［原 料 名］　芙蓉麻

［形态特征］　落叶大灌木或小乔木，高2～5米，多少密被星状毛、灰色短柔毛。叶大，互生，阔卵形至圆卵形，长10～20厘米，宽9～

22 厘米，掌状 3～5 裂，裂片三角形；基部心形，先端短尖或渐尖，边缘有波状钝齿，表面稍有毛，背面密被黄褐色星状茸毛；叶柄长 5～18 厘米。花两性，腋生或簇生于枝端，直径 7～10 厘米，开花时白色或粉红色，至下午变为深红色；花梗粗壮，被黄褐色毛，长 8～14 厘米；**小苞片 8～10 枚，线形**，长 1.5～2.5 厘米，**宽 2～3 毫米，分离**，被毛；萼 5 裂，长 3～4 厘米，密被星状柔毛，裂片阔卵形；花冠大而美丽，花瓣 5，外面被毛，单瓣或重瓣；雄蕊多数，花丝结合为圆筒形，包围花柱，先端截形或 5 齿裂，花药肾形；子房 5 室，花柱顶端 5 裂，柱头头状。蒴果球形，室背开裂为 5 瓣，长约 2.5 厘米，被粗长毛；种子肾形，有长毛，易于飞散。花期 8～10 月（四川）。

［生长环境］ 喜阳光充足的肥沃土壤，生于河堤或山溪边，常栽培供观赏。

［产　　地］ 原产我国西南部，现在山东、陕西、安徽、江苏、浙江、湖南、江西、湖北、四川、贵州、福建、台湾、广东、广西、云南等省区均有栽培。

［用　　途］ 茎皮纤维洁白细软、柔韧耐水，可供纺织品原料，又可制绳索和造纸。

叶供药用（见“药用类”，1808 页）。种子可榨油（见“油脂类”，891 页）。

［理化性质］ 据贵州省资料：茎皮含 α-纤维素 60%。据云南省资料：茎皮含纤维 39.4%。据江苏省资料：初测束纤维强力平均 30 公斤。据安徽省资料：茎含纤维达 37%。

据南京大学分析：福建原料含纤维 38%，平均长 5.5 毫米，最长 8 毫米，最短 3 毫米。据福建林学院分析：含纤维 37.2%，平均长 17.1 毫米，最长 24 毫米，最短 12 毫米。

据湖南省资料：束纤维最高强力 42 公斤，最低 19 公斤，平均 37 公斤，纤维收回率 25%。

据中国科学院广州应用化学研究所分析：纤维素 22.5%，半纤维素 16.68%，果胶 3%，木质素 18.1%，油脂 0.95%，灰分 7.01%，水分 8.76%。

［采收处理］ 采取茎皮纤维时，应于花初凋落时采割枝条，因此时枝条水分丰富，易剥皮，纤维亦柔细，采时在冬季地上部分不枯死的地区，应保护植株，砍伐枝时，可在近叉椏处，留枝约 10～15 厘米，以便次年萌芽生枝；而在寒冷地区，其地上部分要枯死者，则可砍下全枝。

［加　　工］ 枝条采回后，可立即进行剥皮、脱胶，其方法如下：

将剥下的鲜木芙蓉皮，去其外面粗皮，束成小捆，放入溪水中、深水田中或池塘中浸泡，至纤维柔软、容易分离时为止；一般约需 7～8 天，然后取出洗净即成。浸泡时，应注意尽量少粘污泥，必要时亦可搭架，束捆时亦不宜太紧，以防浸泡不透。

经上面处理过之纤维亦可作人造棉，其操作过程如下：

（1）切料：将上述已脱胶的纤维，切成 4～5 厘米的小段。

（2）碱煮：用 6%的纯碱液煮 50 分钟，取出洗去碱液。在煮的过程中，若纤维仍不能分离时，可用 0.2%的肥皂溶于水中，再煮 30 分钟，取出洗净。

（3）酸浸：用0.5%的硫酸或1%的盐酸溶液，将上述材料浸泡约4小时，取出洗净酸液。

（4）初漂：用1%的漂白粉及0.05%的小苏打混合溶液，投入上述材料，浸漂约1小时，取出洗净。

（5）重漂：用2%的漂白粉和2%的苏打混合液投入上述材料，浸漂约20分钟，取出洗净。

（6）柔化：用2%的太古油，浸泡约12小时，然后取出，挤去水分，晾干，即可梳弹。

［其　　他］ 可用种子繁殖，插条繁殖及分蘖繁殖。种子繁殖适于春季进行，插条及分蘖繁殖可在秋末春初进行。

243 扶桑（fusang）（图192）

［地 方 名］ 朱槿牡丹（北京）

［学　　名］ **Hibiscus rosa-sinensis** L. 锦葵科

［原 料 名］ 木槿麻

［形态特征］ 直立灌木，高可达6米，分枝多，近无毛。叶阔卵形或狭卵形，长7～10厘米，宽4～6.5厘米，基部阔楔形或近圆形，先端渐尖或突尖，边缘具粗大牙齿或缺刻，两面均无毛，有时背面脉上疏具短茸毛。花大形，直径约10厘米，单生于上端叶腋下垂，花梗有节，倾斜；小苞片6～7，线形，分离，较萼短；萼5裂，裂片卵形或披针形，尖锐，长约2厘米；花瓣5，倒卵形，通常玫瑰红色，但也有淡红、淡黄或其他颜色等，有时重瓣，基部与雄蕊柱结合，雄蕊柱突出花冠外；子房5室，花柱5，基部合生。蒴果卵形，有喙，5瓣裂，花期全年（广东）。

图192 扶桑
Hibiscus rosa-sinensis L.
花枝

［生长环境］ 喜轻松肥沃土壤，常栽培于庭园作绿篱用，野生于山地疏林中。

［产　　地］ 主产在广东、广

西等省区，全国各地都有栽培。

［用　　途］　茎皮纤维可代麻制绳索、织麻袋等。

叶及花入药，主治痈疽、腮肿。又为观赏植物。

［采收处理］　一般在7～8月用刀砍割，削去分枝和梢叶即可剥皮；将剥下的皮捆成小把，放入池塘或河水中进行浸水脱胶，一般在7～8天，待皮用手揉搓能分离时，即可取出用木棒轻轻捶打，洗净杂胶质，晒干即成洁白的麻。

244 木槿（mujin）（图193）

［地 方 名］　碗盖花、盖碗花、芙蓉树（广西），碗盏花（湖南），木槿花（江苏、四川、陕西、河南），大碗花、白槿花、平条子、槿树（江苏），扁状花、苦松花、喇叭花（福建），篱障花（湖北），芦树皮（安徽）。

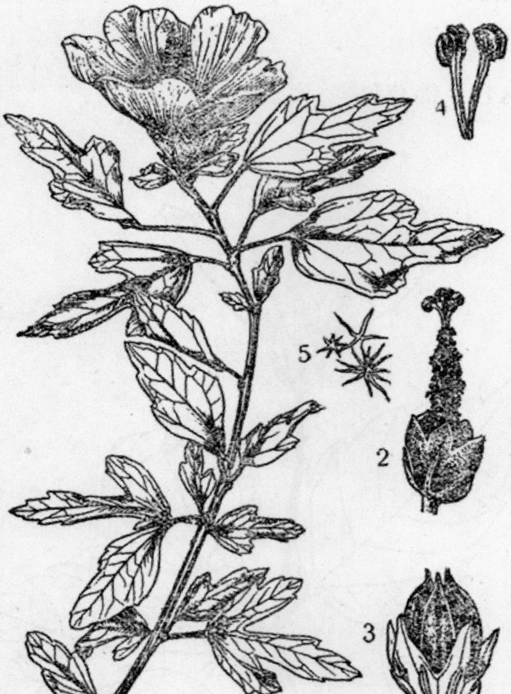

图193　木槿

Hibiscus syriacus L.

1. 花枝；2. 去花瓣的花；3. 开裂的果；4. 雄蕊；5. 星状毛。

（自"江苏南部种子植物手册"）

［学　　名］　**Hibiscus syriacus** L.　锦葵科

［原 料 名］　槿树皮（江苏），碗盏花皮（湖南）。

［形态特征］　落叶灌木，高3～4米，稀小乔木，高可达6米。树皮灰褐色，无毛；幼枝密被黄色星状毛及茸毛。单叶互生，纸质，三角状卵形或菱形，长5～10厘米，宽2～4厘米，具深浅不同的3裂或不裂，基部楔形，先端急尖或钝，边缘具不规则的钝或尖锯齿，具有缘毛，两面疏被星状毛，尤以背面及叶脉为多，具明显的三出脉；叶柄长0.6～1厘米，密被星状茸毛，有时近无毛；花单生于叶腋，紫色或玫瑰红色，亦有白色或蓝色；小苞6～8片，线形、几与花萼等长，分离，疏被星状伏毛；花萼钟状，长约1.5厘米，内外均密被黄色星状毛及短茸毛，萼片5，三角状圆形或广三角形，长不到花萼之半，先端急尖；花瓣5，倒卵形，长4～4.5厘米，先端圆形，基部与雄蕊柱合生，在花蕾时呈复瓦

状排列；雄蕊多数，单体，花丝连合呈圆筒，包裹花柱，先端5裂或截形，花药1室；子房5室，花柱先端5裂，柱头头状。蒴果长圆形，长约2.5厘米，被黄色茸毛，先端具尖喙；种子肾形，成熟后为黑褐色，背面被毛。花期6～8月，果期8～10月（河南）。

［生长环境］　喜生于黑色土壤的山野、丘陵、路旁、沟边或灌丛中。

［产　　地］　主产四川、云南、贵州、广西、广东、台湾、福建、江西、湖南、湖北、安徽、江苏、浙江、陕西等省区；其他各地亦间有栽培。

［用　　途］　树皮纤维富韧性，可搓绳，制麻袋，并可制人造棉及造纸。

树皮、花、果实均供药用（见“药用类”，1809页）。植株制农药、可杀棉蚜，也是一种庭园观赏灌木，普遍作绿篱用。

［理化性质］　据广西僮族自治区资料：树皮纤维属半脱胶的束纤维，乳黄色，稍有丝光，初步测定强力最高为28公斤，最低为18公斤，平均为23公斤。含纤维素45.59%。据江苏省资料：纤维色较黄，强力平均24公斤。据河南省资料：束纤维强力最高为28公斤，最低为18公斤，平均为24公斤。纤维长度为0.45～1.67毫米，一般为1～1.23毫米；宽为1.35～2.5微米。据山西省资料：纤维素32.3%，α-纤维素27.9%，β-纤维素1.73%，γ-纤维素2.87%，木质素27.4%，鞣质5.42%，淀粉9.36%，糠醛10.32%，氮0.056%，磷5.1%，钾0.24%。

［采收处理］　树皮全年都可采集，但以2、8月间采收为好，采回的枝条，去除旁枝和叶，刮去外面粗皮，刮皮时注意用力均匀，勿伤内层纤维，然后按老嫩束成2～3公斤重的小捆，每捆不宜太紧，置于阳光下晒一天再放入河水中或池塘中浸泡，至皮上有白毛，表面粘滑，纤维与杆容易分离时为止，取出剥麻去骨，洗净胶质晒干，即得木槿麻。本种植物的树皮、花、果均可药用，须注意综合利用。

［加　　工］　作人造棉时，可采用碱煮法。

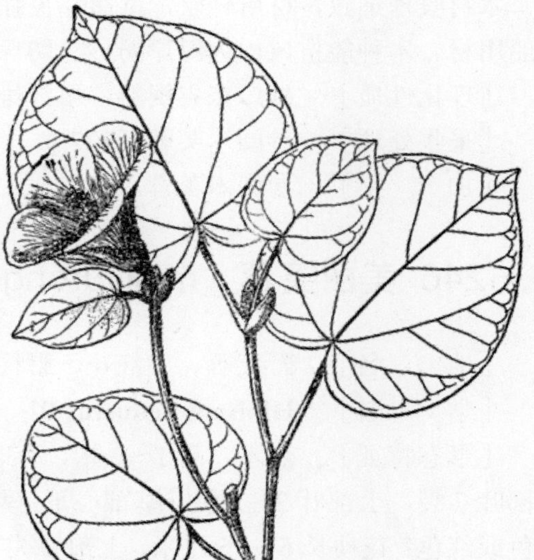

图194　黄槿
Hibiscus tiliaceus L.
花枝

245 黄槿（huangjin）（图194）

［地 方 名］　海麻、没麻、陆麻、叶网麻、丹枚、脉麻、坡麻、木麻、苦

皮麻（广东海南），九重皮（广东），盐水面头果（台湾）。

［学　　名］　**Hibiscus tiliaceus** L.　锦葵科

［形态特征］　小乔木或灌木，高 4～7 米，嫩枝初被毛，成长后毛渐脱落。单叶互生，革质，近圆形，**长宽为 7～15 厘米**，基部心形，先端急尖，全缘或有不明显的小钝齿，表面绿色，**略被星状柔毛**或无毛，背面灰白色，密被短茸毛与**星状毛**；基出脉 7～9 条；叶柄长 2～4 厘米，托叶叶状，长圆形，长约 2 厘米，宽 12 毫米，先端圆，疏被星状柔毛，脱落。花两性，数朵排成腋生的聚伞花序；总花梗长 4～5 厘米，基部有托叶状苞片；小苞 7～10 片，线状披针形，**中部以下合生成一个杯状总苞**；萼长 1.5～3 厘米，近基部约 1 / 4 的部分合生，裂片 5，长 1.5 厘米，基部宽 5～6 毫米，被毛；花瓣 5，基部合生，黄色，内面基部暗紫色，倒卵状圆形，长与宽约 5 厘米。蒴果长圆状椭圆形，长约 2.5 厘米，直径约 2 厘米，被柔毛，基部为宿存萼和小苞片的杯状体所围绕，5 瓣裂，果瓣木质；**种子平滑，略有腺状乳头状突起**。花期 6～8 月（广东）。

［生长环境］　喜生于热带地区的海边堤岸上。

［产　　地］　台湾、广东等省。

［用　　途］　树皮的纤维强韧，可织麻袋及制绳索，织粗布，渔网等，又为造纸原料。

木材纹理细致，材质轻软，抗曲性很强，色泽美丽，适于做各种器具，亦为建筑及造船用材。本种能抗风，为海岸防砂、防风及防潮树种。根及嫩叶可食。

［理化性质］　据广东省资料：单纤维平均长 2.21 毫米，宽 16.24 微米。

［采收处理］　参阅木芙蓉（227 页）。

［加　　工］　参阅木芙蓉。

246 美丽芙蓉（meilifurong）（图 195）

［地 方 名］　野芙蓉、大红花、野棉花（云南）

［学　　名］　**Hibiscus venustus** Bl.　锦葵科

［形态特征］　灌木，高 1～2 米，有时可达 4 米，全株密被星状毛。叶掌状分裂，下部叶 7 裂，上部叶 3～5 裂，基部心形；裂片宽三角状，具不规则牙齿。花单生叶腋，白色或红色；花梗长 6～15 厘米，上部有关节；小苞片 4～5，卵圆形，长 2 厘米，宽 8～12 毫米，基部稍连合；萼杯状，长 2.5 厘米，基部 1 / 3 处合生，裂片卵圆形渐尖；花瓣倒卵形，长 4～6 厘米，外面被长毛。蒴果近球形，被长刚毛，直径约 2 厘米；种子具锈色伏毛。花期 9～11 月，果期冬末至次年春季（云南）。

［生长环境］　喜阳光，生于山坡耕地、公路旁，常在海拔 1200～2400 米处生长。

［产　　地］　云南、四川、广西、广东等省区。

［用　　途］　茎杆皮纤维可制人造棉，代麻用。

种子可榨油（见油脂类，892 页）。

［采收处理］ 参阅木芙蓉（227 页）。

［加　　工］ 参阅木芙蓉。

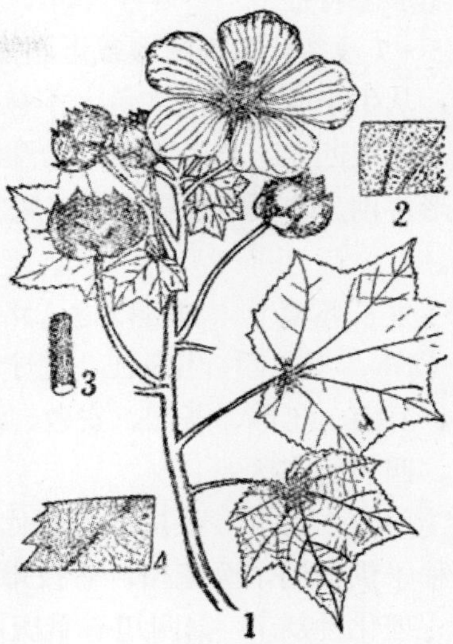

图 195 美丽芙蓉
Hibiscus venustus Bl.
1. 花枝；2. 叶表面；3. 花梗一部分；4. 叶背面。

247 桤的木(kaidemu)(图 196)

［学　　名］ **Kydia calycina** Roxb. 锦葵科

［形态特征］ 乔木，高 15～20 米。叶稍呈五角状圆形，直径 5～12 厘米，渐向上部叶渐小，基部圆形或近心形，先端短渐尖，全缘，微呈尖齿状；掌状脉常 3～5，有时为 5～9 脉，表面深绿色，被褐色星状糙毛，背面淡绿色，被灰褐色星状柔毛；叶柄长 1.5～4 厘米，密被褐色星状糙毛。聚伞花序多数形成圆锥花序；花多数，白色或粉白色；宿存苞片 4，稀为 6，长圆状倒卵形，长 1～1.2 厘米，宽 5～7 毫米，两面被星状柔毛；萼 4～5，卵形，锐尖，中部以下合生；花瓣 5，倒卵形，较萼长，下部与雄蕊管结合；雄蕊管长约 3 毫米，先端 5 裂；子房 2～3 室，柱头 3 裂，盾状。蒴果近圆形，直径约 5 毫米，不完全包于宿存萼内。花期 10～11 月；果期 11 月至翌年 1 月。

图 196 桤的木
Kydia calycina Roxb.
果枝

［生长环境］ 生于海拔 800～1600 米之间河谷两岸的干热地区，热带稀树林中或林缘，路旁。

［产　　地］ 云南（思茅、宁江、凤庆、双江、西双版纳各地）

［用　　途］ 茎皮纤维可代麻制绳索及造纸等。

本种又为放养紫胶虫的寄生树。

［理化性质］ 据云南省资料：茎皮含纤维 46.3～62.21%，α-纤维素 47.53%。

［采收处理］ 参阅木芙蓉（227 页）。

［加　　工］ 参阅木芙蓉。

248 冬葵（dongkui）

［地 方 名］ 冬苋菜（四川、湖南）

［学　　名］ **Malva verticillata** L. 锦葵科

［形态特征］　一年生草本，高 30～90 厘米，茎直立，被疏毛或几无毛。叶互生，掌状 5～7 浅裂，圆状肾形或近圆形，基部心形，边缘具钝锯齿，掌状 5～7 脉，有长柄。花小，丛生于叶腋，淡红色；小苞片 3，广线形；萼 5 裂，裂片广三角形；花 5 瓣，倒卵形，先端凹入；雄蕊多数，合生成花丝管；子房 10～12 室，每室有 1 个胚珠。果实扁圆形，由 10～12 心皮组成，果熟时各心皮彼此分离，且与中轴脱离，心皮无毛，淡棕色。

［生长环境］　村落附近、路旁，呈半野生状态。

［产　　地］　黑龙江、辽宁、吉林、河北、山东、内蒙古、甘肃、新疆、陕西、山西、河南、江苏、浙江、安徽、湖南、湖北、江西、福建、台湾、广东、广西、贵州、云南、四川等省区。

［用　　途］　茎皮纤维可代麻用，也可以制绳索。

种子供药用，医疮疖，有拔毒排脓作用。

［理化性质］　据四川省重庆市纺织工业公司分析：单纤维素长 75.2 毫米，宽 41.10 微米，强力 76.40 克。

［采收处理］　冬季，冬葵成熟时，可适时连根拔起，除去枝叶。

［加　　工］　将拔起的茎杆和根分别捆成 5～7.5 公斤一把，不宜过紧，在静水中沤泡，经过 10～15 天皮即脱胶，而成麻状，放在流动清水处搓洗干净晒干成麻。

249 黄花稔（huanghuaren）（图 197）

［地 方 名］　假黄麻、灶江、扫把麻（广东海南），亚罕闷（西双版纳傣语）。

［学　　名］　**Sida acuta** Burm.

锦葵科

［形态特征］　半灌木或半灌木状草本，通常高不及 1 米，稍被柔毛或无毛。**单叶互生，披针形或线状披针形**，长 3～5 厘米，有时可达 7～9 厘米，宽 4～10 毫米，稀为 15～20 毫米，**基部阔楔形或钝，先端短或渐尖**，边缘有锯齿；叶柄长 4～5 毫米，疏被簇毛；**托叶线状披针形**，较叶柄长。花单生或成对生于叶腋；**花梗短，中部以下有节**；萼杯状球形，5 裂，裂片三角形，先端尾尖；花冠黄色，下部与雄蕊管合生；子房上位，心皮 4～9 个，通常 5 个，包藏于萼内，有皱纹，具短芒。果圆球形，直

图 197　黄花稔
Sida acuta Burm.
1．果枝；2．花；3．叶上的星状毛。

径约 4 毫米，成熟时心皮分离。花期 11～12 月（云南）。

［生长环境］　喜阳光，常见于荒野丘陵地、河滩、疏稀林缘或灌丛间，通常在海拔 1000 米以下。

［产　　地］　广东、广西、云南、福建、台湾等省区。

［用　　途］　茎韧皮纤维可作麻袋，并可为人造棉及造纸的原料。

根可入药，煮水内服治腹痛（云南西双版纳）。

［理化性质］　据云南省资料：杆皮含纤维 35%，α-纤维素 90%，纤维长 0.9～1.5 毫米，宽 1.5～2 微米。

［采收处理］　参阅磨盘草（222 页）。

［加　　工］　参阅磨盘草。

250 心叶黄花稔（xinyehuanghuaren）（图 198）

［地 方 名］　大花黄花稔（广西），心叶拔毒散（云南），心叶洋麻（广东）。

［学　　名］　**Sida cordifolia** L.　锦葵科

［形态特征］　多年生草本，直立，半灌木状草本，高 0.4～1 米，粗壮，具分枝；小枝密被星状糙硬毛，并混生扩展的长柔毛。单叶互生，卵形或近心形，长 1.5～5 厘米，宽 1～4 厘米，基部心形或圆形，先端钝，边缘有不规则钝齿，两面均密被星状短柔毛，背面的毛较长；叶柄长 1～2.5 厘米，被星状绵毛及长柔毛；托叶线形，长 5 毫米。花单生或簇生，常聚集于小枝上部，形成具叶的假总状花序；花梗长 4～15 毫米，较长的近顶端有节；萼密被长柔毛，长宽均为 6～7 毫米，5 裂，裂片阔三角形；花冠黄色，直径 15 毫米，花瓣 5，上部分离，下部连合与雄蕊管合生；雄蕊多数连合成管，管被短粗毛，上部分离；子房上位，由 10 个具芒的心皮组成；芒突出于萼外，与心皮近等长，花柱与心皮同数。果近盘状，径 6～8 毫米，成熟心皮 10 个，具皱纹，每心皮顶端具长芒 2 枚，芒长约 3 毫米，有倒生的硬毛。花期 11～12 月（广东）。

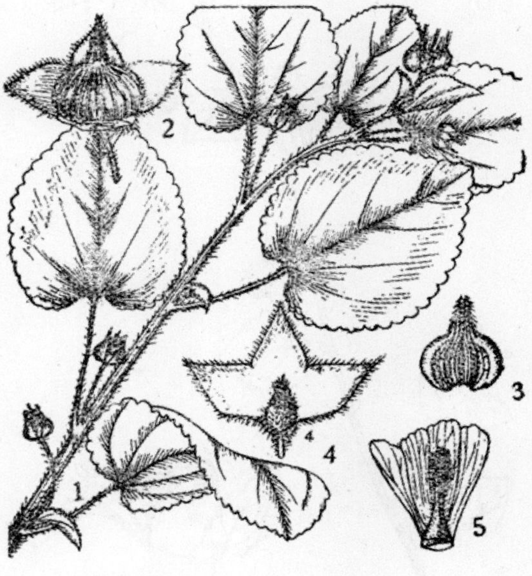

图 198　心叶黄花稔

Sida cordifolia L.

1. 果枝；2. 果；3. 果纵剖面；4. 子房；5. 花冠展开示雄蕊管。

［生长环境］ 为热带性和亚热带性植物，多生于路边、丘陵、旷野、山坡向阳处或生于干燥地及灌丛中。

［产　　地］ 广东、广西、云南、台湾等省区。

［用　　途］ 韧皮纤维富有光泽，可制绳索、织麻袋和麻布，也制人造棉及造纸原料。

［理化性质］ 据云南省资料：纤维含量为24.4%，其中α-纤维素二次分析数据为32.84%，55.31%。

［采收处理］ 参阅磨盘草（222页）。

［加　　工］ 参阅磨盘草。

251 白背黄花稔（baibeihuanghuaren）（图199）

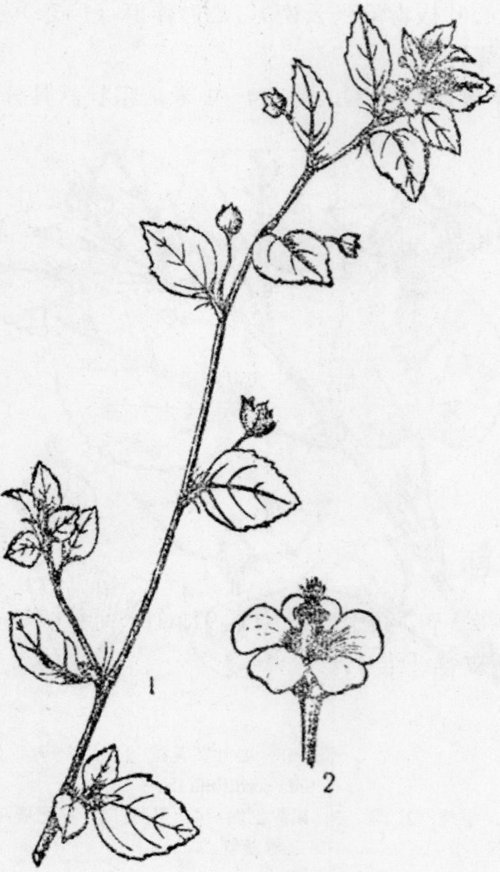

图199 白背黄花稔
Sida rhombifolia L.
1．花枝；2．花。

［地 方 名］ 麻笔（广东），塘罗达、裂叶雪麻头、坡麻（广西），菱叶拔毒散（云南）。

［学　　名］ **Sida rhombifolia** L. 锦葵科

［形态特征］ 直立多枝半灌木，高0.5～1米，小枝密被星状柔软绵毛。单叶互生，薄纸质，长圆状披针形或菱形，长约3厘米，宽约1～1.5厘米，基部钝，先端短尖或圆形，边缘有锯齿，表面绿色，被短的星状毛，或近无毛，背面白色，密被极短的星状短茸毛，叶柄长3～6毫米；托叶刺毛状，长5毫米。花两性，单生叶腋，直径约8毫米；花柄柔弱，中部以上有节，长约10毫米，结果时长达15～25毫米；萼绿色，长4～5毫米，被星状小茸毛，5裂，裂片镊合状排列；花冠黄色，长8毫米，5瓣，上部离生，下部连合，且与雄蕊管合生；雄蕊多数，花丝合生成管状，无毛，有稀疏的腺状乳头突起，心皮8～10个，围绕中轴成环状，平滑或稍有皱纹，每心皮有胚珠1颗，长约2.5毫米，包藏在萼

内，花柱与心皮同数。果近盘状，直径 6～7 毫米，近无毛，成熟时心皮与中轴分离，顶部具 2 芒。花期 11～12 月（广西）。

［生长环境］　性耐干旱，喜阳光，常见于山坡、丘陵地、海滨、水沟边、路旁草丛或小灌木丛中。

［产　　地］　云南、广东、广西、台湾、贵州、湖北、湖南、江西等省区。

［用　　途］　树皮纤维细韧，拉力强、有光泽，可以织麻布、麻袋、绳索用，并为造纸原料。

［理化性质］　据广东省资料，化学分析：纤维素 74.84%，木质素 10.22%，多缩戊糖 22.56%；物理分析：单纤维长度 1.31～2.885 毫米，平均长度为 1.730 毫米，宽 13～14 微米。

［采收处理］　秋冬季采收，距地面 1～2 厘米茎基部处割下，趁鲜剥皮。

［加　　工］　可用浸水脱胶法。

252 拔毒散（badusan）

［地 方 名］　小尼马庄柯、巴掌叶（云南）

［学　　名］　**Sida szechuensis** Matsuda　锦葵科

［形态特征］　灌木，高约米许。茎紫褐色，疏被星状毛。下部叶宽菱形或扇形，长、宽约 2.5～5 厘米，基部楔形，先端尖或圆，边缘重锯齿；上部叶长圆形或长圆状椭圆形，长 3～4 厘米；表面被糙伏毛或近无毛，背面密被星状短茸毛；叶柄长 5～10 毫米；托叶钻形。花单生叶腋或丛生于短枝端，花梗中部以上具关节；萼长 7 毫米，5 裂，疏被星状毛；花冠黄色，径约 1.5 厘米；雄蕊管被长硬毛。果近球形，直径约 6 毫米，心皮 6～9 枚，每心皮具 2 芒状短喙。花期 9～10 月，果期 10～11 月（云南）。

［生长环境］　生于海拔 350～1540 米间的灌丛或开阔的山坡上。

［产　　地］　四川、贵州、云南、广西等省区。

［用　　途］　茎杆富纤维，可织麻袋或搓绳索用。

叶可入药，捣碎敷疮疖有拔毒功效。

［理化性质］　据云南省资料：杆含纤维 57%，其中 α-纤维素 91.63%。纤维长 3.4～3.8 毫米，宽 2～3 微米。据贵州省资料：茎皮含纤维 31%。

［采收处理］　参阅木芙蓉（227 页）。

［加　　工］　参阅木芙蓉。

253 肖槿（xiaojin）（图 200）

［地 方 名］　野棉花（广西），麻桐、白脚桐（广东海南），胡棉（云南）。

［学　　名］　**Thespesia lampas** (Cav.) Dalz. et Gils.　锦葵科

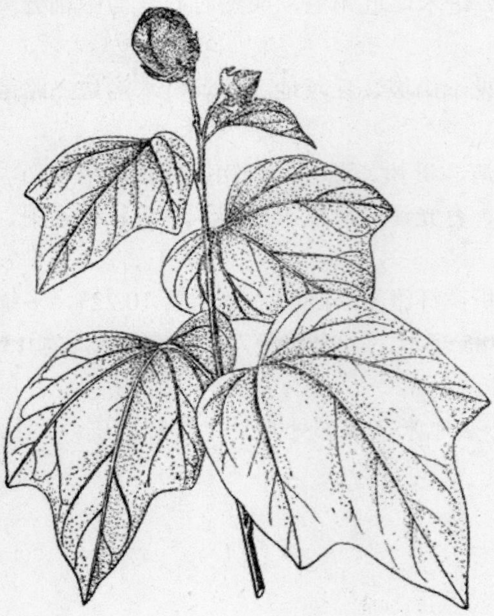

图 200　肖槿
Thespesia lampas（Cav.）Dalz. et Gils.
果枝

［形态特征］　灌木，小枝被锈黄色茸毛。单叶，互生，广卵形或心形，长 7～13 厘米，宽 5～13 厘米，先端渐尖或短尖，全缘，上部 3 浅裂，基出脉 5，背面密被褐黄色茸毛，表面毛疏少。花大，美丽，单生于叶腋或数枚聚生于枝端；具小苞片 5 枚，钻形，萼合生成碟状，边缘具 5 锐尖状突起，突起部长约 3 毫米；花瓣 5，黄色。蒴果木质，椭圆形，先端尖，稍具 5 棱；种子卵圆形，黑色。花期 8～9 月，果期 9～11 月。

［生长环境］　生于丘陵地、山腰、灌丛中，低湿地或缓坡，在云南常生于海拔 1000 米以下。

［产　　地］　广东、广西、云南等省区。

［用　　途］　茎皮纤维织麻布、搓绳与造纸原料。嫩茎和花可供食用。

［理化性质］　据云南省资料：茎皮含 α-纤维素 35.38%。

［采收处理］　参阅木芙蓉（227 页）。

［加　　工］　参阅木芙蓉。

254 肖梵天花（xiaofantianhua）（图 201）

［地 方 名］　野棉花（浙江、湖北、四川、广西），山坡麻、雪麻头、匹密（广西），大膏药麻（四川），梵天花（广西、贵州、四川）。

［学　　名］　**Urena lobata** L.　锦葵科

［形态特征］　直立，半灌木状草本，高约 1 米；变异极大，小枝被星状茸毛。单叶互生，具柄，下部叶近圆形，上部叶狭窄，长圆形或披针形，长 4～9 厘米，宽 3～6.5 厘米，基部圆形至近心形，掌状脉 3～7 条；表面绿色，背面淡灰色，具毛，边缘稍具齿，有角或浅裂，叶背面中脉基部有一腺体；叶柄长 2～4 厘米；托叶线形，长 2 毫米，早落。花单生叶腋或稍丛生，淡红色，直径约 1.7 厘米，小苞片 5，**基部 1 / 3 处合生为一个 5 裂的总苞和萼基部合生**，且与萼近等长，疏被星状柔毛；花柄长 3 毫米，萼 5 裂，花瓣 5，长约 15 毫米，上部分离，下部连合且与雄蕊管合生；雄蕊管截头有小齿，药多

数近无柄；子房 5 室，每室有胚珠，柱头分枝 10。蒴果属球形，直径约 7 毫米，心皮具钩刺，成熟时与中轴分离。花期由夏至冬。

［生长环境］ 适应性强，气候温暖、稍湿润阳光充分的地方，低草地、丘陵地或灌丛间均生长，尤以村庄附近旷地生长较好。

［产 地］ 广东、广西、台湾、福建、江西、湖南、湖北、安徽、江苏、浙江、四川、云南、贵州等省区。

［用 途］ 韧皮纤维宜制人造棉或制麻袋、绳索，亦为优良造纸原料。

种子含油（见“油脂类”，892 页）。

［理化性质］ 据贵州省资料：茎皮含纤维 30～46.5%。四川省资料：含纤维 59%。云南省资料：含 α-纤维素 43.45%。广东省资料，化学分析：纤维素 76.92%，木质素 6.87%，多缩戊糖 21.92%；物理性质：纤维最长 2.43 毫米，最短 0.75 毫米；最宽 26 微米，最窄 14 微米。福建省资料列如下表：

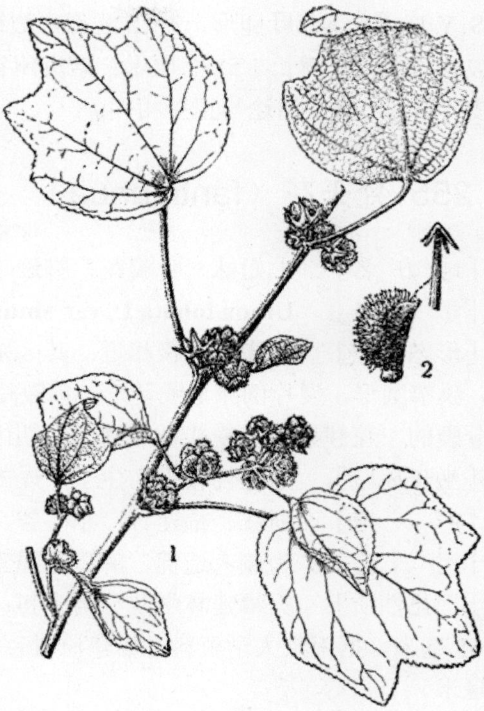

图 201 肖梵天花

Urena lobata L.

1. 果枝；2. 分果爿。

项目 / 分析单位	含纤维（%）			纤维长（毫米）			纤维颜色
	鲜物中	晒干	烘干	最长	平均	最短	
厦门大学	10.31	27.00	30.44		13		灰色
厦门大学	5.64	33.00	38.87		20		
福建林学院		40.5		9	8	4	
福建林学院		34.00		7	5.9	5	
福建林学院		47.20		6	3.9	2	

［采收处理］ 夏秋季采割较适宜，应离地面 1～2 厘米处割下，去掉幼枝及叶，然后进行剥皮，晒干备用。

［加 工］ 可采用浸水脱胶法或蒸煮法去掉粗皮和胶质，制取纤维可代麻用。

［其 他］ 云南及贵州二变种，一为茸毛野棉花，贵州土名尼玛椿［U. lobata L. var. tomentosa（Bl.）Walp.］叶较厚，上部叶长圆形或卵形，叶缘整齐锯齿，背面密被

白茸毛，花瓣长 1～1.5 厘米。另一为滇野棉花，贵州土名路边麻［U. lobata L. var. yunnanensis S. Y. Hu），下部叶卵形，3～5 浅裂，边缘具大小不等齿牙，上部叶椭圆形少卵形，背面被白茸毛；花瓣长 1.5～2 厘米。据贵州省资料：前一变种茎皮含纤维 44%；后一变种茎皮含纤维 54%。用途与正种相同。

255 梵天花（fantianhua）

［地 方 名］ 七姐妹、叶瓣花、脚迹（福建），黐头婆（广东）。

［学　　名］ **Urena lobata** L. var. **sinuata** (L.) Gagnep. (*U. sinuata* L.) 锦葵科

［形态特征］ 与模式种极相近；其区别为叶通常 3～5 掌状深裂，裂口深达中部以下，狭窄圆形，裂片倒卵形或菱形，顶裂片基部常极度收缩狭窄，很少在同一植株上有不分裂的。花和果均与模式种相同。花期由夏至冬。

［生长环境］ 适应性较强，生于干燥的郊野旷地上。

［产　　地］ 浙江、福建、广东等省。

［用　　途］ 为制人造棉、麻袋、绳索的原料；也可用于造纸。

［理化性质］ 据福建林学院分析资料：茎皮含纤维 28.70%；纤维最长 80 毫米，平均 65 毫米。据南京大学资料（福建原料）：含纤维 30%，纤维平均长 20.3 毫米，最长 34.0 毫米。

［采收处理］ 6～9 月采割，应在离地面 1～2 厘米处割下茎秆，去掉细枝及叶，然后进行湿剥晒干。

［加　　工］ 用浸水脱胶法制取纤维。

256 波叶野棉花（poyeyemianhua）

［学　　名］ **Urena rependa** Roxb. 锦葵科

［形态特征］ 直立灌木，高 50～150 厘米或更高，全株被长短不等的星状粗硬毛。叶互生，厚纸质，卵圆形或卵状长圆形，长 4～7 厘米，宽 2～3.5 厘米，基部圆或钝，或近心形，先端短尖，表面深绿色，背面较淡，边缘具细小锐尖齿；叶柄长约 5 毫米。花单生叶腋或多花簇生于枝端，花梗较萼短，副花萼 5 裂，裂齿较萼管稍长，萼较副萼长，长约 1 厘米，裂片狭披针形，锐尖；花瓣 5，紫红色，长约 2.5 厘米；雄蕊花丝合生成管状，花药多数；成熟的心皮不具钩刺。

［生长环境］ 喜阳光，耐干旱，不择土质，常生于坡地、路旁、村边草丛中。

［产　　地］ 云南、广东（海南）、广西等省区。

［用　　途］ 韧皮纤维可制人造棉、麻袋、绳索，并为优良的造纸原料。

［理化性质］ 据云南省资料：茎皮含纤维 35%；纤维长 9～14 毫米，宽 15～25 微米。

［采收处理］　参阅梵天花（240页）。

［加　　工］　参阅梵天花。

257 吉贝（jibei）（图723）

［学　　名］　**Ceiba pentandra** (L.) Gaertn.　木棉科

（地方名、形态特征、生长环境、产地及其他用途见“油脂类”，893页）

［用　　途］　纤维可作垫褥物如床、椅、枕头等的填充料，因其质轻，弹性大，经晒后易复原状。其次可作浮水物的填充料，用于救生圈、救生衣等浮水物，因其浮力最大，且浸水后不易吸湿，也不易消失浮力，晒干后能复原状，因此吉贝纤维是优等的填充物。

［理化性质］　种子毛为单纤维，长约20毫米，乳白色或稍淡黄色，富光泽，柔软而弹性强，比重轻，浮水力大。

［采收处理］　5月初采摘成熟果实；从果实中取出种子与纤维，再用弹棉机或脱籽机去除种子即得纤维。

258 木棉（mumian）（图202）

［地 方 名］　斑芝棉、斑芝树（台湾），红棉、英雄树（广东），攀枝（福建），攀枝花（四川、云南、福建）。

［学　　名］　**Gossampinus malabarica** (DC.) Merr.　木棉科

［原 料 名］　木棉

［形态特征］　大乔木，高可达25米；干和枝有短而大的圆锥硬刺，枝平伸。掌状复叶互生，冬初脱落，有小叶5～7；叶柄略长于小叶；托叶早落；小叶具柄，薄革质，长圆形至椭圆状长圆形，长10～20厘米，宽5～7厘米，基部阔或渐狭，先端渐尖，全缘，两面均无毛。花大形美丽，直径约12厘米或更大，春季叶前开放，聚生于枝近顶端；萼厚革质，杯状，长3.5～4.5厘米，外面无毛，内被丝毛，分裂为阔而钝的裂片；花瓣肉质，红色，长圆形，长8～10厘米，两面多少被星状柔毛，内面毛

图202　木棉
Gossampinus malabarica（DC.）Merr.
1. 果枝；2. 花及花被剖开；3. 果。

较疏；雄蕊多数，排成多列，最内 5 枚于顶端分叉，每一分叉有花药 1 枚，中间有 10 枚较短，最外雄蕊多数，合生为 5 束，束与花瓣相对；子房 5 室，每室具胚珠多数，花柱棒状，顶端短裂为 5 个柱头。蒴果大，长圆形，木质，长 10～15 厘米，宽 4.5～5 厘米，5 瓣裂，果瓣内有绵毛；种子多数，黑色，倒卵形，藏于白色的毛内。花期 2～5 月，果期 5 月（广东）。

［生长环境］ 通常栽培，广东海南岛东南部山野间及山坡上有野生。

［产　　地］ 台湾、福建、广东、广西、云南、贵州、四川、江西等省区。

［用　　途］ 蒴果内的棉毛韧性差、无弹力，不宜纺织，但可作填充物，其耐水力强，浮力大，每公斤木棉在水中可浮起一人的重量，故多供制救生器用；茎皮纤维可造纸。

树脂含阿拉伯胶及单宁。花大而美丽，供观赏，花萼为肉质，可加入咖喱，制食品用。根状茎及花入药（见“药用类”，1809 页）。种子可榨油（见“油脂类”，893 页）。

［理化性质］ 广东省资料：木棉纤维（种子毛）的分析，化学成分：水分 11.34%，苯醇抽出物 2.61%，苯抽出物 1.66%，木质素 20.75%，纤维素 54.90%，α-纤维素 43.44%，灰分 2.54%，多缩戊糖 23.73%，氮 0.31%。物理性质：纤维最长 2.10 毫米，最短 1.70 毫米，最宽 0.4 微米，最窄 0.3 微米。

［采收处理］ 木棉一般多利用其蒴果内的棉毛。采收是在夏季蒴果已成熟而未开裂前进行，采收时用带有钩的竹竿将蒴果钩下，并在阳光下曝晒，待果壳开裂，即可加工取棉毛。

［加　　工］ 将经过日光曝晒而开裂的木棉蒴果除去果壳，将棉毛及种子一齐取出，用轧棉机加工，使纤维和种子分开，便可把纯净纤维压缩打包。

［其　　他］ 木棉的繁殖方法，一般多采用种子繁殖，在雨季播种。

259 昂天莲（angtianlian）（图 203）

［地 方 名］ 水麻（广东），假芙蓉（广西），鬼棉花、野棉花（云南）。

［学　　名］ **Ambroma angusta** (L.) L. f.　梧桐科

［形态特征］ 灌木，高 1～4 米，幼枝被星状茸毛。叶互生，**初生的或在下部极大的近圆形，直径可达 50 厘米**，具 3～5 角，其余的卵状长圆形，长 10～22 厘米，宽 9～18 厘米，基部有脉 3～7 条，心形或斜心形，先端渐尖或短尖，边缘具波状锯齿，上部的较小，较狭，近全缘，表面微具毛，或几无毛，背面容被星状茸毛；叶柄长 1～10 厘米。花序顶生或腋生，具 3～5 花，通常仅 1 花结实；苞片线状披针形，脱落；萼片 5，披针形，基部连合；**花瓣 5，紫红色，匙形**；假雄蕊 5，结合，雄蕊 15，集生成 5 组；子房长圆形，5 室，每室具多数胚珠。蒴果倒圆锥形，膜质，具 5 翅，直径 3～6 厘米，先端截形，有毛；种子黑色，长圆形，直径约 2 毫米。花期 7 月，果期 9～10 月。

［生长环境］ 为热带性植物，喜生水边，故称“水麻”，常见于山谷溪流边，或

山下土壤较湿润的林间及灌丛中。在云南常生于海拔 1000 米以下的地带的河谷砂砾地。

［产　　地］ 广东、广西、贵州、云南等省区。

［用　　途］ 茎皮纤维色白，质坚韧柔软，可为丝织物的代用品，织细麻布及制麻线，也可为造纸原料。

根入药，为通经药。

［理化性质］ 据广东省资料，化学成分：纤维素 75.9%，木质素 7.05%，多缩戊糖 20.59%；物理性质：单纤维长 1.38～2.8 毫米，平均 2.11 毫米，宽 12～20 微米，平均 16 微米。据云南省资料：杆皮含纤维 15.4%，其中 α-纤维素 35.13%，纤维长 9～12 毫米，宽 2 微米。

图 203　昂天莲

Ambroma angusta（L.）L. f.

1．花枝；2．果。

［采收处理］ 宜于夏季采割，从离地面 3～6 厘米处割下，削去分枝和梢叶后，由茎杆基部剥皮。

［加　　工］ 把剥下来的皮，捆成小把，置水池、溪沟或河流里（勿使上浮于水面或下沉于水底）沤泡 5～10 天，用手撕开，象网状时，即捞起用木棒轻轻捶打，然后洗净晒干即成麻。

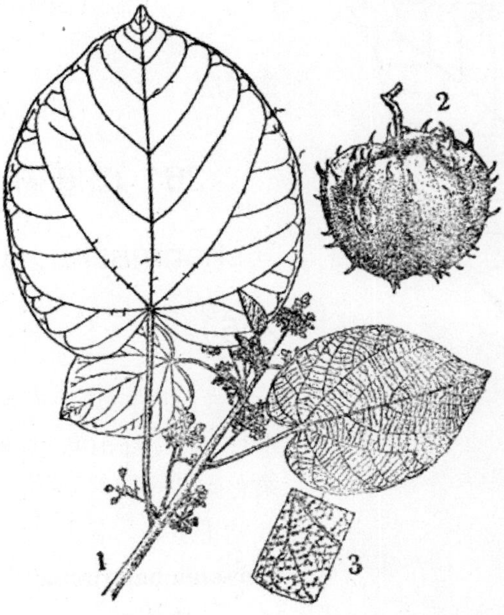

图 204　刺果藤

Buettneria aspera Colebr.

1．花枝；2．果；3．叶背一部分。

260 刺果藤（ciguo-teng）（图 204）

［地 方 名］ 牛蹄麻、鸡冠麻（广东），大滑藤（广西）。

［学　　名］ **Buettneria aspera** Colebr.　梧桐科

［形态特征］ 无刺木质大藤本；单叶互生，纸质，阔卵形、近圆

形或心形，长 7～23 厘米，宽 5.5～16 厘米，基部心形，先端钝或短尖，有脉 7 条，**表面几无毛，背面被白色星状柔毛**；叶柄长 2～8 厘米，疏被星状柔毛。伞形花序或花束，再组成腋生短于叶的圆锥花序；花小，淡黄白色，里面略带红色；**花梗**长约 1 厘米，**中部以上有关节**；萼片 5，卵形长约 2 毫米，被茸毛，先端短尖；花瓣 5，与萼片互生，先端 2 裂；假雄蕊 5，下部连合成筒，雄蕊 5，着生在假雄蕊筒的中部并与假雄蕊互生；子房 5 室，每室有胚珠 2 个。蒴果圆球形，直径 3～4 厘米，**具多数短而粗的刺**，并被茸毛；种子长圆形，长约 12 毫米，黑色。花期 5～6 月。果期 6 月（广东海南），8～9 月（两广）。

［生长环境］　为热带性植物，喜生于山谷密林林缘或疏林中，但以气候热、土壤潮湿的山谷或溪流旁最适宜生长。

［产　　地］　云南、广西、广东等省区。

［用　　途］　茎部纤维可制绳索及织麻袋。

［理化性质］　据中国科学院广州应用化学研究所分析：茎皮含纤维素 15.2%，半纤维素 9.08%，木质素 50.13%，油脂 7.75%，水分 8.54%，灰分 9.87%；物理性质：纤维长 0.28～1 毫米，强力 271.98 克 / 毫克，比重 1.104。

［采收处理］　6～7 月，割下藤条，去除枝叶，泡水 1～2 天，用湿剥法剥皮。

［加　　工］　用石灰蒸煮法。

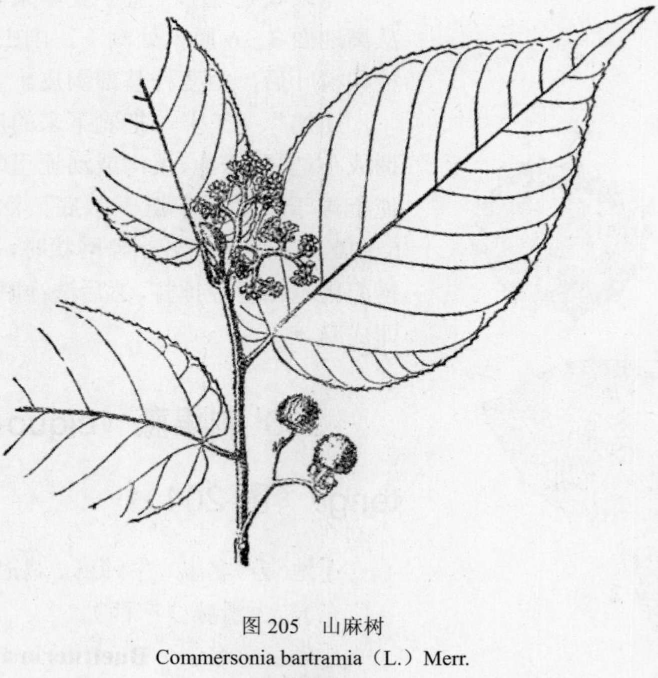

图 205　山麻树
Commersonia bartramia（L.）Merr.
花果枝

261 山麻树（shanmashu）（图 205）

［地 方 名］　大叶麻木（广东），红山麻、红麻（广东海南）。

［学　　名］　**Commersonia bartramia** (L.) Merr.　梧桐科

［形态特征］　小乔木。小枝幼时被黄色柔毛。叶互生，阔卵形或卵状披针形，

长 11～24 厘米，宽 6～14 厘米，先端短渐尖，基部斜心形，叶缘有不规则小齿，表面绿色，沿叶脉被星状茸毛，背面被灰白色茸毛，叶缘有纤毛；叶柄长 6～18 毫米；托叶掌状撕裂。聚伞花序顶生或腋生，长 3～21 厘米；花白色或淡黄色，密生，直径约 5 毫米，花梗与花等长；萼 5 裂，裂片卵形，与萼管等长或稍长，被黄色柔毛；花瓣 5，基部凹陷；雄蕊 5，与花瓣对生并藏于花瓣的凹陷处，花丝短；**假雄蕊 5，线状披针形，与萼片对生**，被毛；子房 5 室，每室有胚珠 2 个。蒴果圆球形，直径 2 厘米，密被长刚毛。花期 4～8 月（广东海南），果期 7～8 月（广东海南）。

［生长环境］　为热带山地常绿树种，生于山地密林中，以温热与湿润的山谷地区生长最好。

［产　　地］　主产于广东省的合浦专区大山中和海南五指山，及云南省南部。

［用　　途］　茎皮纤维可织麻布、麻袋及制绳索。

［理化性质］　据中国科学院广州应用化学研究所分析，化学成分：茎皮含纤维素 18.8%，半纤维素 8.19%，木质素 44.02%，果胶微量，水分 12.38%，油脂 1.77%，灰分 5.1%。

［采收处理］　8～9 月间采割枝条，趁鲜剥皮。

［加　　工］　用浸水脱胶法。

262 广西芒木（guangxi-mangmu）（图 206）

［地 方 名］　米令、白木麻、大芒木、芒木（广西）

［学　　名］　**Eriolaena kwangsiensis** Hand.-Mzt.　梧桐科

［形态特征］　乔木，树皮灰色；小枝被黄灰色星状毛。单叶互生，**心形，边缘有锯齿，表面被疏毛，背面密被金黄色或灰白色星状毛**。花数朵顶生或生于近枝端叶腋，聚伞状圆锥花序，长序梗长；小苞片 3，撕裂状；萼初为佛焰状，后 4 裂，狭长形；花瓣 4，黄色，约与萼近等长，平展；雄蕊柱短，花药线状长圆形，多数；子房无柄。蒴果木质，长椭圆形，先端略尖；种子先端具翅。

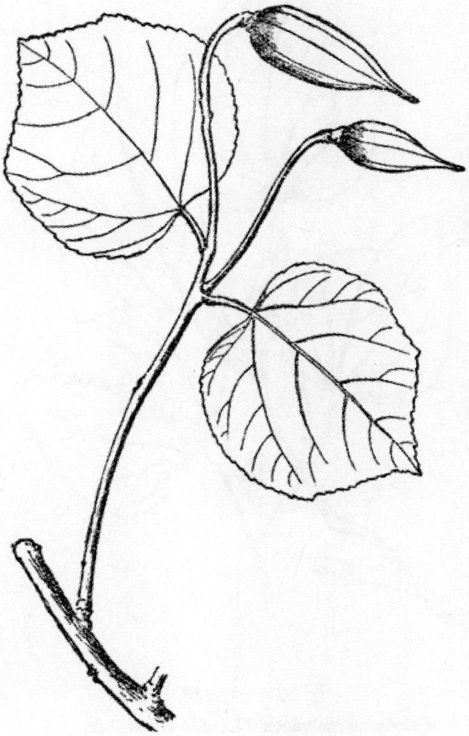

图 206　广西芒木

Eriolaena kwangsiensis Hand.-Mzt.

果枝

［生长环境］ 平地、山坡灌丛、疏林或密林中。
［产　　地］ 广西的东兰、凌乐、百色、龙津、隆林、田林、南宁等县市。
［用　　途］ 树枝皮纤维可制绳索，亦可为人造棉及造纸的原料。
［理化性质］ 据广西僮族自治区资料：茎皮含纤维 54.51%。
［采收处理］ 参阅梧桐（247 页）。
［加　　工］ 参阅梧桐。

263 火绳树（huoshengshu）（图 207）

［学　　名］ **Eriolaena malvacea** (Lévl.) Hand.-Mzt.　梧桐科
［形态特征］ **落叶灌木或小乔木**，高 3～5 米。**叶近圆形**，长 8～14 厘米，宽 6～12 厘米，基部圆形或心形，先端短渐尖或钝尖，具不整齐粗锯齿，主脉 5～9，**表面绿色被星状毛，背面色较淡，密被灰色星状茸毛**；叶柄长 2～7 厘米，被星状茸毛。花为腋生聚伞状圆锥花序，被白色星状茸毛；小苞片 3～5。线状披针形，密被白色星状茸毛，早落；萼披针形，5 裂，长约 2.5 厘米，密被星状茸毛；花瓣黄白色，与萼片近等长；花丝短；子房卵圆形，被白色长柔毛，8 室，柱头 8 裂。蒴果木质，卵状圆锥形，长 3～3.5 厘米，具 6～8 条棱，6～8 裂；种子先端具翅。果期 10 月。

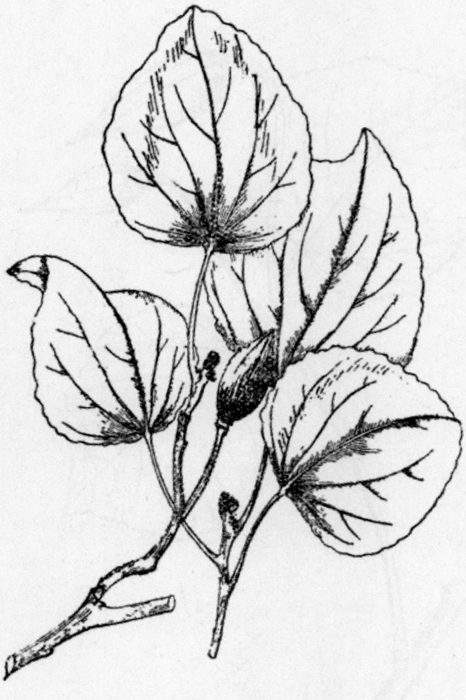

图 207　火绳树
Eriolaena malvacea（Lévl.）Hand.-Mzt.
果枝

［生长环境］ 生于海拔 300～1500 米向阳干热的河谷地带，是热带、亚热带疏林草原中常见的主要树种之一。
［产　　地］ 云南省的富宁、金平、河口、个旧、元阳、思茅、普洱、墨江、勐海、允景洪、景东等地。
［用　　途］ 树皮纤维可供制绳索，当地居民常用枝皮制成绳作燃火用，故称火绳树。本种为紫胶虫的主要寄主，为大规模发展紫胶事业的主要树种之一。
［理化性质］ 据云南省资料：树皮含纤维 19%，其中 α-纤维素 94.4%；纤维长 8～12 毫米，宽 2～3 微米。

［采收处理］ 参阅昂天莲（242 页）。

［加　　工］ 参阅昂天莲。

264 梧桐（wutong）（图 724）

［学　　名］ **Firmiana simplex** (L.) F. W. Wight 梧桐科

［原 料 名］ 梧桐皮、梧桐麻

（地方名、形态特征、生长环境、产地及其他用途见“油脂类”。894 页）

［用　　途］ 茎枝皮富含纤维，可代麻、棉织成麻织品包装布麻袋及蚊帐布；也为制打字纸或制绳索原料。

［理化性质］ 半脱胶的纤维素，乳黄色，稍有丝光。据广西僮族自治区化验：束纤维强力平均 28 公斤，纤维素含量 49.67～70.59%。据贵州省资料：含纤维素 53%。据福建林学院分析：含纤维 36.40%；平均长 8.5 毫米，最长 19 毫米，最短 5 毫米。

［采收处理］ 宜在夏秋季进行采剪枝条，枝条纤维品质较好，同时也可以保证树木继续生长，剪下的枝条削去梢端、叶后，及时剥皮。

［加　　工］ （1）鲜剥，先在地上钉上木棒，把剪下来的枝条基部的皮拉开，套在棒上，用力一拉，就能剥下。然后用水浸 6～10 天，取出清洗剥出麻片；（2）湿剥，把剪下的枝条，投入水中沤泡 10～15 天，待水渗透，外皮澎涨脱去胶皮纤维易分裂时，捞出清洗，并依层剥出麻片，搭在竹竿或绳子上晒干，即成白色的麻。

265 山芝麻（shanzhima）（图 208）

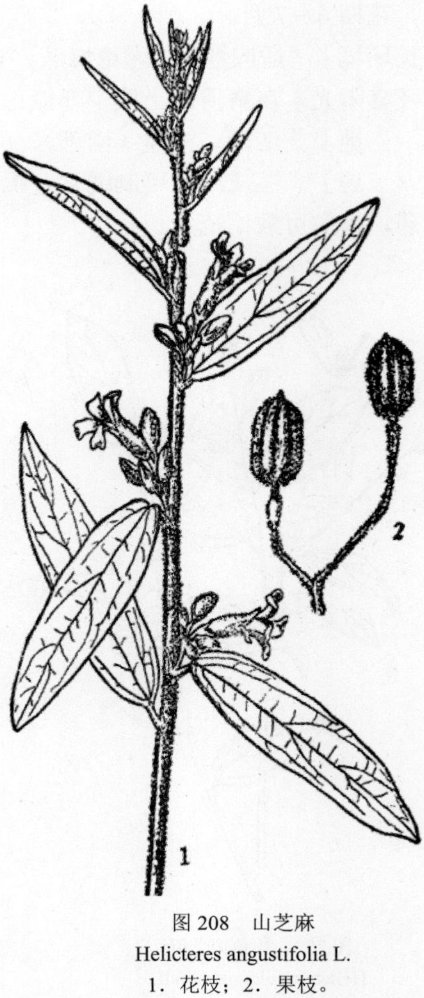

图 208 山芝麻

Helicteres angustifolia L.

1．花枝；2．果枝。

（自“广州植物志”）

［地 方 名］　坡油麻、坡油菜（广西），山油麻、假油菜、坡片公（广东海南）。

［学　　名］　**Helicteres angustifolia** L.　梧桐科

［形态特征］　矮小灌木，高约 1 米；**小枝被灰黄绿色短柔毛**。单叶互生，**线状披针形，或长圆状线形**，长 3.5～5 厘米，宽 1.5～2.5 厘米，先端钝或短尖，基部圆形，脉 3 出，全缘，**表面无毛或几无毛**，背面密被灰白色或淡黄色星状柔毛，间或杂生刚毛；叶柄长 5～7 毫米。花数朵丛生于叶腋的短总花梗上；苞片线状，锐尖，花梗短；花萼管状，长约 6 毫米，5 裂，被星状短柔毛；花瓣 5，红色或紫红色，狭长，不相等，较萼长约 9～10 毫米，先端圆形，近基部突出或具 2 耳状突起；雄蕊 10，连合成雄蕊柱，雄蕊柱与雌蕊柄合生，顶端 5 裂，花药群集于裂齿间，假雄蕊 5，线形，甚短；子房 5 室，被毛，花柱柔弱。**蒴果卵状长圆形**，长 12～20 毫米，**先端短尖**，密被星状毛及混生长茸毛。花期 6～7 月。

［生长环境］　适应性广，无论海滨、平原、丘陵地及山地的草坡或旷地均可生长，性耐干旱及喜阳光，在瘠薄的土壤中亦能正常生长。

［产　　地］　江西、福建（南部）、广东、广西及西南各省区。

［用　　途］　茎皮纤维可制绳索、织麻袋，又可为人造棉及造纸原料。叶入药，捣烂可敷治疮毒。

［采收处理］　参阅昂天莲(242 页)。

［加　　工］　参阅昂天莲。

图 209　长角山芝麻
Helicteres elongata Wall.
花果枝

266 长角山芝麻（changjiaoshanzhima）（图 209）

［地 方 名］　野芝麻（云南）

［学　　名］　**Helicteres elongata** Wall.　梧桐科

［形态特征］　**落叶小灌木**，高约 1 米；**小枝细长，被星状毛**。叶互生，**斜椭圆状披针形**，长 4.5～11.5 厘米，宽 2～3.5 厘米，**基部斜圆形或稍呈心形，先端钝**，边缘具锯齿，表面深绿色，疏被星状毛，背面色较淡，具稀疏短柔毛及星状毛，基出脉 3，侧脉 5～7 对；叶柄长 3～5 毫米，密被柔毛及星状毛。聚伞花序顶生或腋生，花萼管状，5 裂，被星状毛；花瓣 5，黄色；雄蕊柱与雌蕊柄合生，顶端 5

齿裂；子房生于雄蕊柱上端，5 室，5 裂。**蓇葖果长椭圆形，密被灰黄色星状柔毛**，长约 2.5 厘米，直径 6 毫米。花期 6～8 月，果期 8～10 月。

［生长环境］　常生于海拔 200～1600 米干旱地带的灌木丛中，习见于山坡，通常散生，稀丛生。

［产　　地］　云南省

［用　　途］　茎皮纤维可供制绳索及人造棉等原料。

［理化性质］　据云南省资料：茎皮含纤维 27%；纤维长 9～13 毫米，宽 2 微米。

［采收处理］　参阅昂天莲（242 页）。

［加　　工］　参阅昂天莲。

267 雁婆麻（yanpoma）（图 210）

［地 方 名］　大果山芝麻、坡麻（广东），坡油麻、油麻甲、坡麻、坡片麻公、鞭爸（广西、广东海南）。

［学　　名］　**Helicteres hirsuta** Lour.　梧桐科

［原 料 名］　坡麻

［形态特征］　直立灌木，高 1～3 米；**梢分枝，全部被星状柔毛**。单叶互生，**卵形或卵状长圆形**，长 5～15 厘米，宽 2.5～5 厘米，先端渐尖或短尖，基部斜心形或截形，边缘有不规则的锯齿，**两面均密被星状柔毛**，基部有主脉 5 条；叶柄长约 2 厘米，被毛；托叶通常与叶柄等长，早落。聚伞花序腋生，长仅为叶的一半，通常仅有花 3～5 朵，近花梗基部有黑色腺体 1 个；苞片线状锐尖，较萼短；花萼管状，长 12～15 毫米，先端 4～5 浅裂，密被星状短柔毛；花瓣 5，红紫色，长 2～2.5 厘米；雄蕊 10，近基部连合成雄蕊柱，假雄蕊 5；子房 5 室，胚珠多数。**蒴果圆筒形，先端具喙**；长 3.5～4 厘米，**密被长茸毛及乳头状突起**；种子多数，直径约 1～2 毫米。花期 4～8 月。果期 5 月至次年 1 月（广东海南）。

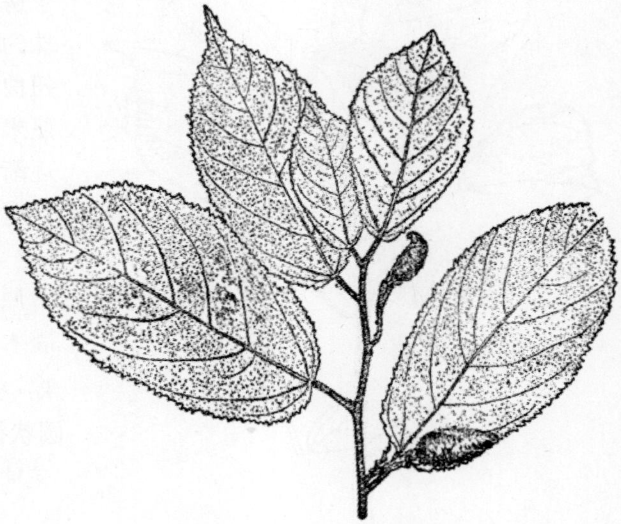

图 210　雁婆麻

Helicteres hirsuta Lour.

果枝

［生长环境］ 为热带植物，生于丘陵地和山地的灌木丛中或疏林林缘。

［产　　地］ 广东、广西（南部）等省区。

［用　　途］ 茎皮纤维可制绳索和织麻袋，也可与黄麻混纺织麻布。

［采收处理］ 参阅昂天莲（242 页）。

［加　　工］ 参阅昂天莲。

268 纽蒴山芝麻（niusuoshanzhima）（图 211）

［地 方 名］ 坡片麻、鞭、鞭龙、火绳麻、火索麻、白麻（广东海南）

［学　　名］ **Helicteres isora** L.　梧桐科

［形态特征］ 灌木，高达 2 米；被星状柔毛。**叶宽卵形、心形或近圆形**，长 10～12 厘米，宽 7～9 厘米，基部**圆形或斜心形**，**先端微渐尖**，边缘有锯齿，近顶端常具小裂片，两面均被星状短柔毛，背面较多茸毛，脉 5 条；叶柄粗壮，长 8～25 毫米；托叶线形，长 7～10 毫米。聚伞花序腋生，长达 2 厘米；花红色或紫红色，直径 3.5～4 厘米；花萼长 17 毫米，通常 4～5 浅裂，被毛；花瓣 5，不等，上面 2 片较大，长 12～15 毫米，成斜镰刀形，雄蕊 10，花丝下半部连合，假雄蕊 5，与花丝等长；**子房在受粉后螺旋状扭曲**，5 室，有胚珠约 30 余个。**蒴果长圆柱形**，**螺旋状扭曲如麻绳状**，黑色，先端尖锐，长 5 厘米，直径 7～9 毫米，初时被毛，后逐渐光滑无毛。花期 5～8 月，果期 11 月至次年 1 月。

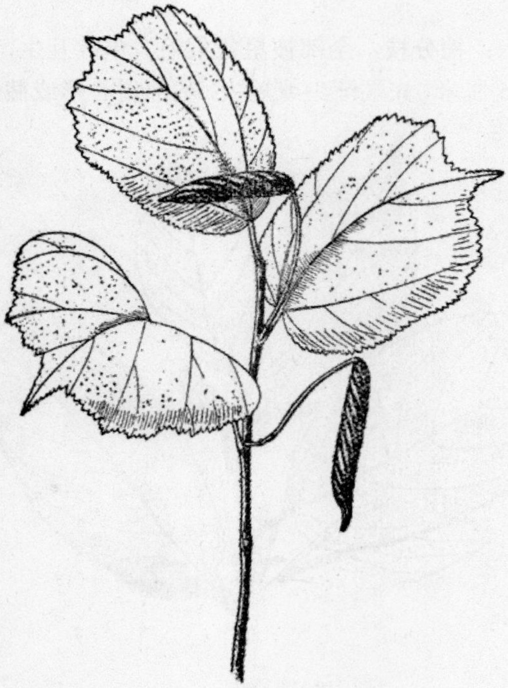

图 211　纽蒴山芝麻
Helicteres isora L.
果枝

［生长环境］ 性耐干旱，喜生于平原和丘陵地气候干热的灌林丛中或灌木草坡；在较瘠薄的土壤中亦能生长。

［产　　地］ 云南、广东（海南）等省。

［用　　途］ 茎皮纤维较好，可织麻袋，制人造棉与棉、毛混纺，制成的成品质量很好；亦为制绳索及造纸原料。

［理化性质］ 据中国科学院广州应用化学研究所分析：茎皮含纤维素

18.6%，半纤维素 15.8%，木质素 2.89%，果胶 0.4%，水分 10.72%，油脂 3.110，灰分 7.42%；纤维长 0.47～0.83 毫米，强力 396.25 克 / 毫克，比重 1.25，公制支数 500。

[采收处理] 6～7 月采割，趁鲜剥皮，或放入水中浸泡 3～5 天后再剥制。

[加　　工] 参阅昂天莲（242 页）。

269 剑叶山芝麻（jianyeshanzhima）（图 212）

[地 方 名] 大叶山芝麻、万头果（广东），坡芝麻、山芝麻、米新（广西）。

[学　　名] **Helicteres lanceolata** DC. 梧桐科

[形态特征] 灌木，高 1～2 米；小枝密被黄褐色茸毛。单叶互生，纸质，**披针形或长圆状披针形**；长 4.5～7 厘米，宽 2.5～3 厘米，先端短尖或渐尖，基部钝或略成浅心形，**表面被星状短柔毛，背面密被黄褐色星状柔毛**，全缘或近先端有数个稀疏小锯齿；叶柄长 3～9 毫米。花簇生于叶腋内或排成聚伞花序，长约 12 毫米；萼筒状，5 裂，被毛；花瓣 5，红紫色，不相等；雄蕊柱与雌蕊柄合生，顶端 5 齿裂，花药群集于雄蕊柱的裂齿间；子房在雄蕊柱之顶，5 室。**蒴果圆筒形**，长 2～2.5 厘米，先端具喙，密被长茸毛。花期 6～7 月（广东），果期 11 月至次年 1 月（广东海南）。

[生长环境] 为热带性植物，喜生于丘陵地和山地，土壤湿润、阳光充足的草坡、灌丛间或山林谷地及荒地上，而以山地下部的森林采伐迹地和灌木丛草坡火烧迹地生长最好。

[产　　地] 广东、广西、云南等省区。

[用　　途] 茎皮纤维可制绳索和织麻袋用，又可制人造棉。

[理化性质] 据中国科学院广州应用化学研究所分析：纤维素 21.3%，半纤维素 11.37%，木质素 25.32%，果胶微量，水分 1.14%，油脂 6.47%，灰分 4.40%。

[采收处理] 宜在 6～7 月采割，应离地 6 厘米左右处割下，去除旁枝叶，放在木甑内蒸煮 2～3 小时，再行剥皮。

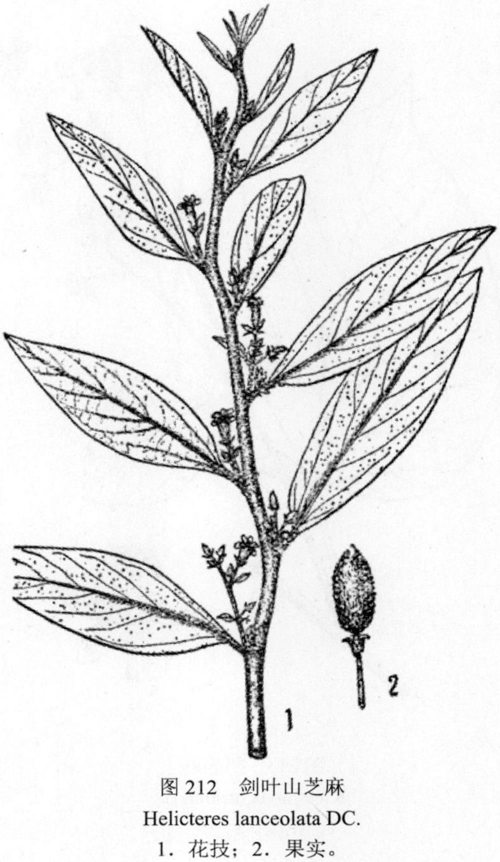

图 212 剑叶山芝麻
Helicteres lanceolata DC.
1. 花技；2. 果实。

［加　　工］　将剥下的皮放入清水中浸泡 6～8 天取出，捶洗即成麻。

270 鹧鸪麻（zheguma）（图 213）

［地 方 名］　面头棵（台湾），钩、各钩、只钩、号麻（广东海南）。

［学　　名］　**Kleinhovia hospita** L.　梧桐科

［形态特征］　乔木，高 12 米；**树皮灰色，片状剥落**；小枝灰绿色，稀被短柔毛。单叶互生，**阔卵状心形**，长 10～13 厘米，宽 8.5～13 厘米，先端短尖，表面无毛，背面仅在幼嫩时疏被短柔毛，全缘或有时在顶部有小齿数个，叶脉掌状；叶柄长 3～5.5 厘米。**圆锥花序顶生，疏散**，长达 50 厘米；**花小，淡红色**，密集；萼片 5，圆形，淡红色，花瓣状，长约 6 毫米，外被短柔毛；花瓣 5，较萼短，其中 1 瓣成唇状，且较其他各瓣短，先端黄色；雄蕊柱与子房柄合生，先端 5 裂，每一裂片有花药 3；子房圆球形，5 室，被毛，柱头 5 裂。蒴果膜质，倒卵形或呈圆球形，肿胀，成熟时 5 瓣裂，呈淡红色，每室通常具种子 1 个，稀 2 个。花期 6～8 月，果期 8 月至次年 2 月。

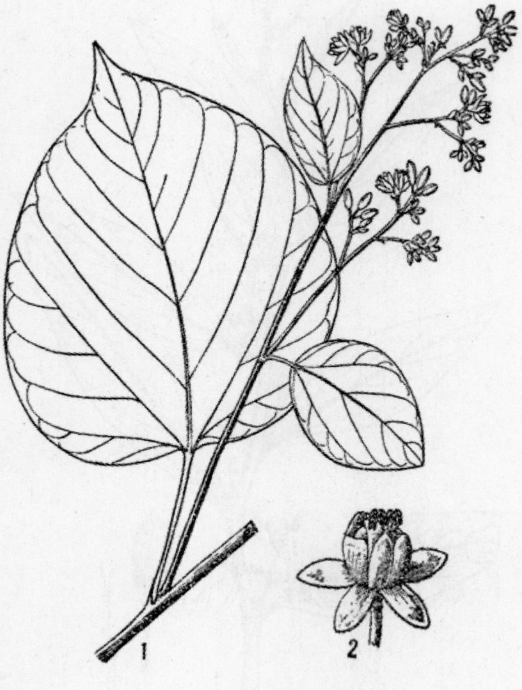

图 213　鹧鸪麻
Kleinhovia hospita L.
1．花枝；2．花。

［生长环境］　热带性落叶树种，生于海滨、平原和丘陵地的低海拔疏林中，气候干热的地区生长最盛，在海滨砂地上往往成纯林，但较低矮，但在土壤湿润地方则成为乔木。

［产　　地］　台湾和广东（海南）。

［用　　途］　树枝皮纤维可制绳索、织麻袋。

［采收处理］　参阅梧桐(247 页)。

［加　　工］　参阅梧桐。

271 马松子（masongzi）

［地 方 名］　野棉花秸（江苏），野路葵（广东）。

［学　　名］　**Melochia corchorifolia** L.　梧桐科

［原 料 名］　野棉花秸

［形态特征］　直立半灌木状草本，多分枝，高约 1 米，有散生星状柔毛或近无毛；枝黄褐色，略被毛。单叶互生，薄纸质，卵形或长圆状卵形，稀为不明显的三浅裂，长 2.5～7 厘米，宽 1～3.5 厘米，

先端钝或短尖，基部圆形或心形，基出脉 5 条，边缘有锯齿，表面几无毛，叶背略被星状柔毛；叶柄长 5～25 毫米；托叶线形，较叶柄短。**花几无柄，密集为顶生或腋生的头状花序**，并混生线状小苞片；萼钟状，长约 2.5 毫米，外面被长柔毛和刚毛，5 浅裂；**花瓣** 5，**白色，淡红色或淡紫色**，倒卵形，长约 6 毫米，着生于雄蕊柱的基部；雄蕊 5，下部合生为管状，花药外向，3 裂；**子房无柄**，5 室，每室有胚珠 1～2 个，密被长柔毛，花柱 5，分离。蒴果球形，具 5 浅棱，直径 5～6 毫米，密被粗毛，5 瓣裂；种子卵形，褐黑色，长 2～3 毫米。花期 8～9 月（江苏）。果期 8～10 月。

［生长环境］ 适应性较广，生于平原和丘陵地上的长丛草地、灌木林间及荒地上或山地路旁。

［产　　地］ 浙江、安徽、江苏、江西、广西、广东、福建等省区。

［用　　途］ 韧皮纤维的质地优良，坚韧柔软，银白色，有光泽，比黄麻较好，可纺织麻袋及麻布，亦为人造棉、造纸原料。

［理化性质］ 据江苏省资料：单纤维长 1.87～3.74 毫米，宽 17～22.5 微米。

［采收处理］ 采收期在秋季开花后进行较为适宜，采收时可用镰刀在茎基部割下，或连根拔起，然后把根及叶去掉，再进行加工。

［加　　工］ 用浸水脱胶法。

272 翻白叶树（fanbaiyeshu）（图 214）

［地 方 名］ 米新、仙黄麻、米纸（广西），番弓长麻、半枫荷（广东），大种白甫、支繁、常订白布树、对浩、十弘、具晒、白布麻（广东海南）。

［学　　名］ **Pterospermum heterophyllum** Hance 梧桐科

［形态特征］ 乔木，高可达 20 米；树皮灰色或灰褐色；小枝被红色或黄色茸毛。叶异型，革质；幼树或萌蘖枝上叶盾形，直径约 15 厘米，掌状 3～5 深裂，基部截形，掌状脉 8～11 条，表面无毛；背面密被褐色茸毛；叶柄长 12 厘米；成长树上的叶长圆形

图 214 翻白叶树
Pterospermum heterophyllum Hance
1. 叶枝；2. 果枝；3. 花；4. 雌蕊；5. 种子。

或卵状长圆形，长 7～15 厘米，宽 3～10 厘米，先端钝短尖或渐尖，基部钝形、截形或斜心形，表面无毛，背面密被黄褐色茸毛；叶柄长 1～2 厘米，被毛；托叶线状长圆形，长约 8 毫米。花青白色，单生或 2～4 朵生于叶腋内，略成聚伞花序；花梗粗壮，长 5～15 毫米；小苞片 3～5，鳞片状，与萼密接；萼片 5，线形，反曲，长 28 毫米，宽 4 毫米；花瓣 5，倒披针形，与萼等长，雄蕊柱长 2.5 毫米，雄蕊 15，每 3 个合成一群并与假雄蕊互生，假雄蕊 5，线形；子房 5 室，被毛。蒴果木质，长圆状卵形或长圆状椭圆形，长约 6 厘米，宽约 2～2.5 厘米，密被黄褐色星状茸毛，果柄粗壮，长 1～1.5 厘米；种子多数，顶端具膜质翅。花期 8 月。果期 8 月（广西），广东海南可延至次年 2 月。

[生长环境] 为热带、亚热带常绿树种，喜生在砂质土山坡平原、丘陵地疏林或密林中，以气候温暖、土壤肥沃湿润的地方生长最好，亦稍耐干旱。

[产　　地] 福建、台湾、广西、广东等省区。

[用　　途] 树皮纤维坚韧，可制麻袋、麻布、草鞋，如作人造棉可与棉、毛混纺；又可作造纸原料。

根可入药，浸酒名半枫荷酒，有治风湿骨痛的功效。

[理化性质] 据广东省资料，化学成分：纤维素 11.6%，半纤维素 12.37%，木质素 27.0%，果胶 8.28%，水分 11.23%，油脂 1.73%，灰分 3.37%。物理性状：纤维长 1.3 毫米；强力 230.5 克 / 毫克，公制支数 76.9，比重 1.6。据厦门大学分析：鲜物中含纤维量 8.53%，晒干物为 27.80%，烘干物为 29.29%；纤维长 19 毫米。

[采收处理] 8～9 月间割下枝条，浸水中 2～3 天，然后出水用湿剥法剥皮。

[加　　工] 造纸用石灰蒸煮法见总论。

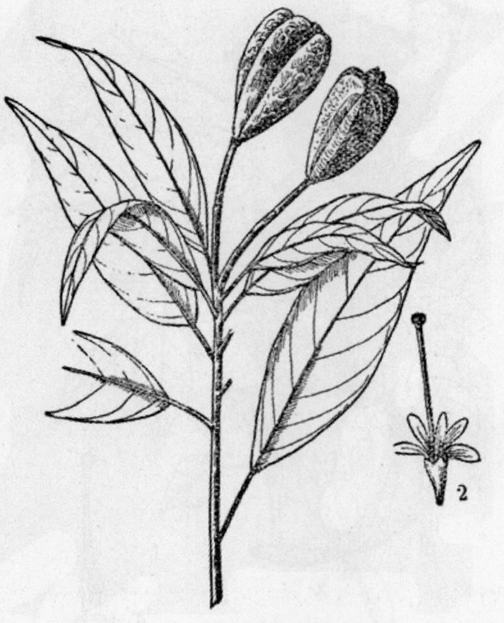

图 215　长柄梭罗树
Reevesia longipetiolata Merr. et Chun
1．果枝；2．花。

273 长柄梭罗树（changbingsuoluoshu）（图 215）

[地 方 名] 细棉木、硬壳果树、山马尾（广东）

[学　　名] **Reevesia longipetiolata** Merr. et Chun　梧桐科

[形态特征] 乔木，高达 25 米；树皮灰褐色，小枝无毛或仅在幼嫩部分略被星状毛。叶长圆状椭圆形或长圆状倒卵

形，长 7～15 厘米，宽 3～6 厘米，基部短尖，先端钝或短尖，全缘，**两面均光亮无毛**；叶柄长 1～3.5 厘米，两端膨大。聚伞花序顶生，长约 10 厘米；花梗长约 7 毫米；萼倒圆锥状钟形，3～5 裂，向下渐狭，长 8～9 毫米，外面被星状短柔毛，**裂片长圆状卵形**，长 1.5 毫米；花瓣 5，白色，披针形，长 2 厘米，宽约 4 毫米；雄蕊柱长 2～2.5 厘米，花药 15 个聚集于雄蕊柱顶端成头状，并包围雌蕊；子房具柄，包藏于雄蕊柱内，圆球形，5 室，无毛，每室有胚珠 2，柱头 5 裂。蒴果长圆状梨形，木质，具 5 棱，长 4～4.5 厘米，直径 2.5 厘米，略被短茸毛，5 瓣裂，**种子连翅长约 2.5 厘米**。花期 12 月至翌年 1 月。

［生长环境］ 本种为热带常绿树种，生于丘陵和低山地的密林中，以气候温热，土壤湿润而肥沃的山谷地区生长最好。

［产　　地］ 广西、广东等省区。

［用　　途］ 树皮的纤维强韧，可用以纺织及制绳索，亦为造纸原料。

［理化性质］ 据中国科学院广州应用化学研究所分析：茎皮含纤维素 19.1%，半纤维素 16.03%，木质素 40.11%，水分 8.1%，油脂 1.66%，灰分 0.65%，果胶微量。

［采收处理］ 参阅梧桐（247 页）。

［加　　工］ 参阅梧桐。

274 大叶梭罗树（dayesuoluoshu）

［学　　名］ **Reevesia megaphylla** Hu　梧桐科

［形态特征］ **常绿乔木**，高达 20 米；树皮灰褐色，小枝绿黑色，被星状短柔毛。**叶互生，革质**，长椭圆形，长 10～18 厘米，宽 5～9 厘米，基部圆形或浅心形，先端短尖，全缘，**表面无毛，背面被星状毛**，茎脉 3 条。圆锥花序顶生。蒴果木质倒卵圆形，长 4～5 厘米，直径 3.5 厘米，5 瓣裂，具龙骨突起；种子迭生，扁圆形，下部具薄翅。果期 11～12 月。

［生长环境］ 常见于海拔 1400～2000 米地带的山坡疏林中。

［产　　地］ 云南西双版纳、勐海、临沧、景东、腾冲等地。

［用　　途］ 枝皮纤维可代麻制绳索和制人造棉。

［采收处理］ 参阅梧桐（247 页）。

［加　　工］ 参阅梧桐。

275 毛叶梭罗树（maoyesuoluoshu）（图 216）

［学　　名］ **Reevesia pubescens** Mast.　梧桐科

［形态特征］ 乔木，高约 10 米；幼枝被锈褐色柔毛，具锈褐色鲜明皮孔。**单叶**互生，**长圆形或卵圆形**，长 7～15 厘米，宽 4～9 厘米，先端骤狭长渐尖或短尖，基部圆形或楔形，有时心形，全缘或为不规则的微波状缘，背面密被锈褐色星状毛，表面无

毛或疏具星状毛；叶柄长1.5～4厘米，被锈褐色星状毛。圆锥花序顶生，花细小，多数，花梗及萼均被锈褐色星状毛，萼钟形，5浅裂，长约4毫米；雄蕊管伸长达20毫米或更长。蒴果长圆状倒卵形，长2.8～4厘米，直径2.5～3厘米，表面被星状毛，成熟时5瓣裂。花期5月（四川）～6月（广西），果期7～8月。

［生长环境］ 喜阳光，较耐干旱，于山坡或平原疏林中或路旁生长。

［产　　地］ 广西、四川及云南（维西、贡山一带）等省区。

［用　　途］ 树枝皮纤维可供造纸或制绳索。

［理化性质］ 据云南省资料：茎皮含α-纤维素52.12%。

［采收处理］ 参阅梧桐(247页)。

［加　　工］ 参阅梧桐。

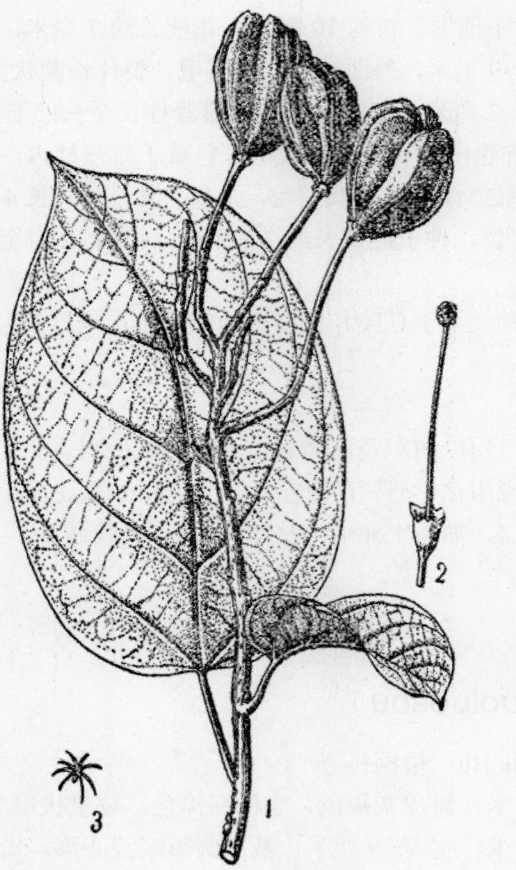

图216　毛叶梭罗树
Reevesia pubescens Mast.
1．果枝；2．除去花瓣的雄花；3．叶背面的星状毛。

276 梭罗树（suoluoshu）

［地 方 名］ 九层皮、千层皮、芦皮（江西）

［学　　名］ **Reevesia sinica** Wils.　梧桐科

［形态特征］ 常绿乔木，高达20米；树皮纵裂成条；幼枝密被黄褐色星状毛，成长时渐脱落。单叶互生，革质，长圆形至椭圆形，长9～15厘米，宽3.5～5.5厘米，先端渐尖或突尖，基部楔形、圆形或浅心形，全缘，两面被黄色星状毛，背面更密；叶柄长1.5～3.5厘米。圆锥花序顶生，密被棕色星状毛；苞片及小苞膜质，早落；萼漏斗状，5裂，花瓣5，倒卵状匙形，白色；雄蕊15，向外挺出，子房5室，柱头无柄。蒴果木质，梨形，有槽，密生棕褐色细毛；种子有翅。

［生长环境］ 生于山谷、山坡杂木林中，或栽植于村旁。

［产　　地］ 四川、云南、江西等省。

［用　　途］ 枝杆皮纤维可制绳索，打草鞋，和造纸。

［理化性质］ 据江西轻工业厅分析：水分 12.43%，灰分 0.8646%，温水水溶物 1.946%，1%氢氧化钠抽出物 16.63%，苯醇抽出物 0.6915%，木质素 12.2%，全纤维素 61.14%。

［采收处理］ 参阅梧桐（247 页）。

［加　　工］ 参阅梧桐。

277 两广梭罗树（liangguangsuoluoshu）（图 217）

［地 方 名］ 牛关麻、油在树、脆皮树、细叶马甲（广东）

［学　　名］ **Reevesia thyrsoidea** Lindl. 梧桐科

［形态特征］ 常绿乔木或灌木；树皮灰褐色，**幼时略被星状短柔毛**。叶纸质或近革质，长圆形、椭圆形或卵状椭圆形，长 5～7 厘米，宽 2.5～3 厘米，基部圆形，先端短尖或渐尖，全缘，**两面均无毛**；叶柄长 1～3 厘米。**花密集排成顶生的伞房花序**，无总花梗；萼 5 裂，长约 6 毫米，外被星状小柔毛，基部渐狭，裂片阔三角形，长约 1 毫米，先端短尖；**花瓣 5，白色，匙形，基部狭成爪，中部收缩**，长约 1 厘米；雄蕊柱长约 2 厘米，花药 15 个集生于雄蕊柱顶端成头状，子房圆球形，5 室，被毛。**蒴果长圆梨形，具 5 棱**，长约 3 厘米，外被短茸毛；种子在每一心皮内有 2 粒，长圆形，略扁，下端具翅，连翅长约 2 厘米。花期 4 月，果期 6～7 月（广东），11 月（广东海南）。

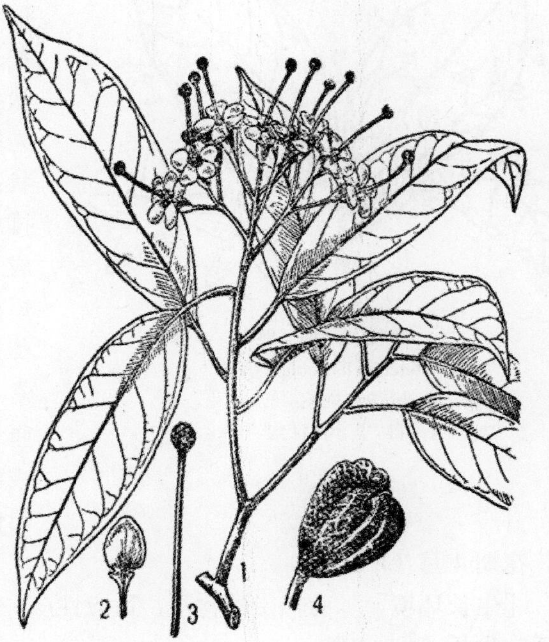

图 217 两广梭罗树
Reevesia thyrsoidea Lindl.
1．花枝；2．花瓣；3．雄蕊；4．果实。

［生长环境］ 宜气候温暖、土壤肥沃而较湿润的山谷地区、丘陵地和山坡下部的密林中生长。

［产　　地］ 广东、广西等省区。

［用　　途］ 树皮纤维强韧，可制绳索、织麻袋，亦为造纸原料。

［理化性质］ 据广东省资料：茎皮含纤维素 22.8%，半纤维素 8.57%，木质素 17.26%，果胶 1.44%，水分 9.12%，油脂 5.2%，灰分 3.59%；纤维长 0.29～1.56 毫米，强力 1915 克 / 毫克，比重 1.04，公制支数 82。

［采收处理］ 参阅梧桐（247 页）。

［加　　工］ 参阅梧桐。

278 假苹婆（jiapingpo）（图 218）

［地 方 名］ 米当、鸡肝、火索木、九层皮、鸡关木（广西），鸡冠皮、鸡冠麻（广东），亚娘鞋、狗麻、山木棉、磨龙麻（广东海南）。

［学　　名］ **Sterculia lanceolata** Cav. 梧桐科

［形态特征］ 小乔木或灌木，**小枝幼时被褐色毛，后即脱落**。单叶互生，近革质，椭圆形，**披针形或椭圆状长圆形**，长 9～20 厘米，宽 3.5～8 厘米，先端短尖，基部钝，全缘，表面无毛，背面几无毛；叶柄长 2.5～3.5 厘米。圆锥花序腋生，**通常较叶短**，略被毛，多分枝；小苞片短，线形，早落；花杂性，无花瓣；萼片 5，淡红色，长圆状披针形，仅于基部连合，长 4～6 毫米，先端钝，外面被星状柔毛；外卷呈五角星状；雄花的雄蕊柱长 2～3 毫米，花药 10，排成二列，生于雄蕊柱顶端裂片的外面形成一头状体；两性花的子房圆球形，密被短柔毛，花柱弯曲，柱头不明显 5 裂。蓇葖果近无柄，鲜红色，长卵形或长椭圆形，常 2～5 个集生，长 5～7 厘米，宽 2～2.5 厘米，先端具喙，基部渐狭，密被短茸毛；成熟时开裂；每一蓇葖具 2～7 种子；种子黑色或黑褐色，椭圆状卵形，直径约 1 厘米。花期 4 月（广东）。

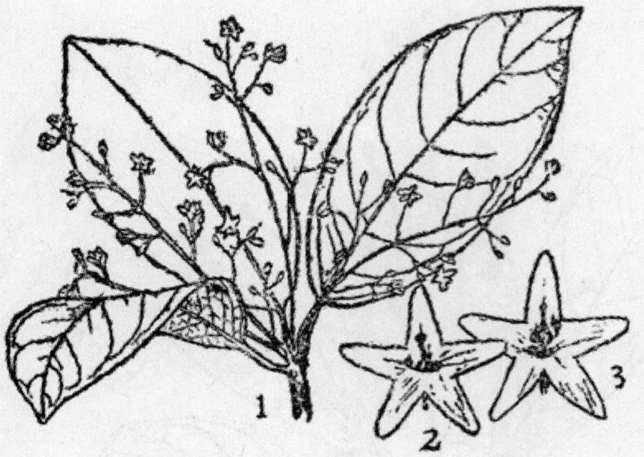

图 218 假苹婆
Sterculia lanceolata Cav.
1．花枝；2．雄花；3．雌花。
（自“广州植物志”）

［生长环境］ 为热带性树种，适应性广，无论平原、丘陵地、山地和石灰岩山地均适宜生长。

［产　　地］ 云南、贵州、广西、广东等省区。

［用　　途］ 韧皮纤维坚韧，可制绳索或织麻袋、麻布，制人造棉与棉花混纺，亦可造纸。

种子炒熟可食，或提取淀粉供食用或糊料用。又可榨油（见“油脂类”，895 页）。

［理化性质］ 据广东省资料，化学成分：茎皮含纤维素 23.1%，半纤维素 12.22%，木质素 12.8%，果胶 7.0%，水分 10.0%，油脂 2.3%，灰分 5.34%；物理性质：纤维长 0.32～1.27 毫米，强力 355.5 克 / 毫克，公制支数 181.8，比重 1.26。

［采收处理］ 参阅昂天莲（242 页）。

［加　　工］　参阅昂天莲。

279 苹婆（pingpo）（图 219）

［地 方 名］　七姐果、富贵子（广东）

［学　　名］　**Sterculia nobilis** Smith　梧桐科

［形态特征］　乔木。叶纸质，长圆形或长圆状椭圆形，长 8～25 厘米，宽 5～15 厘米，基部钝，先端长渐尖或钝，全缘；叶柄长 2.5～5 厘米。**圆锥花序腋生**，**下垂**，花单被，雄花萼钟形分裂至中部，裂片线形，里面红色，外被灰白色柔毛。蓇葖果卵形，长 4～8 厘米，宽 2.5～3.5 厘米，具喙，成熟时暗红色，被短绒毛；种子暗栗色。花期 5 月，果期 6～7 月（贵州）。

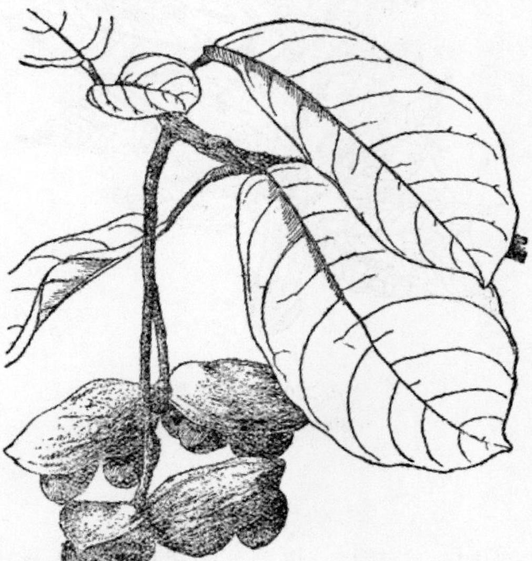

图 219　苹婆

Sterculia nobilis Smith

果枝

［生长环境］　野生山坡林内或灌丛中，亦有栽培。

［产　　地］　广东、广西、贵州等省区。

［用　　途］　树枝皮纤维可代麻，搓绳索或纺织麻袋，亦为造纸原料。

种子可食，味似板栗。叶可包粽子。果荚和蜜枣、陈皮煎服，治血痢。

［理化性质］　据贵州省资料：树皮含纤维素 36%。

［采收处理］　参阅梧桐（247 页）。

［加　　工］　参阅梧桐。

280 棉毛苹婆（mianmaopingpo）（图 220）

［地 方 名］　家麻树、哥波（广西），九层皮、果包拗（云南）。

［学　　名］　**Sterculia pexa** Pierre　梧桐科

［形态特征］　落叶乔木，高 5～10 米。**掌状复叶互生**，小叶 7～8，长椭圆形或倒卵状长圆形，长 9～23 厘米，宽 4～8 厘米，基部楔形，先端短尖或突尖，边缘全缘或具微细齿及纤毛，侧脉明显；小叶近无柄，或有长不及 1 厘米的短柄；总柄长 7～21 厘米；托叶长三角形。**圆锥花序集生于茎端**；**花白色**，杂性，单被，合生成壶状，先端 5

图 220 棉毛苹婆
Sterculia pexa Pierre
花枝

裂，裂瓣较花管长或等长；雄蕊 20，排成 2 列，心皮 5，密被毛，柱头 3 裂。蓇葖果红色，长 8～9 厘米，直径约 5 厘米，外面密被锈褐色粗长毛。花期 9 月（云南）。

[生长环境] 喜阳光，生于较干旱的坡地，在云南常生于海拔 300～1000 米地带，习见栽培于村落附近、园地及路旁等处。

[产　　地] 广西、云南（南部）等省区。

[用　　途] 树枝皮纤维坚韧结实、耐水性，胜过麻类，广西民间常制绳索用。又为造纸原料。

木材坚硬，供制家具用。种子可供食用。

[理化性质] 据广西僮族自治区资料：树皮含纤维 55～59.87%。

[采收处理] 宜在秋季砍伐其树枝，趁鲜剥皮。

[加　　工] 将剥下的树皮，浸入水中约 10～15 天，待表皮用手拉纤维易分离时，刮去表皮，清洗晒干，即得洁白纤维。

281 长毛苹婆（changmaopingpo）

[地 方 名] 红椰皮、色白告（云南）

[学　　名] **Sterculia villosa** Roxb. 梧桐科

[形态特征] 乔木，高 6～10 米。树皮灰白色，平滑。单叶互生，**阔圆形或近肾形**，长 15～20 厘米，宽 20～30 厘米，**掌状 5～7 裂，近基部两侧裂片常全缘，其余裂片常再三浅裂**，表面被星状毛，老时毛渐脱落，背面密被茸毛，呈淡灰黄色；叶柄约与叶片等长；托叶披针形，早落。花杂性，**腋生**；**圆锥花序下垂**，长 30 厘米以上，具多数花；花萼阔钟状，外被毛，里面淡红色，5 裂，裂瓣扩展；无花瓣；雄蕊 10；花柱弯曲，子房圆球形。蓇葖果，长圆形，长 3～5 厘米，内外均被褐棕色长柔毛；种子长圆形，长约 1 厘米。宽约 6 毫米。果期 8～9 月。

[生长环境] 山谷杂木林中或栽培于村边。

[产　　地] 云南省的允景洪、思茅、西双版纳、瑞丽等地。

［用　　途］　树枝皮纤维可制绳索与造纸等用。

［采收处理］　一般在夏秋季，将树枝砍下，去其侧枝小叶，趁鲜剥皮。

［加　　工］　将剥下的青皮放入水中浸泡 7～15 天，用手指搓纤维以分离均匀时，捞出，用木棒捶洗，晒干即成。

282 滇苹婆（dianpingpo）

［学　　名］　**Sterculia yunnanensis** Hu　梧桐科

［形态特征］　乔木，高 20 米；**小枝无毛**。**掌状复叶**，互生，**具 5～9 小叶**；**小叶纸质**，**椭圆状倒披针形**，长 17～25 厘米，宽 4.5～6.5 厘米，先端长渐尖，基部楔形，全缘，具纤毛，**表面沿中脉具疏毛**，中脉明显，侧脉约 25 对；叶柄长 30 厘米，无毛；托叶早落，长 18 毫米。果实木质，由 3～4 个卵形心皮组成，长达 7 厘米，宽 5 厘米，顶端喙不明显，基部收缩成柄，外面密被粗糙的毛；种子椭圆形，黑色，光亮，长 1.5 厘米，宽 8 毫米。果期 5 月。

［生长环境］　生长山谷溪边林中。

［产　　地］　云南的南部及西南部。

［用　　途］　枝皮纤维可作麻类代用品及造纸原料。

［理化性质］　据云南省资料：含纤维素 49.96%，纤维细长。

［采收处理］　参阅棉毛苹婆（259 页）。

［加　　工］　参阅棉毛苹婆。

283 和他草（hetacao）（图 221）

［地 方 名］　蛇婆子（广东）

［学　　名］　**Waltheria americana** L.　梧桐科

［形态特征］　半灌木，直立或匍匐，高 0.5～1.5 米，多分枝，各部均密

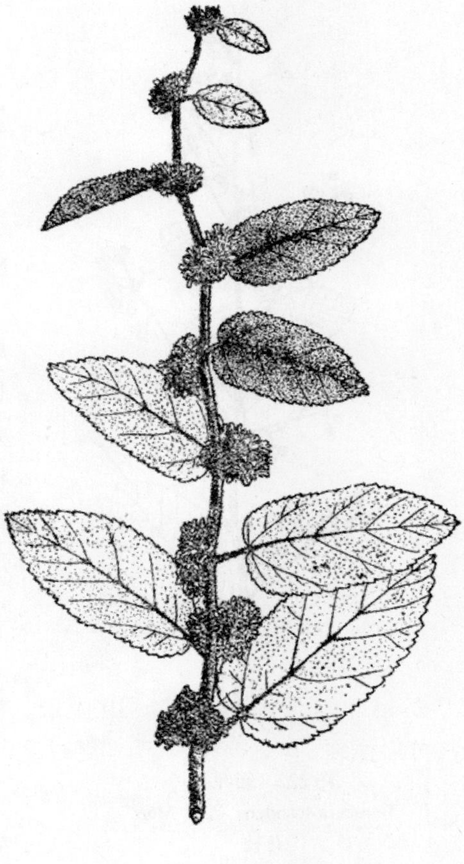

图 221　和他草
Waltheria americana L.
花枝

被茸毛。单叶互生，具短柄，卵形或长圆形，长2.5～4.5厘米，宽1.5～3厘米，先端钝，基部圆形或近心形，边缘有小齿，两面密被茸毛，叶脉明显。**头状花序几无柄，腋生，多少呈稠密的聚伞状花序**；萼5裂，绿色，长3～4毫米；花瓣5，黄色，匙形，长约为萼的2倍，先端截形；雄蕊5，花丝连成筒，包围雌蕊，子房上位，无柄，被柔毛，1室，胚珠2，花柱偏生，柱头流苏状分枝。蒴果甚小，长约3毫米，通常背裂为2果瓣，有种子1粒。花期9月。

［生长环境］ 喜生于向阳山坡或开敞丘陵地带。

［产　　地］ 福建、台湾、广西、广东等省区。

［用　　途］ 韧皮纤维可织麻袋，搓绳索也可作造纸原料。

［采收处理］ 秋季采收，可采用整株割取法。

［加　　工］ 参阅昂天莲（242页）。

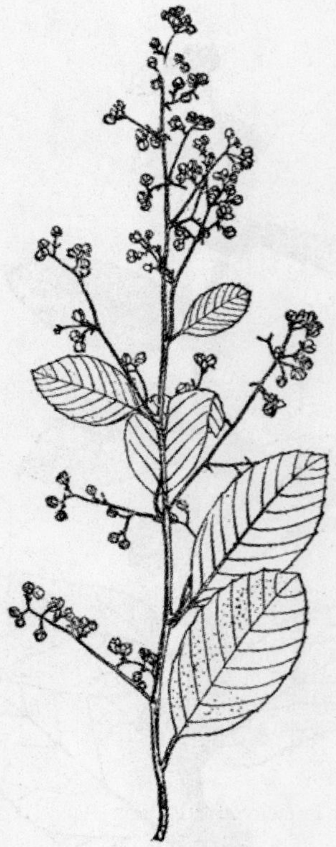

图222　锡叶藤
Tetracera scandens（L.）Merr.
花枝

284 锡叶藤（xiyeteng）（图222）

［地 方 名］ 水车藤、涩沙藤（广西）

［学　　名］ **Tetracera scandens** (L.) Merr.　第伦桃科

［形态特征］ 藤本，长3～5米或更长。单叶互生，革质，长6～12厘米，宽3～5厘米，长圆状倒卵形至长圆状椭圆形，基部阔楔形，先端短尖或钝，边缘有锯齿；两面粗糙，侧脉极凸起。圆锥花序顶生及腋生，长10～25厘米；花白色多数，直径约8毫米。蓇葖果长圆状卵形，长约1厘米；有种子一粒，被粗毛，假种皮杯状，有齿。花期6月。

［生长环境］ 山坡、山谷、疏林或灌木丛中。

［产　　地］ 广西、广东、云南等省区。

［用　　途］ 全藤纤维韧度强，特别耐水湿，用作捆扎水车、船缆等。

其叶粗糙，可摩擦锡器而使之润滑光泽，故有锡叶藤之称。

［理化性质］ 据广西僮族自治区资料：藤皮含纤维48.53%。

［采收处理］ 一般在7～8月间进行采割，离根部约6厘米处用刀将藤砍下，去

掉侧枝及叶，将藤扎成小捆放入水中，浸泡脱胶，一般在 10 天左右，捞起，用木棒反复轻捶，并在清水中冲洗去杂质及胶质，晒干即成麻。

285 尖叶杨桐（jianyeyangtong）（图 223）

［地 方 名］　青皮麻、瑶人茶（广西）

［学　　名］　**Adinandra bockiana** Pritzel var. **acutifolia** (Hand.-Mzt.) Kob. (*Adinandra acutifolia* Hand.-Mzt.)

茶科

［形态特征］　常绿小乔木，高达 4 米；树皮灰褐色。叶互生，长圆形或长椭圆形，长 8～10 厘米，基部阔楔形，先端长渐尖，全缘或具疏生钝齿，表面叶脉凹下，具茸毛或光滑，叶脉背面隆起。花单生于叶腋，花梗外弯，长约 1 厘米，被有光泽的糙伏毛或无毛；花冠裂片 5，基部合生，长约 7 毫米，宽 4.5～5 毫米，顶端圆或尖形。果实球形，成熟时暗紫色，壁厚，直径约 1 毫米；种子多数，黑色，有光泽。花期 5～6 月，果期 8～9 月。

［生长环境］　生于山地林中。

［产　　地］　广西、贵州、湖南、江西、福建等省区。

［用　　途］　韧皮纤维可代麻制绳索和编制麻袋，亦可制人造棉供纺织用。

［采收处理］　参阅黄麻（194 页）。

［加　　工］　参阅黄麻。

图 223　尖叶杨桐

Adinandra bockiana Pritzel var. acutifolia（Hand.-Mzt.）Kob.

果枝

286 柽柳（shengliu）（图 224）

［地 方 名］　山川柳、红荆条、三春柳（河南），阴柳、红荆（山东）。

［学　　名］　**Tamarix chinensis** Lour.　柽柳科

［形态特征］　落叶灌木或小乔木，高达 5 米；枝密生，绿色或带红色，圆柱形，

图 224 柽柳
Tamarix chinensis Lour.
1．花枝；2．花；3．花去掉花瓣；4．花盘；5．叶枝。
（自“河北习见树木图说”）

细长，常下垂，顶端小枝特细小，常与叶同时脱落。叶互生，极小鳞片状，卵状披针形，先端渐尖，基部鞘状，抱茎，无柄。总状花序，长 2～5 厘米，常聚成疏散和略下垂的顶生圆锥花序，**出自当年生枝端**，花小，白色至粉红色；苞片锥状三角形，先端尖，比花梗长；萼片 5，卵状三角形，淡绿色；花瓣 5，倒卵形或倒卵状长圆形，花丝较花冠长，花药紫红色，**花盘 10，深裂**；子房上位，1 室，着生于花盘中，花柱 3，棍棒状。蒴果小，3～5 瓣裂。种子小，多数，密生毛。花期 7～9 月，果期 8～10 月。

［生长环境］ 适应性强、耐涝、耐旱和耐贫瘠土，喜生于盐碱性砂土及海滨河岸间。

［产　　地］ 黑龙江、辽宁、吉林、河北、山西、河南、陕西、湖北、山东、江苏等省。

［用　　途］ 枝条细而柔韧，可编筐篓和农具。

木材、枝、叶可药用（见“药用类”，1811 页）。树皮可提制栲胶（见“鞣料类”，1206 页）。

［采收处理］ 夏秋季节，剥取枝条，除去侧枝及细小枝梢，选择粗壮坚实的，置水中浸泡，待其变软后取出，供编织用。

287 土沉香（tuchenxiang）（图 1393）

［学　　名］ **Aquilaria sinensis** (Lour.) Gilg (*A. grandiflora* Benth.) 瑞香科

（地方名、形态特征、生长环境、产地及其他用途见“药用类”，1813 页）

［用　　途］ 树枝韧皮纤维色白而细，可为制造高级纸的原料；亦可作人造棉，供纺织用。

［采收处理］ 夏秋季砍下树枝，去掉小枝和梢叶，用木棒或斧头将枝条捶打松散，然后剥制，或投入河水中浸泡 5～10 天，至外皮膨胀发粘时即可取出剥制。树干皮利用时，可结合伐木进行剥皮，剥下的皮，在河水中浸泡 10～12 天，搓去外层粗皮，晒干即可备用。

288 费氏瑞香（feishiruixiang）（图 225）

［学　　名］ **Daphne feddei** Lévl.　瑞香科

［形态特征］ 常绿灌木，高 1～2 米。枝黄灰色，幼枝无毛或几无毛。叶互生，狭披针形或倒披针形，长 7～12 厘米，宽 1.5～3 厘米，基部狭楔形，先端渐尖，全缘，两面无毛。**花 8～12 朵聚生于枝端**，苞片背面被丝状微柔毛，通常早落；花芳香，花被筒状，长 12～15 毫米，宽 1.5～2.5 毫米，密被短柔毛，先端 4 裂，**裂片通常为筒长的 1／3**，外面通常无毛或沿中脉被极疏的微柔毛。果橙红色，圆球形，直径约 4.5 毫米，含种子 1～2。花期 3 月，果期 5 月（云南）。

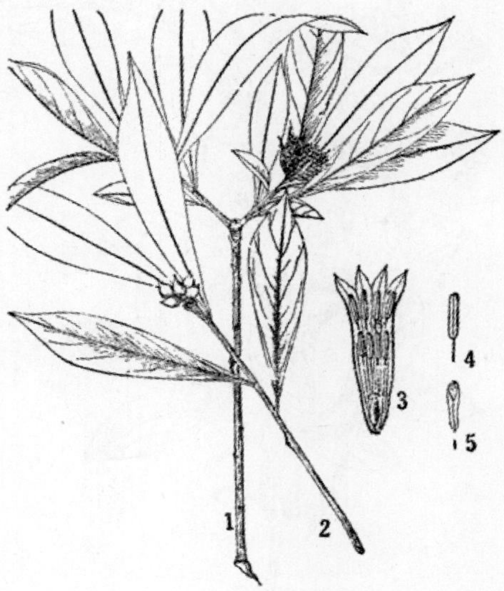

图 225　费氏瑞香
Daphne feddei Lévl.
1. 花枝；2. 果枝；3. 花被展开示雄蕊及雌蕊；4. 雄蕊；5. 雄蕊开裂。

［生长环境］ 生于山坡疏林下及灌丛中。

［产　　地］ 云南、四川、贵州等省。

［用　　途］ 树皮纤维韧性甚强，可作打字蜡纸、皮纸、钞票纸等原料，又可作人造棉。

鲜花含芳香油，可提取浸膏。

［理化性质］ 据云南省资料，纤维含量约 40%。

［采收处理］ 参阅瑞香（268 页）。

［加　　工］ 参阅瑞香。

289 芫花（yuanhua）（图 226）

［地 方 名］ 药鱼草、老鼠花（江苏），闹鱼花、头痛花（湖北、河南），闷头花（陕西、四川、湖北、贵州），头痛皮、石棉皮、泡半花（江西），泥秋树（湖南）。

［学　　名］ **Daphne genkwa** Sieb. et Zucc.　瑞香科

［原 料 名］ 地棉皮（湖南、河南），石棉皮（江西）。

［形态特征］ 落叶灌木，高达 1 米。茎多分枝，幼枝黄绿色，被绢状柔毛；老枝褐色或带紫红色，无毛或被极疏的柔毛。**单叶对生，稀互生**，坚纸质，长椭圆形或椭圆形，长 3.5～4.5 厘米，宽 9～15 毫米，有时长可达 8 厘米，宽达 2.8 厘米，基部阔楔形，先端急尖，全缘，表面无毛或仅幼时被疏柔毛，背面被长绢状柔毛，脉上尤密；叶柄长

图 226 芫花
Daphne genkwa Sieb. et Zucc.
花枝
（自“中国药用植物志”）

1～2 毫米，被绢状柔毛。**春末先叶开花，花粉红色或紫红色，3～7 朵簇生叶腋**，总花梗短；花萼圆筒形，细瘦，长约 1 厘米，外面被白色柔毛，4 裂，裂片长 5 毫米，花瓣状，无花瓣；雄蕊 8，排成 2 轮，着生于萼筒内面，花丝极短；子房瓶状，1 室，被白色柔毛，花柱极短或几无，柱头头状，红色。核果长圆形，肉质，白色，内有种子 1 粒。花期 3～5 月，果期 6～7 月（河南）。

［生长环境］ 生于丘陵地或山地的山坡山谷的疏林或灌丛中，常见于路旁，坡边；适宜于肥沃润湿的土壤，也有时在庭园中栽培。

［产　　地］ 河北、山东、山西、河南、陕西、甘肃、四川、湖北、湖南、江西、浙江、江苏、安徽、台湾等省。

［用　　途］ 纤维柔韧，为打字蜡纸、复写纸、牛皮纸等高级文化用纸的原料，亦可作人造棉。花供药用（见“药用类”，1814 页）。全株可作土农药。

［理化性质］ 据河南省资料：茎皮含纤维 79.99%，出麻率 26%，半纤维素 6.49%，木质素 1.05%，果胶 0.93%，热水水溶物 1.73%，冷水水溶物 1.45%，脂肪及蜡质 4.01%，水分 5%，灰分 4%。单纤维强力 8.65 克，单纤维平均长度 15.20 毫米，短绒率 21.41%。

［采收处理］ 春末夏初离地面 6～10 厘米处砍枝剥皮晒干即可（参阅瑞香，268 页）。

［加　　工］ 参阅瑞香。

［其　　他］ 1．繁殖方法，可用种子繁殖法：（1）采种，选择 3～5 年以上发育良好的植株，进行采种，当碰触其果实，果实即落下时，则证明已经成熟，可立即进行采集，采回的种子，可选择在不受雨淋日晒、干湿合适的地方，挖一穴，深约 3 尺，下面铺一层细干草，再铺种子，厚约 3～4 寸，其上盖一层细砂，然后复土，待播种时取出；（2）播种，苗地应选择土地较肥沃者，播种时间可在清明节前后，择一阴天，将种子取出洗净，播入苗地中，播时最好是早晚进行；播好后，上面复一层细土，然后盖草，

经常洒水，3～4 周即可发芽；（3）移植，待长 4～5 寸许，可施肥一次，次年春季即可移植。

2．芫花毒性很大，在上述各操作过程中，应特别注意勿近口和眼睛，以免中毒；采集花时亦感头晕；在制农药时要带口罩，同时随配随用，以免中毒。

3．本种近似的种小叶瑞香（D. championii Benth.）产于广东、广西、江西与湖南；与芫花主要不同之点在于小叶瑞香的花被裂片较短，长仅 2 毫米，叶表面被稀疏柔毛；其用途与芫花相同。

4．果实成熟易脱落，采种时要注意，由于种子外皮肉质，须先将外皮洗净，才能保存埋藏，否则容易沤坏。

290 黄瑞香（huangrui-xiang）（图 227）

［地 方 名］ 祖师麻（甘肃、青海、陕西）

［学　　名］ **Daphne giraldii** Nitsche　瑞香科

［原 料 名］ 黄瑞香皮

［形态特征］ **落叶直立灌木**，高达 70 厘米，平滑无毛。**叶密生于小枝顶端**，倒披针形，长 3～6 厘米，基部楔形，先端尖以至钝及短尖，全缘，背面带白霜。**花 3～8 朵成顶生头状花序**，无苞片，花梗短；**花被黄色**，稍带香味，无毛，4 裂。果实卵形，鲜红色。花期 6 月。果期 7 月。

图 227　黄瑞香
Daphne giraldii Nitsche
花枝

［生长环境］ 海拔 1600 米以上的林缘或疏林内。

［产　　地］ 四川、甘肃、陕西、青海等省。

［用　　途］ 树皮纤维可制打字蜡纸、皮纸、绵纸等高级文化用纸及人造棉。

［理化性质］ 据“中国造纸植物原料志”记载：纤维最长 5.80 毫米，最短 0.95 毫米，平均为 3.10～4.50 毫米；最宽为 30 微米，最窄为 4 微米，平均为 15～19 微米。

［采收处理］ 参阅瑞香（268 页）。

［加　　工］ 参阅瑞香。

［其　　他］　本种近似小娃娃皮（D. gracilis Pritzel），产四川，与黄瑞香主要区别在于小娃娃皮的花被 5 裂，雄蕊 10；其用途与黄瑞香同。

291 瑞香（ruixiang）（图 228）

［地 方 名］　野梦花（湖南、湖北），贼腰带（浙江），大黄构（四川）。

［学　　名］　**Daphne odora** Thunb. var. **atrocaulis** Rehd.　瑞香科

［原 料 名］　梦花皮（湖南、湖北）

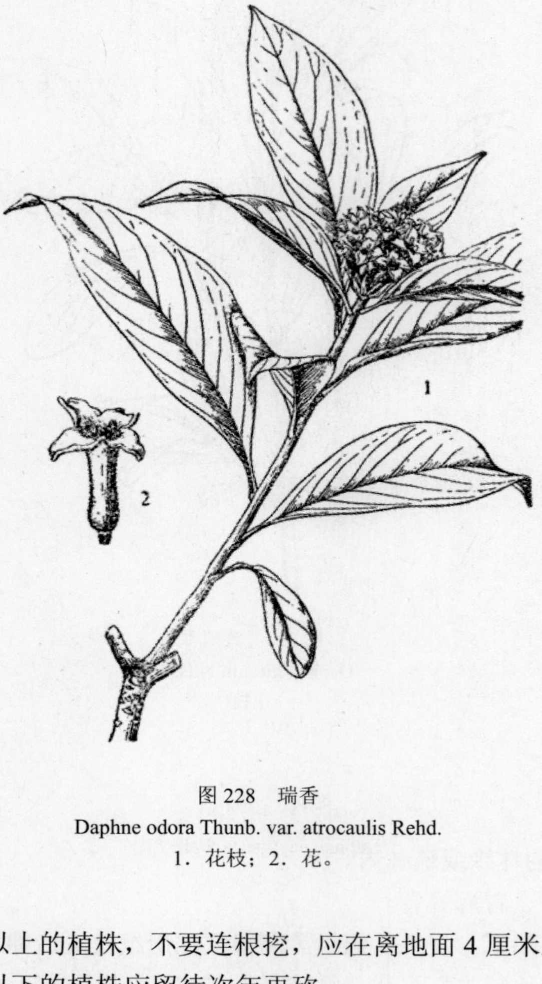

图 228　瑞香
Daphne odora Thunb. var. atrocaulis Rehd.
1．花枝；2．花。

［形态特征］　常绿直立灌木，高达 2 米，平滑无毛。叶互生，稀对生，椭圆形或长椭圆形，长 5～8 厘米，宽 1.5～3 厘米，基部楔形，先端钝，全缘，表面深绿色，具光泽，背面青绿色，无毛。花芳香，成顶生头状花序，苞片披针形，疏生柔毛或无毛；花被筒状，淡红紫色。核果卵圆形。花期 3～5 月，果期 8～9 月（浙江）、5～6 月（湖北）。

［生长环境］　生于湿润的山地山坡，山谷丛林下或林缘。

［产　　地］　四川、广西、湖南、湖北、安徽、江西、浙江、台湾等省区。

［用　　途］　茎皮纤维可制打字蜡纸、皮纸等高级文化用纸及人造棉。

花可提取芳香油（见“芳香油类”，1392 页）。根与茎皮可入药。

［理化性质］　据安徽省资料：茎皮含纤维 34%。

［采收处理］　6～9 月采收 1 米以上的植株，不要连根挖，应在离地面 4 厘米左右处砍下，使其来年能长出新苗，一米以下的植株应留待次年再砍。

［加　　工］　将砍下来的茎枝放在木甑内煮约 1～2 小时，取出，浇一些冷水，然后自根部至梢部将皮剥下，并用麻刀或竹刀将皮外层黑壳去净，立即晒干，如遇阴雨天，可用竹杆晾在通风处，以免变质，晒干或晾干即可应用。

292 白瑞香（bairuixiang）（图 229）

［地方名］ 小构皮（四川）

［学　　名］ **Daphne papyracea** Wall. (*D. cannabina* Wall.) 瑞香科

［原料名］ 白瑞香皮

［形态特征］ 灌木，高约 1 米。枝光滑无毛。叶互生，纸质，长圆状披针形，长 6～11 厘米，宽 2～3 厘米，基部楔形，先端渐尖，全缘，两面均无毛，侧脉不显着，具短梗，花簇生枝顶，近无梗，**花被漏斗状，被柔毛，裂片卵状长圆形**。核果卵状球形，长 1 厘米，宽 8 毫米，含一球形种子。花期 12 月。

［生长环境］ 生于山地与山谷密林下灌木丛中，土壤较肥沃而潮湿的地方。

［产　　地］ 广西、广东、云南、贵州、四川、湖南等省区。

［用　　途］ 茎皮纤维可作打字蜡纸、皮纸等高级文化用纸，亦可做人造棉。

［采收处理］ 参阅瑞香（268 页）。

［加　　工］ 参阅瑞香。

［其　　他］ 1．本种的变种山辣子皮［地方名：大八金龙、小狗皮、麻树皮（云南）］（D. papyracea Wall. var. crassiuccula Rehd.）。与正种区别为：小枝较粗，带暗紫色；叶纸质或薄革质，长圆状披针形，较宽短；**花枝短被长柔毛**，其用途与本种同。据云南省资料：纤维含量为 56.67%，α-纤维素含量为 96.68%，出棉率为 57.9%，纤维长 1.2～2.4 毫米，宽 1.5～2 微米。

图 229 白瑞香
Daphne papyracea Wall.
花枝

2．本种近似一种野萝花（D. wilsonii Rehd.）产湖北，与白瑞香的差别在于野萝花的**花被与苞片均无毛**；其用途等与白瑞香同。据四川省资料：茎皮含纤维 30%。

293 结香（jiexiang）（图 230）

［地 方 名］ 白叉树、打结花、金腰带（湖南），黄瑞香（湖北、广东），梦花（云南、四川），雪里开、百结树、宝皮鞍（浙江）。

［学　　名］ **Edgeworthia chrysantha** Lindl.　瑞香科

［原 料 名］ 雪花皮、三椏皮（湖南、云南）

［形态特征］ 落叶灌木，高达 2 米，**全株被绢状长柔毛或长硬毛**，幼嫩时更密。**枝条棕红色，常呈三叉状分枝，有皮孔**。**单叶互生，通常簇生于枝端**，纸质，椭圆状长圆形或椭圆状披针形，长 8～16 厘米，宽 2～3.5 厘米或略宽，基部楔形，下延，先端急尖或钝，全缘，表面被疏长毛，后几无毛，背面粉绿色，被长硬毛，叶脉上尤密，叶脉隆起。花多数，**黄花**，芳香，成顶生头状花序，下垂；总花梗粗壮，密被长绢毛，总苞被柔毛，无花梗或极短；花萼圆筒形，外面被绢毛状长柔毛，裂片 4，花瓣状；卵形，平展；无花瓣；雄蕊 8，两轮，着生于萼筒上部，花丝极短，花药长椭圆形；子房椭圆形，无柄，仅上部被柔毛，1 室，花柱细长，柱头线状圆柱形，被柔毛。核果卵形，通常包于花被基部，果皮革质，硬而脆。花期 3，4 月，先叶开花，果期约 8 月（河南）。

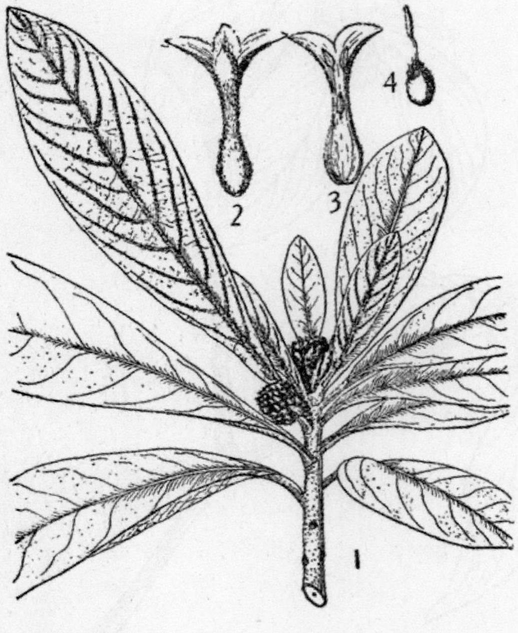

图 230　结香
Edgeworthia chrysantha Lindl.
1．花枝；2．花；3．花萼纵剖面，示雄蕊；4．雌蕊。

［生长环境］ 生于山坡或山谷林下及灌丛中，土壤肥沃而湿润的地方：有时见于村边及田埂上亦有栽培的。

［产　　地］ 河南、陕西、湖北、湖南、江西、江苏、浙江、安徽、广东、广西、云南、四川等省区。

［用　　途］ 茎皮纤维坚韧可制打字蜡纸、打字纸、皮纸等高级文化用纸，也可制人造棉。

花及叶可供药用（见“药用类”，1815 页）。剥去皮后的茎枝可编织提篮、茶盘等。又常作为观赏植物栽培。

［理化性质］ 据广西僮族自治区资料，化学成分：纤维素 40.52%，木质素 10.12%，水分 12.43%，灰分 3.25%，蛋白质 12.15%，果胶 8.31%；物理性质：纤维长 2.9～4.5 毫米，

宽 4～19 微米。

据“中国造纸植物原料志”记载，化学成分：纤维素 43.40%，木质素 7.06%，水分 9.61%，灰分 2.97%，多缩戊糖 16.10%，冷水水溶物 16.80%，1%氢氧化钠抽出物 38.77%；物理性质：长 1.9～6.1 毫米，一般长 3～4.9 毫米，宽 6.5～21.6 微米，平均为 11.7 微米。

据浙江纺织科学研究所分析，化学成分：纤维素为 43.84%，木质素 2.33%，水分 13.67%，灰分 3.44%，1%氢氧化钠抽出物 48.60%，乙醇抽出物 11.18%，α-纤维素占全纤维素 77.31%。

据四川省资料：茎皮出棉率 66%。安徽省资料：茎皮含纤维 34%。

［采收处理］ 在夏初至秋末时进行砍伐剥皮，其方法为砍取离地面 5 厘米以上的茎枝，并注意保护老根及幼苗。

［加　　工］ 参阅瑞香（268 页）。

［其　　他］ 繁殖方法有分枝、分根与播种；以分根法繁殖较好。

294 长梗结香（changgengjiexiang）（图 231）

［地 方 名］ 构皮树（云南）

［学　　名］ **Edgeworthia gardneri** (Wall.) Meisn. 瑞香科

［形态特征］ 落叶灌木，高 1～1.5 米；茎褐红色，小枝被毛。叶互生，椭圆形至椭圆状披针形，长 10～15 厘米，宽 2～5 厘米，基部楔形，先端锐尖，全缘，两面均被柔毛；侧脉 5～9 对；叶柄短，长 5～10 毫米。花多数组成紧密头状花序，腋生，下垂，总花梗长约 5 厘米，被疏柔毛；**花芳香，白色带淡红晕**，管状，4 裂，裂片卵圆形，外被密绢毛。果包藏于宿存花被基部。花期 11 月至翌年 1 月（云南）。

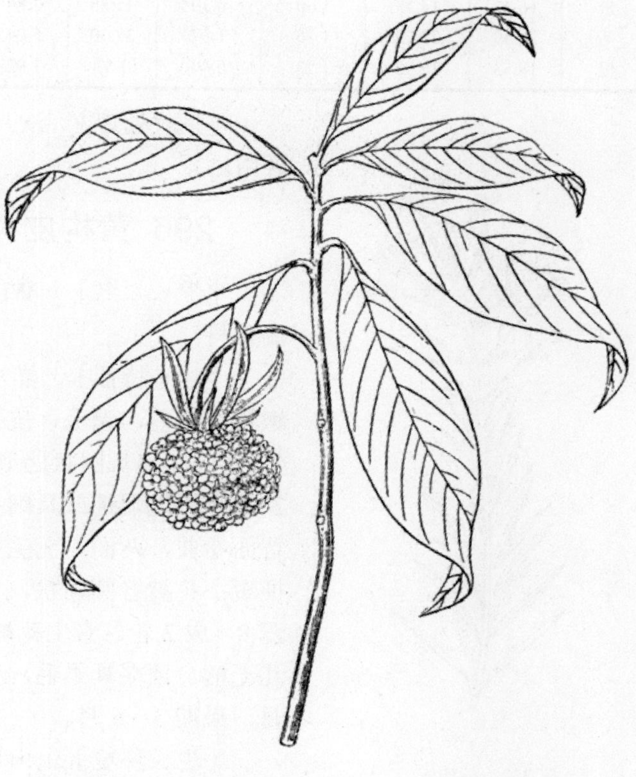

图 231 长梗结香
Edgeworthia gardneri（Wall.）Meisn.
花枝

［生长环境］ 生于山

麓阴湿处，疏林中，海拔 1800～2880 米。

［产　　地］ 云南省

［用　　途］ 韧皮富含纤维，可制高级文化用纸与人造棉。鲜花可提取芳香油（见“芳香油类”，1393 页）。

［采收处理］ 参阅结香（270 页）。

［加　　工］ 参阅结香。

295 狼毒（langdu）（图 1394）

［学　　名］ **Stellera chamaejasme** L.　瑞香科

（地方名，形态特征，生长环境，产地及其他用途见“药用类”，1815 页）

［用　　途］ 茎与根含纤维可供造纸。

［理化性质］ 据山西省资料列如下表：

植株器官	纤维（%）	α-纤维素（%）	β-纤维素（%）	γ-纤维素（%）	鞣质（%）	糠醛（%）	淀粉（%）	N（%）	P（%）	K（%）
根	16.23	14.33	1.60	0.30	11.86	3.84		0.097	0.58	0.60
茎	28.49	25.75	1.16	1.57	37.30	5.04	8.87	0.123		0.27
根	18.53	16.90	1.23	0.40	3.57	7.92	2.68		0.50	0.50

［采收处理］ 9 月采根，同时将茎枝割下，晒干备用。

图 232　黄构皮
Wikstroemia angustifolia Hemsl.
花枝

296 黄构皮（huanggoupi）（图 232）

［学　　名］ **Wikstroemia angustifolia** Hemsl. 瑞香科

［形态特征］ 灌木，高 30～100 厘米。老枝褐色，嫩枝淡黄色，无毛，皮孔横裂，叶痕密且凸起。单叶对生，革质，狭长圆状匙形或线形，长 12～25 毫米，宽 1～2 毫米，先端钝或具细尖，基部钝，全缘，干后边缘向背面卷曲，两面均无毛，叶脉常不明显。总状花序，花梗短；花被管圆筒状，黄色，裂片 4，长圆状卵形；雄蕊 8，成 2 轮，着生花被管上；花盘偏一侧，3 裂；子房几无柄，顶端具柔毛，花柱极短，柱头球状。花期 3～4 月，果期 5～6 月。

［生长环境］ 山坡灌丛中。

［产　　地］ 湖北省的宜昌、兴山与巴东等地。

［用　　途］ 树皮纤维是制蜡纸的主要原料。

［采收处理］ 参阅瑞香（268 页）。

［加　　工］　参阅瑞香。

297 小黄构（xiaohuanggou）

［地 方 名］　野棉皮（四川），黄构、小构（湖北）。

［学　　名］　**Wikstroemia brevipaniculata** Rehd.　瑞香科

［形态特征］　本种与河朔荛花相近似，主要区别是小黄构的**总花梗无毛，花序具少数花，花被外面无毛或仅具疏毛**。

［生长环境］　多生于海拔 900～1100 米处的溪边、山坡、路边、石缝中或灌木丛中。

［产　　地］　陕西、湖北、四川、云南等省。

［用　　途］　茎皮纤维可制绵纸、打字蜡纸和皮纸等，亦可制人造棉。

［采收处理］　6～9 月采收 1 米以上的植株，为了保护老桩使其易于生长幼苗，采收时应在离地面 5 厘米左右处砍下。

［加　　工］　（1）蒸煮，将砍下来的茎枝盘放在一只木桶里，桶口用竹杆或木棒扣牢，然后将木桶倒复在盛满水的大锅上，大约蒸煮 1～2 小时后，即可取出剥皮、蒸煮后剥下的皮厚些，品质又好；如用生剥，不但剥不干净，而且也很难去净皮外的黑壳；（2）剥皮，将蒸煮后的茎枝浇一些冷水，然后自根部向梢将皮剥下，每根皮柴一定要剥成一条，不要剥成几条或折断，立即用利麻刀或竹刀将皮外层的黑壳去净，如有未剥完的皮，可浸在放有清水的木桶里，以后再剥；（3）晒干，将剥下来的皮在太阳下立即晒干，如遇阴天或雨天可用竹杆晾在屋内以免霉烂，晒干后即可应用。

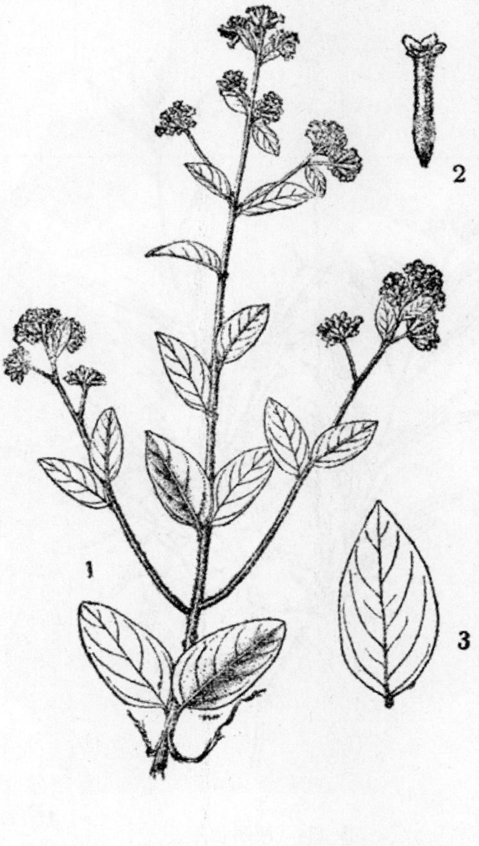

图 233　荛花
Wikstroemia canescens Meisn.
1．花枝；2．花；3．叶。

298 荛花（raohua）（图 233）

［地 方 名］　老龙树（湖南），

老虎麻（陕西、湖北）。

［学　　名］　**Wikstroemia canescens** Meisn.　瑞香科

［原 料 名］　老龙皮（湖南），老虎麻（陕西、湖北）。

［形态特征］　落叶灌木，高 30～60 厘米；幼枝被短柔毛。叶常对生，膜质，长椭圆状披针形，长 2.5～7.5 厘米，宽 1.5～2.5 厘米，基部宽楔形，先端急尖，全缘，表面绿色，近无毛或疏生短柔毛，背面灰绿色，密生柔毛，叶脉在背面隆起，主脉直达先端，侧脉 3～6 对；叶柄长 1.5～3 毫米。穗状花序顶生或腋生，常数花序组成圆锥状；花被黄色，管状，长 6～8 毫米，顶端 4 裂，开展；花盘鳞片状线形。核果，黑色，被绢毛。花期 5～6 月。

［生长环境］　常生于山地石壁隙缝或山坡及沟边较潮湿的地方，也有栽培。

［产　　地］　湖南、湖北、陕西、江西、云南等省。

［用　　途］　茎皮纤维良好，用于制打字蜡纸、绵纸、皮纸等高级纸。

［采收处理］　参阅小黄构（273 页）。

［加　　工］　参阅小黄构。

299 河朔荛花（hesuoraohua）（图 234）

图 234　河朔荛花

Wikstroemia chamaedaphne Meisn.

花枝

［地 方 名］　药鱼梢（北京），老虎麻（陕西）。

［学　　名］　**Wikstroemia chamaedaphne** Meisn.　瑞香科

［原 料 名］　老虎麻（陕西、湖北）

［形态特征］　落叶多枝灌木，高约 50 厘米。幼枝灰绿色或绿棕色，无毛，呈四棱形；小枝棕红色，近圆柱形，有皱纹；老枝灰褐色，无髓部或极小。单叶对生，少有互生，叶柄短：叶片坚纸质，披针形或狭长圆状披针形，长 3～5.5 厘米，宽 5～8 毫米，基部楔形或渐尖，先端急尖，全缘，表面中脉下凹，背面中脉高起，两面无毛。花黄色，成穗状花序，常数个集合成顶生圆锥花序，被白色绢状柔毛；花梗几无；花被

圆筒状，细瘦，长 6～8 毫米或较长，外面被疏柔毛，上端 4 裂，花瓣状，裂片卵圆形，常为萼筒的 1／4；无花瓣；雄蕊 8，排成 2 轮，着生于萼筒内面，花丝极短或无；子房上位，卵形，1 室，被短柔毛，花柱极短，柱头头状。核果卵圆形，内有 1 种子。花期 7～9 月。

［生长环境］ 常生于阳光充足的沟边和梯田埂上，喜肥沃而湿润的土壤。

［产　　地］ 河北、山西、河南、湖北、陕西、甘肃等省。

［用　　途］ 茎皮纤维为制打字蜡纸、皮纸及其他高级纸的原料，亦可制人造棉。枝、叶可作土农药。

［理化性质］ 据山西省资料：茎皮含纤维素 22%，α-纤维素 18.3%，β-纤维素 1.5%，γ-纤维素 2.2%，糠醛 5.28%，淀粉 14.23%，磷 0.21%，钾 0.59%。

［采收处理］ 参阅小黄构（273 页）。

［加　　工］ 参阅小黄构。

300 长花荛花（changhuaraohua）（图 235）

［地 方 名］ 一把香（四川）

［学　　名］ **Wikstroemia dolichantha** Diels　瑞香科

［形态特征］ 灌木，高约 1 米，多分枝，幼枝密被短柔毛。叶互生或对生，**椭圆状长圆形或长圆形**，长 1.5～3 厘米，宽 5～15 毫米，基部楔尖或短尖，先端短尖，全缘，两面均被疏柔毛；叶柄极短。穗状花序，顶生，密生多花，常由几个穗状花序组成近圆锥花序；花黄色，芳香，花被细长圆筒形，长约 8 毫米，直径约 1.5 毫米，外面被毛，先端 5 裂，裂瓣长约 1 毫米，端圆；雄蕊 10，排成 2 轮；子房长圆形，花柱短，柱头头状。核果，长圆形，长约 4 毫米，黑色；花期 4～9 月。

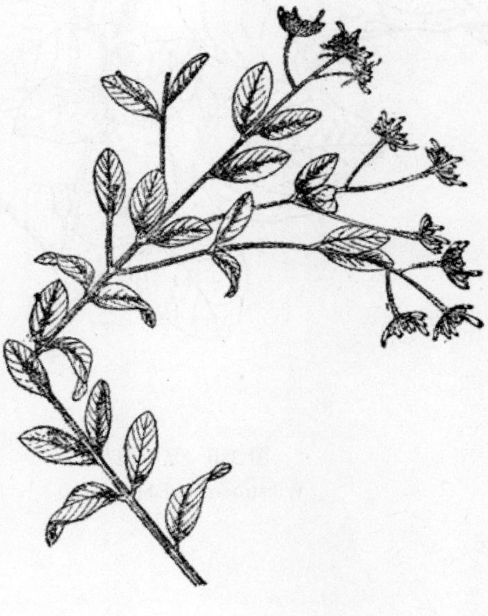

图 235　长花荛花
Wikstroemia dolichantha Diels
花枝

［生长环境］ 常生在海拔 1000～1500 米山坡草地及路边。

［产　　地］ 云南、四川等省。

［用　　途］ 茎皮纤维可制高级文化用纸。

［采收处理］ 参阅南岭荛花（277 页）。

［加　工］　参阅南岭荛花。

301 光叶荛花（guangyeraohua）（图 236）

［地 方 名］　山荆（浙江）

［学　　名］　**Wikstroemia glabra** Cheng　瑞香科

［形态特征］　落叶灌木，高 1～1.5 米。小枝紫红色，具纵棱，无毛。单叶互生，纸质，尖卵形或椭圆形，长 4～8 厘米，宽 2～4 厘米，基部圆形或钝圆形，先端渐尖，全缘，表面暗绿色，背面淡绿色，无毛；叶脉在表面不明显，背面明显隆起，侧脉不直达叶缘；叶柄短，长 2 毫米。头状花序生枝端，2～6 朵花，总花梗无毛，长 5～12 毫米；花白色，无柄，花被管圆柱状，长 8～11 毫米，内外皆无毛，4 裂，裂片卵形，长与宽皆 4～5 毫米；雄蕊 8，两轮；子房无柄，长 3 毫米，顶端被微毛，花柱短，柱头头状，子房基部具 1～3 线形花盘的鳞片。花期 5 月，果期 8～9 月（浙江）。

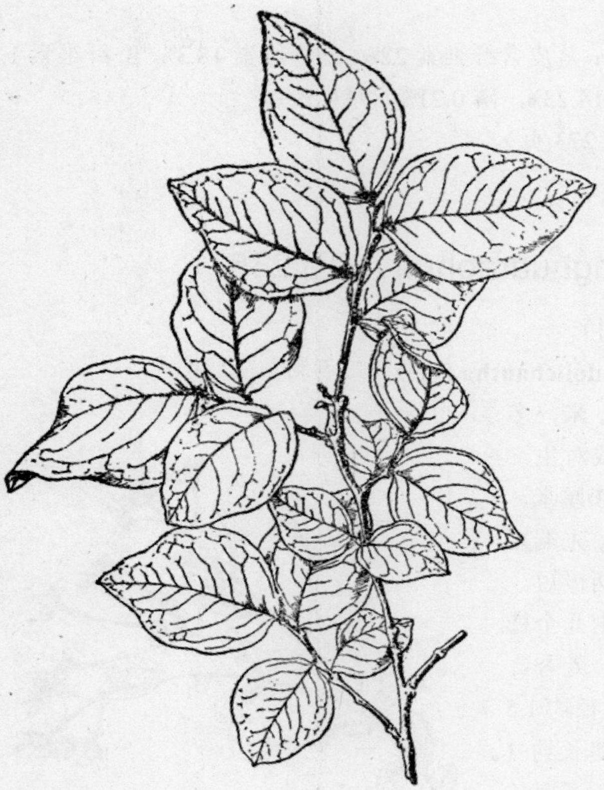

图 236　光叶荛花
Wikstroemia glabra Cheng

［生长环境］　生于土层深厚、排水良好的向阳山坡灌丛中。

［产　　地］　浙江、江西、安徽等省。

［用　　途］　茎皮纤维可制高级文化用纸。

［理化性质］　据浙江纺织科学研究所分析：茎皮含水分 11.57%，灰分 2.32%，冷水水溶物 7.97%，热水水溶物 4.54%，苯醇抽出物 5.30%，果胶 7.98%，半纤维素 32.4%，木质素 1.01%，纤维素 29.23%。单纤维最长 0.76 毫米，最短 0.12 毫米，平均 0.31 毫米；最宽 25 微米，最窄 2.5 微米，平均 9.53 微米。比重 1.63。

［采收处理］ 参阅南岭荛花（本页）。

［加　　工］ 参阅南岭荛花。

302 南岭荛花（nanlingraohua）（图 237）

［地 方 名］ 了哥王（广东、广西），山豆子、布英、别南根、赤坡（福建），地棉皮、山麻皮（广西），蒲仑（台湾）。

［学　　名］ **Wikstroemia indica** C. A. Mey. 瑞香科

［原 料 名］ 山棉皮

［形态特征］ 小灌木，高 30～100 厘米。枝红褐色，无毛。**叶对生，纸质，长椭圆形，长为 2～5 厘米，宽 8～15 毫米**，两端均钝或短尖，全缘；侧脉多数，纤细；叶柄短或几无柄。**花数朵丛生于枝端，近无柄**，无苞片；花被绿黄色，平滑无毛，管状，长约 8 毫米；裂片 4，卵形，长约 2 毫米；雄蕊 8，成 2 轮，上轮着生花被管近喉部，下轮着生管的中部，花丝甚短；花盘鳞片 4，通常两两合生；子房椭圆形，顶部被毛，**柱头近球形，花柱短**。核果卵形，长约 6 毫米；成熟时鲜红色。花期 5～6 月。

［生长环境］ 多生于山脚及山坡比较潮湿环境中的灌木丛中，亦较能耐旱。

［产　　地］ 广东、广西、福建、台湾、浙江、江西、湖南、四川等省区。

［用　　途］ 茎皮富含纤维，为蜡纸、打字纸等高级纸的良好原料，亦可加工制人造棉。

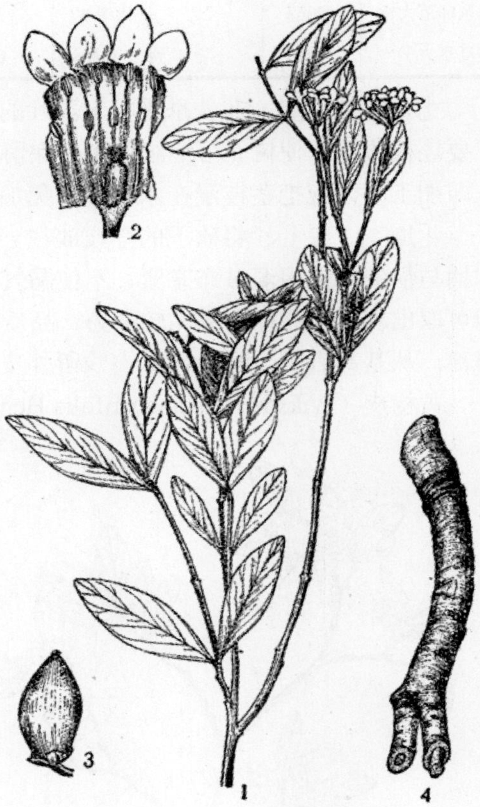

图 237 南岭荛花
Wikstroemia indica C. A. Mey.
1．花枝；2．花冠剖开；3．果；4．根。

根供药用，可治热症，叶捣烂可敷治肿伤（见“药用类”，1816 页）；种子与叶有毒，可作毒鱼药；种子可榨油（见“油脂类”，914 页）。

［理化性质］ 据广西僮族自治区资料：茎皮含纤维 50.87～60.65%。另据福建林学院等单位资料列如下表：

分析单位	标本号	分析部分	分析样品号	晒干物中含纤维量（%）	纤维长度（毫米）			纤维宽度（微米）		
					一般	最长	最短	一般	最长	最短
福建林学院	30056	茎皮	宁八 3	31.50	4.6	5.0	4.0			
”	35054	”	宁虎 3	33.30	7.1	14.0	5.0			
”	31249	”	宁霍 17	22.40	5.8	7.0	5.0			
”	35304	”	永白 4	32.50	7.9	10.0	5.0			
华东师范大学	48652	”	崇纠 42	25.50	3.6	5.4	2.0	10.00	20.00	4.00
复旦大学	51245	”	沙县	60.00		35.0				

［采收处理］　在秋季采收未落叶的老植株，采割时在离基部 5 厘米左右处割下，不要连根拔起；使树兜可继续萌生，保留幼小苗木，割回的茎皮应及时加工，倘若不能立即加工时，应把茎枝浸在水中，以免加工时由于干燥后面延长蒸煮时间。

［加　　工］　将砍下的茎枝放在一个木桶内，再将木桶倒盖于盛满水的铁锅上，木桶与锅的周围用湿破布塞紧，不使漏气，用大火煮 1～2 小时，用手摸木桶底发烫时，即可取出剥皮，这样剥皮比较省力，品质也好，剥皮时用刀将茎皮之外表皮刮净，去掉梢部，从基部剥下，晒干，拣去残留外皮等杂质，按其长度分级包装即可。

黄构皮（Wikstroemia angustifolia Hemsl.）与南岭荛花相似，但叶线形，长约 1.5 厘米，宽约 1 毫米；产于湖北、陕西、四川等省。用途、采收处理、加工全同南岭荛花。

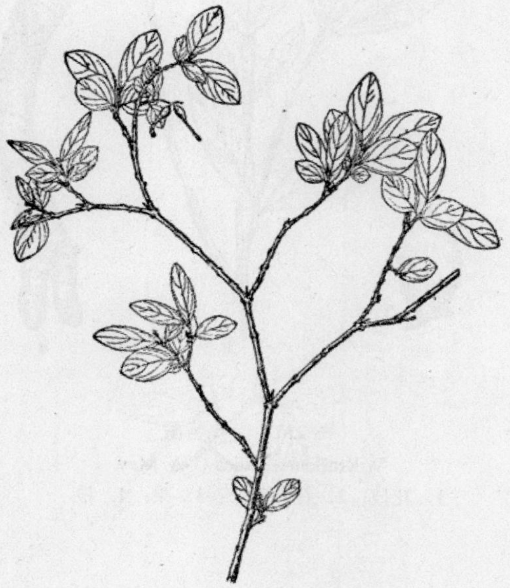

图 238　北江荛花
Wikstroemia monnula Hance
花枝

303 北江荛花（beijiangraohua）（图 238）

［地 方 名］　山棉皮（广西、浙江）

［学　　名］　**Wikstroemia monnula** Hance　瑞香科

［形态特征］　落叶灌木，高 3 米（少数达 6 米）。茎紫褐色，小枝纤细，暗紫红色。**叶对生稀互生，膜质，椭圆形，卵状椭圆形或长椭圆形**，长 2～6 厘米，宽 8～28 毫米，基部宽楔形，先端尖，全缘，表面绿色，无毛，背面暗绿色，微具疏柔毛；叶柄短，长 1～4 毫米。**总状花序生枝端呈伞形花序状**，每花序具花 3～8；花

被白色，先端呈淡紫色，筒状，端4裂，外被绢状毛。肉质核果，白色，有甜味；种子黑色有光泽，稍呈卵形。花期4～5月，果期7～9月（浙江）。

［生长环境］　生于海拔800米以下向阳山坡灌丛或疏林中，零星或成片生长。

［产　　地］　浙江、湖南、贵州、广西、广东等省区。

［用　　途］　茎皮纤维细长、柔软坚韧，是制造蜡纸、打字纸、浇板纸、机械电器工业纸等特种用纸和人造丝的主要原料。

据广西僮族自治区资料根可药用，治花柳病。

［理化性质］　据浙江省资料：含纤维素53.98%，α-纤维素77.76%，1%氢氧化钠抽出物38.25%，木质素4.46%，酒精抽出物12.45%，水分13.71%，灰分2.08%。

［采收处理］　宜在夏秋季采收，采割其高1米以上的植株，保留老根和幼苗。采后宜立即蒸煮加工，若不及时加工应放入水中浸泡，否则干后难以剥皮。

［加　　工］　参阅南岭荛花（277页）。

304 细轴荛花（xizhou-raohua）（图239）

［地 方 名］　野棉花（广东、广西），地棉麻（广西），野发麻（福建）。

［学　　名］　**Wikstroemia nutans** Champ.　瑞香科

［原 料 名］　山棉皮（广东、广西、福建、湖南）

［形态特征］　灌木，高1～1.5米；枝圆柱形，无毛。**单叶，对生，纸质，长椭圆形**，长2～8厘米，宽1～3厘米，基部楔形，先端渐尖，全缘，**两面均无毛，叶背面带灰绿色；主脉在背面较明显，侧面不明显；叶柄极**短，不超过2毫米。花无花瓣，**4～10朵排成顶生或腋生的总状花序，花轴纤细**，总花梗长1～3厘米；花被筒状无毛，长0.5～1.3厘米，4裂，裂片短，仅及花被管长的1/4；雄蕊8，排成2轮，着生于萼筒上半部；花丝极短；子房无柄，上半部有毛，花柱短，纤细，柱头大球形，直径与子房几乎相等，子房

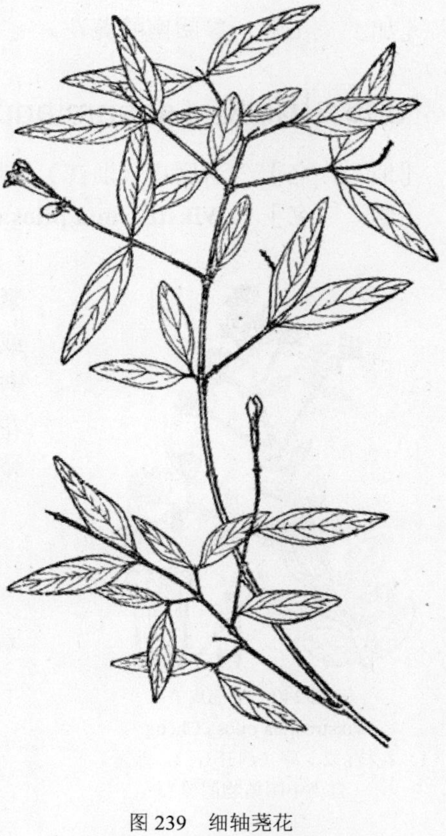

图239　细轴荛花
Wikstroemia nutans Champ.
花果枝

基部有4片比子房短的鳞片组成的花盘，鳞片中部有一薄膜相连。核果长圆形。花果期全年，但夏季开花较多，果期多在秋冬季。

［生长环境］　常生长在疏林或灌丛中，有时亦生于较荫密的林缘或溪旁，以气候温暖、土壤肥沃而较湿润的山坡、山谷石灰岩地区生长最盛；酸性土上少见。

［产　　地］　福建、广东、广西、湖南等省区。

［用　　途］　可制造蜡纸、打字纸和钞票纸，也可以制人造棉，供混纺或单纺。

［理化性质］　据福建林学院分析如下表：

标本号	分析部分	分析样品号	晒干样品含纤维量（%）	纤维长度(毫米)		
				一般	最长	最短
35347	茎皮	永葛1	34.00	6.00	8.00	3.00
30057	”	宁八5	18.00	49.70	65.0	30.00

［采收处理］　参阅南岭荛花（277页）。

［加　　工］　参阅南岭荛花。

305 山棉皮（shanmianpi）（图240）

［地 方 名］　浙雁皮（浙江），地棉皮（广西）。

［学　　名］　**Wikstroemia pilosa** Cheng　瑞香科

［形态特征］　落叶灌木，高达1.5米，全体紧被柔毛。单叶对生或近对生，纸质，卵状椭圆形或椭圆形，基部楔形或阔楔形，先端短渐尖，两面密生长柔毛，具短梗。总状花序，顶生或腋生，无花瓣；花被筒状、淡黄色，顶端5裂；雄蕊10，2轮。花丝极短。花期5～6月，果期8～9月(浙江)。

图240　山棉皮
Wikstroemia pilosa Cheng
1．花枝；2．萼（剖开）；3．雌蕊。
（自“中国植物图鉴”）

［生长环境］　生于向阳山坡灌木丛中。

［产　　地］　浙江、湖北、广西等省区。

［用　　途］　茎皮纤维为做打字蜡纸的主要原料。

［采收处理］　参阅南岭荛花（277页）。

［加　　工］　参阅南岭荛花。

306 雁皮（yanpi）

［地 方 名］　山棉（浙江）

［学　　名］　**Wikstroemia sikokiana** Franch. et Savat.　瑞香科

［原 料 名］　山棉皮

［形态特征］　落叶灌木，高达 2 米左右；幼枝具绢状茸毛。单叶对生，稀互生，卵形或椭圆状卵形，长 1～5 厘米，宽 1～2.5 厘米，基部圆形或阔楔形，先端渐尖，全缘，表面深绿色，背面淡绿色，**嫩叶被绢状茸毛**；叶柄短，也被绢状茸毛。花多数簇生枝端成头状；**花被先端 4 裂，裂片黄色，筒部白色，被绢状茸毛**；雄蕊 8，两轮排列；子房无柄，密被绢状茸毛，基部有齿牙状花盘，花柱极短，柱头头状。核果卵圆形。花期 4 月（安徽）。

［生长环境］　生于山坡或路旁的灌木丛中，常有栽培。

［产　　地］　安徽、浙江等省。

［用　　途］　茎皮纤维是制造雁皮纸、打字蜡纸、浇版纸、机械电气工业用等特种用纸的原料，亦可作人造棉。

［理化性质］　据安徽省资料：茎皮含水分 14.59%，纤维素 37.57%，灰分 2.74%，木质素及其他 26.01%，水溶物 18.47%，醚抽出物 0.62%；纤维平均长 3.16 毫米，宽 16 微米。

［采收处理］　参阅南岭荛花（277 页）。

［加　　工］　参阅南岭荛花。

307 木半夏（mubanxia）（图 241）

［地 方 名］　羊不来、莓粒团（安徽），芦都子（江西），羊奶子（湖北），牛奶子（四川）。

［学　　名］　**Elaeagnus multiflora** Thunb.　胡颓子科

［形态特征］　常绿灌木，高 2～3 米；幼枝树皮被棕红色鳞片。叶椭圆形、卵圆形或倒卵状圆形，长 2.5～6 厘米，宽 2～4 厘米，基部阔楔形，先端渐尖，表面绿色，有星状细毛，后无毛，背面银白色，有散生褐色鳞斑。花 1～2 朵腋生，黄白色，外面有银白色及褐色鳞片，萼筒约 5 裂片等长或稍过之，钟形。果实椭圆形，有柄，下垂，红色，有鳞

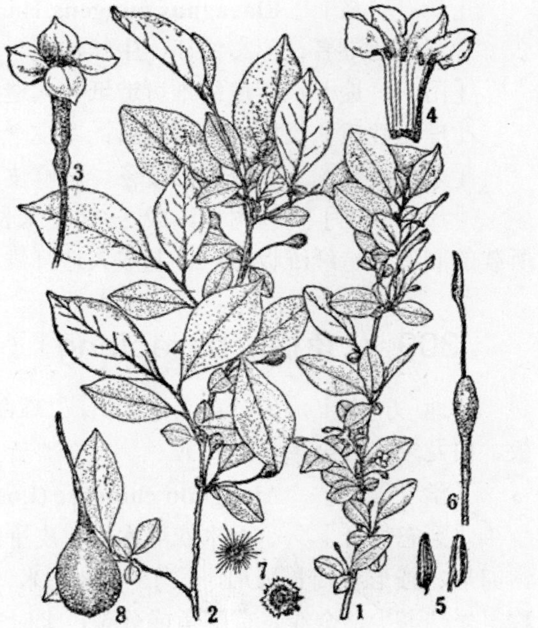

图 241　木半夏
Elaeagnus multiflora Thunb.
1. 花枝；2. 果枝；3. 花；4. 萼筒展开示萼裂片和雄蕊；5. 雄蕊；6. 雌蕊；7. 星状毛和鳞片；8. 果实。
（自“江苏南部种子植物手册”）

片。花期4月，果期6月。

［生长环境］ 生于海拔350～450米之间，路边及山坡灌丛林中常见之种。

［产　　地］ 山东、江苏、浙江、福建、安徽、江西、湖南、湖北、四川等省。

［用　　途］ 茎皮纤维可代麻用及造纸，并可制人造纤维板。

花可提取芳香油（见“芳香油类”，1393页）；果实药用；可食，并可酿酒。

［理化性质］ 据安徽省资料，茎皮含纤维27%。

［采收处理］ 秋季采收枝条剥鲜皮，晒干备用。

［加　　工］ 用浸水脱胶法。

［其　　他］ 尚有藤胡颓子（Elaeagnus glabra Thunb.）常绿攀援灌木，高达8米，枝无刺。生于山坡灌丛中。产于安徽、浙江、湖北、湖南、广东、广西一带，用途与木半夏同。

308 胡颓子（hutuizi）（图484）

［学　　名］ **Elaeagnus pungens** Thunb.　胡颓子科

（地方名、形态特征、生长环境、产地及其他用途见“淀粉及糖类”，585页）

［用　　途］ 茎皮纤维可造纸和人造纤维板。

［理化性质］ 据安徽省资料：茎皮含纤维量达63%。

［采收处理］ 秋季采割枝条，剥鲜皮，晒干备用。

［加　　工］ 将树皮铡成2～3厘米长小段；通过发酵制成纸浆板，或按总论中所载的制造人造纤维板方法，制成人造纤维板。

309 八角枫（bajiaofeng）（图242）

［地 方 名］ 勾儿茶（湖北），二珠葫芦、槿木（河南），包子树（广东），鹅脚板、白龙须、白金条（四川）。

［学　　名］ **Alangium chinense** (Lour.) Rehd.　八角枫科

［形态特征］ 小乔木或灌木；树皮平滑，枝开展；幼芽有毛。叶膜质或纸质，通常卵形、圆形至阔长圆形，长15～18厘米，宽4～12厘米，基部斜截形或心形，不对称，先端渐尖，**全缘，有阔角或分裂**，老时表面无毛或散生粗毛，背面无毛**或沿脉上有短毛**，或脉腋内有束毛；叶柄长2～3.5厘米。二歧聚伞花序腋生，**有花3～23朵，有时至50朵**；苞片线形；萼钟形，长2～3毫米；花瓣6～8，白色，线形，**花长8～21毫米**，无毛；雄蕊与花瓣同数，与花瓣略等长，**花丝粗，极短，顶部内侧具须毛**。果卵形，长约7毫米，无毛，**通常2室，极稀1室**。花期7～9月。

［生长环境］ 喜生于褐色或棕黑色土质疏松的土壤，阴湿的杂木林下，海拔1000米左右。

［产　　地］ 江苏、浙江、安徽、河南、湖北、湖南、陕西、甘肃、四川、贵州、

云南、广东、福建、台湾等省。

［用　　途］　树皮纤维可扭绳索，亦可作人造棉供混纺。

根皮可入药，味温无毒，可治筋骨痛。全株又可制土农药，杀蚜虫。嫩叶可作饲料。

［理化性质］　据安徽省资料：树皮含纤维素16%。

［采收处理］　在夏季砍割枝条，砍下后削去分枝和梢叶，可鲜剥或湿剥皮，洗净晒干即可。

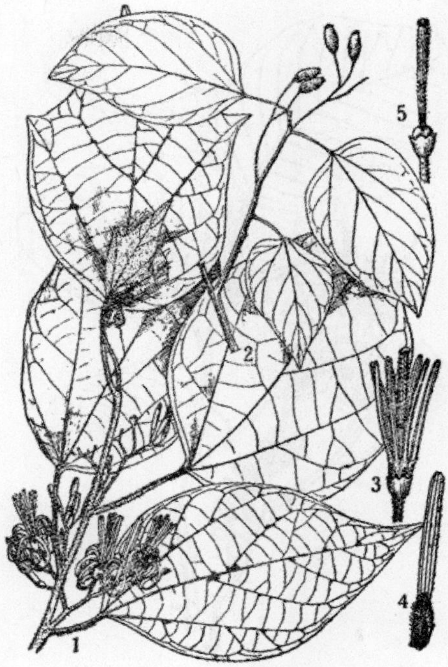

图242　八角枫

Alangium chinense（Lour.）Rehd.

1．花枝；2．果枝；3．去掉花冠的花；4．雄蕊；5．雌蕊。

（自“江苏南部种子植物手册”）

310 瓜木（guamu）

［学　　名］　**Alangium platanifolium** (Sieb. et Zucc.) Harms (*Marlea platanifolia* Sieb. et Zucc.)　八角枫科

（地方名、形态特征、生长环境、产地及其他用途见“鞣料类”，1215页）

［用　　途］　树皮纤维较好，可作人造棉、造纸及搓绳等用。

［采收处理］　在树木生长旺盛时采取枝条，采回后宜立即剥皮，然后用浸水脱胶法制成麻。

311 无毛滇榄仁树（wumaodianlanrenshu）（图243）

［地 方 名］　矮桑、牛筋树（云南）

［学　　名］　**Terminalia franchetii** Gagnep. var. **glabra** Exell.　使君子科

［形态特征］　直立灌木或小乔木，高达2～6米，**树皮平滑**，灰褐色。叶近圆形、长圆形、卵圆形或倒卵状圆形，长3～8厘米，宽2.5～5 8厘米，基部圆形或阔楔形，先端圆或具小突尖，全缘，略呈波状，幼时两面均被绢毛，后渐脱落，侧脉明显，背面脉凸起；叶柄长1～1.5厘米，**叶基部与叶柄连接处具2腺体**。穗状花序腋生，具绢毛，**花杂性，小形，无花瓣**；两性花子房下位，1室，花柱长，花萼管在子房上端收缩，萼钟形，5齿裂；雄花具雄蕊10，生于萼管上部。核果三棱形，具翅。果期冬季。

［生长环境］　喜生于干热河谷的疏灌丛及干旱的草地中。

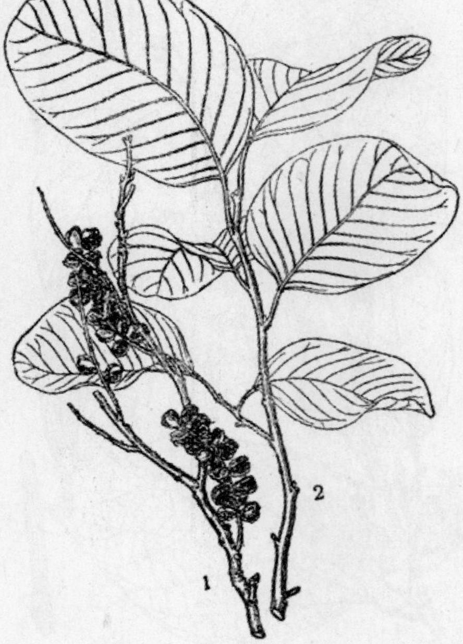

图 243 无毛滇榄仁树
Terminalia franchetii Gagnep. var. glabra Exell.
1. 果枝；2. 叶枝。

［产　　地］ 云南的西南部。

［用　　途］ 茎皮纤维可制绳索及人造棉等。

［理化性质］ 据云南省资料：茎皮含纤维 27%。

［采收处理］ 参阅昂天莲（242 页）。

［加　　工］ 参阅昂天莲。

312 柳兰（liulan）（图 994）

［学　　名］ **Chamaenerion angustifolium** (L.) Scop. (*Epilobium angustifolium* L.) 柳叶菜科

（形态特征、生长环境、产地及其他用途见“鞣料类”，1225 页）

［用　　途］ 种子毛可制人造棉。

［采收处理］ 在蒴果尚未开裂时采下，经压榨后晒干，待其开裂，再用梳棉机分离出纤维来。

313 香待霄草（xiangdaixiaocao）（图 745）

［学　　名］ **Oenothera odorata** Jacq. 柳叶菜科

（地方名、形态特征、生长环境、产地及其他用途见“油脂类”，916 页）

［用　　途］ 茎皮纤维供制绳，亦可制人造纤维。

［采收处理］ 9 月间果实成熟时，结合采种子用镰刀割下全株，晒干收取种子后将茎枝捆成小捆，置水中发酵。浸泡 10 天左右，即可取出剥皮，晒干成麻。

314 小梾木（xiaolaimu）（图 244）

［地 方 名］ 地姑娘、灯台树（四川）

［学　　名］ **Cornus paucinervis** Hance 山茱萸科

［形态特征］ 落叶灌木，高 1.5～2 米（稀为小乔木，高 3～6 米）；小枝四棱形，幼时密被倒生平贴细毛，通常红褐色或棕褐色。单叶对生，厚纸质，椭圆状披针形或长倒卵形，长 4～10 厘米，宽 1.5～2.75 厘米，基部楔形或阔楔形，先端急尖或短渐尖，

表面暗绿色，背面色较淡，两面均有倒生细伏毛，全缘或微波状，**侧脉每边 3～4**；叶柄长约 3～5（10）毫米。平顶状的圆锥聚伞花序，顶生，密集，总梗长 2.5～5 厘米，无苞片，萼有细齿，披针状三角形，花瓣 4，白色；雄蕊 4，略短于花瓣；花柱棍棒状。核果黑色，直径 0.5~0.6 厘米，核卵形，不具显明细肋。花期 7～8 月，果期 9 月。

［生长环境］　海拔 1500～2500 米山地阴坡。

［产　　地］　江西、湖北、四川、云南、广东等省。

［用　　途］　树皮纤维可搓绳索和造纸。

［采收处理］　6～7 月，将 1～2 年生的幼枝和幼树砍回，去掉叶捆成捆。

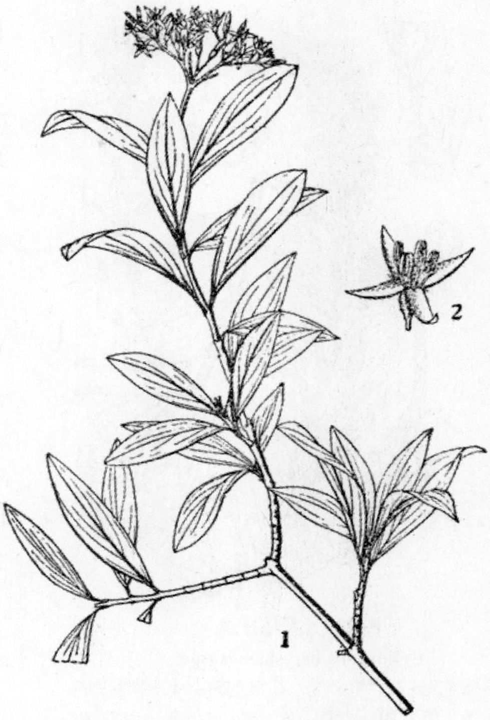

图 244　小梾木
Cornus paucinervis Hance
1．花枝；2．花。

［加　　工］　将成捆的树枝，置于水中，浸泡 7～8 天，即可检查，如发现杆皮上沾有白液，用手轻撕即成麻状，就为脱胶适度，再置清水中，用木捶轻打，洗去杂质，晒干即成麻。

315 重穗排草（chongsuipaicao）（图 245）

［地 方 名］　铁梗将军（江苏），百日疮（四川）。

［学　　名］　**Lysimachia barystachys** Bge.　报春花科

［形态特征］　多年生草本，有匍匐茎，全株密布或稀被多细胞透明柔毛。叶互生，披针形或倒披针形。基部渐尖，先端钝或钝尖，近无柄。总状花序，顶生，幼嫩时上端稍向下弯曲，结果时则延长伸直，花梗长 4～6 毫米，苞片线状钻形，萼片狭长卵形 5 裂，花冠白色，5 裂，裂片狭长卵圆形；雄蕊 5，花丝有微毛，基部连合成筒；雌蕊 1。蒴果球形，包被于花萼内。花期 6 月，果期 10 月（江苏）。

［生长环境］　山坡、草地、林缘、海边田梗。

［产　　地］　四川、云南、湖北、湖南、江西、安徽、江苏、浙江、陕西、甘肃、河北、辽宁、吉林、黑龙江等省。

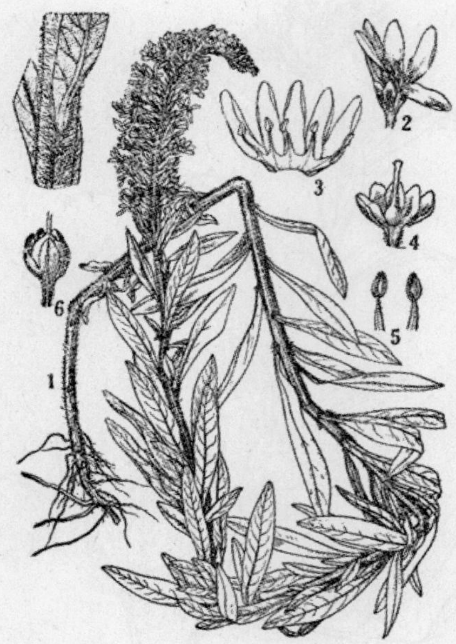

图 245 重穗排草
Lysimachia barystachys Bge.
1. 植株全形；2. 花；3. 花冠剖开；4. 萼剖开示雌蕊；5. 雄蕊腹、背面；6. 果；7. 茎一段放大。
（自“江苏南部种子植物手册”）

［用　途］ 全草可造纸和制人造棉。

药用，有补血效能。

［采收处理］ 夏秋采收。割下全株，选去粗梗杂叶，晒干。

［加　工］ 发酵法造纸浆板；碱煮法加工人造棉。均参阅总论。

316 茶条果（chatiaoguo）（图 246）

［学　名］ **Symplocos ernestii** Dunn 山矾科

［形态特征］ 常绿小乔木或灌木，高约 8 米；小枝绿色，光滑。单叶互生，革质，椭圆形或长圆形，长 6～9 厘米，宽 2～3.5 厘米，基部阔楔形，先端短渐尖或短尾尖，叶缘具稀疏小锯齿，齿尖为黑色脉点状，中脉在叶表面显明突出，侧脉 12～14 对，较明显，光滑无毛；叶柄长 7～12 毫米，被白色短茸毛；花萼 5 裂，花瓣 5，椭圆形，黄绿色，雄蕊多数，子房下位。核果近球形，直径 6～8 毫米，顶端具宿存萼。花期 9 月（云南）。

［生长环境］ 生长于海拔 800～1000 米的山地杂木林或灌丛中。

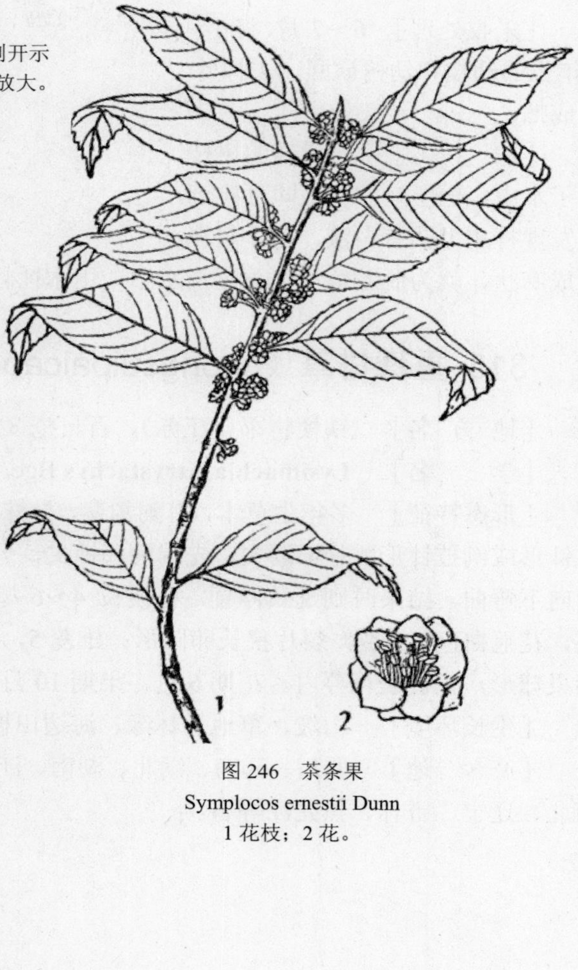

图 246 茶条果
Symplocos ernestii Dunn
1 花枝；2 花。

［产　　地］　云南、四川、贵州、湖北、湖南、广东、广西等省区。

［用　　途］　茎皮含纤维，可代麻用或作造纸原料。种子可榨油，用以制肥皂。

［理化性质］　据云南省资料：茎皮含α-纤维素89.33%；纤维长2.3～3.6毫米，宽1～1.2微米，拉力较大，色白。

［采收处理］　于初春修剪树枝或结合树木砍伐时进行，去掉细枝和叶，扎成捆，放入水中沤泡5～6天，使皮和枝条易撕下时，捞出剥制。

［加　　工］　将剥下的皮，用木棰轻捶，洗净杂质，晒干即成麻。

317 老鼠矢（laoshushi）（图247）

［地 方 名］　老鼠刺（福建）

［学　　名］　**Symplocos stellaris** Brand　山矾科

［形态特征］　常绿乔木；**嫩枝、幼芽等均被红褐色长柔毛**。**单叶互生，革质**，披针状长椭圆形或长圆状椭圆形，长6～17厘米，宽2～3厘米，基部阔楔形或圆形，先端钝或短渐尖，全缘，少数在叶上端有数枚细齿，两面无毛，**背面灰白色**。**中脉在叶表面下陷**，背面凸起。花白黄色，密集成簇，着生于前一年枝条叶痕上方，每花通常有苞片3，较萼片长，外被粗毛；萼5裂，短小，边缘有长纤毛；花瓣5，长圆状椭圆形，长约5毫米；雄蕊多数，较花瓣长；子房无毛，花柱与雄蕊近等长，柱头5裂。核果近椭圆形，长约7毫米，顶端具宿存萼齿。花期4月，果期6月（江苏）。

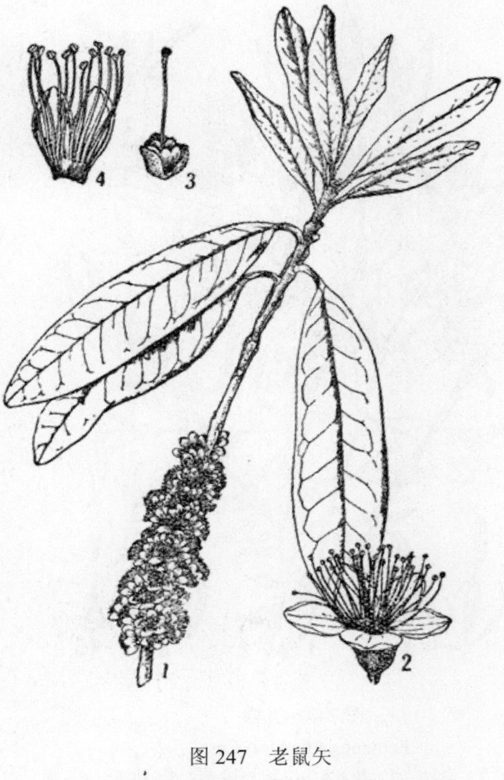

图247　老鼠矢

Symplocos stellaris Brand

1．花枝；2．花；3．小苞片、萼和雌蕊；4．花瓣和雄蕊的部分。

（自“江苏南部种子植物手册”）

［生长环境］　生于山地疏林或灌丛中。

［产　　地］　四川、贵州、云南、广西、浙江、江苏、安徽、江西、福建等省区。

［用　　途］　枝皮含纤维，

可供制绳索、造纸等。

种子可榨油，用于制肥皂。

［理化性质］　据南京大学资料：茎皮含纤维 35.20%；纤维长 6～42 毫米，一般长 13.7 毫米。

［采收处理］　参阅茶条果（286 页）。

［加　　工］　参阅茶条果。

318 雪柳（xueliu）（图 248）

［地 方 名］　五谷树（江苏）

［学　　名］　**Fontanesia fortunei** Carr.　木樨科

［形态特征］　落叶灌木，高达 5 米；枝直立而细长，无毛。单叶对生，披针形或卵状披针形，长 3～12 厘米，宽 1～3.5 厘米，基部楔形，先端渐尖，全缘，表面绿色有光泽；叶柄长 1～3 毫米。总状花序腋生或为顶生圆锥花序；花两性，细小，白色略带绿色；花萼 4 深裂；花冠裂片 4，狭小；雄蕊 2，伸出于花冠外；子房上位，2 室，柱头 2 裂。小坚果卵形，黄褐色，周围环生有翅，先端凹入。花期 5～6 月（江苏）。

图 248　雪柳
Fontanesia fortunei Carr.
1. 花枝；2. 果枝；3. 花；4. 花冠与雄蕊；5. 雌蕊；6. 果。
（自“江苏南部种子植物手册”）

［生长环境］　生于山野，亦多数植为绿篱。

［产　　地］　辽宁、山东、河南、陕西、江西、安徽、江苏、浙江等省，以浙江平原较多。

［用　　途］　茎枝用作编筐、篮篓，茎皮可制人造棉。

嫩叶晒干后可代茶。

［采收处理］　8～9 月采收，可在离地面 5 厘米左右处砍下植株，削去旁枝叶，分别粗细成捆，细的可作编织用。

［加　　工］　粗枝可趁鲜剥皮，先用浸水脱胶法初步脱胶，然后再用 10%的石灰（与原料比），蒸煮 5～6 小时，其他参照碱煮法，制成人造棉。

［其　　他］　用插条法繁殖，成活率很高。

319 小蜡树（xiaolashu）（图 249）

［地 方 名］　水黄杨（湖北），千张树（四川），山雪子（福建），青皮树、水狗骨（浙江），转椒子、土茶叶（江苏）。

［学　　名］　**Ligustrum sinense** Lour.　木樨科

［形态特征］　落叶灌木或小乔木，高可达 7 米；枝条开展，**小枝密生黄色短柔毛**。单叶对生，椭圆形至卵状长圆形，长 3～7 厘米，宽 1～3 厘米，基部阔楔形，先端尖至钝，全缘，表面深绿色，**背面中脉上有短柔毛**，叶柄长 3～6 毫米。圆锥花序疏松顶生，有毛，长 6～10 厘米；花具细梗；萼钟状，具毛，4 裂；花冠长约 4 毫米，裂片 4，略长于冠管；雄蕊 2，着生于冠管上，突出冠外。果为浆果状核果，黑色，近球形，直径约 4 毫米。花期 7 月，果期 10 月。

［生长环境］　路旁，山坡或溪边灌丛中，亦可栽培于庭园中。海拔 130～2500 米均可生长。

［产　　地］　江苏、浙江、江西、湖北、湖南、四川、福建、广东、广西、云南等省区。

［用　　途］　茎皮纤维可制人造棉。

种子含油，可制肥皂（见“油脂类”，946 页）。果实含淀粉，可酿酒。

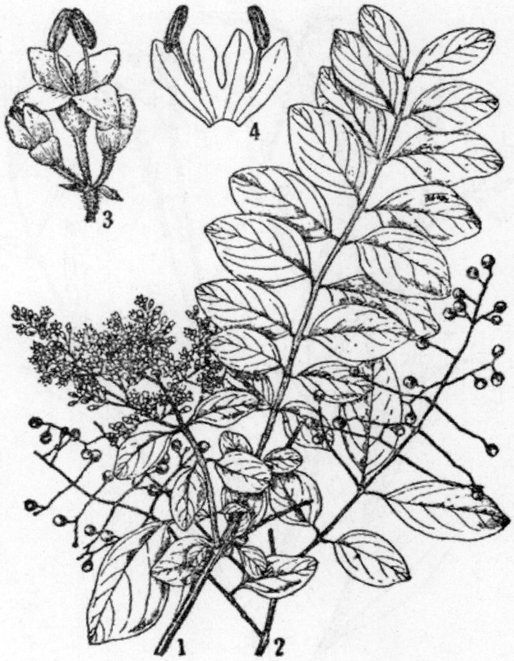

图 249　小蜡树

Ligustrum sinense Lour.

1．花枝；2．果枝；3．花序的一部分；4．花冠展开示雄蕊。

（自“江苏南部种子植物手册”）

［理化性质］　据云南省资料：出棉率 67.20%。

［采收处理］　10～11 月采收种子的同时，适量采伐枝条，立即投入水中浸泡 2～3 天进行湿剥皮。

［加　　工］　用碱煮法制人造棉。

［其　　他］　本种外形变异很大，可分为几个变种，但其共同特征、用途等均大致相同。

320 白麻（baima）（图 250）

［地 方 名］ 大花罗布麻（内蒙古），野麻（甘肃、青海）。

［学　　名］ **Apocynum hendersonii** Hook. f.　夹竹桃科

［原 料 名］ 罗布麻（通称）

［形态特征］ 多年生草本，高 50～150 厘米。茎直立，丛生，绿色，节不明显，皮层厚坚韧，多胶质，具白色乳汁，分枝多，叶对生或不规则互生，椭圆形至卵状长圆形，长约 3 厘米，宽 8 毫米左右，边缘具不明显的细锯齿，表面淡绿色，背面灰绿色，光滑无毛；叶柄长约 4 毫米；托叶极小。聚伞花序，顶生或侧生，花柄长 0.8～1.5 厘米；花较大，常下垂，直径 1.5～2 厘米，萼片基部联合，先端 5 裂，长约 2 毫米，内面无腺体，花冠外面粉红色，内面稍带紫色，内具深紫色脉纹，先端 5 裂，花冠基部内侧有副花冠 5，三角形鳞片与雄蕊互生，花盘边缘有蜜腺；雄蕊 5，分离，着生花冠近基部；雌蕊 1，柱头 2 裂。蓇葖果长角状，两个并生，成熟后黄褐色，长 2.5～3.6 厘米；种子黄褐色，长 2.5～3 毫米，顶端着生一簇白色极细的种毛，毛长约 2.5 厘米。花期 5～6 月，果期 7～8 月。

图 250　白麻
Apocynum hendersonii Hook. f.
花枝

［生长环境］ 与红麻相同，但耐旱及耐盐碱能力更强。

［产　　地］ 新疆（南部）、青海（柴达木盆地）、甘肃、内蒙古（巴额济纳旗）等省区。

［用　　途］ 茎皮纤维可作高级纺织和高级用纸的原料。

［理化性质］ 纤维平均长度为 50～90 毫米，最长可达 180 毫米，宽为 17.89 微米，强力 38.64 克，扭力 34.34～49.15 转，伸长度为 0.5 毫米，有很高的耐腐力。

［采收处理］ 参阅红麻（291 页）。

［加　　工］ 参阅红麻。

321 红麻（hongma）（图 251）

［地 方 名］　罗布麻（陕西），茶叶花（陕西、河北），羊肚拉角（陕北），牛茶（吉林），泽漆麻、野茶叶、女儿茶（江苏），野茶（山东），野麻（甘肃），野务其干（新疆）。

［学　　名］　**Apocynum lancifolium** Russan (*A. venetum* non L., *Trachomitum venetum* non (L.) R. E. Woods.)　夹竹桃科

［原 料 名］　罗布麻

［形态特征］　多年生草本，高 1～2 米，有时达 4 米，全株含有粘稠的白色乳汁。根粗壮，暗褐色，一般长 0.5～3 米，最深可达 4 米。茎直立，无毛，向阳部分紫红色或褐色，节间长，明显，一般为 6～10 厘米。叶对生，在枝下部者有时互生，椭圆形或长圆状披针形，长 2～5 厘米，宽 0.5～1.5 厘米，基部圆形或楔形，先端钝，具有由中脉延长的刺尖，边缘稍向后反卷，平滑无毛；叶柄短，长约 4 毫米。聚伞花序生于茎端或分枝上，小花梗比花短或等长，苞小形，膜质，披针形，先端尖；萼 5 裂，裂片披针形或三角状卵形，长约 2 毫米，被短毛，花冠粉红色或浅紫色，钟形，下部筒状，上端 5 裂，花冠里面基部有副花冠 5，与裂片对生，为白色鳞片状或浅紫色，花盘边缘有蜜腺，雄蕊 5，分离，着生于花冠基部，花药孔裂；雌蕊 1，柱头 2 裂，绿色。蓇葖果长角状，由二离生子房发育而成，熟时黄褐色，带紫晕，长 10～15 厘米，直径 3～4 毫米，两端稍尖，成熟后沿粗脉开裂，散出种子，种子多数，黄褐色，近似枣核形，长约 2.5～3 毫米，顶端簇生白色细长毛。花期 6～7 月，果期 8～9 月（西北、东北）。

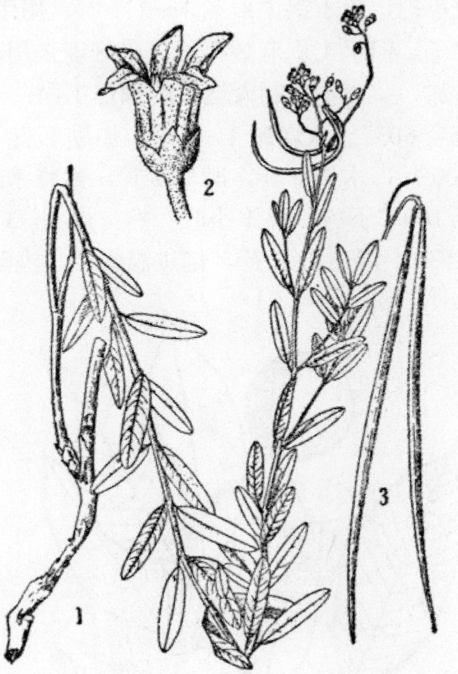

图 251　红麻
Apocynum lancifolium Russan
1．植株的一部分；2．花；3．蓇葖。

［生长环境］　红麻能耐暑耐寒及耐旱，抗盐碱性很强，对土壤要求不严格。习生于河岸砂质地，山沟砂地，多石的山坡或盐碱地。

［产　　地］　辽宁、吉林、内蒙古、甘肃、新疆、陕西、山西、山东、河南、河北、江苏及安徽（北部）等省区。

［用　　途］ 茎皮纤维可作高级纺织原料，能纯纺或混纺成60～160支高级纱，及用作渔网线、皮革线、高级用纸（绘图纸）等原料。根据其细度、强力、耐腐与耐湿等性能，又可用于国防工业，航空、航海，车胎，帘布带，机器传动带，橡皮艇，高级雨衣等。

全株可供药用（见“药用类”，1871页）；种子上的毛可作填充物，剥皮后的茎杆可作建筑材料；苏联曾由红麻叶子中提炼橡胶，开花前合橡胶可达4～5%。

［理化性质］ 据纺织科学研究院上海分院分析：单纤维长25.19～53.50毫米，宽14.75～20.15微米，平均强力18.25～19.53克，公制支数2711～3029支；出麻率40～42%。

［采收处理］ 夏至冬季每年可收割三次，一般多在秋末采收；将割回茎杆剪去分枝扎成小把，置于锅中蒸煮1～2小时，用手搓皮即脱为止，捞于冷水中，然后将皮剥下，晒干。但手工剥麻效率低，最好能采用剥麻机，以提高功效。

［加　　工］ 制人造棉的操作工序：（1）选料与一般同；（2）碱煮，液比1:15，将水烧至60℃放入烧碱4～6斤，加进干皮100斤，煮20～30分钟取出；（3）皂煮，原料100斤，水700斤，肥皂2斤，先将水烧至80℃左右，然后放入切成薄片的肥皂，再烧至100℃下料，煮1小时左右，焖2～3小时，取出用热水洗，然后再用冷水洗净；（4）漂白，漂白粉6斤，倒进温水中，泡开，沉淀后取上面的澄清液，加盐酸0.5～1斤，搅匀后投入原料100斤，漂30～60分钟；（5）脱氯，大苏打2斤，放入800斤冷水中，混和后将原料投入，15分钟左右取出洗净；（6）油化，中性油2斤，加进600斤的60℃水中，然后加入脱氯后的原料，浸3～4小时；（7）梳弹：油化后取出，晒至九成干，进行梳弹。

如仅初步脱胶送工厂作纺织原料，可用桐碱12.80斤，清油1斤，加水100斤同放锅内加热，把原麻100斤放入沸煮1～2小时，取出捶洗，晒干即可。

图252　山橙
Melodinus suaveolens Champ.
果枝

322 山橙（shancheng）（图252）

［地 方 名］ 马骝橙藤（广西），马骝藤（广东）。

［学　　名］ **Melodinus suaveo-**

lens Champ.　夹竹桃科

［形态特征］　高大藤本，除花序稍被毛外，余均无毛。单叶对生，卵形。长圆形或微呈披针形，长 5～12 厘米，宽 2.5～5.5 厘米，两端均渐尖，全缘，表面平滑光亮；叶柄长 6～12 毫米。顶生聚伞花序；花白色芳香；花梗极短；萼长约 3 毫米，被微毛，裂片圆形，钝头；边缘膜质，萼内无腺体；花冠管圆柱形，长 10～12 毫米，外被粉状微毛，裂片长约为管长的 1／2～1／3，基部狭；喉部有鳞片，长约 2 毫米，中部以下合生成杯状体，5～10 裂；雄蕊短，不超出花冠外；子房 2 室。浆果圆球形，直径 5～6 厘米，橙红色。花期 5 月（广东）。

［生长环境］　常生于丘陵地、山谷林中、攀援石壁上。

［产　　地］　广西、广东等省区。

［用　　途］　茎纤维可制麻绳，织麻袋。

果供药用，为专治小肠疝气的生草药。花白色极芳香，可栽培在庭园供观赏。

［采收处理］　参阅温州络石（296 页）。

［加　　工］　用浸水脱胶法或石灰蒸煮法，初步脱胶，即可制绳和制麻袋。

323 夹竹桃（jiazhu-tao）（图 253）

［学　　名］　**Nerium indicum** Mill.　夹竹桃科

［形态特征］　常绿灌木，高 1.5～3 米；茎直立，光滑，多分枝。单叶对生，常 3～4 枚轮生，革质，线状披针形至长披针形，长 5～20 厘米，宽 5～40 毫米，基部楔形，先端渐尖，全缘，背卷，侧脉几与中脉成直角，羽状平行；叶柄短。花为顶生聚伞花序；紫红色或白色，芳香；花萼 5 裂，裂片三角形，先端渐尖，表面带紫红色，密被细毛，基部的内方具多数蜜腺；花冠漏斗状，裂片 5 或为重瓣；雄蕊 5，着生于花冠喉部，花药基部有尾状附属物，顶端亦具丝状附属物；子房 2 室，花柱 1。蓇葖果长柱形，长 10 厘米；种子多数，扭

图 253　夹竹桃
Nerium indicum Mill.
1. 花枝；2. 叶。
（自“广州植物志”）

卷，具白色绵毛。花期10月（广东），栽培种常年有花。

［生长环境］ 一般栽培于庭园或路边。

［产 地］ 四川、云南、贵州、广西、广东、台湾、福建、江西、湖南、湖北、安徽、浙江、江苏、河南、河北、山东、山西、陕西、甘肃、辽宁、吉林、黑龙江、内蒙古等省区均有栽培。

［用 途］ 茎的韧皮纤维是很好的高级混纺原料，70%的夹竹桃人造纤维与30%棉花混纺，再以21支棉纱作经纱，织成的平布、帆布可供衣着用；亦可单纺，或用于绳索及造纸。

叶和树皮供药用，可作强心剂（见“药用类”，1867页）；也可以用作杀虫药。种子可以榨油（见“油脂类”，948页）。花色鲜艳，为园庭观赏树种。

［理化性质］ 据江苏省资料：纤维细而柔软，白色有丝光，类似棉纤维，但无天然弯曲，纤维最长89.2毫米，最短10毫米，平均22.3毫米，强力最高50克，最低2克，平均16.47克；最宽47.2微米，最窄11.8微米，平均26.08微米。人造棉收回率15%；纤维含水分12.7%，灰分5.06%，1%的碱液抽出物52.54%，纤维素26.58%，木质素19.44%，多缩戊糖16.04%。

［采收处理］ 四季皆可采收枝条，采下的枝条放入水中使天然发酵，然后剥皮。

［加 工］ 制人造棉用碱煮法。

324 腋花络石（yehualuoshi）（图1237）

［学 名］ **Trachelospermum axillare** Hook. f. 夹竹桃科

（地方名、形态特征、生长环境、产地及其他用途见“树脂及树胶类”，1564页）

［用 途］ 茎皮纤维拉力好，可代麻制绳索及织麻袋。种毛可作填充料。

［采收处理］ 参阅温州络石（296页）。

［加 工］ 参阅温州络石。

325 络石（luoshi）（图254）

［地 方 名］ 绿刺、酸树芭（福建），络石藤（河南、江苏），六角草、爬山虎（江苏）。

［学 名］ **Trachelospermum jasminoides** (Lindl.) Lem. 夹竹桃科

［形态特征］ 常绿藤本，长可达10米以上。有气根。茎赤褐色，圆柱形，散生点状皮孔，光滑；幼枝密被褐色短柔毛。叶对生，革质，椭圆形或卵状披针形，长1～8厘米，宽0.7～3.5厘米，基部渐狭，先端锐尖，渐尖或钝，全缘，表面平滑无毛，背面疏生短柔毛；叶柄短。腋生聚伞花序，花梗长1.5～3厘米，疏生短柔毛；苞片极小，背面有毛；花白色，芳香；花萼5深裂，裂片线形，先端渐尖，反折，基部内面有鳞片状腺体2，2浅裂；花冠高脚杯状，喉部有短柔毛，裂片5，先端短尖，外面及边缘有短柔毛；雄蕊5，着生花冠管中部，花药先端尖，连合，包围柱头；雌蕊有2个分离心皮，子房基部具5枚褐色鳞片，花柱单一。蓇葖果圆柱形，长10～20厘米，无毛，褐色。

种子多数，扁线形，褐色，顶端具白色光亮绒毛状种毛。花期 4～6 月，果期 9～10 月（河南）。

［生长环境］ 多生长向阳的山坡林边及林中，借以吸根攀援于岩石，墙壁及其他植物体上。

［产　　地］ 河南、河北、山东、江苏、浙江、福建、安徽、江西、湖南、湖北、广西、广东等省区。

［用　　途］ 茎皮纤维可制绳索及人造棉，亦为造纸原料，种子毛可作填充物。

茎叶可供药用（见“药用类”1870 页）。花可提取芳香油（见“芳香油类”，1433 页）。

［理化性质］ 据华东师范大学分析：茎皮纤维含量鲜物中 10.83～18.00%，纤维最长 1.53 毫米，最短 0.63 毫米，一般 1.14 毫米，纤维最宽 1.8 微米，最窄 1.4 微米，一般 1.5 微米。据厦门大学分析：茎皮纤维含量鲜物中 15.02%，晒干物中 38.70%，烘干物中 44.22%；纤维一般长 2 毫米。

［采收处理］ 参阅温州络石（296 页）。

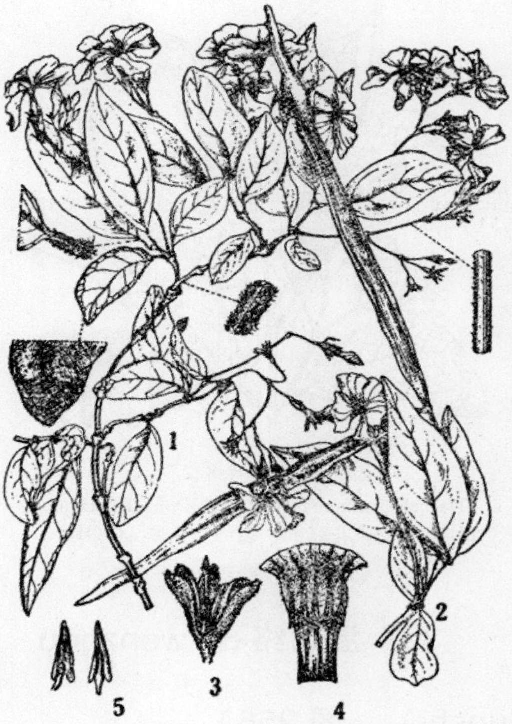

图 254 络石

Trachelospermum jasminoides（Lindl.）Lem.

1．花枝；2．果枝；3．萼和雌蕊；4．花冠剖开示雄蕊；5．雄蕊的背面及腹面。

［加　　工］ 参阅温州络石，并用碱煮法制人造棉。

326 香络石（xiangluoshi）（图 255）

［学　　名］ **Trachelospermum lucidum** (D. Don) K. Schum. (*T. fragrans* Hook. f.) 夹竹桃科

［形态特征］ 高大藤本，茎棕红色，被毛。叶对生，椭圆形或椭圆状披针形，长 9～15 厘米，宽 3～4.5 厘米，基部狭楔形，先端短渐尖；叶柄长 5～11 毫米，被毛。花序为腋生或顶生疏散圆锥花序，总梗及花梗纤细，长 3～9 厘米，被毛；花萼 5，卵状披针形；花冠高脚碟状，白色，裂片 5，倒偏斜楔形；雄蕊 5，着生于花冠管中部，围绕柱头，花盘环状，子房无毛顶端锥尖。蓇葖果圆柱状，长 10～17 厘米，直径约 1 厘米，顶端渐尖，基部狭，果皮薄革质，光滑，色浅，花期 7 月。

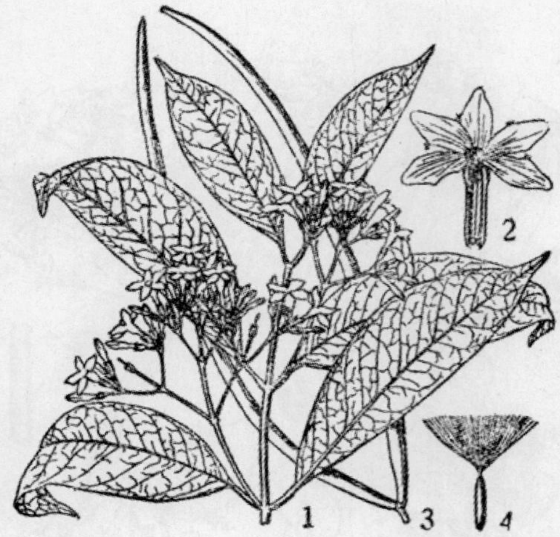

图 255 香络石
Trachelospermum lucidum（D. Don）K. Schum.
1．花枝；2．花冠和雄蕊；3．蓇葖；4．种子。

327 温州络石（wenzhou luoshi）（图 256）

［地 方 名］ 乳儿绳、鸡屎藤（浙江）

［学　　名］ **Trachelospermum wenchowense** Tsiang　夹竹桃科

［形态特征］ 攀援灌木，高达 3 米；老枝灰褐色，小枝红褐色，皮粗糙。单叶对生，长椭圆形或倒卵状长椭圆形，长 3～5.6 厘米，宽 1～1.5 厘米，先端呈尾状短尖，基部楔形或圆钝形，全缘，边缘反曲，表面淡绿色有光泽，背面暗绿，两面无毛；具短柄。花 2～5 朵组成伞房状圆锥花丛，有短梗，腋生或顶生，白色，萼片 5，卵状长椭圆形，基部有腺体 10，花冠管长 6 毫米，裂片阔斜倒卵形，边缘反卷，长 6 毫米；花药包藏于喉部；子房 2 室，平滑无毛，花盘 5

［生长环境］ 喜阴湿，常生于杂灌林中，攀依于他物上。

［产　　地］ 四川及西藏地区。

［用　　途］ 一年生的幼藤，可剥皮制绳索，藤心可编制藤具。

花含芳香油，可提制浸膏（见“芳香油类”，1433 页）。

［采收处理］ 将 1～2 年生的幼茎，在离地面 5 厘米左右处用刀砍回，剔去枝叶，趁鲜剥取韧皮。

［加　　工］ 用浸水脱胶法加工成麻。

图 256 温州络石
Trachylospermum wenchowense Tsiang
1．花枝；2．花；3．果。

裂，裂片全缘。蓇葖果成对，长圆柱形。花期5～6月，果熟期11月。

［生长环境］ 生于路旁及沟边灌丛中，常攀援于岩石及树干上。

［产　　地］ 浙江省

［用　　途］ 茎韧皮纤维可供制绳索及制麻袋。

［采收处理］ 7～10月采收，将采来的茎扎成小捆，放入锅中加水煮1～2小时捞出剥皮。

［加　　工］ 将剥下的茎皮在清水中反复捶洗，去净杂质晒干、整理、储藏即可。

328 牛角瓜（niujiaogua）（图257）

［地 方 名］ 羊浸树（云南）

［学　　名］ **Calotropis gigantea** (L.) Dryander　萝藦科

［形态特征］ 灌木或小乔木，高2～5米，树皮灰色，微有纵裂，枝条有柔毛，节粗大，有白色乳汁。叶对生，椭圆形或倒卵状椭圆形，长10～20厘米，宽5～8厘米，基部心形或成耳状，先端渐尖，全缘，表面初有柔毛，后无毛，背面被毛；叶柄长约1厘米。花序聚伞状，腋生或顶生，密被柔毛，总花梗长12厘米，有花6～12；花梗粗，长20～25毫米，苞片2，长圆形，早落；萼片5裂，绿色，花冠紫红色，深5裂，裂片卵状披针形，向外反卷；副花冠5裂，桔黄色附着于雄蕊柱上，花药顶端膜质，花粉块蜡质：雌蕊柱头膨大，下部成柄状。蓇葖果长圆形弯曲，成熟后开裂；种子多数，顶端冠以白色成丛的长绒毛。花期全年。

图257 牛角瓜
Calotropis gigantea（L.）Dryander
1. 花枝；2. 果。

［生长环境］ 干燥河谷两岸的热带稀树草地中，一般海拔1000米以下生长，有时可达1400米。

［产　　地］ 云南、四川等省沿金沙江两岸及红河流域两岸干热地带。

［用　　途］ 茎皮的纤维可供造纸、制绳索及人造棉；种子毛可作制丝绒原料，或作填充物。

根皮入药，可治癞及梅毒症。据四川省经验，茎有乳汁，干燥之后，极与马来树胶相似，可用为树胶原料。还可制鞣料及黄色染料。叶可做绿肥。种子可供家禽的饲料。

［采收处理］ 参阅杠柳（302页）。

［加　　工］ 参阅杠柳。

329 古钩藤（gugouteng）（图258）

［学　　名］ **Cryptolepis buchananii** Roem. et Schult. 萝藦科

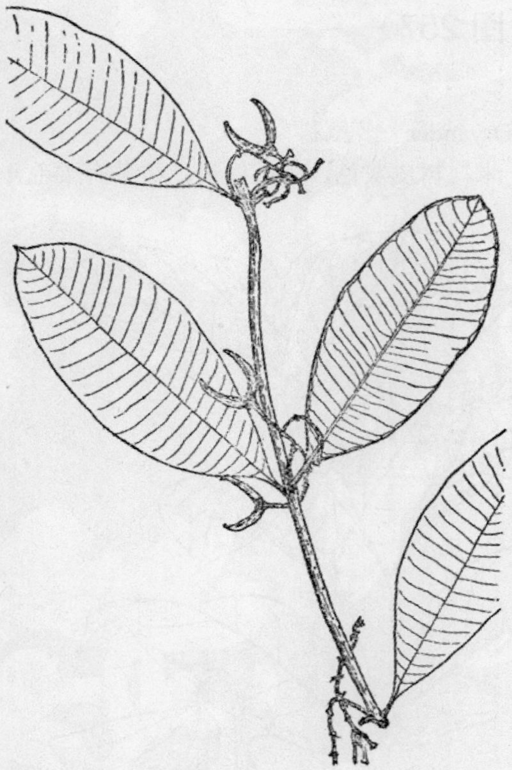

图258 古钩藤
Cryptolepis buchananii Roem. et Schult.
果枝

［形态特征］ 攀援灌木。单叶对生，革质，长圆形或椭圆形，长9～14厘米，宽3～5.5厘米，基部阔楔形或近圆形，先端钝或近圆形，具小尖，全缘，表面无毛，干时浅褐色，背面幼时被灰白色短茸毛，老时无毛，具柄。花顶生或腋生，为疏散的聚伞花序；花冠黄色，5裂，裂片狭披针形，长约8毫米；副花冠具鳞片5，棒状。蓇葖果圆柱状，从中部以上渐细尖，长约10厘米，质硬，中部以上渐狭，直径1～1.5厘米；种子黑色，长圆形，长约1厘米，压扁，顶部有长毛。花期5月。

［生长环境］ 多生于阳坡，攀援于其他树上。

［产　　地］ 广西、云南等省区。

［用　　途］ 茎纤维坚韧，全藤可扭制绳索；种毛可作填充物用。

［采收处理］ 参阅纤冠藤(299页)。

［加　　工］ 用浸水脱胶法。

330 白叶藤（baiyeteng）（图259）

［地 方 名］ 七娘藤（广州）

［学　　名］ **Cryptolepis sinensis** (Lour.) Merr. 萝藦科

［形态特征］ 攀援藤本，枝条纤弱，无毛。叶薄纸质，对生，长圆形，长2～4.5厘米，宽1.5～2厘米，基部圆形或微心形，先端圆形、微凹或锐尖，全缘，表面深绿色，背面白色，两面光滑无毛；叶柄细弱，长3～5毫米。聚伞花序顶生或腋生，花梗细长，

柔弱；萼裂片卵形，无毛；花冠5裂，狭披针形，长约5毫米，黄绿色；副花冠鳞片棒状，先端尖。蓇葖果圆柱状，中间稍宽大，长11～16厘米，直径约8毫米，直或稍弯。种子长卵圆形，棕色，先端紧缩，长5毫米，宽2毫米；种毛白色，长2厘米。花期5～8月。

［生长环境］ 生于向阳的山坡疏林或灌丛中。

［产　　地］ 广东、广西、台湾、云南等省区。

［用　　途］ 藤条坚韧，全藤可代绳索、犁缆等，种毛可作枕头，坐垫等填充物。

［采收处理］ 秋季割藤捶破，置清水中脱胶，刮去粗皮及木质部分。

［加　　工］ 用碱煮法制人造棉。

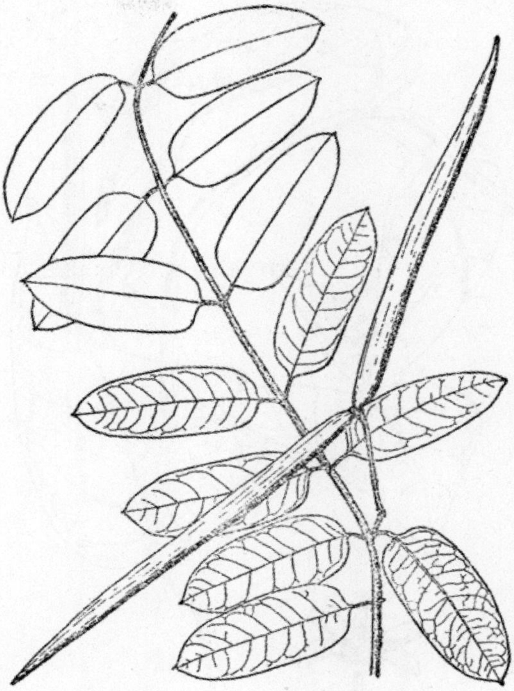

图259 白叶藤
Cryptolepis sinensis（Lour.）Merr.
果枝

331 纤冠藤（xianguanteng）（图260）

［地 方 名］ 牛奶树（广东）

［学　　名］ **Gongronema nepalense** (Wall.) Decne. 萝藦科

［形态特征］ 攀援灌木，有乳汁；茎具纵纹，干时土棕色。单叶对生，坚纸质，椭圆状长圆形，长6～9厘米，宽3～5厘米，有时长可达15厘米，基部圆形或近心形，无毛，叶柄长约1厘米，有微毛及纵沟纹，顶端有腺丛。聚伞花序腋生，3岐，约有花30朵；总花梗通常短于叶，长2.8～3.7厘米，被柔毛，小苞片线形，长1毫米，有柔毛；花两性，辐射对称，萼5深裂，裂片外面有柔毛，边缘透明，略有毛，内面具腺体5个或更多；花冠管黄色，近钟状，裂片卵圆状长圆形，向右方盖叠；副花冠鳞片5，宽扁，与花药基部合生；雄蕊5，花丝短，着生于花冠管基部，花药顶部向内弯与柱头连接；子房上位2室，柱头2，连合成盘状，有5角，顶端凸起。蓇葖果线状披针形，光滑，长约6～10厘米，直径5毫米；种子狭披针形，先端有长而软的种毛。花期8～9月。

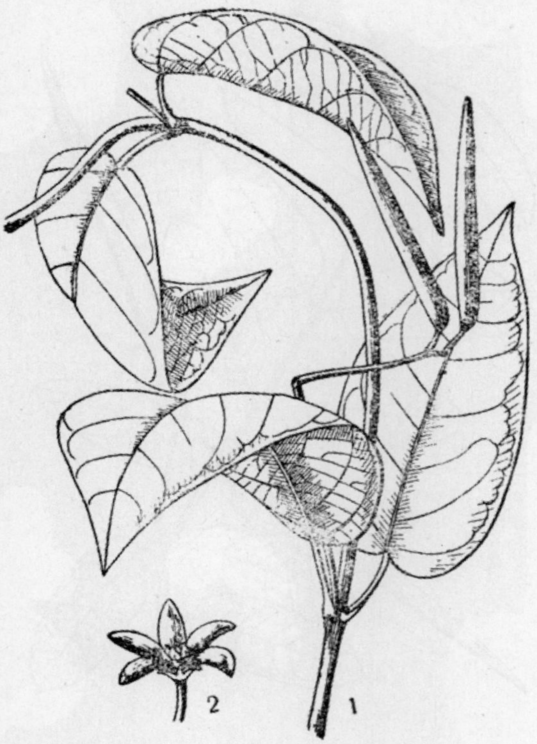

图 260 纤冠藤
Gongronema nepalense（Wall.）Decne.
1. 果枝；2. 花。

［生长环境］ 为热带植物，生于气候温热，土壤潮湿而肥沃的平原、丘陵、山坡、山谷及溪旁的疏林或灌丛中。

［产 地］ 广东、广西、云南等省区。

［用 途］ 茎皮纤维可织麻袋和麻布，也可用以造纸。

［理化性质］ 据广东省资料，化学成分：茎皮含纤维素 10.1%，半纤维素 11.0%，木质素 21.14%，果胶 6.92%，水分 11.24%，油脂 5.5%，灰分 7.66%；物理性质：纤维长 0.20～1.02 毫米，强力 510.8 克 / 毫克，公制支数 67.5，比重 1.05。

［采收处理］ 7～9 月采收，离地面 5 厘米左右处，将植株砍下，除去旁枝、叶，趁鲜剥皮。

［加 工］ 用浸水脱胶法。

332 萝藦（luomo）（图 261）

［地 方 名］ 蛤喇瓢（东北），老鸹瓢（辽宁），大萝藦子、鹤光飘、洋飘飘（江苏）。

［学 名］ **Metaplexis japonica** (Thunb.) Makino 萝藦科

［形态特征］ 多年生缠绕性草本，根细长，绳索状，黄白色，具横纹。茎长约 2 米，平滑。单叶对生，质厚，有柄，卵状心形或长心形，基部深心形，先端渐尖，两面均无毛，表面绿色，背面灰白色，叶脉明显。总状花序短，腋生，有长梗；花淡紫色，萼 5 深裂，线状披针形，被短毛，先端渐尖，花冠 5 裂，内面有毛；副花冠环状，长达花冠管部的一半；花柱延长成一喙部，伸出于花药之外。蓇葖果大，长 7～10 厘米，宽 2～3 厘米，表面有瘤状突起，长卵形或卵状披针形，先端嘴状，卷曲，内含多数种子；种子卵圆形，扁平，有翼，翼的下部为不整齐的牙齿状；种子顶端有白色长绢毛。花期 7～8 月，果期 8～9 月。

［生长环境］ 生于路旁、村舍附近或田边草甸上。

［产　　地］　黑龙江、吉林、辽宁、内蒙古、河北、山东、河南、陕西、江苏、浙江、江西、湖北、福建等省区。

［用　　途］　茎皮可提取纤维，其纤维可制人造棉，质量较好。种毛可为棉的代用品，还可为印色、坐垫等的填充物。

种子供药用，为强壮剂，其绢毛可止血；根可提取淀粉，用于造酒。

［理化性质］　据黑龙江省资料：干草中含水分 10.27%，粗蛋白 5.06%，粗纤维 35.9%，无氮浸出物 28.8%，灰分 10.22%；种子毛长 2.15～3 厘米，宽 3.5～5.4 微米。据中国科学院林业土壤研究所分析：茎皮含纤维 31.37%。

［采收处理］　10 月采割为宜。泡清水中 6～7 天剥出粗皮，再在清水中冲洗，捶净。

［加　　工］　制人造棉采用碱煮法。

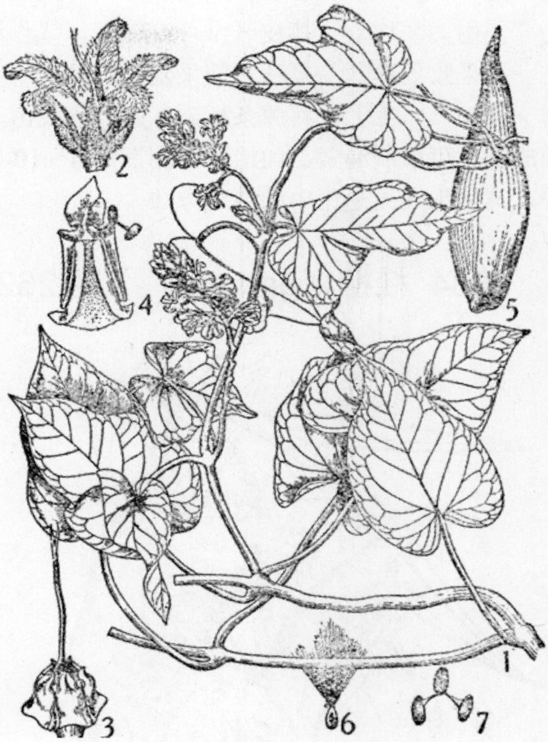

图 261　萝藦

Metaplexis japonica（Thunb.）Makino

1．花枝；2．花；3．雄蕊与雌蕊；4．合蕊一部分剖开；5．蓇葖果；6．种子；7．花粉块示以载粉器与粉腺相连。

（自“江苏南部种子植物手册”）

333 美叶杠柳（meiye-gangliu）

［地 方 名］　黑骨头、鸡骨头（云南），铁夹藤、菅人香（湖北）。

［学　　名］　**Periploca calophylla** (Wight) Falc.　萝藦科

［形态特征］　攀援藤本，枝、叶均无毛。叶对生，狭披针形，长 4～7 厘米，宽 1～2 厘米，基部楔形，先端长尾状渐尖，边缘波状或全缘，侧脉甚多，几成平行开展，几达叶缘与两侧缘脉相接；叶柄长 1～3 毫米。聚伞花序，腋生或顶生，多花，花黄青色，苞片对生。长三角形；花萼 5，深裂，裂片长约 1 毫米，阔卵圆形，先端圆形，边缘膜质；花瓣长卵圆形，先端渐尖，长 4～5 毫米，内面被卷曲绵毛，两侧较密；花丝亦被卷曲绵毛；子房短小。蓇葖果，直立，长锥形，长 8～14 厘米；种子有丝光质绵毛，长约 4 厘米。花期 9～11 月，果期次年 6～9 月。

［生长环境］　喜生于山谷湿润地方疏林或密林中，攀援于树上。

［产　　地］　湖北、四川、广西、云南等省区。

［用　　途］　茎皮纤维可制绳索，或作造纸原料。

［采收处理］　夏秋之间采割为宜。

［加　　工］　将藤条捶破，置清水浸泡2～3天，取出，除去木质部分，再捶洗即成麻，可以制绳索。如造纸，则铡成6～10厘米长，加20%的石灰（与原料比），发酵，其他工序见总论中的造纸方法。

334 杠柳（gangliu）（图262）

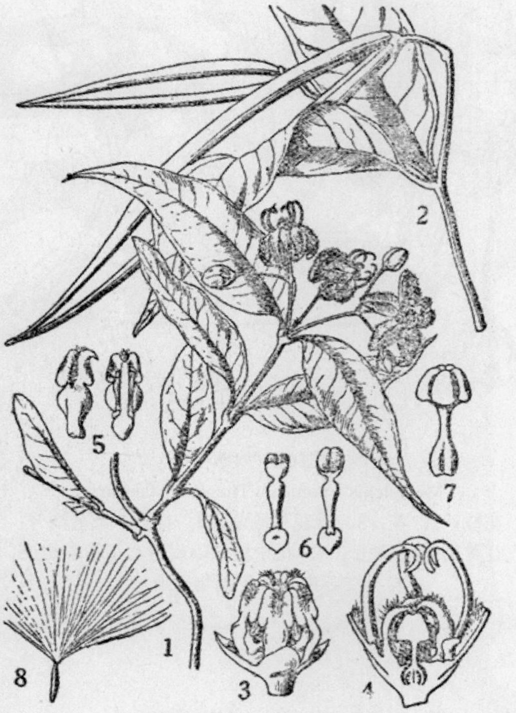

图262　杠柳

Periploca sepium Bge.

1．花枝；2．果枝；3．花去掉花冠；4．同3，纵切面；5．雄蕊；6．花粉块；7．雌蕊；8．种子。

［地 方 名］　羊奶子、羊奶条、北五加皮、五加皮（通称），羊角条（河南），杨桃（山西），钻墙柳、狗奶子、爬山虎、桃不桃柳不柳（江苏），羊桃叶（河北），羊肚稍、羊角桃（陕西）。

［学　　名］　**Periploca sepium** Bge.　萝藦科

［形态特征］　缠绕灌木，高达1米，全株具白色乳汁，树皮灰褐色，有光泽；小枝对生，具圆点状突起皮孔。叶对生，披针形或长圆状披针形，革质，长6～10厘米，宽1～2厘米，基部楔形或近圆形，先端细长渐尖，全缘，两面无毛，光泽，背面叶脉明显；叶柄长3～10毫米。聚伞花序腋生，有花1～5朵；苞小形，对生；萼5裂，狭披针形，有纤毛；花冠5深裂，裂片长圆形，向外反卷，外面带黄紫色，内面带紫红色，边缘密生白茸毛，副花冠线状有毛。蓇葖果荚形，近圆柱状，先端长渐尖，长10～15厘米，通常两个荚形果对生，弯曲，先端相连；种子纺锤形，先端丛生白色种缨毛。花期6～7月，果期7～8月。

［生长环境］　根系深，耐旱力强，适应性广；在干燥山坡、砂质地、砾石山坡上和红土上、碱性土和海滨都能生长。

［产　　地］　吉林、辽宁、内蒙古、河北、山西、河南、陕西、甘肃、宁夏、山东、江苏等省区。

［用　　途］　茎皮纤维为优质人造棉原料，还可制绳和造纸。

茎、叶含白色乳汁，可制橡胶；根皮药用（见“药用类”，1874 页）；茎及根皮可制土农药（见“土农药类”，2049 页）；种子可榨油（见“油脂类”，949 页）。

［理化性质］　据中国科学院林业土壤研究所分析：茎皮含粗纤维 32.76%。辽宁省旅大市资料：茎皮含粗纤维 25.2%。陕西省资料：纤维长 5.6～30 毫米，宽 9～13.5 微米。

［采收处理］　6～7 月间，适量采割植株，趁鲜剥皮。

［加　　工］　制造人造棉的一般工序可参见总论，其化工用料比重如下（均与原料比），烧碱 3%，肥皂 3%，纯碱 3%，浓硫酸（波美度 66）0.5%，大苏打 0.5～1%，太古油 3%。

335 中华假夜来香（zhonghuajiayelaixiang）（图 263）

［学　　名］　**Wattakaka sinensis** Hemsl.　萝藦科

［形态特征］　攀援藤本，有乳浆，茎、枝、叶各部密被淡黄色柔毛。叶对生，心形，长 8～14 厘米，宽 5～9 厘米，基部心形或近耳形，先端渐尖，全缘或为波状缘，背面密被毛；叶柄长 4～6 厘米。伞形状伞房花序，腋生，多花，约 20～35，总花梗长 3～5 厘米，苞叶细小；花梗长 1.5～3 厘米，被毛，花萼 5 深裂（几达基部），裂片披针形或狭长圆形，长约 4 毫米，边缘膜质，有纤毛；花冠白色或淡红色，有朱红色斑点，5 深裂，裂片阔卵圆形或阔椭圆形，长 8～9 毫米，先端圆形，边缘有纤毛；雄蕊 5。蓇葖果成对生于果梗上，呈 100° 角向上张开而略弯，纺缍形，长 5.5～9 厘米，宽约 3 厘米，有纤细纵棱纹；种子卵状长圆形，长约 1 厘米，种毛丝光质，长 2～2.5 厘米。花期 5～6 月。

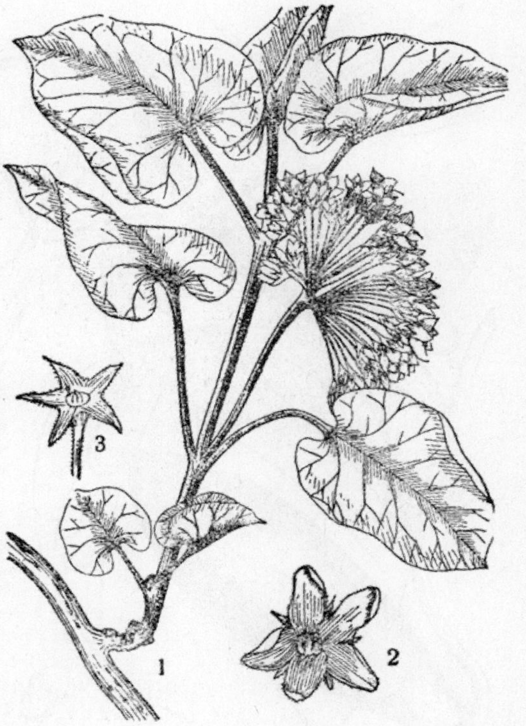

图 263　中华假夜来香
Wattakaka sinensis Hemsl.
1．花枝；2．花；3．花萼。

［生长环境］　山谷、水沟边疏林中或园地周围。

［产　　地］　湖北、四川、贵州、云南等省。

［用　　途］　茎皮纤维可制人造棉，种毛可作填充物用。

［采收处理］　秋季割藤，捶破，置清水中脱胶，刮去粗皮及木质部分。

［加　　工］　用碱煮法制人造棉。

［其　　他］　云南假夜来香（W. yunnanensis Tsiang）与本种相似，其主要区别是叶片较小，长3～5厘米，宽2～3.5厘米。花序较小，有花4～15朵，花萼、花瓣及果均较小。产于云南西北部及四川西南部。

336 假夜来香（jiayelaixiang）（图264）

［学　　名］　**Wattakaka volubilis** (L. f.) Stapf　萝藦科

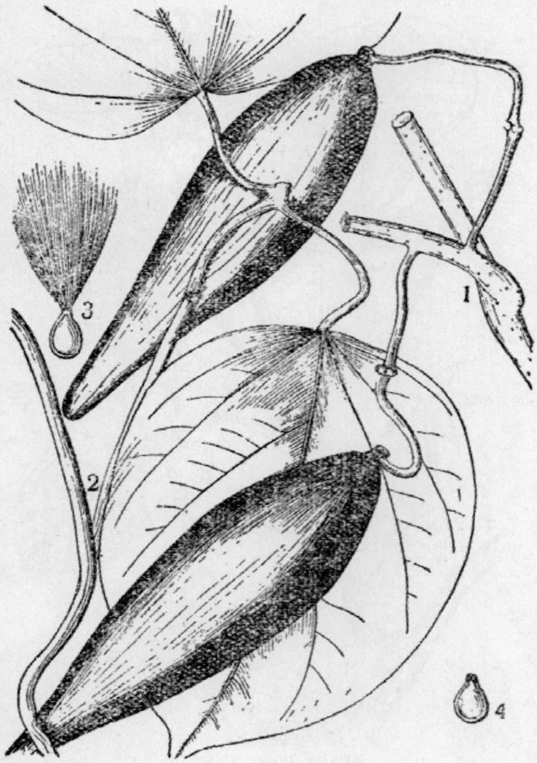

图264　假夜来香
Wattakaka volubilis Stapf
1. 果枝；2. 叶枝；3. 种子；4. 种子去掉种毛。

［形态特征］　攀援藤本；嫩枝被短毛，后脱落：老枝有皮孔。叶对生，卵圆形至阔卵形，长10～15厘米，宽7～10厘米，基部圆形、截形或稍楔形，有时两侧不对称，先端骤狭短尖或短尖，除叶背中脉有微柔毛外，均无毛；叶柄长3～5厘米，无毛。伞形状伞房花序腋生，花甚多，苞叶线形，被毛；花梗长1.5～2厘米，被毛；萼5深裂，裂片长圆形，长约3毫米；花冠淡青或黄青色，长约6毫米，无毛；副花冠的鳞片5，肉质；雄蕊5。蓇葖果通常成对（有时单生）生于粗大的果梗上，纺锤形，长可达20厘米，宽6厘米，表面有纤细的纵肋棱；种子阔卵圆形，扁，长约14毫米，宽约8毫米，种毛长约5厘米。花期4～5月。

［生长环境］　生于暖热地区，潮湿的山谷、溪边疏林或灌丛中，常攀援于其他树上。

［产　　地］　云南、广西、广东（海南）等省区。

［用　　途］　茎皮纤维作人造棉，种毛可作填充料。

［采收处理］　参阅纤冠藤（299页）。

［加　　工］　用碱煮法制人造棉。

337 黄荆（huangjing）（图 1140）

［学　　名］　**Vitex negundo** L.　马鞭草科

［原 料 名］　黄荆条（通称），荆条（辽宁）。

（地方名、形态特征、生长环境、产地及其他用途见“芳香油类”，1436 页）

［用　　途］　枝条可供编制筐及土箕等，群众多用编大小篮子，结实耐用；茎皮纤维可造纸及制人造棉。

［采收处理］　作纤维及编织用，秋季采集为宜，选择杆直分枝少的割下，去掉侧小枝叶，晒干即可，编制筐或土箕时，可放入水中浸泡 24 小时，取出即可进一步加工。

338 单叶蔓荆（danyemanjing）

［地 方 名］　蔓荆子（江苏）

［学　　名］　**Vitex rotundifolia** L.　马鞭草科

［形态特征］　落叶灌木，高约 3 米；新枝四棱形，密被粉状细柔毛，老枝圆形，无毛。单叶对生，倒卵形，基部楔形，先端圆形或微尖，全缘，表面绿色，密生细短毛，背面灰白色，密被细茸毛；叶柄长 0.5～1 厘米。圆锥花序顶生，长达 10 厘米，直径约 4 厘米，密被粉状茸毛；花大，花萼与花冠外面密被灰色细茸毛：花萼钟形，5 浅裂，裂片三角形；花冠淡紫色，2 唇裂，上唇 2 裂，下唇 3 裂，中裂片大，卵形，先端圆形；雄蕊 4；花盘倾斜，5 裂，超出花冠；子房球形，密被透明腺点，柱头 2 裂。浆果球形，下半托以膨大的花萼，直径 6 毫米。被腺点。花期 6～7 月，果期 8～10 月。

［生长环境］　生于海浜丘陵地或沙滩上。

［产　　地］　辽宁、河北、山东、江苏、浙江、福建、台湾、广东、广西、江西等省区。

［用　　途］　茎皮纤维可造纸，枝条可编篮子。

果实药用（见“药用类”1884 页）。种子和叶可提取芳香油（见“芳香油类”，1437 页）。

［采收处理］　参阅黄荆（本页）。

339 脂麻（zhima）（图 787）

［学　　名］　**Sesamum orientale** L. (*S. indicum* DC.)　胡麻科

［原 料 名］　脂麻杆

（地方名、形态特征、生长环境；产地与其他用途见“油脂类”，962 页）

［用　　途］　茎皮可提制人造棉，供搓绳索及织麻袋。

［理化性质］　据山东省资料：茎皮含木质素 10.67%，纤维素 75.69%，纤维长度 46.4 毫米，宽 15.90 微米，强力 16.63 克。

［采收处理］　秋季 9～10 月间收割，将种子收获后，茎杆晒干后捆成把，储藏在干燥处备用。

［加　　工］　用碱煮法加工人造棉，详见总论。

340 水团花（shuituanhua）（图 265）

［地 方 名］　水杨梅（广东），水金凉、水合花、金京子（福建），大叶水杨梅（浙江）。

［学　　名］　**Adina pilulifera** (Lam.) Franch. (*Cephalanthus pilulifera* Lam., *Adina globiflora* Salisb.)　茜草科

［形态特征］　常绿灌木至小乔木，通常高约 2 米，最高可达 5 米；枝柔弱，有皮孔。单叶对生，纸质，倒披针形或长圆状椭圆形，长 4～12 厘米，宽 1.5～3 厘米，基部阔楔形，先端长尖而钝；叶柄很短；托叶 2 裂，长 5～7 毫米，早落。头状花序小，单生于叶腋，球形，直径（连花柱）约 2 厘米；总花梗长 3～4.5 厘米，被粉状小柔毛，中部以下有轮生小苞片 5；萼片 5，线状长圆形，中部微缩；花冠白色，长漏斗状，花冠管长约 3 毫米，被微柔毛，5 裂，裂片卵状长圆形，长约 1 毫米；雄蕊 5，花丝短，着生于花冠管喉部；花盘杯状；子房下位，2 室，每室有胚珠多数，花柱线状，伸出花冠管外。蒴果楔形，长约 3 毫米，室间开裂为 2 果瓣；种子多数，长圆形；两端有狭翅。花期 7～8 月，果期 8～9 月（广东）。

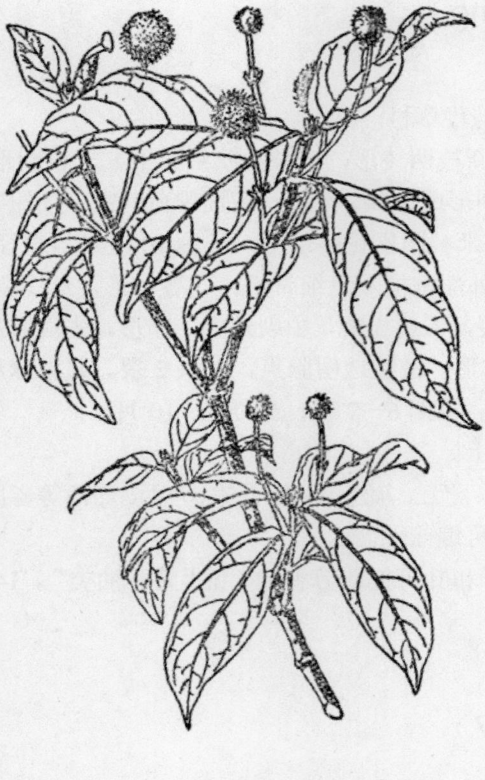

图 265　水团花
Adina pilulifera（Lam.）Franch.
花枝

［生长环境］　喜生于湿润、耐阴河岸和溪边处，密林下生长较好。

［产　　地］　福建、江西、湖南、浙江、广西、广东等省区。

［用　　途］　茎韧皮纤维轻软，细度适中，能织麻袋，亦可制人造棉供絮棉用，或与棉花混纺。木材淡黄色，坚实，纹理精致，适为雕刻及制作精巧器具用。水团花分枝密而根深，砍后容易萌生，适宜为护堤植物。

［理化性质］　据南京大学分析：茎皮纤维含量 26%；纤维长 9～45 毫米，一般为

22.30 毫米。华东师范大学分析：茎皮纤维含量 30.48%；纤维长 0.9～1.8 毫米，一般为 1.8 毫米，宽 0.7～2.8 微米，一般为 15 微米。

［采收处理］　7～9 月间采割枝条，除去分枝和叶，扎成捆以备剥皮和脱胶。

［加　　工］　用浸水脱胶法。

341 水冬瓜（shuidonggua）（图 266）

［地 方 名］　野香树皮（四川），米撒沙（广西），山白杨（湖南）。

［学　　名］　**Adina racemosa** (Sieb. & Zucc.) Miq.　茜草科

［形态特征］　半常绿或落叶乔木，枝粗大，无毛。**叶对生**，稍革质，**卵形或阔卵形**，长 9～15 厘米，宽 4.5～9 厘米，基部圆形或微心形，全缘，表面光泽，无毛，背面脉间有白色短柔毛；叶柄长 2～4.5 厘米。**头状花序球形，十余个排列成总状**，总梗稍有微毛；萼片 5，微小；花冠管细长，先端 5 齿裂，淡黄色，外面有微毛；雄蕊 5，着生于花冠管上，低于花冠裂片；花柱细长，显著超出花冠外，柱头头状。蒴果卵状楔形，长约 5 毫米，花萼裂片宿存。花期 7 月，果期 10 月（江苏）。

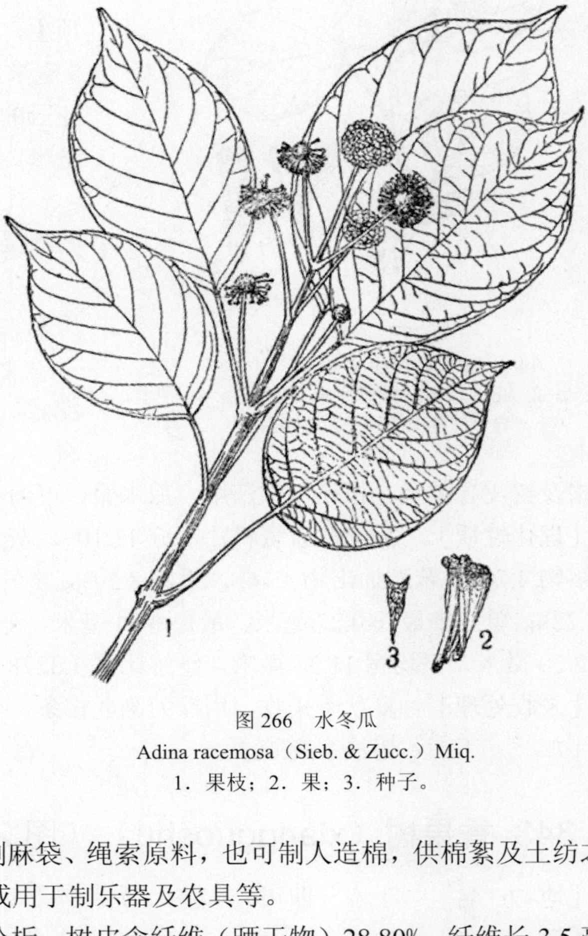

图 266　水冬瓜

Adina racemosa（Sieb. & Zucc.）Miq.

1．果枝；2．果；3．种子。

［生长环境］　喜生长于向阳处。多分布于海拔 330～950 米之山林中或水边。

［产　　地］　江苏、湖北、湖南、江西、安徽、浙江、四川、广西、广东、台湾、陕西等省区。

［用　　途］　树皮纤维为制麻袋、绳索原料，也可制人造棉，供棉絮及土纺之用。木材轻韧，为火柴杆用材；或用于制乐器及农具等。

［理化性质］　据南京大学分析：树皮含纤维（晒干物）28.80%，纤维长 3.5 毫米。

［采收处理］　5～7 月间树含水分较多，采割枝条，易于剥皮；剥下的枝皮，再用刀刮去粗皮，或先刮去粗皮，再剥纤维。用浸水脱胶法处理。

342 水杨梅（shuiyangmei）（图 267）

［地 方 名］ 水杨柳、小叶水杨梅（浙江），牛鼓钟（福建），带红花团（广西）。

［学　　名］ **Adina rubella** (Sieb. et Zucc.) Hance 茜草科

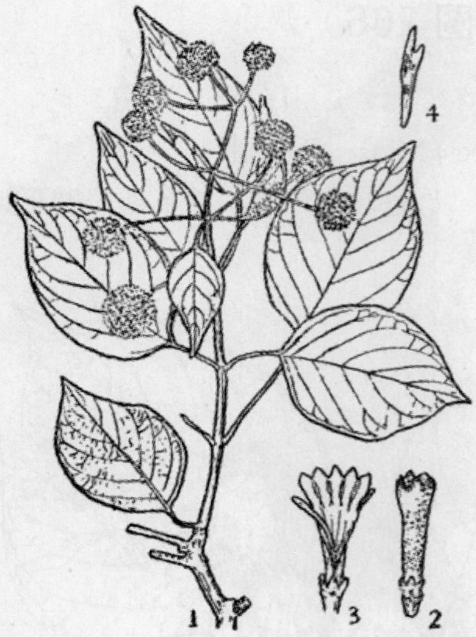

图 267 水杨梅

Adina rubella（Sieb. et Zucc.）Hance

1．花枝；2．花；3．花冠展开示雄蕊和雌蕊；4．种子。

（自“江苏南部种子植物手册”）

［形态特征］ 落叶小灌木，高 1～1.5 米；枝细长，具赤褐色微毛，成长后无毛。叶对生，革质，卵状披针形或卵状椭圆形，先端渐尖，基部阔楔形或近圆形，长约 2.5～4 厘米，宽 8～12 毫米，全缘，表面无毛，背面侧脉稍有微毛，近无柄；托叶细小，早落。头状花序单一，腋生或顶生，花序梗微具柔毛；花冠管状，长约 5 毫米，紫红色，外面被微毛，雄蕊长为花冠的 2 倍。蒴果长卵状楔形，长约 3 毫米。花期 6～7 月，果期 9 月（江苏）。

［生长环境］ 生于溪边、河边、沙滩等湿润的地方。

［产　　地］ 江苏、浙江、福建、广东、广西等省区。

［用　　途］ 茎的韧皮纤维可制绳索、麻袋，也可供制人造棉及造纸原料。根及树皮含鞣质。根还可供药用，煎水服，可治小儿惊风症。

［理化性质］ 据浙江省资料：水分 11.10%，灰分 2.80%，冷水水溶物 21.07%，热水水溶物 4.70%，苯醇抽出物 4.16%，果胶 8.50%，半纤维素 25.23%，木质素 2.02%，纤维素 23.22%；单纤维最长 0.27 毫米，最短 0.04 毫米，平均长 0.12 毫米，最宽 27.50 微米。最窄 2.50 微米，平均宽 11.34 微米，纤维比重 1.3278。

［采收处理］ 夏秋季采收，用镰刀割取枝条，由枝条下端自下而上剥皮。

［加　　工］ 用浸水脱胶法。

343 香果树（xiangguoshu）（图 268）

［地 方 名］ 丁木（四川）

［学　　名］ **Emmenopterys henryi** Oliv. 茜草科

［形态特征］ 落叶乔木，高可达 20 米；树皮灰褐色，有椭圆形隆起的皮孔；小枝淡黄褐色，光滑无毛或近于无毛。叶对生，卵形或卵状椭圆形，长 10～18 厘米，宽 6～

11厘米，先端短尖，基部圆形或阔楔形，全缘，表面深绿色，无毛，背面淡绿色，沿脉有细毛。花黄白色，顶生伞房状圆锥花序；花萼钟形，先端5裂，裂片圆形，边缘有纤毛；花冠黄色漏斗状，先端5裂，裂片圆形或长圆形，两面密生细柔毛：雄蕊5，着生花冠口部；子房下位，2室，胚珠多数，花柱长约17毫米，柱头2裂，不明显。蒴果椭圆形，长3.5～5厘米；种子多数，细小，有膜质翅。花期9～10月（四川）。

［生长环境］ 喜湿润而肥沃的土壤，常生于山谷林中。

［产　　地］ 江西、福建、四川、湖北、湖南等省。

［用　　途］ 枝皮纤维柔细，可制蜡纸及人造棉原料。

叶茂盛，花美丽可为观赏植物，木材供制家具。

［采收处理］ 5～7 月采枝条，采下后用刀刮去粗皮再趁鲜剥皮。

［加　　工］ 用浸水脱胶法。

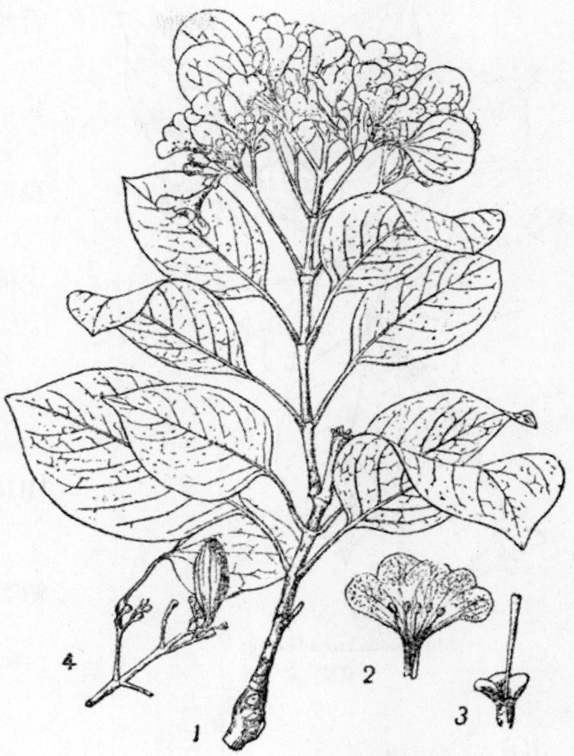

图268　香果树

Emmenopterys henryi Oliv.

1．花枝；2．花冠剖开；3．雌蕊及剖开的部分萼；4．果序的一部分。

（自“中国森林植物志”）

344 胶鸟藤（jiaoniaoteng）（图269）

［学　　名］ **Mussaenda erosa** Champ.　茜草科

［形态特征］ 攀援性灌木，小枝四方形，具托叶环。叶对生，卵状长圆形或卵状椭圆形，长7～12厘米，宽3～5厘米，先端渐尖或锐尖，基部阔楔形，全缘；叶柄长约1厘米；具托叶。花为顶生疏松伞房状聚伞花序；萼5裂，其中1片常扩大成为倒卵圆形的叶片状，白色，具柄，长7～8厘米，宽5～6厘米；花冠漏斗状，黄色，外面被丝状毛，裂片5，短尖；雄蕊5，花盘肉质；子房下位，2室，每室具多数胚珠。浆果椭圆形。

［生长环境］ 山谷、河边灌木丛和疏林中。

图 269　胶鸟藤
Mussaenda erosa Champ.
果枝

［产　　地］　云南、广西、广东、台湾等省区。

［用　　途］　茎富含纤维，可织麻袋，藤可代绳索。

将根捣烂加水，过滤制成粘液，可作糊料及胶粘老鼠、野兔等。

［采收处理］　夏秋季采收，自枝条下端开始，自下而上剥皮。

［加　　工］　用浸水脱胶法。

345 玉叶金花（yuyejin-hua）（图 270）

［地 方 名］　野白纸扇（广东），蜻蜓痴（广西），水藤根、凉茶藤、牙八树、山甘草（福建）。

［学　　名］　**Mussaenda pubescens** Ait. f.　茜草科

［形态特征］　藤状小灌木；小枝初时被柔毛，成长后脱落。叶对生，卵状长圆形或卵状披针形，长 5～9 厘米，宽 2～2.5 厘米，先端渐尖，基部短尖，全缘，膜质或薄纸质，表面稀疏被柔毛，背面密被柔毛；托叶 2 深裂，裂片线状。花两性，稠密伞房花序，顶生，无柄；花萼钟形，被毛，裂片线形，长 3～4 毫米，常有 1 枚扩大，呈白色，叶状，阔卵形或圆形，长 2.5～4 厘米，有柄；花冠管长约 2 厘米，黄色，外被伏柔毛；雄蕊 5，着生于花

图 270　玉叶金花
Mussaenda pubescens Ait. f.
果枝

冠喉部，花丝极短；子房 2 室，胚乳多数。浆果球形，长 8～10 毫米。花期 6～7 月（四川、广东）。

［生长环境］　生于山坡下，溪边阴湿处，攀援于其他树木上。

［产　　地］　广东、广西、福建、台湾、四川等省区。

［用　　途］　茎的韧皮纤维可制麻袋，藤可作绳索或作犁缆。茎叶入药煎服，有清凉消毒之效，也可代茶。

［理化性质］　据福建林学院分析：茎皮含纤维（晒干物中）25.00%，纤维一般长 4 毫米，最长 10.8 毫米，最短 2.7 毫米。

［采收处理］　夏秋季采收，剥皮由枝下端开始，自下而上剥取。

［加　　工］　用浸水脱胶法。

346 鸡矢藤（jishiteng）（图 271）

［地 方 名］　披冻、过墙美丽、山地瓜（福建），鸡脚藤、鸡屎藤（江苏）。

［学　　名］　**Paederia scandens** (Lour.) Merr.　茜草科

［形态特征］　**蔓生草本**，基部木质，枝伸长缠绕攀援，全植物均被有灰色柔毛。叶对生，**卵形或狭卵形**，长 5～11 厘米，宽 3～7 厘米，先端稍渐尖，基部圆形或心形，全缘，嫩时表面散生粗糙毛，具长柄；托叶三角形，早落。**花多数，形成聚伞状圆锥花序**；花萼齿短，三角形；花冠管钟形，长约 1 厘米，外面灰白色，具细茸毛，内面紫色，5 裂；雄蕊 5，着生于花冠管内；子房 2 室，每室 1 胚珠，花柱 2，丝状。基部愈合。果球形，淡黄色。花期 8 月，果期 10 月（江苏）。

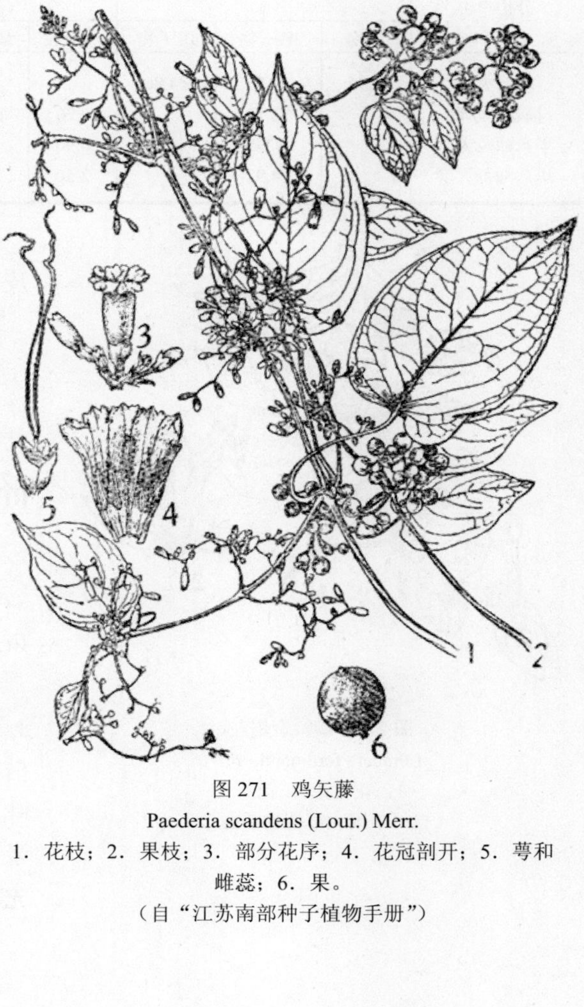

图 271　鸡矢藤

Paederia scandens (Lour.) Merr.

1．花枝；2．果枝；3．部分花序；4．花冠剖开；5．萼和雌蕊；6．果。

（自“江苏南部种子植物手册”）

［生长环境］　生于山地、路旁或岩石缝隙、田埂、沟边草丛中，常攀援于其他植物或岩石上。

［产　　地］　山东、安徽、江苏、浙江、江西、福建、台湾、广东、广西、湖北、湖南等省区。

［用　　途］　茎皮纤维色白而质地软，可供造纸、人造棉原料。根入药，可治内伤，有补血、舒筋、活胳的功效。茎、叶供作农药用。

［理化性质］　据安徽省资料：茎皮合纤维素 18%。

［采收处理］　夏秋季间采割较成熟的茎条，此时纤维质量较好，易于剥制。

［加　　工］　用浸水脱胶法。

347 钩藤（gouteng）（图 1482）

［学　　名］　**Uncaria rhynchophylla** (Miq.) Jacks.　茜草科

［原 料 名］　钩藤皮

（地方名、形态特征、生长环境、产地及其他用途见“药用类”，1921 页）

［用　　途］　钩藤皮纤维可制人造棉及造纸原料。

［理化性质］　据厦门大学等单位分析如下表：

分析单位	含纤维量（%）			纤维长度（毫米）			纤维宽度（微米）			备注
	鲜物	晒干物	烘干物	一般	最长	最短	一般	最宽	最窄	
厦门大学	3.59	12.55	14.86							利用皮
福建林学院		32.50		9.20	17.00	6.00				”
华东师范大学		8.60		0.90	1.40	0.70	15	18	12	”
华东师范大学		24.92		2.50	3.80	0.70	14	24	9	”

［采收处理］　夏秋季采割茎条剥皮。

［加　　工］　用浸水脱胶法。

348 秦岭金银花（qinling-jinyinhua）（图 272）

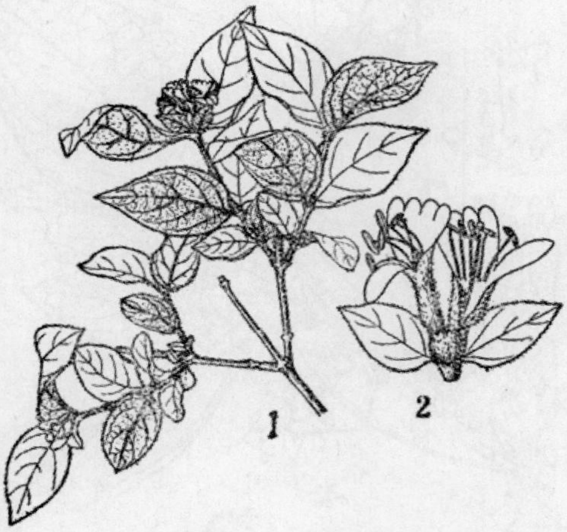

图 272　秦岭金银花
Lonicera ferdinandii Fr.
1．花枝；2．花。
（自“中国北部植物图志”）

［地 方 名］　千层皮（青海）

［学　　名］　**Lonicera ferdinandii** Fr.　忍冬科

［形态特征］　直立小灌木，高可达 3 米；枝开展，小枝灰褐色；有刺毛，具白色实心的髓，粗壮的枝条常具叶柄间托叶。叶对生，卵形或披针形，长 3～5 厘米，宽约 1.5 厘米，基部圆形或阔楔形，先端渐尖，全缘，具纤毛，表面暗绿色，

疏生有硬毛或近于无毛，背面淡绿色，沿脉上生有粗毛。花腋生，总花梗生腺毛及刺毛，有2花；苞卵形呈叶状，约长1厘米，边缘有纤毛；小苞结合为壶状小苞，密生长柔毛，边口与萼基部之间以纠缠的毛相连结；花冠有2唇，长15～20毫米，外面具腺毛，并常有反向的刺毛，淡黄色，花管基部一侧隆起，雄蕊较长，花柱有茸毛；子房被围于小杯之内，成熟时小杯裂开，露出鲜红色浆果。

［生长环境］　生于山坡林中。

［产　　地］　辽宁、吉林、黑龙江、甘肃、青海、陕西等省。

［用　　途］　枝条韧皮纤维可代麻制绳索、麻袋，亦可作造纸原料。

［采收处理］　参阅金银木（本页）。

［加　　工］　参阅金银木。

349 金银木（jinyinmu）（图789）

［学　　名］　**Lonicera maackii** (Rupr.) Maxim.　忍冬科

（地方名、形态特征、生长环境、产地及其他用途见“油脂类”，965页）

［用　　涂］　树皮可造纸及人造棉。

［采收处理］　3～4月间剥取2～3年植株，割时应离地面5厘米左右处用刀砍下（注意保留一年生的幼株），即趁鲜剥皮。

［加　　工］　用浸水脱胶法，初步脱胶，即可制绳和制麻袋。

350 桦叶荚蒾（huayejiami）（图273）

［地 方 名］　山杞子、对节子（四川）

［学　　名］　**Viburnum betulifolium** Batal.　忍冬科

［形态特征］　灌木，高达4米。小枝光滑无毛，后变赤褐色；冬芽具1～2对鳞片。单叶对生，卵形或菱状卵形，有时为椭圆状长椭圆形，长3～8厘米，基部阔楔形，先端短渐尖，边缘除基部外有粗锯齿，表面暗绿色，平滑无毛，背面色

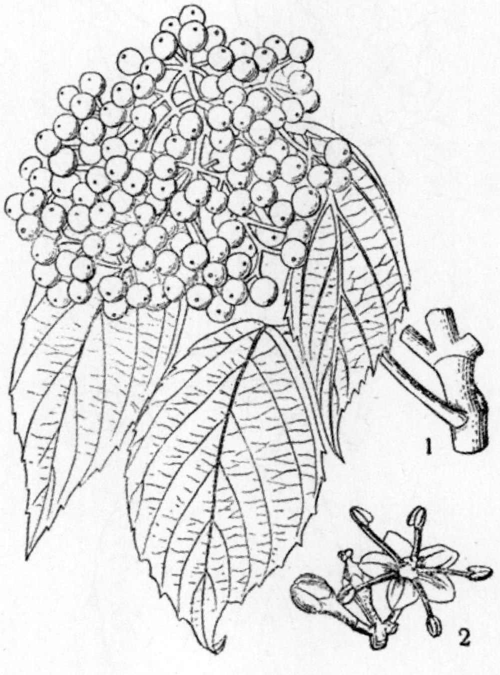

图273　桦叶荚蒾
Viburnum betulifolium Batal.
1. 果枝；2. 花序部分。

较淡，被疏毛，脉腋有簇毛，**侧脉 4～5 对**，直达边缘；**叶柄细长 1～1.5 厘米**，平滑无毛或疏生毛；托叶小。聚伞花序有短梗，花聚合较松，通常有 7 射出枝，疏生毛或近于平滑无毛；花冠裂片 5；雄蕊与花冠裂片同数，互生；子房被疏毛，或近于平滑无毛。核果球形椭圆形，红色。花期 6～7 月；果期 9～10 月。

［生长环境］　海拔 1500～2000 米的丛林中。

［产　　地］　湖北、四川、安徽、湖南、江西、江苏等省。

［用　　途］　茎皮纤维可制绳索及造纸。

［采收处理］　参阅心叶荚蒾（本页）。

［加　　工］　参阅心叶荚蒾。

351 心叶荚蒾（xinyejiami）（图 274）

［学　　名］　**Viburnum cordifolium** Wall.　忍冬科

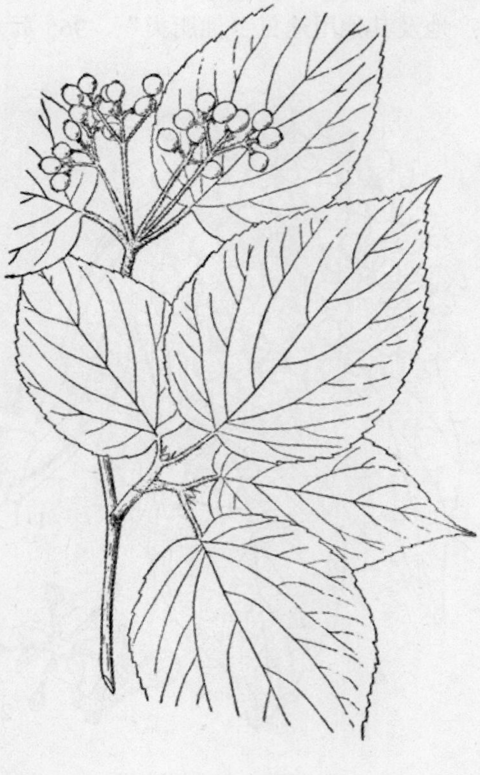

图 274　心叶荚蒾
Viburnum cordifolium Wall.
果枝

［形态特征］　灌木，高 3～4 米。叶对生，**卵圆形，长 6～18 厘米，宽 5～16 厘米**，基部多心形，偶有圆形，先端渐尖，边缘具钝锯齿，表面暗绿色无毛，背面脉上有白色茸毛，脉每边 8～10 条，表面凹陷，背面凸起；叶柄长 2.5～6.5 厘米。伞形聚伞花序顶生，花小而密集，边缘无不孕花存在，苞片线状长圆形，长 0.5 厘米；萼管近光滑，裂片披针形，被星状毛，雄蕊长为花冠之半。核果长椭圆形，红色，**核扁平，有一极深的腹沟，沟缘较沟为狭，在纵断面成为丁字形。**

［生长环境］　生于海拔 2100～2700 米的林地及灌丛中。

［产　　地］　四川、云南、西藏等省区。

［用　　途］　茎皮纤维可制绳索及造纸。

［采收处理］　5～6 月间将 1～2 年生的幼株割下（割时应离地面 5～7 厘米处，以便来年能继续生长），去掉侧枝叶。

［加　　工］　将采收的茎枝置于清水中浸泡，约7～8天后进行检查，如表皮粘有白液，用手轻撕即成麻状，就为脱胶适度，再用木棒轻捶，洗净杂质，晒干即成麻。

352 荚蒾（jiami）（图798）

［学　　名］　**Viburnum dilatatum** Thunb.　忍冬科

（地方名、形态特征、生长环境、产地及其他用途见“油脂类”，973页）

［用　　途］　茎皮纤维可制绳索及人造棉。

［理化性质］　据厦门大学分析：鲜物中含纤维量13.77%，晒干物中23.50%，烘干物中27.58%。

［采收处理］　参阅心叶荚蒾（314页）。

［加　　工］　参阅心叶荚蒾。

353 宜昌荚蒾（yichangjiami）（图800）

［学　　名］　**Viburnum ichangense** Rehd.　忍冬科

（地方名、形态特征、生长环境、产地及其他用途见“油脂类”，974页）

［用　　途］　茎皮纤维可制绳索及造纸。

［采收处理］　参阅心叶荚蒾（314页）。

［加　　工］　参阅心叶荚蒾。

354 甘肃荚蒾（gansujiami）（图275）

［学　　名］　**Viburnum kansuense** Batal.　忍冬科

［形态特征］　灌木，高达3米；枝灰色，小枝平滑无毛。单叶对生，**3～5深裂**，阔卵形至长圆状卵形，长2.5厘米，基部阔楔形或近于心形，先端渐尖，裂片先端渐尖或尖形，边缘有具凸尖的粗牙齿，表面至少脉上疏生短柔毛，背面脉腋

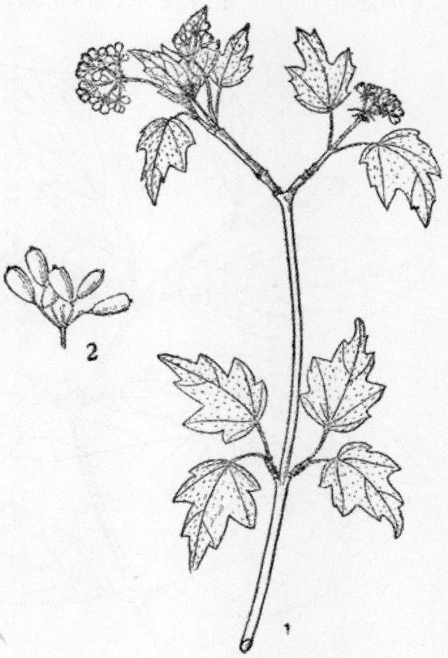

图275　甘肃荚蒾

Viburnum kansuense Batal.

1. 花枝；2. 果。

有茸毛；叶柄细，长1～2.5厘米，不具腺。聚伞花序，无不孕花，直径约3厘米，有5～7放射枝；萼很短，裂片5，三角状卵形，先端钝或圆；花冠粉红色，直径5～8毫米，花冠管倒圆锥形，花瓣裂片5，圆形，基部收缩，常反卷，边缘具乳头状小突起；雄蕊5，较花冠长，花药桔黄色。核果椭圆形，红色。花期6～7月，果期9月。

［生长环境］ 高山林内，海拔2400～2800米处。

［产　　地］ 甘肃、四川、云南等省。

［用　　途］ 茎皮纤维可制绳索及造纸。

［采收处理］ 参阅心叶荚蒾（314页）。

［加　　工］ 参阅心叶荚蒾。

355 山枇杷（shanpiba）（图276）

［地 方 名］ 羊屎子（四川）

［学　　名］ **Viburnum rhytidophyllum** Hemsl.　忍冬科

［原 料 名］ 山枇杷树皮

［形态特征］ **常绿灌木**，高3米，幼枝密被星状茸毛；**冬芽裸露**；叶对生，不裂，卵状长圆形至卵状披针形，长6～18厘米，基部圆形或近心形，全缘或有时具不明显小锯齿，表面暗绿色，平滑无毛，具明显的皱纹，背面网脉明显，密被灰色或黄色茸毛；叶柄长1～3厘米。伞形聚伞花序顶生，在次年秋季即形成，被星状茸毛，直径10～20厘米，具辐射枝7～11条，总梗粗壮；花小，黄白色。果实短椭圆形，初时红色，后变为蓝黑色。花期5～6月，果期9～10月。

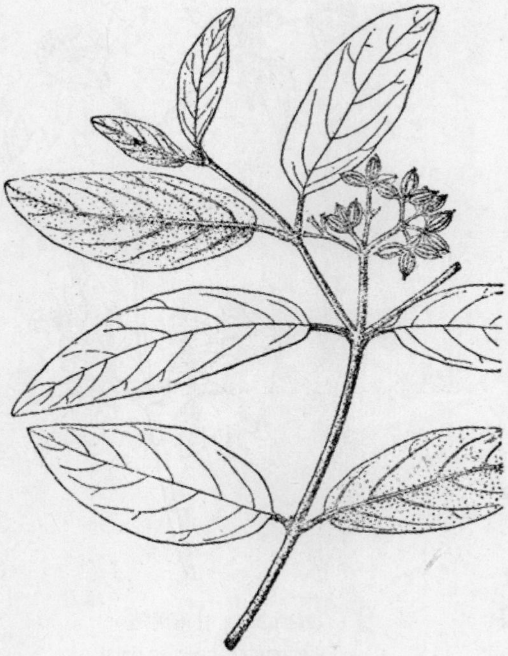

图276　山枇杷
Viburnum rhytidophyllum Hemsl.
果枝

［生长环境］ 生于高山林内，海拔1300米。

［产　　地］ 湖北、四川等省。

［用　　途］ 茎皮纤维可作麻及制绳索。

［采收处理］ 参阅心叶荚蒾（314页）。

［加　　工］ 参阅心叶荚蒾。

356 西瓜（xigua）（图 277）

［学　　名］ **Citrullus vulgaris** Schrad.　葫芦科

［原 料 名］ 西瓜藤

［形态特征］ 一年生蔓性草本，全株被长粗毛，多分枝，**叶阔卵形至卵状长椭圆形**，长 8～20 厘米，宽 5～15 厘米，**羽状深裂**，裂片 3～7，近椭圆形，绿色，微带白粉。花腋生；花萼 5 裂，裂片线状披针形，被长毛；花冠 5 深裂，裂片长椭圆形，黄色，外被长毛。瓠果大，圆形或椭圆形。外皮光滑，深绿色或淡绿色，具有深色条纹。果肉厚，多液汁，红色、黄色或白色，味甜；种子多数，黑色或黄色。花期 4～7 月（江苏）、7～8 月（东北、山西），果期 7～8 月（江苏）、8～9 月（东北、山西）。

［生长环境］ 性喜肥沃的半砂土、黑土，对土壤的要求较高。

［产　　地］ 全国各地区均有栽培。

［用　　途］ 瓜藤可造纸及人造丝。种子可榨油或炒食。果皮供药用、酿酒及饲料等用。

［采收处理］ 应根据各地西瓜的不同摘收季节决定，一般是在摘掉成熟西瓜后，把藤收起，去掉枯叶，将蔓茎理齐，晒干成捆，置于干燥处储存备用。

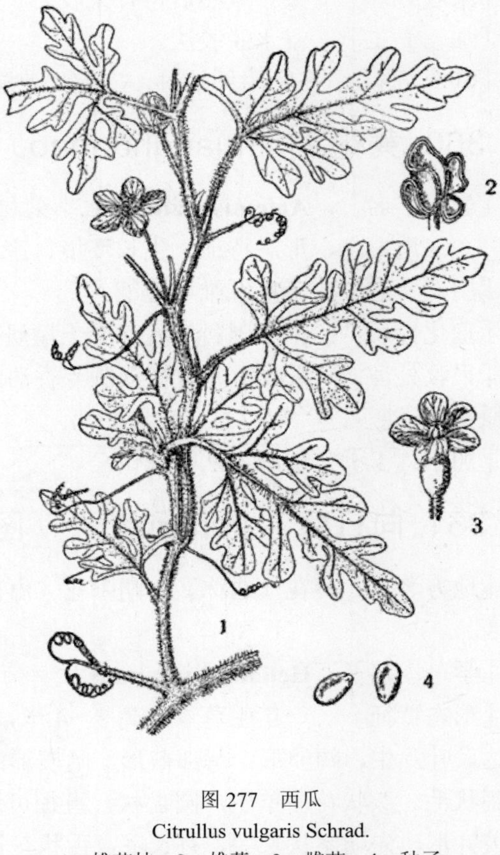

图 277　西瓜

Citrullus vulgaris Schrad.

1．雄花枝；2．雄蕊；3．雌花；4．种子。

357 南瓜（nangua）（图 804）

［学　　名］ **Cucurbita moschata** Duch.　葫芦科

［原 料 名］ 南瓜藤

（地方名、形态特征、生长环境、产地及其他用途见“油脂类”，978 页）

［用　　途］ 瓜藤可造纸及人造丝。

［采收处理］ 参阅西瓜（本页）。

358 丝瓜（sigua）（图 807）

［学　　名］ **Luffa cylindrica** Roem.　葫芦科

［原 料 名］ 丝瓜藤

（地方名、形态特征、生长环境、产地及其他用途见“油脂类”，981 页）

［用　　途］ 老茎（瓜藤）纤维，可造纸，纸的质地结实耐用。

［采收处理］ 参阅西瓜（317 页）。

359 牛蒡（niupang）（图 808）

［学　　名］ **Arctium lappa** L.　菊科

（地方名、形态特征、生长环境、产地及其他用途见“油脂类”，983 页）

［用　　途］ 茎含纤维，可供造纸。

［理化性质］ 据中国林业土壤研究所分析：茎皮含纤维 35.38%。

［采收处理］ 果子成熟后再行采收。

［加　　工］ 浸水脱胶法。

［其　　他］ 在利用纤维时，应首先兼顾种子的利用。

360 黄花蒿（huanghuahao）（图 1181）

［学　　名］ **Artemisia annua** L.　菊科

（地方名、形态特征、生长环境、产地及其他用途见“芳香油类”，1478 页）

［用　　途］ 茎皮纤维可造纸。

［理化性质］：据中国科学院林业土壤研究所分析：茎皮含全纤维素 47.825%。

［采收处理］ 采收时间可视蒸制芳香油的需要而定，蒸过芳香油的残渣可利用作造纸原料。

［加　　工］ 造纸方法见总论。

361 向日葵（xiangrikui）（图 278）

［地方名］ 葵花（通称），朝阳花（山东），太阳花（四川），照日葵、日照葵（山西）。

［学　　名］ **Helianthus annuus** L.　菊科

［形态特征］ 一年生草本，高 3～4 米，全株被刚毛；茎粗壮，直立，中心髓部极发达。叶互生，阔卵形；基部截形、阔楔形或心形，先端尖，边缘有锯齿，两面均被白色刺状毛。头状花序单生，圆盘状，直径可达 25～30 厘米；总苞片绿色。卵圆形或卵状披针形，先端尾状长尖，有长毛；舌状花黄色，管状花棕紫色。瘦果长卵形或椭圆形，灰棕色或黑色。花期 6～7 月，果期 9 月。

［生长环境］ 栽培植物，多种植屋前后或与其他植物间种。适应性强，耐旱，耐

瘠，耐盐碱，因此可利用沿海一带的盐碱荒地进行大面积栽培。

［产　　地］　黑龙江、辽宁、吉林、内蒙古、河北、山东、山西、甘肃、宁夏、陕西、四川、云南、贵州、广东、广西、福建、台湾、江西、湖南、湖北、安徽、江苏、浙江等省区均有栽培。

［用　　途］　茎皮纤维可制人造丝；代麻织麻袋，茎杆可制隔音板，也可作造纸原料。

种子榨油。果壳含多缩戊糖，为制造糠醛的好原料。果壳还可酿酒，榨油后的残渣可做饲料及肥料。茎杆可制人造肉：葵花粉还可代替白面做糕点。

［理化性质］　据中国科学院植物研究所资源室分析：茎皮含纤维35%，α-纤维素86.67%，灰分粘度29%；细度（支数）1531。强力4.76克。

［采收处理］　夏至秋季，种子成熟后，离地面砍下去叶即可。

［加　　工］　中国科学院植物研究所加工人造丝的试验方法如下：

（1）硝酸处理　称取风干材料500克，切成长约3厘米小段放入砂锅中，加30%硝酸（HNO_3）600毫升（即液比1:12），在常压下煮沸2小时（但须视其具体情况而定，以用手揉搓感觉柔软为宜），用木框过滤，并用水洗涤数次至不是酸性为止。

图278　向日葵
Helianthus annuus L.
花枝

（2）碱处理　将材料再放入砂锅中，加入3%烧碱（NaOH）250毫升（即液比为1:5），在常压下煮沸1小时（也须视其具体情况而定，以材料变成纸浆状为宜），用木框过滤，并用水洗涤数次。

（3）漂白　将洗过的纸浆放入缸中，加300毫升漂白粉溶液（有效氯含量为0.3%），调节酸碱度（pH）9或10，漂白（也须视其具体情况而定，以浆漂白为宜），然后用水洗涤数次。

（4）晾干　将漂白浆在干燥通风处晾干即可进行抽丝。

362 菊芋（juyu）（图 505）

［学　　名］ **Helianthus tuberosus** L.　菊科

（地方名、形态特征、生长环境、产地及其用途见“淀粉及糖类”，610 页）

［用　　途］ 茎皮纤维可制绳索、制麻袋和人造纤维板。

［理化性质］ 据河北省资料：茎皮含纤维 44.05%，灰分 2.69%，水分 5.75%，多缩戊糖 15.72%。

［采收处理］ 秋季茎叶枯萎后，同时采取地上茎及地下茎。

［加　　工］ 参照总论中的浸水脱胶法和制纤维板方法。

363 水烛（shuizhu）

［地 方 名］ 蒲草、水菖蒲（江苏），毛蜡烛（江西、湖南、湖北），香蒲、蒲子、蒲菜（山东），鬼蜡烛（河北），水蜡烛（四川、广西、江苏）。

［学　　名］ **Typha angustifolia** L.　香蒲科

［形态特征］ 多年生水生草本，高可达 3 米。匍茎生在泥土中有很多须状根。茎直立出水面。叶线状，宽 4～10 毫米。穗状花序顶生，深褐色，雌雄花密集呈椭圆柱状，雄花生花序上部，序上有脱落很早的似佛焰苞的苞片；花被鳞片状或成茸毛，序中常具无性花，雌花在序的下部，其小苞片；柱头腺状长圆形；**雌雄花之间有不生花的柄相隔，不生花的柄长 2～3 厘米**。花期 6～7 月，果期 8～9 月。

［生长环境］ 生于河边或浅水沼泽地中。

［产　　地］ 黑龙江、吉林、辽宁、山西、陕西、山东、江苏、安徽、浙江、福建、台湾、江西、湖北、湖南、贵州、四川、云南、广西、广东等省区。

［用　　途］ 蒲草是造纸的好原料，脱胶后的纤维可织麻袋和搓绳，还可编蒲包，蒲扇，蒲席等，蒲绒是做枕头的填充物。

雌花花粉可入药（见“药用类”，1967 页）。

［理化性质］ 据四川重庆市纺织工业局分析：茎叶含水分 19.51%，果胶 2.018%，木质素 16.50%，半纤维素 16.435%，纤维素 55.62%；纤维长 5.254 毫米。据江苏无锡纺织工业局分析：强力 4.252 克，公制支数 266。

［采收处理］ 参阅宽叶香蒲（321 页）。

［加　　工］ 参阅宽叶香蒲。

364 蒙古香蒲（mengguxiangpu）（图 279）

［地 方 名］ 蒲草、香蒲（陕西），咱格麻（内蒙古）。

［学　　名］ **Typha davidiana** Hand. -Mzt. (*T. laxmannii* Franch. non Lepech.)　香蒲科

［形态特征］　多年生草本，高 80～150 厘米，根状茎横走。茎圆柱形，不分枝，无节。叶互生，**狭线形**超出花穗，宽 2～4 毫米。雌雄穗离生，相隔 1～6 厘米；雄穗轴具线状毛；雌穗狭长圆柱形，长 3～5 厘米，直径 0.5～1 厘米，比雄穗短 2～3 倍，褐色，子房具柄，柄比子房长 2～2.5 倍，花柱比子房微长，柱头卵状披针形或披针形，雌蕊柄的毛先端钝，比柱头短。果为核果状。花期 6～7 月，果期 8～9 月。

［生长环境］　生于河岸及泥潭边或河道两岸的低湿荒草滩沼泽中。

［产　　地］　黑龙江、吉林、辽宁、河北、山西、陕西、甘肃、青海、宁夏、新疆、内蒙古等省区。

［用　　途］　叶韧，可编织席子、蒲包、搓绳索，亦可作人造棉供混纺。蒲绒可作枕头等填充物。

花粉称蒲黄供药用（见“药用类”“水烛”，1967 页）。

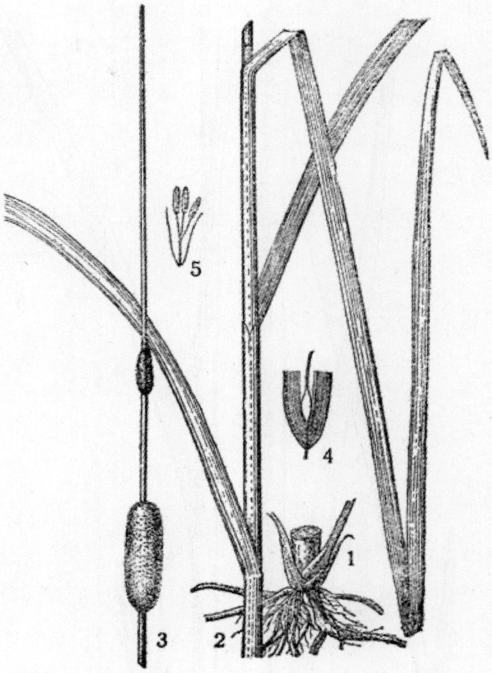

图 279　蒙古香蒲
Typha davidiana Hand. -Mzt.
1. 根；2. 植株中部；3. 雌雄花序；4. 雌花；5. 雄花。

［理化性质］　据陕西省资料：纤维平均长 33.86 毫米，宽 41.57 微米，强力 39.10 克，公制支数 449。

［采收处理］　9 月采蒲绒，采后置室内阴干，10 月采蒲草，采后晒干，捆成大捆，储存备用。

［加　　工］　蒲草最好编制草席或草袋，如制人造棉，可用碱煮法。

365 宽叶香蒲（kuanyexiangpu）（图 280）

［地 方 名］　蒲棒（东北、山西），蒲草、蜡棒（河南）。

［学　　名］　**Typha latifolia** L.　香蒲科

［形态特征］　多年生草本，高 1～2 米。根状茎白色，细长横走，节部生出多数须根。茎圆柱形，直立，单一，质硬中实。单叶互生，狭长阔线形，扁平，长达 1 米余，宽 1～2 厘米，先端渐尖，基部为长鞘，抱茎，鞘口两侧有白色薄膜；全缘，无毛，具平行脉。花单性，雌雄同株，顶生圆锥花序，具 2～3 个早落性的叶状苞，雄花序生于上部，长 10～30 厘米。**雌花序生于下部，与雄花序等长或略长**，中间无不生花的柄间

隔；花小，无花被，有毛；雄花雄蕊3，花丝呈丝状，花药线形，花粉黄色，每四粒聚成一块；雌花无小苞片，子房线形，有柄，花柱单一。果序圆柱形，褐色；坚果细小，具多数白毛，有长柄。花期5月（四川），6～7月，果期7～8月（东北、河南）。

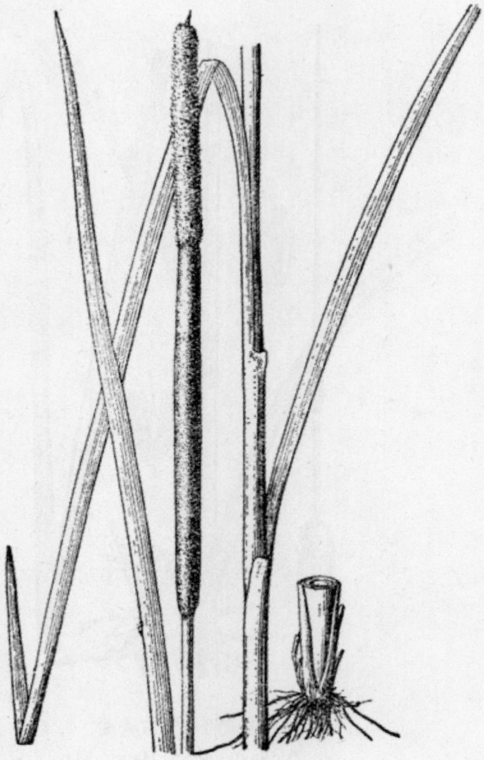

图280　宽叶香蒲
Typha latifalia L.
植株全角

［生长环境］　水生植物，常生于河边、湖边及浅水沼泽中。

［产　　地］　黑龙江、吉林、辽宁、山西、河南、河北、陕西、新疆、四川、湖北等省区。

［用　　途］　可作人造棉及造纸原料，并可编蒲包、蒲席、蒲扇及草绳等。蒲绒通常用作枕头、坐垫、沙发等填充物。

花穗成熟后，可蘸油代替蜡烛照明，亦有不蘸油直接点着照明的，故称蜡棒。嫩芽称蒲菜。可供食用，其味鲜美。花粉很多，可供养蜂采集制蜜，为养蜂的良好蜜源。幼嫩的叶为良好的饲料；其根含有淀粉，也可作饲料。

［理化性质］　据河南省资料：干燥全株含水分10.20%，脂肪及蜡质2.00%，冷水水溶物1.6%，热水水溶物2.00%，半纤维素16.6%，木质素9.8%，纤维素56.20%，灰分6.7%；单纤维强力21.7克 / 毫克，公制支数827，平均长20.8毫米，整齐度79.82%，平均长（包括短绒）13.94毫米，上半部平均长26.17毫米，短绒率43.77%。

用茎所制成的草绳拉力几与龙须草相同。

［采收处理］　7～8月间采收蒲草，用长杆镰刀割取茎叶，晒干后，将叶鞘、叶片切开。分别打捆，上垛备用；秋季摘取雌花序。抽去穗轴，即成蒲棒绒，晒干后，即可供用。

［加　　工］　蒲草最好加工成草席、草袋等，如利用作人造棉，可用碱煮法。

366　分叉露兜树（fenchaludoushu）

［地 方 名］　野菠萝（云南）

［学　　名］ **Pandanus furcatus** Roxb.　露兜树科

［形态特征］ 乔木，高7～10米，分枝少，常在**顶端具二歧分枝**，基部有粗厚的气生支柱根。叶聚生于茎的顶部，革质，线状披针形，长1～4米，宽3～10厘米，先端长尾状渐尖，边缘及中肋有向下弯的刺。花雌雄异株，雄花序排列为复穗状，穗状花序金黄色，圆筒状，长10～15厘米，宽2～3厘米，具佛焰苞，叶状；在下面的佛焰苞长1米，宽常10厘米，顶端具三棱形多刺的渐尖；雄蕊3～5，簇生于花丝柱（长2～5毫米）的顶端，密生雄花，花药长5毫米，线形，顶端具长而弯的芒尖，花丝短；雌花花柱2～3裂，心皮不集生成群，柱头具光泽，呈二歧的刺状，长3～4毫米，弯曲。复合果单生，长圆形，近三角形，长10～15厘米或更长，宽10厘米，红棕色；核果一室，长3～4厘米，宽8～9毫米，近圆筒形，几全部合生，具分离而呈宽金字塔形的顶端（长1厘米，宽12～13毫米）。花期8月，果期9～10月。

［生长环境］ 热带，喜生于温暖多湿的气候，年平均温度约在18～23℃左右，最低温度不低于0℃，年雨量在1200毫米以上的地带最宜生长。常见于水边溪旁。海拔1000米以下的地方常见。

［产　　地］ 广东（海南）、广西、云南（南部）等省区。

［用　　途］ 叶片富含纤维，可供编织帽、席、网、袋及制刷子等用，云南潞西（芒市）一带傣族人民常采其叶，削去边刺及背刺，用以编制篾帽及蓑衣，经久耐用。

［采收处理］ 参阅露兜树（本页）。

367 露兜树（ludou-shu）（图281）

图281　露兜树

Pandanus odoratissimus L. f.

1．雄花序和一片叶的一部分；2．果序的部分；3．雄蕊。

［地 方 名］ 勒古、菱树（广东海南），雷古根、假菠萝、温够、勒鲁（广西）。

［学　　名］ **Pandanus odoratissimus** L. f.　露兜树科

［形态特征］ 灌木或小乔木，直立，分枝多，具气支柱根。叶聚集于枝顶，革质，线状披针形，长可达1.5米，宽3～5厘米，先端长尾状渐尖；叶缘和叶

背中肋有锐刺，刺端向前。花雌雄异株，聚集成顶生的、具叶状佛焰苞片的肉穗花序；花无花被；雄花序稍倒垂，长约 50 厘米，佛焰苞片披针形，具浓郁香味，渐尖，近白色，雄蕊多数或点状簇生，花丝部分合生很长，花药线形顶端有芒。通常无退化雌蕊；雌花心皮集生成群，无退化雄蕊，子房 2 室。有胚珠一枚，近基生。复合果椭圆形或球状椭圆形，长可达 20 厘米，由 50～70 或更多的纤维状肉质核果组合而成。核果长 4～6 厘米，成熟时黄红色，倒圆锥形稍有棱角，基部狭先端平或凸果核 4～10 室，顶部与室间有槽；种子小有肉质胚乳和微小的胚。花期 8 月，果期 9～10 月。

［生长环境］　喜生于海边地区。

［产　　地］　广东、广西等省区。

［用　　途］　叶纤维质极佳，可编制网袋、刷子、席、笠帽、打绳索及造纸等用。并为制纤维板原料；支柱根纤维亦可编草鞋。鲜花含芳香油，可提浸膏（见"芳香油类"，1505 页）。

［理化性质］　据广东省资料：热水抽出物 20.44%，稀碱抽出物 43.34%，苯醇抽出物 3.83%，木质素 19.98%，纤维素 44.54%，多缩戊糖 17.11%。造纸试验结果：粗浆收获率 23.82%，成纸重 46.4 克 / 平方米，裂断长 3.520 米。

［采收处理］　夏秋间采收，把叶子割下，刮去叶边缘背面中肋上的硬刺，并割去叶尖的硬刺，然后把它捆成束。

［加　　工］　根据编斗笠或织席所需要，每条按宽度将竹叶破开，放在阳光下曝晒，晚上要收回，不要受露水或雨淋湿，待晒至相当干度后（叶稍呈黄色）然后用水稍为喷湿，便可编织。

368 远东芨芨草（yuandongjijicao）（图 282）

［学　　名］　**Achnatherum extremiorientale** (Hara) Keng　禾本科

［形态特征］　多年生草本，高达 1. 5 米。须根细韧。秆直立，光滑，通常少数丛生，基部常具鳞芽。叶片扁平或边缘稍内卷，先端渐尖，长达 50 厘米，宽 5～10 毫米，边缘及上面微粗糙，下面平滑。叶鞘稍松弛；叶舌长约 1 毫米，截平，常具裂齿。圆锥花序开展，长 30～40 厘米；分枝细长，2～6 枚簇生，下部多裸露，上部疏生小穗，成熟后水平开展；小穗长 7～9 毫米。草绿色或成熟时变紫色；颖膜质，具 3 脉，几等长；外稃长 5.5～7 毫米，先端具 2 微齿，背部被白色柔毛，具 3 脉，脉于顶端汇合；基盘较钝，长约 0.5 毫米；芒长约 2 厘米，一回膝曲，中部以下扭转，宿存，内稃具 2 脉，脉间被柔毛；花药黄色，先端有毫毛。颖果纺锤形，长约 4 毫米，具浅而长的复沟。花期 7～8 月，果期 9 月。

［生长环境］　常见于低山坡草地、林缘路旁等阳光充足的地方。

［产　　地］　黑龙江、吉林、辽宁、内蒙古、河北、陕西、甘肃、宁夏、青海、新疆等省区。

［用　　途］ 全草可作造纸原料。

植物含营养较丰富，可作牲畜饲料。

［理化性质］ 据吉林省资料：全草含纤维素为38%以上。又据吉林农业大学资料，化学成分：粗纤维33.91%，粗脂肪2.24%，粗蛋白7.01%，灰分4.01%，无氮抽出物44.21%，水分8.07%，钙0.33%，磷0.10%（风干样品）。

［采收处理］ 参阅芨芨草（326页）。

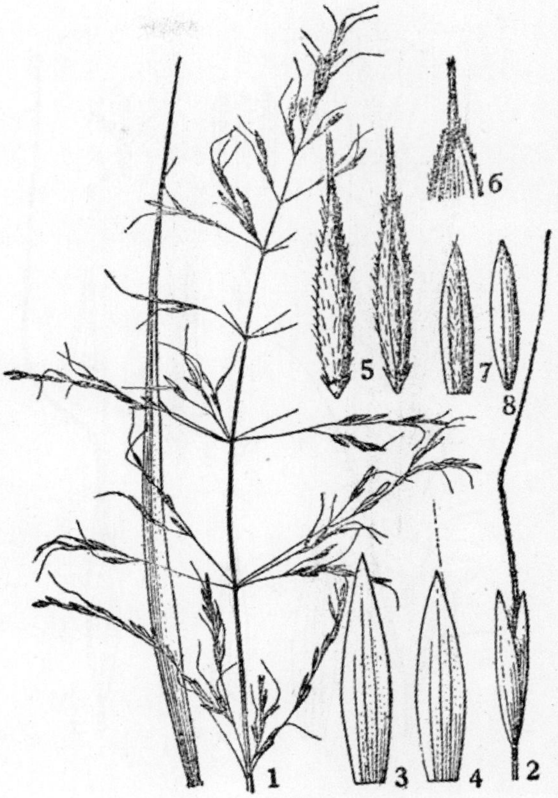

图282 远东芨芨草
Achnatherum extremiorientale（Hara）Keng
1. 花序；2. 小穗；3. 第一颖；4.第二颖；5. 小花（去芒）背面及腹面；6. 外稃先端；7. 内稃；8. 颖果。
（自“中国主要植物图说，禾本科”）

369 京芒草（jingmangcao）

［地 方 名］ 花拐拉（山东）

［学　　名］ **Achnatherum pekinense** (Hance) Ohwi (*Stipa pekinensis* Hance) 禾本科

［形态特征］ 本种与远东芨芨草较相近，其主要区别为花序较短，长12～25厘米；小穗较长，长为12～13毫米。

［生长环境］ 习见于低山坡草地上。

［产　　地］ 辽宁、河北、山西、山东、河南等省。

［用　　途］ 可作造纸原料。

［采收处理］ 参阅芨芨草（326页）。

370 西伯利亚芨芨草（xiboliyajijicao）（图283）

［地 方 名］ 羽茅、鲜卑芨芨草

［学　　名］ **Achnatherum sibiricum** (L.) Keng (*Stipa sibirica* Lam., *Avena sibirica* L.) 禾本科

［形态特征］ 本种与远东芨芨草相似，其与远东芨芨草主要的区别为圆锥花序

较紧密，狭长，分枝较短，直立或向上升，基盘先端较尖锐，长约 1 毫米；芒长约 2.5 厘米。

［生长环境］ 多生长于稍干的山坡或草甸、草原。

［产　　地］ 黑龙江、吉林、辽宁、内蒙古；河北、山西、河南、陕西、甘肃、宁夏、青海等省区。

［用　　途］ 全草纤维可造纸。

［理化性质］ 据吉林农业大学分析，化学成分：水分 8.17%，粗脂肪 1.38%，粗蛋白 7.38%，灰分 5.87%，无氮抽出物 38.87%，钙 0.37%，磷 0.14%，粗纤维 38.43%。

［采收处理］ 秋季用镰刀割草，捆成小捆，晒干储存备用。

［加　　工］ 参阅芦苇（359 页）。

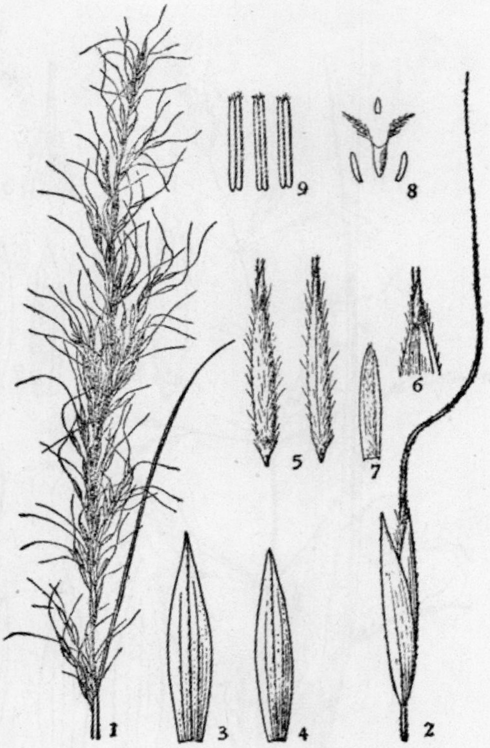

图 283　西伯利亚芨芨草
Achnatherum sibiricum（L.）Keng
1．花序；2．小穗；3．第一颖；4.第二颖；5．小花（去芒）背面及腹面；6．外稃先端；7．内稃；8．鳞被及雌蕊；9．花药。
（自“中国主要植物图说，禾本科”）

371 芨芨草(jijicao)(图 284)

［地 方 名］ 枳机草、席箕草（河北），席箕（新疆），德里斯、德勒苏（内蒙古）。

［学　　名］ **Achnatherum splendens** (Trin.) Ohwi　禾本科

［形态特征］ 多年生草本，直径达 3 毫米。根粗而坚韧。秆直立，丛生，坚硬，高 50～250 厘米。基部宿存黄褐色枯萎叶鞘。叶片坚韧，纵向卷折，长 30～60 厘米；叶表面脉凸起，微粗糙，背面无毛；叶鞘无毛，质坚韧，边缘膜质；叶舌渐尖，长 5～7 毫米。圆锥花序长 40～60 厘米；分枝细弱，数枚簇生，长达 17 厘米；小穗长 4.5～6.5 毫米（除芒），灰绿色或带紫色或变草黄色；颖膜质，披针状椭圆形，先端尖或锐尖，具 1～3 脉，**第一颖略短乃至较第二颖短 1 / 3**；外稃长 4～5 毫米，具五脉，背部密生柔毛，顶端具二裂齿；基盘钝圆，有柔毛，长约 0.5 毫米；芒直立或微曲，但不扭转，长 5～10 毫米，易断落；内稃具二脉，脉间有毛；花药长 2.5～3 毫米，顶端具毛。花期 6～7 月，果期 8～9 月（内蒙古）。

［生长环境］　多生长于微碱性草滩上、轻度盐渍化低地、河边或平坦草地。

［产　　地］　黑龙江、吉林、辽宁、内蒙古、河北、山西、河南、陕西、甘肃、宁夏、青海等省区。

［用　　途］　秆叶坚韧，为良好的高级文化用纸纸浆及人造棉原料；又可用作编织筐、篓、草帘与扫帚等；叶所结之草绳浸水后，韧性极大。

早春幼嫩时，为重要的牲畜饲料；夏季亦为牲畜所喜饲料。可作水土保持植物。

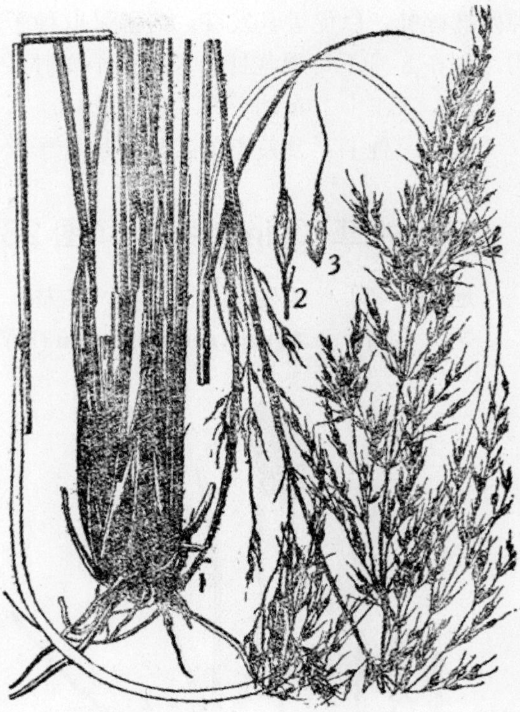

图 284　芨芨草
Achnatherum splendens（Trin.）Ohwi
1．植株；2．小穗；3．小花。
（自“中国主要植物图说，禾本科”）

［理化性质］　据“中国造纸用纤维图谱”记载：秆（风干的）含纤维素 36.3%；叶含 22.72%，纤维长 0.399～1.68 毫米，平均长 0.808 毫米；宽 4.3～16.5 微米，平均为 9.1 微米。长宽比为 88.8:1。

据 1951 年 7 月“科学通报”记载，张永惠等所分析的化学成分：水分 11.12%，灰分 2.95%，油脂类 1.69%，木质素 16.52%，果胶 1.08%，多缩戊糖 25.98%，1%氢氧化钠抽出物 39.62%，全纤维素 49.15%。

又根据苏联科学家尤那托夫的资料*，列表如下：

采集日期	发育期	水分	占干物质的成分					
			灰分%	粗蛋白质%	纯蛋白质%	脂肪%	纤维%	无氮浸出物%
7 月	生长时期	8.28	8.89	11.73	7.25	—	36.12	—
7 月	开花时期	6.79	8.22	11.87	9.16	—	37.41	—
8 月 27 日	结实期	7.89	6.80	8.78	6.90	—	41.93	—
10 月 22 日	完全干枯	6.07	7.34	4.09	2.48	1.77	45.69	41.11
4 月 27 日	越冬残株	7.86	5.40	3.21	1.78	1.16	42.49	47.74

*参阅尤那托夫著“蒙古人民共和国放牧地和刈草地的饲料植物”（中译本），科学出版社，65 页，1958。

[采收处理] 采收可用手拔起，但大部地区系用镰刀割取。在早春发芽前可用火燎掉残株碎叶，以促进其发芽。为了采取种子，一般在9月中、下旬进行收获，若为编织用，则在8月下旬乘茎秆尚未十分干燥时采取，晒干即可使用。

[加　工] 参阅芦苇（359页）。

[其　他] 芨芨草的栽培可用种子繁殖。

372 冰草（bingcao）（图285）

[地 方 名] 大麦草、野麦子（吉林）

[学　名] **Agropyron cristatum** (L.) Gaertn. (*Bromus cristatum* L.) 禾本科

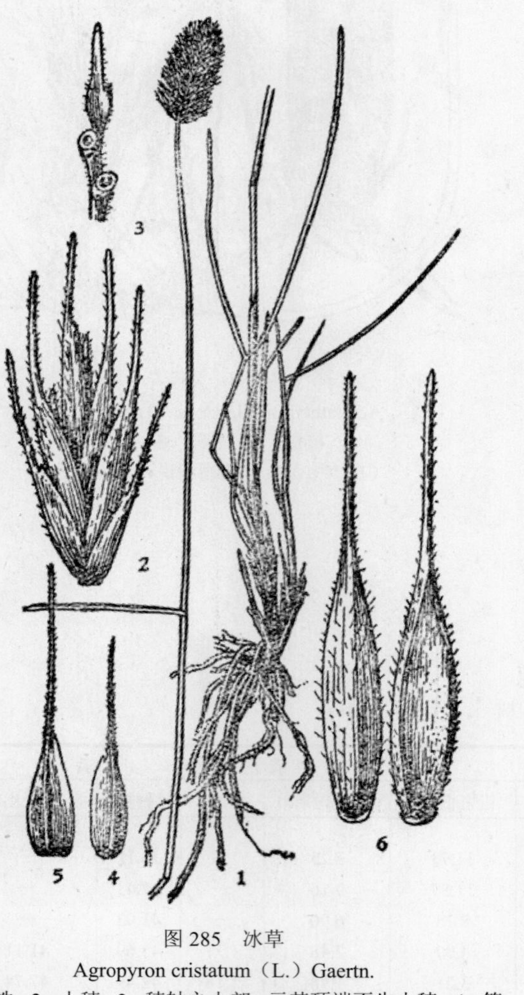

图285 冰草

Agropyron cristatum（L.）Gaertn.

1. 植株；2. 小穗；3. 穗轴之上部，示其顶端不生小穗；4. 第一颖；5. 第二颖；6. 小花（背面及腹面）。

（自“中国主要植物图说，禾本科”）

[形态特征] 多年生草本，高40～60厘米。须根密生，外具沙套。秆直立，成疏丛，基部微曲膝状。叶片长5～20厘米，宽2～5毫米，质地较硬而粗糙，边缘常内卷；叶鞘紧裹茎，短于节间；叶舌长0.2～1毫米，顶端截平而微有细齿。穗状花序直立，长圆形或两端微窄，长2.5～5.5厘米，宽8～15毫米。穗轴节间长0.5～1.5毫米；小穗密列两行，呈篦齿状，有花4～7朵，长10～13毫米，宽约3毫米；颖长约为第一小花之半（芒除外），具1～3脉，先端显著有芒。颖果长约4毫米。花期8月，果期9月。

[生长环境] 适应性强。生于干燥草原、路边或砂质丘陵、山坡，有时亦见于草甸中。

[产　地] 黑龙江、吉林、辽宁、内蒙古、河北、山西、河南、陕西，甘肃、宁夏、青海、新疆等省区。

[用　途] 秆、叶含纤维，可供造纸、拧绳索。

种子含淀粉，可作酿酒原料；嫩草为饲料，牲畜喜食，上膘快；

根系深而坚强耐腐，为固砂植物。

［理化性质］　据吉林农业大学分析，化学成分：粗纤维 29.37%，粗脂肪 3.22%，粗蛋白 7.66%，灰分 8.27%，无氮抽出物 48.83%，钙 0.55%，磷 0.20%，水分 7.65%（风干样品）。

［采收处理］　在秋季收割全草，晒干后可供造纸与制绳用。

种子秋末冬初成熟采集，以备酿酒。

373 羊草（yangcao）（图 286）

［地 方 名］　夏格（内蒙古），碱草（东北、内蒙古）。

［学　　名］　**Aneurolepidium chinense** (Trin.) Kitag. (*Triticum chinense* Trin; *Agropyron chinense* Ohwi; *Elymus pseudo-agropyrum* Trin.)　禾本科

［形态特征］　多年生草本，高 30～90 厘米。具下伸或横走根状茎。秆成丛或单生，直立，无毛，具 2～3 节。叶片长 7～14 厘米，宽 3～5 毫米，扁平，叶面及边缘粗糙，或仅叶背具毛，背面光滑；叶鞘光滑，短于节间，具叶耳，基部残留叶鞘呈纤维状；叶舌截平，纸质，长 0.5～1 毫米。穗状花序长 12～18 厘米，宽 6～10 毫米，穗轴强壮，边缘具纤毛。节间长 6～10 毫米，基部节间长达 18 毫米；小穗长 10～20 毫米，含 5～10 朵花，通常孪生或在花序上端及基部单生，粉绿色，成熟时为黄色；小穗轴节间光滑，长 1～1.5 毫米；颖锥壮，第一颖短于第二颖，长 5～9 毫米；外稃披针形，光滑，顶端渐尖或成芒状小尖头，背具不明显的五脉，外稃基部裸露，具一脉，上部粗糙，边缘具微柔毛，第一外稃长 8～11 毫米；内稃与外稃等长，先端常微二裂；花药长 3～4 毫米。花期 6～7 月，果期 9 月（内蒙古）。

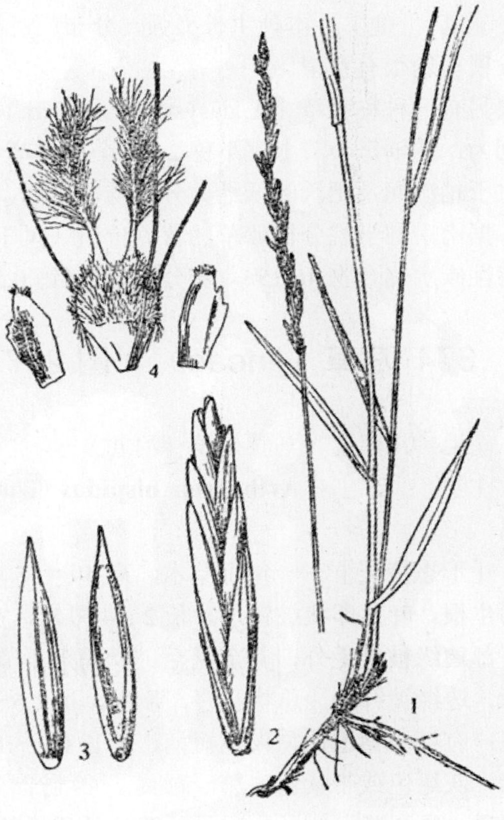

图 286　羊草

Aneurolepidium chinense（Trin.）Kitag.

1．植株；2．小穗；3．小花（背面及腹面）；4．鳞被，花丝及雌蕊。

（自“中国主要植物图说，禾本科”）

［生长环境］ 习见于草地、低洼地及丘陵地各处，适应性很强：耐寒、耐碱、耐旱，更耐牛、马践踏。

［产　　地］ 黑龙江、吉林、辽宁、内蒙古、河北、山西、河南、陕西、甘肃、宁夏、青海及新疆等省区。

［用　　途］ 全草为造纸原料，纤维细。

也是良好的牧草，牲畜四季喜食，营养价值高。

［理化性质］ 据“中国造纸植物原料志”记载：羊草的茎秆纤维具有一般草类纤维的特征，纤维较细，不太长。单纤维长一般为 0.570～1.450 毫米，最长为 2.520 毫米，最短为 0.440 毫米；宽一般为 8.3～12.3 微米，最宽为 15.7 微米，最细为 6.9 微米。

［采收处理］ 参阅冰草（328 页）。

［其　　他］ 本种生长力强，分布广，常成纯的群落，产量很大，用作造纸原料，其发展前途很有希望。

另有一种称赖草［A. dasystachys（Trin.）Nevski］与本种很相近，其与本种的主要区别为：穗轴每个节上生小穗 2～4 个（羊草 1～2 个），外稃有毛，颖长 10～13 毫米；多生于稍湿润及肥沃的低地。分布与羊草同，其性质可能与羊草同。

据南京林学院分析赖草的营养价值（风干样品）：粗蛋白 10.35%，粗脂肪 3.28%，可溶性碳水化合物 46.35%，灰分 6.39%，钙 0.52%，磷 0.28%。

374 荩草（jincao）（图 287）

［地 方 名］ 马耳朵草（河北）

［学　　名］ **Arthraxon hispidus** (Thunb.) Makino (*Phalaris hispida* Thunb.) 禾本科

［形态特征］ 一年生草木，高 30～45 厘米。秆细弱，无毛，基部倾斜，节着土后易生根。叶片卵状披针形，长 2～4 厘米，宽 8～15 毫米，基部心形抱茎，先端渐尖，除下部边缘被纤毛外，其余无毛；叶鞘短于节间，生短硬疣毛；叶舌膜质，长 0.5～1 毫米，边缘被纤毛。总状花序，顶生，长 1.5～3 厘米，2～10 枚呈指状排列，穗轴节间无毛；有柄小穗退化，仅剩短柄，柄长 0.2～1 毫米；无柄小穗卵状披针形，长 4～4.5 毫米，灰绿色或带紫色；第一颖具 7～9 脉，先端钝；第二颖与第一颖等长，舟形，脊上粗糙，具 3 脉，侧脉不明显；第二外稃近基部伸出一膝曲状芒，芒长 6～9 毫米，下部扭转；雄蕊 2，花药长 0.5～1 毫米。颖果长圆形。花果期 8～10 月。

［生长环境］ 习见于日光充足的山坡草地湿润处或谷地湿润处。

［产　　地］ 黑龙江、吉林、辽宁、内蒙古、河北、山西、山东、河南、陕西、甘肃、青海、宁夏、新疆、安徽、江苏、浙江、湖南、江西、湖北、四川、贵州、福建、台湾、广东、广西、云南等省区。

［用　　途］ 秆、叶含纤维，可作造纸原料。

茎、叶入药，治久咳与洗疮；液汁亦可作黄色染料。

［理化性质］ 据河北省资料：全株含纤维素 47.32%。

［采收处理］ 当秋末冬初植物将枯萎时即可采集，采时去其花序，晒干，即可造纸。

375 野古草（yegu-cao）（图 288）

［地 方 名］ 回草、鸡子杆（江苏），迭茅草（浙江），野罐草、麦穗草（山东），红眼疤（吉林）。

［学　　名］ **Arundinella hirta** (Thunb.) Tanaka 禾本科

［形态特征］ 多年生草本，高 70～100 厘米。根状茎横走。**秆直立**，常单一，质坚硬，节上有毛或近无毛。**叶片线状披针形**，长 15～25 厘米，宽 1 厘米左右，扁平或边缘内卷，两面无毛或有短毛，边缘有毛；叶鞘（除基生叶外）短于节间，无毛，边缘有毛或全面有毛，鞘口密生长柔毛；叶舌长约 0.5 毫米，上缘有毛。狭圆锥花序，长 10～26 厘米，分枝直立或近直立，小穗卵状披针形，长 3～5 毫米，灰绿色，带污紫色；第二外稃先端无芒或仅具芒状小尖头。颖果熟时黑色，狭卵状披针形，长约 3.5 毫米。花期 7～8 月，果期 8～9 月（吉林）。

图 287 荩草

Arthraxon hispidus（Thunb.）Makino

1. 植株；2. 无柄小穗及退化有柄小穗残留部分；3. 第一颖（平展）；4. 第二颖（侧面）；5. 第二外稃。

（自“中国主要植物图说，禾本科”）

［生长环境］ 习见于山坡草地、砂质微碱地、原野、草甸及杂木林荫下或湿润处。

［产　　地］ 黑龙江、吉林、辽宁、内蒙古、河北、河南、山东、山西、陕西、

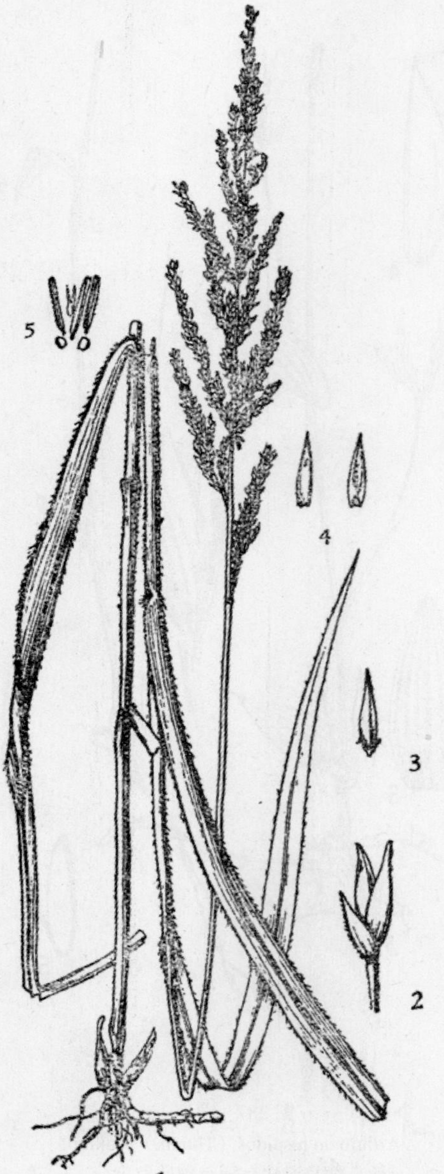

图 288 野古草

Arundinella hirta（Thunb.）Tanaka

1．植株；2．小穗；3．第二外稃；4．第二内稃（背面及腹面）；5．第二小花的鳞被，雄蕊及雌蕊。

（自“中国主要植物图说，禾本科”）

［学　名］ **Arundinella setosa** Trin. 禾本科

甘肃、宁夏、安徽、江苏、浙江、湖南、江西、湖北、四川、贵州、福建、台湾、广东、广西、云南等省区。

［用　途］ 秆、叶含有纤维，常用作搓绳用，亦可作造纸原料。

幼嫩时可作牲畜饲料。根部粗壮，可作水土保持植物。

376 刺芒野古草（cimang-yegucao）（图 289）

［地 方 名］ 狗屎草、小芒（广东）

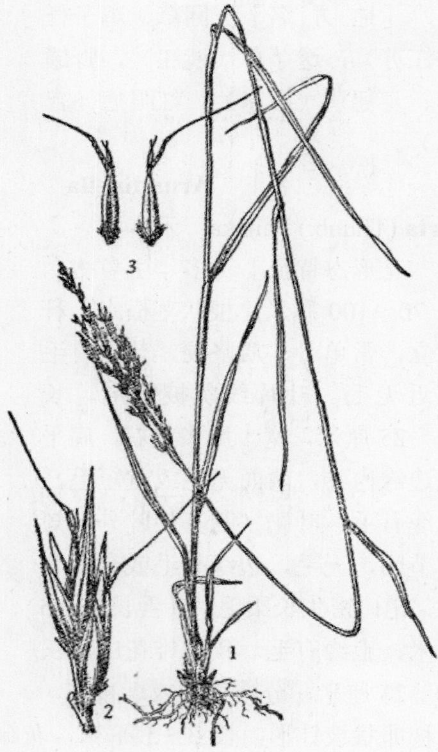

图 289 刺芒野古草

Arundinella setosa Trin.

1．植株；2．小穗；3．第二小花（背面及腹面）。

（自“中国主要植物图说，禾本科”）

［形态特征］ 多年生草本，高 50～100 厘米，基部直径 1～4 毫米，具坚硬根头。秆直立。叶片狭线形，扁平或边缘稍内卷，长 10～30 厘米，宽 3～7 毫米，无毛或被疣毛；叶鞘多数具疣毛或无毛，边缘具短纤毛，茎上部者短于节间；叶舌干膜质，长约 0.5 毫米。圆锥花序开展或稍紧缩，长 10～20 厘米；小穗长 5～7 毫米，灰绿而带深紫色，基部常疏生硬刺毛；颖卵状披针形，先端渐尖或长渐尖呈星芒状，无毛或脉上粗糙有时具硬刺，第一颖短于第二颖；第一小花雄性；**第二外稃**长约 2.5 毫米，粗糙，基盘两侧及腹面具长柔毛，**先端具一曲膝状芒及二侧刺**，芒几等长于小穗，**芒柱棕色而扭转**，侧刺可长及其稃体，有时退化。花、果期夏秋季。

［生长环境］ 习见于丘陵地和山地草地，平原草地亦常有；宜生长于土壤疏松而稍干的地方。

［产　　地］ 山东、江苏、安徽、浙江、广东、广西、福建、台湾、四川、贵州、云南等省区。

［用　　途］ 秆叶的纤维可作为制造一般文化用纸、人造棉的原料。

幼嫩植株可作饲料。

［采收处理］ 于秋末冬初草叶初黄时期割取，捆成把，堆放备用即可。

［加　　工］ 参阅白茅（348 页）。

［其　　他］ 广东造纸试验结果：粗浆收获率 57.93%，物理强度：纸重 42.5 克 / 米 ^{2}，断裂长 2350 米。

377 芦竹（luzhu）（图 290）

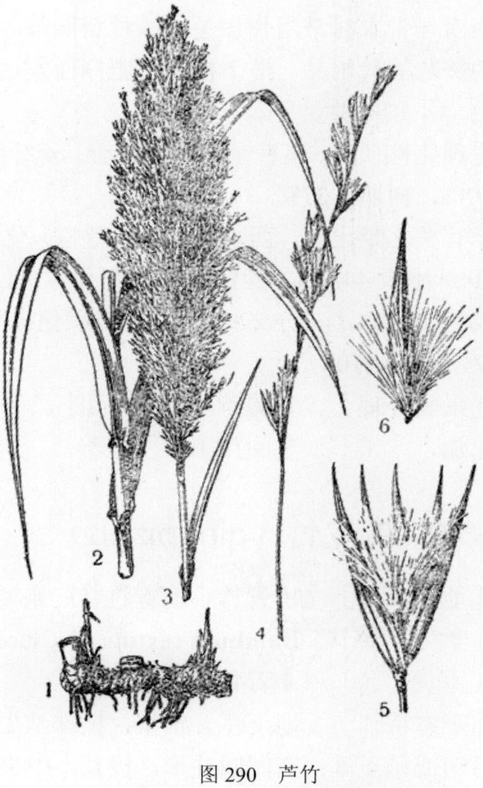

图 290 芦竹

Arundo donax L.

1～3. 植株；4. 花序分枝；5. 小穗；6. 小花。

（自“中国主要植物图说，禾本科”）

［地 方 名］ 苇子、苇(河南)，芦猫竹（贵州）。

［学　　名］ **Arundo donax** L. 禾本科

［形态特征］ 多年生草本，高 2～6 米，直径 1～2 厘米。具根状茎。秆直立。叶片阔披针形，长 30～60 厘米，宽 2～5 厘米，先端渐尖，边缘常粗糙，两面光滑无毛；叶鞘长于节间，无毛或其颈部具长柔

毛；叶舌膜质，长约 1.5 毫米，先端具短纤毛。圆锥花序顶生直立，较密集，长 30～60 厘米，具多数细长上伸的分枝；小穗初紫色，后变紫白色，小穗含 2～4 花，长 10～12 毫米；颖狭披针形，几等长，长约 8～10 毫米，具 3～5 脉，外稃亦具 3～5 脉，中脉伸长成短芒，背面中部以下密生白色短柔毛，基盘短小，上部两侧具短柔毛；第一外稃长 8～10 毫米，内稃膜质，长约为外稃之半，具 2 棱脊；雄蕊 3；子房无毛，柱头羽毛状。颖果，通常不成熟。花果期 9～11 月。

［生长环境］ 习见于河岸、溪边、池塘边及坡边路旁湿润处，在微酸性的土壤上生长亦很好，但亦耐盐碱。

［产　　地］ 山东、江苏、安徽、浙江、广东、广西、福建、台湾、四川、贵州、云南、河南、湖南等省区。

［用　　途］ 秆及叶纤维长，拉力强，有光泽，是造纸的好原料。亦可采用作人造丝浆。

西南一带农村常用作盖茅屋、牲畜圈等，经济美观。秆可作单簧箫、管风琴及管乐器中的簧片等代用品。地下根状茎肥厚而发达，性嗜水湿，节上生根，是防堤固土的好植物之一。亦可供观赏。

［理化性质］ 茎秆浆的化学成分：α-纤维素 96.3%，β-纤维素 1.2%，γ-纤维素 2.5%，灰分 0.1%，树脂 0.27%。

据有关文献记载，西班牙草（即芦竹）化学成分：茎秆上部 α-纤维素 44.91%，茎秆中部 α-纤维素 44.62%，茎秆下部 α-纤维素 41.93%，总 α-纤维素 43.82%，木质素 22.36%，多缩戊糖 20.75%，灰分 2.52%（其中二氧化硅 0.365%，三氧化铁及三氧化铝 0.106%，钙 0.0319%，镁 0.110%）。

［采收处理］ 参阅芦苇（359 页）。

［加　　工］ 参阅芦苇。

378 青皮竹（qingpizhu）

［地 方 名］ 山青竹、地青竹（广东）

［学　　名］ **Bambusa textilis** McClure　禾本科

［原 料 名］ 小青竹（广西）

［形态特征］ 地下茎合轴型，植株丛生；秆直立，高 9～10 米，直径 5～6 厘米，先端弓形或稍下垂；节间圆柱形，极长，中央部分有粉质，前面被灰白色的刺毛，以后无毛或近无毛；节明显，秆箨脱落性，坚硬，光亮，幼时被紧贴柔毛，通常很快脱落；箨耳小、长圆形，近相等，两面被小刚毛；箨舌高 2 毫米，先端凸出，边缘具锯齿或稍成小裂片，具纤毛；箨片直立，脱落，窄三角形，外面基部被紧贴后脱落的刺毛，毛通常疏散，内面前部粗糙或中部近无毛。枝簇生，主枝极纤细，其他枝渐短。近相等。

［生长环境］ 通常生于土质深厚湿润而肥沃的丘陵地，气候较湿暖的地方。

［产　　地］ 广东、广西等省区，以广东省广四县为主要产地。

［用　　途］ 竹材薄而韧，拉力很强，为编织和造纸的好材料，又可以破开作篾搭棚架及架桥梁缚扎用。

［理化性质］ 据“中国造纸植物原料志”记载，化学成分：纤维素 58.48%，木质素 20.19%，果胶质 0.63%，多缩戊糖 18.87%，灰分 2.24%，脂肪、胶、蜡质 2.18%，冷水水溶物 4.88%，热水水溶物 7.6%，1%氢氧化钠抽出物 25.11%，乙醇抽出物 4.55%，苯醇抽出物 2.18%，水分 7.9%。

［加　　工］ 造纸工序参阅粉单竹（350 页）。其蒸煮条件：用碱量 18.74%，硫化度 29.7%，液比 6，最高温度 165℃，蒸煮时间升温 120 分钟；保温 40 分钟，残碱 NaOH 克 / 升 10，粗浆收获率 56.07%，粗浆硬度（贝克曼值）95.9。

据中国科学院华南植物研究所造纸试验：纸浆打浆度（SR）49，纸重 50 克 / 平方米，作出纸的裂断长 8700 米，耐破度 3.675 公斤 / 平方厘米。

379 白羊草（baiyang-cao）（图 291）

［地 方 名］ 白草（山东、陕西），黄草（山东）

［学　　名］ **Bothriochloa ischaemum** (L.) Keng (*Andropogon ischaemum* L.) 禾本科

［形态特征］ 多年生草本，高 30～100 厘米。根状茎短。茎秆丛生，直立或基部膝曲，具 3 至多节，节无毛或具白色髯毛。叶片狭线形，长 5～20 厘米，宽 2～3 毫米，基部圆形，先端渐尖，两面疏生疣毛；叶鞘常较节间短；叶舌膜质，边不整齐，具纤毛。总状花序 4～8 条、长 2.5～5 厘米，簇生于茎顶，灰绿色或带紫色；穗轴节间与小穗柄两侧具白色绢毛，每一节有小穗两个，无柄小穗披针形，长 3～4 毫米，基盘有髯毛；第一颖扁平，背

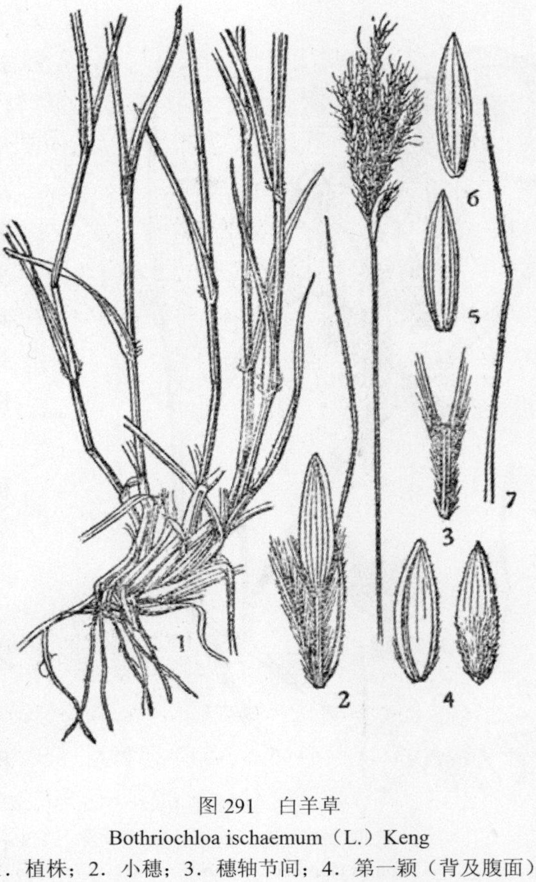

图 291 白羊草

Bothriochloa ischaemum（L.）Keng

1. 植株；2. 小穗；3. 穗轴节间；4. 第一颖（背及腹面）；5. 第二颖（背面）；6. 第二颖（腹面）；7. 第二外稃。

（自“中国主要植物图说，禾本科”）

面中央稍下凹，具 5～7 脉，中部以下有毛，边内卷，先端钝，第二颖舟形，膜质，先端尖，具 3 脉，背部有隆脊，第一外稃长圆状披针形，有毛，薄膜质；第二外稃退化成线形，先端延伸成一膝曲的芒，芒长 10～15 毫米；有柄小穗与无柄小穗外形相似，但无芒，小穗柄有毛；第一颖披针形，有 9 脉，无毛；第二颖具 5 脉，两边内卷，有纤毛，呈膜质。花果期 7～10 月。

［生长环境］　适应性很强，常生于草坡、路旁、沟边、坟地、荒地、田间日光充足的地方。

［产　　地］　黑龙江、吉林、辽宁、内蒙古、河北、山西、山东、河南、陕西、甘肃、青海、新疆、安徽、江苏、浙江、湖南、江西、湖北、四川、贵州、福建、台湾、广东、广西、云南等省区。

［用　　途］　秆纤维很好，可扭绳索、制人造棉，亦可作造纸原料。根可制化妆用的各种刷子。苏联将其根用于丝织工业。幼嫩时，可作牲畜饲料。

［理化性质］　据河南省纺织工业局科学研究所分析，茎、叶化学成分，水分 10.97%，纤维素 55.0%，木质素 4.0%，半纤维素 18.33%，果胶 2.67%，热水水溶物 5.0%，冷水水溶物 1.33%，脂肪与蜡质 4.05%，灰分 4.0%，出麻率 38%；纤维长 28.57 毫米，平均长（包括短绒）19.70 毫米，短绒率 41.96%，整齐度 90.24%，上半部平均长 31.66 毫米，公制支数 593（茎叶混合测量）。

［采收处理］　作造纸用者，采割抽穗后的植株，晒干即可收藏或捆扎外运。

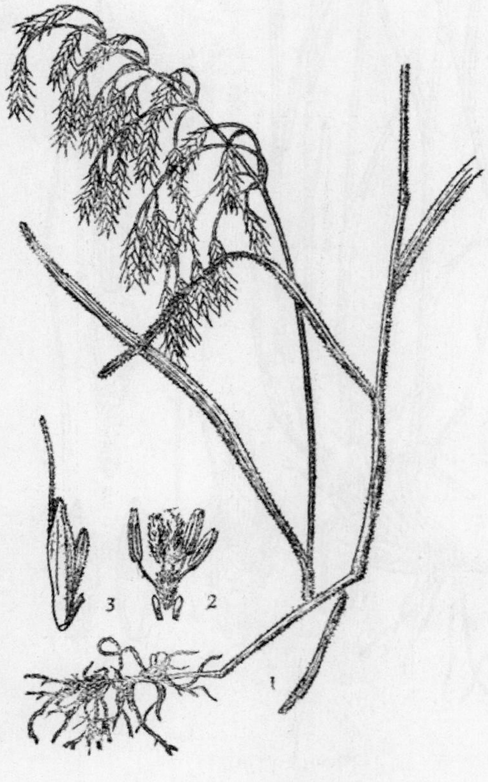

图 292　雀麦
Bromus japonicus Thunb.
1．植株；2．鳞被、雄蕊和雌蕊；3．小花。
（自“中国主要植物图说，禾本科”）

380 雀麦（quemai）（图 292）

［地 方 名］　山大麦、瞌睡草、山稷子（山东）

［学　　名］　**Bromus japonicus** Thunb.　禾本科

［形态特征］　一年生草本，高 30～100 厘米。须根细而密。秆直立，丛生，叶狭线形，长 5～30 厘米，宽 2～8 毫米，

两面被白色柔毛，有时背面毛脱落；叶鞘紧密包茎，被白色柔毛；叶舌透明膜质，长 1.5～2 毫米，顶端具不规则裂齿。圆锥花序，向下弯曲，长达 30 厘米，每节有 3～7 分枝；分枝细，长达 10 厘米，每枝近上部有小穗 1～4；小穗幼时圆筒状，成熟后压扁。长 17～34 毫米（连芒），宽约 5 毫米，有小花 7～14；颖披针形，**第一颖长 5～6 毫米，具 3～5 脉；第二颖长 7～9 毫米，具 7～9 脉**；外稃椭圆形，**具 7～9 脉**，顶端稍下处具有芒；芒长 5～10 毫米；内稃短于外稃，脊上疏生刺毛。颖果压扁，长约 7 毫米。抽穗期 5～7 月。

［生长环境］ 生于山坡、路旁及疏林下，常成小片生长。

［产　　地］ 辽宁、吉林、黑龙江、河北、河南、山西、山东、江苏、浙江、安徽、四川、贵州、云南等省。

［用　　途］ 茎叶含纤维，可供造纸种子含淀粉可作酿酒。植株营养价值很高，幼嫩时可作牲畜饲料。

［理化性质］ 据山东省资料：全草含纤维素 16.99%。

［采收处理］ 秋末冬初采回晒干。

381 疏花雀麦（shuhua-quemai）（图 293）

［学　　名］ **Bromus remotiflorus** (Steud.) Ohwi　禾本科

［形态特征］ **多年生草本**，高 60～120 厘米。须根细且疏。秆直立，被细短毛，节上有柔毛。叶长 20～45 厘米，宽 5～8 毫米，表面具白柔毛，背面通常无毛；叶鞘闭合几达顶端，通常蜜被倒生柔毛；叶舌较硬，长约 1 毫米。圆锥花序，长 15～30 厘米，成熟时下垂，每节具 2～4 枝；小穗有花 5～10，长 20～35 毫米（芒除外），暗绿色，幼时呈圆筒状，成熟时开展而扁；颖窄披针形，顶端具短尖头，**第一颖长 4～7 毫米，具 1 脉**；第二颖长 8～10 毫

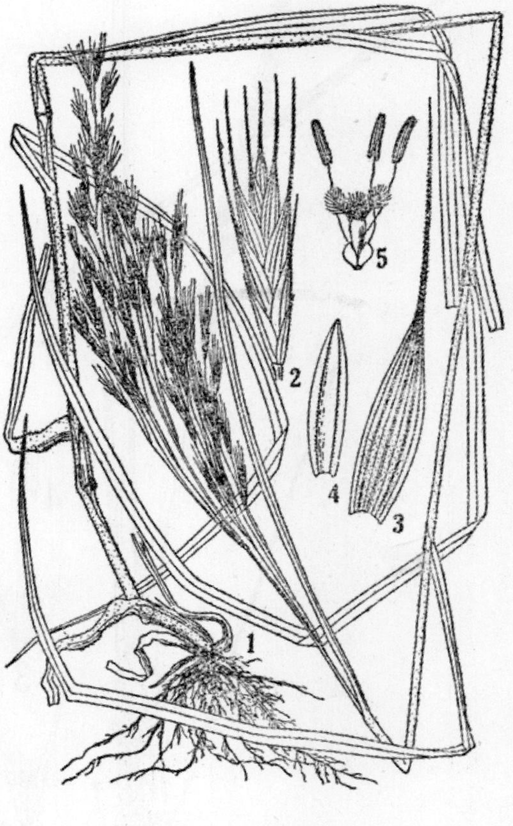

图 293　疏花雀麦
Bromus remotiflorus（Steud.）Ohwi
1．植株；2．小穗；3．外稃；4．内稃；5．花。
（自“江苏南部种子植物手册”）

米，**具3脉**；外稃披针形，第一外稃长10～13毫米，具7脉，顶端具芒，细而直，芒长6～10毫米。颖果长8～10毫米，贴生于稃内。花期6～7月。

［生长环境］　多生长于山坡林下、河岸、田埂边、路边或溪旁阴湿处。

［产　　地］　陕西、甘肃、青海、宁夏、四川、贵州、云南、山东、江苏、浙江、安徽等省区。

［用　　途］　茎、叶可作造纸原料。

幼嫩时可作饲料。

［采收处理］　秋末冬初采回晒干。

382 拂子茅（fuzi-mao）（图294）

［地 方 名］　狼尾草、狼尾巴草（东北），水茅草（江苏）。

［学　　名］　**Calamagrostis epigeios** (L.) Roth　禾本科

［形态特征］　多年生草本，高50～110厘米。具根状茎。秆直立。叶片线形，扁平或内卷，长15～27厘米，宽5～8毫米，边缘及表面粗糙；叶鞘平滑；叶舌膜质，明显，长5～9毫米。**圆锥花序直立，近圆筒形**，常间断，长10～20厘米；小穗线形，长5～7毫米，灰绿色或稍淡紫色；**二颖几等长**，线状锥形，先端长渐尖，具1脉或第二颖具3脉；外稃膜质，长为颖之半，先端齿裂，基盘均长柔毛几与颖等长，**背中部或稍上部伸出一短小直芒**；内稃为外稃长的2/3，先端细齿裂；雄蕊3；子房卵圆形；柱头2。花果期5～9月。

［生长环境］　习见于低洼地、浅沟及沙地，有时成大片生长。

图294　拂子茅

Calamagrostis epigeios（L.）Roth

1．植株；2．小穗；3．小花；4．内稃，雄蕊及雌蕊。

（自“中国主要植物图说，禾本科”）

［产　地］ 黑龙江、吉林、辽宁、内蒙古、河北、山西、山东、河南、陕西、甘肃、青海、宁夏、新疆、安徽、江苏、浙江、湖南、江西、湖北、四川、贵州、福建、台湾、广东（海南）、广西、云南等省区。

［用　途］ 全草可作造纸原料，可造高级文化用纸。秆压扁可打草鞋、编织席子、草垫或各种提篮，亦为盖茅屋的好材料。

幼嫩时可作饲料。

［理化性质］ 据哈尔滨师范大学分析，茎叶化学成分：纤维 48%，粗纤维 34.04%，粗蛋白 7.66%，粗脂肪 1.4%，粗灰分 6.71%，水分 10.68%。

据辽宁省资料：含纤维 41.698%。

又据吉林省资料（风干样品），化学成分：水分 9.04%,灰分 4.19%，全纤维 41.23%，α-纤维素（全）71.61%，γ-纤维素（原）29.63%，多缩戊糖 16.27%，木质素 20.08%，苯醇抽出物 4.21%，热水水溶物 13.27%，1%氢氧化钠抽出物 45.70%；物理性质：纤维长平均 0.904 毫米，最长 1.88 毫米，最短 0.26 毫米，平均宽 12.0 微米，最宽 26.3 微米。最细 3.8 微米。

［采收处理］ 用作编织及造纸，宜于抽穗花开后采割；若作牧草则宜在未抽穗前采割，采割后，晒干，捆成束即可。

［其　他］ 本种分布很广，产量很大，而相近种类也较多，纤维强度很好，在造纸工业上可广泛利用。

383 假苇拂子茅（jiaweifuzimao）（图 295）

［地 方 名］ 大叶章（东北）

［学　名］ **Calamagrostis pseudophragmites** (Hall. f.) Koel.

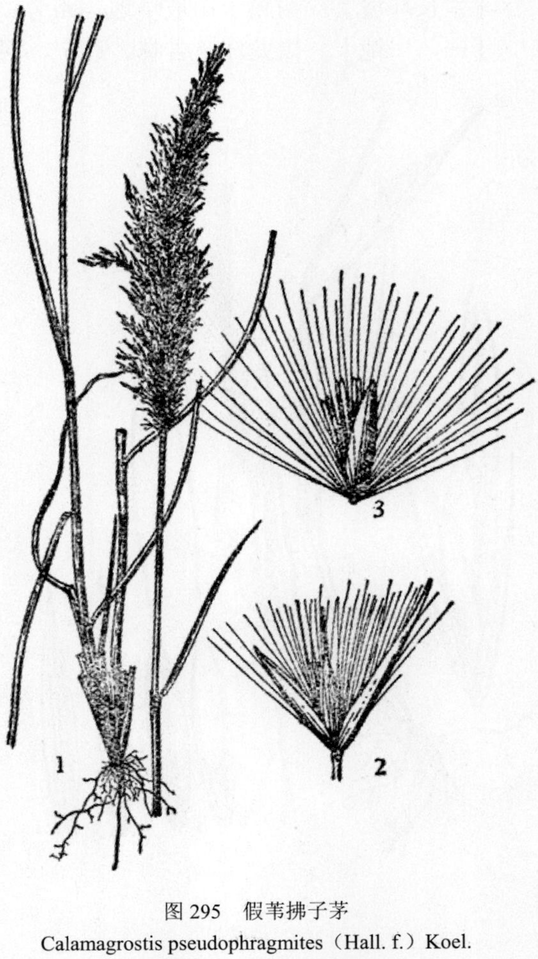

图 295 假苇拂子茅
Calamagrostis pseudophragmites（Hall. f.）Koel.
1. 植株；2. 小穗；3. 花。
（自“中国主要植物图说，禾本科”）

禾本科

［原 料 名］　大叶章（黑龙江）

［形态特征］　多年生草本，高 50～120 厘米。秆直立，叶片线形，长 10～28 厘米，宽 1.5～5 毫米，扁平或内卷，表面及边缘粗糙；叶鞘稍粗糙或无毛，短于节间或下部长于节间；叶舌膜质，长圆形，先端钝而易破碎，长 4～9 毫米。**圆锥花序长圆状披针形**，长 12～20 厘米，成熟后灰黄色或带紫色，分枝簇生，直立，细弱；小穗长 5～7 毫米；颖不等，长线状披针形，先端长渐尖，**第二颖较第一颖短 1 / 4 或 1 / 3**，成熟时开展，具 1 脉或第二颖具 3 脉；外稃透明膜质，长 2～4 毫米，基盘之长柔毛等长或稍短于小穗；**芒自外稃顶端伸出**，长 1～3 毫米。花果期 7～9 月。

［生长环境］　习见于山坡草地、路旁、沟旁、阴湿的地方。

［产　　地］　黑龙江、吉林、辽宁、河北、河南、山西、陕西、甘肃、青海、宁夏、内蒙古、四川、贵州、云南等省区均有分布。

［用　　途］　茎、叶可供造纸。茎叶嫩时，可作饲料。枯秆可盖茅屋。

［理化性质］　据黑龙江省资料：茎、叶含纤维 40%；平均长 2.101 毫米，宽 0.017 微米。

［采收处理］　参阅大叶章（342 页）。

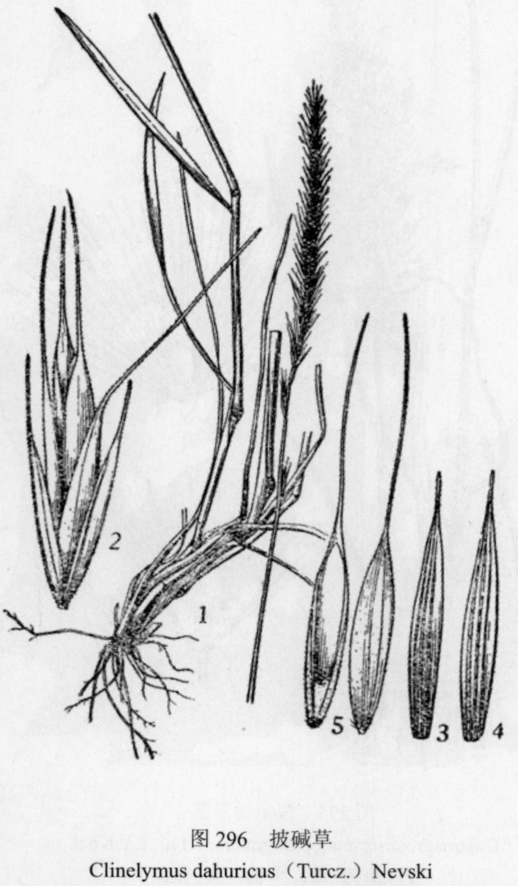

图 296　披碱草
Clinelymus dahuricus（Turcz.）Nevski
1．植株；2．小穗；3．第一颖；4．第二颖；5．小花（背面及腹面）。
（自“中国主要植物图说，禾本科”）

384　披碱草（peijiancao）（图 296）

［学　　名］　**Clinelymus dahuricus** (Turcz.) Nevski (*Elymus dahuricus* Turcz.)　禾本科

［形态特征］　多年生草本；高 70～140 厘米。秆直立，单一或数秆丛生，基部膝曲。叶片扁平，长 15～25 厘米，宽 5～8 毫米，表面粗糙，背面光滑，有时呈粉绿色；叶鞘长于节间；叶舌长约 1 毫米，平截。穗状花序直立，较紧密，长 14～18 厘米，在花轴上每节并生两个

小穗；小穗绿色，成熟后变草黄色，长1.5厘米左右，具3～5花；颖线状披针形，长8～10毫米，具3～5条脉，先端渐尖，具长达5毫米的芒；外稃披针形，具5脉，约长1厘米，先端延伸成长达2～2.5厘米的芒，直立，成熟时向外曲，内稃与外稃几等长，先端圆形；子房先端具毛茸。花期6～8月，果期8～10月。

［生长环境］　山坡草地及原野路旁。

［产　　地］　黑龙江、吉林、辽宁、内蒙古、河北、河南、山西、陕西、青海、四川等省区。

［用　　途］　秆叶纤维较好，可做造纸原料，亦可编织草帽。

种子含淀粉，可供酿酒用。

［理化性质］　据吉林农业大学分析，干样品化学成分：水分10.57%，粗蛋白11.45%，粗脂肪2.52%，粗纤维29.49%，无氮抽出物36.65%，灰分9.32%，钙0.49%，磷0.20%。

［采收处理］　秋末冬初采回晒干。

385 薏苡（yiyi）（图510）

［学　　名］　**Coix lacfyma-jobi** L.　禾本科

（地方名、形态特征、生长环境、产地及其他用途见“淀粉及糖类”，614页）

［用　　途］　秆纤维可供造纸。

［采收处理］　将种子采收后，秆亦可收割供造纸用，割下后晒干即可。

386 柠檬茅（ningmengmao）（图1204）

［学　　名］　**Cymbopogon citratus** (DC) Stapf.　禾本科

（地方名、形态特征、生长环境、产地及其他用途见“芳香油类”，1505页）

［用　　途］　蒸过芳香油的茎秆及叶纤维可作麻袋和造纸的原料。

［理化性质］　据轻工业部科学研究设计院制浆造纸研究所分析：一般纤维长为0.550～1.760毫米，最长3.410毫米，宽一般为7～10微米，最宽12微米，最窄5微米。柔软的细胞很多。

用碱量12%，粗浆收获率为39.8%。

［采收处理］　柠檬茅因含有芳香油，经过蒸取芳香油之后的茎秆和叶再用作造纸原料，故采收处理时应根据提取芳香油的情况而定（参阅“芳香油类”，1505页）。

［其　　他］　本属植物尚有芸香茅［C. distans（Nees.）A. Camus］，青香茅［C. caesius（Nees.）Stapt.］，扭鞘香茅［C. tortilis（Presl.）A. Camus］，橘草［C. goeringii（Stend.）A. Camus］等；均可提取芳香油（见“芳香油类”，1505页），提取芳香油后的秆叶作造纸原料。

387 小叶章（xiaoyezhang）（图 297）

［学　　名］ **Deyeuxia angustifolia** (Kom.) Chang (*Calamagrostis angustifolia* Kom.; *C. hirsuta* Bar. et Skv.)　禾本科

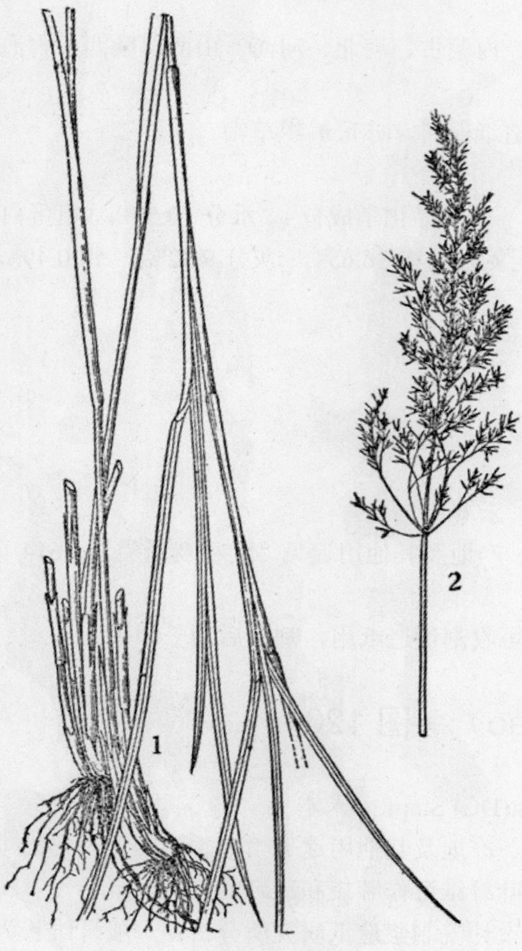

图 297　小叶章

Deyeuxia angustifolia（Kom.）Chang

1．植株下部；2．花序。

［形态特征］　小叶章与大叶章极相似，高 60～100 厘米。其主要区别为植株较小，通常紧密丛生。花序较短，长 8～15 厘米，较狭而紧密。叶较狭，宽 1.5～2 毫米，稀达 3～6 毫米；小穗长 2.5～3.5 毫米。

［生长环境］　生于森林地区的沼泽踏头上或湿地上。

［产　　地］　黑龙江、吉林、辽宁等省。

［用　　途］　小叶章的用途与大叶章相同。在造纸方面，认为是一种极好的造纸原料，其纤维类似竹类，比苇浆优越，已试制成人造丝浆，又可制 100 克 / 平方米的水泥袋纸，其物理性能很好。

［理化性质］　据轻工业部科学研究院制浆造纸研究所分析，化学成分：纤维素 39.57%，木质素 18.68%，多缩戊糖 20.68%，水分 6.84%，1%氢氧化钠抽出物 43.27%，苯醇（1:1）抽出物 6.92%，灰分 2.74%；物理性质：纤维长一般为 0.5538～1.5775 毫米，最长为 3.1524 毫米，最短 0.1917 毫米；一般宽为 0.086～0.172 微米，最宽 0.215 微米，最窄 0.043 微米。

［采收处理］　参阅大叶章（本页）。

388 大叶章（dayezhang）（图 298）

［学　　名］ **Deyeuxia langsdorffii** (Link) Kunth　禾本科

［形态特征］ 多年生草本，高90～170厘米，直径1～4毫米。具横走根状茎，秆直立。叶片线形，扁平，长14～30厘米，宽6～8毫米，先端长渐尖；叶鞘平滑，无毛，通常较节间短，叶舌长圆形，长6～10毫米，先端钝或易破碎。圆锥花序长圆状披针形或近金字塔形，长10～18厘米，宽2.5～8厘米；分枝细弱，上升或微开展，具多数小枝与小穗；小穗黄绿色或带紫色，长3.5～5毫米；颖披针形，先端尖或渐尖，边缘膜质，点状粗糙或主脉上具短柔毛，两颖近等长或第二颖稍短；外稃披针形，膜质，长约3毫米，先端2裂，中部伸出一细直芒，芒长2～2.5毫米，基盘具与稃等长的丝状柔毛；内稃为外稃长的1/2或2/3；花药长约2毫米。花果期7～9月。

［生长环境］ 喜湿润，生于河流两岸，山谷潮湿草地或湿润的森林中草地上，常成片生长。

［产　　地］ 黑龙江、吉林、辽宁、内蒙古、河北、山西、河南、陕西、甘肃、青海、宁夏等省区。

［用　　途］ 茎秆纤维是人造丝及造纸的好原料，可作高级文化用纸，亦可作棉的代用品。

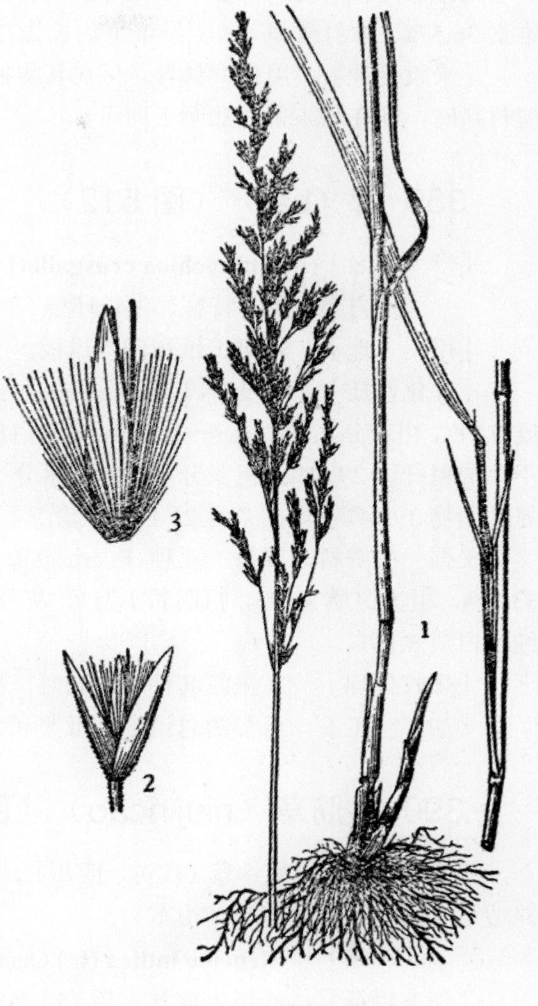

图298 大叶章
Deyeuxia langsdorffii（Link）Kunth
1. 植株；2. 小穗；3. 小花。
（自“中国主要植物图说，禾本科”）

大叶章青草牲畜喜吃，而尤喜吃干草，营养价值很高。茎秆韧性很大，常被利用于盖茅屋用。

［理化性质］ 据吉林省资料，化学成分：干草的水分10.54%，粗蛋白5.13%，粗脂肪2.09%，无氮抽出物47.00%，粗纤维30.30%，粗灰分4.94%，磷酸0.13%，石灰0.13%；鲜草的水分62.42%，粗蛋白2.16%，粗脂肪0.88%，无氮抽出物19.73%，粗纤维12.73%，粗灰分2.08%，磷酸0.06%，石灰0.06%。

据吉林市造纸厂分析（风干样品）：含水分11.7%，灰分6.0%，苯醇抽出物5.4%，热水水溶物13.6%，氢氧化钠抽出物43.5%，多缩戊糖22.4%，木质素24.0%，全纤维48.5%。

又据黑龙江省资料：含水分 12.12%，灰分 4.42%，粗蛋白 10.52%，粗脂肪 2.71%，纤维素 36.57%，含纤维量 40%。纤维平均长 2.73～6.3 毫米；宽 14 微米。

［采收处理］ 用作饲料者，可在其将抽穗时采割晒干；若用作造纸、人造丝及茅屋材料时，则在秋末采回后晒干即可。

389 稗（bai）（图 512）

［学　　名］ **Echinochloa crusgalli** (L.) Beauv. 禾本科

（地方名、形态特征、生长环境、产地及其他用途见“淀粉及糖类”，617 页）

［用　　途］ 秆可造纸和制纤维板。

［理化性质］ 其变种 E. crusgalli var. submutica Kitag. 的化学成分：鲜草的粗纤维 0.21%，粗灰分 2.76%，水分 75.65%，粗蛋白质 2.06%，粗脂肪 0.38%，无氮抽出物 10.94%；干草的粗纤维 29.98%，粗灰分 10.07%，水分 11.13%，粗蛋白质 7.50%，粗脂肪 1.38%，无氮抽出物 39.94%（均在 7 月 21 日刈取者）。

又据一些资料，其另一亚种 E. crusgalli subsp. edulis Honda 的化学成分：粗纤维 33.51%，粗蛋白质 3.89%，粗脂肪 1.21%，灰分 6.87%，可溶性无氮物 49.58%，水分 4.94%，纯蛋白质 3.16%。

［采收处理］ 在采收其种子的同时，把全草一起采回，晒干备用。

［加　　工］ 可参阅总论中制纸浆和人造纤维板方法。

390 牛筋草（niujincao）（图 299）

［地 方 名］ 蟋蟀草（江苏、四川），老驴蹲（江苏），鸭脚草、百夜草（广东），路边草（湖南），蹲倒驴（山东）。

［学　　名］ **Eleusine indica** (L.) Gaertn. 禾本科

［形态特征］ 一年生草本，高 15～90 厘米。须根细而密。秆丛生，直立或基部膝曲。叶片扁平或卷折，长达 15 厘米，宽 3～5 毫米，无毛或表面具疣状柔毛；叶鞘压扁，具脊，无毛或疏生疣毛，口部有时具柔毛；叶舌长约 1 毫米。**穗状花序：长 3～10 厘米，宽 3～5 毫米，常为数个呈指状排列（罕为二个）于茎顶端；小穗有花 3～6 朵，长 4～7 毫米，宽 2～3 毫米**；颖披针形，第一颖长 1.5～2 毫米，第二颖长 2～3 毫米；第一外稃长 3～3.5 毫米，脊上具狭翼；种子长约 1.5 毫米，卵形，有显明的波状皱纹。花果期 6～10 月。

［生长环境］ 习见于旷野荒芜的地方，适应性较强，分布很普遍。

［产　　地］ 黑龙江、吉林、辽宁、内蒙古、河北、山西、山东、河南、陕西、甘肃、宁夏、青海、新疆、安徽、江苏、浙江、湖南、江西、湖北、四川、贵州、福建、台湾、广东、广西、云南等省区。

［用　　途］ 茎纤维除用作搓绳、编织草鞋、织麻袋外，还可作造纸原料。

种子磨成粉，可作止血药。全草为良好的牲畜饲料与绿肥。须根稠密，生长适应性强，可作护堤植物。

［理化性质］　据“中国造纸植物原料志”记载，其茎秆化学成分：全纤维素 30.65%，灰分 6.60%，水分 11.33%。

据广东省资料：纤维长一般为 0.59～1.20 毫米，最长为 2.34 毫米，最短为 0.41 毫米，平均为 0.83 毫米。

据湖南省资料：纤维强力为 58 克，宽 13.33 微米。

［采收处理］　参阅稗（344 页）。

［加　　工］　据广东省造纸试验的蒸煮条件及试验结果如下：

蒸煮条件：浆料（绝干物）0.438 公斤，原料水分 27%，总碱量（NaOH）17.23%，硫化度 11.03%，液比 6.08，最高温度 160℃，升温时间 90 分钟，保温时间 150 分钟，残碱（NaOH）0.12%，粗浆收获率 55.87%，粗浆硬度（贝克曼值）82.3。

打浆条件：浓度 1.94%，时间 25 分钟，加铊重 2 千克，叩解度（SR）45。

成纸强度：纸重 39.3 克／米 ^{2}，耐破度 1.76 克／厘米 ^{2}，断裂长 4477 米，耐折度（两次）387。

［其　　他］　穇子［Eleusine coracana（L.）Gaertn.］与牛筋草的主要区别为：植株较高大、粗壮，高可达 1 米以上；花序分枝成熟时向内弯曲成鸡爪状；种子球形。主要为栽培植物，种子食用，茎秆亦可作纤维用。

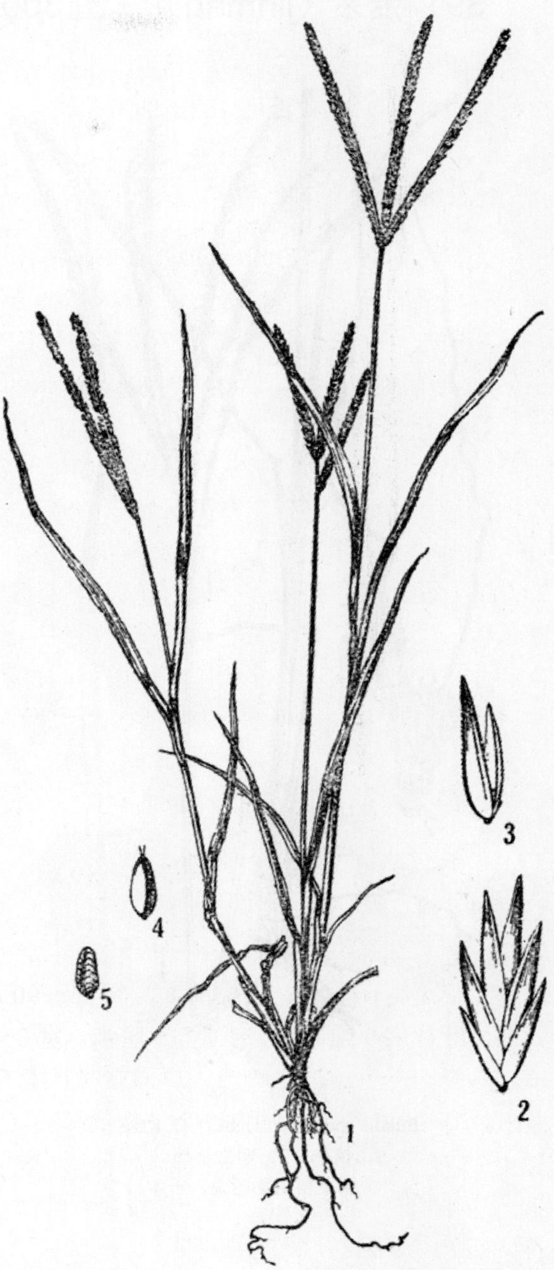

图 299　牛筋草

Eleusine indica（L.）Gaertn.

1．植株；2．小穗；3．小花；4．囊果；5．种子。

（自“中国主要植物图说，禾本科”）

391 金茅（jinmao）（图 300）

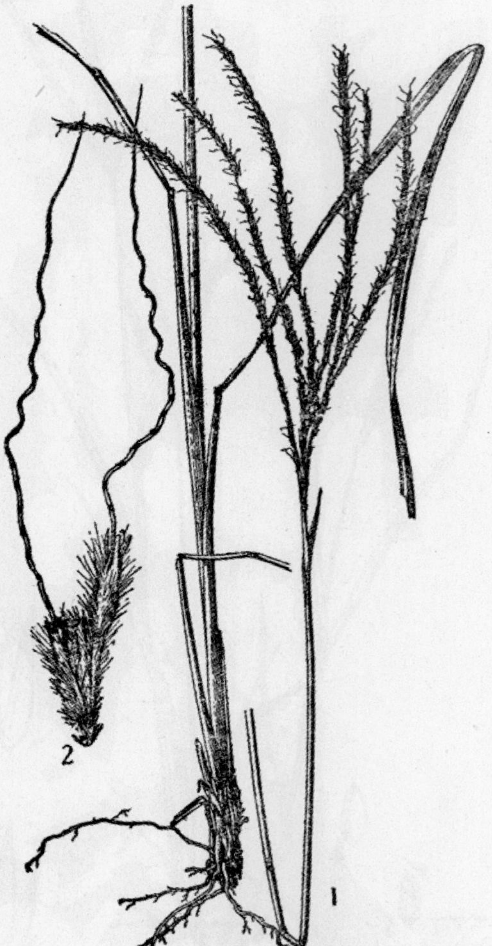

图 300 金茅
Eulalia speciosa（Debx.）O. Ktze.
1．植株；2．孪生小穗。
（自“中国主要植物图说，禾本科”）

［地 方 名］ 山箭子草（山东）

［学　　名］ **Eulalia speciosa** (Debx.) O. Ktze. 禾本科

［形态特征］ 多年生草本，高80～120 厘米。须根较粗壮。秆直立，粗大，节被白粉。叶片长 25～50 厘米，宽 4～7 毫米，扁平或边缘内卷，表面被白粉，仅表面基部具白色柔毛。叶鞘无毛，惟基部者密生棕黄色茸毛；叶舌截平，具极小纤毛，长约 1 毫米。总状花序，长达 15 厘米，5～8 枚呈指状排列于一短缩主轴上；穗轴节间长 3～4 毫米，边缘具白色或淡黄色纤毛；无柄小穗长圆形，长 5 毫米，基盘具毛，毛长为小穗的 1/6～1/3；第一颖先端稍钝，背部微凹，具 2 脊，脊间有 2 脉；第二颖舟形，先端稍钝，具 3 脉，通常于脊的两旁具柔毛；第一花通常仅存一外稃，长圆状披针形；第二花外稃较狭，长约 3 毫米，先端具 2 浅齿，齿间生芒；芒长约 15 毫米。花果期 8～10 月。

［生长环境］ 多生长于日光充足排水良好的山坡。

［产　　地］ 山东、江苏、浙江、安徽、广东、广西、福建、四川、贵州、云南及陕西（南部）等省区。

［用　　途］ 茎叶柔韧，纤维很好，可作造纸原料。

［采收处理］ 参阅龙须草（本页）。

392 龙须草（longxucao）（图 301）

［地 方 名］ 蓑草（四川、湖北、贵州、广西），蓑衣草（河南、云南）。

［学　　名］　**Eulaliopsis binata** (Retz.) C. E. Hubbard　禾本科

［形态特征］　多年生草本，高 40～100 厘米。须根粗壮坚韧。秆紧密丛生直立。叶狭线形，长 15～50 厘米，宽 1～3 毫米，常向内卷，表面粗糙，背面光滑，接近叶鞘处之边缘常具细柔毛；基部的叶鞘处被白色茸毛，叶鞘基部长于节间，上部者短于节间；叶舌短小，上生短纤毛。**总状花序，密生淡黄褐色茸毛，分枝 2～4，呈指状排列，长 2～5 厘米；小穗长 4～6 毫米，两个并生于一节，1 具柄，1 无柄，每小穗含 2 花，基盘具淡黄色细毛**；第一颖纸质，椭圆形，背腹扁，顶端具二不规则的浅齿，5～9 脉，被淡黄色细毛；第二颖膜质舟形，顶端尖具短芒，5～7 脉，被簇生柔毛；第一花雄性，内外稃透明，皆膜质，雄蕊 3；第二花两性，外稃膜质，狭长圆形，先端具芒，内稃较外稃宽，先端钝，无毛或具细毛；雄蕊 3；柱头 2 裂，毛刷状。花果期 5～10 月。

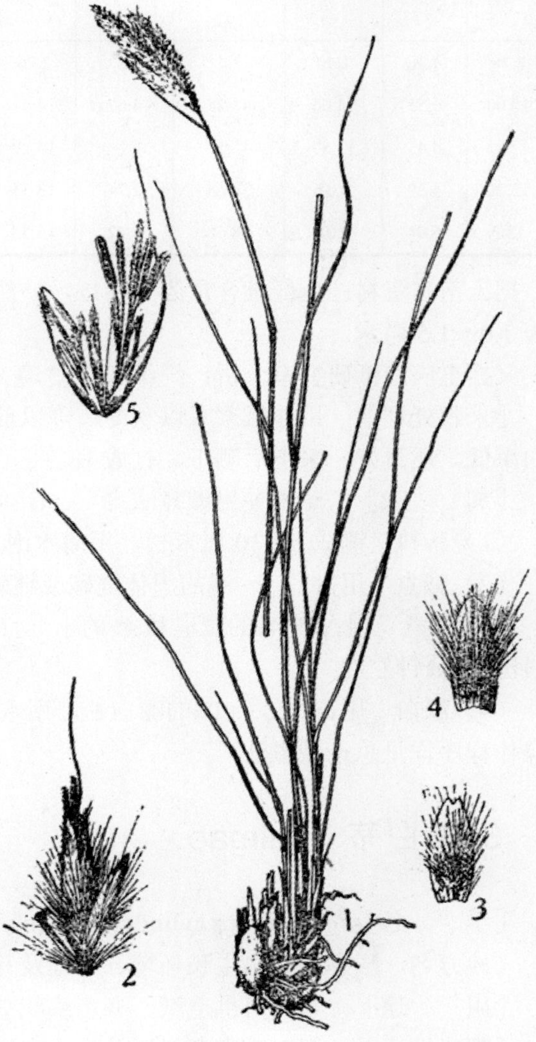

图 301　龙须草

Eulaliopsis binata（Retz.）C. E. Hubbard

1．植株；2．无柄小穗；3．第一颖；4．第二颖；5.第一及第二花。

（自“中国主要植物图说，禾本科”）

［生长环境］　对土壤要求不严格，常见于向阳而干燥排水良好的山坡、日光充足的地方。

［产　　地］　湖北、湖南、河南、江西、福建、台湾、广东、广西、四川、贵州、云南、陕西、甘肃、青海、宁夏等省区。

［用　　途］　纤维长，韧度大，可作造纸、人造棉和人造丝的原料。

割回的草可作蓑衣、打鞋、绳索及供其他编织用。

［理化性质］　据“中国造纸原料植物志”记载：纤维最长为 2.71 毫米，最短 0.64 毫米；最宽为 19.8 微米，最窄为 5.3 微米。

据河南、四川、湖北、广西等省区的资料记载，化学成分如下表：

地区	水分（%）	灰分（%）	热水水溶物（%）	1%氢氧化钠抽出物（%）	苯醇抽出物（%）	木质素（%）	多缩戊糖（%）	纤维素（%）	冷水水溶物（%）	果胶（%）	半纤维素（%）	脂肪及蜡质（%）
河南	7.78	4.36	1.40			2.26		69.40	3.20	0.80	12.74	1.42
四川	10.00	6.55	14.06	43.26	4.67	14.61	20.03	56.58				
四川		6.43	13.87	43.14		14.29	24.52	58.13				
湖北	13.30	4.39	9.01	38.68	2.74	13.35	21.25	56.78				
广西	13.3	6.04	9.01	38.68	5.32	13.35	21. 35	56.78				

据云南省资料：全纤维含量为49.31%，α-纤维素为84.03%。纤维长为1～1.5毫米；宽为1.0～1.5微米。

又据重庆造纸研究室分析：纤维长2.63毫米，宽28.17微米；强力49.39克。

［采收处理］　用作纸浆者以秋冬霜降以前收割为好，此时采割的粗浆收获率高，漂白率低，质量好。采下后晒干，打成捆。

［加　　工］　一般使用碱煮法：

（1）备料　铡成6～10厘米长，用清水泡3～6天。

（2）碱煮　用占料5～8%的固体烧碱或纯碱8～10%，蒸煮1.30～2小时。

（3）皂煮　用占料4%的肥皂和4%的小苏打，溶于60～80%的稀漂液中，液温60℃，下料泡15分钟左右。

（4）漂白　用占料8～10%的漂白粉，用水量1:15，液温60℃漂30分钟左右（其他操作程序详见总论碱煮法）。

393 白茅（baimao）

［学　　名］　**Imperata cylindrica** Beauv. var. **major** (Nees) C. E. Hubb.　禾本科

（地方名、形态特征、生长环境、产地及其他用途见“淀粉及糖类”，618页）

［用　　途］　茎叶可供造纸，亦可编织蓑衣等。

［理化性质］　据河南省资料：茎叶出麻率为6.67%，含水率10.33%，脂肪及蜡质2.33%，冷水水溶物1.33%，热水水溶物2.33%，果胶1.00%，半纤维素16.00%，木质素9.67%，纤维素57.00%，灰分1.60%，公制支数593，平均长度28.57毫米，短绒率41.93%，平均长度（包括短绒）19.71毫米，上半部平均长度31.66毫米，整齐度90.24%。

广西僮族自治区资料：茎秆含全纤维46.2%，出纸率达40%以上。

又据重庆造纸研究室分析：纤维素37.55%，木质素20.85%，灰分6.61%，1%氢氧化钠抽出物51.24%，苯醇（1:1）抽出物4.54%，多缩戊糖21.45%，出纸率40～60%。河北省分析：茎叶含纤维素42.33%，灰分7.99%，水分4.105%，多缩戊糖17.85%。

［采收处理］ 作造纸原料者，一般均在秋末冬初，采回后晒干，捆成束即可。

［加　　工］ 人造棉加工参阅龙须草（346 页）。

［其　　他］ 白茅生长力很强，能耐旱，在干燥脊薄的土壤上常成大遍群落，可以充分利用。

394 单竹（danzhu）（图 302）

［地 方 名］ 小单竹（广东）

［学　　名］ **Lingnania cerosissima** (McClure) McClure (*Bambusa cerosissima* McClure) 禾本科

［形态特征］ 本种与粉单竹极相近，其主要的区别：秆先端下垂甚长、节间及秆箨幼时密被白色蜡粉；箨叶深黑色，正面通常无毛；箨鞘背面遍生微柔毛，少脱落。叶片较薄，细长披针形，宽约 2 厘米，全无毛或仅背面被疏微柔毛。花期约 3 月。

［生长环境］ 温暖、湿润、肥沃疏松的砂质壤土。常见其在村旁和溪流边生长最好。

［产　　地］ 广东、广西等省区。

［用　　途］ 参阅粉单竹(350 页)。秆材虽薄但节间长富韧性，多用以破篾编织竹篮、竹雨帽等。亦可造纸。

［采收处理］ 参阅粉单竹(350 页)。但篾用竹材多取自二、三年生竹。四季均可破取。

［加　　工］ 参阅粉单竹(350 页)，其蒸煮条件：用碱量 18.74%，硫化度 29.7%，液比 6，最高温度 165℃，蒸煮时间升温 120 分钟；保温 40 分钟，残碱 NaOH 克 / 升 8.4，粗浆收获率 75.9%，粗浆硬度 135.8。

中国科学院华南植物研究所造纸试验结果：打浆度（SR）45，纸重 50.2 克 / 米 ^{2}，做出纸的性质裂断长 6600 米，耐破度 2.35 公斤 / 平方厘米。亦为很好的造纸原料。

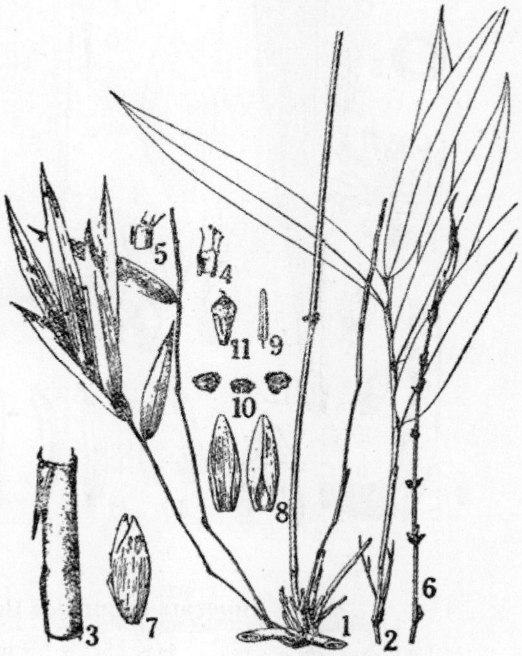

图 302 单竹

Lingnania cerosissima（McClure）McClure

1．枝的一段；2．枝叶；3．秆的一段，示着生其上的秆箨；4．叶鞘顶端和叶片连接处的腹面观；5．叶鞘顶端和叶片连接处的侧面观；6．花枝；7．花和小穗轴节间；8．内稃的背面观（左）和腹面观（右）；9．雄蕊；10．鳞被；11．未成熟的果实。

（自“中国主要植物图说，禾本科”）

395 粉单竹（fendanzhu）（图 303）

［地 方 名］ 单竹、猪蹄竹、白粉单竹（广东）

［学　　名］ **Lingnania chungii** (McClure) McClure (*Bambusa chungii* McClure) 禾本科

［形态特征］ 植物丛生，地下茎合轴丛生。秆直立或近直立，高达 18 米，直径 5 厘米；节间长 45～100 厘米或更长，幼时表面有显著的白粉，材薄而韧，厚 3～5 毫米，节初时密被一环褐色侧生刚毛，后变无毛。箨鞘黄色，延长，远较节间为短，质薄而坚硬，仅于基部被暗色柔毛；箨耳由箨片基部两侧生出，狭长，粗糙；箨舌远较箨片基部为宽，甚短，粗糙，先端截平或弓形，边缘梳齿状或长流苏；箨片强外反，卵状披针，表面有不明显刺毛，背面无毛或稍粗糙，边缘内卷；枝簇生，近相等，被白粉。叶片线状披针形，大小变异很大，通常长 20 厘米，宽 3.5 厘米，先端渐尖，基部不等。每节上有小穗 1～2，阔卵形，长达 2 厘米，有花 4～5 朵。花期约在 4 月。

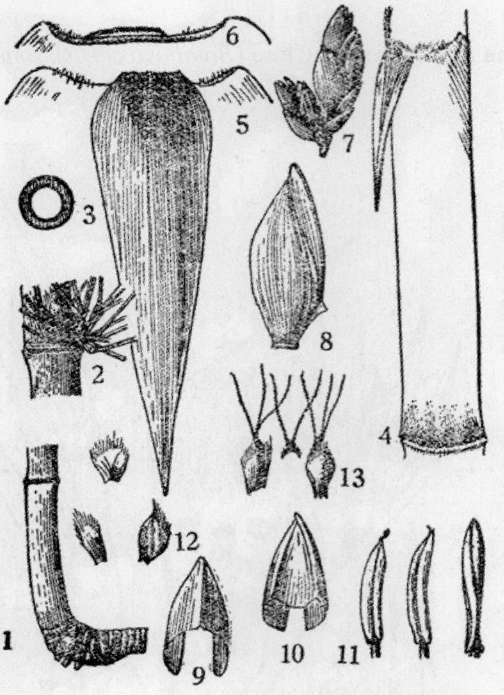

图 303　粉单竹

Lingnania chungii（McClure）McClure

1. 秆基部和合轴型的地下茎；2. 秆的一段；3. 秆节间的横切面；4. 秆箨；5. 秆箨顶端背面观；6. 秆箨顶端腹面观；7. 花序的一部分；8. 小花与小穗轴节间；9. 外稃顶端放大观；10. 内稃顶端放大观；11. 雄蕊；12. 浆片；13. 雌蕊。

（自“中国主要植物图说，禾本科”）

［生长环境］ 习见于河边、溪旁及土壤肥沃湿润的地方。

［产　　地］ 广东、广西、湖南等省区。

［用　　途］ 可供造纸。土法造纸多采用嫩竹，便于在常压下蒸煮。又由于竹秆节间较长，性韧，通常用作编织竹器。

竹笋味苦不能食用。髓及竹青可供药用。

［采收处理］ 供土法造纸者，以当年生嫩竹为好。作编织用者多用 2～3 年成熟竹。四季均可采收。

［加　　工］ 其造纸试验过程如下：

（1）备料　先将原料锯成 3～4 厘米的竹筒，然后再破成厚约 2～3 毫米的小竹片以供蒸煮。

（2）蒸煮　在容量为 4 立升的铜制压力蒸锅中加热。其蒸煮条件如下：用碱量 18.74%，硫化度 29.7%，液比 7，最高温度 165℃；蒸煮时间：升温 120 分，保温 40 分；残碱（NaOH）6.8 克 / 升，粗浆收获率 55.47%，粗浆硬度 116.3。

（3）打浆与抄纸　打浆是在小型打浆机内进行，打好的浆料在标准手抄纸器上抄成圆形纸页，然后在油压机上加压至 5 公斤 / 平方厘米，维持 3 分钟，最后烘干即成。

据中国科学院华南植物研究所造纸试验结果：纸浆打浆度（SR.）49，纸重 50.2 克 / 平方米，做出纸的性质裂断长 9270 米，耐破度 3.925 公斤 / 平方厘米。

396 五节芒（wujiemang）（图 304）

［地 方 名］ 立荻、大碟子草（江苏），芒秆（浙江）。

［学　　名］ **Miscanthus floridulus** (Labill.) Warb.　禾本科

［形态特征］ 本种与芒很相似，其主要不同点为圆锥花序主轴延伸，至少长达花序的 2/3 以上；小穗亦较短，长 3～3.5 毫米（连芒长 4.5～6 毫米）。

［生长环境］ 习见于山坡或草地丛中。

［产　　地］ 安徽、江苏、浙江、湖南、江西、福建、台湾、广东、广西等省区。

［用　　途］ 秆皮可供造纸、人造丝浆和作草鞋用，亦可盖茅屋。劈开后亦可编席。

［理化性质］ 据“中国造纸植物原料志”记载：纤维最长为 3.960 毫米，最短为 1.30 毫米，平均为 2.76 毫米；最宽为 20 微米，最窄为 10 微米，平均为 14.5 微米。

其化学成分如下表。

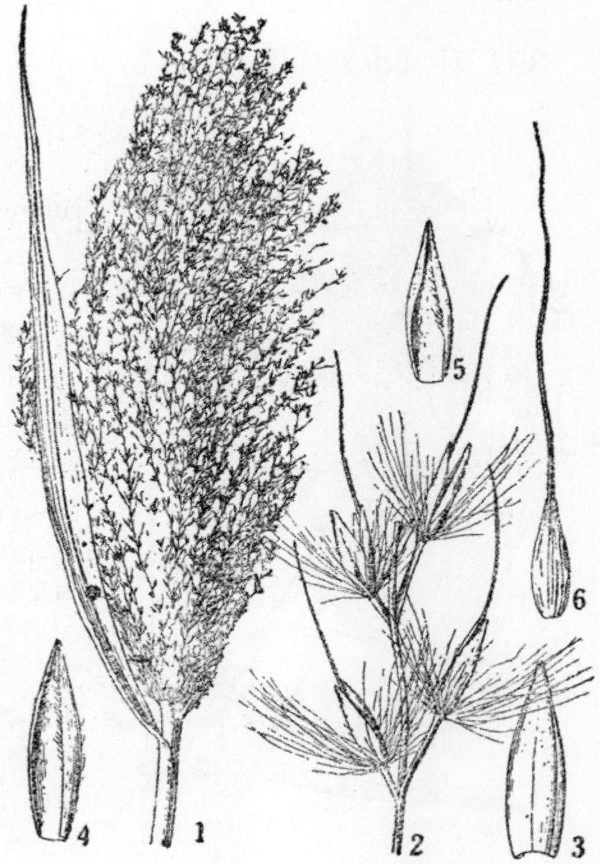

图 304　五节芒

Miscanthus floridulus（Labill.）Warb.

1．花序；2．花序分枝；3．第一颖；4．第二颖；5．第一外稃；6．第二外稃。

（自“中国主要植物图说，禾本科”）

部位及年龄 \ 分析项目	全纤维素（%）	α-纤维素（%）	木质素（%）	多缩戊糖（%）	灰分（%）	加水分解糖（%）	醇苯抽出物（%）	温水抽出后1%氢氧化钠抽出物（%）	脱脂后温水水溶物（%）
木质部（皮）一年生	63.26	—	20.95	26.70	1.53	21.75	5.50	—	2.77
木质部（皮）二三年生	64.14	53.42	21.98	24.84	1.94	18.78	2.87	18.31	3.57
髓部（心）一年生	54.75	—	20.91	31.43	1.56	26.34	3.45	—	3.98
髓部（心）二三年生	55.55	39.19	21.21	30.38	2.36	24.11	3.31	27.93	4.48

纤维长为0.4～5.0毫米，平均2.15毫米；宽为6～13微米。

［采收处理］ 参阅芒（353页）。

［加　　工］ 造纸方法可参阅芒。

397 荻（di）（图305）

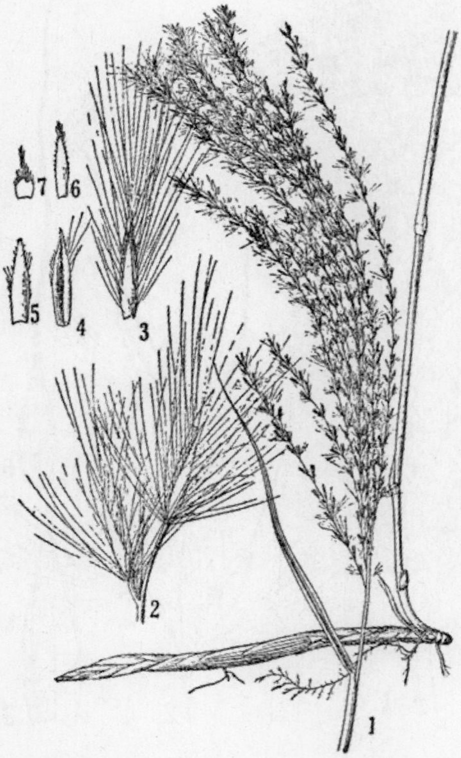

图305 荻

Miscanthus sacchariflorus（Maxim.）Benth.

1. 植株；2. 孪生小穗；3. 第一颖；4. 第二颖；5. 第一外稃；6. 第二外稃；7. 第二内稃。

（自“中国主要植物图说，禾本科”）

［地 方 名］ 卷毛红（黑龙江）

［学　　名］ **Miscanthus sacchariflorus** (Maxim.) Benth. 禾本科

［形态特征］ 本种与芒相似，但其与芒的主要区别为小穗无芒，或第二外稃具一极短的芒而不露出小穗外面。

［生长环境］ 与芒所生长的地区相同。

［产　　地］ 黑龙江、吉林、辽宁、河北、山西、山东、河南、陕西、甘肃、宁夏、青海、新疆、安徽、江苏、浙江、福建等省区。

［用　　途］ 荻的用途参阅芒（353页）。另外，其根系较大，固土力强，栽于河岸、沟旁有保持水土的作用。

［理化性质］ 据中国科学院林业土壤研究所分析：其茎、叶含纤维39.06～52.06%。河南省资料：纤维长为0.4496～4.1612毫米。

据黑龙江省资料：纤维素63.26%，α-纤维素51.34%，灰分1.53%。纤维平均长2.67毫米；宽14.4微米。

［采收处理］　参阅芒（本页）。

［加　　工］　造纸方法参阅芒。

398 芒（mang）（图 306）

［地 方 名］　冬茅草、芭茅草（湖南、湖北、四川），刨高草、白尖草（辽宁），芭芒，（河南）。

［学　　名］　**Miscanthus sinensis** Anderss.　禾本科

［原 料 名］　冬茅草（湖南）

［形态特征］　多年生草本，高1～2 米。秆粗壮，无毛，或在花序以下疏生柔毛。叶线形，长 25～60 厘米，宽 6～15 毫米，无毛，背面疏生柔毛和白粉，边缘有前倾尖锐小锯齿；叶鞘圆筒形，鞘口具密生的长白毛；叶舌为钝圆三角形，先端具小纤毛。圆锥花序伞房状，直立，长 10～30 厘米，主轴长不及花序一半，略短，每节具 1 短柄和 1 长柄小穗，长柄小穗约长 4 毫米，无毛，顶部膨大，短柄小穗长约 1 毫米，无毛；小穗披针形，长约 5～6 毫米，每一小穗基部均具有一圈白色或黄褐色的丝状毛，毛约与小穗等长；第一颖片先端渐尖，有脉 3 条，背面光而无毛，边缘上部粗糙；第二颖片舟形先端渐尖，腹面边缘上部具白色纤毛，背面无毛，外稃长圆状披针形，先端钝，比颖略短，白色，薄膜质，背面有纤毛，腹面边缘亦有纤毛；内稃较狭，长约为颖片的 2/3，薄膜质，白色，有纤毛，顶端具一芒，芒长 8～10 毫米，曲膝，芒柱稍扭曲。花期 8～9 月，果期 11 月（华北、华中）。

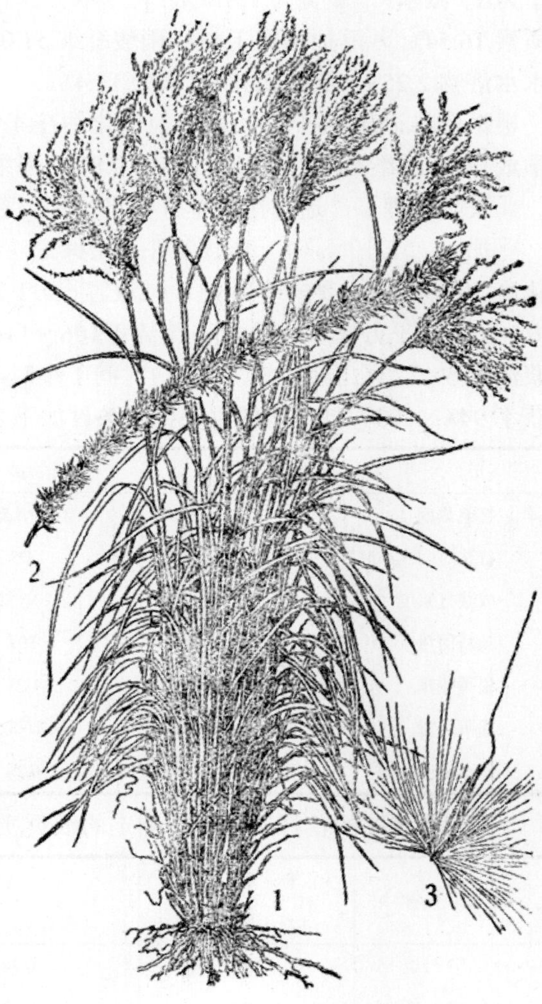

图 306　芒
Miscanthus sinensis Anderss.
1．植株全形；2．花序枝的部分；3．小穗。

［生长环境］　常见于山坡、草丛、灌丛中，或沟边、荒芜田地中。

［产　　地］　黑龙江、吉林、辽宁、内蒙古、河北、山西、山东、河南、陕西；甘肃、宁夏、青海、新疆、安徽、江苏、浙江、湖南、湖北、江西、四川、贵州、福建、台湾、广东、广西、云南、西藏等省区。

［用　　途］　秆皮可供造纸、人造丝浆和作草鞋用，亦可盖茅屋，并可编席。

秆穗作扫帚和作燃料用。毛缨可装枕头和垫子。根可作刷子。幼茎汁可供药用，有散血去毒之功。幼嫩植株可作牲畜饲料。

［理化性质］　据“中国造纸植物原料志”记载，其叶鞘（四川称芭茅壳）物理性质：纤维最长为 4.190 毫米，最短为 0.750 毫米，一般长为 2～2.4 毫米，最宽为 17 微米，最窄为 13 微米，一般宽为 15 微米；化学成分：纤维素 80.75%，1%氢氧化钠抽出物 30.45%，木质素 16.54%，苯醇抽出物 1.43%，硝酸纤维 51.08%，热水水溶物 3.84%，多缩戊糖 34.99%，冷水水溶物 2.25%，灰分 2.08%，水分 11.4%。

根据资料记载，将全秆用 3.5%氢氧化钠在 4 个大气压下蒸煮 2 小时后，其绝对干浆的化学成分：α-纤维素 70.14%，β-纤维素 9.81%，多缩戊糖 16.02%，灰分 2.14%，木质素 2.24%。

［采收处理］　通常在秋季秆叶将黄时，割取地上部分，晒干，捆成束即可保存。

［加　　工］　（1）蒸煮条件，用碱量（绝对干料以 100%的氢氧化钠计）18.5%，硫化度 20%，液比（绝干草比重，碱液容积）1:25，蒸煮存压时间 2～3 小时，最高蒸压力 6.3 公斤 / 平方厘米，最高蒸煮温度 106～116℃，粗浆收获率 52%；（2）漂白条件，漂浆浓度 5%，漂白温度 35℃，漂白时间 1 小时，有效氯用量 2.5%，漂后白度 80%，漂后收获率 94%；（3）打纸浆的主要技术条件如下表：

	打　字　纸	印　刷　纸
打浆浓度	5～5.5%	4.5～5.0%
打浆时间（小时）	4.5	
成浆打浆度（SR）	70～72	28～31
填料用量	10%	25～27%
松香胶量	1.2%	1.0%
明矾用量	3.2～3.5%	3～3.6%
抄纸浓度	0.2%	0.67%

（4）用 100%的芒秆浆抄纸所测定的纸页质量如下表：

纸　　种	米　秤　量（克 / 平方米）	紧　　度（克 / 立方厘米）	断　裂　长（米）	撕　　力（克）
打　字　纸	29.5	0.74	3905	9.6
打　字　纸	35.4	0.72	3530	12.75
印　刷　纸	64.5	0.71	3254	27.8
竹浆印刷纸	62	0.75	4431	26
竹浆打字纸	29		3517	14

由上表看用芒秆纤维造的打字纸性能，超过了竹浆所制的打字纸，其他纸种也接近和等于竹浆的造纸，是一种很好的高级文化用纸的原料。

［其　　他］　本种生长快，生活力强，可用分根繁殖。

399 拟麦氏草（nimaishicao）（图307）

［学　　名］　**Moliniopsis hui** (Pilger) Keng　禾本科

［形态特征］　多年生草本，高60～100厘米。须根疏而粗。秆单生。叶片长30～60厘米，宽7～14毫米，表里反转，表面扭转向下呈粉绿色，多少具柔毛，具横脉；叶鞘长于节间，通常上部具柔毛，鞘颈亦有一圈柔毛；叶舌为一圈密生白毛，长0.5～1毫米。圆锥花序，长20～30厘米，分枝簇生或半轮生，枝腋间具柔毛；小穗具3～5小花，成熟后草黄色，长8～12毫米；小穗轴节间粗壮，长1.5～2毫米，具微毛；颖卵状披针形，先端尖，稍钝，具三脉，第一颖长2～4毫米，第二颖长3～5毫米；第一外稃长5～7毫米，具3脉，内稃等长或较外稃稍短。花期7～8月。

图307　拟麦氏草
Moliniopsis hui（Pilger）Keng
1．植株；2．小穗；3．小花。
（自"中国主要植物图说，禾本科"）

［生长环境］　多见于高山草原、草坡或疏灌木林下草丛中。

［产　　地］　浙江、安徽等省。

［用　　途］　纤维耐水性强，可织麻袋，亦可编搓绳索。

［理化性质］　据浙江省资料，化学成分：含水分12.38%，纤维素24.72%，苯醇抽出物1.86%，半纤维素50.09%，热水水溶物3.43%，木质素2.48%，冷水水溶物3.79%，果胶1.25%，灰分4.10%；物理性质：单纤维平均长为0.13毫米，最长为0.39毫

米，最短为 0.04 毫米；平均宽为 7.06 微米，最宽为 12.5 微米，最窄为 2.5 微米。纤维比重为 1.3179。

［采收处理］ 参阅龙须草（346 页）。

400 类芦（leilu）（图 308）

［地 方 名］ 石珍茅（广东）

［学　　名］ **Neyraudia reynaudiana** (Kunth) Keng 禾本科

［形态特征］ 多年生草本，高 1～3 米，直径 3～10 毫米。具木质根状茎；须根较粗，坚硬。秆直立，通常具分枝，节间被白粉。叶片长 20～70 厘米，宽 4～10 毫米，先端细渐尖，扁平或卷折，无毛或表面有时具柔毛；叶鞘紧密包茎，无毛仅沿颈部具柔毛；叶舌密具柔毛。圆锥花序，长 30～70 厘米，分枝长而细弱，开展下垂；小穗有花 4～8，长 6～8 毫米；第一花为不孕性，仅具退化呈颖状的外稃，无毛；颖长 2～3 毫米，无毛；外稃长约 4 毫米，顶端具长 1～2 毫米向外反曲的短芒，边缘具长约 2 毫米的白柔毛，内稃短于外稃，透明膜质。花果期 8～12 月。

图 308 类芦
Neyraudia reynaudiana（Kunth）Keng
1．叶片；2．部分花序；3．小穗；4．第二小花（侧面）。
（自“中国主要植物图说，禾本科”）

［生长环境］ 喜生长在湿润草坡、溪沟边岩石缝中或河滩两岸。

［产　　地］ 安徽、江苏、浙江、湖南、江西、湖北、四川、贵州、福建、台湾、广东、广西、云南等省区。

［用　　途］ 茎、叶纤维为制造文化用纸原料，亦可制人造丝。

根状茎粗壮而坚硬，可作固堤植物。

［理化性质］ 据广东省资料：茎纤维最长 3.56 毫米，最短 0.51 毫米，平均 1.16 毫米，一般为 0.73～1.60 毫米；最宽 25.2 微米，最窄 6.6 微米，平均 10.0 微米，一般为 9.7～16.6 微米。叶纤维最长 3.35 毫米，最短 0.35 毫米，平均 1.00 毫米，一般为 0.70～1.50 毫米；叶纤维最宽 19.9

微米，最窄 5.3 微米，平均 13.2 微米，一般为 8.0～12.0 微米。

［采收处理］　参阅斑茅（366 页）。

401 稻（dao）（图 813）

［学　　名］　**Oryza sativa** L.　禾本科

［原 料 名］　稻草秆

（形态特征、生长环境、产地与其他用途见“油脂类”，991 页）

［用　　途］　稻草纤维可供造纸原料，并可制人造棉，如经混弹混纺可抽纱成线，制造次等布匹。

［理化性质］　单纤维长度 11.4～15.2 毫米，宽度 6～9 微米。

［采收处理］　稻草较为蓬松，若需要远距运输时，费用很大，可采用机榨打捆，以减小其体积。还可以用浸渍法制成半料浆板。操作方法如下：将捆扎的稻草浸入浸渍池中，经细菌发酵作用，溶去一部非纤维物质；待稻草泡软后，经过碾轧，再装入木框中压成浆板：浆板长 65 厘米，宽 35 厘米，厚 1～2 厘米，晒干或烘干后即可打捆外运。

［加　　工］　用苛性钠法制成草浆，可抄造书写纸、有光纸与印刷纸等。用碱煮法加工人造棉（详见总论）。

402 狼尾草（langweicao）（图 309）

［地 方 名］　拐草、山箭子草（山东），老鼠狼（湖南、广东），狗子尾（湖南），油草（山东、辽宁），油包草、芮草（江苏、湖北）。

［学　　名］　**Pennisetum alopecuroides** (L.) Spreng　禾本科

［形态特征］　多年生草本，高 30～100 厘米。须根粗硬。秆丛生，近扁平，无毛。叶片坚纸质，线形，长 15～50 厘米，宽 4～7 毫米，先端渐尖，基部截形，中肋明显；叶鞘扁平，背部具脊，无毛；叶舌短小。**穗状圆锥花序呈圆柱形，长 5～20 厘米，宽 1～1.5 厘米**（刚毛除外），花序主轴密生柔毛；每一小穗基部生有许多暗紫色的硬刚毛，长短不齐，长约 0.5～2.5 厘米，其上具有微小粗糙的刺；小穗通常单生，长 6～8 毫米，具 1 花；**成熟时小穗与刚毛一起脱落；小穗丛具明显的总梗，总梗长 2～3 毫米**；第一颖非常微小，卵形，脉不明显；第二颖具 3～5 条脉，长约为小穗之 1 / 2 或 2 / 3；第一外稃具 7～11 脉，与小穗几等长；雄蕊 3，药黄色；雌蕊 1，子房椭圆形，紫色。花果期 7～10 月（河南）。

［生长环境］　常见于山坡路边、荒地、田边、田间等草地上，喜日光充足的地方。

［产　　地］　黑龙江、吉林、辽宁、内蒙古、河北、山西、山东、河南、陕西、甘肃、宁夏、青海、新疆、安徽、江苏、浙江、湖南、江西、湖北、四川、贵州、福建、台湾、广东、广西、云南、西藏等省区。

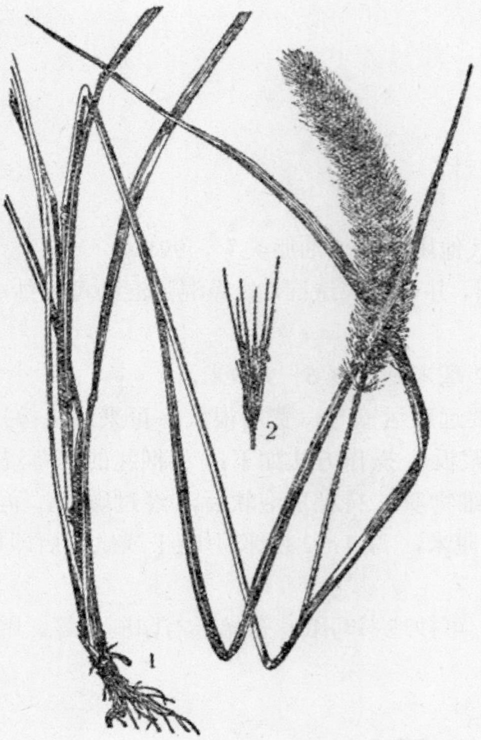

图 309 狼尾草

Pennisetum alopecuroides（L.）Spreng

1．植株；2．小穗及刚毛。

（自“中国主要植物图说，禾本科”）

［用　　途］　茎、叶柔韧，是造纸的原料，亦可纺织麻袋、打草鞋、编蓑衣、搓草绳等，亦可用作榨油包饼的材料。

根系较发达，可作固堤防砂的植物。秆叶幼嫩时，可作牧草。由于其适应性强，生长快，也是很好的青贮饲料。

［理化性质］　据“中国造纸植物原料志”记载，化学成分：纤维素 45%，1%氢氧化钠抽出物 33.90%，木质素 17.80%，苯醇抽出物 5.1%，多缩戊糖 25.3%，热水水溶物 12.10%，灰分 6.15%；物理性质：纤维细长，管状细胞长一般为 1.8～3 毫米，最长为 4 毫米，最短为 0.5 毫米；一般宽为 9 微米，最宽为 15 微米，最窄为 6 微米。

据“河北保定专区草类原料”记载：纤维长一般为 0.64～1.88 毫米，最长 2.59 毫米，最短 0.52 毫米；一般宽为 8.8～12.7 微米，最宽 14.2 微米，最窄为 8.3 微米。

［采收处理］　一年可收割二次，在夏、秋两季各收割一次。作造纸原料者，一般以 8～9 月（辽宁）收割为好，7～8 月（湖南、湖北）为收割时期，如收割延迟则降低质量，割收时除去杂草，晒干，捆成束即可。

403 白草（baicao）（图 310）

［地 方 名］　白花草（四川）

［学　　名］　**Pennisetum flaccidum** Griseb.　禾本科

［形态特征］　多年生草本，高 30～120 厘米。具横走根状茎。秆直立，单生或丛生。叶片线形，长 10～40 厘米，宽 3～15 毫米，无毛或具柔毛；叶鞘于基部者多密集跨生，秆上部者多松弛，无毛或于鞘口和边缘具纤毛；叶舌短，具长 1～2 毫米的纤毛。**穗状圆锥花序**呈圆柱形，直立或微弯，**长 5～20 厘米，宽 5～10 毫米**（刚毛除外）；总轴具棱角，无毛或有微毛，小穗丛的**总梗极短，长达 0.5 毫米**；刚毛长 1～2 厘米，具向

上小糙刺，灰白色或紫褐色。小穗通常单生，有时 2～3 成簇，长 5～7 毫米；第一颖长 0.5～2 毫米，先端钝圆，脉不明显；第二颖长约为小穗的 1/2～3/4，先端尖或渐尖，具 3～5 脉；第一外稃与小穗等长，具 7～9 脉；内稃膜质或退化；雄蕊 3 或退化；谷粒与小穗等长。花果期 7～10 月。

［生长环境］　多生长于山坡和较干燥的地方及日光充足的路边。

［产　　地］　黑龙江、吉林、辽宁、内蒙古、河北、山西、山东、河南、陕西、甘肃、宁夏、青海、西藏、新疆、四川、贵州、云南等省区。

［用　　途］　茎秆纤维可供造纸。

幼嫩植株可作牧草。种子可供榨油或提取淀粉。茎叶中含有芳香油，可用蒸馏法提取。

［理化性质］　据“中国造纸植物原料志”记载：纤维最长为 2.04 毫米，最短为 0.14 毫米，一般为 0.19～0.75 毫米，平均为 0.51 毫米；最宽为 25.8 微米，最狭为 2.15 微米，一般为 5.2～12.9 微米，平均为 8.7 微米。

［采收处理］　供造纸用的，最好在秋末种子成熟后采收，因为这时种子成熟可供榨油，同时纤维也已成熟，造纸较好。

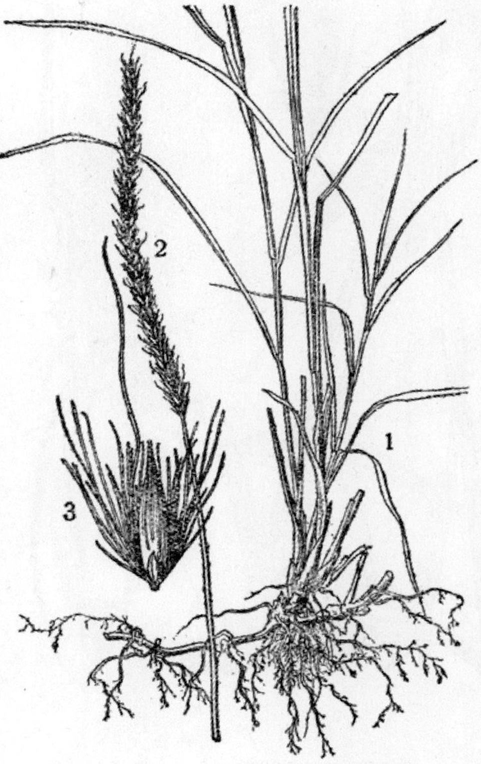

图 310　白草
Pennisetum flaccidum Griseb.
1. 植株；2. 花序；3.小穗（背面）及刚毛。
（自“中国主要植物图说，禾本科”）

404 芦苇（luwei）（图 311）

［地 方 名］　苇子（江苏、山东、河北、辽宁）

［学　　名］　**Phragmites communis** (L.) Trin.　禾本科

［形态特征］　多年生草本，高 3～4 米余，直径 10～25 毫米，具强壮而分枝的地下茎；茎直立，坚韧，有节，表面光滑无毛，节下常具白粉。叶二列互生，质坚韧，线状披针形，长 15～45 厘米，宽 1.5～5 厘米，基部圆形，先端长渐尖，边缘光滑或有微细刚毛疏生；叶鞘圆筒形，无毛或具细毛；叶舌有毛。圆锥花序，长 10～40 厘米，呈

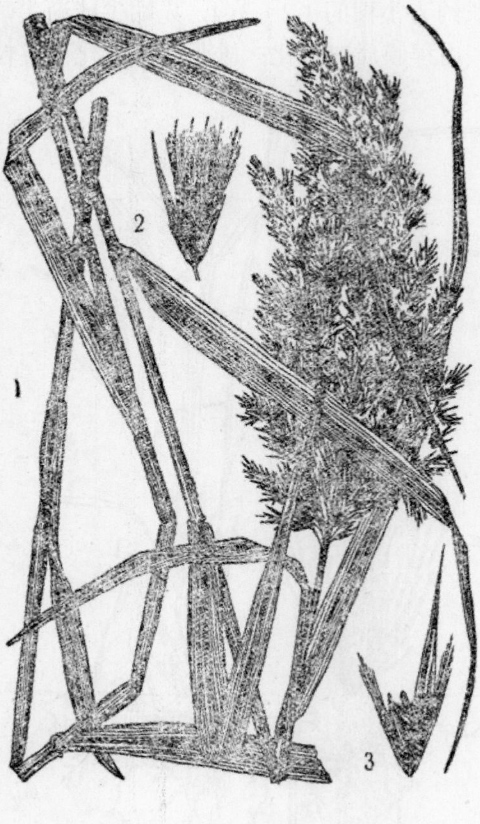

图311　芦苇
Phragmites communis（L.）Trin.
1．植物一部分；2．小穗；3．花。
（自“中国主要植物图说，禾本科”）

淡紫色，分枝细长而弱，开展，与总花轴相连处密生丝状毛；小穗长12～18毫米，有小花3～7；两颖均具3脉；第一颖长5～7毫米；第二颖长3～11毫米，第一花常为雄性，外稃狭披针形，长8～15毫米，内稃较外稃短，长3～4毫米，第二外稃长9～16毫米，基部有柔毛，内稃长3.5毫米，脊上粗糙。花期4～5月，果期9～11月。

［生长环境］　河旁、池塘边、沼泽地及湿润地方。在盐碱土上也能生长。

［产　　地］　黑龙江、吉林、辽宁、内蒙古、河北、山西、山东、河南、陕西、甘肃、宁夏、青海、新疆、安徽、江苏、浙江、江西、湖南、湖北、四川、贵州、福建、台湾、广东、广西、云南、西藏等省区。

［用　　途］　秆纤维为优良造纸原料，也可制人造丝，茎光滑坚韧可供编织用。

花序可作扫帚，花絮俗称苇毛缨，柔软，保温力强，可制冬季用木底草鞋，装枕头。芦花为凉性药；芦根也可入药（见“药用类”，1971页）。幼茎可为牲畜饲料。根状茎含淀粉（见“淀粉及糖类”，619页）。秆老后可代替软木绝缘材料和各种细工之用。地下茎强壮，蔓延力强，可为固沙固堤植物。

［理化性质］　芦苇的品种很多，其物理性质也各有不同，据“中国造纸植物原料志”等记载如下表：

资料来源	长度		宽度		纤维含量（%）
	最长（毫米）	最短（毫米）	最宽（微米）	最窄（微米）	
中国造纸植物原料志	2.919	0.2772	32.4	7.3	
黑龙江	3.230	1.542	24	19	40
新疆	2.10	0.20	20	10	50.28（皮），65.3（茎），24.52（叶）
江苏	2.60	0.200	36	3	

化学成分如下表：

品种	多缩戊糖（%）	木质素（%）	灰分（%）	全纤维素（%）	苯醇（1:1）抽出物（%）	热水水溶物（%）	5%氢氧化钠抽出物（%）	二氧化硅（%）	1%氢氧化钠抽出物（%）	冷水水溶物（%）	水分（%）	酒精抽出物（%）	α-纤维素（%）
盘大山淡水苫苇 全草	22.25	19.87	6.90	47.79	3.75	8.70	23.85						
盘大山淡水苫苇 苇鞘	22.35	18.89	13.04	43.20	3.34	10.99	34.27						
盘大山淡水苫苇 苇茎	21.63	17.65	5.80	55.74	4.02	6.80	20.10						
盘大山淡水苫苇 苇节	24.66	20.28	4.08	56.15	4.13	7.04	21.10						
苇膜	12.11	14.92	5.58	61.33	3.04	17.85	39.81						
镇江苇	18.09	23.29	4.08	47.18	5.86								
湖北芦苇	22.73	21.01	4.40	50.79	9.45	9.47	42.78	2.55	33.61	6.87			
长春芦苇		20.12	3.72	57.91	3.89	6.06			34.34	4.32			
黑龙江			2.18	59.89		6.08					10.25	3.24	43.3
河北	16.88		4.59	54.66							10.375		

［采收处理］ 作纤维用的原料在秋末冬初收割。收割后用捆草机压成捆。长期保管时可垛成大垛，垛底垫起，然后用苇苫好，以防潮湿。

［加　　工］ 据吉林省资料，芦苇土法造纸加工过程：原料铡成10～13厘米长，碾压、加石灰水（100斤原料加20斤块石灰），后放锅内蒸煮8小时。再上水碾压成纸浆，纸浆中加麻头纸浆30%，然后造纸，捞出的纸，贴火墙上，干后即为成品，根据经验，用100斤芦苇，30斤麻头，可出纸1000张。

405 刚竹（gangzhu）（图312）

［地 方 名］ 苦竹、斑竹、箭竹（四川），石竹（江苏）。

［学　　名］ **Phyllostachys bambusoides** Sieb. et Zucc.　禾本科

［形态特征］ 地下茎单轴散生。秆高8～22米，直径3.5～7厘米；节间鲜绿色，圆筒状，基部约长3～8厘米，在具芽的一侧有狭长纵沟，**秆环及箨环均甚隆起**，两者相距约3毫米；秆箨（笋壳）长20～30厘米，宽10～20厘米，**硬纸质近革质，背面较平滑**，疏生黄色小刺毛，具大小不等、带淡墨色斑点；箨耳不发达；箨舌短，截平形，长不及3毫米；箨叶长三角形或带状，长为箨鞘的1/8。叶片长椭圆状披针形，长5～20厘米，宽10～25毫米，基部楔形，稀圆形，先端渐尖，背面淡绿色，带白霜，侧脉4～6对：叶鞘棕黄色，叶耳具显明茸毛；叶舌坚韧，先端圆形或啮蚀状。小穗丛1至数

个腋生或顶生于小枝上，通常每一小穗丛基部托以一粗 4～10 枚佛焰苞；小穗有 2～5 花，狭披针形，长 2.5～3 厘米。笋期 4～5 月；花期 4～6 月。

［生长环境］　丘陵地带、田野或溪流附近，庭园亦有栽培者。

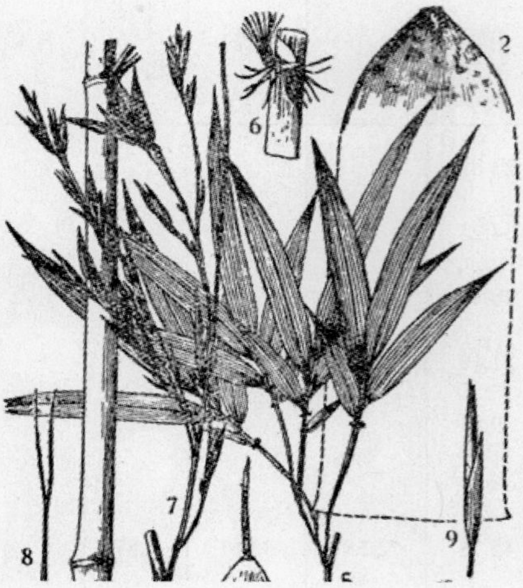

图 312　刚竹

Phyllostachys bambusoides Sieb. et Zucc.

1. 秆的一段；2. 近秆基部的秆箨背面观；3. 近秆中部的秆箨顶端腹面观；4. 同前的放大，示叶尖；5. 叶枝；6. 叶鞘尖顶和叶片连接处，示叶耳和叶舌；7. 花枝；8. 雌蕊；9. 小穗。（自“中国主要植物图说，禾本科”）

［产　　地］　江苏、浙江、安徽、江西、湖北、湖南、四川、云南、河南、山东等省。

［用　　途］　秆纤维可供造纸和作箱箍材料。

406 毛竹（maozhu）（图 313）

［地 方 名］　南竹（湖北、湖南、四川），茅如竹（台湾），大竹（广东）。

［学　　名］　**Phyllostachys pubescens** H. de Lehaie　禾本科

［形态特征］　根状茎（即竹鞭）单轴散生；秆高 13～20 米或更高，直径 10～15 厘米，有时基部可达 20 厘米，基部节间短，渐次伸长可达 27 厘米，箨环下初被白色蜡粉，后渐呈黑色；**秆环平，箨环突起**，无毛；秆箨与节间等长或较长，秆高达 3 米以上时，箨即依次自下而上脱落，厚革质，背面具纵肋，密生棕紫色小刺毛和棕黑色斑点，箨耳不发达；箨叶狭长形，基部向上方凹入作弧形；主枝常于 1 节上具 2 枝条。叶深绿色或背面略浅，窄披针形或披针形，长 4～11 厘米，宽 5～14 毫米，基部狭窄渐收缩成叶柄，叶片无毛，但背面中脉基部有短柔毛，次脉 3～5 对，小横脉甚显着，叶缘有小锯齿或粗糙；叶鞘长 17～25 毫米，无毛或上部具微毛，鞘口不具流苏或仅顶端具数条灰白色縫毛，长达 1 厘米，易落；叶长圆形，直立，长 1～3 毫米。花枝单生，不具叶，长约 50 厘米；小穗丛具苞片，生于短而细弱的小枝上；小枝外形如穗状花序，长 5～10 厘米，苞片（佛焰苞）复瓦状排列，狭长椭圆形或倒披针形，长 16～22 毫米，顶端具一直立窄线形的缩小叶，长 7～18 毫米；小穗具一完全花及一退化花，长 25～27 毫米，退化花呈针状，位于小穗轴延伸部分顶端，长 2～5 毫米，无毛。花期 8～9 月。

［生长环境］　常见于海拔 400～700 米的阳坡，南方亦有达 1000 米左右者，通常大面积栽培。

［产　　地］　江苏、浙江、安徽、江西、湖北、湖南、四川、贵州、云南、广东、广西、福建、台湾等省区。

［用　　途］　秆可造纸，亦可做竹器。箨（即竹壳）可用作纺织麻袋、造纸及包装材料、鞋垫、鞋底及人造棉等。

竹秆供建筑、搭棚，还可做输水管、通风管等，亦可代替木材用。竹笋味美可食，冬季未出土者称冬笋，春季出土者为春笋，但为保护竹林资源，春笋、冬笋均应合理采挖。

［理化性质］　据“中国造纸用植物纤维图谱”记载：纤维长为 0.651～3.150 毫米，平均为 1.203 毫米；宽为 9.3～25.9 微米，平均为 16.6 微米。

据“中国造纸植物原料志”记载：纤维长为 0.810～3.157 毫米，平均为 1.987 毫米，宽为 6.25～23.43 微米，平均为 11.43 微米；化学成分：纤维素 45.50%，果胶 0.72%，木质素 30.67%，1% 氢氧化钠抽出物 30.98%，多缩戊糖 21.12%，冷水水溶物 2.38%，灰分 1.10%，热水水溶物 5.96%，水分 12.14%，乙醚抽出物 0.66%。

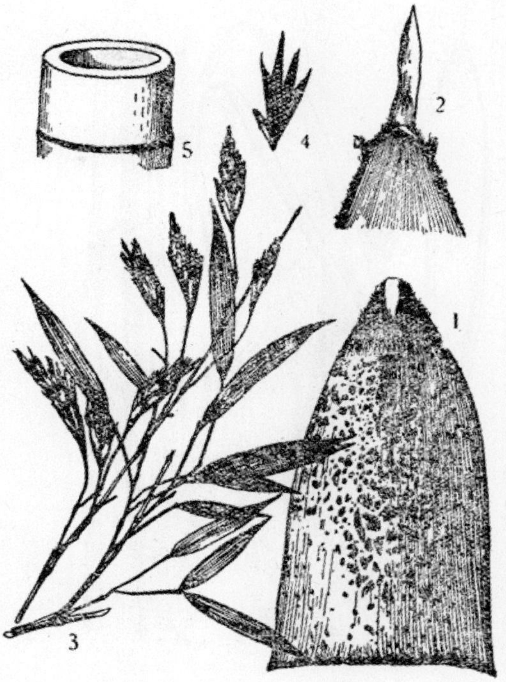

图 313　毛竹

Phyllostachys pubescens H. de Lehaie

1. 秆箨背面观；2. 秆箨顶点的腹面观；3. 叶枝（右）和花枝（左）；4. 小穗丛的一部分，包括前叶和四枚小穗；5. 秆的一段，示秆环不显著。

（自“中国主要植物图说，禾本科”）

［采收处理］　毛竹各方面的利用在我国已有很悠久的历史，由于年龄的不同，其用途亦有不同，故其采收亦各有不同。若作土法造纸原料，宜采当年生的嫩竹；若作建筑等用材，宜采三年生以上的老竹为好，砍伐后去其枝条，即可外运。

［加　　工］　造纸方法据中国科学院华南植物研究所造纸试验结果，造纸步序备料及打浆、抄纸参阅粉单竹（350 页）。其蒸煮条件：用碱量 18.74%，硫化度 29.7%，液比 6，最高温度 165℃，蒸煮时间升温 120 分钟。保温 40 分钟，残碱 NaOH 克 / 升 11.6，粗浆收获率 47.75%，粗浆硬度（贝克曼值）127.1。

纸浆打浆度（SR.）51，纸重 45.5 克 / 平方米，作出纸的裂断长 6490 米，耐破度 2.20 公斤 / 平方厘米。

［其　　他］　毛竹为我国特产，国内亦有广泛的应用，据广东建筑科学院等的研究，抗拉强度几达 2000 公斤 / 平方厘米，但由于年龄的不同其抗拉强度亦有所不同。

图 314 沙鞭
Psammochloa mongolica Hitchc.
植株
（自“中国主要植物图说，禾本科”）

“中国造纸植物原料志”所记载的毛竹（Phyllostachys edulis）即本种。

毛竹的栽培方法，可参阅“中国林业”（1954 年 4 月号）。

407 沙鞭（shabian）（图 314）

［地 方 名］ 沙竹（内蒙古）

［学　　名］ **Psammochloa mongolica** Hitchc. 禾本科

［形态特征］ 多年生草本。根状茎长达 2～3 米，横走于沙中，节处向下生根，向上抽出花枝；秆光滑直立，高达 1.5 米，诸节密集于秆基，并具有黄褐色枯萎的叶鞘。叶片质坚硬，长达 50 厘米，宽 1 厘米；叶鞘光滑，几包裹全部植株；叶舌膜质，长 5～8 毫米。圆锥花序直立，长达 50 厘米，分枝斜向上升，基部主枝长 10～20 厘米；小穗白色或灰白色，长 10～16 毫米；两颖几相等或第一颖较短，先端渐尖或稍钝，具 3～5 脉，被微毛；外稃长 10～12 毫米，背部密生柔毛，具 5～7 脉，顶端具 2 微齿，基盘无毛；芒直立，易脱落，长 7～10 毫米；内稃亦被柔毛，具 5 脉，中脉不甚明显，边缘内卷，背部圆形。花果期 5～9 月。

［生长环境］ 多生于沙丘上，为典型的喜沙植物。

［产　　地］ 陕西、甘肃、内蒙古等省区。

［用　　途］ 茎秆纤维可为造纸原料。嫩茎叶可做饲料。颖果可供食用。且为优良固沙植物。

408 簕竹（lizhu）（图 315）

［地 方 名］ 茶杆竹、沙白竹（广东、广西），苦竹（湖南）。

［学　　名］ **Pseudosasa amabilis** (McClure) Keng f. (*Arundinaria amabilis* McClure) 禾本科

［形态特征］ 地下茎纤细，横生。秆坚硬直立，高 6～13 米，直径 5～7 厘米，光滑，淡绿色，表面具薄的灰蜡层，成熟时有种种斑点。箨鞘迟落，暗棕色，长 42 厘

米，宽 11 厘米，基部被栗色刺毛，内面光亮，顶端截平形，鞘口于箨叶两边各有一束硬而弯的刚毛，毛长 15 毫米；箨片细长，硬而直立，稀外反，早落，下部的长 5 毫米，宽 2 毫米，上部的长 18 厘米，宽 2 厘米，先端渐尖或锐尖；箨舌褐色，有条纹，圆形，高 5 毫米；枝直立，无毛，通常具 3 枝，有时单生，扁平。叶线状披针形，长 18～35 厘米，宽 1.8～3.5 厘米，先端渐尖，基部渐窄成一短柄，仅背面基部稍被柔毛；叶鞘细长，鞘口有不等长的扭曲状刚毛；叶舌高 1～2 毫米，外面密被短柔毛，边缘被短柔毛。花序为 3～15 个，有柄小穗组成总状或圆锥花序；小穗扁披针形，长 2.5～5.5 厘米，有花 5～16 朵；小穗柄被微毛，长 2.5～9 毫米，基部各具一小形苞片，苞片长 1.5～3 毫米；雄蕊 3；子房细长，呈纺锤形，长 1.5 毫米，无毛，柱头 3 疏生羽毛。成熟颖果长 5～6 毫米，直径 2 毫米，淡棕色，无毛，腹部具纵沟。花期 5～11 月。

图 315　篱竹

Pseudosasa amabilis（McClure）Keng f.

1. 花枝；2. 叶枝；3. 笋；4. 小穗的放大；5. 小花；6. 雄蕊；7.雌蕊及鳞被；8. 颖果的侧面观（左）和背面观（右）。

［生长环境］　多生于山林地区、河流沿岸，尤以潮湿、肥沃的山谷地生长最好。习见于海拔 200～300 米的地区。

［产　　地］　广东、广西的西江流域及湖南等地。

［用　　途］　由于秆坚韧，主要用作建筑材料，作竹筋混凝土代替钢筋，效果甚好，也用作流水的管道。若生长不好，不能供建筑用的都可用来造纸。

颖果可用来酿酒，秆可雕刻成美术工艺品。

［采收处理］　用作竹材的，以三年生者为宜，砍下后用细砂擦去外皮，架置晒干，则表面色泽呈金黄色而有光泽；外销出口者，需按出口规格处理，应特别注意选择以无虫伤、斑伤者为好。

［加　　工］　其造纸工序可参阅粉单竹（350 页）。蒸煮条件：用碱量 18.74%，硫化度 29.7%，液比 6，最高温度 165℃，蒸煮时间升温 120 分钟；保温 40 分钟，残碱 NaOH 克 / 升 12，粗浆收获率 50.85%，粗浆硬度（贝克曼值）110.3。

［其　　他］　本种国外商业上称为东京竹（Tonkin cane），在我国已有六十多年的出口历史，出口量占西江流域产量的90%，我国国内需要量亦很大，值得大力发展，

409 斑茅（banmao）（图316）

［地 方 名］　芒草（湖南、广东海南），片莽（广东海南），大密（广东），大水茅（江西），笆茅（河南），大叶芒秆（浙江），芭茅（贵州）。

［学　　名］　**Saccharum arundinaceum** Refz.　禾本科

［形态特征］　多年生草本，高2～4米或更高，无根状茎。秆直立，稍粗壮。叶片扁平，革质，线状披针形，长60～150厘米，宽2～2.5厘米，基部渐狭，先端长渐尖，边缘具小锯齿，两面光滑，中脉白色而宽厚；叶鞘长于节间，鞘口有毛；叶舌短，长1～2毫米，先端截平。圆锥花序稠密大形，卵形或长圆形，长20～100厘米，花序柄无毛；分枝纤细，疏散或稍上举，半轮生，节间被毛；小穗披针形，长约4毫米，柄被长毛；基盘微小，被白色丝状长毛，毛长约为小穗的1／4～1／3；颖密被白色丝状长毛，毛长约为小穗2倍；第一颖卵状长圆形，先端渐尖，边缘内卷，有脉1条；第二颖披针形，先端渐尖，1～3脉，第一外稃长圆形，先端钝透明，有脉1条，边缘上部有短纤毛；第二外稃较小，披针形，先端渐尖，边缘上部有纤毛；内稃长圆形，被纤毛。秋冬抽穗。

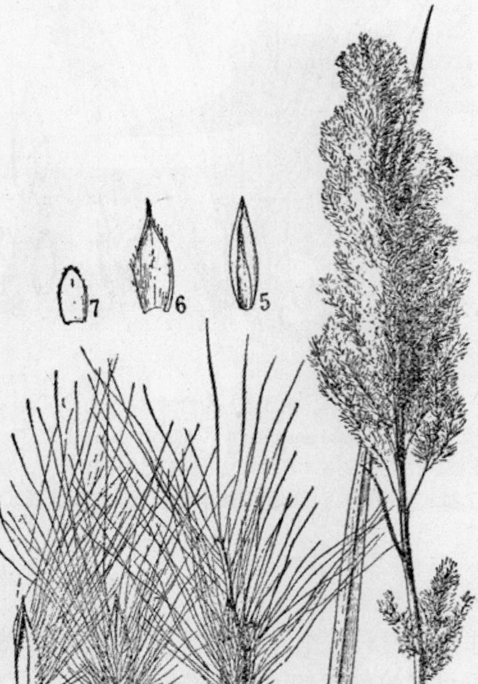

图316　斑茅

Saccharum arundinaceum Retz.

1．花序；2．无柄小穗；3．第一颖；4.第二颖；5．第一外稃；6．第二外稃；7．第二内稃。

（自“中国主要植物图说，禾本科”）

［生长环境］　山坡和河岸草地，最宜生于潮湿、土壤疏松而肥沃的溪流边及山谷等地。适应性强，耐旱耐涝。

［产　　地］　陕西、甘肃、青海、安徽、江苏、浙江、江西、湖南、湖北、四川、贵州、福建、台湾、广东、广西、云南等省区。

［用　　途］　茎可编席，通常称“斑茅席”，亦可盖房、作枕头的填充物；茎、叶可以制造各种文化用纸，也可以制成人造棉。

秆叶幼嫩时可做牛马的饲料。

［理化性质］　据广东省资料：纤维最长3.09毫米，最短0.44毫米，平均1.00毫米，一般长0.65～1.39毫米；最宽19.6微米，最窄6.6微米，平均13.1微米，一般宽8.0～14.6微米。

［采收处理］　秋末秆叶由淡绿色转变为黄褐色时，即可割取，收割时，须在离地3～6厘米处割下，除去杂草、小树枝后，晒干捆成4～5斤的小把，置于阴凉、干燥、通风之处堆存，以备加工。

［加　　工］　造纸试验结果如下表：

蒸煮条件	装料（绝干重）（克）	352
	原料水分%	12
	总碱Na_2O（%）	13.9
	硫化度（%）	16.2
	液比	6.3
	最高温度（℃）	160
	非温时间（分）	60
	保温时间（分）	180
	母液残碱Na_2O　g/l	4.34
粗浆收获率%		32.44
粗浆硬度（贝克曼值）		54.8
打浆条件	强度%	1.58
	加铊重（千克）	2
	时间（分）	25
	打浆度（SR）	56
成纸强度	纸重（克/平方米）	70
	断裂长（米）	4786
	耐破度（克/平方厘米）	1.73
	耐折度（双次）	14

［其　　他］　本种生长力强，可进行分株繁殖；据河南省群众经验，秋季将其茎叶采割后，放火烧其根株，可促进次年生长更旺盛。

410 甘蔗（ganzhe）

［学　　名］　**Saccharum officinarum** L.　禾本科

［原 料 名］　甘蔗渣、甘蔗叶

（形态特征、生长环境、产地与其他用途见“淀粉及糖类”，619 页）

［用　　途］　甘蔗茎榨糖后的蔗渣可利用作造纸、人造丝浆；此外，甘蔗叶还可提取纤维、人造棉和造纸等原料。

甘蔗渣又可制纤维板、隔音板等。

［理化性质］　据江苏省资料：甘蔗渣木质素 16.86%，纤维素 62.49%，灰分 0.9146%，果胶 2.914%；纤维长 9.7 毫米，强力 2.216 克。

福建省资料：甘蔗叶及叶鞘的纤维回收率为 25%以上。

［采收处理］　甘蔗叶可在甘蔗收割期的 11～12 月份采集。

［加　　工］　将采下的甘蔗叶与叶鞘部分，切成长约 26 厘米，余同一般碱煮法，其浸料时间及下碱量如下：

（1）浸料，用 10%的石灰液浸泡 1～2 天。

（2）碱煮，用 8～10%的纯碱，蒸煮时间 4～6 小时。

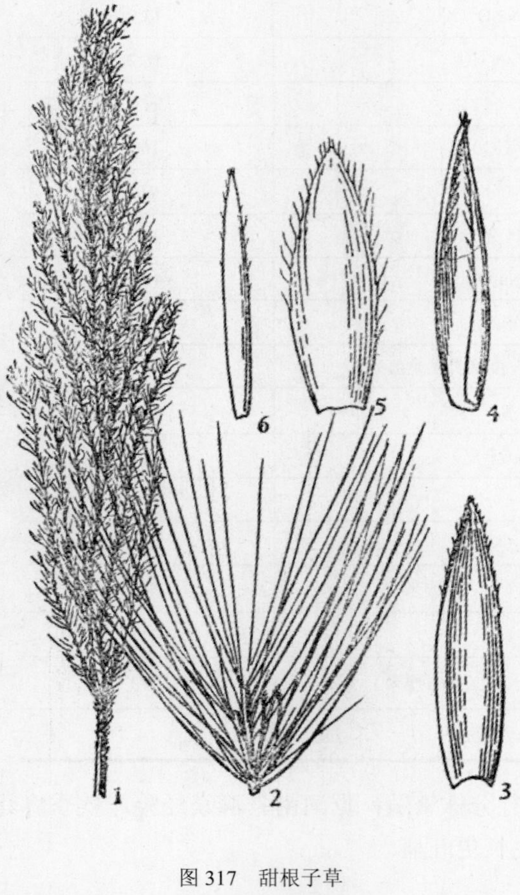

图 317　甜根子草

Saccharum spontaneum L.

1. 花序；2. 无柄小穗；3. 第一颖；4. 第二颖；5. 第一外稃；6. 第二外稃。

（自“中国主要植物图说，禾本科”）

411 甜根子草（tiangenzicao）（图 317）

［地 方 名］　割手密（广东）

［学　　名］　**Saccharum spontaneum** L.　禾本科

［形态特征］　多年生草本，高 1～4 米。具直立根状茎；秆直立，节下常具白粉，于花序以下具白色柔毛。叶片狭线形，通常长达 60 厘米，宽 3～6 毫米，顶生者亦不显著退化，两面无毛，干燥后边缘内卷；叶鞘均较节间为长，仅鞘口或节生柔毛；叶舌钝尖，长约 2 毫米，具小纤毛。圆锥花序，长 20～30 厘米，分枝细弱，直立，节间细，长 4～10 毫米，顶端稍膨大，边缘与外侧面具疏长丝状柔毛；无柄小穗披针形，长 3～4 毫米，基盘具长于小穗二倍

以上的丝状毛；第一颖具2脊，边缘具小纤毛，先端稍钝，第一颖舟形，先端锐尖，边缘亦具纤毛；第一外稃卵状长圆形，先端尖，边缘具纤毛；第二外稃狭长而稍短，具纤毛，内稃缺如；有柄小穗与无柄小穗相似，柄长2.5～3毫米。花、果期8～11月。

［生长环境］ 性喜潮湿、肥沃而松疏土壤，多于低山坡沟溪旁或河滩边生长。

［产　　地］ 安徽、江苏、浙江、湖南、江西、湖北、四川、贵州、福建、台湾、广东、广西、云南等省区。

［用　　途］ 秆、叶可供拧绳索、盖茅屋，亦可造纸。根状茎发达而坚硬，为水土保持植物。

［理化性质］ 据广东省资料，鲜草化学成分：水分72.69%，无氮抽出物14.10%，粗纤维9.15%，粗灰分1.74%，粗蛋白1.75%，纯蛋白质1.38%，粗脂肪0.57%，磷酸0.10%；物理性质：纤维最长1.78毫米，最短0.29毫米，平均0.88毫米，一般0.68～1.12毫米；最宽19.9微米，最窄6.0微米，平均10.4微米，一般8.0～12.0微米。

［采收处理］ 参阅斑茅(366页)。

［加　　工］ 参阅斑茅。

412 皱叶狗尾草（zhouyegouweicao）（图318）

［地 方 名］ 风打草（福建）

［学　　名］ **Setaria excurrens** (Trin.) Miq.　禾本科

［形态特征］ 多年生草本，高80～130厘米，直径3～5毫米。须根细而坚韧，秆较瘦弱，直立或基部倾斜，具鳞芽。叶片质地较薄，披针形至线状披针形，长10～25厘米，**宽1～2.5厘米，具较浅的纵向皱折**，叶基渐窄，顶端渐尖，呈尾状；叶鞘具脊，鞘口或边缘常具糙毛，鞘节无毛或被短毛；叶舌具长1～2毫米的纤毛。圆锥花序狭长圆形至线形，长15～25厘米，分枝斜

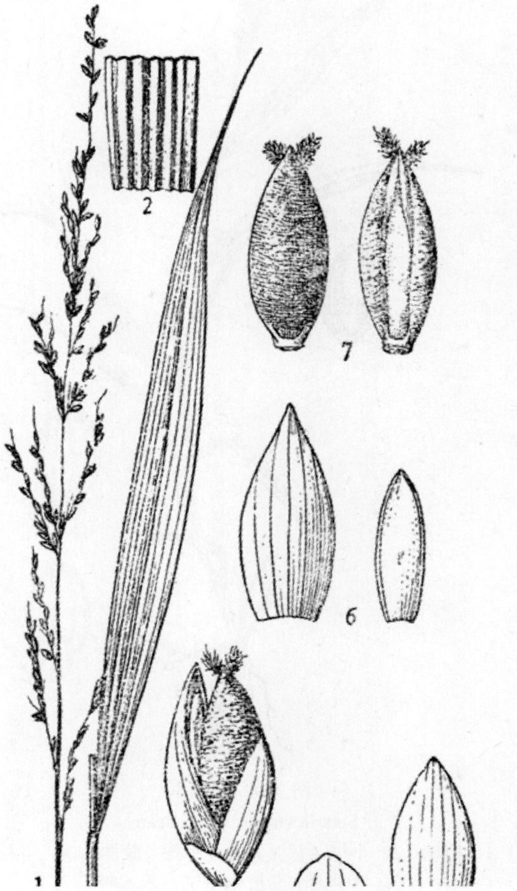

图318　皱叶狗尾草

Setaria excurrens（Trin.）Miq.

1．花序及叶片；2．叶片一部分；3．小穗；4．第一颖；5．第二颖；6．第一花内稃及外稃；7.谷粒（背面及复面）

（自“中国主要植物图说，禾本科”）

向上升，上部排列较紧密，下部具小枝，排列较稀疏；小穗卵状披针形，长 3～3.5 毫米；刚毛长达 1 厘米，有时不明显；第一颖阔卵形，先端钝圆，长为小穗的 1/4～1/3，具 3 脉；第二颖，先端钝或尖，长为小穗的 1/2～3/4，具 5～7 脉；第一外稃具 5 脉，与小穗等长，先端尖；内稃 2 脉，膜质。**颖果具明显横皱纹**，先端具硬而小的尖头。花果期 6～10 月。

［生长环境］ 山谷或山坡草地。

［产 地］ 安徽、江苏、浙江、湖南、江西、湖北、四川、贵州、福建、台湾、广东、广西、云南等省区。

［用 途］ 叶供造纸原料。

果实可食或酿酒、制饴糖。嫩叶作牲畜饲料。

［采收处理］ 参阅狗尾草（本页）。

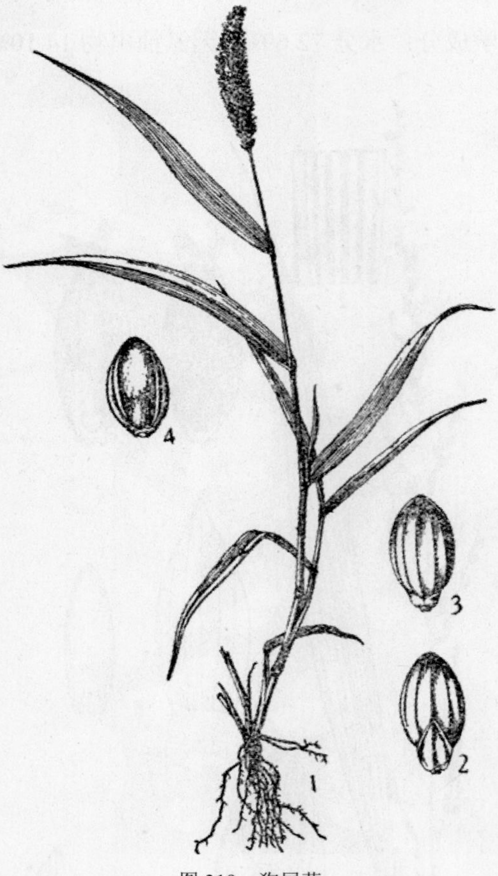

图 319 狗尾草
Setaria viridis（L.）Beauv.
1．植株；2．小穗（背面）；3．小穗（腹面）；4．谷粒。
（自“中国主要植物图说，禾本科”）

413 狗尾草（gouwei-cao）（图 319）

［学 名］ **Setaria viridis** (L.) Beauv. 禾本科

［形态特征］ 一年生草本，高 30～100 厘米。根须状。秆直立或基部膝曲，通常较细弱，亦有粗壮者，基部直径达 4 毫米。**叶片扁平**，长 5～30 厘米，**宽 2～15 毫米**，先端渐尖，基部略呈钝圆或渐窄，通常无毛；叶鞘较松弛，无毛或具柔毛；叶舌具长 1～2 毫米的纤毛。圆锥花序紧密呈圆柱形，长 5～15（20）厘米，微弯垂或直立；刚毛长 4～12 毫米，粗糙，绿色、黄色或紫色；小穗椭圆形，先端钝，长 2～2.5 毫米；第一颖卵形，长约为小穗的 1/3，具 3 脉；第二颖几与小穗等长，具 5 脉；第一外稃与小穗等长，具 5～7 脉，具一狭窄内稃。**颖果**长圆形，顶端钝，**具细点状皱纹**，成熟时少肿胀。

［生长环境］ 荒野、道旁，农田之杂草。

［产　　地］ 黑龙江、吉林、辽宁、内蒙古、河北、山西、山东、河南、陕西、甘肃、宁夏、青海、新疆、安徽、江苏、浙江、湖南、江西、湖北、四川、贵州、福建、台湾、广东、广西、云南、西藏等省区。

［用　　途］ 茎杆纤维可造纸。

柔嫩茎叶可作饲料。谷粒含有淀粉，可供食用或酿酒。

［采收处理］ 8～9月间收割，晒干，茎叶分开，茎供造纸，叶作饲料。种子在全草收回后，晒干打下。

414 箭竹（jianzhu）（图 320）

［学　　名］ ***Sinarundinaria nitida*** (Mitf.) Nakai 禾本科

［形态特征］ 秆高可达3米，直径约1厘米，深紫色，节间长6～8厘米，圆筒状。秆箨枯黄色，早落性。叶片长4～14厘米，宽7～13毫米，背面灰白色，次脉4对，具小横脉，叶鞘紫色，边缘具纤毛；鞘口其有縫毛；叶舌高约1毫米。圆锥花序开展，长7～14厘米，分枝细长，平滑，分枝腋间具小瘤状物；小穗柄长5～15毫米；小穗具2～5花，花长15～25毫米，淡绿色或带暗色；小穗节间长4～6毫米，顶端具有白色短柔毛，颖先端渐尖，边缘具纤毛，第一颖长3～5毫米，第二颖长5～7毫米；外稃先端渐尖，具9脉并有小横脉，第一外稃长9～10毫米，内稃长约9毫米；雄蕊3，药长4～5毫米；柱头2，长约2.5毫米。花期4～

图 320 箭竹
Sinarundinaria nitida（Mitf.）Nakai
1. 花枝；2. 小花和小穗轴节间。
（自“中国主要植物图说，禾本科”）

5月，笋期春季（四川）。

［生长环境］ 海拔1000～3300米的山地一带，或在山针叶林破坏后，常形成大面积箭竹群落。

［产　　地］ 四川、云南、湖北、江西、甘肃等省。

［用　　途］ 秆供造纸，由于生长力强，产量大，质量好，是一种重要纤维原料。竹笋供食用。

415 慈竹（cizhu）（图321）

［地 方 名］ 甜慈、酒米慈、钓鱼慈（四川），丛竹（贵州）。

［学　　名］ **Sinocalamus affinis** (Rendle) McClure　禾本科

［形态特征］ 秆高5～10米，顶端细长作弧形或下垂如钓丝状；节间呈圆筒形，最下部节间长15～30厘米，上部渐长，可达60厘米，**直径3～6厘米，**节间贴生小刺毛，毛长约2毫米，灰白色或灰褐色，尤以上部显著，小刺毛脱落后，则留下水疣点或小凹痕。箨环明显；箨鞘革质，通常长20～25毫米，背部密被伏生棕黑色刺毛，顶端微呈山字形，内面有一具流苏状箨舌；箨叶长达10厘米，宽4～5厘米，先端渐尖，基部收缩，并略呈圆形，正面多脉，密生白色小刺毛，背面中部疏被小刺毛。枝条每节上约20余枝，拥挤成半轮状，最后小枝上有叶数枚或至10枚以上。叶片质薄，长10～30厘米，宽1～3厘米，先端渐细尖，基部圆形或楔形，表面暗绿色，无毛，**背面灰绿色，被微毛**；次脉5～10对，边缘常具小锯齿；叶柄长2～3毫米；叶鞘长4～8厘米，具纵纹，无毛，鞘口无繸毛；叶舌截形或呈啮蚀状，高1～1.5毫米，棕色或黑色。花枝常呈束，不具叶，长达20厘米或更长，柔软下垂，节间细长；**小穗**有花4～5，**发育良好的长15毫米**，常2～4枚生于节上，棕紫色，有花4～5朵；外稃

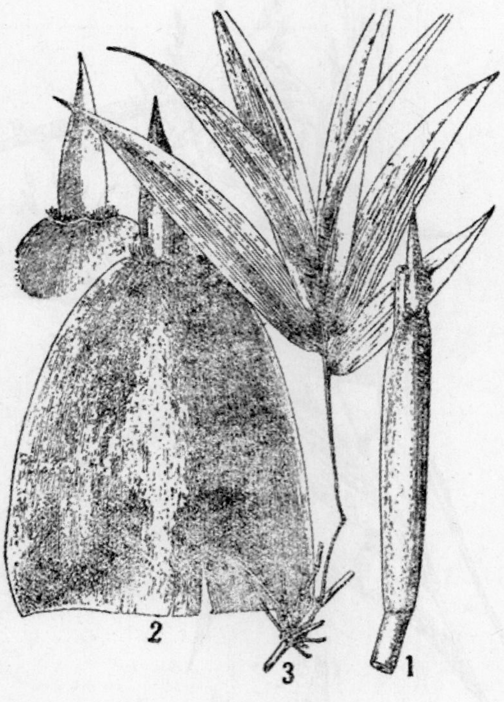

图321　慈竹

Sinocalamus affinis（Rendle）McClure

1. 幼秆的一段，附有秆箨；2. 秆箨；3. 秆顶端的一节，示其分枝情形。

（自“中国主要植物图说，禾本科”）

宽卵形，长 8～10 毫米，顶端小尖头，边缘有纤毛；**内稃**长 7～9 毫米，**背部二脊上具纤毛，脊间无毛**；雄蕊 6，有时亦有不育者。果实纺锤形，长 7.5 毫米，上部被微柔毛，腹部具宽沟，果皮黄棕色，可与种子分离。花期 4～7 月（四川）。

［生长环境］ 通常多生于平地低丘或栽于庭园、村边，常形成大片竹林。

［产　　地］ 产于四川、云南、贵州、广西、湖南、湖北（西部）及陕西（南部）等省区，以四川产量较大。

［用　　途］ 秆纤维可制水泥袋纸和其他文化纸及绳索之用，亦可作编扎竹器的竹片，为绞口的上等材料，长江上游木船上的船缆，多用慈竹绞成。竹壳（即箨）可为高级文化用纸原料。

［理化性质］ 据四川省资料：竹壳纤维宽 12.98 微米，强力 80.48 克；属类似单纤维的束纤维。

据“中国造纸植物原料志”记载：纤维最长为 3.248 毫米，最短为 1.969 毫米；最宽为 28.3 微米，最窄为 8.2 微米，平均为 18.2 微米。化学成分如下表：

成分	嫩竹（%）	一年生（%）	二年生（%）	三年生（%）
纤维素	61.47	57.76	63.98	62.19
α-纤维素	47.27	45.58	47.42	45.13
木质素	17.86	25.95	22.08	23.15
灰分	1.49	3.46	1.85	1.46
水分			14.08	13.55
1%氢氧化钠抽出物	34.82	27.81	24.93	22.91
总抽出物（醇苯、乙醇、热水）	13.77	9.22	6.60	6.04
硅土量	0.58	2.60	0.168	0.44

［采收处理］ 采竹壳宜在 7～8 月间，过迟竹壳则腐烂，将竹壳收回后，晾干即可；采竹秆造纸，应以当年生的嫩竹为好。

416 大头典竹（datoudianzhu）（图 322）

［学　　名］ **Sinocalamus beecheyanus** (Munro) McClure var. **pubescens** P. F. Li

禾本科

［形态特征］ 植株丛生，无刺。地下茎合轴丛生。秆稍弯曲，直立或渐直立，高达 16 米，**直径约 9～11 厘米**，先端稍弯曲；节间延长，长 34～40 厘米，材厚 2 厘米，节上密被毡毛，新秆节间被柔毛。秆箨大，革质，箨鞘背有粗毛，箨鞘基部宽，宽 25～28 厘米，长与宽近相等，先端渐窄，宽 2.5～4 厘米；箨舌近截平形，中部稍短，高 1～2 毫米，两侧稍高，高 3～5 毫米；箨片卵状披针形，直立或稍外曲，长 5～9 厘米，外面被褐色短微毛或丝毛，边缘近基部有锯齿。叶片长圆状披针形，大小变异大，长 11～20 厘米，宽 1.5～3.5 厘米，先端渐尖，基部近圆形，具短柄，表面光滑，**背面稍粗糙**；

图 322 大头典竹

Sinocalamus beecheyanus（Munro）McClure var. pubescens P. F. Li

1．叶枝；2．叶鞘顶端和叶片连接处的侧面观；3．同前的反面观；4．秆的一段；5．秆的节间横切面。

（自“中国主要植物图说，禾本科”）

叶舌短、截平形、具微齿。小穗被柔毛，幼时长约 16 毫米，宽约 8 毫米，**成熟后长达 30 毫米**，宽约 7 毫米，**内稃两面均被微毛**，子房卵形，下部无毛，上半部有微毛；柱头 2，细长，细羽毛状。花期 3～5 月。

［生长环境］ 喜生长于气候温暖、湿润、土壤肥沃疏松、排水良好的地方、平地或山坡均有生长，通常多栽培。

［产　　地］ 广东省。为我国特产之一。

［用　　途］ 茎秆可作造纸原料，亦可编织用具。

笋肉肥厚无苦味，常做蔬菜食用，为广州食用笋中的上等品，但需保护竹源，尽量少挖笋。

［采收处理］ 参阅毛竹（362 页）。

［加　　工］ 其备料、打浆和抄纸等步序参阅粉单竹（350 页）。其蒸煮条件：用碱量 18.74，硫化度 29.7%，液比 6，最高温度 165℃，蒸煮时间升温 120 分钟，保温 40 分钟，残碱 NaOH 克 / 升 8，粗浆收获率 57.65%，粗浆硬度贝克曼值 124.7。

据中国科学院华南植物研究所造纸试验结果：纸浆打浆度（SR）55，纸重 46.8 克 / 平方米，作出纸的裂断长 7500 米，耐破度 2.95 公斤 / 平方厘米。

417 大油芒（dayoumang）（图 323）

［地 方 名］ 红毛公（东北），大荻（河北），小鸭苗子（江苏），大白草（辽宁），红眼巴（黑龙江）。

［学　　名］ **Spodiopogon sibiricus** Trin.　禾本科

［原 料 名］ 红毛公（东北）

［形态特征］ 多年生草本。具较长的密被鳞片的根状茎。秆直立，高 80～110 厘米。叶片阔线形平展，长 10～25 厘米，表面及边缘粗糙，背面平滑，主脉白绿色，明

显，表面基部疏生长毛；叶鞘无毛或密生柔毛，边缘及鞘口常有毛；叶舌干膜质，截平，干时暗褐色。圆锥花序，长10～16厘米，宽约2厘米，分枝直上又稍斜上，每节生两个小穗，一有柄，一无柄；小穗披针形，长约5毫米，宽约1.5毫米；二颖几等长，背面密生柔毛，第一花为雄花，膜质透明，无芒，第二花为两性花，其外稃上部2裂，具纤毛，二裂片中央伸出弯曲而扭转的芒，芒长约1厘米，紫褐色；柱头2，羽毛状，紫褐色，开花时外露。花果期8～10月。

［生长环境］　习见于山坡、路旁及草坡中阳光充足的地方。

［产　　地］　黑龙江、吉林、辽宁、内蒙古、河北、山西、山东、河南、陕西、甘肃、宁夏、青海、安徽、江苏、浙江、福建等省区。

［用　　途］　茎、叶纤维很好，可做造纸原料，能制高级文化用纸。

日晒雨淋不易腐烂，农村中常用作盖茅屋材料。亦可编草鞋及搓绳。幼嫩时为良好的饲料。

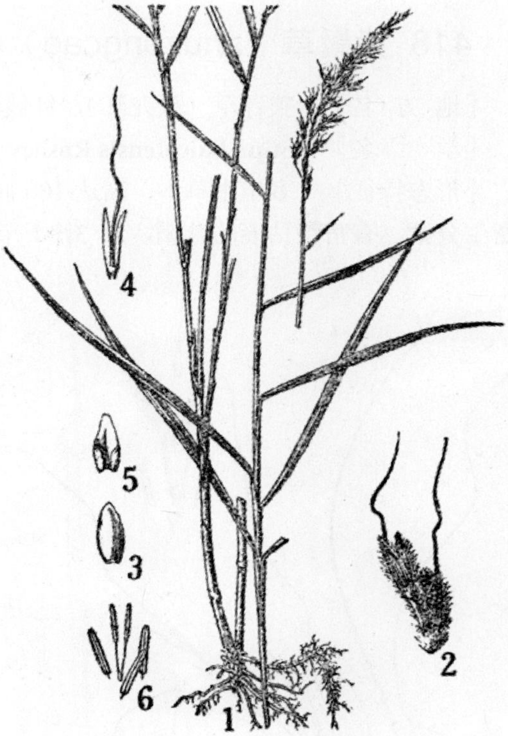

图323　大油芒

Spodiopogon sibiricus Trin.

1. 植株；2. 孪生小穗；3. 第一外稃；4. 第二外稃；5. 第二内稃；6. 雄蕊及雌蕊。

（自“中国主要植物图说，禾本科”）

［理化性质］　据吉林省资料：全纤维42.02%，α-纤维69.18%（全），多缩戊糖22.97%，木质素18.49%，苯醇抽出物5.45%，热水水溶物8.78%，1%氢氧化钠抽出物53.45%；纤维最长2.87毫米，最短0.35毫米，平均0.984毫米，一般为0.82～1.39毫米；最宽16.9微米，最窄3.0微米，率均6.8微米，一般为5.6～7.5微米（全纤维素的测定是用硝酸酒料法测定三次的结果，热水抽出物的测定是采用残渣称量法）。

据黑龙江省资料：纤维含量30%，含水量10.05%，灰分6.26%，粗脂肪32%；纤维长0.519～3.701毫米，宽2～2.4微米。

据轻工业部科学研究院制浆造纸研究所资料：纤维最长3.85毫米，最短0.37毫米，一般长0.64～1.80毫米；最宽36.8微米，最窄5.9微米，一般宽7.4～15.7微米。

又据金城造纸厂的报告，作出的粗浆纤维长宽度：纤维最长3.433毫米，最短0.516毫米；最宽29微米，最窄6微米。

［采收处理］ 作造纸原料及编织材料用的，可于秋末采割，采回后晒干收藏。

418 猪鬃草（zhuzongcao）（图 324）

［地 方 名］ 狼针草（黑龙江），针线草（东北）。

［学　　名］ **Stipa baicalensis** Roshev.　禾本科

［形态特征］ 多年生草本，高达 100 厘米。须根有时具沙套。秆直立，丛生，基部密生分蘖，有宿存枯萎的叶鞘，具 3～4 节。幼嫩时，叶片纵卷成细长线形，茎生者长 20～30 厘米，分蘖者叶片长达 40 厘米，上面被微毛；叶鞘光滑，幼嫩时微粗糙，下部的叶鞘通常长于节间；叶舌膜质而较厚，长 1.5～2 毫米，两侧下延与叶鞘边缘相结合。圆锥花序通常包于叶鞘中，长 20～50 厘米，分枝细弱，直向上升；小穗灰绿色或变紫褐色；颖几等长，膜质，尖端丝状，长 25～30 毫米；第一颖 3 脉；第二颖 5 脉；外稃长 12～14 毫米，先端关节处周围生短毛，背部具贴生纵行短毛，基盘尖锐，长约 4 毫米，密生柔毛；芒 2 回膝曲扭转，光亮，无毛，芒长 10～28 厘米；内稃 2 脉，无脊。花果期 6～8 月。

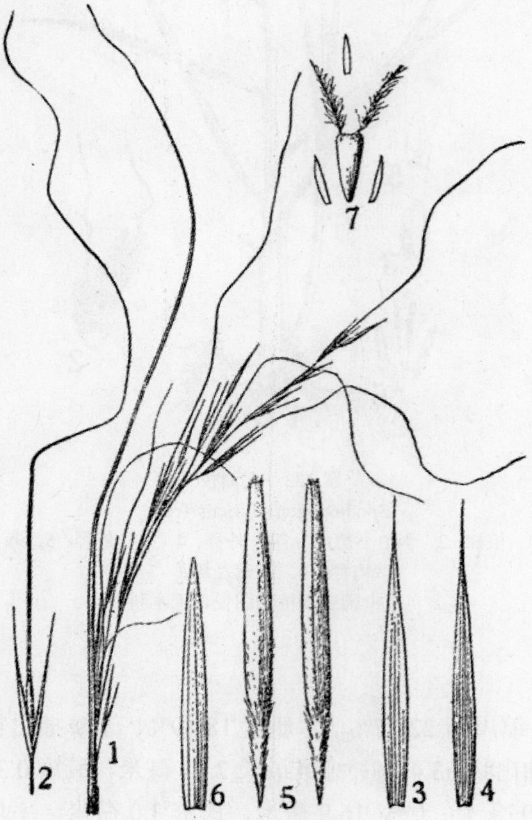

图 324　猪鬃草
Stipa baicalensis Roshev.
1. 花序；2. 小穗；3. 第一颖；4. 第二颖；5. 小花（去芒）背面及腹面；6. 内稃；7. 鳞被及雌蕊。
（自“中国主要植物图说，禾本科”）

［生长环境］ 常见于较干燥山坡丘陵地的草地、草原等处，轻碱性草地中亦有生长，通常成大片群落。

［产　　地］ 黑龙江、吉林、辽宁、河北及内蒙古等省区。

［用　　途］ 茎叶纤维可作高级文化用纸，或为掺制香烟纸的原料，亦可制人造棉、绳索或织鱼网。

［理化性质］ 据吉林省资料：茎叶含全纤维 39.02%，α-纤维 74.88%，多缩戊糖 19.66%，木质素 18.73%，苯醇抽出物、热水水溶物、氢氧化钠插出物 50.37%，水分 11.58%，灰分 4.67%。纤维最长 1.81 毫米，最短 0.26 毫米，一般为 0.72～1.41 毫米，平均 0.843 毫米；最宽 15.0 微米，最窄 2.8 微米，一般为 7.50～13.0 微米，平均 7.7 微米（全纤维素用硝酸酒精法测法四次结果）。

据黑龙江省资料：纤维素 26%，粗纤维 36.78%，粗蛋白 6.57%，粗脂肪 1.42%，灰分 4.37%，水分 12.13%；纤维长 1.6 毫米，宽 10 微米。又据牡丹江造纸厂分析：粗纤维素 33.67%，灰分 4.37%，木质素 22.42%，水分 10.5%。

［采收处理］　8～9 月间，采割地上部分，除去杂草，晒干，捆成束，即可收藏备用。

［加　　工］　造纸厂制浆的试验如下（中间型制浆试验 2.38 立方米蒸球）：（1）蒸煮条件（直接通气），用碱量 14%，硫化度 10%，装锅量 30 公斤（绝干），液比 1:2.6，蒸煮温度 145℃，升温时间（分）60，保温时间 150 分，总蒸煮时间 210 分；（2）漂白设备，Bellmer 单流式漂白机，容量 0.8 立方米，动力 3 马力，螺旋浆直径 190 毫米，转速 250R.P.M.；（3）漂白条件，漂率 5%，漂白时温度 30～35℃，漂白时间 180 分，漂白浓度 3%，pH 值 8～9；（4）试验结果，粗浆收获率 44.78%，硬度（Kmno 4 值）12.2，纸重（厘米 / 平方米）49.8，裂断长（米）4670，耐破度（公斤 / 平方米）1.6，耐折度（反复次数）2.7，抗撕力（厘米）24，白度 75。

［其　　他］　克氏针茅（S. krylovii Roshev.）（蒙名：黑拉嘎那）与猪鬃草相似，主要区别点在于克氏针茅的颖、外稃与芒都较短，颖长 20～25 毫米，外稃长 10～12 毫米，芒 10～16 毫米。产于河北、山西、甘肃、青海与内蒙古等省区。用途与猪鬃草相同。

419 黄背草（huangbeicao）（图 325）

［地 方 名］　黄草、白草、仙草、山草（山东），黄背草、黄白草（河南），红屋草（江苏），黄秆草、红须草（河北），黄背茅（云南），黄管草（陕西）。

［学　　名］　**Themeda triandra** Forsk. var. **japonica** (Willd.) Makino　禾本科

［形态特征］　多年生草本，高 70～100 厘米。秆直立，丛生，粗壮。叶线形，长 10～30 厘米，宽 4～6 毫米，先端尖，边缘粗糙，背面常具白粉，通常在基部有硬疣毛，中肋在表面较明显；叶鞘紧包茎，背部具脊，表面有硬疣毛；叶舌半弧形，边缘具细纤毛，长 1～2 毫米。总状花序单生，长 12～17 厘米，总梗长 2～3 毫米；总苞舟形，长约 2～4 厘米，近边缘有疣毛，此等花序再结合成假圆锥花序，通常在一总苞内有 7 个小穗，基部 4 个小穗无柄，轮生，长披针形，长 10～13 毫米，先端渐尖，无毛；结实小穗位于 4 个无柄小穗的中央，纺锤形，长 8～10 毫米，先端钝，基盘具褐色细长毛，毛长 2 毫米；第一颖草质，边内卷，仅顶部有毛，并具有芒，芒长 3～6 厘米，1 至 2 回膝曲；第二颖与第一颖相似，其边缘为第一颖包围；具柄小穗两个，光滑无毛。花期 7～8 月，果期 9～10 月。

［生长环境］　适应性强，抗旱力中等，生于低山斜坡，砂砾山顶或黄土丘陵、荒废农田草丛中。

［产　　地］　吉林、辽宁、河北、山西、山东、河南、陕西、甘肃、安徽、江苏、浙江、湖南、江西、湖北、四川、贵州、福建、台湾、广东、广西、云南等省区。

图 325 黄背草

Themeda triandra Forsk. var. japonica（Willd.）Makino

1. 植株；2. 无柄小穗。

（自“中国主要植物图说，禾本科”）

［用 途］ 纤维较一般草类长，可作造纸原料，亦可作人造棉及人造丝等。秆叶可供盖房屋，亦可编草帘和铺床的草垫，根韧性大，通常用作毛刷等用具。

根亦可入药，可治淋病，又可利尿，有去湿散热之功。每 100 克干草中，含胡萝卜素 66.88%，维生素丙 8.673%，可作牲畜饲料，对牲口的适口性良好。

［理化性质］ 据河南省资料：出麻率 15.83%，含水量 10.38%，脂肪及蜡质 1.82%，冷水水溶物 3.60%，热水水溶物 5.40%，果胶 3.40%，半纤维素 21.60%，木质素 0.40%，纤维素 53.40%。

根据山西省商业厅野生植物研究所资料：纤维素 30.77%，α-纤维素 28.13%，β-纤维素 0.99%，γ-纤维素 0.2%，鞣质 1.99%，糠醛 4.56%，淀粉 25.9%，氮 0.052%，磷 0.32%，钾 0.73%。

据河北省资料：纤维素 40.3%，1% 氢氧化钠抽出物 23.2%，木质素 43.5%。

作成人造丝的浆板成分：α-纤维素 93.6%，多缩戊糖 1.97%，水分 6.8%，粘度 24.2，灰分 0.79%。

据“中国造纸植物原料志”记载：纤维一般长为 1.050～2.060 毫米，最长为 3.060 毫米，最短为 0.660 毫米；一般宽 11.3～19.6 微米，最宽为 26.5 微米，最窄为 9.8 微米。

［采收处理］ 作纤维用、人造丝用及盖屋等用者，都在秋末冬初采收，采回后晒干即可。

［加　　工］ 人造丝浆板的加工方法如下（系初步试验，仅供参考）：

（1）备料　将收割晒干的黄背草，剪去根及上部的叶，然后再切成2～3厘米的小段。

（2）水解　将风干的原料用1:12的水，煮沸3小时（从100℃时开始计时），取出冲洗。

（3）硝酸蒸煮　将上述原料，用1:10的5%的硝酸溶液在常压100～103℃的温度下煮至柔软为止，约需3～5小时，注意边煮边搅动，然后取出冲洗，并加捶打，直至溶液呈中性为止。

（4）碱液蒸煮　将经上述处理过的原料用1:4～1:5的3%的烧碱溶液，在常压100～103℃的温度下，约煮3小时，取出冲洗，并加捶打至洗液中性为止。

（5）漂白　将上述原料放入氯化钙溶液内漂白（有效氯为5%，pH2～3，浆浓度为5%），同时边漂边搅动，1小时后取出洗净。

（6）酸洗和压成浆板　将上述原料丝浆，用2%的盐酸洗浆和打浆，使呈中性为止，然后再压成浆板。

（7）烘干　将上述浆板置于60～70℃的温度下烘干，随水分的失去程度，适当地减温，至干爽后即成。

［其　　他］ 黄背草在我国分布甚广，产量很大，至今尚未被充分地利用，视其理化性质，发展是有前途的，值得注意。

420 菰（gu）（图326）

［地 方 名］ 茭草（江苏、四川），茭白（山东、江苏、湖北、四川）。

［学　　名］ **Zizania caduciflora** (Turcz.) Hand.-Mzt. (Z. latifolia Turcz.)　禾本科

［形态特征］ 多年生草本，高90～180厘米。具根状茎，须根健壮。杆直立，基部节上具不定根。叶片扁平，长30～100厘米，宽1.2～2.5厘米，表面粗糙，背面光滑；叶鞘肥厚，长于节间；叶舌膜质，近三角形，长达15毫米。圆锥花序长30～60厘米，具多数簇生分枝，上升或基部者开展；雄性小穗通常生于花序下部，具短柄，常呈紫色，长10～15毫米；外稃具5脉，顶端渐尖或具短芒，内稃具3脉；雄蕊6，花药长6～9毫米；雌性小穗多位于花序上部，长15～25毫米；外稃芒长1.5～3厘米。颖果圆柱形，长约10毫米。花期秋季。

［生长环境］ 生于湖沼水边或池塘中，常有栽培者。

［产　　地］ 黑龙江、吉林、辽宁、内蒙古、河北、山西、山东、河南、陕西、甘肃、宁夏、青海、新疆、安徽、江苏、浙江、湖南、江西、湖北、四川、贵州、福建、台湾、广东、广西、云南、西藏等省区。

本种为食用蔬菜，在我国南北各地广为栽培，产量很大。

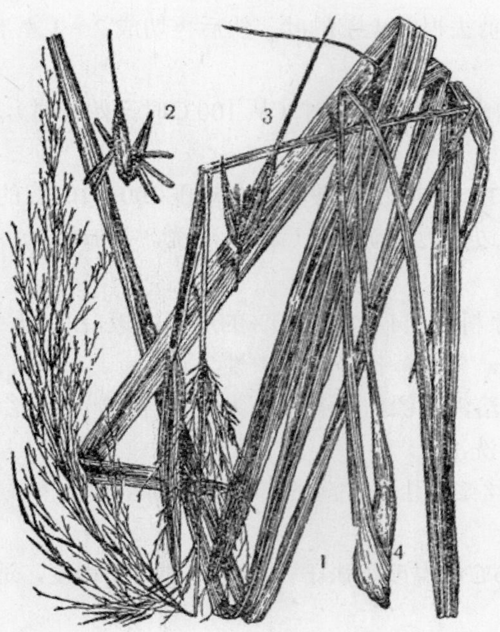

图 326 菰

Zizania caduciflora（Turcz.）Hand.-Mzt.

1．不生笋而开花的菰；2．雄花；3．雌花；4．生笋的菰。

（自“华东水生维管束植物”）

［用　　途］ 茎秆及叶纤维细长，可作造纸原料，可造上等印刷纸。茎叶可代蒲草编织蒲包；纤维混纺可作麻袋。

茭白的茎秆被黑穗病菌侵袭刺激后，肥厚细嫩，称茭笋，可作蔬菜。果实称茭菰米或菰米，可代粮食用。根、茎、叶与种子入药（见“药用类”，1971 页）。

茎叶亦可作饲料。成熟的病菌孢子为黑色的粉末，可调油脂作染发用。

须根粗壮且多，可作保堤固土的先锋植物。

［理化性质］ 据“中国造纸植物原料志”记载：新鲜物的水分为 75.16%；绝干物的化学成分：全纤维素 51.9%，纤维素 35.5%，热水水溶物 14.62%，α-纤维素 38.91%，灰分 12.67%，多缩戊糖 28.6%。

据四川重庆市纺织工业局化验，茭白壳的成分：水分 9.445%，灰分 1.044%，果胶 30.151%，木质素 11.24%，α-纤维素 55.90%；纤维长 7.7 毫米，强力 3.613 克。

［采收处理］ 可按用途的性质而决定采收的时节，一般造纸用的茎叶可随时采集，但以较成熟者为好。采回后晒干即可保存。

421 羊胡子苔草（yanghuzitaicao）（图 327）

［地 方 名］ 羊胡子草（辽宁）

［学　　名］ **Carex callitrichos** V. Krecz.　莎草科

［形态特征］ 多年生草本，植株鲜绿色。根状茎匍匐分枝，丛生。秆圆三棱形，高 2～5 厘米，平滑。叶呈细毛发状，宽 0.5～1 毫米，柔软，鲜绿色，下倾，花后显著伸长，比秆长约 5 倍，边缘微粗糙，基部叶鞘淡红褐色或棕色。小穗 2～4 个，雄小穗顶生，高出雌小穗，具少数花（1～3）生于膝曲的小枝上，小穗柄常隐藏于苞片的叶鞘中；鳞片披针形，锐尖，淡红褐色，边缘白色，膜质，长于果囊；果囊长圆状倒卵形，三棱状，长 2.5～2.8 毫米，具短毛或无毛，基部楔形，先端微圆形，延伸为喙，喙淡褐色，全缘；柱头 3。

［生长环境］ 生阴山坡或山顶松柞林下。

［产　　地］ 主产辽宁省凤城、宽甸、庄河、海城、清原、岫岩、新宾、金县等地。

［用　　途］ 茎叶主要为造纸原料，并可搓绳及作包袋用和填充料。

［采收处理］ 8～9月间割下全草，晒干后捆扎备用。

422 筛草（shicao）（图328）

［地 方 名］ 砂贡子（山东）

［学　　名］ ***Carex kobomugi*** Ohwi (*C. macrocephala* non Willd.) 莎草科

图 328　筛草
Carex kobomugi Ohwi
植株全形

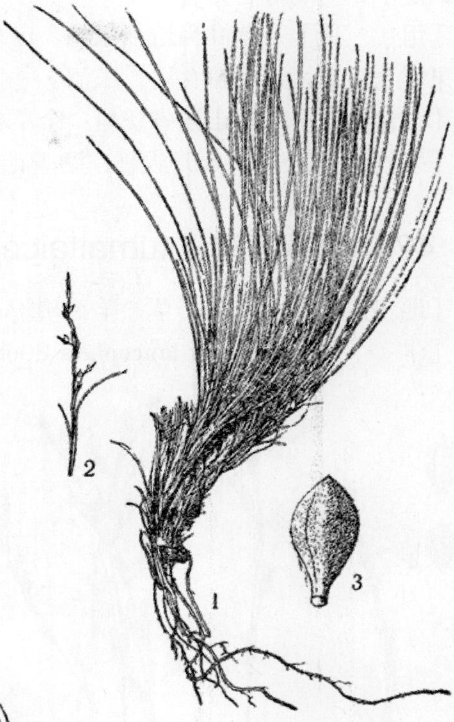

图 327　羊胡子苔草
Carex callitrichos V. Krecz.
1．植株全形；2．花序；3．果囊。

［形态特征］ 多年生草本，具长而横生的匍匐茎，粗壮。秆直立三棱形，基部包围破裂黑褐色纤维状前一年的叶鞘。叶广线形，质强韧，表面具光泽，边缘具锐锯齿。花序大，生秆端；雄小穗长椭圆形，雌小穗粗大；鳞片褐黄色，卵形或长圆状卵形，比果囊长约一倍。果囊大，披针形，弯曲，平凸状，暗褐色。花期 6～7月（山东）。

［生长环境］ 沿海沙滩及湖边。

［产　　地］ 主产于山东。黑

龙江、辽宁、河北等省亦有分布。

［用　　途］　茎叶为造纸原料，山东曾试制纸张，质量良好。果实含淀粉，可磨粉食用或酿酒。

［理化性质］　据山东省资料：全草含纤维 30.86%。

［采收处理］　7～8 月收割，晒干，打捆，备用。

423 凸脉苔草（tumaitaicao）（图 329）

［地 方 名］　羊胡子草、羊毛胡子（山东、江苏），大披针苔（吉林）。

［学　　名］　**Carex lanceolata** Boott　莎草科

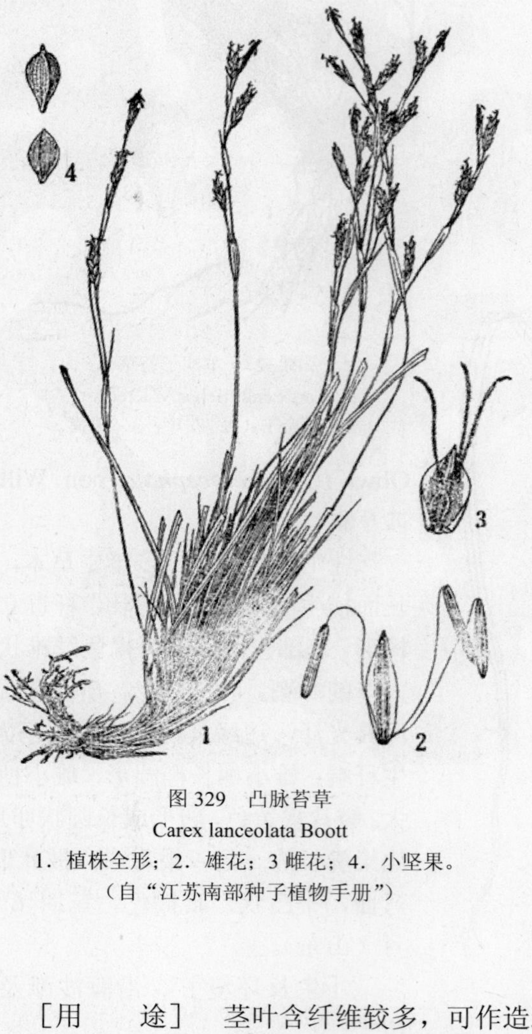

图 329　凸脉苔草

Carex lanceolata Boott

1．植株全形；2．雄花；3 雌花；4．小坚果。

（自“江苏南部种子植物手册”）

［形态特征］　多年生半常绿草本，冬季被雪覆盖部分常绿，上部枯死。根状茎粗壮，斜上分歧，成密丛，外被褐色残存的叶鞘及腐朽分解成的纤维状物。叶基生，集束成丛，长 10～50 厘米，宽 2～4 毫米，与秆几乎等长或较长，表面稍平滑，背面粗糙，先端尖。秆高 20～30 厘米，直立，纤细，稍粗糙，顶生 1 个雄小穗，线状披针形，下方不连续的生有 3～4 个雌小穗，雌小穗由鞘状苞内伸出，长 1.3～2 厘米；鳞片阔卵状披针形，具锈色脉纹，长约 4 毫米，背面绿色，两侧紫褐色，有白色膜质边缘，顶生芒尖。果囊卵状披针形，具肋状凸起脉，外被短毛，小坚果近卵形，长约 2 毫米。花期 2～3 月（江苏），5 月，果期 6 月（吉林）。

［生长环境］　生于稍干燥的山坡疏林下、路旁。

［产　　地］　遍及全国，黑龙江、吉林、辽宁、河北、河南、山西、山东、江苏、浙江、安徽、福建、四川、广东、广西、云南、江西、湖南、湖北、贵州、陕西、甘肃等省区均有。

［用　　途］　茎叶含纤维较多，可作造纸原料。嫩叶可作饲料用。

［理化性质］　据吉林省地方工业技术研究所分析：茎叶含水分 11.32%，灰分

8.85%，全纤维素 40.97 %。

［采收处理］ 7～9 月采收，晒干打捆备用。

424 麦苔草（maitaicao）（图 330）

［地 方 名］ 勒草（山东）

［学　　名］ **Carex maximowiczii** Miq. 莎草科

［原 料 名］ 勒草

［形态特征］ 多年生草本，高 30～50 厘米，秆三棱形，丛生，具短匍匐茎，水平伸展。基部叶鞘通常红褐色，具短柔毛；叶细线形，狭长，边缘粗糙，中脉不明显。小穗 2～4 个，小穗柄长，下垂，平滑；顶端小穗具雄花，侧生小穗具雌花，少有具雄花；雄小穗线形，雌小穗下面具狭长叶状苞片，鳞片红褐色；果囊膨大，长 3.5～4.5 毫米，具短柄，与鳞片等长，或较鳞片短，红褐色，阔卵形，密被乳头状突起。小坚果扁圆形，两面突起，有光泽，柱头 2～3，花柱基部不膨大。花期 4～5 月（山东）。

［生长环境］ 低山坡、山坡阴湿处，平原路边，山沟草丛内或小河边。

［产　　地］ 辽宁和山东东部沿海各县。

［用　　途］ 茎叶纤维可作造纸原料。

植株在抽穗前含蛋白质很多，可为牲畜饲料。

［理化性质］ 据山东省资料：鲜草含水分 68.69%，粗蛋白质 22.55%，粗脂肪 1.19%，粗纤维 10.10%，灰分 2.65%，无氮抽出物 14.82%，磷酸 0.14%。

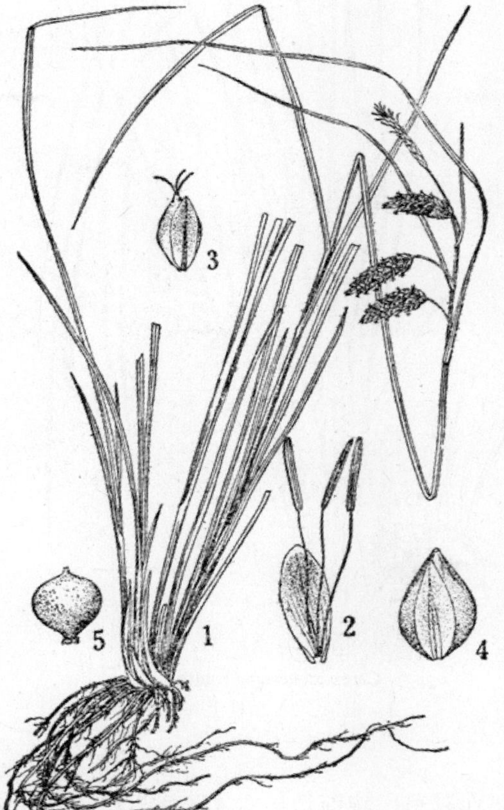

图 330 麦苔草
Carex maximowiczii Miq.
1．植株全形；2．雄花；3．雌花；4．果囊；5．小坚果。
（自“江苏南部种子植物手册”）

［采收处理］ 6～7 月采割，晒干打捆备用，作牧草用最好在开花以前收割。

425 乌拉草（wulacao）（图 331）

［地 方 名］ 靰鞡草（东北）

［学　　名］ **Carex meyeriana** Kunth　莎草科

［形态特征］ 多年生草本，秆直立，成密丛，高 30～50 厘米，粗糙。基部的叶鞘无叶片，锈色，刚硬；秆上叶片一般长 10～30 厘米，宽 1～1.5 毫米，质硬。小穗 2～3，雄小穗顶生，圆筒形，下部稍隔离，长 2～3 厘米，雌小穗生于雄小穗下方，近球形，长 0.5～1 厘米，无柄；鳞片卵状椭圆形，暗紫褐色，钝头；果囊扁，三棱形，近阔卵形，淡灰绿色，长约 3 毫米，密生细突起，具骤尖的短喙，柱头 3。花期 6 月，果期 7～8 月。

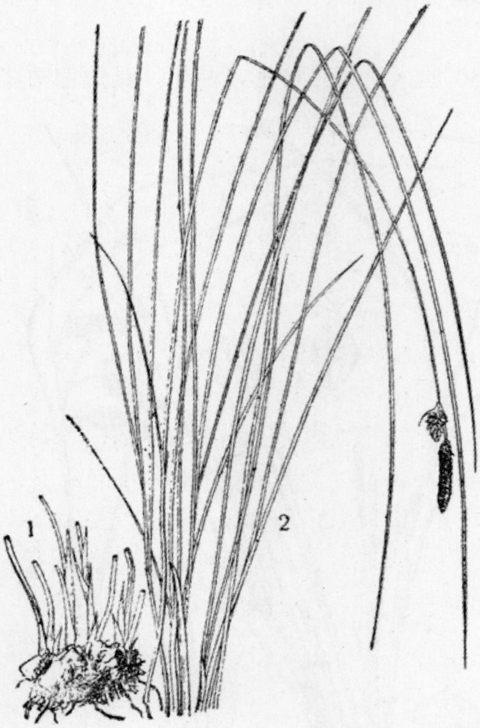

图 331　乌拉草
Carex meyeriana Kunth
1．根部；2．植株上部。

［生长环境］ 生于沼泽、湿地，成大片群生。

［产　　地］ 吉林和黑龙江等省。

［用　　途］ 乌拉草号称东北三宝之一，其主要用途是用于冬季填充在“乌拉”内起保温作用，全草韧性强，可代替油包草，并可做绳子、草鞋、美术编织物或造纸用，也用踏头墩子筑墙。

［采收处理］ 8～9 月收割，晒干后放在石头上捶打，使其柔软如麻，然后垫在鞋里，特别是垫在“靰鞡”里轻暖异常。如果穿用过久，可取出用热水浸后再烤干。稍加揉搓即温软如新，可继续使用。

426 大穗苔草（dasuitaicao）

［学　　名］ **Carex rhynchophysa** C. A. Mey. (*C. laevirostris* Blytt.)　莎草科

［形态特征］ 多年生草本，高 60～120 厘米。根状茎匍生，须根稠密。秆直立，粗壮。叶鞘常有部分带暗紫褐色，顺叶片下延的一侧草质，另一侧膜质透明，常撕裂，叶片长 30～60 厘米，宽 7～13 毫米，平展，两面光滑，边缘稍粗糙。小穗 7～11 个，上部 2～4（5）个为雄小穗，线形，长 3～8 厘米；下部疏生 2～4（5）个为雌小穗，柱

形，长5～10厘米，直径1厘米左右（为苔属Carex中最大者），苞片叶状长于秆，鳞片长圆状披针形，褐色，稍膜质，长4～5毫米，宽不及1毫米。果囊广卵形，甚膨大，水平开展，长5～6毫米，宽约2.5毫米，喙细长，长达2毫米，先端2齿，小坚果倒卵形，三棱形，暗褐色，有光泽，长约2毫米。花期7～8月，果期8～9月（吉林）。

［生长环境］　生于沼泽湿地，溪流边或山水沟中。

［产　　地］　吉林省和龙、抚松、浑江、永吉、九台等县市。

［用　　途］　茎叶纤维为造纸原料。

嫩茎叶作家畜饲料及牲畜牧草。

［理化性质］　据吉林省资料：茎叶含纤维48.76%。

［采收处理］　秋季割下全株，晒干后存放于通风处。

427 云南莎草（yunnanshacao）

［地 方 名］　三棱草（云南镇雄）

［学　　名］　**Cyperus duclouxii** E. G. Camus (*C. dichroostachyus* auct, non. Hochst) 莎草科

［形态特征］　多年生草本，高30～90厘米。匍匐根状茎木质。秆散生，粗壮，扁三棱形，基部被黑紫褐色无叶片的叶鞘。叶与秆等长或稍短，宽4～10毫米，背面常具明显小横纹，基部具红褐色叶鞘。复伞形花序，花序柄不等长；苞片2～3枚，叶状，较花序长；小穗具4～16朵花，每3～10小穗成指状排列，卵形或披针形，扁平，长2.5～4毫米，宽1～1.5毫米；鳞片紧贴并呈复瓦状排列，膜质，宽卵形，两侧黑褐色，先端具白色透明的边，背部稍呈龙骨状突起，黄绿色；雄蕊2。小坚果长圆形或椭圆形，具三棱，长约为鳞片的2/3，淡黄色。花果期6～11月。

［生长环境］　常生于田边、水沟或稻田中，亦有栽培，分布在海拔1900～2500米山区。

［产　　地］　云南、贵州、四川等省。

［用　　途］　茎秆可编席、打草鞋，亦为造纸原料。

［理化性质］　据云南省资料：含纤维量22.8%。

［采收处理］　7～9月植物成熟时，割草晒干备用。

［加　　工］　造纸及纸浆板方法均参阅总论。

428 毛轴莎草（maozhoushacao）

［地 方 名］　三稔草、三合草、三棱官（广东）

［学　　名］　**Cyperus pilosus** Vahl　莎草科

［形态特征］　匍匐根状茎细长。秆散生，粗壮，高25～80厘米，锐三棱形，平滑，有时秆上的棱上稍粗糙。叶基生，短于秆，宽4～8毫米，平展，边缘粗糙；苞片

通常3，叶状，长于花序，边缘粗糙，2列，排列疏松，平展。复伞形花序，聚成宽金字塔形的轮廓，总花梗长或短，长的有时达10厘米；穗状花序轴上被较密的黄色粗硬毛，小穗线状披针形或线形，稍肿胀，长4～14毫米，宽1.5～2.5毫米，具8～24朵花，鳞片排列稍松，阔卵形，长2毫米，背面具不明显的龙骨状突起，绿色，顶端具很短的短尖或无短尖脉5～7条，两侧褐色或红褐色，边缘具白色透明的边；雄蕊3，花药短，线状长圆形，红色，花药隔突出于花药顶端；花柱短，白色，具棕色斑点，柱头3。小坚果阔椭圆形或倒卵形，三棱形，长约为鳞片的1/2～3/5，顶端具短尖，成熟时黑色，花果期8～11月。

［生长环境］　多生于平原、丘陵、山地较潮湿的地方，溪旁、水渠边。

［产　　地］　主产于广东。浙江、江西、广西、贵州、云南、四川、福建、台湾等省区均有分布。

［用　　途］　秆叶纤维为高级造纸原料，亦可用来编制草席、草篮和日用盛具等。

［采收处理］　秋季收割，晒干去掉杂质，打捆储存备用。

［其　　他］　据广东省造纸试验结果：粗浆收获率31.33%；物理性质：纸重48.3克 / 平方米，断裂长7250米，耐破度24.4克 / 平方米，耐折度（双折）313次。

429 白花毛轴莎草（拟）（baihuamaozhoushacao）

［学　　名］　**Cyperus pilosus** Vahl var. **obliquus** (Nees) C. B. Clarke　莎草科

［形态特征］　本植物为毛轴莎草（*Cyperus pilosus* Vahl）一个变种，区别在于本变种小穗短，长2.5～3毫米，花少，通常仅有4～7朵花；鳞片两侧苍白色，花果期6～9月。

［生长环境］　喜生于沼泽和经常积水的旷地，田中，河、溪边和路旁亦常有生长。

［产　　地］　广东、云南、贵州、浙江、福建、四川等省。

［用　　途］　秆叶纤维色白，为优良的造纸原料。

［采收处理］　在秋季采割，去穗切头，晒干打捆储存，堆放应注意留孔通风，以防发热霉烂。

［其　　他］　据广东省资料：造纸试验结果粗浆收获率59.96%；物理强度：纸重46.1克 / 平方米，断裂长5400米，耐破裂1.684克 / 平方厘米，耐折度（双折）16.8次。

430 丛毛羊胡子草（拟）（congmaoyanghuzicao）（图332）

［地 方 名］　龙须草（贵州），洋胡子草（四川）。

［学　　名］　**Eriophorum comosum** Nees　莎草科

［形态特征］　多年生草本，高达70余厘米。根状茎短，粗硬。秆细长。坚硬，淡绿色，具条纹，基部有宿存的黑色或褐色的鞘。叶基生，线形，较秆长，边缘向内卷

具细锯齿。伞形花序复出，苞片较花序小穗多数，单生于花序枝端，具多数小花；花两性，基部有空鳞片 4 片，空鳞片两大两小，小的长约为大的 1/2，卵形，顶端具小短尖，褐色，膜质，中脉明显，呈龙骨状突起，有花鳞片形同空鳞片而稍大，长 2.3～3 毫米；下位刚毛极多数。小坚果长圆状三棱形，有喙，黑褐色，平滑。花柱较坚果长，先端 3 裂。

［生长环境］ 常生于石山岩隙间或多石的地方。

［产　　地］ 云南、贵州、四川、广西、湖北、甘肃等省区。

［用　　途］ 茎可编织草席，亦为造纸原料。

［采收处理］ 秋季收割，晒干后，储藏通风干燥处避免霉烂。

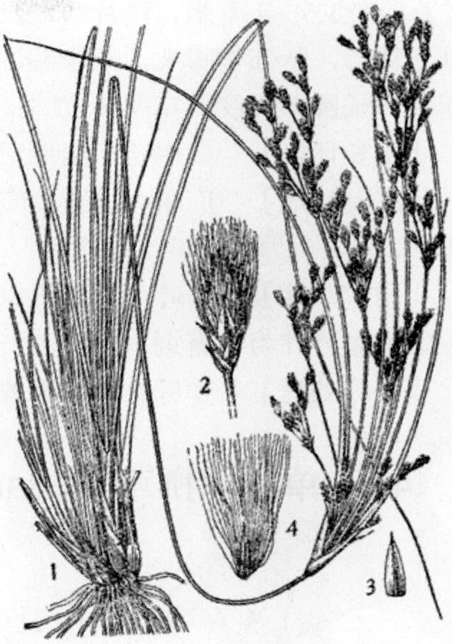

图 332 丛毛羊胡子草

Eriophorum comosum Nees

1．植株全形；2．小穗；3．苞片；4．花。

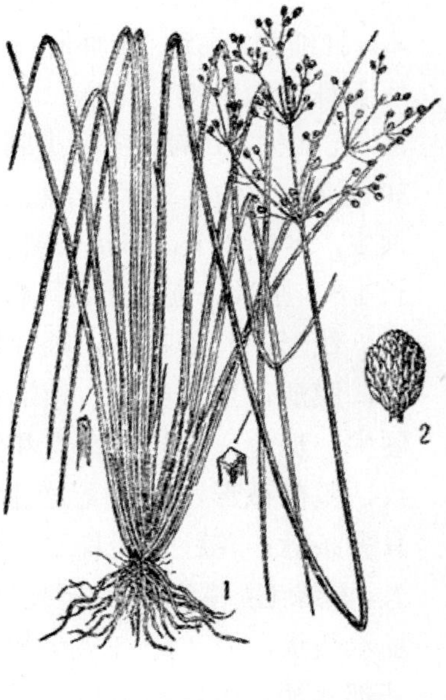

图 333 水虱草

Fimbriatylis miliacea（Thunb.）Vahl

1．植株；2．小穗。

431 水虱草（拟）

（shuishicao）（图 333）

［地 方 名］ 汉草、球花关、旱草（广东）

［学　　名］ **Fimbristylis miliacea** (Thunb.) Vahl　莎草科

［形态特征］ 一年生簇生草本，高 15～60 厘米，无毛。秆纤细，扁四棱形，具纵槽，基部包有 1～3 个无叶片的鞘。鞘侧扁；叶基生狭线形，长于或短于秆或与秆等长，**侧扁**，套褶，呈剑状，边上有稀疏的细齿，向顶端渐狭成刚毛状；苞片 1～3，刚毛状，基部宽，具锈色膜质的边，较花序短。伞形花序复出，顶生，

有小穗极多数，稍疏散，长3～10厘米，穗多数，小，球形或近球形，顶端极钝，长1.5～5毫米，宽1.5～2毫米，鳞片膜质，卵形，顶端极钝，栗色，成复瓦状排列，雄蕊2；花柱三棱形，基部稍膨大，无缘毛，柱头3。小坚果倒卵形，苍白色或淡褐色，具疣状突起和横长圆形网纹。花期6～7月（广东）。

［生长环境］ 多生长于湿地沼泽地上或稻田中。

［产　　地］ 广东、贵州、广西、福建、台湾、湖南、江西、浙江、四川、云南等省区。

［用　　途］ 秆叶可为造纸原料。

幼嫩时秆叶为牲畜饲料。

［采收处理］ 作纤维用，于秋季收割，晒干储存备用。

432 单穗飘拂草*（dansuipiaofucao）（图 334）

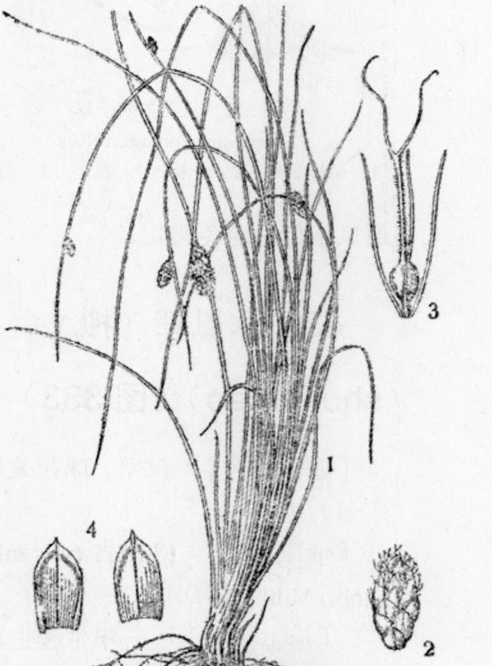

图334 单穗飘拂草

Fimbristylis subbispicata Nees et Mey.

1. 植株全形；2. 小穗；3. 花去掉鳞片示雄蕊和雌蕊；4. 鳞片背面和腹面。

［地 方 名］ 小毛羊、蓑衣草（江苏）

［学　　名］ **Fimbristylis subbispicata** Nees et Mey. 莎草科

［形态特征］ 多年生丛生草本，秆细弱，高达70厘米。叶细线形，短于秆，稍坚挺，平展，多丛生于基部，先端尖，上端边缘具小刺，长10～30厘米，宽约1毫米。小穗通常一个，顶生，罕有2个，卵状长圆形或卵形，长1～3厘米；苞片无或只有1枚，直立，线形，长于花序，鳞片螺旋状排列，膜质，呈广卵形，顶端钝，具短硬尖，棕色，有褐色斑点和锈色短条纹，基部截形，背面无龙骨状突起，具多条脉；花柱长而扁平，基部稍膨大，具缘毛，柱头2。小坚果倒卵圆形，扁双凸状，长1.5～1.7毫米，褐色，基部具柄，表面具六角形网纹；稍有光泽。花期7月，果期9～10月。

［生长环境］ 生于山坡、山谷旷地、池塘沼泽地或溪边、沟旁近水处。

［产　　地］　辽宁、山西、河北、河南、山东、江苏、浙江、安徽、福建、台湾、广东、广西等省区。

［用　　途］　茎秆纤维为造纸原料，亦可编织蓑衣或搓制绳索。

全草为牛羊饲料。

［采收处理］　7～9 月割下全草晒干，打成捆储存备用，储存时注意通风，以防霉烂。

433 爪哇黑莎草（zhaowaheishacao）（图 335）

［地 方 名］　米（广东海南）

［学　　名］　**Gahnia javanica** Moritzi　莎草科

［形态特征］　多年生，粗状草本，高约 90 厘米，几无毛，有节。秆圆柱形，坚实。叶狭长，坚硬，约与秆等长，宽 8～12 毫米，向上渐狭成钻形，边缘及背面脉上具刺状细齿。圆锥花序较宽而松散，长 30～50 厘米，宽约 6 厘米，黑色；最下的苞片叶状，小穗多数，披针形，长 4～7 毫米；鳞片 7～8 枚，黑褐色，复瓦状排列，阔卵形，顶端急尖并具短尖或短芒，背面通常具狭长椭圆形泡状凸起，最上一片鳞片具两性花，其下一片具雄花或两性花，而有极退化的雌蕊；此外，其余鳞片均不具花；无下位刚毛；雄蕊 3，花丝细长，花柱 3，细长。小坚果骨质，线状长圆形，钝三棱形，光滑，黄褐色，顶端黑色。抽穗期 7～8 月。

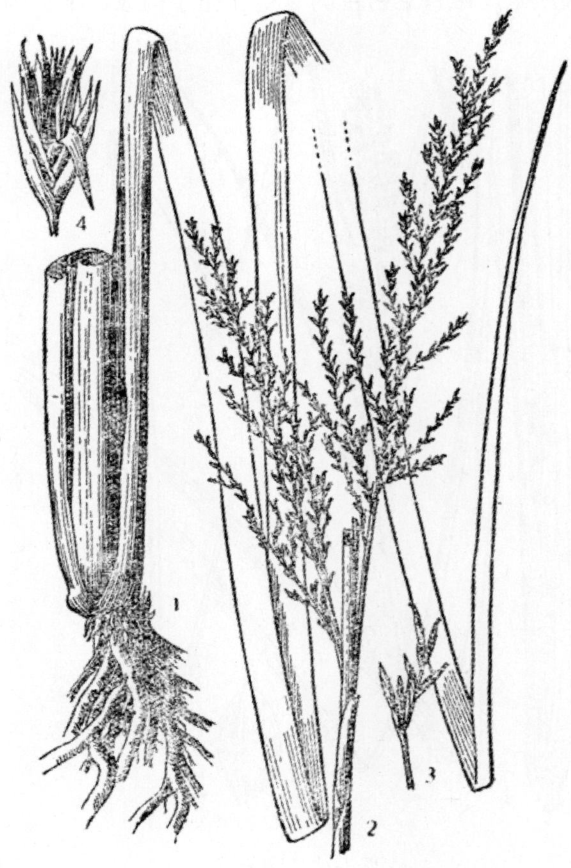

图 335　爪哇黑莎草

Gahnia javanica Moritzi

1. 根及秆叶；2. 花序；3. 小穗；4. 花。

［生长环境］　生于气候温暖、湿润的丘陵地和山坡下，最宜生长在土壤深厚、向阳且湿润的山谷和溪旁。

［产　　地］　广西西南部及广东海南岛。

［用　　途］　秆叶为制造

各种高级文化用纸原料。

［采收处理］ 7～9 月叶最茂时收割，晒干成捆备用。

［其　　他］ 据广东省资料：粗纤维收获率 55.35%，纸重 45.2 克 / 平方米，断裂长 5200 米，耐破度 1.55 千克 / 平方厘米，耐折度（双折）11 次。

434 黑莎草（heishacao）（图 336）

［地 方 名］ 镬扫把、猴公须、猴公西、双公须、山鸡草、红头草（广东），山鸡腿（福建），黑皮草（广西）。

［学　　名］ **Gahnia tristis** Nees　莎草科

［形态特征］ 多年生草本，高 70～130 厘米。秆粗壮，圆柱形，坚实，空心，有节。叶基生和秆生，鞘红棕色；叶片狭长，极硬，尖锐，边缘极粗糙。圆锥花序长 20～30 厘米，由直立密生的复穗状花序构成，下部约长 2.5～4 厘米，上部的逐渐递减，每一花序生一叶状苞腋内；小穗暗褐色或黑色，有花 1～2，仅上部 1 花结实，空鳞片 5～6，锐尖，鳞片 2，阔而钝，紧包着花；雄蕊 3，花丝细长；花柱细长，柱头 3，细长。小坚果倒卵形，长约 4 毫米，表面平滑，具光泽，骨质，未熟时为白色或淡棕色，成熟时为黑色，花果期 3～12 月。

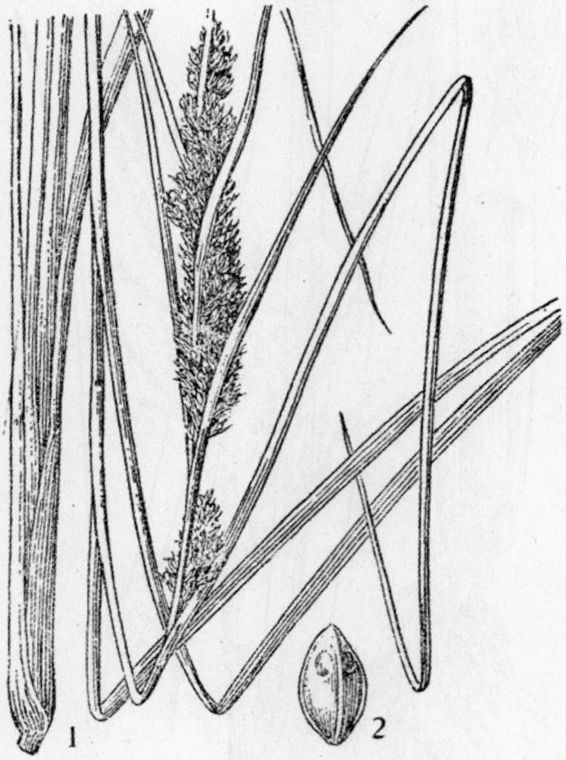

图 336　黑莎草

Gahnia tristis Nees

1. 植株的部分；2. 果。

［生长环境］ 生于气候温暖、干燥的荒山坡或低山地的疏林下或林缘。

［产　　地］ 产于我国南部如广东、广西、福建、湖南等省区。

［用　　途］ 秆叶为造纸原料及制纤维板的原料，又能搓绳索及供海带养殖用。

种子可榨油（见“油脂类”，995 页）。

［理化性质］ 据厦门大学分析：茎秆含纤维鲜物中 12.81%，晒干物中 23.00%，烘干物中 25.87%。福建林学院分析：茎秆含纤维晒干物中 42.00%。华东师范大学分析：晒干茎秆含纤维 23.16%。南京大学分析：晒干茎秆含

纤维 37.20%。

［采收处理］ 7～8 月进行采割，晒干成捆即可。堆放时注意留孔，防止发热霉烂。

435 具槽秆荸荠（jucaoganbiji）（图 337）

［地 方 名］ 牛草、牛拐子草（山东）。

［学 名］ **Heleocharis valleculosa** Ohwi (*Heleocharis palustris* auct., non Roem. et Schult.) 莎草科

［形态特征］ 多年生草本。根状茎匍匐。秆细长，直立，单生或簇生，圆柱形，有少数锐肋条，基部叶鞘褐色，鞘先端科截形或稍呈斜截形。叶缺如。穗状花序顶生，长圆状卵形或线状披针形，略扁平，长 6～18 毫米，宽 3～6 毫米，鳞片紫褐色，边缘干膜质，中间绿色或淡绿色；下位刚毛 4 条，长于小坚果，雄蕊 3，柱头 2，细线状。小坚果倒卵形，双凸状，淡黄色，长约 1 毫米，花柱基为阔卵形，狭于小坚果，海绵质。花果期 6～8 月。

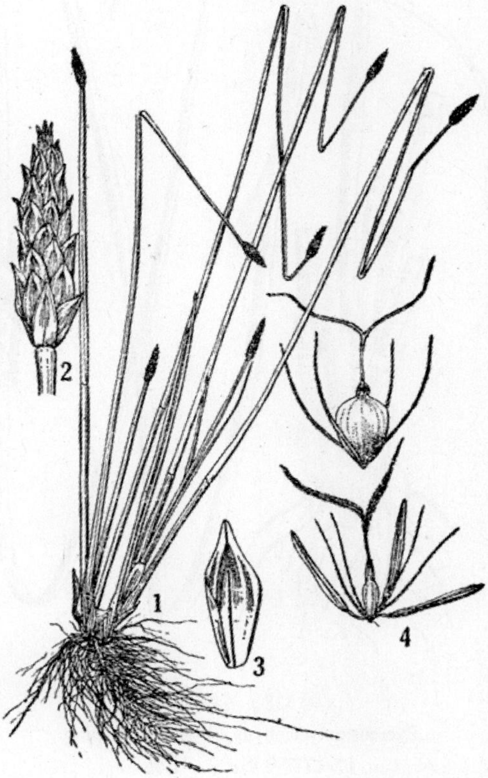

图 337 具槽秆荸荠

Heleocharis valleculosa Ohwi

1. 植株全形；2. 花序；3. 鳞片；4. 花去掉鳞片。

（自“江苏南部种子植物手册”）

［生长环境］ 沼泽水边、湖边常成群丛生。

［产 地］ 主产于山东、江苏、浙江、四川、云南等省，几遍布全国。

［用 途］ 茎纤维质量较好，可为造纸原料。

嫩茎可为牲畜及家禽饲料。

［采收处理］ 8～9 月进行采割，晒干打捆贮存备用。

436 多枝扁莎（拟）（duozhibiansha）（图 338）

［地 方 名］ 细脉三穗草、细脉席草、耕田草（广东）

［学 名］ **Pycreus polystachyus** (Rottb.) P. Beauv. (*Cyperus polystachyus* Rottb.) 莎草科

［形态特征］　根状茎短，具许多须根。秆密丛生，高 15～60 厘米，扁三棱形，坚挺，平滑。叶狭，基生，通常较秆短，或与秆等长，稍硬；叶鞘短而阔。苞片 4～6，叶状，长于花序；复出长侧枝聚伞花序，具多数辐射枝，辐射枝有时缩短，有时延长达 3.5 厘米，具多数小穗；小穗排列紧密，近于直立，线形，长 7～18 毫米，宽约 1.5 毫米，具 10～30 朵花，或有时更多；鳞片密复瓦状排列，膜质，卵状长圆形，长约 2 毫米，背面具 3 条脉，绿色，两侧麦秆色或红棕色，无脉，顶端有时具极短的短尖；雄蕊 2；柱头 2，细长，露出于鳞片之外。小坚果近于长圆形或卵状长圆形，黑色，长约为鳞片之半，顶端尖，表面具微突的细点。花果期 5～10 月。

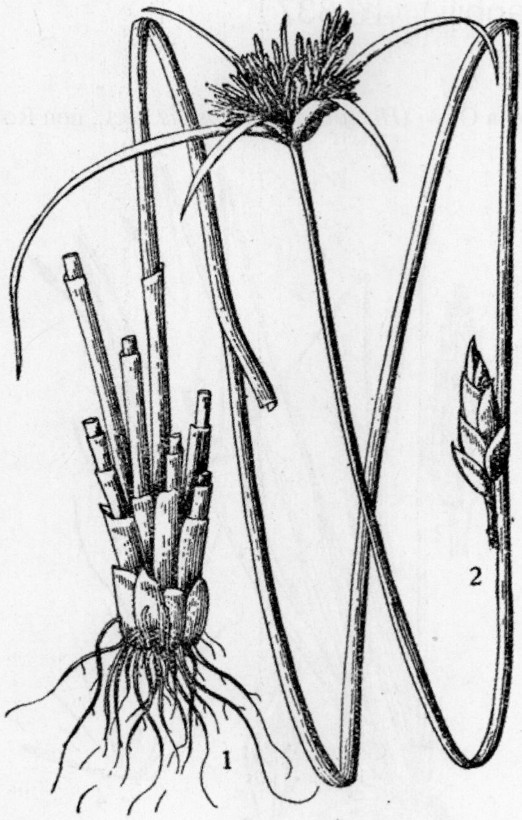

图 338　多枝扁莎
Pycreus polystachyus（Rottb.）P. Beauv.
1. 植株全形；2. 小穗。

［生长环境］　喜生于潮湿肥沃的荒地上，田埂上，草地中及山谷阴湿的沙土上，有时生于盐泽地上。

［产　　地］　广东、福建、台湾等省。

［用　　途］　秆、叶纤维可作制高级用纸的原料。

［理化性质］　据广东省资料：纤维最长 1.28 毫米，最短 0.31 毫米，平均长 0.79 毫米，一般长 0.43～0.89 毫米；最宽 13.2 微米，最窄 6.0 微米，平均宽 9.6 微米，一般宽 6.6～12 微米。

［采收处理］　秋季收割，去穗切头，晒干扎成捆，堆放干燥处备用，防生霉腐烂。

437 席草（拟）（xicao）（图 339）

［地 方 名］　龙须草（浙江）

［学　　名］　**Scirpus filipes** C. B. Clarke　莎草科

［形态特征］　丛生草本。秆高 70～100 厘米，直径约 1～1.5 毫米。叶常短于秆基部叶鞘褐色，鞘缘三角状，边缘膜质。小穗披针形，2～6 个簇生，排列为复伞房花序。花梗长短不一；鳞片披针形，中肋绿色，边缘膜质，褐色，复瓦状排列在下部的几个鳞

片内，无花；下位刚毛6条，白色；雄蕊3，花药线状长椭圆形；柱头3，具乳头状突起。小坚果倒卵形，三棱形，较刚毛短，暗褐色。花果期3～6月。

［生长环境］ 生潮湿地带、山坡林下、岩石缝隙或沟谷草丛中。

［产　　地］ 江苏、浙江、福建、四川、贵州等省。

［用　　途］ 茎纤维可编织，亦可为造纸原料。

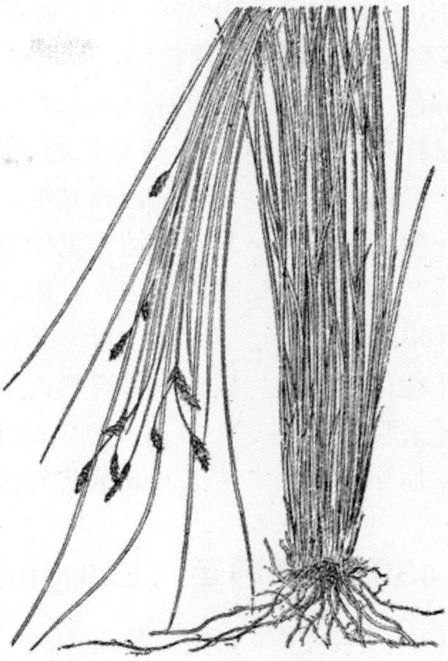

图339　席草
Scirpus filipes C. B. Clarke
植株全形

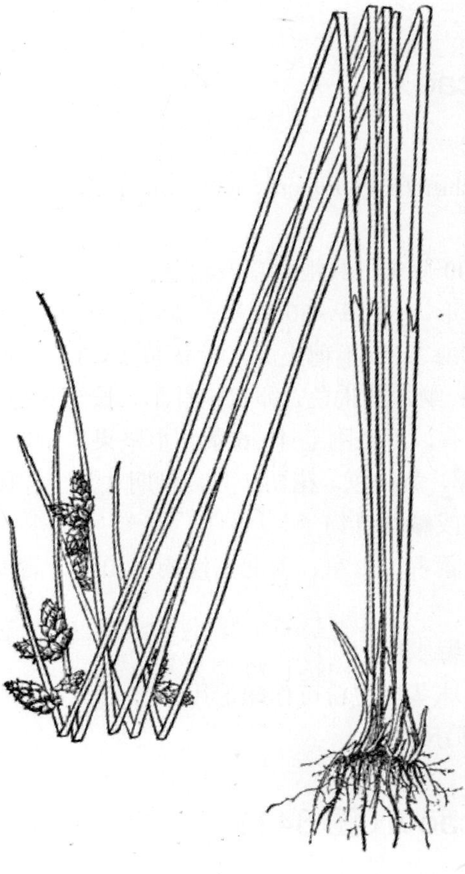

图340　萤蔺
Scirpus juncoides Roxb.
植株全形

［采收处理］ 7～8月收割，晒干备用。

［其　　他］ 龙须草的名称，普遍用在几种植物上。有名同而科不同的几种植物，如：禾本科的 Eulaliopsis binata（Retz.）Hubb.，灯心草科的 Juncus effusus L.和本种都是。为了避免名称的混乱，本种取名席草，以兹区分。

438 萤蔺（yinglin）（图340）

［地 方 名］ 三角棱、圆关草、水毛花（江苏）

［学　　名］ **Scirpus juncoides** Roxb. (*S. erectus* non Poir.) 莎草科

［形态特征］ 多年生草本。有须根。

秆丛生，圆柱形，高30～60厘米，除基部有1极短的叶鞘外，全株无叶。小穗无柄，3～8枚聚生为一侧生的头状花序，卵状或卵状长圆形，长6～12毫米，宽4～6毫米，棕色或淡棕色，具多数花，苞片直立，为秆之延长，鳞片阔卵状，有钝头或短尖，呈紧密的复瓦状排列；下位刚毛5～6条，约与坚果等长；有倒刺，花柱2～3裂。小坚果呈阔倒卵形，黑褐色，光亮，稍扁，稍皱缩，但无明显的横皱纹。花果期8～11月。

[生长环境] 为水田边常见的杂草，主要生于沼泽地。

[产　　地] 除内蒙古、甘肃、西藏等省区尚未见到外，全国各地均有分布。

[用　　途] 茎柔韧，可编草鞋、蒲包，亦可做造纸原料。

[理化性质] 据山东省资料：茎含纤维13.08%。

[采收处理] 7～9月收割，晒干后贮藏备用。

[加　　工] 造纸及制纸浆方法均参阅总论。

439 扁秆藨草（bianganbiaocao）

[地 方 名] 野荆三棱（吉林）

[学　　名] **Scirpus planiculmis** Fr. Schm. (*S. compactus* auct. non Hoffm.) 莎草科

[形态特征] 多年生草本，高约50～100厘米。具根状茎及块茎，秆三棱形，直立。叶鞘包茎，草质，鞘口带膜质，叶片狭线形，长15～30厘米，宽约3毫米，两面光滑，叶背上部中脉和叶缘粗糙。花序头状，由3～6小穗集成，叶状苞1～3，长于花序；小穗几无柄，长1～1.5厘米，宽约5毫米；鳞片黄褐色，卵状披针形，长约6毫米，上部膜质，有疏锯齿，顶端芒尖，长1毫米左右，下位刚毛4～6条。小坚果广倒卵形，长约3毫米，扁平，表面微凹，具钝棱，有光泽，黄褐色。花期7月。果期8月（吉林）。

[生长环境] 喜湿润，生于河岸，河滩或碱性草甸子。

[产　　地] 黑龙江、吉林、辽宁、内蒙古、山东、河北、河南、山西、青海、甘肃、江苏、浙江、云南等省区。

[用　　途] 茎叶为造纸原料，亦可作编织用。

球茎可代荆三棱（吉林）药用。根状茎及球茎含淀粉可作酿造用。

[采收处理] 9～10月采割茎叶，晒干后应用。

440 东北藨草（dongbeibiaocao）（图341）

[学　　名] **Scirpus radicans** Schkuhr 莎草科

[形态特征] 多年生草本，具匍枝，新匍枝长1～2米，斜上后又弓形下曲，先端着地生根又发芽。秆直立，丛生或单生（新芽），高1米左右，具7～10节，钝三棱状柱形。叶鞘短于节间，成筒包茎，开口处有三角形膜质部分，叶片长10～35厘米，宽5～10毫米。顶生复伞房状花序，伞梗长短不一，稍粗糙，下具2～4枚叶状苞，小

伞梗长短不一，小穗单生，长卵状椭圆形，长4～6毫米，宽约2毫米；鳞片带灰黑色，长2毫米左右，先端具数枚短刺毛，下位刚毛6条，屈曲，长为果的3～4倍。小坚果二型。大的（少数）狭卵状扁三棱形，长达2毫米；小的（多数）倒卵圆形，一面稍平，一面凸形，熟时呈淡黄褐色。花期7～8月，果期8～9月（吉林）。

图341　东北藨草
Scirpus radicans Schkuhr
植株全形

［生长环境］　生长在水里，常和水葱（Scirpus validus Vahl）长在一起；在河岸、水边、沼泽、湿地成群丛生。

［产　　地］　辽宁、黑龙江、吉林等省。

［用　　途］　茎叶可作造纸原料，可供编织日常用具或制人造纤维板，也可作饲料或作牧草。

［理化性质］　据辽宁省资料：其茎含水分8.10%，粗蛋白质10.43%，粗脂肪3.40%，粗纤维28.50%，无氮抽出物44.5%，灰分5.10%。

［采收处理］　作纤维用，可在8～9月采收茎叶，晒干备用，作牧草用应在5～6月间采收。

［加　　工］　造纸及制纸浆板和人造纤维板方法均参见总论。

［其　　他］　另有东方藨草（Scirpus orientalis Ohwi）极似本种（东北藨草），惟东北藨草不生匐枝，小枝顶端一般集生2～3个无柄小穗，小穗狭卵形，长2～4毫米，是其主要区别，其他如生长环境、产地、用途等皆与本种同。

441 水毛花（shuimaohua）（图342）

［地 方 名］　三角草（广西、江苏），水三棱草、席草、丝毛草、三棱观（广东）。

［学　　名］　**Scirpus triangulatus** Roxb. (*S. mucronatus* auct. non L.)　莎草科

［形态特征］　多年生草本，簇生，高30～120厘米。须根纤维状，有一短的根状茎。秆锐三棱形，除基部有叶鞘外无叶，叶鞘膜质，先端三角状，小穗卵状长椭圆形，长8～15毫米，宽4～6毫米，3～20个合生，成一侧生、单生的头状花序；苞片三棱形，

图 342 水毛花
Scirpus triangulatus Roxb.
1. 植株全形；2. 小穗；3. 花；4. 小坚果。
（自“江苏南部种子植物手册”）

为秆的延长，长 2～10 厘米；鳞片淡褐色，背面中脉显著；多数，卵形，长约 4 毫米，稍短尖，有棱脊，苍白色或栗色；复瓦状排列，最下 1～2 枚空虚，其他的有两性花 1 朵，最顶的萎缩，下位刚毛 6 条，有倒刺不等长；雄蕊 3；花柱 3 裂，无毛。小坚果倒卵形，偏三棱形，成熟时黑色，光亮。抽穗期 7～8 月（广东）。

［生长环境］ 水生或湿生植物，生长于沼泽、河边、溪旁和田边。

［产　　地］ 山东、江苏、安徽、浙江、湖南、四川、云南、福建、广东、广西等省区。

［用　　途］ 茎纤维质量很好。可造打字纸、胶板纸和水泥袋纸等。茎叶亦可编草鞋、编席等用；嫩时养分丰富，亦可为牲畜饲料。

［采收处理］ 秋季植株长成后收割，晒干后并堆成垛存放 4～5 月后再加工利用；堆垛时应留出通风口；这样可以易于加工，并能提高纸的质量。

［其　　他］ 据广东省资料：粗浆收获率 53.27%；物理性质：纸重 41.6 克 / 米 ^{2}，断裂长 8190 米，耐破度 2.9 千克 / 平方厘米，耐折度（双折）32.3 次。

442 藨草（biaocao）（图 343）

［地 方 名］ 三角管（江苏），三棱藨草（东北）。

［学　　名］ **Scirpus triqueter** L. [*Schoenoplectus tabernaemontani* (Gmel.) Palla] 莎草科

［形态特征］ 多年生草本，高 40～150 厘米。根状茎细长。秆柱状三棱形，生花之一面凹陷，其他两面平坦。下部叶鞘短，披针形，长 1～5 厘米，先端具硬尖。小穗卵状长圆形，褐色，长 6～10 毫米，1 至数个着生于枝端，再成侧生的伞形花序；苞片

1 个，三棱形，为秆的延长，长 1～7 厘米。鳞片阔卵形，有棱脊，先端微凹或圆形，中脉突出，延伸成硬尖，下位刚毛 2～3，褐色；雄蕊 3；雌蕊 1，柱头 2 裂。小坚果倒卵形，扁平，背部突起，褐色，长 2.5 毫米。花期 7～8 月，果期 9～10 月（河南）。

［生长环境］ 生于沼泽及沼泽化草甸子，或洼地、田埂等处。

［产　　地］ 黑龙江、吉林、辽宁、河北、山西、山东、河南、江苏、安徽、浙江、湖北、四川、福建等省。

［用　　途］ 为造纸原料，可织席、编草鞋及搓绳。还可制人造纤维（辽宁已利用）。

［理化性质］ 据河南省资料：茎叶含水分 11.2%，脂肪及蜡质 6.18%，冷水水溶物 3.09%，热水水溶物 2.21%，果胶 0.44%，半纤维素 15.44%，木质素 2.95%，纤维素 59.55%，灰分 3.6%；出麻率 27%。

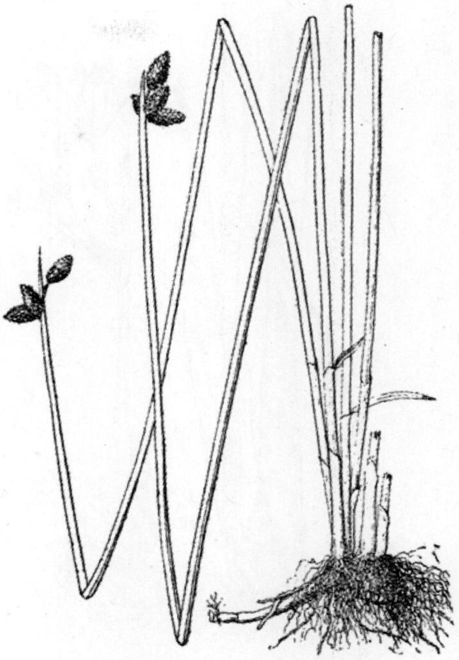

图 343　藨草
Scirpus triqueter L.
植株全形

［采收处理］ 每年 7～10 月间收割，新鲜时就可打绳或编制物品。晒干后供造纸用。

［加　　工］ 造纸及制纸浆板方法均参阅总论。

443 水葱藨草（shuicongbiaocao）（图 344）

［地 方 名］ 水葱（通称），莞草（吉林）。

［学　　名］ **Scirpus validus** Vahl (*S. tabernaemontani* non. Gmel.)　莎草科

［形态特征］ 多年生草本，匍匐，高 1.2～2 米。根状茎粗壮，具许多须根。秆高大，直立，圆柱形，平滑，绿色。叶鞘抱秆，上端斜开口，膜质，最上面一个叶鞘具叶片。花序伞形状，顶生，2～3 回分枝，长短不等；苞片长 0.5～3 厘米；小穗有柄或无柄，单生或 2～3 个簇生，卵形，紫褐色，长约 6 毫米；鳞片椭圆形，长 3～4 毫米，背部绿色，两侧紫褐色，膜质，微凸头，下位刚毛 6 条；雄蕊 3；花柱 2。小坚果倒卵形，双凸状。花期 7～8 月，果期 8～9 月（吉林）。

［生长环境］ 池沼、水塘，浅水溪流内及河边湿地，常成片群生。

图 344 水葱藨草
Scirpus validus Vahl
1. 根及茎下部；2. 花序。

［产　　地］ 吉林、辽宁、内蒙古、河北、山东、山西、陕西、甘肃、新疆、江苏、贵州、四川、云南等省区。

［用　　途］ 茎为造纸原料及编织材料。亦可栽培水池边及水缸中供观赏用。

［采收处理］ 8～9 月进行采割，晒干成捆即可。

444 荆三棱（jingsanling）

［学　　名］ **Scirpus yagara** Ohwi (*S. maritimus* auct., non L.) 莎草科

（地方名、形态特征、生长环境、产地及其他用途见“药用类”，1972 页）。

［用　　途］ 茎叶可作造纸原料及编蓑衣。

［理化性质］ 据辽宁省资料：茎叶含纤维 41.34%。黑龙江省资料：茎叶含粗纤维 40%。河南省资料：水分 8.10%，粗蛋白质 10.43%，粗脂肪 3.40%，无氮抽出物 44.5%，粗纤维 28.50%，灰分 5.10%。

［采收处理］ 纤维用，在 9～10 月采割，晒干成捆，防止雨淋，影响造纸的质量；作为编织用可于 7～8 月间割取，晒至半干即可。

445 黄藤（huangteng）（图 345）

［地 方 名］ 白藤、鸡藤（广东海南）

［学　　名］ **Calamus tetradactylus** Hance 棕榈科

［形态特征］ 藤本。茎细长柔韧，在叶轴上和叶背中肋上常有倒钩小刺。大型羽状复叶，由多数小叶组成；小叶狭披针形，先端渐尖，边缘具细齿，表面暗绿色，背面带白绿色，叶脉平行。肉穗花序，腋生，常延长而分枝，有时延长成匍枝，佛焰苞管状，套着花序的花轴、花枝、苞片和小苞片等；苞片匙形，小苞片小匙形；花细小，绿色，

杂性。果球形或椭圆形，顶端有宿存花柱，被褐色光滑鳞片；种子近球形或长圆形。

［生长环境］　热带地区山地林中，性喜湿润的土壤。

［产　　地］　广东（海南岛、雷州半岛）、广西等省区。

［用　　途］　茎柔韧，可编制藤椅、藤篮等藤制品。

［采收处理］　选成长的老藤，在离地面5～10厘米处砍下，浸在溪流河边洗去茎皮，晾干即可外运或贮存。

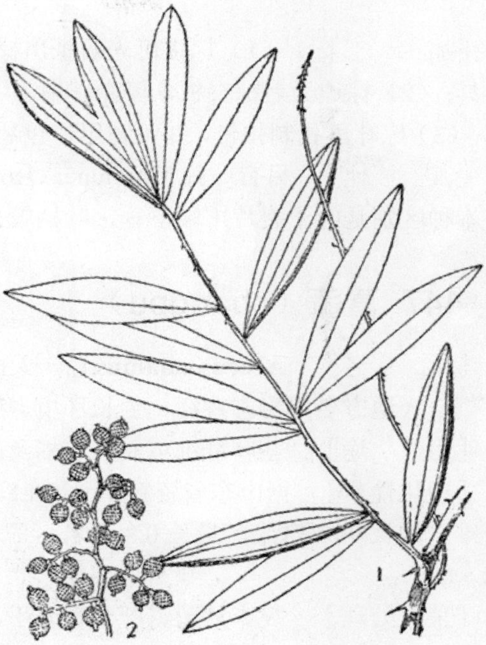

图345　黄藤
Calamus tetradactylus Hance
1. 叶枝；2. 果枝。

446 棕榈（zonglü）

［地 方 名］　棕树（四川、湖北、湖南、甘肃、福建）

［学　　名］　**Trachycarpus wagnerianus** Becc. (*T. fortunei* auct. non H. Wendl.)　棕榈科

［原 料 名］　棕片

［形态特征］　常绿乔木，高可达10米。杆圆柱形，不分枝，直径约20厘米，具环纹。叶簇生于梢端，向外开展，扇形或圆扇形，伸直，直径60～100厘米，有绉褶而分裂为30～60狭长裂片，各裂片具中脉，先端呈2尖裂；叶柄坚硬，长约1米，基部具褐色，纤维状的叶鞘。花单性或杂性，雌雄同株或异株，复出肉穗花序呈圆锥状，从顶部叶腋抽出，淡黄色，具佛焰苞及小佛焰苞；花被6，阔卵圆形，2轮，雄花具雄蕊6，花丝短；子房密被白柔毛，花柱3裂。核果球形，直径约1厘米，灰蓝色，花期约7月，果期约10月（云南）。

［生长环境］　耐干旱，生长于疏林向阳山坡，也常栽培于庭院中，在海拔1000米以下的温带地区均能生长。

［产　　地］　云南、贵州、四川、河北、山东、山西、湖南、湖北、广西等省区以及东南各省。

［用　　途］　叶鞘纤维（棕片）可编织蓑衣和鱼网、搓绳索、制刷具或鞋底等。棕片加工成棕丝后是我国主要出口物资之一。

种子含油0.195%，花含有鞣质。花苞可食用。棕灰为止血用药。

［采收处理］ 每年可采割棕皮 2 次，一般在夏初末各剥一次，每次可剥棕皮 4～6 片。

［加　　工］ （1）棕皮可先疏扯出棕丝，按长短理顺成小捆，再加工各种绳索及用具；（2）棕边又名棕夹板，可先压扁，用浸水脱胶法可得丝条状纤维，亦可供制绳索用；（3）棕叶可扎制扫帚，并可利用作包装捆扎用，用石灰蒸煮法可得出代麻用纤维。

［其　　他］ 另有一种 T. fortunei（Hook.）H. Wendl.在我国东南部亦有广泛栽培，其与本种区别是叶子裂片末端下垂，叶柄较长。

447 菖蒲（changpu）

［学　　名］ **Acorus calamus** L.　天南星科

（地方名、形态特征、生长环境、产地及其他用途见“芳香油类”，1513 页）

［用　　途］ 茎叶纤维可制人造棉及麻类代用品原料。

［理化性质］ 据山东省资料：叶含纯纤维素 44.56%。据山西省资料：出麻率 50%；单纤维平均长 0.65 毫米，最长 0.8 毫米，平均宽 66 微米，壁厚 17.82 微米，腔宽 30.36 微米。

［采收处理］ 夏末秋初将叶割下晾干，扎成捆，贮存于干燥通风处备用。

［加　　工］ 制人造棉用碱煮法。

448 灯心草（dengxincao）（图 346）

［地 方 名］ 秧草（云南），水灯心（四川、浙江），野席草（浙江），龙须草（河南、江西、浙江），铁灯心（四川），灯草（江苏、山东），水灯草（湖北），水葱（辽宁）。

［学　　名］ **Juncus effusus** L. var. **decipicns** Buch. (*J. effusus* auct. non L.)　灯心草科

［原 料 名］ 灯心草

［形态特征］ 多年生草本，高可达1米。根状茎粗壮，横走，黑褐色。杆直立丛生，圆柱状，有纵沟、髓心连续。无叶，但基部具鳞片状叶鞘数个，下部叶鞘紫褐色或淡褐色，上部的绿色。花序假侧生，成簇状或疏散为复聚伞花序；总苞直立，圆柱状，与秆贯连，长 5～20 厘米；花被片 6，绿色成 2 轮，外轮线状披针形，长 2～3 毫米，雄蕊 3，少有 6 个，较花被短；心皮 3，3 室，子房上位，柱头 3 裂。蒴果椭圆形，钝头，长约 2 毫米。花期 5～6 月，果期 7～8 月（广东）。

［生长环境］ 生于海拔 1000 米以下向阳山沟，山谷或浅水中，溪边，塘边，田边等处。

［产　　地］ 辽宁、吉林、黑龙江、山东、陕西、云南、贵州、四川、湖北、湖南、河南、江西、浙江、江苏、福建、广东、广西等省区。

［用　　途］ 灯心草出麻率 30%，纤维细长，可造纸，是人造棉的良好混纺原料。

亦可织席、草帽、凉席、坐垫、草鞋、绳索等。

髓心供点灯和烛心用，可入药（“见药用类”，1980 页）。

［理化性质］　据河南省资料：含水率 7.14%，蜡及脂肪质 2.63%；冷水水溶物 2.7%，热水水溶物 3%，果胶 1.52%，半纤维素 13.54%，木质素 17%，纤维素 52.18%，灰分 1%；物理性质，单纤维平均长 25.96 毫米，短绒率 22.31，平均长（包括短绒）21.35 毫米，上半部长度 32.96 毫米，整齐度 79.36。云南省资料：α-纤维素 76.66～90.52，单纤维长 1～2 毫米，宽 1～2 微米。吉林省资料：水分 11.55%，灰分 2.99%，全纤维素 34.73%，其中α-纤维素占 64.17%，碱抽出物 62.07%，多缩戊糖 13.4%。

［采收处理］　宜在 9～10 月采收，晒干成捆，贮藏备用。

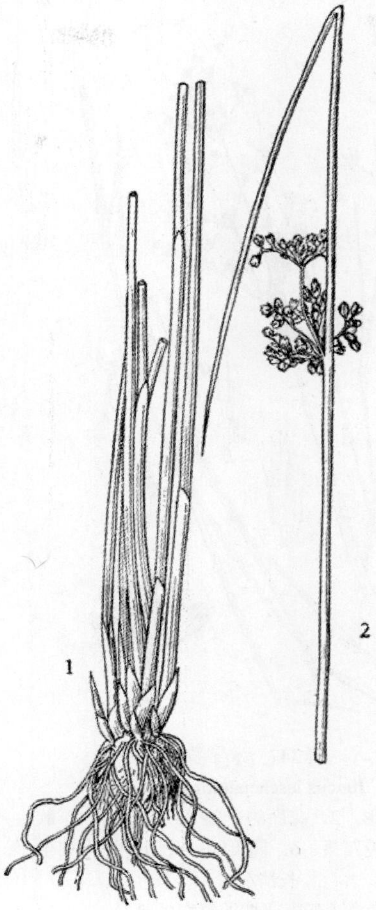

图 346　灯心草
Juncus effusus L. var. decipiens Buch.
1. 植株下部；2. 花序。

449 水茅草（shuimao-cao）（图 347）

［地 方 名］　水茅草（江苏）

［学　　名］　**Juncus leschenaultii** Jacq.　灯心草科

［形态特征］　多年生草本。具根状茎。杆丛生，高 40～70 厘米，**有节，节上具叶鞘，节间有明显的横条纹**。叶鞘疏松，抱秆，成圆筒状，**表面有显明横隔膜**，长约 15 厘米，宽 2～3 毫米。复聚伞花序，**顶生**，花序分枝长短不等，花 3～8 朵聚生呈头状，排列于花序分枝顶端，花被片线状披针形，先端尖。蒴果三棱状圆锥形，长约 4 毫米。花果期 5～6 月。

［生长环境］　喜生于浅水沼泽中。

［产　　地］　江苏、山东等省。

［用　　途］　为造纸原料，也可编制草鞋凉席和蓑衣等。嫩叶可作牲畜饲料。

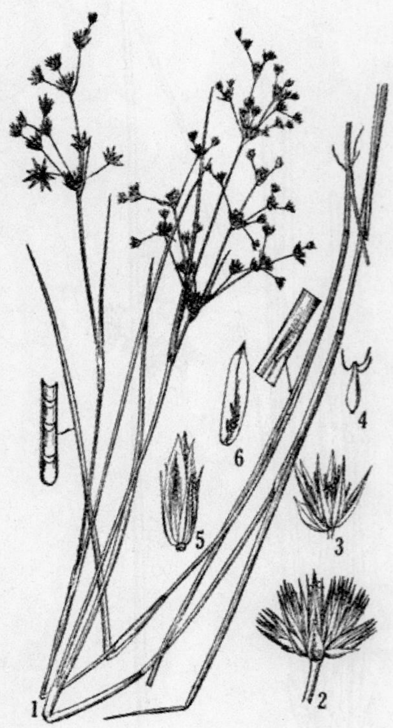

图 347 水茅草
Juncus leschenaultii Jacq.
1．植株全形；2．花序的一部分；3．花；4．雌蕊；5．开裂蒴果；6．蒴果的一片示种子内部生长情况。
（自“江苏南部种子植物手册”）

［形态特征］ 多年生草本。有短而粗壮须根杆丛生，淡绿色，圆柱状，无叶片，但基部有数个叶鞘。聚伞花序假侧生，总苞与杆贯连，直立，圆柱状。花被片披针状三角形，雄蕊 3～6。蒴果椭圆形，1 室而下部具 3 个不完全的隔膜，种子细小圆形。花期 5～6 月，果期 7～8 月。

［生长环境］ 多生于潮湿地及沼泽边缘。

［产　　地］ 江苏、浙江、湖南、四川等省。

［采收处理］ 秋季收割地上茎，晒干即可，编席用的应选择粗细均匀的茎秆，并将花头剪去。

［加　　工］ 造纸方法见总论。

450 小鬼葱（xiaoguicong）（图 348）

［地 方 名］ 灯心草、席草、龙须草、小鬼葱（江苏）

［学　　名］ **Juncus setchuensis** Buch. var. **effusoides** Buch. 灯心草科

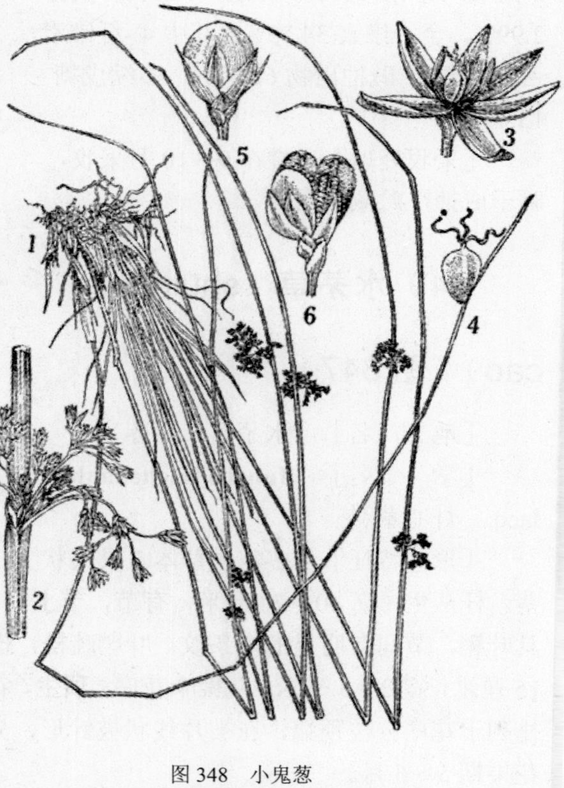

图 348 小鬼葱
Juncus setchuensis Buch. var. effusoides Buch.
1．植株全形；2．花序；3．花；4．雌蕊；5．蒴果；6．开裂的蒴果。
（自“江苏南部种子植物手册”）

［用　　途］　茎叶可制胶板、印刷纸、复写原纸等，质量较高。另外用 75%小鬼葱纤维与 25%棉花混纺后做纬纱，再以 21 支棉纱做经纱，可织成平布。每 100 公斤小鬼葱，可得人造棉 30～35 公斤。地上部分晒干后，可做草鞋、船缆、绳子等。

［理化性质］　据江苏省资料：含纤维素 50%，单纤维平均长 26.3 毫米，是草类纤维中较长的一种，平均拉力 49.34 克，纤维细，色白，光泽较差。据湖南省资料：含纤维 56%。

［采收处理］　宜在秋末采割，晒干成捆即可。

［加　　工］　造纸及制人造棉方法均参见总论。

451 黄花苗（huanghuamiao）

［地 方 名］　金针菜（通称）

［学　　名］　**Hemerocallis citrina** Baroni　百合科

［形态特征］　多年生草本。具肉质而短的根状茎，根状茎上生须根，须根肉质呈**纤维状，但不为纺锤状**。叶基生，绿色，线形，长 30～80 厘米，宽 7～7.5 厘米，扁平，基部背面微具龙骨状突起。花茎高出于叶，高约 80 厘米，苞片披针形，形成伞房花序，具 6～10 多朵花；花淡黄色，长大，花梗长 5～8 毫米，**花被筒细长，长约 4～6 厘米**，裂片 6，长约 9 厘米；雄蕊 6；子房 3 室。花期 6～7 月。

［生长环境］　生于山坡草地或林下，常有栽培。

［产　　地］　山东、河南、陕西、河北等省。

［用　　途］　茎叶含纤维，作人造棉、麻的代用品，或为造纸的原料。

花供食用，块根和根供酿酒。根叶供药用。

［采收处理］　7～8 月间用刀齐地割下，晒干顺理整齐，扎成捆，贮于干燥处备用。

［加　　工］　用石灰蒸煮法造纸，碱煮法制人造棉。

452 萱草（xuancao）（图 349）

［地 方 名］　金针菜、黄花菜（湖南、四川），黄花（四川），萱草根（辽宁），金针菜（东北、山东）。

［学　　名］　**Hemerocallis fulva** L.　百合科

［形态特征］　多年生草本，高 30～90 厘米。根状茎极短，具匍匐根状茎，并具肉质纤维根，多数膨大呈纺锤状。基生叶线形，长达 60～160 厘米，宽 2.5～4 厘米，扁平。花葶高于叶之上，圆柱状，有花 6～10 多朵，伞房花序，两歧，苞片短卵状三角形，花梗长约 2 厘米；花大，橘红色或黄红色，无香味，长 7～12 厘米；花被片 6，花被管长约 2.5 厘米，外花被片宽 1.2～1.8 厘米，内花被片较宽，边缘稍呈波状，具横小脉；雄蕊 6，突出于花之外，花丝线状，花药多少呈丁字形；子房长圆形，3 室，每室具多数胚珠。蒴果长圆形，长 5～10 厘米，具钝棱，成熟时开裂；种子有棱角，黑色；光亮。

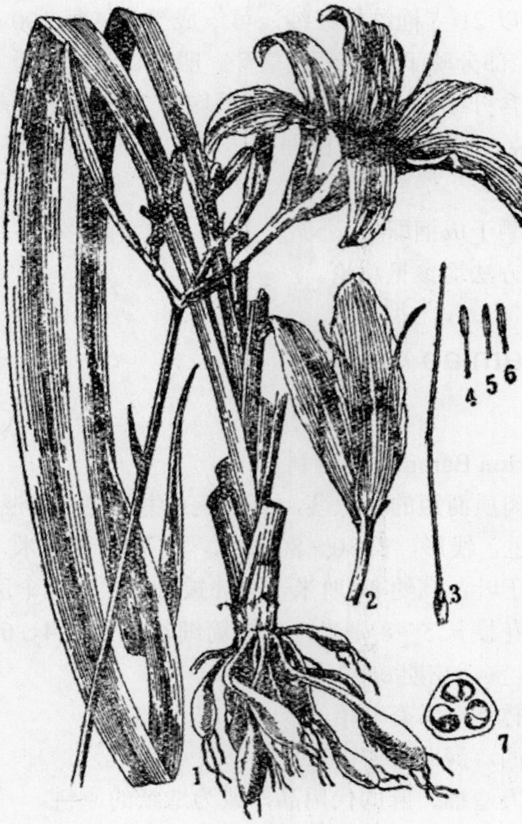

图 349 萱草
Hemerocallis fulva L.
1. 植株下部与花序；2. 花被一部分；3. 雌蕊；4～6. 雄蕊；7. 子房横切面。

花期夏秋季。

［生长环境］ 生于山坡山谷、阴湿草地或林下，微酸性土中常有栽培。

［产　　地］ 河北、山西、陕西、山东、河南、江苏、安徽、江西、湖南、湖北、四川、云南、贵州、广东、广西等省区。

［用　　途］ 据湖南省资料：茎皮纤维可制绳索、织麻袋或作造纸原料。

花可供食用，块根和根可以酿酒亦可作农药。

［理化性质］ 据山西省资料：茎皮含纤维素 21.90%，其中 α-纤维素 18.93%，β-纤维素 1.52%，γ-纤维素 1.45%，木质素 27.1%，单宁 5.86%，淀粉 3.24%，糠醛 3.36%，氮 0.172%。

［采收处理］ 结合采花期，用刀从齐地处割下，晒干理整齐，扎成捆，贮于干燥通风处。

［加　　工］ 用石灰蒸煮法造纸，碱煮法制人造棉。

453 黄花菜（huanghuacai）（图 350）

［地 方 名］ 萱草（河北），金针菜（山东、江苏），金针、黄花（四川）。

［学　　名］ **Hemerocallis minor** Mill.　百合科

［形态特征］ 多年生草本。根状茎短，上生纤维根。叶比花葶短或近等长，线形带灰绿色，光滑无毛，长约 40～60 厘米，宽 5～10 毫米，先端渐尖，基部稍狭。花葶由叶丛间抽出，长约 40～60 厘米，无毛，顶端着生数花，或只生 1 花；苞片披针形；花梗长 1.5～2 厘米，花淡黄色，有香气，大部分侧向，花被管圆筒状，长 2 厘米，花被片 6，长约 6 厘米，外花被片宽 9～11 毫米，内花被片较宽且较钝，边缘膜质，有少数

网结；雄蕊6；向上弯曲；子房3室。蒴果长圆形，具三棱，长约3～5厘米，成熟时三瓣裂。花期6～8月，果期7～9月。

［生长环境］　生于草甸、沼泽草地、湿草地或林荫旁的砂质土壤上，多被引种栽培。

［产　　地］　黑龙江、吉林、辽宁、河北、山东等省。

［用　　途］　叶含纤维，据山东省资料：出麻率达49%，可制绳及人造棉。

花含维生素甲、乙、丙及蛋白质、脂肪，为一种名贵干菜，供食用，味可口。根含天门冬酰胺及秋水仙碱，入药为解热、利尿剂。又可作农药防治大豆造桥虫、蚜虫、茄子红蜘蛛等害虫。

［理化性质］　据河北省资料：叶含单纤维平均长0.2736毫米，最长达3.6毫米；平均宽13.2微米，壁厚2.31微米；腔宽8.25微米。

［采收处理］　茎叶宜在夏秋之间开花后，结合采花收割，割回晒干即可。

［加　　工］　茎叶放入水中，浸泡6～8天捞起，再用木棒轻捶揉洗，除去外皮杂质，晒干成麻。

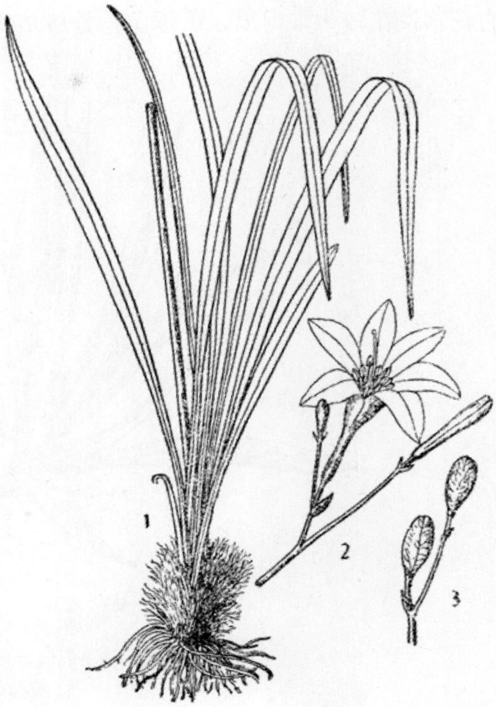

图350　黄花菜
Hemerocallis minor Mill.
1．植株；2．花序；3．果。

［其　　他］　本种的栽培种产辽宁、吉林、河北、山东等地，花淡黄色，较大肥厚，食用优良，也有许多混用种，如萱草（H. fulva L.）、黄花苗（H. citrina Baroni）及黄花萱草（H. flava L.），前两种在长江流域亦普遍栽培，统称黄花菜或金针菜，应作进一步鉴定研究。

454 龙舌兰（longshelan）（图351）

［地 方 名］　番花（广东、云南），百年兰（广东），波萝麻（云南），石莲花（贵州），洋棕（湖北）。

［学　　名］　**Agave americana** L.　石蒜科

［原 料 名］　龙舌兰麻，西沙尔麻。

［形态特征］ 多年生植物，茎短稍木质。叶厚，剑形，绿色或灰绿色，平滑，背面隆起，先端具暗褐色刺状长尖头，边缘有向上弯曲的锐刺。圆锥花序顶生，具高而粗壮的花葶，花较大，肉质，黄绿色，长可达10厘米左右；花被部分合生，6裂，雄蕊6，

图351 龙舌兰
Agave americana L.
植株外形

较花梗短，花后结长椭圆形蒴果，植株即死亡，仅留吸根以繁殖。一般约10年左右才开花。花期4～5月（云南）。

［生长环境］ 喜阳光，耐干旱，怕寒冻，生于海岸附近砂地或内陆较平坦坡上：一般以栽培于排水优良、含有微量石灰质的土壤上者生长最好。

［产　　地］ 台湾、福建、广东、广西、云南、贵州、四川、湖北等省区。

［用　　途］ 叶含大量硬质纤维，白色，有光泽，弹性大，拉力强，耐摩擦，耐浸力，可为渔业、航海、工矿制绳索、缆网、防水布等原料。

加工后的粕滓可作肥料、提酒精，又可作寝具和家具的填充物，或供药用。

［理化性质］ 据广东省资料：灰分15.25%，热水水溶物38.69%，稀碱抽出物60.69%，苯醇抽出物4.64%，多缩戊糖12.07%，纤维素36.15%。

［采收处理］ 参阅剑麻（本页）。

［加　　工］ 参阅剑麻。

455 剑麻（jianma）

［学　　名］ **Ageve rigida** Mill. (*A. sisalana* Perrine) 石蒜科

［原 料 名］ 剑麻

［形态特征］　多年生半木质状粗壮植物。须根根系发达，长约 50 厘米，宽达 150～200 厘米，地下茎横走（吸根）白色，有节，肉质柔软，节部有鳞叶被复侧芽，先端具发达吸芽。茎很短，10 年生植株高 30～100 厘米，直径 15～20 厘米。叶厚，狭长，长 100～150 厘米，宽 8～13 厘米，厚 0.6～0.8 厘米，先端具红褐色硬刺，刺长 2～3 厘米，直立呈剑状，边缘无锯齿或微具锯齿，初时表面稍具白色蜡质，后消失，成长植株具叶片 200～300，通常直立或倾斜，成长时向下弯曲，或水平开展。花多数形成顶生圆锥花序，高 4～5 米，或达 10 米，直径 10～15 厘米，顶端约 1 米处着生花枝 20～30 个，再二次三叉分枝，每小分枝着生 12～15 花，有时达 20～30 花，花被筒状漏斗形，长 3.5～6 厘米。先端分裂，淡黄白色；雄蕊 6 着生花被上部；子房下位，花后萼座逐渐膨大，形成丛珠芽 2000～3000 个，通常不结实。蒴果长圆形，子房 3 室，每室具种子 50～65 粒，仅 25～50%成熟；种子黑色扁平。剑麻仅在它生活史的最后期间开花一次。生长 6～9 年或 10～15 年后秋季开花。

［生长环境］　系引进的栽培植物，喜高温多湿、雨量均匀的高坡地力，尤喜日间高温、干燥及夜间多露或雾的地方，以形成优良品质的纤维，一般适应性很强。

［产　　地］　台湾、福建、广东、广西、云南为主，浙江、江西、湖北、四川等省亦有栽培。

［用　　途］　叶纤维为硬质纤维原料中最主要的一种。占世界上硬质纤维商品量的一半以上。纤维白色或淡黄色，有光泽，性质粗硬，拉力强，水湿后更强，耐腐蚀，耐碱（不怕海水），耐摩擦，不易碎断，在干湿情况下伸缩性不大，所以它的用途很广，对国防及民用工业均占有重大地位，常用于军舰、轮船、渔业；森林采伐、采矿、工厂起重机械传动带及绳缆用，也用于水电站的保护网和编织凉鞋、凉帽、手提包等日用工艺品，其短纤维还可造纸和制刷子、人造丝、塑胶、炸药等。

制纤维后余下的废液可以提炼出海柯吉宁，其化学名称为龙舌兰皂角醛，主要是用来合成肾上腺皮质素（cortisone）、风湿甾酮的主要原料之一，医治风湿麻痹症；剑麻叶粕还可制酒精、酸类、果胶等化工原料、农药、肥料、饲料等。植株烧灰，用碘处理呈金黄色，用硫处理呈蓝色可作染料。

［理化性质］　据李宗道著"叶纤维作物"（1957）记载如下表：

成分	马太维氏（Matthews）	徒尔奈氏（Turner）
水分	11.5%	10.0%
灰分	1.0	—
木质	14.5	9.9
纤维素	72.0	65.8
半纤维素	—	12.0
果胶	—	0.8
苯乙醇溶解物	1.0	—
水溶出物	—	1.2
脂肪和蜡	—	0.3

束纤维一般长120～150毫米；纤维细胞有狭的节结，表面并有细孔，一般长1.5～4毫米，宽20～32微米。

［采收处理］ 叶片梢部变黄即为成熟象征，用刀在基部2～3厘米处刹下老叶，注意不要伤损嫩叶影响植株生长。

［加　　工］ 剑麻加工有四种，其具体操作如下：

（1）浸水法　收回的叶片，用木棰将叶片均匀轻棰后，放在清洁缓流水中浸泡6～7日左右取出，再用木棰边捶边洗，直至胶质脱净后，移至阳光下晒干。

（2）生刮法　人工生刮制麻法，目前在广东、广西等地有些农民还是采用。先用竹刀（15厘米长，3厘米宽）除去边缘硬刺，再把叶片放在小板凳上将叶的外皮刮去，用水漂洗后晒干，即成纤维。根据广西上思等地农民的经验，一天可制纤维3斤左右。

（3）蒸热法　先将叶片外皮刮去，再用铁锅放水，蒸煮时间约40～50分钟，使果胶木质等起水解作用，散热后取出，再用清水漂洗。其优点是加工时间短，纤维拉力强，但成本较高，不能适用大规模生产。广东宝安等地农民多用此法。

（4）堆积发酵法　除非在缺水地区才用堆积发酵法。把叶片堆置90厘米高，时常洒水使湿，约10日左右，即发酵完毕。这是主要由于二种类型的细菌酵素作用所致，因堆积而产生的高温是由于导热细菌（thermopile bacteria）作用所致，同时，在发酵过程中产生的有机酸又为好气性细菌继续分解。

456 射干（shegan）（图1536）

［学　　名］ **Belamcanda chinensis** (L.) DC.　鸢尾科

（地方名、形态特征、生长环境、产地及其他用途见“药用类”，2002页）

［用　　途］ 叶茎含纤维可做造纸原料、人造纤维板，或用于编制绳索。

［理化性质］ 据山东省资料：叶含纤维16%。

［采收处理］ 采收叶、茎可结合挖采块茎同时进行，亦可在夏季单独部分割取，晒干备用。

［加　　工］ 制纸浆板和人造纤维板方法均可参阅总论。

457 花菖蒲（huachangpu）（图352）

［地 方 名］ 玉蝉花（吉林）

［学　　名］ **Iris kaempferi** Sieb.　鸢尾科

［形态特征］ 多年生草本，高50～80厘米。根状茎短粗，常分歧，具多数须根。茎直立，绿色带紫晕，坚硬，无毛，有光泽；基部被以棕褐色的纤维状枯叶。叶基生，于茎上互生，基生叶长达70～90厘米，线形，青绿色，常带紫红色，基部成鞘状，先端尖，中脉突起；茎生叶较短。花茎单一，有花1～2朵，佛焰苞2～3瓣，绿色，卵状披针形，长6～8毫米，先端渐尖；花鲜紫色，直径可达15厘米左右，花被6，2轮，

外轮 3 片大，宽卵状椭圆形，末端钝，外弯，中央有黄斑和紫脉纹，无鸡冠状突起；内轮 3 片较小，靠合，直立，长圆形，急尖；雄蕊 3；子房下位，花柱 3 岐，紫色，花瓣状，先端 2 裂或不裂，有锯齿。蒴果直立，长圆形，长约 3 厘米，宽约 1.5 厘米，成熟时瓣裂。种子多数，褐色。花期 6～7 月，果期 7～8 月。

图 352　花菖蒲
Iris kaempferi Sieb.
植株全形

［生长环境］　多生于湿草甸子或沼泽地。

［产　　地］　辽宁、吉林、黑龙江、内蒙古等省区。

［用　　途］　茎叶含纤维，可制麻袋、搓绳索，亦可为造纸原料。

种子可以榨油（“见油脂类”，999 页）。花大而艳丽，可供观赏。

［理化性质］　据吉林省资料：茎、叶含全纤维素 38.13%，木质素 17.85%，多缩戊糖 11.59%，灰分 6.63%，1%氢氧化钠抽出物 44.73%，苯醇抽出物 7.02%，水分 12.7%。

［采收处理］　8～9 月种子成熟可割下全株，将果穗剪下榨油后，其茎、叶晒干作纤维用。

［加　　工］　用相当于茎、叶重 8%的烧碱和 12 倍的水，水加热至 75℃时将碱倾入搅拌，然后将原料撒入拌匀，沸煮 1～2 小时，出锅用清水漂洗干净，晒干即成麻；出麻率约 40%。

458 马蔺（malin）（图 353）

［地 方 名］　马莲（通称），山必博（浙江），马莲草、马兰（陕西），蠡实（山西），旱蒲（江苏）。

［学　　名］　**Iris pallasii** Fisch.　鸢尾科

［形态特征］　多年生草本。根状茎短，粗壮，具多数细而坚韧的不定根。基生叶丛生，基部被棕褐色纤维状的老叶鞘，叶线形，宽 8 毫米，多少扭转，下部带紫色，先

图353 马蔺
Iris pallasii Fisch.
1．植株全形；2．雌蕊；3．雄蕊；4．果。
（自“江苏南部种子植物手册”）

端渐尖，质较硬，无毛。花茎由叶丛中抽出，高15～40厘米，生1～3朵花，花淡蓝紫色，生于茎端；佛焰苞叶状线形，长8～10厘米，花被片6，几等长，倒披针形，下端联合成筒，筒极短，外花被片大形，向外弯曲而下垂，具黄色斑块，内花被片小而直立；雄蕊3，密接于弯曲的花柱外侧，花药长，向外反卷，纵裂；雌蕊1，子房下位，狭长，花柱3深裂，扁平，柱头花瓣状，2裂，蓝色，裂片具锯齿。蒴果纺锤形，具3棱，先端细，种子多数，红褐色，为不规则球状，有棱，花期4～5月（江苏），5～6月，果期8～9月。

［生长环境］ 常见于日光充足的草原、山坡和路边的干燥砂质地，及河边和芨芨草滩中、草丛中。

［产　　地］ 黑龙江、吉林、辽宁、河北、山西、河南、陕西、甘肃、宁夏、青海、新疆、山东、江苏、浙江、安徽等省区。

［用　　途］ 富含纤维，可搓绳索，制人造棉及造纸；根细而韧，可制刷子。种子含油及淀粉（见“油脂类”，999页；“淀粉及糖类”，652页）。幼嫩植株可做牲畜饲料；根状茎、花含芳香油。

［理化性质］ 据黑龙江省资料：茎叶纤维含量50%，纤维素43.39%，水分14.34%，可溶性无氮物26.93%。吉林地方工业技术研究所资料：根含全纤维素30.23%。木质素34.79%，多缩戊糖12.15%，灰分5.29%，水分10.73%，苯醇抽出物2.22%，碱抽出物40.25%。陕西省资料：纤维平均长49.45毫米，宽59.08微米，平均单纤维强力45.10克，公制支数281，出棉率约50%。

［采收处理］ 由于其种子含有油脂，可在8～9月间采收种子的同时，采收其茎叶作纤维原料；采时最好用镰刀割，不可全株拔起，留其根以待次年再发芽，继续收割。若采挖其根，以五年生以上的根为好。

［加　　工］ 可用碱煮法制人造棉。

459 芭蕉（bajiao）（图 354）

［学　　名］ **Musa basjoo** Sieb. et Zucc. 芭蕉科

［形态特征］ 多年生草本，有较高大的体积，茎短，通常为叶鞘包围而形成高大的假茎，高约 4 米。叶甚大，长 2～3 米，宽 25～30 厘米，基部圆形或不对称，先端钝，表面鲜绿色，有光泽，中脉明显粗大，侧脉细弱平行；叶柄粗壮，长达 30 厘米。穗状花序顶生，下垂，佛焰苞片红褐色或紫色，每苞片有多数小花，除苞片最下面具 3～4 不孕花外，其余皆发育。花单性，通常雄花生于序轴上部，雌花在下部，花冠近唇形，上唇较长，先端 5 齿裂，下唇较短，基部为上唇所包；雄花具雄蕊 5 枚，离生伸出花冠；药线形，2 室；雌花子房下位 3 室，花柱 1 枚，柱头近头状，光滑。浆果三棱状长圆形，肉质，种子多数。花期 12 月，果期次年 5～6 月。

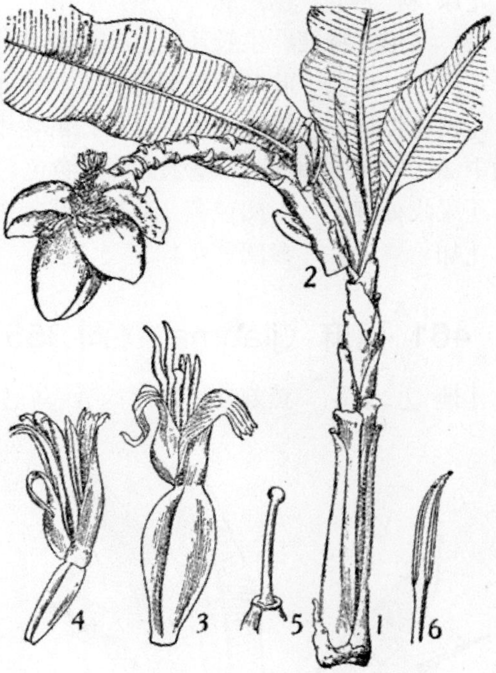

图 354 芭蕉

Musa basjoo Sieb. et. Zucc.

1．植株全形；2．花序；3．雌花；4．雄花；5．雌蕊；6．雄蕊。

（自“江苏南部种子植物手册”）

［生长环境］ 多栽培于庭园及农舍附近。

［产　　地］ 山东、江苏、浙江、安徽、四川等省。

［用　　途］ 茎纤维可制麻搓绳索及人造棉供纺织用。

［理化性质］ 茎含水分 14.86%，灰分 1.82%，1%盐酸可溶物 11.01%，粗蛋白质 1.19%，粗纤维素 49.69%。

［采收处理］ 8～9 月间将成熟后的芭蕉杆离地面 6～10 厘米处砍下，去掉茎尖和叶部。

［加　　工］ （1）剥制法 将鲜芭蕉离地约 2 寸许砍倒，切掉茎尖和叶部，剥选中层的茎块，放在平坦的木板上，用木棒捶，待捶绒后，再用竹片将浆水和肉质刮尽，先刨里层，后刨表皮，逐渐将肉质和较短的纤维刮去后，则露出色白面而有光泽的纤维。刮时力要均匀，重了纤维遭到破坏，反之肉质未被刮脱，干后易脆断。刮出纤维后洗洁

阴干即成麻。

（2）沤制法 将鲜芭蕉块，捆成小捆放入池底，利用塘泥水中细菌发酵，将肉质沤脱，3～4天后，则留下整体的纤维，再在清水中搓洗清洁晒干即成。

460 甘蕉（ganjiao）（图543）

［学　　名］ **Musa paradisiaca** L. var. **sapientum** O. Ktze. 芭蕉科

［原 料 名］ 芭蕉麻

（形态特征、生长环境、产地及其他用途见“淀粉及糖类”，653页）

［用　　途］ 叶鞘纤维可制绳索、织布或为制纸原料。

［理化性质］ 据厦门大学分析：鲜物中含纤维量11.55%，晒干物中25.00%，烘干物中28.08%；纤维长13毫米。纤维黄色、质脆。

［采收处理］ 参阅芭蕉（411页）。

［加　　工］ 参阅芭蕉。

461 蕉麻（jiaoma）（图355）

［地 方 名］ 蕉麻（广东海南），马尼拉麻（通称）。

图355 蕉麻
Musa textilis Nees

［学　　名］ **Musa textilis** Nees 芭蕉科

［原 料 名］ 马尼刺麻（通称）

［形态特征］ 多年生草本，直立粗壮，高3～8米或更高，假茎为互相紧裹的叶鞘所成，丛生，从地下茎生出，每丛有茎杆12～30条，有匍匐茎，由它长出吸芽。叶甚大，长圆形，一般长1.2～2.4米，宽24～36厘米，基部稍呈歪斜楔形，全缘，中肋极粗厚，有无数羽状平行叶脉，表面光滑，绿色，背面带白霜，常有大褐色点；叶柄长约30厘米；叶未开展前都卷成圆筒形，成长叶渐次干枯下垂剥落，新叶代之生出，一般开花之后，即暂不出叶。穗状花序由叶腋抽出，下垂，较叶短，苞片佛焰状，外面绿色或红紫色，有粉末状蜡质层，紧包花序形成一尖形大花蕾，花开后，苞片逐层脱落；雌花生于总花梗的下部，花小，绿色或紫色，花瓣一部分与萼片合

生成一花被管，管顶端有5齿裂，外面3裂齿即为萼片，内面2裂齿为花瓣；雄花雄蕊6，5枚发育，1枚常不发育；雌花子房下位，3室，每室有胚珠多数，生于中轴胎座上，花柱线形，有分裂的柱头3～6。浆果微有3棱，弯曲，长5～9厘米，直径2～3厘米，果皮绿色，很厚，有白色浆质果肉，不能食，内含许多大粒种子；种子黑色，陀螺状，长4毫米，多角形，果实成熟后，地上部分即枯死。

［生长环境］　喜温多湿，一般平均温度以26～32℃为适宜；冬季最低温度不要低于20℃，而夏季温度又不宜高于37℃，一年中温度最好不要变化太大，雨量要丰富而分布均匀，年雨量最好在1500～2000毫米以上，土壤要深厚轻松、富有机质、排水良好的壤土或砂壤土，不宜于积水地，蕉麻忌风，极易遭受风害，所以在台风地区必须注意防风，风害后难以恢复并会影响产量。

［产　　地］　广东、广西、台湾、云南（南部）等省区有栽培。

［用　　途］　蕉麻为硬质纤维麻类中品质最好、拉力最强的一种，无论在耐浸力、耐摩擦以及在海上使用的性能都是居第一位。主要用来制造航海船舰、油井、矿山、林场、工厂用的绳缆或铜丝绳的心部，渔业用的渔网、渔具粮袋等。其中70%是用于船舶上的缆绳，其次品质细软的可以织布、制蚊帐、窗帘、手袋、帽子等。品质较次的和碎屑的麻，可以造纸，纸张坚韧耐用，还可制成货币纸、照相感光纸、油纸、复写纸等30多种高级纸张。

［理化性质］　据广东省资料：全纤维素63.72%，半纤维素19.66%，果胶0.65%，木质素55.11%，水溶物11.4%，脂肪与蜡0.2%，水分10.1%。

蕉麻纤维的耐浮力试验如下表（试验材料，纤维长12.6厘米，没有浸渍油质）：

纤维等级	100根纤维绞成束		100根纤维绞成束	
	纤维重量（克）	下沉时间（分）	纤维重量（克）	下沉时间（分）
F	0.46	20	1.50	30
G	1.32	6	1.50	11
	2.43	6	1.50	6

蕉麻纤维的强力、断裂长度、伸长度（试验用纤维，40.5厘米长，5克重）根据其他资料如下表：

等级	纤维断裂长度（1000英尺）	干纤维		湿纤维		浸海水中28日后再经干燥处理纤维	
		强力（磅）	伸长度（%）	强力（磅）	伸长度（%）	强力（磅）	伸长度（%）
E	158	90	2.1	74	2.4	83	2.8
J_2	180	103	2.8	96	4.0	58	3.1
I	166	95	3.9	62		72	2.9
E	142	81	1.9	57		67	2.3
F	138	79	2.8	66		78	3.0
J	133	76	3.3	59		70	2.9

据“中国造纸植物原料志”记载，物理性质：单纤维最长 12 毫米，最短 2.5 毫米，平均 6 毫米；最宽 40 微米，最窄 6.8 微米，平均 18 微米；化学成分：含水分 11.83%，多缩戊糖 21.83%，油脂及蜡 0.63%，水溶性物质 0.97%，灰分 10.20%，纤维素 63.72%。

［采收处理］ 蕉麻出现花穗以及开花前应即收获，收获时用快刀离地面 5～7 厘米处把茎杆斜砍，以免积水腐烂，并注意不要伤及附近的幼芽，叶片在茎杆砍下后割去，或于砍下茎杆前刈去均可。由于株丛中植株成熟不一致因此要分次收割，一般一年收割 4 次。自 4～5 年起，产量渐高，6～7 年为盛产期，8 年以后又逐渐衰落。

［加　　工］ 蕉麻砍下后，应尽速进行剥制工作，一般在 48 小时内须完成作业，若搁置过久，纤维会变色，而且过于干燥，加工时会影响产量和品质，其剥制方法有机械剥制和手工剥制两种，机械剥制系由输送带将茎干自动送入压碎机压碎，然后经抽丝，梳洗，人工干燥等步骤而得到干纤维。手工剥制的方法可分为两个步骤；第一是分离出每片叶鞘中的纤维层；第二是除去叶肉，同时抽出纤维。

第一步的做法是用特别的刀插入叶鞘的纤维层和内层之间，使稍分离，再把纤维层成条地撕下．一片叶鞘可撕成 2～3 条，可根据色泽、长短分别整理。

第二步的做法是抽丝，人工抽丝的主要器具是一把锯齿状的钢刀，有长柄，下面有一块厚木板，这块木板固定在圆木柱上面，不能自由移动，刀柄一端吊上竹条，使刀有向下压的弹性，抽丝时，先把麻条的基部放在钢刀与木板之间，用刀向后抽出纤维，用清水洗净后，应尽速在阳光下晒干，否则会失去色泽，拉力减弱。

［其　　他］ 繁殖：蕉麻可用种子、分蘖或根株繁殖，但因用种子繁殖收获期要延迟半年，而品质容易变劣，所以通常不采用种子繁殖。

（1）分蘖　分蘖法是蕉麻最主要的繁殖方法，其法与香蕉的分蘖相同，选取生长在充分成长的母株旁边高约 25 厘米以上的分蘖定植。

（2）根株繁殖　老株的根株常有多数幼芽和潜伏茅，在老株更新的时候，也可以利用它们来繁殖，方法是把老株整株挖出，切去地上部，把根株切成块，每块有芽 2 个左右就可以做定植材料。

（3）定植　先在栽培地经充分犁耙，施足基肥或种上绿肥作物，然后定植，定植时间以雨季开始时最好，株行距 3.3～4 米。

（4）管理　种后第一年除草施肥要勤，一年约 6 次，在自然条件较差的地方要在地面上盖草，防止裸露；施肥以有机肥为主。

462 华良姜（hualiangjiang）（图 1215）

［学　　名］ **Alpinia chinensis** Rosc. ［*Languas chinensis* (Rosc.) Merr.］ 蘘荷科

（地方名、形态特征、生长环境、产地及其他用途见“芳香油类”，1521 页）

［用　　途］　叶鞘纤维坚韧，可制人造棉、绳索，全叶可作制纤维板的原料。

［采收处理］　每年第二、三季度将高60厘米以上的杆，从根部处用镰刀砍下，除去枝叶，按长短分别理顺。

［加　　工］　用木棒捶成条状，捶时不要用力过猛，以免将纤维捶断，产量较多的地方可采用石碾。将碾好的杆皮在流水处捶洗，除净浆汁和木质素，撕成细条麻状可制绳。制人造棉和纤维板的方法均可参阅总论。

463 大高良姜（dagaoliangjiang）

［学　　名］　**Alpinia galanga** (L.) Willd.［*Languas galanga* (L.) Stuntz.］　蘘荷科

（形态特征、生长环境、产地及其他用途见“芳香油类”，1522页）

［用　　途］　叶鞘纤维，可供织粗布及制绳索、纤维板、造纸等原料。

［采收处理］　参阅华良姜（414页）。

［加　　工］　参阅华良姜。

464 山姜（shanjiang）（图356）

［学　　名］　**Alpinia japonica** Miq.　蘘荷科

［形态特征］　常绿多年生草本，高40～60厘米。根状茎分歧。叶3～4，2列，互生，长椭圆形或阔披针形，长20～40厘米，宽5～7厘米，基部楔形，先端尖，全缘，表面无毛，背面密生茸毛。**总状花序**，密被锈色茸毛。长10～15厘米；花白色，带红条纹，长约25毫米；花萼圆筒状，长1厘米，直径4毫米，先端3裂，花冠长圆形，先端3裂，花萼与花冠均被绢毛；雄蕊1；花柱1，超过药隔，子房下位。果实阔椭圆形，直径约1厘米，红色，表面被细毛；种子多数。花期5～6月，果期9～10月。

［生长环境］　林下阴湿地。

［产　　地］　湖北、浙江、福建、台湾、广东、广西、贵州等省区。

［用　　途］　茎叶纤维可制人造棉、绳索用。

图356　山姜
Alpinia japonica Miq.
1. 叶片；2. 花；3. 果枝。

［理化性质］　据福建林学院分析：纤维含量达 44%；纤维长 5～18 毫米，平均长 8.4 毫米。

［采收处理］　参阅华良姜（414 页）。

［加　　工］　参阅华良姜。

465 艳山姜（yanshanjiang）（图 357）

［地 方 名］　邓茹、草扣、假沙仁（广西），山密桃（福建）。

［学　　名］　**Alpinia speciosa** K. Schum.［*Languas speciosa* (Wendl.) Small.］　蘘荷科

［形态特征］　多年生草本，茎粗壮高达 3 米。叶薄革质，长圆状披针形，长 30～70 厘米，宽 7～15 厘米，基部楔形，先端渐尖，边缘密被短粗毛，表面无毛，背面被淡褐色毛；叶柄鞘状，长约 5～7 厘米，叶舌长达 1 厘米，先端钝，边缘有丝状縫毛。总状圆锥花序，顶生下垂，长 15～30 厘米，花轴粗壮，密被淡黄色毛，**小苞片大，长约 2.5 厘米，包藏花芽**；花密生，萼近钟状白色，长 1.8 厘米，一边开裂，花冠白色，花冠管长约 1 厘米，裂片阔椭圆形，最大裂片长约 3 厘米，先端粉红色；唇瓣阔卵形，中部染以红色与黄色，边内弯；**子房密被淡黄色毛**。蒴果红色球形，直径约 2 厘米。花期 5～6 月（广东）。

图 357　艳山姜

Alpinia speciosa K. Schum.

1．植株生长的情况；2．花序（缩小）；3．花；4．雄蕊和雌蕊。

（自“广州植物志”）

［生长环境］　喜生于阴湿溪旁，灌木丛中。

［产　　地］　四川、广东、广西，福建、台湾、云南等省区。

［用　　途］　叶鞘纤维强韧可代黄麻织绳索；全叶可为制纤维板原料。

［理化性质］　据福建省资料：叶鞘含纤维量 10.13%，纤维强韧，脱胶后为灰色，极细。纤维长为 5 毫米。

［采收处理］　6～7 月采收，可用刀从根部割取，除去枝叶，按长短分别整理。

［加　　工］　参阅华良姜（414 页）。

466 蘘荷（ranghe）（图 358）

［学　　名］ **Zingiber mioga** Rosc.　蘘荷科

［形态特征］ 多年生草本，高 60～90 厘米；根状茎肥厚，圆柱形，淡黄色，根粗壮，多数。叶 2 列互生，狭椭圆形至椭圆状披针形，长 25～35 厘米，宽 3～6 厘米，先端尖，基部渐狭，或短柄状，表面无毛，背面疏生细长毛或近无毛，中脉粗壮，侧脉羽状，近平行，具叶鞘、抱茎，叶舌 2 裂，长 1 厘米。穗状花序自根状茎生出，有柄，长 6～9 厘米，鳞片复瓦状排列，卵状椭圆形，外部苞片椭圆形，内部披针形，膜质；花大，淡黄色或白色；花萼管状，长 2.5～3 厘米，篦形分裂；花冠管状，裂片披针形，唇瓣倒卵形，基部各有 2 线裂；雄蕊 1，药室向上伸延成一长喙，与药室等长，退化雄蕊 2；子房下位。蒴果卵形，成熟时开裂，果皮内面鲜红色；种子黑色或暗褐色，被有白色或灰褐色假种皮。

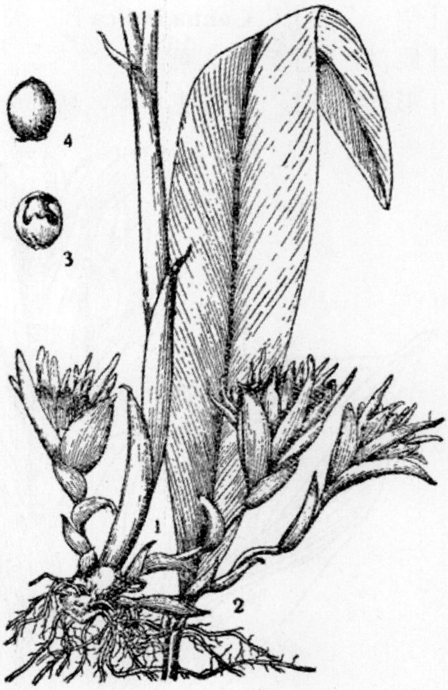

图 358　蘘荷

Zingiber mioga Rosc.

1．着花的部分植株；2．叶片；3．种子，示假种皮；4．种子，去掉假种皮。

［生长环境］ 生于山地林阴下或水沟旁。

［产　　地］ 江西、浙江等省，

［用　　途］ 茎与叶可编织草鞋、草绳。

根药用，治肾脏病，嫩叶及花序供食用。

467 姜芋（jiangyu）

［学　　名］ **Canna edulis** Ker.　美人蕉科

（地方名、形态特征、生长环境、产地及其他用途见“淀粉及糖类”，654 页）

［用　　途］ 茎叶纤维为造纸原料，亦可搓绳索等用。

［理化性质］ 据浙江省资料：茎叶含水分 14.18%，纤维素 49.27%，1%氢氧化钠抽出物 32.02%，木质素 7.71%，灰分 4.87%。据云南省资料：含 α-纤维素 73%。

［采收处理］ 霜降前采割茎叶，或结合挖取根状茎作淀粉用时收集茎叶，晒干即可备用。

［加　　工］　参阅美人蕉（本页）。

468 美人蕉（meirenjiao）（图 359）

［地 方 名］　稞叶（福建）

［学　　名］　**Canna indica** L.　美人蕉科

［原 料 名］　美人蕉麻

［形态特征］　多年生草本，高可达 1 米，绿色，无毛。全株被蜡质白粉，茎下部叶较大，卵状长圆形，长 10～30 厘米，基部阔楔形或圆形，先端尖，全缘或微波状。总状花序，花通常红色，单生或成对，每花具一苞片，长约 1.2 厘米；萼片 3，长 1 厘米，绿白色或先端带红色，花冠管长约 1 厘米，裂片 3，长约 3 厘米；退化雄蕊 3，鲜红色，长约 4 厘米，雄蕊花药与花丝相接处弯曲，花柱 1，长棒状，扁，子房下位，3 室，胚珠多数。蒴果，卵状长圆形，绿色，具柔软刺状物，长约 2.5 厘米。花期 6 月（江苏），全年（广州）。

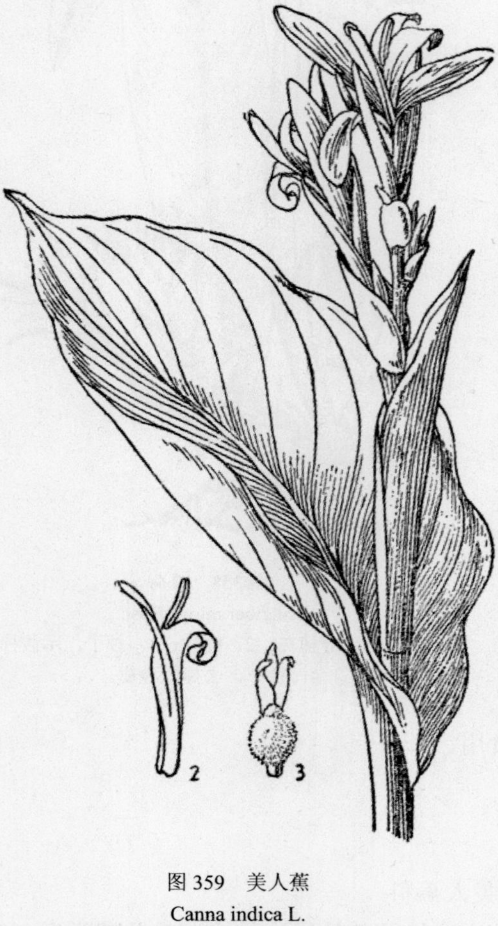

图 359　美人蕉

Canna indica L.

1．生花的植株上部；2．果；3．生花药之雄蕊。

［生长环境］　栽培植物。

［产　　地］　黑龙江、吉林、辽宁、内蒙古、河北、山西、山东、河南、陕西、甘肃、安徽、江苏、浙江、湖南、江西、湖北、四川、贵州、福建、台湾、广东、广西、云南等省区。

［用　　途］　茎叶纤维可制人造棉、织麻袋、拧绳索，其叶提取芳香油后之残渣供造纸原料。

［理化性质］　据南京大学分析：皮含纤维素 32%，纤维长 23.20 毫米。

［采收处理］　选茎高 1 米左右的植株，离地面约 3 厘米处用刀割取，去叶，趁鲜剥皮。

［加　　工］　用浸水脱胶法，浸泡 1～2 天，经过捶洗后即成麻。

第二章

淀粉及糖类

目 录

一、总　论

淀粉和糖是人类生活上和工业上的重要物质，它们在国民经济上的需用量均很大。有许多含淀粉和糖类的植物，早已大量栽培，已为主要农产品和工业原料。但是还有许多野生植物资源，尚未充分利用，有待于大力开发。我国人民在利用野生植物淀粉和糖类方面，虽然已有很长的历史和丰富的经验，但是解放后短短的几年，特别是自1958年大跃进以来，随着野生植物资源普查工作的开展，野生植物的采集、保管和加工利用方面又有了更为广泛的发展，并积累了宝贵的经验，为今后开发和利用野生植物资源提供了重要的资料。

淀粉和糖类野生植物，可以像农产品一样，经过采收、整理以后，直接利用或作为工业原料，加工制成各种工业产品。在利用野生植物的淀粉制作食品时，必须考虑到有些野生植物含有毒的物质，因此，必须先将其淀粉经过谨慎检定，查明确实无害于人体时，始可供作食用，在未确定以前，应先作工业原料利用，暂不食用。

含淀粉的野生植物以山毛榉科、禾本科、蓼科、百合科、天南星科、旋花科等的种类较多，而且淀粉的含量也较丰富。其次是蕨类、豆科、防己科、睡莲科、桔梗科、菱科、檀香科、银杏科等，这些科含淀粉的种类虽然比较少，但其中不少种类的淀粉含量却很多。含糖类的野生植物则多属于蔷薇科、葡萄科、芸香科、猕猴桃科、桃金娘科、鼠李科、柿科、胡颓子科、杜鹃科、桑科、无患子科、菊科等。这些植物和一般野生植物原料的共同特点是：分散、零星、品种繁多、采收季节性强等。因此，在采收、保管和加工利用方面，必须适应生产季节和各种品种的特性。

淀粉和糖是植物体内贮藏的碳水化合物。各种植物的含淀粉和糖的部位不同，主要为果实、种子以及根、块根、鳞茎或根状茎，如蕨类、葛藤、天南星、百合和桔梗等，还有少数是在髓心（如棕榈、桄榔树等）或皮层（如榆树等）。至于植物体的含糖部分，多数为果实，尤其是浆果类，如蔷薇科、葡萄科、猕猴桃科、柿科及胡颓子科的若干种类。鼠李科的拐枣，含糖部分则为弯曲而膨大的果梗。野生果实一般在夏秋季成熟，如猕猴桃、悬钩子、山桃和马桑等，也有在春末夏初成熟的，如各种桑椹、樱桃、梅、李等。在热带和亚热带地区几乎一年四季都有各种不同的果类陆续成熟。因其一般含水分较大，果皮又薄，完全成熟后易腐烂和霉坏，而未成熟的果实含糖量不高，故必须适时采收。采收种子，一般应按其不同成熟季节分别进行，但必须注意完全成熟后才可采收，否则就会影响出粉率。同时还要注意防止过于成熟，以免脱落于草木丛中，造成采收的困难。根状茎或根的采收期一般可以较长，但最好在当年秋末落叶后至次年初春发芽前进行，因为过早则淀粉含量不高，过迟则淀粉又转化为糖分而转移到植物体的其他器官。根据各地的理化分析资料来看，由于采收季节的不同，淀粉的含有率差别很大，如下表：

品名	秋末至冬末采收所含淀粉量（%）	冬末以后采收所含淀粉量（%）
蕨	38.8	21.6
葛	59.2	32.4
石蒜	79.4	43.8
黄精	59	35

从上述采收的不同季节所得出的不同结果，充分说明了野生植物采收季节性强的特点。因此，采收工作一定要掌握不同品种的成熟季节，并采取发动群众，集中上山，突击采收的办法，以保证原料的质量和减少损失。

酿造用的果实，一般宜用鲜果，否则会损失糖分，甚至会霉坏变质。各种野生果类，如葡萄、马桑、棠梨、悬钩子和野樱桃等，可采取就地初步加工（榨取果汁）的方法，这不仅便于运输，也易于保管。种子淀粉原料的保管，一般在采收后除去枝、叶和杂质，并去掉粗糙外皮，晒干保管。供提取淀粉的根及根状茎在采收后除去幼根和须根，洗净泥沙，拣去杂质，放在室内阴凉通风处晾干，但应注意不要堆积过厚，以免水分不易散发，同时要适时翻动，以防发霉变质。

我国劳动人民对野生植物淀粉资源的利用，在历史上早有许多记载，仅各种草木类即达 400 余种，但由于历代统治阶级对人民的残酷压迫，使祖国广大山区的富饶资源未能发展利用，任其自生自灭，对祖国财富造成了极大的损失。

解放后，全国劳动人民在党的领导下，对祖国广大山区的丰富资源进行了一系列的勘测调查和挖掘利用工作。从已发现的野生植物来看，不仅品种繁多，而且他们所含淀粉的用途也非常广泛。它可进一步满足工农业建设各个部门对淀粉原料的需要和人民日常生活的需要。有些品种可以出口换取外汇，另一些品种还可完全代替过去需要大量进口的物资，为国家节约外汇。在解放后短短的十年中，全国各地发现的野生植物淀粉原料的种类很多，年产量也很大。全国人民正在为进一步开发利用祖国广大山区的野生植物淀粉资源而共同努力。

甲. 淀　　粉

淀粉是高分子化合物，由碳、氢和氧组成，分子式为（$C_6H_{10}O_5$）$_n$，属于碳水化合物中的多糖类物质，是由很多个缩水葡萄糖单位（$C_6H_{10}O_5$）结合而成。葡萄糖（$C_6H_{12}O_6$）是一环状结构的分子（如下图）：

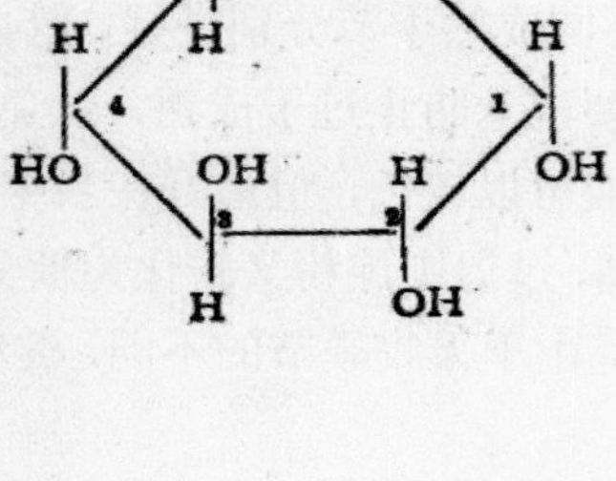

其中第1和第5碳原子通过氧原子而造成环状。两个象这样的葡萄糖单位，结合起来失去一分子的水，由其中一个的第1碳原子和另一个的第4碳原子共有一个氧原子，就成为麦芽糖的分子，其结构式如下：

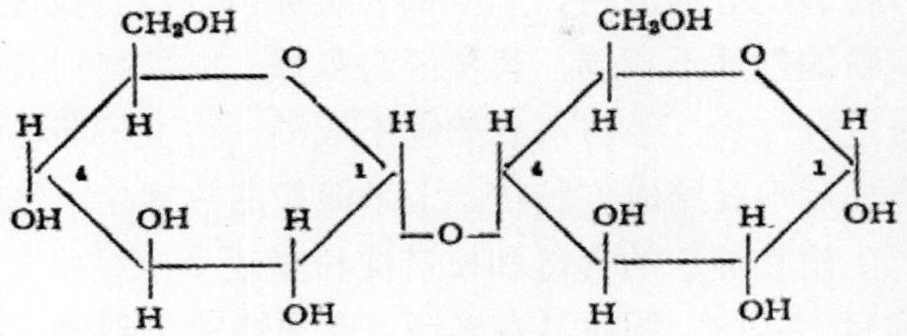

淀粉分子就是由很多个象麦芽糖分子一样的通过1、4 α-键将葡萄糖分子结合而成，呈链条状，如下图所示：

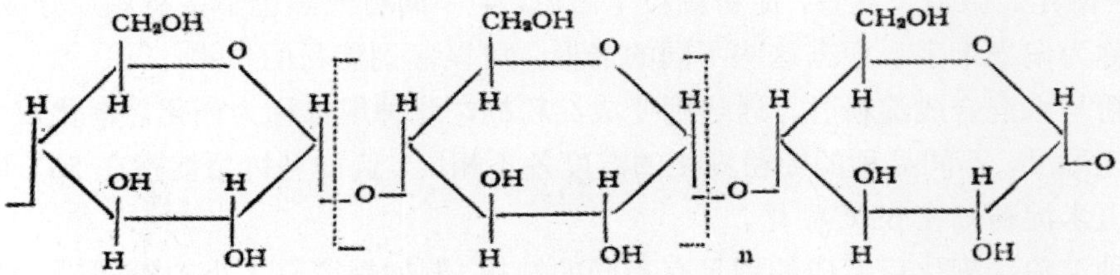

但实际上淀粉分子并不完全像上述一样，而有两个组成部分，一部分就是象上述的成直链形的结构，叫链淀粉，另一种是呈分枝状的叫枝链淀粉。分枝发生在第6碳原子上通过1、6 α-键而造成，其结构如下图所示：

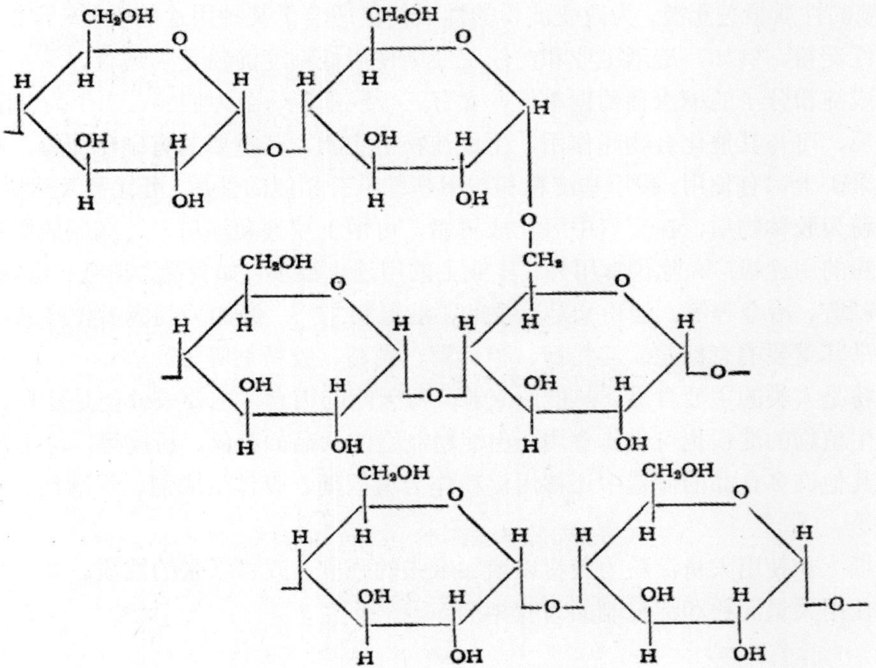

一般淀粉都是由链淀粉和枝链淀粉二部分组成，但含量则因品种而不相同。例如玉米、马铃薯、甘薯、木薯等的淀粉中含链淀粉百分率各为 27、23、20 和 17%，其余部分为枝链淀粉。有少数植物的淀粉，是由一种淀粉组成的，如粘玉米和粘高粱淀粉全部为枝链淀粉。相反，有一种皱皮豆的淀粉，则全部为链淀粉，没有枝链淀粉。

链淀粉和枝链淀粉的性质不相同，其含量的多寡，也影响到淀粉的性质和用途。例如全部为链淀粉的皱皮豆淀粉，经与水煮熬也不成糊，粘玉米淀粉与水一起加热，生成透明流动的糊，但冷却后不凝结成冻胶状。玉米淀粉遇热糊化，生成不透明的糊，冷却结成冻胶状。一般野生植物淀粉的含链和枝链淀粉量还多未经研究测定。

纯粹淀粉质地细腻、洁白，颗粒具有光泽。在显微镜下观察，各种植物的淀粉粒的大小和形状各不相同。最大的直径有达 100 微米，小的只有 5～6 微米。形状则有球形、扁球形、卵形、多角形或不规则形等。有的淀粉颗粒具有很明显的轮纹，如马铃薯的淀粉粒，在偏光显微镜下观察，淀粉颗粒呈白色，但中间有一黑色十字将颗粒分成四部分，此十字称为偏光十字。根据这些不同的情形，可以鉴别淀粉的种类。

淀粉与水混合成淀粉乳，遇热则变成淀粉糊，此种现象称为糊化。糊化发生的温度称为糊化温度，不同品种的淀粉糊化的温度各不相同，例如马铃薯淀粉在 56℃即开始糊化，而玉米淀粉则在 62℃糊化。

各种淀粉经糊化后生成的糊具有不同的性质，例如粘度有大小的不同，如继续加热，有的粘度降低很多，有的则降低较少；糊的清澄程度不相同，有透明、半透明和不透明的之分；经冷却后，有的淀粉糊凝结成冻胶状，强度大，而有的则不凝结，仍保持流动状态。这些不同的性质可以决定淀粉的用途。因为使用淀粉，一般都要先经糊化，再行使用，糊的性质很关重要。为改变淀粉的性质使更适合于某种用途的需要，常加以处理，制成变性淀粉。例如，造纸工业和纺织工业中使用低粘度淀粉更为适合。

组成淀粉分子的缩水葡萄糖单位，含有三个羟基，一个为伯醇，二个为仲醇，具有醇的性质，可与其他化合物起作用，生成淀粉衍生物。其重要的有硝化淀粉，在炸药、军事和采矿上都有使用；羧甲基淀粉和羧甲基纤维有相似的性质，可代替天然树胶使用；丙烯淀粉为胶体物质，在空气中氧化成树脂，可用于喷漆和涂料中，或制成塑料。

淀粉的用途很广，除供食用外，工业上的用途也很多，如食品、造纸、纺织、发酵、医药、铸造、冶金等等。淀粉又是重要的工业原料之一，经加工制成多种产品，用途都很大，举其重要的有糖浆、淀粉糖、葡萄糖、糊精、胶粘剂等等。

淀粉是人类的主要食品、热能的来源。每天吃的饭食，主要成分便是淀粉。许多无毒的野生植物的淀粉也可供作食用。由淀粉制造的食品如粉丝、粉皮等，每年销用量很大。在其他许多食品的制造中还掺用淀粉作为增稠剂、胶体生成剂、保潮剂、乳化剂、胶粘剂等。

造纸工业使用大量淀粉为胶料以增加纸张的强度，改善纸张的性质。制造纸板、纸袋等也使用大量淀粉和淀粉制品为胶粘剂。

棉、麻、毛、人造丝等纺织工业，每年使用大量淀粉和淀粉制品作浆料，增高纱的强度。织布完成后，再经脱浆手续，将浆料除掉，进行漂白和染色。印染泥中也含有淀粉。若干织物完成后再经上浆一次，以改善外观，改变性质。

淀粉和含淀粉的植物为发酵工业的主要原料，可以制造各种含酒饮料，酒精和其他有机物，如丙酮、丁醇、乳酸、柠檬酸、葡萄糖酸、甘油、味精等等。若干野生植物，如橡子、金刚头等的淀粉均已大量被利用为酿酒的原料。

医药工业使用质量高的淀粉，供配制片剂、丸剂和粉剂药品用。铸造工业使用淀粉为砂心胶粘剂。冶金工业的浮选矿沙使用淀粉为矿砂的沉淀剂。石油工业钻井中使用淀粉，增高钻泥的蓄水性。化妆品工业、陶瓷工业、干电池制造业、炸药制造业等等也都使用淀粉。

用淀粉可制造糖浆、淀粉糖和葡萄糖。糖浆的成分为葡萄糖、麦芽糖、果糖和糊精，为具有温和甜味的粘稠液体，质量高的产品为无色、透明的。糖浆的主要用途为制造各种糖果和糕点等食品。淀粉糖的成分为葡萄糖和糊精，主要用于皮革、发酵工业中。葡萄糖的纯度很高，主要用于医药中，供食用和注射用，因为葡萄糖不经消化过程，即可被血液吸收，供给身体需用的热能，适于病人食用；此外，在工业上用途也很广，经加工制成若干有机物，如山梨醇、柠檬酸、葡萄糖酸等等。

由淀粉制成多种糊精和胶粘剂，广泛用于各种工业中，为量很大。糊精和胶粘剂的种类很多，具有不同的水溶解度、粘合力和其他性质，能适合于不同的需要。

乙. 糖

植物中含的糖分，主要有菊糖、多缩甘露糖、蔗糖、葡萄糖、果糖等几种。

菊糖存在于苔藓类植物、菊苣根、大理花块根、蒲公英根和菊芋块茎内，为果糖的复合糖，经酸或酶的作用，很易水解成果糖。菊芋是生产果糖的好原料。

魔芋和兰科植物的地下茎以及一些低等植物含有多缩甘露糖，用碱性液浸出，以酒精沉淀，能得到白色粉末状的多缩甘露糖，可供食用或作胶粘剂，还可作防水涂料；如加水分解可得甘露糖。甘露糖是六碳糖，为葡萄糖的同分异构体。

除甘蔗和甜菜等几种作物含蔗糖特多以外，很多植物都含有或多或少的蔗糖。多穗高粱中含有很多蔗糖。蔗糖为双糖，分子式为 $C_{12}H_{22}O_{11}$，是由一个分子的葡萄糖和一个分子的果糖缩合而成。蔗糖呈单斜形结晶，易由过饱和溶液中结晶。但若有其他杂质存在时，结晶困难。经酸和酶的作用，蔗糖水解成葡萄糖和果糖，二者成 1 与 1 之比。此种葡萄糖和果糖的混合物又称为转化糖。

葡萄糖为单糖，分子式为 $C_6H_{12}O_6$，广泛分布在成熟的果实、花、茎、叶、根等器官中，因为它最初是由葡萄汁中制得，故名为葡萄糖。

工业上由淀粉大量生产的葡萄糖为结晶体，含有一个分子的水，化学式为 $C_6H_{12}O_6 \cdot H_2O$，甜度约为蔗糖的 75%。

果糖为单糖，分子式为 $C_6H_{12}O_6$，是葡萄糖的同分异构体，广泛存在于植物的花、果实和叶、根、茎的液汁中。果糖是一般糖类中甜度最高的糖，约等于蔗糖的 1.5 倍。

丙. 加工利用

（一）淀粉的加工方法

含有淀粉的野生植物可利用为制造淀粉的原料。若是子实，如橡子，则须先去壳，然后磨碎；若是纤维质的根状茎，则须切断，然后破碎。制造淀粉是利用淀粉不溶解于冷水，并比水重的性质。用水将原料中的淀粉洗出，过筛除去渣，将所得淀粉乳置于缸或槽中沉淀，淀粉便沉于底下，将上面的水除掉，即得粗制淀粉。若欲精制，可用清水加入淀粉缸中，搅拌成淀粉乳，再行沉淀，放出上面的水。如此处理可除去原淀粉中一部分水溶杂质，提高淀粉的质量。必要时可重复此手续二或三次，将所得湿淀粉脱水并使之干燥后即得成品。土法制造，可用布袋脱水，用日光晒干。如用新式设备进行加工，淀粉的产量和质量都能提高。

1．适用于一般子实加工的方法，其操作流程和工序如下：

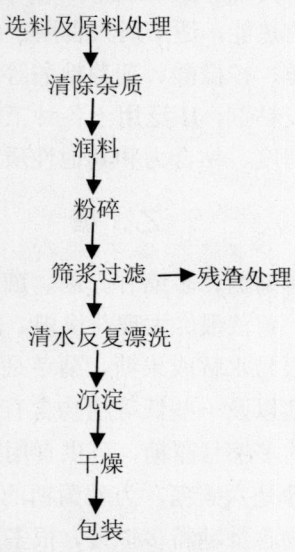

选料及原料处理
↓
清除杂质
↓
润料
↓
粉碎
↓
筛浆过滤 → 残渣处理
↓
清水反复漂洗
↓
沉淀
↓
干燥
↓
包装

一般子实淀粉原料的加工方法大致相同，但由于具体品种的子实大小或种皮厚薄和色泽等的不同，在操作过程中也有差异。现根据其基本操作程序介绍如次：

选料及原料的处理，主要是为了清除杂质，以便提高淀粉质量。润料的目的是为了便于脱皮（壳），所需水量应根据原料的具体情况而定，一般掺入 5～8%的水即可，拌匀、闷润 10～12 小时，便可进行脱皮（壳）。在进行粉碎时应根据子实的大小来决定使用石碾或石磨或粉碎机进行粉碎；子实要求磨成不含有颗粒的细粉。筛浆过滤是要除去残渣，以提高淀粉质量。由于各种子实的品质色泽不一，在过滤除渣后，进行反复水漂脱色（色白的可省去此工序）。最后即可静置沉淀和进行干燥。在此时应该注意综合利用，先行浸提鞣质（如果含有鞣质时），而后再提淀粉。

2．适用于一般根状茎植物的加工方法：

（1）纤维质根状茎原料加工操作流程及工序如下：

选料及原料处理
↓
水洗除杂
↓
铡料
↓
粉碎
↓
搅拌沉淀
↓
除渣
↓
反复漂洗
↓
干燥
↓
包装

纤维质根状茎植物淀粉加工的方法，除了反复漂洗、干燥和包装等工序与籽实加工淀粉方法基本相同外，其水洗除杂质过程是为了除净泥沙、须根、枝叶等杂质。为了综合利用，在原料粉碎时可铡成一定长度的小节，在石碾上反复碾压或用粉碎机进行粉碎，成丝状即可。然后放进清水中搅拌沉淀，直至粉质完全脱净为止。

（2）肉质根状茎原料加工操作流程及工序如下：

选料及原料处理
↓
水洗除杂
↓
切片
↓
粉碎除渣
↓
漂洗
↓
干燥
↓
包装

肉质根状茎、块茎和鳞茎淀粉植物，如黄精、山芋头和百合等的加工方法，除用水洗除杂与一般根状茎原料加工方法相同外，为了提高出粉率，尚可采取蒸煮法。即将洗净的块茎或鳞茎原料切成薄片，进行蒸煮，熟后晒干或烘干，使所含水分不高于15～20%。然后即可进行粉碎除渣，其方法是：用石磨或石碾或粉碎机进行粉碎，再经细筛除渣，即得熟淀粉。此种办法的优点是出粉率比干砸沉淀法高15～20%，唯质量稍差，但在食用中并无不良影响。

（二）酿制果酒、白酒和酒精的方法

含有淀粉或糖的野生植物，都可以作酿酒或制造酒精的原料。原料须先经过选料，除去杂质，进行粉碎，以后蒸料、加曲、糖化，加酒母发酵和蒸馏等等操作和所用设备等都和用粮食为原料的相同。酒和酒精产率的多寡，视原料含淀粉和糖分成分的高低而不同。

1．野生果品酿制果酒的生产流程图：

（1）含果汁较多的生产流程图

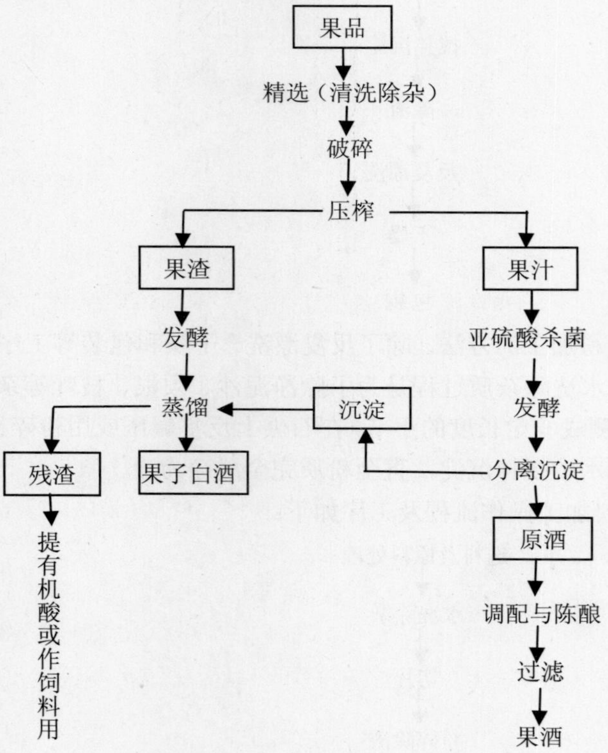

（2）含果汁较少的生产流程图

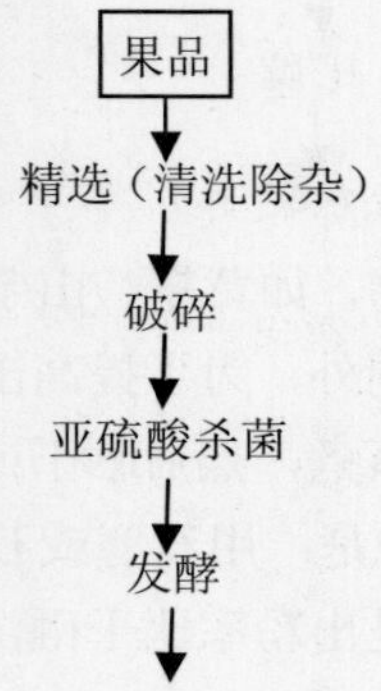

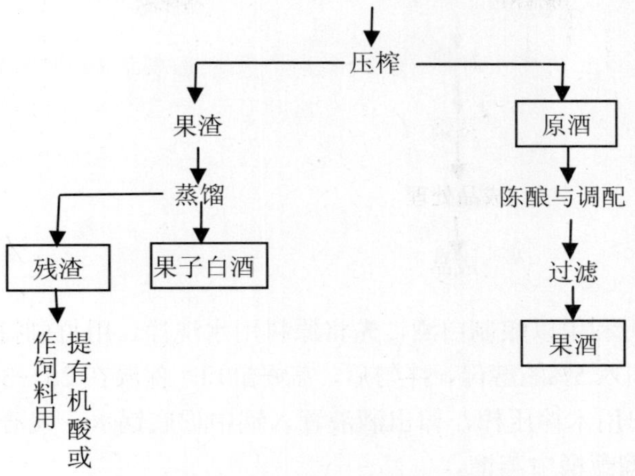

野生果品有含汁多的（如草莓、猕猴桃等），也有含汁少的（如山杏、山葡萄等），根据含汁多少一般的生产方法有两种：

（1）含汁多的　果品经精选出腐烂、不成熟果实后，如含尘土或杂质过多，可用清水冲洗，水滴干后，置于木盆或缸中，用木耙等物捣烂或用破碎机进行破碎。破碎后即用压榨机进行压榨或装入清洁的麻袋内用木榨压榨，榨出的果渣和果汁分别发酵，在发酵前用亚硫酸杀菌，加入量是使果汁中含二氧化碳达十万分之五（例如果汁 100 升加 6%亚硫酸液 85 毫升或偏重亚硫酸钾 10 克），发酵用的容器及用具必须先行杀菌（以用硫黄熏烟较好），然后将果汁引入，加入 1～3%酒母液或不加（因一般果皮已带有酵母），搅匀，进行密闭发酵，发酵液的体积在容器中只能占贮存容器容积的 4/5，温度最好保持在 20～25℃，约两天后进入发酵旺盛期，一周后发酵可以结束，在密闭的容器中静置约一月，用虹吸法分离清酒，进行调配，如加精制酒精、加糖等。酒精含量一般不应超出 20%，糖可用砂糖、饴糖或葡萄糖，按饮用者的口味而定，再经贮藏过滤即可出厂。

（2）含汁少的　一般与上法相同，只是在发酵时果汁与果渣共同发酵，其他方法相同。

2．野生果品原料酿制白酒的生产流程及工序：

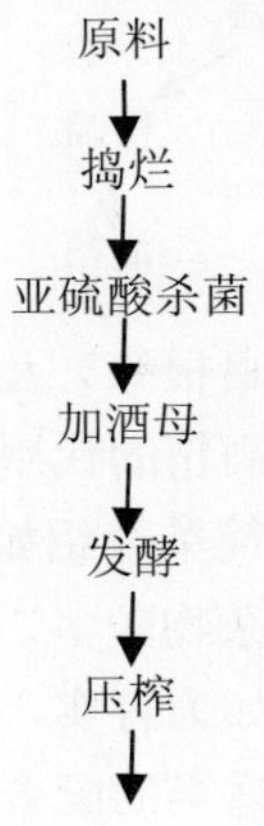

↓
拌糠
↓
蒸馏
↓
成品处理
↓
成品

果品原料如有异味，可利用以酿制白酒，先将原料用水洗净，用竹刷捣烂，经用亚硫酸杀菌，不榨汁，直接加入5%的酵母，拌匀后，盖好缸口，保温在25～30℃，经5～7天，发酵终止。然后取出用木榨压榨，榨出酒液置入锅中作底锅水，残渣中加入适量的稻糠作疏松料，装入蒸馏甑桶中蒸馏。

蒸出物再用适量的高锰酸钾和活性炭处理，脱去臭味，即为白酒。

3．含淀粉野生植物的根、茎、籽实原料酿制白酒和酒精生产流程及工序如下：

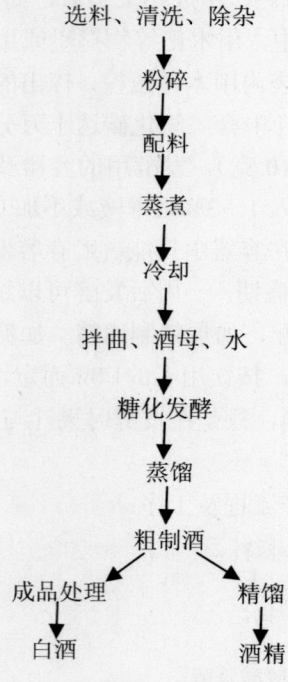

选料、清洗、除杂
↓
粉碎
↓
配料
↓
蒸煮
↓
冷却
↓
拌曲、酒母、水
↓
糖化发酵
↓
蒸馏
↓
粗制酒
↙ ↘
成品处理 → 白酒
精馏 → 酒精

野生植物中含淀粉较多的根、茎（如葛根等）及籽实（如橡子等）可以单独使用或与薯干、粮食混合使用，作为酿制白酒和酒精的代用原料。其加工方法与一般的固体发酵制白酒和酒精的生产方法大致相同，兹简单介绍如下：

一般从山区采集的野生植物原料，夹杂物较多，必须先经过选择和清理。清选后的原料，如为根类和茎类，应先捣成碎块，如为籽实，先剥脱外壳，然后用粉碎机磨成细粉状。粉碎的原料按其淀粉含量的多寡，适当的配合一些疏松料（如原料含纤维质较多时，可不加疏松料)，投入甑锅进行蒸煮糊化，蒸后，冷却并配入适当比例的酒母、曲和水。拌匀后，投入发酵池进行糖化和发酵。经过3天（夏季）至5天（冬季），将酒醅取出装甑蒸馏。蒸出的粗制酒，再经高锰酸钾及活性炭处理，脱臭后，可作为饮用白酒。如果原料中含有特殊异味或有毒性，可将粗制酒用精馏塔处理浓缩，制成酒精。或者用三甑一塔精馏设备，直接将酒醅蒸成酒精（设备如下图所示）：

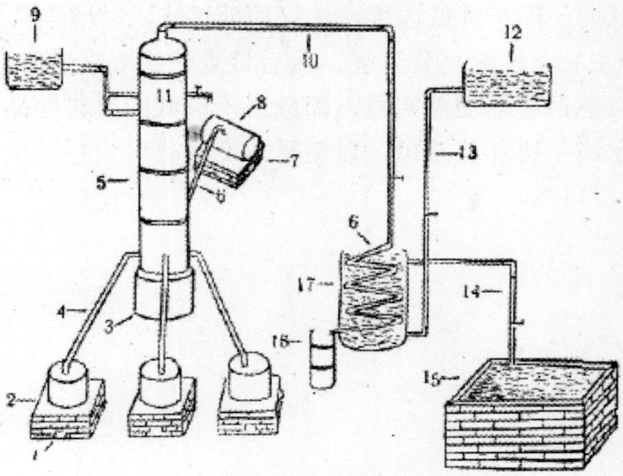

三甑一塔酒精蒸馏设备示意图

1. 灶口；2. 炉灶；3. 塔座；4. 输气管；5. 塔身；6. 加温箱输气管；7. 加温炉灶；8. 加温箱；9. 分液加冷水箱；10 酒精输管；11. 分液器；12. 调温降热水箱；13. 调温降热输水管；14. 排热水管；15. 晾水池；16. 盘肠酒精降热管；17. 降温桶；18. 酒精盛装桶。

（三）制糖和果酱方法

含有糖分的野生植物，可利用为制造糖浆或糖的原料。一般糖类中，除蔗糖较容易结晶外，其他糖如葡萄糖和果糖等都不容易结晶。如原料不含蔗糖，或含蔗糖较少，其他种糖多，则以制造糖浆为宜。制造的过程，主要为选料，除去杂质、污物，清洗，破碎，浸出，澄清，蒸发，结晶等，其操作方法和需用设备与一般糖厂相同。

野生果品也可制成果酱。主要操作程序为：选料、除去杂质和霉坏部分、清洗、去核、煮浆、加糖。其操作方法和需用设备与一般果酱制造相同。

野生浆果加工果酱操作流程及工序：

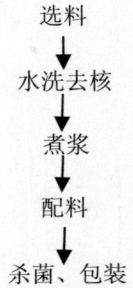

选料
↓
水洗去核
↓
煮浆
↓
配料
↓
杀菌、包装

野生果品加工果酱的方法，其基本工序大致与上者相同。一般是首先要经过清选原料，除去杂质及霉坏变质部分，以保持原有的色、香、味，然后即可进行清洗去核。煮浆的目的，是为了使果肉与糖分充分溶合而成为酱状。煮浆时，可将清洗去核的原料放置于铜制或铝制锅内进行熬煮，并不断搅拌，以防焦糊而引起不纯气味。锅内的正常温度应保持在 200～220℃，使所含的可溶性物质充分溶解（煮浆时间一般需 40～90 分钟），当浆液达到半固体状时，即可降低温度，进行加糖提味，以增强其光泽和甜味。加糖后用小火再煮 10 分钟左右，使糖充分溶解，然后将煮好的浓浆盛装于容器内，再连容器置水浴中加热杀菌，然后趁热加盖密封，即成易于保藏的果酱制品。如贮藏时间较久，则随时可按上法在水浴中再加热杀菌，以免霉坏变质。

二、各　论

1 福建观音座莲（fujianguanyinzuolian）（图 360）

［地 方 名］ 马蹄蕨（广东、广西），土瓜（贵州）。

［学　　名］ **Angiopteris fokiensis** Hieron.　观音座莲科

［形态特征］ 植株高 1.5～2 米。根状茎直立，短而粗，肉质，成莲座状。叶柄基部有肉质托叶；叶大形，近纸质，几无毛，二回羽状复叶；羽片 5～7，互生，狭长圆形，长 50～60 厘米，宽 15 厘米左右；小羽片 35～40 对，线状披针形，长 7～8 厘米，宽 1～1.2 厘米，先端长渐尖，基部截形，边缘有圆齿状细锯齿，各小羽片平展，但上部者稍斜展，中脉明显，侧脉几平展，分离，分叉或不分叉，脉间无倒行假脉。孢子囊群背生，由 8～12 个孢子囊组成，线状长圆形，沿叶缘里面着生，连接而不连合，孢子囊船形，无柄，囊壁厚，由数层细胞组成，由一腹面纵缝开裂；孢子多数。

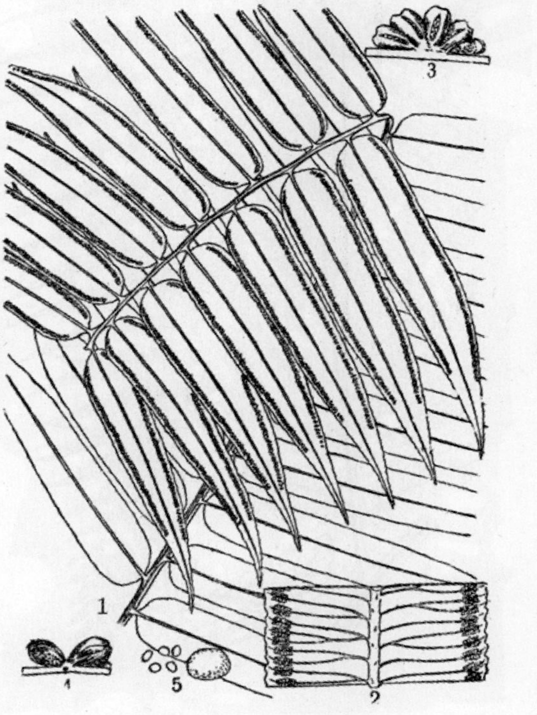

图 360　福建观音座莲

Angiopteris fokiensis Hieron.

1. 羽片；2. 小羽片的一部分；3. 子囊群纵切面；4. 子囊群横切面；5. 孢子。

［生长环境］ 为热带性植物，喜阴，常生于山谷或溪边密林中，酸性土壤上多见有分布。

［产　　地］ 湖北、贵州、广西、广东、福建等省区。

［用　　途］ 根状茎含淀粉，可制成各种糕饼、馒头、饴糖等食品，也可作酿酒原料。

［理化性质］ 据广西僮族自治区资料：根状茎含淀粉 29.3～34.45%；又据广东省资料：根状茎含水分 4.13%，粗蛋白 4.42%，粗脂肪 1.44%，粗纤维 6.35%，灰分 4.13%，无氮抽出物 68.66%。

［采收处理］ 秋季挖取根状茎，去梗，刮掉须根，用水洗净，切片晒干备用。

［加　　工］ 去皮切片后，放在锅中，加水及适量的草木灰，煮 3 小时左右，然后放在清水中浸 12～24 小时，即可取出，供食用或晒干贮藏。

［其　　他］ 本属在我国热带和南亚热带有60余种，都是提取淀粉的重要原料（参阅“中国植物志”第二卷）。

2 金毛狗脊（jinmaogouji）（图361）

［地 方 名］ 狗脊（福建），金毛狗（四川、贵州），黄狗头、黄狗蕨（广西），金毛狮子、金狗尾（湖北）。

［学　　名］ **Cibotium barometz** (L.) J. Sm.　蚌壳蕨科

图361　金毛狗脊
Cibotium barometz（L.）J. Sm.
1．羽片；2．小羽片一部分，示孢子囊群。

［形态特征］ 多年生草本，高2.5～3米。根状茎短而粗壮，密被金黄色长绒毛。叶柄粗壮，褐色，基部被同样的绒毛；叶片卵状长圆形，长达2米；三次羽状，下部羽片卵状披针形，长30～60厘米，宽15～30厘米；小羽片线状披针形，渐尖，羽状深裂，裂片密接，狭长圆形，似镰刀状；叶近革质，叶脉不分枝。孢子囊群在每裂片上2～12枚，囊群盖双唇状，棕褐色，革质，横长圆形。

［生长环境］ 生于山麓沟边及林下阴处的酸性土上。

［产　　地］ 云南（南部）、贵州、四川、广西、广东、福建、台湾、浙江、江西、湖南（南部）等省区。

［用　　途］ 根状茎含淀粉，可制各种糕饼或酿酒。根状茎亦供药用（见“药用类”，1631页）。根状茎上的毛可制人造棉（见“纤维类”，35页）和止血药。

［理化性质］ 据广西僮族自治区资料：根状茎含淀粉30%。

［采收处理］ 全年均可采挖，但以秋末冬初采挖者含淀粉较多。挖出根状茎，除去泥沙、须根、叶柄及毛，即可加工提取淀粉。

［加　　工］ 先将根状茎在水中泡7天后，切碎，再磨成糊状，放锅中煮熟，取出摊开凉后，拌入酒曲，待冷至30℃左右即入池发酵，5天后取出蒸馏。每100公斤原料可得35度白酒30公斤。

3 蕨（jue）（图 362）

［地 方 名］　蕨菜（辽宁、吉林、黑龙江、江西、河北、山西、甘肃、青海、贵州），蕨根（四川、福建、陕西），拳头菜（山东），鸡脚爬（江苏），乌糯（浙江），粉蕨（湖北）。

［学　　名］　**Pteridium aquilinum** (L.) Kuhn var. **latiusculum** (Desv.) Underw. (*Pteridium aquilinum* Kuhn var. *japonicum* Nakai; *Pteridium aquilinum* auct. Fl. Chin. non Kuhn)　蕨科

［形态特征］　多年生草本，高达 1 米左右。根状茎粗壮，长而横走，被黑褐色柔毛。叶纸质或近革质，散生；叶柄粗壮，长 0.3～0.5 米，棕色，基部褐色；叶卵状三角形，长 60～150 厘米，宽 30～60 厘米，二至三回羽状全裂；第一回羽片对生，三角形，长达 40 厘米，宽达 25 厘米，有长柄；第二回羽片长圆状披针形，羽状分裂，柄极短；裂片长圆形，全缘，先端钝圆，两侧裂片长 1～2 厘米，宽 3～5 毫米，长圆形，斜出，基部收缩，不汇合，分裂或多少合生；顶端裂片长达 3 厘米，尾状；两面无毛或仅背面中脉上有疏毛；叶脉密接，羽状分叉，主脉明显，腹面下陷，背面隆起。孢子囊群沿叶边着生，连续成线形，具双重的囊群盖，内盖膜质，孢子秋后成熟。

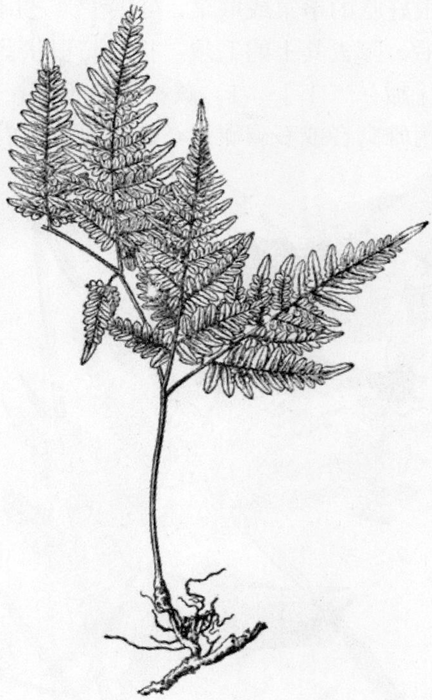

图 362　蕨
Pteridium aquilinum（L.）Kuhn var. latiusculum（Desv.）Underw.
植株全形

［生长环境］　山地草坡或疏林下，喜生于湿润、肥沃而土层较厚的阴坡上，在荒山地生长最盛。

［产　　地］　辽宁、吉林、黑龙江、河北、山西、山东、河南、陕西、甘肃、内蒙古、青海、新疆、安徽、江苏、浙江、江西、湖北、湖南、四川、贵州、福建、广东、广西、云南等省区。

［用　　途］　根状茎含淀粉，俗称蕨粉，可制粉条、粉皮，能代替豆粉、藕粉，也可用于浆纱、浆布及酿酒原料。

根状茎纤维可作绳索，能耐水湿，也可作纸浆（见“纤维类”，35 页）；嫩枝可食，俗称蕨菜，还可作饲料；全草可入药。全株含鞣质，可提制栲胶（见“鞣料类”，1021 页）。

［理化性质］　各地区分析蕨根结果如下：

项目 / 部位	淀粉(%)	粗纤维(%)	还原糖(%)	资料来源
根状茎	26.9			据黑龙江资料
” ”	46			据吉林资料
” ”	46	30		据河南资料
” ”	20		4.435	据山东资料
” ”	40.86			据广东资料
” ”	32 以上			据广西资料

［采收处理］　4～5 月间，当嫩叶未开放前，采集卷曲的嫩苗，用开水煮熟晒干，即成很好吃的拳菜或蕨菜，可供干菜之用。10 月至次年 2 月为挖根时期，将新鲜根状茎挖出后，除去其上的毛须，折去与根状茎相连的枯秆瘤根，洗去土沙晒干备用。

［加　　工］　1．蕨根制粉土法：把蕨根清选处理后倒在石板上，用木棒打烂，然后用碓窝舂或石碾碾烂，装入木水桶内用水冲洗，再用麻布袋过滤，将其未碎烂之蕨根再粉碎仍用水冲洗过滤，直至没有白色粉末和粘液为止，然后将所有滤液再用麻袋复滤一次，放入缸内沉淀，除去粉面清水，换水搅匀，反复沉淀 2～3 次，使粉色白净，取出用布袋吊干，即成蕨粉。2．蕨根酿酒方法：先把挖出的蕨根泡洗干净，用铡刀铡成长约 2 厘米的小节，用石碾碾成细末（如用干蕨根末时用开水浸润，焖 10 小时左右），每 50 公斤加 25 公斤稻壳，搅拌均匀，入甑蒸 1 小时左右取出，把蕨渣末蒸为蕨醅的热度扬撒冷到 35℃左右，打成堆，浇 20%的温水（水温 30℃左右），加 1 公斤大曲，用木锨搅拌 2～3 次，拌匀后，待蕨醅温度降至 25℃时，入池发酵，10 天后取出蒸馏。

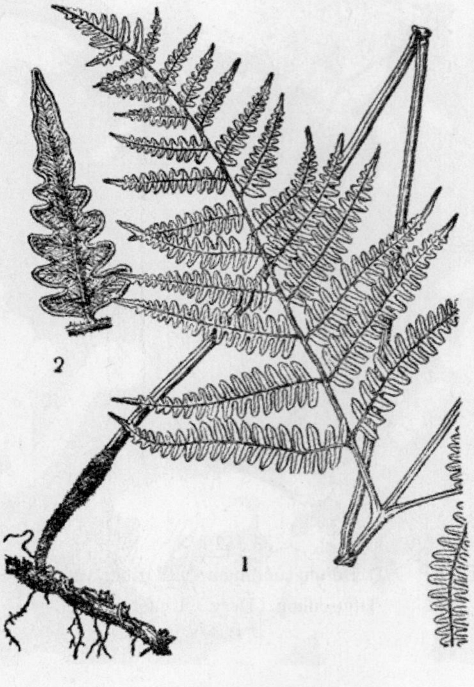

图 363　毛蕨
Pteridium excelsum（Bl.）Ching
1．植物全形；2．羽片。

4 毛蕨（maojue）（图 363）

［学　　名］　**Pteridium excelsum** (Bl.) Ching [*Pteris excelsa* Bl.; *Pteridium aquilinum* auct. fl. chin. non Kuhn; *Pteridium capense* Krasser var. *densa* (Wall.) Nakai]　蕨科

［形态特征］ 本种过去一直同蕨混淆不清，其实本种的形体远为高大，遍体有毛，在叶下面有灰白色的绒毛密生，末回裂片近镰形，急尖头，向基部两侧膨大而彼此汇合，沿小羽轴两侧形成阔的翅，故易区别。

［生长环境］ 生于热带和亚热带丘陵、荒山、荒地，喜酸性红、黄壤，常成片生长。

［产　　地］ 四川、贵州、云南、西藏、广西、广东、台湾等省区。

［用　　途］ 据四川省农民谈，本种根状茎含淀粉比蕨高。提淀粉后的蕨渣可制纸浆及纤维板；幼枝肥嫩，为良好的蔬菜。

［采收处理］ 参阅蕨（443 页）。

［加　　工］ 参阅蕨

5 狗脊（gouji）（图 364）

［地 方 名］ 凤凰尾、山鸡尾、小叶鸡吊尾、大叶狼花、溪梳、贯众（四川、贵州、湖北、浙江），金狗毛薯、黄狗头（江西），金毛狗、毛狗头（湖南）。

［学　　名］ **Woodwardia japonica** (L. f.) sm.　乌毛蕨科

［形态特征］ 多年生草本，高 50～150 厘米。根状茎倾斜，粗厚木质，与叶柄下部均被大而宽的鳞片，鳞片膜质，棕色，线状披针形，长 2 厘米或更长。叶柄褐色，长 30～50 厘米，与叶轴同被鳞片；叶片长圆形至卵状披针形，长 25～80 厘米，宽 20～40 厘米，二回羽状分裂，顶部羽片急缩成羽状深裂的羽片，羽片 10 对左右，披针形至线状披针形，长 15～25 厘米，宽 2.5～4 厘米，斜上，先端渐尖，基部不对称，上侧楔形，下侧圆形或多少呈心形，无柄；羽轴疏被鳞片，羽片作羽状分裂，裂深到羽片的 1/3～2/3，裂片卵状长圆形，长 1～2 厘米，宽 1～1.5 厘米，急尖，具细锯齿，叶近革质，叶脉分离，在近叶轴处连结成 1～2 行网脉。孢子囊群线形，沿裂片

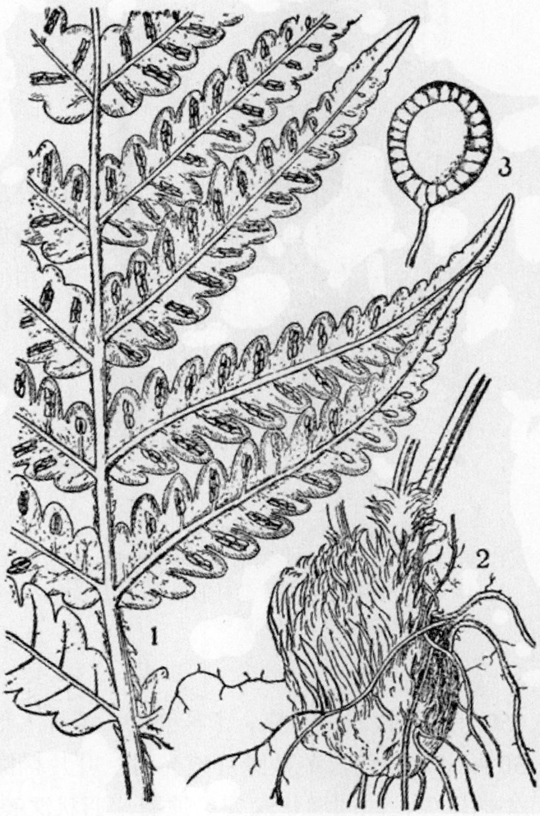

图 364　狗脊

Woodwardia japonica（L. f.）Sm.

1．叶的一部；2．地下茎；3．孢子囊。

中肋两旁着生，囊群盖褐色，向叶中肋开裂，宿存。

［生长环境］　低山疏林下，次生林缘和山谷河边阴处常见，为我国湿润温暖区酸性土壤的指示植物，主要分布于红、黄壤上。

［产　　地］　河南、江西、浙江、福建、台湾、广东、广西、贵州、云南、四川、湖北等省区。以四川、贵州产量较大，福建产者质量为佳。

［用　　途］　根状茎可制淀粉或酿酒。

根状茎及其鳞片可入药（见“药用类”，1633 页），根状茎可做土农药，防治蚜虫及红蜘蛛。

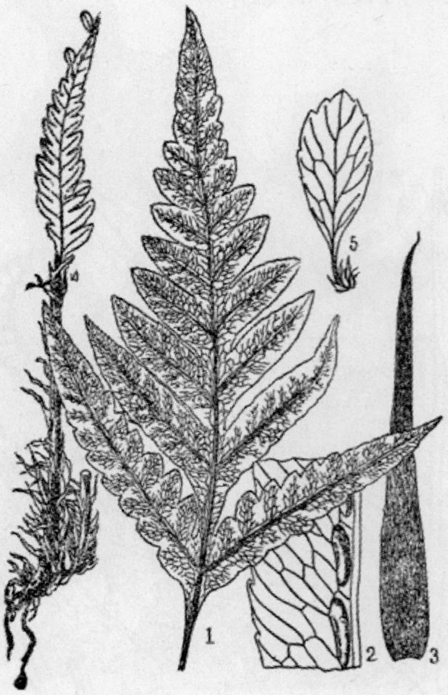

图 365　东方狗脊

Woodwardia orientalis Sw.

1．叶片的部分；2．裂片的部分示孢子囊群；3. 叶柄基部的鳞片；4. 多子变种的羽片；5. 自无性芽发育的幼植物。

［理化性质］　据湖南省资料：干的根状茎含淀粉 29.56%；又干的根状茎切片含量达 48.57%。

［采收处理］　秋后采挖，洗去泥沙，将苗茎及绒毛去掉，趁新鲜时切成薄片或小块，晒干或烘干。

［加　　工］　制粉土法：先去掉根状茎外皮，然后切成片状放在锅里煮 3 小时左右，再放入清水中浸 24～26 小时（需多换几次水），用碓舂烂再磨成粉，放在布袋里压去水分，即可供食用或制成干粉。

6 东方狗脊（dongfanggouji）（图 365）

［地 方 名］　凤凰尾巴（浙江）

［学　　名］　**Woodwardia orientalis** Sw.

乌毛蕨科

［形态特征］　多年生高大草本，高 50～150 厘米。根状茎直立，密被鳞片，鳞片大形，棕色，披针形，膜质。叶柄丛生，长 30～50 厘米，褐色，疏被鳞片或光滑；叶片椭圆状卵形，长 30～60 厘米，宽 20～30 厘米，先端尾尖，二回羽状深裂；顶羽片羽状深裂，渐尖，基部下延，侧羽片 6～10 对，卵状披针形至三角状卵状披针形，先端渐尖，基部稍对称，基部下侧裂片有 1～3 枚缺如，边缘有细锯齿，革质，叶脉不显著，在中脉与叶缘间有长形网眼 1～2 行。孢子囊群椭圆形，陷叶肉中，沿裂片轴两侧着生，囊群盖褐色，多少弯曲，叶面常有多数无性芽。

［生长环境］　山麓、路旁、溪边草丛中，也长在山谷较阴湿的林下，在海拔 30 米左右的山地，常成群生长。

［产　　地］　广东、福建、浙江、台湾等省。

［用　　途］　根状茎可酿酒。

［理化性质］　据浙江省资料：根状茎含淀粉 25.2%，水分 58%。

［采收处理］　秋季挖取根状茎，剪去地上部分，晒干。

［加　　工］　酿酒方法见蕨（443 页）。

7 贯众（guanzhong）（图 1262）

［学　　名］　**Cyrtomium fortunei** J. Sm.　鳞毛蕨科

（地方名、形态特征、生长环境、产地及其他用途见“药用类”，1633 页）

［用　　途］　根状茎可制淀粉或酿酒。

［理化性质］　据湖南省资料：根状茎含淀粉 16.4%，葡萄糖 5.37%，水分 63.4%。

［采收处理］　挖出根状茎，除去须根和杂质，切片晒干，置于干燥处保管。

［加　　工］　将晒干的原料放在石碾上粉碎，然后加水、过滤和沉淀，即得淀粉。

8 槲蕨（hujue）（图 1263）

［学　　名］　**Drynaria fortunei** J. Sm.　水龙骨科

（地方名、形态特征、生长环境、产地及其他用途见“药用类”，1635 页）

［用　　途］　根状茎肥大，可提取淀粉或酿酒。

［理化性质］　据广西僮族自治区资料：根状茎含淀粉约 25%；又据广西邕宁专区红星酒厂分析：淀粉含量为 34.98%。

［采收处理］　四季均可采收，除去叶片和须根。刮去外皮鳞毛，洗净后切成小段，晒干储藏。

［加　　工］　将采收的新鲜原料，除去杂质，洗净后切成小段，放在石碓中舂烂，装入布袋中在水缸内搓洗，即得混浊的液体，再加入大量清水，用木棒搅拌，然后静置沉淀，经反复沉淀后，即得洁白淀粉。

9 华槲蕨（huahujue）

［学　　名］　**Drynaria sinica** Diels　水龙骨科

［形态特征］　多年生草本，高 15～50 厘米。根状茎肉质，粗壮，长而横走，密被鳞片；鳞片棕色，披针状钻形，边缘流苏状。叶二型；营养叶稀少，长圆状披针形，无柄，长达 10 厘米，宽 4～9 厘米，先端渐尖，羽状深裂，裂片三角状披针形，长 2～3 厘米，急尖，下部裂片极缩短，叶背无毛，表面被毛；孢子叶远生，叶柄长 8～15 厘米，有狭翅直达基部，叶片长圆形，长 17～40 厘米，宽 7～11 厘米，羽状深裂几至中轴，裂片 14～20 对，阔线状披针形，急尖，有时钝或圆形，中部裂片长 4～6 厘米，宽 1～1.5 厘米，基部有 1～2 对裂片缩短或成耳状，边缘锯齿状，厚纸质，叶上多少被毛；叶

脉明显，细脉网状。孢子囊群大，圆形，近中脉两侧各一行着生。

[生长环境] 高山地带石上或树干上附生。

[产　　地] 云南、四川、陕西、甘肃、青海等省。

[用　　途] 根状茎含淀粉可食用或酿酒。

[理化性质] 根状茎含淀粉 32.43%。

[采收处理] 参阅槲蕨（447 页）。

10 银杏（yinxing）（图 366）

[地 方 名] 白果（河北、山西、山东、浙江、广东、贵州、四川）

[学　　名] **Ginkgo biloba** L.　银杏科

[形态特征] 落叶乔木，高可达 40 米，胸径达 1.5 米；树干直立，树皮灰色；枝有长枝与短枝之别。叶在短枝上簇生，在长枝上互生；叶片扇形，长 4～8 厘米，宽 5～10 厘米，先端中间二浅裂，基部楔形；叶柄长 2.5～7 厘米。花单性，雌雄异株；雄花成下垂的短柔荑花序，4～6 个生于短枝上的叶腋内，有多数雄蕊，花药 2 室，生于短柄的顶端；雌花，每 2～3 个聚生于短枝上，每花有一长柄，柄端两叉，各生 1 心皮，胚珠附生于上，通常只有 1 个胚珠发育成熟。种子核果状，倒卵形或椭圆形，长 2.5～3 厘米，淡黄色，被白粉状蜡质；外种皮肉质，有臭气；内种皮灰白色，骨质，平滑，两侧有棱边；胚乳丰富，具子叶 2。花期 4～5 月，果期 7～10 月。

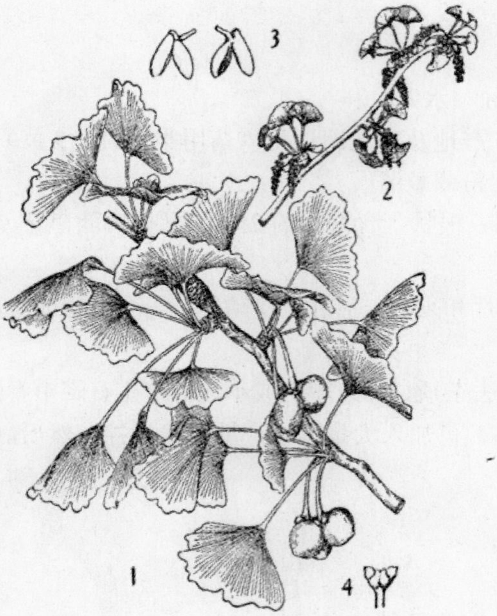

图 366　银杏
Ginkgo biloba L.
1．果枝；2．雄花枝；3．雄蕊；4．雌蕊。
（自"中国森林植物志"）

[生长环境] 根深较耐旱，在湿润、肥沃、排水良好的壤土和沙质壤土上生长良好。从不受病虫害的侵袭，寿命极长，在云南生于海拔 1,800 米左右的地方。

[产　　地] 辽宁、河北、山西、陕西、河南、山东、江苏、安徽、浙江、福建、台湾、江西、湖北、湖南、四川、贵州、云南、广东、广西等省区。

[用　　途] 种子可炒食，种仁炖肉、作羹汤和制蜜饯、甜食。

种子可入药（见“药用类”，1638 页）。种子的外种皮及树叶可作土农药（见“土农药类”，2023 页）

［理化性质］　干种子含淀粉 67.7%。

［采收处理］　种子熟后落地，收集，堆放地上或浸入水中，使外种皮腐烂，或捣去肉质外种皮，洗净，晒干。

［其　　他］　一般用种子或根蘖繁殖。

11 杨梅（yangmei）（图 367）

［地 方 名］　火梅木、水杨梅（广东），树梅（台湾），朱红（福建），火实、机子（浙江）。

［学　　名］　**Myrica rubra** Sieb. et Zucc.　杨梅科

［形态特征］　常绿乔木，高可达 10 余米。树皮幼时平滑，褐灰色，老时变纵浅裂；芽、幼枝及叶柄无毛。单叶互生，厚革质，有短柄，倒卵状长圆形或楔状披针形，长 7～13 厘米，宽 2～4 厘米，基部渐狭，先端钝或微尖，全缘或中部以上有少数粗锯齿，表面深绿色，有光泽，背面色较淡，有橙色圆形的鳞片状腺体，两面均无毛。花单性，雌雄异株；雄花序圆柱形，通常不分枝，红黄色，单生或数条丛生于叶腋，雄蕊 4～6;雌花序卵状长圆形，不分枝，腋生，每苞片内有雌蕊 1，通常仅在花序上端 1（稀 2）枚雌花能发育成果实。核果球形，直径约 2 厘米，外果皮暗红色，由多数囊状体密生而成，肉质多液，味酸甜，核坚硬。花期 3～4 月，果期 6～7 月。

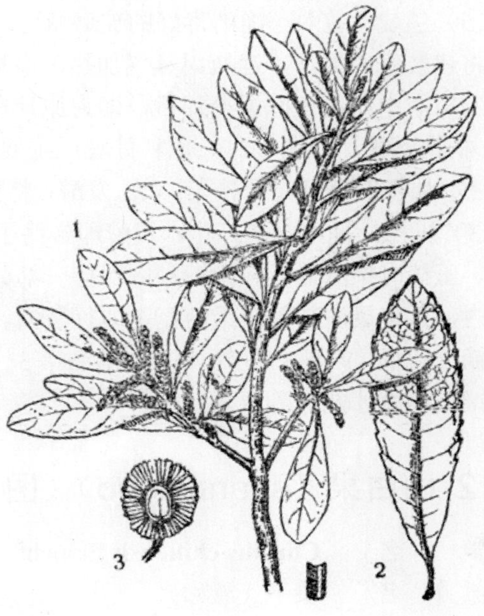

图 367　杨梅

Myrica rubra Sieb. et Zucc.

1．雄花枝；2．有锯齿的叶；3．果的纵切面。

［生长环境］　生于山坡阳光充足的疏林或灌丛中。

［产　　地］　江苏、浙江、安徽、福建、台湾、广东、广西、江西、湖北、湖南、贵州、四川等省区。

［用　　途］　果实味酸甜，可生食或作蜜饯；果汁是一种很好的清凉饮料，果酿出的杨梅酒味清香浓厚可口。江西省综合利用杨梅，除酿酒外，还制成杨梅干、杨梅酱、杨梅罐头、杨梅糖及杨梅膏等多种副食品。

叶可提取芳香油（见“芳香油类”，1295页）。树皮、根皮、叶均含鞣质，可提制栲胶（见“鞣料类”，1055页）。树皮亦供药用，为治疗痢疾的有效良药，宁波民间取树皮煎水漱口，能治牙痛；果核烧灰敷之可治牙疳。还可用作农药，防治茶毛虫、苧麻虫。果核用作榨油，残渣可加工成肥料，木材红褐色，质坚，难割裂，可供细工用。

［采收处理］ 杨梅果实成熟时，应抓紧采收，最好在半月内采完，否则，果实自落损失很大。采得的果实，用酒精浸泡或压榨出果汁储藏。储藏果汁可用酒精或亚硫酸提纯，既保持原汁长期新鲜不腐，又能制果酒或供冷饮。

［加　　工］ 1．杨梅汁压榨生产程序：（1）选料：选用充分成熟、色泽鲜红、不腐烂的果实；（2）洗果：将选好的果实，装入竹箩内，用清水漂去枝叶等杂质；（3）压榨：将洗后的果实晾干，装入洁白麻布袋中，用木杠或压榨机压出约50%汁液后停止，其余50%汁液保留在残渣内备制果酱；（4）加热冷却：在果汁内，加入22%白糖进行加热，加热至78～80℃时，立即取出果汁装入铝制或陶瓷器皿，在冷却池内冷却，有条件的地区，可入冰箱冷却3～4小时，即按果汁量应加入0.075%的安息香酸钠，充分拌搅均匀，以防止果汁发酵腐败；（5）澄清：将冷却的果汁过滤，倒入瓦缸或陶缸中，静置一夜澄清，轻轻收取上层清液，除去颗粒等凝固物，再加入适量的杨梅色素、香精搅拌均匀；（6）包装：装入干净消毒好的玻璃瓶内，留空隙5～7厘米，然后加盖密封；（7）杀菌：将包装好的果汁，连瓶用蒸气加热杀菌消毒，加热80～82℃（约20分钟左右），取出放入凉水中，逐步降温冷却后，即为原汁成品。

2．杨梅酒生产程序：（1）原料处理：主要用杨梅次果为原料；通过压榨后平铺竹制簸箩上，加入发酵液充分拌匀；（2）发酵：将拌好的酒醅装入木桶发酵，发酵期约3～5天；（3）压榨：桶中气泡停止，发酵即告终了，可进行压榨，将压出的汁液和果渣分别放置。压榨时果渣内不应太干，应保持一部分汁液；（4）蒸馏：把压出的汁液先倒入蒸馏锅内，再将果渣装入蒸馏甑篦上即行蒸酒。蒸馏操作与一般蒸白酒同；（5）杨梅果实所含糖分较低，产酒率不高，（平均出酒率3～4%），而且蒸馏所得的酒尾长，酒度低，须再蒸馏，酒度才能达到要求。

12 山白果（shanbaiguo）（图562）

［学　　名］ **Corylus chinensis** Franch.　桦科

［原 料 名］ 榛子（通称）

（形态特征、生长环境，产地及其他用途见“油脂类”，707页）

［用　　途］ 果实含淀粉，味美可食，经加工后可制成糕点。

［理化性质］ 果实含淀粉30～40%。

［采收处理］ 10月间果实成熟，即可进行采摘，置于日光下晒干，除去外皮，整理干净，放在干燥处。

［加　　工］ 参阅榛（451页）。

13 榛（zhen）（图 564）

［学　　名］ **Corylus heterophylla** Fisch.　桦科

［原 料 名］ 榛子（通称）

（地方名、形态特征、生长环境、产地及其他用途见“油脂类”，709 页）

［用　　途］ 果实可加工成粉，制糕点。

［理化性质］ 如下表：

部　位	淀　粉（%）	碳水化合物（%）	蛋白质（%）	脂　肪（%）	灰　分（%）	资料来源
果　仁		16.5	16.2	50.6	3.5	四川省
果　仁			18	77		湖南省
果　实	15					陕西省

［采收处理］ 8～9 月采摘果实，晒干，搓去总苞外皮，簸扬干净后贮存。

［加　　工］ 制造榛子粉的方法：先除去外壳，然后用清水浸润，脱去内皮，用石碾进行粉碎。炒食时，拣出霉坏部分，加细砂置于铁锅内炒熟即成。

14 角榛（jiaozhen）（图 565）

［学　　名］ **Corylus mandshurica** Maxim.　桦科

［原 料 名］ 榛子

（地方名、形态特征、生长环境、产地、采收处理及其他用途见“油脂类”，710 页）

［用　　途］ 种子较小，含淀粉及油可作食用，或作干果食用，市上常有出售。

［理化性质］ 据陕西省资料：种子含淀粉约 20%。

［加　　工］ 参阅榛（本页）。

15 川榛（chuanzhen）（图 368）

［学　　名］ **Corylus sutchuenensis** (Franch.) Nakai　桦科

［形态特征］ 落叶小乔木或灌木，高可达 7 米；树皮灰褐色；小枝被灰褐色腺状长毛。单叶互生，阔卵形至倒卵形或圆形，长 6～10 厘米，宽 4～6 厘米，基部心形，先端长渐尖或急尖，有时具浅裂，边缘有不规则重锯齿，表面近无毛，背面稀有短柔毛，侧脉 7～8 对，在表面下陷，背面突起；叶柄长 1～2 厘米，有腺毛及短柔毛。花雌雄同株，先叶开放；雄花序柔荑状，下垂，雄蕊 8，花药黄色；雌花序头状，花柱红色。坚果近球形，通常 3 个一簇；总苞钟形，叶状，2 片，顶端分裂，裂片具齿，近基部有腺状刺毛。花期 3～4 月，果期 10 月。

［生长环境］ 常生于山坡多石的沟谷两岸和阔叶林缘，在湿润土壤和阳光充足结果繁多。

图 368　川榛
Corylus sutchuenensis（Franch.）Nakai
1．雄花枝；2．果枝；3．坚果。

桦科

［原 料 名］　榛子

［形态特征］　落叶小乔木，高 7～8 米；树皮褐色；小枝幼时具灰色细毛，后渐脱落，并有灰色皮孔；芽卵形，灰褐色，鳞片边缘具灰色纤毛。叶阔卵形至倒卵形，长宽各 5～10 厘米，基部斜心形或圆形，先端渐尖，边缘有不规则的细重锯齿，有时具不明显的浅裂，表面有疏生细毛，背面脉上有细长毛，侧脉 8～12 对；叶柄长 1.5～3 厘米，有长毛，幼时并有腺毛。雄柔荑花序圆柱状；苞片先端渐尖，黑褐色，边缘有灰黄色毛。果实 3～6 个，生于由总苞形成而带刺的果壳中；坚果球形，微扁，长约 1.5 厘米，直径 4～5 厘米，成熟时黄灰色，果皮坚硬。花在早春先叶开放，果期 8～10 月。

［产　　地］　陕西（南部）、江苏、江西、安徽、浙江、湖北、四川、广东等省。

［用　　途］　果实可炒食或作糕点。树皮含鞣质，可提制栲胶。嫩叶可作饲料。木材坚硬细密，可作手杖及伞柄。

［理化性质］　据陕西省资料：果实含淀粉 15%，此外还含有蛋白质、脂肪、维生素及糖。

［采收处理］　参阅榛（451 页）。

16 刺榛（cizhen）（图 369）

［地 方 名］　大树榛子、山板栗（云南）

［学　　名］　**Corylus tibetica** Batal.

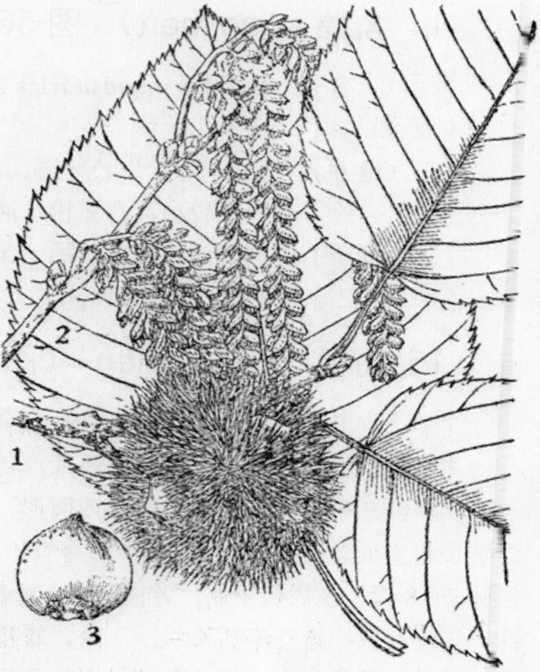

图 369　刺榛
Corylus tibetica Batal.
1．果枝；2，雄花枝；3．坚果。

［生长环境］ 山坡或山沟中，性喜湿润土壤，分布海拔高度约在1000～2800米之间。

［产　　地］ 甘肃、陕西、四川、湖北、云南等省。

［用　　途］ 种子多用作干果食用，亦可制成粉作副食品。

种子可榨油（参阅“油脂类”，711页）。

［理化性质］ 据陕西省资料：种子含淀粉30%。

［采收处理］ 每年10月间果实成熟后摘取收藏。

［加　　工］ 参阅榛（451页）。

17 珍珠栗（zhenzhuli）（图370）

［地 方 名］ 青冈树（贵州），小叶栎（江苏），甜椎（广西）。

［学　　名］ **Castanea henryi** Rehd. et Wils.　山毛榉科

［形态特征］ 落叶大乔木，高可达30米；小枝较光滑，无顶芽。单叶互生，薄革质，光滑，长圆状披针形，有羽状脉12～16对，长12～17厘米，宽3～7厘米，先端渐尖，常为尾状，基部楔形至近圆形，边缘有刚毛状的锯齿；叶柄细，无毛，长1～1.5厘米。花单性，雌雄同株；花序穗状，直立，常生于新枝叶腋；雄花序生于新枝下部，新枝上部的花序的基部往往混生着雌花；花无花瓣，雄花有雄蕊12，在每一苞片内生2～3朵；雌花无柄，单生或2～3朵生于一总苞内。总苞球形，外面有长1～1.5厘米的硬刺，内藏坚果一颗。坚果卵状圆锥形，有尖头，直径1.5～2厘米。花期5月，果期9～10月。

［生长环境］ 山地杂木林或疏林中，有时与针叶树混生。

［产　　地］ 浙江、江西、湖南、湖北、四川、贵州、广东、广西等省区。

［用　　途］ 种子含淀粉，可以酿酒。

壳斗、木材、树皮含鞣质，可提制栲胶（见“鞣料类”，1071页）。木材供建筑用。

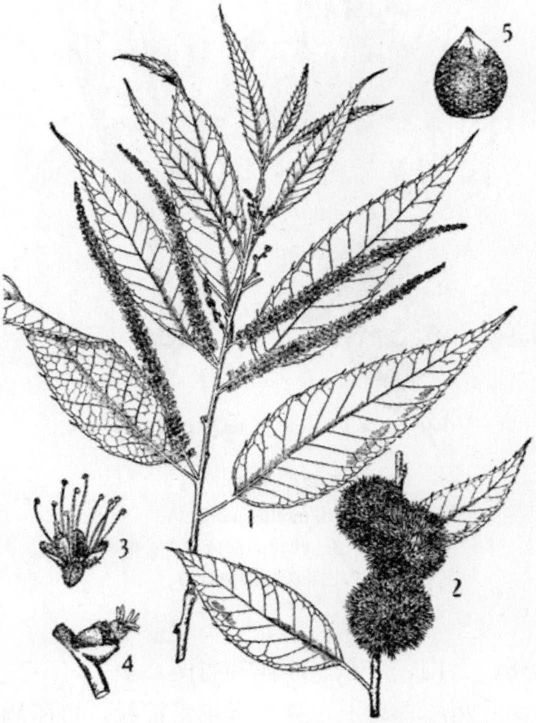

图370　珍珠栗

Castanea henryi Rehd. et Wils.

1．花枝；2．果枝；3．雄花；4．雌花；5．坚果。

（自“中国森林植物志”）

［理化性质］ 种子含淀粉达 60%。

［采收处理］ 种子秋末成熟，采回晒干，除去壳斗及果壳，取出种子仁，晒干或烘干贮藏。

［加 工］ 参阅栎（482 页）

18 板栗（banli）（图 371）

［地 方 名］ 栗子（通称）

［学 名］ **Castanea mollissima** Bl. (*C. bungeana* Bl.) 山毛榉科

［形态特征］ 落叶乔木，高 15～20 米，胸径 0.6～1 米；树皮暗灰色，具不规则深裂；枝条灰褐色，有纵沟，皮上有许多黄灰色的圆形皮孔。单叶互生，薄革质，长圆状披针形或长圆形，长 12～15 厘米，宽 5.5～7 厘米，基部楔形或两侧不相等，先端尖尾状，表面深绿色，有光泽，羽状侧脉 10～17 对，中脉上有毛，背面淡绿色，有白色绒毛，但无鳞片状的腺点，边缘有疏锯齿，齿端为内弯的刺毛状；叶柄长 1～1.5 厘米，有长毛和短绒毛。花单性，雌花、雄花同生于一株；雄花序穗状，生于新枝下部的叶腋，长约 15～20 厘米，淡黄褐色，雄蕊 8～10；雌花无梗，生于雄花序下部，外有壳斗状总苞，子房下位，花柱 5～9。总苞球形，直径 3～5 厘米，外面生尖锐被毛的刺，内藏坚果 2～3，成熟时裂为 4 瓣。坚果深褐色，直径 2～3 厘米。花期 5～7 月，果期 8～10 月。

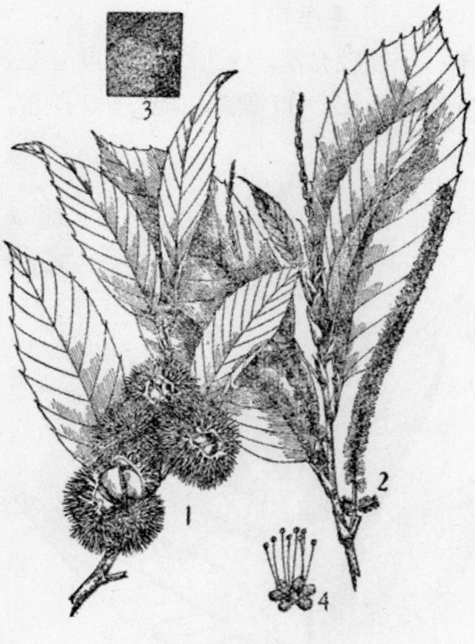

图 371 板栗

Castanea mollissima Bl.

1．果枝；2．花枝；3．叶背一部分放大；4．雄花。

（自“中国森林植物志”）

［生长环境］ 阳性树种，喜生于空气干燥，土质疏松带砂质的土壤上。

［产 地］ 辽宁、山东、山西、河北、河南、江苏、浙江、福建、安徽、江西、湖北、湖南、陕西、甘肃、四川、贵州、云南、广东、广西等省区。

［用 途］ 栗子含丰富淀粉，可酿酒、生食或炒食。

木材可作地板、桥板、船舶、车辆、枕木、家具、建筑等用材。叶可饲柞蚕。果入药，生食治腰、脚不遂，疗筋骨断碎、肿痛瘀血，生嚼涂之有效（本草纲目记载）。木材、树皮、果壳、枝均可为提取栲胶原料（见“鞣料类”，1070 页）。

［理化性质］　据陕西、河南两省资料列表如下：

地　区	淀粉（%）	蛋白质（%）	脂肪（%）
陕西省	56.8	5.7	2
河南省	70（包括糖分）	10.7	7.4

［采收处理］　秋季果熟采收，去壳放于缸内密封保存，防止生虫、霉烂。

［加　　工］　参阅栎（482页）。

19 毛栗（maoli）（图372）

［地 方 名］　锥栗（江苏），野栗子（河南）。

［学　　名］　**Castanea seguinii** Dode 山毛榉科

［形态特征］　落叶小乔木或灌木，高6～15米；树皮灰色，纵裂；小枝暗褐色，生有短柔毛，皮孔明显，黄白色。单叶互生，薄革质，椭圆状长圆形或长圆状倒卵形至长圆状披针形，长9.5～13厘米，宽3.5～4.5厘米，基部圆钝或略近心形，先端渐尖，边缘具短刺状小锯齿，羽状侧脉12～16对，表面光亮，脉上有毛，背面褐黄色，具鳞状腺点；叶柄长6～7毫米。花单性，雌雄同株；雄花序穗状，单生于新枝叶腋，直立，长6～7厘米，单被花，雄蕊10～14；雌花生于雄花序下部，通常3花聚生，子房下位，6室。总苞近球形，直径3～4厘米，外面生细长尖刺，刺长4～5.5毫米，通常内有坚果3或5～7。坚果扁圆形，褐色，直径1～1.5厘米。花期5月，果期9～10月。

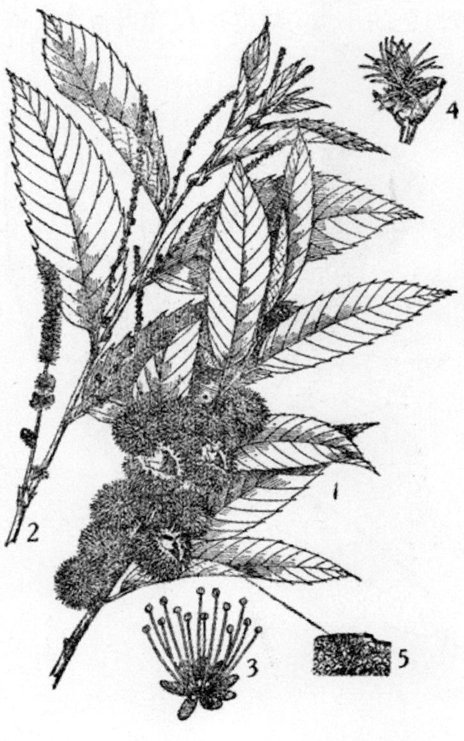

图372　毛栗

Castanea seguinii Dode

1．果枝；2．雄花枝；3．雄花；4．雌花；5．叶的一部分。（自“中国森林植物志”）

［生长环境］　丘陵或山地阳处灌丛中，性喜干燥和较松的土壤。

［产　　地］　云南、贵州、广东、江西、福建、浙江、江苏、安徽、湖北、湖南、四川、河南、山西、陕西等省。

［用　　途］　种子含大量淀粉，除食用外，可供酿酒。

壳斗（总苞）和树皮含鞣质，可提

制栲胶，也可作丝绸的黑色染料。幼树可作嫁接板栗的砧木。木材可制水瓢及家具等，又为上等薪炭料。

［理化性质］ 据安徽省资料：种子含淀粉 60～70%。

［采收处理］ 树的高矮不同，采收方法各异，小灌木可直接采摘，大树则用竹竿将果实打落地上收集晒干，用脱壳机除去壳斗，晒干备用。如遇阴雨天气，须用火烘干，以免霉烂。

［加　　工］ 参阅栎（482 页）。

20 锥栗（zhuili）（图 373）

［学　　名］ **Castanopsis chinensis** Hance 山毛榉科

［原 料 名］ 橡子

［形态特征］ 常绿乔木，高达 9～12 米；树皮暗灰色，开裂；小枝细瘦无毛，有许多黄白色的小点（即皮孔）。单叶互生，革质，长圆状披针形，长 8～10 厘米，宽 2.5～3.5 厘米，先端长尾状渐尖，基部近圆形或宽楔形，略不相等，有羽状侧脉约 10 对，中部以上边缘有很显著的疏尖锯齿，两面无毛，均有光泽；叶柄长 12～15 毫米，无毛。雄性花序分枝，簇生于幼枝顶部，黄绿色；雌花为短穗状花序，每总苞内有花 1 朵。总苞近球形，直径 2～3 厘米，外面密生长 8～10 毫米粗壮分枝的锐刺，成熟时 2～4 裂，内包一坚果。坚果卵形，高 1～1.5 厘米，直径 0.8～1.2 厘米，褐色有光泽，外被柔毛。花期 4～6 月，果期 9～10 月。

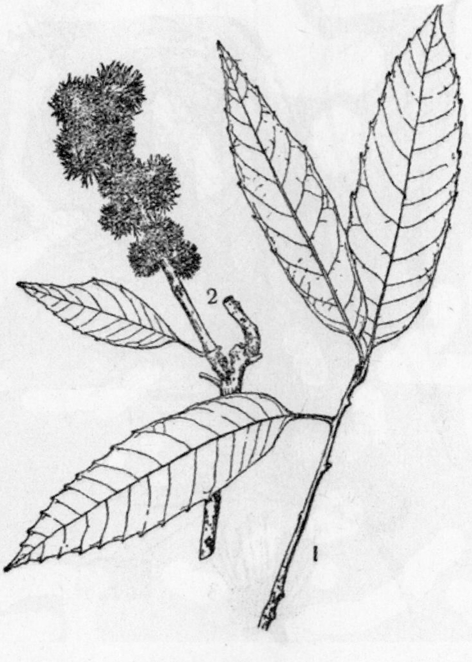

图 373　锥栗
Castanopsis chinensis Hance
1. 叶枝；2. 果枝。

［生长环境］ 海拔 1000 米左右山坡森林中的阳处。

［产　　地］ 云南、广西、广东、四川、贵州、湖南、湖北、江西等省区。

［用　　途］ 种子含淀粉，可酿酒、制酱油、作豆腐和糕点等副食品。

树皮和壳斗含鞣质，可提取栲胶，鞣皮革。种子还可榨油（见“油脂类”，713 页）。

［理化性质］ 干种子约含淀粉 50%，鞣质 3～4%。

［采收处理］　参阅栎（482 页）

［加　　工］　提取淀粉方法参阅栎。

21 华南栲树（huanankaoshu）（图 374）

［学　　名］　**Castanopsis conclnna** A. DC.　山毛榉科

［形态特征］　常绿乔木，高 15～20 米，直径约 50 厘米；树皮灰色，细裂；小枝幼时有黄褐色软绒毛；芽具多数鳞片。**叶小，革质**，长圆形或长圆状披针形，全缘，长 4～5.5 厘米，宽 1.8～2 厘米，**先端渐尖**，基部渐狭，表面粉绿色至暗绿色，光滑，**背面有黄褐色短绒毛，中脉在叶表面下陷**，在背面突起，羽状侧脉很细，仅在叶背呈现，9～12 对；叶柄长 4～5 毫米，有黄褐色短绒毛。花单性，雌雄同株；雄花序为直立穗状；细长，簇生于嫩枝上，雄花每 3 朵集生，花被 5 或 6 裂，雄蕊 10～12；雌花序通常为较短的穗状花序，有时雌花亦着生于雄花序的基部，雌花通常 1～3 朵生于一总苞（壳斗）内，子房下位，3 室。壳斗球形，直径 2.5～3 厘米，外密生褐色的、尖锐的和簇生的刺。坚果在每壳斗内一颗，扁球形。花期约 5 月，果实常在开花之次年成熟。

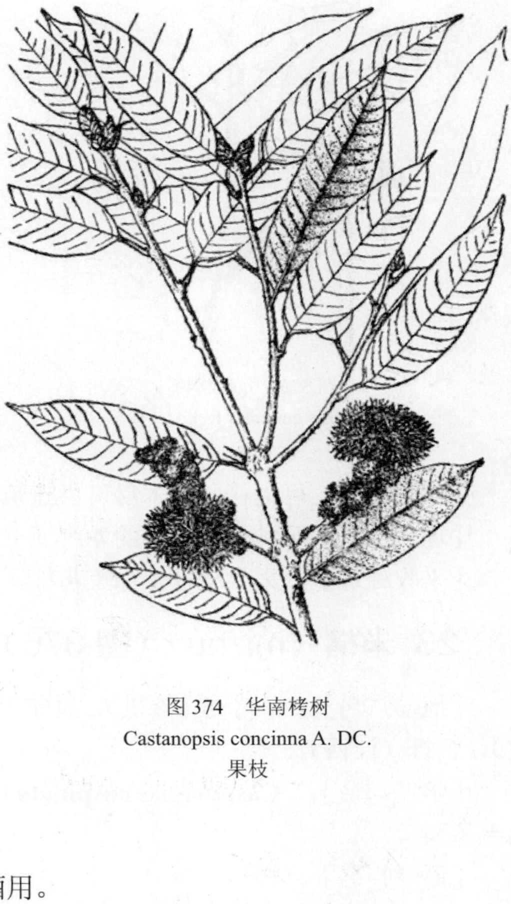

图 374　华南栲树

Castanopsis concinna A. DC.

果枝

［生长环境］　山地疏林中。

［产　　地］　广西、广东和浙江（南部）等省区。

［用　　途］　种子含淀粉，可供酿酒用。木材供建筑用，也可制家具和器具等。

［采收处理］　采收处理及加工参阅栎（482 页）。

22 元江栲树（yuanjiangkaoshu）（图 375）

［学　　名］　**Castanopsis concolor** Rehd. et Wils.　山毛榉科

［形态特征］　常绿乔木，高 13～25 米；树皮暗灰色，细裂；小枝无毛，暗褐色，粗糙。单叶互生，厚革质，椭圆形或卵状椭圆形，长 8～12 厘米，宽 4～6 厘米，基部

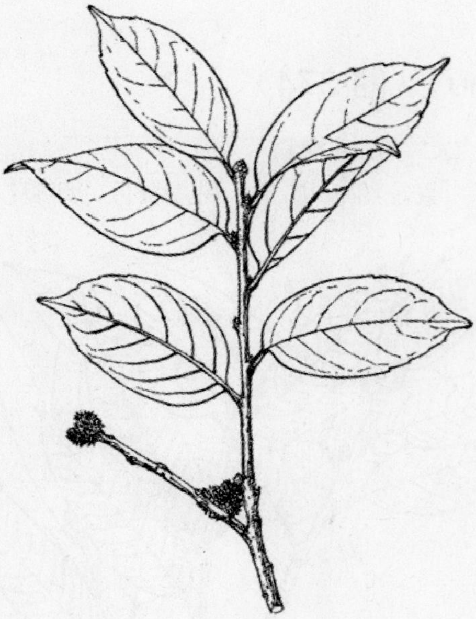

图 375　元江栲树
Castanopsis concolor Rehd. et Wils.
果枝

近圆形，两侧不相等，先端长尾状渐尖，中部以上的边缘疏生浅锯齿，两面同色，苍白而有光泽，侧脉 8～9 对，纤细，在两面均微凸起；叶柄长 5～8 毫米，无毛。花单性，雌雄同株；穗状花序直立，簇生于幼枝顶部，单生或分枝。长 12～14 厘米。果序长 6 厘米；总苞球形，顶端微 2 裂，直径 2.5～3 厘米，熟时开裂为 2～3 瓣，外面被有成束的粗刺，刺长 1.5～2.5 毫米，三角锥状。坚果 1 颗单生（稀有 2 个）于一壳斗内，近卵形，直径 1～1.3 厘米，外被有暗黄色茸毛。花期 5～6 月，果期 10 月。

［生长环境］　生于高山斜坡疏林中，海拔 1800～2400 米。

［产　　地］　云南、四川、广西等省区。

［用　　途］　种子含淀粉可酿酒。壳斗含鞣质，可提栲胶；木材可供建筑及家具用。

［理化性质］　种子含淀粉约 40%。

［采收处理］　采收处理及加工与栎同（482 页）。

23 米槠（mizhu）（图 376）

［地 方 名］　小叶栲（安徽），甜槠（浙江），锥、米锥、圆子树、白柯、白栲（福建），苦栎（江西）。

［学　　名］　**Castanopsis cuspidata** (Thunb:) Schottky (*Quercus cuspidata* Thunb.) 山毛榉科

［原 料 名］　橡子

［形态特征］　常绿乔木，高 10～25 米；树皮暗灰黑色。单叶互生，薄革质，长圆状椭圆形至披针形，长 5～8 厘米，宽 2～2.5 厘米，基部圆形或阔楔状，先端渐尖，全缘或近先端有疏锯齿，表面光亮，背面淡褐色，光滑无毛，羽状侧脉 8～10 对，极纤细，在叶面很不明显；叶柄长 4～5 毫米。花单性，雌雄同株；花序穗状。总苞倒卵形，长 1.2～2 厘米，熟时开裂，外面密被小柔毛，有鳞片环 6 圈；鳞片为短三角形的小齿状。坚果卵圆形，长 1.5～1.8 厘米，直径 8～10 毫米，全部为壳斗包着，暗褐色，仅于基部有小柔毛。花期 6 月，果期次年 10 月。

［生长环境］　喜生于山麓和阴坡肥沃的地方。

［产 地］ 广东、浙江、安徽、江西、福建及台湾等省。

［用 途］ 坚果含淀粉，可供酿酒或食用。

树皮及壳斗含鞣质，可提取栲胶（见“鞣料类”，1072 页）。

木材淡红色，质坚硬，可供栋梁、橹腕及糖榨轮轴用；枝叶茂密，植于房屋四周，可遮荫防风。

［理化性质］ 果实含淀粉约15～20%。

［采收处理］ 采收处理及加工参阅栎（482 页）。

图 376 米槠

Castanopsis cuspidata（Thunb.）Schottky

1．果枝；2．坚果；3．雄花。

24 椆(chou)(图 377)

［地 方 名］ 青树栎（安徽），框树、栲树、野粒大、小叶苦槠（福建）。

图 377 椆

Castanopsis eyrei（Champ.）Tutch.

果枝

［学 名］ **Castanopsis eyrei** (Champ.) Tutch. 山毛榉科

［形态特征］ 常绿乔木，高达 20 米；树皮暗灰褐色，粗糙，纵裂；小枝黑褐色，初时有鳞状柔毛，后变光滑。单叶互生，革质，卵形至卵状披针形，长 5.5～8 厘米，宽 2.5～3.5 厘米，基部圆形或阔楔形，**歪斜，顶端长尾状渐尖**，全缘或少数在近顶端有数齿，表面和背面都无毛，中脉在表面凹陷，在背面隆起，羽状侧脉 10～12 对；叶柄长约 13 毫米。花单性，雌雄同株；雄花序为分枝的穗状花序，簇生于幼枝

顶部；雌花序穗状，亦有分枝。总苞球形或卵形，直径 1.2～2 厘米，**外被粗短而分枝有时外弯的锐刺**，熟时不规则开裂，每壳斗内有坚果 1 颗。坚果卵形，长 8～12 毫米，直径 6～8 毫米，黄褐色，无毛，全为壳斗包被。花期 4 月，果期 11～12 月。

［生长环境］ 生于山地、山坡或丛林的溪边。

［产　　地］ 广西、广东、福建、浙江、安徽、湖南等省区。

［用　　途］ 果实为淀粉原料。

树皮及壳斗含鞣质，能提制栲胶（见“鞣料类”，1074 页）。木材坚硬，可供制枕木和桥梁用。

［理化性质］ 据浙江省资料：种子含淀粉 25～30%。

［采收处理］ 采收处理及加工参阅栎（482 页）。

25 丝栗树（silishu）

［地 方 名］ 毛叶绿（四川），丝栗子（四川、贵州），大叶栗（湖北）。

［学　　名］ **Castanopsis fargesii** Franch.　山毛榉科

［原 料 名］ 橡子

［形态特征］ 常绿乔木，高 15～33 米，胸径可达 1.3 米；树皮灰色或灰黑色；小枝灰褐色，光滑，密生圆形白色皮孔。单叶互生，厚革质，披针形或卵圆状披针形，长 12～17 厘米，宽 3～6 厘米，基部阔楔形或近圆形，先端为略短的尾尖，边缘中部以上有波状小锯齿 6～7 对，有时全缘，表面有光泽，主脉下凹，背面密生红褐色绵毛；羽状侧脉 8～13 对；叶柄长 1.5～2 厘米，光滑无毛。花单性，雌雄同株；雄花序长 10～13 厘米，花白色，有短柔毛。果穗长 15～22 厘米；总苞无柄，近球形，**外面簇生间断排列成环的针刺，近顶部的针刺分枝呈星芒状**，每总苞内仅藏 1 坚果。坚果球形，直径 8～10 毫米。花期 5 月，次年果熟。

［生长环境］ 山地或溪谷土质肥厚处。

［产　　地］ 湖南、湖北、四川、云南、贵州、安徽等省。

［用　　途］ 种子含淀粉，供食用，也可酿酒及作饲料。

树皮及壳斗含鞣质，可提制栲胶（见“鞣料类”，1074 页）。木材坚实，供制器具或建筑用。树冠美丽，可供观赏。

［理化性质］ 据四川省资料：种子含淀粉 23%。

［采收处理］ 8～9 月间采摘果实，除去壳斗，取得种子，晒干贮存。

［加　　工］ 参阅栎（482 页）。

26 大叶栗（dayeli）（图 378）

［地 方 名］ 厚栗（湖南、广西）

［学　　名］　**Castanopsis fissa** (Champ.) Rehd. et Wils. (*Quercus fissa* Champ.)　山毛榉科

［形态特征］　常绿大乔木，高达 16 米；树皮灰褐色，小枝光亮，黑褐色，有沟纹和明显白色的皮孔。单叶互生，革质，倒披针形至倒卵形或长圆形，长 18～22 厘米，宽 6～8 厘米，基部楔形，先端钝尖，全缘或有极浅的齿，表面深绿色，有光泽、**背面有锈褐色粃鳞**，无毛，羽状侧脉 15～20 对，在叶背显著凸起；叶柄长约 1～2 厘米，无毛。花单性，雌雄同株；雄花序穗状，聚生在小枝的顶部；雌花序为短穗状。总苞软革质，表面有 4 圈间断的齿连成的环，内包藏坚果 1 颗，直径 1～1.5 厘米，熟时开裂。坚果卵形或稍长圆形，有光泽，黑褐色。花期 4 月，果期 10～11 月。

图 378　大叶栗
Castanopsis fissa（Champ.）Rehd. et Wils.
1．果枝；2．雄花。

［生长环境］　山谷、山顶的阴处林中，荒地、路旁、沟边也有分布。

［产　　地］　江西、湖南、云南、广西、广东、福建等省区。

［用　　途］　种子含淀粉，为酿酒原料。

［采收处理］　采收处理及加工参阅栎（482 页）。

27 南岭栲树（nanlingkaoshu）（图 379）

［地 方 名］　大红栗栲（浙江），山栗子、绒毛栗（广东），银耳皮、赤皮槠、毛栲、梭树、银皮（福建）。

［学　　名］　**Castanopsis fordii** Hance　山毛榉科

［形态特征］　常绿乔木，高 8～25 米；树皮平滑，灰白色；**小枝、叶柄、果柄和叶背均密被黄褐色长绒毛**。单叶互生，厚革质，长圆形至长圆状披针形，长 10～14 厘米，宽 3.5～5 厘米，基部圆形或微心形，先端圆钝或有小尖，全缘，表面深绿色而光滑，羽状侧脉 12～17 对，与中脉在叶面均呈凹陷状，在叶背则凸起；叶柄几无，或柄极短而粗壮，长仅 2 毫米。雌雄同株，花序穗状；雌花常生于雄花序的基部，每 1～3 朵，生于一总苞内，雄花序分枝。壳斗球形，直径 2～3.5 厘米，成熟时 4 瓣开裂，内有坚果 3～4，外表密生针刺，针刺长 7～10 毫米，褐色，挺直而尖锐，在基部连生成束。花期

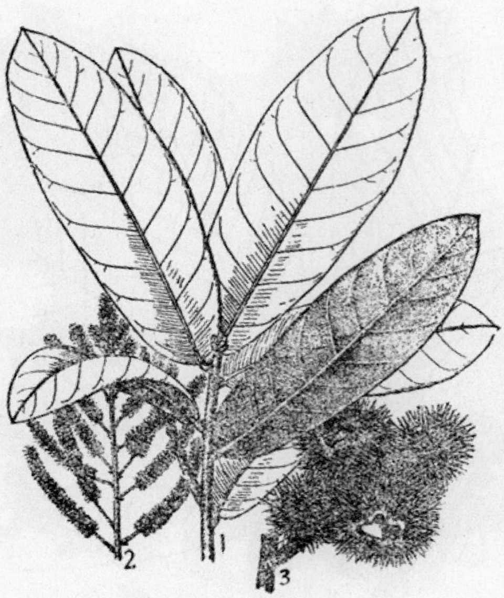

图 379　南岭栲树
Castanopsis fordii Hance
1．叶枝；2．雄花序；3．果序一部分。

［地 方 名］　叶下黄、青栲（江西），红椽、赤椽树（广东），丝栗子树、大施栗（四川、贵州），赤红栲、黄栲、山连子树（福建），小红栗栲、红栲（浙江）。

［学　　名］　**Castanopsis hystrix** A. DC.　山毛榉科

［原 料 名］　橡子

［形态特征］　常绿乔木，高达 15 米；小枝无毛，灰褐色密布白色皮孔，幼枝被锈色柔毛，老枝光滑。单叶互生，革质，长圆状披针形，长 7～11 厘米，宽 2.5～3.3 厘米，基部收窄，先端渐尖，而有钝头，全缘，表面光滑无毛，背面密被赤褐色的细粉状绒毛，中脉在叶面下陷，在叶背隆起，羽状侧脉 10～15 对；叶柄长 1～1.2 厘米。花单性，雌雄同株；4 月，果期 10～12 月。

［生长环境］　多生于山坡及沟谷地杂木林中。

［产　　地］　广西、广东、福建、江西、浙江等省区。

［用　　途］　果实含淀粉，可制副食品和酿酒。

树皮及壳斗含鞣质，可提制栲胶（见“鞣料类”，1075 页）。木材纹理致密、坚重，为建筑良材。

［采收处理］　果实成熟后脱落，就地收集，也可用竹竿打落。

［加　　工］　参阅栎（482 页）。

28 栲树（kaoshu）（图 380）

图 380　栲树
Castanopsis hystrix A. DC.
1．果枝；2．果实；3．雄花。

雄花序穗状，长6～11厘米，花被通常6裂，雄蕊露出于花被外；雌花序亦穗状，生于新枝的叶腋，雌花单生。果序长15～19厘米；总苞外表疏生短刺，刺长5～6毫米，基部为鹿角状分歧，下部稍扁，渐向末端尖锐，密生白色短细毛。坚果于每一壳斗内1～3颗，卵锥形，长8～10毫米。花期4～6月，果期10～12月。

［生长环境］　在气候温暖而湿润的山谷和山坡，密林中与其他树木混生或成纯林。

［产　　地］　云南、广西、广东、福建、贵州、四川、湖南、江西、浙江等省区。

［用　　途］　种子味甜，可生食，也可提取淀粉，制副食品，还可酿酒制酒精。树皮和壳斗均含鞣质，可提制栲胶（见“鞣料类”，1076页）。木材坚韧，用于建筑材料，并可作薪炭燃料。

［理化性质］　种子含淀粉45%。

［采收处理］　9～10月间采摘新鲜成熟果实，立即晒干或水浸，以免霉坏。

［加　　工］　参阅栎（482页）。

29 印度锥栗（yindu-zhuili）（图381）

［学　　名］　**Castanopsis indica** (Roxb.) A. DC.　山毛榉科

［形态特征］　常绿乔木，高达30米，胸径50～90厘米；树皮灰褐色，幼枝密被黄褐色绒毛。叶薄革质，卵形、倒卵形或长圆形，长10～15厘米，宽4.5～7厘米，基部钝或楔形，先端急尖或渐尖，边缘有内弯呈芒状的锯齿，表面光亮，背面密被褐色柔毛，叶脉在叶面全下陷，在叶背凸起，羽状侧脉15～20对；叶柄粗壮，长7～12毫米，有黄色绒毛。雄花序分枝，顶生和腋生，数花聚生一处，长20～25厘米，有黄褐色毛；雌花序腋生，长10～25厘米。壳斗近球形，无柄，径3～5厘米，成熟时开裂，外被丛生针刺，针刺上疏生白色柔毛。坚果长1～1.8厘米，基部阔，单生于总苞内，长6～13毫米，卵圆形，褐色。花期4月，果期9～12月。

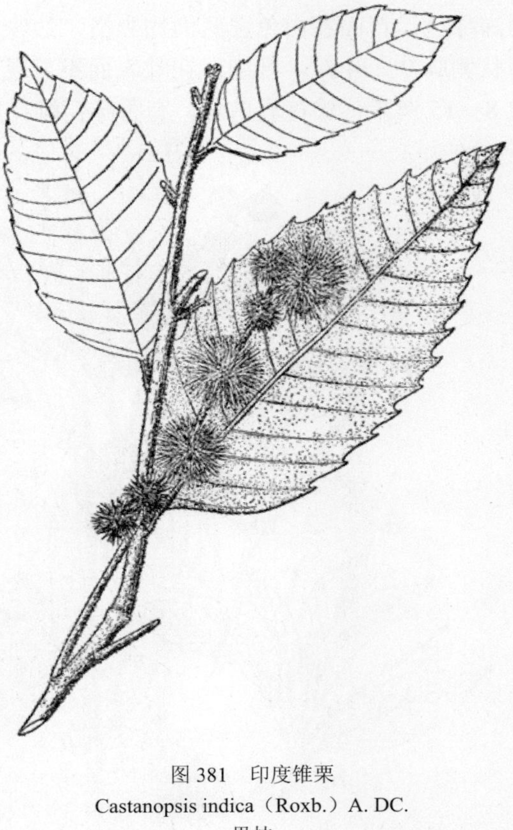

图381　印度锥栗
Castanopsis indica（Roxb.）A. DC.
果枝

［生长环境］ 亚热带较潮湿的山地杂木林中，也常成纯林。

［产　　地］ 广西、广东及云南（南部）等省区。

［用　　途］ 种子含淀粉，可酿酒。

壳斗及树皮可提取栲胶。

［理化性质］ 种子含淀粉 40～50%。

［采收处理］ 采收处理及加工参阅栎（482 页）。

30 苦槠（kuzhu）（图 382）

［地 方 名］ 铁栗木、泡蓝树（安徽），苦锥（福建），苦栗、槠栎（浙江）。

［学　　名］ **Castanopsis sclerophylla** (Lindl.) Schottky 山毛榉科

［原 料 名］ 橡子

［形态特征］ 常绿乔木，高达 25 米，直径达 1 米，枝条稠密，树冠伞形；树皮暗灰色；小枝有棱。叶革质，椭圆状卵形或椭圆形，长 8～10 厘米，宽 2.5～3 厘米，表面深绿色，背面苍白色，两面均光滑，边缘在中部以上有 3～6 对疏锯齿，下部全缘，羽状侧脉 9～14 对，纤细，在叶表面不显现；叶柄长 1～1.5 厘米。雄花序穗状，腋生，长 8～15 厘米；雄花乳白色，有香味；雌花序腋生，穗状。总苞扁球形，直径 8～10 毫米，包围坚果，外有 5～6 环贴生而呈间断的和狭长形而钝的鳞片，外被暗色细毛，成熟时开裂。坚果在每壳斗内 1 颗，圆锥形，柱头外露。花期 5 月，果期 10 月。

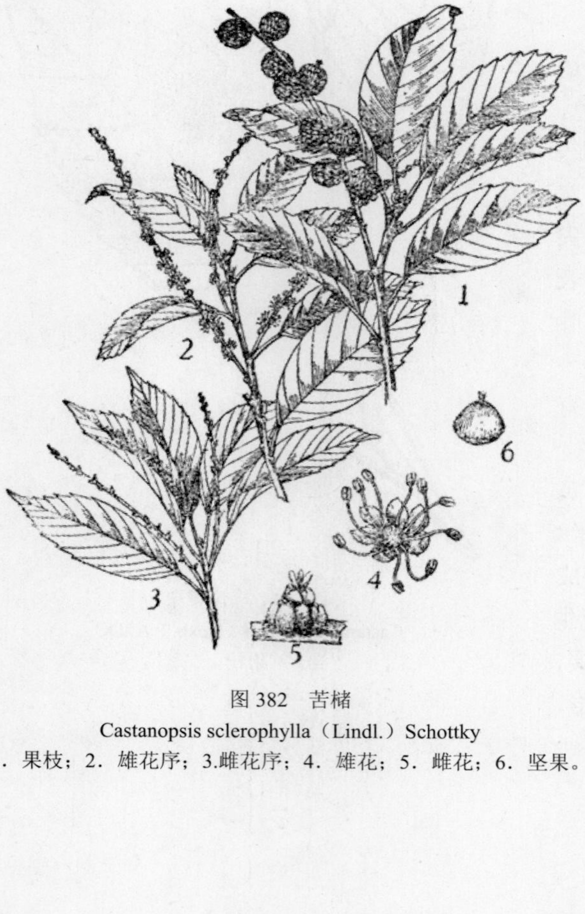

图 382 苦槠
Castanopsis sclerophylla（Lindl.）Schottky
1. 果枝；2. 雄花序；3.雌花序；4. 雄花；5. 雌花；6. 坚果。

［生长环境］ 正陵或低山森林中，性喜温暖，为华中、华南地区常绿林中重要树种之一。

［产　　地］ 云南、广东、福建、四川、湖南、湖北、江西、浙江、安徽、江苏、陕西等省。

［用　　途］ 种子含淀粉，为酿酒原料，江苏用制豆腐。

树皮及壳斗含鞣质，可提取栲胶（见“鞣料类”，1076 页）。木材细密坚韧，富有弹性，经久耐用，可制轮轴、家具、运动器具。

［理化性质］ 据安徽省资料：种子约含淀粉25～30%。

［采收处理］ 将收集的带壳果实，稍加日晒，使壳斗松开，用链枷鞭打或用脱壳机使坚果脱出，然后晒干，提取淀粉。

［加　　工］ 参阅栎（482页）。

31 钩栗（gouli）（图383）

［地 方 名］ 木栗、大叶高山栎（浙江），厚栗（湖南），大叶锥栗（广西），猴板栗（湖北），葫芦树（安徽）。

［学　　名］ **Castanopsis tibetana** Hance　山毛榉科

［形态特征］ 常绿大乔木，高达25米；树皮暗灰色或红褐色，细片状剥落；枝粗壮，向上斜展，无毛。单叶互生，厚革质，长圆形，长18～25厘米，宽9～11.5厘米，基部阔楔形，先端狭细为尾状，仅于中部以上边缘有阔三角形带有小尖的锯齿，但有时锯齿不明显，表面无毛，有光泽，背面被有褐色的粃鳞，粃鳞脱落后呈银灰色，中脉和侧脉在表面凹下，在背面凸出，侧脉15～17对；叶柄粗壮，无毛，长2.5～3厘米。雄花序较疏散，长15～20厘米；雌花序粗壮，长达14厘米；果实单生或数个聚生于果穗上，总苞球形略扁，直径2～3.5厘米，有簇生、基部分枝的锐刺；刺挺直而坚硬，长1～1.2厘米，扁平，粗壮，近基部宽1.5毫米。坚果扁圆形，直径1.8～2厘米，淡褐色，通常每壳斗内1颗，有时2～3颗。花期5～6月，果期8～10月。

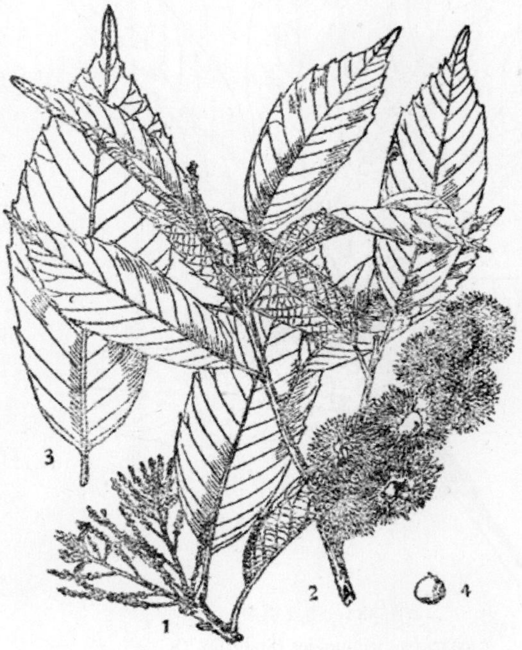

图383　钩栗

Castanopsis tibetana Hance

1．花枝；2．果枝；3．叶；4．坚果。

（自“中国树木分类学”）

［生长环境］ 山地疏林中。

［产　　地］ 福建、广东、广西、浙江、安徽、湖南、湖北、江西、贵州等省区。

［用　　途］ 种子可制淀粉和酿酒。

树皮、壳斗可提取栲胶（见“鞣料类”，1077页）。木材供建筑或家具等用。

［理化性质］ 据浙江省资料：种子含淀粉25～30%。

［采收处理］　采收处理及加工参阅栎（482 页）。

32 南亚锥栗（nanyazhuili）（图 384）

［学　　名］　**Castanopsis tribuloides** (Smith) A. DC.　山毛榉科

［原 料 名］　橡子

［形态特征］　常绿乔木，高达 15 米，直径可达 60 厘米；小枝有褐色细毛，随后毛渐脱落，被以许多白色小斑点。叶革质，长圆状披针形或卵圆状披针形，长 8～13 厘米，宽 3～4.5 厘米，先端渐尖，基部收狭为阔楔状，全缘或在中部以上有锯齿，表面与背面都光滑无毛，羽状侧脉纤细，9～12 对，在叶面不显著；叶柄长 1～1.5 厘米。花单性，雌雄同株；花序穗状，雄花序近顶生，雌花序腋生。果序长 13～25 厘米；总苞卵形，直径 1.6～2.2 厘米，外面被刺，刺粗壮，分枝，锥形，略扁，长 3～6 毫米，被灰色细毛。坚果单生，卵形或长卵圆形，长 12～15 毫米，幼时有柔毛，成熟时无毛。花期 5～6 月，果期 9～10 月。

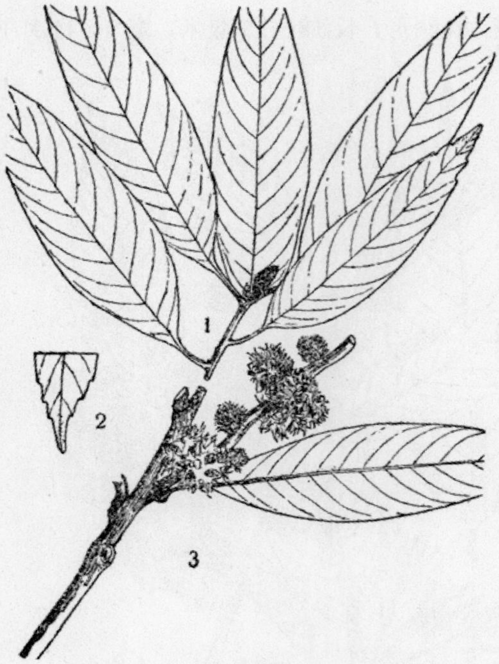

图 384　南亚锥栗
Castanopsis tribuloides (Smith) A. DC.
1．叶枝；2．叶尖；3．果枝。

［生长环境］　山地密林中。

［产　　地］　广西、广东、云南等省区。此种盛产于热带和亚热带地区。

［用　　途］　种子含淀粉，可供酿酒用。

壳斗及树皮含鞣质，可提制栲胶（见“鞣料类”，1077 页）。木材供建筑用。

［理化性质］　种子含淀粉约 35～40%。

［采收处理］　冬季果实成熟后，连壳斗及坚果一齐采下，或待果落拾取，前者须放阳光下曝晒，使壳斗与果分离。采收的果实晒干，磨去外壳，筛除杂质，再把种子晒干贮藏。

［加　　工］　把干燥的种子放清水中浸泡，勤换水，至泡软为止，置磨上粉碎，用筛过滤后，即成粉。

［其　　他］　播种和移植均能繁殖，一般随收随播。播种前宜将种子用木焦油、煤焦油拌种，以防鼠食。

33 竹叶栎（zhuyeli）（图 385）

［学　　名］ **Cyclobalanopsis bambusaefolia** (Hance) Chun (*Quercus bambusaefolia* Hance)　山毛榉科

［形态特征］ **常绿乔木**，高 11～16 米；树皮灰黑色，光滑；小枝细，暗灰色，幼时被丝状短毛，随后脱落。单叶互生，近革质或革质，**披针形或线状披针形**，长 5～8 厘米，宽 1～1.5 厘米，先端钝尖，基部楔形，**全缘**，表面绿色，有光泽，背面浅绿色，无毛；**叶柄长 2～4 毫米，红褐色**。花单性，雌雄同株；雄花为柔荑花序，长 5～10 厘米，腋生，被黄褐色短柔毛，雄花被 6 裂，雄蕊 6～8；雌花单生或 2～3 聚生于短柄上。壳斗浅杯状，**高 1～1.2 厘米，直径 1.4～1.8 厘米，外面被短柔毛或无毛，鳞片连合成 5～6 条同心环带**，边近全缘。坚果阔卵形，高 1.5～2.4 厘米，直径 1.3～1.6 厘米，先端微凸，幼时密生绢状短柔毛，随后脱落，有 2/3 露出壳斗之外。花期 4 月，果期 10～11 月。

图 385　竹叶栎
Cyclobalanopsis bambusaefolia（Hance）Chun
果枝

［生长环境］ 山地密林中。

［产　　地］ 广西、广东等省区。

［用　　途］ 种子含淀粉，可供酿造用。壳斗和树皮含鞣质，可制栲胶。

［理化性质］ 据广东省资料：种子含淀粉 30%。

［采收处理］ 采收处理及加工参阅栎（482 页）。

34 美栎（meili）

［地 方 名］ 槟榔椆、罗顿椆、椆子、宜都子（广东）

［学　　名］ **Cyclobalanopsis bella** (Chun et Tsiang) Chun (*Quercus bella* Chun et Tsiang)　山毛榉科

［原 料 名］ 橡子

［形态特征］ 乔木，高约 9 米；树皮黑色；小枝灰黑色。单叶互生，厚膜质，披针形，长 7～13 厘米，宽 2.5～3.5 厘米，基部渐狭，先端渐尖，边缘上部通常有 9 对具硬尖头钝齿，表面深绿色，有光泽，背面翠绿色，**侧脉 14～16 对，上部直达齿端**；叶柄长 5～10 毫米。花单性，雌雄同株；雄花成柔荑花序；**雌花无柄，成对生于腋生穗状**

花序的顶端，总花梗长约12毫米，花被裂片三角形，被黄色长柔毛，花柱4。**壳斗盘状，近平坦**，直径30毫米，外面浅黑色，近无毛，**鳞片连合成同心环带，约7条**，全缘，下部的环带较阔。坚果扁平，近球形，高16～18毫米，直径25～28毫米，暗栗色，无毛。先端有圆锥状凸头，具柔毛环。夏季结实。

［生长环境］ 本种为热带、亚热带树种，生于海拔200～500米丘陵地、山地的密林或疏林及灌木林中。以气候温暖、土壤湿润而肥沃的山坡下部生长最好。

［产　　地］ 广西（南部）和广东等省区。

［用　　途］ 种子含淀粉，为酿酒原料，酒糟可作饲料。

木材供建筑及制器具用；伐下的木料可培植香菇。

［理化性质］ 据广东省资料：种子含碳水化合物40.37%，其中可溶性糖0.55%，淀粉35.86%，水分13.4%。

［采收处理］ 秋季果熟时采集，稍加日晒后，使壳斗与坚果分离，并除去果壳，晒干果仁，放在通风处即可。

［加　　工］ 参阅栎（482页）。

35 饭甑树（fanzhengshu）

（图386）

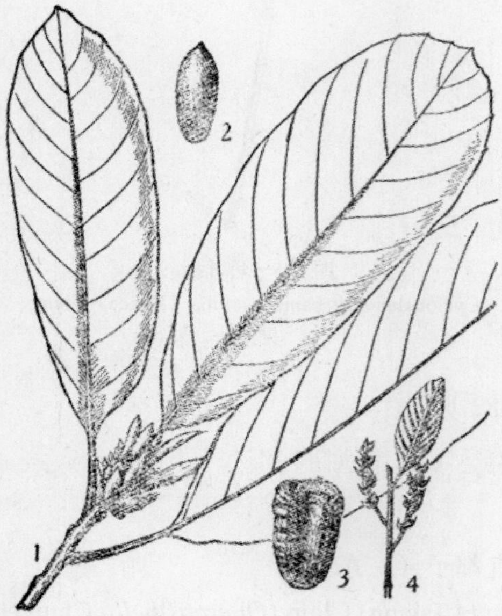

图386 饭甑树

Cyclobalanopsis fleuryi（Hickel et A. Camus）Chun

1. 叶枝；2. 坚果；3. 壳斗；4. 花序。

［地 方 名］ 大果栎、金钟饭甑子（广东）

［学　　名］ **Cyclobalanopsis fleuryi** (Hickel et A. Camus) Chun (*Quercus fleuryi* Hickel et A. Camus) 山毛榉科

［原 料 名］ 橡子

［形态特征］ 常绿乔木，高达18米；树皮灰褐色，粗糙；幼枝被黄色绒毛。单叶互生，革质，长圆形，长14～22厘米，宽5～8厘米，基部渐狭，先端钝、渐尖或微凹，全缘或近先端具波状齿牙，表面无毛，有光泽，背面中脉基部有疏毛，侧脉10～12对；叶柄长2～4厘米，被柔毛。花单性，雌雄同株；雄花为柔荑花序；雌花为腋生穗状花序，具花4～5朵，花柱5～8，柱头粗厚。壳斗圆柱状，粗厚，基部渐狭，高3.5～4厘米，直径2～3.5厘米，**密被褐黄色长绒毛**，具12～13条环带。坚果卵圆形，高5.5厘米，直径2.5厘米，有1/3弱露出壳斗

之外，密被锈色绒毛。花期 4～6 月，果期 10～12 月。

［生长环境］　生于山地，海拔 800 米以上的常绿阔叶密林中。

［产　　地］　贵州、云南、广东、广西等省区。

［用　　途］　种子含淀粉可食用或作为糊料，也是酿酒的好原料。

树皮与壳斗均含鞣质，可提制栲胶（见“鞣料类”，1079 页）。

［理化性质］　据广东省资料：种子含碳水化合物 25.32%，其中可溶性糖 0.22%，淀粉 22.66%，水分 11.44%。

［采收处理］　果实成熟后及时采收。采回后晒干，除去壳斗。（保管方法及加工参阅栎，482 页）。

36 槠（zhu）

［地 方 名］　青刚、青栲（浙江），铁栎、斗笠、猴槚子（湖北），九槚（福建），石榉（湖南），大叶青刚（河南、陕西）

［学　　名］　**Cyclobalanopsis glauca** (Thunb.) Oerst. (*Quercus glauca* Thunb.)　山毛榉科

［原 料 名］　橡子

［形态特征］　**常绿乔木**，高达 18 米；树皮带绿暗灰色，平滑；小枝灰褐色，无毛。单叶互生，**革质或近革质**，长圆形或披针状长圆形，长 5～12 厘米，宽 1.5～5 厘米，基部近圆形，顶端钝渐尖，叶缘中部以上有疏锯齿，表面深绿色，背面灰绿色，被白粉，有灰白色短毛或老时无毛；叶柄长 1.5～2.5 厘米，腹面有浅沟，无毛。花单性，雌雄同株；雄花着生新枝下端，成腋生柔荑花序，花黄色，**雄蕊多数，花丝长**；雌花单生或数花生于新枝上部叶腋。壳斗浅杯状，高 7～9 毫米，直径约 1.1 厘米，灰褐色，被短毛，**鳞片连合成约 8 条同心环带**。果球形或倒卵形，高 12 毫米，直径 10 毫米，先端尖，褐色有光泽，**仅 1/2 露出壳斗外**。花期 4～5 月，果期 9～10 月。

［生长环境］　多生于石灰岩山地，常成纯林或与其他树种混生。

［产　　地］　江苏、浙江、福建、江西、湖北、湖南、四川、云南、广东、广西、陕西、河南等省区。

［用　　途］　种子富含淀粉，供食用或作浆纱、浆布的原料，并能酿制白酒和蒸馏酒精。

壳斗及树皮含鞣质，可提取栲胶（见“鞣料类”，1080 页）。

［理化性质］　据河南省资料：干种子含淀粉 60～70%，水分 14～18%，粗纤维 4～5%，粗蛋白 3～4%，灰分 2～3%，鞣质 3～4%。

［采收处理］　采收处理及加工参阅栎（482 页）。

37 雷公果（leigongguo）

［地 方 名］　苦槌树、槟榔椆（广东）

［学　　名］　**Cyclobalanopsis hui** (Chun) Chun (*Quercus hui* Chun)　山毛榉科

［原 料 名］　橡子（通称），雷公子（广西）。

［形态特征］　**常绿小乔木**，高达 5 米，主干直径达 28 厘米；树皮灰色，光滑；分枝多，黄色，幼枝密被黄色绒毛，后脱落。单叶互生，纸质，倒卵状披针形或倒披针形，长 4.5～5 厘米，宽 1～1.5 厘米，先端钝或急尖，基部渐狭，楔形，边缘先端具不明显的圆齿 3～4 对，表面有光泽，中脉和侧脉明显，背面幼时密被白色丛卷毛，后无毛而带白色或灰绿色，中脉和侧脉凸起，侧脉 6～8 对；叶柄密被黄色绒毛，长约 1 厘米，托叶早落。雄花为柔荑花序，细长，腋生或着生于去年枝条上叶痕间，**通常簇生，雄蕊通常 6**；雌花单生或 2 至数朵集成短穗状花序，腋生，每朵花为总苞包着。**壳斗浅盘状，高达 4 毫米，包坚果基部，鳞片连合成 4～5 条同心环带**，边全缘，密被黄褐色绒毛。**坚果单生**，暗棕色，**扁球形，高 1.5 厘米，直径约 2 厘米**，被薄而易脱落的细绒毛，基部疤痕粗糙，突起。花期 5 月，果期 8～12 月。

［生长环境］　本种为亚热带山地常绿林树种，生于气候温暖、土壤湿润而肥沃的密林或疏林中，而以山谷地生长较好。

［产　　地］　广东、广西等省区。

［用　　途］　种子含淀粉，为酿酒原料，酒糟可喂猪。坚果民间作药用，据说可治头痛和胃病。

［理化性质］　据广东省资料：种子含碳水化合物 50.90%，其中可溶性糖 0.16%，淀粉 45.66%，水分 15.1%。

［采收处理］　12 月间果实成熟时采集，经过日晒，使壳斗与坚果分离，并除去果壳，将种子晒干保存。

［加　　工］　参阅栎（482 页）。

38 青栲（qingkao）（图 387）

［地 方 名］　石壁椆子、石及子、大叶宜都稠（广东）

［学　　名］　**Cyclobalanopsis myrsinaefolia** (Bl.) Oerst. (*Quercus myrsinaefolia* Bl.) 山毛榉科

［原 料 名］　橡子

［形态特征］　**常绿乔木**，高 6～16 米；树皮灰褐色，小枝无毛。单叶互生，坚纸质，**披针形或椭圆状披针形**至倒披针形，长 3～11 厘米，宽 2～4.5 厘米，先端渐尖或短尾状渐尖，基部楔形，边缘上部 2/3 以上具锯齿，下部 1/3 全缘，表面绿色光亮，无毛，背面苍白色，侧脉 11～15 对，隆起，直达齿端；**叶柄长 1.5～2.5 厘米**；托叶早落。花单性；雌雄同株；雄花 4～5 朵排成腋生柔荑花序，雌花 3～4 朵排成短穗状花序，着生

于新枝上部叶腋。**壳斗薄而脆，杯状，高5～8毫米**，宽1～1.3厘米，被微毛，**鳞片连合而成同心环带5～7条**。坚果2/3露出壳外，卵状长圆形，高15～20毫米，直径约10毫米，基部疤痕微凸。花期3～4月，果期10月。

［生长环境］ 生于山地密林或疏林中，在气候温暖，土壤湿润而肥沃的地方生长较好。

［产　　地］ 广东、广西、湖南、福建、江西、四川、安徽、贵州等省区。

［用　　途］ 种子含丰富的淀粉，可食用、酿酒或作饲料和糊料等。

木材坚韧，不易开裂，富弹性，能受压力，为枕木、车轴、机器、榨油设备等方面的良好材料。

图387 青栲
Cyclobalanopsis myrsinaefolia（Bl.）Ocrst.
1．果枝；2．坚果。

［理化性质］ 据广东省资料：种子含碳水化合物42.69%，其中可溶性糖0.24%，淀粉30.22%，水分13.40%。

［采收处理］ 果实成熟时采收，稍经日晒，壳斗即与坚果分离，然后除去果壳，将种子晒干。

［加　　工］ 参阅栎（482页）。

图388 红椆
Cyclobalanopsis nubium（Hand. -Mzt.）Chun
果枝

39 红椆（hongchou）（图388）

［地 方 名］ 亮叶栎（湖南），刚板栗、杨梅栗（浙江）。

［学　　名］ **Cyclobalanopsis nubium**

(Hand. -Mzt.) Chun (*Quercus nubium* Hand. -Mzt.) 山毛榉科

［形态特征］ **常绿乔木**，高可达 25 米，胸径 40～80 厘米；树皮暗灰褐色，光滑，老时呈不规则片状剥落；小枝灰褐色，有棱脊，粗糙，皮孔细小，幼枝有短柔毛，后渐脱落。叶多丛生于枝顶端，**革质，倒卵状长椭圆形或长椭圆状披针形**，长 5.5～12 厘米，宽 1.8～3 厘米，先端急尖或短渐尖，基部楔形，边缘仅先端有 2～4 对疏锯齿，表面光滑绿色，背面淡绿色；中脉在背面隆起，表面凹陷，叶柄长 3～10 毫米。花单性，雌雄同株；雄花为柔荑花序，生于新枝叶腋，**雄蕊约 8 枚**；雌花序侧生新枝叶腋，2～5 聚生于短梗上。壳斗浅碟状，鳞片连合成 5～7 条同心环带。坚果长卵状椭圆形，高 2～2.3 厘米，先端尖。花期 4～5 月，果期 10～11 月。

［生长环境］ 生于山谷及山坡杂木林内。适于温暖湿润而土壤肥沃的谷地，海拔 600～1400 米。

［产　　地］ 浙江、湖南、广东、广西等省区。

［用　　途］ 种子可提制淀粉，用以制粉丝和糕点等，亦为酿酒的好原料。酒糟为牛和猪的饲料。树皮、壳斗可提栲胶。木材坚硬耐磨，可供桥梁、建筑及制纱锭用。

［采收处理］ 采收处理及加工参阅栎（482 页）。

图 389 金毛石柯
Lithocarpus chrysocomus Chun et Tsiang
果枝

40 金毛石柯（jinmaoshi-ke）（图 389）

［学　　名］ **Lithocarpus chrysocomus** Chun et Tsiang 山毛榉科

［形态特征］ 常绿乔木，高 10～25 米；树皮灰褐色，粗糙，有不规则的纵裂；嫩枝粗壮有棱，被黄褐色绒毛，后变光滑；芽浅绿色，被毛，卵形或圆形而钝。单叶互生，革质，椭圆形或长圆状披针形，长 10～15 厘米，宽 4～5 厘米，先端短尾状，基部楔尖，全缘或边缘微背卷，表面深绿色，除在中脉基部被毛外，余均无毛，背面被极密亮黄褐色的粉状短绒毛或粃鳞，中脉和侧脉在表面陷下，在背面显露，侧脉 9～10 对；叶柄长 1～1.5 厘米。雄花序为直立穗状花序，

生于枝顶，分枝，长 3～9 厘米，密被黄色细茸毛，花簇生，花蕾、花轴淡绿色，花被膜质，开后绯红色，外被细茸毛；雌花序单生于上部叶腋，长 3.5 厘米，粗壮而短，密被茸毛，雌花每 3～6 朵聚生，花柱 3，展开，柱头脱落，无柄。坚果二年成熟，陀螺球形，无柄，2～3 个聚生，下部连合。壳斗木质，高约 1.5 厘米，直径约 2 厘米，被黄色茸毛，几全部包着坚果；鳞片多列，下部相连，顶部渐尖，分离，弯曲象镰状。坚果球状或半球状，被丝状微毛，自壳斗露出，平坦或稍弯，高达 1.8 厘米。花期 5～6 月，果期 9～10 月。

［生长环境］ 山地、林缘、湿润和土壤深厚处。

［产　　地］ 广西、广东、湖南等省区。

［用　　途］ 种子含淀粉，可酿酒或作糊料。

［理化性质］ 种子含淀粉 30%；果壳含鞣质，可提取栲胶，供鞣皮革。

［采收处理］ 采收处理及加工参阅栎（482 页）。

41 石柯（shike）

［地 方 名］ 杯果、老鼠压木、细叶马泽树（广东）

［学　　名］ **Lithocarpus cornea** (Lour.) Rehd.　山毛榉科

［原 料 名］ 橡子

［形态特征］ 常绿乔木，树皮暗灰色；幼枝被绒毛。单叶互生，具柄，薄革质，倒卵状披针形或长圆形，长 4～7 厘米，有时达 12 厘米，宽 2～4 厘米，基部楔尖，先端骤尖为尾状或钝，全缘或中部以上的边缘有小锯齿，老时两面均无毛，或于中脉上被柔毛，侧脉 10～14 对，在表面陷入，在背面显著的凸起；叶柄长 1～2.5 厘米，被柔毛。花单性，雌雄同株；穗状花序直立，顶生，通常上部为雄花，下部为雌花，一般在基部常有 2～3 分枝，长 2.5～4 厘米，完全具雌花的花序很少；花序轴被茸毛；雄花 3 朵聚生，萼 6 裂，被毛，雄蕊 10～12；雌花单生或两歧聚伞状，通常雌雄合序的基部常 3 朵聚生，或与雄花混生，萼 6 裂，花柱 3～4，圆筒形，子房 3 室，每室有胚珠 2。果实二年成熟，通常 2 个至数个，生于一粗短的序上，果穗轴长 3～4 厘米；壳斗阔陀螺状，幼嫩时外面被小柔毛，老时毛脱落，直径 2.5～3 厘米，全部与坚果合生，外面有三角菱状隆起的复瓦状排列的鳞片，上部的鳞片较短较小，三角形，下部的较大、较阔，边缘和脊均凸起，彼此密接，在周边成锯齿状。坚果半球形，高 1.5～2.4 厘米，直径 2～2.5 厘米，大部分藏于壳斗内，露出壳斗的顶部平坦或稍隆起有小凸尖。花期 8～10 月，果期次年 12 月。

［生长环境］ 为亚热带和热带常绿树种，生于海拔 500～1500 米的山地密林或疏林中。

［产　　地］ 广东、广西、云南等省区。

［用　　途］ 坚果含淀粉，供酿造或用以加工成粉条、粉皮及粉丝等副食品。

木质坚重，为良好的建筑用材。

［理化性质］ 据广东省资料：种子含碳水化合物47.78%。

［采收处理］ 每年12月果实成熟即可采收。其操作方法与栎同。

［加 工］

1．提取淀粉方法参阅栎（见482页）。

2．酿酒方法：

（1）原料加工：首先把石柯种仁磨成绿豆大小而均匀的颗粒，进缸浸泡，第一次用 70%的温水，然后再用清水浸漂几次，直到无涩味，即可上甑。（2）蒸料（糊化）：把浸好的原料掺入 10～15%的谷壳和 30～35%的米糠（掺时应当把糠先在水中浸泡一下），搅拌均匀，其湿度以用手能挤出水分为好，然后轻松入甑。入甑时在甑底先铺一层谷壳，然后上一层料，直至上完后严封甑口，用大火蒸3～6 小时，务使原料全部熟透，没有硬核，就可以出甑。（3）发酵蒸馏：蒸好的原料摊晾至25～30℃时，加入15～20%的药曲，搅拌均匀，入池发酵，一般待6～8天时间，即可进行蒸馏。

42 贵州石栎（guizhoushili）

［学 名］ **Lithocarpus elizabethae** Rehd. (*Quercus elizabethae* Tutcher) 山毛榉科

［形态特征］ 常绿乔木，高10～15米；树皮灰色，浅裂；小枝被毛，具棱。单叶互生，薄革质，披针形，长6～16厘米，宽2～4厘米，先端渐尖，基部楔形，全缘，表面无毛，有光泽，背面有粃鳞，中脉在表面稍平坦，在背面隆起，侧脉12～13对，近边缘处弯曲而网结；叶柄长1.6厘米，无毛。雄花序穗状，分枝，聚生于枝顶；雌花序穗状，较叶长或相等，生于上部叶腋内。果单生或3个簇生，生于长约10厘米、粗壮、具斑点的果穗上。壳斗无柄，近圆球形或卵形，直径2.5～3厘米，具厚鳞片，全部包着坚果，仅基部与坚果合生，顶端截形；鳞片约8列，先端短尖，基部阔，被毛，菱形，复瓦状排列，上部的较小，披针形，内弯。坚果近圆形或有钝棱，长约1.8厘米，栗色，有光泽，顶端下陷，有小凸尖，基部截形，凸出。夏秋结实。

［生长环境］ 生于海拔200～2000米地区，多在山谷、山坡的密林或疏林中，土壤湿润的地方生长。

［产 地］ 广东、广西、贵州等省区。

［用 途］ 种子含淀粉，为酿酒原料，酒糟可作饲料。

［理化性质］ 据广东省资料：种子含碳水化合物50.95%，其中可溶性糖4.31%，淀粉42.10%，水分10.69%。

［采收处理］ 秋季成熟时采收，具体操作及加工可参阅栎（482页）。

43 华南石柯（huananshike）（图 390）

［学　　名］ **Lithocarpus fenestratus** Rehd.　山毛榉科

［形态特征］ 常绿大乔木；小枝灰白色，芽无毛。叶革质，狭长，椭圆状披针形或卵状椭圆形，长 12～22 厘米，宽 3.5～7.5 厘米，先端渐尖或尾状，基部楔尖，全缘，表面光滑，背面中脉有黄褐色柔毛，侧脉 14～16 对，在背面凸起；叶柄长 1～1.5 厘米；托叶线状披针形，被毛，长 8～10 毫米。穗状花序多枝，生于小枝的最顶端成圆锥状；雄花序直立，通常 3 枝聚生，花序轴及花都有灰色或黄色的茸毛，聚生；雄蕊 12，花被 5～6 裂；雌花序长，通常分枝，长 10～14 厘米，雌花多 3 朵为二歧聚伞状，具 3 枚直立的花柱；有时有两性花序，雌花生于花序的顶端，雄花则生于花序的基部。果穗长 12～20 厘米，轴粗壮；壳斗近球形，不为杯状，无柄，高 1.5～2 厘米，宽 2～2.5 厘米，单生，少有 3～5 个聚生，几包坚果全部，基部圆形，鳞片三角形或卵形，光滑，具芒状的尖，紧贴壳斗或张开。坚果大部分藏于壳斗内，短卵形，底部平，顶部渐尖，高 2 厘米，直径 1.7～1.8 厘米，二年成熟，黄褐色。花期 8 月，果期 11 月。

图 390　华南石柯
Lithocarpus fenestratus Rehd.
果枝

［生长环境］ 山谷密林中。

［产　　地］ 广东、广西、福建、湖南等省区。

［用　　途］ 种子含淀粉，可酿造。

壳斗含鞣质，可提栲胶。木材坚实，可作枕木及桥梁等用。

［理化性质］ 据广东省资料：种子含碳水化合物 58.48%，其中可溶性糖 2.73%，水分 8.58%。

［采收处理］ 秋后采收，去其壳斗，晒干贮藏。

［加　　工］ 参阅栎（482 页）。

44 柯（ke）（图 391）

［地 方 名］ 栲树（江西），桐树、箭栎子（湖南），石栎、白椆树（浙江），稠木（广东），子栎（江苏）。

［学　　名］ **Lithocarpus glaber** Rehd. (*L. thalassica* Rehd.)　山毛榉科

［原 料 名］ 橡子

［形态特征］ 常绿乔木；树皮青灰色，光滑；嫩枝被黄褐色柔毛，后渐光滑。叶革质，披针形或卵状披针形，长7～12厘米，宽2.5～4厘米，先端短尾状钝尖，基部楔形，全缘，表面深绿色。光亮，背面灰白色，密被鳞毛，中脉在叶面陷下，在背面显现，侧脉8对，在表面不明显，近边缘处消失；叶柄长1～1.5厘米。花雌雄同株；花序顶生，被极密绵毛，有雄花多数，上部生有雌花；雄花序为穗状，长5～10厘米，生极密花，花被6裂，外被毛，雄蕊10～12；雌花序长10～13厘米，花轴粗壮，花每3～5朵聚生，花柱3。果穗长10～14厘米，果实二年成熟。壳斗近无柄，呈平底的浅盘状，高5～6毫米，直径达10毫米，被复瓦状鳞片，鳞片细小，尖三角形，灰白色，相连成环，在壳斗边缘处更密。坚果外露，卵形，凸尖不显著，底平，高1.5～2厘米，表面暗赤色，有光泽。花期8～10月，果期次年10月。

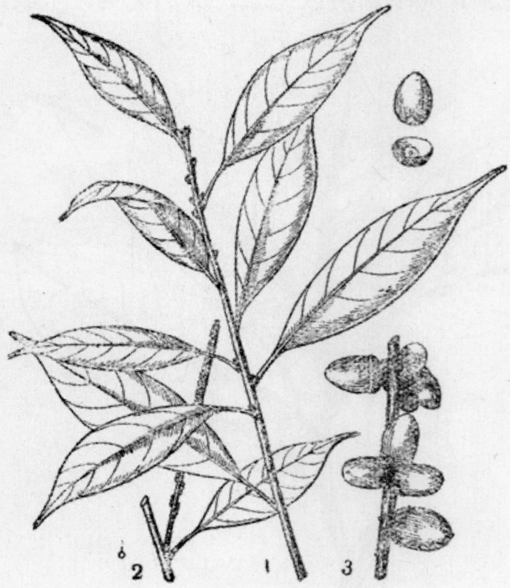

图391　柯

Lithocarpus glaber Rehd.

1．枝条；2．雄花序；3．果序；4．坚果及壳斗。

［生长环境］ 山坡丛林间。

［产　　地］ 浙江、江苏、湖南、江西、福建、广东等省。

［用　　途］ 坚果含淀粉，可生食、炒食、作豆腐及酿酒。

木材坚硬致密，可供建筑、枕木、车轮及制作家具和农具等用。壳斗含鞣质，可提制栲胶。种子可榨油（见“油脂类”，714页）。

［理化性质］ 坚果壳重22.70%，肉重77.30%；果仁含碳水化合物49.1%。

［采收处理］ 10月采收。采集方法及加工参阅栎（482页）。

45 黄椆（huangchou）（图392）

［地 方 名］ 牛牯锥、硬壳椆、盘紫树、破细橡、酸心橡（广东）

［学　　名］ **Lithocarpus hancei** (Benth.) Rehd.　山毛榉科

［原 料 名］ 橡子

［形态特征］ 常绿乔木，高7～17米；树皮灰褐色，小枝与芽均无毛，嫩枝具槽纹。单叶互生，厚革质。倒卵形或长圆形，长8～14厘米，宽3～4厘米，先端渐尖，

基部楔形而下延至叶柄，全缘或近顶部有波状浅齿，两面近同色，无毛，有光泽，中脉明显，稍隆起，侧脉 12～13 对；叶柄长 5～10 毫米。穗状花序直盘而硬，被毛，雄花序顶生，长 5～8 厘米，常 10～12 枝聚生呈圆锥状；雌花序长 6～8 厘米，或雌花雄花同序。果实 2 年成熟，通常聚生，果轴略细。壳斗散生而疏离，无柄，近软木质，浅杯状，包藏坚果的 1/4～1/3，高 4～5 毫米，直径 8～12 毫米，外面具被灰色绢绒毛；鳞片复瓦状环列，三角形，有短尖或钝尖，淡褐色，光滑。坚果卵状球形，露出部分约占 3/4，高 1.2～1.3 厘米，直径 9～10 毫米，先端圆而有凸尖，基部平，疤痕微凹入。果期 8～12 月。

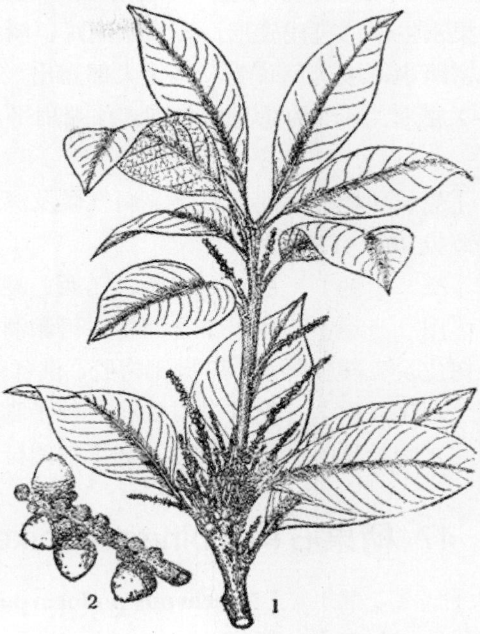

图 392　黄稠
Lithocarpus hancei（Benth.）Rehd.
1．花枝；2．果枝。

［生长环境］　本种为亚热带，热带常绿林树种，中性，生于海拔 900～1500 米的山地密林中。

［产　　地］　广东、广西、福建、贵州、四川、湖南、浙江等省区。

［用　　途］　种子含淀粉，可以酿酒、供食用或作糊料。木材坚韧，富有弹性，可作扁担；枯木可培植香菇。

［理化性质］　据广东省资料：种子含碳水化合物 50.64%，可溶性糖 1.50%，淀粉 44.23%，水分 18.31%。

［采收处理］　采收处理及加工参阅栎（482 页）。

46 绵槠（mianzhu）

［地 方 名］　刚板栗、大叶麻斗、羊角栗（浙江）

［学　　名］　**Lithocarpus henryi** Rehd. et Wils.　山毛榉科

［形态特征］　常绿乔木，高达 20 米；树皮灰褐色，纵裂；小枝灰色，有棱。叶厚革质，宽披针形或倒披针形，长 9.5～20 厘米，宽 3～6.5 厘米，基部宽楔形，先端短渐尖或长渐尖，略歪，全缘，表面与背面同色，光滑无毛，中脉和侧脉在表面凹陷，在背面显现，侧脉 11～13 对；叶柄长 1.5～2.5 厘米。雄穗状花序长 7～9 厘米，顶生成圆锥状，雄花密生，花被 6 裂，雄蕊 12；穗状花序常雌雄同序，雌花生于花序基部，雄花

密生上部，雌花有梗，每3～5朵聚生，花柱3。果穗粗壮，直立，长11～14（20）厘米，果密生。总苞浅碟形，有紧贴鳞片，鳞片三角形，渐尖，有脊棱，下部的较大，上部的密而小，被灰色茸毛。坚果大部露出，近球形，光滑无毛，高1.8～2厘米，直径1.6～2厘米，基部为总苞所包围，顶端扁平，底部略凹入。花期9～10月，果期次年10月。

［生长环境］ 性喜温暖湿润气候及深厚肥沃的土壤，多生于山坡、溪旁的杂木林中，海拔900～1200米。

［产　　地］ 浙江、安徽、江西、湖北、湖南、云南、四川等省。

［用　　途］ 种子富含淀粉，可酿酒或提制酒精。

树皮及壳斗含鞣质，可提制栲胶，供鞣革及染鱼网用。木材坚实，可制家具和造船。

［理化性质］ 据安徽省资料：种子含淀粉40～50%。

［采收处理］ 采收处理及加工参阅栎（482页）。

47 柄果石柯（bingguoshike）

［学　　名］ **Lithocarpus podocarpa** Chun

［原 料 名］ 橡子

［形态特征］ 常绿乔木，高达20米；小枝灰色，有散生不明显的裂纹。叶大，互生，薄革质，长圆形，长8～10厘米，宽3～4厘米，基部楔形，先端钝渐尖，全缘背卷或微波状，两面有光泽，干时背面带银色，中脉两面隆起，侧脉8～10对，纤细，在表面下陷，背面隆起，斜升，近边缘处网结；叶柄细长，长4～7毫米，有槽纹。雄花序和雌花序生于枝梢上部的叶腋间，直立，雄花序常为圆锥状，雌花序少数；雄穗状花序长10～15厘米；花被6裂，外被毛；短三角形，雄蕊12；雌穗状花序长7～14厘米，少花；雌花疏离，有柄，花柱短，3枚。果两年成熟，具明显的柄，7～8个聚生于果序上部；果穗长13～15厘米，粗壮，密集。壳斗薄革质，阔而浅盘状，直径14毫米，基部骤然收窄成一粗壮的长3～5毫米的柄，仅包围坚果基部，里面有微柔毛，外面被绒毛，鳞片6～7列，除边缘露出头外，全部合生，近柄的鳞片颇小。坚果大部露出，半球形或扁球形，直径14～15毫米，基部截形，顶冠以圆锥状被绒毛的脐，暗栗褐色，基部疤痕平坦或凹入，苍白色。花期11月至次年1月，果期7～8月。

［生长环境］ 生于海拔900米以上的疏林中。

［产　　地］ 广东省。

［用　　途］ 种子含淀粉，为酿酒原料。酒糟可作饲料。木材可作家具和建筑用材。

［理化性质］ 据广东省资料：种子含碳水化合物45.96%，可溶性糖4.63%，淀粉37.40%，水分11.91%。

［采收处理］ 8月果熟时采收。采收方法及加工参阅栎（482页）。

48 多穗石柯（duosuishike）（图 393）

［地 方 名］ 甜茶（广东、广西），算盘子、同木子、大叶椆子、车锥、鸡心肚（广东）。

［学　　名］ **Lithocarpus polystachya** (Wall.) Rehd.　山毛榉科

［原 料 名］ 橡子

［形态特征］ 常绿乔木或小乔木，高 7～15 米；树皮灰褐色；小枝纤细，幼时被短绒毛，后变无毛。叶互生，薄革质，卵状披针形或近椭圆形，长 13～18 厘米，宽 5～6.5 厘米，基部楔形，稍下延至叶柄，先端渐尖，全缘，两面无毛，背面粉绿色，被灰色粃鳞，中脉两面均凸出，侧脉 10～12 对，在背面隆起，近边缘处消失；叶柄长 1.5～2 厘米。雄穗状花序长 10～15 厘米，多数生于枝顶呈圆锥状，亦常混生有 1～2 雌穗状花序，花轴上被白色粉状鳞片，雄花每 2～5 朵集生，花被 5～6 裂，有雄蕊 10～12；雌花序很长，长 15～20 厘米，通常生近小枝顶端，或与雄花序混生，花 3 朵集生，花柱 3，极短。果穗多，长 22～25 厘米；果 3～5 个着生在直立、粗壮的短轴上，有柄或近无柄；壳斗颇小；浅盘状，高 2～4 毫米，直径 7～8 毫米，有时达 1.5 厘米，仅包着坚果的基部，鳞片很小，卵形而钝，顶部分离，无毛。坚果卵形，大部高出于壳斗，高 1.2～1.6 厘米，直径 1～1.3 厘米，平滑，亮棕色，顶部渐狭，有短的凸尖，底圆。花期 4～5 月，果期 8～11 月。

图 393　多穗石柯
Lithocarpus polystachya（Wall.）Rehd.
1．雄花枝；2．果序。

［生长环境］ 本种为热带、亚热带山地常绿林树种。生于海拔 400 米以上的山地密林中，而以土壤湿润、肥沃的山谷中生长最好。

［产　　地］ 广东、广西、福建、江西、浙江、云南、贵州、湖南、四川等省区。

［用　　途］ 果实含丰富的淀粉，为酿酒原料，酒糟可作饲料。嫩叶作茶叶和甜茶。

［理化性质］ 据广东省资料：种子含碳水化合物 87.08%，其中可溶性糖 0.65%，淀粉 79.7%，水分 7.04%。

［采收处理］ 10～11 月果熟采收，去掉壳斗和坚果外壳，晒干存放干燥通风处，如堆放太多，还需插入竹管通气，以免发热霉坏。

［加　　工］ 参阅栎（482 页）。

49 犁耙楣（libamei）（图 394）

［地 方 名］ 绿眉（广东海南东方），羌麻檫树（广东海南林高）。

［学　　名］ **Lithocarpus silvicolarum** (Hance) Chun　山毛榉科

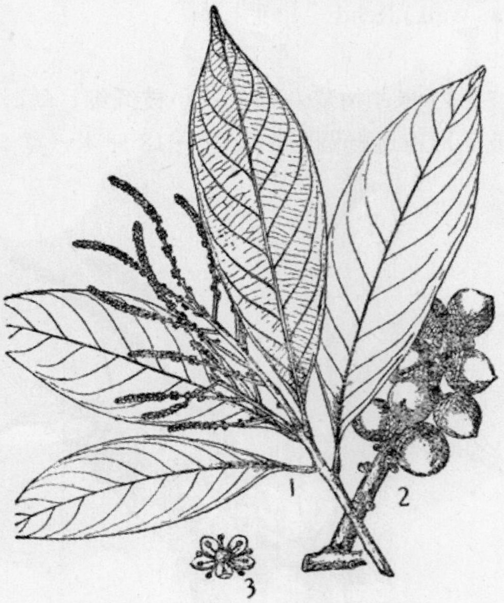

图 394　犁耙楣
Lithocarpus silvicolarum（Hance）Chun
1. 雄花枝；2. 果序；3. 花。

［形态特征］ 乔木。叶披针形或卵状披针形，长 10～14 厘米，宽 4.5～5 厘米，先端短渐尖，基部楔形，边全缘，表面无毛，侧脉 11～12 对；叶柄长 10～12 毫米。壳斗 3 个集生，直径 18～20 毫米；坚果半球形，顶端圆，有小突尖，无毛，光亮，高 15～25 毫米，直径 2 厘米。

［生长环境］ 生于山地杂木林中。

［产　　地］ 广东海南。

［用　　途］ 种子含淀粉，为酿酒原料，酒糟可作饲料。

树皮及壳斗含鞣质可提栲胶。材质坚硬，宜作建筑用。

［理化性质］ 据广东省资料：种子含碳水化合物 63.11%，其中可溶性糖 1.6%，淀粉 55.43%。

［采收处理］ 10 月果熟时采收。

［加　　工］ 参阅栎（482 页）。

50 槠栎树（zhulishu）（图 868）

［学　　名］ **Lithocarpus spicatus** (Sm.) Rehd. et Wils. (*Pasania spicata* Oerst.) 山毛榉科

（地方名、形态特征、生长环境、产地及其他用途见“鞣料类”，1083 页）

［用　　途］ 种子可提取淀粉和制造酒精。

［理化性质］ 种子含淀粉 40%。

［采收处理］ 采收处理及加工参阅栎（482 页）。

51 绿叶石柯（lüyeshike）（图 395）

［学　　名］ **Lithocarpus synbalanos** (Hance) Chun　山毛榉科

［原 料 名］ 橡子

［形态特征］ 常绿乔木，高 15～25 米；树皮灰色或深灰色，纵裂；小枝有棱，无毛，有明显的卵状皮孔。单叶互生，厚革质，长圆形至披针形，少有长卵形或长圆倒卵形，长 9～14 厘米，宽 3～5.5 厘米，先端锐尖、渐尖成短尾状，基部阔楔形而下延，全缘，两面无毛，背面粉绿色，中脉两面隆起，侧脉纤细，13～15 对，背面微凸起；叶柄长 1～3 厘米，无毛，基部膨大。花单性，雄花成直立的穗状花序，（长 9～11 厘米），被柔毛，花萼 4～6 裂，雄蕊 10～12；雌花序穗状，长于叶，花轴纤细，有棱，被绵毛，长 5～10 厘米，雌花萼 6 裂，退化雄蕊 6，子房 3 室，每室有胚珠 2，花柱 3，柱头顶生。壳斗浅杯状，直径 1～1.5 厘米，仅贴着坚果基部，成熟时与坚果分离；鳞片钝形，被灰色柔毛，多少合生，排列成 3～5 条环带。坚果圆锥状，长约 2 厘米，直径 1.5 厘米，浅褐色，有光泽，先端有脐状凸起，基部截形有凹入疤痕，二年成熟。花期 8 月左右，果期约 10 月。

图 395 绿叶石柯
Lithocarpus synbhlanos（Hance）Chun
果枝

［生长环境］ 生于海拔 700～800 米的山地密林中，在气候温暖，土壤湿润而肥沃的山谷地区生长最好。

［产　　地］ 四川、云南、广东、广西等省区。

［用　　途］ 种子富含淀粉，为酿酒原料，酒糟可喂猪。

木材坚硬，可作工业用材。

［理化性质］ 据广东省资料：种子含碳水化合物 53.25%，可溶性糖 0.53%，淀粉 47.45%，水分 3.69%。

［采收处理］ 秋季果熟时采收。高大的树须用竹竿敲打树枝或用铁钩钩住树枝摇动，使果实落下，收集后稍经曝晒，使壳斗与坚果分离，然后除去果壳，将种子晒干。

［加　　工］ 参阅栎（482 页）。

52 毛茸石柯（maorongshike）（图 396）

［地 方 名］ 花梨母、白怀、指山椆、姜磨椆（广东海南），细叶椎（广东）。

［学　　名］ **Lithocarpus vestita** A. Camus (*Pasania vestita* Hick. et Camus) 山毛榉科

［原 料 名］ 橡子

［形态特征］ 常绿乔木，高达 20 米；树皮灰褐色，枝上具沟槽，褐色，有皮孔。叶互生，阔披针形或卵状披针形，长 7～9 厘米，宽 3～4 厘米，基部略收狭，先端有短尖，全缘，表面光滑无毛，背面被粃鳞，中脉在背面略显著，侧脉 14～15 对，在叶的下部略为凸起；叶柄长 7～9 毫米，托叶线形，早落。花单性，雌雄同株，成直立穗状花序；雌花序长 9～12 厘米，花轴被白鳞片，花通常 3 朵聚生，近无柄或有短柄，花柱 3，延长，基部合生部分较长。果穗长 9～13 厘米，果实密集，单生或 3 个聚生，多数发育；果轴粗，基部达 1 厘米，暗褐色，具皮孔；壳斗有短柄，碟状，直径 8～12 毫米，高 3～5 毫米，仅包着坚果基部；鳞片组成环带状，部分离生呈三角形，但不很明显，带白色。坚果大部分露出壳斗外，近球形，高 8～12 毫米，直径 10～15 毫米，露出部分密被灰白色绢毛状伏毛，先端圆而具凸尖，基部平坦，有凹入的疤痕。花期 8 月，果期次年 11 月。

图 396 毛茸石柯
Lithocarpus vestita A. Camus
1．雄花枝；2．雄花；3．果序。

［生长环境］ 生于海拔 800 米以上的山地密林中，而以山谷地生长最好。

［产　　地］ 广东、广西等省区。

［用　　途］ 种子含淀粉，提取后供食用，又为酿酒原料，糟粕可作饲料。木材坚韧，可作枕木、建筑等用；枯木可培植食用香菌。

［理化性质］ 据广东省资料：种子含碳水化合物 47.75%，可溶性糖 3.32%，淀粉 40.14%，水分 16.82%。

［采收处理］ 采收处理及加工参阅栎（482 页）。

53 栎（li）（图 397）

［学　　名］ **Quercus acutissima** Carr.　山毛榉科

［原 料 名］ 橡子（通称）

［形态特征］ 落叶乔木，高 15～20 米，直径约 60 厘米，枝条开展，树冠阔卵圆形；树皮灰黑色，具不规则深裂；小枝暗灰褐色，无毛，具多数浅黄色皮孔；幼枝黄褐

色，有绒毛；冬芽圆锥形，灰褐色，先端尖，长 5～7 毫米，鳞片阔卵形，有毛。单叶互生，革质，长圆状披针形或长圆状卵形，长 9～15 厘米，宽 2.5～3.6 厘米，基部圆形或阔楔形，先端渐尖，边缘有刺状锯齿，侧脉 12～17 对，直达齿尖，表面深绿色，有光泽，**背面淡绿色，幼时有黄色短细毛，后脱落，仅脉腋有毛**；叶柄长 2～3 厘米，有毛。花单性，雌雄同株；雄花成柔荑花序，通常数个集生于新枝下部叶腋，长 6～12 厘米，被柔毛，**花被通常 5 裂，雄蕊 4**，罕较多；**雌花 1～3 集生新枝叶腋**，子房 3 室，花柱 3。壳斗杯状，包坚果约 1/2 弱，**鳞片狭披针形，呈复瓦状排列，反曲，被灰白色柔毛**。坚果卵球形或卵状长圆形，淡褐色。花期 5 月，果期次年 9～10 月。

图 397　栎
Quercus acutissima Carr.
1. 果枝；2. 雄花枝；3. 雄花；4. 雌花序；5. 雌花；6. 叶一部分；7. 坚果。(自“中国森林植物志”)

［生长环境］　一般生于海拔 1200 米以下的丘陵或山坡疏林中，喜空气干燥和排水良好的砂质土壤。

［产　　地］　湖南、湖北、四川、广东、云南、陕西、甘肃、河南、河北、山西、辽宁、山东、江苏、江西、浙江、台湾等省。

［用　　途］　据江苏省资料：成熟的种子可酿酒，每 100 公斤可得 65 度白酒 65 公斤；也可制造淀粉。

种子并可提取代咖啡。种子中还含有较多的脂肪油，可用于制肥皂（见“油脂类”，715 页）。树皮、技、叶、壳斗均含鞣质，可制栲胶（见“鞣料类”，1085 页）；木材坚硬，可作车辆、枕木、滚轴和机械用材。幼叶可饲养柞蚕。

［理化性质］　据“江苏野生植物志”：种子含水分 45.35%，粗脂肪 5.364%，粗纤维 4.672%，氮物质 2.8%，可溶性无氮物质 4.412%，灰分 1.4%。又据山东省资料：种子含淀粉 50.4%。

［采收处理］　9～10 月间果熟，须及时采收，一般连壳斗摘下，稍经日晒除去壳斗，再用链枷鞭打或用脱壳机除去种壳，晒干，放干燥通风处，以防发霉变质。如堆放量大，在堆中部插入通气竹筒，使空气流通，如堆内发热须及时翻晒。

［加　　工］　提取淀粉方法：1. 将去掉果壳的种子粉碎如豌豆大；2. 用清水浸

泡，每天换水 1～2 次，以除去涩味；3. 用磨子磨成浆，过筛除渣，将乳汁放入缸中沉淀，待粉完全沉淀后，取出晒干，即得橡子粉。酿酒操作方法：将种子粉碎如小米大，使其能全部通过细筛筛下，除去内皮，用 36℃的温水浸泡 48 小时。浸泡时应换水 2～4 次，浸完后将原料捞出，待干后，掺入原料比例 30%的谷糠或稻壳拌匀，作为填充料，便可入甑蒸煮糊化。蒸煮时间一般为 1～2 小时，以熟透为止。蒸好后出甑，放于散场上进行扬散，翻搅，待温度降至 25～30℃时，加入 20%的米曲，拌匀即可入池发酵，时间一般为 8 天，即可发酵完毕，然后进行蒸馏。

54 槲栎（huli）（图 398）

［地 方 名］ 大叶青冈（河南），青冈树（贵州），白皮栎（湖北），细皮青冈（四川），白栎树（安徽），波罗树、槲树、橡树（河北、山东、山西、陕西）。

［学　　名］ **Quercus aliena** Bl. 山毛榉科

［原 料 名］ 橡子

图 398 槲栎

Quercus aliena Bl.

1. 果枝；2. 花枝；3. 雄花；4. 花被；5. 雄蕊腹面；6. 雄蕊背面；7. 坚果。（自"中国森林植物志"）

［形态特征］ **落叶乔木**，高 10～20 米，胸径约达 1 米；树皮灰色，成狭条纵裂，幼枝灰褐色，略具沟槽，无毛，皮孔白色，明显；冬芽圆锥形，稍具角棱，鳞片暗褐色。单叶互生，坚纸质或革质，长圆状倒卵形至阔倒卵形，长 10～20 厘米，宽 7～9 厘米，基部楔形，先端钝，**边缘疏生 10～15 对波状钝齿**，表面深黄绿色，光滑，**背面淡绿色，密生星状柔毛**，侧脉 11～12 对，直达齿尖；叶柄长 1.5～3 厘米，无毛。花单性，雌雄同株；雄花成柔荑花序，花被 5～6 裂，**雄蕊 8～10**；雌花常 2～3 朵聚生，子房上位，3 室，柱头 3。**壳斗浅杯状，具卵状披针形紧贴鳞片，鳞片薄，呈复瓦状排列**，先端尖，被茸毛。坚果卵形或卵状长椭圆形。花期 4～5 月，果期 9～10 月。

［生长环境］ 喜阳光，常生于深厚的土壤上，较耐干旱；在贫瘠之地也能生长，常见于山坡或山麓，在华北一带海拔 800～1500 米间山地，可形成纯林。

［产　　地］ 广东、广西、湖北、湖南、安徽、江苏、浙江、甘肃、陕西、河南、

山西、山东、河北、贵州、四川等省区。

［用　　途］　种子含淀粉，可酿酒，每100公斤可酿出45度白酒60～65公斤。也可制糕点、凉粉、粉条和作豆腐及酱油等。

种子可榨油。叶、树皮及壳斗内均含鞣质，可提制栲胶（见“鞣料类”，1086页）；叶可饲养柞蚕。木材坚硬，耐磨擦，可供建筑、枕木、家具等用，但干后易开裂。

［理化性质］　据河南省资料：种子含淀粉60～70%。淀粉质硬不易糊化，性粘容易结块，吸水量比粮食多。

［采收处理］　9～10月间果实成熟采收。采收时将果实（带壳斗）用棍棒击落，收集一起，在日光下晒，稍干时将果实与壳斗分离，再把壳斗晒干，供作栲胶原料；把果实再摊于日光下曝晒，达到果皮裂缝程度，用棍棒敲打或放碾上碾压，除去果皮，再晒干种子，即可贮存。如遇阴雨天，不能日晒，要用火烘干，以防沤坏。

［加　　工］　将种仁浸泡水中数日，中间换水数次，除去涩味，放水磨上磨成浆，经过滤后，放入水缸中沉淀，再取出晒干、即成淀粉。酿酒方法参阅栎（482页）。

［其　　他］　繁殖方法用果实直播造林及萌芽更新均可。

55 橿子树（jiangzishu）

［地 方 名］　黄橿子、栀子树（河南）

［学　　名］　**Quercus baronii** Skan　山毛榉科

［形态特征］　半常绿灌木或乔木，高达12米；树冠阔卵形或半球形；树皮灰黑色，略光滑；幼枝密生黄色星状毛，二年生枝近无毛，灰白色；顶芽数个簇生。单叶互生，革质或近革质，卵状长圆形或长圆状披针形，长3～6厘米，宽12～20毫米，基部圆形，先端锐或渐尖，**边缘1/3～1/2以上有5～7对向前曲的尖锯齿，表面疏生星状毛，背面毛较密**，中脉基部具密生黄色绒毛；叶柄长3～6毫米，密生黄毛。花单性，雌雄同株；雄花序长1～2厘米；花集生，**花被5裂，雄蕊5。壳斗鳞片线形或线状披针形，呈复瓦状排列，反卷**。坚果有1/2露出壳斗之外。花期5月，果期次年9～10月。

［生长环境］　深根性阳性树种，耐干旱，喜生石灰岩山地，多分布于向阳山谷、山坡及岭脊上。在河南、陕西等地多分布在海拔1200米上下处。

［产　　地］　四川、湖北、甘肃、陕西、山西、河南等省。

［用　　途］　种子含淀粉，可食用及酿酒。

树皮、壳斗及叶均含鞣质，可提栲胶。木材坚硬致密、耐久，可作家具、车辆等。

［理化性质］　据河南省资料：种子含淀粉60～70%。

［采收处理］　采收处理及加工参阅栎（482页）。

56 槲树（hushu）（图399）

［地 方 名］　菠萝叶、柞树（黑龙江、吉林），青冈（河南），细皮青冈（四川），

橡树（山西、山东、陕西），波罗树（河北），大叶波罗（山东），白栎树（安徽），槲皮（湖北）、大叶栎柴（福建），软脚珠（湖南）。

［学　　名］ **Quercus dentata** Thunb.　山毛榉科

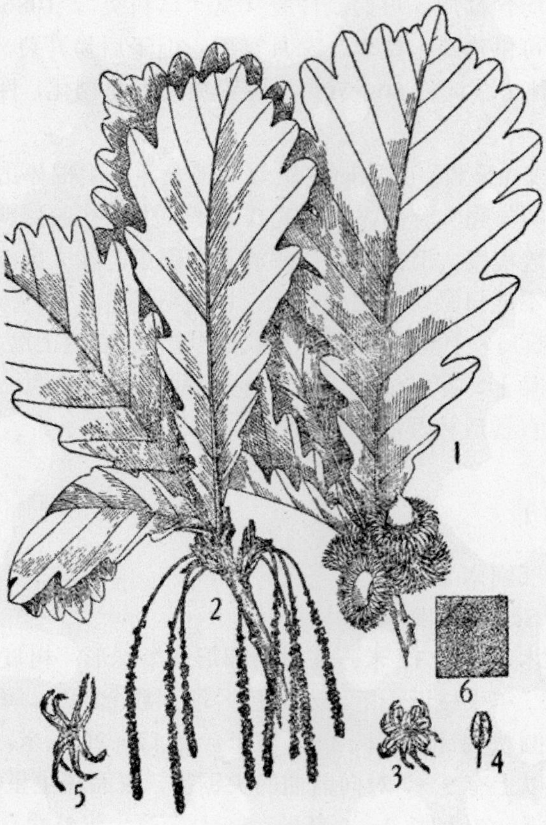

图 399　槲树
Quercus dentata Thunb.
1．果枝；2．雄花枝；3．雄花；4．雄蕊；5．花被；6．叶的一部分。（自“中国森林植物志”）

［原 料 名］ 橡子

［形态特征］ **落叶乔木**，高可达 25 米，直径达 1 米许；树皮暗灰色，有深沟；小枝粗壮，淡黄色或灰黄色，**被灰黄星状柔毛**。单叶互生，革质或近革质，阔倒卵形，长 10～20 厘米，亦有达 30 厘米者，宽 6～13 厘米或较宽，**边缘具 4～10 对深波状齿或深裂**，基部耳形，有时楔形，先端钝，表面深绿色，初有短柔毛，后无毛，**背面有灰绵毛及星状毛**，侧脉 4～10 对；直达齿端，叶柄极短，长 2～6 毫米。花单性，雌雄同株；雄花为柔荑花序，生于新枝叶腋，花被具灰白色绂毛，**雄蕊 8～10**；雌花数朵集生于幼枝上，子房 3 室，柱头 3。壳斗大，杯状，**包着果实达 1/2，鳞片披针形，呈复瓦状排列，棕红色，薄，向外反卷**。坚果卵形或椭圆形，高 1.5～2.5 厘米。花期 5～6 月，果期 10 月以后。

［生长环境］ 阳性树种，耐干旱，在山地阳坡成疏林。

［产　　地］ 云南、四川、江西、湖南、湖北、安徽、江苏、浙江、福建、陕西、甘肃、河南、山西、山东、河北、辽宁、吉林、黑龙江等省。

［用　　途］ 种子含淀粉，可以酿酒，并可制粉条、冷食或熟食等。

壳斗和树皮含鞣质，可提制栲胶（见“鞣料类”，1086 页）。叶可饲养柞蚕。木材坚实耐久，可供建筑、造船和枕木等用。

［理化性质］ 据山东省资料：种子含淀粉 50～65%。此外，据“江苏野生植物志”：烘干的槲实含水分 12.5%，粗蛋白 6.78%，粗脂肪 4.35%，糖 0.69%，粗纤维 5.02%，灰分 2.02%，无氮物质 0.27%，水溶性物质 28.88%。

［采收处理］ 采收处理及加工参阅栎（482 页）。

57 白栎（baili）（图 400）

［地 方 名］ 栎树、橡树（江苏），青冈树（贵州），山毛槠、闽栎、白槠、杜树（福建），杂子树（安徽），乍子柴、自屑树（浙江）。

［学　　名］ **Quercus fabri** Hance　山毛榉科

［原 料 名］ 橡子

［形态特征］ 落叶乔木，高达 25 米；树皮灰白色，纵裂成阔条状；冬芽卵形，褐色，有棱角和纵槽，具灰色柔毛。单叶互生，革质或坚纸质，倒卵形至倒卵状椭圆形，长 7～14 厘米，宽 3～7 厘米，基部楔形，先端钝尖，边缘有 9～12 对波状齿，**表面被疏星状毛或近于无毛，背面密生灰色星状绒毛**，侧脉 9～12 对，直达齿端；叶柄长 3～5 毫米，罕达 10 毫米。花单生，雌雄同株；雄花呈柔荑花序，长 6～7 厘米，花被 6 深裂，被柔毛，雄蕊 6，罕 8；雌花单生或 2～3 朵聚生，子房 3 室，柱头 3～4。壳斗**浅杯状，高 4～8 毫米，直径 8～11 毫米，鳞片卵状披针形**，呈复瓦状排列，紧贴。坚果圆锥形或长卵形，高约 1.3～2.4 厘米，直径 0.5～1 厘米，光滑。花期 4 月，果期 10 月。

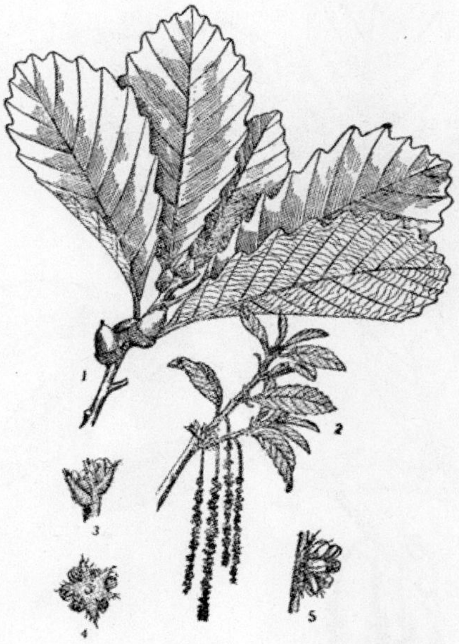

图 400　白栎

Quercus fabri Hance

1．果枝；2．雄花枝；3．雌花；4、5．雄花。

（自“中国森林植物志”）

［生长环境］ 丘陵地区的山坡灌木丛或林中，为阳性树种，能生长在干燥或瘠薄土壤上。

［产　　地］ 贵州、四川、湖南、湖北、江西、浙江、江苏、安徽、广东、广西等省区。

［用　　途］ 种子含淀粉，可酿酒、制豆腐或粉丝。

壳斗、树皮均合鞣质，可提制栲胶。木材坚硬，可制器物。带皮的树干可培植香菇。

［理化性质］ 据江苏省资料：种子含淀粉 30%。

［采收处理］ 采收处理及加工参阅栎（482 页）。

58 枹树（paoshu）（图 401）

［地 方 名］ 小橡树（陕西），柞木、青岗栎（山东），青岗树（河南），白花栎

（四川），索落树、野皂荚、叶子团波罗（江苏）。

［学　　名］　**Quercus glandulifera** Bl.　山毛榉科

图 401　枹树

Quercus glandulifera Bl.

1．果枝；2．雄花枝；3、4．雄花；5．雌花。

（自“中国森林植物志”）

［原 料 名］　橡子

［形态特征］　落叶乔木，高达 10 米；树皮暗灰色，纵裂；小枝灰色，无毛，皮孔稍隆起而明显；嫩枝被黄色长柔毛；冬芽卵形，稍具棱角，鳞片暗褐色。单叶互生，坚纸质或革质，长圆状倒卵形至卵状披针形，长 5～15 厘米，宽 2.5～5 厘米，基部狭楔形，先端短尖，边缘具粗锯齿，齿端有腺状尖头，稍向内曲，表面深绿色，平滑，背面灰绿色或灰白色，有平伏绒毛，侧脉 7～12 对，直达齿端；叶柄短或无柄。花单性，雌雄同株；雄花序柔荑状，生于小枝基部叶腋，花被 6 裂，雄蕊 8；雌花单生或 2 朵集生于当年幼枝上部叶腋，子房 3 室，花柱 3；花与叶同时开放。壳斗杯状，高约 5 毫米，直径 1～1.3 厘米，鳞片小，短披针形，呈复瓦状排列，紧贴。坚果卵形，高 1～1.3 厘米，直径 7～10 毫米，基部 1/3 为壳斗所包。花期 5 月，果期 10 月。

［生长环境］　多生在土层较厚处，土壤肥沃或瘠薄，空气稍湿润或干燥生境均能适应。为阳性树种，山区广泛分布，一般在海拔 1000 米左右处，常形成纯林或与油松、华山松和马尾松等混生。

［产　　地］　陕西、河南、山东、四川、湖南、湖北、江西、江苏、安徽，浙江、贵州、云南等省。

［用　　途］　种子含淀粉丰富，可提取淀粉或为酿酒原料。

树皮、壳斗可提制栲胶（见“鞣料类”1088 页）。

［理化性质］　据分析种子成分如下；

淀粉（%）	水分（%）	脂肪*（%）	蛋白质*（%）	灰分（%）	纤维*（%）	鞣酸	还原糖（%）	蔗糖（%）	复合糖（%）	资料来源
68.07	20.51	0.805	3.85	0.84	2.75	少量	—	—	—	江苏省
50.40	15.26	2.32	3.72	2.16	4.62	—	4.45	2.69	2.96	山东省

*山东资料全为粗脂肪、粗蛋白和粗纤维。

［采收处理］ 采收处理及加工参阅栎（482 页）。

59 辽东栎（liaodongli）

［地 方 名］ 小叶青冈（河南），柴树（河北、山西），柞树（辽宁、黑龙江），青冈（陕西、甘肃、青海），青冈柳（辽宁、吉林），橡子树（河北）。

［学　　名］ **Quercus liaotungensis** Koidz.　山毛榉科

［形态特征］ **落叶乔木**，高 5～10 米；树冠卵圆形，老枝粗壮，暗灰色，具有多数明显皮孔；**幼枝灰绿色，无毛**；冬芽长卵形或卵形，深褐色，鳞片数枚，边缘有白绒毛。单叶互生，近革质或硬纸质，倒卵形或椭圆状倒卵形，长 3.5～17 厘米，宽 1.5～10 厘米，**基部楔形**，先端钝圆，**边缘有圆波状锯齿 5～7 对**，表面深绿色，背面淡绿色，**沿叶脉有稀疏绒毛**，侧脉 5～7 对。花单性，雌雄同株；雄花成柔荑花序，生于当年幼枝叶腋，花被 6～7 裂，雄蕊通常 8；雌花通常 3 朵集生或单生于枝顶部叶腋，花被 6 浅裂，裂片半圆形，子房 3～4 室，花柱 3。壳斗浅杯状，**鳞片卵形，复瓦状排列，扁平，包坚果** 1/3。坚果卵形或椭圆形，常 3 枚集生。花期 6 月，果期 10 月。

［生长环境］ 一般生长在土层较厚和稍湿润的山坡上，喜生阳光充足处，常分布在海拔 600～1400 米处和其他树木混生。

［产　　地］ 陕西、甘肃、青海、河南、河北、山西、山东、辽宁、黑龙江、吉林等省。

［用　　途］ 种子富含淀粉，可提取淀粉或作酿酒原料。

壳斗、树皮、叶均为栲胶原料（见“鞣料类”，1088 页）。

［理化性质］ 据辽宁省资料：种子含淀粉 62.49%；又据陕西省资料：种子含淀粉 40%；据河北省资料：种子含淀粉 59.40%。

［采收处理］ 采收处理及加工参阅栎（482 页）。

60 江南槲栎（jiangnanhuli）

［地 方 名］ 杂子树、柴子树（浙江）

［学　　名］ **Quercus liouii** Cheng　山毛榉科

［形态特征］ **落叶乔木**，高达 15 米；树皮灰色，呈条状纵裂；小枝灰褐色，无毛。单叶互生，倒卵形或椭圆状倒卵形，长 9.5～22 厘米，宽 5.5 ～11.5 厘米，先端钝或短尖，基部楔形，边缘有波状齿牙，表面绿色，背面淡绿色，有灰色绒毛；叶柄长 1～2 厘米。坚果 1～3 个聚生在短梗上，生于叶腋，卵形或卵状长圆形，长 2～2.5 厘米；

壳斗浅碟形；鳞片卵状披针形，**呈复瓦状排列**，紧贴，有浅灰色短绒毛。花期 4 月，果期 10 月。

［生长环境］ 生于灌木丛或杂木林中。

［产　　地］ 浙江省

［用　　途］ 种子含淀粉，供食用、酿酒或作糊料和饲料等。

壳斗和树皮可提取栲胶；木材供建筑等方面用材。嫩叶可为绿肥，放于水田中沤制，可增加土壤肥力。

［理化性质］ 据浙江省资料：种子含淀粉 25～30%

［采收处理］ 采收处理及加工参阅栎（482 页）。

61 蒙古栎（mengguli）（图 402）

［地 方 名］ 小叶槲树、青刚栎（山东），柞树（黑龙江、吉林、辽宁、内蒙古、山西）。

图 402　蒙古栎
Quercus mongolica Fisch.
果枝

［学　　名］ **Quercus mongolica** Fisch.　山毛榉科

［原 料 名］ 橡子

［形态特征］ **落叶乔木**，高达 30 米；树皮老时暗灰色，深纵裂；**幼枝紫褐色，有棱，具淡褐色皮孔，无毛**；顶芽长卵形，稍带棱角，常 3～4 个集生枝梢。单叶互生，草质或硬纸质，**叶片倒卵形或倒卵状长圆形**，长 7～17 厘米，宽 4～10 厘米，中部以下渐窄狭，基部耳形，先端钝圆或短渐尖，**边缘具波状钝齿 8～9 对**，稀为 10 对，表面深绿色，背面淡绿色，**两面具疏毛**，侧脉 8～9 对；叶柄长 2～8 毫米。花单生，雌雄同株；雄柔荑花序，生于新枝叶腋，长 6～8 厘米，花被 6～7 裂，**雄蕊通常 8**；雌花 2～3 朵集生，花被 6 浅裂。**壳斗浅杯状，鳞片呈疣状突起**，渐向上渐薄而尖，呈复瓦状排列；坚果卵形或椭圆形。花期 6 月，果期 9～10 月。

［生长环境］ 喜生于山坡或向阳较干燥处，在多次过度采伐迹地常成纯林。

［产　　地］　内蒙古、辽宁、吉林、黑龙江、山东、河北、山西等省区。

［用　　途］　种子富含淀粉，可酿造白酒或酒精，出酒率一般在25～50%左右。淀粉亦可用在纺织工业浆纱，还可提取代咖啡。

木材供枕木、船舶、车辆、胶合板等用，压缩木材可代替钢铁，制造机械零件。叶为柞蚕饲料；树皮、壳斗富含鞣质，能提栲胶（见“鞣料类”，1089页）。

［理化性质］　据辽宁省资料：种子含淀粉55.76%。

［采收处理］　果实成熟季节性强，一到成熟期必须及时组织力量进行采摘。将收集的果实，摊开进行日晒，使壳斗与果实脱离，然后用脱壳机或用链枷鞭打，脱去果壳，净得子仁，晒干即成。为防止霉变生虫，放置地点必须注意干燥通风。

［加　　工］　提取淀粉方法参见栎（482页）。

酿酒操作过程：1．润料：将淀粉摊开，拌入20%左右的粮糠，视粉的干湿程度加水20～60%，边喷边拌，堆放2小时，使水湿均匀，防止结块；2．蒸煮：将润好之淀粉装入甑锅内蒸沸至上大气时，将甑盖敞开，每隔20分钟翻动一次，约蒸沸二小时左右，用手捏之柔软发粘，易烂如泥状的糊化程度即可取出；3．下曲：将蒸好的原料取出后，降温到38℃左右，即可下曲20～25%，为提高出酒率可加酵毋3～5%，如无酵母可适当提高下曲量，根据水分程度加清水40%左右；4．发酵：配好曲母后，使温度降到20～25℃时，入窖发酵，入窖后要踩紧，用黄泥封严，防止透风，冬季发酵期5～7天，夏季约4～5天即发热，发酵期内应经常检查温度，4～5天后发现温度上升到38～40℃时，即可出窖入甑蒸酒（操作与一般蒸酒方法同）。成品处理：配成的酒以色清味正为佳，如带苦涩异味时，可用高锰酸钾和活性炭，除去苦臭气味，使用量最好通过试验确定。据试验：先将高锰酸钾溶于少量水内，然后加入白酒中，其重量相当于白酒重量0.006%，搅动数次，经1～2天后再加相当于白酒重量0.15%的活性炭。经评完证明可提高品质。

62 乌岗栎（wugangli）

［地 方 名］　石滴柴（浙江）

［学　　名］　**Quercus phillyreoides** A. Gray　山毛榉科

［形态特征］　**常绿灌木或多分枝的小乔木**，高6～8米，罕达10米；树皮灰黑色，浅纵裂；小枝褐灰色，**被深灰色星状柔毛**，皮孔明显。单叶互生，革质，倒卵形或长圆状倒卵形至倒披针形，长2.5～5.5厘米，宽1.4～2.7厘米，基部钝，近心形或楔形，先端钝，罕短尖，边缘近基部全缘，向上有小锯齿，幼时两面被毛，老叶无毛或仅中脉基部稍有毛，网脉明显；叶柄长约5毫米，被毛。花单性，雌雄同株；雄柔荑花序着生于新枝下端，长约5厘米，花梗密生细毛，花被5尖裂，裂口浅，**基部稍呈筒状**，被细毛，**雄蕊5，无毛**；雌花成短穗状花序，长约0.5厘米，单生或两朵以上集生，花梗被毛，花柱3～4。壳斗杯状，**鳞片小，呈复瓦状排列**，密被白色短绒毛。坚果卵状椭圆形，高

13～23 毫米，**直径 8～10 毫米**，有 1/2～1/3 露出壳斗之外。花期 5 月，果期 10 月。

［生长环境］ 适应性较强，一般生于密林中，比较喜欢空气潮湿和肥沃的土壤，但也能生于向阳山坡比较干燥和瘠薄的地方。

［产　　地］ 云南、江西、广东、广西、福建、浙江、湖南、贵州、湖北、四川等省区。

［用　　途］ 种子含淀粉，可酿酒、制粉丝、糕点。酒糟为良好的猪、牛饲料。壳斗和树皮均含鞣质。木质坚硬，可作器具。

［理化性质］ 种子含淀粉约 40%。

［采收处理］ 种子成熟时，地上铺布，用竹竿击落收集，除去杂质，晒干即可。

63 高山栎（gaoshanli）

［学　　名］ **Quercus semecarpifolia** Smith　山毛榉科

［原 料 名］ 橡子

（地方名、形态特征、生长环境、产地及其他用途见“鞣料类”，1089 页）

［用　　途］ 种子含淀粉，可供食用及酿酒。

［理化性质］ 种子含淀粉约 30%。

［采收处理］ 采收处理及加工参阅栎（482 页）。

64 刺叶栎（ciyeli）（图 403）

［地 方 名］ 铁橡树（湖北），刺青冈（陕西）。

［学　　名］ **Quercus spinosa** David 山毛榉科

［形态特征］ **常绿灌木或小乔木**，高 3～6 米；树枝暗灰色；分枝多，向上开展，幼枝被黄色柔毛。单叶互生，革质，**长圆形至倒卵状长圆形**，长 2.5～4 厘米，宽 1～1.2 厘米，**基部心形**，**先端近圆**；叶缘有尖刺状锯齿或有时全缘，表面深绿色，光滑，背面幼时被疏黄褐色或黄灰色毛，早落，以后仅中脉基部常密生灰色绒毛。花单性，雌雄同株；雄柔荑花序长 2.5～6 厘米，被茸毛，**花被 5 裂**，裂片卵圆形，**雄蕊 5～6**；雌花生于新枝叶腋。**壳斗碗状**，高 5～10 毫米，直径 9～15 毫米，**鳞片呈**

图 403　刺叶栎
Quercus spinosa David
雄花枝

复瓦状排列，有绒毛。坚果栗褐色，椭圆形或球形，高 1～1.5 厘米，直径 1 厘米。花期约 5 月，果期 9～10 月。

［生长环境］　本种一般分布在石灰岩裸露的峭壁或石灰岩山脊上，垂直分布约在海拔 800～2600 米之间。川东、鄂西一带的石灰岩山的上部极普遍，常成片生长。

［产　　地］　陕西、甘肃、四川、湖北、云南等省。

［用　　途］　种子富含淀粉，供食用，并可作为酿造原料。酒糟可作猪饲料。壳斗和树皮可提制栲胶。

［理化性质］　据陕西省资料：种子含淀粉 40%。

［采收处理］　9～10 月间采收果实，综合利用及加工参阅栎（482 页）。

65 黄山栎（huangshanli）

［地 方 名］　大栎（浙江）

［学　　名］　**Quercus stewardii** Rehd.　山毛榉科

［形态特征］　**落叶小乔木**，高通常为 3～9 米，可达 15 米；主干弯曲，多分枝，形成扁平树冠；树皮灰褐色，粗糙而有浅纵裂；小枝粗壮，有沟槽，皮孔突起。单叶互生，**阔倒卵形**，长 10～15 厘米，宽 5～10 厘米，先端钝或近截形，向下渐狭，基部楔形，边缘有波状圆齿 8～12 对，**表面深绿色，背面黄绿色，有灰黄色星状毛**；叶柄长 3～6 毫米或近无柄。花单性，雌雄同株；雄花成柔荑花序，生于新校基部，雌花生于枝梢。壳斗碟状，鳞片棕赤色，薄质，**披针形，呈复瓦状排列，向外反曲**。坚果短圆锥形或短椭圆形，有 1/4 露出壳斗之外。花期 5 月，果期 10 月。

［生长环境］　分布在海拔 1400～1700 米的高山岩石旁矮林灌丛中，或疏生高山沼泽地边缘，喜干燥的沙质土，能耐瘠薄土，抗风耐寒力均强。

［产　　地］　浙江西部高山、安徽黄山等地。

［用　　途］　种子含淀粉，可制粉丝、糕点及酿酒。

［理化性质］　种子含淀粉 40%。

［采收处理］　果实成熟后用竹竿打落，收集后晒干贮存，防止发霉变质。

［加　　工］　参阅栎（482 页）。

66 栓皮栎（shuanpili）（图 404）

［地 方 名］　厚皮裂、裯树（广东），红柞（山东），大叶橡（浙江），软木栎（江西、山西），白枣子、白柞（河北），花栎、粗皮栎（河南），橡树、柞树（河北、山东），白麻栎（云南）。

［学　　名］　**Quercus variabilis** Bl. (*Q. chinensis* Bunge)　山毛榉科

［原 料 名］　橡子

［形态特征］　**落叶乔木**，高 15～25 米，胸径达 60 余厘米；树冠阔卵形；树皮黑

褐色，有深裂，**栓皮层发达，厚达 10 厘米**；小枝带暗紫褐色或暗灰褐色，具细皮孔；冬芽圆锥形，钝尖，褐色，具黄褐色缘毛的鳞片。单叶互生，近革质，长圆形或长圆状披针形，长 8～12 厘米，宽 2～5 厘米，基部圆形或阔楔形，先端渐尖，**边缘具刺状齿**，表面深绿色，**背面灰白色，密生灰白色星状毛，侧脉 11～18 对**，直达齿尖；叶柄长 5～20 毫米。花单性，雌雄同株；雄花成柔荑花序，生新枝下部，花梗有黄褐色绒毛，**花被 2～3 裂**，偶有 4 裂，**雄蕊通常 5**；**雌花单生于新枝叶腋**，具短梗，子房 3 室，花柱 3，较短。**壳斗杯状，鳞片钻形或线形，呈复瓦状排列，反曲，密生细毛**。坚果近球形或椭圆形，有 1/3 露出壳斗之外。花期 5 月，果期 10 月。

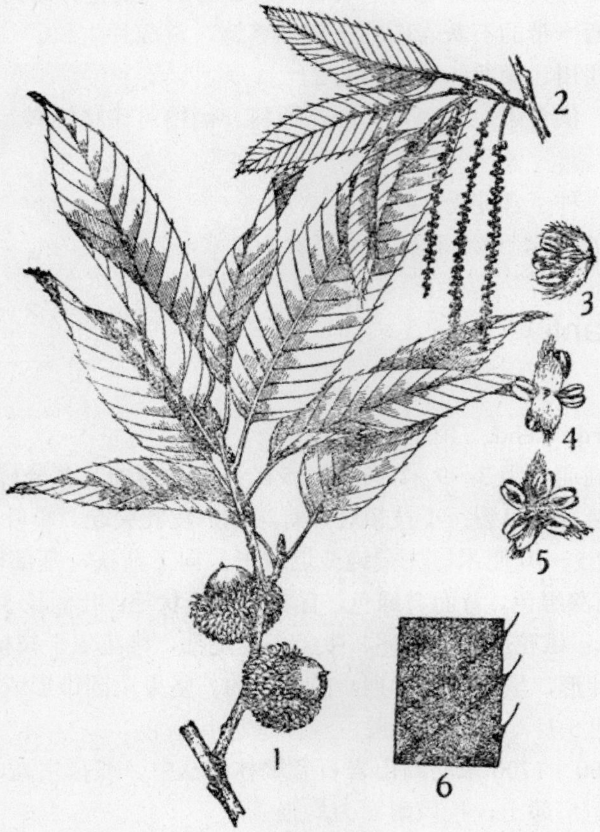

图 404　栓皮栎

Quercus variabilis Bl.

1．果枝；2；雄花枝；3．雄花侧面；4．雄花背面；5．雄花正面；6．叶的一部分。（自“中国森林植物志”）

［生长环境］　阳性树种，深根性，耐干燥空气，常生于比较湿润深厚土壤中。

［产　　地］　辽宁、河北、山东、山西、陕西、河南、甘肃、江苏、浙江、安徽、江西、湖北、湖南、四川、贵州、云南、广东、广西等省区。

［用　　途］　种子富含淀粉，可酿酒、做酱油和凉粉等。副产品可作猪饲料。

木材可供制船舶和器具，或用于建筑、车辆、枕木和薪炭等。栓皮作软木，用途甚广（见“其他类”，2096 页）。壳斗可做黑色染料或提制栲胶（见“鞣料类”，1090 页）。

［理化性质］　据甘肃省资料：种子含淀粉 56.43%；山东省资料：种子含淀粉 63.5%；据河南省资料：种子含淀粉 50.4%，水分 15.26%，粗脂肪 4.45%，粗纤维 4.62%，还原糖 4.45%，蔗糖 2.96%，复戊糖 2.96%，粗蛋白 3.72%，鞣质 6%，灰分 2.16%，其他 5.15%。

［采收处理］　霜降前后采收，将带壳斗果实稍加日晒，使壳斗与果实分离，再晒至果皮发裂时，除去果壳，将子仁再曝晒干燥，置通风处保存，但要注意防虫。

［加　　工］　参阅栎（482 页）。

67 榆树（yushu）（图 31）

［学　　名］ **Ulmus pumila** L.　榆科

（地方名、形态特征、生长环境、产地及其他用途见“纤维类”，66 页）

［用　　途］ 榆皮内含淀粉及粘性物，磨成粉称榆皮面，掺合面粉中可食用，并为作醋原料；亦可掺于建筑灰泥、造纸、浆纱等用，能增加粘性，润滑性，且美观耐久。

叶中养分丰富，嫩时可做羹汤，又为很好的饲料。嫩果实与面粉混拌可蒸食，老熟果实可榨油和作酱。

［理化性质］ 据山东省资料：100 克叶或果实的成分如下表：

成分 部位	水分（克）	蛋白质（克）	脂肪（克）	碳水化合物（克）	粗纤维（克）	灰分（克）	钙（毫克）	磷（毫克）	铁（毫克）	核黄素（毫克）	尼克酸（毫克）	硫胺素（毫克）
叶	79	6	0.6	9	1.5	3.4						
果实	82	3.8	1.0	8.5	1.3	3.5	280	100	22	0.1	1.4	0.05

［采收处理］ 树皮须结合伐木剥取，最好趁湿剥皮容易剥掉，主要剥取干皮及根皮（枝皮多作纤维原料），先将外粗皮用刀刮去，再剥取内皮，晒干打成捆贮存。叶在嫩时采集，鲜用或晒干用均可。4 月间果实长成，嫩时（群众俗称榆钱）采摘可蒸食；老时在树枝上长干，风吹全部脱落，即可收集，晒干可作榨油原料。

［加　　工］ 1. 制粉：将干燥的榆皮截成 10～20 厘米的小段，放在石碾上粉碎，用箩筛过，反复碾和筛几次，把榆皮全粉碎，即成榆皮面粉。晒干的叶可碾碎，拌在杂粮中磨成面粉用；作饲料时碾碎即可。

2. 作醋：（1）配料：榆皮面、山芋面各 25 公斤，曲子 5.4 公斤，谷糠 32 公斤，稻皮 27 公斤。（2）制作方法：把榆皮面山芋面搅拌在一起，放入锅内煮熟，冷却到 36℃时，下曲 4 公斤，经发酵 4 天后，再放曲 1.4 公斤，重发酵 5 天，放入谷糠、稻皮，搅拌均匀，待发热到 37℃时，用铣搅拌一次，经 34～36 小时后下盐，可滤出成醋 190 公斤。

68 木波罗（muboluo）（图 405）

［地 方 名］ 树波罗（广东、广西），波罗蜜（广西）。

［学　　名］ **Artocarpus heterophyllus** Lam. (*A. integrifolius* auctt. non L. f.; *A. integra* Merr.)　桑科

［形态特征］ 常绿乔木，高 8～15 米，全体有乳汁；树皮厚，黑褐色。单叶互生，厚革质，椭圆状长圆形至倒卵形，长 7～15 厘米，基部短尖，先端钝而短尖，全缘或有时 3 裂（生于幼枝上的），两面无毛，表面光亮，背面黄绿色，略粗糙；叶柄长 1～2.5 厘米；托叶大，佛焰苞状，早落，在枝上留下环节。花单性，雌雄同株；雄花序顶生或腋生，圆柱形或棍棒状，长 5～8 厘米，直径 2.5 厘米，幼时包藏于佛焰苞状托叶鞘内，萼片 2，雄蕊 1；雌花序圆柱形或长圆形，生于干上或主枝上，成熟的多花果长 25～60

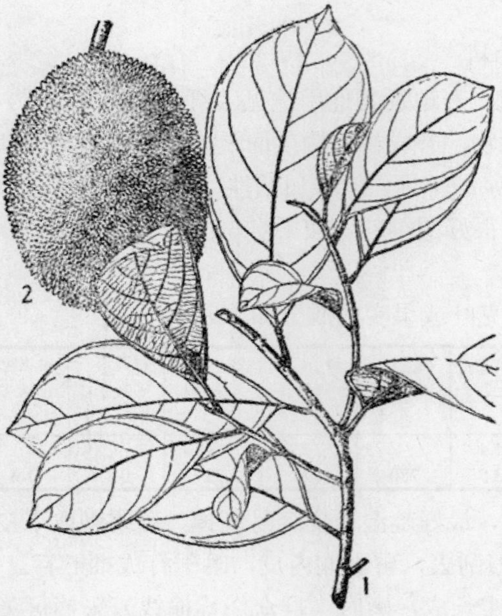

图 405　木波罗
Artocarpus heterophyllus Lam.
1. 叶枝；2. 果。

厘米，大者重达 20 公斤，外皮有稍作六角形的瘤状突起；种子长圆形，直径 1.8～2 厘米。花期 2～3 月，果期 7～8 月。

［生长环境］　常栽培于村旁或土坡上，生长于热带。

［产　　地］　广东、广西及云南（南部）等省区。

［用　　途］　种子富含淀粉，煮熟后可食，与板栗味相似。

花被肉质，淡黄色，可作水果生吃，蜜甜，有特殊味。木材黄色，坚硬，可作家具。木屑可作为黄色染料。树皮流出的树液，可治溃疡及胶着陶器。叶磨粉加热，可敷创伤。

［采收处理］　果熟时采集，食用后留下种子，经晒干即可制淀粉，也可炒熟食用。

［其　　他］　群众习惯将种子炒熟食用，加工制淀粉还不普遍。

69 柘（zhe）（图 37）

［学　　名］　**Cudrania tricuspidata** (Carr.) Bur.　桑科

（地方名、形态特征、生长环境、产地及其它用途见“纤维类”，74 页）

［用　　途］　果可食也能酿酒。

［采收处理］　9～10 月间果实成熟，采回后及时加工，以防腐烂变质。

［加　　工］　参阅桑（497 页）。

70 薜荔（bili）（图 406）

［地 方 名］　木莲、鬼馒头、天花台（江苏），老鸦馒头藤（浙江），膨泡树（福建），凉粉果（湖南），糖馒头（广西，广东），凉粉子（安徽），木瓜藤（江西），爬壁藤（湖北），壁石虎（四川）。

［学　　名］　**Ficus pumila** L.　桑科

［原 料 名］　凉粉子（广东），冰粉子（四川）。

［形态特征］　多型、藤状灌木，幼时以气根爬于墙壁上或树上，叶小，心状卵形，

长约 2.5 厘米或更短，基部偏斜，几无柄，至成长时，枝硬而直立，叶大而厚，具柄，椭圆形或长圆状椭圆形，长 4～10 厘米，先端钝，基部狭心形，全缘，表面近无毛，背面薄被小柔毛，侧脉 5～6 对，与网脉于背面同凸起，状如小蜂窝；叶柄粗壮，长 5～12 毫米；托叶卵状三角形，长 6～8 毫米，外面略被微毛。花序托（隐头花序）具短柄，腋生，绿色，熟时黑紫色，梨形或倒卵形，长约 5 厘米，宽约 4 厘米，无毛；梗粗壮，长约 5 毫米；雄花具长梗，花被片 3，雄蕊 2，瘿花及雌花的花被片 4～5。花期 5～6 月，果期 7～9 月。

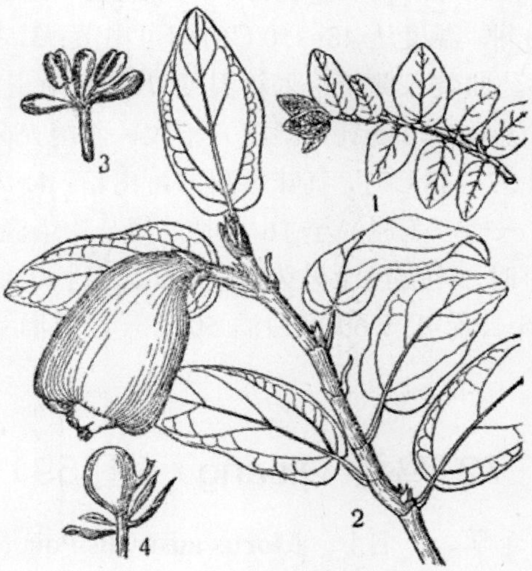

图 406 薜荔
Ficus pumila L.
1. 不生花托的枝条；2. 果枝；3. 雄花；4. 雌花。

[生长环境] 丘陵地区，常借枝生气根，在大树上攀援。

[产　　地] 广东、广西、福建、台湾、江西、江苏、安徽、浙江、湖南、湖北、四川等省区。

[用　　途] 薜荔子用水搓洗即得黏液，可制凉粉，拌糖食用。

枝、叶、果汁可供药用（见“药用类”，1647 页）；干、枝、叶均含橡胶，可提取利用（见“橡胶及硬橡胶类”，1579 页）；茎皮可取纤维（见“纤维类”，89 页）。

[采收处理] 果熟后采摘，取出种子阴干。

[加　　工] 将种子装入布袋内在水中搓洗，用力压榨，流出的黏液，冷却后就凝结成胶状的凉粉，加入糖水，可作夏季消暑饮料。

71 桑（sang）（图 58）

[学　　名] **Morus alba** L. 桑科

[原 料 名] 桑椹

（地方名、形态特征、生长环境、产地及其他用途见“纤维类”，94 页）

[用　　途] 桑椹味甜多汁，可提取果汁直接饮用或酿酒。桑椹酒味甜微酸，色泽鲜红，具桑椹特有的香味。

[理化性质] 果实含糖分 9～12%，并含少量胡萝卜素、硫胺素、核黄素及抗坏血酸等；据山东省资料：含果汁量 35～50%，呈紫红色。

[采收处理] 北方 6～7 月、南方 5～6 月果熟，最好是上树采摘，既能保证质量，又能保持纯净无杂质。

［加 工］ 据辽宁省资料，酿酒方法：1．拌料：将桑椹拌合粗糠摊放席上；2．蒸料：将拌好的料装入篦上，放于甑内，放满一层，加木棒一层，装满后加大火力，约蒸15分钟，温度达48～50℃时即可出甑；3．撒曲上桶：待蒸料的温度下降为34～35℃时，撒小药曲装入薄箱，入箱温度以30℃为正常（根据气候决定盖席或敞箱），如温度过低只甜无香味，潮气（湿度）不大，不能充分发酵，约12小时后，待箱内原料的温度上升到37～38℃时，气味香甜即可出箱；4．入桶：用配糟2倍，凉至27℃出箱，温度31～32℃入桶，盖泥，至16小时，第一次当温度上升为34～35℃时清桶一次，全部闭封至40小时，当温度上升为37～38℃，到64小时，即降为34～35℃，出桶蒸馏；5．用料：141.5公斤可产60度白酒50公斤，出酒率达35.3%，亦可仿照酿葡萄酒方法酿造桑椹酒。

72 鸡桑（jisang）（图59）

［学 名］ **Morus australis** Poir. (*M. bombycis* Koidz.; *M. acidosa* Griff.; *M. japonica* Bail.) 桑科

（地方名、形态特征、生长环境、产地及其他用途见“纤维类”，95页）

［用 途］ 果实味酸甜，可生食、酿酒或制醋等。

［采收处理］ 与桑同（497页）。

［加 工］ 1．酿酒方法同桑果实。因本种果实含糖量较低，在配料时须加入10～15%的麸曲，以助发酵。2．制醋：利用酿酒挑选下来的残破或较小的果实制醋，其具体操作方法：先将果实用水洗净，捣成糊状，装入大锅中蒸熟，倒在缸中，拌入3%左右的曲，再加入适量的谷糠或高粱糠和一些切碎的麦秸，搅拌均匀，在缸口上加盖，让其发酵。在发酵过程中，每天须搅拌1～2次，使原料达到全部发热，用嘴尝之有较浓的甜酸味而不发涩时，即为成熟（夏季天气一般需5天左右），可装入淋缸中，加水淋出即成醋。

73 华桑（huasang）（图60）

［学 名］ **Morus cathayana** Hemsl. 桑科

（地方名、形态特征、生长环境、产地及其他用途见“纤维类”，96页）

［用 途］ 果实含糖，可酿酒、作醋。

［采收处理］ 果熟时采摘。

［加 工］ 酿酒方法参阅鸡桑（本页）。

74 红叶树（hongyeshu）（图571）

［学 名］ **Helicia cochinchinensis** Lour. 山龙眼科

（地方名、形态特征、生长环境、产地及其他用途见“油脂类”，721页）

［用　　途］　秋后果熟即可采收，晒干贮藏。

［加　　工］　果实干后，外皮极脆，碾后去其外壳，将种子浸泡水中，待浸透后加水磨细，过筛沉淀即得淀粉。

［其　　他］　种子含脂肪油可综合利用，加工时可根据当地具体条件，先榨油，后提淀粉。

75 广东山龙眼（guangdongshanlongyan）（图 407）

［地 方 名］　层头鸡、牛耳木子、假香黄、萝白片子、萝卜树（广东）

［学　　名］　**Helicia kwangtungensis** W. T. Wang　山龙眼科

［原 料 名］　萝卜肚子（广东）

［形态特征］　乔木。单叶互生，皮纸质，无毛，长圆形或椭圆形，长 13.5～25.5 厘米，宽 5.7～11.5 厘米，基部楔形，先端急尖或短渐尖，常具细尖，边缘常有疏离的浅锯齿或近全缘，侧脉 5～8 对，在背面稍隆起，网脉不明显；叶柄长 0.5～1.9 厘米，粗壮。花序总状，腋生；花整齐，苞片小；花被管细筒状；基部稍膨大，由 4 萼片组成，在开花时分离，外卷；花瓣缺如；雄蕊 4，花丝短，花药长圆形，下部有腺体 4；子房无柄，胚珠 2，倒生，在子房基部着生，渐升；花柱细长，棒状，柱头顶生。坚果球形，顶具短尖，直径约 1.5～1.9 厘米，果皮木质，厚约 1 毫米，内有 1 种子。花期 5～6 月，果期 11 月至次年 1 月。

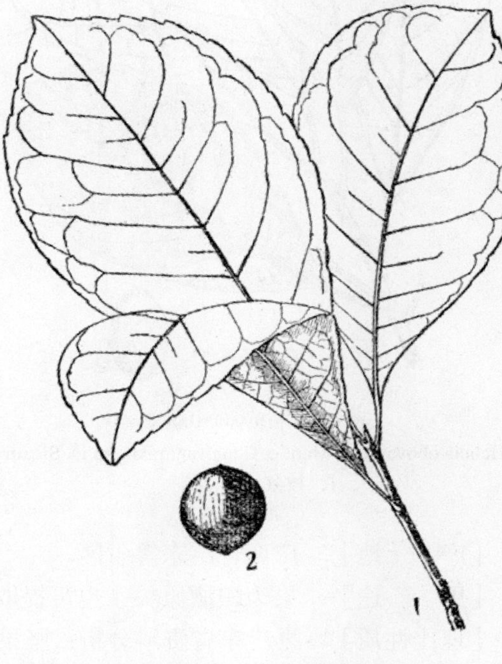

图 407　广东山龙眼
Helicia kwangtungensis W. T. Wang
1．叶枝；2．果实。

［生长环境］　生于气候温暖，土壤湿润而肥沃的山坡密林中，在山谷地区生长最好。

［产　　地］　福建（南部）、广东等省。

［用　　途］　种子含淀粉，为酿酒原料，酒糟可作饲料。

［理化性质］　据广东省资料：种子含碳水化合物 67.15%，可溶性糖 0.74%，淀粉 59.78%，水分 2.78%。

［采收处理］　果熟时采收，将采回的果实除去果皮，晒干，放在干燥通风处贮存。

［加　　工］　1．淀粉：将干种仁舂烂，然后进行洗粉，洗后将舂得不够细的碎屑再反复舂数次。淀粉乳进行

过筛，筛后之粉乳静置沉淀约一天，除去上面清水，把湿粉取出，用布包起来吊滤，除去大部水分，再行晒干，即为淀粉。2．酿酒：可以参考栎的酿酒方法（482 页），经过碎料→蒸料→糖化→发酵→蒸馏等过程，并根据情况改变配料及操作方法。

76 长倒卵叶山龙眼(changdaoluanyeshanlongyan)(图 408)

［地 方 名］ 野乌杭（广东信宜）

［学　　名］ **Helicia obovatifolia** Merr. et Chun var. **mixta** (Li) Sleum.　山龙眼科

［形态特征］ 乔木，高 8～20 米。单叶互生，革质，具柄，倒卵状长圆形或倒卵状披针形，长 9.2～24.5 厘米，宽 3.2～9 厘米，先端急尖，钝或短渐尖，基部楔形，全缘或具牙状齿，或在中部以上具浅锯齿，表面中脉上初被短毛，后变光滑，背面初密被锈色短绒毛，渐变稀疏，侧脉 9～14 对，直或稍弯；叶柄长 1.5～5.5 厘米。总状花序腋生，长约 12 厘米，轴和花梗密被锈色绒毛；苞片极小，齿形；花整齐，花被直、细，基部稍膨大，长约 1.2 厘米，外密被锈色绒毛，裂片 4，在开花时分离，外卷；雄蕊 4，花丝短，花药长圆形，长约 2 毫米，药膈稍突出；下位腺体贴生成四浅裂的环；子房无柄，密被锈色长绒毛，胚珠 2，倒生，在子房基部着生，渐升，花柱细长。坚果椭圆状球形，无毛，长 2.6～4.5 厘米，直径 1.5～2.5 厘米，果皮革质，干时黑色，种子 1，种皮膜质。花期 6～7 月，果期 11 月至次年 2 月。

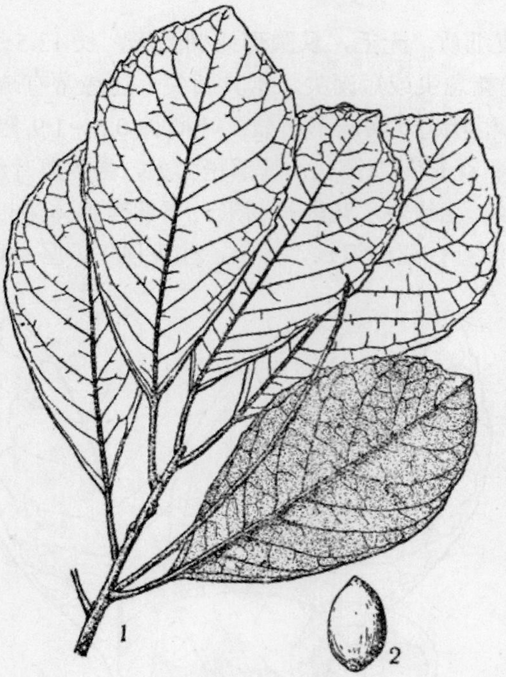

图 408　长倒卵叶山龙眼
Helicia obovatifolia Merr. et Chun var. mixta（Li）Sleum.
1．枝条；2．果。

［生长环境］ 在气候温暖、土壤湿润的山谷地区最适宜生长。

［产　　地］ 广西、广东等省区。

［用　　途］ 果为酿酒原料，也可提取淀粉供糊料用。

［理比性质］ 据广东省资料分析：坚果皮重 35.56%，肉重 64.44%；新鲜种子含碳水化合物 26.45%，干种子含碳水化合物 54.82%。

［采收处理］ 1～2 月果熟时采下，除去杂质和果皮，晒干（水分不超过 14%），置于通风干燥处，防止发霉变质。

77 线苞米面蓊（xianbaomimianweng）（图 409）

［地 方 名］ 面瓮、面牛（河南）

［学　　名］ **Buckleya graebneriana** Diels 檀香科

［形态特征］ 落叶灌木，高达 2 米；小枝黄绿色，幼时具绒毛，并有凹沟，老枝灰白色，有白色皮孔；芽卵形，鳞片灰色。单叶对生，几无柄，叶片披针形、卵形、长圆形或倒卵状长圆形，长 2～7 厘米，宽 1～2 厘米，先端尖或锐尖，基部叶常具灰白色的纸质尖头，全缘，两面叶脉上均有柔毛。花单性，雌雄异株；雄花顶生于枝端，呈数层伞形，具细长梗；萼片 4，雄蕊 4，与萼片对生而较短；雌花单生枝顶，萼片 4，早落，子房下位，1 室。**核果椭圆状球形，橘黄色，有毛，平坦，无纵沟，顶端具叶状苞片，苞片线状倒披针形**。花期 4～5 月，果期 8 月。

图 409 线苞米面蓊
Buckleya graebneriana Diels
1. 果枝；2. 雄花序；3. 雌花；4. 雄花；5. 小枝基部的苞片。

［生长环境］ 山坡灌丛、林缘或疏林中，海拔约在 1000 米以上。

［产　　地］ 甘肃、陕西、河南等省。

［用　　途］ 果实富含淀粉，可以酿酒，煮熟后也可食。嫩叶可代替蔬菜。

［理化性质］ 果实含淀粉约 10～15%。

［采收处理］ 8～9 月采收，除去枝叶及果梗晒干。

78 米面蓊（mimianweng）

［学　　名］ **Buckleya lanceolata** (Sieb. et Zucc.) Miq. 檀香科

［形态特征］ 落叶灌木，高 1～2.5 米；枝无毛；芽卵形，鳞片黑褐色。单叶对生，椭圆状披针形至卵状披针形，基部楔形，先端渐尖或常带褐色的枯萎尖头，长 1～9 厘米，宽 1～3 厘米；叶柄短。花单性，雌雄异株，雄花成聚伞花序，生于叶腋；花小，带绿色，具 1～2 厘米长的花梗。果实长圆形，长 1～1.5 厘米，**具深纵沟，顶端有 4 披针形的苞片**，长 1.5～3 厘米。花期 4～5 月，果期 9～10 月。

［生长环境］ 分布于海拔 1000～1500 米的山坡、山沟两岸及灌木丛内，有时出

现于多石的河滩地树林下。

［产　　地］　湖北、四川、安徽、河南、陕西等省。

［用　　途］　果熟后含淀粉，可盐渍炒食。

叶子含毒素，揉碎擦于皮肤上，有疗痒及治刺痛功效。

［理化性质］　果实含淀粉 10～15%。

［采收处理］　9～10 月间，果皮变为淡黄绿色时，即成熟，采摘后晒干。

79 苦荞麦（kuqiaomai）

［地 方 名］　荞麦七、苦荞头（四川）

［学　　名］　**Fagopyrum tataricum** Gaertn.　蓼科

［形态特征］　一年生草本，高 40～90 厘米。茎直立，分枝或不分枝，有细条纹。叶箭形，长 6～10 厘米，宽 5～9 厘米，或宽度比长度长，基部心形或截形，先端渐尖，全缘或微波形，沿脉有乳头状突起；托叶鞘膜质；叶柄长 4～9 厘米。总状伞房花序或常为总状花序，顶生和腋生；花被 5 裂，裂片椭圆形，长 1.5～2 毫米，疏生细毛，白色或淡粉红色；雄蕊 8；花柱 3，柱头头状。小坚果圆锥状卵形，长 5～7 毫米，有 3 棱；花被宿存。花期 7～8 月。

［生长环境］　海拔 1000 米以上的荒坡。

［产　　地］　湖北、陕西、甘肃、云南、四川及内蒙古等省区。

［用　　途］　种子含淀粉，可制成代乳粉供食用，亦可作牲畜饲料。

［采收处理］　苦荞麦在秋后成熟，可采割全株，晒干打碾，即得子实。

［加　　工］　用石碾或石磨粗拉一次，用筛除去皮壳，再细磨过细筛，即得苦荞麦粉。

80 拳参（quanshen）（图 871）

［学　　名］　**Polygonum bistorta** L. (*Bistorta vulgaris* Hill.)　蓼科

（地方名、形态特征、生长环境、产地及其他用途见“鞣料类”，1093 页）

［用　　途］　根状茎含淀粉，可供酿酒。全株及酒糟可喂猪。

［理化性质］　根状茎含草酸钙 1.1%，蛋白质 10%及纤维素等。此外尚含淀粉及糖如下表：

项目 / 部位	淀　粉（%）	糖（%）	资　料　来　源
根 状 茎	12.25～45.81	7.5	山东野生植物普查队分析
根 状 茎	12～29.5	5.7	浙江省

［采收处理］　春、秋两季都可采挖，除去须根，洗去泥土，即可先提取鞣质，后

加工淀粉，或晒干贮存。

［加　　工］　将提取鞣质后的根状茎，先用水洗净，趁质软时切成薄片或小块，晒干，置于石碾上粉碎，过筛成粉，掺入300的谷糠和20%左右的曲，发酵7～10天，然后装甑蒸馏，反复蒸馏二、三次，方能把酒取净。每百公斤干原料能制出50度的白酒约40公斤。

81 何首乌（heshouwu）（图1278）

［学　　名］　**Polygonum multiflorum** Thunb. [*Tiniaria multiflora* (Thunb.) Hu.]　蓼科

（地方名、形态特征、生长环境、产地及其他用途见“药用类”，1660页）

［用　　途］　根含淀粉，可用于制粉或酿酒。酒有药味，为滋补剂。据江苏省资料：每100公斤原料可出45度白酒44公斤；据甘肃省资料：每100公斤原料可出48度白酒33公斤；据四川省资料：每200公斤原料可出57度白酒30公斤。

［理化性质］　见下表：

分析项目 分析部位	淀　粉 （%）	脂　肪 （%）	灰　分 （%）	葡萄糖 （%）	资料来源
根（鲜）	28.73				江苏野生植物志
根	57.57			2.67	甘肃省
根	45	3	4.5		E. Read 本草新注

［采收处理］　全年均能采挖，但以秋末至春初挖掘的质量较好。挖出后，洗去泥土，横切成片，晒干备用。

［加　　工］　将切成的片，放入木桶内，经常换水浸泡2～3日，待去掉闷臭气后，从水中捞起，再用温水淘一次，使再去掉一部分闷臭气味，捞起后将片子摊晾在席上晒干。如果是秋冬季天气不好，久放不干，怕影响色泽时，最好设法炕干，磨1～2次，再用丝箩筛过，即成粉面，可作各种粮食代用品和面食。

酿酒方法：1．将原料碾细成粉状，加糠壳40%，以130%的36℃温水拌匀后，浸渍20分种，入甑蒸熟；2．出甑后摊开，以木铣翻晾散热，并打散疙瘩，待温度降至40～32℃时，分两次下小药曲4%，进行收堆；3．品温降至30℃时收箱培菌，室温12℃，加盖保温，温度升至38～39℃时出箱，全部培菌时间25小时；4．出箱培菌糟，摊凉到30℃时，混合装桶发酵，发酵时间约需130小时后即可蒸馏。

82 荭草（hongcao）（图1279）

［学　　名］　**Polygonum orientale** L.　蓼科

［原 料 名］　荭草粉

（地方名、形态特征、生长环境、产地及其他用途见“药用类”，1661页）

［用　　途］　果实含淀粉和糖类，可制饴糖，也可用以酿酒。

［理化性质］　据内蒙古自治区资料：种子含淀粉41.51%。

［采收处理］　种子成熟后，剪下果序，晒干后，打下种子，贮存在干燥地方。

［加　　工］　1．磨粉：将种子晒干，除去杂质，放在石磨上磨碎，过筛，磨几次筛去渣即成粗粉。2．酿酒：将种子先湿润，然后拌入谷糠（每50公斤掺糠15～20公斤），放入少量曲（该种子热性大，加曲少许即可），入缸密封，发酵6～8天，即可进行蒸馏。其他操作方法与粮食酿酒同。

83 珠芽蓼（zhuyaliao）

［地 方 名］　野高粱（甘肃），染布子（青海），山高粱（内蒙古）。

［学　　名］　**Polygonum viviparum** L.　蓼科

［形态特征］　多年生草本，高约40厘米，具粗壮根状茎。茎直立，节部膨大。基生叶具长柄，狭披针形或披针形，先端渐尖，基部近圆形，表面光滑，深绿色，背面被柔毛，叶缘具细纹而略反卷；茎生叶无柄，基部略抱茎；叶鞘膜质，长约1.5厘米。穗状花序长约7厘米，基部通常生有多数珠芽；花被5裂，淡粉红色，裂片长约2毫米；雄蕊通常8；雌蕊卵形，扁平；花柱2裂，柱头头状。瘦果黑褐色，光滑。花期7～9月，果期8～10月。

［生长环境］　喜生于沟壑或潮湿草地上，在青康藏高原海拔约3000米的高山草原湿润地区，常和禾本科植物混生。

［产　　地］　新疆、陕西、甘肃、青海、四川（西部）、西藏和内蒙古等省区。

［用　　途］　瘦果含淀粉，可作副食品或酿酒用。根状茎亦富含淀粉可酿酒。

［理化性质］　据青海省资料：瘦果含淀粉40.39%。

［采收处理］　瘦果在秋季采收，因易落粒，应及时采集。挖取根状茎宜在晚秋或早春进行。为了保护植物长期采用，在挖根状茎时应保留一部分以待继续繁殖。

［加　　工］　瘦果作为粮食代用品时，只要用石碾或石磨粉碎就成。其酿酒方法：1．将瘦果除去杂物，用碾子或石磨粉碎。2．掺入用水浸润好的麦皮，混拌均匀。3．原料800公斤，应配入酒糟1600公斤、麦皮120公斤、水40公斤，经翻拌2～3次后，装甑蒸煮35～40分钟。4．出甑后，过筛，扬凉，当温度降至23～24℃时，加曲，翻拌均匀；温度降至21～22℃时加酒母入池发酵，5天后就可蒸馏酒。每100公斤原料可出64度白酒18.2公斤。

根状茎加工制粉和酿酒方法可参阅何首乌（503页）。

84 皱叶酸模（zhouyesuanmo）

［学　　名］　**Rumex crispus** L.　蓼科

（地方名、形态特征、生长环境、产地及其他用途见“鞣料类”，1100 页）

［用　　途］ 根和种子均含淀粉，可以酿酒。

［理化性质］ 据陕西省资料：根含淀粉 37.5%，种子含淀粉 21.73%。

［采收处理］ 7 月前后种子成熟，割下全株，晒干，打下种子，放于通风干燥处。根以秋末春初采挖为好。

85 羊蹄（yangti）（图 410）

［地 方 名］ 土大黄（山东、湖北），牛舌头（山东）。

［学　　名］ **Rumex japonicus** Meisn. 蓼科

［形态特征］ 多年生草本；根粗壮，黄色。基生叶丛生，有长柄，叶片长圆形，基部圆或带楔形，先端钝，边缘波状；茎生叶较小，细长，柄短。总状花序顶生，花丛生在节上，略下垂；花被淡绿色，背面有土黄色卵形瘤状突起，边缘有不规则细刺，将瘦果包被其中。瘦果三角形，两端尖，长约 2 毫米，褐色，光亮。花期 4 月，果期 5 月。

［生长环境］ 山野、路旁及潮湿地方。

［产　　地］ 湖北、江苏、浙江、山东等省。

［用　　途］ 根富含淀粉，可酿酒，出酒率约 17%。

根及茎可制活性炭。种子可提取糠醛。根含鞣质，可提制栲胶（见“鞣料类”，1101 页）。

［理化性质］ 据山东省资料：根含淀粉 22.2%，鞣质 5.3%；叶含蛋白质 21.9%。脂肪 0.32%，糖类 3.64%；茎及叶含维生素丙等。

［采收处理］ 2～8 月间采收较为适宜。将地下根挖出后，先除去茎叶及须根，用水洗去泥土，切成薄片或小段晒干，贮存于通风干燥处。

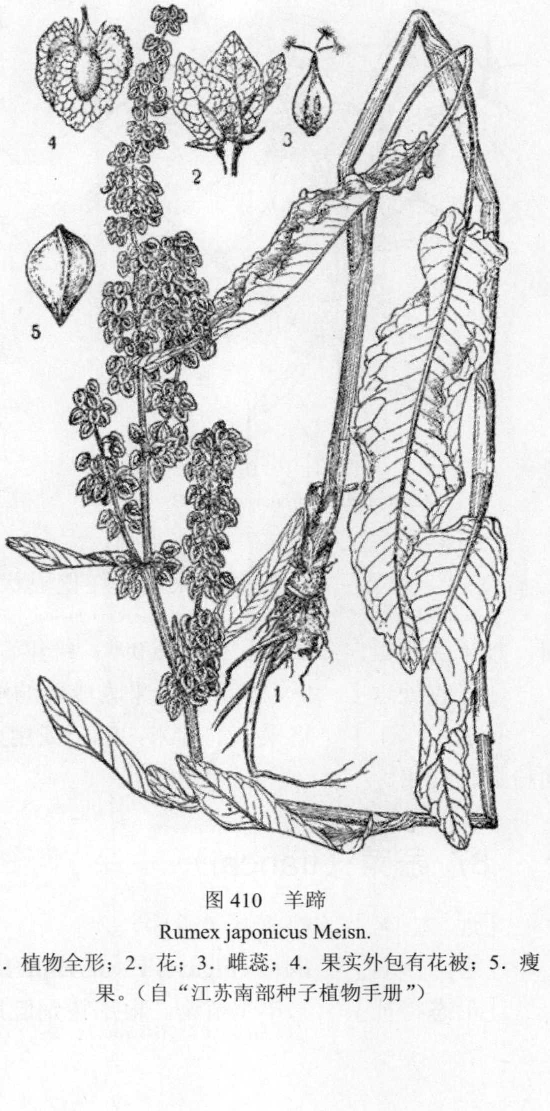

图 410 羊蹄

Rumex japonicus Meisn.

1. 植物全形；2. 花；3. 雌蕊；4. 果实外包有花被；5. 瘦果。（自“江苏南部种子植物手册”）

86 沙蓬（shapeng）（图 411）

［地 方 名］ 沙米（华北），楚尔希（内蒙古），凳索（宁夏）。

［学　　名］ **Agriophyllum arenarium** M. B.　藜科

［形态特征］ 一年生草本。 根圆柱状，米黄色，稍弯曲，坚硬，平滑，中部以下有长而坚韧的须根。茎直立或斜上，高 30～60 厘米，由基部分枝，稍弯曲，具条纹状角棱，幼时密被星状毛，后渐脱落。单叶互生，无柄，披针形至线形，长 2～6 厘米，宽 0.5～1 厘米，基部渐狭，下延，先端锐尖成刺状，全缘，基部具 1 对刺状托叶，叶脉数条至多条。花两性，集生叶腋，间或为长圆形或球形的穗状花序；花被 5；雄蕊 3，花丝锥形，薄膜质；子房扁圆形。果穗纺锤形，果苞密集，先端呈锐刺状而开展，上部具小齿。果实两面均平，黄色或淡褐色，果喙 2 枚，分离，胚环形。花期 8 月，果期 9～10 月。

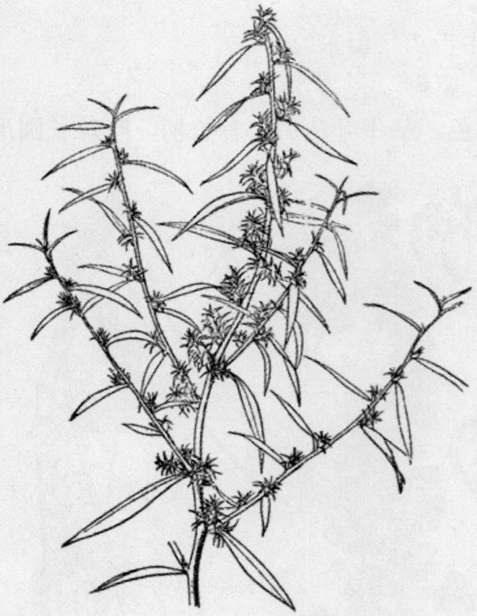

图 411　沙蓬
Agriophyllum arenarium M. B.
果枝

［生长环境］ 生长在流动沙丘或沙丘间低地，为流沙上的代表植物；性耐干旱。

［产　　地］ 黑龙江、辽宁、吉林、山东、河北，河南、山西、陕西、甘肃；宁夏、青海、内蒙古、新疆等省区。

［用　　途］ 种子富含淀粉，可作糕点。又为骆驼的好饲料。

［理化性质］ 据内蒙古自治区资料：种子含粗蛋白 21.25%，脂肪 6.09%。纤维 3.4%，灰分 1.6%，无氮浸出物 56.25%。

［采收处理］ 9～10 月间，采收成熟的沙米。

［加　　工］ 将采下的沙米，晒干或用火烤干，再以舂捣碎，即成沙米粉，可与面粉混合食用。

87 菾菜（tiancai）

［地 方 名］ 糖萝卜（通称）

［学　　名］ **Beta vulgaris** L.var. **rapa** Dumort.　藜科

［形态特征］ 二年生植物。根部特别肥厚，富含糖分。叶丛生基部，具长柄，光

滑，边缘呈波状，有光泽、花序大形，圆锥状，花绿色，无梗，常2～3簇生，其下共具一小苞；萼5裂，内曲；雄蕊5；子房沉入花盘或隐头花序内。

［生长环境］　宜于栽培。

［产　　地］　四川、青海、甘肃、宁夏、陕西、山西、山东、河南、河北、辽宁、吉林、黑龙江等省区。

［用　　途］　为糖料植物，肉质根可制糖或食用。

［理化性质］　据四川省资料：根含糖分10～12%。又据B. E. Read“本草新注”载称：根含糖分10～18%，蛋白质2.2%，脂肪0.2%，灰分0.6%，皂素，Isoleucin, Leucin, Tyrosin, Betaine, Lysin, Arginine, Histidin, Phenyl-alanin, Urease及Tyrosinase等。

［采收处理］　秋季采挖，存放于阴凉通风处，堆积以不超过1米高为好，防止引起发热烧伤；同时不能让雨淋或水泡，避免发生霉烂；最好用草帘子盖上，以防日光照晒，蒸发水分，损失糖量。最好采用木制的通风设备保管比较完善

［加　　工］　制糖一般采用浸出法，先将莙菜根洗净，破碎，浸出糖汁，放入锅中煮熬，即得莙菜糖。

88 麦蓝菜（mailancai）（图1298）

［学　　名］　**Vaccaria pyramidata** Medic.　石竹科

［原 料 名］　麦蓝子

（地方名、形态特征、生长环境、产地及其他用途，见“药用类”，1684页）

［用　　途］　种子含淀粉，可酿酒和制醋。

［理化性质］　据河南省资料：种子含水分12.16%，淀粉约53%，还原糖3.98%，脂肪4.32%，纤维5.68%，蛋白质9.34%，灰分4.28%。

［采收处理］　6～7月间，当种子成熟时拔取全株，晒干，打下种子，筛除杂质即可。

［加　　工］　酿酒方法：将种子用磨破碎，掺入适量酒糟拌匀，装甑蒸熟。蒸好的酒醅摊开散热，当温度降至28～29℃时，进行拌曲，每100公斤拌曲26公斤（曲的成分为大麦60%，豌豆40%），充分拌搅均匀，使不成团，放入发酵池中发酵，在适宜的温度下约需8天时间，最后进行蒸馏成酒。

89 芡（qian）（图412）

［地 方 名］　鸡头米（黑龙江、吉林、辽宁、山东、河北、江苏），鸡头莲（山东、四川、江苏、广西、河南、江西），鸡头荷（江西），刺莲藕（广西）。

［学　　名］　**Euryale ferox** Salisb.　睡莲科

［原 料 名］　芡实、鸡头米

［形态特征］　一年生水生草本，大形。须根白色，绳索状。茎不明显，形似根。叶有沉水叶和浮水叶之别，初生叶沉水，小形，膜质，箭头形；后生叶浮于水面，革质，

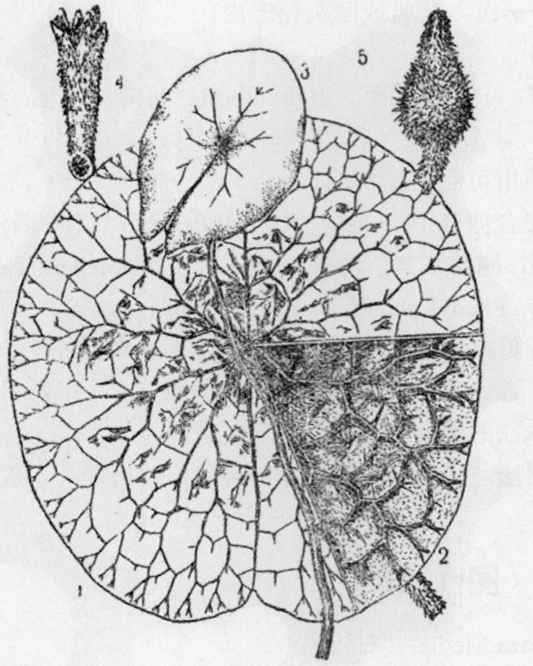

图412 芡
Euryale ferox Salisb.
1．叶的表面；2．叶的背面；3．幼叶；4．花；5．果实。
（自“华东水生维管束植物”）

椭圆状肾形至圆状盾形，大形者直径达130厘米，表面深绿色，具多数隆起，在隆起下集生气囊，叶脉分歧处有刺，背面淡绿色，叶脉隆起达2.5～3厘米高，宽达7～10毫米；叶柄长，圆柱形，直径约1厘米，有密刺。花单生于花梗，一部分浮出水面；花梗粗长，多刺；萼片4，直立或稍开展，着生在花托的边缘和子房的上面，披针形，肉质，外面绿色，内面紫色，密生钩状刺；花瓣多数，约20瓣，比萼片短，排成数轮，鲜紫红色，外层者长圆状披针形，长2厘米，宽8毫米，中层者较小，线状椭圆形，紫红色，钝头，具白斑，内层者最短，披针形，长1.4厘米，宽约3毫米；雄蕊多数，长达8毫米，子房下位，8室，嵌入花托膨大出顶端，柱头圆盘形，向下凹入。浆果球形，直径3～5厘米，呈淡紫红色，外面密被尖刺，形似鸡头，内面海绵状；种子多数，球形，黑色。花期7～8月，果期8～9月。

［生长环境］ 河川附近水温较暖的池沼中，水底须为疏松的粘泥质地，否则不易生长。

［产　　地］ 以江苏省的苏州及山东微山湖等处生长较多；黑龙江、吉林、辽宁、河北、河南、安徽、浙江、江西、湖南、湖北、四川、福建、台湾、广东、广西、云南、贵州等省区均产。

［用　　途］ 种子为造酒及制副食品的原料。

［理化性质］ 据中央卫生研究院营养学系食物成分表（1957年再版）：种子含蛋白质4.4%，脂肪0.2%，碳水化合物32%，钙0.009%，磷0.11%，铁0.0004%，核黄素0.00008%，抗坏血酸0.006%。

［采收处理］ 8～9月间为采集期。因全株有刺，可先用镰刀将果实割下，使浮在水面，然后捞起晒干，用连枷打取种子，装在筐篓内，再用脚踩，使种子外部的薄膜脱落，晒干后收藏。另一种方法是将所收来的芡实堆成大堆，约经6～7天，即可发热沤烂假种皮，扒开摊在打谷场上，晒干收打，再用碾子撞皮，用扇车或簸箕除去壳皮及杂质，即得干净芡实米。

90 莲（lian）（图413）

［学　　名］ **Nelumbo nucifera** Gaertn.　睡莲科

［商 品 名］ 莲子、藕

［形态特征］ 多年生水生草本。根状茎匍匐，节明显，节间膨大，横断面呈椭圆形，内有多数大小不等的通气孔道；节部紧缩，较节间细，上生黑色鳞片叶，下生多数须状不定根。叶2型：一种浮于水面，一种直立挺出水面；芽时两边向内卷曲，盾形，直径25～80厘米，波状全缘，表面粉绿色，密被短绒毛，背面淡绿色，有粗大叶脉自中央射出；叶柄直立，着生叶的中央，圆柱形，粗壮，表面有许多黑色坚硬小刺，内部多孔。花单生，大而美丽，芳香，淡红色、红色或白色；花瓣多数，倒卵形或长圆状椭圆形，先端尖；雄蕊多数，花药线形，顶端有一棒状附属物，花丝黄色，细长，着生膨大的花托之下；花托（莲蓬）倒圆锥形，顶端平，有15～30个小孔；心皮多数，每孔内有一椭圆形子房，花柱短，柱头顶生。小坚果椭圆形或卵形，果皮革质，幼时绿色至绿白色，老时坚硬，黑褐色，内含1种子。种子长椭圆形，种皮红色或白色。花期6～8月，果期8～10月。

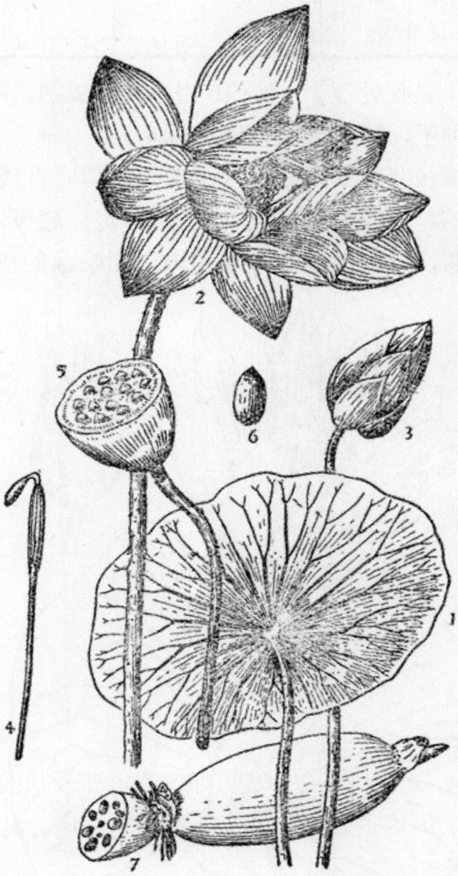

图413　莲

Nelumbo nucifera Gaertn.

1. 叶；2. 花；3. 花蕾；4. 雄蕊；5. 莲蓬；6. 果实；7. 根状茎。

［生长环境］ 多栽植于池塘、藕田中。

［产　　地］ 黑龙江、辽宁、河北、山东、山西、陕西、河南、甘肃、江苏、安徽、浙江、江西、湖南、湖北、四川、云南、贵州、福建、广东、广西等省区。

［用　　途］ 根状茎（藕）富含淀粉，磨碎过滤可制成藕粉，营养丰富，为食品工业重要原料；莲子可食。

莲子心（胚）、荷花、荷梗、叶、根状茎及花托均供药用（见“药用类”；1685页）。荷叶又可代茶饮用，或作包装材料。

［理化性质］ 据黑龙江省资料：根状茎含淀粉 35～40%，莲子含淀粉 45～50%。据山东省资料如下表：

成分 / 部位	总重量（克）	水分（克）	蛋白质（克）	脂肪（克）	碳水化合物（克）	粗纤维（克）	钙（毫克）	磷（毫克）	铁（毫克）	胡萝卜素（毫克）	硫胺素（毫克）	核黄素（毫克）	尼克酸（毫克）	抗坏血酸（毫克）
根 状 茎	100	78	1	0.1	20	0.5	19	51	0.5	0.02	0.11	0.04	0.4	25
莲子（鲜）	100	83	4.9	0.6	9	1.0	7	1	1	0.02	0.17	0.09	1.7	17
莲子（干）	100	14	16.6	2.0	62	2.2	89	285	6.4	1	1	1		

［采收处理］ 8～10 月，莲子成熟后即可采摘莲蓬。采下后除去莲蓬斗及莲子壳，取出种子，除去杂质，晒干即可。

根状茎秋季采挖。食用者须在荷叶青茂时采挖；供制淀粉或作蜜饯者，待荷叶枯黄后采挖。采收前 10 天放出塘水，泥土较硬时，将叶柄割下，再行采挖，采挖时藕节不可折断，以防泥土灌入藕孔内，影响藕的质量。

［加　　工］ 藕粉制作方法：1. 原料处理：洗去泥土，除去节上鳞片叶，切掉藕头及梢，再切成 0.5～1 厘米长的方块。2. 上磨：磨时须不断加水，使藕屑磨成稀浆。3. 过滤：将藕浆倒入布袋中过滤，藕渣可再磨一次，磨后再过滤。4. 沉淀：将滤液倒入缸或沉淀器中，加适量水，经一昼夜，倒出澄清液即可。5. 将沉淀的藕粉烘干或晒干即可。

［其　　他］ 荷叶可包肉食品，为出口物资，可在采莲子时同时采摘。采回后晾干，避免日晒，以保留香味；采收莲子时将荷叶采下，晒干作包装用品。

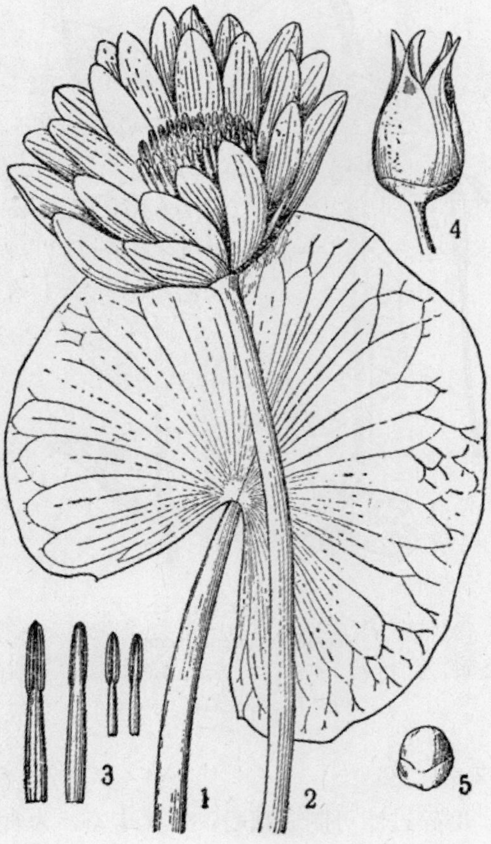

图 414　睡莲

Nymphaea tetragona Georgi

1. 叶；2. 花；3. 雄蕊；4. 雌蕊；5. 果实。

91 睡莲（shuilian）（图 414）

［学　　名］ **Nymphaea tetragona** Georgi　睡莲科

［形态特征］ 多年生水生草本；有匍匐茎，根状茎短而直立，不分枝，

有带腺黑毛。叶圆心形，浮于水面，长3～7厘米，先端钝圆，基部两耳尖锐或钝圆，全缘，有细长圆柱形叶柄，表面绿色，幼时有红褐色斑，背面暗紫色。花大而开展，直径4～5厘米，生长于细长的花茎上，并露出水面；花瓣排成数轮，白色；雄蕊多数，排成3～4轮，花药黄色；雌蕊心皮多数，排成一层，嵌入肉质的花托中，柱头呈辐射状。果为松软的浆果状，有多数的细小种子。花期6～7月。

［生长环境］　池沼、湖泊中和路边水沟中，常成片分布。

［产　　地］　浙江、湖南、吉林、陕西等省。

［用　　途］　根状茎含淀粉，可食用或酿酒。

全草枯萎，可作绿肥。

［理化性质］　据陕西省资料：根状茎含淀粉53.4%，粗纤维15%左右。

［采收处理］　春夏皆可采收。

92 紫霞耧斗（zixialoudou）

［学　　名］　**Aquilegia yabeana** Kitag.　毛茛科

［形态特征］　多年生草本，高约30厘米。茎直立，粉绿色，只花序部分被短柔毛，其余部分无毛。基生叶具长柄，通常为一回三出、有时为二回三出复叶，中央小叶具细长柄，轮廓心状卵形，长1.5～5.5厘米，宽3.8～6.5厘米，三深裂，有时近全裂；中央裂片菱状倒卵形，先端圆，三浅裂，裂片有少数大而圆的锯齿；侧面裂片斜二浅裂，侧面小叶似中央小叶，但较小，并稍斜，小叶柄也较短，叶柄长8～25厘米，基部成狭鞘，茎上部叶变小，柄也变短。花下垂，长约3.8厘米，直径约3.5厘米，萼片5，红紫色，卵形，长约1.8厘米；花瓣5，红紫色，漏斗状，在基部具距，距向内卷；雄蕊多数，内藏；雌蕊4～5，子房狭，具长花柱。果实为蓇葖，4～5个聚生。花期5～6月，果期7～8月。

［生长环境］　常生于山谷较阴湿处或石缝内。

［产　　地］　内蒙古（南部）、河北、山西、河南、山东等省区。

［用　　途］　新鲜的根可熬制甜味较浓的饴糖，也可酿酒。种子含油，可供工业用。

［理化性质］　据山东省资料：根含糖类35.5%，其中的还原糖为12.8%。

［采收处理］　秋季或春季采挖。

93 赤芍（chishao）（图415）

［地 方 名］　臭牡丹（青海）

［学　　名］　**Paeonia veitchii** Lynch　毛茛科

［形态特征］　多年生草本，高50～80厘米，具粗根。茎无毛。叶常为二回羽状复叶；小叶2～4裂，每裂片常再裂成小裂片，裂片及小裂片均呈长圆形，先端渐尖或

图 415 赤芍
Paeonia veitchii Lynch

锐尖，宽 6～18 毫米，表面沿脉被短粗毛，背面略被白粉，无毛；叶柄长 3～3.5 厘米，两侧的小叶柄长约 1 厘米，顶生的长 3 厘米。花常 2～3 朵生于茎上部，直径 6～9 厘米；苞片线形；萼片 5，绿色，卵形，先端有长尖头；花瓣 7，稀至 9，朱红色，宽倒卵形，长 25～45 毫米，宽 20～34 毫米，先端凹或 2 浅裂；雄蕊多数，长 8～15 毫米，花丝淡红色或淡黄色，花药长卵形，黄色；心皮 2～5，密被黄色绒毛。蓇葖果成熟后常反卷。花期 5～7 月，果期 8～9 月。

［生长环境］ 生于海拔 1500～3200 米间山地草坡或疏林中及林缘。

［产　　地］ 四川、青海、甘肃、宁夏、山西等省区。

［用　　途］ 据青海省资料：根含淀粉，可供酿酒；也可入药。

［理化性质］ 根含淀粉 56.38%。

［采收处理］ 春、秋采挖根部，洗净后阴干备用。

94 木通（mutong）（图 1316）

［学　　名］ **Akebia quinata** (Thunb.) Decne. 木通科

（地方名、形态特征、生长环境、产地及其他用途见“药用类”，1706 页）

［用　　途］ 果实含糖，可食用及酿酒。

［理化性质］ 据“四川省代用品酿酒参考资料”：茎含结晶性配糖体“木通素”（Akebin）（$C_{95}H_{56}O_{20}$）$_3$，并含多量之钾盐（约 30%）。

［采收处理］ 将成熟的果实采下后，先置热水中泡浸透，然后取出晒干。

［加　　工］ 与一般野果酿酒法相似。

95 三叶木通（sanyemutong）

［地 方 名］ 三叶拿绳（浙江），八月炸（浙江、甘肃），八月瓜（河南）。

［学　　名］ **Akebia trifoliata** Koidz. 木通科

［形态特征］　落叶藤本。叶为掌状复叶，小叶 3，略带革质，卵形或卵圆形。长 4～11 厘米，宽 2～7 厘米，先端凹缺，基部圆形，边缘具不规则浅波状缺裂或全缘，表面深绿色，有光泽，背面灰绿色，无毛，中间小叶柄长 1～3.5 厘米，两侧小叶柄长 4～10 毫米。花雌雄同株，排列成腋生的总状花序；雌花褐红色，生于花序基部；雄花暗紫色，较小，生于花序上端。果肉质，椭圆形，熟时成橘黄色，长 6～12 厘米，沿腹缝线裂开。

［生长环境］　向阳山坡灌丛中和溪谷沿岸。

［产　　地］　浙江、安徽、甘肃、河南、江西、湖北、湖南等省。

［用　　途］　果实成熟时可生食及酿酒。茎皮提纤维，亦入药。

［理化性质］　据河南省资料，果实含有糖甙（akebin——$C_{31}H_{50}O_4$）及少量没食子酸类。

［采收处理］　8～9 月间果实成熟，即可采摘。果实采回后，取其果肉，捣成糊状，即可发酵酿酒。

［加　　工］　参阅软枣猕猴桃（577 页）。

96 鹰爪枫（yingzhao-feng）（图 416）

［学　　名］　**Holboellia coriacea** Diels　木通科

［形态特征］　常绿藤本。叶为指状复叶，小叶 3，革质，椭圆形或卵状椭圆形，长 6～9 厘米，宽 3～4.5 厘米，基部近圆形，先端尖锐，无毛，中脉在表面凹陷，在背面显著，小叶柄长 1.5～3 厘米，叶柄长 3～8 厘米。伞房花序有短梗；花单性，雌雄同株；雄花白色，雌花紫色，花梗细长，长 2～3.5 厘米；萼片 6，长圆形，先端圆钝，雌花有 3 个单雌蕊。果实成熟时紫红色，多汁，椭圆形，长 4.5～6 厘米，宽约 2 厘米。花期 4～5 月，果实秋季成熟。

［生长环境］　生于山林及路旁杂木林中，海拔在 600～1300 米左右。

图 416　鹰爪枫
Holboellia coriacea Diels
1．花枝；2．果枝；3。雄花；4．雄花去花萼后示雄蕊和退化雌蕊；5．雌花去花萼后示心皮和退化雄蕊。
（自“江苏南部种子植物手册”）

［产　　地］　安徽、湖北（西部）及四川等省。

［用　　途］　果子能食，种子可榨油、酿酒、制醋。

茎皮可作药用，植物供观赏。

［理化性质］　据安徽省资料：果实含淀粉 14%，出酒率 28%，酿酒后的糠糟每 50 公斤可制醋 4 公斤；种子含油率为 25%。

［采收处理］　秋后果成熟时即可采收鲜用，酿酒时先要将果皮与种子分离。分离时须注意不要捣破种子，否则会损失油分。

97 牛姆瓜（niumugua）

［学　　名］　**Holboellia grandiflora** Reaub.　木通科

［形态特征］　常绿攀援灌木，高 5～6 米，无毛。掌状复叶，小叶 5～9，长圆形至倒卵状披针形，近革质，长 6～14 厘米，基部楔形，先端渐尖，表面暗绿色，背面有白霜及显著的网状脉；小叶柄长约 5 厘米，叶柄长约 15 厘米。花序伞房状；花簇生，钟状，肉质，白色，有芳香气味，长 2～3 厘米；花梗细瘦，长 3 厘米；雄花外轮萼片长倒卵形，顶端钝，内轮线状披针形；花蜜腺 6 个，微小，雄蕊 6，分离，长 15 毫米，退化心皮 3；雌花外轮萼片长圆形，内轮卵圆状披针形，花蜜腺 6 个，心皮 3。浆果球形，成熟时紫色，长 8～12 厘米。花期 5～6 月，果期 8～9 月。

［生长环境］　海拔 1300～1600 米的山上与灌丛中。

［产　　地］　四川、湖北等省。

［用　　途］　果可酿酒。

皮可制纤维；茎、叶供药用。

［采收处理］　果实成熟时采摘，鲜用。

［加　　工］　参阅总论浆果酿酒方法（436 页）。

98 串果藤（chuanguoteng）（图 417）

［地 方 名］　木通（陕西），红藤（四川）。

［学　　名］　**Sinofranchetia chinensis** (Fr.) Hemsl.　木通科。

［形态特征］　落叶攀援藤本，长可达 10 米，全体光滑无毛；芽卵形，先端尖，长达 1 厘米。小叶 3，纸质，顶生小叶阔菱状倒卵形至阔倒卵形，基部楔形，先端有短尖，两侧小叶斜卵圆形，基部偏斜，全缘，表面暗绿色，背面微有白霜；叶柄长 6～12 厘米，中间小叶柄长 2～3 厘米。穗形总状花序长 10～35 厘米。花单性，白色带紫褐色斑纹，直径 5～6 毫米；雄花有雄蕊 6，花丝肉质，棒状；雌花具 3 心皮，有退化雄蕊。浆果球形，熟时淡蓝色，直径 1～1.5 厘米；种子扁圆形。花期 5～6 月，果期 9～10 月。

［生长环境］　山谷、山坡阔叶林内，攀援于他种灌木上，性喜阴湿肥沃土壤，海拔约在 1000～2800 米。

［产 地］ 湖北、四川、云南、陕西、甘肃、江西等省。

［用 途］ 种子含淀粉，可酿酒；果肉多汁，可食。

［理化性质］ 据四川省资料：果实含糖量约 6%，并含硝酸钾等物质；种子含淀粉 10～15%。

［采收处理］ 与木通同（参阅 512 页）。

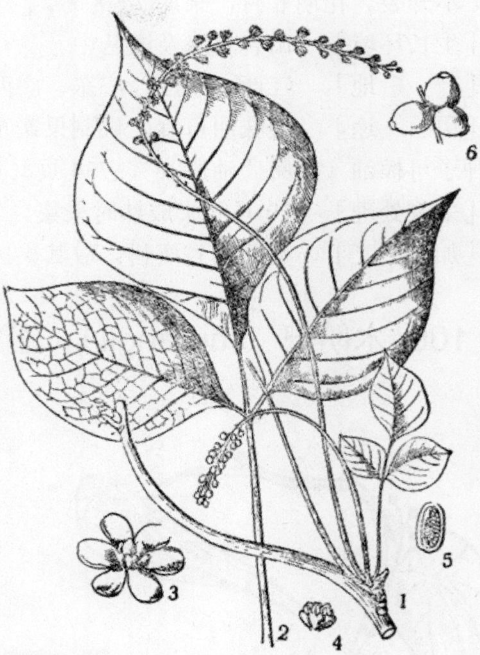

图 417 串果藤

Sinofranchetia chinensis（Fr.）Hemsl.

1．花果枝；2．叶；3．雌花；4．雄花；5．子房纵剖面示胚珠着生位置；6．果枝。

99 假荔枝（jializhi）（图 418）

［地 方 名］ 野木瓜（江西、浙江），拿绳、牛卵子（浙江）。

［学 名］ **Stauntonia chinensis** DC. 木通科

［形态特征］ 常绿攀援灌木，茎圆形，光滑。指状复叶互生，小叶 5～7，革质，椭圆形、长圆形或披针状椭圆形，长 5～10 厘米，宽 2～5 厘米，基部近圆形，先端短渐尖，表面深绿色，有光泽，背面有白粉，网脉显明；小叶柄长 1～4 厘米；叶柄长 5～12 厘米。花单性，雌雄同株，成腋生总状花序，雌雄花相似，长约 2 厘米，无花瓣；萼片 6，披针形，内轮 3，较小；雄蕊 6。浆果椭圆形，熟时橙黄色，

图 418 假荔枝

Stauntonia chinensis DC.

果枝

多汁，不开裂。花期6月，果期7～8月。

［生长环境］ 山谷林缘及灌丛中。

［产　　地］ 江西、浙江、广东、广西等省区。

［用　　途］ 果味甜可食，供制果酱及酿果酒用。种子可榨油（参阅“油脂类”，734页）。

［采收处理］ 10月间果成熟时采集。

［加　　工］ 据河南省资料：取其果肉，捣成糊状，即可发酵酿酒。

100 木防己（mufangji）（图92）

［学　　名］ **Cocculus trilobus** (Thunb.) DC. 防己科

（地方名、形态特征、生长环境、产地及其他用途见“纤维类”，125页）

［用　　途］ 根含淀粉，可酿酒。

［理化性质］ 根含淀粉65%，其他糖类0.5%。

［采收处理］ 参阅葛藤（557页）。

［加　　工］ 参阅葛藤。据陕西省试验：用原料50公斤，可制46度白酒25公斤。

101 千金藤（qianjinteng）（图419）

［地 方 名］ 青藤、天膏药（浙江），白药（广东），金线吊乌龟（四川）。

［学　　名］ **Stephania japonica** (Thunb.) Miers. 防己科

［形态特征］ 攀援灌木，全体无毛，具肥壮块根。老茎稍木质化，小枝柔弱，有条纹。叶互生，纸质，长卵形，基部圆形或近截形，先端急尖，稀钝，叶脉有细毛，表面深绿色，有光泽，背面通常粉白色；叶柄长4～15厘米，盾状着生。花单性，雌雄异株，排成腋生的伞状至聚伞状

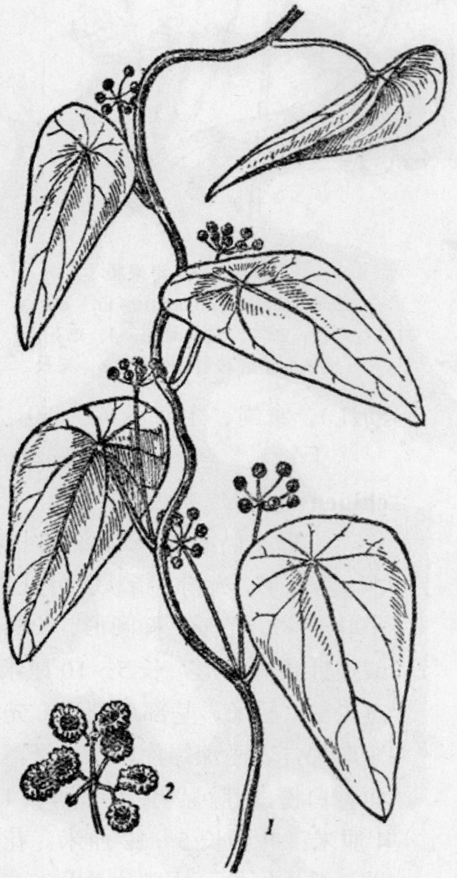

图419 千金藤

Stephania japonica（Thunb.）Miers.

1．花枝；2．果束。

花序，花小，黄绿色；雄花萼片 6～8，卵形或倒卵形；花瓣 3～5，卵形，长为萼片之半，花药 6，合生，环生于雄蕊柱之顶；雌花萼片与花瓣均为 3～5，无退化雄蕊，子房卵圆形，花柱 3～6 裂，外弯，胚珠 2，仅 1 粒发育。核果球形，平滑，直径约 6 毫米，外果皮膜质，黄红色，内果皮骨质，扁平呈马蹄形，背部有小疣状突起，两侧凹陷；种子近环形。花期 5～6 月，果期 8～9 月。

［生长环境］ 山谷、溪旁、半阴地或山坡和路旁。

［产　　地］ 江苏、浙江、福建、台湾、安徽、江西、湖北、贵州、四川、云南等省。

［用　　途］ 块根可制淀粉和酿酒。每 50 公斤干块根片可酿出 45 度白酒 25 公斤左右。

根状茎供药用（见“药用类”，1717 页）。此外，藤茎可供编织用（见“纤维类”，127 前页）。

［理化性质］ 据广东省资料：用鲜样品化验，块根含淀粉 32.65%。

［采收处理］ 秋末挖出块根，洗去泥沙，趁新鲜时切成片或小块晒干，如供药用者宜在春夏二季采挖。

［加　　工］ 制淀粉法参阅石蟾蜍（本页）。

酿酒法：将切成片或小块的原料放在碾上粉碎，装入甑中蒸煮，取出降温至 30～35℃时，加入 20～30%的曲，搅拌均匀，放入发酵池中，密盖发酵，经 4～6 天即成。将发酵后的原料再拌入 30%左右的谷糠，装甑蒸馏，即得白酒。

102 石蟾蜍（shichanchu）（图 1326）

［学　　名］ **Stephania tetrandra** S. Moore　防己科

（地方名、形态特征、生长环境、产地及其他用途见“药用类”，1718 页）。

［用　　途］ 块根含淀粉，可食，也可酿酒。

［理化性质］ 据中国科学院华南植物研究所分析资料：块根含碳水化合物 17.99%，水分 5.59%。

［采收处理］ 9 月挖块根质量最好，挖回后洗去泥沙，趁鲜时切成片或小块，晒干即可。

［加　　工］ 将块根捣烂，加水搅拌，使浆汁浸出，除去杂质，沉淀后滤去清水，取出粉块，晒干，即得淀粉。

103 山荷叶（shanheye）（图 886）

［学　　名］ **Astilboides tabularis** (Hemsl.) Engl.　虎耳草科

（地方名、形态特征、生长环境、产地及其他用途，见“鞣料类”，1110 页）

［用　　途］ 根状茎含大量淀粉，可供提取淀粉或酿制白酒和酒精。

［理化性质］ 据辽宁省资料：根状茎含淀粉 37.64～51.63%。

［采收处理］ 秋季挖掘成长的粗根状茎，保留部分小段及小块，留待繁殖。根状茎洗净后，即可应用，注意放置通风处，勿使霉烂。

［加 工］ 制粉与酿酒方法同拳参（502 页）。

［其 他］ 根状茎含有丰富鞣质，可先提制栲胶；再利用其淀粉酿制酒精。

104 鬼灯檠（guidengjing）（图 420）

［地 方 名］ 红骡子、山藕、宝剑叶（河南），作合山（甘肃）。

［学 名］ **Rodgersia aesculifolia** Batal. 虎耳草科

［形态特征］ 多年生草本，高约 0.8～1.2 米，直立。根状茎横行，圆柱形，近茎基部具枯萎的干膜质叶鞘，生长时通常先生出一叶或数叶后再抽茎。掌状复叶，具长柄，基生叶柄较长，茎生者较短，无毛，基部抱茎；小叶片纸质，倒卵形至匙形，长 15～20 厘米或更长，宽 6～9 厘米，先端近圆形，钝或锐尖有时急收成尾状渐尖，基部楔形渐狭，下延，几无柄，边缘具不整齐的重锯齿，表面无毛，平整，背面中脉隆起，沿叶脉被柔毛，基生叶具小叶 5～6，茎生者通常为 3。聚伞花序复合成大型圆锥花序，初为卷尾状，密被柔毛；花小，多数，密集；花梗短，具柔毛；花萼杯状，被微柔毛，花瓣状，通常 5 裂，罕为 4 或 8 裂；裂片阔卵形或近半圆形；花瓣缺；雄蕊 10，罕为 9 或 11，花丝基部扁平；子房半上位，2 室，心皮合生，中轴胎座，花柱 2，柱头点状。蒴果卵形，2 室，具喙。种子小，多数。花期 6～7 月，果期 9～10 月。

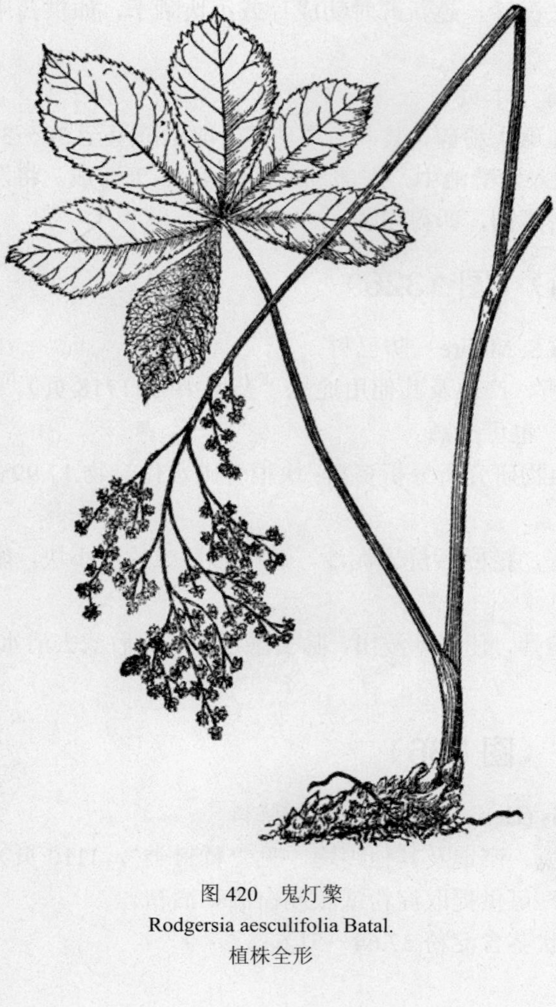

图 420 鬼灯檠
Rodgersia aesculifolia Batal.
植株全形

［生长环境］ 林下阴湿处，在土层厚、土质疏松和肥沃的地方生长最好。在河南生于山地海拔 1200 米左右。

［产 地］ 河南、甘肃、陕西、四川等省。

［用 途］ 根状茎含淀粉，可制酒、醋和酱油，亦可代替粮食制糕点。

叶含有鞣质，可制栲胶；综合利用收益更大。

［理化性质］　据河南省资料：鲜根状茎含淀粉 18%，糖类 20.1%；干根状茎含淀粉 42.5%，糖类 47.5%。又据甘肃省资料：干根状茎含淀粉达 51.55%。

［采收处理］　秋末至次年早春采收最好。挖出后，洗去泥土，除去须根，切成薄片，晒干或烘干后备用。

［加　　工］　1. 制粉方法有三种：（1）将切成的薄片放入水中浸泡，每天应换水 2～3 次，约 10 天左右鞣质可全部浸出，涩味即可除去，将薄片晒干加工成粉；（2）将切成的薄片放入水中，每 50 公斤薄片加碱 250 克，放入锅中煮沸，直至涩味消失为止，然后捞出晒干加工成粉；（3）将切成的薄片不加碱，放入水中煮沸待半小时捞出，再放入凉水中浸泡一昼夜，待涩味除去后，即可捞出晒干加工成粉。

2. 综合利用：（1）栲胶：将切成的片装在木桶内，加水，接上蒸汽管，使桶内温度保持 80℃左右，浸出鞣质，将溶液用铜锅熬制栲胶，可出液体栲胶 18～20%；（2）酿酒：将提取栲胶后的原料放在阳光下晒干，用石磨粉碎后，加 40%水，闷堆 6～8 小时，上甑蒸煮两小时，出甑后保持温度在 35℃左右，然后加曲、加酒母、加水（与一般根状茎植物比例同），入池发酵，待五天后可蒸馏，出酒率 18～20%；（3）制酱油：用 70%酒糟，30%稻糠（油渣、豆渣均可）拌匀上甑蒸约 1 小时，出甑后，加 38%黄曲，入房保温，待温度上升到 45～50℃时，倒出加 100%的水，水温在 60℃左右，装缸加食盐末，约 1 厘米厚，上盖，待发酵 72 小时，加食盐 18%，浸泡 24 小时，过滤压榨，调色、调香、煮沸杀菌，即成酱油。此外还可利用取过四次酒的新鲜废糟作酒曲，或制醋，将制过醋的醋糟或制酒的酒糟，用水浸泡 12 小时，漂洗过滤两次，除去酸味或涩味，可以喂猪。

105 野山楂（yeshanzha）（图 421）

［学　　名］　**Crataegus cuneata** Sieb. et Zucc.　蔷薇科

［形态特征］　落叶灌木，高达 1.5 米；枝密生，有细刺，刺长 5～8 毫米，嫩枝有白色绒毛。单叶互生，有短柄；叶倒卵形或倒卵状椭圆形，长 1～9 厘米，宽 8～

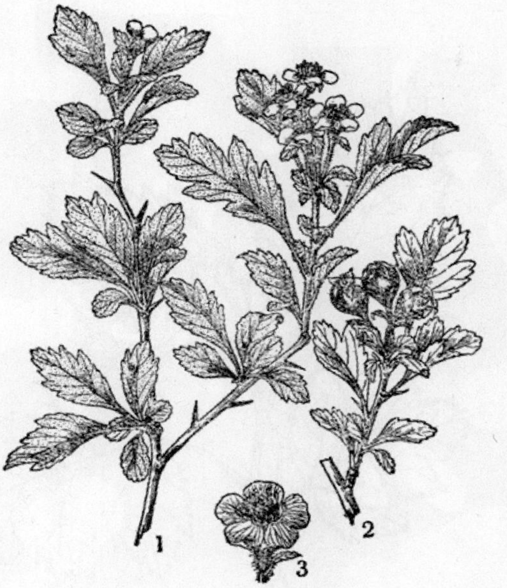

图 421　野山楂
Crataegus cuneata Sieb. et Zucc.
1. 花枝；2. 果枝；3. 花。
（自“江苏省植物药材志”）

25毫米，先端常3裂，有不整齐深缺裂锯齿，基部楔形，幼叶表面有毛，后渐脱落，背面及叶柄疏生柔毛；托叶小，近于卵形，有缺刻。花白色，5～6朵簇生，成伞房花序；萼片5，外面密生细毛；花瓣5；雄蕊通常20，离生，花药红色；子房下位，生于膨大的花托内。梨果圆形或梨形，淡黄色或红色，直径1～2厘米，具宿存反卷萼片，含核状小坚果5，小坚果内面不具凹陷。花期5月，果期10月。

［生长环境］ 生于荒山坡、溪边、路边疏林及灌丛中。

［产　　地］ 主产浙江、江苏；湖南、湖北、河南、安徽、四川、贵州、江西、福建、广东、广西、云南、陕西等省区也有分布。

［用　　途］ 果实可供食用，酿酒或制果酱。

果实可入药（见“药用类”，1744页）。叶又可代茶用。

［理化性质］ 果实含蛋白质0.7%，脂肪0.2%，糖10%，灰分0.6%，丙种维生素及柠檬酸等。

［采收处理］ 果实成熟后，采收晒干或切成两半晒干，放于干燥处，防止发霉及虫蛀。

［加　　工］ 酿制果酒操作方法参阅山楂（521页）。

106 甘肃山楂（gansushanzha）（图422）

［地 方 名］ 面丹子（甘肃）

［学　　名］ **Crataegus kansuensis** Wils. 蔷薇科

［形态特征］ 落叶灌木或小乔木，高约8米，具刺。叶互生，阔卵形，5～7羽状裂，基部阔楔形，先端尖，裂片边缘有粗锯齿，或重锯齿，齿三角形，背面脉腋具簇生毛；叶柄长1～4厘米。花白色，多数，集成伞房状花序；雄蕊15～20，花药带白色；子房顶部具长毛。梨果近球形，直径8～10毫米，红色。花期5～6月，果期9～10月。

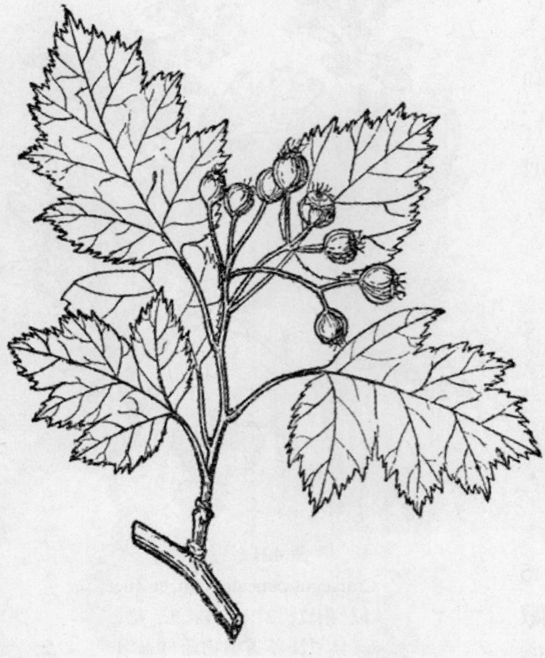

图422 甘肃山楂
Crataegus kansuensis Wils.
果枝

［生长环境］ 常生于灌木林中。

［产　　地］ 湖北、四川、陕西、甘肃等省。

［用　　途］ 果实中含有丰富的糖，味酸甜，可食用也能酿酒、制醋。

［采收处理］ 秋末冬初，果熟时采收，晒干后贮存。

［加 工］ 酿酒操作方法参阅山楂（本页）。

107 山楂（shanzha）（图 423）

［学 名］ **Crataegus pinnatifida** Bge. 蔷薇科

［形态特征］ 落叶小乔木或多分枝大灌木，高 6～7 米；树皮暗灰色；枝暗灰色，具少数刺或无刺，长 1～2 厘米。单叶互生或于短枝上簇生，阔卵形或三角状卵形，有时为长圆状卵形至菱状卵形，花枝上的长 5～8.5 厘米，宽 5～6.5 厘米，基部楔形或截形，边缘有 5～9 羽状裂片，裂片有尖锐和不规则锯齿，两面脉上有短柔毛；叶柄长 2～3 厘米；托叶肾形，脱落。复伞房花序具 10～20 朵花，下垂，花序轴和花梗有柔毛；花白色，直径 8～12 毫米；萼片 5，锐尖；花瓣 5，后期渐变粉红色；花柱 3～5 裂。梨果倒卵形或卵圆形，直径约 1.5 厘米，熟时深红色，表面具淡黄色小斑点，内含有核状小坚果 3～4。花期 5～6 月，果期 8～10 月。

［生长环境］ 一般生于山野、杂木林缘或沿河岸砂土上，尤喜生于石灰岩地，群生或与他种乔木混生。

［产 地］ 吉林、辽宁、黑龙江、内蒙古、河北、山西、河南、山东、江苏、浙江等省区。

［用 途］ 果实味酸甜，可生食；主要用于酿造果酒或做山楂糕、山楂酱、山楂片和蜜饯等。

果亦可入药（参阅“药用类”，1744 页）。

［理化性质］ 果实含糖分 14.5%，总酸量 4.5%，鞣质 0.56%，尚含有蛋白质和维生素等。

［采收处理］ 9～10 月间，果熟时采收，采后及时运输，放于阴凉处，避免发热霉烂。药用者将果实切片晒干，贮藏备用。

图 423 山楂
Crataegus pinnatifida Bge.
果枝

［加 工］ 果酒加工方法：1．清选、破碎后入池，因果汁少，所以需加 30℃的温水糖溶液（浓度为 6%），糖液量为处理果实的 50%；2．前发酵：加酵母 5%，与果实均匀混合，进行发酵，温度在 18～22℃之间，时间 2～3 天；3．后发酵：前发酵完毕后，马上进行分离，其原汁转入后发酵，按达到 8%的酒精度计算加糖，

糖可分为二次加入，每次加 1/2，温度保持 15～20℃，时间 15～30 天，当残糖降至 0.5～10%时，进行分离，其汁转入贮藏，是为一号原酒，果渣再加水，加糖，用同法继续发酵，制造二号原酒；4．贮藏：贮藏时间二年左右，定期换桶，贮藏后酒味变香，再经配制即为成品，酒色棕黄，风味尚佳。

［其　　他］　繁殖方法用播种繁殖，将种子混以 2～3 倍湿砂，在露天挖沟贮藏，翌春化冻后即可播种，亦可用分根法繁殖。

108 山里红（shanlihong）（图 424）

［学　　名］　**Crataegug pinnatifida** Bge. var. **major** N. E. Br.　蔷薇科

［形态特征］　乔木，高达 8 米；树形较原种大而健壮，枝条无刺。**叶阔卵形，较原种大而厚**，长达 10 厘米，宽 9 厘米，边缘有 5～9 羽状深裂，具托叶。花白色，成伞房花序；花萼及花瓣各 5，着生萼筒花盘边缘，雄蕊 5～25。梨果**倒卵形，直径约 2.5 厘米**，深红色，有光泽，具多数白色斑点，内含核状小坚果 5。花期 5 月，果期 10 月。

［生长环境］　常生于干燥多石的山坡、山谷或涧边；华北各省多有栽培。

［产　　地］　江苏、浙江、山东、河北、山西、内蒙古、辽宁、吉林、黑龙江等省区。

［用　　途］　果实可食，亦可加工成蜜饯等食品，或用作酿酒、制醋原料。果实可作药用。

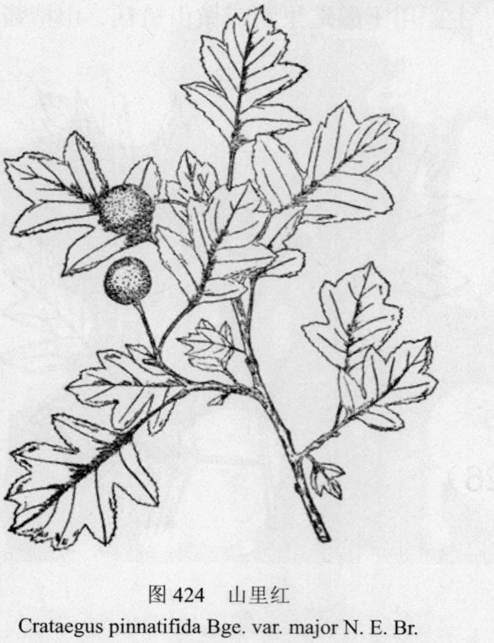

图 424　山里红
Crataegus pinnatifida Bge. var. major N. E. Br.
果枝

［理化性质］　据山东省资料：果实含碳水化合物 22%，蛋白质 0.7%，脂肪 0.2%，水分 74%，粗纤维 2%，灰分 0.9%。

［采收处理］　果实成熟后采摘，置阴凉处贮存或及时运往加工厂加工。

［加　　工］　配制果酒方法：将果实洗净，捣烂榨取果汁，配入一倍于果汁的 95 度无毒酒精，浸泡 48 小时，取去过滤；使汁液纯净，然后再配入 7 倍于果汁的凉开水和 1 倍于果汁的砂糖，充分搅拌均匀，贮藏两月以上即成山里红果酒。

加工后的残渣还可酿制白酒，其方法是：掺入 15～20%的小米糠和 5%的酵母液，下缸发酵，冷天约经 7～9 天后即可蒸馏。每 50 公斤残渣可得 60 度白酒 4.5～6 公斤。

酿酒后的酒糟还可制醋，其制作方法与一般麸子制醋方法相同。

109 山枇杷（shanpiba）（图425）

［学　　名］ **Eriobotrya cavaleriei** (Lévl.) Rehd.　蔷薇科

［形态特征］ 常绿小乔木，高可达7米左右；树皮灰白色，嫩枝密生锈色茸毛。单叶互生，革质，长圆形或长圆状倒卵形，长6～17厘米，宽3～5.5厘米，先端突尖或渐尖，基部阔楔形，边缘有不整齐粗齿；幼时两面被锈色茸毛，以后脱落，无毛或仅叶脉有毛；叶柄长1.5～3厘米。伞房状圆锥花序顶生；密被锈色茸毛，长4～12厘米。萼筒陀螺形，萼片5，三角状卵形，外面密生锈色茸毛；花瓣5，倒卵形，白色，雄蕊通常20；子房下位，花柱2～3。果实近球形，长约1.8毫米。花期4～5月，果期7～8月。

图425　山枇杷
Eriobotrya cavaleriei（Lévl.）Rehd.
果枝

［生长环境］ 分布于海拔950～1300米的山谷溪边杂木林中。

［产　　地］ 江西、湖南、贵州、四川、广东、广西等省区。

［用　　途］ 果供生吃和酿酒。

［理化性质］ 果实含糖10%左右。

［采收处理］ 8月果熟时采收，须注意防止压损和霉烂。

［加　　工］ 酿酒方法参阅总论（436页）。

110 草莓（caomei）（图426）

［地 方 名］ 瓢儿（甘肃）

［学　　名］ **Fragaria orientalis** Lozinsk.　蔷薇科

［形态特征］ 多年生草本，具匍匐茎。掌状三出复叶，具细长叶柄；小叶卵形，倒卵形或卵状菱形，先端圆形或近圆形，基部楔形，边缘具粗锯齿，背面灰绿色，被柔毛。花序聚伞状；花托球形，肉质；萼5深裂，裂片披针形，被柔毛；副萼5，狭披针形；花瓣5，倒卵形或圆形，白色；雌雄蕊多数，雌蕊生在肉质花托上。聚合果球形，

多浆，成熟时呈暗红色；小瘦果卵圆形，长约 1 毫米，光滑，褐色。花期 7～9 月，果期 8～10 月。

［生长环境］ 多生于林缘草地上及山地林缘。

［产　　地］ 辽宁、黑龙江、吉林、陕西、甘肃、青海、内蒙古、河北、山东、河南、山西、四川、湖北等省区。

［用　　途］ 花托多汁，味微甜，可生食或供制果酒。

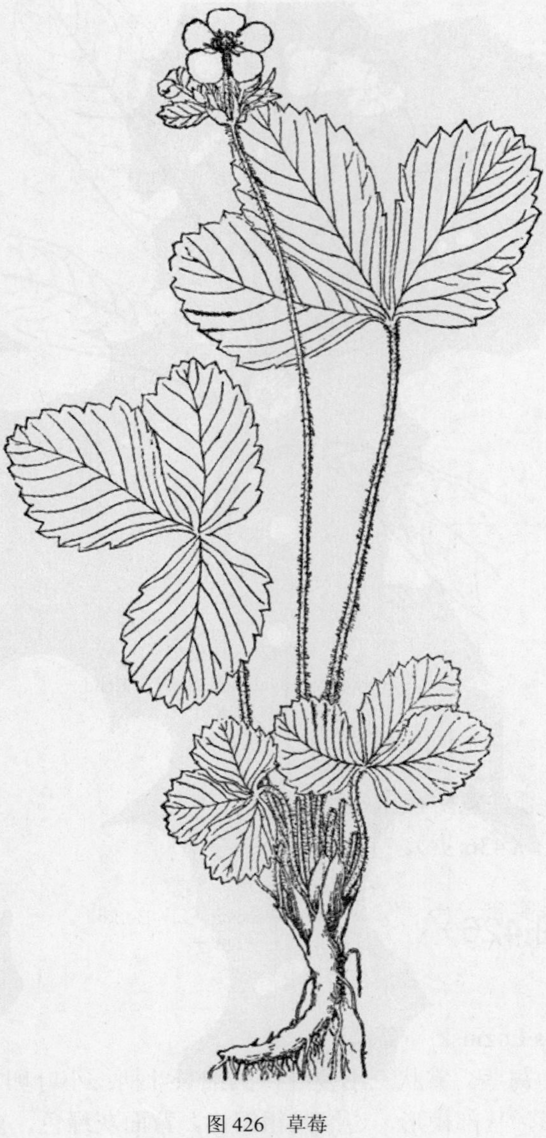

图 426 草莓
Fragaria orientalis Lozinsk.
植株全形

［理化性质］ 据黑龙江省资料：含果汁 70～80%，比重 1.03～1.035，总酸量 1.175～1.326%，糖分 5.0～7.0%。

［采收处理］ 8～10 月间采收，连果梗摘下，扎成小捆，备食用或酿酒。

［加　　工］ 制酒系采用人工发酵与酒浸泡相结合的配制方法，其比例发酵酒占 1/3。1. 发酵：草莓果经过破碎后立即装入桶内发酵，在发酵期间加入酒精 5%（96 度），砂糖 5～6%，亚硫酸水（25 克硫磺燃烧溶解于 25 升水中）1～2%，酵母 10～15%。发酵开始时每半小时搅拌一次，2～3 天后，即可分离。分出发酵液放入小贮藏桶，加 5%糖进行后期发酵（余下渣子可继续加水发酵使用）。15～20 天，温度在 20～23℃发酵终止。2. 浸泡：草莓果经破碎后装入发酵桶加入 25%（36 度）的酒，浸泡 20～30 天，浸泡后进行分离，将酒分出，剩下渣子进行压榨，压出之酒与原酒混合一起贮藏。3. 配制：把浸泡原酒与发酵原酒混合贮存一年以上即可配制。配制时糖度 17～18，酒度 16～17，加入适量砂糖充分搅拌，溶解后，滤过即成果汁酒。

111 山荆子（shanjingzi）（图 427）

［地 方 名］ 石枣（甘肃），山丁子、糖李子（黑龙江、吉林）。

［学　　名］ **Malus baccata** (L.) Borkh.　蔷薇科

［原 料 名］ 山荆子（通称）

［形态特征］ 落叶乔木，高达 6 米；树冠圆形；主枝长而直，向上伸；小枝无毛，幼枝细长，红褐色；芽卵圆形，有复瓦状鳞片。**单叶互生**，在短果枝上呈簇生状，叶片长圆形或卵圆形，长 3～10 厘米，宽 2～5 厘米，先端渐尖，基部楔形或近圆形，边缘具细锐锯齿，幼嫩时背面疏生柔毛或无毛；叶柄细，长 1～4 厘米。花常 3～5 朵簇生在短侧枝顶端呈伞房花序；**花梗细长，无毛**，长 2～5 厘米；萼筒外面无毛，萼片 5；花瓣 5，卵圆形，白色；雄蕊多数，花丝长短不等，花药黄色，子房下位，3～5 室，花柱 3～5，较雄蕊长，基部具绒毛。**梨果近球形**，直径 6～10 毫米，成熟时暗红色或黄色，**萼片脱落**。花期 4～5 月，果期 9 月。

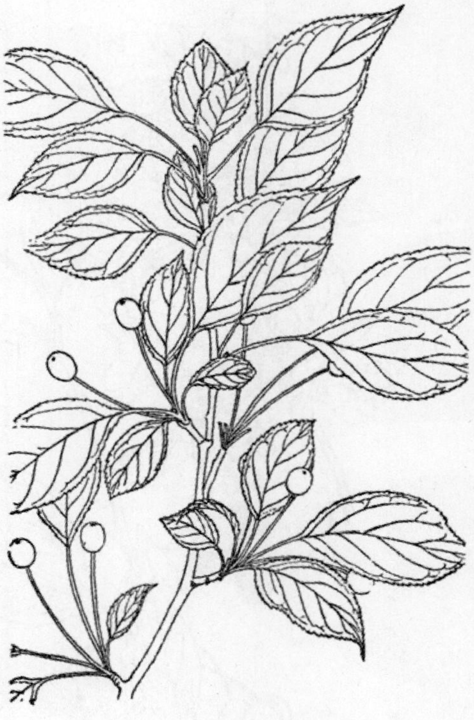

图 427　山荆子

Malus baccata（L.）Borkh.

果枝

［生长环境］ 在山沟、阳坡上生长较多，常与大灌木丛生一起；在排水良好和土壤肥沃的地方生长茂盛。

［产　　地］ 辽宁、吉林、黑龙江、内蒙古、河北、河南、山东、山西、陕西、甘肃、江西等省区。

［用　　途］ 果实可酿酒。

嫩叶可作茶叶；叶内含鞣质，为栲胶原料，亦为家畜饲料。本种易于繁殖，耐寒力强，为嫁接苹果和花红的主要砧木，现大量培育于林场和园艺场。花具蜜腺，为很好的蜜源植物。

［理化性质］ 据吉林省资料：果实含糖 9.31%。据河南省资料：干叶内含水分 9.63%，粗蛋白 9.38%，粗脂肪 9.5%，粗纤维 13.55%，无氮浸出物 50.25%，粗灰分 7.62%。

［采收处理］ 9～10 月间采收果实，多用手采摘，将果梗弄掉，团成圆饼，晒干，可常年食用。

［加　　工］ 酿造果酒方法参阅山楂（521 页）。

［其　　他］ 种子繁殖。

112 野海棠（yehaitang）（图 428）

［学　　名］ **Malus hupehensis** (Pamp.) Rehd.　蔷薇科

［形态特征］ 落叶乔木或灌木，高约 8 米；枝斜出硬直，幼时具柔毛，后即无毛。单叶互生或于短枝上簇生，叶片卵形或卵状长圆形，长 5～8 厘米，宽 2.5～3.5 厘米，先端锐尖，基部阔楔形或圆形，边缘锯齿尖细，具腺头，两面脉上初有柔毛，后则光滑无毛；叶柄细，长约 2～3 厘米，基部有 2 披针状托叶。花 3～7 朵簇生短枝上；花梗细，长 3～4 厘米；花直径 3.5～4 厘米；萼筒及裂片淡紫红色，萼片 5，三角状卵形；花瓣 5，白色，圆形或倒卵形；雄蕊多数，花药黄色；子房下位，3～4 室，花柱 3～4。梨果球形，直径约 1 厘米，幼时淡绿色，后渐变黄，成熟时变为红色，萼脱落。花期 4～5 月，果期 10 月。

图 428　野海棠
Malus hupehensis（Pamp.）Rehd.
1．花枝；2．果枝。（自“江苏南部种子植物手册”）

［生长环境］ 性喜湿润及排水良好的地方，多生于谷溪两旁、山麓、林缘或疏林中；海拔约达 1500 米。

［产　　地］ 河南、山东、陕西、甘肃、湖北、四川、云南、贵州、江西、浙江、安徽等省。

［用　　途］ 果实可食，亦可酿酒。

叶可代茶用，宜昌和汉口出售的“海棠茶”即是。幼树为嫁接苹果和花红的砧木。

［理化性质］ 据四川省资料：果实含糖 8%。

［采收处理］ 10 月间将果摘回备用。早春将野海棠的嫩叶摘下，加热烘炒，再用熏香物熏香，即成“海棠茶”。

［加　　工］ 酿酒法：将 50 公斤海棠果压碎，最好加 10 公斤麸皮，以便贮存液汁（不加亦可）。入池发酵，夏天需 3～4 天，秋天 5～7 天，冬天 7～10 天。在发酵期间，每天需翻搅，直到用嘴尝或嗅之有很浓的酸味时，即可进行蒸馏。据陕西省资料：出酒率（55 度白酒）6～10%。

113 甘肃海棠（gansuhaitang）（图 429）

［地 方 名］　大石枣、野海棠果（陕西）

［学　　名］　**Malus kansuensis** Schneid.　蔷薇科

［形态特征］　灌木或小乔木，高 3～8 米；枝直立，树冠长圆形，嫩枝有短柔毛。单叶互生，叶片卵形至阔卵圆形，3～5 **裂**，长 4～7 厘米，宽 3～4.5 厘米，先端急尖或渐尖，基部圆形或阔楔形，**两侧各有 1～2 裂片**，裂片三角状卵圆形，边缘具细锐锯齿，背面具白色短柔毛；基出 3 脉；叶柄长 1.5～3.5 厘米。花序近伞形，有花 4～10 朵；花梗长 1.5～2.5 厘米；花萼 5 裂，萼片狭三角状卵形，先端锐尖，与筒部等长；花瓣 5，白色；子房下位，花柱 3，基部结合。**梨果椭圆形**，长约 1 厘米，黄色或红色，**萼脱落**。花期 7 月，果期 9～10 月。

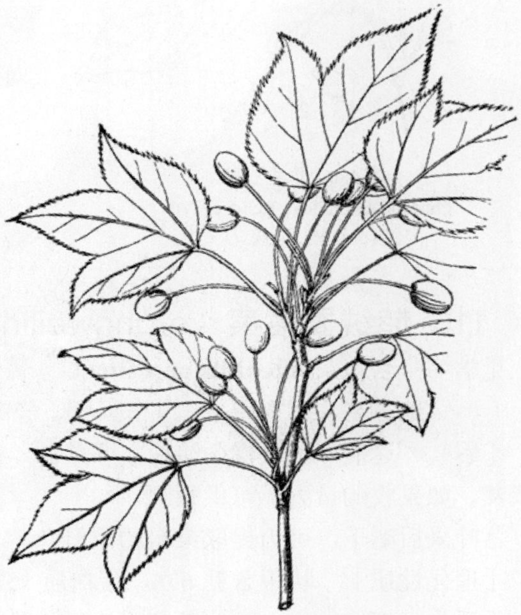

图 429　甘肃海棠
Malus kansuensis Schneid.
果枝

［生长环境］　生于海拔 1000～3000 米左右的山坡上，疏林或灌木丛内。抗寒力强，在四川西部高山上分布更高。

［产　　地］　四川、湖北、陕西及甘肃（南部）等省。

［用　　途］　果实味酸，能酿造果酒。

本种实生苗，可作苹果砧木。木材细致，可供雕刻。

［理化性质］　据陕西省资料：果实含水分 65%，糖分 8～10%。

［采收处理］　果实全部成熟时进行采摘。本种果实虽富含水分，但能经久贮放，不易腐烂。

［加　　工］　酿酒方法与一般家生桃、杏同。

［其　　他］　用播种或分根繁殖均可。

114 华中石楠（huazhongshinan）（图 430）

［地 方 名］　野枣子（四川）

［学　　名］　**Photinia amphidoxa** Rehd. et Wils. (*Stranvaesia amphidoxa* Schneid.) 蔷薇科

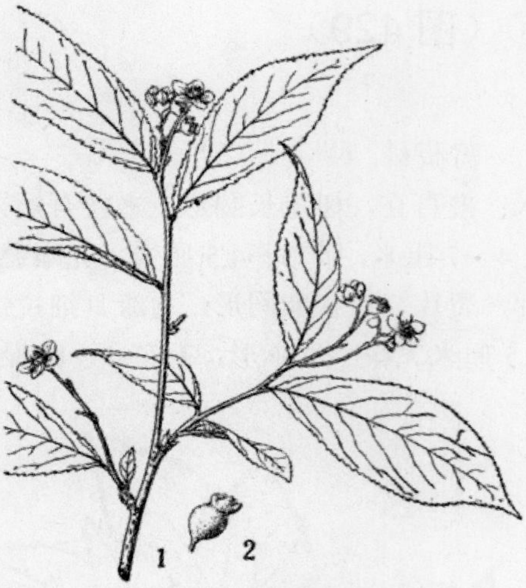
图 430　华中石楠
Photinia amphidoxa Rchd. et Wils.
1．花枝 2．果。

［形态特征］　落叶灌木，高达 3 米，小枝幼时有茸毛。叶片椭圆形至长圆形，或长圆倒披针形，顶端渐尖，基部圆形或阔楔形，长 4～11 厘米，宽 2～4 厘米，几近光滑。伞房花序有花 3～6 朵，有茸毛；花梗短，萼筒钟状，与子房合生，裂片短，宿存；花瓣 5，白色，圆形或倒卵形；雄蕊多数，花柱 5。果实近球形，直径 1～1.4 厘米，猩红色。花期 6～7 月，果期 8～9 月。

［生长环境］　常生于 1000～2000 米向阳和比较干燥的山坡上。

［产　　地］　四川省

［用　　途］　果实酿酒用

［采收处理］　9 月果熟时采摘，须注意保管，以防霉烂。

115 鹅绒委陵菜（erongweilingcai）（图 894）

［学　　名］　**Potentilla anserina** L.　蔷薇科

（地方名、形态特征、生长环境、产地及其他用途见“鞣料类”，1119 页）

［用　　途］　块根富含淀粉，可煮食。秋季或早春，群众习惯挖食，有作礼品赠送亲友。如果收购量大，可供酿酒。

茎叶采后晒干，可为提取染料的原料。

［理化性质］　块根含糖 63%，蛋白质 15%，脂肪 1.1%，灰分 3.2%，水分 8.5%。

［采收处理］　春、夏、秋三季均可采收，根挖出后去土晒干备用。

116 蕤核（ruihe）（图 431）

［地 方 名］　扁核木（陕西、甘肃），马茹（陕西），茹茹（山西）。

［学　　名］　**Prinsepia uniflora** Batal.　蔷薇科

［形态特征］　灌木，高 1.5 米；枝灰褐色，髓心片状；刺长 6～10 毫米。单叶互生，具短柄，线状长椭圆形至狭长椭圆形，长 2.5～6 厘米，先端钝，有突尖，全缘或疏生小齿，背面光滑。花单生或 3 朵簇生，白色，直径约 1.5 厘米，带蜡质白粉，**雄蕊 10** 二列；子房上位，1 室，花柱由下部伸出。核扁卵形。花期 4～5 月，果期 8 月。

［生长环境］　性耐干旱，生于向阳低山坡或山下稀疏灌丛中，为深根性密丛灌木。

［产　　地］　陕西、甘肃、内蒙古、山西等省区。

［用　　途］　果实可酿酒、制醋或食用、种子并可入药。

［理化性质］　据甘肃省资料：种子分析化验结果为水分 10.36%，灰分 1.72%，蛋白质 3.53%，脂肪 7.57%，纤维 56.91%（偏高）。

［采收处理］　果熟后，用棍打落备用。

［加　　工］　酿酒参阅毛樱桃（533 页）。

图 431　蕤核
Prinsepia uniflota Batal.
花枝

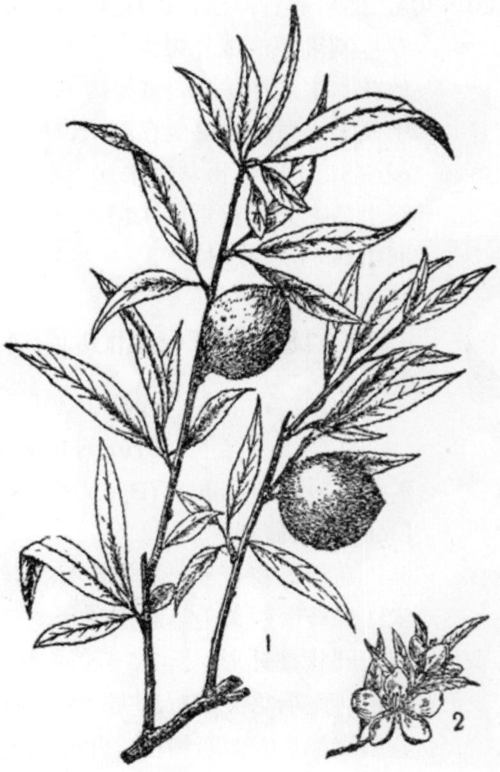

图 432　山桃
Prunus davidiana Franch.
1．果枝；2．花枝。

117　山桃（shantao）（图 432）

［地 方 名］　野桃（四川、湖南），花桃（山东），山毛桃（河南）。

［学　　名］　**Prunus davidiana** Franch.　蔷薇科

［形态特征］　落叶小乔木，高 8 米左右；树皮暗紫色，平滑有光泽。单叶互生或簇生于短枝上，具柄；叶片披针形或狭卵状披针形，长 4～8 厘米，有时可达 12 厘米，宽 2.5～3.5 厘米，基部楔形或阔楔形，先端长渐尖，

边缘具锐利细锯齿；托叶早落。花单生，萼片 5，卵形，无毛；花瓣 5，阔倒卵形，淡粉红或白色。核果近球形，黄绿色，表面被黄褐色柔毛；核圆而小，与果肉离生，表面有网状凹纹。种子 1，橙红色。花期 3～4 月，果期 8 月。

［生长环境］ 山坡、路边、沟旁及林缘等处。

［产 地］ 四川、贵州、湖北、江西、山东、山西、河南、河北、陕西、甘肃、内蒙古和东北等省区。

［用 途］ 果可生食、酿酒、制果酱、果脯。

种仁供药用，也可榨油（见“油脂类”，780 页），皮产树胶，苗木为嫁接桃树的优良砧木，茎皮纤维可造纸及制人造棉。

［理化性质］ 据陕西省资料：果肉含糖量为 10～12%。

［采收处理］ 8～9 月采收，近熟果实藏于谷糠中，3～5 日后取出，即可食用。

［加 工］ 酿酒：选择好的果实，先用 0.05%的高锰酸钾溶液消毒洗净，再用清水冲洗一遍，除去果核，放在石臼中捣烂粉碎，将泥状果肉装入布袋中压出果汁，经过滤后，配入蔗糖 10～13%，并加入酒精 20～30%，然后静置澄清，即成果酒，装瓶贮存。制果脯：选择果大、肥厚的果实，放在水中洗净除核，将果肉放入白糖水中煮 1 小时，捞出倒在缸内，再用糖水浸渍 12 小时，再从缸中捞出，搁在笼篦上晒 1 天，重再放入糖水煮半小时，取出晒干，即成桃脯。

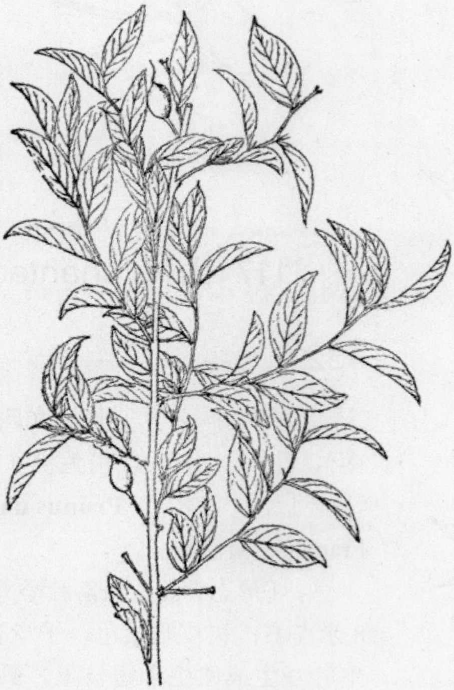

图 433 欧李
Prunus humilis Bge.
果枝

118 欧李（ouli）（图 433）

［地 方 名］ 赤李子（山东）

［学 名］ **Prunus humilis** Bge. [*Cerasus humilis* (Bge.) Bar. et Liou]. 蔷薇科

［形态特征］ 直立灌木，高约 1.5 米；幼枝密生柔毛。叶倒卵形、椭圆形或长圆状披针形，长 2.5～5 厘米，基部楔形，先端急尖或短渐尖，边缘有不整齐细锯齿，表面暗绿色，背面无毛或在叶脉上具少数柔毛；叶柄长约 3 毫米。花白色或粉红色，1～2 朵簇生，直径约 1.5 厘米；花梗长 6～8 毫米；萼筒杯状，花柱平滑无毛。果实近球形，熟时红色，

有光泽，直径约1厘米，有酸味。花期4月，果期7～8月。

［生长环境］　向阳山坡及石缝中。

［产　　地］　辽宁、吉林、黑龙江、内蒙古、山东、河南、河北等省区。

［用　　途］　果实含糖可食用和酿酒。种仁入药。

［理化性质］　据山东省资料：果实含果糖5.2%。

［采收处理］　果熟后采收。

［加　　工］　果酒的加工方法：先除去果柄，再用铁筛子将果实搓碎，检出果核，将果肉放入缸内，加入酒精，约10天，即可取出，用袋榨出汁液，然后加入白糖拌匀，过滤，再沉淀一下，上面的即果酒。

119 东北杏（dongbeixing）（图434）

［学　　名］　**Prunus mandshurica** Koehne [*Armeniaca mandshurica* (Koehne) Skv.]
蔷薇科

［形态特征］　落叶乔木，高达15米；树皮木栓质发达，暗灰色，深裂；嫩枝无毛。单叶互生，叶片卵形或阔卵形，长6～12厘米，宽3～8厘米，基部圆形，少为心形，先端渐尖，**边缘具较深的重锯齿**，两面无毛或稍有毛，幼时有毛；叶柄长1.5～2.8厘米，近基部具2腺点。花淡红色或白色，先叶开放，花梗长0.7～1厘米，无毛。核果近球状，熟时长2～2.5厘米，宽约2厘米，黄色，被短柔毛，有时果实表面有红晕或红点；核长13～18毫米，宽11～18毫米，**粗糙，边缘钝**。花期4（5）月，果期7月。

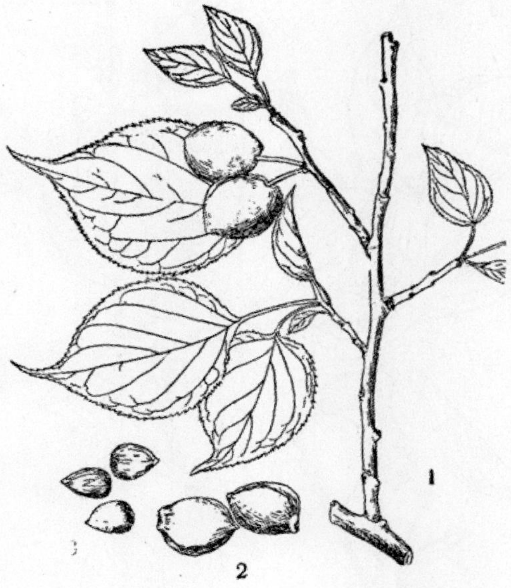

图434　东北杏
Prunus mandshurica Koehne
1．果枝；2．核；3．核仁。

［生长环境］　生于向阳山坡中，下部灌丛间或疏林内；也有栽培的。

［产　　地］　辽宁、吉林、黑龙江及内蒙古（东部）等省区。

［用　　途］　果实可生食或酿酒、制果脯和果酱等。

材质坚硬，纹理美丽，可做家具、器具等。杏仁可入药，又可作“杏仁茶”，味美，富于营养。核壳可提制栲胶。本种耐寒力强，可做核果类果树优良品种的砧木。

［理化性质］　杏仁含苦杏仁甙、

苦杏仁酶、脂肪、蛋白质等。苦杏仁甙能被苦杏仁酶或强酸作用，加水分解成氢氰酸、苯甲醛和葡萄糖。氢氰酸有毒，误食多量生杏仁则能致死，应当注意。据黑龙江省资料：果实一般含糖分 0.26%，一般酸类 30.7%，强酸类 0.05%，水分 86.24%。

［采收处理］　果实成熟时采集，果肉用于酿酒或制果酱。

［加　　工］　参阅山桃（529 页）。

120 稠李（chouli）（图 628）

［学　　名］　**Prunus padus** L. var. **pubescens** Regel (*Padus asiatica* Kom.)　蔷薇科

（地方名、形态特征、生长环境、产地及其他用途见“油脂类”，782 页）

［用　　途］　果实可生食或酿酒。

［理化性质］　据辽宁省资料：果实含糖分 6.4%。

［采收处理］　秋季 8～9 月间采收，用篓装，最好随采随运，立即加工。

［加　　工］　酿酒方法参阅李（本页）。

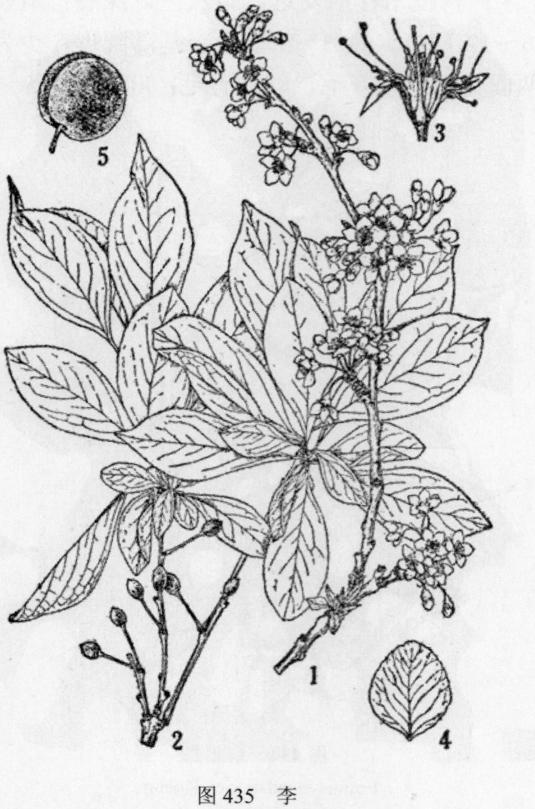

图 435　李
Prunus salicina Lindl.
1．花枝；2．嫩果枝；3．花的纵剖面；4，花瓣；5．核果。
（自“江苏南部种子植物手册”）

121 李（li）（图 435）

［地 方 名］　山李子（河南），李子（台湾）。

［学　　名］　**Prunus salicina** Lindl.　蔷薇科

［形态特征］　落叶乔木，高约 10 米；枝无毛，红褐色。**叶片椭圆形或椭圆状倒卵形**，长 6～10 厘米，先端锐尖，基部楔形，边缘具重锯齿，表面绿色无毛。背面淡绿色，除脉腋处有毛外，其余部分皆光滑；叶柄长 8～15 毫米，红褐色，被稀柔毛。花白色，通常 3 朵簇生；花梗长 1～1.5 厘米，近无毛；萼片长圆卵形，无毛；花瓣 5；雄蕊多数；雌蕊具细长花柱。**果实球状卵圆形，被蜡粉**，先端稍尖，直径 5～6 厘米，缝痕明显，通常绿色或淡黄绿色。花期 4～5 月，果期 7～8 月。

［生长环境］　多见于山沟路旁或阳坡灌木林内。常栽培于园内，为

重要果树之一。

［产　地］　陕西、甘肃、青海、河北、河南、山西、湖南、湖北、四川、贵州、云南、广东、台湾等省。

［用　途］　果味甜酸，可生食或供酿果酒。

核仁入药亦可榨油。树皮产树胶。

［理化性质］　果实含糖量 6～8%。

［采收处理］　8 月果实成熟后将果摘下，除供食用外，可用锅蒸熟，搓下果肉，用作酿酒和酿醋原料，选出核仁作药用或榨油。

［加　工］　按照总论中含汁少的果品加工方法（436 页）进行酿制果酒。

122 毛樱桃（maoyingtao）（图 436）

［地方名］　山豆子（河北），山樱桃、野樱桃（河南），狗樱桃、樱桃（东北）。

［学　名］　**Prunus tomentosa** Thunb. (*Cerasus tomentosa* Wall.)　蔷薇科

［形态特征］　落叶灌木，高可达 3 米；分枝开展，幼枝密生黄绒毛。芽通常 3 个并生，两侧为花芽，中间为叶芽，花芽开放较早或与叶芽同时开放。单叶互生，或于短枝上簇生，叶片倒卵形或椭圆形，长 4～7 厘米，宽 2.5～3.5 厘米，先端渐尖或稀为三浅裂，基部板楔形，边缘具粗锯齿，表面深绿色，有短柔毛，背面有较密的近黄色的绒毛；托叶线形；叶柄长 2～7 毫米，有密毛。花单生或两个并生；萼筒管状，内外都有毛，花瓣白色或带粉红色，倒卵形。核果近椭圆形或近球形，熟时红色，直径约 1 厘米。花期 4～5 月，果期 5～6 月。

［生长环境］　向阳山坡灌丛间或杂木林缘。

［产　地］　黑龙江、吉林、辽宁、内蒙古、河北、河南、山西、山东、江苏、甘肃、陕西、青海、云南、贵州、四川、广东、广西、福建、台湾等省区。

［用　途］　果实可生食，味酸

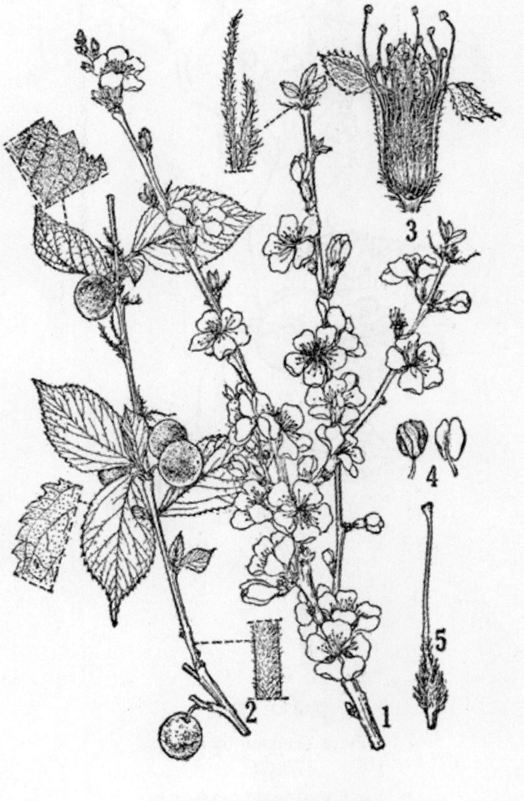

图 436　毛樱桃

Prunus tomentosa Thunb.

1. 花枝；2. 果枝；3. 花的纵剖面；4. 花药；5. 雌蕊。

（自“江苏南部种子植物手册”）

甜，富浆汁，能酿果酒，酒色鲜红，品质较好。

树皮含鞣质。种子含脂肪油（见“油脂类”，786页），又供药用（见“药用类”，1751页）。

［理化性质］　据山东省资料：果实含糖11.6%，还有大量的胡萝卜素、硫胺素、核黄素、尼克酸及维生素丙等。

［采收处理］　果熟后摘下，装入筐篓，不要装过多，以免压破果实损失浆汁，一般每筐装12.5公斤为宜。

［加　　工］　参阅总论（436页）浆果类酿酒方法。

123 火把果（huobaguo）（图897）

［学　　名］　**Pyracantha fortuneana** (Maxim.) Li [*P. crenato-serrata* (Hance.) Rehd.]　蔷薇科

（地方名、形态特征、生长环境、产地及其他用途见“鞣料类”，1122页）

［用　　途］　果实含糖，味甜稍酸涩，可生食，或酿酒。

［采收处理］　9～10月果熟后采收，置于阴凉通风处阴干。

［加　　工］　与一般酿酒方法同。

124 棠梨（tangli）（图437）

［地 方 名］　杜梨（山东）

［学　　名］　**Pyrus betulaefolia** Bge.　蔷薇科

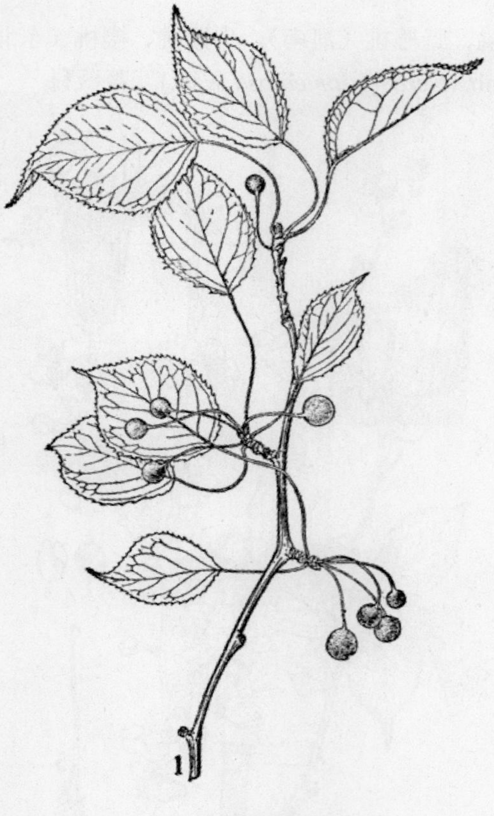

图437　棠梨
Pyrus betulaefolia Bge.
果枝
（自“江苏南部种子植物手册”）

［形态特征］　落叶乔木，高4～10米；树皮灰褐色，纵裂，不剥落；幼枝黑褐色，被绒毛，有时具刺。单叶互生，卵形或椭圆状卵形，长4～11厘米，宽2～5厘米，先端长渐尖，基部阔楔形或近圆形，边缘锯齿尖锐，表面深绿色，无毛，背面暗绿色，初时有绒毛；叶柄长2～5厘米。花白色，直径2～3.3厘米；先叶开放，8～10朵，成伞房花序；花梗长1～2.5

厘米；花萼5裂，裂片披针形，有**密绒毛**；花瓣5，倒卵形，先端圆形，基部狭小；雄蕊多数，**花柱2～3**。**梨果球形**，直径1～1.6厘米，褐色，有白色斑点，**萼脱落**。花期4～5月，果期10月。

［生长环境］ 喜生于荒郊、田坎、山脚、路边和村旁。

［产　　地］ 江苏、浙江、湖北、江西、河南、山东、山西、甘肃、陕西、河北等省。

［用　　途］ 果实可酿酒。

木材致密可制家具，树皮含鞣质可提制栲胶。

［理化性质］ 据陕西省资料：果实含糖总量19.62%，水分50.93%；树叶含多量粗蛋白质。

［采收处理］ 果熟后，连果柄一起摘下，置阴凉通风之处备用。但不要堆积过高以防发热霉烂。

［加　　工］ 棠梨果熬糖的方法是：先将果实粉碎，去核及果柄等，然后按原料汁液比例加入清水5～7.5公斤，倒入锅内，进行熬煮1.5～2小时，即可停火。为了提高产品质量可进行一次过滤，除去杂质，再行熬煮，至锅内汁液达到沸点时，立即按每50公斤汁液加入苏打10片，再用微火熬煮15～20分钟以后锅内出现金黄色透明的小花泡为止，将浓液倒在凉盘上散热，冷却即凝成为棠梨糖。采用此办法熬糖，每50公斤汁液可熬糖8.5～9.5公斤。酿酒方法参阅山楂（521页）。

125 豆梨(douli)(图438)

［学　　名］ **Pyrus calleryana** Decne. 蔷薇科

［形态特征］ 落叶乔木或灌木，高可达9米；树皮灰黑色；小枝光滑；冬芽有细毛。单叶互生或于短枝上簇生，阔卵形至卵圆形，稀长圆形，长4～8厘米，宽3.5～5.5厘米，基部圆形至阔楔形，先端短锐尖，边缘有圆钝锯齿，两面无毛；叶柄长2～4厘米。伞房花序呈总状，有花6～12朵，无毛，花梗长1.5～3厘米，花直径2～2.5厘米；萼片5，披针形，稍

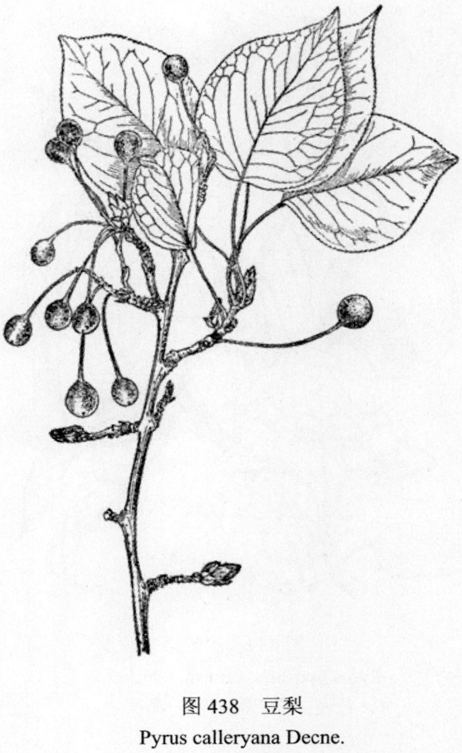

图438 豆梨
Pyrus calleryana Decne.
果枝
（自“江苏南部种子植物手册”）

短于萼筒，外面无毛，内面有稀毛；花瓣5，卵圆形，白色有短爪；雄蕊20，稍短于花瓣；花柱2，稀为3，基部无毛。**梨果球形**，直径约1厘米，黑褐色，有斑点，**萼脱落**；果柄细长。种子黑褐色。花期4～5月，果期9～10月。

［生长环境］　喜温暖潮湿气候，常生于溪旁、路边及杂木林中。

［产　　地］　广东、江西、浙江、江苏、山东、河南、陕西、甘肃等省。

［用　　途］　果实成熟后可食，亦能酿酒。

此外，本种常作梨树砧木。

［理化性质］　果实含水分75～80%，含糖量15～20%。

［采收处理］　10月间果熟时采收。

［加　　工］　酿酒方法参阅山楂（521页）。

126 沙梨（shali）（图439）

［地 方 名］　石梨树、乌梨（浙江）

［学　　名］　**Pyrus pyrifolia** (Burm.) Nakai　蔷薇科

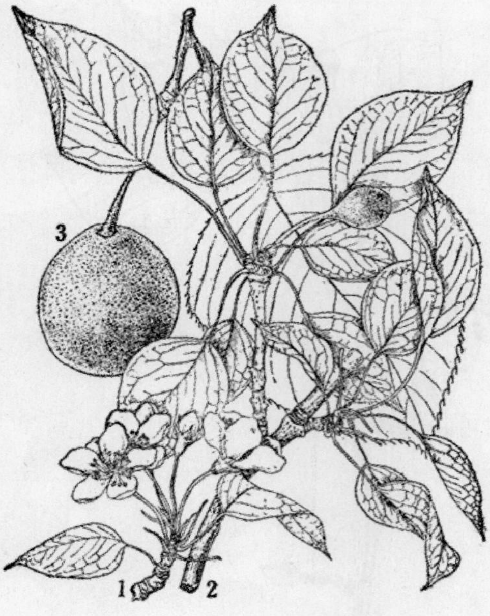

图439　沙梨
Pyrus pyrifolia（Burm.）Nakai
1. 花枝；2. 果枝；3. 梨果。

［形态特征］　落叶乔木，高可达15米；小枝光滑，幼时有茸毛，二年生枝紫褐色，具皮孔；芽细而尖锐，长约1厘米，鳞片卵形，除边缘外均平滑无毛。单叶互生，叶片卵状椭圆形或卵圆形，长5～13厘米，宽4～8厘米，先端突尖或尾状长尖，基部圆形至近心形，**边缘锯齿细而锐利，呈刚毛状**，两面无毛或幼时具毛；叶柄长3～4厘米，光滑或幼时有毛。花序伞房状，无毛，通常有花6～9朵；花梗长3～4厘米；萼裂片三角状卵形，先端长尖，长为萼筒的两倍，缘有腺质锯齿，外面无毛，内面基部具黄毛；花瓣白色，卵形，先端有不规则缺刻，基部有短爪；雄蕊约20，长为花瓣的1/2；**柱头5或4**，无毛，与雄蕊等长。梨果近圆形，罕倒卵形，直径约3厘米，褐色，具青白色小点，果肉稍硬，顶端无残留萼。种子楔状卵形，稍扁平，长8～10毫米，黑褐色。花期3～4月，果期9月。

［生长环境］　多生长在山沟、路旁或较暖的山坡上，在海拔800米左右地方最多，

1500 米的高山上亦有生长。

［产　　地］　河北、河南、山东、湖北、浙江、江苏、安徽、江西、四川、贵州、云南等省。

［用　　途］　果实味甜稍酸涩，可生食。河南鲁山县群众常大量采集蒸煮食用；亦可酿酒、制醋和制果脯等。

叶晒干或烘干后可代茶，有明目之效。此外，本植物可作苹果的砧木，故各苗圃、林场培育很多。

［理化性质］　据河南省资料：果实含糖量 15～19%。

［采收处理］　10 月间果实成熟时采摘。

［加　　工］　酿酒方法参阅山楂（521 页）。

［其　　他］　用种子繁殖，在秋末冬初经过层积处理后即可进行播种。

127 酸梨（suanli）

［学　　名］　**Pyrus serrulata** Rehd.　蔷薇科

［形态特征］　落叶乔木，高 3～5 米。单叶互生，革质，卵圆形，长约 5 厘米，先端急尖或渐尖，基部圆形或阔斜形，**边缘具细浅锯齿**，两面皆光滑；叶柄纤细，长 3～5 厘米。花排成伞房花序，白色，直径约 2.5 厘米；花梗粗壮，长 1～2 厘米；萼片及花瓣皆为 5；雄蕊 20～30；**花柱 3～4**，稀 5，与雄蕊同长，基部有疏毛。梨果近圆球形、半球形或倒卵形，直径 15～1.8 厘米，**褐色**，密生灰色斑点，**萼片脱落或一部分宿存**。花期 4～5 月，果期 7～8 月。

［生长环境］　阳坡灌木林内，也常见于村落附近。

［产　　地］　四川、湖南、湖北、陕西、甘肃、青海等省。

［用　　途］　果实味酸，生食或供酿酒。又为梨的良好砧木。

［理化性质］　据陕西省资料：果实含水分 75～80%，糖分 5～10%。

［采收处理］　7～8 月果熟后采摘。鲜食可将果装在瓷坛内密封 3～5 天，使果质变软，酸味转甜，惟不宜久存。新鲜果可酿酒和榨取果汁制露酒，亦可切片晒干，酿造白酒或作醋。

［加　　工］　甘肃武山酒厂制酒方法：首先把酸梨切片晒干，磨成小麦大的颗粒，加入 25%的温水，拌匀上甑，蒸熟出甑，再加入适量开水，用铣拌匀散热，加入 30%的酒曲下窖，发酵 12 天后即可出窖蒸馏。

128 花盖梨（huagaili）（图 440）

［地 方 名］　山梨、秋子梨（东北、河北）

［学　　名］　**Pyrus ussuriensis** Maxim.　蔷薇科

［形态特征］　落叶乔木，高 10～15 米。树皮暗灰色，粗糙；嫩枝有绵毛，老枝

无毛。单叶互生或于短枝上簇生，革质或近革质，阔卵形、椭圆形或近圆形，长 5～10 厘米，宽 3.5～8 厘米，先端骤尖、短尖或长渐尖，基部圆形或微心形，**边缘具针状锯齿**，两面无毛，略有光泽；叶柄长 2～6 厘米。花 6～12 朵集生于短枝上，白色，直径 2.5～4 厘米；萼片三角形，先端尖，边缘有绒毛；花瓣 5；花柱基部分离。**梨果近球状**，直径 2.5～6 厘米，黄绿色，通常带红色斑点，果皮稍硬，果肉含石细胞较多，**具宿存花萼**。花期 5 月，果期 9～10 月。

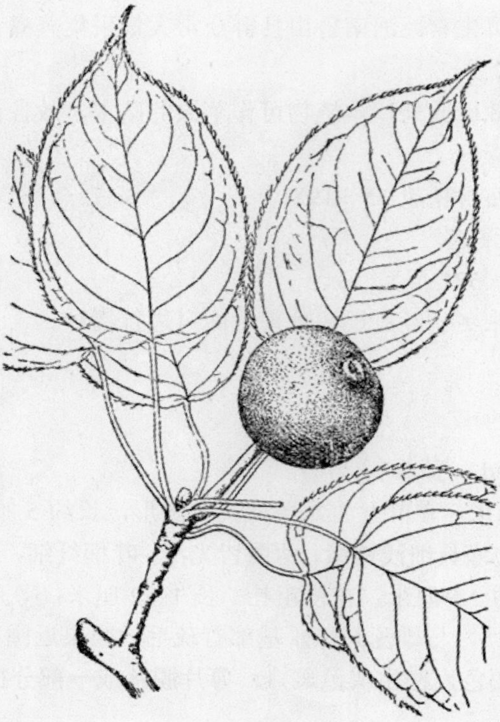

图 440 花盖梨
Pyrus ussuriensis Maxim.
果枝

［生长环境］ 杂木林内、林缘及路旁灌木丛中，河谷两侧也多生长。

［产　　地］ 辽宁、吉林、黑龙江、内蒙古、河北、陕西、河南、山西等省区。

［用　　途］ 果可生食，或酿造果酒。初熟时酸涩味较重，熟后果肉变软，味转酸甜。

叶及果实供药用。材质坚细，可作各种精细家具。种子可榨油（见“油脂类”，786 页）。本种亦为蜜源植物，又是梨的优良砧木。

［理化性质］ 据吉林省资料：果梗占全重 0.34%，果渣 49.45%，出汁率 37.5%；果汁含总酸 2.26%，糖分 5.54%，鞣质 0.29%。

［采收处理］ 9～10 月间果实成熟时采摘，最好是熟至八九成时即采。先进行分选，把青果挑出，再贮存几天，使其后熟，增加香味及糖分。

［加　　工］ 原酒制造过程如下：为了提高酒的品质，采取分离发酵法，即将分选的果实进行压榨，取得果汁入池。因梨经发酵最易产生挥发酸而引起杂菌繁生，故应事先加入亚硫酸水（在密闭木桶内燃烧 20 克硫磺，溶于 20 公斤水中），进行灭菌，再加酵母液 5%，按发酵到 12 度酒计算加糖（即酒精度每提高 1 度需加糖 1.8%），分两次加入，温度保持 18～20℃，时间 35～40 天，待残糖降到 0.5～1.5%时进行分离，然后贮藏，即为 1 号原酒。在制造 1 号原酒时所剩的果渣，加水 30%，浸泡 2～3 天后进行分离，其汁按 10 度酒计算加糖发酵，按上述工序即得 2 号原酒。原酒贮藏 2～3 年后，经过配料即成果酒。

129 山刺玫（shancimei）（图 441）

［学　　名］ **Rosa bella** Rehd. et Wils. 蔷薇科

［形态特征］ 落叶灌木，高达 3 米；茎具细长直刺，基部有刺毛。小叶 7～9，椭圆形或卵形，长 1～2.5 厘米，先端尖或钝头，单锯齿，背面灰白色，除中脉上具有柄腺外，余均光滑；上部托叶宽大，具腺缘毛。花 1～3 朵集生，鲜玫瑰红色，直径 4～5 厘米；花梗长 5～10 毫米，与花托均具有柄腺；萼片尾状，先端叶形，全缘。果实椭圆形，长 1.5～2 厘米，深红色，顶端渐细成颈状。花期 5～7 月，果期 8～9 月。

图 441　山刺玫
Rosa bella Rehd. et Wils.
花枝

［生长环境］ 喜生于山地灌丛内或林缘地带。

［产　　地］ 陕西、甘肃、青海、山西、河北、云南等省。

［用　　途］ 果实含有糖分，可作酿酒原料。

花气味清香，可制玫瑰酱和高级糕点馅；并可提取芳香油或供药用。

［采收处理］ 在花期摘取花朵，放在筐内，不能用袋子装，以免损坏，降低质量。果实熟时用手摘下，或用剪取之，除去种子，用以酿酒。

［加　　工］ 采来的花瓣装在缸内，加盐、矾混合水搅拌均匀（每 50 公斤水加 13 公斤盐，再加占盐水 1%的矾）。即 2.5 公斤花放 2.5 公斤盐、矾混合水浸泡，即为半成品。经过几天后，花瓣水分逐渐消失，加糖即为成品。可加工玫瑰酱，做高级点心馅用。

酿酒方法：将果实碾细，放在锅中加水煮 1～2 小时，捞出滤去水，摊开至 33℃时放曲。下曲后再凉至 28～29℃，可装箱糖化，约 20 小时，温度上升 40℃时，出箱装桶发酵。在装桶时应用酵母（配糟），进桶时温度在 27℃，最高不超过 30℃，装桶后一天内温度稍有下降，但以后温度逐渐上升至 38～40℃，待二、三日后温度慢慢下降，四、五天后，通过蒸馏，即成玫瑰酒。

［其　　他］ 用种子繁殖，春季播种。

130 大卫蔷薇（daweiqiangwei）（图 901）

［学　　名］ **Rosa davidii** Crép. 蔷薇科

（地方名、形态特征、生长环境、产地及其他用途见“鞣料类”，1127 页）

［用　　途］　果实可食，也可酿酒。

［采收处理］　果实成熟时采收，即可酿酒，或切开晒干贮存备用。

［加　　工］　酿酒方法参阅黄刺玫（542 页）。

131 达乌里蔷薇（dawuliqiangwei）（图 902）

［学　　名］　**Rosa davurica** Pall.　蔷薇科

（地方名、形态特征、生长环境、产地及其他用途见“鞣料类”，1128 页）

［用　　途］　果实含多种维生素，营养价值高，成熟后果肉变软而味甜，可生食；果胶含量较多，可作果糕；含糖量也多，可以酿酒、制果酱、果泥等。花香味浓，加工成玫瑰酱，供制高级点心或糖果馅用。

［理化性质］　果实中含糖和丰富的维生素。

［采收处理］　果实成熟后采收。花应在 6～7 月盛开时选择晴天采集，然后摊放在筐内，置于架上，下面用木炭小火徐徐烘干，使其保持原色，再装袋贮存在装有石灰的缸内，密闭保存。

［加　　工］　果实酿酒方法参阅黄刺玫（542 页）。用花制糖玫瑰时，可先用盐水泡一下，加 50%糖，即成“原色糖玫瑰”；用铲子将花铲碎，再加 40%的糖进行发酵，经过 40 天即成“玫瑰酱”。

132 黄蔷薇（huangqiangwei）

［地 方 名］　鸡蛋黄花（山东），大马茹（甘肃）。

［学　　名］　**Rosa hugonis** Hemsl.　蔷薇科

［形态特征］　落叶灌木，高达 2.5 米；枝拱曲，刺扁直，新枝上有刺毛。奇数羽状复叶互生，小叶 5～13，卵形或椭圆形，长 8～20 毫米，先端钝，有时微尖，边缘锯齿细。花单生于短枝上，淡黄色，直径约 5 厘米；花梗长 1.5～2 厘米，与花托均无毛。果实扁球形，直径约 1.5 厘米，深红色。花期 4～6 月，果期 7～9 月。

［生长环境］　山地灌丛林内或林缘地带。

［产　　地］　陕西、甘肃、山东、山西、四川等省。

［用　　途］　果实可酿酒。本种因花期早，而且较长，故多植为绿篱。

［采收处理］　果熟时最好用剪摘取，放于通风干燥处，切勿堆放过厚或踩压，必须经常检查翻晾。

［加　　工］　酿酒法参阅黄刺玫（542 页）。据山西省资料：出酒率约 21%。

［其　　他］　秋季扦插，成活率很高。

133 金樱子（jinyjngzi）（图 442）

［地 方 名］　糖罐子、糖利枢、灯笼果、鸭板子、刺梨子、山鸡头（湖南），茨梨、白玉带、山鸡头子（四川），糖刺果、红根（湖北），塘莺、藤安刺（广东），黄茶瓶、金樱果（广西），蜂糖罐、美人脱衣（贵州），山石榴（河南），糖桔子、野石榴（江苏），油瓶子（安徽），刺猪、刺橄榄、草鞋铧（福建），刺糖瓶、糖糖瓶、刺瓶果、棉花锤、鸡头刺、刺棚果（浙江）。

［学　　名］　**Rosa laevigata** Michx. (*R. sinica* Ait.)　蔷薇科

［形态特征］　常绿攀援藤本，高达 5 米；茎红褐色，无毛，有倒钩状皮刺。三**出复叶**互生；小叶革质，椭圆状卵圆形至卵圆状披针形，顶生小叶长 4～7 厘米，宽 2.5～4 厘米，侧生小叶较小，先端短尖，基部近圆或阔楔形，边缘有小而锐利的锯齿，表面光亮绿色，无毛，叶柄和小叶背面中脉上无刺，或有疏刺；叶柄长 1～2 厘米，有褐色腺点细刺；托叶中部以下与叶柄合生，其分离部线状披针形。花单生子侧枝先端，直径 5～8 厘米；花序梗粗壮，长达 3 厘米，与萼筒同被直刺；萼片 5，尾状长尖，其中有些先端扩大成叶状，被腺毛；花瓣 5，白色，倒阔卵形；心皮多数，分离，着生于萼筒内，有胚珠 1 颗，花柱近顶生，分离，突出于萼筒外。**果近球形**或倒卵形，长 2～4 厘米，宽约 1.5 厘米，**有直刺，顶端具长**而**扩展或外弯的宿萼**，内含骨质瘦果多颗。花期 5 月，果期 9～10 月。

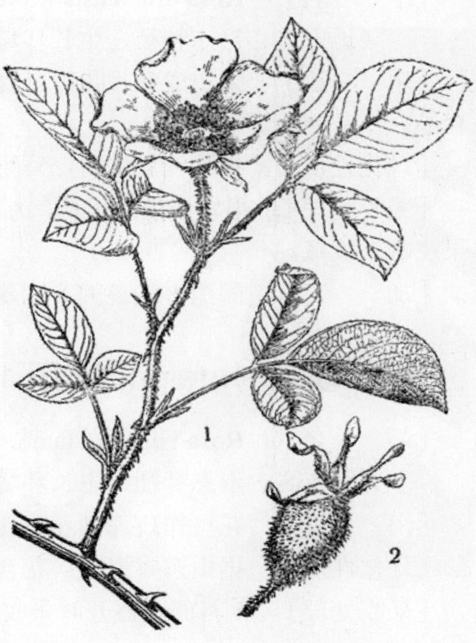

图 442　金樱子
Rosa laevigata Michx.
1. 花枝；2. 果。

［生长环境］　常生于旷野丘陵地灌木丛中，喜阳光。

［产　　地］　河南、湖南、湖北、江苏、浙江、安徽、福建、台湾、江西、四川、贵州、广东、广西等省区。

［用　　途］　果实可熬糖及酿酒，每 500 公斤可产糖 11.5 公斤或 50 度白酒 12.5 公斤；亦可作酱油。

果实可供药用（见“药用类”，1752 页）。根皮可提栲胶（见“鞣料类”，1130 页）。

［理化性质］　果含丰富的糖类及淀粉。据江苏省资料：用金樱子制成的饴糖，经分析含有还原糖 60%，果糖 33%，蔗糖 1.9%及少量淀粉。

据轻工业部科学研究设计院分析：果实含维生素丙 1500.53 毫克/100 克（2，6-二氯靛酚滴定法），1470 毫克/100 克（2，4-二硝基苯肼比色法）。

［采收处理］ 果熟后采收。

［加　　工］ 制糖法：把果实用布袋包起，搓去果外刺毛，然后置于石臼内捣碎，放入铜锅内煎熬，到糖质溶解时，滤去渣，用水澄清，剩下的液体放在锅内再熬，直到汁水变红，用筷子挑起有丝状胶汁时，取出冷却即成。

134 峨眉蔷薇（emeiqiangwei）（图 905）

［学　　名］ **Rosa omeiensis** Rolfe　蔷薇科

（地方名、形态特征、生长环境、产地及其他用途见“鞣料类”，1131 页）

［用　　途］ 果实成熟时味甜可食，又为酿酒原料；果肉晒干后磨碎，掺面粉可作食品。

［理化性质］ 据陕西省资料：鲜果含水分 60～65%，又含糖类。

［采收处理］ 果实成熟时采摘，为加速其干燥时间，采后可将果实剖开压去果核，将果皮晒干收藏。

［加　　工］ 酿酒方法参阅黄刺玫（本页）。

135 玫瑰（meigui）（图 1074）

［学　　名］ **Rosa rugosa** Thunb.　蔷薇科

（地方名、形态特征、生长环境、产地及其他用途见“芳香油类”，1355 页）

［用　　途］ 花可作玫瑰酒和玫瑰酱。

［理化性质］ 据山东省资料：花含有芳香油、没食子酸及葡萄糖等。

［采收处理］ 5 月间花盛开时采收最好，早期采和晚期采质量较次，采下后应即时加工。

［加　　工］ 1．玫瑰酱加工法：将纯净花瓣倒入箩筐中，加糖揉搓，每 50 公斤鲜花用糖 50 公斤，搓到成团装篓用纸封口；2．玫瑰露酒加工法：一般在选料后采取浸泡配制等方法。

136 黄刺玫（huangcimei）（图 443）

［地 方 名］ 大马茹子、野蔷薇（山西）

［学　　名］ **Rosa xanthina** Lindl.　蔷薇科

［形态特征］ 丛生灌木，高约 3 米；枝红褐色，具直而扁的硬刺，灰色。奇数羽状复叶互生；小叶 7～13，阔卵形至近圆形或椭圆形，长 8～12 毫米，边缘有细齿，背面幼时有长毛；托叶与叶柄相连，成狭翅状。花单生于当年生小枝顶端；花梗无毛，圆形；萼绿色，狭尖，全缘；花瓣黄色，单瓣或重瓣，倒心形。果圆形，直径约 1.5 厘米。

花期4～5月，果期6～7月。

［生长环境］ 多生长于山间及山麓。

［产　　地］ 辽宁、吉林、黑龙江、河北、山东、山西、甘肃等省。

［用　　途］ 果实可酿酒或食用。

茎皮纤维可制人造棉（见“纤维类”，133页）。果实含维生素（见“其他类”，2078页）。

［采收处理］ 本种植物多刺，采收时宜用剪子剪下。采回后放于干燥通风处，防止踩压，不可堆积过厚。并应经常翻晾，以防发霉。

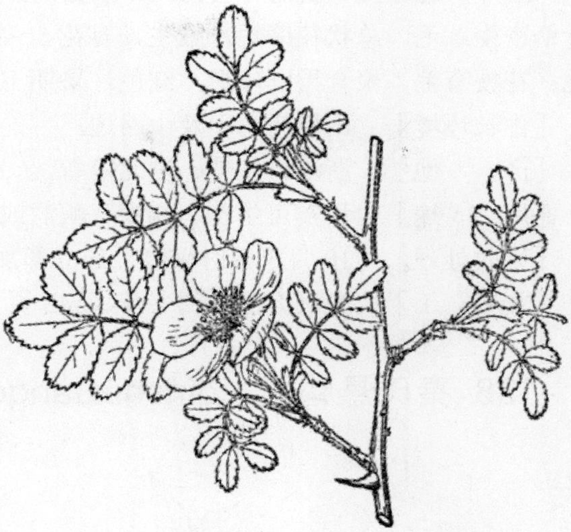

图443 黄刺玫
Rosa xanthina Lindl.
花枝

［加　　工］ 据山西省资料，酿酒方法如下：1．选料与粉碎：将采回的果实精选，除去枝、叶与果核（瘦果），再行粉碎。2．发酵与蒸馏：粉碎好的原料，每100公斤加入冷水60公斤，拌匀，经12小时后，再加入5%的糠拌匀，放入甑中蒸1小时，使变成紫红色或黑红色而带有粘性即可，然后将蒸好的原料取出，加入70%的冰水，加糠15公斤左右，搅拌，待温度下降至30℃时，每公斤应加曲60克，拌匀后入缸发酵，密封缸口，经10～12天出缸，入甑蒸馏。蒸馏一次，难以使酒出尽，应进行第二次蒸馏，于第一次蒸馏出甑的糟杯温度降至30℃时，加曲30克，搅拌均匀，入缸发酵达7～9天，即可复酿。

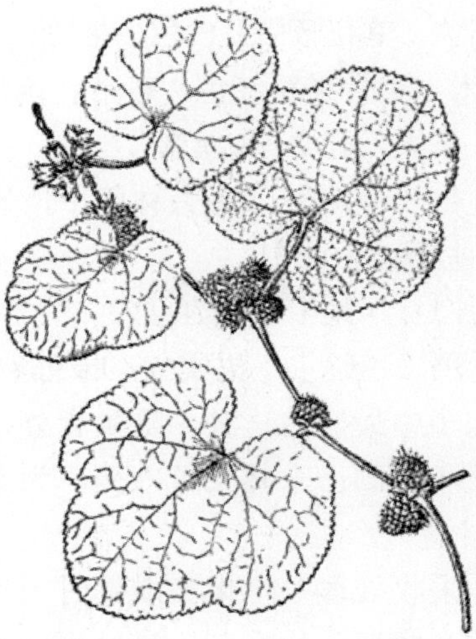

图444 寒莓
Rubus buergeri Miq.
具有花果枝的一部分

137 寒莓（hanmei）（图444）

［地 方 名］ 猫儿苙、虎脚苙、聋朵公、咯咯红（浙江）

［学　　名］ **Rubus buergeri** Miq. 蔷薇科

［形态特征］ 常绿蔓性小灌木；茎常斜卧，高约30厘米，多绒毛，无刺；匍伏枝有长至2米者，常伏地生根，产生新的植株。单叶

互生，**圆形，边缘浅 5 裂而有锯齿，先端圆钝**，基部心形，表面绿色，近于无毛，背面及叶柄密生茸毛。**总状花序短，腋生**，有花 5～10 朵；花白色；萼片 5，内外面均密生绒毛；花梗有毛。聚合果圆球形，红色。果期 10～11 月。

［生长环境］　山坡树荫下及山路边。

［产　　地］　浙江、江苏、湖北等省。

［用　　途］　果实可生食、制糖、酿酒或作饮料。

［采收处理］　10 月果熟时采收，应立即加工以防腐烂。

［加　　工］　酿酒方法参阅茅莓（548 页）。

138 秦氏悬钩子（qinshixuangouzi）（图 445）

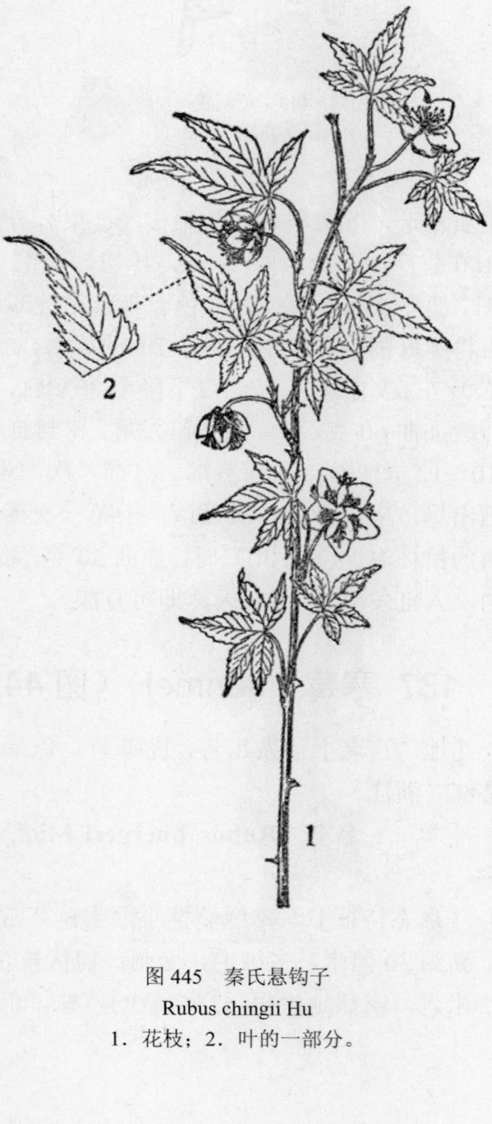

图 445　秦氏悬钩子
Rubus chingii Hu
1．花枝；2．叶的一部分。

［地 方 名］　大号角公、牛奶母（浙江）

［学　　名］　**Rubus chingii** Hu　蔷薇科

［形态特征］　灌木，高 2～3 米；枝细长，新抽枝条可达 3 米，嫩枝及叶柄略被白粉，有弯形针刺。单叶互生，**指状 5 裂**，稀 3 裂，基部宽阔，分裂特别深，裂片卵状披针形，中部宽，边缘具重锯齿。**单花腋生**，白色，花梗长 3～3.5 厘米。聚合果粉红色，略带乳黄，长圆形，果大，长 2～3 厘米。

［生长环境］　溪旁林荫下，岩石边或山坡稀疏的林中。

［产　　地］　浙江省

［用　　途］　果实大，味甜多汁，为悬钩子中最好的一种，除生食外，还可制糖和酿酒；未熟果可入药，为强壮剂。

［采收处理］　果实成熟时采摘，因小枝和叶柄上均有刺，最好用剪刀取果。采回后除去果柄和杂质，洗净，即可供作酿酒用。

［加　　工］　酿酒方法参阅桑（497 页）。

139 山莓（shanmei）（图 446）

［学　　名］　**Rubus corchorifolius** L. f.　蔷薇科

［形态特征］　落叶灌木；茎直立，具吸根，有钩刺，幼时有绒毛。**单叶互生，卵形至卵状披针形**，长 3～8 厘米，宽 2～4 厘米，基部近心形，先端锐尖，边缘有不规则锯齿，有时 3 浅裂，基脉三出，表面脉上有柔毛，背面有灰色绒毛，中脉及叶柄常有小钩刺；叶柄长约 5～15 毫米；托叶线形，附着叶柄上。**花单生或数朵生于小枝上**；萼片 5，外面有毛；花瓣 5，白色，长圆形，较萼片稍长；雄蕊多数，分离；心皮多数，分离，生于一隆起的花托上；花托短，长圆形，肉质，着生多数鲜红色小核果。花期 3～4 月，果期 5～6 月。

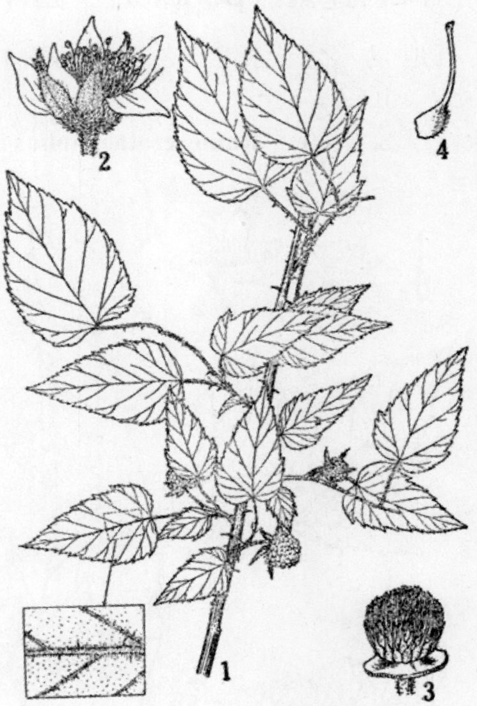

图 446　山莓
Rubus corchorifolius L. f.
1．果枝；2．花；3．雌蕊和花托；4．雌蕊。
（自“江苏南部种子植物手册”）

［生长环境］　向阳山坡、溪边或灌木丛中。

［产　　地］　河北、陕西、江苏、福建、江西、广东、云南、贵州等省。

［用　　途］　果实成熟时味甜美，可生食、制果酱或酿酒。

［理化性质］　据江西省化验资料：果实含糖 5.1%，苹果酸 0.59%及柠檬酸等。

［采收处理］　果实成熟时采摘，除去杂质，即可食用、制果酱或果酒。

［加　　工］　制果酒方法参阅茅莓（548 页）。

140 插田藨（chatianbiao）（图 1350）

［学　　名］　**Rubus coreanus** Miq.　蔷薇科

（地方名、形态特征、生长环境、产地及其他用途见“药用类”，1753 页）

［用　　途］　果实多汁，味酸甜，可熬糖、酿酒和制醋。

［理化性质］　果实含 Ellagic acid（$C_{14}H_6O_8$）、枸橼酸、维生素丙及糖类。

［采收处理］　果实成熟时采收，将鲜果及时酿酒，或榨出液汁熬糖及制醋等用。

［加　　工］　酿酒方法：将选择好的果实，用清水洗净，将果捣成浆状，用亚硫

酸杀菌后，加少量的酵母液，进行发酵，约有7～10天，即可取出压榨出的液汁，经静置澄清，即为味美可口的果子酒。

［其　　他］　可用插枝、分根移植及种子繁殖。

141 蓬藟（penglei）（图447）

［地 方 名］　托盘（东北、内蒙古），马林果（东北），安门头、红眼耳、菠罗盘、拉午珠（山东）。

［学　　名］　**Rubus crataegifolius** Bge.　蔷薇科

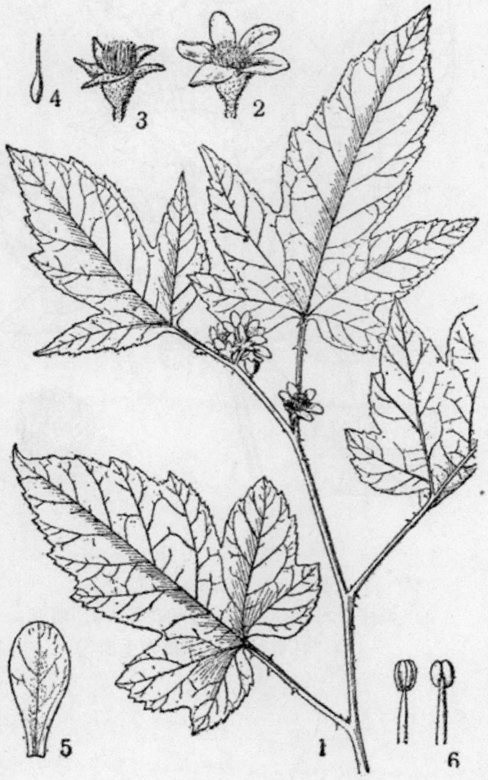

图447　蓬藟

Rubus crataegifolius Bge.

1. 花枝；2. 花；3. 花去掉花冠；4. 雌蕊；5. 花瓣；6. 雄蕊（腹背面观）。

［形态特征］　落叶灌木，高达3米；茎上有刺，具凹沟，赤褐色，幼时有毛，分枝多近顶端。**单叶互生，掌状3～5裂**，长5～12厘米，基部心形，花枝上叶稍小，裂片卵形至卵状披针形，先端尖，罕锐尖或钝，边缘有不规则粗锯齿，表面具柔毛，背面脉上有柔毛及刺；叶柄长2～5厘米，有刺。**花序伞房状集生枝端**；萼片卵形，多向外卷；花瓣白色，椭圆形，花盘有毛。果为聚合核果，球形，熟时深红色，多汁；小核果甚小，半球状。花期6月，果期8～9月。

［生长环境］　喜生山地灌丛中或林缘地带。

［产　　地］　辽宁、黑龙江、吉林、内蒙古、河北、山东等省区。

［用　　途］　果可制果酒、果酱及果汁。

全株含鞣质，可提制栲胶（见“鞣料类”，1134页）。茎皮纤维可造纸及纤维板（见“纤维类”，133页）。

［理化性质］　据吉林省资料：果实含有机酸，主要为枸橼酸和苹果酸及盐类，也含有水杨酸，此外又含果胶质，糖和微量的维生素丙等。

［采收处理］　果熟时应及时采收，最好是就地加工，否则应装于桶中，加以密封再调运，以免损坏和腐烂。

［加　　工］　制果酒方法参阅草莓（523页）。

142 胡氏悬钩子（hushixuangouzi）（图448）

［地方名］　小桔公、山佛手（浙江）

［学　　名］　**Rubus hui** Metcalf　蔷薇科

［形态特征］　常绿蔓性灌木；茎生浓密棕色毛茸。单叶互生，革质，卵圆形，基部心形，先端尖，**掌状5裂**，先端裂片最大，长而尖，中间次之，下部2裂片最小，先端钝尖，表面绿色少毛，仅脉上有毛，**背面及叶柄被有浓密的棕色绒毛**。花红色，萼片外部密被黄色毛，结果后萼片内侧为腥红色。聚合果由花托膨大而成，红色，晶莹透明，多浆汁。

［生长环境］　山坡林边，矮小灌丛中，以及路旁和岩石旁。

［产　　地］　浙江、福建等省。

［用　　途］　果实可食用，味美，甜酸可口，又可熬糖或酿酒。

民间用果实作外伤敷药。

［采收处理］　果实成熟时采收，将鲜果及时加工，以免腐烂。

［加　　工］　酿酒方法参阅茅莓（548页）。

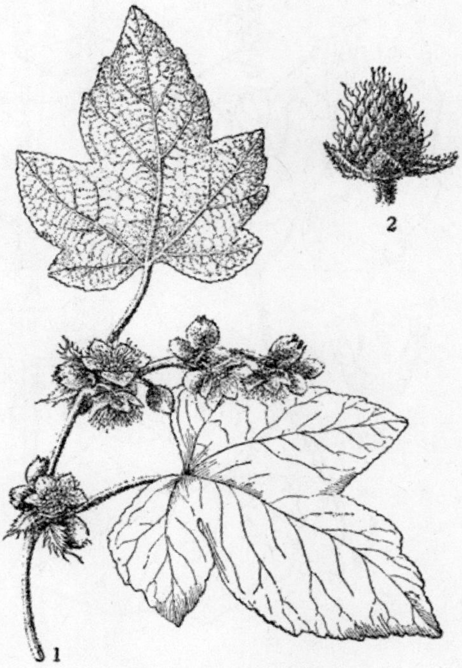

图448　胡氏悬钩子
Rubus hui Metcalf
1．花枝；2．果实。

143 高粱泡（gaoliangpao）（图449）

［学　　名］　**Rubus lambertianus** Ser.　蔷薇科

［形态特征］　半常绿散生灌木，高1～1.5米；茎有棱角，散生反曲钩刺；小枝疏生细绒毛，有灰白色皮孔。单叶互生，**阔卵形**，长6～9.5厘米，宽5～8厘米，先端钝或短渐尖，**基部深心形**，边缘有细锯齿及波状或深波状缺裂，**有时稍3裂**，表面深绿色，密生灰褐色细圆点，沿脉密生棕灰色细柔毛，背面淡绿色，沿脉密生长毛，基出3～7主脉，侧脉3～4对，在下面突出；叶柄长2～3.5厘米，有钩刺及圆形腺点。花白色，**排成顶生圆锥花序**，有细毛；花萼5，卵状三角形，先端急尖，密生细毛；花瓣5，顶

端圆，基部渐狭，稍短于萼片；雄蕊多数，花丝扁；心皮多数，分离，生于凸出花托上，每一心皮成一核果。果实小，卵形，红色，花柱宿存。花期 8～9 月，果期 10～11 月。

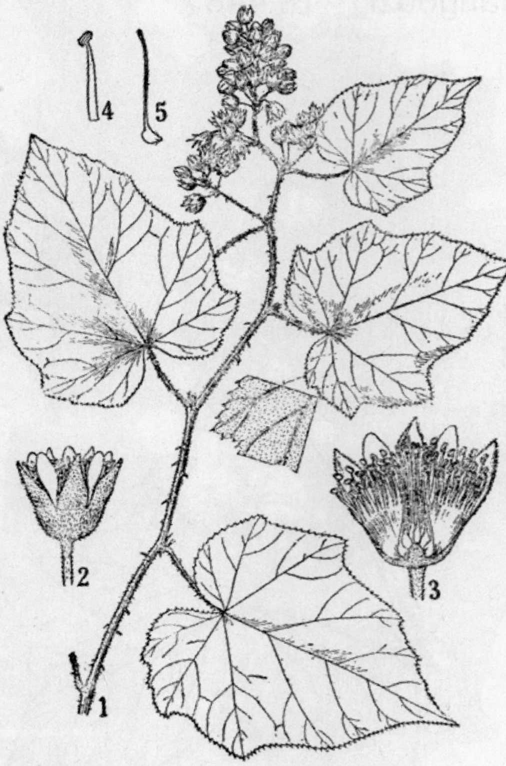

图 449　高粱泡

Rubus lambertianus Ser.

1．花枝；2．花；3．花的纵剖面；4．雄蕊；5．雌蕊。

（自“江苏南部种子植物手册”）

［生长环境］　山间、路旁、岩石间、沟旁及灌木丛中。

［产　　地］　江苏、浙江、江西、湖北、福建、广东等省。

［用　　途］　果实熟时微有香味，可鲜食或酿酒。

种子药用，亦可榨油。

［采收处理］　果熟后采摘，放置室内摊开，避免堆积霉坏或压烂。

［加　　工］　酿制果酒时，可先将果用水洗净，再搓烂或捣烂，使肉、核分离，然后根据具体情况加入适量的谷糠蒸馏白酒。

144 茅莓（maomei）（图 450）

［地 方 名］　草杨梅（湖南）

［学　　名］　**Rubus parvifolius** L. (*R. triphyllus* Thunb.)　蔷薇科

［形态特征］　落叶灌木，茎较矮，枝成拱形，具短毛和倒生皮刺。复叶互生；**小叶通常 3，顶生小叶菱状卵形**至阔卵形，侧生小叶通常倒卵圆形，较小，具浅裂，先端钝，基部阔楔形，边缘具不整齐锯齿，表面深绿色，有疏生毛，**背面密生白色短绒毛**；托叶针状，附在叶柄基部。花数朵集生于枝顶，形成**伞房花序**或短总状花序，部分腋生；萼片 5，绿色，具绒毛，开展，渐次外曲；花瓣 5，直立，阔倒卵形，较花萼长，粉红色或紫色；雄蕊多数，着生平花盘周围；雌蕊多数，花柱宿存。果实集生成球形，红色。花期 5～6 月，果期 7～8 月。

［生长环境］　多生长在向阳的山坡或山沟的两侧以及山路旁。

［产　　地］　河北、山西、陕西、湖北、湖南、江西、江苏等省。

［用　　途］　果实甜酸多汁，鲜食味美，可以熬糖、酿酒和作醋等。

叶及根皮均含鞣质，叶含 3.85%，根皮合 1.31%。鞣质的性质都属于混合类鞣质。

［采收处理］ 7～8月间，果实成熟时采收。

［加　　工］ 将大而不烂的果实酿酒，用清水洗净，捣成泥糊状，即可放于容器内进行发酵，约7～10天便可榨出果子酒。

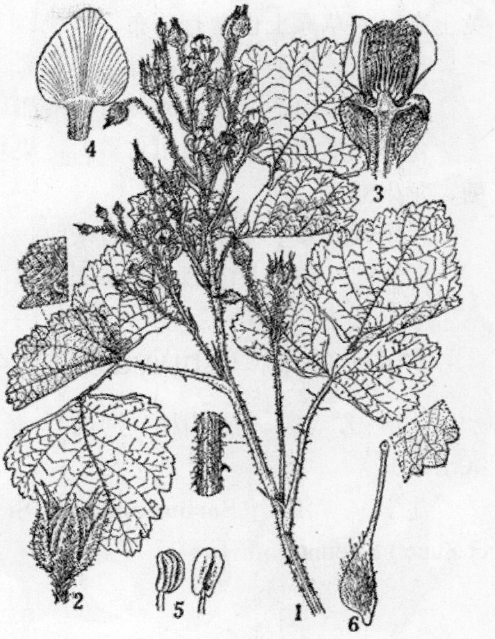

图450 茅莓

Rubus parvifolius L.

1. 花枝；2. 花；3. 花的纵切面；4. 花瓣；5. 花药；6. 雌蕊。（自"江苏南部种子植物手册"）

145 黄果悬钩子（huangguoxuangouzi）（图451）

［地 方 名］ 黄帽子（陕西）

［学　　名］ **Rubus xanthocarpus** Bur. et Franch.　蔷薇科

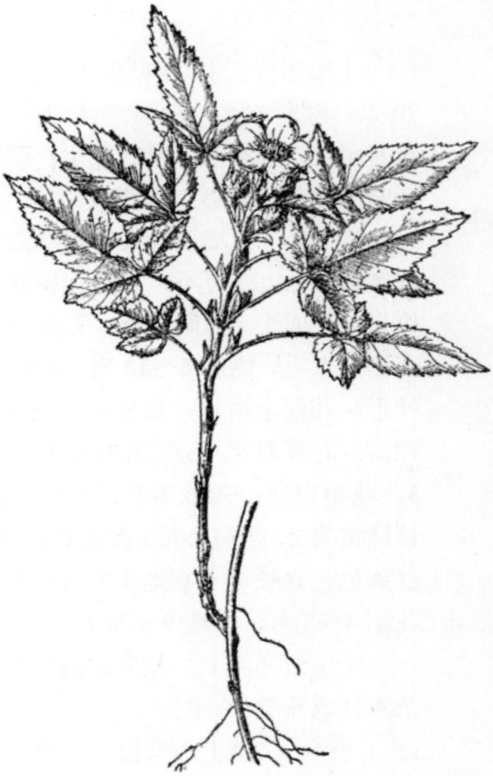

图451 黄果悬钩子

Rubus xanthocarpus Bur. et Franch.

花枝

［形态特征］ 低矮半灌木状多年生草本；茎匍生或直立，高达10～25厘米，草质，稍有角棱，每年由木质根状茎上发出新枝。**小叶3，卵状长圆形**至长圆形或椭圆状披针形，边缘锯齿不整齐，先端尖，两面均光滑，背面脉上有刺，**顶生小叶特大**，几比侧生小叶大一倍，长4～6厘米，近基部常有2浅裂；叶柄及叶轴上具钩刺；托叶叶状，披针形，长8～14毫米，有疏齿。**花序伞房状，具花1～3朵**，有疏刺；花较小；萼片卵形，先端具短尾，外面密被刺毛，内具白色柔毛；花冠白色，狭倒卵形至匙形，基部有长爪，稍长于萼片，雄蕊和雌蕊均为多数，生于凸起的花托上。小核果聚集成半长圆形，成熟时橙黄色。花期6～7月，果期8～10月。

［生长环境］ 性喜湿冷气候，常生长于山沟石砾滩地及土层较厚的地方，红土及黄土高寒的草原上也常有分布。

［产　　地］ 陕西、甘肃、青海、四川等省。

［用　　途］ 果实成熟时味酸甜可食，也能酿酒。

［理化性质］ 据四川省资料：果实含总糖量为 7～9%，其中主要成分为蔗糖、果糖、苹果酸等。

［采收处理］ 果实成熟时采收。

［加　　工］ 酿酒方法参阅茅莓（548 页）。

146 水榆（shuiyu）（图 452）

［地 方 名］ 黄山榆（河南），千筋树（湖南），山樱桃、山榆、水桃、大叶子榆（山东）。

［学　　名］ **Sorbus alnifolia** (Sieb. et Zucc.) K. Koch. [*Micromeles alnifolia* (Sieb. et Zucc.) Koehne] 蔷薇科

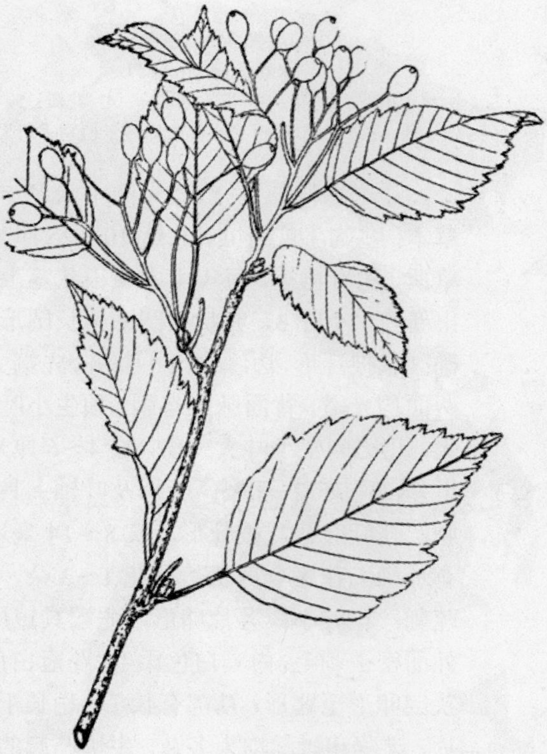

图 452 水榆
Sorbus alnifolia（Sieb. et Zucc.）K. Koch.
果枝

［形态特征］ 落叶乔木，高 5～20 米；树皮光滑，灰色；小枝无毛或稍有柔毛，赤褐色。**单叶互生**；质薄或略为草质，卵形至椭圆状卵形，长 3～10 厘米，先端短锐尖，基部圆形或宽楔形，边缘有不整齐单锯齿或重锯齿，表面无毛，暗绿色，背面光滑或稍有柔毛，**侧脉 6～13 对**；托叶披针形。花序伞房状，疏生，有花 6～12 朵，花托具柔毛；萼片和花瓣均为 5，花瓣白色；雄蕊多数，突出；花柱通常为 2，子房下位。梨果稍圆形，红黄色，直径 7～10 毫米，具长柄。花期 4～5 月，果期 9～10 月。

［生长环境］ 较阴湿的山谷，杂木林或石缝中。

［产　　地］ 安徽、江西、湖南、湖北、四川、云南、贵州、山东、河北、河南、山西、陕西等省。

［用　　途］ 果实含糖可食用及酿酒。

树皮含鞣质可提栲胶（见“鞣料类”，1143 页），又为纤维原料（见“纤维类”，133 页）；木材供建筑、车辆、家具等用。

［采收处理］ 9～10 月间果成熟时摘下，置于蒲包或箩筐中，便可运往加工厂。运输途中避免重压。

［加　　工］ 酿酒方法参阅山楂（521 页）。熬糖方法参阅棠梨（534 页）。

147 花楸（huaqiu）（图 453）

［学　　名］ **Sorbus pohuashanensis** Hedl. (*Sorbus amurensis* Koehne)　蔷薇科

［形态特征］ 落叶小乔木，高达 10 余米；树皮灰色，不裂或老时浅裂；枝灰褐色，嫩枝有柔毛；**芽较大**，卵状或圆锥状，长 0.6～1 厘米，**被白色绒毛。奇数羽状复叶**互生；托叶卵状，边缘有齿；叶轴有白毛，稀近无毛；小叶 11～17，长圆状披针形或长圆形，长 3～8 厘米，宽 1～1.8 厘米，先端尖或渐尖，基部圆形，边缘具较大的锯齿，表面暗绿色，无毛或疏生短柔毛，背面带苍白色，有白色柔毛或无毛。复伞房花序生于枝端；花白色，雄蕊多数。梨果近球形，熟时直径 6～8 毫米，红色或橙红色。花期 6 月，果期 9～10 月。

［生长环境］ 针叶林或针阔混交林的林缘及林间，阴坡、溪谷、火烧迹地及阔叶杂木林内。

［产　　地］ 辽宁、吉林（长白山）、内蒙古、河北、山西等省区。

［用　　途］ 果实可用于酿酒、制果酱、果糕、果泥、果冻、蜜饯、果汁和果醋等或干制成粉，再制成含有维生素的巧克力糖或糖果用的馅。

果实富含多种维生素，亦作药用。木材黄紫色，有红斑，质粗硬而脆，可作一般的家具以及薪炭用。花楸在初夏开白花，秋季结红果，是温带优美观赏树种之一。

［理化性质］ 果实含有多量维生素甲（胡萝卜素），含量达 8 毫克/100 克；维生素丙含量达 40～150 毫克/100 克；此外还含有糖及柠檬酸。果实可为维生素原料，或用在维生素药剂中。

图 453　花楸
Sorbus pohuashanensis Hedl.
1．果枝；2．花；3．果。

［采收处理］ 9～10 月待果实充分成熟后采摘，经过清选，用于各种加工。入药者须在干燥室或 40～60℃温度的烘炉烘干，在干燥处保存备用。

［加　　工］ 酿酒方法参阅山楂（521 页）。

148 土圞儿（tuluaner）

［地 方 名］ 九莲珠、野凉薯（湖南），九子羊、地栗子（四川），土蛋（河南），土圞儿根、佛鸡子、三叶青（浙江）。

［学　　名］ **Apios fortunei** Maxim. 豆科

［原 料 名］ 土圞儿

［形态特征］ 多年生缠绕草本。地下块根球状或卵状，土黄色。茎细长，被稀疏硬毛。奇数羽状复叶，互生，小叶 3～9，卵形或菱状卵形，长 3～5.5 厘米，宽 2～4.5 厘米，基部圆形或宽楔形，先端渐尖，具细尖，全缘，两面均有疏生硬毛；叶柄长 3.5～7 厘米，有毛；托叶线状，有毛。总状花序腋生，长 6～25.5 厘米，有短毛；苞及小苞片披针形，有毛；花黄绿色，长约 1 厘米；萼稍为 2 唇形，有短圆齿状或牙齿状萼齿，上面 2 裂，合生，微缺；花冠蝶形，龙骨瓣最长，卷为半圆，旗瓣较短，翼瓣最短；雄蕊 2 体；子房与花柱无毛，花柱卷曲，呈半圆形。荚果扁平，长约 7.5 厘米，宽 0.6 厘米。花期 6～8 月，果期 9～10 月。

［生长环境］ 一般生于海拔 1000 米以下土壤较潮湿的山坡上、灌丛内或田埂上。

［产　　地］ 河南、陕西、甘肃、湖北、湖南、浙江、江西、福建、台湾、广东、四川、贵州等省。

［用　　途］ 块根合淀粉及葡萄糖，可供食用及代替面粉作糕点，又为酿酒原料。根供药用（见“药用类”，1759 页）。

［理化性质］ 据河南省资料：块根含淀粉 35.81%，葡萄糖 2.41%，水分 55.80%。

［采收处理］ 秋后挖块根，除去茎和须根，洗去泥沙，小块可直接晒干，大块须切片晒干，用麻袋或篓筐盛装，放通风干燥处，以免受潮发霉变质。

［加　　工］ 1．制粉：将晒干及干净的块根，放在石碾上碾碎，用箩筛筛过，即成细粉。2．酿酒：把块根洗净，放在碾上碾烂，掺入 20～30%的谷糠，拌进 20%的曲，进行发酵后蒸馏，可酿成 50～60 度的白酒。

149 木豆（mudou）（图 454）

［地 方 名］ 豆蓉（广东）

［学　　名］ **Cajanus flavus** DC. [*Cajanus cajan* (L.) Millsp.] 豆科

［形态特征］　直立、分枝灌木，高1～3 米；小枝柔弱，有槽纹，被灰色小柔毛。小叶 3，长圆状披针形，长 5～10 厘米，宽 1.5～3 厘米，先端渐尖，全缘，表面被极短的小柔毛，背面较密，有不明显的腺点。总状花序腋生，具柄，有花数朵，长 3～7 厘米；花柄长于萼，被毛；花萼长约 6 毫米，被疏毛；花冠黄色，长为萼的 3 倍，旗瓣背有紫褐色脉纹。荚果长 4～7 厘米，宽 6～10 毫米，被小柔毛，先端渐尖，种子间有斜槽纹。花期 4 月。

［生长环境］　为耐旱作物之一，且极易生长，多种植于村落附近的旷地上。

［产　　地］　广东、广西等省区。

［用　　途］　种子可食或制豆腐，又可用作糕点及饱子馅。叶可作牲畜饲料。

［采收处理］　果熟时采摘，晒干去掉果荚，除净杂质，贮存于干燥处。

［加　　工］　将种子晒干磨粉即成木豆粉。

图 454　木豆
Cajanus flavus DC.
1．花果枝；2．叶。

150 毛瓣花（maobanhua）（图 455）

［地 方 名］　鸡头薯、岗菊、省俐珠、猪仔笠、山葛（广东）

［学　　名］　**Eriosema chinensis** Vog.　豆科

［形态特征］　多年生直立草本，高 15～50 厘米，仅于基部分枝，被毛，冬天地上部分枯死。**块根纺锤形**，干时黑色。单叶互生，近无柄，长圆状披针形至线形，长 2.5～6 厘米，宽 0.5～1.2 厘米，先端急尖，基部近圆形或心形，表面绿色，有散生疏长毛，背面粉绿色，有灰白色星状茸毛，中脉有锈色疏长毛；托叶线形，长 2～6 毫米。花序柄腋生，长 4～10 毫米，有花 1～2；苞片线状披针形；萼钟状，萼齿 5，近等长；花冠淡黄色，长 6～7 毫米；旗瓣卵形，基部有两耳及短爪。荚果被褐色长毛，长圆形，膨胀，长 8～10 毫米，宽约 6 毫米，顶端细尖，有 2 种子，熟时黑色，有褐色长毛。种子紫黑色，肾形，两侧扁平，种脐长线形。花期 5 月，果期 7 月。

［生长环境］　生于向阳山坡、草坡、干旱山顶及草地上。

［产　　地］　广东、广西等省区。

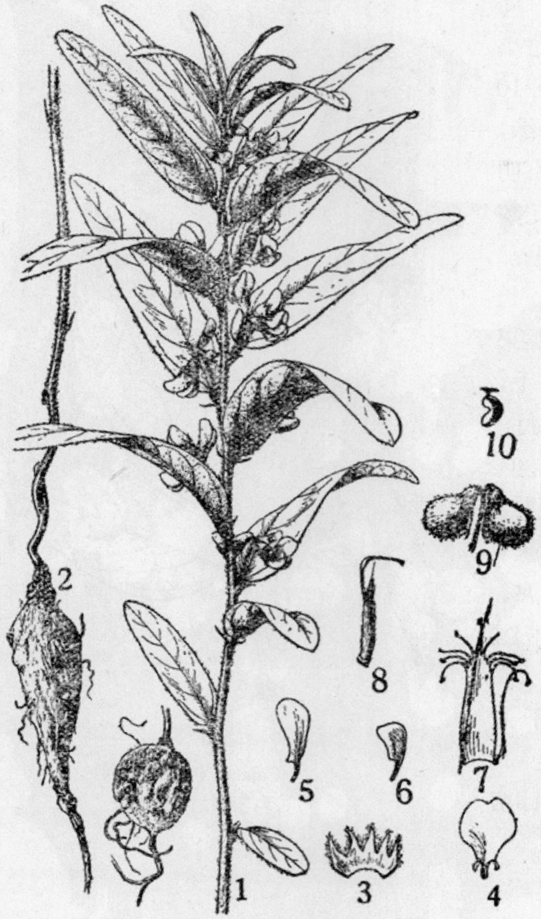

图 455 毛瓣花
Eriosema chinensis Vog.
1. 有花之枝；2. 块根；3. 展开萼的里面；4. 旗瓣；5. 翼瓣；6. 龙骨瓣；7. 雄蕊；8. 雌蕊；9. 荚果；10. 种子。
（自“中国主要植物图说，豆科”）

［用　　途］ 块根为淀粉原料，可生食或用以酿酒。

块根亦可入药，有清热解毒之效，一般能止咳、化痰润肺、滋肾并治痰火症及痢疾。

［采收处理］ 秋季挖取块根，洗净泥土。

151 米口袋（mikoudai）（图 1364）

［学　　名］ **Gueldenstaedtia multiflora** Bge. (*Amblytropis multiflora* Kitag.) 豆科

（地方名、形态特征、生长环境、产地及其他用途见“药用类”，1770 页）

［用　　途］ 根含淀粉，可以酿酒。

［理化性质］ 据山东省资料：根含淀粉 35.17%。

［采收处理］ 5～7 月间采挖根部，除去茎和须根，洗净晒干。

152 草木樨（caomuxi）（图 121）

［学　　名］ **Melilotus suaveolens** Ledeb. 豆科

（地方名、形态特征、生长环境、产地及其他用途见“纤维类”，155 页）

［用　　途］ 种子含淀粉及脂肪油等，可酿酒、造醋、作饲料，并可作成面条和制成糕点。

［理化性质］ 据甘肃省资料：种子含淀粉 29.11%，含油量 6.32%。

［采收处理］ 7～8 月间果实随熟随采割，晒干碾打去杂物即得净子，存于阴凉通风处。

153 美丽崖豆藤（meiliyadouteng）（图 456）

［地 方 名］ 山莲藕（广西）

［学 名］ **Millettia speciosa** Champ. 豆科

［形态特征］ 匍伏生灌木，长 2～3 米；枝被白色茸毛，最后脱落。羽状复叶长 15～20 厘米，有 11～13 小叶；小叶长圆状披针形，长 5～6（9）厘米，先端钝或短渐尖，表面无毛，背面有毛。总状花序通常腋生，有时成具叶的顶生圆锥花序，长至 30 厘米；花单生，长约 2.5 厘米，白色，杂有淡黄色；旗瓣基部有 2 胼胝；雄蕊成 2 体。荚果长 9～13 厘米，宽 1～2 厘米，密生茸毛，有 4～5 粒卵形种子。花期初秋，果期晚秋。

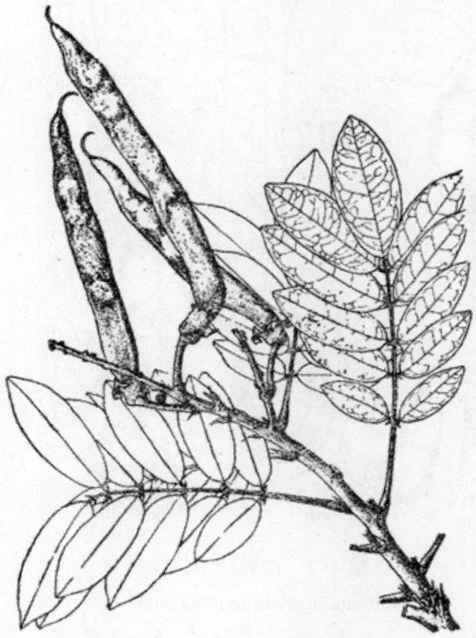

图 456 美丽崖豆藤
Millettia speciosa Champ.
果枝

［生长环境］ 一般生在山谷、路旁、平地及疏林灌木丛中。

［产 地］ 广东、广西等省区。

［用 途］ 根含淀粉，可制代藕粉和酿酒用。酒糟可作饲料。

［采收处理］ 秋后挖根，洗净剥去外皮即可。

［加 工］ 剥去外皮后，槌碎砸烂，放竹箩内，在清水缸中搅拌，粉即流出沉淀于缸中，取出再沉淀，用布袋压去水分，晒干即成代藕粉。酿酒方法与含淀粉的根状茎植物同。

154 白花油麻藤（baihuayoumateng）（图 457）

［地 方 名］ 大兰布麻（广西大苗山）

［学 名］ **Mucuna birdwoodiana** Tutch. 豆科

［形态特征］ 藤本。小叶 3 片，革质，侧二片小叶不等称而近似三角形，顶端一片小叶较尖，长圆状椭圆形或卵状椭圆形，长 7.5～16 厘米，阔 2.5～7.5 厘米，顶端长渐尖。总状花序长 30～38 厘米；花灰白色，长 7.5～8.5 厘米；萼片钟状，上面二萼齿合生；旗瓣比龙骨瓣短；雄蕊 10，组成 2 体，花药为基着药与背着药二式，子房无柄。荚果木质，有棕色短柔毛或刺毛，沿腹缝线与背缝线有锐利狭翅，长 22～38 厘米，宽约 3 厘米，种子之间稍稍紧缩，内有 5～9 粒种子。花期 4～6 月，果期 9～10 月。

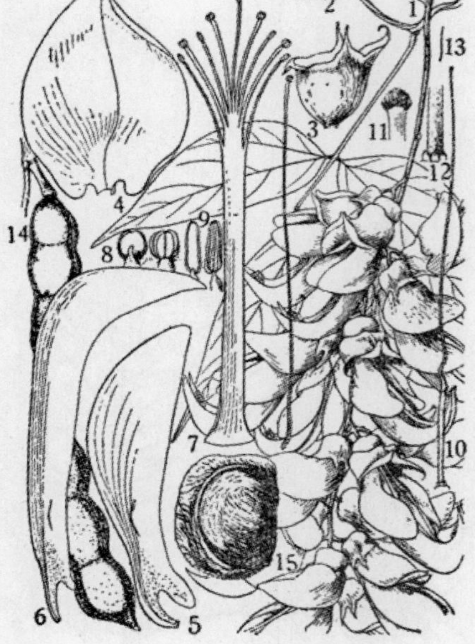

图 457 白花油麻藤
Mucuna birdwoodiana Tutch.
1．花序；2．叶；3．萼；4．旗瓣；5．翼瓣；6．龙骨瓣；7．雄蕊；8．背着花药的正反面；9．基着花药的正反面；10．雌蕊；11．柱头；12．子房基部的腺体；13．子房上毛；14．荚果；15．种子的侧面。
（自“中国主要植物图说，豆科”）

茎蔓性或攀援，长达 5～6 米。小叶 3，顶生小叶菱形或卵肾形，长 3.5～16 厘米，宽 5～18 厘米，侧生小叶卵形或菱形，长 3.5～14 厘米，宽 3～13.5 厘米，边缘有齿或掌状分裂、少有全缘。花浅蓝色，堇紫色或白色，长 15～20 毫米，成簇集生成总状花序，簇的基部有关节；翼瓣和旗瓣等长，旗瓣基部有耳，龙骨瓣钝而内弯，与翼瓣等长或过之，花柱与柱头内弯。荚果长 7.5～13 厘米，宽 12～15 毫米；有细的粗糙伏毛；种子近方形，宽、长均约 7 毫米。花期 7～9 月，果期 10～11

［生长环境］ 山地阳处，常缠绕于灌、乔木上。

［产 地］ 广西、广东等省区。

［用 途］ 种子为淀粉原料。

［采收处理］ 在 10 月以后果实成熟即可采收，除去果壳将种子晒干即可。

155 豆薯（doushu）（图 458）

［地 方 名］ 番葛（广东），土瓜、凉瓜、凉薯、地瓜（云南、贵州、四川），贫人果、沙葛（广西）。

［学 名］ **Pachyrrhizus erosus** (L.) Urban. (*Dolichos erosus* L.) 豆科

［原 料 名］ 地瓜

［形态特征］ 藤本。块根分裂或不分裂，纺锤形或扁球形，直径达 10 厘米。

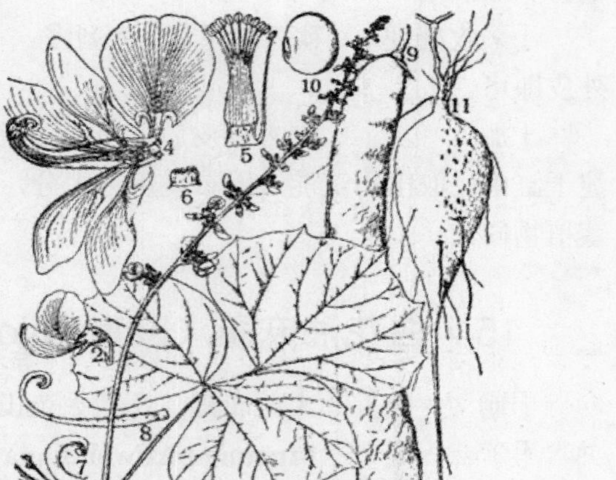

图 458 豆薯
Pachyrrhizus erosus（L.）Urban.
1．花枝；2．花；3；萼；4．花瓣、雄蕊和雌蕊；5．雄蕊；6．花盘；7．柱头；8．雌蕊；9．果；10．种子；11．块根。
（自“中国主要植物图说，豆科”）

月。

［生长环境］　田间栽培。

［产　　地］　台湾、福建、广东、广西、云南、贵州、四川、湖南、湖北等省区。

［用　　途］　块根肉质，生、熟均可食，为制淀粉原料。

种子含油有毒，可作杀虫剂（见“土农药类”，2032 页）。

［采收处理］　11～12 月间采收种子，并挖掘块根食用或制淀粉。因为块根内富含水分易腐烂，须及时风干，或放在太阳下晒干贮藏。

［加　　工］　提取淀粉方法参阅马铃薯（601 页）。

156　三裂叶野葛（sanlieyeyege）（图 128）

［学　　名］　**Pueraria phaseoloides** (Roxb.) Benth.　豆科

（地方名、形态特征、生长环境、产地及其他用途见“纤维类”，162 页）

［用　　途］　根可提取淀粉，供制糕点或酿造用。

［理化性质］　根含淀粉 15～20%。

［加　　工］　提取淀粉方法参阅葛藤（本页）；酿酒方法参阅蕨（443 页）。

157　葛藤（geteng）（图 129）

［学　　名］　**Pueraria pseudo-hirsuta** Tang et Wang (*Pueraria thunbergiana* auct. non Benth.)　豆科

［原 料 名］　葛根、葛粉

（地方名、形态特征、生长环境、产地及其他用途见“纤维类”，163 页）

［用　　途］　肥大的根状茎和块根内含淀粉，可供食用及作浆糊用；亦可酿酒，每百公斤鲜根状茎可酿 56 度白酒 12 公斤左右，干根状茎含淀粉较多，出酒率每百公斤出 65 度白酒 37 公斤左右。

［理化性质］　据广东省资料：新鲜的葛根，一般含淀粉 19～20%。对葛粉的一般分析：水分 19.546%，蛋白质 0.082%，纤维素 0.360%，灰分 0.224%，淀粉 76.144%。叶内含腺尿园（6-氨基尿 Adenine），天门冬酰胺（Asparagine）及氨羧（基），丁氨酸酪酸等，并含有 Kaempferol thamnoside（$C_{21}H_{28}O_{14}$）。

［采收处理］　秋后葛根含淀粉较多，是采挖季节，用铁镐在葛藤根周围探挖大根，并保留小根，使继续生长，隔年或三年挖一次。挖回后洗去泥沙，刮去外层粗皮，切片晒干，含水不宜超过 5%，亦可直接制成葛粉保存。

［加　　工］　先用水泡葛根，捞起用刀切成小块，放入木槽内捣碎，然后用碾子（臼）轧碎，使根内的纤维质与淀粉分开。再将根渣和汁水一齐放入滤水桶内，堵塞滤水口，倒入适量的水，用木棒搅拌。最后将滤水口打开，流出的粉水，经过沉淀，倒去

上面清水，取出沉淀的淀粉晒干就成葛粉。如果葛粉不够细匀，可以再用细绢箩滤一次，即成白色的葛粉。酿酒方法见蕨（443 页）。

［其　　他］　用播种或压条繁殖。

158 甘葛藤（gangeteng）（图 130）

［学　　名］　**Pueraria thomsonii** Benth.　豆科

（地方名、形态特征、生长环境、产地及其他用途见“纤维类”，164 页）

［用　　途］　根内含淀粉供食用，亦为酿酒原料。

［理化性质］　干根内含淀粉 37%。

［采收处理］　将地下块根挖出，切片，晒干后用石碾轧烂提粉，即为葛粉。

［加　　工］　提取淀粉（葛粉）方法参阅葛藤（557 页）；酿酒方法参阅蕨（443 页）。

159 南葛藤（nangeteng）（图 459）

［地 方 名］　葛麻姆（广东海南）

［学　　名］　**Pueraria tonkinensis** Gagn. [*P. thunbergiana* (Sieb. et Zucc.) Benth. var. *formosana* Hosokawa]　豆科

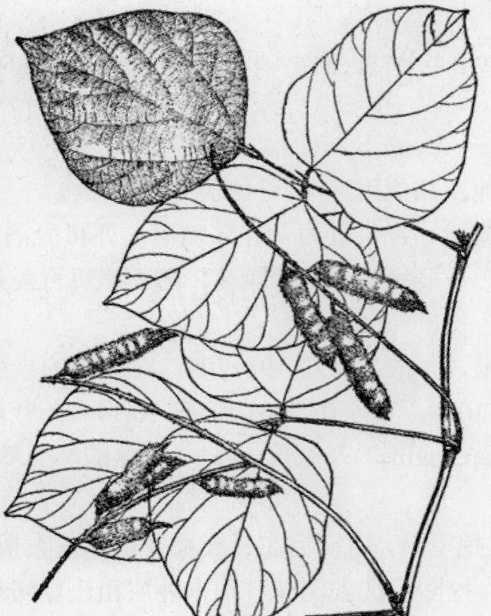

图 459　南葛藤
Pueraria tonkinensis Gagn.
果枝

［形态特征］　藤本；茎被稀疏黄色长硬毛。小叶 3，侧生二片斜卵形，顶端短尖，基部近圆形，或多成截形，顶生一片阔卵形，顶端短渐尖，基部截形或阔楔形，背面具灰褐色柔毛，长 11.5～15 厘米，宽 6.5～13 厘米；小托叶针状；顶端一片小叶的小叶柄长 25～40 毫米，两侧小叶柄长 5～7 毫米。总状花序腋生，花着生很密，轴被黄色绒毛；苞片早落，小苞片 2，卵形或卵状披针形；花梗被黄色绒毛；花蓝紫色，长 10～11.5 毫米；萼外面被黄色柔毛，萼齿披针形，渐尖或线形渐尖，最下面一个萼齿较萼管长；旗瓣卵圆形或圆形，顶端微缺，基部有爪，翼瓣近于长圆形而弯，顶端圆形，基部有狭长的耳；龙骨瓣半圆形，有小耳；子房被长柔毛，花柱无毛。荚果长圆形，密被锈色长柔毛，长 15～40 厘米，宽 6 毫米。花期 4～10 月。

［生长环境］　性耐旱，生路旁或干燥缓坡上。

［产　　地］　广东、广西、云南、福建、台湾等省区。

［用　　途］　根状茎含淀粉，可提取淀粉或酿酒。茎皮含有纤维；嫩茎叶可做饲料。

［采收处理］　秋后采收，捣烂后过滤即得淀粉。

［加　　工］　提取淀粉方法参阅葛藤（557 页）。

160 歪头菜（waitoucai）（图 460）

［地 方 名］　野豌豆（甘肃、青海）

［学　　名］　**Vicia unijuga** A. Br.　豆科

［形态特征］　多年生草本，高约 40 厘米。偶数羽状复叶；小叶 2，卵形或阔椭圆形，先端尖，基部楔形；托叶狭菱形，边缘具稀疏粗牙齿。花蓝紫色，排列为一略侧生的总状花序；萼钟状，长约 6 毫米，萼齿披针状锥形，比萼筒短；旗瓣提琴形，先端微缺，长约 1.5 厘米；翼瓣先端钝，下部有耳和爪，长约 1.3 厘米，龙骨瓣曲卵形，与翼瓣等长；子房纺锤形，有长子房柄。荚果长圆形，两侧扁，无毛，长 2.5～4 厘米。花期 6～8 月，果期 9 月。

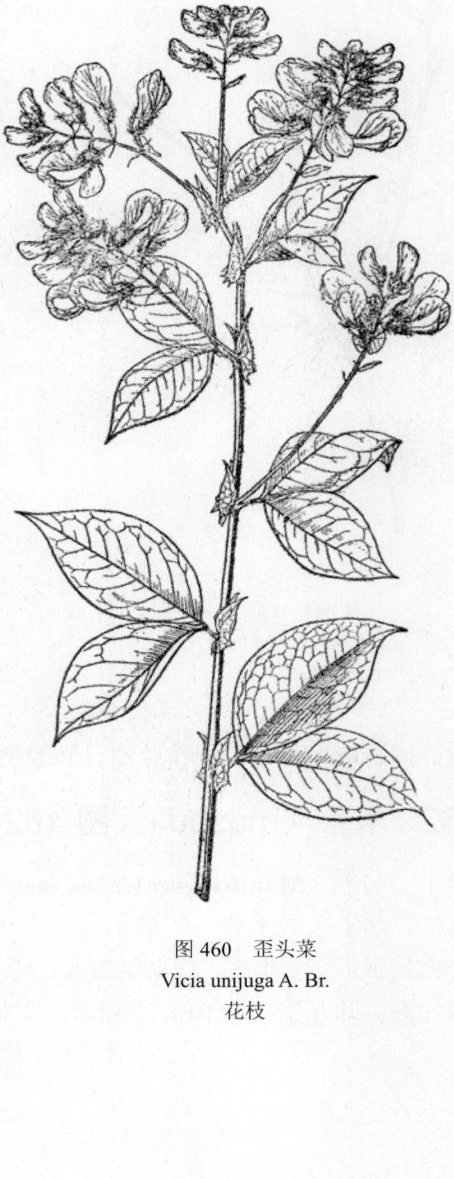

图 460　歪头菜
Vicia unijuga A. Br.
花枝

［生长环境］　常生于林缘或向阳灌丛中。

［产　　地］　黑龙江、吉林、辽宁、内蒙古、河北、山西、陕西、甘肃、青海、河南、江苏、安徽、江西、浙江、湖北、四川、云南、贵州等省区。

［用　　途］　种子含淀粉，供酿酒、造醋，并可磨成粉食用。嫩茎叶可作菜食，老茎叶可作饲料。

［理化性质］　据青海省资料：种子含淀粉 40%。

［采收处理］ 秋后将全株割回，放在场上晒干，打碾、去杂，即得净籽，贮存备用。

161 白刺（baici）（图 461）

［地 方 名］ 酸胖（甘肃）

［学　　名］ **Nitraria sibirica** Pall. 蒺藜科

［形态特征］ 矮生具刺灌木，多分枝，小枝具贴生丝状毛，皮灰白色。根系发达，长达 2 米。叶簇生，肉质，长圆状匙形，长 2～3 厘米，宽 3～6 毫米，先端具小突尖，全缘，具丝状毛；托叶脱落。顶生花序拳卷状；花小，黄绿色，直径约 8 毫米；萼片三角形，短小；花瓣长圆形；雄蕊 10～15；子房 3 室，每室含 1 胚珠。核果圆锥状长圆形，长 8～10 毫米，成熟后深紫红色，含 1 种子，外果皮薄，内果皮骨质。花期 5～6 月，果期 6～7 月。

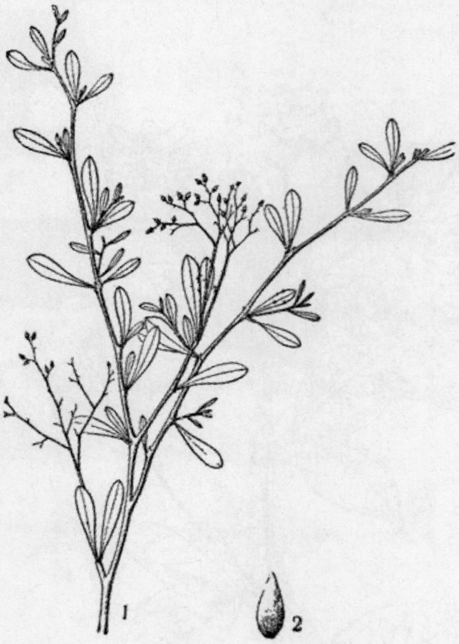

图 461 白刺
Nitraria sibirica Pall.
1．果枝；2．果。

［生长环境］ 喜碱地，耐干旱，常与芨芨草混生。

［产　　地］ 新疆、内蒙古、辽宁、陕西、甘肃、宁夏、青海、河北、河南、山西、山东、四川等省区。

［用　　途］ 果熟时，味酸甜可食，能酿酒和制醋。

本种为重要防风固沙植物。甘肃民间用果实治肺病和胃病。果核可榨油（见“油脂类”，801 页）。

［采收处理］ 果熟时采下，鲜用或晒干后可长期贮存。

［加　　工］ 酿酒或制醋时，可先将果肉捣碎，再取出种子，用作榨油。其酿酒、制醋方法与一般野果同。

162 木薯（mushu）（图 462）

［学　　名］ **Manihot esculenta** Crantz (*M. utilissima* Pohl) 大戟科

［地 方 名］ 苦木薯（广东）

［形态特征］ 多年生、直立亚灌木，高 1.5～3 米，较光滑。块根长圆柱形，肉质。茎有乳状汁液。叶互生，长 10～20 厘米，掌状 3～7 深裂，几达基部，裂片披针形至长

圆状披针形，全缘，先端渐尖，背面粉绿色；叶柄稍盾状着生，落叶后叶柄基部残留茎上，形成凸起痕迹。花雌雄同株，花序腋生，疏散，有花数朵；花长约1厘米；雄花花萼钟状，5裂，黄白色；雄蕊10，二列，着生于花盘的腺体间，花丝分离；雌花花萼与雄花同，子房3室，每室有1胚珠，花柱基部合生。蒴果球形，长约1.5厘米，有纵棱6条。花期秋季，果期12月。

［生长环境］ 为栽培种，在亚热带至温带无霜期在9个月左右，年平均温度在 18℃以上的地方均可栽培。木薯耐旱、喜高温和阳光充足，对土壤的选择亦不严，但需排水良好，在多风地区应注意防风。

［产　　地］ 广东、广西、云南、贵州、福建、台湾等省区。

［用　　途］ 块根内含淀粉，出粉率为15～22%，为工业上主要制淀粉原料之一。木薯淀粉品质优良，在工业上用途很多。

鲜叶和嫩茎，可做饲料或喂鱼，制造生粉后的残渣也可饲猪。

［理化性质］ 据广东省资料，鲜木薯成分如下：水分63.8%，淀粉27.65%，脂肪0.26%，纤维0.85%，蛋白质0.96%，单宁0.36%，其他6.12%。

图462　木薯
Manihot esculenta Crantz
1．花果枝；2．雄花纵切面；3．雌花纵切面。
（自“广州植物志”）

［采收处理］ 12月间成熟的木薯叶色变黄而脱落，茎部黄褐色，这时块根含淀粉量很高。收获时用锄掘取，或在茎基部用竹杠缓缓挠起，收获以后要即时加工，否则淀粉发青，品质降低。

［加　　工］ 先将木薯用水浸渍，除去氰酸和单宁等，然后破碎，过筛，得淀粉乳；再经沉淀，脱水，干燥，即得淀粉。

在收获季节，可切片，晒干，得木薯干储存。此项薯干一般含水分约15%，淀粉约70%。

［其　　他］ 应注意块根含有氰酸，分布于茎皮和内部，有剧毒，故不宜生食，须先用水浸除。

163 马桑（masang）（图463）

［地 方 名］ 千年红（湖北），马鞍子（广西）。

［学　　名］　**Coriaria sinica** Maxim.　马桑科

［原 料 名］　马桑果（甘肃），马桑泡（湖北）。

［形态特征］　落叶灌木，高达 6 米。枝条斜伸，密集，幼枝有棱，无毛，皮孔椭圆形，显明。单叶对生，坚纸质。椭圆形或卵状椭圆形，长 3～8 厘米，宽 2～4 厘米，基部圆形，先端急尖，全缘，两面均无毛，或仅叶背沿脉有细毛，基出三主脉，在表面凹下，背面凸出；叶柄长约 4 毫米，通常紫色。花杂性；总状花序侧生于前年生枝上，长 4～6 厘米，雄花序先叶开放；花萼 5；花瓣 5；雄蕊 10，花丝短；雌蕊由 5 个分离心皮组成，花柱分离成丝状，子房上位。浆果状瘦果 5 个，直径约 6 毫米，外包肉质花瓣，熟时由红色变紫黑色，有甜味。花期 4～5 月，果期 7～8 月。

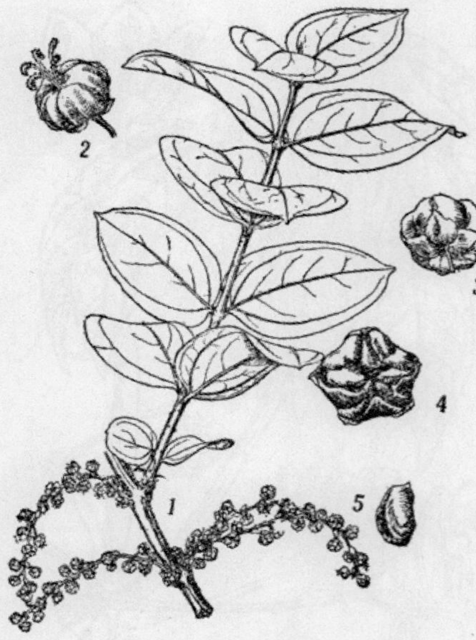

图 463　马桑

Coriaria sinica Maxim.

1．果枝；2．雌花；3．果背面；4．果上面；5．种子。

［生长环境］　生于海拔 400～2100 米之山坡或山沟中，喜阳光，常与救军粮、悬钩子等灌木混生，有时形成群落。

［产　　地］　山西、陕西、甘肃、河南、湖北、湖南、四川、广西、贵州、云南等省区。

［用　　途］　果实可酿酒（因种子有毒不宜饮用），提取酒精，供工业或医疗用。种子可榨油（见“油脂类”，847 页）。茎、叶含鞣质，可提制栲胶（见“鞣料类”，1179 页）。植株含马桑碱，有毒，可作土农药（见“土农药类”，2041 页）。

［理化性质］　据湖北省资料：果实含淀粉 5～6%，水分 90%以上。

［采收处理］　7～8 月果实成熟采收。因果实含水分多，易腐烂，必须及时加工。

［加　　工］　酿酒方法：鲜原料 50 公斤，拌曲 920 克，拌匀后装入容器，因其果汁糖分很高，不需经过糖化工序，发酵 4 天即可。发酵时，每隔 4 小时翻搅一次，以便调节温度。蒸馏前应加入 30%的谷壳，作为填充料。

164 杧果（mangguo）（图 1231）

［学　　名］　**Mangifera indica** L.　漆树科

（地方名、形态特征、生长环境、产地及其他用途见“树脂及树胶类”，1556 页）

［用　　途］ 果实味美可食，为热带果品之一；含有维生素多种，其中维生素甲特别丰富，营养价值高，鲜果可远销外地或加工成蜜饯、果酱及酿酒等。

［理化性质］ 据 B. E. Read“本草新注”载称：本种果实含糖分 9%，柠檬酸及维生素 A_3 及 C_4，叶内含 Mangiferin, Glucoside, Mangin 及安息香酸等。

［采收处理］ 当果实外型发育固定，果皮由绿色转变为淡绿色时，摘收或用长杆镰刀割取果实，并用筐篓接住，注意不使果实摔落地上，以免伤烂，成熟果味美香口。如需远运则应在果实尚青时采收，此为后熟果，味道较差。

［其　　他］ 可用种子、枝接、芽接等方法繁殖。一般将种子播种后约半个月发芽，一年后可定植。定植时期宜在雨季将临之前，果树新梢还未萌发，旧梢发育充实时进行。通常定植后 6～7 年才能收获。

165 龙眼（longyan）（图 464）

［地 方 名］ 桂圆（通称）

［学　　名］ **Euphoria longan** (Lour.) Steud. (*Nephelium longana* Lam.) 无患子科

［形态特征］ 常绿乔木，高达 10 米以上；幼枝被锈色柔毛。羽状复叶互生，长 15～20 厘米，有小叶 2～5 对；小叶通常互生，革质，椭圆形至卵状披针形，长 6～10（～15）厘米，先端短尖或钝，基部偏斜，全缘或波浪形，暗绿色，嫩时褐色，表面无毛，背面通常粉绿色。花小，杂性，黄白色，直径 4～5 毫米，被锈色的星状小柔毛，排成顶生或腋生的圆锥花序；萼 5 深裂，裂片复瓦状排列；花瓣 5，匙形，内面有毛；雄蕊 6，与花瓣等长。果实球形，直径 1.5～2 厘米，外皮黄褐色，粗糙，假种皮白色而肉质，内有黑褐色种子 1 粒。花期春季，果期 7～8 月。

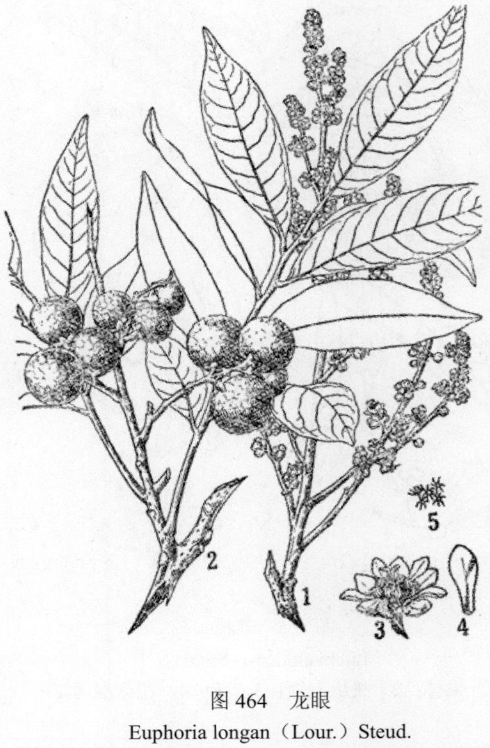

图 464 龙眼

Euphoria longan（Lour.）Steud.

1. 花枝；2. 果枝；3. 花；4. 花瓣；5. 星状毛。

［生长环境］ 栽培于堤岸、村旁和园圃间。

［产　　地］ 广东、广西、台湾、福建、四川等省区。

［用　　途］ 果肉香甜适口，

供生食及制果干用，并可罐藏。

果又供药用。木材赤褐色，坚重密致，光泽美丽，为制造家具、细工、舟车等良材。叶晒干可代茶叶。果核可提制淀粉。

［理化性质］ 据 B. E. Read“本草新注”载称：果实含蛋白质 5.6%，糖分 59%，脂肪 0.5%，灰分 3%，及若干维生素等；种子除含淀粉外，尚含皂素。

［采收处理］ 果实成熟季节性较强，宜掌握在果皮由青转为土黄色时，攀树用果剪剪取果序，装在篓筐内，再盖以鲜松叶或青树叶，置阴凉干燥处供加工或食用。

166 荔枝（lizhi）（图 465）

［学　　名］ **Litchi chinensis** Sonn.　无患子科

［形态特征］ 常绿乔木，高 8～20 米。茎上部多分枝，无毛，灰色；小枝圆柱状，有白色小斑点，被微柔毛。羽状复叶互生，连叶柄长 10～25 厘米；小叶片 2～4 对，革质，长圆形至长圆状披针形，长 6～12 厘米，宽 2～4 厘米，先端渐尖，基部楔形而稍科，全缘，新叶橙红色，有光泽，背面稍带白粉，侧脉不明显。圆锥花序顶生，被褐黄色柔毛；花小，青白色或淡黄色，杂性；花柄长 2～4 毫米；**花萼杯状**，4 片，被锈色小粗毛，**边缘浅波状**；**无花瓣**；花盘环状，肉质；雄蕊 6～10，通常 8，着生于花盘的内侧。突出，在雄花中较短，不发育，花丝分离，中部以下被小粗毛；子房上位，具短柄，倒心状 2～3 裂，2～3 室，通常只有 1 室发育，很少成对的，密被粗毛与小瘤状突起，花柱线状，长于子房，被小粗毛，顶端短 2 裂。核果球形或卵形，直径约 3 厘米，**外果皮革质**，**有小瘤状突起**，熟时赤色。种子外被白色**肉质假种皮**，多汁，与种子极易分离；种子长圆形，褐色而光亮。花期 2～3 月，果期 6～7 月。

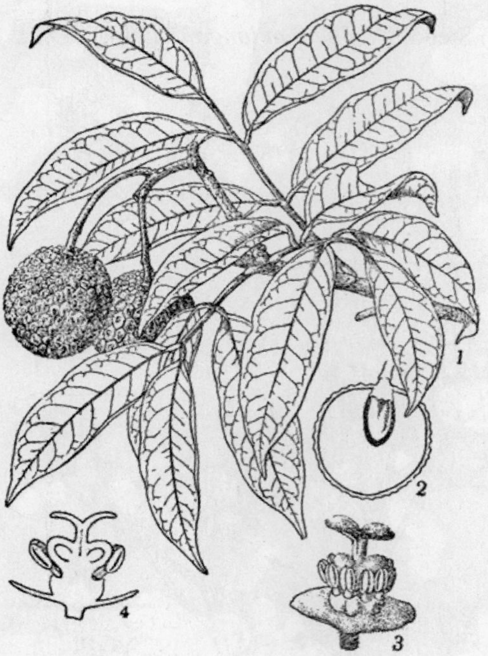

图 465　荔枝

Litchi chinensis Sonn.

1．果枝；2．果纵剖面；3．花；4．花纵剖面。

［生长环境］ 原为热带常绿林中之野生树种，喜高温和充足的阳光，多生于丘陵地和低山地密林中，稍能耐霜冻，但不耐冰雪，常栽培于土壤深厚而肥沃和排水良好的河边、池塘边及屋旁平地上。

［产　　地］　原产福建（东南部）、广东、广西（南部）至云南（东南部）；四川和台湾也有栽培。

［用　　途］　果肉乳白色，多汁液，味极美，可生食及制干或罐藏。

核入药为收敛止痛剂。木材坚硬，纹理细密，可制名贵家具或其他建筑用材。

［理化性质］　果肉含葡萄糖66%。又据北京市资料：核含皂甙1.12%及鞣质3.43%。

［采收处理］　本种成熟季节性较强，宜掌握在果皮由青绿转微红色时采收为好。

采收时应攀树用剪刀剪取果穗，收集在篓筐内，再盖以鲜松叶或青树叶，置于阴凉干燥处供加工或食用。

［其　　他］　本品为著名食用果品，可结合综合利用果核。

167 枳椇（zhiju）（图466）

［地 方 名］　鸡爪树（江苏），金钩子（湖北），含泡树（四川），白苏木（山东），甜半夜（河南），万字果（福建、广东）。

［学　　名］　**Hovenia dulcis** Thunb.　鼠李科

［原 料 名］　拐枣（通称）

［形态特征］　落叶高大乔木，高达10米，有时更高；树皮灰褐色，深纵裂；小枝暗红褐色，间有黄绿色，幼时有锈色细毛。单叶互生，阔卵形或倒卵形，长8～16厘米，宽6～11厘米，先端渐尖，基部圆形或心形，边缘有钝锯齿，表面无毛，基部与叶柄间有腺体数个，背面沿脉及脉腋有细毛，三出脉；叶柄长2.5～5.5厘米，红褐色。花为复聚伞花序，生于叶腋或枝梢；花直径约7毫米；萼片5，三角状卵形；花瓣5，倒卵形，直径约4毫米，淡黄绿色；雄蕊5，花柱3裂，子房3室，每室具1胚珠。果实近球形，平滑，直径8～10毫米，灰褐色；果梗肿大，肉质，红褐色，有甜味，可食；种子扁圆形，直径约5毫米，种皮红褐色，有光泽。花期6～8月，果期9～10月。

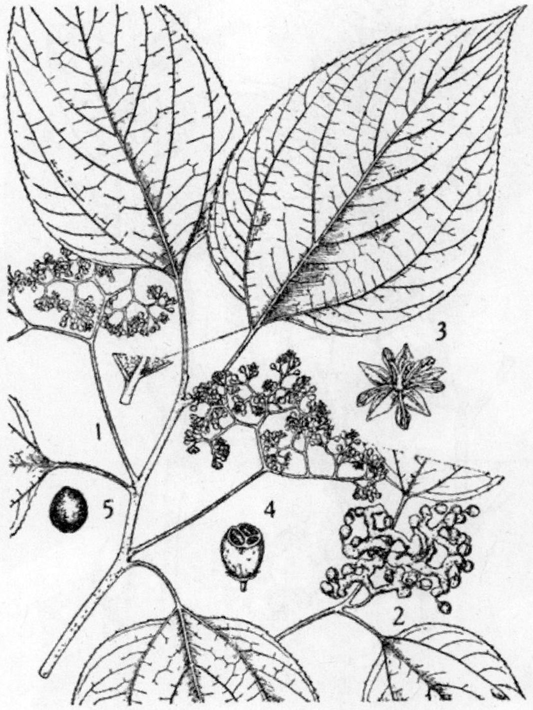

图466　枳椇

Hovenia dulcis Thunb.

1．花枝；2．果枝；3．花；4．果实；5．种子。

［生长环境］ 一般多生于阳光充足、坡度较小的沟边和路边；也有人工栽培的，但多不成林。

［产　　地］ 福建、广东、广西、湖南、湖北、江西、安徽、江苏、浙江、四川、云南、贵州、河南、陕西、河北、山东、甘肃等省区。

［用　　途］ 肥大的果梗含丰富的糖，可生食、酿酒、制醋和熬糖。木材细致坚硬，可供建筑和制精细用具。树及、叶、种子均供药用（见“药用类”，1805 页）。果梗可浸制“拐枣酒”，能治风湿症。

［理化性质］ 据陕西省资料：果梗含蔗糖 24%，葡萄糖 9.52%，果糖 7.92%。

［采收处理］ 10～11 月将果实和果梗一起采收，置于通风处阴干。

［加　　工］ 1．酿制果酒：将选好的原料粉碎，放入甑内蒸煮1小时左右，然后出甑摊放在地下，作两次粉碎，当温度降到 34℃左右时，再掺入 20%（32℃）的酒糟。全部混合拌匀后，待温度上升至 39℃时即可入池发酵，发酵一般为 4 天即可。蒸馏过程与一般同。

2．熬糖方法：将原料除杂质后洗净，用石碾进行粉碎（防止果汁流失），倒入锅中，加 3～4 倍水，熬煮 2～2.5 小时后滤去渣，进行熬煮，这时可按每百公斤原料放入 20～30 片苏打片，继续用小火熬，至锅内出现金黄色小花泡时停火，取出凉后即成枳椇糖。

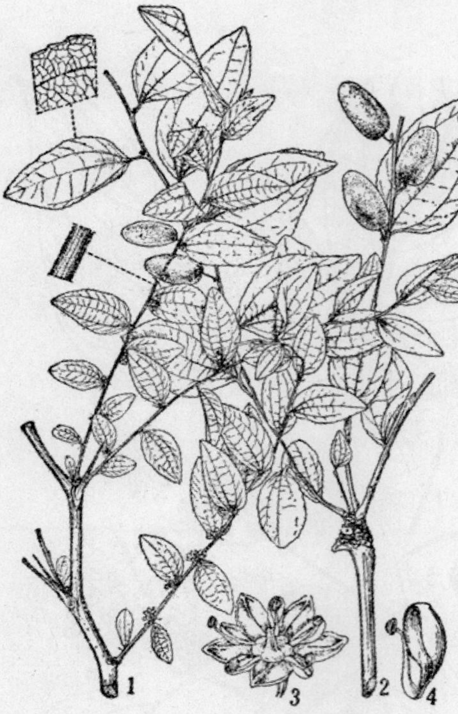

图 467　枣

Zizyphus sativa Gaertn.

1．花枝；2．果枝；3．花；4．雄蕊和花瓣。

168 枣（zao）（图 467）

［学　　名］ **Zizyphus sativa** Gaertn. (*Z. jujuba* Mill.) 鼠李科

［形态特征］ 落叶灌木或小乔，木，高达 10 米；小枝具细长的刺，刺直立或钩状，幼枝成之字形曲折。单叶互生，卵圆形至卵状披针形，少有卵形，长 3～7 厘米，宽 2～3.5 厘米，先端稍钝，基部歪斜，边缘具细锯齿，三主脉自基部发出，侧脉明显。花 7～8 朵常着生叶腋成聚伞花序，淡黄绿色，较小；花萼 5 裂，上部呈花瓣状，下部连成筒状，绿色；花瓣 5；雄蕊 5，与花瓣对生，着生于花盘边缘；花盘圆形，边缘波状；雌蕊子房下部与花盘合生，花柱

突出于花盘中央，先端 2 裂。**核果卵形至长圆形，长 1.5～5 厘米**，熟时深红色，**果肉味甜**，核两端锐尖。花期 4～5 月，果期 7～9 月。

［生长环境］　一般多栽培，习见于黄土、沙土及沙滩地区，性耐干旱；在平原、丘陵及山谷等处均有栽培。

［产　　地］　分布全国各地。主产河北、河南、山东、山西、陕西、甘肃等省。

［用　途］　果实味甜，为很好的食品，可制蜜饯、果脯及各种糕点，又为酿酒原料。

果实可入药（见“药用类”，1806 页）。

［理化性质］　果实含碳水化合物 73%，蛋白质 3.3%，脂肪 0.4%；另含胡萝卜素、核黄素、抗坏血酸、钙、磷及镁等。

［采收处理］　秋季果实成熟时采摘，晒干即可。以个大、色红、肉厚、质软和油润者为佳。

［加　　工］　枣一般作副食品或药用，但在河南及河北产枣区有的用作酿酒，多系利用品质劣及腐烂的果实。据河北省曲阳制酒厂资料，其酿酒方法是：1．原料处理：将枣用温水浸泡一天，再用石碾碾细，使成枣泥；2．配料入池：配入蒸熟发酵的麦糠或谷糠和发酵好的酒母胶（红粮 50 公斤蒸熟，冷却到 35～40℃时加曲 35 公斤发酵），与枣泥充分混合均匀，然后入池发酵。入池温度一般为 17～18℃，但气候冷时可以提高到 21～22℃，水分以 62～63%为宜，并须加盖密封，不透空气；3．发酵及管理：入池后必须加强管理，每 24 小时沿池检查一遍，避免窖皮裂缝和翻边，使杂菌侵入而引起酸败。发酵时间在 10 月份只需 5 天，12 月份则需 8～9 天。经检查有酒味而不呛，用手擦粒子光滑，枣泥离开皮时即可蒸馏；4．蒸馏：与一般蒸馏法同。好枣的出酒率可达 40%以上。

169 酸枣（suanzao）（图 1399）

［学　　名］　**Zizyphus sativa** Gaertn. var. **spinosa** (Bge.) Schneid. [*Zizyphus jujuba* Mill. var. *spinosus* (Bge.) Hu; *Zizyphus spinosus* Hu]　鼠李科

（地方名、形态特征、生长环境、产地及其他用途见“药用类”，1806 页）

［用　　途］　果肉及核仁内均含糖分及少量淀粉，可用于加工副食品或酿酒。

［理化性质］　果实含糖 6%，水分 40%，以及维生素丙、枣酸、脂肪油、挥发油、粘液质等。据辽宁省资料：核仁含淀粉 24.38%。

［采收处理］　9～10 月果熟时采摘，或用木棍将果实打下，鲜品必须通风阴干，并存于干燥通风处。本品易发热变色生虫，注意防潮。

［加　　工］　将成熟的酸枣晾晒除去水分，上石碾碾或石臼舂撞取核，再把枣皮和肉磨成细粉，收存起来可作食用或酿酒，每 50 公斤酸枣，可出 25 公斤枣面，剩下的核可加工成枣仁以供药用。

据四川省资料：每100公斤65度酒用酸枣1665公斤，麦芽1.5公斤，糠曲5.5公斤，细稻糠95公斤，粗稻壳67公斤。操作方法：将酸枣先用毛糠拌合，再以粗糠拌合，入甑蒸20～30分钟，出甑平铺席上散热，同时将未蒸烂的酸枣用木锨按破皮，以便于受曲，品温降至70℃左右翻第一次锨，翻毕降至61℃时撒麦芽的二分之一，随后翻二次锨，翻毕将剩余的二分之一麦芽撒入；撒毕翻第三次锨，品温降至45℃左右，撒第一次曲，撒毕翻第四次锨。品温降至40℃时，撒第二次曲，品温降至37℃时，做成长埂，再将剩余的曲药全部撒入，两入细细的对翻一次，翻毕品温达到33℃，即进桶发酵。发酵全期137小时，即可蒸酒。

170 蛇白蔹（shebailian）（图468）

［学　　名］ **Ampelopsis brevipedunculata** (Maxim.) Trautv.　葡萄科

［形态特征］ 藤本；枝条粗壮，嫩枝具柔毛。单叶互生，阔卵形，长6～14厘米，宽5～12厘米，先端渐尖，基部心形，通常三浅裂，裂片三角状卵形，边缘具较大的圆钝锯齿，表面暗绿色，无毛或具细毛，背面淡绿，被柔毛；叶柄长3～7厘米，被柔毛。聚伞花序与叶对生或顶生，花序梗长2～3.5厘米；被柔毛；花多数，细小，绿黄色，萼5裂，裂片几成截形；花瓣5，长圆形，成镊合状排列；雄蕊5，与花瓣对生；雌蕊1，子房2室，柱头1。浆果近球形或肾形，两瓣状，横径6～7毫米，由深绿色变蓝黑色。花期6～7月，果期9～10月。

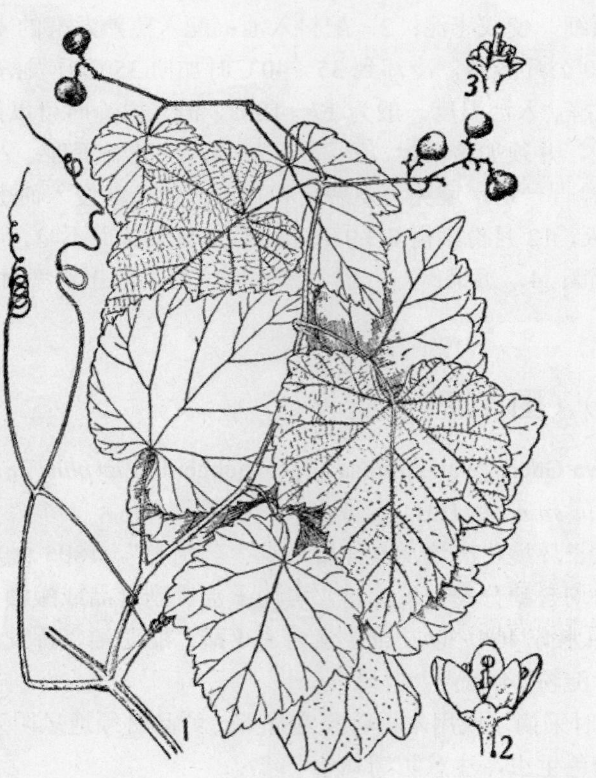

图468　蛇白蔹
Ampelopsis brevipedunculata（Maxim.）Trautv.
1．果枝；2．两性花；3．单性花示雌蕊与环状花盘。
（自“江苏南部种子植物手册”）

［生长环境］ 生于灌丛林中或山坡上。

［产　　地］ 辽宁、河北、山西、山东、江苏、广东等省。

［用　　途］ 果实可酿酒。

［采收处理］ 一般于9月间采集。果实，除去果梗及杂物，供作酿酒原料。

［加　　工］ 酿酒方法见总论浆果酿制法（436页）。

171 白蔹（bailian）（图 1390）

［学　　名］ **Ampelopsis japonica** Makino　葡萄科

（地方名、形态特征、生长环境、产地及其他用途见“药用类”，1807 页）

［用　　途］ 江苏省资料：块根含淀粉，可酿酒，每 50 公斤块根可得 46 度白酒 17.2 公斤。

［理化性质］ 块根分析如下表：

淀　粉（%）	生物碱（%）	鞣　质（%）	黄碱甙（%）	水　分（%）	葡萄糖（%）	资料来源
40	0.03	6.5	0.4			河南省
21.1				11.2	1.53	四川省
37.02						辽宁省

［采收处理］ 四季均可采收，惟以秋后粉性大。采后洗净晾干、晒干或烘干，贮存于干燥处备用。

［加　　工］ 制酒方法与一般根状茎植物相同。

172 爬山虎（pashanhu）（图 469）

［学　　名］ **Parthenocissus tricuspidata** (Sieb. et Zucc.) Planch.　葡萄科

［形态特征］ 落叶大藤本；枝条粗壮，**卷须短，多分枝，具吸盘**。叶阔卵形，长 10～20 厘米，宽 8～17 厘米，中部以上较宽，先端通常 3 裂，基部呈心形；幼苗或下部枝上的叶较小，且分成 3 小叶，均有小叶柄，中间小叶倒卵形，两侧小叶斜卵形，边缘具粗锯齿，齿端尖锐，表面深绿色，有光泽，无毛，背面淡绿色，脉上有柔毛；叶柄长 8～22 厘米。聚伞花序通常着生在两叶间的短枝上，长 4～8 厘米，较叶柄短。浆果蓝色，直径 6～8 毫米。花期 6 月，果期 9 月。

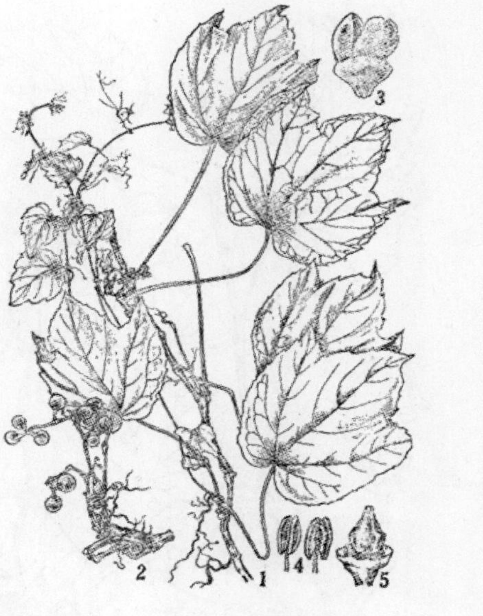

图 469　爬山虎
Parthenocissus tricuspidata（Sieb. et Zucc.）Planch.
1. 花枝；2. 果枝；3. 花；4. 雄蕊；5. 雌蕊。
（自“江苏南部种子植物手册”）

［生长环境］ 多攀援墙壁及岩石上；各地多有栽培。

［产　　地］　河北、山东、河南、陕西、甘肃、山西、浙江、江西、湖南、湖北、广东等省。

［用　　途］　果实有酸味，可生食亦可酿果酒。

茎、根入药，可消肿、止血、洗涤皮肤。叶形美观，入秋变红色，鲜艳夺目，常移植庭园供观赏。

［采收处理］　果实成熟后采摘，即可食用或制果酒。

［加　　工］　制果酒方法参见山葡萄（本页）。

173 山葡萄（shanputao）（图 470）

［地 方 名］　阿穆尔葡萄（东北），野葡萄（辽宁）。

［学　　名］　**Vitis amurensis** Rupr.　葡萄科

［形态特征］　落叶藤本，长达 15 米或更长；树皮暗褐色或红褐色，成片状纵向剥离；小枝棕色，有突起的棱线，卷须顶端二歧，与叶对生；芽尖，向内弯曲。单叶互生，叶片阔卵形，长 6～15 厘米，宽 6～14 厘米，**顶部 3～5 裂，基部心形**，先端锐尖，边缘有大牙齿，表面深绿色，平滑，或仅叶脉及脉腋处生有疏毛；叶脉自基部分生掌状 5 脉，背面叶脉呈棕红色，显着；叶柄长 2.5～15 厘米，有疏毛。圆锥花序下垂，与叶对生；花单性，雌雄异株；花小而多，黄绿色；雄花花序形状不等，长 7.5～12 厘米，具疏柔毛；雄蕊 5，雌蕊退化；雌花序主轴长 9～15 厘米，有疏柔毛；萼片 5，小形；花瓣 5，顶部愈合，具退化雄蕊 5，子房短。浆果圆球形，附有蓝白色果霜，直径约 8 毫米；种子 2～3，呈卵圆形。花期 5～6 月，果期 8～9 月。

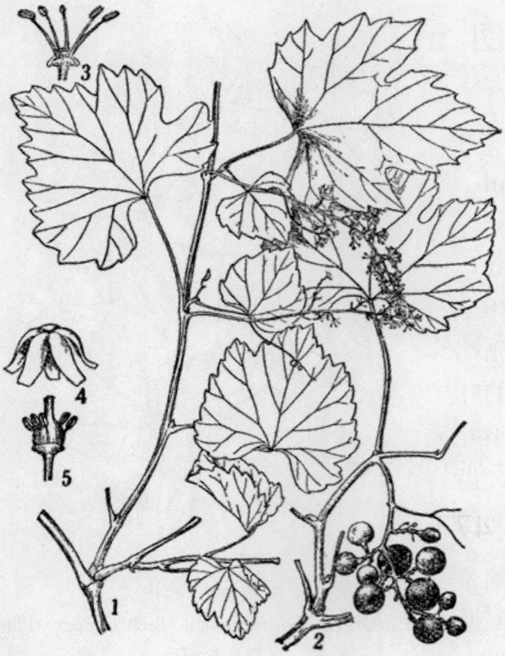

图 470　山葡萄
Vitis amurensis Rupr.
1. 花枝；2. 果枝；3. 雄花去掉花瓣；4. 花瓣脱落；5. 两性花去掉花瓣。（自“江苏南部种子植物手册”）

［生长环境］　喜生阳光充足的针阔混交林缘及杂木林缘。攀援在附近植物体上，或生于旷阔山坡地。

［产　　地］　黑龙江、辽宁、吉林、河北、山东、江苏、浙江、安徽、河南、陕西和甘肃等省。

［用　　途］　果实充分成熟后味酸甜，富浆汁，可生食和酿造红葡萄酒，酒色深红艳丽，品质甚佳。东北通化葡

萄酒在国际市场上声誉很高。

种子可榨油（见“油脂类”，889页）。制酒后的葡萄渣可制醋和染料；用葡萄的枝、叶及生产葡萄酒当中的副产物——葡萄梗、酒脚可以提制化工原料酒石酸（见“其他类”，2086页）。

［理化性质］　据吉林省资料：山葡萄果实中果梗占16.2%，果渣占26.61%，果核占8.5%。出酒率44.88%。总酸量2.31克/100毫升，糖分9.71克/100毫升，鞣质0.0785克/100毫升。

［采收处理］　9月间采其熟透的果实，用筐盛装，及时运输，避免果实破碎及霉烂。距加工厂较远的产地，可以就地设立发酵站，进行前发酵，然后将原汁运往工厂，继续加工。

［加　　工］　果酒加工方法及工序（据吉林省资料）：

一号原酒的制造：1．果实经过分选，破碎入池，量为池容积的85%；2．前发酵：加酵母液8.5%，加糖液5%（3倍水，2倍糖），温度保持在20～25℃，时间3～4天，每天搅一次；3．后发酵：前发酵完毕后，使果汁与果渣分离，其汁继续进行后发酵，首先按达到14度酒计算加糖，即酒每升高1度需加糖1.8%，糖分两次直接加入果汁内，第一次按10度酒计算加入，隔3～4天后再把其余的糖加入，发酵温度在15～20℃，时间30～35天；4．贮藏：当后发酵残糖降到0.5%时，进行分离，转入贮藏。贮藏二年以上（每年定期换桶），经过配制即为成品。

二号原酒的制造：前发酵分离所剩之葡萄渣，加糖液22.5%（其中水21.5分，糖1分）继续发酵，方法同上，制得二号原酒。

葡萄白兰地的制造：将制造二次原酒所剩的葡萄渣，出池后进行压榨，压榨出的汁液加糖发酵（按发酵到10度酒计算），一次将糖加入，贮藏六个月以后进行蒸馏，得葡萄白兰地。

［其　　他］　山葡萄的利用价值很大，其采集、利用管理、繁殖应结合起来，以达到充分利用，积极发展的方针。采收时避免拉扯折断母藤，影响产量，并须加强管理，研究繁殖方法，以求能就地扩大栽种面积，增加生产，或在荒山上结合水土保持及绿化，大量栽种，开扩酿酒工业原料的基地。

山葡萄籽含油脂，应考虑综合利用，在加工时先取籽，后榨汁。

174 刺葡萄（ciputao）（图471）

［学　　名］　**Vitis davidi** Foëx.　葡萄科

［形态特征］　落叶藤本，枝条粗壮，黄褐色，无毛，老枝树皮成长片剥落，淡褐色；**幼枝密生粗壮锐刺**；刺直立或尖端弯曲，长3～4毫米。单叶互生，叶片坚纸质，**阔卵形至卵状圆形**，长9～12厘米，宽7～11厘米，先端渐尖或短尖，有时具不明显的3浅裂，基部心形，边缘的锯齿微波状，齿端突出，侧脉直达叶齿，表面绿色，有光亮，**背面黄绿色，有时具白霜**，叶脉隆起；叶柄长6～12厘米，疏生刺状突起。圆锥花序与

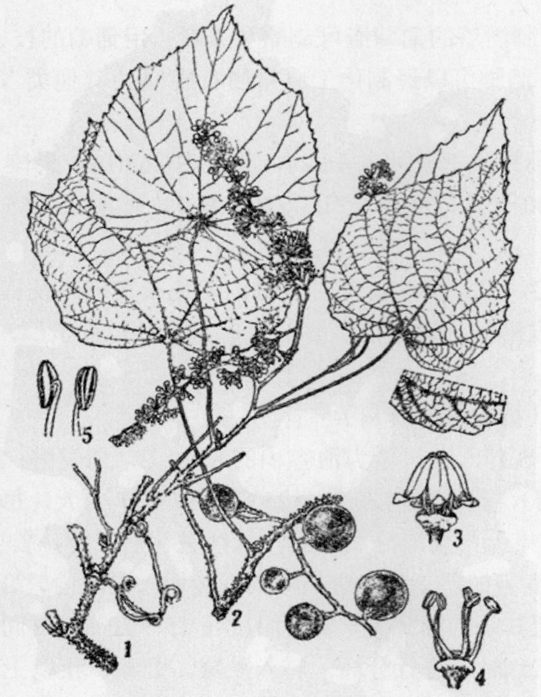

图 471　刺葡萄

Vitis davidi Foëx.

1．花枝；2．果枝；3．花，示花瓣脱落；4．花去花瓣示雄蕊；5．雄蕊背面和腹面。

（自“江苏南部种子植物手册”）

叶对生，长 10～15 厘米；花萼 5 裂；花瓣 5，顶端连合，花盘与子房分离，子房 2 室，各含胚珠 2，花柱较短。浆果球形，成熟后蓝紫色，直径 1.2～1.5 厘米；种子直径约 5 毫米，淡红褐色。花期 5～7 月，果期 8～10 月。

［生长环境］　山坡或山沟两旁灌木丛中。

［产　　地］　河南、浙江、江西、江苏、湖北、湖南、贵州、四川、安徽、云南等省。

［用　　途］　果实含糖，可生食或酿酒。

种子较大，可榨油。

［理化性质］　据四川省资料：果实含水分 73～80%，糖分 4.1%。

［采收处理］　果熟时采集，因含水分较多，容易碰损腐烂，故宜就地加工。

［加　　工］　酿酒方法参阅山葡萄（570 页）。

175 葛藟（gelei）（图 472）

［地 方 名］　野葡萄（浙江）

［学　　名］　**Vitis flexuosa** Thunb.

葡萄科

［形态特征］　藤本，枝条细长，幼枝被有锈色绒毛，后变无毛。叶片阔卵形或三角状卵形，长 5～8 厘米，宽 4～10 厘米，基部阔心形或近截形，先端急尖，边缘具不等的波状浅齿，表面深绿色，无毛，背面淡绿色，主脉和脉腋均被柔毛。圆锥花序细长，长 5～14 厘米；花小，淡黄绿色。浆果黑色，直径约 8 毫米；种子 2～3。花期 5～6 月，果期 9～10 月。

［生长环境］　山地灌丛内或林缘；海拔在 600～1200 米之间。

［产　　地］　湖北、江苏、浙江、江西、云南、广东等省。

［用　　途］　果实成熟后，可生食或酿造果酒。

根、茎、果实供药用；种子可榨油。

［采收处理］　9～10 月果熟后采摘。

［加　　工］　酿酒方法如下：(1) 选料：挑选成熟好的果实，除去杂质；（2）粉碎：将葡萄肉、汁和果梗分开，便于发酵；（3）配料：配白酒 3.88%，红糖 6.4%，白糖 3.23%，以 4%的温开水将红、白糖溶化，掺入原料中（糖水温度不得超过 40℃，否则会杀死酵母菌，妨碍发酵）；（4）发酵：方法与家葡萄同，但因汁少发酵不均匀，易发高热而变质，须多翻动，常检查温度，保持 27～32℃为宜，每日早晚各翻一次，使湿度和温度均匀，发酵至原酒汁不混浊即可出缸，装入木桶进行后期发酵，即可酿制成酒。

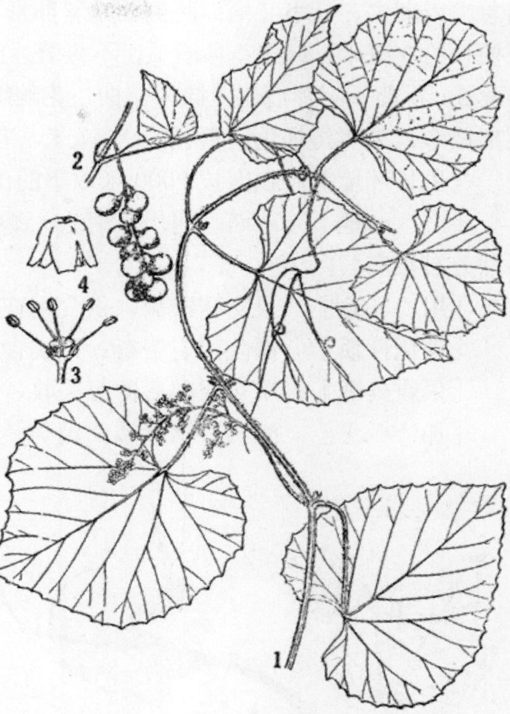

图 472　葛藟
Vitis flexuosa Thunb.
1．花枝；2．果枝；3．雄花去花瓣后示雄蕊；4．花瓣脱落。（自“江苏南部种子植物手册”）

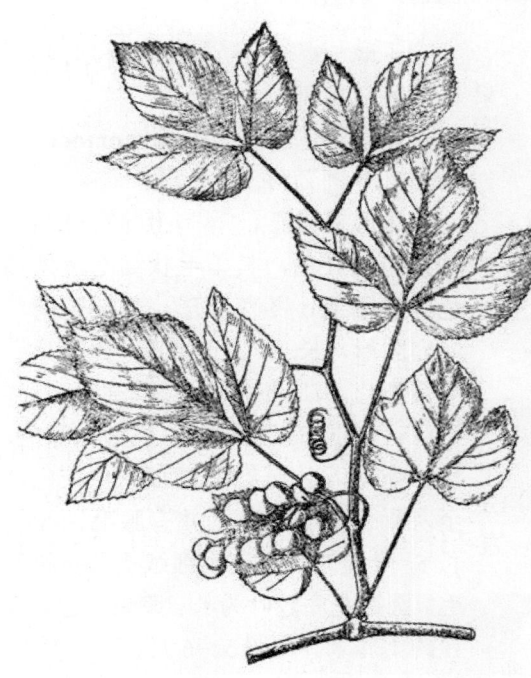

图 473　复叶葡萄
Vitis piasezkii Maxim.
果枝

176 复叶葡萄（fuyeputao）（图 473）

［地 方 名］　野葡萄（陕西）

［学　　名］　**Vitis piasezkii** Maxim. (*Parthenocissus sinensis* Diels et Gilg.)　葡萄科

［形态特征］　落叶藤本；幼枝及叶柄具褐色毛及腺状刚毛；芽卵圆形，红褐色，先端钝圆。叶在同一枝上变化很大，一般为卵圆形，有微裂、深裂或全裂，长 3～8 厘米，基部心形或深裂

为 3～5 个小叶的掌状复叶，中间小叶菱状卵形或菱形，长 5～12 厘米，基部楔形，先端急尖或渐尖，具小叶柄；两侧小叶斜卵形，边缘有粗齿或缺刻。圆锥花序长 15 厘米，花梗长约 3 毫米，纤细；萼膜质，不显著，圆形；花瓣 5，顶部结合，花瓣有中脉 1 条；雄蕊 5，花药丁字形着生，向内俯曲，花丝细弱，比花药长 3 倍；子房光滑，有 5 角棱，顶部截形。果实黑褐色，直径 6～7 毫米。花期 5～6 月，果期 8～9 月。

［生长环境］ 在海拔 2000 米以下的山坡或沟谷中常见，常攀援于其他树木上。

［产　　地］ 陕西、四川、湖北、湖南、河南、甘肃等省。陕西省的秦岭低山区自然分布很广。

［用　　途］ 果实味酸甜，供食用亦可酿酒。

［理化性质］ 据陕西省资料：果实含水分 60%，含糖分 10%。

［采收处理］ 果实成熟后即可采收，因易腐烂，最好鲜用。

［加　　工］ 酿酒方法参阅山葡萄（570 页）。

177 腺葡萄（xianpu-tao）（图 474）

［地 方 名］ 秋葡萄（河南），黑葡萄（陕西）。

［学　　名］ **Vitis romaneti** Roman. 葡萄科

［形态特征］ 落叶藤本，茎粗壮；幼枝带紫红色，具羊毛状细毛及黑褐色腺状刚毛；冬芽卵形，先端钝圆。叶卵圆形，长 10～20 厘米，先端具三个浅裂片，有时不很明显，基部深心形，边缘有浅锯齿，齿端具刺，表面暗绿色，沿脉处有稀毛或无毛，背面密生灰色以至灰褐色绒毛，脉上并有腺毛；叶柄长 5～8 厘米，亦密生细绒毛及腺状刚毛。圆锥花序较叶为长。浆果黑色，直径约 1 厘米。花期 5～6 月，果期 8～9 月。

［生长环境］ 性喜阳光，不生林下；低山坡多石砾处及沟谷两旁湿润的地方生长繁茂，常蔓延于小灌木上。

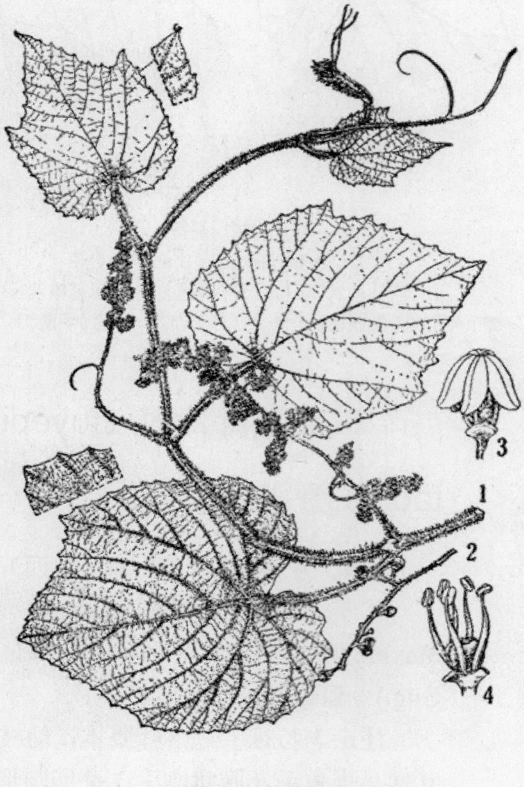

图 474 腺葡萄
Vitis romaneti Roman.
1．花枝；2．果枝；3．花；4．花去掉花瓣示雄蕊。
（自“江苏南部种子植物手册”）

［产　　地］　陕西、湖北、四川、河南等省。

［用　　途］　果实成熟后味甜，富营养，可食或酿造果酒。所酿出的葡萄酒含有治坏血病的维生素丙和补血的维生素甲和乙，对贫血病和肺病都有疗效。

［理化性质］　据陕西省资料：果实含水分 65%，糖分 6～10%。

［采收处理］　果实成熟后采收鲜用。

［加　　工］　制酒方法：（1）消毒：将采集的果实除去果梗及杂质，放入锅内加水煮沸。（2）发酵：将煮沸冷却的葡萄放入缸中，加曲 1%，然后密封缸口，直到生白霉为止。（3）过滤：把经过发酵的葡萄过滤，除去果皮及种子即得纯汁液。（4）加糖：葡萄汁液加糖后再经 3～5 天即成为葡萄酒。

［其　　他］　本种生态习性与家种葡萄相近，播种、扦插和压条都能繁殖。

178 蘡薁（yingao）（图 475）

［地 方 名］　野葡萄（安徽、湖北、四川），平布藤、扁担酸（福建）。

［学　　名］　**Vitis thunbergii** Sieb. et Zucc.　葡萄科

［形态特征］　落叶藤本，**枝条细长，有棱角，幼枝密被深灰色或锈色绒毛**。叶阔卵形，长 5～10 厘米，宽 6～10 厘米，通常 3～5 **深裂**，基部心形，裂片卵形，具稀疏的缺隙，边缘具不整齐的粗锯齿，齿端短尖，表面深绿色，无毛或脉上有疏细毛，背面深灰色或锈色，密被绒毛；叶柄长 3～8 厘米，通常被毛。圆锥花序长 5～10 厘米。浆果紫色，直径约 8～10 毫米。花期 4～5 月，果期 6～7 月。

［生长环境］　山坡灌丛林内或林缘，海拔约 300～1200 米。

［产　　地］　福建、四川、湖北、江西、江苏、浙江、安徽、山东、台湾等省。

［用　　途］　果实熟时富含糖分，可以酿果酒。

藤条纤维可制绳索（见“纤维类”，190 页）；嫩叶可作猪饲料。

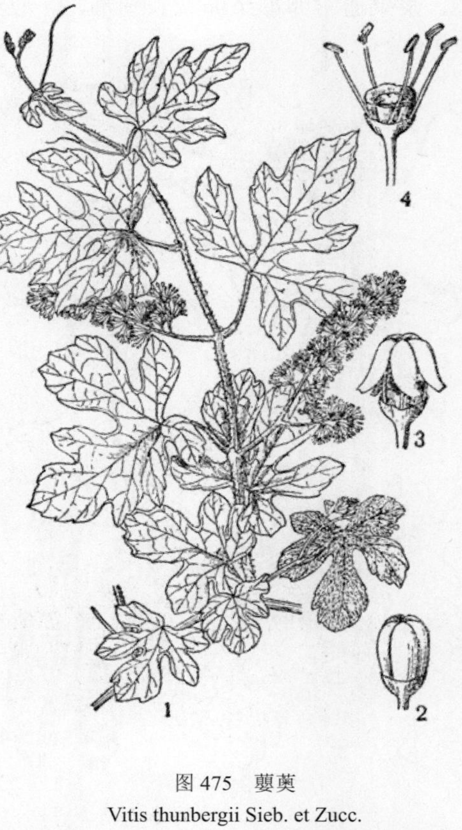

图 475　蘡薁

Vitis thunbergii Sieb. et Zucc.

1. 花枝；2. 花蕾；3. 花开放示花瓣脱落；4. 雄花，示雄蕊和花盘。（自“江苏南部种子植物手册”）

［理化性质］ 据江西省资料：果实含糖分约为10%。茎叶含粗蛋白6.23%，粗脂肪0.74%，粗纤维2.04%，无氮抽出物13.08%，灰分1.08%，水分76.83%。

［采收处理］ 果熟透时采摘。采摘、运输时避免果实伤坏，应及时送加工厂酿酒或先去籽发酵，再送加工厂酿酒。

［加　　工］ 酿酒方法参阅总论（436页）浆果酒制造方法。

179 葡萄（putao）（图476）

［学　　名］ **Vitis vinifera** L.　葡萄科

［形态特征］ 高大藤本，有卷须，借卷须缠绕于它物上。叶纸质，圆形或卵圆形，宽10～20厘米，基部心形，**先端常3～5裂**，边缘有粗而稍尖锐的齿缺，背面常密被丝状绵毛；叶柄长达4～8厘米。花杂性异株，圆锥花序大而长，花序柄无卷须；萼极小，杯状，全缘或不明显的5齿裂；花瓣5，基部分离，先端粘合而不开展，开花时呈帽状整块脱落；雄蕊5；花盘隆起，由5个腺体所成，基部与子房合生；子房2室，每室有胚珠2。浆果通常卵形至卵状长圆形，汁液丰富，熟时紫黑色而被有粉，或红而带青色，皮不易与果肉分离。花期6月，果期9～10月。

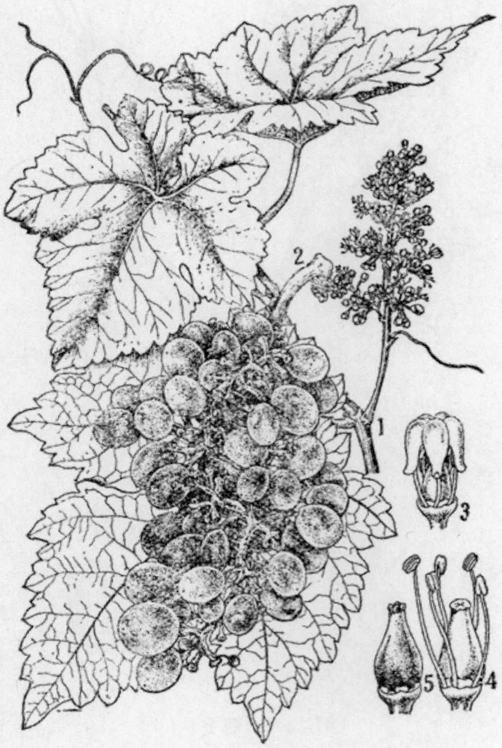

图476　葡萄

Vitis vinifera L.

1．花枝；2．果枝；3．花示花瓣脱落；4．雄蕊、雌蕊和花盘；5．雌蕊和花盘。（自“江苏南部种子植物手册”）

［生长环境］ 栽培种，宜种子向阳山坡和冷空气不易侵袭的湿润而肥沃的粘性砂土中。

［产　　地］ 辽宁、古林、黑龙江、陕西、甘肃、新疆、内蒙古、河北、山西、河南、山东、安徽、江苏等省区。

［用　　途］ 果实味鲜美，营养价值大，为果中之上品，除供生食外，还可制葡萄干或酿葡萄酒。酿酒后的粕可提取酒石酸。

［理化性质］ 果实含水分70%，糖10%。

［采收处理］ 9～10月果实成熟呈紫黑色时采收。

［加　　工］ 酿酒方法参阅山葡萄（570页）。

［其　　他］ 葡萄的繁殖，一般采用压条和扦插两种方法。压条是将葡萄的枝条，埋在土里，生根后切断移植；

扦插法是早春或晚秋剪下一年生枝，选取节间短，生长壮健，不带绿色的枝条，挖坑将枝条呈弓形埋入，即可成活。

180 软枣猕猴桃（ruanzaomihoutao）（图 477）

［地 方 名］ 软枣子、圆枣子（东北）

［学　　名］ **Actinidia arguta** Sieb. et Zucc Planch. (*A.giraldii* Diels)　猕猴桃科

［形态特征］ 落叶大缠绕藤本，长可达 30 米以上，基部直径达 10～13 厘米；茎皮淡灰褐色；一年生枝灰色或灰褐色，幼时有微柔毛，皮孔不显，以后变光滑；髓片状，白至淡褐色；芽小，包子突起的叶痕中。单叶互生，椭圆状卵形至阔卵形或近长圆形，长 5～15 厘米，宽 3～10 厘米，先端骤尖或短尾尖，基部心形或近圆形，少为楔形，通常偏斜，边缘有不规则的尖锯齿，表面暗绿色，无毛，稍有光泽，背面色较淡，细脉网状较显；叶柄长 2～8 厘米，无毛。花白色，直径 1.2～2 厘米，3～6 朵组成腋生的聚伞花序，雌花较少；花梗很细，有微柔毛；萼片卵形，内面生黄色毛，花后脱落；花瓣卵形至长卵形，常不等；雄蕊的花药暗紫色，在雌花内花粉枯萎；雌蕊在雄花内不孕，在雌花内子房瓶形，长约 6 毫米，无毛，花柱长约 4 毫米。浆果椭圆形或长圆形，稍扁，长约 2～2.5 厘米，直径约 1.8 厘米，黄绿色，平滑，有浅棱，先端有短尾状的嘴，嘴上有宿存的花柱；果柄长 1.5～2.2 厘米。花期 6～7 月，果期 9 月。

［生长环境］ 生于海拔 100～2000 米的针、阔叶混交林及阔叶杂木林中、林缘或向阳灌丛中。

［产　　地］ 吉林、黑龙江、辽宁、河北、山西、陕西、河南、山东、江苏、浙江、安徽等省。

［用　　途］ 果实可酿酒，出酒率约 10%，果肉富含糖分及维生素丙，可生食，也可制果酱和蜜饯

图 477　软枣猕猴桃
Actinidia arguta（Sieb. et Zucc.）Planch.
果枝

等。

为蜜源植物，花可提制香精油，供糖果食品工业用；果实可入药，为滋补强壮剂，又可提制维生素丙。

［理化性质］　据吉林省资料：果实中果梗占 10.2%，出汁率 45.5%，果渣占 37.6%；果汁含总酸量 1.48 克/100 毫升，糖分 5.18 克/100 毫升，鞣质 0.145 克/100 毫升。

［采收处理］　9 月果实成熟时未脱落前采摘，未充分成熟者也应一同采下，待其后熟。加工前应严格分选，拣去坏的果实，然后冲洗干净，再行加工。

［加　　工］　软枣猕猴桃果实汁液粘稠不清，不易分离，所以酿酒应采取混合发酵法。先将果实破碎呈粥状，入池，加入 5%的酵母液及 8.5%的糖液（3 倍水，5 倍糖），进行前发酵，每日搅二次，温度保持在 22～25℃，时间 5～6 天。当残糖降到 1%时，进行压榨分离，其汁转入后发酵，按发酵到 12 度酒计算，加入砂糖以改良其成分。温度保持在 15～20℃，经 30～35 天后，分离，转入贮藏。此酒浑浊，不易沉淀，为了克服这一缺点，宜在贮藏之前用 90 度以上的酒精进行调度，使酒度达到 16 度左右，贮藏二年以上，即可配制成果酒，其风味品质均佳。制果脯方法参阅猕猴桃（579 页）。

图 478　京梨

Actinidia callosa Lindl.

1．花枝；2．果枝；3．单性花；4．两性花。

181 京梨（jingli）（图 478）

［学　　名］　**Actinidia callosa** Lindl.　猕猴桃科

［形态特征］　落叶藤本；小枝有显明长而黄色的皮孔，幼时有绒毛；髓小，淡橙色，实心。叶纸质，倒卵形至卵圆状椭圆形，长 6～17 厘米，宽 3～8 厘米，先端突尖或短渐尖，基部近圆形或阔楔形，两面无毛，边缘有细锯齿；叶柄长 1.5～3 厘米。花 1～5 朵排成腋生的聚伞花序，淡黄至白色，有芳香，直径约 2 厘米；花梗细，无毛。小浆果卵圆形，粉绿色，无毛，熟时为红褐色，表面有灰或褐色皮孔。花期 4～6 月，果期 9～10 月。

［生长环境］　攀援于山间杂木林

内或林缘间其他植物上。

［产　　地］ 浙江、安徽、江西、湖南、广西、广东、云南、湖北、四川、贵州、台湾等省区。

［用　　途］ 果实含少量糖分，供食用和酿酒。

［采收处理］ 果实成熟时采收。采收时应注意不要重压，以防水分流失。

［加　　工］ 酿酒方法参阅软枣猕猴桃（577 页）。

182 猕猴桃（mihoutao）（图 1556）

［学　　名］ **Actinidia chinensis** Planch.　猕猴桃科

（地方名、形态特征、生长环境、产地及其他用途见“其他类”，2079 页）

［用　　途］ 果实含丰富的糖和维生素，味美可食，也可制成果脯或果酱；又可酿酒，出酒率达 25%。

［理化性质］ 据陕西省资料：果实含葡萄糖 15.27%，果糖 6.57%，蔗糖 2.91%。

［采收处理］ 8～9 月间果实成熟时，即可采收，如过分成熟则多变软，难于运输。采回后应放在温暖处，经后熟后，始可食用或酿酒。

［加　　工］ 加工蜜饯果脯时，先将果实放入含 3%的氢氧化钠溶液的沸水中，经 30 分钟后取出，再放入冷水中洗净，剥开果皮，将种子挤出，所余果肉放入缸中，加热二次（每次加热 5～8 分钟），每公斤加 60～150 克蜂蜜和少量香料，去火冷却，风干即成。酿酒方法参阅软枣猕猴桃（577 页）。

183 革叶猕猴桃（geyemihoutao）（图 479）

［地 方 名］ 马奶藤、铁甲藤（四川）

［学　　名］ **Actinidia coriacea** (Fin. et Gagnep.) Dunn　猕猴桃科

［形态特征］ 缠绕藤本，高达 10 米；枝红褐色，近圆形，光滑无毛，具明显的卵形或线形皮孔；髓部白色坚实。单叶互生，**革质**，倒卵状长圆形至长圆状卵圆形，长

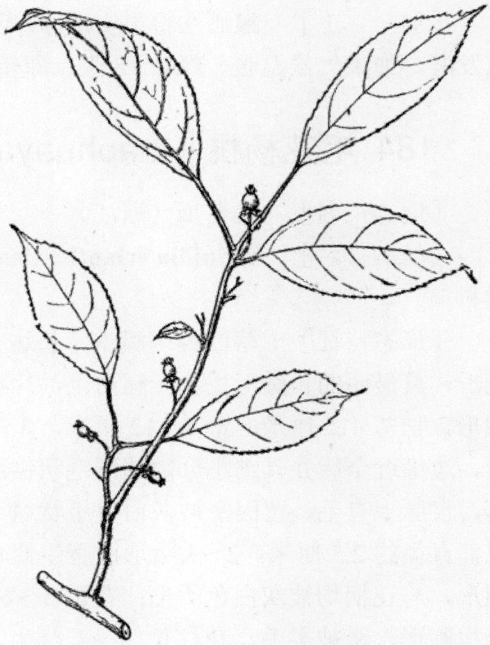

图 479　革叶猕猴桃
Actinidia coriacea（Fin. et Gagnep.）Dunn
果枝

6～9（～16）厘米，宽 2～2.5（～5）厘米，先端短渐尖，基部楔形或阔楔形，**边缘疏生具小尖突红色腺体的锯齿**，近叶基处则无齿而成全缘，表面深绿色，背面浅绿色，两面无毛，中脉在叶表面稍凹下，在背面稍突起，背面网脉细而稍显；叶柄光滑无毛，长 1～2.5 厘米。花红色，较小，直径 6～8 毫米，杂性，单生或 2～4 朵形成聚伞花序，生于无叶的老枝上或在无叶幼枝的基部，萼片 5，绿色或黄绿色，卵圆形；花瓣 5，近圆形；雄蕊多数，花药黄色，花丝甚细，无毛；子房上位，长卵圆形，**密被白毛**；花柱多数排成放射形。果实为长卵形浆果，长 1.5～2 厘米，宽 0.7 厘米，成熟后黄色，光滑无毛，有白色皮孔，花柱宿存。花期 5～7 月，果期 8～9 月。

［生长环境］ 喜生于海拔 200～1000 米山坡或沟边的树林边缘及灌丛中。

［产　　地］ 四川、贵州、云南等省。

［用　　途］ 果实味甜香，可生食，作果酱及酿酒。花可精提芳香油，供制糖果等食品工业用。

藤皮可取纤维，嫩枝浸胶，是制造蜡纸所必需的胶料。果入药，能解热、冷脾肾。亦为良好的蜜源植物。

［采收处理］ 8～9 月间果实成熟后，可以采摘。如摘下的鲜果未熟好或味不佳时可放入瓦缸内加盖封闭一星期，使其后熟，食之，则甜香可口。

［加　　工］ 酿酒法将果实洗净，入袋压榨，所得果汁放入瓷缸内密封，使其自然发酵。如果气候温暖，经 7～8 天，即转化为香醇的美酒。

184 毛花杨桃（maohuayangtao）（图 480）

［地 方 名］ 毛冬瓜（浙江）

［学　　名］ **Actinidia eriantha** Benth. (*A. davidii* Franch.; *A. lanata* Hemsl.) 猕猴桃科

［形态特征］ 落叶缠绕藤本，长达 10 米；小枝及叶柄均密被白色柔毛，以后变光滑，具显明的长圆形皮孔；髓白色，片状。单叶互生，皮纸质，阔卵形至长圆形或近圆形，长 7～15 厘米，宽 4～12 厘米，先端渐尖或钝至短尖；基部近圆形、截形至近心形，边缘近全缘并具细小分散的纤毛状锯齿，表面深绿色，幼时被灰白色柔毛，后渐脱落，仅脉上有毛，背面密被灰白色星状绒毛；叶柄粗短，长 1.5～2.5 厘米。花大，肉红色，直径约 2.5 厘米，2～3 朵形成腋生聚伞花序；花柄长 8～15 毫米；萼通常 2 片，几圆形，与花柄均被灰白色柔毛；花瓣 5～6，卵形，长 15 毫米；雄蕊多数，花药黄色；子房圆形，密被柔毛，花柱长 3～4 毫米，柱头多数，放射状。浆果蚕茧状，长约 3.5 厘米，密被灰白色柔毛。花期 4～6 月，果期 8～9 月。

［生长环境］ 生于海拔 250～1000 米的山坡、山谷、溪边及林缘灌木丛中。

［产　　地］ 浙江、福建、江西、湖南、广东、广西等省区。

［用　　途］ 果成熟较早，且较猕猴桃味美，可生食，也可作果酱、果脯及酿酒。

［理化性质］ 果实含糖量10%。

［采收处理］ 8～9月果熟时即可进行采摘。鲜果味涩酸，不好吃，必须经过加工，除去涩味，使果肉由硬变软，气味才香甜。将采收下的果实装入瓮缸内，上面加盖密闭，停放7天后，就变成松软和味甜的后熟果了。为了使果实早松软和快熟，可在瓮底垫谷糠和棉絮，这样只2～4天，就可以达到目的。但是，一般处理（未经入缸加盖，仅装于筐内存放），就需10～20天。利用这一特点，可使果实便于运销外地，不致腐烂损失。

［加　　工］ 鲜果可酿酒的出酒率达25～30%，酿酒方法参阅软枣猕猴桃（577页）；制果脯方法参阅猕猴桃（579页）。

图480 毛花杨桃
Actinidia eriantha Benth.
1．叶枝；2．花枝；3．果枝。

185 狗枣猕猴桃（gouzaomihoutao）（图1557）

［学　　名］ **Actinidia kolomikta** (Rupr. et Maxim.) Maxim. 猕猴桃科

（地方名、形态特征、生长环境、产地及其他用途，见“其他类”2080页）

［用　　途］ 果实可酿酒和作果酱。

［采收处理］ 与软枣猕猴桃同。

［加　　工］ 酿酒方法参阅软枣猕猴桃（577页）。

186 木天蓼（mutianliao）（图481）

［学　　名］ **Actinidia polygama** (Sieb. et Zucc.) Miq. 猕猴桃科

［形态特征］ 落叶缠绕藤本，高达5米；老枝无毛，有灰白色小皮孔；髓大，白色，实心。叶膜质，上半部或全部变白或黄色，阔卵形至卵状长圆形，长5～12厘米，宽3～8.5厘米，无毛，有时背面沿脉有刺毛，先端渐尖，基部圆形、宽楔形或近心形，

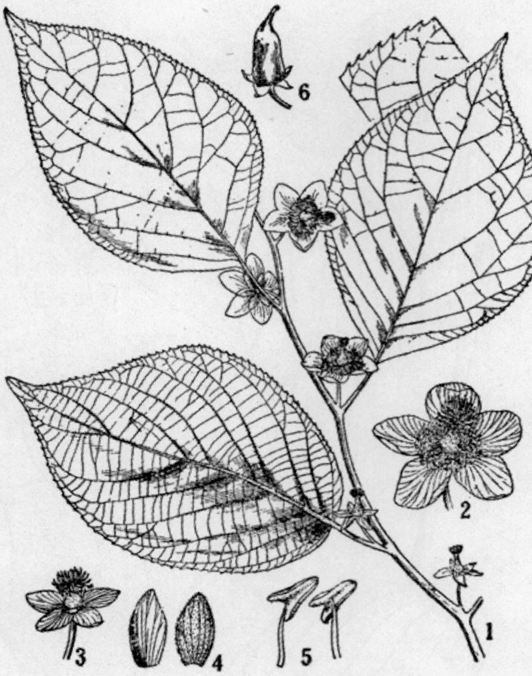

图 481　木天蓼
Actinidia polygama（Sieb. et Zucc.）Miq.
1．花枝；2．两性花；3．两性花去掉花瓣和雄蕊；4．萼片；5．雄蕊；6．幼果。
（自“江苏南部种子植物手册”）

边缘有细锯齿；叶柄细弱，长 2～4.5 厘米，有时微有刺毛。花白色，芳香，1～3 朵腋生；花梗长 5～15 毫米，中部有节；萼片 5，卵状椭圆形，花瓣 5，倒卵形；花柱丝状，柱头 18～20 裂；子房光滑，瓶状。浆果黄色，熟时变樱桃红色，卵圆形，长约 3 厘米，直径约 1 厘米，先端喙状；种子多数，黑褐色。花期 6 月，果期 10 月。

［生长环境］　喜生于深山林缘及山麓、河岸等处灌丛中。

［产　　地］　辽宁、吉林、黑龙江、河北等省。

［用　　途］　果实味酸甜，可生食及酿酒。

有虫瘿的果实可入药，治疝气及腰痛。茎内含粘液，可提取造纸粘剂。嫩叶可作蔬菜。

［采收处理］　8～9 月间采摘果实，放几天待其完全成熟后再酿酒。

［加　　工］　酿酒方法参阅软枣猕猴桃（577 页）。

187 番木瓜（fanmugua）（图 482）

［地 方 名］　木瓜（广西），万寿果（广东）。

［学　　名］　**Carica papaya** L.　万寿果科

［形态特征］　乔木，高达 8 米，不分枝或有时于损伤处抽出新枝；干枝柔，有大的叶迹。叶大，近圆形，通常掌状 7～9 深裂，直径可达 60 厘米，每一裂片再为羽状分裂；叶柄中空，长 60 厘米或过之。雄花无柄，排列于一长而下垂和长达 1 米的圆锥花序上，聚生，草黄色，花萼 5 裂，花冠管柔弱，长约 2 厘米，雄蕊 10，着生于花冠上；雌花几无柄，单生或数朵排成伞房花序，花萼 5 裂，花瓣黄白色，披针形而旋扭，分离，子房上位，1 室。浆果长圆形或近球形，熟时橙黄色，长 10～30 厘米；果肉厚，黄色，内壁着生多数黑色的种子。花、果期全年。

［生长环境］　热带及亚热带地区栽培。

［产　　地］　广东、广西、云南、福建、台湾等省区。

［用　　途］ 成熟果实供果品食用外，在未熟时还可供蔬食或浸渍食用。因青果里流出的乳汁含有木瓜酵素，有消化蛋白质的功能，所以也供药用。叶或未成熟的果和肉同煮，可使肉类易于软化。将叶捣烂，可治溃疡消肿。

［理化性质］ 果肉 100 克含蛋白质 0.43～0.71 克，脂肪 0.26～0.7 克，糖类 12.3 克及维生素甲、乙、丙、庚等。

［采收处理］ 供生食的果品宜在果皮呈黄色或半黄色时采收；供浸渍用的则在青时采收，采摘时应注意避免损坏。

［加　　工］ 浸渍番木瓜的加工方法：先将青皮果切成薄片放于盐水中或糖、醋水中浸渍，约 5～7 天即可。

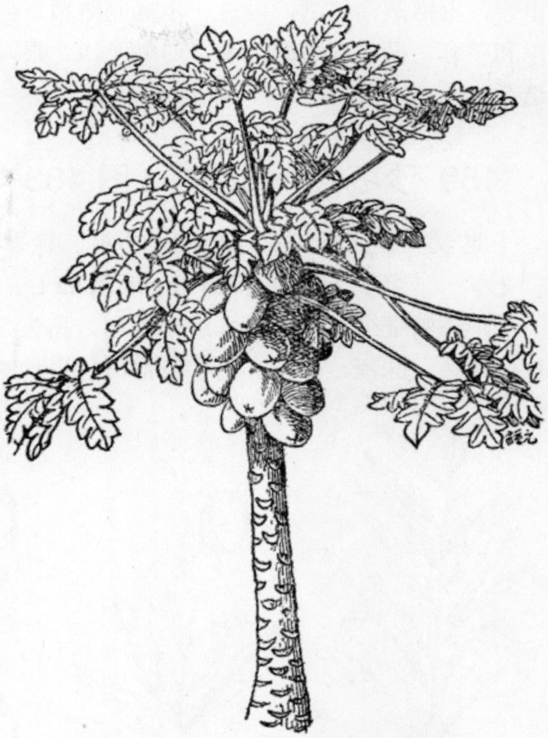

图 482　番木瓜
Carica papaya L.
植株上部

［其　　他］ 番木瓜用种子繁殖，采种以后可立即播种。种子外面有一层透明膜，播种前要将它洗去。去膜方法，通常是将种子放粗布中，用手搓揉，再用水冲洗。

188 狼毒（langdu）（图 1394）

［学　　名］ **Stellera chamaejasme** L.　瑞香科

（地方名、形态特征、生长环境、产地及其他用途，见“药用类”，1815 页）

［用　　途］ 根含淀粉，可以酿酒提取酒精，但有毒忌饮。根含纤维细而柔，为造纸原料。

［理化性质］ 据甘肃省资料：干根含淀粉 34.77%，去皮后含淀粉 66.49%。

［采收处理］ 晚秋或早春采收，含淀粉量较高。

［加　　工］ 黑龙江林甸县酿酒操作方法是：将狼毒根粉碎后，加入 70～80℃的温水（水量的多少，用手抓起成团为宜），浸拌均匀，停 20～30 分钟即可上锅（锅内水要烧开）。蒸 40 分钟左右出甑，通风冷却，等温度降到 32～35℃时即可下曲，其比例为每 50 公斤原料加曲 10 公斤左右。下池发酵时间约为 96 小时，当温度为 36～38℃时即

可出窖，上锅蒸馏接酒，再进一步提制酒精。但须注意：勿尝试，以免中毒。操作时带口罩和手套，操作后随即洗手，勿触及口、眼，以保证生产安全。提取淀粉后利用其纤维造纸。

189 沙枣（shazao）（图 483）

［地 方 名］ 银柳（辽宁），香柳、桂香柳（河南），牙格达、红豆（内蒙古）。

［学　　名］ **Elaeagnus angustifolia** L.　胡颓子科

［形态特征］ 落叶灌木或小乔木，高达 5～10 米。根系发达，主根深达 7 米；支根皮淡黄色，味涩，微苦。幼枝带银白色星状鳞斑；老枝皮细致，栗褐色，光滑，枝上常具棘刺。单叶互生，长圆状披针形至狭披针形，长 4～8 厘米，宽 1～2 厘米，基部阔楔形，先端尖或钝，表面灰绿色，有较稀的银白色星状鳞斑，背面密生银白色星状鳞斑；叶柄长 5～8 毫米，密被银白色星状鳞斑。花 1～3 朵腋生于小枝下部，长约 1 厘米，内面黄色，外面银白色，芳香；萼筒钟形，与裂片等长，雄蕊 4，生于萼筒上；完全花的花柱包于管状花盘的基部。果实核果状，幼时全为银白色，先端带突尖，成熟后为长圆状椭圆形，长 1 厘米许，黄褐色或栗褐色，被灰白色星状鳞斑；果肉乳白色粉末质，有甜味。花期 5～7 月，果期 9～10 月。

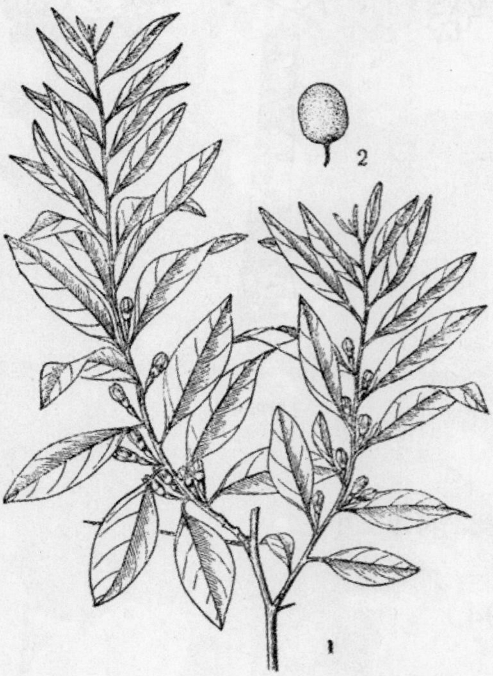

图 483　沙枣
Elaeagnus angustifolia L.
1．花枝；2．果。

［生长环境］ 生于沙漠边缘或石戈壁滩上，在沙漠中较肥沃的灌溉地区常见。庭院或菜园中也多有栽培。

［产　　地］ 辽宁、河南、陕西、甘肃、新疆、宁夏、青海、内蒙古和山西（北部）等省区。

［用　　途］ 果实味甜微酸，可生食，又可熬糖、制果酱和糕点等，也是酿酒的好原料。

本种具有保持水土和固定流沙的性能，为风沙区造林重要先锋树种；黄河中游风沙区为了防止流沙侵袭，已普遍推广栽培；木材质硬，边材白色，心材橙黄色，可作车辆、榨油用垫板、桌椅和家具等用。所制器具，经过常久使用后，变黑红色，光泽如漆，颇为美观；花有浓香，为蜜源植物；鲜花含芳香油，可制浸膏（见“芳香油类”，1393 页）；

植株含树胶（见“树脂及树胶类”，1563 页）。

［理化性质］ 果实含糖量 50%。核的化学成分：水分 9.81%，干物质 90.15%，脂肪 0.04%。

［采收处理］ 9～10 月采收果实。以粒大、籽实饱满、干爽、无霉烂虫蛀者为佳。

［加　　工］ 熬糖方法：将原料装于木桶内，用棍棒搅拌去核。其他如过滤、熬煮、精熬、配料等方法均与枳椇（565 页）同。

［其　　他］ 繁殖用播种、压条、插条均可。

190 胡颓子（hutuizi）（图 484）

［地 方 名］ 甜棒槌、羊奶子（湖北），半春子（湖南），三月枣、羊不来（安徽）。

［学　　名］ **Elaeagnus pungens** Thunb.　胡颓子科

［形态特征］ **常绿灌木**，高达 4 米，通常具刺；树皮深褐色，小枝开展，褐色。单叶互生，椭圆形至长圆形，长 5～11 厘米，宽 2～4.5 厘米，先端尖或钝，基部圆形，边缘通常波状而卷曲，表面初时有鳞斑，后则平滑有光泽，背面初被有银灰色鳞斑，后渐变褐色鳞斑；叶柄长 5～10 毫米，褐色，上面有凹槽。花 1～3 朵或 4 朵簇生，下垂，长约 1 厘米，有芳香，银白色，萼筒较裂片为长，在子房上部突然狭细。果实核果状，椭圆形，长约 1.5 厘米，灰色或铁锈色。花期 10～11 月，果期次年 5 月。

［生长环境］ 山地杂木林内和向阳的沟谷两旁。

［产　　地］ 江苏、安徽、福建、江西、湖南、湖北、贵州、四川、陕西等省。

［用　　途］ 果实味甜，可生食，也可酿果酒和熬糖。茎皮含纤维（见“纤维类”，282 页）。

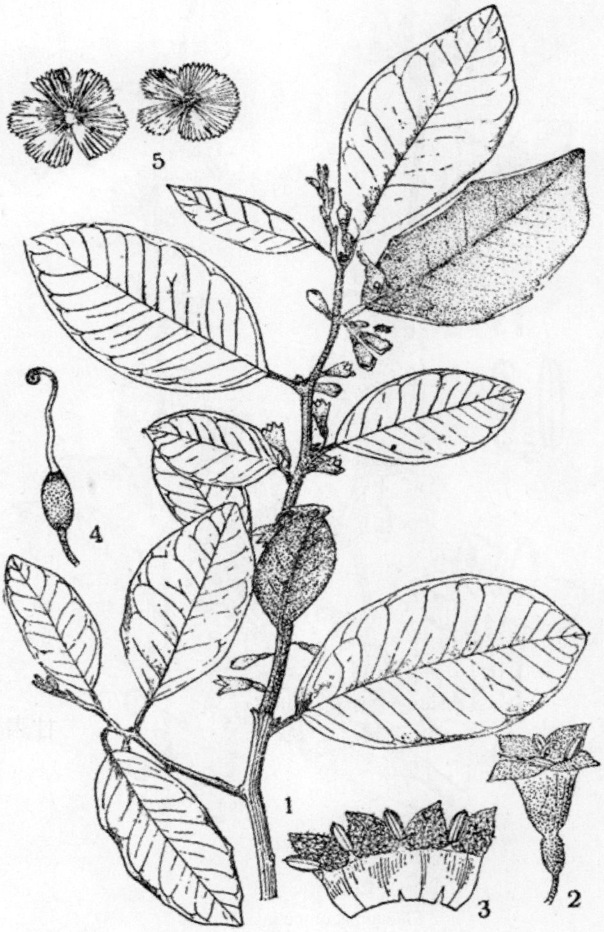

图 484　胡颓子

Elaeagnus pungens Thunb.

1. 花枝；2. 花；3. 萼筒展开，示萼裂和雄蕊；4. 雌蕊；5. 鳞片。（自“江苏南部种子植物手册”）

果实、根、叶均可入药。鲜花可提取芳香油（见“芳香油类”，1394页）。

［采收处理］ 5～6月间，果熟时采收。

191 牛奶子（niunaizi）（图485）

［地 方 名］ 甜枣（河南），麦粒子（山东），马现子（四川）。

［学　　名］ **Elaeagnus umbellata** Thunb. 胡颓子科

［形态特征］ 落叶灌木，高可达4米；枝开展，通常有针刺，小枝带黄褐色或部分呈银白色。单叶互生，椭圆形至卵状长圆形，长3～8厘米，宽1.5～5厘米，基部圆形至阔楔形，边缘通常卷缩，表面初时具银白色鳞斑，老或脱落，背面有银白色或杂有褐色的鳞斑。花带黄白色，有芳香，外面有鳞片，长约1.2厘米；萼筒部较裂片为长，基部收缩；花柱有鳞斑。果实近球形至卵圆形，长6～8毫米；初有银白色及杂有褐色的鳞斑，后变红色；果梗长8～12毫米。花期5～6月，果期9～10月。

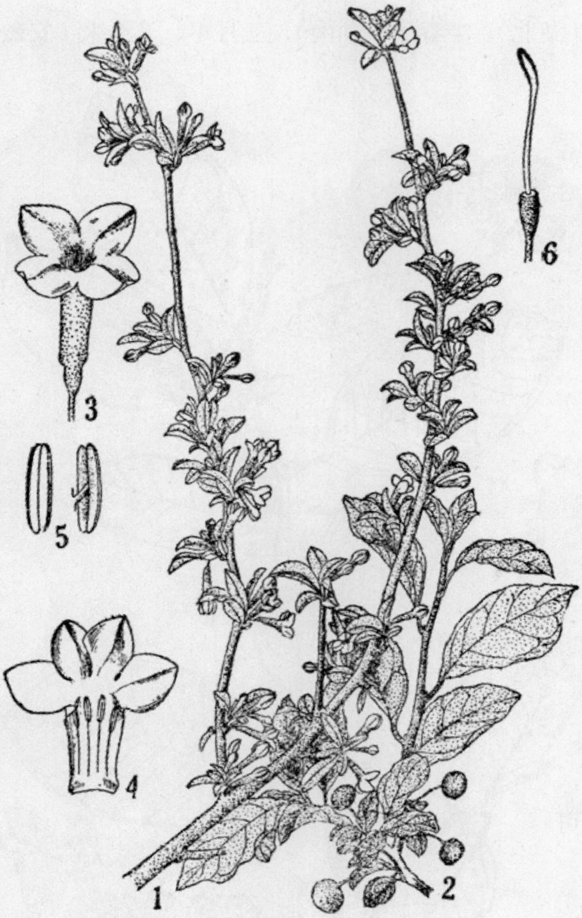

图485　牛奶子
Elaeagnus umbellata Thunb.
1．花枝；2．果枝；3．花；4．萼筒展开示萼裂和雄蕊；5．雄蕊；6．雌蕊。（自“江苏南部种子植物手册”）

［生长环境］ 山坡干燥地或河边砂地灌丛内。

［产　　地］ 内蒙古、河北、山东、山西、河南、陕西、甘肃、江苏、浙江、福建、湖北、湖南、江西、四川、云南等省区。

［用　　途］ 果实含糖，可酿酒，也能作蜜饯及果酱。果实、根、叶均可入药。花还可提芳香油。

［理化性质］ 根据山东野生植物普查队1959年7月测定：果实含脂肪油0.98%，可溶性糖16.96%，果胶0.19%，苹果酸0.44%，纤维素3.84%；茎皮含纯纤维素22.93%。

［采收处理］ 9～10月间果

熟后采收，除去杂质，阴干。

192 沙棘（shaji）（图 486）

［地 方 名］ 醋柳、黄酸刺（山西），酸刺（内蒙古）。

［学　　名］ **Hippophae rhamnoides** L. 胡颓子科

［形态特征］ 落叶小乔木或灌木，高 5～8 米，具棘刺；枝灰色或灰褐色，无毛，幼枝褐色，具鳞斑；冬芽锈色，卵形或近圆形，生于叶腋。单叶互生或近对生，线形至线状披针形，长 2～6 厘米，宽 0.4～1.2 厘米，两端钝，全缘，表面幼时具银白色鳞斑，后脱落，背面密生银白色鳞斑，杂有少数锈色鳞斑；叶柄短，长 1～1.5 毫米。短总状花序着生于去年生枝上；花小，淡黄色，先叶开放；萼筒极短，二裂；雄花无梗，具雄蕊 4；雌花具短梗。浆果核果状，近球形或卵球形，橙黄色或桔红色，长 5～8 毫米；种子褐色，有光泽，长约 4 毫米。花期 3～4 月，果期 8～9 月。

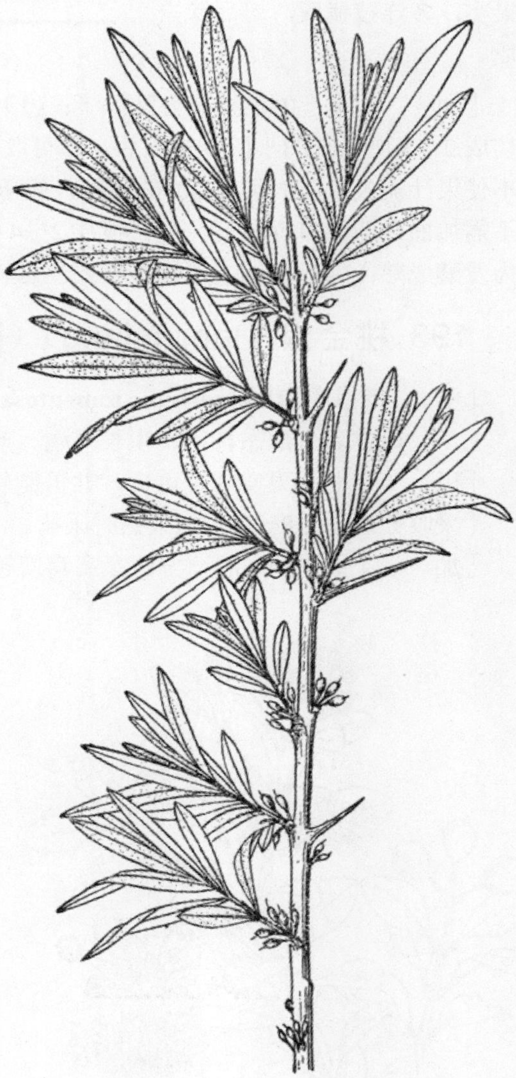

图 486 沙棘
Hippophae rhamnoides L.
果枝

［生长环境］ 生高山河流两岸冲积滩地、草原或沟谷内，在西北黄土丘陵地也常见，干旱或潮湿向阳处均能生长，对环境条件要求不严。

［产　　地］ 云南、贵州、山西、河北、河南、四川、甘肃、陕西、西藏、青海、内蒙古、新疆等省区。

［用　　途］ 果实味酸甜可食，可制果子露、果糕、果酱等食品，也可酿酒和供药用。

果实含有丰富的维生素及有机酸，果汁性质稳定，可贮藏很久，亦可浓缩，不致使维生素变质（见“其他类”，2081 页）。种子可以榨油（见“油脂类”，914 页）。树皮含鞣质，可提制栲胶（见“鞣料类”，1207 页）。沙棘为根瘤菌寄生植物，可以增加土壤肥力，根系发达，生长迅速，为防风、固沙及水土保持的良好树种。

［理化性质］　据苏联原料植物一书记载，此种果实干物质中含总糖量达 64%，蛋白质达 10.5%。我国资料如右表：

地区	项目部位	淀粉（%）	维生素（%）	氮（%）	糠醛（%）
山西省	根	9.99	31.3	0.35	
	茎	—	—	0.4	1.7
甘肃省	果实	20.89	—	—	—

［采收处理］　8～9 月间采收果实，多连枝摘取，然后除去杂质。

［加　　工］　酿酒操作方法如下：（1）选料：沙棘多刺，果实多汁，先将带果小枝切成 2～3 厘米长的小段经初压后，即可取出无用碎枝；（2）粉碎：用石碾碾压，为了不使果汁流失，压时须加 30%的谷糠，碾压成粘片状时为止；（3）发酵：沙棘入缸加热不需加曲，即能自行发酵，每日搅拌 2～4 次，7 天后待全缸中温度均匀在 40℃时，即为发酵成熟；（4）蒸馏：蒸馏装槽要注意轻装平摊，便于出酒。

193 桃金娘（taojinniang）（图 988）

［学　　名］　**Rhodomyrtus tomentosa** (Ait.) Hassk.　桃金娘科

（地方名、形态特征、生长环境、产地及其他用途见“鞣料类”，1220 页）

［用　　途］　果实味美可食，并可制软糖、果酱及用于酿酒。

［采收处理］　8～9 月间果熟时采摘。

［加　　工］　（1）酿酒方法参阅笃斯越桔（596 页）；（2）制果酱方法见总论（439 页）。

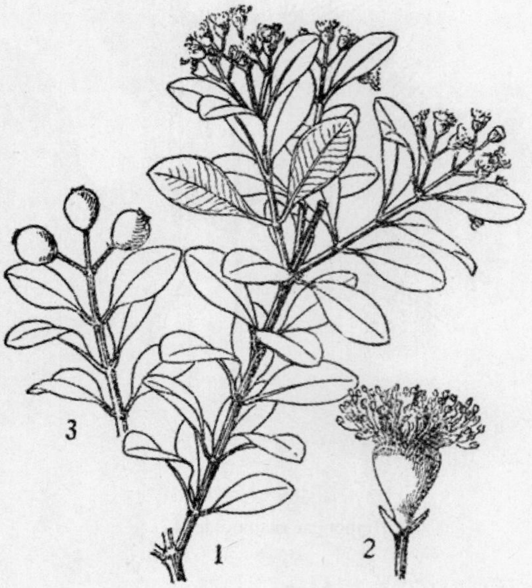

图 487　赤楠
Syzygium buxifolium Hook. et Arn.
1．花枝；2．花；3．果枝。

194 赤楠（chinan）（图 487）

［地 方 名］　鱼鳞木、赤兰（福建），石柃、山石榴（浙江），牛金子（江西）。

［学　　名］　**Syzygium buxifolium** Hook. et Arn. (*Eugenia microphylla* Abel.)　桃金娘科

［形态特征］　常绿灌木，茎皮紫褐色，小枝具棱。单叶对生或近对生，有时主要为轮生，革质，卵形至长圆形，长 2～3.5 厘米，宽 1～2 厘米，基部宽楔形，先端钝有时微凹，中脉在表面凹下，在背面隆起，无毛，叶柄长 1～2 毫米，聚伞花

序顶生或腋生，长约 3.5 厘米，多花；花白色，无柄；萼管长 2 毫米，雄蕊多数。浆果圆球形或长圆形而扁压，直径 5～7 毫米，紫红色至黑色。花期 5～6 月，果期 9～10 月。

［生长环境］　向阳的山坡、旷地，或河谷溪边，常成片生长。

［产　　地］　广西、广东、福建、台湾、浙江（南部）、安徽（南部）、江西、湖南、贵州等省区。

［用　　途］　果可食或酿酒。

木材坚硬细致，可作秤杆或雕刻用。

［采收处理］　果熟后采集，须妥善保管，防止压坏和霉烂。

195 蒲桃（putao）（图 488）

［学　　名］　**Syzygium jambos** (L.) Alston (*Eugenia jambos* L.)　桃金娘科

［形态特征］　乔木，高达 10 米。单叶对生，具短柄，革质而亮，长圆状披针形，长 10～20 厘米，宽 2.5～5 厘米，先端渐尖，基部楔尖，侧脉背面明显，至近边缘处汇合而成一边脉。花绿白色，为顶生具数花的伞房花序，**直径 4～5 厘米**；萼倒圆锥形，裂片 4；雄蕊多数，突出于花瓣之外。**果实圆球形或卵形**，直径 2.5～4 厘米，**淡绿色或淡黄色**，内有种子 1～2。花期 4～5 月，果期 6 月。

图 488　蒲桃
Syzygium jambos（L.）Alston
1．花枝；2．果。

［生长环境］　喜生于近水较湿润处，为栽培果树。

［产　　地］　广东、广西、福建、云南等省区。

［用　　途］　果实核大、肉薄、味香，可生食。

其根、茎较繁密，有固堤作用；枝叶繁茂，为良好的防风、固沙植物。

［采收处理］　果实成熟期较短，熟时必须及时采摘，以防落地损失。

196 洋蒲桃（yangputao）（图 489）

［地 方 名］　金山蒲桃（广东）

［学　　名］ **Syzygium samarangense** (Bl.) Merr. et Perry (*Eugenia javanica* Lam.) 桃金娘科

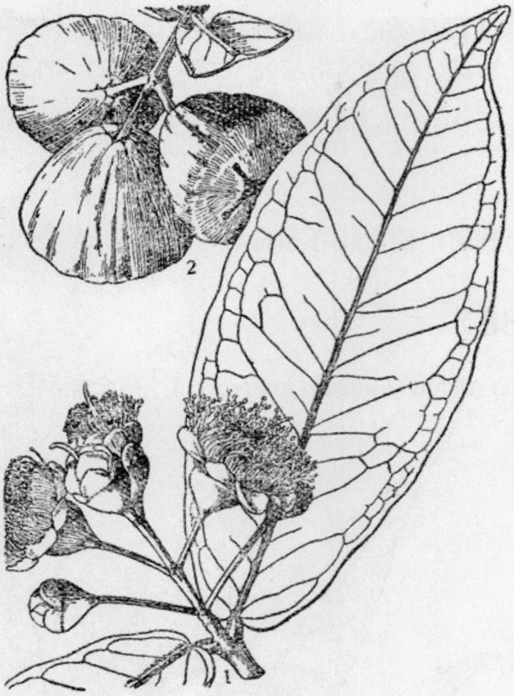

图 489　洋蒲桃
Syzygium samarangense（Bl.）Merr. et Perry
1. 花枝；2. 果实。

［形态特征］ 乔木，高达 12 米。单叶对生，近无柄，革质，**椭圆状长圆形**，长 12～25 厘米，宽 5～9 厘米，先端近圆或钝渐尖，基部近圆形或狭心形，侧脉约 14 对，离边缘约 6 毫米处汇合而成一环形脉。花白色，**直径 3～4 厘米**，数朵至多朵成腋生或顶生的聚伞花序；萼管倒圆锥形，长约 1.2 厘米，裂片 4，圆形，边缘膜质。浆果钟形或洋梨形，肉质，**淡粉红色**，光亮如蜡质，长和宽均 **3～4** 厘米，顶端压扁，冠以极厚肉质和内弯的萼片。花期 3～4 月，果期 6 月。

［生长环境］ 多栽培于鱼塘边、稻田畔等较湿润的地方。

［产　　地］ 广东、广西、福建，云南等省区。

［用　　途］ 果味香可食，但渣滓较多。

［采收处理］ 果熟时采收，仅供生食。

197 菱（ling）（图 490）

［地 方 名］ 菱角（通称）

［学　　名］ **Trapa bispinosa** Roxb. (*T. natans* L. var. *bispinosa* Makino) 菱科

［形态特征］ 一年生水生草本，根生泥中；茎细长，无毛，因水之深浅不同，长短各异。叶二型，沉浸叶生自茎节，细长丝状，羽状细裂；漂浮叶集生茎顶，成莲座状，菱状三角形，长 2.5～4 厘米，宽 2～4.5 厘米，边缘上半部有粗大锯齿，近基部全缘，绿色，表面无毛，有光泽，背面幼时有细毛，后渐脱落，沿脉有毛；叶柄长 2.5～5 厘米，有细绒毛或无毛，近顶处有膨大海绵状气室。花两性，白色，单生叶腋；萼管短，裂片 4；花瓣 4，雄蕊 4；子房半下位，2 室，每室胚珠 1，花柱钻状，柱头头状，花盘鸡冠状。果实骨质，具棱，表面有突起，两侧有 2 坚硬长刺，刺上有长毛或光滑。花期 6～7 月，果期 9～10 月。

［生长环境］　池塘、湖沼及水田中。

［产　　地］　全国各地。

［用　　途］　果实富含淀粉，可煮食或酿酒，出酒率 40%以上。

全株为猪饲料；果壳可提取鞣料。

［理化性质］　据辽宁省资料：果实含淀粉 68.46%。

［采收处理］　秋季果熟后采集，一般是到湖沼中用手摘。初冬也可采集，须用麻扎成刷子，伸进水中搅动，菱角随刷而上。采集后，洗去泥土，晒干去皮即可。

［加　　工］　酿酒方法：据辽宁省资料：（1）粉碎：将菱角果肉用粉碎机或石碾碾成和米粒大小的颗粒；（2）润料：用 40%的温水加入原料中，边加水，边搅拌，如原料潮湿可酌量少加水，润过两小时即可使用；（3）操作方法：如蒸馏、加曲及酵母等均与粮食制酒操作方法同。

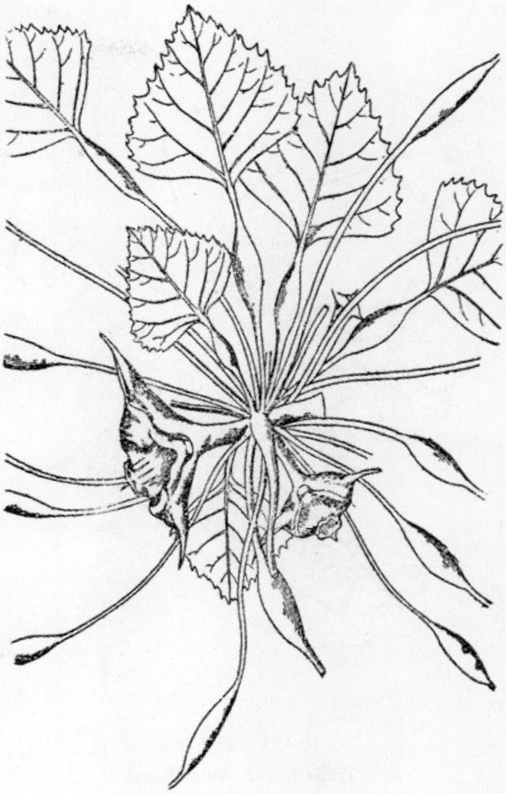

图 490　菱
Trapa bispinosa Roxb.
植株全形

198 细果野菱（xiguoyeling）（图 491）

［地 方 名］　菱角（黑龙江）

［学　　名］　**Trapa maximowiczii** Korsh.　菱科

［形态特征］　一年生水生草本；茎纤细，高达 75～150 厘米。叶片阔三角形，基部几成截形或近三角形，无毛，前缘具粗牙齿；叶柄稍膨大。花小，萼片长约 4 毫米，卵形或披针形，两两相对排列，基部有毛，其他部分无毛；花瓣白色，披针形，无凹沟，长约 7 毫米，先端尖锐。果实三角形，侧面凸起，宽 10～13 毫米，长 11～14 毫米，颈高约 3 毫米，狭长，上半部稍宽；角平滑且细，长尾尖，左右两角，生于上方且向上倾，背腹两角生子下部近基处而向下倾；上下角之间有小圆突起，果身全平滑，无细沟，无条凸。花期 7～8 月，果期 9～10 月。

［生长环境］　河水流动极缓而有淤泥的河床中或小溪、水塘中。

［产　　地］　吉林、辽宁、黑龙江、湖南、贵州等省。

［用　　途］　菱角可制淀粉和作酿酒原料，并可生食。

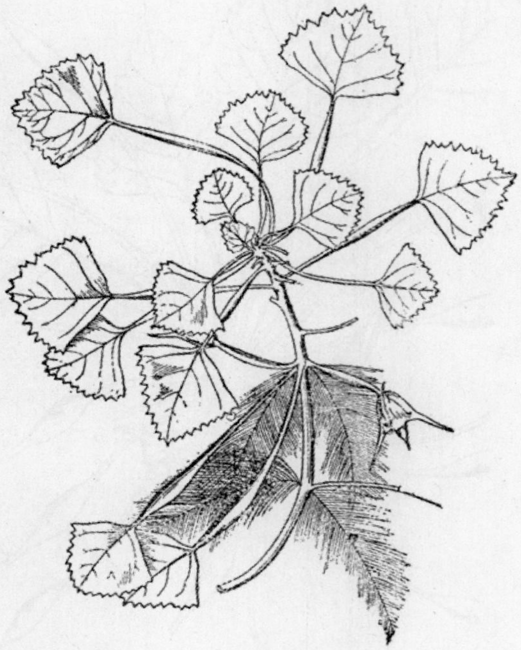

图 491 细果野菱
Trapa maximowiczii Korsh.
幼果枝

果壳可提取鞣料（见“鞣料类”，1225 页）。

［理化性质］ 据黑龙江省资料：菱角含淀粉 57.4～60%。

［采收处理］ 10 月果熟后采收。

［加　　工］ 脱壳后磨粉即成菱粉，如提取精制菱粉时，应加水磨成粉浆，过箩滤去残渣，沉淀酿酒必须去壳，再碎成小块如粟米大，并拌入高粱糠，否则易粘结；如供制面包，应加入五、六成面粉。

［其　　他］ 本种变异较大，其中包括有许多种型，如 *Trapa maximowiczii* Korsh. f. *tuberculata* Gluck，*T. maximowiczii* Korsh. f. *laevigata* Gluck 等。

199 四角野菱（sijiaoyeling）

［地 方 名］ 野菱角（河南、湖南）

［学　　名］ **Trapa natans** L. 菱科

［形态特征］ 一年生水生草本，根生于泥中，茎细长伸向水面。叶有二型，沉水叶细长，羽状细裂；浮水叶簇生，菱形，上半部有锯齿，背面沿叶脉处微有长软毛；叶柄上部膨大，海绵质。花单生于叶腋，形小，色白，有梗；萼管短，与子房下部相连，裂片 4，不脱落，果实成熟后其中 2 片或 4 片演变成刺；雄蕊 4；子房半下位，2 室，先端锥状，花柱凿形，柱头头状，胚珠单生于每 1 室内。果实角质，两角有刺，绿色或紫褐色。花期 6～8 月，果期 9～10 月。

［生长环境］ 湖泊和池塘中。

［产　　地］ 辽宁、吉林、黑龙江、河北、河南、山西、陕西、江苏、安徽、山东、湖南、湖北、四川等省。

［用　　途］ 果实可生食或熟食；菱角粉可制糕点、酿酒、熬糖或浆纱。

果壳可提取鞣质。嫩茎叶可作猪饲料。

［理化性质］ 据江苏省资料：新鲜果实含粗淀粉 52.2%，葡萄糖 3.22%，水分 10.46%，粗蛋白质 19.9%，粗脂肪 0.73%，粗纤维 1.38%，灰分 2.78%。

［采收处理］ 作淀粉用的菱角，最好待其充分成熟后采收，一般在10月前后进行。采回后去壳，加工或晒干保存。作饲料的嫩茎叶可在生长旺盛时采收，也可在采收果实时一起采回。

［加 工］ 脱壳后磨细即成菱粉。如精制可磨成粉浆，过滤去渣。酿酒也必须去壳后破碎成粗粉，拌入高粱糠，否则易粘结。制面包要加入50～60%面粉。

［其 他］ 菱角的种类在分类学上意见很不一致，有人认为世界菱角只有一种，即四角野菱（Trapa natans L.）及数变种；有人已把所有菱角按照其果实的形态分成一百余种。我国所产菱角尚未有系统的整理，其中除细果野菱（Trapa maximowiczii Korsh.）（其特征较明显，果极小，花盘边缘全缘，不成不规则分裂）及乌菱（Trapa bicornis）（果大而具2稀有4弯曲的角）以外，其他种类较难区别。本书以果较大而具二直角者（系栽培种）鉴定为菱（Trapa bispinosa），具四直角者鉴定为Trapa quadrispinosa；其他野生的种类其果实中等大的（宽约2厘米）具4直角的鉴定为四角野菱（Trapa natans），所有各种菱角的经济用途都基本相同。

200 锁阳（suoyang）（图492）

［地 方 名］ 锈铁棒（新疆），乌兰高腰（内蒙古）。

［学 名］ **Cynomorium songaricum** Rupr. 锁阳科

［形态特征］ 多年生寄生草本，全体肉质，无叶绿素；茎圆柱状，高60～100厘米，黑紫红色，下部埋藏于土中，基部稍膨大，具互生鳞片，鳞片三棱状长圆形，长0.5～1.2厘米。花序肉穗状，顶生于茎端，长圆状棍棒形，长5～15厘米，直径达6厘米，暗紫红色，在花丛中散生有鳞片状苞片；花杂性，排列甚紧密，暗紫色，有芳香气；雄花有线形花被1～5，长约2～6毫米，雄蕊1，花丝线形，比花被约长1/3，花药2室，退化子房和花柱不显著，或有时退化雌蕊呈倒圆锥形突起，肥大色白，顶端参差不齐；雌花花被棍棒状，长1～3毫米，子房阔卵圆形，下位或半下位，1室，胚珠1，花柱

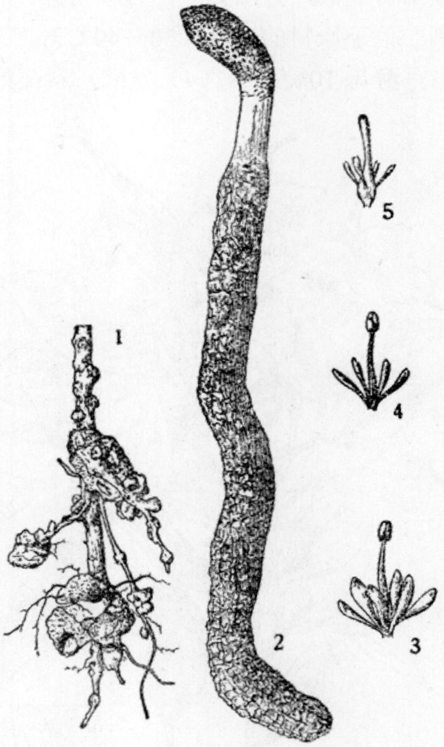

图492 锁阳

Cynomorium songaricum Rupr.

1. 锁阳寄生在寄主根部的初期阶段；2. 茎、花序；5. 具退化雌蕊的雄花；4. 雄花；5. 雌花。

棒状，柱头单一，顶生。坚果球形，有薄膜，种子有胚乳。花期5～6月，果期8～9月。

［生长环境］ 性喜干旱和含盐碱的砂地，常寄生于白刺（又名泡泡刺）的根上。

［产　　地］ 新疆、青海、陕西、甘肃、内蒙古等省区。

［用　　途］ 茎部含淀粉，可制糕点和食品，又可以酿酒，酒味良好。

全草药用（见“药用类”，1820页）；全株含鞣质，可提制栲胶（见“鞣料类”；1226页）；花序可为紫色染料。

［理化性质］ 据青海省资料：茎含淀粉21.76%，糖0.55%。又据甘肃省资料：茎含淀粉32.2%。

［采收处理］ 秋后采收，以9～10月为最适宜，采后曝晒，或置温火上烘干均可。

［加　　工］ （1）制糕点方法：将鲜锁阳去皮（皮有毒），切成3厘米许的小段，放入冷水中浸泡两次（每次2小时），再蒸煮20分钟，取出用20～30℃温水浸泡，以去净鞣质，无涩味即可，这时即可搓烂制糕点或晒干磨粉。（2）酿酒方法：通过上述处理的锁阳可制酒，方法如下：（1）粉碎：将晒干或烘干的原料碾细（粗粉状）；（2）润料：喷洒二倍于原料的温水（30～40℃）；（3）配料：原料温度在30℃左右时，加入曲子8%左右，酵母10%左右；（4）发酵：料配好后拌匀，下缸或下池发酵，5～7天即好；（5）蒸馏：采用一般固体蒸馏法。注意：不去皮的原料有毒，只可以酿制酒精。

201 四照花（sizhaohua）（图493）

［地 方 名］ 石枣子、小车轴（河南）

［学　　名］ **Dendrobenthamia japonica** (A. DC.) Fang var. **chinensis** (Osborn) Fang (*Cynoxylon sinense* Nakai) 山茱萸科

［形态特征］ 落叶小乔木，高达5米；树皮灰黑色，成片状剥落；枝条开展，小枝幼时有深棕色偃生毛，毛不久即脱落。单叶对生，卵形至卵状长圆形，长5～10厘米，宽2.5～6厘米，基部阔楔形，先端长渐尖，边全缘，微呈波状，表面鲜绿色，有灰白色平贴毛，背面淡绿色，有白霜，密生灰白色平贴毛；侧脉通

图493 四照花
Dendrobenthamia japonica（A. DC.）Fang var. chinensis（Osborn）Fang
1．花枝；2．叶的一部分。

常4对，脉腋间有或无深棕色簇生毛，叶柄及脉上平贴深棕色毛。花成腋生头状花序，总梗长5～10厘米，无毛；总苞4片白色，花瓣状，阔卵圆形至长卵圆形，先端长尖，基部楔形；花萼筒状；花瓣4，长圆形；雄蕊4，花药褐色；子房2室，花柱短，柱头头状。果实核果状，球形，熟时红色。花期5～6月，果期9～10月。

［生长环境］ 山坡、沟边、路旁及疏林中。

［产　　地］ 四川、贵州、湖南、湖北、江西、浙江、江苏、安徽、河南、陕西、甘肃等省。

［用　　途］ 果可食，也能酿酒和制醋。

［采收处理］ 果熟时采收。

［加　　工］ 见总论中果实酿酒方法（436页）。

［其　　他］ 采收时去掉果肉，种子阴干后，保存于通风干燥处，次年3～4月间进行播种，两年即可定植。

产云南及四川西部的鸡嗉果［Dendrobenthamia capitata（Wall.）Hutch.］其用途同上。

202 乌饭树（wufanshu）（图494）

［地 方 名］ 沙莲子（福建），零丁子（江西），乌饭糯、起子儿、5子、乌饭、糯米台、乌子（浙江），乌米饭，苞越桔（江苏）。

［学　　名］ **Vaccinium bracteatum** Thunb. 杜鹃科

［形态特征］ 常绿小乔木，高可达1.5米。分枝细而多，常成矮生灌木状；小枝有灰褐色短柔毛。单叶互生，革质，卵形、椭圆形或狭椭圆形，长2.5～6厘米，宽1～2.5厘米，先端尖，基部阔楔形，边缘具尖硬细齿，表面深绿色，有光泽，无毛，背面淡绿色，沿中脉疏生短粗刺毛；叶柄长5～8毫米，无毛。总状花序腋生，长2～6厘米；苞片宿存，披针形；花白色，萼筒钟状，三角状5浅裂；花冠筒状卵形，长5～7毫米，常下垂。浆果球形，直径4～6毫米，熟时紫黑色。花期9月，果期11月。

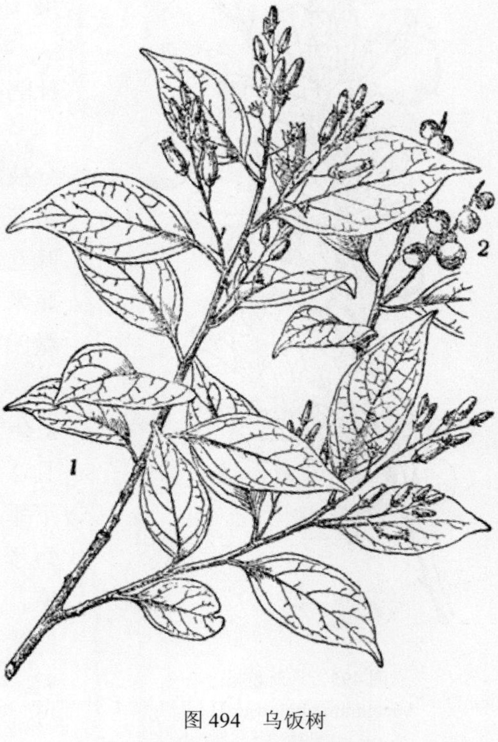

图494 乌饭树

Vaccinium bracteatum Thunb.

1．花枝；2．果枝。

［生长环境］ 常生长于马尾松林内、山坡路旁、沟边及灌丛中；喜酸性土，是酸性土指示植物。

［产　　地］ 江苏、浙江、福建、台湾、安徽、江西、湖北、湖南、广东、广西等省区。

［用　　途］ 果实味甜，可生食，又可熬糖、制果酱和酿酒等用。

树皮含鞣质，可提取栲胶。

［理化性质］ 据江苏省资料：果实含糖分约 20%，游离酸 7.02%（以林檎酸为主，枸橼酸、酒石酸少量）。

［采收处理］ 果实成熟时采摘，除去枝叶和杂质，即可食用、制果酱或酿酒。

［加　　工］ 酿酒方法参阅笃斯越桔（本页）。

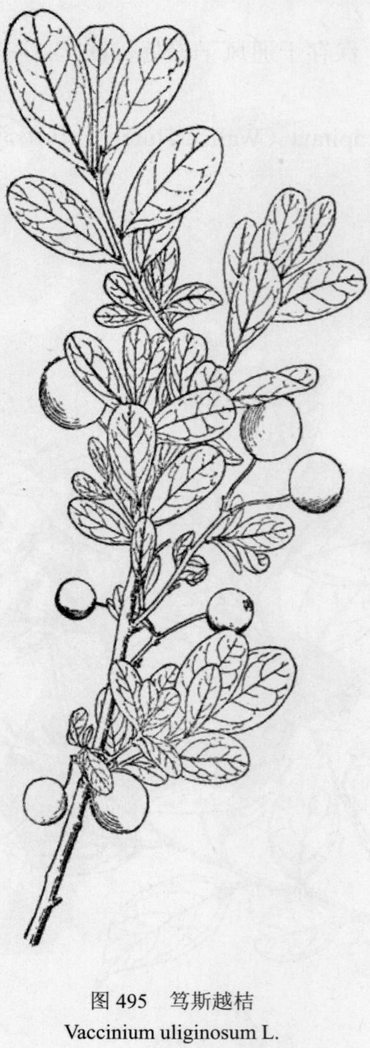

图 495 笃斯越桔
Vaccinium uliginosum L.
果枝

203 笃斯越桔（dusiyueju）（图 495）

［地 方 名］ 笃斯（黑龙江、内蒙古），地果（吉林）。

［学　　名］ **Vaccinium uliginosum** L. 杜鹃科

［形态特征］ 小灌木，高达 50～80 厘米，分枝多；树皮光滑，呈紫褐色或带红褐色；小枝暗灰褐色，纤维状剥裂，当年枝褐色，光滑。单叶互生，倒卵形或长圆形，稀近圆形，长 1～3.5 厘米，宽 0.5～1.5 厘米，基部楔形，先端钝圆或微凹，全缘，表面绿色，叶脉不明显，背面灰绿色，叶脉隆起；叶柄极短，长约 1 毫米。花常 1～3 朵集生于 2 年生枝梢上；花梗长 5～10 毫米，具 2 小苞；萼片 4，稀 5；花冠壶形，带白绿色，下垂，长约 5 毫米，顶端 4～5 浅裂；雄蕊 10，短于花冠，花丝及花药背上有突起；子房 4～5 室，花柱宿存。浆果椭圆形或扁球形，直径约 1 厘米，蓝紫色，外被白霜。花期 6 月，果期 7～8 月。

［生长环境］ 苔藓沼泽地或湿润针叶林下。

［产　　地］ 吉林、黑龙江及内蒙古东部。

分布在大小兴安岭一带。

［用　　途］　果实富含浆汁，充分成熟后味甜酸，可食，又可制成果酱或果干，也是酿酒的原料。果出汁率很高，发酵后的果汁颜色深红，适合于做红色果酒，酒的风味品质均好。

据中国科学院林业土壤研究所资料：全株含鞣质 8.6%，可做栲胶原料。

［理化性质］　据吉林省资料：果出汁率 80～85%；汁含糖分 8～11 克/100 毫升，总酸量 2～2.5 克/100 毫升，鞣质 0.15～0.25 克/100 毫升。

［采收处理］　果实成熟时易落，应及时采收。采收方法是将簸箕置于树下，将树压下用棍轻敲，果即落于簸箕内。果皮薄，容易破裂使果汁外流，宜用木桶装运，供食用的果实，可用筐装，但不宜装得过多，以免压碎。

［加　　工］　果酒制作过程：（1）破碎入桶；（2）前发酵：加酵母液 5～10%，温度保持 20～25℃，时间 2～3 天，中间搅汁一次；（3）后发酵：前发酵完毕后，进行分离，加糖 6%，保持 25℃左右的温度，约 15 天，发酵停止。检查酒精度，按发酵到 12 度酒精的要求，再加糖进行发酵；（4）贮藏：后发酵完毕，待残糖达 1%以下时，进行倒桶，留清去浊，转入贮藏，定期倒桶。贮藏 2～3 年后，再经配制就成果酒。

204 越桔（yueju）（图 1001）

［学　　名］　**Vaccinium vitis-idaea** L.　杜鹃科

（地方名、形态特征、生长环境、产地及其他用途见“鞣料类”，1233 页）

［用　　途］　果实可酿酒和制果酱。

［理化性质］　据吉林省资料：新鲜果实中含糖约 8.57%，游离酸 2.2%，安息香酸 0.075%，鞣酸 0.224%。

［采收处理］　参阅笃斯越桔（596 页）。

［加　　工］　制酒方法参阅笃斯越桔。

205 柿（shi）（图 496）

［学　　名］　**Diospyros kaki** L. f.　柿科

［形态特征］　落叶乔木，高达 15 米；树冠圆形，树皮暗灰色，鳞片状开裂。单叶互生，椭圆状卵形至长圆状卵形或倒卵形，长 6～18 厘米，宽 3～9 厘米，先端短尖，基部阔楔形或近圆形，全缘，表面深绿色，有光泽，背面淡绿色，有褐色柔毛；叶柄长 1～1.5 厘米，有毛。花雌雄异株或同株，雄花成短聚伞花序，有花 1～3 朵，雌花单生叶腋；花萼下部连合成短筒，4 深裂，裂片大，果实成熟时增大；花冠白色，钟状，4 裂，有毛；雄花有雄蕊 16～24，在两性花中为 8～16，在雌花中则有 8 枚退化雄蕊；子房上位。浆果卵圆形或扁球形，直径 3.5～8 厘米，橙黄色或鲜黄色，基部有宿存萼。花期 5～6 月，果期 9～10 月。

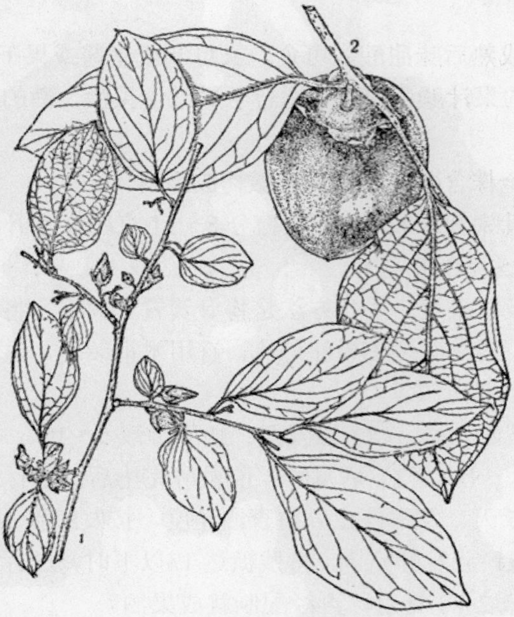

图 496 柿

Diospyros kaki L. f.

1．雄花枝；2．果枝。（自“江苏南部种子植物手册”）

［生长环境］ 常栽培于低山丘陵地区、山坡、田边、村边或果园中。

［产 地］ 辽宁、河北、河南、山西、山东、安徽、江苏、浙江、福建、广东、江西、湖南、广西、湖北、四川、陕西、甘肃等省区。

［用 途］ 果实可酿酒、制柿饼，放软后可生食。

制柿饼时可得柿霜，柿霜和柿蒂均供药用（见“药用类”，1857 页）；果实又可制取柿漆，供油漆用。木材也很好，可制各种家具。

［理化性质］ 据江苏省资料：果实含转化糖 16%，游离酸 0.3%（鞣质为主），以及甘露醇和柿醇（$C_{14}H_{27}O_9$）。柿霜为木蜜醇。

［采收处理］ 10～11 月采摘果实。

［加 工］ 柿饼加工方法：把鲜柿果皮削去，放在席上或屋顶曝晒，至表面微有白霜为止，即可收藏。收藏方法有二：一种是把晒好的柿迭起来，或用竹篾串起来；另一种为一个一个分离开贮藏，贮藏处应较阴凉而通气良好。贮藏到次年 1～2 月，取出即为柿饼（河南）。

酿酒方法参阅总论浆果酿酒法（436 页）。

［其 他］ 嫁接繁殖，以君迁子为砧木。

206 君迁子（junqianzi）（图 497）

［地 方 名］ 软枣（湖北），黑枣（通称），牛奶柝、丁香柝、红蓝枣（辽宁），野柿子（四川）。

［学 名］ **Diospyros lotus** L. 柿科

［形态特征］ 落叶乔木，高可达 14 米；树冠卵形；老树皮暗黑色，深裂成方块状；枝皮光滑，不开裂；幼枝灰绿色，有短柔毛；冬芽卵圆形，先端尖，无毛。单叶互生，椭圆形至长圆形，长 6～12 厘米，宽 3.5～5.5 厘米，基部圆形至阔楔形，先端尖，表面深绿色，初时密生柔毛，后渐脱落，背面近白色；叶柄长 5～25 毫米。花单性，雌雄异株，簇生于叶腋；花淡黄色至淡红色；花萼密生灰色柔毛，3 裂；雄花 2～3 朵集生，长约 5 毫米，雄蕊 16;雌花长 1 厘米，近无柄，雌蕊由 2～4 个心皮合成，子房上位，2～

4 室，每室有 1 胚珠，花柱裂至基部，有柔毛。浆果近球形至椭圆形，长 1.8 厘米，直径 1～1.5 厘米，初熟时为淡黄色，后则变为蓝黑色，常被有白蜡层。花期 5～6 月，果期 10～11 月。

［生长环境］ 生于向阳山谷、山坡，有时栽培于村边、路旁和田园中。

［产　　地］ 辽宁、河北、山东、陕西、山西、湖北、江西、湖南、四川、云南、广东、广西等省区。

［用　　途］ 果实熟时味甜，可供食用，也可制糖、酿酒或制醋。

从果实及叶中可制浓缩维生素丙，用于食品及医药上（见“其他类”，2082 页）。种子可榨油（见“油脂类”。949 页）。此树又是嫁接柿树的砧木。

［理化性质］ 据陕西省资料：果实含淀粉 2.74%，糖分 18.23%。

［采收处理］ 果熟后（一般在 10～11 月成熟）即可采收，盛装于陶瓷或木制容器内保管。

［加　　工］ 酿酒方法参阅总论(436 页)。

图 497 君迁子

Diospyros lotus L.

1．雌花枝；2．雄花枝；3．雌花展开；4．雄花展开；5．雄蕊。（自“江苏南部种子植物手册”）

207 打碗花（dawanhua）（图 498）

［地 方 名］ 小旋花、兔耳草（江苏）

［学　　名］ **Calystegia hederacea** Wall. 旋花科

［形态特征］ 多年生草本。根状茎白色，生于地中较深处。茎蔓性，缠绕或匍匐，有棱角，无毛，通常由基部起即分枝。单叶互生，具长柄，叶片戟形，侧面裂片尖锐；通常二裂，中裂片三角形或披针形，长 3.5～5 厘米，宽 1.5～3 厘米，基部微心形，渐尖头，全缘，两面通常无毛。花单一，腋生，有花梗；苞片 2，大形，包子花萼外，绿色，宿存；萼片 5 裂，长圆形，光滑；花冠漏斗状，淡粉红色；雄蕊 5，基部膨大，有细鳞毛；雌蕊 1，无毛，子房 2 室，柱头 2 裂。蒴果卵圆形，微尖，光滑无毛。花期 5～8 月，果期 8～9 月。

［生长环境］ 生于耕地、荒地和路旁等处，在溪边或湖边潮湿处生长最好，常成

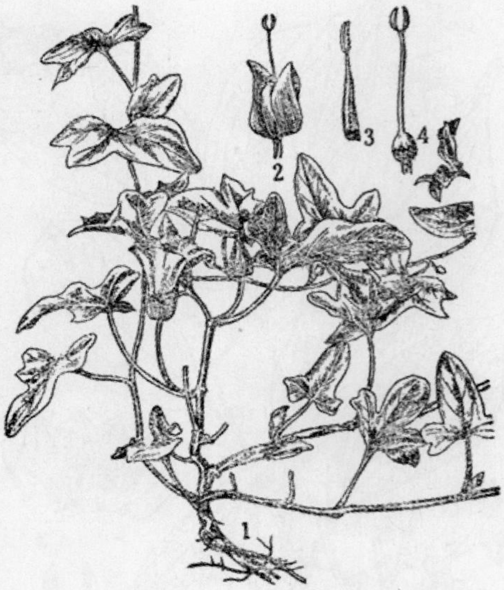

图 498 打碗花

Calystegia hederacea Wall.

1．植物全形；2．花去掉花冠表示苞片、萼片和花柱；3 雄蕊；4．雌蕊。(自“江苏南部种子植物手册”)

［加 工］ 江苏制饴糖方法：将根切碎置锅内，加水煮烂，然后加入冷水，使温度略降低（以不烫手为准），再加入已发芽的大麦芽，放入 2 小时后再煮沸，并注意经常搅拌。以后将煮液置于布袋中，压挤出糖液，倒入锅内煮熬，至糖液粘手时即成饴糖。

208 七爪龙（qizhao-long）（图 499）

［学 名］ **Ipomoea digitata** L. 旋花科

［形态特征］ 多年生缠绕大草本；茎近木质，光滑无毛，有粗壮而稍肉质的根。单叶互生，圆形或肾形，宽 7～15 厘米，指状 5～7 深裂至中部以

片生长。

［产 地］ 黑龙江、吉林、辽宁、内蒙古、河北、山东、山西、河南、陕西、甘肃、安徽、湖北、江苏等省区。

［用 途］ 据“辽宁野生经济植物志”：根状茎含淀粉，可造酒，出酒率 10～12%。据“江苏野生植物志”：也可制饴糖，出糖率 45%，冬天根含糖更多，出糖率可达 50%。此外，又是优良的猪饲料。

［理化性质］ 根状茎含淀粉 17%。

［采收处理］ 在秋冬间挖根最适宜。洗去泥土杂质，晒干，置于干燥通风处。

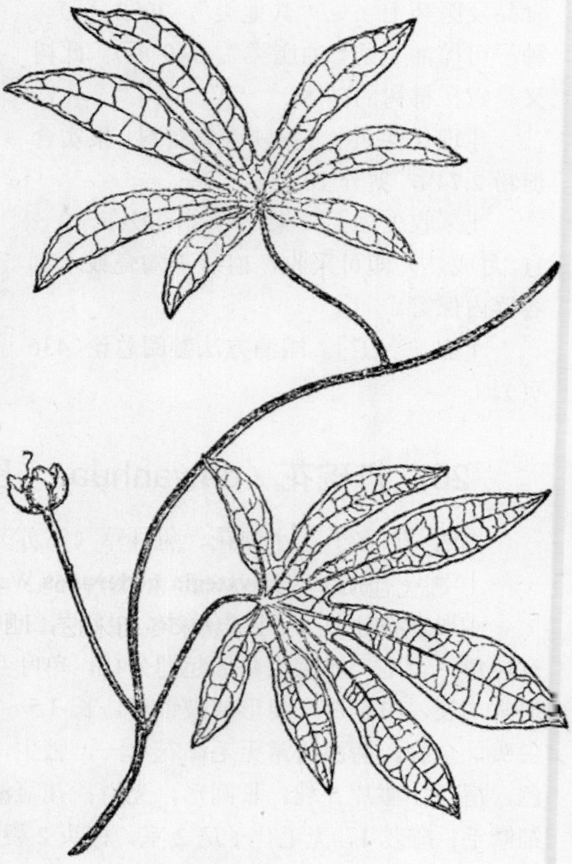

图 499 七爪龙

Ipomoea digitata L.

花枝（花冠已落）

下，裂口狭而基部近圆形，裂片通常披针形；叶柄长 4～8 厘米。总花梗腋生，约与叶柄等长或更长；花 3～5 朵（或更多）成聚伞花序；萼片阔卵形或近圆形，钝头，长达 1 厘米；花冠粉红色或红紫色，阔钟状，但在萼片内的部分狭窄，长 5～6 厘米：花丝不等长；子房无毛。蒴果卵状，长约 1 厘米，常 4 室，4 瓣裂；种子 4 粒，种皮上被黄褐色棉状毛。花期在夏秋间。

［生长环境］　多生于平地路旁向阳的灌木丛中。也有栽培的。

［产　　地］　广西、广东等省区。

［用　　途］　肉质根可提取淀粉或酿酒。

茎叶可饲猪。亦有栽培作荫棚绿篱及观赏植物的。

［理化性质］　据广东省资料：肉质根含淀粉 23.2%。

［采收处理］　秋末至次年早春萌芽前采收，挖取肥大块根，洗去泥土，晒干。

209 山红苕（shanhongtiao）

［地 方 名］　野红苕（四川）

［学　　名］　**Ipomoea hungaiensis** Lingel. et Borza　旋花科

［形态特征］　多年生缠绕草本，具块根。茎细长，绿色至黑绿色，直径不超过 3 毫米，圆柱形或具棱，无毛。单叶互生，较硬，长圆形至椭圆形，长 3.5～5 厘米，宽 1.1～3.5 厘米，基部钝形，先端渐尖、钝形或稍凹下，具小尖头，表面深绿色，背面色较淡，两面均无毛；叶柄细，圆柱形，长 1.2～1.5 厘米。花单生或 2～3 朵集生成腋生的总状花序；总梗长 3～3.5 厘米；花萼绿色，分两轮排列，外 2，内 3；花冠漏斗状，淡黄色；雄蕊 5，花丝不等长；子房上位，含 2 心皮，花柱长于花丝。蒴果扁圆形，花萼宿存；种子 1～4 粒，种皮上密生棕黑色有丝质光泽的绒毛。

［生长环境］　生于气候干燥的高山黄土地区，对土壤要求严格，常生于槲树、华丽杜鹃群落中，在海拔 1800～2200 米之间，生长较为繁茂。

［产　　地］　四川西部及东部。

［用　　途］　块根含有淀粉，可供食用或作糊料及饲料等用。

［理化性质］　块根含淀粉 20～25%。

［采收处理］　每年秋末冬初采挖，晒干或阴干后贮藏。

［加　　工］　提取淀粉方法参阅总论根状茎加工方法（436 页）。

210 马铃薯（malingshu）（图 500）

［地 方 名］　洋芋、土豆（通称）

［学　　名］　**Solanum tuberosum** L.　茄科

［形态特征］　多年生草本，高 30～100 厘米，全株具柔毛，地下部分具肥大块茎。叶为奇数羽状复叶；小叶 3～4 对，有柄，卵圆形，小叶之间常夹生小形小叶。花序聚

伞形圆锥状，花白色或带蓝紫色；萼裂线状披针形，长为花冠的三分之一。浆果球形，直径约 2 厘米，绿或黄绿色。花期夏季，果期初秋。

图 500 马铃薯

Solanum tuberosum L.

1. 花和叶枝；2. 地下茎和块茎；3. 块茎；4. 花的纵剖面。（自“江苏南部种子植物手册”）

［生长环境］ 栽培几遍全国，但以北部和西北部栽培较广。

［产　　地］ 黑龙江、吉林、辽宁、内蒙古、河北、山西、山东、河南、陕西、甘肃、青海、新疆、安徽、江苏、浙江、江西、湖北、四川、贵州、福建、台湾、广东、广西、云南等省区。

［用　　途］ 块茎含丰富的淀粉，可煮食或作蔬菜炒食；又为淀粉工业主要原料之一。

［理化性质］ 块茎含水分约 75%，干物质 25%，兹列一分析如下：水分 75.0%，淀粉 18.5%，糖 0.8%，纤维 1.0%，氮物质 2.0%，脂肪 0.2%，灰分 0.9%，其他 1.6%。

［采收处理］ 秋季采收（有些地区早春施种，夏末采收），挖出块茎后放于阴凉通风处，入冬贮存于地窖中防冻，并应经常检查，以免发热霉坏或天将暖时出芽。

［加　　工］ 制淀粉的土办法是：将块茎洗净，切成小块，用石磨磨成浆，过滤除去粗渣，放入桶内沉淀，澄清后除去上面清水，取出淀粉，晒干即成。至于机械化新式制淀粉方法可参阅有关淀粉工艺书籍。

收获后，又可切片，晒干，得薯干，易于保存，日后供作制造淀粉原料或食用。

211 陕西金银花（shanxijinyinhua）

［学　　名］ **Lonicera koehneana** Rehd. 忍冬科

［原 料 名］ 凉粉树叶

［形态特征］ 落叶灌木，高 3～4 米；树皮黄褐色，纸质，斑状剥落；**枝空心**；冬芽具数枚鳞片。单叶对生，通常有短柄，叶片卵形至菱状卵形，基部楔形，先端尖，全缘，表面绿色，背面灰绿色，两面均有白色细柔毛。花有总梗而成对，**总梗长于叶柄**，

腋生，每对花有苞片 2 枚及小苞片 4 枚，**小苞片通常结合；花萼具 5 枚卵形钝齿**，脱落或宿存；花冠管长约等于花瓣的 1/2，基部常稍驼曲，花瓣 2 唇形，上唇 4 裂片短而圆，下唇裂片线状披针形；雄蕊 5，着生于冠管内壁；子房 2～3 室，每室有胚珠 3～8，花柱细长，柱头头状。浆果具多数种子；种子卵圆形，具胚乳。

［生长环境］ 常在海拔 1200 米以上的山林内成群生长。

［产　　地］ 湖北西部山区及陕西、甘肃南部等地，四川北部也有生长。

［用　　途］ 叶可制凉粉。

［采收处理］ 7～8 月采摘树叶，为避免全株采伐和资源逐渐枯竭起见，可采用疏叶的方法，于结果时期将叶子采摘，除去杂质，晒干。

［加　　工］ 每公斤叶子加 10 碗水（冷水与开水各半），然后将叶子揉烂使液汁溶解在水中，再用布包好过滤，除去碎叶片，将滤液放锅内加热，慢慢凝结成块，成带棕红色的凉粉，味略苦，可食。

212 金银木（jinyinmu）（图 789）

［学　　名］ **Lonicera maackii** (Rupr.) Maxim.　忍冬科

（地方名、形态特征、生长环境、产地及其他用途，见“油脂类”965 页）

［用　　途］ 金银木叶除含淀粉外，嫩叶及花可作茶叶或食用，陕西秦岭山区居民每于秋季采摘叶子，搓碎取浆过滤，用以制成凉粉供食用。

本种枝叶茂密，早春开花、花初白色，后变黄色，果熟时鲜红如珍珠，冰霜落叶后，尤傲寒不脱，为布置庭园和绿化城市的经济灌木。

［理化性质］ 叶含淀粉 10%左右，并含有 1～5%的鞣酸。

［采收处理］ 参阅陕西金银花（602 页）

［加　　工］ 参阅陕西金银花制凉粉方法。

213 大五月五（dawuyuewu）（图 501）

［地 方 名］ 地糍巴（广西）

［学　　名］ **Hemsleya elongata** Kuang, ined.　葫芦科

［形态特征］ 多年生宿根草质藤本，全体无毛。块根扁圆形，膨大，重达数公斤。茎具 5 棱；卷须细瘦，单一或顶端分为 2 歧。叶互生，鸟足状掌状复叶；小叶 5～7 稀 3，中间一片较大，压干后薄纸质，长圆形，长达 15 厘米，宽达 5 厘米，基部楔形，先端渐尖，边缘具稀疏粗锯齿。花单性，雌雄异株，圆锥花序腋生，花序轴及花柄纤细；雄花花萼辐状展开，基部向一侧略膨大，5 深裂，裂片披针形；花冠辐状，黄色，5 裂，几达基部，裂片阔倒卵圆形，顶端钝圆，具短尖；雄蕊 5，离生，花药 1 室，外向；雌花较小，花萼裂片三角状锥尖，短于花瓣；花瓣长圆形，渐尖；子房棒状圆柱形，花柱极短，柱头 2 裂。**果实棒状长圆形，略成镰状弯曲，具 10 条凸出的纵肋，基部楔状渐**

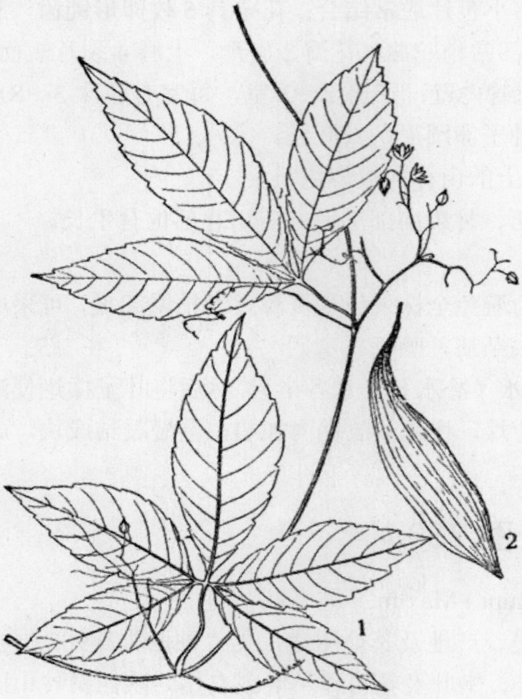

图 501　大五月五
Hemsleya elongata Kuang, ined.
1. 花枝；2. 果。

狭，向上端逐渐变大；顶极狭，三角形，成三瓣裂开；种于多数，近球形，有小瘤体，周围无翅。花期夏季，果期秋季。

［生长环境］　山坡密林边，常攀援他物上生长。

［产　　地］　广西壮族自治区

［用　　途］　块根含淀粉，可洗净切碎，掺入米中煮饭，也可提取淀粉或酿酒。

［采收处理］　块根四季可挖，但以秋季为好。

［加　　工］　将块根削去粗皮，切成小块、磨细、过滤、沉淀，即得淀粉，或切片晒干，磨细为酿酒原料。酿酒方法与含淀粉的根状茎类植物相同。

［其　　他］　本属在我国中部及西南部已发现有 10 种以上，据初步了解每种都具有块根，贵州东部产一种名为蛇莲（Hemsleya sphaerocarpa Kuang，新种尚未发表），其果实为圆球形，也具扁圆形的块根，据说是一种药用植物。此外四川、湖北、湖南、江西及云南还产有其他数种。

214 栝楼（gualou）（图 1488）

［学　　名］　**Trichosanthes kirilowii** Maxim.　葫芦科

（地方名、形态特征、生长环境、产地及其他用途见“药用类”，1931 页）

［用　　途］　据广东省资料：块根含淀粉，可供食用及作酿酒原料，每 100 公斤块根可酿出 45 度白酒 44 公斤。

［理化性质］　块根含淀粉 64.86%，其淀粉粒在显微镜下呈球状，直径 10～40 微米，但一般为 10～20 微米。

［采收处理］　选三年以上的植株采掘，在霜降（10 月）前后最适宜。

［加　　工］　将洗净的根放在臼中捣烂，加水浸泡，不断搅拌，然后置粗布袋中挤出汁液，入缸沉淀，倒出上层清液，反复沉淀数次，取出底下淀粉晒干即成。

215 柳叶沙参（liuyeshashen）（图 502）

［学　　名］ **Adenophora coronopifolia** Fisch.　桔梗科

［形态特征］ 多年生草本，高达 30～60 厘米。根肥大，单一或分歧，灰白色，具皱纹。茎直立，单一或开花时呈圆锥状分枝，无毛，具纵向条纹。基生叶有时存在，卵状圆形，长及宽约 20 毫米，基部心形，边缘有圆锯齿，背面色淡，叶柄较叶片长三倍以上；茎生叶主要集生在茎的中部，线状披针形，长达 70 毫米，宽 5～9 毫米，边缘稍微向背面反曲，具疏开的大形的有时稍成镰状弯曲的尖锯齿，无毛，有光泽。花序总状或稍呈圆锥状；花俯垂状，通常 10～16 朵，大形，长达 2 厘米，具短花梗；萼卵形，无毛，裂片线状披针形，全缘，与萼筒等长，较花冠短得多；花冠钟状，蓝色，5 浅裂，裂片几乎直立；花盘圆柱状；花柱与花冠等长或较短。花期 7～8 月，果期 8～9 月。

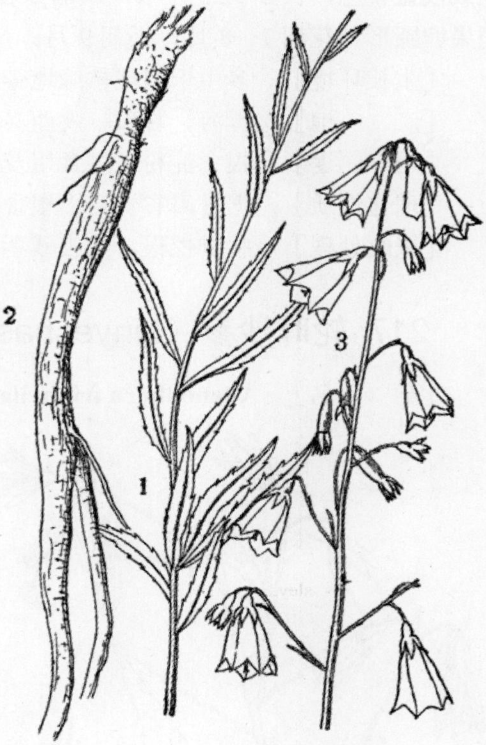

图 502　柳叶沙参
Adenophora coronopifolia Fisch.
1. 根；2. 茎生叶；3. 花序。

［生长环境］ 山坡、草原及灌木林下。

［产　　地］ 黑龙江、辽宁、河北、湖北、四川等省。

［用　　途］ 根含淀粉，可以酿酒，还可腌制咸菜。

［理化性质］ 据黑龙江省资料：根含淀粉约 29%。

［采收处理］ 秋季挖根，除去残茎和泥土，晒干后贮存。

［加　　工］ 酿酒方法参阅乌苏里党参（608 页）。

216 波氏沙参（boshishashen）

［地 方 名］ 泡参（甘肃），沙参（山西、青海）。

［学　　名］ **Adenophora potanini** Korsh.　桔梗科

［形态特征］ 多年生草本。圆锥根肥大，长达 20 厘米，直径达 16 毫米。茎直立，高达 1 米许，被稀疏的短柔毛，常具紫色条纹，上部多分枝。叶互生，近无柄，披针形

至卵形，长4～9厘米，先端渐尖，基部楔形或阔楔形，有时略呈耳状，边缘真不规则的齿，齿伸长，每边仅2～4，三角形至披针形，其间有时有较小的齿，两面均被短柔毛，老时几光滑。花序多为圆锥状；花多弯垂，具细长花梗；萼的裂片与萼筒略等长，开花时反卷，披针形或狭披针形，每边常有2～3枚细长锯齿，先端锐尖；花冠钟形，蓝紫色或浅蓝紫色，长2～2.5厘米，顶端5裂至1/3左右，裂片三角形；花盘长约2毫米。蒴果卵圆形。花期7～8月，果期9月。

［生长环境］　多生于阳坡林缘地带。

［产　　地］　青海、甘肃、陕西（北部）等省。

［用　　途］　根含淀粉，供食用及酿酒。

［理化性质］　据甘肃省资料：根含淀粉28%。

［采收处理］　秋季挖根，除去残茎和泥土，剥去外皮，晒干贮存在通风干燥处。

217 轮叶沙参（lunyeshashen）（图1489）

［学　　名］　**Adenophora triphylla** (Thunb.) A. DC. [*Adenophora verticillata* (Pall.) Fisch.]　桔梗科

（地方名、形态特征、生长环境、产地及其他用途见“药用类”，1932页）

［用　　途］　根含淀粉，可供酿酒。

［理化性质］　据黑龙江省资料：根含淀粉28%。

［采收处理］　秋季挖根，除去残茎泥土，剥去表皮晒干后，贮存在通风干燥处。

［加　　工］　酿酒方法参阅乌苏里党参（608页）。

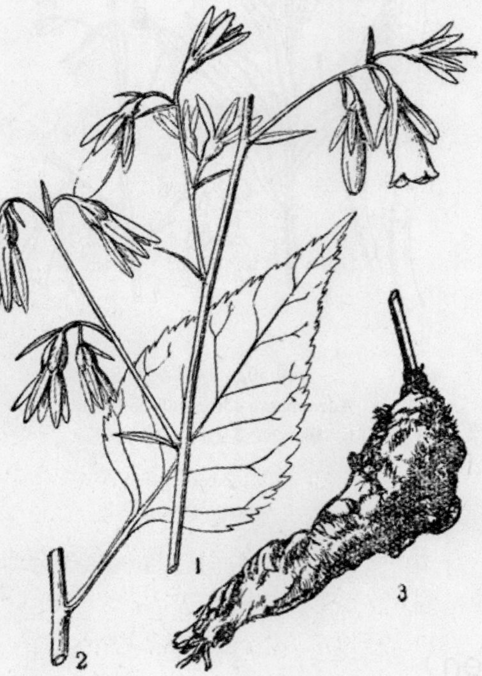

图503　杏叶沙参
Adenophora trachelioides Maxim.
1．花序枝；2．叶；3．根。

218 杏叶沙参（xingyeshashen）（图503）

［地 方 名］　杏叶菜、灯笼菜（辽宁）

［学　　名］　**Adenophora trachelioides** Maxim.　桔梗科

［形态特征］　多年生草本，高60～90厘米。根肥厚粗大，长圆柱形或纺锤状

圆柱形，顶部具茎痕，下部有时分歧，表面灰褐色，具横皱纹，折断面带黄白色。茎单一，直立，坚挺，平滑无毛。叶互生，质较厚，阔卵形至长卵形，长 5～7 厘米，最大者达 13 厘米；宽 3～4.5 厘米，最宽者达 9.5 厘米，基部心形或稍带截形而延下于柄，先端渐狭成锐尖或急尖，边缘具不整齐的粗锐锯齿或重齿牙，两面通常无毛；叶柄长 1～6 厘米。圆锥花序顶生，大而疏散；花梗较短，长 3～4 毫米；苞狭披针状线形；萼 5 裂，裂片长圆状披针形，全缘；花冠鲜蓝色，漏斗状钟形，长 2～2.5 厘米，先端 5 裂，裂片到卵状三角形；雄蕊 5，短小；花盘短筒状，平滑无毛，花柱不超出花冠。花期 7～8 月，果期 8～9 月。

［生长环境］　山坡林内及林缘地带，多见于阴坡。

［产　　地］　辽宁、黑龙江及华北各省。

［用　　途］　根含淀粉可供酿酒及制副食品。

幼苗供食用，为良好的春季野菜。

［采收处理］　8～10 月间挖出根，洗去泥土，晒干即为酿酒原料。放于通风干燥处保管，防止潮湿霉烂生虫。4～5 月采摘幼苗食用。

［加　　工］　酿酒方法参阅乌苏里党参（608 页）。据辽宁省资料：根酿酒，一般出酒率 10～15%。

219 羊乳（yangru）

［地 方 名］　白蟒肉（黑龙江、吉林），狗头参，山胡萝卜（辽宁），四叶参（安徽），乳头薯、乳薯（江西），奶参、奶浆萝卜（河南），山海螺（浙江）。

［学　　名］　**Codonopsis lanceolata** Benth. et Hook.　桔梗科

［形态特征］　多年生蔓性草本，体内有乳汁。根圆锥形，直径达 5 厘米，顶端具膨大的根尖，淡黄褐色。茎光滑无毛，缠绕性。叶互生，通常 4 片集生于侧枝顶端成轮生状，有短柄，卵状披针形，菱状卵形或椭圆状卵形，长 3～8 厘米，宽 1.5～4 厘米，先端尖，基部楔形，全缘或具不明显的钝锯齿，表面鲜绿色，背面灰绿色。花多单生，偶成对生于小枝的顶端，具短梗；萼 5 裂，裂片卵状披针形，长 1.5～2 厘米，宽 5～8 毫米，绿色；花冠宽钟形，5 裂，裂片先端反卷，黄绿色，里面有紫褐色斑点；雄蕊 5，花丝粗短；花柱短，柱头 3 裂，子房半下位。蒴果有宿存萼，成熟时顶部 3 裂，种子多数，淡褐色，一端有膜质翼。花期 7～8 月，果期 8～10 月。

［生长环境］　山坡、林缘及灌木林下或河谷两边，喜较阴湿的地方。

［产　　地］　吉林、辽宁、黑龙江、河北、山西、山东、河南、安徽、江西、湖北、江苏、浙江等省。

［用　　途］　据江西等省资料：根含淀粉，供酿酒，每 50 公斤干根可酿 40 度白酒 25 公斤，亦可食用或代替粮食做糕点。

江西浮梁及浙江天台县民间将根入药作催乳剂。

［理化性质］　据江西省资料：根含淀粉 23.65%，葡萄糖 4.81%，水分 18%。

［采收处理］　8～9 月间挖根，洗去泥土，放在通风阴凉处，使其稍干，剪去须根，切成薄片或碎块，晒干即可。

［加　　工］　酿酒方法参阅乌苏里党参（本页）。

220 乌苏里党参（wusulidangshen）（图 504）

［地 方 名］　山土豆（辽宁）

［学　　名］　**Codonopsis ussuriensis** Hemsl.　桔梗科

［形态特征］　多年生蔓性草本。根近球形，肉质。茎光滑、细弱，缠绕于其他植物上，带绿白色或稍带紫色。叶通常 3～4 片成轮生状，菱状卵形或长卵形，长 1.5～5 厘米，宽 1～2.5 厘米，基部楔形，先端钝，边缘有明显浅波齿或近全缘，有粗糙短毛，背面老时常带粉色。花 1～2 朵顶生或腋生，具短梗；萼片长圆状披针形，长达 17 毫米；花冠钟形，带暗紫红色，长达 2.5 厘米，5 裂，裂片三角形而短；雄蕊 5；子房半下位，花柱短，柱头漏斗状。蒴果长和宽约相等，中部有宿存萼片，端 3 裂；种子长形，长约 2 毫米，无翼，黑褐色，有光泽。花期 8～9 月，果期 9～10 月。

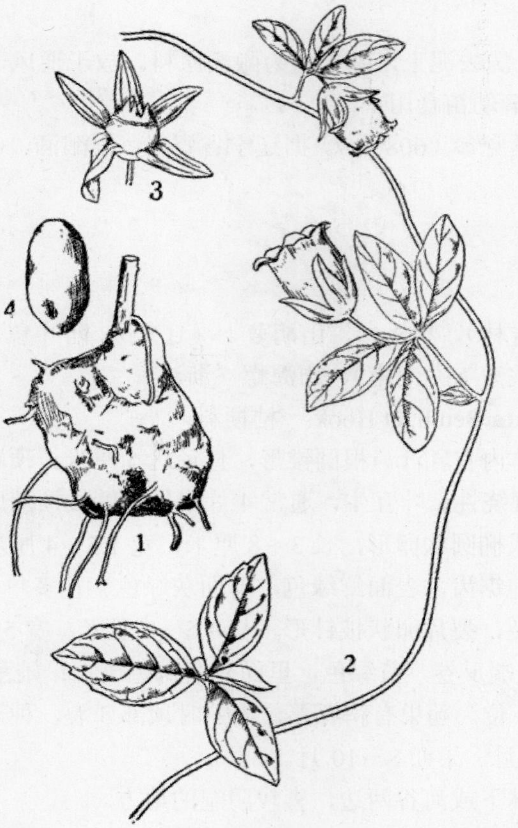

图 504　乌苏里党参

Codonopsis ussuriensis Hemsl.

1．根；2．带花的茎；3．果实；4．种子。

［生长环境］　林边、山沟或河岸草地，常生于沙质土壤上。

［产　　地］　辽宁中部一带。

［用　　途］　根含淀粉，供酿酒和作糕点用。

［理化性质］　据辽宁省资料：根含淀粉 28%，茎内还含有少量橡胶。

［采收处理］　春季 4～5 月，秋季 9～10 月均可采挖，秋季采者质量较好。采时用镐将其根部刨出，除去地上部分和泥土，晒干后装于筐篓或麻袋中贮藏，也可切片或剥皮晒干，放于通风处保存或磨碎成细粉使用。

［加　　工］　酿酒方法：（1）拌料：将已粉碎的原料放在缸内，加 90%的冷水搅

拌，使全部浸透，形成粉糊状态，浸料时间约 2 小时左右；（2）蒸煮：将浸好的料放入甑内，先以急火约蒸 40 分钟，取出放在席上，用喷筒洒入 60%的温水（40～45℃）拌匀，使水分均匀渗入，特 4～5 分钟后，再翻拌一次，放入甑内，以急火复蒸，半小时后，改用微火焖蒸 10 分钟，直至原料全部蒸透为止；（3）下曲：将熟透的原料摊在席上，翻拌均匀，使温度下降至 25～26℃，每 50 公斤原料拌入 2 公斤曲为宜，然后将其堆高到 15～20 厘米，用草席盖紧，使其发酵（保持一定温度，使酵母菌在里面繁殖），则温度逐渐上升。第一次出风应在 29℃左右，第二次出风应在 30℃左右，第三次出风应在 34℃左右，每次摊凉到 29℃为止；（4）下缸，当第三次出风摊凉到 28℃时，即行下缸，先以草盖盖紧，经 4～5 小时后，使温度逐渐上升到 30℃，改用木盖盖紧，并用泥封固，封缸后经 72～96 小时，便可烧糟吊酒，但不能下水，否则会造成发酵不匀而影响出酒率；烧糟吊酒时间，应按不同气候，适当延长或缩短。

221 桔梗（jiegeng）（图 1492）

［学　　名］ **Platycodon grandiflorus** (Jacq.) A. DC.　桔梗科

（地方名、形态特征、生长环境、产地及其他用途见“药用类”，1937 页）

［用　　途］ 根内含淀粉，供酿酒用；还可代替面粉作糕点。

［理化性质］ 据辽宁省资料：根含淀粉 14%；又据化验，100 克根的成分为：水分 74 克，胡萝卜素 8.81 毫克，维生素乙 13.8 毫克，蛋白质 0.19 克，尼克酸 0.3 毫升，粗纤维 3.19 克。

［采收处理］ 挖根作淀粉用时，可在 9 月间进行。采回后洗去泥土，用竹刀刮去外皮，晒干或烘干即可加工。

［加　　工］ 酿酒方法参阅乌苏里党参（608 页）。

222 苍术（cangzhu）（图 1192）

［学　　名］ **Atractylis chinensis** (Bge.) DC. [*Atractylodes chinensis* (Bge.) Koidz.] 菊科

（地方名、形态特征、生长环境、产地及其他用途，见“芳香油类”，1490 页）

［用　　途］ 根状茎含淀粉，在蒸馏芳香油后，可利用其残渣酿酒或作饲料及肥料。

［理化性质］ 据吉林省资料：根状茎含淀粉约 15%。

［采收处理］ 将蒸馏芳香油后的根状茎残渣，回收晒干，贮藏。

223 关苍术（guancangzhu）

［地 方 名］ 关东苍术、枪头菜（东北）

［学　　名］ **Atractylis japonica** (Koidz.) Kitag.　菊科

［形态特征］ 多年生草本，高达 70 厘米。根状茎匍匐，肥大成结节状。茎单一，

上部分枝。叶有长柄，下部叶 3～5 羽裂，侧裂片长圆形、倒卵形或椭圆形，基部楔形或圆形，先端短尖，边缘具褐色刺状前伏锯齿，顶裂片比侧裂片大，上部叶三出或不分裂。头状花序生于茎端，直径 1～1.5 厘米，长约 2 厘米，基部叶状苞成 2 列，与头状花略等长，羽状深裂，裂片针形；总苞钟形，总苞片 7～8 列，稍有毛，先端钝头，外列者椭圆形，中列者长圆形，内列者线形，先端带紫色；小花全部为管状，花冠白色，长约 1 厘米，柱头 2 裂。瘦果长约 5 毫米，密生向上的银白色毛，冠毛淡灰褐色，柔软。花期 8～9 月，果期 9～10 月。

［生长环境］　山坡灌木丛中或林缘杂草地上，多与柞树伴生。

［产　　地］　黑龙江、吉林、辽宁等省。

［用　　途］　根状茎含淀粉，可供酿酒。制酒后的渣可作猪饲料。

根状茎供药用，为芳香健胃及发汗、利尿药。此外还可提取芳香油，供香料用，主要用在肥皂及化妆品上。

［理化性质］　据黑龙江省资料：根状茎含淀粉 22.2%（非林氏法测定）；中国科学院林业土壤研究所资料：根状茎合淀粉 27.53%，含挥发油 1.5%，主要成分为苍朮醇与苍朮酮。

［采收处理］　春季 4～5 月，秋季 8～9 月均可挖取。将挖掘的根，除去地上部分，洗去泥土晒干即成。

［加　　工］　参阅总论根状茎植物酿酒法（438 页）。

［其　　他］　本种植物酿出的酒，不能饮用，因含有甲醇，故仅供工业用。

224 菊芋（juyu）（图 505）

［地 方 名］　洋生姜（江苏），洋菜（陕西），洋姜、鬼子姜（通称）。

［学　　名］　**Helianthus tuberosus** L.　菊科

［形态特征］　多年生草本，高 1.5～3 米。块茎肥厚。茎直立，具粗毛。茎下部叶对生，上部叶互生，长卵形至卵状椭圆形，长 10～15 厘米，宽 3～9 厘米，基部阔楔形，先端尖，边缘有锯齿；叶柄顶端有狭翅。头状花序数个，生于枝端，直径 5～9 厘米；总苞片披针形或针状，叶质，被长毛；舌状花淡黄色，无性，管状花黄色，两性。花期 8～10 月。

［生长环境］　栽培植物，对气候、

图 505　菊芋
Helianthus tuberosus L.
1. 花枝；2. 茎中部叶；3. 块茎。

土壤条件均要求不严，一般多种植于田边及住宅附近。

［产　　地］　黑龙江、吉林、辽宁、内蒙古、河北、山西、山东、河南、陕西、甘肃、青海、新疆、安徽、江苏、浙江、湖南、江西、湖北、四川、贵州、福建、台湾，广东、广西、云南、西藏等省区。

［用　　途］　地下根状茎含淀粉和糖分，可作蔬菜生食或腌制咸菜，又为酿酒的好原料。

茎皮纤维可织麻布（见“纤维类”，320 页）。

［理化性质］　据陕西省资料：根状茎含水分 75%，淀粉 4.1%，菊糖 5～10%左右，多缩戊糖 15.729%。

［采收处理］　根状茎成熟时挖出，可鲜用或贮存，但越冬期间应注意保管，以防冻坏。

［加　　工］　腌制咸菜与一般蔬菜方法相同。酿制白酒需经过捣碎、发酵等过程，然后进行蒸馏。

225 小慈姑（xiaocigu）（图 506）

［地 方 名］　野慈姑（东北），驴耳朵（哈尔滨）。

［学　　名］　**Sagittaria natans** Pall.　泽泻科

［形态特征］　一年生水生草本。根为须根状，纤细，丛生，嫩时白色，老时黄褐色。地下茎较须根粗，先端形成球茎，外被膜状鳞片，嫩时表皮白色，老熟时褐色，断面白色或灰白色，顶端具芽，基部的地下茎末端膨大，为疏松的通气组织，与地下茎切断后常能漂浮水面。叶基生，具长柄，基部箭形，初生叶或当年种子发芽所出的叶为线形。花茎高 30～50 厘米，雌雄同株，花白色。花期 6～7 月，果期 8～9 月。

图 506　小慈姑
Sagittaria natans Pall.
植株全形

［生长环境］　生于水稻田、沟渠边及浅水沼泽中。

［产　　地］　黑龙江、辽宁、吉林等省。

［用　　途］　球茎可提制淀粉，并可酿酒

［理化性质］　据黑龙江省资料：球茎含淀粉 25～30%。

［采收处理］　小慈姑的球茎伸入土层约 20 厘米，采挖比较困难，常于稻田翻耕时漂浮于水面，可收集球茎，除去夹杂物，洗净，随即加工，不宜久贮，以免发芽而消耗球茎中的淀粉。

［加　　工］　将球茎磨碎过筛，晒干得淀粉。也可作为原料酿酒。若产量不大，当地又无酒厂，则应立即加工成淀粉，晒干贮藏。

226 慈姑（cigu）（图 507）

［学　　名］　**Sagittaria sagittifolia** L. var. **sinensis** (Sims.) Makino　泽泻科

［形态特征］　多年生沼泽水生草本。**根状茎横生，端具带鳞片的球茎**。叶丛生，叶片宽大，三角状箭形，两侧叶耳较顶端叶片略长；叶柄长而粗大，带纵棱，基具宽大的叶鞘。花单性，圆锥花序，有总花梗；花白色，具梗，轮生；萼片 3，圆形，绿色；花瓣 3，圆形，白色；雄花在总花序上部，具多数黄色雄蕊，雌花在总花序下部，数较少，有多数雌蕊。果实球形，淡绿色。花期 6～7 月，果期 8～9 月。

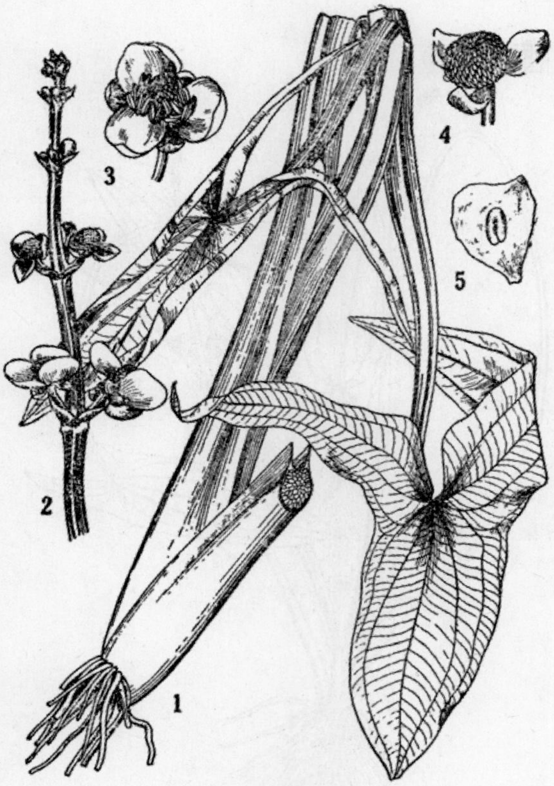

图 507　慈姑

Sagittaria sagittifolia L. var. sinensis（Sims.）Makino.

1．植株全形；2．花序；3．雄花；4．雌花；5．果实。

（自“江苏南部种子植物手册”）

［生长环境］　多生长在浅水沟溪边、池塘边及水田中。

［产　　地］　黑龙江、吉林、辽宁、内蒙古、陕西、甘肃、青海、西藏、河北、山东、山西、河南、江苏、浙江、安徽、江西、湖北、湖南、四川、福建、台湾、广东、广西、云南、贵州等省区。

［用　　途］　地下球茎富含淀粉，供食用或酿酒；地上部分可作猪饲料。

［理化性质］　据江苏省资料：球茎含淀粉 55%，糊精 1.8%，多缩戊糖 1.8%，非还原性糖 5.5%，还原糖 0.70%。

［采收处理］　一般于秋季采挖球茎，洗净，立即加工或切片晒干备用。

［加　　工］　制粉方法：将采回的球茎，用清水淘洗干净，放在锅内煮熟，可食。又可把洗净的球茎，切碎晒干，将碎块磨成粉，通过细筛筛过，得粉末。也可用石舂将晒干的碎块捣细，加清水搅拌，用麻布袋过滤，沉淀，取出晒干得淀粉。

酿酒方法：将球茎洗净、切碎、加糠、蒸熟，冷却后加入适量的麹和酵母使其发酵，便可蒸馏白酒。

227 花蔺（hualin）（图 508）

［地 方 名］　猪尾巴菜、蒲连（辽宁），帽子草、菇头草（江苏）。

［学　　名］　**Butomus umbellatus** L.　花蔺科

［形态特征］　多年生水生草本，有强壮地下茎。叶直立出水面，三棱状，长线形，长 30～120 厘米，宽 3～6 毫米，基部有鞘，端渐尖。花葶高达 150 厘米；**伞形花序**，长 4～10 厘米，具多数花；基部具近膜质苞片；苞片卵状披针形，长约 2 厘米；花直茎 1.5～2 厘米，花被 6，成 2 轮，淡红色；雄蕊 9，花丝长，基部较阔。心皮 6，离生，**胚珠多数散生于心皮壁上**。果实为蓇葖果。花期 5～8 月，果期 8～9 月。

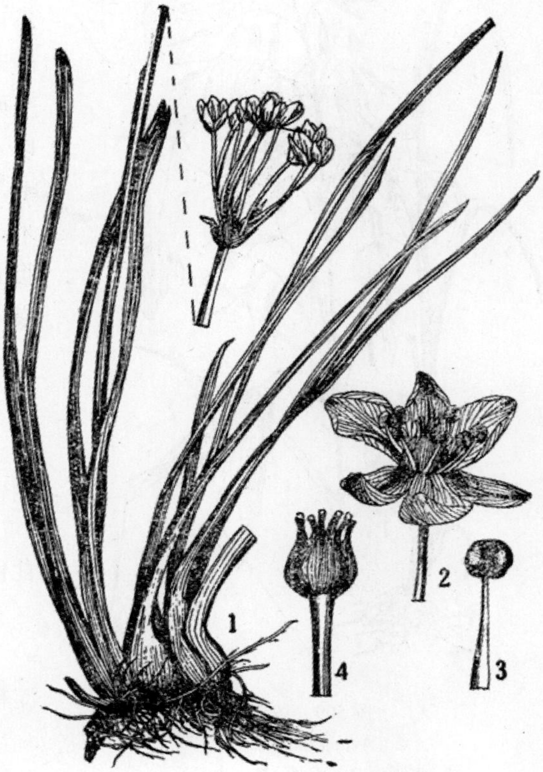

图 508　花蔺
Butomus umbellatus L.
1．植株全形；2．花；3．雄蕊；4．雌蕊。
（自“江苏南部种子植物手册”）

［生长环境］　喜生于沼泽及湖泊的岸边，有时在河流浅水处也可生长。

［产　　地］　辽宁、内蒙古、河北、山西、山东、河南、江苏、安徽、陕西、甘肃、宁夏、新疆等省区。

［用　　途］　根状茎含淀粉，可食或用于酿酒。

茎叶含纤维，晒干可供造纸、编织等用。

［理化性质］　据辽宁省资料：根状茎含淀粉 45.67%。

［采收处理］　秋季挖取根状茎，去掉须根，洗去泥土备用。茎、叶可同时采收，晒干供造纸、编织。

228 乌麦（wumai）（图 509）

［地 方 名］ 野麦子（四川），野燕麦（通称）。

［学　　名］ **Avena fatua** L.　禾本科

［原 料 名］ 燕麦子

［形态特征］ 一年生草本，高 60～120 厘米；秆直立，光滑，节有毛。叶片扁平，长 10～30 厘米，宽 4～12 厘米，稍微粗糙，或上面及边缘疏生柔毛；叶鞘松弛，光滑或基部被微毛；叶舌膜质透明。圆锥花序开展，长 10～25 厘米；小穗长 18～25 毫米，含 2～3 小花，其柄弯曲下垂，顶端膨胀；小穗轴节间长约 3 毫米，密生淡棕色或白色硬毛，节脆易断；颖革质，几相等，外稃质坚硬，第一外稃长 15～20 毫米，背面中部以下具淡棕色或白色硬毛，基盘密生短髭毛，芒从稃体中部稍下处伸出，长 2～4 厘米，芒柱棕色，扭转。颖果被淡棕色柔毛，腹面具纵沟，长 6～8 毫米。花期 5～6 月，果期 7～8 月间。

图 509　乌麦
Avena fatua L.
1. 植株；2. 小穗；3. 小花。
（自“中国主要植物图说，禾本科”）

［生长环境］ 荒芜田野上。

［产　　地］ 四川、贵州、云南、广东、甘肃、青海、西藏、辽宁、山东、江苏、浙江、安徽等省区。

［用　　途］ 颖果含丰富淀粉，为粮食代用品或熬糖、磨粉和酿酒用。

秆、叶纤维可作造纸原料和牲畜饲料。

［理化性质］ 据甘肃省资料：果实含淀粉 60%。

［采收处理］ 7～8 月成熟，剪穗或将全株割下，晒干，用连耞拍打脱粒，簸净即可。

［加　　工］ 提取淀粉和酿酒方法与一般大麦同。

229 薏苡（yiyi）（图 510）

［地 方 名］ 薏米、薏仁（通称），珠珠米（贵州），野薏米（广东、贵州），川谷（四川），菩提子（陕西），玉珠珠（江苏、河北），庭珠子（江西），回回米、米仁、

草珠子（河北），六谷、草子（湖北），唸佛珠、介狗珠（浙江）。

［学　　名］　**Coix lacryma-jobi** L.　禾本科

［原 料 名］　薏米

［形态特征］　多年生草本。须根较粗，直径可达3毫米。秆直立，高1～1.5米，约具10节。叶片线状披针形，长达30厘米，宽1.5～3厘米，边缘粗糙，中脉粗厚而于背面凸起；叶鞘光滑，上部者短于节间；叶舌质硬，长约1毫米。总状花序腋生成束，长6～10厘米，直立或下垂，具总梗；雌小穗位于花序之下部，长7～9毫米，外面包以骨质唸珠状的总苞，总苞约与小穗等长；第一颖下部膜质，上部厚纸质，先端钝，具十数脉；第二颖舟形，被包子第一颖中，先端厚纸质，渐尖；第二外稃短于第一花者，具三脉；内稃与外稃相似而较小，雄蕊3，退化；雌蕊具长花柱，柱头分离。颖果长约5毫米，具圆形种脐和长形胚体；无柄雄小穗长6～7毫米；颖草质，第一颖扁平，两侧内折成脊而具不等宽之翼，先端钝，具多数脉；第二颖舟形，亦具多脉；外稃与内稃皆为薄膜质；雄蕊3，花药黄褐色，长4～5毫米；有柄雄小穗与无柄者相似，但较小或有更退化者。花期7～9月，果期9～10月。

图510　薏苡

Coix lacryma-jobi L.

1. 植株；2. 雌小穗；3. 二退化雌小穗；4. 第二颖（♀）；5. 第一外稃（♀）；6. 第二外稃（♀）；7. 第二内稃（♀）；8. 雌蕊及退化的三雄蕊。

（自“中国主要植物图说，禾本科”）

［生长环境］　多生于低纬度的湿润地、屋旁和荒野、河边、溪涧或阴湿山谷中。

［产　　地］　广东、广西、四川、贵州、云南、湖南、江西、河北、陕西、江苏、湖北、浙江、福建等省区，但一般多为栽培。

［用　　途］　果实含大量淀粉，可供食用或制糖作糕点，亦可提取淀粉和酿酒。

秆纤维可造纸（见“纤维类”，341页）；根、叶、种子可入药（见“药用类”，1969页）。

［理化性质］　分析结果如下表：

地区	部位	碳水化合物（%）	脂肪（%）	蛋白质（%）	部位	淀粉（%）	蛋白质（%）	脂肪（%）
四川省	果实	65	5.4	13.7	根	52	17.8	7.2
江苏省	种仁	79.17	4.65	16.2				
陕西省					种子	57.86		

［采收处理］　10～11 月采收，晒干贮藏。

［加　　工］　酿酒方法与一般淀粉类相同。提取淀粉，可先晒干果实，除去杂质，再用水渍湿，脱去外皮，以石碾碾成粉末，混入水中，过筛沉淀，10～24 小时后，轻轻除去上面清水，沉下的为淀粉。

230 芒稷（mangji）（图 511）

［地 方 名］　铲草（江苏）

［学　　名］　**Echinochloa colonum** (L.) Link.　禾本科

［形态特征］　一年生草本，秆较细弱，直立，基部各节具分枝。叶鞘具脊，无毛，无叶舌；叶片扁平，长 3～20 厘米，宽 3～7 毫米，无毛，边缘粗糙。圆锥花序的主轴较细弱，三棱形，无毛，长 4～8 厘米；**分枝总状，长 1～2 厘米**，单纯；**小穗卵圆形，长 2～2.5 毫米**，有小硬毛，**先端急尖而无芒**，呈**较规则四行排列于穗轴的一侧**。谷粒椭圆形，有小尖头，平滑光亮。花果期夏秋季。

［生长环境］　路旁、田野。

［产　　地］　山东、江苏、浙江、安徽、贵州、福建、四川、广东、广西、云南等省区。

［用　　途］　籽粒含淀粉，可制糖或酿酒。全草为牲畜的青饲料。

图 511　芒稷
Echinochloa colonum（L.）Link.
1．植株；2．小穗（背面及腹面）；3．谷粒。
（自“中国主要植物图说，禾本科”）

［理化性质］　据黑龙江省资料：籽实含淀粉 45～52%。

［采收处理］　夏秋季种子成熟采收，用打稻谷的办法获取种子，晒干备用。

［加　　工］　制粉方法：用石磨或石碾粉碎成粉末即可。酿酒方法一般与用粮食酿酒同。

231 稗（bai）（图 512）

［地 方 名］　稗子（通称），水稗（河南），毛稗（贵州）。

［学　　名］　**Echinochloa crusgalli** (L.) Beauv.　禾本科

［原 料 名］　稗子

［形态特征］　一年生草本，高 50～130 厘米。叶鞘疏松裹茎，光滑无毛；无叶舌；叶片阔线形或线状披针形，长 10～35 厘米，宽 5～20 毫米，无毛，边缘粗糙。圆锥花序直立，开展，主轴具棱，长 9～18 厘米，较粗壮，**分枝总状，具小枝，长过 2 厘米**，穗轴粗糙，基部有硬刺疣毛；**小穗密生穗轴一侧，长约 3 毫米**，粗糙或有硬刺疣毛，**先端具芒**；第一颖三角形，先端尖，具 5 脉，有短硬毛，第二颖先端渐尖，具 5 脉，脉上有刺状毛，脉间被短硬毛，第一外稃具 7 脉，脉间被短硬毛，先端延伸成芒，芒长 5～30 毫米；第一花内稃与其外稃等长。谷粒椭圆形，长约 4 毫米，平滑光亮。花期 6～7 月，果期 7～8 月。

图 512　稗

Echinochloa crusgalli（L.）Beauv.

1．植株的一部分；2．花序；3．小穗。

（自“华南经济禾草植物”）

［生长环境］　低湿沟旁、沼泽地及水稻田中。

［产　　地］　黑龙江、吉林、辽宁、内蒙古、河北、山西、山东、河南、陕西、甘肃、青海、宁夏、新疆、安徽、江苏、浙江、湖南、江西、湖北、四川、贵州、福建、台湾、广东、广西、云南等省区。

［用　　途］　种子含淀粉，磨粉可代粮，酿酒和制麦芽糖用。

茎、叶纤维可作造纸原料（见“纤维类”，344 页）。全草可作绿肥及饲料。

［理化性质］　据黑龙江省资料：

种子含淀粉 45～52%。

［采收处理］　夏末至秋季采收。颖果成熟时，连茎割下，晒干，脱粒，除去糠秕即可。

［加　　工］　提取淀粉和酿酒方法与其他粮食酿酒同。一般将纯净籽粒磨碎，用水搅拌下曲和酵母发酵，蒸馏后得白酒。

图 513　白茅
Imperata cylindrica Beauv. var. major (Nees) C. E. Hubb.
1．植株；2．小穗；3．穗轴（部分）。
（自“中国主要植物图说，禾本科”）

232 白茅（baimao）（图 513）

［地 方 名］　丝茅草（四川、湖南、湖北、陕西），茅草（山东、广西、江苏、贵州、四川、河南），白茅草、地筋根（江苏、广西），黄茅（广东），白茅根（河南、湖北、广东、广西、福建），茅草根（浙江）。

［学　　名］　**Imperata cylindrica** Beauv. var. **major** (Nees) C. E. Hubb.　禾本科

［原 料 名］　茅根

［形态特征］　多年生草本，高 20～80 厘米。根状茎白色，横走地下，密集，节部生鳞片。茎丛生，直立，具 2～3 节，节具长 4～10 毫米的柔毛。单叶互生，集于基部；叶鞘无毛或上部边缘及鞘口具纤毛；叶舌干膜质，长约 1 毫米，钝头；叶片扁平，线形或线状披针形，长 15～50 厘米，宽 2～8 毫米，先端渐尖，基部渐狭，边缘粗糙，两面平滑无毛或背面粗糙，主脉显明。圆锥花序圆柱状，长 4～20 厘米，直径 1.5～3 厘米，分枝密，有时基部较疏或间断；小穗长圆形或披针形，长 3～4 毫米，具柄，基部密生长 10～15 毫米的丝状柔毛；两颖相等或第一颖稍短，膜质或草质，边缘具纤毛，背面密生丝状柔毛；第一颖较狭，

具 3～4 脉，第二颖较宽，具 4～6 脉；第一外稃卵状长圆形，长约 1.5 毫米，先端钝，内稃不存；第二外稃披针形，长约 1.2 毫米，先端尖，两侧约呈细齿状；内稃长约 1.2 毫米，宽 1.5 毫米，先端截形，具不整齐虑；雄蕊 2，花药黄色，长约 3 毫米；柱头 2；深紫色。花期 4～8 月，花后不久果实即成熟。

［生长环境］ 喜阳耐旱，多生于路旁、山坡、草地中，亦能耐轻度盐碱。

［产　　地］ 黑龙江、吉林、辽宁、内蒙古、河北、山西、山东、河南、陕西、甘肃、宁夏、青海、新疆、安徽、江苏、浙江、湖南、江西、湖北、四川、贵州、福建、台湾、广东、广西、云南、西藏等省区。

［用　　途］ 根状茎制糖，与一般红糖相似，宜作糕点，亦可酿酒。

茎、叶纤维可供纺织、造纸、制绳及编织等用（见“纤维类”，348 页）。根状茎入药（见“药用类”，1970 页）。全草作饲料。

［理化性质］ 据河北省资料：根状茎含多缩戊糖 17.85%，淀粉 25%，单糖 3%。又据四川省资料：根状茎含淀粉 21.45%。

［采收处理］ 根状茎在冬、春季采挖为宜，含糖量多。采挖出的根状茎，洗去泥土及鳞片状的鞘叶，晒干，扎成小捆备用。

233 芦苇（luwei）（图 311）

［学　　名］ **Phragmites communis** (L.) Trin.　禾本科

［原 料 名］ 芦根

（地方名、形态特征、生长环境、产地及其他用途见“纤维类”，359 页）

［用　　途］ 根状茎及茎秆含糖分和少量蛋白质，供熬糖和酿酒用。

［理化性质］ 据青海、四川两省资料：根状茎含碳水化合物 50%以上，蛋白质 6%。

［采收处理］ 霜降后至清明前挖出根状茎，晒干扎捆，堆垛保管，防止雨湿霉烂，茎秆在秋末收割。

234 甘蔗（ganzhe）

［学　　名］ **Saccharum officinarum** L.　禾本科

［形态特征］ 多年生草本；秆直立，粗壮，坚实，高 2～4 米，直径 2～5 厘米，绿色、淡黄或淡紫色，表面常被白粉。叶片阔而长，长 0.5～1 米，宽 2.5～5 厘米，两面粗糙，边缘粗糙或具小锐齿，中脉粗厚，白色，鞘口有毛。圆锥花序大，长 40～80 厘米，白色，生于秆顶，花序柄无毛；分枝纤细，长 10～30 厘米，节间无毛；小穗长 3～4 毫米，小穗柄无毛；基盘微小，被白色丝状长毛，毛长约为小穗的 2 倍；第一颖无毛，近纸质；第二颖与第一颖等长；不孕小花中性；结实小花的外稃甚狭或缺；内稃小，披针形。春季抽穗。

［生长环境］ 广植于温带及热带地区。

［产　　地］　广东、广西、福建、台湾、安徽、浙江、江西、湖南、湖北、四川、云南等省区。

［用　　途］　味甜可生食及制糖。

蔗梢和叶为牲畜很好的饲料。蔗渣供造纸、压制隔音板用（见“纤维类”，367 页）。甘蔗皮含蔗蜡（见“其他类”，2102 页）。捣汁煎胶有消痰、止渴、和中、下气之效。

［理化性质］　甘蔗茎内含蔗糖分约 12～15%，脂肪 0.5%，灰分 0.5%，并含蛋白质，鞣质，乌嘌呤，氧化酶，酪氨酸酶，漆酶，木糖胶，阿拉伯糖，植物甾醇，己酸，亮氨酸，酪氨酸，乙氨酸，天门冬酰胺，谷酰胺及数种酸类（B. E. Read“本草新注”）。

［采收处理］　秋后采收，用刀从地平面上的茎基部砍掉，削去上部梢叶，捆成捆送糖厂，供制糖用或贮于地窖中备用。

［加　　工］　甘蔗为主要制糖原料之一，新式设备或简单设备都可用，兹介绍简单的浸出法如下：（1）破碎，把甘蔗放在破碎机上，破成长条状的细丝，便于浸出糖汁。一部破碎机每天能破甘蔗 7500 公斤。（2）浸出，用 10～12 个浸出桶排成一列，每桶位差 20～25 厘米，排成阶梯形式，每一个浸出桶配备一装蔗丝的竹筐，以便浸出。上装一滑车，利用阶梯位差调动，使浸出水与蔗丝筐成相对方向移动，每筐蔗丝经 8～10 次浸出，每次约 15 分钟，共历 120～150 分钟，可倒换新蔗丝。顺序更换每筐蔗丝，成半连续逆流浸出，浸出水温维持 80～100℃，浸出糖可达甘蔗含糖分的 95～97%。（3）煮糖，将浸出的糖汁加石灰乳澄清，滤去杂质，提高糖汁的纯度。采用一灶多锅式煮糖，将糖汁倒入锅内，用木柴烧煮，5 小时即可煮成糖。每锅煮甘蔗 350 公斤，一灶 10 个锅，可煮甘蔗 3500 公斤，出糖率 11～13%。（4）综合利用，甘蔗除制糖外，蔗叶可制人造棉，每 100 公斤茎叶，产人造棉 50 公斤。利用蔗渣酿酒，每 100 公斤干渣酿出 50 度白酒 10 公斤。用瓦罐作蒸馏塔，以蔗渣蒸出 92～93 度的酒精。酿酒后的蔗渣酒糟可以作造纸、水解糠醛、干馏醋酸、糠醛混合液的原料及饲料。利用水解糠醛的残渣作纸浆，利用干馏的滤渣制活性炭，利用酒精从滤泥中提取蔗蜡等产品。由于甘蔗多方面的综合利用，每 10000 公斤甘蔗，产值达到 2400 元上下，比糖增加两倍多（轻工业部技术资料）。

235 光高粱（guanggaoliang）（图 514）

［地 方 名］　野高粱（广西）

［学　　名］　**Sorghum nitidum** (Vahl) Pers.　　禾本科

［形态特征］　多年生草本。须根较细韧，秆直立，高 60～150 厘米，直径 2～4 毫米，节密生白色髯毛；基部具鳞芽。叶鞘紧密包茎，无毛或具柔毛；叶舌质较硬，先端钝圆，长 1～1.5 毫米；叶片线形，长 10～40 厘米，宽 4～6 毫米，两面均无毛，边缘呈小刺状，粗糙。圆锥花序长圆形，长 10～30 厘米，主轴直立，光滑无毛，分枝细而轮生，长 1～5 厘米，基部裸露，总状花序生于分枝上端，长 1～2 厘米，通常含 1～4 节；无柄小穗卵状披针形，长 3～5 毫米，基盘钝圆，具髯毛；二颖均呈革质，成熟变

黑褐色，下部光亮无毛，上部及边缘具棕色柔毛，第一颖背部扁平，第二颖略呈舟形，第一外稃厚膜质，稍短于颖，上部具细短毛，第二外稃透明膜质，无芒或有芒；芒自裂齿间伸出，长10～15毫米，膝曲；雌蕊具分离花柱，柱头棕褐色；有柄小穗为雄性；颖草质而不变硬。花、果期夏秋季。

［生长环境］ 多生长于山坡草地中。

［产 地］ 广东、广西、云南、贵州、浙江、福建、台湾等省区。

［用 途］ 子实含淀粉，可磨粉食用或酿酒。

［理化性质］ 子实含淀粉27.28%。

［采收处理］ 7～8月种子成熟时，用刀割下果穗，晒干捶打脱粒。

［加 工］ 提取淀粉和酿酒方法与粮食同。

图514 光高粱

Sorghum nitidum（Vahl）Pers.

1．植株；2．孪生小穗；3．无柄小穗第二外稃（去芒）。

（自“中国主要植物图说，禾本科”）

236 桄榔（guang-lang）（图515）

［学 名］ **Arenga pinnata** (Wurmb.) Merr. (*A. saccharifera* Labill.) 棕榈科

［形态特征］ 乔木，高可达12米；树干有疏离的环纹。羽状复叶长6～8.5米，叶柄基部有黑色纤维状的鞘，具极多数小叶，每侧可达100枚以上，线形，长达1～1.5米，先端分裂，基部有2耳。肉穗花序，腋生，花梗粗壮，下弯，分枝极多，长达1米左右；花单性，雌雄同株，

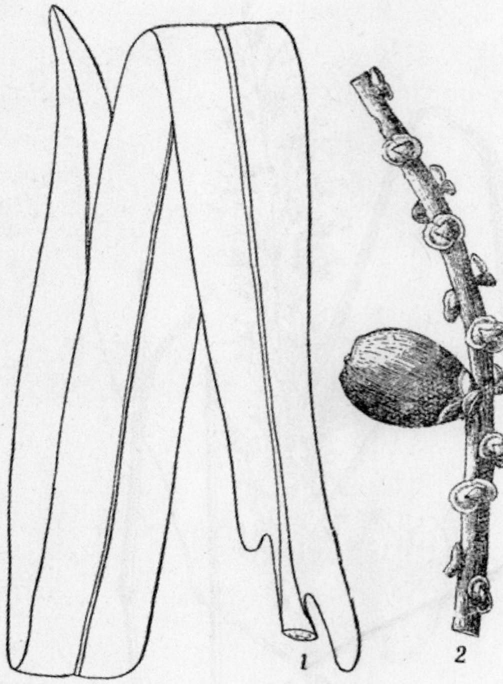

图 515 桄榔
Arenga pinnata（Wurmb.）Merr.
1．小叶片；2．果序。

但生于不同的肉穗花序上，雄花成对，长 1.2 厘米，萼片圆形，雄蕊多数；雌花花瓣三角形，萼片扩大，退化雄蕊多数或缺。果实球形，或扁球形，有 2～3 种子。花期 4 月，果期 11 月。

［生长环境］ 生于温湿地区的石灰岩山林中，也有栽培。

［产　　地］ 广东、广西、云南（南部）等省区。

［用　　途］ 茎干髓部含淀粉较多，提出后，夏天可作甜食，清凉消暑，又可作粉丝及供药用。桄榔栽培 12 年后即抽出花序，割伤花序便有液汁流出，收集加工可得砂糖。此后可继续产糖 4～5 年，始枯死，每株约年产糖 10 公斤，多者可达 50 公斤。

羽状叶片长、坚韧，可供编织凉帽、蒲扇等用。果含鞣质。叶柄上残存有暗黑色的棕丝，可制绳或刷子。

［理化性质］ 据广西僮族自治区资料：茎髓部含淀粉 44.5%。

［采收处理］ 制淀粉用时可直接将桄榔树干割断，去皮后将髓部晒干，供磨粉用。惟此种植物产糖的价值高于取淀粉，须特别注意培植，提高糖的产量。

237 魔芋（moyu）（图 516）

［学　　名］ **Amorphophallus konjac** K. Koch. 天南星科

［形态特征］ 多年生草本，高 30～100 厘米。球茎扁圆形，暗红褐色。由球茎中央抽出一直立有长柄的叶，叶片掌状分裂，每个裂片又成为二回羽状分裂，小裂片长圆状椭圆形，长 2～8 厘米，先端渐尖，基部下延，与叶轴联成翼状，全缘，羽状细脉明显。佛焰苞喇叭状，呈暗紫色，其上面带有暗绿褐色的斑纹，长 15～20 厘米，宽 5～7 厘米；肉穗花序扁平，长 20～35 厘米，宽 2～2.5 厘米，先端呈舌形，为紫褐色，上部密生雄花，下部密生雌花，红紫色，有臭味，子房球形，花柱较短。浆果球形或扁球形，成熟时为黄绿色。花期 4～6 月，果期 6～8 月。

［生长环境］ 多生长在土壤较厚而肥沃的山坡及住宅旁，在水池边、树林下往往

成片生长，分布在海拔 450～700 米的地方，野生或有栽培。

［产　　地］ 甘肃、宁夏、陕西（南部）、湖北、四川、湖南、江西、浙江、江苏、广西、福建、台湾等省区。

［用　　途］ 地下球茎富含淀粉。可做凉粉、豆腐；球茎另含有胶质，可制粉浆纱或用于建筑涂料。

［理化性质］ 地下球茎含淀粉 35%，蛋白质 3%，其他物质 45%。另外还含有一种甘露蜜糖（levidulnose）蛋白质 0.06%，脂肪 0.01%及灰分 0.37%等。据中国科学院植物研究所资料：魔芋片含淀粉 42.05%。

［采收处理］ 9～10 月采挖，除去球茎上须根，洗去泥沙，放置阴凉处风干后贮存备用。

［加　　工］ 制粉时须先将球茎剥去外皮，切成薄片，晒干或烘干，再磨成粉，用细筛筛去渣滓和粗纤维，即得魔芋粉。

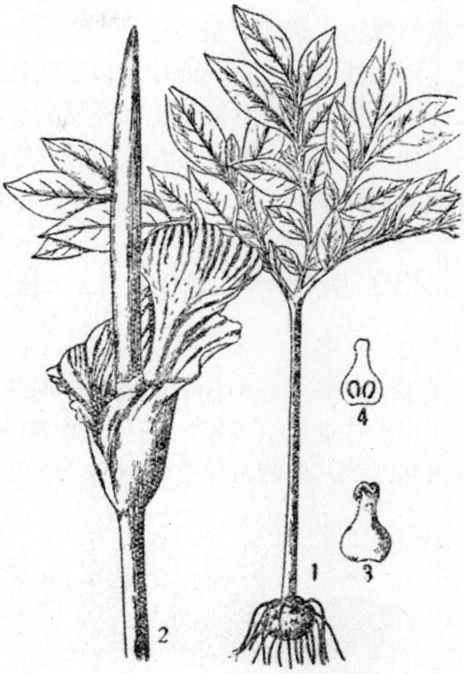

图 516 魔芋

Amorphophallus konjac K. Koch.

1．植物全形；2．花序；3．雌蕊；4．雌蕊纵切面。

238 糊斑杖（hubanzhang）

［地 方 名］ 狗苞玉、狗药（浙江）

［学　　名］ **Arisaema ambiguum** Engl.　天南星科

［原 料 名］ 土南星（广西）

［形态特征］ 多年生直立草本，具扁球形球茎；地上部分高 30～50 厘米。**叶单生**，鸟足状分裂，由 13～15 片小叶组成，裂片披针形，长 5～15 厘米，宽 5～8 厘米，顶端渐尖，基部楔形或圆形。佛焰苞淡绿色，圆筒状，长 4.5～5.5 厘米，上部宽 1.5～2.8 厘米，先端披针形渐尖，边缘不反卷、在佛焰苞内着生肉穗花序，**先端具直立尾状附属物**，长 13～18 厘米；**花单性**，雄花穗长约 3.5 厘米，粗约 6 毫米，花排列稀疏，下面具柄，上面无柄，雄花有雄蕊 2～4。肉穗状果序长 10 厘米，粗 3.5 厘米。

［生长环境］ 生于山间坡地、宅边和其他半阴湿润地方。

［产　　地］ 江苏南部、浙江、湖南、湖北、广东、广西等省区。

［用　　途］　球茎富含淀粉，因有毒素不能食用，但是酿造酒精的良好原料，并可作糊料或用作浆纱、浆布等。

［理化性质］　据广西僮族自治区资料：球茎含淀粉 12%，水分 70%。

［采收处理］　秋后地上部分枯死后，采挖其根状茎。

［加　　工］　将挖回的球茎刮去外皮，洗净并舂碎，以清水搅拌，过筛除去杂质，再以清水漂洗 1～2 天（中间应换水 3～5 次），然后沉淀，倾倒出清水，即得淀粉。

239 虎掌（huzhang）（图 517）

［地 方 名］　天南星（山东）

［学　　名］　**Arisaema thunbergii** Bl.　天南星科

［形态特征］　多年生草本，高 30～50 厘米。地下球茎扁圆形，须根自球茎上部作放射状排列，旁侧常伴有小球茎。叶单生，直立；叶柄长，圆柱形，稍短于叶鞘或与叶鞘等长，上被污紫色的斑点；叶通常由 9～17 片小叶组成；小叶长披针形至椭圆形，具锐尖头，基部楔形，边缘全缘或作微波状。雌雄异株，肉穗花序自叶鞘处伸出；佛焰苞筒状或漏斗状，长 5～6.5 厘米，上部宽约 2 厘米，淡紫色；肉穗花序先端显着延长，呈尾状，伸出佛焰苞外，下垂。果实成熟时红色，集生于膨大的肉穗花序上。花期 6～7 月，果期 8～9 月。

图 517　虎掌
Arisaema thunbergii Bl.
1．植株；2．花序。
（自“江苏南部种子植物手册”）

［生长环境］　潮湿山间、溪沟中及阴向山坡的灌木林下或草丛中。

［产　　地］　河南、山东、河北、山西、陕西、青海、宁夏、浙江、江苏、安徽、四川、湖北等省区。

［用　　途］　球茎富含淀粉，但有毒，不可食，可制酒精及糊料供工业用。

［理化性质］　据山东省资料：球茎含淀粉 28.05%。

［采收处理］　秋后采收的球茎含淀粉量最多。采挖的球茎，先剪去须根及茎叶，放在水中洗净泥土，粉

碎成粉状即可。

240 凤梨（fengli）（图 518）

［地方名］ 菠萝（通称）

［学　名］ **Ananas comosus** (L.) Merr. (*A. sativus* Schult. f.) 凤梨科

［形态特征］ 茎单生，直立，基部抽生吸枝。叶多数，旋迭状簇生，剑状，长 40～90 厘米，宽 4～7 厘米，先端渐尖，边缘通常有利齿，上面亮绿，背面淡绿色，其生于花序下的极退化，常红色。花序自叶丛中抽出，状如松球，长 6～8 厘米，结果时极大；小苞片淡红色，三角状卵形至长圆状卵形；萼片卵形，肉质，长约 1 厘米；花瓣倒披针形，长约 2 厘米，上部紫红色，下部白色。果肉质，长 15 厘米以上。花期夏季，果期 7～8 月为旺季。

［生长环境］ 本植物在我国南部普遍栽培。

［产　地］ 广东、广西、云南、福建、台湾等省区。

［用　途］ 果实汁多味美，供生食或制罐头。

叶纤维供织物或作造纸原料。

［采收处理］ 果实基部呈紫青色时，用刀在距果实 5～6 厘米处割断果柄，放于阴凉而干爽的地方。如需外调，应在果身长成、果色全青时采收。采收时间以下午太阳斜西时为宜，披露或雨后采收均不适宜。采回后隔以鲜松叶薄层堆放或篓装供调运。采收、存放及调运均须注意勿与油、酒、烟接近，以免快熟和快烂。

［其　他］ 繁殖主要用“吸芽”（根生芽）和“裔芽”，很少用“冠芽”，因冠芽多生畸形果。定植时期主要在雨季。要勤除草，以保丰收。

图 518 凤梨
Ananas comosus（L.）Merr.
植株上部

241 对叶百部（duiyebaibu）（图 519）

［地方名］ 大春根药（广东），山百根（湖南），野天门冬根（四川）。

［学　名］ **Stemona tuberosa** Lour. 百部科

［形态特征］ 多年生攀援草本，高达 5 米。块根肉质，纺锤形或圆柱形，长 15～

30 厘米，直径 1.5～2 厘米，表面淡黄白色或淡棕色，干后粗糙。叶通常对生，纸质，阔卵形或卵状披针形，长 7～15 厘米，宽 3～9 厘米，先端渐尖，基部心形，全缘或微波状，表面绿色无毛，背面浅绿色，基出脉 13～15；叶柄细，长 4～9 厘米。总状花序腋生，总花梗长约 2～6 厘米，顶生 1～3 花，通常 2 花；花长 4～6 厘米，具细小披针形苞片；花被片 4，黄绿色带紫色脉纹，雄蕊 4，带紫红色，花药线形；子房上位，卵形。蒴果倒卵状圆形，长 3.5～4.5 厘米，直径 2.5 厘米，暗红色；种子 5～8，长椭圆形。花期 6～7 月，果期 10～11 月（广东）。

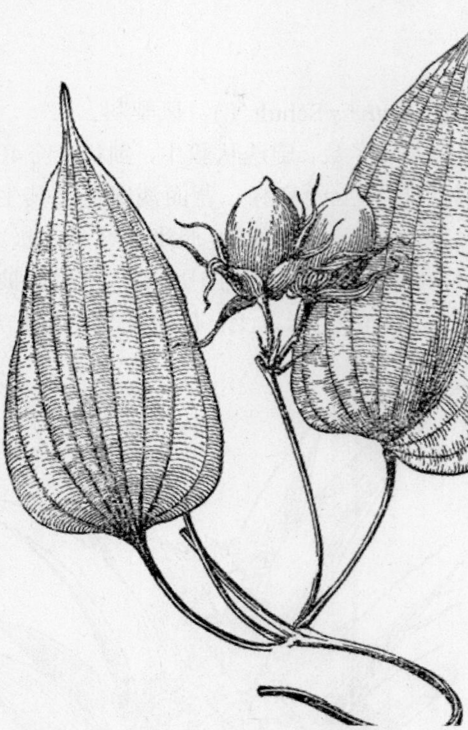

图 519 对叶百部
Stemona tuberosa Lour.
果枝

［生长环境］ 平原、丘陵地、山地及石灰岩山地的疏林下或灌木丛中；气候温暖、湿润，土壤肥沃的山谷、溪边及山脚处生长最好。

［产　　地］ 台湾、福建、广东、广西、湖南、湖北、四川、贵州、云南等省区。

［用　　途］ 块根含淀粉，供酿酒用。

［理化性质］ 块根含碳水化合物 39.61%及对叶百部碱（tuberostemonine，$C_{17}H_{29}NO_4$）。

［采收处理］ 一般在新芽出土前及苗枯后挖取。挖出后洗净，去掉杂质，晒干备用。

242 知母（zhimu）（图 1521）

［学　　名］ **Anemarrhena asphodeloides** Bge. 百合科

（地方名、形态特征、生长环境、产地及其他用途见“药用类”，1983 页）

［用　　途］ 根状茎含淀粉，供食用或酿酒等。

［理化性质］ 据辽宁省资料：根状茎含还原糖 14～20%，淀粉 28.35%。

［采收处理］ 7～10 月或 3～4 月间挖取根状茎，除去须根和地上茎，趁新鲜时剥去栓皮晒干贮存，如不去皮，味苦，有粘质，影响淀粉质量。

［加　　工］ 参阅百合（629页）。

［其　　他］ 知母根状茎主为药用，在药用有余剩时，再作淀粉使用。采收时亦应注意合理保护和发展。

243 天门冬（tianmendong）（图1522）

［学　　名］ **Asparagus cochinchinensis** (Lour.) Merr. (*A. lucidus* Lindl.)　百合科

（地方名、形态特征、生长环境、产地及其他用途见“药用类”，1984页）

［用　　途］ 块根含糖，可供制蜜饯或酿酒。去皮后的块根，煮熟可食。

［理化性质］ 据广东省资料：块根含碳水化合物32.85%，糖4.37%。

［采收处理］ 一般在9月至次年2月采挖，但以1～2月挖取的质量较好。挖回后洗去泥土，除掉须根，晒干或煮后晒干备用。

［加　　工］ 熬糖方法参阅黄精（637页）。

244 车前叶山慈姑（cheqianyeshancigu）（图520）

［地 方 名］ 山芋头（辽宁）

［学　　名］ **Erythronium japonicum** Decne.　百合科

［形态特征］ 多年生草本；鳞茎圆柱状披针形，长6厘米，直径0.9～1.2厘米，白色，肥厚，具黄褐色鳞茎皮，基部一侧附有虫状附属体。花葶高20～30厘米，中部以下生2叶；叶对生，有长柄，往往平展于地面，叶片椭圆形，长6～12厘米，宽2.5～5厘米，两端狭尖，边缘多少呈波状，淡绿色，**具紫色斑点**。**花单生于桩葶顶端**，下垂，呈红紫色，直径4～5厘米；花被6片，披针形，离生，基部集成筒状，**上部显著反卷**，**内侧基部附近具暗紫色W状脉纹**；雄蕊6，三长三短，花药紫色，柱头3歧。蒴果有3棱。花期4～5月，果期5～6月。

图520　车前叶山慈姑
Erythronium japonicum Decne.
植株全形

［生长环境］ 生于山坡林下腐植质深厚的土壤中。

［产　　地］ 辽宁省

［用　　途］ 鳞茎含淀粉，可作糕点或酿酒用，也供药用。

［理化性质］ 据辽宁省资料：鳞茎含淀粉 40～50%。

［采收处理］ 6～7 月间挖取鳞茎，除去泥土晒干即可。

［加　　工］ 参阅轮叶百合（632 页）。

245 土茯苓（tufuling）（图 521）

［学　　名］ **Heterosmilax japonica** Kunth 百合科

［形态特征］ 攀援木本或半木本，茎无刺；根状茎稍呈圆柱形或不规则的弯曲状，有分歧及结节，棕褐色，有光泽，横切面呈红白色。单叶互生，纸质，具柄，卵状长圆形，长 5～12 厘米，宽 3～8 厘米，全缘，先端尖锐，基部圆形乃至心形，主脉 3～5 条；叶柄长 10～25 毫米，上有 2 卷须。花序伞形，**具扁形柄**；花小，黄绿色，雌雄异株；雌花被长 3～4 毫米，花被管长约 3 毫米，**顶端具 2～5 小齿；雄花具 3 雄蕊，花丝连结成一柱状体**，退化子房缺；雌花具 1～3 退化雄蕊，子房上位，3 室，每室有胚珠 2，柱头 3 裂，直立，顶端稍向外反卷。浆果球形，黑色。花期初夏，果期秋季。

图 521 土茯苓
Heterosmilax japonica Kunth
植株一部分

［生长环境］ 多生于丘陵低山地的疏林或灌木丛间。

［产　　地］ 江苏、浙江、安徽、福建、台湾、湖北、湖南、江西、广东、广西、云南、贵州、四川等省区。

［用　　途］ 地下茎富含淀粉，供食用或酿酒。据各地酿酒经验，每百公斤土茯苓能酿出 45 度白酒 60～65 公斤。

［理化性质］ 据湖南省资料：地下茎含水分 17.5%，淀粉 69.67%。

［采收处理］ 四季均可采收，以冬初挖取最好。挖出的块茎洗去泥土，除去毛根，小块者直接用火烘干或晒干，块大者，趁鲜切成约 1 厘米厚的薄片，再行晒干或烘干即可贮藏。

［加　　工］ 酿酒过程如下：（1）破碎润料，将原料碾成细粉，每百公斤掺谷糠 20 公斤，温水 100～120 公斤，混合搅拌均匀；（2）蒸料，先烧大火使锅底水滚沸，然后将润好的原料放进蒸笼，进行气蒸约 2～3 小时。取出蒸料摊开，待温度降至 30℃左右时，便可将原料堆起，加入 4%的小曲拌匀，温度降至 25℃左右时，入缸进行发酵；

（3）发酵，先在发酵池或缸内撒上一层粗糠，再将拌好的原料放入压实，在原料上面加上一层粗糠，然后用泥封闭，在1～2天内其温度升至39～40℃左右，第三天后逐渐下降1～2℃，约经5～7天，取出蒸馏；（4）蒸馏，将发酵好的酒醅放入蒸酒甑，上盖密封，并注意不要漏气，先用猛火，待出酒后再用慢火蒸，至酒出完为止。

246 百合（baihe）（图522）

［地 方 名］ 野百合、百公花（广东），喇叭筒（江西），山百合（浙江），山蒜、野百合花（福建）。

［学　　名］ **Lilium brownii** F. E. Brown var. **colchesteri** (Wall.) Wils.　百合科

［形态特征］ 多年生草本，高0.7～1.5米。鳞茎球形，淡白色，其暴露部分带紫色，先端常开放如荷花状，长3.5～5厘米，直径3～4厘米，有扩展鳞片，下面生多数须根。茎直立，圆柱形，不分枝，光滑无毛，常有褐紫色斑点。叶互生，无柄，披针形至椭圆状披针形，长7～15厘米，宽1.5～2厘米，先端渐尖，基部渐狭，全缘或微波状，脉5条，平行。花大而美丽，极香，单生于茎顶，少有1朵以上者，长15～20厘米；花梗长3～10厘米；花被漏斗状，白色而背带褐色。裂片6，向外张开或稍外卷，长13～17厘米，宽2.5～3.5厘米，每片的基部有一蜜腺槽，蜜腺槽和花丝具短柔毛或乳头状突起；雄蕊6，比花被裂片短，花药丁字形着生，花丝纤弱；花柱极长，柱头3裂，子房圆柱形。蒴果3室，室间开裂，有种子多数。花期5～7月，果期8～10月。

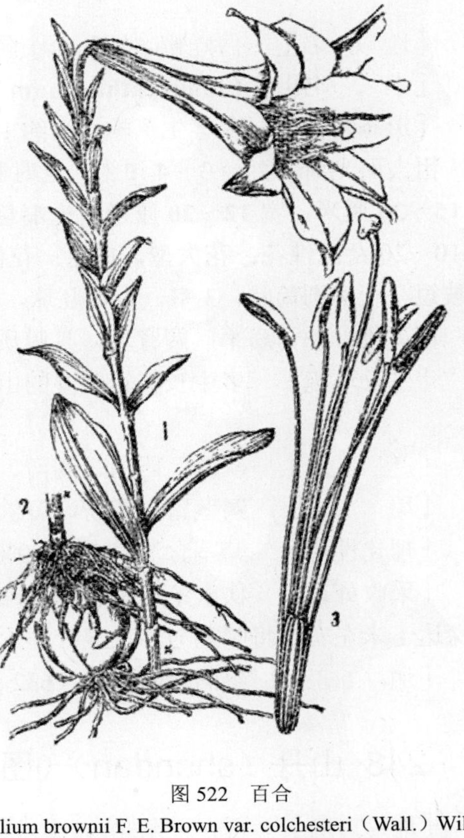

图522　百合

Lilium brownii F. E. Brown var. colchesteri（Wall.）Wils.

1．枝株上部及花；2．鳞茎；3．去花被示雄蕊及雌蕊。

（自“江苏南部种子植物手册”）

［生长环境］ 山地草坡、疏林下或石灰岩灌丛间及草地上，以气候温暖、湿润、土壤肥沃、疏松而排水良好的地区最适宜生长；也有栽培的。

［产　　地］ 广西、广东、福建、云南、四川、贵州、湖南、湖北、江西、江苏、安徽、浙江、河南、山西、陕西、甘肃、山东等省区。

［用　　途］　鳞茎含多量淀粉，是一种名贵食品。

鳞茎亦供药用（见“药用类”，1990 页）。花含挥发油，可提制芳香浸膏（见“芳香油类”，1517 页）。

［理化性质］　据广西僮族自治区资料：鳞茎含淀粉 70.78%；又据广东省资料：碳水化合物含量为 43.76%，水分 5.29%。

［采收处理］　7～9 月当地上部分枯萎时挖取鳞茎，除去地上部分，将鳞片剥开，或近鳞茎基部横切一刀，则鳞片自然分开，洗净泥土，用沸水加适量草木灰捞过，取出洗净晒干或焙干。

［加　　工］　提取淀粉，可将鳞茎洗净磨成水浆，经过筛沉淀，然后晒干或烘干即成百合粉。

247 荞麦叶贝母（qiaomaiyebeimu）

［地 方 名］　白娃粉、娃儿粉（陕西、湖北）

［学　　名］　**Lilium cathayanum** Wils. var. **yunnanense** Leicht.　百合科

［形态特征］　多年生草本，高约 1～2 米。地下部具球形鳞茎，鳞片卵形。茎直立，**粗大而光滑**，直径 3～4 厘米，老时髓破而中空。单叶互生，**大型，卵形或阔卵形，长 15～30 厘米，宽 12～20 厘米，先端急尖，基部心形，脉明显网状**。总状花序顶生，具 10～20 朵两性花；**花大型，白色**；花被 6，**长 10～15 厘米，呈漏斗形**；雄蕊 6，**比花被短，子房圆筒状**，3 室，有数胚珠，花柱长，柱头 3 裂。蒴果近球形，直径约 3 厘米，棕黄色；种子扁平，阔肾形，具膜质狭翅。花期 5 月，果期 9 月。

［生长环境］　多生长在较阴湿的山谷中、水沟旁或树林下，常见于海拔 1400 米处。

［产　　地］　陕西、四川、湖南、湖北、贵州、云南等省。

［用　　途］　鳞茎富含淀粉，可供食用，作糕点或酿酒。

［理化性质］　鳞茎含淀粉 18～60%，蛋白质 5%，并含维生素等。

［采收处理］　秋末冬初挖取鳞茎，晒干贮存。冬季鲜存法是选择干燥地方，挖土坑深达 1 米左右，将鳞茎与沙土混合埋置其中，上盖稻草或其他茅草保藏，用时随取。

［加　　工］　参阅轮叶百合（632 页）。

248 山丹（shandan）（图 523）

［地 方 名］　百合（东北），山丹花（陕西），雷百合（贵州）。

［学　　名］　**Lilium concolor** Salisb.　百合科

［形态特征］　多年生草本，高 40～60 厘米。不具匍匐根状茎。鳞茎单一或数个聚生，白色，卵球形，具少数鳞片，鳞片阔卵形或阔椭圆状披针形，无关节，先端膜质。茎细，直立，绿色，不具纵肋突起，**无毛**。**叶无柄，线形或线状披针形**，中部以上较狭，

长 2～7 厘米，宽 3～6 毫米，先端尖。花直立（不俯垂），1 至数朵，直径 5～7.5 厘米，**鲜红色**；花被片 6，披针形，背面稍有毛茸或平滑；长 3～4 厘米，宽 0.5～1 厘米，先端钝，蜜腺平滑，雄蕊 6，较花被短。蒴果长圆状椭圆形，长约 3 厘米，具钝棱，顶端平坦；种子近圆形，扁平。花期 6～7 月，果期 8～9 月。

［生长环境］　生于山坡、丘陵草地或灌木丛中。

［产　　地］　吉林、辽宁、内蒙古、河北、河南、山东、江苏、江西、湖南、湖北、陕西、四川、贵州等省区。

［用　　途］　鳞茎含淀粉，可食用，亦可酿酒。

鳞茎入菊，有滋补强壮镇咳的功效。花含芳香油，可提制芳香浸膏（见“芳香油类”，1518 页）。

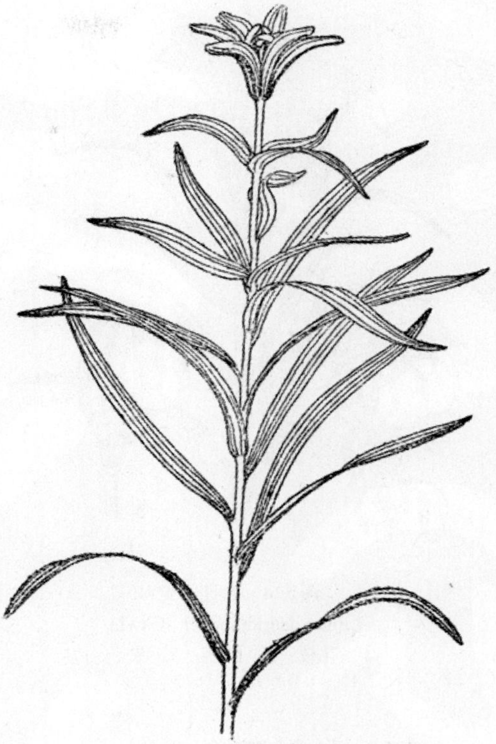

图 523　山丹
Lilium concolor Salisb.
植株上部

［理化性质］　据山东省资料：鳞茎含淀粉 20%左右。

［采收处理］　参阅轮叶百合（632 页）。

［其　　他］　本种形态颇有变化，有茎较高，鳞茎单一者为 var. buschianum 变种；鳞茎数个聚生，叶有光泽，性较柔弱者为 var. partheneion。

249 卷莲百合（juanlianbaihe）（图 524）

［地 方 名］　卷莲花（黑龙江）

［学　　名］　**Lilium dauricum** Ker. -Gawl.　百合科

［原 料 名］　百合

［形态特征］　多年生草本，高 30～80 厘米。鳞茎白色，扁球形，长 2.5～4 厘米，具根状茎；鳞茎的鳞片小，呈复瓦状排裂，披针形，中部缢缩，下生须根。茎直立，具纵棱条，幼时被白色茸毛，后脱落。叶互生，有时近似轮生，无柄，披针形，被白毛或无毛，长 5～14 厘米，宽 6～8 厘米；叶脉 3～5 条。花直立顶生，1～3 朵，直径 7～10 厘米，鲜红色；花被片 6，长圆状披针形，内面具紫黑色斑点，基部具蜜腺槽；花蕾及硬被毛；雄蕊 6，暗红色，比花被短；花药背部着生，呈丁字形；雌蕊比雄蕊稍长。蒴

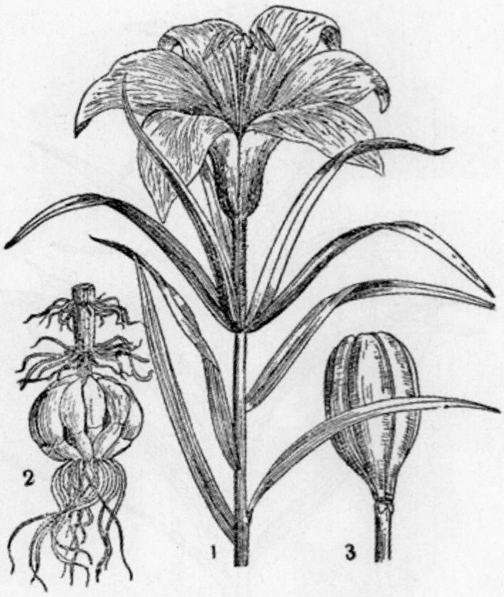

图 524　卷莲百合
Lilium dauricum Ker. -Gawl.
1．花枝；2．鳞茎；3．果。

250 轮叶百合（lunye-baihe）（图 525）

［地 方 名］　山梗米、狗蛋饭、花姑朵、山梗子（辽宁）

［学　　名］　**Lilium distichum** Nakai　百合科

［形态特征］　多年生草本，高0.5～1米。鳞茎球圆形或阔卵形；鳞片长圆状披针形，近中部缢缩有一关节，乳白色，干后变为黄白色。茎直立，单一，微具纵棱条，光滑无毛，在轮生叶下微粗糙。叶在近中部处6～9轮生，无柄，披针形、倒披针形或长圆形，长7～13厘米，宽4毫米左右，在轮生叶以上的叶互生，较小，披针形，长1.5～2.5厘米，宽0.3～0.5厘米。总状花序果直立，柱状倒卵形，长4～5厘米，顶部平。花期7～8月，果期9～10月。

［生长环境］　生于湿草原的踏头上、林缘、疏林下或山坡草地中。

［产　　地］　吉林、黑龙江、内蒙古等省区。

［用　　途］　鳞茎含淀粉，可供食用、酿酒或供药用。

［理化性质］　据黑龙江省资料：鳞茎含淀粉25～30%。

［采收处理］　秋末鳞茎肥硕，质量较高，即可进行挖掘。挖出后，晒干贮藏即可。

［加　　工］　参阅轮叶百合（本页）。

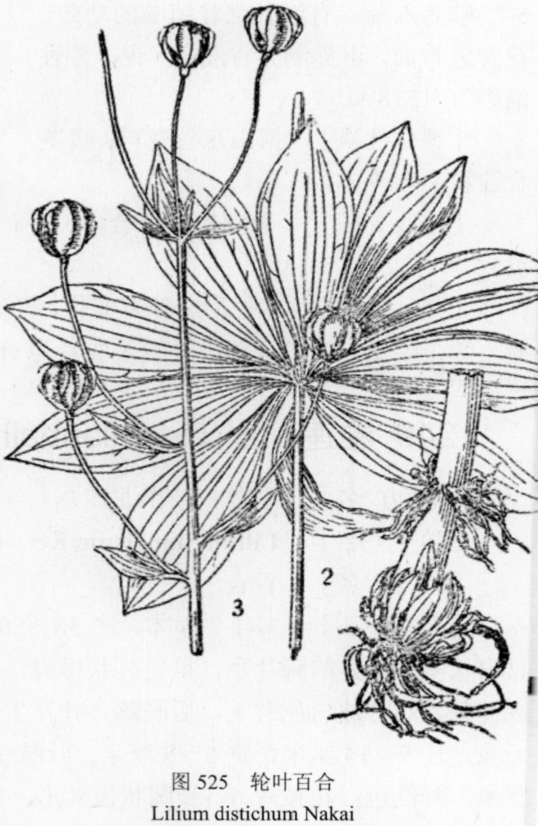

图 525　轮叶百合
Lilium distichum Nakai
1．根部；2．轮生叶；3．果序。

顶生，通常具 2～4 朵花，呈两列；花橙黄色，花被片 6，二轮排列，**分向二侧展开**；雄蕊 6；子房 3 室，具三棱。蒴果倒卵形或球形，黄褐色，先端截形，有棱线。花期 7～8 月，果期 8～10 月。

［生长环境］　生于向阳山坡的草地中。

［产　　地］　辽宁、黑龙江等省。

［用　　途］　鳞茎含淀粉供食用或酿酒。

［理化性质］　据黑龙江省资料：鳞茎含淀粉约 26～30%。

［采收处理］　秋末挖出鳞茎，剥下鳞片，洗去泥沙，晒干或烘干，除去杂质即可。

［加　　工］　提取淀粉加工方法：将挖掘的鲜鳞茎，用清水洗净，切成薄片晒干或烘干，用石碾或石磨进行粉碎。粉碎后用细箩过筛，即得百合粉。此外，还可采取蒸煮法提取熟粉。其方法是：将挖取的鲜鳞茎洗去泥土杂质后切片，投入锅内加清水煮或在蒸笼内蒸熟，取出再置阳光下晒干或烘干，然后磨碎成粉末，即为熟百合粉。

251 卷丹（juandan）（图 526）

［地 方 名］　药百合（陕西秦岭）

［学　　名］　**Lilium lancifolium** Thunb. (*L. tigrinum* Ker-Gawl.)　百合科

［原 料 名］　百合

［形态特征］　多年生草本，高 1～2 米。鳞茎卵圆状扁球形，直径约 5～6 厘米，**不具匍匐根状茎**。茎圆柱形，紫色，**被白色绵毛**。叶互生，狭长披针形，无柄，长 5～15 厘米，宽 6～15 毫米，先端长渐尖，全缘，无毛，具 5～7 条脉，顶部**叶腋常具黑紫色圆球状小鳞珠**。花序总状，花梗粗，**花蕾被白色绵毛**，花下垂，红色；花被片 6，长 7～10 厘米，披针形，内面密生紫黑色斑点，**开放后向外反卷**；雄蕊 6，花药紫红色；花柱稍长于雄蕊，柱头紫红色。蒴果狭长卵形，长 3～4 厘米。花期 7～8 月，果期 9～10 月。

［生长环境］　生于沟底石滩上或

图 526　卷丹

Lilium lancifolium Thunb.

1．植株上部及花；2．叶腋上的珠芽。

（自“江苏南部种子植物手册”）

多石砾的山坡，性喜湿润，一般分布于海拔1000～1600米之间；也有栽培。

［产　　地］ 甘肃、陕西、河北、河南、山东、浙江、江西、湖南、湖北、四川、贵州、云南等省。

［用　　途］ 鳞茎富含淀粉，供食用，煮熟加糖或大米等作粥。

鳞茎亦供药用。花含芳香油，可以提取卷丹花浸膏。

［理化性质］ 据陕西、广西两省区资料：鳞茎合淀粉65～70%。

［采收处理］ 每年10月至次年1月，地上茎叶枯萎至未萌芽时期，都可挖取鳞茎。但以当年冬初采收为最好，置通风处阴干或晒干贮存。

252 鹿子百合（luzibaihe）

［学　　名］ **Lilium speciosum** Thunb. var. **gloriosoides** Baker　百合科

［形态特征］ 多年生草本，高1米余，全体光滑。鳞茎扁圆球形，直径宽3.6厘米，白色，顶端微红，不具匍匐根状茎。叶互生，多数，披针形或长圆状披针形，长至15厘米，宽2～3.5厘米；明显具叶柄，叶腋不具小鳞珠。花序总状，具一花至多朵花；花直径约13厘米；花被片6，强烈反卷，边缘呈波状，纯白色，有血红色斑点，下半部具肉质的乳头状突起；雄蕊6，高度开展，花丝无毛；子房3室，有多数胚珠。蒴果长圆状卵球形，长约5厘米，具钝棱。花期8～9月，果期10月。

［生长环境］ 生于海拔800米以上的山坡、草地及疏林下。

［产　　地］ 安徽、江西、浙江、福建、台湾等省。

［用　　途］ 鳞茎含淀粉，供食用。

花极美丽，为著名的观赏植物。

［采收处理］ 春、秋季均可挖取鳞茎，去掉须根，洗去泥土，剥取鳞片（或在鳞茎中部横切一刀，鳞片自然脱落，然后再洗去泥土），用沸水烫或蒸5～10分钟，至半熟时边缘已软而中部尚硬，或背面有裂纹时，即可取出。如有粘液可用清水洗去（煮的时间过少，鳞片即卷曲，易变黑；过久则易碎成粥状）。然后摊开曝晒，雨天可烘炕。在七、八成干时加以硫磺熏，再晒干，放于干燥处，以免生虫发霉。

［加　　工］ 参阅轮叶百合（632页）。

253 细叶百合（xiyebaihe）（图527）

［地 方 名］ 沙楞讨鲁盖（内蒙古锡盟），卷莲花、散莲花、灯伞花（黑龙江）。

［学　　名］ **Lilium tenuifolium** Fisch.　百合科

［形态特征］ 多年生草本，高40～70厘米。鳞茎阔椭圆形，白色，长2.5～4厘米，直径1.5～3厘米，鳞片少数，顶端常互相连合，**最外面的后来变为膜质**，基部生多数须根。茎直立，细弱，无毛，有白色乳头状突起。单叶互生，**常集生于茎中部，并向右旋开展，无柄**，狭线形，长3～11厘米，宽1～4毫米；有乳头状突起，先端渐尖，

边缘具**小锯齿，并稍卷曲**，表面绿色，背面淡绿色，具脉 1 条。花 1～3 朵，顶生，有时多至 8 朵；**苞片和小苞片具 1 条脉**；花梗长 2～5 厘米；**花被 6 片**，桔红色，向外反卷，**内面具黑色斑点**，长椭圆状披针形，长 2.5～4 厘米，中部宽约 8 毫米；雄蕊 6，花丝长约 2 厘米，花药长 6～8 毫米，橙黄色或鲜红色；子房 3 室，长 1～1.5 厘米，花柱直立，长 1～1.5 厘米，柱头膨大，3 浅裂。蒴果长圆状阔椭圆形或倒卵形，长 2～3 厘米，具 6 条纵棱，顶端截形，种子耳形，扁平，长约 4 毫米，稍有翅。花期 6～7 月，果期 8～9 月。

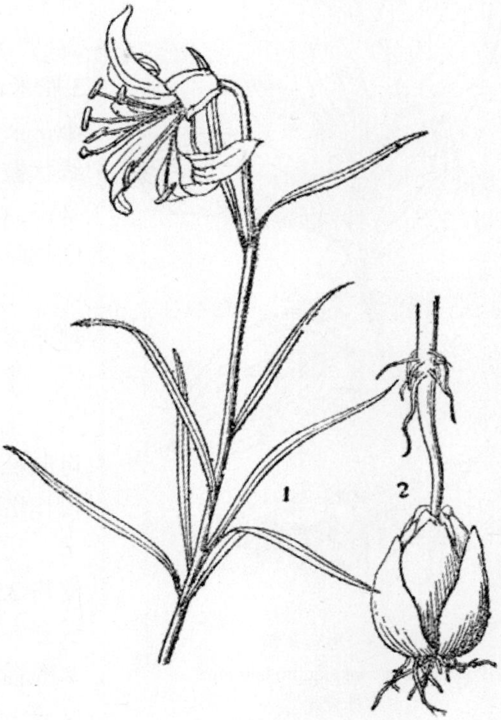

图 527　细叶百合
Lilium tenuifolium Fisch.
1．花枝；2．鳞茎。

［生长环境］　生长在比较低湿的平原、山坡上，山谷的草地或草丛中也有。

［产　　地］　黑龙江、吉林、辽宁、内蒙古、河北、山东、山西等省区。

［用　　途］　鳞茎含淀粉，可食用。亦可供药用（见“药用类”，1990 页）。花美丽，可栽培供观赏；亦含挥发油，可制芳香浸膏。

［采收处理］　秋后果实成熟，茎叶枯萎后进行采挖，除掉茎叶及须根，洗去泥土，剥开鳞茎，用开水烫过或放笼屉内蒸 5～10 分钟，至鳞片边缘柔软，中部半熟取出，如有粘液可用清水洗净，摊开晒干即可。

［加　　工］　参阅轮叶百合（632 页）。

［其　　他］　与本种最相似的一个类型为大卫百合（Lilium davidii Duchartre）（陕西地方名山丹花、山丹子），与本种的区别在于花柱弯曲，叶片中脉常在正面凹下，背面隆起，并具乳头状突起，苞片和小苞片具 1～5 条脉，分布于华西及西北各省，不加注意辨别很容易被人误认。据陕西省资料：其鳞茎含淀粉 51.38%。

254 小苞黄精（xiaobaohuangjing）（图 528）

［学　　名］　**Polygonatum nakaianum** Ishidoga　百合科

［形态特征］　多年生草本；匍匐状根状茎黄白色，圆柱状。茎直立，**高达 70 余**

图 528 小苞黄精
Polygonatum nakaianum Ishidoga
植株全形

厘米，无毛。叶互生，呈两列，5 片以上，阔椭圆形或近长圆形，长 7～19 厘米，宽 4～8 厘米，基部楔形或阔楔形，先端钝，无柄或具短柄。花腋生，通常每叶腋生 1 总花梗，长 2～3 厘米；**每梗着生 1～4 朵花，通常 2～3 朵花**；小花梗长 0.5～1 厘米，基部有小苞叶；**小苞叶线状披针形**，先端锐尖，长约 1 厘米，宽约 1 毫米；花白绿色。浆果球形，直径 3～5 毫米，成熟时近黑色。花期 6～7 月，果期 7～8 月。

［生长环境］ 生于林缘或疏林下比较阴湿而多腐殖质的地方。

［产　　地］ 吉林长白山

［用　　途］ 根状茎肥大，富含淀粉，可制糕点、酿酒。根状茎又可作药用；茎纤维可作造纸原料。

［理化性质］ 据吉林省资料：地下茎含淀粉 35～59%。茎的化学成分：水分 10.46%，灰分 5.49%，木质素 12.96%，全纤维素 29.63%，苯醇抽出物 10.05%，碱抽出物 50.13%，多缩戊糖 11.73%。

［采收处理］ 春秋均可采收，但以秋季采收的质量为好。挖出根部，洗去泥土，晒干备用。

［加　　工］ 将晒干的小苞黄精，用刀切成小块，再用碾子碾碎成粉状，与面粉混合，可制作糕点。

255 玉竹（yuzhu）（图 529）

［地 方 名］ 山包米、山玉竹、大芦藜（黑龙江），玉竹黄精、黄满精（江苏），黄精、萎蕤、海竹、铃当菜、乌女、乌萎（河北）。

［学　　名］ **Polygonatum odoratum** (Mill.) Druce var. **pluriflorum** (Miq.) Ohwi (*P. officinale* All.; *P. japonicum* Morr. et Decne.)　百合科

［形态特征］ 多年生草本，高 40～65 厘米。根状茎肥大粗长，稍扁平的圆柱状，匍匐，淡黄褐色，直径 0.5～1.2 厘米，多节，节间长，密生多数须根。茎单一，直立或倾斜，具纵棱，光滑无毛，绿色，有时微带淡紫红色。单叶互生，呈两列，椭圆形或狭椭圆形，少为长圆形，长 6～12 厘米，宽 3～5 厘米，基部楔形，先端钝尖或急尖，全缘，表面绿色，背面粉绿色，有白霜，叶脉隆起；叶柄短或无柄。花通常 1～2 朵生于

叶腋间；花梗下垂，长12～15毫米，两花者有总花梗；花被筒狭钟形，长1.4～1.8厘米，白色，内面无白毛，花梗无苞片或苞片极微小，花被先端6裂；雄蕊6，着生花被筒中部，长为花冠的1/5～1/4，微黄白色，花丝短，花药线形，基部着生；雌蕊1，花柱单生，柱头头状，子房3室，淡黄绿色。浆果球形，直径4～7毫米，成熟后紫黑色。花期5月，果期8～10月。

［生长环境］ 喜生于阴湿处，排水良好的山坡、草丛林下及灌丛中。

［产　　地］ 内蒙古、黑龙江、吉林、辽宁、河北、河南、山东、山西、陕西、安徽、江苏、浙江、广东、广西、江西、湖南、湖北、四川、贵州、云南、新疆、宁夏、青海等省区。

［用　　途］ 根状茎含淀粉，可供食用、制蜜饯，亦可酿酒。根状茎也作药用（参阅“药用类”，1993页），或制土农药。

［理化性质］ 据黑龙江省资料：根状茎含淀粉25.6～30.6%。

［采收处理］ 秋季或初春采挖根状茎，除去茎、叶及须根，晒干备用。

图529 玉竹
Polygonatum odoratum（Mill.）Druce var. pluriflorum（Miq.）Ohwi
1. 根状茎；2. 茎上部。

256 黄精（huangjing）（图530）

［地 方 名］ 鸡头参（陕西），老虎姜（河南、贵州），玉竹（山东），山苞米（黑龙江），笔管菜（东北）。

［学　　名］ **Polygonatum sibiricum** Redoute　百合科

［形态特征］ 多年生草本，全体无毛，**借叶尖卷住他物而上升**，长达3米。根状茎肥厚，黄白色，有节，节上膨大向一侧分叉，生须根，节间长2～6厘米，直径达3厘米，长达30厘米。茎稍弯曲，圆柱状，直径达1厘米。**叶轮生，每轮4～6片，通常5片**，幼株2～4片或下部数叶成互生状，狭长披针形或线状披针形，长7～11厘米，宽5～12毫米，**先端卷曲**呈卷须状，无柄，全缘，表面绿色，背面有白粉。总花梗腋生，长1～2厘米，具2～4朵花，弯曲；小花梗与总花梗几等长；花白色或淡绿色，长1～1.2厘米，筒状；花被片6，仅中部以上6裂；雄蕊6，着生于花冠筒上；花丝短于花药，有细突起，花药黄色，背部着生；子房长圆形，花柱长为子房2倍，柱头头状。浆果球

图 530 黄精
Polygonatum sibiricum Redoute
1．根状茎；2．茎上部。

形，黑紫色，直径 7～10 毫米；种子褐色，近圆形。花期 5～6 月，果期 7～9 月。

［生长环境］ 喜生于肥沃土壤和阴湿处的灌丛中或边缘。

［产　　地］ 黑龙江、吉林、辽宁、内蒙古、河北、山西、河南、陕西、甘肃、山东、江苏、湖北、四川、贵州等省区。

［用　　途］ 根状茎可食，制糕点、熬糖。

根状茎亦可入药（见“药用类”，1994 页）。

［理化性质］ 干根状茎含淀粉 68.46%，并含糖与植物碱。

［采收处理］ 春季采挖根状茎，挖出后用水洗净，除去须根，阴干或入笼蒸之，去其苦味，切成薄片晒干即成。在大量开发利用本种时，应尽量先照顾药用需要。

［加　　工］ 制粉与熬糖稀方法如下：（1）制粉，将根状茎除去杂质，洗净泥土、切片蒸熟晒干，放在碾上碾成粉末，即得黄精粉。也可用鲜根，洗净磨浆沉淀，提取淀粉；（2）熬糖稀，将黄精根状茎洗净，经 4 小时煮熟后，先用布包过滤，加入 2%的大麦芽，再行过滤得黄精糖液，倒入锅内以缓火熬之，经 4 小时糖液滴之成丝状，即成糖稀，色黄亮，出糖率可达 26%。

257 绵枣儿（mianzaoer）（图 531）

［学　　名］ **Scilla sinensis** (Lour.) Merr. [*S. scilloides* (Lindl.) Druce; *S. chinensis* Benth.] 百合科

［形态特征］ 多年生草本，高 25～30 厘米。**鳞茎卵球形**，长 2～3 厘米，下部有短根状茎，其上生多数须根，鳞茎片内面具绵毛。**叶线形，基生**，长 10～20 厘米，宽 5～8 毫米，先端急锐尖，平滑，正面凹。**花葶直立**，高 25～30 厘米，**总状花序；花小，多数，粉红色**，密生；花梗长 2～6 毫米；花被片 6，长圆形，长约 2 毫米，具深紫色脉纹 1 条；雄蕊 6，花丝扁平；子房椭圆形，3 室，每室有一粒直立胚珠。蒴果倒卵形，3 棱，成熟时成 3 瓣开裂，长 2～3 厘米；种子有棱，黑色，有光泽。花期 8～9 月，果期 9～

10 月。

［生长环境］　多生于海拔 1000 米以下的丘陵地、山坡及岭脊，耐旱性强，时常侵入田间。

［产　　地］　分布极广，辽宁、河北、河南、陕西、山东、江苏、浙江、江西、安徽、湖北、四川、云南、贵州、广西、广东、福建等省区。

［用　　途］　鳞茎含淀粉，可蒸食和作酿酒的原料。民间常以鳞茎和红糖共煮食用，其味甚美。

［理化性质］　鳞茎白色，味涩，捣烂富有粘液，能拉出细丝，经初步化验：鲜物质含淀粉 10.9%，糖类 14.54%；干物质含淀粉 42%，糖类 46.5%。

［采收处理］　4～5 月采收，连苗挖出后，除去叶及须根。

［加　　工］　洗净泥沙，放在锅内用慢火久煮，至褐色时即成绵枣可食。如果制粉，可将鳞茎切片晒干，磨粉即得。

［其　　他］　繁殖方法用种子繁殖或挖出鳞茎埋栽亦可。

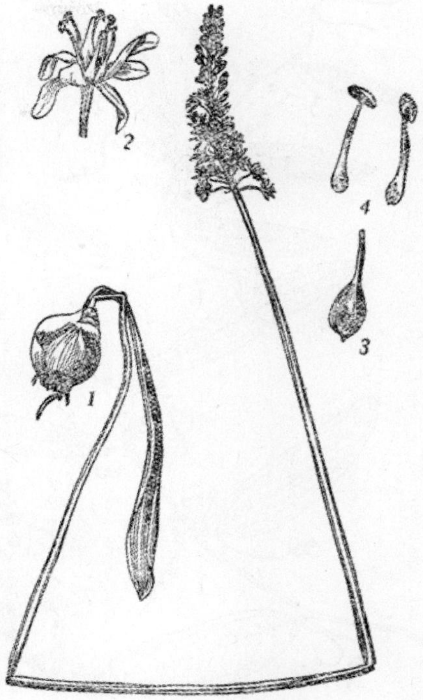

图 531　绵枣儿
Scilla sinensis（Lour.）Merr.
1．植物全形；2．花；3．雌蕊；4．雄蕊。

258 光菝葜（guangbaqi）（图 532）

［地 方 名］　狗朗头、尖尾叶、马甲簕、绵鼻子藤（广东），冷饭团、狗佬薯（广西），毛尾薯（福建），山归来、仙遗粮（湖南）。

［学　　名］　**Smilax glabra** Roxb.　百合科

［形态特征］　攀援灌木，茎无刺；根状茎木质，横生土中，着生多数须根。单叶互生，革质，披针形至椭圆状披针形，长 5～12 厘米，宽 1～5 厘米；先端渐尖，基部圆或楔形，全缘；具 3～5 脉，小脉网状，表面深绿色，背面常存白粉；叶柄长 1～2 厘米，略呈翅状，在鞘顶端具纤细的卷须 2 条。花雌雄异株，为腋生的伞形花序；总花梗短，长 2～5 毫米，基部无鳞片；花梗纤细，长 1～1.5 厘米，基部有宿存的三角形小苞片；花被裂片 6，排成 2 轮，离生；雄花具雄蕊 6，花丝较花药为短，退化雌蕊缺；雌花具退化雄蕊 3～6，子房上位，3 室，每室有 1～2 个胚珠；柱头 3 裂，稍反曲。浆果球形，直径 6～8 毫米；有 1～3 粒种子。花期 7～8 月，果期 9～10 月。

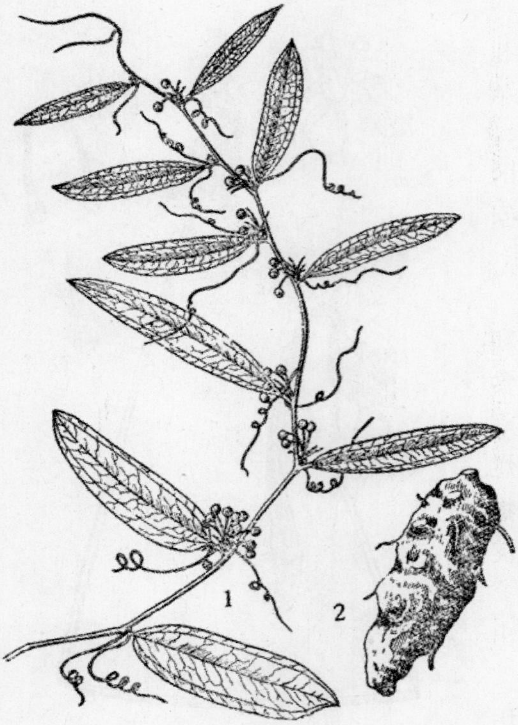

图 532 光菝葜
Smilax glabra Roxb.
1．果枝；2．块根。

［生长环境］ 生于山谷阴处，土坡灌木丛中，每缠绕于其他植物上。

［产　　地］ 福建、广东、广西、湖南、湖北、四川、云南、贵州等省区。

［用　　途］ 根状茎富含淀粉，可制糕点或用作酿酒。根可供药用（见“药用类”，1995 页）。

［理化性质］ 据广东省资料：根状茎含淀粉 69.67%，水分 17.5%。

［采收处理］ 根状茎全年可采收，但以秋末冬初采收者质量为佳，此时浆水足，粉性大。挖取根状茎，除去须根，经浸泡 1～2 天，切片晒干或投入沸水中煮数分钟再晒干或用微火烘干，贮存或加工淀粉。根状茎有微毒，又因有收敛作用，渣滓不易吸收或排泄，未经处理吃得较多会引起严重便秘，所以必须切成薄片，如上法处理后，微毒即可排除，然后磨粉供食用或酿酒。

［加　　工］ 酿酒方法：（1）原料处理，将加工成的片料，碾碎成粉末状；（2）润水，将原料吸水 80%，拌匀过筛，打堆，堆积 2 小时使水分渗透；（3）蒸煮，将原料装入木桶，蒸透后，加盖续蒸一个半小时，使原料充分熟透；（4）撒曲，将蒸透的原料取出，堆晾到 32℃，按原料比例加入酒曲 19%，搅拌均匀；（5）发酵，24 小时品温应在 38.5℃，48 小时为 32℃。5 天后进行蒸馏，出酒率达 54.596（据浙江省资料）。

注：采收处理时如果不能排除微毒，加工期间应先用清水浸泡 1～2 天（中间应换水 2～3 次），以便使其微毒排除。

259 粉菝葜（fenbaqi）（图 533）

［地 方 名］ 后娘藤（江苏）

［学　　名］ **Smilax glauco-china** Warb. 百合科

［形态特征］ 攀缘灌木；茎有刺。叶通常为长圆形，长 3.5～8 厘米，宽 18～4.5 厘米；先端渐尖或钝尖，基部板楔形，全缘；表面绿色，有光泽，背面粉白色，三出脉；叶柄长 1～1.2 厘米，基部具鞘；在鞘的顶端具 2 条卷须。花雌雄异株，呈伞形花序；总

花梗长 1.5～2 厘米；花梗长 1～1.4 厘米；雄花长 5 毫米，花被片长圆形；雄蕊 6，长 3 毫米；雌花长 4 毫米，具退化雄蕊 6；子房上位，椭圆形，长 2 毫米，柱头 3，反卷。果实球形，蓝黑色，直径约 7 毫米。花期 4 月，果期 7～8 月。

［生长环境］ 山坡林下或灌丛林内。

［产　　地］ 安徽、江苏、浙江、福建、江西、湖南、湖北、四川、贵州、河南、陕西等省。

［用　　途］ 根状茎含大量淀粉，可食用，与粮食掺和可做成各种糕点，亦可制成饴糖。

［理化性质］ 据江苏省资料：根含淀粉 55.8%，粗蛋白 5.56%，粗脂肪 0.22%。

［采收处理］ 全年皆可采收，但以秋末冬初采收为最好，因此时含粉质饱满，采收时必须注意。

［加　　工］ 提取淀粉方法参阅总论（434 页）。

图 533 粉菝葜
Smilax glauco-china Warb.
1．花枝；2．果枝；3．雌花；4．雄花。
（自"江苏南部种子植物手册"）

260 菝葜（baqi）（图 534）

［地 方 名］ 金刚藤（湖南），筋骨柱子（江苏），蓬灯果、金刚果、大青草筋（山东），金刚刺、白眼刺、白合刺、红根刺、蒲鞋刺（浙江），马鞍营（江西）。

［学　　名］ **Smilax japonica** (Kunth) A. Gray (*S. china* auct., non L.) 百合科

［形态特征］ 落叶攀援灌木；根状茎木质，横生；茎坚硬，高 50～200 多厘米，具少数分枝，有疏刺。单叶互生，革质，平滑，有光泽，卵形、卵圆形、椭圆形或圆形，长 2.5～9 厘米，宽 2.1～5.5 乃至 10 厘米，先端短尖或圆形而且凸头，基部圆形，有时为浅心形或楔形，全缘，两面无毛，脉 3～5 条；叶柄长 0.5～3 厘米，近叶柄中部具 2 卷须，下半部具鞘，幼时合抱小枝，后逐渐张开。伞形花序腋生，花雌雄异株，黄绿色；总梗长 1～3 厘米；花梗长约 1 厘米，果时略伸长；苞片卵状披针形；花被片 6，排成两轮，离生；雄花直径约 6 毫米，花被片长圆形，反卷，雄蕊 6；雌花较雄花小，直径约 3 毫米，具 6 枚退化雄蕊；子房长卵形，长约 1.5 毫米，3 室，每室有胚珠 1～2 颗，柱

头3裂，略反曲。浆果球形，直径约8毫米，熟时红色，含种子1～3粒。花期5月，果期8月。

［生长环境］ 多生于较湿的山坡阳处，灌丛中，林缘或疏林下；海拔可达1500米。

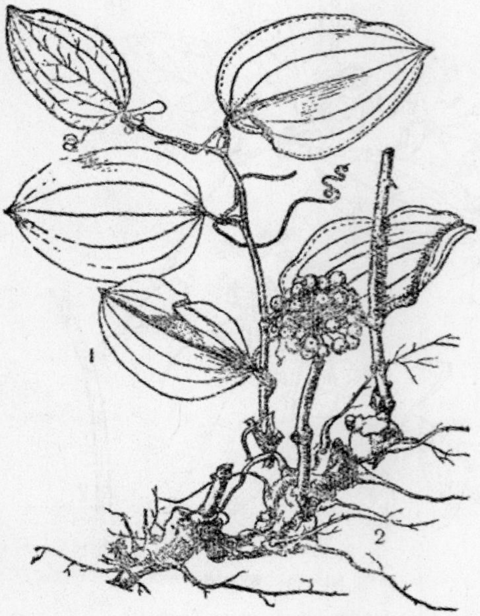

图534 菝葜
Smilax japonica（Kunth）A.Gray
1．果枝；2．根状茎。

［产 地］ 山东、安徽、江苏、浙江、江西、湖南、湖北、河南等省。

［用 途］ 块茎富含淀粉，可提制淀粉或酿酒。块茎味酸带苦，可供药用。块茎含鞣质，可提制栲胶（见“鞣料类”，1245页）。

［采收处理］ 霜降后至次年清明前挖取块茎。挖取后剪去毛刺，洗去泥沙，趁新鲜时切成薄片或小块，晒干贮存，放通风干燥处，防止受潮发霉。

［加 工］ 酿酒方法与土茯苓相同。每50公斤块茎可酿制45度白酒22.5～25公斤。

［其 他］ 因根状茎可供多种利用，在根状茎提制淀粉前，可用清水适当浸泡提取鞣质，浸提液备制栲胶，并应充分照顾药用。

本植物学名非常混乱，其产于山东、安徽、江苏等省者（也分布于朝鲜、日本）应为Smilax japonica（Kunth）A. Gray.，俗名土茯苓者，其中有的似为Heterosmilax japonica Kunth，过去大量出口的则为Smilax g1abra Roxb.，而林奈模式标本（藏于伦敦林奈植物学会）又为Heterosmilax gaudichaudiana（Kunth）Maxim.，广东习见者则为Smilax pteropus Miq。

261 鞘叶菝葜（qiaoyebaqi）（图535）

［地 方 名］ 威灵仙（河南）

［学 名］ **Smilax pekingensis** DC. (*S. vaginata* auct., non Decne.) 百合科

［形态特征］ 落叶小灌木，高1米弱。茎近圆筒形，多分枝，坚硬；小枝有棱，无刺。单叶互生，具鞘状叶柄，无卷须；叶片卵形，长3～6厘米，宽2～4厘米，先端锐或渐尖，基部圆形、截形或近心形，表面绿色，背面苍白色，两面均无毛，具3～5条脉，在两面均凸出。花序梗细，长1～3厘米，着生2～7花或更多，呈伞形花序；花梗细，长约8毫米或更长；花单性，雌雄同株；雄花直径约5毫米，花被片6，长圆形，

雄蕊 6，花丝线形，基部较宽；雌花较小，花被片 6，具退化雄蕊 6，子房椭圆形，花柱 3 裂，反卷。浆果球形，近黑色，直径 8 毫米左右，上带白粉，含种子 1～3。花期 5～6 月，果期 7～8 月。

［生长环境］ 适应性较强，在山的阴、阳坡灌丛林或乔木林中均能生长，但多生于橡树林缘，常攀援他物上升；海拔高度约在 400～1800 米。

［产　　地］ 河北、山西、河南等省。

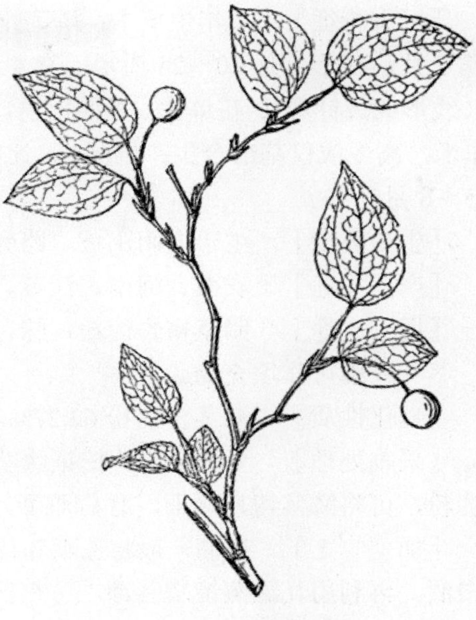

图 535　鞘叶菝葜

Smilax pekingensis DC.

果枝

［用　　途］ 块根含淀粉，可作酿酒原料。根入药，为良好的顺气药和镇痛药。

［理化性质］ 据河南省资料：根状茎含淀粉 20%左右。

［采收处理］ 从当年 9 月至次年 4 月底都可采挖。挖出后，除去支根和茎梗，洗去泥土，切成薄片或方块，即可晒干贮存。

［加　　工］ 提取淀粉方法与根状茎植物加工法相同。

［其　　他］ 一般用分根法或种子繁殖。

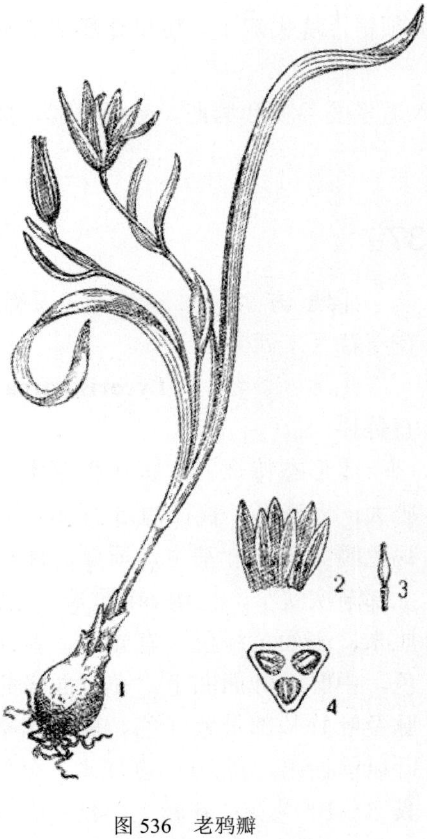

图 536　老鸦瓣

Tulipa edulis（Miq.）Baker

1. 植株全形；2. 花被及雄蕊；3. 雌蕊；4. 果实横切面。（自“江苏南部种子植物手册”）

262 老鸦瓣（laoyaban）（图 536）

［地 方 名］ 毛姑、山茨菰（湖南）

［学　　名］ **Tulipa edulis** (Miq.) Baker　百合科

［原 料 名］　慈姑

［形态特征］　多年生草本；鳞茎卵圆形，长约 2 厘米，外皮褐色，膜质。叶基生，通常 2 片，线形，长 10～25 厘米，宽 4～8 毫米，质柔软。花茎比叶短，具 2～3 叶状苞（线形或披针形）；花单生，里面白色，外面具紫色条纹；花被片 6，披针形，长 2.5～3 厘米，离生或仅基部合生；雄蕊 6，比花被短；子房长圆形，3 室。花期 2～3 月，果期 5～6 月。

［生长环境］　生于向阳山坡、路旁或杂草丛中。

［产　　地］　安徽、河南、江苏、浙江、湖南、江西等省。

［用　　途］　鳞茎富含淀粉，味苦稍有毒，可酿酒或提制酒精。茎叶纤维可作填充物。

［理化性质］　鳞茎含淀粉 62.27%。

［采收处理］　夏季采收，挖掘鳞茎，除去须根，洗去泥土，可供作酿酒原料。如提淀粉，可将鳞茎切片晒干，磨粉即可。

［加　　工］　酿酒一般将原料粉碎，掺入适量的谷糠和酒曲，密封发酵，蒸馏即得白酒。再利用瓦罐蒸馏塔蒸馏，可得酒精。

263 铁色箭（tiesejian）（图 537）

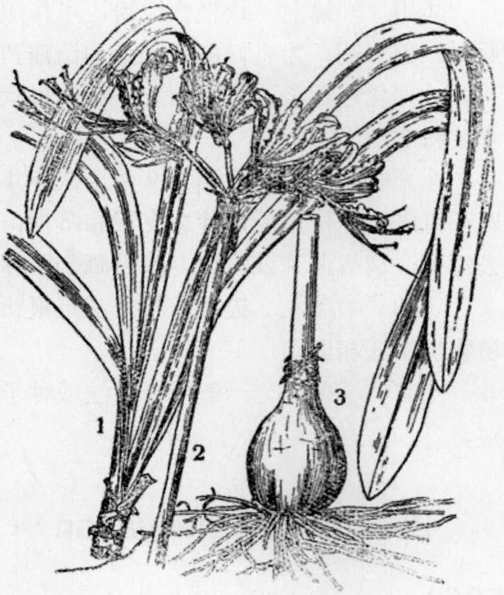

图 537　铁色箭
Lycoris aurea Herb.
1. 叶；2. 花枝；3. 鳞茎。

［地 方 名］　忽地笑（通称），黄花石蒜（广西）。

［学　　名］　**Lycoris aurea** Herb. 石蒜科

［形态特征］　多年生草本；鳞茎肥大，近球形，直径约 5 厘米，外被黑褐色鳞茎皮。叶基生，**质厚，阔线形，**上部渐次狭窄，长达 60 厘米，宽约 1.5 厘米，表面黄绿色，有光泽，背面灰绿色，中脉在叶面凹下，在背面隆起，叶脉及叶片基部带紫红色。夏季花葶在长叶以前抽出，高 30～60 厘米；伞形花序具 5～10 朵花；花较大，稍左右对称，长约 7 厘米，筒部长不及 2 厘米，具柄，**黄色或橙色**，花被片 6，边缘稍皱曲，宽约 1 厘米；雄蕊 6，与花柱同伸出花被外；子房下位，3 室。蒴果每室有种子数粒。花期夏季，果期秋季。

［生长环境］ 阴湿的岩石上及石崖下土壤肥沃的地方。

［产　　地］ 台湾、广东、广西、湖南、湖北、江西、浙江、安徽、江苏、福建、贵州、四川、云南等省区。

［用　　途］ 鳞茎含淀粉，可制酒精，也可作造纸的糊料。

鳞茎并可提取石蒜碱，也用作农药。

［理化性质］ 据广东省资料：鳞茎含淀粉 45～60%，含生物碱 0.25%。

［采收处理］ 一般在冬季采挖。如不及时加工，不必除去根、叶。切勿堆放，以免鳞茎变质发黑。切片时，先洗去泥土，除掉根、叶，然后纵切成片，迅速晒干或烘干，迟则石蒜片易霉坏。

［加　　工］ 提取石蒜碱后再制淀粉。因粘性大，不易沉淀，故只好将切片晒干，然后磨粉、用箩或细筛隔渣。制片方法见石蒜（本页）。

［其　　他］ 挖取鳞茎时，将小鳞茎分种原地，顶端露出，不必复土。或在冬天采回，用湿砂保藏或假植于稍湿润的地方，来春即可定植。

264 石蒜（shisuan）（图538）

［地 方 名］ 老鸦蒜（江西、贵州、四川），龙爪花、新米夜晚花（江苏），山乌毒、乌毒（山东），叉八花、蒜头草（江西），三十六桶（浙江），山落巧（福建）。

［学　　名］ **Lycoris radiata** Herb. 石蒜科

［形态特征］ 多年生草本；鳞茎阔椭圆形或近球形，外被紫褐色鳞茎皮，直径通常 1.4～3.5 厘米。叶基生，线形或带形，长 14～30 厘米，宽 1～2 厘米，表面深绿色，背面粉绿色，全缘。花葶在叶前抽出，实心，高约 30 厘米；伞形花序有花 4～6 朵；苞片干膜质，棕褐色，披针形；花两性，通常**鲜红色或具白色边缘**，长约 3.5 厘米，无香味；花被片 6，排成 2 列，狭倒披针形，长约 4 厘米，边缘皱缩，向后反卷，花被管极短，喉部有鳞片；雄蕊 6，

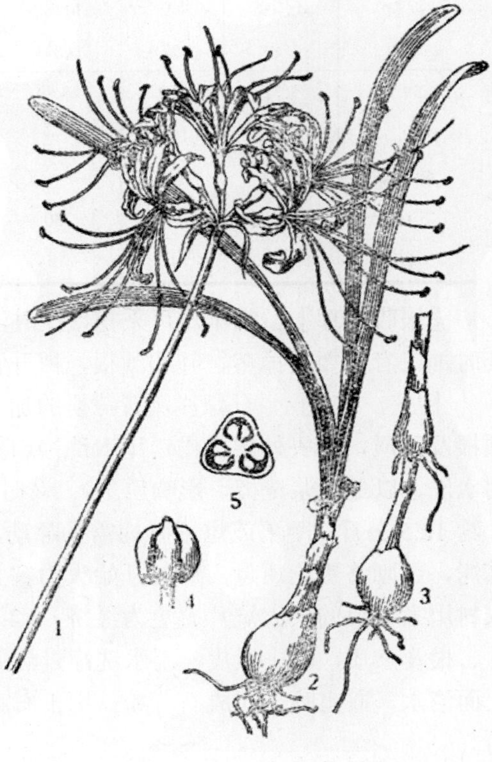

图 538 石蒜

Lycoris radiata Herb.

1. 花茎上部；2. 植物营养体全形；3. 重生鳞茎；4. 果；5. 子房横切面。（自“中国药用植物志”）

着生于花被管近喉部，长约为花被裂片的2倍；子房下位，3室，每室有胚珠数颗；花柱纤弱，很长，有一极小的头状柱头。蒴果背裂，种子多数。花期9～10月，果期10～11月。

［生长环境］　山地阴湿处，多在林缘、荒山、墓地或路旁。

［产　　地］　四川、贵州、广西、广东、福建、台湾、湖南、湖北、江西、安徽、浙江、江苏、山东、陕西、河南等省区。

［用　　途］　鳞茎含淀粉，可制成石蒜粉及片。因有剧毒，不能食用，但可用于浆纱或作为建筑上涂料。

从石蒜粉里可提取植物胶和石蒜碱。胶可代替阿拉伯胶作高级胶料；石蒜碱是价值较高的制药原料（见“药用类”，1998页）。

［理化性质］　鳞茎除含淀粉以外并含有石蒜碱（lycorin，$C_{32}H_{32}N_2O_3$）和赛扣散宁（Sekisanin $C_{24}H_{36}N_2O_3$）两种植物碱。淀粉含量如下表：

淀粉（%）	还原糖（%）	水分（%）	植物胶（%）	灰分（%）	脂肪（%）	粗纤维（%）	资料来源
59.7	1.72	11.1	8.84	2.36	0.64	2.47	广东
79.2	—	10.3	—	—	—	—	陕西
48～65	—	—	—	—	—	—	河南
48	—	—	30	—	—	—	江苏
64.93	—	14.2	—	—	—	—	广西

［采收处理］　常年均可采挖，挖时注意不要碰伤鳞茎，否则易腐烂。挖出后如不及时加工者不要去掉茎、叶和须根，摊开存放，几天之内还不致变质。

［加　　工］　石蒜片及石蒜粉的加工过程如下：（1）石蒜片，首先除掉茎、叶、须根及杂质，剥去外层黑皮，用水洗净，然后切成厚4～5毫米的直形长薄片（切时勿用水洗，以免把浆洗掉，影响质量）。及时晒干或烘干。每50公斤鲜石蒜可加工干石蒜片约12.5公斤。晒干或烘干时均需勤翻动，直至手捏发脆为止。烘干避免用有烟的柴火熏烤，否则将影响质量。烘时开始火力宜大，待半干时改用小火烤，但不能中途停火。农村用煮饭后的余火炕片就更为经济；（2）石蒜粉，如用鲜料加工，可先去掉花、茎、叶、根及杂质，剥去黑皮，用水洗净，然后用脚臼捣烂，过筛一、二次，待沉淀后倒去上面清水，取出晒干即成石蒜粉；用干石蒜片制粉，只要磨细，用细筛筛过，即得石蒜粉。

［其　　他］　（1）贮藏时注意防止潮湿，以免发霉变质；（2）石蒜粉内含石蒜碱，加工时必须带口罩和手套。

湖南长沙市卫生局已研究出去碱方法，即用万分之一的稀盐酸溶液（1公斤盐酸加1万公斤水）浸泡。每100公斤溶液内可浸泡5公斤石蒜粉，搅匀后浸渍2小时以上（越久越好），待澄清后倒掉清水，依法连洗两次，即可除净石蒜碱。

265 参薯（shenshu）（图 539）

［地方名］ 落子薯、扫帚薯（福建）

［学　名］ **Dioscorea alata** L. 薯蓣科

［形态特征］ 草本缠绕植物；茎方形或具四狭翅，与叶均平滑无毛；地下有肉质块根，长达60厘米。单叶对生，腋间常有零余子；叶心状卵形至心状长圆形，裂片近圆形，长8～16厘米，宽5～8厘米，先端锐渐尖，基部心形，有脉7～9条。雄花序腋生，狭圆锥状，长20～30厘米，花长1～1.5毫米；雌花序为简单的穗状花序。蒴果革质，椭圆形，具三翅。花期7～8月，果期8～9月。

［生长环境］ 田间栽培或在山脚、山腰和溪边的微酸性黄壤或红壤上，也有野生。

［产　地］ 福建、广东等省。

［用　途］ 块根含淀粉，可食用。

［理化性质］ 据福建省资料：块根（干重）含淀粉46.29%，零余子含淀粉33.49%。

［采收处理］ 10～12月挖掘块根，洗去泥土备用。

［加　工］ 酿酒过程：（1）破碎，将淀粉原料碾成粉末，视水分情况加入冷水，一般加入冷水100～110%。时间约30～35分钟，使原料吸足水分，容易使酵母发酵；（2）甑蒸，水烧沸后，将破碎吸水的原料分层轻松下甑（防止压的过实），待汽蒸透一层后，再下另一层。每层约2.5厘米厚，下至八成甑为止。待蒸汽上升后，加盖蒸30分钟后，出甑摊松，再根据气候情况加入冷或温水（一般是夏冷冬温），使淀粉含足水分，冷却到29～30℃时，拌入白曲6～7%，再冷却到23～24℃时装桶发酵；（3）糖化发酵，一般装至八成桶，摊平加谷糠1～2厘米厚，用泥封闭，每24小时检查一次泥土是否开裂和温度升降情况，经60小时，待温度升到40℃并逐渐降到37℃时，再发酵56小时，就可蒸馏；（4）蒸馏，将发酵的原料摊开

图539 参薯

Dioscorea alata L.

1．植株一部分；2．花。

搅松，后轻松装至八成甑即密封蒸馏。应注意严防漏气，火力要保持正常猛烈，防止中断，影响出酒率，待出酒度数降到10度为止。蒸馏后视残渣含酒量之多少可安排1～2次复蒸（方法同第一次）。

266 山药（shanyao）（图1533）

［学　　名］ **Dioscorea batatas** Decne.　薯蓣科

（地方名、形态特征、生长环境、产地及其他用途见“药用类”，1999页）

［用　　途］ 块根作食用，可制成淀粉代粮食做食品或糕点。可又作蔬菜，是一种很好的副食品，煮熟后很好吃。利用根皮酿酒，每百公斤酿出45度的白酒17.5公斤（湖南沅江县资料）。

零余子（叶腋间生的珠芽，河南叫山药蛋，甘肃叫山药豆）亦可食用，煮熟即可吃。

［理化性质］ 块根含淀粉25～30%，又含有粘蛋白（mucin），麦芽糖等，富有营养价值。

［采收处理］ 秋后茎叶枯萎即可采收，先割去地上部分，挖掘出地下的块根，洗去泥土，刮去外皮后晒干；粗大的块根可切成块或片，易于贮存。

［加　　工］ 将干燥的山药块或片碾碎，用细筛或箩过漏，即成干粉。

山药用途较广，但主要供药用，用于制淀粉的量不大。酿酒多用加工中刮掉的山药皮，用全山药酿酒者少。

267 小叶薯莨（xiaoyeshuliang）

［学　　名］ **Dioscorea benthamii** Prain et Burk.　薯蓣科

［形态特征］ 缠绕性藤本，无毛，具肉质块根。小枝细弱，有纵沟纹。单叶对生或互生，纸质，长圆形，先端短尖，基部近圆形，长7～8厘米，宽约2厘米，全缘，表面绿色，背面灰白色，脉3～5条，背面明显，网脉两面均显着；叶柄长约2厘米，基部扭转。花小，单性，成腋生圆锥花序；雄花淡绿色，花被6裂成二轮排列，外轮较内轮大，雄蕊6，着生花被基部，退化子房缺；雌花和雄花相似，子房下立，3室，每室胚珠2，花柱3，分离。蒴果3裂，具3翅，种子有翅。

［生长环境］ 潮湿的山谷、河旁或林缘地带，攀援他物上升。

［产　　地］ 台湾、广东、广西等省区。

［用　　途］ 根为淀粉原料，可制淀粉或用以酿酒。

［理化性质］ 根含淀粉35%。

［采收处理］ 秋后采收。

［加　　工］ 酿酒方法参阅参薯（647页）。

268 黄独（huangdu）（图 1534）

［学　　名］ **Dioscorea bulbifera** L. 薯蓣科

（地方名、形态特征、生长环境、产地及其他用途见“药用类”，2000 页）

［用　　途］ 块根为淀粉原料，可以酿酒。

［理化性质］ 据广西僮族自治区资料：块根含淀粉 40%以上。

［采收处理］ 10～11 月采挖。挖出后，去掉茎叶即可。

［加　　工］ 洗净、切碎、磨细、过滤、沉淀，即得淀粉。

［其　　他］ 用种子或珠芽繁殖。

269 薯莨（shuliang）（图 1011）

［学　　名］ **Dioscorea cirrhosa** Lour. 薯蓣科

（地方名、形态特征、生长环境、产地、其他用途及采收处理见“鞣料类”，1245 页）

［用　　途］ 块根含丰富的淀粉，经浸提栲胶后可用其残渣酿酒，每 100 公斤薯莨渣可酿 30 度白酒 35～75 公斤。

［理化性质］ 据广东省资料：干薯莨含淀粉 16～31%。

［加　　工］ 酿酒方法：（1）将提制栲胶后的残渣晒干，碾成粉末，用 24 号筛过漏，使料末均匀；（2）煮料，每 50 公斤原料，加水约 200 公斤，煮 1 小时半（从沸腾起到热透止），煮时要经常搅拌，防止焦化；（3）糖化发酵，将煮热的原料倒出冷却，至 60～65℃时，加入预先用三倍水浸润半小时的 10%拌匀，进行边冷却边糖化，待温度下降至 30℃时，再加入糖液酵母 10%或固体酵母 1%，硫酸铵 0.1%拌匀，即可放入缸内发酵，三天后取出蒸馏；（4）蒸馏，将发酵的原料加水，使原料与水分的比例是 4:6，用直接火蒸馏，锅内温度保持 100℃。火力要均匀，不要忽大忽小，冷却水温不能过高，并经常补充冷水。

270 白薯莨（baishuliang）（图 540）

［地方名］ 山仆薯（广东），板薯、那亚、榜薐、榜花薯、叶板茨（广东海南），山薯（福建）。

［学　　名］ **Dioscorea hispida** Dennst. 薯蓣科

［形态特征］ 多年生缠绕草本；具肉质状块根，小的略呈圆球形，大的成种种分裂状，外面黄褐色、苍白色或灰褐色，肉白色或黄色；茎粗壮，圆柱形，略有刺。复叶互生，具长柄，有 3 小叶；小叶薄纸质，具短柄，背面无毛或被疏柔毛，中央一枚椭圆形或长圆形，很少倒卵形，长可达 15 厘米，基部钝或近圆形，5 脉，两侧 2 片小叶较小，极偏斜，基部也常有 5 脉。花小，单性，排列成穗状花序，雄花序圆柱形，长 15～50 厘米，密被柔毛，有花约 40 朵，苞片短于花，雄花花被 6 裂，辐射对称，二轮排列，

外轮圆形，长不及 1 毫米，内轮较长而厚，雄蕊 6；雌花序单生，花疏离，雌花与雄花相似，子房下位，3 室，每室有胚珠 2，花柱 3，分离。蒴果具短柄，下反，长 4～6 厘米，宽 2.5～4 厘米，被柔毛，3 瓣裂，有 3 翅，种子具翅。花期 4～5 月，果期 7～9 月。

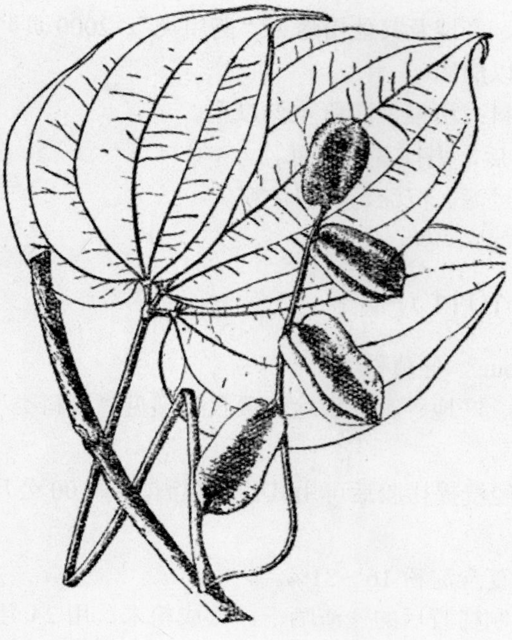

图 540 白薯莨
Dioscorea hispida Dennst.
果枝

［生长环境］ 山坡旷地、山谷潮湿地方及疏林或密林中。

［产　　地］ 福建、广东、广西、云南等省区。

［用　　途］ 块根富含淀粉，但因含有薯蓣碱（dioscorine），有毒，会引起痉挛症。须用盐水、草木灰水或清水浸洗，去毒质后始可食用。也可用于酿酒，又可入药。

［采收处理］ 宜于冬季落叶时挖取，此时根含淀粉量最高。挖取后应摘取小薯 2～3 个放回穴内，将土填好，防止土壤被雨水冲刷，以护山林，又可保证薯苗来年继续生长繁殖。

［加　　工］ 制淀粉方法：将薯刮去外皮，用砂盆或其他工具磨碎成浆，浸于清水或稀盐水中，或浸入草木灰水中（已滤去草木灰），视气候情况进行换水，每隔 6～10 小时换水 1 次，以防发酵，以致淀粉不易沉淀，约浸 1～2 天后，便可过筛，再经沉淀、漂白、干燥、磨粉等过程，即成淀粉。

271 日本薯蓣（ribenshuyu）（图 541）

［地 方 名］ 尖叶淮山（广东），野山药、竹根茹、野面茹，芒薯（湖南），山蝴蝶（浙江）。

［学　　名］ **Dioscorea japonica** Thunb. 薯蓣科

［形态特征］ 多年生缠绕草本；块根长圆筒形，直径 3 厘米，棕黄色，茎细长，光滑无毛。叶对生，稀互生，膜质，长卵形至卵形，长 4～7 厘米，宽 3～5 厘米，基部心状耳形，稍呈截形，先端锐尖，两面光滑无毛，脉 9 条自基部发出；叶柄细长，长 3～4 厘米。雄花序穗状，花被片呈圆形或椭圆形，发育雄蕊 6，花药长圆形，药膈厚；雌花序穗状，长 8～12 厘米，子房 3 室。蒴果肾状，有 3 翼，种子广卵形，有翅。花期 6～

7月，果期9～10月。

[生长环境] 喜生于向阳山坡、山沟、路旁、灌丛中或疏林下，缠绕在丛林上。

[产 地] 云南、贵州、四川、湖北、湖南、安徽、河南、江西、浙江、江苏、福建、广东、广西等省区。

[用 途] 块根富含淀粉，可供食用及提制淀粉代粮食作糕点；亦用酿酒，每50公斤湿薯蓣可酿出45度白酒8.25公斤。块根入药，为强壮健胃剂。

[理化性质] 据河南省资料：根含淀粉 25.11%，水分 67.4%，糖 2.58%。

[采收处理] 农历 9～12 月挖块根，洗去泥沙刮皮或不刮皮，风干或晒干，肥壮块棍须切成片状，晒干，易于保存。

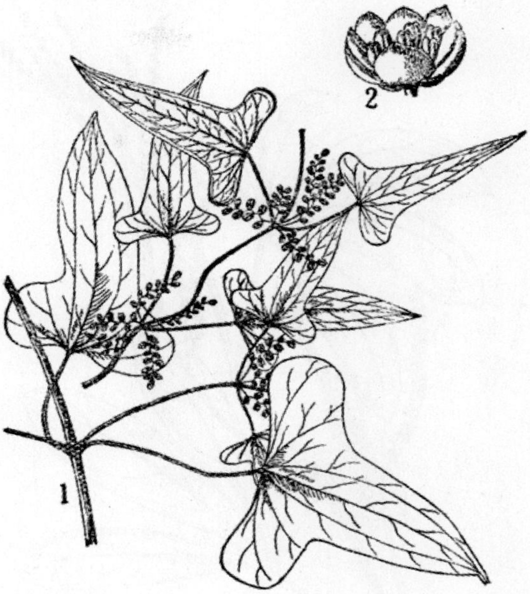

图541 日本薯蓣
Dioscorea japonica Thunb.
1. 雄花枝；2. 雄花。

[加 工] 参阅白薯莨（649页）。

272 穿龙薯蓣（chuanlongshuyu）（图1535）

[学 名] **Dioscorea nipponica** Makino 薯蓣科

（地方名、形态特征、生长环境、产地及其他用途见“药用类”，2001页）

[用 途] 根状茎肉质，含淀粉，可供酿造用。

[理化性质] 据辽宁省资料：根状茎含淀粉量为41.1%。但据内蒙古自治区资料：含淀粉量为49.28%。此外复含尿囊素（allantoin，$C_4H_6N_4O_3$）及dioscin等（“中国土农药志”）。

[采收处理] 4～5月及9～10月间为采集期。挖出后取下根状茎，去掉泥土及杂质，晒干，即可利用。以草袋、筐篓或麻袋包装均可，放在通风干燥处保管。

[加 工] 参阅黄独（649页）。

273 五叶薯（wuyeshu）（图542）

[学 名] **Dioscorea pentaphylla** L. 薯蓣科

[形态特征] 藤本，具有肥厚的块根。茎上具散生小刺。掌状复叶有小叶5～7；

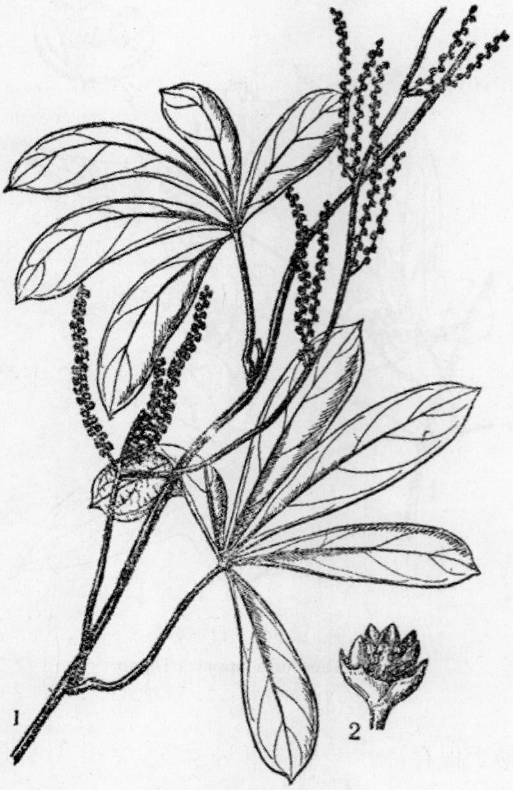

图 542 五叶薯
Dioscorea pentaphylla L.
1. 花枝 2. 花。

小叶卵形、倒卵形以至长圆状披针形，长 8～15 厘米，先端渐尖，无毛或仅背面疏生柔毛。圆锥花序腋生，被柔毛，长于叶；花黄白色，无梗或具梗，直径 1.5～2 毫米，微香；雄蕊 3，与退化雄蕊互生。蒴果近圆形而硬，长 2～2.5 厘米，两端均近圆形，或顶端锐尖，基部心形，无毛或被柔毛。花期夏季。

［生长环境］ 散生于路旁、灌丛中。

［产　　地］ 福建、广东等省。

［用　　途］ 块根含淀粉，可食用。

［理化性质］ 据福建省资料：块根淀粉含量在鲜物中占 5.31%，风干物中占 6.4%，烘干物中占 21.51%。

［采收处理］ 10～12 月挖块根，去掉茎、叶，洗去泥沙。

［加　　工］ 将洗净的块根舂碎，置于缸中，加入清水搅拌，滤去碎渣，沉淀后倒去清水，即得淀粉。

274 马蔺（malin）（图 353）

［学　　名］ **Iris pallasii** Fisch. (*I. ensata* non Thunb.) 鸢尾科

（地方名、形态特征、生长环境、产地及其他用途见“纤维类”，409 页）

［原 料 名］ 马莲子（通称）

［用　　途］ 种子含淀粉，能酿酒、炒食或磨成粉供食用，还可制成糕点；其粉有矫味作用，亦常用于牙粉中。

［理化性质］ 据甘肃省资料：种子含粗淀粉 38.57%。

［采收处理］ 秋季采收，晒开蒴果，除净壳皮和杂质，晒干即成。

［加　　工］ 种子外皮坚硬，不易粉碎，磨粉前先将种子在水中浸泡 5～7 天，取出用石碾碾碎，晒干后再用石磨磨成粉。

275 甘蕉（ganjiao）（图 543）

［学　　名］ **Musa paradisiaca** L. var. **sapientum** O. Ktze.　芭蕉科

［形态特征］ 大型草本，高 3～7 米，具匐枝；茎厚而粗重。叶巨大，直立或稍上举，长圆形，长 1.5～3 米，宽 40～60 厘米，亮绿；叶柄长在 30 厘米以上。穗状花序下垂，长 60～130 厘米；苞片紫红色，披针形或卵状披针形，长 15～30 厘米以上，脱落；雄花脱落；萼黄白色，长 4～5 厘米；花瓣卵形，其长为萼之半。果序由 7～8 段至数 10 段的果束组成；果熟时黄色，长圆形，长 10～20 厘米，有三钝棱，无种子。花期夏秋间。

［生长环境］ 本种多栽培于亚热带以南的村边、山脚、屋旁等处，在土壤肥沃的地方生长尤好。

［产　　地］ 广西、广东、云南、福建、台湾、四川等省区。

［用　　途］ 鲜果味香甜，为有名的水果之一，除供生食外，尚可制罐头和酿酒或制果露。

叶鞘的纤维可供纺织用（见“纤维类”，412 页）。残渣经灰化后可提制碳酸钾。茎髓幼嫩时可作为象、猪的饲料。

［理化性质］ 据“草本新注”载称：其果实含淀粉 0.5%，蛋白质 1.3%，脂肪 0.6%，糖分 11%，灰分 1%，果蔬胶（Pectore）少量及维生素 A、B、C、E 等。此外，叶含少量鞣质。

［采收处理］ 果实成熟度在 80%（即果色由青转微黄，果身略成圆状）时，用刀砍断植株，割下果序即可供应市场。如需加工或远调，其成熟度宜掌握在 70～75%（即果色纯青，果身完满）。采收时间宜在下午 4～6 时进行为佳，采收后即用鲜松叶分层隔置在阴凉而干爽的地方，供加工或外调。尤须严格注意，勿与酒、油等物接近，以免加速呼吸作用。

［其　　他］ 本种品种甚多，最普通而大宗的为香蕉，质量甚佳，大蕉、龙牙蕉和逻罗蕉次之。

本种分根栽培，繁殖力很强，四季均可培植。

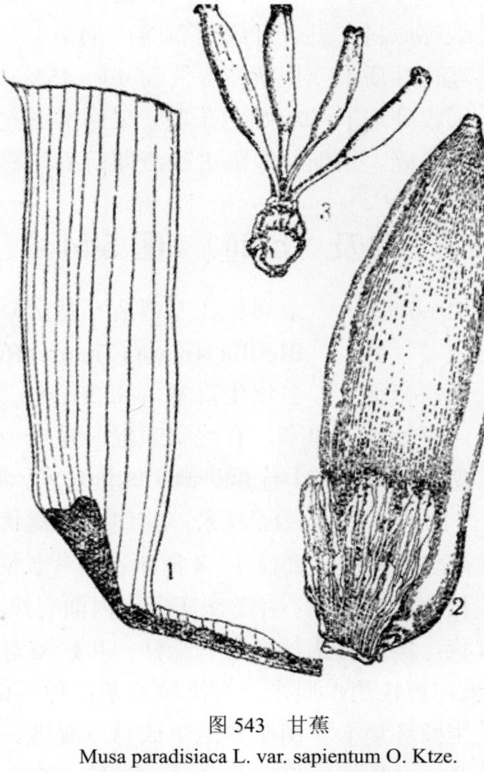

图 543　甘蕉
Musa paradisiaca L. var. sapientum O. Ktze.
1. 叶的一部分；2. 雌花；3. 幼果。

276 姜芋（jiangyu）

［地 方 名］ 蕉藕、藕芋、蕉芽（浙江、安徽、福建），芭蕉芋（云南）。

［学　　名］ **Canna edulis** Ker. 美人蕉科

［形态特征］ 多年生草本，高达3米；**具块状根状茎**；茎直立**紫色**，粗壮。叶互生，**长圆形**，长30～70厘米，宽20～25厘米，表面常绿色，背面常紫色，有羽状的平行脉，中脉明显。总状花序疏散，单一或分叉；花通常2朵生在一起，**上面1朵有2片小苞片**，苞片长圆形或近圆形；萼片3，绿色，苞片状，长约1厘米；花瓣3，萼片状，长约5厘米，**初鲜红色**，后变为橘红色；退化雄蕊花瓣状，为花中最美和最显著的部分，**上面的3片，倒披针形**，长约6厘米，宽1厘米多，顶端全缘或凹入，1片较狭，反卷，为花中的“唇”，其余片尤狭扭卷，其一侧具一发育的药室；子房下位，3室，有很多胚珠，蒴果成3瓣开裂，瘤状，花期7～10月。

［生长环境］ 适应性较强，到处可栽培，耐旱，但遭水浸则茎、叶变黄，根状茎腐烂，所以最适宜种植于土层厚、疏松和排水良好的砂质土壤上。

［产　　地］ 广东、云南、浙江、安徽、福建等省均有栽培。

［用　　途］ 是一种高产淀粉植物，根状茎含淀粉供食用亦可制粉条。茎叶纤维可作造纸等原料（见“纤维类”，417页）。

［理化性质］ 根状茎含淀粉40～45%。

［采收处理］ 7～9月采收，采回洗去泥沙，除去外皮切片晒干，放入磨碎机或石磨上进行粉碎，用细丝箩隔去残渣即得姜芋粉。

277 白及（baiji）（图544）

［地 方 名］ 地螺丝、刀口药（湖南），连及草（浙江）。

［学　　名］ **Bletilla striata** (Thunb.) Reichb. f. (*B. hyacinthina* R. Br.) 兰科

［形态特征］ 多年生草本，高20～50厘米。假鳞茎扁平，卵形，有时为不规则圆筒形，直径约1厘米，有线状须根。叶3～6，阔披针形至长圆状披针形，长15～40厘米，宽2.5～5厘米，全缘，向上端渐狭窄，基部有管状鞘，环抱茎上。总状花序顶生，有花4～10朵，长4～12厘米，花序轴蜿蜒状；苞片长圆状披针形，长1.5～2.5厘米，早落；花玫瑰紫色，直径3～4厘米；萼片长圆状披针形，长约2.5厘米，花瓣长圆状披针形，长约2.5厘米，唇瓣倒卵形，内面有纵棱5条，上部3裂，中间裂片长圆形，边缘波纹状；雄蕊与花柱合成一蕊柱，和唇瓣对生，花粉块长圆形。蒴果，圆柱状，长约3.5厘米，直径约1厘米，有纵棱6条；种子微小，多数。花期4～6月；果期7～9月。

［生长环境］ 荫蔽草丛中或林下湿地。

［产　　地］ 山东、河南、陕西、甘肃、江苏、安徽、浙江、江西、湖北、湖南、四川、贵州、福建、台湾、广东、广西、云南等省区。

［用　　途］ 假鳞茎含淀粉，粘性很强，可作糊料，浆丝绸、浆纱或作涂料及工业用的原料；又可酿酒，每 50 公斤原料可出 45 度白酒 16～17 公斤。

假鳞茎入药（见“药用类”，2009 页）。

［理化性质］ 据广东省资料（新鲜样品）：含水分 14.6%，淀粉 30.48%，葡萄糖 1.5%；又据甘肃省资料：淀粉含量最高可达 61.36%。

［采收处理］ 8～10 月采挖。挖回后洗去泥土，除掉残茎须根，用微火焙干，装入箩筐，放在流水中踩去粗皮，晒干即成。宜贮于干燥处，防止潮湿霉坏，如发霉时可用火烘或曝晒。

［加　　工］ （1）磨粉，将干燥的原料，稍用温开水湿润，放在碾上粉碎，反复碾和筛，至全部粉碎为止，通过碾碎和筛细，即成白及粉；（2）酿酒，把新鲜的白及根洗净碾烂，掺入 25%的谷糠，拌 20%的酒曲，发酵 6～8 天，然后进行蒸馏。

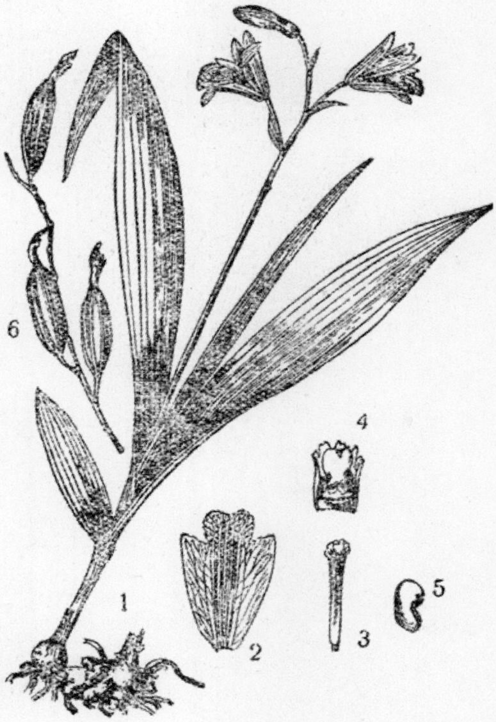

图 544 白及
Bletilla striata (Thunb.) Reichb. f.
1．植物全形；2．花的舌瓣；3．中柱；4．中柱顶端的雄蕊状及雌蕊背面；5．花粉块；6．蒴果。

278 手参（shoushen）（图 1543）

［学　　名］ **Gymnadenia conopsea** R. Br. 兰科

（地方名、形态特征、生长环境、产地及其他用途见“药用类”，2013 页）

［用　　途］ 根状茎含淀粉可酿酒。

［理化性质］ 据黑龙江省资料：根状茎含淀粉 27%，蔗糖 5%，蛋白质 5%，胶质物 50%。

［采收处理］ 参阅白及（654 页）。

第三章

油脂类

目 录

一、总　论

油脂是重要的生活资料，也是重要的工业原料。

油脂、蛋白质、碳水化合物同为人类食物的主要营养物质，但由于油脂的构成元素是大量的碳和少量的氧，而与蛋白质和碳水化合物的组成有显著的不同，因此，油脂在人体内比蛋白质、碳水化合物能发出更大的热量。1 克脂肪在完全燃烧后能发出 9300 卡的热量，而 1 克蛋白质只有 5600 卡，1 克碳水化合物只有 4100 卡。脂肪可发出的热能比蛋白质、碳水化合物几乎高一倍，因此，油脂在人类食物中的重要性可以不言而喻了。

油脂在工业中的应用亦极广泛，用油脂所生产的肥皂，是最普遍的日用必需品。油脂还直接用于制烛，供照明用；制润滑剂，用于机械仪表的润滑；制造硬化油，用于各项工业；制造油漆涂料，供房屋建筑、机器、船舶、日用器具等的涂刷，使这些东西经过油漆涂刷后，不但能够经久耐用，而且美丽悦目，容易保持清洁卫生。

油脂还可经过加水分解而得脂肪酸和甘油，在工业上很重要的硬脂酸和油酸都是油脂的水解产物。硬脂酸在日用化学工业中用来制造化妆品；在橡胶工业中用来促进硫化，使橡胶软化和防止老化；在文教用品工业中用来生产蜡笔、复写纸；在纺织印染工业中用作润滑打光剂；在皮革工业中用作上光剂和制造保革油；在电镀工业中常用硬脂酸来制造抛光膏；在食品工业中用作糖果饼干的乳化剂；在化学工业中又广泛地用以制造铝、镁、锂、钙、锆、钡、锶等的硬脂酸盐以及丁酯、白油脂等硬脂酸酯类，这些都是塑料工业、制药工业等的重要原料。油酸的用途也很大，如复写纸、蜡纸、原子笔油、润滑油、合成洗涤剂、乳化剂、防水剂、防腐剂、洗毛剂、皮革渗透剂、金属切割油等等，均需要油酸作原料。甘油的用途则更大，三硝酸甘油脂是有名的无烟火药，在国防工业和采矿工业中均甚重要；此外，在食品工业、医药工业、化妆品工业、纺织工业、皮革工业、造纸工业、金属加工工业、油漆油墨工业等等，也都需要大量的甘油供应。

油脂又是香料和医药的原料，在香料工业中，已在研究利用野生油脂，如樟子油等，制成广泛用于调香中的脂肪酸酯类。在制药方面，如大风子油可作治疗麻疯病药剂的原料；巴豆油自古以来即用作峻泻剂。

总之，油脂的用途是广泛的，与国民经济有着很密切的关系。解放以前，我国的油脂工业十分薄弱，人民得不到充分的食用油脂的供应，工业也得不到油脂原料，大部分油脂加工产品都靠进口。解放以来，在党和政府的领导和重视之下，我国的油脂生产已有了飞跃的发展，逐年不断地扩大了油料作物的种植面积，大大提高了产量；另方面对油脂实行了统购统销的政策，更合理地进行了油脂的分配供应。同时，对野生油脂植物进行了大规模的群众性的资源普查和大规模利用，取得了很大成绩。自1958年以来，共发掘了野生油料植物400种以上，分别隶属于近100个科，其中尤以樟科、大戟科、芸香科、豆科、蔷薇科、菊科、山茶科、忍冬科、卫矛科、十字花科等植物种类最多，含油亦丰富。这些植物都可作为工业原料，而且一部分可供食用，一部分可以入药；榨油后的油麸还可以用作肥料，改良土壤，提高作物产量，一部分还可作为牲畜饲料，发展畜牧业。

我国野生油料植物种类丰富，而且产量也高，例如苍耳子，遍产全国，自东北、华北以至华南均产，年产量达3万吨。山苍子主产长江流域及其以南各省，估计仅湖南及广西两省区即年产达五千多吨。花椒子亦产遍南北各省，年产量亦达千吨。

在我国野生油料植物中，不少种类的含油量不下于栽培的油料作物，甚至有超过一般油料作物的。以主要栽培油料作物的含油量为例，花生是40～50%，芝麻是45～55%，向日葵35～55%，油菜子38～40%，大豆16～25%，油桐子40～60%。在野生油料植物中，例如云南、广西产的铁力木子含油量达78.99%；两广、云南、江西产的新接核仁含油量达67.10%；其余比较普通的野生植物含油量较高的有：榛子仁62～65%，樟树子64%，黄连木子56%，播娘蒿44%，无患子42%，梧桐子39%，毛梾子35.7%，等等。

植物的根、茎、叶、花、果都可能含有油脂，由于部位不同，含量的多少也不同。根、茎、叶的含量较小，果实和种子中贮存量最多。现在的植物油脂绝大部分是从植物的种子和果实中提取的。

植物果实和种子虽然含有油脂最多，但不同的成熟时期，含油脂量也有差别。一般是果实未成熟时，含碳水化合物多，含油脂少，果实成熟时期则含油脂较多。例如黄连木子在未熟时采摘，出油率低，老熟的时候，含油量才增多。

植物的种类和所生长的环境对含油量和油脂的成分很有关系。种类不同，含油量也不同，有些含量较多，有些含量较少；种类不同，含有的成分也有差异，例如蓖麻油含有蓖麻酸，桐油合有桐酸，十字花科的植物都含有大量的芥酸。植物生长的气候条件不同，油脂的组成成分也有所不同。例如热带植物的油脂含饱和脂肪酸的甘油酯较多，在常温下是固体，如椰子油等；寒带和温带植物所含的油脂含不饱和脂肪酸的甘油酯较多，在常温下是液体，例如山鸡椒油、苍耳子油等等。同一种植物，由于生长的环境不同，所含油脂的脂肪酸组成比例可能也有差异，例如苏联生产的向日葵油所含亚麻油酸的量比热带所产的为高。

如上所述，植物的种类、部位、成熟时期、生长环境等都和植物的含油量等有关，因此，在采收利用时必须注意掌握这些情况。

蜡是和油脂同类的物质，在室温下是固体（稀有成液体状态）。植物蜡大部分存在于植物的叶、茎、枝和果实的表面；在生理上对植物起着一定的保护作用，如避免雨雾侵袭、微生物侵害、调节水分蒸发等等。蜡的主要成分是高级脂肪酸和高级一元醇结合而成的酯类。此外还常含有游离脂肪酸、游离醇和烃类化合物等。在工业上，蜡的用途很广，可以作电器的绝缘体，如绝缘涂料等；用于造型艺术上的雕铸制模；作为皮革、木材、纸料的浸润剂；漆布、家具等的磨光剂；制造蜡漆、彩色铅笔、油膏、药膏、鞋油、口红、蜡烛或其他照明用品以及封蜡等的原料。

甲．化学成分和一般理化性质

（一）化学成分　油脂是油和脂的总称。凡在室温（一般室内的温度，约在20℃）下呈液体的，我们习惯称为油，呈固体的称为脂。但按其化学成分来说，纯净的油脂都是由三甘酯所构成。不过由于加工方法和其他因素的影响，事实上很难得到纯净的油脂。因此普通所取得的天然油脂，除含三甘酯外，尚有少量的其他有机物。这些有机物质称为非甘脂类化合物，它包含有：粘蛋白、甾醇、色素、蜡、维生素、磷脂、游离酸等。

天然油脂中的三甘酯是由一个甘油分子和三个脂肪酸分子结合失去三个分子水所形成的一种酯类，它的结构式如下：

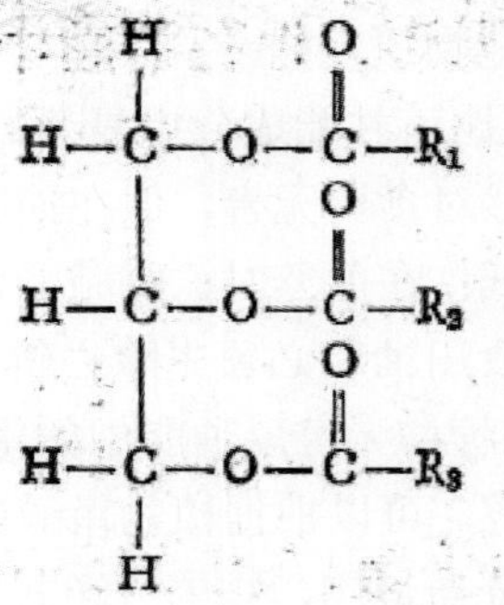

（R_1、R_2、R_3代表脂肪酸根）

在三甘酯中以脂肪酸所占的比重最大，约占三甘酯总量的90%，甘油仅占10%左右。由此可见，三甘酯主要是由脂肪酸构成的。根据脂肪酸和甘油结合的形式以及脂肪酸类别的不同，天然油脂中的三甘醋有简单三甘酯和复杂三甘酯两类。简单三甘酯是由三个完全相同的脂肪酸与甘油所形成的酯类；复杂三甘酯则是由两种或三种完全不同的脂肪酸与甘油所形成的酯类。从三甘酯的组成可以说明油脂的物理状态、性质和类别。例如在液体油脂中，油酸甘油酯居多数；在固体油脂中，软脂酸甘油酯和硬脂酸甘油酯居多数。在干性油脂中亚麻酸甘油脂居多数，在不干性油脂中油酸甘油酯或蓖麻酸甘油酯居多数。在菜子油中有芥子油酸，在花生油中则有花生油酸。

根据上述，可以看出油脂的主要构成部分为脂肪酸。脂肪酸是有机酸中的一大类，因为它是脂肪的主要构成部分，故叫做脂肪酸。

构成油脂的脂肪酸种类很多，但可以把它们概括为两大类：饱和脂肪酸和不饱和脂肪酸。在油脂中常见的饱和脂肪酸有：

软 脂 酸　$CH_3(CH_2)_{14}\cdot COOH$

硬 脂 酸　$CH_3(CH_2)_{16}\cdot COOH$

花生油酸　$CH_3(CH_2)_{18}\cdot COOH$

最常见的不饱和脂肪酸有：

油　酸　$CH_3(CH_2)_7CH=CH(CH_2)_7 \cdot COOH$

次亚麻油酸　$CH_3 \cdot CH_2 \cdot CH=CH \cdot CH_2 \cdot CH=CH \cdot CH_2 \cdot CH$
$=CH(CH_2)_7 \cdot COOH$

亚麻油酸　$CH_3(CH_2)_4CH=CH \cdot CH_2 \cdot CH=CH(CH_2)_7 \cdot COOH$

芥子油酸　$CH_3(CH_2)_7CH=CH(CH_2)_{11} \cdot COOH$

从脂肪酸的物理形态来看，大多数饱和脂肪酸在室温下呈固体，而不饱和脂肪酸则呈液体。从化学性质来看，饱和脂肪酸无干燥性；在不饱和脂肪酸中，如亚麻油酸具有干燥性。如在油脂成分中含有大量硬脂和软脂的油脂，在室温下是固体；硬脂和软脂少的油脂在室温下是液体。油脂含有大量的亚麻油酸或桐油酸时，则具有很强的干燥能力（干性油）；含有大量的饱和脂肪酸或油酸和蓖麻油酸时则没有干燥能力（不干性油）。由此可见，油脂中的脂肪酸决定着油脂的特点。

油脂中，除脂肪酸外，还含许多其他物质，如：

1．磷脂：磷脂类似三甘酯，但它是比三甘酯成分更复杂的一种有机化合物。未经过精制的油，含有大量的磷脂。磷脂虽然对食用无害，但在油脂中起着不良的影响，保管时磷脂能分离出磷酸，使油脂品质降低；在煎熬时，磷脂能使油色变黑，产生很多泡沫，并在锅底结成黑褐色的沉淀物。故食用油脂必须先除去磷脂。

2．甾醇：油脂中的甾醇对食用及保管均无害。油脂中的甾醇可以分为动物甾醇和植物甾醇两类。植物油脂中只含植物甾醇。可以根据植物甾醇的不同特点，来判断植物油脂的类别及纯度。植物甾醇以谷甾醇分布最广，它的分子式是：$C_{29}H_{50}O$，它的结构式如下：

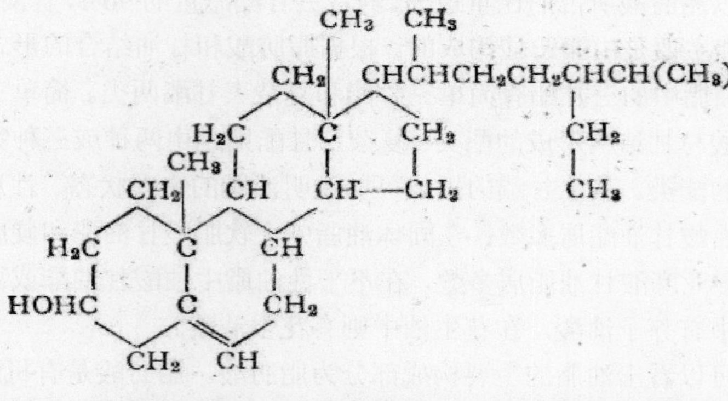

3．蜡：高分子一元醇类与脂肪酸所形成的产物统称为蜡。蜡在油脂中含量很微少，故对人体无害。但油脂中的蜡可以引起混浊，使油脂的透明度减低，从而也就降低油的品质，所以必须除去。

4．酚类化合物：油脂中所存在的酚类化合物可以延长油脂的保管期限，但某些酚类化合物对人体是有害的，如棉子油中的棉酚会引起中毒现象。故有毒的酚类化合物在精炼食用油脂时必须除尽。

5．粘蛋白：油脂中所存在的粘蛋白对油的品质有不良影响。这种物质可以引起油脂的混浊、颜色变暗以及微生物的繁殖。这些物质虽然对食用无害，但在保管时会降低油脂的品质，故必须除去。

6．色素：油脂具有颜色，这是色素溶解在油脂中以及蛋白质分解的结果。油脂内所存在的色素有叶红素、叶黄素和叶绿素。这三种色素在各种不纯的天然油脂中均有。油脂发褐或不透明的暗褐色是蛋白质分解的结果。色素对食用虽然无害（棉油中的红色素除外），但能够降低油脂的等级，故在精制时必须除去色素，以达到标准的要求。

7．维生素：维生素对人体的生理机能起着很重要的作用，而脂溶性的维生素主要是从各种油脂中取得，故油脂中所含的维生素对人体是有益的。在油脂中所含的脂溶性维生素有四种：维生素A、D、K和E。油脂中的胡萝卜素在有机体内可以氧化转变成维生素A。维生素D只存在于动物油脂中，维生素E和维生素K在植物油脂中含量较多。

8．游离酸：每一种植物油脂，在正常情况下，都有它一定的游离脂肪酸的含量，可用氢氧化钾检验出来。每克油脂的游离脂肪酸当中和时所需要氢氧化钾的毫克数，叫做油脂的酸价（或称酸值）。酸价是植物油脂相当重要的性质，可用以区别两种不同的油脂和鉴定同一油脂的新陈程度。但油脂和油料每因保管或贮藏不当，往往引起酸败。酸败就是油脂分子中脂肪酸游离出来，遇空气中的氧气而起氧化作用，变成氧化脂肪酸（或称败脂酸），使油脂发出坏味。同样游离出来的甘油也可以败坏。酸败的油脂对人体有害，不能食用，虽能用碱（碳酸钠Na_2CO_3）将游离脂肪酸中和，不致有害，但坏味依然存在。

（二）一般理化性质

1．物理性质

（1）比重：比重是同体积的物重与同体积的水重（在4℃时）之比。虽然各种油脂的种类和化学成分不同，但它们都有共同的特点，在常温（15℃）时它们的比重均小于水。但各种油脂比水轻的程度是不同的，一般油脂的比重在0.900～0.970之间。比重的测定在说明油脂品质方面具有重要意义。比重随外界温度的高低而改变，我国规定油脂的比重在20℃温度下进行，如果不在这个温度下测定时，就必须进行矫正。但其矫正的数字，由于油脂的种类不同而不同，一般油脂每增一度（摄氏表），则其比重平均减0.00064，此数谓之平均膨胀系数。

（2）溶解度：天然的油脂不溶于水及冷酒精中（蓖麻油除外，可以溶解在冷酒精中），但绝大多数的油脂可以溶解在热酒精中。油脂最易溶解在汽油、乙醚、三氯甲烷、二硫化碳、四氯化碳、石油醚等有机溶剂中。这一性质是浸出法提出油脂的理论基础。

（3）粘度：油脂的比重愈大，粘度也愈大。粘度随着温度而改变，温度愈低，粘度愈大（冷压法出油率低的主要原因），温度愈高，则粘度愈小（热压法出油率高的主要原因）。

（4）染痕性：油脂滴在纸上便会留下一块透明的痕迹，虽经加热也不脱落，这便证明了食用油脂不具有挥发性。和用这种性质可以用油脂做油纸、雨伞等等的涂料。

（5）折射率：光线在空气中进行的速度与其在油脂中进行的速度之此，也就是入射角的正弦与折射角的正弦之比值，叫做该油脂的折射率（n）。

$$n = \frac{sin i}{sin \gamma}$$

式中 i=光线自空气进入油脂的入射角。

γ=光线在油脂内的折射角。

折射率是物质的一种特性常数，它与油脂中内部的分子结构有关，并与外界温度和油脂的比重有密切的关系。温度高时，折射率变小，温度低时，折射率变大。比重大的油脂，其折射率也大。由此利用这种性质，在一定温度的情况下，能辨别油脂的品质和种类。

我国规定折射率所用的温度以20℃为标准温度。温度每增高一度，折射率则降低0.00038，若测定折射率不在20℃时，则用下列公式求得结果：

$$n^{20^\circ} = n^{t^\circ} + 0.00038（T℃～20℃）$$

这个公式里的 n^{20° 是标准温度的折射率

n^{t° 是测定时任何温度的折射率

T° 是测定折射率时的温度

2．化学性质

（1）氢化作用：将氢气加入油脂中，在触媒剂的作用下，甘油酯中的不饱和脂肪酸变为饱和的脂肪酸，液体状态的油就变为固体状态，这种作用称为油的氢化。利用这种性质，可以使液体油硬化，便于保管和运输。

（2）碱化作用：油脂与碱溶液相遇时则结合成为肥皂，这种现象称为油脂的碱化或皂化。碱化价（碱化值）或皂化价（皂化值）是从植物碱化作用而来。碱化一克油脂需要氢氧化钾（KOH）的毫克数目，便是植物油脂的碱化值。当油脂碱化时，先进行水解（油脂分解为脂肪酸和甘油），此后，分离出的脂肪酸与碱中的金属结合，成为脂肪酸盐类。油脂碱化这一性质，对鉴定油脂品质方面具有很重要的意义。

（3）吸碘作用：当油脂与碘溶液相遇时，油脂中不饱和脂肪酸可以吸收碘，并会使碘溶液的颜色减退。但各种油脂吸收碘的量是很不相同的，这样就可以利用油脂吸收碘的能力，作为区分油脂种类的一个标准。以100克油脂能吸收多少克碘的数目就是这种油脂的碘值。碘值对辨别油脂干性程度和鉴别油脂品质有着很重要的意义。油脂大体可分为三类：碘值在100以下的为不干性油，碘值在100～130的为半干性油，碘值在130以上的为干性油。

乙．采收处理

野生油料植物种类多，生长地区分散，成熟的季节性很强。如果采收早了，籽实成熟不好，质量就次，出油率也低；采收晚了，籽实自然脱落后，难以收拾。籽实成熟期一般在秋季和秋末，也有在夏季成熟的。只有将各种植物的不同成熟季节和时间掌握好，及时发动组织群众，注意保护资源，才能多快好省的做好采收工作。现将常用的几种采收处理方法分述于下：

1．生长在大树上的籽实可用竹竿敲下来，然后拾起；敲时注意勿过伤树枝，以免影响来年生长及结实。生长在陡坡险崖等地的树上的籽实，采摘时用一条布袋札在一根竹竿上，袋口处缝上碗口大小的铁丝圈，并在袋口处札一把弯刀，挨着秆蒂处采割，使籽实落入袋内。树身细而长的，可将它拉弯采摘，但要注意不得折断树枝，以免妨碍生长。采摘带有浆皮的籽实时，浆皮不能利用的必须趁湿装入篾筐里，浸入水中，用脚踩踏，使浆皮浮起；用水冲走，不然浆皮干后难以除掉。如不去掉不含油的外皮，压榨时会吸去油分，减去出油率和影响油的质量。采收的籽实必须即时晒干，以免发酵霉烂。

2．草本植物种子的采收，一般用镰刀或删刀割取全株，摊在场上晒干，用石滚子压碎后，再用扇车或簸箕清除杂质。但收割时要注意就地留种子和保护以根繁殖的植物根部，以利来年生长。

3．草本和灌木种子的采收，也有用一手提筐篮，一手拿棍子将籽实打入筐篮内，摊在场上晒干，打碎或压细，用扇车或簸箕清除杂质的。

4．采摘外果皮或树皮有刺的植物时可带手套，把布单铺在地里，摘下籽实放在布单上；如果在杂草少的地方，可用木杆将籽实敲落地，扫起来用簸箕去杂质后，再晒干。

已晒干的籽实必须妥善保管。含油籽实的保管最主要关键在于掌握水分的适当含量。水分多，不但影响操作和出油率，而且在贮藏保管和运输时油料的损害也很大。因为水分多了，油料本身易于发热，解脂酵素在其中发展很快，最后就是发霉变坏。因此一般含油籽实水分应不超过 8～12%（按品种特点而定）。在储藏堆放时，地面要设地台板，并设置通风筒，屋内要干燥通风。油料堆内温度要保持与自然温度大体相同，如高于自然温度过大时，必须及时翻动，发散热气。运输包装最好用麻袋或布袋，在运输途中要注意保护，防止雨淋、曝晒和破包事故，而造成不应有的损失。

以上介绍的几种采收处理的土方法，效率是很低的，还必须不断地改进采收工具和工作方法，以提高劳动效率和工作质量。

丙. 加 工

在一颗普通的油料籽仁中，光凭肉眼是看不出它有油的，如果放在显微镜下面，就可以看出油籽仁的细胞中间有很多微小的油滴与胶质体结合，外有细胞膜包围着。这种胶质体是蛋白质、纤维、磷脂及水分的混合物。要把籽仁内的油最大限度地提取出来，就需要想办法将与油滴结合的胶质体破坏，使油容易分离出来，因此需要进行加工以达到这个目的。目前提取植物油脂的主要方法有：压榨法、水代法、熬撇法和浸出法等方法。

1．压榨法：压榨法主要是用粉碎和加热（蒸、炒）的方法破坏油籽的胶质体，然后用压榨工具将油料中的油分压挤出来。油料经过加热，产生以下的变化：

（1）蛋白质和油料内原有的水分在加热处理时与新加入的水分汇合起来，磷脂析出，油料的胶质体就被破坏，使油容易流出。这种变化也不是肉眼可以看出来的；但事实上一粒生仁的本身是较脆硬的，经过蒸煮后，就变成软韧，稍用力一捻，就会有油分挤出，这可以说明这个变化。

（2）加热时油料温度升高，油的粘度就降低，使油易于流出。我们知道，冬天天气冷时油常会凝结。同一种油，温度高时要比温度低时稀些，易流动些，就是这个道理。

（3）加热时（指蒸粉），由于蒸气透入油料，使油料的水分和温度增加，油料中出胶质物与水分受热而起变化，这时油料中的水分可使油分与胶质体物的亲和力减少，油就容易析出。

破坏油料的胶质，使油容易流出的原理，简单的说就是这样。具体操作工序如下：

（1）清选原料　先用筛子或风车，清除不成熟的籽实及体轻的各种杂质，剩下的石子、铁屑、果蒂等等，就用手拣出，把全部杂质除净为止。

（2）炒籽　1）灶内的火要烧得一致，火苗要分布均匀，使锅里温度始终保持一致。仁里所含的蛋白质受到高温凝固，油分聚集了，压榨时便于出油。2）籽粒投入锅内之后，用铁铲不断的均匀翻搅，先慢后快，要炒至手捏核壳有脆裂的声音，手捻肉仁发酥，这样，才便于粉碎。

（3）粉碎　用齿密边宽的石磨，将炒好的籽实磨碎。磨盘转动不宜太快，磨出来的粉末要细，用手捏时感到松软，没有颗粒状。也可用石碾，将籽实铺在碾盘上或碾槽内碾碎。碾时勤扫勤拌，力求碾得均匀，也要碾成粉末，没有粒状。这样，蒸(米丕)时受热就快而均匀。

（4）上水　1）将碾碎的料粉用手搓匀，铺在干净的地上，用喷雾器徐徐喷水，用铁铣搅拌均匀，铺一层料粉，洒一层水。拌水之后，堆在一起，闷 10 分钟，使(米丕)末全面吸收水分。2）上水量多少，是提高出油效率关键之一。料(米丕)潮湿，天气阴雨，上水量就要少，反之上水量就要多。夏季气温高，应多加水；冬季气温低，应少加水。同时，原料性质不一样，上水量也有区别，如菜籽可上水 4%，苍耳子 20%，木瓜籽 10% 左右。上水量过多，(米丕)将成粘性，压榨时有弹力，就不易出油，同时油的质量也不好，上水量过少，饼就嫌硬，蒸不透，影响出油率。

（5）蒸(米丕) 操作方法有两种，一种是一次蒸饼，先将锅内盛入清水，水面距离蒸板7寸，用大火将水烧开，然后将料(米丕)一层层的撒入甑内，经蒸上气后再将甑内料(米丕)用铁铣上下翻倒。再蒸至大汽上圆，(米丕)内温度达到102℃～105℃，手捏料(米丕)发松，一捻见油为止。另一种是分蒸法，以7、8斤重的一块饼为单位，装入蒸桶，放在蒸锅上，灶内火力加旺，蒸2、3分钟，(米丕)内温度达102℃。这样做，需有三个蒸桶轮换，边蒸边包。

（6）包饼 先将铁圈放在底盘上面，再将已经蒸熟了的油包草（有的地区用麻皮包）均匀的铺在铁圈上，然后将蒸熟的(米丕)倒入圈中，把周围的包草顺序包好，再用脚踩。先踩周围，后踩中间，使中间高于周围，好让油往外流。室内温度要保持35℃，动作越快越好。一般1～2分钟包一块饼，以防饼温下降，胶体加浓，影响出油率。

（7）压榨 将成形的油饼上榨后，先将各饼对齐，饼圈距离调整一致，压紧包饼的草和麻，迅速插上木楔，用力击打，打到见油时，迅速添插木楔再打，直到打到油流较快时，则轻打勤打，保持油流不断。等到油流减少，饼温开始下降时，就缓打重打。二小时后，空榨，进行复榨。复榨的操作方法就是将饼粉碎、蒸(米丕)、包饼、压榨，再重复一次。

（8）澄清 将油静置三天使杂质沉淀，再用箩底过滤，即可灌装。

一般压榨方法如上所述，但对籽实大而有肉质外皮的果实，在具体操作环节上，根据地区经验，还有不同的方法。首先在清选原料前将采集的果实置于潮湿处，盖上稻草促使果皮霉烂。一般6天左右霉好后，取出搓擦，即得净籽。然后进行清选。并利用焙子代替炒子的办法，使个大籽实能够烘得更均匀，烘至八成干时即取出碾粉，越细越匀越好。这样使粉内含有一定水分，就减去了一道上水工序。在蒸(米丕)方面，采用了不盖甑桶盖，给水分以充分挥发的办法，提高了油的质量。在包饼方面，采取踩饼均匀结实，使饼内没有空隙，然后包好压榨。这样做的结果，使桐籽出油率由33%提高到42.5%，质量也得到提高。

2．水代法：是利用热水将油料细胞内的油脂排挤出来，具体方法是：

（1）筛选 除去杆、叶、壳、铁屑等杂物。

（2）漂洗 将油料放入水中漂洗，除去灰尘，并使油料内外潮湿，避免炒籽时内外不匀，里生外熟，某些外皮较厚的油料籽实更须热水浸泡一定的时间。

（3）炒籽 在水代法工序中，这是一个重要的关键性的操作。油料炒得过嫩，不出油或少出油；过老，出油亦减少。油料中的蛋白质如果不火炒加热使它变性，以后在加水兑浆时油就很难分开。普通判断炒籽的标准是用手捻之成粉末，且内外颜色都一致成棕色。芝麻炒温为218℃左右，时间在30分钟左右；蓖麻籽为30～35分钟；花生为30～35分钟；菜籽为35～40分钟；茶子为40分钟左右；向日葵为30分钟左右。炒籽达到温度和时间的时候，需即加入8～10%的热水，其作用为迅速降低锅温，避免出锅时部分油料焦化。

（4）扬烟吹净　目的在帮助原料急速降低温度，并除去小量焦化籽皮。

（5）磨料　将炒籽倒入磨子的下料斗中进行磨酱，目的在于充分破坏油料细胞组织。磨得愈细，加水搅拌时，水就愈容易渗入料酱内部，吸水均匀，出油效果就愈好。

（6）加水搅拌　油料经过炒籽、磨籽等工序后，蛋白质已完全变性，胶质体已经充分破坏，料酱中的非油物质（蛋白质、碳水化合物、纤维）对水的亲和力大于对油的亲和力，此时在料酱加入沸水就可以把油从料酱中顶替出来。各种油料组成成分不同，所需水量也不同。对于同种油料来说，品质好坏所需水量亦不同。油料含油量高的，需水量就少，反之需水量就多。需水量多少与油料中非油部分的含量有直接关系。各种油料甚至每一批同种油料的最适宜加水量，需分别试验后才能确定。如果水加少了，结成的渣酱粘度甚大，裹在渣酱里面的油滴在震荡分油时，不容易上浮分离出来。如果加水量过多了，则油与水起乳化作用，成为乳状液体与渣酱混合一起，也不易分离，同时结成的渣酱稀薄，表面张力减弱，到最后撇油时浮于上面的油层稍受外力影响，就很容易突破渣酱表面而混入渣酱里面，难于全部撇净。加水一般分三、四次，第一次最多60～70%，其余的陆续加入。加水量究竟以多少为宜，各地试验结果亦不一致，现列表于下供查考。

水量(%)　原料 试验单位	蓖麻籽	芝麻	花生
江苏省轻工业厅	—	—	127
上海食品研究所	100	85	133
南昌市西湖油厂	142.5	—	155~160

（7）震荡分油　待加水搅拌阶段结束后，虽然大部分油已从渣酱中分离出来浮于上面，但尚有一部分油脂成为不大不小的油滴，分散被裹在渣酱里面。用葫芦在渣酱部分上下移动，使渣酱发生震荡，便于小油滴结成大油滴而上浮出来。震荡分油期间应保持80～90℃的温度，借以减低油的粘度，帮助油从渣酱中分离出来。

3．熬撇法：将籽实炒黄后，用碾子碾细，放入开水锅内，加水煮熬，随时用木棒搅拌，数小时后，将火熄灭，再加些冷水，油即漂浮上来，用勺子撇出，到撇净为止。将撇出的油入锅再炼一次，即得纯净的油。

4．浸出法：浸出法是利用能够溶解油脂的有机溶剂将油料细胞内所含的油脂溶解出来。在油脂工业中常用酒精、汽油、苯、醚、二氯乙烯等做为溶剂。浸出法也分冷溶剂浸出法和热溶剂浸出法二种，其加工过程如下：

（1）净籽 把原料中所含的夹杂物，如草籽、碎叶、砂子、小铁屑等，挑选干净。

（2）碾籽 把挑选的原料放在碾碎机中碾碎（碾的不要太碎，太碎会影响出油量）。

（3）浸出 将已碾碎的原料放入密封的浸出槽内，溶剂由底部管子通入，槽子下部有孔板，复盖滤布，布上置油料，溶剂浸出油脂后，由槽的上方管流出，再导入第二浸出槽。从此而下，通过多部浸出槽，待溶剂中含有50%以上的油分后，即可进行蒸馏，除去溶剂，剩下油脂。

（4）蒸干溶剂 待油脂溶解完毕时，把油脂和溶剂的混合物放入蒸发罐中蒸干溶剂，留下的便是油脂。

（5）精制 油脂中还有大量水分和残余的溶剂、杂质、色素必须经过精制手续除去。

（6）处理残渣 浸出油脂后的油料渣滓，经过蒸干溶剂的手续，再磨细作肥料用。

这仅是浸出法制油的简略过程，实际上一个浸出法制油厂所进行的工作比这要复杂。冷溶剂浸出法和热溶剂浸出法的过程大致相同，仅是所用溶剂的冷热和机器式样不同而已。溶剂浸出法的优点是能将油料所含的油最大限度的提出，饼内残油率能低到千分之五左右，远非以上各法所能比拟，它是油脂工业上最先进和最有前途的方法。

在上述的几种加工方法中，各地较普遍采用的是压榨法。压榨法除土法操作的以外，在较大工厂中从选料到榨油一般都有较完整的机械或半机械设备，效率和质量都较土法高。目前，由于技术革新和技术革命运动的蓬勃开展，广大土榨油坊的技术改进已取得很大成绩。四川省已基本实现了土榨机械化和半机械化，86%以上的土榨已改为水力、畜力、电力和“飞锤撞榨”打榨，并创造和推广了碾、磨、脱壳、蒸炒、包饼等工具70多种，共5万多件；河北省邯郸专区的土榨油坊，已制造成功快速碾、水力碾、钢滚轧(米丕)机、一槽四榨、杠杆锤榨、轻便吊锤、活盘双垛、搅墩两用机和快速炒磨两用机等50多种，并按装棉籽脱皮机80多台，全区土榨油坊基本实现了土榨机械化和半机械化。通过改进技术，不但减轻了工人的体力劳动，而且大大提高了生产效率。但这还仅是工作的开始，要使技术革新和技术革命运动更深入的开展下去，各地应加强组织领导，及时总结推广先进经验，做到一处开花，处处结果，并把单项的技术革新发展成为成套的技术革新，使一个油坊内的各个环节都能在新的技术基础上结合起来，更大更好地提高生产效率和产品质量。

提取油脂时，可视各地设备条件选择加工方法，在各论加工项下，除部分种类作介绍外，其他一般种类的加工方法，均可参考总论，不再重述。

丁．油脂的精制

用压榨法和浸出法取得的油里面，都含有杂质。为了提高油的品质，延长其保管期限，就必须把油脂中所含的杂质都清除掉。用浸出法制的油更应当严格的经过精制手续，绝对不允许油中带有溶剂的味道。精制的方法是根据油中夹杂物的性质、特点以及油脂的用途来决定的，通常所用的有下述几种：

（1）机械精制法 主要除去油脂中的油饼碎屑、植物纤维、尘土、水分。这些杂质都可以用过滤法、沉淀法、离心过滤法、压滤机过滤法等除去。

（2）水合精制法 用少量的热水（水的用量占油量的1～3%，水温70℃，油温50～60℃）喷入油内，并不断搅拌，使油脂内的蛋白质及胶质膨胀而凝固下沉，同时还可以将机械精制法把未除去的夹杂物一并除去。

（3）加碱精制法 将碱溶液加入油脂（碱液浓度及加入数量的多少要看游离脂肪酸的数量而定），使游离脂肪酸与碱溶液化合，中和为钠盐（肥皂），在油脂中变为不溶性的胶体而沉淀。同时在不断加温及搅拌的情况下，肥皂胶体将油脂内的色素以及未除尽的其他杂质一并吸附，并变为沉淀物（油脚）而下沉，再经过过滤，即得到品质优良的油。

（4）漂白精制法 要获得澄清鲜明的油脂，必须把油脂中的色素尽量除去。漂白油脂一般是用骨炭和漂白土（用量占油量的2～10%）混入油脂中，不停搅拌20～30分钟，温度是70～80℃，搅拌完毕，使油脂澄清冷却，然后送入压滤机中过滤，除去漂白土及杂质。

（5）去臭精制法 用热蒸气喷入油脂中，使有臭味的物质挥发出去，将去臭以后的油脂放入真空冷却器中冷却，防止空气中的氧对油脂发生有害的影响。

戊．油脂的保管

油脂加工以后，需要妥善保管，保管不好就容易酸败，脂肪酸逐渐增大，以致质量大降或变坏。因此在加工精制油后不宜掺有水分，油桶洗净后要抹干或晒干。不要让油脂受太阳照晒，不要用铜质包装或将铜质掺入油内。装油要装得适当（油面离桶盖2～4厘米为宜），桶盖要紧封，不让其透气。存放的地方要阴凉通风。包装用的铁桶要干净，否则均会影响油脂质量。

己．对于野生油料植物开发利用的意见

我国极其丰富的野生油料植物，几年来已得到不断扩大利用，但无论就所利用的品种和数量来说，都还很少，而利用的每种植物的部分也只限于种子，其他如叶、茎、根、种子外的果实部分用于提取油脂的则很少。为了补充更多的油源，今后还应积极扩大野生油料植物的开发和利用，争取在短时间内把一切可以提取油脂的野生植物的果实、种子、茎、叶等都综合利用起来。为了实现这一理想，今后要研究改进野生油料植物的采

集工具设备和方法，开展采集作业上的技术革命和技术革新，逐步实现采集的机械化和半机械化，提高工作效率，增加公社收益。同时要研究推广适于山区使用的简易、高效的榨油设备，普及榨油技术，逐步实现榨油的机械化。四川省岳池县所制造的手摇榨油机应当在山区推广，并进一步研究改进动力设备和提高出油率。我国野生油料植物中、有许多含油量高的极其珍贵的品种，为了长远利用，应当切实贯彻执行保护与利用相结合的方针，积极研究培植和保护，对各地一些珍贵的野生木本油料植物应当纳入当地造林计划；对一些大面积的野生油料生长区，应当采取措施，就地管理，并发展成“油料山”、“油料坡”，作为油料基地。

二、各 论

1 穗花杉（suihuasha）（图 545）

［地 方 名］　喜杉（广西），杉枣（福建）。

［学　　名］　**Amentotaxus argotaenia** (Hce.) Pilger　紫杉科

［形态特征］　常绿小乔木或灌木；小枝对生。叶呈二列状排列，几无柄，线形至线状披针形，稍弯曲或伸直，表面为亮绿色，背面有两条白色阔气孔带，中肋不显著，边缘外卷。花单性，雌雄异株，着生于当年生枝上；雄花序 3～4，簇生于枝顶，药 2～8 室；雌花单生于叶腋，有短梗，梗长约 1.5 厘米，胚珠 1。种子核果状，椭圆形，周围包有红黄色顶端开口的假种皮，基部具有宿存的苞，长约 2.5 厘米，直径约 1 厘米，梗长 1.5～2.5 厘米。花期 4 月，种子 6～7 月成熟（广西）。

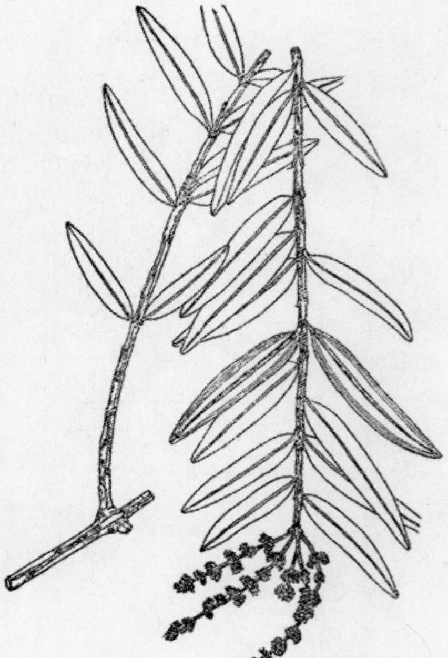

图 545　穗花杉
Amentotaxus argotaenia（Hce.）Pilger
雄花枝

［生长环境］　稍喜阴，适宜生长在潮湿地区的腐殖质酸性土。

［产　　地］　浙江、湖北、湖南、广东、广西、福建、台湾、云南、四川等省区。

［用　　途］　种子油可制肥皂，亦可入药。

木材细致，可供细木工用。也是美丽观赏树。

［理化性质］　据湖南省资料：种子含油量 50%以上。

［采收处理］　果实成熟后采收，打出种子，晒干备用。

2 红豆杉（hongdousha）（图 546）

［地 方 名］　卷柏、扁柏（四川、安徽），观音杉（湖北），榧子木（福建），赤椎（浙江）。

［学　　名］　**Taxus chinensis** (Pilg.) Rehd.　紫杉科

［形态特征］　常绿乔木，高达 16 米；树皮红褐色，直裂成条状脱落；小枝互生，黄绿色；冬芽淡褐色，有光泽。叶螺旋排列，由短柄扭曲而成明显的两列，通常镰刀状，长约 2～3 厘米，宽 2～3 毫米，基部楔形，先端尖锐，表面深绿色，背面黄绿色，具两条很宽的黄绿色或深绿色的气孔带。花单性，雌雄异株，均生于前年枝的叶腋；雄花散生于叶腋，雄蕊 13～14，集生成头状；雌花无柄，具多数鳞片，胚珠生于最上的鳞片上。种子坚果状，卵形，具 2 棱，稍扁，长约 5～7 毫米，宽约 4～5 毫米，先端稍尖，基部具椭圆形或圆形的脐，红褐色；假种皮圆筒状卵形，红色。花期 3～4 月，果期 10 月。

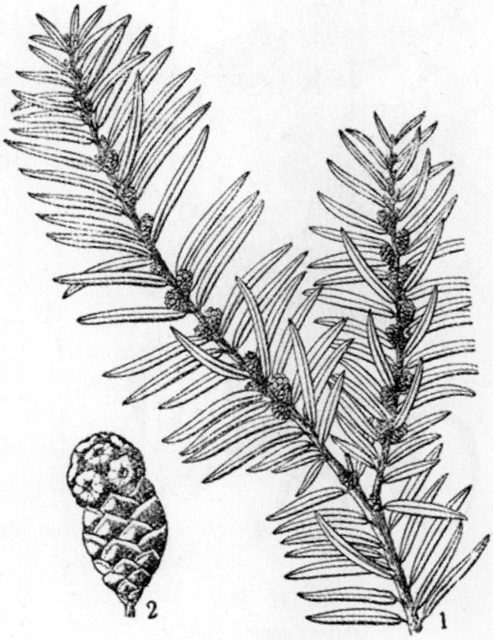

图 546　红豆杉
Taxus chinensis（Pilg.）Rehd.
1．雄花枝；2．雄球穗花序。

［生长环境］　喜温暖阴湿，在针叶树中生长比较缓慢，分布于海拔 2000 米以下的沟谷或河岸旁，常生于含石灰质的石质土壤或石崖上，零星分散，不成纯林。

［产　　地］　浙江、安徽、福建、台湾、江西、广东、广西、湖北、四川、云南、贵州、陕西、甘肃等省区。

［用　　途］　种子油供制肥皂和润滑油用。

木材的心材为淡红褐色，边材窄而黄白色，富弹性，少割裂，不反张，可为建筑及家具用材；心材的色素可提取利用。又本种木材因含油分，久经水湿不易腐朽，为水土工程的优良用材。

［理化性质］　据陕西省资料：种子含油量 67%，出油率 54.1%。

［采收处理］　10 月果实成熟时采收，经晒干后，除去假种皮，即得种子。

［其　　他］　用种子繁殖，以秋季播种为佳；扦插、压条均能繁殖，萌蘖力强，砍后根株亦能萌发新株。

3 榧（fei）（图 547）

［地 方 名］　榧树、香榧、草榧、木榧、榧子（浙江），野杉（江西）。

［学　　名］　**Torreya grandis** Fort.　紫杉科

［原 料 名］　香榧、榧子、香榧子（浙江）

［形态特征］ 常绿乔木，高达 25 米以上，胸径可达 2 米；树皮灰褐色，条状剥落；枝条张开，绿色，逐渐变为黄褐色；叶线状披针形，质坚硬，基部扭曲呈两列状排列，长 1.2～2.5 厘米，基部正圆形，沿向上方狭窄，先端急尖如针，表面深绿色，有光泽，背面中脉两侧有二条黄白色气孔带，略凹陷。花单性，雌雄异株；雄花序椭圆形，有柄，单生于叶腋；基部有数对交互对生的苞片；雌花每 2 朵生于短枝上。种子核果状，外种皮肉质，初为绿色，成熟后为紫赤色。种子卵圆形至倒卵状长圆形，长约 3 厘米，先端具小短尖，红褐色，具不规则的沟条，内种皮坚硬，略陷入胚乳中，胚乳不内皱或微内皱；种仁淡黄白色。外被灰褐色种衣，富油脂，有香气。花期 4～5 月，果期次年 10～11 月。

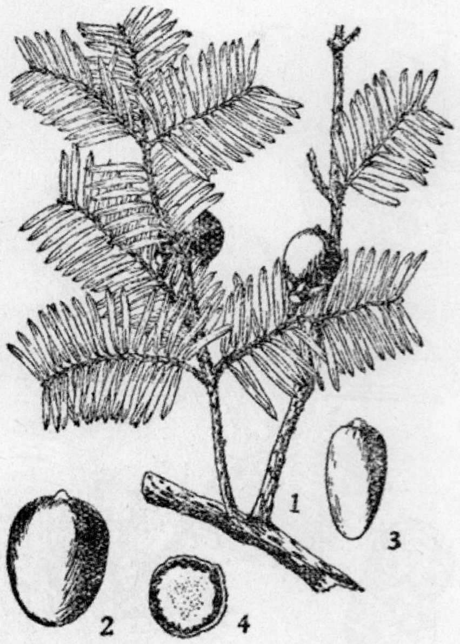

图 547 榧
Trorreya grandis Fort.
1．生种子之枝；2．种子；3．种仁；4．种子横切面。

［生长环境］ 喜生长在排水好的砂质土壤，垂直分布在海拔 400～800 米间，背阴山坡及湿润山谷常绿林内。

［产　　地］ 浙江、江西、江苏、安徽、福建、湖南等省。在浙江诸暨县西坑有人工林。

［用　　途］ 种子油可食，并可制蜡和作润滑剂。

种子炒熟可食，尤以浙江香榧味美；市场上出售的椒盐香榧子即此树种子。种子外壳及叶含芳香油（见“芳香油类”，1279 页）。木材坚而细致，不易开裂，耐水湿，经久不腐。为造船、造桥建筑良材。树形美观，为优良的庭园观赏树种。

［理化性质］ 据南京中山植物园资料：种子含油量 41.89%，蛋白质 10%，碳水化合物 28%，灰分 2.6%，其他 13.51%。

［采收处理］ 果实成熟期采收，剥去外皮，晒干种子，即可榨油。

［加　　工］ 与一般榨油法同。但由于它的籽实大，因此可将炒籽工序改用焙籽工序，使籽实烘焙均匀。

［其　　他］ 我国尚有篦子杉（T. fargesii Franch.），产湖北西部和四川东部，又云南榧（T. yunnanensis Cheng），产云南西部、北部，种子可榨油。

4 竹柏（zhubai）（图 548）

［地 方 名］ 椰树（浙江），椤树（台湾），糖鸡子、鸣毒手、黄贼树子（江西），竹叶球、黄鸡眼、船家籽、大叶沙木、假木槵、油炸籽、花肉籽；杜木、铁甲树（广东），

猪肚木、云香、杜木（广西）。

［学　　名］　**Podocarpus nagi** Pilger　罗汉松科

［原 料 名］　竹柏籽（广东）

［形态特征］　常绿乔木，主干挺直，高达20米，胸径30～40厘米；树皮平滑，灰紫色，老时成薄片状剥落；分枝展开。单叶对生，形似竹叶，厚革质，长圆状披针形至卵状披针形，长4～7厘米，宽1～2厘米，基部渐狭成短柄，先端锐尖，表面绿色，光亮，背面淡绿，全缘；叶脉多条（20～30条），直出而成弧状。花单性，通常雌雄异株，均生于前年生枝的叶腋内；雄花序圆柱形，长约3厘米，宽约7毫米，基部为鳞片包被，3～4个着生于短花梗上，花药多数，长圆形，2室；雌花序具短梗，基都有线状鳞片包被，单生于叶腋，不具花托。种子球形，直径约1.2～1.5厘米，具不膨大的短柄，外为肉质的假种皮包围，绿色，有白霜，内种皮骨质，白色，胚乳含油。花期4～5月，种子10～11月成熟。

图548　竹柏
Podocarpus nagi Pilger
1．雌花枝；2．雄花枝；3．生种子之枝。

［生长环境］　疏松、肥沃、深厚的沙质土壤和密林或疏林中亦多生长。极少孤立生长的，一般分布于海拔1000米以下的斜坡或山谷中。

［产　　地］　江西、浙江、福建、台湾、广东、广西等省区。

［用　　途］　种子油可供食用，亦可制润滑油、肥皂。油麸含氮可做肥料。

木材纹理直，结构细致，材质坚软适中，为良好的建筑及家具用材。也是很好的观赏植物。

［理化性质］　据广东省商业厅资料：种子壳重51.2%，种仁重48.8%。种子含油量31.92%，种仁含油量52.5%，水分9.93%。油为不干性油；油的碱化值190.20，碘值94.61，酸值12.13。油麸含氮1.684%。

［采收处理］　种子成熟，采下，脱去种皮，晒干种仁即可加工。

［其　　他］　用种子繁殖，可即采即播，亦可藏于沙中，次年春季播种。

5　三尖杉（sanjiansha）（图549）

［地 方 名］　桃松、狗尾松、山榧树、稠杉树（湖南），藏杉、铁文松、桃松（四

川），明油果、水油松（云南），明杉、杉柏（江西），狗尾松（湖北），山榧树、水竹、龙泉、杜松、涎树、乌籽（浙江），山杉籽、肚木子（广东）。

［学　　名］ **Cephalotaxus fortunei** Hook.　粗榧科

［形态特征］ 常绿乔木，高达 10～20 米，由下部分枝；树皮红褐色，老时为不规则的片状脱落；枝对生，细长稍下垂，或开展，冬季通常三枝顶生。叶螺旋排列，但基部扭曲，而呈两列状排列，线形，稍弯曲，长 5～8 厘米，基部狭窄而成短叶柄，先端渐尖，表面深绿色，背面有 2 气孔带。花单性，雌雄异株，腋生；雄花序生于枝上端叶腋，球形，头状，具短梗，每雄花基部具一苞片；雌花序有长梗，为数个交互对生苞片所组成，每苞片有 2 直立的胚珠，但常只少数成熟，其余皆不育。种子核果状，卵状椭圆形，长约 2.5 厘米。花期 4 月，种子 10～11 月成熟。

图 549　三尖杉
Cephalotaxus fortunei Hook.
1．生种子之枝；2．雌球穗花序。

［生长环境］ 生手溪边或山地密林中；好阴，常见于湿润而排水良好的沙质土壤上。

［产　　地］ 甘肃、陕西、河南、山东、江苏、浙江、安徽、湖北、湖南、江西、四川、贵州、云南、广西、广东等省区。

［用　　途］ 种子油供制油漆、蜡烛，还可制硬化油、肥皂、鞋油等用。

油粕含氮 3.765%，可作肥料。木材坚韧，富有弹性，可为挑杠和农具柄用材。成熟果子可鲜食。

［理化性质］ 据云南省昆明植物研究所化验：种子壳重 43%，仁重 55%，种子含油量 38.20%，种仁含油量 70.20%，水分 4.80%。据广东省商业厅资料：油属干性油；油的碱化值 185.60，碘值 134，酸值 0.78。种仁含油量 52.28%。油的比重（25℃）0.9197，折射率（25℃）1.4706；碱化值 173.49，碘值 109.27，酸值 18.39。据河南省资料：种子含油量 64.22%，出油率 51.5%。

［采收处理］ 10～11 月种子成熟，采摘后，将外壳除去，洗净晒干备用。

［其　　他］ 三尖杉宜用播种繁殖，春播或秋播均可，二年生苗经移植一次，即可定植。因其性喜阴，以植子庇荫地为宜。

6 粗榧（cufei）（图 550）

［地 方 名］ 榧子、血榧、土香榧（浙江），母猪柏、野杉树（河南），喜杉（湖北），水柏枝（陕西、甘肃）。

［学　　名］ **Cephalotaxus heterophylla** Cheng et L. K. Fu (*C. harringtonia*, non K. Koch; *C. drupacea*, non Sieb. et Zucc.)　粗榧科

［形态特征］ 常绿小乔木，高达 6 米；树皮灰褐色，浅裂，呈条状剥落；枝轮生，幼枝绿色，基部宿存灰褐色芽鳞。叶螺旋状互生，具短柄，线形，微呈镰刀状弯曲，长 2.5～3.5 厘米，宽 3 毫米，基部楔形，先端极尖，表面深绿色有光泽，背面有两条灰白色气孔带。花单性，雌雄异株；雄花 6～11 朵集生，呈球形头状花序，腋生；有雄蕊 7～12，花药 3 室；雌花序具梗，梗长约 8 毫米；雌花序由 2～20 鳞片组成，每鳞片有 2 直生胚珠，常只有少数发育。种子核果状，长椭圆形，成熟时外为红褐色假种皮所包，内种皮骨质。花期 3 月，果期 10 月。

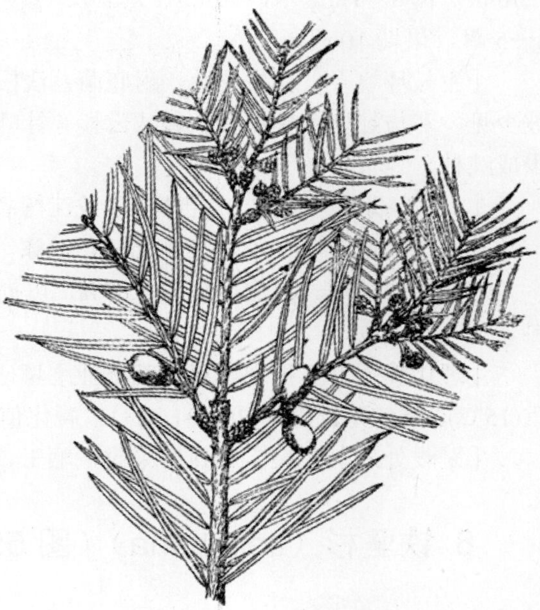

图 550　粗榧
Cephalotaxus heterophylla Cheng et L. K. Fu

［生长环境］ 喜生于海拔 400～1100 米山间林缘或阔叶林下阴湿地。

［产　　地］ 甘肃、陕西、河南、山东、江苏、浙江、安徽、江西、湖北、湖南、四川、贵州、云南等省。

［用　　途］ 种子油供制肥皂、润滑油、发油等用。精制后亦可食用。

树皮含鞣质，可提制栲胶（见“鞣料类”，1022 页）。假种皮含有粘汁及糖分。木材黄褐色，纹理直，结构细致，硬度适中，富弹性，有香气，能作各种器具、扁担及农具柄用。

［理化性质］ 据河南省资料：种仁含油量 50%，出油率 25%。油的比重（15℃）0.9250，折射率（20℃）1.4760；碱化值 188.5，碘值 130.3。

［采收处理］ 秋季种子成熟后采摘，搓除外皮，取种仁晒干，除去杂质备用。

7 辽东冷杉（liaodonglengsha）

［地 方 名］ 沙松、杉木（吉林），白松、臭松（辽宁、黑龙江）。

［学　　名］　**Abies holophylla** Maxim.　松科

［原 料 名］　沙松籽（通称）

［形态特征］　常绿乔木，高可达 30 米，通常 25 米；大枝水平开展，上部的枝斜上；幼枝灰褐色，粗糙不裂，老时暗褐色，浅纵裂。叶线形，长 3～4 厘米，宽 1.5～2 毫米，坚硬，先端锐尖，背面有二条白色气孔带；果枝叶先端镰状弯曲。花雌雄同株，均着生于二年生枝上，雌花序仅着生于顶部的枝上，雄花序则在上下部的枝均有着生；雄花序圆筒形，长 1.5 厘米，黄绿色；雌花序长圆筒形，长 3.5 厘米，淡绿色。球果绿褐色，圆筒形，长 10～12 厘米，直径约 3.5 厘米；果鳞肾形：苞鳞不伸出，匙形。种子三角状，长 8～12 毫米，宽 4.5～7 毫米，紫暗褐色，具翅，翅较种子长约 2 厘米。花期 4～5 月，果期 10 月。

［生长环境］　喜生阴地，耐庇荫，浅根性，在湿润的肥沃土壤上生长速；干燥山坡少见，多与红松、臭冷杉、鱼鳞云杉等针叶树混生，亦能与桦、槭等阔叶树混生，极少成纯林。

［产　　地］　辽宁、吉林、黑龙江等省。

［用　　途］　种子油可制肥皂、油漆。

木材供建筑用。树皮合鞣质 5.85%，可提取栲胶；可割取树脂。纤维为良好造纸原料。

［理化性质］　据中国科学院林业土壤研究所分析：种子含油量 30.61%。油的比重(15℃)0.9567，折射率(20℃)1.4831；碱化值 125.1，碘值（韦氏法）208.3，酸值 34.1。

［采收处理］　果实成熟后采收，晒干，取出种子，即可榨油。

8 铁坚杉（tiejiansha）（图 551）

［地 方 名］　三尖杉（湖北），牛尾杉（台湾)。

［学　　名］　**Keteleeria davidiana** (Franch.) Beiss.　松科

［形态特征］　常绿大乔木，高 20～30 米，有的可达 40 米，胸径 80 厘米左右；树皮暗灰色，有沟槽，粗糙；小枝下垂，橙褐至紫褐色，幼时有短毛或无。叶线形，扁平，螺旋状排列于小枝上，长 2.5～5 厘米，基部渐狭，形成较明显的柄，先端尖，背面中脉两侧具两条灰白色气孔带。花单性，雌雄同株；雄花序成束，生于小枝顶端，每一花序由多数有 2 室的花药组成；雌花球由多数螺旋状排列的鳞片组成。球果直立，生于枝端，当年成熟，幼时绿色，成熟时黄褐色；果鳞长卵形至菱状卵圆形，全缘；苞鳞先端细裂，伸出或向外弯曲，宿存。种子长可达 1.3 厘米，具同长或较长的翅。花期 5 月，果期 10～11 月。

［生长环境］　生于海拔 600～1700 米的山地，喜阳光，常与麻栎、栓皮栎、桦木、槟木等阔叶林混生。

［产　　地］ 广东、广西、云南、福建、台湾、湖北、四川、浙江、陕西等省区。

［用　　涂］ 种子油供作油漆、油墨、油纸、油布、润滑油及肥皂用。

木材可作建筑用材，耐水湿；并可采取松香。

［理化性质］ 种子含油量52.7%，出油率41%，油色淡绿，澄清透明。据四川省油脂公司化验：油的折射率（20℃）1.4987；碱化值117.12，酸值43.7。

［采收处理］ 10～11月，果皮呈深褐色，鳞片尚未裂开时果实即成熟。这时用一端绑有小镰刀的竹竿，沿果蒂一个一个地割下；如果生在悬崖险要的地方，就在竹竿上扎一个小布袋，口部缝上碗口大小的铁丝圈，采割时，恰好让果实落在袋内。晒干后鳞片张开，用棒轻敲果壳，籽实即可脱落。然后用簸箕或风车扬去果皮及杂质，即可榨油或置于通风处保管。

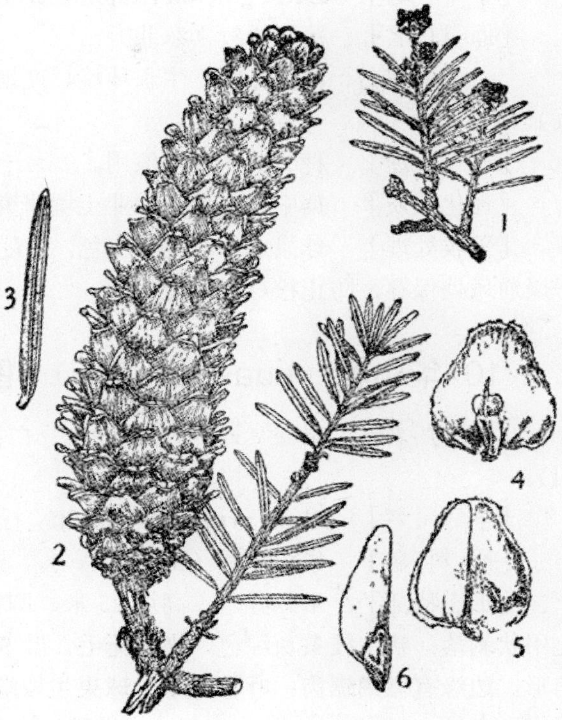

图551　铁坚杉

Keteleeria davidiana（Franch.）Beiss.

1. 雄花枝；2. 果枝；3. 叶表面；4. 果鳞背面；5. 果鳞腹面；6. 种子。（自"中国森林植物志"）

［加　　工］ 铁坚杉籽外皮与籽之间含油分很多，挥发性强，因此榨油时要分两个阶段。

第一阶段：先将净籽上甑，蒸20～30分钟，至籽仁转软并呈半透明时，即进行包饼上榨。因籽未经粉碎，甚为光滑，饼的厚度要比菜籽饼为厚，以用六道饼环为准。包草宜厚，包扎要牢，以免稀垛。每块饼重约9斤左右，过大不易包扎。每瓶蒸料量视瓶的大小和压榨设备而定，一般是100～150公斤一榨。榨时先松后紧，最后重压，直到油的流线终断为止。

第二阶段：压榨程序如下：（1）除壳，将榨过油的籽晒干或炒干，放入碾内约碾10余转（不宜碾掉籽仁），用风车扬出10%左右的皮壳，以免压榨时吸去油份。注意除皮不宜超过15%，否则压时就会走渣；（2）粉碎，每碾下籽30～40公斤（视碾的大小而增减），碾时勤翻，使籽仁均匀地碾成细粉末；（3）蒸料，先在瓶底铺上一层麻布或稻草，然后将料松散，一层层撒入瓶内。蒸至上汽后，再蒸20～30分钟，至料呈深褐色，手捻见油为止；（4）包饼，包草要厚要匀，操作要快，以免降低温度，油的粘度加大，降低出油率。其他操作与一般榨油法同。

9 兴安落叶松（xinganluoyesong）（图 1223）

［学　　名］ **Larix gmelini** (Rupr.) Litvin. (*Larix dahurica* Fisch. et.Turcz.)　松科

［原 料 名］ 落叶松籽（东北）

（地方名、形态特征、生长环境、产地及其他用途见“树脂及树胶类”，1541 页）

［用　　途］ 种子油供制油漆用。

［理化性质］ 据中国科学院林业土壤研究所分析：种子含油量 18.27%。

［采收处理］ 球果成熟时呈黑褐色，9 月采收，晒干后取出松籽，簸去杂质，放干燥通风处保存，防止松籽霉烂变质。

10 华山松（huashansong）（图 552）

［地 方 名］ 果松（通称），五叶松、白松（河南），青松（云南），五须松（四川）。

［学　　名］ **Pinus armandii** Franch.　松科

［原 料 名］ 华山松籽（山西）

［形态特征］ 常绿乔木，高达 25 米，胸径 2 米；树皮幼时灰褐色，光滑，老时龟甲状剥落；初生**枝条**灰绿色，**光滑无毛**。叶 **5 针一束**，线形，长 6～8 厘米，断面三角形。**边缘有微细锯齿**；叶鞘脱落。**球果**生枝端，具柄，**圆锥状**，**长圆形**，长 10～20 厘米，直径 2～4 厘米，基部圆形，先端稍钝；果鳞菱形，长 2～4 厘米，宽 2～3 厘米，顶端伸直；鳞脐位于顶，幼时绿色，熟时淡黄褐色，开裂。种子大，斜卵形，有纵脊，无翅，长约 1～1.5 厘米，宽约 0.6～1 厘米，茶褐色，有光泽。花期 4 月，果期 9 月。

［生长环境］ 为高山树种，在气候温凉潮润，年雨量 800～1500 毫米，酸性土壤或微石灰性土壤均能生长。惟以土层深厚、排水良好的东坡及北坡山地生长旺盛。幼时稍耐庇荫，常与桦木、栎树形成针阔叶混交林；垂直分布约在海拔 1500～2500 米处。

［产　　地］ 河南、陕西、甘肃、山西、湖北、四川、贵州、云南、广东（海南）、台湾、福建等省。云南省产量最大。

［用　　途］ 种子油可制硬化油和食用。

针叶可提取芳香油（见“芳香油类”，1280 页）。树皮可提取鞣质（见“鞣料类”，1034 页）。树干可割取树脂。木材稍软而致密，耐用，可供建筑、家具、枕木等用材。

［理化性质］ 据上海食品工业科学研究所分析：壳重 38.46%，仁重 61.54%。壳含油量 10.06%，仁含油量 68.68%；种子含油量 42.76%，灰分 1.91%，粗纤维 0.38%，蛋白质 17.83%，非氮物质 11.20%。油为干性油；比重（20℃）0.9198，折射率（20℃）1.4744，粘度（安格拉氏秒，20℃）6′33″，脂酸凝固点 15.3℃；碱化值 196.6，碘值（韦氏法）132.2，酸值 3.5，不碱化物 1.26%，乙酰值 10.15，可溶性脂肪酸 0.38%，不

溶性脂肪酸 98.8%。

［采收处理］　9 月间采收球果，在阳光下曝晒或堆积数日，鳞片裂开后，种子即可自行脱出，晒干储存于通风干燥处，以防霉坏。

［加　　工］　（1）去杂：用风车或其他方法将杂质除净。（2）炒籽：将干净种子，用微火不断翻炒约 40 分钟，使籽壳炒干，待籽仁断面稍成白色，可出锅，装入木桶，闭口，焖半小时，然后摊开冷却。（3）脱壳：将种子上磨压碎，去壳及杂质，即得纯净籽仁。（4）碾籽：籽上碾时要少添勤添，将碎粒过筛，粗粒再碾，但也不宜碾的过细，以免损失油分。（5）蒸粉：将籽用敞蒸，火愈大愈好，待温度达到 105℃即可包饼。（6）包饼与压榨：包饼要迅速，上榨先轻打勤打，步步加紧，然后重打慢打，使油顺畅流出。

［其　　他］　可用种子直播造林繁殖。

图 552　华山松
Pinus armandii Franch.
1．小枝；2．球果。

11 赤松（chisong）（图 1012）

［学　　名］　**Pinus densiflora** Sieb. et Zucc.　松科

［原 料 名］　赤松籽（东北）

（地方名、形态特征、生长环境、产地及其他用途见“芳香油类”，1280 页）

［用　　途］　种子油可供食用和工业用。

［理化性质］　据山东省资料：种子含油量 37%。

［采收处理］　果实 9～10 月采收，采时先将树的周围打扫干净，然后以竹竿打落球果；或将圆形缝有铁丝圈口的布袋札在一杆上，另用一小杆打落果实，使果实掉入布袋；然后将采得的果实摊放在席子上曝晒，晒至开裂时，大部分种子可自行与壳分离，未开裂的用手搓下，簸净皮壳后，种子即可榨油或放干燥处保存。

［加　工］　（1）掏籽：将种子用水掏洗干净，去掉杂质，晒干。（2）碾籽：将晒干的种子上碾，碾成粉状。（3）上水：将(米丕)料铺在地上摊开，每 100 公斤原料加 20 公斤热水，用铁铣拌匀，过 1 小时左右进行蒸(米丕)。（4）蒸料：蒸料的火力要旺，

锅内蒸气要足，用蒸桶装(米丕)，每桶装5～6公斤料，用草盖上，汽上来后约蒸2分钟即可包饼。(5) 包饼：用双圈包饼，将圈放在底盘上，铺上蒸热的包草，把料倒入草中，用手搅拌均匀压平，再用足踩紧。(6) 打榨：饼包好后，速入榨槽将木楔插入，用铁锤紧打一排，见油后就轻打勤打，不让流油停止；最后用大锤打到流油停止即可。

12 红松（hongsong）（图553）

［地 方 名］ 海松、红果松（东北）

［学　　名］ **Pinus koraiensis** Sieb. et Zucc.　松科

［原 料 名］ 松籽（东北）

［形态特征］ 常绿大乔木，高可达30余米，胸径通常80厘米，大者可达1.5米；树皮灰褐色。鳞状裂开；**小枝**暗褐色，**密生锈褐色茸毛**，新枝棕黄色，密被茸毛。叶**5针一束**，深绿色，粗硬，三棱形，长8～12厘米，外侧暗绿色，内侧具5～7排白色气孔线，**边缘有细锯齿**；叶鞘早落。花单性，雌雄同株；雄花序圆柱状，生于新枝基部，密集成穗状，呈红黄色；雌花序生于主枝或侧枝的先端，单生或数个集生，有长柄。**球果**大，**卵状长圆形**，长9～14厘米，径6～8厘米，具短柄，初为绿色后变黄褐色；果鳞菱形或菱状卵形，绿褐色，顶端伸长反曲，有粗毛，各具2粒种子。种子卵状三角形，无翅，红褐色。长12～18毫米，宽9～16毫米。花期5月，果期10～11月。

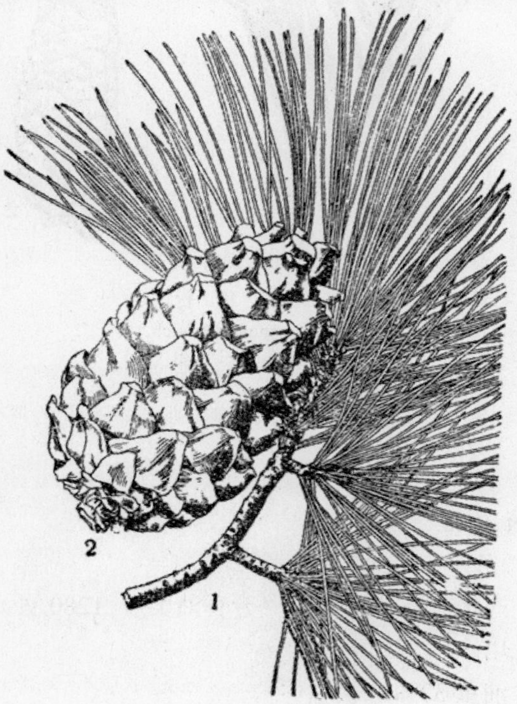

图553　红松
Pinua koraiensis Sieb. et Zucc.
1. 小枝；2. 球果。

［生长环境］ 多与阔叶树成混交林，稀有片段纯林；喜生于湿润的缓山坡或排水很好的平坦地；干燥山坡及低湿（排水不良）地带生长不良；土性过酸（其酸碱度为5时），苗木即不易发育。

［产　　地］ 辽宁、吉林、黑龙江等省。

［用　　途］ 种子油可食用及制肥皂、油漆、润滑油。

木材可供建筑、造船、车辆、电杆、枕木、坑木及器具等用材。种子可食。树干、根、针叶可提取芳香油（见“芳香油类”，1281 页）。树干可割取树脂（见“树脂及树胶类”，1544 页）。树皮可制栲胶（见“鞣料类”，1034 页）。本种适宜栽植于公园或庭园以供观赏；也可作海岸防风林。

［理化性质］　据中国科学院林业土壤研究所分析：种子（去壳）合油量 67.24～68.27%。油的比重（15℃）0.9271，折射率（20℃）1.4704；碱化值 192.5，碘值 130.1～152.0。

［采收处理］　果熟后采收，晒干，去硬壳，取出种子，即可榨油或置通风干燥处保存。

［其　　他］　红松多为天然下种更新，因种子笨重无翅，不易散布很远，且易遭鼠害，应进行人工造林。

13 马尾松（maweisong）（图 1225）

［学　　名］　**Pinus massoniana** Lamb.　松科

［原 料 名］　松籽（通称）

（地方名、形态特征、生长环境、产地及其他用途见“树脂及树胶类”，1544 页）

［用　　途］　种子油可制肥皂、润滑油和食用。

［理化性质］　据湖南省资料：种子含油量 30%，出油率 24%。

［采收处理］　11 月初旬，松果鳞片尚未开裂而果色略带褐色时，即可采摘。采收后，摊晒，俟鳞片张开，敲打，使种子脱出。然后用手搓掉种翅，风除种翅、杂物等即可得净籽榨油。

14 偃松（yansong）（图 554）

［学　　名］　**Pinus pumila** Regel　松科

［形态特征］　**灌木状小乔木**，高 1～6 米，直径可达 15 厘米；分枝很多，丛生，**大枝伏卧地面，先端斜上**，生于山顶者近直立丛生状；树皮灰褐色或暗褐色，呈片状剥裂；一年生枝绿褐色或紫褐色，被短柔毛；

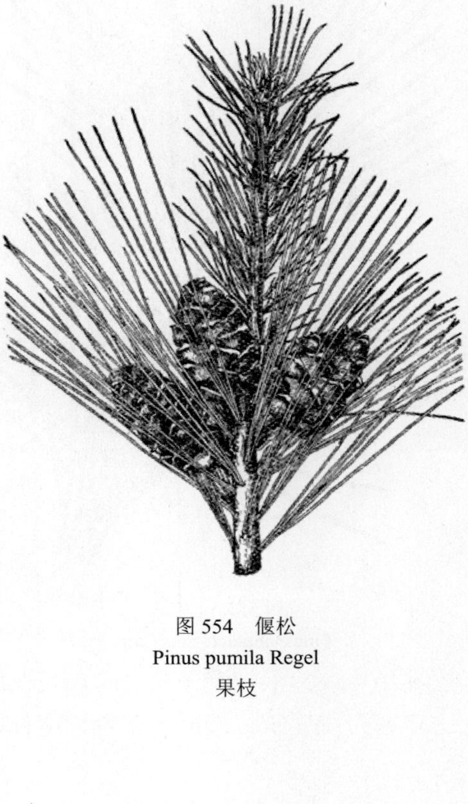

图 554　偃松
Pinus pumila Regel
果枝

2～4 年生枝紫红色或暗褐色，光滑，几完全为针叶所复盖；芽卵形，先端细长尖，赤褐色。**叶通常 5 针一束，稀有 3～8 针一束**，长 3.5～8.3 厘米，硬直，横断面呈三角形，腹面有显明的气孔带，边缘近光滑，无锯齿，内有一维管束，树脂道 2～3 个，多靠近边缘；叶鞘早落。雄花序椭圆形，长 1 厘米，黄色；雌花序卵形，紫色。**球果**卵形，**较小**，长 2～4.5 厘米，紫褐色；果鳞薄，阔卵形，横宽，鳞背平，稍凸起，先端内曲，鳞脐位于先端，色暗，有突尖。种子无翅，三角状卵形，长 0.6～0.9 厘米，赤褐色。花期 6～7 月，果期次年 9 月。

［生长环境］　生于阴湿山坡，在大兴安岭落叶松林下，生长极为茂盛，构成近郁闭的下木层，结实颇丰，在山顶当风的岩缝间生长亦多。

［产　　地］　内蒙古、黑龙江、吉林、辽宁等省区。

［用　　途］　种子油可制肥皂、油漆或作润滑油，并可食用。针叶可提芳香油。可作观赏树，为高寒山地的优良造林树种。

［理化性质］　种子含油量 51.2～63%，油属于性油；油的碱化值 189～193，碘值 146～161.1，酸值 2.34。

［采收处理］　果实成熟时采收，晒干，打出种子，即可榨油。

［加　　工］　参考华山松（692 页）。

图 555　油松
Pinus tabulaeformis Carr.
果枝

15 油松（yousong）（图 555）

［地 方 名］　黑松（辽宁、吉林），红皮松（河南、山西、河北），松树（山东），短叶松（山西）。

［学　　名］　**Pinus tabulaeformis** Carr.　松科

［原 料 名］　油松籽（河北）

［形态特征］　常绿乔木，高 10～25 米，胸径达 1 米；树皮暗灰棕色，呈鳞片状纵裂，裂缝呈红褐色；枝轮生，小枝较粗壮，灰橘黄色或灰黄色；冬芽长圆形，先端尖，赤褐色。**叶 2 针一束，稀 3 针一束**，粗壮而硬，长 8～15 厘米，边缘有细锯齿，两面有气孔线；叶鞘初时淡褐色，渐变为暗灰色，宿存。花单性，雌雄同株；

雄花序圆柱形，长 12～18 毫米，聚生于嫩枝的基部成短簇，橙黄色或淡黄褐色；雌花序圆球形或卵形，长 7 毫米，紫色，单一或数个丛生于新枝顶端。球果卵形，无柄或近于无柄，长 4～9 厘米，开裂后为球形，淡黄褐色，老时变为暗褐色，常留存在枝上数年不落；**果鳞**菱形，或不规则五边形，宽过于长，**鳞盾厚**，**鳞背隆起**，**鳞脐突起或凹入或具刺尖**。种子长卵形，褐色，有斑纹，长 5～8 毫米，宽约 4 毫米，具长约 1.5 厘米的半月形翅，钝头，紫褐色或褐色。花期 4～5 月，果期次年 10 月。

［生长环境］　喜生于山坡干燥的砂质地，湿润山坡亦能生长，但在排水良好沙壤土的平坦地，生长亦好。

［产　　地］　吉林、辽宁、河北、山西、陕西、甘肃、宁夏、青海、河南、山东等省区。

［用　　途］　种子油可食用及制肥皂、润滑油。

花粉、松节油、松脂可供药用（见“药用类”，1639 页）。树干可割取松脂（见“树脂及树胶类”，1549 页）。叶可提芳香油（见“芳香油类”“黑松”，1282 页）。树皮和针叶可提制栲胶（见“鞣料类”，1036 页）。木材供建筑、电杆、枕木、坑木及器具等用。松烟可制墨及油墨。此外，本种防风力强，为荒山造林先锋树种，也栽培于公园及庭园供观赏。

［理化性质］　据河南省资料：种子含油量 40%，出油率 30%。据中国科学院林业土壤研究所分析：种子含油量约 30%，出油率约 24%。

［采收处理］　秋季球果成熟时采摘，晒干取出种子即可。

［加　　工］　参看华山松（692 页）。

［其　　他］　种子轻小有翅，最宜于天然下种；育苗造林亦易成功，宜于雨季造林。东北山区居民多燃烧木材以代灯光，故本植物又名“灯光”。

16 云南松（yunnansong）（图 1228）

［学　　名］　**Pinus yunnanensis** Franch.　松科

［原 料 名］　松树籽（通称）

（地方名、形态特征、生长环境、产地及其他用途见“树脂及树胶类”，1551 页）

［用　　途］　种子油供食用。

［理化性质］　据贵州省资料：种子含油量 30%，出油率 24%。

［采收处理］　果实成熟后采收，晒干、鳞片开裂，打出种子即可榨油。

［加　　工］　参阅华山松（692 页）。

17 铁杉（tiesha）（图 832）

［学　　名］　**Tsuga chinensis** (Franch.) Pritz.　松科

（地方名、形态特征、生长环境、产地及其他用途见“鞣料类”，1036 页）

［用　　途］　种子油可制肥皂、润滑油及其他工业用油。

［理化性质］　据林业部“野生植物利用参考资料”：种子含油量 52.2%。出油率 41%。

［采收处理］　果成熟时收集，晒干后果鳞开展，打取种子，搓除种翅即可。

［其　　他］　播种或插条繁植。

18 杉（sha）（图 834）

［学　　名］　**Cunninghamia lanceolata** (Lamb.) Hook.　杉科

（地方名、形态特征、生长环境、产地及其他用途见“鞣料类”，1039 页）

［用　　途］　种子油可制肥皂。

［理化性质］　据河南省资料：种子含油量 19.62%，出油率可达 15%。

［采收处理］　10 月球果呈黄绿色时采摘，晒干，稍敲打，除去果鳞及杂质，晒干，种子即可备用。

［加　　工］　（1）精选：可用风车或风扬将种子内杂质及尘土除去；（2）炒籽：将净籽放在锅内用小火炒 10 分钟，炒到温度 70℃以上时，可加大火炒酥，不要炒焦；（3）粉碎：经过炒酥的种子，籽的皮部已被炒落，所以在未粉碎之前应先将焦皮、末屑除去，再磨破籽，然后上碾，将种子碾成粉末；（4）蒸(米丕)：将细碎末倒入蒸锅，大火蒸到温度 105℃；（5）包饼：将炒好之粉末，盛入席包内，需包紧、包实、包平，中央稍较四周高厚；（6）压榨：将包好之饼圈装入榨油机或打油机压榨，先轻慢捶打，后紧打，猛打，一气打成。

19 侧柏（cebai）（图 1014）

［学　　名］　**Biota orientalis** (L.) Endl. (*Thuja orentalis* L.)　柏科

（地方名、形态特征、生长环境、产地及其他用途见“芳香油类”，1284 页）

［用　　途］　种子油可制油墨和肥皂。

［理化性质］　据江苏省资料：种子含油量 14%。

［采收处理］　9～10 月采收种子，采时先将树周围打扫干净，或铺上采种布，然后用竹竿打落球果。收集后，摊在场上或苇席上曝晒，待果鳞开裂，种子自行脱出，或用手把种子搓出。收集种子，去掉皮壳杂质，晒干，即可榨油。

［加　　工］　将晒干的种子碾成粉状，放在铺席上摊开，泼上 20%热水，用铁锹拌匀，隔 1 小时即可进行蒸料、踩饼、压榨等过程。

20 柏（bai）（图 1015）

［学　　名］　**Cupressus funebris** Endl.　柏科

［原 料 名］　柏籽

（地方名、形态特征、生长环境、产地及其他用途见“芳香油类”1285 页）

［用　　途］　种子油可制肥皂、油漆、油墨及润滑油等。

［理化性质］　据上海食品工业科学研究所分析：种子含油量 9.38%，灰分 4.89%，粗纤维 38.53%，蛋白质 14.61%，非氮物质 33.19%。油属干性油；油的比重（20℃）0.9360，折射率（20℃）1.4877；碱化值 184.5，碘值（韦氏法）161.5，酸值 1.21，不碱化物 1.26%，可溶性脂肪酸 0.27%，不溶性脂肪酸 94.3%。

［采收处理］　果实成熟时，攀树，用手摘下，远枝以钩挽之，用手摘下，晒干，用木棒敲打，使种子脱落，除去果翅备用。

21 桧（hui）（图 1016）

［学　　名］　**Juniperus chinensis** L.　柏科

（地方名、形态特征、生长环境、产地及其他用途见“芳香油类”1286 页）

［用　　途］　种子油可作润滑油及药用。

［理化性质］　据山东省资料：油的比重 0.9286～0.9483，折射率 1.5085～1.5115，旋光度 10° 42′～11° 30′。

［采收处理］　果实在 9～10 月间成熟时采集，采后趁鲜打烂肉质外果皮，脱出种子晒干后，置通风干燥处，防止受潮变质。

22 山刺柏（shancibai）（图 1016a）

［学　　名］　**Juniperus formosana** Hayata　柏科

［原 科 名］　刺柏籽

（地方名、形态特征、生长环境、产地及其他用途见“芳香油类”1288 页）

［用　　途］　种子油供机械润滑油用。

［采收处理］　同桧（本页）。

23 买麻藤（maimateng）（图 1）

［学　　名］　**Gnetum montanum** Markgr. [*G. indicum* (Lour.) Merr.]　买麻藤科

（地方名、形态特征、生长环境、产地及其他用途见“纤维类”，35 页）

［用　　途］　油可供食用。

种子经炒熟后可食。

［理化性质］　据中国科学院植物研究所分析：种子含油量 18.88%。

［采收处理］　种子成熟后采下，去皮晒干，即可备用。

24 山核桃（shanhetao）（图 556）

［地 方 名］　小核桃、山蟹（浙江），核桃、野漆树（安徽）。

［学　　名］　**Carya cathayensis** Sargent (*Hicoria cathayensis* Chun)　胡桃科

［原 料 名］ 山核桃（通称）

［形态特征］ 落叶乔木，高可达 20 米；树皮灰白色，光滑；芽被有橙黄色鳞片状腺体。奇数羽状复叶，互生；小叶 5～7，对生，披针形或倒卵状披针形，长 10～15 厘米，宽 2.5～5 厘米，基部偏斜，先端渐尖，边缘有细锯齿，表面绿色，背面有橙黄色鳞片状腺体；侧生小叶具极短柄或几乎无柄。花单性，雌雄同株，与叶同时开放；雄花为下垂的柔荑花序，腋生，**3 条成一束**，长约 10～15 厘米，**着生于长约 1～2 厘米的总柄上**；每一花下有 **1 苞片及 2 小苞片衬托**，无花被；雄蕊 2～7；雌花 1～3 朵排成一直立的顶生穗状花序，**无花被**；子房单生，具 1 胚珠，被一个 4 浅裂的总苞包围。果为一伪核果，外果皮密生鳞状腺体，**成熟时 4 瓣，果核倒卵形或椭圆状倒卵形**，基部 4 室，顶部 2 室。花期 4 月，果期 9 月。

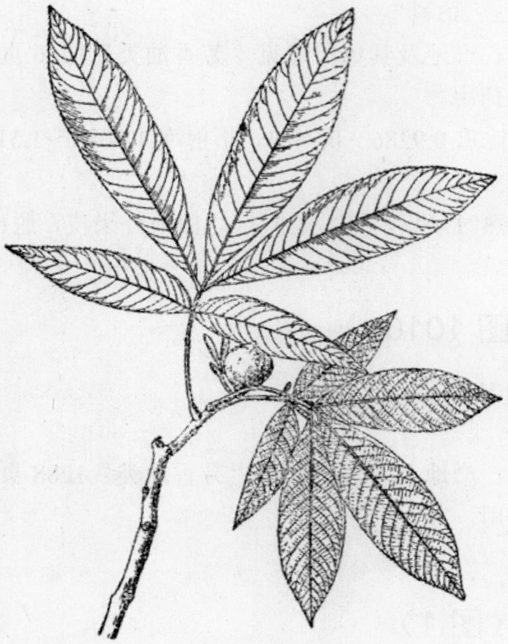

图 556 山核桃
Carya cathayensis Sargent
果枝

［生长环境］ 抗风力弱，适生于山麓疏林中或腐殖质丰富的山谷，垂直分布为 100～1200 米的山地。

［产　　地］ 浙江、安徽、湖南、贵州等省。

［用　　途］ 果仁味美可食，用以榨油，芳香可口，供食用或制糕点；又因其为干性油，可作配制假漆。

果壳可制活性炭。材质坚韧，为优良的军工用材，亦可作家具、车轮、农具柄等。

［理化性质］ 据上海市资料：种仁含油量 34～36%。

［采收处理］ 同核桃楸（见 702 页）。

［其　　他］ 用种子繁殖。

此外还有一种越南山核桃（Carya tonkinensis H. Lec.）产广西西部至云南西北部。云南西部高黎贡山一带称它为老鼠核桃，其果实近于球形，顶端略扁平，长约 22～24 毫米，直径约 26～30 毫米，核壳厚，核仁小，因而品质不及山核桃。

25 野核桃（yehetao）（图 557）

［地 方 名］ 华胡桃、核桃（浙江），山核桃（云南、湖北、浙江）。

［学　　名］ **Juglans cathayensis** Dode 胡桃科

［原 料 名］　核桃（通称）

［形态特征］　落叶乔木，高可达 25 米；幼枝灰绿色，具腺毛，髓心薄片状分隔；顶芽裸露，锥形，长约 1.5 厘米，黄褐色有毛。奇数羽状复叶互生，长 40～50 厘米，具小叶 9～17；小叶近对生，无柄，硬纸质，卵形或卵状长圆形，长 8～15 厘米，宽 3～7.5 厘米，基部斜圆形或近心形，先端渐尖，边缘有细锯齿，**两面有星状毛**，上面的稍疏，背面的较密，主脉有腺毛。花单性，雌雄同株；雌花序长 20～25 厘米，排列成穗状。**果序长，常具 6～10 果**。果实卵圆形，长 3～4.5 厘米，具腺毛，先端有数条隆起的脊；核卵形，先端尖，有棱 6～8，内果皮坚厚，仁小。花期 3～4 月，果期 9～10 月。

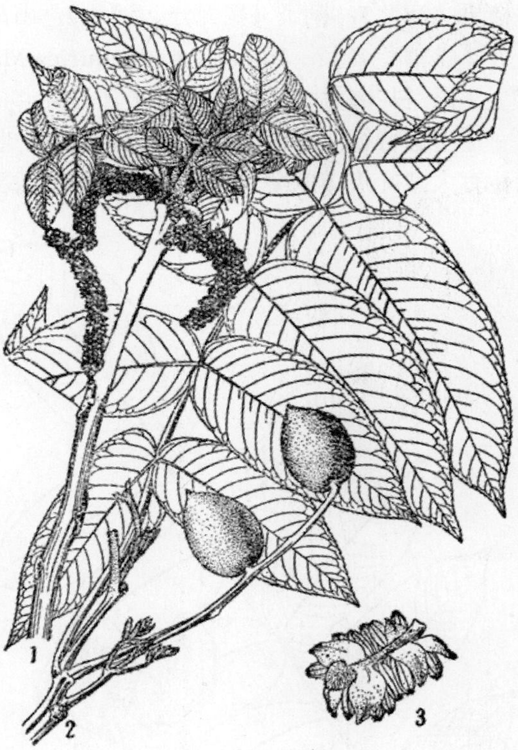

图 557　野核桃

Juglans cathayensis Dode

1. 雄花枝；2. 果枝；3. 雄花和苞片。

（自"江苏南部种子植物手册"）

［生长环境］　常生长在山野杂木林内，海拔 800～2000 米处的草坡、森林灌丛或山谷中。在云南则分布于高达海拔 2800 米处。

［产　　地］　浙江、江苏、安徽、江西、湖北、湖南、四川、云南、贵州、甘肃等省。

［用　　途］　种子油可食用，亦可制肥皂，作润滑油。

木材坚突，经久不裂，可制枪托等军用品和各种家具。树皮和外果皮含鞣质，可作栲胶原料（见"鞣料类"，1057 页）。内果皮厚，可制活性炭。仁可生食；亦可供制糕点的原料。树皮的韧皮纤维可作人造棉及造纸用。

［理化性质］　据山东省资料：种子含油量 34%，属半干性油；油的比重（25℃）0.9031，折射率（25℃）1.4644；碱化值 108，碘值 106.9。

［采收处理］　9～10 月间果实充分成熟后自然落地，或从树上打落采集。晒干后用锤子砸碎硬壳，取出种仁，用油纸或其他耐油的用具包装，防潮湿，防水浸。详细采集处理办法参看胡桃（703 页）。

［其　　他］　野核桃种子萌芽率较高，生长力强，可用种子繁殖。繁殖方法为混沙两倍，埋藏越冬，来春可直接播种造林。宜栽于湿润、排水良好、深厚的土壤中。在

瘠薄地往往生长不良。常作为嫁接核桃的砧木。

26 核桃楸（hetaoqiu）（图 558）

［地 方 名］ 山核桃（辽宁、河北、山西），核桃（吉林），楸树（吉林、辽宁），马核果（河北），楸子（黑龙江、河北），山胡桃、野胡桃（甘肃）。

［学　　名］ **Juglans mandchurica** Maxim. 胡桃科

［原 料 名］ 山核桃、楸子（通称）

［形态特征］ 落叶乔木，高可达 20 米；树冠阔卵形，树皮灰色或暗灰色；枝粗壮，有大型叶痕，髓薄片状；芽褐色。奇数羽状复叶互生，小叶 9～17；小叶近无柄，长圆形或卵状长圆形，长 6～18 厘米，宽 3～7 厘米，基部偏斜，先端短渐尖，边缘有细锯齿，表面除中脉外无毛，背面脉上密生褐色短毛。花单性，雌雄同株；雄花序柔荑状，腋生，下垂，雌花序穗状，顶生，直立，与叶同时开放，具花 5～10，生于密被短柔毛的轴上。果序短，常具 4～7 果实。核果卵形，长 4～6 厘米，外果皮绿色，有褐色腺毛；核坚硬，先端锐尖，暗褐色，有棱角。花期 5 月，果期 8～9 月。

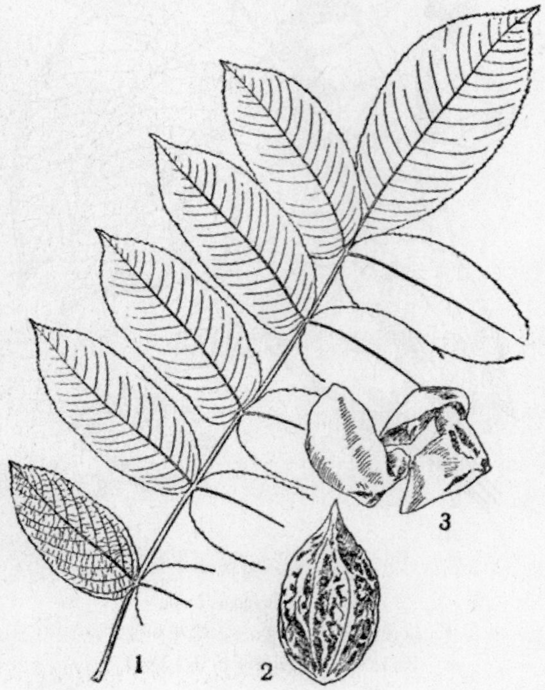

图 558 核桃楸
Juglans mandchurica Maxim.
1．叶；2．果核；3．剥下的外果皮。

［生长环境］ 喜阳光，多生于土质肥厚、湿润、排水良好的沟谷两旁或山坡中、下部的阔叶林中。

［产　　地］ 河北、辽宁、吉林、黑龙江、山西、甘肃等省。

［用　　途］ 种子油供食用，又可制肥皂。

种仁可食用。木材反张力小，不挠不裂，是供作枪托、飞机、车辆、建筑等的重要材料。树皮、叶及外果壳含鞣质，可提制栲胶（见“鞣料类”，1058 页）。又可作褐色染料。树皮纤维可制绳索及造纸（见“纤维类”，44 页）。枝、叶、皮和果肉均可作农药。果壳可制活性炭。鲜果皮浸酒可作药用。

［理化性质］ 据吉林大学数据：种仁含油量 40～50%，最高可达 63.14%，蛋白质 15～20%，糖 1～1.5%及维生素等。油属于性油，油的比重（20℃）0.9289，折射率（20℃）1.4781；碘值 156.5，酸值 5.55。据中国科学院林业土壤研究所分析：油的比重

（15℃）0.9010～0.9018，折射率（19℃）1.4799；碱化值 244.1～244.6，碘值 42.7～43.3，酸值 6.8～9.4，酯值 235.2～238.0。

［采收处理］　9～10 月间采集成熟的果实，集中堆放，上面以草包覆盖，以加速果苞的腐烂，数日后，待果苞与果核分离时，弃去果苞（如综合利用果苞提取栲胶，不宜腐烂，应采取剥制法），用水洗净果核，晒干，用锤子或脱壳机砸碎果壳，挑出种仁，再加工成食品或榨油。暂时不能尽快加工者，需用油纸或其他耐油的用具包装，防潮湿，防水浸，妥善保管。

［其　　他］　繁殖方法：将种子混沙两倍，越冬露天埋藏，翌春可直接播种造林。宜栽于湿润、排水良好、深厚的土壤，在瘠薄地往往生长不良。

27 胡桃（hutao）（图 559）

［地 方 名］　核桃（四川、山东、山西、云南、江苏），山核桃（河南），羌桃、万岁子（山西）。

［学　　名］　**Juglans regia** L.　胡桃科

［原 料 名］　核桃（通称）

［形态特征］　落叶乔木，高达 25 米；树皮灰色，小枝光滑，具明显的叶痕和皮孔；髓白色，片状分隔。奇数羽状复叶互生，小叶 5～9，稀 13，对生，有短柄，椭圆形或椭圆状卵形，长 5.5～12 厘米，宽 2.5～6.5 厘米，基部圆形或阔楔形，先端渐尖或锐尖，全缘，幼时有波状锯齿，**表面无毛，背面幼时仅在脉腋间具毛**。花单性，雌雄同株，与叶同时开放；雄花序柔荑状，生于一年生枝的叶腋，长 5～15 厘米，花密生，苞片、小苞片及花被片共 6 枚，雄蕊 15～30；雌花序穗状，直立，生于幼枝的顶端，具花 1～3。核果近球形，外果皮肉质，绿色，光滑，熟时不开裂，内果皮骨质，坚硬，具不规则的浅沟。花期 5 月，果期 10 月。

［生长环境］　生于海拔 400～1800 米之山坡及丘陵地带，在我国平原和丘陵地区常见栽培，喜肥沃湿润的沙质壤土，常见于山区河谷两旁土层深厚的地方。

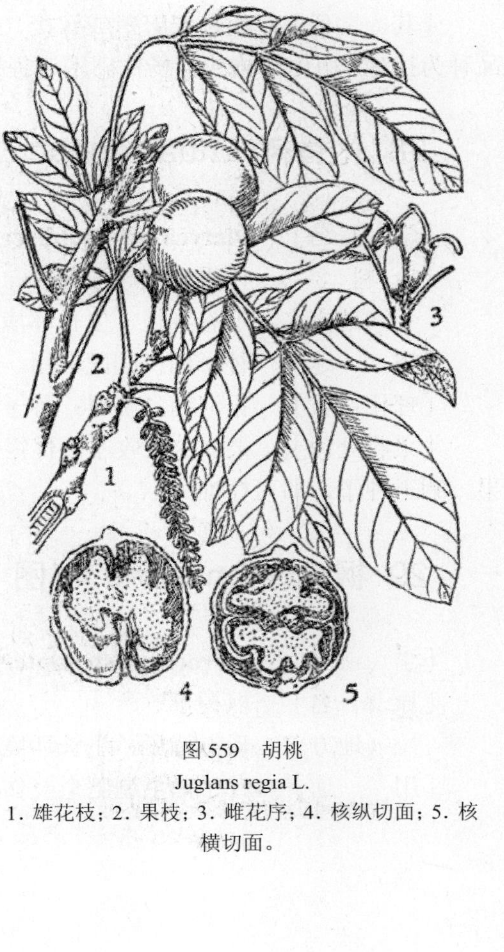

图 559　胡桃
Juglans regia L.
1. 雄花枝；2. 果枝；3. 雌花序；4. 核纵切面；5. 核横切面。

［产　　地］ 河北、山东、山西、河南、浙江、江苏、安徽、江西、湖北、湖南、贵州、云南、四川、陕西、甘肃、新疆、青海等省区。

［用　　途］ 种仁含油量高，可生食，亦可榨油，为优良的食用油；还可用作配制绘画用油料，也可治疗各种皮肤病及止咳。

木材坚实，耐久不裂，可制枪托、飞机等军用品。内果皮可制活性炭。树皮和外果皮可以提取鞣质制栲胶。树皮纤维是人造棉和造纸原料。叶及果皮可作农药（见“土农药类”，2023 页）。核桃内外果皮又可供药用。未成熟的果实及叶为提取维生素丙的原料。

［理化性质］ 据山西省资料：核仁含油量 58.3～74.7%，蛋白质 15～20%，五碳糖 1～1.5%。油的比重（15℃）0.9250～0.9288，折射率（20℃）1.4758～1.4809；碱化值 188.7～199.5，碘值 158.1，酸值 0.71～8.96。

［采收处理］ 10 月果实充分成熟，青皮变黄时采收。一般用富有弹性的木杆轻轻打落，避免强力猛打，损伤枝条影响来年结果；采收时最好在晴天进行，如在阴雨天或露水多时采收，常因种子含水过多，造成霉烂损失。采收后选通风良好的场地堆积起来，上盖藁草或草包，堆积厚度不宜超过 2 尺，5～7 天后，可用木棒轻击核壳，把青皮脱掉，平铺在场院内晾晒，约 7～8 天即可达到要求的干燥程度，放入席圈或麻袋内，存于干燥通风的地方，保存备用。

［其　　他］ 用种子繁殖或嫁接，但实生苗生长较慢，种子含油量低；常以优良品种为接穗，用山胡桃或枫杨作砧木进行嫁接，既可提早其结实期，又能获得优良品种。

28 化香树（huaxiangshu）（图 851）

［学　　名］ **Platycarya strobilacea** Sieb. et Zucc.　胡桃科

［原 料 名］ 化香树子（通称）

（地方名、形态特征、生长环境、产地及其他用途见“鞣科类”，1059 页）

［用　　途］ 种子油供制肥皂用。

［理化性质］ 据河南省资料：种子含油量 7～8%。

［采收处理］ 果实的采收季节性很强，必须在果熟时集中人力突击采收。打下球果，晒干种子，即可榨油。

29 枫杨（fengyang）（图 11）

［学　　名］ **Pterocarya stenoptera** DC.　胡桃科

［原 料 名］ 枫杨子

（地方名、形态特征、生长环境、产地及其他用途见“纤维类”，47 页）

［用　　途］ 种子油供制肥皂及作机械润滑油。

［理化性质］　据中国科学院林业土壤研究所分析：果实（去翼）含油量28.83%。

［采收处理］　8～9月果实成熟时采收，采种需及时，过时则果实脱落。采时可将采种布袋或麻袋、草席等铺在树下，用长杆打落果实，收集晒干，除去果皮，再晒数日即可榨油或用双层麻袋或布袋包装，贮藏于干燥处，以防霉烂。

30 桦（hua）

［地 方 名］　粉桦（吉林），白桦（黑龙江）。

［学　　名］　**Betula platyphylla** Suk.　桦木科

［形态特征］　落叶乔木，高约15～20米：树皮白色，光滑，不剥裂；枝暗红褐色，嫩枝有腺点。单叶互生，阔卵形或三角状卵形，长2.8～7厘米，宽2.1～6厘米，基部微圆形，先端渐尖，边缘有不规则的重锯齿，两面均无毛，或在基部稍有短柔毛，表面深绿色，背面色浅；叶柄长1～2.5厘米，无毛。花单性，雌雄同株；柔荑花序；雄花3朵聚生于每一鳞片内，雄蕊2；雌花生于枝顶。果穗长圆柱状，长2.5～3厘米，梗长1.2～1.8厘米；小坚果有翅，顶具宿存花柱，成熟时与鳞片一起脱落。果期8～10月。

［生长环境］　喜生于林区的湿润处，在采伐或山火迹地上常形成大片纯林。

［产　　地］　黑龙江、吉林、辽宁等省。

［用　　途］　种子油供制肥皂。

木材可供建筑、各种器具、火柴杆等用材，制材后的剩余物能作纤维板、木丝板、碎木刨花板、细木工板等；木材煎后可做郁金色染料。树皮可作药用，有解热、防腐及利尿之效，又可治黄疸病。树皮含鞣质，可作栲胶原料，并可制人造纤维。叶可作黄色染料。本种栽培容易，生长较速，树冠美丽，可作公园或庭院风景树。

［理化性质］　据中国科学院林业土壤研究所资料：种子含油量11.43%。

［采收处理］　种子成熟时，摘下果穗，晒干，打出种子后，除去杂质即可。

31 千金榆（qianjinyu）（图560）

［地 方 名］　半拉子（东北），千金榆（河南、山西），大叶桑、山樱桃（山东）。

［学　　名］　**Carpinus cordata** B1.　桦木科

［形态特征］　落叶乔木，高可达15米，胸径达70厘米；树皮灰褐色，有鳞片状浅裂；**小枝橙色至微褐色**，有明显的皮孔；芽长卵形，浅绿色或绿褐色，芽鳞4片。单叶互生，较薄，椭圆形或卵状长圆形，长7～12厘米，宽4～5厘米，基部心形或斜心形，先端渐尖，边缘有不整齐的重锯齿，表面深绿色，背面淡绿色，脉上微被疏毛或光滑，侧脉15～20对；叶柄长1.5～2厘米，有细毛。花单性，雌雄同株；雄柔荑花序下垂，长5～6厘米，花密生，无花被，苞片卵状披针形，紫红色，基部有雄蕊10，花丝分歧，着生2药；雌柔荑花序顶生，长约2厘米，有长梗，小苞线形，有毛，每苞内有雌蕊，副苞形大而包围子房，柱头细长，2裂，有细毛。果序呈下垂的细穗状；小坚果

椭圆形，长约4毫米，外有果苞，长2.5厘米，宽0.9～1.2厘米，向内卷折，脉纹明显。花期5月，果期9月。

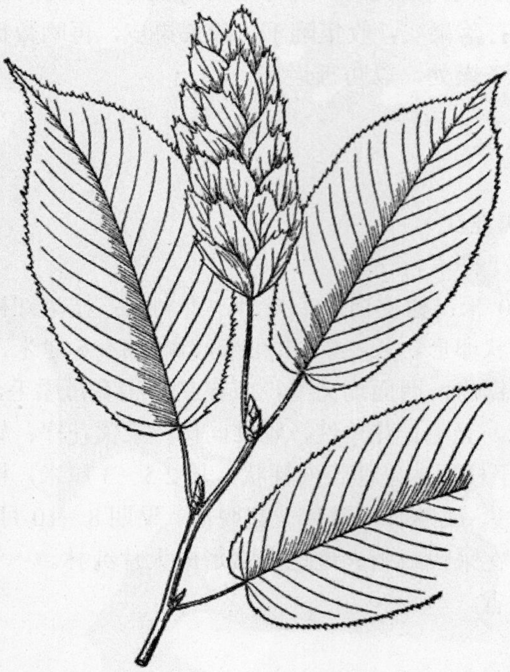

图560 千金榆

Carpinus cordata Bl.

果枝

［生长环境］ 生于针叶阔叶混交林或杂木林及湿润肥沃地，尤喜背阴山谷，亦能耐瘠薄地；干燥山谷则很少生长。

［产 地］ 辽宁、吉林、黑龙江、河南、河北、山东、山西、陕西、湖北等省。

［用 途］ 种子油可作制肥皂的原料，亦可用作润滑油。

木材略带驼黄色，纹理均密，质坚实，可制各种农具、床柱、板箱、玩具、家具等。制材的剩余物可做纤维板、木丝板及碎木刨花板等。

［理化性质］ 据辽宁省资料：种子含油量46.62%。

［采收处理］ 果实于9月间成熟，取其果序晒干，用连枷或木棒捶打，除去杂质，得纯净种子，置于通风干燥处，以免霉烂。

32 鹅耳枥（eerli）（图561）

［地 方 名］ 土江树、丝榆、千金榆（山西、河南、河北），老牛筋、牛筋子（辽宁、吉林、黑龙江），见风干（山西）。

［学 名］ **Carpinus turczaninowii** Hance 桦木科

［形态特征］ 落叶小乔木，高5～8米；树皮灰色，粗糙，有浅裂；小枝灰褐色，幼时具毛，后光滑；冬芽卵形，褐色有棱角。单叶互生，卵形至阔卵形，长3～5厘米，宽1.5～3厘米，基部通常圆形或阔楔形，顶渐尖。边缘具重锯齿，表面光滑无毛，背面脉上具疏毛，脉腋有簇毛，侧脉10～12对；叶柄长5～12毫米，有细毛。花单性，雌雄同株，花序下垂；雄花成柔荑花序，无花被，每苞片具雄蕊3～12；雌花顶生，柔荑花序，每苞片具花21朵，背面基部各有小苞片2，花被连于子房，花柱短，柱头2，线形。果序为下垂的短穗状，梗细长，果苞排列较稀疏，纸质，半卵圆形，基部具一极小裂片，两边均具齿；小坚果卵形，压扁，具树脂状斑点，无毛或中部微具细毛。花期4～5月，果期9月。

［生长环境］　喜湿润肥沃中性至酸性土壤，也能生长于贫瘠之地。多分布于山谷溪旁、林中。

［产　　地］　黑龙江、吉林、辽宁、内蒙古、河北、山西、河南、陕西、甘肃、青海、四川、云南、湖北等省区。

［用　　途］　种子（果）可榨油（出油率 15%），供食用或工业用。

木材坚韧，可作农具、手杖及伞柄等用。树皮及叶含鞣质，可提制栲胶（见“鞣料类”，1069 页）。

［理化性质］　据河南省资料：种子含油量 21%。

［采收处理］　9 月采收，连果序摘下，晒干，用连枷或棒敲打，除去苞片和杂质，即可榨油。

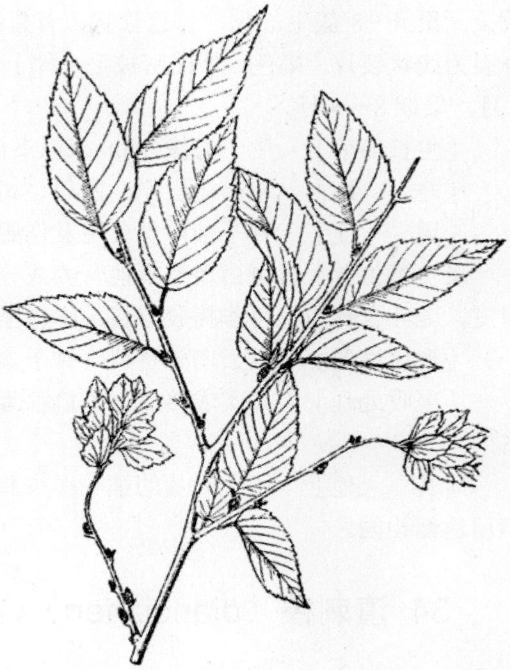

图 561　鹅耳枥
Carpinus turczaninowii Hance
果枝

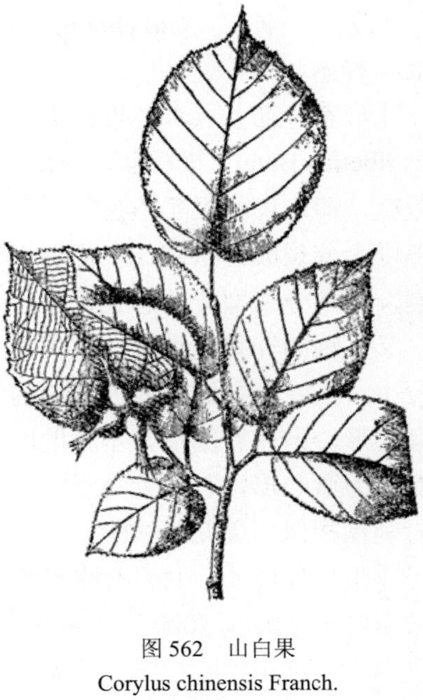

图 562　山白果
Corylus chinensis Franch.
果枝

33 山白果（shanbaiguo）（图 562）

［学　　名］　**Corylus chinensis** Franch.　桦木科

［原 料 名］　榛子（通称）

［形态特征］　落叶乔木，高 5～15 米，树冠常为圆形；树皮暗灰褐色，纵裂；小枝黄灰色，有皮孔，新生枝紫褐色，被白色小柔毛及有腺头的棕色粗长硬毛。单叶互生，纸质至近革质，阔卵圆形至卵状长圆形，长 10～20 厘米，宽 6～15 厘米，基部心形，有时偏斜，顶渐尖，边缘具不规则的重锯齿及单齿，表面几无毛，背面密被长茸毛，或脉上被毛，或在脉腋间有簇毛；叶柄长 1～2.5 厘米，有毛及腺。花单性，雌雄同株，先叶开放；雄柔荑花序下垂。无花

被，雄蕊 6，苞片外面密被短茸毛，卵圆形，顶尖；雌花序头状，包藏于鳞片内，有花数朵。果 4～8 簇生一起，总苞管状，有直条纹，长 1.8～2.2 厘米，在近顶处收缩，顶分裂为线状裂片，褐色，外面密被毛。种子近球形而略扁，直径 10～15 毫米。花期 4～5 月，果期 8～9 月。

［生长环境］ 生于海拔 3400 米以下山坡疏林或密林中，常见于河谷两岸。

［产　　地］ 云南、贵州、四川、湖北、陕西、甘肃等省。

［用　　途］ 种子油可供食用及作肥皂、化妆品的原料。

果实可生食，含蛋白质及其他营养成分，亦可制粉（见“淀粉及糖类”，450 页）。树皮、壳斗含鞣质，可作栲胶原料。木材坚硬，可做建筑及家具材料。

［理化性质］ 据云南省资料：种子含油量 50%以上。

［采收处理］ 果实成熟后，多自行落地，可收集或采摘树上的果实，晒干，去壳备用。

［其　　他］ 由于叶片的被毛多少和果实大小等方面的不同，可分为几个变种，但用途都相同。

34 滇刺榛（diancizhen）（图 563）

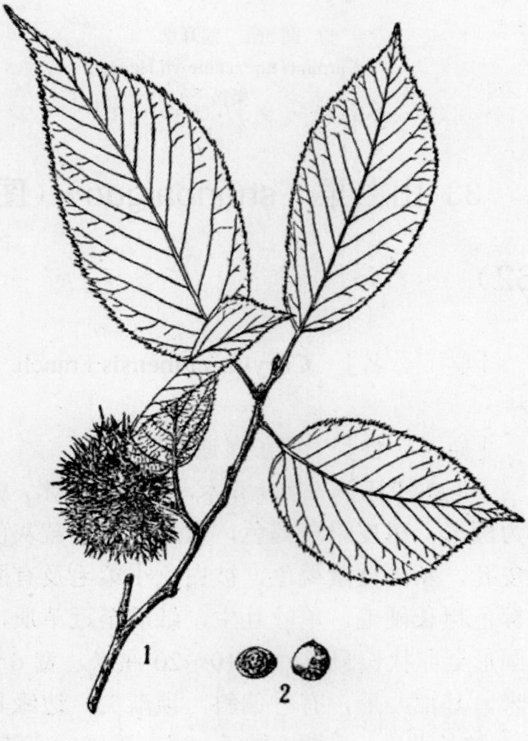

图 563 滇刺榛
Corylus ferox Wall.
1．果枝；2．坚果。（自“中国森林树木图谱”）

［学　　名］ **Corylus ferox** Wall. 桦木科

［形态特征］ 本种与刺榛（Corylus tibetica Batal）极相似，两种的差异较微，即本种的果实总苞片通常在中部以上分裂成针状刺，中部以下不分裂，其不分裂部分的总苞片常可看见。又本种的针状刺通常较粗大，分枝较少；在叶形方面刺榛的叶基通常为微心形，但亦有圆形。本种的叶基则有时为微心形，有时为圆形。其他则与刺榛相似。果期 1～2 月。

［生长环境］ 生于山坡密林中在云南常生于海拔 2000～3400 米之间。

［产　　地］ 云南西北部维西、鹤庆、丽江、贡山、剑川等地。

［用　　途］ 参阅刺榛（711 页）。

［理化性质］　据云南省野生植物普查队野外粗分析：种子含油量20%左右。

［采收处理］　参阅刺榛（711页）。

35 榛（zhen）（图564）

［地 方 名］　毛榛子、胡榛子、火榛子、榛子（东北），平榛（河北），大叶蒿（安徽），山板栗（湖北），毛核桃（甘肃），山核桃（贵州）。

［学　　名］　**Corylus heterophylla** Fisch.　桦木科

［原 料 名］　榛子（通称）

［形态特征］　落叶灌木，高0.8～2米；树皮灰褐色；枝褐色，幼枝密生褐色茸毛；芽球形、卵形或长圆形，稍扁，鳞片暗赤褐色，边缘有毛。单叶互生，有长柄；叶片阔卵形、倒卵形或椭圆形，长5～10厘米，宽4～7厘米，基部心形或圆形，先端近截形而有锐尖头，边缘具重锯齿，通常有小裂片，近先端的较明显，表面深绿色，多皱纹，无毛；背面灰绿色，具柔毛，侧脉每边6～8；叶柄长1～2厘米。密生柔毛。花单性，雌雄同株，较叶先开；雄柔荑花序每2～3个生于当年生枝上，下垂，呈圆柱形，苞有细毛，先端尖，鲜黄褐色，腹面有花被2，雄蕊8，药黄色；雌花无柄，着生在雄花序下方或枝顶，子房平滑无毛。果为坚果，1～4个，生于枝顶，近球形，直径7～15毫米，淡褐色，果露出，簇生，总苞结合成钟状，不规则的分裂为披针形或卵形的裂片，有褐色粗毛。花期4～5月，果期9～10月。

图564　榛

Corylus heterophylla Fisch.

1．果枝；2．雄花枝；3．坚果。

（自“河北习见树木图说”）

［生长环境］　喜好阳光，多群生于灌丛林或栎林被破坏后的干山坡上。适于干燥地或湿润的多石地。

［产　　地］　吉林、辽宁、黑龙江、内蒙古、河南、河北、山东、安徽、湖北、山西、甘肃、贵州等省区。

［用　　途］　种子含丰富的脂肪和蛋白质及维生素等，营养价值很高；果仁可生食或炒食，并可作糕点；又可制榛子粉（见“淀粉及糖类”，451页）。榛子乳供药用。

树皮、叶和总苞含鞣质，可提制栲胶（见“鞣料类”，1069页）。枝干可作手杖和伞柄；根条可供编织用。榛叶可作柞蚕饲料，嫩叶晒干贮藏，可为冬季猪饲料或喂其他牲畜。也是水土保持的优良树种，能固结土壤，防止冲刷。

［理化性质］　据吉林大学资料：种子含油量51.6%。油的比重（20℃）0.9120，折射率（20℃）1.4710；碱化值203.93，碘值76.6，酸值2.97，酯值206.9。据中国科学院林业土壤研究所资料：种子油比重（15℃）0.8909～0.8920，折射率（19℃）1.417；碱化值333.0～335.1，碘值46.7～46.9，酸值3.49～3.84，酯值296.7～298.3。

［采收处理］　榛子的用途甚广，由于各部分的用途不同，采收时期也各不相同。果实多在8～9月成熟时采收；若作榨油或药用时，需先去硬壳，取其种仁进行加工；若作一般食用者，去其总苞、杂质、簸扬干净，即可备用；又如作为饲料的叶以春夏季采集为宜，与麸皮煮烂，可喂猪及其他牲畜。

［加　　工］　榨油用压榨法，其操作工序如下：（1）选种：将原料用水洗净，除去泥土杂质。（2）炒料：上料量视锅的大小而定，炒时要不停搅拌，火力要求均匀，锅内始终保持一定温度，避免炒焦、炒嫩，直到每粒种壳发脆，内仁呈棕褐色为宜。（3）碾料：将炒好的籽料摊开，散去高温，用石碾轻轻压碎，至使籽仁和皮壳分开为止，除去皮壳，再细碾。（4）上水焖料：把料铺在蒸锅灶旁温度较高的地方，喷水搅拌，使之吸水均匀，用包饼布袋盖上焖(米丕)。（5）蒸料：要蒸透，使料充分吸气，在包饼时使温度不易下降，以利出油。（6）包饼：油草要稍厚些，操作要迅速，以防止温度下降。（7）压榨：复榨先松后紧，最后重压，要求连续进行，时间约2小时。此外还需进行2次复榨（方法与第一次同）。

［其　　他］　榛树萌蘖性极强，繁殖容易，可用无性或有性繁殖方法育苗。

榛果用途广，保存容易，又耐储运，有发展前途。

苏联的园艺工作者，利用杂交培育成许多优良品种的榛树，其坚果大，产量多，含油量高，耐寒力强，也是我国培育榛树的榜样。

36 角榛（jiaozhen）（图565）

［地 方 名］　胡榛子、火榛子（辽宁、吉林、黑龙江），毛榛（山西、山东、河北）。

［学　　名］　**Corylus mandshurica** Maxim.　桦木科

［形态特征］　落叶灌木，高3～5米；树皮龟裂；嫩枝褐色，密生灰褐色毛，老枝灰褐色，具灰白色皮孔；芽卵形，先端钝，深褐色，有2暗红色鳞片。单叶互生，卵形或椭圆形，长7～12厘米，宽4～9厘米，基部圆形或浅心形，先端锐尖，边缘为不整齐重锯齿，或有浅裂。侧脉6～8对，表面深绿色，背面灰绿色，叶脉上有毛。花单性，雌雄同株；雄花序2～3并生于叶腋，下垂，淡灰褐色，椭圆形至长圆形，长0.4～1.2厘米；雌花每2～4聚生于小枝顶，通常只2～3发育成果实。坚果球形，**较榛小**，顶端尖，外果皮较榛薄；总苞在果上收缩成管状，长2～5厘米，完全包裹果实，密被长刺毛，先端有不整齐的披针形裂片。花期5月，果期9～10月。

［生长环境］ 生于阔叶林或针叶阔叶混交的疏林下及林缘。

［产　　地］ 黑龙江、辽宁、吉林、内蒙古、河北、山东、山西、四川、湖北、甘肃等省区。

［用　　途］ 种子含油丰富，油可食用并可制肥皂、蜡烛和化妆品。

茎皮、叶及总苞均含鞣质，可提制栲胶（见“鞣料类”，1070 页）；果壳又为制活性炭的原料。种仁富营养，可当干果食，味美；亦可制淀粉，作点心用（见“淀粉及糖类”，451 页）。

［理化性质］ 据吉林大学资料：绝干的种仁含油量为 63.77%。油的比重（20℃）0.9167，折射率（20℃）1.4767；碱化值 184.7，碘值 61.1，酸值 1.10，酯值 185.8。

［采收处理］ 9 月果实成熟时采收，采回后除去果苞，晒干即可榨油。

［加　　工］ 同榛的加工方法。

［其　　他］ 繁殖方法用播种，亦可分根移栽。

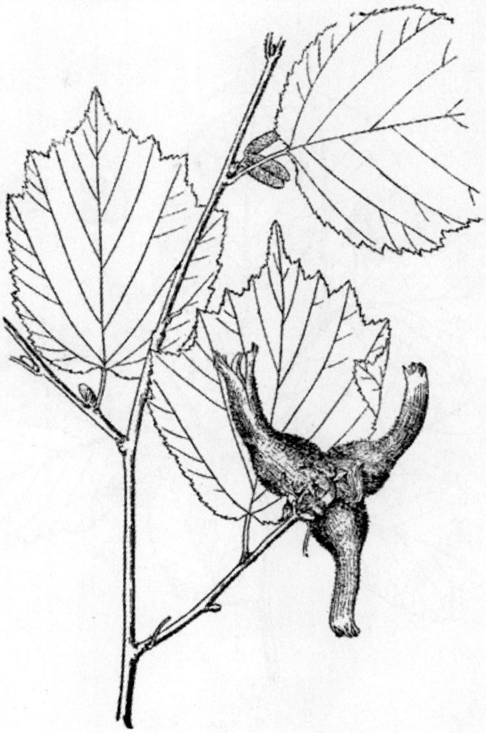

图 565　角榛
Corylus mandshurica Maxim.
果枝

37 刺榛（cizhen）（图 369）

［学　　名］ **Corylus tibetica** Batal.　桦木科

（地方名、形态特征、生长环境、产地及其他用途见“淀粉及糖类”，452 页）

［用　　途］ 种子油供制肥皂、蜡烛及化妆品。

果壳、树皮可提取鞣质。

［理化性质］ 据云南省野生植物普查队野外粗分析：种子含油量 20%左右。

［采收处理］ 种子成熟后，即可采收，去掉总苞及杂质，放于通风干燥处保存备用。

38 滇榛（dianzhen）（图 566）

［学　　名］ **Corylus yunnanensis** (Fr.) A. Camus　桦木科

［形态特征］ 小乔木或灌木，高 3～6 米；小枝暗褐色，有黄灰色的皮孔，无毛；

新生枝密被短茸毛及具腺头的粗长硬毛。单叶互生，革质，近圆形，长 5～13 厘米，宽 4.5～12 厘米，基部心形或近圆形，先端通常为骤狭的长三角状狭尖，边缘具不规则的重锯齿，表面被稀疏的短粗毛，中脉及侧脉常为下陷，背面容被茸毛；叶柄长不超过 1 厘米。雄花序为柔荑花序，无或几无总梗，长可达 7 厘米；雌花序头状，具总梗；总苞一片，略成盃状，包着坚果至顶部或稍延长，顶呈不规则的浅裂，两面均密被毛。坚果近球形而两侧压扁，具环肋，密被毛。果期 7～8 月。

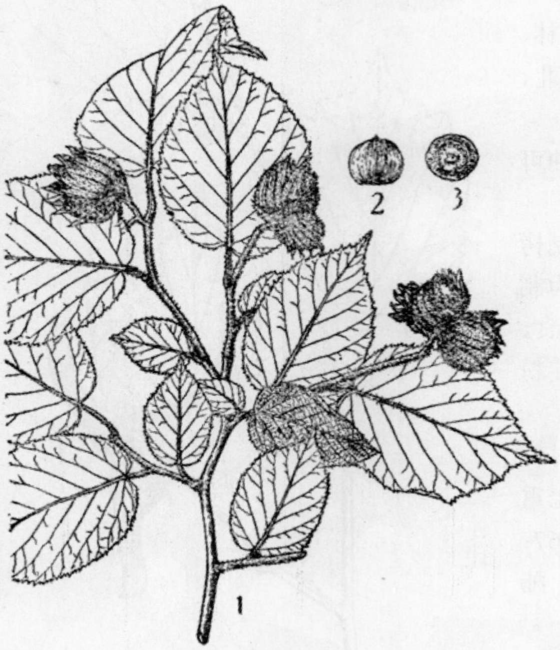

图 566　滇榛

Corylus yunnanensis (Fr.) A. Camus

1．果枝；2．坚果，侧面观；3．坚果，自下面观。

（摘自“中国森林树木图谱”）

［生长环境］　疏林或灌木林中，在云南生于海拔 1700～3700 米间。

［产　　地］　云南丽江、鹤庆、维西、德钦、大理、文山、嵩明等地。

［用　　途］　种子可榨油。壳斗及树皮可提取鞣质。

［理化性质］　据云南省野生植物普查队野外粗分析：种子含油量 20%。

［采收处理］　种子成熟后，即可采收，去掉总苞，置通风处备用。

39 虎榛子（huzhenzi）（图 567）

［地 方 名］　棱榆（内蒙古、山西），胡榛子（河北），榛子（青海）。

［学　　名］　**Ostryopsis davidiana** Decne.　桦木科

［形态特征］　丛生灌木，高 1～2 米；树皮浅黄色；小枝幼时具柔毛，淡褐色；芽卵形，顶短尖。单叶互生，阔卵形，长 2～8 厘米，宽 1.7～5.7 厘米，基部心形，先端锐尖，边缘具重锯齿，表面有散生毛，背面有柔毛及腺点，侧腺 5～8 对；叶柄长 0.5～1.2 厘米，有毛；托叶早落。花单性，雌雄同株；雄花成下垂长圆柱状柔荑花序，冬季裸露，每苞有雄蕊 4～6，无花被，花丝顶部两歧，药先端有长毛；雌花成极短穗状花序，每苞具 2 花，花包于 3 裂的总苞内，萼连于子房，子房每室具1胚珠，花柱 2 裂。小坚果簇生，卵形，有尖，长约 8 毫米。果期 7 月。

［生长环境］　在海拔 1200～1700 米处常成群分布，喜生于干燥、多石块、土层较薄的山坡上，不分阳坡阴坡，皆可生长。

［产　　地］　辽宁、内蒙古、河北、陕西、甘肃、青海、山西、江苏、四川等省区。

［用　　途］　油可供食用和制肥皂。

种子蒸炒可食。枝条可编织农具，经久耐用。树皮及叶均含鞣质，可提制栲胶（见“鞣料类”，1070 页）。

［理化性质］　据陕西省资料：籽实含油量 10%左右。

［采收处理］　果实约于 10 月间成熟，用镰刀割下果序晒干，除去枝叶和总苞，将果实储藏在干燥处，避免虫蛀。

［其　　他］　虎榛子分布极广，结实很多，是有利用前途的植物。又因常成丛密生于山坡或陡沟岸上，也是很好的水土保持树种。

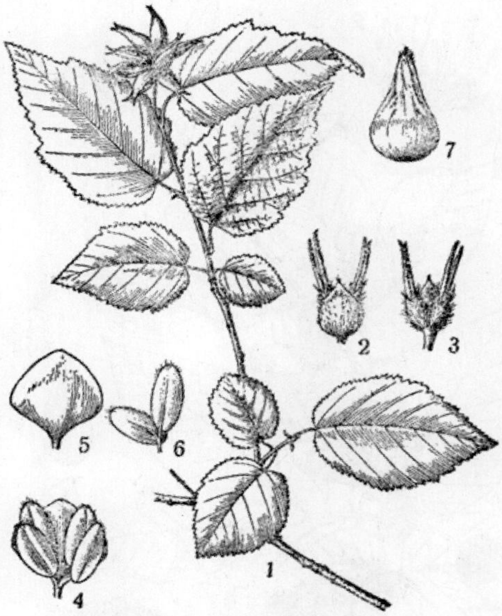

图 567　虎榛子

Ostryopsis davidiana Decne.

1. 果枝；2，3. 雌花；4，5. 雄花；6. 雄蕊；7. 果。

40 锥栗（zhuili）（图 373）

［学　　名］　**Castanopsis chinensis** Hance　山毛榉科

（地方名、形态特征、生长环境、产地及其他用途见“淀粉及糖类”，456 页）

［用　　途］　种仁油可供食用，榨油后的油渣供淀粉原料用。

［理化性质］　据广西僮族自治区资料：种仁出油率约 20%。

［采收处理］　11 月间果实成熟时采收，放于太阳下曝晒，使壳斗与果实分离，壳斗供提制栲胶，果实晒干，去外壳，留下籽仁即可榨油。

41 山毛榉（shanmaoju）（图 568）

［地 方 名］　矮栗树、杂子树、毛洼栎子、长柄山毛榉（湖南），白米树（浙江），水青冈（湖北）。

［学　　名］　**Fagus longipetiolata** Seem.　山毛榉科

［形态特征］　落叶大乔木，高达 26 米；树皮光滑，淡灰色；小枝细长，无毛；芽伸长，先端锐尖。单叶互生，卵状长圆形或带菱状的阔卵形，长 9～13 厘米，宽 4.5～

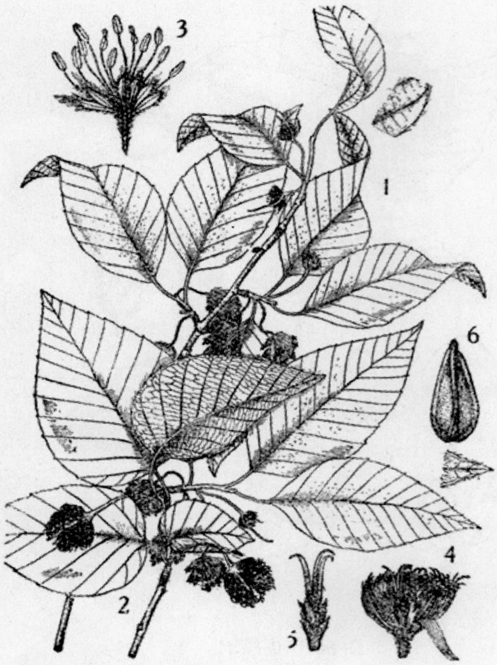

图 568 山毛榉

Fagus longipetiolata Seem.

1．花枝；2．果枝；3．雄花；4．雌花序；5．雌花；6．坚果。（自“中国森林植物志”）

5.5 厘米，基部阔楔形或略近圆形，先端渐尖，边缘有疏离的波状圆锯齿，表面光亮无毛，背面在嫩叶时密被短柔毛，老叶仅沿脉上有长柔毛；侧脉 9～14 对，平行，向上斜展，在叶的两面隆起；叶柄长 1.5～2 厘米，被稀疏的长柔毛；托叶线形，通常早落。花单性，雌雄同株；无花瓣；雄花多数。集生而成为头状花序，生于叶腋，具长而下垂的花序柄，萼 4～7 裂，雄蕊 8～16；雌花通常 2 朵，生于一具长柄的总苞内，萼 4～5 裂；子房下位，通常 3 室，每室有胚珠 2，花柱 3。总苞卵形，长 2～2.5 厘米，直径 1.5 厘米，外面被有锈色茸毛及多数细长的刚毛状反曲的软刺，内藏坚果 2 颗；总苞柄长 3～6 厘米。坚果卵圆三角形，有棱 3 条。花期 4～5 月，果期 9～10 月。

［生长环境］ 为温带重要树种，生于气候冷温、土壤肥沃而较湿润的山地，海拔约 1000 米的林中或林缘。在华南地区仅北纬 24 度以北的山地上有发现，通常以北坡山谷生长较好。

［产　　地］ 广东、广西、云南、贵州、江西、湖南、湖北、四川、浙江等省区。

［用　　途］ 坚果油可供食用及作油漆。

壳斗（总苞）含鞣质，可提制栲胶。木材供建筑、枕木、矿山用材，还可制器具和板材。

［理化性质］ 据湖南省资料：坚果含油量 46.07%。出油率 36%。

［采收处理］ 9～10 月果实成熟时，采其果实晒干，除去壳斗（总苞），取出坚果备用。

［其　　他］ 用种子繁殖，宜随采随播，种子干燥后即失去发芽力。

42 柯（ke）（图 391）

［学　　名］ **Lithocarpus glaber** Rehd. (*L. thalassica* Rehd.) 山毛榉科

（地方名、形态特征、生长环境、产地及其他用途见“淀粉及糖类”，475 页）

［用　　途］　种子油供制肥皂和油漆用。

［理化性质］　据江苏省资料：种子含油量 26.27%，种仁含油量 64.27%，含淀粉 3.27%，粗纤维 1.69%，蛋白质 23.34%，含氮物质 6.18%。

［采收处理］　果实成熟时采收，除去壳斗和果壳，晒干种子存通风干燥处备用。

［其　　他］　用种子繁殖，可采用直播法。5 年即可成林，10 年可以开始间伐。

43 栎（li）（图 397）

［学　　名］　**Quercus acutissima** Carr.　山毛榉科

［原 料 名］　橡子（通称）

（地方名、形态特征、生长环境、产地及其他用途见“淀粉及糖类”，482 页）

［用　　途］　种子油可制肥皂。

［理化性质］　种仁主要含淀粉，此外含脂肪油约 5%。据“江苏野生植物志”：产于江苏西南部的，含油量高达 15～20%。

［采收处理］　10 月果熟采收，去壳后用种仁榨油。

［加　　工］　种仁先取油，再利用种仁中的淀粉酿酒。具体榨油方法见总论。

44 紫弹树（zidanshu）（图 14）

［学　　名］　**Celtis biondii** Pamp.　榆科

（地方名、形态特征、生长环境、产地及其他用途见“纤维类”，50 页）

［用　　途］　种子油可供制肥皂。

［理化性质］　据湖南省轻工业厅资料：种子含油量约 40%。

［采收处理］　10 月果熟，呈黑色，采收后洗除果皮，留果核晒干备用。

45 大叶朴（dayepu）（图 17）

［学　　名］　**Celtis koraiensis** Nakai　榆科

（地方名、形态特征、生长环境、产地及其他用途见“纤维类”，53 页）

［用　　途］　果核油供制肥皂、滑润油。

［理化性质］　据辽宁省资料：果核含油量 51.20%。

［采收处理］　7～9 月间采收果实，取出种子晒干，即可榨油。

46 朴树（pushu）（图 569）

［地 方 名］　沙朴（江苏、山东），千粒树（江苏），紫丹树（山东），桑仔（广东海南），千层皮（广西），朴仔树（台湾）。

［学　　名］　**Celtis sinensis** Pers. (*C. japonica* Planch.)　榆科

［形态特征］　落叶乔木，高达 20 米；树皮褐灰黑色，粗糙而不开裂；一年生枝暗灰褐色，有密毛，皮孔明显。单叶互生，阔卵形以至卵状长椭圆形，长 5～10 厘米，宽 2.5～5 厘米，基部偏斜，先端尖，边缘在中部以上有粗锯齿，表面深绿色，初有毛，老时脱落，背面灰绿色，脉上有少许毛，基部三出脉，侧脉疏生，不达边缘即向上弯曲；叶柄长 5～8 毫米，被柔毛。花杂性，雌雄同株，生于当年生新枝的叶腋；雄花 2～3 聚生于枝的基部，花被 4，先端边缘有软毛；雄蕊 4，花丝淡红色，仅于基部有毛，药椭圆形，侧方纵裂；雌花 1～2 生于新枝上部；花被 4；雌蕊 1，花柱 2 裂，向外反曲，柱头呈毛状，子房卵形，平滑，1 室，1 胚珠。核果球形，成熟时为红褐色；果核表面凹陷有棱脊。花期 5 月，果期 10 月。

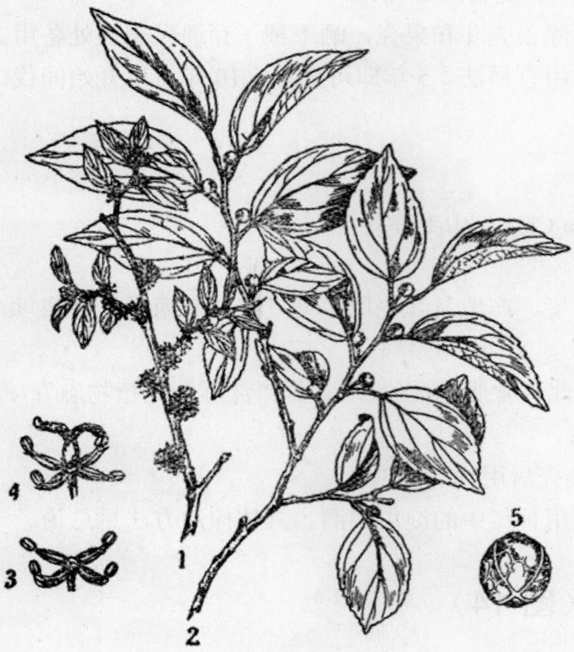

图 569　朴树
Celtis sinensis Pers.
1．花枝；2．果枝；3．雄花；4．两性花；5．果核。
（自“中国森林植物志”）

［生长环境］　多生于村落平地、路旁及河岸边等地；喜湿润及肥沃深厚的粘质土壤。

［产　　地］　江苏、浙江、安徽、山东、江西、广东、广西、福建、台湾、湖南、甘肃等省区。

［用　　途］　果核油供制肥皂和机械润滑油用。

果可食。树皮纤维可制绳索、人造棉及造纸（见“纤维类”，54 页）。木材可作家具、枕木、建筑材料。树皮蒸汤服下，有增进食欲的功效；患荨麻疹可以用其叶揉擦。

［理化性质］　据甘肃省资料：果核含油量 43%。

［采收处理］　9～11 月果实成熟时采收，洗除果皮，晒干后，取出果核即可榨油。

47 西川朴（xichuanpu）（图 570）

［学　　名］　**Celtis vandervoetiana** Schneid.　榆科

［形态特征］　落叶乔木，高约 20 米；树干粗大，胸径约 30 厘米，树皮光滑，小枝无毛。单叶互生，卵状椭圆形，长 8～13 厘米，宽 4.5～7 厘米，基部圆形，两侧略不对称，先端渐尖，边缘中部以上有整齐圆锯齿，基部三出脉；叶柄长 1.5～2 厘米。花杂性，雌雄同株，细小，无花被；雄花簇生；雌花单生；花萼 4～5，雄蕊 4～5，子房 1

室，胚珠 1，倒垂，花柱 2 裂。果实为肉质核果，卵状椭圆形，长约 2 厘米，未成熟时呈暗绿色，成熟后橙红色，**果梗长 3～3.5 厘米**；果核微有凹陷与棱背，薄而坚硬，近卵圆形；种仁白色，有光泽。花期 4～5 月，果期 9 月。

［生长环境］ 生于海拔 600～1000 米的山谷、湿度大、气温低、土壤为山地黄棕壤或红壤的地方。

［产　　地］ 福建、广东、四川等省。

［用　　途］ 种子含油丰富，油可制肥皂和润滑油。

木材坚硬致密，常用于制家具。

［理化性质］ 据复旦大学资料：取自未成熟的果实的种仁出油率为 29%。粗制油呈深黄色，精制油呈淡黄色，油的气味有些象猪油。

［采收处理］ 果实成熟时，采回洗去种皮，晒干即可榨油。

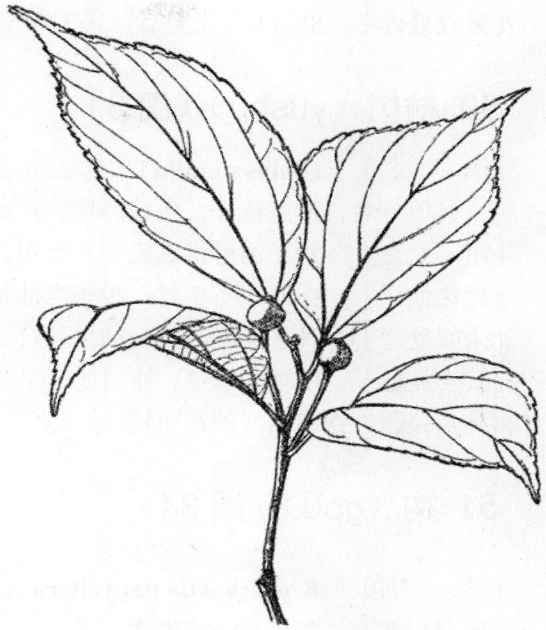

图 570　西川朴
Celtis vandervoetiana Schneid.
果枝

48 光叶山黄麻（guangyeshanhuangma）（图 23）

［学　　名］ **Trema cannabina** Lour. (*T. virgata* Bl.)　榆科

（地方名、形态特征、生长环境、产地及其他用途见“纤维类”，58 页）

［用　　途］ 种子油可制肥皂、润滑油用。

［理化性质］ 据中国科学院华南植物研究所资料：种子含油量 26.5%，水分 10.2%。油的折射率（25℃）1.4752；碱化值 221.4，酸值 20.52。

［采收处理］ 8～10 月果熟时，摘取果枝、置日光下晒干，除净果枝和杂物，留下果实供榨油。

49 山黄麻（shanhuangma）（图 26）

［学　　名］ **Trema orientalis** (L.) Bl.　榆科

（地方名、形态特征、生长环境、产地及其他用途见“纤维类”，62 页）

［用　　途］ 种子油可制肥皂、润滑油。

［理化性质］ 据中国科学院华南植物研究所资料：种子含油量30.5%，水分7.9%。

［采收处理］ 8～11月果熟后，采下晒干备用。

50 榆树（yushu）（图31）

［学　　名］ **Ulmus pumila** L. (*U. campestris* var. *pumila* Maxim.) 榆科

（地方名、形态特征、生长环境、产地及其他用途见“纤维类”，66页）

［用　　途］ 种子油可供制肥皂和食用。

［理化性质］ 据四川省资料：种子含油量18.1%，出油率13%。

［采收处理］ 种子4～6月成熟时采收，晒干即可。

［其　　他］ 用种子繁殖。榆树能耐旱，根深，抗风力强，在华北及西北可作防护林树种及公路、铁路沿线的行道树。

51 构（gou）（图34）

［学　　名］ **Broussonetia papyrifera** (L.) Vent. 桑科

［原 料 名］ 谷皮树子（湖南）

（地方名、形态特征、生长环境、产地及其他用途见“纤维类”，70页）

［用　　途］ 种子油供制肥皂、润滑油及油漆用。

［理化性质］ 据上海食品工业科学研究所化验结果：种子含油量44.83%，灰分3.87%，粗纤维13.16%，蛋白质26.18%，非氮物质11.96%。油属干性油，油的比重（20℃）0.9534，折射率（20℃）1.5028，脂酸凝固点19.0℃；碱化值179.1，碘化值（韦氏法）134.9，酸值26.1，不碱化物0.98%，可溶性脂肪酸0.70%，不溶性脂肪酸94.2%。

［采收处理］ 果熟时呈红色，应及时采收，除去果肉，将种子洗净晒干，即可榨油。

52 大麻（dama）（图35）

［学　　名］ **Cannabis sativa** L. 桑科

（地方名、形态特征、生长环境、产地及其他用途见“纤维类”，72页）

［原 料 名］ 火麻籽、小麻籽（陕西、甘肃、宁夏），线麻籽（东北），大麻籽（通称）。

［用　　途］ 种子油可作油漆和制软皂、肥皂，经提炼后亦可食用，油粕可作肥料或家畜饲料。

茎皮的纤维很好，可供纺织用（见“纤维类”，72页）。

［理化性质］ 据上海食品工业科学研究所资料：种子含油量30.03%，灰分4.0%，

粗纤维 23.86%，蛋白质 36.30%，非氮物质 15.81%。油属干性油；油的比重（20℃）0.9246，折射率（20℃）1.4840，粘度（安格拉氏秒 20℃）$5'24\frac{4''}{10}$，脂酸凝固点 15.4℃；碱化值 188.1，碘值（韦氏法）171.2，酸值 2.1，不碱化物 1.31%，乙酰值 25.85，可溶性脂肪酸 0.19%，不溶性脂肪酸 94.9%。

［采收处理］　果实成熟后，摘取果序晒干，打落果实，除去杂质，即可备用。

53 葎草（lücao）（图 56）

［学　　名］　**Humulus scandens** (Lour.) Merr. (*H. japonicus* Sieb. et Zucc.)　桑科

［原 料 名］　拉拉秧籽（通称）

（地方名、形态特征、生长环境、产地及其他用途见“纤维类”，92 页）

［用　　途］　种子油供制肥皂、油墨、润滑油及其他工业用。

［理化性质］　据山东省资料：种子含油量 27.9%，出油率 18%。

［采收处理］　8～9 月间种子成熟时用镰刀将全株割下，放于日光下晒干后，用棒敲打，使全部籽实脱落，扬去碎壳及杂质，得净籽贮存备用。

54 桑（sang）（图 58）

［学　　名］　**Morus alba** L.　桑科

［原 料 名］　桑子（通称）

（地方名，形态特征、生长环境、产地及其他用途见“纤维类”，94 页）

［用　　途］　种子油供制油漆、肥皂用。

［理化性质］　据山东省资料：种子含油量 26%，粗纤维 29.97%，蛋白质 18.63%，非氮物质 27.6%。出油率 21%。油的折射率 1.4770；碱化值 193.05，碘值 139，酸值 9.8。

［采收处理］　在桑果成熟时摘下，洗除果肉晒干，用手搓或石磨碾去外皮，使渣滓分离，然后用风车扬净，以备加工。贮存时，可将种子装麻袋内，置干燥处，以免受潮霉烂生虫。

［加　　工］　如采用压榨法，可按照下面工序进行：（1）炒籽：将选好的籽放锅内炒 25 分针左右，火力要适度，掌握不红锅，不焦籽，炒至锅内出大气，使籽呈竹叶青色即可；（2）碾料：首先将籽磨碎，然后碾(米丕)。碾到手捻成片发油时为止；（3）蒸料：将碾好的料置于开水锅内帘上，烧大火蒸约 3～4 分钟，但须摊放均匀，疏松，以便放气均匀，蒸至出大气，甑壁四周滴水时停止；（4）踩饼：将蒸好的原料，放于铁质或草质的圈内，进行踩饼。要求踩的快、薄、紧、均匀。先踩周围，后踩中心，要保持中心高于周围，保持饼的温度；（5）压榨：装饼要迅速、放正、摆平，打榨时要轻打、

勤打，见油后逐渐加大压力，保持油不断地流出，一直打到断油线为止；（6）复榨：第一次榨油后，取饼碾细，碾时在饼上喷水 5%左右，出碾过筛，越细越好，进行复榨。

55 鸡桑（jisang）（图 59）

［学　　名］ **Morus australis** Poir. (*M. bombycis* Koidz.; *M. acidosa* Griffi.; *M. japonica* Bail.) 桑科

（地方名、形态特征、生长环境、产地及其他用途见“纤维类”，95 页）

［用　　途］ 种子油可制肥皂和润滑油。

［采收处理］ 参阅桑（719 页）。

［加　　工］ 参阅桑。

56 苎麻（zhuma）（图 65）

［学　　名］ **Boehmeria nivea** (L.) Gaud. 荨麻科

（地方名、形态特征、生长环境、产地及其他用途见“纤维类”，100 页）

［用　　途］ 种子油供制肥皂及食用。

［理化性质］ 据山东省资料：种子含油量 36%，出油率 29%。

［采收处理］ 果实成熟时，自果梗处剪下，收集晒干，用棒打下种子或碾破果皮，使种子脱落，去掉杂质即可进行加工。

57 大蝎子草（daxiezicao）（图 72）

［学　　名］ **Girardinia palmata** (Forsk.) Gaud. 荨麻科

（地方名、形态特征、生长环境、产地及其他用途见“纤维类”，107 页）

［用　　途］ 种子油可供制肥皂用。

［理化性质］ 据云南省经济植物普查队野外粗分析：种子含油量 22%。

［采收处理］ 果实成熟时，用镰刀割下全株，将果敲落，除去杂质晒干，即可榨油。茎杆剥皮供纤维用。

58 顶花艾麻（dinghuaaima）（图 75）

［学　　名］ **Laportea terminalis** Wight 荨麻科

（地方名、形态特征、生长环境、产地及其他用途见“纤维类”，110 页）

［用　　途］ 种子油供食用及药用。

［理化性质］ 据云南省经济植物普查队野外粗分析：种子含油量 24%。

［采收处理］ 果实成熟后采收，剪下果序，将种子取出晒干，即可榨油。茎杆留作剥麻。

59 巨根荨麻（jugenxunma）（图 85）

［学　　名］ **Urtica macrorrhiza** Hand.-Mazz.　荨麻科

（地方名、形态特征、生长环境、产地及其他用途见“纤维类”，119 页）

［用　　途］ 种子油可制肥皂。

［理化性质］ 据云南省经济植物普查队野外粗分析：种子含油量 22%。

［采收处理］ 果实成熟后割取全株，晒干，打出果实即可。

60 红叶树（hongyeshu）（图 571）

［地 方 名］ 羊屎果（广东）

［学　　名］ **Helicia cochinchinensis** Lour. 山龙眼科

［形态特征］ 常绿乔木或灌木，高 4～15 米，无毛。单叶互生，革质，椭圆形或长圆形，长 7～12 厘米，宽 1.8～3 厘米，基部渐狭，先端渐尖或长渐尖，全缘或上部有粗锯齿，表面绿色，光亮，背面暗绿色，脉纤弱，两面均凸起；叶柄长 6～12 毫米。总状花序单生于叶腋，具短柄，比叶略短；花密生；花梗长 1～3 毫米；花被柔弱，长 10～12 毫米，先端略厚，开放时背卷，腺体鳞片状，极钝，分离或于基部合生，子房无毛。坚果卵形，长 10～12 毫米，直径约 8 毫米，顶钝，不开裂；种子近球形。花期 8 月，果期 11 月。

图 571　红叶树
Helicia cochinchinensis Lour.
1. 花枝；2. 果枝；3. 花；4、5. 去花被，示子房和腺体。

［生长环境］ 本种为热带常绿树种。适应性广，无论平原、丘陵或山地、山谷的疏林中均有生长，以气候温暖、土壤湿润而肥沃的山谷疏林中最适宜生长。

［产　　地］ 广东、广西、福建、台湾、浙江、江西、湖南、湖北、四川、云南等省区。

［用　　途］ 种子油可食用，制肥皂、润滑油等。种子亦可炒食或提淀粉（见“淀粉及糖类”，498 页）。

木材淡黄色，可制家具。本树种又是很好的蜜源植物。

［理化性质］ 据广东省商业厅资料：种子含油量 22.79%。

［采收处理］ 秋后果熟时采收果实，晒干备用。

［加　　工］ 用一般的榨油方法。榨油后的渣又可加工提淀粉。

［其　　他］ 种子繁殖，秋后采回，用湿沙保存至次年春天播种。

61 冠梨（guanli）（图 572）

［地 方 名］ 油葫芦（云南）

［学　　名］ **Pyrularia edulis** (Wall.) A. DC.　檀香科

［原 料 名］ 油葫芦子

图 572　冠梨
Pyrularia edulis（Wall.）A. DC.
1. 花枝；2. 花；3. 果。

［形态特征］ 灌木或小乔木，高 3～15 米；树皮灰色，皮孔长圆形，有时不明显；枝无毛。单叶互生，具柄，纸质，卵圆形至卵状长圆形，长 8～15 厘米，宽 3～7 厘米，基部宽楔形至圆形，先端渐尖或短尖，全缘，两面同色，表面无毛，背面脉上初时被疏少的长柔毛，叶脉每边 3～4。花杂性，顶生于侧枝上成聚伞花序；花被 5（稀为 6），下部合生，外面被毛；雄花的雄蕊 5（稀为 6），雄蕊之间有鳞片状体；花盘环形；雌花单生，子房下位，柱头头状。核果小梨形，连果柄长 3～4.5 厘米，直径 2～3 厘米，基部狭窄，先端平，常有凸起的宿存花被；种子近球形，有含油丰富的胚乳。花期 3～4 月，果期 8～10 月。

［生长环境］ 生于海拔 1500～2700 米山坡向阳稍干旱地方或常绿阔叶疏林内。

［产　　地］ 云南、广西、广东等省区。

［用　　途］ 种子油可食用，但据云南传说，多食令人头昏。

［理化性质］ 据中国科学院昆明植物研究所资料：种子含油量 56～63.76%。

［采收处理］ 果熟时采收，剥去外皮，晒干去壳，将纯净种子置干燥通风处保存备榨油。

62 硬核（yinghe）（图 573）

［学　　名］ **Scleropyrum wallichianum** (W. et A.) Arn.　檀香科

［形态特征］ 乔木；树皮带灰色；枝粗壮，通常节上有短刺，除花序外，各部分器官均无毛。单叶互生，革质，有短柄，长圆形或椭圆形，长 7～15 厘米，宽 5～7 厘米，基部圆或常近心形，先端钝，全缘，两面无毛，主脉在表面下陷，在背面突起，侧

脉每边3～4条，斜上最下2条较长，成不大明显的基三出脉；叶柄长约6～10毫米；无托叶。花杂性，柔荑花序状的穗状花序；单生、双生或更多数生于叶腋，被黄绿色或黄色茸毛，长2.5～5厘米，花轴及总花柄粗壮；花带红色；雄花花被管实心，雌花花被管与子房贴生；花被裂片5，卵形，每一裂片在雄蕊之后，有毛一丛；雄蕊5，着生在裂片基部，花丝颇短；先端分裂，花药2室，略叉开，内向，纵裂；花盘环形；子房下位，1室，胚珠3，花柱短，粗壮，柱头大，盾形；雌花柄在花后显著增粗，长3～3.5厘米，直径约2厘米，基部渐狭，顶冠以宿存的花被。核果倒卵状梨形，外果皮肉质，内果皮坚硬而薄；种子球形。花期2～3月，果期8～9月。

［生长环境］　本种为热带植物，生于丘陵地的灌木丛中。

［产　　地］　广东省

［用　　途］　种子油可制肥皂、润滑油。

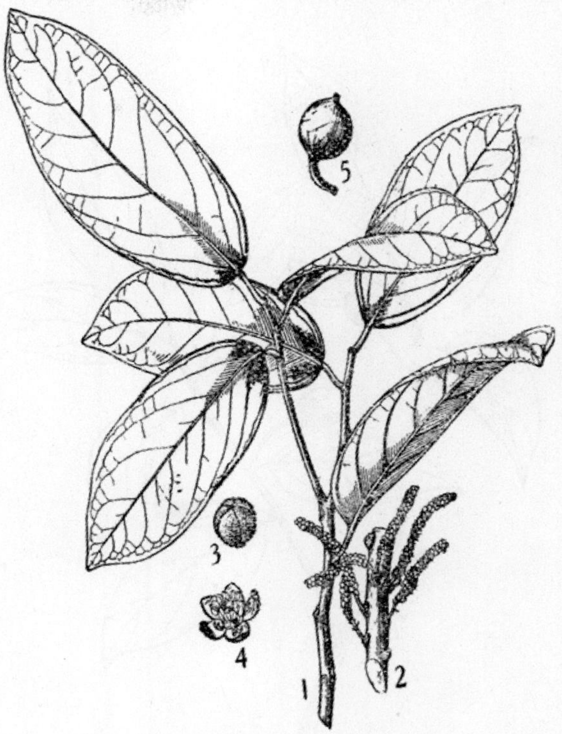

图573　硬核

Scleropyrum wallichianum（W. et A.）Arn.

1．枝条；2．花序；3．花蕾；4．花；5．果实。

［理化性质］　据广东省资料：种子含油量67.45%。

［采收处理］　果熟时采收果实，放竹篓内，浸水中搓擦，除去果皮后晒干备用。

［加　　工］　将硬壳除去，晒干种子，经舂粉、过筛、炒粉、踩饼，然后压榨。

［其　　他］　云南南部海拔150～1500米的热带常绿阔叶林内，见有本种的变种［Scleropyrum wallichianum（W. et A.）Arn. var. mekongense（Gagn.）H. Lecte.］，与本种不同处在于枝刺，雄花被裂片外面有茸毛。据中国科学院昆明植物研究所资料：种子含油量67.57 %。

63 青皮木（qingpimu）（图574）

［学　　名］　**Schoepfia chinensis** Gardn. et Champ.　铁青树科

［形态特征］　灌木或小乔木，全部无毛。单叶互生，膜质或纸质，卵状长圆形至长圆状披针形，长6～9厘米，宽2～4.5厘米，基部阔楔尖，先端渐尖；叶柄长4～6

毫米。花无梗，常俯垂，1～4 个生于叶腋内，形成侧生或顶生的总状花序；总花梗短；花冠白色而带黄或淡红色，芳香，长 10～12 毫米，冠管直径 4～5 毫米，裂片卵状三角形，长 3～4 毫米。核果长圆形，长 10～15 毫米，先端钝头，基部为扩大宿萼所包围。花期 2～3 月，果期 5～6 月。

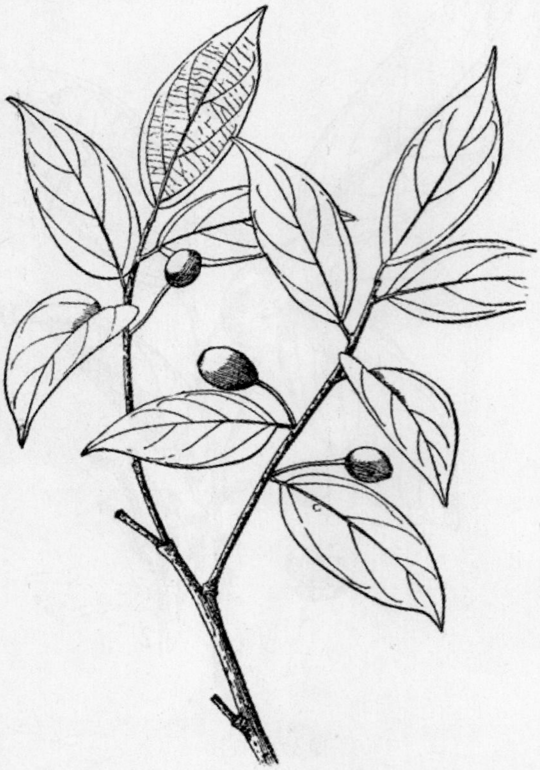

图 574 青皮木
Schoepfia chinensis Gardn. et Champ.
果枝

［生长环境］ 常生于海拔 1000 米以下的山地疏林或密林中，以溪谷和潮湿之地生长更好。

［产 地］ 广东、广西、湖南、福建等省区。

［用 途］ 核仁油可制肥皂和作润滑油用。

［理化性质］ 据中国科学院华南植物研究所资料：核壳重 26%，核仁重 74%。核仁含油量 61.9%，水分 6.89%。油色深棕；碱化值 203.6，酸值 86.54。

［采收处理］ 成熟时采下果实，晒干贮藏或立即榨油。

64 叉分蓼（chafenliao）

［学 名］ **Polygonum divaricatum** L. 蓼科

（地方名、形态特征、生长环境、产地及其他用途见“鞣料类”，1095 页）

［用 途］ 种子油可制肥皂。

［理化性质］ 据中国科学院林业土壤研究所资料：种子含油量 8.39%。

［采收处理］ 果实成熟时割取全株，晒干打下种子即可加工。剩下的植株可提取栲胶。

65 皱叶酸模（zhouyesuanmo）

［学 名］ **Rumex crispus** L. 蓼科

［原 料 名］ 洋铁叶籽

（地方名、形态特征、生长环境、产地及其他用途见“鞣料类”，1100 页）

［用 途］ 种子油供制肥皂。

［理化性质］　据辽宁省资料：种子含油量18.37%。

［采收处理］　7～8月果实成熟时割下全株，晒干，打出种子，去掉杂质，即可榨油。

［其　　他］　本种在东北分布甚普遍，结实多。种子中除含油外，含淀粉也多。榨油后的渣应考虑淀粉的加工利用。

66 藜（li）（图575）

［地 方 名］　灰菜（黑龙江、山东、山西），灰灰菜（河南、山东、四川），灰藜、灰藋（山西），野灰草、蓬子菜（山东），格气太（内蒙古）。

［学　　名］　**Chenopodium album** L.　藜科

［形态特征］　一年生粗壮草本，高达2～3米；茎直立，光滑，具沟槽及绿色、红色或紫色的狭条纹；枝向上或横生，常多分枝。单叶互生，具柄，下部叶菱状卵形，基部楔形，先端钝尖，边缘有牙齿，上部叶形小，狭披针形，尖锐，微具牙齿或全缘，表面绿色，**背面灰白色，被白粉**，幼时更多，质柔嫩。花小，数朵簇生于枝条的叶腋内，形小；萼片5，分离，卵形，背部有绿色隆脊，被白粉，通常包围小胞果；雄蕊5，突出萼外，柱头2；种子横生，扁圆形，黑色，光亮，胚环形。花期6～9月，果期7～10月。

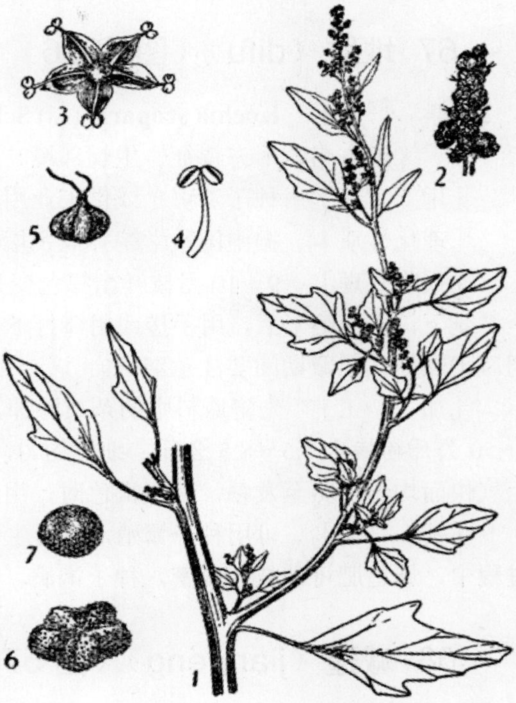

图575　藜

Chenopodium album L.

1. 植株的一部分；2. 花序；3. 花；4. 雄蕊；5. 雌蕊；6. 胞果；7. 种子。（自"江苏南部种子植物手册"）

［生长环境］　为极常见的杂草，多生于路旁、宅边及耕作闲地或荒芜地上。

［产　　地］　辽宁、吉林、黑龙江、内蒙古、山东、山西、河南、河北、四川、台湾、新疆等省区。

［用　　途］　种子可榨油，供食用和制肥皂及其他工业用。

幼苗可供食用。种子亦可酿酒。植株为提取维生素丙的原料。叶捣烂涂虫伤，去癫风。枝叶可作猪饲料。

［理化性质］　据山东省资料：种子含油量5.54～14.86%。据中国科学院林业土壤研究所资料：油的比重（15°）0.8528～0.8695，折射率（20℃）1.4792，碱化值292.6～

296.7，碘值 45.6～46，酸值 75.2～76.8，酯值 215.8～221.5。

［采收处理］ 果实成熟后，用镰刀割下全株，晒干，用木棒捶打，使种子脱落，簸去杂质，收集纯净种子，放干燥通风处贮藏，以免霉烂。

67 地肤（difu）（图 1286）

［学　　名］ **Kochia scoparia** (L.) Schrad. (*Chenopodium scoparia* L.) 藜科

（地方名、形态特征、生长环境、产地及其他用途见“药用类”，1669 页）

［用　　途］ 种子油可食或供工业用。

［理化性质］ 据中国科学院林业土壤研究所资料：种子含油量 15.05%。

［采收处理］ 9～10 月枝叶由绿色变为红色时，果实成熟，可摘取果枝或用刀将全株割下，摊开晒干后，用手搓或用棒打下果实，去掉杂质，即可加工或晒干，贮藏在通风干燥处，贮藏期间要注意翻晒。

［加　　工］ 先将原料中的杂质除掉，然后入锅炒至黄色，取出放凉，磨成粉状。每 50 公斤粉掺水 7.5～8.5 公斤，细搅均匀，上蒸，蒸时最好用筷子打上气眼，以保证上气快而均匀，蒸至发粘，呈灰褐色时，用细纱布包装入榨，榨至不出油为止。

［其　　他］ 可用种子繁殖，常自生原野，也可人工栽培，株行距 1 米，在成长进程中，施追肥可使枝叶茂密，种子饱满。

68 碱蓬（jianpeng）（图 576）

［地 方 名］ 猪毛菜、盐蒿子（河南），碱蒿子（山东、江苏），碱蓬（山东）。

［学　　名］ **Suaeda glauca** Bge. 藜科

［形态特征］ 一年生草本，高 30～90 厘米，有时可达 150 厘米；茎直立，上部分枝。单叶互生，无柄，排列稠密，叶细线形或微半圆柱形，长 2～3 厘米，厚约 1.5 毫米，肉质多浆，先端稍尖，上端微弯，绿色，光滑或微被白粉。花杂性，具两性花和雌花，通常 1 至数朵集聚在短梗上着生于叶腋内，花簇的柄与叶的基部相连；花被 5 深裂，裂片长圆形，绿色，向内包卷，果期肥厚，背部有隆起的脊，状如五角星；雄蕊 5，与花被对生；子房圆锥形，柱头 2，具毛。胞果扁圆形或圆球形，包于宿存之花被内；种子黑扁豆状，较小，黑色，胚环形。花期 7～8 月，果期 9～10 月。

［生长环境］ 常见于河谷地带、路旁、田间及荒地等处的盐碱土壤上；海滩、河岸上生长茂盛，为碱土指示植物。

［产　　地］ 山东、江苏、河北、河南、内蒙古等省区。

［用　　途］ 碱蓬是一种很好的油料植物，种子油可做肥皂和油漆，可代替桐油，又是油墨和涂料的原料，也供食用。

植株含碱量高，可提碱（见“其他类”，2087 页）。

［理化性质］ 据上海食品工业科学研究所资料：种子含油量 26.15%，灰分 6.06%，

粗纤维 17.53%，蛋白质 22.77%，非氮物质 27.49%。油属干性油，色较深，呈栗黄色，具一种不快味道；油的比重（20℃）0.9194，折射率（20℃）1.4766，粘度（安格拉氏秒 20℃）9′6″，脂酸凝固点 12.9℃；碱化值 19.2，碘值（韦氏法）152.8，酸值 24.4，不碱化物 1.47%，乙酰值 6.75，可溶性脂肪酸 1.12%，不溶性脂肪酸 95.4%。

[采收处理]　种子于 10 月间成熟，及时割下植株，放日光下晒干，然后用辊碾压，扬去枝叶，得纯净种子。

[加　　工]　用扬场的方法利用风力清除瘪子；如泥土及杂质多时，用筛分方法除去，选取饱满纯净的种子，然后经过粉碎、蒸(米丕)、包饼、压榨等工序，进行榨油。

[其　　他]　碱蓬籽成熟时，必须抓紧时间采收。其籽细小，除在包装上注意防止损失外，必须注意粉碎工作，以免影响出油率。

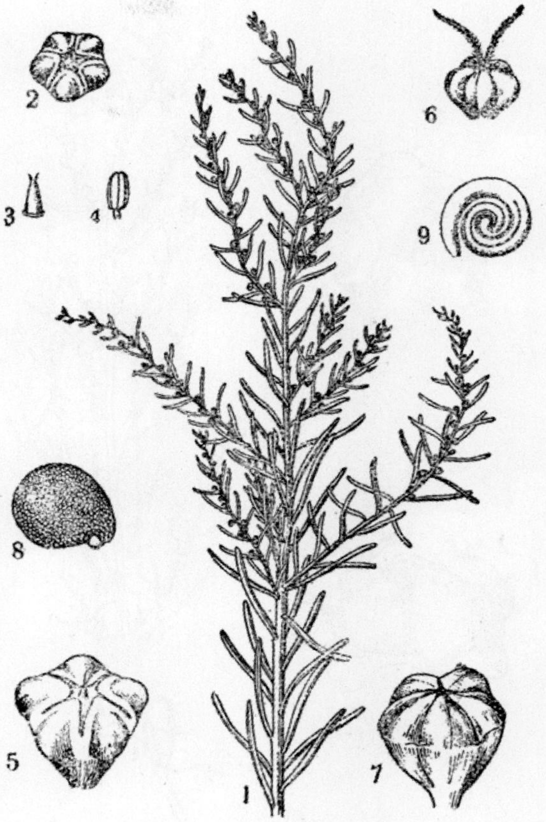

图 576　碱蓬

Suaeda glauca Bge.

1. 植株上部；2. 两性花；3. 雌蕊；4. 雄蕊；5. 两性花所结的果实；6. 雌花；7. 雌花所结的果实；8. 种子；9. 胚。

（自“江苏南部种子植物手册”）

69 盐蒿（yanhao）（图 577）

[地 方 名]　盐蒿子、碱蓬（辽宁、吉林、黑龙江），黄须菜（山东、河北）。

[学　　名]　**Suaeda heteroptera** Kitag. (*S. ussuriensis* Iljin)　藜科

[原 料 名]　盐蒿籽

[形态特征]　一年生草本，高 10～60 厘米，绿色，有时变红色或黑色；茎由基部分枝，无毛。单叶互生，无柄，肉质，线形，长 0.8～3 厘米，宽 1 毫米以内，常被粉粒。花两性，杂有雌花；**无梗，大多数是 3～5 朵簇生于叶腋；小苞甚小**，位于花被的基部；花被子花期呈稍扁的球形，5 深裂，裂片稍肉质，果期花被片背部显着隆起；雄蕊 5，与花被片对生，花丝白色，扁平，丝状；花柱 2，基部连合。果实包于花被内，果皮薄膜质，成熟时果皮破开；种子近卵圆形，两面凸，细小，近黑色，具喙，表面有

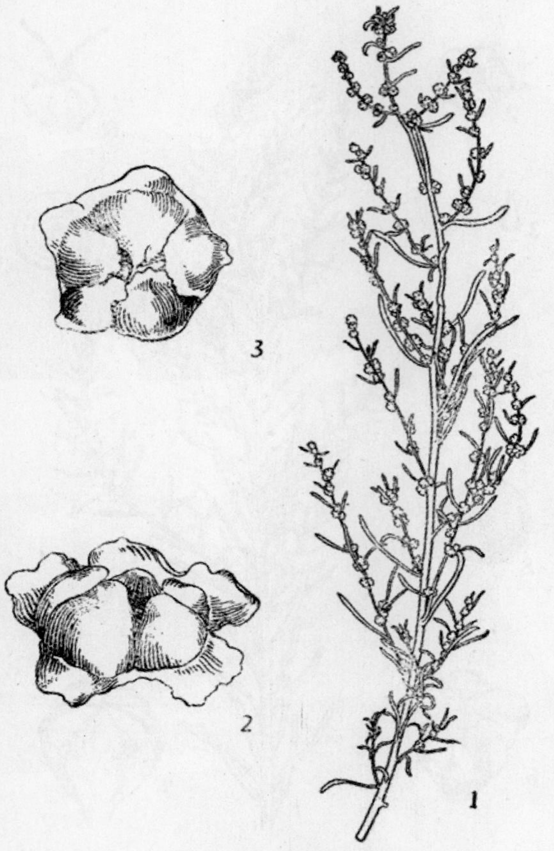

图 577　盐蒿
Suaeda heteroptera Kitag.
1．植株一部分；2．花期的花被；3．果期的花被。
（自"东北草本植物志"）

光泽，胚环形。花期 8～9 月，果期 9～10 月。

［生长环境］　生于碱湖边、碱斑地、碱性草地与湿草地等处。

［产　　地］　辽宁、吉林、黑龙江、山东、河北等省。

［用　　途］　种子油供食用或制肥皂、软皂、油漆、油墨，并可代替部分桐油用。

全株植物可提取碳酸钾或碳酸钠。榨油后的渣滓为良好的饲料和肥料。

［理化性质］　据中国油脂公司资料：盐蒿子毛样含油量 22.42%，净样为 24.19%，净干样为 28.49%。

［采收处理］　9～10 月果实成熟后，割下全株，晒干，打落种子，即可榨油或收藏备用。

［加　　工］　可用机榨和土榨法。用螺旋机榨油，最低出油率 11.94%，最高 17%。用土榨法可按下列工序：用扬场或筛选法选出饱满的种子，用钢棍轧或石磨磨成细末，然后再将料放入蒸锅，蒸好后用草包或麻包包成饼，要求厚薄均匀，并尽可能在高温时进行，以保持较高温度时入榨，提高出油率。压榨时间长些较好，一般在 5 小时以上，要求轻压勤压，先松后紧，保持油流不断。

［其　　他］　我国沿海盐碱土地区，除以上两种外，常见的还有辽东碱蓬（S. liaotungensis Kitag.）；角碱蓬［S. corniculata (C. A. M.) Bge.］，它们的种子含油量与盐蒿相似，常混同使用。

70 滨海碱蓬（binhaijianpeng）（图 578）

［地 方 名］　盐蒿子（江苏）

［学　　名］　**Suaeda maritima** Dumort.　藜科

［形态特征］　直立多年生草本，高 30～50 厘米，通常由基部分枝。叶线形或细

线形，横断面半圆形，长约3厘米，厚约2毫米，先端尖锐。花簇生于茎和枝的顶部叶腋，无梗，花序上的叶极小；花被5，卵形，顶端钝，背面棱角不显着增厚；花柱伸出。果实扁圆形，包于花被内；种子横生，紫红色，具细条纹和腺点，胚环形。花期6月，果期10月。

［生长环境］ 通常生于海边盐碱滩中。

［产 地］ 辽宁、江苏以及南部沿海等地。

［用 途］ 种子油可作肥皂、油漆的原料和桐油的代用品。

幼苗作蔬菜，供食用，也可作猪饲料。

［理化性质］ 据江苏省资料：种子最低出油率为11.94%，最高出油率为17%。另据其他资料：油为黄色透明的液体，属干性油。油的理化性质列表如下：

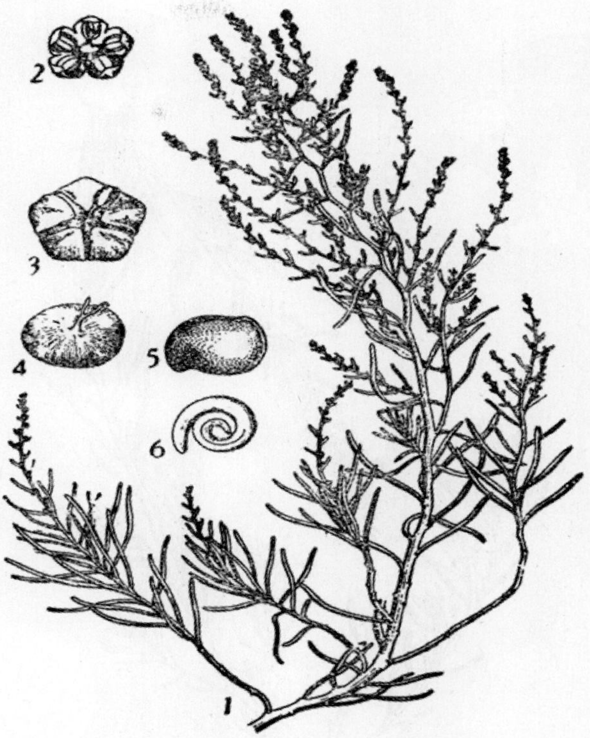

图578 滨海碱蓬

Suaeda maritima Dumort.

1．植株的上部；2．花；3．包在花被里的胞果；4．去花被的果实；5．种子；6．胚。（自“江苏南部种子植物手册”）

比重（15℃）	折射率（20℃）	碱化值	碘值	酸值
0.9302	—	197.83	129.24	5.48
0.9235	1.4768	192.01	137.81	4.47

［采收处理］ 10月间果实成熟，用镰刀割下全株，晒干，用连枷或木棒将种子打落，簸去泥土杂质，存通风干燥处，防止霉烂。

71 盐地碱蓬（yandijianpeng）（图579）

［地方名］ 黄须菜、碱蓬棵（山东）

［学 名］ **Suaeda salsa** Pall. 藜科

［形态特征］ 年生草本，高20～100厘米；茎直立或斜向上，通常基部分枝，光

滑无毛。单叶互生，无柄，肉质，叶片呈线形或半圆形，绿色，光滑或微被白粉，下部的叶较上部的叶长，叶脉不明显。花两性或雌性；3～5花簇生于枝的上部或叶腋内，无梗；无苞片；花被5，卵形至阔卵形；雄蕊5，与花被裂片对生；花柱2，线形，胞果球形，胚环形。果期10月。

［生长环境］ 生于海滨潮湿地，常与柽柳、芦苇、碱蓬等混生。

［产　　地］ 山东、河北、山西、江苏等省。

［用　　途］ 据上海卫生防疫站化验结果：种子油可食用，并可作肥皂、油漆、油墨的原料，也可代替桐油使用。榨油后的油饼可酿酒，酒糟可做猪饲料。

幼苗可供食用。

［理化性质］ 据上海食品工业科学研究所资料：种子含油量26.15%，出油率18%左右，粗纤维17.53%，蛋白质22.77%，非氮物质27.4.9%。油属干性油。

［采收处理］ 10月间种子成熟，将植株从根部割下，放日光下晒干，用石辊碾压，除去枝叶等杂质，即得纯净种子，供榨油用。

图579 盐地碱蓬

Suaeda salsa Pall.

植株全形（自“中国北部植物图志”）

［加　　工］ 见总论，但因籽小而光滑，采用压榨法时要用齿密的磨子，以免原粒脱出，影响蒸料，减少出油率。

72 青葙（qingxiang）（图1289）

［学　　名］ **Celosia argentea** L.　苋科

（地方名、形态特征、生长环境、产地及其他用途见“药用类，”1672页）

［用　　途］ 种子油可食，民间很早就用以代替菜油，具有气味。

［理化性质］　据山东省资料：种子含油量在 15%左右。

［采收处理］　7～9 月间种子尚未完全成熟时采收，如采收过迟，种子脱落，难以收拾。采时割下全株，曝晒，干后折下花序，手搓或木棒打下种子，扬去空壳和杂质，用双层麻袋包装，放干燥通气处贮存。

73 大叶铁线莲（dayetie-xianlian）（图 580）

［学　　名］　**Clematis heracleifolia** DC.　毛茛科

［形态特征］　直立草本，高达 1 米，茎基部木质。叶对生，三出；小叶阔卵形，长 6～15 厘米，基部近截形或阔楔形；边缘具粗锯齿，常浅裂，稍被柔毛。花杂性，簇生子叶腋内，蓝紫色，管状，长 2～2.5 厘米，外面被柔毛；萼片 4，先端向外反卷，外卷部分稍宽；花瓣缺；雄蕊多数，花药与花丝等长，或花丝稍长；心皮多数，每一心皮有一下垂胚珠。瘦果小，宿存的长花柱有长毛。

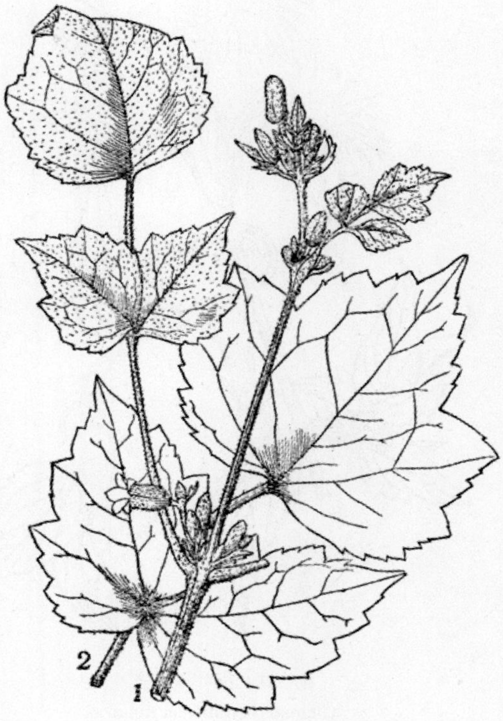

图 580　大叶铁线莲
Clematis heracleifolia DC.
1．花枝；2．叶。

［生长环境］　生于山坡上，河岸、溪边、路旁及林缘。

［产　　地］　陕西、河南、山西、河北、辽宁、吉林、黑龙江等省。

［用　　途］　种子油可作油漆用。

［理化性质］　种子含油量 14.56%。油的碘值 135.6。

［采收处理］　果熟后采收，晒干，打出种子备用。

74 齿叶铁线莲（chiyetiexianlian）（图 581）

［学　　名］　**Clematis serratifolia** Rehd.　毛茛科

［形态特征］　草质藤本，长达 3 米。叶为二回羽状复叶，小叶卵状披针形至披针形，长 3～6 厘米，先端渐尖，边缘具前向锐锯齿，有时 2～3 裂，无毛，亮绿色。花大，黄色，3～5 生于长 4～6 厘米的细梗上；萼片卵状披针形至长圆形，长 2～2.5 厘米，先端渐尖，外面无毛，内面稍被毛；花瓣缺；雄蕊多数，花丝紫色，远较花药为长，花药

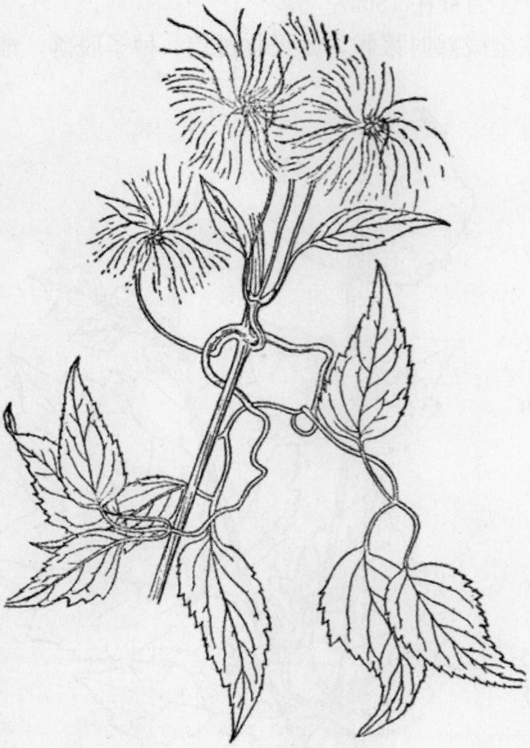

图 581 齿叶铁线莲
Clematis serratifolia Rehd.
果枝

长圆形；心皮多数，每一心皮有一下垂胚珠。瘦果小，宿存的长花柱有长毛。

［生长环境］ 生于山地小河旁或路边疏林中。

［产　　地］ 辽宁、吉林、黑龙江等省。

［用　　途］ 种子油可制油漆。

［理化性质］ 种子含油量 14.4～17.7%。油的碘值 127.8。

［采收处理］ 果熟后采收，清出种子，除净杂质，贮存备用。

75 芍药（shaoyao）（图1310）

［学　　名］ **Paeonia lactiflora** Pall. (*P. albiflora* Pall.) 毛茛科

［原 料 名］ 芍药籽

（地方名、形态特征、生长环境、产地及其他用途见“药用类”，1699页）

［用　　途］ 种子油供制肥皂和掺合油漆作涂料用。

［理化性质］ 据四川省资料：种子含油量 21.01%，碘值 107.00～166.86。

［采收处理］ 8～9 月果熟时采收（如时间过晚，果实开裂后种子则自然散落），晒干，脱壳，保存在通风干燥处，防止霉坏。

76 黄唐松草（huangtangsongcao）

［地 方 名］ 豆瓣草（四川）

［学　　名］ **Thalictrum simplex** L. 毛茛科

［原 料 名］ 唐松草籽

［形态特征］ 多年生草本，无毛；茎单一，直立，高 50～100 厘米。叶多直立，多少紧密贴茎，为二回羽状复叶，具长柄：长圆状三角形或长圆形；小叶无柄或有短柄，长圆状楔形、长倒卵状楔形或线状披针形，长 1～4 厘米，宽 0.5～2 厘米，先端锐尖，有时 3 浅裂或具 3 齿或全缘。花序圆锥形，长达 10～50 厘米，宽达 4～12 厘米，着生

多数小花；花黄绿色，萼片4，阔椭圆形，长2～4毫米；雄蕊多数，花丝细，丝形，花药线形，黄色，长2～4毫米。瘦果无柄，长圆形，长约2～3毫米，有纵棱。花期6～8月，果期9月。

［生长环境］ 常生于林缘、灌丛间及湿草地、河岸砂地或低平的碱性杂草地中。

［产　　地］ 黑龙江、吉林、辽宁、内蒙古、河北、四川、湖北、陕西、甘肃、青海、新疆等省区。

［用　　途］ 种子油供制油漆用。

［理化性质］ 据中国科学院林业土壤研究所“东北资源植物手册”：种子含油量24.18%。油的碘值161.20～178.22。

［采收处理］ 种子成熟时，连同植株割下，晒干，用木棒或连耞打落种子，扬净枝叶、杂质，即可备用。

77 大瓣金莲花（dabanjinlianhua）

［学　　名］ **Trollius macropetalus** Fr. Schmidt (*T. ledebourii* Reich. var. *macropetalus* Regel) 毛茛科

［形态特征］ 多年生草本，茎直立，高1米左右，无毛。基生叶有长柄，茎下部的叶有柄，上部的渐无柄，叶片圆心形，掌状5全裂，裂片羽状分裂，边缘有锯齿，表面绿色，脉下凹，背面淡绿色，脉凸起；叶柄基部鞘状，包茎。花单生于枝顶，直径4～5厘米，橙黄色，萼片5～7，花瓣状，椭圆形；花瓣多数，线状披针形，长约3厘米，宽约2.5毫米；雄蕊多数，比花瓣稍短；雌蕊由多数离生心皮构成。蓇葖果丛集，略呈球形，有粘液及恶臭。花期7～8月，果期8～9月。

［生长环境］ 生于林缘湿草地或林间草地，常成大片出现。

［产　　地］ 吉林、黑龙江等省。

［用　　途］ 种子油可制肥皂和油漆。

花美丽，可供观赏。

［理化性质］ 据中国科学院林业土壤研究所资料：种子含油量14.32%。

［采收处理］ 8～9月蓇葖果成熟刚裂开时采收，将种子晒干备用。

［其　　他］ 产于长白山高山带的金连花 Trollius japonicus Miq.外形似大瓣金莲花，惟花径只3厘米左右，萼片倒卵形，蜜腺状花瓣，比雄蕊稍短或等长，其用途与大瓣金莲花相同。

78 木通（mutong）（图1316）

［学　　名］ **Akebia quinata** (Thunb.) Decne. 木通科

［原 料 名］ 木通籽

（地方名、形态特征、生长环境、产地及其他用途见“药用类”，1706页）

［用　途］ 种子油供制肥皂用。

［理化性质］ 据河南省资料：种子含油量25%。油的比重（15℃）0.9340，折射率（27.5℃）1.4615；碱化值246.4，碘值78.38，酸值25.45。

［采收处理］ 8～9月果实成熟时采收，去掉果肉，洗净种子，晒干，即可榨油。

［其　他］ 种子繁殖。

79 猫儿屎（maoershi）（图1240）

［学　名］ **Decaisnea fargesii** Franch.　木通科

（地方名、形态特征、生长环境、产地及其他用途见“橡胶及硬橡胶类”，1581页）

［用　途］ 种子油可制肥皂。

［理化性质］ 据山东省资料：种子含油量16.32%，出油率10%。

［采收处理］ 8～9月果实成熟采收后，用水洗去果肉，晒干种子，贮存于通风干燥处备用。

80 假荔枝（jializhi）（图418）

［学　名］ **Stauntonia chinensis** DC.　木通科

（地方名、形态特征、生长环境、产地及其他用途见“淀粉及糖类”，515页）

［用　途］ 种子油供食用和制肥皂。

［理化性质］ 据江西省资料：种子含油量27%，出油率18～20%。

［采收处理］ 果实成熟采收后，将果肉供食用或熬糖，取出种子，洗净晒干即可榨油。

81 小檗（xiaobai）（图582）

［地 方 名］ 狗奶根（辽宁）

［学　名］ **Berberis amurensis** Rupr.　小檗科

［原 料 名］ 狗奶子（辽宁）

［形态特征］ 落叶灌木，高1～3.5米；枝灰黄色或为灰色，刺粗大，通常分为3叉。叶生于刺腋的短枝上，数片簇生，椭圆形至倒卵状长圆形，长6～8厘米，宽2～3.5厘米，先端尖或钝；基部狭，边缘具不规则的尖锯齿状细刺，表面亮绿，网状脉显明，背面淡绿色。总状花序顶生，下垂，长达10厘米，有花10～20朵；萼片、花瓣、雄蕊各6；花淡黄色，有梗。浆果椭圆形，长1厘米，红而有光彩。花期4月，果期10～11月。

［生长环境］ 山坡灌丛间。

［产　　地］　辽宁、吉林、黑龙江、河北、山东、山西、内蒙古等省区。

［用　　途］　种子油可制肥皂和润滑油。

根含小檗碱，供药用。树皮可用作黄色染料。

［理化性质］　据中国科学院林业土壤研究所资料：种子含油量 16.23%。

［采收处理］　果实成熟时采集，去掉果肉，取出种子晒干，即可供榨油用。

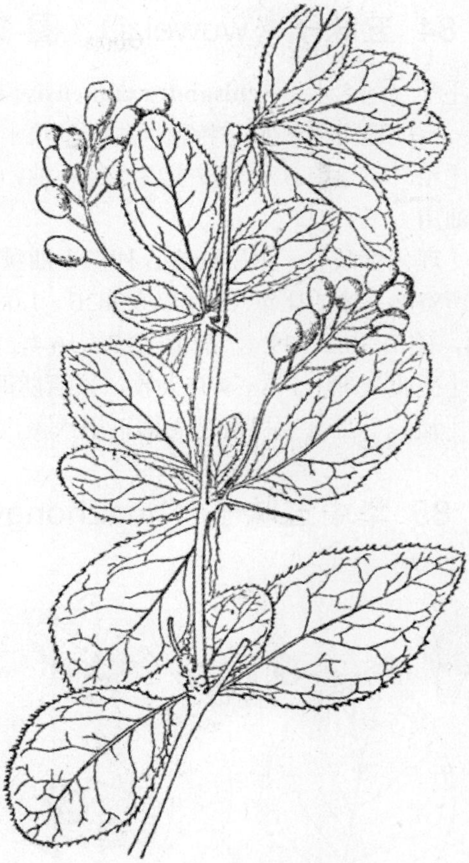

图 582　小檗
Berberis amurensis Rupr.
果枝

82 蝙蝠葛（bianfuge）（图 93）

［学　　名］　**Menispermum dauricum** DC.　防己科

（地方名、形态特征、生长环境、产地及其他用途见“纤维类”，126 页）

［用　　途］　种子可榨油，供工业用。

［理化性质］　据中国科学院林业土壤研究所资料：种子含油量 16.94%。

［采收处理］　9 月果实成熟时采收，采后堆积或置缸内使其霉烂发酵，然后用水洗去果肉，晒干种子即可榨油。

83 厚朴（houpu）（图 1328）

［学　　名］　**Magnolia officinalis** Rehd. et Wils.　木兰科

（地方名、形态特征、生长环境、产地及其他用途见“药用类”，1721 页）

［用　　途］　种子油可制肥皂。

［理化性质］　据河南省资料：种子含油量 35.29%，出油率 25%。

［采收处理］　当果实外壳裂开，种子颜色变红时即可采收，晒干备用。

［其　　他］　春季播种育苗，次年移植，应选择疏松土壤，挖深 2 厘米、宽 5 厘米、长 5 厘米的坑栽植，使根系舒展，生长快速。三年生苗可以定植。

84 五味子（wuweizi）（图 1329）

［学　　名］ **Schisandra chinensis** (Turcz.) Baill.　木兰科

（地方名、形态特征、生长环境、产地及其他用途见“药用类”，1722 页）

［用　　途］ 种子皮主要含芳香油，种仁主要含脂肪油。脂肪油供制肥皂或机械润滑油用。

［理化性质］ 据中药志：种仁含油量 33%，属不干性油。据中国科学院林业土壤研究所资料：油的比重（15℃）0.9836～1.0066，折射率（20℃）1.5008；碱化值 179.7～185.4，碘值 38.2～39.4，酸值 12.7～16.4，酯值 167.0～168.9。

［采收处理］ 8～9 月采收，采后随即先蒸馏芳香油，蒸后取出种子晒干备用。

［加　　工］ 提取芳香油可用水蒸汽蒸馏法，蒸后种子可用压榨法榨取脂肪油。

85 华中五味子（huazhongwuweizi）（图 583）

图 583　华中五味子

Schisandra sphenanthera Rehd. et Wils.

1．雄花枝；2．果枝；3．雄花；4．雄花去花被后示雄蕊；5．种子。（自“江苏南部种子植物手册”）

［地 方 名］ 山苞谷（云南）

［学　　名］ **Schisandra sphenanthera** Rehd. et Wils.　木兰科

［形态特征］ 落叶藤本，光滑无毛；小枝红褐色，圆形，具椭圆形皮孔。单叶互生，椭圆形、倒卵形或卵状披针形，长 4～11 厘米，宽 2～6 厘米，基部楔形或圆形，先端渐尖，边缘有稀疏的锯齿；叶柄长约 1～3 厘米。花单性，单生于叶腋，黄色，直径约 1.4 厘米，花梗纤细，长约 3.5 厘米；雄花花被 6 片，雄蕊 10～15，着生于肉质体上，花丝长不到 1 毫米，花药先端有凹缺；雌花心皮在花时聚集成一球状体，结果时排列于一极延长的花托上。浆果熟时呈红色，长 6～8 厘米，果皮肉质；有种子 2。花期 3～7 月，果期 9 月。

［生长环境］ 较湿润的阔叶林或灌木林中。

［产　　地］ 河南、山西、山东、安徽、江西、湖北、陕西、甘肃、四川、云南、贵州等省。

［用　　途］　种子油可供制肥皂或作润滑油用。果实可入药。

［理化性质］　据云南省资料：种子含油量34%。

［采收处理］　果熟摘下，晒干，除去杂质，置于干燥通风处贮藏。

86 瓜馥木（guafumu）（图 97）

［学　　名］　**Fissistigma oldhamii** (Hemsl.) Merr. (*Melodorum oldhamii* Hemsl.) 番荔枝科

（地方名、形态特征、生长环境、产地及其他用途见“纤维类”，130页）

［用　　途］　种子油可供工业用。

［理化性质］　据福建林学院资料：干种子含油量24.30%。

［采收处理］　果实成熟时摘取，除去果皮，晒干备用。

［其　　他］　鲜花含芳香油，因此，应根据当地具体情况而决定利用鲜花还是利用种子。

87 樟（zhang）（图 1047）

［学　　名］　**Cinnamomum camphora** (L.) Sieb.　樟科

（地方名、形态特征、生长环境、产地及其他用途见“芳香油类”，1321页）

［用　　途］　果核油是一种较好的皂用油脂原料。

［理化性质］　据广东省资料：果核含油量42.72%，出油率26～33%，种仁含油量65.39%。油色暗黄；油的碱化值233.87，碘值40.53，酸值29.68。

［采收处理］　采下果实后，先浸水中7天，使果皮腐败，洗净种子，晒干，即可榨油。

88 浙樟（zhezhang）

［地 方 名］　大叶天竺桂、竺香（浙江）

［学　　名］　**Cinnamomum chekiangensis** Nakai　樟科

［形态特征］　常绿乔木，高可达16米；树皮灰色，平滑；枝无毛。单叶互生，革质，**椭圆形至椭圆状披针形，长4～24厘米**，宽1.5～5厘米，基部楔形，先端渐尖，全缘，表面深绿色，有光泽，背面灰绿色，具白粉，无毛，离基三出脉，网脉不甚明显；叶柄粗壮，长6～15毫米。圆锥花序腋生；花淡黄白色，萼片6，几等长，发育雄蕊9，花药4室，瓣裂。核果椭圆形，位于宿存的杯状花被管上，熟时呈黑红色；果梗长5～10毫米。花期4～5月，果期7～9月。

［生长环境］　生于温暖湿润、排水良好的山谷坡上杂木林中。

［产　　地］　浙江南部

［用　　途］　种子油可制肥皂及润滑油。

叶、树皮可提芳香油，作各种香精、香料。木材坚硬耐久，耐水湿，可供建筑、造船、桥梁、车辆、家具等用。

［采收处理］　果实成熟时采集，除去果肉，取出果核，洗净晒干即可。

89 云南樟（yunnanzhang）（图 1050）

［学　　名］　**Cinnamomum glanduliferum** (Wall.) Nees　樟科

（地方名、形态特征、生长环境、产地及其他用途见“芳香油类”，1327 页）

［用　　途］　种子油可制肥皂或润滑油用。

［理化性质］　据贵州省资料：果核含油量 30%。又据另一资料：核含油量 27.3%。油的碱化值 287，碘值 4，酸值 1.9。

［采收处理］　8～9 月间果实成熟时采收，剥去果肉，用水洗净种子，晒干，储备榨油。

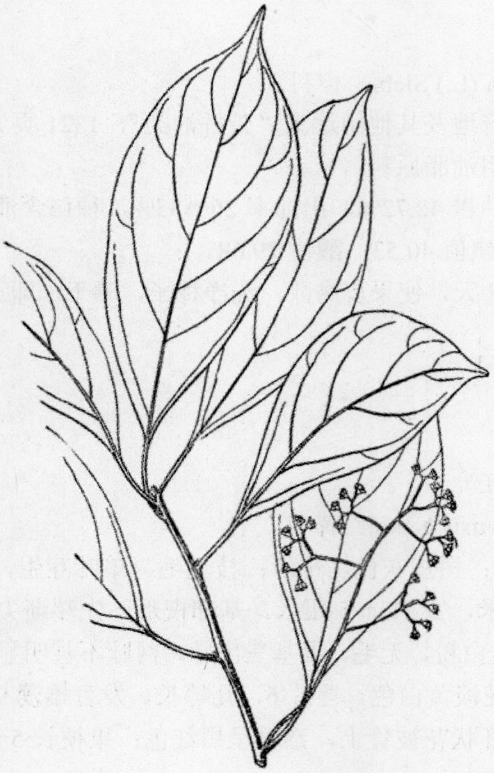

图 584　猴樟
Cinnamomum hupehanum Gamble
花枝

90 猴樟（houzhang）（图 584）

［地 方 名］　香樟、香树、楠木（四川），猴挾木（湖南），樟树（湖北）。

［学　　名］　**Cinnamomum hupehanum** Gamble　樟科

［形态特征］　乔木，高达 16 米；树皮赭褐色而厚；小枝圆柱形，紫色，其末节有角棱；芽卵形，具有绢状毛。单叶互生，革质，卵形或椭圆状卵形，长 8.5～16 厘米，宽 3～10 厘米，先端短渐尖，基部圆形，幼时短尖，表面在初时有短细毛，后变为无毛而有光泽，背面初时有灰色绢状毛，后则仅有短柔毛而带白色，侧脉 4～6，互生，其在下部者常为对生状；叶柄长 2～3 厘米。圆锥花序腋生或侧生，长 10～15 厘米；总梗长 4～6 厘米，小花梗长 2～4 毫米，花被 6 裂，花被管漏斗状；裂片卵形，先端反曲，里面有白色绢毛，

早落，发育雄蕊 9，花药 4 室，瓣裂。果实球形，直径 6～7 毫米，果梗膨大；**宿存花被的先端反曲**。

［生长环境］　生于杂木林中或开旷地上，在湖北西部颇为常见，垂直分布在海拔 300～1000 米间。

［产　　地］　湖北、四川、湖南等省。

［用　　途］　果实油供制肥皂和机械润滑油用。

根、干可提芳香油（见“芳香油类”，1328 页）。木材白色而稍带褐色，髓线细密，为制家具、装饰用品及纱绽的良材。

［理化性质］　据四川省资料：果实含油量 20%。

［采收处理］　果实成熟后及时采收，在日光下晒干，备榨油用。

91 留氏樟（liushizhang）（图 585）

［学　　名］　**Cinnamomum loureirii** Nees　樟科

［形态特征］　常绿乔木，高 7～8 米。叶互生，革质，**椭圆状长圆形**。长 7.5～12 厘米，宽 2.5～5 厘米，基部阔楔形，先端渐尖，背面粉白色，初时有短灰色毛，最后无毛，叶脉为**离基三出脉或五出脉**，在表面明显突起；叶柄长 10～12 毫米。圆锥花序具长梗，较叶为短，长 8～10 厘米，被白色短毛；花黄绿色，花被裂片 6，长圆形，长约 5 毫米，两面被毛，发育雄蕊 9，花药 4 室，瓣裂。核果具**全缘果杯**，熟时黑色。果期 8 月。

图 585　留氏樟
Cinnamomum loureirii Nees
花枝

［生长环境］　生于山地林中。

［产　　地］　云南省

［用　　途］　种子油可制肥皂或作润滑油用。

［理化性质］　油的碱化值 276.8，碘值 3.2，酸值 0.9。

［采收处理］　果实成熟后采收，去皮后晒干，贮藏备用。

92 卵叶樟（luanyezhang）（图 586）

［学　　名］　**Cinnamomum ovatum** Allen　樟科

［形态特征］ 常绿乔木，高达 22 米；小枝无毛，稍具棱。单叶互生，革质，**卵形**，长 4～8 厘米，宽 2.5～4.5 厘米，先端钝或短尖，表面光亮，叶脉为离基三出脉，网脉不明显；叶柄长 1～2 厘米，无毛。聚伞花序近伞形，近顶生或腋生，长 4～6 厘米，被疏生而紧贴的短柔毛；分枝 3，中央的具单花，侧生枝各具 2～3 花；花梗长 6～10 毫米；**花萼于果时膨大，边全缘或波形**。核果长圆形，长约 15 毫米，直径约 6 毫米。花期 3～5 月，果期 6～7 月。

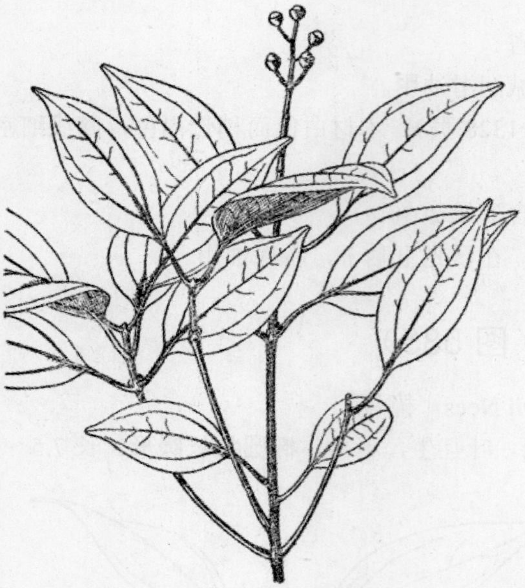

图 586 卵叶樟
Cinnamomum ovatum Allen
果枝

［生长环境］ 一般生在海拔 1000～1700 米之间的山地密林中。

［产 地］ 广东海南岛尖峰岭。

［用 途］ 种子油可制肥皂和润滑油。

［理化性质］ 据中国科学院华南植物研究所资料：种仁含油量 72.49%。油的碱化值 237.64，碘值 23.36，酸值 14.04。

［采收处理］ 果熟时及时采收，用水搓去果皮后，将种子晒干榨油。

93 狭叶山胡椒

（xiayeshanhujiao）（图 587）

［地 方 名］ 鸡婆子（江西），小鸡条（江苏），山胡椒、油金条、黄叶落、香叶子树（安徽）。

［学 名］ **Lindera angustifolia** Cheng 樟科

［形态特征］ **落叶**灌木或小乔木，高 2～8 米；小枝黄绿色，无毛。单叶互生，近革质，椭圆状披针形或椭圆形，长 7.5～14 厘米，宽 2.5～3.5 厘米，基部楔形，先端尖或钝，边全缘，表面无毛，背面脉上有短细毛；**叶脉羽状**。花单性，雌雄异株，**2～7 朵成短梗或无梗的伞形花序**；花被 6 裂，雄花的花梗长 4～6 毫米，被灰色毛，雄蕊 9，花药 2 室；雌花有退化雄蕊 9，花柱长约 1 毫米，柱头头状。核果球形，直径约 8 毫米，黑色，无毛。花期 3～4 月，果期 9～10 月。

［生长环境］ 生于荒野山坡上，灌木丛或疏林中。

［产 地］ 长江流域以江苏、浙江、安徽、江西等省较多；广东、广西、河北、

山东等省区亦产。

［用　　途］ 果核油可制肥皂、润滑油。

叶含芳香油，可提香精，用于食品及化妆品（见“芳香油类”，1332页）。

［理化性质］ 据南京中山植物园资料：种子（果核）含油量41.84%。油的比重（25℃）0.9299，折射率（25℃）1.4579；碱化值248.4，碘值72.3。

［采收处理］ 9～10月采果，趁鲜蒸提芳香油后，除去果皮，洗净果核，晒干备用。

［加　　工］ 操作中应注意如下各点：（1）狭叶山胡椒含油量多，且出油容易，故在炕干时必须用文火，且不能炕的过干，如炕的过干，则在炕时便已出油，因而降低了出油率。（2）狭叶山胡椒极易返油，碾粉时应加入麸饼同碾，以避免返油。（3）其他工序可参照总论的压榨法。

图587 狭叶山胡椒

Lindera angustifolia Cheng

1. 雄花枝和雌花枝；2. 果枝；3. 雄花；4. 雄蕊示瓣裂药和蜜腺；5. 雌花；6. 雌蕊；7. 花芽。

（自“江苏南部种子植物手册”）

94 香面叶（xiang-mianye）（图588）

［地 方 名］ 香油树、假桂皮、干豆树、黄蜡、业叶菜、狗骨头、朴香果（云南）

［学　　名］ **Lindera caudata** Benth.　樟科

［原 料 名］ 香油果（云南）

［形态特征］ **常绿**小乔木，高4～8米；嫩枝叶被黄色或锈色的短柔毛。单叶互生，近革质，卵形或长圆状椭圆形，长5～6厘米，宽2～3厘米，基部阔楔形，**先端尾状渐尖**，表面深绿色，**背面密被黄色或锈色短柔毛，叶脉为离基三出脉，主脉在上面多少下陷**；叶柄长约1厘米，被毛。花小，单性，雌雄异株，成极短、近球形的单生或簇生的穗状花序；花药2室，瓣裂。果为核果，球形，直径5～6毫米。花期2～3月，果

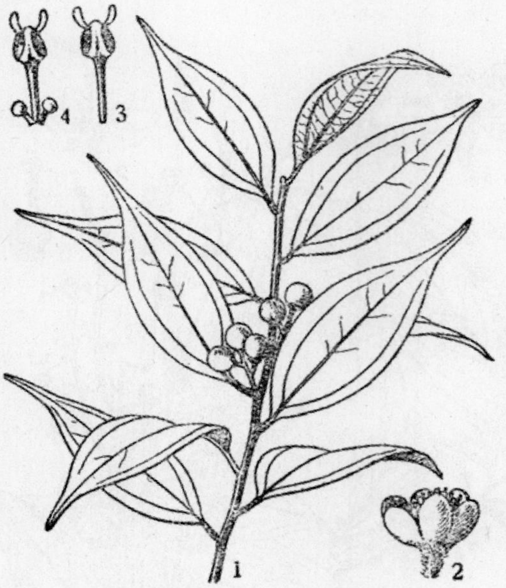

图 588 香面叶

Lindera caudata Benth.

1. 果枝；2. 雄花；3. 第一、二轮雄蕊；4. 第三轮雄蕊。

期 10～11 月。

［生长环境］ 生于海拔 1000～2000 米的山地疏林中或路边、林缘等地。

［产　　地］ 云南的屏边、河口、西畴、文山、麻栗坡、金平、马关等地。

［用　　途］ 果核油可供制肥皂、润滑油用。

果皮及叶可提芳香油（见“芳香油类”，1332 页）。

［理化性质］ 据云南省资料：果核含油量 45.46%。

［采收处理］ 果熟时采收，先将鲜果提取芳香油，再除去果皮，将洗净之果核晒干后即可榨油。

95 红叶甘橿（hongye-ganjiang）

［地 方 名］ 绿绿柴（浙江）

［学　　名］ **Lindera cercidifolium** Hemsl.　樟科

［原 料 名］ 木橿子（湖北）

［形态特征］ **落叶乔木**，高可达 10 米。单叶互生，具柄，纸质，**圆卵形，长 4～6 厘米**，宽 2.4～4.5 厘米，基部圆形、楔形或心形，表面深绿色；有光泽，背面色较淡，**嫩叶全缘或为不明显的 3 裂，老叶则多为 3 裂；主脉 3**，自基部发出，幼时背面脉腋有簇生毛；叶柄长 2～3 厘米。花单性，雌雄异株或为杂性；伞形花序腋生；**花梗长约 12 毫米**，密生绢状毛；雄花具 9 雄蕊，花药 2 室，瓣裂。核果球形，熟时暗红色。花期 3～4 月，果期 9～10 月。

［生长环境］ 生于高山谷地和山坡杂木林中。

［产　　地］ 浙江、江西、湖北、河南、四川等省。

［用　　途］ 果核油可作润滑油用。

［采收处理］ 果实成熟采集后，用清水搓去果皮，把果核晒干，以备榨油。

96 钱氏钓樟（qianshidiaozhang）（图 589）

［学　　名］ **Lindera chienii** Cheng　樟科

［形态特征］ **落叶**小乔木，高可达 5 米；树皮灰色，平滑；新枝被白柔毛，老枝光滑。单叶互生，具柄，纸质，**倒披针形或倒卵形**，长 6～9 厘米，宽 2～4.5 厘米，基部楔形，先端短尖，全缘，表面光滑或主脉与侧脉上被柔毛，背面网状脉显明。主脉与侧脉上均具柔毛；叶柄长 2～5 毫米，具柔毛。花单性，雌雄异株；伞形花序单生于叶腋，具短梗，每花序有花 6～12；总苞片 4，卵形；雄花的花被管很短，具柔毛，裂片 6，椭圆形、披针形或椭圆状披针形，雄蕊 9，花药 2 室，瓣裂。核果圆球形，红色；基部具宿存的碟状花被管，果柄的上端略粗厚。花期 3～4 月，果期 9～10 月。

［生长环境］ 生于向阳的山坡灌丛中和荒芜的山野旷地上。

［产　　地］ 江苏、浙江等省。

［用　　途］ 果核油可供机械润滑油和制肥皂用。

叶和果实可提芳香油，供制香精和化妆品用。

［采收处理］ 果成熟时采集，趁鲜蒸提芳香油后，除去外皮，洗净果核，晒干备用。

图 589　钱氏钓樟
Lindera chicnii Cheng
1．果枝；2．雄花；3．雌花。

97 香叶树（xiangyeshu）

（图 590）

［地 方 名］ 臭果树、红果树、香叶树、红油果、香油果（云南），冷青子、千斤树、大辣子、台乌子、山立槁（广东），白香桂、毛尖茶、铁化子（四川），香叶子、香桂子、青林子、小麻油（湖北）。

［学　　名］ **Lindera communis** Hemsl.　樟科

［原 料 名］ 台乌子（广东）

［形态特征］ **常绿**灌木或小乔木，高 4～10 米。单叶互生，具短柄，厚革质，**通常椭圆形，有时卵形或阔卵形**，长 5～8 厘米，宽 3～5 厘米，基部通常阔楔形，先端渐尖或短尾尖，表面无毛而有光泽，**背面被疏生柔毛**。花单性，**伞形花序**腋生；单生或成对，

有花 5～8，具短梗；苞片被毛，早落；花黄色，直径 4.5～8 毫米，有毛；雄花花被裂片 6，花瓣状，卵形，长约 2.5 毫米；雄蕊 9，花药 2 室，全内向，瓣裂。核果卵形，长约 1 厘米，有时略小，球形，位于一小花被杯内。花期 3～4 月，果期 9～10 月。

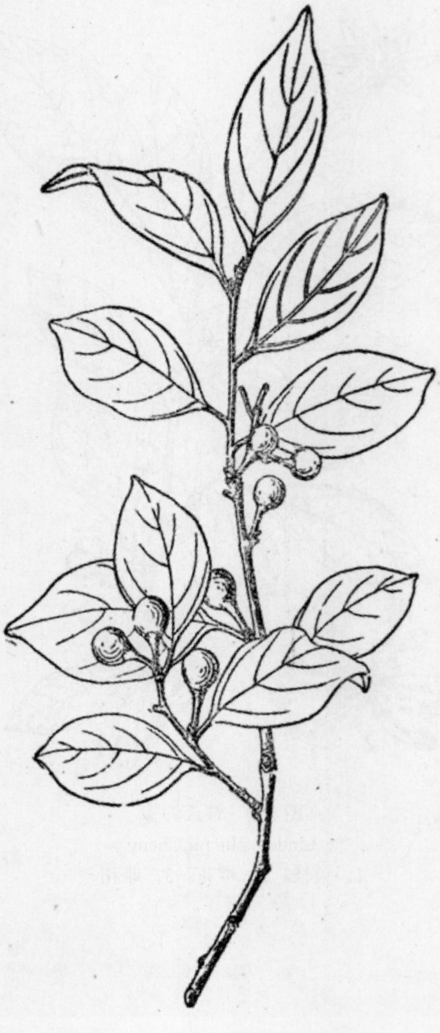

图 590　香叶树
Lindera communis Hemsl.
果枝

［生长环境］　生于丘陵和山地下部的疏林中，在近海地区的次生林中往往形成优势，尤以气候温暖、土壤湿润而肥沃之地最适宜生长。

［产　　地］　云南、四川、湖北、湖南、广西、广东、台湾等省区。

［用　　途］　果核油可制肥皂、润滑油、油墨，又可作食用油，但多食会引起头晕；还可供药用（见“药用类”，1724 页）。

果皮可提芳香油（见“芳香油类”，1333 页）。油粕为高级氮肥。

［理化性质］　据广东省粮食厅资料：核含油量 53.20%，水分 6.12%。油的折射率（20℃）1.4729；碱化值 192.10，碘值 97.10，酸值 23.31。

［采收处理］　9～10 月间果实成熟呈大红色时，即可进行采收，趁鲜提取芳香油，然后除去外皮，留果核洗净晒干备用。

［加　　工］　参阅总论。为了提高出油率，采用压榨法时，可进行两次压榨。

［其　　他］　播种或压条繁殖。此种产量丰富，既可提取芳香油，又可制脂肪油，有极大发展前途。目前主要产区在云南腾冲，为当地农民主要副业。

98 毛香叶树（maoxiangye-shu）

［学　　名］　**Lindera communis** Hemsl. var **tomentosa** Cheng　樟科

［形态特征］　常绿小乔木，高 5～10 米；树皮灰褐色；小枝紫褐色，密生锈褐色毛。单叶互生，革质，披针形或披针状椭圆形，长 7～13 厘米，宽 2～4 厘米，先端短

尖或长尖，表面深绿色，有光泽，背面叶脉显明隆起，沿脉上有白色柔毛；叶柄长 7～14 毫米。花单性，雌雄异株，黄色；伞形花序腋生，有短梗，花梗上有短柔毛。核果卵圆形，熟时暗红色。花期 5～6 月，果期 9～10 月。

［生长环境］　生于适当湿润的山地杂木林中。

［产　　地］　浙江省

［用　　途］　果核油供制肥皂和润滑油用。

［采收处理］　果实成熟时采集，去掉外皮，把果核晒干即可备用。

99 绿叶甘橿（lüyegan-jiang）（图 591）

［地 方 名］　香叶树、官桂（湖北）

［学　　名］　**Lindera fruticosa** Hemsl.　樟科

［形态特征］　落叶小乔木，高可达 6 米；小枝青绿色，有黑色斑迹。单叶互生，纸质，阔卵形，长 5～14 厘米，宽 2.5～8 厘米，基部圆形，先端尖，表面深绿色，背面淡绿色，初时密生细柔毛，后渐脱落，具离基三出脉；叶柄纤细，长 10～12 毫米。花单性，雌雄异株；伞形花序腋生；有短梗。核果球形，熟时暗红色。花期 4～5 月，果期 9～10 月。

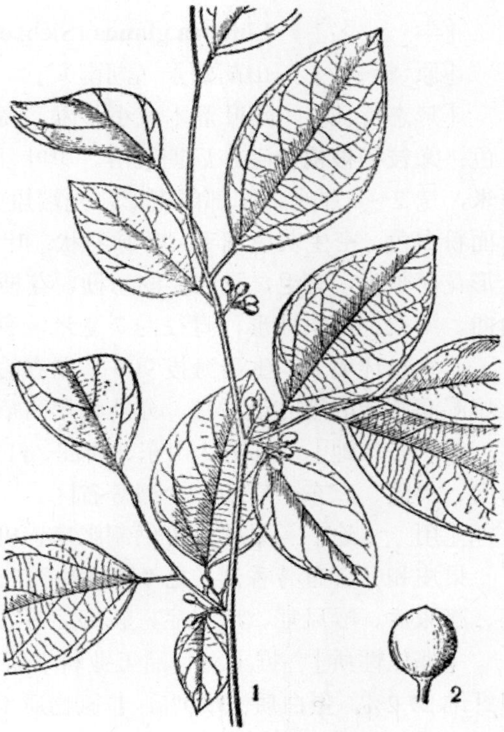

图 591　绿叶甘橿
Lindera fruticosa Hemsl.
1．果枝；2．果实。

［生长环境］　在浙江多混生在海拔 400～1200 米的山地杂木林中。

［产　　地］　湖北、浙江等省。

［用　　途］　果核油供制肥皂、润滑油用。叶可提芳香油，供调制香料、香精用。

［采收处理］　果实成熟时采集．除去外皮，把果核晒干即可备用。

100 山胡椒（shanhujiao）

［地 方 名］　牛筋条、雷公子、雷公电、苔乌（四川），野胡椒、牛筋树（河南），

假死柴（陕西），水平条（江苏），雷公树子、见风消子（湖南），刺牛精、香叶子、油金树、油金条、胡椒树、红叶柴、红果棵子、黄叶树、红叶果子、黄金榨、香筋条、牛栓条（安徽），六月干、臭籽（福建），铁骨伞、狗骨头树籽、雷公高、华叶树、油金楠、狗骨子（湖北），吃风柴、黄泥罗、黄落壳（浙江），楂子红（江西），崂山棍、山姜、山姜辣（山东）。

［学　　名］ **Lindera glauca** (Sieb. et Zucc.) Bl.　樟科

［原 料 名］ 山胡椒子（湖南）

［形态特征］ **落叶**灌木或小乔木，高达 8 米；树皮平滑呈灰白色；冬芽外部鳞片红色；**嫩枝初被褐色毛**，后期脱落。单叶互生或近对生，阔椭圆形至倒卵形，长 4～9 厘米，宽 2～4 厘米，基部阔楔形，先端短尖，全缘，表面暗绿色，仅脉间存有细毛，**背面粉白色，密生灰色细毛，叶脉羽状**；叶柄长约 2 毫米，有细毛。花单性，雌雄异株；伞形花序腋生，有毛，具明显的总梗，**花梗长约 1.5 厘米**；花被黄色，6 片；花药 2 室，内向，瓣裂。核果球形，直径约 7 毫米，有香气。花期 4 月，果期 9～10 月。

［生长环境］ 生于海拔 900 米左右的丘陵、山地的山坡、灌木草丛或疏林中，以土壤湿润肥沃的地方最适宜，亦能耐旱耐瘠，常呈灌木状。

［产　　地］ 江苏、山东、浙江、江西、河南、陕西、安徽、湖南、湖北、四川、云南、福建、广东、广西、台湾等省区。

［用　　途］ 果核油可供制肥皂、机械润滑油和药用。

果皮和叶含有芳香油（见“芳香油类”，1334 页）。根与枝叶为兽医药，可治牛咳嗽病、膨胀症、喉风症、风湿症、软脚症等。木材可为家具用材。

［理化性质］ 据上海食品工业科学研究所资料：果核含油量 41.84%，灰分 2.81%，粗纤维 27.2%，蛋白质 13.69%，非氮物质 14.46%。出油率 33～34%；油的比重（20℃）0.9259，折射率（20℃）1.4685；碱化值 207.1，碘值（韦氏法）83.6，酸值 12.6，不碱化物 4.84%，乙酰值 18.64，可溶性脂肪酸 0.67%，不溶性脂肪酸 82.2%。

［采收处理］ 9～10 月果熟时，摘取果实，去皮后晒干即可。利用去掉的皮可以提取芳香油。

［加　　工］ （1）操作过程：榨头油时，将山胡椒用文火炒干，磨碎，加入大糠 5～7%，通过碾粉、过筛、蒸粉、双圈、踩饼等工序，即可打尖上榨。榨二油时，先将饼碾粉过筛，然后用猛火蒸粉，单圈踩饼，打尖压榨。（2）操作中注意事项与狭叶山胡椒同。

［其　　他］ 分株和播种均可繁殖。

101 广东钓樟（guangdongdiaozhang）（图 592）

［地 方 名］ 勒墨鱼、猪母楠（广东海南）

［学　　名］ **Lindera kwangtungensis** (Liou) Allen (*L. meissneri* King. f. *kwangtungensis* Liou)　樟科

［形态特征］　**常绿乔木**，高 6～20 米；小枝具棱，微被柔毛。单叶互生，近革质，**披针形或披针状椭圆形**，长 5～10 厘米，宽 1.5～3 厘米，基部楔形，先端钝、短尖或渐尖，全缘，两面无毛，**叶脉羽状**，侧脉每边 4～8；叶柄长 7～10 毫米。雄花序伞形，多数集生于枝顶或叶腋内，由许多小花序构成，**总梗长 12～20 毫米**；**小花序有花 4～9**，长约 3 毫米；总苞由 4 片早落的苞片合成；花被裂片 6，椭圆形，被散生柔毛，雄蕊 9，花药 2 室，瓣裂，内向。核果球形，直径 5～6 毫米，先端有细尖，果杯宽 2～3 毫米，柄长 4～6 毫米，柄面有皱纹。花期 1～2 月，果期 8～9 月。

图 592　广东钓樟
Lindera kwangtungensis（Liou）Allen
1．花枝；2．果枝。

［生长环境］　生于气候温暖地区的山地疏林中，土壤湿润、肥沃，有适度阳光生长更好。

［产　　地］　广东、广西和贵州等省区。

［用　　途］　果核油可供制肥皂、润滑油、油墨。叶和种子可提芳香油。

［理化性质］　据中国科学院华南植物研究所资料：果核含油量 59.7%，水分 7.6%。油为不干性油；碱化值 276.6，酸值 19.43。

［采收处理］　8～9 月果实成熟时采下，蒸提芳香油后，用水浸泡搓擦，除去果皮，洗净果核，晒干，贮藏于干燥处或立即榨油。

［加　　工］　把已去掉果皮的果核碾成细粒，放在锅内炒 30～40 分钟，待变成黄色时立即起锅。再将炒黄的细粒碾成粉末，并加入 20～30%的粗糠，上甑加足火力，蒸至水蒸汽冲出粉上层后，再蒸 2～3 分钟，取出制饼。从制饼至上槽压榨的工作要快，以保持饼的温度在 70℃以上。榨得头油后，尚有余油，可进行第二次榨油，把油粕粉碎，碾细，再蒸榨；操作工序同上。

102 黑壳楠（heiqiaonan）（图 593）

［地 方 名］　楠木（四川、湖北），八角香、花兰（四川），鸡屎楠、大楠木、枇杷楠（湖北）。

［学　　名］ **Lindera megaphylla** Hemsl. 樟科

［形态特征］ 常绿乔木，高大。单叶互生，革质，阔卵披针形，长15～23厘米，宽5～7.5厘米，基部楔形，先端渐尖，全缘，表面深绿色，有光泽，背面草绿至灰绿，被白粉，侧脉羽状，每边15～21；叶柄长1.5～3厘米。伞形花序，常2～5花序簇生，每个花序有花9～16，花梗及花被管密生白色至黄褐色茸毛，每一花序下有卵形苞片4；花被6～8，黄色；雄花较大，花被裂片匙形至倒披针形，外面疏生短毛；雄蕊8～9，花药2室，瓣裂；雌花的花被裂片披针形至线状披针形，子房卵形，花柱较长，柱头头状。核果椭圆形至卵形，长约1.8厘米，径约1.3厘米；核椭圆状卵形，含有丰富脂肪。花期1～3月，果期10～11月。

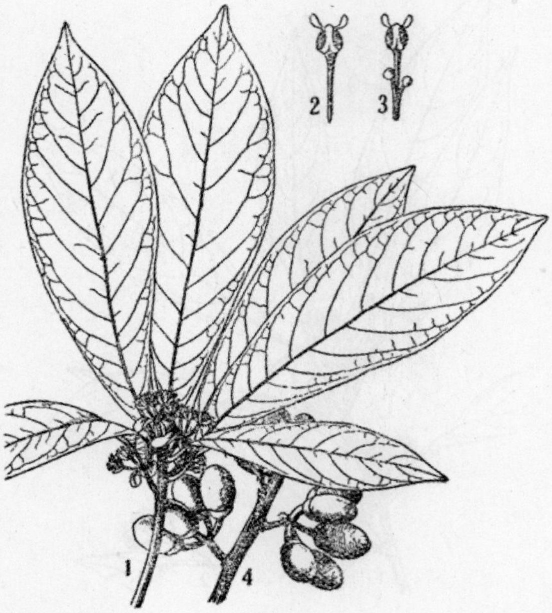

图593 黑壳楠

Lindera megaphylla Hemsl.

1．花枝；2．第一、二轮雄蕊；3．第三轮雄蕊；4．果枝。

［生长环境］ 喜生于海拔300～1000米的山地疏林中，以阴湿溪边、山谷地生长更盛。

［产　　地］ 四川、湖北、云南、广东、广西、安徽（南部）等省区。

［用　　途］ 果核油在室温下呈固体状态，碱化值特高，是制造香皂的上等原料。果实及叶含有芳香油（见“芳香油类”，1335页）。木材黄褐色，纹理直，结构细，质轻，比重约0.41，可作家具及一般建筑用材。

［理化性质］ 据四川省芳香工业研究室资料：果核含油量47.55%。油为不干性油；油的比重（25℃）0.9285，折射率（25℃）1.4565；碱化值287.54，碘值26.39，酸值9.11。

［采收处理］ 果熟后，及时采收，先用以提取芳香油，然后搓去果肉，洗净果核晒干榨油。

103 三椏乌药（sanyawuyao）（图594）

［地 方 名］ 甘姜、香丽木、三椏钓樟、猴楸树（河南），三角枫（四川），山姜、假崂山棍、姜羊（山东）。

［学　　名］ **Lindera obtusiloba** Bl. 樟科

［形态特征］　**落叶**灌木或小乔木，高 3～10 米。单叶互生，坚纸质，**卵形或阔卵形**，长 **6.5～12 厘米**，宽 5.5～10 厘米，基部阔楔形、圆形或心形，先端锐尖或稍钝，**全缘或上部 3 裂**，表面绿色，初有短毛，后则无毛，有光泽，背面灰绿色，密生棕黄色绢毛或无毛，具**三出脉**；叶柄长 2～3 厘米，稍被毛。花单性，雌雄异株；伞形花序腋生，总花梗极短；雄花有雄蕊 9，花药 2 室，瓣裂，内向，花梗长 3～4 毫米，被绢毛。核果球形，直径 7～8 毫米，鲜时红色，干时灰褐色，有毛；果梗有细柔毛。花期 4 月，果期 8～9 月。

图 594　三桠乌药
Lindera obtusiloba Bl.
果枝

［生长环境］　多生于海拔 800 米以上的山谷溪边、杂木林中或林缘。

［产　　地］　湖北、四川、江西、安徽、江苏、河南、山东、辽宁、山西、陕西等省。

［用　　途］　种子油可制肥皂、润滑油、头发油。

榨油后的油粕，可作农业肥料。叶不分老嫩均可煮食，将叶晒干碾碎、掺入面粉内食用。果皮及叶均可提取芳香油（见“芳香油类”，1335 页）。木材质坚细密，供细木工用。

［理化性质］　核仁含油量 61.52%，水分 5.52%，灰分 1.48。油色透明；油的比重（15℃）0.9393，折射率（20℃）1.4690；碱化值 242.3，碘值（韦氏法）74.8，酸值 1.6，不碱化物 2.8%。

［采收处理］　8～9 月果熟时采收，去果皮后晒干备用。剥下的果皮可以提取芳香油。

104　白叶子（baiyezi）（图 595）

［地 方 名］　小辣子、立槁辣子、田螺皮、吊樟树（广东）

［学　　名］　**Lindera playfairii** (Hemsl.) Allen (*Neolitsea playfairii* Chun)　樟科

［原 料 名］　白叶籽（广东）

［形态特征］　**常绿**小乔木，全部无毛；小枝短而细，带黑色。单叶互生，薄革质

披针形或卵状披针形，长 3～5.5 厘米，宽 1.5～2 厘米，基部圆形，先端尾尖，全缘，表面有光泽，背面粉绿色，叶脉为离基三出脉；叶柄细，长约 4 毫米。花簇生于叶腋内，每丛有花数朵，无总梗；苞片被小柔毛或近于无毛；花梗被柔毛。核果近球形，色黑，位于浅平的果杯上，直径约 3 毫米。果期 8～9 月。

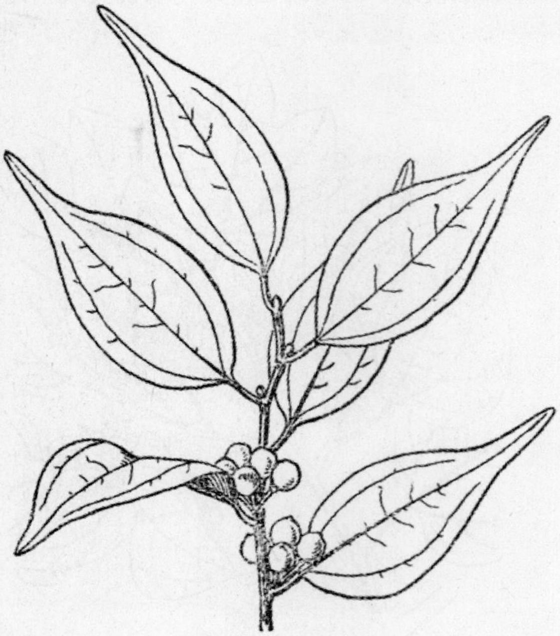

图 595 白叶子
Lindera playfairii（Hemsl.）Allen
果枝

［生长环境］ 多生于低山、丘陵地杂木林中或灌丛中，以气候温暖，环境比较潮湿的沙质壤土上最宜生长。在广东滨海地区次生林中极为常见。

［产　　地］ 广东、广西等省区。

［用　　途］ 果核油可供制肥皂、机器润滑油、印色油和鞣皮用油等。

枝皮、叶、果皮均含芳香油。

［理化性质］ 据广东省粮食厅资料：果皮重 21%，种仁重 79%。种仁含油量 56.20%，水分 7.20%。油色黄，折射率（20℃）1.4720；碱化值 226.60，碘值 98，酸值 2.82。

［采收处理］ 果熟时采收，去果皮晒干榨油。去下的果皮可以提取芳香油。

105 乌药（wuyao）（图 1055）

［学　　名］ **Lindera strychnifolia** (Sieb. et Zucc.) F.-Vill. 樟科

［原 料 名］ 乌药籽（湖南）

（地方名、形态特征、生长环境、产地及其他用途见“芳香油类”，1336 页）

［用　　途］ 果核油可供制肥皂、润滑油等用。也宜于作化妆品的原料。

［理化性质］ 据“湖南野生植物”记载：果核含油量 50.21%，出油率 32%。油属不干性油，油色棕绿，气味芬芳；油的比重（25℃）0.9297，折射率（25℃）1.4609；碱化值 228.1，碘值 89.3，酸值 16.3。

［采收处理］ 果熟及时采收，用清水搓除果皮，晒干备用。

［其　　他］ 播种或压条繁殖。

106 小胡椒（xiaohujiao）（图 596）

［学　　名］ **Lindera supracostata** H. Lec.　樟科

［形态特征］ 本植物与三股筋香（Lindera thomsonii Allen）很相像，但**叶片狭长**，长 5～10 厘米，宽 1.5～4 厘米，表面暗绿色、淡绿色的**三出脉甚隆起**，网脉细致而显著，背面灰色，叶脉亦清晰可见。花黄白色，花药 2 室，瓣裂。核果球形，直径约 8 毫米。花期 月，果期 9～10 月。

［生长环境］ 生长于海拔 1700～2800 米的湿润山谷、沟边、丛林中或林缘。

［产　　地］ 云南的西部和西北部

［用　　途］ 果核油可制肥皂及润滑油用。

树皮、叶及果皮可作盘香原料；可以提取芳香油供香料用。叶的出油率为 0.09%。

［理化性质］ 据云南省野生植物普查队野外粗分析：核仁含油量 62%。

［采收处理］ 果熟时采收，除去果皮后洗净晒干备用。果皮可用以提取芳香油。

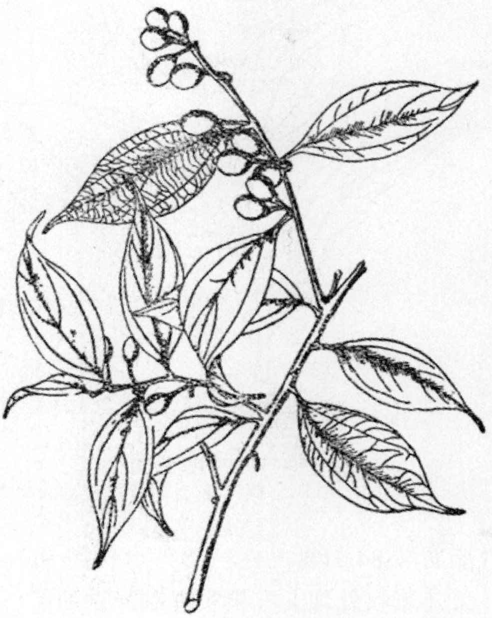

图 596　小胡椒

Lindera supracostata H. Lec.

果枝

107 三股筋香（sangujin-xiang）（图 597）

［地 方 名］ 大香果、节白达松、三股筋（云南）

［学　　名］ **Lindera thomsonii** Allen　樟科

［原 料 名］ 大香果（云南）

［形态特征］ **常绿**灌木或小乔木，高 4～9 米；树皮褐色；嫩枝密被绢毛。单叶互生，坚纸质，**椭圆形或卵圆形**，长 7～11 厘米，宽 2.5～4.5 厘米，**先端长渐尖**，两面均无毛，表面稍光亮，背面灰白色，**三出脉**两面突起；叶柄长 1.5 厘米。花单性，雌雄异株；雄伞形花序由 3～10 花组成，具短总梗，花黄色，花被裂片 6，雄蕊 9，花药 2 室，瓣裂，花梗长 3～4 毫米，被黄色短柔毛；雌伞形花序的花白色、黄色或黄绿色，花梗稍长。核果长圆形，长约 1.5 厘米，熟时黑色，有光泽。花期 3～4 月，果期 10 月。

［生长环境］ 生于海拔 1400～2500 米的山地疏林中，林缘、沟边及石灰岩上。

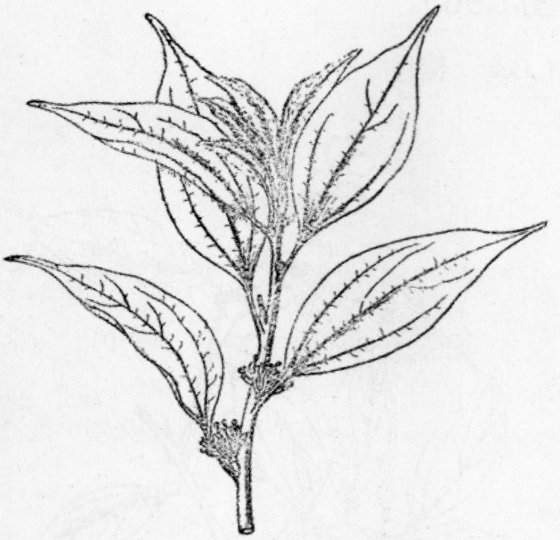

图 597 三股筋香
Lindera thomsonii Allen
雌花枝

［产　　地］ 云南、四川、广西等省区。

［用　　途］ 果核油供制肥皂和化妆品原料。

枝叶及果皮可提芳香油（见“芳香油类”，1337 页）。

［理化性质］ 据上海食品工业科学研究所资料：果核含油量 50.56%，灰分 2.81%，粗纤维 0.53%，蛋白质 15.15%，非氮物质 12.24%。油属半干性油；油的比重（20℃）0.9364，折射率（20℃）1.4605；粘度（安格拉氏秒 20℃）5′ 17.4″，脂酸凝固点 26.8℃；碱化值 256.6，碘值（韦氏法）118.5，酸值 9.5，不碱化物 1.54%，乙酰值 10.26，可溶性脂肪酸 0.86%，不溶性脂肪酸 84.01%。

［采收处理］ 果实提制芳香油后，除去果皮，洗净晒干，即可榨油。

108 钓樟（diaozhang）（图 598）

［地 方 名］ 大叶钓樟（浙江），绿叶干橿（江苏），小叶甘橿（河南）。

［学　　名］ **Lindera umbellata** Thunb.

樟科

［形态特征］ 落叶灌木，高 1～2 米；树皮平滑，有黑斑；小枝无毛。单叶互生，**长圆形或倒卵状长圆形**，长 6.5～12 厘米，宽 2.5～4 厘米，基部阔楔形，先端尖或钝，全缘，表面绿色，无毛，背面灰绿色，被毛，叶脉上被褐色毛，**羽状脉**，侧脉每边 5～8；叶柄长 1～2 厘米，被褐色毛或近无毛。花单性，雌雄异株，**有花 9 朵排成腋生伞形花序**；

图 598 钓樟
Linder umbellata Thunb.
果枝

花梗被黄褐色毛；花黄色，花被 6 深裂，裂片椭圆形，无毛，雄花有雄蕊 9，花药 2 室，瓣裂，全内向；核果球形，黑色，**柄长 12～17 毫米**。花期 4～5 月，果期 9～10 月。

［生长环境］　生于山坡、溪边、路旁的灌木丛中。

［产　　地］　江苏、浙江、河南、湖北、四川、江西等省。

［用　　途］　果核油供制肥皂、润滑油。

枝、叶可蒸提芳香油（见“芳香油类”，1337 页）。根皮供药用，有治疗疥疮之效，并可用作止血药。

［理化性质］　据江西省资料：果核含油量 58～69%，土榨出油率 35%；油属不干性油，具香味，为黄褐色至暗绿黄色液体，冬季凝固；油的比重 0.9340～0.9401，折射率 1.4705～1.473；碱化值 222.5～223.66，碘值 69.1～77.89，酸值 27.32～38.8。

［采收处理］　9～10 月间采收成熟果实，除去果皮，晒干备用。剥下的果皮可提取芳香油。

109 山鸡椒（shanjijiao）（图 1056）

［学　　名］　**Litsea cubeba** (Lour.) Pers.　樟科

［原 料 名］　山苍子核（通称）

（地方名、形态特征、生长环境、产地及其他用途见“芳香油类”，1338 页）

［用　　途］　山苍子核油是一种脂肪油，可以代替椰子油用于制造脂肪酸、醛、醇脂及高级肥皂。

油粕中含有丰富有机质，可作肥料。

［理化性质］　据广东省资料：核仁占果重 27.2%；果核含油量 38.50%，核仁含油量 61.8%，水分 5.9%；油的碱化值 219.45，碘值 77.88，酸值 53.66。油粕含氮 2.785%，蛋白质 17.41%，有机质 89.51%，水分 13.73%。

［采收处理］　将蒸馏山苍子油以后的果实，用竹篓盛装，放入清水中擦洗，除去果皮，晒干后用风车或风力扬去杂物备用。

［加　　工］　将山苍子核碾成粉末，入甑蒸至最上层烫手为止，然后将蒸好粉末踏饼榨油。

110 川木姜子（chuanmujiangzi）（图 599）

［地 方 名］　石桢楠、楠木（四川）

［学　　名］　**Litsea faberi** Hemsl.　樟科

［形态特征］　**常绿**灌木或小乔木，高 2～5 米。单叶互生，革质，**椭圆状披针形**，长 8～10 厘米，宽 1.5～2 厘米，基部楔形，先端渐尖，全缘，表面深绿色，无毛，背面草绿色，**被短毛**，沿叶脉上毛更多，叶脉羽状，侧脉每边 10～12；叶柄长 10～17 毫米，被柔毛。花单性，雌雄异株；伞形花序腋生，总花梗长 2～6 毫米；花黄色，**花被裂片 6**，

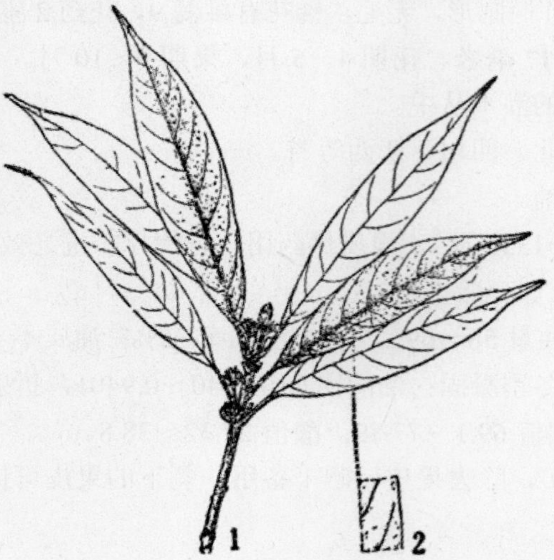

图 599　川木姜子

Litsea faberi Hemsl.

1．花枝；2．叶的一部分，示背面柔毛。

花瓣状，长圆形；花药 4 室，瓣裂，内向。核果椭圆形，成熟后红紫色，较大，果下有杯状而全缘的花被管。花期 4～6 月，果期 10～11 月。

［生长环境］　山坡阴湿地或疏林中，以及山坡路旁。

［产　　地］　四川（忠县、筠连、南充、峨眉等地），江西等省。

［用　　途］　果核油可制肥皂、润滑油等。

［理化性质］　据四川省资料：果核含油量 30%。

［采收处理］　果熟时采收，脱除果皮后，将果核晒干榨油。

111　潺槁树（changaoshu）（图 600）

［地 方 名］　油槁树、胶樟、青野槁、山狗羊（广东海南）

［学　　名］　**Lisea glutinosa** (Lour.) C. B. Rob. (*L. sebifera* Pers.)　樟科

［形态特征］　**常绿灌木或乔木**，高达 10 米；**小枝、叶柄、花序稍被柔毛**。单叶互生，倒卵形、椭圆状长圆形或椭圆状披针形，长 6.5～10（～20）厘米，先端常钝，表面除主脉被毛外，其他部分无毛，背面稍被毛，有时近无毛，侧脉每边 8～12 条。花单性，雌雄异株；伞形花序着生于近顶端的叶腋内，单生或伞形排列，直径 1～1.5 厘米；小花序具柄，有总苞，每一总苞内有花多朵；**花被不全或缺**，雄蕊 9 枚或更多，花药全内向，4 室，瓣裂；花梗密被毛。核果球形，直径约 7 毫米，生于厚而略膨大的果杯上。花期 5 月，果期 8 月。

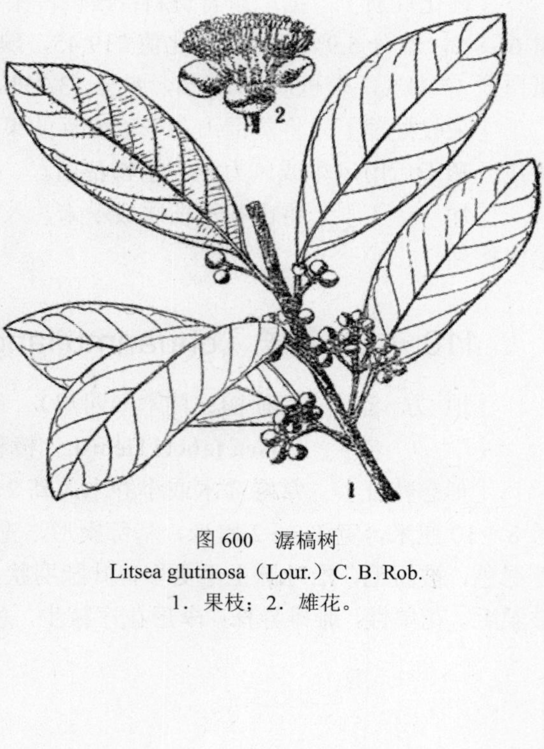

图 600　潺槁树

Litsea glutinosa（Lour.）C. B. Rob.

1．果枝；2．雄花。

［生长环境］　本种适应性广，在海滨、平原、丘陵、山地及石灰岩山的灌木林、疏林中均常有生长，而以土壤湿润肥沃的地方最适宜生长。

［产　　地］　云南、广西、广东、福建等省区。

［用　　途］　果核油可供制肥皂和硬化油。

木材黄褐色，稍坚硬，耐朽力强，易干燥，可作家具用材。树皮木材含胶液（见“树脂及树胶类”，1553 页）。根皮捣烂，可敷治恶疮。

［理化性质］　据广东省商业厅资料：果皮、果肉占全果重 57.60%，果核重 42.40%。核含油量 27.30%，核仁含油量 62.90%，水分 4.70%。属不干性油，半固体状态；油的碱化值 202.60，碘值 41.50，酸值 24.62。

［采收处理］　果熟时收集果实，用清水搓擦，除去果皮后，将核晒干，即可榨油。

112 毛叶木姜子（maoyemujiangzi）（图 1058）

［学　　名］　**Litsea mollifolia** Chun (*L. mollis* Hemsl.)　樟科

（地方名、形态特征、生长环境、产地及其他用途见“芳香油类”，1341 页）

［用　　途］　种子油是制药皂的上等原料；榨油后的油饼可以作肥料。

［理化性质］　据湖北省资料：种子出油率 25%；属不干性油。

［采收处理］　9～10 月间采收果实。

113 圆叶木姜子（yuanyemujiangzi）（图 1059）

［学　　名］　**Litsea populifolia** (Hemsl.) Gamble　樟科

（地方名、形态特征、生长环境、产地及其他用途见“芳香油类”，1342 页）

［用　　途］　果核油可制肥皂和润滑油。

［理化性质］　据云南省资料：果核含油量约 36%。

［采收处理］　果实提取芳香油后，除去果皮，洗净果核，晒干备用。

114 木姜子（mujiangzi）（图 1060）

［学　　名］　**Litsea pungens** Hemsl.　樟科

［原 料 名］　木江籽

（地方名、形态特征、生长环境、产地及其他用途见“芳香油类”，1343 页）

［用　　途］　果核油可制肥皂。

［理化性质］　据上海食品工业科学研究所资料：果核含油量 37.85%，灰分 2.91%，粗纤维 25.57%，蛋白质 13.37%，非氮物质 20.06%。油的比重（20℃）0.9371，折射率（20℃）1.4763；碱化值 196.4，碘值（韦氏法）82.4，酸值 10.3，不碱化物 0.56%，乙酰值 7.9。

［采收处理］ 果熟时采集，趁鲜果先提取芳香油后，再用清水搓除果皮，将核晒干，即可榨油。

115 豺皮樟（chaipizhang）（图 601）

［地 方 名］ 白柴、香叶子（四川），硬钉树、假面果、嘞喳木（广东）。

［学　　名］ **Litsea rotundifolia** Hemsl. var. **oblongifolia** (Nees) Allen　樟科

［形态特征］ 常绿灌木或小乔木，高达 5 米，单叶散生，有短柄，革质，**卵状长圆形**至倒卵长圆形，长 2.5～5 厘米，基部楔形，先端钝或短渐尖，全缘，表面有光泽，背面粉绿色；叶柄长约 5 毫米，被毛。花小，单性，雌雄异株，聚生叶腋内，为无梗的花束；花被裂片 6；雄蕊 9，花药全内向，4 室，瓣裂。核果球形，直径约 6 毫米，近无柄。花期 8～9 月，果期 9～10 月。

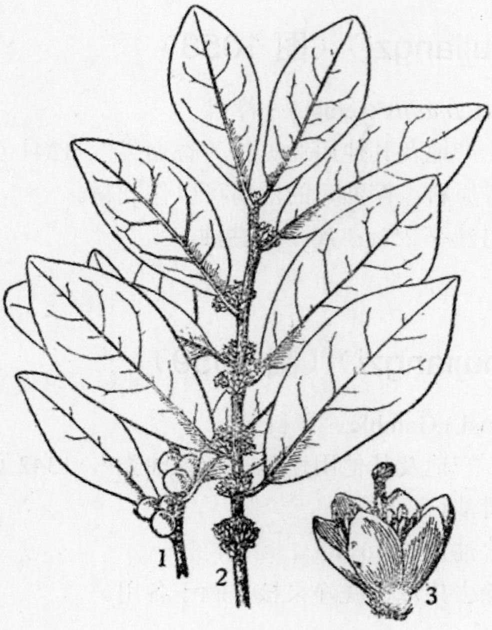

图 601 豺皮樟
Litsea rotundifolia Hemsl. var. oblongifolia（Nees）Allen
1．果枝；2．花枝；3．雌花。

［生长环境］ 本种为热带、亚热带植物，喜好阳光，适应性强，生长在丘陵地、山地下部的灌木林或疏林中；但以气候温暖、土壤较湿润的山坡疏林最适宜生长。

［产　　地］ 广东、广西、江西、湖南、贵州等省区。

［用　　途］ 果核油可供制肥皂、润滑油、印刷油和鞣皮之用。

果实、叶可提芳香油。

［理化性质］ 据广东省商业厅资料：果核含油量 63.80%；油的碱化值 207.10，碘值 46.95，酸值 6.16。

［采收处理］ 9～10 月果熟时采下，蒸提芳香油后，搓除果皮，洗净果核，晒干，即可榨油。

116 大叶楠（dayenan）（图 602）

［地 方 名］ 樟树（四川），宜昌楠（安徽）。

［学　　名］ **Machilus ichangensis** Rehd. et Wils.　樟科

［形态特征］ 常绿乔木，高 7～15 米；小枝暗赤色，具皮孔，无毛。单叶互生，纸质，**长圆状披针形或披针形**，长 10～18 厘米，宽 2～4.5 厘米，基部渐狭或宽楔形，

顶长渐尖，表面黄绿色，背面粉白，无毛或被丝状毛，侧脉每边12～17条；叶柄细，长约1.5～2.5厘米。圆锥花序，基部具总苞；**总花梗较细，红色，长3.5～5厘米**；花白色，花被6深裂，裂片长5～6毫米，**外面有丝毛**；雄蕊9，花丝无毛，长2.5毫米，花药长圆形，长1.5毫米，瓣裂；子房近球形，无毛。核果近球形，直径6～7毫米，平滑，先端有突起，基部具有外反的、不脱落的花被。花期4～5月，果期7～9月。

［生长环境］　生于山地疏林中，以湿润而肥沃的山谷地生长更好。

［产　　地］　安徽（南部）、浙江、湖北、四川、福建、广东、江西等省。

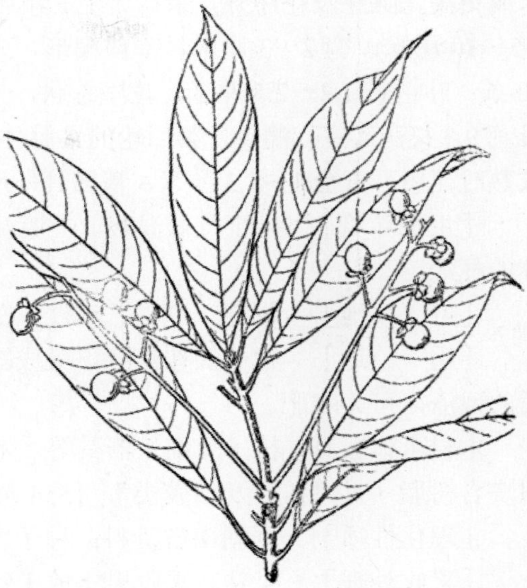

图602　大叶楠

Machilus ichangensis Rehd. et Wils.

果枝

［用　　途］　种子油可制肥皂、润滑油。

树皮可作褐色染料，木材为贵重的家具用材。

［理化性质］　据四川省资料：种子含油量50%。

［采收处理］　果熟时采收，除去果皮，晒干种子备用。

图603　刨花楠

Machilus pauhoi Kanehira

1．果枝；2。外轮花被；3．内轮花被；4．第一、二轮雄蕊；5．第三轮雄蕊；6．退化雄蕊；7．雌蕊。

117 刨花楠（baohuanan）（图603）

［地 方 名］　粘柴（福建），鼻涕楠、罗楠（浙江），刨花、花皮（广东），楠木、刨花、橡皮树（湖南）。

［学　　名］　**Machilus pauhoi** Kanehira (*M. thunbergii* Hemsl., non S. et Z.) 樟科

［形态特征］　常绿乔木，高6～10

米或更高，除芽及花序外，余均无毛。单叶互生，**硬革质，披针形或长圆状披针形**，长7.5～10厘米，宽2～3厘米，基部楔形，先端钝渐尖，背面粉绿，叶脉羽状，每边8～10条；叶柄长1.2～2.5厘米。花序总状，与叶近等长，有花8～10朵；花被6裂；发育雄蕊9，花药4室，瓣裂，第三轮的具腺体，花药外向；花梗长8～12毫米。核果球形，成熟时黑色，直径1～1.3厘米，基部具外反的不脱落的花被。花期4～5月，果期7月。

［生长环境］　生于气候温暖、土壤湿润而肥沃的丘陵地或山地的山谷疏林中或密林的林缘。

［产　　地］　福建、湖南、浙江、江西、广东、广西等省区。

［用　　途］　种子油在常温下凝成固体状态，为制造蜡烛、肥皂的好原料。榨油后的残渣，可为农肥。

木材可作家具、棺木、细工器具等。木材刨成薄片，用水浸出粘液可作润发用。又树皮含树脂（见“树脂及树胶类”，1554页）。

［理化性质］　据湖南省资料：种子含油量50～52%，出油率40%左右。

［采收处理］　果熟时采收果实放于竹篓内，浸水中搓擦，除去果皮后晒干，即可榨油。

［加　　工］　先将种子磨碎成粒状，放在锅内炒30～40分钟，至粉粒变黄色则起锅，入甑蒸至上层粉烫手为止，然后即制饼入榨。

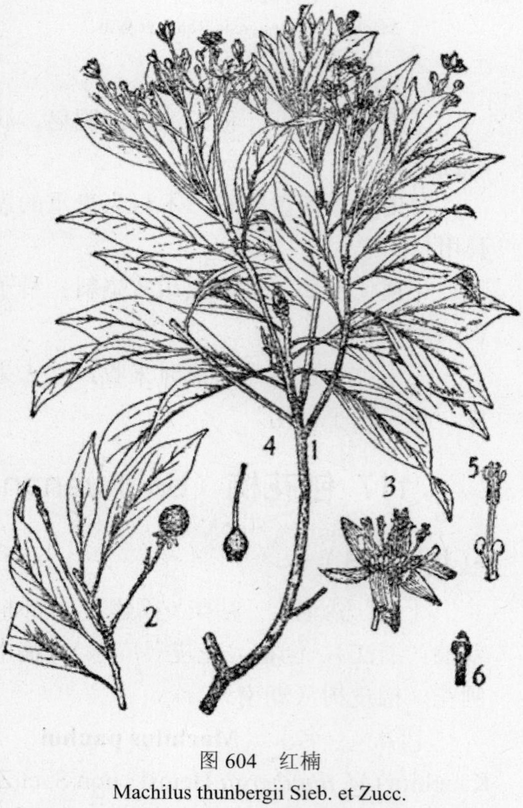

图604　红楠

Machilus thunbergii Sieb. et Zucc.

1．花枝；2．果枝；3．花；4．雌蕊；5．第三轮雄蕊；6．退化雄蕊。（自“中国森林植物志”）

118 红楠（hongnan）（图604）

［地 方 名］　小楠（四川），猪脚楠、楠仔木（台湾），楠柴、沙浆樟、表樟（浙江），野樟树（安徽），冬青（山东）。

［学　　名］　**Machilus thunbergii** Sieb. et Zucc.　樟科

［形态特征］　常绿乔木，高达16米；树皮灰白色，平滑，渐变为棕灰色；侧枝粗壮；小枝无毛。单叶互生，革质，**倒卵形或椭圆形**，长6～10厘米，宽2～5厘米，基部楔形，先端尾尖，全缘，表面深绿色，有光泽，背面粉绿色。圆锥花序具长梗，生于枝梢叶腋内；花两

性，有短梗；花被 6 深裂，裂片狭长圆形，长 5～7 毫米，发育雄蕊 9，花药 4 室，瓣裂；浆果球形，熟时蓝黑色，直径约 10 毫米，基部具外反的宿存花被。花期 5～6 月，果期 9～11 月。

［生长环境］　生于温暖地区的山地杂木林中，常与橡子类（山毛榉科）、樟树类（樟科）植物混生，尤以湿润环境和山谷地生长最盛。

［产　　地］　浙江、安徽、江西、湖北、四川、湖南、广东、广西、山东、台湾等省区。

［用　　途］　种子油可制肥皂和润滑油。

榨油后的油粕可为农业肥料。树皮可作褐色染料。木材淡黄色，心材稍带灰褐色，坚硬适中，可作家具、桥梁和其他建筑用材。叶可提取芳香油，树皮粉碎作熏香原料。

［理化性质］　种子含油量 65.09%，水分 4.28%，灰分 1.13%。油属不干性油，黄褐色；油的比重（25℃）0.9347，折射率（25℃）1.4646；碱化值 241.39，碘值（韦氏法）66.08，酸值 19.31。

［采收处理］　果熟时采收，将果皮除去后洗净种子，晒干备用。

［加　　工］　参阅广东钓樟（见 746 页）。

［其　　他］　用种子繁殖，10～11 月果熟，因其种子发芽力保存期极短，采收后 1～2 星期内应即播种，播种最好用苗床，播后宜覆盖稻草，夏季搭起荫棚，次年早春发芽，即行移植，培育 2 年以后，即可出圃定植。

119 绒楠（rongnan）（图 605）

［地 方 名］　掠头柴、野枇杷（浙江）

［学　　名］　**Machilus velutina** Champ.　樟科

［形态特征］　乔木或小乔木，枝、芽、叶背和花序均密被黄色茸毛。单叶互生，具柄，革质，椭圆形或倒卵状长椭圆形，长 5～10 厘米，宽 2～5 厘米，基部楔形，先端短尖，表面

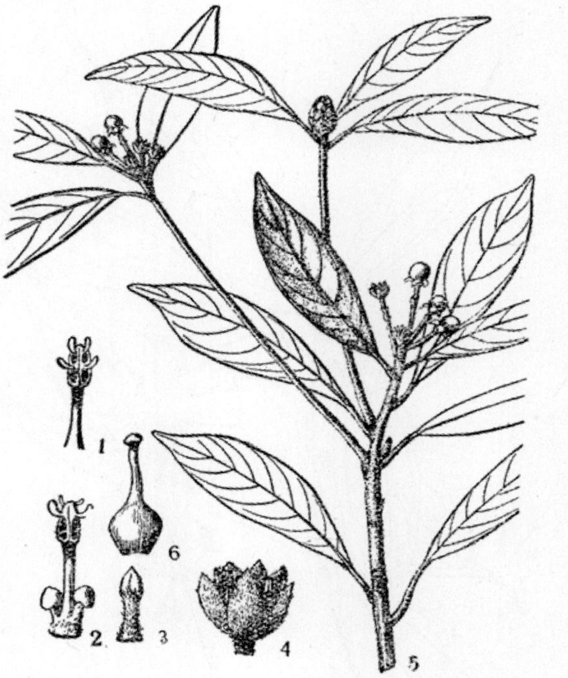

图 605　绒楠

Machilus velutina Champ.

1. 第一、二轮雄蕊；2. 第三轮雄蕊；3. 第四轮退化雄蕊；4. 花；5. 果枝；6. 子房。

深绿色，有光泽，羽状脉，侧脉在背面显著隆起，但不直达叶缘。圆锥花序顶生，收缩成伞房花序状；花两性，淡黄白色，花被裂片 6，有丝质茸毛。发育雄蕊 9，花药 4 室，瓣裂。核果球形，熟时呈蓝黑色，表面微具白粉，基部有不脱落的反曲花被；果梗粗壮，鲜红色。花期 4～5 月，果期 8～9 月。

［生长环境］ 生长在湿润的山谷溪旁杂木林中。

［产　　地］ 广东、福建、浙江等省。

［用　　途］ 种子油供作润滑油和防腐用。

材质坚硬，可作家具。

［采收处理］ 果实成熟后采集，除去果肉，取出种子晒干，即可备用。

120 浙新姜（zhexinjiang）（图 606）

［学　　名］ **Neolitsea chekiangensis** Nakai　樟科

［形态特征］ 常绿小乔木，高可达 8 米；树皮灰白色；当年生幼枝密生锈色茸毛。单叶互生，但簇生于小枝枝顶，革质，披针形或倒披针形，或偶有卵形，长 3～6.5 厘米，宽 1～2.4 厘米，基部楔形，先端渐尖，幼叶表面有白柔毛，背面有锈色茸毛，成长时表面光亮，背为粉绿；叶脉三出，两面均隆起，网脉不明显；叶柄长 4～11 毫米，初时有锈色茸毛，老叶无毛。花单性，雌雄异株，伞形花序，腋生，有总苞。核果卵圆形，熟时呈黑红色，位于稍为扩大的盘状或内陷的花被管上；果柄长 6～9 毫米。花期 4～5 月，果期 7～9 月。

图 606　浙新姜
Neolitsea checkiangensis Nakai
1．花枝；2．果枝。

［生长环境］ 生于山地杂木林中。

［产　　地］ 浙江省

［用　　途］ 果核油供制肥皂和润滑油用。

枝叶可蒸馏芳香油，作化妆品原料。

［采收处理］ 果成熟时采集，除去外皮，将果核晒干即可榨油。

121 大新姜（daxinjiang）（图 607）

［学　　名］　**Neolitsea chuii** Merr.　樟科

［原 料 名］　唦卜籽（广东）

［形态特征］　常绿乔木，高 8～14 米，除花序外其他部分均无毛。单叶近轮生，椭圆形至长圆状椭圆形或卵状椭圆形，长 8～16 厘米，宽 3～9 厘米，基部短尖，先端渐尖，表面光亮，背面稍带苍白色，具**离基三出脉；叶柄**无毛，**长 2.5～4 厘米**。花序腋生或腋外生，多花；花密集成束，聚生花束直径 1～1.5 厘米；总花梗极短或无；苞片多数，阔卵形，长约 3 毫米，外面稍被柔毛；雌花多数，花梗长 5 毫米，被灰色柔毛；花被裂片长圆形，长 2.5 毫米；退化雄蕊 6；子房无毛。**核果椭圆形，长约 10 毫米**，直径 8 毫米。花期 9～10 月，果期 12 月。

［生长环境］　生于山地或丘陵地的疏林中，常在山谷生长，亦有生长于旷地上的。

图 607　大新姜
Neolitsea chuii Merr.
1．花枝；2．果枝。

［产　　地］　广东、广西、云南、江西等省区。

［用　　途］　果核油可供制肥皂、润滑油用。

［理化性质］　据广东省资料：果核含油量 53.20%，仁含油量 67.10%。油的碱化值 209.40，碘值 101.40，酸值 25.30。

［采收处理］　果熟及时采收，用水搓洗，除去果皮，晒干后榨油。

122 皱柄新姜（zhoupingxinjiang）（图 608）

［学　　名］　**Neolitsea ellipsoidea** Allen　樟科

［形态特征］　常绿乔木，高达 30 米；小枝圆柱形，有皱纹，无毛。单叶互生，多集聚于小枝顶稍，革质，椭圆形或阔椭圆形，长 6～10 厘米，宽 2～4.5 厘米，基部楔形，先端短尖至短渐尖而钝，侧脉最下一对为对生，**成离基三出脉；叶柄长 2～3 厘米**，黄褐色，无毛，有纵向皱纹。伞形花序单生，有花 2～5；总苞片 4；花被管极短，裂片 4，椭圆形，外面被柔毛；雄蕊 6，花药瓣裂；花梗长 3～4 毫米，被锈色柔毛。**核果椭

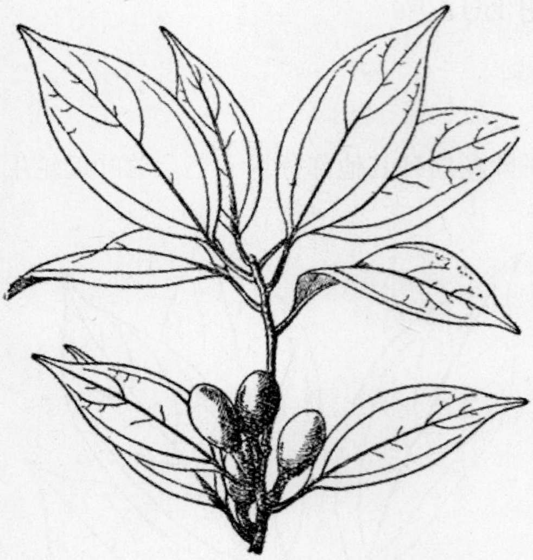

图 608 皱柄新姜
Neolitsea ellipsoidea Allen
果枝

圆形，长 15～17 毫米，宽 10～12 毫米，褐色，无毛；果杯小而平；**柄粗**，长 8 毫米，直径 2 毫米。花期 10 月，果期 12 月。

［生长环境］ 生于温暖地区的山地疏林中。

［产　　地］ 广东省

［用　　途］ 果核油为制肥皂、机械润滑油、油墨等原料。

［理化性质］ 据中国科学院华南植物研究所资料：果核含油量 60.5%，水分 7.7%。碱化值 260.2，酸值 17.74。

［采收处理］ 果熟时收集，放竹篓内置水中搓擦，除去果皮、果肉，洗净果核晒干，以供榨油。

［加　　工］ 将晒干的种子先碾成粉粒，炒至黄色，再碾成细粉，然后入甑蒸至面层发热，取出踩制成饼，趁热立即上槽入榨。

123 多果新姜（duoguo-xinjiang）（图 609）

［地 方 名］ 野桂皮（云南）

［学　　名］ **Neolitsea polycarpa** Liou 樟科

［形态特征］ 常绿乔木，高达 20 米；**小枝近于轮生**。单叶互生，革质，椭圆形，长 7～14 厘米，宽 2～5 厘米，基部楔形，**先端长渐尖**，背面苍白色，**叶脉为离基三出脉**；叶柄长 1～1.5 厘米。伞形花序近簇生于叶腋内，有总苞，总花梗极短，长约 3 毫米；花小，雄蕊 6，花药瓣裂，果序密集，结果累累。核果卵形，长约 1 厘米，果下托以宿存的花被管；果柄长 1～1.5 厘米，果熟时

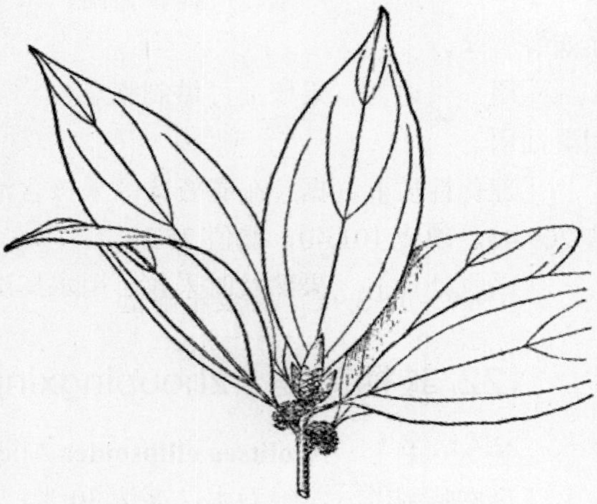

图 609 多果新姜
Neolitsea polycarpa Liou
花枝

增厚。花期 3～4 月，果期 10～11 月。

［生长环境］　生于海拔 1500～2100 米的山地，为热带地苔藓林常见树种。

［产　　地］　云南的广南、西畴、文山、金平、屏边等地。

［用　　途］　果核油供制肥皂、润滑油。油粕可作农肥。

［理化性质］　据云南省资料：果核含油量 45%。

［采收处理］　果熟时采收，洗除果皮后，将果核晒干榨油。

124 鳄梨（eli）（图 610）

［地 方 名］　油梨（广东）

［学　　名］　**Persea americana** Mill.　樟科

［形态特征］　常绿乔木，高达 10 米以上，叶互生，具柄，革质，长圆形至卵形或倒卵形，长 8～20 厘米，基部短尖或截状，表面亮绿色，背面通常稍粉绿，密生茸毛，叶脉羽状，每边 8～10。花小，淡绿色，具短梗，为阔而紧密的圆锥花序，生于小枝的顶端；花被裂片长 4～5 毫米，微被毛或近于无毛；发育雄蕊 9，第三轮雄蕊花丝的基部有 2 腺体，花药 4 室，瓣裂，第三轮的外向，外二轮的内向。**核果大，肉质**，通常为**梨形、卵形或球形**，长 8～18 厘米，黄绿色而至红棕色，**果肉柔软**似乳酪，色黄，可食；果皮厚，木质。花期 3 月，果期 8～9 月。

［生长环境］　鳄梨因品种不同对温度的适应性差异很大，墨西哥系的耐寒性比较强，危地马拉系和西印度系的耐寒性较弱。据有关文献记载：三种品系能耐最低温度的界线为：西印度系-1.7℃，危地马拉系-2.8℃，墨西哥系-6.7～0～3.9℃。需要年雨量在 1000 毫米以上，春季多雨能提高产量。它的根浅，枝条脆弱，不能耐强风，大风影响可至减产。对土壤适应性较大，适于较松、深厚、肥沃的沙壤土。最主要的是要求排水良好，地下水位不宜过高。

［产　　地］　广东、福建、台湾等省均有种植。

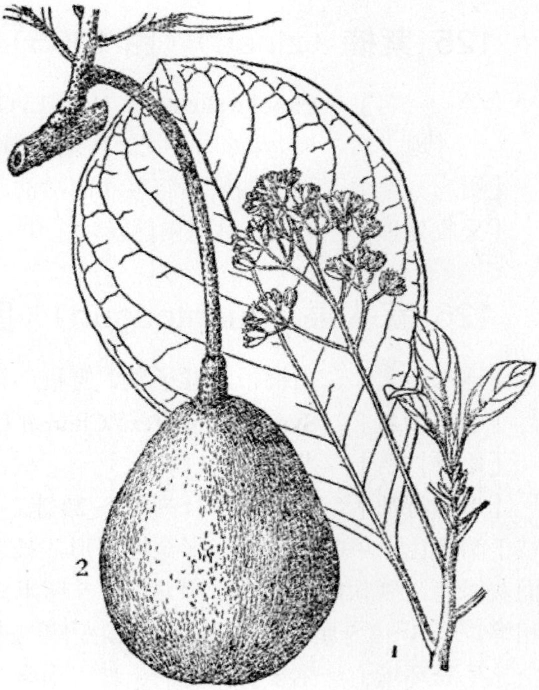

图 610　鳄梨
Persea americana Mill.
1. 花枝；2. 果。

［用　　途］　果肉油是一种不干性油，没有刺激性，酸度小，乳化后可以长久保存，除食用外，并可作高级化妆品用油、机械润滑油和医药上用，为皮肤用油及软膏原料。

果实是一种营养价值很高的水果，富含维生素、矿物质，特别富含脂肪，而且这种脂肪的消化率也很高，可达到93.7%。鳄梨的发热值之高，居热带果品的首位。鳄梨又具备核果类水果所特有的风味，所以食用价值很大。

［理化性质］　果肉含油量8～29%。油的比重（15℃）0.9132，折射率1.4700；碱化值192.6，碘值94.4，饱和脂肪酸7.2%，不饱和脂肪酸8.3%，不碱化物1.6%。

［其　　他］　鳄梨的繁殖方法分种子繁殖与嫁接法繁殖。如用种子繁殖，采种后需迅速播种为佳。在园艺上则多用嫁接法。嫁接时可在春季采茎0.8～1厘米粗的实生苗作砧木，自离地6～9厘米处截断，再从中用利刀纵切。选择与砧木粗细一致的健壮枝条为接穗，长4.5～6厘米，除去叶片和花芽，留下顶芽和3～4个侧芽。将接穗下部切成楔形，然后插入砧木纵缝中，注意形成层互相对准，插稳。再用布条、麻线或玻璃纸扎好，外面涂一层接蜡，立即淋水，并移至荫蔽处。嫁接成活的关键在于必须在阴天嫁接，并注意淋水和遮荫，以保持阴凉和高湿的环境，避免大风吹干接穗。

125 紫楠（zinan）（图1065）

［学　　名］　**Phoebe sheareri** (Hemsl.) Gamble　樟科

（地方名、形态特征、生长环境、产地及其他用途见“芳香油类”，1347页）

［用　　途］　种子油供制肥皂和润滑油。

［采收处理］　9～10月间果熟及时采集，晒干，除去杂质，即可榨油。

126 蒜头果（suantouguo）（图611）

［地 方 名］　山桐子、猴子果、野桐、马兰后（广西）

［学　　名］　**Syndiclis oleifera** Chun et Lee, ined.　樟科

［原 料 名］　蒜头果（广西）

［形态特征］　常绿乔木，高10～20米；树干挺直，胸径30厘米；树皮淡黄色；小枝干暗褐色。单叶互生，卵形至椭圆形，长7～10厘米，宽3～4厘米，表面绿色，背面灰绿色，侧脉每边5～6；叶柄长1.5厘米。花未见。果圆形，稍扁，蒜头状，长宽近相等，长3～3.5厘米；中果皮肉质，内果皮坚硬。花期4～5月，果期11月。

［生长环境］　生于石灰岩的山坡、山脚、土壤湿润肥沃的地方。

［产　　地］　广西西部的大新、靖西、田林、德保、百色、平果、田东等地。在田林县八桂区弄洞乡已有少量栽培。

［用　　途］　种子油可供制肥皂、润滑油用；又可供食用，但多食有腻喉的感觉。油粕可作肥料。

［理化性质］　据中国科学院广西植物研究所资料：种子含油量 56%，土榨出油率约 30%，机榨出油率 40～50%。油棕红色；比重 0.9100，折射率（25℃）1.4706～1.4767；碱化值 114.80～176.4，碘值 58.57～64.2，酸值 36，酯值 140.4。

［采收处理］　11 月果熟采收，洗净，除去果皮，晒干，即可榨油。

［加　　工］　将种壳压破，取出种仁，即可参看总论压榨工序进行榨油，也可带壳榨油。

［其　　他］　用种子繁殖。采收种子后立即播种，其出苗率较高。若不能及时播种，须湿沙埋藏。播时松地，起畦后点播，株行距 4×12 厘米。复土以 3 厘米为宜，土表复上薄草。因幼苗喜阴，故播后须搭荫棚，并经常保持土壤湿润。百色林业试验站于 1957 年播种后，次年 7 月苗长 50 厘米，每株苗具叶 25～30 片；一年生苗即可移植或定植。

图 611　蒜头果
Syndiclis oleifera Chun et Lee, ined.
果枝

127 荠菜（jicai）（图 612）

［地 方 名］　荠、护生草（山西），沙荠（山西、河北），娘娘指甲（河北），荠荠菜（山东、河南），骨皮、洋筋草（四川），辣菜（山东），荠菜（江苏）。

［学　　名］　**Capsella bursa-pastoris** (L.) Medic.　十字花科

［原 料 名］　荠菜子（河南）

［形态特征］　一年生或多年生小草本，高 5～40 厘米，绿色，通常单一；茎上部分枝，下部被单一或分歧的白色柔毛。基生叶莲座丛状，平铺地上，长圆状披针形，羽状分裂，两侧的裂片浅裂或为不规则的粗锯齿状，先端裂片呈三角状或卵状披针形;茎生叶较少，无柄，互生，长圆形或披针形，最上者几成线形，基部抱茎，先端渐尖，边缘具缺刻或锯齿，或近全缘，具毛。总状花序顶生或腋生，无毛；花小，白色，两性，有长梗，后伸长达 1 厘米余；萼片 4，绿色，卵形，具白色边；花瓣 4，匙形；雄蕊 6，4 强，基部有腺；雌蕊 1，子房三角状倒卵形，2 室，各室具数个胚珠，花柱短。短角果倒三角形，扁平；种子细小，椭圆形，淡棕色。花期 3～4 月，果期 5～6 月。

［生长环境］　常生于沟边、路旁、田野、废墟以及海拔 1600 米以下的山地，尤以荒地生长较多。

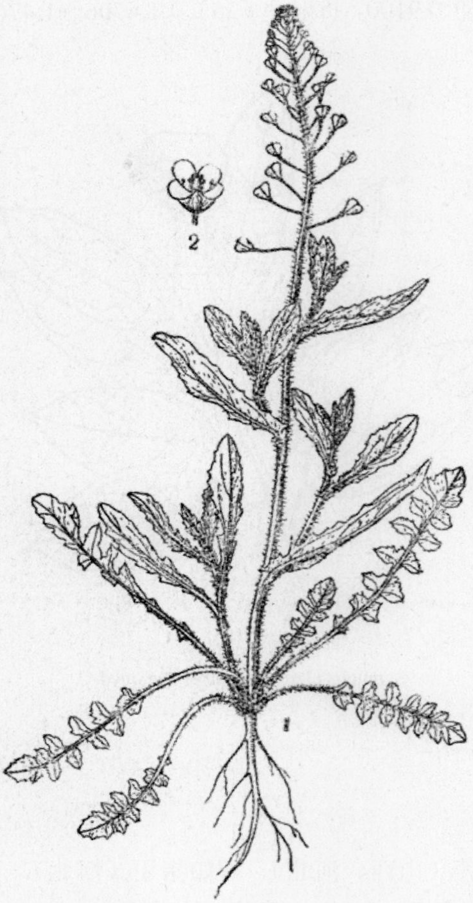
图 612　荠菜
Capsella bursa-pastoris（L.）Medic.
1．植株全形；2．花。

［产　　地］ 全国各省普遍野生，少数城市郊区也有人工栽培供蔬菜用的。

［用　　途］ 种子油可制油漆及肥皂用。

全草入药（见“药用类”，1731 页）。春季嫩苗为新鲜清香的野菜；又是早春的家畜饲料。

［理化性质］ 据“东北资源植物手册”：种子含油量为 20～30%。油褐色，属干性油。油的比重（15℃）0.9269，折射率（20℃）1.4776，碱化值 185.91，碘值 152.66，酸值 1.09，混合脂肪酸熔点 25.5℃。

［采收处理］ 果实成熟后，将植株割下，晒干，用棒打落种子，清除枝、叶、杂质，收集净种子，即可榨油。

128 播娘蒿（boniang-hao）（图 613）

［地 方 名］ 大蒜芥（甘肃），麦蒡蒿、婆婆蒿（山东），米米蒿（河南、江苏），葶苈子（山西），眉毛蒿、线香子（江苏）。

［学　　名］ **Descurainia sophia** (L.) Schur.　十字花科

［形态特征］ 一年生或多年生草本，高 30～70 厘米，有灰白色短叉状毛或星状毛。茎上部分枝，带灰白色。叶二至三回羽裂或深裂，裂片成线形，茎下部叶有柄，上部叶无柄。总状花序顶生，花小，多数；萼片直立，早落；花瓣卵形，黄色；雄蕊 6，直立；雌蕊圆柱形，花柱极短，柱头扁压头状。果实长角，线形，长 2.5～3 厘米，宽约 1 毫米，果柄长 1～2 厘米；种子每室 1 列，多数，细小，长圆形，微扁。花期 5～6 月，果期 7～8 月。

［生长环境］ 多生于田野、山坡，潮湿处生长更好。

［产　　地］ 江苏、安徽、四川、山东、山西、河南、河北、陕西、甘肃、内蒙古、新疆等省区。

［用　　途］ 种子油供制皂及油漆用，亦可食用。

种子又可入药(见“药用类”,1732页)。全草还能制土农药，可杀棉蚜、青菜虫等。

［理化性质］ 据四川省卫生厅研究所资料：种子含油量44.05%，出油率28.02%。油为干性油；油的比重（15.5℃）0.9226，折射率（25℃）1.4785，碱化值182～183.7，碘值173～179.6，酸值3.83，酯值178.17。

［采收处理］ 果实成熟后，摘取果序，晒干，用棒打出种子，除净杂质，即可榨油。

［其　　他］ 用种子繁殖；一般在4月间播种，5～6月开花，7～8月果实成熟。

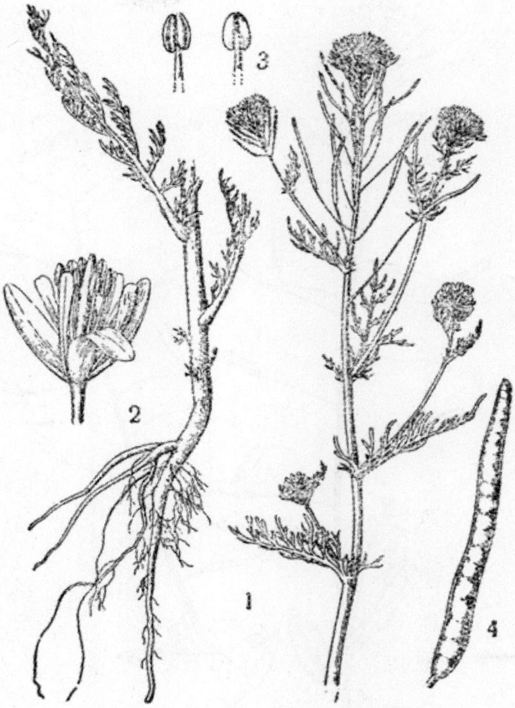

图613 播娘蒿

Descurainia sophia (L.) Schur.

1. 植株；2. 花；3. 花药；4. 长角。

129 葶苈（tingli）（图614）

［地 方 名］ 荠菜、筛子底、葶苈子（黑龙江、辽宁、吉林、山东），丁苈、狗芥、大宝（山西）。

［学　　名］ **Draba nemorosa** L. 十字花科

［形态特征］ 一年生直立草本，高10～20厘米；全株被有叉状毛，有时亦有单毛。单叶互生，基生叶数片丛出，长圆状倒卵形或长圆状椭圆形，早枯；茎上的叶互生，卵形或长圆状卵形，先端稍尖，边缘具疏牙齿或近全缘，两面密生灰白色叉状和星状柔毛。总状花序顶生；花两性，直径约2毫米，黄色；萼片4，卵形，边缘白色，较花瓣短。背面上部具长柔毛；花瓣4，长圆状倒卵形，先端微凹，基部狭长呈爪状；雄蕊6，4强，花丝扁平，近基部稍宽；雌蕊1，子房椭圆形，2室，柱头半圆形，无花柱。短角果长圆状椭圆形或狭长圆形，较果柄短1/2～1/4，有短毛，成熟时开裂；种子细小，淡褐色，椭圆形，扁平，表面具光泽，稀有疣状突起。花期3～4月，果期5～6月（东北7～8月）。

［生长环境］ 生于田野、路旁或住宅附近，为常见的早春杂草。

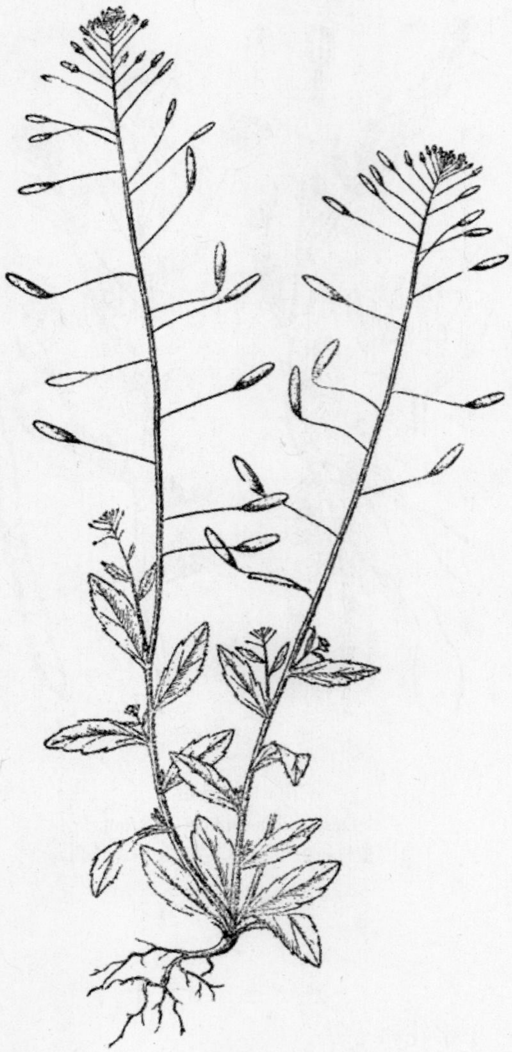

图 614　葶苈
Draba nemorosa L.
植株全形

［产　　地］　辽宁、吉林、黑龙江、内蒙古、河南、山西、山东、江苏、四川等省区。

［用　　途］　种子油供制肥皂。

嫩苗可食。种子入药，是下泻利尿剂；又治慢性气管炎。

［理化性质］　据河南省资料：种子含油量 26.26%。

［采收处理］　果实成熟时割取全株晒干后，脱粒，清除杂质，存干燥处备用。

［其　　他］　用种子繁殖；利用田埂、荒地，于秋季稍加耕耘，然后播下种子，即可生长。

130 萝卜（luobo）（图 1337）

［学　　名］　**Raphanus sativus** L.　十字花科

［原 料 名］　萝卜子（通称）

（地方名、形态特征、生长环境、产地及其他用途见“药用类”，1733 页）

［用　　途］　种子油可供制肥皂、润滑油；四川部分地区农民用作食油。

［理化性质］　据上海食品工业科学研究所资料：种子含油量 45.01%，灰分 4.92%，粗纤维 4.50%，蛋白质 26.81%，非氮物质 19.76%。油系干性油，为黄色液体；油的比重（20℃）0.9298，折射率（20℃）1.4771，粘度（安格拉氏秒 20℃）31′ 0.4＂碱化值 190.1，碘值（韦氏法）100.8，酸值 4.3，不碱化物 1.70%、乙酰值 2.4。

［采收处理］　4～6 月间种子成熟，割取植株晒干，搓出种子，簸净杂质，再将种子晒干，存干燥通风处备用。

131 球果蔊菜（qiuguohancai）（图 615）

［地 方 名］　水蔓菁（河北），荠菜（江苏）。

［学　　名］　**Rorippa globosa** (Turcz.) Thellg.　十字花科

［形态特征］　一年生草本；茎直立，高约 1 米，具浅槽，分枝；基部木质，下部有毛，上部光滑。叶长圆形至倒卵状披针形，基部抱茎而两侧呈短耳状，边缘呈不齐齿裂，先端渐尖，两面均无毛。总状花序顶生，无苞片；花小，黄色，有明显的细梗，有时具苞；萼片 4，长卵形，开展，基部等大；花瓣 4，倒卵形，基部渐狭而成爪状；雄蕊 6，4 强，基部有腺体；子房椭圆形，花柱短，柱头头状。**果实球形**，直径约 2 毫米，**顶端有宿存的短花柱**；种子多数，细小，卵形，一端微凹，表面有纵沟，淡绿色。花期 4～5 月，果期 6～7 月。

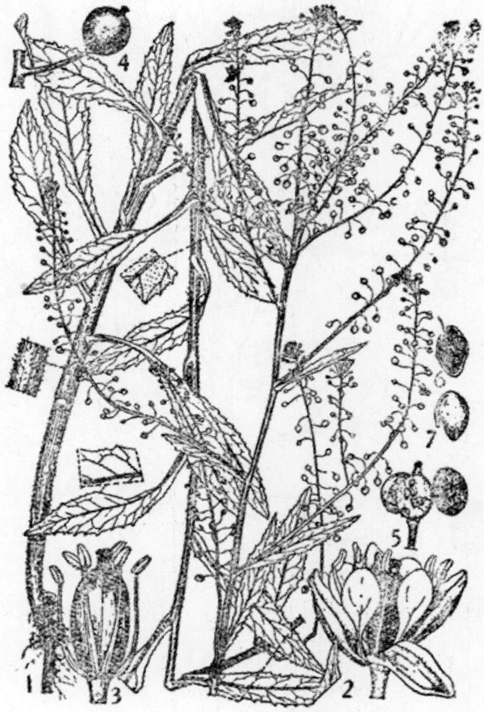

图 615　球果蔊菜
Rorippa globosa（Turcz.）Thellg.
1. 植株全形；2. 花；3. 花去花瓣和萼后示雄蕊和雌蕊；4. 短角果；5. 短角果开裂；6. 种子；7. 胚。
（自“江苏南部种子植物手册”）

［生长环境］　河岸、湿地、路旁或沟边都有生长，也能生长在较干旱的地方。

［产　　地］　南北沿海各省及台湾省均产。

［用　　途］　种子油供食用。

全草嫩时是良好的猪饲料。

［理化性质］　据南京中山植物园资料：种子含油量 11.6%。

［采收处理］　果实于夏季成熟时采收，晒干后除去果壳，得纯净种子，即可备用。

132 蔊菜（hancai）（图 616）

［地 方 名］　野油菜（安徽），诸葛菜（浙江）

［学　　名］　**Rorippa montana** (Wall.) Small　十字花科

［原 料 名］　野油菜子（安徽）

［形态特征］　一年生直立草本，全体无毛，高约 20 厘米；多分枝，较柔弱。单

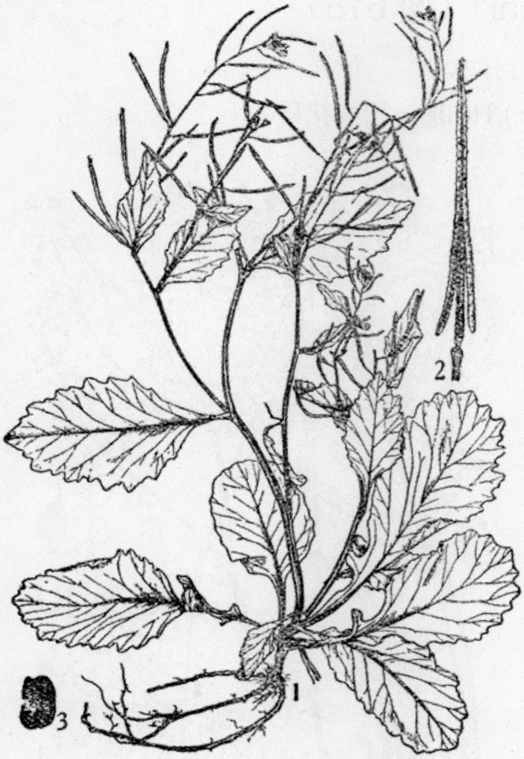

叶互生，茎下部叶倒卵形或倒卵状披针形，具柄，近叶柄处多作羽状分裂，边缘具波状齿，生于茎上部的叶为长圆形，无柄，有粗齿牙，少有毛，或仅于背面主脉上有毛。圆锥花序顶生。花小，淡黄色。**果为长角果，线形，长 2～2.5 厘米**；种子 2 列，多数而细小，卵圆形，褐色。花期 5～8 月，边开花边结果。

［生长环境］ 生荒地、菜圃旁及路边。

［产　　地］ 浙江、安徽、江苏等省。

［用　　途］ 种子油可供润滑油用。

全草入药，服煎汁有清凉作用；将全草捣汁，敷治皮肤伤肿及治“指蛇”亦有效。茎叶可作家畜饲料，尤适宜喂猪。

［采收处理］ 果实成熟时采下果序晒干，用木棒打出种子，清除杂质，即可榨油。

图 616　蔊菜
Rorippa montana（Wall.）Small
1．植株全形；2．长角果：3．种子。
（自“江苏南部种子植物手册”）

133 风花菜（fenghua-cai）

［学　　名］ **Rorippa palustris** (Leyss.) Bess.　十字花科

［形态特征］ 二年生或多年生草本，高达 50 厘米，茎直立，单生或丛生，上部多分枝，全株光滑无毛。基生叶多数簇生，羽状深裂，裂片有锯齿，先端裂片较小，茎部具柄；茎生叶互生，不分裂，披针形。总状花序顶生或腋生，花小，呈十字形，黄色；萼片长椭圆形；花瓣蓖形；4 强雄蕊；雌蕊 1。**角果圆柱状长圆形，长 4～6 毫米**，稍弯曲；种子细小，扁平，棕色。花期 5～7 月，果期 6～8 月。

［生长环境］ 喜生于山坡、石缝、路旁、田边、水沟潮湿地及杂草丛中。

［产　　地］ 江苏、山东、四川、内蒙古、辽宁、吉林、黑龙江等省区。

［用　　途］ 种子油供食用，亦可供制肥皂、油漆、油墨及润滑油。

植株幼枝可作猪饲料。

［理化性质］ 据上海食品工业科学研究所资料：种子含油量 31.37%。油为干性油，比重（20℃）0.9175，折射率（20℃）1.4761；碱化值 179.9，碘值（韦氏法）157.7，酸值 1.72。

［采收处理］ 果实成熟后剪下果序，晒干，用木棒脱粒，簸净杂质，即可榨油。

134 菥蓂（ximin）（图 617）

［地 方 名］ 败酱草（江苏），遏蓝菜（河南、山西、甘肃、四川），犁头草、大芥（山西），小山菠菜（山东），独行菜、辣辣根、羊蹄、布郎鼓（河南），羊辣罐（辽宁），苦工菜、雀儿菜（四川）。

［学　　名］ **Thlaspi arvense** L. 十字花科

［原 料 名］ 遏蓝菜子

［形态特征］ 一年或二年生直立草本，高 15～60 厘米；茎单一或分枝，具棱角，全株无毛。基生叶有柄，倒卵状长圆形；茎生叶无柄，长圆状披针形或倒披针形，长 2.5～5 厘米，宽 2～15 毫米，有时达 20 毫米，基部箭形，抱茎，先端钝，有时稍大，边缘牙齿状或全缘。总状花序顶生，花白色；萼片 4，长圆形或近披针形，长约 2 毫米，边缘具白毛；花瓣 4，长圆形，长 2.5～4 毫米；雄蕊 6，4 长 2 短；雌蕊 1，子房扁平。短角果扁平，倒卵圆形或近圆形，长 13～16 毫米，宽 9～13 毫米，边缘有翼（宽约 3 毫米），先端凹入，通常具种子 5～10；种子卵形，黄褐色。花期 4～5 月，果期 5～6 月。

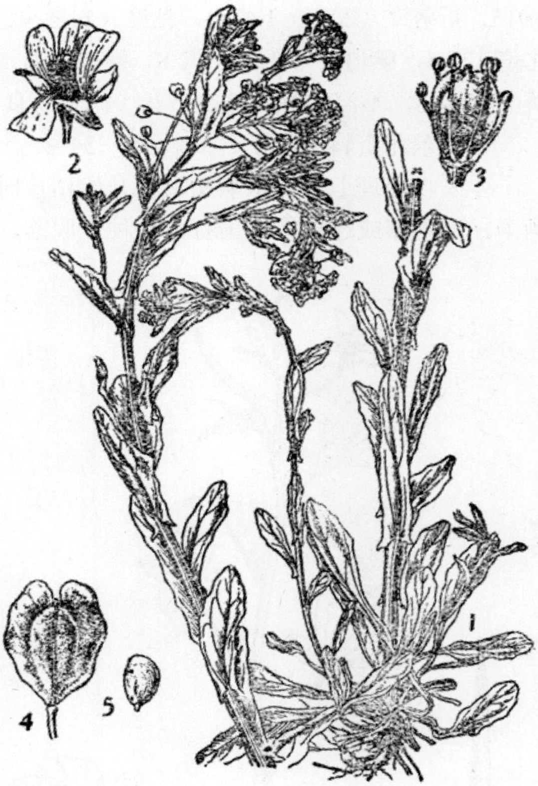

图 617 菥蓂

Thlaspi arvense L.

1. 植株全形；2. 花；3. 雄蕊和雌蕊；4. 短角果；5. 种子。（自“江苏南部种子植物手册”）

［生长环境］ 野生于路旁、田畔、沟边、村落附近的杂草地上或小麦田中，在潮湿地方生长良好。

［产　　地］ 河南、河北、山东、山西、江苏、四川、贵州、甘肃、辽宁、吉林、黑龙江、内蒙古、新疆等省区。

［用　　途］　种子油可制肥皂，也可作润滑油和掺和干性油使用；经四川省卫生厅研究所鉴定，油可供食用。

种子和茎叶供药用（见“药用类”，1734 页）。春季采嫩苗或嫩叶以开水煮后，作蔬菜食用。茎叶又可作猪饲料。

［理化性质］　种子含油量 28.0%，灰分 5.49%，粗纤维 15.39%，蛋白质 23.0%，非氮物质 28.12%。种子出油率 22.5%。油属半干性油，色透明，无显著臭味；比重（20℃）0.915，折射率（20℃）1.4785，粘度（安格拉氏秒 20℃）7′42″，脂酸凝固点 8.8℃；碱化值 178.6，碘值（韦氏法）91.8，酸值 2.2，不碱化物 1.49%，乙酰值 12.12，可溶性脂肪酸 0.69%，不溶性脂肪酸 92.9%（据上海食品工业科学研究所分析）。

又据东北资料：种子含油量 28～34%。

［采收处理］　夏末秋初果实开始枯黄时，割取全株，以免种子散落，采后置场上晒干，用木棒或连枷轻轻击打，使种子脱落，除去泥土和杂质，收集种子，贮存于通风干燥处备用。

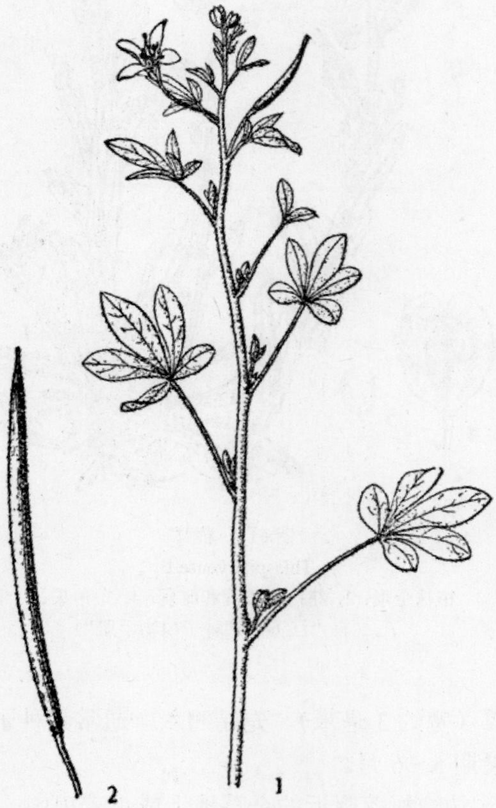

图 618　黄花菜
Polanisia icosandra（L.）Wight et Arn.
1．茎上部；2．果。

135 黄花菜（huanghua cai）（图 618）

［地 方 名］　野油菜（江西）

［学　　名］　**Polanisia icosandra** (L.) Wight et Arn. [*P. viscosa* (L.) DC.]　白花菜科

［形态特征］　一年生直立草本，茎高 30～90 厘米，绿色，有纵条纹，被灰白色柔毛和腺毛。指状复叶互生；小叶 3～5，几无柄，倒卵形或倒卵状披针形，中央一片较大，长 2～4.5 厘米，宽 1～1.6 厘米，基部楔形，先端钝或渐尖，两面均有腺毛；叶柄长 1～4.5 厘米，被柔毛及腺毛。总状花序顶生或单生于叶腋；总花梗长约 8 毫米，密被腺毛；萼片 4，披针形，长约 5 毫米；花瓣 4，黄色，基部紫色，倒卵形，长约 6 毫米；雄蕊 12～26，较花瓣稍短；子房圆柱形，长约 5 毫米，密被淡黄色腺点，花柱短，柱头头状。蒴果有

腺毛，具条纹；种子多数。

［生长环境］　湖边、路旁、旷地等砂质土壤上。

［产　　地］　江西、台湾等省。

［用　　途］　种子油与菜油相似，供食用、制肥皂及作润滑油用。

［理化性质］　据江西省资料：种子出油率 17%左右。

［采收处理］　果实成熟后采收，晒干，打出种子，即可榨油。

136 光叶海桐（guangyehaitong）（图 619）

［地 方 名］　岩退风、崖花子（福建），山枝子、矮沱沱、山枝仁、雀儿子、火泡树、山柿子、鸡心子（四川）。

［学　　名］　**Pittosporum glabratum** Lindl.　海桐花科

［形态特征］　常绿小乔木，高约3～4米，上部枝有时呈轮生状。单叶互生，密集于幼枝顶端呈轮生状，长椭圆状披针形，或倒披针形，长 5～10 厘米，宽 1～3.5 厘米，基部锐楔形，先端锐尖，边缘微波状或全缘，两面光滑。花淡黄色，成顶生疏散的伞房花序；萼片 5，基部连合，裂片卵形，光滑或边缘具细毛；花瓣 5，基部连合，裂片长匙形，较萼长 3 倍；子房 3 室，花柱单一，柱头不分裂，宿存。蒴果卵形或椭圆形，长 1.2～1.6 厘米，成熟时通常 3 瓣裂；种子多数、深红色。花期 5～6 月，果期 9～10 月。

图 619　光叶海桐

Pittosporum glabratum Lindl.

1．花枝；2．果枝；3．花去花瓣后示萼、雄蕊和雌蕊；4．种子。（自“江苏南部种子植物手册”）

［生长环境］　生于山坡疏林中或灌木丛中，路旁、岩边或阴湿的石山陡坡、山沟。

［产　　地］　陕西、浙江、江西、湖北、湖南、四川、云南、贵州、福建、广东、广西等省区。

［用　　途］　种子油供制肥皂。

茎皮含纤维，可作造纸原料（见“纤维类”，132 页）。果实含淀粉，可供酿酒。本种植物亦可栽培观赏。

［理化性质］　据厦门大学资料：鲜种子含油量 8.97%，晒干种子含油量 12.80%，烘干种子含油量约 15.30%。种子晒干失水率 22.90%，烘干失水率 16.34%，种子总含水量 18.84%。

［采收处理］　果实成熟未开裂前，即行采收。采收后晒干，待果壳开裂，打出种子即可备用。

137 木瓜（mugua）（图 620）

［地 方 名］　木李、木桃、铁脚梨（河南），土木瓜（江苏）。

［学　　名］　**Chaenomeles sinensis** (Thouin) Koehne　蔷薇科

［原 料 名］　木瓜籽（通称）

［形态特征］　落叶灌木或小乔木，高可达 7 米；小枝无刺，嫩时被淡黄色茸毛。叶近革质，椭圆状卵形或椭圆状长圆形，长 4～10 厘米，宽 2.5～6 厘米，基部尖或稍圆，先端尖，边缘具针状锯齿，齿尖有腺，叶背面密被淡黄色茸毛；叶柄和托叶的边缘有具柄的腺体，托叶披针形，早落。花单生于具叶的短枝上。近无柄，先叶开放；花萼裂片 5，边具**细锯齿，反卷**；花瓣 5，淡红色，长圆状卵形；雄蕊多数；子房下位，5 室，每室有多数胚珠。梨果长圆形或倒卵圆形，长 10～15 厘米，熟时深黄色，木质，有芳香气味。种子近三角形。花期 4～5 月，果期 9～10 月。

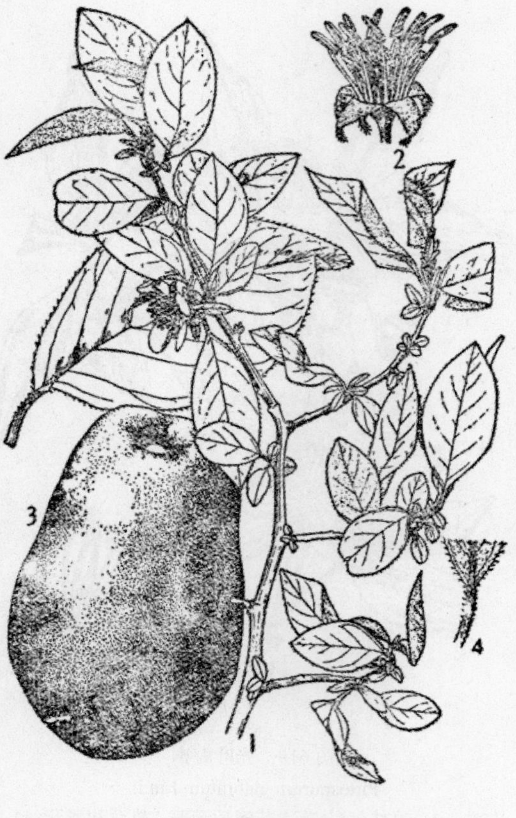

图 620　木瓜

Chaenomeles sinensis（Thouin.）Koehne

1. 花枝；2. 花除去花瓣示萼、雄蕊和雌蕊；3. 梨果；4. 叶缘和叶柄，示腺体锯齿。（自“江苏南部种子植物手册”）

［生长环境］　多系栽培，以向阳平地、肥沃而排水良好的土壤为适宜。

［产　　地］　山东、河南、江苏、浙江、安徽、湖南、湖北、江西、山西等省。

［用　　途］　种子油无异味，可食，并可制肥皂。

果实入药，有驱风、顺气、舒筋、止痛的功效。在制糖制酱时加入木瓜花，风味很美。木瓜还可作为一种观赏植物。

［理化性质］　据南京中山植物园资料：种子含油量30.48%，粗纤维16%。，粗蛋白25.75%及碳水化合物等。

［采收处理］　9～10月果熟时采收，制药用木瓜，取其种子晒干，以备加工取油。

［加　　工］　将晒干的木瓜籽，拣去枝叶和杂质，用碾子碾开，使皮仁分离，用筛将仁筛下，去净皮壳，把仁碾碎（越细越好），然后参看总论蒸坯、包饼、压榨等工序进行。在复榨时，要加3%的水，焖两小时，出油率可达26%。

138 水杨梅（shuiyangmei）（图893）

［学　　名］　**Geum aleppicum** Jacq.　蔷薇科

（地方名、形态特征、生长环境、产地及其他用途见“鞣料类”，1118页）

［用　　途］　种子油可制肥皂和油漆。

［理化性质］　据中国科学院林业土壤研究所资料：种子含油量23.05%，系干性油。油的碘值180.75。

［采收处理］　9～10月果熟时，剪下果枝，晒干，除去杂质备用。

139 山降木（shanxiang-mu）（图621）

［地 方 名］　光凿（湖南），扇骨木（江苏）。

［学　　名］　**Photinia glabra** (Thunb.) Maxim.　蔷薇科

［形态特征］　常绿灌木或乔木，高3—7米，老枝灰褐色。单叶互生，有短柄，革质，椭圆形或椭圆倒卵形，长7～11厘米，宽2～4.5厘米，茎部狭楔形，先端渐尖，边缘具细钝锯齿，两面平滑无毛，侧脉羽状；叶柄无毛，常有锯齿痕迹。花序伞房状，生于枝端；花瓣白色，基部有茸毛；雄蕊多数；柱头2裂，头状；子房下位，被软毛。梨果近卵圆形，红色，长7毫米，直径4～5毫米。花期5月，果期

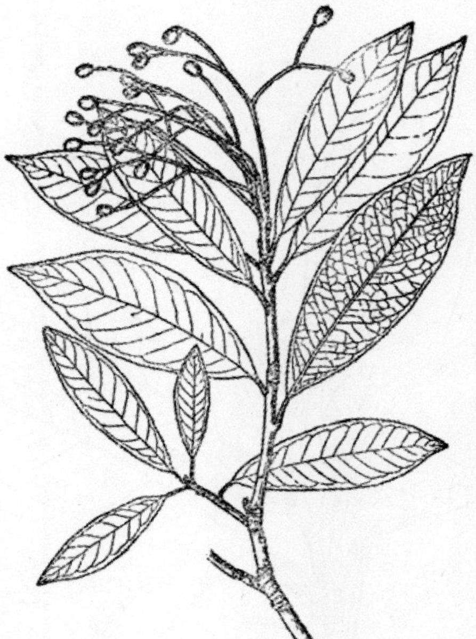

图621　山降木
Photinia glabra（Thunb.）Maxim.
果枝

10月。

［生长环境］ 通常生于山坡或山谷林中。

［产 地］ 江苏、浙江、湖南、广西、台湾等省区。

［用 途］ 油可制肥皂或润滑油。

木材坚硬致密，可作器具、船舶、车辆用材，又适宜于做篱垣及庭园树。

［理化性质］ 据广西僮族自治区资料：种子含油量20～25%，出油率18%。

［采收处理］ 10月间果实成熟，摘取果序，晒干，压碎，清除杂质，收集种子备用。

140 石楠（shinan）（图622）

［地 方 名］ 千年红、扇骨木（南京），石楠树、笔树（江苏高淳），石眼树（江苏无锡），凿角（广东），石纲（福建），将军梨、石楠柴、石楠树（浙江）。

［学 名］ **Photinia serrulata** Lindl. 蔷薇科

［形态特征］ 常绿灌木或小乔木，高达12米左右；冬芽卵形，直径4毫米。叶革质，长椭圆形至长倒卵形，长**10～18**厘米，宽3～5厘米，基部阔楔形，先端突尖，边缘具细密而尖锐的锯齿，表面深绿色有光泽，幼时中肋上具褐色茸毛，后渐落去，背面黄绿色，被白粉；叶柄长2～3厘米。花序大形平阔圆锥状，无毛；花白色，直径6～8毫米。梨果红色，近圆形，直径约5厘米。花期4～5月，果期10月。

图622 石楠

Photinia serrulata Lindl.

1. 花枝；2. 花。

［生长环境］ 山谷及沟溪两岸之杂木林中，庭园、村落及坟地常有栽培。

［产 地］ 江苏、浙江、安徽、江西、湖北、湖南、四川、云南、福建、广东等省。

［用 途］ 种子油供制油漆、肥皂或润滑油用。

根皮含鞣质，可提制栲胶。果含淀粉，可酿酒。叶供药用（见“药用类”，1746页）。叶又可作土农药，治棉蚜虫，对马铃薯病菌孢子发芽有抑制作用。本种为美丽的观赏树。

［理化性质］　种子油属干性油，其含油量为 14.1%；油的碘值 151.5。

［采收处理］　10 月果实成熟，由红色变成褐紫色时采收，除去果肉，洗净晒干备用。

141 毛叶石楠（maoyeshinan）（图 623）

［学　　名］　**Photinia villosa** (Thunb.) DC.　蔷薇科

［形态特征］　落叶乔木，高可达 10 米，胸径约 17 厘米；树皮暗灰色；有纵纹；枝条黑褐色，一年生枝淡黄褐色。**叶幼时密生长柔毛**，渐次消失，长枝上为互生，短枝上常 3～5 片丛生，**菱状倒卵形或长圆倒卵形**，长 5～7 厘米，宽 3～5 厘米，基部楔形，先端突尖短尾状，边缘有整齐细锯齿，背面疏生白色长柔毛，侧脉 7～9 对；叶柄短，长 0.5～1.4 厘米，初时密生白色长茸毛，后渐疏生。花为伞房状圆锥花序，密生白色长柔毛；萼筒倒圆锥形，密生软毛，萼片 5，花瓣 5，白色；雄蕊 20；子房半下位，密生软毛，3 室，每室 2 胚珠；花柱上部 3 裂，柱头头状。果实成熟时红色，倒卵形，先端有宿存萼，长 1～1.5 厘米；种子深褐色，长 0.5～0.7 厘米。花期 5 月，果期 10 月。

图 623　毛叶石楠
Photinia villosa (Thunb.) DC.
1．花枝；2．果。

［生长环境］　生于山坡、路边或杂木林中。

［产　　地］　广东、江苏、浙江、安徽、湖北、四川等省。

［用　　途］　种子油供制肥皂及机械润滑油，也可掺和桐油制油漆。

木材可为器具、镟作等用。果实可食。

［理化性质］　种子含油量 19.96%，油属半干性油；油的碘值 121.75。

［采收处理］　果熟时即可采收，除去果肉，将种子洗净，晒干备用。

［其　　他］　变种庐山石棉（Photinia villosa var. sinica Rehd. et Wils.）产湖北西部、江苏、四川，叶椭圆形或长椭圆形，两面均有柔毛。用途与本种同。

142 扁核木（bianhemu）（图 624）

［地 方 名］　青刺尖、阿那斯（云南），打枪子、狗奶子（贵州）。

［学　　名］ **Prinsepia utilis** Royle　蔷薇科

［形态特征］ 落叶灌木，高1～2米；具枝刺，长8～20毫米。嫩枝被黄褐色短柔毛，枝青色，常有白色粉霜。单叶互生或丛生，厚纸质至革质，狭卵形至披针形，长3～6.5厘米，宽1～2.2厘米，基部钝、圆或楔尖。先端渐尖或短尖，边缘具细锯齿，或几为全缘，两面无毛；叶柄长5～10毫米；托叶细小，宿存或脱落。**总状花序腋生或生于侧枝顶端**，有花3～8，白色；萼片5，近圆形；花瓣5，倒阔卵形或扁圆形；**雄蕊多数**多列。核果椭圆形，成熟时暗紫红色，有粉霜，基部有花后膨大的萼片。花期3～4月，果期6～7月。

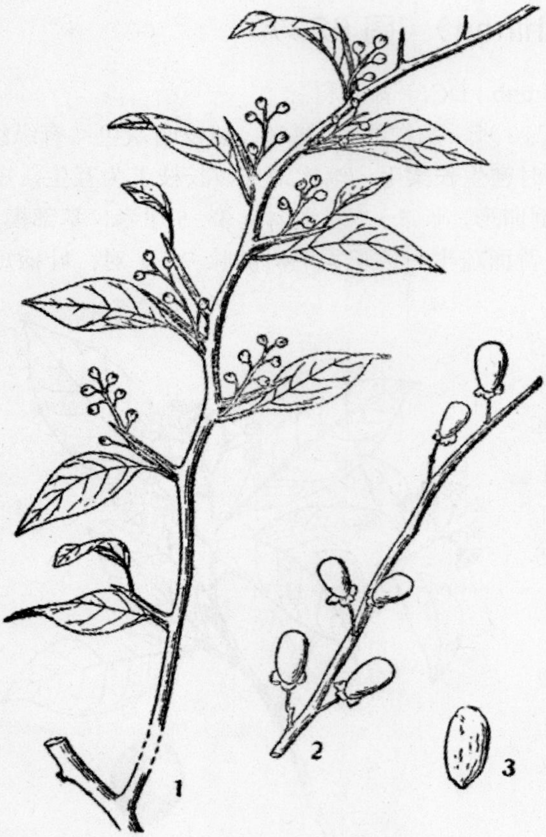

图624　扁核木

Prinsepia utilis Royle

1．花枝；2．果序一部分；3．核。

［生长环境］ 生于海拔1400～3100米间平地、缓坡或沿溪谷两岸灌木丛中，以及洼地、路旁。

［产　　地］ 云南、贵州、四川、台湾等省。

［用　　途］ 种子油供制肥皂及作润滑油用。又可治家畜疥疮。

［理化性质］ 据四川省资料：种子含油量49.5%，出油率40%。油的碘值116。

［采收处理］ 6～7月果熟后采收,剥去外皮，晒干去壳，收集种仁备用。

143 杏（xing）（图625）

［地 方 名］ 杏子（江苏），杏树（通称）。

［学　　名］ **Prunus armeniaca** L.　蔷薇科

［原 料 名］ 杏仁（通称）

［形态特征］ 落叶乔木，高4～6米，有时达9米；树皮暗红棕色，树枝略带赤褐色。叶互生，有长柄，**叶片卵圆形**，长5～10厘米，宽7～8厘米，先端骤尖，基部圆形或近心形，**边缘有细锯齿**或为不明显的重锯齿，表面光滑，主脉基部被白色柔毛；

叶柄带红色，具2腺体，长2.5～4.5厘米。花单生，有香气，生于先一年生小枝顶端；花梗短或几无梗；花萼5裂，花瓣5，白色或粉红色；雄蕊多数，着生于萼缘，不等长；雌蕊1，子房1室，周位。**核果近于圆形，直径近3厘米**，有沟，熟时橙黄色，微被茸毛；**核近于光滑**，坚硬，扁心形，内有心状卵形种仁1粒。花期3～4月，果期5～6月。

［生长环境］ 野生或栽培，生于向阳坡地、杂木林中。

［产 地］ 河南、河北、山东、山西、江苏、四川、贵州、陕西、甘肃、宁夏、黑龙江、辽宁、吉林、内蒙古、新疆等省区。

［用 途］ 杏仁油可掺和干性油用于油漆，亦可作肥皂、润滑油的原料，在医药上常用为良好的软膏剂、涂布剂及注射药的溶剂等；内服为营养剂及缓和剂，治胃肠黏膜炎、酸碱中毒等；外用治手足皲裂，为制雪花膏、发油及其他化妆品的重要原料。在食品工业上，也常用杏仁油作香料（见“芳香油类”，1352页）。

杏仁药用，（见“药用类”，1747页）。果实为主要水果之一，也可加工制成罐头、杏脯、杏泥、杏丹皮、杏醋、杏酱等，并能酿制味美、芳香的果酒和白酒。树干上渗出的树胶，可作黏胶剂。

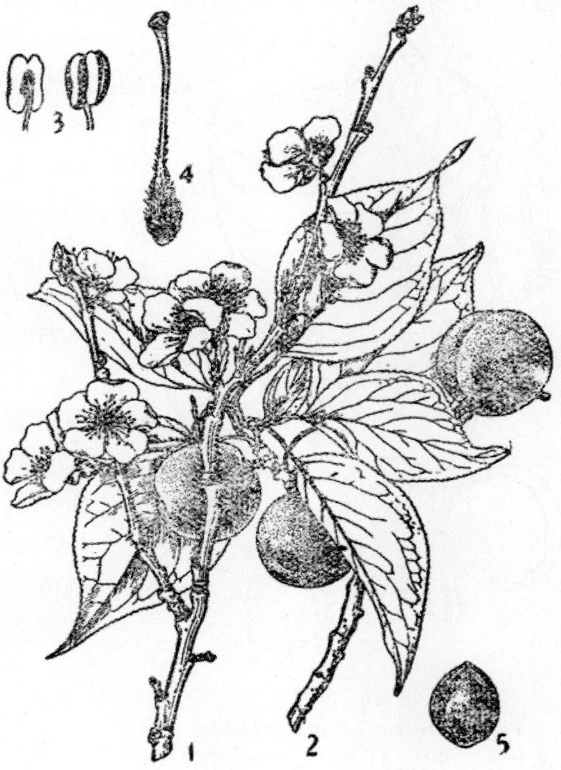

图625 杏

Prunus armeniaca L.

1. 花枝；2. 果枝；3. 雄蕊；4. 雌蕊；5. 种子。

（自“江苏南部种子植物手册”）

［理化性质］ 据山东省资料：种仁含油量约50%。杏仁油为无色或微黄色透明液体，无特殊臭味；油的比重（25℃）0.9100～0.9150，冷至-10℃时，仍保持透明，继续冷至-20℃时，即凝结，微溶于乙醇，能与醚、氯仿、苯或石油醚任意混合；主要成分为油酸甘油酯，另含少量亚麻油酸甘油酯。又据另一资料：油的比重（15℃）0.9140～0.9251（在25℃时为0.9158），折射率（25℃）1.4700～1.4728；碱化值188.6～198.2，碘值72.1～108.7。

［采收处理］ 6月间果实成熟，最好在晴天采收，以免雨露浸蚀，造成腐烂。采收后先将果肉食用或酿酒，然后击破果核，取出种子，晒干，即可榨油。

［加 工］ 参阅山桃（780页）。

144 山杏（shanxing）（图 626）

［学　　名］ **Prunus armeniaca** L. var. **ansu** Maxim.　蔷薇科

［原 料 名］ 杏仁（通称）

［形态特征］ 形状与杏相近，唯叶较小，长 4～5 厘米，宽 3～4 厘米，基部为阔楔形或截形。果实较小，果肉也较薄，核的边缘锐利，种子味苦。

图 626　山杏
Prunus armaniaca L. var. ansu Maxim.
1．花枝；2．果枝；3．核。（自“河北习见树木图说”）

［生长环境］ 生于山坡杂木林中，贫瘠土壤也能生长。

［产　　地］ 河北、辽宁、山东、山西、陕西、甘肃、宁夏、内蒙古、四川、江苏等省区。

［用　　途］ 山杏油可掺和桐油制油漆，又可作肥皂和润滑油，详细用途参看杏（778 页）。

［理化性质］ 种子含油量 49.96%。据河南省资料：种仁含灰分 2.96%，粗纤维 7.79%，蛋白质 21.37%。据中国科学院植物研究所资源室资料：油的折射率（25℃）1.4709，旋光度（25℃）0.10；碱化值 237.69，碘值 103.44，酸值 0.69，不碱化物 8.85%，乙酰值 59.3。

［采收处理］ 参阅杏（778 页）。

［加　　工］ 参阅山桃（本页）。

145 山桃（shantao）（图 432）

［学　　名］ **Prunus davidiana** Franch.　蔷薇科

［原 料 名］ 桃仁（通称）

（地方名、形态特征、生长环境、产地及其他用途见“淀粉及糖类”，529 页）

［用　　途］ 山桃仁油主要供制皂、润滑油，亦可掺和桐油作油漆用。

［理化性质］ 据辽宁省林业局编“辽宁省野生植物利用”记载：种子含油量 45.95%，出油率 40%以上，油色橙黄，清彻透明。据中国科学院植物研究所资料：油的折射率（25℃）1.3692；碱化值 251.23，碘值 99.65，酸值 1.23，乙酰值 58.8。又据陕西省资料：种子含油量 45%，出油率 34.46%；油的碱化值 178.39，碘值（韦氏法）120，酸值 4.064。

［采收处理］　8 月间果熟时摘取果实，除去果肉，击破果核，取出种子，晒干备用。

［加　　工］　用压榨法榨油，具体操作如下：（1）清选：将原料用水清洗，除净泥土和杂质；（2）炒子：将清选后的原料，在锅中翻炒，直到深黄色；（3）碾碎：将炒好的籽仁，平铺于石碾上碾碎；（4）过筛分离：根据碾碎程度，采用不同孔径的筛子过筛，分离种仁和种皮；（5）蒸煮：将粉碎的种仁粉，放入蒸锅内蒸煮，以蒸热蒸透为止；（6）榨油：将蒸好的原料再包饼上榨，经压榨出油。

146 长梗郁李（changgengyuli）（图 627）

［地 方 名］　欧李、大李仁（东北）

［学　　名］　**Prunus nakaii** Lévl. 蔷薇科

［原 料 名］　大李仁

［形态特征］　灌木，高约 1 米，树皮灰褐色；枝纤细，灰褐色，有光泽；芽褐色。单叶互生，**卵形或椭圆状卵形**，基部圆形或阔楔形，先端长尾状突尖，边缘有不规则的**深重锯齿**，表面近无毛，背面脉上有短柔毛；托叶小，早落。花 3～6 朵与叶芽并生，小花梗长 1～2 厘米；花萼 5 裂；花瓣 5，粉红色；雄蕊多数，与花瓣同着生于萼管上；雌蕊 1，有胚珠 2。核果球形，暗红色或鲜红色，光滑，直径约 1.5 厘米。花期 5 月，果期 6～7 月。

［生长环境］　多生于向阳的山坡上。

［产　　地］　辽宁、吉林、黑龙江等省。

［用　　途］　核仁含油量较高，油可供药用。

果实可食或酿酒。核仁可作药用。茎皮含单宁，枝条纤细，花密集，常栽植作观赏用。

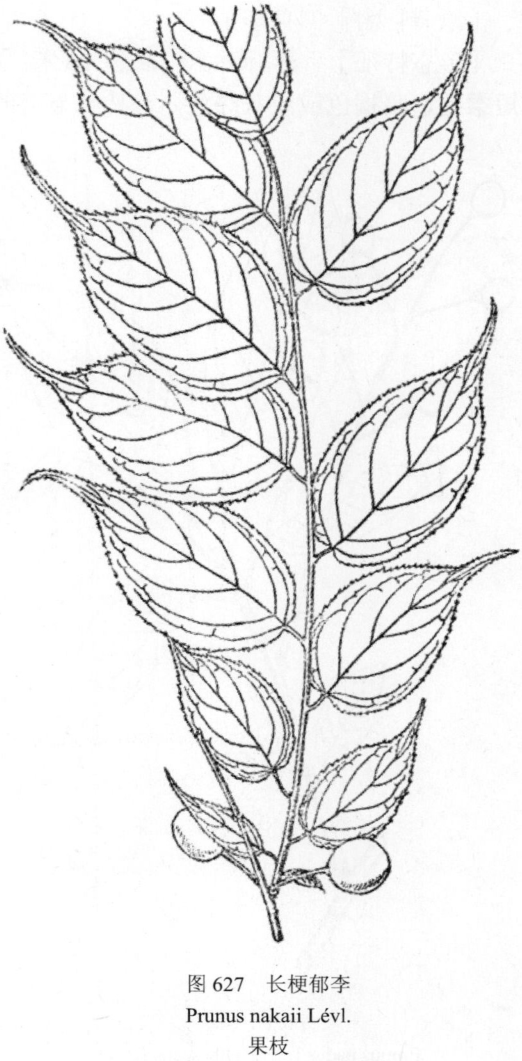

图 627　长梗郁李
Prunus nakaii Lévl.
果枝

［理化性质］ 据中国科学院林业土壤研究所资料：种子含油量为54.54%。

［采收处理］ 6～7月果实成熟时采收，可先酿酒，然后取出种子，晒干榨油。

［加　　工］ 先用碾将核壳碾破，取出核仁，即可进行压榨。

［其　　他］ 本种与郁李（Prunus japonica Thunb.）极相近似，主要区别是本种花梗（1～2厘米）及叶柄较长，叶缘重锯齿较深而不规则，叶先端具较长的尾状尖头，叶片背面、花柄、萼筒都被短柔毛。

147 稠李（chouli）（图628）

［地 方 名］ 稠李、臭李子（东北）；稠梨（北京）。

［学　　名］ **Prunus padus** L. var. **pubescens** Regel (*Padus asiatica* Kom.) 蔷薇科

［原 料 名］ 臭李子

［形态特征］ 落叶乔木，高达10米；树皮粗糙，多斑纹，暗褐色或黑色；**嫩枝有短柔毛**，暗褐色或淡灰绿色，有稀疏显著的皮孔；芽褐色，卵形。单叶互生，具柄，椭圆形或倒卵形，长4～12厘米，宽2～6厘米，基部圆楔形或近圆形，**先端急尖**，边缘有细锐锯齿，背面有柔毛；托叶线状披针形，早落。**总状花序**，长10～15厘米，由15～24朵花组成，**花序基部有叶片4～5**；小花梗长0.5～1.5厘米，比萼筒长2～3倍，花萼5；花瓣5；雄蕊15～20；花柱比雄蕊为短。核果暗紫色或黑色，基部有宿存萼，核有皮状皱纹。花期5～6月，果期8～9月。

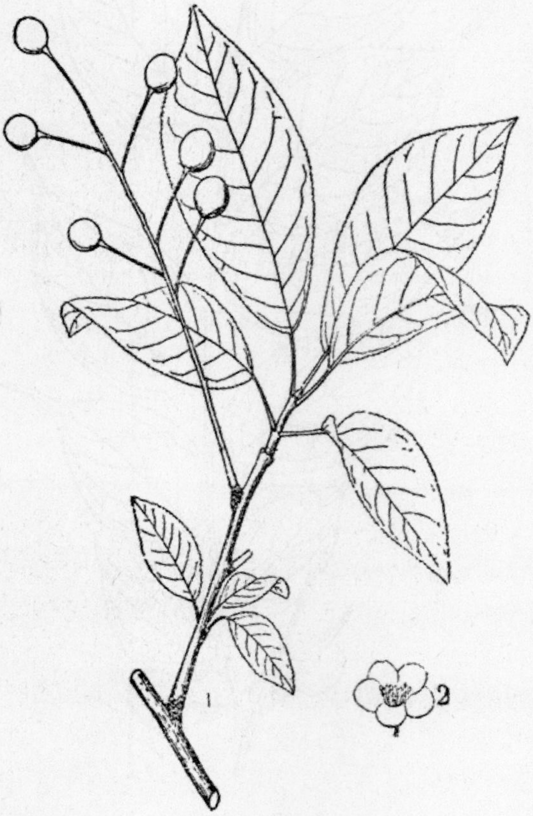

图628 稠李
Prunus padus L. var. pubescens Regel
1. 果枝；2 花。

［生长环境］ 常生于河岸，很少在林缘。

［产　　地］ 黑龙江、吉林、辽宁、河北、山西、山东、陕西、甘肃等省。

［用　　途］ 种子油可制肥皂及供工业用。

果实含糖（见“淀粉及糖类”，532页）。木材良好，可做镟材及印版、建筑、家具等用材。树皮含鞣质，亦可作染料。花、果、树皮可供药用。本种又为蜜源植物。

［理化性质］　据河北省资料：种子含油量38.79%。碱化值157.1，碘值93.86，酸值1.0124。

［采收处理］　8～9月果实成熟时采收，将种子与果肉分开；果肉用来酿酒，用水洗净种子，晒干备榨油用。

［加　　工］　同一般核果的榨油方法。

［其　　他］　过去许多文献把东北的稠李定名为Prunus padus L.，但Prunus padus L. 是欧洲原产。也分布于我国新疆阿尔泰山。东北所产的Prunus padus L. var.应为稠李的多毛变种；这变种花序较长，有毛；嫩枝也有毛。

148 桃（tao）（图629）

［地 方 名］　毛桃（安徽、江苏、浙江），野桃、白桃（浙江），花桃（山西）。

［学　　名］　**Prunus persica** (L.) Batsch.　蔷薇科

［原 料 名］　桃仁（通称）

［形态特征］　落叶小乔木，高可达8米左右；小枝绿色或半边红褐色，无毛；冬芽被细茸毛。单叶互生，椭圆状披针形至倒卵状披针形，中部最阔，长8～15厘米；宽2～3.5厘米，先端长尖，基部阔楔形，边缘有锯齿或细锯齿，两面无毛。花单生，粉红色，具短柄；萼片外面具茸毛。核果近球形，有短茸毛，果肉白色或黄色；核极硬而有不规则的深沟及窝孔，与果肉分离或不分离。花期4月，果期6～9月。

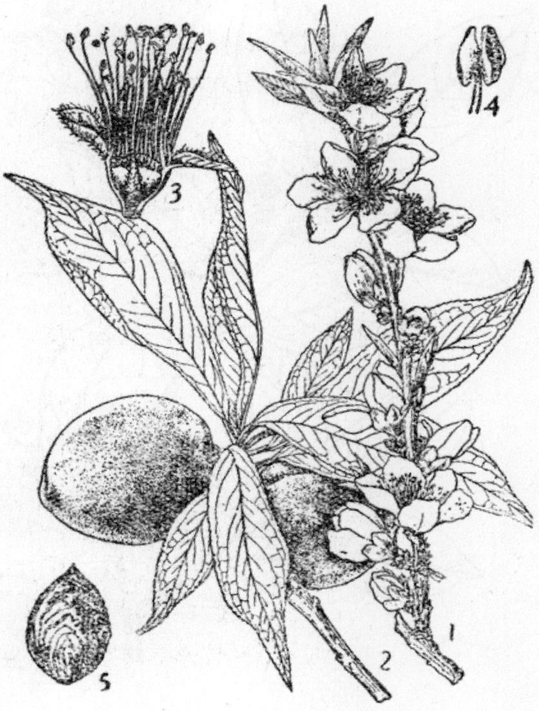

图629　桃
Prunus persica（L.）Batsch.
1. 花枝；2. 果枝；3. 花的纵切面；4. 花药；5. 核。（自“江苏南部种子植物手册”）

［生长环境］　为常见的栽培果树之一，也有野生于山坡上，喜肥沃而排水良好的土壤。

［产　　地］　河南、河北、山东、山西、江苏、安徽、浙江、台湾、湖南、湖北、四川、贵州、陕西、甘肃、内蒙古、新疆等省区。

［用　　途］　桃仁油可作润滑剂、注射剂、溶剂、擦剂及乳剂等原

料。工业上多用作化妆品、肥皂及润滑油，也可掺和桐油作油漆。

果实可生食，亦可用以熬糖、酿酒或制果脯。桃仁、桃花可供药用（见“药用类”，1751 页）。根及叶可作土农药，对杀蛆、孑孓等有效。韧皮纤维可造纸及人造棉。分泌的树胶，可用作粘接剂（见“树脂及树胶类”，1554 页）。

［理化性质］　据山东省经济植物普查资料：桃仁含油量 45%，为淡黄色的液体。油的主要成分为油酸甘油酯，另含少量亚麻油酸甘油酯。油的比重（25℃）0.916～0.922，碱化值 178.39，碘值 120，酸值 4.06。

［采收处理］　6～9 月间果实成熟时采收，果肉食用或酿酒制糖，收集果核，砸取桃仁，晒干，贮备榨油。

149 腺叶野樱（xianyeyeying）（图 630）

［地 方 名］　臭桃木、番枧树、牛筋树、假山荔枝（广东）

［学　　名］　**Prunus phaeosticata** (Hance) Maxim.　蔷薇科

［原 料 名］　臭桃木籽（广东）

［形态特征］　常绿灌木或小乔木，无毛。单叶互生，长圆形或长圆状披针形，长 5～12 厘米，宽 2～4 厘米，先端尾状渐尖，基部阔楔形，全缘，表面光滑，背面有多数黑色小斑点，近基部有黑色大腺体 2；叶柄长 6～10 毫米；托叶小，早落。总状花序腋生，单生，短于叶，有花数朵至 10 余朵，近总花梗先端的排列为伞房花序式；花直径约 6 毫米；总花梗柔弱，花梗长 3～5 毫米；花萼基部连合成筒状，裂片近圆形，边缘有小睫毛或极小的齿；花瓣白色，近圆形，长约 2.5 毫米；雄蕊多数，花丝分离；雌蕊 1，生于萼筒基部。核果球形，直径 8～10 毫米，无毛；核壁薄，平滑。花期 4～5 月，果期 8～9 月。

图 630　腺叶野樱
Prunus phaeosticata（Hance）Maxim.
1. 花枝；2. 花。

［生长环境］　生于气候较温暖地区的丘陵和山地密林中，肥沃而湿润的土壤生长最好。

［产　　地］　广东、广西、台

湾等省区。

［用　　途］ 果仁油可制油漆、肥皂，也可作其他工业用油。

［理化性质］ 据广东省商业厅资料：果仁含油量 34.5%，水分 8.70%。油色淡黄，为干性油；碱化值 193.87，碘值 158.271，酸值 4.43。

［采收处理］ 果熟时采下，置水中除去果肉后，将果核晒干，除去外壳，即可榨油。

［其　　他］ 播种或嫁接繁殖均可。

150 西伯利亚杏（xiboliyaxing）（图 631）

［地 方 名］ 山杏（东北），保力保赫（内蒙古）。

［学　　名］ **Prunus sibirica** L. [*Armenica sibirica* (L.) Lam.]　蔷薇科

［原 料 名］ 杏仁（通称）

［形态特征］ 落叶灌木或小乔木，高 3～5 米；树皮暗灰色，小枝灰褐色或红色；冬芽狭圆锥形。叶互生，具柄，**卵形、阔卵形或圆形**，长 5～8 厘米，宽 4～6 厘米，基部圆形、心形或阔楔形，**先端长渐尖**，边缘具单细钝锯齿，叶两面均无毛；叶柄细，长约 2～3 厘米。花单生，先叶开放，无梗或甚短；萼圆锥状筒形，红色，基部有细茸毛；花瓣白色或粉红色，或有玫瑰色的脉纹。果实球形，侧而稍扁，长 1.2～2.5 厘米，**直径 1.8 厘米**，黄色或橘红色，有短柔毛，果肉薄、味酸而苦涩，不能食用，成熟时沿腹缝线开裂；**核阔卵形，平滑**，淡黄褐色，核仁味苦。花期 4 月，果期 5～6 月。

［生长环境］ 多生长于向阳山坡的灌木丛中。

［产　　地］ 黑龙江、辽宁、吉林、内蒙古、河北、山西等省区。

［用　　途］ 核仁油可供食用和药用，并且是出口物资之一。

核仁称“苦杏仁”，加水研磨成乳剂，发生特有的香气，为镇咳祛痰药。又因本种耐寒性强，为嫁接杏的

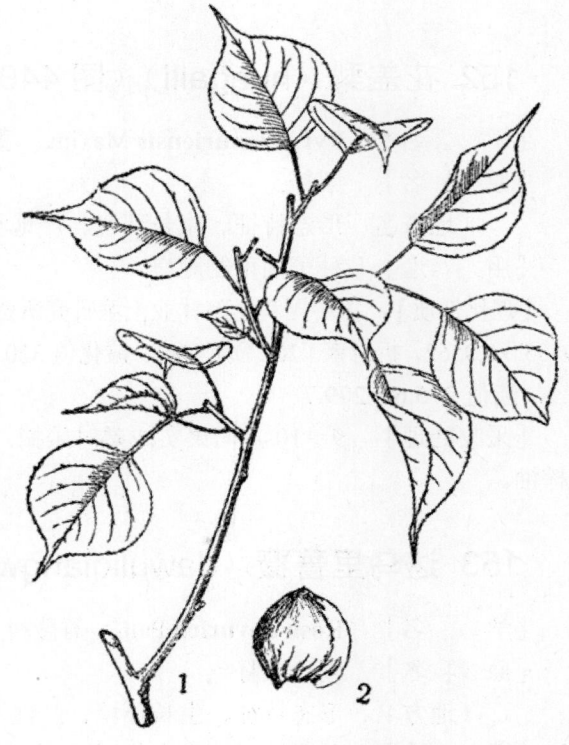

图 631　西伯利亚杏
Prunus sibirica L.
1. 枝条；2. 果核。

良好砧木。叶子含鞣质，可提制栲胶（见“鞣料类”，1122 页）。

［理化性质］ 据中国科学院林业土壤研究所资料：核仁含油量 55.51%。油的比重（15℃）0.9703～0.9736，折射率（20℃）1.4726；碱化值 260.1～266.1，碘值 46.8～49.0，酸值 17.0～17.5，酯值 242.6～249.1。

［采收处理］ 5～6 月果实成熟时采收，先用果肉酿酒，然后将种子洗净，晒干，去硬壳后，即可榨油。

151 毛樱桃（maoyingtao）（图 436）

［学　　名］ **Prunus tomentosa** Thunb. (*Cerasus tomentosa* Wall.) 蔷薇科

［原 料 名］ 山樱桃仁

（地方名、形态特征、生长环境、产地及其他用途见“淀粉及糖类”，533 页）

［用　　途］ 核仁油供制肥皂和润滑油。

［理化性质］ 据辽宁省资料：种子含油量 43.14%。

［采收处理］ 5～6 月果实成熟时采摘，果肉用于酿酒，将剩下的核晒干，去壳榨油。

152 花盖梨（huagaili）（图 440）

［学　　名］ **Pyrus ussuriensis** Maxim. 蔷薇科

［原 料 名］ 梨籽

（地方名、形态特征、生长环境、产地及其他用途见“淀粉及糖类”，537 页）

［用　　途］ 种子油可制肥皂。

［理化性质］ 据中国科学院林业土壤研究所资料：种子含油量 32%，油的比重（15℃）0.9505～0.9562，折射率（20℃）1.4741；碱化值 320.6～322.6，碘值 43.0～44.5，酸值 42.9～44.9，酯值 275.6～279.7。

［采收处理］ 9～10 月间果实成熟时采摘，先用果肉酿酒，收集种子晒干，即可供榨油。

153 达乌里蔷薇（dawuliqiangwei）（图 902）

［学　　名］ **Rosa davurica** Pall. 蔷薇科

［原 料 名］ 刺玫果籽

（地方名、形态特征、生长环境、产地及其他用途见“鞣料类”，1128 页）

［用　　途］ 种子油可制肥皂及润滑油。

［理化性质］ 据中国科学院林业土壤研究所资料：种子含油量为 11.97%。

［采收处理］ 8～9 月果实成熟呈红色时采收，可先将果肉酿酒或制果酱，并收集

种子，晒干榨油。

154 伞花蔷薇（sanhuaqiangwei）（图 632）

［学　　名］ **Rosa maximowicziana** Regel　蔷薇科

［地 方 名］ 刺玫果（东北）

［形态特征］ 灌木，有长匍枝或弓形枝，枝带灰紫褐色，具直刺或钩状刺。羽状复叶互生，**小叶 7～9**，倒卵状椭圆形或椭圆形，长 1.5～3.5 厘米，宽 0.6～1.5 厘米，基部楔形，先端尖，有时钝，边缘有尖锯齿，表面绿色无毛，背面淡绿色无毛或沿主脉上有短柔毛，有时主脉基部有刺；叶轴有刺，有时有短柔毛；托叶窄长，与总叶柄合生，先端长尖，与总叶柄分离，边缘有锐尖齿牙。**伞房花序**，有花多数，**有宿存的苞**；花梗长 2～3 厘米，无毛或有带柄的腺；花径 3.5～5 厘米；萼片阔披针形，有长的附属物或无，外面无毛或有散生带柄的腺；花柱无毛，突出于花托口外，通常与雄蕊等长，柱头圆形或圆锥形。果实球形，平滑，具红毛，红色。花期 6～7 月，果期 8～9 月。

图 632　伞花蔷薇
Rosa maximowicziana Regel
果枝

［生长环境］ 生于林缘、路旁、绿篱边、灌木林中或山麓、向阳坡等处。

［产　　地］ 辽宁、吉林、黑龙江等省。

［用　　途］ 种子油供制肥皂、润滑油。

果实供药用。

［理化性质］ 据中国科学院林业土壤研究所资料：种子含油量 14.59%。

［采收处理］ 果实成熟后，及时采收，剥去外皮，将种子晒干备用。

155 紫穗槐（zisuihuai）（图 633）

［地 方 名］ 棉槐、椒条（辽宁、吉林、山西），油条（辽宁），苕条（吉林），绵槐（山东），槐树（四川、江苏），紫翠槐、穗花槐（山西、内蒙古）。

［学　　名］ **Amorpha fruticosa** L.　豆科

［原 料 名］　紫穗槐籽

［形态特征］　落叶丛生灌木，高 1～4 米；小枝灰褐色，密被柔毛，后渐脱落。奇数羽状复叶互生，小叶 11～25，卵圆形或椭圆形，长 1.5～4 厘米，基部阔楔形或圆形，先端圆形钝尖形或微凹，全缘，微被柔毛或无毛。穗状总状花序集生于枝端，长 7～15 厘米；花紫蓝色；萼 5 裂，比萼筒短，宿存；**花冠旗瓣，心形，龙骨瓣及翼瓣缺如；雄蕊 10**，每 5 个一组，包于旗瓣之中，伸出花冠外。荚果弯曲，长 7～9 毫米，暗土褐色，表面有瘤状腺点，内有种子 1。花期 5～7 月，果期 9～10 月（河南）。

图 633　紫穗槐
Amorpha fruticosa L.
花枝

［生长环境］　适应性广，在中性、酸性或碱性土壤上均可生长。耐盐碱，抗旱性强，稍湿的草地、河沟两岸亦均能生长。

［产　　地］　吉林、辽宁、内蒙古、河北、山西、河南、山东、江苏、安徽、湖北、四川等省区。

［用　　途］　种子油适于作漆、肥皂及甘油等，又可作润滑油。

果实含芳香油（见“芳香油类”，1358 页）。枝条可编制筐篓，是造纸和人造纤维的原料（见“纤维类”，136 页）。又可作保土、固沙造林和防风林的低层树种。根部有根瘤菌，可固定氮素，有改良土壤的作用。嫩叶可作饲料及绿肥，叶可制土农药。又是蜜源植物。

［理化性质］　据江苏省资料：种子含油量 13～22%。另据其他的资料　油的比重（15℃）0.9426，折射率（20℃）1.4845，碱化值 182.50，碘值 133.71 酸值 7.06。

［采收处理］　9～10 月间种子成熟时采摘果序，晒干，打落种子，清除杂质后即可贮存或加工。

156 肉色土圞儿（rousetuluaner）（图 634）

［地 方 名］　鸡嘴花（云南）

［学　　名］　**Apios carnea** Benth.　豆科

［形态特征］　攀援藤本；茎细长，幼时有毛，老则渐脱落。奇数羽状复叶互生；小叶通常 5，很少为 3 小叶，对生，椭圆形，基部楔形，先端长渐尖，长 8～10 厘米，宽 4～5 厘米，表面绿色，背面灰绿色；叶柄长 5～10 厘米。总状花序腋生；苞片及小苞片线形，早落；萼绿色，二唇形，萼齿短于萼筒；**花冠淡紫红色**，为萼长的 2 倍，龙骨瓣带状，弯曲成半圆形；旗瓣最长，翼瓣最短；二体雄蕊；子房近无柄，花柱弯曲成圆形或半圆形，柱头顶生。荚果带状，长约 11 厘米，径约 0.5 厘米。种子黑褐色，光亮。花期 7～9 月，果期 8～11 月。

［生长环境］　生于海拔 1300～2400 米的沟边杂木林中，或路边、溪旁。

［产　　地］　云南、贵州、四川等省。

［理化性质］　据云南省野生经济植物普查队野外粗分析：种子含油量 14%。

［采收处理］　果实成熟时，采收荚果，晒干，打出种子，收集贮存或备榨。

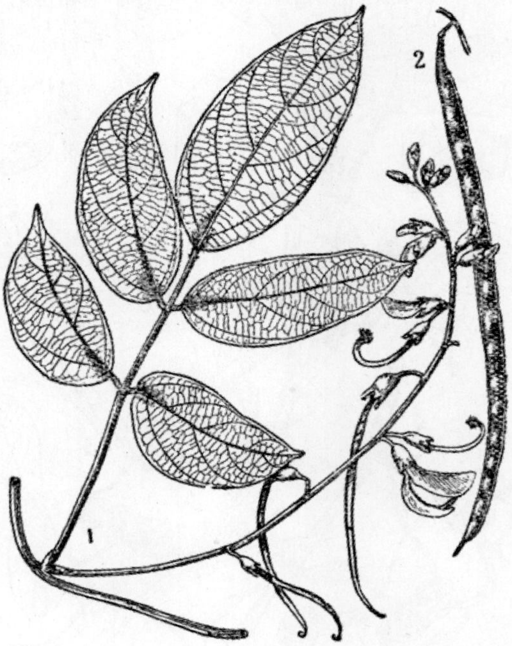

图 634　肉色土圞儿
Apios carnea Benth.
1. 花果枝；2. 荚果。

157 落花生（luohuasheng）（图 635）

［地 方 名］　花生（通称）

［学　　名］　**Arachis hypogaea** L.　豆科

［形态特征］　一年生草本，离 25～50 厘米，被毛，茎卧地，分枝多。偶数羽状复叶，常为对生，小叶 4，长圆形至倒卵圆形，长 2.5～5.5 厘米，宽 1.4～3 厘米，先端钝或有突细尖，全缘；叶柄基部抱茎；托叶线形，尖锐，长 2～3.4 厘米。花黄色，数朵丛生于叶腋内，花梗长约 8 毫米，不孕花很快凋谢，能育花的花托在花后延长，成一下弯、坚强的梗，钻入地中，子房在地下膨大，成熟为荚果。荚果长椭圆形，革质，具突

起网脉，长1～5厘米，内含种子1～3颗。花期6～7月，果期9～10月。

［生长环境］　落花生原为热带种植的作物。亦适于我国自然条件下生长，但需要高温多湿的气候和保水保肥力强而又排水良好的沙质壤土。

［产　　地］　全国各地均有栽培。主产于山东、河北、河南、江苏、广东、广西、辽宁、四川、云南、安徽、湖北等省区。

［用　　途］　花生油除供食用外，为毛纺工业最好的润滑剂；因其味道与橄榄油相似，更为制造高级罐头和人造乳酪等的廉价原料。花生榨油后的饼，含有丰富的蛋白质、碳水化合物和少量的脂肪，可制味精、糖果、人造羊毛、饲料及肥料。

花生仁含有丰富的营养成分，味美可口，为最好的副食品及糖果原料。花生壳可磨碎喂猪及制造人造纤维。花生茎杆所含的营养价值，远较禾谷类稻秆为优，为乳牛的优良饲料，打碎后亦可喂猪。

［理化性质］　据中国油脂公司编著“几种主要植物油脂商品常识”（1957）：花生仁含脂肪40.2～60.7%，蛋白质20～33.7%，纤维素2～4.2%，碳水化合物6～22%，灰分1.8～4.6%。

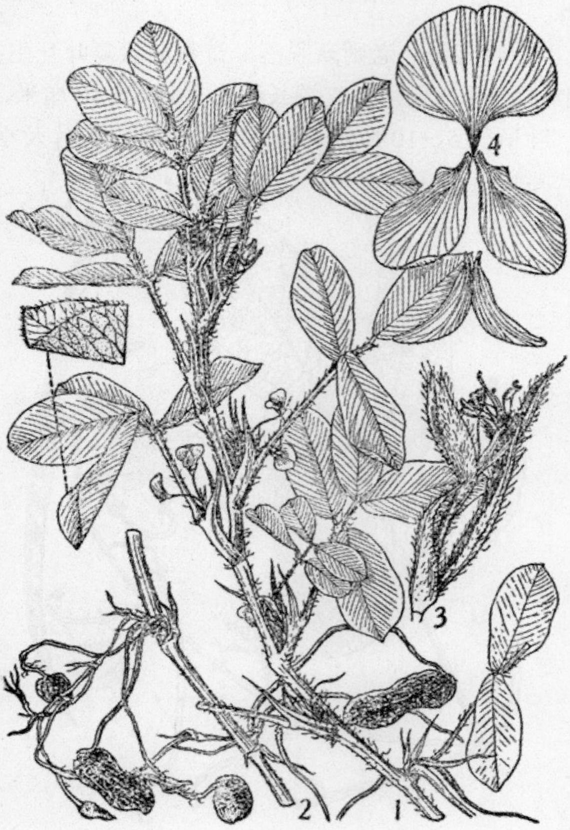

图635　落花生
Arachis hypogaea L.
1．花枝；2．果枝；3．花去掉花冠示雄蕊和雌蕊；4．花瓣。
（自“江苏南部种子植物手册”）

［采收处理］　将成熟的花生挖出后，去净泥沙。晒干贮存于干燥处，要注意检查翻晒。去壳后即可榨油。

［加　　工］　见一般榨油法。花生仁出油率40～50%。

158 云实（yunshi）（图928）

［学　　名］　**Caesalpinia sepiaria** Roxb.　豆科

（地方名、形态特征、生长环境、产地及其他用途见“鞣料类”，1154页）

［用　　途］　种子油供制肥皂、润滑油用。

［理化性质］　种子含油量35%，油色金黄。

［采收处理］　10月间果实成熟，采摘荚果，曝晒，用连枷或木棒轻打，果荚裂开，收取种子供榨油。果荚可用于提制栲胶。

159 西南杭子梢（xinanhangzishao）（图 636）

［学　　名］　**Campylotropis delavayi** (Franch.) Schindl. (*Lespedeza delavayi* Franch.)　豆科

［形态特征］　灌木，高约1米，通常约3米；小枝有棱，除小叶上面及花冠外均贴生绢毛。三出复叶互生，**小叶阔卵形或阔倒卵形**，长2.5～5厘米，宽2～3厘米，基部稍渐狭，先端圆形或截形，有细尖，表面绿色无毛，背面有银白色柔毛；叶柄长1～3厘米，托叶小，披针状钻形。总状花序密集，形成大而无叶的圆锥花序，顶生；萼齿不相等，较萼筒长2倍，**萼外被白色绢毛**；花冠深紫色，龙骨瓣、旗瓣和翼瓣近等长。荚果较萼约长2倍，椭圆形，脉纹明显，被稀疏的绢毛。

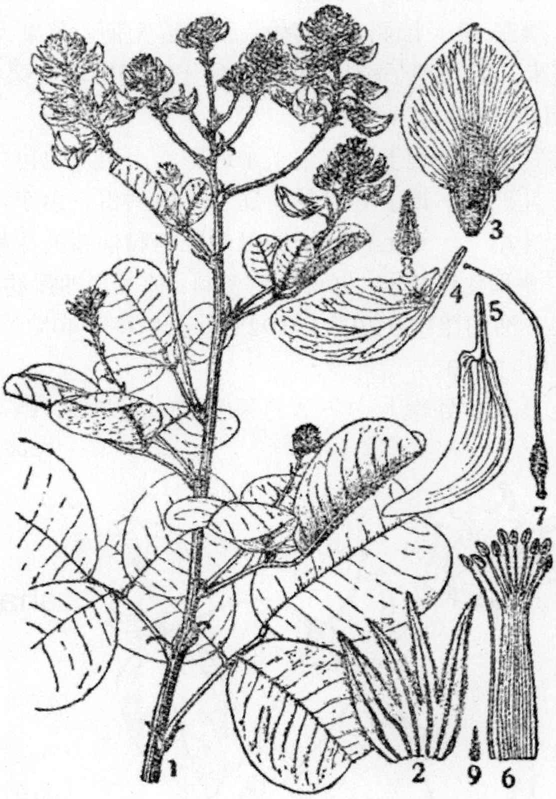

图636　西南杭子梢
Campylotropis delavayi（Franch.）Schindl.
1．花枝；2．萼展开；3．旗瓣；4．翼瓣；5．龙骨瓣；6．雄蕊；7．雌蕊；8．苞片；9．萼下小苞。
（自“中国主要植物图说，豆科”）

［生长环境］　在灌木丛中较干燥地带或草坡上。

［产　　地］　云南、四川等省。

［用　　途］　种子油供工业用。

［理化性质］　据云南省野生植物普查队野外粗分析：种子含油量14%。

［采收处理］　种子成熟时，采收荚果晒干，打出种子，收集贮存。

160 蒙古锦鸡儿（menggujinjier）

［地 方 名］　黄槐（吉林）

［学　　名］　**Caragana arborescens** (Amm.) Lam.　豆科

［形态特征］　落叶灌木或小乔木，高约1～3米，有时可达6～7米；枝常具托叶

硬化所成之细小针刺，暗绿褐色，幼枝有毛。偶数羽状复叶互生或于短枝上簇生；小叶5～7对，长圆状卵形至长圆状倒卵形，长1～2.5厘米，基部圆形或宽楔形，先端钝或圆，具小突尖，全缘，幼时两面均有毛。叶柄长1～3厘米，有毛，花梗1～4，簇生于短枝的叶腋，黄色，花梗长1.5～2.5厘米，通常每梗具一花，近顶部有关节，萼钟形，具5齿；花冠蝶形，旗瓣阔卵形，与翼瓣及龙骨瓣近等长，龙骨瓣下部有斜三角状的耳片；雄蕊10，上面1枚离生；子房近无柄。荚果为稍扁的圆筒形，长4～6厘米，宽4～7毫米，内含种子可达10粒；种子扁椭圆形，栗褐色至紫褐色，光亮。花期5～6月，果期7～8月。

［生长环境］ 喜生于平地肥沃土壤，也可生于沙丘上，多栽培于庭园。

［产　　地］ 吉林、辽宁、内蒙古、山东、山西、河南、陕西、甘肃等省区。

［用　　途］ 种子油可制肥皂和油漆的原料。

［理化性质］ 据吉林省资料：种子含油量约12.5%。据另一资料：种子含油量10～14%；油的比重（20℃）0.9253，折射率（40℃）1.4674；碱化值169.1～190.6，碘值128.9～167.0。

［采收处理］ 7～8月采收成熟的荚果，晒干，捶打脱出种子清除杂质后，即可贮存或榨油。

161 柔毛山黑豆（roumao-shanheidou）（图637）

［学　　名］ **Dumasia villosa** DC. 豆科

［形态特征］ 半灌木状攀援植物；茎细长，密被灰色或锈色长柔毛。3小叶，顶端小叶阔卵形或卵形，基部圆形，先端经常具细尖，**两侧小叶略斜形**，两面被长柔毛，背面毛密生；托叶线状披针形或刚毛状。总状花序腋生；苞片与小苞片线状披针形，外面被黄色长柔毛；萼筒状，萼管口斜形而近于截形，外面疏生长柔毛；花黄色；旗瓣向下渐狭成爪状；翼瓣与龙骨瓣有长爪，**除旗瓣基部有2耳外，其他花瓣均无耳**；子房被白色毛，有短柄，基部有白毛膜质圆筒状腺体，花柱基部亦被白色毛，柱头头状，有短柔毛。荚果；种子椭圆形，黑色，光亮。花期9月，果期10月。

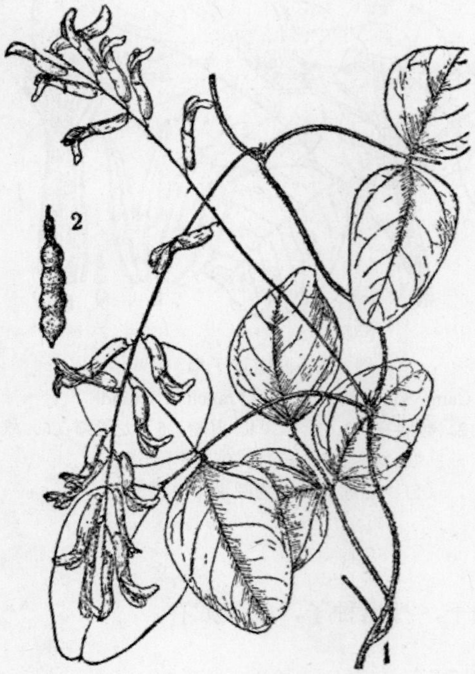

图637　柔毛山黑豆
Dumasia villosa DC.
1．花枝；2．荚果。

［生长环境］　河边、路旁或林中空旷地。

［产　　地］　湖北、四川、云南、贵州等省。

［用　　途］　种子油供工业用。

［理化性质］　据云南省野生经济植物普查队野外粗分析：种子含油量 14%。

［采收处理］　果实成熟后采收，及时晒干，打出种子，收集贮存或榨油。

162 山皂角（shanzaojiao）

［地 方 名］　皂角、皂力板子（辽宁），皂荚板、皂角刺（山东）。

［学　　名］　**Gleditsia japonica** Miq. (*G. horrida* Mak.)　豆科

［原 料 名］　皂角籽

［形态特征］　落叶乔木，高达 12 米，直径达 60 厘米；树皮灰黑色稍带褐色，小枝带紫色。下部有分歧的粗壮棘刺，刺上部扁平，基部扁圆，长 5～10 厘米。偶数羽状复叶，长 25～30 厘米；小叶 16～20，卵形至长圆形或近披针形，长 1.5～4 厘米，宽 5～12 毫米，全缘或疏生细圆齿，背面中脉上有柔毛或光滑。在新枝上成二回羽状复叶，小叶较小。花单性，雌雄异株；总状花序腋生，细长；花小，淡黄绿色，雌雄花外形相似；萼成筒状，表面有粗毛，4 裂，裂片披针形，两面均被粗毛；花瓣 4，卵状披针形或倒卵形，先端钝，两面均被粗毛；雄蕊 8，比花瓣长；雌花有退化雄蕊，子房呈荚状。荚果镰刀状或呈不规则扭曲，暗赤褐色；种子多数，长圆形而扁。花期 5 月，果期 8～9 月。

［生长环境］　生于山沟阔叶林丛间，有时也生于山坡上及河边、路旁。

［产　　地］　辽宁、吉林、河北、山东、江苏、浙江、安徽、山西等省。

［用　　途］　种子油供制润滑油、肥皂用。

皂角熬汁，常用以洗头或丝织品等，可代替肥皂。皂角棉油乳剂与狼毒根合用，可杀蚜虫。种子多含淀粉，榨油后的渣又为酿造原料。木材供建筑、器具和支柱等用。皂荚的外壳烧灰可制碳酸钾。

［理化性质］　据辽宁省资料：种子含油量 25.2%，属不干性油。

［采收处理］　果实成熟后，采集荚果晒干，然后用木棒打或碾压去籽壳，收取净籽，即可榨油。储藏种子宜在通风处，不宜久藏，因存期过久，容易生虫。

［其　　他］　用种子繁殖。一般先育苗，然后定植。

163 野大豆（yedadou）（图 638）

［地 方 名］　野蟨豆（江苏），河豆子、山黑豆（山东）。

［学　　名］　**Glycine soja** Sieb. et Zucc.　豆科

［形态特征］　一年生缠绕草本，茎瘦细，植株各部疏被贴伏的长硬毛。小叶 3，

薄纸质，顶生小叶卵状披针形，长2.5～7厘米，宽10～25毫米，全缘，先端稍尖。侧生小叶阔卵状披针形，长1.5～5厘米，宽9～25毫米，全缘，先端稍尖。花小，紫红色，长3～4毫米。荚果略弯，线形，长15～25毫米，径约5毫米，被长硬毛。花期8～9月，果期10～11月。

［生长环境］ 多生于田边、堤岸旁、杂草丛中或荒芜地区。

［产　　地］ 辽宁、吉林、黑龙江、河北、山东、湖北、湖南，陕西、安徽、江苏等省。

［用　　途］ 种子油供食用，亦可作工业用油。

种子含蛋白质，颇富营养，除供食用外，可作酱、酱油和豆腐等。茎叶和油粕作肥料和家畜的饲料。茎皮纤维拉力很强，可织麻袋。

［理化性质］ 据江苏省资料：成熟种子含油量 18～22%，蛋白质 30～45%。

［采收处理］ 10～11 月间果实成熟，采摘果荚，晒干后捶打、扬簸，除去果壳，即得净种子供榨油。

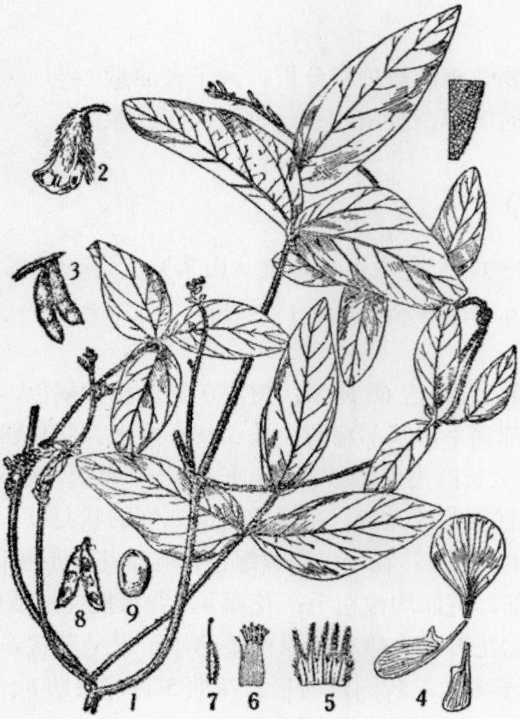

图638 野大豆

Glycine soja Sieb. et Zucc.

1. 花枝；2. 花；3. 果；4. 花瓣；5. 萼剖开 6. 雄蕊；7. 雌蕊；8. 果开裂；9. 种子。

（自“江苏南部种子植物手册”）

164 云南甘草（yunnangancao）（图639）

［学　　名］ **Glycyrrhiza yunnanensis** S. S. Cheng et L. K. Pai　豆科

［原 料 名］ 甘草籽

［形态特征］ 多年生草本，茎木质，高1～1.5米；小枝略有棱；各部有黄色细小的鳞片状腺体及白色柔毛，具臭味。奇数羽状复叶互生，**小叶7～15，披针形或狭卵状披针形**，长2～5厘米，宽8～20毫米，基部楔形，先端长渐尖或渐尖，边缘有不规则的细小突出体，两面初时被毛，其后无毛；小叶柄长约2毫米；托叶披针形，外面被鳞片状腺体。总状花序腋生，排列很紧密；花蓝色，多而密生，干燥时长约7毫米，花柄极短；萼长5毫米，上部裂成5个披针形萼齿，萼齿短于萼筒或与萼筒等长，外面被白色纤毛和褐色鳞片状腺体；花冠不突出于萼外；旗瓣长8毫米，宽3毫米，较翼瓣、龙

骨瓣长；翼瓣较龙骨瓣稍长，均有耳及爪。**荚果密集成球状果序，长椭圆形，长 18 毫米，径 6 毫米，顶端尖，密被褐色长约 5 毫米的刺**；种子 2，肾形，长约 4 毫米，褐色。花期 5～6 月，果期 8～9 月。

［生长环境］ 生长在海拔 2500～3200 米山坡林缘草地上。

［产　　地］ 仅见于云南省。

［用　　途］ 种子油供制肥皂用。

［理化性质］ 据云南省资料：种子含油量 24%。

［采收处理］ 果熟采收后，晒干，除去皮壳，得纯净种子，即可供榨油用。

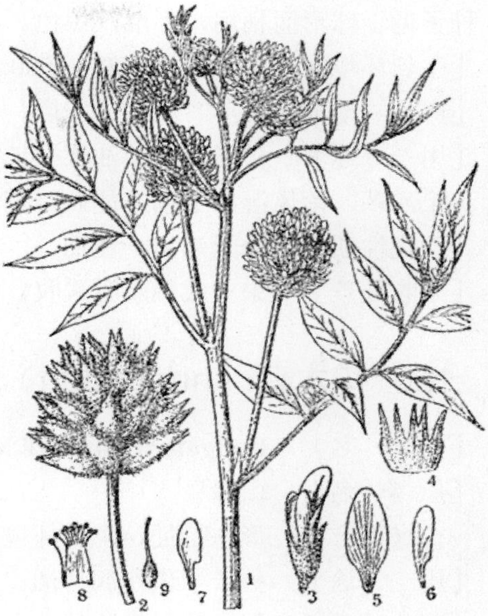

图 639　云南甘草

Glycyrrhiza yunnanensis S. S. Cheng et L. K. Pai

1，花枝；2．果序；3．花；4．展开萼的外面；5．旗瓣；6．翼瓣；7．龙骨瓣；8．雄蕊；9．雌蕊。

（自“中国主要植物图说，豆科”）

165 肥皂荚（feizaojia）（图 640）

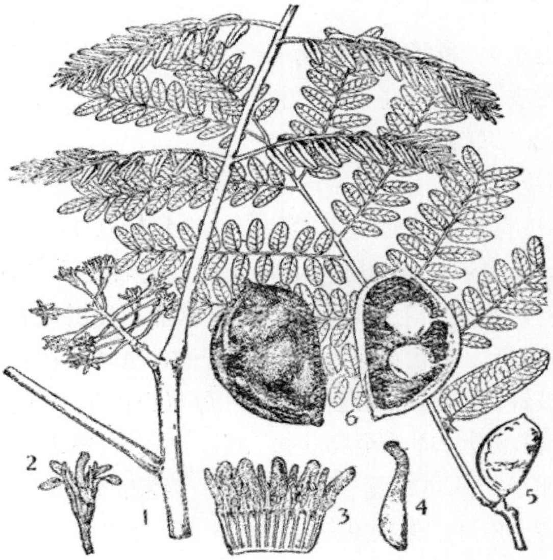

图 640　肥皂荚

Gymnocladus chinensis Baill.

1．花序；2．花；3．花被剖开；4．雌蕊；5．果枝；6 果。

（自“中国森林植物志’）

［地 方 名］ 肥皂树、肉皂荚、肥猪子（湖南）

［学　　名］ **Gymnocladus chinensis** Baill.　豆科

［形态特征］ 乔木，高 5～12 米，**植物体不具刺**；当年小枝被锈色或白色短柔毛，不久近于无毛。二回羽状复叶；具小叶 20～24，椭圆形，长 2.3～5 厘米，宽 1～1.5 厘米，两端圆形，先端微缺，基部稍不正，两面被绢质柔毛。花杂性；**圆锥花序顶生**，被短柔毛，白色或带紫色，有长柄，下垂；苞片微小或无；萼管漏斗状，有纵脉 10 条，被短柔毛，萼齿钻状，较萼管稍短；花瓣椭圆形，先端钝，较萼片稍长，被硬毛；花丝有柔毛；

子房无柄，花柱粗短。荚果长圆形，肉质膨胀，先端有短喙，无毛，荚内有种子 2～4 粒；种子近于球形而稍扁，平滑，黑色。花期 5～6 月，果期 8～9 月。

［生长环境］ 生于海拔 500～1500 米处山坡、岩边或村旁附近。

［产　　地］ 江苏、浙江、安徽、江西、福建、广东、湖北、湖南、四川等省。

［用　　途］ 种子油可做油漆等工业用油。

荚果入药，治风湿、下痢、便血、疮癣、肿毒等症。

［理化性质］ 种子油为干性油。

［采收处理］ 果实成熟及时采收，晒干后打出种子，即可贮存或榨油。

166 花木蓝（huamulan）（图 931）

［学　　名］ **Indigofera kirilowii** Maxim.　豆科

［原 料 名］ 山绿豆

（地方名、形态特征、生长环境、产地及其他用途见“鞣料类”，1157 页）

［用　　途］ 种子油供作润滑油。

［理化性质］ 据中国科学院林业土壤研究所资料：种子含油量 16.62%。

［采收处理］ 种子成熟时摘下豆荚，及时晒干，使荚果开裂，再用木棒敲打，收集种子，簸去果壳杂质，放干燥处备用。

167 胡枝子（huzhizi）（图 641）

［地 方 名］ 山扫帚、胡枝子苗（山东），杭子梢（河南），笤条，杏条（辽宁、吉林、黑龙江），横子（辽宁），胡枝条、扫皮、荆条、脑痕、雪拉（内蒙古）。

［学　　名］ **Lespedeza bicolor** Turcz.　豆科

［原 料 名］ 杏条籽（辽宁、吉林）

［形态特征］ 灌木，高 2～3 米；小枝有棱，幼时疏生柔毛。三出复叶互生，小叶阔卵形至倒卵圆形，长 2～5 厘米，宽 1～3 厘米，基部圆形或阔楔形，先端钝圆或微凹，具短刺，全缘，表面无毛，背面灰绿色，被疏柔毛；叶柄长 2～7 厘米，光滑或有疏毛；托叶小形，钻状，长 3～4 毫米，易脱落。总状花序腋生，长 3～10 厘米，在枝顶略呈疏圆锥状花丛；苞片长圆形或卵状披针形，长不超过 1 毫米，每苞腋内生二花；花梗长 1～3 毫米，有密毛，无关节；萼 4 裂，裂片卵形至卵状披针形，密生白色绢毛；花冠蝶形，红紫色，旗瓣长子龙骨瓣，倒卵形；两体雄蕊；子房线形。荚果歪倒卵形，长 5～6 毫米，密生柔毛，有种子 1。花期 7～8 月，果期 9～10 月。

［生长环境］ 喜阳光，常生于丘陵、荒山坡、灌丛、杂木林间和荒地上，有时生于砂地上。

［产　　地］ 黑龙江、吉林、辽宁、内蒙古、河北、山西、山东、河南及陕西等省区。

［用　　途］　种子油可供食用或作机器润滑油。

茎皮纤维可做人造棉原料（见“纤维类”，151 页）。叶可代茶叶，故有“随军茶”之称。枝条可编筐。根皮及叶可作栲胶原料。胡枝子又是防风、防沙及改良土壤的绿化植物。

［理化性质］　据辽宁省资料：种子含油量 11.335%。据河南省资料：鲜叶含粗蛋白 4.01%，粗脂肪 0.79%，无氮浸出物 8.15%，粗纤维 7.60%，灰分 1.02%，纯蛋白 3.15%，磷酸 0.14%。

［采收处理］　果实成熟时采收，连果序割下，及时晒干，用木棒打落果实，除去杂质，即可榨油或贮藏。

［其　　他］　种子繁殖，播种前先浸种或雨季播种均易发芽；3 月播种，当年即可定苗。

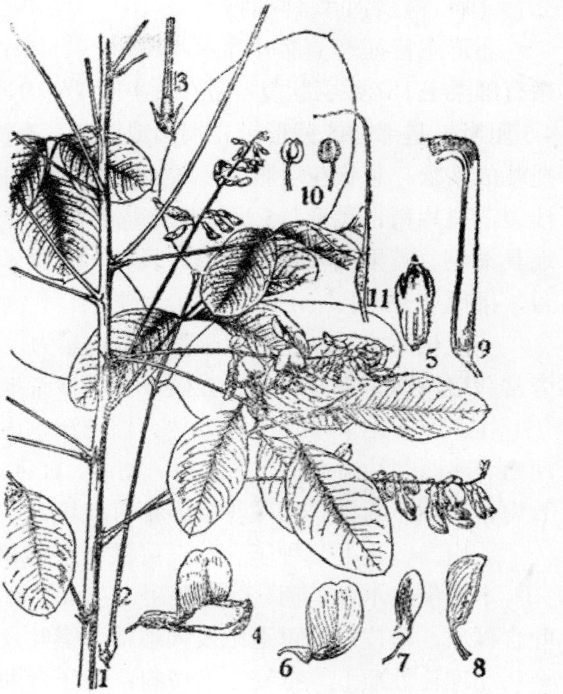

图 641　胡枝子

Lespedeza bicolor Turcz.

1. 花枝；2. 叶的轮廓；3. 叶柄基部及托叶；4. 花；5. 萼；6. 旗瓣；7. 翼瓣；8. 龙骨瓣；9. 雄蕊；10. 药的正反面；11. 雌蕊。

（自“中国主要植物图说，豆科”）

168 葛藤（geteng）（图 129）

［学　　名］　**Pueraria pseudo-hirsuta** Tang et Wang (*Pueraria thunbergiana* auct. non Benth)　豆科

［原 料 名］　葛藤子

（地方名、形态特征、生长环境、产地及其他用途见“纤维类”，163 页）

［用　　途］　种子油可作机械润滑油。

［理化性质］　据江西省资料：种子含油量 15%。

［采收处理］　9～10 月间籽实成熟时采摘，晒干后，打出种子，清除杂质，即可贮存榨油。

169 刺槐（cihuai）

［地 方 名］　洋槐（通称），槐树、刺槐、刺儿槐（辽宁、山东），德国槐（河北、山东）。

［学　　名］　**Robinia pseudoacacia** L.　豆科

［原 料 名］ 洋槐籽

［形态特征］ 落叶乔木，高 10～25 米；树皮褐色，有深裂槽；小枝无毛或幼时微有细柔毛。奇数羽状复叶互生，小叶 7～19，对生，具短柄，卵形或长椭圆形，长 2.5～4.5 厘米，基部圆或截形，先端圆或微凹，有时具小尖刺，无毛或幼时背面微有细毛；托叶成刺状。总状花序腋生，长 10～20 厘米；花白色。有芳香。长 1.5～2 厘米；萼管浅裂，裂片稍带唇形，5 齿；旗瓣基部常有黄色斑点；雄蕊 2 束（9+1）；花柱头状，顶端具柔毛。荚果线状长椭圆形，长 3～10 厘米，平滑，赤褐色，有种子 3～10。花期 5 月，果期 8～9 月。

［生长环境］ 适应性颇强，有抗旱力，喜生于湿润肥沃的土壤上，公路和铁路两旁常栽培，冲积平原、黄土丘陵、干燥沙荒地也能生长。

［产　　地］ 辽宁、吉林、黑龙江、内蒙古、河北、山东、山西、宁夏、青海、河南、陕西、甘肃、湖北、四川、湖南、江西、安徽、江苏、浙江、福建、广东、广西、云南、贵州、新疆、西藏等省区都有栽培。

［用　　途］ 种子含油，可供制肥皂和油漆的原料。

木材供枕木、车辆、船舶等用。花可提芳香油（见“芳香油类”，1360 页）。树皮及叶含鞣质。树皮纤维可造纸及人造棉。嫩叶及花可食，也可作饲料和绿肥。

［理化性质］ 据辽宁省资料：种子含油量 13.88%。据另一资料记载：种子含油量 12%，油的碱化值 192.4。碘值 161。

［采收处理］ 9～10 月果实成熟时采收，用杆将荚果打落，晒干，捶打，除去果荚，即得种子。

［其　　他］ 本种为浅根性树种，适于山谷或少风沙处造林。繁殖可用播种、分根、分蘖等法。

170 苦参（kushen）（图 1368）

［学　　名］ **Sophora flavescens** Ait. 豆科

［原 料 名］ 苦参籽

（地方名、形态特征、生长环境、产地及其他用途见“药用类”，1774 页）

［用　　途］ 种子油可制肥皂、润滑油用。

［理化性质］ 据辽宁省资料：种子含油量 14.76%。又据其他的资料：油的比重（15℃）0.909，碱化值 203.6，碘值 111.6，酸值 10.26。

［采收处理］ 果实成熟时，采摘果序，晒干，用木棒打落种子，除去杂质即可。

171 槐（huai）（图 1369）

［学　　名］ **Sophora japonica** L. 豆科

［原 料 名］ 槐角子

（地方名、形态特征、生长环境、产地及其他用途见“药用类”，1775 页）

［用　　途］　种子油可制肥皂、润滑油和渗合油漆用。油饼为饲料。

［理化性质］　种子含油量 18～24%，出油率 15%左右。含淀粉 33.75%，灰分 3.48%，粗纤维 11.94%，蛋白质 21%，碳水化合物 54.4%。据山东省资料：油的比重（20℃）0.9239，折射率（20℃）1.4744，脂酸凝固点 7.4℃；碱化值 189.5，碘值 127.5，酸值 2.65。

［采收处理］　秋末冬初当槐叶开始脱落，果实呈暗绿色时采收，采时上树手摘或用竹竿绑上镰刀割取果穗，及时晒干，除去果柄杂物，放干燥通风处保存备用。

［加　　工］　在加工前，须先将果实放在金属筛上搓擦，使果肉与种子分离，然后收集果肉制糖酿酒，余下的种子便可按照压榨法榨油。

［其　　他］　繁殖一般采用播种、育苗，嫁接用于观赏品种（如盘槐），必须注意管理。

172 山野豌豆（shanyewandou）（图 642）

［地 方 名］　小豆豆苗、芦豆苗（山西），山豌豆、野豌豆、涝豆秧、透骨草（黑龙江、辽宁、吉林）。

［学　　名］　**Vicia amoena** Fisch.　豆科

［原 料 名］　野豌豆

［形态特征］　多年生草本；茎四棱形，全株被柔毛。偶数羽状复叶互生，在叶轴末端具卷须；小叶 8～12，椭圆形、长椭圆形、线形、长披针形或长圆形，长 1～4 厘米，宽 0.3～1.6 厘米，先端圆钝，有时微凹而有细尖，两面有伏贴的疏柔毛，表面毛较少，背面灰白色有粉霜；托叶似半边箭头状，具一较大齿。较密的总状花序腋生，有花 10～13，花序和叶约等长；花紫红色、深堇色、蓝色、深紫色；萼斜钟状，上有疏柔毛或几无毛，萼齿披针状锥形，下面的 3 个较大；旗瓣倒卵状长圆形，先端圆形，长 11～15 毫米，宽 6～9 毫米；

图 642　山野豌豆

Vicia amoena Fisch.

1．花枝；2．花序一部分；3．果序一部分；4．萼；5．旗瓣；6．翼瓣；7．龙骨瓣；8．雄蕊；9．雌蕊；10．药的正反面；11．种子的侧面；12．叶示卷须。

（自“中国主要植物图说，豆科”）

翼瓣狭倒卵状长圆形，先端圆形，长和旗瓣同，有耳，有爪；龙骨瓣镰状卵形，先端圆形，长8～11毫米；子房无毛，子房有长柄，其顶部有一急弯，弯以上为花柱，花柱上部围以较密的短柔毛。荚果狭长圆形，长19～21毫米，宽4～6毫米，两端急尖，两侧扁，棕色或深棕色，有光泽，无毛。花期5～6月，果期8～9月。

［生长环境］ 海拔80～2500米的山地、路旁、山坡、山沟、堤上、山道等地阴湿处、草坡、旷地也均能生长。

［产　　地］ 辽宁、吉林、黑龙江、内蒙古、河北、山西、陕西、甘肃、青海、河南、山东等省区。

［用　　途］ 种子油可制肥皂和作润滑油用。

种子还含有较多的淀粉可酿酒。全草入药，中药称透骨草，治热毒，外用洗风湿、风气疼痛、毒疮等症。茎叶为良好牧草及绿肥。

［理化性质］ 据中国科学院林业土壤研究所资料：种子含油量11.55%。

［采收处理］ 8～9月果成熟时，用刀割下全株，晒干后，用木棒敲打或碾压，使种子脱离果荚，然后簸去外壳和杂质，即可收藏备用。

173 牻牛儿苗（pangniuermiao）（图935）

［学　　名］ **Erodium stephanianum** Willd.　牻牛儿苗科

［原 料 名］ 老牛筋籽（辽宁）

（地方名、形态特征、生长环境、产地及其他用途见“鞣料类”，1161页）

［用　　途］ 种子油供工业用。

［理化性质］ 据中国科学院林业土壤研究所资料：种子含油量18.72%。

［采收处理］ 8～9月间采收果实，先割下植株，晒干，打下种子，除去杂质（茎叶可加工栲胶），收集种子，存干燥通风处，以备榨油。

174 亚麻（yama）（图135）

［学　　名］ **Linum usitatissimum** L.　亚麻科

［原 料 名］ 胡麻籽

（地方名、形态特征、生长环境、产地及其他用途见“纤维类”169页）

［用　　途］ 种子油称亚麻仁油，河北和内蒙古称胡麻油，主要供食用或作油漆、涂料和印刷油墨的原料；又可入药。

［理化性质］ 种子含油量30～40%，蛋白质23.81%，水分8.64%。油黄色，属干性油，清彻透明。据中国科学院植物研究所资源室化验：油的折射率（25℃）1.4758；碱化值213.975，碘值111.16，酸值1.175，酯值212.8，不碱化物1.19%。

［采收处理］ 种子成熟时，连同植株割下，晒干，将种子打落，除净杂质，然后加工。

175 白刺（baici）（图 461）

［学　　名］　**Nitraria sibirica** Pall.　蒺藜科

（地方名、形态特征、生长环境、产地及其他用途见“淀粉及糖类”，560 页）

［用　　途］　果核油可制肥皂用。

子实味甘可食，益脾胃，作羹味美，也可生食。

［理化性质］　据青海省分析资料：种子含油量 13.17%。

［采收处理］　种子成熟后采收，除去果皮杂质，晒干即成。

176 骆驼蓬（luotuopeng）（图 643）

［学　　名］　**Peganum harmala** L.　蒺藜科

［形态特征］　多年生草本，有特殊臭气和咸味，高 20～70 厘米，由根颈顶部多分枝；茎铺地散生，较粗壮，淡褐色，光滑无毛。叶互生，肉质，光滑，二至三回羽状全裂，茎生叶无柄，通常三出，裂片披针状线形，有急尖；托叶 1 对，线形。花单生，与叶柄对生，花梗近萼处肥厚；萼片 5，长约 18 毫米，羽状深裂，呈叶片状；花直径 2～3 厘米，花瓣 5，倒卵状长圆形，长 1～1.5 厘米，淡白色或浅黄绿色，雄蕊 15，花丝基部宽展，药长 3～4 毫米，基着；雌蕊为 3 心皮构成，子房上位，3 室，花柱 3，基部结合。蒴果近球形，直径 0.6～1 厘米，成熟时带褐色，3 瓣裂；种子黑褐色，长 1.5～2 毫米，三棱形，表面有小疣状突起。花期 6 月，果期 7～8 月。

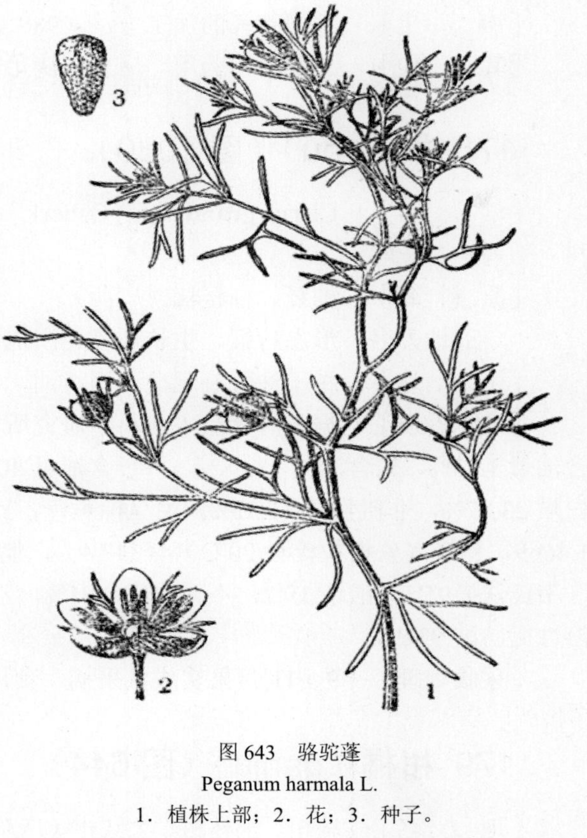

图 643　骆驼蓬

Peganum harmala L.

1．植株上部；2．花；3．种子。

［生长环境］　性极耐旱，抗盐碱，喜阳光，根深，生于干旱草地、沙质干山坡或坚固盐碱化荒地，但不生农田内。

［产　　地］　河北、山西、内蒙古、宁夏、陕西、甘肃、青海、新疆等省区。

［用　　途］　种子油供制肥皂和油漆用。

种子亦可作红色染料，用于毛织品。

叶子揉碎能洗涤泥垢，可代肥皂用。

［理化性质］　据青海省野生植物普查资料：种子含油量 15.13%。油的比重 0.9273，折射率 1.4686；碱化值 184.7，碘值 120～133.6，酸值 3.2。

［采收处理］　成熟后收割全株，晒干捶打，清除杂质，即得种子。

177 蒺藜（jili）（图 1373）

［学　　名］　**Tribulus terrestris** L.　蒺藜科

（地方名、形态特征、生长环境、产地及其他用途见“药用类”，1781 页）

［用　　途］　种子油供工业用，亦可代替桐油。

［理化性质］　据山东省资料：种子含油量 11.63%，出油率为 8.5%，属干性油。

［采收处理］　果实成熟呈黄绿色时采收，晒干，去掉硬刺，方可榨油。

［加　　工］　参阅苍耳的加工方法（988 页）。

［其　　他］　果实亦为药用，应首先满足药用需要，然后再考虑供作油用。

178 柚（you）（图 1080）

［学　　名］　**Citrus grandis** (L.) Osbeck　［*Citrus maxima* (Burm.) Merr.］　芸香科

［原 料 名］　柚籽、柚籽仁（广西）

（地方名、形态特征、生长环境、产地及其他用途见“芳香油类”，1365 页）

［用　　途］　种子油可制肥皂、润滑油，也可食用。

［理化性质］　据上海食品工业科学研究所资料：壳重 30.60%，仁重 69.40%；壳含油量 1.13%，仁含油量 58.68%，种子含油量 40.74%，灰分 2.85%，粗纤维 3.09%，蛋白质 23.87%，非氮物质 11.51%。油呈棕黄色，比重（20℃）0.9168，折射率（20℃）1.4669，粘度（安格拉氏秒 20℃）4′ 47.4″，脂酸凝固点 38.4℃；碱化值 190.3，碘值（韦氏法）95.1，酸值 19.2，不碱化物 0.91%，乙酰值 9.81，可溶性脂肪酸 0.59%，不溶性脂肪酸 93.2%。

［采收处理］　9～11 月果实成熟采摘，食用时，注意收集种子，晒干备用。

179 柑橘（ganju）（图 644）

［地 方 名］　扁柑、玉林柑、大红柑（广东），潮州柑（广西），福橘、浑福橘（江苏），漳橘（江西）。

［学　　名］　**Citrus reticulata** Blanco　芸香科

［原 料 名］　柑橘籽

［形态特征］　小乔木或灌木，高约 3 米；枝柔弱，有刺或无刺。叶互生，翼叶不甚明显，披针形至卵状披针形，长 5.5～8 厘米，宽 2.9～4 厘米，两端渐尖，全缘或具小而钝的锯齿；叶柄细长。花小，黄白色，单生或成小丛；萼片 5；花瓣 5；雄蕊 18～24，花丝常 3～5 枚合生；子房 9～15 室。柑果扁球形，直径 5～7 厘米，平滑而亮，橙黄色或淡红黄色；果皮疏松；肉瓤极易分离；种子 20～30 粒，小而尖，扁卵圆形，外种皮灰白色，内种皮淡棕色，胚通常绿色。花期春季，果期 12 月。

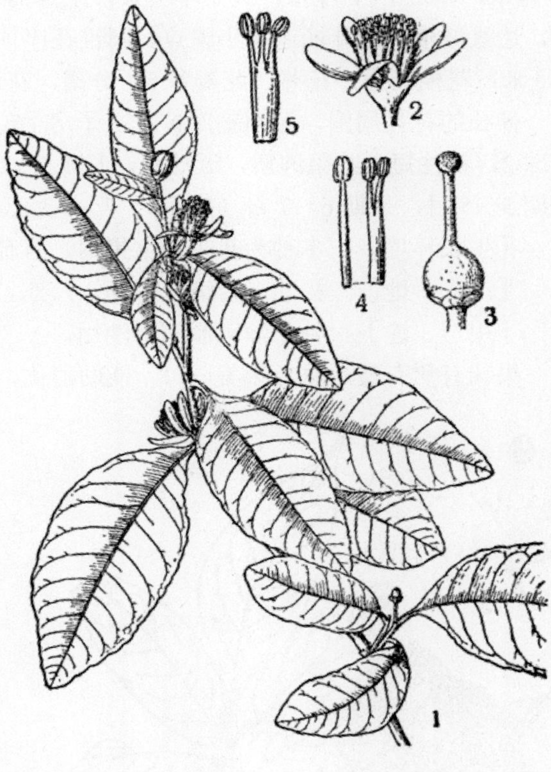

图 644　柑橘
Citrus reticulata Blanco
1．花枝；2．花；3．雌蕊；4、5．雄蕊。

［生长环境］　栽培于园圃。

［产　　地］　广东、广西、福建、台湾、浙江、江苏、江西、湖南、湖北、四川、云南等省区。

［用　　途］　种子油可制肥皂、润滑油。

肉瓤汁多，味甜可食，为我国著名果品之一。皮供药用，在熟药中称“陈皮”，为芳香健胃剂，有镇咳、祛痰、镇呕、止呕、利尿等效。果皮提取芳香油（见“芳香油类”，1370 页）。

［理化性质］　据上海食品工业科学研究所资料：壳重 20%，仁重 80%；壳含油量 5.09%，仁含油量 58.35%，种子含油量 47.69%，灰分 3.39%，粗纤维 2.45%，蛋白质 18.35%，非氮物质 17.46%。油的比重（20℃）0.9169，折射率（20℃）1.4669，粘度（安格拉氏秒 20℃）6′ 7.2＂，脂酸凝固点 37.2℃；碱化值 187.8，碘值（韦氏法）98.88，酸值 47.6，不碱化物 0.46%，乙酰值 8.28，可溶性脂肪酸 0.54%，不溶性脂肪酸 94.3%。

［采收处理］　食用果实时，注意收集种子，晒干备用。

180 黄皮（huangpi）

［学　　名］　**Clausena lansium** (Lour.) Skeels　芸香科

［原 料 名］ 黄皮籽（广西、广东）

［形态特征］ 小乔木，幼枝、叶柄及花序均有小突体，揉之有香味。奇数羽状复叶，长10～25厘米，有小叶5～13；小叶互生，阔卵形、椭圆形或披针形而偏斜，长7～12厘米，宽2.5～6厘米，大小不一致，上部的远较下部的大，基部楔形，先端短尖或钝，边缘波浪形；叶柄遍布小腺点。圆锥花序顶生或腋生，直立而大；花白色，直径约5毫米；花梗极短；花萼、花瓣各5，分离，花瓣阔，长3～4毫米；雄蕊8～10，着生于一伸长的花盘周围，花丝基部扩大；子房上位，具柄，有毛，通常4～5室，每室有胚珠2，花柱短。浆果肉质，近球形，长1.5～2厘米，皮具腺点，有柔毛；种子绿色。花期3～5月，果期6～7月（广东）、7～8月（广西）。

［生长环境］ 本种为热带栽培果树，喜疏松、肥沃、湿润的壤土。

［产 地］ 福建、台湾、广西、广东、云南（东南部）等省区。

［用 途］ 种子油可制润滑油用。

果味有甜有酸，甜者味美适口，能助消化，为我国南方佳果之一；叶可作药用（见“药用类”，1783页）。

［理化性质］ 据广东省资料：种子含油量53.21%，出油率42%。

［采收处理］ 果熟时采收，食用果时，应注意收集种子，晒干备用。

181 臭檀（choutan）（图645）

［地 方 名］ 臭椿芽、臭檀（山东、河北）

［学 名］ **Evodia daniellii** (Benn.) Hemsl. 芸香科

［原 料 名］ 臭檀子（山东），黑辣子（河南）。

［形态特征］ 落叶乔木，高达10～12米；树皮灰色，平滑；小枝初具柔毛，红褐色。奇数羽状复叶对生；小叶7～11，无腺点，卵形至长圆状卵形，长5～10厘米，宽3～5厘米，基部圆形或宽楔形，先端渐尖，全缘或具锐锯齿，背面沿主脉及脉上有长毛；小叶无

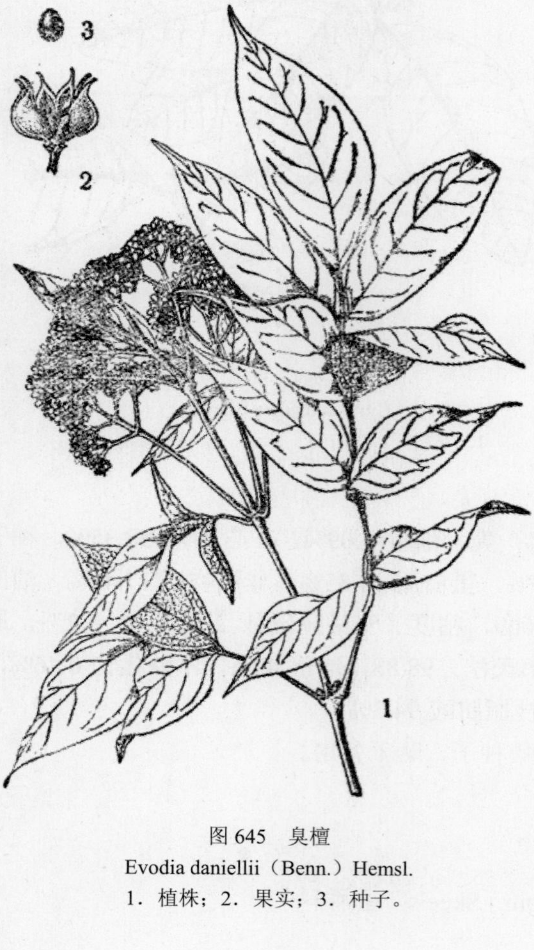

图645 臭檀

Evodia daniellii（Benn.）Hemsl.

1．植株；2．果实；3．种子。

柄或几无柄。花序伞房状，直径 10～16 厘米，密生褐色柔毛；花带白色。果序较大，直径在 8 厘米以上；蓇果长约 8 毫米，微具柔毛或近于光滑，**先端弯曲为短喙状**；种子椭圆形，长约 3.5 毫米，黑褐色，有光泽。花期 6～7 月间，果期 9～10 月。

［生长环境］　喜生于海拔 1000 米以下阳光充足的山沟、溪旁、林缘、沟边或疏林中。

［产　　地］　辽宁、河北、河南、山东、湖北、湖南、四川、陕西、云南、甘肃等省。

［用　　途］　种子油供制肥皂及掺合油漆使用。

木材淡黄色，有光泽，可制各种家具和农具。种子可入药。亦有栽培本种以供观赏。

［理化性质］　据河南省资料：种子含油量 39.7%；油的比重（25℃）0.9236；碱化值 176.1，碘值 103.4。

本种的油呈微黄色，透明，属于性油，与桐油性质相似，用于油漆，干膜具透明光泽。油经化验结果：比重 0.799，折射率（19.5℃）1.4760；碱化值 193.47，碘值 160.69，酸值 5.78，不碱化物 0.45%。

［采收处理］　8～9 月有个别果实干燥开裂时即可采收，连果序剪下，晒至开裂，击落种子，过筛，除去杂质，及时榨油，以免出油率减低。

［其　　他］　播种繁殖，播种前将种子浸入温水中，用手轻轻揉搓，以失去光泽为度，以便促进发芽。

182 楝叶吴茱萸（lianyewuzhuyu）（图 646）

［地 方 名］　贼子树、辣树（广东），山漆（台湾），檫树（广东海南）。

［学　　名］　**Evodia meliaefolia** Benth.　芸香科

［形态特征］　乔木，高达 20 米；当年生枝略被**短柔毛至几无毛**，老枝无毛。奇数羽状复叶对生，无托叶；小叶 5～11，**具柄**，纸质，**无腺点**，卵形至长圆形，长 5～12 厘米，宽 2～5 厘米，**基部偏斜**；先端长渐尖，表面光亮，背面灰白或粉绿，**无毛**；叶柄长 8～10 毫米或更长。花极小，通常单性，雌雄异株；圆锥花序顶生，雄花序较雌花序为大，长 8～14 厘米，宽 10～26 厘米；花轴被微毛；萼片 5 深裂，花瓣 5；雄花有雄蕊 5，开花时伸出花瓣外，花丝下部有毛，有退化子房；雌花的花瓣较大，白色，子房上位，4～5 室，每室有胚珠 2。蓇果紫红色，干后为淡灰红色，表面常呈网状皱纹，心皮不为喙状，每分果有 1 种子；种子卵球形，长约 3 毫米或稍大，黑色，有光泽。花期 7～8 月，果期 11 月。

［生长环境］　本种为热带树种，喜阳光，宜湿润肥沃土壤，常生于平原和丘陵地的灌木林中，村边溪旁颇为习见。

［产　　地］　福建、台湾、广东、广西、云南等省区。

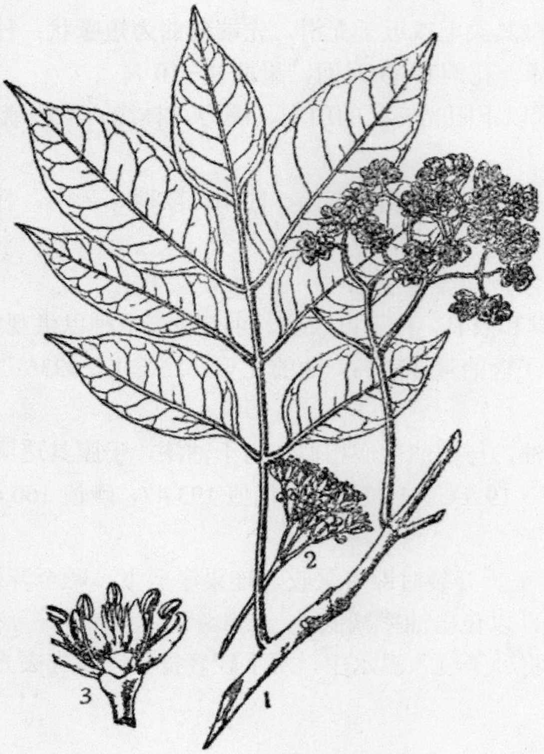

图 646 楝叶吴茱萸
Evodia meliaefolia Benth.
1．果枝；2．花枝；3．花。

［用　　途］ 种子油可制肥皂、润滑油。

木材坚硬，可制家具及轻便农具。

［理化性质］ 据广东省资料：种子含油量 26.27%，油的碱化值 189.63，酸值 34.35。

［采收处理］ 果熟时采下晒干，种子自行分离，除去杂质，供榨油用。

183 吴茱萸（wuzhu-yu）（图 1376）

［学　　名］ **Evodia rutaecarpa** (Juss.) Benth. 芸香科

［原 料 名］ 茶练子（广西）

（地方名，形态特征，生长环境，产地及其他用途见“药用类”，1785 页）

［用　　途］ 种子油可制肥皂。

［理化性质］ 据云南省经济植物普查队野外粗分析：种子含油量 28～32%。

［采收处理］ 果熟后即采收，过早过迟均不适宜，采回后晒干，除净皮壳杂质备用。

184 黄檗（huangbai）（图 647）

［地 方 名］ 黄波椤（辽宁、吉林、黑龙江），黄柏栗（吉林）。

［学　　名］ **Phellodendron amurense** Rupr. 芸香科

［形态特征］ 落叶乔木，高 10～15 米，胸径约 50 厘米；树皮浅灰色或灰褐色，有深沟裂，木栓质很发达，内皮鲜黄色；小枝暗灰色。奇数羽状复叶对生，有小叶 5～13；小叶革质，具短柄，卵形或卵状披针形，长 5～10 厘米，宽 4 厘米左右。先端渐尖，边缘有波状细圆锯齿，有缘毛，表面暗绿色无毛，背面灰绿色，仅在主脉基部有白色软毛，嫩叶两面多毛。花单性，雌雄异株；聚伞状圆锥花序顶生；花小，花轴及花梗有毛，萼片 5，卵状三角形，花瓣 5，长圆形，带黄绿色；雄花有雄蕊 5，与花瓣互生，比花瓣

长1倍，花丝线形，基部有毛；雌花的子房有短柄，5室，每室有1胚珠，花柱短而粗大，柱头宽大。果实为浆果状核果，球形，有特殊香气与苦味；种子半卵形，黑色。花期5～6月，果期10月。

［生长环境］ 喜生于山间河谷及溪流附近肥沃的腐殖质土或混生于杂木林中。

［产　　地］ 辽宁、吉林、黑龙江、河北等省。

［用　　途］ 种子油可制肥皂。木材供装饰、造船及制胶合板用。树皮供药用，为苦味健胃药，并能治胃肠炎、下痢等症。

［理化性质］ 据中国科学院林业土壤研究所资料：种子含油量7.76%。油的比重（15℃）0.9605～0.9610，折射率（19℃）1.4812；碱化值305.2～306.5，碘值40.47～42.9，酸值18.0～18.2，酯值287.6～287.8。

［采收处理］ 10月果成熟时采收，剥去外皮，取出种子，晒干备用。

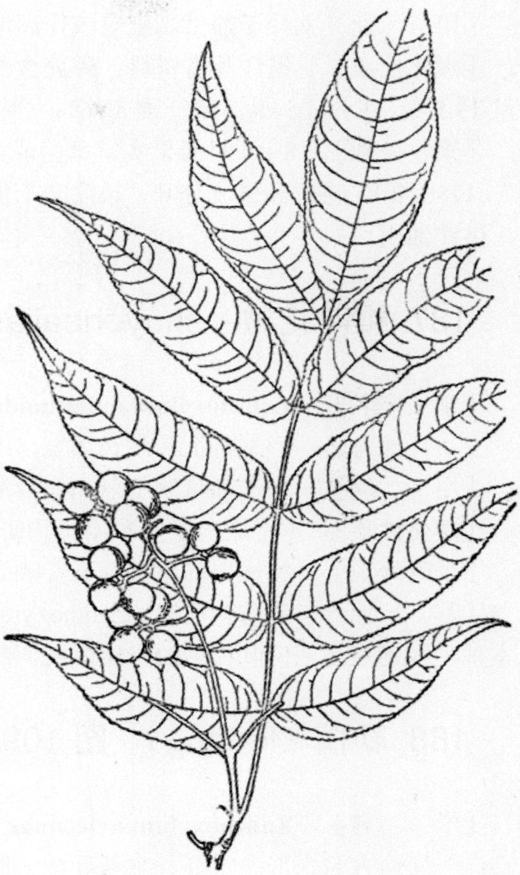

图647　黄檗
Phellodendron amurense Rupr.
果枝

185 黄皮树（huangpi-shu）

［学　　名］ **Phellodendron chinense** Schneid.　芸香科

（地方名、形态特征、生长环境、产地及其他用途见“药用类”，1786页）

［用　　途］ 种子油供工业用，制肥皂或润滑油。

［理化性质］ 据浙江省资料：种子含油量20～25%。

［采收处理］ 果熟时采收，剥去外皮，取出种子，晒干备用。

186 枳（zhi）（图1377）

［学　　名］ **Poncirus trifoliata** (L.) Raf.　芸香科

（地方名、形态特征、生长环境、产地及其他用途见“药用类”，1786 页）

［用　　途］ 种子油供制肥皂或作润滑油用。

［理化性质］ 据江苏省资料：外壳含油量 14.63%，种仁含油量 50.72%，种子含油量 19.5%，灰分 4.54%，粗纤维 5.96%，蛋白质 0.86%，非氮物质 37.42%。

［采收处理］ 8～9 月间果实呈黄色或将呈黄色时采收，剖开果实（方法见“药用类”，1786 页），将瓤和果皮分开，果皮晒干供药用；再将瓤揉烂，放水中掏取种子，晒干，供榨油用。

187 樗叶花椒（shuyehuajiao）（图 1091）

［学　　名］ **Zanthoxylum ailanthoides** Sieb. et Zucc.　芸香科

（地方名、形态特征、生长环境、产地及其他用途见“芳香油类”，1377 页）

［用　　途］ 种子油可制肥皂和润滑油。

［理化性质］ 据中国科学院华南植物研究所资料：种子含油量 39.1%，水分 10.3%。

［采收处理］ 将成熟的果实摘下，晒干，将种子和果壳分离，即可备榨。

［其　　他］ 毛樗叶花椒（Zanthoxylum ailanthoides var. pubescens Hatusima），近似本种，区别点是毛樗叶花椒的一年生枝，叶轴及小叶片的背面被长柔毛，产于台湾。

188 勒欓（ledang）（图 1092）

［学　　名］ **Zanthoxylum avicennae** (Lam.) DC.　芸香科

（地方名、形态特征、生长环境、产地及其他用途见“芳香油类”，1378 页）

［用　　途］ 种子油有辛味，可制油漆、肥皂，又供药用及工业用。

［理化性质］ 种子含油量 25.24%。据广东省商业厅资料：油的碱化值 190.68，碘值 146.64，酸值 18.10。

［采收处理］ 果熟时收集种子，晒干风净供榨油用。一般要求种子干燥不霉烂，水分不超过 8%，杂物不超过 2%。

［加　　工］ 先用微火将种子炕干磨碎，然后过筛，蒸粉，双圈踩饼打尖压榨。榨后残粕再碾粉过筛，猛火蒸粉，单圈踩饼打尖压榨。

189 花椒（huajiao）（图 1093）

［学　　名］ **Zanthoxyum bungeanum** Maxim.　芸香科

（地方名、形态特征、生长环境、产地及其他用途见“芳香油类”，1379 页）

［用　　途］ 种子油供食用及制肥皂、油漆用。油饼可作肥料及牲畜饲料。

［理化性质］ 据上海食品工业科学研究所资料：种子含油量 24.27%，灰分 5.87%，

粗纤维 30.23%，蛋白质 15.89%，非氮物质 23.74%。油黄色，属于性油；油的比重（20℃）0.9317，折射率（20℃）1.4789，脂酸凝固点 27.7℃；碱化值 198.4，碘值（韦氏法）135.6，酸值 67.9，不碱化物 0.53%，乙酰值 18.66，可溶性脂肪酸 1.22%，不溶性脂肪酸 94.7%。

［采收处理］ 7～8 月果呈红色时开始采摘，用手摘或剪刀采收（手摘的花椒质量较纯，加工比较高产），晒干，除去果梗，经揉搓或轻打，使果壳与种子分离，过筛后放于通风干燥处，防止受潮发霉；在揉搓或轻打时，注意勿使种子破裂，以免损失油份。

［加　　工］ 见总论压榨法，但在操作中要注意以下事项：（1）花椒籽用锅蒸时，粘性很大，为了使上气均匀；需火猛气足，而且不断搅拌；（2）工序配合非常重要，配合不好会影响出油，时间不可过长，动作要迅速；（3）榨花椒籽油以用人力螺旋榨较好。

［其　　他］ 花椒种子不宜长期存放，否则油量逐渐减少，因此应及时收购，及时榨油。

190 花椒簕（huajiao-le）（图 648）

［学　　名］ **Zanthoxylum cuspidatum** Champ.　芸香科

［形态特征］ 藤本，茎枝上的皮刺成水平方向或略弯向下直出，叶轴背面的皮刺细小，略向后弯。奇数羽状复叶，**小叶 15～25**，对生或不严整的对生，坚纸质或革质，光滑无毛，卵形或卵状长圆形，长 4～8 厘米，宽 1.5～3.5 厘米，基部楔尖或急尖，两侧略不整齐，**先端长尾状渐尖**，中脉微下陷或与叶面平齐；**叶轴明显地具狭窄的翅**，在腹面中间下陷成小沟状。花单性，伞房状圆锥花序腋生，长 2～5 厘米；花淡青色，具极短花梗或无花梗；花萼与花瓣 4，雄花雄蕊 4，雌花的心皮常为 4。蓇果红色或褐红色，表面微皱，密生较粗大的腺点；分果瓣顶有短的喙状尖；种子扁圆

图 648　花椒簕
Zanthoxylum cuspidatum Champ.
果枝

球形，直径 4～5 毫米，黑色，光亮。花期 3～4 月，果期 7～8 月。

[生长环境] 多生长在山坡灌木丛中或疏林中，村边路旁等地。

[产　　地] 湖南、江西、福建、台湾、广东、广西、贵州、云南等省区。

[用　　途] 种子油可作润滑油和肥皂。

[理化性质] 据中国科学院华南植物研究所资料：种子含油量 25.1%。

[采收处理] 果熟时采收，晒干，除去果壳，即可备用。

191 岩椒（yanjiao）（图 649）

[学　　名] **Zanthoxylum esquirolii** Lévl.　芸香科

[形态特征] 灌木，高 2～3 米；茎枝具短皮刺；刺略弯曲，长约 2～3 毫米。羽状复叶，小叶 7～11，对生或近对生，具柄，**卵状披针形**，长 6～11 厘米，宽 2～5 厘米，**基部通常稍偏斜，先端长渐尖**，表面深绿色，有光泽，背面绿色，边缘具细小的圆锯齿，齿缝有腺点；小叶柄长 4～6 毫米。**伞房圆锥花序顶生**，长达 6 厘米；花轴通常不被毛；萼片 4，阔卵形，端尖，长 1～1.5 毫米；花瓣 4，长圆形，端钝或圆，长 3～4.5 毫米，全缘；雄花的雄蕊 4，长 5～6 毫米；雌花无退化雄蕊，心皮 4，花柱伸长，柱头头状。蓇果成熟时红色或深红色，分果瓣先端有喙状尖；种子卵珠形，直径 4.5～6 毫米，黑色，发亮。子叶平凸。乳白色，胚乳富含油质。花期 3～5 月，果期 7～10 月。

图 649　岩椒

Zanthoxylum esquirolii Lévl.

果枝（自“植物分类学报”）

[生长环境] 生低山灌林边缘。

[产　　地] 贵州、四川、云南等省。

[用　　途] 种子油可制肥皂。

[理化性质] 据云南省资料：种子出油率 40%。

[采收处理] 果实成熟后，连果序梗一齐剪下，晒干，打出种子，过筛，即可榨油。

192 两面针（liangmianzhen）（图 650）

［地方名］ 山椒（广东海南）

［学 名］ **Zanthoxylum nitidum** (Lam.) DC. 芸香科

［形态特征］ 藤本，无毛；茎枝、**叶轴的背面和小叶中脉的两面均着生钩状皮刺**。奇数羽状复叶互生，长 7～15 厘米，有小叶 3～11；小叶对生，具粗短柄，革质，卵形至卵状长圆形，长 4～7 厘米，宽 2～3.5 厘米，边缘微具波状疏锯齿，**基部圆或宽楔形，等齐**；表面暗绿色，干后发亮，背面绿色。花小，单性；伞房状圆锥花序腋生，长 2.5～5 厘米；萼片 4，阔卵形；花瓣 4，卵状长圆形，长 2～3 毫米；雄花的雄蕊 4，开花时伸出花瓣外，退化心皮先端常为 4 叉裂；雌花的退化雄蕊极短小，心皮 4，扩展。蓇果紫红色，干时硬而皱，有粗大腺点；分果瓣先端具短喙；种子卵珠形，黑色，有光泽，直径 5～6 毫米。花期 3～4 月，果期 9～10 月。

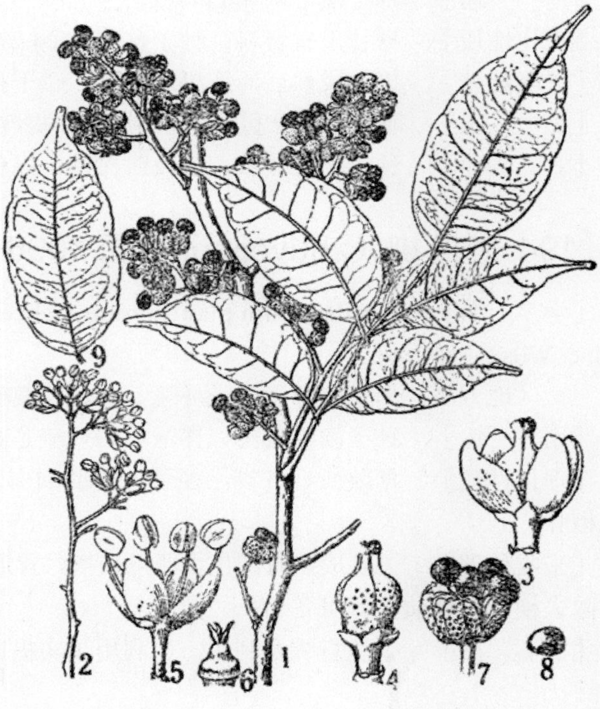

图 650 两面针
Zanthoxylum nitidum (Lam.) DC.
1. 果枝；2. 雄花序的一部分；3. 雌花；4. 去花瓣的雌花；5. 雄花；6. 退化雌蕊；7. 果实；8. 种子；9. 小叶片的腹面。（自“植物分类学报”）

［生长环境］ 常生于平原、丘陵地的灌木林中，路旁和农地边缘灌丛内也常有分布。

［产 地］ 台湾、广东、广西、云南等省区。

［用 途］ 种子油可供制肥皂用。

叶和果皮均可提芳香油。根入药，煎服可治痰火疬核、喉病痰闭，又可治跌打蛇伤；含嗽可止牙痛。

［理化性质］ 据中国科学院华南植物研究所资料：种子含油量 18.5%，水分 12.27%。

［采收处理］ 果实成熟，摘下果枝，晒干后，果皮开裂，种子脱离，收集过筛选净备用。

［加 工］ 土榨法先将种子用微火炕干，经磨粉过筛，将粉末蒸热后，双圈踩饼，入榨，取得头油后再将残粕碾粉，过筛，用猛火蒸粉，踩饼，再榨二次油。

操作过程中应注意：（1）第一次蒸粉须使粉的温度达到100℃时踩饼；（2）踩饼时间要短，争取在15分钟内完成；（3）上榨后，压榨要轻打、勤打，避免猛打；（4）第二次压榨时间需要延长，一般不得少于4小时。

193 川陕花椒（chuanshanhuajiao）（图 1095）

［学　　名］ **Zanthoxylum piasezkii** Maxim. (*Z. piperitum* Maxim., non DC.)　芸香科

（地方名、形态特征、生长环境、产地及其他用途见“芳香油类”，1382页）

［用　　途］ 种子油可供制肥皂用。

［理化性质］ 据甘肃省资料：种子含油量24.27～30.9%。

［采收处理］ 果实成熟后，连果序剪下，晒干打出种子，过筛扬净即可榨油。

［加　　工］ 须注意综合利用，先利用果实提取芳香油，以后利用种子取脂肪油。

［其　　他］ 种子不宜久放，应及时榨油，以免含油量逐渐减少。

194 竹叶椒（zhuyejiao）（图 1096）

［学　　名］ **Zanthoxylum planispinum** Sieb. et Zucc. (*Z. alatum* var. *planispinum*. Rehd. et Wils.)　芸香科

（地方名、形态特征、生长环境、产地及其他用途见“芳香油类”，1383页）

［用　　途］ 种子油供食用。榨油后的残渣是很好的肥料。

［理化性质］ 据陕西省资料：种子含油量11%，出油率为7%左右；油深棕色，有花椒味。

［采收处理］ 果实成熟时红色，即可采摘，置通风处凉干或太阳下晒干，种子脱落，除去梗叶、杂质，即可备用。

［加　　工］ 须注意综合利用。先利用果实提取芳香油后，再加工提取脂肪油。

195 香椒子（xiangjiaozi）（图 1097）

［学　　名］ **Zanthoxylum schinifolium** Sieb. et Zucc.　芸香科

（地方名、形态特征、生长环境、产地及其他用途见“芳香油类”，1384页）

［原 料 名］ 山花椒子。

［用　　途］ 据辽宁省“野生植物利用”记载：种子油可作润滑油及食用，并可代替花椒油作调味香料，榨油后的油饼可作肥料。

［理化性质］ 种子含油量30.9%；油淡黄色，味稍辛。油的比重（15.5℃）0.9441，折射率（20℃）1.4775；碘值144.1，酸值29.9，酯值157.8，不碱化物0.51%，乙酰值42.0。

［采收处理］　果实成熟，采摘果序，晒干后打落种子备用。

［加　　工］　须注意综合利用，先将果实提取芳香油后，再利用种子取脂肪油。

196 臭椿（chouchun）（图 651）

［地 方 名］　椿树（山东、江苏、山西、河北、河南），山椿、大眼桐、木砻树（浙江），青树花（江苏），樗（四川、河南、江西、广东、陕西），白椿（山西、河南、浙江），谷谷翘（山东）。

［学　　名］　**Ailanthus altissima** (Mill.) Swingle　苦木科

［原 料 名］　白椿籽（浙江），椿树籽（江苏、山东、河南）。

［形态特征］　落叶乔木，高可达 20 米；根皮淡白色，味特苦；树皮平滑有直纹；新枝赤褐色，初有细毛，后几无毛。奇数羽状复叶互生，长 45～60 厘米或达 90 厘米；小叶 13～25，或更多，具柄，披针形至卵状披针形，长 7～12 厘米，宽 2～4.5 厘米，基部常斜截形，先端渐尖，叶缘上半部全缘，近基部通常有 1～2 对、稀 4 对粗齿，齿先端背面有腺体 1 枚，表面深绿色，背面浅绿色，微有白霜，有时被柔毛，破裂后发奇臭；托叶早落。花杂性，圆锥花序顶生，长 10～25 厘米；花小，带绿色，有环状 10 裂的花盘；雄花发奇臭，花瓣长约 2.5 毫米，内外两面均被柔毛；雄蕊 10，花丝线状，基部被粗毛；雌花及两性花具 5 心皮所成的子房，子房高居花盘之上，每室有胚珠 1，花柱长，柱头 5 裂。翅果长圆形，长 3～4 厘米，宽 8～12 毫米；红色或褐色；种子位于翅果的近中部。花期 5～6 月，果期 8～10 月。

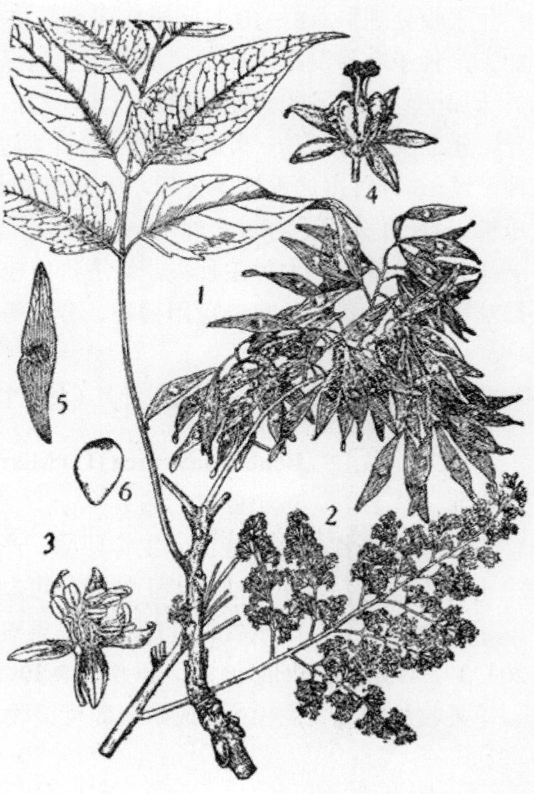

图 651　臭椿
Ailanthus altissima（Mill.）Swingle
1. 果枝；2. 花枝；3. 雄花；4. 雌花；5. 翅果；6. 种子。（自“中国森林植物志”）

［生长环境］　系一种适应性强的喜阳光树种，能耐干旱及碱地，在瘠薄微酸性、中性及石灰性土壤上均可生长良好，但不适宜于粘质土壤。广泛生长在丘陵地区、冲积平原、河滩、村旁等地，分布海拔高度约 100～1800 米之间。

［产　　地］　辽宁、河北、河南、山西、山东、陕西、甘肃、内蒙古、新疆、江苏、浙江、江西、福建、台湾、湖南、湖北、四川、贵州、云南、广西、广东等省区。

［用　　途］　种子油可作精密器械（如钟表）润滑油，又可供制肥皂用。山西及甘肃等部分地区作食用油，并能掺合干性油使用。

木材轻软适中，纹理直行，结构中等，曲挠性强，割裂困难，适于制造木砻、车辆、农具等，并为造纸原料。根皮及果实供药用（见“药用类”，1789 页）。叶、树皮可作土农药（见“土农药类”，2034 页）。叶还可饲椿蚕，幼芽可食。树皮及叶含鞣质，可提制栲胶（见“鞣料类”，1167 页）。

［理化性质］　据上海食品工业科学研究所资料：种子含油量 37.04%，壳含油 2.59%，种仁含油 57%；油色棕黄。油的比重（20℃）0.9190，折射率（20℃）1.4794，粘度（安格拉氏秒 20℃）6′15″，脂酸凝固点 7.3℃；碱化值 186.7，碘值 122.2，酸值 18.2，不碱化物 1.50%，乙酰值 12.22，可溶性脂肪酸 0.60%，不溶性脂肪酸 94.7%。

［采收处理］　8～10 月间果实成熟，将果序摘下，晒干后用手揉搓，簸去杂质即可加工。种子容易发霉，应很快加工或加强保管，防止霉坏。

［加　　工］　先将原料碾压成粉，然后边碾边洒冷水，每 50 公斤用水约 5～6.5 公斤，分三次加水。第一次加水 3～4 公斤，过 30 分钟再加水 1～1.5 公斤，使油料成为软性，过 15 分钟再加水约 1 公斤，原料即发出油味，再过 15 分钟即进行压榨。经过三次压榨，每 50 公斤毛籽可出油 10～13.5 公斤。

［其　　他］　本种生长快，经济价值较大，适宜作行道树，既能作观赏用，又能获得油脂、土农药等原料。可用播种、分蘖等方法繁殖。

197 鸦胆子（yadanzi）（图 1379）

［学　　名］　**Brucea javanica** (L.) Merr.　苦木科

［原 料 名］　鸦胆籽（广东）

（地方名、形态特征、生长环境、产地及其他用途见“药用类”，1790 页）

［用　　途］　种子油为半干性油，可制肥皂及润滑油。

［理化性质］　广东省粮食厅资料：果核含油量 36.8%，出油率 17%。油的折射率（20℃）1.4738；碱化值 193.7，碘值 119.30，酸值 14.74。

［采收处理］　8～10 月成熟后即可采收，用清水搓洗，除去黑色的外果皮，阴干即可。

198 橄榄（ganlan）（图 652）

［地 方 名］　白榄、山榄（广东），黄榄，黄榔果（云南）。

［学　　名］　**Canarium album** (Lour.) Raeusch.　橄榄科

［形态特征］　常绿乔木，高 10～20 米；树皮淡灰色，平滑；幼芽、新生枝、叶

柄及叶轴均被极短的柔毛，有皮孔。奇数羽状复叶互生；小叶 9～15，卵状长圆形至狭长圆形，长 6～18 厘米，宽 3～8 厘米，基部近圆形或阔楔形，偏斜而不等齐，先端渐尖或骤狭的尾状尖，有时小叶片弯斜呈镰刀形，两面均无毛，有时在背面中脉上有极短的毛，网脉两面均明显，背面网脉上有小窝点，全缘。圆锥花序顶生或腋生，具短柄；萼杯状，通常 3 浅裂，很少 5 裂；花瓣 3～5，长约为萼之两倍，白色，芳香；雄蕊 6，不伸出花瓣外，插生于环形的花盘上。核果卵状长圆形，长约 3 厘米，青黄色，有皱纹；硬核内有种子 1～3，两端锐尖。花期 5～6 月，果期 8～10 月。

［生长环境］　通常生长在海拔 150～700 米间杂木林中。

［产　　地］　广东、广西、福建、云南、四川、台湾等省区。

［用　　途］　种子油供制肥皂、机械润滑油用。

果实味涩而甘，可生食或渍制用。木材可制木屐。其根入土深，可作防风树和行道树。果实及果核可作药用。

［理化性质］　据云南省野生植物普查队野外粗分析：种子含油量 20%左右。

［采收处理］　收集果核，捶去硬壳，晒干备用。

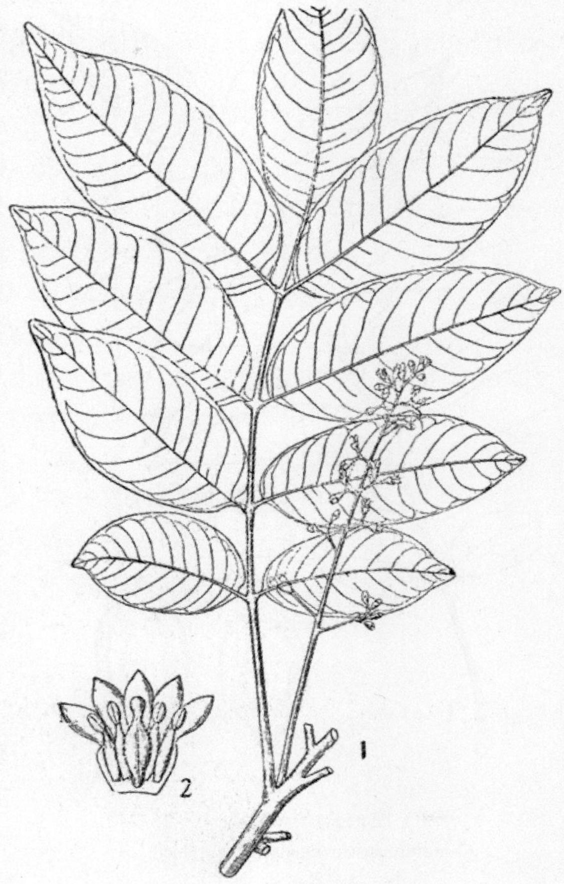

图 652　橄榄

Canarium album（Lour.）Raeusch.

1．花枝；2．花冠展开。

199 华南橄榄（huananganlan）（图 653）

［学　　名］　**Canarium austro-sinense** Huang, ined.　橄榄科

［形态特征］　乔木，高 15～20 米；新生枝被极短的毛，枝粗壮；叶痕多而大，有长圆形的皮孔；**芽被淡褐锈色茸毛**。奇数羽状复叶互生，由小叶 11～15 片组成；小叶纸质或近革质，卵形至长圆形，长 7～18 厘米，宽 4～7 厘米，基部阔楔形或圆，两

侧不对称，有时不等齐，先端为骤狭的尾状尖或为骤狭的短尖，全缘，两面无毛，中肋凸起，侧脉 12～16 对，网脉浮凸可见；小叶柄长 2～6 毫米，无毛。总状花序顶生或生于叶腋，花枝及花轴、萼片等均无毛；萼杯形，3 浅裂，裂片阔卵形，先端尖；花瓣 3，卵状长圆形；雄蕊较花瓣短；子房 3 室；花盘无毛；花梗长 1～4 厘米。核果为 3 棱的阔椭圆形至近圆形，有时为 4 棱，长 3～4.5 厘米，厚 22～28 毫米，先端略尖，核骨质，3 棱，具扁而凸出的 3 翼状的内果皮，骨质翼的先端凹陷而呈三足鼎状，基部尖。花期 4 月，果期 10 月。

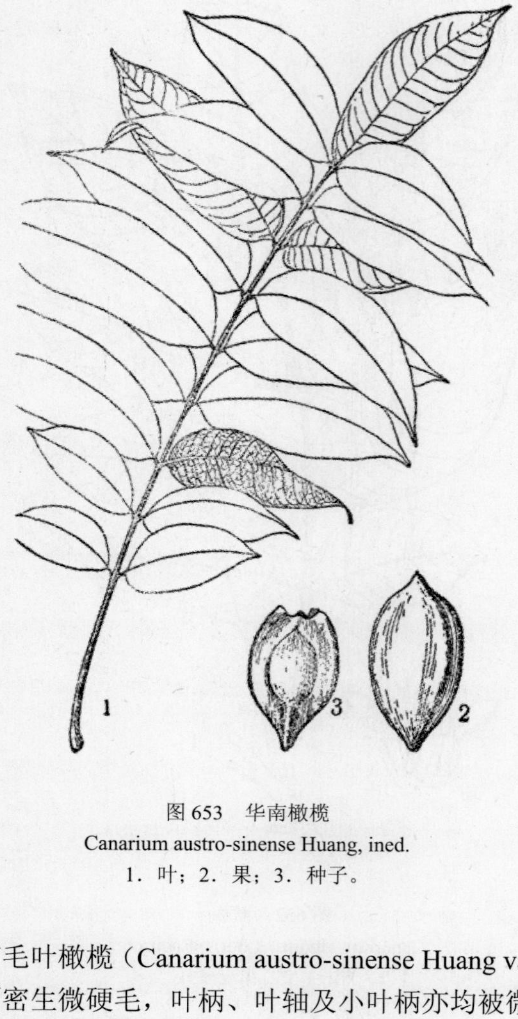

图 653 华南橄榄
Canarium austro-sinense Huang, ined.
1. 叶；2. 果；3. 种子。

［生长环境］ 生长在海拔 1400 米以下密林中和湿润的地方。

［产　　地］ 云南省屏边、西畴、金平一带。

［用　　途］ 种子油供制肥皂和润滑油用。

果实可生食及糖渍。

［理化性质］ 据云南省野生植物普查队野外粗分析：种子含油量 20%左右。

［采收处理］ 收集果核，捶去硬壳，晒干备用。

［其　　他］ 除本种外，尚有华南毛叶橄榄（Canarium austro-sinense Huang var. subhirsutum Huang），主要区别是小叶背面密生微硬毛，叶柄、叶轴及小叶柄亦均被微硬毛；果 3～4 棱。其他花果期、用途等均与华南橄榄相同。

200 乌榄（wulan）（图 654）

［学　　名］ **Canarium pimela** Koenig 橄榄科

［形态特征］ 常绿大乔木，高 10～16 米；有胶粘性芳香的树脂；树皮灰褐色，平滑；小枝褐绿色，无毛。奇数羽状复叶互生，长 30～65 厘米，具小叶 15～21；小叶对生，具短柄，革质，长圆形至卵状椭圆形，长 5～15 厘米，宽 3.5～7 厘米，基部偏斜，先端渐尖或锐尖，全缘，表面有光泽，无毛，背面平滑，网脉两面均明显。花两性或杂

性；**排成顶生或腋生的狭圆锥花序，且花序长于复叶**；萼杯状，3～5裂，长约2毫米；花瓣3～5，分离，长约为萼的3倍；雄蕊6，着生于花盘边缘，长度不超过花冠；子房上位，通常3室，每室有胚珠2，着生于中轴胎座上。核果卵形至椭圆形，多少具三角形，长3.5～4.5厘米，宽1.5～2厘米，**成熟时黑紫色**，表面平滑，核木质，两端钝，内有种子1～3；种子无胚乳。花期5～7月，果期8月。

图654　乌榄
Canarium pimela Koenig
叶和果实

［生长环境］　本种为热带常绿林树种，生于平原、丘陵地及海拔700米左右以下的山地密林中，以气候温热、土壤肥沃而湿润的山谷地区最适宜生长，能耐霜冻，不耐冰雪。对土壤要求不甚严格，凡土层较深厚的红壤土及冲积土以及带酸性的丘陵荒坡或平地均可栽培。

［产　　地］　福建、广东、广西、云南等省区。

［用　　途］　果肉油绿褐色，酸度高，但经过碱炼和漂土漂制后则颜色浅黄，可作食用及制肥皂；种仁亦可榨油，油绿青色，是一种珍贵而营养价值丰富的食用油，并可作机械润滑油。

未经榨油的种仁称“榄仁”，是很好的菜肴和饼馅原料。乌榄果可以加工制成凉果，榄肉亦可制成“榄角”，作菜用。果壳甚坚实，是制造活性炭的良好原料。果肉榨油后的油粕可作肥料。木材坚实，可作一般家具及建筑材料。

［理化性质］　据广东省资料：果肉含油量28%，核仁含油量45%。榄仁油的折射率（20℃）1.4672；碱化值200.60，碘值65.5，酸值15.22。

［采收处理］　8～9月果熟时采收，剥取果肉即可榨油；取仁则把坚硬的内果皮捶碎，取出仁后即可进行加工。

［其　　他］　种子繁殖。乌榄寿命长，结实多，丰产年单株产量达800公斤左右。在南方各地可作为造林树种。

201 东京榄（dongjinglan）（图655）

［学　　名］　**Canarium tonkinense** Engl.　橄榄科

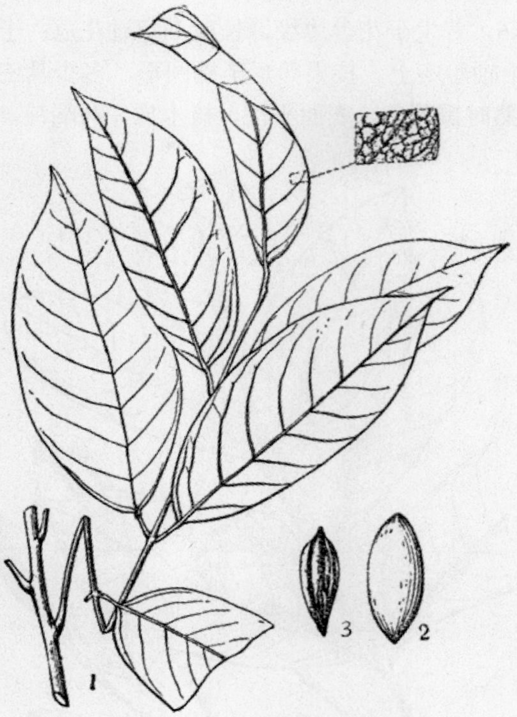

图655 东京榄
Canarium tonkinense Engl.
1. 叶；2. 果；3. 种子。

［形态特征］ 小乔木，高5～8米；幼枝、叶轴、叶柄及小叶的背面均密被极短的柔毛。奇数羽状复叶互生，**小叶5～9**，阔卵形至卵状长圆形，长6～12厘米，宽2.5～5.5厘米，基部阔楔形或钝，先端尾状尖而钝，表面无毛，背面除被毛外尚有紫褐色蜡质鳞片及小泡状凸起，全缘。花序及花与橄榄相似而较小。核果青黄色，长圆形，两端尖，中部最厚，为略呈三角的长圆形（略具3肋状凸起），长30～40毫米，厚10～15毫米；**核**骨质，为**3棱**的长圆形，两端尖，具小肋凸起。花期5～6月，果期10～11月。

［生长环境］ 生于海拔200米以下疏林或灌木丛湿润处。

［产　　地］ 云南南部河口附近。

［用　　途］ 种子油供制肥皂及润滑油用。

果肉可食或糖渍。

［理化性质］ 据云南省野生植物普查队野外粗分析：种子含油量10～20%。

［采收处理］ 收集果核，除去硬壳，晒干备用。

202 云南橄榄（yunnanganlan）

［学　　名］ **Canarium yunnanense** Huang, ined. 橄榄科

［形态特征］ 大乔木，高达20米；枝无毛，有明显的皮孔；**裸芽被淡褐锈色长茸毛**。奇数羽状复叶互生，无托叶；**小叶9～11**，厚纸质至革质，卵形至卵状长圆形或狭长圆形，长10～20厘米，宽4.5～7厘米，基部阔楔形至圆形，先端长渐尖或尾状尖，边缘浅波状或近全缘，中脉凸起，侧脉16～22对或更多，网脉浮凸可见。果椭圆形，长4.5～5厘米，厚20～25毫米，基部较狭，近顶部处最粗，成熟后青蓝色。花期5～6月，果期10～11月。

［生长环境］ 海拔750～1500米的山谷、溪边或疏林中。

［产　　地］ 云南双江一带。

［用　　途］　种子油供制肥皂、润滑油等用。

［理化性质］　据云南省野生植物普查队野外粗分析：种子含油量 20%左右。

［采收处理］　果实去硬壳后加工取油。

203 大叶山楝（dayeshanlian）（图 656）

［地 方 名］　苦油木、罗浪果（广东），红罗木（广西），胡桐（云南），山椤（广东海南）。

［学　　名］　**Aphanamixis grandifolia** Bl.　楝科

［原 料 名］　沙椤籽（广东）

［形态特征］　常绿乔木，高 15～30 米。奇数羽状复叶，**有小叶 11～21**；小叶对生，革质，长圆形，长 17～26 厘米，宽 6～10 厘米，基部偏斜，先端短渐尖，全缘；小叶柄长 0.8～1 厘米。花杂性异株，无梗，单生，球形，直径 6～7 毫米；雌花和两性花为穗状花序，雄花为圆锥花序；萼片 5，圆形；花瓣 3，圆形。**蒴果球状梨形**；直径 2.5～2.8 厘米，无毛，未熟时黄绿色，成熟时开裂为 3 果瓣；种子有假种皮。花期 3 月，果期 4～5 月。

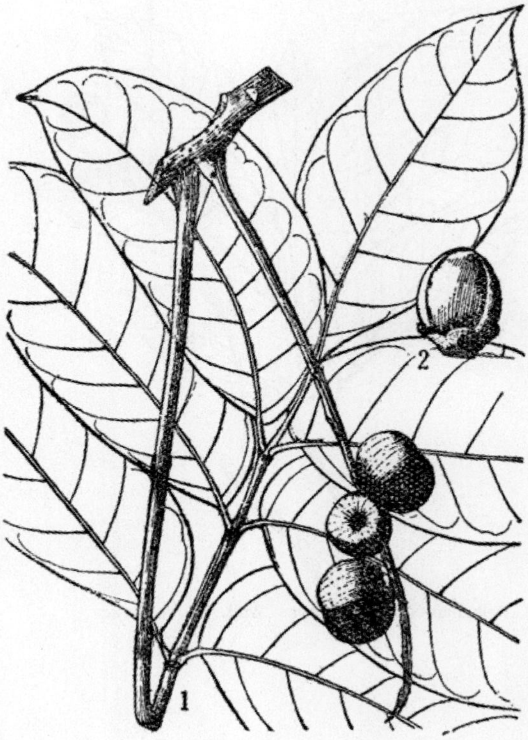

图 656　大叶山楝
Aphanamixis grandifolia Bl.
1．果枝；2．花蕾。

［生长环境］　生于平原、丘陵、山谷的疏林中，村落附近或路旁，以气候温暖、土壤潮湿的河边、溪旁生长最好。

［产　　地］　广东、广西、云南等省区。

［用　　途］　种子油可供制肥皂、润滑油等用。油粕可作肥料。

木材可作家具。

［理化性质］　据广东省商业厅资料：种仁含油量 60%，属不干性油。又据广西僮族自治区资料：出油率 25～30%。

［采收处理］　果熟时采下，置于日光下摊晒，待果皮开裂种子自落，晒干，即可贮藏备榨油。

204 山楝（shanlian）（图 657）

［地 方 名］ 铁罗、山罗、红罗、狸沛、假桐油（广东海南），沙椤（广东），油桐、红果树（云南）。

［学　　名］ **Aphanamixis polystachya** (Wall.) R. N. Parker (*Aglaia polystachya* Wall.) 楝科

［原 料 名］ 沙铁籽（广东），红果（云南）。

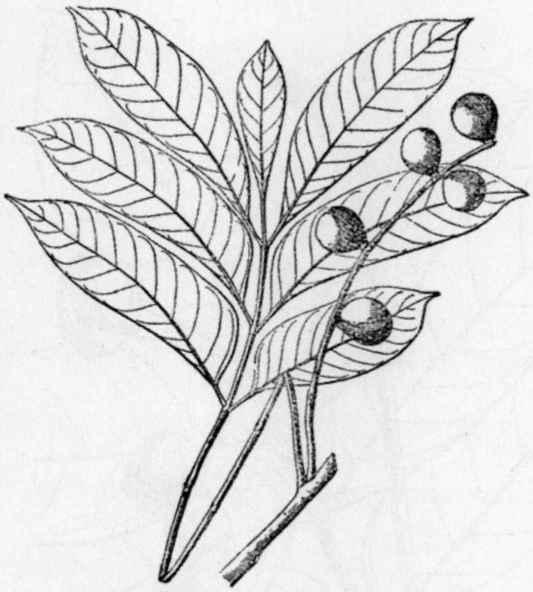

Aphanamixis polystachya（Wall.）R. N. Parker
果枝

［形态特征］ 常绿乔木，高 15～30 米。奇数羽状复叶，长 30～50 厘米，**有小叶 9～13**；小叶对生，具短柄，初时膜质，后变近革质，长圆形，长 18～20 厘米，宽 4～5 厘米，基部偏斜，先端渐尖，两面均无毛。花杂性异株；花序短于叶，长不及 30 厘米，**雄花序分枝；雌花序单生**；花球形，无梗，直径约 3 毫米；萼片 4～5，圆形，长 1～1.5 毫米，有时被小睫毛；**花瓣 3，黄色带紫，圆形，长约 3 毫米，凹陷；雄蕊管球形，无毛**；花药 5～6；子房被毛，3 室。**蒴果卵圆形**，长 2～4 厘米，直径 2.5～3.5 厘米，新鲜时黄绿色，成熟时开裂为 3 果瓣；种子有假种皮。花期 9～11 月，果期在次年 5～6 月。

［生长环境］ 生于气候温热、土层深厚而肥沃的海滨平原和丘陵地区的疏林中，以河边、溪旁生长最盛。

［产　　地］ 云南南部、广西、广东等省区。

［用　　途］ 种子油可供制肥皂、润滑油等用。榨油后的油粕，可作肥料。木材赤色，材质坚硬，纹理密致均匀，为优良的造船材料。树皮含鞣质，可提制栲胶。

［理化性质］ 据广东省商业厅分析资料：种子壳重 20.3%，仁重 79.7%。种子含油量 44.4%，种仁合油量 51.0%。为半干性油，油的碱化值 192.93，碘值 105.39，酸值 47.96。油粕含氮量 2.56%，有机质 90.48%。

［采收处理］ 果熟时采下，置日光下曝晒，果皮开裂种子自落。除净种子外皮（假种皮），晒干后即可榨油。

［加　　工］ 加工前先除去种子的外壳及其杂质，然后磨粉、过筛、蒸粉，踩制成饼，放入油槽中加压榨油。

［其　　他］ 采用播种育苗繁殖，用半年生苗，在次年春季定植。

205 灰毛浆果楝（hui-maojiangguolian）（图 658）

［地 方 名］ 野桐椒、臭子（四川）

［学　　名］ **Cipadessa cinerascens** (Pell.) Hand. -Mzt. 楝科

［形态特征］ 灌木或小乔木，小枝被茸毛。奇数羽状复叶，长 20～30 厘米（包括叶柄），**有小叶 9～17**；总轴和叶柄圆柱形，被柔毛；小叶对生或近对生，纸质，卵形至卵状长圆形，长 5～10 厘米，宽 3～5 厘米，下部的叶远较先端的为小，基部偏斜，圆或短尖，先端渐尖或突尖，全缘或边缘有粗锯齿，两面均被紧贴的灰黄色柔毛，背面尤密；侧脉每边 8～10。圆锥花序腋生，长 10～15 厘米，被柔毛；花具短梗，黄色，干时赤褐色，直径 3～4 毫米；**萼短，外面被柔毛，5 齿裂，裂片阔三角形；花瓣 5，线状长椭圆形，先端略尖，外面被紧贴的疏柔毛，长约为萼片的 4～5 倍**；雄蕊 10，花丝基部联合成短管；子房球形，无毛。核果小，直径 5 毫米，稍为肉质，有 5 棱。花期 5～6 月，果期 9～10 月。

图 658　灰毛浆果楝
Cipadessa cinerascens（pell.）Hand. -Mzt.
果枝

［生长环境］ 喜生于河岸、沟边，气候温和而湿润的环境中。

［产　　地］ 四川、云南、广西、贵州等省区。

［用　　途］ 种子油可制肥皂等用。

［理化性质］　据四川省野生植物普查队野外粗分析：种子含油量11%。

［采收处理］　果熟时采收，除去果皮，晒干，存于通风干燥处，以免霉坏，但不宜久贮。

206 楝（lian）（图659）

［地 方 名］　苦楝（通称），楝枣子、苦楝根皮、楝果子（江苏），川楝子（山西、湖北、四川），翠树、紫花树（山西、江苏、浙江），森树（山西、广东），楝子树（山西），楝树（甘肃、贵州、河南、四川、江苏、安徽、山东），楝孔（山东），火楤树（广东）。

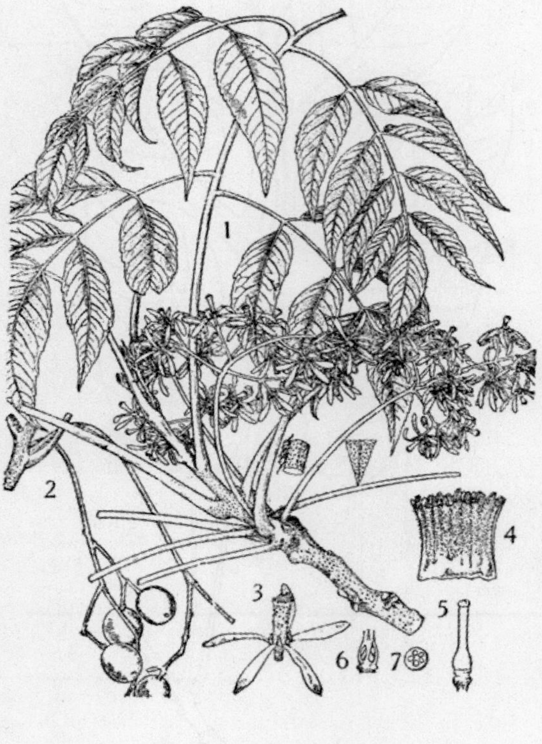

图659　楝

Melia azedarach L.

1. 花枝；2. 果序；3. 花；4. 雄蕊管展开；5. 雌蕊；6. 子房纵切面；7. 子房横切面。（自"中国森林植物志"）

［学　　名］　**Melia azedarach** L.　楝科

［原 料 名］　苦楝子（通称）

［形态特征］　落叶乔木，高15～20米；树皮暗褐色，有纵裂；枝广展，嫩枝有星状细毛，旋即脱落，老枝紫色，有细点状皮孔。二回羽状复叶互生，长20～80厘米；小叶卵形至椭圆形，长3～7厘米，宽2～3厘米，基部阔楔形或圆形，先端长尖，边缘有齿缺，表面深绿，背面浅绿，幼嫩时有星状毛，稍后除沿脉上有白毛外，余均无毛。圆锥花序腋生；花淡紫色，长约1厘米；花萼5裂，裂片披针形，两面均有毛；花瓣5，平展或反曲，倒披针形；雄蕊管通常暗紫色，长约7毫米。**核果圆卵形或近球形**，长约3厘米，淡黄色，**4～5室**，每室具种子1。花期4～5月，果期10～11月。

［生长环境］　性喜阳光，能耐潮湿和碱土，多野生于坡脚、路旁，也常有栽培于屋旁或篱边。

［产　　地］　广东、广西、福建、台湾、云南、贵州、四川、湖南、湖北、江西、安徽、浙江、江苏、河南、河北、山东、陕西、甘肃、山西等省区。

［用　　途］　种子油可制油漆，作润滑油及肥皂等。

果肉含岩藻糖，可以酿酒。根皮供药用（见“药用类”，1791 页）。树皮含鞣质，可提制栲胶（见“鞣料类”，1168 页）。树皮纤维可制麻袋或用于造纸。树叶、树皮、果实可作土农药杀虫用（见“土农药类”，2036 页）。花蒸馏可得芳香油 0.3～0.4%。木材细致可供建筑、家具、枪柄及乐器等用。因其用途广泛，应当考虑综合利用。

［理化性质］　据浙江省资料：果核含油量 18～25%，出油率 17.39%。油属半干性油，黄色，有特殊香味。据甘肃省资料：种子含油量 50%。另据江苏省资料：种子含灰分 4.28%，水分 8.08%。油的比重（15℃）0.9134，折射率（15℃）1.4691；碱化值 190.80，碘值 134.69，酸值 4.45，不碱化物 1.76%，饱和脂肪酸 11.4%，不饱和脂肪酸 88.6%。

楝树果的组成比例为：皮 39.25%，果肉 26.37%，核壳 30.72%，核仁 5.66%。

皮、果肉、核壳、核仁成分之分析如下：

项目＼成分	皮（%）	果肉（%）	核壳（%）	核仁（%）
水分	28.75	26.12	12.05	10.86
乙醚抽出物	2.71	2.64	0.71	33.38
粗蛋白质	11.47	—	3.58	24.87
粗纤维	8.17	—	38.38	—

楝树子油饼分析：

项目＼油饼	一次压榨（%）	二次压榨（%）
水分	18.27	14.81
艺醚抽出物	6.91	4.42
粗蛋白质	13.01	16.42
粗纤维	21.50	22.09
灰分	2.95	4.30

含氮、磷、钾的分析：

项目＼成分	氮（%）	磷（%）	钾（%）
楝子饼	—	0.329	0.218
楝果皮	2.076	0.018	0.621

［采收处理］　果实成熟时采下晒干，除去果壳及杂质，即可榨油。

207 香椿（xiangchun）（图 660）

［地 方 名］　春芽树（四川），椿、红椿（内蒙古）。

［学　　名］　**Toona sinensis** (A. Juss.) Roem. (*Cedrela sinensis* A. Juss.)　楝科

［原 料 名］　香椿籽

［形态特征］　乔木，高达 16 米；树皮赭褐色，成片状剥落；小枝幼时具柔毛。**偶数羽状复叶互生**，长 25～50 厘米，**有特殊气味，具小叶 10～22**；小叶对生或近对生，具短柄，长圆形至披针状长圆形，长 8～15 厘米，基部偏斜，圆或阔楔形，先端尖，表面深绿色，无毛，背面色淡，叶脉或脉间有长束毛；叶柄红色，茎部肥大。圆锥花序顶生；花白色，有香味；花萼短小；花瓣卵状椭圆形；退化雄蕊 5，与 5 枚发育雄蕊互生。**蒴果椭圆形或卵圆形**，长 2.5 厘米，顶端开裂为 5 瓣；**种子椭圆形有翅**。花期 5～6 月，果期 9 月。

图 660　香椿
Toona sinensis（A. Juss.）Roem.
1. 花枝；2. 花；3. 花去花瓣后示雄蕊和雌蕊；4. 果序；5. 种子。（自“中国森林植物志”）

［生长环境］　喜阳光，在深厚沙质土壤上生长良好；村舍附近也多栽培；垂直分布可达海拔 1500 米之高处。

［产　　地］　辽宁、河北、山东、山西、河南、陕西、内蒙古、宁夏、江西、湖北、湖南、安徽、甘肃、广东、广西、云南、贵州、四川等省区。

［用　　途］　种子油可食用，亦可供制油漆、肥皂。

木材屑及根含芳香油（见“芳香油类”，1387 页）。树胶分泌量较多，可采收利用（见“树脂及树胶类”，1555 页）。树皮含鞣质，可提制栲胶；树皮纤维较长，可制绳索。木材质地柔韧，纹理直，为制造船舶、家具和供建筑等用的良材。嫩叶广泛作早春蔬菜食用。根皮可作土农药。

［理化性质］　种子油无色，味芳香，属干性油。种子含油量 38.5%，灰分 4.28%，水分 8.08%。油的比重（15℃）0.9134，折射率（15℃）1.4691；碱化值 190.80，碘值 134.69，酸值 4.45，不碱化物 1.76%。

［采收处理］　果实成熟但尚未开裂时摘取果序，晒干，打落果实，除去果枝和杂质，存放干燥通风处备用。

208 油桐（youtong）（图 661）

［地 方 名］ 桐子树（安徽、河南、江西、浙江），桐树、光桐（广西），三年桐、五年桐、百年桐（浙江）。

［学　　名］ **Aleurites fordii** Hemsl.　大戟科

［原 料 名］ 桐籽（通称）

［形态特征］ 落叶小乔木，高达 9 米左右；树皮灰色；枝粗壮，光滑无毛。叶卵圆形，长和宽各 10～15 厘米，基部近截形或心形，先端尖，**通常全缘，有时 1～3 浅裂**，绿色，有光泽，幼时叶背面生有短柔毛，后变光滑；叶柄顶端有 2 腺，腺不具柄。花单性，雌雄同株，疏散的圆锥状聚伞花序，顶生花多数，先于叶开放；花大而美丽，白色，有黄红色条纹，在花瓣基部尤为显著；萼片 2，卵形，绿色；花瓣 5，倒卵形，较萼片为长；雄花通常有雄蕊 8～10，着生于圆锥形的花托上，外轮与花瓣互生，花丝基部分离，内轮花丝较长，基部合生；雌花子房有毛，3～5 室，花柱 2 裂，微弯曲。**核果近球形，光滑**，径 3～5 厘米，外果皮肉质，内果皮骨质；种子 3～5，具厚壳，内含丰富的胚乳及油分。花期 5 月，果期 10 月。

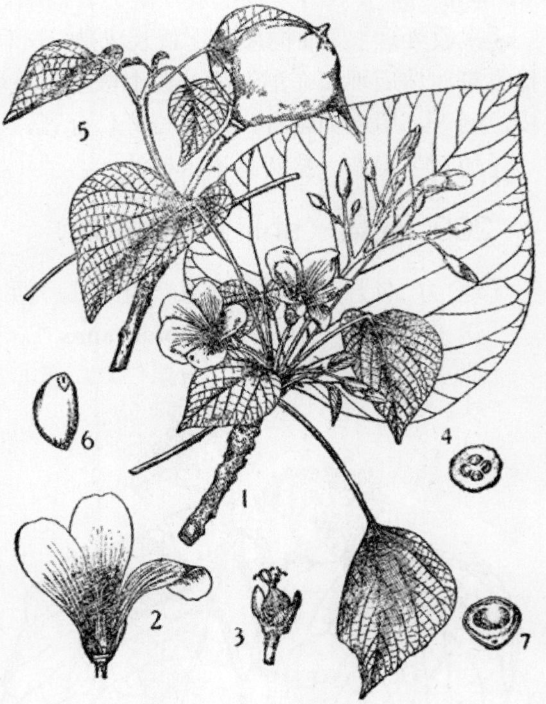

图 661　油桐
Aleurites fordii Hemsl.
1．花枝；2．雄花；3．雌花；4．子房横切面；5．果枝；6．种子；7．种子横切面。（自“中国森林植物志”）

［生长环境］ 喜生于较低的山坡、山麓和沟旁；在阳光充沛、气温湿润、排水良好、有机质较多的砂质土壤上生长最好。怕风袭，不耐寒，垂直分布一般下超过海拔 1000 米。

［产　　地］ 四川、湖北、湖南、江苏、安徽、河南、陕西、甘肃、江西、浙江、广东、广西、福建、台湾、贵州、云南等省区。

［用　　途］ 油桐是我国重要的木本油料植物，桐油是很重要的干性油，是用来制造油漆的最好原料，为我国对外贸易的重要商品之一。

桐子外壳可提取碳酸钾，为制造钾玻璃的原料；桐子壳又可制活性炭，壳烧灰及桐粕可作肥料。木材供建筑、制家具等不易生虫。燃烧的烟煤可制墨。树皮含鞣质，可制染料及提制栲胶。叶可饲白蜡虫。

［理化性质］ 据河南省资料：种子含油量46%。油的比重（15℃）0.9406～0.9440，折射率1.5150～1.5207；碘值166.4～176.2。据中国科学院植物研究所资源室数据：油桐种仁含油量51.59%，粗蛋白14.06%。油的折射率（25℃）1.5146，旋亮度（25℃）－15°；碱化值203.3，碘值162.16，酸值0.0255，酯值203.3，不碱化物0.47%，乙酰值68.6。桐油的主要成分为桐酸及油酸的甘油酯。

［采收处理］ 油桐果实于秋天成熟，表面呈黑褐色，一般是等桐果老熟落地以后，捡拾收集，然后堆积在潮湿处，泼上些水，复以干草，堆放10天，使外壳腐烂，除去外皮，晒干，用连枷敲打，使壳与籽仁分开，即得桐仁，便可备用。

［加　　工］ 参阅总论压榨法。

209 石栗（shili）（图 662）

［地 方 名］ 石梠、油果、检果（广西）

［学　　名］ **Aleurites moluccanus** (L.) Willd. (*A. triloba* Forst). 大戟科

［原 料 名］ 石栗籽、石栗仁（广东）

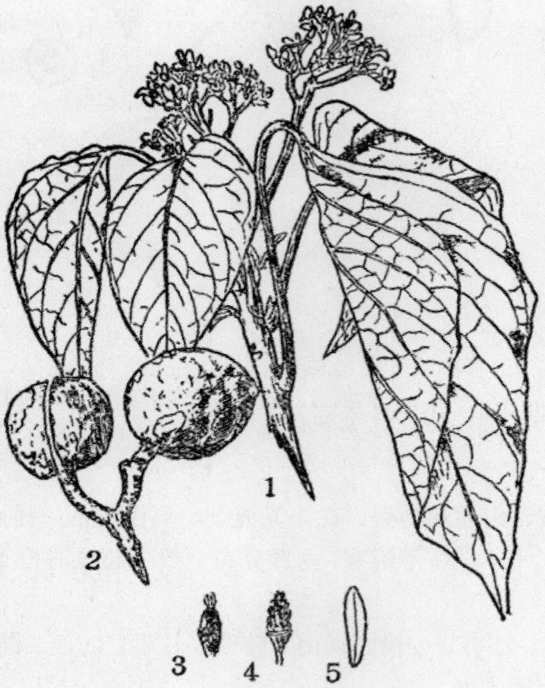

图 662 石栗

Aleurites meluccanus（L.）Willd.

1. 花枝；2. 果；3. 雌花，去花萼和花瓣；4. 雄花，去花萼和花瓣；5. 花瓣。（自"广州植物志"）

［形态特征］ 常绿乔木，高达13米；幼嫩部和花序均被星状短柔毛。单叶互生，具长柄，卵形至阔披针形，长10～20厘米，基部短尖至心形，先端渐尖，老叶表面无毛，**背面被锈色星状柔毛**，全缘或3～5裂；叶柄长6～12厘米，先端有淡红色无柄的小腺体2。花单性，雌雄同株；圆锥花序顶生，长10～15厘米，被柔毛；**花小**，白色，**长6～8毫米**；雄花的花萼近球形，被茸毛，3裂，长约3毫米；花瓣5，倒卵状披针形；雄蕊15～20，生于被毛、隆起的花托上，最外5枚雄蕊与花瓣对生，与花盘的5个腺体互生；雌花的花被与雄花同，花盘的腺体5，极微小，子房每室有胚珠1，花柱2裂。核果肉质，卵形或球形，直径约5厘米；有种子1～2。花期4～6月，果期10～11月。

［生长环境］　本种为热带性树种，生于气候温暖、土壤湿润而肥沃的地区，干旱地生长不良，能耐轻微霜冻，但不耐冰雪。

［产　　地］　广东、广西、云南、福建、台湾等省区。

［用　　途］　种子油可代替桐油，为制油漆、肥皂、涂料及水中用木材防腐剂等原料。

树皮可提制栲胶（见“鞣料类”，1170 页）。木材可作板材和家具。油粕可作肥料。

［理化性质］　据上海食品工业科学研究所资料：种子壳重占 61.63%，仁重占 38.37%。种子含油量 26.27%，种仁合油量 68.47%；种仁中灰分 3.27%，粗纤维 1.69%，蛋白质 23.34%，非氮物质 3.23%。油系干性油，色黄棕，，比重（20℃）0.9207，折射率（20℃）1.4821，粘度（安格拉氏秒 20℃）8′3″，脂酸凝固点 15.0℃；碱化值 189.0，碘值（韦氏法）152.9，酸值 1.4，不碱化物 1.51%，乙酰值 39.56，可溶性脂肪酸 0.20%，不溶性脂肪酸 95.3%。

据广东省商业厅资料：油粕含氮 6.773%。

［采收处理］　果熟时采下果实，除去果肉，捶破硬壳，取出种仁，即可加工。

［加　　工］　将种仁先碾细，经过筛后即成松细粉末；再将粉放入甑内上蒸，在操作过程中火力要大，蒸汽要足，将蒸好的原料制成饼。装榨要快，并可采用猛打，头油打到总出油率的 85%左右；榨油后的头渣，须重新捣碎，上蒸制饼，进行第二次榨油。

［其　　他］　石栗的栽培繁殖，一般可采取直播或育苗造林，时间以一、二月间播种为宜。由于种子成熟期较晚，播种前应加以处理，否则发芽极慢，甚至在土中腐烂不发芽，或至次年春才发芽。处理方法是先将种子层藏于沙箱中，保持半干状态，当春季发芽后即移入苗圃中培育，一年生苗高 20～30 厘米，即可移植。

210 木油树（muyoushu）（图 663）

［地 方 名］　五爪桐、高桐（浙江），皱桐（广西），千年桐、木油树、石栗子（广东），鸡麻桐、山桐（江西），桐子树（四川），花桐（福建）。

［学　　名］　**Aleurites montana** (Lour.) Wils.　大戟科

［原 料 名］　木油树籽

［形态特征］　落叶乔木，高可达 8 米；幼枝光滑。单叶互生，阔卵形至心形，长 8～20 厘米，先端渐尖，全缘，或 2～4 深裂，幼时表面被褐色柔毛，**背面光滑，老时两面均无毛**，有 5～7 掌状脉，网脉极显著，叶之基部有 2 杯状腺，**腺具柄**，又其裂片凹处有一盘状腺；叶柄稍长。花单性，雌雄异株，有时同株，聚伞花序生于当年生的枝顶上；雄花序伞房状，长 13～20 厘米，宽 20～30 厘米；萼筒状，裂片 2～3，镊合状，圆形而直立，**花瓣 5，长 3 厘米**，白色或基部染红，倒卵形，基部有毛，雄蕊 8～10，无退化子房；雌花序总状，长 7～10 厘米；雌花萼片及花瓣与雄花同，但无退化雄蕊，雌蕊 3 裂；柱头钝。果实为**核果状，卵形，果皮 3 棱并有网状皱纹**，长 5～6 厘米，径 4～

图 663 木油树
Aleurites montana（Lour.）Wils.
1．花枝；2．果。

211 重阳木（chongyang-mu）（图 664）

［地 方 名］ 秋风子（江苏）

［学　　名］ **Bischofia trifoliata** (Roxb.) Hook. f. (*B. javanica* Bl.) 大戟科

［形态特征］ 常绿乔木，高达 20 米。掌状复叶互生，小叶 3，革质，卵形至椭圆状卵形，长 8～15 厘米，先端渐尖，基部阔楔形，边缘有锯齿；叶柄长 7～10 厘米。花单性，雌雄异株；圆锥花序生在上部叶腋内，短于叶，多花，花小，淡绿色，无花瓣；雄花萼片 5，雄蕊 5，退化子房短；雌花萼片长圆形。早落，退化雄蕊 5，花柱长，线形。果为浆果状，球形，大如豌豆，褐色或淡

5 厘米，约有种子 3。花期 3～5 月，果期 8～9 月。

［生长环境］ 喜生于温暖向阳处，多产于长江以南的亚热带地区。

［产　　地］ 广西、广东、云南、四川、湖南、江西、浙江、福建等省区。

［用　　途］ 种子油可供制肥皂、油漆。

树皮可提制栲胶（见“鞣料类”，1171 页）。果壳可制活性炭。

［理化性质］ 据浙江省资料：种子含油量 30%，油为干性油。

［采收处理］ 待果实成熟后采收，置阳光下曝晒，用木棒打破果壳，使种子脱落，扬去杂质，即可进行加工。

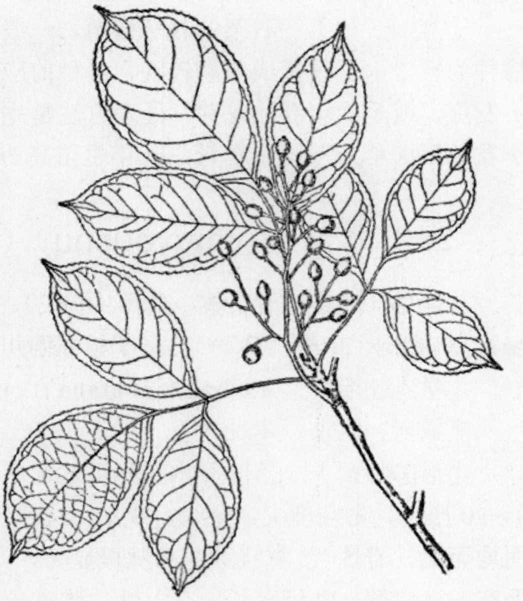

图 664 重阳木
Bischofia trifoliata（Roxb.）Hook. f.
果枝

红色；种子长圆形，胚乳肉质。花期 4～5 月，果期 8～10 月。

［生长环境］　常生于低海拔的旷地上，尤以河边堤岸、湿润肥沃的砂质壤土最为适宜。

［产　　地］　福建、广东、广西等省区为主，陕西、河南、江苏、安徽、浙江、江西、湖南、湖北、四川、贵州、云南、台湾等省也有分布。

［用　　途］　种子油可供食用，也可作润滑油。

木材赤色，坚硬，质重，耐朽，耐湿，为装饰建筑、桥梁、船底、枕木、矿柱、雕刻、车辆等用良材。果肉可以酿酒。本种植物常栽培为风景树及行道树，又适用作防堤植物。

［理化性质］　据江苏省资料：种子含油量 30%；属不干性油，为淡黄色液体，有香味。

［采收处理］　秋末（8～10 月）果实成熟时，采取果枝，摘下果实，除去果肉后，将种子晒干备用。

212 牛耳枫（niuerfeng）（图 665）

［地 方 名］　猪肚子（广西），牛耳丰、老虎耳（广东）。

［学　　名］　**Daphniphyllum calycinum** Benth.　大戟科

［形态特征］　常绿灌木或小乔木，高可达 6 米。单叶近轮生，或密集在枝顶，革质，长圆状椭圆形或长圆状倒卵形，长 10～15 厘米，宽 4～7 厘米，基部钝或圆形，先端钝或近短尖，边缘背卷，表面绿色，稍光亮，背面粉绿色，且具乳突，侧脉每边 10～12，干时稍凸起；叶柄长短不一，长可达 6 厘米，通常愈至上部的叶柄愈短，常带紫色。花单性，雌雄异株，无花瓣；总状花序腋生，但因花开之前其叶脱落，所以盛开的花序常见于叶丛之下，雄花萼片三角形，长约 2 毫米，先端钝，雄蕊 9～10，花药卵形，花丝极短；雌花萼片三角形，长约 1.5 毫米，先端短

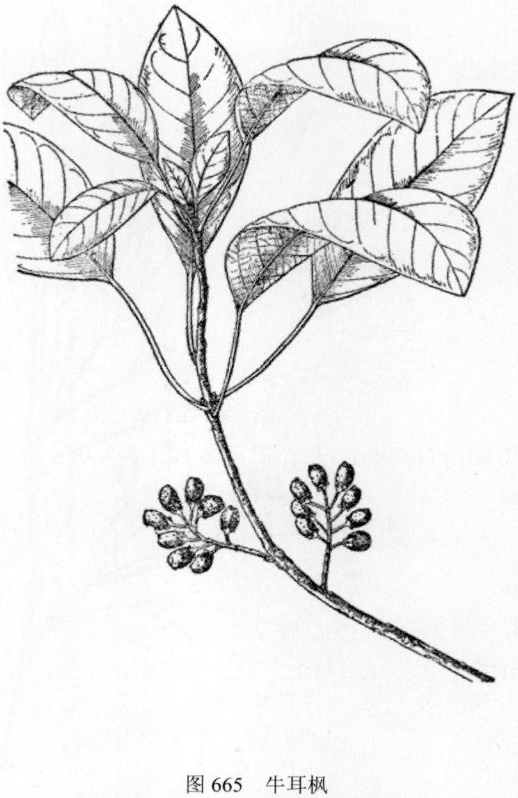

图 665　牛耳枫
Daphniphyllum calycinum Benth.
果枝

尖；子房卵形，为不完全的2室，每室有胚珠2，花柱极短，直立。核果卵状，成熟时灰白色，具突起，基部有萼宿存，有种子1。花期4～7月，果期6～8月。

［生长环境］　本种为热带、亚热带植物，生于平原和丘陵地及山地下部的疏林下和林缘灌木丛中，灌木草坡、溪边也能生长，但以气候温暖、土壤湿润、肥沃而有疏荫环境生长最好。

［产　　地］　江西、广东、广西等省区。

［用　　途］　果实油可制肥皂、润滑油。广东湛江区农民有利用其果核油供食用者。果核榨油后的油粕含氮量丰富，为很好的农田有机肥料。

［理化性质］　据广东省商业厅资料：果皮占全果重30.90%，核仁占全果重69.10%。果核含油量26.80%，核仁含油量38.60%，水分5.9%。油色淡绿，为半干性油；油的碱化值192.90，碘值114.71，酸值39.00。油粕含蛋白质20.59%，有机质74.76%，水分16.58%。

［采收处理］　秋季果熟时，采摘果实，除去外皮，然后将种子晒干备用。

［其　　他］　用种子繁殖。果在秋冬成熟呈紫黑色时采收，去其外果皮，晾干，即可播种或贮藏，但贮藏不好会影响发芽率，最好采后即播。

图666　虎皮楠
Daphniphyllum glaucescens Bl.
果枝

213 虎皮楠（hupinan）

（图666）

［学　　名］　**Daphniphyllum glaucescens** Bl. (*D. roxburghii* Baill.) 大戟科

［形态特征］　常绿小乔木，高约3～10米；树皮褐色，内皮黑色。单叶互生，在枝端为丛生状，长椭圆形或长倒卵形，先端钝而渐尖，基部楔尖，长约5～10厘米，宽3～4厘米，表面光亮，暗绿色，背面苍白色，中肋在背面凸起；叶柄为叶长的1/4，多带红色，有沟。花单性，雌雄异株，总状花序腋生；花小而花冠缺；雄花萼片4～5，雄蕊8；雌花萼片6～8，柱头2。核果椭圆形，黑色，含种子1。

花期 4～5 月，果期 6～8 月。

［生长环境］　生于山坡湿润、土壤肥沃处，或林中。

［产　　地］　浙江、江西、湖南、湖北、广东、广西、福建、台湾等省区。

［用　　途］　种子油供制肥皂。

植株常绿，树形美观，可供观赏。

［采收处理］　果实成熟时采收，剥去外皮，晒干种子，收集保存或即时榨油。

214 续随子（xusuizi）（图 667）

［地 方 名］　千金子（江苏），神仙对坐（云南），小巴豆（四川）。

［学　　名］　**Euphorbia lathyris** L.　大戟科

［原 料 名］　续随籽

［形态特征］　二年生草本，高达 1 米；茎直立，粗壮，圆柱形，整个植株微被白霜，并含有白色乳汁，分枝多。单叶交互对生，具短柄或近无柄，茎下部的叶较密，由下而上叶渐增大，线状披针形至阔披针形，长 6～12 厘米，宽 0.8～1.3 厘米，基部近截形，先端渐尖，全缘，侧脉多数而不明显。叶状苞 4 片，轮生，平展，无柄，线状披针形至卵状长披针形，长 10～14 厘米，宽 1.2～2.5 厘米，基部略心形而多少抱茎。花单性，雌雄同株；杯状聚伞花序着生长梗上，内含多数雄花和雌花，外围以萼状杯形的总苞，总苞 4～5 裂；雄花仅具雄蕊 1；雌花 1，单生于花序中央，无花被，雌蕊 1，子房 3 室。花柱分 3 枝，各枝又再 2 歧。蒴果近球形，表面有褐黑两色相杂斑纹。花期 4～7 月，果期 7～8 月。

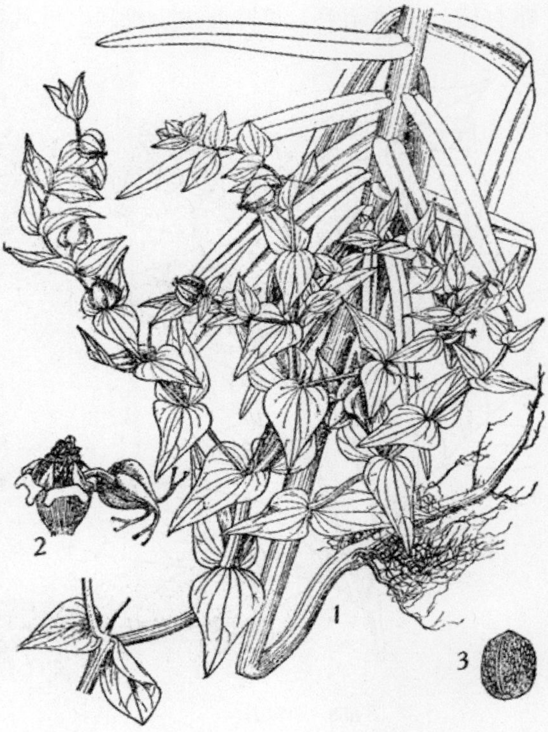

图 667　续随子

Euphorbia lathyris L.

1．植株全形；2．杯状聚伞花序；3．种子。

（自“江苏南部种子植物手册”）

［生长环境］　喜阳光，多生于海拔 1750 米左右的阳坡，栽培或野生。

［产　　地］　辽宁、吉林、河北、山西、河南、江苏、浙江、福建、

台湾、四川、云南等省。

［用　　途］　种子油有毒，不能食，可制肥皂及高级软皂或作润滑油。

种子又可作药用（见“药用类”，1797页）。

［理化性质］　据上海食品工业科学研究所资料：种子含油量46.84%，灰分3.27%，粗纤维25.92%，蛋白质16.38%，非氮物质7.59%。油为黑棕色，深暗不透明，种仁油则为淡黄色。油的比重（20℃）0.9177，折射率（20℃）1.4733，粘度（安格拉氏秒20℃）7′40″，脂酸凝固点10.8℃；碱化值192.5，碘值（韦氏法）82.4，酸值4.2，不碱化物2.17%，乙酰值58.5，可溶性脂肪酸1.41%，不溶性脂肪酸92.81%。

［采收处理］　7～8月果实成熟时采收，晒干，打出种子，即可榨油。

215 草沉香（caochenxiang）（图668）

［学　　名］　**Excoecaria acerifolia** F. Didr.　大戟科

［形态特征］　灌木，高1～2米或稍矮；小枝灰褐色，有疏散的皮孔，新生枝绿色，略有棱，全体无毛。单叶互生，纸质，叶片卵圆形至狭长圆形，长4～7厘米，宽1.5～4厘米，基部狭楔形至近圆形，先端渐尖，边缘具细锯齿，表面深绿色，背面灰青色，两面均无毛；叶柄长1～3毫米，柄顶无腺体。花单性，雌雄同株；穗状花序腋生；雄花着生于花序上端，甚多；雌花生于花序基部，少数；花细小，黄色，直径约1毫米；雄花有甚细小的萼片3，雄蕊3；雌花具萼片3，花柱分离。蒴果近球形而略为3棱，3瓣裂，有种子数粒；种子近圆形而端尖。花期6～7月，果期8～9月。

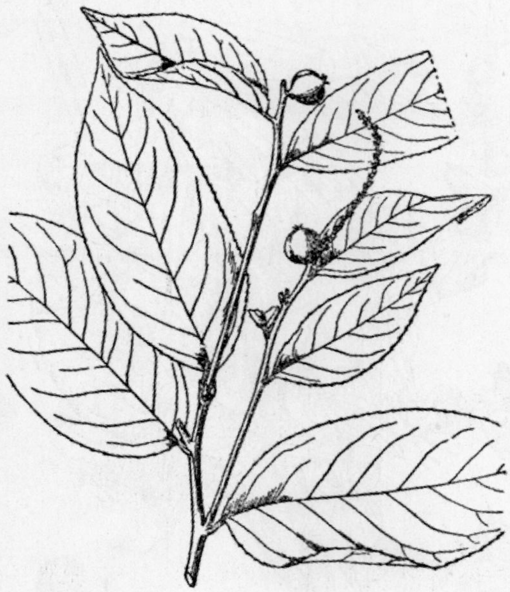

图668　草沉香
Excoecaria acerifolia F. Didr.
果枝

［生长环境］　生于海拔2200米以下山坡河谷沿岸或坡地灌木丛中。

［产　　地］　云南、四川、湖南、湖北、贵州等省。

［用　　途］　种子油可供制肥皂。

［理化性质］　据云南省野生植物普查队野外粗分析：种子含油量26%。

［采收处理］　8～9月果熟后采收，晒干，除去皮壳杂质备用。

216 馒头果（mantouguo）（图 669）

［地 方 名］　山桶盘（浙江天台）

［学　　名］　**Glochidion fortunei** Hance.　大戟科

［形态特征］　常绿小灌木；树皮暗灰褐色，薄片状剥落；嫩枝上有毛。单叶互生，二纵列，革质，椭圆状披针形，长 4～5.5 厘米，宽 2～2.5 厘米；基部短尖，先端钝，全缘，**两面无毛**；叶柄甚短或近于无柄。花单性，雌雄同株或异株，丛生于叶腋，花被黄绿色。蒴果球形，外面有腺，胞背开裂；种子 4～5 粒。花期 5～6 月，果期 7～8 月。

［生长环境］　向阳山坡灌木丛中或路边。

［产　　地］　江苏、浙江、安徽、湖南、湖北、四川、福建、广东、台湾等省。

［用　　途］　种子油可作润滑油及制肥皂等用。

叶可作土农药。根供药用。

［采收处理］　果实成熟时采收，晒干后打出种子，放干燥处保存备用。

图 669　馒头果
Glochidion fortunei Hance.
花枝

217 算盘子（suanpanzi）（图 670）

［地 方 名］　鬼木楂子、膈栗树、牛屎饼、矮志（安徽），算盘子、雷打火烧（湖北），小孩拳、算盘珠子、馒头果、矮树树、红娘子棵（江苏），火烧尖子（云南），野南瓜（陕西）。

［学　　名］　**Glochidion puberum** (L.) Hutch. (*G. sinicum* Hook. et Arn., *G. obscurum* acutt, non Bl.)　大戟科

［形态特征］　落叶灌木，高达 1.5 米；**小枝密被细柔毛**。叶椭图形至倒卵状长圆形，**长 3～6 厘米，宽 1.5～3.5 厘米**，基部阔楔形，先端钝，具小尖，表面除中脉外无毛，**背面被短柔毛**；叶柄长约 2 毫米。花单性，雌雄同株或异株，腋生；雄花萼片 6，线状披针形，排成 2 轮，**雄蕊 3**，合生成一柱；雌花较小，萼片卵形，子房通常 5 室，花柱合生成一短而厚环状的盘。蒴果扁球形，直径约 8～10 毫米，成熟时红色，有纵沟具毛。花果期 6～10 月。

［生长环境］　常生于山野、阳坡、灌木丛中，为酸性土的指示植物，与盐肤木及

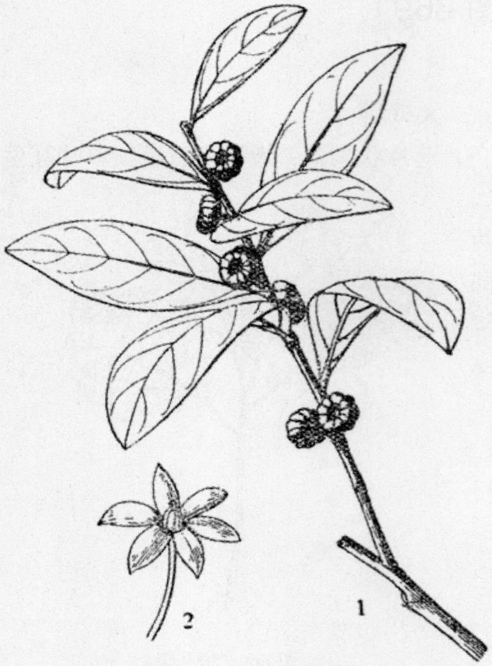

图 670 算盘子
Glochidion puberum（L.）Hutch.
1. 果枝；2. 花。

山毛榉科植物等混生。

［产　　地］ 陕西、甘肃、安徽、江苏、湖北、湖南、广东、广西、四川、云南、贵州等省区。

［用　　途］ 种子油供制肥皂及作润滑油。

根、茎、叶含鞣质，可提制栲胶；并可药用，治痢疾，亦能利湿破血。枝叶可作农药，防治螟虫、蚜虫及菜虫。茎皮可取纤维。

［理化性质］ 据中国科学院昆明植物研究所资料：干种子含油量约 20%。

［采收处理］ 秋后果实成熟时采收，用刀割下果枝或全株，晒干，搓出种子，去掉杂质，即可榨油。

218 三叶橡胶树（sanye-xiangjiaoshuy）（图 1242）

［学　　名］ **Hevea brasiliensis** (HBK.) Muell. -Arg. 大戟科

［原 料 名］ 橡皮树籽

（地方名、形态特征、生长环境、产地及其他用途见“橡胶及硬橡胶类”，1584 页）

［用　　途］ 种子油可制肥皂和固化油。

［理化性质］ 据上海食品工业科学研究所资料：种子含油量 48.40%，出油率 38%。油的比重（20℃）0.9211，折射率（20℃）1.4787，粘度（安格拉氏秒 20℃）8'14 "，脂酸凝固点 28.8℃；碱化值 203.8，碘值（韦氏法）108.3，酸值 6.3，不碱化物 1.28%，乙酰值 23.3，可溶性脂肪酸 0.72%。不溶性脂肪酸 95.02%。

［采收处理］ 果熟时在树上自行爆开，弹落种子（尤以中午为多），可在地上搜集种子，晒干，供榨油。

219 麻风树（mafengshu）（图 671）

［地 方 名］ 假花生、木花生、假桐子（广西），鬼疱子、麻疱子（福建），黄肿树、假白榄（广东海南），洋桐、桐子树、小桐子、宾麻、膏桐（云南），水漆（四川）。

［学　　名］ **Jatropha curcas** L. 大戟科

［原 料 名］ 露蒙子

［形态特征］ 直立灌木或小乔木，高 2～5 米，有乳汁；枝粗壮，圆柱形；绿色，无毛。单叶互生，**叶片近圆形**；长宽近相等，约为 8～18 厘米，基部心形，全缘或有角，或为 3～5 浅裂，背面脉上微被柔毛，叶脉掌状。花单性，雌雄同株；聚伞花序腋生，具总花梗，较叶为短；苞片披针形，长 4～8 毫米，被柔毛；**花绿黄色**，雄花萼片为卵状三角形，长 3.5 毫米；花瓣为披针状椭圆形，长超过萼的一倍，雄蕊 10，二轮排列，外轮的花丝分离，内轮的合生；花盘具分离的腺体；雌花萼片与雄花同形、但较大；子房无毛，花柱 3，柱头 2 裂。蒴果卵形，核果状，具 2～3 个分果瓣；最初为肉质，后变干燥，长 3～4 厘米；种子长圆状椭圆形，长 18～20 毫米，直径 11 毫米。花期 5 月，果期 10 月。

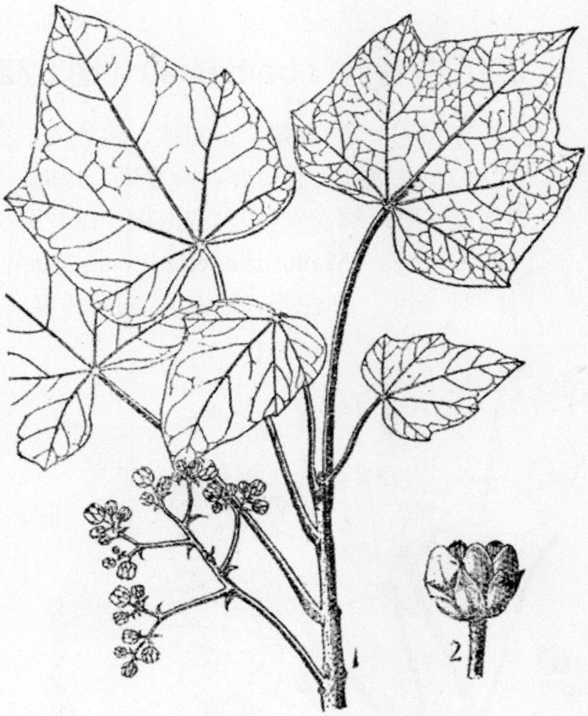

图 671 麻风树

Jatropha curcas L.

1. 花枝；2. 雄花。

［生长环境］ 本种属热带植物，适宜生长在气候温暖、无霜面湿润的砂壤土上。

［产 地］ 云南、贵州、四川、广东、广西等省区有栽培，尤多成半野生状态。

［用 途］ 种子可榨油，其油色和性状和花生油相似，可作肥皂和润滑油的原料。但油的性质又与蓖麻油相似，故也可作为泻药，但其性较烈，在医药上使用时，用量宜慎。种子榨油后的油粕含蛋白质达 30%以上，可作农药、肥料。

本种植物的叶片青绿而宽大，又可作为蚕的饲料，蚕食此叶所吐的丝质量很好，有如蓖麻蚕丝。

［理化性质］ 据广东省粮食厅资料：种子含油量 52.40%。油色浅黄，属不干性油；油的碱化值 191.70，碘值 87.90，酸值 1.22。

［采收处理］ 10 月果熟采集，去壳或不去壳晒干均可。

［加 工］ 榨油方法和花生相同，将种子去壳或连壳碾碎，然后过筛，蒸熟，即可踩饼上榨。

［其 他］ 麻风树对土壤选择不严，容易栽培，生长亦快。幼苗初期锄草数次并加以松土，一般植后 3 年就能收果，头年单株能收 6 斤，以后产量逐年增加，是我国

热带和南亚热带地区值得推广的一种油料植物。

220 白背叶（baibeiye）（图 672）

［地 方 名］　白背娘、白帽顶、达达两、狗尾粟、白背树（广西），野枸麻、野洋麻（河南），谷粟麻、假白麻、白背树、野桐、白玉麻（广东），母子树、白桐子（浙江），席筋皮、野梧桐（安徽），泡泡桐、白叶野桐（湖南）。

［学　　名］　**Mallotus apelta** (Lour.) Muell. -Arg.　大戟科

［原 料 名］　白浊子（广东），白背树籽（广西）。

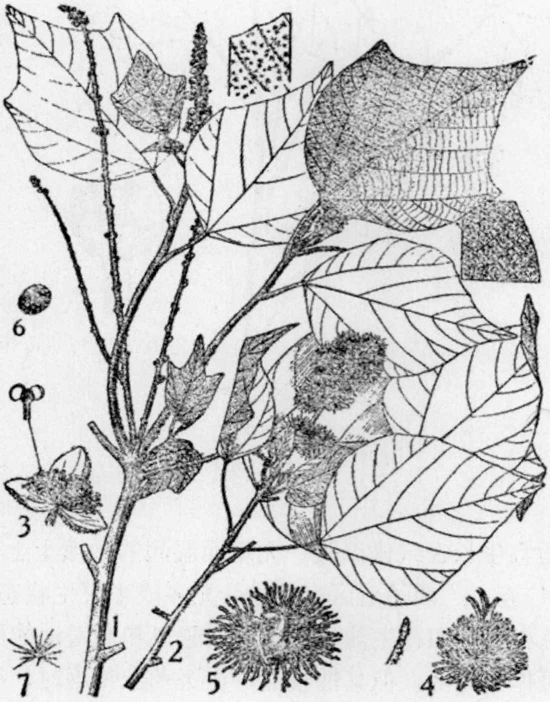

图 672　白背叶
Mallotus apelta（Lour.）Muell. -Arg.
1. 雄花枝；2.雌花枝；3. 雄花；4. 雌花；5. 蒴果；6. 种子；7. 星状毛。(自"江苏南部种子植物手册")

［形态特征］　灌木或小乔木；小枝、叶柄和花序均被灰白色星状茸毛。单叶互生，具长柄，圆卵形，长 7～12 厘米，宽 5～14 厘米，基部近截形或短截形，具 2 腺点，先端渐尖，全缘或不规则 3 裂，有稀疏钝齿，表面近无毛，**背面灰白色**，密被星状茸毛，有细密棕色腺体；叶柄长 1.5～8 厘米；密被柔毛。花单性，雌雄异株；雄花序为圆锥花序式，顶生，长 15 厘米以上，雄花具短柄或近无柄，簇生，萼 3～6 裂，裂片镊合状排列，卵形，长约 3 毫米，外面被密毛，内面有红色腺点；无花瓣；花盘无腺体；雄蕊多数，花丝分离；雌花序不分枝，略比雄花序短，雌花无柄，单生，萼 3～5 裂；无花瓣；子房 3～4 室，有软刺，刺上密生星状柔毛，花柱 3，基部连合。蒴果近球形，密生羽毛状软刺；籽粒小圆形，色黑而有光泽。花期 6～7 月，果期 10～11 月。

［生长环境］　本种为热带、亚热带植物，适应性广，生于平原、丘陵及山地下部的灌木草丛中；火烧迹地及森林采伐迹地最适宜生长，而山谷、路旁及村落附近亦常见。

［产　　地］　广东、广西、湖南、浙江、安徽、河南等省区。

［用　　途］　种子可榨油，其油在 20℃以下即凝固，成为黄白色固体，可供制肥皂、润滑油、油墨和鞣革之用。

茎皮为纤维原料（见“纤维类”，174 页）。

［理化性质］　据上海食品工业科学研究所资料：种子含油量 41.12%，灰分 2.21%，粗纤维 41.14%，蛋白质 12.41%，非氮物质 3.12%。油的比重（20℃）0.9443，折射率（25℃）1.5051，脂酸凝固点 16.7℃；碱化值 197.3，碘值（韦氏法）128.4，酸值 11.1，不碱化物 0.74%，乙酰值 50.39，可溶性脂肪酸 2.35%，不溶性脂肪酸 95.5%。

［采收处理］　10～11 月果熟时采取果枝，晒干后，用竹器打下种子，以风车和筛清除杂物和沙土以备榨油。

［加　　工］　一般先将洁净的种子碾碎，越细越好，然后用十八眼筛子过筛，过筛后蒸粉，蒸至圆气为好，经过踩饼以后，即可送入油槽上榨。压榨时要注意保温、保热。

221 毛桐（maotong）（图 140）

［学　　名］　**Mallotus barbatus** (Wall.) Muell.-Arg.　大戟科

（地方名、形态特征、生长环境、产地及其他用途见“纤维类”，174 页）

［用　　途］　种子油可制肥皂及作润滑油。

［理化性质］　据贵州省资料：种壳含油量 10.49%，种仁含油量 21.80%。油的折射率 1.486；碱化值 216，碘值 106。

［采收处理］　7～9 月果实成熟时采收晒干，打出种子，去掉杂质，即可榨油。

222 粗糠柴（cukangchai）（图 673）

［地 方 名］　菲律宾桐、锅麦解（云南），菲岛桐、唠哩仔；六检仔（台湾），红果果、鹅果树、香檀、香桂树（四川）。

［学　　名］　**Mallotus philippinensis** (Lam.) Muell.-Arg.　大戟科

［原 料 名］　红果果

［形态特征］　常绿小乔木，高 8～10 米；小枝、幼叶和花序均被褐色柔毛。单叶互生，具柄，**长圆状卵形至卵状**披针形，长 7～16 厘米，基部圆形，先端渐尖，全绿或有钝齿，表面无毛。近基部有腺体 2，**背面粉白色，被柔毛和散生红色腺点**；主脉 3；叶柄长 1～4 厘米。花单性，雌雄同株；穗状花序顶生或生于上部叶腋内；花小，均无花瓣；雄花序单生或成束，多花，长 5～8 厘米，雄花直径约 3 毫米，萼裂片膜质，长约 2 毫米；雌花序单生，长 3～7 厘米，萼管状，4～5 齿裂，子房和花柱有红色腺点。蒴果近球形，直径 6～8 毫米，表面无刺，**密被红色粉状茸毛**，种子圆球形，平滑。花期 3～4 月，果期 7～8 月。

［生长环境］　多生于海拔 300～1600 米的平原地、溪边、山谷的疏林中。

［产　　地］　浙江、广东、广西、台湾、云南、贵州、湖北、湖南、四川等省区。

［用　　途］　种子油供制肥皂、润滑油用。

图 673 粗糠柴
Mallotus philippinensis（Lam.）Muell.-Arg.
花枝

蒴果外被的红粉可为丝织品的红色染料；入药为缓下剂和杀虫剂。树皮和根皮中含有鞣质，可用为鞣革原料或染料；树皮还可作为纤维原料（见“纤维类”，176 页）。

［理化性质］ 据中国科学院华南植物研究所资料：种子壳重占 58.7%，仁重占 41.3%；种仁含油量 34.00%，水分 5.5%。

［采收处理］ 7～8 月果熟时采下果枝，晒干至果壳开裂，打脱果壳，风除果壳和杂物，即得纯种子，贮藏于干燥处备用。

［加 工］ 将选净的种子碾碎成粉状，用十八眼筛过筛，筛后上甑蒸热，趁热踩饼入榨。具体加工过程参阅总论。

223 石岩枫（shiyan-feng）（图 674）

［地 方 名］ 倒金钩、干香藤、岩桐麻（湖北），黄豆树、青倒钩、野桐籽（四川），犁头柴（浙江），舒力起（安徽），万子藤（陕西）。

［学 名］ **Mallotus repandus** Muell-Arg. 大戟科

［形态特征］ 灌木或乔木，**有时呈藤本状**，长可达 13～9 米；小枝木质，被星状柔毛。单叶互生，具柄，卵形或微呈心形，长 9～15 厘米，宽 3.5～5 厘米，基部圆形或微心形，先端渐尖，全缘，叶表面光滑或有粗糙星状毛，背面密生星状毛；叶脉发于基都；叶柄长 2.5～4 厘米。花单性，雌雄异株；穗状花序顶生，雄花萼片 3 裂，无花冠，密被棕黄色茸毛；雄蕊多数，花丝很短；雌花集生于枝顶，萼片 3 裂；子房 3 室，每室一胚珠，柱头 3 裂，呈羽状。蒴果球形，**果皮有锈色茸毛**，种子黑色，微有光泽，球形，腹面微扁，直径约 3 毫米。花期 6～7 月，果期 8～9 月。

［生长环境］ 一般生在小山坡、山沟中多石处和悬崖石缝的薄土层上。

［产 地］ 江苏、安徽、浙江、湖北、湖南、四川、陕西、福建、台湾、广东等省。

［用 途］ 种子油为制油漆、油墨和肥皂的原料。

茎皮为纤维原料（见“纤维类”，176 页）。

［理化性质］　据陕西省资料：种子含油量为 35.9%，油属干性油。

［采收处理］　在 8～9 月间果实逐渐成熟，采集果实放日光下晒干，用木棒轻敲，蒴果自裂，除去果壳，得纯净种子备用。

［加　　工］　用一般榨油方法加工，唯其种皮较坚硬，要炒透、碾细。

图 674　石岩枫
Mallotus repandus Muell-Arg.
1．花枝；2．花；3．果枝。

224　野桐（yetong）（图675）

［地 方 名］　皮树（安徽），毛虫柴、野毛桐（浙江），螳螂风、黄粟树、大叶桐（广西），犬尾招（福建），泡泡树、灰甫树、糠树（湖南）；狗尾巴树（湖北）。

［学　　名］　**Mallotus tenuifolius** Pax　大戟科

［原 料 名］　泡泡树籽、灰甫树籽、糠树籽（湖南）

［形态特征］　灌木或小乔木。单叶互生，三角状圆形，长 6～12 厘米，**长宽近相等，基部截形或心形**，有腺体 2，先端短尖或渐尖，边全缘或不规则 3 裂，有钝齿，背面被灰白色星状柔毛及黄色腺点；叶柄长 7～9 厘米，被星状毛。总状花序顶生，短而不分枝；雄花的花萼 3 裂，雄蕊多数，突出；雌花的花萼披针形，被星状毛，花柱 3；子房有短柔毛。蒴果球形，直径约 1 厘米，表面有软刺，每果有种子 3，黑色。花期 5～7 月，果期 9～10 月。

［生长环境］　多生于海拔 300～1000 米的丘陵、坡地、路旁的灌木丝中和山坡的疏林中；在湖北和四川则在较温暖的石山山谷内尤为繁盛。

［产　　地］　湖北、湖南、四川、广西、福建、浙江、安徽、江苏等省区。

［用　　途］　种子油可供制油漆、肥皂、润滑油等用。榨油后的油粕可作肥料。茎皮的韧皮是纤维原料（见“纤维类”，176 页）

［理化性质］　据湖南省工业试验所化验：种子含油量 39.56%。油属干性油；油的比重（20℃）0.9528，折射率（20℃）1.8586，凝固点 11.0℃；碱化值 197.00，碘值 139.50，酸值 13.34。据江苏省资料：种子含蛋白质 23.32%，粗纤维 3.69%，非氮物质

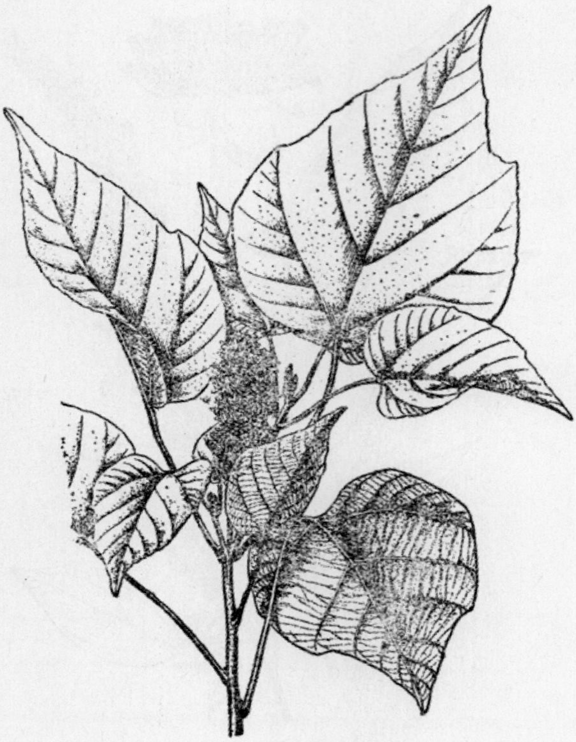

图 675 野桐
Mallotus tenuifolius Pax
花枝

28.45%及灰分等。榨油后的油粕含氮 2.35%，磷 0.297%，钾 0.147%，有机质 16.54%，水分 71.16%。

［采收处理］ 种子成熟后仍悬树上，在 12 月间连果序一齐采下晒干，搓出种子，储备榨油。

［其 他］ 繁殖时须在早春 2 月以前播种，播种前可用 5%的草木灰水浸种，除去种子外附着的油蜡，然后用 45℃温水浸种催芽。定值时株行距 1×1 米或 1.5×1.15 米。也可在马尾松行间簇播，株行距 0.67×1 米。

225 余甘子（yuganzi）（图 951）

［学 名］ **Phyllanthus emblica** L. 大戟科

（地方名、形态特征、生长环境、产地及其他用途见“鞣料类”，1177 页）

［用 途］ 种子油供制皂等用。

［理化性质］ 据中国科学院昆明植物研究所野外粗分析：种子含油量 16%。

［采收处理］ 10～11 月果熟采收，果肉可食，留下种子，洗净晒干可供榨油。

226 蓖麻（bima）（图 676）

［地 方 名］ 山东黄豆（浙江），洋黄豆（江苏），大麻子（辽宁），草麻，红蓖。

［学 名］ **Ricinus communis** L. 大戟科

［原 料 名］ 蓖麻子

［形态特征］ 一年生高大草本，在南方热带常成多年生灌木或乔木状，高约 2～5 米，全株无毛，绿色或紫红色，有白粉。单叶互生，盾状圆形，通常绿色，间有紫红色，直径通常 18～30 厘米，有时大至 90 厘米，掌状分裂至中部以下，裂片 7～9，卵状椭圆形或披针形，先端渐实，边缘有不规则锯齿，齿端有腺，无毛，有光泽，主脉掌状，侧脉羽状；叶柄长约 10～20 厘米以上，具少数小伞状的腺。圆锥花序顶生，长 10～30

厘米，最长的达60厘米以上，下部生雄花，上部生雌花；雄花花被3～5，淡黄绿色，下部合生，膜质，无毛，雄蕊多数，分枝而密集成圆球形，花药2室；雌花被3～5；柱头3裂，红色，子房外密被刺状物。蒴果近球形，长12～25毫米，具3条纵槽，有钩状长刺或无刺，成熟后3裂。种子长圆形，有显明的种阜，种皮平滑，有斑纹。花期5～8月，果期7～10月。

［生长环境］　大多栽培于大田、宅旁或路边隙地。

［产　　地］　全国各地均有栽培。在南方往往成半野生。

［用　　途］　种子油是一种很好的润滑油，它有在零下8～10℃的低温和500～600℃的高温不会凝固和发生变化的特点。适用于飞机、海轮、车床、汽车等的机械上。油还可以用来制造香皂、发油、印刷油等。在纺织工业上可用来作助染剂。在皮革工业中可作皮革的保护油。在医药上可用作缓泻剂。榨油后的油粕（或称麸饼）是制造照相软片的原料。此外，这种油粕还可作肥料，含氮70%左右，根据苏联经验，用在水稻田中对增产上起着非常大的效果。但因为有毒素，如不经过特别加工，则不能喂牲畜。

蓖麻的叶片可以用来饲养蓖麻蚕。茎皮坚韧纤细为良好的纤维原料（见“纤维类”，177页）。蓖麻子和叶还可作农药（见“土农药类”，2040页）。

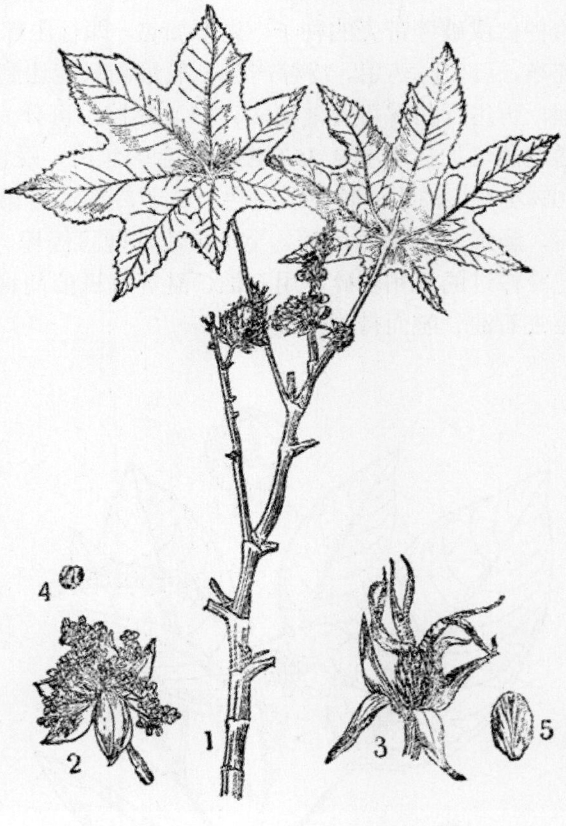

图676　蓖麻
Ricinus communis L.
1. 花果枝；2. 雄花；3. 雌花；4. 花药；5. 种子。

［理化性质］　据冯午、张陆德“中国的植物油”记载：种子含油量平均在45%左右。种仁含油量可达80%以上。油的比重（15.5℃）0.9600～0.9680，折射率（25℃）1.4750～1.4790，碱化值173～188，碘值（韦氏法）80～90，酸值4.0。

［采收处理］　蓖麻子成熟的早晚相差很大，不仅同一地区，即使在同一块土地上也如此，甚至在一株植物上，下部的果实已经成熟，而上部的却还在开花。同时，有的种子一经成熟落到地上腐坏损失，也有结果较迟尚未成熟遭受霜害。所以采收蓖麻子是

一件细致的工作，一定要分期采收，一般在果穗下部（2/3）的果实变为暗褐色，果实有明显的凹裂时，即可进行第一次采收，只剪果实不剪穗，大约每隔 10～15 天陆续再收果一次，直至收完。果实采回应均匀地铺在晒场上，晒 3～5 天后，用木棒打碎外果皮，除去果皮和杂质，即得纯净的种子备用。

［加　　工］　使用压榨法要经过四个步骤：（1）去壳：蓖麻子的内壳，占全种子重的 20%，必须去壳压榨。也有不去壳压榨的，但存在以下缺点：碎壳易吸收油分，减低出油率；影响油的颜色，降低经济价值，因此最好采用去壳加工。（2）冷榨：把去壳的种仁或破碎带壳的种子，先不加热，即行压榨，称为冷榨。这种方法榨出的油，色浅，纯净，可作医药用。冷榨产量一般最高只能达到 33%，油粕仍含不少油分，经过加热处理，再进行热榨可得油更多。（3）热榨：可分为二次进行，第一次热榨把冷榨的油粕，通过蒸气加热至温度 35℃左右，立即包饼，踩饼，趁热放入压榨机中压榨，约可得油 10%左右。油为淡黄色或黄色，次于冷榨油；第二次热榨是把第一次热榨的油粕，粉碎后，蒸到 50℃再行压榨，至不再流油即可停榨。油为棕黄色。此外亦有用浸提法的，系把冷榨过的油粕粉碎，用石油、醚等有机溶剂将油粕中的油全部溶解出来，然后再加热蒸去石油、醚而得到净油。

227 山乌桕（shanwujiu）（图 677）

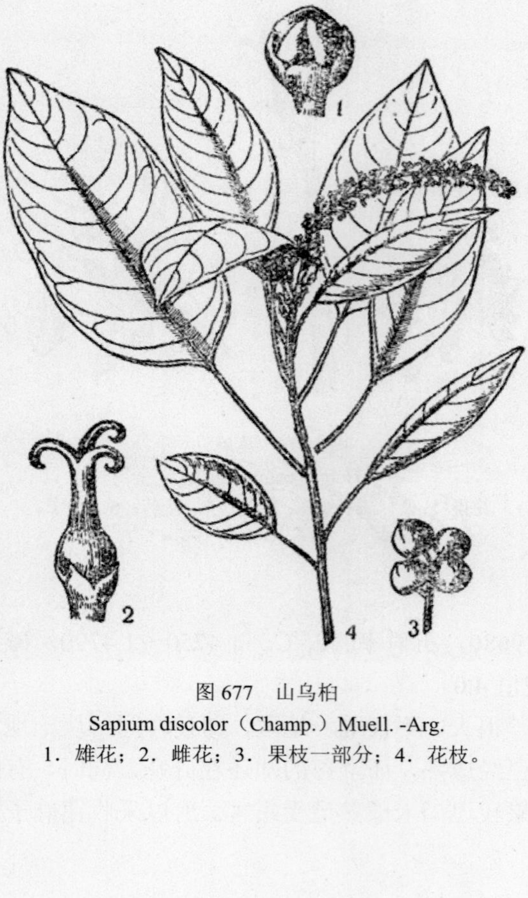

图 677　山乌桕

Sapium discolor（Champ.）Muell. -Arg.

1．雄花；2．雌花；3．果枝一部分；4．花枝。

［地 方 名］　山柏子、野乌柏（浙江），山柳、红叶乌柏、红心乌柏（广东）。

［学　　名］　**Sapium discolor** (Champ.) Muell.-Arg.　大戟科

［原 料 名］　山柏子

［形态特征］　乔木或灌木，树皮灰色，小枝纤细，有皮孔。单叶互生或近对生，纸质，椭圆状卵形，长 3～10 厘米，宽 2～5 厘米，先端短尖或钝，基部钝形，表面绿色，背面粉绿色，全缘；叶柄纤细，长 2～7.5 厘米，顶端有 2 腺体。花单性，雌雄同株；总状花序顶生，密生黄色小花，雌雄花同在一花序上，但有时仅具雄花，无花瓣及花盘；雄花 7 朵聚生于苞腋内，苞片卵形，

先端锐尖，每侧各有腺体 1；萼杯状，膜质；雄蕊 2，很少为 3，花丝离生，药室纵裂，外向；雌花生于花序的近基部，萼 3，三角形，子房卵形，3 室，柱头 3 裂，向外反卷。蒴果室背开裂；种子近球形，外披蜡层。花期 4～6 月，果期 7～8 月。

［生长环境］　本种为热带、亚热带植物，适应性广，生于平原、丘陵地及山地等酸性土壤地区的疏林、灌丛中，或灌木草地中，但以气候温暖、土壤湿润而较肥沃，阳光充足的山谷地区生长最好；较干旱的地区亦常生长，但多为灌木。

［产　　地］　福建、台湾、广东、广西、云南、贵州、湖南、江西、浙江等省区。

［用　　途］　种子油可制肥皂、蜡烛等用。

叶民间药用。木材制火柴杆。

［理化性质］　据广东省资料：种子含油量 20%。据上海食品工业科学研究所资料：油的碱化值 204.52，碘值（韦氏法）113.36，酸值 2.17。

［采收处理］　在外果皮开裂时采收，晒 4～5 天，揉取种子，贮藏于干燥处或即时榨油。

［加　　工］　与乌桕同（845 页）。

［其　　他］　用种子繁植，宜在霜降前后，果皮变为赤褐色时采摘，放置阳光下晒 3～4 天，自行开裂，种子脱出，装入袋内挂在通风处，于次年春季播种。播种前将种子埋在 20%草木灰中 2～3 天，使蜡质分解，再进行条播，一个月后发芽。种子发芽力可以保持一年。

228 白乳木（bairumu）（图 678）

［地 方 名］　三角子（江西），猛树（广东），野蓖麻（陕西）。

［学　　名］　**Sapium japonicum** (Sieb. et. Zucc.) Pax et Hoffm.　大戟科

［原 料 名］　猛树籽、三角籽（广东）

［形态特征］　落叶灌木或小乔木，有白色乳汁；树皮平滑。单叶互生，纸质，卵形、**长卵圆形至倒卵形**，长 6～16 厘米，宽 4～8 厘米，**基部钝形至心形，两侧不等**，先端短尖至微凸尖，每边约有 9 条侧脉，末梢具小腺体，背面

图 678　白乳木
Sapium japonicum（Sieb. et Zucc.）Pax et Hoffm.
1. 花枝；2. 雄花；3. 雌蕊；4. 蒴果。

微带粉绿色；叶柄长 1.5～2.5 厘米，先端有盘状的腺体 2。花单性，雌雄同株；总状花序顶生，长 4.5～8 厘米，纤细，花小，无花瓣，亦无花盘；雄花多数，生花序上部，雄蕊 3，很少 2，花丝分离，极短，花药球形；雌花少数，着生于花序下部，具长 2～10 毫米的花梗；萼片 3，三角状，先端短尖；子房光滑，花柱 3，基部连合，柱头反卷。蒴果 3 深裂，长 1～1.5 厘米，直径约 1.5 厘米，无宿存的中轴，分果瓣脱落；种子坚硬，直径 6～8 毫米，表面无蜡层，有杂乱的黑棕色斑纹。花期 6～9 月，果期 10～12 月。

［生长环境］　本种为亚热带、暖温带植物，适应性强，生于丘陵及山地的山坡、山谷疏林或密林中，或路旁的灌丛中。

［产　　地］　山东、河南、安徽、浙江、福建、广东、广西、江西、湖南、湖北、陕西、四川、贵州等省区。

［用　　途］　种子油可制油漆、硬化油、肥皂及蜡烛等用。

［理化性质］　据广东省资料：种子壳占全重 31.02%，种仁占全重 68.98%。种仁含油量 73.45%。油属干性油，淡黄色；油的碱化值 207.96，碘值 159.18，酸值 45.43。

［采收处理］　果熟时采回晒干，果壳自行开裂脱落，随即收取种子，除去果壳杂质，将纯净种子收藏于干燥通风处。

［加　　工］　白乳木的种子外表不具蜡层，因此无皮油可提。种子含油丰富，碾磨时需要掺粗糠，以免在碾时不透气而成团巴，影响空气渗入。

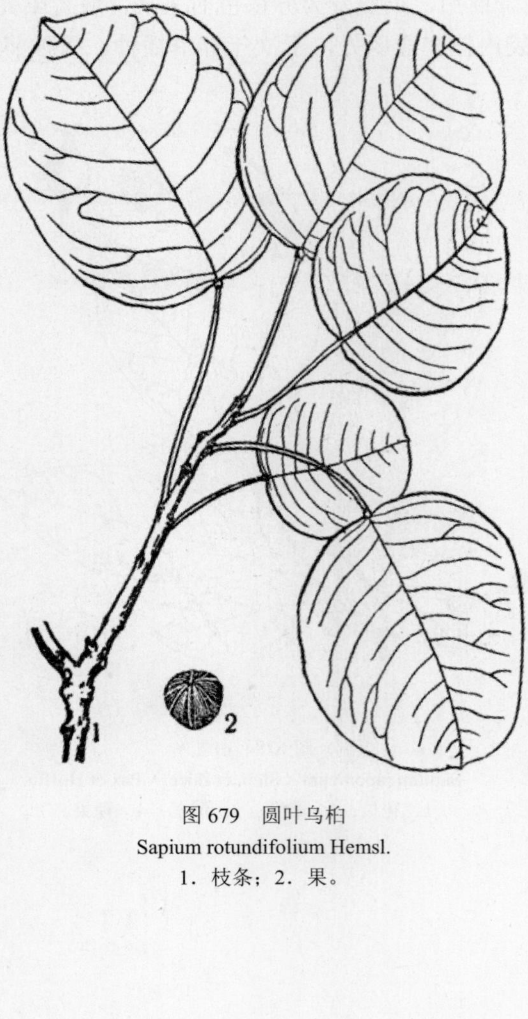

图 679　圆叶乌桕
Sapium rotundifolium Hemsl.
1．枝条；2．果。

229 圆叶乌桕（yuanyewujiu）（图 679）

［地 方 名］　雁来红、红叶树（云南）

［学　　名］　**Sapium rotundifolium** Hemsl.　大戟科

［形态特征］　灌木或乔木，高可达 12 米；树皮灰褐色，成纵条裂；小枝灰白色，有细小皮孔。单叶互生，具柄，革质，近圆形，长 5～11 厘米，宽 6～12.5 厘米，基部圆形或浅心形，先端圆而有一凸尖，全缘，侧脉每边 8～15；叶柄长 3～7 厘米，先端有腺

体 2。花两性或单性；总状花序顶生，密生黄色小花，雄花 5，簇生于苞片内，雄蕊 2，稀 1 或 3；雌花少数，着生花序下部，萼片 3，柱头 3 裂，卷曲。蒴果近圆形，直径约 1.5 厘米，分果瓣木质，中轴宿存；种子球形，略近三角形，外被蜡质假种皮。花期 5～6 月，果期 8～10 月。

［生长环境］ 生于海拔 200～1500 米间山坡疏林或密林中，常见于石灰岩山区。

［产　　地］ 广东、广西、云南；贵州、湖南等省区。

［用　　途］ 种子油可作机器润滑油、制漆、蜡烛和肥皂用。

［采收处理］ 与乌桕同（本页）。

［加　　工］ 参阅乌桕。

230 乌桕（wujiu）（图 680）

［地 方 名］ 桕子树（四川、浙江、陕西），木油树（贵州、湖南），枧子树、钻子树（贵州），木蜡树、乌树果（湖南），卷子、木梓、明枪（湖北），桐油树、白蜡树、桠树（江苏），血血木（河南），模子树（陕西），圈子（甘肃）。

［学　　名］ **Sapium sebiferum** (L.) Roxb.　大戟科

［原 料 名］ 乌桕籽（通称）

［形态特征］ 落叶乔木，高达 15 米；树皮灰色而为线纵制。单叶互生，具长柄，纸质，**菱形至阔菱状卵形**，长 3～7.5 厘米，宽 3～7 厘米，基部阔楔形至钝形，先端短尖至渐尖，全缘，两面无毛，秋天变成红色；叶柄长 2.5～7 厘米，顶端有腺体 2。花单性，雌雄同株；总状花序顶生，苞片菱状卵形，宽约 1 毫米，先端渐尖，基部两侧各有肾形腺体 1；雄蕊 2，少有 3；子房 3 室，柱头 3 裂。蒴果椭圆状球形，直径 1～1.5 厘米，成熟时常为褐色，由室背开裂，为 3 室，每室有种子一粒；种子近球形，黑色，外被白蜡，长约 8 毫米，直径 6～7 毫米。花期 5～6 月，果期 10～11 月。

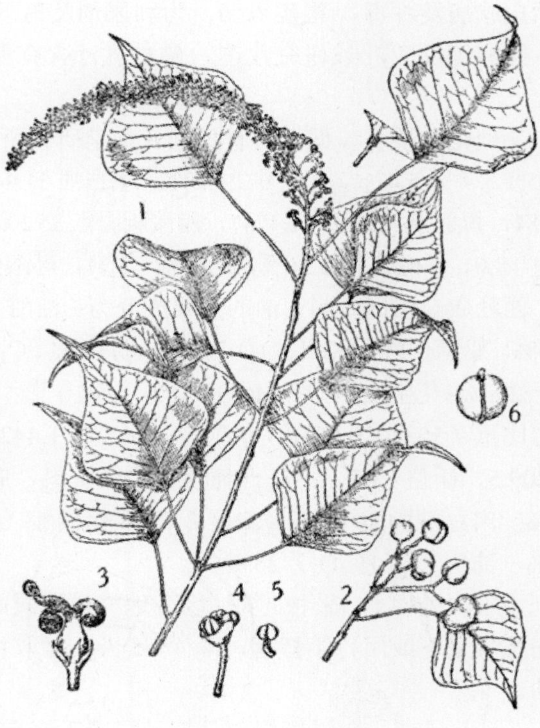

图 680　乌桕
Sapium sebiferum（L.）Roxb.
1. 花枝；2. 果枝；3. 雌花；4. 雄花；5. 雄蕊；6. 果。
（自“中国森林植物志”）

［生长环境］ 本种适应性广，性好湿润、肥沃和深厚的土壤，溪边、堤旁生长最好，亦可在荒山栽种，但宜植于山麓和低丘陵地。

［产 地］ 山东、江苏、安徽、浙江、福建、台湾、广东、广西、云南、贵州、四川、湖南、湖北、江西、陕西、河南、甘肃等省区。

［用 途］ 种子表面附有一层白色蜡质，俗称“皮油”或“桕蜡”，可用作制蜡烛与肥皂的原料，并可作为生产硬脂酸和油酸的原料。除去蜡层的种子可榨油，其油称“桕油”或“梓油”，为黄色液体油，可供制油漆和油酸，并作为机械润滑油、油墨、化妆品、蜡纸等原料，但桕油含有毒素，不能食用。中药有用为熬制药膏，但用量不多。用带蜡层的种子榨油，其油称“木油”，多用于制肥皂和蜡烛。榨油后的残渣中含氮素7%以上，是良好的肥料。

乌桕叶用为黑色染料，可染衣物。又可饲养桕蚕。树皮及叶含鞣质，可提栲胶（见“鞣料类”，1178 页）。种子外壳可提碳酸钾，用于制钾玻璃。木材纹理致密，色白而坚，可供制车辆和小器具，也是良好的雕刻用材。叶浸出液，可杀棉蚜虫、红蜘蛛、金花虫等农作物害虫，并可防治稻热病。夏初开花，为蜜源植物。桕子外用，可治皮肤病及肿毒。根皮入药，为利尿剂及泻下剂；治血吸虫之腹水症有效，唯有呕吐、腹痛等反应，须研究改进。嫩枝乳汁含有毒性，可治蜈蚣咬伤，并能止伤口的肿痛。

［理化性质］ 据上海食品工业科学研究所资料：种仁含油量 50%，种子含油量 35.95%，灰分 5.47%，粗纤维 21.40%，蛋白质 11.44%，非氮物质 25.74%。油的比重（20℃）0.9184，折射率（20℃）1.4747，脂酸凝固点 35.5℃；碱化值 199.5，碘值（韦氏法）84.4，酸值 18.0，不碱化物 1.30%，乙酰值 35.11，可溶性脂肪酸 0.93%，不溶性脂肪酸 93.0%。据广西壮族自治区资料：油的主要成分为：油酸（$C_{18}H_{34}O_2$）15.8%，亚油酸（$C_{18}H_{32}O_2$）45.5%，亚麻仁酸（$C_{18}H_{30}O_2$）29.4%，棕榈酸（$C_{16}H_{32}O_2$）5.9～6.3%，硬脂酸（$C_{18}H_{36}O_2$）2.6～2.8%，花生油酸（$C_{20}H_{40}O_2$）0.2。据冯午著“中国的植物油”：种子含脂量 20～30%，脂的比重（50℃）0.8918，折射率（60℃）1.442，熔点 52～53℃，凝固点 51℃；碱化值 209.5，碘值 27.2。据广西僮族自治区资料，脂的主要成分为：月桂油酸（$C_{12}H_{24}O_4$）1.9%。肉豆蔻脂酸（$C_{14}H_{28}O_2$）3.7%，棕榈酸（$C_{16}H_{32}O_2$）66.3%，硬脂酸（$C_{18}H_{36}O_2$）1.2%，油酸（$C_{18}H_{34}O_2$）26.9%。

［采收处理］ 采种时期，因各地气候不同而异，一般可在外果皮开裂时进行采收，连同枝条采下或用竹竿打落，晒 4～5 天，揉取种子，用布袋贮藏于干燥处或即时加工榨油。

［加 工］ 蜡脂提取是把种子置于底有小孔的甑中蒸之，使种子外表的蜡层受热溶解由小孔流出。种子蒸后取出，捣碎使壳与种仁分离，再筛出种仁，取其壳蒸热，趁热入榨，与前蒸出的油合并，则得皮油。出油率为 13%。

梓油的榨油法，先把乌桕种仁，经过炒热、碾细、蒸煮、制饼、压榨等工序榨出梓油。出油率为 17%。

一般木榨皮油或梓油是压榨二次。

木油的榨法则将未除蜡的乌桕种子碾细，经过蒸煮、制饼、压榨、过滤、范型、打印、包装等工序。

［其　　他］　一般在春分以后，用条播法播种，播种前用草木灰汁浸种，除去种子外表的蜡层。播后一个月可发芽，当年苗高 20～30 厘米，次春移植，苗间距放宽为 15 厘米，满二年生苗高约 1 米即可定植。一般株行距为 3.5 米，枝端接触时即行间伐。若种于田旁、河岸者，株距可伸长至 5 米。植后 4～5 年即开花结果。由于乌桕叶子含有毒质，不宜种在鱼塘旁边，以免毒死鱼类。

乌桕全植株均可利用，且价值很大。在采收加工时应做到：既要有利于植物正常生长，又要照顾到一物多用，综合利用。

231 马桑（masang）（图 463）

［学　　名］　**Coriaria sinica** Maxim.　马桑科

［原 料 名］　马桑子（通称），马鞍子（广西）。

（地方名、形态特征、生长环境、产地及其他用途见“淀粉及糖类”，561 页）

［用　　途］　马桑子油可制油漆、油墨、肥皂等用。

据四川省农业科学研究所化验结果：饼麸含氮肥 3.77%，磷肥 1.03%，可作肥料。

［理化性质］　据上海食品工业科学研究所资料：种子含油量 19.91%。灰分 3.89%，粗纤维 29.97%，蛋白质 18.63%，非氮物质 27.60%。出油率 14%，油为干性油；油的比重（20℃）0.9766，折射率（20℃）1.4972，脂酸凝固点 14.3℃；碱化值 201.5，碘值（韦氏法）156.9，酸值 3.6，不碱化物 3.90%，乙酰值 9.9，可溶性脂肪酸 0.57%，不溶性脂肪酸 96.1%。

［采收处理］　果实成熟呈紫红色，应及时采摘晒干，除去果枝和杂质，存干燥处备用。

［加　　工］　先利用果肉酿酒，后利用种子榨油。

232 岭南酸枣（lingnansuanzao）（图 681）

［学　　名］　**Allospondias lakonensis** (Pierre) Stapf [*Spondias chinensis* (Merr.) Metc.]　漆树科

［形态特征］　落叶乔木，高达 10 米；除花序外全部无毛。奇数羽状复叶互生，长 30～45 厘米，具小叶 11～23；小叶近对生或互生，具柄，膜质至纸质，长圆形或长圆状披针形，长 6～10 厘米，宽 1.5～3 厘米，基部稍偏斜，先端渐尖，全缘，无毛或幼时被微柔毛；小叶柄极短；无托叶。花杂性同株；圆锥花序生于上部叶腋内，长 15～20

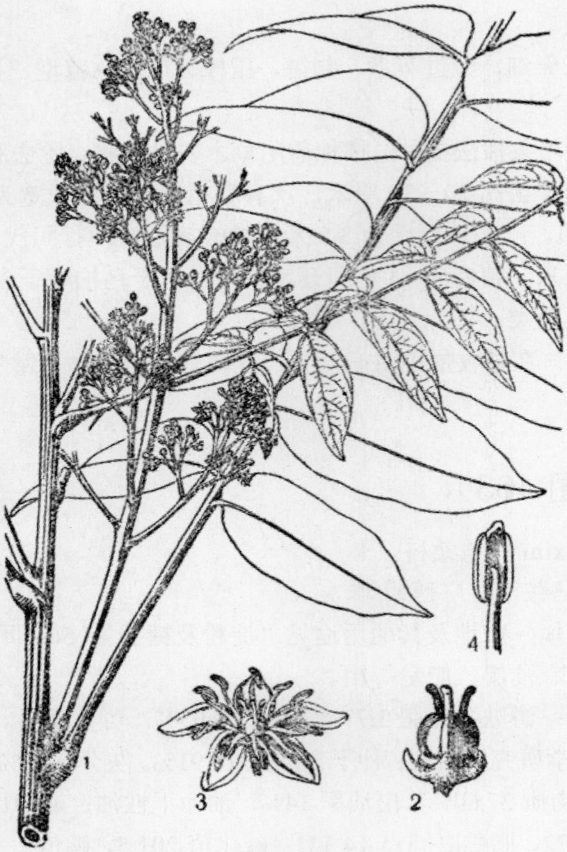

图 681 岭南酸枣
Allospondias lakonensis（Pierre）Stapf
1．花枝；2．花；3．萼及雌蕊；4．雄蕊。

厘米，被灰色柔毛；小苞片极少；花萼极小，5 裂；花瓣 5 裂，长约 2 毫米，乳白色；雄蕊 8～10，着生于花盘下部；子房 **4～5** 室；核果球形，直径约 8 毫米，成熟时红色，甜美可食，有酒香。花期 5～7 月，果期 8～10 月。

［生长环境］ 喜阳光，生于气候温暖、土壤稍湿润而肥沃的丘陵地和山地疏林中，以山谷和溪旁最适宜生长。

［产　　地］ 广东、福建等省。

［用　　途］ 种子油是很好的制肥皂原料。

［理化性质］ 据广东省资料：种子含油量 34.28%。油为不干性油；碱化值 200.47，碘值 77.42，酸值 25.67。

［采收处理］ 果熟时采收果实，去掉外皮，晒干，即可加工。

233 人面子（renmianzi）（图 682）

［地 方 名］ 银棯（广州）

［学　　名］ **Dracontomelon dao** (Blanco) Merr. et Rolfe (*D. sinense* Stapf) 漆树科

［形态特征］ 常绿大乔木，高可达 20 米以上；小枝具棱，被灰白色细茸毛。奇数羽状复叶互生，长 30～45 厘米；小叶 11～17，互生，近革质，长圆形或长圆状椭圆形，长 6.～12 厘米，宽 2.5～4 厘米，基部偏斜而圆，先端长尖，全缘，两面均无毛而网脉明显，或于背面脉腋内有簇毛．圆锥花序顶生或腋生，被柔毛；花小，长 5～6 毫米，钟形，青白色；萼 5 裂，裂片阔卵形，被柔毛；花瓣 5，披针形。先端外弯；花盘杯状；雄蕊 10，着生于花盘基部；子房上位，5 室。**核果**肉质，扁球形，直径约 2 厘米，黄色；核坚硬，扁平，**2～5 室，核室有槽开达至核顶成孔**。

［生长环境］　喜生于气候温热、土壤潮湿而肥沃的平原、丘陵地，尤以村旁、河边、池畔等地生长最好。

［产　　地］　广东、广西等省区。

［用　　途］　种子油供制肥皂、润滑油；并可研究作食用油。

果实可生食，又可制盐渍食品；并可与豆豉、辣椒，油盐共蒸熟做菜。木材耐朽力强，可为建筑、家具用材。果入药能醒酒、解毒、治遍身风毒痛痒及喉痛等症。

［理化性质］　据中国科学院华南植物研究所资料：果核壳重89.29%，种仁重10.71%。种仁含油量69.72%；碱化值198.7，酸值1.425。

［采收处理］　果实成熟时采取，先取出果肉供生食或制食品用，再将果核晒干，击破核壳，取种仁榨油。

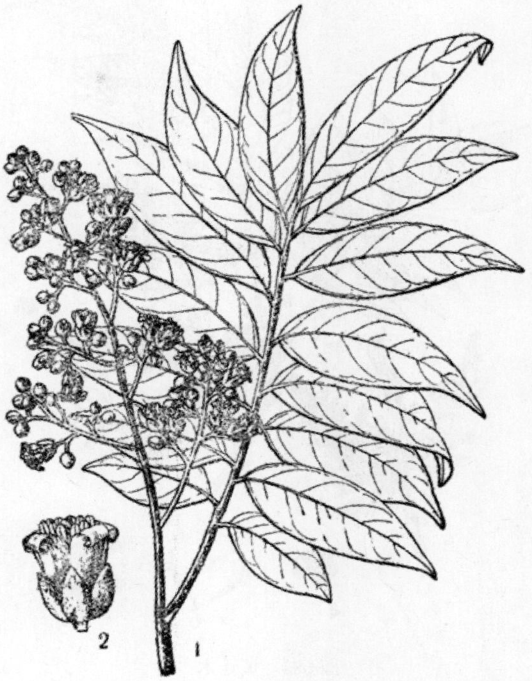

图682　人面子
Dracontomelon dao（Blanco）Merr. et Rolfe
1．花枝；2．花。

234 黄连木（huang-lianmu）（图683）

［地 方 名］　黄楝树、楷树（河南），黄儿茶（河北），黄连头（江苏），药木（甘肃），鸡冠木、烂心木、洋杨（台湾），黄楝伢、石连（湖南），黄华、黄鹂头、淡茶（浙江），黄林子、木蓼树、田苗树（湖北），黄连茶（山东），药树（陕西），楷木（湖南、河北、河南）。

［学　　名］　**Pistacia chinensis** Bge.　漆树科

［原 料 名］　黄连木籽（通称）

［形态特征］　落叶乔木，高可达25米；**冬芽红色，有特殊气味**；小枝有细柔毛。偶数羽状复叶互生，具小叶5～6对；小叶有短柄，**披针形至卵状披针形，长5～8厘米，宽约2厘米，先端渐尖**，基部偏斜，两面主脉间有微细柔毛。花单性，雌雄异株；雄花成总状花序，长5～8厘米；雌花成疏松的圆锥花序，长18～22厘米。核果倒卵状圆球形，顶端有小尖，直径约6毫米，初为黄白色，成熟变红色、紫蓝色。花期4月，果期10～11月。

［生长环境］　生于山林间。

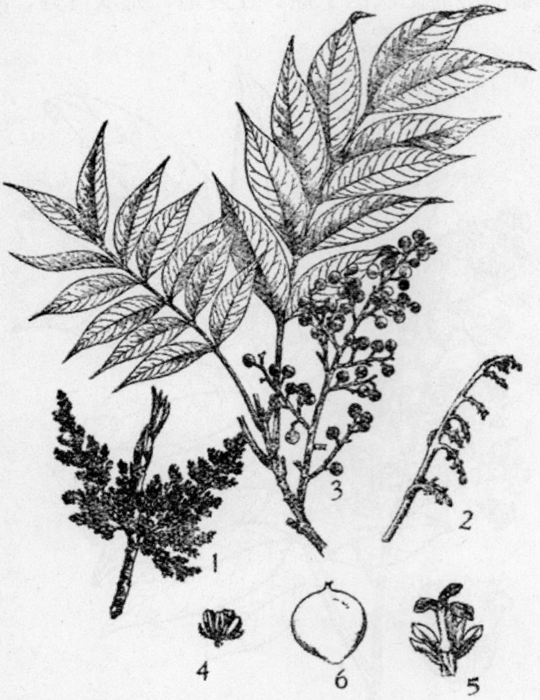

图 683 黄连木
Pistacia chinensis Bge.
1. 雄花序；2. 雌花序；3. 果枝；4. 雄花；5. 雌花；6. 果。
（自“中国森林植物志”）

［产　　地］ 河北、河南、安徽、湖北、湖南、贵州、四川、陕西、云南、广西、广东、台湾、浙江、江苏、山东等省区。

［用　　途］ 种子油可制肥皂，作润滑油；亦可食用，但因酸值较高，其味不佳。

木材黄色，纹理细密，质坚而重，可供制家具、农具及建筑用。果实，树皮及叶可提制栲胶，供染料及鞣革用（见“鞣料类”，1183 页）。根、枝、叶和皮可作农药。鲜叶有香味，可提取芳香油（见“芳香油类”，1388 页）；亦可代茶用，名为“黄鹂茶”或“黄儿茶”。

［理化性质］ 据上海食品工业科学研究所资料：果壳含油量 3.28%，种仁含油量 56.46%，种子含油量 35.05%，灰分 5.07%，粗纤维 1.28%，蛋白质 10.58%，非氮物质 26.61%。油的比重（20℃）0.9164，折射率（20℃）1.4818，脂酸凝固点 32.7℃；碱化值 196.1，碘值（韦氏法）92.9，酸值 18.1，乙酰值 23.99，可溶性脂肪酸 0.31%，不溶性脂肪酸 94.50%。

［采收处理］ 黄连木果实初为红色，9 月底至 10 月初由红色变成紫蓝色；秋分前后，果实的水分逐渐减少，接近干燥，颜色变为铜绿色，此时含油最多。采籽榨油，必须及时，过早采摘，出油率低；过迟，果实脱落，影响收获量。采后及时晒干，运输及贮藏时应注意保管，勿使发酵霉烂。

［加　　工］ 同一般榨油方法，但须注意以下几点：（1）黄连木籽有一层坚硬的核壳，籽仁受热膨胀，核壳便破裂发响；炒到不发响时，籽粒已全部受热，应迅速取出，摊放在地上约半寸厚，使籽透风，让热气散发，至不冒青烟为止。（2）黄连木籽核壳坚硬光滑，不容易碾碎，因此需随碾随筛，筛下粗籽再碾，至碾成细末为止。（3）由于黄连木籽油重，碾后粘性大，上蒸之前不宜加水，只须稍加粗糠，以增加出油率。

235 盐肤木（yanfumu）（图 955）

［学　名］ **Rhus chinensis** Mill. (*R. semialata* Murr.) 漆树科

［原 料 名］　盐肤子（通称）

（地方名、形态特征、生长环境、产地及其他用途见“鞣料类”，1183 页）

［用　　途］　种子油可制肥皂和工业润滑油。

［理化性质］　据河北省分析资料：种子含油量 20～25%，出油率为 14～16%。油属不干性油；比重（25℃）0.9294，折射率（25℃）1.4389；碱化值 214.2，碘值 70，酸值 23.9。

［采收处理］　9～10 月果实成熟时采收，去掉果皮，晒干后即可加工。

［其　　他］　用种子繁殖，10 月采种，次年 3 月播种育苗，也可采后即播。一年生苗达 60～70 厘米，即可定植。

236 山漆树（shanqishu）（图 684）

［地 方 名］　漆树（云南）

［学　　名］　**Rhus delavayi** Franch.　漆树科

［形态特征］　灌木，高 2～4 米；枝红褐色，无毛。奇数羽状复叶互生，具**小叶 5～7**；小叶纸质，卵圆形至长圆形，**长 3～5 厘米，宽 1.5～3 厘米**，基部宽楔形，两侧略不对称，先端骤狭的短尖或渐尖，全缘，表面深绿色，背面灰青色，**两面平滑无毛。圆锥花序腋生**，少花，长 5～8 厘米；花细小。**核果**扁圆形，**黄色带青或白色**，光滑无毛。花期 4～5 月，果期 8～9 月。

［生长环境］　生长在海拔 1500～2500 米坡地的灌木丛中。

［产　　地］　四川、贵州、云南等省。

［用　　途］　种子油可制肥皂、润滑油。

［理化性质］　据云南省野生植物普查队野外粗分析：种子含油量 20%。

［采收处理］　果实成熟后即可采收，晒干备用。

［加　　工］　参阅漆树加工方

图 684　山漆树

Rhus delavayi Franch.

1. 果枝；2. 果。

法（854页）。

［其　　他］　除山漆树外，尚有复叶山漆树（Rhus delavayi var. quinquejuga Rehd. et Wils）与本种的用途、理化性质等极相似，其主要特征是：奇数羽状复叶，两侧小叶5～6（11～13）。

237 青麸杨（qingfuyang）（图956）

［学　　名］　**Rhus potanini** Maxim.　漆树科

（地方名、形态特征、生长环境、产地及其他用途见“鞣料类”，1185页）

［用　　途］　种子油可制肥皂及润滑油。

［理化性质］　据河南省资料：种子含油量23.51%，出油率18%。

［采收处理］　待果实成熟后采集，除去果柄及杂质，晒干备用。

［加　　工］　参阅总论及漆树籽加工方法（854页）。

图685　木蜡树
Rhus succedanea L.
1．果枝；2．雄花；3．雌花；4．雌花去萼和花瓣后示退化雄蕊、花丝和雌蕊；5．核果。
（自“江苏南部种子植物手册”）

238 木蜡树（mulashu）（图685）

［地 方 名］　野漆（通称），野漆树（河南、湖北），洋漆树（广西、四川、河南），大木漆（湖北），山漆树（安徽）。

［学　　名］　**Rhus succedanea** L.　漆树科

［原 料 名］　漆树籽

［形态特征］　落叶乔木，高可达10米；树皮初时暗赤色，平滑，后渐开裂；嫩枝粗壮，平滑无毛；顶芽粗大，顶尖无毛，呈鲜褐色。奇数羽状复叶互生，密集于枝顶，具**小叶9～15**；小叶对生，柄极短，长椭圆状披针形或阔披针形，**长5～10厘米，宽2～3厘米**，基部偏斜或楔形，先端渐尖，全缘，**两面平滑无毛**，侧脉每边16～24。**圆锥花序腋生**，长约7厘米；总花梗无毛。核果扁平，斜圆形或菱状圆形，**淡黄色**，中果皮富蜡质，内果皮坚硬。花期5～6

月，果期 10 月。

［生长环境］　喜温湿，生于山坡、山沟、路旁、村庄附近，常生长在海拔 1000 米以下。

［产　　地］　河北、河南、安徽、湖北、浙江、江苏、江西、广东、广西、台湾、四川、贵州、云南等省区。

［用　　途］　种子油可制肥皂或掺合其他干性油作油漆。果皮含蜡质，称为白蜡或漆蜡，可制蜡烛、膏药、香膏、头发蜡等。

木材暗黄色，坚硬密致，可供细工用。叶和茎皮可提制栲胶（见“鞣料类”，1187 页）。植株可割漆（见“树脂及树胶类”，1556 页）。

［理化性质］　据四川省资料：壳重 43.64%，仁重 55.61%。壳含油量 56.36%，仁含油量 9.52%。种子含油量 30.1%，出油率 27%。油为半干性油，浅黄色，常温下为半固体；油的碱化值 183.35，碘值 125.28，酸值 9.75。

［采收处理］　霜降前后采下果枝，采回后曝晒；再用木棒打脱果实，连同外皮（外皮含有蜡质）碾碎，即可榨油。

［加　　工］　见总论榨油法，但由于果皮所含蜡质较粘，须连续猛榨，到不出油为止。

239 野漆树（yeqishu）（图 686）

［地 方 名］　木蜡树（湖北），野漆疮柴、山漆树（安徽），野毛漆（浙江）。

［学　　名］　**Rhus sylvestris** Sieb. et Zucc.　漆树科

［形态特征］　落叶乔木，高可达 10 米；嫩枝和冬芽有棕黄色短毛。奇数羽状复叶互生，具小叶 7～13；小叶有毛，具短柄，卵形或卵状椭圆形，长 4～10 厘米，宽 2～3 厘米，基部偏斜，圆形或阔楔形，先端渐尖，全缘，表面具短柔毛或无毛，背面密被短柔毛，侧脉显著，每边 18～25。圆锥花序腋生，总花梗密生棕黄色毛；花细小黄色。核果

图 686　野漆树
Rhus sylvestris Sieb. et Zucc.
1. 果枝；2. 雌花；3. 雄花。

偏斜而扁，宽约 8 毫米，淡棕黄色，光滑无毛。花期 5～6 月，果期 9～10 月。

［生长环境］ 喜生于山野阳坡，常在山坡石缝中天然生长，垂直分布较高，可达海拔 1000 米左右。

［产　　地］ 江苏、浙江、安徽、福建、台湾、江西、湖北、湖南、四川、贵州等省；北方少见。

［用　　途］ 种子油可制肥皂、油墨及油漆。

［理化性质］ 果皮重 27.6%，核重 72.4%。果皮含水分 4.06%，含蜡 47.61%。蜡的比重（100℃）0.8679，融点 51～52℃；碱化值 202.9，碘值（韦氏法）24.7，酸值 6.18。据另一资料：种子含油量 7.40%，水分 9.45%，灰分 1.46%。油为干性油，比重（15℃）0.9268，折射率（20℃）1.4760，碱化值 199.6，碘值 135.4，酸值 3.60，不碱化物 2.22%。

［采收处理］ 参阅漆树（本页）。

［加　　工］ 参阅漆树。

［其　　他］ 野漆树产漆较少，种子出油率亦较低，但分布较广，如加以改良，亦有前途。

240 漆树（qishu）（图 1232）

［学　　名］ **Rhus verniciflua** Stokes　漆树科

［商 品 名］ 漆、漆籽

（地方名、形态特征、生长环境、产地及其他用途见“树脂及树胶类”，1557 页）

［用　　途］ 种子油可制高级香皂、雪花膏、油墨、蜡烛，也可掺和油漆使用。果壳表面含有 20%左右的蜡质，可以取蜡，为制蜡烛、蜡纸等的原料。

［理化性质］ 据上海食品工业科学研究所资料：壳重 41.10%，仁重 58.50%。壳含油 60.08%，仁含油 11%，种子含油 31.16%，灰分 2.13%，粗纤维 25.52%，蛋白质 14.89%，非氮物质 26.30%。

［采收处理］ 秋季果熟时采收，将籽成串剪下，晒干，用木棒轻轻捶打，揉去杂质后，即得净籽供榨油。

［加　　工］ 将清除杂质后的净漆籽，放在阳光下曝晒，使水分蒸发后，进行粗碾，边碾边筛，至籽和皮完全分离时为止。然后分别用果皮提蜡，用种子榨油。

用果皮提制漆蜡的工序是：（1）蒸粈：蒸时加水约 30%以上，搅拌均匀，约蒸 2 小时。（2）包饼：用麻袋或棕片包饼，要快包快装，以免降低温度。（3）压榨：榨时先松后紧，趁热而压，用瓷缸或木桶在流油处盛接，冷却后即凝固成蜡。

用种子榨油时，先将种子炒至微黄色，稍凉即可参照总论压榨工序进行榨油，榨时应一气打榨，否则会因凝固而减少出油量。

241 枸骨（gougu）（图 687）

［地 方 名］　猫儿刺（浙江、湖南），老虎刺、猫儿香、六角刺、功劳叶、老虎脚板底、老鼠树（江苏），枸肋（江西），老鼠怕（广西）。

［学　　名］　**Ilex cornuta** Lindl. et Paxt.　冬青科

［形态特征］　常绿灌木或小乔木，高 3～4 米；树皮灰白色，平滑。**单叶互生，**具短柄；硬革质，**长椭圆状四方形**，长 5～9 厘米，宽 2～6 厘米，基部平截，**两侧各有硬刺** 1～2，先端扩大，有坚硬针刺 3，中间一个常反曲，生于老枝上的吐基部圆形或近圆形，无刺，边缘硬骨质，反卷，表面深绿色，有光泽，背面粉绿色。花杂性同株；数朵集生于叶腋，成无总梗的伞形花序；花萼杯状，顶端 4 裂；花冠基部连合，黄白色；雄蕊 4，生于花冠裂片基部；子房 4 室，花柱极短。核果球形，鲜红色，果柄长约 15 厘米。花期 4～6 月，果期 9～11 月。

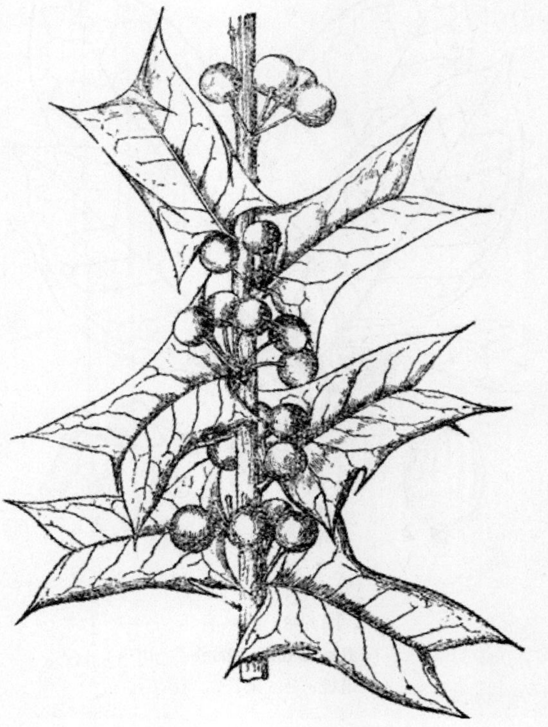

图 687　枸骨
Ilex cornuta Lindl. et Paxt.
果枝

［生长环境］　常生于山坡、山谷、溪涧、路旁的杂木林或灌丛中。

［产　　地］　河南、江苏、安徽、浙江、江西、湖北、湖南、广西等省区。

［用　　途］　种子油可制肥皂等用。

叶、果实可供药用（见“药用类”，1802 页）。树皮可作染料或熬胶黏鸟雀。枸骨树形端正，四季常青，果实红色，经久不落，常植于庭园供观赏用。

［理化性质］　据江苏省资料：种子含油量 9.84%。

［采收处理］　果实成熟呈鲜红色时采收，采后去掉果肉，晒干种子放通风干燥处，储备榨油。

242 铁冬青（tiedongqing）（图 688）

［地 方 名］　白沉香、游民茶（福建），白银香（江苏），胶叶柴、铁钉柴、红子儿（浙江），山桐青（安徽），白兰香、白熊胆木（广东），救必应（广西）。

［学　　名］　**Ilex rotunda** Thunb.　冬青科

［原 料 名］　冬青籽（广东）

［形态特征］　常绿乔木或灌木，高可达 15 米；树皮淡绿灰色，平滑无毛。单叶互生，纸质，椭圆形至长圆形，长 4～10 厘米，宽 2～4 厘米，两端短尖；全缘，表面光亮，背面色浅而暗，侧脉每边 8 条，两面明显；叶柄长 7～12 毫米。花单性，雌雄异株；排成具梗的伞形花序，着生于当年小枝的叶腋内；雄花序有花 8～15，花瓣 4～5，淡绿色，卵状长圆形，长约 2.5 毫米，雄蕊 4～5，与花瓣互生；雌花较小；子房上位。核果球形至椭圆形，顶端有宿存的柱头，初时黄色，熟时变红色，长 4.5～6 毫米，宽 4～5 毫米，内藏 3 或更多的分果核，每核有种子 1。花期 5～6 月，果期 9～10 月。

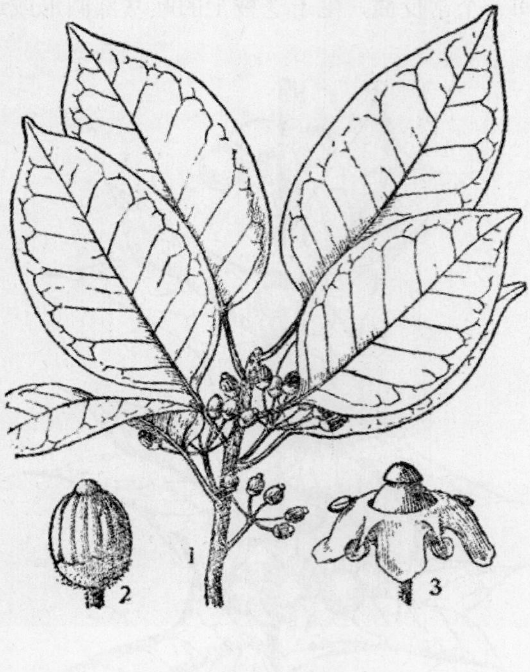

图 688　铁冬青

Ilex rotunda Thunb.

1．果枝；2．果；3．花。

［生长环境］　生于平原、丘陵和山地下部的疏林中或溪边、村落旁，但以气候温暖、土壤湿润而肥沃、阳光充足的溪边或山谷地区生长最盛。

［产　　地］　江苏、浙江、安徽、江西、湖南、广西、广东、福建、台湾、云南等省区。

［用　　途］　种子油可供制肥皂、机械润滑油等用。油粕可作肥料。

枝叶煎成胶液，为制土纸的胶料，加于纸浆中可以加强黏性。木材坚硬密致，可作细工用材。树皮含鞣质，可作染料或提制栲胶（见“鞣料类”，1188 页）。树皮内的树脂可以黏鸟。

［理化性质］　据广东省粮食厅资料：果壳重 54.8%，种仁重 45.2%，种子含油 20.70%，种仁含油 57.20%，水分 4%。油为不干性油，黄色，半固体状；折射率（20℃）1.4640；碱化值 225.10，碘值 54.2，酸值 10.02。

［采收处理］　果熟时采下，置水中洗除果肉，将果核晒干即可榨油。

243 南蛇藤（nansheteng）（图 144）

［学　　名］　**Celastrus orbiculatus** Thunb. [*C. articulatus* Thunb.; *C. jeholensis* Nakai; *C. articulatus* var. *orbiculatus* (Thunb.) Wang]　卫矛科

［原 料 名］　南蛇藤籽

（地方名、形态特征、生长环境、产地及其他用途见“纤维类”，181 页）

［用　　途］　种子油供制肥皂、润滑油。

［理化性质］　据中国科学院林业土壤研究所资料：种子含油量 47.07%；油的比重（15℃）0.9846～0.9965，折射率（19℃）1.483；碱化值 337.1～344.0，碘值 41.9～42.8，酸值 65.4～65.5。又据河南省资料：种子含油量为 49.37%；四川省资料：种子含油量为 58.69%。

［采收处理］　10 月果子成熟时连同植株割回，晒干，搓去外壳及种皮，将种子装入麻袋贮存干燥处，防止霉坏变质。

244 刺叶南蛇藤（ciyenansheteng）（图 689）

［学　　名］　**Celastrus flagellaris** Rupr.　卫矛科

［原 料 名］　南蛇藤子

［形态特征］　藤本，长达 8 米；树皮褐色，有纵的皱纹，具小卵形稀疏的皮孔，粗糙；腋芽小，扁卵形，**通常护以两个显著的宽镰形刺状苞片**，长约 3 毫米。单叶互生，阔椭圆形至近圆形，长 3～5.5 厘米，宽 2～5 厘米，基部截形至钝圆形，先端短渐尖或钝圆，边缘有刚毛状细齿，表面绿色，背面色淡；叶柄长 1.5～2.5 厘米。花雌雄异株，腋生，**单生，稀成束状**，花梗长 2～8 毫米；白或黄绿色；萼钟形，5 裂，长 2～3 毫米，裂片长圆形；花瓣匙状长圆形，长 3.5～4 毫米；雄花雄蕊与花瓣略等长；雌花花柱圆筒形，基部膨大，柱头 3 裂，每裂再 2 深裂，反折。蒴果球形，黄绿色，3 瓣裂；种子 3～6 个，假种皮暗红色。花期 6 月，果期 10 月。

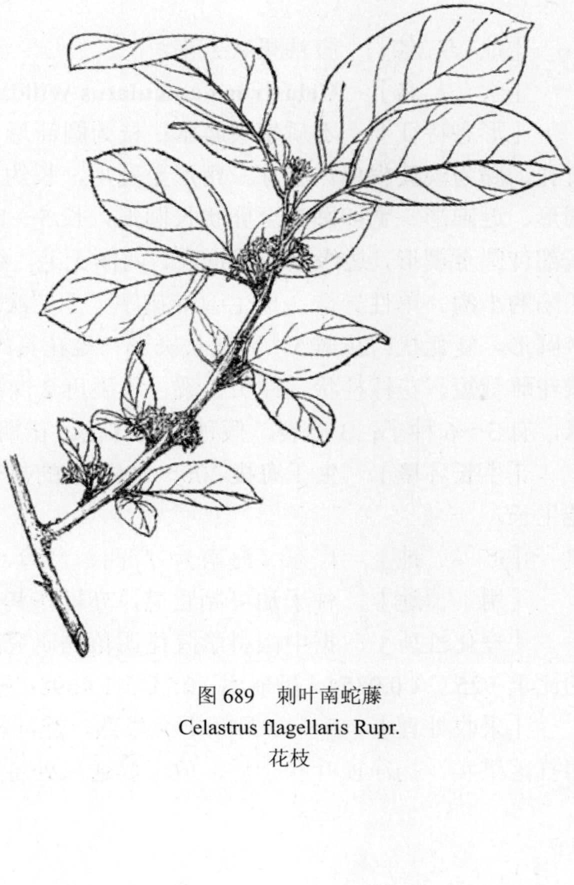

图 689　刺叶南蛇藤
Celastrus flagellaris Rupr.
花枝

［生长环境］　生于海拔 1000 米以下的林地、河边的石坡上。

［产　　地］　辽宁、吉林、河北、浙江等省。

［用　　途］　种子油供制润滑油。

［理化性质］ 据中国科学院林业土壤研究所资料：种子含油量51.29%；油的比重（15℃）0.9679～0.9688，折射率（20℃）1.4834；碱化值312.3～314.4，碘值40.4～41.4，酸值46.7～46.9，酯值262.2～273.3。

［采收处理］ 10月间采集果实，晒干后搓去外壳及假种皮，装麻袋放通风干燥处贮存。

245 大芽南蛇藤（拟）（dayanansheteng）（图143）

［学　　名］ **Celastrus gemmatus** Loesn.　卫矛科

（地方名、形态特征、生长环境、产地及其他用途见“纤维类”，180页）

［用　　途］ 种子油供制肥皂及其他工业用。

［理化性质］ 据云南省资料：种子出油率20%。

［采收处理］ 秋季种子成熟，结合利用纤维，连同植株割回晒干，打下种子，扬净枝叶和杂质，放通风干燥处备用。

246 红果藤（hongguoteng）

［地 方 名］ 打油果（云南）

［学　　名］ **Celastrus paniculatus** Willd.　卫矛科

［形态特征］ 木质攀援藤本；枝为圆筒形，幼时常有毛，以后无毛，褐色，密生皮孔，髓为淡黄褐色。腋芽三角形至圆形，长约1.5毫米。单叶互生，具长柄，叶片椭圆形、近圆形、宽卵圆形至卵状长圆形，长5～15厘米，宽2～6厘米，先端骤渐尖，基部钝圆至楔形，边缘具疏浅锯齿，两面无毛，细脉显著；叶柄长1～2.5厘米，腹面有凹陷的小沟。单性异株；顶生圆锥花序至少三次复合，花细小，青至淡黄色；萼片5，半圆形，复瓦状；花瓣5，卵状长圆形；雄花具雄蕊5，花丝短，着生于花盘基部四周；雌花雌蕊短，花柱柱状，柱头3裂，每裂再2深裂，细长。果近圆球形，直径8～10毫米，有3～6种子；3瓣裂，假种皮黄红色。花期4月，果期9～10月。

［生长环境］ 生于海拔200～1800米的热带平地或山坡密林中，干燥或湿润地均能生长。

［产　　地］ 广东（海南）、广西、台湾、云南等省区。

［用　　途］ 种子油可制肥皂，亦可作其他工业用。

［理化性质］ 据中国科学院昆明植物研究所分析资料：种子含油量59.79%。油的比重（25℃）0.9354，折射率（25℃）1.4698；碱化值227.66，碘值73.93，酸值57.24。

［采收处理］ 9～10月间果突成熟。连同植株用镰刀割回，放日光下晒干，用木棒打落果实，扬净梗叶和杂质，放干燥通风处备用。

247 卫矛（weimao）（图 1244）

［学　　名］　**Euonymus alatus** (Thunb.) Regel　卫矛科

（地方名、形态特征、生长环境、产地及其他用途见“橡胶及硬橡胶类”，1588 页）

［用　　途］　种子油供制肥皂、润滑油用。

［理化性质］　据中国科学院林业土壤研究所资料：种子含油量 47.94%。

［采收处理］　种子 9 月间成熟，摘下果实，晒干，放干燥通风处备用。

248 丝棉木（simianmu）（图 690）

［地 方 名］　榆芽树（内蒙古），白杜（河北、江苏），明开夜合（山西），杓子树（河南），老乌胭脂条子、桃叶卫矛（山东），白树、野狗骨树、狗夹子（江苏），野杜仲（湖北）。

［学　　名］　**Evonymus bungeana** Maxim.　卫矛科

［形态特征］　**落叶灌木或小乔木**，高达 6 米；树皮灰色；小枝细长，绿色，略呈 4 棱，不具木栓质翅；冬芽小，卵形，灰褐色。单叶对生，坚纸质，**椭圆状卵形至卵形**，长 4～10 厘米，宽 2～5 厘米，基部楔形或近圆形，先端渐尖，边缘具细锯齿，两面绿色，无毛；柄长 1～3 厘米。花两性，径约 8 毫米，黄绿色。聚伞花序腋生，由 3～15 朵花组成，总花梗长 1～2 厘米；花萼 4，萼片近圆形；花瓣 4，椭圆形，雄蕊 4，花丝显著，着生于花盘上，花药紫色，几与花丝等长；子房与花盘连合，花柱 1 个。**蒴果深裂成尖锐的四棱**，直径约 1 厘米，成熟时 4 瓣裂，露出橘红色假种皮；种子白色或深红色。花期 5 月，果期 10 月。

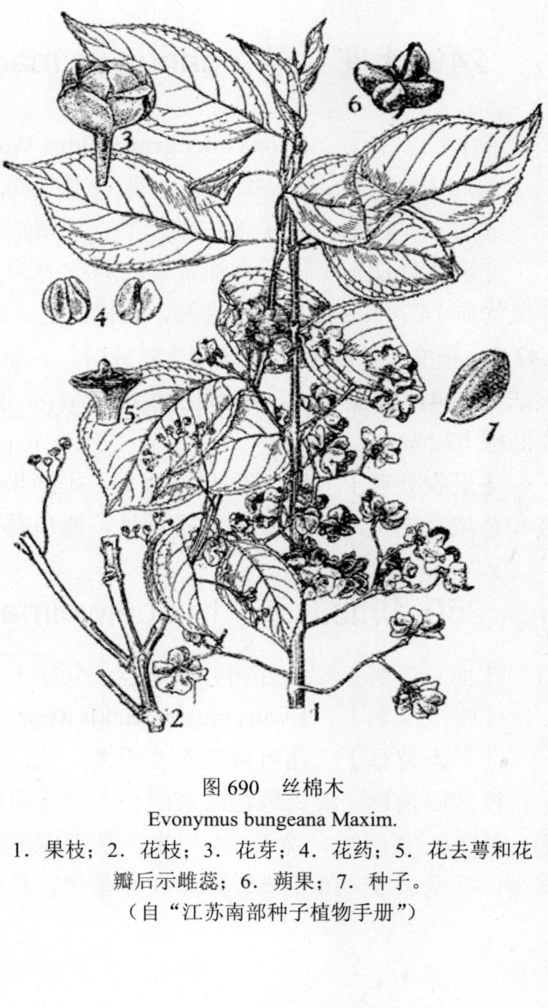

图 690　丝棉木
Evonymus bungeana Maxim.
1．果枝；2．花枝；3．花芽；4．花药；5．花去萼和花瓣后示雌蕊；6．蒴果；7．种子。
（自“江苏南部种子植物手册”）

［生长环境］　喜生于山区林缘、山麓、山沟、路旁土壤湿润肥沃处，平原砂质土壤及微碱性土壤均能生长

良好；垂直分布在海拔1000米以下。

［产　　地］　吉林、辽宁、内蒙古、河北、山西、山东、江苏、安徽、浙江、福建、河南、湖北、陕西、甘肃等省区。

［用　　途］　种子油可制肥皂。

本种含有硬橡胶（见“橡胶及硬橡胶类”1589页）。木材韧力强，不易开裂或扭曲，可作铅笔杆、帆杆、滑车或小家具，亦是良好的雕刻用材。河南省大别山群众多用其木材作杓子，故有“杓子树”之称。嫩叶可作茶叶用。果实熟后可作红色染料；又可杀十字花科植物青虫。枝绿叶茂，花果密集，红果在枝上悬垂很久，甚为美观，故亦为最普通的庭园观赏树种。

［理化性质］　据中国科学院林业土壤研究所资料：种子含油量45.78%。油的比重（15℃）0.9679～0.9688，折射率（20℃）1.4755；碱化值399.0～399.3，碘值44.2～45.9，酸值107.0～107.9，酯值291.4～2 91.9。

［采收处理］　果实成熟后，摘取果序，晒干，打落果实，除去果枝及杂质，将纯净种子装入麻袋，放通风干燥处，防止霉坏变质。

249 大花卫矛（dahuaweimao）（图1245）

［学　　名］　**Evonymus grandiflora** Wall.　卫矛科

（地方名、形态特征、产地及其他用途见“橡胶及硬橡胶类”，1589页）

［用　　途］　种子油供制肥皂、润滑油用。

［理化性质］　种子含油量52.28%，灰分3.85%，粗纤维12.48%，蛋白质16.69%，非氮物质14.74%。油属半干性油，暗棕红色；油的比重（20℃）0.9526，折射率（20℃），1.4739，粘度（安格拉氏秒20℃）8′43.8″，脂酸凝固点36.2℃；碱化值255.5，碘值（韦氏法）98.4，酸值42.9，不碱化物1.50%，乙酰值84.99，可溶性脂肪酸11.10，不溶性脂肪酸83.5%。

［采收处理］　10月间果实成熟，采摘果序晒干，用连枷或木棒打落果实，除净果枝和杂质，把纯净种子置通风干燥处，避免霉烂。

250 华北卫矛（huabeiweimao）（图691）

［地 方 名］　金红树、胰子盒（辽宁）

［学　　名］　**Evonymus maackii** Rupr.　卫矛科

［形态特征］　落叶灌木至小乔木，高1～3米，树皮暗灰色而微带紫色，平滑无毛；枝钝四棱形，淡黄绿色或灰绿色。单叶对生，具柄，革质，卵状菱形或披针状长圆形，长5～10厘米，宽2～4厘米，基部楔形或圆形，先端长渐尖至锐尖，边缘具尖锐锯齿；叶柄长5～10毫米。聚伞花序腋生，总梗长1～1.5厘米；花绿白色，直径1～1.2

厘米；萼片 4；花瓣 4，长圆状倒卵形；雄蕊 4，花药暗紫红色；花柱圆筒状，与花丝等长。**蒴果无翅，直径约 1 厘米，成熟时粉红色，4 裂**；种子紫红色，假种皮橙红色。花期 7～8 月，果期 9 月。

［生长环境］　生于河岸溪谷、杂木林、山地或砂丘上；亦常栽培于庭园中。

［产　　地］　辽宁、吉林、黑龙江、内蒙古、河北、山西、山东、安徽、江苏、甘肃、四川等省区。

［用　　途］　种子油供制肥皂、润滑油用。

根皮及茎皮可提制硬橡胶（见“橡胶及硬橡胶类”，1591 页）。木材细密，稍硬，少开裂，可制器具及细工雕刻用。叶可代茶叶用。树形美观，为观赏树种。

［理化性质］　据吉林省资料：种子含油量 49.89%。又据中国科学院林业土壤研究所资料：种子含油量 54.51%。

［采收处理］　9 月果熟期将果摘下晒干，放通风干燥处备用。

［其　　他］　播种繁殖，幼苗移植后生长迅速。

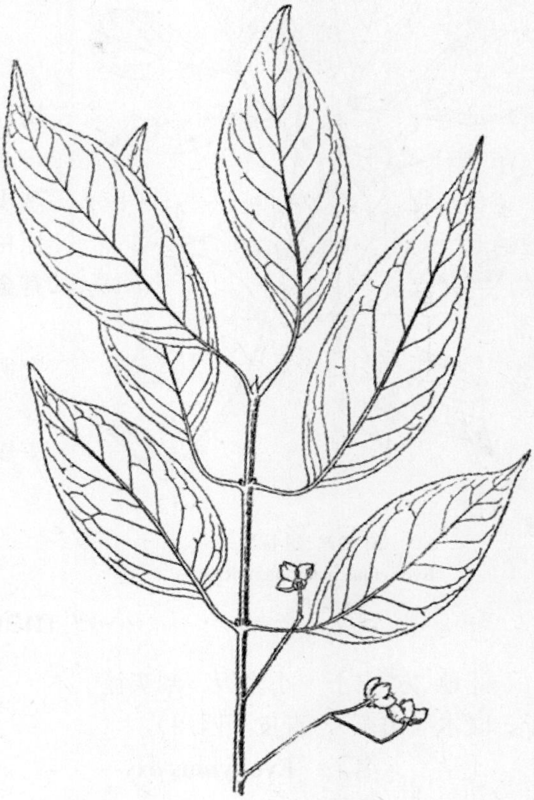

图 691　华北卫矛
Evonymus maackii Rupr.
果枝

251 翅卫矛（chiweimao）（图 692）

［地 方 名］　黄瓢子（辽宁、黑龙江）

［学　　名］　**Evonymus macroptera** Rupr.［*Kalonymus macroptera* (Rupr.) Prokh.］卫矛科

［形态特征］　灌木或小乔木，高约 2 米；树皮紫褐色或灰褐色；芽纺锤形，灰绿色。单叶对生，具柄，**长倒卵形、长圆状卵形或阔椭圆形**，长 4～13 厘米，宽 2～6 厘米，基部楔形，先端突尖或渐尖，边缘具细小锯齿，两面无毛；叶柄长 4～10 毫米；托叶篦齿状，早落。聚伞花序，**总花梗长 3～6 厘米**，细弱；萼片 4，花瓣 4，绿白色，花药短缩，柱头无柄。蒴果，直径 2.5～4 厘米，**具 4 个长翅**，翅长 7～10 毫米，暗红蔷薇

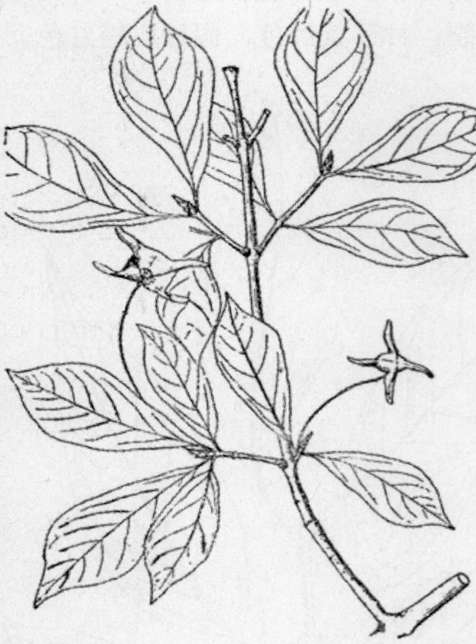

图 692 翅卫矛
Evonymus macroptera Rupr.
果枝

［地 方 名］ 小米饭、刮头篦子、暖木（山东），青皮（四川）。

［学　　名］ **Evonymus oxyphylla** Miq. 卫矛科

［形态特征］ **落叶灌木或小乔木；冬芽长 5～7 毫米，尖圆锥形**。单叶对生，偶有互生，**卵形至卵状长圆形**，长 4～9 厘米，宽 2.5～5 厘米，基部圆形、阔楔形或心形，先端渐尖，边缘具密锯齿，表面光绿色；叶柄长 2～8 毫米。花两性；聚伞花序腋生，具有细长的总花梗，长 4～5.5 厘米；萼片 5，花瓣 5，雄蕊 5，带绿色，渐变为褐色，花丝极短。**蒴果近球形，直径 1～1.5 厘米，有 5 棱，有时 4 棱，下垂，熟时呈暗红色**；种皮红色。花期 5～7 月，果期 10 月。

色，4 裂；种子长圆形，假种皮杏黄色。花期 5～6 月，果期 8～9 月。

［生长环境］ 生于山地杂木林中。

［产　　地］ 辽宁、吉林、黑龙江等省。

［用　　途］ 种子油供制肥皂、润滑油用。

木材黄白色，质密，可作家具及细工用。茎皮纤维可制绳索、打草鞋，亦为纺织及造纸原料。果柄细长下垂，具红色长翅，很美丽，有金丝吊蝴蝶之称，可供观赏用。

［理化性质］ 据中国科院学林业土壤研究所资料：种子含油量 47.5%。

［采收处理］ 9 月果熟，摘下晒干，放干燥通风处收藏备用。

252 垂丝卫矛（chuisiwei-mao）（图 693）

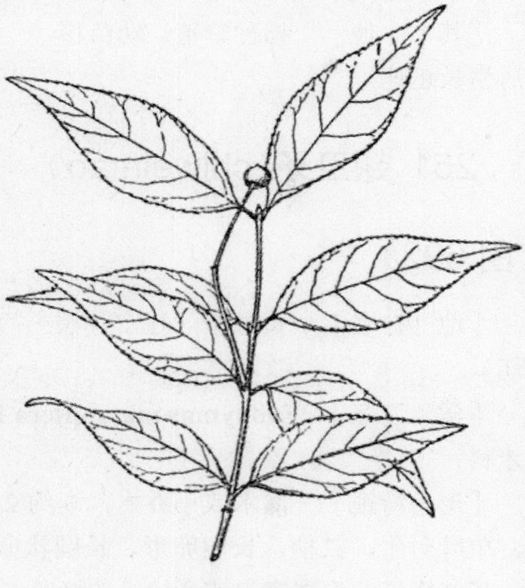

图 693 垂丝卫矛
Evonymus oxyphylla Miq.
果枝

［生长环境］　习见于空旷向阳的山地灌丛及疏林中，也见于阴坡沟谷石缝中。

［产　　地］　浙江、安徽、山东、湖南、四川等省。

［用　　途］　种子油供制肥皂用。

树皮纤维可以利用做麻袋（见“纤维类”，183 页）。树形美观，可作观赏树种。

［理化性质］　据浙江省资料：种子含油量 45.5%，水分 2.8%。

［采收处理］　果成熟后采收，晒干，搓去外壳及假种皮，装入麻袋，放于干燥处贮存，防止霉坏。

253 染用卫矛（ranyongweimao）（图 694）

［地 方 名］　阿于好（云南）

［学　　名］　**Evonymus tingens** Wall.　卫矛科

［形态特征］　小乔木，高 5～8 米；**枝常浑圆**，无毛，暗褐色。单叶对生，具柄，厚纸质，**卵圆形至卵状披针形**，长 4～8 厘米，宽 1.5～4 厘米，基部宽楔尖或楔尖，先端渐尖或短尖，边缘具浅而小的锯齿，两面无毛，中脉凸起；叶柄长 5～10 毫米。二歧聚伞花序；有花 7 朵以上，总花梗略扁；萼片 5，半圆形，长约 1.5 毫米，宽约 2 毫米，边缘膜质；花瓣 5，阔卵圆形至近圆形，长 5～6 毫米，宽 4～5 毫米，白色，间以紫色脉纹，膜质，边缘钝齿浅裂，基部具爪；雄蕊 5，比花瓣稍短；子房圆球形，花柱较花丝长。**蒴果近圆形而略 5 棱**，直径约 1.5 厘米；种子长圆形，长 5～6 毫米，厚 3～4 毫米。花期 5～8 月，果期 10～12 月。

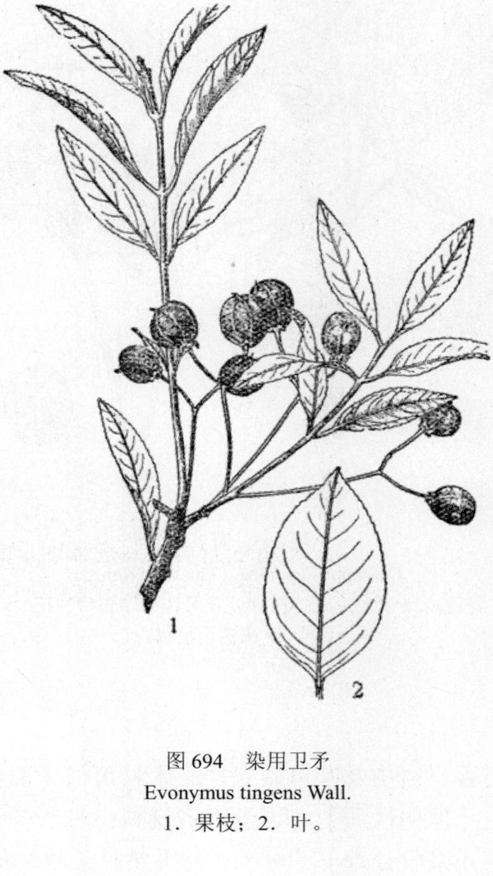

图 694　染用卫矛

Evonymus tingens Wall.

1．果枝；2．叶。

［生长环境］　常生于海拔 2500～3800 米的针叶阔叶混交林下。

［产　　地］　云南、四川、广西等省区。

［用　　途］　种子油供制肥皂、润滑油用。

［理化性质］　据云南省资料：种子出油率为 44%。

［采收处理］　果熟时剪下果枝，

搓下种子，除净皮壳，晒干，可供榨油。

254 野鸦椿（yeyachun）（图 695）

［地 方 名］ 夜夜椿、鸡矢柴、雨伞树、鸟腱花（湖南），鸡眼睛（江苏、四川），鸡胀柴、鸡胀皮（浙江）。

［学　　名］ **Euscaphis japonica** (Thunb.) Kanitz.　省沽油科

［原 料 名］ 野鸦椿子

［形态特征］ 落叶小乔木或灌木，高约 3 米；小枝及芽棕红色，枝叶揉碎后发恶臭气味。奇数羽状复叶对生；小叶 7～11，对生，厚纸质，卵形至卵状披针形，长 4～8 厘米，宽 2～4 厘米，基部圆形至阔楔形，先端渐尖，边缘具细锯齿；托叶小，线形，早落。圆锥花序顶生，长 12～15 厘米，小花枝对生；苞片线形，花黄绿色，花萼 5，花瓣 5，雄蕊 5，花丝扁平，下部阔，花盘环形，子房 3，分离。蓇果，成熟时呈蓇葖果状开裂，果皮革质，紫红色，基部围以宿存的花萼、花瓣及雄蕊；种子近圆形，外包肉质假种皮，成熟时黑色，露出。花期 5～6 月，果期 9～10 月。

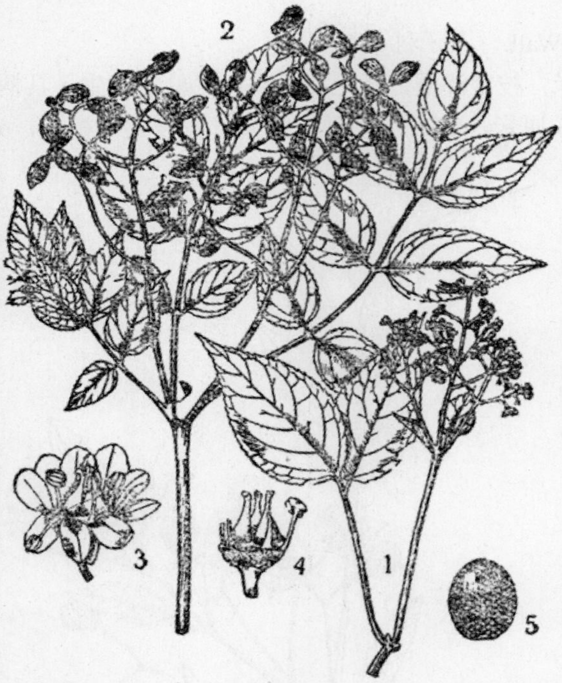

图 695　野鸦椿
Euscaphis japonica（Thunb.）Kanitz.
1．花枝；2．果枝；3．花；4．花萼花瓣除去后的花；5．种子。（自“中国药用植物志”）

［生长环境］ 常生于山坡、山谷、河边的丛林及灌木丛中，亦有栽培于庭园作观赏用。

［产　　地］ 河南、山西、江苏、浙江、湖北、安徽、湖南、江西、四川、贵州、福建、台湾、广东、广西等省区。

［用　　途］ 种子油可制肥皂及工业用油。

树皮可提栲胶（见“鞣料类”，1188 页）。根的内皮可入药，治痢疾、肚泻等。树皮及叶可做农药。木材可做一般器具。

［理化性质］ 据湖南省资料：种子含油量 25～30%。

［采收处理］ 9～10 月果熟时采收，待果皮开裂后，收集种子，晒干备用。

255 省沽油（shengguyou）（图 696）

［地 方 名］ 水条（辽宁本溪）

［学　　名］ **Staphylea bumalea** DC.　省沽油科

［原 料 名］ 省沽油籽（东北）

［形态特征］ 落叶灌木，茎高达 5 米；树皮紫红色；枝条开展，青白色。复叶对生，小叶 3，叶片椭圆形或卵圆形，长 4.5～8 厘米，宽 2.5～5 厘米，基部楔形或圆形，先端渐尖，边缘有细锯齿，表面深绿色，背面青白色，主脉及侧脉具短毛。圆锥花序直立；萼片带黄白色；花瓣白色，较萼片稍大。蒴果膀胱状；种子黄色，有光泽。花期 4～5 月，果期 8～9 月。

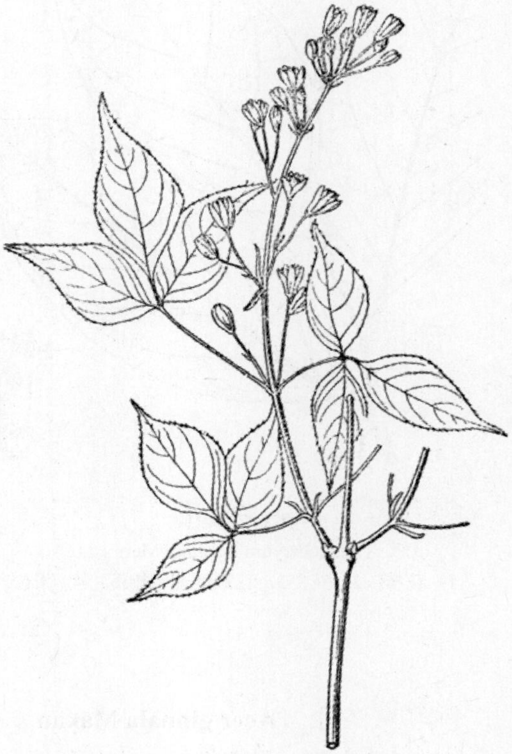

图 696　省沽油
Staphylea bumalea DC.
花枝

［生长环境］ 生于山谷或山顶的丛林中或路旁。

［产　　地］ 辽宁、吉林、黑龙江、山西、河北、浙江、湖北、安徽等省。

［用　　途］ 种子油可制肥皂及油漆。

茎皮可提取纤维。

［理化性质］ 据中国科学院林业土壤研究所分析：种子含油量 17.57%。

［采收处理］ 8～9 月果熟后采籽，晒干即可榨油。

256 琼榄（qionglan）（图 697）

［地 方 名］ 黄帝、唛胇料、黄柄木（广东海南）

［学　　名］ **Gonocaryum maclurei** Merr.　茶茱萸科

［形态特征］ 常绿灌木或小乔木，高 1.5～8 米。单叶互生，革质，长圆形至阔椭圆形，长 9～20 厘米，宽 4～10 厘米，基部圆形或钝，先端钝渐尖，边全缘，两面均无毛；叶柄粗，长 1～2 厘米。花杂性异株；花序腋生，长约 1 厘米，有花数朵至 10 多朵；总花梗很短；小苞片卵圆形，被毛；雄花萼片卵圆形，长约 2 毫米；花冠白色，裂片卵

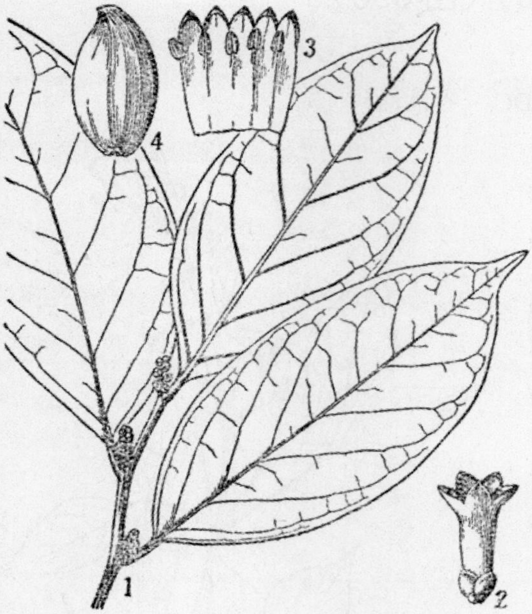

图 697 琼榄
Gonocaryum maclurei Merr.
1．花枝；2．花；3．花冠展开示雄蕊；4．果。

状三角形，长约 1.5 毫米，雄蕊 5，生于冠管上；雌花或两性花少数，花冠长 4.5 毫米；子房上位。核果椭圆形或长椭圆形，长 3～4.5 厘米，直径 1.8～2.5 厘米，成熟时黑色，平滑而光亮，先端有短喙。花期 4 月，果期 8 月。

［生长环境］ 本种为热带植物，多生于海拔 500 米的山谷森林中；为海南岛的常见植物。

［产　　地］ 广东（海南）省

［用　　途］ 种子油供制肥皂、润滑油用。

［理化性质］ 据广东省商业厅资料：种仁含油量 35.06%。

［采收处理］ 8 月果熟时采摘，除去果肉和核壳后，将核仁晒干备用。

257 茶条槭（chatiao-qi）（图 960）

［学　　名］ **Acer ginnala** Maxim.　槭树科

（地方名、形态特征、生长环境、产地及其他用途见“鞣料类”，1189 页）

［用　　途］ 种子（小坚果）油可制肥皂。

［理化性质］ 据辽宁省分析资料：小坚果含油量 11.5%。

［采收处理］ 8～9 月果实成熟后，用杆打下或上树摘下果实，晒干后，用麻袋包装，放通风干燥处备用。

［加　　工］ 制油的简略过程如下：（1）精选：除去杂质，将果翅及外壳压碎，然后选出种仁；（2）粉碎：将种子磨成粉未；（3）蒸粈：将粉末原料用甑蒸；（4）包饼及压榨：将粈包成固定形状。包紧包匀入榨榨油。

258 青楷槭（qingkaiqi）（图 698）

［地 方 名］ 青楷子（辽宁）

［学　　名］ **Acer tegmentosum** Maxim.　槭树科

［形态特征］ 落叶乔木，高 10～15 米；**树皮平滑，灰绿色**，带有黑色裂纹；幼枝无毛红褐色，老枝绿褐色。单叶对生，稍革质，心形或近心形，长 6.5～12 厘米，先

端3浅裂，两侧裂片较小，稍开展，呈五角形，有时基部有两小浅裂片，裂片先端渐尖，边缘具锐尖的小重锯齿，表面深绿色，背面淡绿色，两面均无毛，背面脉腋有淡黄色丛毛；叶柄长3.5～8.5厘米，无托叶；**总状花序**，细长下垂，花10～20；萼片5；花瓣5，黄绿色；雄蕊8；子房2室。翅果长约2.5厘米，黄褐色；**果翅**在上端**开展很宽，约140度**，翅长约1.5厘米，宽约8毫米；小坚果在下端，很扁，卵圆形，宽约6毫米。花期5月，果期9月。

［生长环境］　稍喜阴，并喜较湿润的地方，常生于阔叶混交林中，垂直分布在海拔270～900米处。

［产　　地］　辽宁、吉林、黑龙江等省。

［用　　途］　小坚果（俗称种子）油可制肥皂。

木材供制家具、农具等用。也有作庭园观赏树。树皮可提栲胶（见“鞣料类”，1194页）。

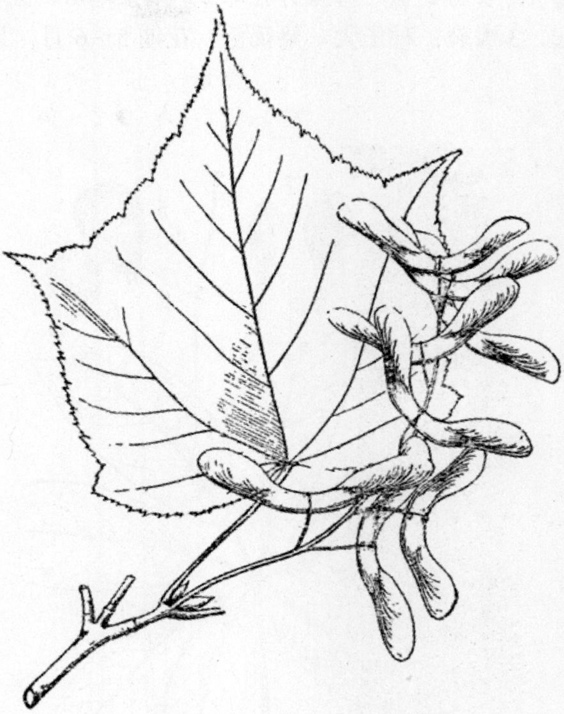

图698　青楷槭
Acer tegmentosum Maxim.
果枝

［理化性质］　据辽宁省分析资料：果实含油量23.45%。

［采收处理］　9月中、下旬果实成熟，摘下，晒干，去掉果翘，即可供榨油。

［其　　他］　可用播种繁殖。

259　七叶树（qiyeshu）（图699）

［地 方 名］　梭椤树（河北、河南、山西），开心果（江苏）。

［学　　名］　**Aesculus chinensis** Bge.　七叶树科

［原 料 名］　梭椤籽（山西、河南）

［形态特征］　乔木，高达20米；枝条粗，光滑无毛，棕黄色；芽为数对鳞片所覆盖。掌状复叶对生，具长柄；小叶5～7，有短柄，倒卵状长圆形，长8～15厘米，宽3～5.5厘米，基部圆形或楔形，先端渐尖，边缘有细锯齿，表面绿色有光泽，**背面除叶脉外都无毛**；小叶柄有短柔毛，长3～8毫米。花杂性，为顶生、大型的长圆锥花序，长17～20厘米；花小，白色，通常长约1厘米；萼钟形，5裂，呈不规则的两唇状；花

瓣4；子房3室，每室有胚珠2。**蒴果球形**，先端扁平，直径约4厘米，壳坚硬有小突起，3瓣裂；种子大，栗褐色。花期5～6月，果期9月。

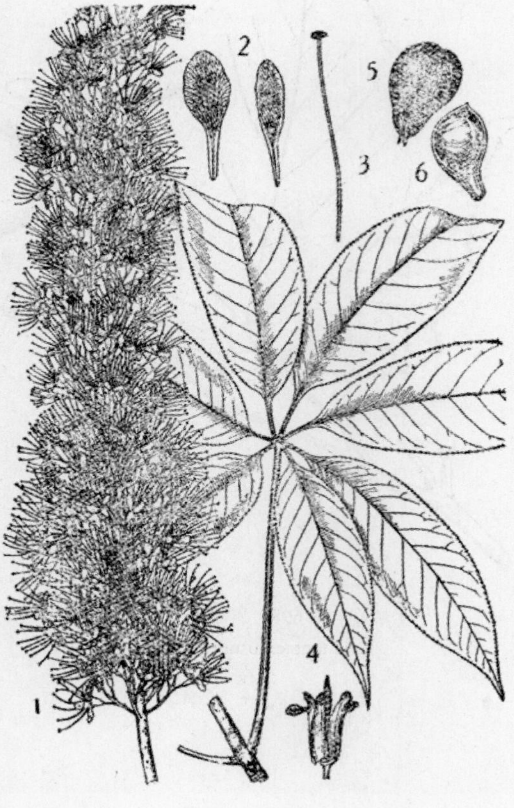

图699 七叶树

Aesculus chinensis Bge.

1．花序；2．花瓣；3．雄蕊；4．萼展开示雌蕊；5．果；6．果纵切及种子。(自“中国森林植物志”)

［生长环境］ 喜生于潮湿、疏松、肥沃的土壤上。

［产　　地］ 河北、河南、陕西、甘肃、山西、山东、江苏、浙江等省。

［用　　途］ 种子油可制肥皂。

果实亦可入药(见“药用类”，1803页)。花美丽，为珍贵的庭园观赏树种。木材供制小工艺品及造纸用。种子含淀粉可供工业用。

［理化性质］ 种子含油量36.8%，水分8.45%，灰分2.80%，淀粉36.15%，纤维14.7%，粗蛋白1.10%，碱抽出物 5.00%。油的比重（40℃）0.8909，碱化值230，碘值64.2。

［采收处理］ 果熟后，用长杆打落，收集去皮，晒干，即行加工，久藏则变质。

［其　　他］ 用种子、压条、嫁接繁殖均可。种子不耐贮藏，隔年种子的发芽率显著降低，故须成熟后即播种或埋于沙中，待翌春播种。

260 天师栗（tianshili）（图700）

［地 方 名］ 梭椤树、猴板栗（湖北）。

［学　　名］ **Aesculus wilsonii** Rehd.　七叶树科

［原 料 名］ 梭椤果（湖北）

［形态特征］ 落叶灌木或乔木；冬芽肥大，为数对鳞片所覆盖。掌状复叶对生，具小叶5～7；小叶长椭圆状倒卵形或长椭圆状倒披针形，长可达20厘米以上，宽4～6厘米，基部楔形或圆形，先端渐尖，边缘有细小锯齿，**背面幼时密生灰色长柔毛**。花杂性，为顶生、大型的圆锥花序；萼钟形，4～5裂；花瓣4～5，白色；雄蕊5～9；子房3室，每室胚珠2。**蒴果卵形或倒卵形，先端有短凸尖**；种子1～3。花期5月，果期9

月。

［生长环境］ 常生于山坡丛林中或田边，现已有栽培。

［产　　地］ 湖北、湖南、江西、广东、贵州、四川等省。

［用　　途］ 种子油供制肥皂用。

种子亦可用作解郁药。

［理化性质］ 据湖北省资料：种子含油量20%，出油率13%。

［采收处理］ 果实成熟时，采回晒干，打下种子，即行加工。

［加　　工］ 榨油时先将晒干的种子放在锅内炒焦，壳即开裂，用锤打破，取出肉仁。压榨工序参阅总论。

图700 天师栗

Aesculus wilsonii Rehd.

1. 花枝；2. 果；3. 萼展开；4、5. 花瓣；6. 雄蕊；7. 种子。（自“中国森林植物志”）

261 细子龙（xizilong）（图701）

［地 方 名］ 唛瑶、瑶果（广西），荔枝公、科柳（广东）。

［学　　名］ **Amesiodendron chinense** (Merr.) Hu (*Paranephelium chinense* Merr.) 无患子科

［形态特征］ 常绿乔木，高5～25米；树皮灰褐色。叶为偶数羽状复叶，互生，长15～30厘米，有小叶6～12；小叶对生或近互生，薄革质，长椭圆形至长椭圆状披针形，长6～12厘米，宽1.5～3.5厘米，基部短尖，先端渐尖，边缘有疏而明显的稍钝锯齿，干时黄褐色，光亮。花杂性，辐射对称，为顶生或近顶生的圆锥花序，长15～30厘米，被灰黄色柔毛；花小，白色，萼浅杯状，深5裂，被小柔毛，早期开展；花瓣5，基部内侧有阔而被厚毛的鳞片，花盘整正，浅杯状；雄蕊8～9；子房三角状，3室，密被锈色茸毛，每室有胚珠1，花柱线形，被锈色柔毛。蒴果，近球形，径2.5厘米，褐黄色，退化成1～2个分果瓣，果皮木质，无刺，但有钝的瘤状棱起；种子扁球形，基部有椭圆形的大疤痕。花期6～7月，果期8～9月。

［生长环境］ 本种稍耐荫蔽，喜生于湿润而有适当阳光的静风低谷中。在广西喜生于石灰岩山钙质土壤和阔叶混交林中；在广东海南山地天然林区分布很广，为常绿阔叶乔木林和次生常绿乔灌混交林中主要而普遍的树种。

[产　　地]　广东、广西、贵州、云南等省区。

[用　　途]　种子油味苦，不能食，可供工业用油。种子含丰富淀粉，可作饲料或酿酒。木材结构细致坚韧，可作家具及造船，也是建筑和雕刻的良好材料。

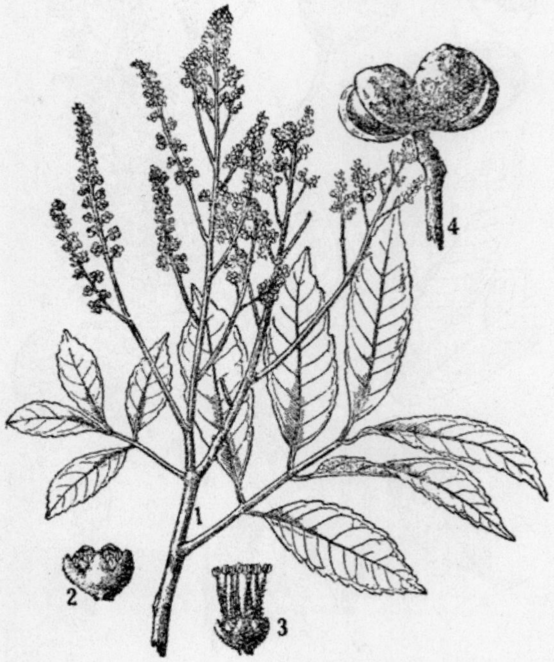

图 701　细子龙
Amesiodendron chinense（Merr.）Hu
1．花枝；2．花蕾；3．花；4．果。

[理化性质]　据广西僮族自治区资料：种子含油量 43%，土法榨油出油率 25%。

[采收处理]　果实在 8～9 月成熟，熟时沿背缝开裂，种子即堕落，故宜在果熟而未开裂时采摘，以防种子散落。采后将果实晒裂，脱出种子备用。

[其　　他]　用种子繁殖，因种子含有油分，最好随采随播；若待来春播种，则要用沙藏。苗地土壤宜深厚肥沃，排水良好，用点播或条播法，株距 10 厘米，行距 20 厘米，出苗后要蔽荫，经过育苗管理，一年生苗高 30～40 厘米，即可定植。也可选择疏杂木林下，采用直播造林。

262 茶条木（chatiaomu）（图 702）

[地 方 名]　滇木瓜、黑枪杆、鸡腰子果（云南），槽果、米椿树、米麻、唛壮（广西）。

[学　　名]　**Delavaya yunnanensis** Franch.　无患子科

[形态特征]　常绿灌木或乔木，高 2～12 米；小枝茶褐色，有凸起的皮孔，除幼芽、花柄及子房略被毛外，其余无毛。三出叶互生。小叶有柄，薄革质，披针形或长圆形，顶端一枚，长 8～15 厘米，宽 1.5～4.5 厘米，具长柄，两侧的稍小，长 6～10 厘米，近无柄，基部短尖，顶长渐尖，边缘有锯齿；侧脉 10～20 对，在两面均凸起；叶柄长 3～7 厘米。花杂性，聚伞花序排列成总状花序式，腋生或侧生及顶生，长 6～12 厘米；花辐射对称，白色或粉红色，略芳香，萼片 5，圆形，长 4～5 毫米；花瓣 5，长椭圆形或倒卵形，长约为萼之两倍；雄蕊 8，花盘环状，子房 3 室，每室有胚珠 2 颗。蒴果木质，倒心形，2～3 裂。种子近圆球形，黑色，直径 10～15 毫米。花期 3～5 月，果期 8～9

月。

［生长环境］ 一般多生于石灰岩山或山地杂木林中，在云南常生于海拔 1400～2200 米间杂木林中。

［产 地］ 云南、广西等省区。

［用 途］ 种子油供制肥皂、润发油和作机械润滑油，云南有用以治疥癣的。

［理化性质］ 据中国科学院广西植物研究所资料：种子含油量 40～50%，出油率 22～34%。又据广西师范学院资料：油的折射率为 1.4673，碱化值 283.8，碘值 105.7。

［采收处理］ 8～9 月果成熟，采收晒干，除去果壳，再将种子晒干，贮藏备用。

［加 工］ 榨油的方法与油茶同（899 页）。

［其 他］ 用种子繁殖。8～9 月间，采取成熟的果子，除去果壳，将种子与砂混合贮存，次年春天 2～3 月间播种。种子发芽率高，一年生苗高达 80～100 厘米时即可定值；也可直播造林。

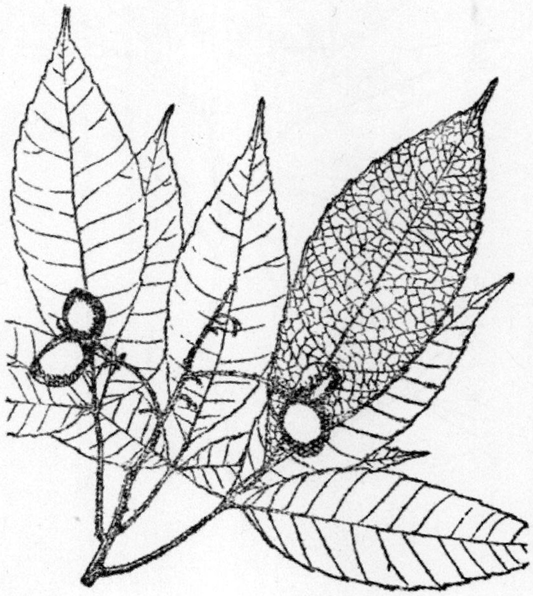

图 702 茶条木
Delavaya yunnanensis Franch.
果枝

263 车桑仔（chesangzi）（图 703）

［地 方 名］ 铁扫把、坡柳（广东海南），明子柴、明油脂（云南），炒米柴，明油子（四川）。

［学 名］ **Dodonaea viscosa** (L.) Jacq. 无患子科

［形态特征］ 常绿灌木，高 1～2 米，光滑无毛，植株有胶状物质；树皮褐黄、灰色或红褐色，长条状剥落；小枝纤细，有棱角。单叶互生，薄纸质，椭圆状披针形至狭披针形或线状披针形，长 4～13 厘米，宽 1～3 厘米，基部楔形，延长成柄，先端短尖或钝，边全缘，稍反卷，两面均光滑无毛，侧脉多而密，纤细，明显。花杂性或单性，雌雄异株，圆锥花序或总状花序，顶生，少数退化为腋生花束，长不超过 3 厘米；雄花黄绿色，长 2～3 毫米；花柄纤细，长 2～15 毫米；萼片 4，卵形或长椭圆形，花瓣缺，雄蕊 8，花丝极短，长不及 1 毫米，花药长椭圆形，长约 2.5 毫米；雌花萼片 4，子房上

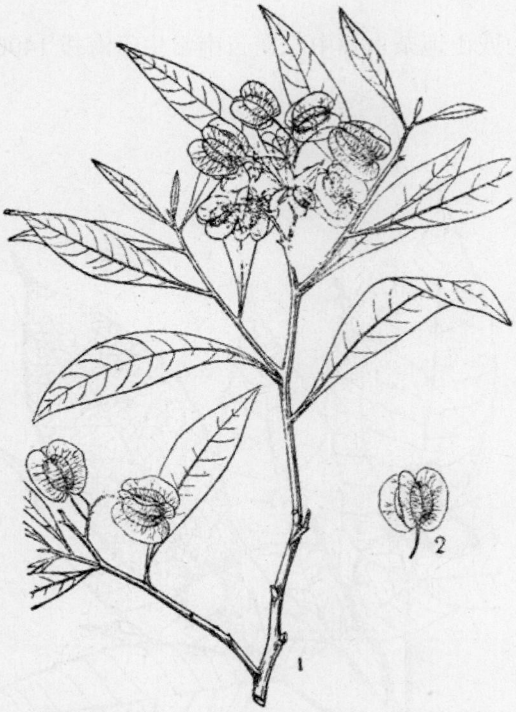

图 703 车桑仔
Dodonaea viscosa（L.）Jacq.
果枝

位，3～6 室，每室胚珠 2，花柱长约 6 毫米，约等于子房的 3 倍。蒴果，膜质，近圆形，2～6 瓣裂，具 3 片膜质的翅。翅由基部直达顶端。种子圆形，暗灰色，径约 3 毫米。花期春季，果期冬季。

［生长环境］ 喜生于荒坡、沙地或疏林中，耐干旱；在海拔 1800 米左右的干燥山坡或较稀疏的灌木林中生长良好。

［产 地］ 云南、四川、广西、广东（海南）、福建、台湾等省区。

［用 途］ 种子油可制肥皂，又可供药用。

叶研细可医烫伤。

［理化性质］ 据四川省资料：种子含油量 12.04～13.58%。

［采收处理］ 冬季果熟时采收果实，晒干备用。

264 平舟木（pingzhoumu）（图 704）

［地 方 名］ 掌叶木、鸭脚板（广西）

［学 名］ **Handeliodendron bodinieri** (Lévl.) Rehd. 无患子科

［形态特征］ 灌木或乔木，高 4～8 米；枝皮灰色。叶为指状复叶，对生，叶柄长 4～11 厘米；小叶 4～5，不相等，纸质，椭圆形至椭圆状卵形，先端的较基生的长 2 倍，基部楔尖，下延至柄，先端尾状渐尖，两面均无毛，背面有稀疏淡黑色的腺点。花两性，圆锥花序，顶生；花小，白色，左右对称，萼片 5，分离，**花瓣** 4～5，长椭圆形，**长约为萼之 2 倍**，复瓦状排列，**花盘偏于一侧**，不规则的分裂，雄蕊 7～8，子房具长柄，纺锤形，3 室，**每室有胚珠 2**。**蒴果梨形，具长柄**，直径 1～1.2 厘米。种子 1～4，卵状，长 8～10 毫米，黑色，有光泽；假种皮白色，2 层，包围种子一半。果期 7～8 月。

［生长环境］ 生于石灰岩山地和丘陵地的杂木林中。

［产 地］ 广西、贵州等省区。

［用 途］ 种子油清，有香味，可食，但不宜过多；还可用制肥皂。

此树根部极发达，伸展力强，可为石山绿化的良好树种。

［理化性质］　据广西僮族自治区资料：种子含油量 47%，油的折射率 1.4746，碘值 111.05。

［采收处理］　在 7～8 月果实成熟为红色时即可采摘，采后摊开晒干、果皮开裂，种子即脱落，然后收集备用。

［其　　他］　用种子育苗繁殖，但种子含脂肪酸多，如过于干燥，会影响发芽，最好随采随播较好。若不能立即播种可用沙藏。

图 704　平舟木
Handeliodendron bodinieri（Lévl.）Rehd.
果枝

265 栾树（luanshu）（图 705）

［地 方 名］　摇钱树（四川），石栾树（浙江），灯笼花（甘肃），黑叶树、木栏牙（河南），黑色叶树（河北），山茶叶（东北），软棒（山东），灯笼树、山黄栗头（安徽）。

［学　　名］　**Koelreuteria paniculata** Laxm.　无患子科

［原 料 名］　灯笼花籽（甘肃）

［形态特征］　落叶灌木或乔木，高可达 10 米；小枝暗黑色，被柔毛。奇数羽状复叶互生，有时呈二回或不完全的二回羽状复叶；小叶 7～15，纸质，卵形或卵状披针形，长 3.5～7.5 厘米，宽 2.5～3.5 厘米，基部钝形或截头形，先端短尖或短渐尖，背面无毛或沿脉被疏柔毛，边缘锯齿状或分裂，有时羽状深裂达基部而呈二回羽状复叶。圆锥花序顶生，大，长 25～40 厘米。被小柔毛，分枝长，广展；花淡黄色，中心紫色，左右对称；萼片 5，有小睫毛，花瓣 4，被疏长毛，雄蕊 8，花丝被疏长毛，雌蕊 1，花盘有波状齿。蒴果长椭图状卵形，先端渐狭，边缘有膜质薄翅 3 片；种子圆形，黑色，直径约 7 毫米。花期 7～8 月，果期 10 月。

［生长环境］　多生于海拔 400～2000 米的杂木林或灌木林中。

［产　　地］　黑龙江、吉林、辽宁、河北、河南、山东、江苏、浙江、安徽、福建、台湾、四川、陕西、甘肃、山西等省。

［用　　途］　种子油可制润滑油及肥皂。

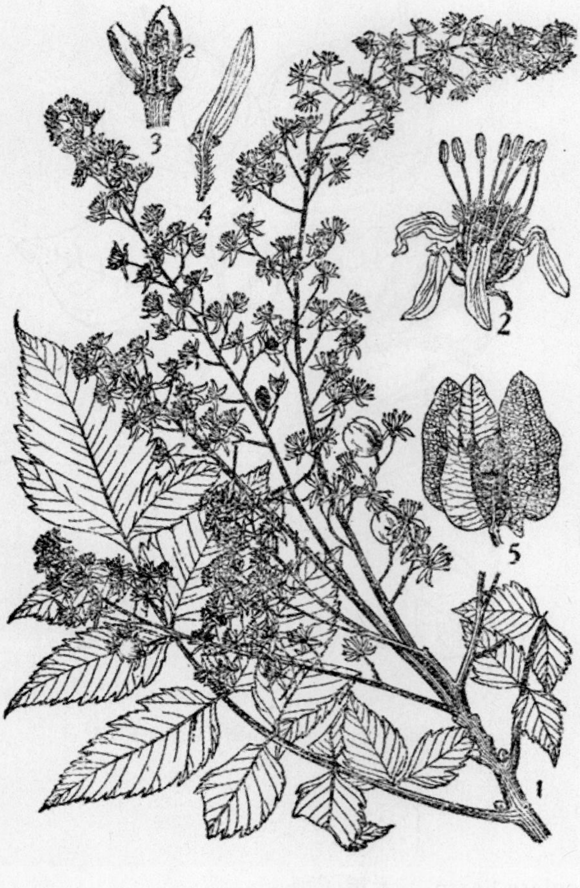

图 705　栾树

Koelreuteria paniculata Laxm.

1．花枝；2．花；3．花去花瓣和雄蕊后示花盘和雌蕊；4．花瓣；5．蒴果。（自“江苏南部种子植物手册”）

叶可提取栲胶（见“鞣料类”，1196 页）。木材质重而脆，可制小型的农具、器具等。花可做黄色染料。

［理化性质］　据上海食品工业科学研究所资料：种子含油量 38.59%，灰分 3.61%，粗纤维 10.17%，蛋白质 23.59%，非氮物质 24.04%。油为不干性油；比重（20℃）0.9115，折射率（20℃）1.4694，黏度（安格拉氏秒 20℃）6′54.6″，脂酸凝固点 20.3℃；碱化值 191.9，碘值（韦氏法）91.9，酸值 6.5，不碱化物 0.80%，乙酰值 6.97，可溶性脂肪酸 0.68%，不溶性脂肪酸 92.3%。

［采收处理］　10 月果实成熟，在蒴果开裂前采摘果枝，晒干，用脚踩，使果壳与种子分离，再用风车扬去杂质，得净籽即可榨油。

［加　　工］　先将净籽放在锅内炒，火力不宜太强，勤翻动，炒至淡黄色，以手指甲用力压挤易破碎时，将籽取出磨碎，上蒸，蒸至用手能捏出大量油而感到润滑时即可踩饼上榨，踩饼要快，以免散热，上榨后先要快打、勤打，然后逐渐加大压力，直至停止出油为止。在粉碎原料时，可以掺 9%的粗糠，以便开蒸时容易透气。

［其　　他］　用种子繁殖。

266 海南韶子（hainanshaozi）（图 966）

［学　　名］　**Nephelium lappaceum** L. var. **topengii** (Merr.) How et Ho　无患子科

（地方名、形态特征、生长环境、产地及其他用途见“鞣料类”，1196 页）

［用　　途］　种子油可制肥皂、润滑油。

［理化性质］　据中国科学院华南植物研究所资料：种子壳重 36.19%，种仁重

63.81%。种仁含油量 36.26%，水分 3.93%。油的碱化值 188.39，碘值 40.90，酸值 64.99。

［采收处理］ 5～6 月果熟时摘下果实，取出种子晒干备用。

267 云南无患子（yunnanwuhuanzi）（图 706）

［地 方 名］ 胰哨子果、皮哨子、打泠泠（云南），油患子（四川）。

［学　　名］ **Sapindus delavayi** (Fr.) Radlk.　无患子科

［原 料 名］ 无患子

［形态特征］ 乔木，高 10～15 米；枝有暗黄色皮孔，新生枝被暗黄灰色短柔毛。叶为偶数羽状复叶，有小叶 8～14，叶柄长 6～8 厘米，与叶轴同被短绵毛；小叶片厚，卵形至长椭圆形，长 6～14 厘米，宽 2.5～6 厘米，基部圆或钝，两侧不对称，先端短尖或短渐尖，全缘，两面在脉上有疏少的短柔毛，表面中脉及侧脉上较密，侧脉及网脉在两面突出；小叶柄长 4～8 毫米。圆锥花序顶生，长 12～25 厘米，与花柄同被短柔毛；花柄长 1.5～3.5 毫米；萼片 5，卵形，基部暗紫色，长 2～3 毫米，端圆，边缘近膜质，被缘毛；花瓣 4 或 5，稀为 6，椭圆形或倒卵状椭圆形，长 4～5 毫米；雄蕊比花瓣短；子房密被毛。核果球形，平滑，径 15～18 毫米，果皮肉质，含皂精；种子黑褐色，光亮。花期 5～6 月，果期 9～10 月。

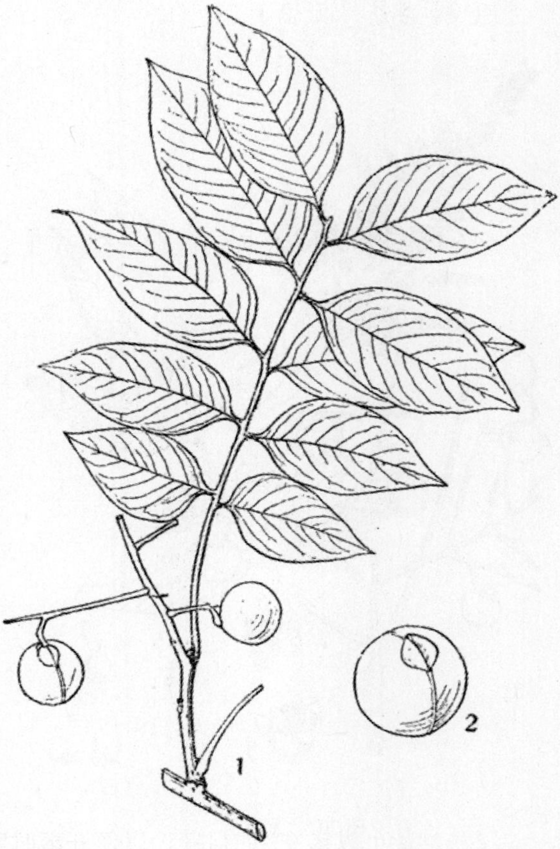

图 706　云南无患子
Sapindus delavayi（Fr.）Radlk.
1．果枝；2．果。

［生长环境］ 生于海拔 3100 米以下的密林、湿沟谷、田边或疏林中。

［产　　地］ 云南、四川等省。

［用　　途］ 种子油可制肥皂、硬化油等。又供药用，可除人体内寄生虫。果皮可代肥皂用。果可提皂素。

[理化性质] 据云南省资料：种子含油量15%。

[采收处理] 果成熟时采收，除去果皮，晒干果核即可。

268 无患子（wuhuanzi）（图707）

[地 方 名] 油患子、菩提子、黄木树（四川），肥珠子（湖南、广东），木患子、苦枝子（广西），目浪树（台湾），野肥猪、山柳树、圆皂角（安徽）。

[学　　名] **Sapindus mukorossi** Gaertn.　无患子科

[原 料 名] 无患子

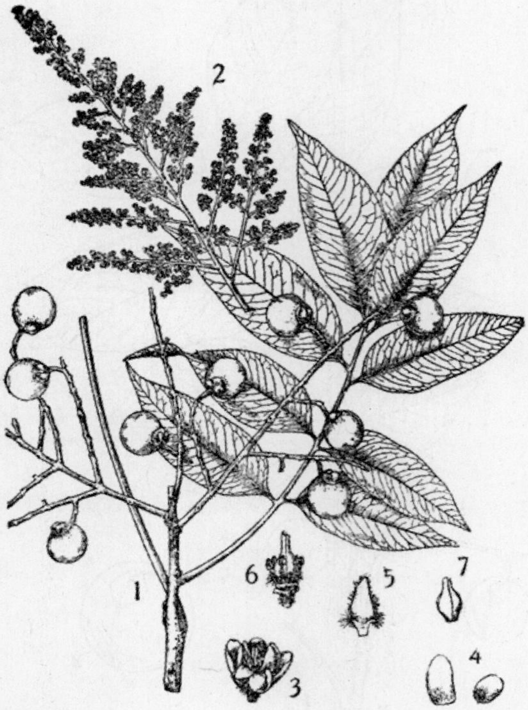

图707　无患子
Sapindus mukorossi Gaertn.
1．果枝；2．花序；3．花；4．花萼；5．花瓣；6．花去萼、瓣后示雄蕊及雌蕊；7．雌蕊。
（自“中国森林植物志”）

[形态特征] 落叶乔木，高10～20米。羽状复叶，互生，长15～45厘米：小叶8～12，互生或近对生，具短柄，椭圆状卵形或长圆状披针形，长6～15厘米，宽2.5～5厘米，基部阔楔形或斜圆形，两侧不等，先端渐尖，边全缘，表面无毛，或背面仅中脉有微毛。花杂性异株，圆锥花序顶生，密被黄褐色茸毛；花小，萼裂片卵形；花瓣5，披针形，边缘具小纤毛，瓣柄内侧有被长柔毛的鳞片2。核果球形，黄褐色，直径1.5～2厘米，内有紫黑色的核。花期6～7月，果期9～10月。

[生长环境] 生于气候温暖、土壤疏松而稍湿润的平原、丘陵地及山地下部的疏林中；以村落附近、河旁、池畔等地最适宜生长。

[产　　地] 安徽、江苏、浙江、江西、湖北、湖南、福建、台湾、广东、广西、贵州、四川、陕西等省区。

[用　　途] 果核油可制肥皂、润滑油用。果皮内含无患子皂素，为化工原料（见“其他类”，2090页）。果皮亦可做土农药（见“土农药类”，2044页）。木材边材宽，黄白色，心材黄褐色，质柔软脆弱，比重为0.74，可制箱板、器具、小玩具等；尤宜于制木梳。

[理化性质] 据上海食品工业科学研究所资料：核壳重57.14%，核仁重42.86%；

核壳含油量 0.62%，核仁含油量 42.38%，核含油量 18.52%；仁中灰分 4.36%，粗纤维 0.77%:，蛋白质 32.77%。油的比重（20℃）0.9104，折射率（20℃）1.4675，脂酸凝固点 24.9℃；碱化值 210.9，碘值（韦氏法）64.4，酸值 41.8，不碱化物 0.65%，乙酰值 8.60，可溶性脂肪酸 1.95%，不溶性脂肪酸 94.70%。

［采收处理］　9～10 月果热时采下，除去果皮，将果核晒干即可。

［其　　他］　用种子繁殖，果熟时采收，除去果皮，于 3～4 月播种，约 40 天可发芽，一年生苗高约 30 厘米，二年生苗高约 60 厘米，即可出圃定植。

269 文冠果（wenguanguo）（图 708）

［地 方 名］　文冠树（河南），木瓜（河北、山西、陕西、甘肃、内蒙古），崖木瓜（陕西），戗他拉音吉木斯（内蒙古），温旦革子、文官果（辽宁），龙瓜（甘肃）。

［学　　名］　**Xanthoceras sorbifolia** Bge.　无患子科

［原 料 名］　木瓜籽（西北），文官果（东北）。

［形态特征］　落叶灌木或小乔木，高可达 8 米；树皮灰褐色；嫩枝紫褐色，被短茸毛。叶互生，奇数羽状复叶，具柄；小叶 9～19，具短柄或无柄，狭椭圆形至披针形，长 2～5 厘米，宽 1～1.5 厘米，基部楔形，先端锐尖，边缘具尖锯齿，表面暗绿色，背面灰绿色，光滑无毛；主脉明显。花杂性，总状花序，顶生或腋生，长达 14～25 厘米，柄细长，约 2 厘米；花辐射对称，萼片 5，椭圆形，有短柔毛，花瓣 5，白色，基部内面有紫红色斑点，倒卵形，长约为萼的 3 倍，花盘直立，稍肉质的裂片 5 枚与花瓣互生，每一裂片的背部有一角状的附属体；雄蕊 8，花丝长而分离，子房长圆形，3 室，每室有胚珠 7～8，花柱短肥，柱头 3 裂。果为一有硬壳的蒴果，绿色，径 4～6 厘米，分裂为 3 果瓣。种子球形，大，黑褐色，直径约 1 厘米。花期 4～5 月，果期 7～8 月。

图 708　文冠果

Xanthoceras sorbifolia Bge.

1．花枝；2．花；3．果；4．种子。

（自“河北习见树木图说”）

［生长环境］　根深，抗旱力较强，一般生于黄土地区，丘陵、低山坡坎埂、荒地上或林缘普遍栽培。

［产　　地］ 辽宁、河北、河南、山东、山西、陕西、甘肃、内蒙古等省区。

［用　　途］ 种子油供食用或制肥皂。

种子嫩时白色可食，味甜质脆，如嫩豌豆。花味甘甜，既供观赏，又可作菜蔬，为一种救荒植物。

［理化性质］ 据上海食品工业科学研究所资料：壳重51.66%，仁重48.34%；壳含油量0.76%，种子含油量30.48%，仁含油量66.39%；灰分2.53%，粗纤维1.60%，蛋白质25.75%，非氮物质3.73%。油的比重（20℃）0.9217，折射率（20℃）1.4740，粘度（安格拉氏秒20℃）26″；碱化值190.2，碘值（韦氏法）108.2，酸值1.5，不碱化物1.90%，乙酰值2.9。

［采收处理］ 果实成熟后及时采摘，以防开裂后种子会散落。采摘后取籽晒干，存放通风干燥处备用。

［加　　工］ （1）晒籽：将种子摊子席上晒干，清除果皮及杂质；（2）去皮：用碾子碾开种子，用筛子筛选净种仁，除去壳皮；（3）粉碎：将仁用碾粉碎，越细越好；（4）蒸糕：将粉碎的料摊子帘子上，上锅蒸粉至半熟；（5）包饼和压榨：蒸好的料，趁热包成饼，要求包的快，踏的紧实，饼的中心略高，及时入榨，压榨时先要轻而勤打，油出到80%以上再重打，空油时间在3小时左右；（6）复榨：将饼取出上碾再行粉碎，加水3%，拌均匀，间隔2小时后，蒸糕后包饼重榨一次。

［其　　他］ 播种、分株、埋根均可繁殖。春季播种前，将种子水浸4天，然后混沙，催芽，15天后即可播种。

图709　山様叶泡花树
Meliosma buchananifolia Merr.
果枝

270 山様叶泡花树（shan xianyepaohuashu）（图709）

［地 方 名］ 罗壳木（广东）

［学　　名］ **Meliosma buchananifolia** Merr.　清风藤科

［原 料 名］ 罗壳木籽（广东）

［形态特征］ 常绿乔木，高6～14米；枝圆柱形。单叶互生，革质，长圆状

倒披针形至倒披针形，长 12～25 厘米，宽 4～8 厘米，基部楔形，先端渐尖或钝；叶柄长 1.5～2 厘米。花两性，圆锥花序顶生或生于枝条上部的叶腋内，长约 18 厘米，被锈色短柔毛；花具短梗，直径 2～2.5 毫米；萼片卵形，长不足 1 毫米；花瓣 5，白色。核果球形，直径 6～9 毫米。花期 6～7 月，果期 9～11 月。

［生长环境］　生于气候温暖、土壤湿润而较肥沃的丘陵地和山地的密林或疏林中。

［产　　地］　云南、贵州、广东、广西、福建等省区。

［用　　途］　果核仁油可制油漆和肥皂。

［理化性质］　据广东省商业厅资料：果核壳重 59.44%，核仁重 40.56%，核仁含油量 18.17%，水分 10.82%。果核仁油系干性油；碱化值 184.63，碘值 130.38，酸值 6.06。

［采收处理］　果熟时采下，置水中除去果肉，留果核晒干备用。

271 红枝柴（hongzhichai）（图 710）

［学　　名］ **Meliosma oldhamii** Miq.　清风藤科

［形态特征］　落叶乔木，高达 20 米；小枝无毛。奇数羽状复叶，**有小叶 9～13**，小叶卵状椭圆形，以至披针状椭圆形，长 5～10 厘米，宽 1.5～3 厘米，基部稍圆，先端渐尖，侧脉直达边缘成疏生小锯齿，表面无毛，背面密生细毛，脉腋不具毛。圆锥花序顶生，长约 20 厘米：梗上具细毛；花白色。核果黑色。花期 6 月，果期 8～9 月。

［生长环境］　生长于湿润山地林间。

［产　　地］　江苏、安徽、湖北、湖南、江西、四川、贵州、云南等省。

［用　　途］　种子油可制润滑油。

木材坚硬，可作车辆、农具和家具。

图 710　红枝柴
Meliosma oldhamii Miq.
1．花枝；2．花瓣和两枚退化雄蕊；3．发育雄蕊；4．花序的一部分；5．雌蕊和萼。（自“江苏南部种子植物手册”）

［采收处理］ 果实成熟后，及时采回，置水中除去果肉，留果核晒干，即可榨油。

272 笔罗子（biluozi）（图 968）

［学　　名］ **Meliosma rigida** Sieb. et Zucc. 清风藤科

（地方名、形态特征、生长环境、产地及其他用途见“鞣料类”，1198 页）

［用　　途］ 种子油可制肥皂。

［采收处理］ 果实成熟后，及时采回晒干，去净外皮，取得种子，即可榨油。

273 马甲子（majiazi）（图 711）

［学　　名］ **Paliurus ramosissimus** Poir. 鼠李科

［地 方 名］ 棘盘子（广东），铁篱笆、马鞍树、铜钱树（四川），雄虎刺（福建）。

［形态特征］ **灌木**，高达 3 米；**幼枝及嫩叶多少被茸毛**，后变无毛；**小枝具直而尖利的刺**，刺由托叶变成。单叶互生，卵形或卵状椭圆形，**长 3～5 厘米，宽 2.5～3 厘米**，基部圆形，先端圆钝或微凹，表面深绿而具光泽，背面沿叶脉有细毛，边缘有细钝齿，叶脉三出；叶柄长约 5 毫米。聚伞花序腋生；花两性，细小，黄绿色；花萼 5 裂，被茸毛，裂片三角形；花瓣 5，匙形，短于萼；子房 2～3 室，每室有 1 胚株，藏于花盘内。核果干燥，周围有栓质薄翅，**直径 12～18 毫米**；果梗长 1～1.5 厘米。花期 7 月，果期 8 月。

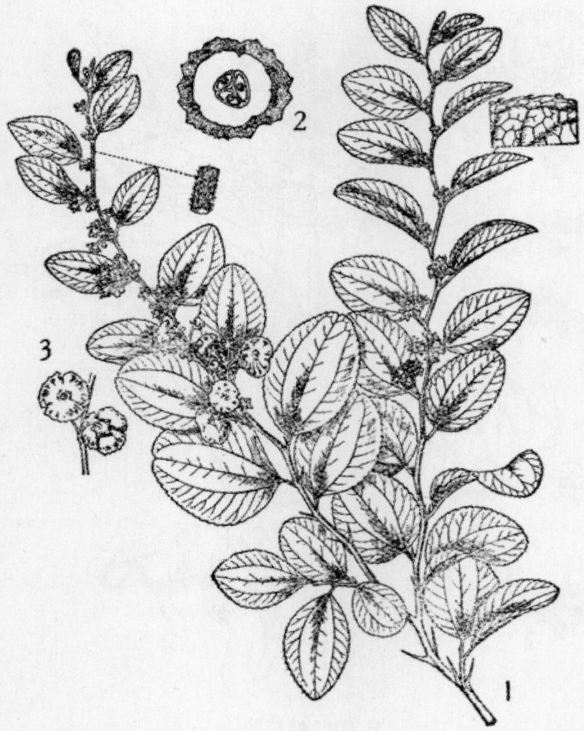

图 711 马甲子
Paliurus ramosissimus Poir.
1．花、果枝；2．子房横切面；3．果。
（摘自“中国森林植物志”）

［生长环境］ 山地及平坦地区均可生长，常栽培作绿篱。

［产　　地］ 台湾、福建、浙江、江苏、江西、安徽、陕西、湖北、湖南、广东、广西、贵州、云南、四川等省区。

［用　　途］ 种子油用于制烛。贵州遵义称为马鞍油。

枝、刺、叶、花和果实可作药用，治心腹痿痺、痈肿、溃脓等；根皮入药治喉痛。木材坚硬，可作农具柄。

［理化性质］　据四川省资料：种子含油量 15%。

［采收处理］　8～9 月果熟时，收集果实，粉碎外皮，去掉杂质并晒干即可。

274 锐齿鼠李（ruichishuli）（图 712）

［地 方 名］　老乌眼（辽宁）

［学　　名］　**Rhamnus arguta** Maxim.　鼠李科

［原 料 名］　老乌眼籽（辽宁）

［形态特征］　落叶灌木，高 1～3 米；树皮灰褐色；小枝对生或近对生，灰褐色，具刺，幼枝红褐色。**叶对生**或近对生，有时丛生于短枝顶，**卵形或卵圆形**，长 2～3 厘米，宽 1.5～3 厘米，基部圆形、近心形，有时略成阔楔形，先端突钝尖或短渐尖，**边缘锯齿锐尖成芒状，侧脉每边** 3～5，两面均无毛；叶柄长 2～2.5 厘米，微带红色。花单性，雌雄异株，常 5 朵丛生；花梗纤细，长约 1 厘米，无毛；花萼 4 裂，黄绿色；雄蕊 4；有退化花瓣。核果浆果状，球形，成熟时黑色，具长梗，内有具单种子的核 2～4；种子倒卵形，淡黄褐色，腹面有棱，种沟开口为全种子 1/2 以上。花期 4～5 月，果期 8～9 月。

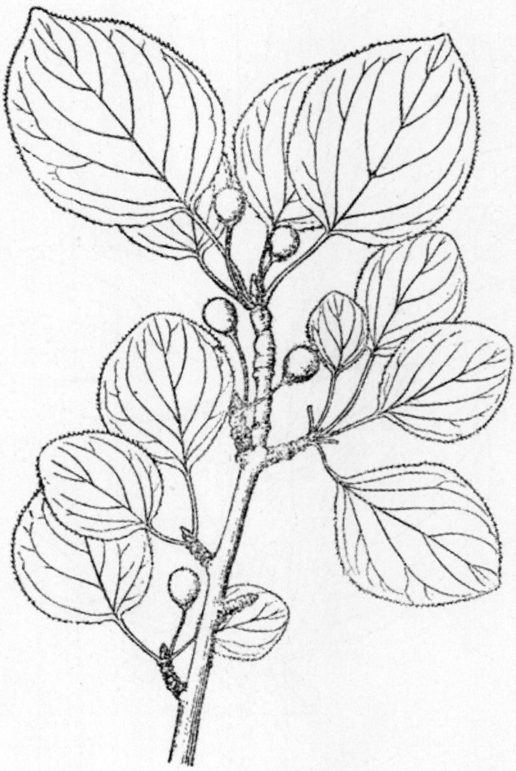

图 712　锐齿鼠李
Rhamnus arguta Maxim.
果枝

［生长环境］　常生于山脊或干燥山坡上，耐旱力强。

［产　　地］　黑龙江、辽宁、吉林、内蒙古、河北、河南、陕西、甘肃等省区。

［用　　途］　果核榨油可作润滑油用。

茎叶及种子熬成液汁可作杀虫剂。

［理化性质］　据中国科学院林业土壤研究所资料：种子含油量 26%。

［采收处理］　8～9 月种子成熟时采收，因枝有刺，可用剪子剪取，然后将果摘下，放于缸内，加水和发酵 3～4 天，待果肉烂掉，用清水洗净，晒干和去壳即可。

［加　　工］　同一般种子榨油法，但榨油前要使核壳全部去掉。去壳方法可用火炒和碾碎，然后筛选除壳，或者不经火炒直接碾碎，除壳。

［其　　他］　本种与鼠李（Rhamnus davurica Pall.）区别点是鼠李叶为长形，锯齿不为芒尖状和种沟不开裂。

繁殖方法：将种子混湿沙，埋藏越冬，春季进行播种育苗。

275 鼠李（shuli）（图 713）

［地 方 名］　老鸹眼（辽宁、河南）

［学　　名］　**Rhamnus davurica** Pall.　鼠李科

［形态特征］　落叶灌木或小乔木，高可达 10 米；树皮暗灰褐色，环状剥落；小枝粗壮，近对生，褐色，有光泽，顶端有大形芽。单叶对生于长枝或丛生于短枝上，卵形长圆状椭圆形或阔倒披针形，长 3.5～11 厘米，宽 2～5.5 厘米，基部楔形或近心形，先端突尖，两面均无毛，边缘具浅细锯齿，侧脉每边 4～5；叶柄长 1.5～3 厘米。花单性，雌雄异株，2～5 朵生于叶腋或丛生于短枝上，黄绿色；花萼 4 裂，有退化花瓣，雄蕊 4；花梗长约 1 厘米。核果近球形，成熟后紫黑色，直径 5 毫米左右，果肉疏松，内层坚硬；具种子的果核卵圆形，背面有狭沟。花期 5～6 月，果期 8～9 月。

图 713　鼠李
Rhamnus davurica Pall.
果枝

［生长环境］　多生长在山坡、沟旁潮湿地方或杂木林间。

［产　　地］　黑龙江、吉林、辽宁、内蒙古、山东、河北、河南、山西、陕西、四川、湖北、湖南等省区。

［用　　途］　种子油为工业机械用润滑油。

果肉药用（见“药用类”，1805 页）。树皮及果实含鞣质，可提制栲胶（见“鞣料类”，1199 页）。树皮及果实可提制黄色染料。木材坚实，供造车辆、辘轳用材，也可供细工雕刻。

［理化性质］　据河南省资料：种子含油量 26%。

［采收处理］　8～9月果实成熟后采下，取果肉供药用，果肉经浸泡揉搓，可使与核分离，然后晒干果核，即可榨油。

［其　　他］　种子繁殖，与乌苏里鼠李同（886页）。

276 圆叶鼠李（yuanyeshuli）（图714）

［地 方 名］　山绿柴、冻绿（浙江），冻绿树、黑旦子（安徽），偶栗子（山东）。

［学　　名］　**Rhamnus globosa** Bge.　鼠李科

［形态特征］　落叶灌木，高达2米，枝端具针刺；小枝细长，具柔毛。**叶近对生，倒卵形或近圆形**，长2～4厘米，宽1.5～3.5厘米，基部阔楔形，先端突尖至渐尖，边缘具钝锯齿，两面具细柔毛，**侧脉每边3～4**花有柔毛，萼4裂，花瓣4，匙形，雄蕊4。核果浆果状，近球形，通常具2核。种子褐黑色，有光泽，基部有斜沟。花期5～6月，果期8月。

图714　圆叶鼠李

Rhamnus globosa Bge.

1．花枝；2．果枝；3．叶柄和托叶；4．花剖开；5．花瓣和雄蕊；6．雌蕊；7．果实；8．种子。

（自“江苏南部种子植物手册”）

［生长环境］　山间杂木林内或荒芜山野灌木丛中，能耐干燥瘠薄的土壤。

［产　　地］　山东、河北、陕西、江苏、浙江、福建、安徽、江西等省。

［用　　途］　种子榨油供润滑油用。

茎皮果实及根可作绿色染料。果实烘干，捣碎和红糖煎水服之，可治肿毒。

［采收处理］　果实成熟后采收，除去果肉，将果核晒干后备榨。

277 海南鼠李（hainanshuli）（图715）

［地 方 名］　苏木子（广东）

［学　　名］　**Rhamnus hainanensis** Merr. et Chun　鼠李科

［形态特征］ 直立或攀援状灌木；小枝被短柔毛。单叶，互生，纸质，卵形、**长圆形或卵状长圆形，长6～11厘米**，宽3～4.5厘米，基部圆形，先端渐尖，边有细锯齿，**表面光亮，背面主脉与侧脉均被短柔**毛，侧脉每边5～7；叶柄长1～1.5厘米；托叶极小，早落。总状花序腋生，被淡黄色短柔毛；花淡绿色，直径约3毫米；花梗长2～3毫米，被短柔毛；花萼5，基部连合成管，裂片长圆状披针形，稍长于管；花瓣5，阔椭圆形；雄蕊5，约与花瓣等长；子房上位，花柱2～3裂。核果卵状球形，长6～7毫米，无毛，具宿存萼。花期4～5月，果期8～9月。

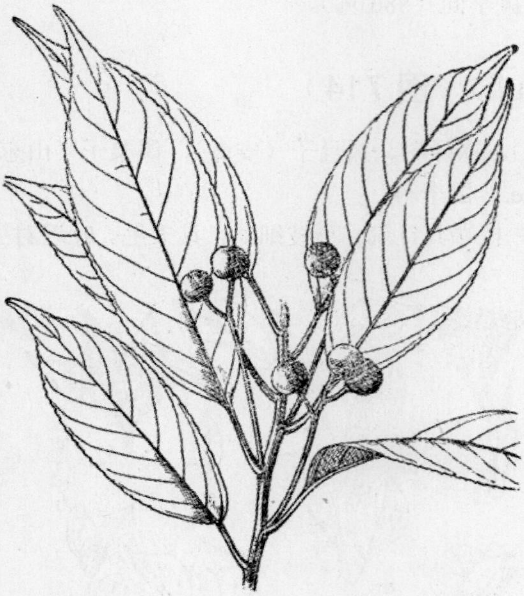

图715 海南鼠李
Rhamnus hainanensis Merr. et Chun
果枝

［生长环境］ 常生于山谷的溪边或山坡疏林中；在广东海南岛海拔300～500米的山地森林中较为常见。

［产　　地］ 广东、广西等省区。

［用　　途］ 含种子的果核榨油可制润滑油、油墨、肥皂用。

［理化性质］ 据广东省商业厅资料：带种子的果核含油量24.4%。油紫色，属半干性油；碱化值186.65，碘值100.18，酸值4.52。

［采收处理］ 果熟后，及时采摘，将果肉部分用水搓除，留下果核（内含种子）晒干，即可加工。

［加　　工］ 带种子的果核去壳或不去壳均可榨油，惟去壳出油率较高。土榨方法一般须经磨粉、过筛、蒸粉、踩饼等工序，然后送入油槽上榨。

278 朝鲜鼠李（chaoxianshuli）（图716）

［学　　名］ **Rhamnus koraiensis** Schneid. 鼠李科

［形态特征］ 落叶灌木，高1.5米；树皮灰褐色；幼枝被茸毛，枝的顶端具刺。**叶通常互生**，革质，**椭圆状卵形或近菱形，长5～7厘米**，宽2.5～4厘米，基部楔形，先端突尖，边缘具不整齐钝锯齿，**两面均有毛，侧脉每边5～7**；叶柄长0.6～1.5厘米，**密被短毛**。花单性，雌雄异株，1～5朵簇生于叶腋；花梗长3～7毫米，多毛；花萼4裂，花瓣4，雄蕊4。核果浆果状，近球形或倒卵形，成熟后紫黑色；果梗长1～1.6厘

米，具密毛；内有具单种子的小坚果 1～3，种子黑褐色，有光泽，背沟狭，仅基部开口。花期 5～6 月，果期 8～9 月。

［生长环境］　生于低山向阳山坡杂木林中。

［产　　地］　辽宁、吉林等省。

［用　　途］　种子油可做润滑油用。

［理化性质］　据中国科学院林业土壤研究所资料：种子含油量 43.49%。

［采收处理］　参阅锐齿鼠李（881 页）。

［加　　工］　参阅锐齿鼠李。

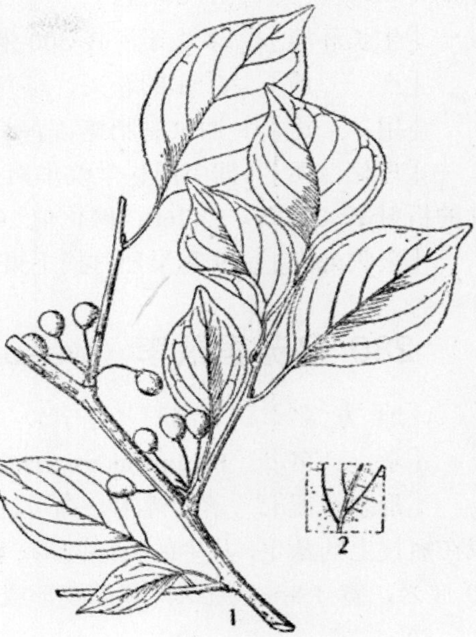

图 716　朝鲜鼠李
Rhamnus koraiensis Schneid.
1. 果枝；2. 叶背面（一部分）。

279 长柄鼠李（changbing-shuli）（图 717）

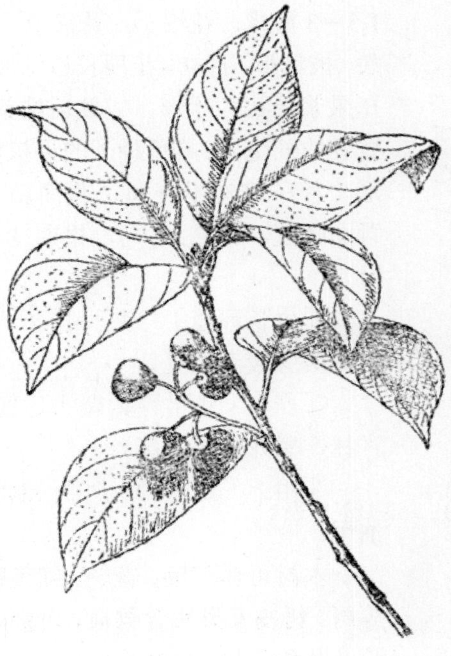

图 717　长柄鼠李
Rhamnus longipes Merr. et Chun
果枝

［学　　名］　**Rhamnus longipes** Merr. et Chun　鼠李科

［形态特征］　直立灌木或小乔木，高 2～8 米，无刺；小枝紫褐色，无毛。单叶互生，近革质，长圆状披针形，长 7～12 厘米，宽 2.5～3.5 厘米，基部阔楔形或近圆形，先端钝渐尖，边缘稍背卷，有疏离的小钝齿，两面均无毛而有光泽；叶柄长 1～1.5 厘米，嫩时具柔毛；托叶线状披针形，长 4～5 毫米，早落。花序近伞形，长 2～3 厘米；总花梗长 1.5～2 厘米；花两性，直径 3.5～4 毫米；花梗长 3～4 毫米；花萼 5 裂，长 3～3.5 毫米，裂片正三角形；花瓣 5，倒心形，长约 1.5 毫米。核果球形或倒卵形，长 6～8 毫米，基部为萼管所包围，成熟时红色，光亮，有带核的种子 2，长约 4 毫米，种子背部无沟槽。

花期 4～5 月，果期 8～10 月。

［生长环境］　多生于海拔 500 米山地的疏林中。在山谷溪旁湿润处生长较好。

［产　　地］　广东的新兴、东兴和海南岛等地。

［用　　途］　油供制肥皂、润滑油、油墨等用。

［理化性质］　据中国科学院华南植物研究所资料：种子含油量 37.0%，水分 12.4%。油的折射率（25℃）1.4760；碱化值 200.3，酸值 3.48。

［采收处理］　9 月果熟时摘下果实，除去果肉和果核后，晒干即可。

280 乌苏里鼠李（wusulishuli）（图 718）

［地 方 名］　老鸹眼（辽宁）

［学　　名］　**Rhamnus ussuriensis** J.Vass.　鼠李科

［形态特征］　落叶灌木，高可达 5 米；小枝对生，褐色，**枝端具刺**。**单叶对生**，或在短枝上的丛生，丛生的为椭圆形、**卵形或倒卵形**，对生的为**长圆形或披针形**，长 4～10 厘米，宽 1.8～4 厘米，基部楔形或稍偏斜，先端尖或渐尖，边缘有钝锯齿，齿端有腺点，表面无毛，**背面仅脉腋处生有白色疏毛**，侧脉 5～6 对；叶柄长 1.5～3 厘米。花细小，黄绿色，萼 5 裂，披针形，直立，花梗长达 1 厘米。核果浆果状，球形，成熟后黑紫色，直径约 6 毫米；具单种子的果核卵圆形，种子**槽沟不开口**，腹面扁平，背面隆起。花期 6 周，果期 8～10 月。

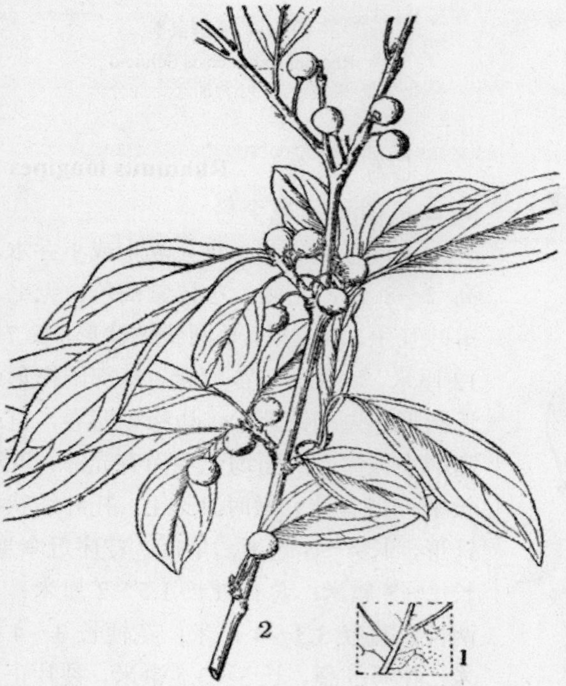

图 718　乌苏里鼠李
Rhamnus ussuriensis J. Vass.
1. 果枝；2. 叶背面（一部分）。

［生长环境］　生于山坡、山沟溪流两旁较潮湿处。

［产　　地］　内蒙古、辽宁、吉林、黑龙江等省区。

［用　　途］　种子油供制润滑油用。

木材可作车辆、辘轳、细工雕刻等用。树皮及果实含鞣质，可提制栲胶及黄色染料。枝叶作农药，可杀大豆蚜虫及治稻瘟病。

［理化性质］　据中国科学院林业土壤研究所资料：种子含油量

38.64%。

［采收处理］　8～10月间果实成熟，采收后在水缸中泡3～4日，或堆积一起，使外果皮发酵霉烂，然后用木棒搅拌，核可脱出，用清水洗净，晒干，即可加工。

［加　　工］　可参照苍耳子（见988页）的加工方法，但榨油前必须注意去掉外壳，方法是将原料（果核）放在热锅中炒，直至核壳发脆和爆开时取出，用石磙初步压裂核壳，再用石碾碾碎至能压出种子为度，用不同筛眼的筛子过筛，将种子与核壳分开，然后将种子碾细，放在蒸锅内蒸，至原料蒸熟蒸透时取出；包饼上榨，先轻后重，加压榨油。

281 冻绿（donglü）（图719）

［地 方 名］　红楝（湖北），油葫芦子、狗李、黑狗丹、樒绿皮、砂绿皮、大脑头（河南）。

［学　　名］　**Rhamnus utilis** Decne.　鼠李科

［原 料 名］　冻绿籽（湖北）

［形态特征］　落叶灌木或小乔木，高达3米或更高；小枝常无刺或顶端具刺，无毛。**单叶常近对生**，膜质，狭倒卵椭圆形至长圆形，长6～12厘米，宽2.5～5厘米，基部近楔形，先端短尖，边缘具细钝锯齿，侧脉每边5～8，幼时于背面被黄色短柔毛；**叶柄长1～1.5厘米**；托叶线形，早落。花单性，雌雄异株，直径约3.5毫米，黄绿色；花梗长约1厘米。核果倒卵球形，直径6～8毫米，含2粒具单种子的果核；种子里面有沟槽。花期4～5月，果期9～10月。

［生长环境］　生于山丘地的灌木丛中或疏林中；田边、路旁亦有生长。

［产　　地］　陕西、甘肃、河南、湖北、湖南、江苏、浙江、云南、贵州等省。

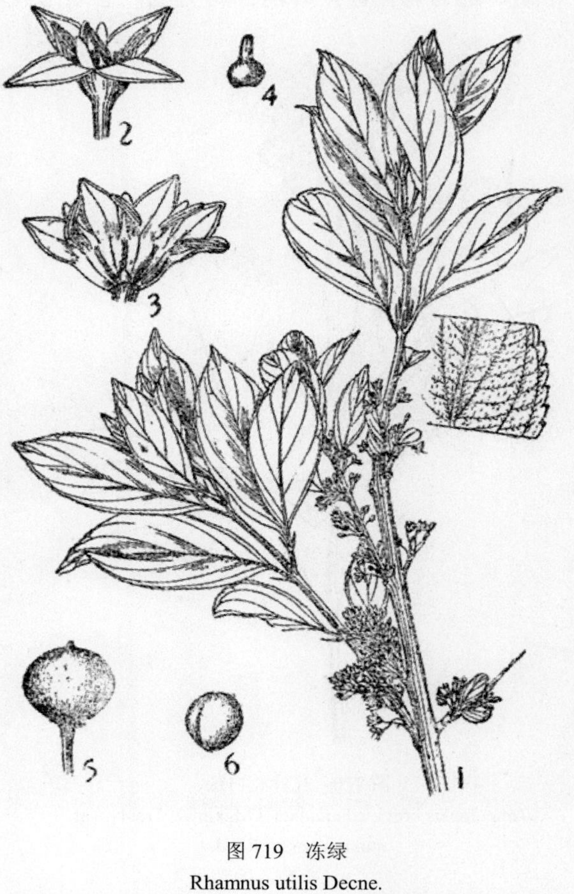

图719　冻绿

Rhamnus utilis Decne.

1. 花枝；2. 花；3. 花冠剖开示花的各部分；4. 雌蕊；5. 果实；6. 种子。（自“江苏南部种子植物手册”）

［用　　途］ 种子油供润滑油用。

果实和叶内含绿色素，可作绿色染料（见“其他类”，2074 页）

［理化性质］ 据湖北省资料：种子出油率 22%。

［采收处理］ 果熟时采收，洗除果皮，取出种子晒干备用。

282 光叶蛇白蔹（guangyeshebailian）（图 720）

［地 方 名］ 山葫芦蔓子、老鸹眼、褶文秧（辽宁），狗葡萄、蛇葡萄（东北）。

［学　　名］ **Ampelopsis brevipedunculata** (Maxim.) Trautv. var. **maximowiczii** Rehd.　葡萄科

［原 料 名］ 狗葡萄籽（东北）

［形态特征］ 落叶攀援藤本。叶互生，具柄，纸质，近圆形，基部心形，先端**3～5 中裂**，边缘有锯齿，**叶两面均无毛**，卷须与叶对生，先端分叉。聚伞花序与叶对生，具梗，梗较**蛇白蔹的稍长**；花多数，细小，绿色；花瓣 5，分离而扩展，逐枚脱落。浆果**球形，蓝色**。花期 5～6 月，果期 9～10 月。

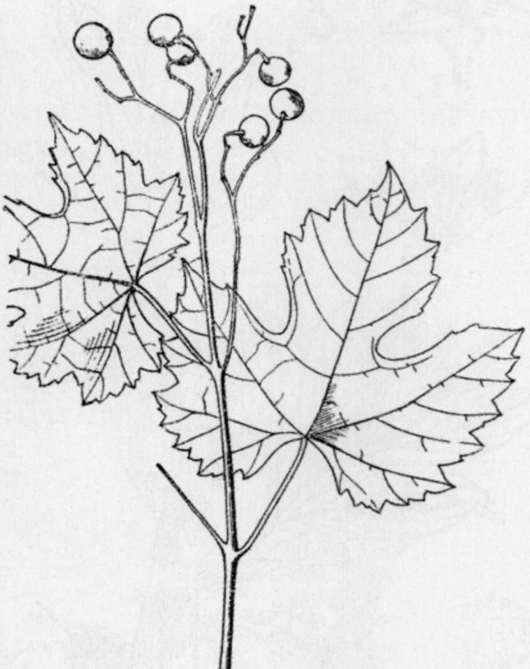

图 720　光叶蛇白蔹
Ampelopsis brevipedunculata（Maxim.）Trautv. var. maximowiczii Rehd.
果枝

［生长环境］ 生于山野坡地、沟谷灌丛间。

［产　　地］ 黑龙江、辽宁、吉林、内蒙古、山东等省区。

［用　　途］ 种子油可制肥皂。

茎可用于编织，皮层纤维可制绳索、人造棉和造纸。茎叶含鞣质，可提制栲胶（见“鞣料类”，1200 页）。

［理化性质］ 据中国科学院林业土壤研究所资料；种子含油量 24.10%。

［采收处理］ 果实成熟时用手摘下。果肉浆汁味很苦，采回后用水浸泡，除去果肉，晒干种子，即可榨油。

［其　　他］ 本种与蛇白蔹［Ampelopsis brevipedunculata（Maxim.）Trautv.］极相似，两者常混淆，但本变种的叶深 3 裂，茎、叶被更较少的毛，叶较厚。

283 山葡萄（shanputao）（图 470）

［学　　名］ **Vitis amurensis** Rupr.　葡萄科

（地方名、形态特征、生长环境、产地及其他用途见“淀粉及糖类”，570 页）

［用　　途］ 种子油供工业及食用。

［理化性质］ 据中国科学院林业土壤研究所资料：种子含油量 11.37%。

［采收处理］ 8～9 月果实成熟时采收。先利用果实酿酒，后收集种子洗净晒干供榨油。

［其　　他］ 用种子繁殖，先用水浸 3 天，混沙埋 20 天，然后播种；也可分根繁殖。利用叶提取酒石酸影响果实成长。

284 葡萄（putao）（图 476）

［学　　名］ **Vitis vinifera** L.　葡萄科

［原 料 名］ 葡萄籽

（地方名、形态特征、生长环境、产地及其他用途见“淀粉及糖类”，576 页）

［用　　途］ 种子油可制肥皂；冷榨者可供食用。

［理化性质］ 据上海食品工业科学研究所资料：种子含油量 9.58%，灰分 4.80%，粗纤维 48.75%，蛋白质 13.08%，非氮物质 23.79%。油为干性油；油的比重（20℃）0.9206，折射率（20℃）1.4801，粘度（安格拉氏秒 20℃）7′，脂酸凝固点 11.5℃；碱化值 180.2，碘值（韦氏法）137.7，酸值 18.5，不碱化物 1.10%，乙酰值 20.1，可溶性脂肪酸 0.27%，不溶性脂肪酸 94.5%。

［采收处理］ 9～10 月果实成熟时采收，结合食用或酿酒收集种子，晒干榨油，不失为废物利用。

285 剑叶杜英（jianyeduying）（图 721）

图 721　剑叶杜英

Elaeocarpus lanceaefolia Roxb.

1．果枝；2．花枝；3．花；4．雄蕊。

［学　　名］ **Elaeocarpus lanceaefolia** Roxb.　杜英科

［形态特征］ 常绿大乔木，除花序外全株均无毛。单叶互生，披针形或宽披针形，薄革质，长 10～15 厘米，宽 4～5 厘米，边缘有小锯齿，侧脉每边 6～12；叶柄长 1.2～2.5

厘米。花两性；总状花序腋生，较叶为短或近等长；花梗细；花直径约 12 毫米；萼片 5，披针形，长约 7 毫米，无毛；花瓣较萼片短，先端线状深裂；雄蕊 15，药的长度为花丝长之半；子房 3 室；花盘具有 5 个有毛之腺。**核果长椭圆形，长约 4 厘米**，具种子 1，有细瘤。

［生长环境］ 山坡疏林或灌木丛中。

［产　　地］ 广东、广西、台湾等省区。

［用　　途］ 种子油可作肥皂和润滑油。

［理化性质］ 据中国科学院华南植物研究所资料：果壳重 81.10%，种仁重 18.9%，种子含油量 40.1%，水分 12.3%。油色深棕；油的碱化值 220.1。

［采收处理］ 将采下的果实晒干，除去果壳，即可备用。

286 紫椴（ziduan）（图 168）

［学　　名］ **Tilia amurensis** Rupr. 椴树科

［原 料 名］ 椴树籽（辽宁）

（地方名、形态特征、生长环境、产地及其他用途见“纤维类”，204 页）

［用　　途］ 种子油可制硬化油及肥皂。

［理化性质］ 据中国科学院林业土壤研究所资料：种子含油量 23.49%。

［采收处理］ 种子成熟后，及时采收，晒干，即可榨油。

287 糠椴（kangduan）

［学　　名］ **Tilia mandshurica** Rupr. et Maxim. 椴树科

［原 料 名］ 椴树籽（东北）

（地方名、形态特征、生长环境、产地及其他用途见“纤维类”，208 页）

［用　　途］ 种子油可制肥皂，也可用做硬化油。

［理化性质］ 据山东省野生植物普查队资料：种子含油量 18.52%，出油率 14.8%。

［采收处理］ 待果实成熟后采下，摊于地上晒干，碾去果壳，扬净杂质，再晾干，即可装袋，贮存于干燥通风处。

288 苘麻（qingma）（图 185）

［学　　名］ **Abutilon avicennae** Gaertn. 锦葵科

［原 料 名］ 青麻子（东北），椿麻子（湖北）。

（地方名、形态特征、生长环境、产地及其他用途见“纤维类”，221 页）

［用　　途］ 苘麻子油可作肥皂和油漆，也可做工业上的润滑油；油的性状和向日葵油、大豆油极相似，可供食用；通常还用来作木材的防腐剂。

［理化性质］　据山东省资料：种子含油量 16～25%，灰分 7.12%，粗纤维 16.64%，粗蛋白 18.40%，非氮物质 39.66%。出油率 10～20%。又据中国科学院林业土壤研究所资料：油属不干性油，比重（15℃）0.9380～0.9492，折射率（19℃）1.4747；碱化值 251.2～262.2，碘值 41.4～44.01，酸值 40.1～41.0，酯值 220.1～222.1。

［采收处理］　果实成熟分离前，摘下晒干，用木棒或连枷轻击，使种子脱落，除去果壳及杂质，即可榨油或置于通风处保管。

289 木芙蓉（mufurong）（图 191）

［学　　名］　**Hibiscus mutabilis** L.　锦葵科

［原 料 名］　芙蓉籽（通称）

（地方名、形态特征、生长环境、产地及其他用途见“纤维类”，227 页）

［用　　途］　种子油和蒴果壳油可制肥皂。

［理化性质］　据湖北省资料：种子出油率 10.7%，若榨制方法适当，出油率可达 15.8%。又据河南省资料：油的比重（15.5℃）0.9251，折射率（25℃）1.4690；碱化值 165，酸值 9.59。

［采收处理］　用种子榨油时，应在种子充分成熟以后采集。

［加　　工］　（1）分离果壳与种子：由于果壳性质软，种子性坚硬，故可在碾后过筛分开；（2）炒子碾粉：将种子炒过才易碾磨，碾磨愈碎，出油率愈高；（3）加蒸压榨：将碾碎的种子过蒸，蒸的时间要短，待籽料变成棕黑色，手捻之如泥时，即可取出上榨；压榨时，先应轻打、勤打，在断线时即可猛打。

290 野西瓜苗（yexiguamiao）（图 722）

［学　　名］　**Hibiscus trionum** L.　锦葵科

［形态特征］　一年生草本，高 30～60 厘米，全体被细软毛，有时具簇毛。茎略柔软，直立，外倾或稍平卧，基部近木质化。单叶互生，纸质，3～5 掌状深裂，基部裂片倒卵形，具 3～5 缺刻，先端圆形或截形，中部以上的裂片，卵状披针形或卵形，羽状湶裂或粗锯齿，先端钝，边缘具不规则粗锯齿；叶柄长 1~4 厘米。花单生叶腋；花梗长 1.5～2.5 厘米，小苞片 12，线形，长 8 毫米，被长硬毛；花萼钟状，膜质，具绿色纵脉，被星状毛，萼片 5，卵状三角形，先端急尖；花瓣 5，上端分离，基部连合，倒卵形，上部淡黄色，基部紫色或紫红色；雄蕊多数单体，包裹花柱，基部与花瓣合生，花药 1 室；子房卵形，被长软毛，花柱细长，柱头 5 裂。蒴果椭圆形，直径约 1 厘米，被长毛，外有宿存膨大的花萼；种子成熟后为黑褐色或黑色，粗糙无毛。花期 7～9 月，果期 8～10 月。

［生长环境］　喜生于阳光充足、土壤瘠薄的砂质土，海拔 700 米以下地方；常见于丘陵、平原、坟地、河岸等处裸露地。

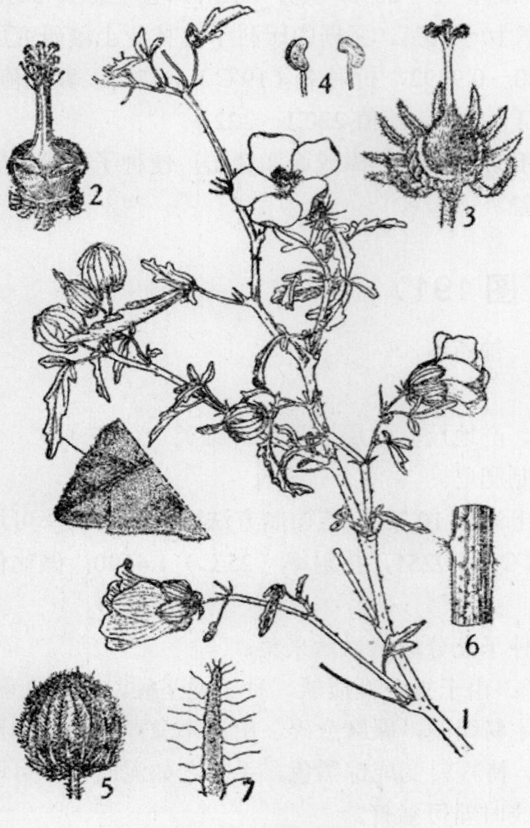

图 722 野西瓜苗
Hibiscus trionum L.
1．花枝；2．花去萼和花瓣后示雄蕊筒和柱头；3．花去掉萼瓣、花被和雄蕊示雌蕊和小苞片；4．花药；5．蒴果；6．茎的一段示星状毛；7．小苞片。
（自“江苏南部种子植物手册”）

［产　　地］　辽宁、吉林、黑龙江、河北、陕西、江苏、安徽、台湾等省。

［用　　途］　种子油供制肥皂用。

茎皮纤维可代麻用。

［理化性质］　据中国科学院林业土壤研究所资料：种子含油量 22.35%。

［采收处理］　立秋期间，种子成熟后采收，将全株拔起，剥皮，取其纤维，同时收集种子，收后晒干，即可榨油。

［其　　他］　用种子繁殖。

291 美丽芙蓉（meilifurong）（图 195）

［学　　名］　**Hibiscus venustus** Bl.　锦葵科

［原 料 名］　野芙蓉籽（云南）

（地方名、形态特征、生长环境、产地及其他用途见“纤维类”，232 页）

［用　　途］　种子油供制肥皂用。

［理化性质］　据云南省野生植物普查队野外粗分析：种子含油量 12%。

［采收处理］　果熟后采收，打除皮壳，风净杂质，晒干，即可榨油。

292 肖梵天花（xiaofantianhua）（图 201）

［学　　名］　**Urena lobata** L.　锦葵科

（地方名、形态特征、生长环境、产地及其他用途见“纤维类”，238 页）

［用　　途］　种子油供制肥皂或作机械润滑油用。

［理化性质］　种子含油量 13～14%，油的碘值 110。

［采收处理］　待果实成熟后，采果枝放日光下曝晒，然后用木棒打落果实，扬净杂质，即行榨油或装麻袋内置通风干燥处贮存。

293 吉贝（jibei）（图 723）

［地 方 名］　爪哇木棉（通称）

［学　　名］　**Ceiba pentandra** (L.) Gaertn.　木棉科

［形态特征］　落叶大乔木，高可达 30 米；主干基部有板状根，枝和幼枝有刺。掌状复叶互生，具柄，具小叶 3～7；小叶椭圆状披针形，先端尾状渐尖，两面光滑。花单生或为腋生的花束，白色或玫瑰红色；花萼不规则 5 裂；花瓣 5，长椭圆形，长 5～7 厘米，基部合生，外面密被白色茸毛，先端钝；雄蕊 5 束，与花瓣对生，基部合生，每束具 2～3 枚，具单室、旋扭的花药；子房 5 室。果为革质的蒴果，分裂为 5 果瓣；种子多数，黑色，光滑，具丝状毛。花期 2～3 月，果期 4～5 月。

［生长环境］　为热带栽培植物。

［产　　地］　广东、广西、云南等省区有栽培。

［用　　途］　种子。油供制肥皂或作机械润滑油用。

种子的丝状毛供纺织用或为填充材料。木材质轻，大木可刳为独木舟，其板片先浸于石灰水而后用，能耐久而不朽。

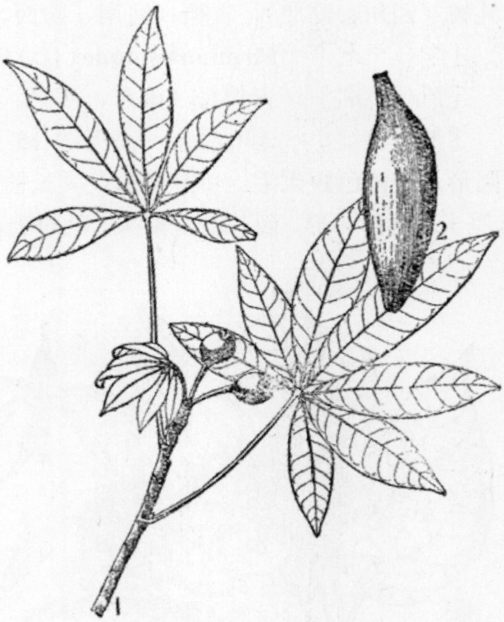

图 723　吉贝
Ceiba pentandra（L.）Gaertn.
1. 花枝；2. 果。

［理化性质］　种子含油量 20～25%，种仁含油量 40%。油属半干性油；油的比重（15℃）0.9200～0.9330，折射率（40℃）1.4605～1.4657、（25℃）1.4691～1.4696；碱化值 189～195。碘值 86～100。

［采收处理］　待果实成熟后，将果实采下，晒干，剥除种毛，除去果皮及杂质，即得纯净种子，贮存备用。

294 木棉（mumian）（图 202）

［学　　名］　**Gossampinus malabarica** (DC.) Merr.　木棉科

［原 料 名］　木棉子

（地方名、形态特征、生长环境、产地及其他用途见“纤维类”，241 页）

［用　　途］　种子油可供食用，并供制机械润滑油、肥皂或作为橄榄油的代用品。

［理化性质］ 据四川省资料：种子含油量20～25%。

［采收处理］ 先将开裂的木棉蒴果摘下，取出绵毛和种子，用轧棉机分离绵毛和种子，将种子晒干备用。

295 梧桐（wutong）（图724）

［地 方 名］ 九层皮、地坡皮、青皮树（广西），耳桐（湖南），桐麻、翠果子、瓢儿树（四川、湖北），青桐（河南、陕西、甘肃、山东）。

［学　　名］ **Firmiana simplex** (L.) F. W. Wight　梧桐科

［原 料 名］ 青桐籽（山东、河南、甘肃）

［形态特征］ 落叶乔木，高可达15米；树杆直，枝肥粗，树皮青色，平滑；芽近圆形，被褐色短柔毛。单叶互生，具长柄，3～5掌状深裂，长15～30厘米，宽11～20厘米，基部心形，裂片先端渐尖，幼时表面具毛，后则光滑，背面被星状毛，脉掌状；叶柄约与叶片等长，被褐色毛。圆锥花序顶生；花单性，细小，淡绿色；萼片5，长约8毫米，外密被淡黄色小柔毛；无花瓣；雄花中的雄蕊柱约与萼片等长，花药约15枚，药室不等，聚合成一顶生的头；雌花子房柄发达，心皮5，基部分离，在其周围常有无柄的花药环绕着，花柱联合。果为蓇葖果，成熟前心皮裂成叶状，向外卷曲；种子4～5粒，球形，生于心皮边缘。花期6～7月，果期9～10月。

图724　梧桐

Firmiana simplex（L.）F. W. Wight

1. 花枝；2. 果实；3. 雄蕊柱及花药；4. 雌花。

（自“中国森林植物志”）

［生长环境］ 喜湿润肥沃的沙质壤土，村边路旁常有生长，常栽培作行道树。

［产　　地］ 河北、山东、陕西、江苏、江西、湖北、广东、广西、福建、台湾、四川、贵州、云南、湖南、河南、甘肃、浙江、安徽等省区。

［用　　途］ 种子榨油，可供食用，制肥皂。种子又可生食。

树枝皮制绳索等（见“纤维类”，247页）。叶、茎、皮、花供药用（见

“药用类”，1809 页）树皮及木材内含粘液，可作造纸用的糊料。木材质轻韧，适于制造乐器等用。

［理化性质］　据“中国新植物油源”记载：种子含油量 39.69%，灰分 4.85%，粗纤维 3.69%，蛋白质 23.32%，非氮物质 28.45%。油为不干性油，棕黄色；油的比重（20℃）0.9210，折射率（20℃）1.4699，粘度（安格拉氏秒 20℃）8'17.8"，脂酸凝固点 28.2℃；碱化值 183.9，碘值（韦氏法）95.9，酸值 5.3，不碱化物 0.93%，乙酰值 7.4，可溶性脂肪酸 0.37%，不溶性脂肪酸 94.8%。

［采收处理］　秋季果熟时应及时采收，取出种子晒干即可。

［其　　他］　可用播种、分蘖等法繁殖。

296 假苹婆（jiapingpo）（图 218）

［学　　名］　**Sterculia lanceolata** Cav.　梧桐科

［原 料 名］　米档籽（广西）

（地方名、形态特征、生长环境、产地及其他用途见“纤维类”，258 页）

［用　　途］　种仁油可制肥皂。种子可生食。

［理化性质］　据广西壮族自治区资料：种仁含油量 22.5%。油的碱化值 195.70,碘值 75.59，酸值 4.07。

［采收处理］　果实成熟后采收，取出种子晒干，即可榨油。

［其　　他］　可用插条法繁殖。成活率高，虽大枝亦能成活。

297 红花油茶（honghua-youcha）（图 725）

［学　　名］　**Camellia chekiang-oleosa** Hu　茶科

［原 料 名］　红花油茶籽（浙江）

［形态特征］　常绿灌木或小乔木，高 3～7 米；树皮灰白色，平滑；小枝无毛。单叶互生，革质，长圆形至倒卵状椭圆形，长 8～12 厘米，宽 2.5～5.5 厘米，先端

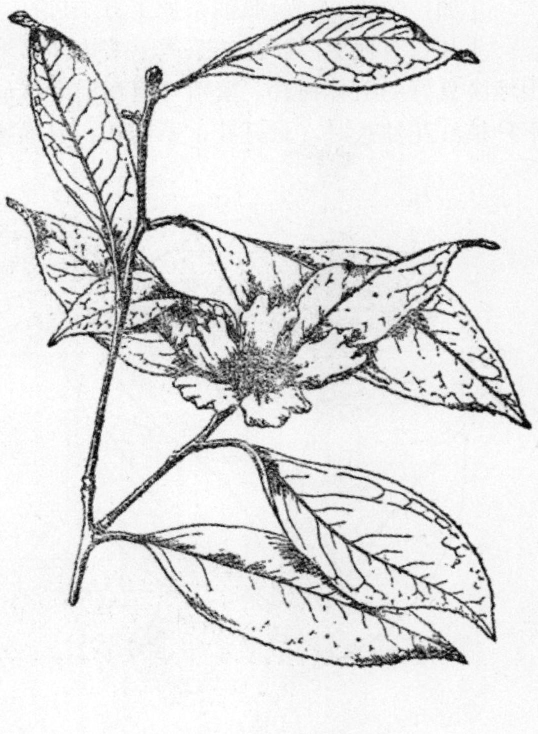

图 725　红花油茶
Camellia chekiang-oleosa Hu
花枝

短渐尖或尾状渐尖，基部楔形或宽楔形，边缘向外反卷，有细锯齿，叶上面多少发亮，两面平滑无毛；叶柄粗壮，长 8～15 毫米。花单生枝顶，直径 8～10 厘米，艳红色；苞片 9～11，密生丝状纤毛；萼片 5，阔卵圆形或近圆形，外面密被银色丝状毛；花瓣 5，近圆形，先端 2 裂，外面近中部有银色丝状毛；雄蕊多数，排成 2 轮；子房无毛，花柱连合几至顶端，柱头分裂。蒴果木质，球形，直径至 5 厘米。花期 2 月。

［生长环境］ 喜生于海拔 800 米以上的酸性灰化红黄壤上。常和柳杉、杉木、青冈栎、黄山松、杨梅、柃木、乌药等植物混生。

［产　　地］ 安徽、江西、浙江、福建等省。

［用　　途］ 种子榨油，可供食用及制肥皂、润滑油用。

［理化性质］ 据江西省资料：种仁含油量 31.7%，含水分 7.8%。油为不干性油，颜色较普通茶油稍淡，润滑性稍差，酸值 4。

［采收处理］ 立秋至处暑果实成熟后，摘下曝晒，使蒴果开裂，脱去壳皮杂质，收集种子放在干燥处保存。

［加　　工］ 可照油茶加工方法进行（899 页）。

［其　　他］ 红花油茶适于海拔 800 米以上的山地生长，对病害抵抗力强，为高山地区良好的造林树种。繁殖可用直播造林，十年左右开始开花结实。在海拔 800 米以下种植红花油茶时，只开花，不结实；且易遭病虫害侵袭。

298 尖叶山茶（jianyeshan cha）（图 726）

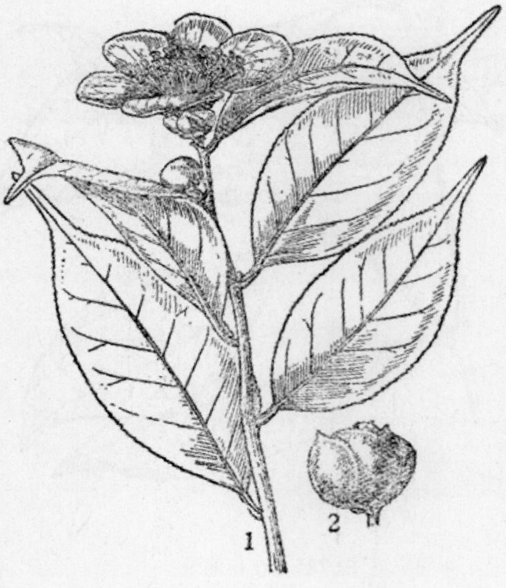

图 726 尖叶山茶
Camellia cuspidata（Kochs）Veitch
1．花枝；2．果。

［地 方 名］ 油茶树（四川），火烟子（广东台山）。

［学　　名］ **Camellia cuspidata** (Kochs) Veitch 茶科

［原 料 名］ 火烟子（广东）

［形态特征］ 常绿灌木，高约 3 米；嫩枝具细柔毛。单叶互生，厚革质，椭圆形至卵状披针形，长 4～9 厘米，宽 1.5～3 厘米，基部稍圆或楔形，先端长渐尖，表面无毛有光泽，背面淡绿色而有微小点，边缘具细锯齿；叶柄稍有毛。花单生于叶腋内，有时顶生，白色，直径 3～4 厘米，具短梗；萼片 5，内面有毛，宿存；花瓣 6，卵形，先端圆形；雄蕊多数，基部微连合；

子房 3 室，光滑。蒴果球形，直径约 1.5 厘米，顶端微尖，含种子 1 枚。花期 3～4 月，果期 8～9 月。

［生长环境］　生于山地的密林下，或山谷和溪边灌木林中。

［产　　地］　湖北、湖南、江苏、安徽、四川、广西、广东等省区。

［用　　途］　种子油可做润滑油和印油的原料；还可用以润发、制肥皂。

［理化性质］　据广东省资料：种子含油量 19.55%，种仁含油量 31.1%。油的碱化值 195.52,碘值 88.47，酸值 6.33。

［采收处理］　果实成熟时采摘，晒干，果壳自然开裂，脱出种子去掉杂质后，放干燥通风处保存备用。

299 香港山茶（xianggangshancha）（图 727）

［学　　名］　**Camellia hongkongensis** Seem. (*Thea hongkongensis* Seem.)　茶科

［形态特征］　常绿乔木，高 5～6 米；树皮光滑，淡灰色，单叶互生，具短柄，革质，长圆形或披针形，长 8～13 厘米，宽 2.5～3 厘米，基部楔形，先端渐尖 2，全缘或稍有锯齿，表面光亮，叶脉明显。花两性，淡红色，直径 6.5 厘米；萼片近圆形，外面微被丝状柔毛，脱落性；花瓣倒卵状长圆形，先端微凹，长 4～5 厘米；雄蕊多数，花丝无毛；花柱 3，分离，基部微被丝状柔毛，子房上位，卵状球形，微被柔毛。蒴果木质，无毛，多皱，长 3 厘米，宽 2.5 厘米；种子长 1.6 厘米。花期 11～3 月，果期 8～10 月。

［生长环境］　生于气候较温暖地区的山地疏林中。

［产　　地］　广东省

［用　　途］　种子油可供制肥皂、润滑油、润发油等用。

榨油后的残粕可为肥料。

［理化性质］　据中国科学院华南植物研究所化验：种仁含油量 44.1%，水分 39.1%。油为不干性油，颜色淡黄；折射率（25℃）1.4730；碱化值 221.4，酸值 6.38。

［采收处理］　与油茶同（899 页）。

［加　　工］　与油茶同。

图 727　香港山茶
Camellia hongkongensis Seem.
花枝

300 山茶花（shanchahua）（图 728）

［地 方 名］ 茶花、宫粉茶（广东），包珠花（江苏）。

［学　　名］ **Camellia japonica** L.　茶科

［形态特征］ 常绿灌木或小乔木，高可达 15 米，光滑无毛。单叶互生，革质，具短柄；卵形至椭圆形，长 5～10 厘米，宽 3～4 厘米，基部圆形至阔楔形，先端钝，边缘具软骨质细锯齿，表面暗绿色，两面平滑无毛。花顶生或单生于叶腋，红色或白色，直径约 6～8 厘米，近无梗；花瓣 5～7，近圆形；雄蕊多数，2 列；子房光滑无毛。蒴果球形，室背开裂，径约 3 厘米，光滑无毛；种子近椭圆形，背有角棱，长约 2 厘米，直径 1.5 厘米。花期 4～5 月，果期 9～10 月。

［生长环境］ 生于气候温暖、潮湿、土壤疏松、肥沃、排水良好的酸性土上；阳光强烈、土壤碱性、干旱地区生长不良。

［产　　地］ 原产我国东部及日本，在我国江苏、浙江、安徽、湖北、湖南、四川、云南及广东等省多有栽植。华北则于温室内盆栽，青岛崂山有露地栽培的大树。

［用　　途］ 山茶油供食用，并可作润发、防锈、制肥皂、钟表润滑油及药用。油粕可用为洗涤头发和毒鱼之用。

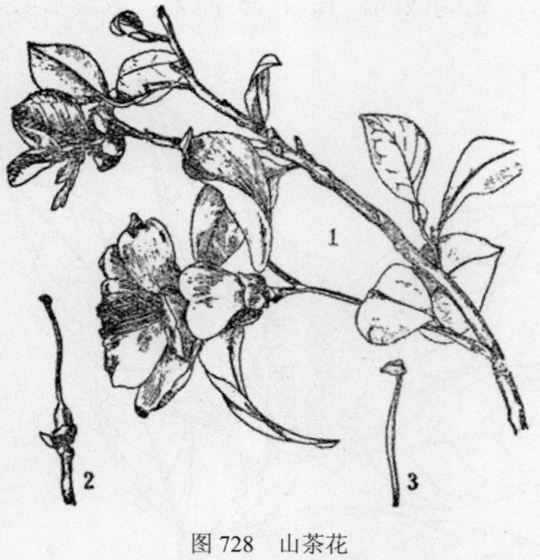

图 728　山茶花
Camellia japonica L.
1．花枝；2．雌蕊；3。雄蕊。

木材供雕刻和农具用。花色艳丽多样，品种甚多，为名贵的观赏植物。花供药用。

［理化性质］ 种子含油量 45.27%，种仁含油量 73.29%。油的比重（15℃）0.9209；碱化值 193.40，碘值 81.66，酸值 1.72。

［采收处理］ 果实成熟时，采后晒干，果壳自裂，种子分离，即可收集备用。

［加　　工］ 参阅油茶的榨油方法（899 页）。

［其　　他］ 繁殖用播种、扦插、接木、压条诸法均可，一般采用种子繁殖。种子秋后成熟，采后即行播种；实生苗约在 4～5 年后开花结实。园艺品种多不结实，则用无性繁殖。

301 梨茶（licha）

［地 方 名］ 大油茶、山桃、山桐茶、茶梨、大茶（福建）

［学　　名］ **Camellia latilimba** Hu　茶科

［形态特征］ 乔木，高 6 米左右；小枝淡黄褐色，无毛，一般着叶 3～5 片，老枝褐紫色，或带灰，表皮纵裂，成片状剥落；芽苞片复瓦状排列，苞片背面脊部有灰色或灰褐色丝毛。单叶互生，革质，绿色或淡绿色，椭圆或长椭圆形，长 8～13 厘米，宽 3～3.5 厘米，基部楔形或阔楔形，先端渐尖或突尖，两面无毛，表面中脉凹下，背面中脉隆起，侧脉每边 6～9，不明显，叶绿浅锯齿；叶柄长 9～15 毫米，表面有沟，无毛。子房 4～6 室，每室通常有胚珠 4～6，各室皆有 2 个以上的胚株发育成正常的种子。果实近圆形，直径 5～8 厘米，黄褐色，果皮较粗糙；每果一般有种子 10 粒以下，种皮茶褐色，种子呈多角形。

［生长环境］ 多为野生，亦有少数栽培。在植被破坏不厉害的山腰、山谷、路旁以及毛竹林、松林、阔叶树林都能生长。

［产 地］ 福建省

［用 途］ 种子油可食用，味清香，胜过油茶。

［理化性质］ 根据福建林学院资料：于 8 月底采自永泰县白社未全熟种子的分析，含油量 32%。

［采收处理及加工］ 参阅油茶（本页）。

302 油茶（youcha）（图 729）

［地 方 名］ 茶子树（湖南），茶油树（广西），白花茶（广东），建茶（浙江）。

［学 名］ **Camellia oleifera** Abel 茶科

［原 料 名］ 油茶籽（通称）

［形态特征］ 常绿灌木或小乔木，高 3～4 米，有时可达 8 米；树皮黄褐色：嫩枝稍被毛；芽有疏松的鳞片，表面有毛。单叶互生，具柄，革质，椭圆形或卵状椭圆形，长 6～10 厘米，宽 2～4 厘米，基部楔形，先端渐尖或短尖，边缘有细锯齿，侧脉不明显；叶柄长 6 毫米。花白色，径 3～5 厘米，1～3 朵腋生或顶生，无柄；萼片圆形，外被丝毛；花瓣 5～7，倒卵形，先端凹入，外面被疏毛；雄

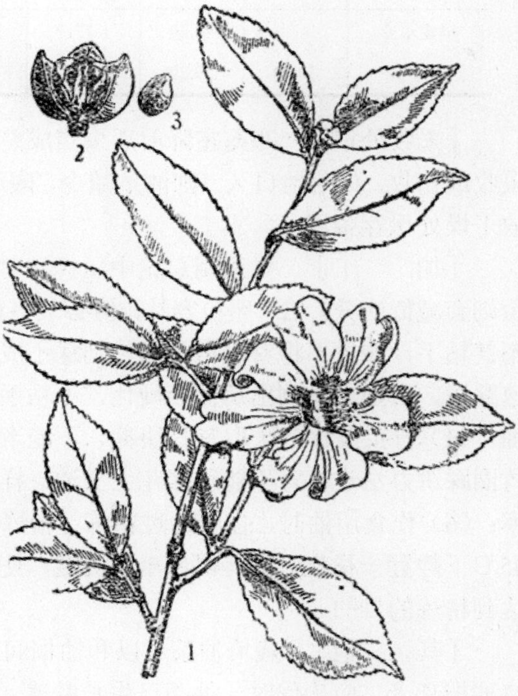

图 729 油茶

Camellia oleifera Abel

1．花枝；2．果；3．种子。

蕊多数，无毛，排成2轮，花丝基部成束；子房被毛，花柱分离。蒴果球形，直径约3厘米，被细毛，室背开裂；种子1～3。花期9～11月。果熟期次年秋季。

［生长环境］ 本种为亚热带植物，幼时耐庇荫，成年树则喜阳光，平原、丘陵及山地均宜生长。

［产 地］ 四川、安徽、江苏、浙江、福建、台湾、江西、湖南、湖北、广东、广西、云南等省区。

［用 途］ 茶油供食用及作润发、制皂、润滑油用，并可作涂料，以防铁锈。榨取的茶油，多含有皂素，此物含有毒素，因此，作食用时，须加以煎炼（145℃以上），使皂素炭化破坏，否则会中毒腹泻。

榨油后的残渣，俗称茶麸，为良好的肥料；并有杀虫效用（见“土农药类”，2044页）。木材可作农具柄。果壳含鞣质，可提制栲胶；又可作制碱、提皂素、糠醛等原料。

［理化性质］ 种子含油量31.33%，灰分4.33%，粗纤维1.41%，蛋白质14.15%，非氮物质48.9%。据广东省资料，油茶籽油分析结果如下表：

采集地	含油量(%)		折射率	碱化值	碘 值	酸 值	分析单位
	种 子	种 仁	(25℃)				
福建永安		46.20	1.4717	205.90	—	11.74	华南植物研究所
增 城	30.10	59.20	—	189.90	91.40	1.23	广东省商业厅

［采收处理］ 寒露霜降前后果实成熟，当果皮颜色变红或黄褐色而开裂，应迅速采收或扫收，如落地日久，则油量减少，酸度增加。茶子收获后应及时晒干，清除杂质，放干燥处保存备用。

［加 工］ 如采用总论中压榨法时应注意以下各点：（1）炕籽应用小火慢炕，否则会减低油分；（2）碾粉容易，但必须将粉碾细，因油茶籽粉蒸热后，麸粉粘度不大，不甚粘手，如果不将粉碾得很细，则踩不成饼；（3）蒸糕不能太久，必须及时下甑，快速踩饼，否则麸粉倒出后便会硬化，不粘手，松散，结成硬粒，降低出油率，甚至不出油；（4）打尖压榨应采取紧打快榨，不能半途退榨；（5）小榨榨油，应采用禾草包饼及竹圈踩饼办法进榨，不能跟榨花生头油一样慢慢做饼，或三迭凉麸进榨，以免影响出油率；（6）作食用油时，需要经过精炼；精炼方法很多，如用20%的稀硫酸和油混合，在45℃下静置一昼夜，便有褐色东西沉淀，使油色澄清；农村中有用酸性土来代替，也能达到精炼的目的。

［其 他］ 栽培油茶可以和油桐间作，因油茶幼龄喜荫蔽，而油桐树龄期较短，待油桐衰老，应砍伐时，油茶已生长旺盛，不再需要荫蔽。造林方法有两种：

（1）播种造林 气候温暖地区，在晚秋（11月）和早春（2月）均可播种造林。播种时可按1.5～2米的距离掘穴（如与油桐间作，可按4～6米的距离掘穴）。穴大30平方厘米，深25厘米，掘穴时，将掘起的草皮、表土和心土，分别放于穴旁，掘好后，先填草皮，后填表土，到15～20厘米高时，每穴放种子5～6粒，最后盖上心土约2厘米厚即可。

（2）　植树造林　先整地，除净草根等，将浸种3～4天的茶籽，在苗床上每隔20厘米开沟条播，约半个月即可发芽，一年生苗即可造林。

栽后2～3年，每年6月和9月各中耕除草一次，三年后，每年8月和9月仍须中耕一次，除草所铲下的草皮，堆成带状，可避免冲刷。油茶林如太密或有衰老枝条，须即时进行修剪，有徒长或不结实的枝条，也应剪去，以免消耗养分。油茶长到一定年龄会逐渐衰老，如果结实不多，最好先在老林中直播或移栽幼苗，待苗长大时再砍去老树。有些地区将不结果的老林砍去，让它萌发新芽，3～4年后又能结实，但产量低，故最好营造新林。

303 宛田红花油茶（wantianhonghuayoucha）（图730）

［学　　名］　**Camellia polyodonta** Chun et How, ined.　茶科

［原 料 名］　宛田油茶子（广西）

［形态特征］　常绿小乔木，高4～5米，树皮黄褐色；小枝粗短，灰白色或褐色，无毛。单叶互生，革质，椭圆形或长椭圆形，长8～13厘米，宽3～5厘米，基部阔楔形或圆形，先端尾状渐尖，边缘有细密小牙齿，自离叶基2～2.5厘米处均匀分布至叶尖，表面深绿色，脉凹陷，背面绿色，疏被长柔毛，脉凸起，侧脉每边6～8；叶柄粗短，长约1厘米。花深红色，大型，直径5～5.5厘米，杯状展开，无梗；萼片15，复瓦状排列；花瓣5～7，倒心形；雄蕊多数，花丝扁平，下部被银色茸毛；雌蕊长2.1～2.4厘米，子房全部被银白色茸毛，3室。蒴果球形或梨形，褐色，直径4.5～10厘米，果皮厚1～2厘米；种子黄褐色，光滑。花期3月，果期10～11月。

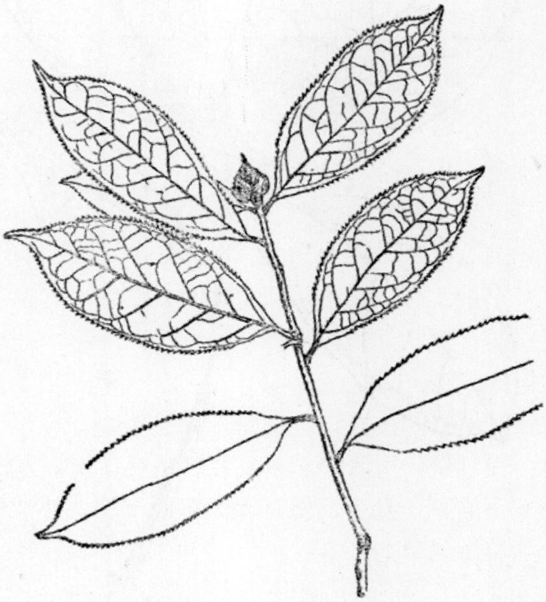

图730　宛田红花油茶
Camellia polyodonta Chun et How, ined.
幼果枝

［生长环境］　生于山腰疏荫林下，土壤湿润、酸性（pH55）的地区。

［产　　地］　江西、湖南、四川、广东、广西等省区。

［用　　途］　种子油供制肥皂和食用。

茶麸与油茶麸有同样用途，供洗涤、肥料、杀虫、医药等用。

［理化性质］　据中国科学院广西植物研究所资料：种子含油量24～25%，干仁含油量38.11～50.5%。油的折射率（25℃）1.4679，碱化值195.10，碘值75，酸值4.0。

［采收处理］　10月间摘下果实，晒干，脱出种子，供榨油用。

［加　　工］　参阅油茶的榨油方法（899页）。

［其　　他］　可用种子繁殖。

304 广宁油茶（guangningyoucha）（图731）

［地 方 名］　红花大油茶（广东）

［学　　名］　**Camellia semiserrata** Chi　茶科

［原 料 名］　红花大油茶子、广宁油茶子（广东）

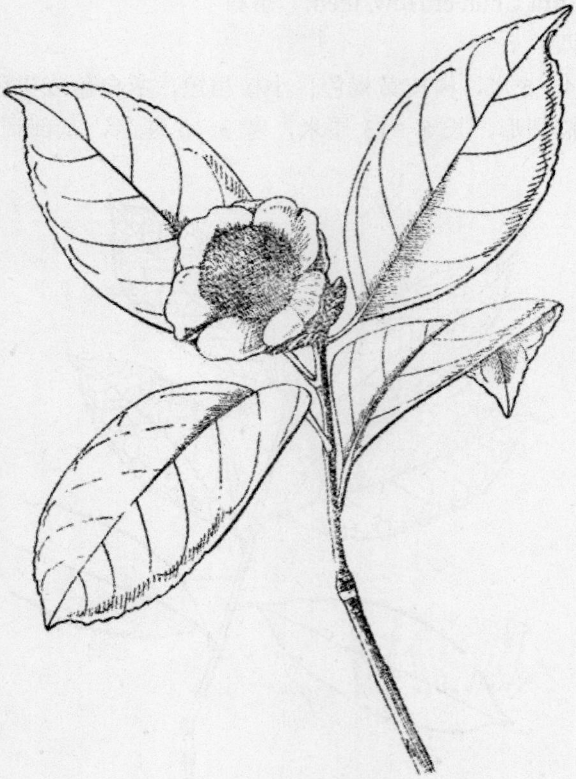

图731　广宁油茶
Camellia semiserrata Chi
花枝

［形态特征］　乔木，高8～12米；树皮灰色，光滑；小枝粗壮，稍有棱，淡褐色，光亮。单叶互生，具柄，革质，长椭圆形或椭圆形，长9～15厘米，宽3～6厘米，基部宽楔形，先端长渐尖，边缘上半部具疏齿，表面绿色，背面苍绿色，中脉上面稍突起，侧脉每边5～8；叶柄粗糙，长1～1.5厘米。花艳红色，大型，直径6～7厘米，无柄；萼片、苞片共11，革质；花瓣6～7，宽圆形；雄蕊多数，5束；花柱大部分连合，子房圆柱状球形，直径6毫米，密被黄色丝质长毛，每室有胚珠6～7。蒴果厚木质，卵状球形，直径4.5厘米，果大者可达9厘米，果瓣3～5；种子黑褐色：橄榄形，长2.5厘米，宽1.8厘米。果期7月。

［生长环境］　耐阴，喜生于土壤潮湿、腐殖质较丰富的山谷的酸性土壤上。

［产　　地］　广西、广东等省区。

［用　　途］　种子油供食用和制肥皂。

［理化性质］　据中国科学院广西植物研究所资料：种子含油量 30%，干仁含油量 54.53～64.06%。油的比重 0.91635，折射率（25℃）1.4697；碱化值 195.98～196.85%，碘值 80～86，酸值 4.0。

［采收处理及加工］　方法与油茶同（899 页）。

［其　　他］　繁殖方法　据李东生报道，在广东西江有三种方法，即直播、植树和圈枝：（1）直播造林：霜降前二、三天采果，置阴凉处，蒴果即自行开裂，取出茶子，择其饱满的于霜降后即可播种，株行距约 4 米，穴宽 15～18 厘米，深 12～15 厘米，每穴播种子 2 粒，覆以约 3 厘米厚的细土。（2）植树造林：采种后，点播于圃地畦上，圃地宜选择排水良好的砂质壤土；播种沟距 15 厘米，深 3 厘米，粒距 6 厘米，播后薄铺细泥，覆以干草，种子发芽出土后，需将干草除去，并搭荫棚，避免强烈阳光照射，至秋天拆去。一年生苗高约 30 多厘米，便可出圃定植，定植应在春季；起苗时，修截主根，并以黄泥浆涂根部，枝叶也要适当修剪。（3）圈枝繁殖：在霜降采收种子后，依园艺上的圈枝法，选择生长旺盛的母树，小心地将一年生枝条皮层割伤一环至形成层，以泥团包裹伤口，再敷以苔类，至次年立春时，伤口部位已生有小根，便可连枝砍下供定植。

305 茶（cha）（图 732）

［学　　名］　**Camellia sinensis** (L.) O. Ktze. (*Thea sinensis* L., *Camellia thea* L.)　茶科

［原 料 名］　茶树子（通称）

［形态特征］　常绿灌木或小乔木，高达 4 米；嫩枝、嫩叶具细柔毛。单叶互生，具短柄，革质，椭圆形或倒卵状长圆形，长 4～8 厘米，有时可达 12 厘米，宽 1.8～4.5 厘米，

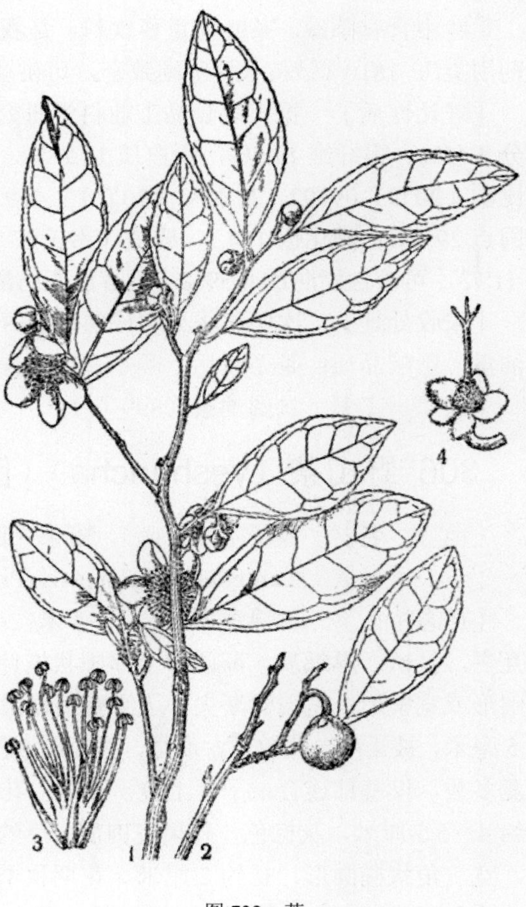

图 732　茶

Camellia sinensis (L.) O. Ktze.

1．花枝；2．果枝；3．雄蕊；4．雌蕊。

（自“江苏南部种子植物手册”）

基部楔形，先端钝尖而微凹，边缘具齿，光滑无毛；叶柄长约4毫米。花白色，通常单生或1～2朵腋生，有香气，具柄，直径2.5～3.5厘米，稍向下垂；萼片5，圆形，无毛或被微毛，宿存；花瓣5，阔倒卵形或圆形；雄蕊无毛；子房被茸毛，花柱合生或仅顶端分离，柱头3裂。蒴果革质，圆形或属三角形，直径约2.5厘米；种子1，间有2，近球形，微有角，直径约1.5～1.8厘米，淡褐色。花期9～11月间。

［生长环境］ 性喜云雾弥漫的潮湿空气，年雨量须在1000毫米以上，适温为15～20℃，冬季最低温以不低于零下5℃；土壤松软、深厚、排水良好而又富于腐殖质，并含铁、锰、镁等矿质的淡红色土壤为佳。

［产　　地］ 原产我国南部山地，现江苏、浙江、安徽、江西、湖北、四川、贵州、陕西等省均有栽培，以广东、广西、福建、安徽、湖南等省区较多。

［用　　途］ 茶子油经提炼后为很好的食用油，也是精密机械的很好的润滑油。

茶叶中含有茶碱。茶叶为重要饮料，是我国主要出口商品之一；又可供医药用（见“药用类”，1810页）。木材坚硬致密，可供雕刻用。

［理化性质］ 据上海食品工业科学研究所化验结果：茶籽仁总含油量30.13%，灰分3.45%，粗纤维1.47%，蛋白质13.28%，非氮物质51.67%。出油率23～25%。油的比重（20℃）09202，折射率（20℃）1.4691，粘度（安格拉氏秒20℃）8′3.6″，脂酸凝固点29.4℃；碱化值194.1，碘值（韦氏法）92.5，酸值13.4，不碱化物1.46%，乙酰值11.73，可溶性脂肪酸0.59%，不溶性脂肪酸95.7%。

［采收处理］ 次年秋季果实成熟而裂开，即时采收或扫收，避免落地日久，降低含油量，影响品质；茶子收后，晒干，放干燥处贮藏备榨。

［加　　工］ 参阅油茶（899页）。

306 野山茶（yeshancha）（图733）

［地 方 名］ 猴子木（云南），野茶（四川）。

［学　　名］ **Camellia yunnanensis** (Pitard) Cohen-Stuart　茶科

［形态特征］ 常绿灌木，高1～4米；小枝纤细，幼时被微柔毛，老时脱落。单叶互生，具柄，**厚纸质**，卵圆形至卵圆状披针形，**长3～6厘米**，宽1.2～3.5厘米，基部圆形或宽楔形，先端骤渐尖，边缘有细锯齿，表面几无毛，背面沿中脉有毛；叶柄长约5毫米，被柔毛。花单性，顶生，**直径约5厘米**；花瓣椭圆形，**白色**，长2～2.5厘米；雄蕊多数，仅基部连合；子房上位，无毛，花柱分离。蒴果球形，扁压，具宿存萼，直径约4～5.5厘米，灰棕色，外果皮肉质，厚约7～10毫米，顶短5裂，室隔膜质；种子10，宽三角状椭圆形，长约2厘米。花期秋季，果期冬季。

［生长环境］ 生长于海拔2000～2600米地带的常绿阔叶林中、山沟中、松林下、土壤湿润的地区。

［产　　地］ 云南、四川等省。

［用　　途］ 种子油供制肥皂、润滑油等用。

［理化性质］ 据四川省资料：种子含油量57.4%。

［采收处理］ 果熟后，应即迅速采收，如落地日久，则油量减少，酸度增加；采收后应即晒干，脱出种子，放干燥处贮存备榨。

［加　　工］ 参阅油茶(899页)。

图733　野山茶
Camellia yunnanensis（Pitard）Cohen-Stuart
花枝

307 天目紫茎（tianmu-zijing）（图734）

［地 方 名］ 野茶子（湖南）

［学　　名］ **Stewartia gemmata** Chien et Cheng　茶科

［原 料 名］ 野茶子（湖南）

［形态特征］ 落叶灌木或小乔木，高6～10米；嫩枝被柔毛，后变光滑。单叶互生，纸质，长圆形，长4～8厘米，宽2～3.5厘米，基部楔形，先端渐尖，边缘疏生细锯齿。花白色，单生于叶腋内，具短柄；苞片2，卵圆形，长1.7厘米，宽约1厘米；萼片5，卵圆形，外面被短柔毛；花瓣5，倒卵形，外面被丝毛；雄蕊多数，花药丁字着生；子房5室，每室有胚珠2。蒴果木质，卵圆形，被毛；种子长圆形或卵形，有狭翅。花期10～11月，果期次年霜降前后。

图734　天目紫茎
Stewartia gemmata Chien et Cheng
1. 果枝；2. 花。

［生长环境］ 生于山地或高丘陵地的杂木林中或灌木林中。

［产　　地］ 浙江、湖南、江西等省。

［用　　途］ 种子油可供食用，并可制肥皂和机器润滑油。

［理化性质］ 据湖南省资料：种子含

油量 40%以上，出油率 25～30%。油的比重（25℃）0.9103，折射率（25℃）1.4748；碱化值 202.1，碘值 104.0，酸值 12.0。

［采收处理］　果熟时采收，放日光下曝晒，果壳开裂，取出种子，放干燥处保存备榨。

［加　　工］　参阅油茶（899 页）。

308 厚皮香（houpixiang）（图 735）

［地 方 名］　水红树、秤杆木（四川）、红淀、气血藤、猪血柴（浙江），珠木树（广东、湖南），包皮（云南），红粗（安徽）。

［学　　名］　**Ternstroemia gymnanthera** (Wight et Arn.) Sprague (*T. japonica* Thunb.)　茶科

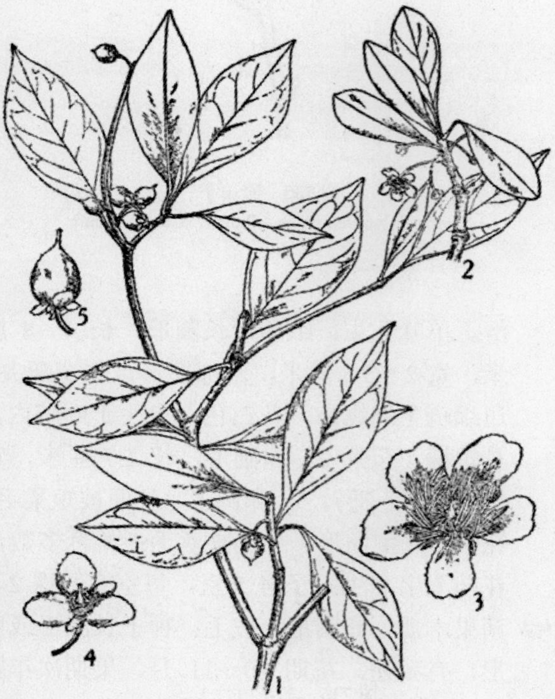

图 735　厚皮香

Ternstroemia gymnanthera（Wight et Arn.）Sprague

1．果枝；2．花枝；3．花；4．花去花瓣和雄蕊后示萼片和雌蕊；5．果实。（自“江苏南部种子植物手册”）

［形态特征］　常绿乔木，高可达 15 米；枝条光滑，灰绿色。叶倒卵形至长圆形，长 3～7 厘米，宽 2～3 厘米，先端钝或短尖，基部楔形，全缘，表面绿色，背面淡绿色，均平滑，中脉在背面较显着。侧脉不明显；叶柄长约 5 毫米。花淡黄色，梗长 1.5～2.5 厘米，稍稍下垂。果实圆球形，径约 1.5 厘米，黄色；种子红色。花期 7～8 月。

［生长环境］　丘陵地或山地杂木林中。

［产　　地］　安徽、江西、浙江、湖南、广东、广西、云南、四川等省区。

［用　　途］　种子油可制润滑油及肥皂。

树皮含鞣质（见“鞣料类”，1205 页）。

［理化性质］　据四川省资料：种子含油量 17.64%，出油率 14%。据云南省资料：种子含油量 29%。

［采收处理］　果熟时采收晒干，取出种子，放干燥处保存备用。

［加　　工］　参阅油茶（899 页）。

309 多花山竹子（duohuashanzhuzi）（图 736）

［地 方 名］　山橘子、竹橘子、大肚脐、大核果、金苹果、酸桐子、熟木果（广东），白树子（台湾），木竹子、味柜（广西），酸果、化皮果、阿必早（云南）。

［学　　名］　**Garcinia multiflora** Champ.　藤黄科

［原 料 名］　竹橘子（广东、广西）

［形态特征］　常绿乔木或灌木，高 4～10 米。单叶对生，具短柄，革质，卵状长圆形或长圆状倒卵形，长 7～15 厘米，宽 2～7 厘米，基部楔形，先端渐尖或短尖，全缘，两面无毛；叶柄长约 1～1.5 厘米。花序顶生，**由数花或多花组成伞房状圆锥花序或总状花序**，长 4～6 厘米；花橙黄色，大部分两性，萼片和花瓣各 4；有两种花，其中一种的雄蕊成 4～5 束，短于子房，另一种的雄蕊束不裂，高出子房；萼圆形，长 6～7 毫米，内面两枚较大；花瓣倒卵形，长为萼的两倍。浆果近球形，直径 2.5～3 厘米，熟时青黄色，可食；种子肾形。花期 5 月，果期 10 月；云南的花期 6～7 月，果期 10～11 月。

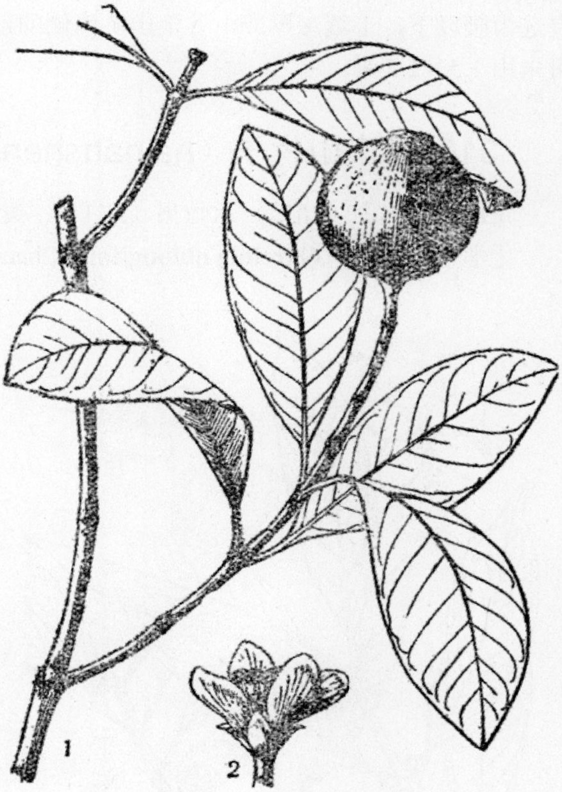

图 736　多花山竹子
Garcinia multiflora Champ.
1. 果枝；2. 花。

［生长环境］　生于丘陵地和海拔 1000 米左右以下的山地密林或疏林中，但以气候温暖、土壤肥沃、深厚、较湿润的山谷地区生长最好；在云南则生于海拔 800～2100 米的杂木林中近溪谷湿润处。

［产　　地］　江西、广西、广东、云南、台湾等省区。

［用　　途］　种子油供制肥皂和机械润滑油用。

木材暗黄褐色，材质坚重，为制造车轮、船板、家具及工艺、雕刻等用材。果熟时甘美可食，但内含黄色胶质，略带涩味，多食能引起腹痛。果皮及树皮均含有鞣质，可提制栲胶。

［理化性质］　据广东省商业厅资料：种子壳重 7.40%，仁重 92.6%。种子含油量 51.22%，种仁含油量 55.60%，水分 5%。油脂的碱化值 186.71%，碘值 99.16，酸值 20.81。

［采收处理］　当果实由暗绿变成青黄色时即可采摘，采后用水浸沤 2～3 日，搓去果肉果皮，将种子晒干，即可榨油。

［加　　工］　种子颗大而壳硬，加工前先将种子脱去外壳，晾干种仁后碾成粉末状，上甑蒸至 90℃，即可取下压榨。第一次压榨后饼麸仍含一定油量，可进行复榨，复榨时仍须再经碾麸等工序。

［其　　他］　可用种子繁殖。采果后，洗除果皮，不宜曝晒种子，如不能即时播种，阴干后用细沙贮藏，置于干湿适度处，以待来年春天播种育苗。苗圃地要选土质肥沃、阳光适中、排灌便利的地方。整地起畦后，用点播或条播，株距 10 厘米，盖土 3～4 厘米，稍加压实，一个月左右便可发芽。在正常管理下生长一年，便可定植。造林地宜选山腰以下，土壤深厚或山谷至山坑西侧的地方。本种生长较慢，宜适当密植，株距可采用 1.5×1.5 米。

310 海南山竹子（hainanshanzhuzi）（图 737）

［地 方 名］　蜡蒙、水竹果（广东），黄牙果（广东海南），蒙龙果（广西）。

［学　　名］　**Garcinia oblongifolia** Champ.　藤黄科

［形态特征］　常绿灌木或乔木，高达 8 米。单叶对生，具短柄，近革质，长圆形、倒卵形至倒披针形，长 5～10 厘米，宽 2～3.5 厘米，**基部渐狭，先端钝或短尖**，两面无毛，全缘，干时背卷。**花单性**，橙色或淡黄色，大多数顶生；**雄花 3～7，聚生**；萼片 4，圆形，长 3～4 毫米；花瓣 4，倒卵形，长 7～8 毫米：雄蕊多数，**合生成一肉质体，位于花的中央**；花梗长 3～5 毫米；雌花较少，单生，无梗。果近球形，黄绿色，直径 2～3 厘米，可食。花期 5 月，果期 10 月。

图 737　海南山竹子
Garcinia oblongifolia Champ.
1．花枝；2．雄花；3．雌花；4．果枝。

［生长环境］　生于平原、丘陵地及山地下部的密林或疏林中，以气候湿热、土壤湿阔而肥沃的山谷地区生长最好。

［产　　地］　广西、广东等省区。

［用　　途］　种子油供制肥皂

及润滑油用。

木材可做家具及工艺品。树皮含鞣质，可提制栲胶。果实可食，味略酸。

［理化性质］　据中国科学院广西植物研究所资料：种子含油量 63.7%。油的比重 0.929，折射率 1.4690；碱化值 215.95，碘值 90.26。

［采收处理］　参阅多花山竹子（907 页）。

［其　　他］　用种子繁殖。

311 黄海棠（huanghaitang）（图 738）

［地 方 名］　连翘（贵州、河北），大精血（江苏），阳风草（安徽），大金雀、元宝草（江苏、安徽），王不留行（四川、贵州），金丝蝴蝶（山西），金丝桃、鸡心茶、牛心茶（辽宁）。

［学　　名］　**Hypericum ascyron** L.(*H. pyramidatum* Ait.)　藤黄科

［形态特征］　多年生草本，无毛，高达 1 米；茎直立，有 4 棱。单叶对生，无柄，阔披针形，长约 8 厘米，宽约 2 厘米，基部抱茎，先端尖，全缘，两面均具小斑点。花单独顶生或数朵成顶生的聚伞花序；萼片 5，卵形；花瓣 5，黄色；**雄蕊多数，成 5 束**，花丝细；子房 1 室，侧膜胎座，花柱子中部以上 5 裂。蒴果卵形，长约 1.5 厘米，成熟时 5 裂；种子多数。花期 7 月，果期 8～9 月。

［生长环境］　多生于山坡树林下或草丛中，向阳地也适宜生长。

［产　　地］　黑龙江、辽宁、吉林、内蒙古、山东、河北、河南、山西、青海、安徽、浙江、福建、台湾、江苏、江西、湖北、湖南、广东、广西、四川、贵州、云南、甘肃、陕西等省区。

［用　　途］　种子油供工业用。

全草入药（见“药用类”，1810 页）亦是栲胶原料（见“鞣料类”，1205 页）。民间代茶用。

［理化性质］　据中国科学院林业土壤研究所资料：种子含油量 21.35%。

图 738　黄海棠
Hypericum ascyron L.
花枝

［采收处理］　果实成熟时采回晒干，取出种子，即可榨油。

312 铁力木（tielimu）（图 739）

［地 方 名］　梅播朗、三角子（云南）

［学　　名］　**Mesua ferrea** L.　藤黄科

［形态特征］　常绿乔木，高达 20～30 米；树皮光滑而薄；幼枝鲜红褐色，无毛。单叶对生，硬革质，常有透明的斑点，披针形或长椭圆形，长 7～13 厘米，宽 1.5～3 厘米，两端均渐狭，全缘，两面无毛；叶柄长 5～8 毫米。花两性，通常单生于幼枝之顶或成对；花大，直径可至 7.5 厘米或更大；萼片 4，大小不等；花瓣 4，黄色，长 2～2.5 厘米，结果时呈硬木质而不脱落；雄蕊多数，排成 5～7 轮；子房长圆披针形，花柱粗大，顶端 2 裂；花梗长 2～4 毫米。果长 3.3～4 厘米，果皮坚硬，成熟时 2～4 瓣裂；种子 1～4，种皮褐棕色，坚硬。花期 4～5 月。

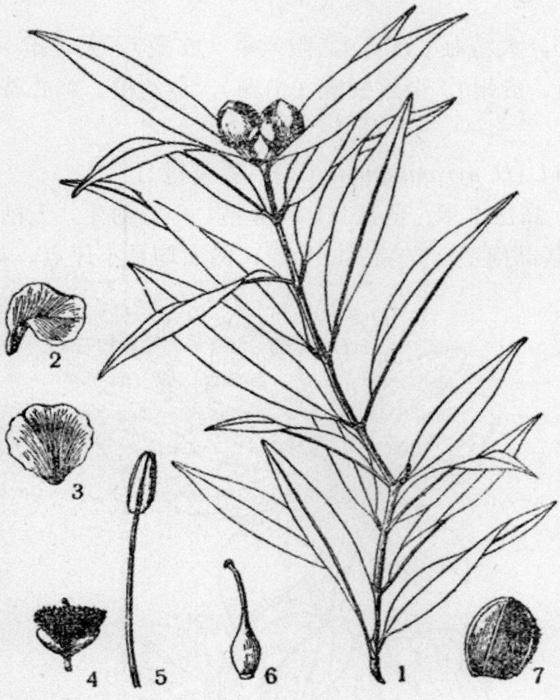

图 739　铁力木
Mesua ferrea L.
1．花枝；2、3．花瓣；4．花去掉花瓣；5．雄蕊；6．雌蕊；7．种子。

［生长环境］　热带树种，生于疏林或密林中较湿润处。亦有栽植于林中近水或潮湿的地方。

［产　　地］　云南、广西等省区。

［用　　途］　种子油供制肥皂、润滑油及其他工业用油。木材可供建筑及制器具用。

［理化性质］　据中国科学院昆明植物研究所资料：种子含油量 78.99%，油的比重（25℃）0.9356，折射率（25℃）1.4814；碱化值 217.18，碘值 74.25，酸值 14.05。

［采收处理］　果实成熟时开裂，种子落地，采收晒干，即可榨油。

313 山桐子（shantongzi）（图 740）

［地 方 名］　山梧桐（四川），椅桐、水冬桐、椅树、乒乓子（湖南），水冬瓜（陕西、湖北）。

［学 名］ **Idesia polycarpa** Maxim. 大风子科

［原 料 名］ 水冬瓜籽

［形态特征］ 落叶乔木，高约 20 米；树皮灰白色，久而不开裂；小枝红褐色，有棱角；枝广展而成圆形树冠。单叶互生，厚纸质或革质，卵形或卵圆形，长 10～20 厘米，宽 7～14 厘米，基部心形或近心形，先端短渐尖，边缘有疏生锯齿，齿端有腺体，表面深绿色，无毛，背面灰白色，有时有毛，具掌状叶脉；叶柄长 6～15 厘米，近基部有 2 个腺体。花单性，雌雄异株，黄绿色，芳香，成顶生、下垂的圆锥花序；雄花序长 15～18 厘米，花直径约 1.5 厘米，萼片 3～5，无花瓣，雄蕊多数，花丝丝状，有细毛，其中央有一退化雌蕊；雌花序较雄花序为长，较疏散，花直径约 8 毫米，子房球形，基部有退化雄蕊，花柱 5。浆果圆球形，红色，直径 7～8 毫米；种子多数，近圆形，先端尖，黑色，直径 1～1.5 毫米。花期 5～6 月，果期 9～10 月。

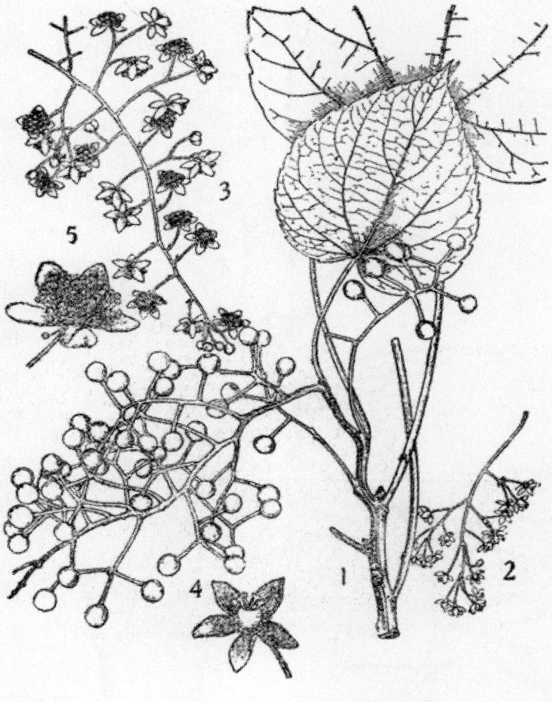

图 740 山桐子

Idesia polycarpa Maxim.

1．果枝；2．雌花序；3．雄花序；4．雌花；5．雄花。

（自“中国森林植物志”）

［生长环境］ 生于海拔 500～3000 米杂木林中，溪谷湿润处或林缘坡地上。

［产 地］ 浙江、台湾、湖北、湖南、广东、广西、贵州、云南、四川、陕西等省区。

［用 途］ 种子油可制肥皂或作润滑油，亦可作桐油代用品，制油漆。

木材可做箱板及火柴盒。茎皮纤维可利用。亦可栽培作行道树。

［理化性质］ 据商业部资料：种子含油量 29%。属半干性油；油的碱化值 204.2，碘值（韦氏法）124.2，酸值 9.8。

［采收处理］ 果实成熟时采收，去掉果皮，收集种子，晒干，即可榨油。

314 柞木（zhamu）（图 741）

［地 方 名］ 凿子树、刺凿（湖南），凿树（江西），檬榕、蒙子树、鼠目（四川），葫芦刺（浙江、湖南），羊子木（湖南、四川）。

［学　　名］ **Xylosma racemosum** (S. et. Z.) Miq. [*Xylosma congestum* (Lour.) Merr.] 大风子科

［原 料 名］ 柞木籽（湖南）

［形态特征］ 常绿灌木或乔木，高可达20米，多少有刺，小树更多。单叶互生，近革质，卵形，长3～7厘米，宽2～4.5厘米，基部阔楔形或圆形，边缘有钝锯齿，两面均无毛，侧脉每边5～8；叶柄长10毫米。总状花序腋生，长约1～2厘米，微被柔毛；花单性，雌雄异株；花淡黄色或黄绿色，直径约5毫米，有花盘；萼片卵圆形，长约1毫米，先端浅裂或近全缘；雄花有雄蕊无数，长2～3毫米。果近球形，直径约3～4毫米，黑色；种子2～3。花期7～8月，果期11～12月。

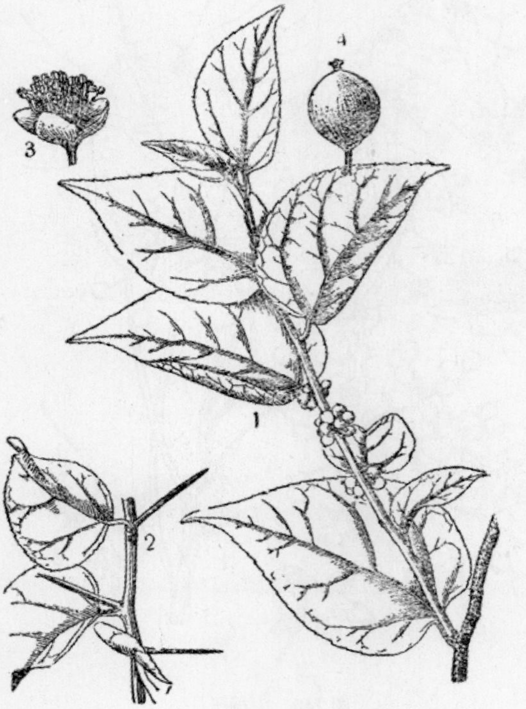

图741 柞木

Xylosma racemosum（S. et Z.）Miq.

1．果枝；2．具刺枝条的一部分；3．雄花；4．果。

［生长环境］ 为亚热带常绿林树种，喜阳光，适应性广，生于平原、丘陵地或山地下部的疏林中，海拔在1600米以下，以气候温暖、土壤较湿润而肥沃地区最适宜生长。在长江流域生长的较为高大，但在珠江流域的则多为小乔木或灌木。

［产　　地］ 河南、江苏、安徽、浙江、湖北、湖南、江西、广东、广西、福建、陕西、四川、云南、贵州等省区。

［用　　途］ 种子油可以制肥皂。木材坚实，可作农具和车轴。树皮供药用。

［理化性质］ 据广东省资料：种子含油量20～25%，出油率18%。属半干性油；油的比重（25℃）0.9126，折射率（20℃）1.4643；碱化值219.5，碘值120.9，酸值23.5。

［采收处理］ 果熟时采取果枝，摘下果实，浸水中搓去果肉，取出种子，晒干，放通风干燥处，避免霉烂。

315 鸡蛋果（jidanguo）（图742）

［地 方 名］ 日本瓜（广东）

［学　　名］ **Passiflora edulis** Sims 西番莲科

［形态特征］　多年生草质藤本，攀援植物，长可达数米，有卷须。单叶互生，具柄，薄革质，长8～13厘米，基部心形或阔楔形，掌状3深裂，裂片长圆形，先端渐尖，边缘有锯齿；叶柄近顶部有腺体两个。花单生于叶腋，两性，芳香，直径约4厘米，花梗长3～4.5厘米；苞片3，绿色，椭圆形至倒卵形，有不规则的锯齿，边缘有腺体；萼绿色，长圆形，长2～3厘米，背顶有一角；花瓣5，披针形，白色带淡紫色，约与萼等长，副花冠的丝状体多数，3列，上半部白色，基部紫色；雄蕊5，花丝合生而与子房柄紧贴；子房1室，花柱3。肉质浆果卵形，长5～7厘米，嫩时绿色，成熟时紫色，果皮硬；种子有假种皮。花期3～4月，果期5～6月。

［生长环境］　适生于气候温暖、排水良好、肥沃而湿润的砂质土壤；性耐阴，但荫蔽过度则不结实。

［产　　地］　福建、台湾、广东等省。

［用　　途］　种子油可供食用和制肥皂、油漆等。

果肉可生食，也可作蔬菜和饲料。藤蔓可做肥料。

［理化性质］　种子含油量19.67%，水分10.60%，灰分1.60%。油的比重（30℃）0.9128，折射率（30℃）1.4692；碱化值193.05，碘值130.01，酸值3.66，不碱化物0.49%。

［采收处理］　果实成熟时采收，取出种子，晒干即可榨油。

［加　　工］　先将种子磨粉，入甑上燕，然后制饼上榨。

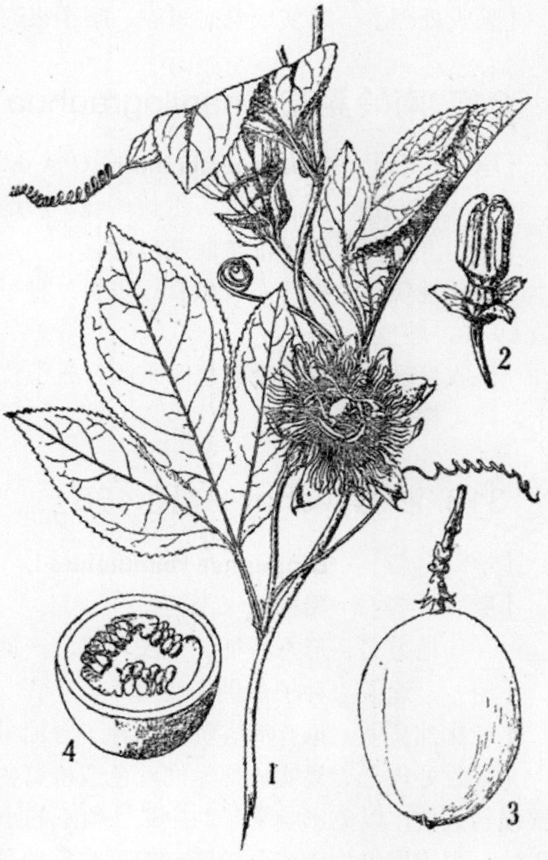

图742　鸡蛋果

Passiflora edulis Sims

1．花枝；2．花蕾；3．果；4．果横切面。

［其　　他］　可用播种或插条繁殖。插条用的种蔓以选择一年生的较适宜，剪成长60～70厘米，每段应具5～6个芽节，并保留2～3片叶；苗床要选地势较高、容易排水的砂壤土；插条季节限制不严。播种繁殖所用的种子一般是采取成熟果实，并放在室内7～10天待其后熟，然后取出种子，洗去假种皮，阴干后，即可播种。

316 土沉香（tuchenxiang）

［学　　名］ **Aquilaria sinensis** (Lour.) Gilg (*A. grandiflora* Benth.)　瑞香科

（地方名、形态特征、生长环境、产地及其他用途见“芳香油类”，1392 页）

［用　　途］ 种子可供制肥皂、润发油和鞣皮用油。油粕可作肥料。

［理化性质］ 据广东省粮食厅资料：种子含油量 71.70%，出油率 56.6%。油属不干性油，呈浅棕黄色；油的折射率（20℃）1.4690；碱化值 190，碘值 77，酸值 34.76。

［采收处理］ 果实成熟时采收，晒至果壳开裂，收集种子，晾干贮存备用。

317 南岭荛花（nanlingraohua）（图 237）

［学　　名］ **Wikstroemia indica** C. A. Mey.　瑞香科

（地方名、形态特征、生长环境、产地及其他用途见“纤维类”，277 页）

［用　　途］ 种子油供制肥皂用。

［理化性质］ 据广东省粮食厅资料：种子含油量 39.30%。油的碱化值 191.60，碘值 19.90，酸值 1.24。

［采收处理］ 果熟至红色时采收，放于竹篓内，置水中淘洗，除去果皮，将种子晒干，即可榨油。

318 沙棘（shaji）（图 486）

［学　　名］ **Hippophae rhamnoides** L.　胡颓子科

［原 料 名］ 醋柳籽（山西）

（地方名、形态特征、生长环境、产地及其他用途见“淀粉及糖类”，587 页）

［用　　途］ 种子油供工业用。

［理化性质］ 据青海省资料：种子含油量 18.81%左右。

［采收处理］ 果实成熟呈橘红色或橙黄色时，即可用剪刀剪取果实稠密的小枝，不要损伤大枝，以免影响来年的生长，剪下的小枝，要放入筐内，防止碰破果皮，以保持果汁，先提取维生素或供酿造，然后收集种子，晒干，放干燥处保存备用。

319 毛八角枫（maobajiaofeng）（图 743）

［学　　名］ **Alangium kurzii** Craib.［*A. tomentosa* (B1.) Hand.-Mazt.］　八角枫科

［形态特征］ 灌木或小乔木，高 3～10 米；小枝圆柱形，幼时被黄色柔毛，后变光滑。单叶互生，具柄，膜质，阔卵形至卵状椭圆形，长 8～15 厘米，宽 4～6 厘米，两边常不等，基部斜截头形或心形，先端渐尖，全缘，表面近无毛，背面被黄褐色柔毛。

聚伞花序腋生，**有花 5～15 朵**，总花梗较叶柄略长，长 2～3 厘米，无毛或被黄色小柔毛；**花长 18～32.5 毫米**；萼长约 2 毫米，短齿裂；花瓣 5～8，线形，长 16～20 毫米，外面密被小柔毛，内面无毛；雄蕊与花瓣同数，花丝短，密被粗毛，长约为花药之半，**花药内面被金黄色粗毛**，花柱无毛，子房下位，1～2 室，每室胚珠 1；花梗长 4～15 毫米。核果椭圆形，无毛；内有种子一颗。花期 4～5 月，果期 6～7 月。

［生长环境］　生于山坡疏林中或灌木丛中。

［产　　地］　福建、广东、湖南、广西、云南南部等省区。

［用　　途］　种子油可供工业用。

［理化性质］　据厦门大学资料：鲜种子含油量 12.56%，晒干种子含油量 21.10%，烘干种子含油量 24.39%。鲜种子失水率 74.36%，烘干失水率 13.50%，种子总含水量为 74.36%。

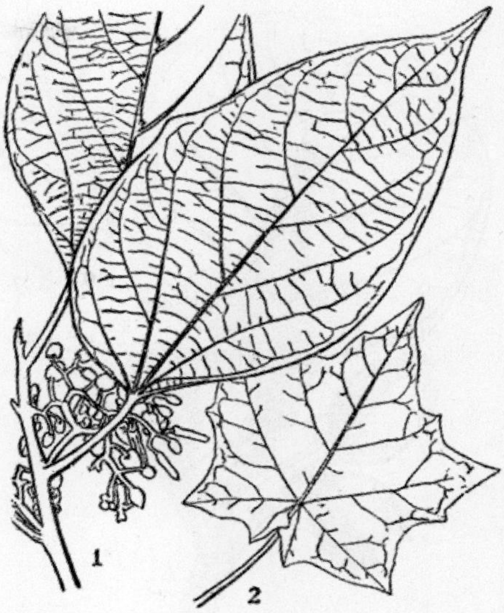

图 743　毛八角枫
Alangium kurzii Craib.
1．果枝；2．叶。

［采收处理］　种子成熟时采收，晒干，清除杂质后，将纯净种子放通风干燥处保管备用。

320 榄仁树（lanrenshu）（图 744）

［地 方 名］　枇杷树、法国枇杷（广东）

［学　　名］　**Terminalia catappa** L.　使君子科

［形态特征］　落叶大乔木，高达 20 米；枝平伸。单叶互生，常聚生于枝顶，具短柄，倒卵形，长 12～20 厘米，宽 10～14 厘米，基部狭心形，先端钝而具短尖，表面无毛，背面幼时被锈色柔毛，后变无毛，近中脉基部的每一侧有 1 凹陷的腺体；托叶缺。穗状花序单生于叶腋。不分枝，被灰色或锈色茸毛，雄花在上部，雌花或两性花在下部；苞片极小；花萼 5 裂，萼管延伸与子房合生；花瓣缺；雄蕊 10，着生于萼管上；子房 1 室，下位，花柱长，单生。核果椭圆形，稍压扁，两侧有棱，上部略尖，长 2.5～5 厘米，直径约 2.5 厘米，外果皮肉质，内果皮木质，富于纤维；种子长圆形，富含油分。花期 5~7 月，果期 10～11 月。

［生长环境］　本种原为热带植物，常生于气候湿热地区的海边沙滩上，在热带地区栽培颇广。

［产　　地］　广东、台湾、云南（河口）等省。

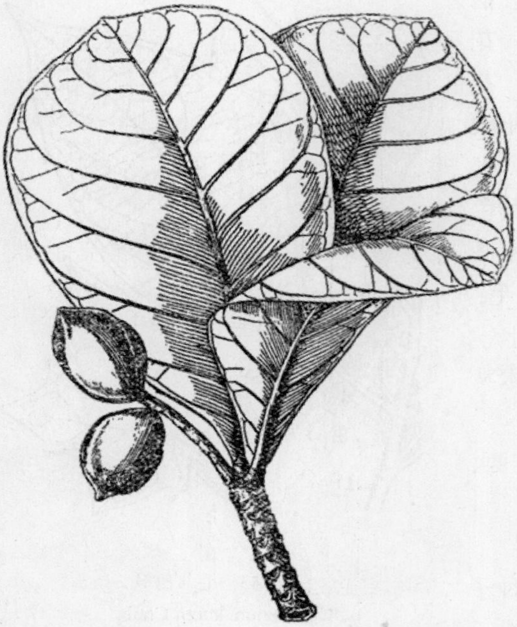

图 744 榄仁树
Terminalia catappa L.
果枝

［用　　途］ 种子油可供食用和入药，亦可制皂或作机械润滑油。

果实味佳，可以生食。油粕为良好饲料。树皮和树汁含鞣质，为黑色染料。木材赤褐色，光泽美丽，耐朽力强，纹理致密，可为建筑、舟车、辘轳、细工等用材。

［理化性质］ 核果仁重 0.2～0.4 克，含水分 5.73%，灰分 4.79%，粗油脂 53%。油的比重（15℃）0.9127，折射率（15℃）1.4663；碱化值 192.53，碘值 73.50，酸值 2.01，不碱化物 1.09%。

［采收处理］ 果熟时摘下，除去肉质果皮，晒干备用。

［加　　工］ 将晒干的果核捶破，取出核仁，碾碎成粉状，经过筛、上甑、制饼后，送入油槽上压。

321 香待霄草（xiangdaixiaocao）（图 745）

［地 方 名］ 山芝麻、夜来香、月下香、月见草（辽宁、吉林、黑龙江、山东）

［学　　名］ **Oenothera odorata** Jacq.　柳叶菜科

［原 料 名］ 山芝麻籽（东北）

［形态特征］ 多年生或二年生草本。主根发达，木质化。茎直立，高达 1 米，单一或稀于基部分枝，疏生白色短毛。基生叶丛生，具柄，茎生叶互生，具短柄或无柄，披针形或线状披针形，基部狭楔形，先端渐尖，两面均生白色短毛，叶脉及边缘并有长柔毛，边缘有不整齐疏锯齿。花单生于枝端叶腋，密集成穗状，无梗，花后延伸甚长；花淡黄色，通常日落时开放，日出闭合；萼管长约 4 厘米，裂片 4，披针形，长约 2 厘米，开花时常两片相联，反卷；花瓣 4，鲜黄色，倒卵形或倒心形，长约 3 厘米；雄蕊 8；子房下位，4 室，柱头 4 裂，常高出雄蕊之上。蒴果长圆筒状，略呈 4 棱，长 2～3 厘米，被白色短柔毛，4 瓣裂；种子棕色，为不规则三角形。花期 7～9 月，果期 8～10 月（东北）。

［生长环境］ 多生于林区内向阳的山脚下、荒地、草地、干燥的山坡、路旁或溪流附近。

［产　　地］ 辽宁、吉林、黑龙江、山东、江苏等省。

［用　　途］ 种子油可作食用。

花含有芳香油，可制成浸膏（见“芳香油类”，1405 页）。茎皮纤维供制绳、人造棉原料（见“纤维类”，284 页）。根可造酒。

［理化性质］ 据吉林省通化油酒厂分析资料：山芝麻红粒者含油量 20.71%；黑粒者含油量 18.16%。据中国科学院林业土壤研究所分析资料：油的比重（15℃）0.9175～0.9182，折射率（18.3℃）1.4790；碱化值 324.7～330.3，碘值 41.9～42.3，酸值 82.2～88.7，酯值 241.1～242.1。

［采收处理］ 果实 9 月间成熟，在蒴果未开裂前用镰刀割下全株，扎成小捆，晒干，待蒴果开裂后用棒敲打，摔出种子，清除杂质，即可榨油。剩下的茎枝可放于清水中浸沤或直接剥皮，可得纤维原料。

图 745　香待霄草
Oenothera odorata Jacq.
花、果枝

［加　　工］ 把种子碾碎，上甑加热 3～4 小时，上水 20%，用锅蒸至手捻见油为止，采取预压成形，压榨 5 小时左右即出油（最好利用空心榨）。为了把油榨净，将初榨后的油饼再进行第二次加工，方法是将饼粉碎后再重复上述过程。

据吉林海龙县第二油厂经验：在加热施水过程中，使水分保持 15～16%，温度在 70℃，压榨出油率可达 16%。

［其　　他］ 本种繁殖力强，种子成熟后播种在荒山上，当年或次年即可收籽。

322 刺五加（ciwujia）（图 746）

［地 方 名］ 刺拐棒、刺针、老虎镣子、五加皮（辽宁、吉林、黑龙江）

［学　　名］ **Acanthopanax senticosus** (Rupr. et Maxim.) Harms (*Eleutherococcus senticosus* Maxim.)　五加科

［形态特征］ 落叶灌木，高 2～5 米；树皮淡灰色，密生细刺；幼枝绿色，亦具刺；顶芽卵形，芽鳞多数，有缘毛。掌状复叶互生，具小叶 3～5；小叶椭圆状倒卵形或

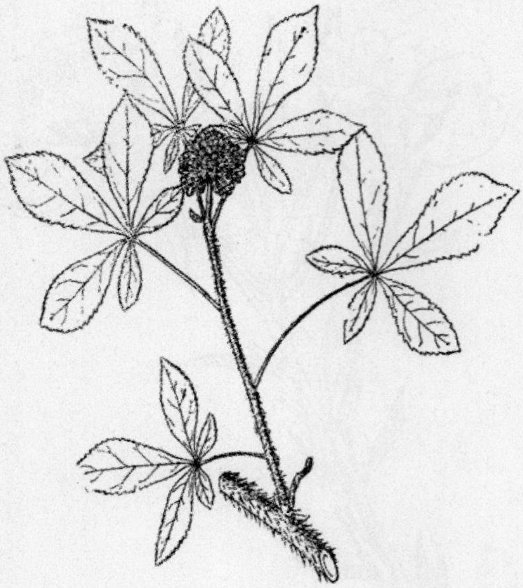

图 746 刺五加
Acanthopanax senticosus（Rupr. et Maxim.）Harms
花枝

长圆形，长 6～12 厘米，宽 2～6 厘米，基部楔形，先端短渐尖，边缘具尖锐重锯齿，表面暗绿色，具疏生短毛，背面密生黄褐色毛；叶柄柔细，长 6～12 厘米。伞形花序顶生，球形，直径约 4 厘米，单 1 或 2～3 集生，总花梗细长，达 8 厘米；花单性，雌雄异株或杂性；萼绿色，具 5 齿；花瓣 5，早落；雄花为淡紫色，雌花为淡黄色；雄蕊 5，药大，白色；子房 5 室；花梗长约 1 厘米。浆果状核果，球形，紫黑色，具明显的 5 棱，花柱宿存。花期 7 月，果期 7～9 月。

［生长环境］ 性喜阴，常散生于山地针、阔叶混交林下或林缘。

［产　　地］ 辽宁、吉林、黑龙江、河北、山西、陕西、四川等省。

［用　　途］ 种子油供制肥皂用。

茎皮、根皮入药（见“药用类”，1821 页）。此外根皮亦可作兽药及农药；含皂素，可研究利用。

［理化性质］ 据中国科学院林业土壤研究所资料：种子含油量 12.39%。

［采收处理］ 7～9 月果实成熟时采收，堆积阴暗处或放缸内使果肉霉烂发酵，然后用清水洗去果肉，取出种子，晒干后即可榨油。

323 楤木（chongmu）（图 1399）

［学　　名］ **Aralia chinensis** L.　五加科

（地方名、形态特征、生长环境、产地及其他用途见“药用类”，1821 页）

［用　　途］ 种子油可供制肥皂用。

［理化性质］ 据云南省资料：种子含油量 21%，出油率 15～18%。

［采收处理］ 10～11 月果实成熟时采收，去掉果肉，晒干种子，存放在通风干燥处。

［其　　他］ 本种与变种黄花楤木（Aralia chinensis var. nuda Nakai）很相似，其主要区别点是变种的小叶片背面无毛或几无毛，花梗通常较长，约 5～7 毫米。变种的种子亦可榨油。

324 龙牙楤木（longyacongmu）

［地 方 名］　刺龙牙、刺老鸦（辽宁、黑龙江）

［学　　名］　**Aralia elata** (Miq.) Seem. (*Aralia mandshurica* Rupr. et Maxim.)　五加科

［原 料 名］　刺楞牙籽

［形态特征］　小乔木，高 1.5～3 米；枝条甚少，大多集生于梢顶；树皮灰色，密生坚刺，老时渐脱落；小枝灰褐色，密生针刺。叶大，互生，二回至三回奇数羽状复叶，长达 1 米，常集生于枝端，散开如伞状，叶柄有刺，小叶多数。卵形或椭圆状卵形，基部圆形，阔楔形或微心形，先端渐尖，边缘为粗阔的大牙齿或为尖锐的锯齿，背面带灰蓝色。花序大而密，6～8 集生顶端，形成伞形，由多数小伞形花序合成圆锥花序，长 30～50 厘米，花轴及花梗上密生短柔毛，淡黄白色，花瓣 5。果实球形，蓝黑色，径 3～6 毫米。花期 7～8 月，果期 9 月。

［生长环境］　生于山地阔叶林中或林缘附近。

［产　　地］　辽宁、吉林、黑龙江等省。

［用　　途］　种子可榨油，供制肥皂用。

［理化性质］　据中国科学院林业土壤研究所资料：种子含油量 35.91%。

［采收处理］　9 月间果实成熟时采收，取出种子晒干，即可榨油。

［其　　他］　可用种子繁殖。每千粒种子平均重 0.95 克。发芽率为 50～70%。

325 刺楸（ciqiu）（图 996）

［学　　名］　**Kalopanax pictus** (Thunbl.) Nakai　五加科

（地方名、形态特征、生长环境、产地及其他用途见“鞣料类”，1227 页）

［用　　途］　种子油可制肥皂用。

［理化性质］　据中国科学院林业土壤研究所资料：种子含油量 38.65%。

［采收处理］　9～10 月果实成熟即可采集，洗出种子，晒干后放通风干燥处贮藏备用。

326 白芷（baizhi）（图 1405）

［学　　名］　**Angelica dahurica** (Fisch.) Benth. et Hook.　伞形花科

（地方名、形态特征、生长环境、产地及其他用途见“药用类”，1829 页）

［用　　途］　种子油供工业用。

［理化性质］　据中国科学院林业土壤研究所资料：种子含油量 14.47%。

［采收处理］　7～9 月果实成熟后，采下晒干，置于通风处贮存。

327 鸭儿芹（yaerqin）（图 747）

［学　　名］ **Cryptotaenia japonica** Hassk. 伞形花科

［形态特征］ 多年生草本，高 30～90 厘米；呈叉式的分枝，茎有明显的节。三出复叶互生，长 5～18 厘米；中间小叶片菱状倒卵形，长 3～10 厘米，宽 2.5～7 厘米，基部楔形先端短尖。侧小叶斜倒卵形，小叶的边缘具锯齿或有时 2～3 浅裂；叶柄长 5～17 厘米；有鞘，基部抱茎；茎顶部的叶无柄，叶片缩小，披针形。伞形花序极不规则，伞梗少数，与花梗等长；总苞和小总苞各具 1～3 线形早落的苞片和小苞片；小伞花序具花 2～4 朵，花白色，花梗线形，极不等长。果实长卵形，扁平，有棱。花期 4～5 月，果期 9～10 月。

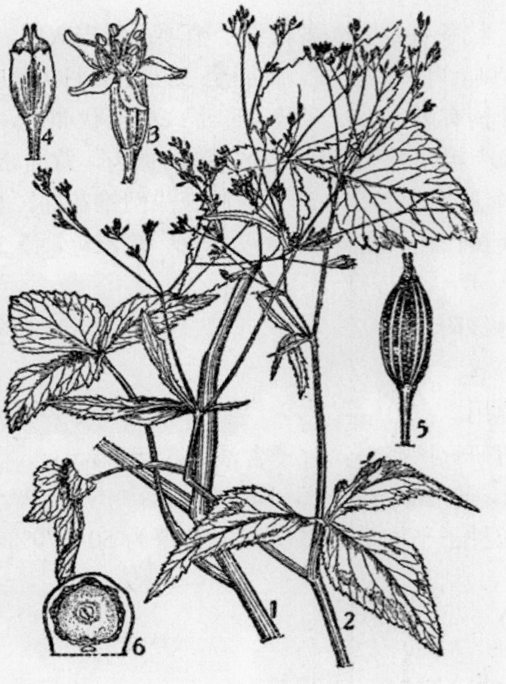

图 747 鸭儿芹
Cryptotaenia japonica Hassk.
1．茎中部；2．茎上部；3．花；4．雌蕊；5．果实；6．悬果的横切面。（自“江苏南部种子植物手册”）

［生长环境］ 通常生长林下较阴湿处。

［产　　地］ 浙江、江苏、安徽及辽宁、吉林、黑龙江等省。

［用　　途］ 种子可供制油漆和肥皂。

［理化性质］ 据“江苏野生植物志”：种子含油量 22%。又据另一资料：种子含油量 22.57%，水分 10.43%，灰分 6.41%。油的比重（15℃）0.9331，折射率（20℃）1.4825；碱化值 166.9，碘值 132.7，酸值 0.97，不碱化物 8.71%，脂肪酸融点 20.5～21℃。

［采收处理］ 种子成熟时采收，晒干备用。

328 灯台树（dengtaishu）（图 748）

［地 方 名］ 果杯、狗骨木（广西），瑞木（湖南），乌牙树（安徽）。

［学　　名］ **Cornus controversa** Hemsl. 山茱萸科

［原 料 名］ 乒乓籽（湖南），灯台子（四川）。

［形态特征］ 落叶乔木，高达 16 米；树皮灰色，平滑；枝广展，紫褐色，有疏少的皮孔；芽卵圆形，无毛。单叶互生，阔卵圆形至椭圆状卵形，长 7～15 厘米，宽 5～

8 厘米，基部近圆形或渐狭成叶柄，先端短渐尖，全缘，表面绿色，背面有白霜，微有贴伏细毛，侧脉每边 6～9，叶柄长 2～6 厘米。**平顶状的圆锥聚伞花序**顶生；花梗长 2～3 厘米；萼齿 4；花瓣 4，白色，镊合状排列；雄蕊 4，与花瓣互生；花药丁字着生；花柱圆柱形；花盘环状。**核果圆球形**，直径 6～8 毫米，紫黑色；**核圆球形**，微有钝棱，顶槽直径约为核横径的 1/3；种子细小，扁平褐色。花期 3～5 月，果期 6～8 月。

［生长环境］ 常生于海拔 2000 米以下的杂木林或石山林中。

［产　　地］ 广东、广西、云南、贵州、四川、湖北、湖南、江西、安徽、浙江、山东、河南等省区。

［用　　途］ 种子油可制肥皂、润滑油。

树皮含鞣质，可提取栲胶（见“鞣料类”，1228 页）。木材黄白色，纹理直行，可供建筑、器具、雕刻等用。

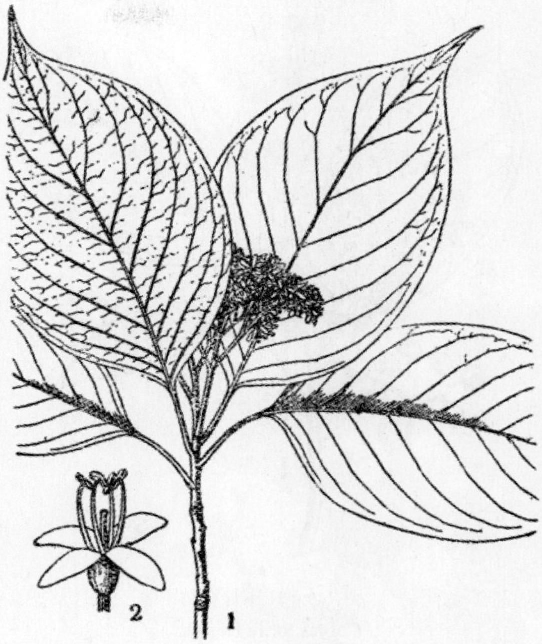

图 748　灯台树
Cornus controversa Hemsl.
1．花枝；2．花。

［理化性质］ 据商业部土产局编“野生植物油料”资料：种子含油量 22.9%，出油率 17.78%。油的比重（20℃）0.9376，脂酸凝固点 19.5℃；碱化值 208.6，碘值（韦氏法）88.67，酸值 32.77。

［采收处理］ 果实成熟时采收，晒干，除去杂质备用。

329 广东灯台树（guangdongdengtaishu）（图 749）

［地 方 名］ 米杯（广西）

［学　　名］ **Cornus fordii** Hemsl.　山茱萸科

［形态特征］ 落叶乔木，高 5～15 米；老树的树皮灰色，皮薄脱落，**幼枝具银色平伏毛**。单叶**对生**，卵椭圆形，极少长圆披针形，长 8～12 厘米，宽约 4 厘米，基部钝，先端渐尖，边缘具稍深波状的细圆齿，表面绿色，背面灰绿色，两面生有短茸毛，**侧脉每边 3～4**；叶柄长 1～2 厘米。**圆锥花序**，生于侧枝或新枝的先端，花柄长 1～2 厘米，花淡黄色；雄蕊 4～5。核果球形，直径约 5～7 毫米，熟时**紫黑色**；种子扁平，细小，棕色。花期 6～7 月，果期 9～10 月。

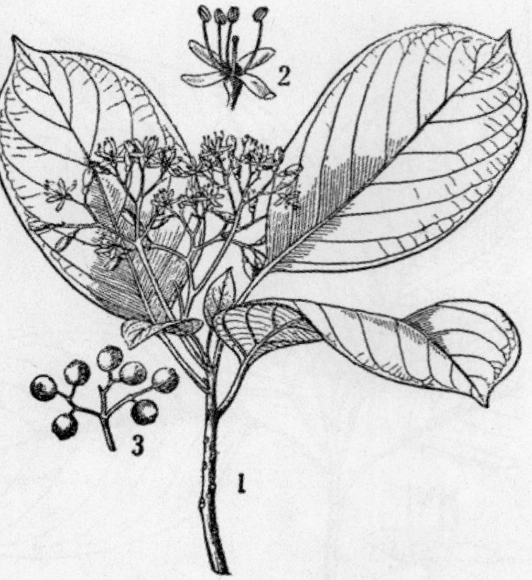

图 749　广东灯台树
Cornus fordii Hemsl.
1．花枝；2．花；3．果枝。

［生长环境］　多生于石灰岩山地、村旁或杂木林中。

［产　　地］　广东、广西、湖北等省区。

［用　　途］　种子油供食用。据广西僮族自治区资料：种子出油率 25%。

木材坚韧，可做建筑材料。

［采收处理］　果实成熟时，将果枝采下，打下种子，洗净晒干，即可榨油。

［其　　他］　用种子繁殖；可用直播造林，每穴播种子 3～5 粒，复土约 2 厘米，育苗后一年生苗即可定株。

330 梾木（laimu）

［地 方 名］　大叶椋子（河南），六角树、杆木（四川），冬青果（浙江、湖南），光树子树（湖南、贵州）。

［学　　名］　**Cornus macrophylla** Wall.　山茱萸科

［原 料 名］　灯台树子（通称）

［形态特征］　落叶乔木，高可达 15 米；树皮暗灰褐色；小枝近四棱形，红褐色，略有白粉，疏生白色平伏柔毛。单叶对生阔卵形至椭圆状卵形，长 7～20 厘米，宽 2.5～10 厘米，基部近圆形或楔形，先端渐尖，全缘或不整齐波状，表面绿色，光滑无毛，背面有白霜，侧脉每边 6～8；叶柄长 1～3.3 厘米。平顶的圆锥状聚伞花序顶生，花梗长 2.5～3.5 厘米，花黄白色，萼片披针状三角形，花瓣及雄蕊均为 4 基数，近于等长；子房下位，2 室，外被浓密的平伏灰白色柔毛。核果椭圆形，紫色，近于无毛，核球形；种子细小。花期 5 月，果期 8～9 月。

［生长环境］　土层深厚肥沃及石灰岩石山均可生长；常见于山谷、溪旁、林缘、疏林中，垂直分布可达海拔 1700～3000 米。

［产　　地］　山东、江苏、浙江、河南、陕西、甘肃、湖北、湖南、四川、云南、贵州等省。

［用　　途］　种子油可制肥皂、润滑油用，亦可食用，但有特殊味道，食用时须将油熬透后才能消除异味。

树皮及叶均含有鞣质，可提制栲胶；又可作紫色染料（见“鞣料类”，1229 页）。木材供建筑及作家具用。

［理化性质］　种子油为半干性油，淡黄色，发绿，稠糊。据河南省资料：种子出油率为15%左右。又据四川省资料：种子含油量13.45%，出油率7～10%。

［采收处理］　果成蓝红色时采收，晒干，用木棒打落种子，除去枝叶、果梗，即可榨油。

［其　　他］　用种子繁殖；3～4月播种，二年生苗即可出圃定植。

331 毛梾（maolai）（图750）

［地 方 名］　车梁木（山东）

［学　　名］　**Cornus walteri** Wanger. (*C. coreana* Wanger.)　山茱萸科

［形态特征］　落叶乔木，高达12米；树皮暗灰色；小枝初时被毛，不久即光滑，黄绿至暗褐色。单叶**对生，椭圆形至长椭圆形**，长5～12厘米，宽2～6厘米，基部楔形，先端渐尖，表面略具紧贴细毛，背面密生柔毛，侧脉每边4～5；叶柄长2～4厘米。**伞房状的聚伞花序**，具紧贴短柔毛或近光滑，花梗长1.5～3厘米；萼片4，甚小，三角形；花瓣4，镊合状排列；雄蕊4，与花瓣互生，较短；子房2室，花柱棒形，约与柱头等长。核果圆形，直径5毫米，**黑色**；核不扁；种子小，棕褐色。花期6月，果期8～10月。

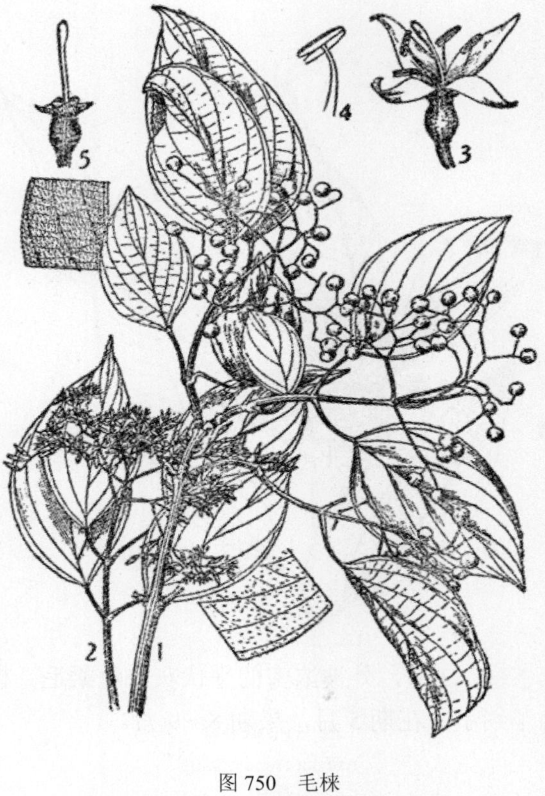

图750　毛梾

Cornus walteri Wanger.

1．果枝；2．花枝；3．花；4．雄蕊；5．雌蕊。

（自“江苏南部种子植物手册”）

［生长环境］　喜生于向阳山坡及岩石缝隙间。

［产　　地］　辽宁、河北、河南、山西、陕西、山东、江苏、湖北、四川、云南西北部等省。

［用　　途］　种子油供食用，药用，工业用或钟表用油；食用价值高于豆油；花生油。

叶可提制栲胶（见“鞣料类”，1229页）。木材纹理致密，质坚，可作家具及工具。树冠美丽，可作观赏树种。

［理化性质］ 据济南榨油厂化验资料：种子含油量35.7%，出油率19～24.8%。

［采收处理］ 种子成熟后采收，晒干，打出种子，除净杂质，即可榨油。

332 越桔（yueju）（图1001）

［学　　名］ **Vaccinium vitis-idaea** L. 杜鹃花科

（地方名、形态特征、生长环境、产地及其他用途见“鞣料类”，1233页）

［用　　途］ 种子油可制油漆。

［理化性质］ 据中国科学院林业土壤研究所资料：种子含油量30%。油的比重（15℃）0.9301，折射率（20℃）1.4812；碱化值190.1，碘值168.2。

［采收处理］ 8月果实成熟呈红色时采收，采后可生食、制果酱或用于酿酒，然后收集种子，晒干，即可榨油。

333 硃砂根（zhushagen）（图751）

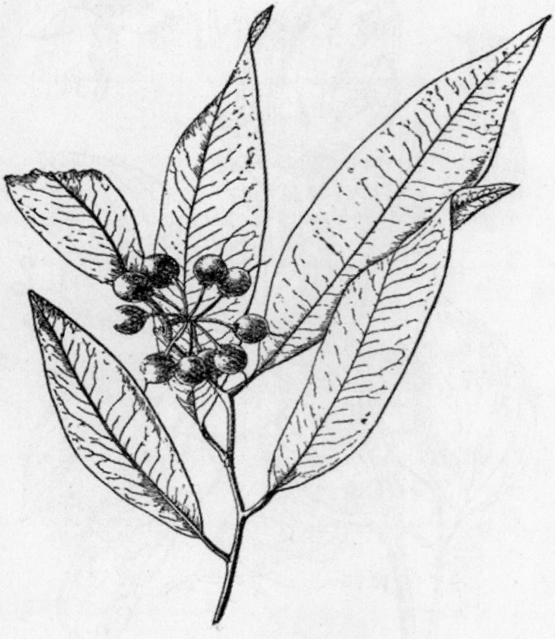

图751 硃砂根
Ardisia crenata Sims
果枝

［地 方 名］ 凉伞子、矮婆子（江西），大罗伞（广东）。

［学　　名］ **Ardisia crenata** Sims (*Ardisia crispa* DC. var. non *Bladhia crispa* Thunb.) 紫金牛科

［形态特征］ 常绿灌木，高0.4～1米；茎直立，无毛。单叶互生，长圆形或长圆状倒卵形，长6～13厘米，宽2～4厘米，基部楔形，先端钝尖，边缘有钝圆波状粗齿，两面均无毛，背面淡绿色，有时带紫红色；叶柄长约1厘米。花成顶生或侧生伞形花序；花萼5裂，裂片卵状椭圆形；花瓣5，卵形，基部连合；雄蕊5，花丝短，基部扁；子房上位，1室。核果球形，直径6～7毫米，熟时红色，有斑点，花柱宿存。花期6～7月，果期10～11月。

［生长环境］ 山地林下、沟边、路旁和灌木丛中，喜阴湿处。

［产　　地］ 浙江、安徽、江西、湖北、湖南、四川、福建、广东等省。

［用　　途］ 种子油供食用和制肥皂。

根稍肥厚，为民间治跌打损伤要药，煎水服可治多年老伤，极有效，但服后易使内心烦燥，最好与肉煎汤服。

［理化性质］　据中国科学院庐山植物研究所资料：种子含油丰富，土榨出油率一般为 20～25%。脂酸凝固点 31.7℃。

［采收处理］　果熟呈红色时采收，采收后洗擦果实外皮，留果核晒干备用。

334 珍珠菜（zhenzhucai）（图 752）

［地 方 名］　狗尾巴（四川），狼尾巴、酸姜（东北）。

［学　　名］　**Lysimachia clethroides** Duby　报春花科

［形态特征］　一年生草本；茎直立，单一，高约 1 米。单叶互生，卵状椭圆形或阔披针形，长 6～14 厘米，宽 2～5 厘米，基部渐狭，先端渐尖，边缘稍背卷，两面疏生毛及黑色斑点。总状花序顶生；花梗长 4～6 毫米；苞片线状钻形；花萼裂片狭卵形，先端尖，边缘膜质，中部有黑色纹；花冠白色，长约 5 毫米，裂片倒卵形，先端钝或稍凹；雄蕊稍短于花冠，花丝稍有毛，基部连合；花柱稍短于雄蕊。蒴果卵球形。花期 4 月，果期 7 月。

图 752　珍珠菜
Lysimachia clethroides Duby
1. 植株上部；2. 植株下部；3. 花。

［生长环境］　山坡、路旁及溪边草丛中；在砂质土壤较湿润的地方常见。

［产　　地］　几遍布全国。

［用　　途］　种子油可制肥皂。

［理化性质］　据中国科学院林业土壤研究所资料：种子含油量 32.24%。

［采收处理］　种子成熟后，连植株割下，晒干，打出种子，除净杂质，即可榨油。

335 海南紫荆木（hainanzijingmu）（图 753）

［地 方 名］　子京木、胶根（广东海南）

［学　　名］ **Madhuca hainanensis** Chun et How　山榄科

［形态特征］ 常绿大乔木；幼嫩部几全被锈红色发亮的柔毛。叶聚生小枝顶端，革质，长圆状倒卵形或披针状倒卵形，长6～12厘米，宽2.5～4厘米，基部渐狭而下延，先端圆形而常微缺，表面无毛，背面初时被锈红色短丝毛，不久脱落；叶柄长1.5～3厘米，被毛。花1～3朵腋生，弯曲下垂；花梗长2～3厘米，被锈红色丝毛；萼片4，外面2片较大，长圆状椭圆形，两面被毡毛；花冠白色，裂片10，卵状长圆形，长约8毫米。浆果阔卵状至近球形，直径约2.8厘米，表面被柔毛；果梗粗壮，长3～4.5厘米；种子长圆状椭圆形，压扁，长约2厘米，宽1.2厘米，种皮褐色，光亮。花期8～9月，果期次年2月。

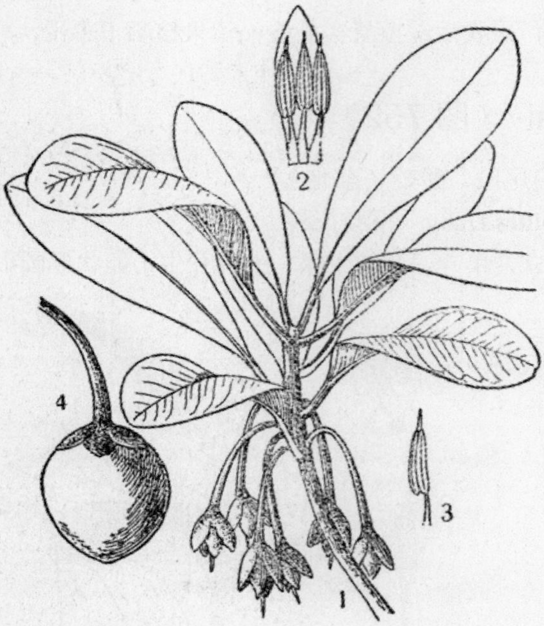

图753　海南紫荆木

Madhuca hainanensis chun et How

1．果枝（幼期）；2．示雄蕊着生部位；3．雄蕊；4．果。

［生长环境］ 常生于高湿、高温、土壤润湿的山地密林中。一般分布在海拔300～800米处。

［产　　地］ 广东海南的吊罗山和尖峰岭等地。

［用　　途］ 种子油可供食用和制肥皂。树皮含鞣质，可提制栲胶（见“鞣料类”，1239页）。木材耐水湿而坚韧，为优良的造船用材。

［理化性质］ 据广东省商业厅资料：种仁含油量50～55%。油属不干性油。

［采收处理］ 果熟时采收，置水中除去果肉，将种子晒干备用。

336 紫荆木（zijingmu）（图754）

［地 方 名］ 乃惊、紫根木（广东），木地豆、木花生、山树榕（广西）。

［学　　名］ **Madhuca subquincuncialis** H. J. Lam　山榄科

［形态特征］ 常绿乔木，高达15～18米；树干直，树皮黑褐色。单叶互生，近革质，长圆形至长倒卵形，长5～19厘米，宽3～5.5厘米，基部楔形。先端短钝，全缘，表面灰绿色、背面色稍浅，侧脉每边14～20；叶柄长，1.5～2.5厘米，基部被锈色柔毛。花单生或成对生于叶腋内；萼片4，被锈色短茸毛。卵形，长6～7毫米，宽5毫米；花

瓣合生，裂片8，突出萼外约3毫米；雄蕊16，着生花冠上。浆果椭圆形，长1.5～2.5厘米，被锈褐色茸毛，顶有锥尖的宿存花柱。花期3月及8～9月，果期8月及12月（广东）。

［生长环境］ 多生于海拔1000米以下的山地林缘或散生于路旁较开旷的疏林中，在密林内少见。本种对土壤条件要求不严，在干旱瘠薄地亦能生长正常。

［产　　地］ 主产于广东、广西等省区。

［用　　途］ 种子油可供食用或制肥皂用。榨油后的油粕，可作牲畜饲料。

木材耐水湿，可造船及水车的龙骨、船橹；又宜于作建筑用的梁椽和门桁等。树皮含鞣质，为提制栲胶的原料。

图754　紫荆木
Madhuca subquincuncialis H. J. Lam
果枝

［理化性质］ 据广东省商业厅资料：种仁含油量45.35%，油呈棕色，为不干性油；碱化值181.98，碘值91.50，酸值7.96。

［采收处理］ 果熟期每年两次，8月及12月。采收果实后除去果肉部分，将种子晒干备用。

［其　　他］ 本种繁殖方法，一般采用种子繁殖。采取果实后置水中洗去果肉，可随即播种。如春播时，需将种子阴干，贮于瓦缸中。播种可采用条播法，一年后苗高30厘米以上，即可定植。

337 血胶树（xuejiaoshu）（图755）

［地 方 名］ 油柯木、米汤呵（广东），山枇杷、油苛木、嘿咛（广西）。

［学　　名］ **Pouteria aurata** (Lec.) Baehni［*Eberhardtia aurata* (Pierre) Lec.］ 山榄科

［原 料 名］ 山枇杷籽（广西）

［形态特征］ 常绿乔木，高15～20米，树干直；树皮暗灰褐色，割裂后有白色乳汁流出；嫩枝被锈褐色茸毛。单叶互生，薄革质，长圆形或倒卵形，长15～28厘米，

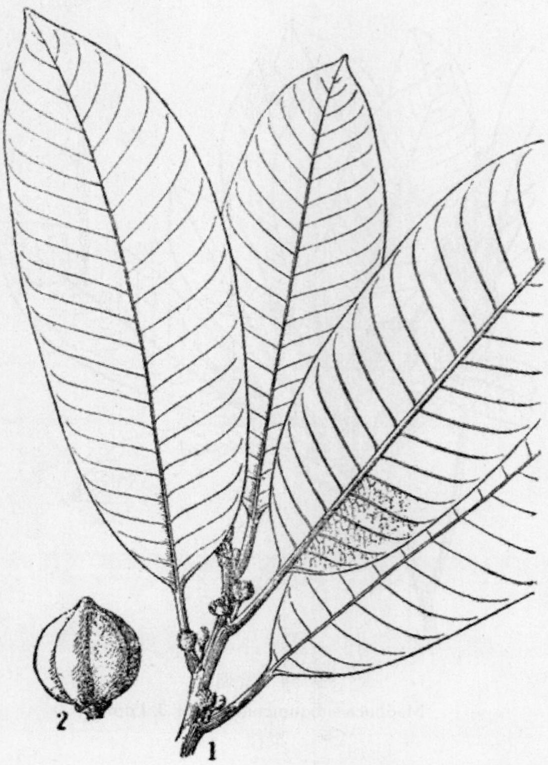

图 755 血胶树
Pouteria aurata（Lec.）Baehni
1．花枝；2．果。

宽 5～10 厘米，基部钝形，先端短尖，全缘，表面光滑，深绿色，背面被锈褐色茸毛，侧脉每边 15～16；叶柄长 3～3.5 厘米，被锈褐色茸毛。花簇生于叶腋内，具短柄，直径约 5 毫米；花萼外面被锈色茸毛，裂片 5；花冠合瓣，裂片 5，3 深裂，中间裂片线形，粗厚，侧面 2 裂片膜质，较中间的为阔；雄蕊 5，与花冠裂片对生，退化雄蕊 5，与花冠裂片互生。果实核果状，近球形，直径约 3 厘米，密被锈褐色茸毛，熟时有棱；种子 3～5，扁平，栗色，有光泽，长 2～2.5 厘米，直径 1 厘米。花期 3 月，果期 9～10 月。

［生长环境］ 热带植物，生于海拔 800 米以下的山地丘陵地以至平地密林和疏林中，但以气候温暖、湿度大、温度高、土壤湿润肥沃而呈酸性至中性的地方生长最盛。

［产　　地］ 云南、广东、广西等省区。

［用　　途］ 种子油可供食用和制肥皂。广西龙津县农民用作食用油，据称味香适口，胜过花生油。榨油后的油粕可作牲畜饲料。

木材纹理直，结构紧密，材质坚韧，为栋梁、桥柱、家具等的良好用材。

［理化性质］ 据中国科学院广西植物研究所资料：种子含油量 55.7%（一般地区加工出油率为 25～30%）。油的比重 0.93，折射率 1.4671；碱化值 215.95，碘值 87.12。

［采收处理］ 9～10 月果熟时，果皮有棱角突起，颜色油绿转为黄褐。采下果实后，摊晒于日光下，待果皮开裂后取出种子备用。

［其　　他］ 栽培多用直播法，株行距一般采用 1.5×1.5 或 2×1.5 米。环境适宜、生长旺盛者，4～5 年即开花结果，13 年生的直径可达 12 厘米。

338 毛垂珠花（maochuizhuhua）（图 756）

［学　　名］ **Styrax calvescens** Perk.　安息香科

［形态特征］　落叶灌木或小乔木，高可达 6 米；小枝初被灰黄色茸毛，最后脱落。单叶互生，近革质，阔长圆形或倒卵状长圆形，长 3～10 厘米，宽 1.5～4.5 厘米，基部渐狭，先端渐尖或短尖，边具细齿，背面密被灰色星状毛；叶柄短，长 1～3 毫米。总状花序顶生，长 3.5～9 厘米；花梗长 5～6 毫米，被毛；萼杯状，长约 5 毫米，不整齐，裂片 5；花冠白色，裂片 5，长约 11 毫米；雄蕊 10。核果卵圆形，长 8～10 毫米。花期 4～5 月，果期 7～8 月。

［生长环境］　生于山地山坡及溪边的杂木林中。

［产　　地］　湖北、江西、广东等省。

［用　　途］　种子油供制肥皂、润滑油用，并能掺合作油漆使用。

［理化性质］　据江西省资料：种子含油量 25%。油为半干性油，色浅黄，纯净透明。

［采收处理］　7～8 月果熟时采收晒干，除去枝、叶等杂物保存备用。

［加　　工］　用压榨法，先去壳，将核仁碾碎，过筛，蒸粉，制饼后上榨。

图 756　毛垂珠花
Styrax calvescens Perk.
果枝

339 垂珠花（chuizhuhua）（图 757）

［地 方 名］　小叶硬田螺（浙江），白花树（湖南）。

［学　　名］　**Styrax dasyantha** Perk.　安息香科

［原 料 名］　白花树籽（湖南）

［形态特征］　落叶灌木或小乔木，高约 8 米；嫩枝被星状毛，后变光滑。单叶互生，椭圆状长圆形至倒卵形，长 5～10 厘米，宽 3～5 厘米，基部楔形或近圆形，先端长尖或短尖，上半部边缘具细齿，表面无毛，背面初期被疏生的星状毛，后即脱落；叶柄短，长 1～2 毫米。总状花序具花 10 余朵；总花梗有时在下部分枝，花梗长 6～8 毫米；花萼钟形，具不规则细齿，被星状毛；宿存；花冠长 1.5 厘米，裂片 5，披针形，在花蕾时**镊合状排列**；子房上位，与花萼基部结合，下部 3 室，上部 1 室，花柱与花冠

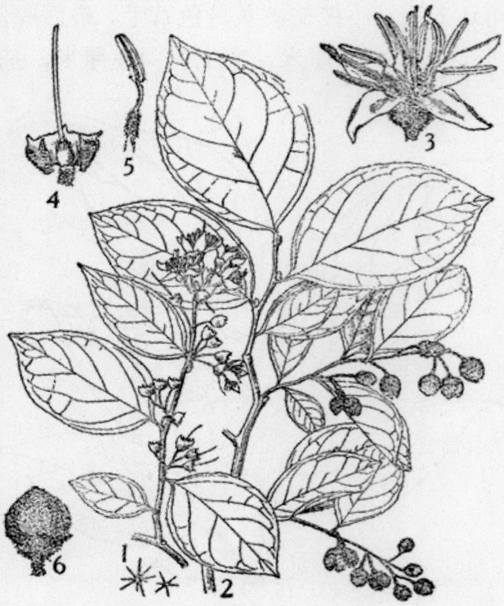

图 757 垂珠花
Styrax dasyantha Perk.
1．花枝；2．果枝；3．花；4．雌蕊；5．雄蕊；6．果。
（自“江苏南部种子植物手册”）

等长。果为核果状，不开裂，圆卵形，长约 6 毫米，直径 5 毫米。花期 5～6 月，果期 10～12 月。

［生长环境］ 多生于山中阳坡杂木林中。

［产　　地］ 河南、山东、安徽、江苏、浙江、湖北、湖南、江西、四川等省。

［用　　途］ 据湖南省资料：果实含油量 40～45%，出油率 35%。油为半干性油；比重（25℃）0.9053，折射率（25℃）1.4642；碱化值 207.5，碘值 107.8，酸值 48.2。

［采收处理］ 10～12 月果熟时采下，晒干贮存备用。

［加　　工］ 去壳后碾粉，过筛，蒸粉，制饼，上榨。

340 白花笼（baihualong）（图 758）

［地 方 名］ 白龙条、棉子树、扫酒树（广东），梦童子、扣子柴、野梦芋子（江西）。

［学　　名］ **Styrax faberi** Perk. 安息香科

［原 料 名］ 扫酒树籽（广东）

［形态特征］ 常绿灌木或小乔木；枝初时被褐色星状茸毛，最后变无毛。单叶互生，近纸质，卵形或倒卵状长圆形，长 3～7 厘米，宽 2.5～4 厘米，基部钝，先端短尖，表面近无毛，背面被星状褐色柔毛，老时近无毛；叶柄长 1～3 毫米。总状花序腋生或顶生，长 4～5 厘米，有花 3～6，被暗色柔毛；花长 1.5～1.8 厘米；花梗长 6～10 毫米，被毛；萼杯状，长 3.5～5 毫米；花冠白色，裂片披针形，长 1～1.4 厘米，雄蕊 10，子房上位，下部 3 室。核果卵形，长 8～9 毫米，基部为宿萼所包围。花期 3～4 月，果期 9～10 月。

［生长环境］ 适应性广，平原、丘陵、山地的灌木林、灌木草坡以至路旁、溪边等地均适宜生长。

［产　　地］ 山东、江苏、浙江、江西、湖南、贵州、福建、广东、广西等省区。

［用　　途］ 种仁油可制肥皂和机器用润滑油。

［理化性质］　据广东省粮食厅资料：果实壳重 76.10%，种仁重 23.90%。种仁含油量 48.96%。油为半干性油，棕色，折射率（20℃）1.5066；碱化值 177.77，碘值 117.6，酸值 2.05。

［采收处理］　立冬前后采收果实，晒干备用。

［加　　工］　将果实除去外壳后碾成粉，经过筛、蒸粉、制饼后上榨。

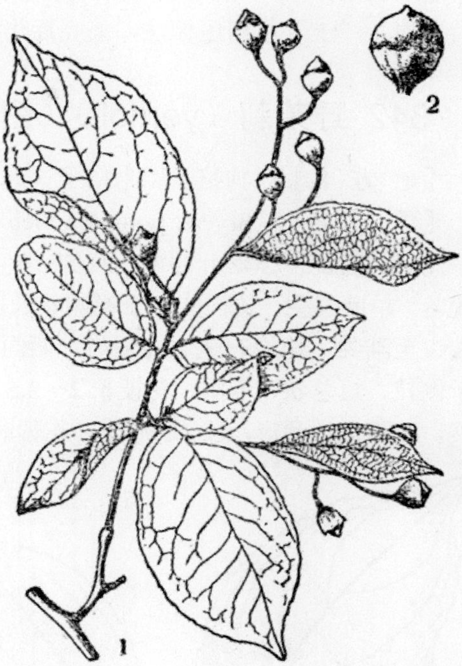

图 758　白花笼

Styrax faberi Perk.

1．果枝；2．果。

341 老鸹铃（laoguling）（图 759）

［学　　名］　**Styrax hemsleyana** Diels.　安息香科

［形态特征］　常绿小乔木或灌木；小枝幼时有星状毛，老时平滑无毛。单叶互生，长椭圆状卵形至倒卵形，长 7～13 厘米，基部楔形至圆形，先端渐尖，边缘有**疏生细锯齿**，表面平滑无毛，背面有星状毛；叶柄长 0.5～1.5 厘米。总状花序长 15 厘米，具短柔毛；萼钟形，花冠白色，裂片 5，椭圆形，复瓦状迭合，长 1.5 厘米，雄蕊 10，互相愈合而附着于花瓣上，子房球形，下部 3 室，上部 1 室，密生茸毛。果为核果状，倒卵形。花期 4～6 月，果期 9 月。

图 759　老鸹铃

Styrax hemsleyana Diels

1．花枝；2．果枝；3．花；4．花冠剖开。

（自“中国森林植物志”）

［生长环境］　对土壤及水分要求不严，常生于向阳的山坡、丘陵疏林或灌木丛中。

［产　　地］　河南、湖南、湖北、四川、福建等省。

［用　　途］　种子油可制肥皂及机器用润滑油。

［理化性质］　据福建省资料：种子含油量为 24%。

［采收处理］　9月果实成熟时采收，晒干贮存备用。

［加　　工］　用压榨法，去壳后将核仁碾碎，过筛，蒸粉，制饼，上榨。

342 野茉莉（yemoli）（图760）

［地 方 名］　狗棓子、木桔子（湖北），黑茶花、椿树（四川）。

［学　　名］　**Styrax japonica** Sieb. et Zucc.　安息香科

［形态特征］　落叶乔木，高约10米；枝细长伸展，嫩枝和叶均被星状柔毛，但易脱落。单叶互生，阔椭圆形至椭圆状长圆形，长2～8厘米，宽2～5厘米，基部楔形，先端尖至渐尖，边缘有疏生细锯齿，两面无毛，仅背面脉腋间有毛成束。花3～6朵，生于侧枝，短总状，下垂；花梗长2～3.5厘米；花萼无毛，裂片5；花冠白色，裂片5，开展，椭圆状长圆形，长1.5厘米，花蕾时复瓦状排列；雄蕊10；子房上位，下部3室，上部1室。核果圆卵形，长约1.5厘米；种子紫褐色。花期6～7月，果期8～9月。

图760　野茉莉
Styrax japonica Sieb. et Zucc.
1. 花枝；2. 花冠展开示雄蕊。

［生长环境］　生于土壤湿润而肥沃的山地疏林中。

［产　　地］　山东、安徽、江苏、浙江、江西、湖南、湖北、贵州、四川、云南、广东、广西等省区。

［用　　途］　种仁油可制肥皂或作机器用润滑油。也可掺合作油漆用。油粕可作肥料。

木材致密而色白，可作伞柄、拐杖及玩具等细工器材之用。花、果美丽，为庭园的观赏树种。

［理化性质］　据四川省芳香工业研究所化验：果壳含油量17.61%，种仁含油量48.76%，总油量31.83%。油的碱化值177.6，碘值（韦氏法）108，酸值20。

［采收处理］　果熟后采收，除去果皮，保留果核，晒干备用。

［加　　工］　先除去果壳，碾碎核仁，然后过筛，蒸粉，制饼，入榨。

343 毛安息香（maoanxixiang）（图 761）

［地 方 名］ 白扣子（广西），猛骨子、竹仔仔、乌蚊子、油榨果（广东）。

［学　　名］ **Styrax mollis** Dunn　安息香科

［原 料 名］ 猛骨子（广东）

［形态特征］ 灌木或小乔木，高达 6 米，胸径约 12 厘米；枝灰褐色，小枝被黄褐色星状毛。单叶互生，纸质，椭圆形至长圆形，长 7～14 厘米，宽 3～5 厘米，基部钝或近于圆形，先端渐尖或短渐尖。总状花序顶生和腋生，被黄褐色星状毛；花白色，萼钟形，5 齿裂，花冠 5 裂，雄蕊 10，子房半下位。**核果**近球形，直径约 1 厘米，表面**被黄褐色星状毛**；种子黑色。花期 3～4 月，果期 8～9 月。

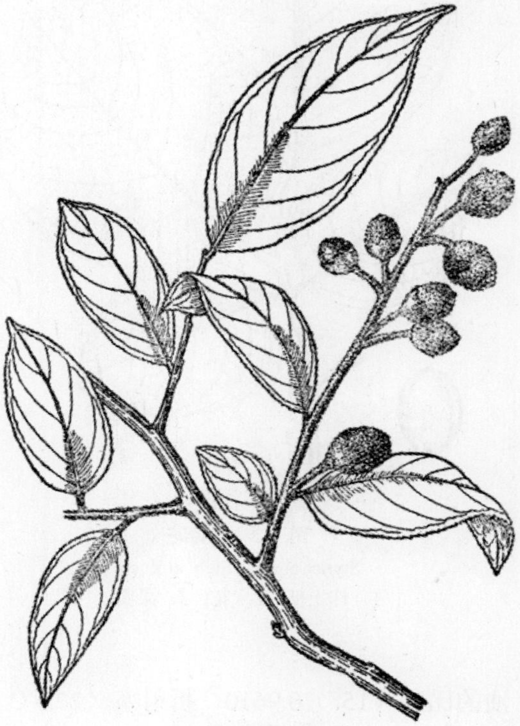

图 761　毛安息香
Styrax mollis Dunn
果枝

［生长环境］ 生于丘陵和山地的疏林或灌丛中，以气候温暖、土壤湿润的山坡上生长最好。

［产　　地］ 广东、广西、江西、贵州等省区。

［用　　途］ 种子油供制润滑油、肥皂和油墨等用。

［理化性质］ 据广东省粮食厅资料：果实壳重 61.21%，种仁重 38.79%。种仁含油量 47.56%；油为不干性油，色深黄，折射率（20℃）1.5124，碱化值 176.32，碘值 109.17，酸值 38.5。

［采收处理］ 果熟时采收，除去果皮，晒干备用。

［加　　工］ 将晒干种仁磨粉、过筛、上蒸、制饼，然后入油槽上榨。

344 玉铃花（yulinghua）（图 762）

［地 方 名］ 老丹皮、山榛子（山东）

［学　　名］ **Styrax obassia** Sieb. et Zucc.　安息香科

［原 料 名］ 山榛籽（山东）

［形态特征］ 灌木或小乔木，高 4～10 米；枝紫褐色，向上生长。单叶互生，近

圆形、阔倒卵形或椭圆形，长7～20厘米，宽6～18厘米，基部圆形或浅心形，先端短突尖，边缘上部及中部具疏生小齿，表面沿脉上疏生灰白色星状茸毛，背面**密被灰白色星状毛**，幼时并有锈色毛。**总状花序生于**枝顶，长10～20厘米；花梗长8～10毫米，被毛；萼筒状，顶有齿5～9，被毛；花冠白色，长圆形，长1～1.7厘米，密被星状毛，裂片5；雄蕊10，基部愈合；子房半下位，胚珠多数。核果卵形或球状卵形，长约2厘米，基部有宿存萼，密被短毛；种子卵形，长1.7厘米。花期5～6月，果期8～9月。

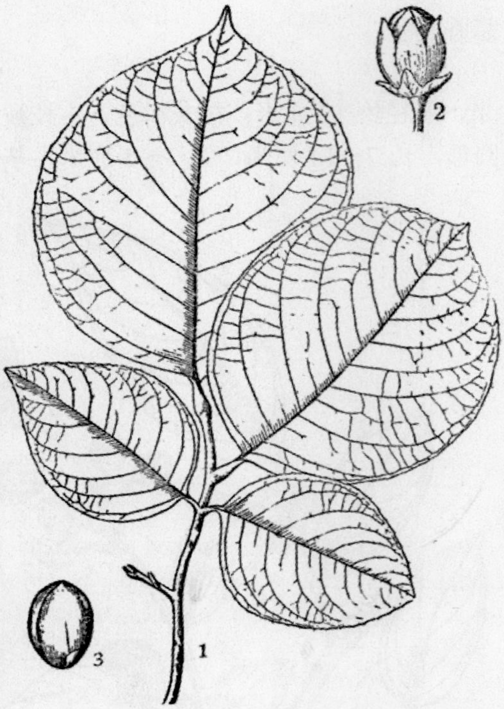

图762　玉铃花
Styrax obassia Sieb. et Zucc.
1. 株上部；2. 花；3. 果实。

［生长环境］　常生于山沟及山地石山岩缝间，以湿润而肥沃土壤上生长的最好。

［产　　地］　辽宁、山东、安徽、江苏；浙江、江西等省。

［用　　途］　种子油可供制肥皂及润滑油。

木材带黄白色，质密富弹性，比重0.60，可做细工艺品，如伞柄、拐杖等。花色白且美丽、芳香，可提芳香油或供观赏。

［理化性质］　据山东省资料：种仁含油量18.2～48.6%；种子含油量32.6%；油的比重（15°）0.9610，折射率（27.5℃）1.4893；碱化值181.8，碘值115.41，酸值1.73。

［采收处理］　果熟时采收，晒干，贮藏备用。

345 赛山梅（saishanmei）（图763）

［地 方 名］　小叶硬壳田螺（浙江）

［学　　名］　**Styrax philadelphoides** Perk.　安息香科

［原 料 名］　小叶硬壳田螺籽（浙江）

［形态特征］　落叶灌木或小乔木，高1～2.5米；老干紫褐色，幼枝被星状黄褐色毛。单叶互生，椭圆形或倒卵状椭圆形，长3～11厘米，宽1.5～5厘米，椭圆形或倒卵椭圆形，**基部阔楔形或圆钝**，**先端尖锐**，边缘具不规则小锯齿，初时两面有星状毛，后几无毛或有疏生的星状毛。总状花序腋生或顶生，有4～6朵花，乳白色；萼壳斗状，

膜质，外具黄色星状茸毛：花冠长 1.6～2 厘米，均有星状茸毛；雄蕊通常 10；子房上位，下部 3 室，上部 1 室；花梗长 1～2 厘米。核果圆球形，表面有厚茸毛，3 瓣裂；种子黄褐色。花期 5～6 月，果期 9～10 月。

［生长环境］　常生于山坡灌丛中。

［产　　地］　山东、安徽、江苏、浙江、湖北、江西、福建、广东等省。

［用　　途］　种子油可制肥皂和机器用润滑油。

木材作农具。花美丽，常供观赏。

［理化性质］　据复旦大学资料：种子含油量 24%。

［采收处理］　9～10 月果实成熟后采收，晒干，贮存备用。

图 763　赛山梅

Styrax philadelphoides Perk.

1．花枝；2．果枝；3．花；4．同 3，花冠剖开；5．雄蕊。

（自“江苏南部种子植物手册”）

346 栓叶安息香（shuanyeanxixiang）（图 764）

［地 方 名］　丙柯子、山龙眼、赤橘子、铁甲子（广东），赤血仔（台湾）。

［学　　名］　**Styrax suberifolius** Hook. et Arn.　安息香科

［形态特征］　常绿灌木或小乔木，树皮红褐色；枝密被鳞片状被盖物，老时脱落。单叶互生，近革质，**卵状长圆形至长圆状披针形**，长 5～13 厘米，宽 2～5 厘米，**基部楔形**，先端渐尖，全缘，幼时两面均被星状茸毛，老时表面无毛，背面被灰白色茸毛；叶柄长约 1 厘米，**有褐红色茸毛**；无托叶。总状花序腋生，长 3～7 厘米，有花 8～12 朵，**被褐色星状茸毛**；花两性，长约 1 厘米；花萼杯状，长与宽相等，约 4 毫米；花冠白色，长约 1 厘米，裂片 5，狭长圆形；雄蕊着生于花冠管基部，花药线形；子房上位，基部 3 室，每室有胚珠数颗。核果近球形，长约 1 厘米，钝头，表面被茸毛。种子 1 粒，黑褐色。花期 3～4 月，果期 9～10 月。

［生长环境］　生于丘陵地和山地的疏林及灌丛中，但以土壤肥沃而湿润的地方生

图 764 栓叶安息香
Styrax suberifolius Hook. et Arn.
1．花枝；2．花；3．雄蕊；4．叶背面的毛。

长最好。

［产　　地］ 广东、广西、福建、台湾、浙江、安徽、湖南、四川等省区。

［用　　途］ 种子油可制油漆、肥皂。

［理化性质］ 据广东省商业厅资料：果核壳重 30.20%，种仁重 69.80%；种仁含油量 24.80%，油为干性油；油的碱化值 187.20，碘值 144.30，酸值 4.08。

［采收处理］ 立冬前后果实成熟时采摘，晒干，贮存备用。

［加　　工］ 将除去外壳的种仁碾碎，筛后上蒸，制饼，然后入槽上榨。

347 乳白野茉莉（rubaiye-moli）（图 765）

［学　　名］ **Styrax veitchiorum** Hemsl. et Wils. 安息香科

［形态特征］ 小乔木，高 3～9 米；小枝灰褐色，有绢状灰色短柔毛。叶互生，近革质，长椭圆形，长 7～10 厘米，宽 3～5 厘米，基部楔形，先端尖，全缘，表面深绿色有光泽，背面灰绿色，有网脉及绢状灰色毛；叶柄长 1～1.3 厘米，稍扁平，疏生有短柔毛。总状花序顶生；花乳白色，着生于短侧枝上，具短花梗；萼钟状，绿色，有细牙齿；花冠为 5 深裂或全裂，裂片披针形或长椭圆形；雄蕊 10，罕为 11～13，相愈合而附于花瓣上，花丝上部稍扁平，无毛或有疏毛。核果球形，灰色，外果皮薄，顶微突，宿存萼着生于基部，具细长果柄。花期

图 765 乳白野茉莉
Styrax veitchiorum Hemsl. et Wils.
植株

5～6月。

［生长环境］　常生于海拔2700～3600米的阴湿山谷、山坡、疏林灌丛中。

［产　　地］　湖北、江西、浙江、江苏等省。

［用　　途］　种子油供制肥皂及机械润滑油。

木材坚实，可供建筑用材及家具用。

［采收处理］　采摘成熟果实，剥去外皮晒干，去壳，放干燥通风处保管备用。

348 薄叶山矾（boyeshanfan）（图766）

［学　　名］　**Symplocos anomala** Brand　山矾科

［形态特征］　常绿小乔木，高1.5～6米；树皮灰褐色；**嫩枝密生灰色茸毛**。单叶互生，**薄革质，椭圆状披针形，或圆状倒披针形**，长3～7厘米，宽1～2.5厘米，基部阔楔形，先端长尖而稍弯曲，边缘疏生浅小齿，或有时近于全缘，两面无毛，**中脉在叶表面突起及背面的基部隆起**。短总状花序腋生，密生短柔毛，有花3～10朵；花绿白色；萼片5，短小，外面有短柔毛；花瓣5，长圆形，长约4毫米；雄蕊约50，稍长于花瓣；花柱稍长于雄蕊，柱头不分裂，子房有绢状毛，核果椭圆形，长约7毫米。褐色，1～4室，有绢状细毛，顶端具5萼齿。花期9月，果期次年5月。

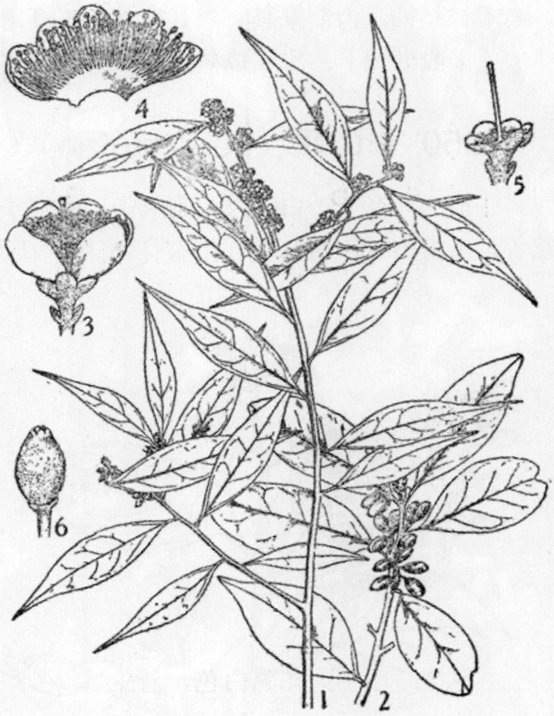

图766　薄叶山矾

Symplocos anomala Brand

1. 花枝；2. 果枝；3. 花；4. 花冠展开示裂片和雄蕊；5. 雌蕊和花萼；6. 果实。

［生长环境］　常生于山地杂木林中。

［产　　地］　江苏、浙江、福建、江西、安徽、湖南、湖北、广东、广西、四川、贵州等省区。

［用　　途］　种子油可作机械润滑油用。

木材坚韧，可作农具、家具等用材。

［采收处理］　果实成熟时采下果序，然后打落果实，除去杂质及果皮，晒干，便可榨油。

［加　　工］　将种子粉碎后过筛，蒸粉后包饼上榨。

349 山矾（Shanfan）

［地 方 名］　山桂花（湖南），黄树丛（浙江）。

［学　　名］　**Symplocos caudata** Wall.　山矾科

［形态特征］　**常绿**灌木或小乔木，高 1.5～2.5 米；树皮灰褐色，平滑不裂；**小枝无毛**。单叶互生，革质，阔披针形，长 4～8 厘米，宽 1.5～4 厘米，基部阔楔形，**先端渐尖，成尾状**，边缘微锯齿，光滑无毛，表面叶脉内凹，背面突起。总状花序腋生，具毛，长 3～5 厘米；萼平滑无毛；花瓣白色，长 3 毫米。果实圆锥形，平滑无毛，萼齿宿存。花期 3 月，果期 8 月。

［生长环境］　山谷、溪边灌丛中或山坡林下。

［产　　地］　江西、浙江、湖北、湖南、四川、福建、广东等省。

［用　　途］　种子油可作机械润滑油。

木材坚韧，为制家具、农具或其他工具用材。

［采收处理］　果实成熟采收，除去果皮等杂质，晒干，放干燥处备用。

350 华山矾（huashanfan）（图 767）

［地 方 名］　白花丹、狗蚊子、狗闷子、狗屎子、江黄子（广东），贼老矢、狗蛇子、土常山（广西），闷门子、猪婆柴（江西）。

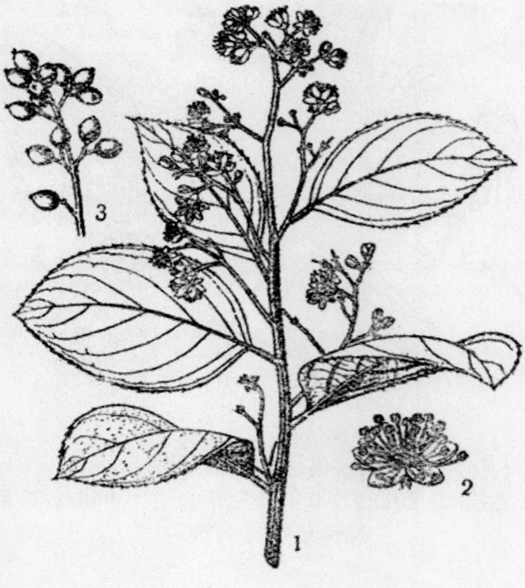

图 767　华山矾

Symplocos chinensis（Lour.）Druce

1．花枝；2．花；3．果序的一部分。

［学　　名］　**Symplocos chinensis** (Lour.) Druce (*S. sinica* Ker).　山矾科

［形态特征］　**落叶灌木**；**高 1～3 米**；小枝密破柔毛。单叶互生，近革质，椭圆形至倒卵状椭圆形，长 4～7 厘米，宽 2～4 厘米，基部钝或圆形，先端急尖，边缘有锯齿，表面被疏毛，背面被密毛。圆锥花序腋生和顶生，紧密，长 4～6 厘米，被密毛；花辐射对称，**直径 7～10 毫米**；萼 5 裂，被密毛，长约 2 毫米；花瓣白色，卵形，长约 3 毫米；雄蕊多数，着生于花冠上；子房半下位。核果卵形，长约 6 毫米，熟时蓝黑色。花期 6～7 月，果期 9～10 月。

［生长环境］　多生于气候温暖、阳光充足的平原、路边或丘陵地的灌

从、草丛中，以土壤肥沃而稍湿润的地方生长最好。

［产　　地］ 安徽、江苏、湖南、湖北、四川、江西、福建、广东、广西、云南等省区。

［用　　途］ 种子油可制肥皂，部分地区（如广东五华县）亦作食用。

榨油后的油粕可作肥料。树叶敷于刀伤或跌伤处，有收敛生肌之效；根皮可治疟疾。

［理化性质］ 据广东省商业厅资料：种子壳重 77.6%，种仁重 22.4%；种子含油量 23.80%，水分 9.2%，籽仁含油量 45%。油草黄色；碱化值 193.93，碘值 84.81，酸值 17.92;油粕含氮量 1.823%，有机物质 91.16%。

［采收处理］ 9～10 月采收蓝黑色成熟的果实，除去果肉杂质，将种子晒干即可。

［加　　工］ 将种子碾碎成粉，过筛，除去种壳，上甑蒸粉，然后制饼上榨。

351 细毛山矾（ximaoshanfan）（图 768）

［学　　名］ **Symplocos microtricha** Hand. –Mzt.　山矾科

［形态特征］ **常绿灌木或小乔木**，高 4～8 米；树皮平滑；灰黄色。单叶互生，近革质，长圆形至倒卵状披针形；很少椭圆形，长 7～12 厘米，宽 2～4 厘米，基部楔形，先端短渐尖，短尖，很少钝形，**全缘或有不明显的微波状锯齿**，表面无毛有光泽。背面近基部沿中脉上被稀疏小茸毛；叶柄长约 1 厘米。**穗状花序不分枝或少分枝**，中轴被短柔毛：**花黄色或白色**，直径 4～5 毫米，无花梗；萼管无毛，裂片 5，卵状三角形，边具睫毛；雄蕊 20，芽时为 5 束，花开放时成不明显簇生；子房半下位，花柱短于花冠，有时退化。核果卵状，或有时先端紧缩而呈壶状，长约 1 厘米，成熟时黑色或黑紫色。花期 3～4 月，果期霜降前后。

图 768　细毛山巩
Symplocos microtricha Hand. -Mzt.
1．花枝；2．花；3．果枝。

［生长环境］ 生于海拔 1000 米以下的杂木林中或林缘，常散生或成片生长。在林中的较为健壮，尤以土壤肥厚的缓坡或山谷中生长得最好。

［产　　地］ 云南、贵州、广东、广西、福建等省区。

［用　　途］ 果实油可制肥皂或作润滑油。

木材浅黄白色，有光泽，无心材与边材之分，纹理直，结构细密，干燥后很少开裂，可供建筑板料及制造家具等用。

［理化性质］ 据中国科学院华南植物研究所资料：果实含油量39.0%，水分8.97%。油的颜色淡黄，折射率（25℃）1.4778；碱化值243.8，酸值8.06。

［采收处理］ 果实在霜降前后成熟，多集中于枝端，采取果枝，打下果实，晒干，除去杂质备用。

［其 他］ 栽培繁殖时，育苗地应选择阴坡、太阳直射不到的地方，土壤则以肥沃疏松的细砂壤土或轻粘土为宜。播种可采用条播法，在播种前3～5天，最好能在播沟施适量堆肥作基肥。播种后宜进行一般的苗圃管理，约一个月便能发芽出土。注意经常除草松土、间除弱苗及灌溉管理等工作，一年生苗可移植上山造林。造林地宜选阳光适中、土层深厚的地方，在湿度高的环境里生长更好。本种生长颇慢，在广东信宜天然林中，40年生植株，树高17米，胸径22厘米。因此，造林时应适当密植，以加速幼林郁闭，株行距可用1.5×1.5米，或与其他树种混交栽植。

352 白檀（baitan）（图769）

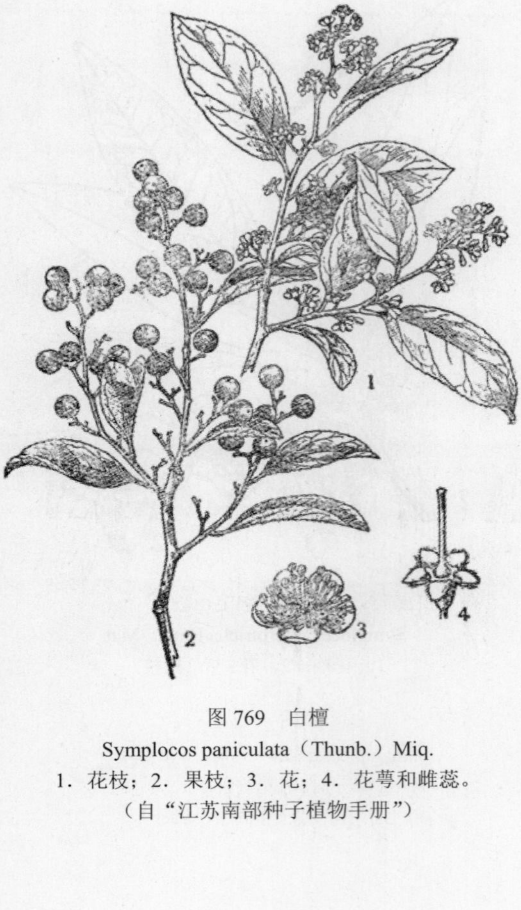

图769 白檀
Symplocos paniculata（Thunb.）Miq.
1. 花枝；2. 果枝；3. 花；4. 花萼和雌蕊。
（自“江苏南部种子植物手册”）

［地 方 名］ 定了王、碎米子树（广西、湖南），乌子树（福建），萝卜子楂，（江西），播瓜叶（河南），小黑果、粑粑叶、洋李子（云南），黄檀子木（四川），狗淋台（辽宁），拗柴（山东）。

［学 名］ **Symplocos paniculata** (Thunb.) Miq. 山矾科

［原 料 名］ 乌目子（福建）

［形态特征］ **落叶灌木或小乔木，高4～12米**；树皮灰褐色，条裂。单叶互生，具短柄，椭圆形、倒卵形至长圆状倒卵形，长3～11厘米，宽2～4厘米，基部圆形至楔形，先端渐尖或急尖，边缘有细锯齿，表面淡绿色，无毛，背面疏生柔毛，沿中脉处尤甚。圆锥花序顶生或生于侧枝之顶，长4～8厘米；花白色，有香气，**直径6～8毫米**；花瓣5，长圆形；雄蕊多数；子房下位，花柱1，柱头截形。核果椭圆形，直径约

5毫米，成熟时黑色，内藏种子1。花期4～5月，果期9～10月。

［生长环境］　生于海拔300～1000米的山地疏林或灌丛中，尤以向阳的坡地和近溪边比较湿润的土壤上生长最好。

［产　　地］　河南、山东、山西、陕西、辽宁、吉林、黑龙江、安徽、江苏、浙江、江西、湖北、湖南、四川、云南、福建、台湾、广东、广西等省区。

［用　　途］　白檀子油供制油漆、肥皂等用，又供食用。据福建省山区资源植物调查总结报告：福建上杭县群众从1956年起已利用种子榨油代替花生油、茶油食用。

木材细密可作细工及建筑用材。本植物生长容易，姿态美观，是很好的山区绿化树种。榨油后的油粕可作肥料。

［理化性质］　据湖南省资料：果实含油量27.7%，出油率20%；油为干性油；比重0.9241，折射率1.4796；碱化值200.1，碘值135.6，酸值39.5。

［采收处理］　9～10月果熟时采下果枝，置日光下曝晒，晒干后打下果实即可。

［加　　工］　将果实碾碎成粉，过筛后上甑蒸粉至半熟，即可制饼上榨。

［其　　他］　据福建上杭县经验，以白檀油食用须先除去涩味。除涩方法是将油放在锅内，加热熬至近沸（防止高温燃烧），加入数片新鲜芋头，则杂味可以减除，油味与菜油相仿。

白檀在干燥和湿润土壤中都生长良好，且成长迅速，结实累累，是较有发展前途的油源植物之一。

353 流苏树（liusu-shu）（图770）

［地 方 名］　四月雪、牛筋子、油荆子（山东），茶叶树（河南、河北）。

［学　　名］　**Chionanthus retusus** Lindl. et Paxt.　木犀科

［原 料 名］　油荆子（山东）

［形态特征］　落叶乔木或灌木，高达10米；树皮灰黑色；小枝常对生，幼时具柔毛。单叶对生，具柄，革质，椭圆形或卵状椭圆形，有时倒卵形，长3～12厘米，宽2～6厘米，基部阔楔形，先端渐尖、钝

图770　流苏树

Chionanthus retusus Lindl. et Paxt.

1．花枝；2．花冠裂片和雄蕊；3．雌蕊。

（自“江苏南部种子植物手册”）

尖或圆，全缘，在幼树上常具齿，叶背面至少在幼时具灰色毛；无托叶。花单性，雌雄异株；花序圆锥状，顶生，长 6～10 厘米；花小，萼片 4；花冠白色，合生，4 裂，**裂片线状披针形**，较花冠筒长许多，长 1.2～2 厘米；雄蕊 2；子房 2 室，每室有胚珠 2，花柱极短，柱头 2 裂。核果椭圆形，长约 1.2～1.5 厘米，蓝黑色。花期 6～7 月，果期 9～10 月。

［长环生境］ 常见于向阳山谷及疏林中。

［产　　地］ 辽宁、山东、河北、河南、陕西、湖北、江西、浙江、江苏、台湾、福建、广东、四川、云南等省。

［用　　途］ 种子油可食用或制肥皂。

木材质坚，纹理细致而美观，可作各种家具和铁器柄。芽和幼叶可代茶，其味不亚于龙井，故有“茶叶树”之称。开花繁多，花冠洁白柔长，随风荡漾如流苏，颇为美丽，可栽培供观赏。

［理化性质］ 据河南省资料：种子含油量 31.33%，出油率 25%。为半干性油。

［采收处理］ 果熟时采收，置通风处晾干，即可榨油。

［其　　他］ 种子繁殖。发芽期可延续至 3 年之久，故须经催芽处理。

354 连翘（lianqiao）（图 771）

［地 方 名］ 黄花树、黄绶丹（河南），竹根、旱莲子（山西），落翘（山东），黄花条（陕西）。

［学　　名］ **Forsythia suspensa** (Thunb.) Vahl　木犀科

［原 料 名］ 连翘子（通称）

［形态特征］ 落叶灌木，高约 2～3 米，无毛；枝条细长开展或俯垂，小枝褐色，稍四棱。单叶对生，具柄，卵形至长圆状卵形，长 6～10 厘米，有时 3 裂，基部阔楔形或圆形，先端尖，边缘有不整齐锯齿。花 1～3（～6），簇生叶腋，**先叶开放**；花萼 4 深裂，裂片呈长椭圆形，与花冠等长，花后不脱落；**花冠黄色**，具 4 长椭圆形裂片，花冠筒内有桔红色条纹；雄蕊 2，着生于花冠的基部；花柱细，柱头 2 裂。蒴果木质，狭卵圆形，稍扁，长约 2 厘米，果皮坚硬，**顶端开裂，果实片状如翘**，所以叫做连翘；**种子有翅**。花期 4～5 月，果期 9～10 月。

［生长环境］ 喜生于肥沃、向阳、排水良好的土壤。

［产　　地］ 辽宁、河北、山东、山西、河南、江苏、四川、湖北、甘肃、陕西等省。

［用　　途］ 种子油可制香皂及化妆品，也是制造油漆的原料。

枝条细长而柔软，可编条筐。果实可作药（见“药用类”，1857 页）。

［理化性质］ 据上海食品工业科学研究所资料：种子含油量 25.52%，灰分 5.60%，粗纤维 13.04%，蛋白质 16.94%，非氮物质 38.90%。油属干性油，棕褐色，较浓稠，气

味芬香。油的比重（20℃）0.9676，折射率（20℃）1.4938，粘度（安格拉氏秒 20℃）18′45″，脂酸凝固点 7.8℃；碱化值 160.2，碘值（韦氏法）132.8，酸值 3.9，不碱化物 17.1%，乙酰值 7.2，可溶性脂肪酸 3.31%，不溶性脂肪酸 90.0%

［采收处理］　果实成熟而未开裂时采收，晒干，果壳开裂，则种子脱落，收集备用。

［加　　工］　连翘籽皮软，不宜用火炒。去掉杂质后，即可碾料，要碾成细面，但不必过筛。把料碾好后，每 100 公斤料上开水 10 公斤，将水搅拌均匀，经过 1 小时焖料，即可上锅蒸料，约蒸 25 分钟，锅温保持 100℃左右，用手一捻见油时，即可包饼上榨。经过两次压榨，每百公斤原料可出油 15 公斤。

［其　　他］　繁殖以插条为主，切口宜在节处，易于生根；秋季压条繁殖亦可；播种繁殖，发芽率不高。

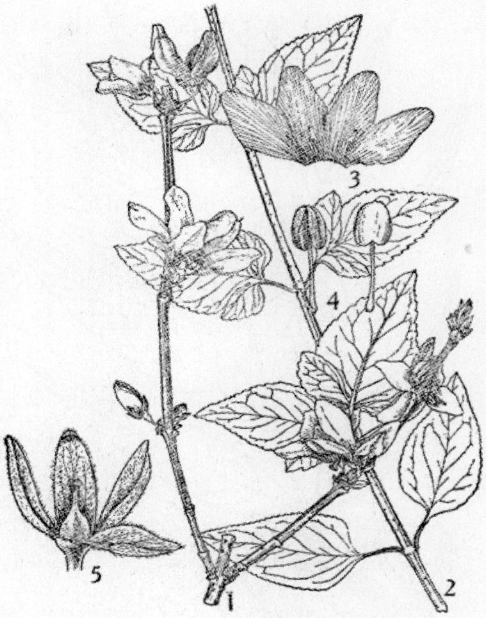

图 771　连翘

Forsythia suspensa（Thunb.）Vahl

1. 花枝；2. 叶枝；3. 花冠展开示雄蕊；4. 雄蕊；5. 花萼和雌蕊。（自“江苏南部种子植物手册”）

355 小叶白蜡树（xiaoye-bailashu）

［学　　名］　**Fraxinus bungeana** DC.　木犀科

（地方名、形态特征、生长环境、产地及其他用途见“药用类”，1858 页）

［用　　途］　种子油作肥皂用。

［理化性质］　种子含油量 15.8%。

［采收处理］　果实成熟时采下果序晒干，打出种子，除去杂质，得纯净种子，即可备用。

356 水曲柳（shuiquliu）（图 772）

［地 方 名］　曲柳（东北）

［学　　名］　**Fraxinus mandshurica** Rupr.　木犀科

［原 料 名］　水曲柳籽（东北）

［形态特征］　落叶大乔木，高达 30 米；树皮灰褐色，浅裂；小枝对生，近四棱形，淡绿灰色；芽褐黑色，鳞片边缘有褐黄色茸毛。奇数羽状复叶对生，**有小叶 7～13；**

小叶卵状长圆形至椭圆状披针形，顶端小叶特大，长 16 厘米以上，下部小叶小，长 5～6 厘米，基部楔形或阔楔形，两边常不等大，先端长渐尖，边缘有锐锯齿，表面暗绿色，无毛或疏生硬毛，**背面脉上密生黄褐色茸毛**，叶基尤显；**叶柄具狭翼**，并有沟槽。花单性，**雌雄异株**；圆锥花序腋生；花序轴具狭翅；花小，**无花被**；雄花有雄蕊 2；雌花子房 1，柱头 2 裂，具不发育雄蕊 2。翅果**长圆状披针形**，长 3～4 厘米，略扁平，**扭曲**。花期 5～6 月，果期 9 月。

图 772　水曲柳
Fraxinus mandshurica Rupr.
果枝

［生长环境］　山地林间或山坡地的湿润肥沃土壤及山溪旁。

［产　　地］　黑龙江、吉林、辽宁、河北及内蒙古（东部）等省区重要树种。

［用　　途］　种子油可供制肥皂用。

木材用途大，可供建筑、飞机、火车、船舰、仪器、家具、枕木、枪托、胶合板等用。

［理化性质］　据“东北资源植物手册”：种子含油量 24.38%。

［采收处理］　果熟时采收，采后晒干，去翅及杂质后即可榨油。

［其　　他］　可用播种或萌芽更新繁殖：如播种，必须将种子进行露天埋藏法或促芽法处理，否则播种后当年不能发芽。

357 大叶梣（dayechen）（图 773）

［地 方 名］　花曲柳、蜡树（东北），大叶苦枥（河北），大叶白蜡树（山西）。

［学　　名］　**Fraxinus rhynchophylla** Hance.［*F. chinensis* var. *rhynchophylla* (Hce.) Hemsl.］　木犀科

［原 料 名］　花曲柳籽

［形态特征］　落叶小乔木，高 8～15 米；树皮灰褐色或暗灰色；枝暗灰色，皮孔散生；芽密被黄褐色茸毛。奇数羽状复叶对生，小叶 3～7，**阔卵形或椭圆状倒卵形**，长 4～12 厘米，宽 3.5～7 厘米，基部楔形或阔楔形，或叶基下延，微呈翼状或与叶柄结合，

先端渐尖，边缘有浅而粗的钝锯齿或近波状锯齿，表面无毛，背面叶脉上有褐色柔毛；**小叶柄基部膨大，有褐黄色柔毛**。圆锥花序顶生或腋生；**花两性**，无花冠，花萼 4 裂：阔钟形或杯形；雄蕊 2，子房 2 室。翅果**倒披针形**，长约 3 厘米，宽约 3～5 毫米，翅稍长于果，皆扁平。花期 5～6 月，果期 8～9 月。

［生长环境］　生于山坡阔叶林或杂木林中。

［产　　地］　吉林、辽宁、河北、山西、山东、河南、陕西、江苏、江西、湖北、四川、贵州、广东、广西等省区。

［用　　途］　种子油供制肥皂用。木材供建筑、制车辆、农具等用。枝条韧性强，耐磨、是最好的编织原料。杆皮及枝皮（秦皮）为健胃收敛药。树皮还含有皂素，可研究利用。

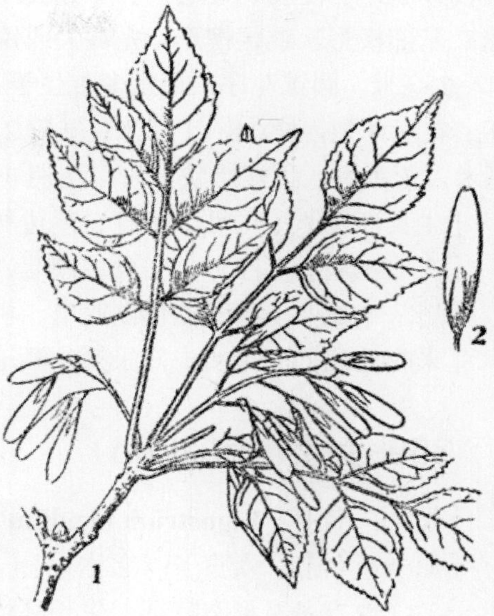

图 773　大叶梣
Fraxinus rhynchophylla Hance.
1．果枝；2．果。（自“河北习见树木图说”）

［理化性质］　据吉林省资料：种子含油量 15.8%。

［采收处理］　果实成熟时采收晒干，去翅及杂质后，即可榨油。

［其　　他］　春季播种育苗。

图 774　蜡子树
Ligustrum acutissimum Koehne
植株

358 蜡子树（lazishu）（图 774）

［地 方 名］　水白蜡（四川），黄家榆（河南）。

［学　　名］　**Ligustrum acutissimum** Koehne　木犀科

［形态特征］　落叶灌木，高达 2～3

米；枝开展，小枝被短柔毛。单叶对生，具柄，椭圆状或卵状长圆形至披针形，长1～7厘米，基部楔形，或阔楔形，先端尖或锐尖，背面有短柔毛，或仅中脉有短柔毛；叶柄长1～2毫米。圆锥花序，通常多数生于小枝上，下垂，长2～5厘米；萼4齿裂，有短柔毛；花冠4裂，长0.8～1厘米；雄蕊2，花药长达花冠裂片中部。核果近球形，长8～9毫米，蓝黑色，稍被蜡状白粉。花期6月，果期9～10月。

［生长环境］　山坡、山谷、溪边林下或路旁。

［产　　地］　江苏、安徽、湖北、湖南、山东、四川、云南、福建、台湾等省。

［用　　途］　种子油供制肥皂、机械润滑油用。

［采收处理］　果实成熟采摘，晒干，除去枝叶、杂质，即可榨油。

359 女贞（nüzhen）

［学　　名］　**Ligustrum lucidum** Ait.　木犀科

［原 料 名］　女贞子（通称）

（地方名、形态特征、生长环境、产地及其他用途见“其他类”，2093页）

［用　　途］　种子油可制肥皂和润滑油用。

［理化性质］　据湖南省资料：种子含油量10～15%，出油率7.14%。油属不干性油；油的比重（25℃）0.9292，折射率（25℃）1.4642；碱化值239.5，碘值86.9，酸值26.80。

［采收处理］　冬季果实成熟呈蓝黑色时采下，及时用石臼舂去外皮，或装在筐篓内在流水处淘去外皮，晒干，存通风干燥处，防止霉坏。

［加　　工］　将晒干的果核碾碎成粉，过筛后放入甑内蒸至上层烫手为止，取出制饼，再放入油槽内上榨。具体操作工序参阅总论压榨法。

［其　　他］　本植物用种子繁殖，生长甚快；春秋两季采用扦插法，亦易成活。“湖南野生植物”（1958年）189页载女贞的学名为Ligustrum japonicum Thunb.，恐系本种之误。

360 小蜡树（xiaolashu）（图249）

［学　　名］　**Ligustrum sinense** Lour.　木犀科

（地方名、形态特征、生长环境、产地及其他用途见“纤维类”，289页）

［用　　途］　种子含脂肪油，属不干性油，供制肥皂。

［采收处理］　果实成熟呈黑紫色时采收，晒干即可。

361 齐墩果（qidunguo）（图775）

［学　　名］　**Olea europaea** L.　木犀科

［形态特征］ 常绿小乔木，高 5～7 米；枝近于圆筒形，无刺。单叶对生，椭圆形、长椭圆形或披针形，长 2.7～8 厘米，表面暗绿色，背面密被有银白色鳞片。圆锥花序腋生，较叶为短；萼短小，4 齿裂；花冠短，4 裂几达中部；雄蕊 2；子房 2 室，每室有胚珠 2 颗；核果近于球形或长椭圆形，长 1.5～4 厘米，内果皮硬，成熟时黑色有光泽；种子一颗，胚乳肉质，含有油分，胚直。

［生长环境］ 为热带和温带的栽培作物。

［产　　地］ 原产欧洲南部地中海一带。台湾、云南等省亦有栽培。

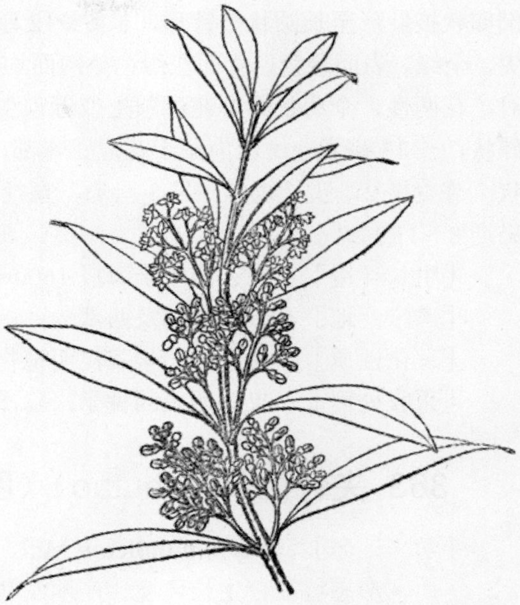

图 775 齐墩果
Olea europaea L.
花枝

［用　　途］ 果实油供食用、药用，通称“橄榄油”，又名“阿列布油”，为制造外科用软膏及硬膏原料，应大力推广种植。

［理化性质］ 核果含油量 38.11～73.95%。油的比重（20℃）0.9137～0.9200，折射率 1.4635～1.4731；碱化值 187～196，碘值 78～88。

［采收处理］ 待果实成熟后采集，除去果肉，洗净果核备用。

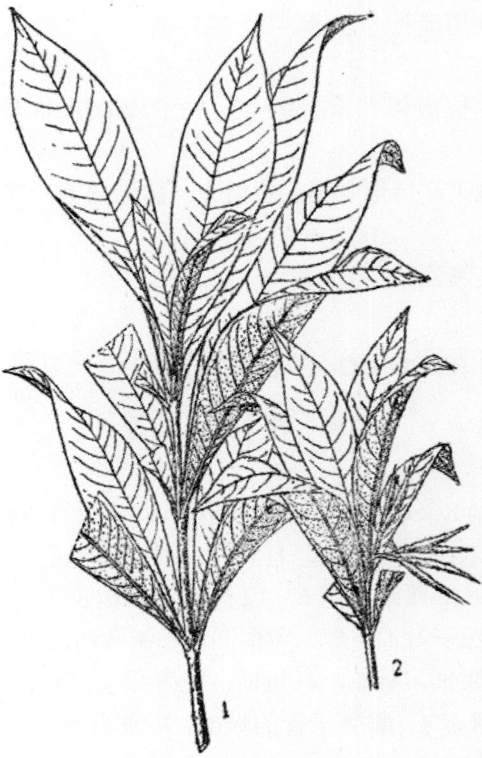

图 776 鸡骨常山
Alstonia yunnanensis Diels
1. 叶枝；2. 果枝。

362 鸡骨常山（jiguchang-shan）（图 776）

［学　　名］ **Alstonia yunnanensis** Diels 夹竹桃科

[形态特征] 直立灌木，高达3米；茎灰褐色。单叶3～5轮生，无柄，薄纸质，倒卵状披针形至长圆状披针形，长5～12厘米，宽1～3厘米，基部狭楔形，先端长渐尖，全缘，表面绿色，背面灰绿色，两面均被极稀疏短柔毛，在脉上较密，侧脉17～22对。花两性，伞房状聚伞花序顶生或近顶生；花粉红色，芳香；萼短，5裂；花冠高脚碟状，长13毫米；雄蕊内藏于花冠管喉部，不伸出；心皮2，分离，胚珠多数，花柱线状。蓇葖果2，狭长线形，长3厘米，直径4毫米；种子具有极短缘毛。花期3～6月，果期8～11月。

[生长环境] 在云南生于海拔1600～2400米山坡、溪边、润湿地。

[产　　地] 云南中部及西部

[理化性质] 据中国科学院昆明植物研究所资料：种子含油量18%。

[采收处理] 果熟期采回种子，除净杂质，晒干备用。

363 夹竹桃（jiazhutao）（图253）

[学　　名] **Nerium indicum** Mill. 夹竹桃科

（形态特征、生长环境、产地及其他用途见“纤维类”，293页）

[用　　途] 种子油供制润滑油用。

[理化性质] 据林业部教育司编“野生植物利用参考资料”：种子含油量58.5%，出油率47%。

[采收处理] 果熟时采收，放日光下晒干，待果开裂，去果壳，搓除白毛，取出种子储备加工。

[其　　他] 繁殖一般多采用扦插及压条法。

364 黄花夹竹桃（huanghuajiazhutao）（图777）

[地 方 名] 酒杯花、竹驼子（广东海南），台湾柳、柳木子、相等子、大飞酸子（广东）。

[学　　名] **Thevetia peruviana** (Pers.) K. Schum (*T. neriifolia* Juss.) 夹竹桃科

[形态特征] 常绿直立灌木，高2～5米；各部无毛，有乳汁；树皮棕褐色，平滑。单叶互生，无柄，近革质，线形，长10～15厘米，宽6～12毫米，两端长尖，全缘，稍背卷，表面深绿而光亮，背面淡绿，中脉于叶面下陷，背面凸起，侧脉两面不显。花两性，单生或数朵排成聚伞花序，长5～7厘米，黄花，具短梗；花萼绿色，萼齿5，长7～9毫米；花冠漏斗状，花管短于裂片；雄蕊5，着生于管的喉部，喉部有被毛鳞片5；花盘分裂；子房2裂，2室。核果扁三角状球形，直径3～4厘米，内果皮硬，2室，有种子2～4。花期6～12月。

[生长环境] 生于气候干热地区，土壤较湿润而肥沃的地方生长更好，耐旱力强，亦稍耐轻霜。

［产　　地］ 福建、台湾、云南、广东，广西等省区。

［用　　途］ 种子油有毒，可供制肥皂、杀虫剂和鞣革用油。榨油后的油粕，可作肥料。

种子坚硬，长圆形，据载西印度有用为小饰物，如耳珰、表链等的镶嵌物。叶常绿，花色鲜黄，且花期特长，是一种很好的观赏植物。

［理化性质］ 据广东省商业厅资料：果核壳重 83.84%，种子重 16.16%，水分 5.31%。果核含油量 7.23%，种子含油量 44.80%。油为不干性油，米黄色；碱化值 203.15，碘值 78.08，酸值 11.95。

［采收处理］ 果熟时采收，除去外皮，将果核晒干，以供榨油。

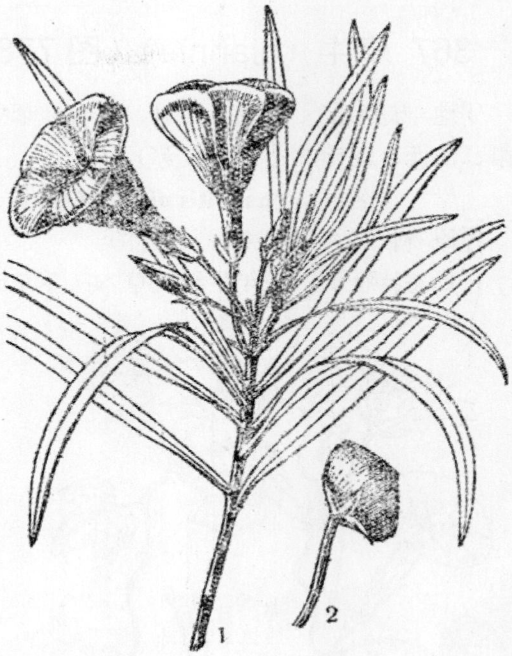

图 777　黄花夹竹桃
Thevetia peruviana（Pers.）K. Schum.
1. 花枝；2. 果。

365 杠柳（gangliu）（图 262）

［学　　名］ **Periploca sepium** Bge.　萝藦科

（地方名、形态特征、生长环境、产地及其他用途见“纤维类”，302 页）

［用　　途］ 种子油供制肥皂或作润滑油。

［理化性质］ 据中国科学院林业土壤研究所资料：种子含油量 10%。

［采收处理］ 秋季种子成熟时采摘，晒干，放通风干燥处，以防霉坏。

366 君迁子（junqianzi）（图 497）

［学　　名］ **Diospyros lotus** L.　柿树科

［原 料 名］ 黑枣籽（山西）

（地方名、形态特征、生长环境、产地及其他用途见“淀粉及糖类”，598 页）

［用　　途］ 种子油可制肥皂。

［理化性质］ 据山西省资料：种子含油量 20～25%。

［采收处理］ 果实成熟时采收，采后可先熬糖或酿酒、制醋（较生者则可先做柿漆），将剩下的种子洗净，晒干，进行榨油。

367 牵牛（qianniu）（图 778）

［地 方 名］ 黑丑、白丑、二丑、牵牛郎、喇叭花子（江苏），牵牛花（陕西、甘肃、山西、河南、山东、江苏）。

［学　　名］ **Pharbitis nil** (L.) Choisy 旋花科

［原 料 名］ 牵牛籽（通称）

［形态特征］ 一年生缠绕草本；茎左旋，长 2 米以上，被倒生短毛。单叶互生，具长柄，叶片通常 3 裂；基部心形，先端长尖，中裂片长卵圆形，基部不收缩，侧裂片底部阔圆，两面均被毛；叶柄常长过花梗。花 1～3 腋生，具总梗；具苞叶 2；萼 5 深裂，裂片线状披针形，先端长尖，基部被长毛；花冠漏斗状，蓝色、淡紫色或白色，早晨开放，日中即萎；雄蕊 5，不等长，花丝基部有毛；雌蕊无毛，柱头头状，3 裂。蒴果球形，有宿存花萼，3 室，每室有种子 2；种子球形，棕黑色（黑丑）或黄白色（白丑），长 4～8 毫米，宽 3～5 毫米。花期 7～8 月，果期 9～10 月。

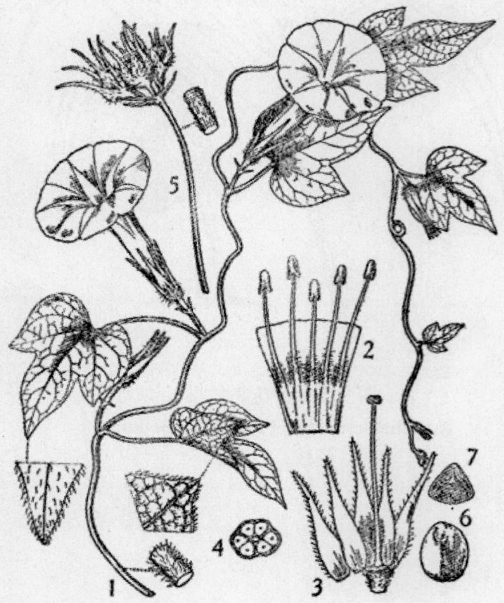

图 778 牵牛

Pharbitis nil（L.）Choisy

1. 植株的一部分；2. 花冠一段展开示雄蕊；3. 萼片展开示雌蕊；4. 子房横剖面；5. 花序；6. 种子；7. 种子横切面。（自“江苏南部种子植物手册”）

［生长环境］ 生于山野灌丛中、墙脚下、路旁等地，也有栽培的。

［产　　地］ 辽宁、吉林、黑龙江、河北、山东、山西、河南、陕西、甘肃、湖北、湖南、江苏、浙江、台湾、广东、广西、贵州、四川等省区。

［用　　途］ 种子油可作润滑油或制肥皂；此外，种子还可供药用（见“药用类”1876 页）。

［理化性质］ 据中国科学院南京中山植物园资料：种子含油量 11%，蛋白质 22.13%，碳水化合物 44.44%，树脂性甙（名牵牛甙）约 2%。油淡棕黄色，无特殊的气味，为半干性油；主要成分为油酸、软脂酸、硬脂酸。

［采收处理］ 9～10 月采收成熟的果实，晒干去壳后备用。

368 圆叶牵牛（yuanyeqianniu）

［地 方 名］ 二丑（云南、河南），黑丑、白丑（河南、河北），牵牛花（山西）。

［学　　名］ **Pharbitis purpurea** L. (*Pharbitis hispida* Choisy)　旋花科

［形态特征］ 一年生缠绕草本；全株具毛。单叶互生，具柄；阔心形，长 7～12 厘米，宽 7～13 厘米。基部心形，先端短尖，全缘。花单生或 1～5 花成簇腋生，花梗多与叶柄等长；花萼基部合生，5 深裂，裂片卵状披针形，长约 1.5 厘米，其中较阔者 3，较窄者 2，基部皆被伏刺毛；花冠漏斗状，长约 5 厘米，边缘 5 浅裂，通常为蓝紫、粉红或白色，花冠管下部色较浅，近于白色；雄蕊 5，贴生于花冠基部；长不及花冠之半，花药长圆形，花丝细，基部有毛；雌蕊比雄蕊稍长，柱头三浅裂，子房 3 室。蒴果球形，为宿存花萼所包被，每室有种子 3；种子卵状有棱，黑色或黄白色，光滑无毛。花期 7～8 月，果期 9～10 月。

［生长环境］ 多生于路旁、田间、墙脚下或灌木丛中；适应性很强。

［产　　地］ 辽宁、吉林、黑龙江、河北、河南、山西、陕西、青海、新疆、江苏、四川、云南等省区。

［用　　途］ 种子油用以制皂或作机械润滑油。

种子入药，有利尿、驱杀寄生虫、治消化不良等效。

［理化性质］ 据上海食品工业科学研究所资料：种子含油量 18.5%，灰分 4.79%，粗纤维 10.14%。蛋白质 22.13%，非氮物质 44.44%。油为半干性油；比重（20℃）0.9260，折射率（20℃）1.4734，粘度（安格拉氏秒 20℃）30.9″；碱化值 192.3，碘值（韦氏法）105.5，酸值 1.9，不碱化物 3.3%，乙酰值 9.4。

［采收处理］ 果实成熟时，连藤割下，打下种子，清除杂质，晒干，装入麻袋，置通风干燥处贮藏备用。

369 东北鹤虱（dongbeiheshi）（图 1445）

［学　　名］ **Lappula echinata** Gilib. var. **heteracantha** O. Ktze　紫草科

（地方名、形态特征、生长环境、产地及其他用途见“药用类”，1877 页）

［用　　途］ 种子油供制肥皂和油漆。

［理化性质］ 据东北资料：种子含油量 19.48%。

［采收处理］ 7～8 月间果实成熟后，割取全草，晒干，以木棒打落果实，簸净杂质即可。

370 牡荆（mujing）（图 779）

［地 方 名］ 黄荆（四川、浙江、湖北），黄荆条（四川、湖北），龙钟（浙江）。

［学　　名］ **Vitex cannabifolia** Sieb. et Zucc.　马鞭草科

［形态特征］ 落叶灌木，高 1.5～2.5 米；树皮褐色；枝叶有香味，小枝方形，绿色，密被细毛，老枝圆形，褐色。掌状复叶对生，通常为 5 小叶，在枝的顶端间或有 3

小叶；中间 3 小叶阔披针形，长 6～9 厘米，宽 2～3 厘米，基部楔形，先端长尖，边缘具粗锯齿或全缘而稍呈波状，两侧小叶卵形，长约为中间小叶的 1/4 或 1/2，全缘或具锯齿，两面绿色并有细微油点，两面沿脉有细短毛，嫩叶背面毛较密；柄长 1～10 毫米，总柄长 10 毫米。圆锥花序顶生，长达 30 厘米，密被粉状细毛；小苞线形，有毛，着生于花梗基部；花梗短；萼钟状，花冠淡黄紫色，上唇 2 裂，下唇 3 裂；雄蕊 4，伸出花管，子房小，柱头 2 裂。核果直径约 3 毫米，黑褐色，包于宿存的萼内。花期 7～8 月，果期 9～10 月。

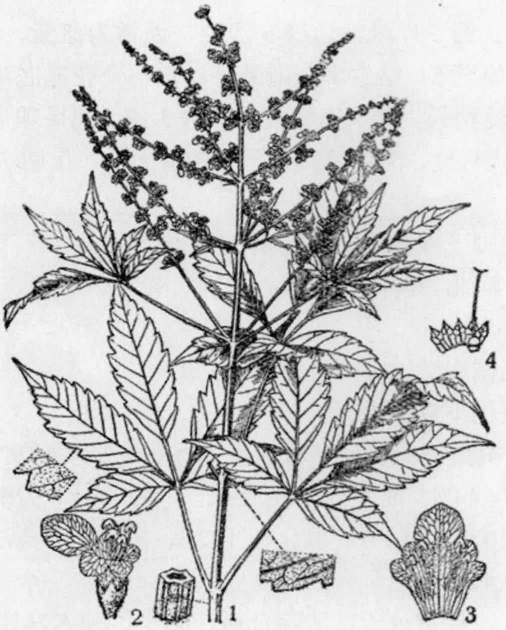

图 779 牡荆

Vitex cannabifolia Sieb. et Zucc.

1．花枝；2．花；3．花冠剖开，示雄蕊；4．花萼剖开，示雌蕊。（自“江苏南部种子植物手册”）

［生长环境］ 生长于向阳地、山坡草坪上或低山谷中。

［产 地］ 江苏、山东、浙江、江西、福建、湖北、四川、贵州等省。

［用 途］ 种子油供制肥皂。嫩叶和种子供药用，作通经利尿剂。全株可提取芳香油（见“芳香油类”1436 页）。

［理化性质］ 据山东省资料：种子含油量 16%。油的比重 0.9205，折射率 1.4974，旋光度－9° 27′。

［采收处理］ 待果实成熟时，连同果序割下，晒干，用木棒打落果实，扬净枝叶和杂质，即可加工。

371 荆条（jingtiao）（图 780）

［地 方 名］ 荆梢子、黑谷子（辽宁），黄荆子（山西）。

［学 名］ **Vitex chinensis** Mill. 马鞭草科

［原 料 名］ 荆条籽（东北）

［形态特征］ 落叶灌木，高 1.5～2.5 米，有香气；树皮灰褐色；小枝 4 棱形，棕褐色，密被白色短柔毛。掌状复叶对生，小叶 5，有时 3，先端小叶柄最长，可达 1.7 厘米，小叶长椭圆形，中间者最大，两侧渐小，长 3～10 厘米，基部楔形，先端长尖，边缘成羽状深裂，表面深绿色，背面灰绿色，密被白色短茸毛；总叶柄长 1.5～6 厘米。圆锥花序顶生或腋生，由成对的聚伞花序所组成，总花梗长 2～3 厘米；苞片叶状，5 深裂；小苞极小，长约 1 毫米；花萼钟形，灰白色，外被灰白色短茸毛，长约 2 毫米，

先端5裂；花冠紫色，长5～6毫米，外面被短柔毛，内面被长柔毛，花冠上部5裂，裂片唇形，上唇2裂，较小，下唇3裂，中裂较大，边缘微皱；雄蕊4，高出花冠；雌蕊1，子房球形，柱头2裂。核果球形，长约2毫米，褐色，基部常为宿存的花萼包围。花期6～8月，果期9～10月。

［生长环境］　性耐旱，耐贫瘠土壤，常见于干旱瘠薄的山坡沟旁、路旁及荒地上，海拔1000米以下的地区均有分布。

［产　　地］　辽宁、吉林、黑龙江、四川、陕西、山西、河北、河南等省。

［用　　途］　种子油可制肥皂及作工业油用。

其他用途同黄荆（Viex negundo L.）（参阅本页）。

［理化性质］　据中国科学院林业土壤研究所资料：种子含油量16.41%。又据中国科学院植物研究所资料：油的碱化值133.74，碘值85.1，酸值0.1768，酯值133.57。

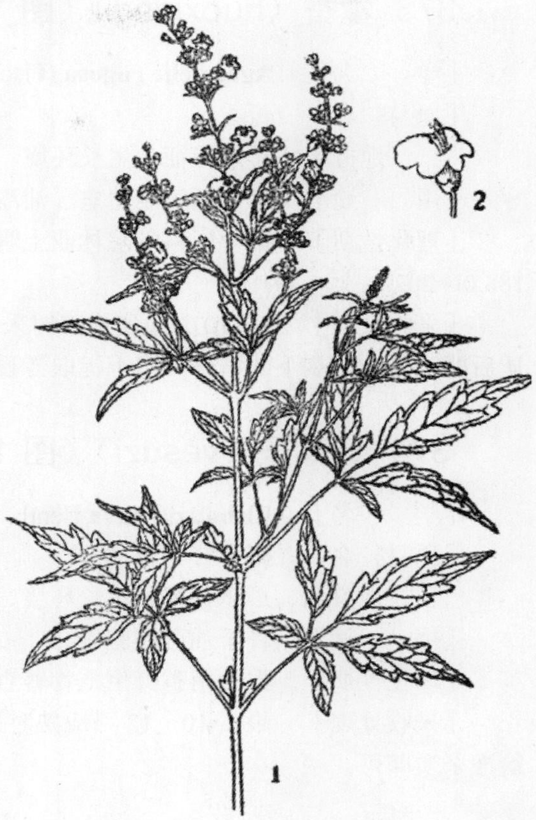

图780　荆条
Vitex chinensis Mill.
1．花枝；2．花。

［采收处理］　果实成熟时，采摘果穗晒干，打下种子，除尽杂质备用。

［其　　他］　本种与黄荆（*V. negundo* L.）极相似，主要区别是黄荆的小叶边缘全缘或有稀疏缺刻，不呈羽状深裂。群众常将两种混合使用。

372 黄荆（huangjing）（图1140）

［学　　名］　**Viex negundo** L.　马鞭草科

（地方名、形态特征、生长环境、产地及其他用途见“芳香油类”，1436页）

［用　　途］　种子油可制肥皂。

［理化性质］　据河南省资料：种子含油量20%。油的折射率（20℃）1.4872；碱化值108.5，酯值113。

［采收处理］　果实完全成熟时，摘下果穗，打下种子，晒干扬净杂质，储存备用。

373 藿香（huoxiang）（图 1451）

［学　　名］ **Agastache rugosa** (Fisch. et Mey.) O. Ktze.　唇形科

［原 料 名］ 藿香籽

（地方名、形态特征、生长环境、产地及其他用途见“药用类”，1884 页）

［用　　途］ 种子油可制肥皂、油漆及其他工业用。

［理化性质］ 据中国科学院林业土壤研究所资料：种子含油量 25.38%，碘值 188.0～202.8。

［采收处理］ 9～10 月果实成熟时采收，将全株割下，晒干，打落果实，清除杂质后即可榨油，剩下的植株可用于提取芳香油。

374 野苏子（yesuzi）（图 1146）

［学　　名］ **Elsholtzia flava** Benth.　唇形科

［原 料 名］ 野苏籽（通称）

（地方名、形态特征、生长环境、产地及其他用途见“芳香油类”，1443 页）

［用　　途］ 种子油可制肥皂。

［理化性质］ 据云南省野生植物普查队野外粗分析：种子含油量 36%。

［采收处理］ 果实 10～12 月成熟时采收，割取全草，晒干，用木棒打落果实，簸净杂质即可。

375 香薷（xiangru）（图 1150）

［学　　名］ **Elsholtzia patrini** (Lepech.) Garcke　唇形科

［原 料 名］ 山苏子

（地方名、形态特征、生长环境、产地及其他用途见“芳香油类”，1446 页）

［用　　途］ 种子油可制肥皂。

［理化性质］ 据山西省资料：种子含油量 38～42%。油的比重（15℃）0.9365，折射率 1.965～2.086；碱化值 192～196，酸值 1.7～4.3。

［采收处理］ 9～10 月果实成熟时采收，割下全株，晒干，打下种子，清除杂质后放通风干燥处，防止霉烂变质。

［加　　工］ 参阅总论压榨法，但香薷籽粒小，不易粉碎，加工时，必须用齿密边宽石磨或石碾粉碎均匀，以免影响出油率。

376 益母草（yimucao）（图 1454）

［学　　名］ **Leonurus sibiricus** L.　唇形科

［原 料 名］　益母蒿籽

（地方名、形态特征、生长环境、产地及其他用途见“药用类”，1887 页）

［用　　途］　种子油可作润滑油和其他工业用油。

［理化性质］　据中国科学院林业土壤研究所资料：种子含油量 30.86%。

［采收处理］　8～9 月果熟时，割下全株，晒干，将果实打下，去掉杂质，即可榨油。

377 白苏（baisu）（图 1165）

［学　　名］　**Perilla frutescens** (L.) Britt.　唇形科

［原 料 名］　白苏子

（地方名、形态特征、生长环境、产地及其他用途见“芳香油类”，1462 页）

［用　　途］　种子油可供食用或作涂料。

［理化性质］　据云南省资料：种子出油率 45%。油属干性油；油的比重（15℃）0.930～0.937，折射率（25℃）1.480～1.482，碱化值 188～197，碘值 200，酸值 1～6。

［采收处理］　10～12 月果实成熟时采摘果穗，晒干，打下种子，清除杂质，即可榨油。

378 紫苏（zisu）（图 l456）

［学　　名］　**Perilla frutescens** (L.) Britt. var. **crispa** (Thunb.) Decne.　唇形科

［原 料 名］　苏子（江苏）

（地方名、形态特征、生长环境、产地及其他用途见“药用类”，1890 页）

［用　　途］　据江苏省资料：种子油干燥性能与桐油相近，油膜坚韧而有弹性，可为造漆原料，涂在金属和木材表面，不易开裂；油还具有防腐作用，可作为酱油的防腐剂。据广东省资料：紫苏油可食用，亦可用作制上等肥皂、油墨等的原料。榨油后的油粕是牲畜的好饲料。

［理化性质］　据上海食品工业科学研究所资料：种子含油量 45.30%，灰分 4.53%，粗纤维 19.74%，蛋白质 21.05%，非氮物质 9.65%。油属干性油，油色棕黄；油的比重（20℃）0.9278，折射率（20℃）1.4877，粘度（安格拉氏秒 20℃）6′9″，脂酸凝固点 13.2℃；碱化值 193.7，碘值（韦氏法）183.9，酸值 2.3，不碱化物 1.22%，乙酰值 2.50，可溶性脂肪酸 1.64%，不溶性脂肪酸 93.9%。

［采收处理］　9～10 月间果实成熟时，采取果穗放日光下晒干，干后打落种子，除去杂物以供榨油。

［其　　他］　白苏［Perilla frutescens（L.）Britt.］与紫苏很相似，仅叶全为绿色，植物体被毛较密，尤以萼管部分为甚；香气亦次于紫苏。据“江苏野生植物志”记载，用途与紫苏相同。

379 糙苏（caosu）（图 781）

［学　　名］ **Phlomis umbrosa** Turcz.　唇形科

［原 料 名］ 山苏子

［形态特征］ 多年生草本，高 80～100 厘米；根长，红褐色；茎直立，四方形，褐色。单叶对生，叶片阔卵圆形，长 5～10 厘米，宽 4～8 厘米，基部心形，先端短尖，边缘具粗锯齿，表面茸毛较多；叶柄长 2～6 厘米。花序着生于两片苞状叶片的叶腋内，其外边有一轮披针形或狭披针形的苞片；萼筒长 1 厘米，先端有 5 个刺状齿；花冠 2 唇形，花冠筒稍长于萼筒，喉部之上密布多数具关节的白色茸毛或星状毛，上唇 2 裂，拱曲，下唇 3 裂，外面密生茸毛，内面红色，光滑无毛；雄蕊 4，着生于花冠管上，其中一对的基部有一附属物；子房 2，合生，花柱单一，柱头 2 裂；小坚果卵圆形。花期 7 月，果期 8～9 月。

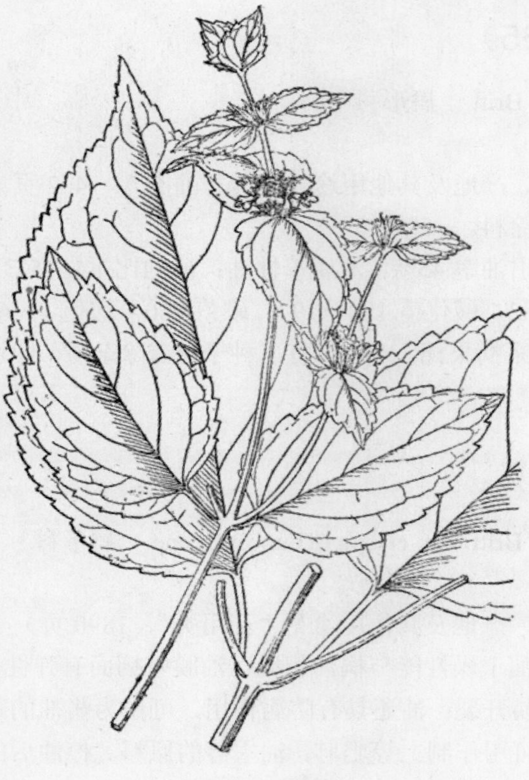

图 781　糙苏
Phlomis umbrosa Turcz.
花枝及枝条的一部分

［生长环境］ 喜生于湿润肥沃的土壤中，阔叶混交林下、林边、河岸及山谷。

［产　　地］ 辽宁、吉林、河北、山东、河南、陕西、甘肃、湖北、四川、云南、江苏、安徽、广东等省。

［用　　途］ 种子油可制肥皂及润滑油。

根供药用。

［理化性质］ 据中国科学院林业土壤研究所资料：种子含油量 20.34%。

［采收处理］ 果实成熟应及时采收，晒干后，打出种子，清除杂质备用。

380 回菜花（huicaihua）（图 782）

［地 方 名］ 山苏子、野苏子（东北）

［学　　名］ **Plectranthus glaucocalyx** Maxim.　唇形科

［原 料 名］ 山苏子

［形态特征］　多年生草本，高达1米余；茎直立，4棱，被细短毛，多分枝。单叶对生，有柄，阔卵形，长6～12厘米，宽3～7厘米，基部在中央处突然收缩成楔形，下延，先端渐尖或锐尖，边缘具粗大牙齿。圆锥花序腋生或顶生，总花梗及花梗被白色细毛；萼5裂，常带灰蓝色，有白色细毛，长2～3毫米；花冠淡紫色，二唇形，上唇向上弯，3裂，下唇稍向下伸，不裂；雄蕊4，2强；花柱伸出花冠外，柱头2裂。果实由4个小坚果组成，小坚果椭圆形，稍扁，有不明显网纹。花期8～9月，果期9～10月。

图782　回菜花

Plectranthus glaucocalyx Maxim.

1．植株中部；2．花序。

［生长环境］　林缘、杂木林内及灌丛间或山坡草地上。

［产　　地］　辽宁、吉林、黑龙江、河北、山东、山西、内蒙古、河南、安徽、江苏等省区。

［用　　途］　种子油可作工业机械润滑油。

叶含鞣质，可提制栲胶（见“鞣料类”，1242页）。

［理化性质］　据吉林省资料：果实含油量31.7%。

［采收处理］　9～10月果实成熟时采收，用刀割下全株，打下果实，晒干后即可榨油。果实采下后，须及时晾晒，注意保管，防止霉烂变质。

［加　　工］　先将籽粉碎，然后上锅蒸料约10分钟，直至料熟成粘糊状为止，将蒸好的料放于定型的容器内，压紧压匀，然后入榨，榨至不出油为止。

［其　　他］　本种籽粒细小，不易粉碎，碎料时应注意使其充分粉碎，以免影响出油率。

本属尚有尾叶香菜（Plectranthus excisus Maxim.）与本种极相似，区别点为其叶顶具长尾状裂片，用途与本种略同。

381 鼠尾草（shuweicao）（图 783）

［学　　名］ **Salvia plebeia** R. Br.　唇形科

［形态特征］ 二年生直立草本，高 15～90 厘米，多分枝；茎方形，有槽，被有短柔毛。叶长圆形或披针形，长 8～25 厘米，宽 2～6 厘米，基部圆形或楔形，先端钝或急尖，边缘有圆锯齿，背面有金黄色腺点，脉上有短柔毛；叶柄长 4～15 毫米。花序具 2～6 花，腋生或顶生，集成多轮的穗形总状花序；花萼钟状，长 2.7 毫米，外面有金黄色腺点，脉上有短柔毛，分 2 唇，上唇有 5 条脉纹，中间的 3 条脉纹粗大而明显，沿脉纹外面有龙骨状突起，下唇有 2 齿和 6 条脉纹；花冠紫色，长 4～5 毫米，冠筒内面基部有毛环，上唇长圆形，左右折合，长 1.8 毫米，先端有凹口，外面被有短柔毛，下唇长 1.7 毫米，有 3 裂片，中裂片倒心形，侧裂片近于半圆形；雄蕊着生于下唇基部，伸出于冠筒外而盖于上唇之下，花药 1 室；花盘在前边延长。小坚果倒卵圆形，褐色，有腺点。花期 5 月，果期 6～7 月。

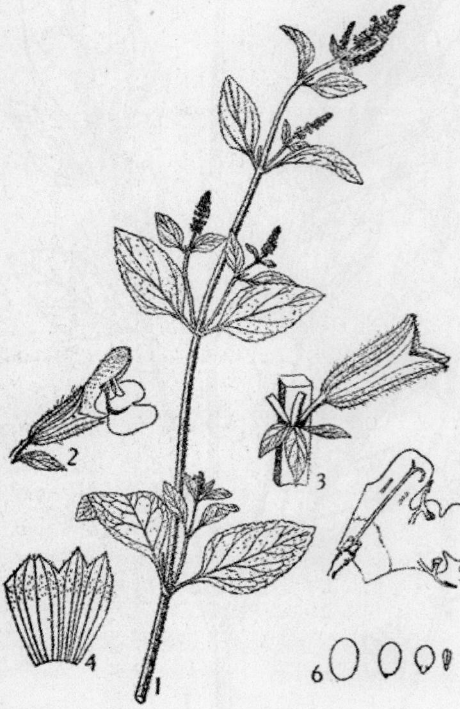

图 783　鼠尾草
Salvia plebeia R. Br.
1．茎上部；2．花和苞片；3．花萼；4．花萼剖开；
5．花冠剖开示雄蕊、雌蕊和花盘；6．小坚果和胚。
（自“江苏南部种子植物手册”）

［生长环境］ 生于河边、荒地及路边。

［产　　地］ 辽宁、吉林、河北、山东、山西、河南、安徽、江苏、浙江、江西、湖南、福建、台湾、广东、广西、湖北、陕西、四川、云南等省区。

［用　　途］ 种子油可制肥皂和油漆。

［理化性质］ 种子含油量 15%。油的碱化值 195，碘值 131。

［采收处理］ 种子成熟后，即可割取全株，晒干，打出种子，除去杂质，存放干燥处备用。

382 辣椒（lajiao）（图 784）

［地 方 名］ 鸡嘴椒（广东）

［学　　名］ **Capsicum frutescens** L. (*C. annuum* L.) 茄科

［原 料 名］ 辣椒子（通称）

［形态特征］ 灌木，高 0.8～1.5 米。但在北方则常成一年生草本。单叶互生，具柄，卵形、长圆状卵形或卵状披针形，长 3～10 厘米，基部狭成长柄，先端渐尖。花单生或数朵生于叶腋内，具柄，白色；萼小，杯形，有 5 个小齿；花冠轮状，5 裂；雄蕊 5，着生于冠管的近基部，花药纵裂。果属浆果，内部有空腔，在野生植株中直立，小而圆锥状卵形，在栽培品种中变异甚大，熟时通常红色，有辛辣味。花期 4～9 月，果期 5～10 月。

［生长环境］ 为栽培植物。

［产　　地］ 全国各地均有栽培，在云南和广东海南山野间有野生，想是由栽培种逸出的。

［用　　途］ 种子油供食用。

果作调味品，生熟食或晒干研为粉末加于食物内均可。果入药，有驱虫、发汗和促进食欲之功；外用作皮肤发赤剂、生发水等。

［理化性质］ 据上海食品工业科学研究所资料：种子含油量 24.96%，灰分 3.49%，粗纤维 24.69%，蛋白质 17.52%，非氮物质 29.34%。油的比重（20℃）0.9218，折射率（20℃）1.4744，脂酸凝固点 22℃；碱化值 197.3，碘值（韦氏法）86.1，酸值 15.3，不碱化物 1.86%，乙酰值 12.21，可溶性脂肪酸 0.31%，不溶性脂肪酸 94.3%。

图 784 辣椒

Capsicum frutescens L.

1. 茎上部；2. 花冠展开；3. 雌蕊；4. 花药。（自“江苏南部种子植物手册”）

［采收处理］ 果成熟时采集食用，注意收集种子，晒干，存干燥处，防止霉坏。

383 曼陀罗（mantuoluo）（图 1461）

［学　　名］ **Datura stramonium** L. 茄科

（地方名、形态特征、生长环境、产地及其他用途见“药用类”，1897 页）

［用　　途］ 种子油可制肥皂、掺合油漆等用。

［理化性质］ 据甘肃省资料：种子含油量21.17%，出油率15%。油的比重（15℃）0.9170～0.9130；碱化值186～202，碘值113～126。

［采收处理］ 果实成熟后采收，晒干，打出种子，存干燥处，防止霉坏。

384 天仙子（tianxianzi）（图785）

［地 方 名］ 牙痛子（青海）

［学　　名］ **Hyoscyamus niger** L.　茄科

［原 料 名］ 天仙子

［形态特征］ 一年或两年生草本，高30～70厘米；具纺锤状根；全体被有粘性腺毛，有臭气，味苦，有毒，茎有柔毛。叶互生，长圆形，长7～20厘米，边缘具不规则的波状齿或羽状缺刻。茎下部的叶有柄，上部的无柄，基部下延，抱茎。花近于无柄，直立，通常成顶生穗状花序；花萼罈状，长10～15毫米，先端5浅裂，裂片三角形，顶具尖刺，密被粘性腺毛；花冠漏斗形，长约2厘米，5裂，裂片稍不等，先端近圆形，黄绿色，具紫色脉纹；雄蕊5，不等长，着生花冠筒的中部，药纵裂，深紫色；雌蕊1，长约2厘米，子房2室，花柱线形，伸出花冠外，柱头头状。蒴果2室，盖裂或有时瓣裂，长1.2厘米，包于宿存萼内。种子多数，扁平。花期6～7月，果期8～9月。

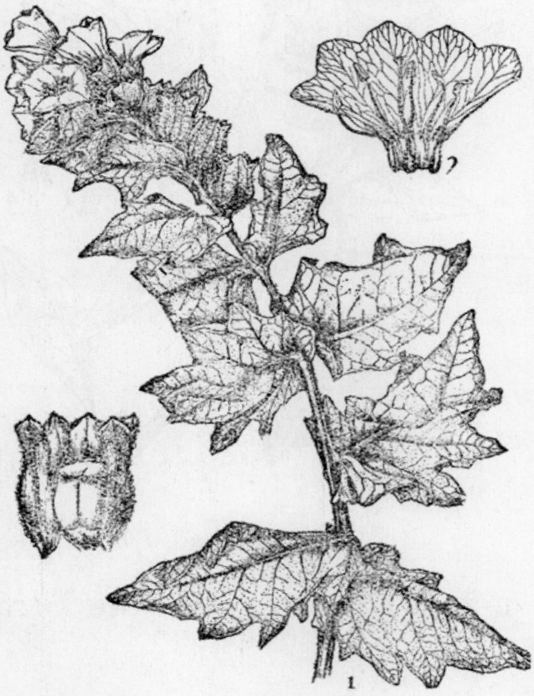

图785　天仙子

Hyoscyamus niger L.

1. 茎上部；2. 花冠剖开示雄蕊和雌蕊；3.剖开的萼和蒴果。

（自“江苏南部种子植物手册”）

［生长环境］ 村旁、宅旁荒地。

［产　　地］ 黑龙江、吉林、辽宁、内蒙古、河北、河南、陕西、甘肃、山西、山东、青海、新疆、宁夏、浙江、江西、江苏、西藏等省区均有分布。

［用　　途］ 种子油供制肥皂、油漆。种子、叶和花均供药用（见“药用类”，1898页）。

［理化性质］ 据青海省资料：种子含油量22.156%。油的比重（15℃）0.9390，

折射率（40℃）1.4702；碱化值 170.8～190.3，碘值 129.5～143.0。

［采收处理］ 有家种，亦有野生，8～9 月果实成熟后，割下或拔起全株，晒干，打下种子，簸去杂质，存干燥处，防止霉坏。

385 枸杞（gouqi）（图 1462）

［学　　名］ **Lycium chinense** Mill. 茄科

（地方名、形态特征、生长环境、产地及其他用途见“药用类”，1898 页）

［用　　途］ 种子油可制润滑油；湖南部分地区有供食用的。

［理化性质］ 果皮重 61.55%，种子重 38.45%；果皮含油量 14.63%，种子含油量 50.72%，果实合油量 19.50%，种子中灰分 4.54%，粗纤维 5.96%，蛋白质 0.86%，非氮物质 37.92%。油色深暗；比重（20℃）0.9241，折射率（20℃）1.4796，粘度（安格拉氏秒 20℃）7′31.8″，脂酸凝固点 18.9℃；碱化值 192.8，碘值（韦氏法）110.4，酸值 15.8，不碱化物 1.60%，乙酰值 16.85，可溶性脂肪酸 0.37%，不溶性脂肪酸 94.4%。

［采收处理］ 10 月果熟时摘下果实，除去果柄后晒干备用。

386 泡桐（paotong）（图 786）

［学　　名］ **Paulownia fortunei** (Seem.) Hemsl. 玄参科

［形态特征］ 落叶乔木，高可达 15 米；树皮灰褐色，平滑；小枝粗壮，褐色，光滑。叶卵形或长圆状卵形，长 10～15 厘米，基部心形，先端尖或渐尖，全缘，表面初有短星状毛，瞬即光滑，背面密生灰黄色星状茸毛，脉光滑；叶柄长 6～12 厘米，有毛。花序圆锥状；**花大，长达 10 厘米**；萼卵状钟形，5 深裂，**管部瞬即光滑**，裂片肥厚而顶端稍尖，**具宿存茸毛**；花冠紫色，在裂片近基处和管内有暗色斑点，**管长达 7 厘米**，在**新鲜时扁**

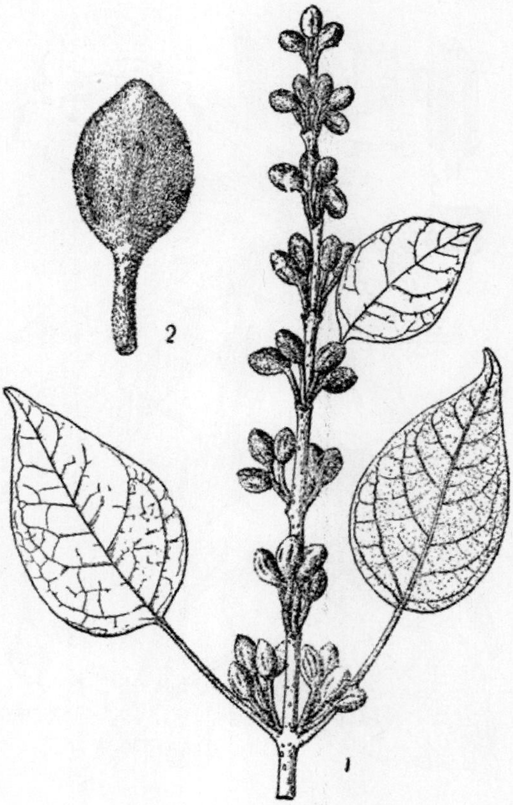

图 786 泡桐

Paulownia fortunei（Seem.）Hemsl.

1. 花蕾枝；2. 花蕾。

平，宽过于高，直径达 4 厘米，外面有星毛，**裂片几为四方形，上唇者较狭，长 13 毫米，宽 17 毫米，下唇者较宽，**端均有啮痕状齿或凹头；雄蕊 4，2 强，隐于花冠筒内部，药室相分离，不具退化雄蕊；子房 2 室，各室有无数胚珠，花柱细长，向内弯曲，顶端钝或下陷。蒴果木质，长圆形，长达 7 厘米；种子无数，扁而有翅。花期 2～3 月，果期 8～9 月。

［生长环境］ 本种多栽培，性喜肥沃土壤，生长甚速。

［产　　地］ 山东、浙江、福建、台湾、湖南、云南、贵州、广西、广东等省区。

［用　　途］ 种子油供制肥皂和其他工业用。

木材轻软，有不易传热之特性，可用为保险箱衬板，亦可作箱柜、乐器等。木材、树皮、叶、花均可供药用。

［理化性质］ 据山东省资料：种子含油量 24.23%。

［采收处理］ 果实成熟而未开裂前摘下，晒干，用木棒轻敲，蒴果裂开，收集种子以备榨油。

图 787　脂麻
Sesamum orientale L.
1. 茎上部；2. 花冠剖开；3. 雄蕊；4. 雌蕊；5. 果；6. 果的横切面示种子。（自“江苏南部种子植物手册”）

387 脂麻（zhima）（图 787）

［地 方 名］ 黑芝麻（山东）

［学　　名］ **Sesamum orientale** L. (*Sesamum indicum* DC.) 胡麻科

［原 料 名］ 芝麻（通称）

［形态特征］ 一年生草本，高达 1 米；茎直立，方形，全株被毛。单叶对生或上部叶互生，卵形、长圆形或披针形，长 3～10 厘米，上部的常为披针形，近全缘，中部的有齿缺，下部的常掌状 3 裂；叶柄长 1～5 厘米。花单生或 2～3 朵生于叶腋，具短柄；萼片 5 裂，裂片披针形，长 5～7 毫米；花冠管状，长 2.5～3 厘米，被柔毛，白色而常有紫红色或黄色的彩晕；雄蕊 4，2 强；子房 2 室。蒴果椭圆形，多 4 棱，也有 6 棱 8 棱的，直立，被毛，分裂至半或至基部；种子多数，黑色、白色或淡黄色。花期 5～9 月，

果期 7～9 月。

［生长环境］　常栽培于夏季温度较高、气候干燥、排水良好的沙壤土和壤土。低洼地、盐碱地、过沙地及排水不良的粘土地不宜种植。

［产　　地］　主产于河南、安徽、湖北等省，其次在江西、河北、山东、江苏等省也有不少的种植。

［用　　途］　芝麻种子含有丰富脂肪，芝麻油是高贵的食用油，具有特殊香味，故称“香油”，并作为机器润滑油和保护剂。精制的芝麻油还可制造人造奶油和化妆用品。榨油后的油粕含蛋白质 36%，碳水化合物 24%，是很好的精饲料；同时，油粕中约含氮素 5.9%，磷酸 3.3%，氧化钾 1.5%，所以也是好的肥料。

用黑色种子入药谓黑芝麻，为滋养强壮药，能润肠、补血、生津、通乳、长肌肉，治体衰、津液不足、贫血、便秘等症；种子又是高级点心糖果的原料。茎皮可提制人造棉，供搓绳及织麻袋（见“纤维类”，305 页）。

［理化性质］　根据芝麻种子皮色不同，分为白芝麻、黄芝麻和黑芝麻，其化学成分见下表：

芝麻种类	水　分(%)	含油量（%）	蛋白质（%）	粗纤维（%）	糖　类(%)	灰　分(%)
黄芝麻	5.25	56.75	17.49	8.40	6.04	4.07
白芝麻	5.42	52.75	22.69	7.57	6.30	5.25
黑芝麻	6.50	51.40	21.77	6.44	8.44	5.45

芝麻油的主要成分为油酸 48%和亚麻酸 37%，其他成分为硬脂酸和软脂酸，其中还含有抗氧物质——维生素 E 和麻油酚（中国人民大学商品学教研室编：商品学上册，1957 年）。

［采收处理］　当中、下部的蒴果呈现褐色，上部蒴果呈现黄色的时候，就可进行收获。收获过晚，下部蒴果就易爆裂、抛撒，损失种子。收获最好在早晨或上午进行。对收割后的植株，可捆成小把，曝晒 3～5 天，让种子完成后熟作用，再行脱粒，一次脱不净，可再晒再脱，将脱出之种子晒干，除净杂质，贮干燥处。

［加　　工］　种子出油率 45～55%。可由下列步骤进行加工：（1）筛选：筛去杆、叶等杂质；（2）漂洗：将芝麻放入水中漂洗，除去灰尘，并使种子内外潮湿，避免炒籽时内外不匀，里生外熟；（3）炒籽：炒籽为芝麻加工工序中的重要关键，开始时火力要强，至末后时火力宜弱，否则难以控制老嫩程度，炒得过嫩不出油或少出油，过老，出油亦减少，炒时用铁铲不断地将原料翻动，以免部分过度受热而焦化，普通炒后用手捻之成粉末且内外颜色一致都成棕色，一般炒籽温度在 218℃左右，时间在 30 分钟左右时，需即加入 8～10%的热水（以芝麻的总量计），迅速降低锅温，避免出锅时焦化；（4）扬烟吹净：目的在使原料急速降低温度并除去小量焦化籽皮；（5）磨料：将炒好的芝麻种子，倒入磨子的下料斗中进行磨酱，目的在于充分破坏油料细胞组织，磨得愈细，加水

搅拌时，水就容易渗入料酱内部，吸水均匀，出油效果就愈好；（6）加水搅拌：经过炒籽、磨籽等工序后蛋白质已完全变性，油与蛋白质、类脂肪组成的胶体已经充分破坏，料酱中的非油物质（蛋白质，碳水化合物，粗纤维）对水的亲和力大于对油的亲和力，故料酱加入沸水就可以把油从料酱中顶替出来，芝麻的总加水量为85%左右（以磨成酱的原料重量计），加水一般三、四次，第一次最多，达60%以上，以后渐次减少；（7）震荡分油：待加水搅拌阶段结束后，虽然大部分油已从渣酱中分离出来浮于上面，但尚有一部分油脂成为不大不小的油滴分散被裹在渣酱里面，用葫芦在渣酱部分上下移动，使渣酱发生震荡，便于小油滴结成大油滴而上浮出来，震荡分油期间温度应保持80℃左右，借以减低油的粘度，帮助油从渣酱中分离出来。

388 车前（cheqian）（图1479）

［学　　名］ **Plantago asiatica** L.　车前科

［原 料 名］ 车前子（通称）

（地方名、形态特征、生长环境、产地及其他用途见“药用类”，1916页）

［用　　途］ 种子油可制肥皂；油渣可制酱油。

［理化性质］ 据辽宁、山西两省资料：种子含油量8.57～13.18%。

［采收处理］ 8～9月果实成熟未开裂前采收，摘取果枝或将全株割下，晒干，搓出种子，将壳皮除净，即可加工；或放在通风干燥处保存备用。

［加　　工］ 先将种子放在锅内炒熟，炒时注意勤翻，火力均匀，避免炒焦种子。炒至锅内出大气时停火，即可用碾将种子碾碎成粉末，用手捏有油出现时上蒸，蒸时火力要大，待甑壁四周滴水，则可踩饼上榨。第二次压榨时，除重复上述工序外，碎料时力求碾细，每100公斤料须喷5公斤开水拌匀，否则影响出油率。

389 白骨木（baigumu）（图788）

［地 方 名］ 狗骨头（云南）

［学　　名］ **Tarenna depauperata** Hutch.　茜草科

［原 料 名］ 狗骨头籽（云南保山）

［形态特征］ 灌木，高2～2.5米；小枝无毛。单叶对生，坚纸质，椭圆状倒卵形，长6～12厘米，宽3～6.5厘米，基部楔形，先端近短渐尖，表面光亮，背面无毛；中脉两面明显，侧脉7～11对，两面明显，网脉明显；叶柄长0.5～1厘米；托叶早落性，三角卵形，长4～5毫米，先端短尖，无毛。伞房花序或聚伞花序，顶生或腋生；总花梗短，长约1厘米，无毛；花萼5裂，裂片卵圆形，外面被柔毛；花冠管与裂片等长，长约4毫米，外面无毛，内面被毛，裂片5，长圆形，顶圆形，基部外面被柔毛；花药伸出，长4毫米。浆果圆球形，长0.8厘米，光亮，内藏种子1。花期4月，果期9～10月。

［生长环境］ 常生在溪边或山丘的灌木丛中，广西的石灰岩山地亦有生长。

［产　　地］　云南、四川、广西、湖北等省区。

［用　　途］　种子油可供药用，也可作肥皂、润滑油。油饼可以肥田。

［理化性质］　据上海食品工业科学研究所资料：果皮和种壳含油量6.26%，种仁含油量48.18%，出油率一般在32～38%。种子含油量29.86%，灰分4.35，粗纤维2.44%，蛋白质9.72%，非氮物质35.31%。油黑色，比重（20℃）0.9224，折射率（40℃）1.4692，脂酸凝固点 27.5℃；碱化值183.0，碘值（韦氏法）86.7，酸值12.1，不碱化物1.19%，乙酰值8.51，可溶性脂肪酸 0.92%，不溶性脂肪酸94.4%。

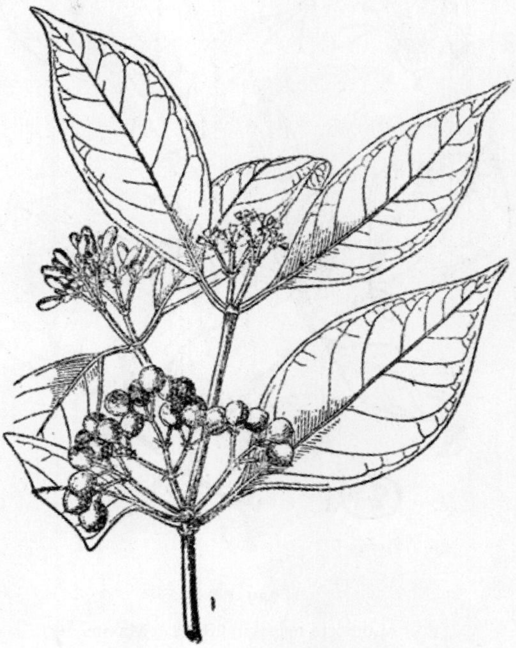

图 788　白骨木

Tarenna depauperata Hutch.

1. 果枝；2. 花枝。

［采收处理］　10月间果实外皮由青色、红色变黑色时采收，采后除净枝、叶和杂物等，略为晒干即可榨油。

［加　　工］　果皮油和种仁油的成分和性质不尽相同，因此，可将皮、仁分开榨油。果皮宜生榨，种仁可熟榨，但一般都采用皮、仁共榨。榨油方法除采用一般榨油法外，应注意如下几点：（1）选料：用风车和筛子清除果中杂物和沙土；（2）碾磨：把选好的种子碾碎，越细越好，最好以十八眼的筛子过筛；（3）蒸粉：应蒸至圆气为好；（4）压榨：注意保温、保热。

390 金银木（jinyinmu）（图 789）

［地 方 名］　鸡骨头（四川），王八骨头（辽宁、吉林、黑龙江），狗集谷、狗狗木（河南），千层皮、马尿树（辽宁）。

［学　　名］　**Lonicera maackii** (Rupr.) Maxim.　忍冬科

［原 料 名］　金银木子

［形态特征］　落叶灌木，高达5米；树皮灰褐色或灰白色，不规则纵裂；小枝短中空，有疏柔毛。单叶对生，具柄，卵状椭圆形至卵状披针形，长5～8厘米，宽2.5～4厘米，基部楔形、阔楔形或圆形，先端渐尖或长渐尖，全缘，表面暗绿色，背面较淡，两面脉上有短柔毛；叶柄长3～5毫米，有腺毛。花腋生，成对，**总花梗比叶柄短**，有

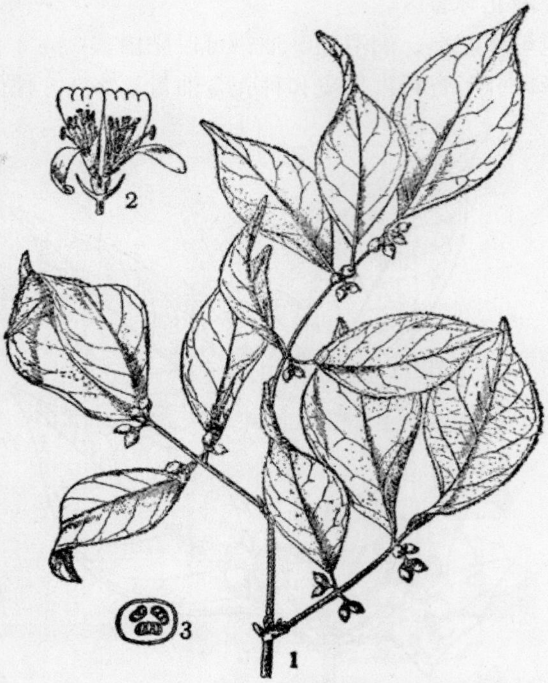

图 789 金银木
Lonicera maackii（Rupr.）Maxim.
1．果枝；2．花；3．果实横切面。

腺柔毛，苞线形，较子房长，小苞合生成对，长达子房的 1/2 或与之等长；萼钟形，**开裂至中部成 5 枚不整齐的卵形萼齿**；花冠 2 唇状，长 2～2.3 厘米，白色，后变黄色，微香，花冠筒几不膨大。浆果卵状球形，直径约 5 毫米，暗红色。花期 6 月，果期 8～9 月（东北）。

［生长环境］ 一般生于海拔 1000 米左右的山坡林下、林缘、山沟溪流边。

［产 地］ 辽宁、吉林、黑龙江、内蒙古、河北、山东、江苏、浙江、湖北、福建、江西、宁夏、陕西、山西、甘肃、河南、云南、四川等省区。

［用 途］ 种子油供制肥皂。

茎皮可造纸或制人造棉（见“纤维类”，313 页）。叶含淀粉供食用（见“淀粉和糖类”，603 页）；并可提取硬橡胶。叶上生虫瘿含鞣质，幼叶可代茶用。

［理化性质］ 据中国科学院林业土壤研究所资料：种子含油量 35.79%。

［采收处理］ 果熟后采摘，用水泡去果肉，取出种子，晒干后即可榨油。

391 毛接骨木（maojiegumu）（图 790）

［地 方 名］ 马尿梢（东北）

［学 名］ **Sambucus buergeriana** Bl. 忍冬科

［原 料 名］ 马尿梢子

［形态特征］ 落叶灌木，高达 5～6 米；树皮有较厚的木栓层；小枝褐色至赤褐色，有棱，幼枝有短柔毛。奇数羽状复叶对生，长达 20 厘米；小叶 5，**披针形、阔披针形或倒卵状长圆形**，基部楔形，先端渐尖，两面有毛。伞房花序组成圆锥状花序顶生，**花轴、花梗、小花梗均有毛**，花淡绿白色或黄白色；萼筒有毛或无毛，花药黄色，柱头紫色。核果球形，**红色**；种子有皱纹。花期 5～7 月。果期 8～10 月。

［生长环境］ 多生于山区林间或林外灌丛间，较干燥的山坡亦见有生长。

［产　　地］　辽宁、吉林、黑龙江等省。

［用　　途］　种子油供制肥皂用。嫩叶可食。枝供药用。茎内髓心发达，为植物解剖教学切片材料。亦可供观赏用。

［理化性质］　据中国科学院林业土壤研究所资料：种子含油量 44.66%。

［采收处理］　8～9 月果实成熟时采收，放在缸内，数日后果皮腐烂，洗出种子，晒干，即可备用。

图 790　毛接骨木
Sambucus buergeriana Bl.
果枝

392 朝鲜接骨木（chaoxianjiegumu）（图 791）

［地 方 名］　马尿梢（东北）

［学　　名］　**Sambucus coreana** (Nakai) Kom.　忍冬科

［原 料 名］　马尿梢子

图 791　朝鲜接骨木
Sambucus coreana（Nakai）Kom.
果枝

［形态特征］　落叶灌木，高可达 3～5 米；树皮暗褐色；小枝无毛，褐色或紫褐色，具条棱及皮孔，髓淡褐色。奇数羽状复叶对生；**小叶 5，披针形或阔披针形**，长 5～7 厘米，宽 1.5～2 厘米，基部楔形常偏斜，先端渐尖，边缘有微锯齿，两面无毛，表面沿脉微粗糙，背面浅绿色，表面叶脉不显或微凹下，背面叶脉明显。**圆锥花序**顶生，塔形式卵圆形，较紧密，**无毛**；花小，花萼 5 裂，裂片小；花冠 5 裂，轮状开展，带黄绿色，花药带黄色；子房下位。**浆果状**核果，**具短梗**，**深红色**，圆形；种子长圆形，具皱皮。花期 5～6 月，果期 7～8 月。

［生长环境］　喜好阳光，生于河岸或林缘草地。

［产　　地］　辽宁、吉林、黑龙江等省。

［用　　途］　种子油供制肥皂用。

本种双为庭园绿化树种。

［理化性质］　据中国科学院林业土壤研究所资料：种子含油量 18.88%。

［采收处理］　果实成熟时采下，放在缸内，经过数日待泡烂果皮，洗出种子晒干，即可榨油。

393 宽叶接骨木（kuanyejiegumu）（图 792）

［学　　名］　**Sambucus latipinna** Nakai　忍冬科

［原 料 名］　宽叶接骨木子

［形态特征］　灌木，高达 5 米；树皮淡黄褐色；小枝无毛，二年生枝淡黄褐色，有突起皮孔，髓褐色；芽卵形，褐色。奇数羽状复叶对生，小叶 3～5；先端小叶椭圆状卵形，长约 9.5 厘米，宽 8.5 厘米，柄长可达 2.5 厘米；两侧小叶柄短，小叶长约 9.5 厘米，宽 6 厘米，基部阔楔形、楔形或近圆形，有时歪形，先端突然渐尖，边缘有锐锯齿，两面无毛。伞房花序所组成的圆锥花序开展，先端略呈扇形；花冠带黄绿色，裂片无毛；花药带黄色，花柱紫色。核果深红色；种子有皱纹。花期 5～6 月，果期 8~9 月。

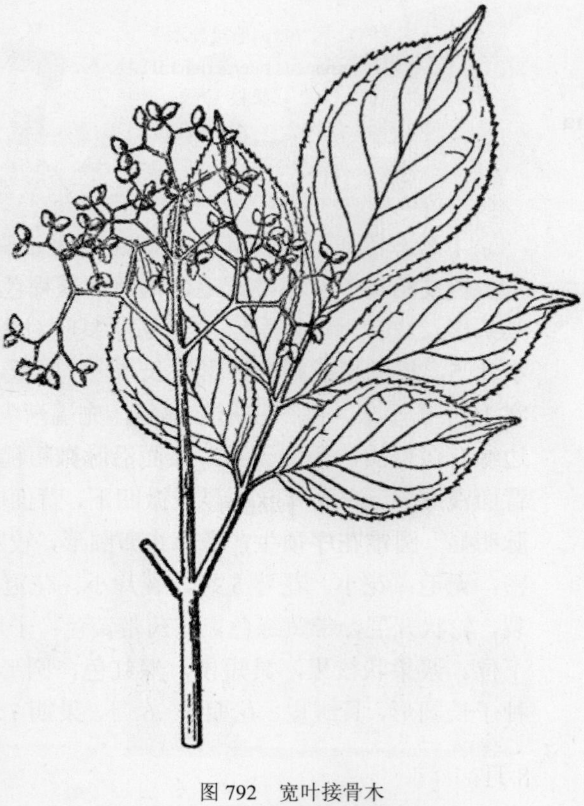

图 792　宽叶接骨木
Sambucus latipinna Nakai
果枝

［生长环境］　生于杂木林中或沟边。

［产　　地］　辽宁、吉林、黑龙江等省。

［用　　途］　种子油供制肥皂、润滑油。

［理化性质］　据中国科学院林业土壤研究所资料：种子含油量 30.89%。油的比重（15℃）0.8227～0.8229。折射率（20℃）1.4810；碱化值 289.7～291.8，碘值 47.0～47.7，酸值 56.1～56.5，酯值 233.6～235.2。

［采收处理］　采集果实后，装入缸内，经 3～5 日，外果皮霉烂，用水洗净，取得种子，晒干备用。

394 东北接骨木（dongbeijiegumu）（图 793）

［学　　名］ **Sambucus manshurica** Kitag. 忍冬科

［原 料 名］ 马尿梢子（辽宁）

［形态特征］ 灌木；树皮红灰色；幼枝绿色，无毛或有疏柔毛；芽卵状三角形，红褐色、先端渐尖，无毛。奇数羽状复叶对生；**小叶** 5～7，稀为 3，**长圆形**，长 6.5～8.5 厘米，宽 2～3 厘米，基部楔形，稀为近圆形，先端成长尾状尖，边缘有密的细锯齿，表面绿色，沿脉有微毛，背面较淡，无毛；有短柄或近无柄，叶柄有毛或稀有疏柔毛。**圆锥花序顶生，无毛**，椭圆形或长圆状卵圆形，紧密，直立，最下小花枝向下方开展，花期花序长 2.5～3.5 厘米，果期花序长 4～6.5 厘米；萼片椭圆状，先端钝或截形，淡黄色，先端紫堇色；花冠裂片 5，圆形，黄绿色，先端反卷。浆果状核果近圆球形，直径约 5 毫米，**红色**；种子大小形状与芝麻相似，黄色，富油质。花期 5～7 月，果期 8～10 月。

图 793 东北接骨木
Sambucus manshurica Kitag.
果枝

［生长环境］ 生杂木林中。

［产　　地］ 辽宁、吉林、黑龙江等省。

［用　　途］ 种子油供制润滑油。

［理化性质］ 据中国科学院林业土壤研究所资料：种子含油量 22.4%。

［采收处理］ 果熟后采集，放于缸内浸泡发酵，然后洗净外果皮。晒干备榨。

［其　　他］ 采种后将种子混沙两倍，露天埋藏；春秋两季皆可播种育苗。

395 接骨木（jiegumu）（图 794）

［地 方 名］ 马尿梢（辽宁、吉林），气不愤、公道老（辽宁、河北）。

［学　　名］ **Sambucus williamsii** Hance 忍冬科

［原 料 名］ 接骨木子

［形态特征］ 灌木或乔木，高 4～8 米；树皮淡灰褐色；枝灰褐色，无毛，有纵的平行条棱，髓淡褐色；冬芽卵圆形，先端钝，有 3～4 对鳞片。奇数羽状复叶对生，小叶 5～7，无毛，长圆状卵形或椭圆状长圆形，基部楔形，先端长渐尖，边缘有锯齿；下部小叶有短叶柄；先端小叶较大，柄较长；托叶退化，很小，成突起状，位于幼枝上叶柄基部 2 蓝色节环之间。圆锥花序松散；花带黄白色，直径约 3 毫米；花冠辐状开展，裂片 5，卵形；雄蕊 5，较花冠短。**果熟时呈蓝紫色**，直径约 5～5.5 毫米，有宿存萼；种子有皱纹。花期 5～6 月，果期 7～8 月。

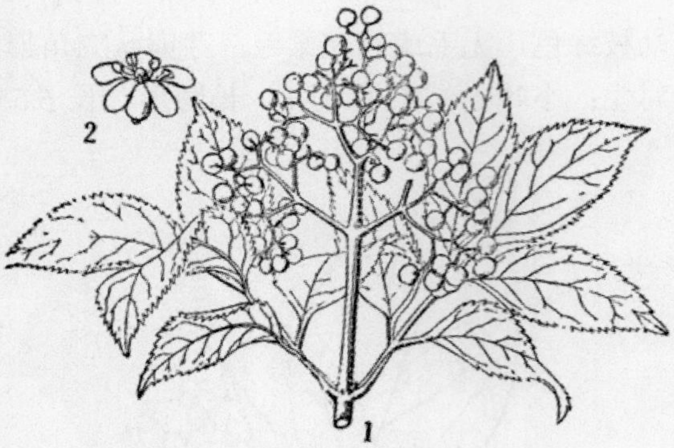

图 794 接骨木

Sambucus williamsii Hance

1．果枝；2．花。（自“中国北部植物图志”）

［生长环境］ 常生于山坡、平地。

［产　　地］ 河北、辽宁、吉林、黑龙江、内蒙古、山西、陕西、甘肃等省区。

［用　　途］ 种子油供制肥皂用。

嫩叶可食。茎、叶供药用，治筋骨折伤、挫伤；花为发汗药。髓发达，为植物解剖教学研究切片材料。本种还可供观赏用。

［强化性质］ 据河北省资料：种子含油量 27%。

［采收处理］ 8～9 月果实成熟时采下，装入缸内，经数日后果皮腐烂，洗出种子，晒干备用。

396 修枝荚蒾（xiuzhijiami）（图 795）

［地 方 名］ 暖木条、荚蒾、暖木条子（东北）

［学　　名］ **Viburnum burejaeticum** Reg. et Herd. 忍冬科

［形态特征］ **落叶灌木**，高 3～5 米；树皮暗灰色；幼枝有星状短柔毛，二年生枝无毛，淡灰色；**冬芽裸露**，长圆形，褐色。单叶对生，具柄，**卵形或椭圆形至椭圆状倒卵形**，长 4～10 厘米，宽 2.5～4.5 厘米，基部圆形或近歪心形，先端尖至钝，边缘有波状齿牙，表面有疏毛，背面稀生星状短柔毛；叶柄长 3～10 毫米，有粗短柔毛。聚伞花序顶生，5 叉分枝，紧密，有密毛；花白色；**花冠辐状**，裂片 5；雄蕊 5；花药黄色；子房长圆形，有微毛，花柱小。核果椭圆形，长 1 厘米，成熟时蓝黑色；**核两面有相等的沟**。花期 6～7 月，果期 9 月上旬。

［生长环境］ 生长在阔叶林内，山坡及溪流附近。

［产　　地］　辽宁、吉林、黑龙江、河北、山西、内蒙古、甘肃等省区。

［用　　途］　种子油供制肥皂。本种又为庭园绿化树种。

［理化性质］　据中国科学院林业土壤研究所资料：种仁含油量 17.02%。

［采收处理］　果实成熟采下后放于缸内，使果皮霉烂发酵，然后收集种子洗净，晒干待榨。

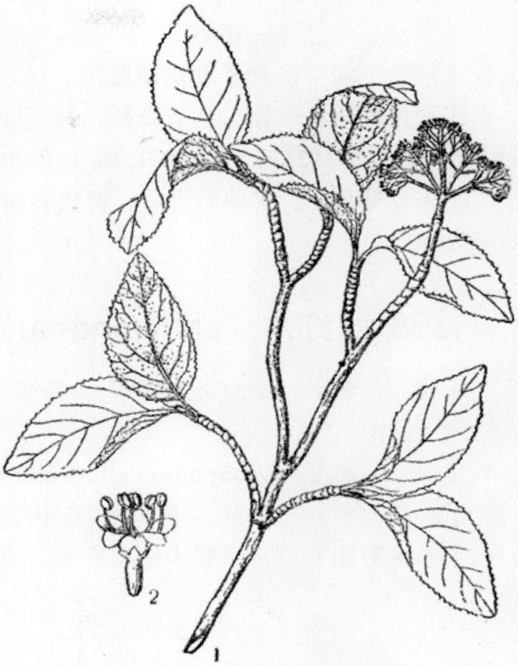

图 795　修枝荚蒾
Viburnum burejaeticum Reg. et Herd.
1．花枝；2．花。（自“中国北部植物图志”）

397 小黑果（xiaoheiguo）（图 796）

［地 方 名］　小铁果、朱启树、水红花、阿摆（云南）

［学　　名］　**Viburnum calvum** Rehd. (*V. atro-cyaneum* auct. non C. B. Clarke.)　忍冬科

［原 料 名］　小黑果

图 796　小黑果
Viburnum calvum Rehd.
1．果枝；2．花。

［形态特征］　**常绿灌木或小乔木**，高 2～3 米。单叶对生，革质或纸质，长圆形或卵形，长 2.5～7 厘米，宽 1.5～3.5 厘米，先端短尖或钝，边缘具疏少而浅的锐锯齿，**基部有 3 大脉，细脉网状，无托叶**，两面无毛；叶柄长短不一。聚伞花序顶生，花枝无毛，苞片及小苞片早落；萼 5 深裂，裂片细小；花冠白色，5 深裂，长 2～3 毫米；雄蕊生于花冠基部；花柱短。核果近球形，先端尖，直径约 4 毫米，**成熟时蓝黑色，核无沟**。花期 4～5 月，果期 8～10 月。

［生长环境］　生于石灰岩或非

石灰岩的山坡、山脊、干旱或略湿润的疏林和密林中。

[产　　地]　云南省

[用　　途]　种子油供制肥皂。

[理化性质]　据云南省资料：种子含油量24.69%。油为不干性油，比重（25℃）0.9188，折射率（25℃）1.4707；碱化值206.59，碘值83.85，酸值51.79。

[采收处理]　果熟时采收，置竹篓内，搓脱外皮，收集种子，用清水洗净，晒干，即可榨油。

398 水红木（shuihongmu）（图797）

[地 方 名]　山女贞（四川），粉果叶、小灰果、粉果、灰果叶、粉条果、粉栗、红经果（云南）。

[学　　名]　**Viburnum cylindricum** Buch. –Ham.　忍冬科

[原 料 名]　黑籽、小黑籽（云南祥云）

[形态特征]　常绿灌木或小乔木，高达3米；小枝具圆形皮孔；**冬芽有鳞1对**。单叶对生，具柄，椭圆形至长椭圆形，长5～15厘米，宽2～7厘米，基部阔楔形，先端短渐尖，全缘或基部以上具粗齿，表面暗绿色，被有灰白色蜡质，背面色较浅，于脉腋内具簇生毛，侧脉每边3～4，明显，**细脉网状**；叶柄长达2.5厘米，**不具托叶**。聚伞花序5～7，排列成顶生伞房花序，直径可达12厘米；花冠白色，管状钟形，先端5裂；雄蕊多，生在花冠管上；子房下位。核果卵圆形，长4～5毫米，紫黑色或灰黑色；种子扁圆形，背面有槽2条，腹面1条。花期3～8月，果期6～11月。

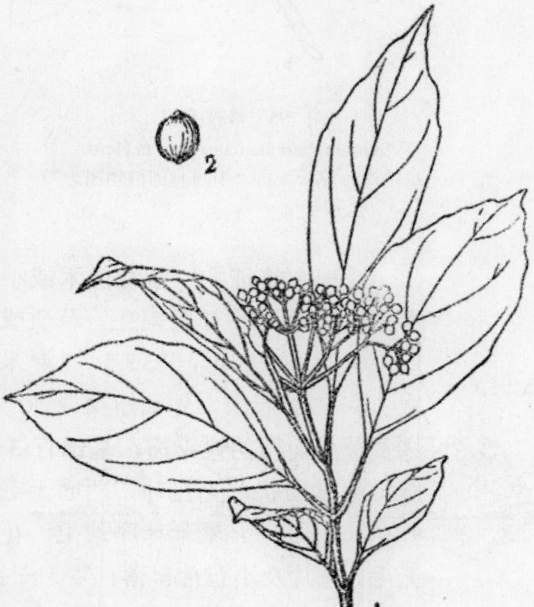

图797　水红木

Viburnum cylindricum Buch. -Ham.

1．果枝；2．果。

[生长环境]　生长在海拔1600～2000米的阳坡疏林中，常与栎类及漆树科植物混生。

[产　　地]　云南、四川、贵州、湖北等省。

[用　　途]　种子油供制肥皂。

树皮含鞣质可提制栲胶（见“鞣料类”，1243页）。

［理化性质］ 据上海食品工业科学研究所资料：种子含油量 29.35%，灰分 4.04%，粗纤维 11.59%，蛋白质 6.81%，非氮物质 42.21%。油的比重（20℃）0.9158，折射率（20℃）1.4687，粘度（安格拉氏秒 20℃）8′19.4″，脂酸凝固点 35.7℃，碱化值 215.5，碘值（韦氏法）82.6，酸值 34.3，不碱化物 2.15%，乙酰值 13.31，可溶性脂肪酸 0.57%，不溶性脂肪酸 92.9%。

［采收处理］ 果熟采收后，搓破果皮，收集种子，洗净晒干，以供榨油。

399 荚蒾（jiami）（图 798）

［地 方 名］ 山梨儿、酒子（浙江）

［学　　名］ **Viburnum dilatatum** Thunb.　忍冬科

［形态特征］ 落叶灌木，高 2～3 米，干皮平滑；茎直立，褐色，多分枝；**冬芽具 2 外鳞**，嫩枝有星状毛。单叶对生，膜质，圆形、阔卵形以至倒卵圆形，长 6～8 厘米，宽约 3～5 厘米，基部圆形至近心形，先端突尖至短渐尖，边缘具三角状锯齿，表面深绿色被疏毛，背面淡绿色被星状毛及黄色鳞片状腺点；**叶脉羽状 5～8 对**，直走叶缘，**不具托叶**。聚伞花序多数，直径 8～12 厘米，被星状毛；花冠有毛，雄蕊长于花冠。核果浆果状，阔卵圆形，长约 5 毫米，熟时深红色，无毛。花期 5～6 月，果期 9～10 月。

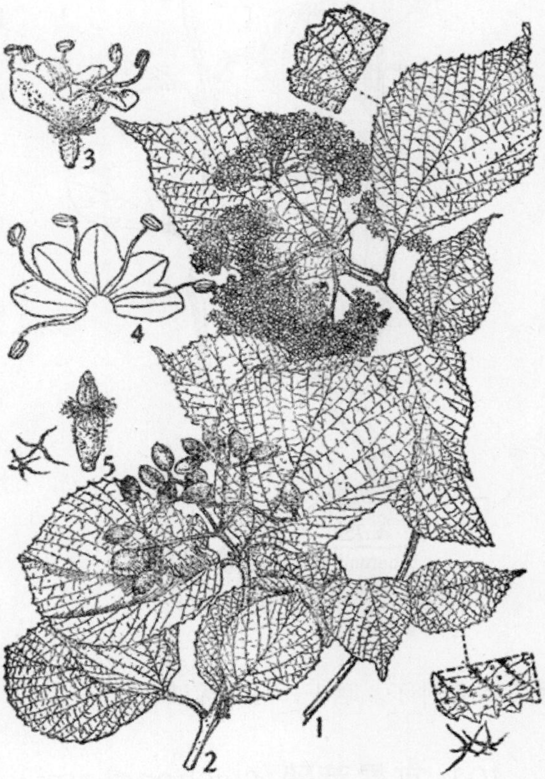

图 798　荚蒾

Viburnum dilatatum Thunb.

1．花枝；2．果技；3．花；4．花冠展开示雄蕊；5．雌蕊和星状毛。（自“江苏南部种子植物手册”）

［生长环境］ 生于向阳山地或丘陵地的灌木丛中。

［产　　地］ 江苏、浙江、山东、河南、陕西、山西、江西、湖北、福建等省。

［用　　途］ 种子油可制肥皂、润滑油。

茎皮纤维可制人造棉及绳索（见“纤维类”，315 页）。果实熟时可食，亦可作为酿酒原料。花美丽供观赏用。

［理化性质］ 据厦门大学资

料：晒干种子含油量 10.03%；烘干种子含油量 12.91%。

[采收处理] 果熟后及时采收，洗除果皮，晒干果核备用。

400 碎米荚蒾（suimijiami）（图 799）

[学　　名] **Viburnum foetidum** Wall.　忍冬科

[形态特征] 半常绿灌木，高达 3 米；小枝浅褐色，被星状柔毛；**冬芽具鳞片**。单叶对生**不裂**，具柄，椭圆形至长圆形，长 4～10 厘米，基部楔形，先端尖或渐尖，几全缘或于中部以上具大而圆的齿，表面光滑，背面被稀疏的柔毛，沿叶脉处较多。叶脉基部三出，**侧脉每边 1～2 条**，直走边缘，无网脉，脉腋内具簇生毛；叶柄长约 5～12 毫米，**无托叶**，具柔毛。伞房花序式的聚伞花序生于侧枝顶端，**具柔毛**，直径 5～8 厘米；花小，白色，阔钟状，直径约 3 毫米，先端 5 裂，裂片圆，雄蕊 5，花药纵裂，花丝细长略露于花冠之外；子房下位。核果阔椭圆形，长 6～8 毫米，成熟时红色；种子压扁，具纵槽。花期 4～5 月，果期 7～11 月。

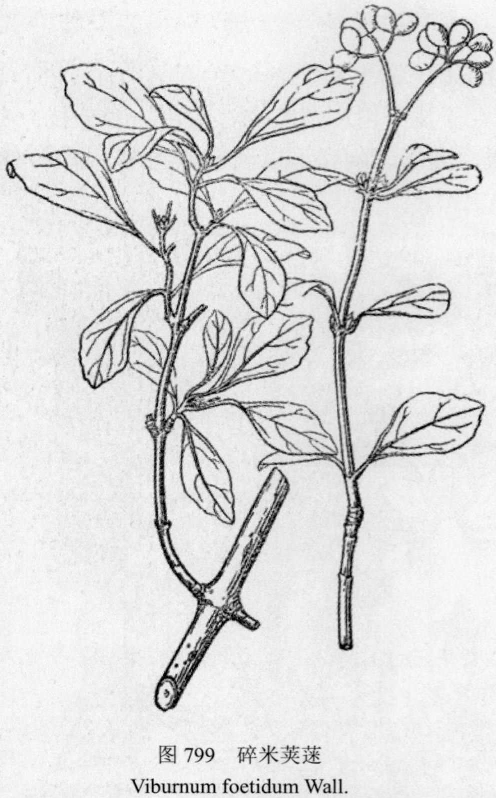

图 799　碎米荚蒾
Viburnum foetidum Wall.
果枝

[生长环境] 生于溪边、山坡或林下较湿润地。

[产　　地] 云南、四川、贵州、湖北等省。

[用　　途] 种子油供制润滑油、油漆、肥皂。

果可食用。

[理化性质] 据云南省资料：种子含油量 10.91%。

[采收处理] 果熟采回后，搓破果皮，收集种子，晒干，可供榨油。

401 宜昌荚蒾（yichangjiami）（图 800）

[地 方 名] 羊屎条、小叶荚蒾（四川）

[学　　名] **Viburnum ichangense** Rehd.　忍冬科

[形态特征] 落叶灌木，高 2～4 米；冬芽具 2 外鳞。单叶对生，卵形至卵状披

针形，长 3～8 厘米，宽 2～5 厘米，基部圆形，先端渐尖，边缘具三角状尖齿，表面疏生粗糙的星状毛，背面星状毛较密，**侧脉每边约 6～14 条，直达叶缘**；**叶柄长约 5 毫米**，密被柔毛，**有钻形托叶**。聚伞花序顶生，具 5 射出枝，直径 2.5～4 厘米，花梗有星状毛；花萼 5 齿裂；花冠形小，白色。深 5 裂，有毛；雄蕊 5，与花冠互生，几乎等长；子房密生茸毛。核果，扁卵状椭圆形，红棕色，疏生星状毛。花期 5 月，果期 9 月。

图 800　宜昌荚蒾

Viburnum ichangense Rehd.

1．植株一部分；2．果枝；3．花；4．花冠剖开示雄蕊；5．雌蕊；6．果实。（自“江苏南部种子植物手册”）

［生长环境］　多生长于海拔 1200～2100 米之丛林中，尤以阴湿山地分布较多。

［产　　地］　湖北、湖南、江苏、浙江、江西、四川等省。

［用　　途］　种子油供制肥皂、润滑油。

茎皮纤维可作绳索及造纸（见“纤维类”，315 页）。枝条供编织用。果实熟后可食。

［理化性质］　据山东省资料：种子含油量 40%。

［采收处理］　果熟采摘果序晒干，打破果壳，除去杂质及果皮，得纯净种子，放干燥处，以备榨油。

402 天目琼花（tianmu-qionghua）（图 801）

［地 方 名］　鸡树条、荚蒾、鸡树条子（东北），糯米条（四川、山东）。

［学　　名］　**Viburnum sargentii** Koehne　忍冬科

［原 料 名］　鸡树条子

［形态特征］　落叶灌木，高 2～3 米；树皮灰褐色，**有纵条及软木条层**；小枝褐色至赤褐色，具明显条棱，光滑无毛。单叶对生，具柄，**通常浅 3 裂**，卵形至阔卵圆形，长 6～12 厘米，宽 5～10 厘米，基部圆形或截形，**具掌状三出脉**，裂片微向外开展，中裂长于侧裂，先端均渐尖或突尖，边缘具不整齐的大齿，表面黄绿色，无毛，背面淡绿色，脉腋有茸毛；叶柄粗壮，无毛，**近端处有腺点**。伞形聚伞花序顶生，紧密多花，由 6～8 小伞房花序组成，直径 8～10 厘米，**能孕花在中央，外围有不孕的辐射花**，总柄

粗壮，长2～5厘米；花冠杯状，辐状开展，乳白色，5裂，直径5毫米；花药紫色；不孕性花白色，直径约1.5～2.5厘米，深5裂。核果球形，直径约8毫米，鲜红色，有臭味；种子圆形，扁平。花期5～6月，果期8～9月。

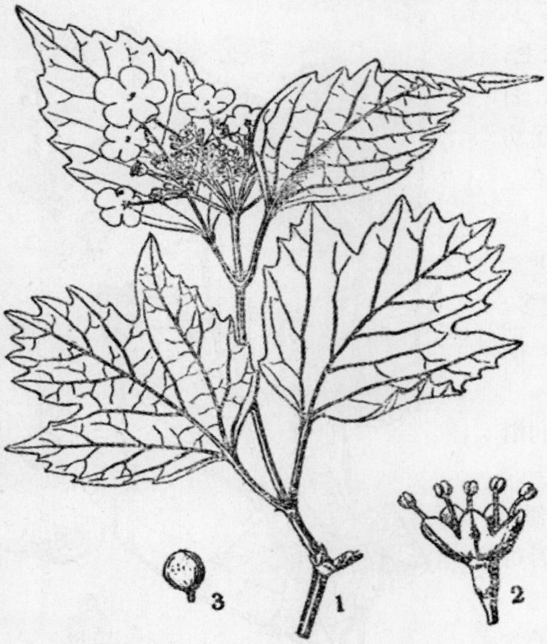

图801 天目琼花
Viburnum sargentii Koehne
1．花技；2．花；3．果。

［生长环境］ 性喜阳光，常生于森林地区的山坡或林缘；在四川多生在海拔 1700～2200 米的杂木林中。

［产　　地］ 辽宁、吉林、黑龙江、内蒙古、山东、河北、湖北、四川、浙江等省区。

［用　　途］ 种子油供制肥皂和润滑油。

果实可食。花、果及皮在苏联供药用。茎皮含纤维，可制绳。也是良好的庭园绿化树种。

［理化性质］ 据东北资料：种子含油量26～28%。

［采收处理］ 果熟时采下，放水缸内，3～4天后，霉烂发酵，用木棒搅落全部外皮，洗去杂质，晒干，放通风处保存，防止受潮变质。

403 盒子草（hezicao）（图802）

［地 方 名］ 葫篓棵子、黄丝藤、马爪包儿（江苏），天球草、鸳鸯木鳖、盒儿藤、龟儿草（山东）。

［学　　名］ **Actuiostemma lobatum** (Maxim.) Maxim. 葫芦科

［形态特征］ 一年生攀援草本；茎细，有短柔毛，具卷须。单叶互生，具长柄，膜质：**狭三角状戟形或三角状心形**，长5～8厘米，宽2.5～5厘米。基部心形，先端短尖或长尖，边缘有稀疏浅锯齿，**有时基部3～5浅裂**。花单性，雌雄同株；圆锥花序腋生；雌花着生于雄花序的基部，单生，花梗细；萼5深裂，萼片线状披针形，有毛；花冠裂片三角状披针形，绿黄色；**雄蕊5，离生；子房近球形，1室，具2胚珠**，柱头3。果实绿色，下垂，卵状，有疣状突起，长1.5厘米。**果熟时盖裂；种子2**，长约1厘米，灰色，花期9～10月，果期10～11月。

［生长环境］ 野生在山地草丛中或路旁、水边，攀援在他物上。

［产　　地］ 辽宁、吉林、黑龙江、山东、江苏、江西、台湾等省。

［用　　途］ 种子油供食用，也可制肥皂。

榨油后的油饼，可做肥料。据江苏省资料：有的地方试用作猪饲料，因有苦味，能否喂猪，正在试验中。

［理化性质］ 据江苏省资料：种子含油量25～29%，灰分2.95%，粗纤维0.89%，碳水化合物13.28%。

［采收处理］ 10～11月间采收，晒干，用连枷或木棒打落种子，除去种壳和杂质，置通风干燥处，防止受潮霉烂。

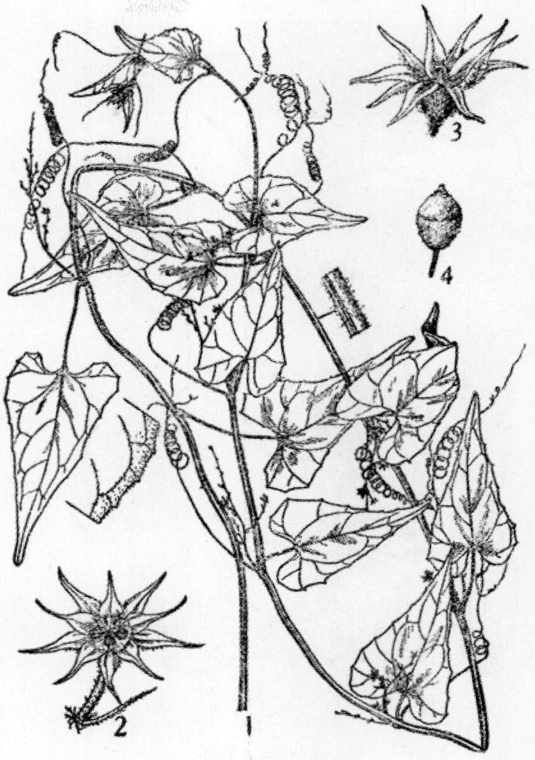

图802 盒子草

Actinostemma lobatum（Maxim.）Maxim.

1．植株的一部分；2．雄花；3．雌蕊；4．果实。

404 甜瓜（tiangua）（图803）

［地 方 名］ 香瓜（江苏、山西、辽宁），蜜糖埕（广州）。

［学　　名］ **Cucumis melo** L. 葫芦科

［原 料 名］ 香瓜子

［形态特征］ 一年生匍匐或攀援草本，具粗毛；枝蔓有条纹或棱角，**具不分枝的卷须**。叶圆形或近肾形，长宽各约8～15厘米，基部心形，5浅裂，先端通常圆钝，边缘具微波状锯齿，两面有长毛或粗糙。花黄色，长1.5～2厘米；雄花簇生，有时数朵生于叶腋内，花梗长0.5～2厘米；雌花单生，花梗长1～2厘米；萼狭钟形，长6～8毫米，外被长柔毛；花冠长约2厘米，裂片椭圆形，先端尖锐；**雄花具雄蕊3枚，分离**；雌花子房下位，圆卵形。果实通常球形或椭圆形，稍有纵沟。初具柔毛，后则光滑，果肉黄色或带绿色，有香味；种子白色，纤细。花期5～6月（广东）、7月（江苏），果期6～7月（广东）、8～9月（华北）。

［生长环境］ 栽培于田园、菜圃或宅旁墙脚下，能适应干旱环境，生长于砂质土的较好。

［产　　地］ 全国各地均有栽培。

［用　　途］ 种子油供食用及制肥皂。

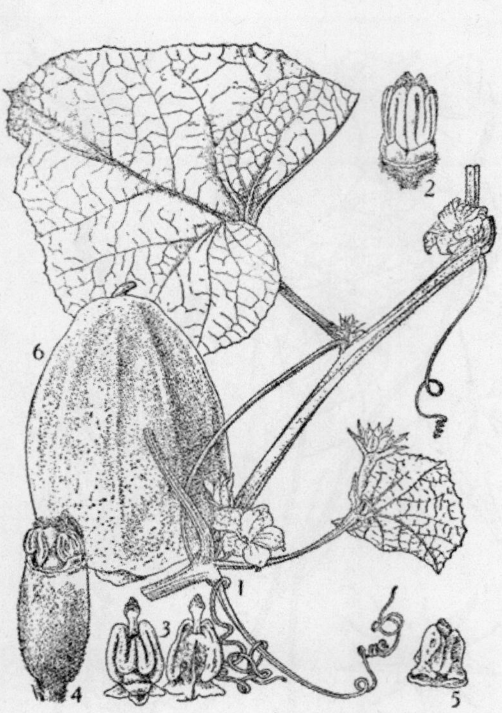

图 803 甜瓜
Cucumis melo L.
1. 花枝；2. 雄花去花被示雄蕊；3. 两性花的雄蕊；4. 两性花去掉花被；5. 柱头；6. 果。
（自“江苏南部种子植物手册”）

榨油后的油饼可做猪饲料及肥料。瓜可生食。瓜蒂供药用。

［理化性质］ 据江苏省资料：种子出油率为 20～24%，油呈橙黄色，略有香气。种子含油量 30～48.8%，油的比重（15℃）0.9276，折射率（20℃）1.4725；碱化值 187～193.3，碘值 101～128。

［采收处理］ 6～7 月果熟后，最好在午前瓜未晒热时采收，然后放置阴凉处，供食用。食用时注意收集种子，用水洗净，晒干后放于通风处，防止发霉变质。

405 南瓜（nangua）（图 804）

［地 方 名］ 番瓜、北瓜、金冬瓜、冬瓜（山西、广东）

［学 名］ **Cucurbita moschata** Duch. 葫芦科

［原 料 名］ 南瓜籽

［形态特征］ 一年生蔓性草本，质较柔软，具粗毛，**卷须 3～4 裂**。叶互生，有柄，被短毛；叶片阔卵形或卵状圆形，稍有浅裂或不裂，通常有白色块纹或斑点，长 15～30 厘米，先端短尖，基部裂口狭，非圆形，边缘具不规则的锯齿；叶柄具短粗毛。花单性，雌雄同株；花萼钟形，5 裂，裂片延长，**顶端常扩展成叶状**；花冠黄色，阔钟形，**裂片边缘皱曲**，先端反曲，雄蕊 3，花药结合；雌花子房 1 室，柱头 3，胚珠多数。果实扁圆形、壶形或葫芦形，**果柄具角棱，与果实接触处极扩大**；种子白色，卵形，扁而薄。花期 5～6 月（广东）、7～8 月（江苏），果期 7～9 月（广东）、9～10 月（江苏）。

［生长环境］ 为栽培植物。

［产 地］ 全国各地皆有栽培。

［用 途］ 南瓜子油主要供食用，也可制肥皂。

南瓜种子、瓜蒂入药（见“药用类”，1929 页）。果实可煮食、炒食或与米面共炊作饼吃，更有切片晒干贮藏，供冬春季食用。花可作蜜食用。叶制土农药可杀蚜虫。瓜藤纤维可制人造棉（见“纤维类”，317 页）。叶可提取食用绿色色素（见“其他类”，2075

页）。

［理化性质］　据商业部土产局资料：种子含油量39.42%，出油率31%。油的比重（15℃）0.9203，折射率（15℃）1.4740；碱化值190.1，碘值103.6，酸值5.55，不碱化物0.79%。

［采收处理］　南瓜成熟后，在食用时将籽掏出，用水洗净，晒干，去掉瓤丝簸去秕粒，即可炒食或供榨油。

［其　　他］　我国栽培的有三种，其中最普遍的为本种，其他两种即西葫芦（Cucurbita pepo L.）及笋瓜（Cucurbita maxima Duch.），它们的种子与南瓜区别很小，用途亦相同。

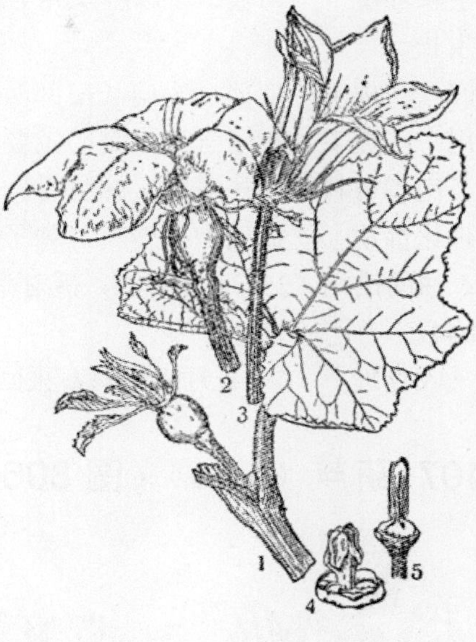

图804　南瓜
Cucurbita moschata Duch.
1．花和枝叶；2．雌花；3．雄花；4．雌花的柱头；5．雄花的花药。

406 油渣果（youzhaguo）（图805）

［地 方 名］　油瓜（云南河口）、牛蹄果（云南金屏）

图805　油渣果
Hodgsonia macrocarpa（Bl.）Cogn.
1．枝条一部分及雄花序；2．雄花（从下面上看）；3．雄花纵切；4．雌花纵切。

［学　　名］　**Hodgsonia macrocarpa** (Bl.) Cogn.　葫芦科

［形态特征］　巨型木质藤本，高达10米；多分枝，具棱，有卷须。单叶互生，纸质或硬纸质，阔卵状圆形至近圆形，长15～30厘米，宽16～32厘米，3～5深裂或3裂，基部截形至心形，裂片先端为狭长渐尖或骤狭渐尖，全缘。花单性，雌雄异株；雄花呈伞房状总状花序，由多花组成，长35厘米；雌花单生于叶腋；萼管状，5裂；花冠钟形，黄色，甚大，5深裂。裂片边缘细裂成丝状、螺旋状卷曲，下垂，长15厘米；雄花有退化雌蕊3；雌花子房下位，球形，柱头3，上部分裂。果大，扁球形，直径20厘米，果肉硬；种子6～12，长7～8

厘米，直径5厘米，子叶大，富含油脂。花期4～5月，果期6～8月。

［生长环境］　山坡、平原以及路旁的疏林或灌木丛中，攀援于树上；干旱或潮湿地均有生长。

［产　　地］　广西、云南（南部西双版纳及河口）等省区。

［用　　途］　种子含油丰富，主要供食用。

据云南省资料：种子可食，味甘香，其质与杏仁相类似，为我国最佳的干果。

［理化性质］　据云南省资料：种子含油量68.02%。油为不干性油，油色淡黄至棕黄色；油的比重（25℃）0.9181，折射率（25℃）1.4691；碱化值199.75，碘值83.19，酸值14.44。

［采收处理］　7～8月间果熟，采回晒干后，轻击去壳，得纯净种子，晒干备用。

407 葫芦（hulu）（图806）

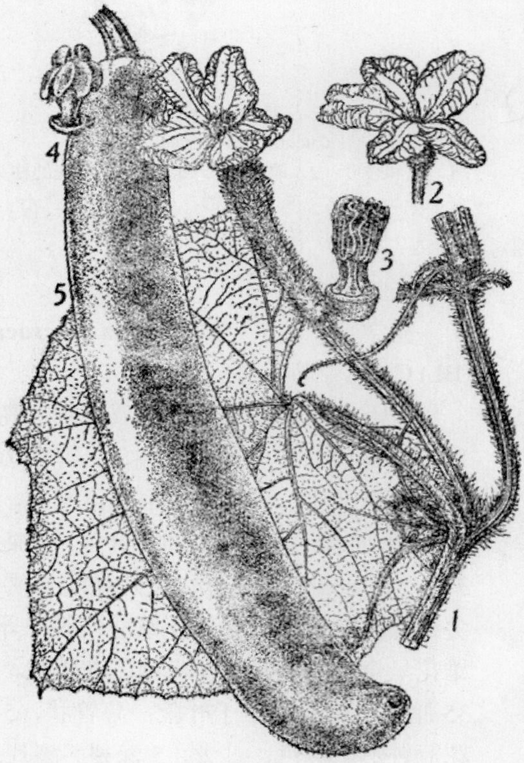

图806　葫芦

Lagenaria siceraria（Molina）Standl.

1．雌花枝；2．雌花；3．雄蕊；4．雌蕊的柱头；5．果实。

（自“江苏南部种子植物手册”）

［学　　名］　**Lagenaria siceraria** (Molina) Standl. (*L. vulgaris* Ser.)　葫芦科

［原 料 名］　葫芦子（辽宁、吉林、黑龙江、山西）

［形态特征］　一年生草质藤本，具软毛，**卷须分枝**，有粘质柔毛。叶近圆形，多少五角形或5深裂，宽15～30厘米，基部阔心形，先端短尖或钝圆，边缘有尖齿，两面均被柔毛；叶柄长5～30厘米，**顶端有2腺体**。花单性，雌雄同株；雄花的花梗较叶柄长，雌花的花梗与叶柄等长或稍短。萼齿狭三角形被柔毛；花瓣5，长3～4厘米，**白色**；离生；雄蕊3，药合生，子房椭圆形，有茸毛。瓠果长短不等，形状不一，**有为葫芦状的，有为烧瓶状的，有为哑铃状的，有为棒状的，有为曲颈状的**；种子白色，倒卵状长椭圆形。花期5～6月，果期8～9月。

［生长环境］　栽培极为普遍，屋侧、坟地均可生长；野生者少。

［产　　地］　各地均有栽培，以新疆南部品种最多。

［用　　途］　种子油供制肥皂用。

幼果可食，老果坚硬的壳可作各种容器、瓢具或水桶等。

［理化性质］　据中国科学院林业土壤研究所资料：种子含油量51.57%。

［采收处理］　果成熟后摘回，除利用外壳外，并收集种子，晒干，贮存备用。

［其　　他］　用种子繁殖。

408 丝瓜（sigua）（图 807）

［地 方 名］　蛮瓜（山西）、水瓜（广东、广西）。

［学　　名］　**Luffa cylindrica** Roem.　葫芦科

［原 料 名］　丝瓜籽

［形态特征］　一年生攀援草本，幼时全株密被柔毛，老时近于无毛；茎圆形，常有棱，幼茎绿色，被稀疏柔毛，**卷须通常3裂**。单叶互生，具柄，掌状，卵形或长卵形，长和宽各约10～20厘米，5裂，裂片常呈三角形，先端渐尖或短尖，边缘具疏锯齿，表面深绿色，背面淡绿色，幼时具刺毛，老时粗糙无毛，主脉3～7条；叶柄多角形，具柔毛，长4～9厘米。花单性，雌雄同株；雌花单生，具柄；**雄花集合成总状花序**，梗长10～15厘米；萼5深裂，萼片卵状披针形，绿色，外被细柔毛；花冠黄色或淡黄色，呈5深裂，裂片阔倒卵形，长3～5厘米，宽2.4～4.5厘米，边缘波状；**雄蕊5，离生。花药2室，极曲折**。花丝分离，基部膨大，被软毛；子房下位，圆柱形，3室，胚珠多数，柱头3。瓠果下垂，长圆柱形，长18～60厘米，不具棱角，幼时肉质，绿带粉白色，并有青绿色的纵带纹，熟时干燥，成黄绿色至褐色，果肉内生坚韧的网状纤维，俗称“丝瓜筋”；种子椭圆形而扁平，长8～20毫米，直径5～11毫米，黑色，平滑，边缘稍成狭翅状。花期7～8月，果期8～10月。

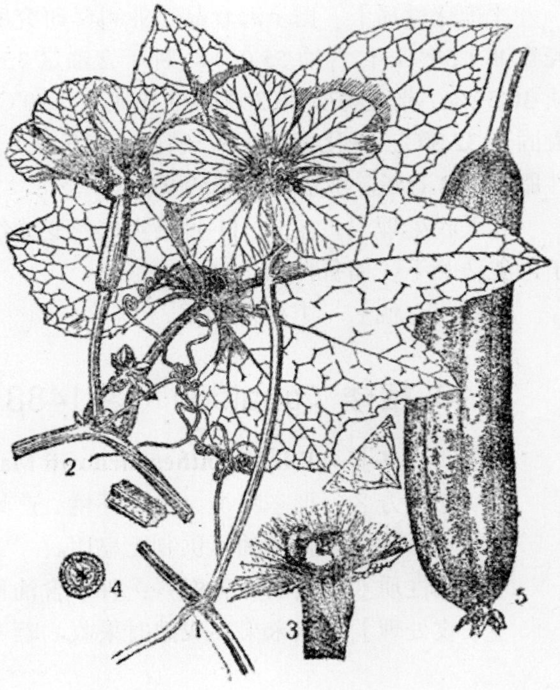

图 807　丝瓜

Luffa cylindrica Roem.

1．雄花枝；2．雌花枝；3．雌花的一部分，示柱头；4．子房横切面；5．果实。

（自“中国药用植物志”）

［生长环境］ 多栽培于田间和宅旁墙脚下。

［产　　地］ 全国各地均有栽培作蔬菜。

［用　　途］ 丝瓜子油可供食用，亦可供制肥皂。

丝瓜络可入药（见“药用类”，1930 页）；又可洗涤碗碟器皿。果实幼嫩时供食用。丝瓜藤可造纸（见“纤维类”，318 页）。榨油后的油饼可作猪饲料。

［理化性质］ 据山东省资料：种子含油量 58.6%，出油率 16.18%。油为不干性油，油色棕黄，折射率（25℃）1.4592；碱化值 199.1，碘值 98.4，酸值 9.3。

［采收处理］ 秋季果实成熟时，果皮变成黄色，即可采摘，剪去两端，倒出种子晒干，即可榨油；余下的瓜络供药用。

409 番木鳖（fanmubie）

［学　　名］ **Momordica cochinchinensis** (Lour.) Spreng.　葫芦科

［原 料 名］ 地桐子

（地方名、形态特征、生长环境、产地及其他用途见“药用类”，1930 页）

［用　　途］ 种子油供工业用，可掺和其他干性油使用。

［理化性质］ 据上海食品工业科学研究所资料：种子壳重 36.08%，仁重 63.92%；壳含油 1.54%，仁含油 55.01%，种子含油量 35.72%，灰分 3.21%，粗纤维 0,99%，蛋白质 30.59%，非氮物质 10.20%。油的比重（20℃）0.9455，折射率（20℃）1.4978，脂酸凝固点 32.3℃；碱化值 201.5，碘值（韦氏法）132.8，酸值 2.6，不碱化物 0.79%，可溶性脂肪酸 1.11%，不溶性脂肪酸 93%。

［采收处理］ 在 9～11 月果实成熟变成红黄色时即可采收，将果皮剖开，取出种子，洗净晒干，储备榨油。

［其　　他］ 用种子繁殖。

410 栝楼（gualou）（图 1488）

［学　　名］ **Trichosanthes kirilowii** Maxim.　葫芦科

（地方名、形态特征、生长环境、产地及其他用途见“药用类”，1931 页）

［用　　途］ 种子油可供制肥皂用。

［理化性质］ 据浙江省资料：种子含油量 26%左右。

［采收处理］ 秋末果实成熟时采收，晒干去壳，得纯净种子备用。

411 党参（dangshen）（图 1490）

［学　　名］ **Codonopsis pilosula** (Franch.) Nannf.　桔梗科

（地方名、形态特征、生长环境、产地及其他用途见“药用类”，1933 页）

［用　　途］　种子油可制肥皂。

［理化性质］　据甘肃省资料：种子含油量 29%。

［采收处理］　果实成熟时即可采收，晒干后存放通风干燥处以备榨油。

412 桔梗（jiegeng）（图 1492）

［学　　名］　**Platycodon grandiflorum** (Jacq.) A. DC.　桔梗科

（地方名、形态特征、生长环境、产地及其他用途见“药用类”，1937 页）

［用　　途］　种子油供工业用。

［理化性质］　据中国科学院林业土壤研究所资料：种子含油量 30.45%。

［采收处理］　种子于 9 月成熟，采下果实晒干，打出种子放通风干燥处备用。

413 牛蒡（niupang）（图 808）

［地 方 名］　老母猪耳朵、老母猪哼哼（黑龙江、辽宁），土大桐子、万把钩（江苏），大力子、恶实（通称），牛菜、黑萝卜、黑板儿（山西），老鼠愁、老鼠捻捻（陕西），牛子（山东），黑风子（青海）。

［学　　名］　**Arctium lappa** L.　菊科

［原 料 名］　大力籽

［形态特征］　二年生草本，高 1～2 米；茎直立，上部多分枝，暗紫褐色，有纵条棱。根粗壮。基生叶丛生，大型，有长柄；叶长卵形或阔卵形，长 20～50 厘米，宽 15～40 厘米，基部通常心形，先端锐尖，具刺尖，全缘或呈不整齐波状微齿，表面绿色或暗绿色。具疏毛，背面灰绿色，密被灰白短茸毛；茎生叶互生，阔卵形，至上部逐渐变小。头状花序簇生于茎顶或排列成伞房状，直径 2～4 厘米；花梗长 3～7 厘米，有浅沟，密生白色细茸毛；总苞球形，苞片呈复瓦状排列，披针形或线状针形，刚硬，先端钩曲；小花皆为管状，两性，红紫色，先端 5 浅裂；雄蕊 5，与花冠裂片互生；花柱细长，柱头 2 裂。瘦果长圆形或长圆状倒卵形，长 5～6 毫米，灰褐色；冠毛多数，短刚毛状。花期 6～7 月，果期 8～9 月。

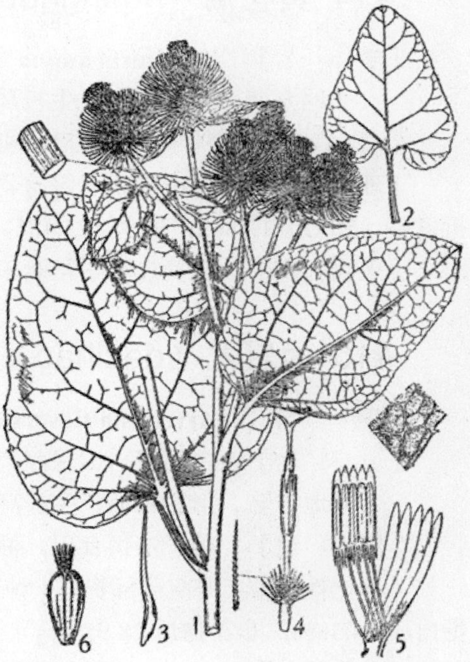

图 808　牛蒡

Arctium lappa L.

1．花枝；2．叶；3．苞片；4．管状花；5．花冠剖开示雄蕊；6．果实。

（自“中国药用植物志”）

［生长环境］　生于路旁沟边、山坡向

阳草地、林边和村镇附近。

［产　　地］　黑龙江、吉林、辽宁、内蒙古、河北、河南、山东、山西、江苏、浙江、安徽、湖北、湖南、江西、广西、贵州、云南、四川、陕西、甘肃、青海、宁夏、新疆等省区，以东北产量最大。

［用　　途］　种子（瘦果）油供制肥皂和润滑油。

牛蒡籽又可为药用或兽药用（见“药用类”，1939 页）。茎皮纤维可造纸（见“纤维类”318 页）。根部含大量菊糖，可酿酒及作蔬菜食用。

［理化性质］　据中国科学院植物研究所资源室资料：种子含油量 25～30%。属半干性油，棕褐色，较粘稠；油的折射率（25℃）1.4772：碱化值 176.62，碘值 90.20，酯值 179.95，不碱化物 1.31%，乙酰值 64.6。据“中药志”记载：脂肪油的主要成分为软脂酸、硬脂酸及油酸的甘油酯。

［采收处理］　8～9 月间果实成熟，采摘果序晒干，用连枷或木棒打落果实，除去杂质，即可榨油；保藏时可装于麻袋内，置通风干燥处，防止霉烂。

［其　　他］　一般用播种法繁殖。在华北以 8～9 月间为适宜播种期，3～4 月间亦可。

414 黄花蒿（huanghuahao）（图 1181）

［学　　名］　**Artemisia annua** L.　菊科

（地方名、形态特征、生长环境、产地及其他用途见“芳香油类”，1478 页）

［用　　途］　种子油作肥皂和机械润滑油。

［理化性质］　据中国科学院植物研究所资源室数据：种子含油量 28.75%。油的折射率（15℃）1.4802；碘值 123.481，酸值 5.6911，酯值 156.4425。

［采收处理］　采摘之种子，晒干，除净杂质，即可备用。

415 大籽蒿（dazihao）（图 1190）

［学　　名］　**Artemisia sieversiana** Willd.　菊科

［原 料 名］　白蒿籽、大籽蒿

（地方名、形态特征、生长环境、产地及其他用途见“芳香油类”，1487 页）

［用　　途］　种子油供食用，油味很香，可利用作糕点，亦可作工业油用。

［理化性质］　据商业部资料：种子含油量 19.40%，灰分 12.20%，粗纤维 13.07%，蛋白质 24.38%，非氮物质 28.95%。

［采收处理］　8～10 月果实成熟时采收，用刀割取全株，晒干，打下种子，去掉杂质，即可榨油。

［加　　工］　将晒干的种子用碾碾一遍，去掉杂质，用文火炒，炒至纯干或发焦

时，取出再碾，直至碾出的种仁占90%以上为止，然后将仁粉碎，每50公斤加水4公斤，拌匀，放置数小时使料全部浸透后即可上蒸，隔一小时左右即可取出，包饼上榨。

416 小花鬼针草（xiaohuaguizhencao）（图809）

［地 方 名］　鬼针草、锅叉草、后老婆针、小鬼叉（东北）

［学　　名］　**Bidens parviflora** Willd.　菊科

［形态特征］　一年生草本，茎直立，高20～70厘米；分枝，有毛或无毛。单叶对生，具细柄，叶片2～3回羽状深裂，裂片线形或线状披针形，宽2.5～4毫米，先端尖或稍钝，全缘或有牙齿，疏生细毛或无毛。花两性；头状花序顶生于茎端或枝顶，排列成疏散的圆锥状花序；总苞细圆柱状，长1.3～1.6厘米，宽2.5～4厘米，总苞片2～3列，线状披针形，内列长，膜质，黄褐色，外列短小，绿色；花皆为管状，黄色。瘦果线形，具四棱，长1.3～1.7厘米，直径1.2毫米，顶端有2向上直生的针刺，刺长约4毫米。花期8～9月，果期9～10月。

［生长环境］　林边、向阳草地、路旁、干山坡、荒地等处。

［产　　地］　吉林、辽宁、黑龙江、内蒙古、山西、河北、河南、山东等省区。

［用　　途］　种子油供制油漆及其他工业用。

本种有近似鬼针草（Bidens bipinnata L.）的效用，为解热、止泻、解毒药，对习惯性腹泻、高热等有良好效用。

图809　小花鬼针草
Bidens parviflora Willd.
1．茎上部；2．瘦果。

［理化性质］　中国科学院林业土壤研究所资料：果实含油量27.3%。

［采收处理］　种子9～10月间成熟，刈取植株，晒干，用连耞或木棒打落种子，簸去杂质，以纯净种子供榨油用。若供药用，则于7～8月间割取地上部，晒干即可。

417 狼把草（langbacao）（图 810）

［地 方 名］ 鬼叉（辽宁、黑龙江），鬼刺、鬼针（陕西）。

［学　　名］ **Bidens tripartita** L. 菊科

［原 料 名］ 狼把草籽

［形态特征］ 一年生草本，茎直立，高 30～80 厘米，有时可达 90 厘米；由基部分枝，无毛。单叶对生，具柄，茎顶部的叶小，有时不分裂；茎中下部的叶片羽状分裂或深裂，裂片 3～5，卵状披针形至狭披针形，稀近卵形；基部楔形，稀近圆形，先端尖或渐尖，边缘疏生不整齐大锯齿，顶端裂片通常比下方者大；叶柄有翼。花两性；头状花序生于茎或枝的顶端，球形或扁球形；总苞片 2 列，内列披针形，干膜质，与头状花序等长或稍短，外列披针形或倒披针形，比头状花序长，叶状；花皆为管状，黄色，柱头 2 裂。瘦果扁平，长圆状倒卵形或倒卵状楔形，长 4.5～9 毫米，直径约 1.5～2.2 毫米，边缘有倒生小刺，两面中央各具一条纵肋，两侧上端各有一向上的刺，刺上有细小逆刺。花期 8～9 月，果期 10 月。

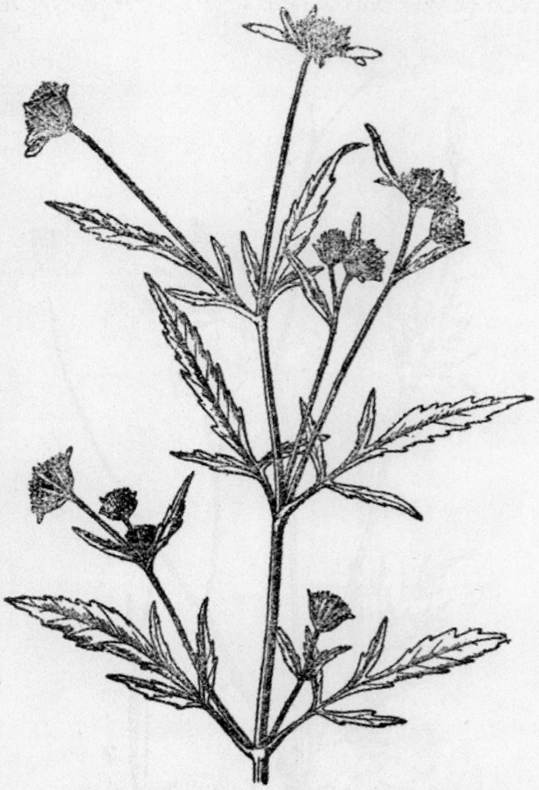

图 810 狼把草
Bidens tripartita L.
植株上部

［生长环境］ 系生于水边湿地、沟渠及浅水滩的一种杂草。

［产　　地］ 黑龙江、吉林、辽宁、河北、山西、山东、河南、陕西、甘肃、安徽、江苏、浙江、湖南、江西、湖北、四川、贵州、台湾、广西等省区。

［用　　途］ 种子（果实）油供制油漆用。全草药用（见“药用类”，1945 页）；全草还可提取黄色和淡黄色染料。

［理化性质］ 据辽宁省资料：果实（瘦果）含油量 23.78%，油的碘值 139。

［采收处理］ 俟果实成熟后，将果序摘下，晒干，打落果实，除去果枝及杂质，即可供榨油用。

418 红花（honghua）（图 1497）

［学　　名］ **Carthamus tinctorius** L.　菊科

［原 料 名］ 红花子

（地方名、形态特征、生长环境、产地及其他用途见“药用类”，1947 页）

［用　　途］ 红花子油的干燥能力比亚麻油略小，可代替亚麻仁油制油漆、油布，又可做人造奶油和腊纸的原料，还可做润滑油，同时也是品质优良的食用油。

［理化性质］ 据上海食品工业科学研究所分析：壳重 56.3%，仁重 43.7%，壳含油 0.48%，仁含油 55.38%，种子（瘦果）含油量 24.219%，籽中灰分 4.17%，粗纤维 35.63%，蛋白质 20.62%，非氮物质 15.37%。油系半干性油，色淡黄，清彻透明；油的比重（20℃）0.9249，折射率（20℃）1.4815，粘度（安格拉氏秒 20℃）5′ 43.8＂，脂酸凝固点 14.1℃；碱化值 186.5，碘值（韦氏法）142.1，酸值 19.3，不碱化物 1.54%，乙酰值 29.49，可溶性脂肪酸 0.67%，不溶性脂肪酸 92.40%。脂肪油的主要成分为棕榈酸、脂蜡酸（固体脂肪酸）、油酸、十八碳三烯酸（液体脂肪酸）。

［采收处理］ 8～9 月果实成熟时。用镰刀从根部处刈割植株，摊散晒场曝晒，然后用连枷或木棒打落种实，扬去梗叶和杂质，取得纯净果实，放在通风干燥处，以免霉烂。

［其　　他］ 用种子繁殖。本种在利用时应首先满足药用的需要。

419 光豨莶（guangxixian）（图 811）

［学　　名］ **Siegesbeckia glabrescens** Makino (*S. orientalis* L. f. *glabrescens* Makino)　菊科

［形态特征］ 一年生草本，茎直立，高 35～100 厘米，带紫色，具短伏毛；上部分枝直而开展。叶对生，三角状卵形，长 5～15 厘米，宽 3.5～8 厘米，基部截形或楔形，下延或成翼柄，先端

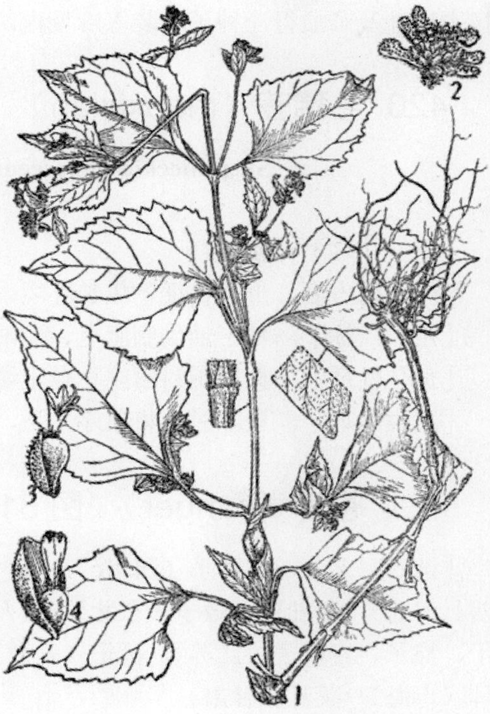

图 811　光豨莶

Siegesbeckia glabrescens Makino

1. 植物全形；2. 头状花序；3. 舌状花；4. 管状花。

（自“江苏南部种子植物手册”）

短尖，缘具不规则的锯齿，表面绿色，背面淡绿色，具腺状斑点，两面有短伏毛，脉三出；叶有长柄；上部叶较小，长椭圆形至线形，近于无柄。头状花序多数，直径 12～15 毫米，**总花梗长 1～3 厘米，有细毛密生，但无腺毛；总苞片 5，匙形**，具有柄的腺毛；舌状花冠长 1.5～2.5 毫米，黄色，三齿裂。瘦果四棱形，顶端截形，基部窄缩，长 2 毫米，**黑色，无毛**。花期 9～10 月。

［生长环境］　为林缘、路边草地、田边、荒芜地及宅旁附近的稍湿处的一种杂草。

［产　　地］　黑龙江、吉林、辽宁、山东、江苏、浙江、湖南、湖北、广东、广西、云南等省区。

［用　　途］　种子油碱化值很高，为很好的肥皂原料，也可制润滑油。

［理化性质］　据东北资料：种子含油量 30.83%。又据中国科学院林业土壤研究所资料：油的比重（15℃）0.9620～0.9634，折射率（20℃）1.4800；碱化值 295.7～303.7，碘值 49.1～50.6，酸值 51.1～52.1，酯值 347.8～354.8。

［采收处理］　待种子成熟时，摘取果序，晒干，用木棒捶打，使种子脱落，用簸箕扬去枝叶及杂质得净种子，装入麻袋内，放干燥通风处贮藏，以免受潮霉烂。

420 毛豨莶（maoxixian）

［学　　名］　**Siegesbeckia pubescens** Makino (*S. orientalis* L. f. *pubescens* Makino) 菊科

［原 料 名］　粘苍籽

（地方名、形态特征、生长环境、产地及其他用途见“药用类”，1962 页）

［用　　途］　种子油供制肥皂、润滑油。

［理化性质］　据中国科学院林业土壤研究所资料：种子含油量 30.83%。

［采收处理］　果熟时，将果序采下，晒干，除去杂质即可。

421 苍耳（canger）（图 812）

［地 方 名］　苍耳子（四川、云南、河南、山东、山西、东北），老苍子（辽宁、江西、河北），野茄子、敞子（东北），道人头、刺八棵（河南），苍浪子、绵苍浪子、羌子、棵子、青棘子（江苏），抢子（安徽），痴头婆、胡苍子（湖南），野茄（河北），猪耳（青海），菜耳（甘肃）。

［学　　名］　**Xanthium sibiricum** Patr.　菊科

［原 料 名］　苍耳子

［形态特征］　一年生草本，高 20～50 厘米，有时可达 90 厘米；茎直立，常从基部分枝，绿色或微带紫色生有短硬毛，且上部较密。单叶互生，有长柄，纸质，粗糙，三角状卵形或三角形，长 4～10 厘米，宽 3～10 厘米，基部浅心形，先端短尖，边缘常有三角形小裂片和不规则牙齿，两面生有贴伏的短粗毛，基脉三出。花单性，雌雄同株；

头状花序腋生或顶生；雄花序球状，直径 3～6 毫米，花药黄色带紫；雌花序卵形，含小花 2 朵；总苞片 2～3 列，内列的 2 枚形大，椭圆形，结成一个 2 室的囊状硬体，外面密被短柔毛及带钩的刺，长达 8～10 毫米，褐绿色，成熟时变枯黄色。果包藏在纺锤形的总苞内，总苞坚硬，具细毛及钩刺，先端有 2 喙，内有瘦果 2 或稀为 1。瘦果卵形，压扁，表面有纵向的纹理。花期 7～8 月，果期 9～10 月（华北、东北）。

［生长环境］　平原或丘陵低地、田间、路旁或荒地上，为极常见的杂草。

［产　　地］　黑龙江、吉林、辽宁、内蒙古、河北、山西、山东、河南、陕西、甘肃、青海、新疆、安徽、江苏、浙江、湖南、江西、湖北、四川、贵州、福建、台湾、广东、广西、云南、西藏等省区均产。以东北、西北和华北为多。

［用　　途］　苍耳子油与桐油性质相仿，但干燥性不强，可掺和桐油制油漆，又可做油墨、肥皂、油毡的原料，还可制硬化油、润滑油，有的地区作食用油。

榨油后的油饼可做猪饲料，油饼中含氮 4.47%，磷 2.5%，氧化钾 1.74%；也是一种很好的肥料。果供药用（见“药用类”，1967 页）。“救荒本草”载有籽仁炒微黄，捣去皮，磨成面，可作烧饼或蒸食。

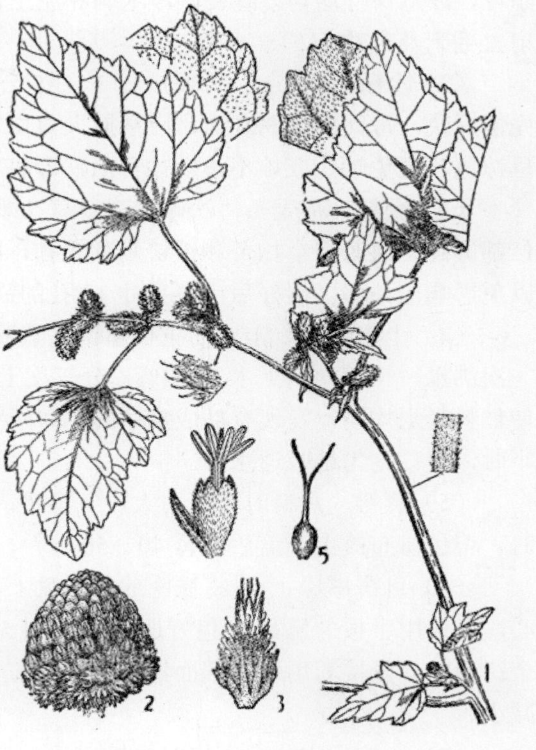

图 812　苍耳

Xanthium sibiricum Patr.

1．果枝；2．雄花序；3．雌花序；4．雄花；5．雌花。

（自“江苏南部种子植物手册”）

［理化性质］　据上海食品工业科学研究所资料：苍耳子（指带总苞的果实）含油量 21.14%，灰分 3.45%，粗纤维 0.69%，蛋白质 17.14%，非氮物质 34.05%。系半干性油，棕褐色；油的比重（20℃）0.9253，折射率（20℃）1.4741，脂酸凝固点 16.8℃；碱化值 193.6，碘值（韦氏法）131.2，酸值 7.4，不碱化物 1.28%，乙酰值 2.13，可溶性脂肪酸 0.68%，不溶性脂肪酸 95.01%。

［采收处理］　苍耳子于秋末成熟，子实黄褐色或灰黑色时即可采集，采集方法：剪下成熟果枝，用棒将果实打入筐篓内，或苍耳子绝大部分成熟后，自近根部割取全植株晒干，打下果实，扬净杂质，盛入麻袋或堆集席囤里，贮于通风干燥处，以防霉烂损坏。采集时要注意保护资源，可适当就地留播一些种子，以便来年繁殖；有的地方在果

实尚未成熟时即采割作沤绿肥的做法应加防止。

［加　　工］ 山西省武乡县荣华农业社木榨油坊根据苍耳子壳厚坚韧、密生毛刺、籽仁细软、含油量大的特点，采取了碾刺净、炒籽脆、除壳好、上水匀、焖料透、包饼快和轻压、重压、勤压的加工方法，使出油率达到 19.38%。其具体操作过程如下：

（1）碾毛刺、除杂质　将苍耳子铺在石碾上约一寸厚，徐徐推碾，慢慢向碾中心添籽，注意保持均匀，既要碾净毛刺和泥土，又不能将籽碾扁或开口，碾好后再用风车扇去毛刺及杂质。

（2）炒籽、扇焦灰　每锅炒籽 3～3.5 公斤，约 14 分钟炒一锅，炒时应不停地搅拌，先慢后快，每锅搅拌 320 次，应掌握火力均匀，锅内温度一致，使每粒籽外壳发脆，仁呈棕色，避免炒焦或炒不透。炒籽后，即将籽摊开散热，然后用风车扇去焦灰。

（3）碾料、筛壳　每次碾籽 750 克（即约一斤半），约碾 5 分钟左右，将皮壳、籽仁都碾碎，碾时用小扫帚和铁铲勤翻勤扫，既使籽仁碾的细而匀，又不得使籽壳夹仁，以免影响出油率。碾好后用每英寸 12 孔的铁丝筛筛去皮壳。

（4）上水焖料　上水时把仁料铺在蒸锅灶旁温度较高的地方，铺一层料用喷壶上一次沸水，一般净料上水 35.11%，分三次上完，然后用铁锹搅拌均匀，再用脚踩几遍，使仁料吸水均匀，发现有粘成疙瘩的，即用手搓碎，随即用包饼布袋盖住，约焖一个半小时，使仁均匀地吸透水分。

（5）蒸料　蒸料时要火力大，气力足，使蒸气均匀透过仁料，料温达 100～105℃时，将包饼布盖上，前后共蒸 40～50 分钟，至一捻见油为止。

（6）包饼撑垛　先将铁圈放在底盘上，把锅内热料装入布袋，立即放入铁圈中心，迅速用手按匀压紧，包好迭正，仁料 50～60 公斤，以 13～14 分钟时间包成 13 个饼为宜。紧接着用木棍四面撑住饼垛，防止歪垛，以便压榨时压力均匀，饼内残油减少。

（7）压榨、空油　压榨时先轻后重，逐步加大压力，至时断时续地流油时，可猛增压力，结束压榨。压榨时间约 1 小时 40 分钟，车间温度应经常保持在 28～35℃之间。

以上是第一次压榨的操作方法，还要进行两次复榨。第二次复榨时，把第一次榨后的饼碾碎，上开水 3.5 公斤左右，焖料约 40 分钟；第三次压榨时，将第二次榨的饼碾细，不再上水。其余蒸料、包饼、压榨的方法和第一次相同。

［其　　他］ 苍耳子适应性较强，生长繁殖快，可以考虑人工栽培，以增加产量。山西省武乡县张家沟于 1958 年栽培苍耳子 18 亩，共产籽 1,575 公斤，其中一亩产 575 公斤，最大的一株产籽 18.19 公斤，籽粒饱满，含油量比野生的籽实高 15%左右。根据他们的栽培经验，在当年秋后松土上底肥下种，来年 4 月中旬即可出苗，苗长到 17 厘米（即约 5 寸）时即进行锄苗，株行距保持 50～66 厘米（1.5～2 尺）。

苍耳子分布面广，除大量利用榨油外；应尽量满足药用。

422 稻（dao）（图 813）

［学　　名］ **Oryza sativa** L.　禾本科

［原 料 名］ 米糠（通称）

［形态特征］ 一年生簇生草本，高达 1 米；秆直立。叶片狭长，稍粗糙，长 30～60 厘米，舌片膜质，较长。圆锥花序稀疏，直立或点垂，长 15～30 厘米；小穗黄绿色或淡紫色，少有黑色的，长椭圆形，长 6～8 毫米，有芒或无芒。颖果离生，长圆形，两侧扁平。

［生长环境］ 栽培植物。

［产　　地］ 安徽、江苏、浙江、湖南、江西、湖北、四川、贵州、福建、台湾、广东、广西、云南、河南、山东、河北、山西、宁夏、辽宁、吉林等省区。

［用　　途］ 米糠可榨油，经过精制的米糠油和花生油一样，可供食用，且耐贮藏；米糠油可制造硫酸化油，用于纺织和制革；又为良好的肥皂原料。米糠油含有较多的固体脂肪酸，可供制人造奶油之用；日本会用米糠油提制三油酸甘油醋、硬脂酸和磷脂酸类。米糠除提油外，尚可从糠油精炼时的压滤残渣中分离出一种高级植物蜡，称糠蜡，经过漂白也可变成纯白色，有很好的光亮度、硬度和电气绝缘性能，适用于制皮鞋油、地板蜡、汽车蜡、复写纸、化妆品、电气绝缘蜡等；也可以加在其他低熔点的蜡内，提高熔点，扩大用途。

稻是我国重要的粮食作物，除作主要食粮外，可制淀粉和酿酒。茎秆纤维可造纸和制人造棉（见“纤维类”，357 页）。稻壳尚可利用制造糠醛、乙酸、甲醇、柏油、愈苍木酚、氟硅酸钠、白炭黑等重要化工原料。从米糠中还可得到豆固醇、生育醇、维生素乙、维生素丁等制药原料。稻根药用，有止汗之效。

［理化性质］ 据山东省资料：米糠含粗脂肪 5.81～11.73%，粗纤维 11.46～23.56%，粗蛋白 10.77～14.35%，无氮浸出物 23.49～

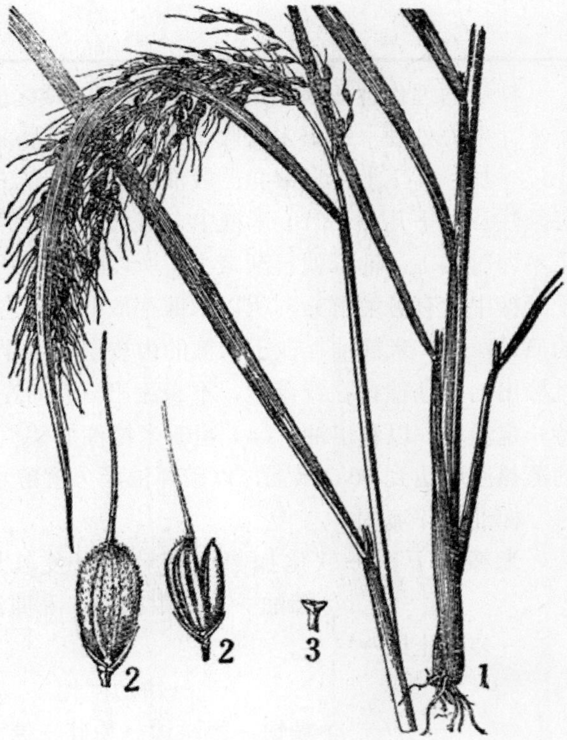

图 813　稻

Oryza sativa L.

1．植株；2、2′．小穗；3．小穗柄顶端方退化颖片。

（自“中国主要植物图说，禾本科”）

45.01%，灰分 10.53～24.23%，水分 8.56～10.50%，钙 0.21～0.91%，磷 0.65～1.44%。

米糠油的理化性质分析列表如下：

品名	水分（%）	杂质（%）	比重（15.5℃）	折射率	碱化值	碘值	酸值	游离脂肪酸	化验单位
福建龙溪粮食局米糠油	0.25			1.4709（25℃）			27.49	13.8	天津市油脂公司化验室
上海机榨米糠油	0.09	0.11	0.9242	1.4705（25℃）	185.79	98.5	3.8		上海市油脂公司化验室
江苏南通粗米糠油	0.25	1.35	0.9255	1.4621（50℃）	179.7	100.2	9.6		上海粮谷出口油脂公司化验室
江苏南通半炼米糠油			0.9208	1.4615（50℃）	184.4	100.3	0.30		同上
江苏南通精炼米糠油			0.9198	1.4608（50℃）	184.6	99.7	0.14		同上

米糠油的脂肪酸含量及其与棉子油和大豆油的比较：

品名	油酸（%）	亚麻油酸（%）	软脂酸（%）
米糠油	45	35	20
棉子油	35	41	22
大豆油	35	57	5

糠蜡的理化性质是：熔点 78～80℃，碱化值 65～90，碘值 10～20，酸值 4～9。

［采收处理］ 碾米时收集米糠，即可用来榨油。

［加　　工］ 米糠与一般油料的榨油方法大致相同，根据米糠的性质，在榨油前必须注意以下几点：（1）米糠中含有油脂分解酵素，故油分在米糠中会很快被分解，如果不即时加工，油分就日渐减少，所以原料的新鲜与否，和出油率有直接影响；（2）由于米糠中含有分解酵素，所以米糠存放的时间愈长，则榨出油的酸值愈高，因而降低油的质量；（3）米糠油存在于米糠的内皮层，由于内皮层纤维比较长，细胞不易破裂，并且榨出的油往往留在纤维上，不易流出，因而在压榨中应使米糠含有一定量的水分，保持一定温度，以利出油；（4）粗制米糠油的酸值是会提高的，因此压榨时必须提高米糠的蒸热温度达到90℃以上，以破坏油脂分解酵素，保证油质不起变化。

榨油操作流程：

米糠→下料→软化加热→初轧坯→复轧坯→料加热→称料蒸坯→预压成型→

→装车压榨→
- 糠油→工业用糠油（毛糠油）
- 糠饼→磨饼边→粉碎→糠饼粉（饼边→饼边回榨）

米糠油亦可用溶剂萃取法（浸提法）制取。

从米糠油精炼时的压滤残渣（滤泥）中提取精制糠蜡，可用溶剂结晶法，其提取方法如下：

一、原料的预处理：原料米糠油滤泥内含有较多水分、杂质、胶粘性物质和大量糠油。应先置开口锅内，在直接火上加热，除尽水分并加入活性白土处理。白土用量约为原料的 5～10%，共同加热至 160℃左右，离火静置，任其自然沉淀，待冷至 90℃左右将面层澄清部分倒出，待完全冷却后再用帆布包裹在压榨机上压去油分（能压得愈硬愈好），成为冷压糠蜡，作为进一步用溶剂精制的原料。

二、溶剂结晶精制：冷压糠蜡 1 份，苯：酒精（1:1）混合溶剂 6 份，在回馏下用闭口蒸汽器加热溶化搅拌均匀，保温静置，分去底层沉淀腊脚，趁热放入密闭容器内，任其自然冷却，糠蜡即在溶剂内结晶析出，糠油仍溶解在冷溶剂内。在密闭情况下进行过滤，滤干后再用少量混合溶剂洗涤滤渣一次。蒸馏回收滤液内溶剂，可得糠油（包括少量软蜡），蒸馏回收滤渣内溶剂，即为精制糠蜡。

423 玉蜀黍（yushushu）（图 814）

［地 方 名］ 包谷(通称)，棒子（山东），玉米（河北、广西、四川），包米（辽宁、吉林、黑龙江、山东），玉茭（山西）。

［学　　名］ **Zea mays** L. 禾本科

［形态特征］ 一年生草本，高可达 3～4 米，秆粗壮，平滑，基部各节有支柱根。单叶互生，大形，狭长披针形，边缘呈波状起伏，叶鞘有横脉。花序单性同株，雄花序出自茎顶，成大形圆锥状，分枝长而多，含多数密集小穗，小穗各含花 2 朵，一近无柄，一有柄，每花具 3 雄蕊；雌花序着生于叶腋，呈圆柱状穗状花序，全部为多数叶状总苞所包，穗轴粗而肥厚，其上排列有 8～18（30）行雌小穗，雌蕊具极长如丝的花柱，从苞片的顶端向外散垂。颖果因品种的不同有黄色、白色等。花期 7～8 月，果期 8～9 月。

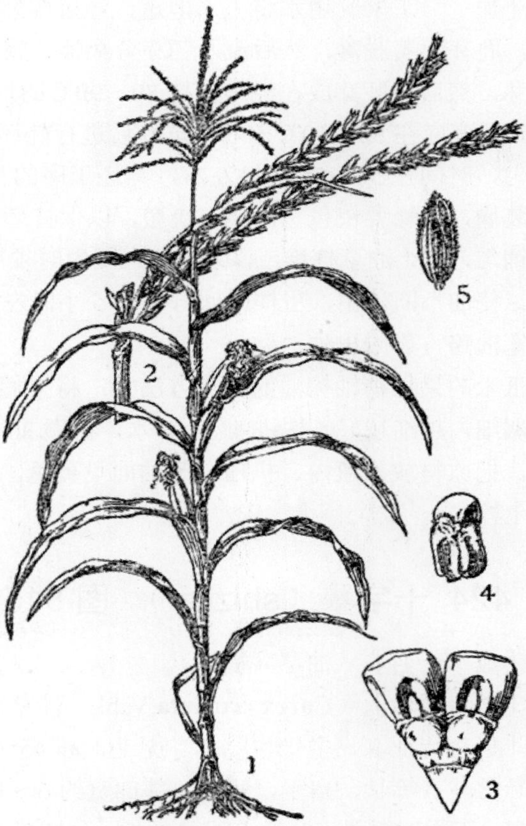

图 814　玉蜀黍
Zea mays L.
1. 植株；2. 雄花序之分株；3. 二枚雌小穗，具成熟颖果；4. 雌小穗，具未成熟颖果；5. 雄小穗。

［生长环境］ 旱地栽培植物。

［产　　地］ 全国各地均产。

［用　　途］ 玉蜀黍除作粮食外，胚芽可榨油，供食用，也可作肥皂、硬化油用。种子含有淀粉，供食用，又可制造葡萄糖和印染等工业用的糊精、印染胶等，还可用淀粉和葡萄糖生产草酸。玉米的果穗穗轴富含糖分，可作饲料，也可作糠醛。制糠醛后，尚可做层压板。玉米秆可作牛马饲料。玉米苞壳可作纸浆及人造棉。

［理化性质］ 据上海食品工业科学研究所资料：胚芽含油量 57.43%，灰分 2.01%，粗纤维 1.20%，蛋白质 15.46%，非氮物质 23.90%。油的比重（20℃）0.9188，折射率（20℃）1.4715，粘度（安格拉氏秒 20℃）7′6″，脂酸凝固点 22.8℃；碱化值 198.7，碘值（韦氏法）115.6，酸值 4.80，不碱化物 1.53%，乙酰值 13.27，可溶性脂肪酸 0.55%，不溶性脂肪酸 94.7%。

［采收处理］ 玉米成熟后即采收，收回后脱粒（或不脱粒）晒干，贮藏以备各种需要。

［加　　工］ 用水将玉米泡透，经过碎解机，将玉米破碎为 4～6 片，在破碎过程中，胚芽随着脱落，然后流入胚芽分离器，将胚芽与皮、肉、淀粉等分开，即得纯玉米胚芽，然后将胚芽放在经常保持 80～90℃的炕面上，将胚芽炕干（约 4 小时），勿使发焦，温度应在 50～60℃左右，炕好后进行轧坯，需轧得薄而匀，然后蒸坯，蒸坯要铺平摊匀，时间在 50～55 秒钟左右，蒸坯工序的其他操作方法与热榨大豆相同。蒸好后马上装垛，装垛要快包、快装、快搬，以保持坯的温度，在操作时饼圈应注意放正，油草要铺匀，防止油草打堆或漏坯，倒入圈内时须用手推平，踩垛要迅速，压榨要求轻压、勤压，使油不断流出，压榨时间一般需 5 小时左右，胚芽含油量多，压力不需过大，以免堵塞油路，影响出油。

玉米的果穗穗轴榨油的操作方法是：将果穗的穗轴放在太阳光下晒干，用棒打碎，然后碾细，越细越好，掺进 4%冷开水，再碾 20 分钟，待与水拌匀后即可蒸秠。先将水烧开，把原料放入甑内，扒松，等油面呈黄色，手捏发软，温度在 150℃时即可出甑包饼、上榨。

424 十字薹（shizitai）（图 815）

［地 方 名］ 油草（福建）

［学　　名］ **Carex cruciata** Vahl.　莎草科

［形态特征］ 多年生草本，无毛，高 45～90 厘米，有木质匍匐的根状茎，秆粗壮。叶常与秆等长，扁平，线形，基部宽约 6～10 毫米，先端渐狭而成一细长尾尖，边缘粗糙，干燥时反卷；叶鞘有明显的翅。复圆锥花序稠密，尖塔形，苞片约与花序等长，叶状；小穗线状长圆形，长 6～10 毫米，两性，多数，无柄；鳞片淡褐色，卵形，微锐尖，有小线条。花单性，雄花有雄蕊 3，长约 4 毫米；雌花的子房包藏于瓶状或肿胀的

果囊内，花柱 3 裂，果囊卵状三棱形，长于鳞片，约 2.5 毫米，锈色或褐色，有明显的脉数条，并有一长喙。夏秋间抽穗。

［生长环境］　多生于山地路旁草丛中，喜充足的阳光及酸性的土壤，在郁闭度大的林下很少生长。

［产　　地］　广东、湖南、福建、台湾等省。

［用　　途］　种子油可食用。

种子磨粉后可制糕点。

［理化性质］　据福建省资料：种子含油量约 10%，油为褐色，无特殊气味。

［采收处理］　秋季种子成熟后采收，可割取整株，晒干，打下种子，去掉杂质，即可榨油。

［其　　他］　可用种子或分根繁殖，应选择阳光充足、较开旷的山坡。

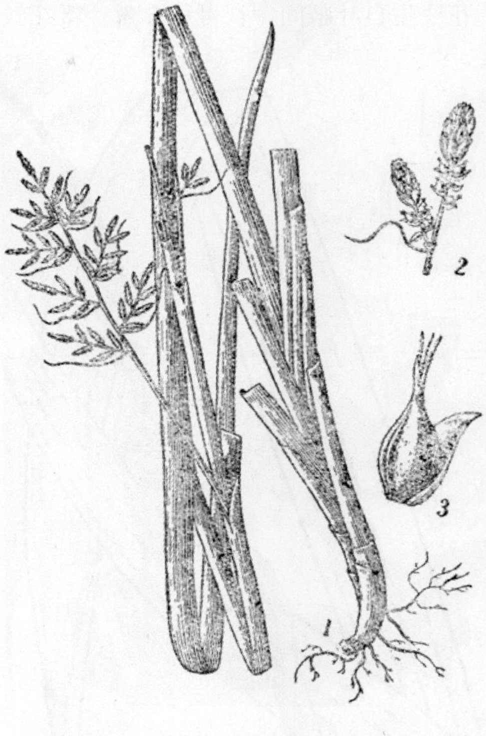

图 815　十字薹

Carex cruciata Vahl.

1．植株全形；2．小穗；3．苞片、果囊及露出的花柱。

425 黑莎草（heishacao）（图 336）

［学　　名］　**Gahnia tristis** Nees　莎草科

［原 料 名］　猴春籽、猴公须籽（广东）

（地方名、形态特征、生长环境、产地及其他用途见“纤维类”390 页）

［用　　途］　种子油可供食用，味似花生油，又可制肥皂及机械润滑油等用。

［理化性质］　据广东省粮食厅资料：种子含油量 20.20%，水分 8.55%。油属半干性油，油色棕黄；油的折射率（20℃）1.4728；碱化值 189.50，碘值 114.00，酸值 18.04。

［采收处理］　种子早熟者在立冬前后，迟熟者在小雪左右。待种子成熟时，割取植株，晒干后打下种子备用。

426 椰子（yezi）（图 816）

［学　　名］　**Cocos nucifera** L.　棕榈科

［形态特征］　高大乔木，高 20～35 米；干直立，不分枝，有密聚的叶痕。叶为羽状复叶，常 20～30 片丛生于茎顶，扇状，长 3～7 米，宽 1～1.4 米。花单性，雌雄同

株，花序生自叶腋间，长可达 2 米；雄花较细小，较多，生于花序上部，雌花较大而少数，生于花序下部，或雌雄花混生；雄花左右对称，花被 3，雄蕊 6；雌花花被片 6，子房 3 室。果为核果，椭圆形或卵状椭圆形而略呈三棱，长 20～35 厘米，直径 21～24 厘米，未熟时青绿色，成熟时暗褐棕色，外果皮较薄，中果皮为厚纤维层，内果皮角质，极硬，有 3 个基生孔迹，种皮薄，衬托着白色的胚乳（即椰肉），胚乳内有一大空腔贮藏水液。花后一年果熟。

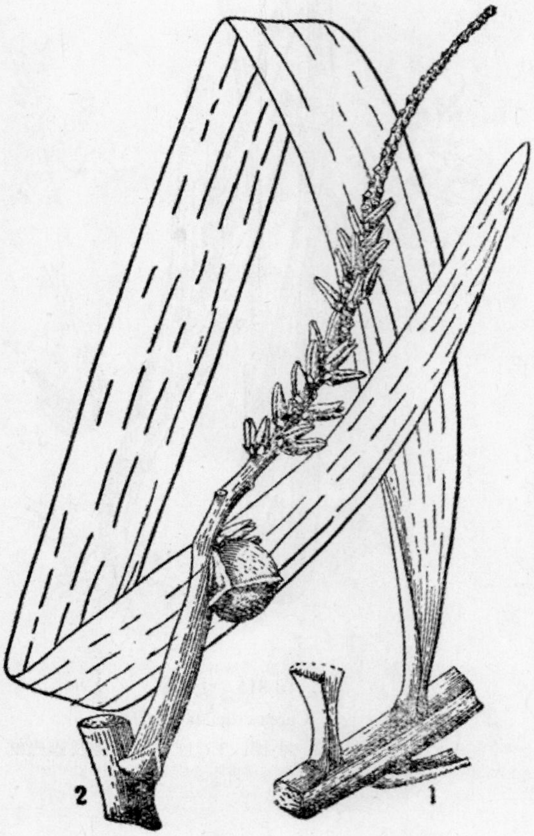

图 816 椰子

Cocos nucifera L.

1. 叶的一部分，示小叶；2. 花序的一部。

［生长环境］ 生于热带海滩砂地上或气温较高的沿河流及溪谷两岸砂质壤土上，或生于较潮湿的平地和缓坡、喜阳光及盐分较浓的砂质壤土。在我国分布于北纬 20 度以南、海拔约 600 米以下至于离海面不到 1 米的海滩地上。萌芽后常以盐水浇洒，可促进生长及提早开花结果期。

［产　　地］ 福建、台湾、广东、云南（南部）等省。

［用　　途］ 椰子油可作饮料上的调味品，或为化妆品，如香皂等的高级原料。又为人造乳酪的原料和工业上用润滑油剂。

叶可盖屋、编篮和织席；叶柄和总轴可为防篱、牛轭等用；干顶的幼芽供蔬食或淹渍用。当开花时割伤花序的总轴便有液汁流出，内含糖分，以供饮料，名棕榈汁；将此汁蒸发后成一种褐色的砂糖，名棕榈糖，经过发酵作用后可制成一种烧酒，名亚力酒（arrack），供饮料，或可制成醋。幼果内所含的水液，鲜美可口，足供一人的饮料，果越老则水量越少。果肉可生食或制成糖果。中果皮的硬质纤维是制作各种毛刷、绳索、垫料原料，经加工更可作麻袋的编纺原料。由于本植物高大，且根、茎坚强，是海岸防护林的优良树种。

［理化性质］ 据云南省资料：果肉含油量为 60～65%。油的比重 0.8354，折射率

1.4295，碱化值 258，碘值 8.4～9.3。中国土产公司计划处编“中国各地土产”第二辑（1952 年）：油的成分为游离脂肪酸 20%，羊油酸 2%，棕榈酸 7%，羊脂酸 9%，脂蜡酸 5%，羊蜡酸 10%，油酸 2%，月桂酸 45%。油在热带地方为白色液体，在冷的地方变成牛油样的固体；有特殊气味，新鲜时气味芬芳，极易被氧化或溶解于酒精中。

［采收处理］　将成熟的椰子用钩子采下备用。

［加　　工］　椰子油制法有两种：旧法（土法）是将椰子经过去椰衣、挖椰肉、刨肉、晒焙、炒肉、整饼、压榨等手续制造而成。新法（机制法）是用水压机压榨椰肉，这是榨碾并用的机器，将椰肉碾碎，当椰糜离开碾子时温度颇高，须送入烘器，在 220° F 下烘蒸 20 余分钟，将逾量之水分经过管中化散，再入锅中加热至 150° F，经过 20 分钟，然后送上榨机，当热糜被一螺旋形器所碾压（压力每平方英寸达数千磅），油即从管中流入油池；但这时椰油是泥浆状，沉淀物极多，必须由一池内翻入另一池滤清。如用滤清器过滤，油色更清，效果更好。

427 鸭跖草（yazhicao）（图 817）

［地 方 名］　鸭鹊草、福菜、竹叶活血丹、掛樑青、晒不死、管蓝青（浙江），竹节菜（贵州），蓝花草、鸡冠菜、鸭抓菜、竹节草（江苏），三节子草、气死日头、三甲子草、三角菜（山东），蓝花菜（吉林）。

［学　　名］　**Commelina communis** L.　鸭跖草科

［形态特征］　一年生草本，高达 50 厘米；茎肉质，柔弱，平滑，节间长 3～9 厘米，近基部的节上常生不定根。叶互生，披针形，长 3.5～9 厘米，先端渐尖，边缘具纤毛，基部下延成膜质的叶鞘。总状花序腋生，佛焰苞具爪，折迭状、阔卵状心形；花两性，不整齐，萼片 3，卵形，膜质，绿色；花瓣 3,大小不一，大的 2 片，近圆形，深蓝色，小的 1 片近于无色；雄蕊 6，3 枚退化；花柱先端稍弯曲。蒴果椭圆形，稍压扁；

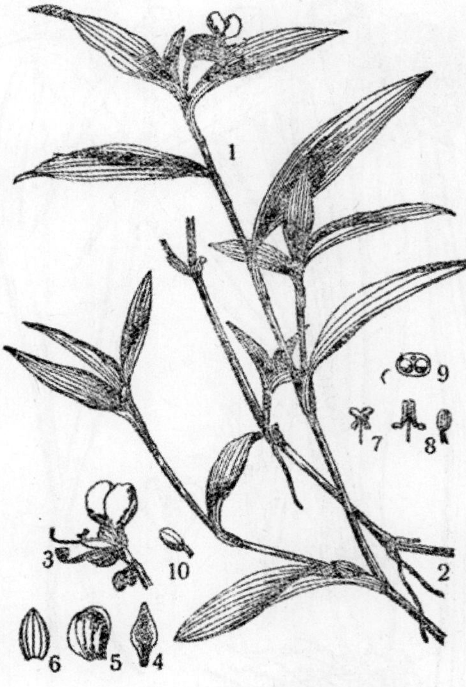

图 817　鸭跖草

Commelina communis L.

1. 茎上部；2. 茎下部；3. 花；4. 下面的花瓣；5. 下面的萼片；6. 上面的萼片；7. 退化雄蕊；8. 发育雄蕊的两种形态；9. 子房横切面；10. 幼果。

（自“中国药用植物志”）

长5～7毫米，先端短锐尖，白色，成熟后开裂；种子4，长2～3毫米，压扁，有皱纹而具窝点。花期7～9月，果期8～10月。

［生长环境］ 常生在田边路旁、山间、水沟附近湿润草地，土壤松软处极易生长。

［产　　地］ 黑龙江、吉林、辽宁、河北、山东、山西、陕西、河南、江苏、浙江、安徽、湖北、湖南、江西、四川、福建、台湾、广东、广西、云南、贵州、西藏、新疆等省区。

［用　　途］ 种子油可制肥皂。

全草入药，有强心利尿之效，亦可治瘴疟、丹毒、疔肿及蛇犬咬伤。全草又可作农药防治蚜虫。茎秆柔软多汁，可做饲料。嫩茎叶可炒食或晒干作干菜用。花可做蓝色染料。又因花色美丽，可栽培观赏。

［理化性质］ 据吉林省资料：种子含油量25～40%。

［采收处理］ 果实将成熟时采收，采回后晒干，打出种子即可榨油。

428 葱（cong）（图818）

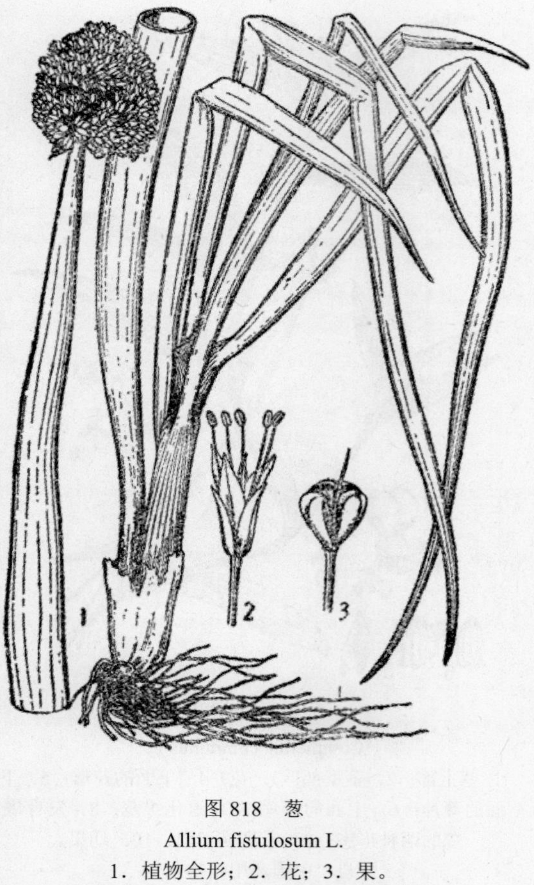

图818 葱

Allium fistulosum L.

1．植物全形；2．花；3．果。

（自“江苏南部种子植物手册”）

［原 料 名］ 大葱子

［学　　名］ **Allium fistulosum** L. 百合科

［形态特征］ 多年生草本，多少簇生，具辛臭；鳞茎卵状长圆形，具膜被。叶基生，圆柱形，膨大而中空，长30～50厘米，直径可达1.5～2厘米，先端锐尖，绿色；鞘浅绿色。花葶单一，长约40～50厘米，中部膨大，绿色，伞形花序，圆头状；花白色，稠密，花梗多少等于花之长；佛焰苞二片，膜质，宽卵形具短尖；花被片6，成2轮，具一条明显的纵脉；雄蕊6，花丝细长，长约6毫米，伸出于花被外，基部膨大合生并连生于花被基部，子房3室。蒴果三棱形；种子黑色，三角状半圆形，长约3毫米，宽2毫米。花期7～9月，果期8～10月。

［生长环境］ 栽培于园圃。

［产　　地］ 黑龙江、吉林、辽宁、内蒙古、河北、山西、山东、河南、

陕西、甘肃、宁夏、青海、新疆、西藏、安徽、江苏、浙江、湖南、江西、湖北、四川、贵州、福建、台湾、广东、广西、云南等各省区都有栽培。

［用　　途］　种子油可制皂，又可掺合干性油使用。葱油入药有强烈杀菌作用，外用于化脓症疮面，能清脓并促生肉芽。

本种为园圃栽培植物，四季皆有，品种多而各地名称亦异，供食用。本种的地下茎“葱白”能刺激神经，促进消化液之分泌，预防消化器内寄生虫之发生；捣汁滴鼻，治伤风鼻塞、鼻粘膜炎、鼻窦炎等有效。侯宽昭等“广州植物志”：干燥成熟的种子入药，主治中气不足、肾虚、阳萎、目眩等症，有温补中气、益精明目的功用。

［理化性质］　据上海食品工业科学研究所化验资料：种子含油量 14.26%，灰分 4.55%，粗纤维 16.07%，蛋白质 26.63%，非氮物质 38.49%。油的比重（20℃）0.9247，折射率（20℃）1.4730，碱化值 187.8，碘值（韦氏法）81.1，酸值 4.1，不碱化物 3.05%，乙酰值 20.36，可溶性脂肪酸 1.15%，不溶性脂肪酸 95.54%。

［采收处理］　8～9 月果实成熟时，将果序摘下，晒干后，搓下种子，除去杂质，即可加工。

429 花菖蒲（huachangpu）（图 352）

［学　　名］　**Iris kaempferi** Sieb.　鸢尾科

［原 料 名］　玉蝉花籽（吉林）

（地方名、形态特征、生长环境、产地及其他用途见“纤维类”，408 页）

［用　　途］　种子油可制肥皂用。

［理化性质］　据中国科学院林业土壤研究所资料：种子含油量 12.10%。

［采收处理］　9～10 月果熟时采收，晒干后，果皮脱落，除去果皮，留种子放于干燥处，即可储备榨油。

430 马蔺（malin）（图 353）

［学　　名］　**Iris pallasii** Fisch. (*I. ensata* non Thunb.)　鸢尾科

［原 料 名］　马连籽（通称）

（地方名、形态特征、生长环境、产地及其他用途见“纤维类”，409 页）

［用　　途］　种子油可制肥皂。

［理化性质］　据河北省资料：种子含油量 37.04%。

［采收处理］　秋后种子成熟时采收，将果穗割下，晒干，用棒打出种子，簸净杂质，即可榨油。

429. 花菖蒲 (huachangpu)(图 3520)

Iris kaempferi Sieb.

430. 马蔺 (malin)(图 3530)

Iris pallasii Fisch. (I. ensata non Thunb.)

第四章

鞣料类

目 录

一. 总 论

“栲胶”是商品名称，它是从鞣料植物（单宁植物）中浸提出来的产品，所以也可以叫做“鞣料浸膏”。

栲胶是皮革工业和渔网制造工业中的一种重要原料，也可用作蒸汽锅炉的软水剂。此外在墨水、纺织印染、石油、化工、医药等工业上，也常用栲胶作为原料或重要的材料。

在皮革制造工业中，植物鞣料是使用历史最古老的一种鞣剂，直到今天，虽然铬盐鞣剂和其他合成鞣剂已被普遍采用，但这些人工合成鞣剂的鞣革性能迄今还没有一种能够超过植物鞣料的，因此栲胶在当前皮革鞣剂中仍然占有重要的地位。铬盐鞣剂一般用以制造轻革，而栲胶则多用作鞣制重革。重革是比较厚而坚韧的皮革，这种皮革在轻重工业和国防上均很重要，如制造皮轮带、衬垫、步枪皮带、军用挽具、马鞍、皮鞋底、皮箱等。轻革较薄而柔软，主要用以制造鞋面、衣服、手套及纺织用皮圈、皮辊等。每鞣制一吨重革，平均约需栲胶 800 公斤，鞣制 100 平方厘米的轻革，也需用栲胶 3～6 公斤。渔网用栲胶处理后，纤维不易吸水和腐烂，可经久耐用。因此一般渔网每隔 1～2 个月就需要用栲胶处理（栲）一次，每栲一次，用栲胶为网重的 0.04%到 25%不等。栲胶也可作锅炉用水的软化剂，以防止产生锅垢而发生锅炉爆炸，并节省燃料。一个火车头每天就需要耗用 1 公斤左右的栲胶。此外，栲胶在印染、墨水、医药以及石油钻探等工业方面，也占有一定的位置。

由于栲胶有上述的重要用途，因此每年的需要量很大。随着工业的发展和人民生活水平的提高，对栲胶的需要量亦在迅速增加。然而我国目前需用的栲胶还要从国外进口一部分，因此大力研究和利用国产鞣料植物，迅速发展我国的栲胶生产，以争取在最短时间内能自给自足，则不论在政治或经济上都具有极其重大的意义。

利用植物鞣料鞣制皮革的历史，已有好几个世纪。当初人们利用植物鞣料鞣革时，主要是把含有鞣质的树皮、根皮、果实或枝叶等原料粉碎后，将一层鞣料植物的碎末、一层生皮直接腌在池中，以浓度很低的鞣液经年累月地鞣制皮革，这种方法直到十九世纪末仍有采用者。栲胶工业发展的盛期，是从二十世纪的三十年代才开始，这时制革厂才普遍的采用高浓度的栲胶液鞣革，皮革的鞣期大为缩短。

我国在解放以前，不能生产栲胶；解放以后，在党的领导下，建立了自己的栲胶工业，并对我国鞣料植物资源进行了大量的开发和利用，如在 1958～1959 年全国性的野生植物资源普查中，已发现了鞣质含量较高、质量较好的鞣料植物约有三百余种。近几年来，我国的栲胶生产发展非常迅速，如 1958 年栲胶的生产量比 1952 年增加了六倍以上，这是由于我国栲胶工业也正确地贯彻了党的大搞群众运动和土洋结合的方针，因而能在短时间内取得了这样巨大的成绩。大型的洋法栲胶厂已在我国某些地区建立起来，同时在许多省还普遍建立了小型的土法栲胶厂，到目前为止，土法生产栲胶的技术，也在群众性的技术革新和技术革命运动中得到了改进和提高，用土法生产的栲胶，鞣质含量在很多地区已达到40%以上，有的还可达55～60%。在发动群众进行鞣料植物的采收和加工中，亦创造了不少的经验，为今后发展栲胶生产奠定了良好的基础。

在植物界中，许多植物种类都含有鞣质，只有菌类、藻类、地衣类和苔藓类含鞣质极少或完全不含；在蕨类植物中，已知有一些种类含有较丰富的鞣质，如叉蕨科的绵马羊齿 Dryopteris crassirhizoma Nakai 和蕨科的蕨 Pteridium aquilinum（L.）Kuhn 等；在种子植物中，裸子植物的某些科含有丰富的鞣质，如松科、柏科、紫杉科和粗榧科等，其中尤以松科的落叶松、云杉和铁杉等许多种类，不仅鞣质含量高，而且质量亦很好，为我国目前栲胶生产的主要原料；被子植物中以双子叶植物的山毛榉科、蔷薇科、红树科、漆树科、蓼科、桦木科、胡桃科及槭树科等的大多数种类均含有丰富的鞣质，并具有实用价值；其中尤以草本的鞣料植物作为提制栲胶的原料，更有其深远的意义，因草本鞣料植物每年均可采收。苏联现已栽培蓼科的 Polygonum bucharicum Grig.和虎耳草科的 Bergenia crassifolia（L.）Fritsch 作为提制栲胶的原料。我国亦有许多野生草本植物含有较丰富的鞣质，如蓼科的拳参 Polygonum bistorta L.（根含鞣质15～25%），酸模 Rumex acetosa L.（根含鞣质 19～27%）；蔷薇科的地榆 Sanguisorba officinalis L.（根含鞣质15%左右）和白花丹科的矶松 Limonium gmelinii (Willd.) O. Ktze.（根含鞣质 20%）等。

目前在我国皮革工业上所用的栲胶中，除一部分松科植物外，还有以下几种双子叶植物作为栲胶的原料，如山毛榉科的栓皮栎 Quercus variabilis Bl.，栎 Quercus acutissima Carr.，和板栗 Castanea mollissima Bl.等植物的壳斗（总苞）；近年来，蔷薇科的蔷薇属 Rosa spp.、悬钩子属 Rubus spp.等某些植物的根皮也广泛地用作栲胶的原料。单子叶植物中的大多数科，属，鞣质含量较少，但薯蓣科的薯莨 Dioscorea cirrhosa Loui.块根鞣质含量较高（12～30%），为我国劳动人民长年以来就已利用的鞣料植物之一。在 1959 年的全国野生经济植物普查中，我们还发现了百合科的菝葜 Smilax japonica（Kunth）A. Gray 块根中也含有较丰富的鞣质。

鞣质广泛地存在于各种不同的植物器官中，一般多含在植物的根、茎（树皮）、心

植物种类	学　名	含鞣质部位	鞣质含量（%）
化香树	Platycarya strobilacea Sieb. et Zucc.	树皮 树叶 果实	6~15 20 11~31
栎	Quercus acutissima Carr.	壳斗 树叶	19~29 5~10
落叶松	Larix spp.	内层树皮 外层树皮	5 14

材、叶子、果实和总苞等器官里，但不同的植物种类和不同的器官中，鞣质的含量亦有很大的差异，从上页表所列可窥见其一斑。

不同的树龄，其鞣质含量亦有不同。如栓皮栎 Quercus variabilis Bl.的壳斗因树龄不同，鞣质含量亦有较大差异，如下表：

树龄（年）	鞣质含量（%）	非鞣质含量（%）	纯度（%）
5~10	18.30	12.90	58.70
15	27.30	16.00	62.60
60	25.56	10.32	69.20
100	26.06	15.31	62.70

此外，不同采收季节，鞣质含量也有所不同，如地榆 Sanguisorba officinalis L.的根在 4 月间采收，鞣质含量为 12.85%，8 月间采收，鞣质含量则为 14.58%。

在各种植物器官内，鞣质主要存在于一些薄壁细胞中，如在叶子里，鞣质除聚积在叶肉细胞中以外，还可能存在于表皮细胞、厚角组织以及维管束的韧皮部等；在根或茎里多分布在周皮、皮层和韧皮部的薄壁细胞、射线细胞中，另外在茎的髓部及心材中亦含有较丰富的鞣质。

鞣质为植物细胞液的主要成分之一，是由糖类（主要是葡萄糖）在代谢过程中逐渐转化而成的。鞣质在植物的生命活动中的作用尚不清楚，还有待进一步的研究。

栲胶是一个复杂的混合物，主要由鞣质、非鞣质和不溶物三种成分所组成。

鞣质，又叫单宁，是一群化合物的总称，为具有收敛性的非结晶形物质。在植物化学成分中属于多元酚的衍生物，在水溶液中成胶体状态。水溶波呈弱酸性反应，遇铁盐，如三氯化铁溶液等能生成蓝色或绿色的颜色反应。我们常利用这种性质，制造蓝墨水；因此在生产栲胶时应避免采用铁质盛器。鞣质都能使自明胶沉淀，并能使皮纤维变成革纤维，鞣制皮革即利用了这个作用。在碱性溶液中易氧化，使颜色变深，溶解力提高，而鞣力减退，在酸性溶液中颜色变浅，易沉淀，鞣力加强。鞣质还有遇生物碱、盐基性有机化合物、重金属盐类等而发生沉淀的性质，这些性质我们常常在分离植物成分时采用。此外，鞣质还容易氧化和聚合，因此很难获得纯粹的鞣质。鞣质氧化后能生成褐色和红色的物质，切开的鲜苹果表面会变褐，即因鞣质氧化所发生。又鞣质的收敛性及带有涩味，在某些饮食品中如茶、可可、咖啡、葡萄酒等，亦可增加食品的滋味。鞣质的分类现在还没有完全确定，比较常用的分类法，乃根据鞣质经加热到 180～200℃与碱共熔时所生成的分解物而分为二类，即水解类鞣质和缩合类鞣质。

1．水解类鞣质又叫没食子鞣质类。这类鞣质，在化学性质方面，是属于芳香羟基酸与芳香羟基酸结合所得到的酯类，即由没食子酸及没食子酸衍生物的糖酯或甙所组成，加热分解产物中含有焦性没食子酸：

（没食子酸）（焦性没食子酸）

著名的水解类鞣质有：五倍子鞣质、橡碗鞣质、化香果鞣质等。五倍子鞣质是由葡萄糖与不同数目的没食子酸结合生成酯类的混合物；如下结构式：

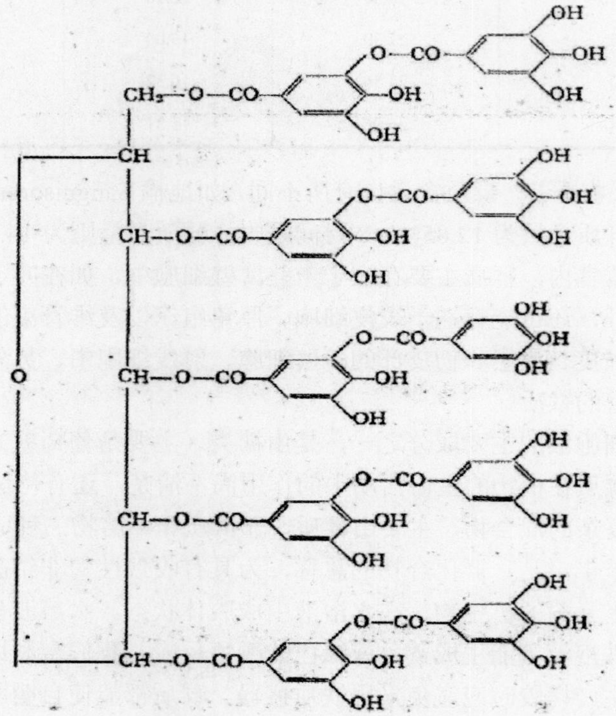

（中国五倍子鞣质的主要成分）

这类植物鞣料的浸出液在鞣皮过程中由于鞣质分解酶或鞣液发霉，都能使这种鞣质水解；甚至在静置过程中也会自行水解。在老法鞣革时，人们对于水解产物鞣花酸的析出特别感到兴趣。因为一层皮、一层鞣籽层，边浸出边进入皮中，致鞣花酸的析出遍及革纤维之间及革表面，这就能使皮革丰满耐磨。在新的鞣法中，由于制造浸膏时已经产生鞣花酸沉淀，特别在浓缩过程中产生得很快，这就常常使这类植物鞣料在新鞣法的单独应用产生了困难。根据最近的研究证明，如果掺用一些以酚类为原料的辅助性合成鞣剂，则可大大地防止鞣花酸的产生或过早产生，这给水解类鞣质在新鞣法中的应用开辟了道路。此外，水解类鞣质中的五倍子鞣质，因分子量太小，在制革工业中只能做速鞣助剂或轻革填充之用。

这类鞣质制成的皮革颜色淡亮，鞣液的酸碱值（pH）较低，一般当浓度为分析浓度（约 0.4%鞣质），酸碱值在 3 与 4 之间时，每升含酸的毫克当量在 250～400 之间，对酸的缓冲力大，单独以这类鞣质用于新鞣法鞣成的皮革死板而不够丰满，其鞣液不宜用碱性药品或亚硫酸盐处理（为了提高鞣液的酸碱值时可以例外），沉淀物一般是很少的，或几乎不含不溶物。浸提温度和浓缩温度过高，或在高温下处理时间过长，大多数的这类鞣质的颜色会变深暗，有时还产生沉淀物。

老的鞣法中特别喜欢水解类鞣质的鞣花酸析出，而新的鞣法中除欢迎鞣花酸在皮内沉淀外，更喜欢它们的鞣液含酸量，以降低酸碱值。

2．缩合类鞣质也叫儿茶鞣质类。这类鞣质不具有酯的性质，在分子间并没有由氧链的结合，而由圜核与圜核直接缩合，含有碳与碳间的键。分子结构特别稳定，因此在较高的温度下，或在稀碱和稀酸的影响下并不水解。这类鞣质可分为芳香族羟酮类和儿茶素鞣质类，前者无多大的工业价值，后者为皮革等工业重要的原料之一。属于缩合类鞣质的主要有：落叶松鞣质、红根鞣质、杉树皮鞣质、栲树皮鞣质、红树皮鞣质和柳树皮鞣质等。

儿茶素鞣质类的结构骨干为儿茶素，如下结构式：

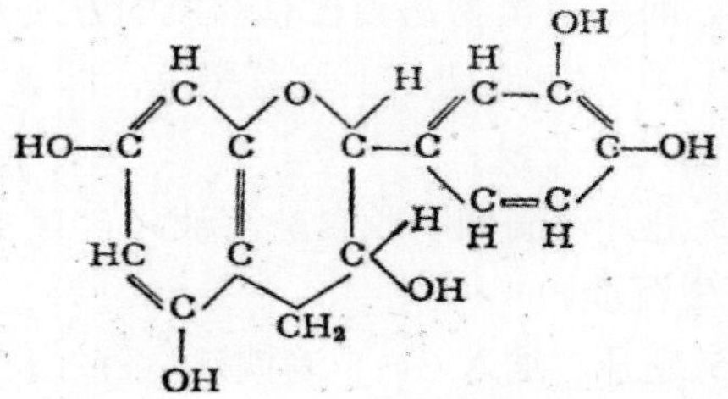

（儿茶素）

儿茶素一类的化合物，受强酸或天然酵素的氧化影响而具有较大的缩合能力，由此即产生红色、无定形和不溶于水的物质，称为红粉（Tannin red），其分子量大小极不一致，特别是所谓鞣质粒子，即分子的凝集体中所含大小不同的分子数量也极不一致；这种粒子的大小，随鞣液中含鞣质量的高低，随鞣液的温度、酸碱度以及浓度而变，同时亦与鞣料植物的品种有关。我们也可以用亚硫酸盐在 85～90℃的温度中进行常压处理、或在 140～150℃的温度中进行高压处理，使大粒子及大分子变小，或因增加亲水根而使易溶于水。缩合类鞣质中大多数都能增加皮革的体积制获率，因此单独用它们在新法鞣革中所制成的皮革，较单用水解类制成的皮革要丰满，甚至有些品种还能使成革松软。但一般多搭配水解类鞣质共用，搭配量为 30～50%，或更多。

由缩合类鞣质鞣制成的皮革，颜色深红，鞣液酸碱值较高，一般在 4～5，若以亚硫酸盐处理过的鞣液，可使酸碱值增至 6。每升含酸的毫克当量通常在 3～100 之间，对酸的缓冲力小。在鞣剂制造过程中，能耐较高的温度。

如上所述，鞣料植物中所含的鞣质成分，有的是属水解类，有的是属缩合类；但是也有的既含水解类，又含缩合类，这类鞣质在习惯上常称为混合类鞣质，如槲树皮鞣质即属此类。

非鞣质亦是一种水溶性的物质，在生产栲胶时，与鞣质共同从植物体中溶解出来的。非鞣质包括有糖分、有机酸（醋酸、蚁酸等）、酚类、淀粉、蛋白质、树脂、色素、无机盐等，这类物质没有鞣革性能，但可做鞣质的稀释物，亦可减少鞣质的收敛性。

不溶物有两种，一为泥沙、木屑等机械混合物，一为红粉或鞣花酸。

栲胶或鞣料植物中所含鞣质量与可溶物（鞣质与非鞣质的和）之比，用百分率表示的数值称为纯度，其计算公式如下：

$$\text{纯度（\%）} = \frac{\text{鞣质含量}}{\text{鞣质含量+非鞣质含量}} \times 100$$

$$= \frac{\text{鞣质含量}}{\text{可溶物}} \times 100$$

鉴定栲胶的质量或决定鞣料植物利用价值的重要指标之一为：鞣质的含量，纯度及不溶物的含量。

含鞣质的植物很多，而鉴定植物是否含有鞣质的方法亦很简便。凡植物带有涩味，或用铁刀切开植物体时，在刀口或切面上呈蓝黑色，即表示有鞣质的存在；如用化学试剂来测定，也有以下的几种方法：

（1）取植物浸液 5 毫升，滴加明胶食盐溶液（含有 1%明胶、10%食盐）数滴，如有鞣质存在，立刻产生沉淀。

（2）取植物浸液 5 毫升，加入 3～5 滴铁矾溶液（1%铁矾），如含有水解类鞣质即呈蓝黑色，如含有缩合类鞣质即呈暗绿色。

（3）取植物浸液 5 毫升，先加少许醋酸使呈酸性，再滴加溴水（含溴 0.4～0.5%），如产生沉淀即证明有缩合类鞣质存在。

栲胶原料的鞣质含量，一般树皮、木材、果壳等在 5%以上；根皮、叶等在 6%以上，就有利用价值。

采收鞣料植物时，应注意采收的部位和采收的季节性，因采收部位和季节的不同，鞣质含量亦有很大的差异（详见前述）。其采收的具体方法如下：

（一）树皮或根皮：四季均可采，但以夏至后到次年立春前鞣质含量较高，最宜采剥。采收乔木或大灌木应结合木材采伐，再进行挖根或剥皮，既综合利用资源，也符合护树育林的精神。从生小灌木或木质藤本植物，一般树龄在五年以上者为佳，如采收全植株，应保留 10～20 厘米树桩；如挖根，应保留幼根，以利繁殖。采挖时应注意水土保持，最好结合开荒和兴修水利进行。但无论伐木或挖根，都应除尽表面杂质，再行剥皮。剥下的整块树皮可打捆，剩下的碎皮因含鞣质较高，应尽量回收。若利用木材提制栲胶，应回收木器加工厂边料、木屑，不宜使用正材。

（二）果壳：一般均在子实成熟后采收，或在子实落地后立即拣收取壳。采收时避免杂质掺入，影响品质。各种栎树、栗树等果壳（俗称橡碗和栗蒲）表面的硬刺或毛刺，鞣质含量较壳丰富，应注意保护。利用果球方面，目前以化香树果为最普遍，枫树果球亦有采用，一般在果实接近成熟期，从树上采摘为宜，晒干后有光泽（化香果金黄色），质量最好；落地采收的次之。利用果皮（生果皮）者，如石榴、菱角、板栗等一般可回收果类加工厂的废料或由副食店代收。

（三）树叶和草本植物：一般在夏秋季植物生长旺盛时采收，花后果前最适宜。如系绿化植物或果树，亦可结合秋后整枝采叶。树叶和草本鞣料植物不适宜运输，最好就地加工；如加工能力有限，亦可风干或晒干贮备待用。

鞣料植物一经采收后，立即风干或晒干，并储藏干燥通风之处，防止日晒雨淋而造成发霉变质。否则会减少鞣质的含量，如以落叶松为例：

储存情况	鞣质含量（%）
保存良好未霉变	15.15
放置露天已开始霉变	13.56
放置露天过久已霉变	12.44

栲胶的加工方法比较简单，目前国内除大厂采用洋法生产外，土法生产也已取得很多经验，在生产技术上已有不少改进，质量也有很大提高。

栲胶的生产过程主要由粉碎、浸提、浓缩和干燥四个工序所组成，图示如下：

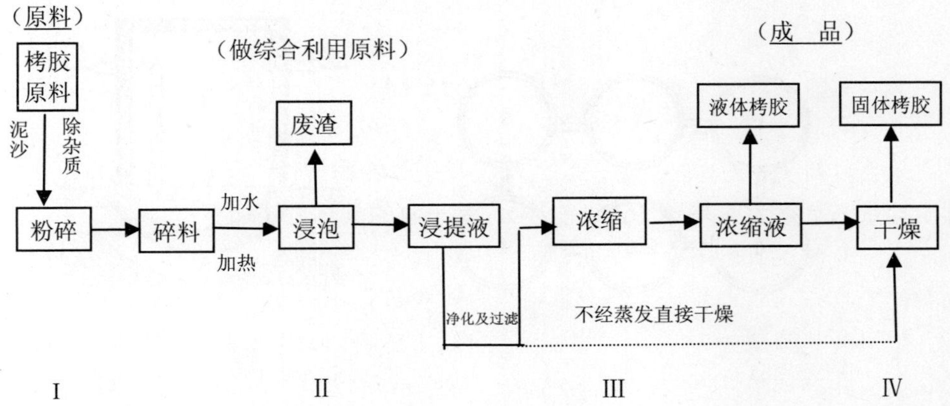

生产栲胶前，对原料应该注意选择，先除去杂质和泥沙，然后再将原料粉碎。粉碎主要是为了缩短浸提时间，提高产量。

经过粉碎的原料，用水进行浸提，要求用少量的水浸出最多的鞣质。为此在生产上都采用逆流循环浸提法，从而达到上述目的。

不同原料要求不同的浸提条件（如粉碎大小、浸提温度），兹列举几种栲胶原料如下表。

名　称	粉碎大小	浸提温度℃
落叶松树皮	1 厘米以下	70～100
云杉树皮	1 厘米以下	70～100
红树皮	0.5 厘米以下	60～80
橡　碗	0.5～1.0 厘米	70～95
薯　莨	0.3 厘米细丝	50～90
红　根	1～2 厘米	70～90
化香果	可不压碎	60～80
平榛叶	3～5 厘米	55～70

如以橡碗为例，可用六个浸提罐连成一组，用逆流循环浸提方法，具体操作如下：

浸提罐用木质制成（陶缸亦可），下部与铜锅紧密结合，不使漏水，并固定在加热炉灶上（用烟道气加热）。另用六个相同大小的木桶并排组成一组，每排三个，互相间隔一定距离，桶与桶间用竹管连通，每个桶下面有假底，以便盛放原料，桶内有出液管道入假底下面直达桶底。当前一桶加入溶液或水时，桶内溶液可以依次压入下一桶，因此不需要人工操作，即可达到循环目的。如图所示：

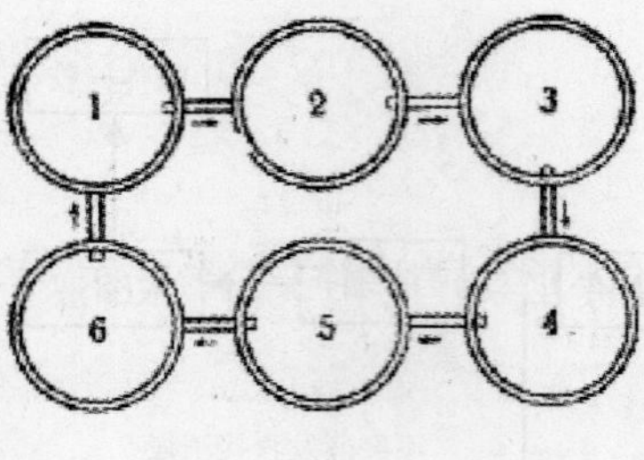

（1）浸提罐组

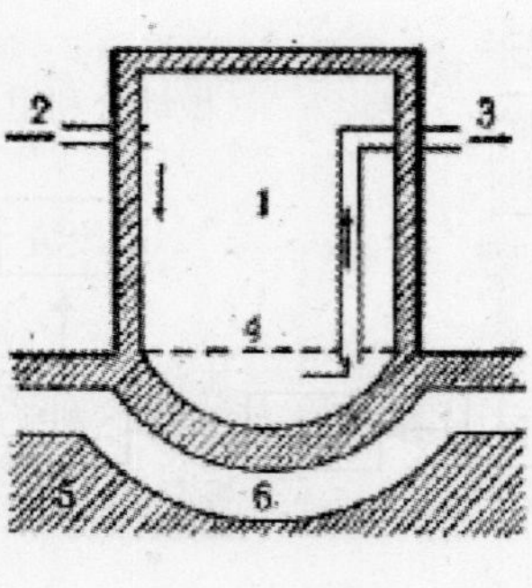

（2）浸提罐

1. 浸提木桶；2. 进液口；3. 出液口；4. 假底；5. 炉灶；6. 烟道。

浸提过程：其方法是开始第一缸下原料加清水，加温 4 小时。第二缸加料，将第一缸的浸液转入第二缸；再在第一缸加清水，加温 4 小时。第三缸加料；第二缸浸液转入第三缸；第一缸浸液转入第二缸；第一缸加清水。如此反复循环到第六缸，第一缸原料已浸过 6 次达 24 小时，第六缸、第一缸即可分别出液出渣，再加上新料，第二个缸即变为第一缸了，这样经过 6 次浸料的浸液浓度达 6 波美度，经过滤净化后即可浓缩。

求得较高浓度的浸提液和浸提率是生产中的重要关键，因此对于原料粉碎大小，浸提次数，浸提时间，浸提温度以及浸提用水量等方面均需要充分注意。

由浸提罐放出最浓的浸提液，也含有大量水分，必须经过浓缩工序。只有在某些特殊情况下可以省掉浓缩工序；例如由制革厂自行浸提，在浸提中可以提高浸提液浓度至 12 波美度以上，直接用以鞣革，或者采用喷雾干燥。

栲胶厂与制革厂同在一处时，可将浸提液蒸浓至 14～25 波美度后便可供皮革厂使用，不再进行干燥

洋法生产中多采用双效或三效蒸发罐设备进行蒸发。目前在国内已有工厂采用喷雾干燥设备直接干燥。在产品质量方面获得满意结果。

土法生产中进行浓缩的设备非常简单，有陶缸、砂瓮、磁盆、铅盆等容器。蒸发时可以采用直接火加热，也可用烟道气、水浴或蒸汽等间接加热，将浸提液浓缩至 25 波美度左右。

根据生产经验，采用直接加热方法，每小时每平方米加热面可以蒸发水分 8 公斤左右，间接加热时约 5 公斤左右。

蒸发或不经过蒸发的浸提液，干燥以后可以得到含水分 5～20%的固体栲胶。

洋法采用喷雾、真空、滚筒等干燥设备达到干燥目的。

土法干燥的主要方式有以下三种：

1）浸提液在蒸发器内直接蒸发和干燥。

2）将浸提液先蒸浓至 25 波美度左右，再送入干燥室进行干燥。干燥室可采用烟道气直接加热或间接加热的方法，干燥温度不宜超过 100℃。目前各地大都采用这种办法干燥。

3）简易喷雾干燥方法：这种方法适用于小型生产。由于设备简单，投资很少，目前将广泛推广。

简易喷雾干燥设备为：1）乂尸勹型农药喷雾器；2）干燥室；3）空气加热器；4）鼓风机；5）袋滤机等部分组成。

开始干燥前，烧着空气加热炉，当温度升至 120℃时，开动鼓风机，冷空气经空气加热炉吹进热风箱内，依靠燃烧室的燃烧强度，来控制热风箱内温度为 110℃，干燥室 80～90℃和送风量为每小时 2500 立方米左右。

用以干燥的浸提液先经过过滤澄清，预热至 60℃以上。当干燥室内温度和送风量正常时，开始进行喷雾。

干燥了的粉末降落在干燥室的地板上和旋风分离器的排灰管中即得成品，收集后，进行包装。

栲胶可用麻袋包装，一般以100公斤为宜；但进口栲胶也有50公斤和60公斤麻袋装，或50、60、100公斤木箱装的。苏联"ПЛ"型栲胶系35、40、50公斤木箱装。栲胶在储运中应防止受潮和受热，因受潮受热后均易氧化或熔化。栲胶不是危险品，因此可与一般商品共储运，若遇火灾亦可用水灌救。

二. 各 论

1 绵马羊齿（mianmayangchi）

［学　　名］ **Dryopteris crassirhizoma** Nakai　叉蕨科

（地方名、形态特征、生长环境、产地及其他用途见“药用类”，1634 页）

［用　　途］ 根状茎含鞣质，可提制栲胶。

［理化性质］ 据辽宁省资料：根状茎含鞣质 7.02%。

［采收处理］ 在 9～10 月间，挖取地下根状茎，晒干装袋，置于干燥处贮存。

［加　　工］ 浸提前将根状茎切成 1～3 厘米的小段，浸提温度以 70～95℃为宜。

2 蕨（jue）（图 362）

［学　　名］ **Pteridium aquilinum** (L.) Kuhn var. **latiusculum** (Desv.) Underw. (*P. aquilinum* auct. Fl. Chin., non Kuhn; *P. aquilinum* Kuhn var. *japonicum* Nakai)　蕨科

（地方名、形态特征、生长环境、产地及其他用途见“淀粉及糖类，”443 页）

［用　　途］ 全株含鞣质。可提制栲胶。

［理化性质］ 据辽宁省资料：全株含鞣质 9.04%。

［采收处理］ 在 8～9 月间，割取地上茎叶，或连根拔起，晒干。捆成大捆，存置通风干燥处备用。

［加　　工］ 浸提前须将茎、叶切成 1～3 厘米小段；根切成 1 厘米左右的小段，浸提温度以 50～90℃为宜。

3 紫杉（zisha）（图 819）

［地 方 名］ 赤柏松（吉林）

［学　　名］ **Taxus cuspidata** Sieb. et Zucc.　紫杉科

［形态特征］ 常绿乔木，高达 10～17 米，胸径 10～40（80）厘米；树皮淡红褐色，质薄，具浅裂沟，呈片状剥裂，裂片里面紫红色，内皮很薄，外面紫色，内面黄白色；树冠倒卵形或阔卵形，大枝近水平开展，枝稍下垂或稍向上；枝条密生斜展或斜上伸长，幼枝深绿色，较老枝均带红褐色，平滑无毛。叶片线形，扁平，通常直立，间或微弯曲，柔软，基部狭细成短柄，并顺小枝下延，长 1.5～2.5 厘米，宽 2.5～3（4）毫米，先端凸尖，生于主枝的叶片为螺旋状排列，生于侧枝的为不规则的羽状排列，成 V 形，表面深绿色，背面黄绿色，中脉两面凸起，背面具 2 条黄绿色或灰绿色的气孔带，叶肉内无树脂道。花单性，雌雄异株，均生于前年枝的叶腋。种子坚果状，卵圆形，赤褐色，有光泽，有 3～4 条棱角，稀微属，种脐三角形或四方形，稀椭圆形。花期 5 月，

果期 9 月，11 月果熟落下。

图 819 紫杉
Taxus cuspidata Sieb. et Zucc.

［生长环境］ 喜生于富有腐殖质排水良好的土壤上，常见于以红松为主的针阔混交林内。生于山顶多石或瘠薄土地上的多为灌木状。

［产　　地］ 吉林、辽宁东部等地。

［用　　途］ 树皮含鞣质，可提制栲胶。

木材中含有少量树脂，并可供精美的雕刻和铅笔杆用材；根、干及针叶含挥发油（见“芳香油类”，1279 页）。种子可榨油。从枝叶中可提取紫杉素，能治糖尿病。假种皮可食。观赏植物。

［理化性质］ 树皮含鞣质 10.0%，木材含鞣质 10.5%。（引自“怎样检验植物鞣料”一书的表 2）

［采收处理］ 参阅黄花落叶松（1024 页）。

［加　　工］ 参阅黄花落叶松。

［其　　他］ 繁殖可利用天然下种更新，最好由人工促进更新或育苗造林。

4 粗榧（cufei）（图 550）

［学　　名］ **Cephalotaxus heterophylla** Cheng et L. K. Fu (*C. harringtonia*, nou K. Koch.；*C. drupacea*, non Sieb. et Zucc.)　粗榧科

（地方名、形态特征、生长环境、产地及其他用途见“油脂类”，689 页）

［用　　途］ 树皮含鞣质，可提制栲胶。

［理化性质］ 据河南省资料：树皮含鞣质 3.7～6.1%。

［采收处理］ 结合木村砍伐进行剥皮，晒干备用。

［加　　工］ 浸提前将原料切成 1～2 厘米小块，浸提温度以 65～90℃为宜。

5 华北冷杉（huabeilengsha）（图 820）

［地 方 名］ 白松（东北），冷杉（山西），臭松（吉林）。

［学　　名］ **Abies nephrolepis** Maxim. (*A. sibirica* var. *nephrolepis* Trautv., *A.*

sibirico-nephrolepis Takenouchi et Chien) 松科

［形态特征］ 常绿乔木，高达 30 米，胸径可达 40～50 厘米；树冠呈狭锥状；树皮幼时灰白色，光滑，老时浅纵裂，块状，并有树脂瘤；小枝被淡褐黄色或淡褐灰色绒毛；叶痕圆形。叶线形，扁平，长 1.5～3 厘米，宽 1.5～1.8 毫米，先端钝微凹，果枝及主枝的叶先端尖或微凹，表面暗绿色，通常无气孔线，间或先端有 2～4 条，背面有 2 条，呈白色。雌雄同株，雄花序从生于二年生枝，椭圆柱形；雌花序数个生于二年生枝，细长椭圆筒形，紫色。球果圆柱形或长卵形，绿褐色或紫褐色，长 4～9.5 厘米，径 2～3 厘米，直生枝上，熟时果鳞与种子齐落；果鳞肾状扁方形或扇状扁方形，宽大于高，下侧耳状；苞鳞较长，微露出或不露出；种子歪三角形，鲜时有树脂瘤，干后消失；种翅常较种子短或等长。花期 4～5 月，果期 10 月。

［生长环境］ 耐寒性强，喜生于阴湿的缓坡谷地及排水良好的平缓湿地，针叶林或混交林中。

［产 地］ 黑龙江、吉林、辽宁、河北、山西等省。

［用 途］ 树皮含鞣质，可做栲胶原料。

图 820 华北冷杉
Abies nephrolepis Maxim.
果枝

纤维为良好的造纸原料。树干可割取树脂（见“树脂及树胶类”，1541 页）。针叶及干、根都含挥发油（见“芳香油类”，1279 页）。木材可供建筑、船舶等用。

［理化性质］ 据吉林省资料：树皮含鞣质 8.60%，非鞣质 3.48%，纯度 71.19%。

［采收处理］ 参阅黄花落叶松（1024 页）。

［加 工］ 参阅黄花落叶松。

6 兴安落叶松（xinganluoyesong）（图 1223）

［学 名］ **Larix gmelini** (Rupr.) Litvin. (*L. dahurica* Fisch. et Turcz.) 松科

（地方名、形态特征、生长环境、产地及其他用途见“树脂及树胶类”，1541 页）

［用　　途］　树皮及果鳞片含鞣质，可提制栲胶。

［理化性质］　据中国林业科学研究院森林工业科学研究所用皮粉法分析：树皮含鞣质 7.64～16.09%，非鞣质 5.56～7.74%，不溶物 1.78～4.78%，纯度 49.67～74.32%（分析样品采自内蒙古）。

［采收处理］　参阅黄花落叶松（本页）。

［加　　工］　参阅黄花落叶松。

7 黄花落叶松（huanghualuoyesong）（图 821）

［地 方 名］　黄花松（东北）

［学　　名］　**Larix koreana** Nakai (*L. olgensis* auct., non A. Henry; *L. olgensis* var. *koreana* Nakai; *L. davurica* var. *koreana* Nakai)　松科

［形态特征］　落叶大乔木，高达 25～30 米，胸径 1 米左右；树冠尖塔形，树皮灰褐色，鳞状剥裂，裂缝红褐色；一年生的长枝纤细，径 1～1.2 毫米，黄褐色，无毛或基部有柔毛，二年生以上的长枝渐变为红褐色，灰褐色至黑褐色；短枝径 2～3 毫米，叶座密生，淡黄色，有柔毛。叶倒披针状线形，细而扁平，长 1～2.8 厘米，宽 0.7～1 毫米，基部渐狭，先端钝或微尖，表面平滑，绿色，背面中脉隆起，气孔带较明显，灰绿色。花单性，雌雄同株，生于短枝顶端；雄花序圆球形，黄色；雌花序球形，通常为绿褐色；苞鳞较珠鳞长。球果长圆状卵圆形或卵状球形，长 1.5～4.6 厘米，径宽 1～1.5 厘米；果鳞 20～40 片，阔卵形或近圆形，先端通常圆形，边缘微带波状齿，有腺毛，背面密生腺状褐色短毛或近无毛，老熟时光滑无毛；苞鳞暗紫褐色，不露出或基部的微露出，先端中脉延长成急尖头；种子斜三角状倒卵形。花期 5 月，果期 9 月。

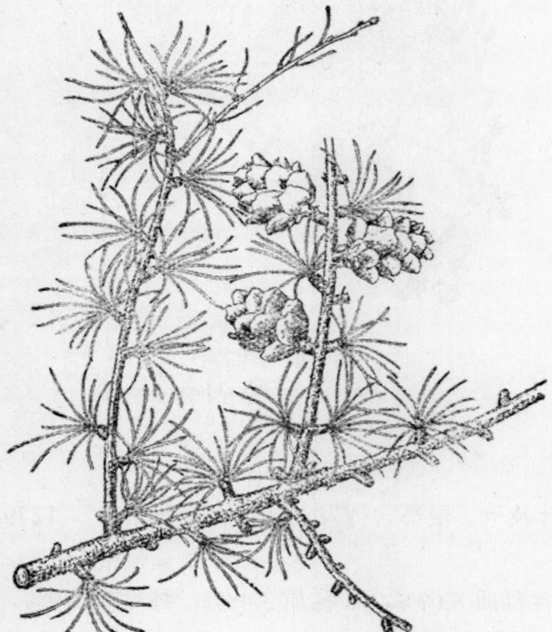

图 821　黄花落叶松
Larix koreana Nakai
果枝

［生长环境］　喜阳光，常生于水甸子及阴湿的山坡以及火山灰质地和石褶子上。生于海拔 2000 米（长白山）以上者呈灌木状，枝近匍匐生。

［产　　地］ 吉林、黑龙江、辽宁等省。

［用　　途］ 树皮含鞣质，可提制栲胶。

木材纤维为造纸原料。树干可割松脂，为提取松香、松节油的原料。材质优良，为建筑、枕木、造船等用。

［理化性质］ 据吉林省林业试验研究所化验资料：树皮含鞣质 8.45～10.88%。

［采收处理］ 剥树皮应在伐木时进行。对正在成长发育的树木不宜乱剥皮，以免影响树木生长，而致枯死。本种材质较松软，树伐倒后，可以立即剥皮。将剥下的树皮，置于背阴处，进行阴干或存放，但不宜在烈日下曝晒，待树皮风干后，将大片用绳索捆成大捆（100 公斤左右）；碎树渣鞣质含量亦多，应尽力收回，装入麻袋或草袋，置于干燥通风仓库贮存。不要和酸碱性或铁质物质放在一起，以免引起化学变化。如置于露天，堆底应垫起 30～60 厘米高，堆成屋脊形，一般堆高 6～8 米为宜，上面搭盖苫布或席子，以免受潮，漏雨，发霉变质，降低鞣质含量。

［加　　工］ 将树皮切成 1～3 厘米的碎块，然后浸提。浸提温度，应由低逐渐增高，一般以 70～95℃为宜。

8 红杉（hongsha）（图 822）

［地 方 名］ 波氏落叶松（译称）

［学　　名］ **Larix potanini** Batal. 松科

［形态特征］ 落叶大乔木，高达 30 米，胸径达 1.3 米；树皮灰色至灰褐色；枝开展，小枝下垂，橙褐色至紫褐色，无毛。叶细瘦，扁平，长 1.5～3 厘米，顶端尖，两面有脊，各在每侧有 1～2 气孔带。花雌雄同株，花序单生于小枝顶端，雄花序球形至长圆形，黄色，有多数螺旋状排列的具短柄的花药；雌花序近球形，有少数至多数具 2 胚珠的鳞片，生于较大通常猩红色苞片上。球果卵状长圆形，长 3～4.5 厘米，青莲紫色，后变为灰褐色；果鳞近圆形，微向内弯，全缘；苞鳞显著，长于果鳞，顶端长渐尖，直立，紫色。种子长 3 毫米。

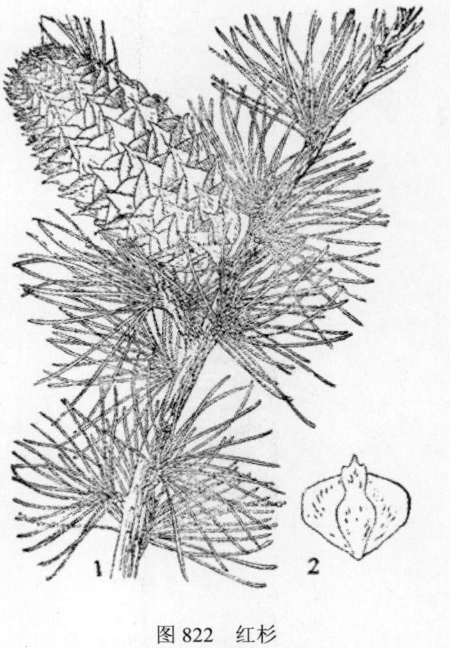

图 822 红杉
Larix potanini Batal.
1．果枝；2．果鳞背面及苞鳞。

［生长环境］ 生于海拔 2500 米，向上达到高山森林带的极限，在低地仅生湿润地方。

［产　　地］ 陕西、甘肃、山西、四川、云南西北部等地。

［用　　途］　树皮含鞣质，可提制栲胶。

木材供建筑用。树干可割取树脂。种子可榨油。

［理化性质］　据中国科学院昆明植物研究所用皮粉法分析：树皮含鞣质 10.58%。（分析样品采自四川西昌）

［采收处理］　剥皮应在伐木时进行，将剥下的树皮晒干或阴干，贮存在干燥通风处。

［加　　工］　浸提前将树皮切成 1～3 厘米小块，浸提温度以 75～90℃为宜。

9 华北落叶松（huabeiluoyesong）（图 823）

［地 方 名］　松树（山西），黄花松（东北）。

［学　　名］　**Larix principis-rupprechtii** Mayr (*L. gmelini* var. *principis-rupprechtii* Pilger)　松科

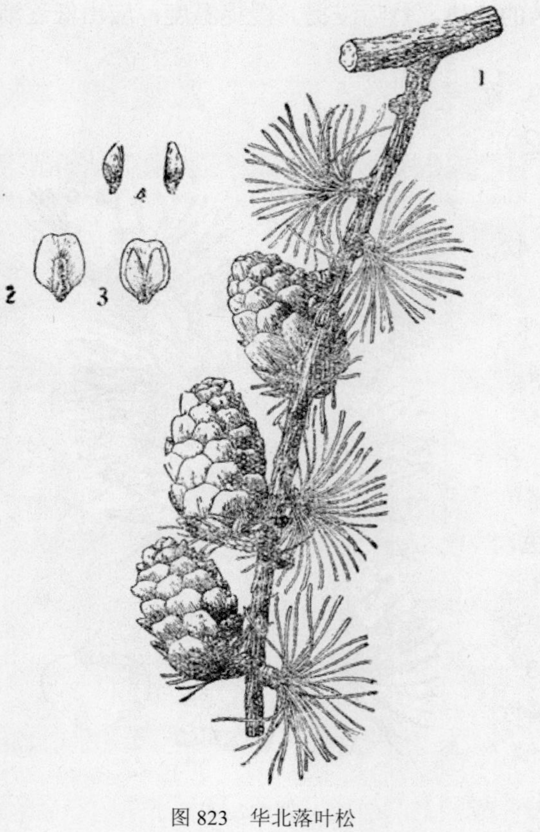

图 823　华北落叶松
Larix principis-rupprechtii Mayr
1．果枝；2．果鳞背面；3．果鳞腹面；4．种子。

［形态特征］　常绿乔木，高达 30 米。树冠呈圆锥形，树皮灰褐色，呈不规则的鳞状裂开；一年生枝暗赤褐色，有时被白粉，除基部有粗长毛外，余均光滑；二年生枝黄褐色，以后渐变为灰褐色。叶线形，扁平，长 1.1～2 厘米，宽近 1 毫米，先端钝圆，基部渐狭，表面平滑，背面中肋隆起。雌雄花序均单一，顶生于短枝，球形。球果有短梗，长 6 毫米，卵状球形；果鳞约 45 片，淡褐色，卵形，先端近圆形或截形，稍微凹，有光泽，近平滑；苞鳞暗紫色，卵状长圆形，先端微狭，截形，有长尖，为果鳞的一半长，仅在上下部鳞片间的露出。花期 5 月，果期 8 月。

［生长环境］　常生于阳坡，形成纯林，有时与云杉混生。

［产　　地］　辽宁、内蒙古、河北、山西等省区。

［用　　途］　树皮含鞣质，可提制栲胶。

木材供建筑、造船、器具、枕木等用材亦可作造纸原料。从树干中可割取松脂。

［理化性质］　据中国科学院椭物研究所用皮粉法分析：树皮含水分 10.49%，鞣质 10.28%，非鞣质 11.44%，不溶物 6.43%，纯度 47.34%。（分析样品采自河北张家口）

［采收处理］　参阅黄花落叶松（1024 页）。

［加　　工］　参阅黄花落叶松。

10 西伯利亚落叶松（xiboliyaluoyesong）（图 824）

［学　　名］　**Larix sibirica** Ledeb.　松科

［形态特征］　常绿乔木，高达 40 米，胸径达 80 厘米；树冠尖塔形；小枝较粗，不下垂，一年生长枝淡黄色或黄色，有光泽，幼嫩时密生长毛，后渐脱落，径约 2 毫米；二、三年生的长枝灰黄色；短枝径 3～4 毫米，叶座密被白色长毛。叶倒披针状线形，长 2～4 厘米，先端钝或尖，两面中脉隆起，下面有两条灰绿色气孔带。雄花序近圆形。球果卵圆形或长卵圆形，成熟前紫褐色，成熟时褐色，长 2～4 厘米，径 1.5～3 厘米；果鳞 22～36 片，中部果鳞近卵形，背面通常有褐色毛密生，或无毛或几无毛；苞鳞三角状长卵形，基部宽，上部通常微凹，先端中脉延长成尾状锐尖头，不露出或微露出；种子斜倒卵形。花期 5 月，果期 9 月。

图 824　西伯利亚落叶松
Larix sibirica Ledeb.
果枝

［生长环境］　生于山坡草地，海拔 1200～2400 米处。

［产　　地］　新疆阿尔泰山、沙吾尔山及天山东部等地。在阿尔泰山有广阔的原始林，资源极为丰富。

［用　　途］　树皮含鞣质，可提制拷胶。

［理化性质］　据林业科学研究院森林工业科学研究所用皮粉法分析：树皮含鞣质 9.62%，非鞣质 12.49%，不溶物 1.40%，纯度 43.51%。（分析样品采自新疆乌鲁木齐）

［采收处理］　参阅黄花落叶松（1024 页）。

［加　　工］　参阅黄花落叶松。

11 云杉（yunsha）（图 825）

［学　　名］　**Picea asperata** Mast.　松科

［形态特征］　常绿乔木，高可达 25 米；树皮灰褐色，纵裂成薄片，易剥落，且常有树脂流出；树枝微下弯，但枝尖仍转向上，小枝轮生或对生，有细毛，黄色，有极明显的叶座。叶四面形，具 4 棱，长 1～2.2 厘米，先端锐尖，常弯曲。花单性，雌雄同

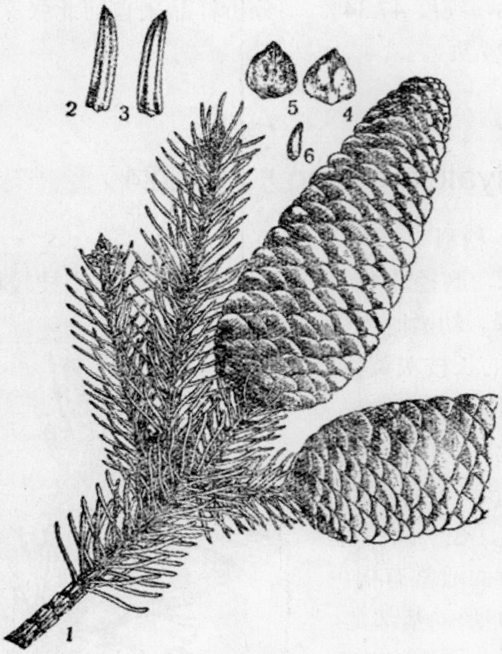

图 825　云杉

Picea asperata Mast.

1．果枝；2．叶背面；3．叶表面；4．果鳞背面；5．果鳞腹面；6．种子。

株，雄花序柔荑状，腋生，有多数螺旋状排列的花药；雌花序顶生，有多数鳞片，各有 2 胚珠。球果圆筒形，长 8～10 厘米，幼时绿色，成熟后淡褐色，果鳞倒卵形，先端圆而微外斜。

［生长环境］　生于海拔 2000～3500 米的山坡或山顶，常成纯林或与阔叶树混生。

［产　　地］　四川西北部、青海东南部、甘肃南部等地。

［用　　途］　树皮含鞣质，可提制栲胶。

木材可供建筑、电杆用，并可做人造丝、纸浆等原料。树干可割取树脂。

［理化性质］　据中国科学院四川分院林业科学研究所分析：云杉树皮的鞣质含量因树干胸径、部位的不同，差异较大，兹列表如下。

［采收处理］　参阅黄花落叶松（1024 页）。

［加　　工］　参阅黄花落叶松。

胸径（厘米）	部位　分析项目	水分（%）	鞣质（%）	非鞣质（%）	纯度（%）
30	上	15.78	13.33	10.33	56.40
30	中	15.36	12.28	8.52	59.00
30	下	14.51	6.09	5.47	52.60
50	上	14.51	16.92	8.86	60.90
50	中	14.39	13.96	9.56	59.45
50	下	11.84	7.94	7.04	52.90
70	上	14.78	21.10	11.08	64.10
70	中	17.62	19.73	11.51	62.60
70	下	15.93	8.78	7.93	52.60

注：分析样品采自四川理县。

12 米条云杉（mitiaoyunsha）（图 826）

［地 方 名］　狗尾松（云南），油麦吊、康麦吊（四川）。

［学　　名］　**Picea complanata** Mast. (*P. brachystyla* Pritz. var. *complanata* Cheng) 松科

［形态特征］　常绿乔木、高可达 35 米；树皮暗褐色，鳞片状深裂；小枝暗黄色，略被疏短柔毛。叶扁平，线形，长 1～1.5 厘米，宽约 1 毫米，先端急尖，表面有灰白色气孔带，背面绿色，有棱脊。雄花序腋生，黄橙色，花药多数；雌花序顶生。球果圆筒状长圆形，长 6～15 厘米，直径 3.5～4.5 厘米，稍斜向下；果鳞菱形或倒卵状菱形，先端圆形至略狭而钝；种子具长翅，翅膜质，着生于种子的一侧。花期 4～5 月，果次年 9 月成熟。

［生长环境］　生于海拔 2500～3500 米山地。

［产　　地］　四川西南部及云南西北部等地。

［用　　途］　树皮含鞣质，可提制栲胶。

木材供建筑及制器具用。

［理化性质］　据中国科学院昆明植物研究所用皮粉法分析：树皮含鞣质 9.46%，非鞣质 3.7%，纯度 71.88%；属缩合类鞣质。（样品采自云南丽江）

［采收处理］　参阅黄花落叶松（1024 页）。

［加　　工］　参阅黄花落叶松。

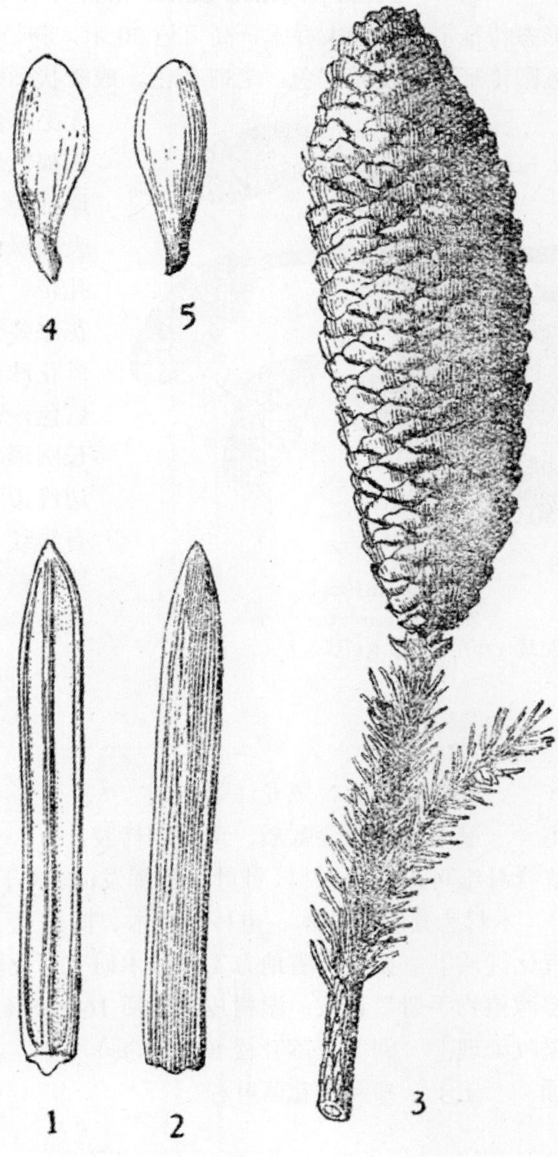

图 826　米条云杉

Picea complanata Mast.

1．叶表面；2.叶背面；3．果枝；4．种子腹面；5．种子背面。

13 鱼鳞云杉（yulinyunsha）（图 827）

［地 方 名］ 鱼鳞云杉、白松（东北）

［学　　名］ **Picea jezoensis** Carr.　松科

［形态特征］ 常绿大乔木，高可达 30 米，胸径可达 30～50（100）厘米；树干通直，树冠圆锥形，树皮暗褐色，老时灰色，成鳞状剥裂；一年生枝黄褐色，或赤褐色，无毛，有光泽；二年生以上的枝条多变为灰褐色。叶线形，扁平，长 1.2～2 厘米，通常为 1.5～1.8 厘米，先端锐尖或微凸，表面绿色，背面灰白色，有 2 条白色的气孔带，全缘，横断面扁平。雌雄同株，雄花序腋生，圆筒形，长 1.5 厘米，黄褐色；雌花球顶生，椭圆形，与雄花序同长，淡紫色，边缘红色。球果几无梗，圆柱形或长圆形，长 4～6 厘米，黄绿色或褐色，边缘带红色；果鳞长卵形或菱形，平滑或有皱纹，先端截圆形或微凹，有不整齐齿牙；苞鳞明显，长约 3 毫米；种子卵形，长 2.4～3 毫米，黑色，翅椭圆形，长约 9 毫米。花期 6 月，果期 9～10 月。

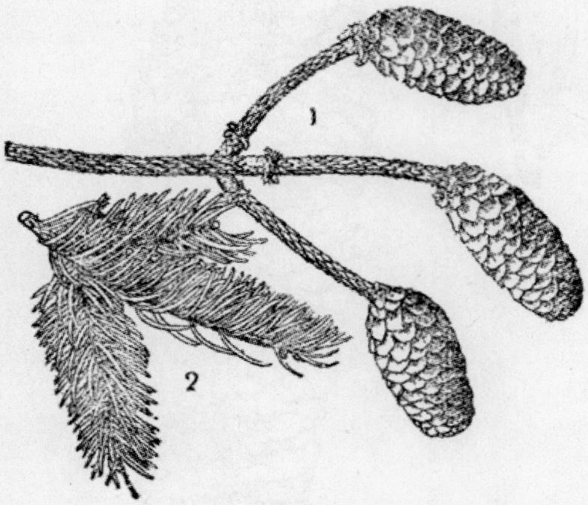

图 827　鱼鳞云杉
Picea jezoensis Carr.
1．果枝（叶在压制标本后脱落）；2．小枝。

［生长环境］ 喜生于湿润平地或山坡。

［产　　地］ 吉林、黑龙江等省。

［用　　途］ 树皮含鞣质，可提制栲胶。

树皮含纤维可作造纸原料。针叶可提挥发油。树干可割取树脂（见“树脂及树胶类”，1543 页）。木材为建筑、枕木、电杆、坑木、器具及飞机用材，也为造纸原料。

［理化性质］ 据吉林省地方工业技术研究所化验资料：树皮含鞣质 6.23%。另据“东北资源植物手册”记载：湿树皮含鞣质 16～18%；属缩合类鞣质。

［采收处理］ 阅黄花落叶松（1024 页）。

［加　　工］ 参阅黄花落叶松。

14 红皮云杉（hongpiyunsha）（图 828）

［地 方 名］ 红皮臭（东北）

［学　　名］ **Picea koraiensis** Nakai [*P. koyamai* Shiras. var. *koraiensis* (Nakai) Liou et Wang]　松科

［形态特征］　常绿乔木，高可达20～25米，胸径50～75厘米；树冠呈圆锥形，树皮幼时灰色，粗糙，老时则呈鳞状剥裂，灰褐色或带红褐色，裂缝极少呈红褐色；当年枝为赤褐色或黄褐色，主枝无毛，侧枝有疏毛；叶座隆起，高约1毫米。叶针状，四棱形，微呈扁平，稍弯曲，长1.2～2厘米，生于果枝者较短，长约为1～15厘米，先端尖。球果卵状椭圆形，长6～8厘米，径3厘米左右，黄褐色或暗绿褐色；果鳞阔倒卵形，先端圆形，基部成狭柄状，有皱纹；苞鳞短狭；种子长4～4.5毫米，灰褐色，翅长约1厘米。果期9月。

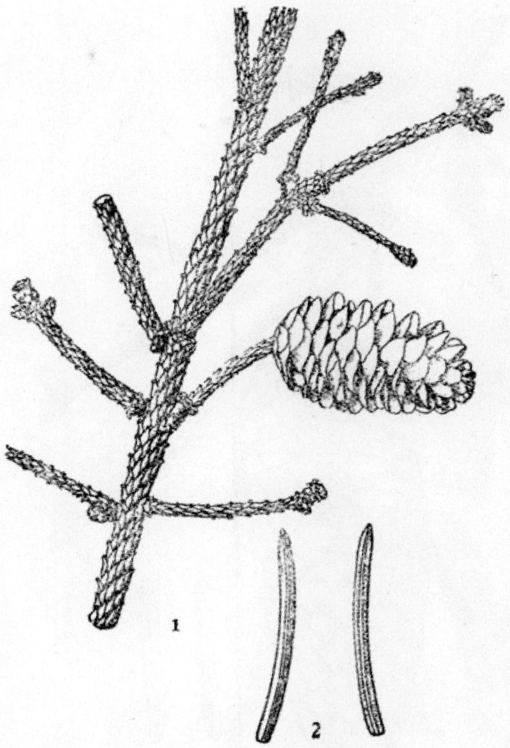

图828　红皮云杉
Picea koraiensis Nakai
1. 果枝（叶在压制标本后脱落）；2. 叶（腹面及背面）。

［生长环境］　生阴坡，喜湿润环境，常为针叶混交林，稀为纯林。

［产　　地］　辽宁、吉林、黑龙江等省。

［用　　途］　树皮与球果均含鞣质，可提制栲胶。

木材供建筑、器具、火柴杆及造纸原料等。树干可割取松脂，提制松节油和松香。

［理化性质］　据黑龙江省资料：树皮含鞣质6.87%，果含鞣质5.44%。

［采收处理］　树皮部分见黄花落叶松（1024页）。球果于9月采收。

［加　　工］　树皮部分见黄花落叶松。球果应适当粉碎，浸提温度以65～85℃为宜。

［其　　他］　种子小而轻，每千粒重为4.86克，宜于天然下种更新，育苗造林亦可。

15 丽江云杉（lijiangyunsha）（图829）

［学　　名］　**Picea likiangensis** Pritz.　松科

［形态特征］　常绿乔木，高可达40米，通常10余米；树皮暗灰色，深裂；芽圆锥状卵形，有树脂；小枝淡黄色至橙黄色，被灰黄色毛。叶菱形，四棱，稍扁，呈龙骨

突起状，长 7～12 毫米，先端尖，绿色，向轴面有 2 白色气孔带，背轴面有数行气孔。球果圆柱状长圆形，长 5～13 厘米，直径 4～5.5 厘米，紫褐色，稍有树脂；果鳞裸露部分质软而微外展，上部边缘波状或齿状。

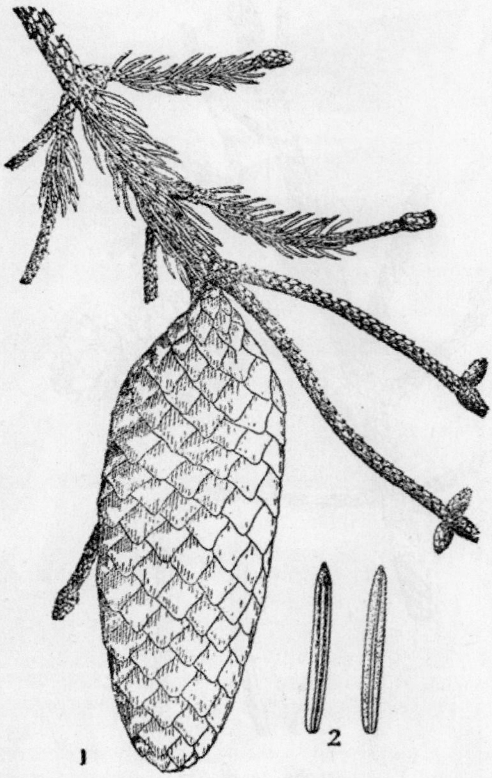

图 829 丽江云杉
Picea likiangensis Pritz.
1. 果枝；2. 叶（背面及腹面）。

［生长环境］ 生于山谷、溪流附近、山间平地及林内。

［产　　地］ 云南、四川西南部等地。

［用　　途］ 树皮含鞣质，可提制栲胶。

［理化性质］ 据中国科学院四川分院林业科学研究所用皮粉法分析：树皮含水分 12.98%，鞣质 13.74%，非鞣质 9.58%，纯度 58.91%。（样品采自云南丽江）

［采收处理］ 参阅黄花落叶松（1024 页）。

［加　　工］ 参阅黄花落叶松。

16 西康云杉（xikangyunsha）

［学　　名］ **Picea sikangensis** Cheng 松科

［形态特征］ 常绿乔木，高 5～10 米；树皮灰色，成不规则薄片脱落；枝螺旋状排列，开展或横列开展，小枝黄色或淡褐黄色，后变为灰色，有腺毛。叶螺旋状排列，线形，四棱，微属，长 10～13 毫米；先端尖，弯曲，暗绿色，表面有 2 白色气孔带，背面气孔带不显。雄花序腋生，柔荑状，有多数螺旋状排列花药；雌花序顶生，有多数的具 2 胚珠的鳞片，托以苞片。球果长卵圆形，有树脂，长 6～8 厘米，暗紫黑色，微有白霜；果鳞菱状卵圆形，顶端圆或微窄。

［生长环境］ 生于海拔 3000～3400 米山坡。

［产　　地］ 云南西北部，四川西部等地。

［用　　途］ 树皮含鞣质，可提制栲胶。

［理化性质］ 据中国科学院昆明植物研究所用皮粉法分析：树皮含水分 12.54%，鞣质 17.23%，非鞣质 9.91%，纯度 63.94%；属缩合类鞣质。（分析样品于 6 月采自四川

西昌）

［采收处理］　参阅黄花落叶松（1024页）。

［加　　工］　参阅黄花落叶松。

17 白杆云杉（baiqianyunsha）（图830）

［地 方 名］　青杆、细叶云杉、白杆松、魏氏云杉（河北），方叶杉（山西），松树（青海）。

［学　　名］　**Picea wilsonii** Mast.　松科

［形态特征］　常绿乔木，高达25米；枝细长横展；小枝暗灰或几成灰白色，光滑。叶稍呈两列分展，线形，有四棱，有光泽，端尖或锐尖，长1～1.5厘米。球果筒状长圆形，长4～10厘米，褐色，成熟即脱落，果鳞近圆形，全缘或稍有不规则齿牙。

［生长环境］　常与白杨、桦木林混生，一般生长在2000～2500米的山谷中。

［产　　地］　河北、山西、陕西、湖北、四川、甘肃、青海等省。

［用　　途］　树皮含鞣质，可提制栲胶。

木材可供建筑用，并可供造纸原料。针叶可提取挥发油（见“芳香油类”“云杉”，1280页）。

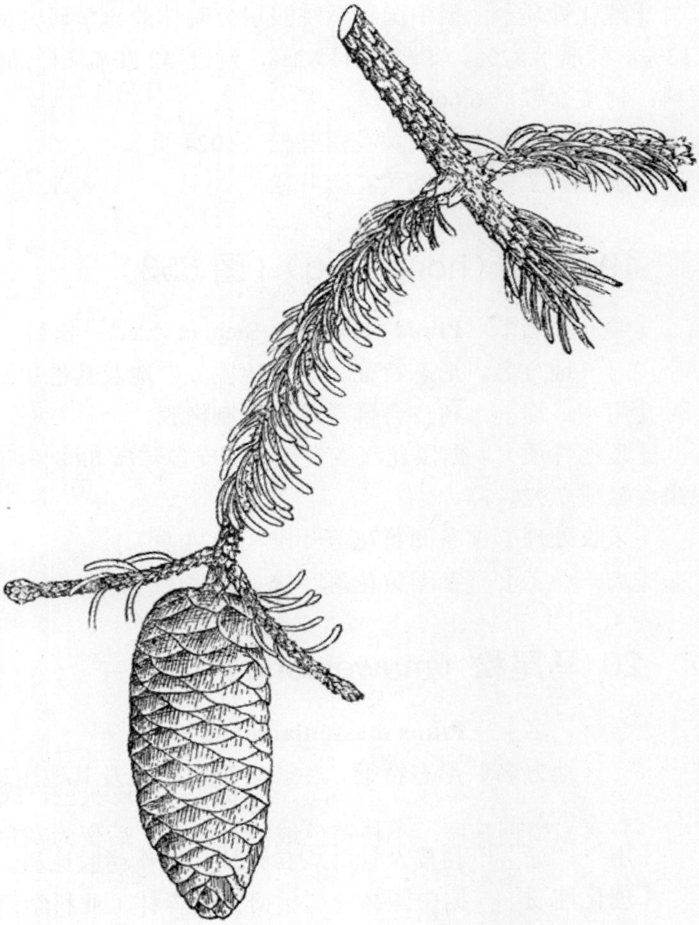

图830　白杆云杉

Picea wilsonii Mast.　果枝

［理化性质］　据河北省资料：树皮含鞣质7～12%。

［采收处理］　参阅黄花落叶松（1024页）。

［加　　工］　参阅黄花落叶松。

18 华山松（huashasong）（图 552）

［学　　名］　**Pinus armandii** Franch.　松科

（地方名、形态特征、生长环境、产地及其他用途见“油脂类”，692 页）

［用　　途］　树皮含鞣质，可提制栲胶。

［理化性质］　据中国科学院四川分院林业科学研究所用皮粉法分析：树皮含水分 9.13%，鞣质 8.82%，非鞣质 11.82%，纯度 42.70%（样品采自云南弥勒）。又据甘肃省资料：树皮含鞣质 6.66%。

［采收处理］　参阅黄花落叶松（1024 页）。

［加　　工］　参阅黄花落叶松。

19 红松（hongsong）（图 553）

［学　　名］　**Pinus koraiensis** Sieb. et Zucc.　松科

（地方名、形态特征、生长环境、产地及其他用途见“油脂类”，694 页）

［用　　途］　树皮含鞣质，可提制栲胶。

［理化性质］　据黑龙江省资料：树皮含鞣质 8.68%，非鞣质 5.68%，纯度 60.44%；果鳞含鞣质 7.92%。

［采收处理］　参阅黄花落叶松（1024 页）。

［加　　工］　参阅黄花落叶松。

20 马尾松（maweisong）

［学　　名］　**Pinus massoniana** Lamb.　松科

（地方名、形态特征、生长环境、产地及其他用途见“树脂及树胶类”，1544 页）

［用　　途］　树皮及针叶均含鞣质，可作栲胶原料。

［理化性质］　据中国林业科学研究院森林工业科学研究所用皮粉法分析，结果列表如下：

分析项目 分析部位	鞣质（%）	非鞣质（%）	不溶物（%）	纯度（%）
树皮	2.90	1.80	1.10	60.00
鲜松针	4.20	11.70	1.70	27.00
松针渣	5.60	18.90	1.20	22.90

注：分析样品采自浙江龙泉。

又据广东省资料，树皮含鞣质 8～14%。

［采收处理］　参阅黄花落叶松（1024 页）。

［加　　工］　参阅黄花落叶松。

21 樟子松（zhangzisong）（图 831）

［学　　名］　**Pinus sylvestris** L. var. **mongolica** Litvin.　松科

［形态特征］　常绿乔木，高 15～20 米；树干下半部的皮厚，灰褐色或黑褐色，龟裂成深沟，表面薄片状，不规则地剥裂；上半部树皮红褐色，较薄，无裂沟；树冠卵圆形或椭圆形，当年枝淡褐绿色，无毛，二年以上枝污黄色。针叶 2 针一束，坚硬而直，长 2.5～5 厘米（极少达 8 厘米的），宽 1.4～2 毫米，锐尖扭转，侧缘上有微齿，叶鞘永存。球果绿色，卵形或长卵形，上部渐狭，长 3～6 厘米，直径 1.6～3 厘米；果梗长 3～8 毫米；果鳞长圆形，顶面菱形或为不整齐五（四）角形，中央有隆起的脐，上部果鳞的脐部先端常反曲；种子黑褐色，稍有细毛，长卵形或长倒卵形；翅半月形，先端尖。花期 4～5 月，果期次年 9 月。

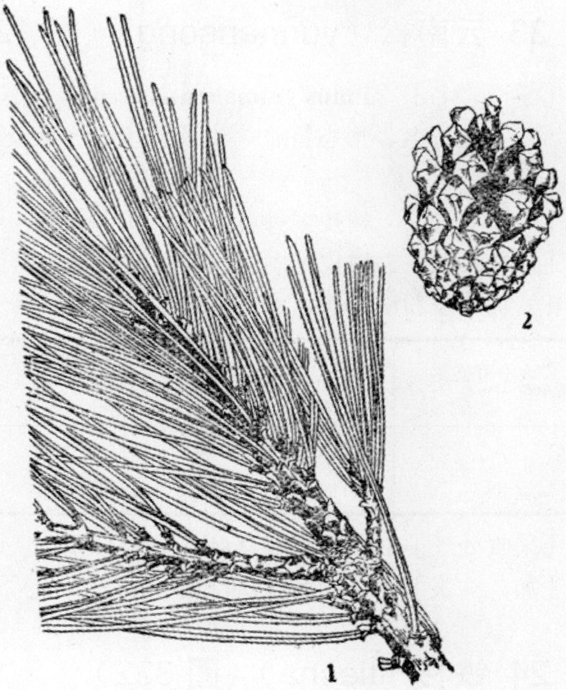

图 831　樟子松

Pinus sylvestris L. var. mongolica Litvin.

1. 小枝；2. 球果。

［生长环境］　性极能耐于寒，喜生于寒温带干燥山坡及山峰上，在沙丘上生长亦良好。

［产　　地］　内蒙古、吉林、黑龙江等省区。

［用　　途］　树皮含鞣质，可做栲胶原料。

木材适于建筑、造船、器具、枕木、桥梁，器械等用材。树干可割取松脂。樟子松树形优美，可供观赏或绿化、尤为优良固沙造林树种。

［理化性质］　据吉林省林业试验研究所化验资料：树皮含鞣质 7.85%。

［采收处理］ 参阅黄花落叶松（1024页）。

［加　　工］ 参阅黄花落叶松。

22 油松（yousong）（图555）

［学　　名］ **Pinus tabulaeformis** Carr. 松科

（地方名、形态特征、生长环境、产地及其他用途见“油脂类”，696页）

［用　　途］ 树皮及针叶均含鞣质，可提制栲胶。

［理化性质］ 据辽宁省资料：树皮含鞣质7.02～13.47%。

［采收处理］ 参阅黄花落叶松（1024页）。

［加　　工］ 参阅黄花落叶松。

23 云南松（yunnansong）（图1228）

［学　　名］ **Pinus yunnanensis** Franch. 松科

（地方名、形态特征、生长环境、产地及其他用途见“树脂及树胶类”，1551页）

［用　　途］ 树皮、针叶、球果均含鞣质，可提制栲胶。

［理化性质］ 树皮据中国科学院昆明植物研究所（Ⅰ）和四川分院林业科学研究所（Ⅱ）均用皮粉法分析，结果列表如下：

分析单位＼分析项目	水分 %	鞣质 %	非鞣质 %	纯度 %	备注
Ⅰ	11.07	16.57	5.43	75.31	样品采自四川西昌
Ⅱ	11.71	9.46	7.94	54.37	样品采自云南弥勒

［采收处理］ 参阅黄花落叶松（1024页）。

［加　　工］ 参阅黄花落叶松。

24 铁杉（tiesha）（图832）

［地 方 名］ 铁林刺、刺柏、仙柏（四川），杉松（河南）。

［学　　名］ **Tsuga chinensis** (Franch.) Pritz. 松科

［形态特征］ 常绿乔木，高达50米，胸径达1.6米；树皮暗灰色，深纵裂，成块片脱落；枝条纤细平展，树冠塔形；一年生枝淡黄色或淡褐黄色，有疏生短毛，二、三年生枝灰黄色，灰色或淡褐色。叶线形，长1.2～2.7厘米，宽2～3毫米，二列，先端钝圆有凹缺，全缘，间或中上部有细锯齿，表面光绿色，中脉下凹，背面淡绿色，中脉隆起，气孔带淡绿色。球果卵圆形或长卵圆形，长1.5～2.5厘米，有短柄；中部的果鳞三角状卵形，间或近圆形或近方形，上部圆或近截形，边缘薄，向内曲：苞鳞倒三角形，

楔形或斜方形；种子下表面有油点，种子连翅长 7～9 毫米。花期 4 月，果期 10 月。

［生长环境］　适宜生长于气候凉润，雨量多，酸性土，排水良好的山坡、山脊及山谷，海拔 2000～3000 米地带，常与云南铁杉混生或组成单纯林。或与其他树种混生。

［产　　地］　河南、陕西、甘肃、湖北、四川、贵州、台湾等省。

［用　　途］　树皮含鞣质，可提制栲胶。

树皮可割取树脂。种子可榨油（见“油脂类”，697 页）。木材可供建筑、枕木、家具等用材。

［理化性质］　据中国科学院四川分院林业科学研究所分析，因铁杉树干胸径的粗细和部位（上、中、下）的不同，树皮鞣质的含量亦有变化，兹列表如下。

［采收处理］　参阅黄花落叶松（1024 页）。

［加　　工］　参阅黄花落叶松。

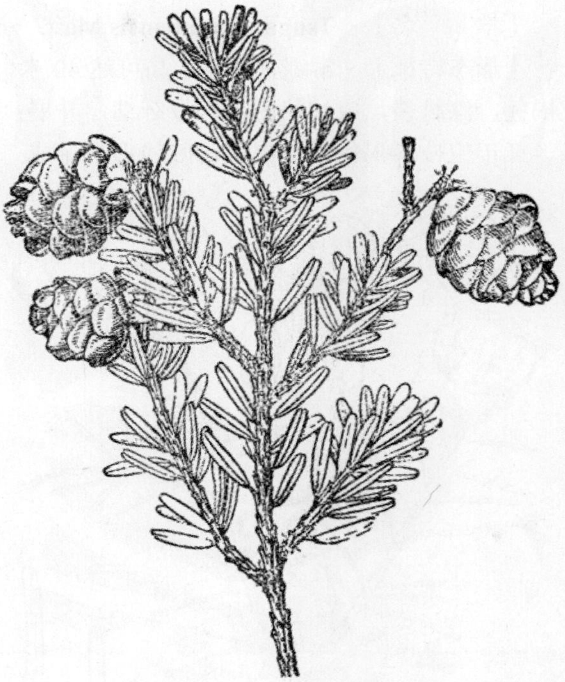

图 832　铁杉
Tsuga chinensis（Franch.）Pritz.
果枝

胸径（厘米）	部位 \ 分析项目	水分（%）	鞣质（%）	非鞣质（%）	纯度（%）
30	上	17.87	8.60	5.00	63.20
30	中	17.08	8.84	4.95	64.00
30	下	16.42	9.94	3.85	72.10
50	上	15.80	13.50	6.24	68.30
50	中	14.94	11.70	5.58	67.70
50	下	14.48	12.96	6.96	65.05
90	上	15.87	14.76	6.01	71.00
90	中	15.88	9.91	4.70	67.70
90	下	14.48	9.20	3.77	70.90

注：分析样品采自四川理县。

25 云南铁杉（yunnantiesha）（图 833）

［地 方 名］ 铁杉（云南、四川）

［学　　名］ **Tsuga yunnanensis** Mast.　松科

［形态特征］ 常绿大乔木，高可达 40 米，胸径达 1.5 米；树皮粗糙，暗灰色或暗灰褐色，深纵裂，成片状脱落；枝纤细，开展；树冠尖塔形；一年生枝红褐色，有毛，二、三年生枝淡褐色或灰褐色。叶线形，排成二列，长 1～2.4 厘米，宽 2～2.5 毫米，先端钝圆或微尖，稀微凹，中部以上至顶端边缘有细锯齿或全缘，表面光绿色，中脉下凹，背面中脉略隆起，有二条白色气孔带。球果卵圆形或椭圆状卵圆形，长 1.5～2.5 厘米，径 1～1.3 厘米，无短柄，中部的果鳞长方形，倒卵长方形或近圆形，上部边缘微向外反曲，基部两侧耳状，苞鳞小，斜方形或楔形；种子下表面有油点，种子连翅长约 8 毫米。花期 4～5 月，果期 11 月。

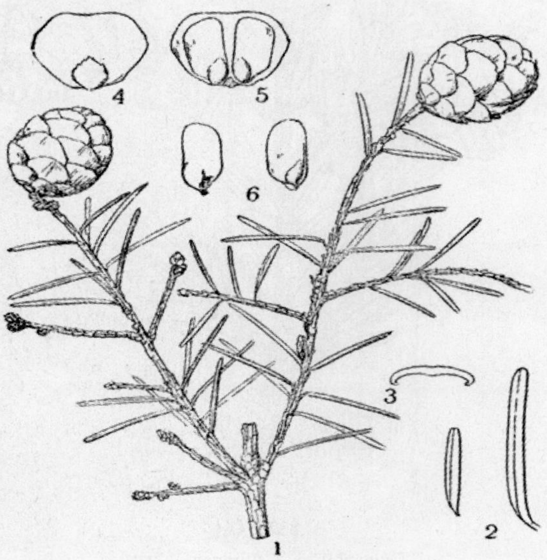

图 833　云南铁杉

Tsuga yunnanensis Mast.

1. 果枝；2. 叶；3. 叶的横切面；4. 鳞片背面；5. 鳞片正面；6. 种子。

［生长环境］ 生于阳坡、岩边、林内，在雨量充沛（年雨量 1500～2000 毫米或更多一些），气温凉爽，土壤酸性，排水良好，海拔 2000～4000 米的山地。

［产　　地］ 云南西北部、四川西南部等地。

［用　　途］ 树皮含鞣质，可提制栲胶。

从树干中可割取松脂，提制松香和松节油。种子可榨油。木材可供建筑、枕木和家具等用材。叶、根、枝干可提取挥发油（见“芳香油类”，1283 页）。

［理化性质］ 据中国科学院四川分院林业科学研究所用皮粉法分析：树皮含水分 12.20%，鞣质 14.32%，非鞣质 8.38%，纯度 63.09%。（样品采自云南丽江）

［采收处理］ 参阅黄花落叶松（1024 页）。

［加　　工］ 参阅黄花落叶松。

26 柳杉（liusha）（图 1013）

［学　　名］ **Cryptomeria japonica** (L. f.) D. Don　杉科

（地方名、形态特征、生长环境、产地及其他用途见“芳香油类”1283页）

［用　　途］　树皮含鞣质，可提制栲胶。

［理化性质］　据浙江省资料：树皮含缩合类鞣质5.2～9.3%。

［采收处理］　参阅黄花落叶松（1024页）。

［加　　工］　参阅黄花落叶松。

27 杉（sha）（图834）

［地 方 名］　沙木、沙树（河南及西南各省），正杉、正木（浙江）、木头树、刺杉（江西、浙江、安徽），广东杉、福州杉（台湾）。

［学　　名］　**Cunninghamia lanceolata** (Lamb.) Hook. (*C. sinensis* R. Br.)　杉科

［形态特征］　常绿乔木，高可达30米，胸径1米左右；树冠尖塔形，树干通道，树皮褐色，呈条状剥落；枝条轮生，平展，顶端稍下垂。叶螺旋状，互生，通常以基部扭转排成两列；叶片革质，线状披针形，扁平，长3～6厘米，先端尖，基部下延，叶缘有锯齿，表面深绿色，背面有两条白色气孔带。花单性，雌雄同株；雄花序多数密集枝端，具总苞状鳞片；花药3室，药隔伸长开展为鳞片形；雌花序1～3个，生于枝端，淡褐色，每珠鳞有3个倒生胚珠。球果卵圆形，直径2.5～5厘米，果鳞革质，淡褐黄色，先端有锯齿，每果鳞腹面有种子3粒，种子褐色，扁平，具翅。花期约4月，果期约10月。

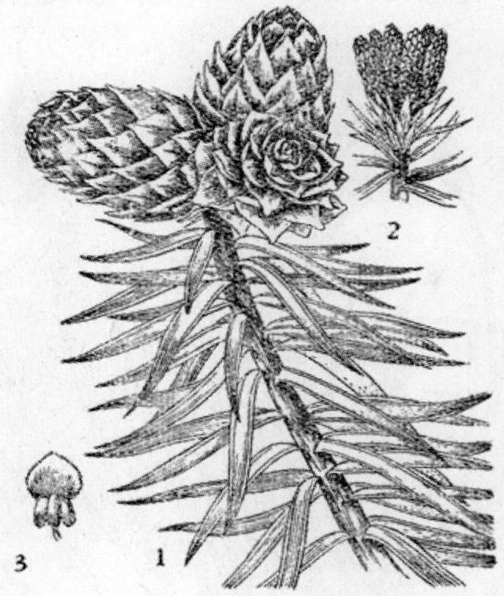

图834　杉
Cunninghamia lanceolata（Lamb.）Hook.
1．果枝；2．雄花枝；3。珠鳞腹面。

［生长环境］　喜生长在温暖、湿润的气候和含腐殖质较多的砂质土壤中，幼时宜阴蔽。垂直分布多在海拔2000米以下的避风山腰或山谷中。

［产　　地］　河南、湖南、湖北、江苏、浙江、安徽、江西、四川、云南、贵州、广东、广西、福建、台湾等省区。

［用　　途］　树皮含鞣质，可提制栲胶。

树干木质部含芳香油（见“芳香油类”，1284页）。种子可榨油（见“油脂类，698页）。木材轻软，纹理直，易加工，抗病虫害力强，可供建筑、器具、桥梁、枕木、电杆等用材。杉树皮是很好的绝缘材料。杉树皮纤维亦可假造纸及纺织原料。

［理化性质］　据中国林业科学研究院森林工业科学研究所用皮粉法分析结果，

列表如下：

分析部位＼分析项目	水分(%)	鞣质(%)	非鞣质(%)	不溶物(%)	纯度(%)	备注
树皮	—	22.20	17.00	—	64.80	样品采自四川理县
树皮	17.00	3.5	4.2	0.20	45.00	样品采自浙江龙泉
内层树皮	18.00	3.8	3.5	1.40	52.00	样品采自浙江龙泉

［采收处理］　在木材砍伐时进行剥皮，晒干后捆成 60 公斤的大捆，置于通风干燥处贮存备用。

［加　　工］　为利用树皮纤维，浸提时应将树皮切成 20～30 厘米长，浸提温度以 70～90℃为宜，最多不得超过 100℃。浸提栲胶后，将树皮残渣捞出用清水洗净，晒干，用木棒锤打，即得树皮麻。

28 木麻黄（mumahuang）（图 835）

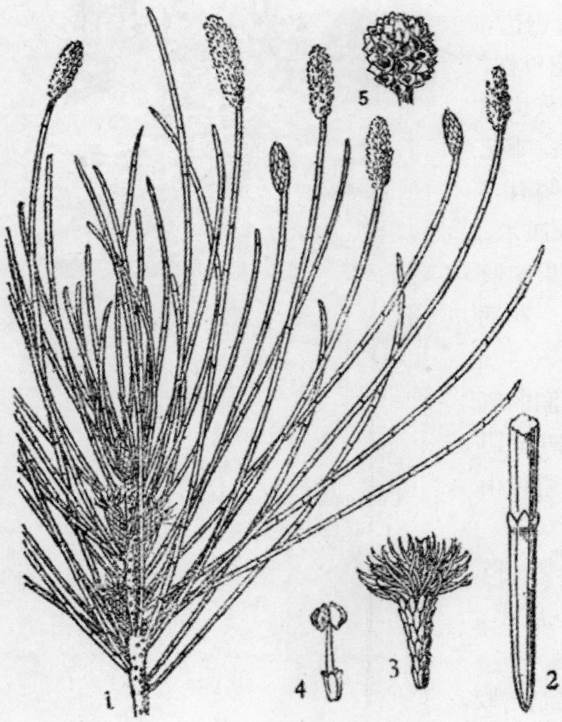

图 835　木麻黄

Casuarina equisetifolia L.

1. 花枝；2. 枝和鳞片叶；3. 雌花序；4. 雄花；5. 果束。

（自“广州植物志”）

［地 方 名］　驳骨松（广东）

［学　　名］　**Casuarina equisetifolia** L.　木麻黄科

［形态特征］　常绿乔木，高 10～20 米；树皮褐色，有密节，下垂，小枝线状，灰绿色，约有 7 棱，节间短，长 4～7 毫米，每一节上约有极退化的短尖的鳞片状叶 7 片。花单性，雌雄同株；雄花序为纤弱的穗状花序，顶生，有时侧生于枝顶或与雌花序并生枝上，长 8～10 毫米，有复瓦状的叶轮；小苞片 4；雄蕊 1；雌花为短而稠密的头状花序，侧生于枝上；无花被，子房 1 室，有胚珠 2，花柱短，有长而线状的分枝。球果球形，有极短的柄，直径约 12 毫米，有宿存小苞片 2，阔卵形，先端略钝，木质，外被短柔毛，其内的小坚果连翅长约 4 毫米。花期 5 月，果期 8 月。

［生长环境］　热带硬叶常绿林的树种，生于气候干热，土壤疏

松，排水良好的砂土及沙质壤土上，地下水位较高的滨海地区亦适宜生长。能耐零度左右的低温，但不耐霜冻。

［产　　地］　福建及广东滨海地区均有栽培。

［用　　途］　树皮含鞣质，可提制栲胶。

本种为热带造林树种，生长迅速，具有固沙耐旱的特性，常作热带海岸防砂林，护岸林的主要树种。木材红褐色，坚硬，耐朽力强，可作枕木。

［理化性质］　据中国林业科学研究院森林工业科学研究所用皮粉法分析：树皮含鞣质 12.95%，非鞣质 4.39%，不溶物 3.08%，纯度 74.68%。（分析样品采自广东湛江）

［采收处理］　剥取树皮，应结合伐木时进行，本种树质坚硬，伐倒后不宜立即剥皮，待木材风干后再剥，否则会使木材曝干裂口，降低木材使用价值。

［加　　工］　浸提前应将树皮切成 1～3 厘米小块，切后过筛，除去泥土等杂质，即可浸提。浸提温度以 70～90℃为宜。

29 小叶杨（xiaoyeyang）（图 836）

［地 方 名］　杨树（吉林、辽宁、山东、安徽、山西），菜杨（河南），南京白杨（河南、山东）。

［学　　名］　**Populus simonii** Carr. 杨柳科

［形态特征］　乔木，高达 15～20 米；树冠较窄，呈长圆形；树皮灰绿色，有时暗色，有沟裂；小枝细长，**萌枝有明显棱角**，无毛，带红褐色或橄榄绿色，皮孔明显，叶芽直立，尖头，**极多粘性树脂**。叶菱状倒卵圆形或菱状椭圆形，长 4～12 厘米，宽 3～8 厘米，先端突渐尖，**中部以上较宽**，基部楔形至狭圆形，有细钝锯齿，表面淡绿色，**背面苍绿色，或带白色，两面无毛**；叶柄带红色，圆棒状，生于萌发枝者长 0.5～1.5 厘米，生于生长枝者 1～2.5 厘米。花单性，雌雄异株，雄柔荑花序长 2～7 厘米，花轴无毛；苞长 3 毫米，尖裂；花盘杯状；雄蕊 8～9；雌柔荑花序长 2.5～6 厘米，果期长达 15 厘米。蒴果 2～3 瓣裂。花期 3 月，果期 5 月。

图 836　小叶杨
Populus simonii Carr.
1．雄花枝；2．雄花；3．雌花枝；4．叶枝。
（自“河北习见树木图说”）

［生长环境］ 性喜阳光，喜湿，而耐瘠薄，耐碱，一般生于比较潮湿地方，如河岸两边，或平原地带。

［产　　地］ 黑龙江、吉林、辽宁、内蒙古、河北、山西、山东、河南、青海、甘肃、安徽、江苏、湖北、四川、云南西北部等地。

［用　　途］ 树皮含鞣质，可提制栲胶。

木材可作造纸及人造纤维原料，并可供建筑、家具、薪炭柴等用材。嫩叶可食。

［理化性质］ 据中国科学院植物研究所用皮粉法分析：树皮含水分 9.02%，总固物 15.40 %，可溶物 13.95%，不溶物 1.45%，非鞣质 8.75%，鞣质 5.20%，纯度 37.28%；属水解类鞣质。

［采收处理］ 采收树皮最好在春秋二季，结合采伐时进行。本种材质松软，伐倒后可立即剥皮，晒干，置于通风处贮存。

［加　　工］ 浸提前将原料切成 1～3 厘米左右的碎块，浸提温度以 70～90℃为宜。

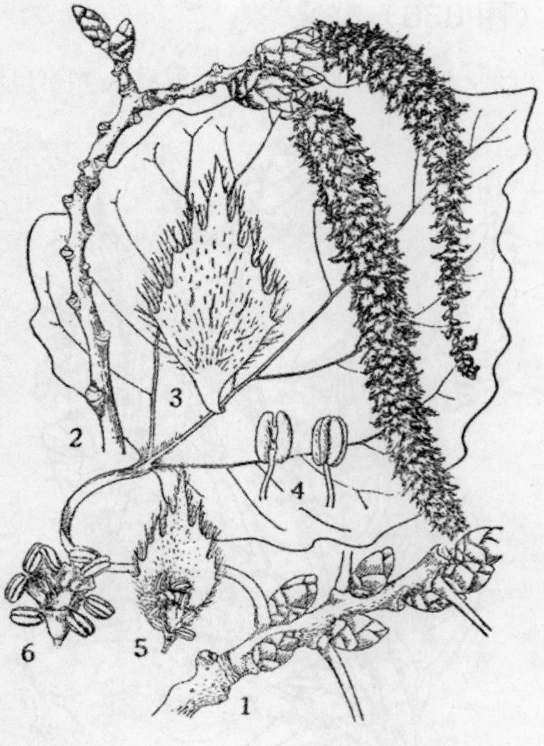

图 837　毛白杨
Populus tomentosa Carr.
1. 叶枝；2. 雄花枝；3. 苞片；4. 雄蕊；5. 雄花；6. 雄花去掉苞片。

30 毛白杨（maobai-yang）（图 837）

［地 方 名］ 响杨（河北、山西），大叶杨（江苏、河南），大杨树（山东）。

［学　　名］ **Populus tomentosa** Carr. 杨柳科

［形态特征］ 乔木，高达 25 米；树冠为钝圆锥形；树皮灰白色，光滑；老枝干基部较粗糙，色暗有沟裂；小枝密生灰色绒毛，结果时几近无毛，芽卵形或圆球形，微有绒毛或近光滑，但芽鳞边缘有毛。长枝上的叶三角状卵圆形，长 15 厘米，先端渐尖，基部近心形或截形，边缘有不规则的浅裂状的重锯齿，在幼树上的叶长 15 厘米，表面暗绿色，背面有灰色绒毛；在老树上的叶较小，有波状锯齿，背面稍有绒毛；在短枝上的更小，卵圆形或三角状卵圆形，有波状齿，背面

光滑；叶柄约与叶片等长。花单性，雌雄异株，柔荑花序；雄花序长约 10～14 厘米；苞片卵圆形，边缘尖裂，具长柔毛；雌花序的子房椭圆形，柱头 2 裂。花期 3 月，果期 4 月。

［生长环境］　干燥地区及湿润地区均可生长；但在低湿地发育不良。

［产　　地］　河北、山西、山东、河南、陕西、甘肃、辽宁旅大、内蒙古哲盟、江苏、贵州、云南东北部等地，一般都是栽培的。

［用　　途］　树皮含鞣质，可提制栲胶。

木材供建筑、器具、火柴杆等用。栽培作行道树及观赏树。木材纤维可造纸。

［理化性质］　树皮含鞣质 5.18%。（资料引自“怎样检验植物鞣料”一书中的表 2）

［采收处理］　参阅小叶杨（1041 页）。

［加　　工］　参阅小叶杨。

31 垂柳（chuiliu）（图 838）

［地 方 名］　柳树（辽宁、山东、江苏、浙江、贵州），杨柳（贵州、山东、江苏），倒栽柳（吉林、山西），倒枝柳、垂杨柳（黑龙江），倒柳（江苏），倒垂柳（山东），倒挂杨柳（浙江）。

［学　　名］　**Salix babylonica** L.（*S. heteromera* Hand. –Mzt.）　杨柳科

［形态特征］　乔木，高 10～12 米；树冠开展而疏松；树干粗大；树皮灰黑色，不规则开裂；枝细，**无毛**，有光泽，**通常下垂，褐色，或带紫色**。叶披针形至线状披针形，长 9～16 厘米，宽 5～15 毫米，先端长渐尖，基部楔形，有时歪斜，边缘具细锯齿，表面绿色，背部带白色，侧脉 15～30 对；叶柄长 6～12 毫米，有短柔毛；托叶仅生萌发枝上，斜披针形或卵圆形，边缘有齿牙，有时为刺尖。花单性，雌雄异株，柔荑花序，先叶开放或与叶同时开放；总花梗有短柔毛，雄花序长 1.5～2 厘米，雌花序长达 5 厘米；苞长圆形至**线状披针形**，早落；**雄花有 2 腺体，雄蕊 2，**

图 838　垂柳

Salix babylonica L.

1．枝叶；2．雄花枝；3、4．雌花枝；5．雄花；6．雌花；7．果。（自“中国森林植物志”）

分离，基部具长柔毛，雌花有1腺体；子房无毛，无柄，花柱极短，柱头2裂。蒴果长3～4毫米，带绿褐色。花期3～4月，果期4～5月。

［生长环境］　常为栽培，喜生于水分充足的塘畔、水边，但干旱处亦能生长。

［产　　地］　黑龙江、吉林、辽宁、内蒙古、河北、山西、山东、河南、陕西、甘肃、湖北、江苏、浙江、四川、贵州、云南、广西、广东等省区。东北少见或仅见栽培。

［用　　途］　树皮含鞣质，可提制栲胶。

枝条供编织，茎皮纤维可造纸（见“纤维类”，40页）。

［理化性质］　据广西省壮族自治区资料：树皮含鞣质7.5%。

［采收处理］　参阅旱柳（1046页）。

［加　　工］　参阅旱柳。

32 黄花儿柳（huanghua-erliu）（图839）

［地 方 名］　山柳木、山毛柳（河南）

［学　　名］　**Salix caprea** L.　杨柳科

［形态特征］　灌木或有时为乔木，高可达9米；小枝幼时有灰色短柔毛，后渐无毛，褐色而有光泽；冬芽长成时平滑无毛。叶阔椭圆形以至长椭圆形，长6～14厘米，宽3～6厘米，先端尖，基部圆至阔楔形，边缘疏生有不整齐牙齿，或近于全缘，表面初时有短柔毛，后全无毛，暗绿色而有皱纹，背面有灰色短柔毛而具网脉；叶柄长0.6～2厘米；托叶为斜肾形，有锯齿。柔荑花序近于无柄，基部有苞片3～6，密生柔毛；雄花序阔椭圆形，长2.5～3厘米；雌花序长6厘米，已结果者长10厘米；苞披针形；雄蕊2，分离；花丝平滑无毛，或基部疏生有毛的蜜腺；雌花子房有灰色短柔毛；花柱缺如或极短；柱头阔椭圆形，先端微凹或为2裂，腺短，长

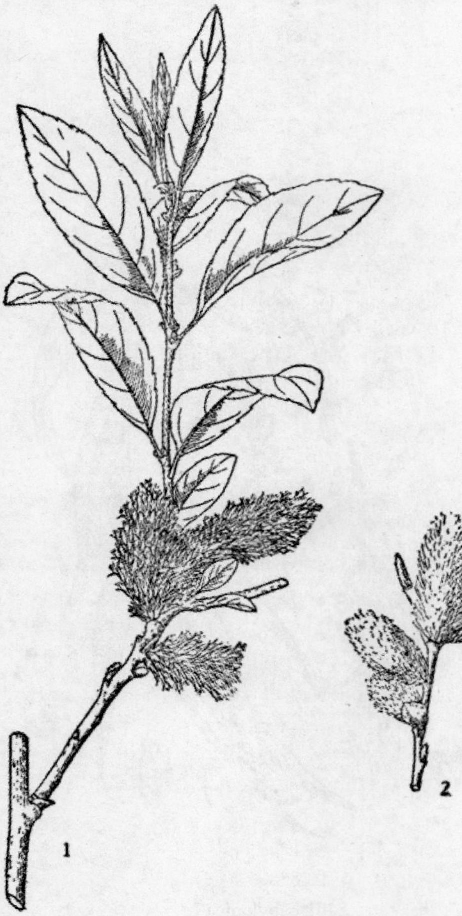

图839　黄花儿柳

Salix caprea L.

1．雌花枝；2．雄花枝。

仅及花柄 1/6～1/4；花柄仅达子房长度 1/3。花期 4 月。

［生长环境］　喜生于山谷及向阴的山坡，可上升至海拔 2000 米。

［产　　地］　河北、河南、山西、陕西、内蒙古、宁夏等省区。

［用　　途］　树皮含鞣质，可提取栲胶。

［理化性质］　据河北省资料：树皮含鞣质 9.40%，非鞣质 12.09%，纯度 42.92%；属水解类鞣质。

［采收处理］　参阅五蕊柳（1048 页）。

［加　　工］　参阅五蕊柳。

33 谷柳（guliu）（图 840）

［学　　名］　**Salix livida** Wahlenb.　杨柳科

［形态特征］　灌木；树皮暗褐色；一年生枝无毛，栗褐色。叶阔圆形至狭椭圆形，长 2～6 厘米，宽 1.5～3 厘米，先端急尖，基部楔形，多少全缘，或有微细不规则的齿牙缘，表面绿色，背面苍白色，**两面无毛**，幼时多少有柔毛；叶柄长约 0.5～0.7 毫米，无毛；托叶肾形，有齿牙缘。柔荑花序细，长约 2.5 厘米，有梗，基部有数个小叶；雌雄花鳞片均淡黄色，稀为先端带褐色，并为褐色或近黑色；雄花序有短柄，具短柔毛；**雄蕊 2**，**花丝无毛**，腺体 1，腹生；雌花序梗较长，也有短柔毛，子房有毛，柄长为腺体的 3～5 倍，花柱较短。蒴果。花期 5 月，果期 6 月。

图 840　谷柳

Salix livida Wahlenb.

果枝

［生长环境］　生于森林内，沙地、山谷间。

［产　　地］　黑龙江省

［用　　途］　树皮含鞣质，可提制栲胶。

枝条可供编织。

［理化性质］　据中国科学院林业土壤研究所资料：树皮含鞣质 13.19%。（样品采自黑龙江勃利

县）

［采收处理］　参阅五蕊柳（见1048页）。

［加　　工］　参阅五蕊柳。

［其　　他］　本种与华北产的黄花儿柳 Salix caprea L.及东北产的大黄柳 S. raddeana Laksh.均极难区分。后两种小枝均粗壮，叶较长大，雌雄鳞片不同色。

34 旱柳（hanliu）（图841）

［地 方 名］　河柳（山西），柳树（山东、河南、安徽），言叶柳（山东），小叶柳（安徽）。

［学　　名］　**Salix matsudana** Koidz.　杨柳科

［形态特征］　乔木，高3.5～13米；大枝斜出，形成阔圆形树冠；树皮暗灰黑色，有浅沟裂；枝细长，**直立或开展**，**黄色**后变褐色，微具短柔毛或无毛。叶披针形，长5～8（或10）厘米，宽1～1.5厘米，先端长渐尖，基部圆形至钝形，稀为楔形，边缘有明显的锯齿，表面绿色无毛，有光泽，沿中脉处生绒毛，背面苍白或带白色；叶柄短；托叶披针形或无，边缘具齿，具有腺点。**雄花序短**，圆柱形，长1～1.5厘米，径约6毫米，多少具总花梗，花轴有长毛；**苞阔卵形**，**先端钝**，黄绿色，基部多少有短柔毛，雄蕊花丝基部具柔毛；**雌花序很小**，长12毫米，粗4毫米，有3～5叶生于短的总花梗上，花轴具柔毛；**雌花有2腺体**。蒴果。花期4月，果期5月。

图841　旱柳
Salix matsudana Koidz.
1．枝叶；2．雄花枝；3．雌花枝；4．果枝；5．雄花、腺体和苞片；6．雌花、腺体和苞片；7．蒴果。
（自“江苏南部种子植物手册”）

［生长环境］　干湿地、河岸及高原均能生长，不宜于山地。

［产　　地］　辽宁、吉林、内蒙古、河北、山西、山东、河南、陕西、甘肃、四川、安徽等省区。

［用　　途］　树皮含鞣质，可提制栲胶。枝条烧炭，供绘图用或制火药用；又可编筐、篮等用具。枝皮纤维可代麻（见“纤

维类”，41 页）。可作行道树、防护及庭院树。又为早春蜜源植物。

［理化性质］　据中国科学院植物研究所用皮粉法分析：树皮含水分 10.9%，总固物 14.68%，可溶物 12.96%，不溶物 1.72%，鞣质 7.49%，非鞣质 5.47%，纯度 57.79%。又据辽宁省资料：树皮含鞣质 3.06%。

［采收处理］　剥取树皮应结合砍伐木材时进行，树伐倒后可立即剥取树皮，剥下后晒干，置于通风干燥处贮藏。

［加　　工］　将树皮粉碎成 1～3 厘米的碎块，浸提温度以 70～90℃为宜。温度应由低逐步升高，切勿猛火加温，以免使鞣质破坏。

35 小红柳（xiaohong-liu）（图 842）

［学　　名］　**Salix microstachya** Turcz.　杨柳科

［形态特征］　灌木，高 1～2 米；树皮灰褐色；小枝半下垂，细长，灰褐色，嫩枝具丝状长柔毛；成长枝多少具短柔毛或无毛。**叶近线形或狭线状披针形**，长 1～5 厘米，宽 2～4 毫米，由两侧渐狭，少有为镰刀形，**近于全缘**，**内卷**或有细锯齿，初生时两侧生丝状短柔毛，后近无毛，背面中脉明显，侧脉不显明，达 30 对，与中脉成 10～15 度角；叶柄长 3～5 毫米，基部肥大，无毛或具丝状短柔毛；托叶无或特小、卵状披针形，具齿牙或全缘，脱落。柔荑花序，圆柱形，长 1.5～2 厘米，近无梗；总花梗有毛；鳞卵球形，阔披针形或倒卵圆形，先端具齿牙，淡褐色或黄绿色，基部多少具密毛；雄蕊 2，花丝全部

图 842　小红柳
Salix microstachya Turcz.
果枝

合生，腺体 1，腹生；子房无毛，无柄。蒴果长约 4 毫米。花期 6 月，果期 6～7 月（内蒙古）。

［生长环境］ 丛生于砂坑或沙漠区之河岸。

［产　　地］ 辽宁、内蒙古、宁夏、甘肃、青海、新疆等省区。

［用　　途］ 树皮含鞣质，可提制栲胶。枝条可供编织。

［理化性质］ 据内蒙古自治区资料：树皮含鞣质 8%。

［采收处理］ 参阅五蕊柳（本页）。

［加　　工］ 参阅五蕊柳。

36 五蕊柳（wuruiliu）（图 843）

［地 方 名］ 柳茅子（吉林），柳条（黑龙江）。

［学　　名］ **Salix pentandra** L.　杨柳科

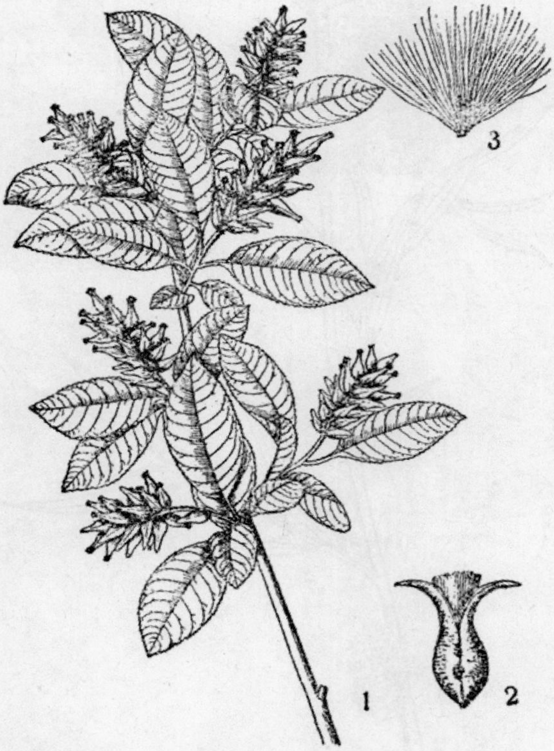

图 843　五蕊柳

Salix pentandra L.

1．雌花枝；2．开裂后的蒴果；3．种子和冠毛。

［形态特征］ **灌木**，高 1～3 米；树皮灰色或淡暗褐色；一年生枝暗灰色，或灰绿色，无毛，有光泽，**嫩时有粘质**，芳香；芽圆锥形，花芽卵形，褐色，**有光泽发粘**。幼叶背面先端具黄色长柔毛，果枝叶卵状长圆形至阔披针形，厚革质，长 5～13 厘米，宽 2～4 厘米，最宽大部分约在叶中部，先端渐尖，基部钝形或楔形，边缘有锯齿，先端有腺点，无毛；表面有光泽，**背面无毛**；叶柄长 0.2～1.4 厘米，上部具腺点无毛；托叶长圆形或卵圆形，脱落，齿缘有腺点。花单性，柔荑花序，雄花序、圆柱形，长 2～7 厘米，宽 1～1.5 厘米，生于具小叶的枝上，雌花序长 1～6 厘米，宽 0.8 厘米，有绒毛，具有长梗；鳞片黄绿色，先端稍有锯齿或牙齿；雌花鳞片脱落，**腺体 2，有时分叉；雄蕊 5～12，花丝具短柔毛；子房无毛**；花柱短粗。蒴果长 7 毫米，无毛，有光泽。花期 5 月，果期 6 月。

［生长环境］　生于山地森林间的水甸子及草甸子。

［产　　地］　辽宁、吉林、黑龙江、内蒙古等省区。

［用　　途］　树皮、叶均含鞣质，可提制栲胶。枝条供编织。

［理化性质］　据吉林省资料：树皮合鞣质8.54%，叶含鞣质10.27%。

［采收处理］　剥取树皮可结合砍收薪炭材或编织条子时进行，每年可砍收二次（春季和秋季）。采摘叶子宜在7～9月，若不能立即加工，应将采收的原料晒干后贮存。

［加　　工］　浸提前应将树皮切成1～3厘米长的小段，叶子搓成小碎片；浸提温度树皮以65～90℃、树叶一般以50～80℃为宜。

37 山柳（shanliu）（图844）

［地 方 名］　王八柳

［学　　名］　**Salix phylicifolia** L.　杨柳科

［形态特征］　直立灌木，高达5米；小枝平滑无毛，或初时疏生有短柔毛，后变褐色而有光泽。叶近于革质，椭圆形，或倒卵形以至披针形，长2～8厘米，先端尖或短渐尖，基部圆形或楔形，边缘有锯齿或为波状锯齿，老时近于全缘，表面有光泽，**背面白色或灰绿色**，平滑无毛或初时疏生短柔毛，**干燥时不为黑色**；叶柄长0.8～1厘米；托叶近于心形，早落。柔荑花序生于有叶的短梗上，叶前开放或与叶同时开放；雄花序长2.5厘米，雌花序已结果者长6厘米；苞片**除基部外均为暗色**，有长柔毛；雄花**雄蕊2**，分离，无毛，基部腹面有腺体；雌花**子房有毛**，花柱显着；花梗为腺长的3～4倍。蒴果被短柔毛，长0.7～1厘米。花期5月，果期6月。

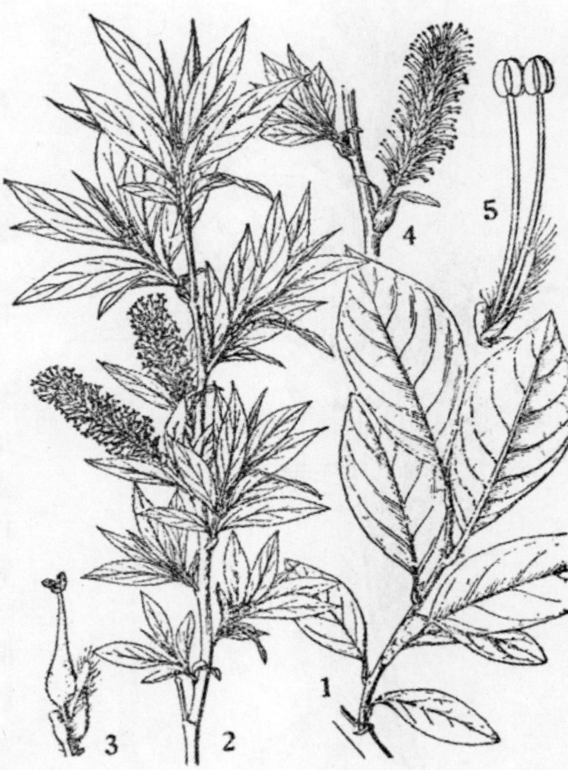

图844　山柳

Salix phylicifolia L.

1．枝叶；2．雌花枝；3．雌花；4．雄花枝；5．雄花。

［生长环境］　常生于海拔 1400～2200 米的山地。

［产　　地］　河北、内蒙古、宁夏等省区。

［用　　途］　树皮、叶含鞣质，可提制栲胶。枝条可供编织。

［理化性质］　据中国科学院植物研究所用皮粉法分析：树皮含水分 10.20%，总固物 33.51%，可溶物 32.45%，不溶物 1.06%，非鞣质 16.40%，鞣质 16.05%，纯度 49.46%。又据河北省资料：叶含鞣质 8.31%。

［采收处理］　参阅五蕊柳（1048 页）。

［加　　工］　参阅五蕊柳。

38 红皮柳（hongpiliu）

（图 845）

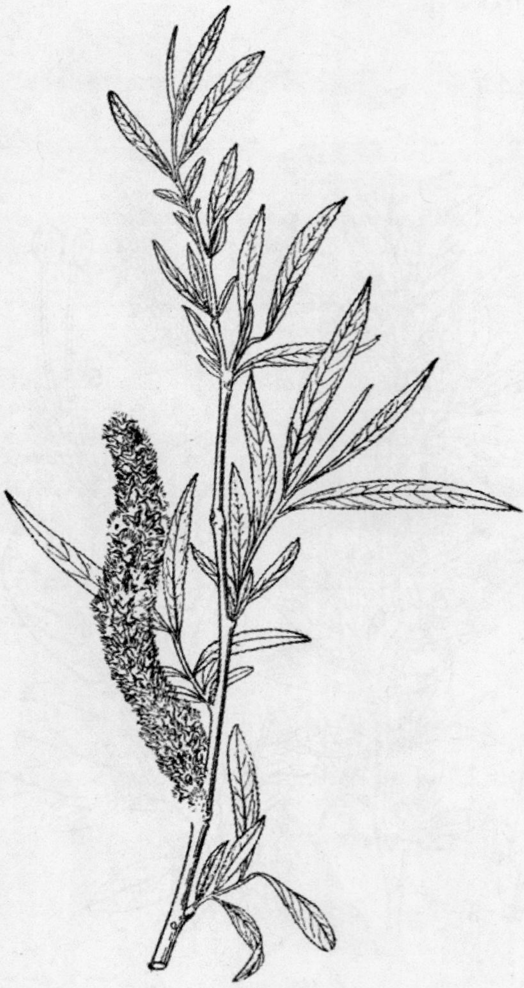

图 845　红皮柳
Salix purpurea L.
果枝

［地 方 名］　簸箕柳（江苏），棉柳、筐柳（山东），蒲柳、杞柳（山西、河南），紫柳、红柳（山西、河南、内蒙古），箕柳（浙江），红心柳（安徽）。

［学　　名］　**Salix purpurea** L. 杨柳科

［形态特征］　灌木或乔木，高 2～4(～10)米；树皮灰暗褐色；**小枝细而韧，紫红色，无毛**。叶互生或对生，倒披针形，长 3～13 厘米，宽 0.8～1.5 厘米，先端急尖，全绿或上部具尖锐的锯齿，苍绿色，干后成黑色，幼叶背面微有短柔毛，成长后无毛；叶柄长 3～6 毫米；托叶不常见，线状披针形，长 1.5～1.8 厘米。柔荑花序，无总花梗，圆柱形，长 2.8 厘米，宽 2～4 毫米，具有 2～5 小形鳞状叶；**雄蕊 2，花丝全部合生**，腺体 1，腹生；**子房有丝状毛，无柄，花柱不显明**。蒴果无梗，有长毛。花期 3～5 月，果期 5～6 月。

［生长环境］　生于河边、草地、灌木林及湿润砂地。

［产　　地］　辽宁、吉林、黑龙江、内蒙古、河北、山东、山西、河南、江苏、浙江、安徽等省区。

［用　　途］　树皮含鞣质，可提制栲胶。

木材坚实，可作车轴，并供建筑用，又可供制火药的木炭。枝条供编织。茎皮纤维可制人造棉、造纸（见“纤维类”，42 页）。枝含水杨素 0.6～1.5%可供药用，嫩叶代蔬菜食用。可作固岸造林树种栽培。

［理化性质］　据山西省资料：树皮含鞣质 5.12～12.75%。

［采收处理］　参阅五蕊柳（1048 页）。

［加　　工］　参阅五蕊柳。

［其　　他］　树皮纤维为很好的造纸原料，提制栲胶后可进行综合利用。

39 三蕊柳（sanruiliu）（图 846）

［地 方 名］　剑叶柳（东北），毛柳（山东）。

［学　　名］　**Salix triandra** L. (*S. amygdalina* L.)　杨柳科

［形态特征］　灌木或乔木，高可达 10 余米，常见均为 5～6 米；枝灰色（雌株），或褐色（雄株），**无毛**。叶披针形或倒披针形，长 4～15 厘米，宽 0.5～3.5 厘米，先端渐尖，基部圆形或楔形，边缘具腺状锯齿，幼叶背面具短柔毛，后变光滑，表面深绿色，**背面具白粉**，侧脉 8～15 对；叶紫红色，长 1～1.5 厘米，**常在上部有 2 个腺体**。柔荑花序与叶同时开放，基部有锯齿缘的叶，花轴有长毛；雄花雄蕊 3（2～5），花丝基部多少有毛，有 2 腺体；雌花子房无毛，有短柄，花柱不显。花期 4～5 月，果期 6 月。

［生长环境］　喜生河岸边冲积沙质地，林缘湿地也有生长，丛生。

图 846　三蕊柳
Salix triandra L.
果枝

［产　　地］　黑龙江、吉林、辽宁、河北、山东、江苏等省。

［用　　途］　树皮含鞣质，可提制栲胶。

嫩枝条可供编织。

［理化性质］　据黑龙江省资料：树皮含鞣质 8.54%，非鞣质 2.82%，纯度 75.3%。

［采收处理］　参阅五蕊柳（1048 页）。

［加　　工］　参阅五蕊柳。

40 蒿柳（haoliu）（图 847）

［地 方 名］　绢柳（辽宁），柳茅子（吉林、黑龙江），清钢柳（吉林），柳树蒿（东北通称）。

［学　　名］　**Salix viminalis** L.　杨柳科

［形态特征］　直立灌木或乔木，高达 5 米，或偶有高达 10 米；冬芽有短柔毛，**小枝幼时密生有短柔毛**，后渐无毛。叶线状披针形以至披针形，**长 10～25 厘米，中部以下渐宽**，基部楔形，先端渐尖，近于全缘而常有不明显的波状钝齿，表面浓绿色，平滑无毛，**背面灰白色，密生绢状绒毛**；叶柄长 4～12 毫米；托叶小，披针形，早落。**柔荑花序近于无柄**，密生；雄花序长 2～4 厘米，雌花序长 2.5 厘米，果序则长 3～6 厘米；**雄蕊 2**，离生或少有基部合生的，**花丝无毛，药金黄色**，子房圆锥状卵形，无柄，密生短柔毛；花柱长为子房之半，柱头 2 裂。花梗较线状腺为短。

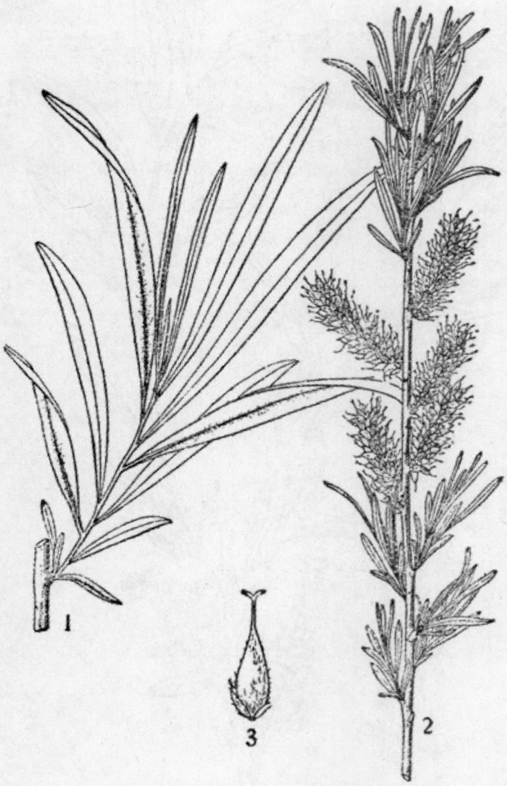

图 847　蒿柳
Salix viminalis L.
1．枝叶；2．雌花枝；3．雌花。

［生长环境］　喜生河岸冲积沙质地，林缘湿地也有生长。

［产　　地］　黑龙汪、吉林、辽宁、河北、内蒙古、西藏等省区。

［用　　途］　树皮含鞣质，可提取栲胶。

枝条可编筐。叶可饲蚕。又为蜜源植物和护岸树种。

［理化性质］　据黑龙江省资料：树皮含鞣质 7.3%，非鞣质 7.0%，纯度 51.1%。

［采收处理］ 参阅五蕊柳（1048 页）。

［加　　工］ 参阅五蕊柳。

［其　　他］ 常见者为叶中部以下渐狭的变种（伪蒿柳）Salix viminalis L. var. gmelinii Anderss.（*S. rossica* Nasarov）及叶特狭长的变种（窄叶蒿柳）S. viminalis L. var. angustifolia Turcz.（*S. pseudolinearis* Nasarov）。

41 崖柳（yaliu）（图 848）

［地 方 名］ 柳茅子（吉林）

［学　　名］ **Salix xerophila** Floder. (*S. floderusii* Nakai) 杨柳科

［形态特征］ 乔木或灌木，高达 6 米；树皮灰褐色，下部有沟裂；嫩枝绿色，冬季淡红色或淡褐色，有短柔毛。**叶革质**，椭圆形或稍披针形，长 1～8.5 厘米，宽 0.5～4.5 厘米，先端渐尖，基部圆形，叶缘有锯齿或全缘，表面暗绿色，背面薄被**微伏短柔毛**，叶脉明显；叶柄长 6～8 毫米，有短柔毛，后无毛；托叶仅生萌发枝上，圆形，肾形或半月形。柔荑花序先叶开放，基部有小叶，雌雄花鳞片均披针形，先端钝，暗褐色，基部黄色，有毛，不脱落；雄花序长 1.2～3 厘米，宽 1 厘米，圆柱状，**雄蕊 2，离生**，腺体 1，腹生；雌花序长 1～2 厘米，结果时长达 5～7 厘米；总花梗有长柔毛；子房卵状圆锥形，长 3～3.5 毫米，**有长柔毛，子房柄比腺体长 5 倍**，花柱短，柱头 4 裂。蒴果长 5～6 毫米，几无毛，柄长超过蒴果之半。花期 5 月，果期 6 月。

图 848 崖柳
Salix xerophila Floder.
果枝

［生长环境］ 喜生于林区较干燥的地方。

［产　　地］ 内蒙古、辽宁、吉林、黑龙江等省区。

［用　　途］ 树皮含鞣质，可提制栲胶。

枝条用于编织。

［理化性质］ 据中国科学院植物研究所用皮粉法分析：叶含水分 4.15%，总固物

32.89%，可溶物 31.91%，不溶物 0.98%，非鞣质 19.81%，鞣质 12.09%，纯度 37.88%；属缩合类鞣质。另据中国科学院林业土壤研究所分析：树皮含鞣质 12.25%。

［采收处理］　参阅五蕊柳（1048 页）。

［加　　工］　参阅五蕊柳。

42 毛杨梅（maoyangmei）（图 849）

［学　　名］　**Myrica esculenta** Buch. -Ham.　杨梅科

［形态特征］　常绿乔木，高 5～15 米；树皮灰褐色；一、二年生枝略粗糙，皮孔大而显明，芽及幼枝密被淡黄色柔毛。叶互生，常集生于枝上部，近革质，倒卵形或为楔状披针形，长 8～14 厘米，宽 2～4 厘米，先端骤狭而钝，稀为圆或短尖，基部狭长楔尖，全缘，或中部以上具少数粗锯齿，中脉及支脉在两面均凸起且无毛，有时沿表面中脉略被短毛；叶柄长 5～10 毫米，密被暗灰黄色柔毛。花单性同株或异株，柔荑花序生于枝上部叶腋间，下垂；雄花序长 5～10 厘米，花轴被毛，有分枝；花多数，黄色带红，每花基部有近圆形且被短毛的苞片；雄蕊 3～7；雌花序较细瘦，每苞片内具 1～4 花，每花序上有数枚雌花发育成果实，子房无柄，略被毛，柱头 2。核果近圆球形，直径 1.5～2 厘米或较小，外果皮红色，肉质多液。花期 3 月，果期 5～6 月。

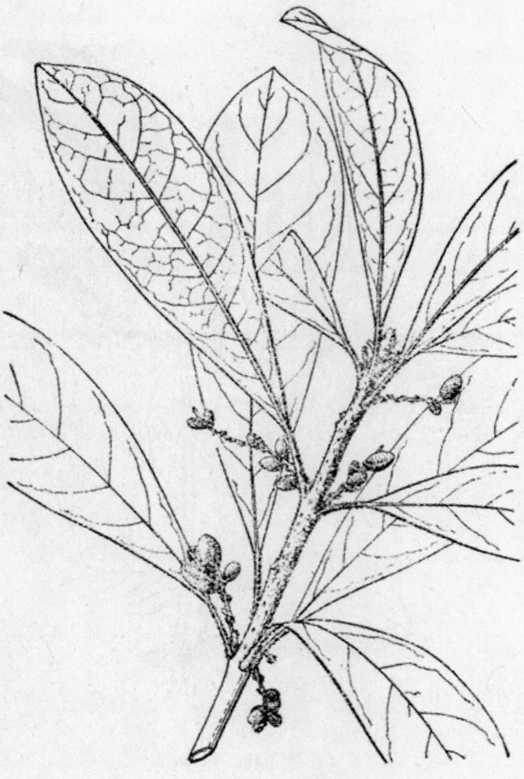

图 849　毛杨梅
Myrica esculenta Buch. -Ham.
果枝

［生长环境］　生于山坡、路旁疏林或灌丛中，喜阳光能耐旱。

［产　　地］　广西、贵州、云南及四川西部等地。

［用　　途］　树皮、根皮及叶均含鞣质，可提制栲胶。

果可生食或经盐渍、蜜饯供食用。木材坚硬，可作家具及农具用材。

［理化性质］　树皮据中国科学院昆明植物研究所（Ⅰ）与四川分院林业科学研究

所（Ⅱ）均用皮粉法分析，结果列表如下：

分析项目 分析单位	水分 （%）	鞣质 （%）	非鞣质 （%）	纯度 （%）	备注
Ⅰ	10.29	7.09	1.41	83.53	样品采自云南屏边
Ⅱ	11.39	14.86	4.87	75.37	样品采自四川西昌
Ⅲ	17.01	8.72	5.27	62.33	样品采自云南猛海

注：属缩合类鞣质。

［采收处理］ 结合不结果实的老树砍伐利用木材时进行剥取树皮，剥下后晒干备用。树叶可在疏叶时进行适当采收，晒干备用。

［加 工］ 把晒干的树皮切成 3～5 厘米的小块，树皮浸提温度以 75～90℃、树叶以 50～70℃为宜。

43 杨梅（yangmei）（图 367）

［学 名］ **Myrica rubra** Sieb. et Zucc. 杨梅科

（地方名、形态特征、生长环境、产地及其他用途见“淀粉及糖类”，449 页）

［用 途］ 树皮、根皮、叶均含鞣质，可提制栲胶，供鞣革和作褐色染料。

［理化性质］ 据中国林业科学研究院森林工业科学研究所用皮粉法分析，结果列表如下：

分析项目 分析部位	鞣 质 （%）	非鞣质 （%）	不溶物 （%）	纯 度 （%）
茎 皮	11.0	8.4	20.3	56.9
根 皮	19.4	9.9	34.1	66.1
叶	12.6	14.4	—	47.0

注：分析样品采自浙江龙泉。

［采收处理］ 茎皮及根的皮采收结合不结果实的老树砍伐利用木材时进行；树叶以 5～6 月间适当疏叶时采摘为佳。采后均宜晒干，置于通风干燥处备用。

［加 工］ 茎皮、根皮切成 1～2 厘米小块浸提，浸提温度以 75～90℃为宜；树叶揉碎至 1～3 厘米，浸提温度以 65～80℃为宜。

44 青钱柳（qingqianliu）（图 850）

［地 方 名］ 山溪螺、青钱李（浙江），山麻柳、高叉树（湖北），山麻柳、山核桃（湖南），摇钱树（福建、云南），马甲子（贵州），甜菜树、山化树（安徽）。

［学 名］ **Cyclocarya paliurus** (Batal.) Iljin. (*Pterocarya paliurus* Batal.) 胡桃科

［形态特征］　落叶乔木，高可达 15 米；树皮灰褐色，呈深纵裂；芽具柄，无芽鳞而裸出；枝条紫褐色，皮孔明显，嫩枝有细茸毛。奇数羽状复叶，长 12～25 厘米；小叶 7～9，互生或近对生，长椭圆形或长椭圆状披针形，长约 5～14 厘米，宽 4～6 厘米，先端钝或急尖，基部楔形或歪斜，边缘有锐锯齿，表面脉上有短毛，背面绒毛较密，并散生黄色光亮的小腺体。花单性，雌雄同株，雄柔荑花序每 **2～4 条集生于 3～5 毫米的总柄上**；雌柔荑花序单独顶生。**坚果中部具由苞片及 2 小苞片形成的圆形翅**，连翅直径达 2.5～6 厘米，初为淡绿色，成熟时变为黄褐色，**顶端具 4 枚宿存的花被片**及花柱，果翅上被有鳞状腺体。花期 4～5 月，果期 7～9 月。

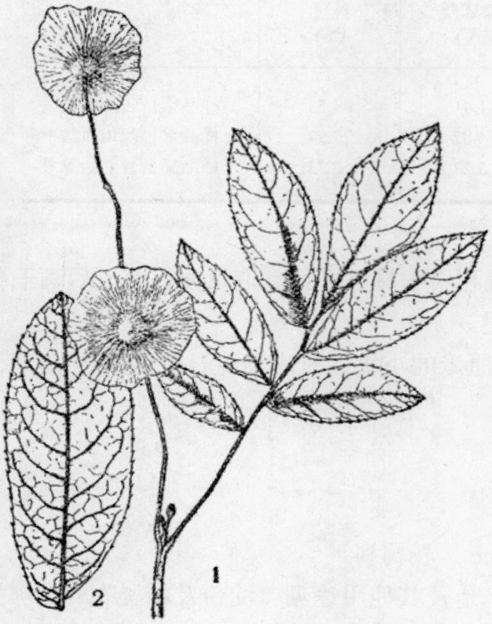

图 850　青钱柳

Cyclocarya paliurus（Batal.）Iljin.

1．果枝；2．叶片放大。

［生长环境］　喜生长在较湿润的向阳环境，常见于海拔 500～1100 米的山坡或山谷的丛林中。

［产　　地］　江苏、安徽、浙江、福建、湖南、湖北、江西、云南、贵州、四川、广东、广西等省区。

［用　　途］　树皮含鞣质，可提制栲胶。

树皮亦可做纤维原料（见“纤维类”，42 页）。木材细致，可作家具，农具及工业用材。

［理化性质］　据贵州省轻工业厅分析：树皮含鞣质 6.25%，非鞣质 6.25%，纯度 50.00%。又据浙江省野生植物普查队粗分析：树皮含鞣质 6.6%。

［采收处理］　结合木材砍伐时剥取树皮，晒干后备用。

［加　　工］　与云南黄杞同。但在加工时必须注意综合利用，不能切得太短，应考虑纤维利用长度。

45 黄杞（huangqi）（图 7）

［学　　名］　**Engelhardtia chrysolepis** Hance　胡桃科

［原 料 名］　黄杞树皮

（地方名、形态特征、生长环境、产地及其他用途见“纤维类”，42 页）

［用　　途］　树皮含鞣质，可提制栲胶。

［理化性质］　树皮的鞣质含量，据中国科学院四川分院林业科学研究所用皮粉法分析，结果列表如下：

分析部位＼分析项目	水分（%）	鞣质（%）	非鞣质（%）	纯度（%）
树皮（胸径 8 厘米）	17.31	5.79	6.46	47.27
树皮（胸径 18 厘米）	14.24	6.38	5.13	55.43

注：分析样品采自云南屏边。

又据中国科学院华南植物研究所用高锰酸钾氧化法分析：树皮含鞣质 8.52%，水分 9.93%。（分析样品采自广东兴宁）

［采收处理］　应结合木材砍伐时进行剥皮。

［加　　工］　因可利用纤维，树皮不应切得过短；浸提温度以 65～90℃为宜。

46 云南黄杞（yunnanhuangqi）（图 8）

［学　　名］　**Engelhardtia spicata** Bl.　胡桃科

［原 料 名］　黄杞树皮

（地方名、形态特征、生长环境、产地及其他用途，见“纤维类”，43 页）

［用　　途］　树皮含鞣质，可提制栲胶。

［理化性质］　树皮据中国科学院昆明植物研究所（Ⅰ）和四川分院林业科学研究所（Ⅱ）均用皮粉法分析，结果列表如下：

分析单位＼分析项目	水分（%）	鞣质（%）	非鞣质（%）	纯度（%）	备注
Ⅰ	10.67	16.37	9.38	63.57	分析样品采自四川西昌
Ⅱ	14.73	8.85	7.37	54.56	分析样品采自云南景洪

［采收处理］　每年秋、冬季剥皮，或结合木材砍伐时进行剥皮。将剥下的树皮，除去杂质，晒干后备用。

［加　　工］　为综合利用树皮纤维，原料不宜切得过短，一般宜切成 30～50 厘米长；浸提温度以 70～90℃为宜。

［其　　他］　另有绒毛叶黄花（Engelhardtia colebrookiana Lindl.），分布在云南、贵州一带，据贵州省野生植物普查队分析结果：树皮含鞣质 25%，其用途和采收处理加工均与本种同。

47 野核桃（yehetao）（图 557）

［学　　名］　**Juglans cathayensis** Dode　胡桃科

［原 料 名］ 核桃树皮、核桃皮

（地方名、形态特征、生长环境、产地及其他用途见“油脂类”，700 页）

［用 途］ 树皮及外果皮富含鞣质，可提制栲胶。

［理化性质］ 据浙江省资料：树皮含鞣质 48.92%。

［采收处理］ 剥取树皮应结合木材砍伐时进行，剥取外果皮应结合果实加工时进行，将剥取的树皮和外果皮，晒干备用。

［加 工］ 浸提前将树皮切成 1～3 厘米小块，浸提温度要由低逐步增高，一般以 65～90℃为宜。

48 核桃楸（hetaoqiu）（图 558）

［学 名］ **Juglans mandshurica** Maxim. 胡桃科

（地方名、形态特征、生长环境、产地及其他用途见“油脂类”，702 页）

［用 途］ 树皮、叶和外果皮都含鞣质，可提制栲胶。

［理化性质］ 据中国科学院植物研究所用皮粉法分析：叶含水分 9.05%，总固物 26.23%，可溶物 25.40%，不溶物 0.83%，非鞣质 17.61%，鞣质 7.79%，纯度 23.58%；属水解类鞣质。又据辽宁省资料：叶含鞣质 6.25～9.35%。

［采收处理］ 树皮四季均可采收，但必须与林业部门的采伐配合进行。叶子可在 7～8 月采摘，风干后装袋贮于干燥通风处。利用外果皮在 9～10 月间果实成熟结合采果剥取。

［加 工］ 利用树皮提制栲胶时不要切碎，以便利用其纤维作造纸原料；外果皮应粉碎至 0.5～2 毫米。浸提温度外果皮以 65～95℃为宜、树叶以 55～70℃为宜。

49 枫杨（fengyang）（图 11）

［学 名］ **Pterocarya stenoptera** DC. 胡桃科

［原 料 名］ 枫杨树皮（通称），鬼柳树皮（湖南）。

（地方名、形态特征、生长环境、产地及其他用途见“纤维类”，47 页）

［用 途］ 树皮含鞣质，可提制栲胶。

［理化性质］ 树皮据中国科学院昆明植物研究所（Ⅰ）、四川分院林业科学研究所（Ⅱ）和中国林业科学研究院森林工业科学研究所（Ⅲ）均用皮粉法分析，结果列表如下：

分析项目 / 分析单位	水 分 (%)	鞣 质 (%)	非鞣质 (%)	纯 度 (%)
Ⅰ	8.32	6.91	6.32	56.76
Ⅱ	14.04	6.18	5.56	52.64
Ⅲ	—	6.9	6.6	51.1

［采收处理］　枝皮宜在春、秋季或结合整枝采收；树皮宜结合砍伐进行剥取，剥取后应立即晒干，以防霉烂。

［加　　工］　枝皮或树皮宜切成 30～50 厘米浸提，以便综合利用纤维。浸提温度以 65～85℃为宜。

50 化香树（huaxiangshu）（图 851）

［地 方 名］　花木香（山东），饭香树（广西），还香树、皮杆条（河南、湖北），返青、山麻柳（四川、贵州），坏树、坏树皮、花香果、栲香（浙江），鱼化车、栲蒲（福建），换香树（河北、四川、湖北），麻柳树（贵州、甘肃、陕西），化果树（安徽、江苏），板香树（湖南），返香（四川），化树、花龙树、花槲果（江苏）。

［学　　名］　**Platycarya strobilacea** Sieb. et Zucc.　胡桃科

［原 料 名］　化香果、化香叶（通称）

［形态特征］　落叶灌木或小乔木，高 5～20 米，树皮黄褐色，纵裂，幼枝通常被棕色绒毛。奇数羽状复叶互生，长 15～30 厘米，小叶 7～23，卵状披针形或长椭圆状披针形，长 4～12 厘米，宽 2～4 厘米，基部阔楔形或微心形，稍偏斜，先端渐尖，边缘有重锯齿，表面暗绿色，背面黄绿色，幼时有密毛，或老时光滑，仅脉腋有簇毛；无柄。花单性，雌雄同株；**花序穗状，直立，伞房状排列在小枝顶端，生于中央顶端的一条常为两性花序，两性花序的下端为雌花序部分，上端为雄花序部分，在开花后脱落而仅留下雌花序部分；生于两性花序下方周围者为雄性穗状花序。**雄花的苞片披针形，浅黄绿色，无小苞片及花被片，雄蕊 8；雌花具 1 卵状披针形苞片，无小苞片，具 2 枚位于两侧面贴生于子房的花被片；雌蕊 1，无花柱，柱头 2 裂。果序球果状长椭圆形，小坚果扁平，圆形，具 2 狭翅。花期 5～6 月，果期 7～8 月（山东）、10 月（广西）。

图 851　化香树

Platycarya strobilacea Sieb. et Zucc.

1. 花枝；2. 雄花和苞片；3. 雌花序的苞片；4. 雌花；5. 果实。（自“江苏南部种子植物手册”）

［生长环境］　喜湿暖气候，生于海拔 1000 米以下的山坡向阳地或杂木林中。

［产　　地］　山东、河南、安徽、江苏、浙江、福建、江西、湖北、湖南、甘肃、陕西、贵州、四川、云南、广东、广西等省区。

［用　　途］　树皮、根皮、叶和果实均富含鞣质，为提制栲胶的良好原料。

树皮纤维能代麻，供纺织或搓绳用（见“纤维类”，45 页）。叶可作农药。花可做黄色染料。根部及老木含有芳香油，可提取利用作调香原料。种子可榨油（见“油脂类”，704 页）。

［理化性质］　根据各有关单位分析，结果列表如下：

分析项目／分析部位	水分（%）	鞣质（%）	非鞣质（%）	纯度（%）
树皮 1)	14.43～15.32	8.75～15.40	4.42～8.94	63.27～66.44
树皮 2)	——	6.91～7.80	6.32～8.47	47.94～52.23
树皮 3)	18.02	11.97	5.67	67.86
叶子 1)	17.60	20.24	14.21	58.75
果实 4)	——	11.85～31.10	8.22～10.49	53.01～79.00

注：1）中国科学院四川分院林业科学研究所分析结果。
2）中国科学院昆明植物研究所分析结果。
3）贵州省轻工业厅分析结果。
4）中国林业科学研究院森林工业科学研究所分析结果。

［采收处理］　果实在尚未成熟前，呈黄色时采收，鞣质含量较高，质量亦好；树叶可在 6～9 月间采收；树皮与根皮宜在 10 月下旬及次年 4 月间采收，为保护资源，最好结合木材砍伐剥皮。采后除净附着的泥土和杂质，晒干备用。

［加　　工］　浸提前将叶子切成 3～5 厘米小段，浸提温度以 60～80℃为宜；果实应切成 0.5～1 厘米小块，浸提温度以 75～90℃为宜；树皮、根皮应切成 1～2 厘米小段，浸提温度以 70～95℃为宜。

［其　　他］　尚有广东化香树（P. kwangtungensis Chun），二者区别：广东化香树雄花序轴短小，花较小，药隔不增大；果为圆球形。产地：广东、广西西南部及云南东南部。此二种不仅分布极广，适应性强，生长较快，且各部分都含鞣质，量多质优。茎皮纤维可作为麻的代用品或为良好的造纸原料。因此它是一种能综合利用极有前途的宝贵资源。各地在开发利用时，要注意保护和培植。

51 桤木（kaimu）（图 852）

［地 方 名］　水青冈（四川）

［学　　名］　**Alnus cremastogyne** Burk.　桦木科

［形态特征］　落叶乔木，高可达 18～30 米；树干耸直，树皮光滑无毛；小枝灰黑色，幼时有毛。单叶互生；倒卵圆形，长 5～14 厘米，宽 3～8 厘米，基部楔形，少

为圆形，先端急尖，边缘有尖锐浅锯齿，两面均平滑无毛，侧脉 6～10 对，叶柄较短，无毛。花单性，雄花为柔荑花序，单生叶腋，每苞片下有 3～4 朵雄花；雌花序短，每苞腋内有 2 雌花。小坚果，卵形，有膜质翅，着生于木质苞片内，合成一个椭圆形或卵圆形的下垂果穗，果穗梗细长，无毛而纤弱。

［生长环境］　喜生长在潮湿的河岸边、沟旁及江流沙洲上。

［产　　地］　四川省

［用　　途］　树皮合鞣质，可作栲胶原料。木材质软，多作镜框用。嫩叶经加工揉制后可以代茶。

［理化性质］　据中国科学院四川分院林业科学研究所用皮粉法分析：树皮含水分 12.27%，鞣质 6.06%，非鞣质 8.85%，纯度 40.64%；属缩合类鞣质。（分析样品采自四川峨眉山）。

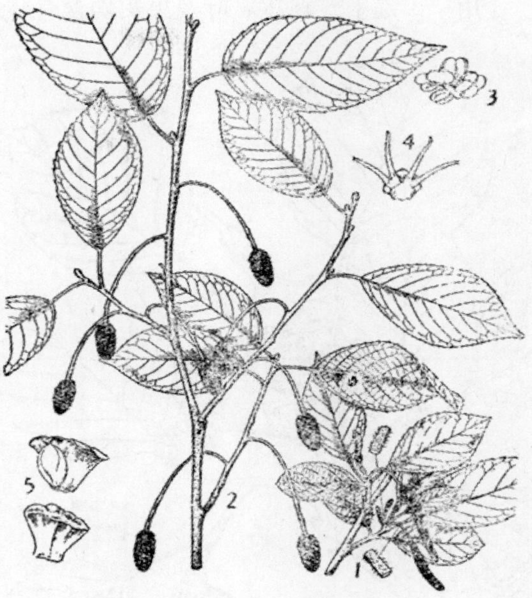

图 852　桤木
Alnus cremastogyne Burk.
1．花枝；2．果枝；3．雄花；4．雌花；5．果及苞片。
（自“中国森林植物志”）

［采收处理］　剥取树皮须结合伐木时进行。剥皮后晒干备用。

［加　　工］　树皮切成 1～3 厘米，浸提温度以 70～90℃为宜。

52 毛赤杨（maochiyang）（图 853）

［地 方 名］　水冬瓜（黑龙江、吉林）

［学　　名］　**Alnus hirsuta** Turcz.　桦木科

［形态特征］　落叶乔木，高 20 余米；树皮光滑，灰褐色；芽卵形，紫褐色，稍有短柔毛，有柄，柄有短毛。叶圆形、卵圆形至椭圆形，长 3.5～11 厘米，宽可达 11 厘米，基部圆形，截形或阔楔形，先端圆或短渐尖，边缘有浅裂及钝齿或重齿牙，表面暗绿色，稍有毛或无毛，背面有白粉，及锈褐色毛；叶柄长 2～4 厘米。雄花序圆柱形，暗紫色；雌花序红色。果穗卵形或球形，长 1.5～2 厘米；苞鳞木质；小坚果，倒卵形，翅狭而厚。花期 4 月，果期 9 月。

［生长环境］　喜生长于沿河两岸，河流附近及山间低湿的杂木林中。

［产　　地］　黑龙江、内蒙古、吉林等省区。

［用　　途］　树皮、叶及果实均含有鞣质，可提制栲胶。

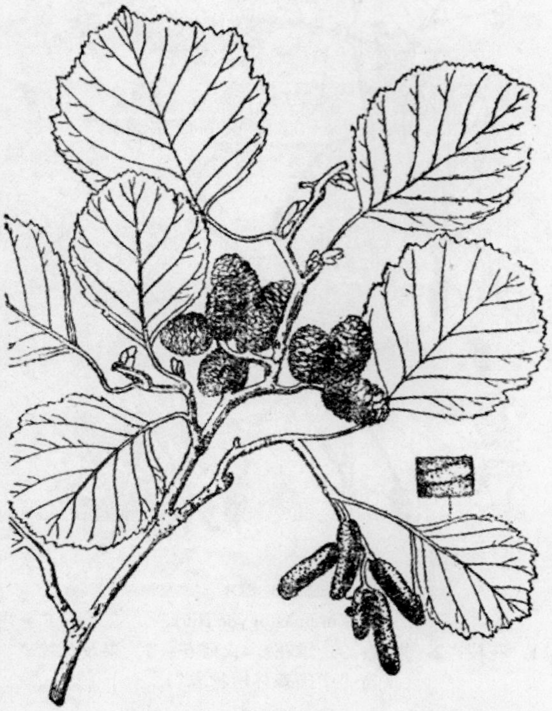

图 853　毛赤杨
Alnus hirsuta Turcz.
果枝

木材供一般建筑、家具、火柴杆等用。也是一种很好的蜜源植物。

［理化性质］　据黑龙江省资料：树皮含鞣质 6.8%，非鞣质 5.4%，純度 55.7%；叶含鞣质 24.6～26.2%；果含 16.0%。

［采收处理］　树皮一年四季均可剥取，但须结合采伐时进行，伐倒后可立即将皮全部剥下，晒干。于 7～8 月采叶；果实可在 8～9 月间采摘。

［加　　工］　浸提前将树皮切成 1～3 厘米小块，叶切成 2～4 厘米小片。浸提温度：树皮以 70～90℃；果实以 60～80℃；叶以 60～70℃为宜。

［其　　他］　另有水冬瓜赤杨 A. sibirica Fisch.与毛赤杨无很显著区别，仅水冬瓜赤杨的叶为完全无毛，而毛赤杨的叶稍有毛。其生长环境、产地、用途均同毛赤杨。

53 赤杨（chiyang）（图 854）

［地 方 名］　冬果、水冬果（辽宁），水冬瓜（河南、贵州、吉林、黑龙江、云南），水瓜树（河南），冬瓜树（贵州）。

［学　　名］　**Alnus japonica** Sieb. et Zucc.　桦木科

［形态特征］　乔木，高可达 6～10 米；树皮灰褐色；嫩枝有纵棱，稍有短柔毛；一年生枝常无毛，淡灰绿色或带红褐色，皮孔多而显著；芽暗红褐色，有光泽，无毛，有黏性油脂。叶椭圆形、圆形、椭圆状长圆形至长圆状披针形，长 3～10 厘米，宽 2～3.5 厘米，基部楔形或圆形，先端渐尖，边缘有尖锯齿，少有疏远的齿牙，嫩叶通常稍有毛或有腺点，成长后无毛，背面无毛或有毛；叶柄长 1.5～4 厘米，通常 2.5 厘米。花梗下垂，长 0.5～1.5～2.5 厘米。果穗卵圆形或长圆状卵形，长 1.2～2 厘米，宽 1～1.5 厘米，初期有粘脂，小坚果有很窄的翅。花期 4 月，果期 8～9 月。

［生长环境］　山沟、河边及山坡上均有生长。

［产　　地］　辽宁、吉林、黑龙江、山东、河南等省。

［用　　途］　坚果和树皮均含有鞣质，可提制栲胶。

木材供建筑、家具等用材。并为蜜源植物。

［理化性质］　据山东省资料：树皮含鞣质 5.32%。又据辽宁省资料：果实含鞣质 22.83%；属缩合类鞣质。

［采收处理］　参阅毛赤杨（1061 页）。

［加　　工］　参阅毛赤杨。

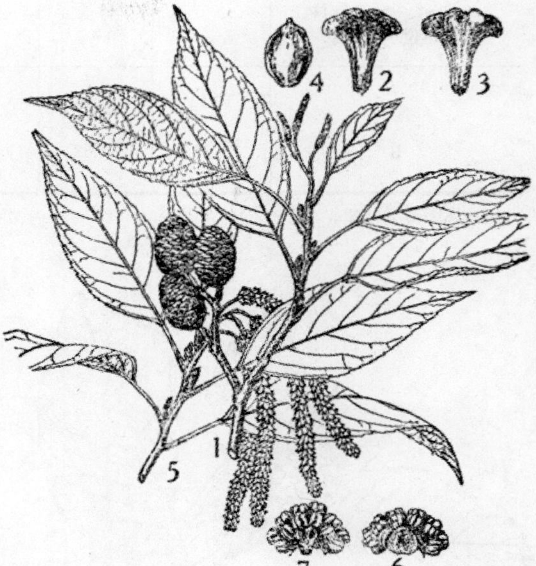

图 854　赤杨

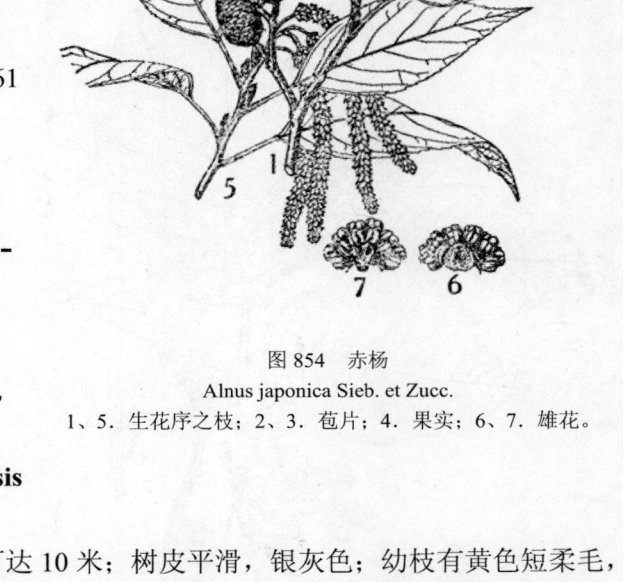

Alnus japonica Sieb. et Zucc.

1、5．生花序之枝；2、3．苞片；4．果实；6、7．雄花。

54 蒙自桤木（mengzikaimu）（图 855）

［地 方 名］　冬瓜树（贵州），水冬瓜（云南、贵州）。

［学　　名］　**Alnus nepalensis** D. Don　桦木科

［形态特征］　落叶乔木，高可达 10 米；树皮平滑，银灰色；幼枝有黄色短柔毛，最后无毛。叶厚纸质，椭圆形或卵形，长 10～30 厘米，宽 5～15 厘米，先端短尖或短渐尖，基部圆形或楔形，全缘或略有小齿，表面平滑无毛，绿色有光泽，背面略平滑无毛，在脉腋间具有腺体及粗长毛，细脉结成网状；叶柄长 1～2 厘米；托叶披针形，先端尖，早落。花单性，雄柔荑花序多数细长而悬垂，并合成总状花序。果穗近于圆柱形，有柄，果苞为倒心形，略有小齿；小坚果扁圆形，直径约 1.5 毫米，有狭而透明的翅。花期 6～10 月，果于次年 3～5 月成熟。

［生长环境］　生于海拔 1200～2700 米的山坡。

［产　　地］　四川、贵州、云南等省。

［用　　途］　树皮含鞣质，可提制栲胶。

木材质软，可供作各种家具用；嫩叶经加工揉制后可代茶。

［理化性质］　树皮据中国科学院昆明植物研究所（I）和四川分院林业科学研究所（II）均用皮粉法分析，结果列表如下页。

［采收处理］　树皮结合木材砍伐时进行剥取，以夏、秋季含鞣质较多。

［加　　工］　浸提前将树皮粉碎成 1～3 厘米小块，浸提温度以 70～95℃为宜。

分析项目 / 分析单位	水分（%）	鞣质（%）	非鞣质（%）	纯度（%）	备注
Ⅰ	10.12	6.82	3.43	66.53	样品采自云南金平
Ⅱ	9.77	13.68	7.4	64.90	样品采自云南勐遮（胸径 50 厘米）

注：属缩合类鞣质。

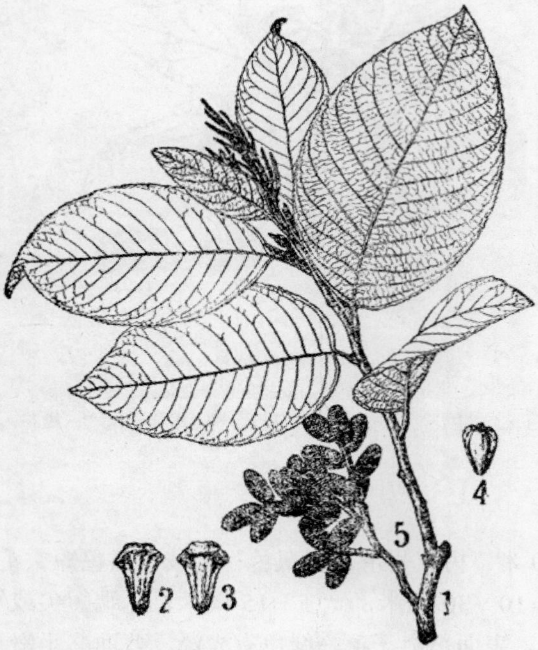

图 855 蒙自桤木

Alnus nepalensis D. Don.

1．生花序之枝；2，3．果之苞片；4．果实。

图 856 江南桤木

Alnus trabeculosa Hand.-Mzt.

果枝

（自“中国森林树木志”）

55 江南桤木（jiangnankaimu）（图 856）

［学　名］ **Alnus trabeculosa** Hand.-Mzt. (*A. jackii* Hu) 桦木科

［形态特征］ 落叶乔木，高 10～15 米；树皮赤褐色，具青灰色不规则细纵裂，皮孔显明，枝条光滑，开展。叶椭圆状倒卵形、卵形至卵状长椭圆形，长 8～12 厘米，宽 3～5.5 厘米，先端急尖或短尖，基部圆或呈阔楔形，边缘有具腺点的锯齿，表面无毛，

背面沿中脉及侧脉疏生短柔毛，脉腋间并有簇生毛；叶柄长1.5～2厘米。花单性同株，雄花多数成柔荑花序丛生枝端，雄花每3朵生于苞腋，花被4；雄蕊4与花被对生；雌花序短，每苞腋内有2朵雌花，无花被。果穗单生，或2枚合生，卵圆形或椭圆形，长1.5～2厘米。种子扁圆，有狭翅，膜质而有黄色光泽。花期4月，果期8～10月。

[生长环境] 喜生阳光充足的山谷及山间溪边水湿地，常和腺柳混生。

[产　　地] 浙江、安徽、福建、江西、湖南、贵州、广东等省。

[用　　途] 树皮、果实含鞣质，可提制栲胶。

木材供建筑，制家具等用。

[理化性质] 据浙江省资料：果实含鞣质11.44%。

[采收处理] 结合伐木时剥取树皮。果实宜在成熟后采收，晒干贮存。

[加　　工] 浸提前将树皮破碎1～3厘米小块，浸提温度以70～90℃为宜。果实揉破即可，浸提温度以60～85℃为宜。

56 牛皮桦（niupihua）（图857）

[地 方 名] 红桦（四川、山西）

[学　　名] **Betula albo-sinensis** Burk. var. **septentrionalis** Schneid. 桦木科

[形态特征] 落叶乔木，高达30米；树皮深桔黄色或桔黄带褐色，上被粉霜，成片脱落；小枝光滑，微有腺毛。叶长圆卵形，长5～9厘米，基部圆形，先端渐尖，边缘有不规则短尖重锯齿，表面无毛，背面沿叶脉有密生丝状柔毛，并具腋生丛毛，侧脉9～14对；叶柄长5～15毫米。雌雄同株，雌柔荑花序圆柱形，长3～4厘米。果序圆筒形，长4厘米，苞片3裂，中间裂片线状长圆形，长为侧裂片的2倍；小坚果长、宽各1毫米，翅长、宽略相等。花期4月，果期6～7月。

[生长环境] 生于海拔3000～3800米高山向阳杂木林中。

[产　　地] 河北、山西、陕西、甘肃、湖北、四川等省。

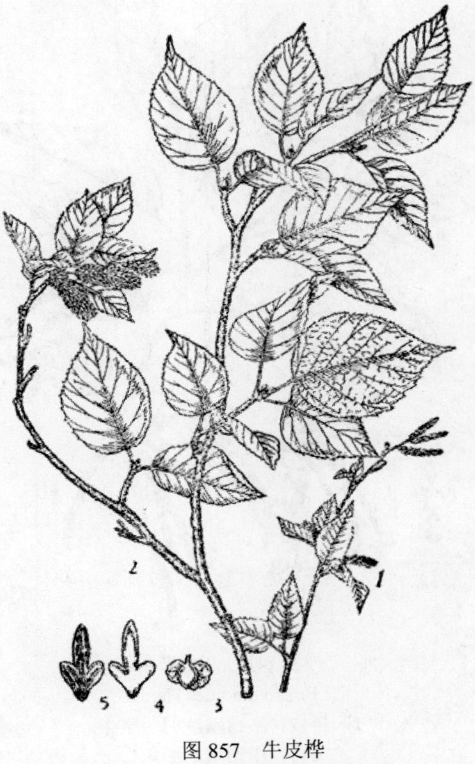

图857 牛皮桦

Betula albo-sinensis Burk. var. septentrionalis Schneid.

1. 雄花枝；2. 雌花枝；3. 果；4、5. 果苞。

［用　　途］ 树皮含鞣质，可提制栲胶。

木材坚韧，断面有光泽，是一种极好的建筑用材。树皮可蒸制桦皮油。种子可榨油，供工业用。

［理化性质］ 据中国科学院植物研究所用皮粉法分析：树皮含水分 10.31%，总固物 13.85%，可溶物 13.05%，不溶物 0.80%，非鞣质 5.84%，鞣质 7.21%，纯度 55.25%。

［采收处理］ 参阅白桦（1067 页）。

［加　　工］ 参阅白桦。

57 西南桦木（xinanhuamu）（图 858）

［学　　名］ **Betula alnoides** Ham. (*B. acuminata* Wall.) 桦木科

［形态特征］ 乔木，高达 20 米；树皮褐色；枝幼时有细毛，后变平滑无毛，散生皮孔。叶卵形、卵状长圆形或卵状披针形，长 7.5～15 厘米，先端为尾状渐尖，基部近圆形或心形，边缘有不整齐的锯齿，嫩叶背面有柔毛，老叶背面有腺点，沿脉处及脉腋间有簇毛；叶柄长 1.5～1.7 厘米。穗状花序纤细，长 7.5～12.7 厘米，下垂；苞片、花药、雌花的子房和花柱均被毛。果翅为肾形，宽约为坚果的 2 倍。花、果期 5 月（四川）。

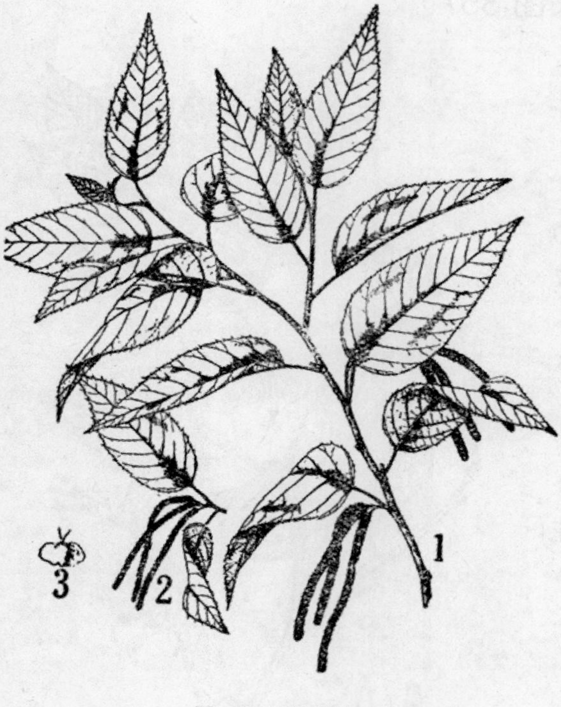

图 858　西南桦木
Betula alnoides Ham.
1．果枝；2．花枝；3．坚果。
（自"中国植物图志"）

［生长环境］ 多生于海拔 1100～1400 米的山坡丛林中。

［产　　地］ 四川、云南、贵州等省。

［用　　途］ 树皮含鞣质，可提制栲胶。

［理化性质］ 据中国科学院四川分院林业科学研究所用皮粉法分析：树皮（胸径 10 厘米）含水分 12.75%，鞣质 11.63%，非鞣质 6.59%，纯度 63.83%。（样品采自云南勐海）

［采收处理］ 参阅白桦（见 1067 页）。

［加　　工］ 参阅白桦。

58 棘皮桦（jipihua）（图 859）

［地 方 名］ 桦树（东北），臭桦。

［学　　名］ **Betula dahurica** Pall. 桦木科

［形态特征］ 乔木，高 6～18（20）米；树皮紫褐色，粗糙，常成多层的小薄片状剥裂；小枝紫褐色，因皮孔多而显粗糙；芽卵形，锐尖，芽鳞暗紫褐色，有脂点或无，芽鳞边缘稍有毛。单叶互生，叶质较厚，卵状椭圆形，长 3～7 厘米，宽 2～5 厘米，先端渐尖，基部阔楔形，边缘有不规则锯齿，表面无毛或稍有毛，背面近无毛，或在脉上有毛及脉腋处有簇毛，侧脉 6～8 对；叶柄长 3～12 毫米，稍有毛。花单性，雌雄同株，球穗果单生于短枝上，基部有 2 叶，梗长 4～18 毫米，无毛，果穗长 1.6～2.3 厘米，短筒状；果苞基部楔形，上部 3 裂，中裂片稍长，卵形、三角形或线形，侧裂片平展，圆形或成不规则的三角形或近于倒卵形；小坚果顶端有毛，宽于果翅的二倍。花期 4～5 月，果期 9 月。

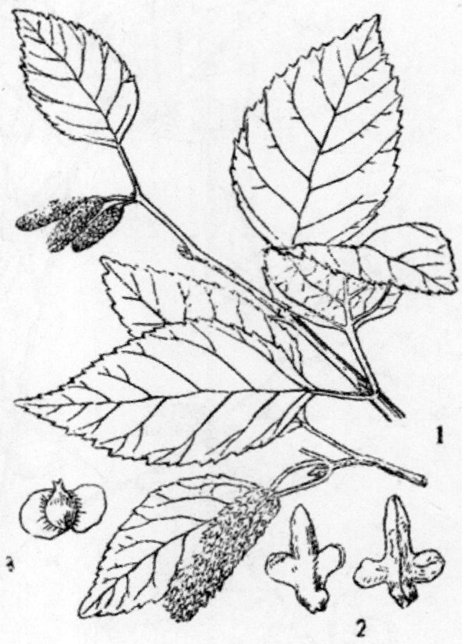

图 859 棘皮桦
Betula dahurica Pall.
1. 果枝；2. 果苞；3. 小坚果。

［生长环境］ 喜生于较干的阳坡，常混生于蒙古栎林或杂木林中。

［产　　地］ 黑龙江、吉林、内蒙古、河北、山西等省区。

［用　　途］ 树皮含鞣质，可提制栲胶。

木材可做火车车厢、牛马车轴、家具、建筑、雕刻、枕木等用材。木材纤维可做人造丝（木材全纤维素的含量 59.88，α-纤维素为 74.15，β-纤维素为 11.38）和造纸的原料。芽可入药，医治胃病。种子可榨油。也是一种蜜源植物。

［理化性质］ 据黑龙江省资料：树皮含鞣质 5～10%。

［采收处理］ 参阅白桦（本页）。

［加　　工］ 参阅白桦。

［其　　他］ 种子每千粒平均重 0.8 克，易于天然更新。

59 白桦（baihua）（图 860）

［地 方 名］ 粉桦（东北），桦木（河南、山西），桦树（内蒙古）。

［学　　名］ **Betula platyphylla** Suk. var. **japonica** (Sieb.) Hara 桦木科

［形态特征］ 落叶乔木，高达 15～20 米；树皮横裂，由数层纸质薄皮合成外层，

白色，光滑，具白粉，内层赤褐色，含有油脂；嫩枝红褐色，有腺点，无毛；老枝带红褐色；芽卵形或椭圆状卵形，先端急尖或钝；长 5～6 毫米，鳞片有缘毛。单叶在长枝上互生，在短枝上常 2～3 簇生，阔卵形或三角状卵形，长 3.5～7.5 厘米，宽 2.5～5.5 厘米，基部截形、圆形或阔楔形，先端渐尖，边缘有不整齐钝齿或略具有缘毛，两面光滑无毛，或于基部稍有毛，两面有黄白色或褐色腺点，侧脉 5～8 对，直达齿端；叶柄细，长约 15～25 毫米，无毛，上面有细沟漕。花单性，雌雄同株；黄色排列为柔荑花序；雄花序常 3 个着生于前年秋季枝端，下垂，长约 8 厘米，每苞腋有 3 雄花，具萼，雄蕊 2；雌花序单生枝端，每苞有 3 花，花柱 2，每苞内具 2 小苞，共发展为果苞。果穗圆筒状，直立，长 2.5～3.5 厘米，具长梗，梗长 15 毫米左右；果苞 3 裂，黄褐色，内部有短细毛，中裂狭尖长三角形，两侧裂宽圆形，熟时自果轴脱落；小坚果扁椭圆形，具 2 膜质翅，翅宽略与小坚果相等；花柱宿存。花期 5 月，果期 10 月。

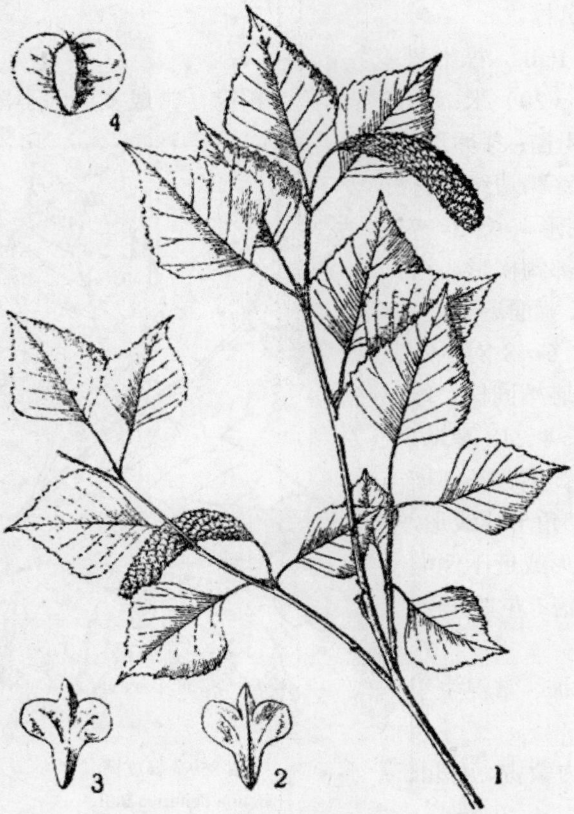

图 860 白桦

Betula platyphylla Suk. var. japonica（Sieb.）Hara

1．果枝；2、3．果苞；4．果。

［生长环境］ 喜生长在潮湿的土壤上，但亦能耐干燥，故适应性较大，常为森林采伐后及山火地上次生林的先锋树种，并形成大片纯林。

［产　地］ 黑龙江、吉林、辽宁、内蒙古、山西、河北、河南、四川等省区。

［用　途］ 树皮含鞣质，可提制栲胶。

木材供建筑、枕木、家具等用。树皮可作解热药，有防腐利尿之效，并治黄疸；还可蒸馏桦油，提制桦皮漆（见“其他类”，2096 页）。木材及叶可作黄色染料。种子可榨油（含油率 11.43%)。

［理化性质］ 据中国科学院植物研究所用皮粉法分析：树皮鞣质含量列表如下页。

又据黑龙江省资料：白桦树皮（内皮占多数）含鞣质 7.28%。据吉林省资料：树皮

分析部位＼分析项目	水分（%）	总固物（%）	可溶物（%）	非鞣质（%）	鞣质（%）	纯度（%）
内层树皮	5.87	27.26	25.34	14.27	11.07	43.68
内、外层树皮	9.10	16.57	15.57	8.54	7.03	45.15

含鞣质11%左右，出栲胶率（粗制品）为14%。

［采收处理］ 剥取树皮应结合伐木时进行，剥下的树皮晒干后打捆，或装袋置于通风干燥的地方贮存。

［加　　工］将树皮切成1～3厘米小块，进行浸提。浸提温度以70～90℃为宜，最高不超过100℃。

［其　　他］ 种子很小，每千粒平均重量为0.27克，易于飞散，可达2500米以外的地方，适于天然下种更新，生长迅速。

60 鹅耳枥（eerli）（图561）

［学　　名］ **Carpinus turczaninowii** Hance　桦木科

（地方名、形态特征、生长环境、产地及其他用途见“油脂类”，706页）

［用　　途］ 树皮和叶含鞣质，可提制栲胶。

［理化性质］ 据中国科学院植物研究所用皮粉法分析：叶含水分 9.90%，鞣质16.43%，非鞣质19.90%，纯度45.22%；属水解类鞣质。

［采收处理］ 剥树皮应结合采伐同时进行。采叶宜在5～8月间。

［加　　工］ 浸提前将树皮切成1～3厘米小块，浸提温度以70～90℃为宜；树叶不必破碎，浸提温度以55～80℃为宜。

61 榛（zhen）（图564）

［学　　名］ **Corylus heterophylla** Fisch.　桦木科

（地方名、形态特征、生长环境、产地及其他用途，见“油脂类”，709页）

［用　　途］ 树皮、总苞及叶均含鞣质，可提制栲胶。

［理化性质］ 据中国科学院植物研究所用皮粉法分析，结果列表如下：

分析部位＼分析项目	水分（%）	总固物（%）	可溶物（%）	非鞣质（%）	鞣质（%）	纯度（%）
叶	11.28	25.95	24.92	18.97	5.95	23.89
叶	12.43	37.61	36.39	21.81	14.58	40.06
总苞	12.40	17.23	16.62	8.10	8.52	52.46

［采收处理］ 树叶宜在8～9月间采收。采总苞可与采果实同时进行，将果实晒

至半干时总苞与种子自行分开。采叶后应立即风干；总苞晒干，分别包装贮存。

［加　　工］　浸提前，叶可切成 2～3 厘米，总苞破碎至 1 厘米左右，分别浸提。浸提温度：叶以 55～70℃，总苞以 65～85℃为宜。

［其　　他］　榛树的果实为营养价值高的副食品，不宜伐取茎皮作栲胶原料。

62 角榛（jiaozhen）（图 565）

［学　　名］　**Corylus mandshurica** Maxim.　桦木科

（地方名、形态特征、生长环境、产地及其他用途见“油脂类”，710 页）

［用　　途］　树皮、叶及总苞均含鞣质，可提制栲胶。

［理化性质］　据中国科学院植物研究所用皮粉法分析，结果列表如下：

分析项目 / 分析部位	水分（%）	总固物（%）	可溶物（%）	非鞣质（%）	鞣质（%）	纯度（%）	备　注
叶	10.94	30.99	29.48	18.29	11.19	37.94	采自 6 月（营养期）
叶	9.60	33.51	30.99	19.92	11.07	35.72	采自 9 月（结果期）
总苞	12.39	12.77	12.64	8.99	3.65	28.87	

另据河北省资料：树皮含鞣质 9.4%。

［采收处理］　采收叶及总苞与榛同。采收树皮应以轮伐更新法，每隔 3～4 年轮伐一次。割后剥皮，晒干备用。

［加　　工］　加工叶及总苞与榛同；树皮应切成 1～2 厘米小块，浸提温度以 65～90℃为宜。

63 虎榛子（huzhenzi）（图 567）

［学　　名］　**Ostryopsis davidiana** Decne.　桦木科

（地方名、形态特征、生长环境、产地及其他用途见“油脂类”，712 页）

［用　　途］　树皮及叶均合鞣质，可提制栲胶。

［理化性质］　据中国科学院植物研究所用皮粉法分析：叶含水分 12.44%，总固物 37.61%，可溶物 30.40%，鞣质 14.88%，非鞣质 21.82%，纯度 40.06%。树皮含鞣质 5.95%。

［采收处理］　参阅角榛（本页）。

［加　　工］　参阅角榛。

64 板栗（banli）（图 371）

［学　　名］　**Castanea mollissima** Bl. (*C. bungeana* B1.)　山毛榉科

［原 料 名］　栗蒲

（地方名、形态特征、生长环境、产地及其他用途见“淀粉及糖类”，454 页）

［用　　途］　树皮、壳斗、嫩枝、木材的髓部均含有鞣质，可提制栲胶。

［理化性质］　据林业科学研究院森林工业科学研究所用皮粉法分析：壳斗含鞣质 3.70%，非鞣质 2.90%，不溶物 0.90%，纯度 56.00%。（分析样品采自浙江龙泉）另据中国科学院四川分院林业科学研究所用皮粉法分析：木材含水分 11.66%，鞣质 8.53%，非鞣质 2.27%，纯度 78.98%（分析样品采自四川峨眉山）。又据河北省资料：嫩枝含鞣质 6.21%，壳斗含鞣质 21.25%。

［采收处理］　壳斗的采收，应与采收板栗同时进行。在果实成熟期内采取分期分批打落办法，先收成熟的；若任其自然脱落，应随时收捡，以免落地过久，受雨淋、潮湿发霉、腐烂使鞣质损失。将采得或拾得的果实堆在干燥通风地方，壳斗干后即自行裂开，然后将壳斗、果实分别收藏。壳斗晒干后应置于通风处贮存，避免雨淋或受潮发霉。树皮的采收，只可结合伐木时进行剥取，做为林业副产品利用。但亦可在每年秋、冬季铲取树皮表面老皮。两者在进行加工之前均需经过选择，除掉杂质。树叶在 7～8 月间采收，风干后贮藏备用。

［加　　工］　浸提前，壳斗粉碎至 1 厘米左右；树皮切成 1～2 厘米小块；树叶揉碎成 2～3 厘米小片。浸提温度：壳斗以 70～90℃，树皮以 70～90℃，最多不得超过 100℃，树叶以 65～75℃为宜。

65 珍珠栗（zhenzhuli）（图 370）

［学　　名］　**Castanea henryi** Rehd. et Wils.　山毛榉科

（地方名、形态特征、生长环境、产地及其他用途见“淀粉及糖类”，453 页）

［用　　途］　树皮、壳斗、木材均含鞣质，可提制栲胶。

［理化性质］　据中国林业科学研究院森林工业科学研究所用皮粉法分析，结果列表如下：

分析部位＼分析项目	鞣　质（%）	非鞣质（%）	不溶物（%）	纯　度（%）
木　材	13.5	3.3	1.7	78.2
树　皮	5.1	5.8	1.0	46.5
壳　斗	6.5	6.3	1.0	51.6

注：分析样品采自浙江龙泉。

又据四川省资料：树皮含鞣质 6.9～12.0%。

［采收处理］　参阅板栗（1070 页）。

［加　　工］　参阅板栗。

66 瓦山锥栗（washanzhuili）（图 861）

［地 方 名］ 长刺栲、瓦山栲树（四川）

［学 名］ **Castanopsis ceratacantha** Rehd. et Wils. 山毛榉科

［形态特征］ 常绿大乔木，高 6～25 米，胸径 1～2.5 米；幼枝密生黄褐色茸毛，后渐光滑。单叶互生，革质，椭圆状长圆形或长圆披针形，长 13～17 厘米，宽 3.2～5 厘米，基部阔楔形或圆形，先端渐尖为尾状，全缘，近顶部具疏锯齿，表面苍白，有光泽，无毛，背面初时有细粉状的黄色绒毛，后渐光滑，羽状侧脉 14～17 对；叶柄长 0.5～1 厘米，密生黄毛。雄花为直立的，单生或分枝的穗状花序；雌花短穗状，在雄花序的基部，单生或成对。果无柄，总苞球形至扁球形，直径 1.5～2.5 厘米，外被呈鹿角状分歧的针刺，内包坚果 1～3 个；坚果阔卵形，直径 1～1.4 厘米。花期 4～5 月，果期 10～11 月。

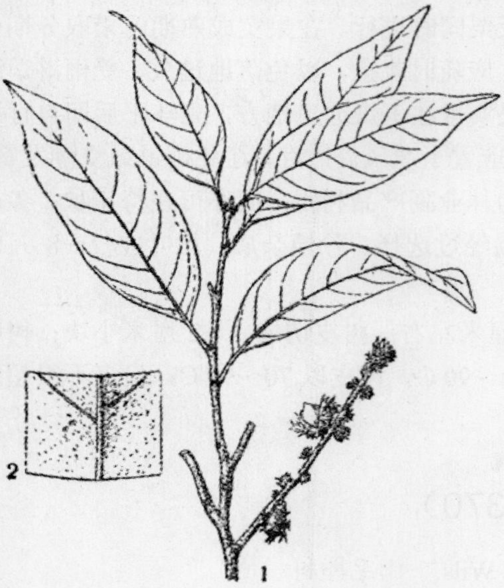

图 861 瓦山锥栗
Castanopsis ceratacantha R. et W.
1. 果枝；2. 叶片。

［生长环境］ 生于山区林中，多在海拔 800～1500 米的高处。

［产 地］ 四川、云南、广西等省区。

［用 途］ 树皮及壳斗均含鞣质，可提制栲胶。

［理化性质］ 据四川省资料：壳斗含鞣质 15～30%，树皮含鞣质 7.96%。

［采收处理］ 参阅栲树（1076 页）。

［加 工］ 参阅栲树。

67 米槠（michu）（图 376）

［学 名］ **Castanopsis cuspidata** (Thunb.) Schottky (*Quercus cuspidata* Thunb.) 山毛榉科

（地方名、形态特征、生长环境、产地及其他用途见“淀粉及糖类”，458 页）

［用 途］ 树皮含鞣质，可提制栲胶。

［理化性质］ 据广东林学院用高锰酸钾氧化法分析：树皮合鞣质 5.40%，水分 9.84%。（分析样品采自广东怀集）

［采收处理］　在 6～9 月结合木材采伐剥取树皮最为适宜，剥下的树皮放在通风处晾干，防止受潮。单独剥皮时应选择小枝，不要剥损树干妨碍生长。

［加　　工］　将树皮切成 1～3 厘米小块，浸提温度以 70～90℃之间为宜。

68 高山栲（gaoshankao）（图 862）

［学　　名］　**Castanopsis delavayi** Franch.　山毛榉科

［形态特征］　常绿乔木，高达 24 米，有时成灌木状；树皮黑色或灰色，开裂；小枝无毛。叶厚革质，椭圆形，卵形至倒卵椭圆形，长 10～12 厘米，宽 4～6.5 厘米，基部楔形，很少圆形，先端钝尖，中部以上边缘有粗齿。表面浅绿色，光滑，背面有银色的粃鳞；叶柄长 7～12 毫米，光滑。果穗长 6～20 厘米；总苞近球形或卵圆形，直径 2 厘米，表面有 4 环丛生而间断的刺，刺长 4～6 毫米，直或反曲，上被灰色绒毛，基部连合；坚果单生，短卵圆形，稍不对称，长 1.3～1.5 厘米，无毛；疤痕大，占基部全部。花期 4 月，果期 10 月。

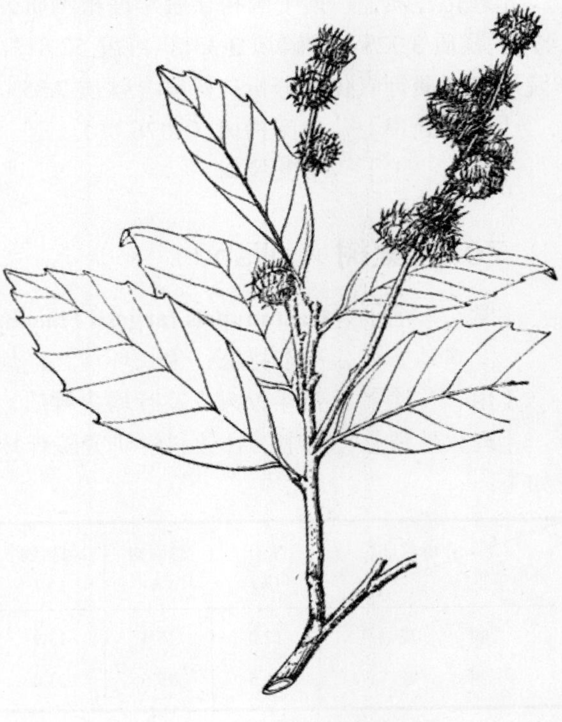

图 862　高山栲
Castanopsis delavayi Franch.
果枝

［生长环境］　海拔 1200～3000 米的高地密林中。

［产　　地］　云南、四川等省。

［用　　途］　树皮含鞣质，可提制栲胶。

木材供建筑及制器具用。坚果含淀粉可食。又为观赏风景树。

［理化性质］　树皮据中国科学院昆明植物研究所（I）和四川分院林业科学研究所（II）用皮粉法分析，结果列表如下：

分析单位＼分析项目	水分（%）	鞣质（%）	非鞣质（%）	纯度（%）	备　注
I	—	7.78～17.38	2.21～3.38	77.98～83.72	分析样品采自四川西昌
II	10.58	8．01	3.84	67.59	分析样品采自云南弥勒

［采收处理］ 参阅槠栎树（1083 页）。

［加　　工］ 参阅槠栎树。

69 椆（chou）（图 377）

［学　　名］ **Castanopsis eyrei** (Champ.) Tutch. 山毛榉科

（地方名、形态特征、生长环境、产地及其他用途见“淀粉及糖类”，459 页）

［用　　途］ 树皮含鞣质，可提制栲胶。

［理化性质］ 据中国科学院华南植物研究所用高锰酸钾氧化法分析：树皮含水分 9.47%，鞣质 3.72%，非鞣质 3.33%，纯度 52.81%。（分析样品采自福建华安）又据广东林学院用高锰酸钾氧化法分析：树皮含鞣质 7.85%，水分 9.45%。（分析样品采自福建永安）

［采收处理］ 参阅栲树（1076 页）。

［加　　工］ 参阅栲树。

70 丝栗树（silishu）

［学　　名］ **Castanopsis fargesii** Franch. 山毛榉科

（地方名、形态特征、生长环境、产地及其他用途见“淀粉及糖类”，460 页）

［用　　途］ 壳斗、树皮及叶均含鞣质，可提制栲胶。

［理化性质］ 据中国林业科学研究院森林工业科学研究所用皮粉法分析，结果列表如下：

分析项目 分析部位	水分 （%）	总固物 （%）	可溶物 （%）	不溶物 （%）	非鞣质 （%）	鞣质 （%）	纯度 （%）
树　皮	12.0	15.4	13.9	1.5	7.9	6.0	42.5
树　叶	11.5	29.6	23.0	6.6	13.7	9.3	40.4

注：分析样品采自浙江龙泉。

［采收处理］ 剥取树皮宜结合木材采伐时进行，壳斗可在果熟时与橡子同时采收。采收后晒干，置于通风处贮存。

［加　　工］ 浸提前将壳斗破碎成 1/2～1/4 小块；树皮及树叶切成 1～3 厘米的小块。浸提温度：壳斗及树叶以 70～85℃，树皮以 75～90℃为宜。

71 大叶栗（dayeli）（图 378）

［学　　名］ **Castanopsis fissa** (Champ.) Rehd. et Wils. (*Quercus fissa* Champ.) 山毛榉科

（地方名、形态特征、生长环境、产地及其他用途见“淀粉及糖类”，460 页）

［用　　途］ 壳斗和树皮均含鞣质，可提制栲胶。

［理化性质］ 据广西壮族自治区资料：壳斗含鞣质10～30%；树皮含鞣质5%。又据中国科学院华南植物研究所用高锰酸钾氧化法分析：树皮含水分10.09%，鞣质8.07%，非鞣质18.34%，纯度43.98%。（分析样品来自海南尖峰）

［采收处理］ 参阅栲树（1076页）。

［加　　工］ 参阅栲树。

72 南岭栲树（nanlingkaoshu）（图379）

［学　　名］ **Castanopsis fordii** Hance　山毛榉科

（地方名、形态特征、生长环境、产地及其他用途，见“淀粉及糖类”，461页）

［用　　途］ 树皮、壳斗均含鞣质，可提制栲胶。

［理化性质］ 据中国林业科学研究院森林工业科学研究所用皮粉法分析：树皮含鞣质15.60%，非鞣质8.50%，不溶物2.10%，纯度64.10%。又据中国科学院华南植物研究所用高锰酸钾氧化法分析：树皮合鞣质11.37%，水分4.55%。（分析样品采自广东兴宁）

［采收处理］ 参阅栲树（1076页）。

［加　　工］ 参阅栲树。

73 红锥（hongzhui）（图863）

［地 方 名］ 赤栎、石头栎（广东），红椽木（广西）。

［学　　名］ **Castanopsis hickelli** A. Camus　山毛榉科

［形态特征］ 常绿乔木，高可达25米。树皮灰色至灰褐色，小枝紫褐色，有显著的淡褐色的皮孔。单叶互生，薄革质，卵状披针形，长7～10厘米，宽1.5～2.8厘米，基部阔楔形，顶端渐尖为尾状，全缘，或上半部有疏而细的齿，表面光亮无毛，**背面密被赤褐色粃鳞**，侧脉纤细，10～12对，在背面明显；叶柄长4～8毫米，被微柔毛。花单性，雌雄同株，雄花成直立穗状花序，雌花为短穗状花序；果穗长5～9厘米，无

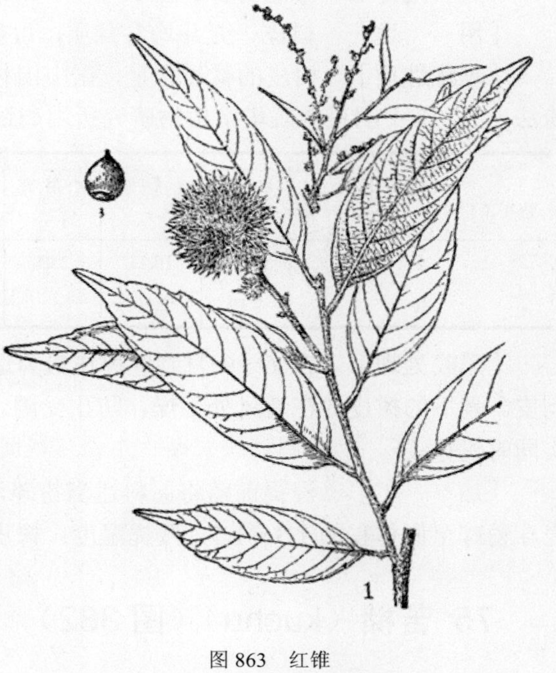

图863　红锥
Castanopsis hickelli A. Camus.
1. 果枝；2. 雌花枝；3. 坚果。

毛；总苞球形，开裂，直径 1.5～2.5 厘米，密生锥状、被毛、长 2～3 毫米的硬尖刺，外被暗褐色毛，内面有坚果 1～3；坚果卵形，顶端短尖，长 6～10 毫米，直径 4～8 毫米。花期 3～5 月，果期 11～12 月。

［生长环境］ 热带亚热带常绿林常见树种之一，适应性较广，丘陵地和山地下部的山坡地区均适宜生长，而以气候温暖，土壤肥沃湿润的山谷地区生长尤佳。

［产　　地］ 广东、福建、广西等省区。

［用　　途］ 树皮及壳斗含鞣质，可提制栲胶。

木材可造船、建筑、作枕木及家具。坚果含淀粉，可食用和酿酒。

［理化性质］ 据广东林学院用高锰酸钾氧化法分析：树皮含鞣质 10.03%，水分 32.33%。又据广西壮族自治区资料：壳斗含鞣质 15%左右。

［采收处理］ 参阅栲树（本页）。

［加　　工］ 参阅栲树。

74 栲树（kaoshu）（图 380）

［学　　名］ **Castanopsis hystrix** A. DC. 山毛榉科

（地方名、形态特征、生长环境、产地及其他用途见“淀粉及糖类”，462 页）

［用　　途］ 树皮、壳斗均含鞣质，可提制栲胶。

［理化性质］ 树皮的鞣质含量，据中国林业科学研究院森林工业科学研究所用皮粉法（Ⅰ）与中国科学院华南植物研究所用高锰酸钾氧化法（Ⅱ）分析，结果列表如下：

分析单位＼分析项目	鞣质（%）	非鞣质（%）	不溶物（%）	纯度（%）	备注
Ⅰ	18.63	10.33	2.05	64.35	样品采自福建将乐（胸径 27.6 厘米）
Ⅱ	7.19	2.20	—	76.56	样品采自福建华安

［采收处理］ 在 6～9 月剥取树皮最为适宜，但必须结合伐木时进行，不宜单独剥皮。剥下的树皮放在通风处干燥，防止受潮。采收壳斗，在果实成熟后，结合采收果实同时进行。

［加　　工］ 浸提前需将原料适当粉碎，粉碎程度：树皮切成 1～3 厘米小段；壳斗粉碎至原体积的 1/3～1/5。浸提温度：树皮以 70～90℃、壳斗以 65～85℃为宜。

75 苦槠（kuchu）（图 382）

［学　　名］ **Castanopsis sclerophylla** (Lindl.) Schottky 山毛榉科

（地方名、形态特征、生长环境、产地及其它用途见“淀粉及糖类”，464 页）

［用　　途］ 树皮、木材、壳斗均含鞣质，可提制栲胶。

［理化性质］ 据中国林业科学研究院森林工业科学研究所用皮粉法分析，结果

列表如下：

分析项目 / 分析部位	水分（%）	鞣质（%）	非鞣质（%）	不溶物（%）	纯度（%）	备注
木材	—	10.30	2.40	1.60	82.40	样品采自福建将乐
树皮	14.00	1.60	1.20	0.400	57.00	样品采自浙江龙泉

［采收处理］ 参阅栲树（1076 页）。

［加　　工］ 参阅栲树。

76 钩栗（gouli）（图 383）

［学　　名］ **Castanopsis tibetana** Hance　山毛榉科

（地方名、形态特征、生长环境、产地及其它用途见“淀粉及糖类”，465 页）

［用　　途］ 树皮含鞣质，可提制栲胶。

［理化性质］ 据贵州省野生植物普查队野外粗分析：树皮含鞣质 6%左右。又据福建省资料：树皮含鞣质 7.37%。又据林业科学研究院森林工业科学研究所用皮粉法分析：木材含鞣质 12.02%，非鞣质 3.03%，不溶物 3.29%，纯度 79.89%（分析样品采自福建将乐）。

［采收处理］ 参阅槠栎树（1083 页）。

［加　　工］ 参阅槠栎树。

［其　　他］ 本种木材虽含鞣质，但一般不用以浸提栲胶，应作建筑或器具用材。

77 南亚锥栗（nanyazhuili）（图 384）

［学　　名］ **Castanopsis tribuloides** (Smith) A. DC.　山毛榉科

（地方名、形态特征、生长环境、产地及其他用途见“淀粉及糖类”，466 页）

［用　　途］ 树皮含鞣质，可提制栲胶。

［理化性质］ 据中国科学院昆明植物研究所用皮粉法分析：树皮含鞣质 10.77%，非鞣质 9.15%，纯度 54.07%。（样品采自云南临沧）

［采收处理］ 参阅槠栎树（1083 页）。

［加　　工］ 参阅槠栎树。

78 栎子树（lizishu）（图 864）

［地 方 名］ 青杠树（贵州），小叶岭眉（广东海南岛）。

［学　　名］ **Cyclobalanopsis blakei** (Skan) Schottky (*Quercus blakei* Skan)　山毛榉科

［形态特征］ 常绿乔木，高 9～15 米。树皮深灰色；**小枝无毛**，具棱，有不明显的皮孔。单叶互生，近革质，**长圆状披针形或披针形**，长 8～18 厘米，宽 3～5 厘米，先端渐尖，基部楔尖，**边缘上部有波状锯齿**，下部近全缘，表面深绿色，有光泽，背面浅绿色，**侧脉约 10 对**；叶柄长 1～2 厘米。花单性，雌雄同株；雄花成柔荑花序；雌花少数而不显著。**壳斗浅碟状**，高 8～12 毫米，直径 2～2.5 厘米，**仅包着坚果基部**，被稀疏小毛，具 6～8 全缘或微波状同心环带；坚果椭圆形至近球形，长 2.5～3.5 厘米，直径约 2 厘米，**被灰色丝状小毛**，早落。花期 7 月，果期 9 月。

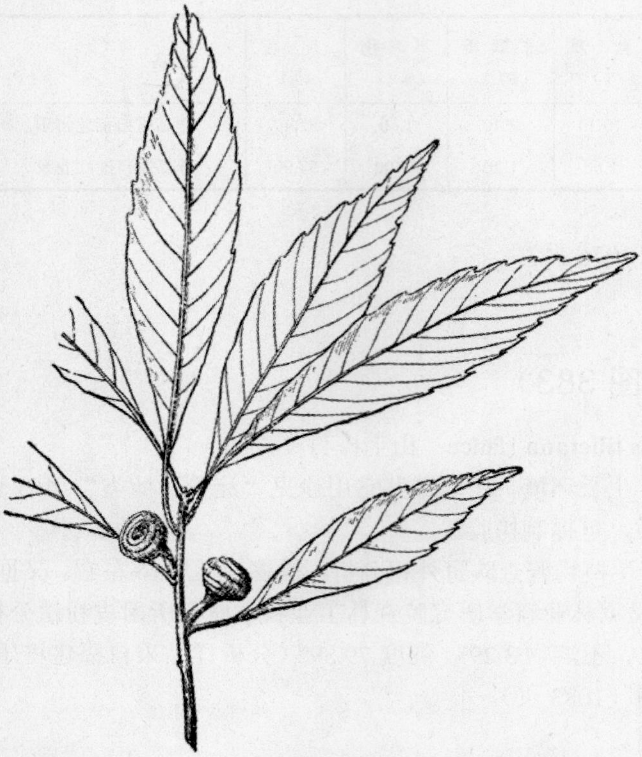

图 864 栎子树
Cyclobalanopsis blakei（Skan）Schottky.
果枝

［生长环境］ 为热带亚热带山地常绿林树种之一，生于海拔 1700 米以上山地的密林中。

［产　　地］ 广东、广西、贵州等省区。

［用　　途］ 树皮与壳斗含鞣质，可提制栲胶。种子含淀粉亦可酿酒。

［理化性质］ 据中国科学院应用化学研究所资料：树皮含鞣质 22.73%，水分 11.74%。

［采收处理］ 参阅板栗（1070 页）。

［加　　工］ 参阅板栗。

79 黄栎（huangli）（图 865）

［学　　名］ **Cyclobalanopsis delavayi** (Franch.) Schottky (*Quercus delavayi* Franch.) 山毛榉科

［形态特征］ 大乔木，高 15～20 米；树干直；树皮灰褐色，**小枝幼嫩部分被黄**

色粉状绒毛及密短柔毛；冬芽短，倒卵形，被绒毛，具卵圆形鳞片。单叶互生，厚革质，卵圆状披针形或披针形，长8～10厘米，宽3～4.5厘米，基部狭或微圆形，先端渐尖，边缘上部1/3～1/2有齿牙，稀呈波状；表面无毛，**背面被很密绒毛**；幼时两面被褐色短绒毛；侧脉10～13对，细脉不甚显明；叶柄长15～20（25）毫米，有密生短绒毛。花单性，雌雄同株；雄花为柔荑花序，多数；簇生，长3～7厘米，被绒毛；雄花花被**有密卷柔毛**；**雄蕊4或较多，被绒毛**；雌花序长1～2厘米；花柱短，有毛，柱头稍厚。果序常密集，长3～6厘米，具3～7个两年成熟的果实；**壳斗包裹坚果基部的1/2或更多些**，高5～10毫米，直径15～18毫米，外面有黄色短绒毛，里面有绢毛，淡黄色，**鳞片连合成6～7条环带，边缘圆齿状**；坚果扁球形或短卵圆形，**高8～20毫米，直径13～15毫米，顶端圆形**，有脱落性绢毛。花期4～5月，果期8～10月。

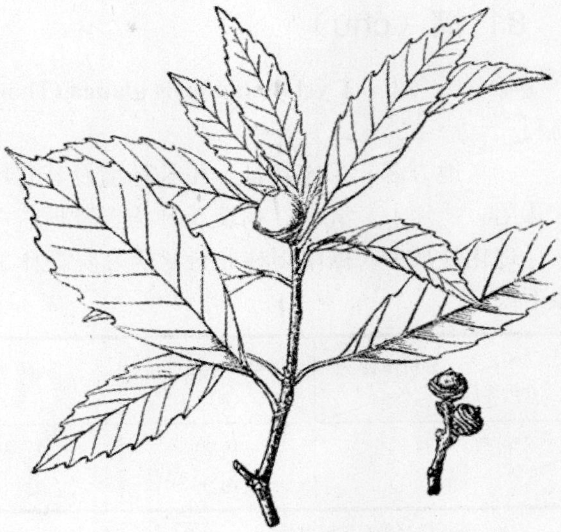

图865　黄栎
Cyclobalanopsis delavayi（Franch.）Schottky
果枝

［生长环境］　生于海拔1200～2500米林内。

［产　　地］　四川、云南等省。

［用　　途］　树皮及壳斗含鞣质，可提制栲胶。

［理化性质］　据中国科学院昆明植物研究所用皮粉法分析：树皮合鞣质10.24%，水分9.57%。（分析样品采自四川西昌）

［采收处理］　参阅板栗（1070页）。

［加　　工］　参阅板栗。

80 饭甑树（fanzengshu）（图386）

［学　　名］　**Cyclobalanopsis fleuryi** (Hickel et A. Camus) Chun (*Quercus fleuryi* Hickel et A. Camus)　山毛榉科

（地方名、形态特征、生长环境、产地及其他用途见“淀粉及糖类”，468页）

［用　　途］　树皮与壳斗含鞣质，可提制栲胶。

［理化性质］　据中国科学院应用化学研究所分析：树皮含鞣质12.20%，水分14.68%。

［采收处理］　参阅板栗（1070 页）。

［加　　工］　参阅板栗。

81 槠（chu）

［学　　名］　**Cyclobalanopsis glauca** (Thunb.) Oerst. (*Quercus glauca* Thunb.)　山毛榉科

（地方名、形态特征、生长环境及其它用途见“淀粉及糖类”，469 页）

［用　　途］　壳斗、树皮及叶均含鞣质，可提制栲胶。

［理化性质］　据中国林业科学研究院森林工业科学研究所用皮粉法分析，结果列表如下：

分析项目 / 分析部位	鞣　质（%）	非鞣质（%）	不溶物（%）	纯　度（%）
树　皮	16.00	17.80	3.30	47.30
叶	10.20	25.30	5.40	28.70

注：分析样品采自浙江龙泉。

又据广西壮族自治区资料：壳斗含鞣质 10～15%。

［采收处理］　壳斗在果实成熟时，与果实同时采集。树叶在生长茂盛时采摘。树皮可结合伐木时进行。均须风干或晒干后贮存。

［加　　工］　浸提前将壳斗切成 1/3～1/5 小块，浸提温度以 70～85℃为宜；树皮切成 1～2 厘米小块，浸提温度以 75～90℃为宜；树叶切成 2～3 厘米，浸提温度以 60～75℃为宜。

82 拟槠（拟）（nichu）（图 866）

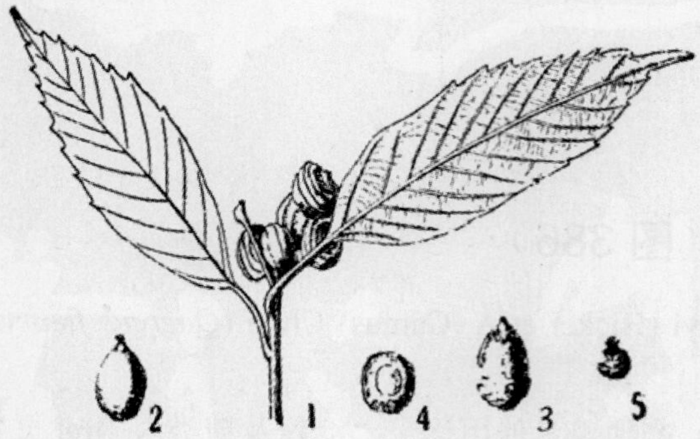

图 866　拟槠

Cyclobalanopsis glaucoides Schottky

1. 果枝；2. 坚果；3. 带壳斗的坚果；4. 坚果的底面；5. 幼果。

［地 方 名］　青冈栎（云南）

［学　　名］　**Cyclobalanopsis glaucoides** Schottky　山毛榉科

［形态特征］　本种与槠 *Cyclobalanopsis glauca*（Thunb.）Oerst.（*Quercus glauca* Thunb.）很相似，不同点：（1）本种的叶片背面通常不呈白灰色或青灰色，小支脉在叶背面明显可见，各小支脉互相连结；（2）壳斗及坚果均较细小，**壳斗直径 10～14 毫米，包被坚果约** 1/3，最下的环带有时全缘；坚果卵状长圆形，

高 1～1.4 厘米，直径 7～10 毫米，有 2/3 部分露出壳斗外。

［生长环境］ 见青冈栎。

［产　　地］ 四川、云南等省。

［用　　途］ 树皮、壳斗含鞣质，可提制栲胶。

种子含淀粉。木材可供建筑、车辆、农具及家具等用材。

［理化性质］ 据中国科学院昆明植物研究所用皮粉法分析：树皮含水分 10.58%，鞣质 16.45%，非鞣质 3.38%，纯度 83.37%（分析样品采自四川西昌）。

［采收处理］ 参阅栲树（1076 页）。

［加　　工］ 参阅栲树。

83 曼青岗（manqinggang）

［地 方 名］ 短槠树（湖北），蛮青岗（四川）。

［学　　名］ **Cyclobalanopsis oxyodon** (Miq.) Oerst. (*Quercus oxyodon* Miq.)　山毛榉科

［形态特征］ 半常绿乔木，高 6～10 米；枝无毛，褐色，有皮孔。单叶互生，革质或近革质，长圆形至卵状长圆形，长 15～22 厘米，宽 4～6 厘米，先端长渐尖或长尾状尖头，基部圆或钝或近短尖，有时偏斜，表面深绿色，无毛，侧脉 16～19 对，**少有 25 对**，直达齿尖，**背面**灰黄色至灰白色，**有极短小的星状毛**，边缘有疏锐锯齿；叶柄长 2.5～4 厘米，无毛。花单性，雌雄同株；雄花成柔荑花序，长 4～10 厘米，雌花为短穗状花序，花轴细短，有花 3～7 朵，无柄。壳斗杯状，高 5～7 毫米，直径 10～14 毫米，**包被坚果不及 1/2**；鳞片连成环带，**约 7 条**，被柔毛，每环带的先端有明显的圆齿；坚果近球形，或阔卵圆形，高约 1 厘米，直径 8～10 毫米，先端有凸尖体，成熟时光滑无毛。花期 4～5 月，果期 9～10 月。

［生长环境］ 生于海拔 1500～2800 米山坡或近沟谷旁密林中，常为沟谷间的优势树种。

［产　　地］ 云南、四川、湖北等省。

［用　　途］ 树皮含鞣质，可提制栲胶。

种子含淀粉，木材供制各种农具。

［理化性质］ 据中国科学院昆明植物研究所用皮粉法分析：树皮含鞣质 10.27%。（分析样品采自云南丽江）

［采收处理］ 采取树皮可结合伐木同时进行，采后须风干或晒干贮存。

［加　　工］ 加工时将树皮切成 1～3 厘米小块，浸提温度以 75～90℃为宜。

84 全包石柯（quanbaoshike）（图 867）

［地 方 名］ 小白叶栎、白栎、大白栎（云南），甜叶树、包栎、铁青刚（四川），槠栲栎（湖北）。

［学　　名］ **Lithocarpus cleistocarpus** (Seem.) Rehd. et Wils. (*Pasania cleistocarpa* Schottky.) 山毛榉科

［形态特征］ 常绿乔木，高达 35 米；小枝暗褐色至灰黑色，无毛，具棱；老枝有灰白或灰黄色而微凸起的圆形皮孔，嫩枝则有微细的黄色鳞片。叶革质，长椭圆状披针形或卵状长圆形，长 9～25 厘米，宽 3～8 厘米，先端短渐尖，基部楔尖，全缘，表面深绿色，光亮，无毛，背面灰青色或灰色，有极微细的鳞片，侧脉 11～13 对，近边缘弯曲，在叶背面凸起；叶柄长 1.5～3 厘米，无毛。花单性，雌雄同株，雄花序生于枝顶部叶腋间，纤细，长 8～15 厘米，雄花无梗，极密生于花轴上，通常有短分枝；花被 5～6 裂，雄蕊 6～12 枚；雌雄花同生的花序顶生，长达 20 厘米，在花轴下部着生雄花，上部着生雌花；雌花序生于小枝顶端，长 4～7 厘米，雌花 2～4 集生，花被早落；子房及柱头基部略被短毛，柱头 3 枚，颇长。果穗稠密，穗轴粗壮，长 10～12 厘米；壳斗陀螺形，顶部微升起，基部收狭，长和直径 1.5～1.8 厘米，除顶尖部分全部包围坚果，上部阔，向基部收狭，成倒圆锥形，外被钝形的坚硬的鳞片，顶部的鳞片三角形，下部的鳞片长形，其上被有白毛，基部相连成环状，壳斗扁球形，仅在壳斗顶部的小孔露出直径 2～3 毫米宽的果顶，其余均为壳斗包被，成熟时棕褐色。花期 5～8 月，亦有于10 月开花者，果 7～11 月。

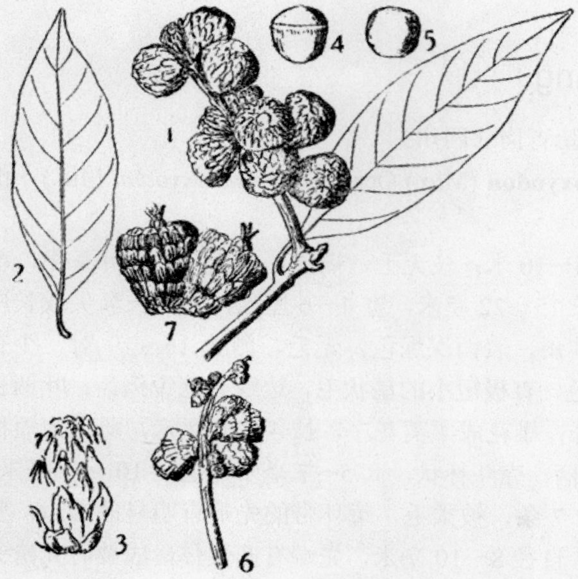

图 867　全包石柯
Lithocarpus cleistocarpus（Seem.）Rehd. et Wils.
1．果枝；2．叶；3．壳斗外的鳞片；4．坚果；5．坚果的底面；6．幼果枝；7．幼果放大示花被及柱头。

［生长环境］ 生于海拔 1000～2500 米间的山坡杂木林中，干旱或湿润地方均能生长。

［产　　地］ 湖南、湖北、四川、广东、广西、云南、贵州等省区。

［用　　途］ 树皮、壳斗及根均含鞣质，可提制栲胶。种子含淀粉。木材坚硬，用于建筑、枕木、农具及家具等方面。

［理化性质］ 树皮、壳斗与根的鞣质含量列表如下页。

［采收处理］ 参阅板栗（1070 页）。

［加　　工］ 参阅板栗。

分析部位 \ 分析项目	水分（%）	鞣质（%）	非鞣质（%）	纯　度（%）	备　注
树　皮	13.03	9.90	6.24	61.34	样品采自四川峨眉山（注 1）
壳　斗	—	6.73	3.47	66.99	样品采自云南楚雄（注 2）
根	—	15.5	26.95	36.51	样品采自四川西昌（注 2）

注 1：中国科学院四川分院林业科学研究所分析结果。
2：中国科学院昆明植物研究所分析结果。

85 椆栎树（chulishu）（图 868）

［学　名］ **Lithocarpus spicatus** (Sm.) Rehd. et Wils. (*Pasania spicata* Oerst.) 山毛榉科

［形态特征］ 常绿乔木，高 18～25 米，胸径 40～70 厘米；小枝幼时有细毛，最后光滑；树皮暗灰色，片状剥落。叶互生，阔大，厚革质，长圆披针形或倒卵状长圆形，长 10～30 厘米，宽 4～10 厘米，先端短尖或渐尖，基部阔楔形或圆形，有时带耳形或心形，全缘，两面同色，光亮无毛，中脉发达，在两面均显现，羽状侧脉 16～20 对，平行，弯曲向上，在背面显明；叶柄极短，2～5 毫米，光滑。雄花序圆锥状，多数，长 15～30 厘米，花轴密被灰色茸毛，雄花 3～5 朵或更多聚生一处，花被 6 裂而短，具雄蕊 10～12 枚；雌花序单生或每 3～4，支生于雄花序顶端，花轴亦被毛，有时基部生少数雄花，雌花每 3～7 朵集生，花被 6 裂，花柱 3 枚，不合生。果穗长 20～30 厘米，通常弯生，粗壮，密集，表面有短柔毛。壳斗每 3～5 或 7 个集生，近无柄，包围坚果约 1/3，碟状，直径 2.6～4.5 厘米，高 6～8 毫米，近基部收窄为粗而壮的柄状，鳞片卵状披针形，分明，厚而凸起，密贴，顶端有尖头，复瓦状排列，或多少汇合为横菱形；坚果卵圆形或扁球形，稍外露，深褐色，光滑，无毛，成熟后有多数细裂缝，多少分离，直径 2.2～4.2 厘米，顶部圆而具小凸尖，

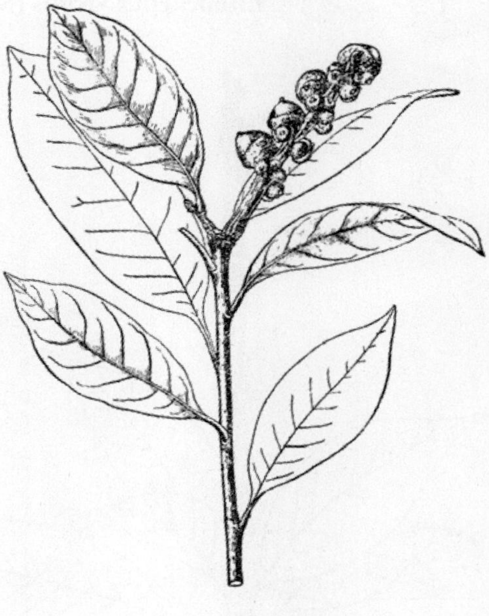

图 868　椆栎树
Lithocarpus spicatus (Sm.) Rehd. et Wils.
果枝

基部凹陷，疤痕粗大。花期 9～10 月，果期次年 10 月。

［生长环境］ 生于西南向山坡林中。

［产　　地］ 安徽、浙江、湖南、湖北、四川、云南等省。

［用　　途］ 树皮含鞣质，可提制栲胶。

果实含淀粉（见“淀粉及糖类”，480 页）。木材供制器具、建筑、造船、枕木等用。

［理化性质］ 据中国科学院昆明植物研究所用皮粉法分析：树皮含鞣质 10.24%，非鞣质 15.03%，纯度 45.22%；属缩合类鞣质。（样品系于 6 月采自四川西昌）

［采收处理］ 剥取树皮应结合伐木时进行，不能乱行剥皮，以免影响树木成长发育。采收的树皮应晒干或风干，置于通风干燥处贮存，以免发霉变质。

［加　　工］ 加工前应将树皮切成 1～2 厘米的碎块，浸提温度一般以 70～95℃之间为宜，但必须由低温逐渐升高，不可猛火加热，以免破坏鞣质。

86 绿叶石栎（lüyeshili）（图 869）

［地 方 名］ 蒙青杠、泡叶青杠（四川），雅州石栎（中国树木分类学）。

［学　　名］ **Lithocarpus viridis** (Schottky) Rehd. et Wils. (*Pasania viridis* Schottky)

山毛榉科

［形态特征］ 常绿灌木或小乔木。树皮暗灰色；小枝无毛，暗灰色或带紫色，密生小皮孔。叶厚革质，披针形或椭圆状卵形，长 8～17 厘米，宽 3～6 厘米，先端长渐尖而有短尖尾，基部楔形，全缘微反卷，表面有光泽，两面无毛，中脉两面隆起，侧脉 13～15 对；叶柄长 1～2 厘米，光滑。花单性，雌雄同株，花枝无毛。果枝长达 20 厘米，光滑，细长，具果实多数；坚果圆锥形，光泽无毛，带红色；壳斗小形，杯状，具 3 层鳞片、包裹坚果下半部。花期 5～6 月，果期次年 7 月。

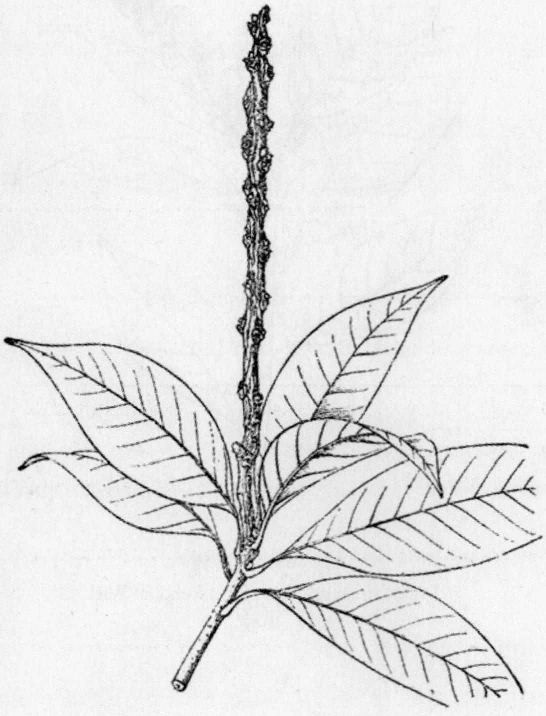

图 869　绿叶石栎

Lithocarpus viridis（Schottky）Rehd. et Wils.

［生长环境］ 生于海拔 1000～1800 米的山林中。

［产　　地］ 四川、云南等省。

［用　　途］ 树皮含鞣质，可提制栲胶。

［理化性质］　据中国科学院四川分院林业科学研究所用皮粉法分析：树皮含水分11.44%，鞣质9.45%，非鞣质9.25%，纯度50.53%。（分析样品采自四川峨眉山）

［采收处理］　参阅槠栎树（1083页）。

［加　　工］　参阅槠栎树。

87 栎（li）（图397）

［学　　名］　**Quercus acutissima** Carr.　山毛榉科

（地方名、形态特征、生长环境、产地及其他用途见“淀粉及糖类”，482页）

［用　　途］　橡碗（即壳斗）含有丰富的鞣质，以针刺中鞣质的含量最多，内壳次之；树叶、茎皮亦含有，均可提制栲胶，可用于底革和轮带革的鞣制。

［理化性质］　壳斗的鞣质含量，据中国科学院四川分院林业科学研究所（I）和中国林业科学研究院森林工业科学研究所（II）均用皮粉法分析，结果列表如下：

分析项目 / 分析单位	水分（%）	鞣质（%）	非鞣质（%）	纯度（%）	备注
I	13.94	19.69	9.66	67.12	壳斗未熟
I	14.30	19.55	10.32	65.45	已熟
II	—	29.21	14.49	66.30	样品采自河南济源（树龄8～15年）
II	—	21.47	9.07	70.30	产地同上，采后放置3年
II	—	29.12	9.76	74.90	产地同上，采后放置2年
II	—	28.84	11.13	72.20	产地同上，采后放置1年
II	—	24.07	8.64	73.70	产地同上，采后立即加工

树叶的鞣质含量，据中国林业科学研究院森林工业科学研究所（I）分析结果与广西壮族自治区资料（II）列表如下：

分析项目 / 分析单位	鞣质（%）	非鞣质（%）	不溶物（%）	纯度（%）	备注
I	5.60	10.70	7.00	34.40	样品采自浙江龙泉
I	6.90	17.30	1.10	48.20	同上
I	8.20	9.90	—	45.30	样品采自四川邛崃
II	10.00	25.30	—	28.70	

树皮的鞣质含量据广西壮族自治区资料（I）与贵州省轻工业厅（II）分析，结果列表如下：

分析项目 / 分析单位	水分（%）	鞣质（%）	非鞣质（%）	纯度（%）	备注
I	—	16.00	17.80	47.30	
II	9.84	7.17	9.52	42.95	样品采自贵州榕江

［采收处理］ 参阅板栗（1070 页）。

［加 工］ 参阅板栗。

88 槲栎（huli）（图 398）

［学 名］ **Quercus aliena** Bl. 山毛榉科

（地方名、形态特征、生长环境、产地及其他用途，见“淀粉及糖类”，484 页）

［用 途］ 树皮、树叶和壳斗均含鞣质，可提制栲胶。

［理化性质］ 树皮和壳斗的鞣质含量列表如下：

分析项目 分析部位	水 分（%）	鞣质（%）	非鞣质（%）	纯 度（%）	备 注
树 皮	13.03	8.95	4.25	67.80	样品采自云南勐海（注 1）
树 皮	11.73	11.12	5.01	68.94	样品采自云南弥勒（注 1）
壳 斗	—	9.64	4.00	71.20	样品采自山西中条山（注 2）

注 1：中国科学院四川分院林业科学研究所分析结果。
2：中国林业科学研究院森林工业科学研究所分析结果。

又据辽宁省资料：叶含鞣质 3.3%。

［采收处理］ 参阅板栗（1070 页）。

［加 工］ 参阅板栗。

［其 他］ 除本种外，尚有锐齿栎 Quercus aliena Bl. var. acuteserrata Maxim.（“见淀粉及糖类”，484 页）的叶、树皮及壳斗亦可为栲胶原料。

89 槲树（hushu）（图 399）

［学 名］ **Quercus dentata** Thunb. 山毛榉科

（地方名、形态特征、生长环境、产地及其他用途，见“淀粉及糖类”，485 页）

［用 途］ 树皮、壳斗均含鞣质，可提制栲胶。

［理化性质］ 壳斗据中国林业科学研究院森林工业科学研究所用皮粉法分析，结果列表如下：

分析项目 分析部位	鞣质（%）	非鞣质（%）	不溶物（%）	纯 度（%）	备 注
壳 斗	3.83	8.04	0.65	32.01	样品采自河南栾川（树龄 8 年）
壳 斗	3.41	2.94	—	61.20	样品采自山西中条
壳 斗	5.13	3.24	—	60.80	样品采自河南济源（树龄 10～30 年）

树皮据中国科学院昆明植物研究所（Ⅰ）和中国林业科学研究院森林工业科学研究所（Ⅱ）均用皮粉法分析，结果列表如下页。

分析项目 / 分析单位	鞣质（%）	非鞣质（%）	不溶物（%）	纯 度（%）	备 注
Ⅰ	7.83	1.84	—	80.97	样品采自云南丽江
Ⅱ	9.31	5.96	2.52	61.00	样品采自河南栾川，树龄约 8 年，距地18厘米
Ⅱ	14.44	5.84	1.59	71.20	样品采自陕西石泉西乡
Ⅱ	3.07	5.54	1.48	35.52	贵州

［采收处理］ 参阅板栗（1070 页）。

［加　　工］ 参阅板栗。

90 小叶青刚（xiaoyeqinggang）

［地 方 名］ 橡实（浙江）

［学　　名］ **Quercus engleriana** Seem. 山毛榉科

［形态特征］ 常绿乔木，高约 10 米；树皮深褐色或深灰色，微纵裂；小枝圆形，当年生枝条初被浓密黄色细毛，多年生枝条无毛。叶互生，革质，卵形或卵状长圆形，稀为倒卵形，长 9～15 厘米，宽 4～6.5 厘米，先端渐尖，基部圆形或阔楔形，边缘中部以上具密而尖锐锯齿，表面亮绿色，背面淡绿色或黄绿色，幼时均被有毛，后脱落，侧脉 9～15 对，在表面显着，在背面则凸出；叶柄粗壮，长 1～2.5 厘米。花单性，雌雄同株；雄花成下垂而被细毛的柔荑花序，长 10～18 厘米；苞片卵形，表面近先端部分被浓密灰色粗毛；花被 5 裂，裂片卵形，长 2 毫米，两面被稀疏细毛，边缘有纤毛；雄蕊 5，较花被长，花丝细而无毛；雌花常 3 朵生于一短梗上，子房下位，花柱 3～4，开展或微反卷。坚果卵圆形，长 1～2 厘米，一季成熟；壳斗外具无毛钝形的鳞片。

［生长环境］ 生于海拔 1400～2000 米的山地森林中。

［产　　地］ 浙江、福建、湖北、四川等省。

［用　　途］ 树皮及壳斗均含鞣质，可提制栲胶。

［理化性质］ 据中国林业科学研究院森林工业科学研究所用皮粉法分析，结果列表如下：

分析项目 / 分析部位	水分（%）	鞣质（%）	非鞣质（%）	不溶物（%）	纯 度（%）	备 注
树皮（胸径 27 厘米）	—	18.63	10.33	2.05	64.35	样品采自福建将乐
树 皮	10.2	11.5	6.8	2.3	62.7	样品采自浙江龙泉

［采收处理］ 参阅板栗（1070 页）。

［加　　工］ 参阅板栗。

91 枹树（baoshu）（图 401）

［学　　名］ **Quercus glandulifera** Bl.　山毛榉科

（地方名、形态特征、生长环境、产地及其他用途见“淀粉及糖类”487 页）

［用　　途］ 橡碗（即壳斗）及树皮可制栲胶。

［理化性质］ 据中国科学院四川分院林业科学研究所用皮粉法分析：树皮含水分 12.31～13.02%，鞣质 5.30～11.54%，非鞣质 5.13～8.22%，纯度 50.81～58.40%。另据河南省资料：壳斗含鞣质 9.3～10.5%。虫瘿含鞣质 11.1～22.3%。

［采收处理］ 采收树皮、橡碗方法参阅板栗（1070 页），虫瘿的采收处理参阅盐肤木（1183 页）。

［加　　工］ 参阅板栗。

92 大叶槲栎（dayehuli）

［地 方 名］ 青杠树（贵州）

［学　　名］ **Quercus griffithii** Hook. f. et Thoms.　山毛榉科

［形态特征］ 本种与槲栎 Quercus aliena B1.相似，区别在于本种的幼枝密被黄色绒毛；叶柄亦常被密毛，但老时无毛；叶片一般较大，长可达 35 厘米，宽达 25 厘米；壳斗边缘呈流苏状。

［生长环境］ 常生于山坡、山麓疏林中。

［产　　地］ 云南、贵州等省。

［用　　途］ 树皮、叶、壳斗含鞣质，为提制栲胶原料。

［理化性质］ 据贵州省轻工业厅分析，结果列表如下：

分析项目 分析部位	水分（%）	鞣质（%）	非鞣质（%）	纯　度（%）	备　　注
树　皮	7.84	13.24	6.55	66.90	营养期
叶	9.00	13.23	9.89	57.22	
树　皮	7.44	8.29	8.29	77.60	初果期
树　皮	7.75	2.96	10.10	22.89	果　期
叶	7.84	4.12	13.34	22.31	

注：各部位均属水解类鞣质。

［采收处理］ 参阅板栗（1070 页）。

［加　　工］ 参阅板栗。

93 辽东栎（liaodongli）

［学　　名］ **Quercus liaotungensis** Koidz.　山毛榉科

（地方名、形态特征、生长环境、产地及其他用途见“淀粉及糖类”，489 页）

［用　　途］ 树皮、叶、壳斗均含鞣质，可提制栲胶。

［理化性质］ 据中国科学院植物研究所用皮粉法分析：叶含水分 12.45%，总固物 25.27%，可溶物 24.19%，鞣质 15.26%，非鞣质 8.93%，纯度 63.08%。据辽宁省资料：壳斗含鞣质 7.33%；叶含鞣质 10.29%。

［采收处理］ 参阅板栗（1070 页）。

［加　　工］ 参阅板栗。

94 蒙古栎（mengguli）（图 402）

［学　　名］ **Quercus mongolica** Fisch.　山毛榉科

（地方名、形态特征、生长环境、产地及其他用途，见“淀粉及糖类”，490 页）

［用　　途］ 橡碗（即壳斗）、叶、树皮和木材均含鞣质，可以提制栲胶。因为这种鞣质的收敛性不太强，适于鞣制底革和轮带革，能增加革的重量，使皮革结实不易受潮。此外亦可用于毛织品的染色，染后不易退色。

［理化性质］ 壳斗的鞣质含量，据中国林业科学研究院森林工业科学研究所（Ⅰ）和内蒙古大学生物系（Ⅱ）分析，结果列表如下：

分析项目 / 分析单位	水　分（%）	鞣　质（%）	非鞣质（%）	纯　度（%）	备　　注
Ⅰ	—	9.60	5.60	64.40	样品采自河南济源（树龄 15～20 年）
Ⅱ	8.06	16.73	23.31	41.78	样品采自内蒙古

树皮的鞣质含量，据中国林业科学研究院森林工业科学研究所分析：含水分 11.00%，鞣质 6.70%，非鞣质 7.30%，不溶物 2.00%，纯度 48.00%（分析样品采自浙江龙泉）。又据河北省资料：树皮含鞣质 13～16%。

木材鞣质含量，据山西省资料：含鞣质 1.934%。

［采收处理］ 参阅板栗（见 1070 页）。

［加　　工］ 参阅板栗。

95 高山栎（gaoshanli）

［学　　名］ **Quercus semecarpifolia** Smith　山毛榉科

［形态特征］ 常绿小乔木，通常高 1～5 米，在环境较好的情况下可达 15 米。一年生枝红棕色或暗棕色，**有星状柔毛**；二年生枝暗褐色，几乎无毛，有圆形小皮孔。叶厚革质，椭圆形或倒卵状长圆形、卵圆形或倒卵形，少见圆形的，长 4～10 厘米，宽 1.5～5.5 厘米，基部圆或微心形，先端圆，少有为短尖，**老叶边缘略反卷，全缘或有时具锐锯齿**，齿硬而锐尖如刺，表面深绿色，略光亮，沿**中脉及其两侧有稀疏星状毛，背面有**

稀疏的淡黄色星状毛及一层黄色至暗棕黄色的粉末状腊质体，叶脉上有星状毛；叶柄粗厚，长4～6毫米。花单性，雌雄同株，花序生于枝顶部或近顶部叶腋间；雄花为柔荑花序，长4～8厘米，**略下弯，花轴有星状毛；花被阔卵圆形**，内外均被短柔毛；雄蕊8～10，较花被略长；雌花为穗状花序，长1～3厘米，有花数朵，无梗；子房略升起，花柱短，柱头通常3个。壳斗杯状，高约1.2厘米，直径约1.5厘米；鳞片卵形或三角形，略开展，呈复瓦状排列；坚果近圆球形而略长，高1.2～1.5厘米，宽1～1.2厘米。果期9～10月。

［生长环境］ 生于海拔较高（2500～3000米）的杂木林中，在非石灰岩风化的土壤上，环境较好时能长至25米高，在土壤贫瘠的地方常成灌木状，有时高不及1米。

［产　　地］ 云南及四川西南部等地。

［用　　途］ 树皮及壳斗均含鞣质，可提制栲胶。

种子含淀粉（见“淀粉及糖类”，492页）。木材坚硬，但易爆裂，能烧成高级木炭。叶可饲养柞蚕。

［理化性质］ 据中国科学院昆明植物研究所用皮粉法分析：茎皮含水分 8.10%，鞣质16.70～25.44%，非鞣质5.23～9.59%，纯度78.82～72.85%。

［采收处理］ 参阅板栗（1070页）。

［加　　工］ 参阅板栗。

96 栓皮栎（shuanpili）（图404）

［学　　名］ **Quercus variabilis** Bl.　山毛榉科

（地方名、形态特征、生长环境、产地和其他用途见“淀粉及糖类”，493页）

［用　　途］ 壳斗（橡碗）含有丰富的鞣质，可提制栲胶，质量好，用于鞣革、染料等方面。树皮亦含鞣质，但多不用来提制栲胶，而用来做软木原料。

［理化性质］ 因产地、生长环境、树龄、采收时期和部位的不同，鞣质含量有很大差异。详见下表。

壳斗的鞣质含量，据中国林业科学研究院森林工业科学研究所（Ⅰ）与中国科学院四川分院林业科学研究所（Ⅱ）用皮粉法分析，结果列表如下：

分析项目 分析单位	鞣质（%）	非鞣质（%）	纯度（%）	备注
Ⅰ	26.06	15.31	62.70	样品采自河南济源（树龄100年）
Ⅰ	25.56	10.32	69.20	样品采自河南济源（树龄60年）
Ⅰ	18.30	12.90	58.70	样品采自四川峨眉山（树龄5～10年）
Ⅰ	27.30	16.00	62.60	样品采自四川彭山（树龄15年）
Ⅰ	23.47	16.62	58.63	样品采自贵州
Ⅰ	21.80	12.40	63.70	样品采自陕西略阳
Ⅱ	26.42	9.86	72.82	样品采自四川峨眉山
Ⅱ	17.79	8.70	67.15	样品采自四川晋宁

据中国科学院四川分院林业科学研究所用皮粉法分析：树皮含水分 11.62%，鞣质 4.82%，非鞣质 3.02%，纯度 61.48%。（分析样品采自云南弥勒）又据浙江省资料：树皮含鞣质 6.2～10.6%。

[采收处理]　参阅板栗（1070 页）。

[加　　工]　参阅板栗。

97 山黄麻（shanhuangma）（图 26）

[学　　名]　**Trema orientalis** (L.) Bl.　榆科

（地方名、形态特征、生长环境、产地及其他用途，见“纤维类”，62 页）

[用　　途]　树皮含鞣质，可提制栲胶。

[理化性质]　据中国科学院昆明植物研究所用皮粉法分析：树皮含水分 11.22%，鞣质 14.09%，非鞣质 11.55%，纯度 54.96%；属缩合类鞣质。（分析样品采自四川西昌）

[采收处理]　采取树皮可结合木材砍伐时进行，采后若不能立即加工，应晒干保存。

[加　　工]　因本种树皮纤维质量很好，为综合利用原料，用树皮浸提栲胶时应适当考虑粉碎度，一般切成长 30 厘米左右即可。浸提温度以 70～90℃为宜。

98 马尾树（maweishu）（图 870）

[学　　名]　**Rhoiptelea chiliantha** Diels et Hand. -Mzt.　马尾树科

[形态特征]　乔木，高 6～12 米，胸径约 30 厘米；树皮灰色至浅灰色，枝幼时有角棱，后成圆筒状，褐色，幼时被有星形盾状的腺鳞，具苍黄色近于圆形的皮孔。奇数羽状复叶，互生，长 15～28 厘米，幼时有小球形腺点及被有星形盾状的腺鳞；小叶 9～17，互生，近于无柄，厚纸质，对称的披针形或斜长椭圆状披针形，长 5～11 厘米，宽 1.8～3.5 厘米，先端渐尖，基部偏斜，楔形至心形，边

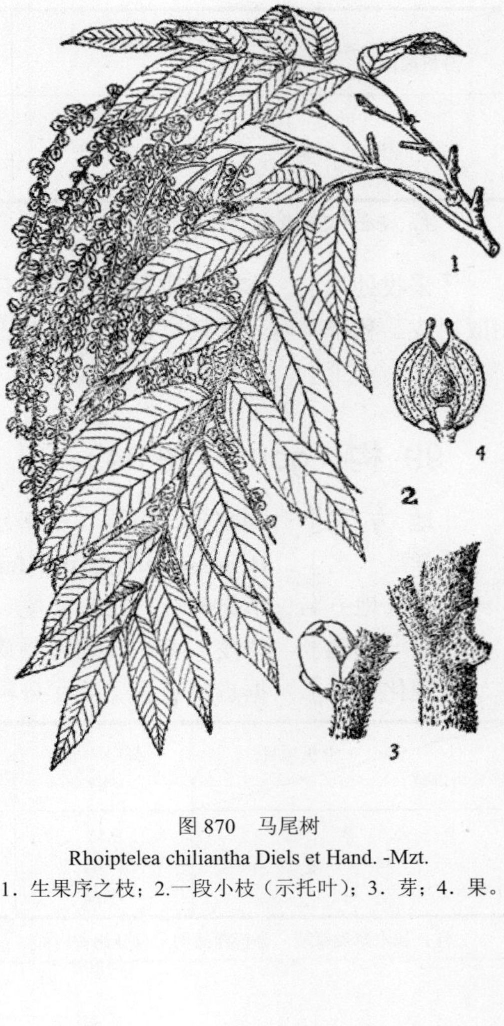

图 870　马尾树
Rhoiptelea chiliantha Diels et Hand. -Mzt.
1. 生果序之枝；2.一段小枝（示托叶）；3. 芽；4. 果。

缘具小尖齿，表面亮绿色，背面微有毛，沿叶脉有腺体，叶柄长3～4厘米，基部扩大；托叶叶状，扇状半圆形，长3～6毫米。花序细长，为成丛下垂的偏向一侧的复合的圆锥花序，长可达30厘米，常由6～8厘米腋生的马尾状圆锥状花序组成；花杂性，各具苞片1，无柄，每节3朵，中部为两性花，无小苞片，两侧为雌花各具小苞片2；萼片4，1轮；花瓣缺；雄蕊6，分离，宿存；子房上位，2心皮，2室，1室退化，花柱2，分离，薄片状，宿存。小坚果的外果皮膜质，形成围绕小坚果的圆翅，顶端有浅裂，满布疏生褐色点状腺体；小坚果倒洋梨形，略扁，长2～3毫米。花期11～12月，果期次年7～8月。

［生长环境］ 生于海拔900米以下的沟谷边较湿处的针、阔叶混交林中，在云南中部可上升至海拔1800米。

［产　　地］ 广西、云南东南部、贵州南部等地。

［用　　途］ 叶、树皮、木材均含鞣质，可以提制栲胶。

［理化性质］ 据贵州省轻工业厅分析，结果列表如下：

分析项目 / 分析部位	水　分 (%)	鞣　质 (%)	非鞣质 (%)	纯　度 (%)
叶	14.64	14.17	10.05	58.51
树　皮	17.43	5.79	5.43	51.60
木　材	17.24	8.23	5.74	58.91

注：属缩合类鞣质。

［采收处理］ 本种为我国特有和稀有树种，应加保护，应以利用其叶为主，不宜剥取树皮。秋季采叶，采后立即加工或晒干贮藏。

［加　　工］ 浸提前将叶稍加粉碎，浸提温度以50～70℃为宜。

99 构（gou）（图34）

［地 方 名］ 构皮树、土构（贵州），构树（河北）。

［学　　名］ **Broussonetia papyrifera** (L.) Vent.　桑科

（地方名、形态特征、生长环境、产地及其他用途见“纤维类”，70页）

［用　　途］ 树皮、茎、叶均含鞣质，可提制栲胶。

［理化性质］ 据贵州省轻工业厅分析，结果列表如下：

分析项目 / 分析部位	水　分 (%)	鞣　质 (%)	非鞣质 (%)	纯　度 (%)
茎	9.53	5.05	2.09	70.72
树　皮	17.64	8.45	1.04	89.04
叶	17.64	14.82	5.41	73.25

注：属水解类鞣质。分析样品均采自贵州省南部。

［采收处理］　初秋采收树皮及枝叶，除净泥土、杂质，干燥后贮存。

［加　　工］　树皮除含鞣质外，还有优质纤维，可综合利用，在浸提栲胶时，应注意破碎度，以适合制纤维的长度。破碎程度：树皮 30 厘米长，茎 2～3 厘米，叶 2～3 厘米。浸提温度：树皮、茎以 70～90℃为宜，叶以 60～70℃为宜。

100 狭叶荨麻（xiayexunma）（图 80）

［学　　名］　**Urtica angustifolia** Fisch.　荨麻科

（地方名、形态特征、生长环境、产地及其他用途见“纤维类”，114 页）

［用　　途］　茎叶含鞣质，可提制栲胶。

［理化性质］　据北京大学分析：茎叶含鞣质 14.0%，非鞣质 8.5%，纯度 52.8%。又据辽宁省资料：茎叶含鞣质 8.99%。

［采收处理］　9～10 月割取地上茎、叶，晒干后扎成大捆，置于干燥通风处贮存。

［加　　工］　狭叶荨麻茎皮含纤维，质量极佳，在提取鞣质时应考虑综合利用，茎皮不应切得过短，整理好，再进行浸提。浸提温度可稍增高至 60～85℃。浸提后将茎皮晒干，以作剥取纤维之用。

101 拳参（quanshen）（图 871）

［地 方 名］　紫参、山虾子（江苏、山东），草河车（河南），刀剪药、刀枪药（河北），倒根草（吉林、新疆），涩疙瘩（四川）。

［学　　名］　**Polygonum bistorta** L. (*Bistorta vulgaris* Hill)　蓼科

［形态特征］　多年生草本，高可达 80 厘米。根状茎肥大，而弯曲，外皮紫褐色。茎直立，单一，无毛。根生叶有柄，披针形至狭卵形，长 12～18 厘米，宽 2.5～6 厘米，先端锐尖或狭尖，基部心形，渐狭，钝圆或截形，有时下延成翅状，**边缘外卷**，无毛，叶背面具网脉；托叶鞘筒状，长 3～6 厘米，膜质；生在

图 871　拳参
Polygonum bistorta L.
植株全形

茎上部的小叶线形至披针形，无柄或抱茎。穗状花序，密集，顶生；苞片显著；花淡红色或白色，花被片5裂；雄蕊8；子房上位，花柱3裂。瘦果三棱形，长约3毫米，褐色，光亮，包于宿存萼内。花期5～6月，果期8～9月。

［生长环境］　生于山坡草丛中及阴湿的地方。

［产　　地］　吉林、辽宁、内蒙古、河北、山西、山东、河南、陕西、甘肃、新疆、江苏、安徽、浙江、贵州、湖北等省区。

［用　　途］　根状茎含鞣质，可提制栲胶。

根状茎含淀粉及糖，可作酿酒原料（见“淀粉及糖类”，502页），又可入药（见“药用类”，1658页）。

［理化性质］　据河北省资料：根状茎含鞣质17.00%，非鞣质14.72%，纯度53.59%。又据河南省资料：根状茎含鞣质15～25%。山东省资料，根状茎含鞣质8.7～21.0%。

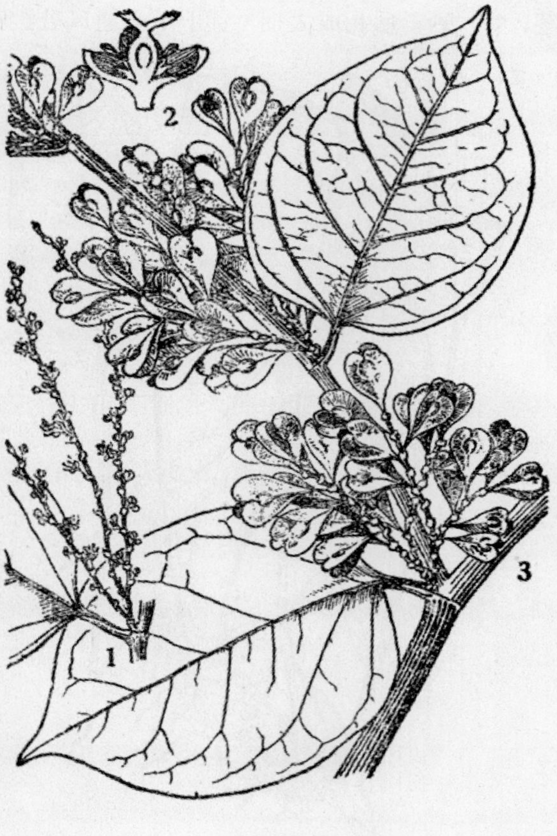

图872　虎杖
Polygonum cuspidatum Sieb. et Zucc.
1．花枝；2．花；3．果序。

［采收处理］　在每年春秋两季挖掘根状茎，挖出后，除净须根泥土，即可加工或晒干贮存。

［加　　工］　参阅皱叶酸模（1100页）。

［其　　他］　因根状茎含丰富淀粉及糖，应注意综合利用。

102 虎杖（huzhang）（图872）

［地 方 名］　川筋龙、紫金龙（山东），钻地风、活血丹（江苏），猢狲竹、山大黄、活血龙（浙江），斑红根、紫金草、酸溜、海草花（安徽），酸汤杆（湖北、湖南）。

［学　　名］　**Polygonum cuspidatum** Sieb. et Zucc.　蓼科

［形态特征］　多年生灌木状草本，高达1米以上。根状茎横卧地下，木质，外皮黄褐色。茎丛生，直立或倾斜，分枝，表面光滑无毛，散生多数红色或带紫色的斑点，中空。单叶互生，阔卵形至近圆形，

厚纸质，长 7～12 厘米，宽 5～9 厘米。先端短尖或短渐尖，**基部圆形或楔形**；叶柄长 1～2.5 厘米，有短毛；托叶鞘膜质，褐色，早落。花单性、雌雄异株，**圆锥花序腋生**；花小，白色，着生在延长翅状的花梗上；花被 5 裂，外轮 3 片背面**有翅，结果时增大**；雄花有雄蕊 8；雌花子房上位，上生 3 个分离的柱头，柱头头状。瘦果卵状椭圆形，红褐色，光亮，有宽翅。花期 6～7 月，果期 9～10 月。

［生长环境］　喜潮湿，多生手山谷溪旁、河岸、路边草丛中，海拔 1200 米以下。

［产　　地］　云南、贵州、四川、湖南、湖北、江西、福建、台湾、浙江、安徽、江苏、河南、陕西、山东等省。

［用　　途］　根状茎、叶均含鞣质，可提制栲胶。

根及根状茎入药（见“药用类”，1658 页）。嫩茎叶可当菜食用。

［理化性质］　据山东省资料：叶含鞣质 17%。

［采收处理］　多在花后（7～8 月）进行摘叶，这时鞣质含量较高。采后最好立即加工，若需贮存，须将叶阴干。9～10 月间挖掘 3 年以上的老根状茎，晒干贮存。

［加　　工］　加工前将叶切成 3～5 厘米碎块，浸提温度以 55～70℃为宜。根状茎可切成 1～2 厘米小段，浸提温度以 70～85℃为宜。

103　叉分蓼（chafenliao）

［地 方 名］　酸模（辽宁），酸不溜（河北、吉林、辽宁）

［学　　名］　**Polygonum divaricatum** L.　蓼科

［形态特征］　多年生草本，高达 1 米左右；枝直立或斜上，常成叉状，疏散而开展。单叶互生，狭披针形或椭圆形，长 5～12 厘米，宽 0.5～2 厘米，先端微钝或锐尖，基部渐狭，全缘或边缘略波状，两面具疏长毛或无毛，边缘具长毛或无毛；叶近无柄或有柄，有时长达 2 厘米；托叶鞘膜质，长 2～3 厘米，无毛或有毛。花序大，为**疏松开展常二分歧的圆锥花序**；苞膜质无毛，内生 2～3 花；小花梗无毛，末端有关节，长 2～2.5 毫米；花被白色，5 深裂；雄蕊 7～8；花柱 3。瘦果椭圆形，有 3 锐棱，长约 4 毫米，绿黄色，平滑，光泽。花期 5～6 月，果期 7～8 月。

［生长环境］　生于北方草原及草甸子中，也生于山间坡地。

［产　　地］　辽宁、吉林、黑龙江、内蒙古、河北、山西等省区。

［用　　途］　根、茎、叶均含鞣质，可提制栲胶。

种子可以榨油（见“油脂类”，724 页）。嫩苗可作猪饲料。

［理化性质］　全株含缩合类鞣质，其各部位鞣质含量列表如下页。

［采收处理］　在 7～8 月间拔取全株，除去杂物即可加工或晒干贮存。

［加　　工］　根的加工方法参阅皱叶酸模（1100 页）。地上茎及叶子切成 3～5 厘米小段，浸提温度以 50～70℃为宜。

分析项目 / 分析部位	鞣质（%）	非鞣质（%）	纯度（%）	备注
根	28.5	19.5	59.6	河北省资料
	5.12	3.72	57.90	黑龙江省资料
茎、叶	5.76	9.28	38.29	中国科学院植物研究所分析资料

104 草血竭（caoxuejie）（图 873）

［地 方 名］ 凤凰鸡（云南）

［学　　名］ **Polygonum paleaceum** Wall.　蓼科

［形态特征］ 多年生草本，高 15～40 厘米；茎直立，淡绿色，光滑，不分枝。叶线状长圆形或线状披针形，长 7.5～9.5 厘米，宽 1.5～2 厘米，先端渐尖而钝，基部渐狭，边缘具不显明的细齿，两面无毛；叶柄长 1.5～2 厘米；托叶鞘膜质，长 3～4.5 厘米，褐色，微有柔毛。穗状花序顶生，近直立，圆柱形，长 3～4 厘米，具密生花，花粉红色；苞片卵状披针形，膜质，渐尖。瘦果包于宿存花被内。花期 5 月，果期 7 月。

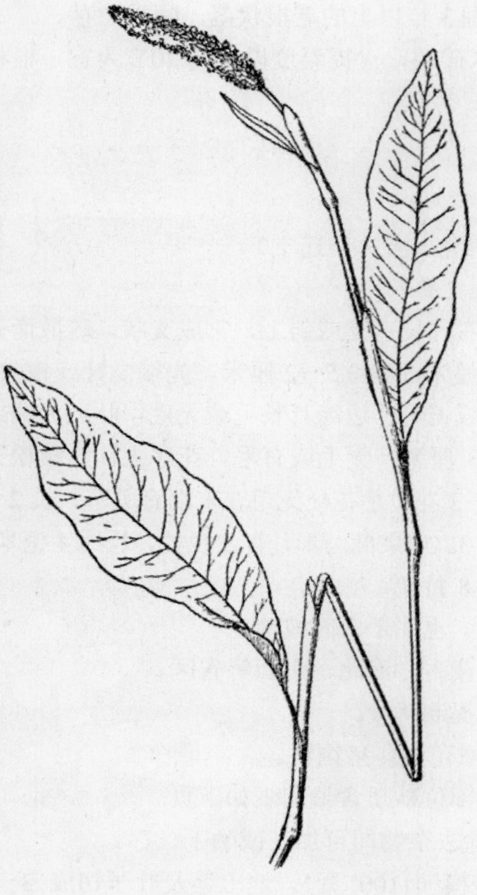

图 873　草血竭
Polygonum paleaceum Wall.
花枝

［生长环境］ 生于高山草原。

［产　　地］ 四川、云南等省。

［用　　途］ 根含鞣质，可提制栲胶。

［理化性质］ 据中国科学院昆明植物研究所资料：根含混合类鞣质 10.62%。

［采收处理］ 一年四季均可采挖其根，但以春末秋初为好，挖出后除净泥土，晒干后备用。

［加　　工］ 将晒干的根，切成 1～3 厘米小段，浸提温度以 65～85℃为宜。

105 杠板归（gangbangui）（图 1280）

［学　　名］ **Polygonum perfoliatum** L.　蓼科

（地方名、形态特征、生长环境、产地及其他用途见“药用类”，1662 页）

［用　　途］ 根含鞣质，可提制栲胶。

［理化性质］ 据贵州省野生植物普查队野外粗分析：根皮含鞣质 33%。

［采收处理］ 秋末至春初为掘根期，此时鞣质含量较高，挖出后，除去茎、叶及泥沙即可加工，或晒干贮存。

［加　　工］ 浸提前将根切成 1～3 厘米碎块，浸提温度以 65～85℃为宜。

106 赤胫散（chijingsan）（图 874）

［地 方 名］ 散血丹、花边蓼（贵州）

［学　　名］ **Polygonum runcinatum** Ham.　蓼科

［形态特征］ 草本，高 30～50 厘米，根状茎细弱。茎直立或斜上，细弱，无毛或近无毛，略有分枝。单叶互生，卵形或三角状卵形，长 5～8 厘米，宽 3～5 厘米，先端渐尖，基部近截形，且**常有 2 圆裂片**，两面平滑或有毛，具细缘毛；叶柄长约 1 厘米，通常基部**有耳状片**；托叶鞘膜质筒状，长达 1 厘米，有或无缘毛。花序顶生，由数个或多数**头状花序**合成；头状花序小形，直径 6～7 毫米，有柄；总花梗有毛；花被 5，裂片卵形，先端钝圆；雄蕊 8。瘦果卵圆形，黑色有细点，长 2～2.5 毫米，先端 3 棱，基部圆形，**果柄具腺毛**。花期 6～7 月，果期 7～8 月。

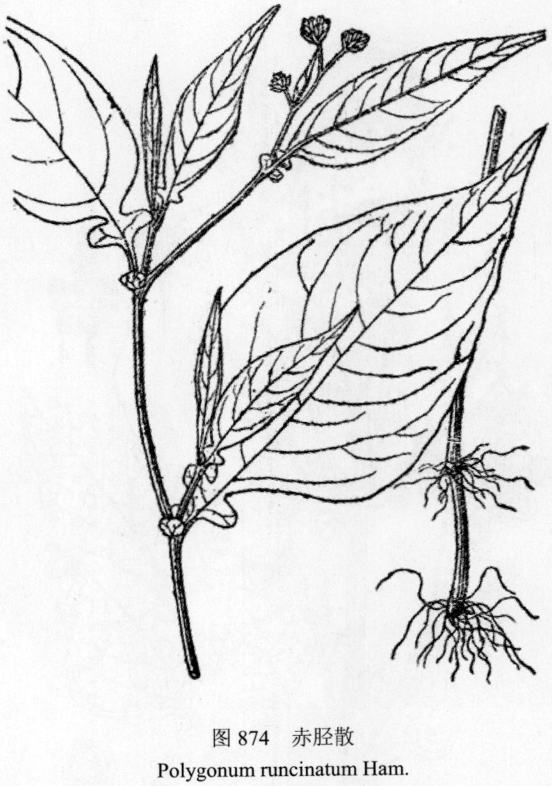

图 874　赤胫散
Polygonum runcinatum Ham.
植株

［生长环境］ 喜生于林下阴湿处或水旁和沟边。

［产　　地］ 台湾、四川、湖南、云南、贵州等省。

［用　　途］ 根状茎含鞣质，可提制栲胶。

［理化性质］ 据中国科学院昆明研究所（Ⅰ）和贵州省轻工业厅（Ⅱ）对本种根状茎鞣质的含量分析，结果列表如下页。

［采收处理］ 挖根宜在春末秋初，这时鞣质含量较高。挖出后，除去须根、茎叶

分析项目 / 分析单位	鞣 质 (%)	非鞣质 (%)	纯 度 (%)	备 注
I	25.23	5.95	80.91	样品采自贵州南部
II	24.08	15.21	61.28	” ”

及泥土等杂质即可加工或晒干贮存。

［加　　工］　参阅杠板归（1096 页）。

107 波叶大黄（poyedahuang）（图 875）

［地 方 名］　大黄（河北、山西），山大黄（河北）。

［学　　名］　**Rheum franzenbachii** Münt.　蓼科

［形态特征］　多年生草本，高 30～60 厘米。根肥厚。茎粗壮，表面具细纵沟纹，无毛，通常不分枝。基生叶片阔卵形至卵状圆形，直径 7～15 厘米，先端钝，基部略心形，边缘波状，表面无毛，背面稍有毛，叶脉 3～5，由基部射出；叶柄长 12 厘米左右；托叶鞘长卵形，膜质，下部抱茎，不脱落；茎生叶较小，具短柄或几无柄。花多数，小形，白色，密集成顶生圆锥花序；苞小，肉质，内有 3～5 花，花梗纤细，在中部以下有关节；花被 6，卵形或圆形；雄蕊 9；子房呈三角状卵形，花柱 3，向后弯曲，极短，柱头略扩大，呈圆片形。瘦果具 3 棱，有翅，先端略下凹，基部心形，具宿存花被。花期 6～7 月，果期 8～9 月。

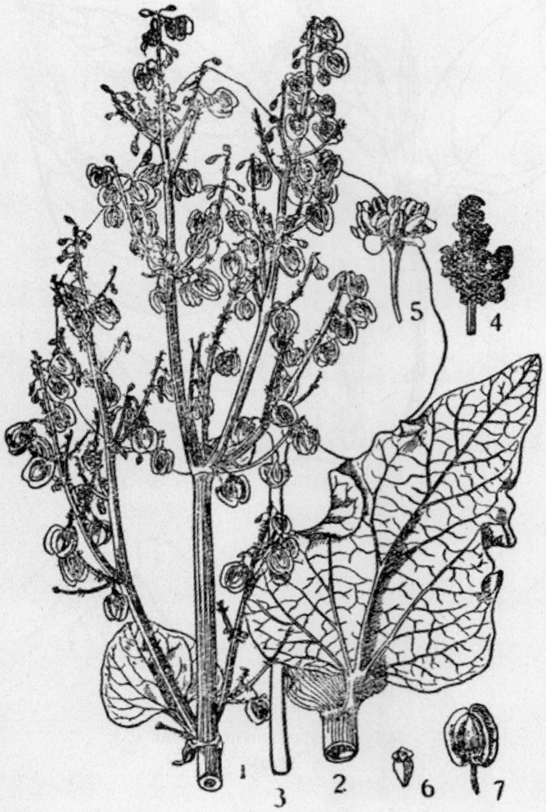

图 875　波叶大黄

Rheum franzenbachii Münt.

1. 果枝；2. 茎的一部分；3. 基部叶的概形；4. 花枝；5. 花；6. 雌蕊；7. 果实。（自“中国北部植物图志”）

［生长环境］　生于山坡、路旁，常见于草原中。

［产　　地］　内蒙古、河北、山西、陕西等省区。

［用　　途］　根含鞣质，可提制栲胶。

根入药，可做健胃缓泻剂，治疗腹痛、便秘、黄疸、瘀血或肿毒等有效。

［理化性质］ 据河北省资料：根含鞣质 22.04%。

［采收处理］ 多在春季挖掘其根，栽培者约三年挖一次。刨出根去苗，并洗去泥土及黑色的根皮，阴干后用筐或麻袋包装，放置在通风干燥的地方，防止受潮发霉变质。

［加 工］ 参阅皱叶酸模（1100 页）。

108 酸模（suanmo）（图 876）

［地 方 名］ 酸姜、酸溜溜（山西、山东、辽宁、吉林、黑龙江），山羊蹄（山西、辽宁、吉林、黑龙江），山大黄、牛舌头（山西），酸株草、酸黄、酸津津（浙江），洋铁叶（吉林、黑龙江、河北），枣儿红（贵州），土大黄（山西），醋缸（陕西）。

［学 名］ **Rumex acetosa** L. 蓼科

［形态特征］ 多年生草本，高达 1 米。须根断面黄色。茎直立，通常单生不分枝，内部中空，表面无毛或稍有毛，具沟槽。单叶互生，叶片卵状长圆形，长 5～15 厘米，宽 2～5 厘米，先端钝或尖，**基部箭形或近于戟形**，全缘，有时略呈波状；茎上部叶较窄小，披针形，无柄且抱茎；基生叶有长柄，柄长 6～10 厘米；托叶鞘膜质，斜形，长 1～2 厘米，后则破裂。**花单性，雌雄异株**；花序顶生，狭圆锥状，分枝稀，纤细，弯曲；花数朵簇生，花梗中部有关节；雄花被片 6，直立，椭圆形，2 轮，外轮花被片稍狭小；雄蕊 6，花丝甚短；**雌花的外轮花被片不久即反折向下紧贴花梗**，内轮花被直立，花后增大包被果实，径约 5 毫米，圆形，全缘，基部心形，各有一个不明显的瘤状突起；子房三棱形，柱头画笔状，紫红色。瘦果圆形，具三棱，黑色，有光泽。花期 5～6 月，果期 7～8 月。

图 876 酸模

Rumex acetosa L.

1．植株全形；2．雌花序的一部分；3．雌花；4．雄花；5．雌蕊。

（自“江苏南部种子植物手册”）

［生长环境］ 生于海拔1000米以下的山地，土壤潮湿和肥沃的地方，比较常见。

［产　　地］ 广东、广西、云南、贵州、四川、湖南、湖北、江西、安徽、江苏、浙江、河南、甘肃、陕西、山东、山西、河北、内蒙古、辽宁、吉林、黑龙江等省区。

［用　　途］ 根、叶含鞣质，可提制栲胶。

叶为提制维生素丙的原料。全草均可入药，对治疗皮肤病及疥疮等症有效。全草浸液有杀灭农业害虫的效果。叶可提取绿色染料。嫩时可作猪饲料。

［理化性质］ 据山东省资料：根含鞣质15.2～22.6%；又据山西省资料：根含鞣质19.0～27.5%。另据河南省资料：叶含鞣质7.6%。

［采收处理］ 参阅皱叶酸模（本页）。

［加　　工］ 参阅皱叶酸模。

109 皱叶酸模（zhouyesuanmo）

［地 方 名］ 羊蹄叶（甘肃、辽宁、吉林、黑龙江），野当归（广西），洋铁叶（吉林），醋桶（陕西）。

［学　　名］ **Rumex crispus** L.　蓼科

［形态特征］ 多年生宿根草本，高50～100厘米。根肥厚，黄色，有酸味。茎直立，单生，通常不分枝，具浅槽。**叶片披针形或长圆状披针形**，长16～28厘米，宽1～4.5厘米，先端短渐尖，基部渐狭，边缘有波状皱褶，两面无毛；上部叶片披针形或狭披针形，具短柄；托叶鞘膜质，管状，常破裂。花两性，多数花聚生于叶腋，或在叶腋形成短的总状花序，合成一狭长的圆锥花序；花被6，两轮，宿存，内轮于果时扩大；雄蕊6。瘦果三棱形，锐棱，**长2毫米**，褐色有光泽；果被阔卵形，先端钝，全缘或具不明显的齿，长宽均3～4毫米，有一卵形**瘤状突起**。花、果期6～8月。

［生长环境］ 生于沟边湿地，河湖沿岸及水甸子旁。

［产　　地］ 广西、台湾、福建、四川、青海、甘肃、陕西、山西、山东、河北、辽宁、吉林、黑龙江、内蒙古等省区。

［用　　途］ 根、叶含鞣质，可提制栲胶。

种子含油（见“油脂类”，724页），根含淀粉（见“淀粉及糖类”，504页），也可药用。嫩叶可作蔬菜及绿肥。

［理化性质］ 据广西僮族自治区资料：根含鞣质15.7～38.8%；叶含鞣质17.3～36.7%。

［采收处理］ 秋末春初挖掘其根，挖出后，去掉须根，除净泥土，晒干，贮于通风干燥处。花期采收叶，采后可立即加工，或晒干贮存。

［加　　工］ 浸提前将根切成1～2厘米的碎块，浸提温度以65～85℃为宜；叶子搓成2～3厘米的碎片，浸提温度以50～70℃为宜。

［其　　他］ 根含淀粉可提制工业用酒精，应考虑综合利用。

110 毛脉酸模（maomaisuanmo）（图 877）

［地 方 名］ 洋铁叶（黑龙江）

［学　　名］ **Rumex gmelini** Turcz.　蓼科

［形态特征］ 多年生草本，高 30～120 厘米。根状茎肥厚。茎直立，粗壮，具槽，中空，微红色或淡黄色，无毛。根生叶与茎下部叶较大，**三角状卵形或三角状心形**，长 8～14 厘米，基部宽 7～13 厘米，先端钝头，基部深心形，全缘或微皱波状，表面无毛，背面脉上被糙硬短毛；叶柄长达 30 厘米，具沟；托叶鞘长管状，易破裂；茎上部叶较小，三角状狭卵形或披针形，基部微心形，叶柄较短。花成圆锥花序，具长花梗，中下部有关节；花被 6，外花被卵形，长约 2 毫米，内花被果时增大，椭圆状卵形，阔卵形或圆形，长 3.5～6 毫米，宽 3～4 毫米，圆头，基部圆形，全缘或微波状，**背面无小疣**；雄蕊 6，花药大，花丝短；花柱 3，侧生。瘦果三棱形，深褐色，有光泽。花期及果期 6～8 月。

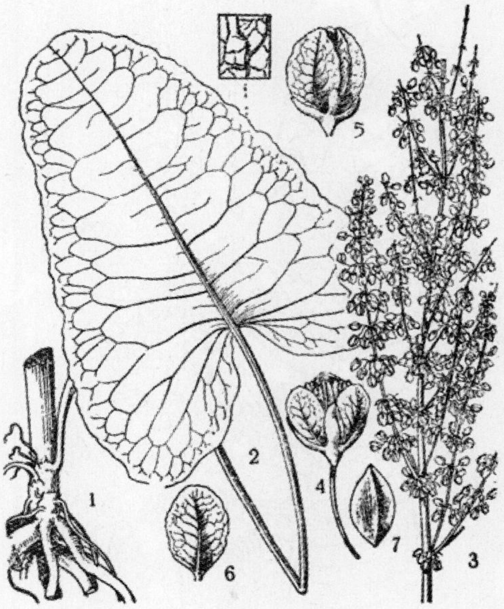

图 877　毛脉酸模

Rumcx gmelini Turcz.

1. 根；2. 根出叶；3. 花序；4. 花；5. 花被（果期）；6. 内花被片；7. 小坚果。

［生长环境］ 水甸子边踏头甸子，河流沿岸湿地。

［产　　地］ 黑龙江、吉林、辽宁、内蒙古等省区。

［用　　途］ 根内含鞣质，可提制栲胶。

［理化性质］ 据黑龙江省资料：根含鞣质 11.72%。

［采收处理］ 参阅皱叶酸模（1100 页）。

［加　　工］ 参阅皱叶酸模。

111 羊蹄（yangti）（图 410）

［学　　名］ **Rumex japonicus** Meisn.　蓼科

（地方名、形态特征、生长环境、产地及其他用途见“淀粉及糖类”，505 页）

［用　　途］ 根含鞣质，可提制栲胶。

［理化性质］ 据山东省资料：根含鞣质 5.30%，非鞣质 9.59%，纯度 35.59%。

［采收处理］ 挖掘根，在秋末或初春为宜，此时鞣质含量较高。挖出后，除去泥

土须根，立即加工或晒干贮存。

［加　　工］　参阅皱叶酸模（1100页）。

112 巴天酸模（batiansuanmo）（图878）

［学　　名］　**Rumex patientia** L.　蓼科

［形态特征］　多年生草本，高1～1.5米。根大，肥厚。茎直立粗壮，不分枝或分枝。**叶长圆状披针形**，长15～30厘米，宽3～4厘米，先端锐或钝，基部圆形或微心形，边缘波状起伏至全缘，两面无毛；叶柄粗壮，长4～8厘米，表面有沟；茎上部的叶近无柄；托叶鞘膜质，管状，长2～4厘米，易破坏。圆锥花序大形，顶生并腋生，多数密生花合成花簇；花被6，成2层，宿存，外层3片于果时不增大，内层1～2或全部于果时扩大，基部**有瘤状突起**；雄蕊6；子房1室，花柱3，柱头细裂，毛刷状。瘦果卵形，长3毫米，褐色，锐缘；果被心形，**长及宽皆约5毫米，全缘**，有网状脉，基部瘤状突起长圆形或卵形，有的不发育；果柄长管状，长约5毫米。花期5～6月，果期8～9月。

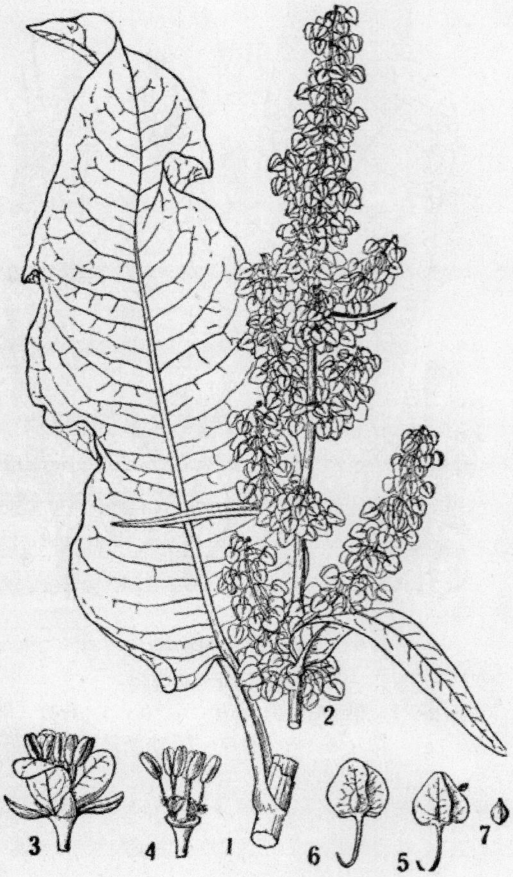

图878　巴天酸模

Rumex patientia L.

1. 叶；2. 果序枝；3. 花；4. 去掉花被之花；5、6. 果；7. 种子。

［生长环境］　居民点附近的潮湿地，小沟及较低洼地方或荒地。

［产　　地］　内蒙古、河北、山西、河南、陕西、甘肃、青海等省区。

［用　　途］　根含鞣质，可提制栲胶。

［理化性质］　据内蒙古大学生物系资料：根含水分72.00%，鞣质9.72%。非鞣质6.99%，纯度58.10%。（分析样品采自内蒙古）

［采收处理］　挖掘根宜在初春或果熟后（8～9月间）进行。将挖出的根除去泥土，杂物，切碎即可加工或晒干贮存。

［加　　工］ 参阅皱叶酸模（1100 页）。

113 天山酸模（tianshansuanmo）

［学　　名］ **Rumex thianschanicus** A. Los.　蓼科

［形态特征］ 多年生草本，高 40～70 厘米。茎粗壮，中空，具沟槽，多分枝。基生叶具长柄；**叶片阔卵圆形**，长 17～25 厘米，宽 10～15 厘米，先端渐尖，基部圆心形，边缘微波状，叶脉明显。圆锥花序，花小，淡黄色；花被 6，成 2 轮排列，内轮花被 3，果期扩大成翅状，**具瘤状突起**，外轮花被 3，果期不扩大；雄蕊 6；子房上位，1 室。瘦果具 3 棱，黄褐色。花期 5～6 月，果期 6～7 月。

［生长环境］ 喜潮湿，多生于水边、路旁。

［产　　地］ 新疆维吾尔自治区

［用　　途］ 根含鞣质，可提制栲胶。

［理化性质］ 据新疆维吾尔自治区资料：根含鞣质 20～22%。

［采收处理］ 参阅皱叶酸模（1100 页）。

［加　　工］ 参阅皱叶酸模。

114 商陆（shanglu）（图 1292）

［学　　名］ **Phytolacca acinosa** Roxb. (*P. esculenta* Van Houtte)　商陆科

（地方名、形态特征、生长环境、产地及其他用途见“药用类”，1676 页）

［用　　途］ 果实含鞣质，可提制栲胶。

［理化性质］ 据中国科学院昆明植物研究所用皮粉法分析：果实含鞣质 12.21%，非鞣质 1.15%，纯度 91.39%。（分析样品采自云南景东）

［采收处理］ 在 8～9 月间采集黑紫色浆果，晒干或烘干贮存。

［加　　工］ 浸提前须将干果实用石碾碾碎，浸提温度以 50～75℃为宜。

115 连香树（lianxiangshu）（图 879）

［地 方 名］ 白果（湖北），圆檀（四川）。

［学　　名］ **Cercidiphyllum japonicum** Sieb. et Zucc.　连香树科

［形态特征］ 落叶乔木，高 25 米以上，直径 1.5 米；树皮暗灰色而带褐色，裂口浅而为薄片剥落；二年生以上的枝黑褐色，一年生的枝条为赤褐色。叶在长枝上对生或互生，在短枝先端仅有 1 片，叶片卵形、阔卵形或圆心形，长 5～10 厘米，先端钝圆或锐形，基部心形至截形，边缘除基部外，有细小波状锯齿，各齿端有 1 腺体，两面均无毛，掌状脉 7 条；叶柄圆，上有沟，基部膨大；托叶披针形，早落。花雌雄异株，无花瓣；雄花腋生，几无柄，单生或簇生，萼片 4；雄蕊多数，药丝形，红色；雌花腋生，有柄，稍带绿色；萼片 4；心皮 4～6，子房及花柱淡绿色，柱头红色。蓇葖果有短梗，

先端有宿存花柱向内方弯曲，初为绿色，后变为黑紫色，在内方开裂；种子小形，在蓇葖果中成2裂，扁平四角状，淡褐色，先端有翅，其长约为种子的3倍。花期5～6月，果期10月。

［生长环境］　多生于高山地带，在海拔1000米以上的林中和山谷溪旁。

［产　　地］　浙江（天目山）、安徽、江西、湖北、河南、陕西、四川、云南等地。

［用　　途］　树皮和叶均含鞣质，可提制栲胶。

［理化性质］　树皮含鞣质11.1%；叶含鞣质17.2%。

［采收处理］　9～10月采叶。树皮结合木材砍伐时剥取，晒干后贮存。

［加　　工］　浸提前将原料切成1～2厘米小块。浸提温度：树皮以70～90℃，叶以50～70℃为宜。

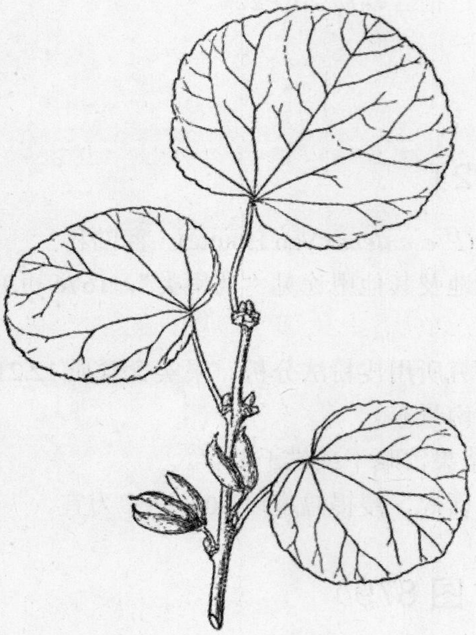

图879　连香树
Cercidiphyllum japonicum Sieb. et Zucc.
果枝

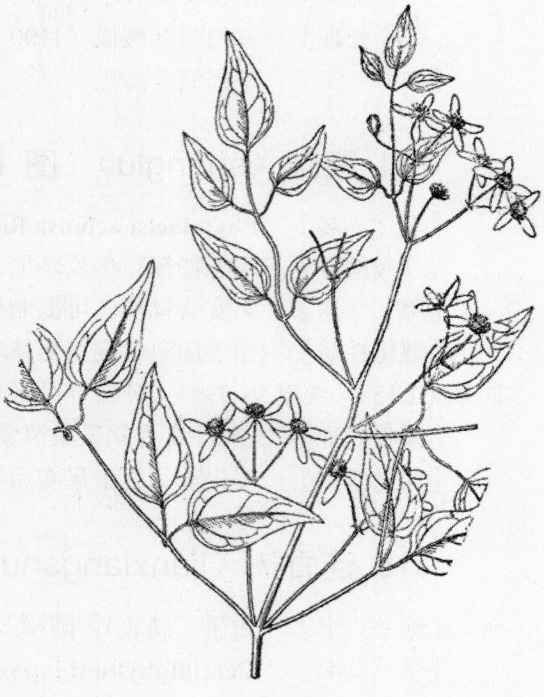

图880　辣铁线莲
Clematis manshurica Rupr.
花枝

116 辣铁线莲（latiexian-lian）（图880）

［学　　名］　**Clematis manshurica** Rupr.　毛茛科

［形态特征］　多年生草质藤本，长达 2 米以上；茎细，常缠绕于小灌木上，具棱。一回羽状复叶，对生，小叶 5，卵状披针形至卵形，长 3.5～7.5 厘米，宽 2～4 厘米，基部圆，有时偏斜，先端渐尖，全缘，两面均无毛；叶柄 2.5～4 厘米。花序腋生、较疏散，花直径 1.5～2 厘米；萼片 4，镊合状排列，花瓣状，白色，狭长圆形；花瓣缺；雄蕊多数；心皮多数，花柱宿存，果时延伸，且被白色长毛，长约 2 厘米。瘦果。花期 6～7 月，果期 8～9 月。

［生长环境］　生于干山坡，林缘。

［产　　地］　辽宁、吉林、黑龙江等省。

［用　　途］　叶含鞣质，可提制栲胶。

［理化性质］　据辽宁省资料：叶含鞣质 10.16%。

［采收处理］　7～8 月采叶，风干后备用。

［加　　工］　加工前将叶切成 2～3 厘米小片，浸提温度以 50～70℃之间为宜。

117　芍药（shaoyao）（图 1310）

［学　　名］　**Paeonia lactiflora** Pall. (*P. albiflora* Pall.)　毛茛科

（地方名、形态特征、生长环境、产地及其他用途见“药用类”，1699 页）

［用　　途］　根和叶含鞣质，可提制栲胶。.

［理化性质］　据中国科学院林业土壤研究所分析：根含鞣质 12.61%；叶含 19.82 %。

［采收处理］　秋季结合挖根作药时采叶，风干，置通风干燥处，贮藏备用。

［加　　工］　将叶切成 2～3 厘米小片，浸提温度以 50～70℃为宜。

［其　　他］　本种不宜单独采叶，应结合掘根作药时利用。

118　歧序唐松草（qixutangsongcao）（图 881）

［地 方 名］　猫爪子（东北）

［学　　名］　**Thalictrum squarrosum** Steph.　毛茛科

［形态特征］　多年生草本，无毛，高 50～80 厘米。下部茎生叶有柄，向上渐无柄，2～3 回三出羽状复叶，小叶卵形或倒卵形，长 8～25 毫米，宽 3～18 毫米，全缘或先端常 3（或 4～5）浅裂，表面绿色，背面白绿色；叶柄基部具短鞘；托叶膜质，撕裂状。疏散的大圆锥花序，生平枝顶端，二叉状分枝；萼片 4，黄绿色，长 3～5 毫米，宽 1～2 毫米，椭圆形；雄蕊 5～10，花丝丝状，花药线形。瘦果 2～3，无柄，有棱，卵形，长约 5～7 毫米。花期 6～8 月，果期 8～10 月。

［生长环境］　生于山坡柞树林缘、疏林下、草甸草原、砂地及固定砂丘等处。

［产　　地］　黑龙江、吉林、辽宁、内蒙古、河北、山西、陕西等省区。

［用　　途］　叶含鞣质，可提制栲胶。

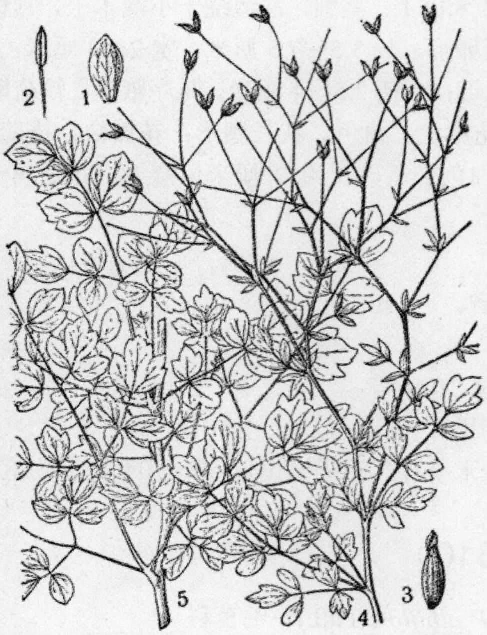

图 881 歧序唐松草
Thalictrum squarrosum Steph.
1．萼片；2．雄蕊；3．雌蕊；4．果枝；5．枝叶。

［理化性质］ 据吉林省农业试验研究所分析：叶含鞣质 11.51%。

［采收处理］ 7～8 月间采叶，可立即加工，或风干贮存。

［加　　工］ 浸提温度以 50～70℃为宜。

119 樟（zhang）（图 1047）

［学　　名］ **Cinnamomum camphora** (L.) Sieb.　樟科

（地方名、形态特征、生长环境、产地、其他用途及采收处理见“芳香油类”，1321 页）

［用　　途］ 叶含鞣质，可作栲胶原料。

［理化性质］ 叶合鞣质 13.4%。

（因本种叶含有大量挥发油，亦含丰富的鞣质，如何综合利用以及加工方法尚待进一步研究。）

120 白叶厚壳桂（baiyehouqiaogui）（图 882）

［地 方 名］ 硬壳果（广东）

［学　　名］ **Cryptocarya maclurei** Merr.　樟科

［形态特征］ 常绿乔木，高可达 20 米，胸径可至 1 米以上；幼嫩部分有小柔毛；树皮灰黑或淡褐色；小枝圆柱状，纤细，有沟槽。单叶互生，纸质或近革质；长圆形或长圆状卵形，长 8～15 厘米，宽 3～6 厘米，先端短尾尖，基部短尖，全缘，稍下卷，表面深绿色，有光泽，背面灰绿色或稍带白色，羽状脉，每边约有侧脉 7 条；叶柄长 1.2～1.4 厘米，薄被锈色绒毛。花序腋生或顶生，为圆锥花序，被黄锈色绒毛；花小，花被裂片 6，近相等；发育雄蕊 9，退化雄蕊 3，花药 2 室瓣裂。果为扩大的花被管所包藏，直径 1.5 厘米，宿存的花被管光滑，干时带黑色，幼时有不明显的纵棱，成熟时则纵棱不显出。花期 12 月至次年 3 月，果期次年 2 月～4 月。

［生长环境］ 多生于阴坡；在山谷与低海拔山巅的阴蔽林中也能生长。

［产　　地］ 广东省

［用　　途］ 树皮含鞣质可做栲胶原料。

［理化性质］ 据广东林学院用高锰酸钾氧化法分析：树皮含鞣质10.95%，水分19.71%。

［采收处理］ 树皮可结合木材采伐时进行剥取，晒干贮存，注意防潮。

［加 工］ 将树皮切成1～2厘米小块，浸提温度以70～90℃为宜。

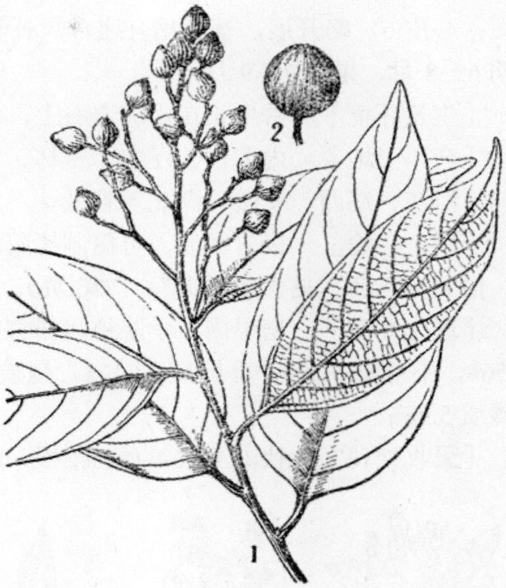

图882 白叶厚壳桂
Cryptocarya maclurei Merr.
1. 幼果枝；2. 果。

121 檫树（cashu）（图1066）

［学 名］ **Pseudosassafras tzumu** (Hemsl.) Lec. [*Sassafras tzumu* Hemsl.; *Pseudosassafras laxiflora* (Hemsl.) Nakai] 樟科

（地方名、形态特征、生长环境、产地及其他用途见“芳香油类”，1348页）

［用 途］ 根皮含鞣质，可作栲胶原料。

［理化性质］ 据广西壮族自治区资料：根皮含鞣质5～8%。

［采收处理］ 结合采伐时挖根，将根挖起后洗净泥土，然后用木棒锤打，再进行剥皮。

［加 工］ 将根皮切成1～2厘米小块，浸提温度以70～95℃为宜。去皮后的根材可供提取芳香油。

122 土三七（tusanqi）（图883）

［地 方 名］ 大马菜、牛尾巴、黄花菜（江苏），蝎子草（山东、河北）；鲜三七（河南），景天三七（河南、江苏、浙江），景天（山西），广三七、厚头草（安徽），石头花（河北），费菜（吉林）。

［学 名］ **Sedum aizoon** L. 景天科

［形态特征］ 多年生肉质草本，**高可达80厘米，无毛**。根状茎粗厚，近木质化，芽条每年秋季从其表面发出。单叶互生，或近于对生，肉质，阔卵形至狭披针形，长3～6厘米，宽7～15毫米，先端钝或稍尖，基部圆阔楔形，边缘上部具细齿，下部全缘，光滑或略带乳状突起。花无梗或近于无梗，聚伞花序；萼片5，长短不等，线形至披针

形，长为花瓣的 1/2，先端钝；花瓣黄色，长圆状披针形，先端具短尖；雄蕊 10，比花瓣短；心皮 5，**略开展**，基部稍有连合。蓇葖果；种子平滑，边缘具窄翼，顶部较宽。花期 6～8 月，果期 7～9 月。

［生长环境］　常生长在山坡岩石上，山谷、山沟、荒坡、土垣等处也有生长。

［产　　地］　内蒙古、辽宁、吉林、黑龙江、河北、山西、河南、陕西、山东、江苏、浙江、江西、安徽、湖北等省区。

［用　　途］　根含鞣质，可提制栲胶。

根又可入药（见“药用类”，1736 页）。

［理化性质］　据中国科学院植物研究所用皮粉法分析：根含水分 9.93%，总固物 35.56%，不溶物 5.29%，非鞣质 21.13%，鞣质 9.14%，纯度 30.19%；又据河南省资料，根含鞣质 5.75%。

［采收处理］　秋末至次年春初挖根，除净泥土，晒干，置通风处贮藏。

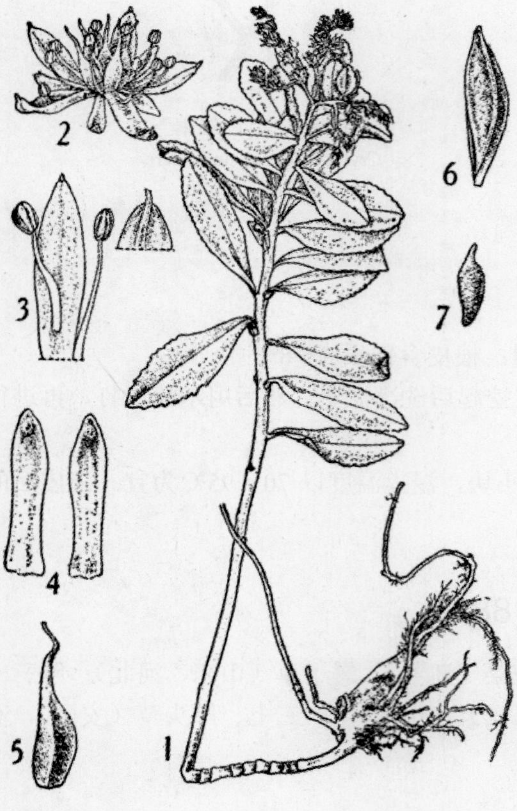

图 883　土三七

Sedum aizoon L.

1. 植物全形；2. 花；3. 花瓣和雄蕊；4. 萼片；5. 心皮；6. 蓇葖；7. 种子。

（自“江苏南部种子植物手册”）

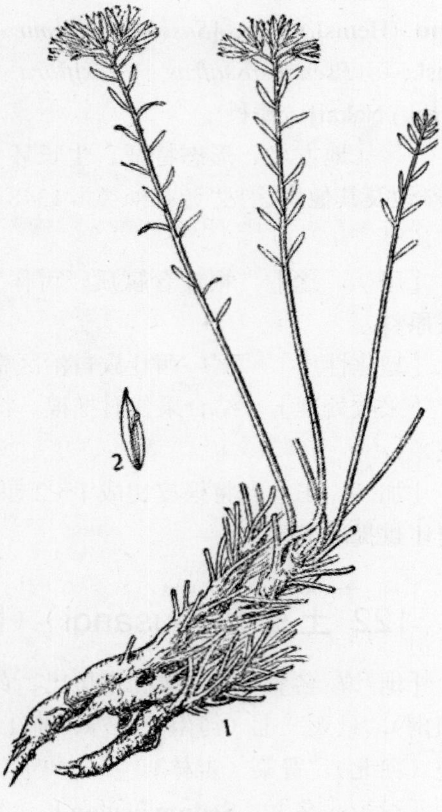

图 884　香景天

Sedum dumulosum Franch.

1. 花枝；2. 花瓣及雄蕊。

［加　　工］　将根切成 1～3 厘米小段，浸提温度以 60～80℃为宜。

123 香景天（xiangjingtian）（图 884）

［学　　名］　**Sedum dumulosum** Franch.　景天科

［形态特征］　多年生草本，高 6～9 厘米。宿根木质化，分枝，粗壮。茎直立，多数丛生，基部有残茎存在，全株无毛。单叶互生，线形，长 3～8 毫米，宽不及 1 毫米，先端渐尖，钝头，基部着生于茎，无柄，全缘，绿色，肉质；茎基部叶鳞片状，小而宽。聚伞花序顶生，花少而大，绿白色；萼片 5；花瓣 5，长椭圆形至披针形，长约 1 厘米，先端细尖，分离；雄蕊 10，较花瓣短，花药紫色；心皮 5，离生，胚珠多数。蓇葖果 5 枚，种子多数。花期 6～7 月，果期 8～9 月。

［生长环境］　于海拔 2500 米以上的高山常有分布。

［产　　地］　河北省

［用　　途］　根、茎含鞣质，可提制栲胶。

［理化性质］　据中国科学院植物研究所用皮粉法分析：根含水分 14.72%，总固物 53.49%，可溶物 51.06%，鞣质 28.01%，非鞣质 23.05%，纯度 54.66%。

［采收处理］　秋季采收，连根挖掘，除净泥土和杂质，晒干，贮存在干燥通风处。

［加　　工］　将原料破碎成 1～2 厘米的小块，浸提温度以 60～85℃为宜。

124 落新妇（luoxinfu）（图 885）

［地 方 名］　虎麻（辽宁），升麻、红升麻（湖北），红三七（四川），红头牛、外庄升麻（河南），金猫儿、金毛狮子（浙江）。

［学　　名］　**Astilbe chinensis** (Maxim.) Franch. et Savat.　虎耳草科

［形态特征］　多年生直立草本，高 45～60 厘米，根状茎粗大。基生叶为 2～3 回三出复叶，小叶卵形至长椭圆状卵形，长 3～10.5 厘米，宽 2～5 厘米，

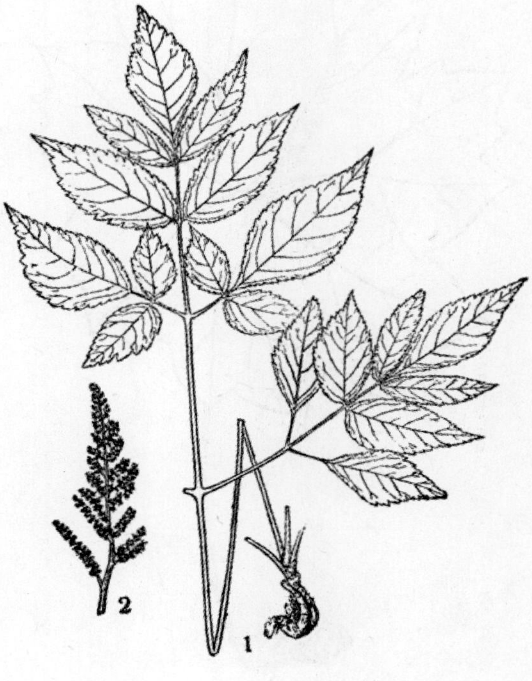

图 885　落新妇
Astilbe chinensis（Maxim.）Franch. et Savat.
1. 基生叶及根状茎；2. 花序。

先端长锐尖，基部圆形，两侧不对称，边缘有尖锐的重锯齿，两面均生刚毛，尤以叶脉上为多。花茎直立，高 30～50 厘米，下部有鳞状毛，上部密生棕色长柔毛，花几无梗，成窄圆锥花序；萼筒浅杯状，5 裂，带黄色；花瓣 5，白色或紫色，长约为萼的 4 倍；雄蕊 10，花丝青紫色，花药青色，成熟后呈米色；心皮 2，离生，花基部连合，子房半上位。蓇葖果有多数种子。花期 6～7 月，果期 8 月。

［生长环境］ 多生于山地，疏林下及山坡阳处，草丛中。

［产　　地］ 辽宁、河北、山西、山东、河南、陕西、甘肃、安徽、浙江、江西、湖北、四川、贵州、云南等省。

［用　　途］ 根状茎、茎及叶含鞣质，可提制栲胶。

根状茎可入药，(见“药用类”，1736 页)，也可酿酒，又可供观赏。

［理化性质］ 据辽宁省资料：根状茎及叶含鞣质 10.42%。又据贵州省野生植物普查队野外粗分析：茎皮含鞣质 9%（分析样品采自贵州盘县)。

［采收处理］ 根状茎在 9～11 月间采挖；叶子可在 7～9 月采。根状茎挖出后除去泥土、杂物，风干即可加工。

［加　　工］ 根状茎浸提温度以 70～95℃，叶以 50～70℃为宜。

图 886　山荷叶
Astilboides tabularis（Hemsl.）Engl.
基生叶和根状茎

125 山荷叶（shanheye）（图 886）

［地 方 名］ 大脖梗子、大叶子（吉林），佛爷掌（辽宁）。

［学　　名］ **Astilboides tabularis** (Hemsl.) Engl. (*Saxifraga tabularis* Hemsl.; *Rodgersia tabularis* Komar.)　虎耳草科

［形态特征］ 多年生草本，高 60～90 厘米；根状茎粗大，径达 2～4 厘米，地下横走，黑褐色，髓很大，节上疏生不定根。茎直立，粗壮单一，不分枝。基生叶片大，盾状圆形，径约 30～80（100）厘米，稍膜质，边缘有大缺刻及不整齐的牙齿，表面疏生短刺毛，背面脉上短刺毛较多；基生叶，叶柄长 30～60 厘米，粗壮，有刺毛；茎生叶，叶柄长 3～12 厘米，密生刺毛，基部鞘状抱茎；茎生最上叶片成

3～5 掌状浅裂，基部截形或阔楔形。圆锥花序顶生，花小，白色或微带紫色，甚密集；萼片 4～5；花瓣 4～5，卵状披针形；雄蕊 8；雌蕊由 2 心皮合成。蒴果熟时顶部 2 裂；花丝宿存。种子多数，狭卵形，扁平，长 2 毫米，宽 0.5 毫米。花期 6～7 月，果期 8～9 月。

［生长环境］ 喜生山地杂木林下湿润多腐殖质的土中。在沟谷稍阴湿处常群生成片。

［产　　地］ 吉林、辽宁等省。

［用　　途］ 根状茎含鞣质，可提制栲胶。

嫩叶可食。根状茎含大量淀粉，可作酿酒原料（见“淀粉及糖类”，517 页）。

［理化性质］ 据中国科学院林业土壤研究所分析：根状茎含鞣质 16.29%。

［采收处理］ 挖掘根状茎可在 4～5 月或 9～10 月，采后除去泥土杂物，即可浸提加工。

［加　　工］ 原料经粉碎、浸提、净化、浓缩、干燥等过程，即得栲胶（见总论）。浸提温度以 70～95℃为宜。

［其　　他］ 本种植物除含鞣质外，还含丰富的淀粉，是一种产量大、经济价值高的野生植物，值得进一步研究其繁殖方法，扩大分布地区。加工时应注意综合利用。

126 云南鼠刺（yunnan-shuci）（图 887）

［学　　名］ **Itea yunnanensis** Franch. 虎耳草科

［形态特征］ 灌木；枝条黄绿色，质坚，光滑。单叶互生，卵形或椭圆形，长 6～10 厘米，宽 2.5～5 厘米，先端渐尖，基部楔形，叶缘有锯齿，齿尖略呈刺状且稍向内弯，表面绿色，背面灰绿色，两面无毛，侧脉约 5 对；叶柄长 8～15 毫米。总状花序顶生，长达 20 厘米，花轴被短柔毛，花梗及萼通常被柔毛；萼管和子房的基部愈合，萼齿 5，三角状披针形；花瓣 5，线状披针形，长 2.5 毫米，花开后直立；雄蕊 5，比花冠略短；子房半下位，2～5 室，

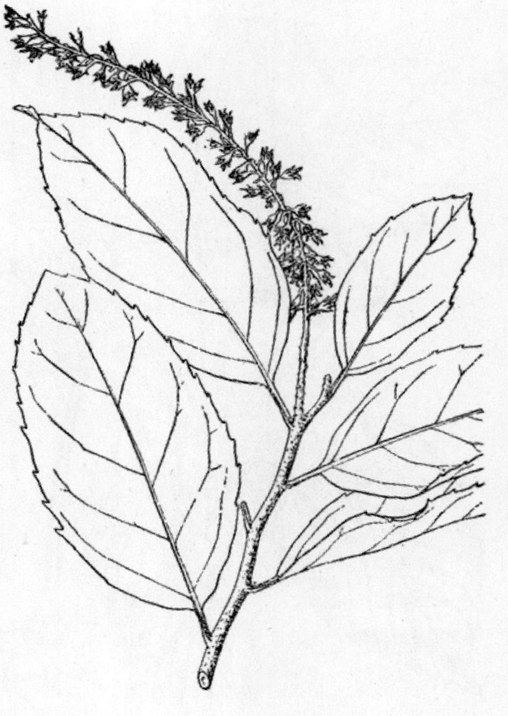

图 887　云南鼠刺
Itea yunnanensis Franch.
花枝

花柱单生，最后分裂为2。蒴果长6毫米，内含细小线形的种子。

[生长环境] 生于海拔1000米以上的山谷疏林中。

[产　　地] 云南、贵州、广西等省区。

[用　　途] 树皮含鞣质，可提制栲胶。

[理化性质] 据贵州省野生植物普查队野外粗分析：树皮含鞣质25～30%。(分析样品采自贵州威宁)

[采收处理] 剥取树皮可结合木材砍伐时进行。采收后理净，晒干贮存备用。

[加　　工] 将树皮切碎成1～3厘米小块，浸提温度以70～95℃为宜。

127 羽叶鬼灯檠(yuyeguidengjing)(图888)

[学　　名] **Rodgersia pinnata** Franch.　虎耳草科

[形态特征] 草本，高0.5～1.5米，根状茎粗大，坚硬，斜生或近横生，有棕褐色鳞片。叶互生，近指状，奇数羽状复叶，小叶3～7，纸质，倒卵状披针形或倒卵状长圆形，长11～28厘米，宽5～11厘米，先端短尖，基部楔形，边缘具不规则的锯齿，表面深绿色，背面青色，两面有粗毛，尤以背面主脉及侧脉上最多；小叶柄甚短；叶轴被粗毛。聚伞状圆锥花序顶生，长达30厘米；花芳香，花萼5，卵圆至长圆形，外微红，内白色；无花瓣；雄蕊10，此萼片稍长；心皮2，上部离生，基部愈合。果不开裂，种子细小。花期6～7月。果期9～10月。

图888　羽叶鬼灯檠
Rodgersia pinnata Franch.
1. 叶片；2. 花序；3. 花。

[生长环境] 生于山地。溪谷岸的阴湿地方。

[产　　地] 湖北、四川、云南等省。

[用　　途] 根状茎含鞣质可提制栲胶。

根状茎还含淀粉，可酿酒。

[理化性质] 据中国科学院昆明植物研究所用皮粉法分析：根状茎含鞣质6.01%，非鞣质4.11%，纯度59.44%(分析样品采自四川西昌)。

［采收处理］ 参阅山荷叶（1110页）。

［加　　工］ 参阅山荷叶。

128 杨梅蚊母树（yangmeiwenmushu）（图889）

［地 方 名］ 夹心、萍柴、野茶（浙江）

［学　　名］ **Distylium myricoides** Hemsl. 金缕梅科

［形态特征］ 乔木或灌木；树皮灰褐色，嫩芽被鳞柔毛。单叶互生，革质，椭圆状长圆形或倒披针状长圆形，长5～10厘米，宽2～3厘米，先端具硬质小尖头，基部楔形，边缘有骨质的浅黄色镶边，在中部以上具有疏生、硬质的细齿，表面绿色有光泽，背面色较浅，老叶两面均无毛，中脉在表面下陷，在背面隆起。花单性同株或为杂性，花瓣缺，具卵形的苞片；雄花萼片3～5，通常3，不等大，偏于一侧，雄蕊通常3；雌花（或两性花）单生于叶腋内，退化雄蕊2；子房上位，被星状绒毛。蒴果卵球形，长约1.2～1.5厘米，直径约8毫米，紧贴星状微柔毛，成熟时4裂，先端宿存的花柱形成一直芒。花期4～5月，果期8～9月。

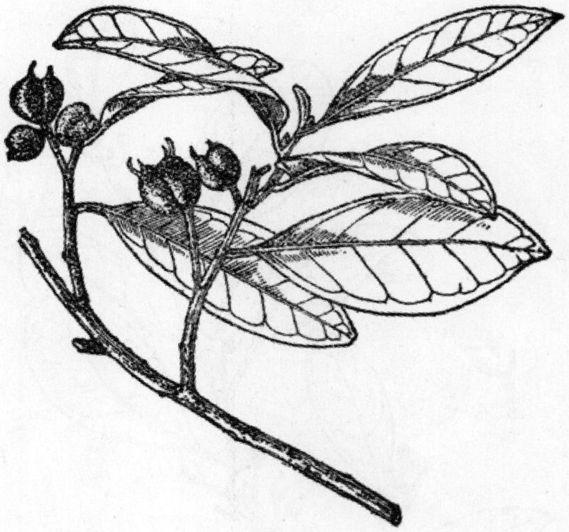

图889 杨梅蚊母树
Distylium myricoides Hemsl.
果枝

［生长环境］ 生于东南向山坡混交林内，或长在山谷阴湿竹林内，喜温暖润湿和肥沃的土壤。

［产　　地］ 安徽、浙江、福建、贵州、广东、广西等省区。

［用　　途］ 果、树皮均含有鞣质，可作栲胶原料。

根入药，浙江平阳民间用以治手足浮肿。

［理化性质］ 树皮与果实的鞣质含量列表如下：

分析部位＼分析项目	鞣质（%）	非鞣质（%）	纯度（%）	备注
树皮（胸径50厘米）	13.8	2.4	84.5	样品采自福建建瓯（注1）
树皮	6.98	6.00	53.75	样品采自广东海南（注2）
果实	5.86	17.62	24.94	样品采自广东高要（注2）

注1：据福建省林业厅分析资料。

2：据中国科学院华南植物研究所用高锰酸钾氧化法分析结果。

［采收处理］　结合木材砍伐时剥取树皮。6～7月果实成熟前采果。晒干或风干后贮藏备用。

［加　　工］　将树皮切成1～2厘米小段；果实稍加粉碎后即可进行浸提，浸提温度：树皮以70～90℃为宜，果实以65～85℃为宜。

129 蚊母树（wenmushu）（图890）

［学　　名］　**Distylium racemosum** Sieb. et Zucc.　金缕梅科

［形态特征］　常绿乔木，高达2米以上，栽培的常成灌木状，小枝初有带黄色星状毛，后脱落。单叶互生，革质，长椭圆形至狭倒卵形，长3～7厘米，宽1.5～3厘米，先端锐或钝，基部狭，全缘，有时边缘上部具少数波状齿，初有少数散生星状毛，后变光滑。总状花序腋生，较叶短，有星状毛，无花瓣；雄蕊2～8，花药红色。蒴果广卵形，长约1厘米，被黄褐色毛，顶端有2尖突起。花期3～4月，果期8～10月。

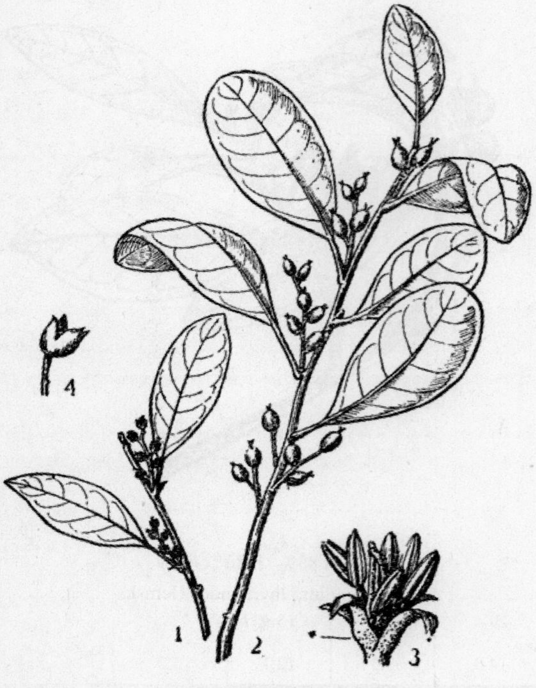

图890　蚊母树

Distylium racemosum Sieb. et Zucc.

1. 花枝；2. 幼果技；3. 花；4. 果。

［生长环境］　多生于海拔200～300米的丘陵地带。

［产　　地］　浙江、四川、湖北、江西、广东、福建、台湾等省。

［用　　途］　树皮含鞣质，为提制栲胶的原料。

木材坚硬，可供家具、车辆、木船用材，又为观赏植物。

［理化性质］　据中国林业科学研究院森林工业科学研究所用皮粉法分析：树皮含鞣质6.62%，非鞣质5.52%。不溶物1.42%，纯度54.53%（分析样品采自福建将乐，树高14米，胸径27厘米）；又据广东省资料：树皮含鞣质9.2%。

［采收处理］　参阅梅蚊母树（1113页）。

［加　　工］　参阅杨梅蚊母树。

130 金缕梅（jinlümei）

［学　　名］　**Hamamelis mollis** Oliv.　金缕梅科

［形态特征］　落叶小乔木或灌木，高达 10 米，小枝幼时被星状毛，老枝无毛。单叶互生，倒卵圆形或不规则圆形，长 8～11 厘米，宽 6～10 厘米，基部斜心形或近于心形，先端短渐尖，边缘具波状齿牙，表面淡绿色，密被灰色绒毛；叶柄粗，长 5～10 毫米；托叶早落。花数朵着生于腋生短梗上成簇生状，先叶开放；萼 4 深裂，裂片卵形，先端钝；外面有赤褐色绒毛，内部紫红色；花瓣 4，狭长如线形，金黄色，基部带红色；雄蕊 4；子房 2 室，花柱短，离生。蒴果具 2 果瓣。花期 3～4 月，果期 5～10 月。

［生长环境］　生于海拔 1000 米左右的山地，以温暖潮湿、土壤肥沃的山沟中生长最为适宜。

［产　　地］　河南、湖北、湖南、江西、安徽、浙江、四川等省。

［用　　途］　茎、叶均含鞣质，可作栲胶原料。

树皮含纤维可制绳；种子可榨油。又为著名的观赏植物。

［理化性质］　据河南省资料：叶含鞣质 7.1%。

［采收处理］　采叶最好在 8～10 月间，亦可在果熟后果叶并采，风干，贮藏备用。

［加　　工］　将叶切成 2～3 厘米小片进行浸提，浸提温度以 45～85℃为宜。

131 枫香（fengxiang）（图 1069）

［学　　名］　**Liquidambar formosana** Hance　金缕梅科

（地方名、形态特征、生长环境、产地及其他用途见“芳香油类”，1350 页）

［用　　途］　树皮及叶均含鞣质，可提制栲胶。

［理化性质］　据中国林业科学研究院森林工业科学研究所用皮粉法分析，结果列表如下：

分析项目 / 分析部位	水分（%）	总固物（%）	可溶物（%）	不溶物（%）	非鞣质（%）	鞣质（%）	纯　度（%）
叶	12.4	34.0	29.4	4.6	15.9	13.5	45.9
树　皮	10.4	17.6	14.3	3.3	12.1	2.2	15.3

注：分析样品采自浙江龙泉。

又据贵州省野生植物普查队野外粗分析：树皮含鞣质 5%，叶含鞣质 8%。

［采收处理］　参阅杨梅蚊母树（1113 页）或金缕梅（1114 页）。

［加　　工］　参阅杨梅蚊母树或金缕梅。树皮浸提温度以 70～90℃为宜。

132 檵木（jimu）（图 891）

［学　　名］　**Loropetalum chinense** (R. Br.) Oliv.　金缕梅科

［形态特征］　常绿灌木或小乔木，高 4～6 米；小枝、嫩叶、花序、花萼背面及

果均有淡棕黄色星状短柔毛。单叶互生，椭圆形至卵圆形，长 1.5～3 厘米，宽 1～1.5 厘米，基部偏斜而圆，先端具短尖头。花数朵在总梗上成顶生头状花序；花萼与子房一部分愈合，有 4～5 裂片；花瓣淡黄白色，带状线形；雄蕊 4～5，花药裂瓣内卷，药隔伸出成刺状。蒴果木质，近卵形，长约 1 厘米，褐色，顶端裂开，有 2 种子。花期 5 月，果期 8 月。

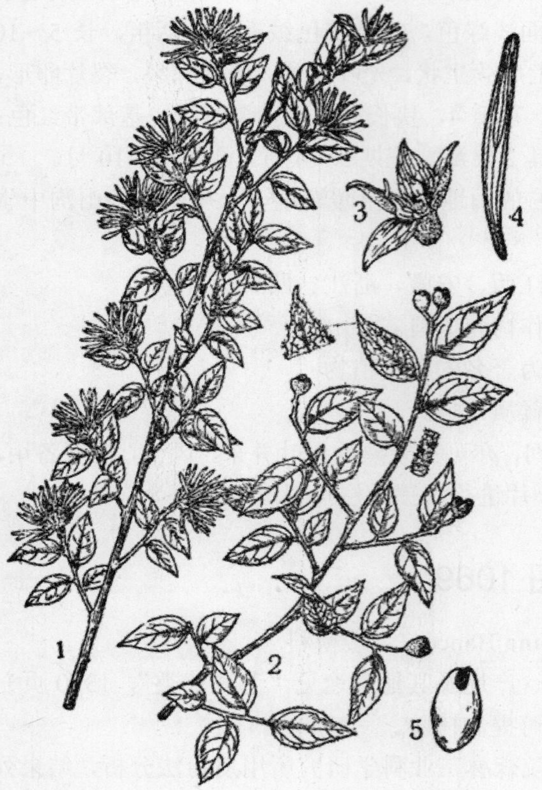

图 891 檵木

Loropetalum chinense（R. Br.）Oliv.

1. 花枝；2. 果枝；3. 花去掉花瓣；4. 花瓣；5. 种子。

（自“中国药用植物志”）

［生长环境］ 喜生在阳光充足的山坡矮林间。在海拔 600 米以下，常与其他灌木混生成群，因经常砍伐，很少长成小乔木。

［产　　地］ 山东、河南、安徽、江苏、浙江、湖南、江西、贵州、福建、湖北、广东、云南等省。

［用　　途］ 枝条及叶含鞣质，可提制栲胶。

种子可榨油。叶嚼烂敷刀伤处能止血。花美丽，供观赏。

［理化性质］ 茎、叶的鞣质含量列表如下。

［采收处理］ 参阅金缕梅（1114 页）。

［加　　工］ 参阅金缕梅。

分析项目 / 分析部位	鞣　质（%）	非鞣质（%）	不溶物（%）	纯　度（%）	备　　注
茎、叶	5.7	13.7	0.8	29.3	中国林业科学研究院森林工业科学研究所分析贵州省轻工业厅分析
茎	8.68	6.27	—	58.06	

133 龙牙草（longyacao）（图 1353）

［学　　名］ **Agrimonia pilosa** Ledeb.　蔷薇科

（地方名、形态特征、生长环境、产地及其他用途见“药用类”，1741 页）

［用　　途］ 全草含鞣质，可提制栲胶。

［理化性质］ 中国科学院植物研究所用皮粉法分析，结果列表如下：

分析项目 / 分析部位	水分（%）	总固物（%）	不溶物（%）	可溶物（%）	鞣质（%）	非鞣质（%）	纯度（%）
全株	10.95	36.30	1.64	34.66	13.71	20.95	39.56
全株	14.45	31.98	0.35	31.63	7.59	24.04	24.00
叶	10.05	35.09	2.06	33.03	11.58	2145	35.06

［采收处理］ 在7～8月间，用镰割取全草或连根拔起，除净泥土，晒干或烘干，捆成大捆在通风处贮存。

［加　　工］ 将茎、叶切成1～2厘米的小块，浸提温度以70～85℃为宜。

134 合叶子（heyezi）（图 892）

［地 方 名］ 蚊子草（东北）

［学　　名］ **Filipendula palmata** (Pall.) Maxim. 蔷薇科

［形态特征］ 多年生草本，高达1米左右；茎有条棱，平滑。基生叶有长柄，顶生叶最大，常成7～9裂，裂片长圆形，锐尖头，中央裂片最大，两侧裂片渐次小形，边缘有缺刻状粗牙齿；茎叶互生，有一对侧生小叶片，表面绿色，背面密被白色微绵毛，呈苍白色；托叶披针形。聚伞花序，多花，白色，小形，密布白色微毛或无毛，花梗不等长具条棱或无梗；花托圆盘状；萼片4，广卵形，圆头，边缘带红色；花瓣4，白色，椭圆形，圆头，具短爪有柄，被纤毛；雄蕊10～20，比花瓣长；雌蕊5～7。瘦果。花期5～7月，果期6～8月。

［生长环境］ 生于山麓或河边草地上，阔叶林中，林缘草地；路边亦常见。

［产　　地］ 辽宁、吉林、黑龙江、内蒙古、新疆（阿尔泰山）等地。

［用　　途］ 根及茎叶含鞣质，

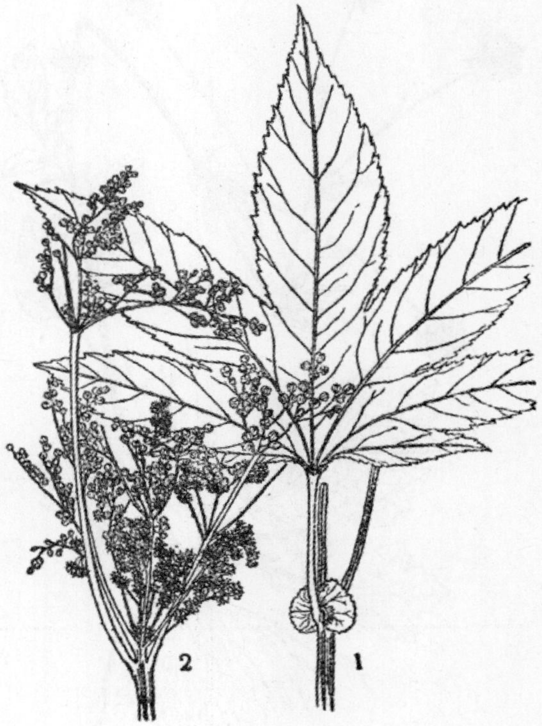

图 892 合叶子
Filipendula palmata（Pall.）Maxim.
1. 茎生叶；2. 花序。

可提制栲胶。

据黑龙江省尚志县苇河区的调查材料，当地群众利用这种植物根熬成膏，涂在脸上可预防蚊子咬；效力如何尚待作进一步研究。

［理化性质］ 据黑龙江省资料：茎、叶含鞣质 4.95%，非鞣质 5.59%，纯度 40.96%；另据吉林省资料：根含鞣质 8.45%。

［采收处理］ 在 7～8 月间，挖取全株，除净泥土、枯叶，晒干，捆成大捆，置于干燥通风处贮存备用。

［加　　工］ 将全株切成 1～3 厘米的小段；浸提温度以 65～80℃为宜。

135 水杨梅（shuiyangmei）（图 893）

［地 方 名］ 杨梅（河北）

［学　　名］ **Geum aleppicum** Jacq. (*G. strictum* Ait.) 蔷薇科

［形态特征］ 多年生直立草本，高 50～90 厘米，全株被长刚毛。主根略呈块状，具支根及细须根。基生叶大，丛生，羽状全裂或近羽状复叶，叶辐长达 20 余米；顶叶片较大，阔卵形，阔椭圆形或近圆形，长 5～10 厘米，宽 5 厘米，3 裂或具缺刻，少有为羽状深裂，先端略尖，边缘具大牙齿，两面疏生长刚毛，侧生叶片小，1～2 或 3 对，阔卵状；茎生叶小，叶柄较短，愈向上者则愈小，且近无柄，具倒卵状托叶，叶片卵状，广卵状，3 浅裂或羽状分裂。花单生于茎顶。或茎上部叉状分枝上，黄色；萼片广披针形或卵状披针形，长 5～7.5 毫米；雄蕊及雌蕊多数。聚合瘦果球形，直径 1.4～1.5 厘米，密被长钩刺。花期 7～8 月（9）月，果期 8～9 月（吉林）。

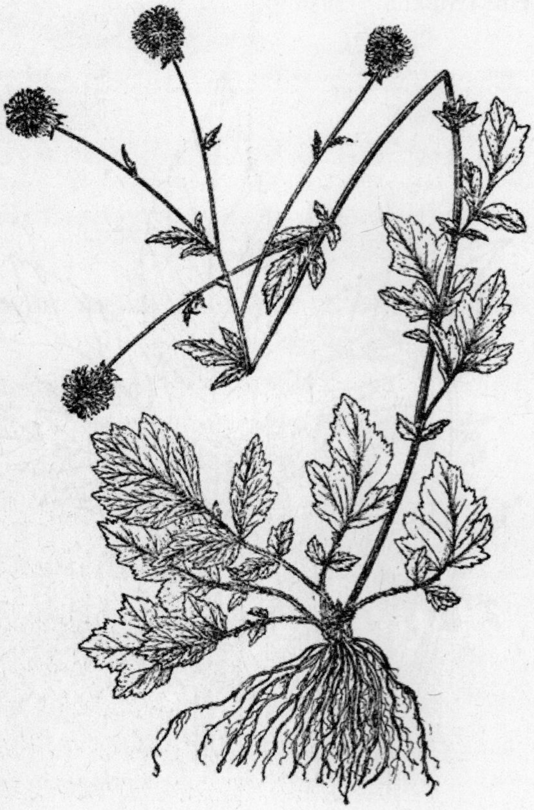

图 893 水杨梅
Geum aleppicum Jacq.
植株全形

［生长环境］ 针叶林、针阔混交林及合计林缘、山路、山坡、稍湿地、杂类草地及宅旁。

［产　　地］ 黑龙江、吉林、

辽宁、内蒙古、河北、山西、山东、河南、陕西、甘肃、新疆、青海、湖南、江西、湖北、贵州等省区。

［用　　途］ 根及茎含鞣质，可提制栲胶。

种子含油（见“油脂类”，775页）。嫩叶可食。

［理化性质］ 据黑龙江省资料：根和茎含鞣质13.02%，非鞣质3.54%，纯度78.52%。辽宁省资料：叶含鞣质11.15%。吉林省资料：全株含鞣质16.81%。

［采收处理］ 在7～8月间挖取全株，除掉泥土、枯叶，晒干贮存。

［加　　工］ 浸提前将全草切成3～4厘米长的小段，浸提温度以60～75℃为宜。

136 鹅绒委陵菜（erongweilingcai）（图894）

［地 方 名］ 仙人果（青海、甘肃），鸭子巴掌菜（黑龙江、吉林），老鸹膀子（辽宁），蕨麻（青海）。

［学　　名］ **Potentilla anserina** L.　蔷薇科

［形态特征］ 多年生草本。根肥厚呈纺锤状，肉质。茎基短而粗，多头，被有棕色托叶残痕，茎匍匐细长，节上生根，有毛。基生叶多数，长10～20厘米，为参差**羽状复叶**；**小叶片3～12对**，卵状长圆形或椭圆形，边缘有粗锯齿，**背面密布白色绵毛**；叶有长柄，柄上生有白毛；下部茎生叶柄短，小叶数较少；最上部的茎生叶更小；托叶大型，有耳。花大，单生，鲜黄色；花萼有毛，副萼片及萼片等长，具3～5齿，稀全缘，萼片卵形或为披针形；花瓣倒卵形，长7～10厘米，比萼片长1倍；雄蕊多数。瘦果大，卵形，具洼点，背部具槽，花柱短于成熟的果实。花期7～8月，果期8～9月。

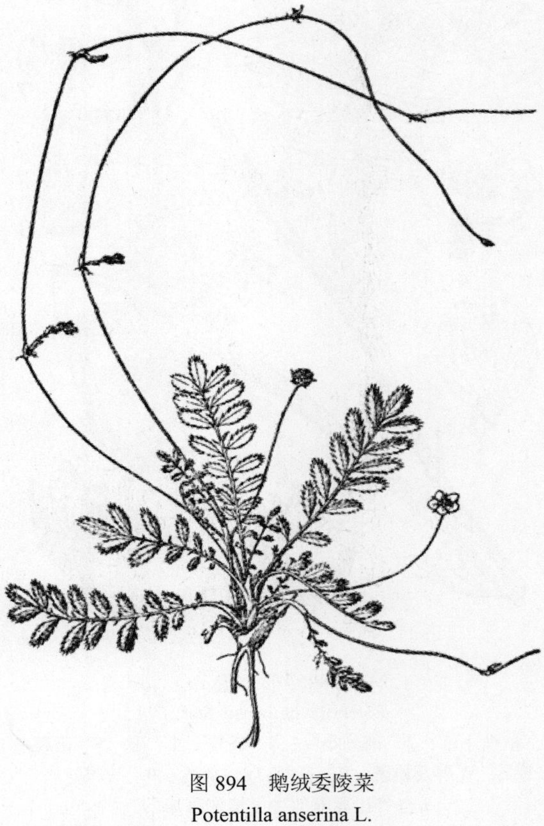

图894　鹅绒委陵菜

Potentilla anserina L.

［生长环境］ 喜生于潮湿的河岸、水沟边，以及路旁、田边、宅旁。

［产　　地］ 辽宁、吉林、黑龙江、内蒙古、山西、河北、青海、新疆等省区。

［用　　途］ 全株含鞣质，可

提制栲胶。

根含淀粉可酿酒（见“淀粉及糖类”，528页）。根入药。茎叶可制取黄色染料。全株含有维生素丙（87.9～297.2毫克/100克）。为蜜源植物。幼茎叶作野菜，或为家禽饲料。

［理化性质］ 据中国科学院植物研究所用皮粉法分析：全株含水分12.00%，总固物25.52%，可溶物24.05%，不溶物1.47%，鞣质15.25.%，非鞣质8.80%，纯度63.41%；属水解类鞣质。

［采收处理］ 夏、秋二季挖取全株后，除净泥土、枯叶，晒干贮存备用。

［加　　工］ 将全株切成2～4厘米小段；浸提温度以65～80℃为宜。

137 委陵菜（weilingcai）（图895）

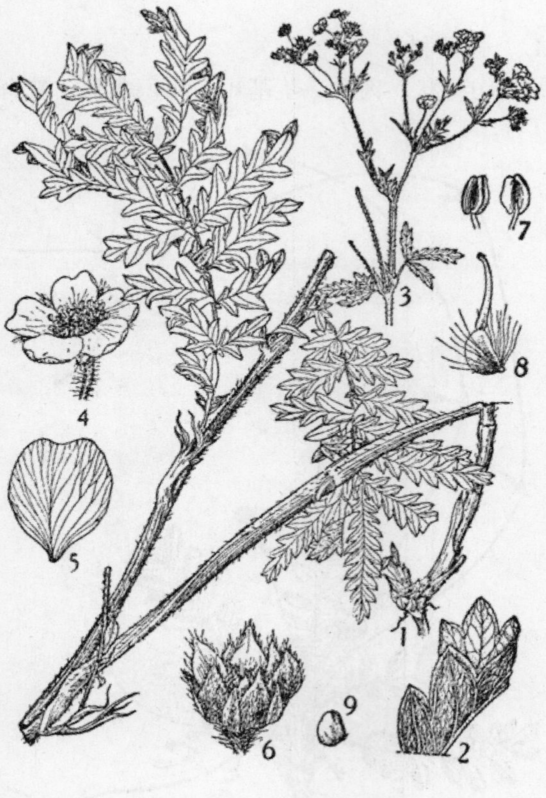

图895 委陵菜

Potentilla chinensis Ser.

1．植株下部；2．部分小叶；3．花序；4．花；5．花瓣；6．花萼及雌蕊；7．花药；8．雌蕊；9．瘦果。

（自“江苏南部种子植物手册”）

［地 方 名］ 翻白草（山东、吉林、贵州、江苏、河南），天青地白（贵州），野鸡子（吉林），鸡爪草（江苏）。

［学　　名］ **Potentilla chinensis** Ser. 蔷薇科

［形态特征］ 多年生草本，高30～60厘米。根肥大，圆锥状，木质。茎直立，密生有白色柔毛。**奇数羽状复叶；小叶5～10对**；顶端小叶最大，两侧小叶向下渐次变小，狭长椭圆形，长2～5厘米，宽8～15毫米，**边缘羽状深裂，裂片呈三角状披针形**，表面绿色，**背面边缘稍卷，密生白色绵毛**；托叶长披针形至椭圆状披针形，全缘或具羽状裂。花黄色，多数，成顶生伞房状聚伞花序；副萼及萼片各5，宿存，均密生绢毛；花瓣5；雄蕊多数，着生于花托边缘；雌蕊多数，聚生在具有白毛的花托上。瘦果卵圆形，褐色，光滑，包于宿存的花萼内，内含种子1颗。花期6～8月，果期8～10月。

［生长环境］ 生长在山坡、路

边、田旁、荒野及山林草丛中，而以向阳的山坡及砂质土壤地带分布较多。

［产　　地］ 主产河北、山西、山东、贵州、四川、吉林、辽宁、江苏、浙江、河南等省，南北各地均产。

［用　　途］ 根含鞣质，可提制栲胶。

此外，根中还含有淀粉（10.46～20.55%）；嫩苗可食（100克植物体中合维生素丙0.494毫克），亦为猪的好饲料。根药用（见“药用类”，1746页），民间用全草治疮（山东）。

［理化性质］ 据山东省资料：根含鞣质9%。

［采收处理］ 秋季至次年春抽芽以前挖根，挖起后除净泥土杂质晒干备用。

［加　　工］ 将根切成1～2.5厘米小段，浸提温度以70～85℃为宜。

138 金老梅（jinlaomei）（图896）

［地 方 名］ 棍儿茶（东北），木本委陵菜。

［学　　名］ **Potentilla fruticosa** L. [*Dasiphora fruticosa* (L.) Rydb.] 蔷薇科

［形态特征］ 小**灌木**，高达20～150厘米；分枝多，嫩枝褐色，被丝状毛。**奇数羽状复叶，小叶通常5，稀7或3**，长圆形，稀为长圆状倒卵形或披针形，长1～2.5厘米，先端急尖，基部楔形，全缘，有丝状毛，表面有疏生或有较密的伏生毛，背面无毛或近无毛，有时侧脉上有绢毛；托叶膜质，卵状或卵状披针形，包连叶柄。花单生于叶腋或顶生，成穗状花序或伞房花序，花托有疏长毛或丝状长柔毛；副萼片线状披针形，等长或稍长于萼片，萼片卵形；花瓣圆形，黄色，较萼片长3倍。小核果，具毛。花期6～7月，果期8～9月。

［生长环境］ 生于水甸子、林缘、草地及山地石砬间。

［产　　地］ 内蒙古、吉林、辽宁、河北、山西、新疆等省区。

［用　　途］ 叶、果均含鞣质，可提制栲胶。

叶可代茶叶用。

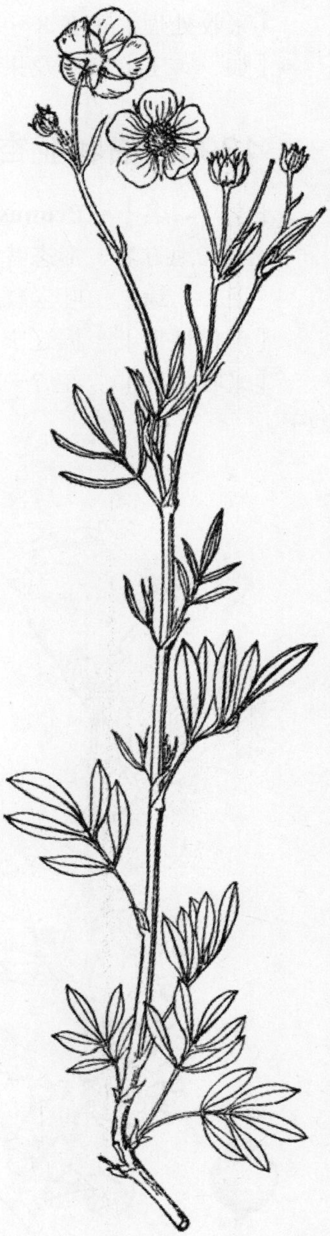

图896　金老梅
Potentilla fruticosa L.
花枝

［理化性质］ 据吉林省资料：叶含鞣质 9.32%；果含鞣质 15.76%。

［采收处理］ 在 8～9 月间采收叶和果实晒干，贮存或立即加工。

［加　　工］ 叶及果可直接浸提不用粉碎，浸提温度以 50～65℃为宜。

139 西伯利亚杏（xiboliyaxing）（图 631）

［学　　名］ **Prunus sibirica** L. [*Armeniaca sibirica* (L.) Lam.] 蔷薇科

（地方名、形态特征、生长环境、产地及其他用途见“油脂类”，785 页）

［用　　途］ 叶含鞣质，可提制栲胶。

［理化性质］ 据辽宁省资料：叶含鞣质 8.56%。

［采收处理］ 在 7～8 月间采收叶。采后最好立即加工，如欲准备贮存，需将叶晒干。

［加　　工］ 浸提前将叶切成 3～5 厘米碎块，浸提温度以 50～70℃为宜。

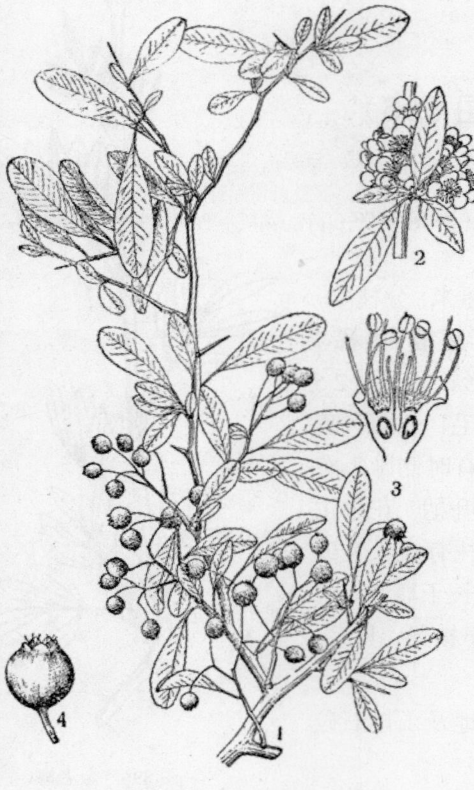

图 897 火把果

Pyracantha fortuneana（Maxim.）Li

1．果枝；2．花序；3．花的纵切面；4．果。

（自“江苏南部种子植物手册”）

140 火把果（huobaguo）（图 897）

［地 方 名］ 救军粮（贵州、四川、湖北），水沙子（四川），救命粮（陕西），红子（贵州、湖北）。

［学　　名］ **Pyracantha fortuneana** (Maxim.) Li [*P. crenatoserrata* (Hance.) Rehd.] 蔷薇科

［形态特征］ 常绿灌木或小乔木，高 2～3 米；枝尖成刺，小枝幼时有锈色细毛。单叶互生，椭圆形或倒披针形至倒卵状长圆形，长 2.5～6 厘米，宽 1～3 厘米，先端圆钝或锐尖，或具 1 微小突尖，边缘具圆锯齿，但基部渐窄而全缘，表面光亮，背面无毛。伞房花序生于短枝上；萼片 5；花瓣 5，白色；雄蕊 20；心皮 5，子房下位，5 室。梨果球形，深红色，径 4 毫米，有 5 种子。花期 5～7 月，果期 10 月。

［生长环境］　在海拔 500～900 米的山坡及丘陵地均有生长。

［产　　地］　广西、云南、贵州、四川、湖南、湖北、江苏、安徽、江西、浙江、河南、陕西等省区。

［用　　途］　根皮含有鞣质，可提制栲胶。

果实可酿酒（参阅“淀粉及糖类”，534 页）。栽培供观赏。

［理化性质］　据中国科学院四川分院林业科学研究所用皮粉法分析：根的鞣质含量列表如下：

分析项目 / 分析部位	水　分（%）	鞣　质（%）	非鞣质（%）	纯　度（%）	备　　注
根	14.34	12.93	5.66	69.55	样品采自四川宣汉
根	15.90	14.41	6.44	69.11	样品采自四川万源
根	13.03	12.00	5.90	66.77	样品采自四川开县
根	15.27	8.59	6.38	57.38	样品采自四川万县
根	13.26	13.62	4.79	73.98	样品采自四川涪陵
根	15.40	12.16	5.12	76.37	样品采自四川武隆

［采收处理］　参阅金樱子（1130 页）。

［加　　工］　参阅金樱子。

141 小刺大叶蔷薇（xiaocidayeqiangwei）

［地 方 名］　刺玫果（吉林）

［学　　名］　**Rosa acicularis** Lindl. var. **taquetii** Nakai　蔷薇科

［形态特征］　灌木，高达 2 米；枝暗红色，无毛，通常无刺或近叶柄基部有刺。羽状复叶，小叶 3～7，基部小叶较小，向先端渐大，长圆形或卵状长圆形，长 2.5～5.5 厘米，宽 1.5～2.5 厘米，边缘有较大锯齿，背面沿脉上有短柔毛；叶柄有小皮刺或刺毛；托叶较宽大，2/3 **与叶两结合，腺齿缘**。花单生，红色，花梗长约 3.5 厘米，有刺毛；萼片长达 3 厘米，上部较中部宽，基部有刺毛，边缘有黄色短柔毛；花瓣外面有短柔毛。蔷薇果红色，形状很多，有椭圆形、梨形、卵形等变化，宿存萼片直立。花期 6～7 月，果期 9 月。

［生长环境］　习生于林缘。

［产　　地］　吉林省

［用　　途］　叶含鞣质，可提制栲胶。

［理化性质］　据吉林省资料：叶含鞣质 16.39%。

［采收处理］　7～8 月采叶（此时含鞣质量较高），最好立即加工，若需贮存，应晒干。

［加　　工］　叶可不加破碎，浸提温度以 50～75℃为宜。

142 木香（muxiang）（图 1071）

［学　　名］ **Rosa banksiae** Ait.　蔷薇科

（地方名、形态特征、生长环境、产地及其他用途见“芳香油类”，1353 页）

［用　　途］ 根皮含鞣质，可提制栲胶。

［理化性质］ 据中国科学院四川分院林业科学研究所用皮粉法分析，结果列表如下：

分析部位＼分析项目	水分（%）	总固物（%）	鞣质（%）	非鞣质（%）	纯度（%）	备注
根皮	15.82～16.40	19.89～31.05	12.68～22.77	7.21～8.28	63.75～73.33	样品采自四川
根皮	13.47	34.00	25.30	8.70	74.41	样品采自湖北宜昌附近

注：分析样品系木香花（Rosa banksiae Ait. var. normalis Regel）的根皮。

［采收处理］ 参阅金樱子（1130 页）。

［加　　工］ 参阅金樱子。

143 大苞蔷薇（dabaoqiangwei）（图 898）

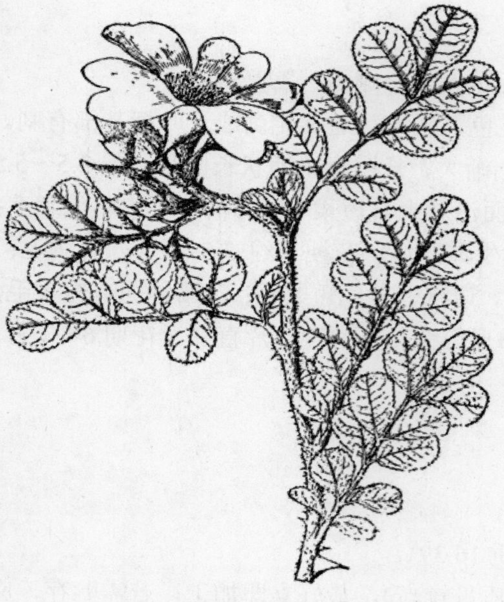

图 898　大苞蔷薇
Rosa bracteata Wendl.
花枝

［地 方 名］ 糖杏刺、野毛栗（浙江）

［学　　名］ **Rosa bracteata** Wendl. 蔷薇科

［形态特征］ 常绿灌木，茎蔓生或匍匐状，被绒毛，并具粗壮钩状皮刺。奇数羽状复叶，小叶 5～9，倒卵形或椭圆形，长 1.5～5 厘米，先端钝或微尖，边缘具小钝锯齿，表面光亮，背面中脉光滑或有柔毛。花大、单生，直径 5～7 厘米，白色、芳香；苞片大，具柔毛，条裂状。蔷薇果圆球形，直径 3～3.5 厘米，褐色，被灰黄色绵毛。花期 5～6 月，果期 10～11 月。

［生长环境］ 生于山坡草地、路边、林边、溪边等向阳地。

［产　　地］ 浙江、湖南等省。

［用　　途］ 根皮含鞣质，可提制

栲胶。

［理化性质］ 据浙江省野生植物普查队野外粗分析：根皮含鞣质34.1%，根（木质部）含鞣质5.0%。

［采收处理］ 参阅金樱子（1130页）。

［加　　工］ 参阅金樱子。

144 粉团蔷薇（fentuanqiangwei）（图899）

［地 方 名］ 野蔷薇（广东）

［学　　名］ **Rosa cathayensis** (Rehd. et Wils.) Bailey (*R. multiflora* var. *cathayensis* Rehd. et Wils.) 蔷薇科

［形态特征］ 落叶灌木，高达4米；茎攀援，有钩状皮刺。奇数羽状复叶，互生，小叶5～7，椭圆形至椭圆状卵形，长3～6厘米，先端急尖至渐尖，有锯齿，背面微被毛；**托叶羽状细裂或全缘**，与叶柄合生。花淡红色或蔷薇红色，直径3～4厘米，排成开展**伞房花序**；花梗与萼管有时具腺体；萼片披针形至倒匙形，常不规则分裂，顶端有长尾，两面皆有黄褐色柔毛，外面有腺体；花瓣5，扇形，与雄蕊同着生于花托上；雄蕊多数；心皮多数，分离，藏于萼管底部，花柱有毛，连合成柱状，伸出。蔷薇果球形，直径8毫米，深红色，内含瘦果多颗。花期4～6月，果期7～8月。

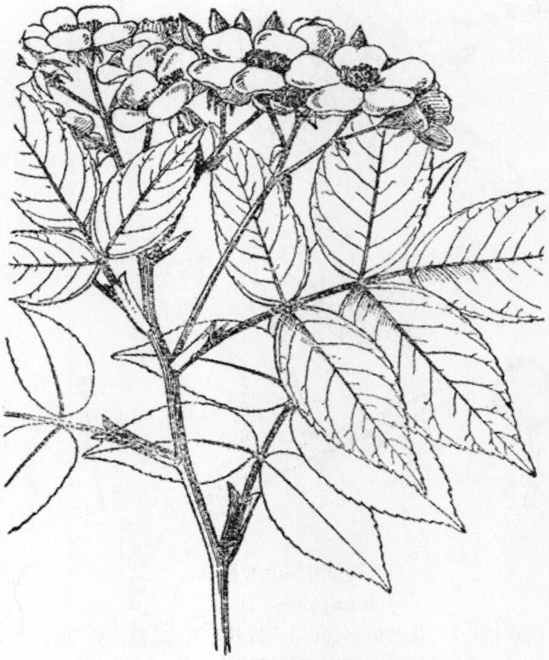

图899 粉团蔷薇
Rosa cathayensis (Rehd.et Wils.) Bailey
花枝

［生长环境］ 多生于山地斜坡灌木丛中和村落附近的旷地上。

［产　　地］ 山东、河南、甘肃、陕西、江苏、浙江、安徽、四川、湖北、湖南、江西、福建、广东、广西、云南、贵州等省区。

［用　　途］ 根皮含丰富的鞣质，可提制栲胶。

花可提取芳香油。

［理化性质］ 据广东省资料：根皮含鞣质达27～30%。

［采收处理］ 参阅金樱子（1130页）。

［加　　工］　参阅金樱子。

145 山木香（shanmuxiang）（图 900）

［地 方 名］　刺叶、月季红（安徽），山木香、红根（河南）。

［学　　名］　**Rosa cymosa** Tratt. (*R. microcarpa* Lindl.; *R. indica* L.)　蔷薇科

［形态特征］　落叶蔓生灌木，高 5 米左右；小枝纤细，具有弯生皮刺。奇数羽状复叶互生，小叶 3～7，椭圆形或卵状披针形，长 1～6 厘米，宽 0.7～2 厘米，先端渐尖或钝，基部楔形或圆形，边缘具锯齿，两面光滑；叶柄细，长 1～2 厘米，具薄毛或无毛；托叶尖形，与叶柄离生，早落。花白色，直径约 2 厘米，常数朵集生枝顶，形成伞房花序；萼片 5，背面生刺状毛；花瓣 5，卵形，与萼片互生；雄蕊多数，外侧花丝长，内侧花丝短，药黄色；雌蕊多数，子房上位，花柱突出萼筒，具短柔毛。蔷薇果小，圆球形，直径 5 毫米或较长，成熟时红色。花期 4～5 月，果期 6～7 月。

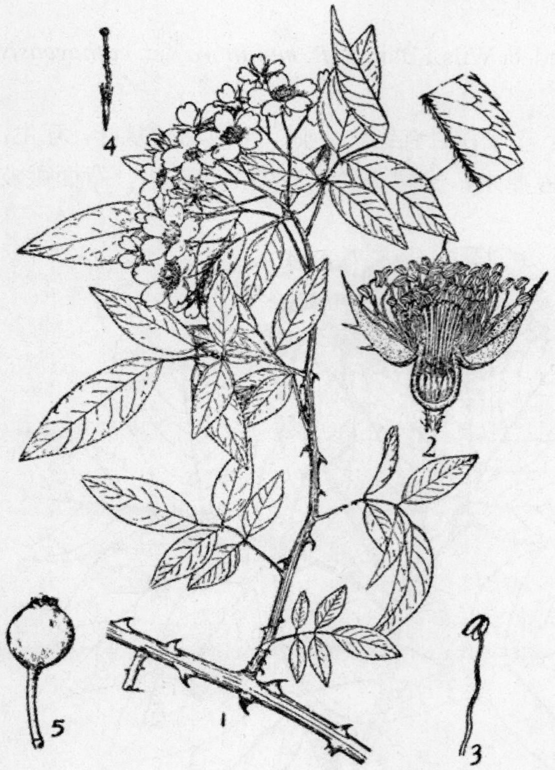

图 900　山木香
Rosa cymosa Tratt.
1．花技；2．花的纵剖面；3．雄蕊；4．雌蕊；5．果。
（自"江苏南部种子植物手册"）

［生长环境］　喜生于较暖的山坡或丘陵地区，常和其他的灌木丛生，并攀援其他植物，形成枝条很多的灌丛，若单独生长，则枝密而矮。

［产　　地］　河南、江苏、安徽、浙江、福建、台湾、江西、湖南、湖北、四川、云南、贵州、广东、广西等省区。

［用　　途］　根皮肥厚红色，富含鞣质，可提制栲胶。据轻工业部上海工业试验研究所试验结果，由本种根皮提出的栲胶色较浅，收敛性强，适于和橡碗栲胶混合使用。

叶可作饲料。花可提制芳香油，亦为蜜源植物。

［理化性质］　据中国科学院四川分院林业科学研究所（Ⅰ）和轻工业部上海工业试验研究所（Ⅱ）分析，根皮的鞣质含量列表如下：

分析单位 \ 分析项目	水 分 (%)	鞣 质 (%)	非鞣质 (%)	不溶物 (%)	纯 度 (%)	备 注
I	13.37	11.15	5.54	—	66.87	样品采自四川万源
I	14.27	22.97	8.31	—	73.43	样品采自四川开县
II	—	24.06	7.71	4.59	76.14	

注：属混合类鞣质。

［采收处理］ 参阅金樱子（1130 页）。

［加　　工］ 参阅金樱子。

146 大卫蔷薇（daweiqiangwei）（图 901）

［学　　名］ **Rosa davidii** Crép. 蔷薇科

［形态特征］ 落叶灌木，高 2～3 米；茎具粗壮散生直皮刺，长 4～6 毫米，基部扩大。奇数羽状复叶，**小叶** 7～9，少为 11，椭圆形至卵状长圆形，长 2～4 厘米，稀达 6 厘米，先端尖，边缘具单锯齿，表面光滑，背面有粉及柔毛；叶轴有毛，具疏刺及腺；托叶稍宽，具腺缘毛。**花序伞房状**，具数花，花轴具柔毛，散生刺；花粉红色，直径 3.5～5 厘米；花梗及花托具腺状刚毛，或有时仅具短柔毛；**花柱突出**。蔷薇果卵形或长圆状卵形；长 1.5～2 厘米，具长颈，被红色腺状刺，橙黄或深红色。花期 6 月，果期 8～9 月。

［生长环境］ 山坡灌木林内。

［产　　地］ 甘肃、陕西、湖北、四川、云南等省。

［用　　途］ 根皮、茎皮均含鞣质，可提制栲胶。

果实可食或酿酒（见“淀粉及糖类”，539 页）。

［理化性质］ 据中国科学院昆明植物研究所用皮粉法分析：茎皮含鞣质 14.17%，非鞣质 3.55%，纯度 79.97%；属混

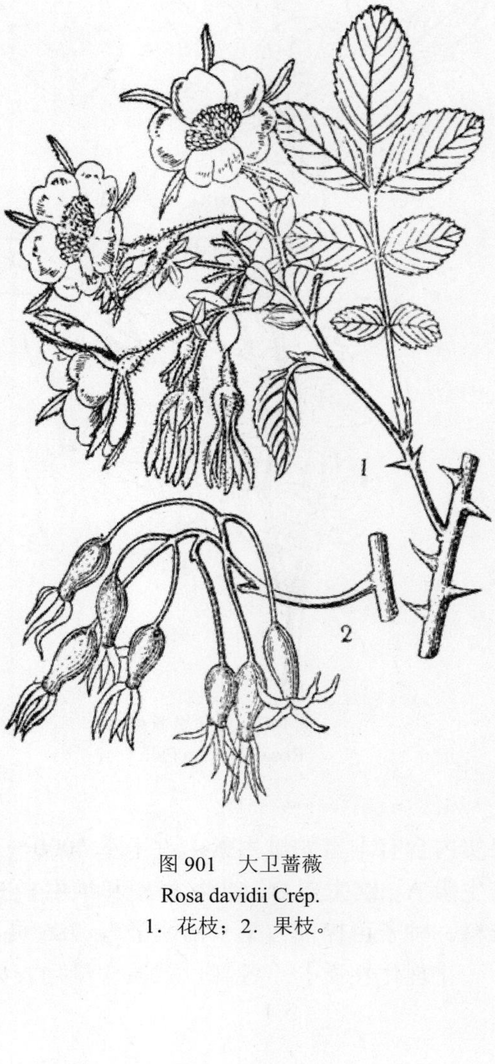

图 901 大卫蔷薇
Rosa davidii Crép.
1. 花枝；2. 果枝。

合类鞣质。（样品采自云南丽江）

［采收处理］ 果熟采收后，用轮伐更新法砍下植株，每隔 3～4 年轮流砍伐一次，保留树桩，使其能继续生长。把砍伐的树木，用木棒把干皮打松，进行剥皮，晒干后备用。

［加　　工］ 树皮切成 1～2 厘米小段，浸提温度以 65～90℃为宜。

147 达乌里蔷薇（dawuliqiangwei）（图 902）

［地 方 名］ 刺玫果（内蒙、东北），红根（辽宁），山刺玫（山西）。

［学　　名］ **Rosa davurica** Pall. 蔷薇科

［形态特征］ 落叶灌木，高 0.8～2 米。根木质，粗长，暗褐色。枝暗紫色，无毛，小枝及叶柄基部有成对的皮刺，刺稍弯曲或直。奇数羽状复叶互生；**小叶 5～9**，长圆形或阔披针形，长 1～3.5 厘米，宽 0.5～1.5 厘米，先端尖或稍钝，基部圆形或楔形，边缘具细锯齿，表面深绿色，无毛，**背面灰白色，有粒状腺点**及短柔毛；叶柄有腺体；托叶宿存，长 1 厘米，下部 2/3 与叶柄合生。花单生或 2～3 朵；深红色，径约 4 厘米：萼片窄披针形，与花冠等长，全缘，果期时增大。蔷薇果球形或卵圆形，径 1～1.5 厘米，红色，具宿存萼。花期 6～7 月，果期 8～9 月。

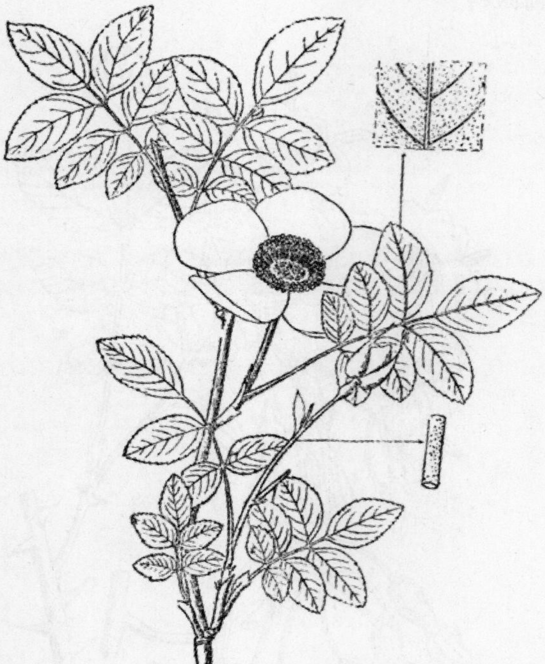

图 902 达乌里蔷薇
Rosa davurica Pall.

［生长环境］ 生在林缘开阔地，湿润处及河岸边，山坡灌丛间及杂林中。

［产　　地］ 黑龙江、吉林、辽宁、内蒙古、河北、山西等省区。

［用　　途］ 根、茎皮及叶含鞣质，可提制栲胶。

果可作果酱、果酒。花味清香，可制成玫瑰酱或提取香精，做高级点心馅用（见“淀粉及糖类”，540 页）。果实内含有丰富的维生素，占干重 4000～14000 毫克%，据吉林省资料：还含维生素 P、维生素 A、维生素 B、维生素 K 和维生素 E 等，果胶及糖分亦多。果实又可提取桔黄色染料。种子可榨油（见“油脂类”，786 页）。

［理化性质］ 各部位鞣质含量列表如下：

分析部位 \ 分析项目	水分（%）	鞣质（%）	非鞣质（%）	不溶物（%）	纯度（%）	备注
叶	11.30	15.94	20.50	2.33	43.71	中国科学院植物研究所分析资料
茎皮	—	14.32	11.49	—	55.5	黑龙江省资料
根	—	5.88	12.96	—	31.2	同上

［采收处理］ 挖掘根部，一年四季都可进行，但果实的用途颇广，应于果实采收后，采用轮伐更新法挖掘根。应选生长年龄较大的，年龄较小的小根无利用价值。将挖出的根除净泥土，晒干贮存。采收茎皮须在花后7～8月间，割取地上茎，用木棒锤打，使茎皮裂开，剥取，晒干，捆成大捆贮存。

［加 工］ 浸提前需将根或茎皮切成1～2厘米的小段，浸提温度以65～80℃之间为宜。

148 海伦蔷薇（hailunqiangwei）（图903）

［学 名］ **Rosa helenae** Rehd. et Wils. 蔷薇科

［形态特征］ 匍匐灌木，达5米；枝粗，无毛，紫棕色，具多数粗壮钩状皮刺。奇数羽状复叶，小叶7～9，少有5片的，长圆状卵形至卵状披针形，长2～4.5厘米，宽1～2.5厘米，先端短渐尖，基部圆形或阔楔形，边缘具锐锯齿，表面平滑，背面灰绿色，脉上具柔毛；叶柄长2～3.5厘米，密被柔毛；小叶柄长1～2毫米；托叶贴生，长1.5～2.5厘米，裂片卵形至三角形，长4～8毫米，几无毛，边缘具有柄腺毛。伞房花序顶生，多花，径6～15厘米；花白色，芳香，径3～4厘米；花梗细，长2～3厘米，具有柄腺毛；花托倒卵形或椭圆形，具有柄腺毛；萼片披针形，微呈羽状；花柱被柔毛。蔷薇果卵球形或长圆卵球形，长1～1.5厘米，深红色。花期5～6月（四川）。

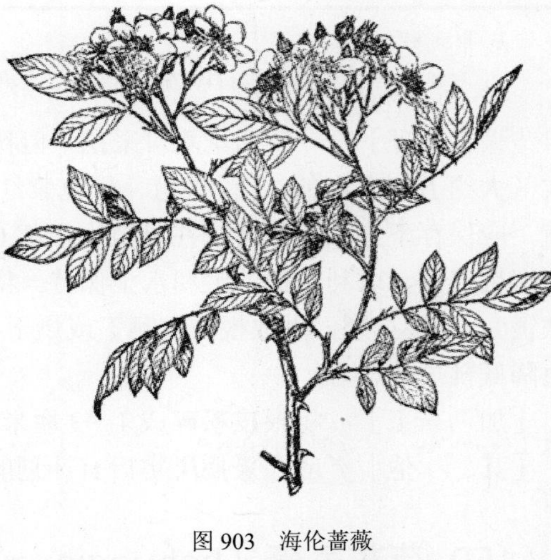

图903 海伦蔷薇
Rosa helenae Rehd. et Wils.
花枝

［产 地］ 湖北、四川、云南等省。

［用 途］ 根皮含鞣质，可提制栲胶。

［理化性质］ 据中国科学院四川分院林业科学研究所用皮粉法分析：根皮含水

分 15.06%，鞣质 13.77%，非鞣质 4.83%，纯度 74.03%。（分析样品采自四川峨眉山）

［采收处理］ 参阅金樱子（本页）。

［加　　工］ 参阅金樱子。

149 金樱子（jinyingzi）（图 442）

［学　　名］ **Rosa laevigata** Michx. (*R. sinica* Ait.) 蔷薇科

（地方名、形态特征、生长环境、产地及其他用途见“淀粉及糖类”，541 页）

［用　　途］ 根皮富含鞣质，可提制栲胶。

［理化性质］ 据中国科学院四川分院林业科学研究所用皮粉法分析，结果列表如下：

分析项目 / 分析部位	水分（%）	鞣　质（%）	非鞣质（%）	纯　度（%）	备　　注
根皮	15.26	12.49	8.33	59.99	样品采自四川涪陵
根皮	18.32	19.85	10.81	64.74	样品采自四川万县
根皮	16.54	19.21	8.34	69.73	样品采自四川武隆

注 1：根皮含混合类鞣质。

2：参阅“河北、四川植物鞣料调查研究”，轻工业出版社，1959 年 4 月第一版第 26 页及 31 页。

［采收处理］ 一年四季均可采挖，但秋季挖掘的根含鞣质较多。要选择生长年龄较大（大约五年左右的）、根条粗、颜色紫红或棕红色的。幼树的根小而嫩，无利用的价值，应保存下来。挖掘时应在离植物根部 0.3 米远的地方下锹，将老根挖出后，再用原土把坑培好，以利幼根繁殖和水土保持。将根上的泥土除净，然后用木棒锤打（不要用铁锤），把根打裂，剥取根皮，晒干或烘干，置于通风干燥处备用，勿使受潮或雨淋，以免降低鞣质的含量。

［加　　工］ 将根皮粉碎成 1～3 厘米小块，浸提温度以 75～90℃为宜。

［其　　他］ 应在采摘果实后有计划的进行挖掘根皮，否则会影响果实的收成。

150 荷花蔷薇（hehuaqiangwei）（图 904）

［地 方 名］ 野蔷薇（山东、广东），七星梅（广东），刺梅花（山东）。

［学　　名］ **Rosa multiflora** Thunb. 蔷薇科

［形态特征］ 有刺藤状灌木。奇数羽状复叶互生。**小叶** 5～11，阔卵形或稍作斜卵形，生于花枝上的长不及 4 厘米，先端短尖，基部钝圆，边缘有锯齿，两面无毛或被柔毛；托叶极明显，中部以下与叶柄合生，**边缘篦状深裂**。花多数，20 朵以上合成**圆锥花序**，白色或红色，单瓣或重瓣，芳香，径约 18 毫米；萼片 5，长圆状披针形或倒卵形，被微毛；雄蕊多数；心皮多数，分离，藏于萼筒底部，有胚珠 1 颗，花柱无毛，合生，

伸出于萼筒外。蔷薇果球形至卵形或倒卵形，直径约 6 毫米，褐红色，内含瘦果多颗。花期 5 月，果期 6～7 月。

［生长环境］　多生于路旁，田边和丘陵地的灌木丛中，亦有栽培为观赏植物的。

［产　　地］　山东、河南、江苏、安徽、浙江、江西、湖南、湖北、四川、云南、贵州、福建、广东、广西等省区。

［用　　途］　根皮含鞣质，可提制栲胶。

种子名“营实”，有除风湿，疗痈疽的效能，通常用作泻药及利尿药。花瓣可蒸制蔷薇花露，供饮用及药用。鲜花可提芳香油（见“芳香油类”，1354 页）。

［理化性质］　据中国林业科学研究院森林工业科学研究所用皮粉法分析：根皮含鞣质 23.30%，非鞣质 10.10%，不溶物 11.40%，纯度 69.60%。

［采收处理］　参阅金樱子（1130 页）。

［加　　工］　参阅金樱子。

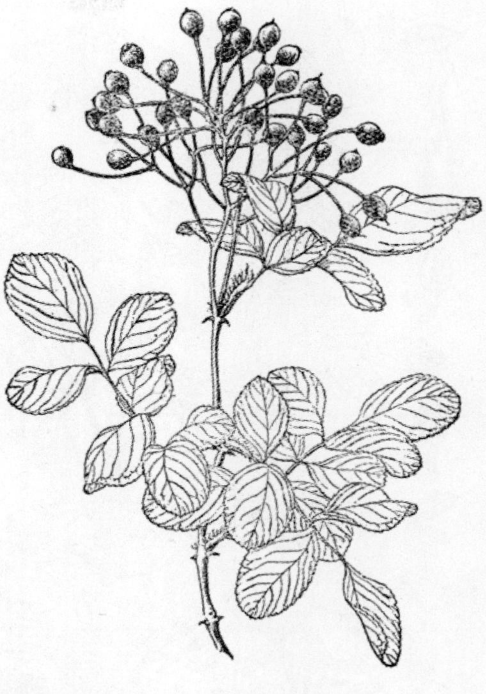

图 904　荷花蔷薇
Rosa multiflora Thunb.
果枝

151 峨眉蔷薇（emeiqiangwei）（图 905）

［学　　名］　**Rosa omeiensis** Rolfe　蔷薇科

［形态特征］　落叶灌木，高 3～4 米；茎直立，有扁平较阔的皮刺；幼枝稠密丛生，常具刺毛。奇数羽状复叶互生，小叶 9～17，长圆形至长椭圆形，长 8～30 毫米，先端微尖，基部楔形，边缘有锯齿，表面无毛，背面沿中脉有极细毛；托叶生于叶柄基部；叶柄有极细毛与刺。花白色，单生，直径 2.5～3.5 厘米；萼片 4；花瓣 4，稀为 5；雄蕊多数；雌蕊多数，包于壶状花托内，花柱稍伸出花托外，联合成头状；花梗与花托平滑。蔷薇果梨形，长 8～15 毫米，鲜红色；有黄色肉质果梗。花期 5～6 月，果期 8～9 月。

［生长环境］　高山针阔叶混交林下或灌木丛中，海拔高度约在 2000～3000 米之间，喜生于疏松的肥沃沙壤土上。

［产　　地］　陕西、甘肃、青海、湖北、四川、云南等省。

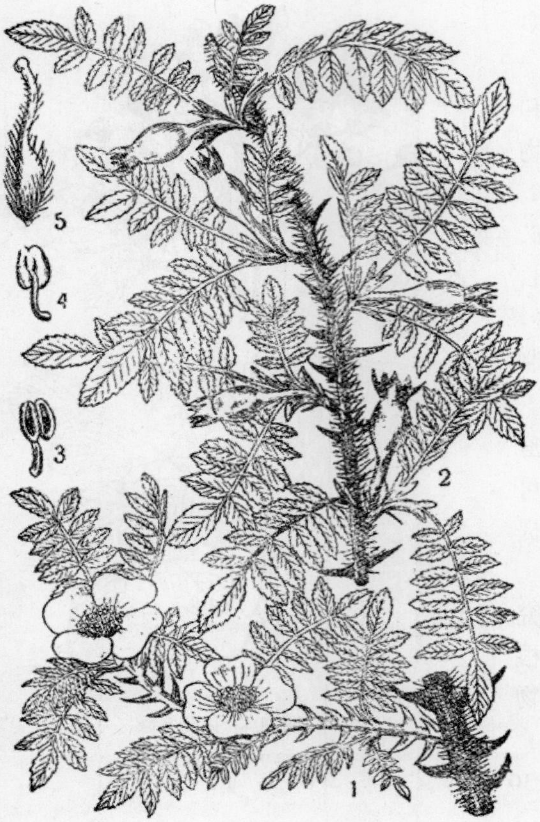

图 905 峨眉蔷薇
Rosa omeiensis Rolfe.
1. 花枝；2. 果枝；3,4. 雄花；5. 雌蕊。

［用　　途］ 根可提制栲胶。果可食及酿酒（见“淀粉及糖类”，542 页）；还可入药。花可提取芳香油。

［理化性质］ 据中国科学院四川分院林业科学研究所用皮粉法分析：根皮含水分 17.77%，鞣质 16.31%，非鞣质 7.43%，纯度 68.70%（分析样品采自四川峨眉山）。

［采收处理］ 参阅金樱子（1130 页）。

［加　　工］ 参阅金樱子。

152 缫丝花（chaosi-hua）（图 1565）

［学　　名］ **Rosa roxburghii** Tratt. 蔷薇科

（地方名、形态特征、生长环境、产地及其他用途见“其他类”，2076 页）

［用　　途］ 根、茎皮均含鞣质，可提制栲胶。

［理化性质］ 据中国科学院四川分院林业科学研究所用皮粉法分析，结果列表如下：

分析部位 \ 分析项目	水分 (%)	鞣　质 (%)	非鞣质 (%)	纯　度 (%)
根　　皮	16.10	19.75	7.19	73.31
根（木质部）	14.16	4.43	3.73	54.29

注：分析样品系野刺梨（Rosa roxburghii Tratt. var. normalis Rehd. et Wils.）的根部；样品采自四川峨眉山。

又据贵州省野生植物普查队野外粗分析结果：茎皮含鞣质 20%。

［采收处理］ 参阅金樱子（1130 页）。

［加　　工］ 参阅金樱子。

153 荼蘼花（tumihua）（图906）

［地 方 名］　和尚头、倒挂刺、小果蔷薇（四川）。

［学　　名］　**Rosa rubus** Lévl. et Vant.　蔷薇科

［形态特征］　落叶攀援灌木，高达6米；枝有少数的钩状皮刺，被密毛。奇数羽状复叶互生，**小叶通常5或3**，革质，卵圆或倒卵圆形，长可达7.5厘米，先端锐，基部阔楔形，缘有粗锯齿，背面脉上有绒毛，叶柄有毛。**伞房花序**，花梗短，有绒毛；萼片全缘或微羽裂，外面被毛；花瓣白色；**花柱长，有毛**。蔷薇果深红色，球形，径约8毫米，果梗粗而大。花期6月，果期8月。

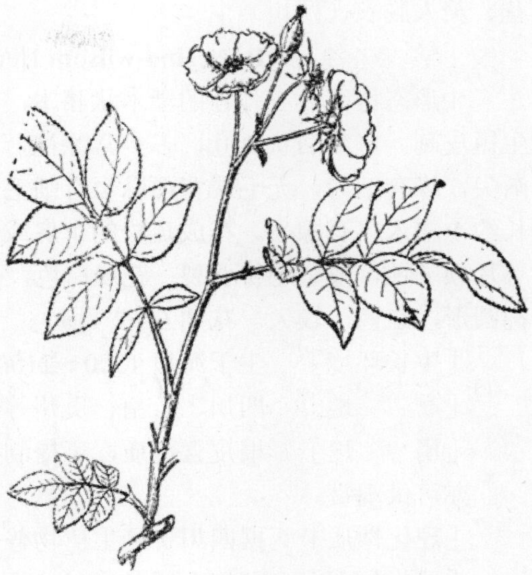

图906　荼蘼花
Rosa rubus Lévl. et Vant.

图907　威氏蔷薇
Rosa sino-wilsoni Hemsl.

［生长环境］　在灌木林中及山坡路旁均能生长。

［产　　地］　湖北、贵州、四川等省。

［用　　途］　根皮含鞣质，可提制栲胶。

果可酿酒及制果酱。

［理化性质］　据中国科学院四川分院林业科学研究所用皮粉法分析：根皮含水分14.42～15.61%，鞣质11.90～19.18%，非鞣质6.39～8.55%，纯度65.06～69.16%；属缩合类鞣质。

［采收处理］　参阅金樱子（1130页）。

［加　　工］　参阅金樱子。

154 威氏蔷薇（weishi-qiangwei）（图907）

［地 方 名］　和尚头、七姊妹、红刺

花、美人脱衣（四川）

［学　　名］ **Rosa sino-wilsoni** Hemsl.　蔷薇科

［形态特征］ 强壮的灌木状藤本，高达 6～7 米；茎幼时褐红色，无毛，枝上散生短皮刺。奇数羽状复叶，多少常绿性，革质，**小叶 5 或 7**，卵圆形或卵状长圆形，长渐尖，缘有细齿，无毛或背面脉上有细毛，亮绿色；**托叶甚狭**，1/2 以上附于叶柄上，长约 1 厘米，有腺齿。花成疏松的伞房或圆锥花序；花梗粗壮，无毛，无或微有腺毛；萼片顶端钝，或呈尾状羽裂；花瓣白色，全缘，外面有毛，带黑色；**花柱伸出**。蔷薇果椭圆形，红色，较大。花期 6～7 月。

［生长环境］ 生于海拔 1200～2100 米，阴处、路旁及灌木丛中较多。

［产　　地］ 四川、云南、贵州等省。

［用　　途］ 根皮含鞣质，可提制栲胶。

亦可供观赏。

［理化性质］ 据四川省野生植物普查队野外粗分析：根皮含鞣质 6.8%。

［采收处理］ 参阅金樱子（1130 页）。

［加　　工］ 参阅金樱子。

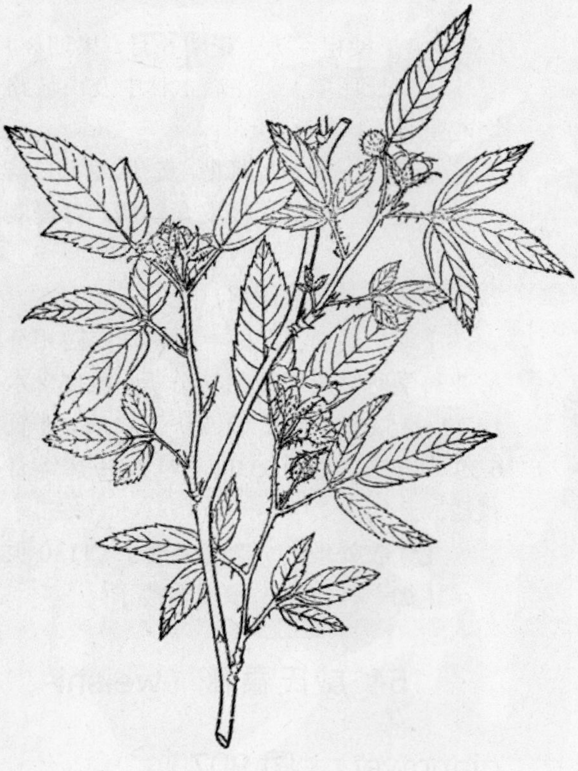

图 908　德氏悬钩子
Rubus delavayi Franch.

155 蓬蘽（penglei）（图 447）

［学　　名］ **Rubus crataegifolius** Bge.　蔷薇科

（地方名、形态特征、生长环境、产地及其他用途，见“淀粉及糖类”，546 页）

［用　　途］ 全株含鞣质，可提制栲胶。

［理化性质］ 据辽宁省资料：全株含鞣质 10.92%。又据山东省资料：根含鞣质 8.19～10.77%。

［采收处理］ 在 7～8 月间（花期），用镰割取地上部分，晒干或阴干捆成大捆，置于通风干燥处贮存。

［加　　工］ 浸提前将全株切成 1～2 厘米的小段，浸提温度以 70～85℃为宜。

156 德氏悬钩子（deshixuangouzi）（图 908）

［学　　名］ **Rubus delavayi** Franch.　蔷薇科

［形态特征］ 直立小灌木，高 1～2 米；茎光滑无毛，微具皮刺，基部扩大，直生或略弯曲。叶纸质，**为三出复叶，小叶披针形**或线状披针形，长 4～6 厘米，宽 8～15 毫米，先端渐尖，基部渐狭，边缘近基部具牙齿，光滑，粉绿色；叶柄长 3～4 厘米，有细小皮刺；托叶刚毛状。花 1～2 朵腋生或顶生，花梗长 1～2 厘米，与萼皆有细柔毛及皮刺；萼片披针形，附属物叶状，线形，具刺；花瓣白色，倒卵形，外面有短柔毛，较萼短；雄蕊花丝密被柔毛。花期 4～5 月。

［生长环境］ 生山沟稀疏灌丛内，有时生多石砾河滩中。

［产　　地］ 云南、四川等省。

［用　　途］ 叶含鞣质，可提制栲胶。

［理化性质］ 据中国科学院昆明植物研究所用皮粉法分析：叶含鞣质 15.19%，非鞣质 8.87%，纯度 63.13%；属混合类鞣质。（分析样品采自四川西昌）

［采收处理］ 花期采叶，晒干后妥善保管，防止受潮。

［加　　工］ 将叶子切成 2～3 厘米碎块，浸提温度由 45℃逐步升到 65℃。

157 栽秧藨（zaiyangbiao）（图 909）

［地 方 名］ 栽秧泡、黄藨（四川），苆秧泡（贵州）。

［学　　名］ **Rubus ellipticus** Smith var. **obcordata** Focke　蔷薇科

［形态特征］ 落叶灌木，高 1～2 米；小枝有下弯的皮刺。叶纸质，为三出羽状复叶，**小叶倒心形或倒卵形**，长 2～4 厘米，宽 2.5～5 厘米，中央一片较大，**先端截形至圆形，通常凹入**，基部阔楔形，边缘具细锐锯齿，表面光滑无毛，背面灰白色，密被白绒毛；小叶柄长约 1 毫米；托叶线形。花为密集的**圆锥花序**；萼片 5，卵形，灰绿色，基部合生，**外面密被短绒毛**；花瓣 5，倒卵形，较萼片大，白或淡红色；雄蕊多数，药黄色；心皮多数，具毛。果为多数小核

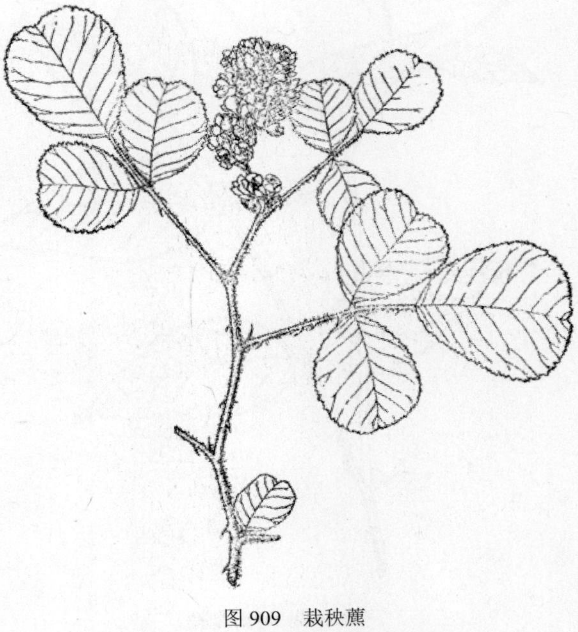

图 909　栽秧藨

Rubus ellipticus Smith var. obcordata Focke

果组成的聚合果，球形，黄色。花期2～3月，果期6月。

［生长环境］ 生于山坡、路旁丛林或灌丛中。

［产　　地］ 四川、云南、贵州等省。

［用　　途］ 根皮含鞣质，可提制栲胶。

［理化性质］ 据四川省野生植物普查队野外粗分析：根皮含鞣质达45%。

［采收处理］ 参阅金樱子（1130页）。

［加　　工］ 参阅金樱子。

158 大红藨（dahongbiao）（图910）

［地 方 名］ 大红袍（四川）

［学　　名］ **Rubus eustephanus** Focke　蔷薇科

［形态特征］ 灌木，高1～2米；小枝具倒钩状皮刺。奇数羽状复叶，**小叶通常5～7**，卵形，先端渐尖，基部圆形，边缘有钝齿，两面均疏生短毛；小叶柄甚短，叶柄及叶轴上均有倒钩状刺。**花2～5成近似伞形花序**，腋生；萼片三角卵形，外面绿色，无毛，内面灰白色，密生白毛；花瓣宽倒卵形，红色；雄蕊多数；心皮多数。果为多数小核果组成集合果。

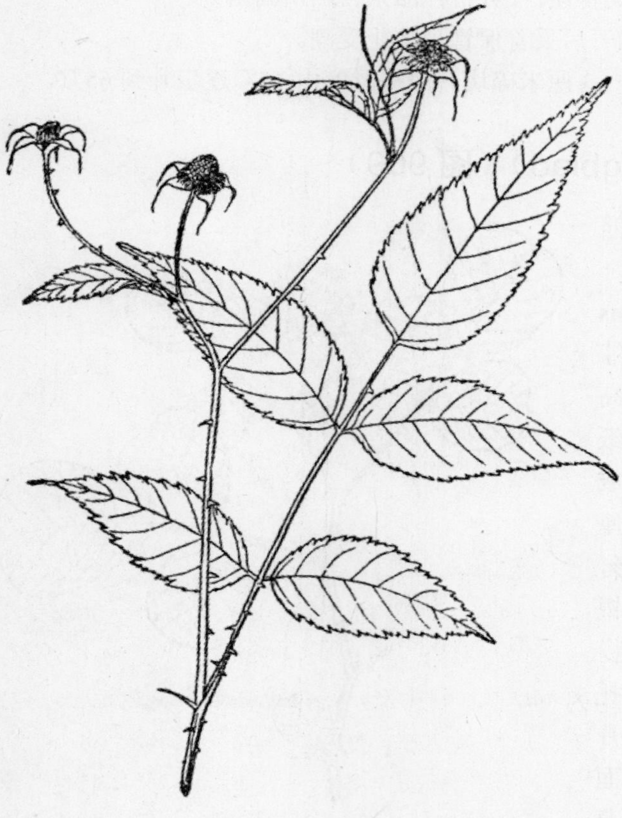

图910　大红藨
Rubus eustephanus Focke

［生长环境］ 生于山谷、山坡及林中。

［产　　地］ 四川、湖南、福建等省。

［用　　途］ 根皮含鞣质，可提制栲胶。

［理化性质］ 据四川省野生植物普查队野外粗分析：根皮含鞣质30～40%。

［采收处理］ 参阅金樱子（1130页）。

［加　　工］ 参阅金樱子。

156 德氏悬钩子（deshixuangouzi）（图 908）

［学　　名］ **Rubus delavayi** Franch.　蔷薇科

［形态特征］ 直立小灌木，高 1～2 米；茎光滑无毛，微具皮刺，基部扩大，直生或略弯曲。叶纸质，**为三出复叶，小叶披针形**或线状披针形，长 4～6 厘米，宽 8～15 毫米，先端渐尖，基部渐狭，边缘近基部具牙齿，光滑，粉绿色；叶柄长 3～4 厘米，有细小皮刺；托叶刚毛状。花 1～2 朵腋生或顶生，花梗长 1～2 厘米，与萼皆有细柔毛及皮刺；萼片披针形，附属物叶状，线形，具刺；花瓣白色，倒卵形，外面有短柔毛，较萼短；雄蕊花丝密被柔毛。花期 4～5 月。

［生长环境］ 生山沟稀疏灌丛内，有时生多石砾河滩中。

［产　　地］ 云南、四川等省。

［用　　途］ 叶含鞣质，可提制栲胶。

［理化性质］ 据中国科学院昆明植物研究所用皮粉法分析：叶含鞣质 15.19%，非鞣质 8.87%，纯度 63.13%；属混合类鞣质。（分析样品采自四川西昌）

［采收处理］ 花期采叶，晒干后妥善保管，防止受潮。

［加　　工］ 将叶子切成 2～3 厘米碎块，浸提温度由 45℃逐步升到 65℃。

157 栽秧藨（zaiyangbiao）（图 909）

［地 方 名］ 栽秧泡、黄藨（四川），莳秧泡（贵州）。

［学　　名］ **Rubus ellipticus** Smith var. **obcordata** Focke　蔷薇科

［形态特征］ 落叶灌木，高 1～2 米；小枝有下弯的皮刺。叶纸质，为三出羽状复叶，**小叶倒心形或倒卵形**，长 2～4 厘米，宽 2.5～5 厘米，中央一片较大，**先端截形至圆形，通常凹入**，基部阔楔形，边缘具细锐锯齿，表面光滑无毛，背面灰白色，密被白绒毛；小叶柄长约 1 毫米；托叶线形。花为密集的**圆锥花序**；萼片 5，卵形，灰绿色，基部合生，**外面密被短绒毛**；花瓣 5，倒卵形，较萼片大，白或淡红色；雄蕊多数，药黄色；心皮多数，具毛。果为多数小核

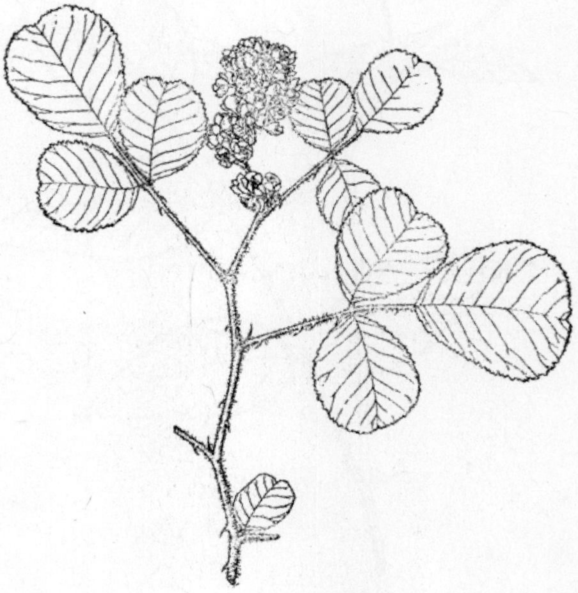

图 909　栽秧藨

Rubus ellipticus Smith var. obcordata Focke

果组成的聚合果，球形，黄色。花期2～3月，果期6月。

［生长环境］ 生于山坡、路旁丛林或灌丛中。

［产　　地］ 四川、云南、贵州等省。

［用　　途］ 根皮含鞣质，可提制栲胶。

［理化性质］ 据四川省野生植物普查队野外粗分析：根皮含鞣质达45%。

［采收处理］ 参阅金樱子（1130页）。

［加　　工］ 参阅金樱子。

158 大红藨（dahongbiao）（图910）

［地 方 名］ 大红袍（四川）

［学　　名］ **Rubus eustephanus** Focke　蔷薇科

［形态特征］ 灌木，高1～2米；小枝具倒钩状皮刺。奇数羽状复叶，**小叶通常5～7**，卵形，先端渐尖，基部圆形，边缘有钝齿，两面均疏生短毛；小叶柄甚短，叶柄及叶轴上均有倒钩状刺。**花2～5成近似伞形花序**，腋生；萼片三角卵形，外面绿色，无毛，内面灰白色，密生白毛；花瓣宽倒卵形，红色；雄蕊多数；心皮多数。果为多数小核果组成集合果。

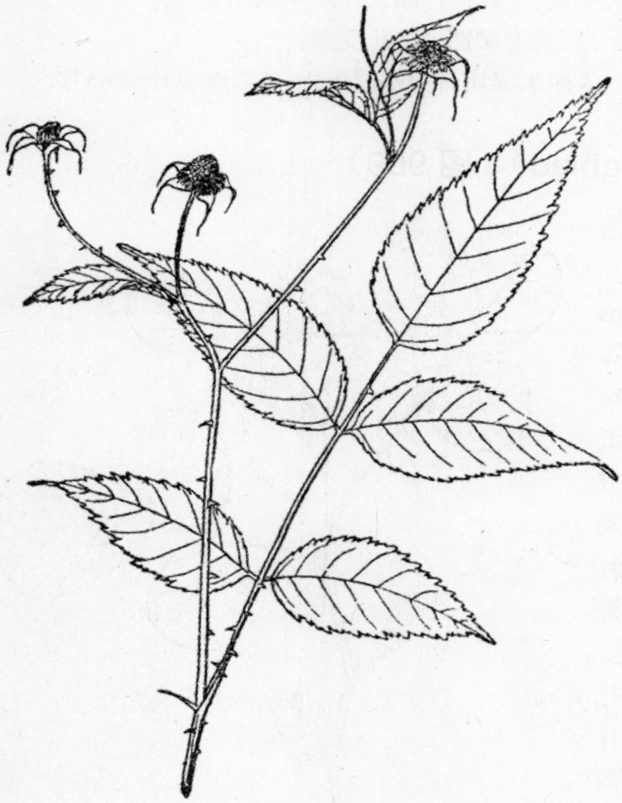

图910　大红藨

Rubus eustephanus Focke

［生长环境］ 生于山谷、山坡及林中。

［产　　地］ 四川、湖南、福建等省。

［用　　途］ 根皮含鞣质，可提制栲胶。

［理化性质］ 据四川省野生植物普查队野外粗分析：根皮含鞣质30～40%。

［采收处理］ 参阅金樱子（1130页）。

［加　　工］ 参阅金樱子。

156 德氏悬钩子（deshixuangouzi）（图 908）

［学　　名］ **Rubus delavayi** Franch.　蔷薇科

［形态特征］ 直立小灌木，高 1～2 米；茎光滑无毛，微具皮刺，基部扩大，直生或略弯曲。叶纸质，**为三出复叶，小叶披针形**或线状披针形，长 4～6 厘米，宽 8～15 毫米，先端渐尖，基部渐狭，边缘近基部具牙齿，光滑，粉绿色；叶柄长 3～4 厘米，有细小皮刺；托叶刚毛状。花 1～2 朵腋生或顶生，花梗长 1～2 厘米，与萼皆有细柔毛及皮刺；萼片披针形，附属物叶状，线形，具刺；花瓣白色，倒卵形，外面有短柔毛，较萼短；雄蕊花丝密被柔毛。花期 4～5 月。

［生长环境］ 生山沟稀疏灌丛内，有时生多石砾河滩中。

［产　　地］ 云南、四川等省。

［用　　途］ 叶含鞣质，可提制栲胶。

［理化性质］ 据中国科学院昆明植物研究所用皮粉法分析：叶含鞣质 15.19%，非鞣质 8.87%，纯度 63.13%；属混合类鞣质。（分析样品采自四川西昌）

［采收处理］ 花期采叶，晒干后妥善保管，防止受潮。

［加　　工］ 将叶子切成 2～3 厘米碎块，浸提温度由 45℃逐步升到 65℃。

157 栽秧藨（zaiyangbiao）（图 909）

［地 方 名］ 栽秧泡、黄藨(四川)，薅秧泡（贵州）。

［学　　名］ **Rubus ellipticus** Smith var. **obcordata** Focke　蔷薇科

［形态特征］ 落叶灌木，高 1～2 米；小枝有下弯的皮刺。叶纸质，为三出羽状复叶，**小叶倒心形或倒卵形**，长 2～4 厘米，宽 2.5～5 厘米，中央一片较大，**先端截形至圆形，通常凹入**，基部阔楔形，边缘具细锐锯齿，表面光滑无毛，背面灰白色，密被白绒毛；小叶柄长约 1 毫米；托叶线形。花为密集的**圆锥花序**；萼片 5，卵形，灰绿色，基部合生，**外面密被短绒毛**；花瓣 5，倒卵形，较萼片大，白或淡红色；雄蕊多数，药黄色；心皮多数，具毛。果为多数小核

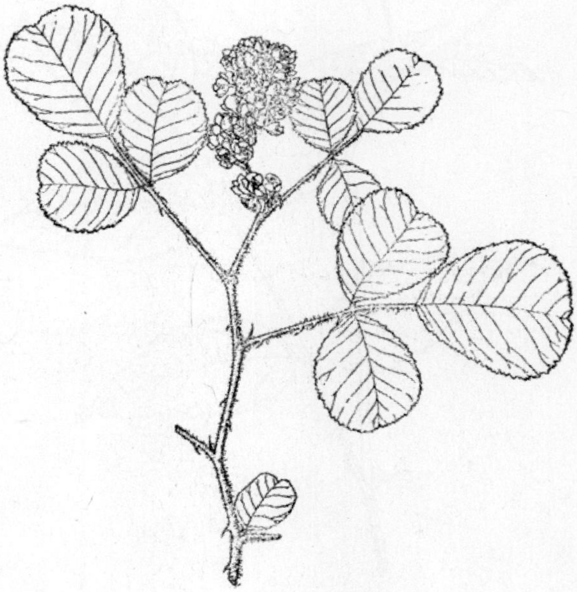

图 909　栽秧藨
Rubus ellipticus Smith var. obcordata Focke

果组成的聚合果，球形，黄色。花期 2～3 月，果期 6 月。

［生长环境］ 生于山坡、路旁丛林或灌丛中。

［产　　地］ 四川、云南、贵州等省。

［用　　途］ 根皮含鞣质，可提制栲胶。

［理化性质］ 据四川省野生植物普查队野外粗分析：根皮含鞣质达 45%。

［采收处理］ 参阅金樱子（1130 页）。

［加　　工］ 参阅金樱子。

158 大红藨（dahongbiao）（图 910）

［地 方 名］ 大红袍（四川）

［学　　名］ **Rubus eustephanus** Focke 蔷薇科

［形态特征］ 灌木，高 1～2 米；小枝具倒钩状皮刺。奇数羽状复叶，**小叶通常 5～7**，卵形，先端渐尖，基部圆形，边缘有钝齿，两面均疏生短毛；小叶柄甚短，叶柄及叶轴上均有倒钩状刺。**花 2～5 成近似伞形花序**，腋生；萼片三角卵形，外面绿色，无毛，内面灰白色，密生白毛；花瓣宽倒卵形，红色；雄蕊多数；心皮多数。果为多数小核果组成集合果。

图 910 大红藨
Rubus eustephanus Focke

［生长环境］ 生于山谷、山坡及林中。

［产　　地］ 四川、湖南、福建等省。

［用　　途］ 根皮含鞣质，可提制栲胶。

［理化性质］ 据四川省野生植物普查队野外粗分析：根皮含鞣质 30～40%。

［采收处理］ 参阅金樱子（1130 页）。

［加　　工］ 参阅金樱子。

159 羊尿藨（yangniaobiao）（图 911）

［地 方 名］ 羊乌泡（湖南）

［学 名］ **Rubus malifolius** Focke 蔷薇科

［形态特征］ 落叶灌木，平卧或攀援；茎具弯曲短刺。叶片椭圆形至长圆椭圆形，长 5～12 厘米，先端渐尖，基部圆形，缘具有小短尖齿，表面无毛，背面脉上被毛；叶柄长 5～15 毫米。总状花序顶生，长 5～10 厘米；萼具毛；花瓣近圆形。果黑色，有异味。花期 6 月，果期 7 月。

［生长环境］ 生于林下、林中、灌木丛中及溪边阴蔽处。

［产 地］ 湖南、云南、广东等省。

［用 途］ 根皮含鞣质，可提制栲胶。

［理化性质］ 据广东林学院用高锰酸钾氧化法分析：根皮含鞣质 9.57%，水分 26.55%（分析样品采自湖南省）。

［采收处理］ 参阅金樱子（1130 页）。

［加 工］ 参阅金樱子。

图 911 羊尿藨
Rubus malifolius Focke

160 石生悬钩子（shishengxuangouzi）（图 912）

［地 方 名］ 天山悬钩子（东北），托盘（河北）。

［学 名］ **Rubus saxatilis** L. 蔷薇科

［形态特征］ 草本状灌木，高达 30 厘米；茎草质，每年由木质根状茎上发新枝，全株被柔毛。三出羽状复叶，小叶菱状卵形至卵形，长 3.5～8 厘米，宽 2.5～6 厘米，先端渐尖，基部阔楔形，两侧小叶基部不对称，斜楔形，缘具重锯齿，表面无毛，背面疏生毛，脉上毛更多，有时边缘具疏毛；叶柄长 5～9 厘米，具刺毛，顶生小叶具小叶柄，长 1～1.5 厘米，侧生小叶近于无柄；托叶狭卵形，长 4～7 毫米。花序伞房状，短小，具花 3～8 朵；萼筒 5 深裂，宿存；花瓣 5，白色，倒披针形；雄蕊多数；雌蕊多数，花柱近于顶生。聚合果，由多数小核果组成，鲜红色。花期 5～6 月，果期 7～8 月。

［生长环境］ 生于山地、林中较湿润处。

图912 石生悬钩子
Rubus saxatilis L.
小枝

［产　　地］ 黑龙江、吉林、辽宁、河北、山西、新疆等省区。

［用　　途］ 茎叶、根皮均含鞣质，可提制栲胶。

［理化性质］ 据中国科学院植物研究所用皮粉法分析：茎叶含水分 16.7%，总固物 33.17%，可溶物 29.58%，不溶物 3.59%，鞣质 11.52%，非鞣质 18.06%，纯度 38.95%；属缩合类鞣质。

［采收处理］ 秋季挖根，挖出后除净泥土晒干；叶在 7 月间采收，及时加工或晒干备用。

［加　　工］ 将根皮切成 1～3 厘米小段，叶切成 2～4 厘米小片，浸提温度以 60～85℃为宜。

161 川莓（chuan-mei）（图 913）

［学　　名］ **Rubus setchuenensis** Bur. et Franch.　蔷薇科

［形态特征］ 落叶灌木，茎圆柱形，无刺，密被灰褐色茸毛。单叶，心形，不显明 5～7 裂，径 7～16 厘米，裂片较宽，顶端钝，基部心形，边缘不整齐犬齿状，表面深绿色，粗糙，背面灰白色，密生短茸毛；叶柄长 5～7 厘米；托叶较宽，近似卵圆形，基部不对称，顶端浅裂。花径 1～1.5 厘米，为圆锥花序，或密集簇生叶腋；萼片三角形，有茸毛；花瓣紫色，倒卵圆形；雄蕊多数。果黑色，为多数小核果组成的聚合果。

［生长环境］ 生于路边、林边，林中及山坡等处。

［产　　地］ 四川省

［用　　途］ 根皮含鞣质，可提制栲胶。

茎及根皮可作造纸原料；果甜可食。

［理化性质］ 据四川省资料：根皮含鞣质 20～30%。

［采收处理］ 参阅金樱子（1130 页）。

［加　　工］ 参阅金樱子。

162 高山地榆（gaoshan-diyu）

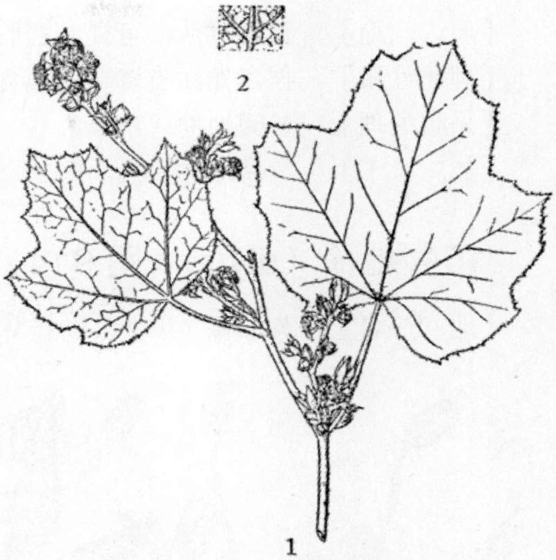

图 913　川莓
Rubus setchuenensis Bur. et Franch.
1．花枝；2．叶片放大。

［学　　名］　**Sanguisorba alpina** Bge.　蔷薇科

［形态特征］　多年生草本，高 15～80 厘米；茎单生或上部分枝，基部及花序下部微有毛。基生叶具长叶柄，**小叶** 11～17，**长卵圆形或椭圆形**，长 2.5～6 厘米，宽 1～1.5 厘米，先端截形，**基部截形或微心形**，边缘有锥状锐锯齿，表面疏生柔毛，背面光滑。**花序**直立或**下垂**，长 1.5～8 厘米，初为**短椭圆形**，后伸长成长圆筒形；花淡**黄绿色**，有时带淡红色；苞片卵圆披针形，浅棕色，具短柔毛，较花托长；萼片卵圆形，长于花托 1/2；雄蕊较萼长 1～1.5 倍。花托在果期背棱具短宽翅，翅宽达 1.5 毫米。花期 6～7 月。

［生长环境］　生于海拔 2200～2500 米，潮湿处，形成亚高山草甸。

［产　　地］　新疆维吾尔自治区

［用　　途］　根含鞣质，可提制栲胶。

［理化性质］　据新疆维吾尔自治区资料，根含鞣质 18～21%。

［采收处理］　秋末至春初挖根，除去泥土，阴干或晒干备用。

［加　　工］　将原料切成 1～3 厘米小块，浸提温度以 65～85℃为宜。

163 腺地榆（xiandiyu）

［地 方 名］　地榆（吉林、黑龙江、辽宁、内蒙古）

［学　　名］　**Sanguisorba glandulosa** Kom.　蔷薇科

［形态特征］　多年生草本，高逾 1 米，**幼时密被小腺**，成熟时稀疏。基生叶长达 40 厘米，羽状复叶，小叶 11～12，心形，长圆形或卵圆形，长 6～10 厘米，宽 3～3.5 厘米，背面沿脉有长柔毛，其他部有短柔毛，小叶柄不甚长；茎生叶较小，具短小叶柄或无柄。**花柄密被柔毛及腺毛，浅红棕色**；苞片渐尖或急尖，有白色硬毛及疏腺毛；花序多数，球形或椭圆形，长 1～2 厘米，花序轴密被毛；花托有四棱；萼片微急尖，**暗红色**，基部沿脉先端有毛；雄蕊较花萼短。花、果期 7～10 月。

［生长环境］　生于荒山坡，有抗寒性。

［产　　地］　黑龙江、吉林、辽宁、内蒙古等省区。

［用　　途］　根含鞣质，可提制栲胶。

［理化性质］　据黑龙江省资料：根含鞣质9.58%。

［采收处理］　参阅地榆（本页）。

［加　　工］　参阅地榆。

164 地榆（diyu）（图914）

［地方名］　黄瓜香（黑龙江、吉林、辽宁、河北、山东），马猴枣、鞭枣胡子、山枣子（山西），地芽、野生麻（四川），地榆子、马虎枣、山参子（山东），一枝箭、小紫草（江苏），鼻拉塌（青海），山红枣（福建、浙江），地皮扒（湖南）

图914　地榆

Sanguisorba officinalis L.

1. 植株的一部分；2. 花枝；3. 花；4. 果实；5. 根。

（自"中国药用植物志"）

［学　　名］　**Sanguisorba officinalis** L.　蔷薇科

［形态特征］　多年生草本，高1米许，全体无毛。根状茎肥厚，茎直立，有棱沟。奇数羽状复叶互生，基生叶有长柄，茎生叶近于无柄，基部膜质，两侧膨大展开，附有半圆环抱状的托叶；小叶5～19，线状长椭圆形或长圆形，长1.5～6厘米，宽0.5～2厘米，先端尖，基部微呈心形，截形或阔楔形，边缘具尖圆锯齿，两面无毛；小叶柄短，柄基具一对有齿的小托叶。花成顶生的卵圆形或长圆形的穗状花序，总梗细长稍有细毛；苞片膜质，线状披针形，有长毛；萼片4，紫红色；无花瓣；雄蕊4；花柱4裂，子房有毛。瘦果圆球形。花、果期6～9月。

［生长环境］　生于山地、林下平地、林缘坡地以及阴湿草丛中，草原等地。

［产　　地］　黑龙江、吉林、辽宁、内蒙古、河北、山东、山西、河南、陕西、甘肃、青海、安徽、江苏、浙江、湖南、湖北、江西、福建、四川、云南、贵州、广东、广西等省区。

［用　　途］　根、茎、叶均含有鞣质，可制栲胶。

根状茎可供药用（见“药用类”，1754页）。

[理化性质]　各部位的鞣质含量列表如下：

分析项目 分析部位	鞣质（%）	非鞣质（%）	纯度（%）	备注
根	15.44	29.36	34.60	黑龙江省资料
茎、叶	4.42	11.77	27.30	同上
根	8.20～14.50	13.56～17.50	37.68～45.31	中国科学院植物研究所
茎、叶	6.06	19.58	26.63	同上

地榆因不同年龄、不同部位，在不同时期采收，其鞣质的含量有很大变化，详见下表：

采集日期		植物年龄	分析部位	水分（%）	总固物（%）	可溶物（%）	不溶物（%）	鞣质（%）	非鞣质（%）	纯度（%）
月	日									
4	24	多年生	根	12.30	29.60	27.35	2.25	12.85	14.50	46.95
5	18	同上	叶	12.05	41.40	38.9	2.50	10.10	28.80	25.95
8	27	同上	根	12.81	32.58	28.14	4.44	14.58	13.56	51.80
8	27	同上	叶	9.98	39.00	32.62	6.38	16.32	16.30	50.03
9	10	一年生	根	14.50	38.17	31.3	6.87	11.50	19.80	36.70
9	10	同上	叶	11.17	38.70	37.1	1.60	12.50	24.60	33.70

[采收处理]　地榆晚期比早期含鞣质量高，采收工作宜在秋后进行。一年生地榆的根还小，且鞣质含量较低，宜保留继续繁殖，只采多年生的，秋后多年生的地榆均已生茎，一年生的不具茎，容易识别。采收时对多年生的地榆，也要保留少许地下茎于土中，使其继续繁殖，以备次年采收。地榆根、茎、叶均可提取栲胶。采收的原料应在阴凉处风干，不要暴晒、雨淋，防止发霉；暴晒雨淋均能影响鞣质的含量。

[加　　工]　地榆的适当浸提温度为50～60℃，粉碎度以1厘米左右为宜。

[其　　他]　地榆为多年生的宿根草本植物，适应性较强，微酸性以至微碱性的土壤均可栽培，因种子细小，盖土宜薄，并注意保持土壤湿润，每亩大约可植3000株，一年以后即可收获，每亩可得于原料约500公斤。

165 小白花地榆（xiaobaihuadiyu）（图915）

[地 方 名]　黄瓜香、白花地榆（黑龙江），细叶地榆、多穗地榆（吉林）。

[学　　名]　**Sanguisorba parviflora** (Maxim.) Takeda (*S. tenuifolia* Fisch.)　蔷薇科

[形态特征]　多年生草本，高1～1.8米。根状茎粗大，块状，木质，下面生数个至多数粗大的长纺锤状与绳状的根。茎直立，上部疏分枝。奇数羽状复叶，基生，并于

茎上互生；托叶半圆形近肾形，具粗大牙齿；基生叶及下部茎生叶甚大，长可达 50 厘米，叶柄长 10～20 厘米；**小叶 9～23，线形或长圆状线形**，长 4～9 厘米，宽 0.4～1.8 厘米，先端稍尖或钝，基部截形，阔楔形或微心形，边缘具大牙齿，无毛；小叶无柄或具短柄，具小托叶或缺如，茎生叶愈向上部则愈狭小，小叶数目亦愈少。**花白色**，成顶生穗状花序，**线状圆柱形或线形，弯而下垂**，长 2～7 厘米，宽 4～6 毫米。花期 7～8 月，果期 9 月。

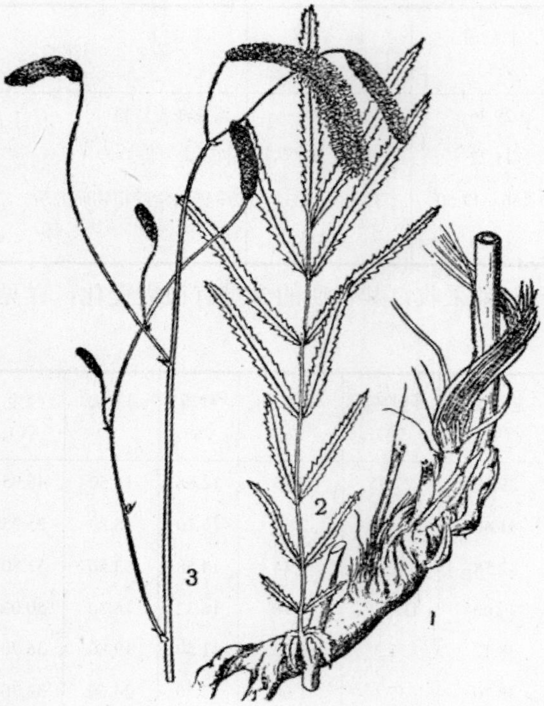

图 915　小白花地榆
Sanguisorba parviflora（Maxim.）Takeda
1．根部；2．茎生叶；3．花序的一部。

［生长环境］　生于林缘或林间湿草地，沼泽湿草地，杂草甸或草地。

［产　　地］　吉林、黑龙江等省。

［用　　途］　根及全株含鞣质，可提制栲胶。

根亦作地榆入药，为消炎、收敛、止血药。也作兽药，效用略同中药。根含淀粉及可溶性糖，可酿酒。又为蜜源植物。

［理化性质］　据黑龙江省资料：全株含鞣质 6.06%，非鞣质 3.79%，纯度 61.52%；另据吉林省资料：根含鞣质 10.31%。

［采收处理］　参阅地榆（1140 页）。

［加　　工］　参阅地榆。

166 大白花地榆（dabaihuadiyu）（图 916）

［学　　名］　**Sanguisorba sitchensis** C. A. Mey.　蔷薇科

［形态特征］　多年生直立草本，高 40～80 厘米。根状茎粗而长，横卧、斜生或直向下伸。奇数羽状复叶，基生叶大，小叶 7～13，阔椭圆形或阔卵形，有时近圆形，长 2～5 毫米，宽 1.7～4 厘米，先端钝圆，**基部心形**或近截形，稀阔楔形，边缘具大牙齿，无毛；茎叶互生，愈向上部愈小，有时常无茎生叶（茎生叶成苞状）；托叶半圆形，具粗大牙齿。穗状花序单一，顶生成数个花穗疏生于茎顶，有长梗，**花穗长圆柱形**，长 1.5～10 厘米，粗 7～12 毫米，直立；**花白色**，自基部向上开放。花期 7～8 月，果期 9 月。

［生长环境］　生于林缘疏林内及山路边，高山草原下部低凹沟中稍湿处。

［产　　地］　吉林长白山附近。

［用　　途］　根及叶含鞣质，可提制栲胶。

根亦含淀粉（14.55%），可作酿酒原料。

［理化性质］　据吉林师范大学分析：根含鞣质 16.60%，叶含鞣质 10.05%。

［采收处理］　参阅地榆（1140 页）。

［加　　工］　参阅地榆。

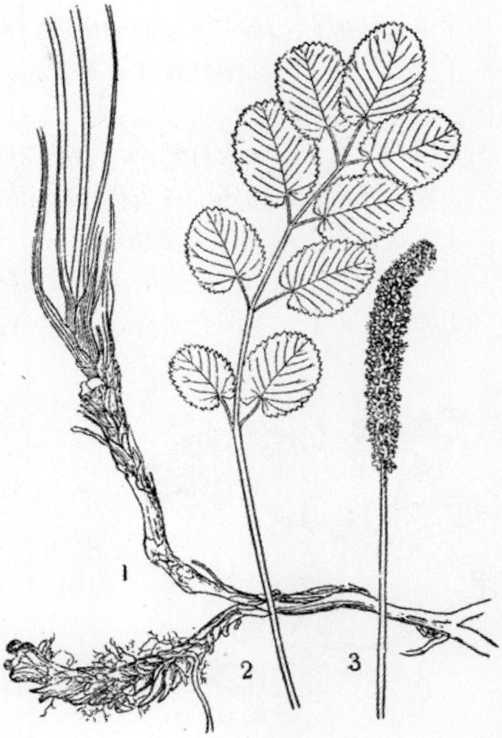

图 916　大白花地榆

Sanguisorba sitchensis C. A. Mey.

1. 根状茎；2. 叶；3. 花序。

167 水榆（shuiyu）（图 452）

［学　　名］　**Sorbus alnifolia** (Sieb. et Zucc.) K. Koch [*Micromeles alnifolia* (Sieb. et Zucc.) Koehne]　蔷薇科。

（地方名、形态特征、生长环境、产地及其他用途见“淀粉及糖类”，550 页）

［用　　途］　树皮含鞣质，可提取栲胶。

［理化性质］　据山东省资料：树皮含鞣质 8%。

［采收处理］　割取树皮应结合采伐时进行，否则会影响树的生长，以致枯死。剥后晒干贮存备用。

［加　　工］　树皮纤维可利用，浸提鞣质时不宜切碎，可切成 20～40 厘米长，浸提温度由低逐步增高，一般约在 70～90℃之间。

168 三裂叶绣线菊（sanlieyexiuxianju）（图 917）

［学　　名］　**Spiraea trilobata** L.　蔷薇科

［形态特征］　落叶灌木，高达 1 米；树冠开展，分枝密；枝无毛，浓褐色，幼枝淡紫褐色。单叶，近圆形或倒卵形，长 5～15 毫米，宽 4～15 毫米，**先端通常 3 裂**，裂片有不整齐的缺刻或为波状齿，基部圆形或阔楔形，具掌状脉，通常有主脉 3 条，两面无毛；叶柄长 5～8 毫米，紫褐色。**伞房花序**，多花密集，花序下有线形苞；萼无毛；

花瓣白色较雄蕊长；雄蕊多数；心皮 5，分离，花柱背生，无毛或在腹部有很少毛。蓇葖果略外倾，先端钝。花期 5～6 月，果期 8～9 月。

［生长环境］　喜生于多石的山坡，而以杂木林或针叶混交林下为多。

［产　　地］　辽宁、吉林、黑龙江、内蒙古、新疆、河北、河南、山西、陕西等省区。

［用　　途］　叶含有鞣质，可提制栲胶。

［理化性质］　据辽宁省资料：叶含鞣质 11.28%。

［采收处理］　参阅金老梅（1121 页）。

［加　　工］　参阅金老梅。

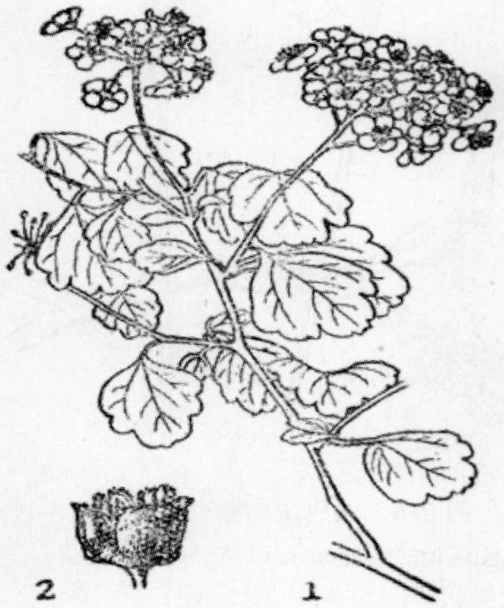

图 917　三裂叶绣线菊
Spiraea trilobata L.
1. 生花序之枝；2. 果。

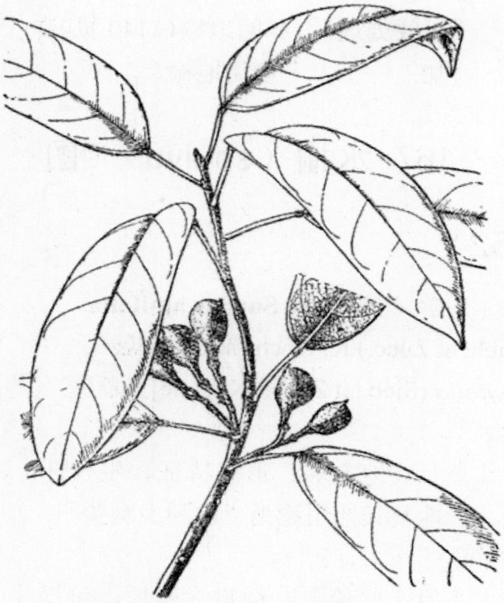

图 918　单叶豆
Ellipanthus glabrifolius Merr.
果枝

169 单叶豆（danyedou）（图 918）

［地 方 名］　知荆（广东）

［学　　名］　**Ellipanthus glabrifolius** Merr.　牛栓藤科

［形态特征］　灌木或乔木，高 6～10 米；树皮灰褐色；枝与小枝均为圆柱状。单叶互生，革质，长圆形至长圆状披针形，长 10～14 厘米，宽 2.5～4.5 厘米，先端钝，渐尖或短尖，基部钝至近圆形，全缘，两面均无毛；叶柄长 1.5～2 厘米。聚伞式圆锥花序，腋生或顶生；花小，萼片 5，披针状三角形；花瓣 5，白色，长圆形，长约为萼的 2

倍；雄蕊10；子房单生，1室。蓇葖果卵形，密被锈色绒毛，具柄；种子1，稍有光泽，基部为2裂的假种皮所包围。花期1～3月，果期7月。

［生长环境］　为热带性植物，生于低海拔山地的密林中。

［产　　地］　广东省

［用　　途］　树皮含鞣质，可提制栲胶。

［理化性质］　据中国科学院华南植物研究所用高锰酸钾氧化法分析：树皮含鞣质7.46%，水分9.55%。（分析样品采自海南保亭）

［采收处理］　茎的直径在6厘米以上者才可砍伐，砍伐时可采取轮伐更新法，保留基茎，使其继续生长，砍伐后剥皮，风干后即可应用。

［加　　工］　浸提前将风干树皮切成2～3厘米，浸提温度由70℃逐步升到90℃，最高不得超过100℃。

170 金合欢（jinhehuan）（图919）

［学　　名］　**Acacia concinna** DC.　豆科

［形态特征］　蔓性小灌木，多生倒钩小刺；小枝和叶轴有很细的灰色毛。二回羽状复叶，羽片12～16个，长5～8厘米，最上一对羽片间有1腺体；小叶30～50，膜质，长9～12毫米，宽1～3毫米，叶背面有霜粉，近子无毛，中肋偏于一侧；叶柄近基部具1腺体；托叶及苞片心状卵形，圆锥花序，花序轴密被茸毛，上部苞片膜质，几宿存；头状花序径9～12毫米；萼漏斗状，长2毫米；花冠黄色，微突出；子房无毛。荚果带形，直、厚，肉质，长8～10厘米，宽18毫米，干后皱缩，在缝线微显波纹，有6～10颗种子，宽缝线，基部渐狭成短柄，介子种子之间有陷凹。花期7月，果期9月。

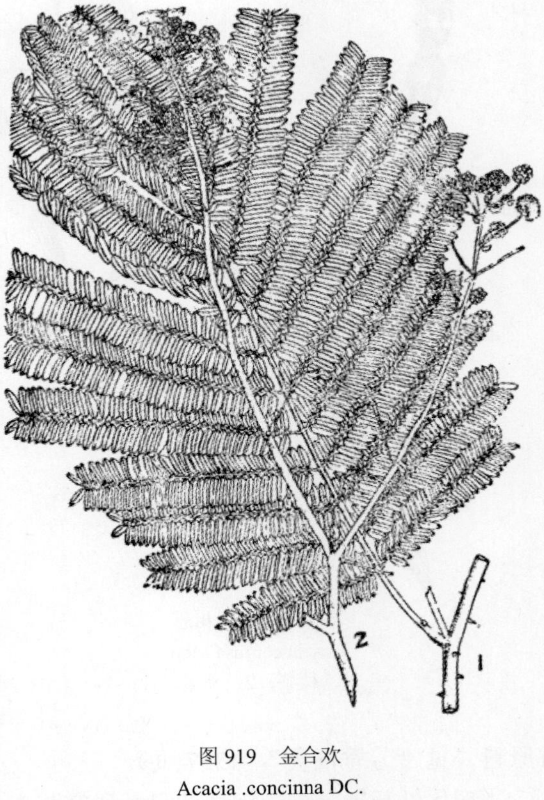

图919　金合欢
Acacia .concinna DC.
1．生叶之小枝；2．生花序之枝。

［生长环境］　常生于山野间。

［产　　地］　广东、云南等省。

［用　　途］　茎皮含鞣质，可提制栲胶。

［理化性质］　据中国科学院昆明植物研究所分析：茎皮含鞣质 20.78%。（样品采自云南西双版纳）

［采收处理］　参阅猴耳环（1159 页）。

［加　　工］　参阅猴耳环。

171 台湾相思（taiwanxiangsi）（图 920）

［地 方 名］　相思树（福建），相思仔（台湾）。

［学　　名］　**Acacia confusa** Merr.　豆科

［形态特征］　乔木高 6～15 米，无毛；枝圆柱形，灰色或褐色。**叶退化为一扁平的叶状柄**，狭披针形，近革质，稍弯为镰刀状，长 6～10 厘米，宽 5～8 毫米，两端均渐狭，先端略钝，有明显平行脉 5～7 条。头状花序腋生，单生或 2～3 个聚生，直径约 5 毫米；花序纤弱，长 8～10 毫米；花金黄色，有微香，萼齿顶端质厚，浅条裂，较花瓣短约不封一倍；花瓣长约 1.75 毫米；雄蕊多数，远超出花瓣；子房无毛，花柱很长约 4 毫米。荚果扁平，长 4～9 厘米，宽 7～10 毫米，干时暗色，有光泽，基部短尖或渐尖，先端锐而有小锐尖，**种子间收缩**。种子 4～8 颗，椭圆形，压扁。花期 6 月。

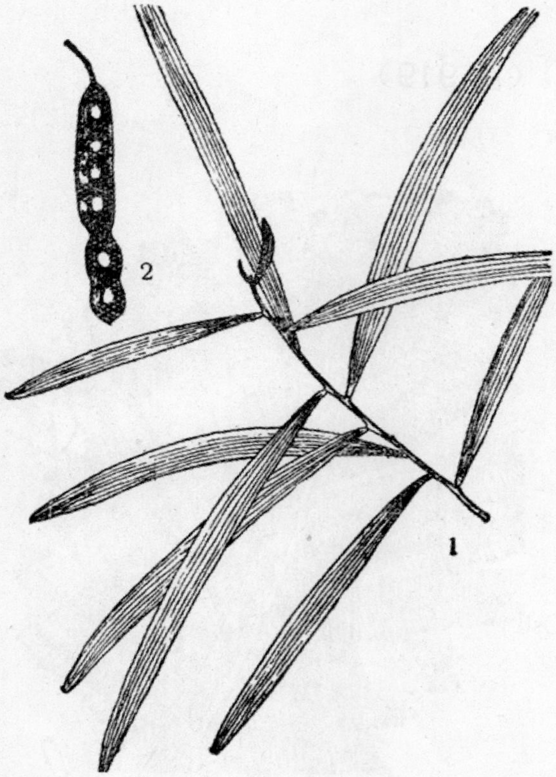

图 920　台湾相思
Acacia confusa Merr.
1. 枝条；2. 荚果。

［生长环境］　多生于阴坡，能耐阴，不择土质，但畏寒冷。

［产　　地］　福建、台湾、广东、广西等省区。

［用　　途］　树皮含鞣质，可浸提栲胶。

材质坚硬，可供车辆、桨橹及农具等用材。花含芳香油，可作调香原料（见“芳香油类”，1357 页）。

［理化性质］　据中国林业科学研究院森林工业科学研究所用皮粉法分析，结果列表如下页。

分析项目 / 分析部位	鞣　质（%）	非鞣质（%）	不溶物（%）	纯　度（%）	备　　注
树皮	25.54	13.76	7.11	64.98	样品采自福建莆田
树皮	23.23	13.74	4.49	62.83	采自广东潮阳

［采收处理］　参阅猴耳环（1159 页）。

［加　　工］　参阅猴耳环。

172 鸭皂树（yazaoshu）（图 1075）

［学　　名］　**Acacia farnesiana** (L.) Willd.　豆科

（地方名、形态特征、生长环境、产地及其他用途见“芳香油类”，1357 页）

［用　　途］　荚果、根皮、茎皮均含鞣质，可提制栲胶。

［理化性质］　据广东省资料：荚果含鞣质 23%，根皮含鞣质 3.5%，茎皮含鞣质 2.6%。

［采收处理］　果熟后即行采收，结合种子利用，剥取果荚，阴干或晒干后备用。

［加　　工］　将果荚切成 2～3 厘米小段。浸提温度以 60～75℃之间为宜。

173 楹树（yingshu）（图 921）

［学　　名］　**Albizzia chinensis** (Osb.) Merr.　［*A. stipulasea* (Roxb.) Boiv.］　豆科

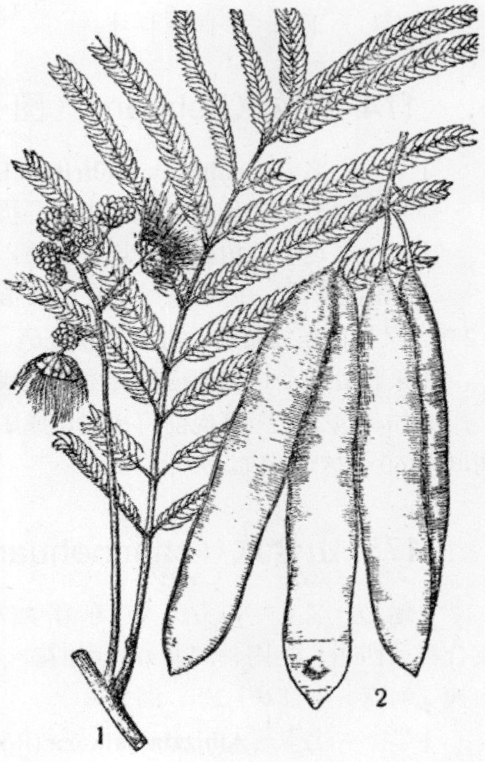

图 921　楹树
Albizzia chinensis（Osb.）Merr.
1. 花枝；2. 果。

［形态特征］　落叶大乔木，无刺，高可达 20 余米；树皮暗灰色，小枝被灰黄色柔毛。二回羽状复叶互生，叶柄基部及总轴上有腺体；羽片 6～18（20）对，每一羽片有小叶 20～40 对；小叶膜质，无柄，线状长圆形，长 6～8 毫米，宽约 2 毫米，基部截形，先端短锐尖，表面深绿色，背面粉绿色而略被微毛，中脉贴近上边缘；**托叶比小叶大膜质，半心形**，短尖，有时长可达 2.5 厘米，早落。头状花序有花约 10～20 朵，生于长短不等的总花梗上，**总花梗** 3～6，聚

于顶生的圆锥花序的分枝上，**密被绒毛；花黄绿色，无梗**，密被微柔毛；萼漏斗形，约3毫米，有短齿；花冠漏斗形，长约为萼的2倍，在中部以下合生；雄蕊多数，绿白色，长约2.5厘米，基部合生；子房上位，1室，有胚珠多颗。荚果扁平，薄，带状，劲直，长10～15厘米，宽约2厘米，初期被疏毛，后变无毛，种子间无隔膜。花期5月，果期8月（广东）。

［生长环境］　本种为热带树种，喜生阴坡，适应性广，平原及丘陵地间的谷地均适宜生长，但以盆地、谷地、河旁及溪边等地区最适宜生长。

［产　　地］　福建、广东、广西、湖南、云南等省区。

［用　　途］　树皮含鞣质，可提制栲胶。

［理化性质］　据中国科学院广西植物研究所用高锰酸钾氧化法分析：树皮含鞣质15.61%。

［采收处理］　参阅猴耳环(1159页)。

［加　　工］　参阅猴耳环。

174 合欢（hehuan）（图1365）

［学　　名］　**Albizzia julibrissin** Durazz.　豆科

（地方名、形态特征、生长环境、产地及其他用途见“药用类”，1758页）

［用　　途］　树皮及叶均含鞣质，可提制栲胶。

［理化性质］　据中国科学院广西植物研究所用高锰酸钾氧化法分析：树皮合鞣质6.23%。又据山东省资料：叶含鞣质8.6%。

［采收处理］　树皮应结合木材采伐时剥取；花期采叶，晒干备用。

［加　　工］　浸提前将树皮切成1～2厘米小块，浸提温度：树皮以70～90℃、树叶以60～75℃为宜。

175 山合欢（shanhehuan）（图922）

［地 方 名］　刀头黄（广东），蛇形柴（福建），山蕎（安徽），白夜合（江西），夜合树（四川、湖南、湖北），蓉仙花、白缨、蓉提（山东），花旦子（河北、湖南），山槐（河南、浙江、江苏、湖北）。

［学　　名］　**Albizzia kalkora** (Roxb.) Prain　豆科

［形态特征］　落叶灌木或小乔木，高可达10米；树皮灰褐色，平滑，小枝密生浅褐色皮孔。二回偶数羽状复叶互生，叶总轴近基部具1大腺体；羽片通常2～3对，有时达6对，小叶5～14对，斜长圆形，长2～3.5厘米，宽7～12毫米，**基部斜截形，先端钝圆而有细尖**，有时微凹，叶缘及背面中肋上有短绒毛。头状花序，开花时直径达3厘米，总花梗1～3聚生，长5～7厘米，被丝柔毛；花白色，花梗长1.5～3毫米；萼漏斗状或钟状，外面微被毛，裂齿短，三角形；花冠约为花萼长的1～1.5倍，外面被紧

贴的柔毛，中部以下合生；雄蕊多数，花丝黄白色，伸出于花冠之外，基部合生；子房上位，1室。荚果扁平，长10～20厘米，宽1.8～3.5厘米，内含种子6～10颗。花期6～7月，果期9～10月（河南）。

［生长环境］　喜生阳坡，适应性极广，不择土质，无论平原、丘陵及低山地区均宜生长。但以气候温暖、土壤肥沃而稍润湿的平原和河谷地区最为适宜。

［产　　地］　福建、广东、广西、云南、湖南、湖北、四川、江西、浙江、江苏、安徽、山东、河北、河南等省区。

［用　　途］　树皮含鞣质，可提制栲胶。

树皮纤维可制人造棉和造纸（见“纤维类”，136页）。种子可榨油。花供药用，有催眠作用。树型美观，可作观赏树种。

图922　山合欢
Albizzia kalkora（Roxb.）Prain
1．花枝；2．果；3．花。

［理化性质］　据中国林业科学研究院森林工业科学研究所用皮粉法分析：树皮含鞣质35.82%，非鞣质7.03%，不溶物2.25%，纯度83.58%。

［采收处理］　参阅猴耳环（1159页）。

［加　　工］　参阅猴耳环。

176 毛叶合欢（maoyehehuan）（图923）

［学　　名］　**Albizzia mollis** (Willd.) Boiv.　豆科

［形态特征］　高大乔木，树皮淡灰色或深灰色，有无数显著的狭横皱纹；小枝、叶柄和花序被茸毛。二回羽状复叶，**羽片3～8对**，小叶10～25对，长圆形，长18～25毫米，宽6～12毫米，基部圆形或偏斜，先端钝；**小叶片和叶轴密被灰色或棕黄色茸毛**。头状花序排列为大型圆锥花序状；花淡黄色，有香味；萼钟状，密被粗糙伏毛，萼长为花冠的1/5；花药黄色。荚果棕色，长7.5～10厘米，宽2.5～3.5厘米，幼时被毛，成熟时近于无毛，开裂；种子8～12颗。花期4～5月。

［生长环境］　生长在海拔1900～2000米山地。

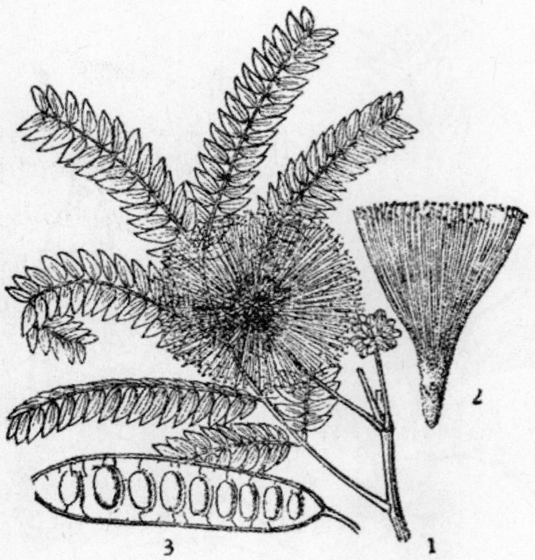

图 923 毛叶合欢
Albizzia mollis（Willd.）Boiv.
1. 花枝；2. 花；3. 果。

［产　　地］ 云南省

［用　　途］ 树皮含鞣质，可提制栲胶。

木材坚硬，供制家具、模型、器具、水车车轴等。

［理化性质］ 据中国科学院昆明植物研究所用皮粉法分析：树皮含鞣质 15.93%，非鞣质 3.51%，纯度 81.9%；属缩合类鞣质。（分析样品采自四川西昌）

［采收处理］ 参阅猴耳环（1159 页）。

［加　　工］ 参阅猴耳环。

177 龙须藤（longxuteng）（图 924）

［地 方 名］ 罗亚多藤、乌郎藤（广东），钩藤（台湾）。

［学　　名］ **Bauhinia championii** Benth. 豆科

［形态特征］ 攀援木质藤本，茎黄褐色至棕褐色，具锈黄色皮孔。嫩枝、叶背和花序轴疏被锈色短柔毛。单叶互生，叶卵形或心形，长 2.5～11.5 厘米，宽 2～9 厘米，基部心形，其凹入程度不及 5 毫米，先端 2 裂，裂至全叶 1/3 或竟至不裂，少有裂至全叶 1/2，裂片钝，全缘或中间深裂，有 5～7 条叶脉，卷须不分枝，和叶对生。总状花序和叶对生，1 个或数个聚生于枝头，长 10～20 厘米，花梗长约 10 毫米，花白色，能育雄蕊 3 枚，不育雄蕊 2 枚；子房具柄，沿腹缝线密被毛，其余部分毛较少。荚果扁，长约 7.5 厘米，宽 2.5 厘米，多毛，有 3～5 颗种子。花、果期 6～10 月。

［生长环境］ 生于多石山坡灌木丛中，攀援于树上。

［产　　地］ 广东、广西、福建、台湾、浙江、江西、湖南、湖北、四川、云南、贵州等省区。

［用　　途］ 根和茎皮含鞣质，可提制栲胶。

茎皮纤维坚韧，拉力强，富弹性，有耐水性，不易腐烂，可捆扎常浸于水中的编织物，如木筏、竹筏和鱼帘等。叶可作饲料。木材可做笔筒、茶托、烟盒和手杖等。

［理化性质］ 据广西僮族自治区资料：根和茎皮含鞣质 20.75%。

［采收处理］ 茎干宜在落叶前采伐，采后用木棒锤裂外皮，剥下，晒干，贮藏于通风干燥处。

［加　　工］　浸提前应将根和茎皮进行适当粉碎；浸提温度以 80～95℃为宜。应注意综合利用，提栲胶后还可利用其纤维做绳索，故原料碎断长度须考虑纤维的需要。

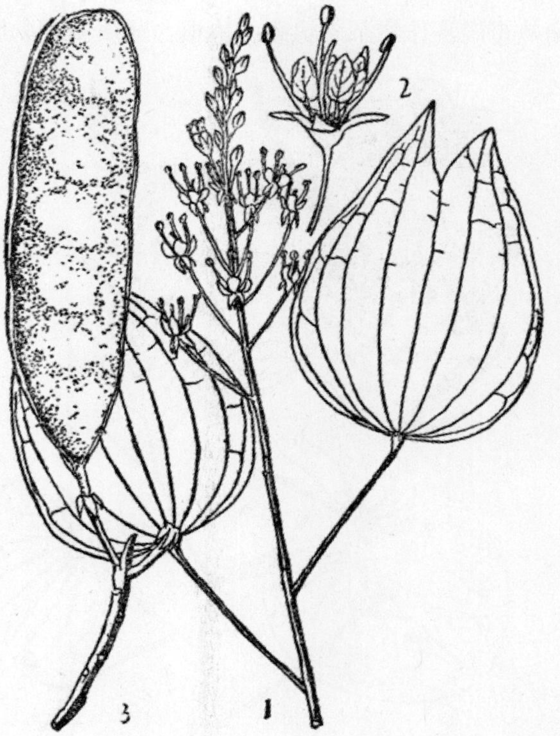

图 924　龙须藤

Bauhinia championii Benth.

1．花枝；2．花；3．果。

（自“中国树木分类学”）

178 粤羊蹄甲（yue-yangtijia）（图 925）

［地 方 名］　羊蹄藤、胶藤、羊蹄胶（广东）

［学　　名］　**Bauhinia kwangtungensis** Merr.　豆科

［形态特征］　藤本，有卷须，全株除花序外均无毛。单叶互生，纸质，心状卵形，长 4～10 厘米，宽 4～8.5 厘米，**深裂达全叶长的** 1/3～1/2，裂片钝，裂口呈倒三角形，基部心形，深凹至 1～2 厘米，表面深绿色，背面较浅，两面均无毛，干时边缘有淡黄色较薄的镶边，掌状脉 7～11 条在叶背面隆起；叶柄长 3～4 厘米。总状花序顶生，长 10～20 厘米，被锈色紧贴的短柔毛；**花梗长**（1）**1.5～3 厘米**；苞片披针形，锥尖，长约 3 毫米；花稍左右对称；花萼被锈色短柔毛，萼管短，倒圆锥状，长 1.5～2 毫米，裂片阔卵形；钝头，长约 3 毫米；花瓣 5，复瓦状排列，长 8～10 毫米，钝头，外面密被锈色丝毛，内面被疏毛；发育雄蕊 3，退化雄蕊 2；**子房上位**，1 室，**密被锈色丝毛**。**荚果革质**，长 4～7 厘米，宽 2～2.5 厘米，幼时扁平，**密被锈色短丝毛，成熟时稍膨胀，近无毛**，有种子 1～5 颗。花期 6～8 月；果期 9 月。

［生长环境］　热带、亚热带常绿植物，适应性较广，凡气候温暖，土壤湿润而肥沃的疏林中或密林的林缘均可生长，但以山谷和溪旁地区最为适宜。常攀援于其他树木的林冠上，在溪边则往往成丛林。

［产　　地］　广东省

［用　　途］　地下块根富含鞣质，可提制栲胶。

茎部纤维为织麻袋原料。种子可食。

［理化性质］　据中国林业科学研究院森林工业科学研究所用皮粉法分析：根皮含

鞣质 20.75%，非鞣质 7.46%，不溶物 4.76%，纯度 73.55%。（样品采自广东徐闻）又据华南热带经济作物杂志记载：块根含鞣质 40%以上。

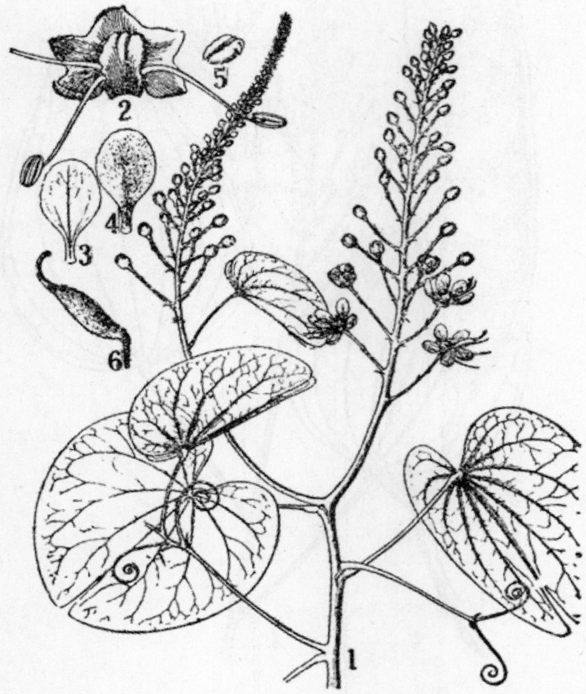

图 925 粤羊蹄甲
Bauhinia Kwangtungensis Merr.
1．花枝；2．花；3、4．花瓣的内外面；5．花盘；6．雌蕊。
（自“中国主要植物图说，豆科”）

［采收处理］ 种植 6～7 年后，始可采挖块根，以后每隔 3～4 年采挖一次。每次宜挖取部分块根，以保持继续繁殖，一般可连收数十年。采收后晒干、贮存，注意防潮。

［加 工］ 参阅薯莨（1245 页）。

［其 他］于新垦荒地，栽植 5 年的植株，单株可收块根 2～2.5 公斤或更多一些。生长 10 年左右的植株，可收获 20 公斤，树龄更大的可以收获达 50 公斤。每亩以种植 95 株计算，一般一次可收获 1800～1900 公斤。如采用单作时，产量可能还要高 1～2 倍。

179 羊蹄甲（yang-tijia）（图 926）

［地 方 名］ 红花紫荆、洋紫荆、弯叶树

［学 名］ **Bauhinia variegata** L. 豆科

［形态特征］ 乔木。叶革质，圆形或圆心形，宽过于长，长 7～10 厘米，宽 9～13 厘米，基部圆形、截形至心形，先端 2 裂，裂片先端圆，裂深为全叶的 1/3 或 1/4，表面无毛，背面有极微小的毛，**叶脉 11～13 条**。花大，**少数，成伞房花序**，直径约 10 厘米，无梗或具短梗；萼佛焰状，被微柔毛及黄色的腺体，花瓣白色，常杂以红色或黄色或暗紫色，甚美，倒卵状长圆形，长 3.5～4 厘米；**发育雄蕊 5 个，退化雄蕊 3～5 个**；子房边缘被疏长毛。**荚果**扁平，**长约 20 厘米或过之**，宽约 1.5 厘米。花期 1～5 月。

［生长环境］ 生于热带丛林中。

［产 地］ 福建、广东、广西、云南等省区。

［用 途］ 树皮含鞣质，可提制栲胶。

［理化性质］ 树皮含鞣质 10～15%（资料引自“怎样检验植物鞣料”一书的表 2）。

［采收处理］　参阅猴耳环（1159 页）。

［加　　工］　参阅猴耳环。

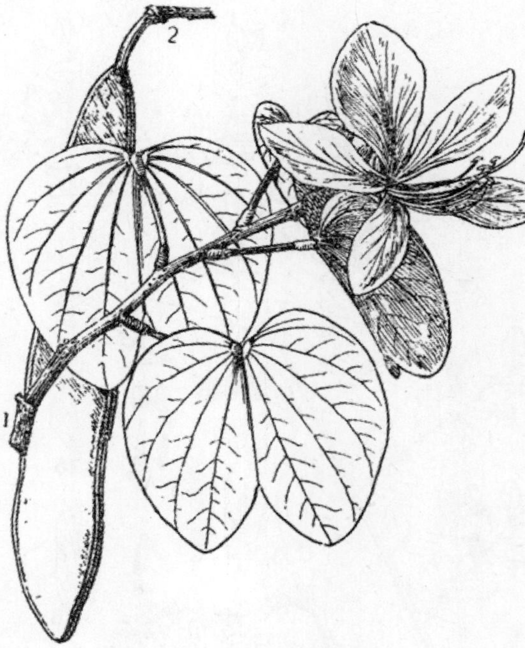

图 926　羊蹄甲
Bauhinia variegata L.
1. 花枝；2. 果。

180 大托叶云实（datuoyeyunshi）（图 927）

［地 方 名］　鹰叶刺（台湾）

［学　　名］　**Caesalpinia crista** L.　豆科

［形态特征］　有刺藤本，各部均被黄色柔毛。叶为二回羽状复叶，长 30～45 厘米，叶柄和总轴有散生的钩刺；羽片对生，6～9 对，小叶 12～22，膜质，长圆形或椭圆形，长 1.5～3.5 厘米，宽 1～1.7 厘米，基部偏斜，先端钝圆有小凸尖，两面均被黄色柔毛，近无柄；托叶大，叶状，分裂或羽状深裂，脱落。总状花序或总状圆锥花序腋生，具长梗；花黄色，直径约 9 毫米，有香气；花梗长 3～5 毫米，被锈色茸毛；**苞片线状披针形**，长约 6～8 毫米，两面被锈色茸毛，外反，开花时脱落；萼片 5，复瓦状排列，长圆形，顶端圆形，长约 8 毫米，被锈色茸毛，花瓣 5，复瓦状排列，倒披针形至长圆形，约与花萼等长；雄蕊 10，分离，下弯，花丝基部被锈色绒毛，子房上位，1 室，胚珠数颗。荚果革质，斜椭圆形至长椭圆形，膨胀，长 5～7 厘米，宽 4～4.5 厘米，**外面有细长的针刺**；种子大，2～3 粒，铅粉色，有光泽，近球形，直径 1.5～2 厘米。花期 8～10 月，果期 12 月。

［生长环境］　热带植物，喜阳光。气候干热，土壤疏松而稍砾的砂质壤土或砂土地区均宜生长，但以海滨或河流入海地区最适宜。

［产　　地］　广东、广西、台湾等省区。

［用　　途］　荚果含鞣质，可提制栲胶。

种子为补药，也可榨油。

［理化性质］　据广东省资料：荚果含鞣质 30～48%。

［采收处理］　果熟后即行采收。结合种子利用，剥取果荚，阴干或晒干后备用。

［加　　工］　将果荚切成 2～3 厘米小块，浸提温度以 60～75℃为宜。

181 云实（yunshi）（图928）

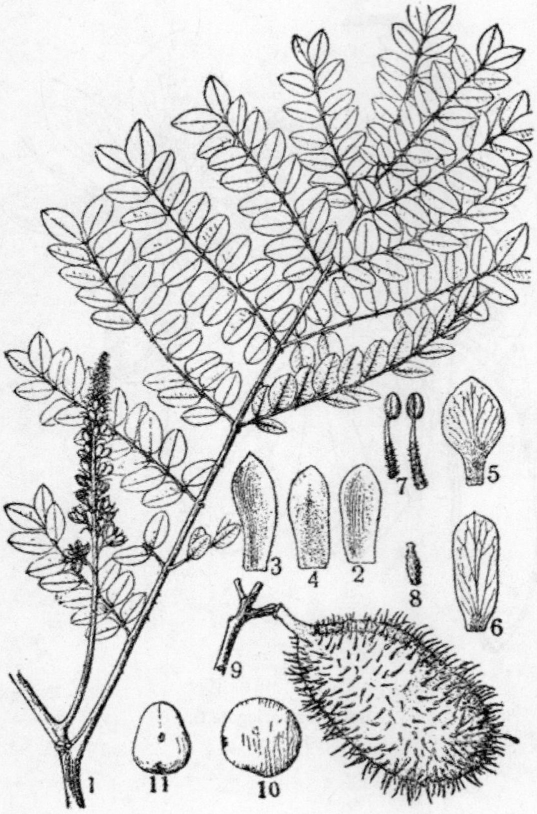

图 927　大托叶云实

Caesalpinia crista L.

1．花枝；2、3．萼片里面；4．萼片外面；5、6．花瓣；7．药的正反面；8．雌蕊；9．荚果；10．种子的侧面；11．种子的正面。

（自“中国主要植物图说，豆科”）

［地 方 名］　倒钩刺（四川），药王子（湖北、湖南），鸟不落、粘刺（湖南），铁场豆（福建），山油皂、百鸟不站树、羊母哭（浙江），多赖罗、野发柴（江苏），牛王刺（安徽、湖北），倒爪刺（安徽）。

［学　　名］　**Caesalpinia sepiaria** Roxb.　豆科

［形态特征］　攀援灌木；植物体密被灰色或褐色短柔毛，具散生钩刺。二回羽状复叶，长 20～30 厘米，羽片 3～10 对，有柄；每个羽片有小叶 12～24 对，膜质，长圆形，长 10～25 毫米，宽 6～10 毫米，基部钝，先端近圆形，两边均被短柔毛，老时毛脱落；托叶阔，半矢形，早落或缺。总状花序长 15～30 厘米；花左右对称，亮黄色；花梗长 2～4 厘米，劲直，萼下具关节，花易脱落；萼片 5，被短柔毛；花瓣 5，膜质，圆形或倒卵形；雄蕊 10，分离，花丝中部以下密生茸毛；子房上位，1 室，有胚珠数颗。荚果近木质，短舌状，偏斜，长 6～12 厘米，宽 2～3 厘米，稍膨胀，先端延伸成 1 刺尖，**沿背缝线膨胀成狭翅，并沿背缝线开裂**，栗色，无毛。**种子 6～9 颗，长圆形**，两端圆，长约 1 厘米，宽约 6 毫米，厚约 5 毫米，褐色。花、果期 4～10 月。

［生长环境］　热带、亚热带植物，喜阳光，适应性广，无论平原和丘陵地及山间谷地均宜生长，但以气候温暖，土壤疏松，中性土壤或砂质土壤的河谷或溪边最宜。

［产　　地］　广东、广西、云南、四川、湖北、湖南、江西、福建、浙江、江苏、安徽等省区。

［用　　途］　果壳及茎皮均含鞣质，可提制栲胶。

种子入药，可治疟疾、间歇热及赤痢，并有驱除肋道寄生虫的功效。浙江省龙泉县民间用根皮治小儿疳积症，疗效较佳。种子可榨油（见“油脂类”，790 页）。花美丽可供观赏。

［理化性质］　据广东省资料：果壳含鞣质 30～40%。另据“日本植物成分总览”［I］记载：茎皮含鞣质 5.23%。

［采收处理］　果熟时立即采收，剥脱种子，果壳干燥后，便可浸提。已开裂的或去年的果壳一般含鞣质较少。

［加　　工］　浸提前将荚果切成 1～2 厘米小块；浸提温度以 60～75℃为宜。

树皮的采收处理与加工，参阅猴耳环（1159 页）。

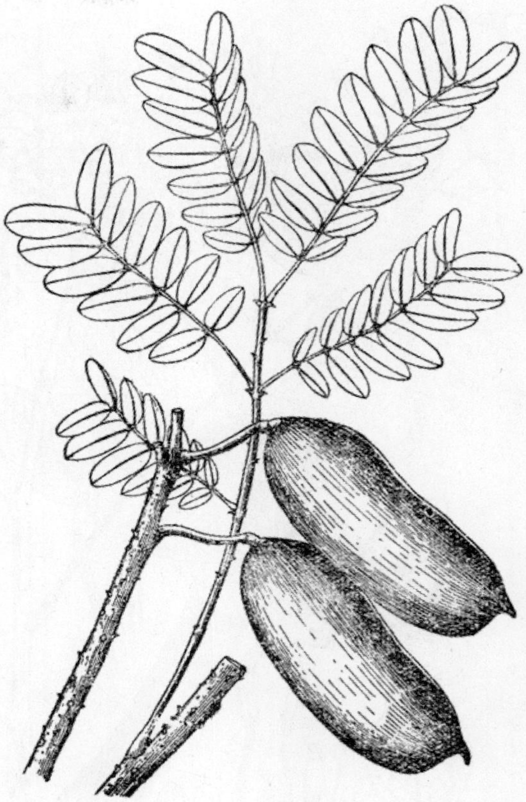

图 928　云实
Caesalpinia sepiaria Roxb.
果枝

182 铁刀木（tiedaomu）（图 929）

［学　　名］　**Cassia siamea** Lamk. (*C. sumatrana* Roxb.)　豆科

［形态特征］　乔木，高 5～12 米；树皮灰色，近光滑。偶数羽状复叶，小叶 10～20；近革质，椭圆形至长圆形，长 3.5～7 厘米，宽 1.5～2 厘米，先端钝而有小尖头，基部圆形，表面稍光亮无毛，背面有疏生短硬毛，中脉在背面隆起，网脉两面明显；具短柄，叶柄和叶轴无腺体，有稀疏短柔毛；托叶微小，早落。总状花序成伞房花序式排列，腋生，多为一顶生的圆锥花序，长达 40 厘米，多花，总花梗被黄色短柔毛：苞片线形，坚硬，长 5～6 毫米，被黄色短柔毛，边缘内卷为钻状，早落；花稍左右对称，黄色有香味；花梗长 1～2 厘米，被黄色短柔毛；萼片 5；肉质，阔圆形，大小不等，边缘有淡黄色纤毛；花瓣 5；长卵形，近相等，雄蕊 10，分离，7 个发育，上面 3 个退化，花药顶孔开裂；子房被黄白色茸毛。荚果扁平，微弯，长 15～30 厘米，宽 1～1.4 厘米，被茸毛，顶端急尖，缝线厚，种子 10～20 颗，纵生，与隔膜并行。花期 10 月。

［生长环境］　生于低海拔山坡的灌木丛中，为热带季雨林树种之一，凡气候干热的平原及河谷地区均宜生长。

［产　　地］　台湾、广东、云南等省。

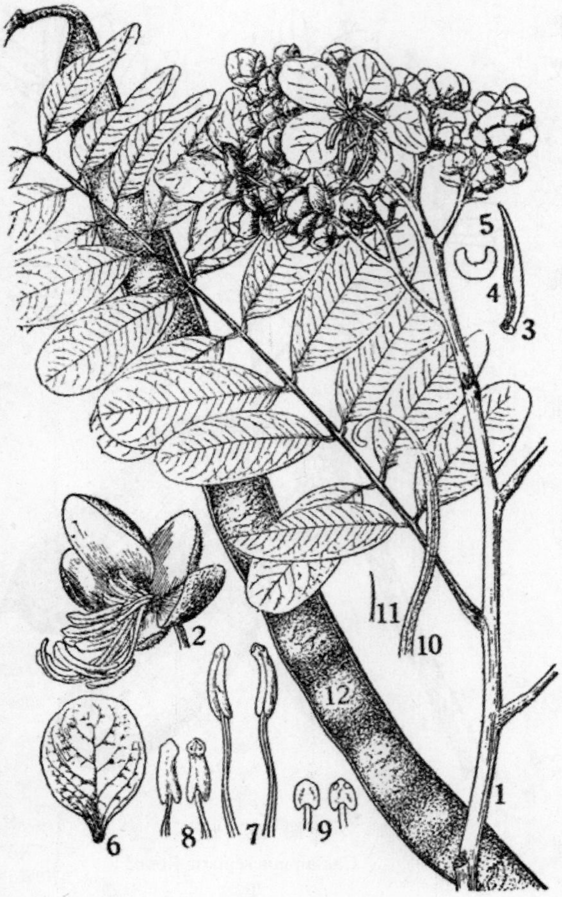

图 929 铁刀木
Cassia siamea Lamk.
1．花枝；2．花；3．苞片；4．苞片的横切面；5．苞片上的毛；6．旗瓣；7．药的反正面；8．另一种药的反正面；9．退化雄蕊药的反正面；10．雌蕊；11.雌蕊上的毛；12．荚果。

［用　　途］ 树皮、荚果均含鞣质，可提制栲胶。

木材质重而坚韧，纹理通直，边材白色，心材黑褐色或近黑色，耐水湿，不怕虫害，供建筑和美术用材。亦为一种庭园观赏树种。

［理化性质］ 据广东省资料：树皮含鞣质 4～9%，果荚含鞣质 6%。

［采收处理］ 参阅猴耳环（1159 页）。

［加　　工］ 参阅猴耳环。

［其　　他］ 本种生长迅速，萌芽力强，我国西南边区的农民，常小片栽培于村庄附近，作薪炭林。

183 藤黄檀（teng-huangtan）（图 930）

［地 方 名］ 丁香柴、倒挂刺、黄檀柴、香藤刺（浙江），豆扣藤（广西），米糖藤、雪米藤（福建）。

［学　　名］ **Dalbergia hancei** Benth. 豆科

［形态特征］ 灌木状大藤本，高 4～5 米，或攀援于大树上，高有达 8 米以上者；小枝常为钩状。奇数羽状复叶，**小叶 9～13 枚，线状长圆形至长椭圆形，长约 1～2（3）厘米**，宽约 1.5 厘米，基部圆形或阔楔形，先端微凹，表面暗绿色，背面有伏贴柔毛；具短柄，平滑无毛。**圆锥花序腋生**，总花梗及花梗密被短柔毛；花小，黄白色，芳香，密生向一边。苞片鳞片状，簇生，包着幼花序，不久脱落；小苞片脱落，基生的小，披针形；副萼状小苞片一对，卵形，先端钝，有短柔毛，包着萼的基部；萼钟状，萼齿极短，先端钝，外面被短柔毛，几等长；花瓣有长爪，旗瓣圆形，顶端微缺，近于反折，瓣片基部有耳；雄蕊单体或二体；子房具短柄，被短柔毛，有胚珠 3～4 个。**荚果舌状**、扁平，长 4～7 厘米，无毛，有种子 1～4 颗；种子肾形、扁平。花期 3～4 月，果期 7～9 月。

［生长环境］ 生林缘及灌木丛中，溪边岩石旁或林内攀援在大树上。海拔在1000米处。

［产　　地］ 安徽、浙江、江西、湖南、福建、广东、广西、贵州等省区。

［用　　途］ 茎皮含鞣质，可提制栲胶。

茎皮韧皮纤维可制绳索、织麻布或麻袋（见“纤维类”，147页）。木材可作小器具柄及供燃料。

［理化性质］ 据浙江省资料：茎皮含鞣质15%。

［采收处理］ 最好在夏天剥取茎皮，即行加工，或晾干置通风干燥处备用。

［加　　工］ 为综合利用，茎皮不宜切得太短，一般应切成40～60厘米进行浸提，浸提温度以70～85℃为宜。浸泡后的残渣可制麻。

图930 藤黄檀
Dalbergia hancei Benth.
1. 子房；2. 雄蕊；3. 果枝；4. 花瓣。

184 花木蓝（huamulan）（图931）

［地 方 名］ 樊梨花（河北），山绿豆、山胡麻结、山豆花、山小豆（辽宁），山扫帚、山花子、山花子根、山槐、山胡枝子（山东）。

［学　　名］ **Indigofera kirilowii** Maxim. 豆科

［形态特征］ 小灌木，高达30～50厘米，有时可达1米；一年生枝淡绿色或褐绿色、圆形，无棱角，幼时疏生短柔毛，后无毛；老枝灰褐色，圆形、无棱角。奇数羽状复叶互生，**小叶7～11枚**，椭圆形，卵形或菱状卵形，长1～3厘米，基部阔楔形或圆形，先端圆头或钝尖，有短刺尖，全缘、表面光绿色，背面苍绿色，两面散生柔毛；叶柄长1～3厘米；托叶线形。**总状花序腋生，与叶略等长**，花蝶形，**长18毫米**；萼很小，萼筒杯形，很短，先端不整齐5裂，裂片披针状线形，疏生短柔毛；花冠淡红色，旗瓣与其他花瓣略等长；子房线形。荚果两端同大而略呈长椭圆形，褐色至赤褐色，光滑，内有多数种子。花期5～6月，果期8～10月。

［生长环境］ 生于向阳山坡或岩隙间，有时生于灌木丛与疏林内。

［产　　地］ 辽宁、河北、山东、河南、浙江等省。

［用　　途］　叶含鞣质，可提制栲胶。

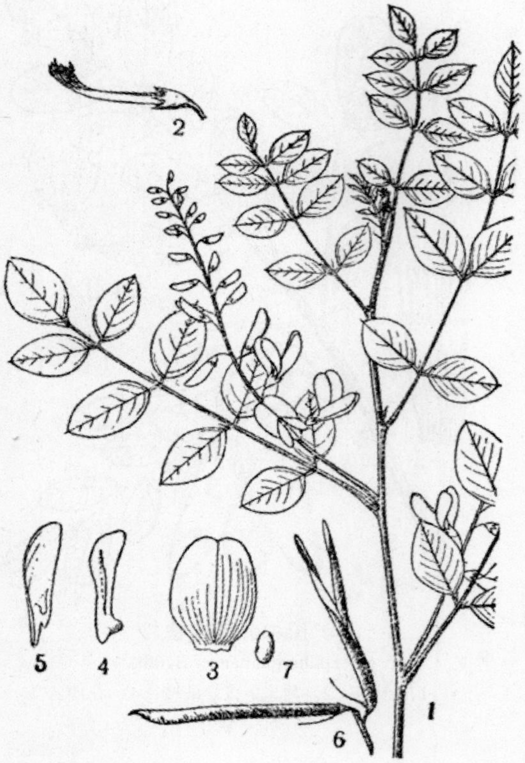

图 931　花木蓝
Indigofera kirilowii Maxim.
1. 花枝；2. 花；3. 旗瓣；4. 翼瓣；5. 龙骨瓣；6. 果；7. 种子。

种子可榨油（见“油脂类”，796 页）。种子又含淀粉，可酿酒。茎纤维可造纸（见“纤维类”，151 页）。

［理化性质］　据辽宁省资料：叶含鞣质 10.41%。

［采收处理］　花期采叶，晒干、贮存在通风干燥处，防止霉烂。

［加　　工］　叶采后可立即加工，不必粉碎，浸提温度在 55～75℃之间。

185 怀槐（huaihuai）（图 932）

［地 方 名］　黄色木（吉林），山槐（辽宁、吉林、黑龙江）。

［学　　名］　**Maackia amurensis** Rupr. et Maxim.　豆科

［形态特征］　落叶乔木，高可达 15 米；胸径约 25 厘米，树冠卵圆形；树皮幼时淡绿褐色，成薄片剥裂；小枝灰褐色至黑褐色，稍有细棱，嫩枝及幼叶密被白色丝状毛，后脱落。奇数羽状复叶，长 10～30 厘米，小叶 5～11，近对生，椭圆形，椭圆状卵形或倒卵形，先端钝或短渐尖，基部圆形或阔楔形，稀近截形；幼叶两面密生白毛，后脱落，或仅在背面中脉上有毛。总状或复总状花序顶生，长 15～18 厘米；花轴上有褐色毛，花具短梗，长 3 毫米；萼壶形，先端 5 浅裂，密生毛；花冠蝶形，白色，旗瓣倒卵形，先端微凹，基部渐狭如爪；雄蕊 10，分离，基部合生；子房密被短柔毛。荚果扁平，线状长圆形，长 4～6 厘米，宽 8～10 毫米，边缘有显著棱线，先端有尖，暗褐色；种子肾状长圆形，长 8～9 毫米，宽约 2.8 毫米，黄褐色。花期 6～7 月，果期 8～9 月。

［生长环境］　生于稍湿润的阔叶林内、林缘、河岸及山坡灌丛中。

［产　　地］　辽宁、吉林、黑龙江、山东等省。

［用　　途］　树皮及叶均含鞣质，可作栲胶原料。

木材可供建筑、家具、细工、雕刻、薪炭等用材。种子可榨油（含油量 9.07%）。又可作绿化树种。树皮纤维可作造纸或人造棉的原料。

［理化性质］　据“东北资源植物手册”记载：树皮含鞣质11～15%。

［采收处理］　树皮的采集，应结合砍伐时进行；叶的采集在夏季或秋季均可。

［加　　工］　如综合利用树皮纤维，可切成30～50厘米长。叶子切成3～5厘米。浸提温度：树皮以70～90℃、叶以50～75℃为宜。

［其　　他］　繁殖方法用播种、分根均可。

图932　檁槐
Maackia amurensis Rupr. et Maxim.
果枝

186 猴耳环（houerhuan）（图933）

［地 方 名］　亚婆簩、亚公簩、鹤麻古树（广东），尿桶公、鸡三树（广东海南）。

［学　　名］　**Pithecolobium clypearia** Benth.　豆科

［形态特征］　乔木或小乔木，高达3～10米；枝淡褐色，**幼枝有尖锐棱角**，稍被微毛。叶为二回羽状复叶，羽片**4～6**对，总轴有尖锐棱角，被微毛，在每对羽片下及叶柄近基部有腺体1枚；**小叶近无柄**，在最下部的羽片有3～6**对**，最顶的10～12对，近菱形，上下边缘近平行，最顶的长可达4～6厘米，其他的较小，先端锐尖或短尖，表面无毛，微亮，背面近无毛或被褐色柔毛。圆锥花序大，顶生或腋生，被褐色小柔毛；花有香味，**具短柄**，数朵聚成小头状花序；萼钟形，长约1毫米，被微柔毛，裂齿不明显；花冠白色，长3～4毫米，外被褐色微柔毛，5裂至中部，裂片匙形，先端急尖；雄蕊约长于花冠3倍，下半部合成一管；**子房有毛**，基部无花盘。荚果作二或三回旋卷，在种子间的外边缘凹下，内果皮红褐色；种子8～9颗，椭圆形或阔椭圆形，黑色，长约1厘米，有脐带，种子间无隔膜。花期3～4月，果期6～7月。

［生长环境］　生于海拔1200～1800米处的山沟、山溪边、山路旁、森林中、丛林中、北山坡等。

［产　　地］　福建、广东、广西、云南、湖南等省区。

［用　　途］　树皮含鞣质，可提制栲胶。

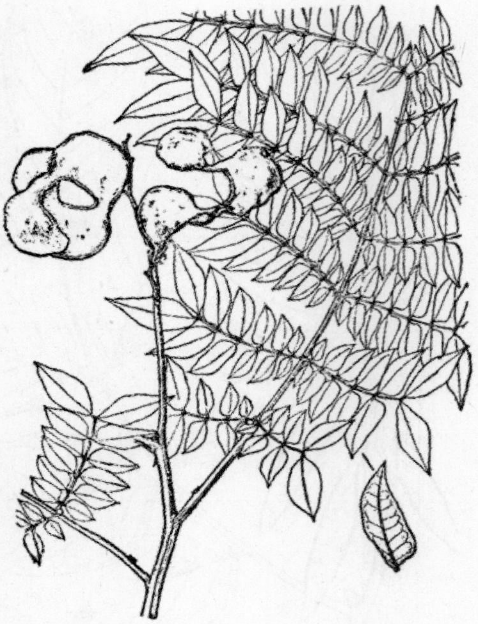

图 933 猴耳环
Pithecolobium clypearia Benth.
小枝

［学　　名］ **Pithecolobium dulce** (Roxb.) Benth.　豆科

［形态特征］ 常绿乔木，无毛；枝下垂，**有短而锐利托叶状短刺**。叶为二回羽状复叶，**羽片 1 对**，羽片和小叶间有长形腺体 1～2；**小叶 4**，稍革质，倒卵状长圆形，长 2～5 厘米，宽 5～25 毫米，先端钝或凹入，基部略偏斜，两面无毛，中脉略偏近于上边缘，网脉明显；叶柄长 2～4 厘米，纤细。头状花序小球形，无梗或有短梗，排列成腋生或顶生近圆锥花序式的总状花序；花白色，被柔毛，长约 6 毫米；萼齿短；花冠狭漏斗形，花瓣 5，镊合状排列，在中部以下合生；雄蕊多数突出，合生成一管；子房上位，1 室，有胚珠多个。荚果线状，肿胀、旋扭，长 10～12.5 厘米，熟时红褐色；种子黑色，有白

［理化性质］ 据中国科学院四川分院林业科学研究所用皮粉法分析：树皮含水分 9.64%，鞣质 12.95%，非鞣质 5.02%，纯度 72.06%。（样品采自云南勐海）又据中国科学院华南植物研究所用高锰酸钾氧化法分析：树皮含鞣质 19.96%，水分 5.65%。（样品采自广东兴宁）

［采收处理］ 结合伐木时进行剥皮，剥取皮后晒干，置于通风地方，勿使受潮发霉。

［加　　工］ 浸提前，将树皮破碎成 1～3 厘米小块；浸提温度以 75～90℃为宜。

187 牛蹄豆（niutidou）（图 934）

［地 方 名］ 金龟树（广东）

图 934 牛蹄豆
Pithecolobium dulce（Roxb.）Benth.
1．小枝；2．果。

色脐带，种子间无隔膜。花期11月。

［生长环境］ 热带性树种，喜爱阳光，适应性较广，在气候干热，土壤较干燥的地方亦适生长，但以土壤稍湿润的地区生长最好。

［产　　地］ 广西、广东、台湾等省区。

［用　　途］ 树皮含鞣质，可提制栲胶。

［理化性质］ 树皮的鞣质含量列表如下：

分析项目 / 分析部位	水分（%）	鞣质（%）	非鞣质（%）	纯度（%）	备注
树皮	12.6	26.6	8.7	75.3	样品采自台湾省
树皮（树龄6年）	15.09	6.88	1.4	83.09	样品采自台湾省
树皮（大树）	14.00	17.37	4.40	79.78	用高锰酸钾氧化法分析
树皮（小树）	14.00	15.00	3.39	81.56	

注：上表资料引自"日本植物成分总览"Ⅰ，第600页。

［采收处理］ 参阅猴耳环（1159页）。

［加　　工］ 参阅猴耳环。

188 牻牛儿苗（pangniuermiao）（图935）

［地 方 名］ 老牛筋、老鸹筋、老鸹嘴（辽宁），老鸦嘴、老鸦爪（河南），老鹳草（江苏）。

［学　　名］ **Erodium stephanianum** Willd. 牻牛儿苗科

［形态特征］ 一年生草本，高30～50厘米，有柔毛。根较粗，深入土中，皮淡红色。茎较细弱，平铺或斜上，具钝棱，生有白色开展的柔毛，节部膨大。单叶对生，二回羽状全裂，第一次裂片5～9片，基部下延，再成羽状分裂，小裂片狭长不整齐，具缺刻状长齿牙或不再分裂，最终裂片近于线形，表面近于无毛，背面沿叶脉有软毛；基生叶的叶柄长达10余厘米，基部扩张，生有白色开展的柔毛，茎生叶的叶柄短；托叶披针形，长达5毫米，质薄而有毛。花顶生或腋生，长5～15厘米，有毛；顶端通常具5～6小花梗，成伞状；苞片披针形，长3～5毫米，具缘毛；小花梗有毛，长1～2厘米，果期伸长；花淡红紫色，径约1厘米；萼片5，长圆形，先端具绿色长芒，背面生有白色长毛；花瓣5，狭倒卵形，比萼片稍长或近等长；雄蕊10，外轮5枚无药，花丝下部膨大；蜜腺5，黄色，明显。蒴果长嘴状，长3～4厘米，有毛，成熟时果瓣由上部扭卷旋状。花期6～8月，果期7～9月。

［生长环境］ 生子河岸沙地、山坡、山野草地及田间路旁等处。

［产　　地］ 辽宁、吉林、黑龙江、内蒙古、河北、山西、山东、河南、江苏、浙江、陕西、甘肃、宁夏、青海、湖北、四川等省区。

［用　　途］　全草含鞣质，可提制栲胶。种子可榨油（见“油脂类”，800页）。全草供药用（见“药用类”，1780页）。茎叶可作牲畜饲料。

［理化性质］　据辽宁省资料：地上部分含鞣质14.46%。

［采收处理］　6～9月间采收全草，晒干，扎成半公斤左右的小捆，再用草帘包装成大捆，放于干燥通风处。

［加　　工］　将地上部分和根分别切成1～2.5厘米小段，浸提温度，地上部分以60～80℃为宜；根以70～90℃为宜。

［其　　他］　采收全草可结合秋季采集种子同时进行。

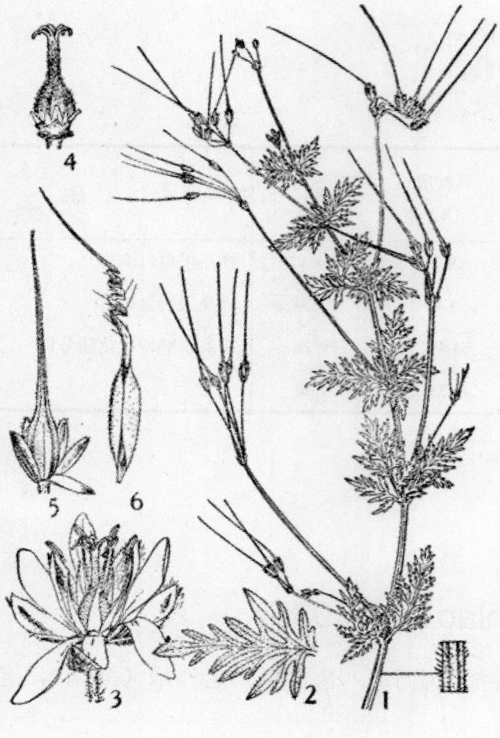

图935　牻牛儿苗
Erodium stephanianum Willd.
1．植株的一部分；2．叶裂片；3．花；4 雌蕊；5．蒴果；6．果瓣，示螺旋状卷曲的花柱与心皮。
（自“江苏南部种子植物手册”）

189 块根老鹳草（kuaigen laoguancao）（图936）

［地 方 名］　老鸹嘴、老鸹筋（辽宁）

［学　　名］　**Geranium dahuricum** DC.　牻牛儿苗科

［形态特征］　多年生草本，高25～30厘米，具多数深褐色肥厚的纺锤状根，粗者径达5毫米。茎直立，四棱形，有时数茎丛生，上部分枝，分枝呈叉状，有毛。基生叶多数，叶片7深裂或近于全裂，下部茎生叶与基生叶同形，上部茎生叶为5裂，裂片羽状深裂，小裂片狭披针形或披针状线形，或近于线形，先端钝而具突尖，表面及边缘较密生稍贴伏的白毛，背面疏生毛，叶脉明显；基生叶有长柄，叶柄四棱形，有毛。花顶生或腋生，花梗有毛，通常具2花，小花梗亦有毛，比花长，花径达1.7厘米；萼片5，长圆状披针形，顶端具芒尖，背面有毛，通常具3～5脉；花瓣淡紫色，具深色脉纹，倒卵状长圆形，长约1厘米，比萼片长；雄蕊10，花丝基部膨大，边缘有睫毛；雌蕊有毛。蒴果呈鸟嘴状，长约2.5厘米，顶端冠以5个柱头，表面有毛，成熟时开裂成5分果，向上呈弓形卷曲。花期7～8月，果期8～9月。

［生长环境］　生于山坡林缘，阳坡林下及灌木丛间。

［产　　地］　黑龙江、辽宁、吉林、内蒙古、河北、甘肃、新疆等省区。

［用　　途］　根含鞣质，为提制栲胶原料。

全草去根入药。

［理化性质］　据辽宁省资料：根含鞣质 20.98%。

［采收处理］　参阅朝鲜老鹳草（1164 页）。

［加　　工］　参阅朝鲜老鹳草。

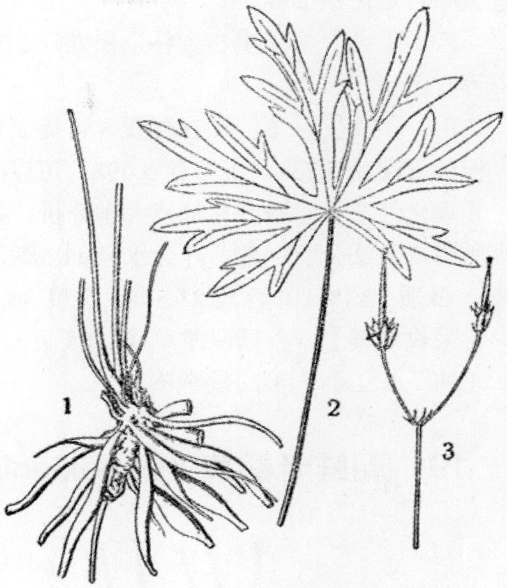

图 936　块根老鹳草

Geranium dahuricum DC.

1．根；2．基生叶；3．幼果。

190 毛雄蕊牻牛儿苗（maoxiongruipangniuer-miao）（图 937）

［学　　名］　**Geranium eriostemon** Fisch.　牻牛儿苗科

［形态特征］　多年生草本，高 35～80 厘米。根状茎短缩，直立或倾斜，根细绳状，茶褐色。茎直立，有逆生的白色长毛。单叶互生，通常为掌状 5 中裂，裂片菱状卵形，宽 3～5 厘米，边缘有羽状缺刻及大牙齿，表面有伏生毛，背面脉上疏生长柔毛；基生叶有长柄，柄密生硬长毛；托叶离生，长三角形，膜质。聚伞花序顶生，下有叶状苞 1 对，伞梗 3 出，每伞梗上有花 2～4 朵，花梗上有腺毛；萼片 5，卵状椭圆形，长约 7 毫米，具 5 脉，先端具短尖，背面有腺毛；花瓣 5，淡蓝紫色，径约 2 厘米；雄蕊 10，花丝下部膨大，背面有长白毛；子房 5 室，被毛，花柱有毛，先端 5 裂，花后伸长。果熟时沿轴开裂。花期 7～8 月，果期 8～9 月。

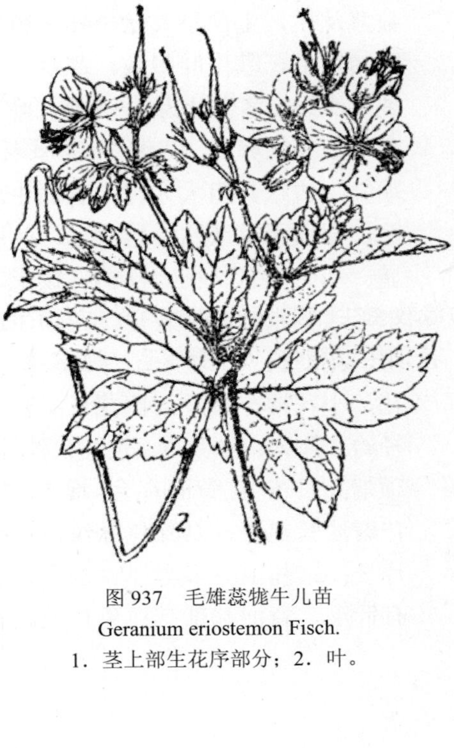

图 937　毛雄蕊牻牛儿苗

Geranium eriostemon Fisch.

1．茎上部生花序部分；2．叶。

［生长环境］　喜湿润腐植土壤，生于林缘，灌丛中，林间湿草地上或疏林下。

垂直分布可达海拔 2000 米。

［产　　地］　辽宁、吉林、黑龙江、内蒙古、河北、山西、河南、陕西、甘肃、宁夏等省区。

［用　　途］　茎、叶含鞣质，可提制栲胶。

根部含淀粉 5.73%，可溶糖 5.49%，可以酿酒。

［理化性质］　据吉林师范大学分析：茎、叶含鞣质 10.14%。又据中国科学院植物研究所用皮粉法分析：茎、叶含水分 11.58%，总固形物 33.89%，可溶物 33.71%，不溶物 0.18%，鞣质 12.1%，非鞣质 21.54%，纯度 36.38%。

［采收处理］　参阅鼠掌草（1165 页）。

［加　　工］　参阅鼠掌草。

191 朝鲜老鹳草（chaoxianlaoguancao）（图 938）

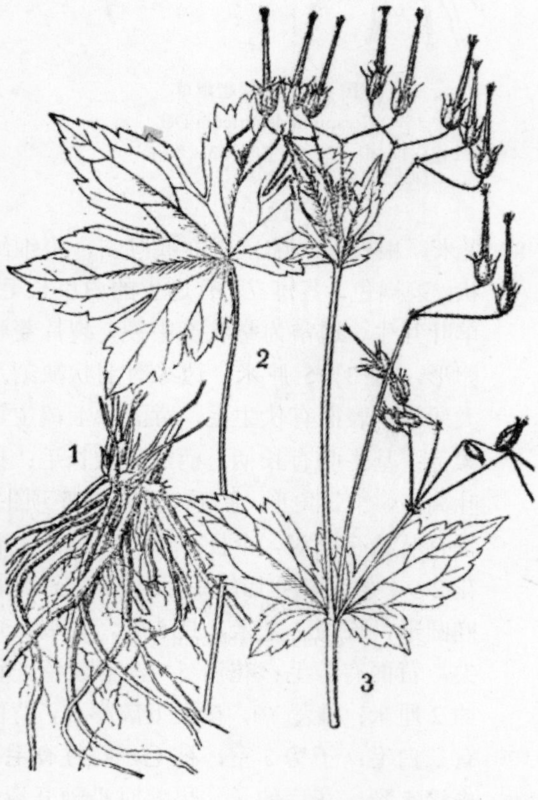

图 938　朝鲜老鹳草
Geranium koreanum Kom.
1. 根；2. 基生叶；3. 果序。

［地 方 名］　老鸹嘴、山鸠花（辽宁）

［学　　名］　**Geranium koreanum** Kom.　牻牛儿苗科

［形态特征］　多年生草本，高 40～50 余厘米。根较粗壮，具多数深褐色长大的细纺锤状根（长可达 10 余厘米）。茎直立，四棱形，单生或有时数茎丛生，上部呈叉状分枝，疏生伏贴的短毛。基生叶多数，**掌状，5 中裂至深裂，茎生叶为 3～5 裂**，叶裂片卵形或菱状卵形，宽约 2～3 厘米，先端尖，边缘具粗大牙齿，表面生有伏毛，背面无毛或脉上稍有毛，叶脉明显；基生叶有长柄，叶柄四棱形，疏生毛，茎生叶叶柄较短。花顶生或腋生，花梗长 9.5 厘米，有毛，具 2 朵花，小花梗亦有毛，比花长；花大，径约 3 厘米；萼片 5，长圆状披针形，顶端具长芒尖，背面有毛，具 5～7 脉；花瓣淡紫红色，具深色脉纹，远较萼片长；雄蕊 10，花丝基部膨大，边缘有针毛，背面基部具白色长毛簇。蒴

果鸟嘴状，长 2.5～3 厘米，顶端冠以 5 个柱头，表面有毛，成熟时开裂成 5 分果，向上呈弓形卷曲。花期 7～8 月，果期 8～9 月。

［生长环境］　生于山坡上，林下或林缘湿地。

［产　　地］　辽宁、吉林等省。

［用　　途］　根含鞣质，可作栲胶原料。

［理化性质］　据辽宁省资料：根含鞣质 28.31%。

［采收处理］　在 7～8 月间挖取根，除净泥土（最好不用水洗），晒干，贮存。

［加　　工］　将根切成 1～2 厘米的小段，然后浸提。浸提温度以 55～85℃为宜。

192 鼠掌草（shuzhang-cao）（图 939）

［地 方 名］　老鸹筋（吉林、河北），贯筋、白毫花、风露草（山西），西伯利亚牻牛儿苗（译称）。

［学　　名］　**Geranium sibiricum** L.　牻牛儿苗科

［形态特征］　多年生草本，高 30～100 厘米。根稍粗壮。茎多分枝，斜上或稍直立，有棱，被短毛及逆毛。单叶对生，基生叶 5～7 深裂，茎生叶常 3 深裂，裂片菱状卵形，有羽状深裂及大齿牙，基部近心形或截形，两面散生短毛；具叶柄；托叶线状披针形。花腋生或顶生，小形，花径约 8 毫米；花梗有毛，长 2～3 厘米，**通常具 1 花**，开花时直立，花后向下反曲；萼片 5，卵状圆形，具芒尖，背面有 3 脉，有毛，长约 4 毫米；花瓣 5，较萼片稍长或等长，淡红色至白色；雄蕊 10；雌蕊由 5 心皮组成，花柱在花后伸长。蒴果嘴部长约 1.5 厘米，果熟时沿轴开裂，果瓣向上反卷。花期 7～8 月；果期 8～9 月。

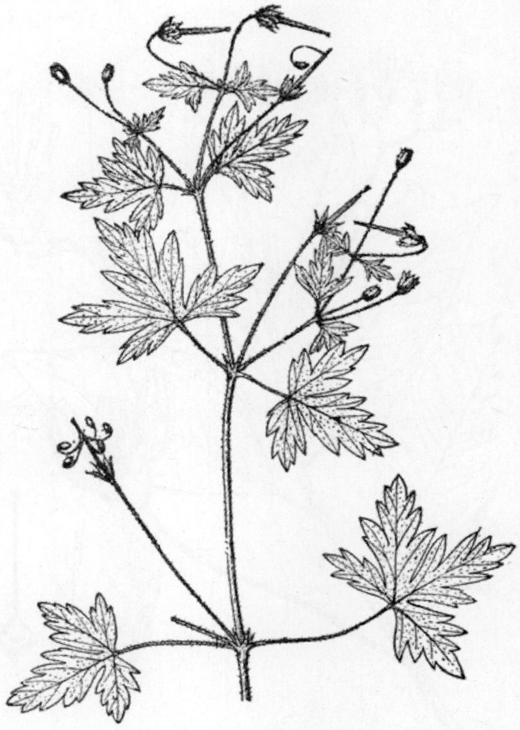

图 939　鼠掌草
Geranium sibiricum L.
果枝

［生长环境］　生于山地、原野路旁及村落附近。

［产　　地］　黑龙江、吉林、辽宁、内蒙古、河北、山西、河南、陕西、甘肃、青海、新疆等省区。

［用　　途］　茎、叶含鞣质，可提制栲胶。

全草供药用，亦可做农药。

［理化性质］　据黑龙江省资料：茎、叶含鞣质 14.64%。

［采收处理］　在 7～9 月间割取地上茎叶，立即加工或阴干贮存。

［加　　工］　将茎叶切成 1～2.5 厘米小段，然后浸提；浸提温度以 50～80℃为宜。

193 粘木（nianmu）（图 940）

［学　　名］　**Ixonanthes chinensis** Champ.　亚麻科

［形态特征］　常绿乔木，高 4～20 米；树皮暗灰褐色，平滑，小枝赤褐色；嫩芽细小，披针形，光滑。单叶互生，纸质至薄革质，椭圆形至长椭圆形，长 7～14 厘米，宽 3～5.5 厘米，先端钝短尖或圆而微缺，基部楔形，全缘，表面有光泽，背面淡绿，光滑，干时褐色，侧脉 5～7 对，网脉两面均凸起；叶柄长 1～2 厘米。花多数；伞房花序 2 歧分枝具长梗，生于上部叶腋内；花白色，直径约 6 毫米（花丝除外）；萼片 5，卵状长椭圆形，长约 3 毫米，钝头，基部合生；花瓣阔圆形，约比萼片长 1.5 倍；花盘杯状，有 10 沟槽；雄蕊 10，长达 2 厘米，子房近球形，与花盘分离，5 室，每室有胚珠 2，花柱突出，柱头头状。蒴果卵状椭圆形，长 2.5～3 厘米，宽 8～12 毫米，先端短锐尖，通常沿顶端纵裂，果皮硬革质，熟时黑褐色，具宿存的小苞片和萼片；种子长 8～10 毫米，一端冠以长 10～15 毫米的翅。花期 3～4 月，果期 9～10 月。

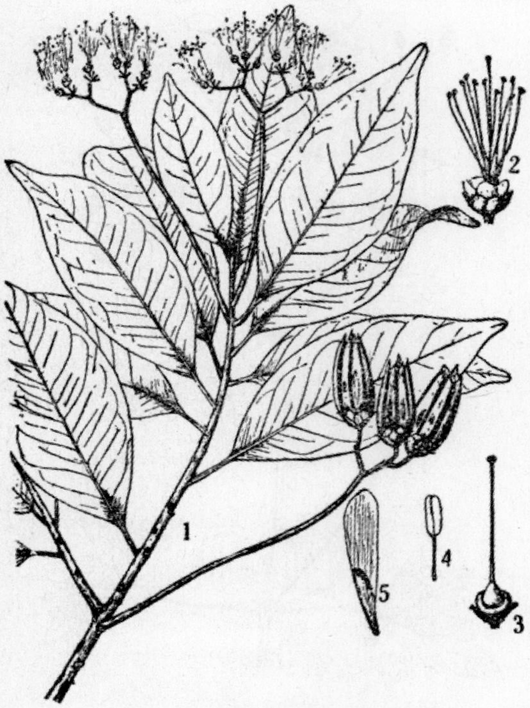

图 940　粘木

Ixonanthes chinensis Champ.

1．花果枝；2．花；3．花去花被及雄蕊后示雌蕊及花盘；4．雄蕊；5．种子。

［生长环境］　喜生荫蔽处，通常出现阔叶林中，适应性颇强。

［产　　地］　广东省

［用　　途］　树皮含鞣质，可提制栲胶。

［理化性质］　据广东省资料：树皮含鞣质 8.46%。

［采收处理］　剥取树皮可结合木材采伐时进行。采后晒干贮藏。

［加　　工］　浸提前将原料切成1～3厘米的小块。浸提温度以70～90℃为宜。

194 降真香（jiangzhenxiang）（图1384）

［学　　名］　**Acronychia pedunculata** Miq.　芸香科

（地方名、形态特征、生长环境、产地及其他用途见“药用类”，1782页）

［用　　途］　树皮含鞣质，可提制栲胶。

［理化性质］　据中国科学院四川分院林业科学研究所用皮粉法分析：下部树皮含水分12.84%，鞣质16.72%，非鞣质3.97%，纯度80.81%。（分析样品采自云南景洪）

［采收处理］　剥取树皮应结合木材采伐时进行，剥取后晒干贮存。

［加　　工］　浸提前将树皮切成1～2厘米小块，浸提温度以75～95℃为宜。

［其　　他］　因本种植物过去未被利用，其叶是否也含鞣质，以及适当的浸提温度尚须进一步研究。

195 臭椿（chouchun）（图651）

［学　　名］　**Ailanthus altissima** (Mill.) Swingle　苦木科

（地方名、形态特征、生长环境、产地及其他用途见“油脂类”，813页）

［用　　途］　树皮、叶均含鞣质，可提制栲胶。

［理化性质］　据甘肃省资料：叶含鞣质15%；又据辽宁省资料：叶含鞣质8.45%；属水解类鞣质。

［采收处理］　采收树皮四季均可，但以生长茂盛时锯取小枝，立即剥皮为宜。夏秋间摘叶，晒干后备用，应注意防止受潮，以免变质。

［加　　工］　浸提前将树皮切成1～2厘米的小段，浸提温度：树皮以70～90℃；树叶以60～75℃为宜。

196 羽叶白头树（yuyebaitoushu）（图941）

［地 方 名］　嘉榄（云南）

［学　　名］　**Garuga pinnata** Roxb.　橄榄科

［形态特征］　乔木，高9～12米；小枝径5～8毫米，幼时具柔毛，后脱落，因有大叶痕而粗糙。奇数羽状复叶，小叶9～23，幼时具柔毛，后光滑，下部几个小叶渐变成托叶，小叶椭圆形、长圆形至披针形，长5.5～14.5厘米，宽2～5.5厘米，先端有一窄长尾，基部倾斜，通常圆形，有时锐形，边缘有圆锯齿，两面光滑，侧脉10～15对，不明显；小叶柄缺或长达2～4毫米，无小托叶；叶柄基部几不扁平，长6.5～11.5厘米；托叶匙形至线形，长0.5～1厘米，脱落；髓无树脂道。花黄绿色，长6～8毫米；花梗长1～3毫米，具柔毛；花托圆柱形，外边具柔毛；萼片三角形，长2～3毫米，被

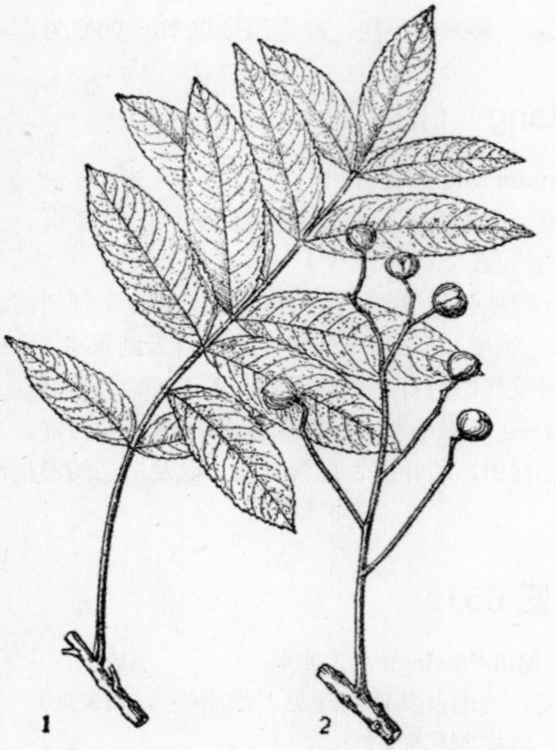

图 941　羽叶白头树
Garuga pinnata Roxb.
1．叶；2．果序。

长茸毛；花瓣长圆形，长约 5 毫米，被长绒毛；雄蕊 10，离生，微两体，与雌蕊等长；花盘裂片梯形至三角形；子房圆球形，有 1 短雌蕊柄，花柱及子房皆有长毛，柱头 5 裂。核果呈不规则球形，长 1.1～1.5 厘米，绿色变黄，有种子 1～5；花萼脱落，花托宿存，环状。花果期 6～10 月。

［生长环境］　常生于较潮湿的山谷、坡地和森林内，海拔 800～1050 米左右。

［产　　地］　云南南部

［用　　途］　树皮含鞣质，可提制栲胶。

［理化性质］　据中国科学院昆明植物研究所用皮粉法分析：树皮含鞣质 20.03%，非鞣质 4.47%，纯度 81.76%；属缩合类鞣质（分析样品采自云南西双版纳）。

197 楝（lian）（图 659）

［学　　名］　**Melia azedarach** L.　楝科

（地方名、形态特征、生长环境、产地及其他用途见“油脂类”，822 页）

［用　　途］　树皮、叶、根皮均含鞣质，可提制栲胶。

［理化性质］　据甘肃省资料：树皮含鞣质 6.9%。又据河北省资料：树皮含鞣质 7%。据中国科学院植物研究所用皮粉法分析：叶含水分 11.79%，总固物 43.59%，不溶物 9.85%，非鞣质 20.57%，鞣质 13.17%，纯度 39.03%；属缩合类鞣质。

［采收处理］　剥取树皮或挖根，应结合木材砍伐同时进行。采收树叶在 9～10 月间。

［加　　工］　树皮纤维可制人造棉，在浸提栲胶时，不应将树皮切得过碎，用锤锤松即可浸提。浸提温度：树皮及根皮以 70～90℃为宜；树叶以 50～70° 为宜。

198 红楝子（honglianzi）（图 942）

［地 方 名］　红椿（云南），赤昨工（广东海南），森木，抗姑笋（广东）。

［学　　名］ **Toona sureni** (Bl.) Merr.　楝科

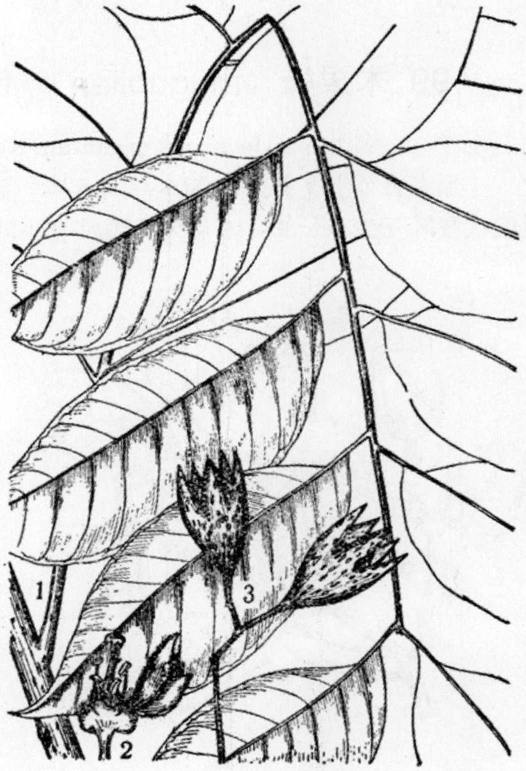

图 942　红楝子

Toona sureni（Bl.）Merr.

1．叶；2．花；3．果。

［形态特征］　半落叶或落叶乔木，高 15～20 米；树皮灰黄褐色，有纵裂；小枝初被锈色柔毛，后脱落，有稀疏的皮孔。偶数或奇数羽状复叶，具长柄，长 25～40 厘米，小叶 7～8 对，对生或近对生，纸质，长圆状卵形至披针形，长 8～15 厘米，宽 2.5～6 厘米，先端尾状渐尖而有锐尖头，基部不等，内侧圆，外侧短尖，全缘或稍呈波浪形，两面均无毛或在背脉腋内有髯毛，侧脉 12～18 对，叶柄近圆柱形，小叶柄长 5～10 毫米。圆锥花序顶生，约与叶等长或稍短，被小粗毛或无毛；花小，具短梗，白色，芳香，长约 5 毫米；萼极短，5 裂；花瓣 5，分离，膜质；雄蕊 5；花盘厚，肉质；子房上位，基部无腺体，密被粗毛。**蒴果长圆形**，木质，**暗紫红色，有苍白色稀疏的斑点**，长 3～3.5 厘米，5 室，每室含种子 8～10 粒，上下两端有翅。花期 1～4 月，果期 10 月。

［生长环境］　为暖热带速生树种，常生于海拔 800 米以下的丘陵山地疏林中。在温暖而湿润的石灰岩地区也能生长。

［产　　地］　广东、广西、云南等省区。

［用　　途］　树皮含鞣质，可提制栲胶。

木材可供建筑、桥梁、家具和雕刻等用材。

［理化性质］　树皮据中国科学院昆明植物研究所［Ⅰ］和华南植物研究所［Ⅱ］分析，结果列表如下：

分析单位＼分析项目	水分（%）	鞣　质（%）	非鞣质（%）	纯　度（%）	备　注
Ⅰ	8.07	18.12	1.73	91.18	分析样品采自四川西昌（皮粉法）
Ⅱ	12.50	11.48	1.35	89.48	分析样品采自福建南靖（高锰酸钾氧化法）

注：属缩合类鞣质。

［采收处理］ 剥取树皮可结合木材砍伐时进行。

［加　　工］ 浸提前将树皮切成1～3厘米的小块，浸提温度以70～90℃为宜。

199 木果楝（muguolian）（图943）

［学　　名］ **Xylocarpus granatum** Koenig 楝科

［形态特征］ 乔木或灌木，高5米，有时可达10米；枝无毛，灰色，平滑。**偶数羽状复叶互生，长9～15厘米，通常有小叶2对，总轴与叶柄均无毛**，圆柱形，柄长3～5厘米，小叶具极短的柄，对生，革质，椭圆形至近倒卵状长圆形，长4～9厘米，宽2.5～5厘米，先端圆，基部楔尖至阔楔尖，全缘，两面无毛，常呈苍白色，侧脉8～10对。圆锥花序短，无毛，分枝短，有花1～3朵，花白色，具长梗，无毛；萼4裂，裂片圆形；花瓣4，倒卵状长圆形，革质；雄蕊管卵状壶形，先端的裂片圆，微2齿裂，花药8枚；花盘厚，半球形与子房基部合生。蒴果大，球形，具梗，直径2～4（～7.5）厘米，果皮肉质，分裂为4果瓣，有种子8～12颗；种子大而厚，有角，内皮海绵状。花期4～11月。

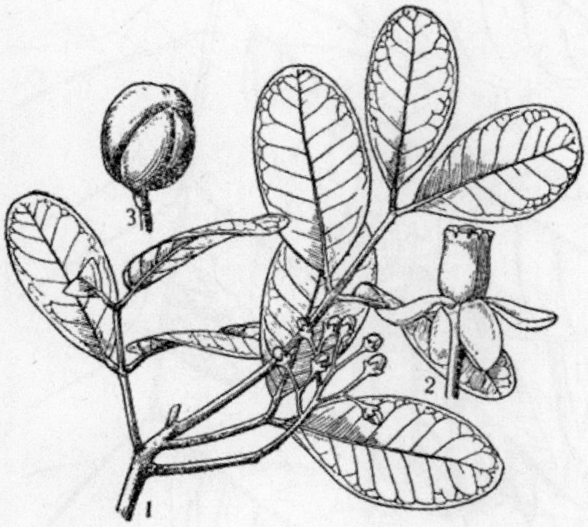

图943 木果楝
Xylocarpus granatum Koenig
1. 花枝；2. 花；3. 果。

［生长环境］ 喜生于潮水可及的海滨线泥滩上，为构成红树林的组成树种之一。

［产　　地］ 广东海南岛

［用　　途］ 树皮富含鞣质，可提制栲胶。

木材赤色，坚实，适用于建筑、车辆、家具、器具等用材。

［理化性质］ 据广东省资料：树皮含鞣质30.25%，树皮含水分14.00%，鞣质21.71%，非鞣质3.41%，纯度86.38%。

［采收处理］ 成乔木时可结合木材采伐剥取树皮；成灌木时与红树林中红树等其他鞣料植物相似，可采取矮林作业法，每3～5年轮砍一次。

［加　　工］ 浸提前将树皮切成1～3厘米的碎块，浸提温度以70～90℃为宜。

200 石栗（shili）（图662）

［学　　名］ **Aleurites moluccanus** (L.) Willd. (*A. triloba* Forst.) 大戟科

（地方名、形态特征、生长环境、产地及其他用途见“油脂类”，826页）

［用　　途］　树皮含鞣质，可提制栲胶。

［理化性质］　据中国林业科学研究院森林工业科学研究所用皮粉法分析：树皮含鞣质 18.26%，非鞣质 7.48%，不溶物 5.57%，纯度 70.94%（分析样品采自福建将乐，树高 13 米，胸径 24 厘米）。

［采收处理］　秋季树皮含鞣质较多，可结合采伐木材时进行剥皮。

［加　　工］　浸提前将树皮切成 1～2 厘米的小块，浸提温度以 75～95℃为宜。

201 木油树（muyoushu）（图 663）

［学　　名］　**Aleurites montana** (Lour.) Wils.　大戟科

（地方名、形态特征、生长环境、产地及其他用途见“油脂类”，827 页）

［用　　途］　树皮含鞣质，可提制栲胶。

［理化性质］　据广西壮族自治区资料：树皮含鞣质 18.26%，非鞣质 7.48%，纯度 70.94%。

［采收处理］　春末至秋，树皮含鞣质较多，可结合砍伐木材进行剥皮。

［加　　工］　浸提前将树皮切成 1～2 厘米小块，浸提温度以 75～95℃为宜。

202 黑面神（heimianshen）（图 944）

［地 方 名］　鬼划符、暗鬼木（广东、广西）

［学　　名］　**Breynia fruticosa** (L.) Hook. f.　大戟科

［形态特征］　直立灌木，高约 1～2 米，全体无毛；茎皮灰褐色，枝近圆柱形，带绿色。单叶互生，革质，卵形至卵状披针形，长 2.5～4 厘米，宽 2～3 厘米，两端均钝，边全缘，稍内卷，表面无毛，背面粉绿，侧脉约 4 对；叶柄长约数毫米。花极小，单性，同株，2～4 朵生于每一叶腋内；无花瓣及花盘；雄花生于下部花束上，梗长约 2～3 毫米；萼长约 2 毫米；雄蕊 3，花丝连合；雌花生于全部花束上；萼基部陀螺形，6 浅裂，结果时扩大而呈盘状；子房球形，上位，3 室，每室有胚珠 2 个，花柱 3，2 裂。核果近球形，直径约 6 毫米，不开裂，位于扩大宿存的萼

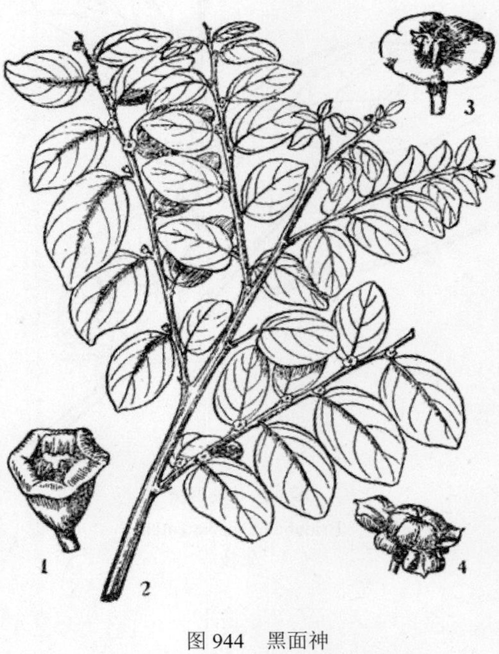

图 944　黑面神

Breynia fruticosa（L.）Hook. f.

1．雄花；2．花枝；3．雌花；4．果。

上，有少数种子。花期5～9月，果期8～10月。

［生长环境］ 性耐旱，对土壤要求不严，普遍生长在山地、山坡、荒野、草地、水旁灌丛草地中。

［产　　地］ 广东、广西、贵州等省区。

［用　　途］ 枝、叶和茎皮均含鞣质，可提制栲胶。

茎皮和叶又可治漆疮；叶捣烂，和酒糟蜜糖服，治乳管不通及乳少。种子可榨油。

［理化性质］ 据广东林学院用高锰酸钾氧化法分析：树皮含鞣质12.02%，水分30.29%（分析样品采自广东东兴）。

［采收处理］ 于夏季采收茎叶，采后最好立即加工，如需贮存一个时期，应注意阴干与防潮，以免影响鞣质质量。

［加　　工］ 将茎皮切成3～5厘米小块；叶可不破碎直接浸提。浸提温度：茎皮65～85℃、叶50～70℃为宜。

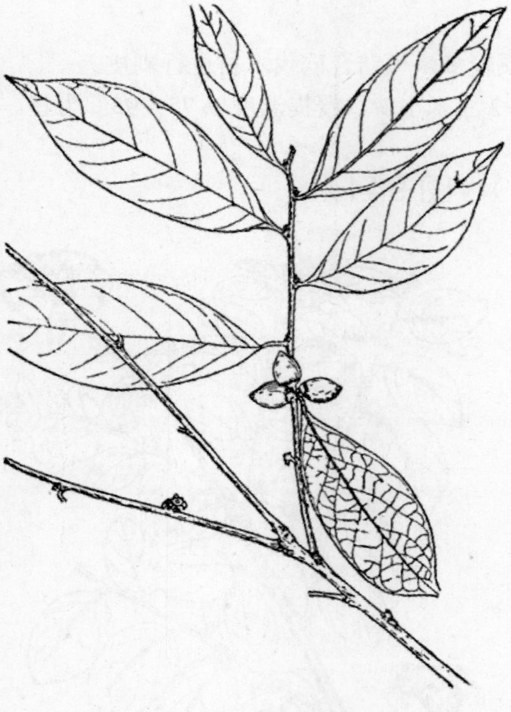

图945　禾串树
Bridelia balansae Tutch.
果枝

203 禾串树（hechuan-shu）（图945）

［学　　名］ **Bridelia balansae** Tutch.　大戟科

［形态特征］ 乔木，高5～7米。叶长圆形，长7～10厘米，先端长尖，基部渐狭，全缘而稍背卷，表面光滑，背面灰绿色；叶柄长约6毫米。花小，单性，雌雄同株，聚生于叶腋内；雄花具梗，梗长约2毫米；萼片三角形，内外均被柔毛，长约2毫米；雄花梗较粗厚，萼与雄花同。核果卵形，长约10毫米，成熟时呈紫黑色。花期3月。

［生长环境］ 生于向阳山坡、山谷的杂木林及灌丛中。

［产　　地］ 福建、广东等省。

［用　　途］ 树皮含鞣质，可提制栲胶。

［理化性质］ 据厦门大学分析：树皮在鲜时含鞣质9.45%，晒干后含鞣质17.30%，烘干后含鞣质25.89%。

［采收处理］ 参阅木果楝（1170页）。

［加　　工］　参阅木果楝。

204 土蜜树（tumishu）（图 946）

［地 方 名］　逼迫子（广东）

［学　　名］　**Bridelia monoica** (Lour.) Merr.　大戟科

［形态特征］　灌木，高 1～3 米；枝柔弱，多少被毛。单叶互生，长圆形或卵状长圆形，长 4～8 厘米，先端钝，全缘，表面近无毛，背面粉白色，多少被柔毛。花极小，单性，为球状无柄的花束，生于叶腋；萼常 5 裂，镊合状排列；花瓣 5，远较萼片为小，花盘阔；雄花有雄蕊 5，花丝基部合生；雌花子房 2 室，每室有 2 枚胚珠。核果球形，熟后蓝黑色。花期 9 月。

［生长环境］　多生子路旁及荒地的疏林灌木丛中。

［产　　地］　福建、台湾、广西、广东等省区。

［用　　途］　树皮及叶含鞣质，可提制栲胶。

［理化性质］　据广东林学院用高锰酸钾氧化法分析：树皮含鞣质 8.08%，水分 20.32%（分析样品采自广东东兴）。又据厦门大学分析：鲜树皮含鞣质 3.38%，晒干树皮含鞣质 6.14%，烘干树皮含鞣质 11.17%。

图 946　土蜜树
Bridelia monoica（Lour）Merr.
1. 花枝；2. 果枝；3. 雄花；4. 雄蕊柱、雄蕊和退化子房。
（自“广州植物志”）

［采收处理］　叶于花期至结果期间采收，此时鞣质含量较高；树皮可于夏秋季剥取，采后晒干或风干贮存备用，但不宜久贮。

［加　　工］　将干后的树皮，除去杂质，切碎至 2～4 厘米，浸提温度树叶以 65～80℃，树皮以 75～85℃为宜。

205 地锦草（dijincao）（图 947）

［地 方 名］　红丝草、红茎草、奶疳草（浙江），家雀蓑、麻雀蓑、铁皮血（山东），小虫卧单（河南）。

［学　　名］　**Euphorbia humifusa** Willd.　大戟科

［形态特征］　一年生草本，全体具有白色乳液，茎平铺地面，由根状茎处多分枝，细弱，淡红色，无毛。单叶互生，长圆形，长 5～10 毫米，宽 4～6 毫米，先端钝圆，基部不等形，边缘具小锯齿，绿色或带淡红色，两面无毛，或有时具疏生柔毛。杯状聚伞花序，单生于枝腋和叶腋；总苞倒卵圆形，浅红色，边缘 4 裂，裂片长三角形，每片 3 齿裂，腺体 4 个，长圆形。蒴果三棱状球形；种子卵形，黑褐色，外被白色腊粉，长约 1.2 毫米，宽约 0.7 毫米。花期 6～10 月，果实 7 月渐次成熟。

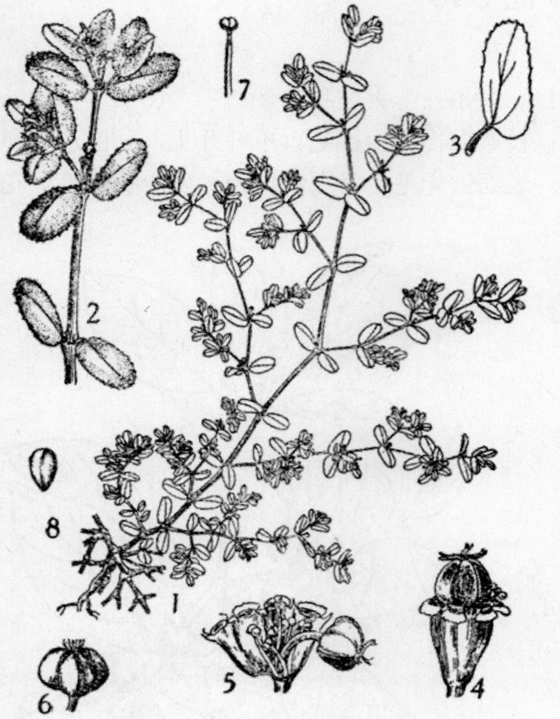

图 947　地锦草

Euphorbia humifusa Willd.

1．植物全形；2．花枝放大；3．叶放大；4．杯状聚伞花序；5．花序剖开；6．雌花；7．雄花；8．种子。

（自“江苏南部种子植物手册”）

［生长环境］　为平原习见杂草之一，多生于原野荒地、路旁、田间等地。

［产　　地］　内蒙古、黑龙江、吉林、辽宁、河北、山西、山东、河南、陕西、甘肃、江苏、安徽、浙江、江西、湖南、湖北、四川、青海、新疆等省区。

［用　　途］　茎、叶含鞣质，可提制栲胶。全草供药用（见“药用类”，1796 页）。

［理化性质］　据河南省资料：叶含鞣质 12.89%。

［采收处理］　夏秋之间采收，挖掘全株，晒干，除净泥土贮存。

［加　　工］　浸提前将原料切成 1～2 厘米长，浸提温度以 70～80℃为宜。

206 厚叶算盘子（houyesuanpanzi）（图 948）

［地 方 名］　毛叶算盘子（广东）

［学　　名］　**Glochidion dasyphyllum** K. Koch (*G. arnottianum* Muell. -Arg.)　大戟科

［形态特征］　灌木；枝被柔毛或粗毛。叶大，革质，卵形或长圆状卵形，长 8～15 厘米，宽 4～7 厘米，先端钝或渐尖，基部稍呈心形而偏斜，表面无毛或**两面均被柔毛**。花成束或为聚伞花序；雄花多数，萼片长约 4 毫米，**雄蕊 5～8 枚**；雌花少数，萼片卵形，被毛；子房 5 室，花柱合生为一短而厚的环状盘。蒴果被毛，直径约 8 毫米，

顶端稍压入。花期 5 月，果期 6～7 月。

［生长环境］　多生于山野间。

［产　　地］　广东、广西、台湾等省区。

［用　　途］　茎皮含鞣质，可提制栲胶。

［理化性质］　据广东林学院用高锰酸钾氧化法分析：茎皮含鞣质 7.45%，水分 14.11%。（分析样品采自广东东兴）

［采收处理］　夏末至秋季采收。选择树龄较大的树干砍下，趁鲜剥皮，晒干或阴干，贮存时应保持干燥。

［加　　工］　将茎皮切成 1～3 厘米的小块，浸提温度以 70～90℃为宜。

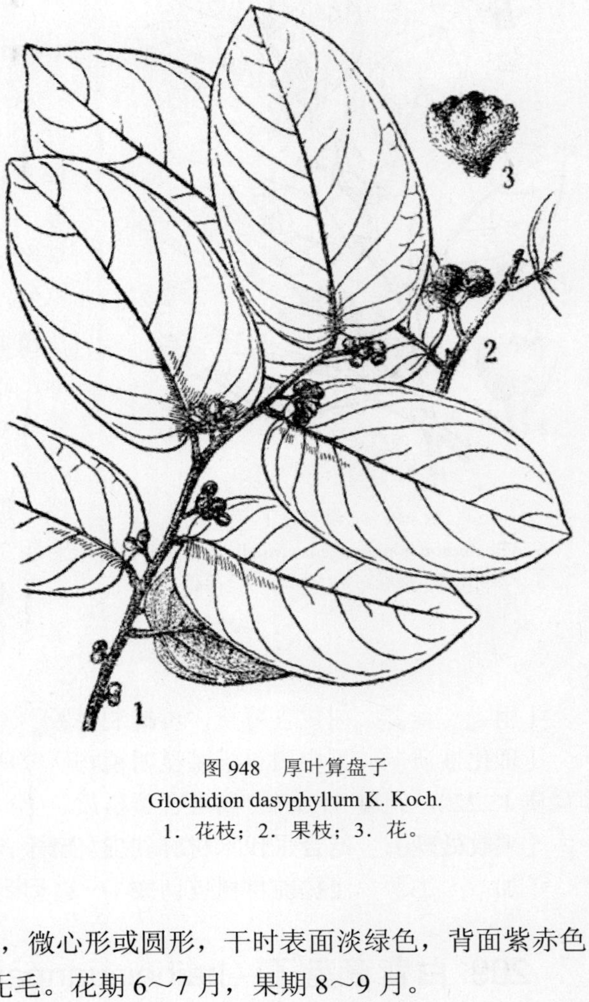

图 948　厚叶算盘子
Glochidion dasyphyllum K. Koch.
1. 花枝；2. 果枝；3. 花。

207　香港算盘子（xianggangsuanpanzi）（图 949）

［学　　名］　**Glochidion hongkongense** Muell. -Arg.　大戟科

［形态特征］　本种与厚叶算盘子极相近，惟各部分均无毛。叶革质，长约 7～15 厘米，基部截头形，微心形或圆形，干时表面淡绿色，背面紫赤色。子房 5～6 室，被柔毛。蒴果略扁，无毛。花期 6～7 月，果期 8～9 月。

［生长环境］　生于路旁、溪边、谷中灌木丛中及平地。

［产　　地］　广东省

［用　　途］　茎皮含鞣质，可提制栲胶。

［理化性质］　据广东林学院用高锰酸钾氧化法分析：茎皮含鞣质 6.43%，水分 13.79%（分析样品采自广东东兴）。

［采收处理］　8～10 月间采收茎皮，此时鞣质含量较高。

［加　　工］　将茎皮切成 1～3 厘米小块，浸提温度以 70～90℃之间为宜。

图 949 香港算盘子
Glochidion hongkongense Muell.-Arg.
1．雄花；2．雌花；3．花枝；4．果枝。

208 圆果算盘子（yuanguo-suanpanzi）

［学　　名］ **Glochidion sphaerogynum** Kurz (*G. fagifolium* Miq.) 大戟科

［形态特征］ 小乔木；枝有棱角，光滑。叶革质，披针形或卵状披针形，长 10～12 厘米，宽 2～3 厘米，先端渐尖，基部楔形，不对称，全缘，两面无毛；叶柄长 6～8 毫米；托叶锐尖三角形，长 2～3 毫米。花单性，成腋生花簇，雄花在枝的下部，雌花在枝顶端；雄花梗长 8 毫米；萼片 5～6，卵形；雄蕊 3，花药隔短；雌花梗长 2 毫米；萼片 6，卵状三角形；子房陀螺状，无毛，4～6 室。蒴果直径 8～9 毫米，光滑，8～12 深裂，具宿存花柱；果梗短粗。花期 5～6 月，果期 7～8 月。

［生长环境］ 生于山谷杂木林中。

［产　　地］ 云南、四川、广西等省区。

［用　　途］ 树皮含鞣质，可提制栲胶。

［理化性质］ 据中国科学院昆明植物研究所用皮粉法分析：树皮含鞣质 14.13%，非鞣质 13.22%，纯度 51.66%；属混合类鞣质。（分析样品 6 月采自四川西昌）

［采收处理］ 结合采伐木材时剥皮，晒干，置于通风干燥处贮存备用。

［加　　工］ 浸提前将树皮切成 1～2 厘米小块，浸提温度以 75～90℃为宜。

209 白背算盘子（baibeisuanpanzi）（图 950）

［地 方 名］ 算盘珠（贵州）

［学　　名］ **Glochidion wilsonii** Hutch. 大戟科

［形态特征］ 灌木，高可达 3 米；枝往往具棱，光滑，小枝直立铺散，**无毛**。叶披针形，微带革质，**长 3～8 厘米**，宽 1.5～3 厘米，先端尖或短锐头，基部钝或钝楔形，**无毛，背面浅灰白色**，侧脉 5～6 对；叶柄长 3～4 毫米，被极细微毛茸或近光滑；托叶长 2～2.5 毫米，外面无毛，内被毛茸。花绿色，单性，于叶腋束生；雄花具长柄，柄细，长达 8 毫米，无毛；萼片 6，长圆形或披针状长圆形，先端钝，长 2.5～3 毫米，宽约 1

毫米；雄蕊3，药近无柄，尖；雌花具短柄；萼片6，长圆形，先端钝，长2.5毫米；子房多室，无毛。蒴果多室，直径约1.5厘米，基部有宿存的花萼。种子近三棱形，背部圆，长4.5毫米，红色。花期6～7月，果期7～9月。

［生长环境］　生于山坡、路旁向阳处，灌木丛中。

［产　　地］　贵州、江西、湖北、广西等省区。

［用　　途］　叶、茎皮及幼果皮均含鞣质。可提制栲胶。

种子可榨油。

［理化性质］　据贵州省野生植物普查队黔北分队野外粗分析：茎皮含鞣质8%，幼果皮含鞣质21%。

［采收处理］　7～9月采收成熟果实；茎皮和叶在5～7月间采收最适宜。

［加　　工］　浸提前将茎皮切成1～2厘米小段，浸提温度以75～90℃，叶浸提温度以60～75℃为宜；果皮碎成0.5厘米左右的小块，浸提温度以70～85℃为宜。

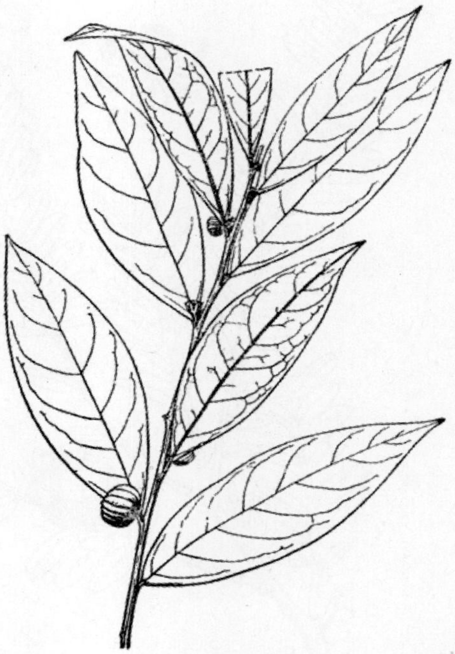

图950　白背算盘子
Glochidion wilsonii Hutch.
果枝

210 余甘子（yuganzi）（图951）

［地 方 名］　橄榄（贵州、云南），油甘子（广东），牛甘子，牛甘木（广西）。

［学　　名］　**Phyllanthus emblica** L.　大戟科

［形态特征］　落叶小乔木或灌木，高可达8米。叶互生，密生而为明显的2列，极似羽状复叶，无柄，线状长圆形，长约1～2厘米，宽1～2.5毫米，先端钝圆，基部截头状：全缘，边缘常背卷。表面绿色，背面灰绿色，平滑无毛；托叶鳞片状，甚小。花单性，同株，小，黄色，3～6朵簇生于叶腋间；萼片5～6；花瓣缺；雄花多数，有细长的柄；花盘腺体较小；雌花近无柄，常与雄花混生子上部叶腋间，子房的一半为环状花盘所包围。果肉质，扁圆而稍带6棱，熟时淡黄色。花期3～4月，果期10～11月。

［生长环境］　喜阳光，耐干旱，生于荒山坡地、疏林或草丛中，在杂草很少的裸露地上亦能生长。

［产　　地］　四川、贵州、云南、广西、广东、福建、台湾等省区。

［用　　途］　树皮、叶及果实富含鞣质，可提制栲胶。

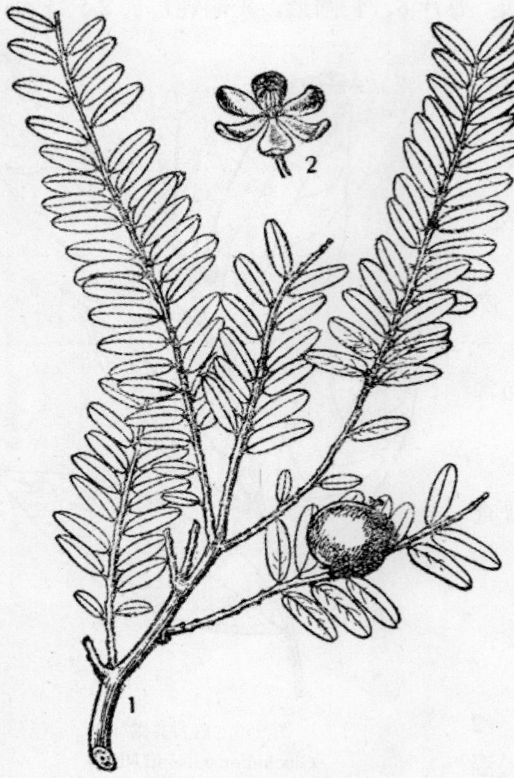

图 951　余甘子
Phyllanthus emblica L.
1．果枝；2．花。

果实可生食或渍制，富含维生素，其味初酸涩而后甜，故有“余甘子”之称，能解热消毒。种子可榨油（见“油脂类”，840 页）。木材坚硬耐朽，且富弹性，供家具用材。

［理化性质］　树皮据中国林业科学研究院森林工业科学研究所（皮粉法）［Ⅰ］和中国科学院华南植物研究所（高锰酸钾氧化法）［Ⅱ］分析，结果列表如下。

又据广西壮族自治区资料：嫩叶含鞣质 23～28%；未熟果含鞣质 30～35%。

［采收处理］　树皮四季均可采收，应注意不宜采取环剥办法，要适当采剥以保护植物正常生长；叶于夏、秋两季采摘；采果多在 8～10 月，采收后随即晒干或风干备用。

［加　　工］　树皮粉碎成 1～2 厘米的小块，浸提温度以 70～90℃为宜；叶可直接加工，浸提温度以 55～70℃为宜。

［其　　他］　种子繁殖。果熟期 10～11 月，采回除去肉质部分，放于通风处，次年春季即可播种。此外可用根芽繁殖，余甘子根部蔓延颇远，根所及之处，如逢除草、中耕碰伤根部，则春季不定芽自伤口长出，自成新株，但立即移植不易成活，故多将其与母株相连处切断，任其在原处独立生长。然后移植。亦可用嫁接法繁殖。

分析项目／分析单位	水分（%）	鞣　质（%）	非鞣质（%）	纯　度（%）	备　　注
Ⅰ	—	28.00	13.94	66.67	分析样品采自广东潮阳
Ⅰ	—	22.40	6.50	77.50	分析样品采自云南屏边
Ⅱ	15.00	29.36	4.26	87.34	分析样品采自福建南清

211　乌桕（wujiu）（图 680）

［学　　名］　**Sapium sebiferum** (L.) Roxb.　　大戟科

（地方名、形态特征、生长环境、产地及其他用途见“油脂类”，845 页）

［用　　途］　叶及树皮含鞣质，可提制栲胶。

［理化性质］　据中国林业科学研究院森林工业科学研究所用皮粉法分析，结果列表如下：

分析项目 / 分析部位	水分（%）	总固物（%）	可溶物（%）	不溶物（%）	非鞣质（%）	鞣　质（%）	纯　度（%）
叶	11.0	35.0	32.7	2.3	24.0	8.7	26.6
树　皮	14.4	18.4	17.5	0.9	9.0	8.5	48.5

注：分析样品采自浙江龙泉。

［采收处理］　在果后采收鲜叶，落叶利用价值不大；采收树皮可结合修枝或砍伐老树进行。

［加　　工］　将树叶揉碎至 2～3 厘米，浸提温度 55～75℃；树皮破碎至 1～3 厘米，浸提温度 75～90℃为宜。

212 马桑（masang）（图 463）

［学　　名］　**Coriaria sinica** Maxim.　马桑科

（地方名、形态特征、生长环境、产地及其他用途见“淀粉及糖类”，561 页）

［用　　途］　茎皮、叶及根皮均含鞣质，可提制栲胶。

［理化性质］　茎皮的鞣质含量，据中国科学院四川分院林业科学研究所［Ⅰ］和昆明植物研究所［Ⅱ］均用皮粉法分析，结果列表如下：

分析项目 / 分析单位	水分（%）	鞣　质（%）	非鞣质（%）	纯　度（%）	备　　注
Ⅰ	13.83	6.32	4.01	60.65	分析样品采自四川峨眉山
Ⅰ	14.67	10.98	7.89	58.19	分析样品采自四川峨眉山
Ⅱ	—	8.68	5.79	59.98	分析样品采自贵州南部

另据广西资料：根皮含鞣质 30%，叶含鞣质 18%。

213 南酸枣（nansuanzao）（图 952）

［地 方 名］　山桉果（广西），五眼果、花心木、厚皮树、醋酸树、棉麻木、山枣、啃死仔（广东），山枣（湖北），枣子、山枣子（福建），酸枣（贵州）。

［学　　名］　**Choerospondias axillaris** (Roxb.) Burtt et Hill. (*Spondias axillaris* Roxb.)　漆树科

［形态特征］　落叶乔木，高 7～18 米；树干挺直，树皮灰褐色，纵裂呈片状剥

落，小枝紫黑色，有皮孔。奇数羽状复叶互生，具长柄，长20～30厘米：小叶7～15，对生，初时膜质，老时纸质，斜长圆形至长圆状椭圆形，长4～10厘米，宽2～4.5厘米，先端长尖或渐尖，基部偏斜，全缘，两面无毛或在下面叶腋内有时具丛毛，侧脉约10对，纤细，明显；小叶柄长3～5毫米，顶端的1片长10～15毫米。花杂性，异株，雄花和假两性花淡紫色，直径3～4毫米，成聚伞状圆锥花序，长4～12厘米；雌花较大，单生于上部叶腋内，具梗；萼杯状，钝5裂；花瓣5，分离，复瓦状；雄蕊10，花丝基部与10裂的花盘黏合，在假两性花中的约与花瓣等长，在雄花中的突出，子房上位，5室，每室有下垂的胚珠1颗，花柱5，分离。浆果椭圆形或卵形，长2～3厘米，宽1.4～2.5厘米，成熟时黄色；核坚硬，近先端有4～5个显明的眼点。花期3～5月，果期8～10月。

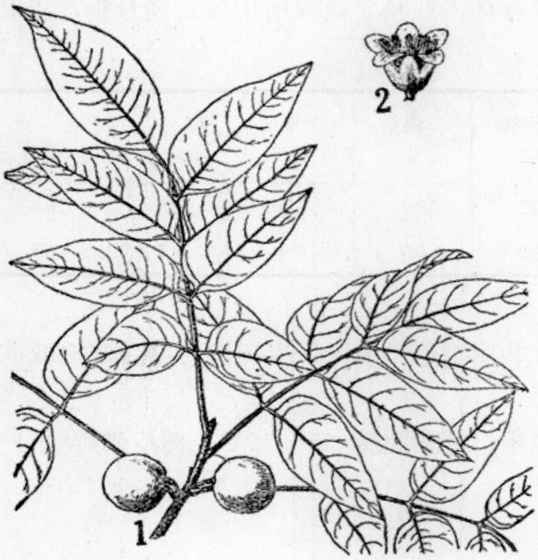

图952 南酸枣
Choerospondias axillaris（Roxb.）Burtt et Hill.
1．果枝；2．雄花。

［生长环境］ 适应性强，无论平原、丘陵地及山地均适宜生长，常见于疏林中，但以疏松湿润而深厚的土壤生长较好。生长快，干直，结果较多，种子繁殖力强。

［产　　地］ 湖南、湖北、广东、广西、云南、福建、浙江、贵州等省区。

［用　　途］ 树皮及叶含鞣质，可提制栲胶。

农民常用树皮浸出液染鱼网。木材纹理通直，结构略粗，材质松软柔韧，容易加工，可作船板，枪托，楼板及桌椅等用材。果成熟时可食，亦可酿酒。种壳可做活性炭原料。茎皮纤维稍硬，可作绳索等用（见“纤维类”，178页）。

［理化性质］ 据广西林业科学研究所分析：树皮含鞣质7.25～19.55%，树叶含鞣质2.5%，树枝含鞣质8.2%。又据浙江省野生植物普查队野外粗分析：树叶含鞣质11.45%。

［采收处理］ 参阅黄连木（1183页）。

［加　　工］ 浸提时树皮应切成长段，以便提栲胶后利用其纤维制绳索，浸提温度以75～90℃为宜；树叶揉成2～3厘米小片，浸提温度以55～70℃为宜。

214 黄栌（huanglu）（图953）

［地 方 名］ 摩林罗（湖北），黄溜子（四川），毛黄栌（山西、浙江），黄龙头、

黄栌台（山东），黄栌材（河南），栌木（云南）。

［学　　名］　**Cotinus coggygria** Scop.　漆树科

［形态特征］　落叶灌木或乔木，高可达 8 米；常呈丛生状，分枝多而树冠圆形。单叶互生，倒卵形，长 3～8 厘米，宽 2.5～6 厘米，先端圆或微凹，基部圆或阔楔形，全缘，平滑无毛或仅背面脉上有短柔毛；**羽状脉 6～11 对，先端常分叉**；叶柄细长，1.5 厘米；光滑无毛；无托叶。花杂性，直径约 3 毫米，大型圆锥花序顶生；萼片披针形；花瓣 5，长圆形，较萼长一倍；**雄蕊短于花瓣**；子房上位，具 2 短侧生花柱。**果穗圆锥状**，长 5～20 厘米，**有多数不孕花的细长花梗宿存，而成紫色或紫绿色的羽毛状**。核果小而干燥，肾形，直径 3～4 毫米，熟时红色。花期 4 月，果期 6 月。

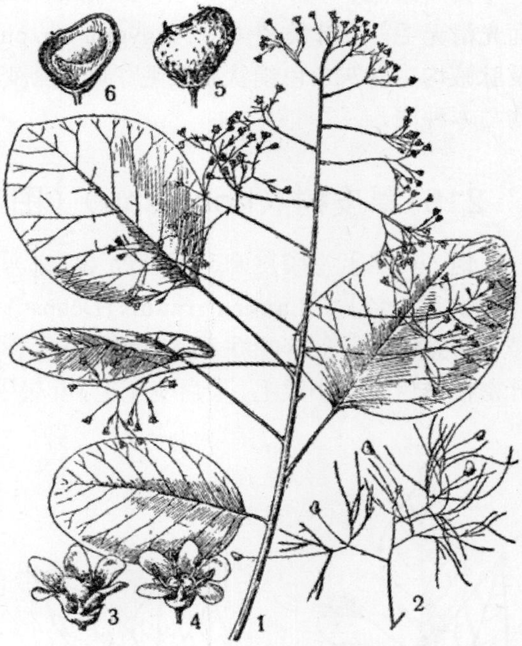

图 953　黄栌

Cotinus coggygria Scop.

1. 生花序之枝；2. 花序之一部；3. 雌花；4. 雄花；5. 果；6. 果之纵切面及种子。

［生长环境］　常生于山沟两侧山坡，多与山槐、化香树、栎类混生。以土质肥沃的向阳山坡，海拔 600～1500 米的地方生长最为适宜。

［产　　地］　河南、河北、山东、山西、陕西、湖北、浙江、云南、贵州、四川等省。

［用　　途］　树皮、叶含鞣质，为提制栲胶的原料。

叶含有芳香油（见“芳香油类”，1387 页）。木材内含有黄色素，提出后可作黄色染料。木材可制器具。嫩叶可食用。

［理化性质］　据中国林业科学研究院森林工业科学研究所用皮粉法分析，结果列表如下：

分析项目 / 分析部位	鞣　质 (%)	非鞣质 (%)	不溶物 (%)	纯　度 (%)
木材（带皮）（树龄 20 年）	6.54	7.33	2.33	47.15
树干（树龄 2～3 年）	6.43	6.13	—	51.20
树叶（同上）	10.34	13.25	—	43.40

［采收处理］　在 5、6 月间采叶，最好摘下立即加工，亦可风干贮备待用，结合

木材采伐剥取树皮。

［加　　工］　将树皮切成1～2厘米小块；树叶破碎成2～3厘米，进行浸提。浸提温度，树皮以70～90℃为宜，树叶以60～70℃为宜。

［其　　他］　另有光叶黄栌（Cotinus coggyria var. cinerea Engl.）**叶卵形至倒卵形，两面光滑无毛**。**毛叶黄栌**（C. coggygria var. pubescens Engl.），**叶近卵圆形，背面中肋基部及脉腋均生有灰白色绢状簇柔毛**。这两个变种，常与本种混生，用途、采收处理、加工均与本种同。

215 厚皮树（houpishu）（图954）

［地 方 名］　胶皮麻、万年青（广东），十八拉文公、密中（广东海南岛）。

［学　　名］　**Lannea grandis** (Dennst.) Engl.　漆树科

［形态特征］　落叶乔木，高8～10米。很少为灌木状；树皮厚而有槽纹，**小枝和嫩叶密被锈色星状小柔毛**，最后变无毛，叶聚生于小枝顶端；奇数羽状复叶互生，长10～25厘米；小叶7～9，对生，初时膜质，成长后变为硬纸质，长圆形或长圆状卵形，长5～10厘米，宽2～3.5厘米，先端长渐尖，基部稍偏斜，全缘，干**时表面褐黑色，无毛，背面暗灰色，沿脉上被细疏的星状小柔毛**，侧脉6～8对，在表面微凹，在背面隆起；小叶柄长1～3毫米。圆锥花序与叶等长或更长，被锈色星状小柔毛；小苞片长1～2毫米；花梗长1.5～2毫米；雌花序较短，萼裂片4，卵形，长约1毫米，无毛；花瓣4，黄色或带紫色，长圆状卵形；雄蕊8，着生于花盘上，在雄花中的约与花瓣等长，在雌花中的较短且花药不发育；子房卵状，无毛；4室，常退化为1室，**花柱3～4，柱头盾状**。核果卵形，稍压扁，长8～9毫米，成熟时红色，近顶部留有花柱的痕迹。花期3～4月。

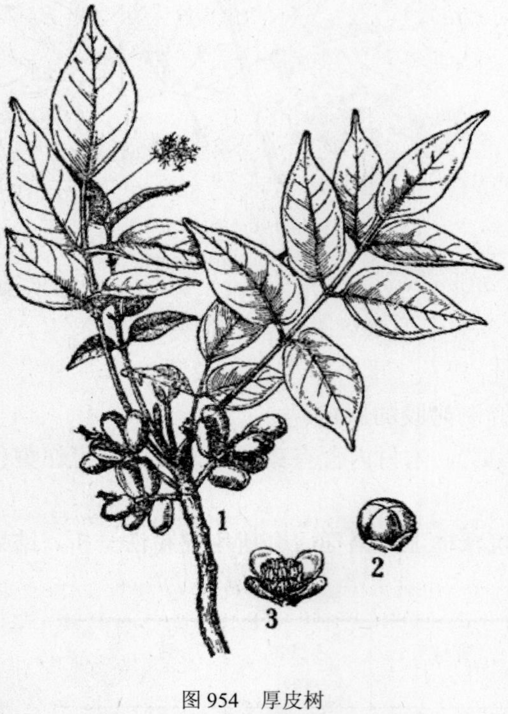

图954　厚皮树
Lannea grandis（Dennst.）Engl.
1．果枝；2．花蕾；3．花。

［生长环境］　为热带草原及热带落叶季雨林的树种，气候干热，土壤稍疏松的平原及河谷地区均适宜生长，但

以谷地或溪边疏林中最适宜。

[产　　地]　云南、广东等省。

[用　　途]　树皮含鞣质，可作栲胶原料。有些地区的农民已用树皮的浸出液染鱼网。茎皮纤维，可用以织粗布。

[理化性质]　据广东省资料：树皮含鞣质 10%。

[采收处理]　结合木材采伐剥取树皮，晒干贮存于通风处。

[加　　工]　将树皮切成 20～40 厘米长，浸提栲胶后纤维可制人造棉。

216 黄连木（huanglianmu）（图 683）

[学　　名]　**Pistacia chinensis** Bge.　漆树科

（地方名、形态特征、生长环境、产地及其他用途见“油脂类”，849 页）

[用　　途]　果实、树皮及叶含有鞣质，可提制栲胶。

[理化性质]　据中国科学院四川分院林业科学研究所用皮粉法分析：树皮（胸径 30 厘米）含水分 12.63%，鞣质 4.15%，非鞣质 8.70%，纯度 32.30%。（分析样品采自云南弥勒）另据广西壮族自治区资料：叶含鞣质 10.81%。河南省资料：果实含鞣质 5.4%。

[采收处理]　花后采叶，树皮 10 月采剥，将收集的叶、树皮晒干或风干，于干燥通风处贮存。

[加　　工]　浸提前将树皮切至 1～2 厘米小块，浸提温度以 75～95℃为宜；将叶切成 2～3 厘米小片，浸提温度以 60～75℃为宜。

217 盐肤木（yanfumu）（图 955）

[地 方 名]　盐霜白（广东），羊风（广东、湖南），五倍子树、角倍、木五倍子（四川），淋朴嫩、五倍子树（河南、湖南、山西），盐酸果（云南），倍树（贵州），柘树、柘柴树（江苏），倍子树（广西、浙江），臭漆、山梧桐（辽宁），迟倍子树（湖北），五倍子（湖南），野鸡毛（江西），肤杨树（湖北、湖南），漆巴拉、酸酱头、土椿树（山东），福越尖（安徽），乌酸桃（浙江）。

[学　　名]　**Rhus chinensis** Mill. (*R. semialata* Murr.)　漆树科

[原 料 名]　五倍子（通称）

[形态特征]　落叶小乔木，高可达 10 米，胸径可达 30 厘米，有时呈灌木状。树皮灰褐色，枝开展；小枝密被褐色柔毛。奇数羽状复叶互生，小叶 7～13，无柄，卵形至卵状椭圆形，长 5～10 厘米，宽 3～5 厘米，先端急尖，基部圆形至楔尖，**边缘有粗锯齿**，背面密生灰褐色柔毛，侧脉 10～17 对；**叶轴及叶柄常有翅**。**圆锥花序顶生**，总花梗密被灰褐色柔毛；花小，黄白色。核果近扁圆形，直径约 5 毫米，**红色**，**被灰白色短细柔毛**。花期 8～9 月；果期 10 月。

[生长环境]　适应性较强，不择土壤，喜生于阳光充足的山坡疏林、灌丛中或荒

地上，亦常生于山谷和溪边比较潮湿的地方。

［产　　地］　辽宁、河北、山西、山东、河南、陕西、甘肃、江苏、安徽、浙江、江西、湖南、湖北、四川、贵州、云南、广东、广西等省区，以贵州产区最出名。

图 955　盐肤木

Rhus chinensis Mill.

1．花枝；2．果序；3．雄花；4．雌花；5．两性花；6．果；7．种子。

（自“中国森林植物志”）

［用　　途］　盐肤木的幼枝嫩叶，受一种寄生蚜虫（即五倍子虫）刺激后形成的虫瘿叫作五倍子，含有很高的鞣质，为著名的提取鞣酸和黑色染料的原料。

五倍子用于医药上亦极重要（详见“药用类”，1801 页）。亦用于塑料和墨水工业等。果实未熟前味酸，云南地区兄弟民族用以泡水代醋食用，故有“盐酸树”之称。种子富含油脂，可榨油（详见“油脂类”，850 页）。全树含树脂，可用于油漆（但量较少）。茎叶有杀虫效率，用于土农药。

［理化性质］　全植物均含鞣质，属水解类鞣质。据中国科学院贵州分院资料：肚倍含鞣质 70%；角倍含 50%。另据中国科学院四川分院林业科学研究所分析；树皮含水分 12.63%，鞣质 3.47%，非鞣质 3.44%，纯度 50.22%。（样品采自云南屏边）

［采收处理］　在 7～8 月间蚜虫尚未穿出五倍子壳前采收为宜，虫出壳后的五倍子质量较差；五倍子采下后于日光下晒干或用小火烘干，火烘时不能烘焦，亦可用沸水煮 3～5 分钟后晒干。贮藏时不能被雨淋或受潮发霉，否则均会引起鞣质的损失。采树叶可与采收虫瘿同时进行。为保护盐肤木生长，最好不采用剥皮办法，采叶也应适量，以免影响其正常生长。

［加　　工］　树叶粉碎 2～5 厘米小块，浸提温度以 50～70℃为宜。五倍子可直接供工业用不需加工。

［其　　他］　五倍子按其生成的部位和形状不同，可以分为三种：“角倍”生于叶轴上，状似菱角；“肚倍”生于叶的基部，卵形或球形；“倍花”生于枝间或小叶间，

状似花束。以“肚倍”品质最佳（含鞣质最高），“角倍”次之，“倍花”最差、一般农民不加采收，留作繁殖蚜虫之用。

据贵州省正安县商业局资料（“人工培养五倍子蚜虫的经验”），其具体作法是：（1）适时选种留种，在五倍子成熟时，选择块大、不破裂的“角倍”留种，采摘时间最好在“白露”前后，当五倍子皮色由青色转为黄红色，表面起皱纹时摘下；（2）保种方法，选好留种的“角倍”放干燥处晾干（不能用冷、热水泡或火烤干），用棉布包好，放暖和地方储藏，待次年挂种；（3）挂种时间和方法，在旧历 4 月底 5 月初。挂种时先将“角倍”用寸钉锥一个小眼，用桐子叶或其他树叶包好，挂在树上，使虫借包着的树叶爬到寄主的树叶上。挂种数量须根据树的枝叶多少来决定，不宜过多或过少，一般掌握在每株树挂三、四个“角倍”为宜。

218 青麸杨（qingfuyang）（图 956）

［地 方 名］　乌倍子（河南），野漆树、漆树（四川），五倍子树（陕西），倍子树（贵州）。

［学　　名］　**Rhus potanini** Maxim.　漆树科

［形态特征］　落叶乔木，高 5～8 米；树皮粗糙，灰色，有裂缝；小枝通常平滑无毛。奇数羽状复叶互生，**具小叶 7～9**，小叶具极短而**明显的柄**，卵状长圆形至长圆状披针形，长 5～10 厘米，宽 2～4 厘米，先端渐尖，基部斜楔形或圆形。**全缘**，背面沿叶脉处微有细毛或近于无毛；叶轴圆柱形，有时在上部的小叶片间有狭翅。**圆锥花序顶生**，长 10～20 厘米，有微毛；花带白色。果序下垂，核果近球形，直径 3～4 毫米，**血红色**，密被绒毛，内含 1 粒种子。花期 5～6 月，果期 9 月。

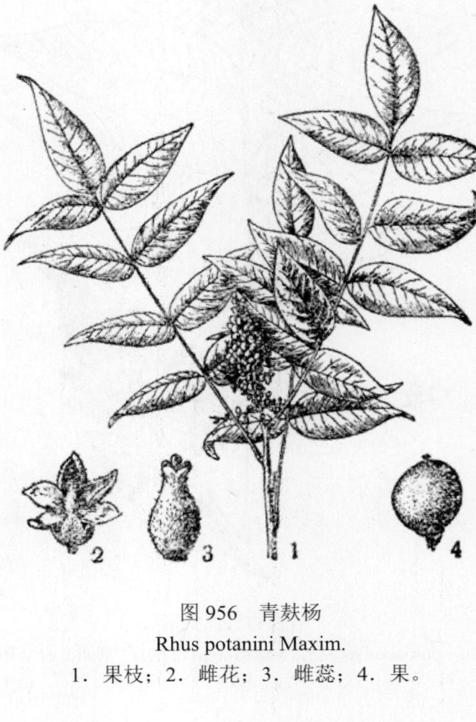

图 956　青麸杨

Rhus potanini Maxim.

1．果枝；2．雌花；3．雌蕊；4．果。

［生长环境］　喜生于向阳山坡或山谷疏林中及灌木草丛中，能耐旱，在瘠薄的砂砾土壤上也能生长。多为栽培。

［产　　地］　河北、山西、陕西、甘肃、四川、贵州、河南、湖北、湖南、江西、浙江、福建等省。

［用　　途］　叶上所生虫瘿，俗称五倍子，含鞣质量很高，供工业用及药用（参阅盐肤木，1183 页），茎皮和叶含鞣

质可提取栲胶。

种子可榨油（见“油脂类”，852 页）。

［理化性质］ 据陕西省资料：虫瘿含鞣质 60～80%。

［采收处理］ 参阅盐肤木（1183 页）。

［加　　工］ 参阅盐肤木。

219 红麸杨（hongfuyang）（图 957）

［地 方 名］ 五倍子、漆树、麸杨、漆倍子（四川），旱倍子树（湖北），倍子树（贵州）。

［学　　名］ **Rhus punjabensis** Stew. var. sinica (Diels) Rehd. et Wils. 漆树科

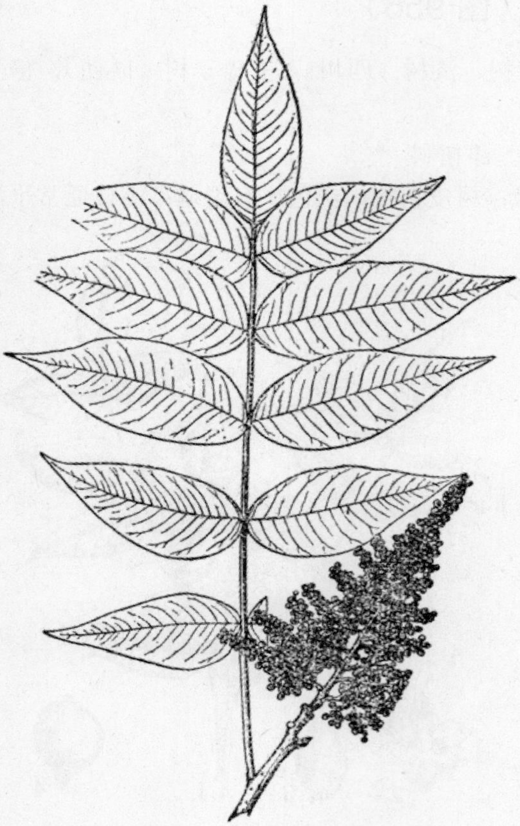

图 957 红麸杨
Rhus punjabensis Stew. var. sinica（Diels）Rehd. et Wils.
果枝

［形态特征］ 落叶乔木，高 8～12 米；树皮光滑，深灰色；小枝被短柔毛。奇数羽状复叶互生；**小叶 7～13，无柄或近无柄**，卵状长圆形至长圆状披针形，长 5～7 厘米，宽 2～4 厘米，先端渐尖，基部圆形或近心形，**全缘**，背面沿叶脉处有细毛，**叶轴上部有狭翅**。**圆锥花序顶生**，长 10～20 厘米，密生细毛；花小，白色，被短柔毛。果序下垂，核果近圆形，**深红色**，**密被柔毛**。花期 5 月，果期 9～10 月。

［生长环境］ 多生于海拔 1000 米左右的山地阳坡的疏林，灌木丛或草丛中亦有栽培。

［产　　地］ 四川、贵州、湖北、湖南等省。

［用　　途］ 虫瘿（即五倍子）富含鞣质，供工业及药用（参阅盐肤木，1183 页），叶和树皮均含鞣质，可用以提制栲胶。

木材黄白色，质坚，可作家具、农具。种子可以榨油，是一种不干性油，可作工业上机器的润滑油，及制肥皂原料；油饼是猪的良好饲料和肥料。树皮有杀虫功效，可作土农药。

［理化性质］　五倍子（虫瘿）含鞣质 70%。（资料引自“怎样检验植物鞣料”一书的表 2）

［采收处理］　参阅盐肤木（1183 页）。

［加　　工］　参阅盐肤木。

220 木蜡树（mulashu）（图 685）

［学　　名］　**Rhus succedanea** L.　漆树科

（地方名、形态特征、生长环境、产地及其他用途见“油脂类”，852 页）

［用　　途］　叶和茎皮均含鞣质，可提制栲胶。

［理化性质］　中国科学院四川分院林业科学研究所用皮粉法分析：树皮含水分 13.35%，鞣质 21.35%，非鞣质 4.82%，纯度 71.93%。（分析样品采自四川峨眉山）

［采收处理］　参阅盐肤木（1183 页）。

［加　　工］　参阅盐肤木。

221 冬青（dongqing）（图 958）

［地 方 名］　不冻紫（浙江），青皮树、观音茶（四川）。

［学　　名］　**Ilex chinensis** Sims (*I. purpurea* Hassk.; *I. purpurea* var. *oldhami* Loes.)　冬青科。

［形态特征］　常绿乔木，高达 12 米；树皮灰色或淡灰色，无毛。叶革质，通常狭长椭圆形，长 6～10 厘米，宽 2～3.5 厘米，先端渐尖，基部楔形，很少圆形，边缘有疏生浅圆锯齿，中脉在背面隆起，侧脉 8～9 对；叶柄长 5～15 毫米。花雌雄异株，成聚伞花序着生于当年嫩枝叶腋内或叶腋外。核果椭圆形，长 6～10 毫米，红色，内含分核 4 个，果柄长约 5 毫米。花期 5 月，果期 10 月。

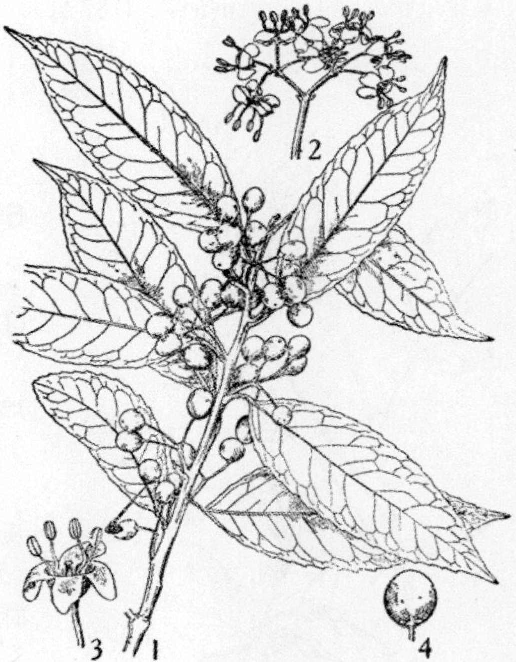

图 958　冬青
Ilex chinensis Sims
1．果枝；2．雄花序；3．雄花；4．核果。

［生长环境］　生于向阳的山麓，山坡疏林或灌丛中。

［产　　地］　安徽、江苏、浙江、江西、湖南、湖北、四川、贵州、福建、广东、云南等省。

［用　　途］ 树皮含鞣质，可提制栲胶。

种子及树皮供药用，有补益、强壮的功效。嫩芽可作野菜食用。

［理化性质］ 据浙江省资料：树皮含鞣质 16.45%。

［采收处理］ 秋季至次年春季剥取树皮，除净泥土晒干，贮存在通风干燥处。

［加　　工］ 浸提前将树皮切成 1～2 厘米小块，浸提温度以 70～90℃为宜。

222 铁冬青（tiedongqing）（图 688）

［学　　名］ **Ilex rotunda** Thunb.　冬青科

（地方名、形态特征、生长环境、产地及其他用途见“油脂类”，855 页）

［用　　途］ 树皮含鞣质，可提制栲胶。

［理化性质］ 据中国科学院华南植物研究所用高锰酸钾氧化法分析：树皮含水分 10.85%，鞣质 9.46%，非鞣质 21.52%，纯度 30.51%（分析样品采自福建南靖）。

［采收处理］ 参阅冬青（1187 页）。

［加　　工］ 参阅冬青。

223 野鸦椿（yeyachun）（图 695）

［学　　名］ **Euscaphis japonica** (Thunb.) Kanitz　省沽油科

（地方名、形态特征、生长环境、产地及其他用途见“油脂类”，864 页）

［用　　途］ 树皮含鞣质，可提制栲胶。

［理化性质］ 据江苏省资料：树皮含鞣质 8.28%。

［采收处理］ 剥取树皮应结合木材采伐时进行，采后晒干，置于通风干燥处贮存。

［加　　工］ 将树皮切成 1～3 厘米小块，浸提温度以 70～95℃为宜。

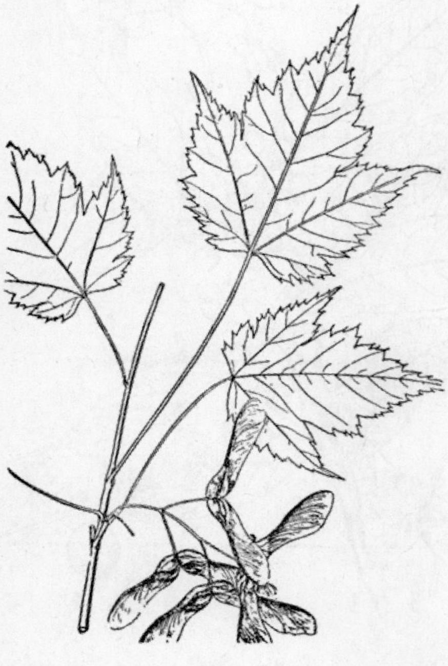

图 959　毛脉槭
Acer barbinerve Maxim.
果枝

224 毛脉槭（maomaiqi）（图 959）

［学　　名］ **Acer barbinerve** Maxim.　槭树科

［原 料 名］　色树皮、色树叶、色树籽

［形态特征］　落叶小乔木，高 10～12 米；树皮暗灰色，平滑；小枝初有微柔毛，后变无毛，黄褐色。单叶对生，阔卵形，长 5～8 厘米，宽 4～7 厘米，3～5 浅裂，中裂片大，基部 2 裂片小，先端尾状渐尖，基部心形或近截形，边缘具疏粗齿牙，表面具极稀疏的毛，**背面叶脉有较密的带黄白色柔毛**；叶柄细长，长 2.5～8 厘米，疏生柔毛。雌雄异株，雄花由二年生无叶老枝上生出，为密伞花序，雌花由当年生具叶枝端生出，为总状花序，花均黄绿色；花瓣与花萼等长，子房平滑无毛。翅果黄褐色，**两翅开展成钝角**；小坚果卵圆形，**具粗脉纹**。花期 4～6 月，果期 8～10 月。

［生长环境］　生于海拔 500～1200 米的针阔叶混交林内或林缘。

［产　　地］　辽宁、吉林、黑龙江等省。

［用　　途］　树皮、外果皮和叶均含鞣质，可作栲胶原料。种子可榨油。木材可作器具。又为蜜源植物。

［理化性质］　据吉林省资料：叶含鞣质 19.73%。

［采收处理］　参阅色木槭（1193 页）。

［加　　工］　参阅色木槭。

225 青榨槭（qingzhaqi）（图 148）

［学　　名］　**Acer davidii** Franch.　槭树科

（地方名、形态特征、生长环境、产地及其他用途见“纤维类”，185 页）

［原 料 名］　色树皮、色树叶、色树籽。

［用　　途］　叶和树皮含鞣质，可做栲胶原料。

［理化性质］　叶及树皮的鞣质含量列表如下：

分析项目 / 分析部位	水分（%）	鞣　质（%）	非鞣质（%）	纯　度（%）	备　　注
叶　　子	9.05	18.90	18.22	50.92	（注 1）
树　　皮	13.87	9.37	8.28	53.90	（注 2）

注 1：中国科学院植物研究所用皮粉法分析结果。
2：中国科学院四川分院林业科学研究所用皮粉法分析结果。

［采收处理］　树叶可在 8～9 月采收，剥取树皮宜结合木材采伐进行。晒干后宜保存于通风干燥处。

［加　　工］　参阅色木槭（1193 页）。

226 茶条槭（chatiaoqi）（图 960）

［地 方 名］　茶条（吉林、河南、青海、安徽），茶枝子、茶叶枝、山茶叶树（辽

宁），马尿随（江苏），涩木（山东），桑芽（浙江）。

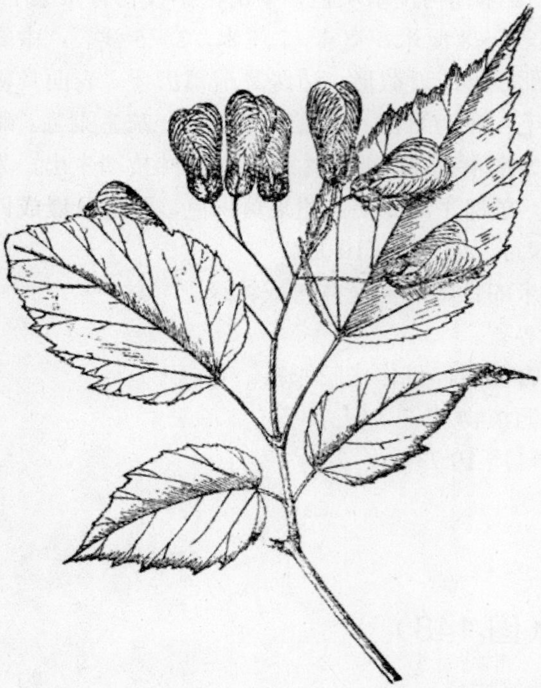

图 960　茶条槭
Acer ginnala Maxim.
果枝

［学　　名］　**Acer ginnala** Maxim.　槭树科

［形态特征］　落叶小乔木或灌木，高 5～10 米，树皮灰褐色，**平滑或浅纵裂**；枝无毛，淡灰褐色。单叶对生，稍革质，**卵状椭圆形**，长约 5～9 厘米，宽 3～6 厘米，**通常 3 裂或不明显 5 浅裂**，或不分裂，中裂片大，卵形或长卵形，先端长渐尖，基部近圆形或稍心形，边缘为不规则缺刻状重锯齿，表面光滑无毛，**背面沿中脉疏生软毛**，绿色，秋季变为红色；叶柄长 1～5 厘米。**伞房花序**顶生，多花，黄绿色；萼片 5；花瓣 5；雄蕊 8，在两性花者形小而不外露；子房上有长软毛，花柱上部 2 裂。翅果淡褐色，长约 2.5～2.7 厘米，**两翅开展，角度甚小**；至近于平行；小坚果长圆形，具明显的细脉纹，疏生柔毛。花期 5～6 月，果期 9 月。

［生长环境］　喜生于向阳地，在海拔 400～1200 米的地区生长，多丛生于河岸两旁，稍带砂质地，及开旷地、山坡上的灌木丛及疏林下，有时生于林缘，在林内少见。

［产　　地］　辽宁、吉林、黑龙江、内蒙古、河北、河南、山东、山西、陕西、甘肃、青海、江苏、浙江、安徽、江西、湖北、广东等省区。

［用　　途］　树皮、叶及果实均含鞣质，可提制栲胶，亦可用作黑色染料。

树皮为纤维原料（见“纤维类”，186 页）。

嫩叶烘干后可代茶叶饮用，有降低血压的作用；又为夏日缫丝厂工作人员不可缺少的饮料，因服后汗水落在丝绸上，无黄色斑点。

种子可榨油（见“油脂类”，866 页）。本种亦为很好的庭园观赏树。

［理化性质］　树皮、叶及果实的鞣质含量分析，结果列表如下页。

另据吉林省资料：果实含鞣质 6.33%。

［采收处理］　剥取树皮宜在 8～9 月结合木材采伐时进行，伐倒后，马上剥皮，否则干后不易剥下。剥下的树皮切成 1 米左右，晒干，捆成 50～100 公斤的大捆，置于通风干燥处贮藏备用。树叶在花后采收为宜。树皮，树叶均不宜暴晒或雨淋。

分析项目 / 分析部位	水分（%）	鞣　质（%）	非鞣质（%）	不溶物（%）	纯　度（%）	备　注
树　皮	34.70	13.44	27.60	—	32.70	（注 1）
叶	7.50	9.45	8.56	3.38	52.46	（注 2）

注 1：内蒙古大学生物系分析结果。
2：中国科学院植物研究所用皮粉法分析结果。

［加　　工］　参阅色木槭（1193 页）

［其　　他］　本种主杆矮小，材质松脆，只能做薪材，唯其分布较广，产量大，是作栲胶原料很有前途的树种之一，为考虑长期利用和综合利用，不宜全株伐倒，同时在提取鞣质时，保持纤维一定长度，以便提取纤维。

227 小楷槭（xiaokaiqi）（图 961）

［学　　名］　**Acer komarovii** Pojark. (*Acer tschonoskii* Maxim. var. *rubripes* Kom.)　槭树科

［形态特征］　小乔木，高达 6 米。**树皮光滑灰色**，小枝紫红色，芽小而尖。单叶对生，掌状 5 裂，长宽皆为 4～8 厘米，中央裂片较大，卵形，先端长尾尖，两侧裂片较小而窄，长尾尖，近基部两侧裂片最小，基部心形，边缘有疏缺刻，**具很密的锐尖重锯齿**，表面平滑无毛，**背面沿叶脉密生淡褐色毡毛**；叶柄带淡红紫色，长达 3～5 厘米，有柔毛。**雄花与两性花异株，总状花序**；花带绿黄色；萼片 5，线状匙形，钝，长 3～4 毫米；花瓣 5，形同萼片，但较长。翅果黄褐色，长 2～2.5 厘米，小坚果很扁，长圆形，一面凸出，另一面凹入，宽约 4 毫米，**稍具有不明显的细脉纹**；翅向内曲，长约 1.5 厘米，宽约 7 毫米，**翅果开展近直角；或近于并列**；果柄长约 7 毫米，红褐色。花期 5 月，果期 7～8 月。

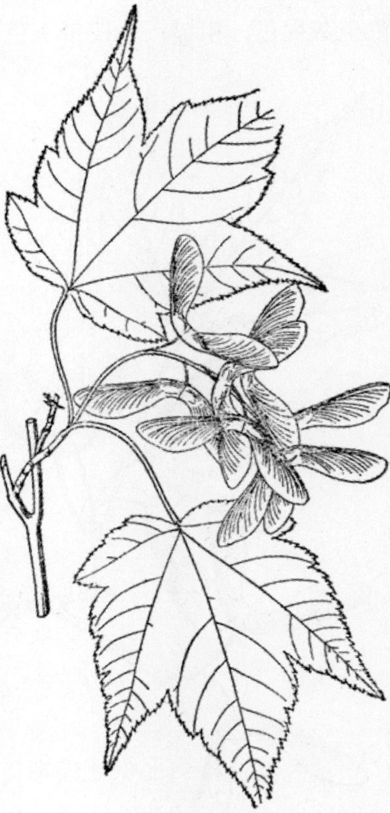

图 961　小楷槭
Acer komarovii Pojark.
果枝

［生长环境］　生长于海拔 800 米杂木林及针阔混交林中。

［产　　地］　辽宁、吉林等省。

［用　　途］　树皮、叶、果均含鞣质，可提制栲胶。

种子可榨油。也为造林树种之一。木材可供车箱板、地板等用。

［理化性质］　据吉林师范大学用高锰酸钾氧化法分析结果：果实含鞣质 10.16%。

［采收处理］　参阅色木槭（1193 页）。

［加　　工］　参阅色木槭。

228 白牛槭（bainiuqi）（图 962）

［地 方 名］　拧筋子树（吉林），白牛子（辽宁）。

［学　　名］　**Acer mandshuricum** Maxim.　槭树科

［形态特征］　落叶乔木；高达 15～20 米，少有达 30 米者；树冠分枝整齐；树皮灰色至灰褐色，粗糙；小枝带灰色，无毛，有长圆形皮孔。叶对生，三出复叶；小叶片长椭圆形或长圆状披针形，长 5～10 厘米，宽 1.5～3 厘米，先端渐尖，基部略圆或圆形，边缘具稀疏粗锯齿，表面暗绿色，背面灰绿色，沿主脉生有白色的疏柔毛。**雄花与两性花异株，聚伞花序顶生**，具 3～5 花，花梗长 4～8 毫米；萼片 5，长 7～8 毫米；花瓣 5，黄绿色，比萼片稍短；雄蕊 8～12，着生于花盘内缘，比萼片稍长。**翅果**淡黄褐色，长 3～3.8 厘米，**无毛；小坚果凸起，在接近翅部有明显的脉纹，翅长 3 厘米**，宽 1 厘米，**两翅开展近于直角**。花期 5～6 月，果期 9～10 月。

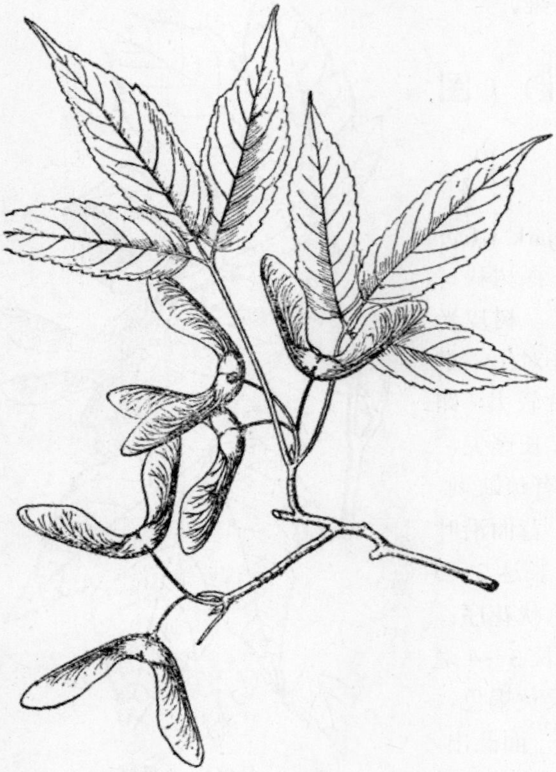

图 962　白牛槭
Acer mandshuricum Maxim.
果枝

［生长环境］　多生于山地阴湿地的杂木林中。

［产　　地］　辽宁、吉林、黑龙江等省。

［用　　途］　茎皮、叶含鞣质，可提取栲胶。

种子可榨取工业用油。

［理化性质］　据吉林省资料：茎皮和叶含鞣质 10.05%。

［采收处理］　参阅色木槭（1193 页）。

［加　　工］　参阅色木槭。

229 色木槭（semuqi）（图 149）

［学　　名］ **Acer mono** Maxim.　槭树科

［原 料 名］ 色树皮、色树叶

（地方名、形态特征、生长环境、产地及其他用途见“纤维类”，187 页）

［用　　途］ 树皮、叶、果均含鞣质，可作栲胶原料。

［理化性质］ 据吉林省资料：叶含鞣质 5.89%。

［采收处理］ 采剥树皮应结合采伐木时进行，本种材质坚硬，采伐后，不宜立即剥皮，以免因骤干而暴裂，影响木材质量。采摘树叶多在花后 6～7 月进行，采后风干，装袋贮存，防止雨淋受潮发霉。果实宜在 8～9 月采收。

［加　　工］ 浸提前将树皮切成 1～3 厘米小段，树叶搓碎成 2～3 厘米小片，果稍加粉碎。浸提温度：树皮以 70～90℃，树叶以 50～70℃，果以 60～80℃为宜。

附注：如综合利用树皮纤维，浸提前应考虑破碎程度，一般长度以 30 厘米左右为宜。

现在各地收购的毛脉槭、青榨槭、色木槭、紫花槭、小楷槭、青楷槭、花楷槭（均属槭树科）的树皮、树叶和果实统称为色树皮、色树叶和色树籽。

230 紫花槭（zihuaqi）（图 963）

［学　　名］ **Acer pseudo-sieboldianum** Kom.　槭树科

［原 料 名］ 色树皮、色树叶、色树籽

［形态特征］ 落叶灌木或小乔木，高达 8 米多；树冠密而整齐；**树皮灰色，不裂**；幼枝红褐色，**密生白柔毛**，**老枝灰褐色，被有白蜡粉**。单叶对生，圆形，直径 6～12 厘米，9～11 **掌状中裂**；裂片披针形、长圆形，先端长渐尖，**基部心形**，边缘有锐的弯尖重锯齿，表面无毛或疏生毛，背面有白色绢状细柔毛；叶柄长达 3 厘米，密生白绒毛。雄花与两性花同株，**伞房花序**，具长梗，有 10～16 花，带黄色；萼片及花瓣无毛，各 5 片；雄蕊 8。翅果褐色，长约

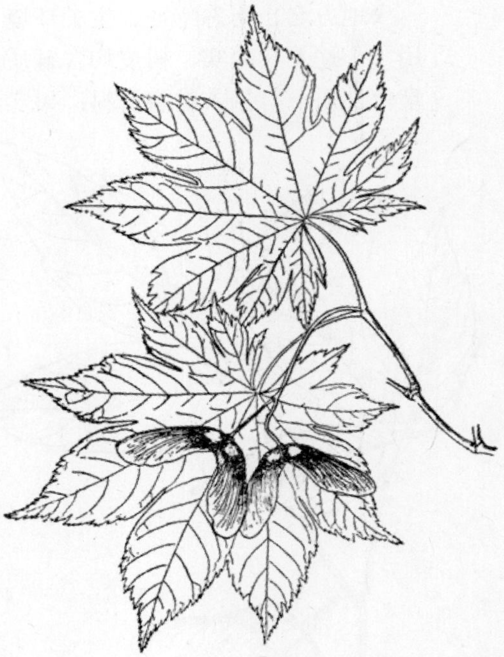

图 963　紫花槭
Acer pseudo-sieboldianum Kom.
果枝

2.5 厘米，开展近直角；小坚果凸出成长卵圆形；翅长约 1.6 厘米，宽约 5～7 毫米；果柄红褐色：长约 1.5 厘米。花期 5～6 月，果期 9～10 月。

［生长环境］ 生于海拔 700～900 米的阔叶林、针阔叶混交林内及林缘。

［产　　地］ 辽宁、吉林、黑龙江等省。

［用　　途］ 树皮、叶均含鞣质，可作栲胶原料。种子可榨油。木材可作建筑材料。

［理化性质］ 据辽宁省资料：树皮含鞣质 13.24%，叶含鞣质 13.77%。

［采收处理］ 参阅色木槭（1193 页）。

［加　　工］ 参阅色木槭。

231 青楷槭（qingkaiqi）（图 698）

［学　　名］ **Acer tegmentosum** Maxim. 　槭树科

［原 料 名］ 色树皮，色树叶，色树籽。

（地方名、形态特征、生长环境、产地及其它用途见“油脂类”，866 页）

［用　　途］ 果实，树皮均含鞣质，可提制栲胶。

［理化性质］ 据吉林省资料：果实含鞣质 15.76%。

［采收处理］ 参阅色木槭（1193 页）。

［加　　工］ 参阅色木槭。

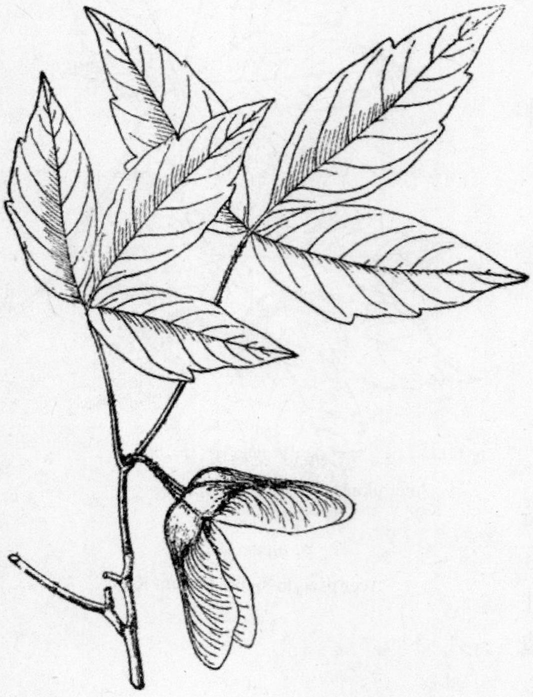

图 964　三花槭
Acer triflorum Kom.
果枝

232 三花槭（sanhuaqi）（图 964）

［地 方 名］ 拧筋子（辽宁、吉林）

［学　　名］ **Acer triflorum** Kom. 　槭树科

［形态特征］ 落叶乔木，高达 10 米；树皮灰褐色，带淡红色，**片状剥裂**；小枝淡灰褐色，具圆形点状皮孔。**三出复叶对生**，小叶椭圆形至卵状椭圆形，长 5.5～9 厘米，宽 2.5～3.5 厘米，基部阔楔形或偏斜，先端渐尖，**边缘具 2～3 个大牙齿**，具缘毛，表面绿色，具微毛，背面黄绿色，具疏长

毛，沿叶脉毛较多；具长柄，柄长 6～11 厘米，具沟，顶端小叶有叶柄。**雄花与两性花异株，伞房花序生于短枝上，具 3 朵花**，花梗密生黄白色毛。翅果黄褐色，宽大，长 4～4.5 厘米，宽 1.7 厘米，**张开成锐角或近于直角；小坚果大**，卵圆形，密被黄白色毛。花期 5～6 月，果期 8～10 月（东北）。

［生长环境］　常见于海拔 400 米以上的针阔叶混交林中，阔叶杂木林中也有生长。

［产　　地］　辽宁、吉林等省。

［用　　途］　树皮、树叶、果实均含鞣质，可提制栲胶。

茎皮、木材纤维为造纸原料（见“纤维类”，188 页）。种子可榨油。

［理化性质］　据中国科学院林业土壤研究所用皮粉法分析：树皮含鞣质 3.20%，叶含鞣质 21.07%。

［采收处理］　参阅色木槭（1193 页）。

［加　　工］　参阅色本槭。

233 花楷槭（huakai-qi）（图 965）

［地 方 名］　花楷子（辽宁）

［学　　名］　**Acer ukurunduense** Trautv. et Mey.　槭树科

［原 料 名］　色树皮、色树叶、色树籽

［形态特征］　落叶小乔木，高达 15 米；树皮淡褐色，**粗糙，片状剥裂**；小枝暗红褐色，具皮孔。单叶对生，卵状圆形，长 6～12 厘米，宽 5～10 厘米，**掌状 5～7 浅裂**，裂片先端锐尖，基部心形，边缘具缺刻状锐齿牙，表面绿色，背面淡绿色，疏生毛，沿脉密生褐色绒毛；叶柄长 5～10 厘米，黄绿色或带红色，具短柔毛。雌雄异株，**圆锥花序顶生**，长 5～15 厘米，具柔毛；花黄绿色；萼片 5，花瓣 5，雄蕊 8。**翅果小**，红褐色，**长约 1.5 厘米，开展成 50～60° 角**，翅具明显脉纹；小坚果凸出，卵圆形；翅长约 1 厘米。花期 5～6 月，果期 9～10 月。

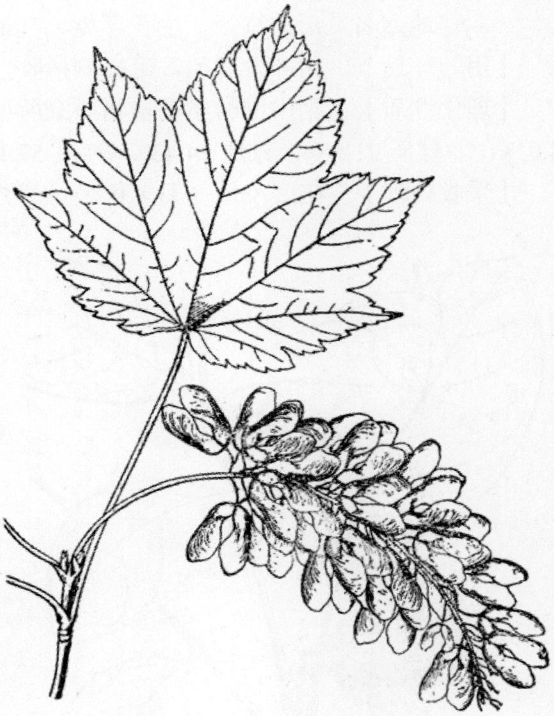

图 965　花楷槭
Acer ukurunduense Trautv. et Mey.
果枝

［生长环境］　生于海拔 500 米左右的山地针阔混交林中，湿润肥沃的土壤上。

［产　　地］ 辽宁、吉林、黑龙江等省。

［用　　途］ 树皮、叶、果均含鞣质，可提制栲胶。种子可榨油。

［理化性质］ 据吉林省资料：叶含鞣质 9.81%，果实含鞣质 11.56%。

［采收处理］ 参阅色木槭（1193 页）。

［加　　工］ 参阅色木槭。

234 栾树（luanshu）（图 705）

［学　　名］ **Koelreuteria paniculata** Laxm.　无患子科

（地方名、形态特征、生长环境、产地及其他用途见“油脂类”，873 页）

［用　　途］ 树叶含鞣质，可提制栲胶。

［理化性质］ 据中国科学院植物研究所用皮粉法分析：叶含水分 9.79%，总固物 48.01%，非鞣质 21.55%，鞣质 24.43%，纯度 53.13%；属水解类鞣质。

［采收处理］ 花后（8～9 月）可采一部分叶，采后应立即加工，否则应风干后贮存，并防止受潮。

［加　　工］ 用水浸浓缩法提制栲胶。浸提温度以 50～70℃之间为宜。

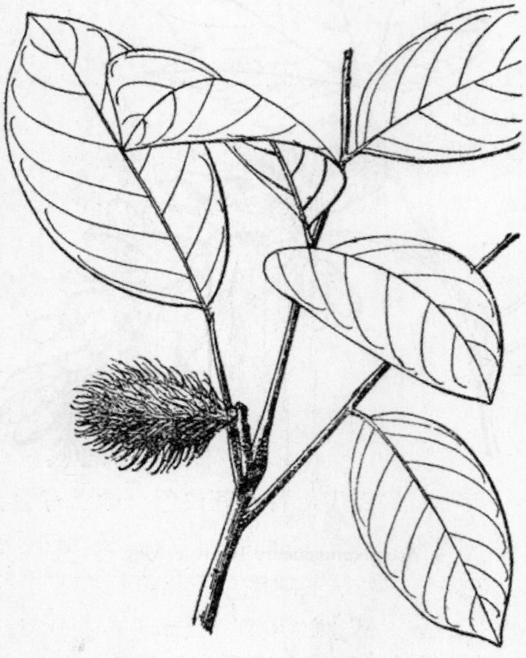

图 966　海南韶子
Nephelium lappaceum L. var. topengii（Merr.）How et Ho
果枝

235 海南韶子（hainanshaozi）（图 966）

［地 方 名］ 山荔枝、毛荔枝、酸古蚁、毛杖、毛条（广东海南）

［学　　名］ **Nephelium lappaceum** L. var. **topengii** (Merr.) How et Ho　无患子科

［形态特征］ 乔木，高 10～20 米。枝圆柱状，幼时被锈色柔毛，后变光滑。叶连柄长 15～45 厘米，通常有小叶 2～3 对，很少 1～4 对的；小叶对生或互生，近革质，椭圆形至长椭圆形，长 6～18 厘米，宽 2.5～7.5 厘米，先端近短尖或短渐尖而钝，基部阔楔尖或稍钝，表面光滑，有光泽，背面薄被疏柔毛或有时被皱卷的小茸毛，侧脉约

10～12 对，纤细，背面稍凸起，有稍明显的网脉；小叶柄长 5 毫米。圆锥花序腋生或顶生，分枝，长 10～30 厘米，被锈褐色小柔毛；花小，单性异株，具短柄；萼 4～6 裂，长达 2 毫米，被紧贴锈色小茸毛，裂齿卵形，短尖，无花瓣；花盘无毛，子房 2～3 裂，有小疣体，被疏柔毛，花柱深裂，裂片外弯，被毛。果椭圆形至椭圆状球形，密被软刺，长（不连刺）3～4 厘米，径约 2.5 厘米，熟时黄色或红色，干燥时黑褐色；**果刺短而弯，长 3.5～5 毫米，先端钝尖**。

［生长环境］　生于坑边密林中。

［产　　地］　广东、云南等省。

［用　　途］　树皮及果皮富含鞣质，可提制栲胶。

种子可榨油（见“油脂类”，874 页）。木材耐水湿，可做造船材和建筑用材。果实可酿果酒或充水果食用。

［理化性质］　据中国科学院华南植物研究所用高锰酸钾氧化法分析，结果列表如下：

分析项目 / 分析部位	水　分（%）	鞣　质（%）	非鞣质（%）	纯　度（%）
树　皮	10.47	11.02	7.67	58.93
果　皮	14.14	23.65	16.94	58.26

注：样品采自海南尖峰岭。

［采收处理］　树皮可结合木材砍伐剥取，果皮可结合果实综合利用回收，晒干贮藏。

［加　　工］　将树皮切成 1～3 厘米的碎块；浸提温度，树皮以 70～90℃、果皮以 60～80℃之间为宜。

236 山青木（shanqingmu）（图 967）

［学　　名］　**Meliosma kirkii** Hemsl. et Wils.　清风藤科

［形态特征］　乔木，高 12 米；幼枝带红色，具锈色柔毛，有皮孔。奇数羽状复叶，小叶 11，近于对生，长圆披针形，长 4～15 厘米，宽 1.5～4.5 厘米，基部几对常较短且宽，先端渐尖；具短尖头，基部楔形，疏生短尖锯齿，**背面苍白色，脉上有柔毛**，侧脉显明；小叶柄长 6～10 毫米，具柔毛。圆锥花序顶生及上部叶腋生，长 25 厘米，宽 45 厘米，多分枝，二次分枝水平展开，花序各部被锈灰色毛，花极多，在花序梗上成密丛，**花红色**，有短梗；萼片 5，不等，外轮 2 片较小，卵形，具缘毛；花瓣 5，外轮 3 个近镊合状，圆形，早落，内轮 2 个微小，鳞片状；花盘杯状，有齿；子房具柔毛，花柱较雄蕊长。

［生长环境］　生于 1000 米以上的山地，灌木丛林中。

［产　　地］　四川、湖南、云南等省。

［用　　途］　树皮含鞣质，可提制栲胶。

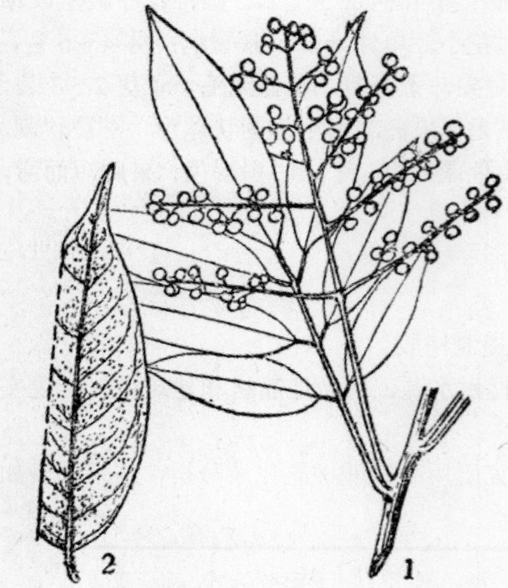

图 967　山青木
Meliosma kirkii Hemsl et Wils.
1．果枝；2．叶。

［形态特征］　常绿小乔木，高约10米，树干笔直，皮灰褐色；嫩枝粗壮，密生锈色柔毛。单叶互生，革质，**披针形或椭圆形，长 12～18 厘米，宽 3～5 厘米，**先端尖或钝，基部楔形，全缘或上部疏生锯齿，表面平滑，或嫩时有毛，**背面有锈色绒毛**，中肋在表面下陷，于背面隆起，侧脉在背面显明；叶柄长 2.5～3 厘米，有短毛。圆锥花序顶生；花瓣 5；雄蕊 5。核果略为球形，基部倾斜，萼宿存。花期5～6 月，果期 8 月。

［生长环境］　生于山坡、溪边、林缘或阔叶杂木林中及灌木丛内。

［产　　地］　浙江、福建、台湾、广东、广西等省区。

［用　　途］　树皮及叶含鞣质，可提制栲胶。

种子可榨油（见“油脂类”，880 页）。

［理化性质］　据中国科学院四川分院林业科学研究所用皮粉法分析：树皮含水分 9.70%，鞣质 16.75%，非鞣质 6.74%，纯度 71.31%。（分析样品采自云南屏边）

［采收处理］　参阅笔罗子（本页）。

［加　　工］　参阅笔罗子。

237 笔罗子（biluozi）（图968）

［地 方 名］　野枇杷、粗糠柴（浙江），花木香（广东）。

［学　　名］　**Meliosma rigida** Sieb. et Zucc.　清风藤科

图 968　笔罗子
Meliosma rigida Sieb. et Zucc.
1．花枝；2．花。

木材可供建筑用材。

［理化性质］　据浙江省资料：树皮含鞣质 16.0%，叶含鞣质 5.7%。

［采收处理］　夏秋采收树皮和树叶，除净泥土，贮于通风干燥处。

［加　　工］　浸提前将叶切成 3～5 厘米的小块。浸提温度以 65～85℃为宜；树皮切成 1～3 厘米小块，浸提温度以 70～90℃为宜。

238 铜钱树（tongqianshu）（图 969）

［地 方 名］　鸟不宿（四川）

［学　　名］　**Paliurus hemsleyanus** Rehd.　鼠李科

［形态特征］　**乔木**，高达 15 米；树皮暗灰色，小枝细长，成“之”字形曲折，无毛，密被小皮孔，**无刺**。单叶互生，**椭圆状卵形至阔卵形，长 4～10 厘米，宽 2.5～9 厘米**，先端渐尖，基部圆形至阔楔形，有时歪斜，边缘有波状单锯齿，两面无毛；叶柄稍扁平。花小，成腋生或顶生的聚伞花序，黄绿色，具长梗；萼裂 5；花瓣 5；雄蕊 5；子房与花盘合生。核果周围有栓质薄翅，形如铜钱，**直径约 2.5 厘米**，紫褐色，无毛。花期 5 月，果期 10 月。

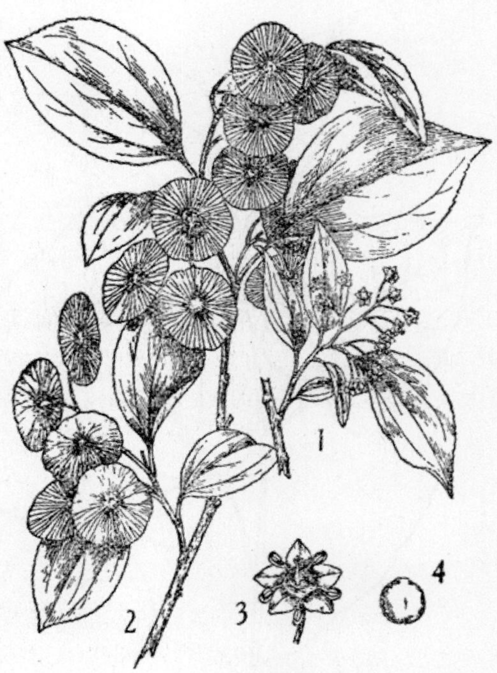

图 969　铜钱树

Paliurus hemsleyanus Rehd.

1. 花枝；2. 果枝；3. 花；4. 种子。（自“中国森林植物志”）

［生长环境］　生于海拔 200～1000 米的山地林间。

［产　　地］　湖北、四川、陕西、安徽、江苏、广西、云南等省区。

［用　　途］　树皮含鞣质，可提制栲胶。

［理化性质］　据中国科学院昆明植物研究所用皮粉法分析：树皮含水分 10.66%，鞣质 11.89%，非鞣质 3.24%，纯度 47.31%。（分析样品 6 月采自四川西昌）

［采收处理］　参阅色木槭（1193 页）。

［加　　工］　参阅色木槭。

239 鼠李（shuli）（图 713）

［学　　名］　**Rhamnus davurica** Pall.　鼠李科

（地方名、形态特征、生长环境、产地及其他用途见“油脂类”，882 页）

［用　　途］　茎皮、叶均含鞣质，为提制栲胶的原料。

［理化性质］　据辽宁省资料：茎皮含鞣质 8.03%。

［采收处理］　茎皮可结合采伐木材时剥取；灌木在秋季收割枝皮为宜；叶于秋季采摘，除净杂质，即可加工或晒干贮存备用。

［加　　工］　浸提前将茎皮切成 1～3 厘米小段，浸提温度以 75～90℃为宜。

240 蓝果野葡萄（languoyeputao）（图 970）

［学　　名］　**Ampelopsis bodinieri** (Lévl. et Vant.) Rehd. (*A. micans* Rehd.)　葡萄科

［形态特征］　藤本，长可达 6 米，幼时紫色，小枝无毛。**单叶互生；叶三角状卵形无裂片或宽卵形微裂**，长 5～10 厘米，先端短渐尖，基部近心形或截形，侧裂片先端急尖，叶缘具疏浅圆锯齿，**表面幼时深绿色被绢毛**，背面灰绿色。聚伞花序较密聚，具长柄，与叶对生或顶生；花 5～4 数；萼片连合；花瓣扩展；雄蕊短；子房 2 室，基部有环状花盘，花柱细弱。浆果**深蓝色或紫色**。花期 5～6 月，果期 10 月。

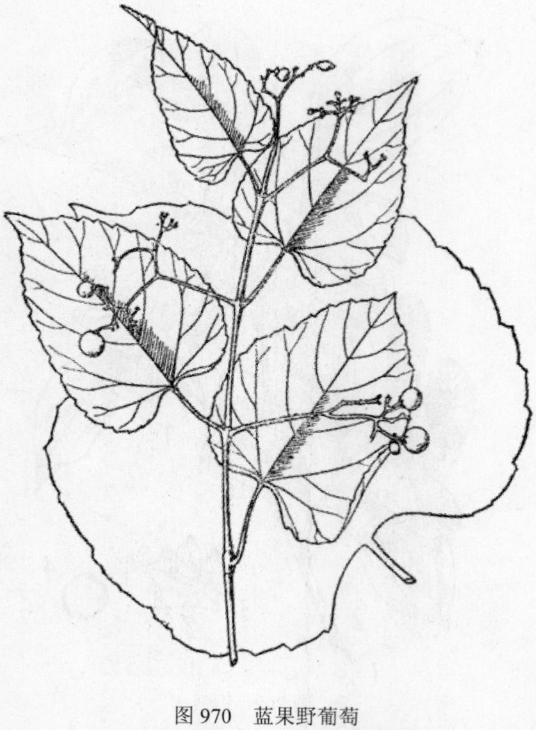

图 970　蓝果野葡萄
Ampelopsis bodinieri（Lévl. et Vant.）Rehd.
果枝

［生长环境］　生于山野阴湿处，林缘或灌丛中。

［产　　地］　贵州、湖北等省。

［用　　途］　茎皮含鞣质，可提制栲胶。

浆果可酿酒。

［理化性质］　据贵州省野生植物普查队黔北分队野外粗分析：茎皮含鞣质 19%。

［采收处理］　冬季采收藤条，若不能立即加工，可晒干贮存。

［加　　工］　先切成短段，经捶松后浸提。浸提温度以 60～90℃为宜。浸提后其纤维应考虑利用。

241 光叶蛇白蔹（guangyeshebailan）（图 720）

［学　　名］　**Ampelopsis brevipedunculata** (Maxim.) Trautv. var. **maximowiczii**

Rehd. 葡萄科

（地方名、形态特征、生长环境、产地及其他用途见“油脂类”，888 页）

［用　　途］ 茎、叶含鞣质，可提制栲胶。

［理化性质］ 据辽宁省资料：茎叶含鞣质 5.32%。

［采收处理］ 9～10 月采叶，10～11 月间收割茎条，若采收后不立即加工，可晒干贮存。

［加　　工］ 为综合利用，茎皮不应切得太小，在浸提前，将茎皮切成 40～50 厘米长，用锤捣松便可浸提，浸提温度以 60～90℃为宜。浸提后的残渣可作造纸和人造棉的原料。

242 中华杜英（zhonghuaduying）（图 971）

［地 方 名］ 桃榅（浙江），托盘槁、羊尿乌（广东），羊子屎（福建）。

［学　　名］ **Elaeocarpus chinensis** (Gardn. et Champ.) Hook. f. 杜英科

［形态特征］ 常绿乔木；树皮灰褐色，小枝幼时有白色柔毛。单叶互生，簇聚于幼枝顶端；革质，阔卵形，或椭圆形，长 4～7 厘米，宽 1.5～3 厘米，基部阔楔形或近圆形，先端尾状急尖，边缘具细锯齿，幼时被丝质柔毛，成长时两面无毛，**背面有斑点**；叶柄长 1～2 厘米，近叶片基部稍膨大。总状花序腋生或生于叶痕的上方，长 2～5 厘米；花通常两性，白色；花柄长 3～6 毫米，被小柔毛；萼片披针形至长椭圆形，外面被伏生小柔毛；花瓣楔形，稍短于萼片，**先端 3～5 齿裂**，两面被白色小柔毛；雄蕊约 7 枚以上；花盘和子房均密被短茸毛，子房 2 室，每室有胚珠 2 枚。核果椭圆状，长 8～10 毫米。花期 5～6 月，果期 9～10 月。

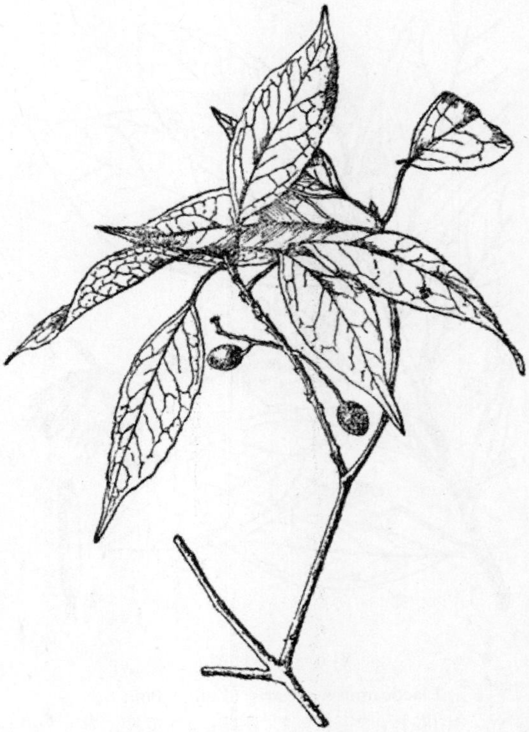

图 971 中华杜英

Elaeocarpus chinensis（Gardn. et Champ.）Hook. f.

果枝

［生长环境］ 喜生于红壤山坡杂木林中。

［产　　地］ 浙江、安徽、江西、福建、广东、广西等省区。

［用　　途］ 树皮及果皮含鞣

质，可提制栲胶。

木材可培养白木耳。

［理化性质］ 据厦门大学分析：鲜树皮含水分 44.78%，鞣质 9.92%；晒干后树皮含鞣质 14.80%;烘干的树皮含鞣质 17.98%。又据复旦大学分析：果皮(晒干)含鞣质 16.45～18.50%。

［采收处理］ 剥取树皮应结合伐木进行；果实于 9～10 月采集。收集后晒干置于干燥通风处贮存。

［加 工］ 树皮切成 1～2 厘米，浸提温度以 75～90℃为宜；果皮浸提温度以 65～80℃为宜。

243 山杜英（shanduying）（图 972）

［地 方 名］ 羊屎乌、羊仔屎、山橄榄（福建）

［学 名］ **Elaeocarpus sylvestris** (Lour.) Poir. 杜英科

［形态特征］ 乔木，高可达 10 米；除花序及幼小枝薄被小柔毛外，余均光滑，枝常为红褐色。单叶互生，纸质，长圆状椭圆形至长圆状倒卵形，长 4～12 厘米，宽 1.5～4.5 厘米，基部楔形，先端钝或尖，边缘有锯齿，侧脉约 8 对；叶柄长 5～12 毫米。总状花序腋生或生于落叶的枝上，长 2～6 厘米，有花数朵至十余朵，被紧贴小柔毛；花梗长 2～5 毫米；花白色；萼片 5，披针形，长 3～4 毫米，外被小柔毛；花瓣 5，极光滑，长 4～5 毫米，**先端线状撕裂几达中部**；雄蕊约 20 以上，花盘与子房均密被短茸毛。**果椭圆状长圆形，长 1～16 厘米，宽 6～8 毫米**。花期 6～8 月，果期 10 月间。

图 972 山杜英
Elaeocarpus sylvestris（Lour.）Poir.
1．花枝；2．花；3．花药；4．果枝。

［生长环境］ 生于山谷、路旁、杂木林中。

［产 地］ 广东、广西、湖南、江西、浙江、福建、台湾等省区。

［用 途］ 树皮含鞣质，可提制栲胶。

树皮纤维亦可造纸（见“纤维类”，191 页）。

［理化性质］　据广东林学院用高锰酸钾氧化法分析：树皮含鞣质 11.92%，水分 21.68%。（分析样品采自广东东兴）

［采收处理］　结合木材采伐采收树皮，晒干或阴干备用。

［加　　工］　浸提前将树皮切成 1～3 厘米小块，浸提温度以 70～90℃为宜。

244 峨眉铁线山柳（emei-tiexianshanliu）（图 973）

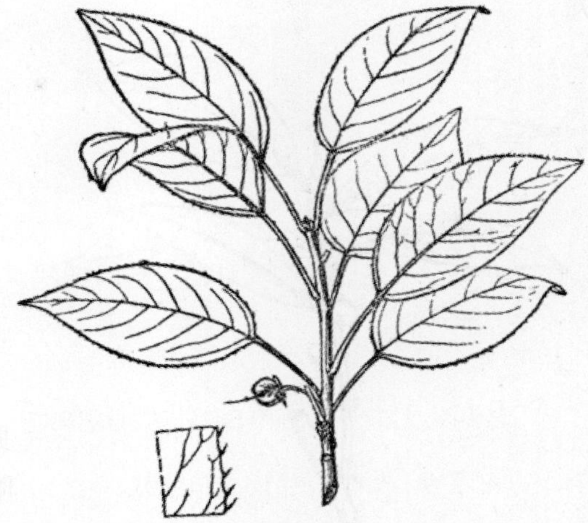

图 973　峨眉铁线山柳
Clematoclethra faberi Franch.
果枝

［学　　名］　**Clematoclethra faberi** Franch.　猕猴桃科

［形态特征］　落叶藤本；老枝光滑，无毛，皮橄榄绿色，幼枝褐色，被黄褐色刺毛、髓实心，褐色。单叶互生，卵状披针形至卵形，长 5～8 厘米，宽 3～4.5 厘米，先端渐尖，基部圆形，截形或微心形，边缘具细微齿尖，表面深绿色微有毛，背面灰白色有黄色短刺毛；叶柄长 2～5 厘米，被细红毛，后光滑。花 3 朵，成腋生聚伞花序，有时单生；花梗细长，密被黄绒毛；花白色；萼片 5，复瓦状，卵形，先端钝，近光滑，短于花瓣，宿存，果时外卷；花瓣 5，复瓦状，倒卵形；雄蕊 10 枚，短；子房 5 室，常仅 1 室发育，无毛，花柱圆柱状，细弱。果实浆果状，五角形，黄色。花期 6～7 月，果期 8～9 月。

［生长环境］　生于海拔 2000 米左右的山坡灌丛中。

［产　　地］　四川、贵州等省。

［用　　途］　茎皮含鞣质，可提制栲胶。

［理化性质］　据贵州省野生植物普查队毕节分队野外粗分析：茎皮含鞣质 10%。

（采收处理及加工：因本种未曾利用过，故有关采收处理、加工尚待进一步研究）。

245 光枝胡氏柃（guangzhihushiling）（图 974）

［地 方 名］　乌子、硬壳柴（浙江）

［学　　名］　**Eurya huiana** Kobuski f. **glaberrima** Chang　山茶科

［形态特征］　常绿灌木；小枝光滑。叶互生，椭圆形、长圆形至披针状椭圆形，长 5～10 厘米，高 2～3 厘米，先端渐尖或短尾尖，基部阔楔形、或钝形，边缘有细锯齿，表面中脉成一凹槽，背面中脉隆起；叶柄长 1～3 毫米。单性花，雌雄异株，1～2

朵着生于前年的老枝上和叶腋内，淡黄白色，有清香。浆果球形，1～3 个聚生，果梗极短。

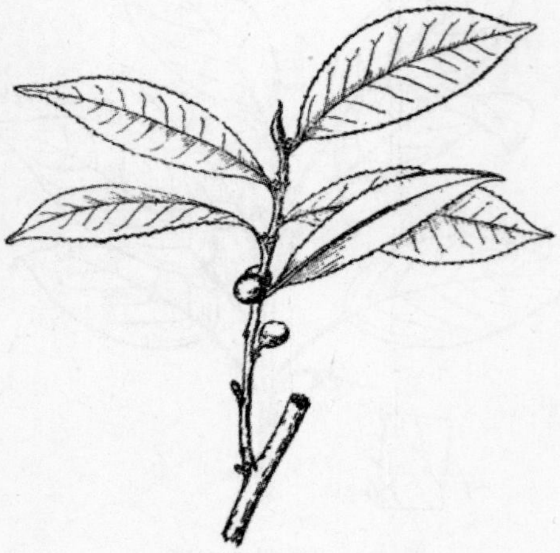

图 974 光枝胡氏柃
Eurya huiana Kobuski f. glaberrima Chang
果枝

［生长环境］ 生于向阳的山地灌木丛间。

［产　　地］ 浙江省

［用　　途］ 茎皮含鞣质，可提制栲胶。全株可煎提碱水。

［理化性质］ 据浙江省野生植物普查队野外粗分析：茎皮含鞣质 17.92%，水分 48.33%。

［采收处理］ 常年可采收，但不要连根掘起，仅选老枝砍取，用木棒捣裂，剥其茎皮，晒干贮藏备用。

［加　　工］ 将茎皮切成 1～2 厘米长的小段，浸提温度以 75～90℃为宜。

246 大头茶（datoucha）（图 975）

［地 方 名］ 大山皮、楠木树、水红树、花东青（四川）

［学　　名］ **Polyspora axillaris** (Roxb.) Sweet (*Gordonia axillaris* Szyszyl.; *G. anomala* Spreng.) 山茶科

［形态特征］ 常绿灌木或小乔木；树皮灰白色，平滑无毛。叶互生，厚革质，倒披针形至长椭圆形、长 6～19 厘米，宽 3 厘米，先端圆状钝形，有浅齿，基部钝形，边缘上部稍有波状锯齿，中肋表面平，背面突起，侧脉两面稍不明显。花 1～2 朵腋生，近于无梗；萼片 5，大小不等；花乳白色，直径 7.5～15 厘米，花瓣倒心形，顶端右凹缺；子房长圆形，3～5 室，花柱顶端分裂。蒴果长椭圆形，长 3 厘米，3～5 瓣裂；种子扁平，有翅。花期 10 月。

［生长环境］ 生于海拔 300～600 米的丘陵以至 1800～2800 米的山地杂木林中；荒地上也能生长。

［产　　地］ 浙江、四川、广东、广西、福建、台湾、云南等省区。

［用　　途］ 树皮含鞣质，可提制栲胶。

木材淡红色，材质致密，可供建筑用材，亦可供烧炭原料。种子可榨油。

［理化性质］ 据中国科学院四川分院林业科学研究所用皮粉法分析：树皮含水分 13.72%，鞣质 13.47%，非鞣质 6.68%，纯度 66.85%；属缩合类鞣质。（分析样品采自云南普洱）

［采收处理］ 砍伐木材用作薪炭的数量很大，故可结合砍伐时剥取树皮。采后晒干贮存。种子于成熟后采摘。

［加　　工］ 参阅厚皮香（本页）。

247 厚皮香（houpi-xiang）（图 735）

［学　　名］ **Ternstroemia gymnanthera** (Wight et Arn.) Sprague (*T. japonica* non Thunb.) 山茶科

（地方名、形态特征、生长环境、产地及其他用途见“油脂类”，906 页）

［用　　途］ 树皮含鞣质，可提制栲胶。亦可制成茶褐色染料。

［理化性质］ 据中国科学院四川分院林业科学研究所用皮粉法分析结果列表如下。

［采收处理］ 剥取树皮可结合砍伐时进行。采回后，晒干，贮于通风干燥处。

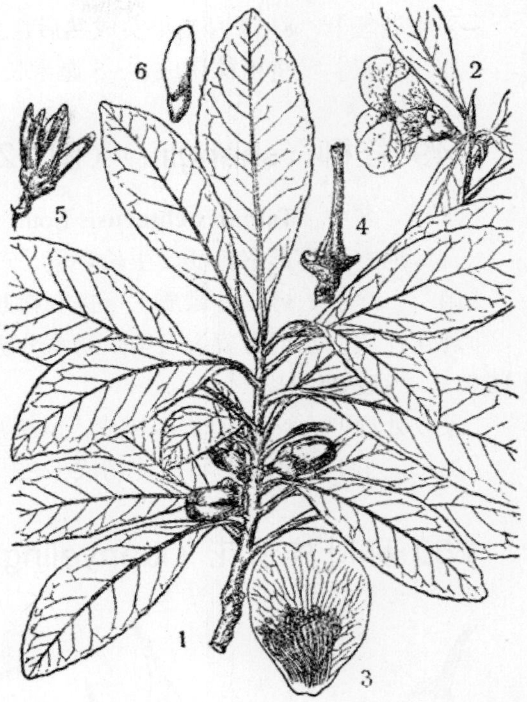

图 975 大头茶

Polyspora axillaris (Roxb.) Sweet

1．果枝；2．花枝；3．雄蕊；4．雌蕊；5．果；6．种子。

（自“中国森林树木志”）

分析项目 分析部位	水分（%）	鞣　质（%）	非鞣质（%）	纯　度（%）	备　　注
下部树皮（胸径 50 厘米）	16.09	21.02	8.87	70.37	样品采自云南勐海
下部树皮（胸径 80 厘米）	16.31	29.79	9.97	74.92	样品采自云南普洱
树皮（胸径 15 厘米）	12.13	24.76	9.00	75.34	样品采自云南普洱

注：属缩合类鞣质。

［加　　工］ 将树皮切成 1～3 厘米小块，浸提温度以 70～95℃为宜。

248 黄海棠（huanghaitang）（图 738）

［学　　名］ **Hypericum ascyron** L. (*H. pyramidatum* Ait.) 藤黄科

（地方名、形态特征、生长环境、产地及其他用途见“油脂类”，909 页）

［用　　途］ 全草含鞣质，为栲胶原料。

［理化性质］　据辽宁省资料：叶含鞣质 15.54%。

［采收处理］　8～9 月当果实成熟后，采收全草，晒干，贮存备用。

［加　　工］　将植株切成 2～5 厘米长的小段，浸提温度以 50～80℃为宜。

249 柽柳（shengliu）（图 224）

［学　　名］　**Tamarix chinensis** Lour.　柽柳科

（地方名、形态特征、生长环境、产地及其他用途，见“纤维类”，263 页）

［用　　途］　树皮含鞣质，可提制栲胶。

［理化性质］　据内蒙古大学生物系分析：树皮含水分 19.60%，鞣质 5.21%，非鞣质 16.01%，纯度 24.56%。

［采收处理］　8～9 月剥取树皮，晒干后贮藏备用。

［加　　工］　浸提前将树皮切成 1～3 厘米小段，浸提温度以 70～95℃为宜。

250 卵叶旌节花（luanyejingjiehua）（图 976）

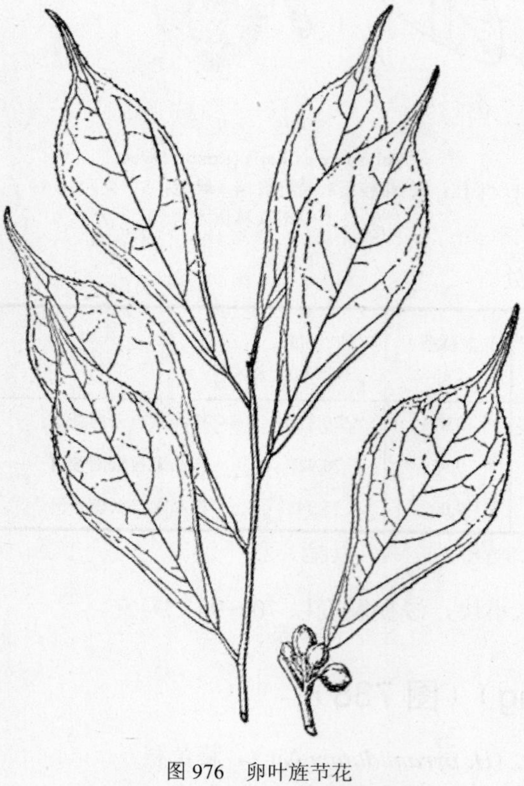

图 976　卵叶旌节花
Stachyurus obovatus（Rehd.）Cheng
小枝

［学　　名］　**Stachyurus obovatus** (Rehd.) Cheng　旌节花科

［形态特征］　灌木，高 2～3 米；树皮灰色或灰棕色，平滑；幼枝纤细，无毛，当年生枝绿色或紫绿色，一年以上者黄绿色或灰棕色，具显明线形皮孔。单叶互生，革质；倒卵形，少有为倒披针形，长 7～9 厘米，宽 18～30 毫米，先端锐形具一尾状尖头，基部楔形，边缘具细锯齿，仅近基部全缘，先端的尖头全缘，有时也具细齿裂，两面无毛，中脉在表面下凹，背面突出，侧脉不显或在背面可见；叶柄纤细无毛，长 5～10 厘米，上面浅沟状，下面圆形。花通常 4～7 朵成一密集的短总状花序，花序长 15～20 毫米；花黄绿色，无梗；苞片 2，三角形，宿存；萼片 4，卵形，长 2 毫米，黄绿色；花瓣 4 或 5，倒卵形，长 5 毫米，白色带绿或黄绿色；雄蕊 8，长约 4 毫米，花药近于球形，花丝纤细，无

毛；雌蕊与雄蕊等长或稍长，子房上位，椭圆形，柱头头状。浆果近球形，直径6毫米；果柄长2～3毫米。花期3～4月（四川峨眉山）。

［生长环境］　常生长于海拔500～1700米的山麓丛林中。

［产　　地］　四川省

［用　　途］　叶含鞣质、可提制栲胶。

［理化性质］　据中国科学院四川分院林业科学研究所用皮粉法分析：树叶含水分17.70%，鞣质13.86%，非鞣质19.40%，纯度41.67%。木材含鞣质2.42%（样品采自四川峨眉山）。

［采收处理］　花期采摘鲜叶晒干，即可加工或贮存备用。因枯黄叶子无利用价值，采集时应注意挑选干净。

［加　　工］　浸提前将叶适当揉碎，浸提温度以55～75℃为宜。

251 沙棘（shaji）（图486）

［学　　名］　**Hippophae rhamnoides** L.　胡颓子科

（地方名、形态特征、生长环境、产地及其他用途见“淀粉及糖类”，587页）

［用　　途］　树皮含鞣质，可提制栲胶。

［理化性质］　据中国科学院植物研究所用皮粉法分析：树皮含水分8.40%，总固物31.42%，可溶物28.65%，不溶物2.77%，非鞣质16.67%，鞣质11.98%，纯度41.46%，属水解类鞣质。

［采收处理］　结合采伐时进行剥皮，以保护资源。

［加　　工］　将树皮切成1～3厘米小块，浸提温度以70～90℃为宜。

252 吴福花（wufuhua）（图977）

［地 方 名］　虾子花（广西、云南）

［学　　名］　**Woodfordia fruticosa** (L.) Kurz (*W. floribunda* Salisb.)　千屈菜科

［形态特征］　灌木；有长而扩展的枝条。叶对生，披针形，长5～10厘米，宽1.5～3厘米，先端渐尖，基部圆或心形，全缘，表面近无毛，或两面均被小柔毛，背面微白色而有黑色斑点；近无柄。圆锥状的短聚伞花序腋生，具柄，稀单生；花梗基部有小苞片2，萼长管状稍弯曲，口部偏斜，6齿，长8～12毫米，鲜红色；花瓣6，小而薄，淡黄色至硃红色，狭披针形，很少长于萼齿；雄蕊12，着生萼管中部以下；子房着生于萼管的基部，无柄，2室，胚珠多数。蒴果椭圆形，膜质，包藏于宿存萼内；种子多数，平滑。花期2～4月。

［生长环境］　生于干热河谷的旱生灌木丛中，海拔200～1300米。

［产　　地］　广东、广西、云南等省区。

［用　　途］　全株含鞣质，可提制栲胶。

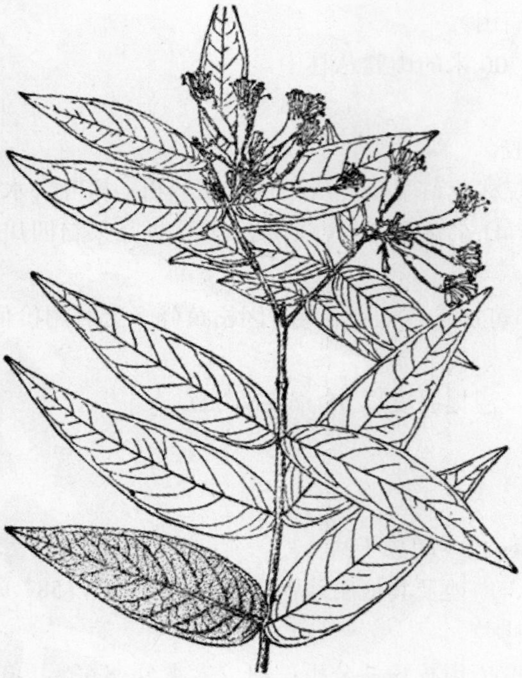

图 977 吴福花
Woodfordia fruticosa (L.) Kurz
花枝

［理化性质］ 据广西壮族自治区资料：茎皮含鞣质 20～27%，叶含鞣质 12～20%，花含鞣质 20%。

［采收处理］ 采收枝皮和叶子，在果期进行为宜。将枝条割下，用木棒锤裂茎皮剥取；果期采摘鲜叶立即加工或晒干贮存。

［加　　工］ 浸提前将枝皮洗去泥土，切成 2～3 厘米长的小段，浸提温度：枝皮以 65～90℃，树叶以 50～70℃为宜。

253 石榴（shiliu）（图 1405）

［学　　名］ **Punica granatum** L. 安石榴科

（地方名、形态特征、生长环境、产地及其他用途见“药用类”，1816 页）

［用　　途］ 根皮、树皮及果皮均含鞣质，可提制栲胶，亦可作为黑色染料。

［理化性质］ 据广西壮族自治区资料：果皮含鞣质 25～28%，树皮含 20～30%，根皮含 20～22%。另据山东省资料：果皮含鞣质 28～32%，根皮及茎皮含 22～28%；属水解类鞣质。

［采收处理］ 因本种植物多作为果树或观赏植物栽培，虽树皮及根皮含多量鞣质，亦不挖根剥皮用于栲胶。一般只搜集废弃的果皮晒干备用，而在利用时亦不应妨碍医药上的需用量。

［加　　工］ 浸提前将果皮粉碎成 1～2 厘米的小块，浸提温度以 65～85℃为宜。

254 木榄（mulan）（图 978）

［地 方 名］ 包萝剪定、铁榄、大榄、大头榄（广东），五梨跤、五脚里（台湾）。

［学　　名］ **Bruguiera conjugata** (L.) Merr. 红树科

［形态特征］ 灌木或乔木，常有曲膝状气根突出水面；小枝粗壮。单叶对生，革质，椭圆状长圆形，长 7～15 厘米，宽 3.5～5.5 厘米，先端稍渐尖，基部钝，全缘，边缘干时背卷；托叶长圆形，早落。花单生，花梗下弯，长 8～14 毫米；花芽长圆状圆柱

形，有纵棱；花淡红，白色或淡红黄色，直径 2.5～3 厘米；萼管近钟形，**平滑，裂片 10～14**，通常 12，线形，约与萼管等长，果时长约 1.8～2 厘米，渐尖；花瓣与萼片同数，短于萼片，2 **深裂，基部密被毛，上部近无毛，裂口有刺毛 1 条，裂片顶端有 2～4 条**；雄蕊数为萼片的 2 倍，花药线形；子房下位，3～4 室，每室有胚珠 2，花柱单生，线状，柱头 3～4 裂，微小。果包藏于萼管内且与它合生，1 室，有种子 1；种子于果实离母树前发芽，胚轴纺锤形，有明显的 6 棱。花、果期全年。

图 978 木榄
Bruguiera conjugata（L.）Merr.
1．枝的一部分；2．果和胚轴；3、4．花瓣和雄蕊。

［生长环境］ 和秋茄树同（1212 页）。

［产　　地］ 广东、广西、台湾等省区。

［用　　途］ 树皮含鞣质，可作栲胶原料。

木材色红而坚硬致密，可供细工用材。

［理化性质］ 据中国林业科学研究院森林工业科学研究所用皮粉法分析，结果列表如下：

分析项目 / 分析部位	鞣　质（%）	非鞣质（%）	不溶物（%）	纯　度（%）	备　　注
枝部茎皮	7.71	20.64	3.52	27.12	样品采自广东后蒲
干部茎皮	19.68	15.62	1.96	55.75	样品采自广东后蒲
树皮	20.00	19.13	0.89	51.11	样品采自广东雷州半岛

［采收处理］ 参阅秋茄树（1212 页）。

［加　　工］ 参阅秋茄树。

255 海莲（hailian）（图 979）

［地 方 名］ 剪定树（广东）

［学　　名］ **Bruguiera sexangula** (Lour.) Poir. 红树科

［形态特征］ 灌木或乔木，高达 8 米；常有曲膝状气根突出水面；幼枝常柔弱。单叶对生，薄革质，长圆形至卵状长圆形，长 7～16 厘米，宽 3～5 厘米，两端均短尖，

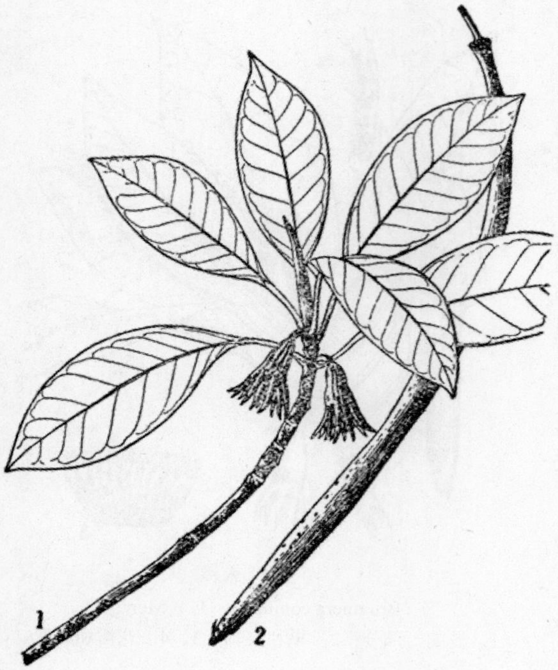

图 979 海莲

Bruguiera sexangula（Lour.）Poir

1．花枝；2．幼苗。

全缘，侧脉两面微凸起；叶柄长 2～3 厘米；托叶早落。花大，黄色，单生于叶腋内，长约 3 厘米；花梗下弯，长 4～5 毫米，少有更长的；萼管倒圆锥形，有纵棱，**裂片通常 9～10，但通常 14**，线形，长 1.5～1.8 厘米，渐尖，**结果时长于萼管，有纵棱；花瓣**与萼片同数，短于萼片，**2 深裂，边缘均被长粗毛，裂口有短粗毛 1 条**和每 1 裂片顶有短刺毛 1 条；雄蕊数为萼片的 2 倍，花丝及花药皆为线形，二者近等长；子房半下位，3～4 室，包子萼管内，每室有胚珠 2，花柱单生，线形，柱头 3～4 裂，微小。果小，种子于母树上发芽，胚轴圆柱状，长 30 厘米。花果期常年。

［生长环境］ 与秋茄树同（1212 页）。

［产　　地］ 广东海南岛

［用　　途］ 树皮及根皮含鞣质，可提制栲胶。

［理化性质］ 据中国林业科学研究院森林工业科学研究所用皮粉法分析，结果列表如下：

分析部位＼分析项目	鞣　质（%）	非鞣质（%）	不溶物（%）	纯　度（%）
树皮（树龄 7～8 年，胸径 4～7 厘米）	20.34	11.20	3.02	64.48
树皮（胸径 3.5～14 厘米）	20.10	16.88	2.06	54.35
树皮（胸径 12～16 厘米）	22.73	9.12	5.08	71.36
内皮（树龄 30 年，胸径 12～16 厘米）	25.42	10.90	6.98	69.98
外皮（同上）	3.61	3.83	0.90	48.32
气生根皮（活的）	21.77	12.32	3.41	63.86
气生根皮（死的）	10.83	8.85	1.96	55.03
木材（树龄 45 年，胸径 16.3 厘米）	1.73	4.61	0.45	27.28

注：不同胸径，不同树龄鞣质含量差异不大；内皮的鞣质含量大于全部树皮。木材含鞣质很低，无利用价值。所有分析样品采自广东海南岛。

［采收处理］ 参阅秋茄树（1212 页）。

［加　　工］ 参阅秋茄树。

256 角果木（jiaoguomu）（图 980）

［地 方 名］ 剪子树（广东海南岛）

［学　　名］ **Ceriops tagal** (Perr.) C. B. Rob. 红树科

［形态特征］ 灌木或小乔木；枝有明显的环形叶迹。单叶对生，厚革质，倒卵状长圆形或匙形，长 5～8 厘米，宽 2.5～4.5 厘米，先端圆形或有时具明显的小缺，基部狭长，全缘，光亮，中脉两面均凸起，侧脉不很明显；叶柄略粗壮长 1～2 厘米。聚伞花序腋生，具柄，长约 1.5 厘米，分枝，有花数朵；花长约 5.5 毫米；萼有裂片 5，很小，长不超过 5 毫米，长圆形，短尖，基部围以合生苞片；花瓣 5～6，较萼短，着生于一个 10～12 裂的肉质花盘基部，长圆状倒卵形，长约 3.5 毫米，先端凹入，有短的头状刺毛 3～4 条；雄蕊 10～12，着生花盘的裂片间；子房半下位，3 室，每室有胚珠 2，花柱短，柱头单生。果呈倒棍棒状，长约 2 厘米，1 室，有种子 1，中部为外反宿存萼所围绕；胚胎于果离母树前发芽，胚轴长棒状，稍柔弱，长 15～30 厘米，先端粗厚，干时有纵槽。花、果期全年。

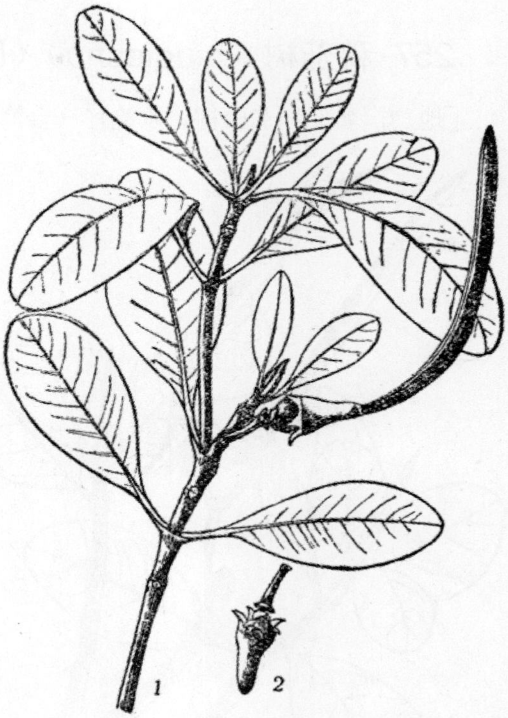

图 980 角果木
Ceriops tagal（Perr.）C. B. Rob.
1. 枝条（示胚轴生出情况）；2. 果。

［生长环境］ 与秋茄树同（1212 页）。

［产　　地］ 广东海南岛

［用　　途］ 树皮富含鞣质，质量很好，可提制栲胶。

全株含鞣质，具有收敛性，可供药用，取皮煮汁可止血，又可治恶疮。

［理化性质］ 据中国林业科学研究院森林工业科学研究所分析，结果列表如下：

分析项目 / 分析部位	鞣　质（%）	非鞣质（%）	不溶物（%）	纯　度（%）
树皮（胸径 2.5 厘米）	28.15	12.84	8.36	68.58
树皮（胸径 6～8 厘米）	29.67	11.56	8.26	71.97
木材	5.73	5.13	2.21	52.76

注：样品采自广东海南岛。

［采收处理］ 参阅秋茄树（本页）。

［加　　工］ 参阅秋茄树。

257 秋茄树（qiuqieshu）（图 981）

［地 方 名］ 茄藤树、水笔仔（台湾），红榄、硬柴（广东）。

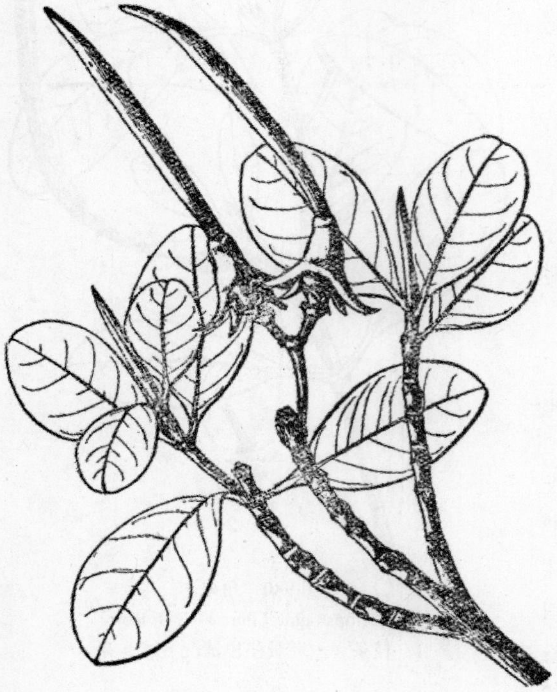

图 981 秋茄树
Kandelia candel（L.）Druce
枝条（示胚已从果中生出）

［学　　名］ **Kandelia candel** (L.) Druce 红树科

［形态特征］ 灌木或小乔木。单叶对生，革质，长圆形至倒卵状长圆形，长 5～10 厘米，宽 2.5～4.5 厘米，先端钝或圆，基部阔楔形，叶脉不明显；叶柄长 1～1.8 厘米；托叶生于叶柄间。花腋生，具柄，二歧聚伞花序；总花梗 1～3，生于每一叶腋内，长短不等，长的达 4 厘米；聚伞花序有花 3～5；萼片 5～6，稀 4 裂，线状披针形，长 1.2～1.6 厘米，短尖，基部与子房合生，为一杯状小苞片所包围，宿存，结果时外反；花瓣白色，5～6，狭窄，2 裂，每一裂片分为数个线状裂片，顶端有毛状附属物；雄蕊 20～25；子房突出萼管外成一肉质的圆锥体，幼时 3 室，每室有胚珠 2，结果时变为 1 室，内有胚珠 6，成对着生于中柱上，花柱线形，柱头 3 裂。果圆锥状卵形，长约 2 厘米，为反卷的宿存萼片所环绕；种子 1，胚轴瘦长，长达 15 厘米以上。花、果期全年。

［生长环境］ 喜生长于热带，风浪平静，淤泥冲积较厚的近海岸地区；另外在热带海岸的平滩或港湾内的浅滩上也常见。为红树林的组成树种之一。

［产　　地］ 台湾、广东等省。

［用　　途］ 树皮含有丰富的鞣质，可提制栲胶。

［理化性质］ 据中国林业科学研究院森林工业科学研究所用皮粉法分析，结果列表如下页：

［采收处理］ 一般树木胸径在 6 厘米以上者，才宜剥取树皮。采伐时，可用轮伐更新法，轮伐期为每隔 4～6 年砍伐一次，砍伐时间宜在 4～5 月间。砍伐后进行剥皮，

分析部位＼分析项目	鞣　质（%）	非鞣质（%）	不溶物（%）	纯　度（%）	备　注
树皮（萌芽生长，树龄 5 年）	17.79	17.80	4.23	49.98	样品采自广东雷州半岛
树皮（实生生长，外皮）	12.14	6.87	3.46	63.86	样品采自广东海南岛
树皮（实生生长，内皮）	27.08	12.84	7.09	67.84	样品采自广东海南岛
树皮（枝部）	23.30	22.60	3.67	50.75	样品采自广东合浦
树　　皮	26.08	23.54	3.78	52.55	样品采自广东合浦
树　　皮	30.76	13.15	6.54	70.04	样品采自福建

经风干后即可加工。

［加　　工］　将树皮切成 1～3 厘米长，浸提温度由 70℃逐步上升到 90℃为宜，最高不得超过 100℃。

258 红树（hongshu）（图 982）

［地 方 名］　鸡笼答（广东）

［学　　名］　**Rhizophora apiculata** Bl.　红树科

［形态特征］　常绿灌木至小乔木，高可达 12 米；常有曲膝状气根突出水面；有支柱根。枝有明显的叶迹。单叶对生，革质，长圆状椭圆形，长 8～16 厘米，宽 3～6 厘米，先端短尖或锐尖，基部阔楔形或稍钝，无毛，背面有多数的小斑点，叶脉不明显；叶柄扁平而厚，长 1.5～3 厘米。**总花梗较粗厚**，略扁平，生于已脱落的叶腋内，**比叶柄短得多**，长 6～8 毫米，**有花 2 朵**；小苞片合成一杯状体，浅裂；花无梗，长约 1 厘米；萼 4 裂，镊合状排列，宿存，裂片厚，三角状长圆形，基部为合生的小苞片所围绕；花瓣与萼片同数，线形，全缘，近膜质，无毛；雄蕊 8，花药近无柄，多室；子房半下位，2 室，突出萼外成一圆锥体，花柱单生，柱头 2 裂。果卵形，不开裂，1 室，下垂，褐色或榄绿色，长 2～2.5 厘米，有

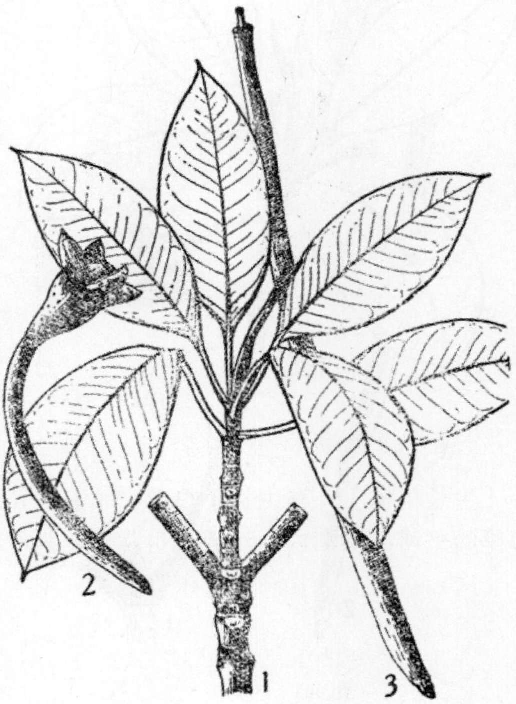

图 982　红树
Rhizophora apiculata Bl.
1．枝条；2．果和胚轴；3．幼苗。

外反的宿萼；有种子1，胚胎于果离母树前发芽，胚轴突出果外成长柱状棒形，长20～40厘米。花、果期常年。

［生长环境］ 与秋茄树同（1212页）。

［产　　地］ 广东省海南岛的文昌、崖县等地。

［用　　途］ 树皮含鞣质，可提制栲胶。

［理化性质］ 据广东省资料：树皮含鞣质13.6%。

［采收处理］ 参阅秋茄树（1212页）。

［加　　工］ 参阅秋茄树。

259 红茄苳（hongqiedong）（图983）

［地 方 名］ 茄藤（台湾），厚皮（广东海南岛）。

［学　　名］ **Rhizophora mucronata** Lam. (*R. mangle* Roxb.) 红树科

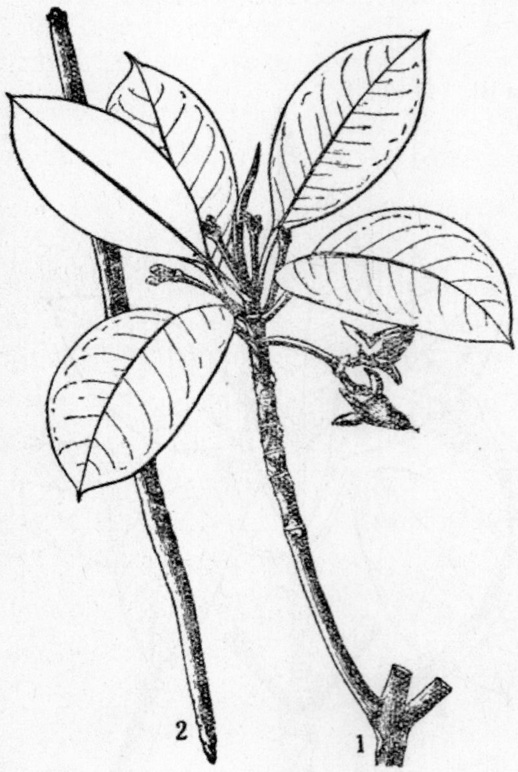

图983 红茄苳
Rhizophora mucronata Lam.
1．果枝；2．幼苗。

［形态特征］ 常绿大灌木或乔木，常有曲膝状的气根突出水面。单叶对生，革质，长圆形至椭圆形，长7～16厘米，宽4～8厘米，两端均渐狭，先端具短尖头，叶脉不明显；叶柄粗厚，略扁，长约2～3厘米。总花梗由当年生的叶腋内抽出，稍纤弱，**有花3～7朵，约与叶柄等长或过之，**长2.6～4厘米，稍下垂；花具短梗，长1～1.3厘米；萼4裂，裂片三角状长圆形，上端渐狭，基部为合生的小苞片所围绕；花瓣4，革质，全缘，短于萼片，被白色丝状皱毛；雄蕊8，花药多室，近无柄；子房半下位，2室，突出萼外，成一圆锥体，着生于肉质的花盘上，花柱单生，柱头2裂，每室有2下垂胚珠。果卵形，下垂，褐色或绿色，长2.5～3厘米，有宿存外反的萼片，胚胎于果离母树前发芽，胚轴突出果外成长棒形。花、果期全年。

［生长环境］ 与秋茄树同（1212页）。

［产　　地］　台湾、广东（雷州半岛及海南岛）等省。

［用　　途］　树皮含有丰富鞣质，可提制栲胶。

果味甜可食，汁可酿酒。材质坚重，耐腐力强，可供建筑、工具等用材，但有弯曲割裂的缺点。

［理化性质］　据中国林业科学研究院森林工业科学研究所分析，结果列表如下：

分析项目 / 分析部位	鞣质（%）	非鞣质（%）	不溶物（%）	纯度（%）	备注
树皮（树龄 18 年，胸径 5.5 厘米）	17.94	11.78	4.79	60.36	样品采自广东（海南岛）
树皮（树龄 18 年，胸径 4.5 厘米）	12.36	16.62	4.84	42.65	”
树皮	17.79	15.62	6.92	53.22	样品采自广东（雷州半岛）
树皮（干部）	22.73	14.80	4.26	60.53	样品采自广东（合浦）
树皮（枝部）	15.05	11.82	2.89	56.01	”
根皮	15.82	12.63	3.46	55.61	”
木材	2.38	7.62	1.01	23.80	样品采自广东（海南岛）

注：属缩合类鞣质。不同地区，不同树龄红茄冬树皮的鞣质含量变化较小，而纯度变化较大。

［采收处理］　参阅秋茄树（1212 页）。

［加　　工］　参阅秋茄树。

260 瓜木（guamu）

［地 方 名］　白荆条（贵州），水桃（山东），岩桐、麻桐树（四川），猪耳桐（河南、湖北）。

［学　　名］　**Alangium platanifolium** (Sieb. et Zucc.) Harms (*Marlea platanifolia* Sieb. et Zucc.)　八角枫科

［形态特征］　落叶灌木或小乔木，高达 3 米；树皮光滑，淡灰色，不开裂；小枝幼时绿色，有短柔毛，二年生枝灰褐色。叶近圆形至阔卵圆形，长 10～20 厘米，宽 10～18 厘米，常 **3～5 裂，稀全缘**，裂片先端为长椭圆形或三角形，基部近心形或阔楔形，表面暗绿色，嫩叶两面有毛，成长后除背面脉腋有簇毛外，余近无毛，叶柄长 2～7 厘米。**花 1～7 朵**，成聚伞花序；**花长 3～4 厘米，花柄长 3～36 毫米**，芳香；萼片通常 6；花瓣 6，白色或黄白色，线状，反卷，基部彼此粘着；雄蕊 8～9，花丝基部有毛；柱头 2 裂，**花柱及药隔均无毛**，子房下位。核果球形，**通常 2 室**，长 6～8 毫米，蓝色，有光泽；具纵肋数条，顶端有宿存萼；种子 1。花期 4～7 月，果期 8～9 月。

［生长环境］　喜生于较肥沃的疏松土壤上，一般生于向阳的山地间，海拔 517～1380 米左右（河南）。

［产　　地］　贵州、湖南、湖北、四川、浙江、福建、台湾、安徽、江西、河南、山东、河北、辽宁等省。

［用　　途］　树皮含鞣质，为提制栲胶原料。

树皮含纤维（见“纤维类”，283页）。叶可作饲料。近根处的皮可入药，治筋骨中诸病；亦可制农药。木材轻软可制家具。

［理化性质］ 据河北省资料：树皮含鞣质8.51%，非鞣质15.81%，纯度34.91%。

［采收处理］ 于春、夏树木生长旺盛时采剥树皮，贮存备用。

［加　　工］ 树皮可综合利用，在浸提栲胶前，应根据利用纤维的需要，切适当长段，浸提温度以70～95℃为宜。

261 榄李（lanli）（图984）

［地 方 名］ 滩疤梨、白榄（广东）

［学　　名］ **Lumnitzera racemosa** Willd. 使君子科

［形态特征］ 直立，常绿灌木或乔木，平滑无毛，通常高2～4米，有时可达8米；树皮粗糙，褐色或灰黑色；枝呈旋扭状或有皱纹，赤色或灰黑色，有极明显的叶痕。单叶互生，肉质，常聚生于枝顶，匙形或狭倒卵形，长3～6.5厘米，宽1.5～2.5厘米，先端圆，常凹，基部渐狭而成一短柄，全缘，叶脉不明显，侧脉通常3或4对。总状花序腋生，长2～6厘米，有花6～12，花序梗压扁，花有香气；萼管的基部有2小苞片；萼管延伸于子房之上，基部狭，向上渐阔，成钟状或为长圆筒状，上部裂成5齿；花瓣5，白色，细小，长圆形；雄蕊10，约与花萼等长，生于萼管上。果实成熟时褐色而带黑色，木质坚硬，卵形或纺锤形，长1.2～2厘米，直径约5～8毫米；含种子1粒。花期12月～3月，果期6～10月。

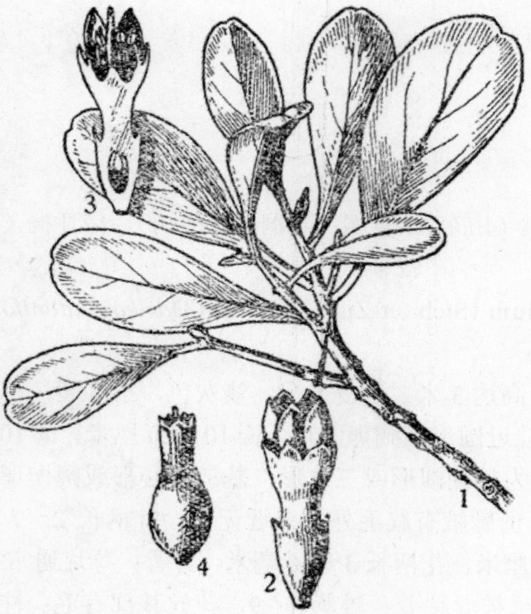

图984 榄李
Lumnitzera racemosa Willd.
1．枝叶；2．花；3．花纵切面；4．果。

［生长环境］ 生于热带海滩，为组成红树林的树种之一，常见于避风浪淤泥较厚的海湾，及淡水河流的出口处。

［产　　地］ 广东、台湾等省。

［用　　途］ 树皮含鞣质，可提制栲胶。

［理化性质］ 据中国林业科学研究院森林工业科学研究所用皮粉法分析：树皮含鞣质20.80%，非鞣质11.39%，不溶物5.23%，纯度63.96%。（分析样品采自广东海南岛，

树龄 15 年，胸径 5 厘米）

［采收处理］ 树皮应结合木材砍伐进行剥皮，剥下的皮晒干后贮藏备用，防止雨淋和霉烂。

［加　　工］ 浸提前将树皮切成 1～3 厘米的小块，浸提温度以 70～90℃为宜。

262 夫兰氏榄仁（fulanshilanren）（图 985）

［学　　名］ **Terminalia franchetii** Gagnep. 使君子科

［形态特征］ 乔木或灌木，高 4～10 米；树皮纵裂，小枝被金黄色的短绒毛。叶对生，纸质，具柄，圆形或椭圆形、长椭圆形或阔卵形，长 4.5～7 厘米，宽 3.5～4.5 厘米，先端钝或微缺或有小凸尖，少有渐尖，基部圆形楔尖或近截形，有时微心形或两侧不等，表面被短小绒毛，背面密被紧贴的、金黄色的丝毛，侧脉粗密，8～13 对；叶柄长 1～1.5 厘米，粗壮，被棕黄色的绒毛，顶端有凹陷的腺体 2 个。穗状花序腋生，直立，被毛，长 6～10 厘米；花长约 9 毫米；萼阔杯形，长 3.5 毫米，萼管下部收缩成一细柄，裂片 5，正三角形，广展，渐尖，尖端最后外弯；雄蕊 10，突出萼外，花药黄色，椭圆形，花丝细长，5 毫米；花盘由数个黄色、无毛的腺体组成；子房长卵形，长约 2 毫米，具 3 棱，花柱圆柱状，长约 3 毫米。果小，倒卵形，红色、有 3 翅，幼时密被丝毛，成熟时被短小绒毛，长 8 毫米，宽 5 毫米（包括翅），翅等大，先端圆，基部渐狭。花期 4 月，果期 12 月（云南）。

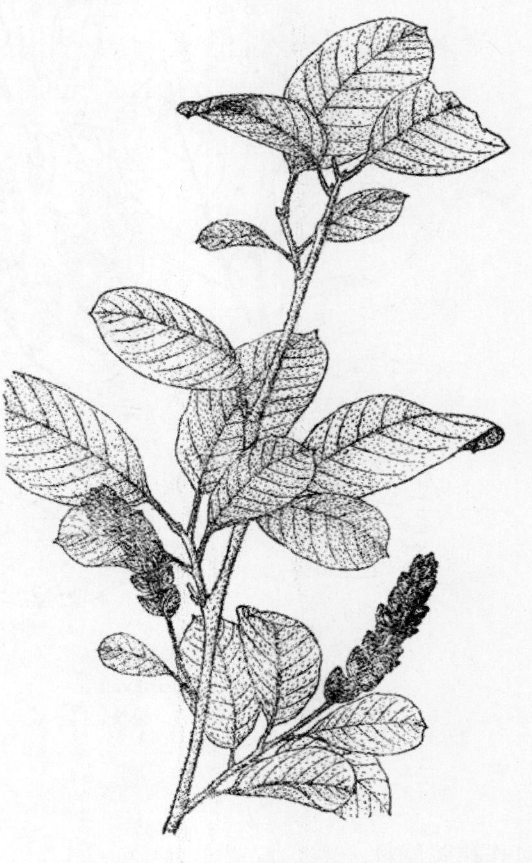

图 985 夫兰氏榄仁
Terminalia franchetii Gagnep.
果枝

［生长环境］ 生于海拔 1000 米左右的山坡林中。

［产　　地］ 云南、广西、四川等省区。

［用　　途］ 树皮含鞣质，可提制栲胶。

［理化性质］ 据中国科学院四川分院林业科学研究所用皮粉法分析：树皮（胸径 12 厘米）含水分 10.92%，鞣质 14.35%，

非鞣质 8.41%，纯度 63.05%。(样品采自云南弥勒)

[采收处理]　参阅榄李（1216 页）。

[加　　工]　参阅榄李

263 海南榄仁（hainanlanren）（图 986）

[地 方 名]　鸡针木、鸡占（广东海南）

[学　　名]　**Terminalia hainanensis** Exell　使君子科

[形态特征]　落叶乔木或灌木，高达 15 米；树皮灰白色或褐色，有斑点；小枝柔弱无毛，棕色，有纵皱纹，皮孔黄色。叶近对生或在枝下部为互生，近革质，卵形、椭圆形至圆形，长 4～11 厘米，宽 2.5～5.5 厘米，全缘，先端渐尖或短尖，稀有微凹，基部钝，楔形或圆形，光滑或沿中脉被小柔毛，或幼时背面被薄柔毛，侧脉通常 8～10 对，稍斜生，两面均微凸起，网脉稠密而显著；叶柄长 1～2.4 厘米。圆锥花序，顶生或腋生，由多数穗状花序组成，密被深黄而带红色柔毛，长 6～8 厘米；花细小，白色，有香气。果椭圆形或倒卵形，有 3 翅，连翅长（1.5～）2.5～3.5 厘米，宽 1.5～2 厘米，翅近革质，有横线条，无毛，基部钝圆，先端钝三角形，高出果核约 5 毫米，边缘浅波状，绿而染红，成熟时变黑色而带紫或青紫色。花期 7～9 月。

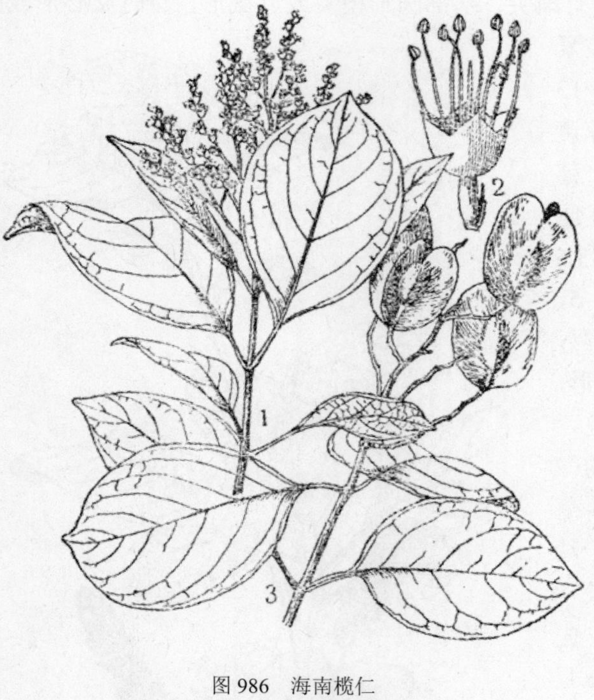

图 986　海南榄仁
Terminalia hainaneusis Exell.
1．花枝；2．花；3．果枝。

[生长环境]　常生于热带干燥地区的森林中。

[产　　地]　广东海南岛

[用　　途]　树皮含鞣质，可作栲胶原料。

[理化性质]　据中国科学院华南植物研究所用高锰酸钾氧化法分析：树皮含水分 8.81%，鞣质 20.02%，非鞣质 20.42%，纯度 49.51%。(分析样品采自广东海南岛)

[采收处理]　参阅榄李（1216 页）。

[加　　工]　参阅榄李。

264 大叶桉（dayean）（图 1109）

［学　　名］ **Eucalyptus robusta** Smith　桃金娘科

（地方名、形态特征、生长环境、产地及其他用途见“芳香油类”，1401 页）

［用　　途］ 树皮含树胶，胶内含有丰富的鞣质及阿拉伯胶（41%），可供提制栲胶及其他工艺原料。

［理化性质］ 据广东省资料：树皮含鞣质 29.05%。

［采收处理］ 结合采伐木材，剥取树皮。剥下的皮应阴干，并注意防潮。

［加　　工］ 浸提前将树皮切成 1～3 厘米小块，浸提温度以 70～90℃为宜。

265 番石榴（fanshiliu）（图 987）

［地 方 名］ 花稔、鸡屎果（广东），广东石榴（四川），交桃（贵州），缅桃（云南）。

［学　　名］ **Psidium guajava** L.　桃金娘科

［形态特征］ 灌木或小乔木，高可达 10 米，小枝棱形。叶革质，长圆状椭圆形至卵形，长 7～10 厘米，宽 4～6 厘米，先端渐尖，基部圆，背面密被小柔毛，羽状叶脉明显，表面凹久，背面凸起；叶有短柄。花大，白色，芳香，常单生于一长约 2.5 厘米的梗上；萼绿色，萼管钟形或梨形，裂片 4～5，花前常闭合而呈现不规则的分裂；花瓣 4～5；雄蕊多数，数列，分离，着生于花盘上；子房下位，4～5 室，每室有胚珠多数。浆果球形或卵圆形或洋梨形，长 2.5～8 厘米，熟时黄色；果肉白色，黄色或粉红色。花期夏季，果期 8～9 月。

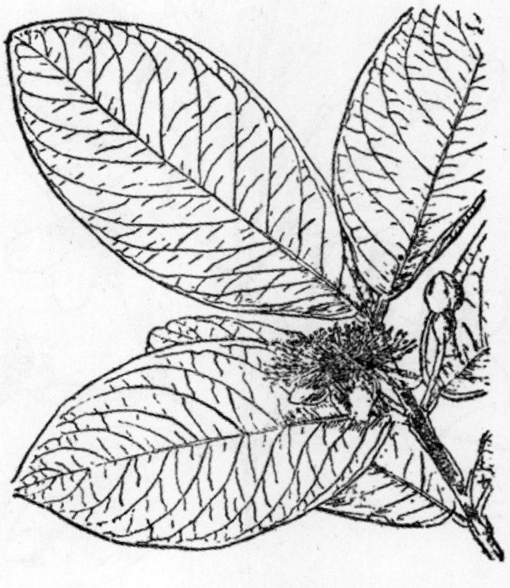

图 987　番石榴
Psidium guajava L.
花枝
（自“广州植物志”）

［生长环境］ 常生于热带山谷、河床、路旁及灌木丛中，为喜阳性树种。多系栽培，有时为野生。

［产　　地］ 广东、广西、贵州、云南、四川、福建等省区。

［用　　途］ 树皮及未熟果含鞣质，可提制栲胶。

果实及叶含芳香油（见“芳香油类”，1405 页）。熟果味甜，可生食或酿酒。

［理化性质］ 据中国科学院昆明植物研究所用皮粉法分析：树皮含鞣质 8.51%，

非鞣质 3.01%，纯度 73.47%。又据广西壮族自治区资料：树皮含鞣质 13.50%；属缩合类鞣质。

［采收处理］　结合木材采伐剥取树皮。用以提制栲胶的果实在 8 月采摘。

［加　　工］　将树皮切成 1～3 厘米小块；未熟果实捣碎，浸提温度以 70～90℃为宜。

266 桃金娘（taojinniang）（图 988）

［地 方 名］　山稔、岗稔、稔子（广东），姚娘、唐莲（福建）。

［学　　名］　**Rhodomyrtus tomentosa** (Ait.) Hassk.　桃金娘科

［形态特征］　小灌木，高 1～2 米；幼枝密被柔毛。叶对生，具短柄，近革质，椭圆形或倒卵形，长 3～6 厘米，宽 1～3.6 厘米，先端钝，基部圆形，全缘，背面密被短柔毛，基部具 3 脉，稀 5 脉。聚伞花序，有 1～3 花，总梗较叶柄长；苞片似叶，但较小；花直径约 2 厘米；萼管长约 6 毫米，裂片 5，圆形，不等长，花瓣 5，玫瑰红色，外面被短柔毛。浆果球形，直径可达 1.4 厘米，熟时暗紫色。花期 5～7 月，果期 7～9 月。

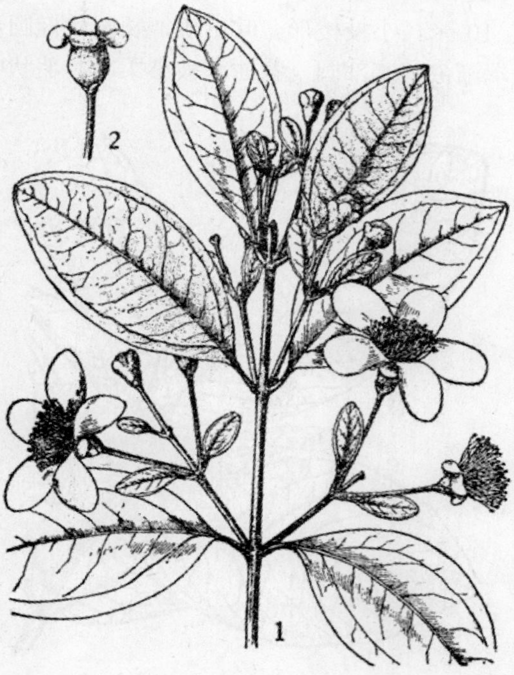

图 988　桃金娘
Rhodomyrtus tomentosa（Ait.）Hassk.
1．花枝；2．果。

［生长环境］　生于热带红黄壤丘陵上或旷野间，常与铁芒萁等形成优势群落。

［产　　地］　以广东、广西、台湾为多，福建南部，云南东南部，贵州、湖南南部等地亦有少量生产。

［用　　途］　根皮、树皮、枝、叶均含鞣质，可提制栲胶，亦可制黄红色染料。

果可食，可制果酱或酿酒（见“淀粉及糖类”，588 页）。木材坚硬致密，可作手杖、细工等用材，据“生草药性备要”载：叶味甘，性辛，止痛，散热毒，止血，拔脓生肌；其根治心痛，子亦可食，健大肠，亦治蛇伤。

［理化性质］　据广西林业科学研究所资料：枝叶含鞣质 12.8%，根皮含鞣质 20.0%。又据中国林业科学研究院森林工业科学研究所用皮粉法分析：枝干及叶含鞣质 10.13%，非鞣质 9.28%，不溶物 3.67%，纯度 52.12%。

［采收处理］ 夏秋两季剥取树皮及枝皮；叶可在果熟前或与果实同时采收。根四季可采，秋冬季含鞣质较多。

［加　　工］ 将树皮、根皮粉碎成1～3厘米小块，浸提温度：树皮、根皮以70～90℃为宜；树叶以50～70℃为宜。

267 韩氏蒲桃（hanshiputao）（图989）

［学　　名］ **Syzygium hancei** (Hance.) Merr. et Perry (*Eugenia minutiflora* Hance) 桃金娘科

［形态特征］ 灌木或乔木，高可达7米；枝圆柱形，皮暗褐色；小枝无毛，略扁平。单叶对生，革质，倒卵形或椭圆形，长1.5～5厘米，宽0.8～2.5厘米，先端短尖而钝，有时稍凹入，基部阔楔尖，边全缘略背卷，两面均无毛，干时暗褐色，叶脉不明显；叶柄长2～4毫米。聚伞花序腋生和顶生，花少，长1～2厘米，无毛；花白色，无梗，通常3朵聚生于小枝的顶端；花萼倒圆锥形，四角形，长不及2毫米，顶端截头状；花瓣圆形，长约1毫米；雄蕊长不及1毫米；花柱不突出或短突出。浆果椭圆形，长约8毫米。花期夏秋。

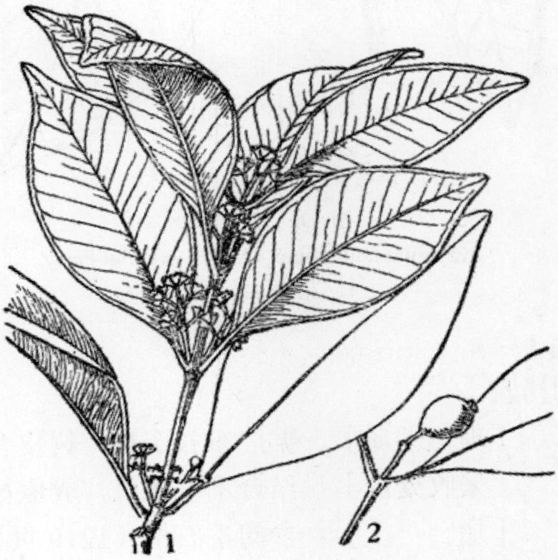

图989 韩氏蒲桃
Syzygium hancei（Hance.）Merr. et Perry
1. 花枝；2. 果。

［生长环境］ 喜生于次生的热带杂木林内或干旱多风的海边。

［产　　地］ 广东省

［用　　途］ 树皮含鞣质，可提制栲胶。

［理化性质］ 据中国科学院华南植物研究所用高锰酸钾氧化法分析：树皮含水分16.72%，鞣质13.67%，非鞣质5.58%，纯度70.99%；属水解类鞣质。（分析样品采自广东海南岛崖县）

［采收处理］ 参阅番石榴（1219页）。

［加　　工］ 参阅番石榴。

268 阔叶蒲桃（kuoyeputao）（图990）

［学　　名］ **Syzygium latilimbum** (Merr.) Merr. et Perry (*Eugenia latilimbum* Merr.) 桃金娘科

［形态特征］ 乔木，高5～12米，无毛。小枝粗壮，稍扁。单叶对生，革质，具

短柄，阔长圆状椭圆形至倒披针状长圆形，长 20～30 厘米，宽 8～13 厘米，先端急短渐尖，基部圆形至浅心形，全缘，两面均无毛，有不明显腺点，干时表面榄绿色，背面淡褐色，中脉于表面凹入，在背面凸起，侧脉（12）～18～25 对，背面凸起，约离边缘 5 毫米，汇合而成一边脉，网脉明显，长 5～8 毫米。聚伞花序顶生及腋生，长 5～7 厘米，少花，分枝粗壮，长 1～2 厘米，稍扁；花芽阔圆形，长 2.5～3.5 厘米，直径 2.5～3 厘米，开放时直径达 4.5～5 厘米，下部渐狭；花梗长 1～1.5 厘米；萼管短，萼片 4，阔圆肾形；花瓣 4，白色，分离，阔圆肾形；雄蕊多数，分离；子房下位，2 室，每室有数胚珠。浆果大，近球形，直径 5～6 厘米，熟时红色。花期 3～4 月，果期 9 月。

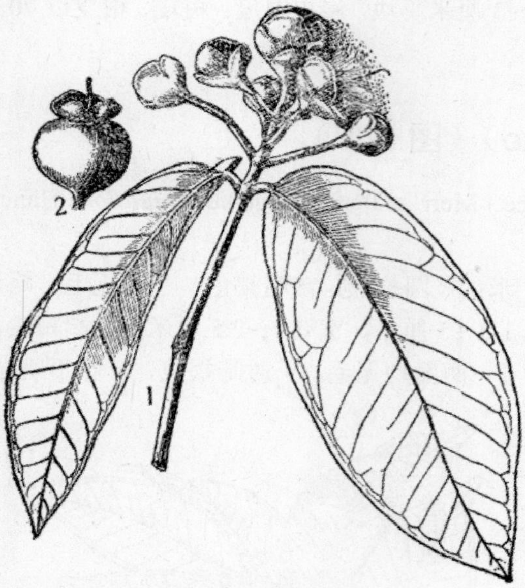

图 990 阔叶蒲桃
Syzygium latilimbum（Merr.）Merr et Perry.
1. 花枝；2. 果。

［生长环境］ 生于疏林中或溪边。

［产　　地］ 广东海南岛和云南南部等地。

［用　　途］ 树皮含鞣质，可提制栲胶。

［理化性质］ 据广东省资料：树皮含鞣质 30.34%。

［采收处理］ 结合木材采伐，剥取树皮。

［加　　工］ 参阅番石榴（1219 页）。

269 柏拉木（bailamu）（图 991）

［学　　名］ **Blastus cochinchinensis** Lour. 野牡丹科

［形态特征］ 灌木，高 1～2 米；枝圆柱状，幼小枝密被黄褐色鳞片。单叶对生，膜质，长圆状披针形或卵状长圆形，长 8～15 厘米，宽 2～5 厘米，先端长渐尖，基部短尖，全缘，表面无毛；背面红紫色，有腺点；叶柄纤细，长 1～2.5 厘米。花小，白色，数朵簇生于叶腋内；花梗长 2～5 毫米；萼管钟状，长约 2 毫米，外被小鳞片，裂齿 4，小而极短；花瓣 4，药单孔开裂，药隔基部不延伸，无附属体；子房下位，仅隔膜与花萼合生，4 室，有胚珠多数。蒴果近球形，长约 3 毫米，有不明显污黄色的鳞片，4 瓣裂；果柄长 3～7 毫米；种子极多数，种皮两端延伸。花期 4～7 月，果期 8 月。

［生长环境］ 本种为亚热带山地常绿林中的灌木，喜生长在气候温暖，土地肥沃，

湿润和有庇荫的山谷地区。滨海的山地亦多生长。

［产　　地］ 广东海南岛、广西、福建、云南、台湾等地。

［用　　途］ 茎、根均含鞣质，可提制栲胶。

［理化性质］ 据广东省资料：茎和根含鞣质 9.99%；属水解类鞣质。

［采收处理］ 常年可采挖，采后阴干贮存，注意防潮。

［加　　工］ 提取栲胶时，先去树叶，洗净，将茎或根切成 1～2 厘米小段，浸提温度以 70～90℃宜。

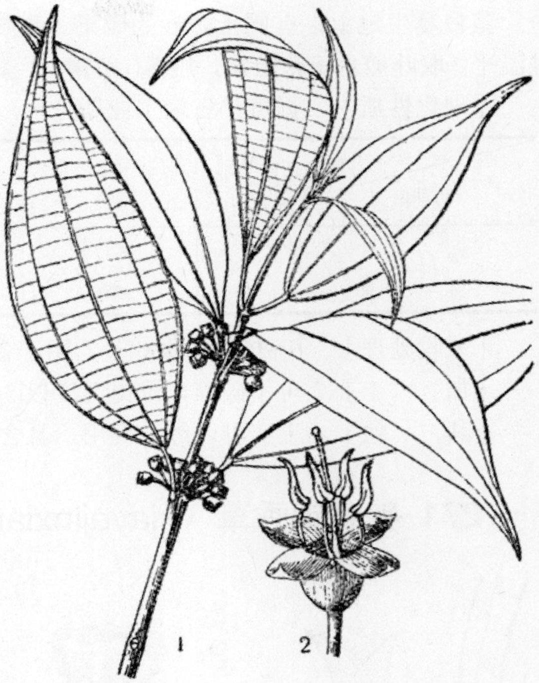

图 991 柏拉木
Blastus cochinchinensis Lour.
1．果枝；2．花。

270 地菍（dinian）（图 992）

［学　　名］ **Melastoma dodecandrum** Lour. (*M. repens* Desr.) 野牡丹科

图 992 地菍
Melastoma dodecandrum Lour.
花枝

［形态特征］ 披散或匍匐状亚灌木；枝无毛或有疏粗毛。单叶互生，小，卵圆形，长 1.5～3 厘米，宽 8～20 毫米，先端尖，基部圆形，有 3～5 主脉，除表面边缘与背面脉上有粗毛外，余皆光滑；叶柄长 2～4 毫米，被粗毛。花紫红色，通常 1～3 朵，集生于枝梢，成伞形花序。浆果球形，直径约 7 毫米，熟时紫色，外面疏生白色粗毛。花期 5 月，果期 6～7 月。

［生长环境］ 喜生于酸性土壤上，在海拔 500～800 米丘陵地带和马尾松林附近，以及沟底灌丛、草地均有生长。

［产　　地］ 广东、广西、云南、贵州、四川等省区。

［用　　途］　果、叶含鞣质，可提制栲胶。

茎枝蔓生地上，有固土防沙的效果。果熟可食。据“岭南采药录”载：“味甘酸，性温平，取叶煎水可治疳痔，热毒，疥癞，烂脚，及蛇伤；根煎服治产后腹痛，赤白痢。”

［理化性质］　据贵州省轻工业厅分析，结果列表如下：

分析项目 / 分析部位	水分（%）	鞣　质（%）	非鞣质（%）	纯　度（%）
叶	4.13	7.40	20.31	26.66
果	4.86	2.02	7.80	20.57

［采收处理］　6～7 月采收叶子，阴干备用。

［加　　工］　可不破碎，浸提温度以 50～70℃为宜。

［其　　他］　果实可以综合利用，且含鞣质较少，不宜单独提制栲胶。

271 狭叶锦香草（xiayejinxiangcao）（图 993）

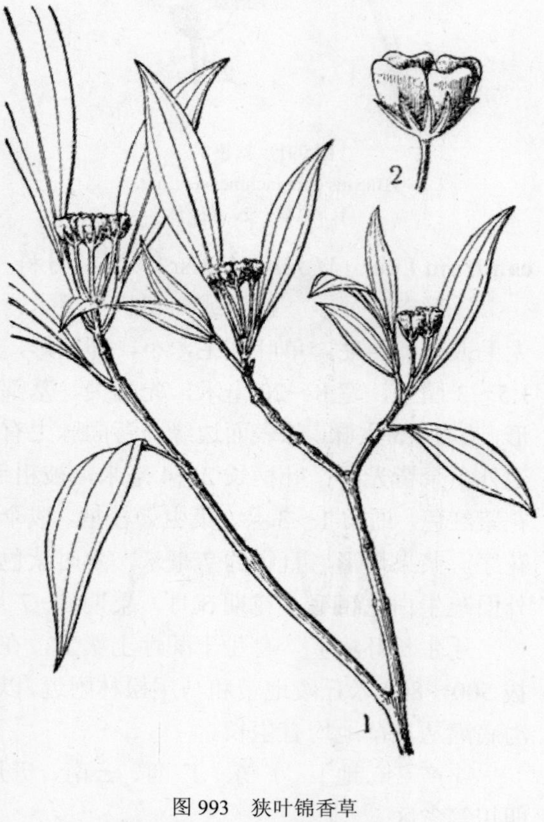

图 993　狭叶锦香草
Phyllagathis stenophylla (Merr. et Chun) Li
1．花枝；2．花。

［学　　名］　**Phyllagathis stenophylla** (Merr. et Chun) Li　野牡丹科

［形态特征］　灌木，高 2～3 米；枝圆柱形，小枝常有槽纹。单叶对生，纸质，披针形或长圆状倒披针形，长 5～10 厘米，宽 1～2 厘米，先端渐尖，基部楔尖，边缘在中部以上有不明显的疏生小齿；干时褐色，两面均无毛；叶柄长 5～10 厘米。果序顶生，伞形，具短柄，有果 1～3 个；蒴果陀螺形，褐色，包藏于革质、有小纵棱的萼管内，长 6～7 毫米，直径约 5 毫米，顶端近截形，下部渐狭，顶部 4 瓣裂，有深凹穴；果柄粗状，长 8～15 毫米，稍有棱，向顶端渐粗。种子微小，极多数。果期 8～10 月。

［生长环境］　常生于山地常绿林下，而以阴湿的山谷密林中最适宜生长。

［产　　地］　广东海南岛

［用　　途］　茎、叶均含鞣质，可提制栲胶。

［理化性质］　据广东省资料：根、茎和叶含鞣质 12.05%；属水解类鞣质。

［采收处理］　参阅柏拉木（1222 页）。

［加　　工］　参阅柏拉木。

272 细果野菱（xiguoyeling）（图 491）

［学　　名］　**Trapa maximowiczii** Korsh.　菱科

（地方名、形态特征、生长环境、产地及其他用途，见“淀粉及糖类”，591 页）

［用　　途］　野菱角的壳含鞣质，可提制栲胶。

［采收处理］　用于提制栲胶的菱壳，应为新鲜的和未经煮过的。另外可利用菱粉厂所弃去的菱壳，收回除去杂物，即可加工提制。

［加　　工］　浸提前将菱壳，用碾或臼粉碎至 5 毫米左右碎块，浸提温度以 70～85℃为宜。

273 柳兰（liulan）（图 994）

［学　　名］　**Chamaenerion angustifolium** (L.) Scop. (*Epilobium angustifolium* L.)　柳叶菜科

［形态特征］　多年生草本，高 60～150 厘米；茎直立，少分枝，褐绿色或紫色。单叶互生，稀轮生，长圆状披针形，或线状披针形，长 6～13 厘米，宽 1～3 厘米，先端长渐尖，基部楔形，边缘有稀疏的微锯齿。背面生有疏毛，叶脉显著；叶柄极短。总状花序，顶生及腋生；苞线形，绿色带紫；花梗长 1～1.5 厘米；萼片 4，褐紫色或蓝紫色，疏被短绒毛，长 1～1.5 厘米；花瓣 4，紫红色或蓝紫色，倒卵形，有爪；子房下位，4 室，长 1.2～2 厘米，密被短柔毛。蒴果长柱形，长 8～10 厘米，蓝紫色或灰紫红色，被柔毛。种子有白色长毛。花期 6 月，果期 8 月。

图 994　柳兰
Chamaenerion angustifolium（L.）Scop.

［生长环境］　生于林缘、路旁或荒地上。

［产　　地］　黑龙江、吉林、辽宁、内蒙古、河北、山西、陕西、青海、新疆、四川、云南等省区。

［用　　途］　根、茎、叶、花、果均含鞣质，可作栲胶原料。

种子毛可制人造棉（见“纤维类”，284 页），还可提植物碱。花美丽，可供观赏。叶晒干可代茶叶。

［理化性质］　据中国科学院植物研究所用皮粉法分析：根含水分 12.9%，鞣质 11.34%，非鞣质 12.8%，纯度 46.98%。又据吉林省资料，全草含鞣质 10.65%。

［采收处理］　8～9 月挖取全植株，除净根上泥土，最好立即加工，否则，应将植株阴干或晒干，捆成 50～100 公斤大捆，置于干燥处贮存。

［加　　工］　将全株切成 1～2.5 厘米的小段，浸提温度以 60～85℃为宜。

274 锁阳（suoyang）（图 492）

［学　　名］　**Cynomorium songaricum** Rupr.　锁阳科

（地方名、形态特征、生长环境、产地及其他用途见“淀粉及糖类”，593 页）

［用　　途］　全株含鞣质，可提制栲胶。

［理化性质］　据内蒙古轻工业厅分析：全株含水分 12.43%，鞣质 21.00%，非鞣质 30.09%，纯度 40.46%。

［采收处理］　在花后鞣质含量较多，割取全株，最好立即加工，若需贮存，须将茎叶晒干。

［加　　工］　加工前将原料切成 2～3 厘米小段，浸提温度以 60～85℃为宜。

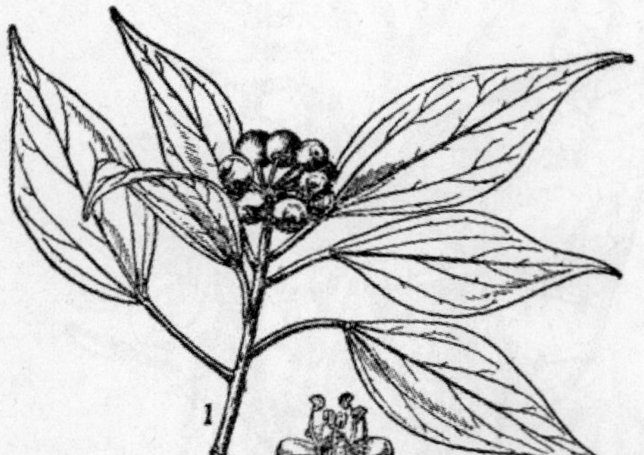

图 995　中华常春藤
Hedera nepalensis K. Koch var. sinensis (Tobl.) Rehd.
1. 果枝；2. 花。

275 中华常春藤（zhonghuachangchunteng）（图 995）

［地 方 名］　常春藤（通称），犁头腰（福建），三角藤（福建、浙江），三叶木莲、土风藤（浙江），三角枫、爬岩茎、上树蜈蚣（湖北）。

［学　　名］　**Hedera nepalensis** K. Koch var. **sinensis** (Tobl.) Rehd.　五加科

［形态特征］　藤本，长达 20 米，具气根。幼枝的柔毛鳞片状。单叶、革质、光滑，表面深绿色，背面浅绿或黄绿色；营养枝的叶三角状卵形至三角状长圆形，长 2～6 厘米，宽 1～8 厘米，全缘或 3 裂，基部通

常截形；花枝和果枝的叶椭圆状卵形至椭圆状披针形，长 5～12 厘米，宽 2～6 厘米，先端长尖，基部楔形，全缘，叶脉两面均显著；叶柄长 1～5 厘米。伞形花序、伞梗长 1～2 厘米，具棕黄色柔毛；花梗长 5～10 毫米，具柔毛；萼全缘或具 5 齿；花瓣 5，在花蕾中镊合状排列；雄蕊 5；子房 5 室；花柱连合成短柱状。果实圆球形，浆果状，黄色或红色，含种子 3～5 颗。花期 7～8 月，果期 9～10 月。

［生长环境］　高攀林中、岩壁及墙垣上。

［产　　地］　河南、陕西、甘肃、安徽、江苏、浙江、湖南、江西、湖北、四川、福建、广东、广西、云南等省区。

［用　　途］　茎、叶含鞣质，可提制栲胶。

［理化性质］　据浙江省资料：叶含鞣质 29.4%。又据中国科学院昆明植物研究所用皮粉法分析：茎皮含鞣质 12.01%，非鞣质 8.19%，纯度 59.45%；属混合类鞣质。（分析样品采自四川西昌）

［采收处理］　摘收叶子在 9～10 月进行；茎皮在夏、秋季采剥，最好立即加工，或晒干，置于通风干燥处贮存。

［加　　工］　茎皮破碎成 1～3 厘米小块，浸提温度以 60～85℃为宜。叶不必破碎，浸提温度以 55～75℃为宜。

276 刺楸（ciqiu）（图 996）

［地 方 名］　鸟不宿（江苏、浙江），老虎棒子（山东），刺儿楸（辽宁）。

［学　　名］　**Kalopanax pictus** (Thunb.) Nakai [*K. septemlobum* (Thunb.) Koidz.]　五加科

［形态特征］　乔木，高可达 10 米，小枝具粗刺。叶坚纸质，近圆形，直径 7～25 厘米，5～7 裂，裂片三角状圆卵形至长椭圆状卵形，先端长尖，边缘具细锯齿，表面光滑或近于光滑，背面幼时具柔毛；具长柄，叶柄长 6～30 厘米。伞形花序组成顶生的圆锥花

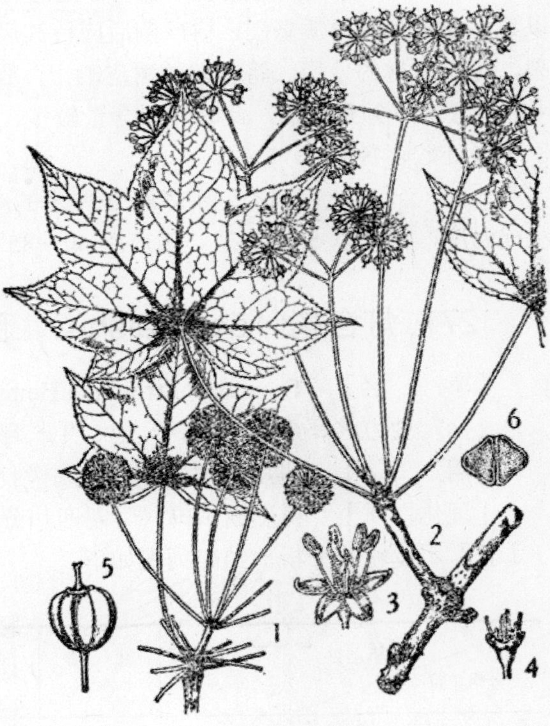

图 996　刺楸
Kalopanax pictus（Thunb.）Nakai
1．花枝；2．果枝；3．花；4．花去掉花瓣及部分雄蕊；5．果；6．果横断面。
（自“中国森林植物志”）

丛，直径 12～25 厘米；伞梗长 4～14 厘米；花梗长 5～12 毫米；萼光滑，具 5 齿；花瓣 5，三角状圆卵形。长 2 毫米，呈镊合状排列；雄蕊 5，花丝细长；子房 2 室，花柱愈合成圆筒状，长 2 毫米，先端 2 裂，宿存。果实近于圆球形；种子 2 颗，扁平。花期 7～8 月，果期 9～10 月。

［生长环境］ 喜生土壤深厚湿润处，在山谷、溪旁、林缘或疏林中常见，海拔 700～1200 米。

［产　　地］ 吉林、辽宁、黑龙江、河北、山西、河南、山东、安徽、江苏、浙江、江西、湖南、湖北、四川、云南、贵州、广东、广西等省区。

［用　　途］ 叶及树皮含鞣质，可提制栲胶。

木材耐朽力强，可供建造房屋及各种器具用材，树枝可供药用（见“药用类”，1823 页）。种子可榨油（见“油脂类”，919 页）。

［理化性质］ 据河南省资料：叶含鞣质 13%。另据山东省野生植物普查队野外粗分析：树皮含鞣质 20～30%。

［采收处理］ 剥树皮应结合伐木时进行，不能乱剥，以免影响树木的成长和发育，以致枯死。本种材质坚硬，树砍倒后应待其风干再行剥皮，否则会造成木材因骤干而爆裂，影响木材的使用。将剥取的树皮晒干，置于通风处贮存。

叶于 8～9 月采摘，此时鞣质含量较多，采后最好立即加工，将叶风干或晒干，置于干燥处贮存备用。

［加　　工］ 将树皮切成 1～3 厘米的碎块，叶切成 3～5 厘米的小片，然后浸提，浸提温度，树叶以 55～75℃、树皮以 60～85℃为宜。

277 灯台树（dengtaishu）（图 748）

［学　　名］ **Cornus controversa** Hemsl.　山茱萸科

（地方名、形态特征、产地、生长环境及其他用途见“油脂类”，920 页）

［用　　途］ 树皮含鞣质，可提制栲胶。

［理化性质］ 树皮据中国科学院四川分院林业科学研究所［Ⅰ］和贵州省轻工业厅［Ⅱ］用皮粉法分析，结果列表如下：

分析项目 / 分析单位	水分（%）	鞣质（%）	非鞣质（%）	纯度（%）	备注
Ⅰ	12.02	14.37	9.95	59.09	分析样品采自四川峨眉山
Ⅱ	17.81	30.02	10.13	74.77	分析样品采自贵州南部

［采收处理］ 参阅梾木（1229 页）。

［加　　工］ 参阅梾木。

278 梾木（laimu）

［学　　名］ **Cornus macrophylla** Wall.　山茱萸科

（地方名、形态特征、生长环境、产地及其他用途见“油脂类”，922 页）

［用　　途］ 树皮及叶均含有鞣质，可提制栲胶。亦为紫色染料的原料。

［理化性质］ 据贵州省野生植物普查队野外粗分析：树皮含鞣质 8～20%，叶含鞣质 5～13%。

［采收处理］ 剥取树皮应结合木材采伐同时进行；树叶在 9～10 月间采收，采后，晒干贮存。

［加　　工］ 将树皮切成 1～3 厘米小块，树叶切成 2～3 厘米小片。浸提温度：树皮以 70～90℃为宜；叶以 50～70℃为宜。

279 毛梾（maolai）（图 750）

［学　　名］ **Cornus walteri** Wanger. (*C. coreana* Wanger.)　山茱萸科

（地方名、形态特征、生长环境、产地及其他用途见“油脂类”，923 页）

［用　　途］ 叶含鞣质，可提制栲胶。

［理化性质］ 据辽宁省资料：叶含鞣质 16.82%。

［采收处理］ 参阅梾木。（本页）。

［加　　工］ 参阅梾木。

280 亨氏克雷木（hengshi-keleimu）（图 997）

［学　　名］ **Craibiodendron henryi** W. W. Sm.　杜鹃花科

［形态特征］ 乔木，高 8～10 米；枝粗，无毛。叶互生，革质，披针形，长 15 厘米，宽 2.5～4 厘米，先端渐尖，或顶端近钝形，基部楔形，全缘或近波状，表面光亮，背面苍白色，疏生黑色小腺体，侧脉 15～20 对，水平生长，至近边缘处连合；叶柄长约 1.5 厘米，无毛。复总状花序生小枝顶端，长 15～25 厘米，多花，几无毛；花小，白色；苞片及小苞片脱落；萼片 5，

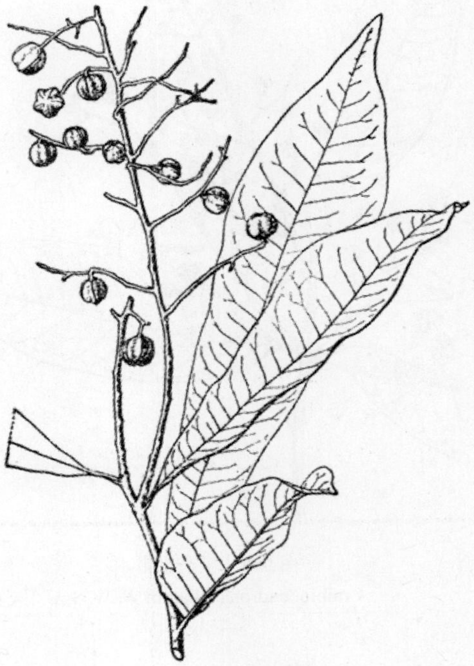

图 997　亨氏克雷木
Craibiodendron henryi W. W. Sm.
果枝

卵形，具细尖，微皱；花冠短钟形，裂片三角状卵形，革质，光滑；雄蕊 10，长为花冠的 1/2；子房 5 室，花柱近无毛。果实长 8 毫米，宽 10 毫米，5 棱。

［生长环境］ 生于海拔 2000 米左右的常绿阔叶林中。

［产　　地］ 云南省

［用　　途］ 树皮含鞣质，可提制栲胶。

［理化性质］ 据中国科学院昆明植物研究所用皮粉法分析：树皮含鞣质 15.18%，非鞣质 1.44%，纯度 91.34%；属混合类鞣质。（分析样品采自云南景东）

［采收处理］ 结合木材采伐剥取树皮，晒干贮存备用。

［加　　工］ 将树皮破碎成 1～3 厘米小块，浸提温度以 70～90℃为宜。

281 星芒克雷木（xingmangkeleimu）（图 998）

［学　　名］ **Craibiodendron stellatum** W. W. Sm.　杜鹃花科

［形态特征］ 常绿乔木，高 4～6 米，小枝无毛，棕色。叶革质，椭圆形，长 6～10 厘米，宽 3.5～4.5 厘米，先端钝圆，基部钝或圆形，全缘，两面无毛，具极小、散生腺点，叶脉在两面均显明；叶柄长 7～10 毫米。圆锥花序顶生，具微柔毛，长 20 厘米；苞片及 2 小苞片皆为锥形，小花梗长 2～3 毫米；花白色，芳香，长 4～5 毫米；花萼被微柔毛，长 1 毫米，萼片 5，阔卵形，顶端具细尖，基部稍合生；花冠被微柔毛，圆筒形，长 3～4 毫米，裂片 5，三角形；雄蕊 10，不伸出花冠外，花丝突然反折；子房被柔毛。蒴果球形，长 9～10 毫米，宽 11～12 毫米，具 5 棱，室背开裂成 5 瓣；种子 4～7，长 1～2 毫米，一侧有翅。花期 9 月，果期 10～11 月。

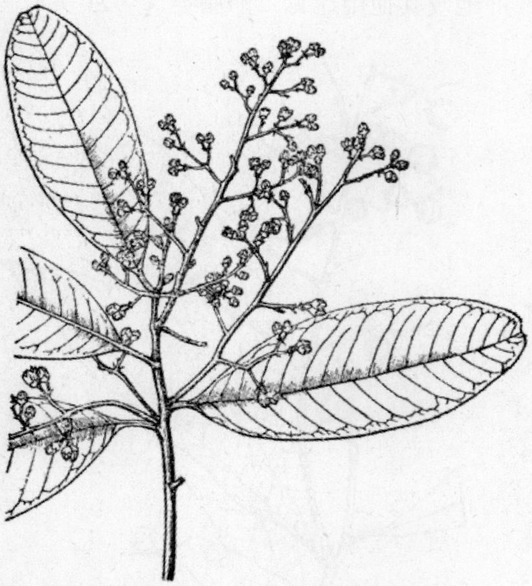

图 998　星芒克雷木
Craibiodendron stellatum W. W. Sm.
花枝

［生长环境］ 生于密林中。

［产　　地］ 云南省

［用　　途］ 树皮含鞣质，可提制栲胶。

［理化性质］ 中国科学院四川分院林业科学研究所用皮粉法分析：树皮含水分 11.06%，鞣质 12.21%，非鞣质 5.73%，纯度 68.06%。（样品采自云南弥勒）

［采收处理］ 剥皮应结合采伐进行，采后晒干备用。

［加　　工］　浸提前将树皮切成 1～2 厘米小块，浸提温度以 75～90℃为宜。

282 牛皮杜鹃（niupidujuan）（图 1125）

［学　　名］　**Rhododendron aureum** Georgi (*R. chrysanthum* Pall.)　杜鹃花科

（地方名、形态特征、生长环境、产地及其他用途见“芳香油类”，1421 页）

［用　　途］　根、茎、叶含鞣质，可提制栲胶。

［理化性质］　据吉林师范大学用高锰酸钾氧化法分析：叶含鞣质 12.22%，根、茎含鞣质 2.58%。

［采收处理］　7～8 月间采收叶，立即加工或晒干贮存。

［加　　工］　浸提前将叶粉碎成小片；浸提温度以 60～80℃为宜。

［其　　他］　茎和根含鞣质较少，不宜采割或挖掘以利其繁殖。

283 迎红杜鹃（yinghongdujuan）

［地 方 名］　迎山红（东北）、蓝荆子（河北）。

［学　　名］　**Rhododendron mucronulatum** Turcz.　杜鹃花科

［形态特征］　灌木，多分枝，高 1～2 米；树皮淡灰色或暗灰色；小枝带绿色，有腺鳞。叶互生，长圆形或卵状披针形，长 3～7 厘米，宽 1.5～3.5 厘米，先端尖锐，基部楔形，近全缘，表面无毛，散生白色腺鳞，有时边缘的基部疏生粗毛，背面色淡，有腺鳞；叶柄长 5 毫米左右。花 1～3 朵，生在去年枝的顶端，先叶开放，花梗长 5～10 毫米，具白色腺鳞；萼片短，有毛；花冠淡紫红色；雄蕊 10，花柱比花冠长。蒴果，长 1～1.5 厘米，暗褐色，5 室，先端开裂。花期 4～5 月，果期 6 月。

［生长环境］　生于山地。

［产　　地］　黑龙江、吉林、辽宁、河北等省。

［用　　途］　叶含鞣质，可提制栲胶。

可供观赏。

［理化性质］　据辽宁省资料：叶含鞣质 9.31%。

［采收处理］　参阅牛皮杜鹃（本页）。

［加　　工］　参阅牛皮杜鹃。

284 杜鹃（dujuan）（图 999）

［地 方 名］　映山红（江苏、安徽、福建、湖北），应春花（河南）。

［学　　名］　**Rhododendron simsii** Planch.　杜鹃花科

［形态特征］　常绿或半常绿灌木，高可达 3 米；分枝细而多，密被黄色或褐色平伏状硬毛。叶卵状椭圆形或倒卵形，长 2～6 厘米，宽 1～3 厘米，先端尖，基部楔形，表面深绿色，疏被硬毛，背面浅绿色，密被褐色细毛，脉上尤著。花 2～6 朵簇生枝端；

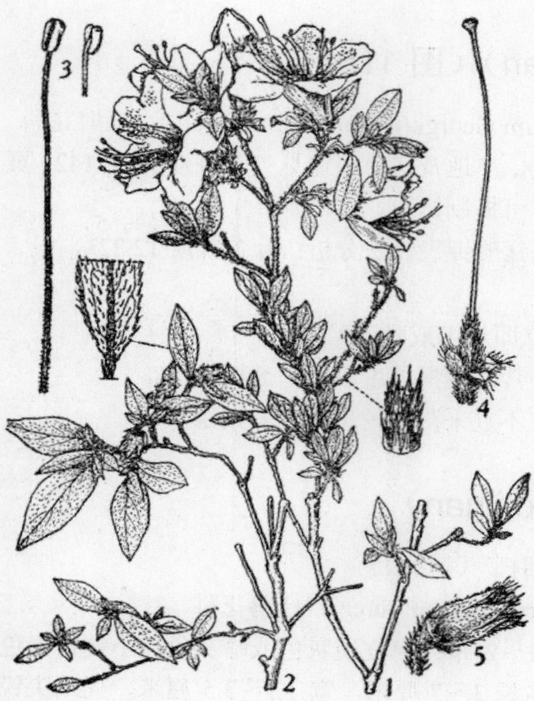

图 999　杜鹃

Rhododendron simsii Planch.

1．花枝；2．果枝；3．雄蕊；4．雌蕊；5．果。

（自“江苏南部种子植物手册”）

［采收处理］　茎皮可分别于春（4～5 月）、秋（9～10 月）两季砍枝剥取，用木棒锤打，将打裂的茎皮剥下，晒干贮存。叶子在花期后茂盛时采摘，采后立即加工或晒干贮存。

［加　　工］　浸提前须将茎皮切成 1～2 厘米长的小块，浸提温度以 60～85℃为宜。树叶稍加粉碎，浸提温度以 55～75℃为宜。

285 长蕊杜鹃（changrui-dujuan）（图 1000）

［学　　名］　**Rhododendron stami-**

萼片 5，近椭圆状卵形，长 2～4 毫米，表面密被褐色硬毛，宿存；花冠玫瑰色至淡红或深红色，阔漏斗状，径约 4～5 厘米，裂片近倒卵形，约等大，上部 1 瓣及近侧 2 瓣有深红色的斑点；雄蕊 7～10，花丝中部以下有稀疏的细毛，花药紫色；子房卵圆形，密被硬毛，柱头头状。蒴果卵圆形，长 5～8 毫米，密被硬毛。花期 4 月，果期 10 月。

［生长环境］　多生于海拔 900 米以下的山坡或平地、林中岩畔。为酸性土壤的指示植物。

［产　　地］　江苏、浙江、安徽、江西、河南、湖北、湖南、四川、云南、贵州、福建、台湾、广东、广西等省区。

［用　　途］　叶、茎皮均含鞣质，可提制栲胶。

［理化性质］　据贵州省野生植物普查队野外粗分析：树皮含鞣质 7%。

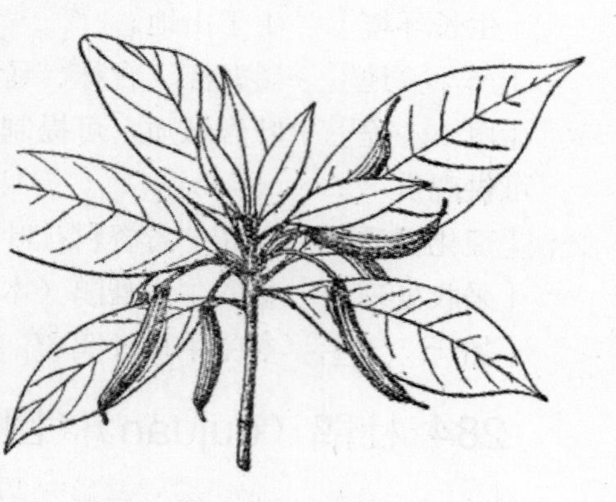

图 1000　长蕊杜鹃

Rhododendron stamineum Franch.

果枝

neum Franch. 杜鹃花科

［形态特征］ 灌木或小乔木，高 3～5 米，少有达 7 米；小枝纤细光滑，当年生枝绿色或紫绿色，一年以上者灰绿色或苍白棕色；树枝光滑。单叶，通常 4 或 5 片轮生于幼枝顶端或节上，革质，倒卵形或长方倒卵形；少有为披针形或长方披针形，长 6～8 厘米，宽 2～3 厘米，先端尖锐或尖尾形，基部楔形，全缘或边缘稍向外卷，表面光亮深绿色，背面苍白绿色，两面无毛，中脉在叶表面下凹，在背面突出，侧脉不明显；叶柄长 8～12 毫米，光滑无毛。花通常 3～5 朵，成腋生的丛；萼片小，裂片 5，三角形，无毛；花冠白色，或有时成玫瑰色，内部通常皆具黄点，基部成渐窄管状，长约 10～15 毫米，裂片 5，倒卵形，外屈，长 15～20 毫米，宽 8 毫米；雄蕊 10，纤细，伸出花外，长 3～4 厘米，花丝略被柔毛或光滑无毛，花药黄色，外向；子房圆柱形，被白色毛或无毛，花柱光滑无毛，长 4～5 厘米，柱头头状。蒴果柱形微弯，具七肋，光滑无毛，无鳞斑，长 4～5 厘米。花期 4～5 月（四川峨眉山），果期 5 月（贵州）。

［生长环境］ 在海拔 470～1600 米之间的山坡丛林中。

［产　　地］ 四川、云南、贵州、湖南、湖北等省。

［用　　途］ 树皮及叶均含鞣质，为提制栲胶的原料。

［理化性质］ 据中国科学院四川分院林业科学研究所用皮粉法分析，结果列表如下：

分析项目 / 分析部位	水分（%）	鞣质（%）	非鞣质（%）	纯度（%）
树皮	16.53	12.48	6.20	66.81
树叶	17.56	12.95	15.39	45.70

注：分析样品采自四川峨眉山。

［采收处理］ 剥取树皮应结合木材采伐进行；树叶应在花后叶子生长茂盛期采摘，采后晒干或烘干备用。

［加　　工］ 浸提前，将树皮切成 1～3 厘米小块；树叶切成 3～4 厘米小片。浸提温度：树皮以 70～90℃；树叶以 55～75℃为宜。

286 越桔（yueju）（图 1001）

［地 方 名］ 红豆、牙疙瘩（黑龙江、吉林、内蒙古东部）

［学　　名］ **Vaccinium vitis-idaea** L. 杜鹃花科

［形态特征］ 常绿矮小灌木，高 10～12 厘米；地下茎长，匍匐。茎直立，小枝细，灰褐色，当年枝带绿色；芽卵圆形，带淡褐色，有毛。单叶互生，革质，椭圆形或倒卵形，长 1～2 厘米，宽 0.6～1 厘米，先端钝或圆或微凹，基部楔形，边缘有细毛，上部具微波状锯齿或全缘，微外卷，网状脉明显，表面暗绿色，有光泽，背面浅绿色，

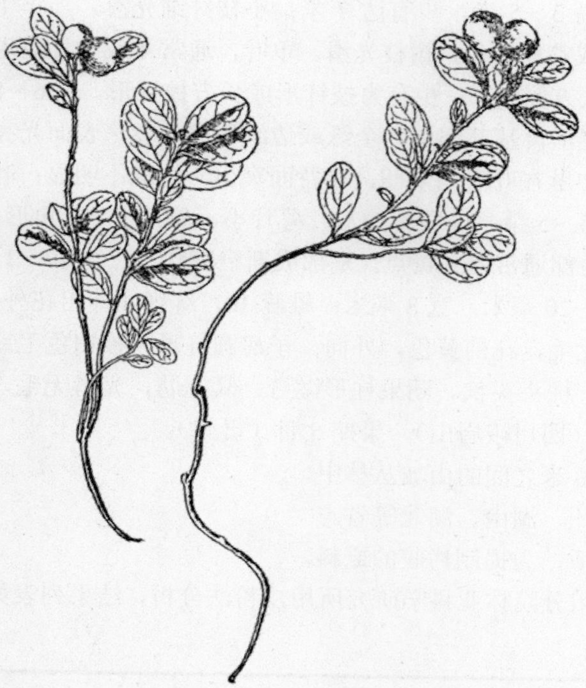

图 1001 越桔
Vaccinium vitis-idaea L.
植株全形

散生腺点；叶柄长 0.5～3 毫米，有白毛。总状花序短，花序与花轴上密生细毛；萼短钟状，4 裂，光滑，花冠钟形，白色或淡粉色，直径约 5 毫米，4 裂；雄蕊 8，花丝有毛，花药上方具 2 个长形突起；花柱长于雄蕊，露出花冠外。浆果球形，直径 5～8 毫米，红色。花期 6～7 月，果期 8 月。

［生长环境］ 生于高山带的针叶林下或灌木丛中。

［产　　地］ 吉林、黑龙江、内蒙古东部、新疆等地。

［用　　途］ 叶含鞣质，可提制栲胶。

浆果味酸，可用于酿酒、制果酱，亦可生食（见“淀粉及糖类”，597 页）。叶可入药（见“药用类”，1852 页）。种子可榨油（见“油脂类”，924 页）。此外，叶可以代茶用，植株矮小秀丽，盆栽可供观赏。

［理化性质］ 叶及地上部分鞣质含量分析，结果列表如下：

分析项目 / 分析部位	水分（%）	鞣质（%）	非鞣质（%）	不溶物（%）	纯度（%）	备注
叶	10	11.24	13.73	1.65	42.19	中国科学院植物研究所分析资料
地上部分	—	14.9	14.9	—	50.0	北京大学分析资料

又据黑龙江省资料：叶含鞣质 18.9%。

［采收处理］ 在 8 月间果实成熟时，结合采果采叶子，将叶采下便可立即加工或晒干贮存。

［加　　工］ 叶子不必粉碎，可直接进行浸提，浸提温度以 55～70℃为宜。

287 桐花树（tonghuashu）（图 1002）

［地 方 名］ 浪柴、红蒴（广东）

［学　　名］ **Aegiceras corniculatum** (L.) Blanco (*A. majus* Gaertn.) 紫金牛科

［形态特征］ 直立灌木或小乔木，高 1.5～4 米，无毛；树皮褐灰色。单叶互生，革质，倒卵形，长 5～10 厘米，先端圆或凹入，基部楔尖，全缘，中脉于叶背面凸起，侧脉不明显，叶柄短。伞形花序单生于枝顶，花白色，辐射对称，长约 1 厘米，花梗长 1～2 厘米；萼 5 裂，裂片复瓦状排列；花冠管短，裂片 5；雄蕊 5，着生于花冠管上；子房上位，1 室，长椭圆形，上部渐狭而成一纤细的花柱，有胚珠多数。果革质，圆柱形而弯，锐尖，长 3～5 厘米，直径约 5 毫米，基部围以宿存的花萼。花期 4 月。

［生长环境］ 生于华南海边潮水涨落的泥滩上，为红树林组成树种之一，也可单独组成纯林。

［产　　地］ 广东、福建、台湾等省。

［用　　途］ 树皮含鞣质，可提制栲胶。

本种为红树林中的优势种类，对于防风、防浪有极大作用。木材可作薪炭材。

［理化性质］ 据中国林业科学研究院森林工业科学研究所用皮粉法分析，结果列表如下：

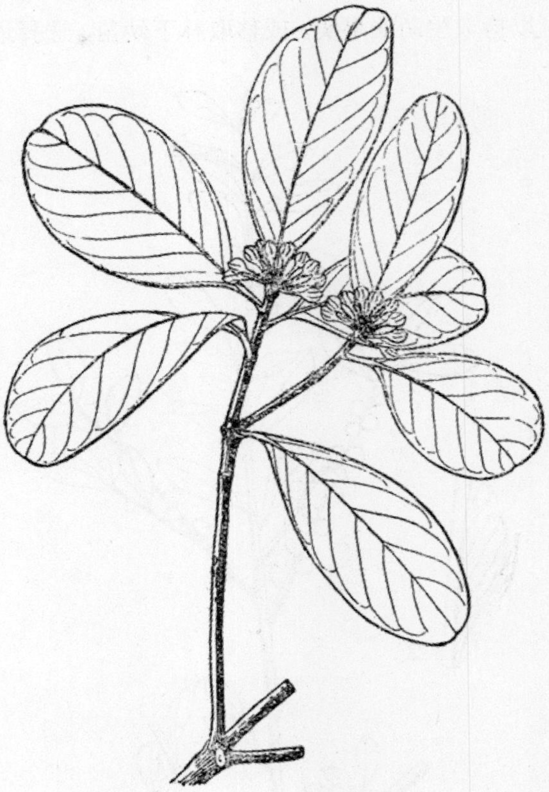

图 1002 桐花树
Aegiceras corniculatum（L.）Blanco
花枝

分析部位 \ 分析项目	鞣质（%）	非鞣质（%）	不溶物（%）	纯度（%）	备注
枝皮	17.12	19.87	2.03	46.28	样品采自广东合浦
树皮	19.58	18.14	0.68	51.91	”
树皮	6.74	12.85	1.93	34.41	样品采自广东海南

［采收处理］ 选择树株胸径粗达 4～5 厘米以上者剥取树皮，较细者树皮所含鞣质量过低，利用极不经济。砍伐时，采用轮伐更新的方法，保留基茎和树枝，每 4～6 年砍伐一次，时间在 4～5 月间较宜，因为这时候剥皮容易，且对更新有利。所剥树皮，待风干后即可利用。

［加　　工］ 将原料切碎为2～4厘米小块，浸提温度以70～90℃为宜。

［其　　他］ 桐花树再生力强，砍伐以后，一般经5～6年又能恢复成林，倘砍伐以后能注意加强抚育，则更为容易萌发，生长很好，缩短成林时间。进行人工造林时，可以捡取胎萌的果实，或移取林下幼苗，选择适宜的海滩、泥岸插植，或帮助原林更新。亦可先在背风的海滩上开辟苗圃育苗移植，培植容易，生长迅速。

288 铁仔（tiezi）（图1003）

［地 方 名］ 冷饭果（四川），炒米柴（贵州）。

［学　　名］ **Myrsine africana** L. 紫金牛科

［形态特征］ 灌木或小乔木，高1～6米；小枝有密生毛。单叶互生，革质，椭圆形或倒卵形，长1～1.6厘米，宽0.5～1厘米，先端钝或渐尖，基部楔形，边缘具细锯齿，两面无毛；叶柄短，有柔毛。花单性，雌雄异株，直径约3毫米，有短梗或近于无梗，3～5朵腋生成丛；萼片小，4裂，花冠白色，4裂，裂片上带褐色斑点；雄蕊4，花丝短，花药大，突出花冠外，先端具有一褐色小点；柱头分裂或成为4匙状的分枝。浆果红色或紫色，圆球形，近于无梗，直径约4～5毫米，顶端具有针棘，有种子1。花期3～4月，果期9～10月。

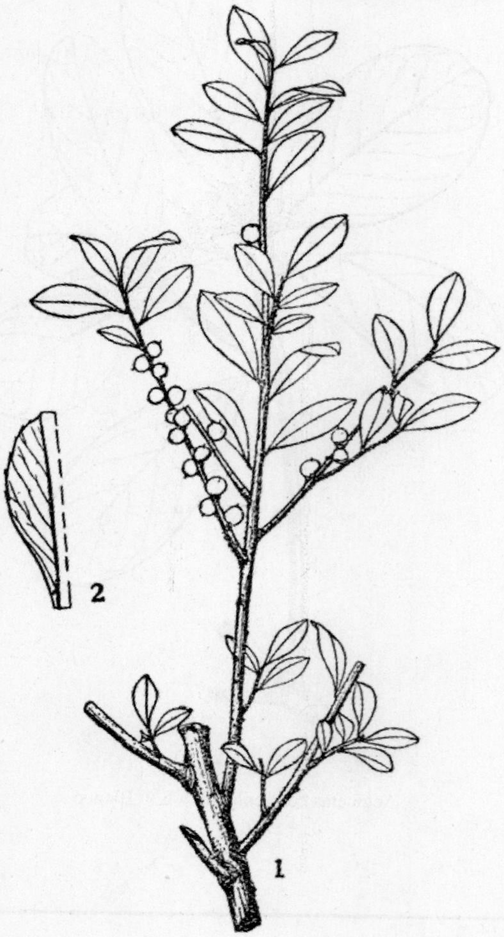

图1003　铁仔
Myrsine africana L.
1．果枝；2．叶边缘（放大）。

［生长环境］ 山坡灌木丛中。

［产　　地］ 湖南、江西、湖北、四川、贵州、福建、台湾、广东、广西、云南等省区。

［用　　途］ 茎皮及叶均含鞣质，可提制栲胶。

［理化性质］ 据贵州省野生植物普查队野外粗分析：茎皮含鞣质35%，叶含鞣质5%。

［采收处理］ 胸径达 6 厘米以上者，方可采剥茎皮。时间在 5 月前后，剥下的茎皮待风干后提制栲胶。叶多在夏秋间采收。

［加　　工］ 将树皮切成 2～4 厘米小块；浸提温度以 70～90℃为宜。叶的浸提温度以 60～85℃为宜。

289 云南密花树（yunnanmihuashu）（图 1004）

［学　　名］ **Rapanea neriifolia** (Sieb. et Zucc.) Mez var. **yunnanensis** (Mez) Walker (*R. yunnanensis* Mez) 紫金牛科

［形态特征］ 灌木高 6 米以上。或偶有达 15 米的小乔木；小枝略粗壮，淡灰色或褐色，无毛。叶硬纸质至革质，通常长椭圆形，有时为长圆披针形，长 7～16 厘米，宽 2.5～6 厘米，先端急尖或略钝或略渐尖，基部楔形或急尖，多少下延至叶柄，全缘，表面光滑，背面常成明显褐色，侧脉多数，不明显；叶柄长约 1 厘米。花序伞形或成束状，着生于密生鳞片的短枝上，有花 10 余朵，鳞片无睫毛；花两性，少单性，白色或浅绿色，长 3～4 毫米；花梗长 2～3 毫米或较长；萼片 4，卵圆形，基部连合，边缘有睫毛，有时外面具斑点，花瓣 4，展开或反卷，椭圆形或长圆形，基部连合达全长的 1/4，外面具黑点，里面及边缘密生乳头状突起；雄蕊有时部分败育，花丝极短，子房卵形或椭圆形。浆果球形，直径达 6 毫米以上，淡灰绿色或暗绿色，有不甚明显的条状纵纹及腺点，果梗长约 5 毫米。花期 5～6 月，果期 9 月（云南）。

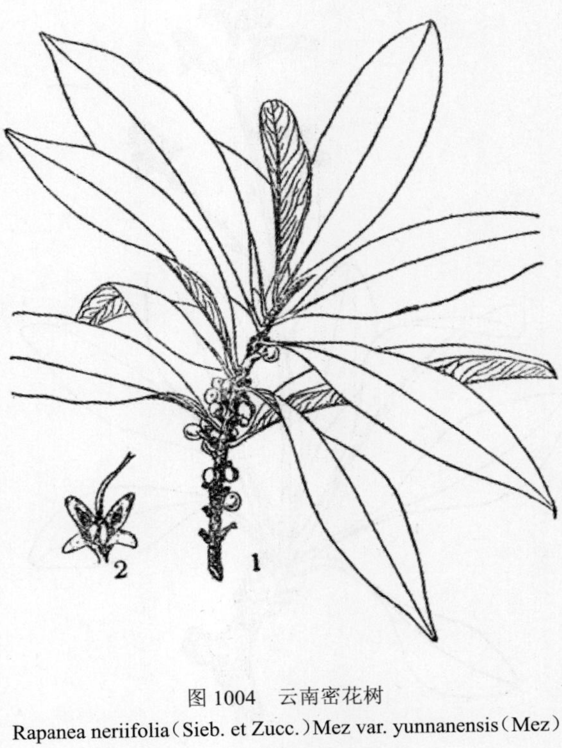

图 1004　云南密花树
Rapanea neriifolia（Sieb. et Zucc.）Mez var. yunnanensis（Mez）Walker
1．果枝；2．花。

［生长环境］ 山谷较湿润的疏林中。

［产　　地］ 云南、四川、贵州、广东海南岛等地。

［用　　途］ 树皮含鞣质，可提制栲胶。

［理化性质］ 据中国科学院昆明植物研究所用皮粉法分析：树皮含水分 43.83%，鞣质 20.11%，非鞣质 23.72%，纯度 45.88%；属混合类鞣质。（分析样品采自四川西昌）

［采收处理］ 参阅铁仔（1236 页）。

［加　　工］ 参阅铁仔。

290 矶松（jisong）（图 1005）

［地 方 名］ 克米克、曲库尔（新疆）

［学　　名］ **Limonium gmelinii** (Willd.) O. Ktze. (*Statice gmelinii* Willd.) 白花丹科

［形态特征］ 多年生草本，高 30～60（80）厘米；除花萼外各部均无毛。根粗壮。叶基生，多数，鲜绿色或灰绿色，卵形、阔椭圆形或长圆状倒卵形，长 15～25 厘米，宽 5～8 厘米，先端钝，微圆或稍尖，基部渐狭成宽的叶柄；叶柄与叶片等长，或为叶片长的 1/2～1/4。花轴少数，圆形，上部多次分枝，无或有少数不育分枝；花蓝紫色，集成短而密的小穗，集生于花轴分枝顶端，小穗组成长圆盾状或塔形花序；小穗长约 5 毫米，通常有 2～3 花，小穗外苞长约 1～1.5 毫米，较第一内苞片短 2～3 倍，宽卵形或近圆形，先端短渐尖或钝，边缘宽，膜质；第一内苞片与外苞片相似，但较大而弯曲，常包裹花，先端钝，也有宽膜质边缘；其他内苞片较小（每花有 1 个），膜质，具窄脉；萼长 3～4 毫米，倒圆锥形，萼管长约 2～2.5 毫米，直径约 1 毫米，密被长柔毛，冠片宽约 1～1.5 毫米，淡紫色或白色。5 或 10 裂；裂片小，长在 0.5 毫米以下，圆状三角形，顶微钝或微尖，脉少数，不达基部，裂片间有或无更小的中间裂片。花期 7～9 月，果期 9～11 月。

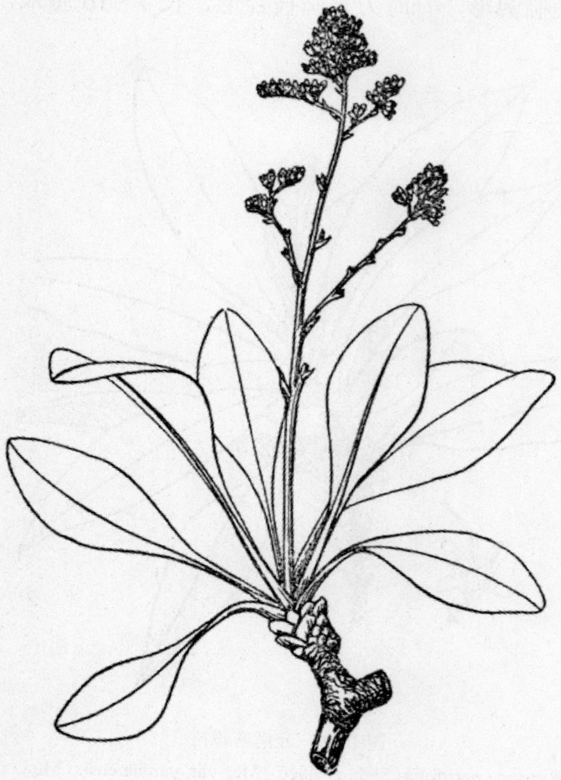

图 1005　矶松

Limonium gmelinii（Willd.）O. Ktze.

［生长环境］ 常生长草甸盐土及盐渍化洼地上。

［产　　地］ 内蒙古自治区和新疆维吾尔自治区。

［用　　途］ 根含鞣质，可提制栲胶。

［理化性质］ 据中国林业科学研究院森林工业科学研究所用皮粉法分析：根含鞣质 20.0%，非鞣质 16.5%，不溶物 1.4%，纯度 54.8%；属混合类鞣质。

［采收处理］ 在 9～10 月间挖取根部，除去泥土及杂物，晒干备用。

［加　　工］ 浸提前将根切成 1～3 厘米的小段；浸提温度以 70～85℃为宜。

291 海南紫荆木（hainanzijingmu）（图 753）

［学　　名］ **Madhuca hainanensis** Chun et How 山榄科

（地方名、形态特征、生长环境、产地及其他用途见“油脂类”，925 页）

［用　　途］ 树皮含鞣质，可提制栲胶。

［理化性质］ 据广东省资料：树皮含鞣质 19.11%，水分 13.81%；属混合类鞣质。

［采收处理］ 可结合木材采伐，剥取树皮，晒干备用。

［加　　工］ 浸提前将原料切成 1～3 厘米小块；浸提温度以 70～90℃为宜。

292 浙江柿（zhejiang-shi）（图 1006）

［地 方 名］ 毛梨壳（浙江）

［学　　名］ **Diospyros glaucifolia** Metc. 柿科

［形态特征］ 落叶乔木，高可达 15 米；树皮灰褐色，枝、叶、果实均平滑无毛。叶椭圆形、卵形或卵状披针形，长 10～15 厘米，宽 4～6 厘米，先端短尖，基部钝形、圆形、截形或近心形，全缘，表面深绿色，背面苍白色；叶柄长 1.5～2.5 厘米。花单性，雌雄异株；雌花单生或 2～3 朵聚生于叶腋，近无梗；总梗有红色毛；萼 4 裂，裂片三角形，有疏毛；花冠无毛，边缘具有微短柔毛。果球形，初绿色，成熟后红色，被白霜，直径约 1.5 厘米，有花后增大的宿萼。花期 4～5 月，果期 9～10 月。

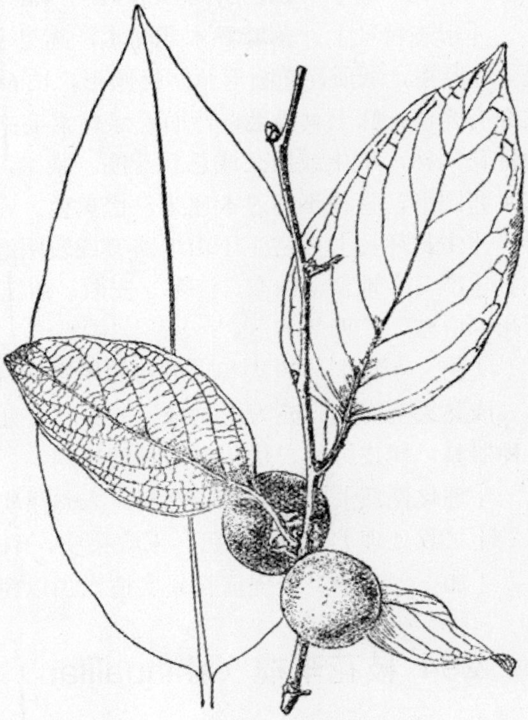

图 1006 浙江柿
Diospyros glaucifolia Metc.
果枝

［生长环境］ 生于半阴山坡杂木林或灌丛中。

［产　　地］ 浙江、江西等省。

［用　　途］ 果蒂含鞣质、可提制栲胶；亦供药用。

果实为提柿油（即柿漆）的原料（见“其他类”，2099 页）。木材可作家具等用材。

［理化性质］ 据浙江省资料：果蒂含鞣质 36.68%。

［采收处理］ 通常在 10～11 月采下成熟的果实，剥下果蒂，晒干，即可加工或贮藏于干燥处。

［加　　工］ 将果蒂粉碎成 0.5～1 厘米的小块，浸提温度以 70～95℃为宜。

293 油柿（youshi）

［地 方 名］ 野柿、山油柿、山柿、乌柿（浙江），小油柿（湖北），柿子（江苏），柿饼树（广西）。

［学　　名］ **Diospyros kaki** L. f. var. **silvestris** Makino　柿科

［形态特征］ 落叶乔木或灌木，高 2～8 米，树皮灰褐色，小枝密生黄褐色短柔毛。叶互生，纸质，椭圆形至阔椭圆形，长 6～10 厘米，先端短尖，基部阔楔形，全缘，表面有光泽，脉上具微毛，背面粉绿有柔毛；叶柄长 1～1.5 厘米，有绒毛。花单性或与两性花同株，单生或数朵成总状花序，腋生，黄白色；萼片大，4 裂，阔卵形，宿存。浆果卵圆形，直径不超过 5 厘米，橙黄色。花期 5～6 月，果期 9～10 月。

［生长环境］ 常生于山地路旁或较阴湿的地方。在阔叶林中亦常见。

［产　　地］ 山东、江苏、安徽、浙江、江西、福建、湖南、湖北、四川、云南、贵州、广东、广西等省区。

［用　　途］ 树皮和未成熟的果实含鞣质，可作栲胶原料。

成熟果实可食，亦为提制柿油的原料（见“其他类”，2099 页）。木材质坚硬，可做各种器具。树皮纤维，供作人造棉的原料。

［理化性质］ 据云南省资料：未熟果实含鞣质 25%。

［采收处理］ 9～10 月，采收果实，晒干贮存。

［加　　工］ 浸提前将果实适当加以粉碎，浸提温度以 60～70℃为宜。

294 枝花李榄（zhihualilan）（图 1007）

［地 方 名］ 黑皮插柚紫（广东）

［学　　名］ **Linociera ramiflora** (Roxb.) Wall.　木犀科

［形态特征］ 乔木，高 9～15 米，无毛；枝和小枝圆柱形，褐色或灰色。单叶对生，近革质，椭圆形至长圆形，稀成倒卵形，长 6.5～30 厘米，宽 2～11 厘米，但通常长 10～15 厘米，宽 4～6.5 厘米，先端钝或渐尖，基部楔尖或渐狭，全缘，微背卷，表面通常密生乳头状小点，中脉表面凹入，背面凸起，侧脉 9～15 对，两面凸起或有时上面平坦，小脉不甚明显；叶柄长 2.5～4 厘米。圆锥花序腋生，疏散，长 2.5～10 厘米；花小，白色，黄色或黄白色，长 2.5～3 毫米；花梗长 1～1.5 毫米；花萼长 1 毫米，4

齿裂，裂片卵形，长约0.5毫米，先端钝或短尖；花瓣4，椭圆形，长2～2.5毫米，基部稍合生，先端圆，边宽内折；雄蕊2；子房上位，2室，卵形。每室有胚珠2颗。核果椭圆形或长圆形，长1～3厘米，直径0.5～1.3厘米。花期7月，果期12月。

［生长环境］　本种为热带常绿林树种，喜生长在山地密林中，以高温、高湿气候的山谷地区最适宜生长。

［产　　地］　广东、广西、台湾等省区。

［用　　途］　树皮含鞣质，可提制栲胶。

［理化性质］　据广东省资料：树皮含鞣质10.15%。

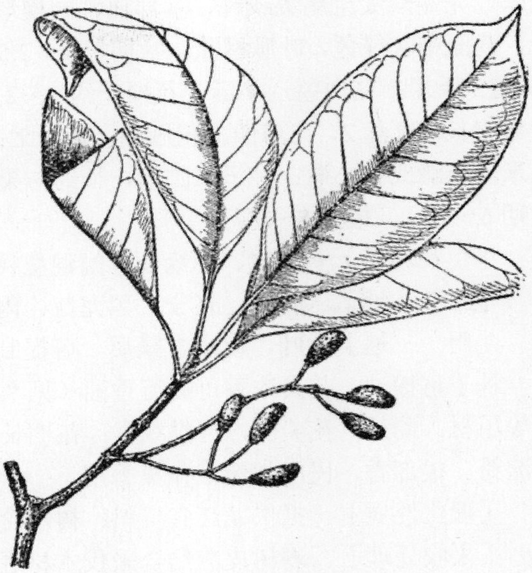

图1007　枝花李榄

Linociera ramiflora（Roxb.）Wall.

果枝

图1008　跑马子

Syringa amurensis Rupr.

1．果序；2．种子。

［采收处理］　应结合采伐剥树皮，将剥取的树皮晒干贮存。

［加　　工］　浸提前将树皮切成1～3厘米的碎块。浸提温度以70～90℃为宜。

295 跑马子（paomazi）（图1008）

［地 方 名］　暴马子、白丁香（东北）

［学　　名］　**Syringa amurensis** Rupr.　木犀科

［形态特征］　大灌木或小乔木，高约6～8米，胸径达15～20厘米；树皮暗灰褐色，有横纹；小枝灰褐色，皮孔明显，椭圆形，外凸。单叶对生，卵形或阔卵形，长约5～12厘米，宽3～9

厘米，先端渐尖至尾尖或钝，基部通常阔楔形，圆形或楔形，全缘；表面淡绿色，有光泽，背面带灰绿色，叶脉网状；叶柄长1～2.5厘米；无托叶。圆锥花序大形疏散，长约15～25厘米；花白色，小形；花梗长约1～2毫米；萼钟状，具4齿，花冠4裂，花筒较萼略长；雄蕊2，花药伸出花冠外，花丝比花筒长约2倍。蒴果长圆形，长约1.5～2.5厘米，光滑或有小瘤；种子长圆形，长约与果实相等，宽3～6毫米，周围具纸质的翅。花期6～7月，果期8～9月。

［生长环境］ 河岸、林缘及针阔混交林内。

［产　　地］ 吉林、辽宁、黑龙江、内蒙古、河北、山西、河南、陕西等省区。

［用　　途］ 叶、树皮含鞣质，可提制栲胶。

种子可榨油。花具浓香可提芳香油（见“芳香油类”，1431页）。木材可供建筑、器具等用材。此外，花美丽，可供观赏；花期长，为蜜源植物。种子含淀粉13.25%，可提取淀粉。根部香，民间常燃点作熏香用。

［理化性质］ 据黑龙江省资料：树皮含鞣质5.72%；叶含鞣质19.59%。

［采收处理］ 剥树皮应结合采伐木材进行。叶可在8～9月间采摘，采后最好立即加工，否则须将叶晒干或风干贮存。

［加　　工］ 树皮应粉碎成1～3厘米的碎块；叶切成3～5厘米的碎块然后浸提。浸提温度：树皮以70～90℃，叶以60～80℃为宜。

296 回菜花（huicaihua）（图782）

［学　　名］ **Plectranthus glaucocalyx** Maxim.　唇形科

［原 料 名］ 山苏子叶

（地方名、形态特征、生长环境、产地及其他用途见“油脂类”，956页）

［用　　途］ 叶含鞣质，可作提制栲胶的原料。

［理化性质］ 据辽宁省资料：叶含鞣质9.74%。

［采收处理］ 8～9月采叶，采后最好立即加工，否则须将叶晒干，贮于干燥处防止受潮。

［加　　工］ 浸提温度不宜过高，一般以60～70℃为宜。

297 无梗钩藤（wugenggouteng）（图1009）

［学　　名］ **Uncaria sessilifructus** Roxb.　茜草科

［形态特征］ 常绿藤本，枝纤细，具4棱，无毛。叶革质，椭圆形，长10～11.5厘米，宽5～6.5厘米，先端钝或渐尖，基部锐或钝，全缘，两面光滑，叶脉5对，脉腋间有束毛；叶柄长8～15毫米；托叶2深裂，长8～10毫米。圆锥花序腋生或顶生，有柔毛，长达40厘米；总花梗长2.5～3.4厘米，具微柔毛；苞片4，锥形，不等大，花萼裂片5，圆形；花冠管细，无毛，裂片5，无毛或被丝状毛。蒴果无梗，长6～12毫米，

被柔毛，花期 12 月。果期次年 1 月（广西）。

［生长环境］ 生于山坡、山谷比较潮湿的地区疏林和灌木丛中。

［产　　地］ 广西、云南、四川等省区。

［用　　途］ 根皮含鞣质，可提制栲胶。

［理化性质］ 据中国科学院四川分院林业科学研究所用皮粉法分析：根皮含水分 16.92%，鞣质 15.25%，非鞣质 8.49%，纯度 64.24%。（样品采自云南勐养）

［采收处理］ 根皮一年四季均可采收，将根挖出后用木棒锤打，使剥裂后将皮剥下，晒干或风干备用。

［加　　工］ 浸提前将根皮切成 1～2 厘米小块，浸提温度以 70～85℃为宜。

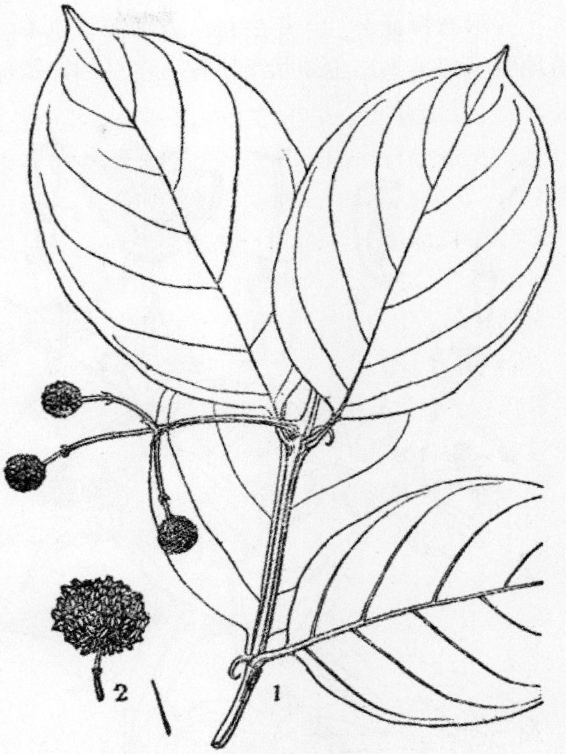

图 1009　无梗钩藤

Uncaria sessilifructus Roxb.

1. 花枝；2. 果序。

298 水红木（shui-hongmu）（图 797）

［学　　名］ **Viburnum cylindricum** Buch.-Ham.　忍冬科

（地方名、形态特征、生长环境、产地及其他用途见“油脂类”，972 页）

［用　　途］ 树皮与果实均含鞣质，可提制栲胶。

［理化性质］ 据中国科学院昆明植物研究所分析：果实含鞣质 11.25%，水分 0.16%；属缩合类鞣质。（分析样品采自云南楚雄）

［采收处理］ 采用轮伐更新法，每隔 3～5 年轮伐一次，保留树桩。伐后剥皮，晒干置于通风干燥处备用。

［加　　工］ 将树皮切成 1～2 厘米小块浸提，浸提温度以 65～90℃为宜。

299 鳢肠（lichang）（图 1010）

［地 方 名］ 墨头草、墨草（浙江、河南），墨菜（河南），乌心草（浙江），烘丫菜、水凤仙草、臭脚椏、臭脚把子草（江苏）。

［学　　名］ **Eclipta prostrata** L. [*E. alba* (L.) Hassk.]　菊科

［形态特征］ 一年生直立或匍匐状草本，高 15～60 厘米，全株被有白色粗糙毛；着地茎节部常具白色须状不定根。茎纤细，基部多分枝，绿色或紫红色。单叶对生，叶片线状披针形或椭圆状披针形，长 1～6 厘米，宽 0.5～2 厘米，先端尖或渐尖，基部渐狭，全缘或疏具浅齿，两面均具白色粗硬毛，背面较密；叶柄极短或近于无柄。头状花序，顶生或腋生；花杂性，直径约 8 毫米；花梗长约 12 毫米，总苞 2 列，被硬毛，每列 4～5 片，外列苞片卵形较宽大，内列同形而较小；花托扁平，有线状分歧的鳞片，花序周围有 2 列舌状小花，白色，先端尖或浅裂，雌性，多数发育；子房扁椭圆状三棱形，两侧有锐尖状突起，散被细白毛，花柱伸出，柱头呈叉状；中央小花管状，两性，全部发育；花冠白色，裂片先端膨大为 4 浅裂；雄蕊 4；雌蕊 1，花柱长，柱头 2 裂，裂片扁平。瘦果狭倒卵形，长约 4 毫米。花期 7～9 月，果期 9～10 月。

图 1010　鳢肠
Eclipta prostrata L.
1．植株的一部分；2．舌状花；3．管状花；4．管状花冠展开示雄蕊；5．雌蕊和花柱；6．瘦果。
（自“江苏南部种子植物手册”）

［生长环境］ 常生于溪边草丛中，或田边、路旁、比较湿润肥沃的地方，无论酸性土或石灰岩附近的微碱性土均能生长。

［产　　地］ 辽宁、河北、山东、山西、河南、甘肃、江苏、浙江、安徽、广东、广西、福建、江西、湖南、湖北、四川、云南、贵州等省区。

［用　　途］ 全草含鞣质，可作栲胶原料。

全草亦可入药（见“药用类”，1951 页）。

［理化性质］ 据中国科学院中山植物园用高锰酸钾氧化法分析：全草含鞣质 15%。

［采收处理］ 宜在 7～8 月开花前采收。采收后最好立即加工，若需贮存，必须把原料晒干，置于干燥通风处。勿受雨淋及潮湿发霉，否则会使鞣质含量降低。

［加　　工］ 将原料除去泥土杂质，切成长 3～5 厘米的小段，浸提温度以 60～

80℃为宜。

［其　　他］　在利用时应尽量照顾药用。

300 菝葜（baqi）（图 534）

［学　　名］　**Smilax japonica** (Kunth) A. Gray (*Smilax China* auct. non L.)　百合科

（地方名、形态特征、生长环境、产地及其他用途见“淀粉及糖类”，641 页）

［用　　途］　根状茎含鞣质，可提制栲胶。

［理化性质］　据浙江省资料：根状茎含鞣质 14.35%。

［采收处理］　霜降后至次年清明前采挖根状茎。挖出后除净泥土，乘新鲜时切成约 1 厘米长的小段，晒干，用篓或麻袋包装，贮于干燥通风处。

［加　　工］　将原料破碎至 1 厘米左右，即可浸提，浸提温度以 70～95℃为宜。

301 薯莨（shuliang）（图 1011）

［地 方 名］ 朱砂莲、元良（贵州），茹榔、薯郎（福建），其良（浙江），交手椅、猪番薯、山猪薯（广东海南岛），山羊头、羊头（云南）。

［学　　名］　**Dioscorea cirrhosa** Lour. (*D. rhipogonoides* Oliv.)　薯蓣科

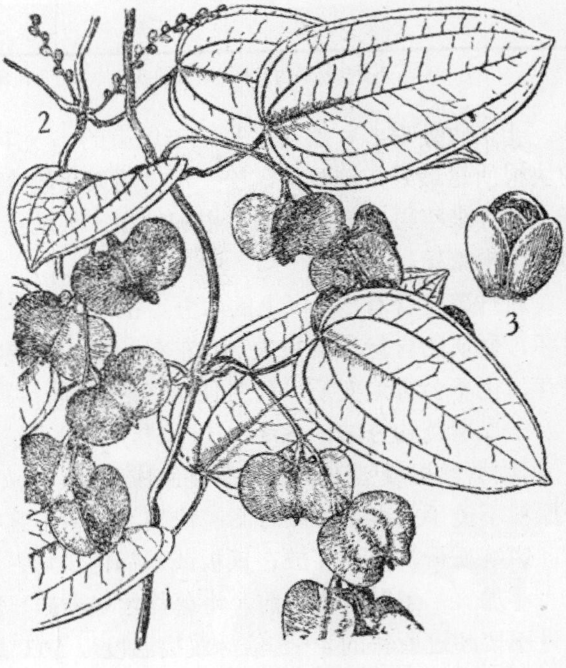

图 1011　薯莨

Dioscorea cirrhosa Lour.

1. 果枝；2. 雄花枝；3. 雄花。

［形态特征］　多年生缠绕藤本；块根肉质，长圆形，有须根，棕黑色，粗裂具凹纹。茎圆柱形，通常分枝，平滑无毛，近基部有刺。单叶，革质或近革质，基部叶互生，阔心形，长 20 厘米，宽 16 厘米；上部叶对生，卵形，全部无毛，基出脉 9 条，有显著网脉。花小，单性，雄花序，穗状，无叶，长约 8 厘米，有时簇生，穗轴无毛，具棱，有花 15～25 朵。花蕾椭圆形，基部宽；花被片 6，2 轮排列，阔卵形，先端极钝，长约 2 毫米；雄蕊 6，与花被等长；雌花与雄花相似，排成弯曲的穗状花序；子房下位，3 室，每室有 2 胚珠，花柱 3，分离。蒴果无毛，顶端钝，长 18～23 毫米，中部宽 25～30 毫米，3 瓣裂，有 3 翅，种子有翅。花期 6～7

月，果期9～10月。

[生长环境] 山谷阳处，疏林下或灌木丛中。

[产 地] 湖南、湖北、江西、浙江、福建、广东、广西、四川、云南、贵州等省区。

[用 途] 块根含鞣质，可提制栲胶。

块根亦含淀粉，可作酿酒原料（见“淀粉及糖类”，649页）。

[理化性质] 据中国林业科学研究院森林工业科学研究所用皮粉法分析：薯莨块根因产地不同，其鞣质含量变化较大，兹列表如下．

分析项目 / 样品产地	鞣质（%）	非鞣质（%）	不溶物（%）	纯度（%）
四川	30.7	10.6	4.3	74.4
贵州	16.2	13.8	4.9	54.2
湖南	18.7	10.1	4.4	65.2
福建	12.6	6.9	2.3	64.2
云南	23.0	9.8	—	70.1
广东	24.7	14.3	3.0	63.4

注：除广东分析样品为栽培外，其他各地均为野生。属缩合类鞣质。

[采收处理] 薯莨生长三年以上的，一年四季均可采挖，每年在5～8月间采挖的块根质量最好。挖时用镐松土后，用刀将较大的块根切取，然后用土将其余小的根盖好，以等来年再采；留下的母根和幼根，其地点要有利于藤蔓延伸，并接近地表部分又便于生根繁殖。

新鲜薯莨含有50%以上的水分。很难保存，未经干燥的薯莨，即使保存很好，没有腐坏，鞣质的含量也会损失50%左右，因此需要将薯莨的块根经过干燥，这样不仅容易保存，也不会霉烂变质，而且便于包装运输，降低运输费用。

干燥薯莨的方法，各地也不一样，一般方法如下：1．先洗去泥沙，阴干1～2日；2．用刨薯丝机或刨菜丝板将薯莨刨成细丝，最好不要切成片状；3．用微火烤干，热度以原料不烫手为准，干燥时间越快越好，但不宜在太阳光下长时间曝晒，否则颜色会发黑，影响质量，更不要放在铁板或铁锅内烘烤；4．干燥时不要混入泥沙尘土。

[加 工] 浸提前，将薯莨丝块弄碎，因原料太大鞣质不易浸出。浸提时，加水量不要超过原料的4～5倍，浸提温度以50℃最好，不要超过90℃。

中国经济植物志

下册

中华人民共和国商业部土产废品局
中国科学院植物研究所 主编

科学出版社
北京

内 容 简 介

本书系我国第一部经济植物志，选入以野生植物为主的、利用价值较大的纤维类、淀粉及糖类、油脂类、鞣料类、芳香油类、树脂及树胶类、橡胶及硬橡胶类、药用类、土农药类与其他类的植物共 2411 种（按一物一用计）。全书按原料类别分为十章，每章分总论和各论两部分。总论内容概括地论述本类原料的用途、经济价值、理化性质、采收和加工方法等；各论记载了每种植物的中名、地方名、学名、原料名、形态特征、生长环境、产地、用途、理化性质、采收处理及加工方法的特点等等。除少数情况外，每种植物并附有插图，以资识别。

本书为我国劳动人民长期以来、特别是大跃进以来利用野生植物资源的一个科学总结，内容丰富，体裁新颖，图说明确，可供人民公社技术干部，各地土产收购工作人员，轻工业、林业、农业、医药、化工、纺织等部门工作人员采收利用野生植物原料的参考，亦可供大专学校及研究机构人员研究或学习植物资源学的参考。

图书在版编目(CIP)数据

中国经济植物志：上、下册/中华人民共和国商业部土产废品局，中国科学院植物研究所主编. —北京：科学出版社，2012

ISBN 978-7-03-033386-5

I. 中… II. ①中… ②中… III.①经济植物–植物志–中国 IV. ①Q949.9

中国版本图书馆 CIP 数据核字(2012)第 009288 号

责任编辑：李 锋 霍春雁

责任印制：钱玉芬/封面设计：北京美光制版有限公司

排版编辑制作：李敏 张璋（中国植物图像库 www.plantphoto.cn）

科学出版社 出版

北京东黄城根北街 16 号

邮政编码：100717

http://www.sciencep.com

中国科学院印刷厂 印刷

科学出版社发行 各地新华书店经销

*

2012 年 3 月第 一 版 开本：787×1092 1/16

2012 年 3 月第一次印刷 印张：62 3/4

字数：1 485 000

定价：450.00 元（上、下册）

协作单位(以笔画为序)

广西壮族自治区、广东省、山西省、山东省、内蒙古自治区、云南省、四川省、辽宁省、甘肃省、江西省、江苏省、安徽省、吉林省、河北省、河南省、青海省、陕西省、浙江省、贵州省、黑龙江省、湖北省、湖南省及福建省商业厅

上海化工原料采购供应站

中华人民共和国化学工业部橡胶司、技术司及橡胶设计院

中华人民共和国纺织工业部纺织科学研究院试验室

中华人民共和国商业部土产废品局

中华人民共和国轻工业部科学研究设计院食品所、造纸所、发酵所、皮革所及上海食品工业设计院

中国林业科学研究院林业研究所及林产化学工业研究所

中国医学科学院药物研究所

中国科学院植物研究所、内蒙古分院内蒙古植物研究所、四川分院农业生物研究所、兰州分院甘肃省野生植物利用研究所、林业土壤研究所、西北生物土壤研究所、江西分院庐山植物园、武汉植物园、昆虫研究所、昆明植物研究所、陕西分院生物研究所、南京植物研究所(中山植物园)、华南植物研究所及广西植物研究所

内蒙古大学

内蒙古师范学院

北京市海淀区甘家口小学

甘肃师范大学

青海省农林厅

湖南省轻工业厅农副产品及野生植物综合利用研究所

湖南师范学院

关于重印《中国经济植物志》的说明

1958年4月国务院发布"关于利用和收集我国野生植物原料的指示"，1959年2月，国务院批准中国科学院和商业部联合提出的"开展野生植物资源普查和编写经济植物志"的报告，并转发各省、区和有关单位参照执行。于是全国植物学研究机构和有关大专院校以及有关产业部门一起于1958和1959年在全国掀起了"入山探宝取宝"的群众运动，开展了对我国丰富植物资源的全面深入的大普查。估计在这两年内"动员了约三万人，进行了上万次调查，采集了二十多万号植物标本，完成了万余次化验"。这两年收集到的丰富资料为全国性经济植物志的编写奠定了良好基础。

1960年1月，根据国务院的指示，中国科学院植物研究所和商业部土产废品局共同成立"中国经济植物志编写联合办公室"，由植物研究所姜纪五和林镕二副所长，植物所分类室主任秦仁昌，商业部土产废品局正、副局长史立德和吴建华五人组成领导小组，编写地址选在北京甘家口的商业部招待所，于当年1月初编写工作开始，至3月中旬结束。参加工作人员共计110人，其中在植物分类学方面有以下11个单位的20位研究人员参加：贾良智（华南植物所），李树刚、刘兰芳（广西植物所），李锡文、陈介（昆明植物所），丁志遵、王铁僧（江苏植物所），聂敏祥（庐山植物园），王作宾（西北植物所）、关克俭、王文采、黄秀兰、石铸、戴天伦、曹子余（植物研究所），宋万志（中国医科院药物研究所），王薇、李冀云（沈阳林业土壤研究所），马毓泉（内蒙古大学生物系），杨锡麟（内蒙古师范学院生物系）。整个编写工作由植物研究所的所务秘书王宗训和植物资源室副主任朱太平全面计划、安排，遇到问题时，他们随时向姜纪五汇报解决。

全部编写工作费时两个多月，在1960年3月中旬完成《中国经济植物志》全稿。这部书分上、下两册出版：上册包括序言，凡例，第一章纤维类（468种），第二章淀粉及糖类（278种），第三章油脂类（430种），第四章鞣料类（301种）；下册包括第五章芳香油类（320种），第六章树脂及树胶类（30种），第七章橡胶及硬橡胶类（35种），第八章药用类（466种），第九章土农药类（50种），第十章其他类（43种），全书共收载经济植物2411种。每一章分为总论和各论两部分。总论扼要叙述各类原料的经济价值、重要用途、利用简史、理化性质、原料植物所隶属的科、属、有用物质的存在部位、采收处理、加工方法等。各论部分列出有关经济植物，每一种植物均包含以下诸项内容：中名、地方名、拉丁学名、原料名、形态描述、生长环境、产地、用途、理化性质、采收处理、加工方法等。大多数植物均附有墨线图，全书共有插图1566幅。科学出版社对此书极为重视，对此书的出版给予了大力支持。1960年3月交稿，在1961年9月，我国植物资源方面的第一部全面性著作《中国经济植物志》就由科学出版社出版问世了。

在本书交稿前，商业部领导提出本书中有关加工方法、化验数据等内容不宜公开发表，据此，中科院植物所和商业部土产废品局一同决定本书内部发行。但是，由于内部发行，投入大量人力、物力编写出的《中国经济植物志》因而不能放在书店公开发售，也就不能为国人利用，甚至不为国人知晓。就是在1961年了解此书出版的植物学工作者为了保密，近五十年来，从未在任何植物资源学和植物分类学的著作中提起或引用这部重要的植物资源学文献，因此，现在我国稍年轻的植物学工作者大多都不了解我国曾出版过这样一部经济植物志。考虑到现在这部经济植物志已无须保密，为了使这部志书的有关经济植物的丰富内容能为城乡农业、轻工业等方面所利用，使其在国家经济建设上发挥作用，同时也考虑到不使我国植物学史中的第一部经济植物志遭遇淹没的境地，我们征得科学出版社的同意，将这部志书重印，公开发行。在这次重印中只对书中一些植物拉丁学名的异名和错误鉴定以及个别形态术语进行了修改，对其他内容均未做任何变动，以便全国读者能了解本书1961年出版时的全部内容。

中国科学院植物研究所

2012年2月

序　言

我国土地辽阔，自然条件复杂，蕴藏的植物资源极为丰富。劳动人民长期以来累积了许多利用野生植物的经验，特别是在新中国成立后的十年中，在党和政府的领导下，我国人民广泛利用野生植物资源获得了显著的成就，发现了许多具有经济价值的食品、药材和轻工业方面亟需的原料，在提高人民生活、增加出口货源等方面，都起了很大的作用。因此，开展全面调查，进行系统研究，做出利用规划，使我国丰富的植物资源得到充分利用和积极发展，将是今后社会主义建设中的一项重要任务。

自从1958年4月国务院发出“关于利用和收集我国野生植物原料的指示”以后，全国人民在党的社会主义建设总路线的光辉照耀下，掀起了“入山探宝取宝”的高潮，形成了空前规模的野生有用植物普查的群众运动。中国科学院和中华人民共和国商业部为了进一步贯彻国务院指示，于1959年2月向国务院提出关于“开展野生植物普查和编写经济植物志的报告”，经国务院批准后转发各省（区）和有关单位参照执行。许多地区在当地党政的领导和支持下，成立了植物资源普查机构，组织了产业部门、大专学校和研究机构的专业人员，与当地群众在一起，开展了更全面、更深入的普查工作。估计在一年内动员了约三万人，进行了上万次调查，采集了二十多万号植物标本，完成了万余次化验。通过这一系列工作，初步摸清了我国野生植物资源的情况，为今后全面开发和综合利用植物资源奠定了良好基础；同时，各地区收集和整理的丰富资料，也为全国性经济植物志的编写提供了有利的条件。

1960年1月，根据国务院指示，中国科学院和中华人民共和国商业部又设立了中国经济植物志编辑联合办公室，组织有关各方面的力量，开展大协作，共同进行编写工作。参加工作人员前后共计有110人，分属于产业部门、大专学校和科学机构等57个单位；此外，还有不少人员在原单位绘制插图、整理资料，给编写工作很大的支援。工作过程大致可分下列几个阶段，即：整理资料和制定计划；按照原料类别分组编写和互相审查；按照植物科属审查和按照原料类别复查；编制目录、附录、索引、主要原料产量统计和其他收尾工作；最后进行全面审查和定稿。在编写和审查过程中，参加工作人员不断展开讨论，互相学习，人人信心百倍，斗志昂扬，充分发挥了共产主义大协作的精神，同时也出现了一个科学工作大跃进的局面，在不到三个月的紧张劳动后，终于完成了这一繁重而光荣的任务。

中国经济植物志的主要内容，除概括叙述各类植物原料在国民经济上的意义、工艺性能及其加工利用过程等情况外，还经过筛选、复讨论，收载了价值较高或有发展前途的原料植物计有纤维类468种，淀粉及糖类278种，油脂类430种，鞣料类301种，芳香油类320种，树脂及树胶类30种，橡胶及硬橡胶类25种，药用类466种，土农药类50种，其他类43种，按一物一用计，共有2411种。在编写中，除利用有关研究单位的科学成果外，又广泛引用了二十多个省（区）的普查资料和许多地区的经济植物志或手册，参考了数百种有关的中外书籍和专著。因此，本书的内容不但反映了广大群众在1959年规模巨大的普查工作中所取得的辉煌成果，并且也总结了我国劳动人民长期利用野生植物的丰富经验。可以预料，本书的出版，对今后野生植物资源的扩大利用将起着促进和指导的作用。

数年来，在党的正确领导和大力支持下，我国植物资源的开发利用事业已进入一个新阶段，今后将会得到更大规模的发展。因此，本着科学为生产服务的原则，编辑一部具有科学内容适合于产业、教学、研究部门专业人员和人民公社技术干部广泛应用的全国经济植物志，以应当前工作上的迫切需要，是十分适时的。中国经济植物志广泛收集了广大群众和科学工作者有关野生经济植物普查利用的成果，并加以系统的整理，对促进我国丰富的植物资源的进一步开发利用，无疑地具有一定的重要参考价值。但由于过去的普查工作还缺乏足够的经验，如收集的资料往往零碎不全，化验的方法、规格和数据还不够统一，以致在汇总和筛选时存在不少的困难；又如少数种类因缺乏对照标本而不能肯定品名，以致所得的资料也还无法充分应用。这样就使得中国经济植物志的编写存在着某些缺点。希望今后从广大群众利用植物资源的新创造中和一些地区植物资源的进一步调查中，随时能取得新资料，也希望广大读者对本书提出宝贵的意见，使本书得到不断的补充和修正，更好地为我国的社会主义建设的崇高事业服务。

中国经济植物志编辑联合办公室

1960年5月

凡　例

一、本书系按植物原料类别顺序编排，分为：纤维类、淀粉及糖类、油脂类、鞣料类、芳香油类、树脂及树胶类、橡胶及硬橡胶类、药用类、土农药类和其他类等十大类。每大类各立一章，分总论与各论两部分。除总目录外，各类亦设有目录。

二、总论部分扼要地叙述各类原料的经济价值、重要用途、利用历史简介、理化性质、原料植物所属主要科和属、有用物质的存在部位、采收处理、加工方法等，以便读者对各类植物原料在国民经济中的意义、工艺性能、利用方法等方面有个概括的了解。

三、各论部分按各原料类别一物一用合计，共记载有经济价值的维管束植物2411种(在每种后“其他”项下记载的附属种类尚未计算在内)。其中纤维类468种；淀粉及糖类278种；油脂类430种；鞣料类301种；芳香油类320种；树脂及树胶类30种，橡胶及硬橡胶类25种；药用类466种；土农药类50种；其他类43种。

我国植物种类繁多，有利用价值的种类实际远不止此数。本书所选入的种类，仅以现阶段利用价值较高的野生植物为主；对少数价值高的特种经济作物和一般栽培作物而有新用途者也适当选入，但对一些用途久已熟知的栽培植物如麦、棉等以及许多还在研究中的有经济价值的种类，则暂未列入。

四、每大类中的植物种类，按分类学的科序排列。蕨类植物照秦仁昌系统排列，种子植物按恩格勒系统排列(但单子叶植物纲列在双子叶植物纲之后)。属、种则按拉丁学名字母顺序排列。

五、每种植物按下列项目记述：中名、地方名、学名、原料名（芳香油类用“商品名”，药用类用“药材名”）、形态特征、生长环境、产地、用途、理化性质、采收处理、加工及其他等项，并在形态特征后，尽可能注明其花期、果期，以供原料采收工作的参考。除少数种类外，均附有插图一幅，以便识别。

六、书中采用的中名，以参照前中国科学院编译局编订的“种子植物名称”和中国科学院编译出版委员会名词室编的“拉汉种子植物名称（补编）”为主。该两书未包括的种类，则采用地方植物志、植物手册中的中名；其尚无中名的种类，则另拟新名，并在中名后加括号注明“拟”字。为了读者方便，中名后均附有汉语拼音。

已知的地方名尽量列入，并在括号内注明出处，以备查考。

学名采用国际通用的拉丁文植物名称。正名用正体字排印，其常见的主要异名或误用名，列入正名后括号内，并用斜体字表示。

七、形态特征描述所采用的术语，系根据中国科学院编译出版委员会名词室编订的“英中植物学名词汇编”（1958）。

八、许多植物种类的繁殖方法要点，在“其他”项下注明。对近似种的区分，特别是药用类的某些种类，包括其同物异名、同名异物、用途、产地和形态特征等，也扼要说明，以便读者易于鉴别。

九、遇一种植物有许多种用途时，其记载同时分别列入有关原料类别内，但为了避免不必要的重复和节省篇幅起见，其中相同部分，如地方名、形态特征、生长环境、产地及其他用途等，仅在主要用途种类的记载中出现，插图也附在主要用途种类下，在次要用途种类中不再重复记载其相同部分，而仅注明参考某类某页。

在主要用途种类的“用途”项下，它的主要用途和一些未列入其他原料类下的次要用途，均详细叙述，但对已列入其他原料类下的用途，只仅附带地提及，它的详细用途，也采用“参阅”某类某页的方式处理。

十、各种原料的一般采收处理、加工方法，均见于有关原料类别的总论中，不重复叙述，而仅注明其方法名称，但遇有特殊方法、特殊经验时，则仍分别在各种内说明。

十一、本书内所列理化性质的数据，大都引自各单位的初步化验结果，由于材料的采收季节、生长环境和化验方法等不同，往往差异颇大，仅供参考。尚待今后进一步的精细工作，以便再版时陆续加以修正补充。

十二、在书末附有按植物分类系统排列的“经济植物用途及产地一览表”、“中名索引”和“拉丁名索引”。“中名索引”根据国务院公布的“汉字简化方案”所规定的简化字按笔画顺序排列（但只偏旁简化的汉字仍采用繁体），并附检字表；拉丁名依字母顺序排列。

十三、本书由于篇幅较多，分为上、下两册装订，上册包括：序言、凡例、第一章纤维类、第二章淀粉及糖类、第三章油脂类、第四章鞣料类；下册包括：第五章芳香油类、第六章树脂及树胶类、第七章橡胶及硬橡胶类、第八章药用类、第九章土农药类、第十章其他类以及附录、索引等。下册的页码承接上册连续编号，不另起。

总 目 录

上 册

下 册

第五章

芳香油类

目 录

一、总　论

香料是关系到人民日常生活的物资，它有天然产和人造两大类别。我国幅员广阔，自然条件优越，芳香植物的种类和产量极为丰富，自野生芳香植物提取的芳香油则又是目前生产香料、香精的主要原料。

香料、香精广泛用于饮料、食品、香皂、洗衣皂、各种化妆品、烟草、医药制品以及其他日用品中，在我国每年有上万吨的耗用量。随着工业生产技术的不断改进和人民生活水平的不断提高，它们的用途将更为广泛，用量将更为巨大，与国民经济的关系亦将更为密切。近一、二年来，香料、香精已更日益普遍地用于各种日用品中，例如纺织品中的香花布、香手帕，文教用品中的香铅笔、香墨水、香扑克以及手工艺品中的香绢花等等。这些加了香料的日用品不仅受到国内广大人民的欢迎，而且也大量地供给国际市场的需要。此外，利用芳香油作为化学制药原料的新途径，亦日渐在开辟和扩展起来，例如山苍子油可以分离出柠檬醛，从柠檬醛可以生产乙位紫罗兰酮，乙位紫罗兰酮不仅是重要的单体香料，而且已经是人工合成甲种维生素的主要原料；又如肺病药异烟肼也需要采用香兰素来降低药品本身的毒性；又如制造治麻疯药苯丙砜需用桂皮油；生产荷尔蒙制剂已烷雌酚需要较多用量的茴香油；制造治精神病药苯妥因钠以及生产某些咳嗽药、强心剂、火烫药等，也多少需用一些芳香油类。至于在其他轻重工业中，亦有采用芳香油作为主要原料或辅助原料的，例如目前在稀有金属矿石的浮选方面和彩色影片显影剂的合成方面等等。根据发展的趋势，芳香油在各方面的用途将日益广泛。

芳香油又是重要的出口物资，每年有很大的出口数量供应国际市场。国产的芳香油在国际市场上已有很高的信誉，其中有不少的品种就是从野生植物中提取的，如山苍子油、柏木油、香附油、桉叶油、芳樟油、黄樟油以及这些芳香油的单离品等。

此外，芳香植物中除含有芳香油外，尚含有其他成分，又是医药、油脂、淀粉、栲胶、纤维等原料的来源；如果予以综合利用，也有相当的经济价值。

我国人民在香料应用方面是有悠久历史的，是世界上应用香料最早的国家之一。根据历史记载，远在周朝时代，我国劳动人民已开始使用香料。在古代爱国诗人屈原的离骚九歌里，曾有“奠桂酒兮椒浆”的诗句；在庄子、苏秦等的文章中也有类似的词句。从古人的诗文中可以证明，在公元以前，桂皮已经成为我国人民群众熟知的香料了。

从植物中提取芳香油是中世纪以后才正式开始的，到十六世纪以后，这种芳香油的制取更趋普遍和发达了，大大地推动了芳香油的生产和应用。长期以来，芳香油的资源，如同其他资源一样，变成了殖民主义者掠夺的对象。如盛产芳香油植物的南洋群岛、印度、南非洲及非洲东海岸各岛和摩洛哥、阿尔及利亚等，都是殖民主义者大肆掠夺香料资源的主要地区。

从十九世纪起，由于科学技术的发展，特别是有机化学的发展，不仅发明了香料的合成技术，而且也进一步研究了芳香油的成分和利用途径，使芳香油的生产大大地迈进了一步。但是，这时候的芳香油生产和利用，还是为资产阶级服务的，芳香油是资产阶级的一项享乐用品。到第二次世界大战以后，在亚洲、非洲、南美洲等芳香油产地，由于民族独立运动的兴起，芳香油的生产和利用才逐步摆脱了帝国主义国家的垄断。

我国在解放前芳香油的生产极为有限，每年需耗用大量外汇来进口芳香油原料。解放以来，在党和毛主席的正确领导下，我国芳香油的生产大大地改变了面貌，并且正在形成完整的体系。在芳香油的生产和利用，特别是对野生芳香植物的利用上更为显著。到 1959 年年底为止，全国各地共发掘了野生芳香油植物三百余种，其中已正式投入生产和利用的计有 109 种，需要进口的品种正在逐年减少，而供应出口的却在飞跃的增加中。我们坚信，由于我国资源的丰富，在短时间内，我国的芳香油生产和利用一定能够赶上世界最先进的水平。

芳香油是植物体内的一种代谢过程中的次生物质，它在植物的特殊器官——油腺和腺毛中形成，并由这些器官内分泌出来。植物体中芳香油的含量通常是很少的，但是它在植物的新陈代谢中却起着重要作用。

含有芳香油的植物种类很多，在低等植物中，可以从地衣植物取得芳香油，如橡苔浸膏等。种子植物中，据初步调查，在六十多个科中均有含芳香油的植物，其中最重要的也有二十余科，如樟科、芸香科、唇形科、木兰科、伞形科、木犀科、禾本科、败酱科、桃金娘科、金粟兰科、松科、柏科、蘘荷科、金缕梅科、蔷薇科、牻牛儿苗科、菊科、莎草科等。

在樟科植物中，主要可以取得樟脑油、芳樟油、黄樟油、山苍子油、桂皮油、肉桂油、月桂油、乌药油、楠木油等。

在芸香科植物中，主要可以取得甜橙油、桔皮油、橙叶油、橙花油、柚子油、柠檬油、花椒油等。

在伞形科植物中主要可以取得胡荽油、莳萝油、芹子油、小茴香油等。

在禾本科中主要可以取得香茅油、枫茅油、香根油、柠檬草油等。

在唇形科植物中主要可以取得广藿香油、薄荷油、留兰香油、香薷油、罗勒油、荠苧油、百里香油、紫苏油、熏衣草油等。

在松柏科中主要可以取得柏木油、松针油、冷杉油等。

其他如木兰科的茴香油、白兰油、五味子油；蔷薇科的玫瑰油；金缕梅科的枫脂；牻牛儿苗科的香叶油；桃金娘科的桉叶油；木犀科的桂花和茉莉花浸膏；败酱科的缬草油、甘松油；菊科的野菊油、山萩油、艾油、蒿油、木香油、苍朮硬脂、艾纳香；莎草科的香附油；蘘荷科的山奈油、良姜油等等均是可以大量利用的芳香油资源。

植物体中含有芳香油的部位，各有不同，有的含在树干树皮中，有的含在枝、叶、茎中，有的含在花朵、果实、种子中，也有的含在根和地下茎中；此外，也有的含在分泌出来的树脂中。我们在提取芳香油时，也就采集这些含香的部分作为原料进行加工。

在花朵中含有芳香油的主要有橙花、玫瑰、茉莉、素馨、香堇、白兰等。

在茎叶中含有芳香油的主要有薄荷、薰衣草、香茅、香叶天竺葵、藿香、香薷、枫茅等。

在枝干中含有芳香油的主要有柏树、芳樟、樟树、檀香等。

在根或地下茎含有芳香油的主要有香根、鸢尾、姜、菖蒲、香附等。

在树皮中含有芳香油的主要有桂皮等。

在果皮中含有芳香油的主要有桔子、柠檬、甜橙、柚等。

在种子中含有芳香油的主要有茴香、芫荽等。

在树脂中含有芳香油的主要有苏合香、安息香等。

以上的例子，仅是某些植物含芳香油的主要部位；但事实上，有些植物在各部位均含有芳香油，如山苍子的果实和枝叶中均含有芳香油；又如樟树的叶、枝、干和根中亦均含有芳香油。此外，像柑桔类，不仅在果皮中含有芳香油，且在叶和花中亦含有。这些都需要我们在采集利用时予以注意和掌握。

芳香油都是有特殊香气的挥发性有机化合物，所以有时也叫做挥发油。在常温时大部分为液态，如枫茅油、山苍子油，但也有呈固态的，如樟脑、薄荷脑、杉木脑及茉莉浸膏等。易溶于石油醚、乙醚、酒精、氯仿等有机溶剂中，并能与油脂随意混和；但一般均难溶于水。

芳香油的比重绝大部分都小于 1，但也有少数大于 1 的，如黄樟油、桂油、丁香油等。其比重的大小，决定于所含的成分，一般地讲，萜类化合物的比重常较链状不饱和化合物为高。其中单环萜类比重常在 0.855～0.870 之间，双环萜类在 0.845～0.852，倍半萜类在 0.86～0.93（多数在 0.9 以上）。因此芳香油的比重如在 0.9 以下的，可以估计其所含成分以单环萜类、双环萜类或链状化合物等为多；如在 0.9 以上则以倍半萜类或芳香族化合物以及含硫、含氧、含氮的化合物为主。至于含硫、含氮的化合物，其比重一般均在 1 以上。

芳香油多具折光性，一般的折射率在 20℃时为 1.45～1.56 之间。芳香油中所含的萜类化合物，其折射率常较链状不饱和化合物为小，而双环萜类又较单环萜类为小。

一般的芳香油也均具有左旋的或右旋的旋光性。

芳香油的沸点一般也因其所含的不同成分而有高低，我们也常用蒸馏程序的测定方法来研究芳香油的所含成分。不含氧的萜类化合物其沸点常较链状不饱和化合物为低，双环而具有一个双键的化合物，其沸点常在 150～170℃之间；单环而有二个双键的则其沸点在 170～180℃之间；而倍半萜类的沸点较高，在 250～290℃之间，幅度也较大。至于多萜类的沸点一般均在 300℃以上。所以芳香油的沸点如在 150℃以下的，则可以估计其大部分均系烷族烃类或烯族烃类的化合物。

芳香油所含的成分大多数是不饱和的化合物，因此多具有与卤素、卤化氢、水等生成加成物的性质，而这些加成物经用适当方法加以分解后，仍能恢复原来的性状。这种性质，在芳香油的精制加工中经常利用。

　　芳香油和空气、光线接触过久后，往往会使颜色变深，性质变稠，甚至会发生沉淀；特别是含萜类较高的芳香油，在空气中易被氧化而聚合成粘稠的高分子化合物。含酯类较高的芳香油则由于所含的酯容易水解而生成酸；含醛类较高的芳香油亦会使醛氧化成酸，特别是单离的醛，变化尤烈；含醇类、酚类、酮类、醚类等较高的芳香油，其化学性质比较稳定，但酚类有腐蚀铁类的性质，遇光亦易着色；而醇类中，如辛醇、香叶醇等第一醇类与金属铝易起作用，且在空气、光线的长期接触下亦易氧化成酸；苄醇和桂醇则虽在密封贮藏中，其表面亦常会氧化成苯、甲醛和桂醛。

　　由于芳香油具有挥发性，且与空气、光线、水分等接触过久后容易变质，因此在贮藏和运输时，必须分尽水分，装在密闭的容器中，并置于通风阴凉的地方。

　　芳香油是一种复杂的混合物，通常含有 50 种以上的成分。这些成分如按其化学官能团乃可分为烃、醇、醚、酚、酸、酯、醛、酮、内脂、含氮含硫化合物等十大类，而这十大类的化合物中，绝大部分都属于萜类和萜类衍生物，少数属于非萜类化合物，因此我们又可以按照芳香油的所含主要成分而分为非萜类芳香油和萜类芳香油两大类：

　　（一）非萜类芳香油　大蒜油、洋葱油（主要成分是二硫化二乙酯，二硫化二丙烯酯等）、芥菜子油（主要成分是异硫氰基化丙烯）以及含有饱和烃、不饱和烃、氰代苄、吲哚与部分酸类、酯类、醇类等为主要成分的芳香油均属此类。

　　（二）萜类芳香油　萜，乃指具有 $C_{10}H_{16}$ 的实验式的一切化合物，包括链状的和环状的。$C_{10}H_{16}$ 相当于 C_nH_{2n-4}，比饱和的链状化合物少 6 分子氢，因此可以推算出萜类乃有链状萜类、单环萜类、双环萜类、三环萜类等四种情况的存在。其中除了三环萜类外，均广布于植物芳香油中。同时，存在于芳香油中的萜类化合物不但包括烃类，而且也包括烃类的水合物——醇类和氧化物——醛类、酮类。

　　链状萜类　不呈环状结构的不饱和烃类、醇类、醛类、酮类等均属此类，此类化合物存在于许多芳香油中，与环萜类有极近缘的关系，常经缩合反应而变成环萜类。

　　属于这类的化合物有：

　　月桂烃　$C_{10}H_{16}$　存在于月桂油、柠檬草油等中。

$$\begin{array}{c} CH_3 \\ CH_3 \end{array}\!\!>\!C\!=\!CH\!-\!CH_2\!-\!CH_2\!-\!\underset{\underset{CH_2}{|}}{C}\!-\!CH\!=\!CH_2$$

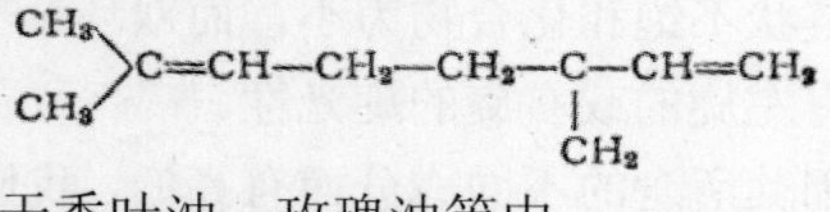

　　香叶醇　$C_{10}H_{18}O$　含于香叶油、玫瑰油等中。

$$\begin{array}{c} CH_3 \\ CH_3 \end{array}\!\!>\!C\!=\!CH\!-\!CH_2\!-\!CH_2\!-\!\underset{\underset{CH_3}{|}}{C}\!=\!CH\!-\!CH_2OH$$

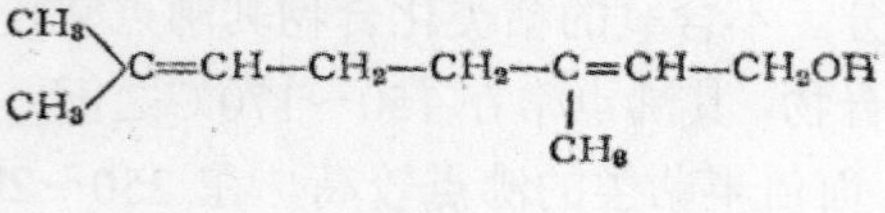

柠檬醛 $C_{10}H_{16}O$ 含于山苍子油、柠檬草油等中。

$$\begin{array}{c} CH_3 \\ CH_3 \end{array} C=CH-CH_2-CH_2-\underset{\underset{CH_3}{|}}{C}=CH-CHO$$

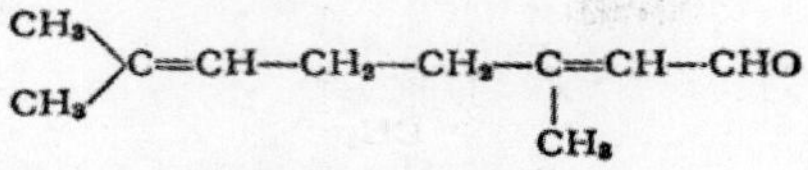

黄花蒿酮 $C_{10}H_{16}O$ 存在于黄花蒿油等中。

$$\begin{array}{c} CH_3 \\ CH_3 \end{array} C=CH-C-\underset{\underset{CH_3}{|}}{\overset{CH=CH_2}{C}} \\ \underset{O}{\overset{||}{}}$$

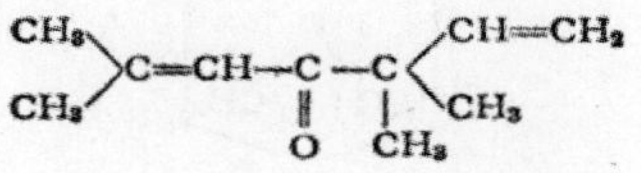

单环萜类 同样含有10个碳原子，但在分子结构中具有一个苯环。此类物质亦广泛存在于植物芳香油中，如：

柠檬烃 $C_{10}H_{16}$ 含于桔子油、柠檬油等中。

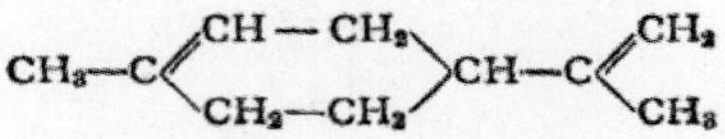

薄荷脑 $C_{10}H_{20}O$ 存在于薄荷油中。

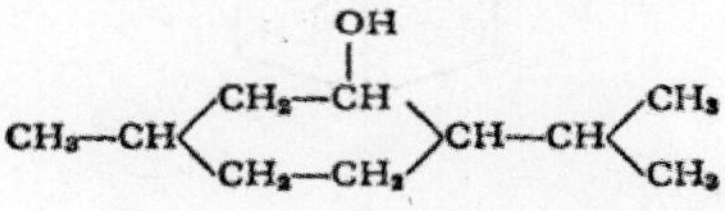

薄荷酮 $C_{10}H_{18}O$ 存在于薄荷油中。

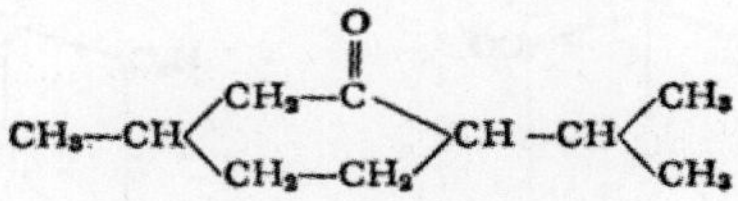

紫苏醛 $C_{10}H_{14}O$ 含于香紫苏油中。

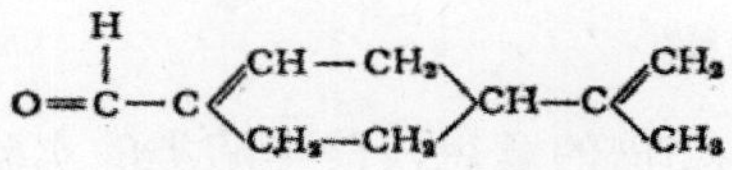

双环萜类 亦以实验式 $C_{10}H_{16}$ 作为基础，但在苯环中有一个异丙烯基与碳原子结合而形成桥链。这是这类物质的特征；且由于异丙烯基结合形状的不同，因此又分为三个小类：

1. 蒈烯类：

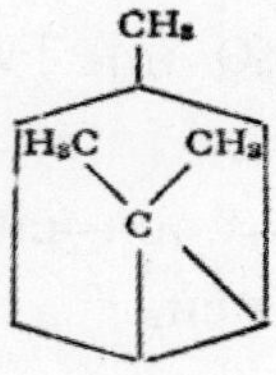

例如存在于山奈油中的蒈烯即属此类。

2．蒎烯类：

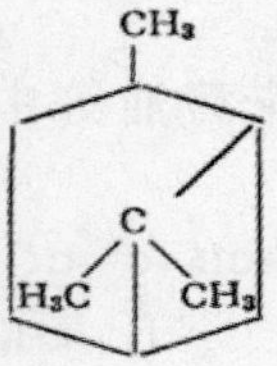

例如存在于松节油、松针油等中的蒎烯等属于此类。

3．莰烯类：

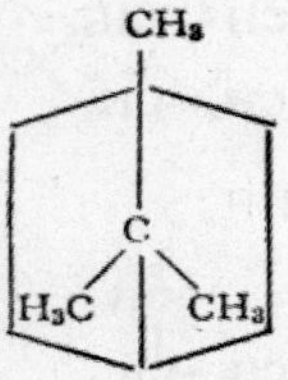

例如樟脑和龙脑等均属此类。

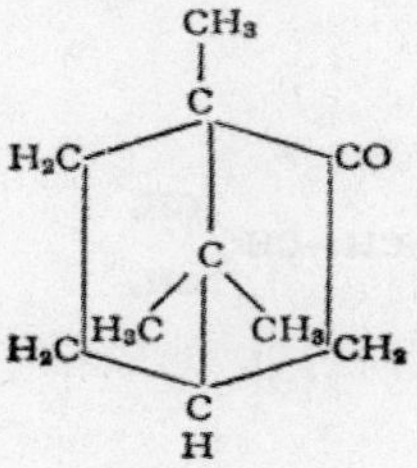

（樟脑）

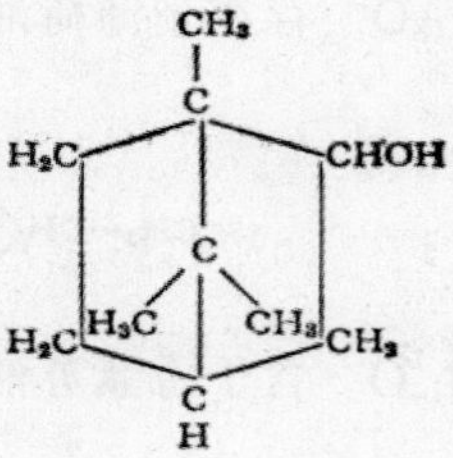

（龙脑）

倍半萜类　倍半，乃是1.5倍的意思，倍半萜类的实验式是$C_{15}H_{24}$，恰为$C_{10}H_{16}$的1.5倍，也就是3分子异戊二烯(C_5H_8)的重合体。种类很多，广泛存在于芳香油的高沸点部分。此类化合物与前述三种萜类不同；碳原子数大，香气弱而树脂化合的倾向却很显著。以倍半萜类与烷烃类来作比较，较烷烃类要少4分子氢，因此可能有5种情况存在：即链状倍半萜、单环倍半萜、双环倍半萜、三环倍半萜、四环倍半萜。其中除四环的外，其余均存在于植物芳香油中。兹举数例如次：

金合欢花醇（链状倍半萜）$C_{15}H_{20}O$ 存在于玫瑰油、橙花油、素馨花油、甜橙油、月下香油等中。

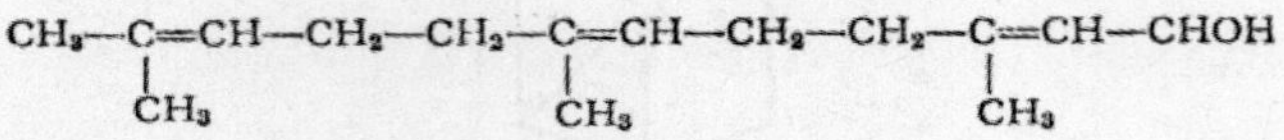

没药油烃（单环倍半萜）含于樟脑油、佛手油、柠檬油等。有三种立体异构体。

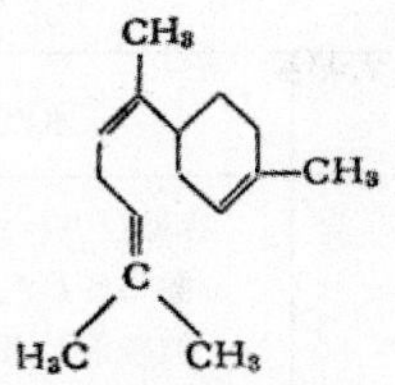

(α-)

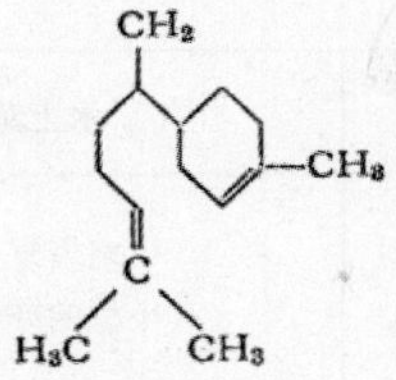

(β-)

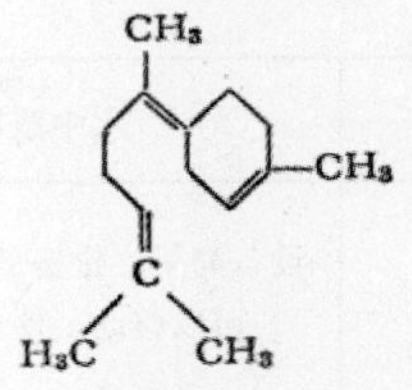

(γ-)

杜松油烃（双环倍半萜）是分布最广的一种倍半萜，存在于杜松子油、扁柏木油、杉木油、钩樟油等中。

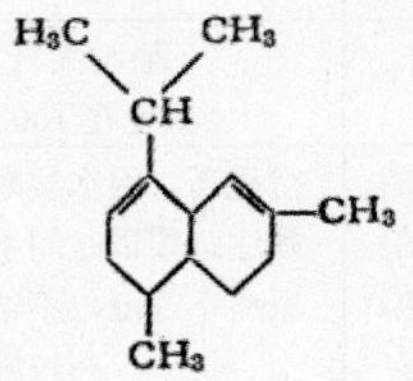

甲位白檀油醇 （三环倍半萜） $C_{15}H_{24}O$ 存在于檀香油等中。

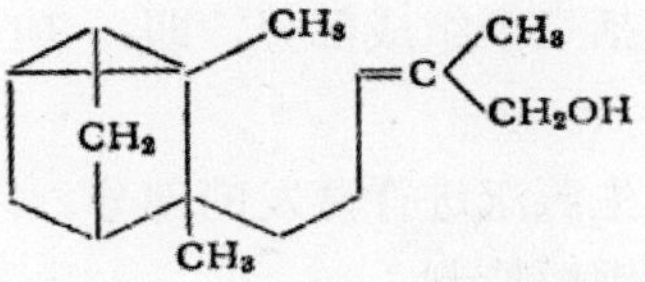

二萜类　实验式是$C_{20}H_{32}$，分子结构中具有一个菲环。主含于香脂中，在樟油的高沸点部分也有发现，如甲位樟脑油素（$C_{20}H_{32}$）等。

加工及加工设备　芳香油的加工方法一般可分水蒸汽蒸馏法、浸提法和压榨法，兹概述于下：

A. 水蒸汽蒸馏法　简称蒸馏法，是加工植物芳香油应用最广的一种方法，从植物的根、茎、枝、叶、果、种子以及部分的花类（如玫瑰花）等加工制取芳香油，通常均采用水蒸汽蒸馏法。

水蒸汽蒸馏法一般又分三种类型，即(1)水中蒸馏；(2)水上蒸馏；(3)水汽蒸馏。

水中蒸馏：把原料完全浸在水中，使它与沸水直接接触，把芳香油随沸水的蒸汽蒸馏出来。如玫瑰花、橙花等容易粘着的原料和杏仁油饼等富于淀粉的原料，均用此法蒸馏。但花类所用的蒸锅形状应较扁，粉状物所用的蒸锅形状应较深。

水上蒸馏：为在蒸馏锅中设一多孔的隔板，板上置原料，板下注水，水蒸汽通过板孔和板上的原料，把芳香油随蒸汽蒸馏出来，这是最常用的一种类型。

水汽蒸馏：蒸馏锅中不放水，只放原料，蒸汽从另外设置的蒸汽锅炉通过多孔气管喷入蒸馏锅的下部，再经过原料把芳香油蒸出。

这三种蒸馏类型，各有利弊，列表说明如下。

方法 项目	水中蒸馏	水上蒸馏	水汽蒸馏
设　　备	设备简单，价格低廉，蒸馏锅可以移动，便于安装。	略较复杂，其小型的亦易移动。	容量较大，设备较复杂，需另备蒸汽发生设备，但较前二者坚固耐用。
原　　料	适于粉末原料及遇蒸汽易粘着成块的鲜花，不适于皂化水解及含高沸点成分的原料。	适于草类、树叶类的原料。	适于种子、根及树干的原料，粉末原料不适用。
装料要求	原料必须完全浸于水中。	原料须均匀装入锅内。	原料须均匀装入锅内。
锅内压力及温　　度	一般与大气压相同，温度在100℃左右。	一般与大气压相同，温度在100℃左右。	可加压或减压，温度亦可调节。
芳香油的得量和质量	得量低因容易水解（特别是脂类），且水溶性的和高沸点的成分不易蒸出；易将原料烧焦，故质量亦较差。	得量高，因水解率不很大，但必须注意蒸馏时间不能过长，且使原料不过湿，不结块，一般质量亦较好。	得量高，水解率不高，但原料必须适当切碎，均匀投料，蒸汽适当，防止原料结块，如操作适当，油的质量亦较好。

至于处理大量原料应采用“连续蒸馏设备”，其装置略如1268、1269页的图。

通用的水蒸汽蒸馏设备包括三个组成部分，即：（1）蒸馏锅；（2）冷凝器；（3）分油器。

蒸馏锅：系装置原料，发生蒸汽进行蒸发的部分。

锅底可采用一般铁锅或用钢板特制。

锅身可用铁板、木材制成，也可用陶瓷或砖质制。锅身可与锅底直接连在一起，亦可不连接一起，而在安装时用水泥等将衔接处密封。锅身的大小，一般以0.5～3立方米的容积为适当。锅身的高度与直径应有相当的比例。如采用水中蒸馏，锅的直径应稍大于锅的高度，便于原料在水中滚动而使芳香油易于蒸馏出。如采用水上蒸馏，锅的直径和高度可以相等，只要便于蒸汽的透过。如采用水汽蒸馏，锅的直径可略小于高度。尽可能多装些原料。如蒸疏松的原料，高可为直径的1.5倍甚至2倍；蒸细碎的物料则需要分层，每层物料的厚度不可超过0.5米。

锅盖可用白铁皮制，亦可用木制，呈喇叭形，大口与锅身相接，小口与鹤颈相连。新式的锅盖有一个“汽室”，可自顶部加料，出汽管自旁引出，两端粗细相等，不呈喇叭形。

冷凝器：系冷凝水蒸汽和芳香油的部分，包括冷却管和冷却桶二部分。冷却管有呈蛇形的，也有呈直管形的，一般以直管形的效率较高，而蛇形的易于制造。冷却管可用白铁皮或锡制，也可用玻璃管或毛竹。冷却管系装在冷却桶内，冷却桶可用木桶、瓦缸等，桶的下部有冷却水的入口，上部有出口，在山区使用直管形冷却管时，可不用冷却桶而直接把冷却管放置在流动的溪水内。

分油器：即受器，指接受冷疑后的油和水的部分。常用的受器除接受冷疑后的油和水外，又起着油水分离的作用，所以也叫油水分离器。油水分离器可用铁皮制，也可利用玻璃瓶改装。由于芳香油的比重不同，因此油水分离器的装置也必须适应芳香油比重不同的需要。有的分离器能适用于分离比重大于1的油，有的则适用于此重小于 1 的油。

下图系一种较简易的油水分离器：

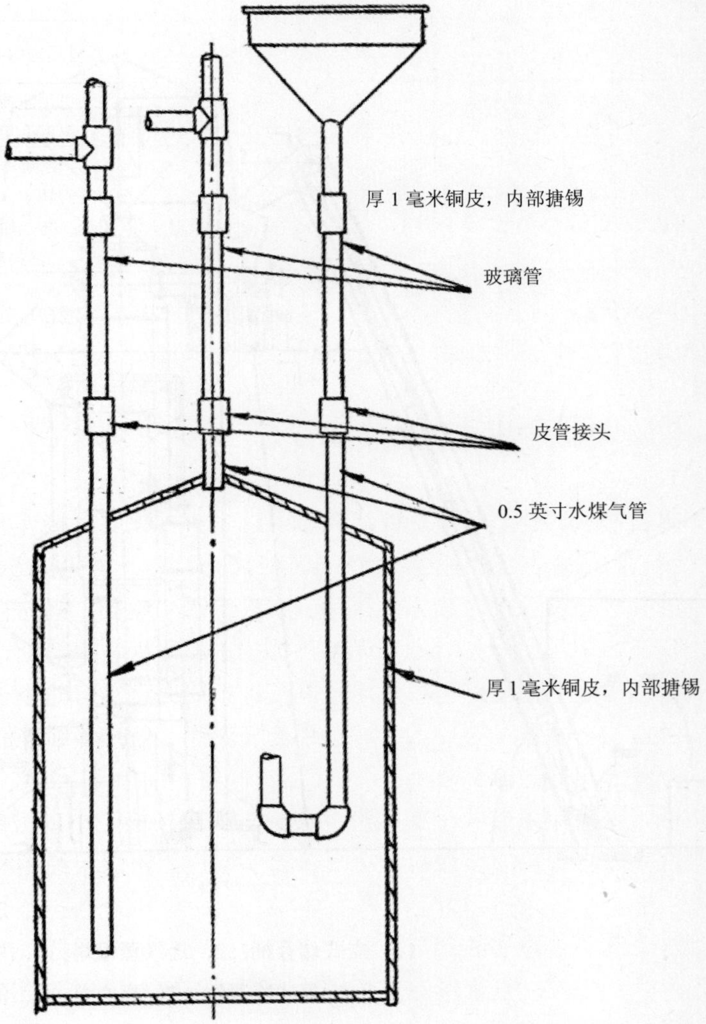

简易油水分离器

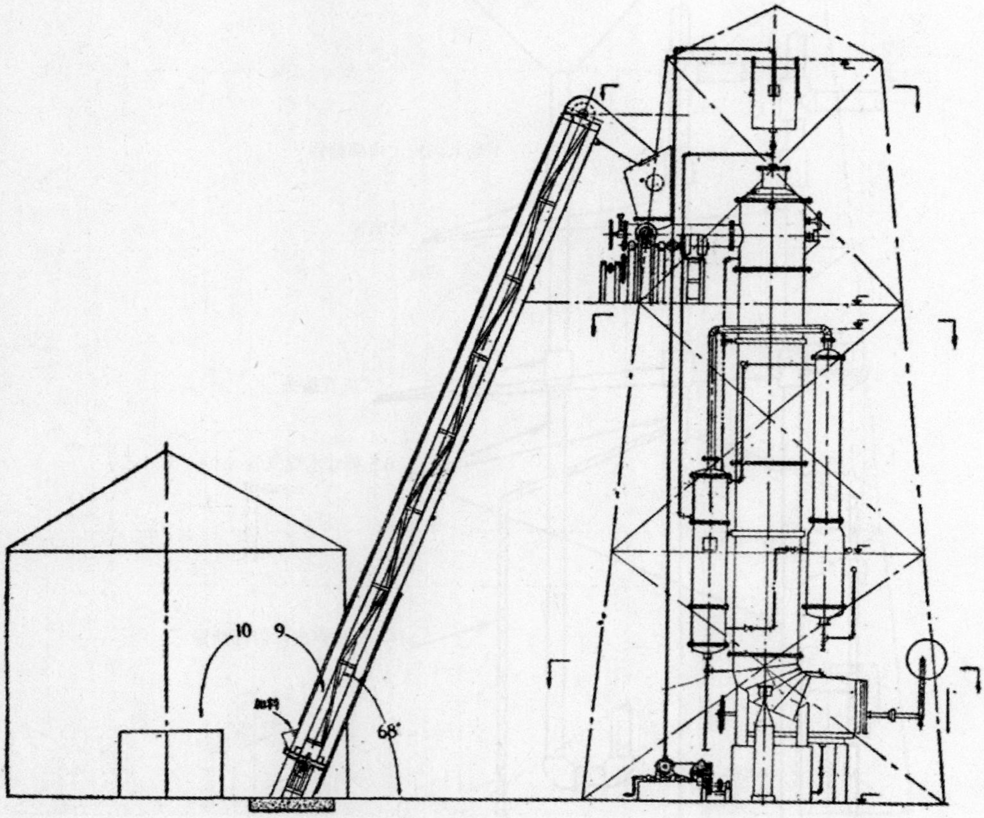

连 续

1. 立式储存桶；2. 连续蒸馏塔；3. 填充式

6. 复式冷凝器；7. 离心泵；8. 油水分

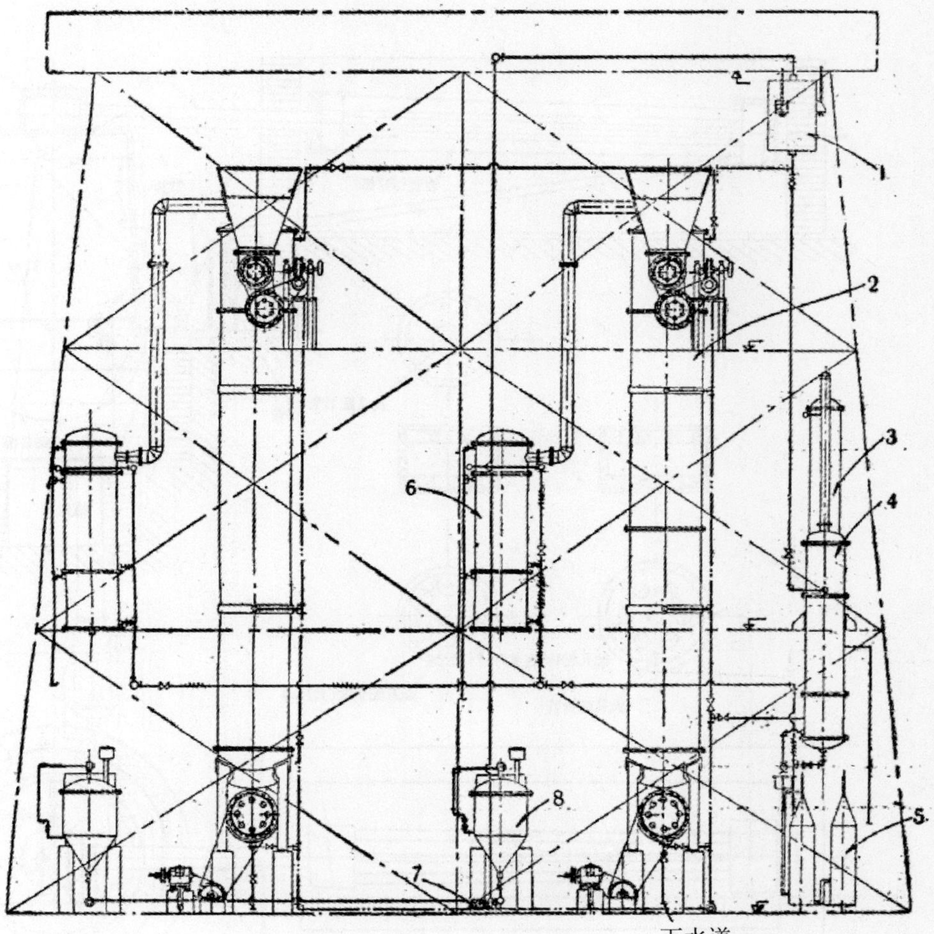

蒸　馏

复流塔；4．复式热交换器；5．油水分离器；

离器；9．括板升运机；10．切草机。

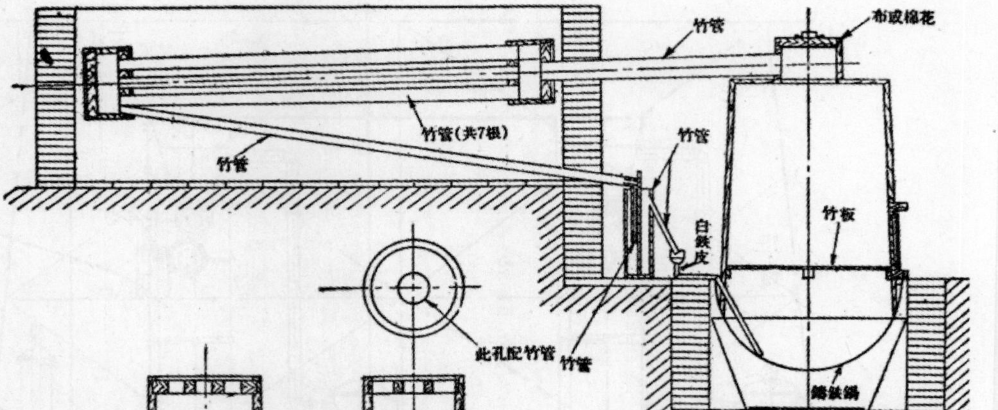

0.5立体米竹木简易蒸馏器

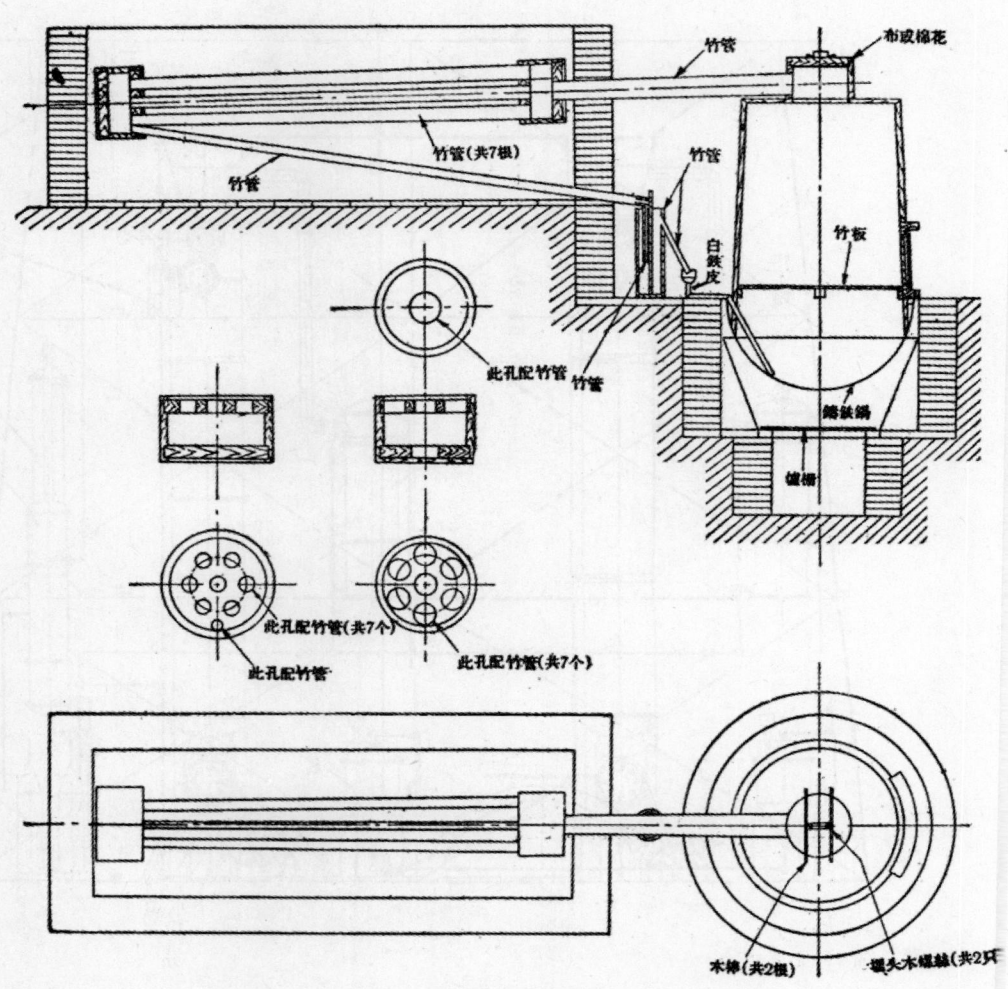

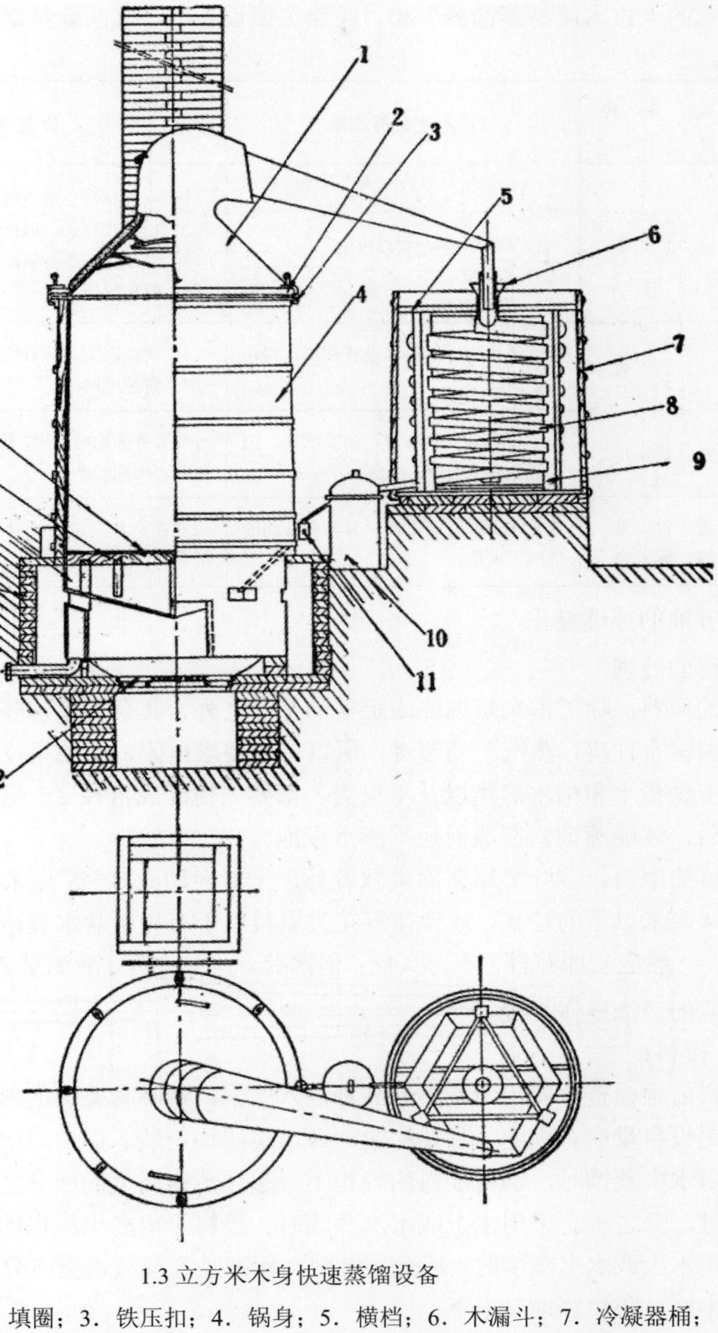

1.3立方米木身快速蒸馏设备

1．锅盖；2．填圈；3．铁压扣；4．锅身；5．横档；6．木漏斗；7．冷凝器桶；8．冷凝蛇管；9．蛇管支架；10．油水分离器；11．回流管；12．炉栅；13．炉灶；14．锅底；15．木蒸架；16．竹帘。

我国各地采用的芳香油蒸馏设备型式很多，各有特点。1959年年底召开的全国土产废品湖南现场会议曾进行了一次总结，总结出了两套比较成熟的型式，即如1270、1271页图所示的“竹木简易蒸馏器”和“快速蒸馏设备”。这两套蒸馏设备的特点可列表说明如次：

品种 项目	竹木简易蒸馏器	快速蒸馏设备
设备	（1）制造材料以竹木为主，可以就地取材。 （2）构造简单，到处可造。 （3）造价低。 （4）容易移动。	（1）制造材料全系金属（但锅身亦可改用木材）。 （2）构造较复杂，造价较高。 （3）容量大，不易移动。 （4）坚牢耐用。
工效	蒸馏速度与一般蒸馏设备相似，得油率亦高。	（1）受热面大，节省燃料，蒸馏速度快。 （2）得油率高。
加工品种	因木材容易吸收油分，沾染油味，为了避免香味混杂，应蒸馏单一品种。	一般芳香油均可适用，但含酚的芳香油，由于铁质的影响，油色较杂。
最适宜采用的场合	适宜在山区交通不便，且常需移动的情况下采用。	适宜在县和人民公社设立移动性不大的生产工场采用。

芳香油的蒸馏操作

原料的处理

干的原料：除了本来是细碎或疏松的花叶之外，其余均要切碎或压碎。一般种子虽小，但因皆有种皮，蒸汽不能透过，所以一定要求压碎，干的果皮（如桔皮）要求加水浸透，干燥樟木和柏木等类以及干果类，都要先粉碎成直径2.5毫米左右（能通过六号筛孔）后，才能蒸馏，在蒸前还须渗水浸泡。

新鲜的原料：茎叶类原料除柔软者外，一般应切成3～5厘米长，块状果皮类原料须切成4毫米以下的粒状，玫瑰花等花类原料可于事先用盐水浸渍。切碎或压碎后的新鲜原料，一般应立即蒸馏，不可久储；但薄荷、留兰香等，应晾至水分失去75%时加工。

一般的蒸馏操作规程

1．投料：

投料前须检查原料，勿使不同品种混入一锅，影响芳香油的质量。

每锅投料量应有规定，且要松紧一致，层层均匀装入锅内。

采用水中蒸馏时，锅内加料的容积不得超过蒸锅高度的四分之三。泡沫多的原料，不能超过二分之一。采用水上或水汽蒸馏时，投料不得高出蒸锅的肩部。

采用水上或水汽蒸馏时，应分层装料，特别是大型蒸锅更应分层蒸馏。分层钢板必须架设牢固，防止蒸馏时塌下。

2．蒸馏：

投料完毕，必须立即关闭锅盖及装料口的倒门，等蒸馏锅与冷凝器的连接经过检查后，才能开始蒸馏。

采用水中或水上蒸馏时，应经常注意锅中的水位，防止烧干或烧焦。一般应把油水分离后的水作为回水，重行返回蒸馏锅内，可以提高得油率。

3．冷凝：

冷凝器的冷却水应保持一定水位，勿使温度过高，冷水应从桶底加进，一般可用竹管导入桶底。

4．油水分离：

油水分离器一般有轻重两种，必须熟悉他们的性能，按规定使用，便于掌握调节。

重油的油水分离后，水应透明，如不透明应行复馏。

5．成品处理：

成品必须过滤，应透明澄清，不得混浊或有水分。

盛油用具及包装容器应注明芳香油的品名、皮重，在使用前应检查香气是否与所标明的品名相符，不符的不能用。

各种工具用具，如漏斗、玻璃瓶、杯子、揩布、手套等凡与成品接触的东西，必须注意清洁，避免香气混杂。蒸馏设备一般均应专馏专用，如不得已而用同一套设备蒸馏不同品种的香料植物时，必须冲洗清洁，做到不带任何残余气味，以上都是提制芳香油操作中应遵守的基本规则。

B．浸提法　又叫萃取法或吸收法，适用于花类芳香油的制取，如茉莉、晚香玉、香堇、铃兰、水仙、金合欢、白兰、栀子花、丁香花等等花朵，均可采用此法加工。因花类所含的香的成分遇热易分解，而其中所含的一些高沸点成分也不易用蒸汽蒸馏出来，且有些成分还易溶于水，因此不能采取水蒸汽蒸馏法来加工。此外，从地衣植物、树脂及一些特别难蒸的原料提取芳香油，亦采用浸提法加工制成浸膏后，再行蒸馏或用其他方法进一步处理。浸提法通常又分为：

1．脂肪吸附法　也叫冷吸法，使花的香气吸收于冷的脂肪上（如精制过的牛油、猪油、混合品或硬化油等），制成“香脂”，再经酒精浸提制成净油或不经浸提就当作香脂直接用于各种香料制品中。这种方法目前除用于晚香玉的加工外，几已完全淘汰。用此法生产芳香油需要大量人工，而且容易败坏，但用于晚香玉及茉莉时，质量尚好，得量亦多。一般的操作方法，系把油、脂肪涂在玻璃上，再把花朵摊在油、脂肪上，待花香吸在油脂中后（约 24

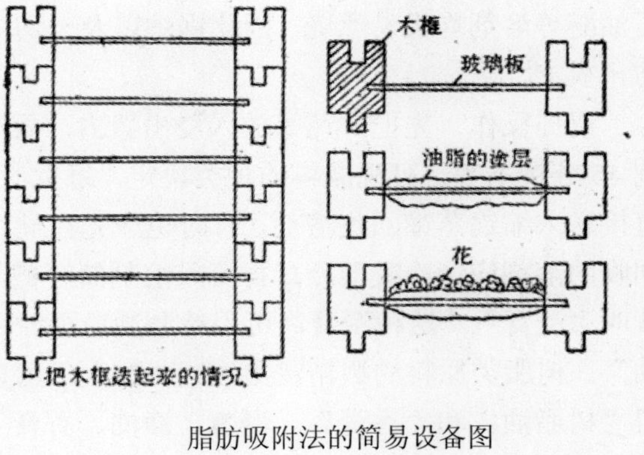

脂肪吸附法的简易设备图

小时左右），再换一批鲜花，直至油脂吸足香气为止。所用的油脂以一分精制牛油和二分精制猪油的半固体混合脂为宜，且为了防止油脂的酸败，尚可加入少量的安息香及明矾。用硬化植物油效果也好，简易的加工设备可参阅1273页图。

2．温浸法　此法与冷吸法相似，所不同的是把花朵浸在温热的油脂中，加工时间较冷吸法短，但制品的质量较差，故现已完全被淘汰。

3．挥发性溶剂浸提法　是目前香花加工最通用的一种方法，它是利用沸点较低而能很好地溶解植物芳香成分的有机溶剂，从花类等芳香资源萃取芳香油。

浸提用的溶剂，主要是石油醚、苯和酒精，最新的趋势是用二氯甲烷或二氯乙烯等不燃烧爆炸的溶剂以及混合溶剂。另一个趋势是用表面活性剂的水溶液。

石油醚的沸点应在40～70℃之间，市上供应的一般有40～60℃的及60～90℃的两种，事先需用硫酸和烧碱处理，并经分馏精制，不可以含有硫或氮的化合物。在分馏精制时，可加5%左右的无臭石蜡，以便将高沸点的化合物吸住而防止其蒸馏出来。检验浸提用石油醚的简易方法，可取样50毫升，置玻璃或磁皿中蒸发，蒸发温度不得超过40℃，蒸发完后皿中不应有任何气味，特别是火油气和硫化物的气味。

苯的沸点较石油醚高，而它的溶解力亦较石油醚广，制品的颜色深，但得量大。因此它是仅次于石油醚的浸提用溶剂。浸提芳香油的苯可用结晶苯（纯苯在5.5℃时凝结），苯的沸点在80.1℃左右。

酒精不适宜用于鲜花的浸提，但适于树脂类芳香油的加工。酒精必须是精馏过的，含乙醇应为96%。

浸提设备的形式和种类很多，目前在国内已经采用的小型土法设备，有用金属制的，也有用陶瓷制的，1275页的图系“300升简易浸提设备”。为了铃兰、丁香花之类需要用低温浸提，在浸提器之外，需添一个夹层，利用冰水维持操作温度在0℃上下，溶剂也要先在冰中预先冷却。

芳香油的浸提设备，一般包括5个主要部分，即（1）蒸汽发生器，（2）溶剂储存槽，（3）浸出器，（4）浓缩锅，（5）溶剂冷凝器。浸提设备的设计应防止溶剂的损失，因此必须将各部分装置成一个密闭的循环系统，与外相通的只有一个出入口。同时，石油醚等溶剂均极易燃烧，因此锅炉以及一切容易发生火种的设备均应装置在墙外，以防止火灾。

浸提操作　先把鲜花等放入浸出器内，再注入溶剂浸提，每次浸提时间自25分钟到45分钟不等，可视原料的种类决定，每批原料应浸提2～3次。经浸提后的浸出液可直接送浓缩锅蒸馏回收溶剂，有时也应先在储存桶内澄清再送浓缩锅处理。浓缩锅蒸馏回收的溶剂应经冷凝器冷却再流入溶剂储存槽。花类原料经浸提并浓缩处理后的产品，就叫“浸膏”。这种浸膏尚可用精制酒精再经过一次萃取，萃取液除去酒精后即是“净油”。树脂类原料的酒精浸出液叫“酊”，可直接用作香料，将酊浓缩，除去酒精，即得“树脂油”和“香膏”。浸膏、净油、香膏等均是高级的芳香油制品。

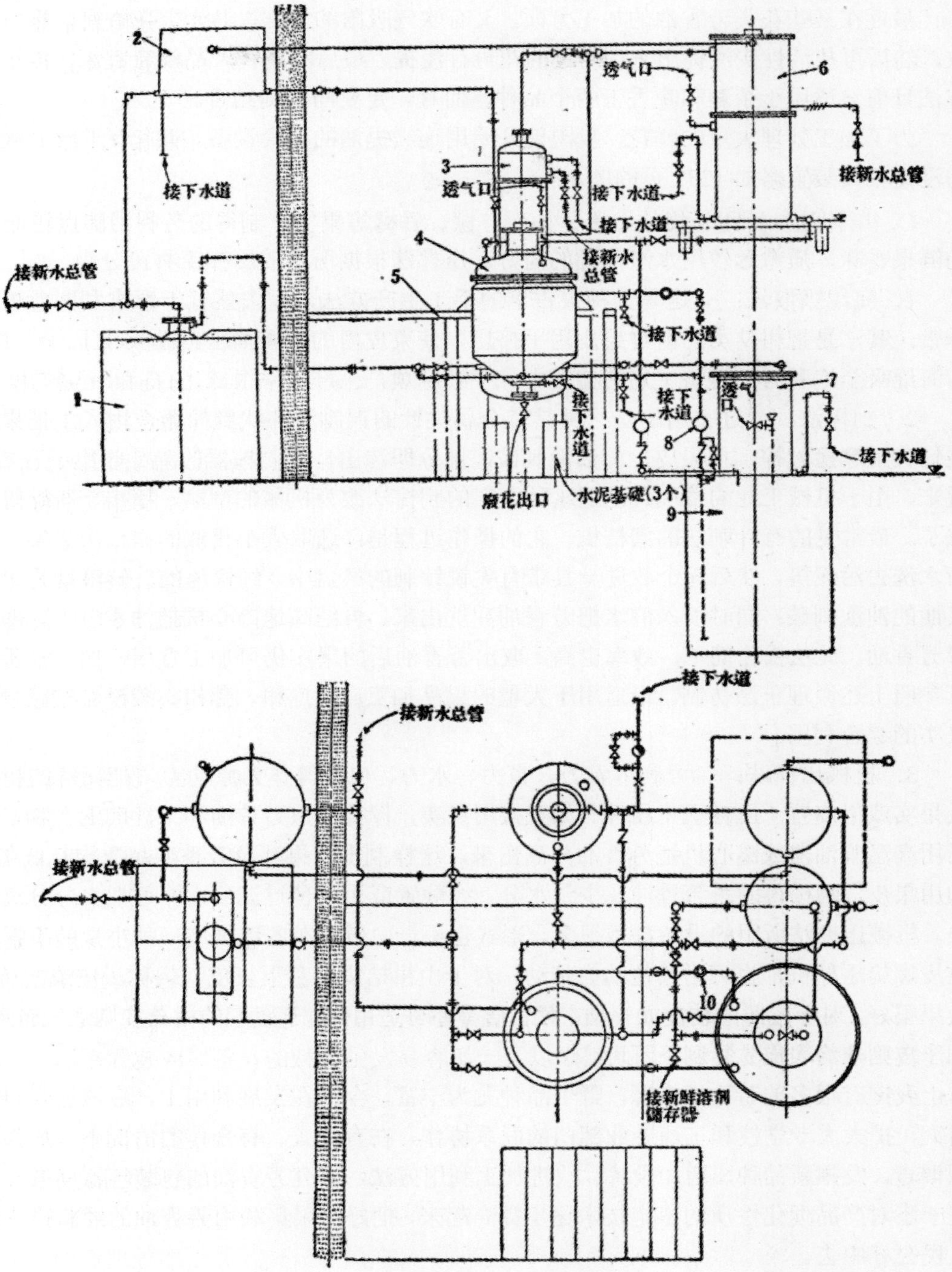

300升简易浸提设备安装图

1．蒸汽发生器；2．木制热水箱；3．初步浓缩锅；4．简易低温浸花器；5．操作台；6．冷凝分油受器；7．油水分离器；8．手摇油泵；9．溶剂预冷器。

最近在某些花类芳香油的加工方面，又有吹气吸附的方法，乃先把花香用活性炭吸收，然后再从活性炭浸提出来，用过的花再行浸提，最后将两种产品混合起来。但这个方法目前只适用于茉莉和晚香玉两个品种，而且一定要与浸提结合。

为了加工处理大量的鲜花，我国已开始用连续提油的整套设备。共包括吹气、吸附与浸提，其装置略如1277页的图。

C. 压榨法 适用于柑桔、橙、柚、柠檬、香橼等果实，制得的芳香油能保持原有的鲜果香味，质量远较用水汽蒸馏的为好。压榨法根据所用的压榨工具可分为：

1. 海绵吸取法： 这是一种很古老的手工生产方法，过去盛行于意大利西西里岛一带，其法是把柑桔类的新鲜果皮用手挤压，使果皮内的芳香油压出而吸收于海绵中，待海绵吸至饱和时，再挤于别的盛器中。手续麻烦，生产效率很低，目前几已不用。

2. 剉榨法： 过去用的是一种具有金属尖针的铜制漏斗状剉榨器，用人工把果皮在针尖上摩擦剉榨，把果皮上的油泡刺破，油分即渗出，经剉榨器的漏斗收集于容器。近来，由于机械工业的发展，已把这种人工的剉榨法改为机械的刮磨、撞击、研碎等方法了。最常见的有针刺法的磨桔机，它的操作过程是：选取大小相似的柑桔类果实，用清水洗去污泥等，然后逐个放进一具带有尖锐针刺的磨盘中，经快速的旋转滚动将果皮表面的油泡刺破；同时喷入清水把芳香油冲洗出来，再经高速离心机把油水分开，即获得芳香油。此法操作简单，效率也高，取出芳香油后的果实仍可加工食用，加工设备亦可参照上述原理土法仿制，最适用于大量的果品加工厂对广柑、蕉柑、酸橙、柠檬一类果实的综合利用。

3. 机械压榨法： 可利用人力、畜力、水力、电力等作为原动力，把新鲜的柑桔类果实或果皮置于压榨机中压榨。如直接用果实，榨得的系芳香油和果汁的混合物，尚需用高温脱油器或离心机把芳香油分离出来，这样制出的果汁及芳香油品质均甚低劣。如用果皮，则榨得的系芳香油及少量水分，经静置或用毛毡过滤后，即可把水分分离除去。机械压榨法所用的设备种类很多，形式也不一，最近在各地试用一种小型的手摇式桔皮螺旋压榨机，也可用其他动力带动，对于由柑桔皮上刮下表皮（俗称云皮或桔黄）效果很好，对于较薄的桔皮如福桔、黄岩桔等亦可适用，对于较厚的柑桔皮则适应较差，柚子皮则非将表皮先行刮下不可。

我国有很多的芳香油资源，野生品种尤为丰富，今后在发展利用上，应该加强科学研究，扩大大专学校和工商企业部门的联系协作，在有分工、有合作的情况下，加强资源调查，发掘新品种、增加设备，改进加工利用方法，研究芳香油的包装容器问题，并进一步对产品理化性质的鉴定技术逐步提高起来，把好的采集利用芳香油的经验推广到人民公社中去。

在发掘新资源方面，应该在现有资源基础上发掘较重要的芳香油品种，如番荔枝科的伊兰油、卡南加油，地衣类植物的橡苔浸膏，金缕梅科的苏合香，桃金娘科的丁香油，檀香科的檀香油，鸢尾科的鸢尾浸膏等及其代用品。同时积极设法引种外国优

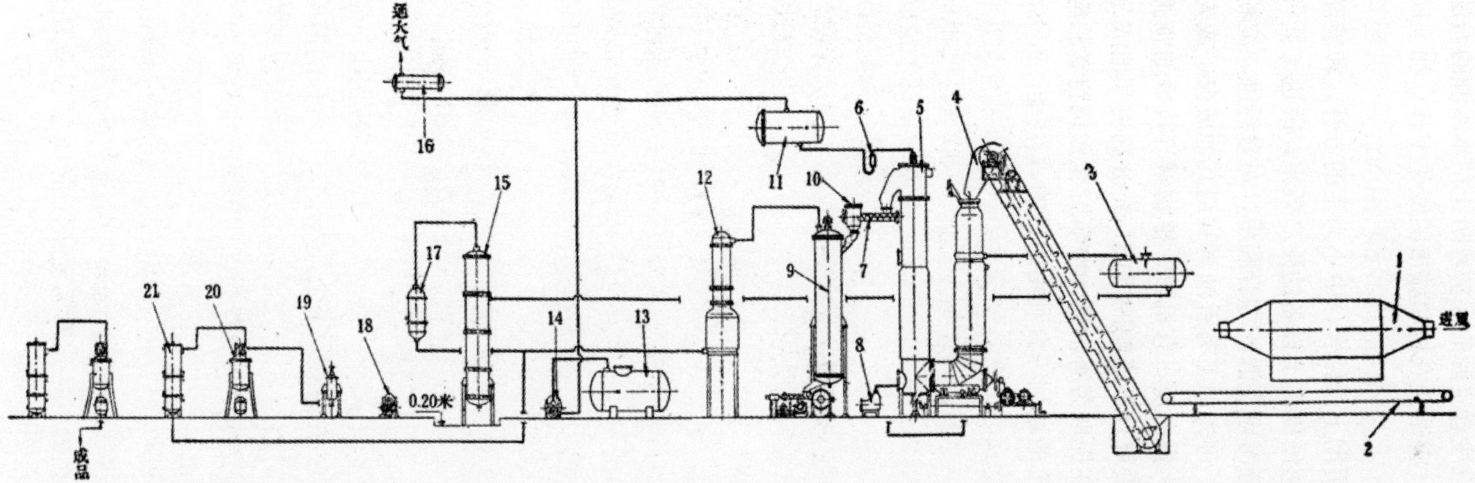

连续低温浸提流程图

1．连续吹气吸附设备；2．运输带；3．中间储存桶；4．活板升运机；5．连续低温浸提机；6．转子流量计；7．螺旋输送器；8．分水器；9．水煮蒸馏塔；10．连续浸提出料储存器；11．高位槽；12．冷凝器暨溶剂水分分离器；13．溶剂桶；14．蒸汽泵；15．连续浓缩塔；16．大气冷凝器；17．复式冷凝器；18．蒸气泵；19．片式过滤器；20．真空浓缩锅；21．蛇管冷凝器。

良品种，扩大种植。

在组织群众进行采集的时候，应注意资源的保护，防止枯本竭源的做法，且对有发展前途的品种，如山苍子、月桂等，应结合农村和城市的绿化工作，加强研究，逐步变野生为家生。

关于芳香油的加工，目前仍应贯彻土洋结合，中小为主的方针，和能洋则洋，不能洋则土的因地制宜的方法，进一步总结提高土设备的生产效率，改进工艺技术，增加得油率。在加工利用的同时，还应充分考虑资源的综合利用，对含纤维、淀粉、油脂等较丰富的资源种类，应根据原料特性，可先加工芳香油再利用其他成分，或先利用其他成分再加工芳香油。对含单宁、色素、蛋白质、有机酸、植物碱等较多的资源种类，应结合芳香油的加工，改进加工方法，采取互不影响的措施，充分利用其他成分。至于其他成分含量少、利用价值不大的，则在提取芳香油后，应研究充作饲料、肥料，或把作燃料后的灰分提取钾盐等，以期更完善的达到综合利用的目的。

二、各　论

1 紫杉（zisha）（图 819）

［学　　名］ **Taxus cuspidata** Sieb. et Zucc.　紫杉科

［商 品 名］ 紫杉叶油

（地方名、形态特征、生长环境、产地及其他用途见“鞣料类”，1027 页。）

［用　　途］ 针叶、根、干含有芳香油，可用作调味香料。

［加　　工］ 水蒸汽蒸馏法。

［其　　他］ 应利用伐木后的枝叶及根株。

2 榧（fei）（图 547）

［学　　名］ **Torreya grandis** Fort.　紫杉科

［商 品 名］ 香榧油、香榧叶油

（地方名、形态特征、生长环境、产地及其他用途见“油脂类”，685 页）

［用　　途］ 种子外壳及叶含有芳香油，香气优良，可试作食用及其他香精原料。

［理化性质］ 壳油之比重（15℃）0.8703，折射率（20℃）1.4747，旋光度±0°（系浙江、安徽省所产），含醛量 7%。

［采收处理］ 在种子成熟期，采收后剥取种仁后，利用加工种仁时的果壳提取芳香油。树叶则在生长旺季采收加工。

［加　　工］水蒸汽蒸馏法。

3 华北冷杉（huabeilengsha）（图 820）

［学　　名］ **Abies nephrolepis** Maxim. (*A. sibirica* var. *nephrolepis* Trautv., *A. sibirico-nephrolepis* Takenouchi et Chien)　松科

［商 品 名］ 白松叶油、白松油

（地方名、形态特征、生长环境、产地及其他用途见“鞣料类”，1022 页）

［用　　途］ 针叶及干、根都含芳香油，因油质优良，与冷杉油相仿，故常作调配香精原料，使用于优级香精及消毒喷雾剂香精中；根所含之芳香油与一般松根油相似。

［理化性质］ 针叶油所含主要成分为乙酸龙脑酯［bornyl acetate ($C_{12}H_{20}O_2$)］等。

［采收处理］ 选用头一年的叶，随时可采，采后立即加工，如不能及时加工，稍放几日亦可，但须置阴凉处，避免油分消失。

［加　　工］ 水蒸汽蒸馏法。

4 云杉（yunsha）（图 825）

［学　　名］ **Picea asperata** Mast. 松科

［商 品 名］ 云松叶油、云松油

（形态特征、生长环境、产地及其他用途见“鞣料类”，1027 页）

［用　　途］ 针叶、树干及树根都含芳香油，针叶油较干，根油品质较好，可用于调合香精原料或用作消毒剂等。

［加　　工］ 水蒸汽蒸馏法。

［其　　他］ 应结合伐木进行利用其根株及枝干。另外鱼鳞云杉（Picea jezoensis Corr.）、白杆云杉（Picea wilsonii Mast.）亦可提取芳香油，用途及加工与本种相同。

5 华山松（huashansong）（图 552）

［学　　名］ **Pinus armandii** Franch. 松科

［商 品 名］ 华山松叶油

（地方名、形态特征、生长环境、产地及其他用途见“油脂类”，692 页）

用途、理化性质、采收处理及加工参阅马尾松，（1281 页）然其精油中乙酸龙脑酯（bornyl acetate, $C_{12}H_{20}O_2$）的含量较马尾松叶油为高，香气亦较好。

［其　　他］ 我国松树种类多，资源丰富，每年用材所剩余之树根、针叶及锯屑碎块，数量不少，应积极进行综合利用。

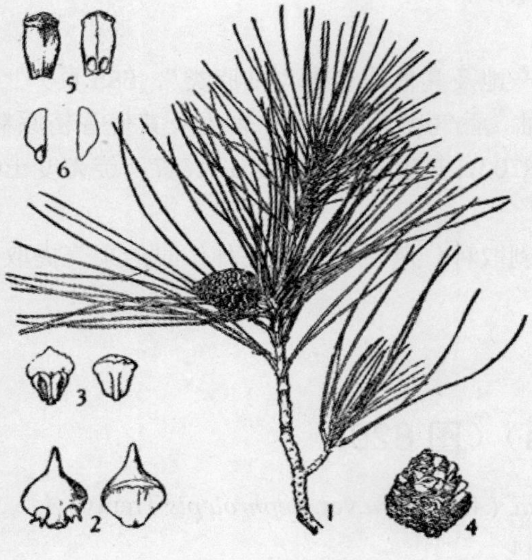

图 1012　赤松

Pinus densiflora Sieb. et Zucc.

1．果枝； 2．珠鳞的背面（右）及腹面（左）； 3．雄蕊的背面（右）及腹面（左）； 4．球果； 5．果鳞的腹面（右）及背面（左）； 6．种子的腹面（右）及背面（左）。

（自“江苏南部种子植物手册”）

6 赤松（chisong）（图 1012）

［地 方 名］ 松树（东北），红顶松、白头松（山东）。

［学　　名］ **Pinus densiflora** Sieb. et Zucc. 松科

［商 品 名］ 赤松油

［形态特征］ 乔木，高可达 25 米。枝横展，树冠广阔；树皮红褐色，成薄片状脱

落，一年生枝条为枯黄色；芽椭圆状卵形，栗褐色。叶细而柔弱，2针一束，长8～12厘米，树脂道3～9个，维管束2个。球果卵状圆锥形，有短柄，长3～5厘米，淡黄褐色；鳞质微扁，鳞脐有短尖或钝。种子长5～7毫米，连种翅长约2厘米。花期5月，果期8月。

［生长环境］ 生于干燥砂质山坡和沿海砂滩地。

［产　　地］ 吉林、辽宁、山东、江苏、福建、台湾等省。

［用　　途］ 针叶提取的芳香油，可用于喷雾剂及皂用香精的调制原料。

树干可割取树脂。种子可榨油（见“油脂类”，693页）。

［理化性质］ 据山东省资料：针叶含芳香油0.41～0.49%。

［采收处理］ 应采较老针叶，乘新鲜时加工提油。

［加　　工］ 水蒸汽蒸馏法。

［其　　他］ 应加强综合利用。

7 红松（hongsong）（图553）

［学　　名］ **Pinus koraiensis** Sieb. et Zucc.　松科

［商 品 名］ 红松叶油、红松油

（地方名、形态特征、生长环境、产地及其他用途见“油脂类”，694页）

［用　　途］ 树干、根部及针叶均含有芳香油。针叶所含精油与马尾松的针叶油相仿，可用作清凉喷雾剂，廉价皂用香精原料及复制其他合成香料等。树干、根部所含的精油则与一般松根油相仿，可用于油漆等溶剂，各种消毒剂，去臭剂中。

［理化性质］ 出油率0.5%。

［采收处理］ 将树干、根部切成薄块；针叶应于鲜时进行加工。

［加　　工］ 水蒸汽蒸馏法。

8 马尾松（maweisong）（图1225）

［学　　名］ **Pinus massoniana** Lamb.　松科

［商 品 名］ 松针油、马尾松油、松果油

（地方名、形态特征、生长环境、产地及其他用途见“树脂及树胶类”，1544页）

［用　　途］ 针叶及果实都含有芳香油，但品质低于其他松针油，近年来各地广泛采集利用，除可作喷雾消毒剂外，还可从其中单离若干成分，亦可将原油与醋酐反应，提高其含酯量到35%以上。

松针在提取芳香油后，还可作人造纤维原料。

［理化性质］ 针叶含油0.2%，比重（15℃）0.8886，折射率（20℃）1.4755，旋光度-28° 27'。主要成分为蒎烯（pinene，$C_{10}H_{16}$）及乙酸龙脑酯（bornyl-acetate，$C_{12}H_{20}O_2$，含量在2～4%）。

果实含油量 0.2～0.4%，折射率（20℃）1.4838，主要成分为柠檬烃（limonene，$C_{10}H_{16}$）及乙酸龙脑酯（bornyl-acetate，$C_{12}H_{20}O_2$）。

［采收处理］ 应采收第二年生针叶进行加工；果实在加工时应先破碎，以提高出油率。

［加　　工］ 水蒸汽蒸馏法。

［其　　他］ 目前松针油成本高，作为松节油代用品不太经济，今后必须设法综合利用资源，同时提取叶绿素、维生素。提取后的松针尚可以做人造纤维原料，制成纤维板等。

此外樟子松（Pinus sylvestris L. var. mongolica Litvin.）形态特征、生长环境及产地见“鞣料类”，1035 页。其针叶提取芳香油的商品名为樟子松叶油或樟子松油，品质远高于马尾松油，为国际市场上的重要商品，价格超过西伯利亚冷杉油。我国东北蕴藏丰富，应积极利用。偃松（Pinus pumila Reg.）的叶也可提芳香油，商品名：偃松叶油或偃松油，品质极好，惜产量不甚多；其形态特征、生长环境与产地见“油脂类”，695 页。油松（Pinus tabulaeformis Carr.）形态特征、生长环境、产地与其他用途见“油脂 696 页；叶可提芳香油，商品名：油松叶油或油松油。

9 黑松（heisong）（图 1226）

［学　　名］ **Pinus thunbergii** Parl.　松科

［商 品 名］ 黑松叶油、黑松油

（形态特征、生长环境、产地及其他用途见“树胶及树脂类”，1549 页）

（用途、理化性质、采收处理、加工参阅马尾松，1281 页）

［其　　他］ 黑松叶油有宝贵成分，经济价值高于马尾松，应研究试用浸提法将有用成分全部提出，以便综合利用。

10 云南松（yunnansong）（图 1228）

［学　　名］ **Pinus yunnanensis** Franch.　松科

［商 品 名］ 云松油

（地方名、形态特征、生长环境、产地及其他用途见“树胶及树脂类”，1551 页）

［用　　途］ 叶可蒸馏芳香油，应用于普通香料。

［理化性质］ 据中国科学院昆明植物研究所分析：利用云南松叶蒸馏松针油，出油率 0.2～0.3%，油为无色透明液体，比重（20℃）0.8658，折射率（20℃）1.4792，旋光度（20℃）−11.5°，酸值 0.1，皂化值 5.18，乙酰化后皂化值 32.1，溶解度在 20℃时不溶于 10 倍量的 80%乙醇。松针油主要成分为乙酸龙脑酯等。

［采收处理］ 参阅马尾松（1281 页）。

［加　　工］ 参阅马尾松。

11 云南铁杉（yunnantiesha）（图 833）

［学　　名］ **Tsuga yunnanensis** Mast.　松科

［商 品 名］ 铁杉叶油、铁杉油

（地方名、形态特征、生长环境、产地及其他用途见“鞣料类”，1038 页）

［用　　途］ 针叶、树根及树干均含有芳香油。针叶油较根部及树干所含之油的品质为佳。可用于低级皂作香精，亦可作消毒去臭剂。

［加　　工］ 水蒸汽蒸馏法。

［其　　他］ 应结合伐木，利用根、枝、叶等废料，提取芳香油。

12 柳杉（liusha）（图 1013）

［地 方 名］ 水疮柏（安徽），大杉（浙江）。

［学　　名］ **Cryptomeria japonica** (L. f.) D. Don　杉科

［商 品 名］ 柳杉木油、柳杉叶油

［形态特征］ 常绿乔木，树干通直，树冠塔形；干皮红褐色，纵裂，呈长条形脱落；枝条细长下垂。叶针状锥形，有 4 棱，两侧扁，先端稍向内弯曲，基部宽大，下延。球果幼时绿色，成熟时褐色，球形，长约 1.5 厘米；果鳞基部楔形，顶端露出面呈菱形，上缘有 3～5 齿，中间之齿为尖头状，均直伸；种子三角状卵形，微扁，边缘有狭翅。花期 3 月，果期 10～11 月。

［生长环境］ 喜生于气候温和、湿润、排水良好的酸性土上；常作为庙宇林木栽培，间或有野生的。

［产　　地］ 浙江、江苏、安徽、江西、湖南、湖北、四川、云南、广西、福建、台湾等省区。

［用　　途］ 枝叶、木材及根部均含有芳香油，经精制处理后可用作调味料。并可提取杉木脑。

树皮含鞣质，可提制栲胶（见“鞣料类”，1038 页）。

［理化性质］ 枝叶含芳香油 0.7%左

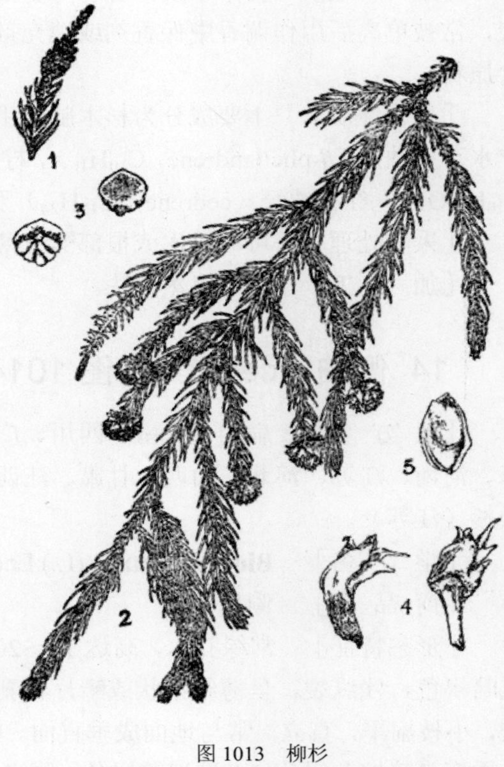

图 1013　柳杉

Cryptomeria japonica (L. f.) D. Don

1. 雄花枝；　2. 果枝；　3. 雄蕊；　4. 果鳞；　5. 种子。

右；木材含 0.4～0.65%。叶油的主要成分是萜类（如松油径等，约 34%），倍半萜类、倍半萜醇类（约 12%），醇类（约 4.5%），酸类等。木材及根油的主要成分为倍半萜醇类，如杉木脑等。又据文献载：杉油的比重（15℃）0.921～0.945，折射率（20℃）1.489～1.510，旋光度（20℃）+20° −23° 。

［采收处理］ 可随时收集利用伐木场的残余小枝，杉叶及木材加工时的废材、木屑等蒸馏芳香油。木材在蒸馏前应切成细片，叶应采用鲜叶蒸馏。

［加　　工］ 水蒸汽蒸馏法。

［其　　他］ 资源蕴藏量较丰富，杉油应积极推广利用。

13 杉（sha）（图 834）

［学　　名］ **Cunninghamia lanceolata** (Lamb.) Hook. (*C. sinensis* R. Br.) 杉科

［商 品 名］ 杉木油、杉木脑

（地方名、形态特征、生长环境、产地及其他用途见“鞣料类”，1039 页）

［用　　途］ 树干木质部含有芳香油，精油中含有固体结晶——杉木脑，香气很淡，常被单离后用作调香中保香剂或填充剂，单离脑后之素油，还可用作皂用香精中调合原料。

［理化性质］ 主要成分为杉木脑，甲位及乙位蒎烯（*α*-*αβ*-pinene，$C_{10}H_{16}$），乙位水芹香油烃（*β*-phellandrene，$C_{10}H_{16}$），柠檬烃（limonene，$C_{10}H_{16}$），松油醇（terpineol，$C_{10}H_{18}O$），红杉油烃（cedrene，$C_{15}H_{24}$）及龙脑（borneol，$C_{10}H_{18}O$）等。

［采收处理］ 可取碎木或根部劈成薄片或利用锯木碎屑进行加工。

［加　　工］ 水蒸汽蒸馏法。

14 侧柏（cebai）（图 1014）

［地 方 名］ 扁柏（云南、四川、广东、江苏、浙江、安徽、河北），柏树（山东、河南、江苏、河北、山西、甘肃、江西），香柏（河北），黄柏（山西），扁松、松杉（江苏）。

［学　　名］ **Biota orientalis** (L.) Endl. (*Thuja orientalis* L.) 柏科

［商 品 名］ 侧柏叶油

［形态特征］ 常绿乔木，高达 15～20 米，胸径可达 1 米以上；树皮薄，呈红褐色或暗褐色，浅纵裂，呈薄纸条状或鳞片状剥落；树冠圆锥形，老树冠常为阔圆形，多分枝，小枝扁平，直立，常与地面成垂直面。叶鳞片状，交叉对生，背面有一凹陷的腺体，冬季变为暗棕灰绿色，春夏深苍绿色，紧裹小枝上，尖端向外开展。花单性，雌雄同株，生于小枝顶端；雄花序黄色，花序有 6 对交叉对生雄蕊；雌花序紫色，球形，有果鳞 6，每一果鳞有胚珠 2，无柄。球果卵状球形，直径 1.5～2.5 厘米，开裂，果鳞厚，6～8 片，每果鳞顶端有一对反曲钩尖，初为灰绿色，肉质，成熟后为褐色，木质；种子无翅，长

约 6～8 毫米，黄褐色，椭圆状卵圆形，基部稍偏斜而尖。花期 4 月，果期 8～10 月。

［生长环境］　抗旱、抗寒性极强，善生于湿润肥沃山坡，干燥山坡及平原亦能生长，生于悬崖绝壁的多为灌木状。此外，在古墓和庙宇寺院多栽培观赏。

［产　　地］　河北、山西、河南、山东、江苏、浙江、安徽、江西、湖南、湖北、甘肃、青海、四川、贵州、云南、广西、广东、福建、台湾等省区。

［用　　途］　通常多利用其枝叶提油，可用作配制皂用香精的原料。木材中还含有柏木油，为香料化妆品的配料。

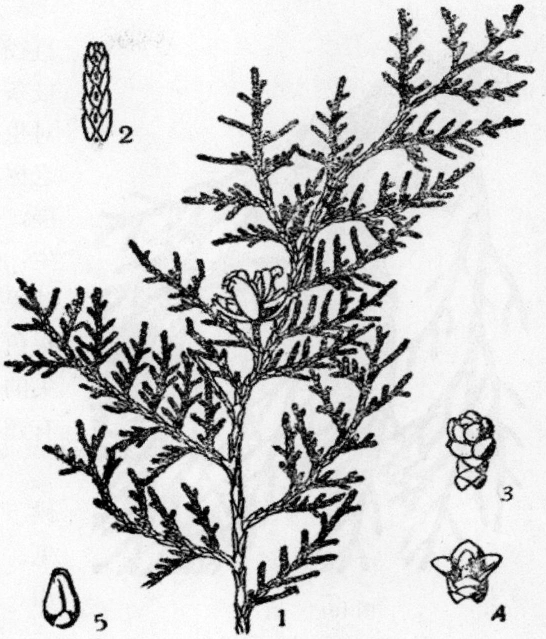

图 1014　侧柏
Biota orientalis（L.）Endl.
1．果枝；　2．小枝；　3．雄花序；　4．雌花；　5．种子。

木材淡黄色，有香气，耐腐，可做电杆、矿柱、枕木和土木建筑、农具、舟车、家具、机械等用材；又可用于提取树脂及造纸。小枝、叶、果可作农药。小枝、叶及种子又可作药用（见“药用类”，1640 页）。种子可榨油（见“油脂类”，698 页）。树皮含鞣质，可提栲胶。本种亦为广泛栽培的观赏树或作绿篱。

［理化性质］　枝叶含油量 0.6～1%，主要成分为侧柏酮（thujone，$C_{10}H_{16}O$）及松油烃、龙脑等，为无色或微绿色液体。

［采收处理］　树干必须用刀切成薄片再行蒸馏，枝叶采摘后即行加工，否则影响出油。

［加　　工］　水蒸汽蒸馏法。

［其　　他］　枝叶提油后，废渣应予研究利用。

15 柏（bai）（图 1015）

［地 方 名］　香柏（四川、湖北），垂柏（广东、广西），柏木（湖南、贵州、甘肃、华东），香扁柏、垂丝柏（四川），扫帚柏（湖南），白木树、柏青树（湖北），柏树（浙江），宋柏（昆明）。

［学　　名］　**Cupressus funebris** Endl.　柏科

［商 品 名］　扁柏木油

图 1015　柏
Cupressus funebris Endl.
果枝

［形态特征］　常绿乔木，高可达 20 米，直径可达 1 米；枝条下垂，树皮平滑，灰褐色；枝条扩展，小枝细长，下垂。叶鳞片状，交互对生，紧贴枝上。呈卵状三角形，生于幼树或老树壮枝上的线形或锥形，3 或 4 枚轮生而广展，先端长尖稍开展。花小，单性，同株；顶生；雄花序黄色，对生呈椭圆形，雄蕊通常 8。球果木质，球形，具短柄，直径 8～12 毫米，褐色，鳞片 8，盾状，镊合状排列，背面有短尖的小凸体，每鳞片具种子 3；种子卵形，稍有翅。花期 4～5 月，果期 6～9 月。

［生长环境］　生于小坡，喜温暖湿润气候下的钙质土，在赤砂岩和石灰岩区域尤其常见。公路旁、古墓和庙宇等处常栽培；现在四川、湖北一带尚有天然纯林。

［产　　地］　河南、陕西、甘肃、四川、贵州、云南、广西、广东、湖南、湖北、江西、安徽、江苏、浙江、福建、台湾等省区。

［用　　途］　树根、树干及叶都含芳香油，主要用来提取柏木脑，作调合香精的保香剂，在皂用香精中广泛利用。

此外，精制之柏木油可作显微镜之洁净剂及透镜之油浸剂。种子和果实可制润滑油及农药（见“油脂类”，698 页）。木材纹理致密而通直，坚韧耐久，多用于造船、建筑、家具及农具等。

［理化性质］　树根及干含油 2～5%，油是黄色或棕色的稠粘液体，比重（15℃）0.9567，折射率（20℃）1.5064，旋光度-27°～-29° 30'。主要成分为柏木脑（cedrol，$C_{15}H_{26}O$），一般可达 30～40%，为柏木中含结晶脑最高的品种，其他尚含松油醇、香柏油烃、松油烃等。叶含油 0.2～1%，主要成分是侧柏酮（thujone，$C_{10}H_{16}O$）及松油烃、樟脑烃等。

［采收处理］　树干必须用刀切成薄片再行蒸馏；枝叶在采摘后即行加工，否则影响出油。

［加　　工］　水蒸汽蒸馏法。

16 桧（kuai）（图 1016）

［地 方 名］　刺柏（山东、山西），圆柏（广西、山东、浙江），柏木（江苏、贵州），桧柏（江苏、山西），紫柏（四川），刺松（山东）。

［学　　名］　**Juniperus chinensis** L.　［*Sabina chinensis* (L.) Ait.］　柏科

［商 品 名］　赤柏木油、血柏木油

［形态特征］　常绿大乔木，高可达15～20米，胸径40～60厘米；树皮幼时赤褐色，成片状剥落，老时灰褐色，浅纵裂，成狭条脱落；枝条圆形，向上直伸或斜上开展，为红褐色（幼时绿色），形成尖塔形树冠，老树的树冠为广圆形。叶有两种，在幼树或嫩枝上的为针形，对生或三叶轮生，长7～9毫米，基部下延，先端尖锐，表面有两条白色气孔带，背面绿色，有明显棱脊；在老树上的叶交互迭生，菱状卵形，呈鳞状叶，先端钝，紧贴，或两种叶同存。花单性，雌雄同株或异株；雄花序椭圆形，淡黄色，长2～3毫米；雌花序圆形，长1.5毫米，雌雄花序均着生于有鳞状叶的枝端。球果浆果状，近圆形，长6～8毫米，为淡褐色，被白粉，有种子2～5；种子有三棱，卵形，长约3毫米。花期4月，果期次年9～10月。

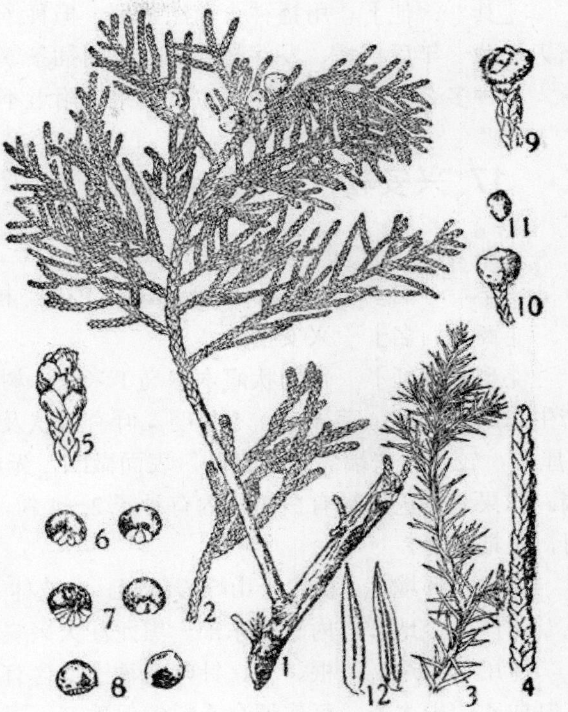

图1016　桧

Juniperus chinensis L.

1．果枝；　2．雄花枝；　3．小枝一段示针状叶；　4．小枝一段示鳞状叶；　5．雄花序；　6、7、8．雄蕊及药室；　9．雌花序；　10.球果；　11.种子；　12．针状叶的背腹面。

（自“江苏南部种子植物手册”）

［生长环境］　通常喜生于中性砂质土壤，但也能耐酸性、石灰性土壤，因为根深，侧根发达，因此干燥地方亦可生长，阴坡半阴坡，土壤层深厚的地方生长良好。

［产　　地］　辽宁、吉林、黑龙江、内蒙古、河北、山西、陕西、甘肃、四川、云南、贵州、湖南、湖北、河南、山东、江苏、台湾、浙江等省区。

［用　　途］　赤柏木油含结晶脑量较低，但其香气优异，故常用作配制化妆及皂用香精的原料。种子含脂肪油（见“油脂类”，699页）。木材桃红色，光泽美观，质地坚硬致密，纹理通直，可为雕刻、装饰、器具、图板、铅笔杆等用材。树形美丽，四季常青，各地多栽植于公园、庭院中，作观赏树，也常栽作绿篱。

［理化性质］　干根含油2～3%，为红棕色粘稠液体，折射率（20℃）1.5110。主要成分为柏木醇（cedrenol, $C_{15}H_{24}O$），香柏油烃（cedrene，$C_{15}H_{24}$）及蒎烯（pinene，$C_{10}H_{16}$）。

［采收处理］　根皮或树皮均应切成小块或薄片，再行蒸油。

［加　　工］ 水蒸汽蒸馏法。

［其　　他］ 用播种育苗法繁殖，但种子当年不发芽，须用发芽促进法，最好经露天埋藏一年后再播，发芽整齐。亦可用插条繁殖。

本种多有梨锈病冬孢子寄生，在果园附近不宜栽植。

17 兴安桧（xingankuai）

［地 方 名］ 爬山松（黑龙江）

［学　　名］ **Juniperus davurica** Pall.　柏科

［商 品 名］ 兴安桧油

［形态特征］ 匍匐状灌木，高1米余；树皮成片状剥裂，灰褐色；小枝红褐色，密生，嫩枝绿色；芽极小，不显明。叶有鳞状及针状两种，幼时多针状叶，对生，长约1厘米，较细，先端尖，不挺硬，表面微凹，无白粉带，均为绿色。雌花序生于小枝顶端。球果紫黑色，被有白粉，内有种子2～4粒，黄褐色或淡红褐色，有香气。花期6月，果期8月。

［生长环境］ 喜生于山峰岩缝间，山坡林下生长不良；分布于海拔约900米以上。

［产　　地］ 内蒙古东部、黑龙江大兴安岭、吉林长白山等地。

［用　　途］ 根、干、针叶及种子均含有芳香油，主要用于提取柏木脑，又可加工制成乙酸柏木酯，可作调合香料的保香剂，提脑剩下的素油，也为良好调香原料，常用于皂及化妆香精中。此外，又可做光学玻璃清净剂及显微镜头的油浸剂等。

［采收处理］ 参阅侧柏（1284页）。

［加　　工］ 水蒸汽蒸馏法。

18 山刺柏（shancibai）

［地 方 名］ 刺柏（江苏、四川、浙江），岩柏（四川），刺松（山西），柏香、柏树（浙江）。

［学　　名］ **Juniperus formosana** Hayata　柏科

［商 品 名］ 刺柏木油

［形态特征］ 灌木或小乔木，高可达15米；树皮暗褐色，有纵槽或成片状脱落，在离地1～2米高处常分为三或更多的直干；枝上举或扩展；小枝黄绿色，下垂，三棱形。叶全为针状，3枚轮生，绿色，扩展，长1～3厘米，宽1.5～2毫米，先端尖锐，表面有阔的白粉带2条，背面稍隆起，有不明显的中肋。果实浆果状，球形，直径约3～6毫米，微带红褐色，光亮；种子3，长卵圆形，具三棱。花期春季。

［生长环境］ 生山野森林边缘，与松树等混生，在湖北西部和四川东部，分布于海拔约300～1600米之间，而在四川西部则为2300米的高山亦有少数生长。也多栽培。

［产　　地］ 甘肃、陕西、山西、四川、云南、湖南、湖北、广东、福建、台湾、江苏、浙江、江西、安徽等省。

［用　　途］ 与扁柏木油大体相同，根、干、针叶及种子都含有芳香油，主要用于提取柏木脑，又可加工制成乙酸柏木酯，可当做调合香料的保香剂，提脑剩下的素油，也为良好调香原料，常用于皂用及化妆香精中。此外，又可做光学玻璃清净剂，显微镜头的油浸剂等。

［理化性质］ 根及干含芳香油 2～5%，称刺柏木油，为淡黄色至黄色或棕色粘稠液体，比重（20℃）0.928～0.958，折射率（20℃）1.4150～1.5200，旋光度（20℃）-10°～-15°，主要成分为柏木脑，含量在 20～30%，此外，尚含香柏油烃、柏木酮、松油烃等。叶含芳香油 0.2～0.3%，主要成分为柠檬烃（limonene，$C_{10}H_{16}$）及少量乙酸龙脑酯（bornyl acetate，$C_{12}H_{20}O_2$）、杜松子香油烃等。种子含芳香油 0.1～0.3%，主要成分为樟脑烃（camphene，$C_{10}H_{16}$）及龙脑、松油醇等。

［采收处理］ 参阅侧柏（1284 页）。

［加　　工］ 水蒸汽蒸馏法。

19 杜松（dusong）（图 1017）

［地 方 名］ 刺松（辽宁），崩松、刺柏、棒儿松（河北）。

［学　　名］ **Juniperus rigida** Sieb. et Zucc.　柏科

［商 品 名］ 崩松油

［形态特征］ 常绿小乔木，高可达 10～15 米；幼时树冠呈箒形，成长后变为卵圆形；树皮暗灰褐色；1～2 年生枝呈三棱形；芽卵形，深绿色。叶 3 片轮生，3 棱，针形，长 1.2～2 厘米。老树生者较短，先端尖锐，表面凹沟处有一条白色气孔带。花单生，雌雄同株，雌雄花均腋生于一年生枝的叶腋；雄花序卵形，长 4.5 毫米，黄褐色；雌花序球形，长 3 毫米，绿色或褐绿色。球果浆果状，球形或椭圆形，长 7～8 毫米，熟时暗紫褐色，被白粉，不开裂，内含种子 1～4；种子卵圆形，褐色，坚硬。花期 5 月，果期 10 月。

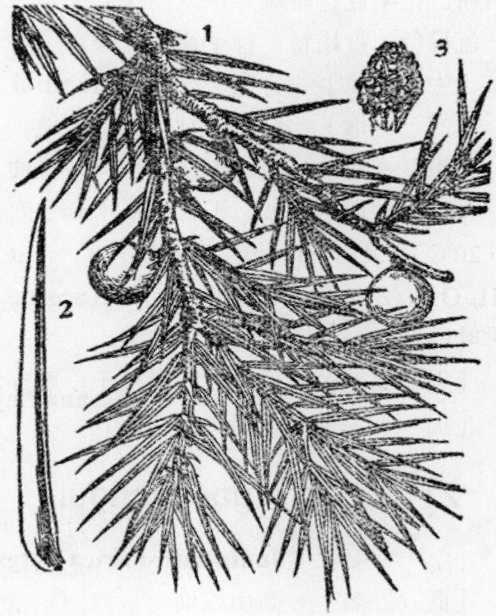

图 1017　杜松

Juniperus rigida Sieb. et Zucc.

1．果枝；　2．叶；　3．雄花序。

［生长环境］ 喜生于山峰或向阳湿润的砂质山坡，干燥多石砾的沟谷也常生长。

［产　　地］ 黑龙江、吉林、辽宁、内蒙古、河北、山东、河南、山西、陕西、甘肃等省区。

［用　　途］ 木屑及根可制崩松油，球果也含芳香油，但与所谓“杜松子油”不同，国外所用者实系缨络柏子油。

木材供建筑、造船、桥梁、机械、器具等用。

果实入药，有利尿、发汗、镇痛的功效。果含糖量达40%，可制浓缩糖浆或酿酒。

［理化性质］ 果含芳香油0.5～1.5%。

［采收处理］ 采收成熟的果实，破碎后加工。

［加　　工］ 水蒸汽蒸馏法。

20 新疆圆柏（xinjiangyuanbai）

［学　　名］ **Juniperus sabina** L. (*Sabina officinalis* Garcke) 柏科

［商 品 名］ 新疆桧油

［形态特征］ 蔓生灌木，高达1～4米，稀直立状；枝条自地表常向四周匍匐开展，其尖端复向上生长；小枝稍细，折断后有气味。鳞片叶，贴生，菱状卵形，长约1毫米，先端钝或尖，背面有腺，暗绿色；针状叶稍开展，长约4毫米，表面凹下，中肋显明，被白粉。花单性，雌雄异株或同株。果实着生于小枝顶端，近于球形或卵形，直径5毫米，蓝褐色，被蜡粉，种子通常2颗。

［生长环境］ 喜生干燥向阳石砾山坡。

［产　　地］ 新疆、甘肃北部等地。

［用　　途］ 枝、干及根含有芳香油，可用作调制化妆品、皂用香精的原料。

［理化性质］ 枝、干含油率1.5～1.6%，精油的比重（15℃）0.907～0.930，折射率（20℃）1.473～1.480，旋光度+38°～+62°。主要成分为：萨毗桧油醇（sabinol，$C_{10}H_{16}O$），乙酸萨毗桧油脂（sabinyl acetate，$C_{11}H_{18}O_2$），香草醇（citronellol，$C_{10}H_{20}O$）及香叶醇（geraniol，$C_{10}H_{18}O$）等。

［采收处理］ 可选取较老枝干，磨碎成屑末，再行加工。

［加　　工］ 水蒸汽蒸馏法。

21 高山桧（gaoshangui）

［学　　名］ **Juniperus sibirica** Burgs. 柏科

［商 品 名］ 高山桧油

［形态特征］ 丛生灌木，枝丛生斜上呈杯形，高1米许；树皮灰紫褐色，老时剥裂，大枝暗褐色；小枝红褐色，渐变灰褐色；芽小，赤褐色。叶针形，3个轮生，长0.9～1.4厘米，表面微凹，中间有一条显明的白色气孔带。花生于一年生枝的叶腋。球果

红褐色，被白粉，内含种子 1～2，黄褐色。花果期均在 8 月。

［生长环境］　喜生干燥高山坡，海拔在 1000～2500 米间。

［产　　地］　内蒙古东部，黑龙江大兴安岭，吉林长白山，新疆等地。

［用　　途］　根、干及枝叶含有芳香油，可作调合香精的原料。

［采收处理］　参阅侧柏（1284 页）。

［加　　工］　水蒸汽蒸馏法。

22 蒌叶（louye）（图 1018）

［学　　名］　**Piper betle** L.　胡椒科

［商 品 名］　蒟酱油

［形态特征］　常绿攀援藤本，高可达 10 米。叶互生，大而厚，卵状长圆形，通常基部偏斜，长 10～15 厘米，宽 4～10 厘米。花序穗状，长达 5～15 厘米，常下垂。果为肉质浆果，绿黄色，互相连合成一长圆柱状体。果期 4～5 月或 9～12 月。

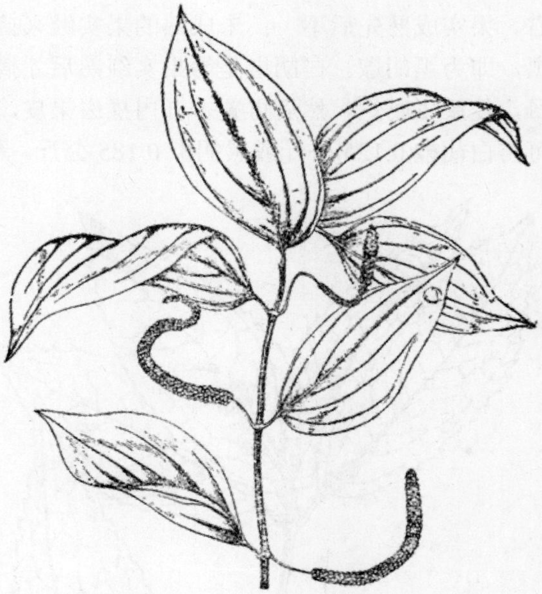

图 1018　蒌叶
Piper betle L.
果枝

［生长环境］　为热带常见的附生藤本，喜阴湿，尤好森林环境。在雨量多、湿度大、土壤肥沃、没有霜雪的低凹湿热河谷森林中最适合生长。

［产　　地］　云南、广东、广西、台湾等省区。

［用　　途］　叶含芳香油，可用作调香原料。叶又可入药。

［理化性质］　干叶含油率 1～1.2%，油的比重（15℃）0.958～1.057，旋光度-1° 55'～+2° 53'。主要成分为蒟酱酚（chavibetol，$C_{10}H_{12}O_4$），黑椒酚（chavicol，$C_9H_{10}O$）及甲基丁香酚（methyl, eugenol，$C_{11}H_{14}O_2$）等。

［采收处理］　在果成熟期采收其叶，阴干除水分后加工或趁鲜加工。

［加　　工］　水蒸汽蒸馏法。

23 胡椒（hujiao）（图 1270）

［学　　名］　**Piper nigrum** L.　胡椒科

［商 品 名］　黑胡椒油

（形态特征、生长环境、产地及其他用途见“药用类”，1644 页）

［用　　途］　胡椒是重要的香辛料，是人们日常食用最普通的调味品之一，在食品工业中广泛采用，果核中亦含芳香油，可用于香精的调合。

［理化性质］　果实含芳香油，其含油量因采收处理的不同而异，白胡椒的含量为 0.81%，黑胡椒为 1.2～2.6%，油的比重（15℃）0.873～0.916，折射率（20℃）1.480～1.499，旋光度-10° ～+3° 。主要成分为：氧化胡椒醛（piperonal，$C_8H_6O_3$），二氢化香旱芹子油萜醇（dihydrocarveol，$C_{10}H_{18}O$）及水芹香油烃（phellandrene，$C_{10}H_{16}$）等。

［采收处理］　胡椒经插条繁殖后 8 个月即开花，此时应随时将花摘去，不宜采收果实。待 2.5～3 年后才可收获，从种子繁殖的植株要经 3.5～4 年才有收获。普通在 7～15 年为盛产期，插条繁殖的可连收 8～9 年甚至到 35 年以上，种子繁殖的可收 14 年左右。果实成熟先后不一；未成熟的果实经采摘后并置日光下晒干或烘干，则色泽由红转黑，即为黑胡椒。白胡椒是等果实红熟后才摘下，除去果枝，放在布袋内，浸水 7～9 日，使果皮腐烂，然后再置木桶内揉去果皮，水洗晒干即得。每公斤青胡椒（即鲜果）可得白胡椒 0.125 公斤或黑胡椒 0.185 公斤。黑胡椒中含芳香油较多，故一般均采用黑胡椒蒸制胡椒油。胡椒的采收期，每年一般可分二次，第一次在 3～5 月，第二次在 7～9 月，以第二次的产量为高。

［加　　工］　水蒸汽蒸馏法。

［其　　他］　胡椒在国内外用途很广，而胡椒油的用途国内目前还不很大。胡椒的繁殖方法可用插条或播种。

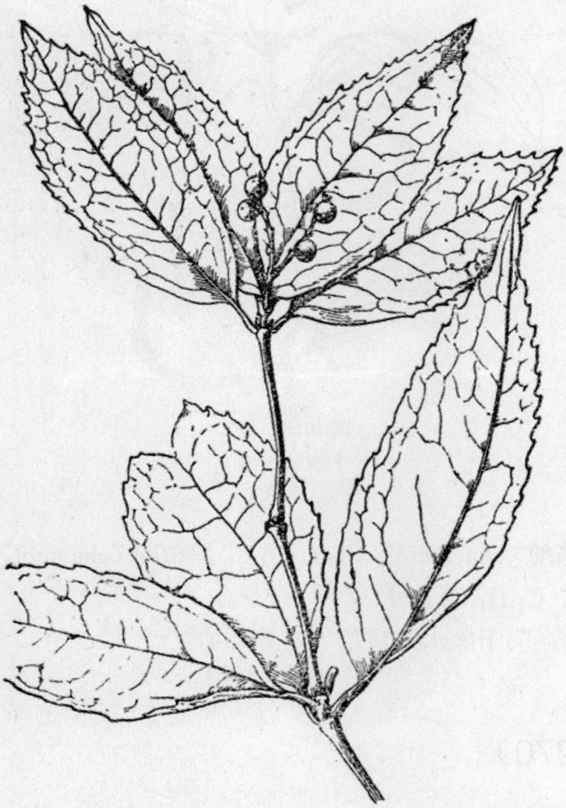

图 1019　接骨金粟兰
Chloranthus glaber (Thunb.) Makino
茎的上部

24 接骨金粟兰（jiegu-jinsulan）（图 1019）

［地 方 名］　威灵仙、九节花、铁足大仙（四川），九节茶（浙江），接骨莲、牛膝草（湖北），节节竹（江西），草珊瑚、竹节茶（福建）。

［学　　名］　**Chloranthus glaber** (Thunb.) Makino　金粟兰科

［商 品 名］　草珊瑚油、竹节茶油

［形态特征］　矮小常绿亚灌木，

茎高 70～100 厘米，绿色，无毛，带草质，有膨大的节，节间有纵行较明显的脊和沟。单叶对生，革质，卵状长圆形至披针状长圆形，长 6～16 厘米，宽 3～7 厘米，先端渐尖，基部尖或楔形，边缘除基部外有粗锯齿，齿端为硬骨质；叶柄长 0.5～1.5 厘米，无毛；托叶鞘状，顶部截形，各侧有 2 个微小突出的尖齿。花小、黄绿色，单性，雌雄同株；雌雄花合生，生于一极小的苞片的腋内，组成顶生短穗状花序；雄蕊 1，药隔膨大成卵形，花药 2 室，生于药隔侧面上端；子房 1，卵形，柱头无柄。核果球形，直径约 3 毫米，熟时红色。花期 6 月，果期 8～9 月。

[生长环境] 生丛林间阴湿处。

[产　　地] 四川、云南、贵州、浙江、安徽、福建、江西、湖北、湖南、广西、广东等省区。

[用　　途] 鲜叶可提取芳香油，用于调配化妆香精等。

全草供药用（见“药用类”，1646 页）

[理化性质] 鲜叶含芳香油 0.2～0.3%，比重（15℃）0.9851～0.9879，折射率（20℃）1.5040～1.5046，旋光度（20℃）+9° 45'～+11° 0'。

据上海市用福建蒲城和浙江广元两地产品测定，其理化性质如下：

产　地	比　重（15℃）	折射率（20℃）	旋光度	含酯量（乙酸芳樟酯计，%）
福建蒲城	0.9200	1.5002	+12° 30'	22.2
浙江广元	0.9148	1.4947	—	26.8

[采收处理] 四季可采，以夏秋两季为宜；全草用刀割下，切成小段，除净杂质即可。

[加　　工] 水蒸汽蒸馏法。

25 银线草（yinxiancao）（图 1020）

[地 方 名] 灯笼花、分叶芹、假细辛（辽宁）

[学　　名] **Chloranthus japonicus** Sieb.　金粟兰科

[商 品 名] 银线草根油

[形态特征] 多年生草本，根状茎横生，分歧，生有多数细长须根，具特殊香气。茎直立，通常不分枝，高 20～40 厘米，无毛。茎生叶有数对，叶片较小，鳞片状，膜质，三角形至阔椭圆状三角形，长 4～5 毫米；顶生叶 4 片，叶形大，密接排成轮状，倒卵形或椭圆形，长 7～11 毫米，宽 4～7 毫米，基部阔楔形，先端急尖，边缘除近基部外有锐锯齿，表面深绿色，背面色淡，光滑无毛，网状脉明显；柄长 10～15 毫米。花序穗状直立，顶生，连总梗长 2.5～4 厘米；花白色，无梗，缺花被；雄蕊 3，花丝线形，鲜白色，生于子房的背面，长 4～5 毫米，仅在基部愈合，等长，水平伸出，外边 2 枚雄蕊的基部外侧各着生一个花药，中央雄蕊退化无花药，子房 1，柱头平截，无柄，花后雄蕊脱落。

核果歪阔倒卵形，基部细，长 2.5～3 毫米，成熟时绿色。花期 5～6 月初，果期 7 月末（辽宁）。

［生长环境］ 性喜阴湿，生于林内或灌林边腐殖质深厚处。

［产　　地］ 辽宁、河北、陕西、甘肃、湖北、四川、浙江等省。

［用　　途］ 根及根状茎含芳香油。

［理化性质］ 据辽宁省资料：风干的根及根状茎含芳香油 0.55%。

［采收处理］ 采掘根状茎，经阴干后即可提取芳香油。

［加　　工］ 将干根切碎用水蒸汽蒸馏法蒸馏。

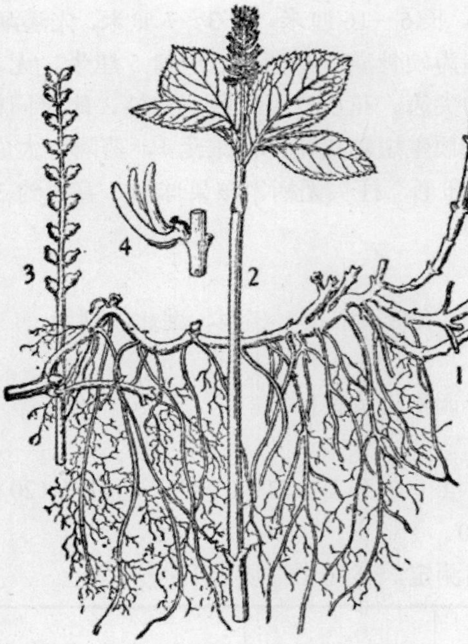

图 1020 银线草
Chloranthus japonicus Sieb.
1. 根状茎及根；2. 带花序的茎；3. 果序；4. 花。
（自“东北草本植物志”）

26 珠兰（zhulan）（图 1021）

［学　　名］ **Chloranthus spicatus** (Thunb.) Makino 金粟兰科

［商 品 名］ 珠兰浸膏和珠兰油

［形态特征］ 平卧状的亚灌木，茎长约 1 米，圆形，无毛。单叶对生，革质，卵形至倒卵形或长圆状椭圆形至阔圆形，长 4～10.5 厘米，宽 1.5～5.5 厘米，先端钝，基部楔形，边缘具圆齿，齿尖有腺点，背面脉纹显明；叶柄短，长约 1 厘米。圆锥花序着生枝端；花黄色，芳香，无柄，苞片为正三角形；雄蕊 1，四室着生于膨大的药隔腹面，药隔先端 3～5 齿，子房卵形。花期 5～6 月，果期 8～9 月。

［生长环境］ 本种性喜阴湿，主要生山区丛林下；庭园和花圃中常有栽培。

［产　　地］ 江苏、福建、台湾、广东、云南

图 1021 珠兰
Chloranthus spicatus（Thunb.）Makino
1. 花果枝；2. 花序的一小段；3. 花（正面）；4. 花（背面）。（自“江苏南部种子植物手册”）

等省。

［用　　途］ 鲜花及根状茎可提芳香油，可配制各种化妆品香精和皂用香精。鲜花掺入茶叶，称珠兰茶。

亦用作熏茶；在医药上用根状茎捣烂可治疔疮。

［理化性质］ 据江苏省资料：根状茎含芳香油约 0.66%。

［采收处理］ 开花时采收花朵，根状茎随时可采，趁鲜加工。

［加　　工］ 浸提法。

［其　　他］ 在用金粟兰花朵提制浸膏时，常与楝科的树兰的花混淆，今后应注意分别利用。

27 钻天杨（zuantianyang）

［学　　名］ **Populus nigra** L. var. **italica** Du Roi (*P. nigra* L. var. *pyramidalis* Spach, *P. pyramidalis* Rozier) 杨柳科

［商 品 名］ 杨芽油

［形态特征］ 乔木，高达 30 米；枝斜上，紧密，形成狭圆柱状树冠；树皮暗灰色，老时树干色更暗，有沟纹，常形成较大板根；枝条无毛，圆棒状，黄色，二年生枝变成灰色；芽长卵形，有黏性，带红色，花芽先端向外弯曲。叶**菱状卵圆形**，长 5～10 厘米，宽 4～8 厘米，**基部阔楔形**，先端突渐尖，边缘半透明，有细的圆齿状锯齿，**无睫毛**，背面淡绿色，短枝上叶比较小且宽，基部常呈截形或圆形；叶柄均细长，**扁平**。柔荑花序先叶开放；雄花序长 3～9 厘米，苞尖裂，雄蕊 6～30 枚；雌花序长达 10～15 厘米。蒴果 2 瓣裂，柄细，长 3～5 毫米。花期 3～4 月，果期 5 月。

［生长环境］ 性喜潮湿地，能生长在各种土壤。

［产　　地］ 黑龙江、吉林、辽宁、内蒙古、陕西、甘肃、青海、宁夏、新疆、山西、河北、山东、台湾等省区，皆系栽培作行道树用。

［用　　途］ 叶芽含有芳香油，可用作调合香精之原料。

［理化性质］ 叶芽含油率 0.5～0.8%。油的比重（15℃）0.890～0.914，折射率（20℃）1.493～1.500，旋光度+1° 54'～+7° 43'。主要成分有：丁香油烃（caryophyllene，$C_{15}H_{24}$），桉叶醇（cineole，$C_{10}H_{18}O$）及白杨烃（populene，$C_{15}H_{24}$）等。

［采收处理］ 在春季发叶之时，采收其叶芽进行加工。

［加　　工］ 水蒸汽蒸馏法。

［其　　他］ 黑杨（Populus nigra L.）与上述变种区别是侧枝广展，树冠卵圆形至金字塔形，亦常见栽培。

28 杨梅（yangmei）（图 367）

［学　　名］ **Myrica rubra** Sieb. et Zucc. 杨梅科

［商 品 名］ 杨梅叶油

（地方名、形态特征、生长环境、产地及其他用途见“淀粉及糖类”，449 页）

［用　　途］ 叶含有芳香油，具有水果香气，可用作调香原料，配制饮食品及化妆、皂用香精用。

［理化性质］ 叶含油率 0.02～0.03%。

［采收处理］ 选择不结果的树木适当疏叶采收，结果的树木在果实成熟期采叶，阴干或立即加工。

［加　　工］ 水蒸汽蒸馏法。

29 香桦（xianghua）

［学　　名］ **Betula insignis** Franch.　桦木科

［商 品 名］ 香桦油、桦焦油、桦芽油

［形态特征］ 乔木；小枝淡黑色有皮孔，平滑无毛。叶近于革质，卵状披针形，稍歪斜，长 8～9 厘米，宽 2.5～3.5 厘米，先端狭尖或短锐，基部圆形，边缘疏生有尖锐锯齿，表面有细毛而粗糙，背面色较淡，中肋在表面显凹纹，侧脉 12～14 对，沿脉处有丝状，短柔毛，具有脂点；叶柄长 1.2～1.8 厘米，有细毛。果穗近于无柄，略呈圆柱形，长 4～6 厘米，直径 1.5 厘米；果苞微有毛，裂片 3，中裂片为尖披针形，侧裂片之顶部圆形，长达中片 1/2；小坚果阔倒卵形，微有毛；翅圆形，较果身略狭。

［生长环境］ 生于海拔 2300～2700 米的山地。

［产　　地］ 湖北、四川、贵州、湖南等省。

（用途、理化性质、采收处理、加工，均参阅光叶桦，本页）

30 光叶桦（guangyehua）（图 1022）

［地 方 名］ 桦树、风桦、化胶树、香桦（四川），花果树（湖北）。

［学　　名］ **Betula luminifera** H. Winkl.　桦木科

［商 品 名］ 香桦油、桦焦油、桦芽油

［形态特征］ 落叶乔木，高可达 20 米，胸径 80 厘米；幼树皮青灰色，光滑，老树皮变为灰褐色至暗红褐色；小枝褐红色或灰紫色，具黄色茸毛，后变无毛。叶卵形，长 4～10 厘米，宽 2～4 厘米，先端渐尖，基部楔形，偏斜，边缘具不规则的尖锯齿，表面光滑无毛，背面疏生短柔毛，侧脉明显，9～12 对；叶柄长 1 厘米。花单性同株，雄花集成柔荑花序，每苞片内有 3 花，花萼 4 裂，雄蕊 2；雌花亦集成柔荑花序，长约 6 厘米，苞片细小，中间裂片较两边裂片长几倍，内生 3 花，无花被，子房 2 室，花柱 2 深裂。果为小坚果，卵形，压扁状，顶端有两宿存的花柱，两侧各有一较小坚果，宽 2～3 倍的半圆形的翅。

［生长环境］ 生于海拔 700～2500 米的阳坡灌丛或林内。

［产　　地］　湖北、湖南、四川、贵州、广东、广西等省区。

［用　　途］　树皮、木材、叶均含有芳香油。

树皮含鞣质，可提制栲胶。

［理化性质］　据四川省及贵州省资料：树皮含芳香油 0.2～0.5%，嫩枝含 0.25%，叶含 0.05%。桦芽可提取桦芽油，含量 3.5～8%，主要成分为香桦油醇（betulol，$C_{15}H_{24}O$），香桦油烃（betulene，$C_{15}H_{24}$）等。又桦树皮可制桦焦油，干皮的得油率为 20～30%，主要成分系愈创木酚（guaiacol），甲苯酚（cresol），儿茶酚（pyrocafechol）等。

［采收处理］　桦芽及嫩枝在春夏

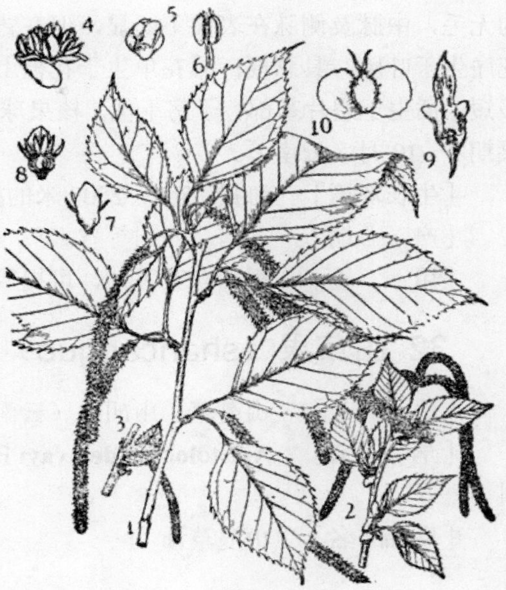

图 1022　光叶桦

Betula luminifera H. Winkl.

1．果枝；2．雄花枝；3．雌花枝；4．雄花；5、6．雄蕊；7．苞片；8．雌花；9．果苞片；10.果。（自“中国森林植物志”）

季采收，树皮可在夏秋季采收，树叶在春、夏、秋季均可采收。

［加　　工］　香桦油可用水蒸汽蒸馏法提取，皮和木材用干馏法制取桦焦油。

31 沙针（shazhen）（图 1023）

［地 方 名］　香疙瘩果、香疙瘩（云南）

［学　　名］　**Osyris wightiana** Wall. 檀香科

［商 品 名］　沙针油

［形态特征］　常绿灌木或小乔木，高达 2 米；小枝光滑，具棱角，绿色，干后变黑。单叶互生，革质，椭圆状披针形，长圆

图 1023　沙针

Osyris wightiana Wall.

1．花枝；2．果枝；3．花。

形或倒卵形，长 1.5～4.5 厘米，宽 0.6～1.5 厘米，先端锐尖，基部狭楔形，全缘，两面均无毛，中脉及侧脉在表面不明显，但在背面凸出，几无叶柄。花杂性，雄花组成聚伞花序生于叶腋，具总梗；雌花单生于花梗上；花小，黄绿色；花被 3 裂；雄蕊 4，花丝极短，插生于裂片基部；子房下位。核果球形，成熟时红色；种子球形。花期 3～10 月，果期 9～10 月（云南）。

［生长环境］ 海拔 1500～2500 米的松林下或干燥灌木丛中，生于酸性红壤。

［产　　地］ 云南、四川等省。

［用　　途］ 根部含芳香油，可提取利用。云南农民用其根代檀香。

32 山草果（shancaoguo）（图 1024）

［地 方 名］ 山蔓草、山胡椒（云南）

［学　　名］ **Aristolochia delavayi** Franch. var. **micrantha** W. W. Smith. 马兜铃科

［商 品 名］ 山蔓草油

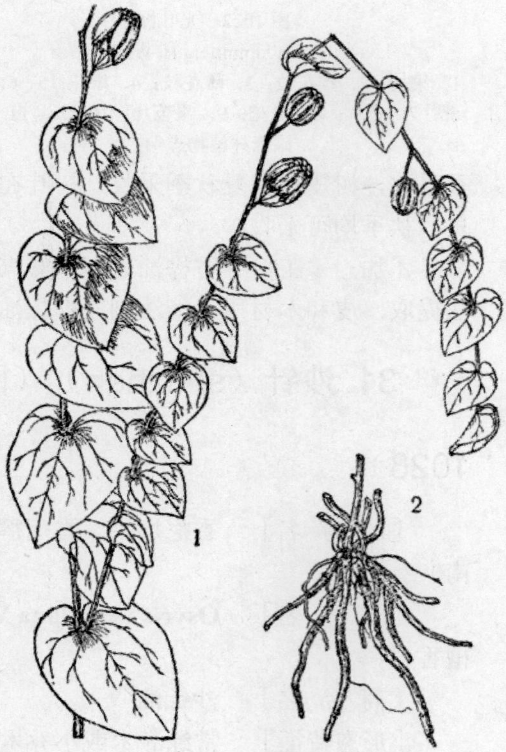

图 1024 山草果

Aristolochia delavayi Franch. var. micrantha W. W. Smith.

1. 果枝；2. 根。

［形态特征］ 多年生缠绕草本，高 30～70 厘米，茎、叶有浓烈的辛香气；茎细瘦而软弱。单叶互生，心形，近于无柄，长 2～4 厘米，宽 1.5～3 厘米。花单生于叶腋，花被单层，管状弯曲，黄色，长约 2 厘米。果为蒴果，圆球形，直径约 1.5 厘米，熟时由基部 6 裂；种子多数，扁三角形。花期 8 月，果期 9～10 月（云南）。

［生长环境］ 常见于燥热的石灰岩河谷，或土层瘠薄、多砾石的红壤地带；性喜强烈的长日照，要求年雨量约在 1000～1400 毫米之间。

［产　　地］ 云南丽江及中甸的金沙江两岸。

［用　　途］ 枝叶可提芳香油，烹煮牛羊肉加用一些，可祛除腥膻，增加风味。

［理化性质］ 据云南省野生植物普查队野外粗分析：干叶含芳香油 1.16%；油呈淡黄色。

［采收处理］　夏秋间采收枝叶加工。

［加　　工］　水蒸汽蒸馏法。

33 杜衡（duheng）（图 1025）

［地 方 名］　南细辛（浙江），苦叶细辛（四川）。

［学　　名］　**Asarum forbesii** Maxim.（*A. blumei* Duchastre）　马兜铃科

［商 品 名］　杜衡油

［形态特征］　多年生草本，高 15～25 厘米。地下茎棍状，节间短，具丛生须根，淡黄白色，带辛香味。叶阔卵圆形，长 5～8 厘米，宽 6～10 厘米，先端钝尖，基部深心形，或作二耳下延，表面深绿色，被有白色细斑，并生有微毛，在叶脉上较密，背面淡绿色，光滑，全缘，边缘有微毛，质柔软；叶柄长 6～12 厘米。花被筒呈钟状，花直径 1.2～1.5 厘米，先端 3 裂，外面黄褐色，内面暗紫色，并有网纹显著隆起；雄蕊 12；子房和花被筒贴生，6 室，花柱 6，柱头 2 裂。蒴果；种子多数，细小，黑褐色。花期 3～4 月，果期 5～6 月。

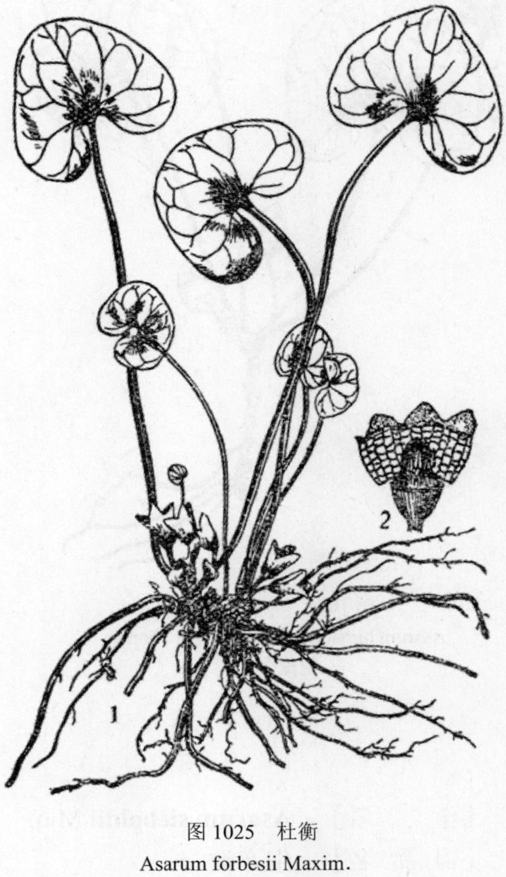

图 1025　杜衡
Asarum forbesii Maxim.
1. 植物全形；2 花。

［生长环境］　生于山坡阴湿处的草丛中或林下岩石旁阴湿而富有腐殖质的土壤上。

［产　　地］　浙江、安徽、江西、湖南、四川等省。

［用　　途］　全草可提取芳香油。

浙江龙泉县人民用全草煎水服，有散风、治伤的功效。又据江西省资料：根与地下茎为发汗祛痰药、治感冒、头痛等症，含于口中能除口舌疮，将叶填塞蛀牙孔中，可治牙痛。

［理化性质］　全草含芳香油 1~1.5%，主要成分为黄樟油素及丁香酚等。

［采收处理］　于开花期刈割全草加工。

［加　　工］　水蒸汽蒸馏法。

34 石南七细辛（shinanqixixin）（图 1026）

［地 方 名］　细辛、石南七（四川）

［学　　名］　**Asarum himalaicum** Hook. f. et Thoms.　马兜铃科

［商 品 名］　石南细辛油

［形态特征］　多年生草本，茎蔓生，密被褐色长而粗的软毛，节上生须根，节间短。单叶对生，出自茎的基节，膜质，阔卵圆形，长 4～8 厘米，先端尖，基部心形，全缘，两面均密被褐色粗硬毛；叶柄长 5～15 厘米，密被褐色长毛。花单生，由叶腋间抽出，有褐色毛；花被一轮，整齐，呈钟状，长约 1～1.5 厘米，直径 1 厘米左右，先端 3 裂，带紫色，宿存；雄蕊 12，排列成 2 轮，花药具钻形的顶端，分离或近于分离；子房与花被筒贴生，花柱 6；花梗长约 2 厘米。蒴果。花期 6～7 月。

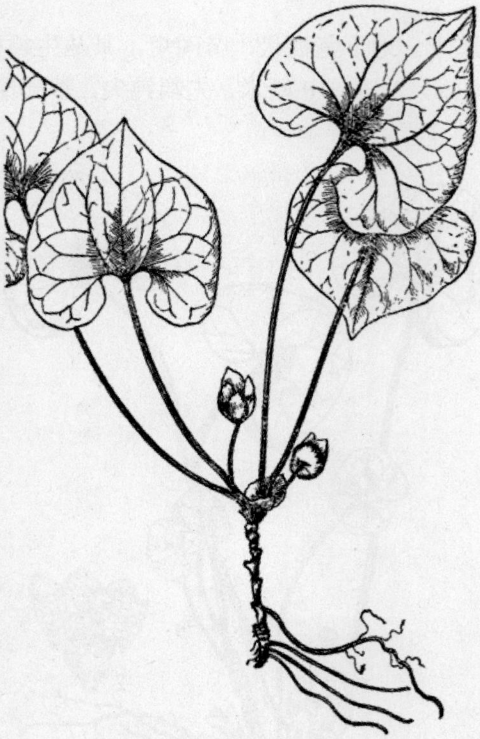

图 1026　石南七细辛
Asarum himalaicum Hook. f. et Thoms.
植株全形

［生长环境］　生于海拔 800～2600 米的阴湿山坡、岩石边及开旷林下腐殖土上。

［产　　地］　四川、甘肃南部等地。

［用　　途］　根、茎有香气，可提取芳香油。

根入药，能发汗祛痰，为治喘、咳及偻麻质斯要药；又对治感冒、头痛、眼球痛、牙疼、口舌疮和去口臭均有效。

［采收处理］　夏秋季采收茎叶加工。

［加　　工］　水蒸汽蒸馏法。

35 细辛（xixin）（图 1276）

［学　　名］　**Asarum sieboldii** Miq.　马兜铃科

［商 品 名］　细辛油

（地方名、形态特征、生长环境、产地、其他用途及采收处理见“药用类”，1655 页）

［用　　途］　根可提取芳香油。

［理化性质］　根部辛辣有香气，干根含油量 2～3%。油的主要成分为甲基丁香

酚（methyl eugenol, $C_{11}H_{14}O_2$）50%，细辛酮（asaryl-ketone），黄樟油素（safrole, $C_{10}H_{10}O_2$），蒎烯（pinene, $C_{10}H_{16}$）等。

［加　　工］　干根经压碎后用水蒸汽蒸馏。

36 石竹（shizhu）（图 1294）

［学　　名］　**Dianthus chinensis** L.　石竹科

［商 品 名］　康乃馨浸膏及净油

（地方名、形态特征、生长环境、产地及其他用途见“药用类”，1679 页）。

［用　　途］　花含有芳香油，其浸膏或净油可用以配制高级香精，应注意发展。

［理化性质］　精油主要成分为：丁香酚（eugenol, $C_{10}H_{12}O_2$），苯乙醇（phenylethylal-cohol，$C_8H_{10}O$），苯甲酸苄酯（benzyl benzoate, $C_{14}H_{12}O_2$）及柳酸苄酯（benzyl salicylate，$C_{14}H_{12}O_3$），柳酸甲酯（methyl salicylate, $C_8H_8O_3$）等。

［采收处理］　一般在 6～7 月采收盛开的鲜花，进行加工。

［加　　工］　浸提法。

37 莽草（mangcao）

［学　　名］　**Illicium anisatum** L.（*I. religiosum* Sieb. et Zucc.）　木兰科

［商 品 名］　莽草油

［形态特征］　常绿小乔木或灌木；树皮带红褐色。叶互生，革质，长椭圆形，长 6～9 厘米，宽 2～5 厘米，两端锐形，全缘，表面有微细小点；叶柄长 1～2 厘米，不具托叶。花腋生，黄绿色，有短梗；萼片 6，花瓣 16，线状，排成 2 轮，外轮者较宽；雄蕊多数，花药内向，子房多数，各有 1 胚珠，蓇葖果，木质化，轮状排列，**发育不规则，直径 9 毫米。果皮外表颇皱缩，先端尖锐向上，略带弯曲**；种子扁形或扁球形，带黄色，有光泽，长约 3 毫米。

［生长环境］　生于山沟、水边或多阳光之灌木丛中。

［产　　地］　四川、湖南、江西、台湾、广东、广西等省区。

［用　　途］　果实和枝叶均含芳香油。

［理化性质］　干果实的芳香油得油率为 1%左右，比重（15℃）0.984～0.985，旋光度（20℃）−0° 50'～−4° 5'，主要成分系黄樟油素、桉叶醇、丁香酚、大茴香脑等。

［加　　工］　水蒸汽蒸馏法。

［其　　他］　本种为野生种，有剧毒，如误作八角茴香代用品，常引起严重事故，今后应研究利用其某些成分，同时避免与八角茴香混淆，绝对不宜食用。

38 红茴香（honghuixiang）（图 1027）

［地 方 名］　八角茴（湖北），八角（贵州）。

［学　　名］ **Illicium henryi** Diels　木兰科

［商 品 名］ 红茴香油

［形态特征］ 常绿灌木或小乔木，高约3～4米；树皮灰白色，幼枝绿色。单叶互生，革质，椭圆状披针形或长披针形，长15～18厘来，宽4～5.5厘米，先端锐尖，基部楔形，全缘，表面深绿色，有光泽，背面淡绿色，主脉在表面下凹，背面凸起，侧脉互生或近对生，两面均不明显；叶柄长约2厘米。花深红色，单生于叶腋，花梗圆柱形，长约3厘米，基部木质，具小苞片一对；萼片3，三角状卵形，长约6毫米，宽约5毫米；花瓣11～18，红色，宽卵形或长方卵形；雄蕊16～25，排列成一轮；心皮多数。蓇葖果小，长1.5厘米，呈星状。花期5月，果期9～10月（河南）。

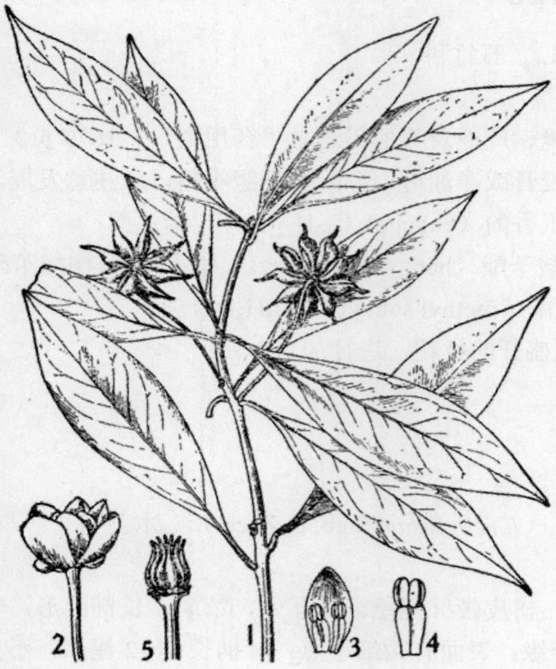

图1027　红茴香

Illicium henryi Diels

1．果枝；2．花；3．内轮花瓣和雄蕊；4．雄蕊；5．心皮。

（自“江苏南部种子植物手册”）

［生长环境］ 生长于海拔300～2500米山区的密茂林荫中。

［产　　地］ 贵州、四川、江西、湖北、河南及陕西等省。

［用　　途］ 叶、果有香气，含芳香油。

［理化性质］ 据贵州省分析：果实含芳香油0.24%，油的比重小于1；叶含芳香油0.126%，而油的比重则大于1。

［采收处理］ 采叶宜在春夏季，采果在9～10月。

［加　　工］ 水蒸汽蒸馏法。

［其　　他］ 此植物系野生种，分布面较广，应扩大利用。

39 披针叶茴香（pizhenyehuixiang）（图1028）

［地 方 名］ 红茴香（浙江）

［学　　名］ **Illicium lanceolatum** A. C. Smith 木兰科

［商 品 名］ 披针叶茴香油

［形态特征］ 常绿小乔木，高至8米；树皮灰褐色。叶互生，革质，椭圆形至长

椭圆形，或倒卵状椭圆形，长 7～10 厘米，宽 2.5～4 厘米，先端渐尖，基部楔形，表面深绿色，有光泽，背面淡绿色，无毛，中脉在两面凸起，网脉隐没；叶柄长 3～15 毫米。花两性，深红色，单生或 2～3 朵生于叶腋。每一果由 9～13 个蓇葖组成，木质，先端有向内弯曲之尖头。花期 5～6 月，果期 9～10 月（浙江）。

［生长环境］ 生长于阴湿的山野溪谷两旁杂木林中。有时成林。

［产　　地］ 浙江省

［用　　途］ 果实和叶子有强烈香气，可提取芳香油，也应用在医药上。此外，种子含毒性，可制土农药。

［采收处理］ 果实成熟后采集加工。

［加　　工］ 水蒸汽蒸馏法。

［其　　他］ 可研究作为茴香油的代用品，但须注意其中所含的有毒成分的分离。

图 1028　披针叶茴香

Illicium lanceolatum A. C. Smith

1.花枝；2.蓇葖果。

40 八角（bajiao）（图 1029）

［学　　名］ **Illicium verum** Hook. f.　木兰科

［商 品 名］ 茴香油、茴油、大茴香油

［形态特征］ 常绿乔木，高 6～14 米；树皮灰色至红褐色，有不规则裂纹；枝密集，呈水平伸展，新枝较软，微向下垂。叶互生，半革质至革质，长圆形至椭圆披针形，长 5～10 厘米，宽 1.5～4 厘米，先端渐尖或急尖，基部楔形，边缘全缘，表面深绿色，光亮无毛，且有透明细点，背面淡绿色，被稀疏的柔毛，侧脉每边 3～7 条，小脉网状，不明显；叶柄粗大，扁平，长约 1 厘米。花两性，单生于叶腋内，具苞片，花柄长 1.5～3 厘米；萼片 2～3，其中 1～2 片较大，复瓦状排列；花瓣淡红色或粉红色，一般 6～9，排成 2～3 轮，阔卵形或长圆形；雄蕊多数，花丝长约 0.5 毫米，花药长卵圆形，2 室，纵裂；心皮 8 枚，完全发育，离生，轮状排列。果为辐射状的蓇葖果，呈八角形，直径约 3.5 厘米，成熟时开裂，每蓇葖中有种子一枚，种子阔椭圆形，平滑，棕色而有光泽，种皮干膜质，胚乳丰富，白色，胚细小。花期每年 2 次，2～3 月和 8～9 月，果期 8～9 月和次年 2～3 月（广西）。

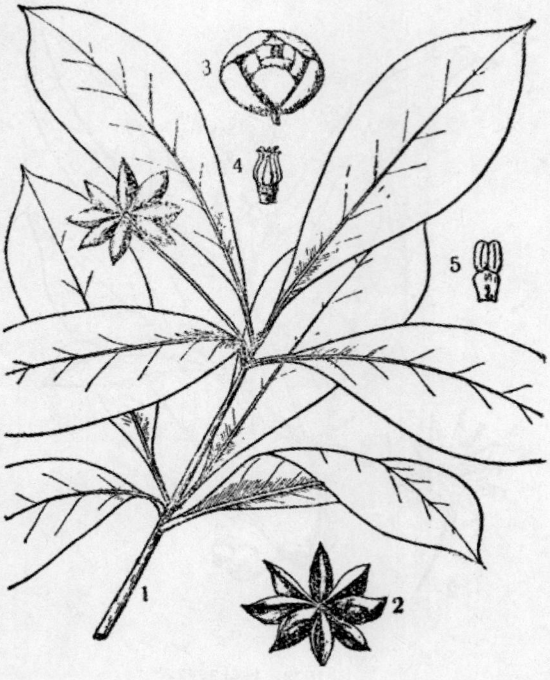

图 1029 八角
Illicium verum Hook. f.
1. 果枝；2. 蓇葖果；3. 花；4. 心皮；5. 雄蕊。

[生长环境] 八角是一种耐阴性树种，喜生于气候温暖的山谷，但以湿润、肥沃、排水良好的壤土或沙壤土为最适宜。在广东和广西通常栽培于山麓与丘陵地的阴坡。在开朗阳坡虽能生长，但由于光照过强，往往生长不良常显枯顶衰退现象。本种的适宜栽培区约在北纬23°～24°之间。

[产　　地] 主产广西的上思、龙津、德保、百色、苍梧等地，广东，贵州，云南东南部等地也产。

[用　　途] 茴香油在香料工业中主要用以提取大茴香脑，并再合成为大茴香醛、大茴香醇。这些单体香料均广泛应用于牙膏、牙粉、食品、香皂或化妆品用香精，用量极大，每年出口量亦多。同时茴香油在制药工业中又是合成阴性荷尔蒙已烷雌酚的主要原料。种子可榨脂肪油，可供肥皂等用。果实供药用（见“药用类”，1720 页）。

[理化性质] 果实和叶均含芳香油，干果的含油量为 8～12%。鲜叶的含油量为 0.3～0.5%。油为灰白色至淡黄色的油状液体，天冷时常有大量结晶析出，具有强烈的八角香气，并带有甜味。据广东省资料：其比重（15℃）0.986～0.998，折射率（20℃）1.553～1.556，旋光度-2～+1°，凝固点 15～19℃。主要成分是大茴香脑（anethole，$C_{10}H_{12}O$），含量达 80%以上，其次亦含有黄樟油素（safrole，$C_{10}H_{10}O_2$），大茴香醛（anisic aldehyde，$C_8H_8O_2$），茴香酮（anisic ketone, $C_{10}H_{12}O_2$）等。在昆明西山采集的八角叶子，据中国科学院昆明植物研究所资料：得油率为 0.6～1%，比重（23°/4℃）0.9828，折射率（20℃）1.4736，旋光度（20℃）+0.2°，凝固点 18.6～18.7℃，含大茴香脑 95%。

茴香油的商品规格，以大茴香脑的含量作标准，而含量则又与凝固点（又称冻点）成正比，故一般茴香油的规格要求凝固点在 15℃以上，出品规格为 18～19℃。

凝固点（℃）	21.1	18.6	16.3	14	11.6	9.9	8	6.2	4	2.2
大茴香脑（%）	100	95	90	85	80	75	70	65	60	55

（上海市资料）

[采收处理] 八角每年开花两次，第一次开花期 2～3 月间，果实采收期在 8～9 月间，这种果实叫大造果或大红果，为一年中八角的主要收成。第二次开花在第一次果

实采收后，即8～9月间，果实采收则需至次年2～3月间，这种果叫四季果，产量较少。八角当定植8～15年后开始结实，到30～60年为结实盛期，每株每年可产果50～100公斤，树龄一般可达百年以上，也有达200年的。果实收集后，应即集中晒干或烤干。晒干有的直接放在阳光下，也有先放在开水中泡至果实颜色转红后再晒，一般要晒5～6天。烤干则将鲜果平铺竹片架上，用文火烤三天，颜色为黑色，不如晒的鲜艳美观，每100公斤鲜果可得干果25～30公斤。

［加　　工］　水蒸汽蒸馏法。

［其　　他］　八角及茴香油是我国的特产，目前产量远不能满足需要，应积极扩大栽培，特别在广西、广东、云南、贵州、四川南部应大量种植。

用种子繁殖。

41 盘柱南五味子（panzhunanwuweizi）（图1030）

［地 方 名］　南蒲、猢狲拳、白山环藤、五味子、黄牛藤、猢狲饭团（浙江）

［学　　名］　**Kadsura longipedunculata** Finet et Gagnep. (*K. peltigera* Rehd. et Wils.)　木兰科

［商 品 名］　南五味子油

［形态特征］　攀援状灌木，长2.5～4米，全体无毛。叶互生，革质，稍厚而柔软，椭圆形或长椭圆状披针形，长5～9厘米，先端渐尖，基部楔形，边缘有稀疏锯齿或小牙齿，表面暗绿色，背面带紫色而有光泽；叶柄长1～2厘米。花白色或淡黄色，杯状，直径约2厘米，有细梗，梗的下面有数个小形鳞片状苞片，花托随果实的发育而延长。果柄细长下垂，果实球形，深红色，直径2～3厘米。

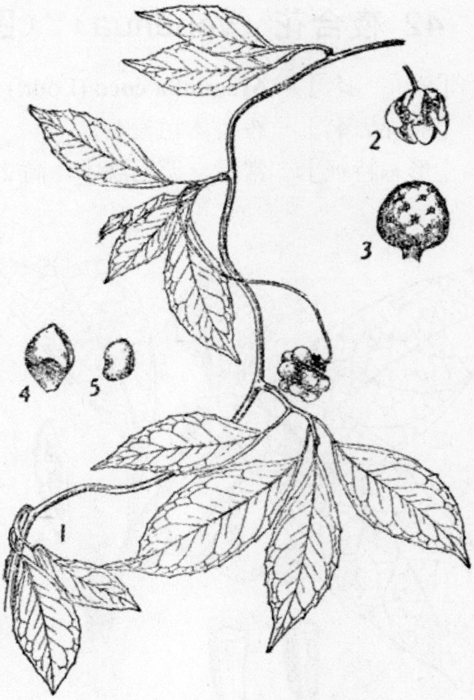

图1030　盘柱南五味子
Kadsura longipedunculata Finet et Gagnep.
1．果枝；2．雄花；3．雄蕊群；4．浆果；5．种子。
（自“江苏南部种子植物手册”）

［生长环境］　生长于海拔1000米左右的灌木林中。

［产　　地］　江西、安徽、浙江、福建、广东、云南、四川、湖南等省。

［用　　途］　茎叶、果实均可提取芳香油。

茎皮纤维可供结绳、纺织用（见“纤维类”，128页）。种子入药，为滋补强壮剂和镇咳药。浙江平阳县民间用水煎服治胃气痛；浙江泰顺县民间用根治妇女月经痛症。果实味甜，可食。

［理化性质］ 据上海市资料：干果含油量约 0.5～1%，精油折射率 1.5068。其他性状与北五味子油近似。

［采收处理］ 茎叶于 6～7 月间采收，摘下叶子及枝条，用鲜品提取芳香油。种子于 9～10 月采收，可随采随加工，亦可晒干备用。

［加　　工］ 水蒸汽蒸馏法。

42 夜合花（yehehua）（图 1031）

［学　　名］ **Magnolia coco** (Lour.) DC. (M. pumila Andr.)　木兰科

［商 品 名］ 夜香木兰浸膏

［形态特征］ 常绿，无毛灌木，高 2～3 米。叶互生，具短柄，革质，椭圆形至长圆形，长 7～18 厘米，宽 3～6.5 厘米，全缘，先端尾状渐尖，基部长楔形，背卷，两面均光亮无毛，网脉两面均极明显凸起；叶柄长 5～10 毫米。花单 1，顶生，白色，极香，直径 3～4 厘米；花梗粗壮，无毛，常下弯，长 1.5～2.5 厘米；萼淡绿色，倒卵形，无毛；花瓣 6，2 列，倒卵形，外轮的较大，长 2～2.5 厘米，基部收窄，易落；心皮无毛，但密生小瘤状体。花期 5～6 月。

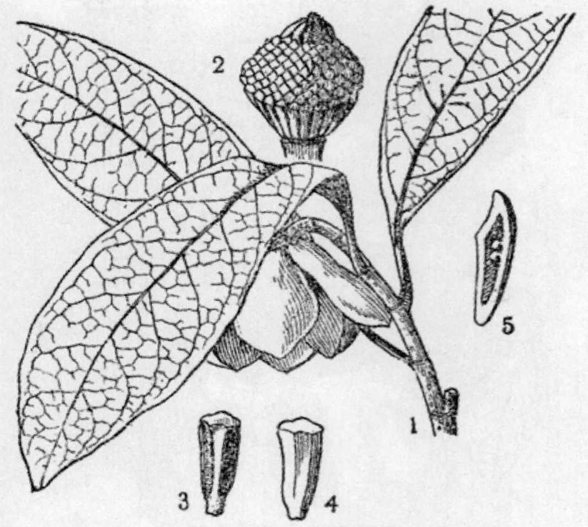

图 1031　夜合花
Magnolia coco（Lour.）DC.
1. 花枝；2.花去掉花被；3. 雄蕊腹面；4.雄蕊背面；　5. 心皮纵剖面。

［生长环境］ 喜生于气候温暖、潮湿的地带。

［产　　地］ 广东、广西、福建、台湾各省区。

［用　　途］ 鲜花含有芳香油，香气幽雅，可提制浸膏，用作化妆品和皂用香精的调合原料。花尚可供观赏，或作熏茶用，妇女常簪其花于发上或襟头上作装饰品。

［采收处理］ 在花期采集，将盛开之鲜花进行加工。

［加　　工］ 浸提法。

43 玉兰（yulan）（图 1032）

［学　　名］ **Magnolia denudata** Desr.　木兰科

［商 品 名］　玉兰叶油、玉兰花油

［形态特征］　落叶小乔木，高可达 6 米；嫩枝及芽有柔毛。叶倒卵形至倒卵状长圆形，长 10～18 厘米，宽 6～10 厘米，先端阔而突尖，基部阔楔形，表面绿色有光泽，背面被有柔毛，叶脉具细柔毛；叶柄长 2～2.5 厘米。**花先叶开放**，大形，白色，有香气，钟状，直径约 12～15 厘米，**萼片与花瓣大小近于相等，无显著区别**，花被片 9，长圆状倒卵形。果实长 8～12 厘米。花期 3 月，果期 6～7 月。

［生长环境］　栽培，有时野生于森林中，不适于低湿的地区。

［产　　地］　湖北、湖南、河北、河南、山东、浙江、江西、云南等省皆有栽培。

［用　　途］　花可制浸膏。

花蕾入药，为药用“辛夷”之一种。

［采收处理］　在花期采收鲜花，立即加工。

［加　　工］　浸提法。

［其　　他］　本种有 2 变种，一为应春树［M. denudata var. purpurasecens (Maxim.) Reh. et Wils.］，花瓣外部带紫色。一为长花木兰［M. sprengeri var. elongata (Rehd. et Wils.) Stapf.］，花虽为白色，但其萼片、花瓣和叶均较原种为大。

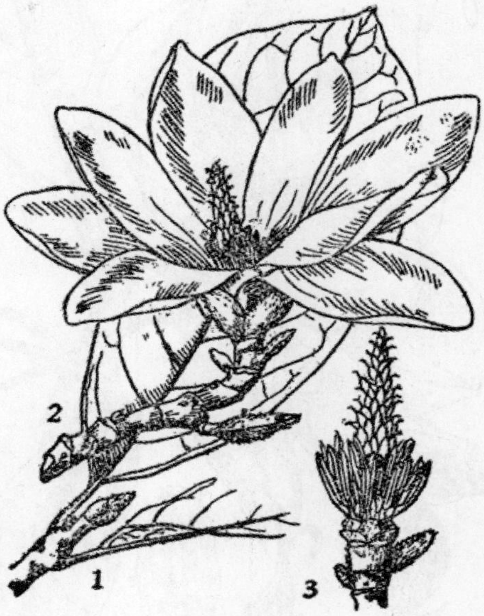

图 1032　玉兰

Magnolia denudata Desr.

1. 小枝；2. 花枝；3. 去花被之花（示雌雄蕊）。

上述二变种在湖北西部、云南、四川及陕西等地均有分布，用途与原种同。

44 广玉兰（guangyulan）（图 1033）

［学　　名］　**Magnolia grandiflora** L.　木兰科

［商 品 名］　广玉兰浸膏

［形态特征］　**常绿乔木**，高可达 10 米；树皮灰色，平滑；小枝粗壮，灰褐色，无毛，具叶痕及皮孔；芽鳞红褐色，有短毛。单叶互生，革质，长椭圆状披针形或倒卵状长椭圆形，长 12～20 厘米，宽 3.5～8 厘米，先端渐尖或短尖，基部楔形，全缘；表面绿色，有光泽，**背面苍绿或被有锈色短柔毛**。**花梗直，有绒毛**；花瓣白色，萼片 3，花瓣状，花瓣 6、9 或 12，倒卵形，**心皮有毛**。果实红色，肉质，成熟时紫褐色，木质。花期 6 月，果期 8～9 月。

［生长环境］　多栽培，性喜肥沃湿润的土壤。

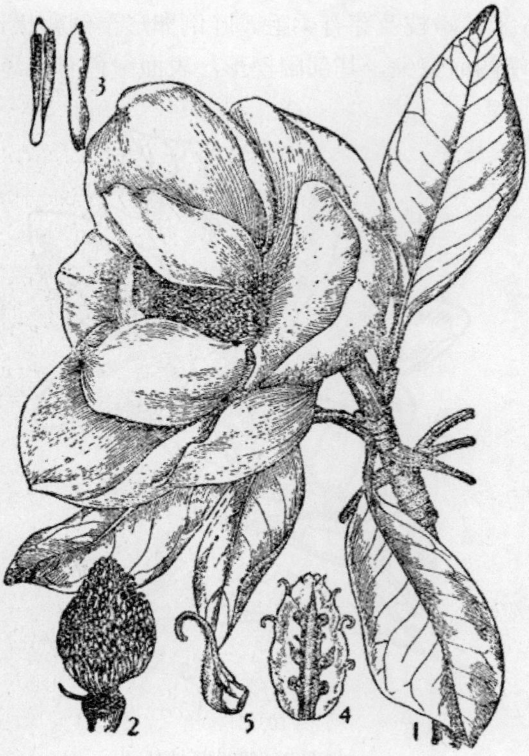

图 1033 广玉兰
Magnolia grandiflora L.
1. 花枝；2. 花去花瓣后示雄蕊和雌蕊的排列；3. 雄蕊的内面和外面；4. 果轴的纵剖面；5. 雌蕊。
（自“江苏南部种子植物手册”）

［产　　地］ 原产美洲。江苏、浙江、山东、广东、台湾、湖北，四川等省均有栽培。

［用　　途］ 花含芳香油，可制成鲜花浸膏，在香料上用作调制香精原料。

［理化性质］ 浸膏得量为 0.12～0.16%左右。

［采收处理］ 开花期采收鲜花进行加工。

［加　　工］ 浸提法（浸提后的花蕊还可用蒸馏法蒸得芳香油）。

45 木兰（mulan）（图 1034）

［地 方 名］ 辛夷（全国各地），紫玉兰（河南），木连花（湖南），望春花、杜春花、木单（江苏）。

［学　　名］ **Magnolia liliflora** Desr. 木兰科

［商 品 名］ 木兰油、木兰浸膏

［形态特征］ 大灌木，高达 3～5 米；枝条除梢外，余均无毛，花芽被毛。单叶互生，椭圆形或椭圆状卵形，长 10～18 厘米，宽 6～10 厘米，先端阔而急尖，基部阔楔形，表面暗绿色，密被短柔毛，背面绿色有光泽，脉上被细柔毛；叶柄长 2～2.5 厘米。**花先叶开放**，大形，钟状，有香气，白色或外面紫色里面白色，直径 10～15 厘米，具短而硬的花梗；**萼片 3，长约为花瓣的 1/3**；花瓣 6，倒卵形或倒卵状长圆形，长 8～10 厘米，先端纯；雄蕊多数，螺旋状排列于长轴形花托的下部，花丝扁平，药纵裂，药隔先端尖出；心皮多数，螺旋状排列于花托上，子房 2 室，每室有 2 胚珠。果为蓇葖果，长圆形，长 7～10 厘米。花期 2 月，果期 5 月。

［生长环境］ 本种为亚热带和温暖地带的森林树种，幼年时稍耐阴蔽，成龄时偏阳性，但以气候温暖，湿润的地区，肥沃的土壤或沙质壤土最适生长。

［产　　地］ 湖北、四川、陕西各省有野生，江苏、浙江、安徽等省有栽培。

［用　　途］ 木兰花很香，提制的浸膏用于调配皂用香精和化妆香精等。

又是观赏树种。花蕾入药（见“药用类”，1720 页）。

［理化性质］　从花中提取出来的浸膏含量为 1～1.2%。其主要成分为丁香酚（eugenol, $C_{10}H_{12}O_2$），黄樟油素（safrole, $C_{10}H_{10}O_2$），柠檬醛（citral, $C_{10}H_{16}O$），大茴香脑（anethole, $C_{10}H_{12}O$）和草蒿素（estragole, $C_{10}H_{10}O$）。油的折射率（20℃）1.4830。

［采收处理］　在晴朗的早晨 7～8 时许，把刚开放的花朵摘下，平铺在竹箩里，随即进行加工。

［加　　工］　木兰花用有机溶剂浸提或水蒸汽蒸馏都可，但用浸提法获得率高，且香气好，故多用后一方法提取。浸提后的花蕊经打碎后，还可用水蒸汽回水蒸馏法再提出一部分精油。

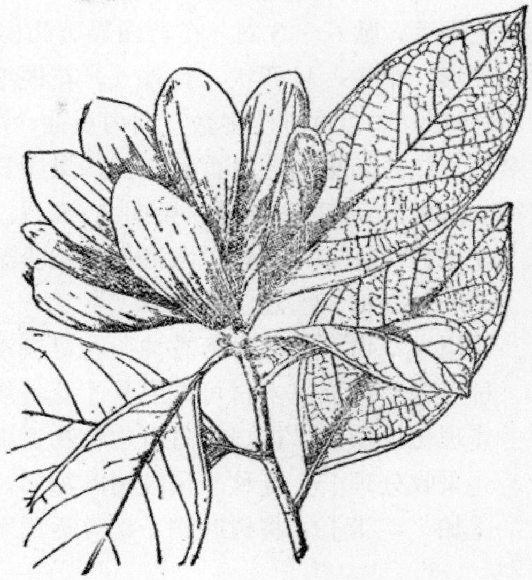

图 1034　木兰
Magnolia liliflora Desr.
花枝

46 厚朴（houpo）（图 1328）

［学　　名］　**Magnolia officinalis** Rehd. et Wils.　木兰科

［商 品 名］　厚朴浸膏、厚朴油

（地方名、形态特征、生长环境、产地及其他用途见“药用类”，1721 页）

［用　　途］　干皮含有芳香油，可使用于调制皂用、化妆品香精。

［理化性质］　干皮含油率 4～5%（浸提）。其主要成分为厚朴酚（参见“药用类”1721 页）。

［采收处理］　9～10 月间剥取树皮经干燥并碾碎，再行加工。

［加　　工］　水蒸汽蒸馏法或浸提法均可。

47 天女木兰（tiannümulan）

［地 方 名］　山牡丹、玉兰（辽宁）

［学　　名］　**Magnolia parviflora** Sieb. et Zucc.　木兰科

［商 品 名］　木兰叶油、木兰浸膏

［形态特征］　落叶小乔木，高 5～10 米；树皮灰白色；枝疏生细长毛；小枝淡褐色，有短柔毛；芽大，细长，暗紫褐色，密生短柔毛。叶互生，阔椭圆形、倒卵形或倒卵状长圆形，长 6～15 厘米，有时达 20 厘米，宽 4～10 厘米，基部圆形或阔楔形，先端

钝尖，全缘，表面绿色，初时仅脉间有毛，后无毛，背面灰绿色，有白粉及短柔毛，嫩时密生绢毛，脉 6～13 对，在背面显著凸出；叶柄长 1～6 厘米，有短柔毛。**花于叶后开放**，大形，单生，呈杯状，有香气，**花梗细长**；萼片 3，长圆形，淡粉红色，花瓣通常 6，倒卵形，白色；雄蕊多数，向内反曲，浓紫红色，花丝及花药长，红色，先端钝；心被多数，花托随果实之发育而延长，果序长圆柱形；种子橙黄色，圆状阔卵形，有棱，直径 6 毫米。花期 6～7 月，果期 7～8 月。

［生长环境］ 生长于阳坡土壤肥沃湿润的杂木林中。

［产　　地］ 辽宁省

［用　　途］ 叶含芳香油。花可制浸膏。种子含脂肪油。木材可做农具。花美丽芳香，为重要观赏植物。

［理化性质］ 据辽宁省野生植物普查队分析：叶含芳香油量 0.2%。

［采收处理］ 夏秋季采收树叶加工。

［加　　工］ 将树叶稍予切碎后用水蒸汽蒸馏。

48 香木莲（xiangmulian）（图 1035）

［学　　名］ **Manglietia aromatica** Dandy ［*Paramanglietia aromatica* (Dandy) Hu et Cheng］ 木兰科

［商 品 名］ 香木莲浸膏、香木莲叶油

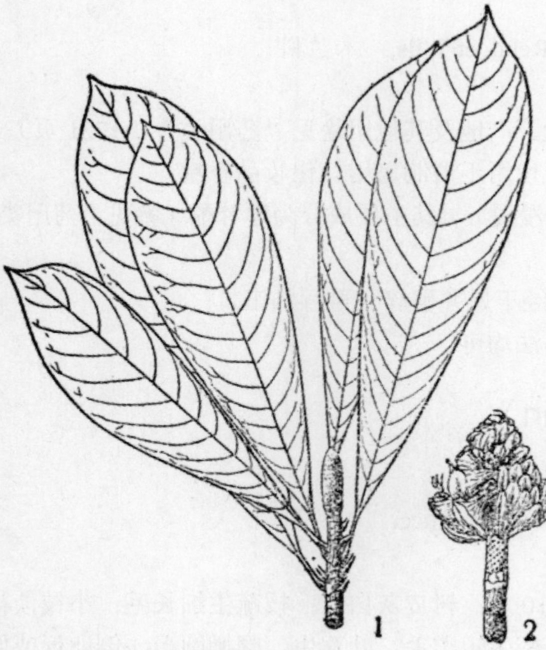

图 1035 香木莲
Manglietia aromatica Dandy
1. 叶枝；2. 果。

［形态特征］ 乔木，高达 21 米，胸径可达 50 厘米，全体有香气；树皮光滑，灰色。单叶互生，厚革质，长椭圆形，长约 14 厘米，宽 6 厘米，先端尖，基部狭楔形，全缘，表面光绿色，背面色较淡；花被 3 丛，雄蕊多数。果实近球形或卵形，长 7 厘米，直径 6 厘米，紫色，顶生，心皮成熟时木质，自背面裂开；种子球形，稍扁平，表面具红色的薄皮。

［生长环境］ 分布于海拔 400～1000 米之间，生于山地阳坡，山谷中也有生长。

［产　　地］ 广西西部、云南东南部等地。

［用　　途］ 花、叶及木质

部均可提取芳香油。其用途因含成分不同而异，均可用于调配各种香精。

［采收处理］ 花应于半开时采收，叶于修剪时采收，以免妨碍其生长，随采随加工。

［加　　工］ 花用浸提法，叶用水蒸汽蒸馏法。

［其　　他］ 此种经济价值极高，但目前产量较少，应注意保护和扩大栽培。

49 白兰花（bailanhua）（图 1036）

［地 方 名］ 白玉兰（福建），秤簸迦（台湾），白缅花、缅桂花（云南）、黄桶兰（四川）。

［学　　名］ **Michelia alba** DC. 木兰科

［商 品 名］ 白兰花浸膏、白兰叶油

［形态特征］ 常绿乔木，高达 10～20 米（江浙等地天气较寒，常呈灌木状，高仅 1～2 米。）；树皮灰色，枝稍疏，被白色毛。叶革质，互生，卵状椭圆形或长圆形，长 10～25 厘米，宽 4～9 厘米，两端均渐狭，**两面无毛或于背面被疏毛**，小脉网状，干时两面均甚明显；**叶柄长 1.5～2 厘米**，上有短的托叶痕迹，约为柄全长的 1/3 或 1/4。花白色，单花腋生，极香，长 3～4 厘米，萼片长圆形，花瓣线状，长 3.2 厘米；雄蕊多数，多列，花丝扁平；心皮多数，胚珠在每心皮内多于 2，螺旋状排列于延长有柄的花托上，子房被毛，柱头头状，果近球形，由多数开裂的心皮所组成，多不结实；花期 7 月。

［生长环境］ 栽培于路旁或庭园中。但以温暖湿润、土壤疏松而肥沃的地方最适宜生长。

［产　　地］ 原产印度尼西亚。我国福建、台湾、广东、广西、云南、四川等省区多有栽培；江苏、浙江、安徽、江西及其他较冷地区均为盆栽，唯冬季须移入花房，以避寒气。

［用　　途］ 白兰花具有幽雅清香，提制的白兰花浸膏为调配各种花香香精、化妆香精、香水和香皂的赋香剂；叶油可调配百花香精等。此外，白兰花又是人们所喜爱的一种观赏树木。

［理化性质］ 花提浸膏，收获率为 0.2～0.3%；鲜叶含油量 0.7%。

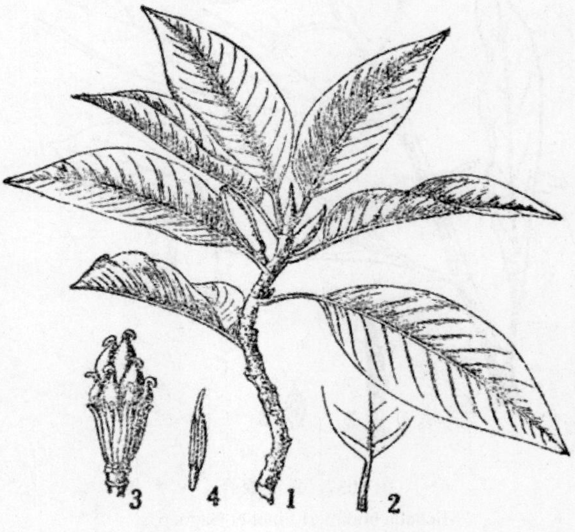

图 1036 白兰花

Michelia alba DC.

1．花枝；2．叶柄示托叶痕；3．花去掉花被；4.雄蕊。

油的主要成分为芳樟醇（linalool，$C_{10}H_{18}O$），甲基丁香酚（methyl eugenol，$C_{11}H_{14}O_2$）和苯乙醇（phenyl-ethyl alcohol, $C_8H_{10}O$）。叶油的折射率（20℃）1.4717；花浸膏的熔点 44～48℃，皂化值 75～95。

[采收处理]　白兰花从夏末就开始开花，一直到晚秋。白兰花要做到随开随采，如果开放过久，芳香油大部分挥发消失，未开放则不香。采收白兰花应该在晴朗的早晨，霾阴或雨天会影响油的含量和香味，而且采摘下来的花应平铺在箩里，若堆放在一起，温度增高，加速芳香油挥发和引起花的破坏，一般应做到当天采收当天加工。采收白兰花叶，也应在生长旺盛的季节，这时不但叶子较多，而且芳香油的含量也较高。

[加　　工]　花的加工应用低温浸提法，或与吹气吸附法联合使用，制得浸膏与精油。浸提所用有机溶剂可选用 30～60℃或 60～70℃的精制石油醚。白兰叶油一般用水蒸汽回水蒸馏法提取。

50 黄心夜合（huangxin-yehe）（图 1037）

图 1037　黄心夜合
Michelia bodinieri Finet et Gagnep.
1. 花枝；2. 心皮群；3. 子房纵切面。
（自“峨眉植物志”）

[学　　名]　**Michelia bodinieri** Finet et. Gagnep.　木兰科

[商 品 名]　保氏黄兰油、保氏黄兰浸膏

[形态特征]　常绿乔木，高 10～20 米；当年生幼枝嫩绿色，光滑无毛，皮孔疏稀明显。叶革质，倒阔披针形，长约 15 厘米，宽约 5 厘米，基部楔形，先端尖锐，全缘，表面深绿色有光泽，中脉下凹，背面淡绿色，中脉凸起，侧脉互生羽状，脉纹不显，两面均光滑无毛，叶柄长 2 厘米。花单生于叶腋或枝梢；花梗粗短，长约 1 厘米，密生有棕褐色毛，花黄色，芳香；**花被 6～8 片，两轮，长约 4 厘米，宽约** 1.2 **毫米**，长圆倒披针形；雄蕊多数，长约 1.1 厘米，着生于心皮下短轴上，螺旋状排列，药黄绿色，线形；子房上位，心皮多数。

[生长环境]　一般分布于海拔 1000～2000 米之间，生于林边或道旁。

［产　　地］ 四川峨眉山、秀山等地

［用　　途］ 叶、花系芳香原料，可提取芳香油。

［采收处理］ 叶在夏秋采收，花在春秋开花期采摘。叶、花均应随采随加工。

［加　　工］ 叶可用水蒸汽蒸馏法提油，花最好用低温浸提法提取浸膏。

51 黄兰（huanglan）（图 1038）

［地 方 名］ 黄缅桂（云南），旃簸边（台湾）。

［学　　名］ **Michelia champaca** L.　木兰科

［商 品 名］ 黄兰浸膏、黄兰油

［形态特征］ 常绿灌木或乔木，高 10～25 米；小枝灰褐色，有明显的皮孔及伏生黄色短细毛，枝端和嫩枝上有一环状的托叶痕。叶互生，披针形或卵状披针形，长 10～20 厘米，宽 4～8 厘米，基部楔形，先端渐尖，全缘；叶柄细瘦，长 2～2.5 厘米，其上的托叶痕长达中部以上。花单生于叶腋，淡黄色，有香味具短梗，有灰黄色绒毛；萼片短圆形，顶端尖；花瓣线形。果长达 16 厘米，由许多分离心皮发育而成的蓇葖果组成；每蓇葖果内有种子 3～4 颗，种子形状不规则，有棱角。花期 6～7 月（广东）。

［生长环境］ 性喜温暖气候，对土壤要求不严。

［产　　地］ 原产印度。我国江苏、四川、广东、广西、福建、台湾、云南等省区均有栽培。

图 1038　黄兰
Michelia champaca L.
1. 花枝；2. 花。

［用　　途］ 黄兰花含有芳香油，叶亦可蒸油，用途甚广。

［理化性质］ 花的芳香油含量为 0.16～0.2%，浸膏得量为 0.2～0.35%。油的比重（30℃）0.9543～1.020，折射率（30℃）1.4550～1.4830，皂化值 160～180。其主要成分为异丁香酚、苯甲醇、苯甲醛、桉叶醇、对甲基苯甲醚、芳樟醇等，可供香料用。

［采收处理］ 本种在云南南部几乎全年开花，于盛花期采收。

［加 工］ 花用低温浸提法加工，叶用水蒸汽蒸馏法提油。

52 含笑花（hanxiaohua）（图 1039）

［学 名］ **Michelia figo** (Lour.) Spreng. (*M. fuscata* Bl.) 木兰科

［商 品 名］ 含笑浸膏

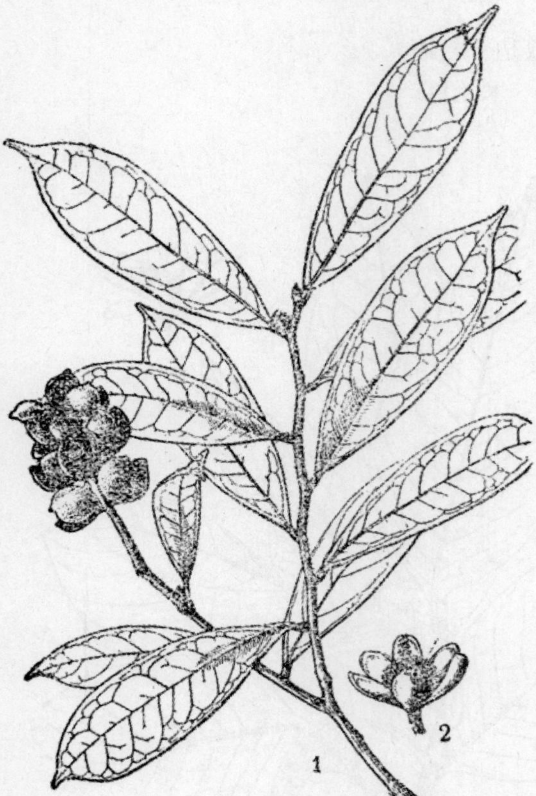

图 1039 含笑花
Michelia figo（Lour.）Spreng.
1．果枝；2．花。

［形态特征］ 常绿灌木或乔木，高约 2～3 米，分枝极密，小枝被褐色茸毛。叶互生，革质，椭圆形或倒卵长圆形，长 4～10 厘米，宽 1.8～4 厘米，先端钝而短尖，基部渐狭，表面光亮，背面除中脉外均无毛；叶柄长 4 毫米，被粗短毛，花芽鳞片密被黄褐色粗毛，花直立，直径 2～3 厘米，乳黄色而边缘常带红或紫色，芳香；萼与花瓣均为狭长圆形，长约 2 厘米；雄蕊长 8 毫米，花药长 5 毫米；雌蕊比雄蕊稍长；花梗密被褐黄色粗毛。果实卵圆形，长 2～3 厘米，熟时开裂，露出 2 枚具红色假种皮的种子。花期 3～4 月（广东）、5 月（浙江），果期 9～10 月（浙江）。

［生长环境］ 生于向阳山坡杂木林中，或林绿灌丛中，溪谷沿岸也有生长。

［产 地］ 福建、广东、广西、四川、浙江等省区，但产量不多。

［用 途］ 花有水果香，可提芳香油。亦可供药用。

［采收处理］ 春夏二季开花期采收花朵，应随采随加工。

［加 工］ 浸提法。

53 深山含笑花（shenshanhanxiaohua）（图 1040）

［地 方 名］ 泡花树、野厚朴（浙江）

［学 名］ **Michelia maudiae** Dunn 木兰科

［商 品 名］ 山含笑浸膏、含笑浸膏

［形态特征］　常绿乔木，高至 15 米；树皮灰褐色，小枝无毛。叶互生，革质，长圆形或长圆状椭圆形，长 10～18 厘米，宽 4～8 厘米，基部楔形或阔楔形，先端具短急尖，表面深绿色有光泽，背面有白粉，中脉隆起，网脉明显；叶柄长 2～3 厘米。花单生枝梢叶腋，大而为白色，有芳香，直径 10～12 厘米；花被片 9，成 3 轮排列；雄蕊多数；成熟心皮木质，背缝开裂，果实（连梗）长约 15 厘米，长圆形或圆锥形；种子红色，有假种皮。花期 5～6 月，果期 9～10 月（浙江）。

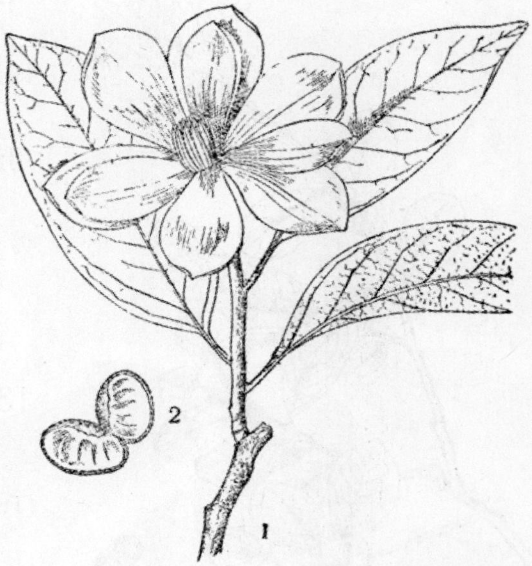

图 1040　深山含笑花
Michelia maudiae Dunn
1．花枝；2．蓇葖果。

［生长环境］　生长于温暖湿润的深山杂木林中，与甜槠、木荷、红楠、长柄山毛榉等树种混生。性喜排水良好、土层深厚肥沃的酸性壤土。

［产　　地］　浙江省

［用　　途］　花有水果香气，可提取芳香油，亦可供药用。

［采收处理］　在春夏二季采收花朵加工。

［加　　工］　浸提法。

54 皮袋香（pidaixiang）（图 1041）

［学　　名］　**Michelia yunnanensis** Franch.　木兰科

［商 品 名］　皮袋香油、皮袋香浸膏

［形态特征］　常绿灌木，高 2～4 米；嫩枝密生锈色绒毛。单叶互生，革质，卵形至倒卵状椭圆形，长 4～8 厘米，宽 1.5～3 厘米，基部楔形，先端急尖或钝圆，全缘，表面黄绿色，无毛，背面有棕色茸毛，后渐脱落，中脉在表面凹下，在背面凸起；叶柄长 4～5 毫米。花芽被棕褐色茸毛，花芳香，单生叶腋，梗短；花被白色；倒卵形；雄蕊多数，长 1 厘米。蓇葖果褐色；有种子 1～2，种子有假种皮，成熟时悬挂于丝状的种柄上而不脱落。花期 1～4 月，果期 9～10 月。

［生长环境］　常见于杉松或云南松林下，为林下小灌木，或在林缘与其他植物组成灌木丛，日照充足的阳山坡及荫暗的林下均有生长；尤常见于酸性红壤地带。

［产　　地］　云南昆明等地

［用　　途］　花大而芳香，除栽培供观赏外，还可提取浸膏，供香料用。叶有香

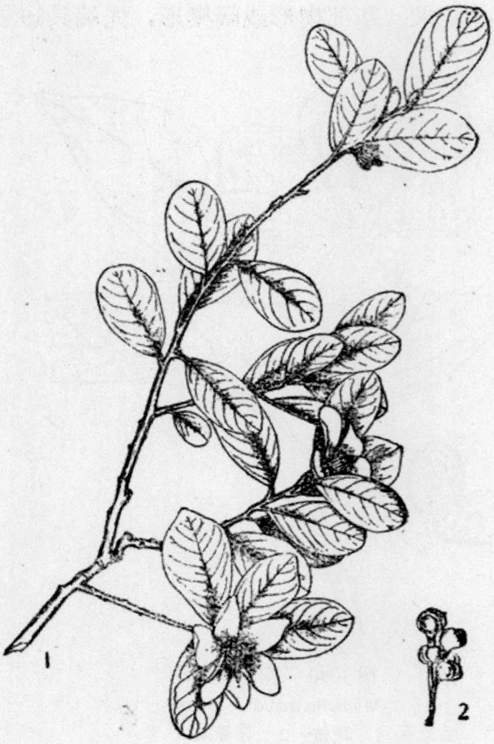

图 1041　皮袋香
Michelia yunnanensis Franch.
1．花枝；2．蓇葖。

气，农民常取叶晒干磨成粉作香面。

［理化性质］　据中国科学院昆明植物研究所分析：叶含芳香油量约为 0.28%。

［采收处理］　当新叶长成时采下，立即进行蒸油。花应随开随采，采后即浸提。

［加　　工］　叶用水蒸汽蒸馏法。花用浸提法。

［其　　他］　本种是一种值得注意的芳香植物，对花、叶应作进一步研究利用。

55 五味子（wuweizi）（图 1339）

［学　　名］　**Schisandra chinensis** (Turcz.) Baill.　木兰科

［商 品 名］　北五味子油

（地方名、形态特征、生长环境、产地及其他用途见“药用类”，1722 页）

［用　　途］　五味子的茎、叶及种子均可提取芳香油，供调制椰子香精及其他香精用。

［理化性质］　据山东省资料：果实中含芳香油 0.89%，果肉中含量为 0.3%，种子中含量 1.6～2%。种子所含的芳香油比重（15℃）0.863～0.882，折射率（20℃）1.5068，旋光度-4°～-12°。据上海市资料：主要成分为甲基壬酮（methylnonyl ketone，$C_{11}H_{20}O$）及十三烷酮（methyl undecyl ketone, $C_{13}H_{26}O$）等。

［采收处理］　茎叶于 6～7 月间采收，摘下叶子及枝条，用鲜品提取芳香油。种子于 9～10 月采收，可随收随加工，亦可晒干后备用。

［加　　工］　水蒸汽蒸馏法。

56 铁箍散（tiegusan）（图 1042）

［地 方 名］　小血藤（四川）

［学　　名］　**Schisandra propinqua** Hook. f. et Thoms. var. **sinensis** Oliv.　木兰科

［商 品 名］　小血藤油

［形态特征］　多年生木质藤本，高达 2 米。单叶互生，革质，长椭圆形或卵状披

针形至狭披针形，长 3～10 厘米，宽 1～2 厘米，基部圆形至阔楔形，先端长而渐尖，边缘有稀锯齿，表面淡绿色，背面紫红色，中脉平滑，背面凸起，侧脉不明显；叶柄长约 8 毫米。花小，腋生，带黄色；萼片和花瓣常无区别，共 7～12 枚；雄蕊 5～15，**合生为球形，花丝基部稍结合**；心皮多数。果为下垂穗状聚合果，小果为浆果，猩红色。花期 7～9 月。

［生长环境］ 分布在海拔 500～1500 米之间的阳向或阴向山坡上，山沟中也常有生长。

［产 地］ 湖北西部、四川、云南等地都有分布。

［用 途］ 茎叶及果实可提取芳香油。

［采收处理］ 应采收新鲜茎、叶，趁鲜加工。

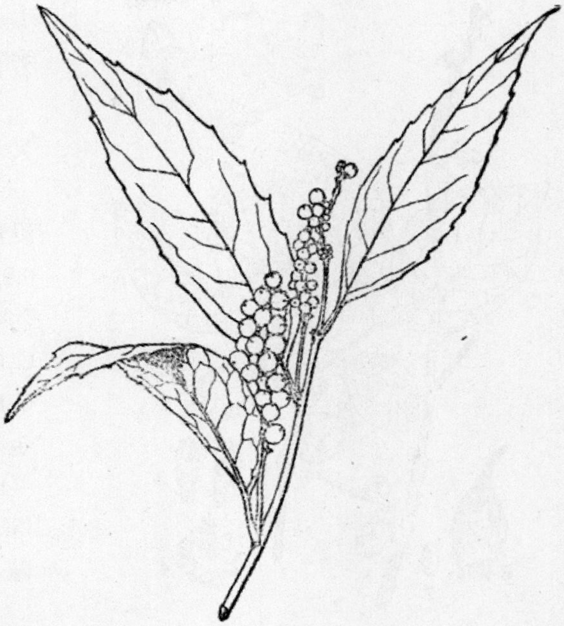

图 1042 铁箍散
Schisandra propinqua Hook. f. et Thoms. var. sinensis. Oliv.
果枝（聚合果是在标本台纸上的位置）。

［加 工］ 水蒸汽蒸馏法。

［其 他］ 本种的特征是：花梗极短，长 5～10 毫米，雄蕊连合成球状。

57 蜡梅（lamei）（图 1043）

［地 方 名］ 梅花（江苏），石凉茶、黄金茶（浙江）。

［学 名］ **Chimonanthus praecox** (L.) Link. 蜡梅科

［商 品 名］ 蜡梅浸膏

［形态特征］ 落叶灌木，高达 3 米。芽具多数复瓦状的鳞片；茎皮灰色，小枝微具棱，棕褐色，具椭圆状突出皮孔。单叶互生，近革质，椭圆状卵形至卵状披针形；先端渐尖，基部圆形或阔楔形，长 7～15 厘米，表面深绿色，背面淡绿色，粗糙，于叶脉上略被疏毛。花黄色，芳香，春初开花，直径约 2.5 厘米，外部瓣状萼片卵状椭圆形，黄色，内部萼片渐短，先端钝尖，基部有紫晕；雄蕊 5～6，短小；心皮多数，分离，生于壶形的花托内，花托随果实的发育而增大，成熟时为椭圆形，长 4 厘米，上部有棱角。瘦果具 1 种子，成熟时花托半木质化，形成蒴果状，宿存。花期 11 月至次年 3 月。

［生长环境］ 栽培于庭园间。

［产 地］ 原产江苏、浙江、湖北、四川及陕西秦岭等地，常见野生，现各省

都有栽培。

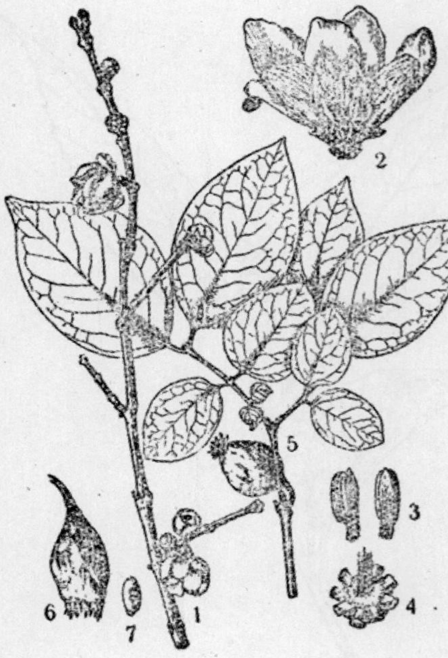

图 1043 蜡梅

Chimonanthus praecox（L.）Link.

1．花枝；2．花的纵切面；3．雄蕊；4．花托的顶端（去花被后）示中央突出的花柱；5．果枝；6．花托；7．果实。（自“中国药用植物志”）

［用　　途］ 花的香气很浓，可提取芳香油。

花可入药（见“药用类”，1723 页）。又是一种很好的观赏植物。

［理化性质］ 据上海市资料：蜡梅的浸膏得率为 0.5～0.6%，其净油的比重（15℃）0.9243，折射率（20℃）1.4714，旋光度+1°45'。主要成分是苄醇（benzyl alcohol，C_7H_8O），乙酸苄酯（benzyl acetate，$C_9H_{10}O_2$），芳樟醇（linalool, $C_{10}H_{18}O$），金合欢花醇（farnesol，$C_{15}H_{26}O$），松油醇（terpineol，$C_{10}H_{18}O$），吲哚（indol，C_8H_7N）等。种子含 calycanthine（$C_{12}H_{28}N_4$）生物碱。

［采收处理］ 在花期采收，随采随即加工。

［加　　工］ 浸提法。

［其　　他］ 云南蜡梅（Chimonanthus yunnanensis W. W. Smith.），亦可提取蜡梅浸膏，其采收处理及加工均与蜡梅相同。

58 鹰爪花（yingzhaohua）（图 1044）

［地 方 名］ 五爪兰（福建）

［学　　名］ **Artabotrys uncinatus** (Lam.) Merr. (*A. odoratissimus* R. Br.) 番荔枝科

［商 品 名］ 鹰爪花浸膏

［形态特征］ 木质藤本，高 3～4 米，小枝微左右折曲。单叶互生，长圆形或宽披针形，长 7～16 厘米，宽 3～5 厘米，先端渐尖，基部楔尖，光滑。花 1～2 朵生于钩状的花序柄上，淡绿色或淡黄色，芳香；萼片短，卵形，下部合

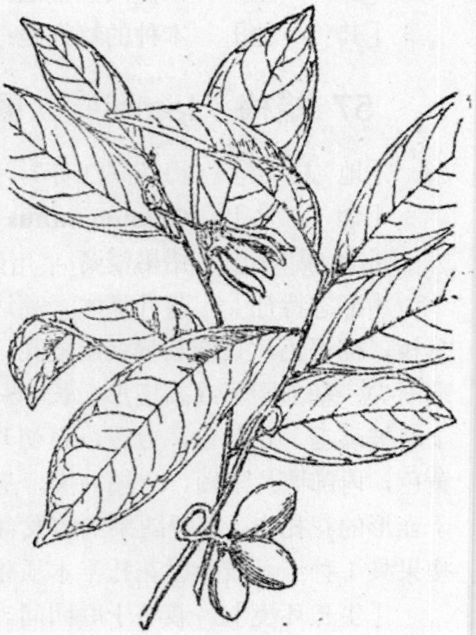

图 1044 鹰爪花

Artabotrys uncinatus（Lam.）Merr.

果枝（自“广州植物志”）

生；花瓣6，2裂，椭圆状长圆形至卵状披针形，长约2.5厘米，稍被毛，基部收缩；雄蕊多数；心皮数个，有胚珠2。果为浆果状，由离生、肉质的心皮组成，聚生于坚硬的花托上，长2.5～4厘米，花期5～6月，果期秋冬。

［生长环境］　生于林中，也有栽培。

［产　　地］　广东、广西、福建、台湾、云南等省区。

［用　　途］　花极香，可提制浸膏，用于高级香水化妆品、香精和皂用香精等。亦可熏茶。

［理化性质］　据上海市小型试制（用石油醚浸提），花含芳香油0.75～1.0%左右。

［采收处理］　5～6月采收花朵，随采随加工。

［加　　工］　用石油醚浸提。

［其　　他］　鹰爪花在香料中有较大的利用价值，应研究利用。

59 瓜馥木（guafumu）（图97）

［学　　名］　**Fissistigma oldhamii** (Hemsl.)Merr. (*Melodorum oldhami* Hemsl.)　番荔枝科

［商 品 名］　瓜馥木花浸膏、瓜馥木花油

（地方名、形态特征、生长环境、产地及其他用途见“纤维类”，130页）

［用　　途］　鲜花含有芳香油，可用作调制化妆、皂用香精的原料。

［理化性质］　据上海市资料：鲜花含油率（浸提）0.8%，（蒸馏）0.4～0.5%。

［采收处理］　采取鲜花即行加工。

［加　　工］　浸提法或水蒸汽蒸馏法。

［其　　他］　本种种子可榨油，因此可根据当地具体情况决定采用鲜花或种子。

60　川桂皮（chuanguipi）（图1045）

［地 方 名］　桂皮（四川）

［学　　名］　**Cinnamomum argenteum** Gamble　樟科

［商 品 名］　川桂皮油

图1045　川桂皮
Cinnamomum argenteum Gamble
1. 花枝；2. 果。

［形态特征］ 常绿乔木，高 6～16 米；小枝干燥后为暗灰色，略具棱角；芽卵形，有绢状毛。叶互生或略为对生，革质，披针形，长 7～11 厘米，宽 3～4 厘米，基部狭窄，先端渐尖而顶点钝，表面绿色无毛，**背面有显著倒生绢毛，在幼时为银白色，叶脉三出**；叶柄长 1～1.2 厘米，表面有沟。圆锥花序出自新枝节上，长 6～9 厘米，有花 10～12 朵；总梗细长，有短柔毛；花被具有短筒，有倒卵状裂片 6，内部有绢状毛，能育雄蕊 9，花药 4 室，瓣裂。核果椭圆形，长 13 毫米，直径 7～8 毫米，无毛，**花被管呈半球形**，宽 4～5 毫米。

［生长环境］ 生于温暖湿润的杂木树中。

［产　　地］ 四川省

［用　　途］ 枝、叶、干、根均含芳香油。小枝皮作次等桂皮用。

［加　　工］ 水蒸汽蒸馏法。

61 阴香（yinxiang）（图 1046）

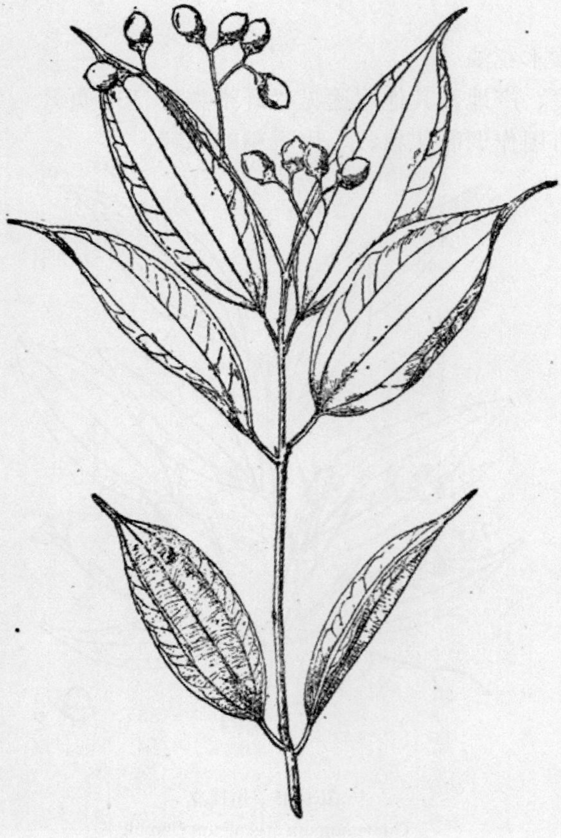

图 1046 阴香
Cinnamomum burmanni（Nees）Bl.
果枝

［地 方 名］ 山玉桂、桂树、八角、野玉桂、野樟树、香柴、大叶樟（广东）

［学　　名］ **Cinnamomum burmanni** (Nees) Bl. 樟科

［商 品 名］ 广桂油、广桂叶油

［形态特征］ 常绿大乔木，无毛；树皮棕褐色至黑褐色，**光滑**，有香气；枝暗红色。单叶，不规则的对生或散生，**有玉桂香气**，厚革质，卵形至长圆形，长 6～10 厘米，宽 2.5～4 厘米，基部阔楔形，先端渐尖，叶表面光绿色，背面粉绿色；离基三出脉，脉腋内无隆起的腺体。花绿白色，排列成顶生的圆锥花序，花序通常短于叶片；花被 6 裂，**长约 5 毫米**，内外两面均被微毛，裂片上半部脱落；发育雄蕊 9，花药 4 室，瓣裂。**核果小，卵形**，直径约 0.8～1 厘米，位于扩大、6 齿裂的花被上。花期 3～4 月（广东）。

［生长环境］　是一种适应性稍广的热带常绿林树种，性喜温暖、湿润地区，在过于干旱地区则生长不良。

［产　　地］　广东、广西、福建、江西等省区。

［用　　途］　树皮和树叶均可提取芳香油，从树皮提取的芳香油叫广桂油，从树叶提取的芳香油叫广桂叶油。广桂油可用于食用香精，亦用于化妆品和皂用香精，广桂叶油可用于化妆品香精和皂用香精，用途均很广泛。

本种在广州、南宁一带亦常栽植作行道树和观赏树。

［理化性质］　树皮含芳香油 0.4～0.6%，油的主要成分是桂醛（cinnamic aldehyde, C_9H_8O），丁香酚（eugenol, $C_{10}H_{12}O_2$）和黄樟油素（safrole, $C_{10}H_{10}O_2$）。树叶含芳香油 0.2～0.3%，油的比重（15℃）0.8884，折射率（20℃）1.4715，旋光度+14° 42'。主要成分为丁香酚及芳樟醇。

［采收处理］　有 5～6 年树龄的植株即可剥取树皮，剥取时间一般应在春夏之间，过迟将影响萌芽更新。树叶的采收，应在生长旺季进行。采收后的皮和叶均宜随即加工，避免堆积过久而变质。树皮的含油量虽然稍高，但剥取树皮过于影响树木生长，甚或致枯死，故宜以采叶加工为主。

［加　　工］　水蒸汽蒸馏法。树皮在蒸馏前应先粉碎。

［其　　他］　广桂油、广桂叶油的香味均很好，但目前产量不多，应推广栽培，增加资源。

62 樟(zhang)(图 1047)

［地 方 名］　香樟（江苏、浙江、福建、四川、贵州、安徽），香樟树（江苏、四川），乌樟（四川），芳樟（贵州），樟木子（广西）。

［学　　名］　**Cinnamomum camphora** (L.) Sieb.　樟科

［商 品 名］　樟脑、樟油

［形态特征］　乔木，高 20～30 米；树皮黄褐色，有槽纹；**枝和叶均有樟脑味**。单叶互生，革质，卵状椭图形以至卵形，长 6～12 厘米，宽 3～6 厘米，先端渐尖，基部钝或阔楔形，全缘，表面深绿色有光泽，背面带青白色，有离

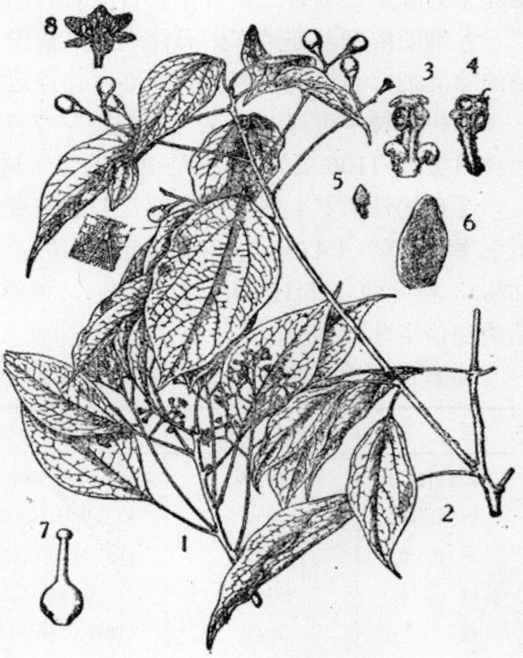

图 1047　樟
Cinnamomum camphora（L.）Sieb.
1. 花枝；2. 果枝；3. 第三轮雄蕊；4. 第一二轮雄蕊；5. 退化雄蕊；6. 花被；7. 雌蕊；8. 花。
（自“中国森林植物志”）

基3出脉，脉腋内有隆起的腺体；叶柄长1.7～2.6厘米，圆锥花序腋生；花小，绿白色，长约2毫米；花被6裂，管短而厚，裂片扩展，长约2毫米，外面无毛，内部被毛；脱落，发育雄蕊9，花药4室，瓣裂。核果球形，宽约1厘米，熟时紫黑色，基部为宿存、扩大的花被管所包围。花期4～5月（江苏、广东、广西），果期8～9月（江苏）、10～11月（广东、广西）。

［生长环境］　为亚热带树种，常生于山坡或沟谷中，也有栽培；在砂土或粘土上均能生长。

［产　　地］　广东、广西、云南、贵州、江苏、浙江、安徽、福建、台湾、江西、湖北、湖南、四川等省区，其中以福建、台湾最多。

［用　　途］　樟树的树叶、树干和树根均可提取樟脑和樟油。

樟脑是赛璐珞的增韧剂，是医药工业制维生素樟脑、樟脑醛、溴化樟脑等的原料。在国防工业上亦居重要地位。

樟油经分馏后又分为白樟油、红樟油和蓝樟油。白樟油是制取桉叶油素的原料，而白樟油本身也是一种重要溶剂，并可作矿石浮选剂。红樟油可提黄樟油素，黄樟油素又是洋茉莉醛、乙基香兰素等重要合成香料的原料，提去黄樟油素的红樟油还可作农药二二三乳剂的溶剂，亦可作矿石浮选剂。蓝樟油可用作消毒剂或低级肥皂香精，或作矿物油的除臭剂，与煤膏适当混合后亦可作浮选剂。

樟树的种子可榨油（见“油脂类”，737页）。树皮和叶均含鞣质，可提制栲胶（见“鞣料类”，1106页）。樟木是很好的建筑材料，可制造船身和用具，如樟木衣箱等。

［理化性质］　树干及根部含芳香油量为3～5%。油的比重（15℃）0.915～0.960，折射率（20℃）1.470～1.480，旋光度+10°～+35°。油主要成分是樟脑（$C_{10}H_{16}O$，30～55%），桉叶醇（$C_{10}H_{18}O$，14～22%），黄樟油素（$C_{10}H_{10}O$，10%以下），单萜类，倍半萜类和倍半萜醇类等。

樟脑及樟油分馏产品的理化数据如下表：

项　目	樟　脑	白樟油	红樟油	蓝樟油
比重(15℃)	0.9960	0.870～0.880	1.000～1.035	1.000以下
折射率	—	约1.4663（25℃）	约1.5150（25℃）	约1.5050（25℃）
旋光度	±44.2°	+15°～20°（20℃）	+6°～+12°	—
熔　点	178.8℃	—	—	—
沸　点	204℃	（馏程）160～185℃	（馏程）210～250℃	（馏程）220～300℃
主要成分	有左旋、右旋、消旋三种异构体	含桉叶醇20～25%，樟脑12.5%以下	含黄樟油素50～60%，樟脑3%以下	含樟脑2.5%以下

国产商品规格：

樟脑：含量不小于96%，不挥发物不大于0.1%，熔点174～179℃，沸点204℃。

白樟油：为无色或带黄色液体，有樟脑味，比重（15℃）（1）为0.8500～0.900，（2）为0.89～0.98；含桉叶醇：（1）为不低于10%，（2）不低于35%。

红樟油：为红棕色液体，比重（15℃）1.000～1.035，折射率（20℃）约1.5150，旋光度（20℃）+6°～+12°，含黄樟素不低于50～60%。

蓝樟油：比重（15℃）在1.000以下，折射率约1.5050，沸点达300℃。

［采收处理］ 秋冬季节，樟叶的含脑量最高，一般都于秋冬季节采摘樟叶制脑：采时不宜将樟树枝叶全部采下，每株至少应留存五分之一，且主干直径不超过10厘米的幼嫩植株，不宜采摘枝叶，以免影响植株的生长发育。

采下的枝叶，如天气良好，可以摊在地上阴干3～5天，但须避免阳光直接照射，以免脑分损失，待叶中水分蒸发一部分，树叶开始显出柔软时，即可将树叶和小枝分开，分别进行加工，因叶子含脑多，小枝含油多脑少，故分别加工，可避免油分过多溶解樟脑，降低樟脑的产量，如遇雨天，不便阴干时，不进行干燥也可进行制脑，但产量少。

樟树的树干含脑量随着年龄的大小而不同，年龄越老，含脑量越高，因此，采伐时一般要选择生长30年以上的老树，砍后将树干切成长约10厘米，厚约1厘米的薄片，即可进行加工。为了合理利用资源，扩大原料来源，亦可结合树木砍伐和加工制造器具时充分利用木屑、木渣。

［加 工］ 用水蒸汽蒸馏法制取。从樟油中制取樟脑、白樟油、红樟油、蓝樟油等，可用分馏法加工制得。

［其 他］ 樟树可用种子繁殖。首先选择生长良好约15年树龄的优势母树，在10月间采种，水浸3～4天，除去外皮，洗净阴干，埋在干湿适中的细砂中，留待次年春天（即芒种前后）进行播种。一般是采用条播或撒播，幼苗长至一年后，即可进行移植，通常在芒种前后选择阴天进行。移植时，先将幼苗主根切去，余留部分约10厘米，枝叶也剪去一部分，或将上部剪去至距离地面约15厘米高为度，大约每隔15厘米距离栽植一株，樟苗生长二年后，即可移植山地。

樟树是一种经济价值极高的树种，它的加工制品均系重要的工业原料，应大量繁殖利用。樟树还有两个品种，也有很大经济价值，这两个品种的植物形态特征与生长环境，与上述者并无多大差别，采收处理和加工方法亦相似，但其芳香油所含的化学成分则均不同，其中：

（1）芳樟：芳香油的主要成分为芳樟醇。其性状和用途如下：

理化性质 树根树干含芳香油2～4%（即芳樟油），树叶含0.3～0.8%（即芳樟叶油）。

项目	比重（15℃）	折射率（20℃）	旋光度
芳樟油	0.892～0.910	1.464～1.471	0°～12°
芳樟叶油	0.8925	1.4659	-11°2'

芳樟油的主要成分为芳樟醇（linalool, $C_{10}H_{18}O$），含量40～90%，此外亦含桉叶

醇、柠檬烃、松油烃及少量樟脑等。主要用途是提取芳樟醇，为我国目前芳樟醇的主要来源，芳樟醇及其酯类是重要的香料，广泛用于化妆品及皂用香精等。

芳樟叶油的主要成分亦与芳樟油同，但芳樟醇的含量较少，主要用途经精制后用于化妆、皂用等香精。

（2）油樟：其芳香油的主要成分是松油醇（terpineol, $C_{10}H_{18}O$），桉叶醇和樟脑，樟脑含量很少，一般在36%以下。油樟的得油率为2～3%，油的比重（15℃）0.910～0.940，折射率（20℃）1.470～1.474，旋光度+1°～+18°。经精制处理后用于皂用香精的调合等。

63 肉桂（rougui）（图1048）

［地 方 名］　玉桂（广东）

［学　　名］　**Cinnamomum cassia** Bl.　樟科

［商 品 名］　肉桂油（桂皮油）

［形态特征］　常绿乔木；树皮灰褐色，老树皮厚约1.3厘米；叶与树皮均有玉桂所特有的香气；幼枝略呈4棱形，被褐色茸毛。单叶互生或近对生，革质，长圆形至近披针形，长8～16厘米，宽4～5厘米，基部尖，先端长渐尖，表面光亮绿色，背面疏生短柔毛，离基三出脉，在背面很显著突起；叶柄粗壮，长约1.5厘米。圆锥花序腋生或顶生，长10～15厘米，被柔毛；花小，黄绿色；花梗长2～8毫米；花被管长约2毫米，裂片6，与花被管近等长；发育雄蕊9，与花柱等长，略短于花被裂片。核果紫黑色，椭圆形，长约1厘米，直径约9毫米，内藏种子1，果下的宿存花被形成一边缘有齿的浅杯。花期5～6月（广西）、7～8月（广东），果期次年2～3月（广东）。

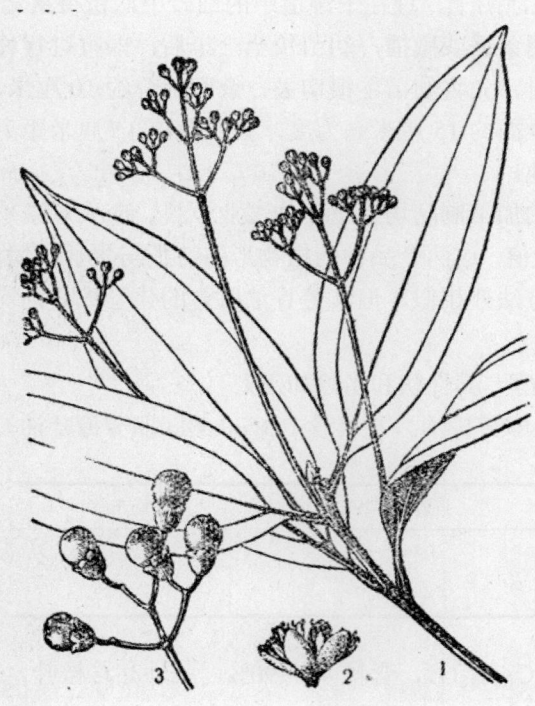

图1048　肉桂

Cinnamomum cassia Bl.

1．花枝；2．花；3．果序。

［生长环境］　肉桂是亚热带的树种，但怕强烈阳光直射，喜多雾潮湿的环境，常适生于东北坡向，在阳坡的植株，受日光强烈照射，往往有死亡现象，多为人工栽培。

［产　　地］　广西、广东及云南等省区，尤以广西为多。

［用　　途］　桂皮（茎皮）、枝、叶和桂籽（果实）均可提芳香油，主要用

于单离桂醛，再合成桂醇、桂酸、溴代苏合香烯以及桂酸和桂醇酯类等重要香料。桂油在医药工业中用为麻疯病药“苯丙砜”及清凉油等的主要原料。

桂皮亦可直接用作药材。

[理化性质] 碎桂（即碎的桂树皮）的含油量在1～2%，鲜枝叶为0.3～0.4%，桂子（即未成熟的果实）可提桂子油，出油率1.5%左右。上海市资料：碎桂油的比重（25℃）1.045～1.072，折射率（20℃）1.6020～1.6135，旋光度-0° 40'～+0° 30'，含醛量80%以上，溶解度在25℃时清澄溶解于等体积的95%酒精（乙醇）中。桂叶油的比重（15℃）1.053～1.071，折射率（20℃）1.607～1.614，旋光度-1° ～+1° 。桂油的主要成分的桂醛（cinnamic aldehyde, C_9H_8O），含量在80～95%。其次为乙酸桂酯（cinnamyl acetate, $C_{11}H_{12}O$），其他为少量成分（占油的0.5%左右），如水杨醛（salicylic aldehyde, $C_7H_6O_2$），桂酸（cinnamic acid, $C_9H_8O_2$），水杨酸（salicylic acid），苯甲酸（benzoic acid, $C_7H_6O_2$），香兰素（vanillin, $C_8H_8O_3$），苯甲醛（benzaldehyde, C_7H_6O）等。上海市资料：国产桂油的规格，一般以桂醛的含量作为标准，甲级品含桂醛80%以上，乙级品75～80%，丙级品70～75%，出口的桂油以甲级为最低标准。

[采收处理] 蒸制桂油的原料是桂叶、小枝和桂碎等，而其中又以桂叶为主。桂叶因采摘的时间不同，分有“剥叶”和“秋叶”两种，“剥叶”是在每年3～6月剥取桂皮的同时，将桂叶和桂枝收集晒干用以蒸油，称“春油”。8～12月采摘的叫“秋叶”，蒸出的油叫“秋油”。“剥叶”的含油量低（0.23～0.26%），但油质最好，含桂醛85～90%，如储藏至秋天，蒸得的油含醛量在90%以上。秋叶含油量较高（0.33～0.37%）；产量也多，但含醛量较低，一般在80～86%。夏季采摘的则不论质量或得量均差，故桂叶的采收时期均在春秋两季。

[加　　工] 用水蒸汽蒸馏法加工，桂叶采收后最少储藏6天再用以蒸油为宜。桂油含桂醛很多，遇铁器易变色，因此在蒸油和储运时，应避免与铁器接触，而桂醛在空气中又易氧化成桂酸，最好用锡制容器盛装，盛装时应注意密封，储放在通风阴凉而不受强烈阳光照射的地方，以免影响品质。

[其　　他] 桂油与桂皮均是我国的特产，质佳价廉，产量占全世界总产量的80%，在国际市场上素负盛名。今后尚应大大发展栽培，以供国内外的需要。

可用播种繁殖，每年2～3月间采收种子，采后去掉果肉，洗净杂质，立即直播。

64 细叶香桂（xiyexianggui）（图1049）

[地 方 名] 细叶月桂、香树皮、月桂、三条筋、香桂皮（浙江）

[学　　名] **Cinnamomum chingii** Metcalf 樟科

[商 品 名] 月桂油、月桂叶油

[形态特征] 常绿乔木，高至20米；树皮灰色，平滑；小枝细长，密生平伏的绢状毛。叶在新枝上对生，在老枝上互生，革质，椭圆形，卵状椭圆形以至披针形，长

4～13.5 厘米，宽 1～6 厘米，通常长 8 厘米，宽 2.5 厘米左右，先端渐尖或短尖，基部楔形或圆形，表面深绿色，有光泽，背面密生绢状短柔毛，脉三出，在背面显著隆起，网脉不明显；叶柄长 5～15 毫米，有毛。圆锥花序，腋生；花淡黄色，总花梗及小花梗密生白色短柔毛。核果椭圆形，长约 1.5 厘米，直径 0.5～1 厘米，熟时蓝黑色。花期 6～7 月，果期 10～11 月（浙江）。

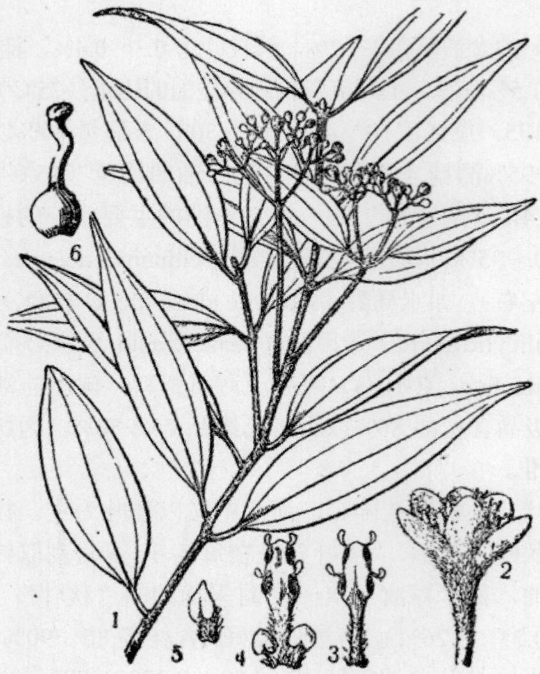

图 1049 细叶香桂

Cinnamomum chingii Metcalf

1. 花枝；2. 花；3. 第一二轮雄蕊；4. 第三轮雄蕊；5. 退化雄蕊；6. 雌蕊。

［生长环境］ 性喜气候温暖，湿润，深厚肥沃的土层。常见于东南或西南向山谷或山坡的杂木林中，在浙江南部垂直分布可达海拔 800 米。

［产 地］ 浙江、安徽、福建等省。

［用 途］ 月桂（细叶香桂）叶油可作香料及医药上的杀菌剂，还可以单离丁香酚，用作配制食品及烟用香精。月桂皮油可作化妆用及牙膏用的香精原料。月桂叶是出口罐头食品（如猪肉、酸黄瓜等）的重要配料，能增加食品香味和保持经久不败。

［理化性质］ 此种桂皮（叶）油是黄色或淡黄色的液体，油质纯净，没有杂质，有强烈的芳香和辛辣气息。得油率桂皮油为 2～4%，桂叶油 0.3～0.5%，其桂皮油和叶油的物理常数和化学成分如下：

项 目	桂 皮 油	桂 叶 油
比 重	0.9726	0.940
折 射 率	1.5166	1.4910
旋 光 度	−10° 15'	−11° 30'

据浙江省商业厅资料：桂皮油的主要成分是桂醛（cinnamic aldehyde, C_9H_8O）；叶油的主要成分是丁香酚（eugenol, $C_{10}H_{12}O_2$）。此外，桂皮（叶）油中还含有芳樟醇（linalool, $C_{10}H_{18}O$），香叶醇（geraniol, $C_{10}H_{18}O$），桉叶醇（cineole, $C_{10}H_{18}O$），柠檬醛（citral, $C_{10}H_{16}O$），蒎烯（pinene $C_{10}H_{16}$）及黄樟油素等。

［采收处理］ 采收桂叶四季均可进行，在夏秋季节中应选老叶采摘，春冬季节中应选摘肥厚的叶子，采叶时不要砍树，要保护母树。用作罐头食品的桂叶规格要求如下：

1. 叶片水分不超过10%，采摘来的鲜叶必须干制；

2. 叶片完整；

3. 叶长需在6厘米以上。

至于桂叶的干制只可晒干或晾干，不可用火烤干；桂叶一般摊晒一天半后即可干瘪，天气炎热的时候可适当缩短摊晒时间；晾干时，阴晾的地方要通风、干燥，应薄薄地摊在地板上或竹簟上，并要经常翻动。干制后的叶子用木箱盛装，以免叶片压碎和受潮。

加工用的桂皮，要先将月桂皮晒干：切成长约3～5厘米的小片，尽量使碎片大小均匀，以便在蒸馏过程中生熟程度一致，提高出油率。桂叶加工时可不切碎。

［加　工］　用水蒸汽蒸馏法。由于桂皮和桂叶的化学成分各不相同，切不可混合加工，分油器最好是轻重油两用的。

［其　　他］　桂皮（叶）油最好是用锡制的容器盛装，盛装的桂皮（叶）油的容器必须封盖严密，并放在干燥、无强烈阳光照射、比较暗冷的地方。

65 云南樟（yunnan-zhang）（图1050）

［地方名］　樟脑树、樟树、樟木、臭樟、冰片树（云南），香樟（四川、云南）。

［学　　名］　**Cinnamomum glanduliferum** (Wall.) Nees

［商品名］　云樟油、云樟叶油

［形态特征］　乔木，全体平滑无毛，高5～10米；树皮有樟香气；枝条粗壮而光滑。叶互生，革质，椭圆形至椭圆状披针形，长6～15厘米，宽4～6.5厘米，先端短渐尖，基部楔形，脉羽状，或基部偶有三出脉，网脉不显。表面暗绿或微有光泽，背面微带苍白色，在主脉与侧脉相交的腋间有小凹点，且被微柔毛；叶柄长1.5～2.5厘米。花序腋生，圆锥状，具长梗；花少数，无毛，黄色，发育雄蕊9，花药4室，瓣裂，花梗常弯曲。

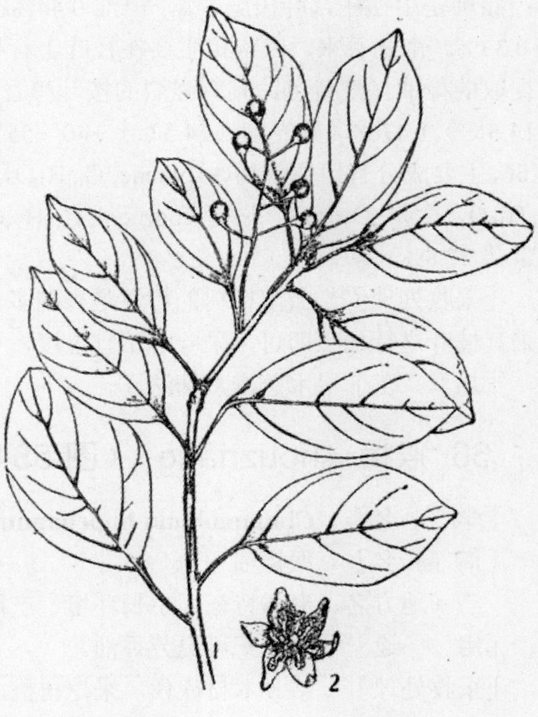

图1050　云南樟

Cinnamomum glanduliferum（Wall.）Nees

1. 果枝；2. 花。

核果球形，直径约1厘米，下托一圆锥状的花被管；管长1厘米，基部宽1毫米，先端宽5毫米，形成一浅而边缘波状的杯。花期3～4月，果期8～9月（云南）。

［生长环境］ 此种大都为野生或半野生，生长在海拔1200～1500米的山区，性喜潮湿与阴蔽，一般生长在常绿阔叶林中。在云南勐海一带，樟树林下常种植茶树，成为樟茶混交林。

［产　　地］ 主产云南，在西藏、四川、湖北、贵州、广东、广西等省区也有分布。

［用　　途］ 枝叶可提取樟脑和樟油。樟脑的用途可参阅樟树（1321页）；樟油的用途也不亚于樟脑，常被称为香料的宝库，樟油中有很多成分如芳樟醇、松油醇、黄樟油素、桉叶醇、龙脑等等或是重要的单离香料及药剂，或是合成香料的重要原料。

此外樟木又是很好的建筑材料，还可制用具及家具。种子含脂肪油（见“油脂类”，738页）。

［理化性质］ 云南樟的出樟脑量及出樟油量在不同部位上有很大的差异，今就以云南樟主产区的西双版纳勐海一地为例，有如下情况：据中国科学院昆明植物研究所资料：品种是中摆庄，叶出脑3%，出油0.44%；枝出脑0.15%，不出油；根不出脑，出油0.33%。由此看来，云南樟主要在枝叶上含樟脑，而根干不含樟脑或含量很低。由枝叶提取的樟油呈淡黄色，具有强烈的桉叶醇香气，原油比重（15.9℃）0.9159，折射率（14.5℃）1.4768，旋光度（14.5℃）+40° 55’，酸值8.5，酯值12.36，乙酰化后酯值55.66，主要成分有甲位蒎烯（α-pinene, $C_{10}H_{16}$），二戊烯（dipentene, $C_{10}H_{16}$），樟脑（camphor, $C_{10}H_{16}O$，含量23.6%），龙脑（borneol, $C_{10}H_{18}O$）和桉叶醇（cineole, $C_{10}H_{18}O$）（后二者含量共27.8%）。

［采收处理］ 云南樟树的特性是樟脑多含在枝叶中，因之提脑不宜采伐根干，而仅采其枝叶进行加工即可，采叶时不宜过度，否则影响植株生长。

［加　　工］ 水蒸汽蒸馏法。

66 猴樟（houzhang）（图584）

［学　　名］ **Cinnamomum hupehanum** Gamble 樟科

［商 品 名］ 猴樟油

（地方名、形态特征、生长环境、产地及其他用途见“油脂类”，738页）

［用　　途］ 根、干可提芳香油。

［采收处理］ 结合木材砍伐，采挖树桩、树根和搜集木屑，除尽泥土杂质，然后劈成长2～3厘米，厚5～10毫米小片，进行蒸馏。

［加　　工］ 水蒸汽蒸馏法。

67 油樟（youzhang）

［地 方 名］ 香叶子树、香樟（四川）

［学　　名］　**Cinnamomum inunctum** (Nees) Meissn.　樟科

［商 品 名］　香樟油、香樟叶油

［形态特征］　常绿乔木，高达 25 米；树皮灰色，光滑；小枝细。叶互生或近对生，披针形、椭圆形或椭圆状披针形，长 5～7.5 厘米，有时长至 15 厘米，宽 2.5～4 厘米，先端渐尖，基部楔形，表面无毛或稍被微柔毛，黄绿色，**背面初时沿叶脉有短绢毛，其后变为无毛**，脉羽状或近于三出脉，侧脉对生或近于对生；叶柄长 2～3.5 厘米。圆锥花序单生，细弱，长 6～10 厘米，分枝多，稍有绢状毛；花细小，花被 6 裂，发育雄蕊 9，花药 4 室，瓣裂，花梗细弱。核果卵形；**宿存花被为漏斗状**，渐次狭窄而成短梗。

［生长环境］　生长在潮湿的常绿或落叶阔叶林中，海拔约在 1000～2000 米之间。

［产　　地］　四川西部等地

［用　　途］　树干、枝叶均含芳香油；主要为提取桉叶醇的原料，所余部分亦可分别利用。

种子含脂肪油。

［理化性质］　据四川省资料：叶含芳香油 1.2%。据上海市资料：树干含芳香油 2～3%。油的比重（20℃）0.9341～0.9653，折射率（20℃）1.478～1.500，旋光度+8°～+29°。主要成分为桉叶醇（cineole, $C_{10}H_{18}O$），芳樟醇（linalool, $C_{10}H_{18}O$），樟脑（camphor, $C_{10}H_{16}O$）等。

［采收处理］　与樟树同。

［加　　工］　水蒸汽蒸馏法。

68 黄樟（huangzhang）（图 1051）

［地 方 名］　香樟、香叶子树（四川），油樟、大叶樟（江西），傜人柴（广西），樟树（广东）。

［学　　名］　**Cinnamomum parthenoxylon** (Jack.) Nees

［商 品 名］　黄樟油、黄樟叶油

［形态特征］　常绿乔木，高达 25 米，胸径达 30 厘米；树皮灰白或灰褐色，呈块状纵裂，枝条平滑无毛，绿褐色，小枝具棱；冬芽鳞片圆形，有绢状毛。单叶互生，革质、**叶形大小及叶脉变异较大**，叶片常为椭圆卵形或长圆

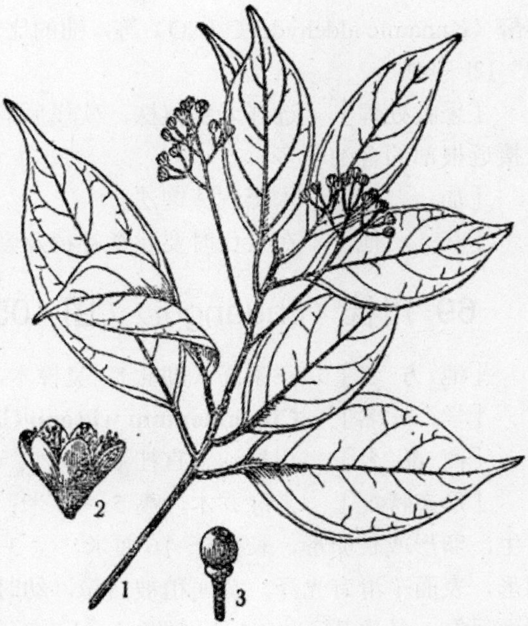

图 1051　黄樟
Cinnamomum parthenoxylon（Jack.）Ness
1. 花枝；2. 花；3. 果。

状卵形，长6～12厘米，宽3～6厘米；背面平滑，粉绿色；先端短渐尖，基部楔形或阔楔形，叶脉羽状，侧脉每边4～5条，脉腋内有腺点；叶柄长1.5～3厘米。花序为顶生伞房状聚伞花序；花小，绿白色；花被6裂，长圆形，先端钝，外面几无毛，内有短柔毛；发育雄蕊9，花药4室，瓣裂。果球形，黑色，直径6～8毫米，果下有扩大而延长的萼管；萼管圆锥状，长约1厘米，基部宽1毫米，先端宽4毫米，多皱，有纵向的条纹，花期春季（广东）。

［生长环境］ 本种幼时稍耐荫蔽，成林后偏阳性，喜生于温暖、湿润、土壤深厚而疏松的山地，能稍耐霜雪，生长尚迅速，萌芽力很强。

［产　　地］ 广东、广西、福建、江西、四川、贵州、湖南及湖北等省区。

［用　　途］ 黄樟油主要成分为黄樟油素（safrole, $C_{10}H_{10}O_2$），可加工复制成异黄樟油素、乙基香兰素（ethyl-vanillin, $C_{10}H_{12}O_3$）及洋茉莉醛（heliotropine, $C_8H_6O_3$）等重要香料，这些香料，是调配各种香精，如化妆、皂用、食用、烟用等方面所不可缺少的原料，不仅用途面广，而且需要量极大。

黄樟树木材优良，宜用以制家具。叶又可饲养天蚕。种子可榨油。

［理化性质］ 据四川省资料：叶含油量2～3.7%，树干和树根含有芳香油，含油量为2～4%左右；油比水重，蒸馏时油沉水底，故黄樟油又叫“沉水油”，主要成分是黄樟油素（safrole, $C_{10}H_{10}O_2$），含量达60～95%，乙位蒎烯（β-pinene, $C_{10}H_{16}$）及水芹香油烃（phellandrene, $C_{10}H_{16}$），最高达10%，其次为少量的丁香酚（engenol, $C_{10}H_{12}O_2$），桂醛（cinnamic aldehyde, C_9H_8O）等，油的比重（15℃）1.0387～1.0950，旋光度（20℃）−7° 12'～+4° 。

［采收处理］ 选择老龄植株，砍伐后取其干材，挖掘根部，进行加工提油，干材以接近根部的含油较多。

［加　　工］ 水蒸汽蒸馏法。

［其　　他］ 在采伐时要注意补植及爱护资源。

69 川桂（chuangui）（图1052）

［地 方 名］ 三条筋（湖北），臭樟木、大叶香叶子树（四川），桂皮香（云南）。

［学　　名］ **Cinnamomum wilsonii** Gamble 樟科

［商 品 名］ 川桂油、官桂油

［形态特征］ 常绿乔木，高5～16米；枝紫灰褐色而有光泽。叶革质，互生或近对生，卵形或长卵形，长7.5～16厘米，宽3～5.5厘米，先端渐尖，基部楔形或有时近圆形，表面平滑有光泽，背面稍被白粉，幼时有白绢状细毛，后变为光滑，边缘为软骨状而反卷，具离基三出脉；叶柄长1～1.5厘米，表面有沟。花白色，每2～5朵组成伞形或总状花序；总梗细长，平滑或有短细毛；小花梗丝状，渐向先端粗大为棍棒状；花被裂片6，卵形，表里均疏生有绢状细毛，能育雄蕊9，花药4室，瓣裂。果下的杯截

形而边缘有很短的裂。花期 5 月，果期 11 月（云南）。

［生长环境］　性喜潮湿，生长在溪旁杂木林中，在云南分布在海拔 1800～2600 米之间，在湖北和四川仅达海拔 1000 米。

［产　　地］　四川、湖北、云南、广东等省。

［用　　途］　茎、枝、叶及果实均含芳香油，可用于香精的调合，如化妆品香精、皂用香精以及食品用香精等。

小枝及皮有香气及辣味，可为香料及补助剂、兴奋剂等，亦常作为肉桂代用品。

［理化性质］　干皮含芳香油 0.2～0.6%，油的比重（15℃）0.9461～0.9560，折射率（20℃）1.4720～1.4770，旋光度 −15° 36'～16° 46'。主要成分为桉叶醇（cineole, $C_{10}H_{18}O$）、丁香酚（eugenol, $C_{10}H_{12}O_2$）、桂醛（cinnamic aldehyde, C_9H_8O）等。

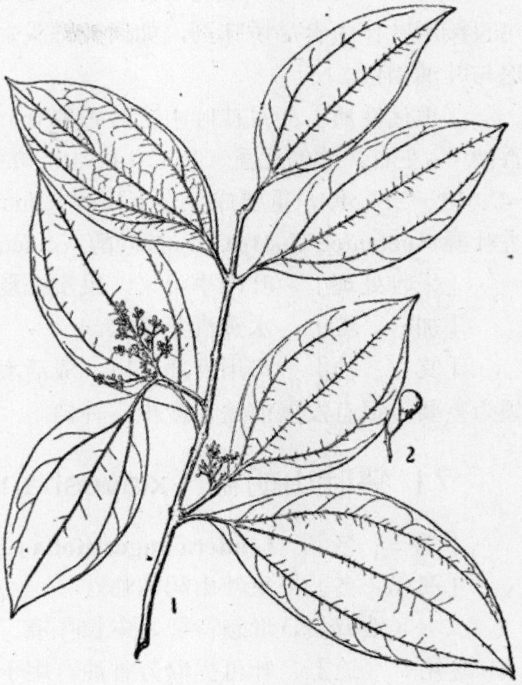

图 1052　川桂
Cinnamomum wilsonii Gamble
1．花枝；2．果。

［采收处理］　剥皮后应晒干，蒸馏前，应先粉碎，其他可参阅肉桂（1324 页）。

［加　　工］　水蒸汽蒸馏法。参阅肉桂加工。

70 月桂树（yueguishu）

［地 方 名］　月桂（江苏）

［学　　名］　**Laurus nobilis** L.　樟科

［商 品 名］　欧桂叶油

［形态特征］　常绿乔木或灌木，高可达 12 米。单叶互生，革质，披针形或长圆状披针形，长 2.5～9 厘米，基部楔形，先端渐尖，边缘呈波状，叶脉羽状；叶柄带紫色。花单性，雌雄异株，花序伞形，腋生；花小，黄色，花被 4 深裂，发育雄蕊通常 12，花药瓣裂。果为小浆果，成熟时暗紫色。果期早春（江苏）。

［生长环境］　性喜气候温暖潮湿的地方。

［产　　地］　原产地中海一带。浙江、江苏、福建、台湾等省有在庭园栽培供观赏用，但产量甚少。

［用　　途］　叶子提取芳香油，可用于食品香精，或皂用香精和化妆品香精。也可直接用叶作为食品矫味剂，如肉类罐头食品等均需采用。其果实亦可提制芳香油，用途与叶油相似。

［理化性质］　月桂叶中含芳香油 0.3～0.5%，但亦有高至 1～3%的；果实中含芳香油 1%左右。油的比重（15℃）0.910～0.944，折射率（20℃）1.460～1.477，旋光度 −4° 40'～21° 40'，重要成分是芳樟醇（linalool, $C_{10}H_{18}O$），丁香酚（eugenol, $C_{10}H_{12}O_2$），香叶醇（geraniol, $C_{10}H_{18}O$），桉叶醇（cineole, $C_{10}H_{18}O$）等。

［采收处理］　叶四季可采，果实在夏初采收。

［加　　工］　水蒸汽蒸馏法。

［其　　他］　可用扦插繁殖，成活率很高，在提取芳香油及食品制造工业上本种颇为重要，很有发展前途，应推广种植。

71 狭叶山胡椒（xiayeshanhujiao）（图 587）

［学　　名］　**Lindera angustifolia** Cheng　樟科

［商 品 名］　狭叶山胡椒油

（地方名、形态特征、生长环境、产地及其他用途见“油脂类”，740 页。）

［用　　途］　叶可提取芳香油，用于配制化妆品及皂用香精。

［理化性质］　据江苏省资料：叶含芳香油 0.5～0.9%，油为无色澄清液体，比重（20℃）0.8489，折射率 1.48935。主要成分为香叶醇（geraniol, $C_{10}H_{18}O$），香草醇（citronellol, $C_{10}H_{20}O$），桉叶醇（cineole, $C_{10}H_{18}O$）等。

［采收处理］　叶在入冬前均可采收，宜随采随加工。

［加　　工］　水蒸汽蒸馏法。

［其　　他］　所含芳香油较山胡椒油（Lindera glauca Bl.）的质量好，有发展前途，可广泛繁殖作为山区绿化树。

72 香面叶（xiangmianye）（图 588）

［学　　名］　**Lindera caudata** Benth.　樟科

［商 品 名］　朴香果油

（地方名、形态特征、生长环境、产地及其他用途见“油脂类”，741 页。）

［用　　途］　枝叶及鲜果（皮）可提芳香油。

［理化性质］　叶含芳香油 0.7%，果含芳香油 3.13%，其理化性质，据中国科学院昆明植物研究所分析：折射率（20℃）1.4838，旋光度（20℃）+15°，酸值 2.53，皂化值 15.5，乙酰化后皂化值 89.82，醛酮含量（亚硫酸氢钠法）10.4%。

［采收处理］　一年四季均可采收枝叶，但采收要适度，以免影响植株生长，果实采收以初熟期（10～11 月）为宜，枝叶及果在采收后宜立即加工，不可久放，若因运输

或其他原故暂时不能进行加工时，要适当摊开，避免发热，影响出油率及油的品质。

［加　　工］　水蒸汽蒸馏法。

73 香叶树（xiangyeshu）（图 590）

［学　　名］　**Lindera communis** Hemsl.　樟科

［商 品 名］　香果油

（地方名、形态特征、生长环境、产地及其他用途见“油脂类”，743 页）。

［用　　途］　果实（果皮）可提取芳香油，用于配制化妆香精和皂用香精。其枝叶经晒干并粉碎成粉末，可制熏香，燃点时有香气。

［理化性质］　据上海市资料：果实含芳香油（主要含于果皮中）0.2～0.5%，有香叶醇和橙花醇香气，比重（15℃）0.92544，折射率（20℃）1.4957，旋光度-42° 30'。据中国科学院昆明植物研究所分析：云南腾冲产的香果油，其比重（9.5℃）0.8123，折射率（20℃）1.4883，旋光度（20℃）-16°，酸值 2.9，碱化值 18.21，乙酰化后碱化值 76.76，醛酮含量（亚硫酸氢钠法）15%。

［采收处理］　9～10 月间当果实呈红色成熟时采收。采收后应立即加工，否则应摊置通风阴凉处，防止堆积过久引起腐烂。

［加　　工］　外果皮可用水蒸汽蒸馏法提取芳香油，蒸馏芳香油后的果核，晒干可利用榨取脂肪油。

74 香叶子（xiangyezi）

［学　　名］　**Lindera fragrans** Oliv.　樟科

［商 品 名］　香叶子油

［形态特征］　常绿灌木，高 1～3 米；小枝光滑，树皮黄绿色。叶互生，有香气，披针形或椭圆状披针形，长 4.5～9 厘米，宽 1.5～2.5 厘米，基部尖锐或为楔形，先端长尖，表面深绿色，背面灰绿色，嫩时有丝毛，两面有细密窝穴；三出脉，其余侧脉细而不明显；叶柄长约 5～8 毫米。花黄色，有香气，为腋生花束；雄花序不具总梗，有花 2～7 朵，花被 6 裂，雄蕊 9，花药 2 室，瓣裂；花具短梗或无梗，梗有毛。果实长卵形，无毛，长约 1 厘米，成熟时黑色，果梗约与果同长，有绢状毛。

［生长环境］　本种多生在海拔 1000 米以下的低山区，常见于阔叶林的疏林下，多岩石的沟谷中亦多生长。

［产　　地］　湖北、四川等省。

［用　　途］　枝叶和花可提芳香油。

［理化性质］　鲜枝叶含芳香油 0.5～0.8%，也有高到 1%的。

［采收处理］　夏秋季采收枝叶，鲜时加工。

［加　　工］　水蒸汽蒸馏法。

75 山胡椒（shanhujiao）

［学　　名］ **Lindera glauca** (Sieb. et Zucc.) Bl.　樟科

［商 品 名］ 野胡椒油

（地方名、形态特征、生长环境、产地及其他用途见“油脂类”，745页）

［用　　途］ 叶可提芳香油，用于制化妆品或肥皂香精上。

［理化性质］ 叶的芳香油含量约1%。主要成分为香叶醇（geraniol, $C_{10}H_{18}O$），香草醇（citronellol, $C_{10}H_{20}O$）及桉叶醇（cineole, $C_{10}H_{18}O$）等。

［采收处理］ 夏秋两季均可采收。用鲜叶加工。

［加　　工］ 水蒸汽蒸馏法。

76 团香果（tuanxiangguo）（图1053）

［地 方 名］ 牛石兰果（云南）

［学　　名］ **Lindera latifolia** Hook. f.　樟科

［商 品 名］ 团香果油

［形态特征］ 常绿小乔木，高约7米；小枝、叶背及花序密被灰白色短柔毛。叶互生倒卵状长圆形或椭圆形、宽倒披针形，长10～13厘米，宽5～6厘米，基部渐狭，先端锐尖或渐尖；叶脉在叶面微下陷，在背面明显隆起，侧脉10～12对。花单性，雌雄异株；伞形花序，单生或数个着生在叶腋内，有花10～12朵，总梗很短；苞片4枚，花黄色，雄花有雄蕊9，花药2室，瓣裂。果为核果，小而球形，成熟时紫黑色。

［生长环境］ 常见于山沟较湿润的常绿阔叶林中，干燥的山坡及路旁也习见生长。

［产　　地］ 云南省

［用　　途］ 果可提芳香油。

［理化性质］ 据中国科学院昆明植物研究所分析：果含芳香油0.36%。

［采收处理］ 夏秋季采收。

［加　　工］ 水蒸汽蒸馏法。

图1053　团香果
Lindera latifolia Hook. f.
1. 花枝；2. 果枝。

77 黑壳楠（heiqiaonan）（图 593）

［学　　名］ **Lindera megaphylla** Hemsl.　樟科

［商 品 名］ 黑壳楠油、黑壳楠叶油

（地方名、形态特征、生长环境、产地及其他用途见“油脂类”，747 页。）

［用　　途］ 果实及叶含有芳香油，可研究用作调香原料。

［采收处理］ 10～11 月果实成熟，采收其果及叶，分别进行加工。

［加　　工］ 水蒸汽蒸馏法。

78 三椏乌药（sanyawuyao）（图 594）

［学　　名］ **Lindera obtusiloba** Bl.　樟科

［商 品 名］ 三椏乌药油

（地方名、形态特征、生长环境、产地及其他用途见“油脂类”，748 页）

［用　　途］ 枝叶及果均可提取芳香油，用于化妆品、皂用香精等。

［理化性质］ 据江苏省资料：枝叶中芳香油含量为 0.4～0.6%，油的比重（15℃）0.905～0.961，折射率（20℃）1.490～1.510，旋光度（20℃）6° ～18° 。油为黄色或粉红色液体，有异香，主要成分为乌药醇（linderol, $C_{11}H_{20}O$）。

［采收处理］ 枝叶可在夏秋两季采摘。枝叶经采收后应随即加工蒸馏，勿堆积过久而影响芳香油的得量和质量。果熟时采摘，除去果核的外皮，随时蒸馏取油。果核用于榨取脂肪油。

［加　　工］ 水蒸汽蒸馏法。

［其　　他］ 资源较丰，有发展前途。

79 庐山乌药（lushanwuyao）（图 1054）

［学　　名］ **Lindera rubronervia** Gamble　樟科

［商 品 名］ 庐山乌药油

［形态特征］ 落叶灌木，高可达 5

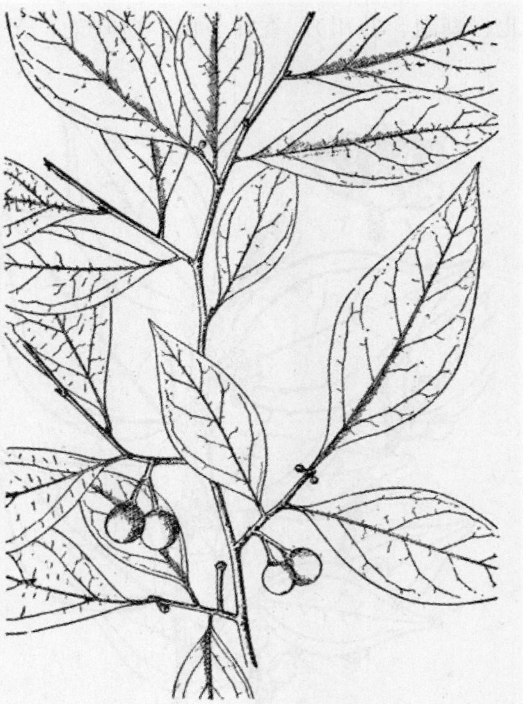

图 1054　庐山乌药
Lindera rubronervia Gamble
果枝

米；小枝细长，稍带紫褐色。**叶柄及叶脉带红色**，单叶互生，膜质，**椭圆形或长椭圆形**，长 5～11 厘米，宽 2.5～5.5 厘米，基部楔形，先端渐尖，顶有小凸尖，表面深绿色，沿中脉疏生短毛，背面灰绿色，深秋即转为红色，**近基部具三出脉**，背面中肋显明隆起，带红色，中脉两侧各有侧脉 3～4 条；叶柄长 5～10 毫米，有短柔毛。花单性，雌雄异株，伞形花序单生于新枝条基部。核果球形，直径 6～9 毫米，熟时紫黑色，位于宿存杯状的花被管上。花期 3～4 月，果期 9～10 月（浙江）。

[生长环境] 生长在温暖湿润的杂木林中或柳杉林中。

[产　　地] 江西、浙江等省。

[用　　途] 与乌药叶油相似。

[理化性质] 据浙江省资料：叶含芳香油 0.33%，果 0.28%。

[采收处理] 夏秋季采取枝叶，稍予切碎后加工。

[加　　工] 水蒸汽蒸馏法。

80 乌药（wuyao）（图 1055）

[地 方 名] 王斑皮叶、乌药儿、铜钱柴、斑皮柴、鳑鲏树根（浙江），天台乌药（浙江、河南），三条筋、洗手叶、香叶树（河南），铁滑子、胡椒子（四川），香桂梓（湖北、湖南、四川），香叶子树、白叶柴、天台乌、台乌（湖南、四川、广东），牛眼睛树（湖南），矮樟、莠其（广西）。

[学　　名] **Lindera strychnifolia** (Sieb. et Zucc.) F.-Vill.　樟科

[商 品 名] 乌药油、乌药叶油

[形态特征] **常绿**灌木或小乔木，高达 5 米；树皮灰绿色。叶革质互生，**椭圆形至卵形**，亦常为圆形，长 3～7.5 厘米，宽 1.5～4 厘米，基部圆形或锐形，**先端长尖或为短尾状**，表面绿色有光泽，**背面**青灰色或白色，**密生灰白色柔毛，三出脉显著**；叶柄长 5～10 毫米。花单性，雌雄异株，伞形花序腋生，总梗极短或无，花被裂片 6，雄花有雄蕊 9，花药 2 室，瓣裂。核果球形，熟时黑色；果梗长 5～12 毫米，稍有短毛。花期 3～4 月，果期 10～11 月（广西）。

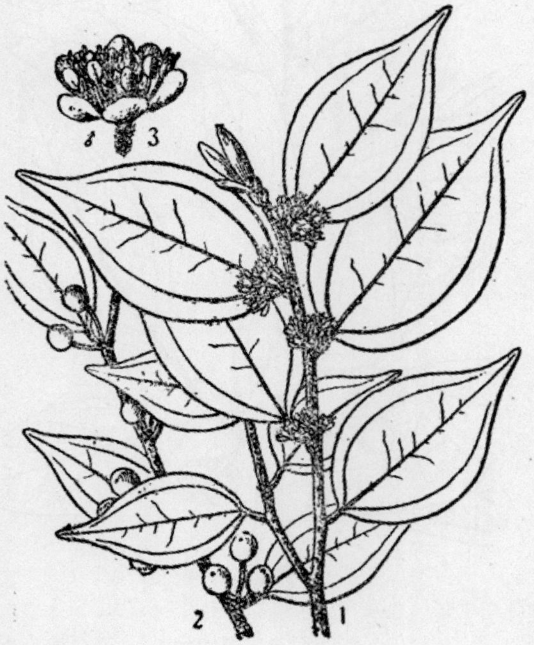

图 1055　乌药

Lindera strychnifolia（Sieb. et. Zucc.）F. -Vill.

1．花枝；2 果枝；3．雄花。

[生长环境] 性喜阳光，不耐荫

蔽，生于向阳山坡上的灌木丛中，路旁等地也常出现。

［产　　地］　浙江、江苏、安徽、河南、湖北、四川、湖南、福建、广东、广西、台湾等省区。

［用　　途］　果实、根及叶可提取芳香油，经精制处理后可用于皂用香精等。

根供药用（见“药用类”，1725 页）。种子含脂肪油（见“油脂类”，750 页）。种子及根可制土农药（见“土农药类”，2028 页）。根亦含淀粉，可供酿酒。

［理化性质］　根含芳香油 0.1～0.2%，比重（15℃）1.0864，折射率（20℃）1.5267，旋光度-83°。叶含芳香油 0.3%左右，比重（15℃）0.900～0.961，折射率（20℃）1.490～1.520，旋光度+6°～-18°。根油主要成分为乌药醇（linderol, $C_{11}H_{22}O$），乌药香油烃（linderene, $C_{11}H_{14}O_2$）等。

［采收处理］　叶在夏秋季采收，根全年均可采收，一般在 11 月至次年 3 月挖掘。叶在加工前应稍予切碎。根应干后磨碎。

［加　　工］　水蒸汽蒸馏法。

［其　　他］　乌药叶油各地已有生产，乌药根油则生产不多。乌药资源丰富，极应研究扩大用途。

本种采收时应注意综合利用。利用根应在不影响植物生长和不影响药用的供应情况下，可大量开发利用。

81 三股筋香（sangujinxiang）（图 597）

［学　　名］　**Lindera thomsonii** Allen　樟科

［商 品 名］　大香果油

（地方名、形态特征、生长环境、产地及其他用途见“油脂类”，751 页。）

［用　　途］　枝叶及果均可提取芳香油。用于化妆品香精等方面。

［理化性质］　据中国科学院昆明植物研究所分析：果含芳香油，出油率 0.4%。

［采收处理］　果实成熟时采收，直接蒸油或剥下果皮蒸油，果核收集晒干可榨油，叶在未落前随时可以采摘，趁鲜加工。

［加　　工］　水蒸汽蒸馏法。

82 钓樟（diaozhang）（图 598）

［学　　名］　**Lindera umbellata** Thunb.　樟科

［商 品 名］　钓樟叶油

（地方名、形态特征、生长环境、产地及其他用途见“油脂类”，752 页）

［用　　途］　枝叶可提制芳香油，主要用于化妆品香精和皂用香精，可作为芳樟油的代用品。

［理化性质］　枝叶含芳香油 0.5～1.0%，油的比重（15℃）0.9095，折射率（20℃）1.4651，旋光度-14° 21'。主要成分是芳樟醇（linalool, $C_{10}H_{18}O$），含量 20～30%，其次亦含香叶醇（geraniol, $C_{10}H_{18}O$），松油醇（terpineol, $C_{10}H_{18}O$），桉叶醇（cineole, $C_{10}H_{18}O$），柠檬烃（limonene, $C_{10}H_{16}$），水芹香油烃（phellandrene, $C_{10}H_{16}$）等。

［采收处理］　枝、叶自春季到秋季（4～10 月），随时可采摘，但以初春和晚秋采的出油率较高，不过出油率的高低与树龄和采摘部位有关系。采收后应随即蒸馏，不宜堆积过久。果实和果皮亦含芳香油，在果熟时采摘。

［加　　工］　一般均采摘枝叶加工，加工方法为水蒸汽蒸馏法。蒸馏时宜把叶片稍予切碎，则得油率可增加（树干亦可用水蒸汽蒸馏法蒸制芳香油，但是一般因钓樟资源不多，故以枝叶蒸馏为主）。

［其　　他］　本种应大力发掘利用，并应积极推广栽植，作为造林绿化树种，广泛繁殖，增加资源。

83 山鸡椒（shanjijiao）（图 1056）

［地 方 名］　山苍树（广东、广西、湖南、江西、云南、四川），山乌樟、典樟（浙江），山花子、山姜子、辣鼻子（广东），木姜子（广西、江西、四川），山胡椒（广西、湖南、湖北、四川），香叶子（湖南），香叶子槽（江西），马樟子（湖北），荜澄茄、澄茄子（江苏、浙江、四川、云南），臭樟子（福建）。

［学　　名］　**Litsea cubeba** (Lour.) Pers (L. citrata Bl.)　樟科

［商 品 名］　山苍子（木姜子）油、山苍子皮油、山苍子叶油、山苍子花油

［形态特征］　落叶灌木或小乔木，高可达 8～10 米。树皮幼时黄绿色、光滑，老时变褐灰色；小枝细瘦，绿色，无毛。单叶互生，有香气，纸质，长圆形或披针形，长 7～11（14）厘米，宽 1.4～2.4（3.8）厘米，基部楔形，先端锐渐尖，全缘，表面绿色或深绿色，背面粉绿色，两面无毛；叶柄细，长 6～12 毫米。花单性，雌雄异株；花序生短枝上，伞形，具细总梗，有花 4～6，直径约 8 毫米，外有 4 片脱落的苞片；花很小，直径约 3 毫米，花被裂片 6，雄花具

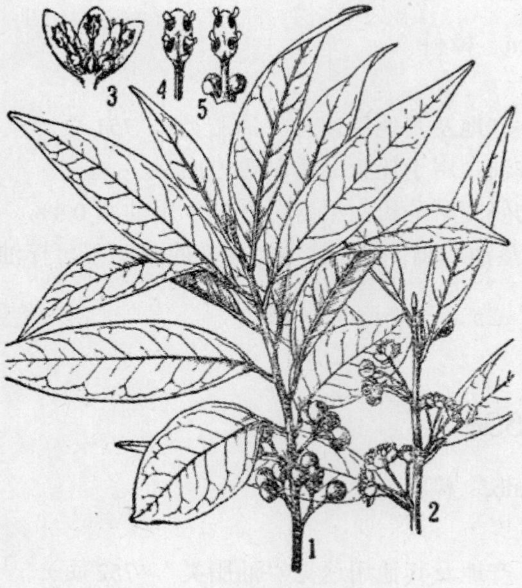

图 1056　山鸡椒

Litsea cubeba（Lour.）Pers

1．果枝；2．花枝；3．花纵切面；4．第一、二轮雄蕊；5．第三轮雄蕊。

能育雄蕊 9，花药 4 室，瓣裂，内向。核果具短柄，近球形，有不明显的小尖头，直径 4～5 毫米，无毛，幼时绿色，熟时变黑色，果柄长约 4 毫米。花期 2～3 月，果期 7～8 月。

［生长环境］　多生于向阳的丘陵或山地、灌丛或疏林中，在云南高原分布可达海拔 2400 米处。

［产　　地］　广布于云南、广西、广东、福建、台湾、浙江、江苏、江西、安徽、湖南、湖北、贵州、四川等省区，产量丰富。

［用　　途］　山苍子油主要用以提制柠檬醛，而柠檬醛又是制造紫罗兰酮、甲基紫罗兰酮、乙位紫罗兰酮及甲种维生素的主要原料。除甲种维生素系医药制品外，其他的均是配制香精的主要原料，用于食品香精化妆品和皂用香精等。此外，柠檬醛亦用于食用香精。山苍皮油、山苍子叶油、山苍子花油则经精制后直接用于化妆品和皂用香精中。山苍子油分馏后，头部馏分约占 20～30%，如何综合利用应注意研究。

山苍子核可榨取脂肪油（见“油脂类”，753 页）。较大的植株、木材亦可作小工艺用材。此外，山苍子及其根，民间亦当药用。

［理化性质］　山苍子的干果可获得芳香油 2～6%，鲜果 4～6%。但也有少数地区会蒸得 10%以上，甚至 15%的。山苍子油呈淡黄色、透明、纯净液体，比重（15℃）0.8925～0.9068，折射率（20℃）1.4785～1.4864，旋光度+5°～+9° 45'，主要成分为柠檬醛（citral, $C_{10}H_{16}O$），含量可达 70～90%，次要成分为甲基庚烯酮（methylheptenone, $C_8H_{14}O$），芳樟醇（linalool, $C_{10}H_{18}O$），柠檬烃（limonene, $C_{10}H_{16}$）等。精制过的国产山苍子油规格以柠檬醛含量计算为主，一般分为三级：（1）含柠檬醛 75%以上；（2）含柠檬醛 85%以上；（3）含柠檬醛 90%以上。山苍子的根皮亦可获得芳香油 0.2～1.2%，其比重（15℃）0.860～0.905，折射率（20℃）1.4772，旋光度 17° 21'～21°，柠檬醛含量较少，仅 10%上下。此外亦含香草醇（citronellol），含量 8～12%，芳樟醇（linalool, $C_{10}H_{18}O$）及其酯类等。

山苍叶含芳香油 0.2～0.4%，比重（15℃）0.899～0.904，折射率（20℃）1.4688，旋光度-12°～-47°，主要成分为桉叶醇（cineole, $C_{10}H_{18}O$），含量 20～35%，其次为醛类（6～22%），醇类（20～25%）等。

山苍子花亦含芳香油，据四川省芳香油工业研究室对雄花油化验结果：比重（20℃）0.8788，折射率（20℃）1.4753，旋光度-6° 21'，乙酰化酯值 153.3，酯值 72.58，酸值 3.94，含醛量为 37.36%。

［采收处理］　山苍子于春初未发叶前开花，夏初结实，通常在南方各省于 7 月间即可开始采收，华东、华中一带则需在八月间始能成熟，成熟时期的山苍子，其外皮呈青色，布有白色斑点，用手指捻碎有强烈的生姜香味。

山苍子采摘时应将带有部分叶子的细枝摘下，然后再逐粒摘下，切忌将整株树木砍下采摘，同时摘下来的山苍子均须留带果柄，不然，它的基部便有孔口，从而促使柠檬醛的挥发，而且由于不带果柄在加工蒸制时易使原料在蒸锅内堆压紧密，蒸汽不易上升，出油很慢，浪费燃料，延长蒸制时间；因此保留山苍子的果柄是很重要的。

若加工厂与产地距离较远而不能及时加工时，应将山苍子铺开于阴凉通风处阴干。堆放厚度不应超过 6 厘米，每天要翻数次，以防发热。这样可保持数十天。将山苍子放在太阳下晒干或烘干都会使油分和柠檬醛挥发减少，影响质量。

鲜山苍子，阴干或晒干的山苍子出油率和柠檬醛含量的变化见下表：

处理方式	出油率（%）	含醛量（%）
新鲜青色果实	4～6	70 以上
阴干至七成果实	3.25～4	70
阴干至四成果实	2.5～3.25	55～65
晒干至四成果实	1.8～2.75	45～55

（浙江省商业厅资料）

山苍子叶的采收季节，最好在山苍子采收以后，采摘时亦不宜连干砍取，采摘后亦须平摊阴干，防止堆积发热而影响得油率，加工时如能稍予切碎则得油较高。

［加　　工］ 山苍子、叶、皮、花，均用水蒸汽蒸馏法蒸馏。

［其　　他］ 山苍子油富含柠檬醛，是重要的工业原料，雄株不结果，可采花制油，醛量虽较低，但香味优越，经济价值很高。叶油、皮油及根油用途不大，采取有碍树的生长，一般不应生产。今后应积极研究变野生为家生，扩大资源，供应国内外的需要。

山苍子的繁殖可采用直播或育苗繁殖法，播种的种子要充分成熟，呈红褐色为佳，收种后宜当天播种，最迟不宜超过 5 天，如果在 2～3 天内不能播种，须用砂藏，结合掺砂催芽。种植后 3～5 年便可结果，对于 3～15 年的树木可采用剪枝采果法，使树木保持着灌木状态。也可以利用野生幼苗，加以保护或栽植以扩大资源。

荜澄茄原系胡椒科植物，学名是 Piper cubeba L.，目前中药上的荜澄茄则为本种的果实。

84 清香木姜子（qingxiangmujiangzi）（图 1057）

［学　　名］ **Litsea euosma** W. W. Smith.　樟科

［商 品 名］ 清香木姜子油

［形态特征］ 落叶小乔木；树皮灰褐色。叶互生，纸质，**椭圆形**，长 8～13 厘米，阔 3～5 厘米，基部楔形，先端渐尖，表面深绿色，背面粉绿色。**被茸毛**；**叶柄长 1.5** 厘米。花单性，雌雄异株；花序腋生，伞形，**4～6 花**；花白色，花被裂片 6，发育雄蕊 9，花药 4 室，瓣裂，内向。核果球形，具**小尖头**，浅绿色，熟时黑色，长 5～7 毫米，花被管不增大。花期 3 月，果期 9 月。

［生长环境］ 生于山地阔叶林中湿润处，垂直分布可达海拔 2450 米。

［产　　地］ 云南、贵州、广东、广西、台湾、四川、湖南等省区。

［用　　途］ 果实可提取芳香油，用于配制化妆品及皂用香精（亦用于食用香精）。

种籽含脂肪油。

［理化性质］　据中国科学院昆明植物研究所分析：枝叶含芳香油约 0.7%，果含芳香油及脂肪油。枝叶所含的芳香油的理化性质如下：比重（12℃）0.8348，折射率（20℃）1.4858，旋光度（12℃）-2.2°，酸值 3.3，碱化值 18.67，醛酮含量（亚硫酸氢钠法）72%。

［采收处理］　枝叶在夏秋季采收，果实在 8～9 月采收，采回后需及时加工，以防芳香油挥发。

［加　　工］　水蒸汽蒸馏法。

［其　　他］　芳香油的醛酮含量高。

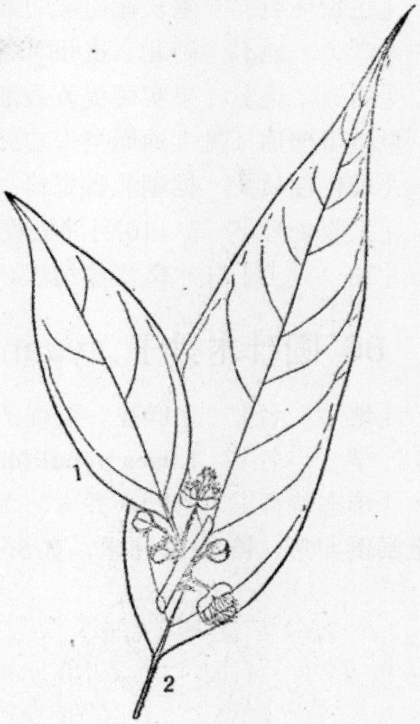

图 1057　清香木姜子
Litsea euosma W. W. Smith
1．花枝一部分；2．叶片。

85 毛叶木姜子（maoyemujiangzi）（图 1058）

图 1058　毛叶木姜子
Litsea mollifolia Chun
果枝

［地 方 名］　木姜子、香桂子、狗胡椒、野木浆子、毕橙茄（湖北）

［学　　名］　**Litsea mollifolia** Chun (L. mollis Hemsl.)　樟科

［商 品 名］　香桂子油

［形态特征］　**落叶灌木或小乔木**，高可达 4 米；树皮绿色，光滑有黑斑，**有松节油的气味**。叶簇生在枝条的顶端，**长椭圆形或倒披针形**，长 4～14 厘米，宽 2～4 厘米，基部楔形，先端渐尖，表面无毛，**背面密生白色柔毛**，全缘；**叶柄长约 1 厘米**，有白色绒毛。花单性，雌雄异株，花黄色，先叶开放，**伞形花序腋生，丛生**，有短梗，总梗有短柔毛。果为蓝黑色，球形，直径约 0.5 厘米。花期 3～4 月，果期 9～10 月（湖北）。

［生长环境］ 生长在山坡的灌木丛中。

［产　　地］ 湖北、贵州等省。

［用　　途］ 果实可提芳香油。果核可榨油（见“油脂类”，755页）。根和果实供药用。

［理化性质］ 据湖北省资料：果实含芳香油，出油率3～5%。

［采收处理］ 9～10月间采收果实加工。

［加　　工］ 水蒸汽蒸馏法。

86 圆叶木姜子（yuanyemujiangzi）（图1059）

［地 方 名］ 老鸦皮、猴香子、马木姜子（四川），老鸦皮米米、木香子（云南）。

［学　　名］ **Litsea populifolia** (Hemsl.) Gamble 樟科

［形态特征］ 落叶小乔木，高3～5米；小枝绿色，有樟脑的气味。单叶互生，圆形至阔倒卵形，长6～8厘米，宽5～7厘米，基部楔形，先端圆形，全缘，嫩叶红褐色，老叶表面深绿色，背面绿色至苍白色，叶脉羽状；叶柄长2～3厘米。伞形花序有花9～11；总花梗长约5毫米，密被黄色绒毛；花被黄色，6片，排成两轮；雄花有雄蕊9，花药4室，均为内向瓣裂；花梗长约1.5厘米，被稀疏细毛。核果球形，直径约5～6毫米，基部有盘状果杯。花期5月，果期8～9月。

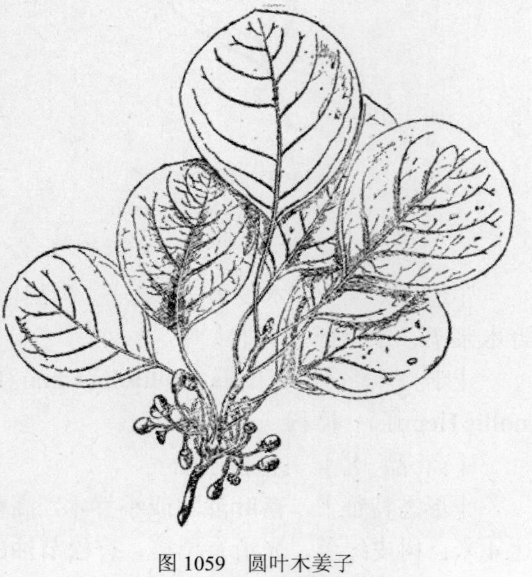

图1059 圆叶木姜子

Litsea populifolia（Hemsl.）Gamble

果枝

［生长环境］ 生于海拔1200～1800米山地的阳坡上或河谷两岸，有时组成纯林；阴坡灌木丛中或干旱而土层瘠薄的次生林中亦有分布。

［产　　地］ 四川、云南、西藏等省区。

［用　　途］ 叶、果实可提芳香油，用于化妆品及皂用香精。种子可榨脂肪油（见“油脂类”，755页）。嫩叶蒸提芳香油后的残渣可作猪饲料。

［理化性质］ 据四川省芳香工业研究室分析：用自四川宜宾采的叶子提取的芳香油，其比重（20℃）0.8982，折射率（20℃）1.4706，旋光度（24℃）-17° 30'，醛量4.63%，酸值0.6011，酯值18.06，乙酰化后碱化值101.55。

据中国科学院昆明植物研究所分析：果油比重0.9036，折射率（20℃）1.4706，旋光度-95° 3'，酸值0.8，碱化值24.84，乙酰化后碱化值74.35，醛酮含量8.8%，主要成分为柠檬烃、菲兰烃、甲位-蒎烯、莰烯、桉叶油酚、芳樟醇、松油醇等。

［采收处理］　果实在8～9月采收，采收后宜立即进行蒸馏，若不能及时加工，应将果子铺散在阴凉通风处，厚度不宜超过7厘米；枝叶可于秋冬季采收加工。

［加　　工］　水蒸汽蒸馏法。

87 木姜子（mujiangzi）（图1060）

［地 方 名］　木香子、山胡椒（四川），木樟子（湖北）。

［学　　名］　**Litsea pungens** Hemsl.　樟科

［商 品 名］　木姜子油

［形态特征］　**落叶**小乔木，高3～7米；花枝细长。叶簇聚于枝条先端，纸质，**披针形或倒披针形**，长5～10厘米，初有绢丝状短柔毛，后渐变为平滑，具侧脉约5对，叶柄有毛。花单性，雌雄异株；花序伞形，**由8～12朵花组成**，具短梗，总苞苞片表面有毛，早落；花黄色，**花梗细小，长1～1.5厘米**，有绢丝状粗毛，花被深裂为花瓣状，裂片倒卵形；**雄花于叶前开放**，花药4室，瓣裂，全内向，花丝仅于基部有细毛；雌花较大，有粗毛。核果球形，蓝黑色，直径约7～10毫米；果梗上部稍肥大。花期3～4月，果期8～9月（云南）。

［生长环境］　一般生长在湿润溪旁、透光大的坡地上，有时在杂木林缘。

［产　　地］　浙江、湖北、湖南、贵州、四川、云南等省。

［用　　途］　果实含有芳香油，主要成分为柠檬醛，可作食用香精和化妆香精。现已广泛利用于高级香料，紫罗兰酮和维生素用的原料。柠檬醛经还原可得香草醛、香草醇、合成薄荷脑等。

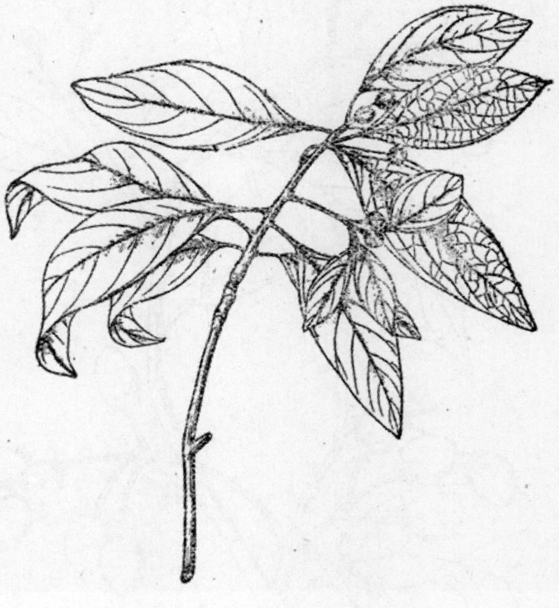

图1060　木姜子
Litsea pungens Hemsl.
果枝

果实含脂肪油，可供制皂（见“油脂类”，755页）。

［理化性质］　据四川省资料：干果含芳香油2～6%，鲜果含3～4%，比重0.8925～0.9603，折射率1.4785～1.4864，主要成分为柠檬醛（citral, $C_{10}H_{16}O$），含量60～90%，香叶醇（geraniol, $C_{10}H_{18}O$），含量5～19%，柠檬烃等。

［采收处理］　果实成熟时采收，趁鲜提出芳香油，见山鸡椒（1338页）。

［加　　工］ 水蒸汽蒸馏法。

88 云南楠（yunnannan）（图 1061）

［学　　名］ **Machilus yunnanensis** H. Lec. var. **duclouxii** H. Lec.　樟科

［商 品 名］ 云南楠油

［形态特征］ 常绿大乔木，高可达 20 米；树冠球形；树皮灰褐色，老时呈小片状开裂；小枝灰绿色，光滑无毛。叶倒卵形，长 7～9 厘米，宽 4～5 厘米，基部阔楔形，先端急尖，全缘，表面浓绿色，背面灰绿色，两面均光滑无毛，侧脉 8～9 对；叶柄长 1.5～2 厘米，上面扁平，下面圆。花序圆锥状，腋生，长 4～5 厘米，光滑无毛，褐色，具花 6～7；花黄色，药 4 室，瓣裂。浆果近圆形或椭圆形，直径约 1 厘米，果成熟时黑色；基部有反曲而不脱落的花被；果柄粗壮，浅紫褐色，长约 1 厘米。果期 10 月（云南）。

图 1061　云南楠

Machilus yunnanensis H. Lec. var. duclouxii H. Lec.

1．果枝；2．剖开的花；3．果。

［生长环境］ 喜生于湿润、土层较厚的低山阴坡，在海拔 2000 米的阔叶林中尤为常见。

［产　　地］ 云南省

［用　　途］ 叶及果可提芳香油。其芳香油及树皮粉可作各种熏香及蚊香的调合剂。

木材黄褐、微红色，有光泽，无香气，供建筑及家具用材。

［理化性质］ 据中国科学院昆明植物研究所分析：叶含芳香油 0.75%，果含芳香油 0.38%。

［采收处理］ 秋冬季采收果、叶加工。

［加　　工］ 水蒸汽蒸馏法。

［其　　他］ 红楠 Machilus thunbergii Sieb. et Zucc.（地方名、形态特征、生长环境、产地及其他用途见“油脂类”，758 页），用途及理化性质与云南楠近似。其商品名为红楠叶油。

89 新樟（xinzhang）（图 1062）

［地 方 名］　荷花香、香叶树、梅叶香（云南）

［学　　名］　**Neocinnamomum delavayi** (H. Lec.) Liou (*Cinnamomum delavayi* H. Lec.) 樟科

［商 品 名］　荷花香油（云南保山）

［形态特征］　常绿灌木，高 1.5～3 米，间有高达 5～6 米的小乔木；树干粗一般约 5～6 厘米，分枝很多；枝条细软，有细致条纹及贴生毛茸。叶革质，卵状披针形，长 6～9 厘米，宽 2.5～4 厘米，全缘，**中脉近基部具三出脉**，表面深绿色，背面苍白色，近无毛或有贴生短毛。花黄色，**4～6 朵组成腋生伞形花序**，能育雄蕊 9 枚，排列 3 轮，内轮 3 枚具 2 腺体，退化雄蕊 3 枚，药 4 室，瓣裂，**平排一列**；花梗长 5～8 毫米，有毛。果为浆果，卵状，长约 10 毫米，直径约 8 毫米，幼时深绿色，熟透时红色，果下有宿存的漏斗状花被管。花期及果期 8～10 月（云南）。

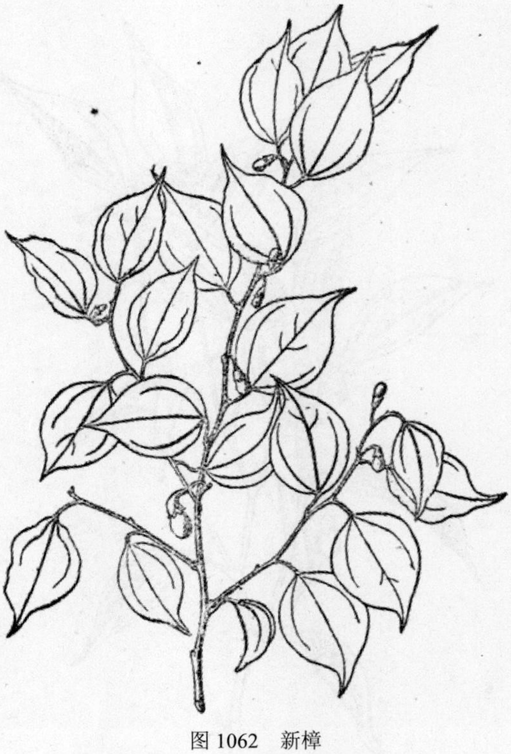

图 1062　新樟
Neocinnamomum delavayi（H. Lec.）Liou
果枝

［生长环境］　性喜阳光，生长在海拔 1100～2400 米的干山坡，或湿润流水沟边的次生灌丛或杂木林中；在排水良好的石灰岩灌丛中生长良好。

［产　　地］　云南省

［用　　途］　枝叶可提芳香油。种籽可榨脂肪油。

［理化性质］　据中国科学院昆明植物研究所分析：在云南保山所产的新樟枝叶得油率 0.8～1%，油的比重（13.5℃）0.8564，折射率（11℃）1.4850，旋光度（12℃）±0°，酸值 0.28，皂化值 12.3，乙酰化后皂化值 37.73，醛酮含量（亚硫酸氢钠法）6%。

干皮含油 0.5～1.5%。油的折射率（20℃）1.5999，旋光度-5°52'，主要成分为桂醛、丁香酚及松油烃。

［采收处理］　一年四季均可采收枝叶，采收后宜立即加工。

［加　　工］　水蒸汽蒸馏法。

［其　　他］　可用种子播种。

90 细叶香樟（xiyexiangzhang）（图 1063）

［地 方 名］ 野香叶树（云南）

［学　　名］ **Neocinnamomum parvifolium** (H. Lec.) Liou (*Cinnamomum parvifolium* H. Lec.) 樟科

［商 品 名］ 细叶香樟油

［形态特征］ 常绿小乔木或灌木，高 3～5 米；枝圆柱形，具条纹，被有白色的毛茸。叶互生，近革质，椭圆状披针形，长 4～5.5 厘米，宽 1.5～2.5 厘米，基部楔形，先端渐尖，表面无毛或近于无毛，背面苍白而有绢状毛；脉三出，中脉及侧脉在叶面凹陷，在叶背隆起；叶柄纤细，长 4～6 毫米，具沟槽。花小，淡黄色，6～8 朵簇生在叶腋内组成无柄的伞形花序；雄蕊 9，排列成三轮，最内轮 3 枚各具 2 腺体，退化雄蕊 3；药 4 室，瓣裂，平排一列；花梗长 10～12 毫米，有柔毛。果为浆果，直径 6 毫米；果下有宿存的漏斗状花被管，花期及果期 8～10 月（云南）。

图 1063　细叶香樟
Neocinnamomum parvifolium（H. Lec.）Liou
花果枝

［生长环境］ 生长在海拔 1100～2400 米之间的稀疏次生灌丛或杂木林中。

［产　　地］ 云南省

［用　　途］ 枝叶可提芳香油，可用于制造化妆品。

种籽可榨脂肪油。

［理化性质］ 据中国科学院昆明植物研究所分析：枝叶得油率 0.7%，油的比重（9℃）0.9222，折射率（20℃）1.4770，旋光度（9℃）+24.4°，酸值 0.45，皂化值 15.33，乙酰化后的皂化值 48.53，醛酮含量（亚硫酸氢钠法）8%。

［采收处理］ 一年四季均可采收枝叶，采收后应立即加工。

［加　　工］ 水蒸汽蒸馏法。

［其　　他］ 可利用种子播种繁殖。

91 云南新木姜（yunnanxinmujiang）（图 1064）

［学　　名］　**Neolitsea homilantha** Allen　樟科

［商 品 名］　云南新木姜油

［形态特征］　灌木或小乔木，高 2～7 米；枝条有线形的半圆横痕，和被有稀疏的白色短柔毛。叶坚纸质或近革质，有香味，椭圆形，长 7～10 厘米，宽 2.5～4 厘米，基部楔形或近圆形，先端近尾状渐尖，表面绿色、无毛，背面苍白色，侧脉 4～6 对，最下一对对生而成离基三出脉；叶柄长 10～14 毫米，腋生，多花，有总苞，近无梗，花被 4 裂，外面有柔毛，雄蕊 6，花丝与花被几等长，花药 4 瓣裂。核果卵形，黑色。花期 11 月（云南）。

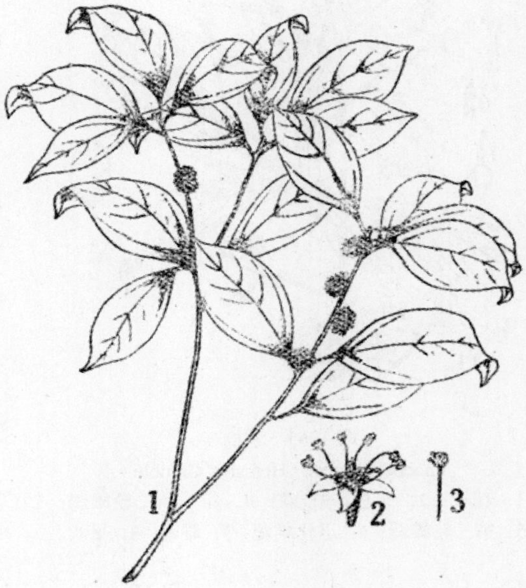

图 1064　云南新木姜
Neolitsea homilantha Allen
1．花枝；2．花；2．雄蕊。

［生长环境］　喜生长在潮湿的沟边杂木林内或石灰岩山区灌丛中，在海拔 1200～1600 米地带尤为多见。

［产　　地］　云南省

［用　　途］　叶可提芳香油。

［理化性质］　据中国科学院昆明植物研究所分析：鲜叶含芳香油 0.7%。

［采收处理］　叶一年四季均可采收，采后应即加工

［加　　工］　水蒸汽蒸馏法。

92 紫楠（zinan）（图 1065）

［地 方 名］　紫金楠、金心楠、金丝楠（江苏），石环树、山枇杷、楠木（浙江），金丝楠（四川）。

［学　　名］　**Phoebe sheareri** (Hemsl.) Gamble　樟科

［商 品 名］　紫楠木油

［形态特征］　常绿乔木，高达 16 米；树皮灰色，光滑；幼枝密生褐色绒毛。叶倒披针形或倒卵形，长 8～22 厘米，宽 4～8 厘米，基部楔形，先端具尾状长尖，表面中脉有毛，背面有锈色细毛，网状脉凸起。圆锥花序腋生，密生淡棕色绒毛；花直径约 6 毫米，花被裂片 6，两面有毛，发育雄蕊 9，花药 4 室，瓣裂。果卵圆形，长约 8 毫米，基部为宿存的杯状萼筒所包被；果柄有绒毛。花期 6 月，果期 9～10 月（浙江、江苏）。

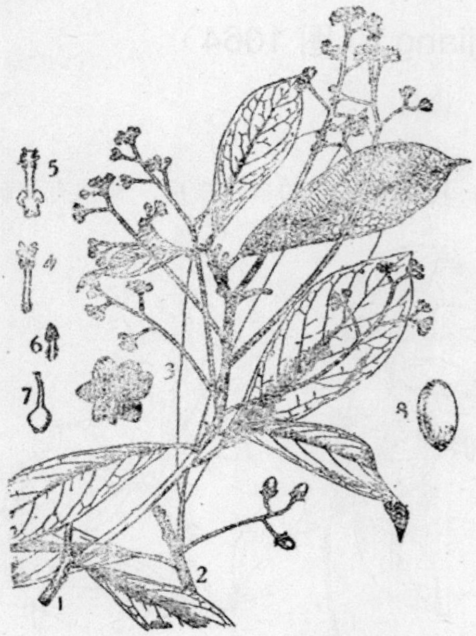

图 1065 紫楠

Phoebe sheareri（Hemsl.）Gamble

1．花枝；2．果枝；3．花；4．第一、二轮雄蕊；5．第三轮雄蕊；6．退化雄蕊；7．雌蕊；8．果实。

［生长环境］ 生长在阴湿山谷杂木林中，一般分布在海拔 1000 米以下的低山。

［产 地］ 江苏、浙江、安徽、福建、江西、湖北、四川、湖南、广东、广西、云南等省区。

［用 途］ 根、枝、叶均含芳香油，可用于皂用香精等的调合。

树干是良好的木材，可制上等家具用器等。种子含油（见“油脂类”，764 页）。

［采收处理］ 采收叶和小枝，或利用边材加工提取芳香油。

［加 工］ 水蒸汽蒸馏法。

93 檫树（cashu）（图 1066）

［地 方 名］ 青檫（安徽），山檫（浙江），桐梓树、梨火哄（福建）。

［学 名］ **Pseudosassafras tzumu** (Hemsl.) Lec. ［*Sassafras tzumu* Hemsl., *Pseudosassafras laxiflora* (Hemsl.) Nakai］ 樟科

［商 品 名］ 檫树子油、檫树根油

［形态特征］ 落叶大乔木，高达 35 米，胸径可达 2.5 米；幼时树皮黄绿色、平滑，老则变灰褐色，成不规则分裂；幼枝有毛，后脱落。叶革质，异形，长 10～20 厘米，阔 5～15 厘米，全缘或上部 2～3 裂，嫩叶多全缘，近基部通常有 3 主脉，幼时背面有丝状毛，后脱落，叶柄细长。花小，黄色，杂性异株，总状花序，先叶开放，花被裂片 6，发育雄蕊 9，花药 4 室，瓣裂，内向。核果球形，蓝黑色，长约 5 毫米，表面有蜡质粉，果梗淡红色，肥大呈棍棒状。花期 3～

图 1066 檫树

Pseudosassafras tzumu（Hemsl.）Lec.

1．枝条；2．花序；3．花；4．果实。

4 月，果期 8 月（江苏）。

[生长环境] 散生于土壤深厚肥沃、排水良好的背风山坡，或混生在温暖湿润的杂木林中，树高魁伟参天，高出其他林冠之上。

[产 地] 江苏、浙江、安徽、江西、湖北、湖南、四川、福建、广东、广西、贵州、云南等省区。

[用 途] 种子和根中均含芳香油，可作为调香原料。

根部含鞣质 5～8%，可作栲胶原料。

[理化性质] 据浙江省资料：种子中含的芳香油，有柠檬香气，极有利用价值，其含油量为 2～3%。根油中含有黄樟油素。

[采收处理] 8～9 月间采收成熟种子加工，根可以结合伐木采取，劈碎加工。

[加 工] 水蒸汽蒸馏法。

94 西洋山梅花（xiyangshanmeihua）（图 1067）

[学 名] **Philadelphus coronarius** L. 虎耳草科

[商 品 名] 山梅花浸膏

[形态特征] 灌木，高约 3 米；树皮栗褐色，呈剥落状；幼枝平滑无毛或疏生有毛。单叶对生，卵形至卵状长椭圆形，长 4～7 厘米，先端渐尖，基部宽楔形或圆形，边缘具小牙齿，除背面脉腋或脉上生有毛外，余均平滑无毛。花直径 2.5～3.5 厘米，乳白色，富有芳香，5～7 朵合成总状花序，花梗平滑无毛或有短柔毛；萼无毛，或少有疏生短柔毛；花柱较雄蕊短，分裂至中部。蒴果 4 瓣裂。花期 6 月，果期 8～9 月。栽培变种甚多。

[生长环境] 栽培于庭园。

[产 地] 江西、江苏，浙江等省。

[用 途] 花含芳香油，可制浸膏，使用于调合香精中。

花大，色白耀目，可作观赏用。

[采收处理] 采取鲜花进行加工。

[加 工] 浸提法。

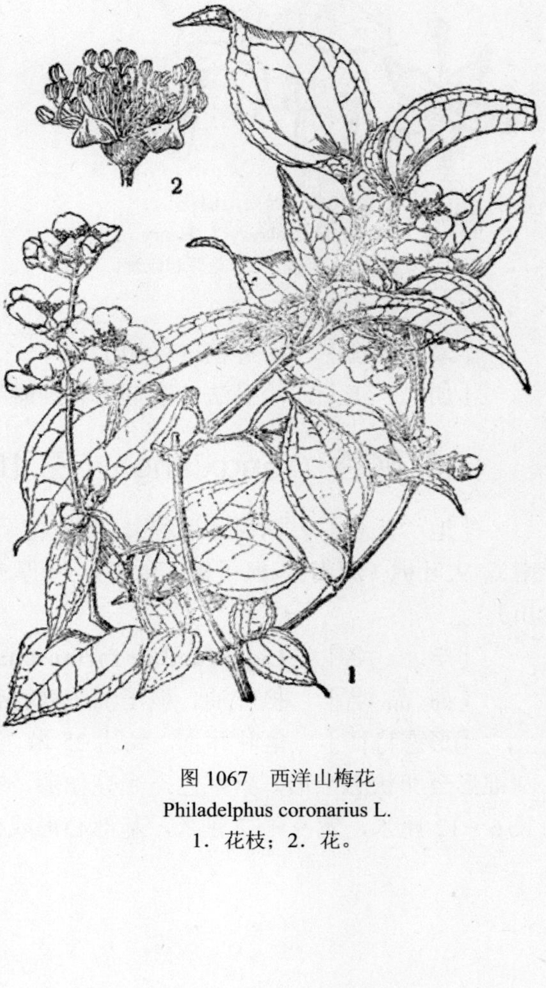

图 1067 西洋山梅花
Philadelphus coronarius L.
1. 花枝；2. 花。

95 西南山梅花（xinanshanmeihua）（图 1068）

［学　　名］ **Philadelphus delavayi** L. Henry 虎耳草科

［商 品 名］ 西南山梅花浸膏

图 1068 西南山梅花
Philadelphus delavayi L. Henry
1．花枝；2．雄蕊；3．花萼和雌蕊。

［形态特征］ 灌木，高可达 4 米；树皮栗褐色或带灰褐色，呈剥落状；小枝幼时平滑无毛，带紫色或蜡状白粉。单叶对生，卵状长椭圆形或披针状卵形，长 3～6 厘米，有时长达 10 厘米，先端渐尖，基部圆形，全缘或疏生小锯齿，表面暗绿色，有短柔毛，背面有灰色绒毛或近光滑，背面叶脉堇紫色，有短柔毛。总状花序，有花 5～11 朵，有时达 13 朵；花直径 3～4 厘米，极香；萼平滑无毛，堇紫色，通常被有蜡状白粉；花瓣卵形；外面有时带紫色；雄蕊多数；花柱 4，无毛，近全部合生。蒴果 4 瓣裂，有多数细小种子。花期 6 月，果期 8～9 月。

［生长环境］ 生于山沟灌木林内，分布海拔约在 2800～3400 米之间。

［产　　地］ 云南、四川等省。

［用　　途］ 花含芳香油，提制浸膏后可用于调合香精中。花美丽，可供观赏用。

［采收处理］ 用鲜花进行加工。

［加　　工］ 浸提法（溶剂用石油醚等）。

96 枫香（fengxiang）（图 1069）

［地 方 名］ 枫树（通称），鸡枫树、鸡爪枫（浙江），路路通（江苏、浙江、河南），大叶枫（湖南），枫子树（台湾），味厚（广西），三角枫（广东、四川），三角兰（四川）。

［学　　名］ **Liquidambar formosana** Hance 金缕梅科

［商 品 名］ 枫叶油、枫子油、枫香膏、枫香油、芸香

［形态特征］ 落叶乔木，高达 25 米，树干挺直；皮深灰色，具不规则深裂；冬芽圆锥形至卵状圆锥形，紫红色，光亮如漆，有棕色毛。单叶互生，3 裂，有时为 5 裂，长 6～12 厘米，宽 9～17 厘米，基部心形或截形，裂片三角状广卵形，先端细长尖，边

缘有细锯齿；叶柄长3～8厘米，托叶线形，附生于叶柄上，早落。花无花瓣，通常雌雄同株；雄花集生如球，成顶生的总状花序，雄蕊多数；雌花着生于具细长花梗的头状花序上，子房互相愈合，顶端喙状。蒴果集成球形果序，下垂，具多数鳞片及由花柱变成的刺状物。花期4～5月，果期10月。

［生长环境］ 喜阳光，常见于路旁或灌木丛中，性喜湿润肥沃土壤。

［产　　地］ 陕西、河南、四川、贵州、湖北、湖南、江西、江苏、浙江、福建、台湾、广东海南、广西、云南等地。

［用　　途］ 叶及种子可提芳香油，但质量较差，用途不广。树干内渗出的液体，称香胶或枫脂，可供香料用或药用。枫脂经加工后可得枫香浸膏或芸香油，均可用于香精的调合，有很强的定香力。

树皮及叶均含鞣质，可提制栲胶（见“鞣料类”，1115页）。果实可入药（见“药用类”，1740页）。树干含树脂（见“树脂及树胶类”，1554页）。木材可制家具或各种用途的木板材。叶可饲养柞蚕。

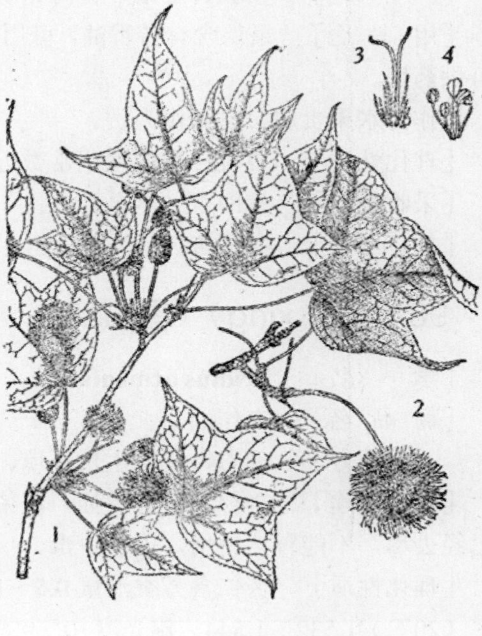

图1069 枫香

Liquidambar formosana Hance

1．花枝；2．果枝；3．雌蕊；4．雄蕊。

［理化性质］ 据上海市资料：枫叶含芳香油约0.2%。主含龙脑（borneol, $C_{10}H_{18}O$），莰烯（comphene, $C_{10}H_{16}$）。从枫脂可萃取枫香浸膏50～70%，从枫脂又可用水蒸汽蒸馏法蒸取枫香油，油的比重（15℃）0.89549，折射率（20℃）1.4795，旋光度-39° 30'。

［采收处理］ 叶子5～8月采收，枫脂于夏秋季割取。

［加　　工］ 枫叶和枫脂用水蒸汽蒸馏法提取芳香油。枫脂也可用酒精浸提，从萃取液中回收酒精后即得枫香浸膏。

97 扁桃（biantao）

［地 方 名］ 偏桃、婆淡树、巴旦杏、八担杏（西北）

［学　　名］ **Prunus amygdalus** Batsch. (*Amygdalus communis* L.) 蔷薇科

［商 品 名］ 扁桃仁油

［形态特征］ 落叶乔木，高可达8米。树皮灰色，小枝平滑。叶卵状披针形以至

狭披针形，中部较基部为宽，长7～12厘米，先端长尖，基部阔楔形或近圆形，边缘有微细锯齿，无毛，叶柄长2.5厘米，具有腺体。花每1至2朵共生，粉红色或近于白色，直径3～4.5厘米，近于无梗；萼片长椭圆形，边缘有绒毛。果实椭圆形，柔滑，长3～6厘米，先端略尖，易于开裂；核平滑有凹陷。

［生长环境］　作果树栽培于庭园，偶有逸出野生。

［产　　地］　新疆、甘肃、青海、陕西等省区。

［用　　途］　果仁含有芳香油，可用作食品香精，使用前必须去除其中有毒成分；又可供药用。

果作为水果食用。花可供观赏。

［理化性质］　扁桃仁油的理化常数近似杏仁油（本页），其主要成分为苯甲醛。

［采收处理］　参阅杏（本页）。

［加　　工］　参阅杏。

98　杏（xing）（图625）

［学　　名］　**Prunus armeniaca** L.　蔷薇科

［商 品 名］　杏仁油

（地方名、形态特征、生长环境、产地及其他用途见“油脂类”，778页）

［用　　途］　杏仁含有芳香油。在使用前应注意其中所含有毒成分（氢氰酸）是否已经去尽，不能冒然使用，以免中毒。

［理化性质］　杏仁含芳香油量0.5～1.8%。精油的比重（15℃）1.045～1.070，折射率（20℃）1.532～1.544，旋光度+0° 9'～+0° 11'。主要成分为苯甲醛（benzaldehyde，C_7H_6O），含量83～93%。

［采收处理］　在果实成熟后，采集去壳，先压榨脂肪油，再将油饼浸渍进行发酵，然后蒸出芳香油。

［加　　工］　采用水中蒸馏法。此法所用的蒸锅必须高深，以防在蒸馏时产生泡沫冲入冷凝器，而且需要特别注意车间通风，顺利的将蒸馏逸出的氢氰酸毒气排出室外，而蒸馏废水应妥善排至安全地点，以免危害人畜。

99　白玫瑰（baimeigui）（图1070）

［学　　名］　**Rosa alba** L.　蔷薇科

［商 品 名］　白玫瑰油、白玫瑰浸膏

［形态特征］　直立灌木，高2～2.5米，疏生钩状的皮刺和刺毛。羽状复叶，互生，小叶通常5，有时为7枚，长圆形，阔椭圆形至卵圆形，长2.5～6厘米，具短尖，表面无毛，灰绿色有绉纹，背面有柔毛；托叶有腺点。花白色或略带红色，单瓣或重瓣，直径约5～7.5厘米，芳香，常数朵生长在一起；萼片大形，大都分裂，裂片有时成叶

状；花托有刚毛或无毛。果长圆形或卵圆形，长约 2 厘米，鲜红色，萼片脱落。

［生长环境］　栽培于庭园。

［产　　地］　河北、江苏等省均有少量栽培。

［用　　途］　花芳香，可提取浸膏，用于高级化妆香料中。

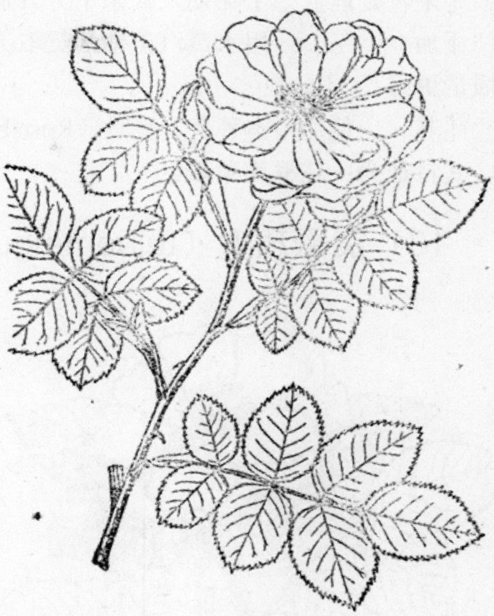

图 1070　白玫瑰
Rosa alba L.
花枝

100 木香（muxiang）（图 1071）

［地 方 名］　倒钩刺（云南、贵州）

［学　　名］　**Rosa banksiae** Ait. 蔷薇科

［商 品 名］　木香花油、木香花浸膏

［形态特征］　常绿或半常绿的攀援灌木，高可达 8 米，枝干有钩状刺。叶互生，奇数羽状复叶，小叶 3～5，稀 7 片，椭圆状卵形或椭圆状披针形，长 2～6 厘米，宽 1～2.5 厘米，先端尖或钝尖，边缘有细锯齿。花白色或黄色，单瓣或重瓣，直径约 2.5 厘米，有芳香味，由多花组成伞形状花序。果为肉质浆果状，球形，内有多数骨质瘦果。花期 4～5 月，果期 10 月（云南）。

图 1071　木香
Rosa banksiae Ait.
花枝

［生长环境］　生长于山坡灌木丛中，常见于村落附近或田埂篱障间。不论红壤、黄壤或粘土均能生长。

［产　　地］　甘肃、陕西、青海、江苏、江西、四川、贵州、云南等省。

［用　　途］　花芳香，可提取芳香油，供配制化妆品及皂用香精用。

根皮含鞣质，可提制栲胶（见“鞣料类”，1124 页，为一变种）。

［理化性质］　花含芳香油，用水蒸汽蒸馏法提取，得油率 0.01～0.02%。

［采收处理］　于花期采摘未十分开放的花朵，随采随加工。

［加　　工］　用水蒸汽蒸馏法提取芳香油。但如能用浸提法萃取制成浸膏，则产品质量更好。

［其　　他］　本种有一变种（Rosa banksiae Ait. var. normalis Regel.），产湖北、四川，其特征为：花概为单瓣。

101 突厥玫瑰（tujuemeigui）（图 1072）

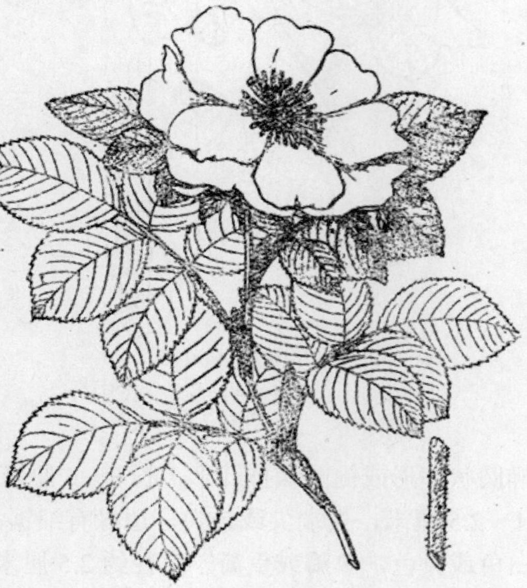

图 1072　突厥玫瑰
Rosa damascena Mill.
花枝

［学　　名］　**Rosa damascena** Mill.　蔷薇科

［商 品 名］　突厥玫瑰油

［形态特征］　丛枝灌木，高达 3 米。枝密生具腺状的刺毛，和粗硬的钩刺。羽状复叶，小叶 5，有时 7，卵形或长圆形，长 2～6 厘米，边缘有单齿，表面光滑，背面有软毛；叶柄有刺毛。花梗直立，有腺；花 6～12 组成伞房花序，花具单瓣或复瓣，白色，微带红晕或红色，常具条纹，甚芳香。花期夏秋两季。

［产　　地］　新近引种，上海、北京等地有少量栽培。

（用途、采收处理、加工等与玫瑰油同。）

［其　　他］　本种为世界有名品种，我国可以大量扩种。

102 荷花蔷薇（hehuaqiangwei）（图 904）

［学　　名］　**Rosa multiflora** Thunb.　蔷薇科

［商 品 名］　蔷薇花油，蔷薇浸膏

（地方名、形态特征、生长环境、产地及其他用途见“鞣料类”，1130 页）

［用　　途］　鲜花含有芳香油，香气虽稍次于玫瑰花油，但亦可使用于化妆、皂用香精中。

［理化性质］　鲜花含油率 0.02～0.03%左右。

［采收处理］　采收鲜花进行加工。

［加　　工］　用水中蒸馏法或浸提法均可。

［其　　他］ 蔷薇品种很多，虽经济价值高低不同，但均应加以利用。有些地区的蔷薇香气颇浓。

103 香水月季（xiangshuiyueji）（图 1073）

［学　　名］ **Rosa odorata** Sweet. 蔷薇科

［商 品 名］ 香水月季浸膏

［形态特征］ 常绿或半常绿灌木。茎无毛；枝条长而纤弱，略攀援；皮刺少数，疏生而弯曲。羽状复叶，**小叶 5～7**，椭圆形至阔卵圆形或长圆卵圆形，长 3.5～7.5 厘米，先端锐尖或短渐尖，边缘具锐锯齿，表面有光泽，背面浅绿色，光滑；托叶仅在上部具腺状缘毛。**花 1～3 朵**，芳香，白色，粉红色或橙黄色，直径 5～7.5 厘米，或在 7.5 厘米以上；萼片全缘，具尾状尖头。**果近球形**或倒卵形，红色。

图 1073 香水月季
Rosa odorata Sweet.
1. 花枝；2. 果。

［生长环境］ 栽培于庭园或村旁旷地。

［产　　地］ 浙江、江苏、四川、云南及各地均有栽培。

（用途，理化性质，采收处理及加工等与玫瑰相仿）。

104 玫瑰（meigui）（图 1074）

［地 方 名］ 红玫瑰（浙江、江苏），红玫花、笔头花（浙江）。

［学　　名］ **Rosa rugosa** Thunb. 蔷薇科

［商 品 名］ 玫瑰油

［形态特征］ 直立灌木，高达 2 米。干粗壮，枝丛生，密生绒毛、腺毛及刺。奇数羽状复叶互生；**小叶 5～9 片**，椭圆形至椭圆状倒卵形，长 2～5 厘米，宽 1～2 厘米，先端尖或钝，基部圆形或阔楔形，边缘有细锯齿，表面暗绿色，**无毛而起皱，背面苍白色被柔毛**；叶柄生柔毛及刺；托叶附着于总叶柄，无锯齿，边缘有腺点。**花单生或数朵簇生**，直径 6～8 厘米，单瓣或重瓣，紫色或白色，花梗短，有绒毛、腺毛及刺，花托及

花萼具腺毛；萼片5，具长尾状尖，直立，内面及边缘有线状毛；花瓣5；雄蕊多数，着生在萼筒边缘的长盘上；雌蕊多数，包于壶状花托底部。瘦果骨质，扁球形，暗橙红色，直径2～2.5厘米。花期5～6月，果期8～9月（北部各省）。

［生长环境］　常生于我国中部以至北部的低山丛林中及土壤疏松、湿润而呈中性反应的地方。庭院或花园中多栽培之。

［产　　地］　原产我国北部，现广植各地，山东、江苏、浙江、广东等省尤多栽培。

［用　　途］　玫瑰花的芳香油价值极高，用途很广，是各种高级香水、香皂及化妆香精不可少的香料，是调配多种花香型香精的主剂，亦用于食用香精，为世界名贵香料之一。

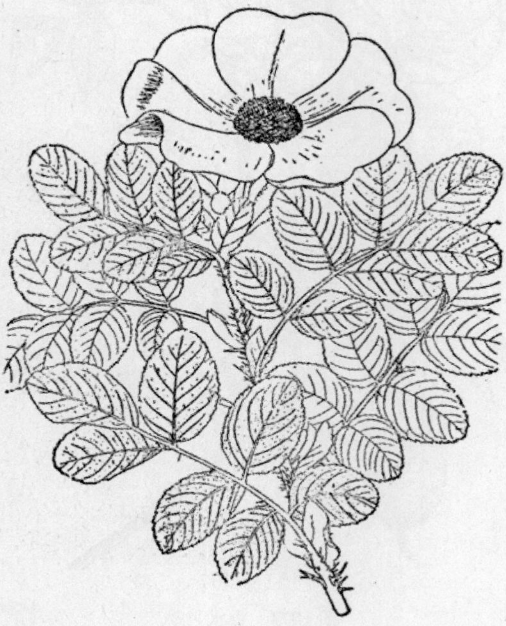

图1074　玫瑰
Rosa rugosa Thunb.
花枝

花瓣可作糖果糕点蜜饯香料和制酒熏茶用，晒干的花亦常用以泡茶。花亦可作玫瑰酒和玫瑰酱（见“淀粉及糖类”，542页）。花可供药用（见“药用类”，1753页）。果实含维生素（见“其他类”，2077页）。根皮含鞣质21.1%。种子可以榨油。

［理化性质］　据上海市资料：鲜花含油约0.03%（水蒸汽蒸馏），原油黄色，有时带绿色，比重（30℃）0.848～0.8656，折射率（25℃）1.4538～1.4646，旋光度（25℃）-2°12'～-4°24'，凝固点16°～22.5℃。其主要成分为香草醇（citronellol, $C_{10}H_{20}O$），香叶醇（geraniol, $C_{10}H_{18}O$），橙花醇（nerol, $C_{10}H_{18}O$），丁香酚（eugenol, $C_{10}H_{12}O_2$），苯乙醇（phenyl-ethyl alcohol, $C_8H_{10}O$）等。其中香草醇应以左旋性的含量越高越好，最高可达60%；香叶醇的主要成分次于香草醇；橙花醇的含量约5～10%，丁香酚和苯乙醇各约1%，而此二成分在玫瑰水中含量较多。

据上海市资料，在山东平阳和浙江吴兴所产的玫瑰花，用水蒸汽蒸馏法的得油率为0.0317%，比重（30℃）0.89262，折射率1.4752，旋光度-9°6'，香味近似保加利亚玫瑰油。

［采收处理］　提制芳香油的玫瑰花，宜在晴天的早晨（5～9时止）采摘，采后应随时加工，如时间不许可需要久放，应置于阴处凉干，避免日晒和发霉，否则会使油分过多挥发或变质。采收的花朵，以花蕊部分露出而花瓣仍为紫红色时为最佳，如花瓣颜

色转淡，显示开放时间已长，不符蒸油要求。

［加　　工］　玫瑰油的提取，通常有两种方法，最普通的是用水中蒸馏法；另一种是浸提法，常以石油醚为浸提溶剂。前法提出来的油即为普通的玫瑰油，因为国际间已经用惯，所以用量较大。后法提出的油一般叫它为玫瑰浸膏，又经精制处理后，即为玫瑰净油，香气较好，和原来新鲜的玫瑰花香气相仿。使用水中蒸馏法蒸馏玫瑰油后的水，尚有少量玫瑰油，叫玫瑰水，亦常用作香料。玫瑰花在蒸馏前，可先用 20%盐水或 0.1%安息香酸钠溶液，用量皆为花的三倍，浸渍时间为 24 小时，并将浸液与花一并蒸馏，可避免花的腐烂并增加油的得量。

［其　　他］　玫瑰的根含鞣质虽高，但不应挖根提制栲胶，因为用花提取玫瑰油的价值远远高于用它的鞣质。

与本种同属的野生种类有下列数种，花皆可提取芳香油及浸膏。

1．金樱子（R. laevigata Michx.）（地方名、形态特征、生长环境、产地与其他用途等见“淀粉及糖类”，541 页。）

2．荼蘼花（R. rubus Lévl. et. Vant.）（地方名、形态特征、生长环境及其他用途见“鞣料类”，1133 页。）

3．粉团蔷薇［R. cathayensis（Rehd. et Wils.）Bailey］（地方名、生长环境、产地及其他用途见“鞣料类”，1125 页。）

4．山木香（R. cymosa Tratt.）（地方名、生长环境、产地及其他用途见“鞣料类”，1125 页。）

5．峨眉蔷薇（R. omeiensis Rolfe）（地方名、形态特征、生长环境、产地及其他用途见“鞣料类”，1126 页。）

105　台湾相思（taiwanxiangsi）（图 920）

［学　　名］　**Acacia confusa** Merr.　豆科

（地方名、形态特征、生长环境、产地及其他用途见“鞣料类”，1146 页。）

［用　　途］　花中含有芳香油。鲜花浸膏可作调香原料，但经济价值不高。

［采收处理］　每年开花量很多，但花期甚短，应抓紧时间在花盛开时采花，趁鲜加工。

［加　　工］　浸提法。

106　鸭皂树（yazaoshu）（图 1075）

［地 方 名］　猪牙皂（四川），楹树（广东、云南），牛角花、消息花、番苏木、荆球花（云南）。

［学　　名］　**Acacia farnesiana** (L.) Willd.　豆科

［商 品 名］　鸭皂树浸膏

［形态特征］ 多枝，有刺灌木，高2～4米，树皮粗，淡褐色或暗褐色，有明显的皮孔。叶为二回羽状复叶，长4～8厘米，有羽片4～8对，小叶通常10～20对，线状长圆形，长2～6毫米；**托叶棘刺状**，锐利，长1～2厘米，但生于小枝上的较小。**头状花序腋生**，**单生或2～3个成束**，**球形**，花多而密集，直径约1厘米，花序梗纤细，被毛，长1～3厘米；花两性，辐射对称，黄色，极香，花瓣镊合状排列，雄蕊多数，花丝分离，子房上位，1室。**荚果肿胀**，**近圆筒状**，几不开裂，长4～7厘米，直径约1厘米，劲直或弯曲，先端尖锐。花期10月（广东）。

［生长环境］ 本种适应性广，喜生于气候较干热，阳光充足，土壤疏松稍湿润而较肥沃的地方，为热带稀树草原树种之一。

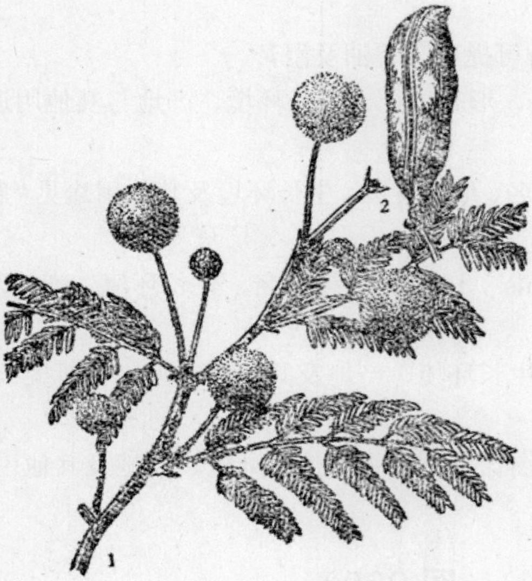

图1075 鸭皂树

Acacia farnesiana（L.）Willd.

1．花枝；2．果实。

［产　地］ 广东、广西、四川、云南、福建、浙江、台湾等省区有栽培或野生。

［用　途］ 花含芳香油，属名贵香料之一。香气幽雅，主要用于高级香水及化妆品香精中。

果荚、茎皮及根富含鞣质（见“鞣料类”，1147页）。皮含树胶，质量超过阿拉伯胶（见“树脂及树胶类”，1555页）。此外，木材坚硬，可制珍贵木器家具等。

［理化性质］ 浸膏得量约为0.5～0.8%，其主要成分有金合欢醇（farnesol，$C_{15}H_{26}O$）、香叶醇、芳樟醇、苯甲醛、柳酸甲酯、癸醛、莳萝醛及大茴香醛等。

［采收处理］ 采取鲜花进行浸提。

［加　工］ 采用一般浸提法制得浸膏后再提取净油。

［其　他］ 可用播种及扦插法大量繁殖。因浸膏的价格与玫瑰浸膏略同而得量则高出两三倍，故经济意义甚大。

107 紫穗槐（zisuihuai）（图633）

［学　名］ **Amorpha fruticosa** L. 豆科

［商 品 名］ 紫穗槐油

（地方名、形态特征、生长环境、产地及其他用途见“油脂类”，787页。）

［用　途］ 果实含有芳香油，可用作调香原料。

［理化性质］ 果实含香精油2.5%左右。

［采收处理］　采取成熟之果实进行加工。

［加　　工］　水蒸汽蒸馏法。

108 甘草（gancao）（图 1363）

［学　　名］　**Glycyrrhiza uralensis** Fisch.　豆科

［商 品 名］　甘草膏、甘草浸膏

（地方名、形态特征、生长环境、产地及其他用途见“药用类”，1768 页。）

［用　　途］　干根含有芳香物质，其浸膏可用作食品、饮料、烟草香精的原料，所含次甘草酸可作氢化可的松代用品，亦可用于化妆品，效果有时更较氢化可的松为优越。

［理化性质］　甘草膏是一种水溶的胶状物。

［采收处理］　干根碾碎后加工。

［加　　工］　照中国药典规定，本种根可制成浸膏或流浸膏。

109 黄香草木樨（huongxiangcaomuxi）（图 1076）

［学　　名］　**Melilotus officinalis** (L.) Desr. (*M. arvensis* Wallr.)　豆科

［商 品 名］　避汗草油

［形态特征］　一年生或二年生草本，高 1～2.3 米，有时可达 3 米以上。主根呈胡萝卜根状，常分枝，很发达，深入土层，长达 60 厘米；须根，生有很多根瘤。三出羽状复叶，侧生小叶无柄，顶生小叶有短柄；小叶边缘有锯齿。花小，黄色，多数组成长总状花序，旗瓣、翼瓣及龙骨瓣长短一致。荚果椭圆形，稍有毛，香气较大。花期 6 月上旬（吉林公主岭），果期 8～9 月。

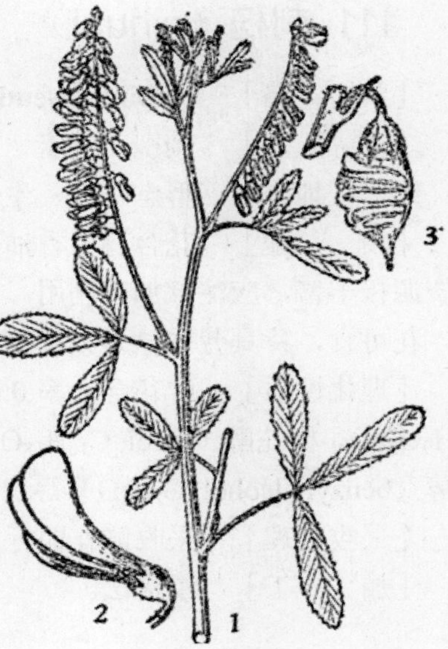

图 1076　黄香草木樨
Melilotus officinalis（L.）Desr.
1．花枝；2．花；3．果。

［生长环境］　本种耐碱性及耐旱性很强，宜生长于半干燥或温湿气候，对土壤要求不严，在瘠薄土壤和盐碱地区都能生长良好。

［产　　地］　全国各地都有栽培，四川和长江流域以南各地有野生。

［用　　途］　全草带香气，可提取芳香油，用作烟草，化妆及皂用等香精调合原料。花干燥后可直接拌入烟草内作芳香剂。

本种又是重要饲料，含有丰富的蛋白质，

可作为牧草或干草，是菜牛和乳牛的营养饲料，因全草带有香气，起初家畜不喜食，若掺以其他禾草，能逐渐养成其适口性。由于其根部较为发达，也是一种水土保持、改良土壤植物。

［理化性质］ 干茎叶含油率 0.1～0.2%，主要成分为香豆素（coumarine, $C_9H_6O_2$）及氢化香豆素（hydro-coumarin, $C_9H_6O_3$）等。

［采收处理］ 在花期采收其茎叶，阴干后及鲜时均可加工。

［加　　工］ 水蒸汽蒸馏法。亦可用浸提法。

110 草木樨（caomuxi）（图 121）

［学　　名］ **Melilotus suaveolens** Ledeb.　豆科

［商 品 名］ 零香浸膏、茅山香草浸膏

（地方名、形态特征、生长环境、产地及其他用途见“纤维类”，155 页）

［用　　途］ 茎叶含有芳香油，可用作调合香精，尤其是用作烟草香精的原料。

［理化性质］ 干茎叶含油率 2～3%，主要成分为二氢化香豆素（dihydro-couma-rine, $C_9H_8O_2$）。

［采收处理］ 在花期采收茎叶，阴干后进行加工。

［加　　工］ 浸提法。

111 刺槐（cihuai）

［学　　名］ **Robinia pseudoacacia** L.　豆科

［商 品 名］ 刺槐花浸膏

（地方名、形态特征、生长环境、产地及其他用途见“油脂类”，797 页）

［用　　途］ 花含有芳香油，鲜花浸膏可用作调香原料，配制各种花香型香精，因资源极丰富，应注意加工利用。

花可食，特具芳香，为救荒植物，又为蜜源植物。

［理化性质］ 鲜花含油率 0.15～0.2%。主要成分：邻氨基苯甲酸甲脂（methyl $C_8H_9O_2N$），橙花醇（nerol, $C_{10}H_{18}O$），吲哚（indol, C_8H_7N），芳樟醇（linalool, $C_{10}H_{18}O$），苄醇（benzyl alcohol, C_7H_8O）等。

［采收处理］ 采收鲜花即行加工。

［加　　工］ 浸提法。

112 槐（huai）（图 1379）

［学　　名］ **Sophora japonica** L.　豆科

［商 品 名］ 槐花浸膏

（地方名、形态特征、生长环境、产地及其他用途见“药用类”，1775 页）

［用　　途］　花含有芳香油。鲜花浸膏可用作调合花香型香精用。

［采收处理］　在花半放时，剪下花朵，即可浸提芳香油；但在采收过程中，要避免挤压，以免影响出油率。

［加　　工］　浸提法。

113 胡卢巴（huluba）（图 1077）

［地 方 名］　香豆（甘肃），香草儿（河北）。

［学　　名］　**Trigonella foenum-graecum** L.　豆科

［商 品 名］　香豆酊

［形态特征］一年生草本，高 40～50 厘米，茎丛生，几光滑或被稀疏柔毛。三出复叶，小叶卵状长卵圆形或宽披针形，长 1.2～3 厘米，宽 1～1.5 厘米，近顶部有锯齿，两面均有稀疏柔毛，小叶柄长 1～2 毫米，总柄长 6～12 毫米；托叶与叶柄连合，狭卵形，顶急尖。花无梗，1～2 朵生叶腋；萼筒状，具披针形萼齿，比花冠短一半，外被长柔毛；花冠初为白色，后渐变淡黄色，基部微带紫晕，旗瓣长圆形，顶端具缺刻，基部尖楔形，龙骨瓣偏匙形，长仅旗瓣的 1/3，翼瓣耳形。荚果细长圆筒状，长 6～11 厘米，宽 0.5 厘米左右，被柔毛和具网脉，先端具长尖。种子多数，棕色，长约 4 毫米。花期 4～6 月，果期 7～8 月。

［生长环境］　性耐寒，在海拔 2500～3000 米的山区湿润地方常栽培。

［产　　地］　现栽培于新疆、甘肃、青海、西藏、陕西、河北等省区。

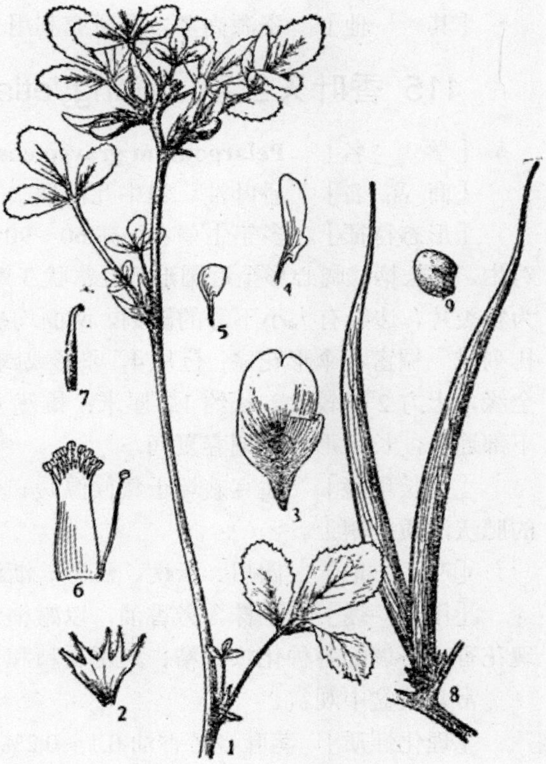

图 1077　胡卢巴

Trigonella foenum-graecum L.

1. 花枝；2. 萼；3. 旗瓣；4. 翼瓣；5. 龙骨瓣；6. 雄蕊；7. 雌蕊；8. 荚果；9. 种子。

［用　　途］　茎叶干后香气甚浓，似川芎，可提取芳香油。种子含有芳香油，常以生料碾碎后拌入烟丝中加香，或用酒精浸泡成酊剂后，作食品、酒类和烟叶的香精。

［采收处理］　茎叶及种子采收晒干再行加工。

［加　　工］　茎叶采用水蒸汽蒸馏法。种子采用浸提法。

114 紫藤（ziteng）（图 133）

［学　　名］ **Wistaria sinensis** Sweet (*W. chinensis* DC.) 豆科

［商 品 名］ 紫藤花浸膏

（地方名、形态特征、生长环境、产地及其他用途见“纤维类”，167 页）

［用　　途］ 花含芳香油。鲜花浸膏可用作调香原料。

［理化性质］ 鲜花含油率 0.60～0.95%。

［采收处理］ 取鲜花进行加工。

［加　　工］ 浸提法。

［其　　他］ 资源尚多，应研究利用。

115 香叶天竺葵（xiangyetianzhukui）

［学　　名］ **Pelargonium graveolens** L’Her. 牻牛儿苗科

［商 品 名］ 香叶油、牻牛儿苗油

［形态特征］ 多年生草本，高 60～90 厘米。全株被柔毛和腺毛，枝叶有香气。叶对生，具长柄，阔心形至近圆形，近掌状 3 或 5～7 深裂；裂口几达基部，裂片再行分裂为狭裂片，边缘有大小不等的缺刻，两面均被粗长毛；托叶脱落。花小，无柄或近无柄，排列成一稠密小伞形花序；苞片 4，卵形或阔卵形；花瓣 5，玫瑰红色或粉红色，具紫脉，全缘，上方 2 瓣较大，长约 1.2 厘米；雄蕊 10，不具腺体；雌蕊 1，子房 5 室，花柱 5，下部连合，长喙形。花期春夏间。

［生长环境］ 适宜栽培于气候温暖、冬不结冰、夏无酷暑、雨量适中、阳光充足的肥沃沙质土壤上。

［产　　地］ 四川、云南、江苏、浙江、福建、台湾、上海市郊等地均有栽培。

［用　　途］ 全株含芳香油，以嫩梢中含油率最高，株杆中较少，具有浓郁的玫瑰花香，可调配各种化妆香精、皂用香精和食用香精，又是提取玫瑰醇的重要原料。

常栽植盆中观赏。

［理化性质］ 茎叶含芳香油 0.1～0.2%，油的主要成分为香叶醇（geraniol, $C_{10}H_{18}O$）和香草醇（citronellol, $C_{10}H_{20}O$），香叶醇占总醇量的 50～80%，香草醇占总醇量的 20～50%，因产地的不同而有多寡，香叶油中总醇量在 70～80%之间。

［采收处理］ 收割期系根据栽培年限、品种、气候等情况而定，在华东、华南地区每年一般可收割 2～3 次，甚至 5～6 次。

香叶天竺葵油主要含在嫩叶中，含量以 7～8 月间气温高的时候为最多，因此采收宜在夏季。收割时间宜在中午和下午。第一次收割时在距黄色老茎基部 1～2 市寸处，用剪刀小心地一枝一枝地剪下，每株上应保留几个枝梢，不宜全部剪掉。收割时茎叶应即送到加工厂进行蒸馏，如果放置时间较长，则油分挥发，出油率降低。

［加　　工］ 用回水蒸汽蒸馏法（水上蒸馏或水汽蒸馏）蒸馏。在加料时，不宜

塞得过紧，以免蒸气流通受阻，蒸馏时间为2～3小时。

［其　　他］　繁殖方法一般采用插枝繁殖。

116 松风草（songfengcao）（图1078）

［地 方 名］　星锈臭草、蛇皮草、臭草、苦黄草（四川、广东），大羊不食草（四川）葱草花（浙江）。

［学　　名］　**Boenninghausenia albiflora** (Hook.) Meiss.　芸香科

［商 品 名］　松风草油

［形态特征］　有强烈气味的多年生直立草本，基部较细弱，常半木质，高50～80厘米。二回或三回羽状复叶，小叶倒卵形或椭圆形，长1～2厘米，宽5～18毫米，先端圆，有时微凹，基部钝，表面鲜绿色，背面灰绿色，有细油点。顶生聚伞花序；花白色，萼片4，长约1毫米，先端略纯圆，中部以下合生；花瓣4，长圆形或倒卵状长圆形，长5～6毫米，有不透明腺点；雄蕊8，长短相间：子房1枚，具柄，果成熟时，果柄伸长达0.4～1厘米。蒴果，由顶端沿腹缝线开裂；种子肾形，黑褐色，长约1毫米，表面有疣状凸起。花期4～10月，果期6～11月。

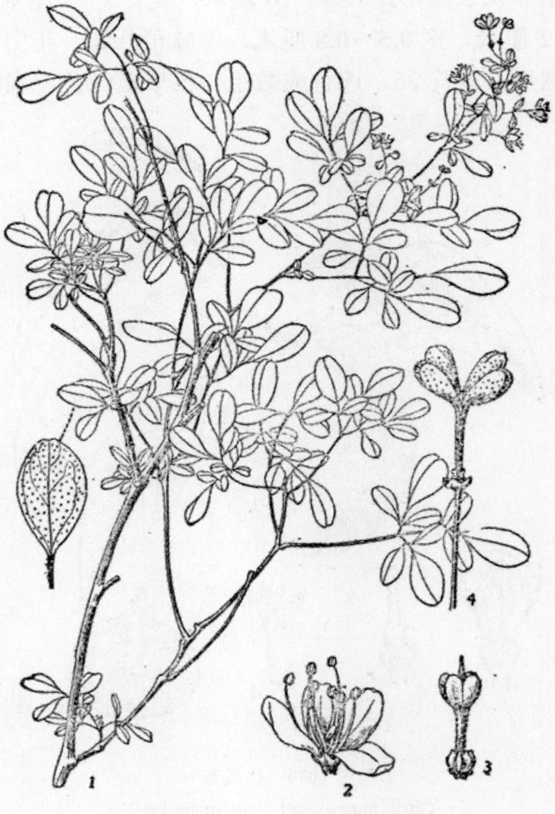

图1078　松风草

Boenninghausenia albiflora（Hook.）Meiss.

1．花枝；2．两性花；3．雌蕊；4．果。

［生长环境］　生长在海拔较高的阴湿林缘或灌丛中，常见于石灰岩山地。

［产　　地］　广东、广西、福建、台湾、浙江、江西、安徽、湖南、湖北、四川、贵州、云南等省区。

［用　　途］　叶含芳香油，用途尚未明确，有待进一步研究利用。

全草入药（见“药用类”，1783页）。根用水煮浸泡后，可驱蚊虫及防治农业上害虫。

［理化性质］　叶含芳香油约0.12%。

［采收处理］　开花前后采茎叶蒸馏，趁新鲜时加工，出油率最高。

［加　　工］　水蒸汽蒸馏法。

［其　　他］　根部用水煮后，含有毒性，使用时应予注意。

另有一种芳香植物，名为石交（又名白胡草 Boenninghausenia sessilicarpa Lével.）与本种极相近，产云南及四川南部，与本种的主要区别，在小叶片较小，花形细小及子房无柄。

117 代代花（daidaihua）（图 1079）

［学　　名］　**Citrus aurantium** L. var. **amara** Engl.　芸香科

［商 品 名］　代代花油、代代花浸膏、代代叶油、代代油

［形态特征］　常绿灌木、高 6～10 米，小枝细长，疏生有短针刺。叶卵状椭圆形至卵状长圆形，长 5～10 厘米，宽 2.5～5 厘米，先端渐尖或钝头，**叶翼较宽，长 0.8～12 厘米，宽 0.5～0.8 厘米**，中脉稍凸起，花白色，长约 2 厘米；萼粗厚 5 裂，裂片近卵圆形；雄蕊 25，连合成数组。柑果橙红色，扁圆形，中心空，直径约 8 厘米，顶端有增大的宿存花萼，基部稍平，有一圈环纹，**果皮厚 1 厘米以上**，肉瓤约 10 瓣，淡黄色。种子椭圆形，先端楔形，子叶白色。花期 5 月，果期 11 月。

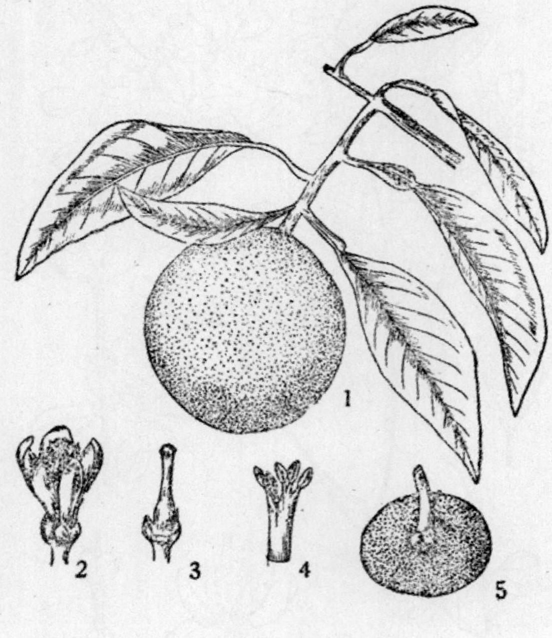

图 1079　代代花
Citrus aurantium L. var. amara Engl.
1. 果枝；2. 花；3. 雌蕊；4. 雄蕊；5. 果。

［生长环境］　亚热带地方。

［产　　地］　福建、江苏、浙江、广东、湖南、四川等省。

［用　　途］　叶、花、果皮均含芳香油，均是重要的调香原料，广泛应用于食品、化妆品、香皂等香精中，花油及叶油香气幽雅，尤适用于调合各种花香型香精。鲜花又可薰茶，应大力发展。

［理化性质］　据上海市资料：果皮含芳香油 1.5%（压榨法）到 2%（蒸馏法）。主要成分为癸醛（decanal, $C_{10}H_{20}O$），壬醛（nonanal, $C_9H_{18}O$），十二烷醛（dodecanal, $C_{12}H_{24}O$），乙酸芳樟酯（linalylacetate, $C_{12}H_{20}O_2$），乙酸橙花酯（$C_{12}H_{20}O_2$），乙酸香叶酯（geranylacetate, $C_{12}H_{20}O_2$）等。叶含芳香油 0.2～0.3%，主要成分为乙酸芳樟酯、橙花醇（nerol, $C_{10}H_{18}O$），香叶醇（geraniol, $C_{10}H_{18}O$），松油醇（terpineol, $C_{10}H_{18}O$），蒎烯（pinene, $C_{10}H_{16}$）等。花含芳香油 0.2～0.28%（蒸馏法），0.2～

0.25%（浸提法），橙花油的比重（15℃）0.860～0.885，折射率（20℃）1.4680～1.4740。主要成分为橙花醇，芳樟醇（linalool, $C_{10}H_{18}O$），橙花叔醇（nerolidol, $C_{15}H_{26}O$），吲哚（indole, C_8H_7N），邻氨基苯甲酸甲脂（methyl anthranilate, $C_8H_9O_2N$）等。

［采收处理］　果实在将熟时采收，果汁含柠檬酸，亦可利用加以提取。叶的采收应在生长旺季进行，这时含油量高，但一般可利用修剪的枝叶加工。花在半开时采集。

［加　　工］　果用压榨法，亦可用蒸馏法，压榨法质量高而得量低，蒸馏法则相反。叶用蒸馏法，加工前应先切碎。花可用蒸馏法（水中蒸馏），亦可用浸提法（石油醚浸提）。在压榨果皮时，应控制果皮中的水分含量在20%左右，容易把油压榨出来，因水分太少，不易压出油来，而水分太高则又会影响油水分离。

［其　　他］　酸橙（Citrus aurantium L.）与代代花的区别是：叶翼较窄，长0.8～1.5厘米，宽0.3～0.6厘米；果皮厚约0.8厘米。其用途、理化性质、采收处理、加工等大致与代代花相同。

118 柚（you）（图1080）

［地 方 名］　沙田柚（广西、广东），碌柚（广东），文旦柚、抛、四季抛、大红袍、香泡（浙江），文旦、抛、坪山柚（福建），垫红柚（四川）。

［学　　名］　**Citrus grandis** (L.) Osbeck ［*C. maxima* (Burm.) Merr.］芸香科

［商 品 名］　柚子油、香泡油、柚叶油、柚花浸膏

［形态特征］　乔木，高5～10米；小枝扁，被柔毛，具长而柔弱的针刺，或有时无针刺。叶大，阔卵形至卵状椭圆形，长8～20厘米，先端浑圆或微凹，生于幼枝上的渐狭成一钝头，边缘多少有钝锯齿；叶柄有宽翼且成倒心形。花极香，单生或成花束生于叶腋，长1.8～2.5厘米；萼宽1厘米，4浅裂；花瓣白色，向后反曲；雄蕊20～25；子房圆形，花柱圆柱状，柱头膨大。果球形或近球形，直径10～25厘米，果皮平滑，淡黄色，内瓤12瓣左右，尚易分离。花

图1080　柚
Citrus grandis（L.）Osbeck
植株一部分

期春季，果期秋季（9～11月）。

［生长环境］　本种为亚热带主要果树之一，喜温暖湿润气候，生在排水良好、沙质中性土壤者，结果多且品质佳，生于酸性土壤者，结果少且品质劣，种植粘土地区则生长不良。

［产　　地］　江苏、浙江、福建、安徽、江西、湖北、湖南、广东、广西、台湾、四川、云南等省区。

［用　　途］　花、叶、果皮均可提取芳香油，但有的品种叶油香气欠好。

果皮尚可药用，内皮可制蜜饯或果胶，果瓤可制果汁或柠檬酸，种籽可榨油（见“油脂类”，802页）。

［理化性质］　据上海市资料：果皮含芳香油0.3%（压榨法）到0.9%（蒸馏法）。比重（15℃）0.835～0.845，折射率（20℃）1.4730～1.4745，旋光度+84° 36'～+99°。主要成分为柠檬醛（citral, $C_{10}H_{16}O$），香叶醇（geraniol, $C_{10}H_{18}O$），芳樟醇（linalool, $C_{10}H_{18}O$），邻氨基苯甲酸甲酯（methyl anthranilate, $C_8H_9O_2N$）等。叶含芳香油0.2～0.3%，折射率（20℃）1.4954；花含芳香油0.2～0.25%（浸膏）。

［采收处理］　与甜橙及代代花的采收处理大致相同。

［加　　工］　较小的果实可用“磨桔机”，一般的需要将表皮刮下用螺旋机压榨，亦可用水蒸汽蒸馏法，但产品质量较差。花用浸提法或水中蒸馏法。叶用水蒸汽蒸馏法。

119　蟹橙（xiechen）（图1081）

［地 方 名］　香橙（浙江），柑子（江苏）。

［学　　名］　**Citrus junos** Tanaka　芸香科

［商 品 名］　香橙油、香橙叶油、香橙花油

［形态特征］　常绿小乔木，高达6米，枝细长，有棘针。叶椭圆形，长约3.3厘米，宽约3厘米，先端尖，基部圆，边缘有浅波状钝齿或全缘，叶脉不明显，叶柄有倒卵形阔翅。果实扁圆形，稍有肋，果梗细，绿色，果皮易剥，有特殊香气，橘络多，柔软而为白色，肉瓤10瓣，肾脏形，瓤皮厚而韧，白色，果肉及果汁淡黄色，种子20粒，大而卵圆形。花期春季，果期秋季。

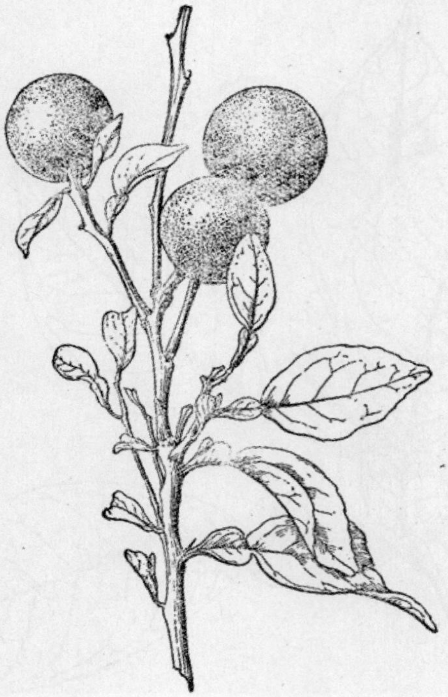

图1081　蟹橙
Citrus junos Tanaka
果枝

［生长环境］　温暖湿润、土壤肥沃的地区最适宜生长。

［产　　地］　陕西、江苏、浙江、安徽、江西、湖北、湖南、四川、云南、贵州等省。

［用　　途］　花、叶与果皮可提芳香油，为香水、香皂、化妆品及调味香料的原料。

果实能作蜜饯，又可用作健胃药。种子可榨取脂肪油。此外，由于其耐寒耐旱力强，可作柑橘的砧木。

［理化性质］　果实含油 0.1～0.3%。由果皮提出的油比重（15℃）0.848～0.858，折射率 1.472～1.475，旋光度（15℃）90～99°。主要成分是柠檬烃（limonene, $C_{10}H_{16}$）；由叶提出的芳香油比重（15℃）0.8840～0.8985，折射率 1.456～1.46，旋光度（15℃）3～7°。主要成分为香叶醇、乙酸芳樟酯、芳樟醇、柠檬烃、松油烃、松油醇等（见“江苏野生植物志”）。

［采收处理］　秋冬采收。

［加　　工］　花、叶、果、皮均可用水蒸汽蒸馏法；但果皮最好用冷榨法，花最好用浸提法。

120 柠檬（ningmeng）（图 1082）

［学　　名］　**Citrus limon** Burm. f.　芸香科

［商 品 名］　柠檬油

［形态特征］　灌木，高 5 米，具硬刺。单叶互生，革质，具半透明油点，长圆形至椭圆状长圆形，先端短尖或钝，边缘有钝锯齿；叶柄短，有狭边，先端有节。花两性，单生或簇生于叶腋内，外面淡紫色，内面白色；雄蕊 20 枚以上；子房上部渐狭，花柱分离。果椭圆形，先端有不发育的乳头状突起，长 4～6 厘米，直径约 4 厘米，黄色至深黄色，皮薄易剥，肉瓤 8～10 瓣，味极酸。花期春季，果期冬季。

［生长环境］　适应性广，对条件要求不高，但以温暖湿润、土壤肥沃的地区最适宜生长。

［产　　地］　江苏、浙江、福建、广东、江西、湖南、四川、云南等省。以

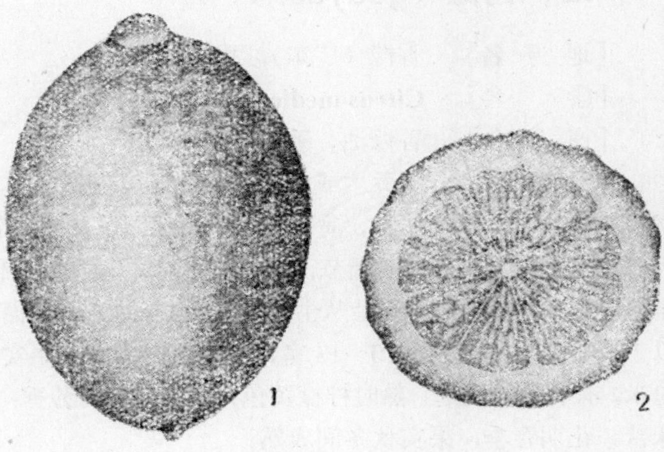

图 1082　柠檬

Citrus limon Burm. f.

1．果；　2．果的横剖面。

四川、广东较多。

［用　　途］　果皮含芳香油，主要用于饮食用香精，亦用于化妆品香精及皂用香精中，经精制除萜后的柠檬油，称无萜柠檬油，品质更佳。叶及花亦均有很高的香料价值。

果实制果汁作饮料，需要量甚大，并富含维生素丙和维生素 P_1，惜目前尚未提制，应积极发展。果实可提制柠檬酸，供化工、医药、食品等工业用（见“其他类”，2085页）。种仁含脂肪油。其干果皮亦可泡茶、浸酒。在民间喜食用。

［理化性质］　果皮含芳香油 0.3～0.4%（以全果计算，如以果皮计算则为 1.5%左右）。主要成分为柠檬烃（limonene, $C_{10}H_{16}$），含量 90%左右，其次为柠檬醛（citral, $C_{10}H_{16}O$），含量 3.5～6%，此外亦含蒎烯（pinene, $C_{10}H_{16}$），辛醛（octanal, $C_8H_{16}O$），壬醛（nonanal, $C_9H_{18}O$）等，其中柠檬醛为柠檬油的主要香气成分。柠檬油的比重（15℃）0.856～0.861，折射率（20℃）1.474～1.476，旋光度+57°～+61°。柠檬花可浸提浸膏，浸出率 0.2～0.25%。柠檬叶含芳香油 0.2～0.3%。叶油的成分为柠檬醛，橙花醇（nerol, $C_{10}H_{18}O$），乙酸橙花酯（nerylacetate, $C_{12}H_{20}O_2$），香叶醇（geraniol, $C_{10}H_{18}O$），芳樟醇（linalool, $C_{10}H_{18}O$）等。

［采收处理］　果实在冬季成熟后采收。剥皮或不经剥皮均可压榨制油，一般以剥取鲜果皮并经切碎后压榨。提取柠檬油可利用修剪下的枝叶加工。花则利用疏花时收集，随即加工。

［加　　工］　果皮用压榨法，叶用水蒸汽蒸馏法，花用石油醚浸提法。

［其　　他］　柠檬油国内外需要量极大，每年达 2000 吨以上，在适宜地区应大量发展。

121 枸橼（gouyuan）

［地 方 名］　香橼（广东），香圆（浙江）。

［学　　名］　**Citrus medica** L.　芸香科

［商 品 名］　香橼油、香橼叶油

［形态特征］　小乔木或大灌木，有短而强硬的刺，嫩枝紫红色。叶长圆形或倒卵状长圆形，长 8～15 厘米，宽 3.5～6.5 厘米，先端钝或钝短尖，茎部阔楔形，边缘有锯齿，叶柄短而无翼，顶端无节，或节不明显。花序为圆锥状或为腋生的花束；花常单性，雄花较多而形大，3～10 朵丛生，直径 3～4 厘米，内面白色，外面淡紫色；雄蕊 30 枚以上；子房上部渐狭，10～13 室，花柱有时宿存。果实大，卵形或长圆形，长 10～25 厘米，有乳突状突起，熟时柠檬黄色；果皮粗厚而芳香；内瓤细小，约 10 瓣，果汁黄色，味苦。花期春季，果实秋冬间成熟。

［生长环境］　本种为亚热带果树之一，喜生于气候温暖、土层深厚疏松并呈中性反应的地方，但以沙质壤土和壤土生长最好。

［产　　地］ 广东、广西、福建、台湾、浙江、湖南、湖北、四川、云南等省区皆有栽培。

［用　　途］ 果皮和花、叶均含芳香油，可作食用、化妆用、皂用等香精。果皮也可药用，果瓤可制果汁或柠檬酸。

［理化性质］ 据中国科学院昆明植物研究所分析：果实含芳香油 0.3%（压榨法）到 0.7%（蒸馏法），均以全果计算，如以果皮计，含芳香油有高达 6.5～9%。主要成分为柠檬醛（citral, $C_{10}H_{16}O$），柠檬烃（limonene, $C_{10}H_{16}$），二烯萜（dipentene, $C_{10}H_{16}$）等。树叶含芳香油 0.2～0.3%，折射率（20℃）1.4880，叶油的主要成分为柠檬醛及芳樟醇（linalool, $C_{10}H_{18}O$）。

［采收处理］ 可利用修剪下的枝叶加工。果实在将成熟时采收，剥皮加工。

［加　　工］ 果皮最好用压榨法加工，亦可用蒸馏法制取，但成品质量较差。采用蒸馏法时应先将果皮破碎成 4～5 毫米。树叶应稍切碎后用蒸馏法提取芳香油。花用浸提法。

122 佛手（foshou）（图 1083）

［地 方 名］ 佛手柑（四川）

［学　　名］ **Citrus medica** L. var. **sarcodactylis** (Noot.) Swingle　芸香科

［商 品 名］ 佛手油、佛手叶油

［形态特征］ 是枸橼的变种，与该种的不同处是：叶先端钝，有时有缺刻；果实长，有裂纹如拳或张开如指，其裂数即代表心皮之数；裂纹如拳者称拳佛手，张开如指者，名开佛手。

［生长环境］ 栽培于庭园或果园中。

［产　　地］ 广东、福建、浙江、江苏、四川、云南等省。

［用　　途］ 果皮和叶含有芳香油，有强烈的鲜果清香，为调香高贵原料。果实亦供药用。

［采收处理］ 新鲜果实及叶采收后即行加工。

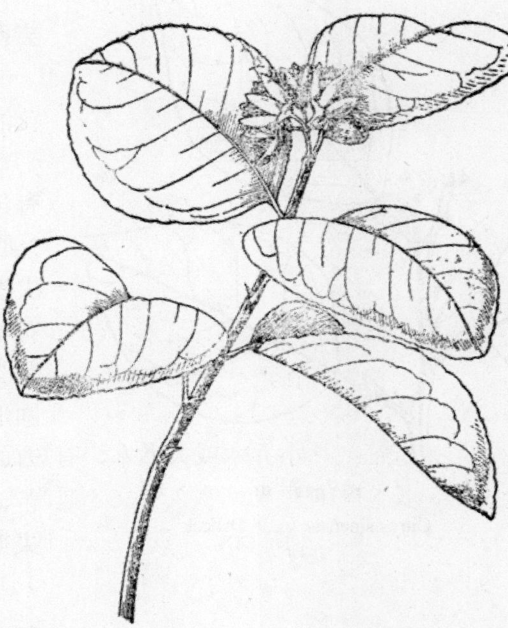

图 1083　佛手

Citrus medica L. var. sarcodactylis（Noot.）Swingle

花枝

［加　　工］ 果实表皮须先刮下，然后采用压榨法加工。叶采用水蒸汽蒸馏法。

［其　　他］ 芳香油香气极好，应注意发展。但因形状不规则，加工比较困难。

123 柑橘（ganju）（图 644）

［学　　名］ **Citrus reticulata** Blanco 芸香科

［商 品 名］ 柑皮油、柑叶油、柑花浸膏

（地方名、形态特征、生长环境、产地及其他用途见“油脂类”，802 页）

［用　　途］ 参阅橙（本页）。

［理化性质］ 果皮含芳香油 1.5%（压榨法）到 2%（蒸馏法）。

［采收处理与加工］ 参阅代代花（1364 页）。

［其　　他］ 柑皮含油量高，性质几与甜橙油相同，花小，叶油的质量亦差。

124 橙（cheng）（图 1084）

［地 方 名］ 雪柑（广东），广橘（江苏、浙江），印子柑（福建），广柑（四川），黄果（云南）。

图 1084　橙

Citrus sinensis（L.）Osbeck

花枝

［学　　名］ **Citrus sinensis** (L.) Osbeck 芸香科

［商 品 名］ 甜橙油、甜橙叶油、甜橙花油

［形态特征］ 常绿小乔木，小枝绿色，有角棱，刺少或缺。 叶革质，椭圆形，长 4～7 厘米，宽 2～4 厘米，先端钝或尖，基部阔或尖楔形；叶柄有狭翅，叶片与叶柄间有间节。花单生或数朵簇生于叶腋内，色白而极香；雄蕊 20 枚或更多，子房球形。果实球形或稍长圆形，成熟时心实，果皮橙红色，粗而不易剥落，表面油细胞凸出，内瓤约 10 瓣，皮膜不苦，果汁黄色，味极甜，有芳香。花期春季，果期秋冬。

［生长环境］ 本种为亚热带主要果树之一，生于气候温暖、湿润、少风、排水良好的地区，适宜疏松、深厚、肥沃、呈中性反应的沙质壤土。在地下水位高的地方，植株早行衰老，风强的地方和过于粘重的土壤皆生长不良。

［产　　地］ 福建、浙江、江西、江苏、广东、广西、湖北、湖南、四川、贵州、云南等省区。

［用　　途］ 果皮、花、叶均可提芳香油，果皮油主要用于食品饮料，花油、叶油用于化妆品香精等。

［理化性质］ 据上海市资料：果皮含芳香油1.5%（压榨法）到2%（蒸馏法），比重（15℃）0.838～0.858，折射率（20℃）1.472～1.475，旋光度+98°～+99°。主要成分为癸醛（decanal, $C_{10}H_{20}O$），柠檬醛（citral, $C_{10}H_{16}O$），柠檬烃（limonene, $C_{10}H_{16}$），辛醇（octyl alcohol, $C_8H_{18}O$）等。叶含芳香油0.2～0.3%，主要成分为芳樟醇（linalool, $C_{10}H_{18}O$），柠檬醛，柠檬烃等。花含芳香油0.2～0.25%（浸膏）。

［采收处理］ 参阅代代花（1364页）。

［加　　工］ 参阅代代花。

［其　　他］ 甜橙果皮的油国内外用量极大，应大量扩种，但花油（宜用鲜花，落花质量较次）及叶油的经济价值不能与酸橙相比。

125 香圆（xiangyuan）（图1085）

［地 方 名］ 陈香圆、粗皮香圆（江苏）

［学　　名］ **Citrus wilsonii** Tanaka 芸香科

［商 品 名］ 香圆油

［形态特征］ 常绿乔木，高11米以上，茎枝无毛，有短刺。叶互生，革质，具腺点，小叶片椭圆形，先端渐尖，全缘或有波状锯齿；长0.8～2.5厘米，宽0.5～1.5厘米，叶翼倒心形。花两性，白色，芳香，单生或簇生，有时成总状花序；花萼盆状，5裂，裂片三角形；花瓣5，长圆状倒卵形，表面有明显的脉纹；雄蕊多数，着生于花盘四周，花丝结合；子房上位，10～11室，每室有胚珠数枚，花柱圆柱状，柱头头状。果球形，果皮厚达0.9厘米以上，表面特别粗糙，油细胞凹入。花期4～5月，果期11月。

图1085 香圆

Citrus wilsonii Tanaka

1. 植株一部分；2. 果实切开示瓤肉。

［生长环境］ 多为栽培，常见于村边宅旁。

［产　　地］ 江苏、浙江、江西、安徽、湖北等省。

［用　　途］ 果实、花、叶均含芳香油。

果皮可药用。

［采收处理］ 果实在将成熟时采收，花在微开时采摘，枝叶在夏秋生长旺季采收加工。

［加　　工］ 叶可用水蒸汽蒸馏法。果皮用压榨法。花用浸提法。

［其　　他］ 香圆与枸橼完全不同，在香料上的价值远不及枸橼，更不及酸橙或柠檬。

126 白鲜（baixian）（图 1375）

［学　　名］ **Dictamnus dasycarpus** Turcz. 芸香科

［商 品 名］ 白鲜油

（地方名、形态特征、生长环境、产地及其他用途见“药用类”，1783 页）

［用　　途］ 叶含芳香油。

［理化性质］ 叶含油量 0.5%左右。

［采收处理］ 采摘叶后即行蒸馏。

［加　　工］ 水蒸汽蒸馏法。

127 吴茱萸（wuzhuyu）（图 1376）

［学　　名］ **Evodia rutaecarpa** (Juss.) Benth. 芸香科

［商 品 名］ 吴茱萸油

（地方名、形态特征、生长环境、产地及其他用途见“药用类”，1784 页）

［用　　途］ 叶子可提取芳香油。

［采收处理］ 夏末秋初摘取叶子，即可蒸馏。

［加　　工］ 水蒸汽蒸馏法。

128 山橘（shanju）

［学　　名］ **Fortunella hindsii** (Champ.) Swingle 芸香科

［商 品 名］ 金橘油

［形态特征］ 有刺灌木，枝细小，嫩时起棱。叶片卵状椭圆形，长 4～9 厘米，通常 4～6 厘米，宽 1.5～4 厘米，先端钝或圆而微凹，稀为钝而尖，基部宽楔形至圆形，全缘或稀具不明显的细齿，叶柄翅极狭，或几不具翅。 单花腋生，稀为 2～3 花集生，花细小，萼片 5，细小，花瓣 5，阔长圆形，雄蕊 20，合生成几束，较花瓣短；花梗与子房等长或稍短，柱头头状，子房近球形，3～4 室。果实圆形或扁圆形，直径 1～1.5 厘米，暗黄色而微带朱红色，果皮平滑，种子长圆形，平滑，子叶绿色。花期夏季。

［生长环境］ 栽培于果园。

［产　　地］ 福建、广东、广西、浙江、江西等省区。

［用　　途］ 果皮含有芳香油，可作食用及化妆、皂用等调香原料。

［采收处理］ 果熟期采集后进行加工。

［加　　工］ 压榨法或水蒸汽蒸馏法。

［其　　他］ 与本种同属（金柑属）的植物还有以下 3 种，它们所含芳香油的性质、用途与本种相似。

1．金橘 Fortunella margarita（Lour.）Swingle 果实长圆形或卵圆形。（广东、广西、台湾）

2．金柑 Fortunella japonica（Thunb.）Swingle 果近圆球形，长 2.5 厘米，直径 2～2.4 厘米，果皮橙黄色。（台湾）

3．长叶金柑 Fortunella polyandra（Ridley）Tanaka 叶长 10～15 厘米，披针形，果圆球形，直径 1.8～2.5 厘米。

129 金氏九里香（jinshi-jiulixiang）（图 1086）

［地 方 名］ 麻绞叶（云南）

［学　　名］ **Murraya koenigii** Spreng. 芸香科

［商 品 名］ 金氏九里香叶油 金氏九里香浸膏

［形态特征］ 灌木或小乔木，嫩枝密被短柔毛，被疣状油点，老枝无毛。奇数羽状复叶；小叶 17～31 片，互生或近对生，薄纸质或纸质，披针形或狭卵形，长 20～50 毫米（稀长 20 毫米以下），宽 5～20 毫米（通常宽 12～18 毫米），先端渐尖或短钝尖，基部钝或近圆，两侧不对称，两面无毛（嫩时在表面中脉上被疏少的短柔毛），密被乳头状油囊点，边缘有细小的钝锯齿。花序顶生或腋生于枝条的上部，花多而密聚（通常超过 50 朵），花轴密被短柔毛；萼片卵形，长不到 1 毫米，外面初时被毛；花瓣 5，倒披针形或长圆形，长约 8 毫米，端钝，有腺点；雄蕊 10，长短互间，花丝线形，花药卵圆形；子房长圆形，花柱比子房长，但较花丝短，柱头头状。浆果椭圆形至圆球形，长约 10 毫米或较小，暗黑色，每果有种子

图 1086　金氏九里香
Murraya koenigii Spreng.
果枝

1～2 粒，种皮薄膜质，光滑无毛。花期 3～4 月，果期 7～8 月。

［生长环境］ 生长于石灰岩小山上及路旁或林中。

［产　　地］ 广东、云南等省。

［用　　途］ 花、叶均可提取芳香油。

［理化性质］ 据中国科学院昆明植物研究所分析：叶子含油量为 1.5%，油呈淡黄色，比重（19℃）0.8961，折射率（20℃）1.4800，旋光度（20℃）+16.1°，酸值 1.73，酯值 66.48，乙酰化后酯值 160.31，醛酮含量（亚硫酸钠法）2.5%，溶解度在 20℃时，溶于 0.6 体积的 80%乙醇。此油的香味和理化性质与柠檬叶油相似。

［采收处理］ 春季采花，夏秋季采收鲜枝、叶加工。

［加　　工］ 将枝、叶切碎后用水蒸汽蒸馏，提取芳香油。花亦可蒸馏，但用浸提法较佳。

130 九里香（jiulixiang）（图 1087）

［学　　名］ **Murraya paniculata** (L.) Jacks. 芸香科

［商 品 名］ 九里香浸膏

［形态特征］ 灌木或小乔木，高 3～8 米，木材坚硬，小枝圆柱形。奇数羽状复叶，叶轴不具翅，小叶 3～9 片，互生，变异大，由卵形、匙状倒卵形、椭圆形至近菱形，长 2～7 厘米，宽 1～3 厘米，先端钝或钝渐尖，基部楔尖或阔楔形，有时略偏斜，全缘，侧脉不显，小叶柄长 2～3 毫米。伞房花序顶生、侧生或生于上部叶腋内，具花数朵；花大，极芳香，直径可达 4 厘米，萼片 5，三角形，长约 2 毫米，宿存；花瓣 5，白色，倒披针形或长圆形，长 2～2.5 厘米，宽 7～9 毫米，雄蕊 10，长短相间，花丝细线形，扁平；花柱棒状，柱头膨大，常较子房宽，子房圆筒形，2 室。成熟果实朱红色，纺锤形，具种子 1～2 颗；种子有绵质毛。花期 4～6 月，果期 9～11 月。

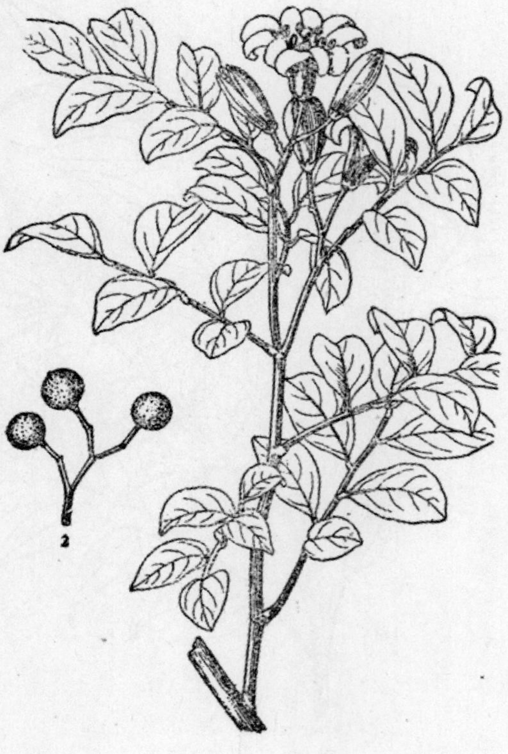

图 1087 九里香
Murraya paniculata（L.）Jacks.
1. 花枝；2. 果序。

［生长环境］ 生于较干旱的旷地或疏林中。

［产　　地］ 福建、台湾、广东、广西、湖南、贵州、云南等省区。

［用　　途］ 花含芳香油，提取浸膏可用于调合香精。

［采收处理］ 夏初采收鲜花即行加工。

［加　　工］ 浸提法。

131 枳（zhi）（图1377）

［学　　名］ **Poncirus trifoliata** (L.) Raf.　芸香科

［商 品 名］ 枳壳油

（地方名、形态特征、生长环境、产地及其他用途见“药用类”，1786页）

［用　　途］ 叶、花、果皮含芳香油。油可用于食品、化妆品及皂用香精。

［理化性质］ 花中芳香油的主要成分为柠檬油精、芳樟醇、乙酸芳樟酯等。

［采收处理］ 夏秋两季采收。

［加　　工］ 叶用水蒸汽蒸馏法，鲜花用浸提法，果皮用冷榨法。

132 山麻黄（shanmahuang）（图1088）

［地 方 名］ 蛇皮草（湖北），虱子草、千垂乌（四川）。

［学　　名］ **Psilopeganum sinense** Hemsl.　芸香科

［商 品 名］ 山麻黄油

［形态特征］ 多年生宿根草本，基部木质，各部分皆具透明腺点，多分枝，枝幼细。三出复叶，小叶片薄纸质或膜质，光滑，最长不超过3厘米，卵形或长圆形，先端钝或圆，基部楔尖。花小，淡黄色，单花腋生，有纤细的花柄；花萼4～5，基部合生，宿存；花瓣4～5，雄蕊8～10，花盘细小，常发育不全；雌蕊由2心皮合成，先端浅裂，子房无柄，1室。分果2，基部合生，每室有种子5～6，种子肾形，长1毫米。花期3月，果期5～7月。

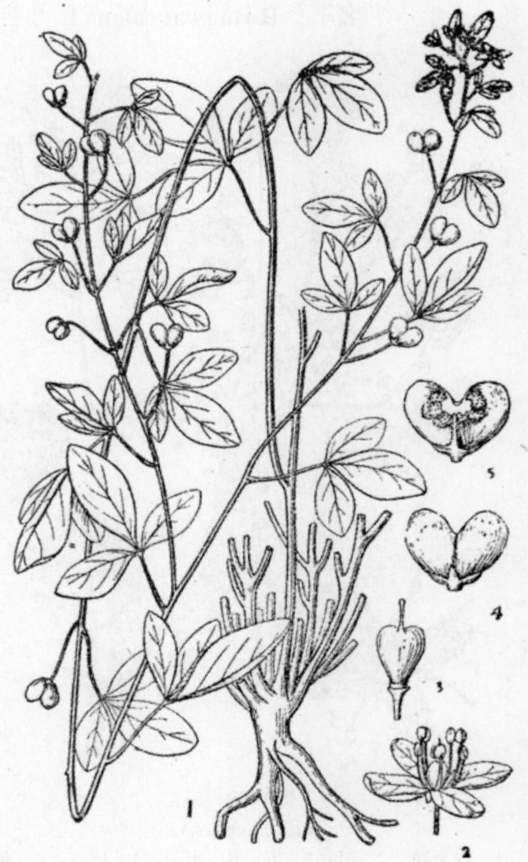

图1088　山麻黄

Psilopeganum sinense Hemsl.

1．植物全形；2．花；3．雌蕊；4．果；5．果的纵切面。

［生长环境］　生在丘陵地区小山坡上，长江两岸的山麓和砂砾滩地颇习见。

［产　　地］　湖北、四川等省。

［用　　途］　叶、果均可提取芳香油，是一种香料植物，用途尚待研究。

［采收处理］　采收新鲜叶、果进行加工；不宜折割枝条，以免伤其生长力。

［加　　工］　水蒸汽蒸馏法。

133　芸香（yunxiang）（图 1089）

［学　　名］　**Ruta graveolens** L.　芸香科

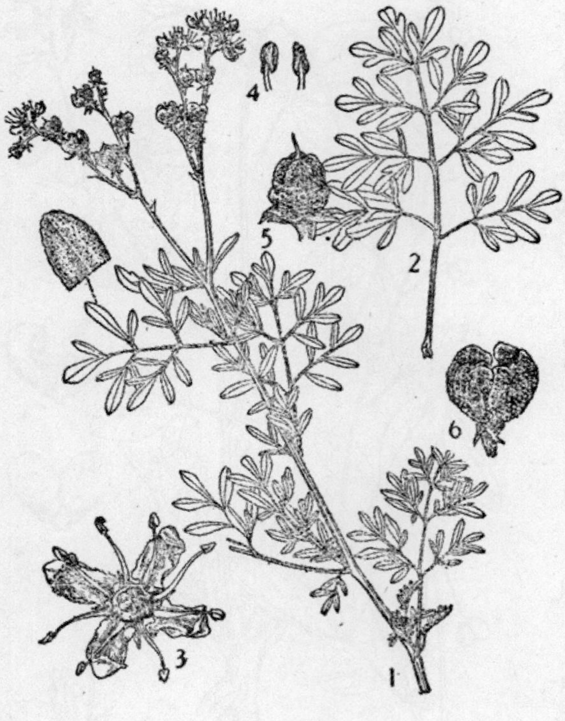

图 1089　芸香
Ruta graveolens L.
1. 花果枝；2. 叶；3. 花；4. 雄蕊；5. 雌蕊；6. 蒴果。
（自"江苏南部种子植物手册"）

［商 品 名］　芸香油

［形态特征］　有强烈气味的多年生木质草本，高可达 1 米，各部无毛但具腺点。2～3 回羽状复叶，深裂或劈裂，长 6～12 厘米，羽片倒卵状长圆形、倒卵形或匙形，长 10～20 毫米，全缘或微带锯齿。具顶生直立伞房花序，花金黄色，直径约 1.2 厘米，萼片 4～5，细小，宿存；花冠 4～5，边缘细撕裂成须縫状；雄蕊 8，初期与花瓣对生的 4 枚贴伏于花瓣壁上，与萼片对生的 4 枚较长，斜出外露，花盛开时全部雄蕊并列一起，竖直且等长，花药椭圆形；心皮 3～5，上部离生，花柱底生，子房通常 4 室，每室有胚珠 3 至多颗，花盘有腺体。蒴果 4 浅裂，成熟时开裂或仅顶部开裂。花期春季。

［生长环境］　栽培植物，华南露天栽培，长江以北须栽种温室内。

［产　　地］　江苏、浙江、广东、广西等省区。

［用　　途］　枝叶含有芳香油，可用作调香原料，同时又可作单离甲基壬酮之用；应注意发展。

［理化性质］　枝叶含油量 0.8～1.2%，精油折射率（20℃）1.4575，主要成分为：甲基壬酮（methyl nonyl ketone, $C_{11}H_{22}O$），甲基庚酮（methyl heptyl ketone, $C_9H_{18}O$）及蒎烯（pinene, $C_{10}H_{16}$）等。

［采收处理］ 当花期采取新鲜枝叶进行加工。

［加　　工］ 水蒸汽蒸馏法。

134 毛刺花椒（maocihuajiao）（图 1090）

［学　　名］ **Zanthoxylum acanthopodium** DC. var. **villosum** Huang 芸香科

［商 品 名］ 毛刺椒油

［形态特征］ 本种与竹叶椒在形态上很相似，不同的是：皮刺不甚扁，当年生枝条密被紫红色绒毛；小叶表面被疏柔毛，背面密被白色长柔毛，新生小叶部分毛紫红色，侧脉在背面突出，清晰可见；花序、果序短而靠拢，花果密集。花期 4～7 月，果期 9～11 月。

［生长环境］ 在海拔 1500～2000 米的山区，喜湿润的森林土壤，也生于路旁灌木丛中。

［产　　地］ 四川、云南等省。

［用　　途］ 果可提制芳香油。种子含脂肪油。

［理化性质］ 据云南省野生植物普查队野外粗分析：果实含芳香油量 0.57～2.0%。

［采收处理］ 果熟采收即行加工。

［加　　工］ 水蒸汽蒸馏法。

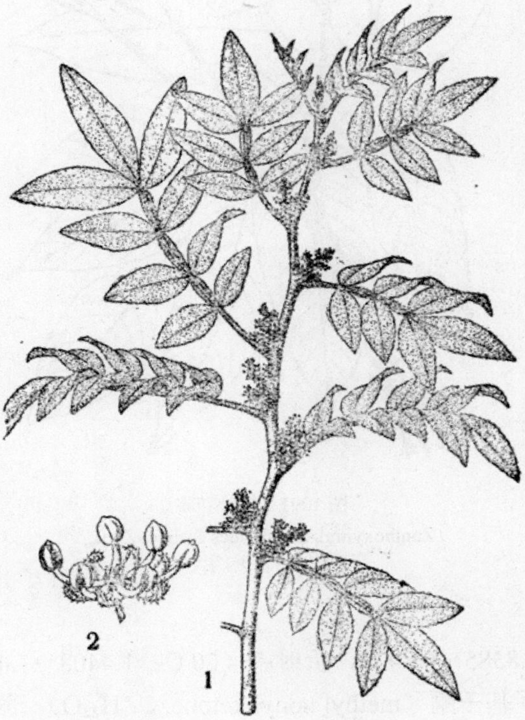

图 1090 毛刺花椒
Zanthoxylum acanthopodium DC. var. villosum Huang
1．雄花枝；2．雄花。

135 樗叶花椒（huyehuajiao）（图 1091）

［地 方 名］ 椿椒

［学　　名］ **Zanthoxylum ailanthoides** Sieb. et Zucc. 芸香科

［商 品 名］ 樗叶花椒油

［形态特征］ 乔木，高达 10 米，树干上常有基部为圆环状凸出的锐刺；幼枝髓部常中空。奇数羽状复叶，互生，长 25～60 厘米，最长可达 1 米；小叶 11～27，对生，纸质或坚纸质，狭长圆形或椭圆状长圆形，长 7～13 厘米，宽 2～4 厘米，基部圆，略不

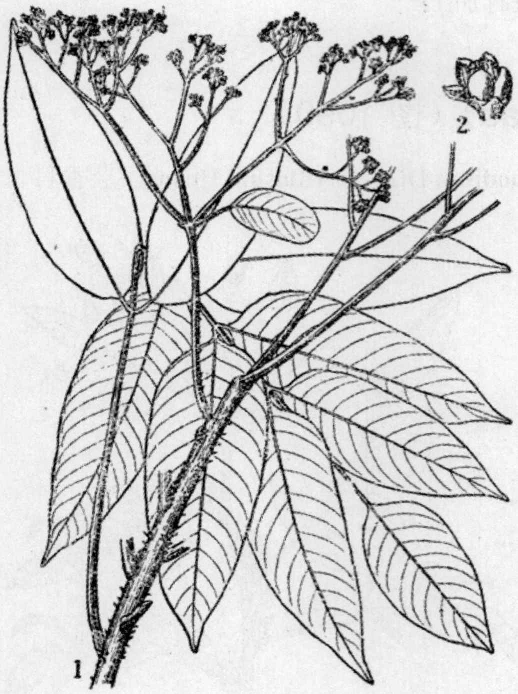

图 1091 椤叶花椒
Zanthoxylum ailanthoides Sieb. et Zucc.
1．果枝；2．花。

对称，先端狭长尖或短尾状渐尖，钝头，边缘具细钝锯齿，表面深绿色，背面粉白色或苍灰色，干后暗苍绿色，两面无毛；小叶柄长 2～4 毫米。花单性，伞房状宽展圆锥花序，顶生，长 10～30 厘米；花淡青色或白色，不香，甚多；萼片、花瓣各 5，雄花的雄蕊 5，有极短小的退化心皮。蓇果红色，分果瓣的先端具极短的啄嘴状尖；种子阔椭圆形或宽半月形，长约 2.5 毫米，厚约 3 毫米，棕黑色，有光泽。花期 8 月，果期 11 月。

［生长环境］ 常生密林中或路旁湿润的地方。

［产　　地］ 浙江、福建、台湾、广东、广西等省区。

［用　　途］ 果实含有芳香油，可用作调香原料。

种子可榨油（见“油脂类”，808 页）。

［理化性质］ 据福建省资料：果实含油量 0.23%。精油比重（15℃）0.8385～0.8437，折射率（20℃）1.4408～1.4474，旋光度-5° 45'～-6° 25'。主要成分：甲基壬酮（methyl nonyl ketone, $C_{11}H_{22}O$），蒎烯（pinene, $C_{10}H_{16}$）及酚类等。

［采收处理］ 果熟后采摘，阴干后或趁鲜时加工均可。

［加　　工］ 水蒸汽蒸馏法。

136 勒樘（ledang）（图 1092）

［地 方 名］ 狗花椒、山胡椒（广东）

［学　　名］ **Zanthoxylum avicennae** (Lam.) DC. 芸香科

［商 品 名］ 勒樘油、山花椒油

［形态特征］ 常绿大灌木或乔木，高可达 12 米；枝有皮刺，茎干基部的刺较大，三角形，红褐色，枝上的刺较小，稍向上弯；嫩枝的髓部几不中空。奇数羽状复叶，互生，小叶 7～15，对生，坚纸质至革质，具半透明油点，斜长圆卵形或科长圆形，长 2～6 厘米，宽 1～2 厘米，基部圆形或宽楔形，先端钝，两面无毛，表面深绿色，有光泽，背面浅绿色，叶缘稍作波浪状或沿中部以上有浅的圆锯齿；叶轴具狭翼及疏钩刺；无托

叶；小叶柄长 5～10 毫米。花通常单性，圆锥花序顶生，为疏散的三歧或 2～3 次伞形花序式的分枝；花淡青色，多数，花盘小而不明显；萼片 5，长约 0.5 毫米，卵形，先端尖；花瓣 5，长圆形或卵状长圆形，长 1.5～2 毫米；雄花的雄蕊 5，较花瓣长，花丝线形，附着于花盘基部；花药阔椭圆形，退化心皮较小，先端 2 叉裂；雌花稍大于雄花，无退化雄蕊，子房上位，心皮 2，分离至基部，花柱极短，柱头头状。蓇果紫红色，表面有粗大的腺点；分果瓣的先端有极短的喙；种子黑色有光泽。夏季开花，冬季果熟。

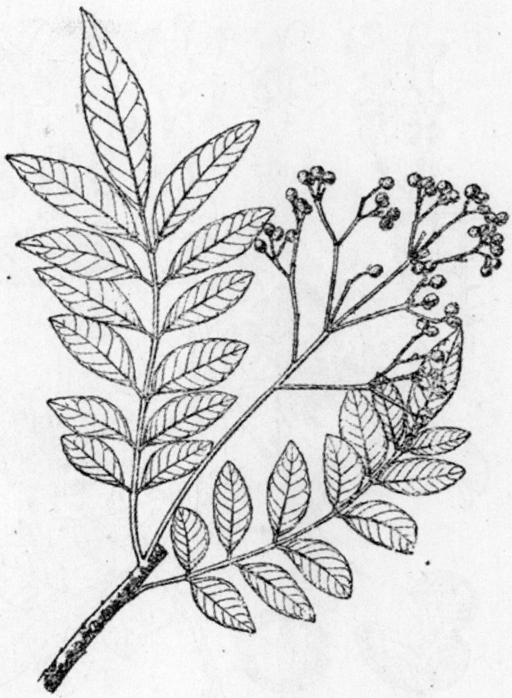

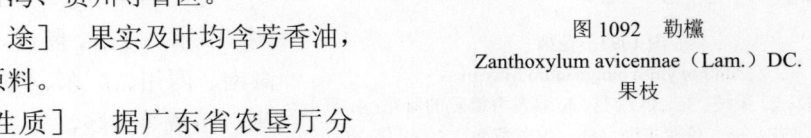

图 1092 勒欓
Zanthoxylum avicennae（Lam.）DC.
果枝

［生长环境］ 本种喜好阳光，生于海滨、平原及丘陵地的疏林或灌木中，草坡、路旁、溪旁及地边缘篱中也常见生长。

［产　　地］ 主产广东、广西、江西、福建、台湾、贵州等省区。

［用　　途］ 果实及叶均含芳香油，可用作调香原料。

［理化性质］ 据广东省农垦厅分析：果实芳香油含量为 2～4%；叶含芳香油 0.3%左右。果实油的比重为 0.8054，折射率 1.4600，旋光度+26°～+46°30'。

［采收处理］ 果熟后采收果实和叶加工。

［加　　工］ 水蒸汽蒸馏法。

137 花椒（huajiao）（图 1093）

［地 方 名］ 花椒树（河南），岩椒、野花椒（湖北），大红袍、金黄椒（山西）。

［学　　名］ **Zanthoxylum bungeanum** Maxim.　芸香科

［商 品 名］ 花椒油

［形态特征］ 落叶灌木或小乔木，高 3～7 米，具香气；树皮深灰色，老时皮刺遗痕木栓层膨大凸起，呈瘤状；小枝灰褐色，被疏生绒毛或无毛，常于叶柄两侧有一对扁平基部特宽的皮刺。奇数羽状复叶，互生；小叶 5～11，对生，无柄或近无柄，纸质或薄纸质，卵圆形或卵状长圆形，长 2～5 厘米，宽 1.2～2.5 厘米，基部圆形，先端急尖或短尖，有时微凹，边缘有细圆锯齿，齿缝处有粗大透明的腺点，表面散生刚毛或光滑，

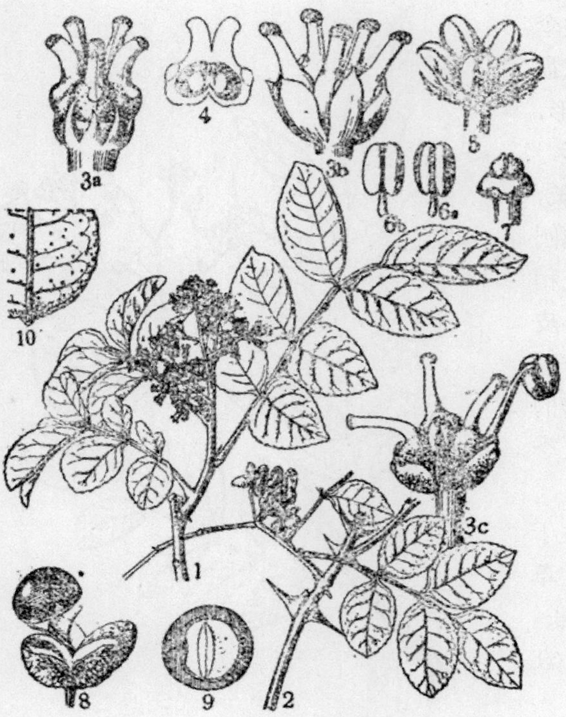

图 1093　花椒

Zanthoxylum bungeanum Maxim.

1. 雌花枝；2. 果枝；3a、3b.雌花；3c.具发育雄蕊的雌花；4. 胚珠；5. 雄花；6a. 雄蕊正面；6b. 雄蕊背面；7. 退化心皮；8. 果实；9. 种子横剖面；10. 小叶片背面。

（自“植物分类学报”）

背面中脉常疏生细刺；叶轴两侧有狭翅，其背腹两面散生长短不齐的皮刺。花单性或杂性；项生圆锥花序，通常有毛；花被 4～8；雄花通常具雄蕊 5～7，退化心皮 2；雌花心皮通常 2～3；子房背脊上部有大而凸出的腺点，花柱略外弯，柱头头状，子房无柄，成熟心皮 2～3。蓇葖果圆球状，红色至紫红色，密生疣状突起的腺点，沿背腹缝浅开裂；种子圆珠形，黑色，有光泽。花期 3～5 月，果期 7～10 月。

［生长环境］　喜阳光及温暖气候，宜在肥沃深厚的沙质壤土或石灰质山地生长，习见于山沟、丘陵、山麓、村旁、庭院及田园等处，多为栽培种。

［产　　地］　河南、河北、山西、山东、甘肃、陕西、江西、湖北、湖南、四川、广东、广西、云南、贵州、西藏等省区。

［用　　途］　果实可提取芳香油，经精制处理后可作调香原料。种子可榨取脂肪油（见“油脂类”，808 页）。果实用于调味；又供药用，有助消化，止牙痛、腹痛、腹泻及杀虫等效。叶可制土农药以防治菜虫、蚜虫、青虫、桑虫、螟虫等。

［理化性质］　果实含芳香油 0.7%（贵州），干果含芳香油 2～4%（甘肃），但有的含油 4～9%（广东）。油的理化性质近似野花椒油。

［采收处理］　用作提取芳香油的果实，应在未成熟时采收，这时含量最高，应随采随加工。

［加　　工］　水蒸汽蒸馏法。

［其　　他］　花椒油在香精中的用途不很广。

138 刺异叶花椒（ciyiyehuajiao）（图 1094）

［学　　名］　**Zanthoxylum dimorphophyllum** Hemsl. var. **spinifolium** Rehd. et Wils.

芸香科

［商 品 名］ 刺异叶花椒油

［形态特征］ 灌木或小乔木，枝粗糙，具稀疏皮刺。羽状复叶具小叶片 1～3，稀 3～5 片，叶革质，有油腺点，阔卵形至长圆形，先端短渐尖，有时微凹陷，基部狭楔形，边具锯齿或针刺，或疏生不规则的圆锯齿，有的叶片边缘不具针刺；表面淡绿色，有光泽。花序顶生或腋生，长 2～6 厘米，花小形，花被 7～8，有时其中 2 片合生，先端分叉，大小不等，较小的与雄蕊对生，线形，较大的与退化心皮对生；雄花雄蕊 4～6，退化心皮圆球形；雌花具退化雄蕊 4～5，生于花盘基部四周，甚短小，有药囊而无花粉，心皮 2，分离。发育心皮 1～2，紫红色，分果瓣圆球形，大如黑豆。种子圆球形，黑色有光泽。花期 4 月，果期 7～8 月。

［生长环境］ 生于海拔 1000 米以下山区疏密林中，有时出现于空旷地。

［产 地］ 陕西、湖北、贵州、四川等省。

［用 途］ 叶、果均可提制芳香油。

［理化性质］ 据贵州省经济植物普查资料：叶含芳香油 0.65%，油有柠檬香味。

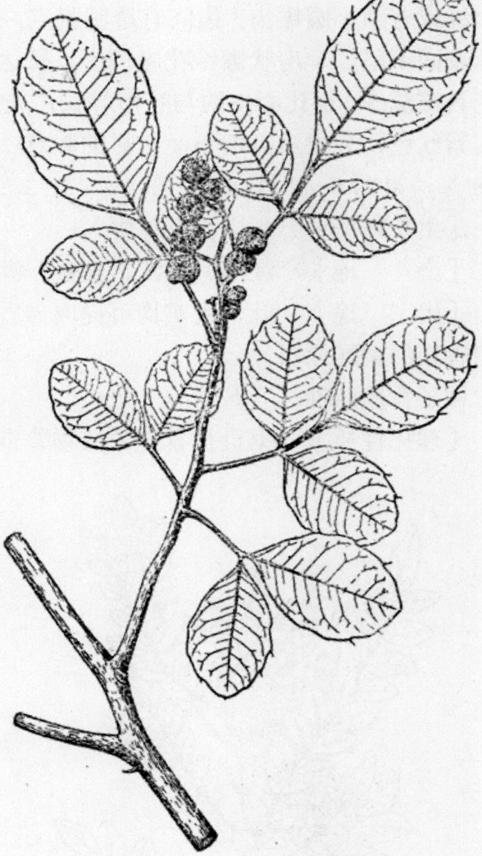

图 1094 刺异叶花椒
Zanthoxylum dimorphophyllum Hemsl. var. spinifolium Rehd. et Wils.
果枝

［采收处理］ 春夏适量采收叶子，秋季采收将近成熟的果实，采后即行加工。

［加 工］ 水蒸汽蒸馏法。

139 朵椒（duojiao）

［地 方 名］ 树椒、水疗柴（浙江）

［学 名］ **Zanthoxylum molle** Rehd. 芸香科

［商 品 名］ 朵椒油

［形态特征］ 落叶乔木，高 4～10 米，枝具锥形皮刺。奇数羽状复叶，叶轴紫红

色，初时被柔毛；小叶数目多变化，通常 7～9；小叶片卵圆形至长圆形，长 8～14 厘米，宽 3.5～6.5 厘米，先端骤狭，具短尖，基部圆形、宽楔形或微心形；无柄；边缘反卷，近全缘或有细小圆锯齿，齿间有透明腺点，表面绿色有光泽，背面苍青色，密被长绒毛，叶脉表面下陷。伞房状圆锥花序顶生，长达 7 厘米；萼片 5，广卵形；花瓣 5，长圆形；雄花具雄蕊 5，退化心皮约与花瓣等长，先端 3 叉裂；雌花心皮 5，发育心皮只 2～3。果实紫红色，分果瓣具细小而明显的腺点；种子为三棱状的半圆形，黑色，发亮。花期 7～8 月，果期 8～9 月。

[生长环境] 生山谷密林中。

[产　　地] 江西、浙江、安徽、湖北、贵州等省。

[用　　途] 叶、果实均可提取芳香油，经精制处理后，可用作调制馥奇、薰衣草型香精的调配原料。

种子含脂肪油。

[理化性质] 据贵州省野生植物普查队分析：叶含芳香油 0.1%；果实含芳香油 0.45%。

[采收处理] 夏季适量采收叶子，秋季采收果实，随采随加工。

[加　　工] 水蒸汽蒸馏法。

图 1095　川陕花椒
Zanthoxylum piasezkii Maxim.
果枝

140 川陕花椒（chuanshan-huajiao）（图 1095）

[地 方 名] 山椒

[学　　名] **Zanthoxylum piasezkii** Maxim.　芸香科

[商 品 名] 山椒油

[形态特征] 灌木，具基部增宽的皮刺。奇数羽状复叶，叶轴两侧宽展成狭翅，背面常生小皮刺；小叶对生，5～8 对，稀 4 对，纸质，卵形、倒卵形或斜卵形，长 5～10 毫米，宽 4～6 毫米，顶端圆，基部狡尖或急尖，小叶无毛，仅背面中脉通常有细小皮刺。聚伞圆锥花序，腋生或顶生；花被片 5～8，狭卵形至钻形；雄蕊 4～6，花药大，卵形，药隔顶端有色泽较深的腺体一颗，退化雌蕊先端二叉裂；雌花通常有 2～4 心皮，

具分离而外弯的花柱，柱头头状；成熟心皮 1～2 个，稀有 3 个，紫红色，表面具粗大而凸起的腺点。花期 4～6 月，果期 6 月。

［生长环境］ 干燥山谷或路旁。

［产　　地］ 四川、陕西、甘肃、台湾等省。

［用　　途］ 果实含有芳香油，很有使用价值，可用于化妆、皂用香精中。种子可榨油（见“油脂类”，812 页）。

［理化性质］ 干果含油率 2～4%，芳香油的比重（15℃）0.8504～0.8500，折射率（20℃）1.4600～1.4732，旋光度+26° ～+46° 30'。主要成分为香草醇（citronellol, $C_{10}H_{20}O$），香叶醇（geraniol, $C_{10}H_{18}O$）及乙酸香叶酯等。

［采收处理］ 果实成熟后采收，应即行加工。

［加　　工］ 水蒸汽蒸馏法。

141 竹叶椒（zhuyejiao）（图 1096）

［地 方 名］ 花椒（江苏、广西、山东），野花椒（四川、贵州），钩椒（陕西、四川），山花椒、臭椒子、刺椒（四川），土椒（广西），野胡椒、鸡椒、山椒、花椒树、老鼠刺（浙江）。

［学　　名］ **Zanthoxylum planispinum** Sieb. et Zucc. (*Z. alatum* var. *planispinum Rehd.* et Wils.) 芸香科

［商 品 名］ 竹叶椒油

［形态特征］ 半常绿灌木，高 1～1.5 米；枝有扁平弯曲的皮刺，老枝上的皮刺基部木栓化。奇数羽状复叶，叶轴具翅，其背面有皮刺；小叶 3～9，对生，纸质，披针形或椭圆披针形，稀为卵形，无柄；长 5～9 厘米；先端尖，基部楔形，边缘有细小圆锯齿，有时全缘；侧脉不明显。花序腋生；花细小、淡黄绿色，花被片 6～8，大小相等，形状相同，三角形或菱形；雄花具雄蕊 6～8，退化心皮先端 2 裂，稀为 3 裂；雌花心皮 2～4，通常 1～2 个发育。果实成熟红色，表面有粗大而突起的油腺点。种子卵珠形，黑色，有光泽。花期 3～5 月（广西）、5～

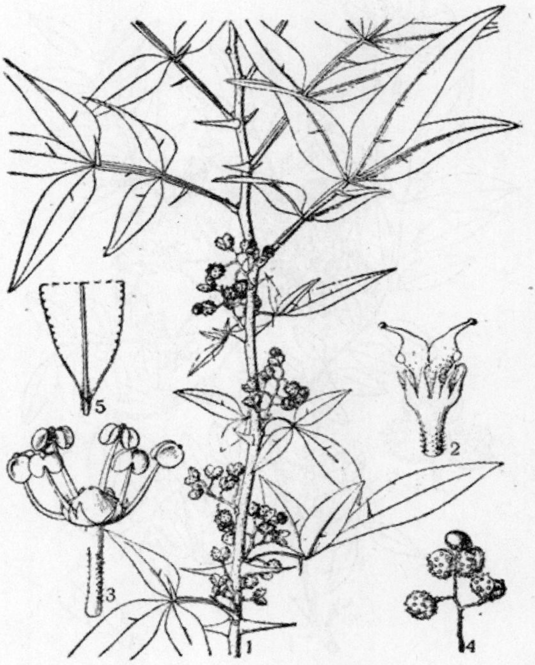

图 1096 竹叶椒

Zanthoxylum planispinum Sieb. et Zucc.

1．果枝；2．雌花；3．雄花；4．果；5．小叶背面。

（自“植物分类学报”）

6月（江苏），果期6～8月（广西）、8～9月（江苏）。

［生长环境］　生于低山疏林下、灌丛中，山脚、路旁、石灰岩山谷或乱石滩地尤为习见。

［产　　地］　陕西、甘肃、河南、山东、湖北、湖南、江西、浙江、江苏、安徽、福建、台湾、广东、广西、云南、贵州、四川等省区。

［用　　途］　果实、种子均可提取芳香油；枝叶亦含芳香油。

种子含有脂肪油（见“油脂类”，812页）。果皮可作调味品。果和叶均可药用。

［理化性质］　据山东省分析：枝、叶含芳香油0.02～0.08%。据贵州省野生植物普查队分析：果实含油量0.24～0.79%。据江苏省野生植物普查队分析：理化性质与野花椒油近似。

［采收处理］　果熟时采摘。

［加　　工］　水蒸汽蒸馏法。

［其　　他］　用种子繁殖，采收种子后晾干，混沙储藏，来春播种。

142 香椒子（xiangjiaozi）（图1097）

［地 方 名］　山花椒、青椒、狗椒棘子（辽宁），土花椒、小花椒（江苏），野胡椒（浙江），狗椒（山东），崖椒（四川、湖南、江苏、山东），野花椒（湖南、山东）。

［学　　名］　**Zanthoxylum schinifolium** Sieb. et Zucc.　芸香科

［商 品 名］　崖椒油、香椒油

［形态特征］　灌木或小乔木，高1～3米；树皮暗灰色，多皮刺；枝褐色，光滑，疏生短小的皮刺。奇数羽状复叶互生；小叶13～21，对生或近于对生，具短柄，披针形或椭圆状披针形，长1.5～2.5厘米，宽7～8毫米，基部楔形，不对称，先端急尖具钝头，边缘具波形细锯齿，齿缝有腺点，表面绿色，中脉下陷，背面色淡，疏生腺点；叶轴具狭翼，中间内陷成沟状，具稀疏而略向上的小毛刺。

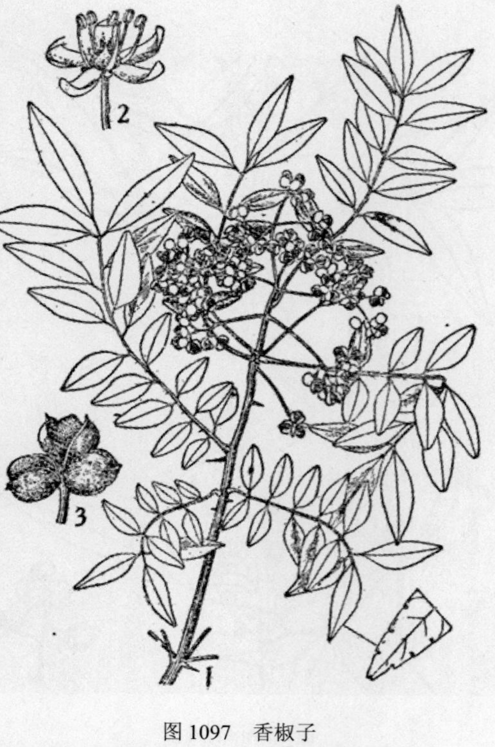

图1097　香椒子

Zanthoxylum schinifolium Sieb. et Zucc.

1．果枝；2．花；3．果实。

（自“江苏南部种子植物手册”）

花单性，雌雄异株或杂性，伞房状圆锥花序顶生，长约5厘米；花小而多；萼片5，阔卵形，先端钝；花瓣5，长圆形；雄花具雄蕊5，退化心皮细小，先端2～3叉裂；雌花有心皮3，几无花柱，柱头头状。蓇果紫红色；先端有啄嘴状尖；种子卵形，直径约4毫米，蓝黑色，有光泽。花期7～8月，果期9～10月。

［生长环境］　生于山野林边或灌木丛中，无论干燥或湿润地方均能生长。

［产　　地］　广东、广西、湖南、四川、江西、江苏、浙江、安徽、山东、河南、河北、辽宁、内蒙古等省区。

［用　　途］　果可提芳香油。

种子可榨油（见“油脂类”，812页）。

［理化性质］　果实含芳香油0.6%，但据山东省和江苏省分析：干果含芳香油达4～9%，油的物理数据也与野花椒近似，主要成分为香叶醇、柠檬醛、小茴香油精等。但据上海市资料：崖椒油的主要成分是草蒿素（或称甲基黑椒酚 estragol，$C_{10}H_{12}O_2$），含量达90%，此外亦含香柠檬油精。

［采收处理］　参阅“野花椒”（本页）。

［加　　工］　水蒸汽蒸馏法。

［其　　他］　崖椒油目前国内用途不广，但国外常有问询者，外销大有可能。

143 野花椒（yehuajiao）（图1098）

［地 方 名］　崖椒（四川），大花椒（江苏、山东），青椒（云南）。

［学　　名］　**Zanthoxylum simulans** Hance　芸香科

［商 品 名］　野花椒油，花椒油

［形态特征］　灌木，高1～2米，茎干有时无刺，枝通常有皮刺，被白色皮孔。叶互生，叶轴边缘有狭翅和长短不等的皮刺；小叶通常5～9,对生，半革质，无柄，卵圆形，卵状长圆形或菱状阔卵形，长2.5～6厘米，宽1.8～3.5厘米，先端具短急尖，基部急尖，楔形或圆形，微偏斜，边缘具细微圆齿，两面均有透明腺点，深绿色，中脉下陷，在背面偶具短刺。聚伞圆锥花序，顶生，长1～5厘米，花轴

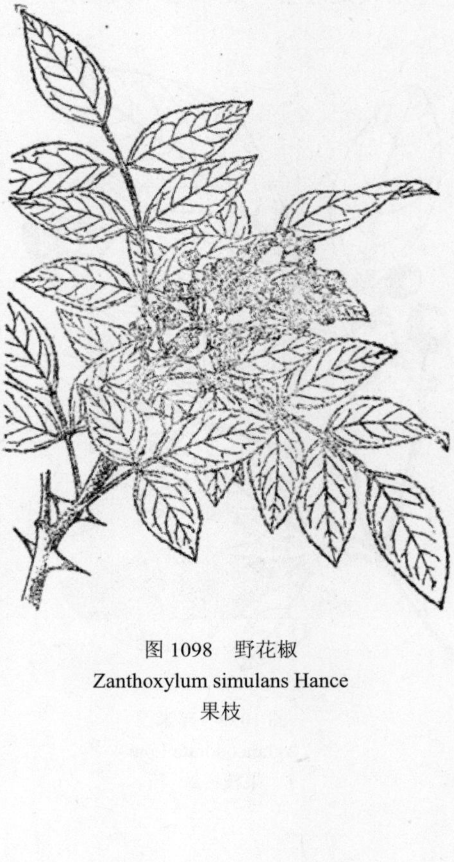

图1098　野花椒
Zanthoxylum simulans Hance
果枝

具短柄；花被片5～8，绿色，长三角形，先端渐尖；雄花雄蕊5～7，稀4～8枚，花丝较萼片短，退化子房先端二叉裂，花盘环形，成熟心皮1～2，稀为3，紫红或红色，基部有伸长的子房柄，外面有粗大半透明腺点；种子近圆形，黑色有光泽，长约4毫米。

［生长环境］ 生于海拔500米以下的小山丘上、矮灌丛中或灌木林中，向阳山坡或路旁，也常习见；村边宅旁有栽培。

［产　　地］ 河北、山东、河南、福建、江苏、安徽、浙江、江西、湖北、湖南、四川、贵州、云南、广东等省。

［用　　途］ 果实含有芳香油，叶含量较少，从果实提取的芳香油即野花椒油，经精制处理后，可用作调制馥奇、薰衣草型香精的原料。叶和果亦可直接用作食品调味料。

种子含有脂肪油。果实亦作药用（见“药用类”，1789页）和农药。木材坚硬，可作手杖、擂木、家具等。

［理化性质］ 干果含芳香油4～9%，油的比重（15℃）0.8660～0.8665，折射率（20℃）1.4670～1.4690，旋光度-7° 31'～12° 54'，主要成分系花椒香油烃（zanthoxylene, $C_{10}H_{12}O_4$），水芹香油烃（phellandrene, $C_{10}H_{16}$），香叶醇（geraniol, $C_{10}H_{18}O$），香草醇（citronellol, $C_{10}H_{20}O$）等。

［采收处理］ 夏秋季节果实成熟后即可采收，采收后晒干备用。

［加　　工］ 水蒸汽蒸馏法（水上蒸馏或水汽蒸馏）。

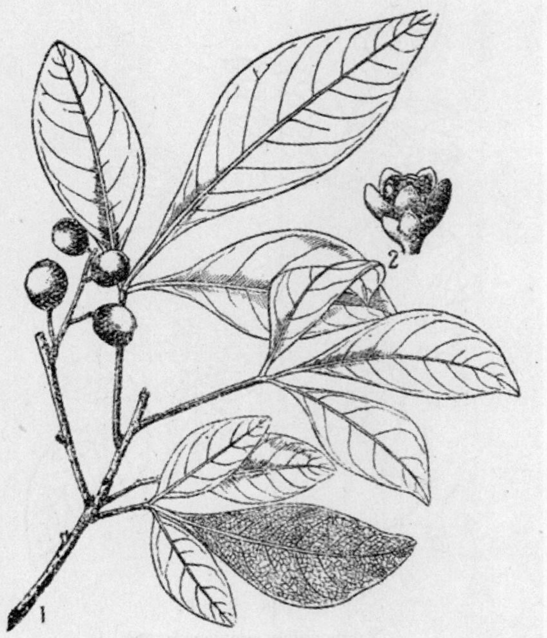

图1099　碎米兰
Aglaia odorata Lour.
1. 果枝；2. 花。

144 碎米兰（suimilan）（图1099）

［地 方 名］ 树兰（台湾）

［学　　名］ **Aglaia odorata** Lour.　楝科

［商 品 名］ 树兰油、树兰浸膏

［形态特征］ 灌木或小乔木，高4～7米，多分枝；小枝顶部常被星状锈色小鳞片。叶为羽状复叶，互生，长5～12厘米，有小叶3～5片，总轴具狭翅，小叶具短柄，倒卵形至长圆形，长2～7厘米，宽1～3.5厘米，先端钝，基部楔形，两面无毛，侧脉约8对，极细，两面微凸起。

花杂性，异株；圆锥形花序腋生，长5～10厘米，略疏散；花梗黄色，极香，直径约2毫米，雄花梗细，长1.5～3毫米，两性花梗稍短而粗，花萼5裂，裂片圆形，花瓣5，长圆形或近圆形，长1.5～2毫米，雄蕊管较花瓣稍短，子房卵形，密被黄色长硬毛。果为浆果，卵形或近球形，长10～12毫米，表面常有散生星状鳞片；种子常为一胶粘状肉质的假种皮所包围，无胚乳。花期夏秋间。

［生长环境］ 本种在我国南部地区为一森林植物，幼年时稍耐阴蔽，成龄时偏阳性，喜于肥沃而湿润的壤土或砂壤土上生长。

［产　　地］ 广东、广西、四川、福建、台湾、云南等省区。

［用　　途］ 花可制取芳香油，用于配制各种化妆、皂用香精。

花可用于薰茶，经济价值较大。可结合园林香化大力发展。

木材致密，可作农具和雕刻用。也常栽培作观赏植物。

［理化性质］ 花含芳香油0.5～0.8%，用浸提法可得浸膏4～4.5%。据四川省芳香工业研究室分析：浸膏的折射率（50℃）1.6973，酸值37.03，酯值64.36。

［采收处理］ 开花时采集花朵，立即加工，或阴干后加工。

［加　　工］ 鲜花及干花均可用浸提法提取浸膏，用蒸馏法可得精油。采用浸提法加工时，用石油醚等作溶剂而不用酒精，否则含植物蜡过多，使香气不佳，质量下降。鲜花更不宜用酒精浸提。

145 香椿（xiangchun）（图660）

［学　　名］ **Toona sinensis** (A. Juss.) Roem. (*Cedrela sinensis* A. Juss.)　楝科

［商 品 名］ 香椿木油

（地方名、形态特征、生长环境、产地及其他用途见“油脂类”，823页）

［用　　途］ 木屑及根可提取芳香油，国外用作雪茄烟盒的赋香剂。

［理化性质］ 含油量0.5～1%。

［采收处理］ 木材四季均可砍伐。

［加　　工］ 将香椿树根砍成碎片或磨成粗粉，然后用水蒸汽蒸馏法提取。

［其　　他］ 本植物繁殖容易，生长较快，庭园中可以大量栽培。

146 黄栌（huanglu）（图953）

［学　　名］ **Cotinus coggygria** Scop.　漆树科

［商 品 名］ 黄栌叶油

（地方名、形态特征、生长环境、产地及其他用途见“鞣料类”，1180页）

［用　　途］ 叶含有芳香油，可用作调香原料。

［采收处理］ 5、6月间采叶，最好摘下后立即加工。

［加　　工］ 水蒸汽蒸馏法。

147 黄连木（huanglianmu）（图 683）

［学　　名］ **Pistacia chinensis** Bge. 漆树科

［商 品 名］ 黄连木油

（地方名、形态特征、生长环境、产地及其他用途见“油脂类”，849 页）

［用　　途］ 新鲜叶可提取芳香油。国外利用 Pistacia lentiscus 树脂提取香树脂油供调香用。

［理化性质］ 新鲜叶子含芳香油 0.12%。又据国外产 Pistacia lentiscus 的资料：树脂含芳香油 0.72～1.0%，比重（15℃）0.857～0.903，折射率（20℃）1.468～1.476，旋光度（20℃）+22° ～＋35° ，主要成分为蒎烯等。国产黄连木应进一步研究。

［采收处理］ 夏秋之间随时可以采叶加工。

［加　　工］ 水蒸汽蒸馏法。

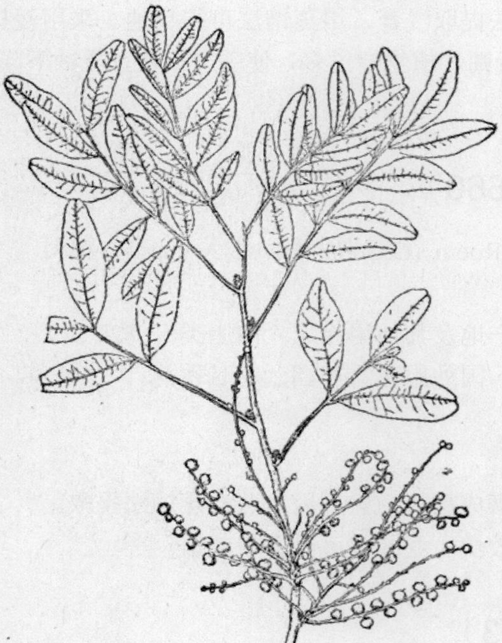

图 1100 清香木
Pistacia weinmannifolia Poiss.
果枝

148 清香木（qingxiang-mu）（图 1100）

［地 方 名］ 紫叶、紫柚木、香叶树（云南），细叶楷木（四川）。

［学　　名］ **Pistacia weinmannifolia** Poiss. 漆树科

［商 品 名］ 清香木油

［形态特征］ 常绿乔木，高达 15～20 米，树皮灰色。偶数羽状复叶互生，具小叶 3～8 对；小叶厚革质，长圆形或长圆状卵圆形，长 2～4 厘米，宽 8～18 毫米，先端微凹具芒状硬尖，全缘，边缘稍向背反卷；总叶轴具狭翅，被短柔毛。花雌雄异株，为腋生的圆锥花序，花小，无花瓣，红色。核果球形，红色，直径约 6 毫米。花期 3 月，果期 9～10 月。

［生长环境］ 干热河谷地区，石灰岩土壤上很普遍，常生稀疏的灌木丛中或乔木林中。

［产　　地］ 云南中部、北部及四

川南部等地。

［用　　途］　叶提取芳香油。

［理化性质］　据中国科学院昆明植物研究所分析：叶中芳香油含量0.2～0.45%，油的比重（19℃）0.8823，折射率（20℃）1.4864，旋光度（19℃）+2.35°，酸值1.4，酯值25.07，乙酰化后酯值48.62，醛酮含量8%，溶解度在20℃时，加12倍体积80%的乙醇仍显乳浊。

［采收处理］　夏秋季采收枝叶加工。

［加　　工］　水蒸汽蒸馏法。

149 椴树（duanshu）（图176）

［学　　名］　**Tilia tuan** Szysz.　椴树科

［商 品 名］　椴树花浸膏

（地方名、形态特征、生长环境、产地及其他用途见“纤维类”，213页）

［用　　途］　花含芳香油，可研究使用于调合香精中。

［采收处理］　采收鲜花进行加工。

［加　　工］　浸提法。

［其　　他］　椴属植物的花多具芳香，都可利用提取芳香油。除椴树之外，常见的有：

1．蒙椴（Tilia mongolica Maxim.），地方名、形态特征、生长环境及产地等见“纤维类”，210页。

2．紫椴（Tilia amurensis Rupr.），参阅“纤维类”，204页。

3．粉椴（Tilia henryana Szyrz.），参阅“纤维类”，208页。

4．华椴（Tilia chinensis Maxim.）。参阅“纤维类”，205页。

5．南京椴（Tilia miqueliana Maxim.），参阅“纤维类”，209页。

6．糠椴（Tilia mandshurica Rupr. et Maxim.），参阅“纤维类”，208页。

150 黄葵（huangkui）（图184）

［学　　名］　**Abelmoschus moschatus** (L.) Medic.　锦葵科

［商 品 名］　黄葵油、麝香子油

（地方名、形态特征、生长环境、产地及其他用途见“纤维类”，220页）

［用　　途］　果实含有芳香油，为价值极高之调香原料，可用于高级香水及化妆或皂用香精中，应注意发展。

［理化性质］　果实含油率0.3～0.5%，主要成分为：葵子内酯（ambrettolide, $C_{16}H_{28}O_2$），金合欢花醇（farnesol, $C_{15}H_{26}O$）及癸醇（decyl alcohol, $C_{10}H_{22}O$）等。

［采收处理］　在果实成熟时，采收压碎后进行加工。

［加　　工］ 水蒸汽蒸馏法。

151 羯布罗香（jiebuluoxiang）

［学　　名］ **Dipterocarpus turbinatus** Gaertn.　龙脑香科

［商 品 名］ 羯布罗香油、古云香脂

［形态特征］ 乔木，高32～35米，胸径达1米；树皮灰白色，浅纵裂，嫩枝扁，有纵沟纹，有明显的环节，密被灰褐色星芒状绒毛或几无毛。叶互生，厚纸质至革质，叶片卵状长圆形或椭圆状长圆形，长22～35厘米，宽8～13厘米，基部通常圆而微内凹略呈心形，有时为钝形，先端狭长，或短尖，或锐尖，无毛或被毛，边缘微波状或全缘，中部以上的边缘常为浅圆齿状或波纹状，表面深绿色，无毛，背面青色，中脉及侧脉被极短的星芒状毛或无毛，侧脉15～20对，平行羽状而斜向上展出，在背面明显地凸起；叶柄长2～3厘米，近叶基处增大呈枕状；托叶长2～5厘米，密被暗灰棕色或暗黄色星芒状长柔毛。花序总状，有花3～5朵；萼管陀螺状，长10～12毫米，上部宽6～8毫米；发育的两枚萼片长线形，长12～16毫米，宽2～3毫米，先端圆；不发育的萼片极短小，外面均有白色粉霜，无毛；花瓣白带粉红色，花蕾时螺旋状褶迭，长圆形，长3～4厘米，宽5～7毫米，先端圆，外面密被灰色短毛；雄蕊多数。子房密被毛；花柱细长，长约1厘米，中部以下被毛，柱头微增大。核果状蒴果陀螺形，顶端裸露，长约3厘米，厚约2厘米，基部狭尖，顶部收缩，成熟时茶褐色，有白色粉霜和浮凸的脉纹，二发育的萼片增大成厚革质翅状，狭长圆形，长12～15厘米，宽2.5～3厘米，端圆，两面无毛，腹面光亮，近基部处有白色粉霜，有三脉，支脉多而密生，形成浮凸的脉网，沿中脉两侧有不规则的小凸起。花期4月，果期10～11月（云南）。

［生长环境］ 喜生于海拔700米以下杂木林中半湿润地方。

［产　　地］ 云南南部西双版纳有大片栽培。

［用　　途］ 树脂中含有芳香油，经用水蒸汽蒸馏获得香油，可用作调制香精的原料。香脂亦可直接应用。

［理化性质］ 树脂含油率（蒸馏）60～75%，主要成分为：甲位及乙位古云香脂烃（α-, β-gurjunene, $C_{15}H_{14}$）。

［采收处理］ 在树干采取油树脂（或称香脂），再将树脂进行加工。

［加　　工］ 水蒸汽蒸馏法。

152 赖百当（laibaidang）（图1101）

［地 方 名］ 岩蔷薇（别称）

［学　　名］ **Cistus ladaniferus** L.　半日花科

［商 品 名］ 赖百当香膏、岩蔷薇香膏

［形态特征］ 直立灌木，高约1.6米。全体具胶粘状腺体。叶对生，近无柄，披

针形至线状披针形，长5～12厘米，先端急尖，表面暗绿色，无毛，具腺体，背面被白绒毛，无托叶。花白色，常单生于上部小枝腋间，苞片脱落，生上部者较宽，边缘具绢状毛；花萼3片，圆形，淡黄色，有鳞片；花冠直径9～10.5厘米，花瓣5，基部具黄色斑点；雄蕊多数。蒴果球形，10裂爿。种子褐黄色。

［生长环境］　生于干燥多岩石的山坡上，常有栽培。

［产　　地］　新近引种，上海、杭州等地有少量栽培。

［用　　途］　树叶含有香膏，经加工提取后，可用作调合香精中的保香剂，适用于多种化妆用、皂用香精。

［采收处理］　在炎夏时采摘枝叶。

［加　　工］　先将叶用水煮沸，所含香脂即浮集于水面，再用浸提法制成浸膏，或再由浸膏制成明膏。

图1101　赖百当
Cistus ladaniferus L.
花枝

153 紫罗兰（ziluolan）（图1102）

［学　　名］　**Viola odorata** L.　堇菜科

［商 品 名］　香堇（紫罗兰）花浸膏、香堇（紫罗兰）叶浸膏

［形态特征］　多年生草本，高约15厘米；根状茎肥大，具节，其上发育许多基生叶和闭花受精的花朵，地上部分有匍匐茎。叶基生，叶片近圆形，稀肾形，或近宽卵形，长3.5～4厘米，宽3～3.5厘米，基部近心形，顶端钝，叶缘具圆齿；叶柄长5～10厘米；托叶大，宽卵形或宽披针形。花大，长1.3～2.5厘米，芳香，深青紫色；花柄在中部或中部以上具2苞片；萼片5，长圆状卵形，先端钝；花瓣5，长圆倒卵形，边缘呈波状，侧生花瓣具短髯毛，最下一瓣具钝而直伸的距，距长2～4毫米；花柱侧向扁平，顶端有一个钩状的喙。蒴果球形，具三棱；被短茸毛。花期2月，果期3～5月。

［生长环境］　性喜荫蔽，多栽培在湿润肥沃的土壤上，宜在阴棚下或温室中培养。

图 1102 紫罗兰
Viola odorata L.
1. 植株全形；2. 花。

［产　　地］ 各地均有栽培。

［用　　途］ 花、叶都含芳香油，可制浸膏，具有特别幽雅香气，是高贵的香料，用于配制花香香精，作高级化妆品及香皂、香水等之赋香剂。

［理化性质］ 花含油率 0.1～0.12%，叶含油率 0.09～0.12%，花油主要成分为香堇花酮（parmone, $C_{13}H_{20}O$），丁香酚和苄醇等。叶油主要成分为堇叶醛（nonadienol, $C_9H_{14}O$）及丁香酚（eugenol, $C_{10}H_{12}O_2$）。

［采收处理］ 采取鲜花、叶浸提芳香油。

［加　　工］ 鲜花用浸提法，叶宜阴干至适当程度再行浸提。

［其　　他］ 用分根法繁殖（用切根法，可加速繁殖量）。

154 土沉香（tuchenxiang）（图 1403）

［学　　名］ **Aquilaria sinensis** (Lour.) Gilg. (*A. grandiflora* Benth.) 瑞香科

［商 品 名］ 莞香油、莞香浸膏

（地方名、形态特征、生长环境、产地、采收处理及其他用途见“药用类”，1813 页）

［用　　途］ 沉香可提取芳香油，用作调香原料；花可制浸膏。枝皮纤维可供造纸和人造棉（见“纤维类”，264 页）。种子可榨油（见“油脂类”，914 页）。

［加　　工］ 木质部采用水蒸汽蒸馏法。花采用浸提法。

155 瑞香（ruixiang）（图 228）

［学　　名］ **Daphne odora** Thunb. var. **atrocaulis** Rehd. 瑞香科

［商 品 名］ 瑞香花浸膏

（地方名、形态特征、生长环境、产地及其他用途见“纤维类”，268 页）

［用　　途］ 鲜花含有芳香油，是一种名贵的香料，市售“达芬耐”型香精，是

人工模仿天然香气制成的商品。鲜花浸膏可用于调合化妆品及皂用香精。

［理化性质］　为淡黄色半固胶状物。

［采收处理］　应采取鲜花进行加工。

［加　　工］　浸提法，最宜于低温下进行。

［其　　他］　本属植物种类不少，大部均可利用其花朵提取浸膏。用途、理化性质、采收处理、加工等均与瑞香花浸膏同，例如：1．费氏瑞香（Daphne feddei Lévl.）（地方名、形态特征、生长环境、产地及其他用途见“纤维类”，268 页。）。2．白瑞香［Daphne papyracea Wall.（*D. cannabina* Wall.）］（地方名、形态特征、生长环境、产地及其他用途见“纤维类”，269 页。）。

156　长梗结香（changgengjiexiang）（图 231）

［学　　名］　**Edgeworthia gardneri** (Wall.) Meisn.　瑞香科

［商 品 名］　结香花浸膏

（地方名、形态特征、生长环境、产地及其他用途见“纤维类”，271 页）

［用　　途］　鲜花含有芳香油，所制取之浸膏其香气稍逊于瑞香花浸膏，可用于调制各种化妆、皂用香精。

［理化性质］　参阅瑞香（1392 页）。

［采收处理］　应采收鲜花进行加工。

［加　　工］　浸提法，最宜于低温下进行。

157　沙枣（shazao）（图 483）

［学　　名］　**Elaeagnus angustifolia** L.　胡颓子科

［商 品 名］　沙枣花浸膏、香柳浸膏

（地方名、形态特征、生长环境、产地及其他用途见“淀粉及糖类”，584 页）

［用　　途］　鲜花含有芳香油，可作调香原料，用于化妆、皂用香精中。

［理化性质］　鲜花含油量在 0.2～0.4%。

［采收处理］　采收鲜花加工。

［加　　工］　浸提法，最宜采用低温浸提。

［其　　他］　在内蒙古、新疆等区生长较多，应积极研究进一步利用。

158　木半夏（mubanxia）（图 241）

［学　　名］　**Elaeagnus multiflora** Thunb.　胡颓子科

［商 品 名］　木半夏花浸膏

（地方名、形态特征、生长环境、产地及其他用途见“纤维类”，281 页）

［用　　途］　花含芳香油，可制成浸膏，用于调合香精中。

［采收处理］ 花期采收鲜花进行加工。

［加　　工］ 浸提法。

159 胡颓子（hutuizi）（图 484）

［学　　名］ **Elaeagnus pungens** Thunb.　胡颓子科

［商 品 名］ 胡颓花浸膏

（地方名、形态特征、生长环境、产地及其他用途见“淀粉及糖类”，585 页）

［用　　途］ 鲜花含芳香油，可作调香原料，用于化妆、皂用香精中。

［采收处理］ 采收鲜花加工。

［加　　工］ 浸提法，最宜采用低温浸提。

160 岗松（gangsong）（图 1103）

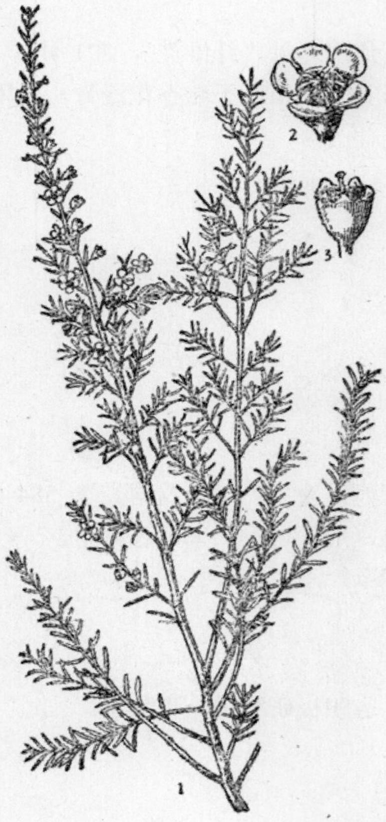

图 1103　岗松
Baeckia frutescens L.
1．花枝；2．花；3．果。

［地 方 名］ 铁扫把、扫把枝（广东）

［学　　名］ **Baeckia frutescens** L.　桃金娘科

［商 品 名］ 岗松油、广扫把油

［形态特征］ 矮小灌木，稀为小乔木，多分枝。单叶对生，线状锥形，长 5～10 毫米，宽 0.3～0.5 毫米，先端尖，直立或扩展，表面有槽，背面隆起。花小，白色，5 数，单生叶腋，基部有小苞 2 片，具短柄；花梗长 1～1.5 毫米；萼管钟形，长约 1 毫米，裂片 5，膜质，宿存；花瓣 5，圆形，长约 1 毫米；雄蕊 10，稀 8，比花瓣短；子房 3 室，每室有数胚珠。蒴果长约 1 毫米，于上部开裂；种子有角。花期 7～8 月。

［生长环境］ 本种适应性广，无论沼泽和干旱瘠地均能生长，但是土壤必须呈酸性且带沙质。在我国南部普遍生长于水土流失较严重的丘陵地上，但生长不良，而在山涧沼泽谷地往往发育良好，形成小乔木或乔木状。

［产　　地］ 江西、广东、广西等省区。

［用　　途］ 枝叶提取的芳香油，在香料上价值不大，经精制处理可少量用于一般的皂用

香精中，其中虽含大量蒎烯，但价格较自松节油中提取者高数倍，故作为香料的价值不大，还须作进一步的研究利用。

新鲜的岗松及其芳香油，也可用作杀虫剂。提油后枝叶可制栲胶，提栲胶后又可制土碱。

［理化性质］　枝叶中芳香油含量0.6～1.8%，油的比重（15℃）为0.9034～0.9472，折射率（20℃）1.4793～1.4957，旋光度-2° 55'~19° 0'。主要成分为蒎烯（pinene, $C_{10}H_{16}$）60%左右，芳樟醇（linalool, $C_{10}H_{18}O$）10%左右，桉叶醇（cineole, $C_{10}H_{18}O$）7%左右。

［采收处理］　在夏季岗松生长茂盛时，收割枝叶，进行加工。

［加　　工］　水蒸汽蒸馏法（水上蒸馏或水汽蒸馏）。

161 杏仁桉（xingrenan）（图1104）

［学　　名］　**Eucalyptus amygdalina** Labill.　桃金娘科

［商 品 名］　杏仁桉油

［形态特征］　乔木，高10～20米，偶达40米；树干具不脱落性纤维皮，但小枝具脱落性的薄皮。异常叶阔卵圆形至披针形，长达7厘米，宽1.2厘米，基部心形，具短柄或无柄；正常叶披针形，长5～10厘米，基部稍偏斜，腺点大，但不甚多；侧脉斜举；叶有胡椒味。花多数密集为腋生的伞形花序，具短柄，**花芽棒状，常粗糙，基部渐狭成一粗柄**；总花梗圆柱形；萼管幼时狭，开花时直径约4毫米；帽状体半球形，钝，短于萼管；**雄蕊长4毫米，全部发育，花药肾状**，纵裂。果半球形或短卵形，具短柄。截形，果缘平坦，果瓣与果缘平头或稍突出。花期4月左右。

［生长环境］　本种喜生肥沃土壤中，能抗霜害，但不耐高温与干旱，土壤过分瘠薄，则生长缓慢，树干弯曲。

［产　　地］　广东省

［用　　途］　叶和小枝含芳香油，质量一般不太好。桉叶油素含量较高时，可以单离或浓缩至70%以上作为一般

图1104　杏仁桉
Eucalyptus amygdalina Labill.
1．花枝；2．未开放的花；3．开放的花。

桉叶油；辣胡椒酮含量较高的可以单离，以制人造薄荷脑，但要看经济上是否合算。

杏仁桉油尚可用作浮选矿物的试剂。木材灰色或淡棕色，纹理顺直，结构颇粗，常含树脂，易于劈裂，容易施工，硬度中等，可作车身、建筑材料和制家具等用。

［理化性质］　叶和顶生小枝含芳香油，含量 1.5～2%。主要成分是 a-水芹香油烃（phellandrene, $C_{10}H_{16}$），辣薄荷酮（piperitone, $C_{10}H_{16}O$），和 15～40%的桉叶醇（cineole, $C_{10}H_{18}O_3$）。油的比重（15℃）0.8765，折射率（20℃）1.4976，旋光度（20℃）～59° 6'。又广州产的杏仁桉，辣薄荷酮的含量有时高达 40%左右。

［采收处理］　参阅柠檬桉（1398 页）。

［加　　工］　参阅柠檬桉。

162 赤按（chian）（图 1105）

［地 方 名］　小叶桉（云南）

［学　　名］　**Eucalyptus camaldulensis** Dehnh. (*E. rostrata* Schlecht., non Cav.) 桃金娘科

［商 品 名］　赤桉油

［形态特征］　乔木，高达 30 米；树皮暗灰色，平滑，脱落或近干下部稍宿存成厚鳞片状或具槽纹；幼苗和枝皮淡红色。单叶互生，狭披针形，长 8～16 厘米或更长，弯而渐尖，生于下部的直伸，有时卵形或卵状披针形，侧脉多数，斜举，边脉稍离叶缘。伞形花序单生，有花 4～8 朵；总花梗稍短，圆柱形；花梗近线形，长 5～10 毫米或更长，有时或短粗；萼管半球形，直径 4～5 毫米；帽状体的基部近半球形，长约与萼管相等（不连喙），顶部收缩成一狭喙，全长不过 6 毫米，间有全部帽状体呈无喙的圆锥形；雄蕊长约 4～8 毫米；花药小，长圆形，纵裂。果近球形，直径不超过 6 毫米，边缘阔而高凸，果瓣全部突出。花期冬春。

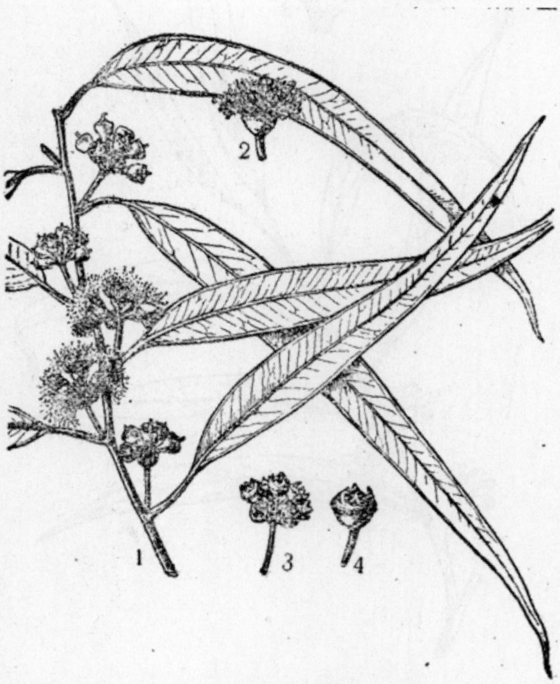

图 1105　赤桉
Eucalyptus camaldulensis Dehnh.
1. 花枝；2. 花；3. 果序；4. 果。

［生长环境］　耐旱和抗霜力较强，喜生于碱土上，尤以湿润而下层带粘质的沃土生长最佳。

［产 地］ 广东、广西、福建、云南及四所等省区均有栽培。

［用 途］ 叶和小枝可提取芳香油；可以研究利用某些成分，制造合成香料，但因叶的含油量低，不经济。

树皮含鞣质，可提栲胶。木材淡红至深红色，纹理致密，易于打磨、耐腐，对于白蚁、菌类和凿船蛆的抵抗力都强，故适宜作枕木、木桩、龙骨和木棚的支柱等用。

［理化性质］ 叶和小枝芳香油含量为 0.14～0.28%，原油呈红色，精油淡黄色。油的主要成分是 p-聚伞花烃（p-cymene, $C_{10}H_{14}$），水芹香油烃（phellandrene, $C_{10}H_{16}$），莳萝醛（cuminal, $C_{10}H_{12}O$），水芹香油醛（phellandral, $C_{10}H_{16}O$），香叶醇（geraniol, $C_{10}H_{18}O$），桉叶醇（cineole, $C_{10}H_{18}O_3$, 含量 8～10%）。油的比重（15℃）0.8953～0.9047，折射率（20℃）1.4839～1.4890，旋光度（20℃）-11° 8'～-14° 5'，溶解于 1～2 倍容积的 80%乙醇中。

［采收处理］ 与柠檬桉同（1398 页）。

［加 工］ 与柠檬桉同。

163 蓝桉（lanan）（图 1106）

［地 方 名］ 洋草果、灰杨柳（云南），玉树、小球按树（广东）。

［学 名］ **Eucalyptus globulus** Labill. 桃金娘科

［商 品 名］ 蓝桉油、白树油、玉树神油

［形态特征］ 乔木，树干除基部外呈淡灰色或淡蓝白色；树皮成长薄片状剥落。叶蓝绿色，常被白粉，异常叶对生，无柄或具短柄，正常叶厚，披针形，镰状，长 12～30 厘米，有明显的腺点。花大，直径约 4 厘米，单生或 2～3 朵聚生，无梗或生于极短的扁平花梗上；萼管和帽状体硬并有小瘤体，外被蓝白色蜡粉，帽状体稍扁平，中部呈圆锥状凸起，短于萼管，外面一层平滑，早落；雄蕊柱多，长约 13 厘米，花丝白色，花药绿白色，近

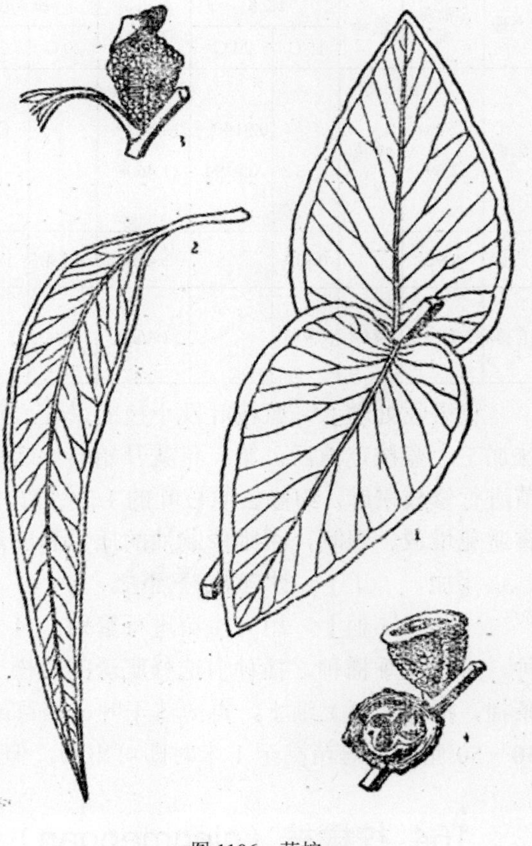

图 1106 蓝桉

Eucalyptus globulus Labill.

1．异常叶；2．正常叶；3．未开的花；4．果。

球形，药室平行，纵长开裂。果半球形或杯状，有凸棱，直径1.8～2.5厘米，果缘阔而平头，边缘以下有沟纹，果瓣不突出，恰与果缘平齐。果期夏季及冬季（云南）。

［生长环境］ 喜肥沃深厚土壤，稍耐干旱及寒冷，分布海拔可至2000米左右。

［产　　地］ 云南、贵州、四川、广西、广东及福建等省区均有栽培。云南高原种植最广，生长迅速。

［用　　途］ 桉叶油多用于日用卫生品和口腔剂香精，其他如室内喷雾香水、牙膏、止咳糖等亦多用之。

树皮富含鞣质。桉叶油及叶可供医药用（见“药用类”，1819页）。木材黄白色，纹理稍细，耐火力及耐腐力均强，适用于制造绝缘的木橛、车辋、车辐、车轾、横木、把柄、地板、室内家具和电杆、码头甲板、平台等，缺点是有时扭曲，且少弹性，不宜于作建筑材料及铁铁道枕木。

［理化性质］ 叶含挥发油，其含油量及油的理化性质见下表：

产地	含油量（%）	色泽	比重		折射率（20℃）	旋光度		酯和游离酸的皂化值	其他	主要成分	附注
			15℃	23℃		20℃	24℃				
云南	1.50～2.89	淡黄		0.9146～0.9304	1.4592～1.4608		+5.95°～+7.2°			桉叶醇（cineole, $C_{10}H_{18}O$ 含量46~62%），异戊醇（lsoamyl alcohol,（CH_8）$_2CHCH_2CH_2OH$），a-松油烃（a-pinene,$C_{10}H_{16}$），樟脑烃（camphene, $C_{10}H_{16}$）等。	中国科学院昆明植物研究所资料
广西	0.92		0.913		1.4663	+8°4'		2.1		桉叶醇，松油羟。	广西资料
广东	1.25～2	带绿	0.913		1.4663	+8°4'			溶解于1.5容量70%酒精内	桉叶醇（含量65～75%），松油羟和樟脑烃。	广东资料

［采收处理］ 蓝桉叶及小枝的采收一年四季均可进行，宜结合秋冬农闲进行，土法加工。蓝桉定植后，第二年就开始自然疏枝，在春暖夏热，自然疏落前的生长旺盛季节进行修枝采叶，约修去原枝叶的1/3～1/2，采收后的枝叶应立即送加工厂提炼桉叶油，宜避免堆放、曝晒，否则影响油的质量和出油率。

［加　　工］ 水蒸汽蒸馏法。

［其　　他］ 用突生苗进行繁殖。11～12月采种，于次年春播种，如7～8月采种，可于秋季播种，播种前选择肥沃的疏松土壤作苗圃，经过深耕细碎土后即行撒播或条播，播种后复上细土，再薄盖干叶、稻草或锯屑，1～2星期即发芽。当年生苗高可达30～50厘米，等苗高至1米时即可出圃，但宜春季移植。

164 柠檬桉（ningmengan）（图1107）

［学　　名］ **Eucalyptus maculata** Hook. var. **citriodora** (Hook. f.) Bail. (*E. citriodora* Hook. f.) 桃金娘科

［商 品 名］　柠檬桉油、香桉叶油

［形态特征］　乔木，高 10～30 米；树皮平滑，淡白色或淡红灰色，春夏间片状脱落一次，皮脱后甚光滑，色白，因此树干呈斑剥状。**叶具柠檬香味**；异常叶较厚，有时长达 30 厘米，宽达 7.5 厘米，叶背苍白色，脉与正常叶相似；幼苗或萌枝上的叶被棕红色腺毛，叶柄盾状着生于离叶基 4～5 毫米处；正常叶卵状披针形或狭披针形，长 10～15 厘米，稍呈镰状；侧脉稍粗，平行，斜举，靠近叶缘渐不明显。小伞形花序通常有花 3 朵，数个至多个排列成腋生或顶生圆锥花序；总花梗和小花梗短而粗，稍有棱；萼管在花芽时呈圆柱状，开花时阔陀螺形，直径 6～8 毫米；帽状体半球形，较萼管短，二层，外层稍厚，有小凸尖，内层薄而平滑，富有光泽；雄蕊长 8～10 毫米，花药卵形，纵裂。果卵状壶形，长约 1.2 厘米，直径不及 1 厘米，果缘薄，果瓣深藏。花期每年 2 次，12 月至次年 5 月，7～8 月（广东）。

图 1107　柠檬桉
Eucalyptus maculata Hook. var. citriodora（Hook. f.）Bail.
花枝

［生长环境］　为热带树种之一，喜生于近海地区的低平及阳光充足的地方，以深厚肥沃湿润之砂质土为佳，不宜碱性土。

［产　　地］　广东、广西南部、福建、四川等地均有栽培。

［用　　途］　柠檬桉油主要用于提取香草醛，用以制造香草醇、羟基香草醛、人造薄荷脑等，需要量很大。

柠檬桉树形美观，可作行道树、庭园树以美化环境；树叶具有特殊气味，可驱逐蚊虫。木材坚韧通直，不受虫害，保存期可达 15～20 年之久，可作枕木、桥梁、建筑、家具等用材。根深材硬，尤可作防风林。

［理化性质］　枝叶含有芳香油，出油率在 0.5～2%，原油浅黄色，比重（15℃）0.915～0.925，折射率（20℃）1.4654～1.4681，旋光度（20℃）-1°～-5°；主要成分有香草醛（citronellal, $C_{10}H_{18}O$，含量 65～80%），香草醇（citronellol, $C_{10}H_{20}O$，含量 15～20%），香叶醇（geraniol, $C_{10}H_{18}O$）以及酯类等，幼茎叶油较老枝叶油质量为佳。

［采收处理］　1．修枝采叶：一年生的幼树，一般分枝达 15～60 条；自然疏枝在

植后第二年开始，平均约疏去全树枝的1/2～1/3。根据自然疏枝的特性，在自然疏枝前修枝，这样既能保持树干和树冠的正常比例，又可在不影响植株生长的情况下收获。

2．萌蘖采叶：萌蘖采叶是把柠檬桉树由基部砍掉。因为它是萌芽力很强的树种，砍后5～6天即开始萌芽，一般萌芽率可达100%，每株萌枝一般在10～20条，每年可采刈2～3次，能使单位面积产量比修枝采叶高1.3倍。

采收时间应很好掌握，秋冬季比春夏季出油多，晴天比雨天出油多。采收后的枝叶应当天加工，最多不宜超过两天（见下表）。

采收时间	当 天	第 2 天	第 3 天	第 4 天	第 5 天
出油率（%）	1	0.93	0.89	0.85	0.7

（据广西壮族自治区资料）

［加　　工］　水蒸汽蒸馏法，但在蒸馏过程中应注意以下几点：

1．冷却管要长，口径要合适。

2．冷却水温度以保持在35℃左右为宜，不宜超过40℃。

3．燃烧加热，火力要均匀，不宜过大或不足。

4．装料适当压实。

［其　　他］　繁殖方法，一般常见直播造林和育苗定植法。

165 摩利桉（molian）（图1108）

［学　　名］　**Eucalyptus morrisii** Bak.　桃金娘科

［商 品 名］　摩利桉油、桉叶油

［形态特征］　大灌木，高常达5米，稀有高达10米的乔木；树皮灰色，剥裂成纤维状，老树皮常不剥落，有沟纹。异常叶对生或近对生，通常披针形，具柄；正常叶披针形，长15厘米以上，有时呈镰状，侧脉扩展，两面均明显。伞形

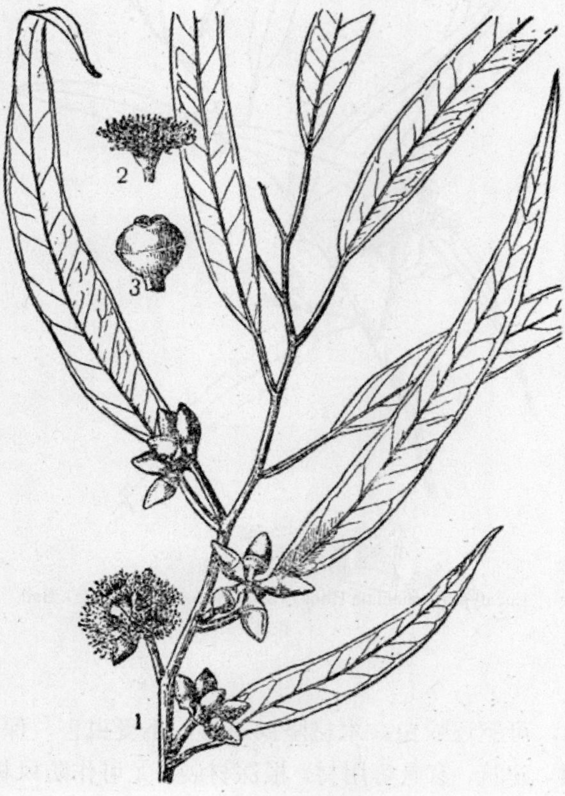

图1108　摩利桉

Eucalyptus morrisii Bak.

1．花枝；2．花；3．果。

状花序腋生，由具短花梗的3～7朵花组成，**花稍大，直径达2厘米**；总花梗长6～12毫米；**萼管半球形**，直径约6毫米；雄蕊长1.2～1.4厘米，帽状体圆锥形，钝头，长约7毫米。果半球形，直径6～8毫米，具短柄；果缘高突出于萼管外，圆锥状，有时长约为萼管的2倍；果瓣突出。花期1～3月。

［生长环境］　喜生于低平、阳光充足的地方，以深厚、肥沃、湿润的砂质土为佳。

［产　　地］　广东省有栽培。

［用　　途］　摩利桉叶含油量高，油中桉叶油素含量亦高，可供药用；桉叶油亦可制口腔清洁剂及清凉喷雾剂及止咳糖等香精。

树皮含鞣质，可制栲胶。

［理化性质］　叶和幼枝芳香油含量1.65～1.7%。油的比重（15℃）0.9097，折射率（20℃）1.4636，旋光度（20℃）+6°6'。油的主要成分为桉叶醇（cineole, $C_{10}H_{18}O$），含量达59～63%，其次是蒎烯（pinene, $C_{10}H_{16}$），松油烃。

［采收处理］　参阅柠檬桉（1398页）。

［加　　工］　参阅柠檬桉。

166 大叶桉（dayean）（图1109）

［地 方 名］　大叶有加利（广西、广东）

［学　　名］　**Eucalyptus robusta** Smith　桃金娘科

［商 品 名］　桉叶油、大叶桉叶油

［形态特征］　常绿乔木，高达30米；干皮不剥落，粗糙，暗褐色；有槽纹；枝皮淡红色，叶互生，革质，卵状披针形，长3～18厘米，宽3～7.5厘米，长尖，侧脉极多数，纤细，几与中脉成直角。伞形花序腋生或侧生，**总花梗粗厚，扁平**或有棱角，长2～3厘米，**有稍大形花**6～8朵；萼管狭陀螺形或稍呈壶形，下部几渐狭成柄；**帽状体通常比萼管稍长**；雄蕊长8～12毫米，花药卵状长椭圆形，纵裂。蒴果，倒卵状长椭圆形，长约1.2厘米或更长，果缘薄；果瓣内藏或和萼管口平头，长期黏合或迟裂。果期春、秋季（广西）。

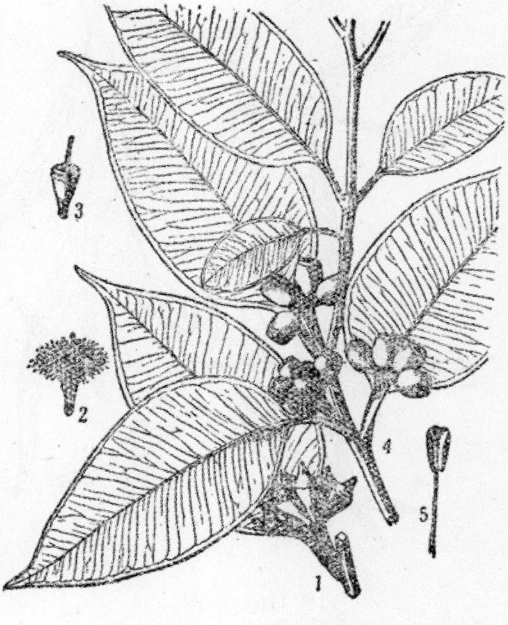

图1109　大叶桉

Eucalyptus robusta Smith

1. 花枝；2. 花；3. 果；4. 果枝；5. 雄蕊。

［生长环境］ 喜生于湿润低平的地区或沙质壤土中，前期生长迅速，以后则渐慢。

［产 地］ 广西、广东、湖南、福建、贵州、云南等省区均有栽培。

［用 途］ 叶和顶生小枝可提取芳香油，用作配制皂用香精及防腐剂等，但经济价值不高。

树胶内含鞣质（见“鞣料类”，1219页）。叶为杀虫剂（见“土农药类”，2045页）。木材供建筑、枕木及家具用。

［理化性质］ 叶和顶生小枝平均出油率0.16%。油的比重（15℃）0.8777，旋光度+4.0°，折射率（20℃）1.4744，溶解于8倍容量的80%乙醇中。油的主要成分有α-蒎烯（α-pinene, $C_{10}H_{16}$），倍半萜类（sesquiterpene），桉叶醇（cineole, $C_{10}H_{18}O$）；α-水芹香油烃（α-phellandrene, $C_{10}H_{16}$）。

［采收处理］ 其枝叶四季均可采收，采收后宜立即蒸馏。春季为生长最盛期，采收不宜过多。

［加 工］ 水蒸汽蒸馏法。

［其 他］ 用种子繁殖，桉树的开花期和果期没有严格的季节性，一年中开花2～3次，通常多为2次，即在春秋2季，果期一般亦在此时节。种子极小，发芽率低（仅为2～4%），在秋季采种较为适宜，采时连小果枝一同采下，曝晒3～5天，种子即陆续自行脱出，随脱随收，切勿再曝晒，收集后用布袋盛装，置于通风处，发芽力可保持半年。播种时因桉树种子细小，发芽率低，苗床须十分细致，土须充分打碎整平，种子最好拌以草木灰或细碎的土撒播，不再复土，夏日须设置阴棚，只要有充分的雨量，则随时都可用以造林。

图1110 谷桉
Eucalyptus smithii Bak.
花枝

167 谷桉（guan）（图1110）

［学 名］ **Eucalyptus smithii** Bak. 桃金娘科

［商 品 名］ 谷桉油，桉叶油

［形态特征］ 乔木，高达10米；树皮有深沟，暗灰色至淡黑色。异常叶对生，披针状心形；无柄；正常叶狭披针形，长10厘米以上，渐尖，脉和腺体明显，侧脉纤细，极多数，斜展；叶柄长约2.5

厘米。伞形花序腋生，由3～15朵花组成，花稍小，直径1～1.2厘米；总花梗均与叶柄等长，稍扁平，花梗长约5毫米；萼筒陀螺形，宽约4毫米；帽状体半球形，短尖，长约为萼管的2倍；雄蕊长4～6毫米。果半球形，直径5～7毫米，具短柄，果缘高突出于萼管外；果瓣突出，张开，钝。花期11月至次年1月。

［生长环境］　宜生在年平均温度12.2～15℃的地区；耐旱及抗霜力均较强，幼苗及小树在短期内能耐-3.3至-6.7℃的低温。

［产　　地］　广东省有栽培。

［用　　途］　由谷桉叶和顶生小枝蒸馏出的油中有较多桉叶醇（cineole, $C_{10}H_{18}O$），其经济价值较大，可供药用及调合牙膏、牙粉、润喉糖、清凉喷雾剂的香精。

树皮含鞣质，可提制栲胶。木材坚硬，纹理致密，唯收缩性大，边材易受虫害，一般用于建筑、造车辆、桥梁等用材。

［理化性质］　叶含芳香油1.1～2.2%，原油呈淡红黄色；油的主要成分为桉叶醇（cineole, $C_{10}H_{18}O$），含量达70～77%，其次是蒎烯（pinene, $C_{10}H_{16}$）和桉叶油醇（eudesmol, $C_{15}H_{26}O$），油的比重（15℃）0.915，折射率（20℃）1.4649，旋光度（20℃）+6°10'。

［采收处理］　参阅柠檬桉（1398页）。

［加　　工］　参阅柠檬桉。

168 细叶桉（xiyean）（图1111）

［学　　名］　**Eucalyptus tereticornis** Smith　桃金娘科

［商 品 名］　小叶桉油、细叶桉油

［形态特征］　乔木，高10～20(50)米；树皮平滑，淡白色或淡红色，呈薄片状剥落，有时在基部处粗糙。异常叶圆形至阔披针形，宽达10厘米，有时偏斜；正常叶披针形，长常超过15厘米，镰形而渐尖，侧脉多数，斜举稍粗，脉端稍离叶缘。伞形花序腋生或侧生，由4～8朵花组成；总花梗圆柱形，小花梗长2～6毫米；萼管陀螺形，直径4～6毫米；**花芽线状长椭圆形；帽状体长圆锥状，渐尖、短尖或钝头，长7～12毫**

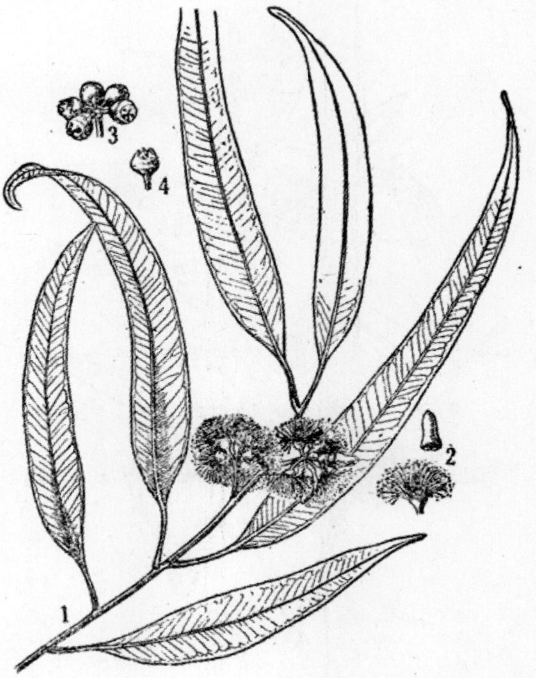

图1111　细叶桉
Eucalyptus tereticornis Smith
1．花枝；2．花和帽状体；3．果序；4．果。

米，常长于萼管2～4倍；雄蕊长6～12毫米，花药小，卵形，纵裂。果倒卵圆形或近球形，直径6～8毫米；果缘极阔而高凸；果瓣突出于果缘外，短尖。花期冬春季。

［生长环境］ 本种喜肥沃深厚的冲积土壤，有时生于稍粘重的土壤上，能耐高温干旱，又能抵抗轻霜。

［产　　地］ 广东、广西南部以及福建南部有引种栽培，生长良好。

［用　　途］ 细叶桉芳香油可以单离某些成分，制造合成香料。

木材坚硬耐用，又能抵抗白蚁，可作建筑和工业用材。树胶内含鞣质62%，可供鞣革用。树形美丽，可供观赏及绿化用；根深，树干高大，为良好的防风、防沙树种。

［理化性质］ 叶含芳香油0.5～0.9%，原油呈橙褐色，有一种显著的安息茴香醛气息，油的主要成分是对位聚伞花素（p-cymene, $C_{10}H_{16}$），松油烃（pinene, $C_{10}H_{16}$），桉叶醇（cineole, $C_{10}H_{18}O_3$，含量18%），水芹香油烃（phellandrene, $C_{10}H_{16}$），莳萝醛（cuminal=cumaldehyde, $C_{10}H_{12}O$）。油的比重（15℃）0.9218，折射率（20℃）1.4877，旋光度（20℃）+9°24'。

［采收处理］ 参阅柠檬桉（1398页）。

［加　　工］ 参阅柠檬桉。

169 白千层（baiqianceng）（图1112）

［学　　名］ **Melaleuca leucadendra L.** 桃金娘科

［商 品 名］ 玉树油、白千层油

［形态特征］ 常绿乔木；树皮灰白色，厚而疏松，薄片状脱落。单叶互生，有时为对生，略厚，椭圆形或披针形，长5～10厘米，宽1～1.5厘米，两端渐尖，有纵走的平行脉3～7条和多数的横脉，揉之有强烈的香气。花乳白色，排列成顶生的穗状花序，长5～15厘米；花轴于花后继续生长成一具叶的新枝；萼管卵形，长约5毫米，有5短圆形的裂片；花瓣5，直径2～3毫米，脱落；雄蕊多数，基部多少合生成5束，与花瓣对生，长约1厘米；子房下位，顶端隆起，被毛，3室，每室有多数胚珠。蒴果半球形，直径3毫米，

图1112　白千层
Melaleuca leucadendra L.
1．花枝；2．果枝；3．花。

成熟后由基部开裂为 3 果瓣。花期 1～2 月（广东）。

[生长环境] 适宜生长于较干燥的砂地上，能稍耐低温，但经不起冰雪的侵袭。

[产　　地] 广东、广西、福建等省区均有栽培。

[用　　途] 从叶中提取的芳香油也叫“玉树油”，可供日用卫生品和喷雾香水用。在医药上可作为兴奋、防腐和祛痰剂。

树形美丽，可供观赏和作行道树。

[理化性质] 叶含芳香油 1～1.5%。油的比重（15℃）0.915～0.926，折射率（20℃）1.464～1.472，旋光度（20℃）-0°54'～-4°；主要成分为桉叶醇（cineole, $C_{10}H_{18}O_3$，含量 50～65%），松油醇（terpineol, $C_{10}H_{18}O$），醛类及萜类。

[采收处理] 参阅柠檬桉（1398 页）。

[加　　工] 参阅柠檬桉。

170 番石榴（fanshiliu）（图 987）

[学　　名] **Psidium guajava** L. 桃金娘科

[商 品 名] 番石榴果油、番石榴叶油

（地方名、形态特征、生长环境、产地及其他用途见“鞣料类”，1219 页）

[用　　途] 果实及叶含有芳香油，香气非常浓厚，可用作调香原料。

[加　　工] 水蒸汽蒸馏法。

[其　　他] 提取芳香油后的果实还可利用酿酒。

171 香待霄草（xiangdaixiaocao）（图 745）

[学　　名] **Oenothera odorata** Jacq. 柳叶菜科

[商 品 名] 待霄花浸膏

（地方名、形态特征、生长环境、产地及其他用途见“油脂类”，916 页）

[用　　途] 花含有芳香油，可制成浸膏，用于调合香精中。

[采收处理] 在花期采收鲜花加工。

[加　　工] 浸提法。

172 五加（wujia）（图 1398）

[学　　名] **Acanthopanax gracilistylus** W. W. Sm. 五加科

[商 品 名] 五加皮浸膏

（地方名、形态特征、生长环境、产地及其他用途见“药用类”，1820 页）

[用　　途] 树皮含有芳香油，其浸膏经除去苦味后，可用作食品香料原料。

[理化性质] 据上海市资料：干皮芳香油的酒精浸出率在 25%左右，浸膏再用水蒸汽蒸馏法得 3～5%香加皮油，它的主要成分为香兰素（vanillin, $C_8H_8O_3$），香豆素

（camarine, $C_9H_6O_2$）及黄樟油素（safrole, $C_{10}H_{10}O_2$）等。浸膏中尚有皂素、植物碱及配糖体等。

［采收处理］ 剥取树皮干燥后粉碎，然后进行加工。

［加　　工］ 浸提法。

173 大卫梁王茶（daweiliangwangcha）

［地 方 名］ 五爪归、通药、五皮风（四川），梁王茶、良旺头、凉碗茶（云南》。

［学　　名］ **Nothopanax davidi** Harms 五加科

［商 品 名］ 梁王茶油或浸膏

［形态特征］ 常绿灌木或小乔木，无刺，高 3～6 米，有时可达 13 米；树皮灰色或灰褐色；小枝绿色或灰绿色，光滑无毛，具有特殊臭气。单叶互生，常 3 深裂，或为 3 出复叶，叶片革质，长圆形至长圆状披针形或狭披针形，长 6～18 厘米，宽 4～8 厘米，基部圆形或阔楔形，先端长渐尖，边缘具疏锯齿，具三出脉，叶柄长 2～16 厘米。圆锥花序由多数伞形花序组成，长 7～9 厘米，有时可达 18 厘米；伞形花序直径 2.5 厘米；花萼有 5 齿；花瓣 5，镊合状排列，带绿色；雄蕊 5，花柱 2，下半部连合，上半部分叉。果扁平，黑色。花期 7～8 月。

［生长环境］ 生于海拔 600～1500（或 2000）米的土壤肥沃的灌木丛或杂林中。

［产　　地］ 湖北、四川、云南、贵州等省。

［用　　途］ 树皮、枝、叶均可提取芳香油。

树皮又可供药用，有清凉之效。

［采收处理］ 与五加皮浸膏相似（1405 页）。

［加　　工］ 与五加皮浸膏相似。

174 鹅掌柴（ezhangchai）（图 1113）

［地 方 名］ 鸭脚木（广东、广西）

［学　　名］ **Schefflera octophylla** (Lour.) Harms 五加科

［商 品 名］ 鹅掌柴油浸膏

［形态特征］ 乔木或灌木。掌状复叶，通常有小叶 5～8 片；叶柄长 8～25 厘米；小叶革质，椭圆形或长卵圆形，长 7～17 厘米，宽 3～6 厘米，几无毛，侧生小叶柄长 1.5～2.5 厘米，中央的长 3～5 厘米。花小，白色，芳香，排成一伞形花序，由多数此种伞形花序复组成长约 25 厘米、顶生的大圆锥花序；萼有毛，5～6 裂；花瓣 5，肉质，长 2～3 毫米；花柱短，长不过 1 毫米。果球形，直径 3～4 毫米。花期 10～12 月。

［生长环境］ 习见于山地森林中。

［产　　地］ 浙江、福建、台湾、广西、广东、云南、贵州等省区。

［用　　途］ 树皮及嫩枝含有芳香油，有香荚兰豆的香气，可使用于食品香精中。

木材可作火柴杆、蒸笼、筛斗及家具原料。根皮入药，可用于治酒顶、洗烂脚、敷跌打；十蒸九晒，浸酒祛风。

［理化性质］　嫩枝含芳香油量0.1～0.2%。

［采收处理］　嫩枝可直接加工，树皮须干后破碎再加工。

［加　　工］　水蒸汽蒸馏法或浸提法均可。

图 1113　鹅掌柴
Schefflera octophylla（Lour.）Harms
1．叶；2．花序；3．果序；4．花。
（自“广州植物志”）

175 莳萝（shiluo）

［学　　名］　**Anethum graveolens** L.　伞形科

［商 品 名］　莳萝油

［形态特征］　多年生或一年生草本，茎高60～90厘米，光滑。叶2～3回羽状全裂，最终裂片狭长线形，叶柄基部宽展呈鞘状，基生叶具长柄。伞形花序无总苞及小总苞，直径约15厘米，伞辐稍不等长；花黄色；花瓣5，内曲，早落；雄蕊5。果实椭圆形，长约6毫米，背棱稍突起，侧棱狭扁带状，各棱槽中具1条大形油管，腹面通常各具油管2条。

［生长环境］　栽培于园圃间。

［产　　地］　原产南欧，我国东北有栽培。

［用　　途］　果实含有芳香油，可用作调合香精的原料。

［理化性质］　果实（干）含油量2.5～3.5%，芳香油主要成分为：香旱芹子油萜酮（carvone, $C_{10}H_{14}O$，含量50～60%），柠檬烃（limonene, $C_{10}H_{16}$）及水芹香油烃（phellandrene, $C_{10}H_{16}$）等。

［采收处理］　果实成熟期进行采收，压碎后加工。

［加　　工］　水蒸汽蒸馏法。

176 大齿当归（dachidanggui）（图1114）

［学　　名］　**Angelica grosseserrata** Maxim.　伞形科

［商 品 名］　独活油

［形态特征］ 光滑多年生草本，高达1米。根细长，纺锤形或分枝。茎单生，细长，近于圆管状，下部不分枝，上部开展呈叉状分枝。叶薄膜质，叶片阔三角形，二回至三回三出式分裂，第一回和第二回的裂片具短柄，最后裂片也具短柄或近于无柄，阔卵形至菱形，长2～5厘米，宽1.5～3厘米，基部楔形，先端尖锐至长尖，具2～4深刻裂片，裂片边缘具缺刻式的大锯齿，齿圆钝，而具短尖头；上部叶具短柄，叶片三分至三裂，小裂片披针形至长圆形，先端圆钝或尖锐。花序为疏松的复伞形花序，伞梗长2～10厘米，总苞具4～5线形苞片，小总苞具5钻形苞片，伞辐6～14，有棱角，内辐具粗细毛，不等长。花白色，花梗丝线状，不等长；萼齿相等，卵形，尖锐，宿存；花瓣近于相等，倒卵形，先端内折，花柱短，叉开。果实近圆形，顶端收缩，基部凹入，背棱和中棱显著，尖锐，侧棱伸展成薄翅，双悬果背面扁平，每棱槽中具油管1枚，合生面具油管2～4枚。花期8月。

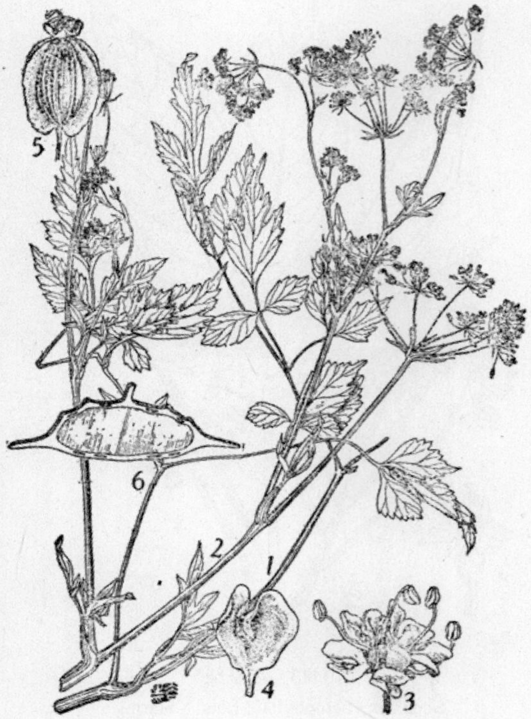

图1114 大齿当归
Angelica grosseserrata Maxim.
1. 叶枝；2. 花枝；3. 花；4. 花瓣；5. 果；6. 悬果的横切面。
（自“江苏南部种子植物手册”）

［生长环境］ 生于山坡、溪边或潮湿的草丛中。

［产　　地］ 黑龙江、吉林、辽宁、河北、河南、浙江、江苏、四川等省。

［用　　途］ 果实、根及茎叶均含有芳香油，有很浓馥的香气，可研究使用于调合香精中。

［理化性质］ 干茎叶含油量0.3～0.5%，油的折射率（20℃）1.4906。

［采收处理］ 各部分采收后分别处理。

［加　　工］ 水蒸汽蒸馏法。

177 当归（danggui）（图1406）

［学　　名］ **Angelica sinensis** (Oliv.) Diels 伞形科

［商 品 名］ 当归油

（地方名、形态特征、生长环境、产地、采收处理及其他用途见“药用类”，1831

页）

［用　　途］　根及果实具有特殊香气，可提取芳香油。

［理化性质］　干根含油量为 0.2～0.4%，果实含油量为 2%，油均呈褐黄色、褐绿色或褐色，有当归特殊的气味。据云南省资料：它的理化性质是：根油——比重（20℃）0.9763，折射率（25℃）1.50933，旋光度（20℃）+9° 76'，酸值 18.2，酯值 152。果油——比重（15℃）0.9596，折射率（16℃）1.48683，旋光度（20℃）-0° 27'，酸值 36.4，酯值 234.7，乙酰化后酯值 294.8。主要成分为水芹香油径（phellandrene, $C_{10}H_{16}$），黄樟油素（safrole, $C_{10}H_{10}O_2$），香荆芥酚（carvacrol, $C_{10}H_{14}O$），樟脑（camphof, $C_{10}H_{16}O$）等。

［加　　工］　水蒸汽蒸馏法。

178 旱芹（hanqin）（图 1115）

［地 方 名］　芹子、芹菜（通称）

［学　　名］　**Apium graveolens** L.　伞形科

［商 品 名］　芹子油、芹菜子油

［形态特征］　一年生或二年生草本。具圆锥根和多数的支根。茎直立，高 50～150 厘米，具棱角和纵槽纹。基生叶长圆形至倒卵形，长 7～18 厘米，宽 3.5～8 厘米，3 浅裂或 3 全裂，裂片近菱形，边缘具圆锯齿或锯齿，叶柄长 3～26 厘米，具鞘；茎生叶常楔形，3 全裂或条裂，具短柄。伞形花序多数；花绿黄色，萼齿小而不明显；花瓣卵圆形，先端内折；花柱基平陷，花柱短，显著叉开。果实近球形，长约 1.5 毫米，果棱尖锐，绫形。花期 5 月，果期 7～9 月。

［生长环境］　栽培于菜园中，对气候的适应性强。

［产　　地］　各地都有栽培。

［用　　途］　果实含有芳香油，用作调合香精的原料，用于食品、化妆品及皂用香精中。

茎叶作菜蔬用。

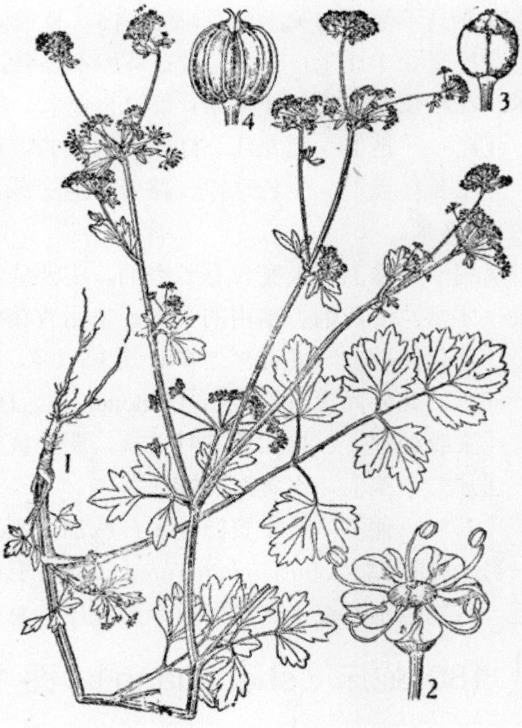

图 1115　旱芹

Apium graveolens L.

1．植株全形；2．花；3．雌蕊；4．果实。

（自“江苏南部种子植物手册”）

［理化性质］　干果含油量1～2%，精油的折射率（20℃）1.4900，主要成分为蛇麻子油萜（selinenc, $C_{15}H_{24}$），洋芹子内酯（sedanolide, $C_{12}H_{18}O_2$），柠檬径（limonene, $C_{10}H_{16}$）。

［采收处理］　取成熟的果实，阴干或鲜时先行压碎后再加工。

［加　　工］　水蒸汽蒸馏法。

179 葛蒿（yehao）

［地 方 名］　野红萝卜（四川）

［学　　名］　**Carum carvi** L.　伞形科

［商 品 名］　葛蒿油

［形态特征］　一年生或二年生草本，无毛。直根圆柱状，肉质。茎直立，上部分枝，高30～80厘米。叶二回或几近三回羽状分裂，长圆形，长6～15厘米，宽2～8厘米，第一回羽片无柄，卵圆状披针形，先端渐尖，最末裂片近线形；长3～7厘米，宽1～1.5厘米；茎下部叶具长柄，上部叶柄短，具扩大的叶鞘，鞘的边缘膜质，白色或蔷薇色。伞形花序具不等长与无毛的伞辐8～16，直径4～8厘米；总苞缺，或具1～2苞片；小伞形花序直径1厘米，无小苞片；萼齿不显著，花瓣白色或蔷薇色，阔倒卵形，长约1.5毫米，花柱反曲。果长4毫米，宽2.5毫米。花期6～7月。

［产　　地］　黑龙江、辽宁、内蒙古、新疆等省区。

［生长环境］　生长草原、路旁、宅旁或原野，疏针叶林或林缘的混交林下，海拔高达4000米。

［用　　途］　果实含有芳香油，主要成分为香旱芹子油萜酮，故常用作饮食品、糖果、牙膏及洁口剂香精用的香料。皂用香精中亦有用之。

［理化性质］　果实含芳香油量3～7%，香旱芹子油萜酮（carvone, $C_{10}H_{14}O$）含量50～60%，此外尚含有柠檬萜（limonene, $C_{10}H_{16}$）。

［采收处理］　果实成熟时采摘，阴干或新鲜时将果实压碎后加工。

［加　　工］　水蒸汽蒸馏法。

［其　　他］　野生资源甚多，应加工利用。

另一种葛蒿 C. buriaticum Turcz.（分布于东北、内蒙古、山西等省区）与本种很为相近，区别点主要在于这种的复伞形花序有总苞片和小总苞片。

180 蛇床（shechuang）（图1410）

［学　　名］　**Cnidium monnieri** (L.) Cuss.　伞形科

［商 品 名］　蛇床子油

（地方名、形态特征、生长环境、产地及其他用途见“药用类”，1835页）

［用　　途］　果实可提取芳香油，供配制喷雾香水香精之用。

［理化性质］　果实含挥发油，含量1.3%，油的主要成分为异戊酸龙脑酯（bornyl

isovaleriate, $C_{15}H_{26}O_2$），异龙脑（iso-borneol, $C_{10}H_{18}O$）和蒎烯（pinene, $C_{10}H_{16}$）等，精油的折射率（20℃）1.4775～1.4787。

［采收处理］　6～7 月果熟时，将果实及枝采下，晒干，搓下果实，筛除果枝和杂质，包装后储藏于干燥处。

［加　　工］　将蛇床的果实压碎用水蒸汽蒸馏法提取蛇床子油。

181 芫荽（yuansui）（图 1116）

［地 方 名］　香菜、香菜子（江苏），胡荽（通称）。

［学　　名］　**Coriandrum sativum** L.　伞形科

［商 品 名］　胡荽油、芫荽子油

［形态特征］　一年生草本，光滑无毛，高 30～100 厘米，具强烈香气。根细长，具多数支根。茎直立，具条纹。叶具柄，互生，数回羽状复叶或三出叶，基生叶或茎的下部叶阔卵形或楔形而深裂；上部叶细裂而为狭线形的裂片，叶的表面有光泽。伞形花序顶生与叶对生，总梗长 2～8 厘米；总苞缺，小总苞具少数线形小苞片；伞辐 3～8 条，长 1～2.5 厘米；花小，白色或淡紫色；萼齿小而尖锐，不相等；花瓣 5，倒卵形，先端有缺刻，小伞形花序，外缘的花瓣扩大呈放射状；雄蕊 5，生于花盘的周围；子房下位，2 室，每室有胚珠 1 颗，花柱 2，细长并开展，基部长圆锥形。果近球形，直径 1.5 毫米，光滑有棱，悬果船形，成熟时不易分开，胚乳腹面凹陷，油槽不明显，位于次棱之下。花期 4～5 月，果期 6～7 月。

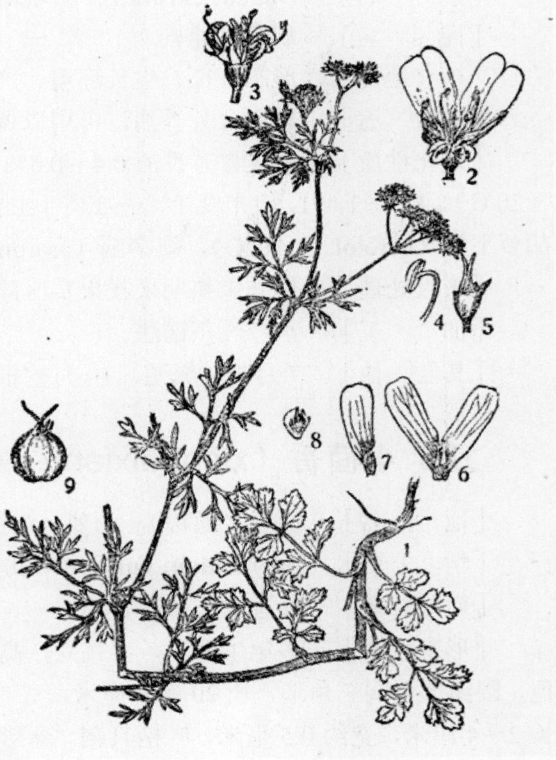

图 1116　芫荽

Coriandrum sativum L.

1．植物全形；2．外缘花；3．内缘花；4．雄蕊；5．雌蕊；6、7．辐射花瓣；8．普通花瓣；9．果实。

（自“江苏南部种子植物手册”）

［生长环境］　田园栽培，宜生长在肥沃而保肥力强的沙质壤土。

［产　　地］　各地都有栽培。

［用　　途］　果实可提取芳香油，油具有清香，宛似二氢茉莉酮的气息，可用于需要这类香气的香精中；原油中所含的芳香醇能生成柠檬醛。

果实提取芳香油后，可再萃取 17～

21%的脂肪油，油呈棕色，微带绿色，有令人喜爱的香气，味苦，用以制造油酸和肥皂。

此外，茎叶可作蔬菜，果实供药用（见“药用类”，1836 页）。

[理化性质] 干果实含芳香油量为 0.4～1%，精油的主要成分为芳樟醇（linalool, $C_{10}H_{18}O$），为右旋异构体，含量达 65～80%，其次为聚伞花素和松油烃。精油的比重（15℃）0.870～0.885，折射率（20℃）1.463～1.476，旋光度（20℃）+8°～+13°，溶解度 2～3%；此外种子尚含脂肪油 10.20%。

[采收处理] 在 6、7 月间，果实成熟时采收，将采下的果枝晒干后，用棒轻敲打下果实，筛除枝梗和叶片，收集果实复晒一次即得。果实细小，须用口袋包装，储藏于干燥处。

[加　　工] 果实压碎后用水蒸汽蒸馏法提取芳香油。

182 胡萝卜（huluobu）（图 1411）

[学　　名] **Daucus carota** L. 伞形科

[商 品 名] 胡萝卜油

（地方名、形态特征、生长环境、产地及其他用途见“药用类”，1836 页）

[用　　途] 果实含芳香油，可用以调香。

[理化性质] 果实含芳香油 0.4～0.8%，油的比重（15℃）0.870～0.944，折射率（20℃）1.479～1.491，旋光度-1°～-37°，主要化学成分为胡萝卜脑（daucol, $C_{15}H_{26}O_2$），胡萝卜醇（carotol, $C_{15}H_{20}O$），细辛脑（asarone, $C_{12}H_{16}O_3$），松油烃，柠檬烃等。

[采收处理] 夏季果熟期采收果实压碎后加工。

[加　　工] 水蒸汽蒸馏法。

[其　　他] 7 月播种繁殖。10 月挖根（胡萝卜），3 月栽根，7～8 月收种。

183 小茴香（xiaohuixiang）（图 1117）

[地 方 名] 茴香（通称），刺梦（江苏），角茴香（浙江）。

[学　　名] **Foeniculum vulgare** Mill. 伞形科

[商 品 名] 蘹香油、小茴香油

[形态特征] 多年生草本，茎直立，高 60～200 厘米；小枝开展。叶互生，深绿色，圆卵形至阔三角形，长 20～30 厘米，宽 30～40 厘米，数回羽状细裂，裂片呈丝状。长 2～4 厘米，宽约 0.5 毫米，叶柄具鞘。伞形花序顶生与侧生，顶生的较大，直径达 15 厘米，伞梗长 4～25 厘米，伞辐 8～30 条，长短不等；花黄色，花梗长 2～6 厘米，萼齿不显；花瓣 5，倒卵形，顶端内弯；雄蕊 5，子房下位，2 室，花柱基长圆锥形，花柱 2，短而弯曲。果为双悬果，长圆形，长约 5 毫米，宽约 2 毫米，果棱尖锐。花期 6～7 月，果期 9～10 月。

［生长环境］ 田圃中广为栽培，以气候温暖，土壤肥沃，特别是沙质壤土最为适宜生长。

［产 地］ 各地多有栽培。

［用 途］ 果实提取的芳香油，为制造食品调味的香料，常用于配制酒、糖果、牙膏、牙粉以及香水化妆用香精等。茎叶亦可蒸馏提油，但用途不大。

此外小茴香油及果实供药用（见“药用类”，1837 页）。幼茎嫩叶作蔬菜供食用。宜积极发展。

［理化性质］ 干果实含芳香油量 3～4%，茎叶含油量 0.3%，原油无色或带黄色。据广州市资料：油的主要成分为大茴香脑（anethole, $C_{10}H_{12}O$）50～60%，大茴香醛（anisic aldehyde, $C_8H_8O_2$）和小茴香酮（fenchone, $C_{10}H_{16}O$），含量 18～20%。油的比重（15℃）0.965～0.985，折射率（20℃）1.535～1.560，旋光度（20℃）+11°～+20°。

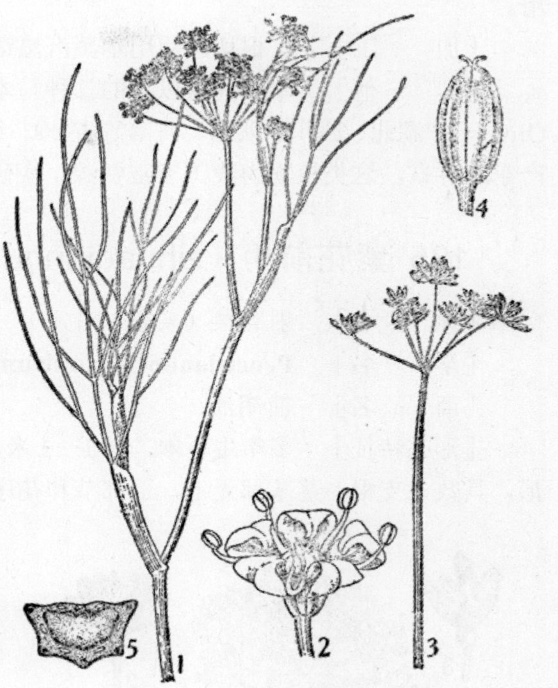

图 1117 小茴香

Foeniculum vulgare Mill.

1．花枝；2．花；3．果枝；4．果实；5．悬果的横断面。

（自“江苏南部种子植物手册”）

［采收处理］ 当年种植的茴香一般在 5 月上旬，幼苗高 40 厘米左右时即可采收；老的植株则可在 2、3 月割取，如管理施肥及时，每隔两月可收割一次。采收果实一般在 9～10 月间果实成熟时陆续进行。

［加 工］ 果实碾碎后提取芳香油，可采用水蒸汽蒸馏法。

184 辽藁本（liaogaoben）（图 1414）

［学 名］ **Ligusticum jeholense** Nakai et Kitag. (*Cnidium jcholense* Nakai et Kitag.) 伞形科

［商 品 名］ 辽藁本油

（地方名、形态特征、生长环境、产地及其他用途见“药用类”，1840 页）

［用 途］ 果实和根可提芳香油作调香原料。

［理化性质］ 根含芳香油 1.5%，香气很浓。

［采收处理］ 根的采收期分 4～5 月和 8～9 月两期，前期采者根粗、香浓、质量较优；后期采者质量较差，香味淡，挖出后除净泥土切碎即可蒸提芳香油，也可晒干备

用。

［加　　工］　干根切碎后用水蒸汽蒸馏法提取芳香油。

［其　　他］　本属尚有以下的二种与本种的性质用途相近：1．藁本（L. slnense Oliv.），产湖北、四川、陕西、河南等省；2．细叶藁本［L. tenuissimum（Nakai）Kitag.］，产东北各省，这类植物为我国丰富资源，应研究利用。

185 紫花前胡（zihuaqianhu）（图 1118）

［地 方 名］　射香菜（安徽、甘肃），野当归、土当归（西南各省区）。

［学　　名］　**Peucedanum decursivum** (Miq.) Maxim.　伞形科

［商 品 名］　前胡油

［形态特征］　多年生草本，高 1～2 米，基部通常有余留的叶鞘。 根粗大，纺锤形，具数条支根。茎基部无毛，上部节和花序上有毛。叶基生和茎生，具柄，柄长 10～20 厘米，叶片近坚纸质，一回至近二回羽状分裂，下方的第一回裂片具柄，3 裂，柄的边缘延伸成翅状，侧方裂片和顶端裂片基部并合，或顶端裂片具 3 小裂片，在共同的小叶柄上具翅状锯齿，最后的裂片椭圆形，长圆状披针形至倒卵状椭圆形，长 5～13 厘米，宽 2.5～5.5 厘米，边缘具细锯齿。复伞形花序顶生与侧生，伞梗长 3～8 厘米，无毛，总苞鞘状，不脱落，小总苞具数个线状披针形或披针形而基部连合的小苞片；伞辐 10～20，被柔毛，长 2～4.5 厘米；花深紫色，成近球形的小伞形花序，小花梗线状。果实卵圆形至卵状长圆形，长 6 毫米，宽 4 毫米，悬果背部扁平，每棱槽具油管 1～3 个，合生面具油管 4～6 个，胚乳的腹面平直。花期 8 月，果期 9～10 月。

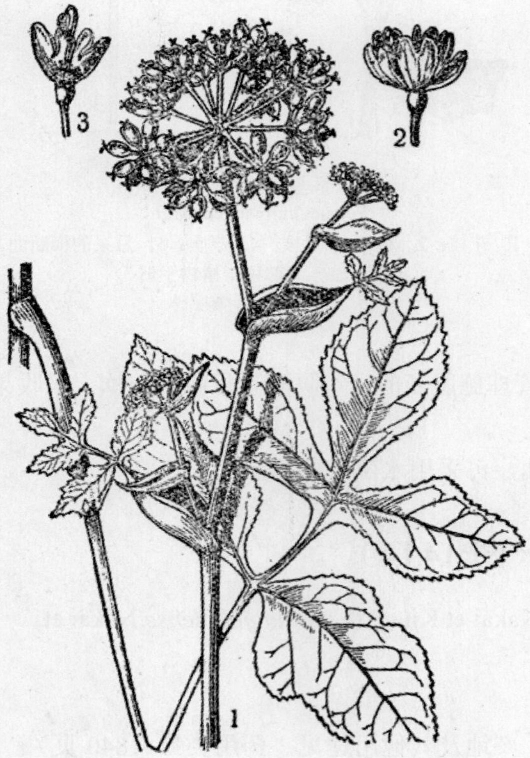

图 1118　紫花前胡

Peucedanum decursivum（Miq.）Maxim.

1．果枝；2．花；3，花除去部分花瓣及雄蕊。

［生长环境］　多生长于山坡草地或疏灌木丛中草地。性喜肥沃湿润壤土或砂质壤土。

［产　　地］　河南、安徽、江苏、浙江、福建、广西、湖南、江西、湖北、四川、贵州、云南等省区。

［用　　途］　果实含芳香油，可提取前胡油供香料用，为调制酒用香精等原料。根可供药用。

［理化性质］　干果含挥发油，含量1.0～1.5%，油的主要成分为草藁素（estragol, $C_{10}H_{12}O$），柠檬烃（limonene, $C_{10}H_{16}$）等。油的折射率（20℃）1.4768～1.4793。

［采收处理］　果实在9～10月成熟时采收，收后晒干，贮藏在干燥处。

［加　　工］　果实压碎后用水蒸汽蒸馏法提取。

［其　　他］　在香料中的利用尚待进一步的研究扩大。

186 苦爹菜（kudiecai）（图1119）

［地方名］　土当归、六月雪（四川），八月白（浙江）。

［学　　名］　**Pimpinella diversifolia** DC.　伞形科

［商 品 名］　鹅茴香油

［形态特征］　多年生草本，高40～120厘米。茎直立，上部的分枝细长，呈伞房状，被有绒毛或柔毛。基生叶和茎下部的叶有长柄或近无柄，不裂或3裂或3出式的一回羽状分裂至二回羽状分裂；茎下部叶的中间裂片圆卵形，先端渐尖，具小叶柄；两侧裂片的基部偏斜，近于无柄，各裂片的边缘具圆锯齿或尖锯齿；茎上部的叶窄披针形，基部楔形，边缘具锐而深的缺刻或牙齿，各裂片表面略粗糙，背面叶脉上有柔毛。复伞形花序顶生；总苞片缺或具1～2片，小总苞片3～8个，伞梗6～12枚，不等长，具粗毛或具绒毛，花白色或绿色；花萼5；花瓣卵形，先端内折，背部有粗毛；雄蕊5；花柱较花柱基长2～3倍，反折。果实球状卵形，基部心形，幼时具细刺毛或呈乳头状的皱纹，成熟时近于光滑，果棱显著，横断面呈半圆形或略呈五边形，背部和侧面都扁平，每棱槽中具油管2～3个。花期8月，果期9～10月。

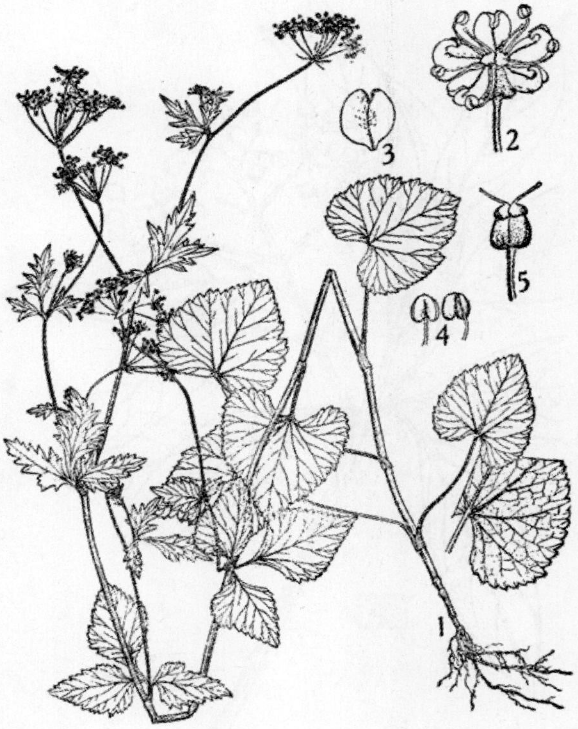

图1119　苦爹菜

Pimpinella diversifolia DC.

1．植株全形；2．花；3．花瓣背面；4．雄蕊；5．雌蕊。

（自“江苏南部种子植物手册”）

［生长环境］　生于阴湿的山麓路边草丛中或山坡林下。

［产　　地］　江苏、安徽、浙江、湖北、湖南、广西、广东、福建、贵州、四川、云南等省区。

［用　　途］　果实含有芳香油，有茴香的香气，可用作调香原料。

全草入药，四川民间用来治痢疾等症；浙江龙泉县民间用根治蛇咬伤。

［采收处理］　在果熟期采收果实于鲜时或晒干后均可加工。

［加　　工］　果实压碎后用水蒸汽蒸馏法。

187 水泡叶树（shuipaoyeshu）（图 1120）

［地 方 名］　臭条子（四川）

［学　　名］　**Cornus oblonga** Wall.　山茱萸科

［商 品 名］　水泡叶油

［形态特征］　常绿灌木或小乔木，高 1～10 米；老枝灰黑色，无毛，嫩枝褐色有白色平伏丝状柔毛，树皮有甜香味。叶对生，革质，长圆形、椭圆形至长披针形，长 5～10（～18）厘米，宽 2～4.5（～6）厘米，基部楔形，渐狭成柄，先端渐尖，全缘，并略向背面反卷，表面暗绿色，有稀疏的白毛，背面灰绿色，密被平伏白色微柔毛，侧脉明显，每边 4～8 条，于背面微突。聚伞花序顶生，花小，白色，有香味，萼片、花瓣及雄蕊各 4 数，子房下位，花柱 1。核果球形，成熟时黑色，直径 5～6 厘米；核椭圆形，扁压，具不明显的细肋。花期 10～11 月，果期次年秋季。

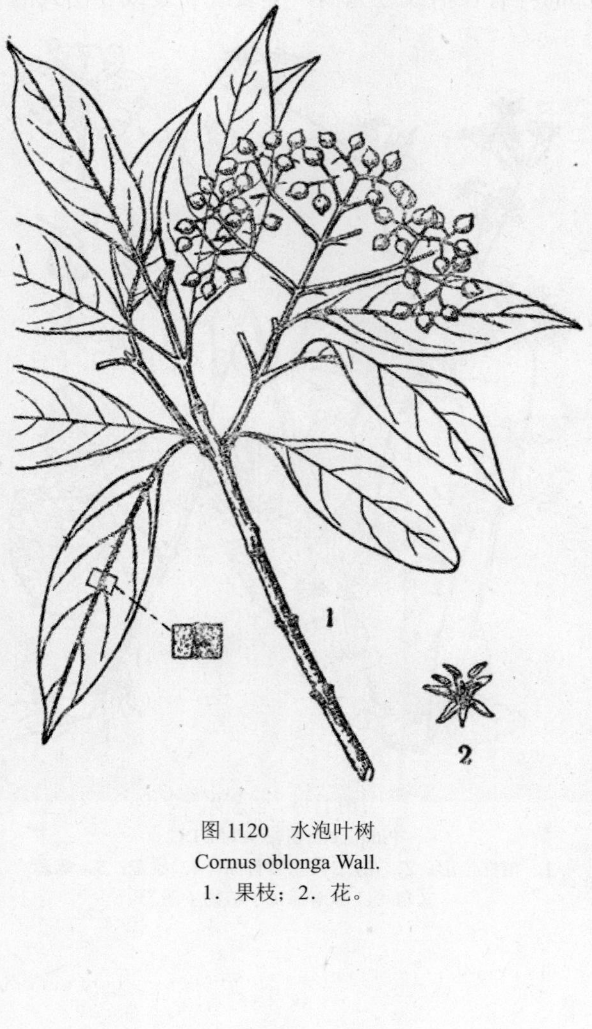

图 1120　水泡叶树
Cornus oblonga Wall.
1．果枝；2．花。

［生长环境］　喜生于山沟灌木丛中，在肥沃潮湿的土壤上，常与樟科及四照花等树种混生，且为其中的优势种。

［产　　地］　四川、云南、贵州等省。

［用　　途］　据中国科学院昆明植物研究所资料：树皮含芳香油，香气及物理性质与滇白珠［Gaultheria yunnanensis（Franch.）

Rehd.］油相似，含油量0.7%，其主要成分为柳酸甲酯。

据中国科学院昆明植物研究所资料：树皮中尚含鞣质20～25%，应研究综合利用。

［采收处理］ 将树皮剥下，经干燥后碾碎再行蒸馏。

［加　　工］ 水蒸汽蒸馏法。

［其　　他］ 用种子繁殖，采种期以6～7月最好，将果肉洗净晒干后即可应用，育苗移栽等与一般树木造林法同。

188 地檀香（ditanxiang）（图1121）

［地 方 名］ 炸山叶、岩子果、冬青叶、老鸦果（云南）

［学　　名］ **Gaultheria forrestii** Diels 杜鹃花科

［商 品 名］ 地檀香油、白珠树油、冬青油

［形态特征］ 本种与滇白珠在生活习性及形态特征等方面皆很相似。其主要区别为本种枝条较粗壮；叶椭圆形或狭椭圆形，长4.5～9.5厘米，基部楔形，顶端尖，背面密布黑色小斑点，叶脉在表面下凹，背面突起；花序较多而密，腋生总状花序和顶生总状式圆锥花序，小花梗极短，小苞片卵形，较滇白珠为大。花期、果期同滇白珠。

［生长环境］ 喜生于海拔1800米向阳坡的小灌丛中，在2500米以上的阳坡，则与杜鹃、南烛等植物混生，且为优势种（云南）。

［产　　地］ 云南、四川、湖南等省，产量甚大。

［用　　途］ 枝叶可蒸制芳香油，为了稳定规格应分馏精制，成品即所谓天然冬青油，较柳酸甲酯或人造冬青油价格高出数倍，质量优良，高级牙膏香精中可以试用，此外，在食品香精中亦可采用，其他亦用于医药制品，如口腔消毒水等。

［理化性质］ 据中国科学院昆

图1121 地檀香
Gaultheria forrestii Diels
幼果枝

明植物研究所分析：鲜叶的出油率为0.3%，枝叶的出油率为0.5%，油呈无色或淡黄色以至红棕色的澄清液体，具有强烈的香气。比重（13.5℃）1.1950，折射率（11℃）1.5427，酸值9.2～9.99，碱化值358。据上海市分析：地檀香的主要成分为柳酸甲酯（methyl salicylate, $C_8H_8O_3$），含量高达60～80%。

［采收处理］　在夏秋生长旺盛季节采收。

［加　　工］　水蒸汽蒸馏法。

［其　　他］　地檀香的资源极为丰富，目前应积极研究其用途。地檀香油在提取时及包装时忌与铁器接触，以免颜色变质。

189 滇白珠（dianbaizhu）（图1122）

［地 方 名］　苗婆风（湖南），满山香（广西），老鸦泡、透骨草（贵州）。

［学　　名］　**Gaultheria yunnanensis** (Franch.) Rehd. 杜鹃花科

［商 品 名］　满山香油、滇白珠油、云冬青油

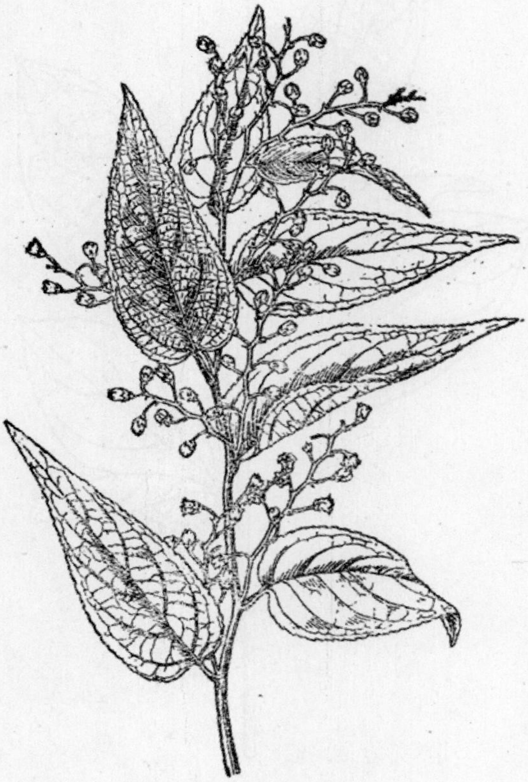

图1122　滇白珠
Gaultheria yunnanensis（Franch.）Rehd.
花枝

［形态特征］　常绿小灌木，枝条细长，有时外倾，小枝红色或红绿色。叶互生，卵状披针形，长4～8厘米，宽2～3.5厘米，先端尾状渐尖，基部浑圆或略呈心形，边缘具细锯齿。花序腋生，10余朵组成总状花序；花白绿色，花冠壶形或钟形，顶端5裂；雄蕊10。蒴果球形，成熟时外包有紫黑色的肉质萼片，似浆果。种子淡黄色，极细小。花期秋季，果期秋冬。

［生长环境］　性喜阳光，生于林边灌丛中或草地上，在云南分布在海拔1300～2800米地带，在贵州的分布海拔高度较低。

［产　　地］　云南、贵州、四川、湖北、湖南、福建、广东、广西等省区。

［用　　途］　枝叶可提芳香油，用于牙膏、牙粉及饮食香精的调配，也是供制药的原料。

［理化性质］　枝叶中含芳香油0.5～0.85%，香气很好，油的比重1.158～1.162，主要成分为柳酸甲酯，植

物体各部分合油量的差异很大，以叶的含量最多，详见下表：

分析部位	根	最老枝	次老枝	老枝	壮枝	嫩枝	叶
含油量（%）	0.5	0.4	0.33	0.4	0.2	0.3	1.95
含水量（%）	37.5	47.5	40	38	45	50	57

（广西僮族自治区资料）

［采收处理］ 秋冬季节随时采收叶子和小枝进行加工。

［加　　工］ 水蒸汽蒸馏法。

［其　　他］ 资源极为丰富，应积极研究扩大用途，提高成品质量。

190 细叶杜香（xiyeduxiang）（图 1123）

［学　　名］ **Ledum palustre** L. var. **angustum** N. Busch　杜鹃花科

［商 品 名］ 细叶杜香油

［形态特征］ 常绿小乔木，高达50厘米，多分枝。幼枝密生黄褐色绒毛。叶互生，密集，近革质，线形，长约1.5～3.5厘米，宽1.5～2.5毫米，表面深绿色，背面密被褐色绒毛，边缘反卷，中脉在表面凹下，在背面凸起，嫩枝、幼叶及花序上生有黄色粒状腺体。伞房花序生于前一年生枝顶，花白色，花梗细，长1～2厘米，密生褐色绒毛；花萼5裂，宿存；花冠5深裂，裂瓣长卵状；雄蕊10；花柱细长，宿存。蒴果卵形，生褐色细毛，由基部向上开裂。花期6～7月；果期7～8月。

图 1123　细叶杜香
Ledum palustre L. var. angustum N. Busch
果枝

［生长环境］ 生长于苔藓类水甸子内或湿润的山坡上。

［产　　地］ 黑龙江、吉林、辽宁与内蒙古东部等地。

［用　　途］ 枝、叶、花、果均含芳香油，均可利用。

枝、叶、树皮含鞣质，可作栲胶原料。

［理化性质］ 据黑龙江省野生植

物普查队分析：叶含芳香油 1.25%。据吉林大学分析：叶含芳香油 2%。油呈浅棕黄色，透明，香气浓馥。比重（200℃）0.9685，折射率（20℃）1.4787，旋光度 131.2°。

［采收处理］　宜在含油量最高时期采收，同时也要照顾到不影响母树的生长，最好采用就地加工的办法，随采随加工，以免油分挥发，造成损失。

［加　　工］　水蒸汽蒸馏法。

191 宽叶杜香（kuanyeduxiang）（图 1124）

［地 方 名］　喇叭茶（吉林）

［学　　名］　**Ledum palustre** L. var. **dilatatum** Wahlenb.　杜鹃花科

［商 品 名］　宽叶杜香油

［形态特征］　常绿小灌木，多分枝，高达 40～50 厘米；枝皮剥离后带灰紫色，当年枝上密生锈色绒毛；芽大，生于枝顶，芽鳞呈卵圆形，先端尖，复瓦状排列，边缘有黄褐色睫毛。单叶互生，披针形，稍革质，长 3～5.5 厘米，宽 8～12 毫米，先端急尖或圆形，有刺尖，基部楔形，全缘或稍有微齿，边缘反卷，表面深绿色，中脉下凹，背面密生鲜锈色绒毛，沿中脉处毛更多，中脉凸起；叶柄长 2～5 毫米，具鲜锈色毛。伞房花序生于去年生的枝顶端，花白色，小形，多数，花梗细弱，长 1.5～3 厘米，具锈色毛；花萼 5 裂，宿存，花冠 5 深裂，裂瓣长卵形；雄蕊 10；花柱宿存。蒴果卵球形，长 4～5 毫米，宽 2.5 毫米左右。花期 6～7 月；果期 8～9 月（吉林）。

图 1124　宽叶杜香
Ledum palustre L. var. dilatatum Wahlenb.
带花及果实的枝条

［生长环境］　疏林下、草甸边、林缘或湿地草地上。

［产　　地］　黑龙江、吉林、辽宁及内蒙古等省区。

［用　　途］　叶、嫩枝及果实均具浓厚芳香气息，可提取芳香油，供调合香精用。

嫩枝含鞣质，可提制栲胶。

［理化性质］　据吉林大学资料：叶含芳香油 1.21～3.4 毫升/100 克。油呈淡黄色，香气浓厚，油的比重（200℃）0.9514，折射率（20℃）1.4674，旋光度（12℃）～101.614°。

［采收处理］　参阅细叶杜香（1419 页）。

［加　　工］　水蒸汽蒸馏法。

192 牛皮杜鹃（niupidujuan）（图 1125）

［地 方 名］　牛皮茶、冬桃、黄花杜鹃（吉林）

［学　　名］　**Rhododendron aureum** Georgi (*R. chrysanthum* Pall.)　杜鹃花科

［商 品 名 ］　黄花杜鹃叶油

［形态特征］　常绿小灌木，高 10～25 厘米，有时达 1 米；茎横卧，稍倾斜；老枝呈灰褐色，枝皮剥离，常带黑褐色鳞片，当年枝绿色，疏生长柔毛；芽卵形，芽鳞黑褐色宿存。单叶互生，集生于枝顶，革质，倒卵状长圆形至倒披针形，长约 3～6 厘米，宽 1～2.5 厘米，先端钝，基部楔形，全缘，边缘稍反卷，表面叶脉凹下构成细纹，背面主脉隆起，侧脉不达边缘；叶柄长 5～10 毫米，粗壮。疏伞形状伞房花序顶生，花 4～7 朵，淡黄色或白色；花梗长约 3～5 厘米，具淡褐色长软毛；萼片 5，小形，紫褐色；花冠侧向，下部愈合，成漏斗状，5 裂，雄蕊 10，花丝基部有微毛，雄蕊短于花瓣，子房有褐色长毛，花柱比雄蕊长。蒴果长圆形，暗褐色，长 1～1.5 厘米，有细毛，花柱宿存。花期 5～7 月，果期 8 月。

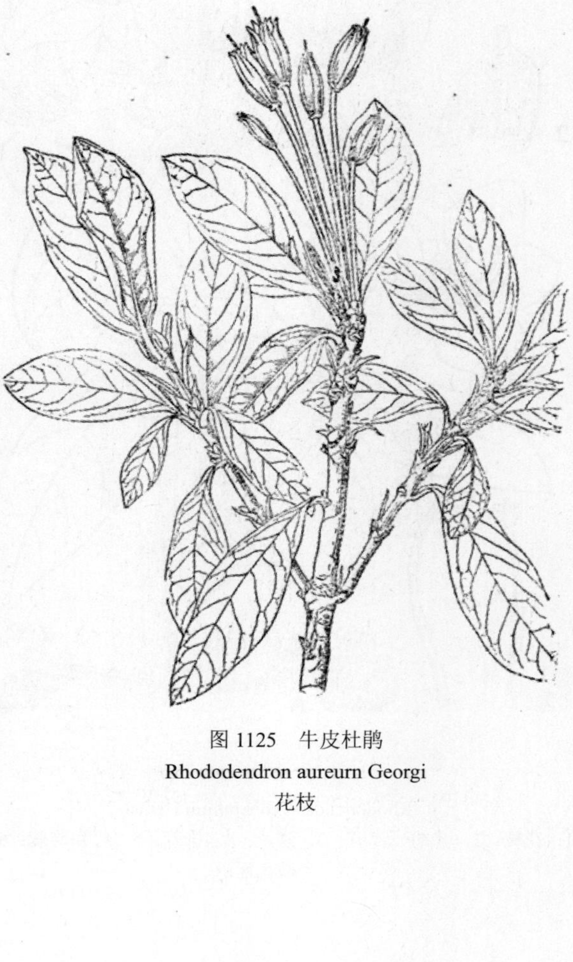

图 1125　牛皮杜鹃
Rhododendron aureurn Georgi
花枝

［生长环境］　生于长白山高山地带苔藓地衣层较厚的坡地上者，高 10 厘米左右；在凹沟中常成单纯群落，生于岳桦（Betula ermani）林下者，高可达 40 厘米左右。分布于海拔 1800～2200 米。

［产　　地］　吉林长白山

［用　　途］　叶内含有芳香油，可用作调香原料。

根、茎、叶可提栲胶（见“鞣料类”，1231 页）。叶又代茶用。

［理化性质］　据吉林大学分

析：鲜叶含油量 1.95 毫升/100 克，折射率（20℃）1.4988，旋光度（14℃）～101.6°。

［采收处理］ 在 7～9 月间，采摘鲜叶，最好立即加工，以免香气挥发，采摘叶子时应注意保护资源，不要折断茎枝，以利发展。

［加　　工］ 水蒸汽蒸馏法。

［其　　他］ 应予研究利用。

193 臭枇杷（choupiba）（图 1126）

［地 方 名］ 紫枇杷（陕西）

［学　　名］ **Rhododendron concinnum** Hemsl. (*R. yanthinum* Bur. et Franch.) 杜鹃花科

［商 品 名］ 紫枇杷叶油

［形态特征］ 半常绿灌木，高达 3 米；树皮灰白色，粗糙剥落。叶长椭圆形，长 3～6 厘米，顶端尖，基部圆形或宽楔形，两面均被光亮黄色的腺鳞。花 4～8 朵簇生枝顶；萼极短；花冠紫色，稀为白色，具褐色斑点，漏斗状钟形，长 4～5 厘米；雄蕊 10，基部着生白色柔毛，与花冠等长；花柱略较雄蕊为长，柱头头状，子房 5 室，密被鳞片。花期 6 月，果期 9 月。

［生长环境］ 生于高山林下或林边，性喜湿润和酸性土壤。分布于海拔 2200～2800 米之间。

［产　　地］ 陕西南部、湖北、四川、云南等地。

［用　　途］ 叶可提取芳香油。

植株美丽，花朵鲜艳，可供观赏。

［理化性质］ 据中国科学院西北生物土壤研究所分析：叶

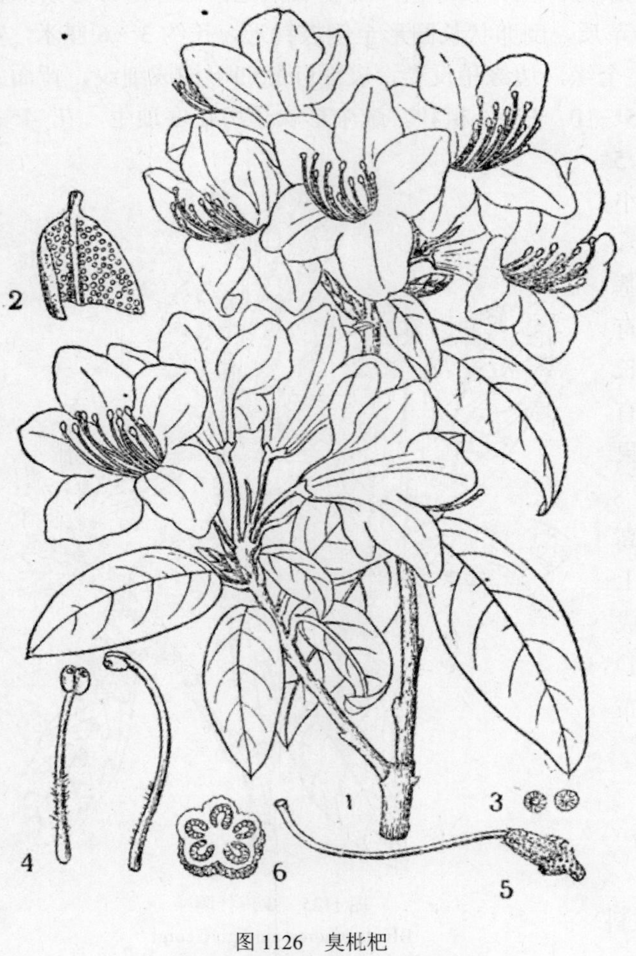

图 1126 臭枇杷

Rhododendron concinnum Hemsl.

1. 花枝；2. 叶的一部分；3. 鳞片；4. 雄蕊；5. 萼和雌蕊；6. 子房横切面。

含芳香油 0.28%左右。

［采收处理］　于夏秋季采收鲜叶加工。

［加　　工］　用水蒸汽蒸馏法。

194 兴安杜鹃（xingandujuan）（图 1127）

［学　　名］　**Rhododendron dahuricum** L.　杜鹃花科

［商 品 名］　兴安杜鹃叶油、宽叶杜鹃油

［形态特征］　灌木，高 1～2 米，多分枝；树皮淡灰色，小枝细而弯曲，暗灰色；幼枝褐色、有毛；芽卵形，鳞片阔卵形。单叶互生，近革质，多集生于枝顶，卵状长圆形或长圆形，长 1～5 厘米，宽 1～1.5 厘米，顶端钝，或因中脉突出成硬尖，基部楔形，全缘，脉不明显，只背面主脉隆起，表面深绿色，散生白色腺鳞，背面淡绿色，有腺鳞。花 1～4 朵生于枝顶，先叶开放，紫红色；萼片小，有毛；花冠漏斗状；雄蕊 10，花丝基部有柔毛；子房壁上有白色腺鳞，花柱比花瓣长，宿存。蒴果长圆形，6～18 毫米，由顶端开裂。花期 5～6 月，果期 7～8 月。

图 1127　兴安杜鹃
Rhododendron dahuricum L.
果枝

［生长环境］　生长于山脊、山坡及林内酸性土壤上。

［产　　地］　黑龙江、吉林、内蒙古等省区。

［用　　途］　叶蒸馏的芳香油，香气极浓，可作配制调合香精之用。

茎、叶、果实含鞣质，可做栲胶原料。

［理化性质］　据吉林大学分析：叶中芳香油含量为 0.94 毫升/100 克。据黑龙江省资料：叶中芳香油含量为 0.135 毫升/500 克。

［采收处理］　采摘新鲜叶子，立即加工。

［加　　工］　用水蒸汽蒸馏法蒸取芳香油。

195 小枇杷杜鹃（xiaopibadujuan）（图 1128）

［地 方 名］ 密枝杜鹃（陕西）

［学　　名］ **Rhododendron fastigiatum** Franch.　杜鹃花科

［商 品 名］ 密枝杜鹃叶油

［形态特征］ 常绿小灌木，多分枝，高达 70 厘米。树皮灰褐色，老时片状剥落。叶小，集生小枝顶部，长椭圆形或长卵形，长 1～2 厘米，先端钝，基部楔形，两面均密生腺鳞，表面深灰绿色，背面黄褐色；叶柄扁平。花 1～3 朵生枝顶，萼片小，顶端尖，具缘毛，被鳞片；花冠紫蓝色，长 1.5 厘米，裂片椭圆形，花冠管喉部与花丝基部都具白色绒毛；雄蕊 10，较花柱短；柱头头状，子房 5 室，密被鳞片。蒴果长圆形。花期 6～7 月，果期 8 月。

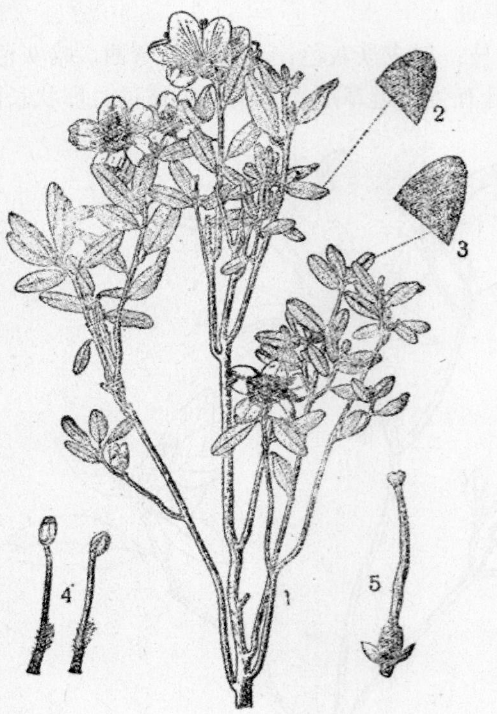

图 1128　小枇杷杜鹃
Rhododendron fastigiatum Franch.
1. 花枝；2. 叶背面；3. 叶表面；4. 雄蕊；5. 雌蕊。

［生长环境］ 性耐湿冷，抗冰冻力强，分布于高山阴草坡，宜生长于高山草甸土上，出现海拔高度为 3400～4000 米之间。

［产　　地］ 产陕西南部、甘肃、青海、四川、云南等地。

［用　　途］ 叶可提取芳香油。

［理化性质］ 据中国科学院西北生物土壤研究所分析：叶含芳香油，出油率为 0.589%。

［采收处理］ 7 月间采叶，新鲜或阴干后加工。

［加　　工］ 用水蒸汽蒸馏法。

196 小花杜鹃（xiaohuadujuan）（图 1129）

［地 方 名］ 照山白（辽宁、河南），药芦（辽宁）。

［学　　名］ **Rhododendron micranthum** Turcz.　杜鹃花科

［商 品 名］ 小花杜鹃叶油

［形态特征］ 丛生灌木，多分枝；高 1～2 米；当年生枝条密生短柔毛及腺鳞；花芽大，卵形，被褐色卵形鳞片。叶集生枝顶，长圆状倒卵形或长圆状倒披针形，长 2～4

厘米，宽 1～1.5 厘米，顶端钝或稍尖，基部狭楔形，边缘近全缘，稍反卷，背面密生黄褐色腺鳞。短总状花序顶生于二年生枝条上，花多数，具长柄；花萼 5 裂，裂片三角形，有毛；花冠白色，直径不及 1 厘米，5 深裂，裂片长圆形；雄蕊 10；花柱比花瓣短。蒴果圆柱状，褐色，长 5 毫米，由顶端开裂，花柱宿存。花期 6～8 月，果期 9 月（东北）。

［生长环境］　生于干燥的山坡及山脊上，分布于海拔 1100～2500 米之间。

［产　　地］　辽宁、吉林、内蒙古、河北、河南、陕西、甘肃、湖北、四川等省

［用　　途］　叶及花可提取芳香油。叶有杀虫功效，可制土农药。

［理化性质］　叶含芳香油，出油率 0.2%。

［采收处理］　于生长期采叶加工。

［加　　工］　用水蒸汽蒸馏法提取芳香油。亦可用溶剂浸提其鲜花浸膏。

图 1129　小花杜鹃

Rhododendron micranthum Turcz.

1. 枝条；2. 果序。

197 小叶杜鹃（xiaoyedujuan）（图 1130）

［学　　名］　**Rhododendron parvifolium** Adams　杜鹃花科

［商 品 名］　小叶杜鹃叶油

［形态特征］　灌木，多分枝，高 50～100 厘米；枝灰黑色，树皮纵裂，当年生和二年生枝条具棕色或黄白色腺鳞；花芽顶生，外被褐色芽鳞，鳞片边缘有白毛，叶芽较小。单叶互生，近革质，多集生于小枝顶端，长椭圆形或倒卵状长圆形，长 1～2 厘米，宽 0.5～1 厘米，顶端钝，叶两面均有褐色或黄色腺鳞密生。花先叶开放，花梗、花萼都生腺鳞；花冠蔷薇色，开展，直径在 2 厘米以上；雄蕊 10，花药基部多毛；花柱比雄蕊长，弯曲，宿存。蒴果圆柱状，具黄褐色腺鳞，由顶端开裂。花期 6 月，果期 7～9 月。

［生长环境］　生于高山草原及亚高山带的林间草地。

［产　　地］　黑龙江、吉林、内蒙古东部等地。

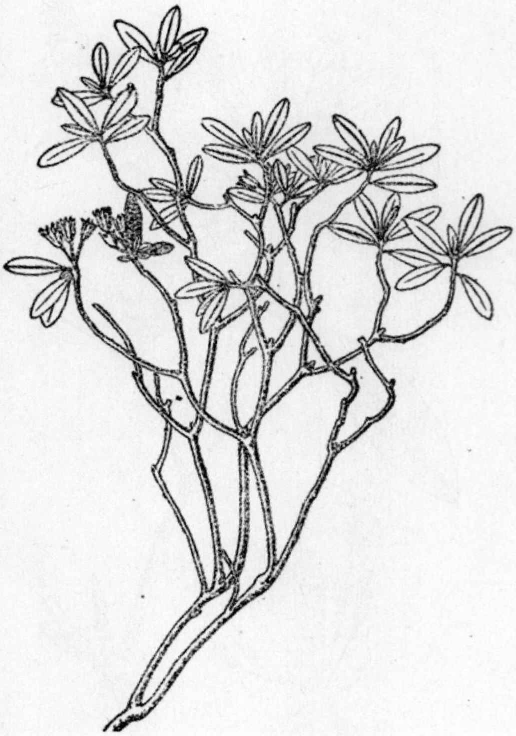

图 1130 小叶杜鹃
Rhododendron parvifolium Adams
果枝

［用　　途］ 叶及嫩叶可提取芳香油。

花美丽，是优良观赏植物。

［理化性质］ 据吉林省野生植物普查队分析：叶及嫩枝含芳香油，出油率为 2.7%，香气浓馥，含有丁香酚及桂醛的香气，比重（20℃）0.9172，折射率（20℃）1.4969，旋光度（14.5℃）+7° 01'。

［采收处理］ 采摘鲜叶，立即加工。

［加　　工］ 用水蒸汽蒸馏法提取芳香油。

198 灵香草（lingxiang-cao）（图 1131）

［学　　名］ **Lysimachia foenum-graecum** Hance 报春花科

［商 品 名］ 灵香草油、灵香草浸膏

［形态特征］ 多年生直立草本，具浓烈香气，高 40～60 厘米；茎往往在下半部呈匍匐状，光滑无毛，具棱或薄翅。单叶互生，纸质，淡绿色，呈卵形或卵状披针形，或椭圆形，长 5～15 厘米，宽 3～6 厘米，基部楔形，先端微尖，全缘，两面均光滑。花黄色，单生于叶腋，花梗长 3 厘米；萼片 5；花瓣膜质，长圆形，长于萼片；雄蕊 5，与花瓣对生；花药短，三角形；子房上位，一室。蒴果球形，具宿存萼片及花柱，果皮淡黄色，膜质，直径约 8 毫米，不规则开裂；种子细小，黑褐色，有棱角。花期 5 月，果期 7 月。

［生长环境］ 喜生于山谷、河边、林下阴湿地方。

［产　　地］ 四川、云南、贵州、湖北、广东、广西等省区。

［用　　途］ 系名贵的芳香资源，可提制芳香油，广用于高级烟草及化妆品香精，定香力很强，放置衣箱中可防虫蛀，于草切碎后亦可直接用于高级卷烟及板烟。

［理化性质］ 据中国科学院广西植物研究所分析：含芳香油 0.21%。有类似香豆素的香气。

［采收处理］ 每年 11 月间即可采收，收后待茎叶的水分略为消失，质地变软，再

进行熏烤，熏烤的方法是：将灵香草排列在竹夹上，每札可夹5公斤左右，夹妥放入特造的烤炉上，熏烤时要经常翻动竹夹位置，使干燥均匀，烤干后即可取出，置于地上，喷洒少许水分，用草盖好，使水气消散，待全干后，即可包装备用。

［加　　工］ 灵香草干燥后，可用酒精或其他溶剂浸提；亦可用水蒸汽蒸馏。

［其　　他］ 通常用插条繁殖，一年四季都可进行，插植后一年即可收割。

灵香草在广西大瑶山栽培时发生病害，症状是先从顶叶开始枯萎，再蔓延至全株，直至枯死。防治法即在发现病株时，将它拔掉烧除，以免传染。

灵香草经济价值高，生长快，多在天然林区里分布，为发展山区经济的重要植物。

图 1131　灵香草
Lysimachia foenum-graecum Hance
植株全形

图 1132　光清香藤
Jasminum lanceolarium Roxb.
1. 花枝；2. 花　冠展开；3. 果序一部分。

199 光清香藤（guangqing-xiangteng）（图 1132）

［学　　名］ **Jasminum lanceolarium** Roxb.　木犀科

［商 品 名］ 野茉莉浸膏

［形态特征］ 大形攀援植物，全部无毛或微被毛；幼枝圆柱形，有时有角棱。叶对生，具五小叶，小叶片革质或近革质，卵圆形至椭圆形或披针形，长5～13厘米，宽3～5.5厘米，先端短尖或短渐尖，基部圆形或钝，有时为楔形，全缘，表面光滑，深绿色，背面淡绿色具小斑点，边缘略反卷，表面叶脉下凹，两面侧脉都不明显。复聚伞花序3分枝或多分枝，苞片线形，长约2毫米；

花萼小，成杯状，边缘微有5裂齿；花冠白色，芳香，管长2.5～3厘米，裂片长圆形或卵状长圆形，长约1厘米，宽约4毫米；雄蕊2，着生于花冠管上；子房2室。浆果圆球形，双生，其中常有一个不发育，直径0.6～1厘米。花期6～7月，果期9～10月。

［生长环境］　生于海拔600～1000米的灌木林中或路旁。

［产　　地］　广东、广西、云南、贵州、四川、湖南、安徽、江西、福建、台湾等省区。

［用　　途］　花芳香，可提取芳香油。又是观赏植物。

［采收处理］　采取鲜花进行加工。

［加　　工］　采用浸提法。

200 素馨花（suxinhua）（图1133）

［学　　名］　**Jasminum officinale** L. var. **grandiflorum** (L.) Kobuski (*J. grandiflorum* L.) 木犀科

［商 品 名］　素馨花浸膏及净油、大花茉莉浸膏及净油

［形态特征］　直立灌木；枝下垂，有角棱，平滑无毛。奇数羽状复叶对生，总叶柄扁平而有翅；小叶5～7片，椭圆形、阔椭圆形或卵形，先端有极小之尖头，或呈三角尖形。花生小枝顶端，两性，萼齿长6毫米，约为花冠筒长的三分之一；花冠4裂，花冠筒长2厘米；雄蕊2，生于花冠筒内；子房2室。果为黑色浆果。花期2～6月（云南），果期7～8月。

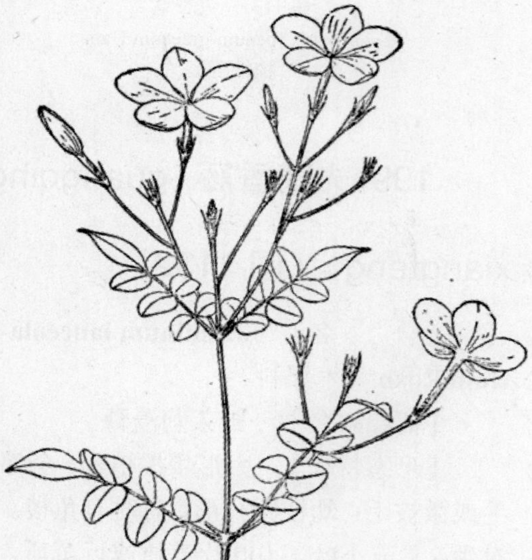

图1133　素馨花
Jasminum officinale L. var. grandiflorum（L.）Kobuski
花枝

［生长环境］　栽培或野生。

［产　　地］　云南、广东、福建、台湾、四川、浙江等省有栽培。云南省栽培较多，亦有野生者。

［用　　途］　花含有芳香油，其浸膏或纯油香气幽雅，为名贵之香料，用于高级化妆品、皂用香精中，能使产品具有花香。

［理化性质］　鲜花含油率0.25～0.35%，精油所合成分为：乙酸苄酯（benzyl acetate，$C_9H_{10}O_2$），芳樟醇（linalool，$C_{10}H_{18}O$），素馨酮（jasmone，

$C_{11}H_{16}O$），吲哚（indole，C_8H_7N）及邻氨基苯甲酸甲酯（methyl anthranilate，$C_8H_9O_2N$）等。广州产素馨花浸膏的理化性质：熔点 44～48℃，酸值 8～12，酯值 90～115，含纯油 45%以上。

［采收处理］ 在花期采收未开放之花蕾，鲜时进行加工。

［加 工］ 用浸提法。以石油醚为溶剂，由浸膏可制净油。最好结合吹气吸附法以提高净油得量。

［其 他］ 素方（J. officinale L.）与本变种的区别仅花形稍小，理化性质和用途与本种同。

201 茉莉（moli）（图 1134）

［地 方 名］ 茉莉花（通称）

［学 名］ **Jasminum sambac** (L.) Aiton 木犀科

［商 品 名］ 茉莉浸膏及纯油

［形态特征］ 常绿灌木；幼枝圆柱形，直径 2～3 毫米，被短柔毛或近无毛，近节处扁平。单叶对生，干时薄膜质，阔卵形或椭圆形，有时近倒卵形，长 4.5～9 厘米，宽 3.5～5.5 厘米，先端短尖或钝，基部楔形或心形，全缘，两面均无毛，背面脉腋内有黄色簇生毛；叶柄长约 3～7 毫米，聚伞花序顶生或腋生，通常有花 3 朵，总花梗被柔毛，长 1～3 厘米，花梗粗壮，长 5～10 毫米，被柔毛；花白色，芳香，花萼被柔毛或无毛，管状，裂片 8～10，线形，长约 5 毫米；花冠管细，长 10～12 毫米，直径 2 毫米，裂片长圆形，长 9 毫米，宽 5 毫米，先端钝；雄蕊 2，着生于花冠管内，子房 2 室，每室有胚珠 2 颗。花期 6～11 月，6～7 月盛开，花后通常不结实（广东）。

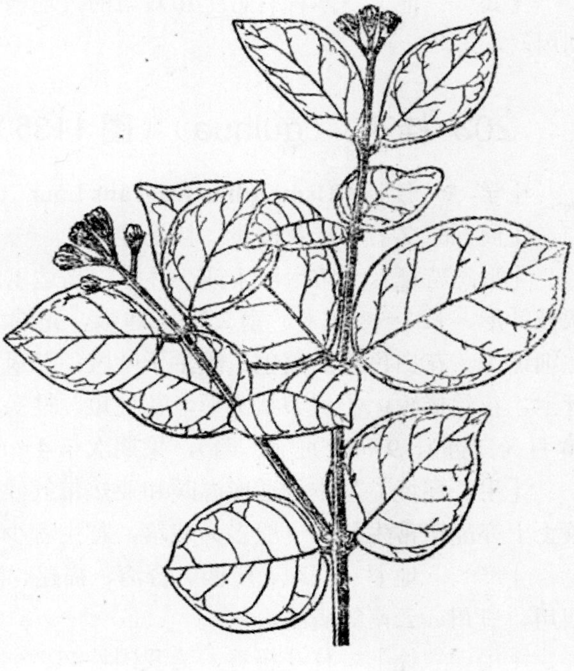

图 1134 茉莉
Jasminum sambac（L.）Aiton
花枝

［生长环境］ 多栽培于湿润、肥沃的沙质壤土中。

［产 地］ 广东、江苏、浙江、福建、台湾、云南、四川等省均有种植。

［用 途］ 花可提取浸膏或净油，为调配高级化妆品及皂用香精

的重要原料，经济价值较高。

花亦常用作熏茶。医药上亦用来治眼病等。庭园中盆栽可作观赏。

［理化性质］ 鲜花含油率一般为 0.2～0.3%，主要成分为苄醇（benzyl alcohol，C_7H_8O）及其酯类，素馨酮（Jasmone，$C_{11}H_{16}O$），芳樟醇（linalool，$C_{10}H_{18}O$）等。茉莉浸膏为淡绿色至棕色稠粘膏状物，具有天然茉莉花香气。

［采收处理］ 在晴天的早晨或下午采摘含苞欲放之花蕾，立即进行加工。

［加　　工］ 采用浸提法，溶剂一般采用石油醚或苯。最好结合吹气吸附法以提高净油得量。

202 女贞（nüzheng）

［学　　名］ **Ligustrum lucidum** Ait　木犀科

［商 品 名］ 女贞花油

（地方名、形态特征、生长环境、产地及其他用途见“其他类”，2093 页）。

［用　　途］ 花虽不很香，但加工后的产品有清香，可用作调合香精的原料。

［采收处理］ 在花期采取，将盛开之花，趁新鲜时进行加工。

［加　　工］ 采用水蒸汽蒸馏法。

［其　　他］ 本种有野生和栽培的，均极普遍，产量较大，有经济价值，应研究利用。

203 桂花 （guihua）（图 1135）

［学　　名］ **Osmanthus fragrans** Lour.　木犀科

［商 品 名］ 桂花浸膏、桂花净油

［形态特征］ 常绿灌木或小乔木，高达 1.5～8 米。叶对生，革质，椭圆形至椭圆状披针形，长 3～8 厘米，宽 2.5～5 厘米，先端渐尖，基部楔形，全缘或上半部边缘疏生细锯齿。花白色或淡黄色，簇生于叶腋；花冠 4 裂，几及基部；雄蕊 2，着生于花冠管上，花丝极短；子房卵状圆形，花柱短，柱头头状。核果长卵状，熟时蓝黑色。花期 10 月（江苏）、9～12 月（广西），果期次年 4～6 月（广西）。

［生长环境］ 本种适应温暖和亚热带气候，宜肥沃湿润的砂质壤土，但在粘重红壤土上亦能正常生长，一般多为栽培，野生者少见。

［产　　地］ 广东、广西、台湾、福建、江苏、浙江、江西、湖南、湖北、陕西、四川、贵州、云南等省区。

［用　　途］ 桂花极香，为我国特产之一，民间常直接混入米麸中制成芬芳的糕点，或用盐糖浸渍后可长期保存作为食品香料，亦能熏茶。如采用石油醚等作溶剂在低温下浸提，可制得名贵的桂花浸膏，供配制高级香精，用于各种化妆品、香皂及食品中。

据广西商业厅分析：桂花子可榨油，出油率 11.9%，可食用。桂花因为树形美观，花香宜人，常栽培庭园供观赏。此外，其花也用于医药上，有除口臭、祛痰、治牙痛等功效。

［理化性质］　桂花浸膏为淡黄色至棕色半固体，具有天然桂花持久之香味，得油率约 0.3%。

［采收处理］　采收盛开之花，立即浸提，如不能及时加工，可平铺阴干，但不宜超过 24 小时，否则易发热发酵，香气完全损失，如果配以盐卤浸渍，则可储藏稍久。

［加　　工］　可用一般浸提法提取鲜花浸膏，溶剂以石油醚为佳，如用低温浸提法，质量可以大大提高，但香气仍不及鲜花。

［其　　他］　桂花用播种、接枝、压条等方法繁殖。种子成熟采回后去皮，用穴藏砂埋法促进发芽。

嫁接和压条繁殖与一般方法同，以压条法生长迅速。

桂花是我国特产，它的香气极为群众所喜爱，可结合绿化、香化，扩大种植。

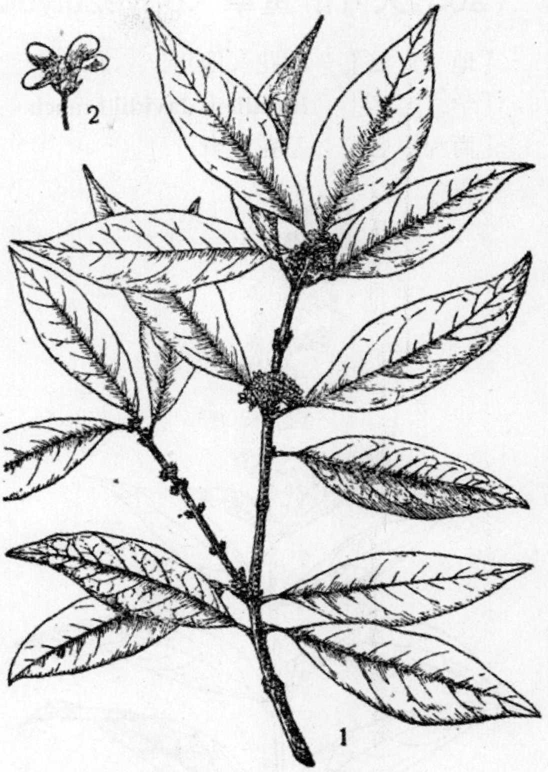

图 1135　桂花
Osmanthus tragrans Lour.
1．花枝；2．花。

204 跑马子（paomazi）（图 1008）

［学　　名］　**Syringa amurensis** Rupr.　木犀科

［商 品 名］　白丁香浸膏

（地方名、形态特征、生长环境、产地及其他用途见“鞣料类”，1241 页。）

［用　　途］　花香甚浓，可提取芳香油，用以调配化妆品香料。

［理化性质］　据辽宁省资料：花含芳香油 0.05%（蒸馏法）。

［采收处理］　开花期采收花朵加工。

［加　　工］　用低温浸提法。

［其　　他］　华北及东北山区都有分布，应广泛利用，但加工比较困难，蒸馏及一般常温浸提法均不能得到有用产品，必须用低温浸提法，今后可研究试用吹气吸附法，但仍须结合低温浸提，以便生产同一规格产品。

205 大叶醉鱼草（dayezuiyucao）（图 1136）

［地 方 名］ 蒙花（四川）

［学　　名］ **Buddleia davidii** Franch.　马钱科

［商 品 名］ 蒙花浸膏

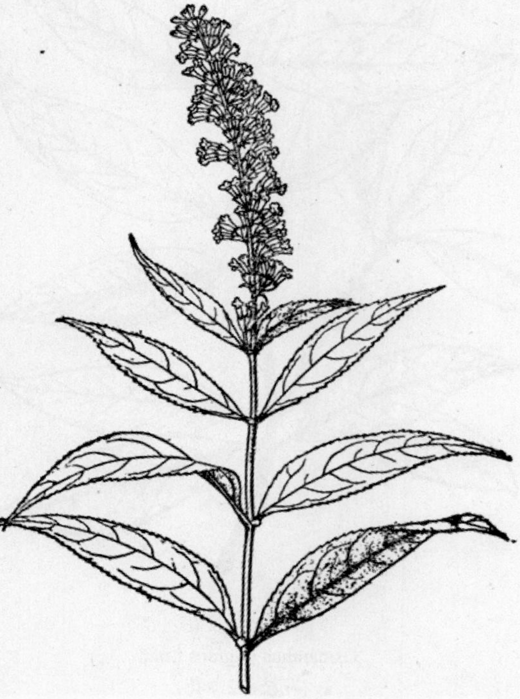

图 1136　大叶醉鱼草
Buddleia davidii Franch.
花枝

［形态特征］ 灌木，高 1～5 米；枝长而扩散，4 棱状，具短柔毛。叶披针形，长 8～25 厘米，宽 1～2.5 厘米，基部楔形，先端渐尖，边缘具密齿，表面暗绿色，近平滑，背面密被白色绒毛。圆锥花序直立或稍下垂，长 20～50 厘米，生在粗壮枝上的，可达 80 厘米；萼具柔毛，裂片卵状；**花冠管长 0.7～1 厘米，外面通常光滑**或稍有柔毛，喉部为橙黄色；**雄蕊着生花冠中部；子房无**毛。蒴果长圆形，先端尖，长 6～8 毫米。花期 3～4 月，果期 5～6 月。

［生长环境］ 本种根深，耐旱，常生山沟、路边、岩石山脚或灌木丛中。

［产　　地］ 陕西、湖南、湖北、四川、贵州、云南等省。

［用　　途］ 花芳香，可提取芳香油。

茎叶和花对杀虫有效，可做农药。

［采收处理］ 夏季开花期采收花朵，立即加工。

［加　　工］ 浸提法。

206 鸡蛋花（jidanhua）（图 1137）

［学　　名］ **Plumeria rubra** L. var. **acutifolia** (Poir.) Bailey　夹竹桃科

［商 品 名］ 鸡蛋花浸膏、鸡蛋花油

［形态特征］ 灌木或小乔木，**小枝肥厚，肉质。叶聚生枝顶**，长圆形，长 20～40 厘米，宽 7 厘米，两端均狭，无毛，其羽状脉，侧脉近边处彼此连结成一边脉。叶柄长 3～7 厘米。顶生聚伞花序，花大，极香，萼小，5 裂，裂齿先端有腺体；花冠漏斗状，喉部无毛或无鳞片，外面白色并略带淡黄，内面基部黄色，顶部白色，花冠裂片彼此复

盖；雄蕊着生于花冠管基部，花药钝头；心皮 2，分离。具线状长圆形或椭圆形的蓇葖果。花期 7～8 月（广东）。

［生长环境］　适生热带多雨地区。

［产　　地］　广东、福建等省庭园花圃中常有栽培。

［用　　途］　鲜花含有芳香油，用作调制化妆品及高级皂用香精的原科。香气颇好，应注意发展。

［理化性质］　鲜花含油率（蒸馏）0.04～0.07%，（浸提）0.2～0.3%。主要成分有：香叶醇（geraniol，$C_{10}H_{18}O$），香草醇（citronellol，$C_{10}H_{20}O$），芳樟醇（linalool，$C_{10}H_{18}O$），金合欢花醇（farnesol，$C_{15}H_{26}O$）及苯乙醇（phenyl ethyl alcohol，$C_8H_{10}O$）等。广州产鸡蛋花浸膏的理化性质为：熔点 41～45℃，酸值 4～7，酯值 55～75；含纯油 45%以上。

［采收处理］　采收鲜花即行加工。

［加　　工］　水蒸汽蒸馏法或浸提法，以浸提法较好。

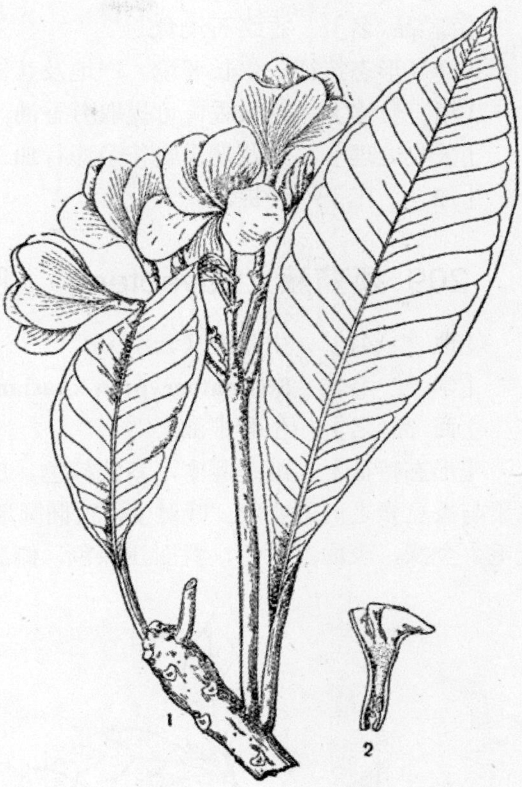

图 1137　鸡蛋花
Plumeria rubra L. var. acutifolia（Poir.）Bailey
1．花枝；2．花冠纵切面。

207 络石（luoshi）（图 254）

［学　　名］　**Trachelospermum jasminoides** (Lindl.) Lem.　夹竹桃科

［商 品 名］　络石浸膏

（地方名、形态特征、生长环境、产地及其他用途见“纤维类”，294 页）

［用　　途］　花可提取芳香油。

［采收处理］　于开花期采收花朵即行加工。

［加　　工］　浸提法。

208 香络石（xlangluoshi）（图 255）

［学　　名］　**Trachelospermum lucidum** (D. Don) K. Schum. (*Trachelospermum* *fragrans* Hook. f.) 夹竹桃科

［商 品 名］ 香络石浸膏

（形态特征、生长环境、产地及其他用途见“纤维类”，295 页）

［用 途］ 花极香，可提取芳香油。

［采收处理］ 开花期采收花朵即行加工。

［加 工］ 浸提法。

209 须药藤（xuyaoteng）（图 1138）

［地 名］ 生藤根（云南）

［学 名］ **Stelmatocrypton khasiana** (Benth.) Baill. 萝藦科

［商 品 名］ 生藤根油

［形态特征］ 缠绕藤本，茎浅棕色，皮部有许多突起物，茎与根部均具有介于香兰素与香豆素之间的香气。叶对生，狭椭圆形，长 4～9 厘米，宽 2～3 厘米，先端渐尖，无毛，全缘，表面深绿色，背面浅绿色，侧脉 9～10 对，很明显，网脉清楚；叶柄长约 1 厘米。花腋生，4～5 朵排列成短小的聚伞花序，花序梗长不到 1 厘米；花小，黄绿色，花梗较直，长 5～7 毫米；花萼甚小，5 裂；花冠 5 裂，右旋排列，外面无毛，内面有毛，花管很短，管口有 5 片很短的副花冠；雄蕊 5，药上有毛。蓇葖果呈 180° 展开，长 5～7 厘米，直径 2 厘米，成熟后开裂，有种子多数，随冠毛作降落伞状飞行传播；种子扁平椭圆形；棕黄色，长 1.1 厘米，宽 6 毫米，尖端有一簇生细长的白色丝质冠毛，毛长约 2 厘米。花期 5 月，果期次年 2～3 月。

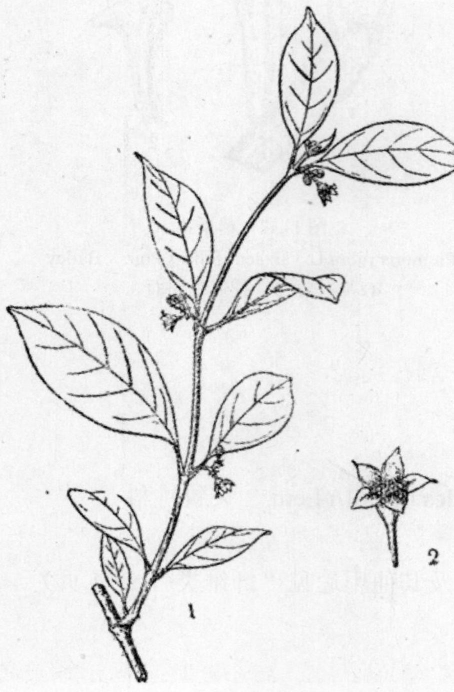

图 1138 须药藤

Stelmatocrypton khasiana（Benth.）Baill.

1. 花枝；2. 花。

［生长环境］ 常生于山坡、山谷次生丛林中。

［产 地］ 云南、广西等省区。

［用 途］ 根可提取芳香油，用于配制香精，亦可试作定香剂。

根尚可入药治肠胃病。

［理化性质］ 据中国科学院昆明植物研究所分析：根部含油量为 0.08～0.50%，主要成分为 2-羟基-4-甲氧基苯

甲醛（2-hydroxy-4-methoxy-benzaldehyde，$C_8H_8O_3$），与同科的十鳞花（Decalepis hamiltonii W. et A.）和绿钟花（Chlorocodon whotaii）根油中所含的成分一致。

［采收处理］　夏秋间挖取根部供加工用，挖取根部后的地上部分可作为插条，进行繁殖。

［加　　工］　水蒸汽蒸馏法。

［其　　他］　本种油品甚佳，应大力发掘利用，注意繁殖，繁殖方法可用种子和插条。在气候温暖，冬季仅有微霜，和年雨量在1000毫米左右的地区，可以试种。

210 防臭木（fangchoumu）

［地 方 名］　桃叶香草

［学　　名］　**Aloysia triphylla** Britt. (*Verbena triphylla* L.' Her. , *Aloysia citriodora* Ort. , *Lippia citriodora* HBK.)　马鞭草科

［商 品 名］　防臭木油

［形态特征］　小灌木，高约3米；枝条略粗糙，具条纹。叶3～4片轮生，具短柄，披针形，长5～8.5厘米，全缘或在中部具牙齿，表面无毛，背面密被腺点，具柠檬香气。穗状花序轮生或腋生或集合组成直径达7厘米的顶生圆锥花序，花小形，白色，直径约5毫米，萼被密毛，具4裂齿，苞被果实，雄蕊4，二强；花冠管比萼稍长。花期6～8月。

［产　　地］　江苏、浙江等省有少量栽培。

［用　　途］　花序及叶含有芳香油，可用作化妆品、皂用香精调合原料，经济价值甚高。

［理化性质］　鲜花、叶含油量0.4～0.7%。主要成分有：柠檬醛（citral，$C_{10}H_{16}O$），含量30～40%，芳樟醇（linalool，$C_{10}H_{18}O$），橙花醇（nerol，$C_{10}H_{18}O$），香叶醇（geraniol，$C_{10}H_{18}O$）及香草醇（citronellol，$C_{10}H_{20}O$）等。

［采收处理］　在花期连同茎叶一起采收后进行加工。

［加　　工］　水蒸汽蒸馏法。

211 白叶莸（baiyeyou）（图1139）

［地 方 名］　白巴子（云南）

［学　　名］　**Caryopteris forrestii** Diels　马鞭草科

［商 品 名］　莸叶油

［形态特征］　半常绿性灌木，直立，或基部偃卧地上，高约0.3～1米；嫩枝具白色绒毛。叶对生，具柄，椭圆形至卵圆形，长2～5厘米，宽0.5～2.5厘米，背面有白色绒毛；叶柄长0.5～1厘米。花小，淡蓝白色，组成顶生及腋生伞房花序。果为蒴果，直径约0.2厘米；种子细小。花期8～9月，果期11～12月。

［生长环境］　常生于石灰岩的干燥山坡，在金沙江两岸干热地带非常普遍。

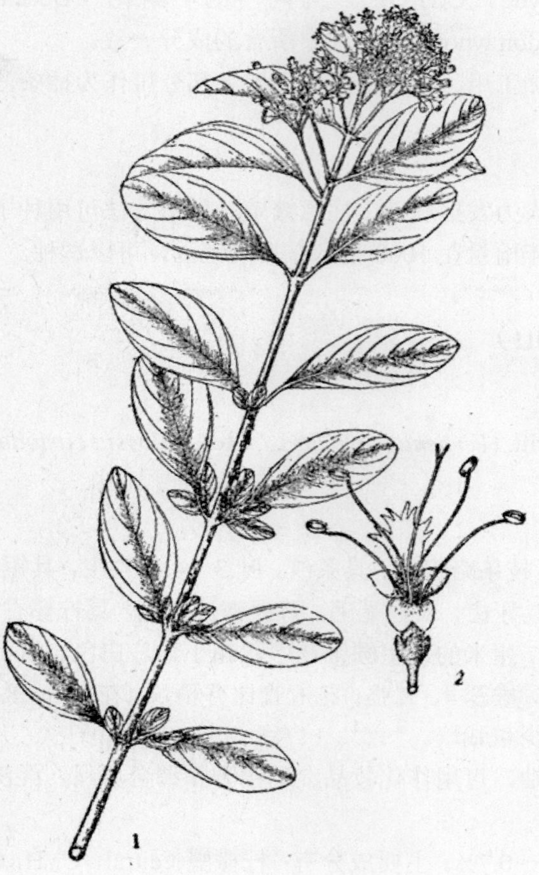

图 1139　白叶莸
Caryopteris forrestii Diels
1. 花枝；2. 花。

［产　　地］　云南省

［用　　途］　叶及花有香气，可提取芳香油。

［理化性质］　据云南省野生植物普查队分析：叶和花的合油量为1%。

［采收处理］　夏秋季采收。

［加　　工］　水蒸汽蒸馏法。

［其　　他］　春季播种或扦插繁殖均可，种植后次年可收割枝叶，提取芳香油。

212 牡荆（mujing）（图779）

［学　　名］　**Vitex cannabifolia** Sieb. et Zucc.　马鞭草科

（地方名、形态特征、生长环境、产地及其他用途见“油脂类”，951 页）

［用　　途］　全株可提芳香油。

［理化性质］　全株含芳香油0.5%左右。

［采收处理］　夏季收割。

［加　　工］　将植株切成 6～10 厘米长，用水蒸汽蒸馏法提取芳香油。

213 黄荆（huangjing）（图 1140）

［地 方 名］　铁扫把、白背叶、布荆、曲香（云南），牡荆（四川），荆条（辽宁、吉林、黑龙江、山西、江苏、安徽），蔓荆条（江苏），黄金紫、圣荆木（广西），黄荆条（云南、江苏、湖南、湖北、四川），埔江条（福建），五指柑（广东）。

［学　　名］　**Vitex negundo** L.　马鞭草科

［商 品 名］　黄荆油、黄荆条油

［形态特征］　灌木或小乔木，高 2～5 米。茎叶有香气，小枝四方形，被灰色柔毛。掌状复叶对生，具长柄，小叶 5 片，间有 3 片，卵状披针形，长 3～10 厘米，先端渐尖，

基部楔形，全缘或边缘有2～6个钝锯齿，表面绿色，背面被灰白柔毛；中央一片小叶最长，具有明显的叶柄，其余的叶片向两侧依次变小，最外2片无柄。圆锥花序顶生；花有柔毛，萼钟形，有5齿；花冠淡紫色或淡蓝色，外面密被柔毛。小坚果球形。花期7～8月（江苏）、8～9月（东北），果期9～10月（华北、东北）。

［生长环境］　性耐干旱，生低山基部、路旁或荒场村边，我国南方遍地生长。

［产　　地］　辽宁、吉林、黑龙江、山西、河北、江苏、安徽、浙江、福建、台湾、江西、湖北、湖南、广东、广西、云南、贵州、四川、陕西、甘肃、内蒙古等省区。

［用　　途］　花和枝叶可提芳香油。

种子可榨油（见“油脂类”，953页）。亦可作药用（见“药用类”，1884页）。茎皮含纤维，可供编织等（见“纤维类”，305页）。此外，夏天尚可用果实代茶叶，饮之有消暑的功效。还可作绿肥等。

图1140　黄荆

Vitex negundo L.

1．花枝；2．花；3．花冠剖开示雄蕊；4．具萼的果；5．果实。

（自“中国药用植物志”）

［理化性质］　据广西壮族自治区资料：枝叶含芳香油0.5～0.7%，油的比重（15℃）0.9305，折射率（20℃）1.4974，旋光度-9°27′。

［采收处理］　为了考虑综合利用，初步采叶作为芳香油料时，可先采1/3，待种子如数成熟，采收种子供药用或榨油后，可适当采剥其茎皮作为纤维原料。

［加　　工］　将枝叶切碎，用水蒸汽蒸馏法提取。

［其　　他］　用种子或插条繁殖。

214 单叶蔓荆（danyemanjing）

［学　　名］　**Vitex rotundifolia** L.　马鞭草科

［商 品 名］　蔓荆子油及叶油

（地方名、形态特征、生长环境、产地及其他用途见“纤维类”，305页）

［用　　途］　种子与叶含有芳香油，尤以种子所含精油香气甚浓，可研究使用于

调合香精中。

［采收处理］ 种子成熟期，采收叶及籽，趁新鲜时加工。

［加　　工］ 水蒸汽蒸馏法。

215 藿香（huoxiang）（图 1451）

［学　　名］ **Agastache rugosa** (Fisch. et Mey.) O. Ktze. 唇形科

［商 品 名］ 排草油、藿香油

（地方名、形态特征、生长环境、产地及其他用途见“药用类”，1884 页）

［用　　途］ 茎叶可提取芳香油，用作调配香精的原料，为一种名贵香料，多用于香料的定香剂以制化妆品，可保持香气持久不变。

［理化性质］ 茎叶含油量 0.2～0.5%，油的比重（15℃）0.950～0.964，旋光度+5°～+6°，主要成分为草蒿素（estrogol，又称 methyl chavicol，$C_{10}H_{12}O$），柠檬烃（limonene，$C_{10}H_{16}$）等。

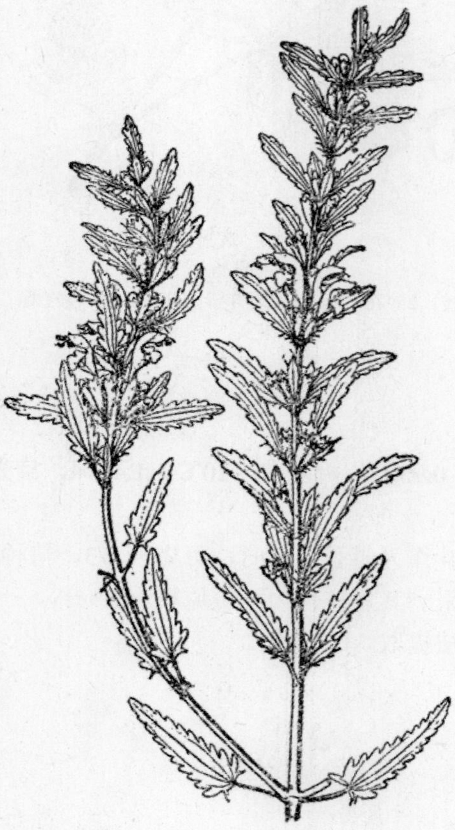

图 1141 香青兰
Dracocephalum moldavica L.
植株上部

［采收处理］ 提取芳香油应在抽穗或部分开花时收割，收割时间应在每天上午进行较好，收后略晒，去其部分水分，便可加工。

［加　　工］ 水蒸汽蒸馏法。

［其　　他］ 可用种子繁殖。

216 香青兰（xiangqinglan）（图 1141）

［地 方 名］ 摩眼子（辽宁），山薄荷（吉林）。

［学　　名］ **Dracocephalum moldavica** L. 唇形科

［商 品 名］ 香青兰油

［形态特征］ 一年生草本，高 20～60 厘米，全株密被短毛；茎四棱形，由基部分枝斜上生长。叶对生，有短柄，长圆状卵形或卵状披针形，长 1.5～4 厘米，宽 7～13 毫米，先端钝或稍尖，基部近截形或阔楔形，边缘具钝圆牙齿，近基部的齿尖端呈纤毛状，两面被细短毛，背面有腺点。花生于茎上部叶腋内，

轮伞花序，每6朵成一轮，茎顶部的轮较密，呈穗状；苞叶长圆状楔形，在边缘下方有细长芒状的刺毛；小苞长8～12毫米，长圆状楔形，边缘具4～10长芒状刺毛。萼唇形，长9～11毫米，上唇3裂，下唇2裂；花冠淡蓝紫色，唇形，长20（16）～25毫米，上唇稍向下弯，顶端有缺刻，下唇3裂，中唇裂片较大，2分裂；雄蕊4，2强，着生于上唇，柱头2裂。花期7～8（9）月，果期8～9月。

［生长环境］ 常生于干燥地，多见于田边、路旁、荒地、固定砂丘、草原等处。

［产　　地］ 辽宁、吉林、河北、山西、内蒙古、陕西、甘肃等省区。

［用　　途］ 全草可提取芳香油，供制果子露香料用。此外又可药用。

［理化性质］ 全草含芳香油0.01～0.17%，油的主要成分为柠檬醛（citral，$C_{10}H_{16}O$），含量25～68%，香叶醇（geraniol，$C_{10}H_{18}O$），含量30%左右，橙花醇（nerol，$C_{10}H_{18}O$），含量约7%及其他等。

［采收处理］ 8～9月间割取全草。

［加　　工］ 水蒸汽蒸馏法。

217 白香薷（baixiang-ru）（图1142）

［地 方 名］ 四方蒿（云南）

［学　　名］ **Elsholtzia blanda** Benth. 唇形科

［商 品 名］ 白香薷油

［形态特征］ 亚灌木，有香味，高1～1.7米；茎直立，基部木质，粗壮者直径可达2厘米，棕褐色，上部多分枝，小枝四方形，全身密被灰白色茸毛。叶对生，卵状长圆形至长圆状披针形，长10～15厘米，宽3～4.5厘米，基部阔楔形而下延，先端渐尖，叶缘具整齐的圆锯齿，锯齿略带腺尖头，表面绿色，背面密被灰白色茸毛，侧脉每边6～8条。假穗状花序，簇生于分枝顶端，常数十条密集成圆锥花序；花极小，密生于花轴上，萼圆罅状，具5裂齿；花冠白色，长仅2毫米，外被绒毛。小坚果纤细，黄色，长1毫米。花期冬季。果实次春成熟。

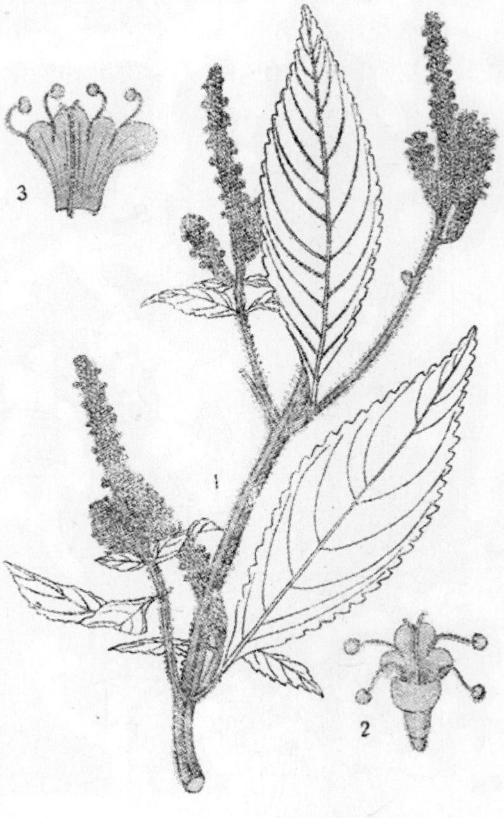

图1142 白香薷
Elsholtzia blanda Benth.
1. 花枝；2. 花；3. 花冠展开。

［生长环境］ 本种喜阳光、湿润，常生阳坡草丛及灌木丛中，在溪边及疏林下颇为习见。

［产　　地］ 云南南部

［用　　途］ 植物体含芳香油。

［理化性质］ 据云南省资料：新鲜植株出油率为 1%，油淡黄色。

［采收处理］ 初花期采收新鲜植株，去除粗枝，即可进行蒸馏。

［加　　工］ 水蒸汽蒸馏法。

［其　　他］ 本种全为野生，蕴藏量较大，出油率较高，为今后值得推广利用的芳香油植物。

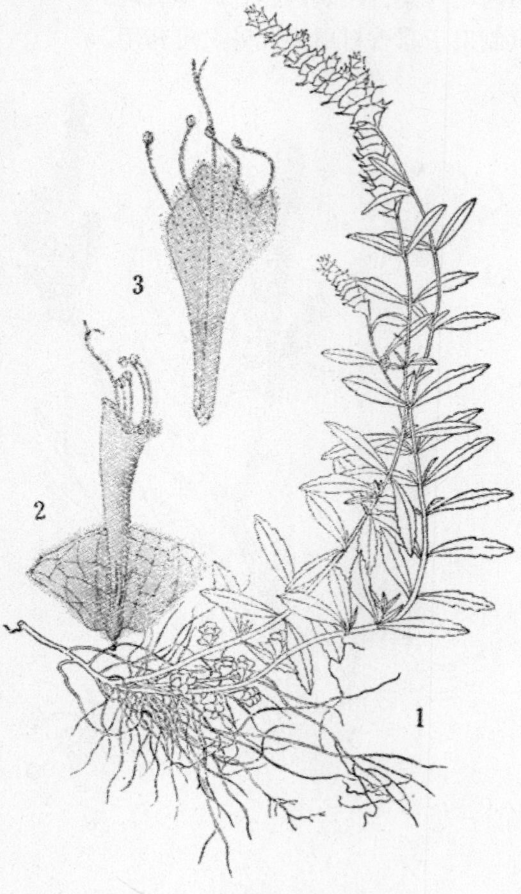

图 1143　东紫苏
Elsholtzia bodinieri Vant.
1．植株；2．花和苞片；3．花冠展开。

218 东紫苏（dongzisu）（图 1143）

［地 方 名］ 山茶、苦丁茶、山茶叶（云南）

［学　　名］ **Elsholtzia bodinieri** Vant.　唇形科

［商 品 名］ 东紫苏油

［形态特征］ 多年生草本，高 10～25 厘米，具香气；茎由基部分枝，枝辐射状斜上升，被粗糙毛。叶交互对生，节间短，叶片稍肉质，线状披针形至倒卵状披针形，长 1.5～2.8 厘米，宽 4～9 毫米；基部楔形下延，先端钝，上半部边缘具圆齿，两面均无毛或略被疏毛，背面密缀小腺点；无柄。假穗状花序生于上升枝条及其分枝的顶端，四方柱形，长 2.5～5 厘米；每轮花下托以两个苞片连合而成的总苞，总苞先端各具一尾状的尖头，外被疏柔毛及浅黄色皮屑状腺体，并略显鱼鳞状的网纹；花小，淡紫红色，具长花冠，开放时伸出于萼和总苞外，雄蕊远远伸出于花冠口部。花期 7～12 月（云南）。

［生长环境］ 本种为耐干阳性小草，常生阳坡石灰岩隙或干燥红壤，在松林间的撩荒地上，呈小片生长。主要分布约在海拔 1100～3000 米的山坡地。

［产　　地］ 云南及贵州西部等地。

［用　　途］ 全株可提取芳香油。嫩枝、花序与叶可作清凉饮料。

［理化性质］ 据中国科学院昆明植物研究所分析：新鲜植株得油率 0.25～0.3%，油无色。

［采收处理］ 夏秋季采收全株加工。

［加　　工］ 水蒸汽蒸馏法。

219 吉龙草（jilongcao）（图 1144）

［学　　名］ **Elsholtzia communis** (Coll. et Hemsl.) Diels (*Dysophylla communsi* Coll. et Hemsl.)　唇形科

［商 品 名］ 吉龙草油

［形态特征］ 一年生直立草本，高 50～80 厘米；茎方形，基部木质化，具膨大的间节，分枝向上，枝上被有稀疏向下的白色短柔毛。叶对生，卵状长圆形，长 2～3 厘米，宽 0.8～1.3 厘米，基部阔楔形而下延，顶端钝头，边缘有浅锯齿，两面被稀疏的白色短柔毛；叶脉 6～8 对。假穗状花序生于主枝及分枝的顶端，长 2～4 厘米，结果时直径 0.8～1 厘米，呈圆柱状，密被白色绒毛，苞片钻状，花萼先端具近等大的 5 齿，微具二唇形，向外弯曲；花冠唇形，雄蕊 4，伸出花冠管口外。小坚果倒卵状长圆形，长 0.7 毫米，亮黄色，外被棕色鳞片。花期 7～8 月。

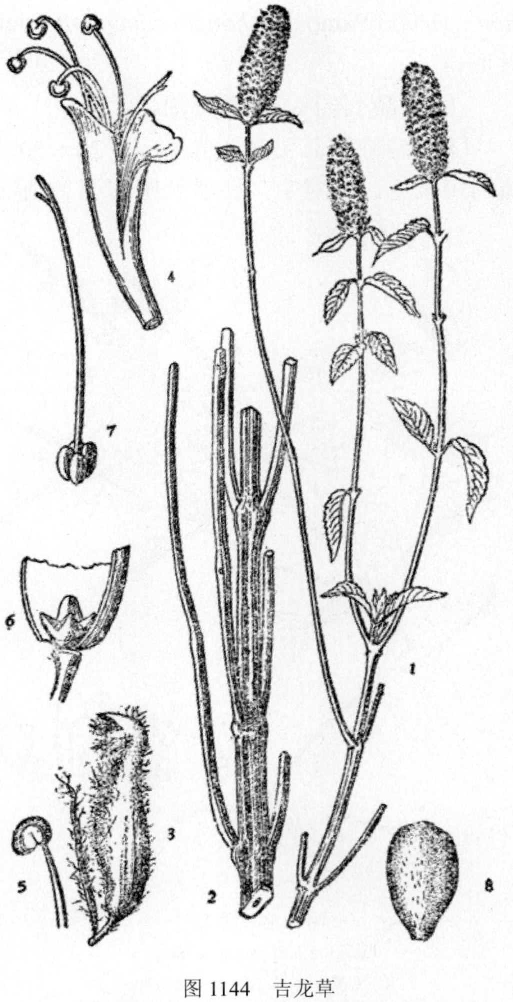

图 1144　吉龙草
Elsholtzia communis（Coll. et Hemsl.）Diels
1. 花枝；2. 茎干；3. 宿萼；4. 花冠；5. 雄蕊；6. 花盘；7. 子房；8. 小坚果。

［生长环境］ 本种为半阳性植物，幼苗期需要荫蔽，常生阳坡次生林下及雨林边缘。

［产　　地］ 云南南部

［用　　途］ 植株含芳香油，可作香料工业原料用。

［理化性质］ 植株含油量 1.7%，油呈淡黄色，具有悦人的香气，主要成分为柠檬醛等。

［采收处理］ 8月初收割新鲜植株，除去粗枝，即可进行加工。

［加　　工］ 水蒸汽蒸馏法。

［其　　他］ 本种提取芳香油，香气醇厚，且含量高，颇有利用价值，在我国南方适宜生长的地区，应研究扩大利用。

一般可用种子繁殖。

220 野香薷（yexiangru）（图 1145）

［地 方 名］ 野香苏、野狗芝麻、狗尾巴草（云南）

［学　　名］ **Elsholtzia cypriani** (Pamp.) C. Y. Wu et H. Chow, comb. nov. (*Pogostemon cypriani* Pamp., *Elsholtzia communis* Diels. non, *Dysophylla communis*. Coll. et Hem sl.) 唇形科

［商 品 名］ 野香苏油

［形态特征］ 直立草本，高20～50厘米；茎方形，分枝多，平滑无毛，或稍被稀疏的短柔毛。叶对生，卵状长圆形至长圆状披针形，长4～7厘米，宽1～2.5厘米，基部楔形而下延，先端急尖或稍渐尖，边缘具整齐的疏锯齿，两面均被疏柔毛，下面叶脉光滑明显，叶柄细长，长1.5～3厘米。假穗状花序顶生，长2.5～6厘米；苞片钻状，无中脉，边缘仅具灰白色弯曲的柔毛；花小，紫色，唇形；雄蕊4，2强。小坚果倒卵圆形，灰棕毛，长0.7～0.9毫米。

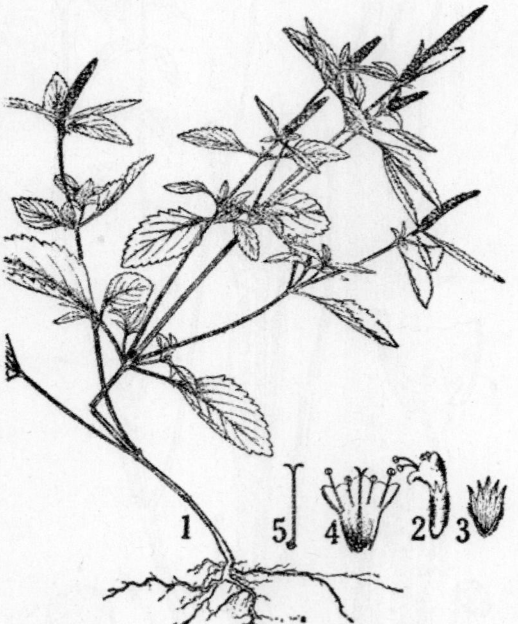

图 1145 野香薷

Elsholtzia cypriani（Pamp.）C. Y. Wu et H. Chow, comb. nov.

1．植株全形；2．花；3．萼；4．花冠展开；5．雌蕊。

［生长环境］ 耐干的阳性草本，常见于平坝的撩荒地上及村边道旁和水沟边，有时生于庙宇的屋瓦上。

［产　　地］ 陕西、湖北、四川、贵州、云南等省。

［用　　途］ 植株含芳香油，可研究利用作香料原料。

［理化性质］ 据云南省资料：新鲜植株出油率0.51～0.6%，油黄色。

［采收处理］ 初花期，采新鲜植株去其粗枝，即可进行加工。

［加　　工］ 水蒸汽蒸馏法。

［其　　他］ 野香薷与长毛香薷［Elsholtzia pilosa（Benth.）Benth.］很相似，区

别在于本种植株毛少而柔，苞片较短且中肋不明显，苞片边缘不具糙毛而为柔毛，花后果期中花序较短而阔。野香薷除喜光喜湿外，尚能耐长期干旱，适应力极强，含油量亦高，今后可于冬季试行播种，利用平坝中废田、荒地及村落院舍间，阳光充足的角落广泛栽培之。

221 野苏子（yesuzi）（图 1146）

［地 方 名］　野苏、修仙果、大叶香芝麻叶、野紫苏、大叶拔艾（云南）

［学　　名］　**Elsholtzia flava** Benth.　唇形科

［商 品 名］　野苏油

［形态特征］　高大草本或半灌木状，高 1～2.7 米，全株有香气；茎基部木质化，枝条密被柔毛。叶对生，长圆状卵圆形、阔椭圆状卵圆形或近圆形，长 8～16 厘米，宽 5～8 厘米，基部微呈心形，先端突尖，边缘有钝锯齿，两面有短柔毛，叶脉毛较密，背面有金黄色腺点；柄长 3～5 厘米，密被柔毛。穗状花序紧密，顶生或腋生，柱状，长 6～10 厘米；花小，花萼筒状，有 5 锐齿，萼筒长约 5 毫米，紫色或淡紫色；花冠黄色，外被毛。小坚果卵圆形，深褐色。花期 7～9 月，果期 10～12 月。

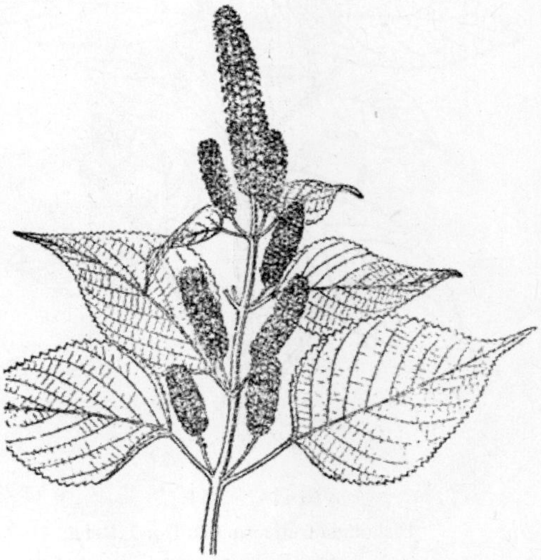

图 1146　野苏子
Elsholtzia flava Benth.
花枝

［生长环境］　生于小河边草丛或小灌木丛中，为喜湿润及阳光的植物，常见于海拔 1200～2700 米处。

［产　　地］　云南、四川、贵州等省。

［用　　途］　全株可提取芳香油供香料用。

种子可榨油（见“油脂类”，954 页）。

［理化性质］　全株含芳香油 0.05～0.2%。

［采收处理］　抽穗后初开花的时候收割，割后略晒，即可进行加工。以上午进行收割较好。

［加　　工］　水蒸汽蒸馏法。

222 鸡骨柴（jiguchai）（图 1147）

［地 方 名］　小花香桸、紫油苏、山野坝子、扫把茶（云南）

［学　　名］ **Elsholtzia fruticosa** (D. Don) Rehd.　唇形科

［商 品 名］ 鸡骨柴油

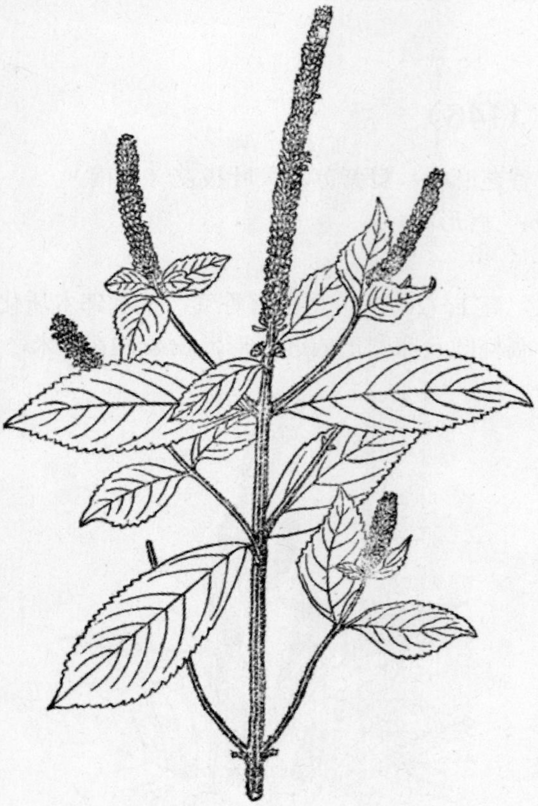

图 1147　鸡骨柴

Elsholtzia fruticosa（D. Don）Rehd.

花枝

［形态特征］ 一年生草本或灌木，高 0.5～1.3 米，全株有香气；茎四方形，基部木质化，嫩枝被短柔毛。叶对生，披针形，长 4～8 厘米，宽 1.5～3.2 厘米，顶端渐尖，基部下延，叶上半部具圆形锯齿，下半部全缘，向下延伸，两面多少被稀疏的柔毛，背面叶脉被长柔毛，柄极短。花小，白色或淡黄绿色，呈紧密的穗状花序，顶生；结果时，萼管伸长，萼管口部张开。小坚果褐色，平滑。花期 9～11 月，果期 10 月至次年 1 月。

［生长环境］ 生于 1200～3100 米的山坡，或阳光充足的溪边、路旁、村边，为适应性较强的植物。

［产　　地］ 云南、四川、贵州、广西、湖北等省区。

［用　　途］ 茎叶均含芳香油，可研究其在香料工业中的应用价值；亦可入药。

［理化性质］ 据云南省资料：茎叶出油率每 15.5 公斤（31 市斤）出油 15.6 克（5 钱），含量甚少；但如用花序蒸馏，出油率为 0.44～0.46%。

［加　　工］ 水蒸汽蒸馏法。

［其　　他］ 本种与四方蒿（E. yunnanensis C. Y. Wu.）外形相似，其差异处是：花序圆柱形，结果时萼管口张开，萼管长为萼片的 2/3。

223 紫香薷（zixiangru）（图 1148）

［地 方 名］ 土薄荷、野苏（浙江）

［学　　名］ **Elsholtzia longidentata** Sun, ined.　唇形科

［商 品 名］ 紫香薷油

［形态特征］ 一年生草本，高 20～40 厘米，有芳香；茎直立，四方形，多分枝，

外被白色柔毛。单叶对生，卵形或卵状长椭圆形，长 3～6 厘米，宽 2～3 厘米，先端尖，基部阔楔形，边缘有粗锯齿，表面暗绿色，被有白色柔毛，背面带紫色，有黄色腺点；叶柄长 1～2 厘米。轮伞花序密集于枝端呈穗状；苞片阔卵形，先端有刺状突尖；花萼有 5 齿裂，苞片和花萼均呈紫红色，有黄色腺点；唇形花冠密被白色长柔毛。花期 10～11 月。

［生长环境］　山谷、路旁草丛中或村舍附近。

［产　　地］　浙江省

［用　　途］　全草可提取芳香油，油可作调香原料及药用。

［理化性质］　据浙江省资料：茎含芳香油 0.83%，叶含量为 0.66%。

［采收处理］　采割时间以 7～8 月为最适宜，可立即加工，如不能立即加工，宜扎成小把，阴干后贮藏，不宜曝晒，也不宜久贮，以免油分挥发。

［加　　工］　水蒸汽蒸馏法。

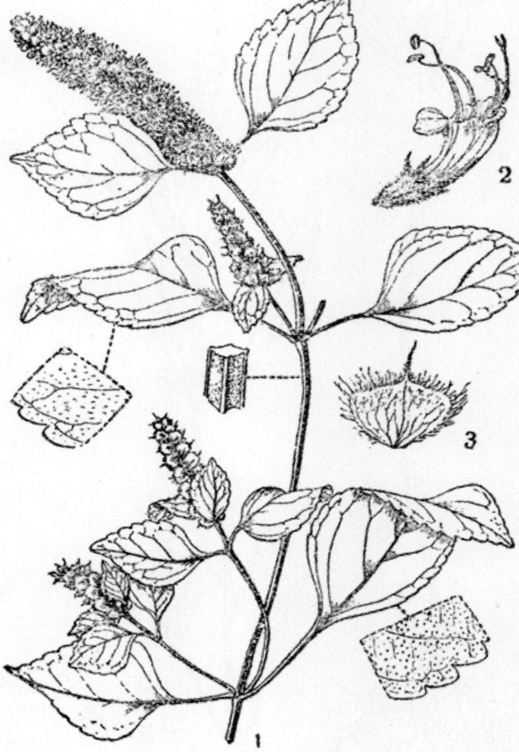

图 1148　紫香薷
Elsholtzia longidentata Sun, ined.
1．茎的上部；2．花；3．苞片。

224 黄香薷（huang-xiangru）（图 1149）

［学　　名］　**Elsholtzia luteola** Diels　唇形科

［商 品 名］　黄香薷油

［形态特征］　一年生直立草本。根细，须状。茎高 10～30 厘米，节甚长，节上具分枝。叶对生，披针形至狭披针形，长 2～4.5 厘米，宽 0.3～0.9 厘米，基部楔形，先端渐尖，上半部边缘有疏锯齿，表面绿色，背面灰绿色，并有极微小的腺点，无毛，几无柄。假穗状花序顶生，长 2.5～6 厘米；苞片膜质，具紫色多睫毛的纵脉，边缘有锥刺状齿，复瓦状排列；花小，米黄色，开向花序的一侧面。小坚果极细小，留于宿存的花萼内。花期 9～11 月。

［生长环境］　耐干的阳性小草，常生于山坡或平坝，与禾草杂生。

［产　　地］　云南、四川等省。

［用　　途］　植株可提取芳香油。

［理化性质］　据云南省资料：新鲜植株出油率 0.347～0.5%，油黄色。

［采收处理］　花未开时，采新鲜植株，去粗枝，即可进行加工。

［加　　工］　水蒸汽蒸馏法。

图 1149　黄香薷
Elsholtzia luteola Diels
1、2．植株；3．叶背示腺点；4．萼。

225 香薷（xiangru）（图 1150）

［地 方 名］　水芳花、山苏子（吉林、黑龙江、山西），排香草（广西），荆芥、水荆芥、拉拉香、小叶苏子、臭荆芥（辽宁），瞌睡草（四川），嗅香麻、水晶齐（河北），边枝花（浙江）。

［学　　名］　**Elsholtzia patrini** (Lepech.) Garcke　唇形科

［商 品 名］　香薷油、香薷草油

［形态特征］　一年生草本，高 30～50 厘米，有浓厚的薄荷香气；茎方形，常紫色，被灰白柔毛，老枝毛渐脱落。叶对生，卵形或卵状披针形，长 4～7 厘米，宽 1.8～2.5 厘米，基部楔形下延，先端常成尾状渐尖，边缘具圆锯齿，两面疏生短柔毛或几近光滑，背面密布细小腺点，脉上被密柔毛。假穗状花序生于主枝及分枝的顶端，长 3～5 厘米；苞片圆形，具尾状尖头，常带紫色，稍稍具柄，直径 3～4 毫米，上面无毛或近无毛，边缘被细纤毛；花小，粉红色，开向花序的一侧面。小坚果长圆形，长 1 毫米，灰棕色，平滑。花期 8～9 月，果期 9～10 月。

［生长环境］　为阳性喜湿的草本，常见于阳坡、道旁、田野及灌木丛中。

［产　　地］　辽宁、吉林、黑龙江、内蒙古、河北、山西、河南、江苏、安徽、浙江、江西、湖南、湖北、陕西、四川、云南、广西、广东、台湾等省区。

［用　　途］　茎叶可提取芳香油，供香料用。

种子含脂肪油 38～42%（见“油脂类”，954 页）。

［理化性质］　据云南省资料：茎叶含芳香油 0.26～0.59%，干茎叶含 0.8～2%。

精油桔黄色，油状液体，主要成分为香薷酮（elsholtzia-keton，$C_{10}H_{14}O_2$）及倍半萜。精油比重（15℃）0.97～0.985，折射率（20℃） 1.5085，旋光度（20℃）+2° ～-2° ，酸值 0，皂化值 14.8，乙酰化后皂化值 14.7。

［采收处理］ 提取芳香油用，可在开花前采收茎叶，最好是在新鲜时加工，以免油分散失。

［加　　工］ 水蒸汽蒸馏法。

［其　　他］ 香薷大多为野生，适应力强，今后应注意人工栽培，可于冬季收籽，阴干，播种。

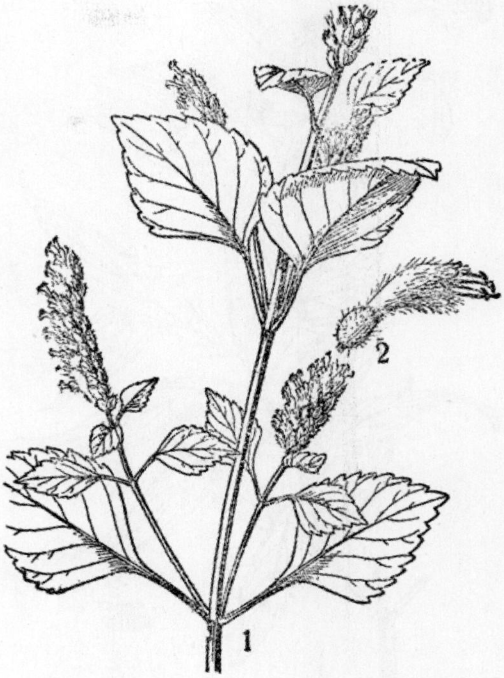

图 1150 香薷
Elsholtzia patrini（Lepech.）Garcke
1．花枝；2．花。

226 垂花香薷（chuihua-xiangru）（图 1151）

［地 方 名］ 野苏子棵（云南）

［学　　名］ **Elsholtzia penduliflora** W. W. Smith 唇形科

［商 品 名］ 垂花香薷油

［形态特征］ 亚灌木，高 1～2 米；全株具香气。茎方形，基部木质，紫红色，无毛。叶对生，披针形，长 12～20 厘米，宽 2.5～4.5 厘米，基部圆形或阔楔形，先端渐长尖，叶缘有参差不齐细尖锯齿，侧脉每边 7～8，弧形，不达边缘即向内弯曲，叶背散生小油点，略带灰绿色；叶柄短，长约 5 毫米。假穗状花序，顶生及生枝顶的叶腋内，长 10～15 厘米；花小，具短梗，花常 6～12 朵组成一轮，倒垂于总花轴上；萼钟形，有 5 齿和脉 10 条，花冠白色或淡黄色。小坚果倒卵圆形，灰棕色，长 2 毫米。花期 9～10 月。

［生长环境］ 性喜阳光、湿润及肥沃土壤，常成片生于森林破坏后的土地上，在山地常绿林边缘、草坡或灌木丛间也生长。

［产　　地］ 云南省

［用　　途］ 植物体可提取芳香油。

全草煎服有清火祛痰之效。籽可炒食及榨油。茎及叶可作饲料，又可加工成人造棉。

［理化性质］ 据中国科学院昆明植物研究所分析：新鲜花序出油率 0.5%，叶 0.55%，油呈淡黄色。

图 1151 垂花香薷
Elsholtzia penduliflora W. W. Smith
1．果枝；2．叶片一部分，示油点；3．萼。

［采收处理］ 提取芳香油应于深秋花未开放时采摘新鲜花序及叶，立即进行加工。

［加　工］ 水蒸汽蒸馏法。

［其　他］ 本种除供提取芳香油外，还可综合利用，可试行人工栽培。

227 野拔子（yebazi）（图 1152）

［地 方 名］ 草拔子、白背蒿、半边香（云南），野坝蒿（四川）。

［学　名］ **Elsholtzia rugulosa** Hemsl. 唇形科

［商 品 名］ 野拔子油、半边香油

［形态特征］ 直立灌木，高 0.5～2 米；茎灰黑色，皮较光滑，近基部成薄片脱落，上部枝条被白粉状的短柔毛。叶对生，具叶柄，椭圆形或菱状椭圆形，长 5～10 厘米，宽 3～4.5 厘米，基部楔形，下延，先端稍急尖，边缘具牙齿，表面绿色，有细皱纹，背面密被伏生白毡毛；叶柄长 2～3 厘米。假穗状花序顶生，长 5～15 厘米；苞片及花萼均被灰白色茸毛；花小，淡紫或白色，5 裂，近唇形；雄蕊 4，伸出花冠管外。小坚果卵圆形，黄棕色，长 1 毫米。花期因地区及环境不同，变化甚大，一般多在秋季。

［生长环境］ 性喜阳光充足及肥沃土壤，在海拔 1500 米的松林砍伐后的草灌丛中生长良好，有时也生长在密林下或干燥的岩隙间。

［产　地］ 四川、云南、贵州等省。

［用　途］ 植物体含芳香油。枝叶可入药。

［理化性质］ 据中国科学院昆明植物研究所分析，如下表：

地　名	出油率（%）	比　重	折射率	旋光度	酸值	碱化值	乙酰化后碱化值	醛酮含量（%
云南祥云县	0.8（鲜花序） 0.26～0.7（枝叶）	（24℃） 0.9004	（24℃） 1.4741	（24℃） +3.4°	1.18	1.29	78.1	5
云南保山县	——	（13.5℃） 0.9312	（10℃） 1.5294	（12℃） +0.9°	2.2	18.35	41.08	2.2

［采收处理］　初花期采收新鲜植株，去其粗枝，即可加工。

［加　　工］　水蒸汽蒸馏法。如原料多时可将花序、叶及枝分别蒸馏。

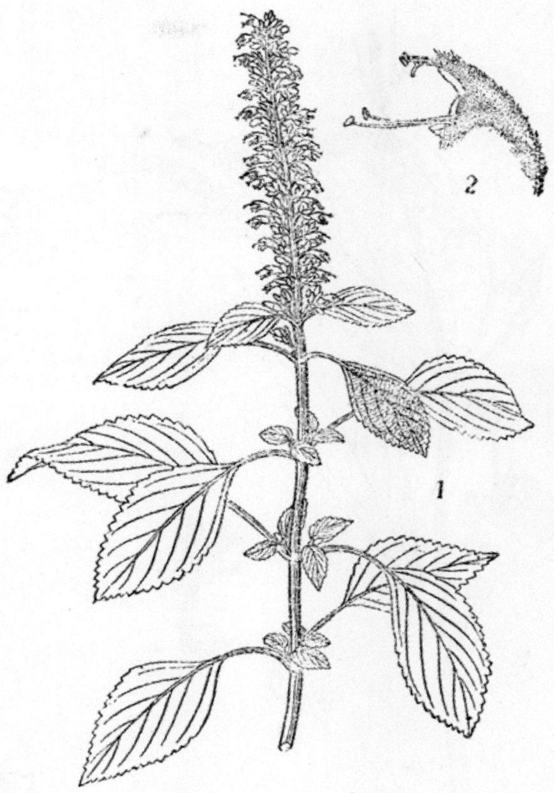

图 1152　野拔子
Elsholtzia rugulosa Hemsl.
1．花枝；2．花。

228 四方蒿（sifang-hao）（图 1153）

［地 方 名］　蔓坝、扫把茶（云南）

［学　　名］　**Elsholtzia yunnanensis** C. Y. Wu, ined.　唇形科

［商 品 名］　四方蒿油

［形态特征］　一年生草本状半灌木，高 1～1.5 米，稀达 2 米，全株有香气；茎四方形，基部木质化，被微柔毛。叶对生，披针形，长 7～16 厘米，宽 2.5～4.3 厘米，边缘自中部以上有锯齿，下部全缘，楔形，渐狭，延伸至叶柄基部，表面多少有毛，背面除叶脉外光滑无毛；叶柄很短。穗状花序紧密，顶生或腋生，花小形，往往偏生于花穗的一侧，萼片与萼管等长，结果时萼管稍闭合。小坚果深褐色，平滑。花期 9～11 月，果期 10～12 月或至次年 2 月。

［生长环境］　常生于海拔 1020～2300 米的干燥荒地、山坡，有时出现密林、路边和草灌丛中。

［产　　地］　云南中部以南

［用　　途］　茎叶均含芳香油。

［理化性质］　据云南省资料：茎叶含芳香油 0.5%。

［采收处理］　宜于初花期采收，收后略晒一下，使部分水分蒸发，便可加工。

［加　　工］　水蒸汽蒸馏法。

［其　　他］　根据工业部门资料，此种植物的芳香油不适宜直接用于化妆品工业上，如何广泛利用，须进一步研究。

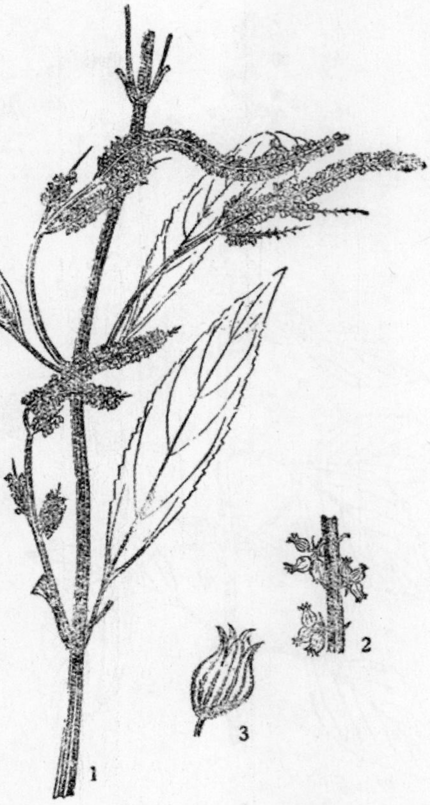

图 1153 四方蒿
Elsholtzia yunnanensis C. Y. Wu, ined.
1．植株的中段，示果序；2．果序的一部分；3．萼。

229 薰衣草（xunyicao）

（图 1154）

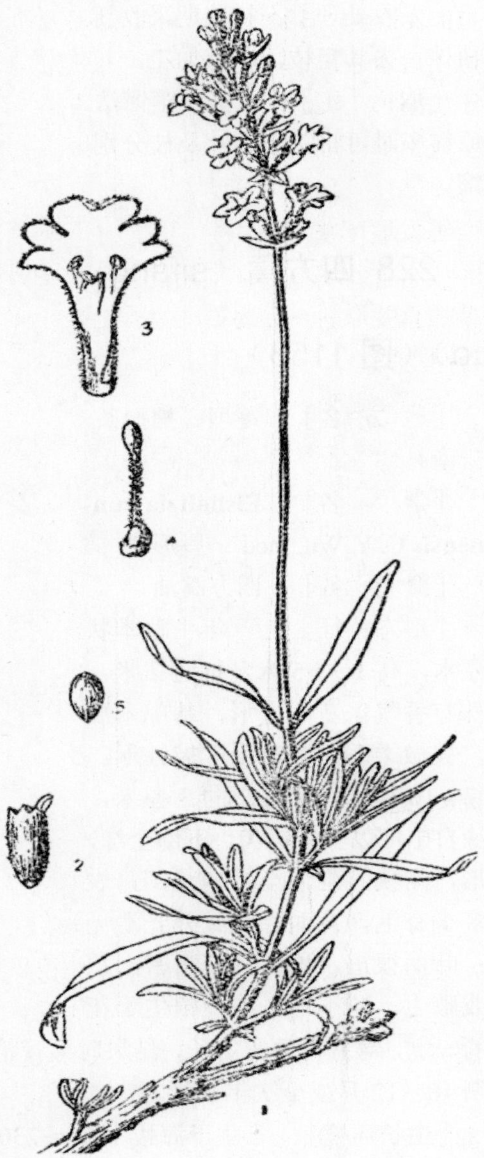

图 1154 薰衣草
Lavandula officinalis Chaix
1．植株全形；2．萼；3．花冠剖开；4．雌蕊；5．种子。

［学　名］ **Lavandula officinalis** Chaix (*L. vera* DC.) 唇形科

［商 品 名］ 熏衣草油、熏衣草浸膏

［形态特征］ 亚灌木，高达 1 米；老枝灰色条状剥落，小枝方形，密被星状毛和绒毛。叶线形至线状披针形，长 2～4 厘米，全缘，向外反卷，被白色密柔毛，嫩叶成簇，腋生，被毛尤密。顶生穗状花序具长总梗；苞菱状卵圆形，先端具短尖，背有 5～7 脉纹，有白色星状柔毛；花蓝色，长 8～10 毫米，

6～10朵轮生，形成稀穗状花序；萼管状，长约5毫米，具脉15条，粗糙，具5裂齿；花冠上唇2裂，下唇3裂，长短几相等，雄蕊4，俯曲，生花管内；花柱短，柱头2裂。种子长圆形，微扁，长1.5毫米，酱褐色，有光泽。

［生长环境］ 性喜温暖，各省广为栽培。

［产　　地］ 河北、江西、浙江、江苏、四川、陕西等省均可栽培。

［用　　途］ 花中含芳香油，是调制化妆、皂用香精的重要原料，尤为棕榄型香皂及花露水香精中的主要香料。

［理化性质］ 鲜花含油率0.8%，干花含油率1.5%左右。精油主要成分为乙酸芳樟脂（linalyl acetate，$C_{12}H_{20}O_2$），丁酸芳樟脂（linalyl butyrate，$C_{14}H_{20}O_2$）及香豆素（coumarin，$C_9H_6O_2$）等。

［采收处理］ 在开花期，收取盛开之花序。

［加　　工］ 水蒸汽蒸馏法或浸提法。

230 甘牛至（ganniuzhi）（图1155）

［学　　名］ **Majorana hortensis** Moench (*Origanum majorana* L.) 唇形科

［商 品 名］ 甘牛至油

［形态特征］ 多年生草本，高35～65厘米。叶具柄，对生，椭圆形，长0.6～2.5厘米，先端宽钝形，全缘，有色泽，被毛。花序圆锥状；小穗长圆形，3～5成一簇；苞片有白色毛；花萼倾斜，下部有一裂片，小或不发育；花冠白色至粉红色或紫色，长约4毫米，上唇瓣直立，下唇瓣三裂而开张；雄蕊4，花柱稍2裂。小坚果卵珠状，光滑。

［生长环境］ 栽培于庭园。

［产　　地］ 广东、广西及上海等地均有栽培。

［用　　途］ 全株干燥后可提取芳香油，可作调合食品用香精原料。

［理化性质］ 茎叶含芳香油0.3～0.5%，主要成分为萜类及松油醇等。

［采收处理］ 于茎叶生长旺盛时，进行采收加工。

［加　　工］ 水蒸汽蒸馏法。

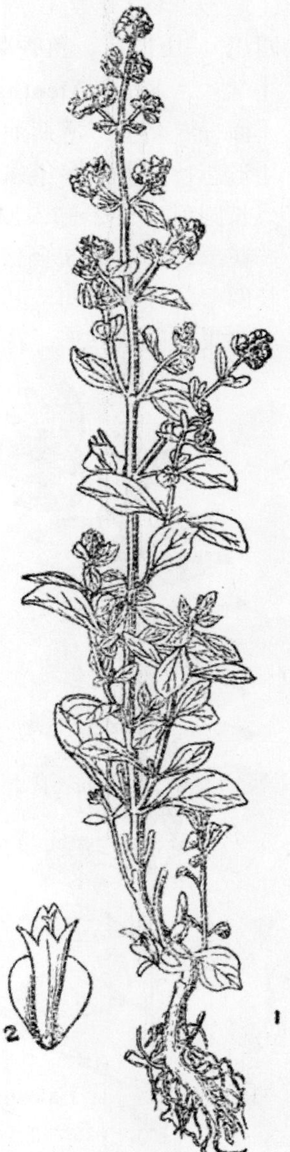

图1155 甘牛至
Majorana hortensis Moench
1. 植株全形；2. 苞片及花。

231 薄荷（bohe）（图 1156）

［地 方 名］ 野仁丹草、仁丹草（江苏），南薄荷、夜息香（山东），野薄荷（浙江、四川），土薄荷、鱼香草（四川）。

［学　　名］ **Mentha arvensis** L.　唇形科

［商 品 名］ 薄荷油、薄荷原油

［形态特征］ 多年生草本，直立或基部外倾，具爬生根状茎，有香气。叶对生，卵形或长圆形，长 2～7.5 厘米，基部楔形，先端急尖，边缘有尖锯齿。轮伞花序腋生；花小，花萼钟形，具 5 个三角形齿；花冠淡红色、紫色或白色，有 4 裂片，其上裂片稍大、长圆形，顶端略凹，其他 3 裂片较小，全缘；雄蕊 4；花柱顶端 2 裂，伸出花冠外面。小坚果长圆状卵形。花期 8～10 月，果期 11～12 月。

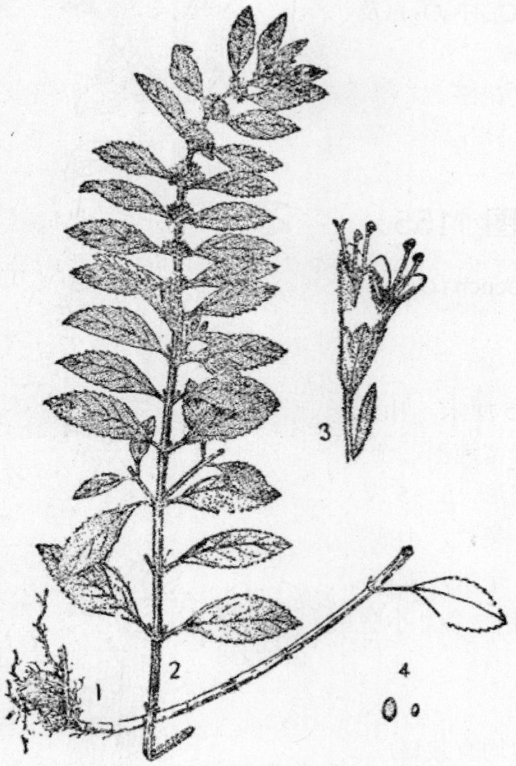

图 1156　薄荷

Mentha arvensis L.

1．植株下部；2．植株上部；3．花；4．果实及种子。

（自“中国药用植物志”）

［生长环境］ 生于山谷、溪边、坡地、村旁阴处土壤较湿润的地方，有时生稻田边缘。

［产　　地］ 江苏、浙江、福建、台湾、江西、安徽、广东、广西、云南、贵州、四川、湖北、湖南、陕西、甘肃、山西、山东、河北等省区均有栽培和野生。

［用　　途］ 茎叶可提取芳香油，叫薄荷原油。它的主要用途是提取薄荷脑，用于糖果饮料、牙膏、牙粉以及医药制品，如仁丹、清凉油等。我国薄荷脑产量占世界第一位，在国际市场颇有盛誉。提取薄荷脑后的油叫薄荷素油，亦大量用于牙膏、牙粉、漱口剂、喷雾香精、医药制品等。

晒干的薄荷茎叶亦常用作食品的矫味剂和作清凉食品饮料，我国民间已广泛应用。

薄荷供药用（见“药用类”，1890 页）。

［理化性质］ 据上海市资料：新鲜的茎叶中含芳香油 0.8～1.0%，干的茎叶含 1.3～2.0%。从薄荷茎叶提取的芳香油叫薄荷油，也叫薄荷原油，为无色至淡黄色或绿黄色的油状液体，具有纯馥的薄荷香气，带辛辣而清凉，在温度稍低时有大量无色晶体析出。薄荷原油的比重（15℃）0.899～

0.9090，折射率（20℃）1.460～1.465；旋光度-30°～-37°32'。主要成分是薄荷脑（menthol，$C_{10}H_{20}O$），含量77～87%，其次亦含薄荷酮（menthone，$C_{10}H_{18}O$，含量8～12%）和薄荷酯类等。精制薄荷脑和薄荷素油是薄荷原油的加工制品，它们的商品规格是：

薄荷脑应为无色的针状结晶，熔点42～44℃，不挥发物小于0.05%。

薄荷素油应为淡黄色或黄绿色液体，具薄荷香味，比重（25℃）0.8900～0.9100，折射率（20℃）1.4580～1.4710，旋光度（25℃）-18°～-24°，总薄荷脑含量不低于50%。出口的薄荷素油，尚须进行精馏，叫薄荷白油，系无色液体，比重（25℃）0.8860～0.9080，折射率（20℃）1.4560～1.4650，旋光度（25℃）-18°～-32°，总薄荷脑含量不低于50%，酯含量1～6%。

［采收处理］　寒冷地区每年收一次（9月中旬），华东地区一年可收2～3次（大暑前与霜降前），华南地区每年可收3次以上，第一次于6月收割，其油分含量较少，第二次于8月中旬收割，含油分最多，第三次11月收割，油分较第二次少，但薄荷脑的含量则较高。

收割的时间，应选晴天，从早上露水晒干后开始收割，一直进行至下午3时左右，割下的薄荷应平铺于田间，隔一天再加工，最好是晒至大半干（每百公斤晾成25公斤）。

［加　　工］　最好用水蒸汽回水蒸馏法。江苏一带的土法是水中蒸镏，每锅可蒸干草150公斤，加水350～400公斤，每昼夜可蒸5锅左右，每锅的燃料是麦秆65公斤，在南通、海门一带的水蒸，每锅可装半干的料250公斤（如合鲜草约500公斤），水350公斤，一昼夜可蒸4～5锅，每锅出油2.5～3公斤。

普通的水上蒸馏锅可容干草200～250公斤（经晒半干的），锅底放清水，有回水管可不断补充加水，一昼夜可蒸6锅，每锅出油2.5～3公斤，耗燃料50公斤左右。快速蒸馏也是蒸馏的一种，每次用水125公斤，投料250公斤（半干的），一昼夜可蒸10～12锅，每锅出油2.5～3公斤，需燃料45公斤或木柴50公斤。

薄荷脑系薄荷原油经冷却结晶析出，再经分离、精制而得。分离去大部分薄荷脑的油，经蒸馏后即为薄荷素油和薄荷白油。

［其　　他］　薄荷的繁殖法有种子繁殖和插枝繁殖两种：

1．插枝繁殖：一般是用地上部分的匍匐茎和地下部分的走茎，选择新鲜、白嫩的，剪成5～6厘米的小段，于12月至1月左右春雨来时进行扦插。

2．种子繁殖：薄荷种子细小，发芽率80%左右，此法又可分育苗移植和直播两种，前者于冬季时将苗床搞好，土壤充分细碎，拌入堆肥，于立春前播种，俟真叶长出4～6对，苗高6厘米左右时即可进行移植，移苗时需带泥土，最好在阴雨天定植。后者又有撒播、条播和点播三种方法。

薄荷除尚有以下二种：（1）野薄荷 Mentha sachalinensis Kudo，分布于吉林、辽宁、内蒙古等省区；花序为假轮状腋生，无梗。（2）兴安薄荷 Mentha dahurica Fisch.，产东北兴安岭；花序生枝顶者为头状，生下部者腋生、有梗。其用途大致相同。

232 留兰香（liulanxiang）（图 1157）

［学　　名］ **Mentha spicata** L. 唇形科

［商 品 名］ 留兰香油、绿薄荷油

［形态特征］ 多年生草本，高约 1.3 米，茎方形，直立或基部倾斜，有香气，多分枝。叶披针形至椭圆状披针形，长 1～6 厘米，宽 3～17 毫米，先端渐尖或急尖，基部圆形或楔形，边缘有凸出的疏锯齿，两面均无毛，背面有腺点；叶柄长约 1～2 毫米。轮伞花序具多花，密集成顶生的穗状花序；苞片较花柄长，线形，全缘，有缘毛；花萼钟状，长 1.5～2 毫米，外面被短毛，具 5 齿和 13 条脉，上唇 3 齿较下唇 2 齿短；花冠紫色或白色，长 2.7～3.1 毫米，有 4 裂片，上面的裂片大，长圆形，下面的裂片较小，3 裂；雄蕊 4，伸出花冠筒外，花药 2 室，药室平行而不会合；花柱顶端 2 裂，伸出花冠外。小坚果卵形，黑色，有微柔毛。花期 7～8 月，果期 8～9 月。

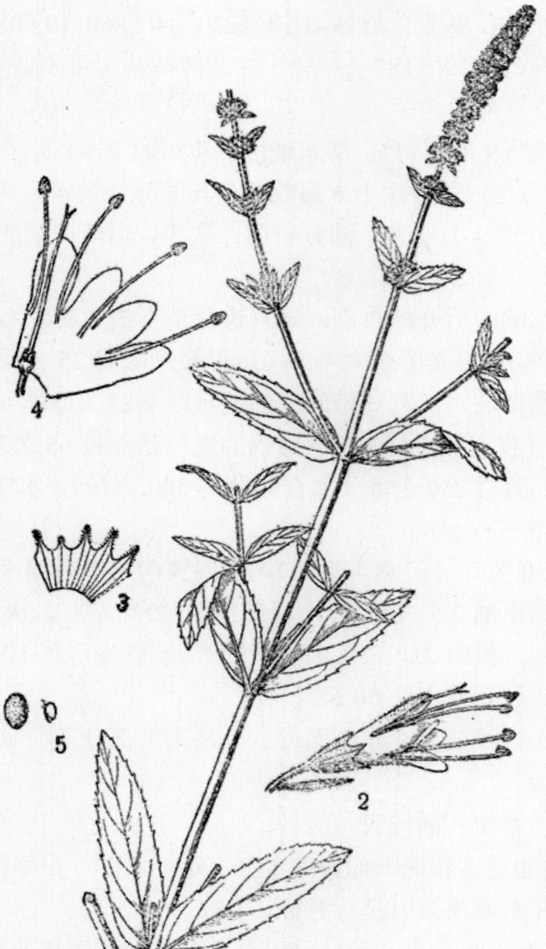

图 1157　留兰香

Mentha spicata L.

1．植株上部；2．花和苞片；3．花萼剖开；4．花冠剖开示雄蕊和雌蕊；5．小坚果和胚。

（自“江苏南部种子植物手册”）

［生长环境］ 栽培于田园间。

［产　　地］ 河北、江苏、四川等省。

［用　　途］ 全草有香气，可提制留兰香油，用于糖果、牙膏等。也供医药用。

［理化性质］ 据上海市资料：含油量 0.6～0.7%。油的比重（25℃）0.920～0.960，折射率（20℃）1.4900～1.4975，旋光度（25℃）−48°～−59°。主要成分系香旱芹子油萜酮（carvone，$C_{10}H_{14}O$），含量为 60～65%，此外亦含柠檬烃、水芹香油烃等。我国江苏省在近年来发现了一个新品种，产油量高，微干至半干以上的

全草得油率为 0.8～1.8%，油的品质也与国外产品不同；比重（15℃）0.9230～0.9500，折射率（20℃）1.4851～1.4900，旋光度-50°～-66°。主要成分香旱芹子油萜酮的含量为 65～80%。我国产留兰香油的商品规格共分一级与二级两种，外形为无色至淡黄色液体，具特香。一级品含旱芹子油萜酮应大于 70%，二级品应大于 50%。

［采收处理］　江苏一带每年可收割 2～3 次，华南地区可收割 3～4 次。留兰香在开花时含油量高，将结实时香气最好。一般在连晴 6～7 天，气温高，植株高达 30 厘米以上时进行收割，收割时要齐地刈割，割后铺原地晒至半干，再行加工。

［加　　工］　水蒸汽回水蒸馏法蒸馏，方法与蒸馏薄荷同，但蒸馏留兰香的蒸馏水中，尚含油分比蒸馏薄荷时多，因此蒸馏锅必须回水，不然，可将蒸馏水贮存起来进行一次单独蒸馏，从而回收油分，大约每 500 公斤留兰香蒸馏水，可蒸馏回收留兰香油 1 公斤左右。

233 姜味草（jiangweicao）（图 1158）

［地 方 名］　柏枝草、香草、灵芝草（云南）

［学　　名］　**Micromeria biflora** Benth.　唇形科

［商 品 名］　姜味草油

［形态特征］　多年生宿根草本，高 15～30 厘米，无主茎；枝条簇生，紫褐色，被白色长柔毛。叶对生，小而密集，叶片卵圆形，长 4～7 毫米，宽 2～4 毫米，表面被细柔毛，背面除叶脉有毛外，其余无毛；叶柄很短，长约 1 毫米。花小，淡紫色，2～3 朵腋生，成小聚伞花序；花萼紫绿色；花冠早落，粉红色，上唇直立。小坚果，平滑。花期 4～6 月，果期 8～10 月（云南）。

［生长环境］　习见于石灰岩山坡上，也常生在日光曝晒的向阳草坡上，分布约在海拔 1900 米。

［产　　地］　云南、贵州等省。

［用　　途］　植株可提制芳香油，又可作酿酒用香料。

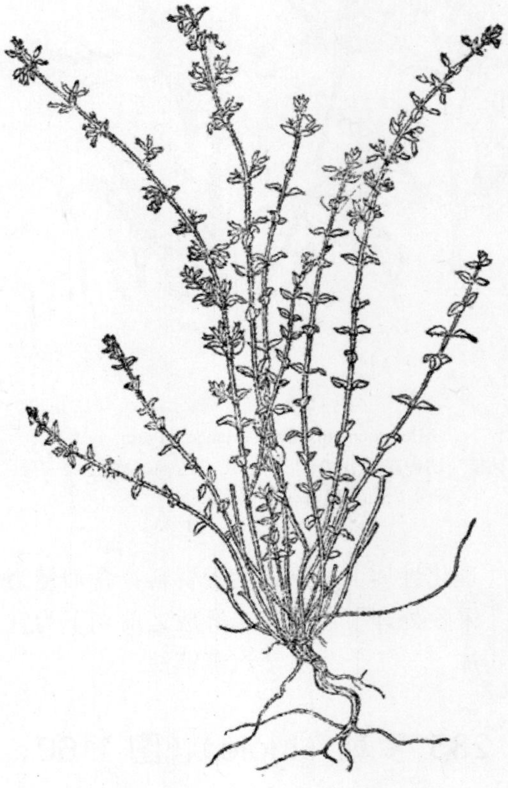

图 1158　姜味草
Micromeria biflora Benth.
植株全形

［理化性质］　据云南省资料：芳香油含量约 0.18%。

［采收处理］　夏秋季采收。

［加　　工］　水蒸汽蒸馏法。

234 冠唇花（guanchunhua）（图 1159）

［地 方 名］　班草刚（云南潞西县景颇族语）

［学　　名］　**Microtoena insuavis** (Hance) Prain　唇形科

［商 品 名］　冠唇花油

［形态特征］　一年生亚灌木或草本，直立，高 1～1.5 米，全株有香气；茎四方形，基部木质化，上部有毛。叶对生，阔卵形，正常叶长 7～12.5 厘米，宽 6～10 厘米，两面被疏柔毛，顶端渐尖，基部楔形或近于心形，边缘有粗锯齿。花大，呈松散的腋生或顶生聚伞花序；花冠呈显著的二唇，上唇橙红色，下唇黄色。小坚果，卵圆形，黑褐色，光滑。花期 10～12 月，果期 12 月至次年 1～2 月（云南）。

［生长环境］　习见于海拔 1200 米以下的阳光充足、土壤较肥沃且温暖的山坡坡地上，或略荫湿温暖的山麓疏林中。

［产　　地］　云南南部、贵州、广东等地。

［用　　途］　全株可提芳香油。

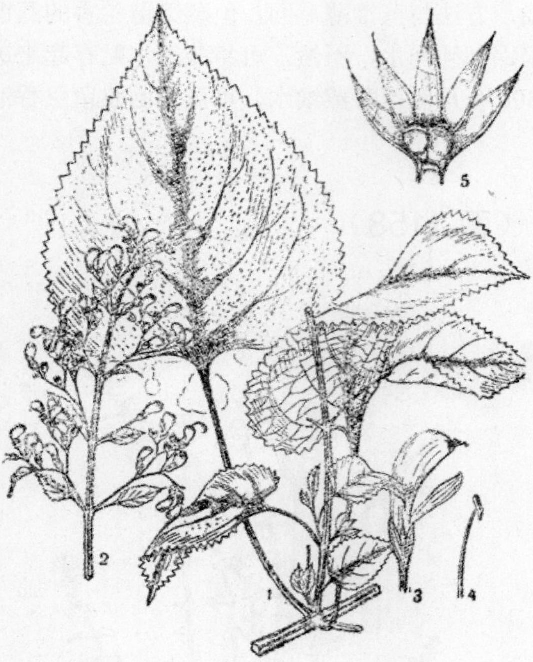

图 1159　冠唇花
Microtoena insuavis（Hance）Prain
1. 花枝（切去花序）；2. 花序；3. 花；4. 雄蕊；5. 萼片展开示小坚果。

［理化性质］　据云南省资料：含油量为 0.5%。

［采收处理］　在花未开放之前刈下为宜。

［加　　工］　水蒸汽蒸馏法。

235 罗勒（luole）（图 1160）

［地 方 名］　香荆芥（河南），九重塔（广东），鸭香（广西），蒿里、矮糖、香草（云南、河南）。

［学　　名］　**Ocimum basilicum** L.　唇形科

［商 品 名］　罗勒油

［形态特征］　多年生草本或亚灌木，高 50～80 厘米，全株有芳香味，其中以花序味最浓，茎及枝均四方形，有白色长毛，老茎近圆形，无毛。叶对生，卵形或卵状披针形，长 2～2.5 厘米，宽 0.8～2 厘米，基部楔形，先端钝尖，全缘或略具牙齿；叶柄长 0.7～1.5 厘米，有毛，花小，紫蓝色或淡蓝色，顶生总状花序，为许多 3～4 朵花排成一轮的花簇所组成，花外倾；花萼管状，先端 5 裂，上面一片特大，近于圆形，长 4～5 毫米，宽 3～4 毫米，其余 4 片较小，呈锐三角形，果时花萼下垂，果熟后，萼管口部张开，种子落出。小坚果，卵圆形，平滑，褐色或黑褐色。花期 7～9 月，果期 10～12 月。

图 1160　罗勒

Ocimum basilicum L.

1．植株上部；2．花和苞片；3．花萼剖开；4．花冠剖开示雄蕊、雌蕊和花盘；5．小坚果和胚。

（自“江苏南部种子植物手册”）

［生长环境］　常见于海拔 240～1800 米较干燥的缓坡矮草地上，有时生长在地边及菜园中，为较耐旱喜光的植物。全国各地均可种植。

［产　　地］　云南、贵州、四川、广东、广西、福建、台湾、江苏、浙江、安徽、湖北、江西、河北、河南、山东、山西等省区均有分布或栽培。

［用　　途］　茎、叶、花穗都含有芳香油，主要用作调香原料，配制化妆品、皂用及食用香精。亦用于制牙膏、漱口剂中作矫味剂。

全草地上部分可药用。

［理化性质］　茎叶及植株含油为 0.1～0.12%，精油比重（15℃）0.900～0.930，折射率（20℃）1.4800～1.4950，旋光度（20℃）−6°～−20°。主要成分为草蒿素（亦称甲基黑椒酚，methyl chavicol，$C_{10}H_{12}O$），含量约 55%左右，芳樟醇（linalool，$C_{10}H_{18}O$）含量 34.5～40%，及其他如乙酸芳樟酯，丁香酚等。

［采收处理］　为提芳香油，应在花将开时采取，进行加工，出油率最高，一般应在上午或下午，天气连晴数天后采割，油分最好。

［加　　工］　水蒸汽蒸馏法。

［其　　他］　用种子繁殖，冬季收种，次年春季播种。

236 丁香罗勒（dingxiangluole）

［学　　名］　**Ocimum gratissimum** L.　唇形科

［商 品 名］　丁香罗勒油

［形态特征］　多年生小灌木，高达2.5米，多分枝，基部木质。叶卵形，长5～10厘米，基部楔形，边缘有钝或粗锯齿，近光滑，背面有细腺点。轮伞花序，基部数回分枝；苞片无柄，披针形，比花轮长，早脱落；小花梗比萼短，具短毛；萼长5毫米，具短毛和腺体，上唇裂片圆形，比侧裂片和下唇裂片稍长；花冠微伸出萼筒，暗黄色、白色或紫色，裂瓣边缘有浅圆齿；雄蕊伸出，花丝基部有毛，前一对靠近基部下方各有一小齿。小坚果球形，有疣体。

［生长环境］　性喜热带温暖气候，在低平地区沙质肥沃土壤上生长良好。

［产　　地］　江苏、浙江、福建、台湾、广东、广西等省区有栽培。广东海南有野生。

［用　　途］　茎、叶及花含有芳香油，油中含有大量丁香酚，可代替丁香油提取丁香酚，使用于食用、化妆及皂用香精中。

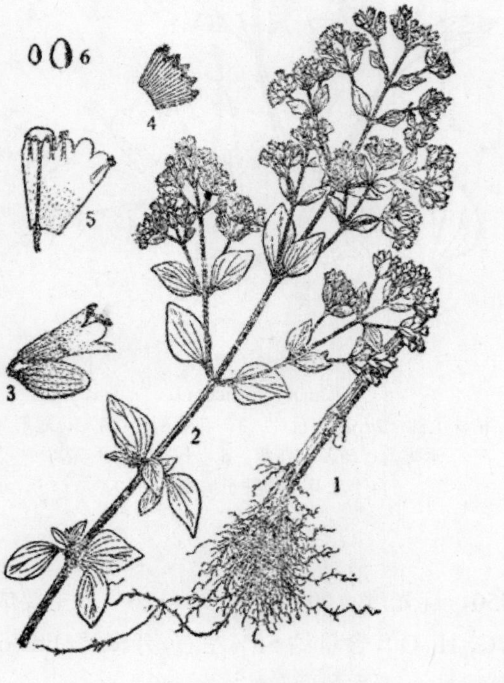

图1161　牛至
Origanum vulgare L.
1. 植株下部；2. 植株上部；3. 花和苞片；4. 花萼剖开；5. 花冠剖开示雄蕊和雌蕊；6. 小坚果和胚。

［理化性质］　芳香油主要成分为：丁香酚（eugenol，$C_{10}H_{12}O_2$），芳樟醇（linalool，$C_{10}H_{18}O$）及罗勒香油精（ocimene，$C_{10}H_{16}$）等。上海近郊产的丁香罗勒含油率为0.22%左右，含丁香酚54%左右。

［采收处理］　花期或生长旺盛时，即可割取上部茎叶，进行加工。

［加　　工］　水蒸汽蒸馏法。

237 牛至（niuzhi）（图1161）

［地 方 名］　满天星（云南），香茹草（四川）。

［学　　名］　**Origanum vulgare** L.　唇形科

［商 品 名］　牛至油

［形态特征］　直立或半偃卧草本，高25～50厘米，具匍匐根状茎，全体被白色

柔毛；茎4棱。叶对生，阔卵形，通常长1～2厘米，宽7～15毫米，全缘或偶有锯齿，两面有油点，侧脉2～4对，脉纹明显，叶柄长1～3毫米。聚伞花序顶生，苞片卵形，绿色带紫，先端尖或钝；花两型，较大的为两性花，较小的为雌花，花冠粉红色，管状，5裂，唇形；萼齿内面密被白色长柔毛。花期7～10月。

［生长环境］　喜生于山坡草地或山溪空旷地方，一般出现在海拔1300～3200米之间。

［产　　地］　云南、四川、湖北、陕西、甘肃、河南、江苏、浙江、安徽、江西、湖南、广东等省。

［用　　途］　全株可提取芳香油，油除供调配香精之外，尚可作酒曲配料。

［理化性质］　鲜茎叶含油0.07～0.2%，干茎叶含油0.15～0.4%。精油的比重（15℃）0.868～0.910，旋光度（20℃）-20°～-70°，含醇量2～3%（香草醇计），含酚量7%左右（麝香草酚计）。

［加　　工］　水蒸汽蒸馏法。

238 荠苧（jining）（图1162）

［学　　名］　**Orthodon grosseserratus** (Maxim.) Kudo (*Mosla grosseserrata* Maxim.)　唇形科

［商 品 名］　荠苧油

［形态特征］　一年生草本，高20～50厘米；茎4菱形，上部及花序中轴除节外均无毛，或疏生白长毛。叶卵形、阔卵形或菱状卵形，长1～3厘米，宽1～2.5厘米，先端尖锐，基部楔形，边缘具粗锯齿；叶柄长5～15毫米。穗状花序长3～7厘米，其上的花朵排列不甚紧密，花序中轴节上具白短毛，小花梗长2～3毫米，萼长3毫米，结果时约5毫米，被疏毛，稍膜质，上唇齿宽阔；

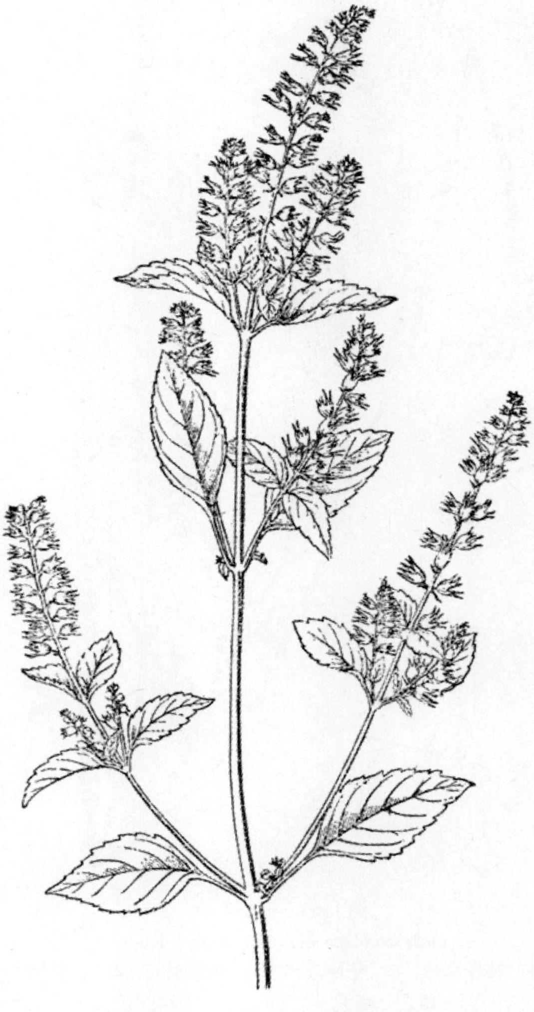

图1162　荠苧
Orthodon grosseserratus（Maxim.）Kudo
植株上部

花冠长 4 毫米，白色。果卵圆形，网纹不明显。

［生长环境］ 河边草地及灌木丛间。

［产　　地］ 黑龙江、吉林、辽宁、浙江、福建等省。

［用　　途］ 茎叶含有芳香油，可从油中提取其酚类，亦可直接用于牙膏及卫生皂类。

［理化性质］ 茎叶含油率 0.3～0.5%，精油比重（15℃）0.9084，折射率（20℃）1.4692，旋光度+9° 27'；主要成分为：百里香酚（thymol，$C_{10}H_{14}O$），含量 20～30%，香荆芥酚（carvacrol，$C_{10}H_{14}O$），水芹香油烃（phellandrene，$C_{10}H_{16}$）及百里香醌（thymoquinone，$C_{10}H_{12}O_2$）等。

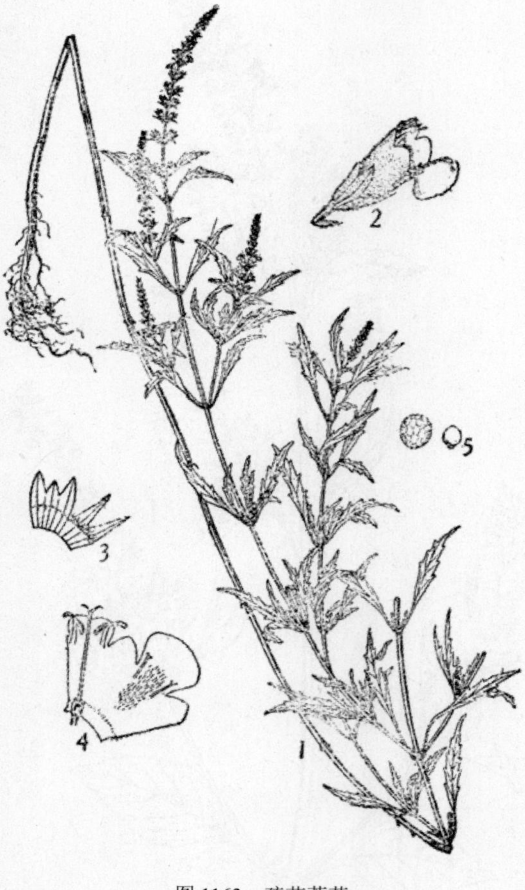

图 1163　疏花荠苧
Orthodon lanceolatus（Benth.）Kudo
1．植株全形；2．花和苞片；3．花萼剖开；4．花冠剖开示雄蕊、雌蕊和花盘；5．小坚果和胚。

［采收处理］ 花期采收茎叶，趁新鲜时加工。

［加　　工］ 水蒸汽蒸馏法。

239 疏花荠苧（shuhua-jining）（图 1163）

［地 方 名］ 荆芥、水芥（江苏）

［学　　名］ **Orthodon lanceolatus** (Benth.) Kudo (*Mosla remotiflora* Sun) 唇形科

［商 品 名］ 疏花荠苧油、水芥油

［形态特征］ 一年生直立草本，高 25～80 厘米，多分枝；茎方形，节上有短柔毛。叶线状披针形至披针形，长 1.3～4 厘米，宽 0.2～～1 厘米，先端渐尖，基部楔形而全缘，上部边缘有疏锯齿，表面淡绿色，背面灰绿色，有腺点；叶柄长 2～17 毫米。花轮集成间断的总状花序，顶生于枝梢，苞片线状披针形，较花柄长；花萼钟形，长 2.1 毫米，外面有短柔毛和脉纹 10 条，分 2 唇，上唇 3 齿，中间的齿小而短，正三角形，两侧的齿大而长，长三角形，下唇 2 齿，齿成披针形；花冠淡红色，长 4.5 毫米，外面被有微柔毛，冠筒内面基部有不显著的毛环，

喉部有长柔毛，上唇倒心形，顶端微凹，下唇两侧的裂片正三角形，中裂片平展，外折，宽倒卵形，端有波状齿；雄蕊着生于上唇基部，稍露出于唇外。花柱 2 裂，伸出筒外。小坚果球形，褐色，**有网状皱纹**。花期 9～10 月，果期 10～11 月。

［生长环境］　生长于山坡树荫下的肥沃地上。

［产　　地］　江苏、浙江等省。

［用　　途］　全草可提取芳香油。

［采收处理］　秋季采收。

［加　　工］　水蒸汽蒸馏法。

240 石荠苧（shijining）（图 1164）

［学　　名］　**Orthodon punctulatus** (J. F. Gmelin) Ohwi.［*Mosla punctata* (Thunb.) Maxim., *Orthodon scaber* (Thunb.) Hand. -Mzt.］　唇形科

［商 品 名］　石荠苧油

［形态特征］　一年生直立草本，高 20～60 厘米，多分枝；茎方形，上部至花序中轴均**被向下曲的柔毛**。叶对生，卵形，长 1.1～4 厘米，宽 8～25 毫米，先端急尖或渐尖，基部楔形，边缘有尖锯齿，两面有金黄色腺点；叶柄长 3～20 毫米。花轮集成间断的总状花序，顶生；苞叶较花柄长，卵状披针形至卵形，先端渐尖，背面和边缘均有长柔毛；花萼钟形，有脉 10 条，外有长柔毛和金色腺点，上唇有 3 齿，下唇 2 齿；花冠淡红色或红色，外被有微柔毛，上唇较短，下唇有 3 裂片，中裂片大而外折，内面有长柔毛；雄蕊着生于上唇的喉部而露出唇瓣；花柱 2 裂，伸出筒外。小坚果近于球形，黄褐色，**有网状突起的皱纹**。花期 9～10 月，果期 10～11 月。

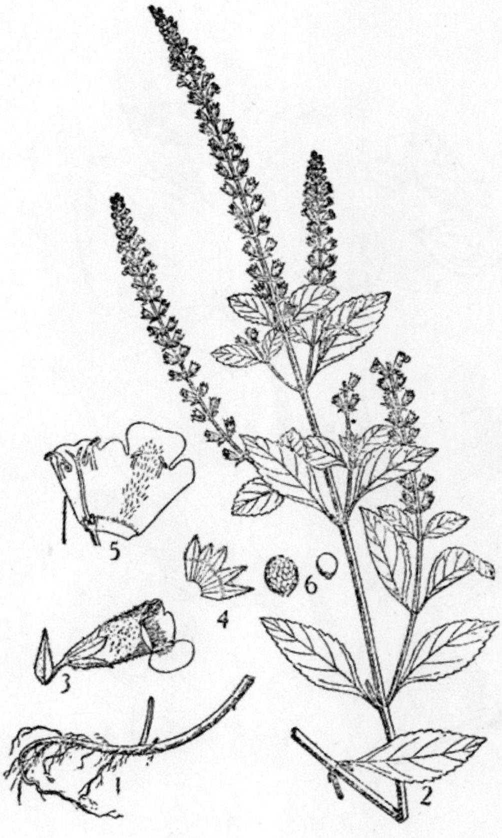

图 1164　石荠苧

Orthodon punctulatus（J. F. Gmelin）Ohwi

1. 根；2. 植株上部；3. 花和苞片；4. 花萼剖开；5. 花冠剖开示雄蕊、雌蕊和花盘；6. 小坚果和胚。

（自“江苏南部种子植物手册”）

［生长环境］ 生于山坡树丛下或沟边较潮湿的土壤上。

［产　　地］ 河北、山西、山东、江苏、安徽、湖北、江西、浙江、福建、广东、台湾等省。

［用　　途］ 全草可提取芳香油，供调制香精用。

［理化性质］ 全草干后含油量3～3.5%，鲜草含油0.5～1%，油比重0.930～0.949，折射率1.501～1.515，旋光度-50°～+14°。油的主要成分：侧柏酮（thujone，$C_{10}H_{16}O$），水芹香油烃（phellandrene，$C_{10}H_{16}$）。

［采收处理］ 秋季收割茎叶，摊开阴干，稍去水分，进行加工。

［加　　工］ 水蒸汽蒸馏法。

241 白苏（baisu）（图1165）

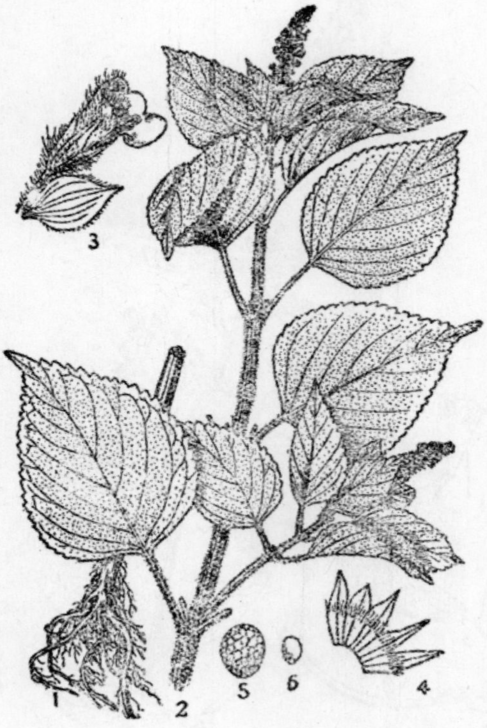

图1165 白苏

Perilla frutescens（L.）Britt.

1．根；2．花枝；3．花及苞；4．花萼展开；5．小坚果；6．种子。

（自“中国药用植物志”）

［地 方 名］ 野苏麻、薄荷、水升麻（湖北），荏子（山西）。

［学　　名］ **Perilla frutescens** (L.) Britt. 唇形科

［商 品 名］ 白苏油

［形态特征］ 一年生直立草本，高0.5～1.5米。茎方形，基部木质，光滑，上部被长白毛。叶对生，卵圆形或圆形，长3～9.5厘米，宽2～8厘米，先端急尖或渐尖，或尾状，基部圆形，边缘有粗锯齿，背面有腺点；叶柄长4.5～7厘米。花成偏侧的总状花序，顶生于枝梢或生于叶腋；花萼钟状，长3毫米，有5齿和10条脉纹，分成2唇，外面被长柔毛和腺点，喉部有长柔毛；花冠白色，长超出花萼，冠筒内中部有毛环，有4裂片；雄蕊4，2强，稍伸出。小坚果倒卵圆形，黄褐色，有网状皱纹。花期9～10月，果期10～11月。

［生长环境］ 栽培以供观赏，也有野生于路旁的，常见于日光充足，土壤排水良好的地方。

［产　　地］ 河北、山西、江苏、安徽、江西、湖北、四川、浙江、福建、

台湾、广西、贵州、云南、陕西、宁夏、甘肃等省区。

［用　　途］ 叶和茎可提取芳香油，作香精调合用。亦用作酱油等食品的防腐剂，一般用于制造糖果食品，可作芝麻的代用品。

种子可榨取脂肪油（见“油脂类”，955 页）。

［理化性质］ 据上海市资料：茎叶含芳香油 0.1～0.2%，油的比重（15℃）0.980～0.989，折射率（20℃）1.4700～1.4774，旋光度-1° 30'～-5°。主要成分为紫苏醛（perillaldehyde，$C_{10}H_{14}O$），含量 40～55%。其次亦含柠檬烃（limonene，$C_{10}H_{16}$），蒎烯（pinene，$C_{10}H_{16}$）等。又据广东省资料：白苏油呈褐黄色，比重（21℃）0.9229，折射率 1.4846，旋光度+98° 50'。

［采收处理］ 在初花期采割枝叶蒸馏芳香油较好，因此时含油量较高；作医药用，随时可采，但不宜采用幼苗。

［加　　工］ 新鲜枝叶用水蒸汽蒸馏法提取芳香油。

［其　　他］ 产量较多，在香料的用途上价值不大。

紫苏 Perilla frutescens（L.）Britt. var. crispa（Thunb.）Decne. 为本种的变种，其与本种相异处是：植物体被有带紫色关节的长柔毛；叶背面或两面为紫色；花淡红色或白色，其用途大致相同。

242 广藿香（guanghuoxiang）（图 1166）

［地 方 名］ 枝香（广东）

［学　　名］ **Pogostemon cablin** (Blanco) Benth. (*P. patchouli* Pelletier) 唇形科

［商 品 名］ 广藿香油、派超力油、中国派超力油

［形态特征］ 直立草本，茎分枝，被毛，高 30～100 厘米，植株含有香气。单叶对生，具柄，卵形至卵状长圆形，长 5～10 厘米，先端短尖或钝形，基部阔而钝，边缘有粗钝齿或有时分裂，两面均被毛，背面尤甚。穗状花序顶生和腋生，稠密，具柄，长 2～8 厘米，宽 1～1.5 厘米，基部有时间断；花萼长约 6 毫米，长于苞片，裂片短尖；花冠唇形，淡红紫色，长约 8 毫米，裂片 4（下唇 3 裂），近等长，先端钝，全缘，雄蕊 4，突出，花丝通常

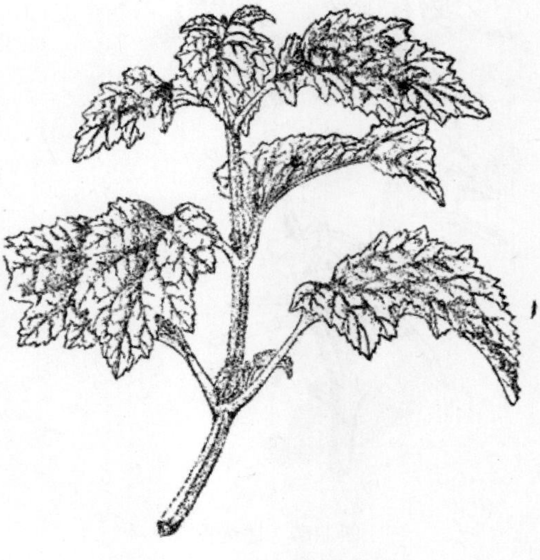

图 1166　广藿香
Pogostemon cablin（Blanco）Benth.
植株上部

有髯毛，花药 1 室，室横裂，子房上位，4 室，柱头 2 裂。小坚果平滑。花期 1～2 月（广东地区很少有开花的）。

［生长环境］ 喜温暖湿润，要求气温在 20℃以上，年雨量在 2000 毫米和排水良好的肥沃砂壤土地区，始能生长良好。

［产　地］ 台湾、广东海南有种植。

［用　途］ 广藿香油因具有强而且浓的香味。可用作优良的定香剂，同时又是白玫瑰和馥奇型香精的调合原料，又可与香根草油（oil of vetiver）共用作为东方型香精的调合基础。

茎叶又可药用（见“药用类”，1892 页）。

［理化性质］ 据上海市资料：干茎叶含芳香油 2.0～2.8%，油的比重（15℃）0.9540～0.9848，折射率（20℃）1.5076～1.5156，旋光度-40° ～-75° 30’。主要成分是广藿香醇（派超力醇）（patchoulol，$C_{15}H_{26}O$），派超力香油烃（patchoulene，$C_{15}H_{24}$），丁香酚（eugenol，$C_{10}H_{12}O_2$），桂皮醛，苯甲醛等。它的商品规格规定：油呈黄色或绿色的稠粘液体，比重（15℃）0.950～0.990，折射率（20℃）1.5060～1.5160，旋光度（20℃）-40° ～76.5° 。

［采收处理］ 海南岛种植的广藿香生长七、八个月就可采收。由于有大春和小春的不同栽培期，故也有二次采收。大春种的次年 7、8 月收，小春种的次年 3、4 月收。采收时天气要晴朗，可连根拔起放于阳光下晒干或通风处阴干。广州种植的广藿香常在 6 月间落叶前收采，收获后供药用者，曝晒数小时使呈皱缩后收回分层交错锤迭一夜，闷黄，次日再摊开曝晒至干就可。

［加　工］ 水蒸汽蒸馏法。

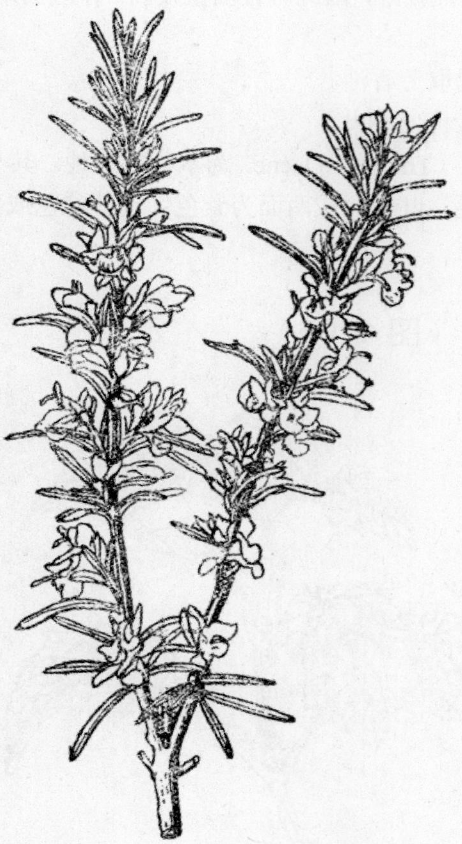

图 1167　迷迭香
Rosmarinus officinalis L.
花枝

243 迷迭香（midiexiang）（图 1167）

［学　名］ **Rosmarinus officinalis** L.

唇形科

［商 品 名］　迷迭香油

［形态特征］　常绿灌木，高约1.6米。叶多数，线形，长3厘米，先端钝，全缘，边缘反卷，下面被绒毛，质厚具小点。总状花序短，腋生；花光青色，近无柄，长约1.5厘米，多少被绒毛；花萼卵球状钟形，萼檐二唇裂，上唇很短，3齿裂，下唇2齿裂；花冠2唇形，上唇微凹或2半裂，下唇深3裂，中裂瓣大，深凹而下倾；能育雄蕊2，外伸。小坚果平滑，卵球状近球形。

［产　　地］　各地花圃中有零星栽培。

［用　　途］　花及茎叶可提取芳香油，用作皂用或化妆香精之调合原料。

［采收处理］　花期或茎叶生长旺期，采收其地上部分进行加工。

［加　　工］　水蒸汽蒸馏法。

［其　　他］　目前我国虽然栽培不多，今后可以结合观赏大量栽培并加以利用。

244 荆芥（jingjie）（图1168）

［学　　名］　**Schizonepeta multifida** (L.) Briq.　唇形科

［商 品 名］　荆芥油

［形态特征］　一年生草本，全株有香气；茎直立，有4棱，密被倒生白色柔毛，**上部分枝不多**。叶对生，阔卵形，3～5深裂，裂片**较宽**，**顶裂片有时宽而钝**，两面具白色短柔毛，背面并有黄色腺点；叶柄长2～5毫米。轮伞花序顶生，排列成穗状；花萼钟形，有5裂片，裂片三角状，外面密被柔毛和黄色腺点；花冠唇形，蓝紫色。小坚果褐色，三棱形，长约2毫米。花期5月，果期6月。

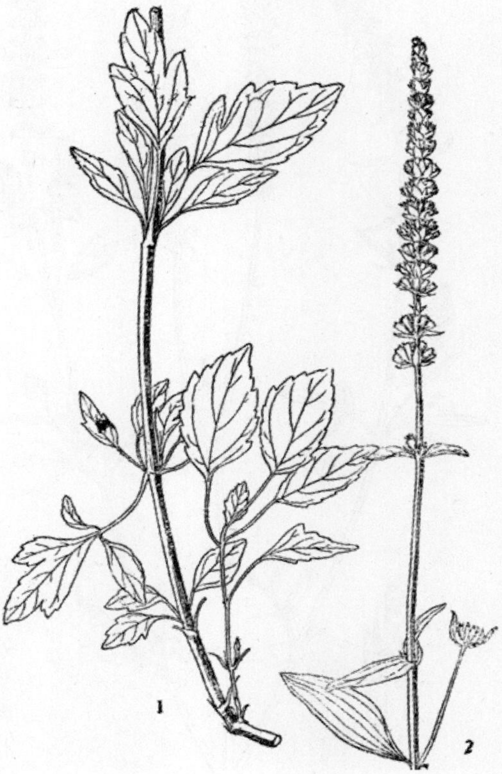

图1168　荆芥

Schizonepeta multifida（L.）Briq.

1．茎的一段；2．果序。

［生长环境］　常生于山麓、寺院附近荒地或垦殖地上。

［产　　地］　黑龙江、吉林、辽宁、内蒙古、河北、山西、甘肃、青海等省区。

［用　　途］　全草可提取芳香油，又供药用。

［理化性质］　全草含芳香油1～4%，比重0.950～0.980，折射率1.4740～1.4790，

旋光度-4°～-8°。

［采收处理］　第一次收割在大暑节（7 月间），第二次在秋分（9 月下旬）收割。

［加　　工］　水蒸汽蒸馏法。

245 裂叶荆芥（lieyejingjie）（图 1169）

［学　　名］　**Schizonepeta tenuifolia** (Benth.) Briq.　唇形科

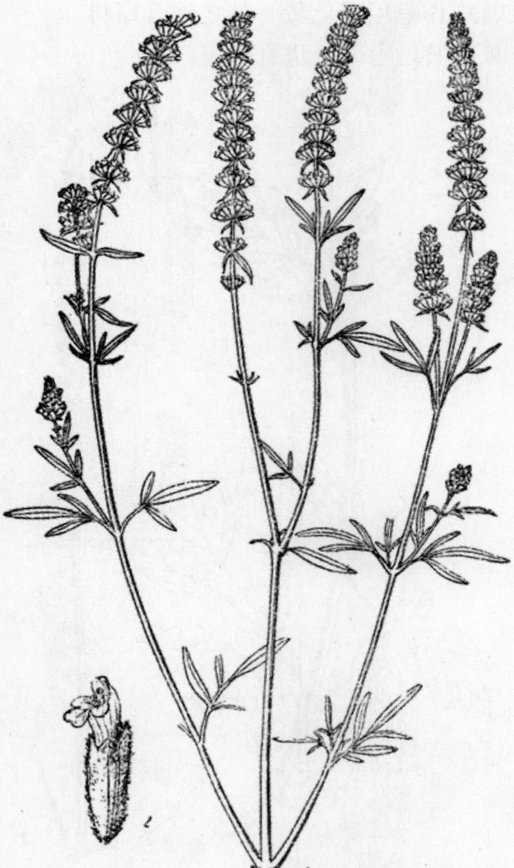

图 1169　裂叶荆芥

Schizonepeta tenuifolia（Benth.）Briq.

1. 植株上部；2. 花。

［商 品 名］　荆芥油、裂叶荆芥油

［形态特征］　一年生草本，高 60～70 厘米，全体有香气；茎方形，密生细绒毛，上部多对生分枝，斜上伸。叶对生，**3～5 羽状深裂，裂片披针形，全缘**，先端钝尖，背面有短粗毛，叶脉不显著，不具托叶。长穗状花序顶生或腋生，长 40～70 厘米，花朵密生，花序下部有披针形叶状苞片；花萼宿存，5 裂，有细毛；花冠上唇短小，2 裂，下唇大形，3 裂，**淡红白色**；雄蕊 4，2 强；花柱 1，突出在花冠之外，柱头 2 裂。

［生长环境］　生长于 1300 米左右之山野或干燥坡地上。

［产　　地］　辽宁、河北、山西、陕西、甘肃、青海、四川、云南等省。

［用　　途］　全草可提取芳香油，又可作药用。

［理化性质］　干茎、叶含芳香油 1～1.8%，油的比重（15℃）0.9243，折射率（20℃）1.4730，旋光度-10°30’。主要化学成分有右旋簿荷酮（d-menthone，$C_{10}H_{18}O$）60～80%，异薄荷酮（isomenthone，$C_{10}H_{18}O$）及右旋柠檬烃（d-limonene，$C_{10}H_{16}$）。

［采收处理］　取新鲜茎叶进行加工，或略阴干除去水分后再行加工。

［加　　工］　水蒸汽蒸馏法。

246 黄芩（huangqin）（图 1409）

［学　　名］ **Scutellaria baicalensis** Georgi 唇形科

［商 品 名］ 黄芩浸膏

（地方名、形态特征、生长环境、产地及其他用途见“药用类”，1894 页。）

［用　　途］ 干根含芳香油，经提制浸剂后可用作烟草香料。

［采收处理］ 干根经切碎后进行加工。

［加　　工］ 用淡酒精浸提，也可采用水蒸汽蒸馏法。

247 野百里香（yebailixiang）（图 1170）

［地 方 名］ 干加（内蒙古）

［学　　名］ **Thymus mongolicus** Ronninger (*Thymus serpyllum,* auct., non L.) 唇形科

［商 品 名］ 野百里香油、石薄荷油

［形态特征］ 亚灌木，茎匍匐状，高 2～5 厘米，疏生倒向卷曲微柔毛，基部木质化，分枝多。叶小，椭圆形至长圆状披针形或线形，长 5～10 毫米，宽 1～2 毫米，先端钝，基部渐狭，全缘，叶脉不显，两面均有凹陷腺点；茎上部的叶片间基部具白色睫毛；叶柄极短。花顶生，密集成头状花序，花小，紫色，唇形；萼片边缘及萼喉均具白色睫毛；雄蕊 4，伸出于花冠管外；花柱 1，柱头 2 裂。小坚果长约 1 毫米。花期 6～9 月，果期 9 月。

［生长环境］ 生于干山坡，砂质地及砂丘。

［产　　地］ 内蒙古、陕西、甘肃、宁夏、青海等省区，分布面广。

［用　　途］ 茎叶可提芳香油，略有穗薰衣草的香气，可用于化妆品香精和皂用香精等作调合香料，亦可单离芳樟醇、龙涎等香料。

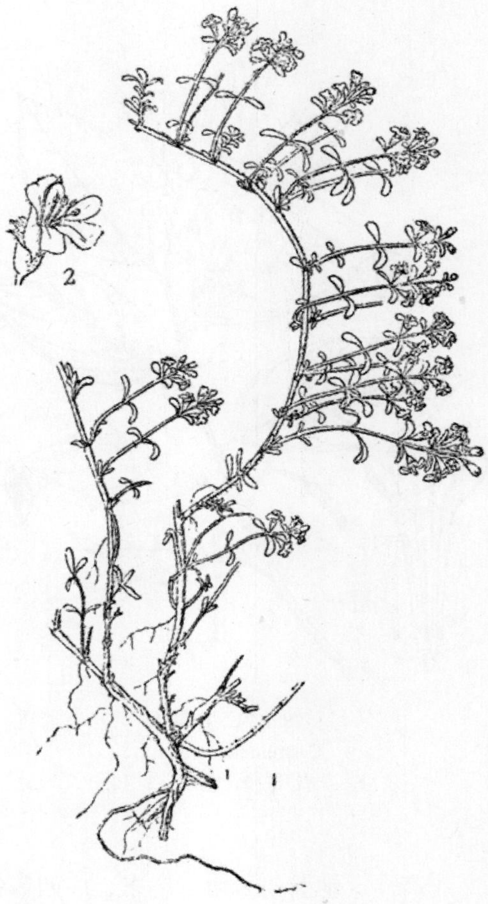

图 1170 野百里香
Thymus mongolicus Ronninger
1．植株全形；2．花。

可作药用，有发汗、驱风、镇咳、防腐等功效。

［理化性质］ 据内蒙古自治区轻工业研究所分析：茎叶含芳香油 0.5%左右，据上海市分析：比重（15℃）0.88521；折射率（20℃）1.47106，旋光度-24° 24’。主要成分为芳樟醇（linalool，$C_{10}H_{18}O$）及龙脑等。

［采收处理］ 夏秋季采收茎叶。

［加　　工］ 鲜草或干草均用水蒸汽蒸馏法蒸馏，山东一带乃用水中蒸馏法蒸取。

［其　　他］ 石薄荷（山东）为其相近种（Thymus quinquecostatus Celak.），叶 5～7 脉，极显明，可以区别，而其芳香油经试验后颇有利用价值，应选出良种，进行人工集中栽培，扩大生产。

248 洋素馨（yangsuxin）（图 1171）

图 1171 洋素馨

Cestrum nocturnum L.

1．花展开；2．花技；3．果。

［地 方 名］ 夜来香（云南）

［学　　名］ **Cestrum nocturnum** L. 茄科

［商 品 名］ 夜香茄浸膏

［形态特征］ 攀援灌木，高 2～4 米，全株无毛，有长而下垂的枝条。单叶互生，质薄，长圆状卵形至长圆状披针形，长 5～10 厘米，有时达 15 厘米，宽 2.5～4 厘米，先端短渐尖，基部通常宽圆形，微偏斜，两面无毛，光亮。伞房花序或总状花序，顶生或腋生，长 7～10 厘米；花极多，绿黄色转白色，萼钟状，长 2～3 毫米，具 5 小裂齿；花冠长管状，长 2 厘米，上部略扩大，5 裂，裂瓣具短尖；雄蕊 5，内藏，着生于花管上；子房 2 室，有胚珠数颗。浆果，长圆形，白色，长 1 厘米。花期 5～7 月，果期 12 月到次年 2 月。

［生长环境］ 为热带植物，怕霜冻，常栽培于庭园或作绿篱用。

［产　　地］ 云南、广东、广西等省区栽培。

［用　　途］ 花芳香，可利用作芳香原料。

枝叶茂密，花盛开时披被满树，特散芳香，夜间尤甚，多栽培供观赏用。

［采收处理］ 采收花朵加工。

［加　　工］　可考虑用浸提法试制浸膏。

［其　　他］　在热带地方可用插条繁殖，或压条繁殖。

249 车轴草（chezhou-cao）（图 1172）

［学　　名］　**Asperula odorata** L.　茜草科

［商 品 名］　车轴草油

［形态特征］　多年生草本。根状茎柔弱、爬行。茎 4 棱，直立或上升，高 15～30 厘米，无毛。**叶 6～8 轮生，狭长椭圆形至倒披针形**，长 2.5～4 厘米，宽 0.6～1.2 厘米，先端具刚毛尖头，边缘粗糙，干时具香气。多花组成分枝聚伞花序，花白色，长 0.3～0.6 厘米；花冠管与花冠裂片几等长。果实球形，粗糙。

［生长环境］　栽培于庭园。

［产　　地］　四川、湖南、湖北、贵州、江西、河南、山东、山西、河北等省。

［用　　途］　全株茎叶含有芳香油，可用作调合香精原料。

［理化性质］　芳香油主要成分为香豆素（coumarin）。

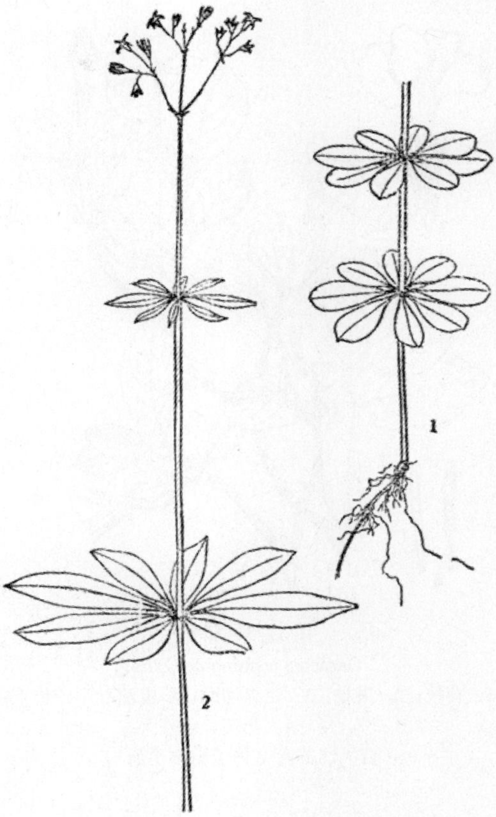

图 1172　车轴草
Asperula odorata L.
1．根及植株下部；2．植株上部。

［采收处理］　在茎叶生长旺季采收，于干燥后进行加工。

［加　　工］　水蒸汽蒸馏法。

250 栀子（zhizi）（图 1173）

［地 方 名］　黄栀子（江苏、浙江、四川、广西、福建），栀子花（江苏），山栀、白蟾（广西），水横枝（广东）。

［学　　名］　**Gardenia jasminoides** Ellis (*G. florida* L.)　茜草科

［商 品 名］　栀子花浸膏

［形态特征］　**常绿灌木**，高 0.5～2 米，幼枝有细毛。叶对生或三叶轮生，有短柄，革质，长圆状披针形，或卵状披针形，长 7～14 厘米，宽 2～5 厘米，先端渐尖或短渐尖，

全缘，两面光滑；基部楔形，**托叶膜质，基部合成一鞘**。花单生于枝端或叶腋，大形，白色，极香；花梗极短，常有棱；萼管卵形或倒卵形，上部膨大，先端5～6裂，裂片线形或线状披针形；花冠旋卷，高脚杯状，花冠管狭圆柱状，长约3毫米，裂片5枚或更多，倒卵状长圆形；雄蕊6，着生于花冠喉部，花丝极短或缺，花药线形；子房下位一室，花柱厚，柱头棒状。果倒卵形或长椭圆形，有翅状纵棱5～8条，长2.5～4.5厘米，黄色，果顶端有宿存花萼。花期5～7月，果期8～11月。

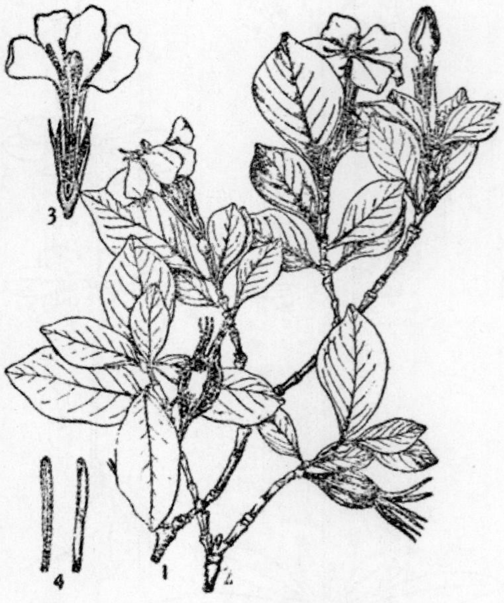

图 1173　栀子

Gardenia jasminoides Ellis

1．花枝；2．果枝；3．花纵切面，示雄蕊着生的位置；4．花药。

（自"江苏南部种子植物手册"）

［生长环境］　适应性较强，对环境的要求不甚严格，常生于低山温暖的疏林中或荒坡、沟旁、路边，在土壤肥沃阴湿处生长良好。为酸性土壤的指示植物。

［产　　地］　江苏、湖南、浙江、安徽、江西、广东、海南、广西、云南、贵州、四川、湖北、福建、台湾等地。以湖南产量最大，浙江品质最好。各地皆有栽培。

［用　　途］　花可提取芳香浸膏，用于多种花香型化妆品和香皂香精的调合剂。果实供药用（见"药用类"，1918页）。亦可作为黄色染料（见"其他类"，2074页）。枝叶茂密常绿，花大芳香，为庭园观赏植物。

［理化性质］　栀子花浸膏得油率0.4～0.5%，其主要成分为乙酸苄酯（benzyl acetate，$C_9H_{10}O_2$），乙酸芳樟酯（linalyl acetate，$C_{12}H_{20}O_2$），乙酸甲基苯基（代）原酯（methyl pheyl carbinyl acetate，$C_{10}H_{12}O_2$）等。

［采收处理］　于春夏季花开时，选择晴天摘其初放花朵，随即进行浸提。

［加　　工］　用鲜花以石油醚为溶剂进行浸提。也可先用吹气吸附法提出精油，残花再用萃取法提制浸膏。

［其　　他］　栀子的繁殖法可以采用播种、插枝或分根；插枝于梅雨天在苗床中进行，播种以春季为宜。

251　忍冬（rendong）

［学　　名］　**Lonicera japonica** Thunb.　忍冬科

［商 品 名］ 金银花浸膏

（地方名、形态特征、生长环境、产地及其他用途见“药用类”，1922 页）

［用　　途］ 花含芳香油，可用于配制化妆品香精等。

［理化性质］ 金银花浸膏得率为 0.3～0.4%，油的比重（15℃）0.9012 左右，折射率（20℃）1.4613 左右，旋光度±0°。

［采收处理］ 基本上和药用类相同，但花已开放不能药用的，亦可利用提芳香油，主要在清晨采收。

［加　　工］ 应用浸提法制浸膏。虽可用水蒸汽蒸馏法制取芳香油，但香气不佳。

252 甘松（gansong）（图 1174）

［学　　名］ **Nardostachys jatamansi** DC. 败酱科

［商 品 名］ 甘松油

［形态特征］ 多年生草本，高 20～40 厘米。根单一或分叉，微有肉质，伸长，生纤细须根，茎基部密被纤维状叶柄残余，紫红色，叶基生，椭圆状披针形或匙形，全缘，长 6～12 厘米，先端钝，花集成顶生聚伞花序或头状花序，苞片 4，长圆形，中央有脊，呈棕红色；花合瓣，萼片 5，长卵状披针形；花冠管状钟形，深玫瑰紫色，裂瓣 5，卵圆形，雄蕊 4，花药长卵形，2 室；**子房下位，3 室，仅 1 室具胚珠 1 颗；**果实倒卵圆形，扁平，有 1 粒种子，其他 2 室不发育。花期 6～7 月。

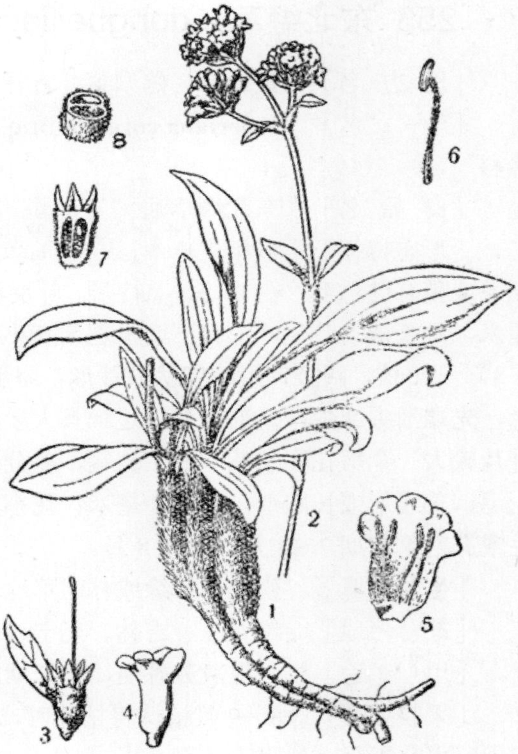

图 1174 甘松

Nardostachys jatamansi DC.

1. 根和基生叶；2. 花枝；3. 除去花冠的小花；4. 花冠；5. 花冠展开；6. 雄蕊；7. 子房纵剖面；8. 子房横剖面。

［生长环境］ 生于阴湿的山坡及湿润草原地带，在四川分布达海拔 3500 米以上。

［产　　地］ 甘肃、青海、四川、云南等省。

［用　　途］ 根状茎提制芳香油，可作调香原料。

根状茎亦供药用（见“药用类”，1924 页）。蒸馏芳香油后的残渣，可作农业杀虫剂和良好肥料。

［理化性质］ 据上海市资料：根状茎含油量为2.5～5.5%，油的比重为0.9271～0.9791，折射率1.5098～1.5173，旋光度-4°15’～21°45’，主要化学成分内含戊酸香叶酯（geranyl valeriate，$C_{15}H_{26}O_2$），戊酸香草酯（citronellyl valeriate，$C_{15}H_{28}O_2$）及倍半萜类。国产品甘松油的规格为：外形呈黄色、棕色或绿色液体，具有特香。比重（15℃）0.928～0.975，折射率（20℃）1.5020～1.5170，旋光度（20℃）-4°45’～-11°40’。

［采收处理］ 在秋末冬初甘松茎叶将枯萎时采收根状茎最适宜。

［加　　工］ 把收回阴干后的甘松根状茎，去掉泥沙杂质，用木棒捶拍打破裂，用水蒸汽蒸馏法蒸取。

［其　　他］ 甘松根状茎收购规格以干、杂质少、不霉烂者为佳。目前产量不多；尚应加强发掘利用，以满足需要。

253 东北缬草（dongbeijiecao）

［地 方 名］ 拔地麻、媳妇菜（吉林）

［学　　名］ **Valeriana coreana** Briq. (*V. nipponica* Nakai, *V. leiocarpa* Kitag.) 败酱科

［商 品 名］ 东北缬草油

［形态特征］ 多年生草本，高达1米，**根须状通常无匍匐枝**，茎直立，具沟槽，无毛或稍有硬糙毛，在节处具毛特多。**叶羽状全裂或近似奇数羽状复叶**，基生叶长达30厘米，具长柄，茎生叶形自下而上逐渐变小，叶柄也渐短或近无柄，**小叶宽大**通常为5（3）～11枚，**阔披针形或卵状披针形，卵形或近椭圆形**，长3.5～7厘米，宽1.2～2厘米，先端渐尖或尖，基部楔形，边缘具大牙齿或近于全缘，无毛或稍有毛，通常顶生小叶片较大。伞房花序生茎端或生枝端，多分歧，较大，花轴除在节处有糙毛外，其余均无毛，苞线形或长圆形，长达2毫米；花小，淡紫红色，狭漏斗状，上端5裂。果实无毛或有毛。花期7～8月，果期8月。

［生长环境］ 生长于林缘或林间草地。

［产　　地］ 黑龙江、吉林、辽宁、内蒙古东部等地。

［用　　途］ 可提取芳香油，作纸烟的香料用，也供药用。

［采收处理］ 8～9月植株将枯萎时，挖取其根。除去泥土，放日光下晒至7～8成干，再移于阴凉处阴干备用。

［加　　工］ 干根经压碎后用水蒸汽蒸馏法提取芳香油。

254 马蹄香（matixiang）（图1175）

［地 方 名］ 蜘蛛香（四川）

［学　　名］ **Valeriana jatamansi** Jones 败酱科

［商 品 名］　马蹄香油

［形态特征］　多年生草本，茎高达 30 厘米。根状茎肥厚粗大，皮酱褐色，有浓烈香气。地上的茎叶到冬季枯萎，次年春天从根部发出枝叶。**基生叶卵状心形**，被柔毛，绿色，长约 2～8 厘米，叶缘波状粗齿，**叶柄长 20～30 厘米，茎生叶，常对生，少数为三出复叶或单叶**,卵状披针形，较基生叶为小，聚伞状伞形花序顶生，花小，白色微带粉红。果为干果，不开裂，内有 1 种子。果期 8～9 月（四川）。

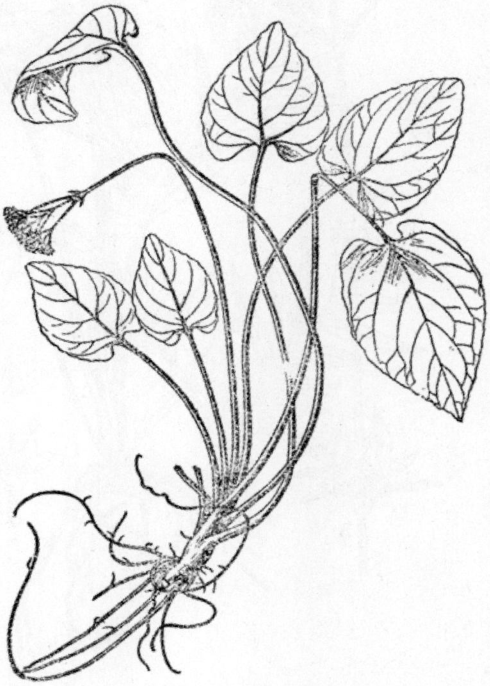

图 1175　马蹄香
Valeriana jatamansi Jones
植株全形

［生长环境］　常生于疏林或灌木林中，溪边、田埂等潮湿地方也常出现，干山坡上生长较少。

［产　　地］　云南、四川、贵州等省。

［用　　途］　根状茎提取芳香油，供作调香原料。

［理化性质］　据云南省野生植物普查队分析：根状茎含油量为 0.16%。

［采收处理］　冬季采收。

［加　　工］　水蒸汽蒸馏法。

［其　　他］　一般用种子繁殖，春播后，当年开花，2～3 年后可以收获。

255 缬草（jiecao）（图 1176）

［地 方 名］　满山香、拔地麻（陕西），香草（甘肃）。

［学　　名］　**Valeriana officinalis** L.　败酱科

［商 品 名］　缬草油

［形态特征］　多年生草本，茎直立，高 100～150 厘米，通常无毛，有纵条纹。具短锤状根状茎或多数细长须根；基生叶丛出，早落或残存，长卵形，为奇数羽状复叶或为不规则深裂，小叶片 9～15，顶端裂片较大，全缘或具少数锯齿，具长柄，基部稍宽呈鞘状；茎生叶对生，无柄抱茎，奇数羽状全裂，裂片每边 4～10，披针形，全缘，或具不规则粗齿；由茎下向上叶渐小。伞房花序顶生，排列整齐；花小，白色或紫红色；小苞片卵状披针形，具纤毛；花萼退化；花冠管状，长约 5 毫米，5 裂，裂片长圆形；

图 1176　缬草

Valeriana officinalis L.

1. 幼苗；2. 茎中部；3. 茎上部；4. 小苞片；5. 花；6. 花冠剖开；7. 果（有羽状冠毛）。

雄蕊 3，较花冠管稍长；子房下位，长圆形，蒴果光滑，具 1 种子。花期 6～7 月，果期 7～8 月。

［生长环境］　喜低温，生于海拔 1300～1900 米的山坡草地，适于酸性肥沃土壤。

［产　　地］　陕西、甘肃、青海、四川、河北、河南、山东、山西、台湾、湖北等省。

［用　　途］　根可提取芳香油，用于高级烟草用香精；甘肃一带山区的农民在五月节时常采块根填香包用。

根及根状茎可供药用（见“药用类”，1926 页）。

［理化性质］　据上海市资料：根部含芳香油 0.5～2%，油的比重（15℃）0.920～0.990,折射率（20℃）1.4860～1.5021，旋光度-2°～-28° 40’。主要成分为戊酸及其酯类，并含有丁酸酯类等。据陕西省资料：其中的戊酸酯类乃以异戊酸龙脑酯（bornylisovaleriate，$C_{15}H_{26}O_2$）为主，但此酯成分易被酶分解成异戊酸，而发生特殊的酸败臭。又四川产的缬草油其性质例如下表：

项　目	四川秀山、南川县产	四川彭水县产	四川彭水县产
比重	0.930～0.965（15℃）	0.9557（20℃）	0.9426（20℃）
折射率（20℃）	1.4750～1.4950	1.5003	1.485
旋光度	-8°～-14°	-38° 15′	
酸值		9.647	7.074
酯值		41.89	100.20
乙酰化后酯值		28.99	161.05

（据上海市及四川省资料）

［采收处理］　9～10 月间采掘其根，阴干后即可蒸馏。

［加　　工］　将干根粉碎成 4～5 毫米左右的小块，然后用水蒸汽蒸馏法蒸馏芳香油。

［其　　他］ 缬草油在国际市场上价格甚高。四川等地资源丰富，除供外销外，尚应积极研究扩大利用及保护栽培。

256 千叶蓍（qianyeshi）（图 1177）

［学　　名］ **Achillea millefolium** L. 菊科

［商 品 名］ 千叶蓍油

［形态特征］ 多年生草本，茎高 30～90 厘米，不分枝。**叶草质较软，长线形，2～3 回羽状分裂，裂片线形，具齿牙**，被毛或近无毛；无柄。头状花序径约 6 毫米，总苞片数列，复瓦状排列，构成平顶形伞房花序；**边缘小花约 5 朵**，雌性，发育，白色或淡粉红色；中心小花两性，黄色。**瘦果圆筒形，顶端截形**，无冠毛。花期 8～9 月，果期 9～10 月（东北）。

［生长环境］ 生于铁路沿线，为外来种，常栽培。

［产　　地］ 黑龙江、吉林、辽宁、陕西、甘肃、新疆、青海、四川、台湾等省区。

［用　　途］ 茎叶含有芳香油，可用作调香原料。

［采收处理］ 在花期采收其茎叶进行加工。

［加　　工］ 水蒸汽蒸馏法。

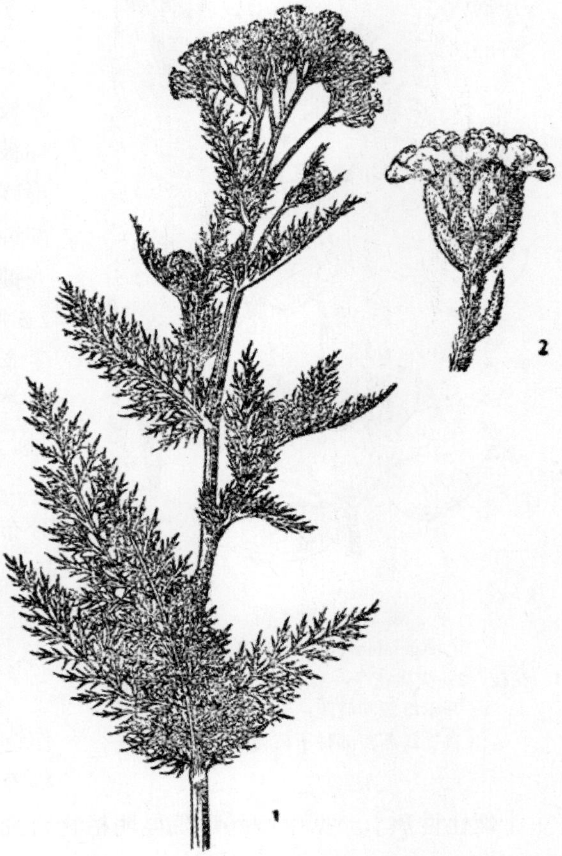

图 1177 千叶蓍
Achillea millefolium L.
1. 茎上部；2. 头状花序。

257 蓍（shi）

［学　　名］ **Achillea sibirica** Ledeb. 菊科

［商 品 名］ 蓍草油

（地方名、形态特征、生长环境、产地及其他用途见“药用类”，1938 页）

［用　　途］ 茎叶含有芳香油，可用作调香原料。

［采收处理］ 在花期进行采收，鲜时加工。

［加　　工］ 水蒸汽蒸馏法。

258 藿香蓟（huoxiangji）（图 1178）

［地 方 名］ 重阳草、鬼点火（云南），碱虾花（广东）。

图 1178 藿香蓟
Ageratum conyzoides L.
1．花枝；2．头状花序；3．管状花；4．管状花展开示雄蕊和雌蕊；5．瘦果。
（自“江苏南部种子植物手册”）

［学 名］ **Ageratum conyzoides** L. 菊科

［商 品 名］ 藿香蓟油

［形态特征］ 一年生草本。茎直立，分枝，绿色有时带紫色，高 15～60 厘米，全体被稀疏白色粗毛，有香气。单叶对生，卵形或心形，长 2～4 厘米，宽 1～3 厘米，基部钝或圆形，稀为心形，先端钝，边缘具整齐钝锯齿，两面均被稀疏粗毛；叶柄长 1～2.5 厘米，被毛。头状花序小，排列成紧密顶生伞房状花序，花蓝色或白色。瘦果黑色，具芒状鳞片形冠毛，鳞片有锯齿。花期 8～9 月。

［生长环境］ 常生热带及亚热带地区，分布在海拔 200～1500 米之间，为棉田、菜园、荒地普遍生长的杂草。

［产 地］ 云南、广东、广西、江西、江苏等省区。

［用 途］ 全株可提芳香油。亦可作饲料及绿肥。广东、江西常作鱼饲料，俗称养鱼花。

［理化性质］ 据中国科学院昆明植物研究所资料：茎叶含油量 0.4%，主要成分是倍半萜类。

［采收处理］ 8～9 月间采收。

［加 工］ 水蒸汽蒸馏法。

［其 他］ 用种子繁殖。

259 零陵香（linglingxiang）（图 1179）

［学 名］ **Anaphalis hancockii** Hance 菊科

［商 品 名］ 零陵香浸膏

［形态特征］ 多年生草本；根状茎于地下匍生，秋季生有不定芽，侧根须状；茎不分枝，高 25～45 厘米，灰绿色，被腺状长柔毛及蜘蛛网状长白毛。叶互生直立，长 4～

5 厘米，宽 6～8 毫米，具 1 脉，基生叶匙形，先端钝或微尖，基生叶狭长圆状倒披针形，表面有疏毛或近无毛，背面被自柔毛，边缘柔毛较密，上部叶先端狭长渐尖。头状花序倒圆锥形，多数集成球形伞房状花序，总花梗顶端密被长绒毛；总苞片多数，复瓦状排列，长圆状卵形，绢质或膜质，白色，先端钝尖，基部暗褐色，长 6～10 毫米；冠毛白色，长约 5 毫米。

［生长环境］ 性耐寒，生长在海拔 2000～3500 米的高山荒草坡上，喜湿润腐殖质土壤。

［产　　地］ 河北、山西、陕西、甘肃、青海、江西等省。

［用　　途］ 花可提取芳香油。

［采收处理］ 开花时采收花朵，鲜时加工。

［加　　工］ 浸提法。

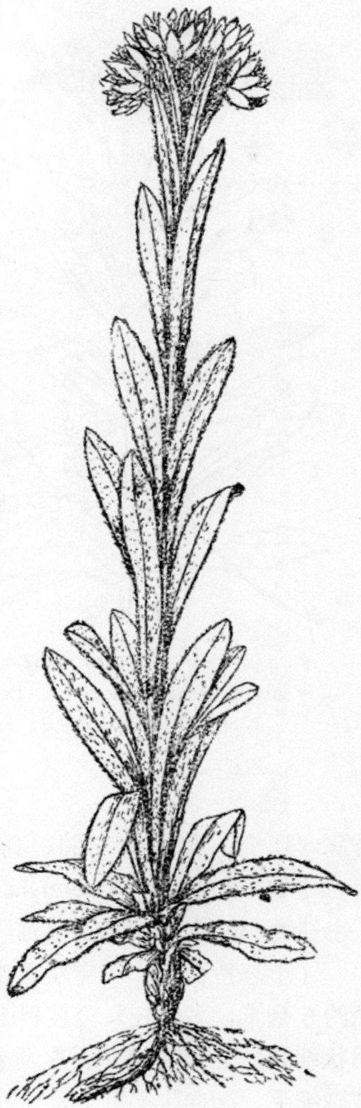

图 1179 零陵香
Anaphalis hancockii Hance
植株全形

260 山萩（shanqiu）（图 1180）

［地 方 名］ 九里香清、香丝棉（浙江）

［学　　名］ **Anaphalis margaritacea** (L.) Benth. et Hook. 菊科

［商 品 名］ 香蕎棉油

［形态特征］ 多年生草本，茎直立，高 30～60 厘米，被灰白色绵毛。叶互生，无柄，基部抱茎，线状披针形或披针形，长 9～12 厘米，宽 1.5～3 毫米，先端尖或钝尖，表面深绿色，近无毛，背面被灰白色或淡褐色长绵毛。**雌雄异株或杂性**，头状花序多数呈伞房状，着生于枝端，总苞球形，直径 0.8～1 厘米，总苞干膜质，5～7 列，带褐色或白色，雌花与两性花同株或近于异株，均为管状白色，雌花生平花盘外围，结实，两性花生于花盘中部，退化不育。花期夏季。

［生长环境］ 生长在山坡路旁较阴湿的草丛中。

［产　　地］ 浙江、云南、贵州、广西、陕西、甘肃等省区。

［用　　途］ 茎叶及花都含有芳香油，可用作调香原料。花油特别珍贵，应大力发展。

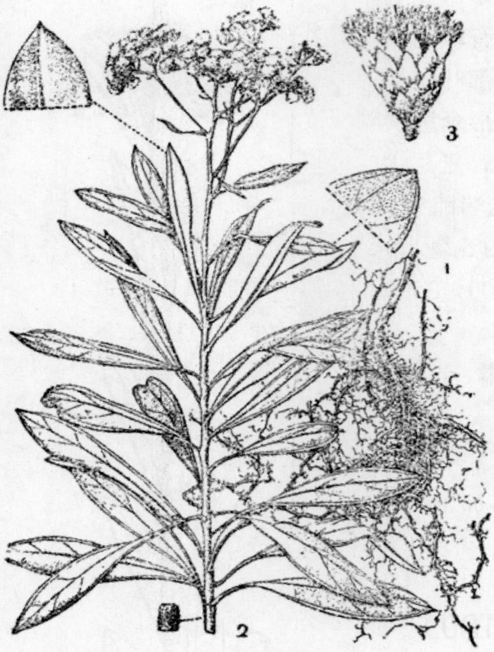

图 1180 山萩
Anaphalis margaritacea（L.）Benth. et Hook.
1．根；2．植株上部；3．头状花序。

[理化性质] 干花含油 0.1～0.2%，叶含油 0.26%，全株含油 0.28%（浙江产），芳香油比重（15℃）0.8989～0.9219，折射率（20℃）1.4987～1.4994，旋光度+35°～+39°，含酚量 36%，乙酸化后酯值 145，酸值 2.07。

[采收处理] 花宜在开放时采摘；茎叶宜在 6～10 月近根部采割。采收后茎叶与花应分别趁鲜加工，如不能及时加工，亦应分别摊开阴干后加工。

[加 工] 水蒸汽蒸馏法。

261 黄花蒿（huang-huahao）（图 1181）

[地 方 名] 臭蒿（陕西、山西、吉林、江西），黄蒿、青蒿（东北、江苏），番红草、香丝草（广东、海南），香蒿（辽宁、吉林），草蒿、臭青蒿（浙江），黄蒿子（山东）。

[学 名] **Artemisia annua** L. 菊科

[商 品 名] 黄花蒿油

[形态特征] 一年生草本，根纺锤状。茎直立，高约 1.5 米，有纵纹，光滑，直径约 6 毫米，多分枝，分枝斜上。基生叶在开花时脱落，茎部叶抱茎，卵圆形，2～3 回**羽状细裂**，呈栉齿状，**裂片及小裂片长椭圆状线形**，**上面绿色**，**无毛或被细微毛**，**下面被微细毛**，渐向上部叶逐渐变小，叶裂片全缘。头状花序小，球形，**极多数**，密集成大型圆锥花序，**直径 1.5～2 毫米**，花序梗长 2 毫米；**总苞球形**，**苞片 2～3 列**，外列狭长椭圆形，绿色，中列及内列者为长椭圆形，有淡绿色的中肋，边缘膜质；花托长圆形，裸露；小花均为管状，边缘小花雌性，中央为两性花，花冠长 1 毫米，花柱分枝，通常截形或成画笔状；花药基部钝。瘦果长圆形，长 0.7 毫米，光滑；无冠毛。花期 8～10 月，果期 11 月。

[生长环境] 性喜阴湿肥沃土壤，生山坡、路边、村边荒地，有时出现于农田中。

[产 地] 黑龙江、吉林、辽宁、河北、山东、山西、河南、陕西、甘肃、江苏、浙江、福建、台湾、广东、湖北、江西、四川等省。

［用　途］茎叶可提取芳香油。

全草尚可药用（见“药用类”，1939 页）；及土农药用（见“土农药类”，2053 页）。瘦果又可榨油（见“油脂类”，984 页）。蒸过芳香油的残渣可供造纸（见“纤维类”，318 页）。茎可作嫁接菊花用。

［理化性质］全草含芳香油 0.3～0.5%，主要成分为桉萜醇（globulol，$C_{15}H_{26}O$），苦艾酮（artemisia ketone，$C_{10}H_{16}O$），异苦艾酮（isoartemisia ketone，$C_{10}H_{16}O$）等。

［采收处理］7～8 月为采收期，采后应趁鲜加工，供药用时宜阴干储存。

［加　工］水蒸汽蒸馏法。

［其　他］播种繁殖。

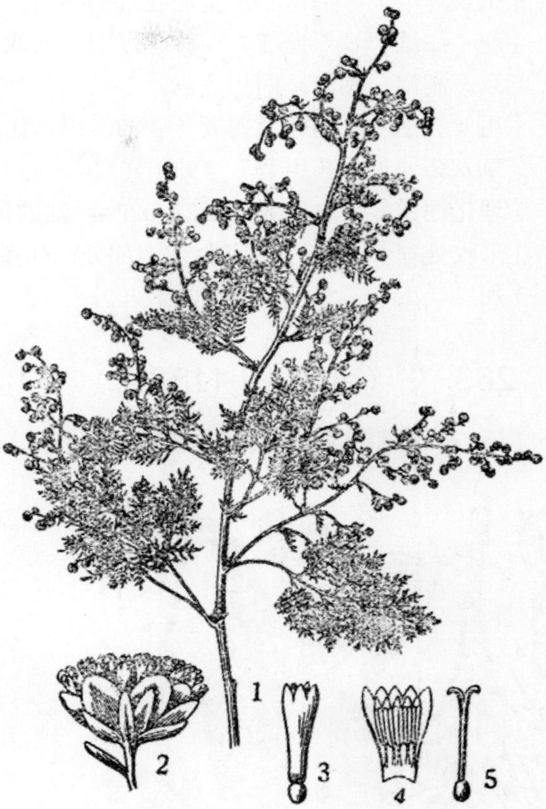

图 1181　黄花蒿

Artemisia annua L.

1. 花枝；2. 头状花序；3. 管状花；4. 管状花剖开后示雄蕊；5. 雌蕊。

（自“中国药用植物志”）

262 青蒿（qinghao）

［地 方 名］草蒿、香蒿（河南、四川、东北），臭艾子、蚊香、苦松（福建）。

［学　名］**Artemisia apiacea** Hance　菊科

［商 品 名］青蒿油

［形态特征］一年生或二年生草本，高 0.4～1 米，有香气；茎直立，有细棱，多分枝，无毛。单叶互生，基生叶及下部茎生叶较大，开花时枯萎，**叶 2～3 回羽状深裂或全裂，终裂片线形，狭披针形或披针形**，宽 0.5～2 毫米，锐尖或稍钝，**常有缺刻状细牙齿，两面无毛**，越向茎上部越小，**裂片越狭，叶裂片轴羽状分裂**。头状花序多数，**较大，半球形，径 4～6 毫米，具细梗**，于茎中上部聚成大圆锥花序，总苞片约 3 列，椭圆形至长圆形，外列者较短小，中列及内列者较长，边缘膜质透明，花皆为管状，黄色，边缘具 1 列细小**的雌性小花**，中央**具多数较大的两性小花**，**花全部结实**，无冠毛，花托裸露。**瘦果微小**，长 1 毫米以内。花期 8～9 月，果期 9～10 月（东北）。

［生长环境］ 河岸、撩荒地及荒地路边。

［产　　地］ 黑龙江、吉林、辽宁、河北、山西、河南、山东、江苏、浙江、福建、广东、湖南、湖北、四川等省。

［用　　途］ 茎叶可提取芳香油。用于化妆品香精中。

全草入药（见“药用类”，1939 页）。

［理化性质］ 含芳香油 0.2～0.5%，油的折射率（20℃）1.5450，有龙脑香味。

［采收处理］ 6～7 月采收地上部分，如蒸馏芳香油用，可稍予阴干，即可使用。

［加　　工］ 水蒸汽蒸馏法。

263 艾（ai）（图 1182）

［地 方 名］ 白艾（陕西、辽宁、吉林、江西、四川）

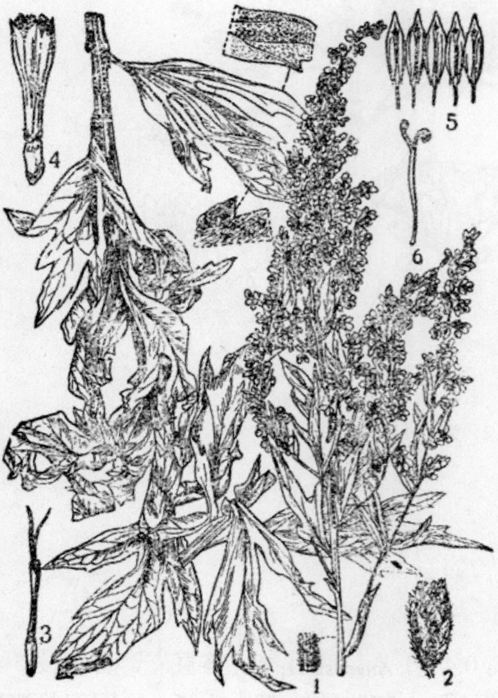

图 1182 艾
Artemisia argyi Lévl. et Vant.
1．花枝；2．头状花序；3．雌花；4．两性花：5．雄蕊：6．花柱。

［学　　名］ **Artemisia argyi** Lévl. et Vant.　菊科

［商 品 名］ 艾蒿油

［形态特征］ 多年生草本，高 45～120 厘米。茎直立，**具明显棱条，密被灰白色绵毛**，茎中上部分枝短，斜上升。叶互生，**基生叶 3 出羽状深裂或浅裂**，有时为再次羽状尖裂，近顶部叶披针形，**表面具散生的白色小腺点，叶背面密被灰白色茸毛，基部楔形，有柄**。头状花序组成总状式的圆锥花序，直径 2.5 毫米，长 5 毫米，**总苞密被灰白色茸毛**，苞片 4～5 列，复瓦状排列，外列卵圆形，内列匙状长圆形；花托半球形，无毛，小花管状，褐黄色，雌花和两性花均结实，花托裸露。瘦果长圆形，平滑，无冠毛。

［生长环境］ 性喜湿润肥沃土壤，生于草地、荒地，山野低平地区，也有栽培。

［产　　地］ 四川、湖北、江西、福建、陕西、山西、河南、河北、甘肃、内蒙古、辽宁、吉林、黑龙江等省区。

［用　　途］ 茎、叶含有芳香油，可用作调香原料。

此外可作药用（见“药用类”，1940 页）及土农药（见“土农药类”，2054 页）。

［理化性质］ 据中国科学院林业土壤研究所分析：干植株含芳香油 0.33%。

［采收处理］ 端午节前后采收最好，采后用刀切碎，即可进行加工。

［加 工］ 水蒸汽蒸馏法。

264 茵陈蒿（yinchenhao）（图 1183）

［地 方 名］ 茵陈、茵陈草、蚊子艾、蚊子苏、土茵陈（福建），铁青蒿（湖北、山东），白蒿、著蒿、石茵蒿（西北）。

［学 名］ **Artemisia capillaris** Thunb. 菊科

［商 品 名］ 茵陈蒿油

［形态特征］ 多年生草本，高30～100 厘米，有香味。茎直立多分枝，绿褐色或紫褐色，具纵条纹，枝细稠密无毛。基生叶有柄，柄细长柔弱，**叶上部有不规则的羽状深裂及锯齿，基部楔形，被白色软毛**，茎生叶无柄为 **1～2 回羽状全裂或不分裂，裂片线形，长 5～20 毫米，绿色有毛或无毛。头状花序卵形，直径 1～2 毫米**，排列成大圆锥花序状；**总苞卵形，无毛**，总苞片 3～4 列，**外列较短，绿色，边缘淡黄色**，卵形或三角形；**花均为管状**；边缘**雌花较两性花稍长**，着生花托周围，**中央两性花不结实**，着生花托中部，花冠黄绿色，花冠管下部狭，长约 1.5 毫米，先端 5 裂；雄蕊 5，不外露，聚药，花丝着生在花冠管内基部；子房椭圆形，柱头近头状，不外露。瘦果倒卵形，长 0.8 毫米。花期 9～10 月，果期 11 月。

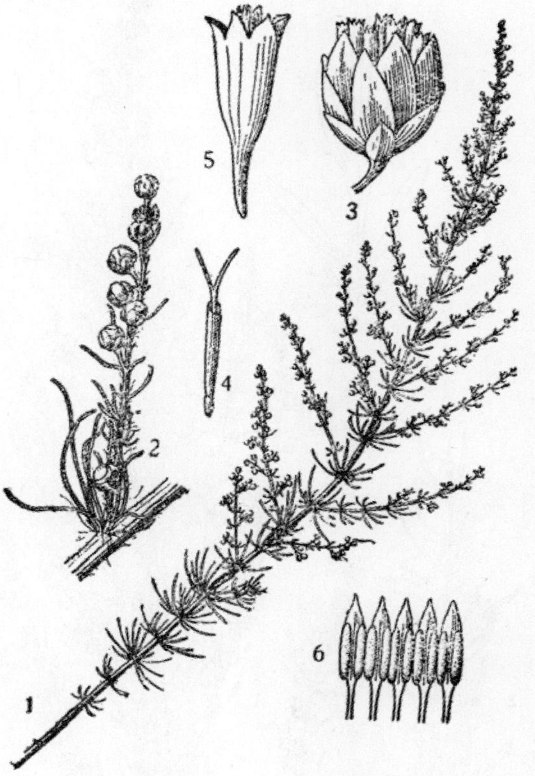

图 1183 茵陈蒿

Artemisia capillaris Thunb.

1. 花枝；2. 花序的一部分；3. 头状花序；4. 雌花；5. 两性花；6. 两性花的雄蕊。

（自“中国药用植物志”）

［生长环境］ 适应性强，抗旱性大，生沟岸、地埂、干河床、古坟地、荒废田中，在初荒 2～3 年的农地往往成群成长。

［产 地］ 全国各省均产。

［用 途］ 茎叶含芳香油，供配制各种清凉剂，喷雾香水，香皂和香精用。其

中所含乙位蒎烯可合成高级香料。

全草供药用（见“药用类”，1940页）。

［理化性质］ 芳香油含量0.2～0.3%，主要成分为乙位蒎烯（β-pinene，$C_{10}H_{16}$）及茵陈烃（capollen，C_6H_5～C_7H_9），据上海市分析：油的物理常数为：比重（15℃）0.9692，折射率（20℃）1.5770，旋光度-12° 10'。

［采收处理］ 提取芳香油，宜在开花时割取，趁鲜加工蒸馏。

［加　　工］ 水蒸汽蒸馏法。

［其　　他］ 用种子播种繁殖。

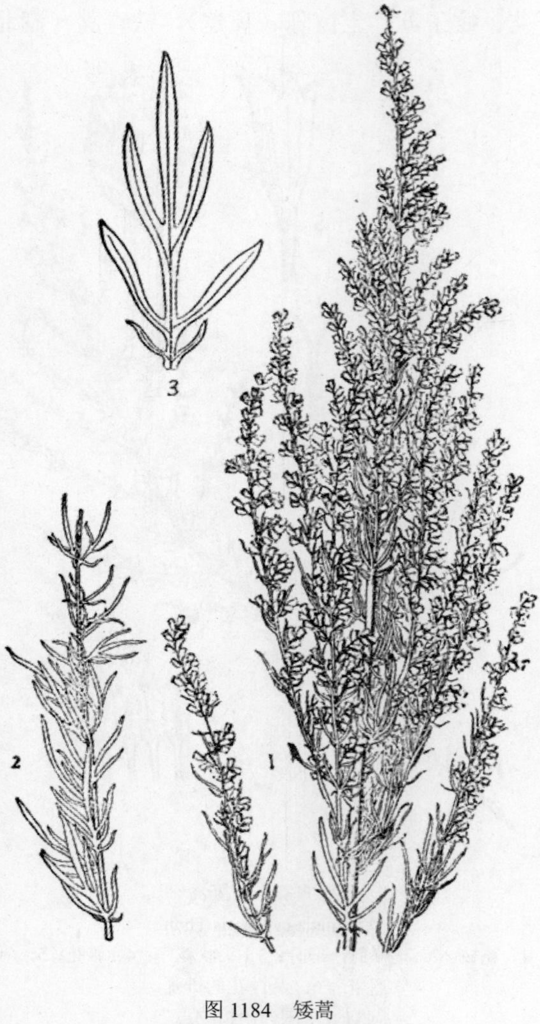

图1184 矮蒿
Artemisia feddei Lévl. et Vant.
1．花枝；2．茎的一部分；3．叶。

265 矮蒿（aihao）（图1184）

［地 方 名］ 牛尾巴蒿（辽宁）

［学　　名］ **Artemisia feddei** Lévl. et Vant. 菊科

［商 品 名］ 矮蒿油

［形态特征］ 多年生草本，根状茎长，匍匐生枝；地上茎直立，高60～100厘米，淡黄褐色，有条棱，微被蛛毛，分枝细。叶羽状分裂，裂片线状披针形，先端稍钝，表面暗绿色，背面密被灰白色茸毛，边缘反卷。头状花序，长圆状钟形或圆筒形，长约2毫米，直径约1毫米，多数密生侧生枝上形成窄复总状花序，花序的侧生枝下密生线状小叶；总苞外被微毛，小花紫褐色，异形，两性小花花柱分枝，先端截形，小花均结实。瘦果窄长圆状卵形，暗褐色。

［生长环境］ 喜生河岸湿草滩、沟谷、地埂，山坡上也常出现。

［产　　地］ 辽宁、吉林、黑龙江等省。

［用　　途］ 全植株均含芳香油。

［理化性质］　据辽宁省野生植物普查队分析：全株（风干）含芳香油 0.38%。

［采收处理］　夏秋季采收全株。

［加　　工］　水蒸汽蒸馏法。

266 小野艾（xiaoyeai）（图 1185）

［学　　名］　**Artemisia indica** Willd. (*A. vulgaris* L. var. *indica* Maxim.)　菊科

［商 品 名］　小野艾油

［形态特征］　多年生草本，高 50～120 厘米，有从叶柄基部下延的线状条纹，无毛或被柔毛，上部分枝。叶互生，基生叶具柄，茎上部生叶无柄，1～2 回羽状全裂，**裂片狭细状披针形，或线形**，第2回裂片常为**1～2 小裂片或2～3 小裂片成叉状**，基部下延，**先端钝尖全缘**，表面深绿色，无毛或疏其柔毛，**背面密被灰白色绒毛**。头状花序**钟状长圆形，直径 1.5～3 毫米**，多数形成**较密总状花序或圆锥状花序**，总花梗部叶为长圆状披针形，或三出；**总苞略呈球形**，具白毛，总苞片 3～4 列，复瓦状排列；外列苞片卵形，内列苞片长圆形，边缘干膜质，小齿状；小花全为管状，全部结实，外列小花雌性，细小筒状，不分裂或微 2～3 裂，中心小花两性，长钟状，5 裂；雄蕊 5，花柱分枝，先端截形。瘦果长圆形。花期 9～10 月，果期 10～12 月。

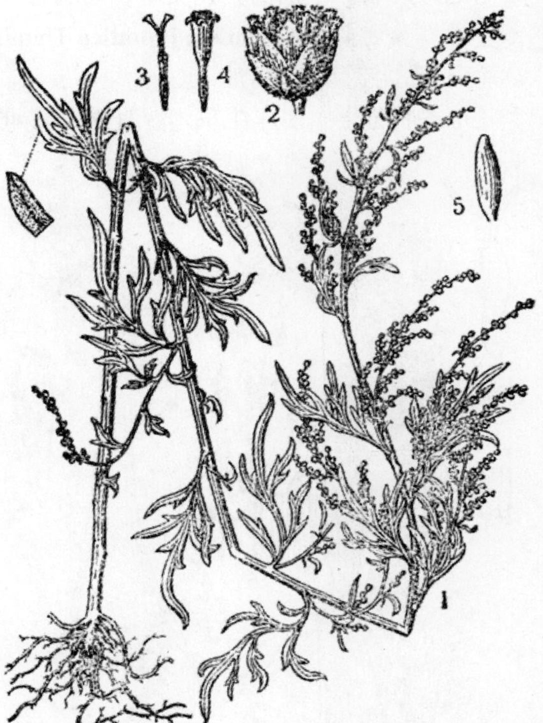

图 1185　小野艾

Artemisia indica Willd.

1. 植株全形；2. 头状花序；3. 雌花；4. 两性花：5. 瘦果。

［生长环境］　河边、沟岸、荒地、田边、路旁、山谷、粘壤土、砂质壤土均可生长。

［产　　地］　河南、湖北、湖南、江西、安徽、江苏、浙江、福建、台湾、广东、广西、云南、贵州、四川、陕西等省区。

［用　　途］　叶及花含芳香油。

亦可作药用，与野艾同。

［理化性质］　据河南省资料：叶含芳香油 0.04%，主要成分为桉叶醇（cineole,

$C_{16}H_{18}O$），约占 50%，苦艾素（d-thujone，$C_{10}H_{10}O$），倍半萜苹，倍半萜醇（adenin）0.02%，cholin 0.11%等盐基；维生素甲、乙、丙、丁，amilase 等。

［采收处理］　在花开时，采收地上部分，除去粗枝，切碎后即行加工。

［加　　工］　水蒸汽蒸馏法。

［其　　他］　本种与野艾及蒙古艾的区别为叶裂片较狭小，先端钝尖；头状花序为钟状球形，较小，花枝疏散，倾斜。

267 牡蒿（muhao）（图 1186）

［地 方 名］　油蒿、花艾草、老鸦青（浙江）

［学　　名］　**Artemisia japonica** Thunb.　菊科

［商 品 名］　牡蒿油

［形态特征］　多年生草本，直立，高 40～90 厘米，无毛，具不育枝。叶互生，二型，基生叶匙形，排列如莲座状，长 3.5～8 厘米，宽 3～8 毫米；顶端圆形，齿裂或羽裂，裂片具细齿，基部渐窄，无毛或两面具绢质柔毛，花基上叶楔状匙形，长 4～8 厘米；基部有假托叶，先端齿裂，三裂或羽状分裂，裂片宽 1.5～2 毫米，稍带肉质，两面有绢质软毛，或无毛；茎上部叶线形，较小。头状花序卵圆形，长约 2 毫米，直径 1.5 毫米，多数组成长而稠密的顶生带叶的圆锥花序；总苞三列，绿色，边缘膜质，光滑；小花全为管状，淡黄色，边缘小花雌性，结实，8 朵，中央小花两性，不结实，花冠基部膨大。花期 8～10 月。

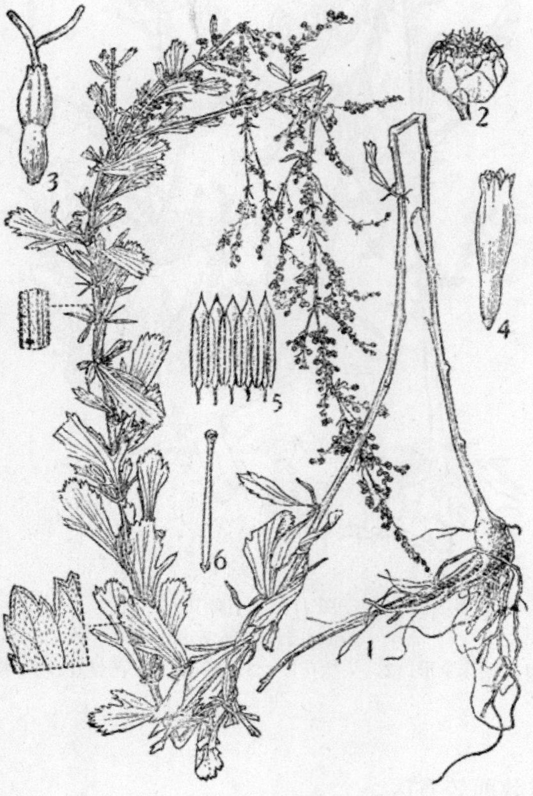

图 1186　牡蒿

Artemisia japonica Thunb.

1．植株全形；2．头状花序；3．雌花；4．两性花；5．两性花的雄蕊；6．两性花的花柱。

（自“江苏南部种子植物手册”）

［生长环境］　生于低山坡路边，空旷田野，有时生于草丛中或疏林内，分布极普遍。

［产　　地］　广东、广西、云南、四川、湖北、江西、江苏、浙江、福建、台湾、安徽、河南、河北、山西、陕西、甘肃、宁夏、内蒙古、辽宁、吉林、黑龙江等省区。

［用　　途］　全株含芳香油，亦可药用。

［理化性质］　据浙江省资料：含芳香油 0.33%。

［采收处理］　夏秋季采收茎叶加工。

［加　　工］　水蒸汽蒸馏法。

268 蒙古蒿（mengguhao）（图 1187）

［地 方 名］　狼尾蒿、水红蒿（辽宁）

［学　　名］　**Artemisia mongolica** Fisch.　菊科

［商 品 名］　水红蒿油

［形态特征］　多年生草本，茎直立，高大，有条棱，带红色，上部被蛛丝状绵毛。叶 2 回羽状分裂，裂片线状披针形或长圆状披针形，狭长渐尖，近全缘；表面无毛或疏被蛛毛，背面密被白色蛛丝状绵毛。头状花序，多数形成狭圆锥花丛，长钟形，长 2.5～3.5 毫米，直径 1.5～2 毫米；总苞密被蛛丝状绵毛，总苞片边缘为淡褐色，膜质；小花淡紫褐色，异形，两性小花花柱分枝，先端截形，花均结实。瘦果长圆状倒卵形。

［生长环境］　生长在河岸砂质土地，沟谷、沟边也有出现。

［产　　地］　辽宁、吉林、黑龙江、内蒙古、山东、山西、河北、陕西、甘肃等省区。

［用　　途］　全株可提取芳香油。

茎皮含纤维，可作造纸用。

［理化性质］　据辽宁省野生植物普查队分析：全株含芳香油 0.27%。

［采收处理］　夏秋季采收全株加工。

［加　　工］　水蒸汽蒸馏法。

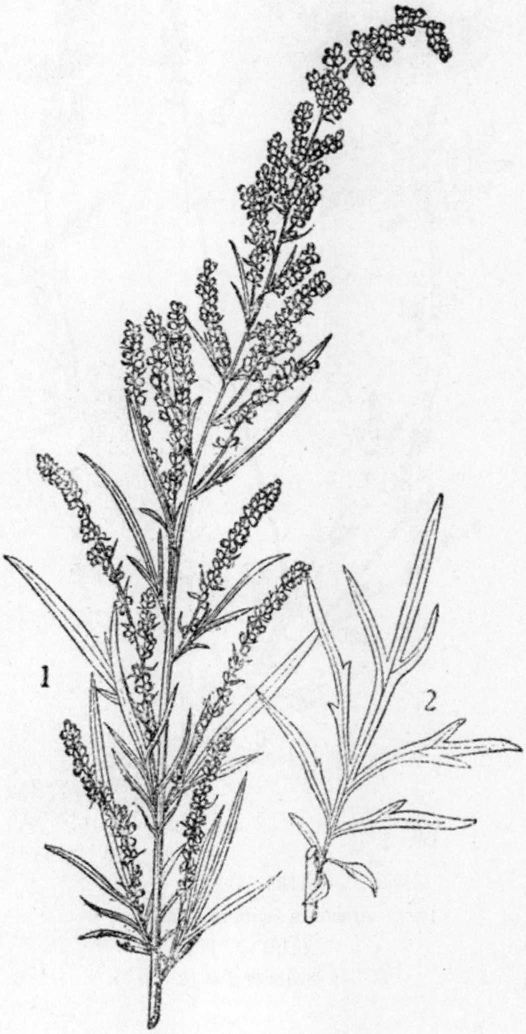

图 1187　蒙古蒿
Artemisia mongolica Fisch.
1．花枝；2．叶。

269 铁杆蒿（tieganhao）（图 1188）

［地 方 名］　白莲蒿（江苏）

［学　　名］　**Artemisia sacrorum** Ledeb.　菊科

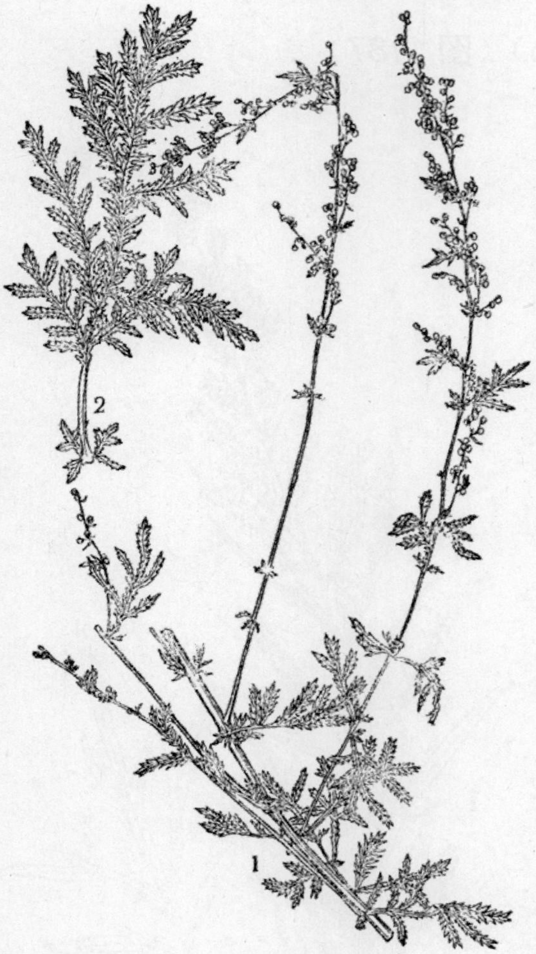

图 1188　铁杆蒿
Artemisia sacrorum Ledeb.
1．花枝；2．叶。
（自“江苏南部种子植物手册”）

［商 品 名］　铁杆蒿油

［形态特征］　多年生草本。茎直立，高达 120 厘米，上部有白色细短毛。茎中部叶卵圆形或椭圆形，2 回羽状深裂，有柄，**叶羽轴呈栉齿状**，上部叶渐小，近乎无柄，1～2 **回羽状分裂，裂片呈线状**，表面深绿色，**背面密被灰白色细短软毛**。头状花序，**球形，俯垂**，排列成狭窄的圆锥状花序，**小花全部结实**，中央为两性小花，花柱分枝先端截形。瘦果椭圆形，无毛。花期 9～10 月。

［生长环境］　适应性较大，有抗旱力，常生于干草原或沟边山坡，在黄河中游黄土丘陵区分布很多。

［产　　地］　辽宁、吉林、黑龙江、河北、河南、内蒙古、山西、陕西、甘肃、宁夏、山东、江苏、浙江、福建、台湾、湖南、湖北、四川、云南等省区。

［用　　途］　叶可提取芳香油。

［理化性质］　叶中含芳香油 0.35～0.55%；比重（15℃）0.8920，折射率（20℃）14856，旋光度（20℃）+8°。主要成分是龙脑（borneol，$C_{10}H_{18}O$），桉叶醇（cineole，$C_{10}H_{18}O$），樟脑（camphor，$C_{10}H_{16}O$）等。

［采收处理］　生长季节随时可采收，阴干后或鲜时均可加工。

［加　　工］　水蒸汽蒸馏法。

［其　　他］　如生产成本低廉，可以单离其中某些成分供应市场，所余部分亦可研究利用。

270 黄蒿（huanghao）（图 1189）

［地 方 名］　东北茵陈蒿、吱啦蒿、香蒿、猪毛蒿、五梨蒿（辽宁）

［学　　名］　**Artemisia scoparia** Waldst. et Kitaib.　菊科

［商 品 名］　黄蒿油

［形态特征］　两年或多年生草本，高达 1 米，茎暗紫色，有条纹，中部以上分歧，无毛或下部有绢毛。基生叶具柄，开花时枯萎，2～3 回羽状深裂，**裂片线形或线状披针形**；茎生叶无柄，长 3～5 厘米，宽 2～5 厘米，羽状或二回羽状全裂，**裂片毛发状，幼时有软毛，后则无毛**。头状花序小，**卵形，长 1.2～1.5 毫米，直径 1～1.2 毫米，斜生或弯垂**，多数形成**大密圆锥花丛，总花梗细弱**，总苞球形绿色，苞片 3 列，边缘**膜质**，无色，小花均为管状，边缘小花雌性，5～7 朵，均结实，**中央小花 4 朵，两性，不结实**，花柱先端分枝，呈杯状，有画笔状毛，瘦果倒卵形。果期 9 月（辽宁）。

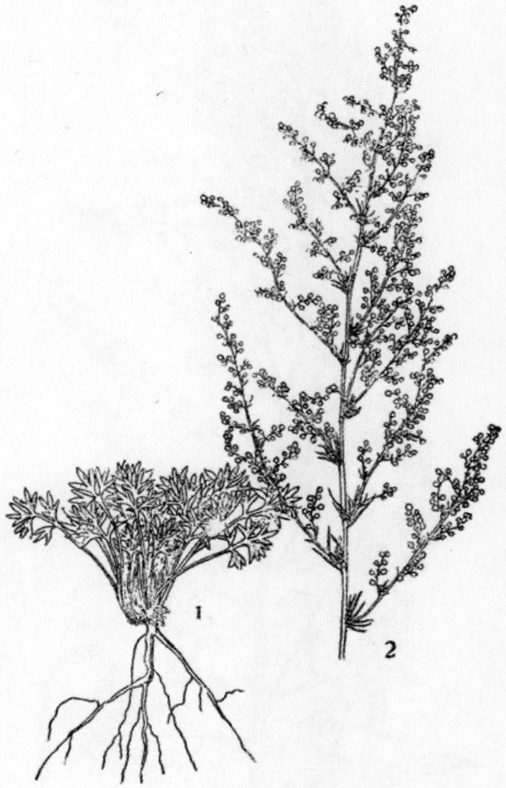

图 1189　黄蒿
Artemisia scoparia Waldst. et Kitaib.
1. 幼苗；2. 花序。

［生长环境］　生于沟边、道旁、石砾地、撩荒地及干燥盐碱地上。

［产　　地］　辽宁、吉林、黑龙江等省。

［用　　途］　全株可提芳香油。

幼苗（3～6 厘米时）可入药。有消炎利尿作用，能治黄疸病，又为驱虫剂；全株可作土农药，将新鲜的材料晒干，碾成细粉撒布，可防治蚜虫。

［理化性质］　据辽宁省资料：花期新鲜植株含芳香油 0.27%。

［采收处理］　8～9 月采收，鲜时加工。

［加　　工］　水蒸汽蒸馏法。

271 大籽蒿（dazihao）（图 1190）

［地 方 名］　大头蒿（陕西、黑龙江），大白蒿子（辽宁），白蒿（河南）。

[学　　名]　**Artemisia sieversiana** Willd.　菊科

[商 品 名]　大籽蒿油、白蒿油、大头蒿油

[形态特征]　二年生草本，高 50～150 厘米；茎直立，有棱，被细毛，多分枝。单叶互生，有柄，2～3 回羽状深裂或全裂，终裂片宽线形，线形，或近披针形，先端通常钝；表面绿色，毛较少，背面灰绿色，密生白毛，茎上部的叶羽状分裂或不分裂，近无柄。头状花序半球形，直径 5～7 毫米，多数，有梗，下垂，于茎中上部排列成圆锥状花序；总苞片约 3～4（5）列，密被白毛，最外列者线形，灰黄绿色；中列及内列者阔椭圆状或倒卵状，淡黄褐色，边缘膜质透明，小花皆为管状，黄色，表面有腺点，全部结实，花托有毛，毛几乎与小花等长，无冠毛。瘦果小，狭长倒卵形，具纵纹，黄褐色，长不及 1 毫米。花期 8～9 月，果期 9～10 月。

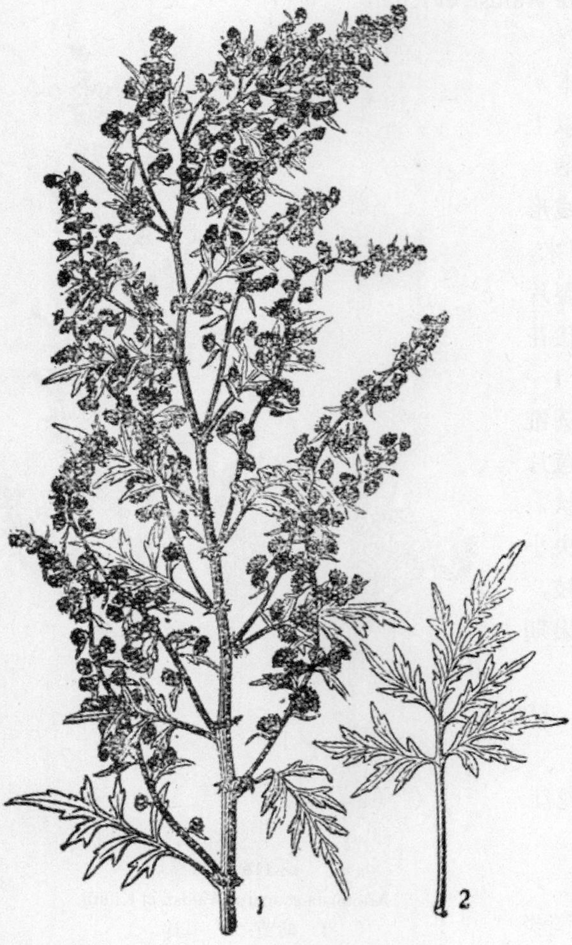

图 1190　大籽蒿
Artemisia sieversiana Willd.
1．花序；2．叶。

[生长环境]　河边草地、荒地、沙质河岸及住宅附近。

[产　　地]　辽宁、吉林、黑龙江、河北、山西、河南、陕西、甘肃等省都产。

[用　　途]　全株植物都含有芳香油，可用于廉价的皂用、香精中或作为选矿剂。

种子可榨油，供食用或工业用（见“油脂类”，984 页）。

[理化性质]　据辽宁省资料：瘦果及花含芳香油约 0.2%左右。全株含芳香油约 0.37%。

[采收处理]　因种子可榨油，故不宜采收全株，而应适量采摘叶子蒸芳香油。待果成熟后采收果实，先蒸芳香油，而后榨取脂肪油。加工前勿使原料曝晒，以免油分损失。

[加　　工]　水蒸汽蒸馏法。

272 野艾（yeai）（图 1191）

［地 方 名］ 艾蒿（通称）

［学　　名］ **Artemisia vulgaris** L. 菊科

［商 品 名］ 艾油

［形态特征］ 多年生草本。茎直立，高 50～100 厘米，上部分枝，顶端被灰色细毛。叶互生，长 5～14 厘米，茎中部的叶 1～2 回羽状分裂，裂片椭圆形、披针形至线形，**全缘或具粗齿，表面绿色无毛，或被稀柔毛**，背面密被灰白色丝状毛，上部叶披针形，不分裂。头状花序排列成狭长的总状花丛，向上斜生，**长 3～4 毫米，宽约 3 毫米**，近无柄，花后稍倾斜下垂；总苞倒卵状钟形，苞片 3～4 列，最外的较短，卵圆形，先端钝，**边缘纸质**，内列苞片椭圆形，膜质；每一头状花序内含有雌性花和两性小花各 10～12 朵；花冠淡黄色，基部纤细，边缘雌小花长约 1.5 毫米，中央两性小花长约 2.5 毫米；花药基部 2 裂，尖锐；柱头 2 裂。瘦果圆柱形，微扁；微有线条，先端截形，基部狭细，无冠毛。花期 9～10 月，果期 10～11 月（陕西）。

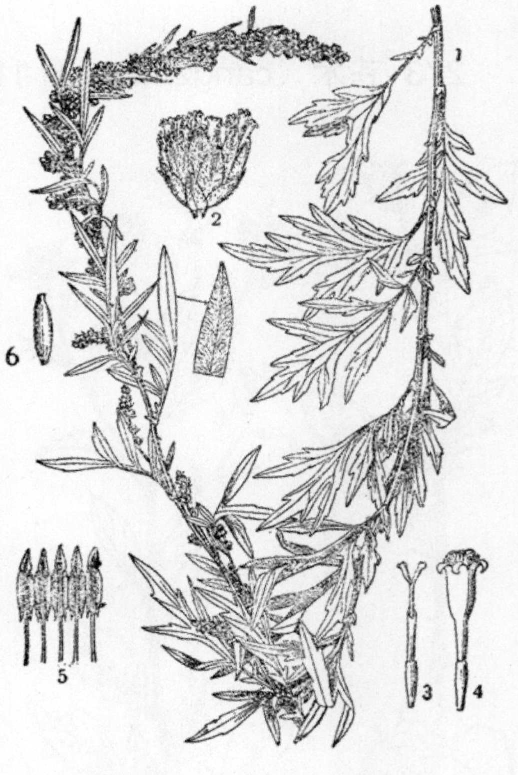

图 1191 野艾

Artemisia vulgaris L.

1. 植株的一部分；2. 头状花序；3. 雌花；4. 两性花；5. 雄蕊；6. 瘦果。

（自“江苏南部种子植物手册”）

［生长环境］ 适应性大，多生于路旁、沟沿和山阴坡，为一种常见的野生植物。

［产　　地］ 河北、河南、山西、陕西、广东、广西、台湾、福建、江苏、浙江、四川、云南等省区。

［用　　途］ 茎、叶可提取芳香油（艾油），用于调配香精、皂用香精等。茎、叶及提出的油亦可供药用。老叶制成艾绒，可作印泥原料。

［理化性质］ 据广东省资料：新鲜的茎、叶含油量 0.05～0.2%，油无色或微黄色，比重（15℃）0.9548，折射率（20℃）1.4928，旋光度（20℃）−9° 45'；主要成分为侧柏酮（thujone，$C_{10}H_{16}O$），桉叶醇（cineole，$C_{10}H_{18}O_3$）和樟脑（camphor，$C_{10}H_{16}O$）等。

［采收处理］ 5～7 月艾叶茂盛时，选择晴天采收，广东在 4、7、10 月各采一次，鲜叶应立即加工提油，久放易使油分散失。

［加　　工］ 水蒸汽蒸馏法。

［其　　他］ 野艾是大种名称，中国有许多类似种，如：香野艾 A. dubia Wall.，毛头野艾 A. codonocephala Diels，小香艾 A. rubripes Nakai 等，以前都认为属本种，而前面所述的小野艾 A. indica Willd. 及蒙古艾 A. mongolica Fisch.，也与本种极近似，有人列为同种。

273 苍术（cangzhu）（图 1192）

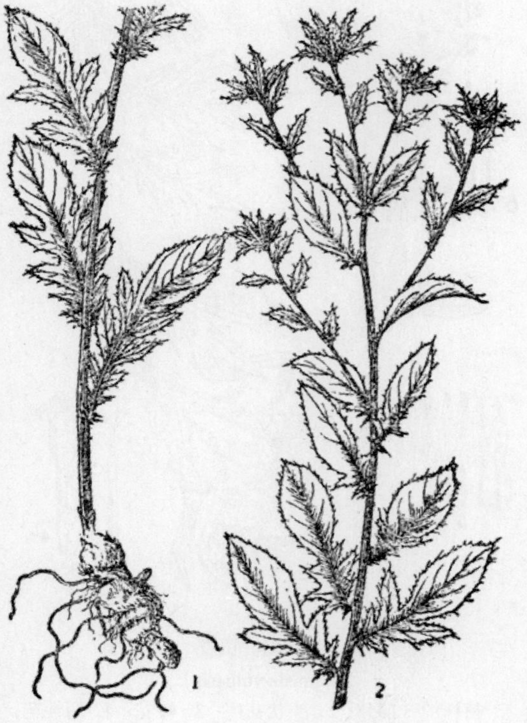

图 1192　苍术
Atractylis chinensis（Bge.）DC.
1．植株下部；2．植株上部。

［地 方 名］ 抢头菜（东北），山刺菜（内蒙古、河北、辽宁）。

［学　　名］ **Atractylis chinensis** (Bge.) DC. (*Atractylodes chinensis* Koidz.) 菊科

［商 品 名］ 苍术硬脂、苍术浸膏

［形态特征］ 多年生草本，高 40～50 厘米。根状茎肥大，呈结节状，横走，长 4～10 厘米，苍褐色，折断面黄白色，有香味。茎单一或上部稍分枝，高 30～100 厘米。单叶互生，**无柄，革质，倒卵形或长卵形，3～5 羽状缺刻或全缘，基部楔形或圆形，先端钝圆，边缘稍有不连续平展的刺状牙齿，下部叶匙形，基部下延成翼状柄**。头状花序顶生，叶状苞披针形，数个与总苞等长，总苞高杯状、具苞片 7～8 列，有微毛，外列者长卵形，中列者长圆形，内列者长圆状披针形；小花全部为管状，白色。瘦果长圆形，密被银白色毛，冠毛羽毛状褐色，长 6～7 毫米。花期 7 月下旬至 8 月，果期 8 月下旬至 10 月。

［生长环境］ 耐旱，生于山野土质较厚的杂草或灌木丛中及杂木林缘，有时也生于石砾干燥山坡。

［产　　地］ 吉林、辽宁、河北、河南、山东、山西、陕西太白山、甘肃、内蒙

古等地。

［用　　途］　根含芳香油，可提制苍术硬脂，经处理后可用于配制晚香玉、紫丁香、葵花等类型的香精，亦可作保香剂。

根中亦含淀粉，可在提取芳香油后再予利用（见“淀粉及糖类”，609 页）。亦可作药用（见“药用类”，1943 页）。

［理化性质］　根状茎含挥发油，油的主要成分为苍术醇（atractylol，$C_{15}H_{26}O$）及苍术酮（atractylon，$C_{14}H_{18}O$）。尚未正式试产苍术硬脂。

［采收处理］　夏秋季采掘根部，阴干，即可加工。

［加　　工］　干根适当粉碎后（直径 3～5 毫米）用水蒸汽蒸馏法提油，冷却水不可太冷，馏出液不可低于 45℃。

［其　　他］　苍术硬脂有一定的经济价值，根据国内资源情况，除满足药用外，应大力发展生产，利用时应注意保护资源。

274 白术（baizhu）（图 1504）

［学　　名］　**Atractylis macrocephala** (Koidz.) Hand.-Mazz.　菊科

［商 品 名］　白术油

（地方名、形态特征、生长环境、产地及其他用途见“药用类”，1943 页）

［用　　途］　根含芳香油，供作香料用。

［理化性质］　据浙江省资料：根含芳香油 1.4%，主要成分为苍术醇（atractylol，$C_{15}H_{26}O$）和苍术酮（atractylone，$C_{14}H_{18}O$）。

［采收处理］　10 月采收。选晴天，掘取根状茎，剪去茎叶，切片晒干，即可进行加工。

［加　　工］　水蒸汽蒸馏法。

［其　　他］　白术是一种主要药材，应首先满足药用，并在利用时应注意保护和发展资源。

275 艾纳香（ainaxiang）（图 1193）

［地 方 名］　金针叶、真荆（云南），大风艾、枚电（广西），艾脑香、冰片草、打蛇艾（广东海南），鹤老麻（广东）。

［学　　名］　**Blumea balsamifera** DC.　菊科

［商 品 名］　艾纳香、冰片、艾脑、艾片。

［形态特征］　多年生草本，高达 3 米，密被褐黄色绒毛，基部常木质。单叶互生，纸质，具香味，椭圆形或线状椭圆形，长 15 厘米或更长，顶端渐尖或短渐尖，基部渐狭，具 1～2 对小裂片，边缘具稀疏而不整齐的锯齿，表面绿色有短柔毛，背面密被黄白色绵毛。头状花序较小，排列成顶生的圆锥花序，黄色，花头外围为雌花，中间为两性花。

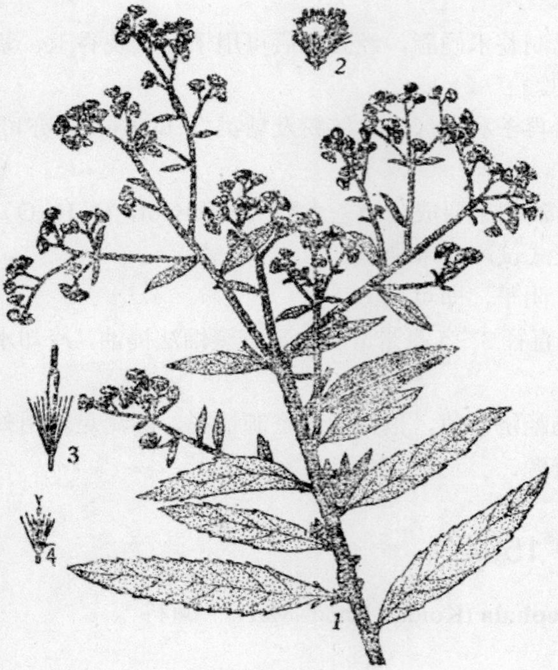

图 1193 艾纳香
Blumea balsamifera DC.
1. 花枝；2. 头状花序；3. 雌花；4. 两性花。

瘦果小，圆柱状。花期 3～5 月，果期 9～10 月。

[生长环境] 本种为山野阳性植物，多生于向阳山坡，在海拔 1400 米以下的撩荒地及公路两侧也常见之。

[产　　地] 贵州、云南、广西、广东、福建、台湾等省区。

[用　　途] 用叶提制的芳香油，主要成分含龙脑，称为艾片，呈结晶状颗粒，有油润和芳香，可调制迷迭香等香精及皂用香精。

供医药用，主要用作杀菌、防腐、兴奋剂。

[理化性质] 叶含艾片量为 0.4～1.9%，主要成分为龙脑（borneol，$C_{10}H_{18}O$），樟脑（camphor，$C_{10}H_{16}O$），桉叶醇（cineole，$C_{10}H_{18}O$）和柠檬烃（limonene，$C_{10}H_{16}$）等。

[采收处理] 11～12 月间采叶，采后即加工蒸制，艾片宜放置阴凉处保存。

[加　　工] 一般可采取就地加工的办法，即将一大铁锅（地锅）架于炉灶（可利用岩畔挖掘）上，锅上放置一个木制或竹制篦，篦上安上蒸馏木桶，木桶之上加盖一光底锅（天锅），天锅应与木桶密闭盖严，切勿使漏气，把艾纳香叶加入木桶中，地锅与天锅同时加入冷水，装置完毕后，在灶中燃火，地锅水沸，蒸气上升通过艾纳香叶，而把叶中挥发物质带升至天锅底，由于龙脑熔点甚高，故遇冷则凝结成粉粒，在蒸馏过程中，天锅中的水要经常换，以保持低温，约蒸 10～15 分钟换水一次，蒸 50～60 分钟即可把天锅取下，削下白粉，即为艾粉。将艾粉压榨出艾油，再用特制锅炉炼成结晶状冰块，经劈削即成艾片。一般每次用鲜叶 40 公斤，可得艾粉 0.25～0.32 公斤。若稍加改进，将蒸锅顶侧天锅附近开一导管，将不凝结的油分导出冷却成油，则得油率将会提高。

[其　　他] 艾纳香易于栽培，可用分株或播种等方法繁殖；一般在 3 月下旬趁雨天进行移植（分株法）。贵州罗甸一带已栽培，每亩可得冰片 5～7.5 公斤。

276 大花金挖耳（dahuajinwaer）（图 1194）

[地 方 名] 香油罐（辽宁）

［学　　名］　**Carpesium macrocephalum** Franch. et Savat. (*C. eximium* C. Wink.) 菊科

［商 品 名］　大花金挖耳油

［形态特征］　一年生草本，高 80～150 厘米；茎多分枝，绿褐色，具条纹，被短缩毛。单叶互生，长 20～35 厘米，宽 5～10 厘米，**广卵状椭圆形，卵形或长圆状卵形，基部圆形或阔披针形，突然渐狭下延成宽翼状长柄**，先端尖，边缘具不整齐粗大重锯齿，两面疏具短毛，背面脉上密被毛；茎上部叶渐小。**头状花序大**，单生于茎或分枝的顶端，向下弯垂，**直径 2.5～3.5 厘米**，基部具多数叶状苞；总苞扁球形或半球形，总苞片 3 列，外列及中列苞片长椭圆状线形，绿色，锐尖，边缘干膜质，紫褐色，具撕裂状纤毛，内列苞片线状长圆形，边缘干膜质，紫褐色，具撕裂状纤毛；小花极多数，均为管状，有腺点，边缘小花雌性，先端 3～5 裂，中央小花两性，5 裂。瘦果狭长，有纵肋，先端狭长成喙状，喙周围密集黄褐色油腺。花期 8～9 月，果期 9～10 月（东北）。

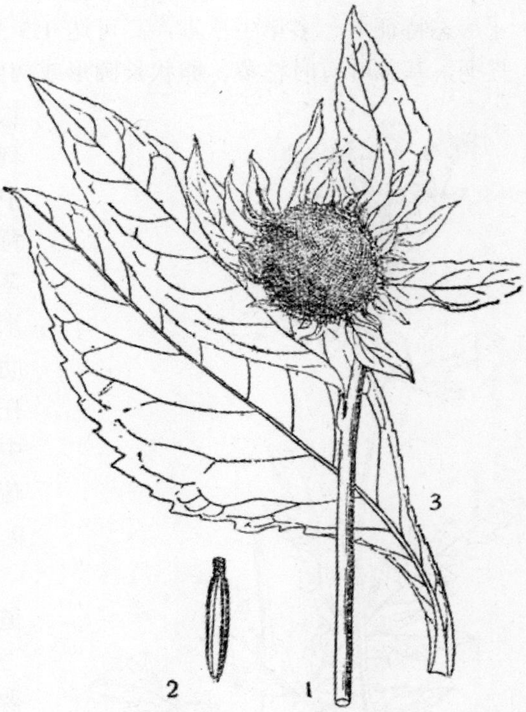

图 1194　大花金挖耳
Carpesium macrocephalum Franch. et Savat.
1. 花枝；2. 瘦果；3. 叶。

［生长环境］　混交林的林缘草地上。

［产　　地］　辽宁、吉林、黑龙江、内蒙古东部、河北、山西、陕西、河南等地。

［用　　途］　花及果实含大量芳香油，供提芳香油原料。

［理化性质］　初步鉴定为甘菊类油分。

［采收处理］　于花期采收花序加工。

［加　　工］　水蒸汽蒸馏法。

［其　　他］　本属植物其他种的瘦果及花均有油腺，如普遍分布在东北、华北、西北、华中的烟管头草（C. cernuum L.），及东北地区产的东北金挖耳（C. triste Maxim. var. manshuricum Kitam.）的花及瘦果均富油腺，用途也与本种相同；其区别为烟管头草的头状花序，直径 5～7 毫米，叶为长圆状披针形，东北金挖耳的头状花序直径 10～12 毫米，叶为广卵形或卵状长圆形，基部截形或圆形。

277 北野菊（beiyeju）（图 1195）

［地 方 名］ 野菊花、九月菊（东北）

［学 名］ **Chrysanthemum boreale** Makino 菊科

［商 品 名］ 北野菊油、北野菊浸膏

［形态特征］ 多年生草本，高可达 1.5 米；茎直立，粗壮，常为杈状分枝。叶互生，具柄，基部叶有时枯萎，卵状长圆形或阔卵形，长 3～7 厘米，宽 2.5～5 厘米，羽状 5～7 深裂，裂片卵形或长圆形，有尖缺刻状牙齿，基部稍呈心形或截形，有时锐尖，中裂片有时为 3 浅裂，表面无毛或微具毛，背面疏被叉状柔毛及腺点。头状花序单生于茎端，多数密集成聚伞状，直径 1～1.5 厘米；总苞浅杯状，长卵形，复瓦状排列，中肋绿色，革质，边缘为褐色，透明膜质；花托裸露，边缘小花舌状，雌性，先端 3 裂，中心小花管状，两性，先端 5 裂，均为黄色，疏生腺点。瘦果卵状，长圆形，微弯。花期 9 月，果期 10 月（辽宁）。

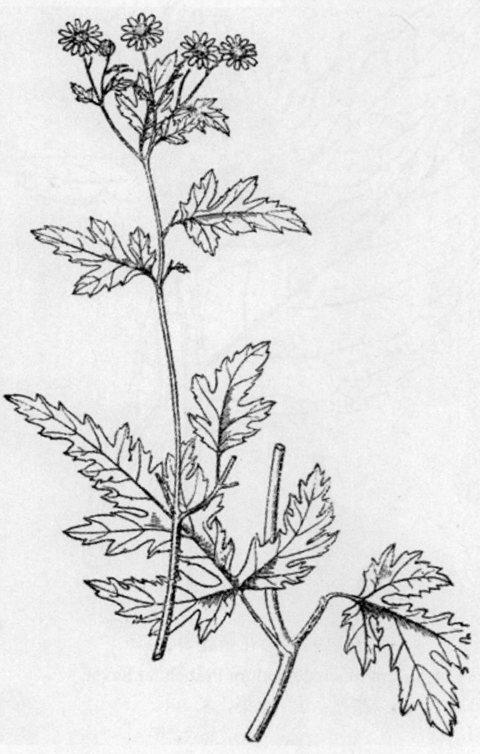

图 1195 北野菊
Chrysanthemum boreale Makino
茎上部

［生长环境］ 生长在丘陵地、山坡、道边、河岸、荒地等处。

［产 地］ 辽宁、吉林、黑龙江等省。

［用 途］ 干花及茎叶均可提取芳香油，香气较一般野菊好。

全草亦可药用，治诸风眩晕、头痛、目赤多泪、痈毒、疮疡及瘰疬等症。又可作土农药。

［理化性质］ 据南京市资料：干花制浸膏得量为 6～8%。据辽宁省野生植物普查队分析：全株含芳香油 0.33%。

［采收处理］ 参阅野菊（本页）。

［加 工］ 干花最好用浸提法。

278 野菊（yeju）（图 1196）

［地 方 名］ 甘菊花、山黄菊、正菊花（广西），野黄菊（广东、广西），野黄菜

花（江苏），黄菊花（浙江），九月菊（辽宁），路边菊、黄菊子（山西）。

［学　　名］ **Chrysanthemum indicum** L.　菊科

［商 品 名］ 野菊油

［形态特征］ 多年生草本，高 30～60 厘米。有时高可达 120 厘米，顶部的枝通常被白色短柔毛，有香气。叶互生，具柄，卵圆形至长圆状卵形，长 4～6 厘米，宽 1.5～5 厘米，**有羽状深裂片，中裂片较大，侧裂片 2～3 对**，椭圆形或长圆状卵形，先端尖，表面疏被柔毛，**背面被白色短柔毛及腺体**，沿脉毛较密。头状花序顶生，**直径 1.5～2.5 厘米**，数个排列为伞房花序状，总苞半球形，外列总苞片边缘干膜质，中肋绿色被绵毛或短柔毛，内列总苞片全部干膜质，舌状花扩展，淡黄色，1～2 列，舌瓣长 11～13 毫米，宽 2.5～3 毫米；管状花先端 5 齿裂，深黄色。瘦果长 1.5 毫米，具 5 条纵纹，基部窄狭。花期 9～10 月。

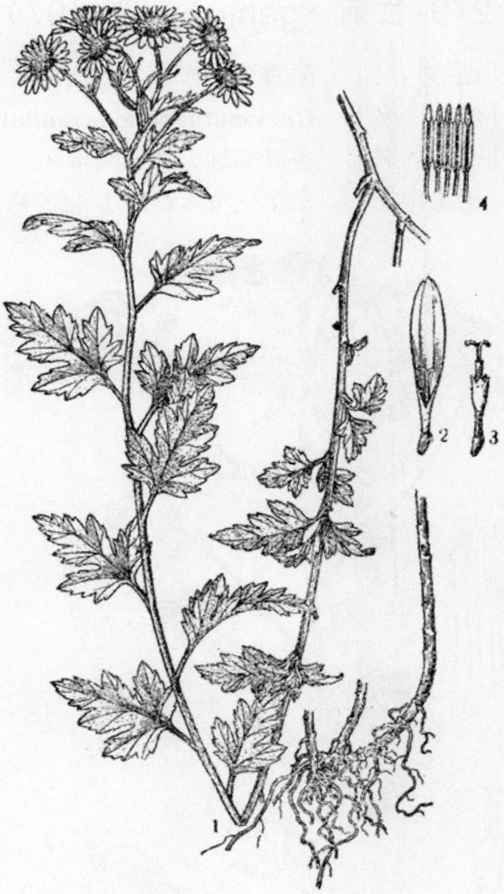

图 1196　野菊

Chrysanthemum indicum L.

1．植株全形；2．舌状花；3．管状花；4．雄蕊，示花药相连。

（自“江苏南部种子植物手册”）

［生长环境］ 山野路边，丘陵荒地及丛林边缘常有生长。

［产　　地］ 辽宁、河北、山东、山西、陕西、江苏、浙江、四川、湖北、云南、贵州、广东、广西、台湾等省区。

［用　　途］ 花和叶有芳香气息，可提取芳香油或浸膏，供调制各种皂用香精。

花可供药用（见“药用类”，1949 页）。全株捣烂可作杀虫剂（见“土农药类”，2056 页）。

［理化性质］ 干花和叶含芳香油 0.1～0.2%，油的比重（15℃）0.9930，折射率（20℃）1.4898，旋光度-12° 48’。主要成分为白菊醇（chrysol，$C_{10}H_{16}O$）和白菊酮（chrysantone，$C_{10}H_{16}O$）。

［采收处理］ 当 9～10 月花盛开期，采下立即加工，堆放过久易发热霉烂变质，

降低出油率。

［加　　工］　叶和花均可用水蒸汽蒸馏法，花亦可用浸提法制成浸膏。

［其　　他］　野菊生长普遍，富含芳香，应扩大利用；其花产量亦大，除提取芳香油外，还可供药用。

279 甘菊（ganju）（图 1197）

［地 方 名］　岩香菊（东北），香叶菊、草莓菊。

［学　　名］　**Chrysanthemum lavandulifolium** (Fisch.) Makino　菊科

［商 品 名］　香叶菊油、草莓菊油

［形态特征］　多年生草本，高 1～1.5 米；茎直立，上部分枝，具白色软毛。**叶质较薄**，椭圆状卵形，长 5～7 厘米，宽 4～6 厘米，**1～2 回羽状深裂，裂片长椭圆状卵形，边缘具缺刻状尖锐锯齿**。头状花序着生枝顶，稍下垂，多数集成近聚伞状花序，**直径 0.8～1.5 厘米**；总苞半球形，苞片 3～4 列，中部绿色，边缘膜质透明；舌状花一列，雌性，黄色，长 5～7 毫米，宽 1.5～2 毫米，管状花两性，黄色，顶端 5 齿裂。瘦果长 1 毫米，顶端截形，基部收缩。花期 8～10 月，果期 9～11 月。

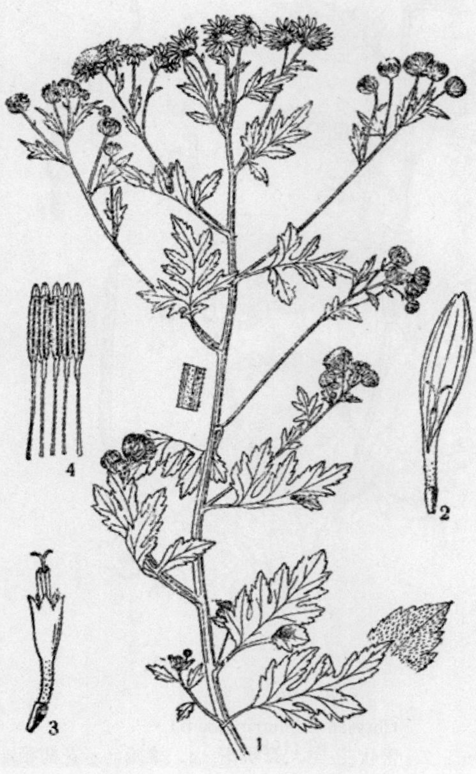

图 1197　甘菊

Chrysanthemum lavandulifolium（Fisch.）Makino

1．植株的一部分；2．舌状花；3．管状花；4．雄蕊。

（自“江苏南部种子植物手册”）

［生长环境］　山坡、路旁、灌木丛、草地间都有野生。

［产　　地］　辽宁、吉林、黑龙江、河北、山西、河南、陕西、甘肃、浙江、江苏、湖北、四川、云南等省。

［用　　途］　花及叶含有芳香油，可用作调合香精原料。

［理化性质］　花叶含油率 0.5～0.8%，精油所含主要成分为白菊酮（chrysantone，$C_{10}H_{16}O$），蓝香油烃（azulene，$C_{10}H_8$）等。

［采收处理］　在花期采摘花、叶，阴干或趁鲜进行蒸馏。

［加　　工］　水蒸汽蒸馏法。

［其　　他］　本种分布广，产量大，甚有利用价值，应予进一步扩大利用。

280 飞蓬（feipeng）（图 1198）

［学　　名］ **Erigeron acer** L.　菊科

［商 品 名］ 飞蓬油

［形态特征］ 二年生草本，有短根状茎；茎直立，高 20～75 厘米，被稍硬毛或近无毛，通常单一，稀数个簇生，顶部常分枝。叶质软，基出叶通常有柄，于花期枯萎；茎上叶互生，无柄，有时下部稍有柄，披针形，倒披针形至线状披针形，有时近长圆形，长 2～5～8 厘米，宽 3～14 毫米，先端钝或稍尖，基部渐狭，成楔状或渐成叶柄状，全缘或下部茎生叶有时有疏齿，通常具缘毛，无毛，或稍有疏糙毛。头状花序多数，有长梗，直径 **12～20** 毫米，在茎上部排成复总状或圆锥状花序；总苞片 3～4 列，线状披针形，锐尖，中列及内列者较长，外列者较短，背面有微毛及微被腺毛，有时基部有长糙毛；边缘舌状雌性小花二型，外列小花花冠舌状，淡紫白色，中列小花舌状斜管状，较花柱短，淡紫白色，中央小花管状，两性。瘦果长圆状倒卵形，侧扁，长 1.5～1.8 毫米，被白色伏毛，冠毛单一刚毛状，白色。花期 6～9 月，果期 9～10 月。

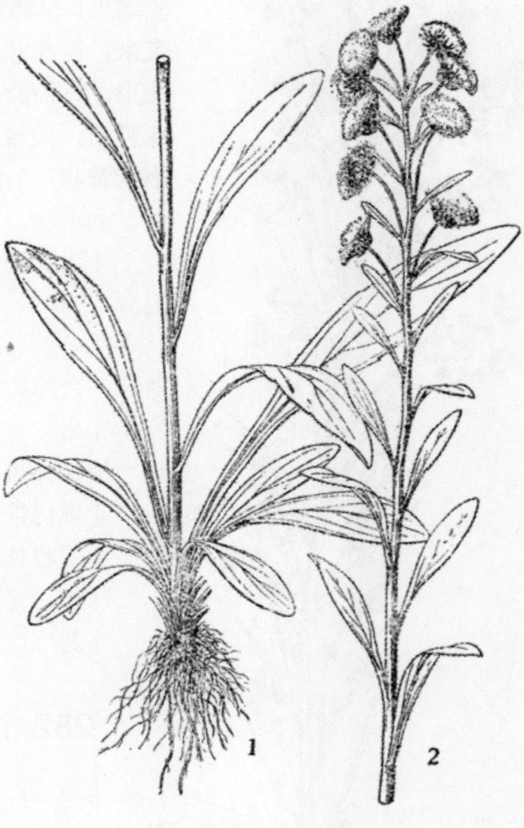

图 1198 飞蓬

Erigeron acris L.

1．植株下部；2．植株上部的花枝。

［生长环境］ 生于干燥山间的草坡，河岸砂质地，树林或灌丛边缘，路旁及住宅附近杂草地也多生长。

［产　　地］ 黑龙江、吉林、辽宁、内蒙古、河北、山西、陕西、甘肃、河南、江苏、湖北、江西、安徽等省区。

［用　　途］ 茎叶可提芳香油。

［理化性质］ 全株含芳香油 0.2～0.3%。

［采收处理］ 参阅小蓬草（1498 页）。

［加　　工］ 水蒸汽蒸馏法。

281 小蓬草（xiaopengcao）（图 1199）

图 1199 小蓬草
Erigeron canadensis L.
带花果的茎上部

［地 方 名］ 牛尾巴蒿（辽宁）

［学　　名］ **Erigeron canadensis** L. 菊科

［商 品 名］ 小蓬草油

［形态特征］ 一年生草本；具**锥形直根**。茎直立，高 50～100 厘米，有细条纹及粗糙毛，上部多分枝。叶互生，线状披针形或长圆状线形，基部狭，无显明叶柄，先端尖，全缘或具微锯齿，有长缘毛。**头状花序直径约 4 毫米**，密集作圆锥状或伞房状圆锥状，有短梗；总苞半球形，直径约 3 毫米，总苞片 2～3 列，线状披针形，边缘膜质，边缘小花舌状，直立，**白色微紫**，**线形**，**中心小花管状**，5 裂。瘦果长圆形，长约 1.5 毫米；冠毛污白色，刚毛状，与小花近等长。果期 9 月（东北）。

［生长环境］ 田间杂草，繁殖力强，生长旺盛，宅旁、田畔、旷地、路旁、山坡、沟边等地均有生长。

［产　　地］ 辽宁、吉林、黑龙江、山东、山西、浙江、台湾、江西、湖北、四川、陕西、河南等省。

［用　　途］ 植株全部均含有芳香油。

植株亦可作绿肥用。

［理化性质］ 全株含芳香油约 0.2%左右。

［采收处理］ 夏秋季采收茎叶加工。

［加　　工］ 水蒸汽蒸馏法。

［其　　他］ 极应研究利用。

282 泽兰（zelan）

［地 方 名］ 日泽兰、六月霜（河南），佩兰（江苏）。

［学　　名］ **Eupatorium japonicum** Thunb. 菊科

［商 品 名］ 泽兰油、飞芨草油

［形态特征］ 多年生草本，具匍匐根状茎，茎直立，高 0.8～2 米，圆柱形，基部木质化，幼茎枝被有较多的白色柔毛。**单叶对生，卵圆形至椭圆形**，长 7～16 厘米，宽 3～8 厘米，**具短柄，或近无柄，基部近圆形或阔楔形，先端渐尖或锐尖**，边

缘具不规则的稀疏齿裂，表面深绿色，背面淡绿色，两面均被毛，背面毛较多，有腺点。头状花序，顶生，排列成伞房状；总苞长圆形，长5～6毫米，总苞片椭圆形，干膜质，顶端钝，不等长，复瓦状排列；花托平坦裸露，着生管状花5～6朵，花两性，白色或带紫色，先端5裂；雄蕊5，聚药；子房下位，1室，花柱伸出花冠外，柱头2深裂，裂片线形。瘦果椭圆形，微具5棱，有毛或有粗糙的腺点，冠毛1列，白色，刚毛状，与花冠等长。花期8～10月，果期9～11月。

［生长环境］ 常见于浅山丘陵地、山坡、路旁、溪边、草丛或灌木丛中。上海郊区有栽培。

［产　　地］ 辽宁、河北、山东、山西、浙江、江苏、河南、江西、湖北、湖南、广东、广西、福建、台湾等省区。

［用　　途］ 茎叶含芳香油，可作调香原料，用作皂用香精。

茎叶入药（见“药用类”，1954页）。

［理化性质］ 据上海市资料：新鲜茎叶含芳香油0.3～0.4%，干茎叶含0.8～1.4%，主要成分为二甲基百里香草对氢醌（dimethyl thymohydroquinone，$C_{12}H_{18}O_2$），乙酸龙脑脂（borny lacetate，$C_{12}H_{20}O_2$），芳樟醇（linalool，$C_{10}H_{18}O$），飞芨草醇（eupatol），飞芨草醛（eupatal）等。精油的比重（15℃）0.9958，折射率（20℃）1.5200，旋光度+46°。

［采收处理］ 8～10月收割，取新鲜茎叶或阴干略去水分后进行加工。

［加　　工］ 水蒸汽蒸馏法。

283 飞芨草（feijicao）（图1200）

［地 方 名］ 飞机草、雅把棒（云南）

［学　　名］ **Eupatorium odoratum** L.　菊科

［商 品 名］ 飞机草油

［形态特征］ 多年生常绿亚灌木，高1～3米；分枝多，茎绿黄色或黑褐色，新枝绿色，老枝灰黄色，密具黄色茸毛。叶对生，用手揉后有香味；叶片卵状披针形，长3～10厘米，宽2～5厘米；叶基阔楔形，顶端渐尖，叶缘中下部有稀疏锯齿，三出脉，两面均被茸毛；叶柄长1～2厘米，被茸毛。头状花序排列成伞房状，顶生，粉红色，头状花序长约1厘米，直径约3毫米，圆筒形，总苞绿色。果实为细长的瘦果，黑色，具5棱，果长3毫米，冠毛很多，浅黄色，较果稍长。花期10～12月，果期12月到次年2月。

［生长环境］ 喜高温干燥，为热带地区最常见的植物，一般在海拔1500米以下的森林破坏迹地、荒地、道路两旁、住宅及农田四周，常常成丛生长，有时形成单纯的飞机草群落。

［产　　地］ 云南、广东等省（原产西印度群岛）。

［用　　途］ 茎叶含芳香油，可用于香料及医药工业。

［理化性质］ 据中国科学院昆明植物研究所分析：鲜枝叶含芳香油0.3～0.4%，

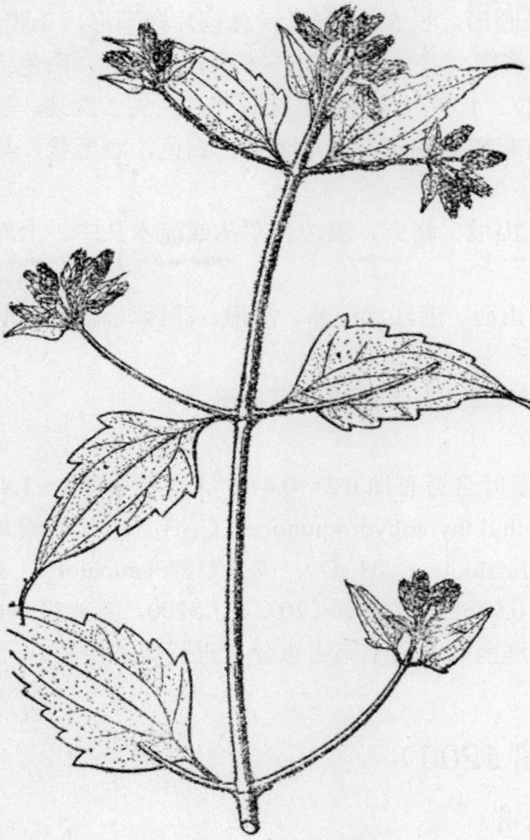

图 1200 飞芨草
Eupatorium odoratum L.
花枝

其主要成分是香豆素、乙酸龙脑酯、芳樟醇。

［采收处理］ 夏季和秋季采收较好，采收后切碎，进行加工。

［加　　工］ 水蒸汽蒸馏法。

［其　　他］ 本种蕴藏量丰富，应大力发掘利用。

284 佩兰（peilan）

［学　　名］ **Eupatorium stoechadosmum** Hance 菊科

［商 品 名］ 佩兰油

［形态特征］ 多年生草本，茎直立，高 60～100 厘米，直径 3～5 毫米，近基都木质，嫩时具短茸毛，老则光滑，分枝。叶纸质，对生，披针形，长 2～8 厘米，宽 1～2 厘米，先端渐尖成尾状，边缘具浅锯齿，齿末具腺点，基生叶有时为 2～3 深裂；叶柄长 3～10 毫米。头状花序，顶生，由 4～6 花组成，总苞片长圆形至披针形，膜质，外部苞片较短，内部苞片较长，紫红色，无毛；花两性，花冠管状，雄蕊 5 枚，聚药，不露出花管口，花柱分枝，紫红色，具短毛，伸出管口之外。果实为瘦果，熟时黑色，微有光泽，冠毛浅红色，长短不一。花期 10～11 月；果期 11～12 月（广西）。

［生长环境］ 喜生于溪旁、河边、中草或高草丛中，有时群生；于沙质壤土、沙质土或粘质土也能生长。

［产　　地］ 广东、广西、湖南、福建等省区。

［用　　途］ 植物全株均很香，茎和叶均可蒸制芳香油，亦可供药用。

［理化性质］ 据中国科学院广西植物研究所分析：嫩茎和叶含芳香油量 0.34%。

［采收处理］ 秋季采收茎叶加工。

［加　　工］ 水蒸汽蒸馏法。

［其　　他］ 分根或扦插繁殖，不常用种子繁殖。

285 鼠曲草（shuqucao）（图 1513）

［学　　名］ **Gnaphalium multiceps** Wall.　菊科

［商 品 名］ 鼠曲草油

（地方名、形态特征、生长环境、产地及其他用途见“药用类”，1955 页）

［用　　途］ 干花及全株可提取芳香油。

［理化性质］ 据中国科学院广西植物研究所分析：芳香油的比重 0.848～0.858，折射率 1.472～1.475，旋光度+90°～+99°。

［采收处理］ 广东、广西等省区多在冬季采收，长江沿岸诸省则在春季至夏季采收。

［加　　工］ 水蒸汽蒸馏法。

［其　　他］ 干花的油比较名贵，应与茎叶分开加工。

286 土木香（tumuxiang）（图 1201）

［学　　名］ **Inula helenium** L.　菊科

［商 品 名］ 土木香油

［形态特征］ 多年生草本，高 1.5～2 米，具粗毛；根块状肥厚，肉质，有香气。叶大，有不等的牙齿状锯齿，表面粗糙，背面有茸毛；基生叶椭圆状长圆形，长达 65 厘米，基部渐狭成叶柄，茎生叶长圆状卵圆形，基部心形，抱茎。头状花序直径约 5～10 厘米，单生或多数复组成疏生的顶生伞房状花序；外层总苞叶质，卵圆形，有毛；外围花黄色，多数，长而细弱。

［生长环境］ 本种喜低温，在海拔 1500～2000 米之间的山地常有栽培。

［产　　地］ 陕西、甘肃、青海等省。

［用　　途］ 干根含有芳香油，制调合香精后可作酒类、饮料的赋香剂，经济价

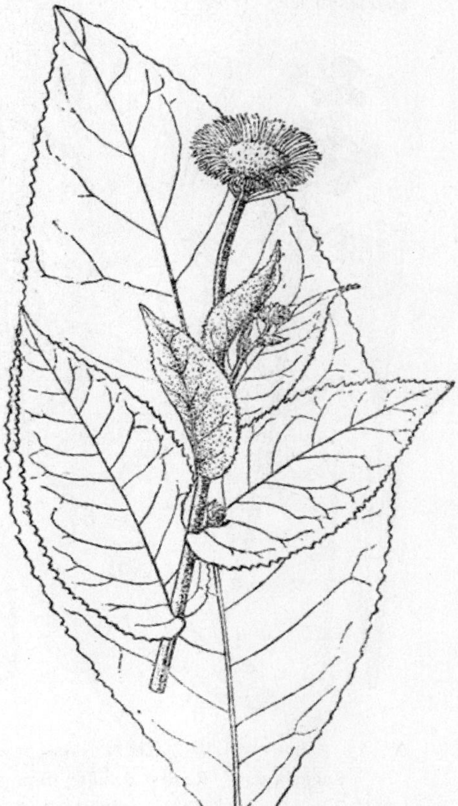

图 1201　土木香
Inula helenium L.
花枝与叶

值甚高。

[采收处理] 挖取根部经干燥后，破碎再行加工。

[加　　工] 水蒸汽蒸馏法。

287 六棱菊（liulengju）（图 1202）

[学　　名] **Laggera alata** (Roxb.) Schultz. -Bip. 菊科

[商 品 名] 六棱菊油

[形态特征] 多年生草本，茎直立，全体密被淡黄色短腺毛及柔毛。单叶互生，有香味，狭长椭圆形，有时长圆形，长 2～10 厘米，宽 4～25 毫米，基部下延成翅，无柄，先端钝，边缘具疏生较规则的细齿。头状花序密集，组成顶生圆锥状，外围花为单性，花冠舌状，淡绿白色，上部带红紫色，内部花为两性，花冠管状，白色，5 裂，上端略带紫红色。瘦果具白色冠毛。花期 10 月至次年 4 月。

图 1202　六棱菊

Laggera alata（Roxb.）Schultz. -Bip.

1．植株全形；2．外层管状花（雌性）；3．中部管状花（两性）和雌蕊；4．花冠展开示雄蕊；5．苞片。（自“江苏南部种子植物手册”）

[生长环境] 本种性耐干旱，常见于向阳山坡或路旁。

[产　　地] 云南、广西、广东、福建等省区。

[用　　途] 叶与花均含芳香油。

[理化性质] 据中国科学院昆明植物研究所分析：鲜叶出油率 0.4%。

[采收处理] 开花期采收花叶，趁新鲜加工。

[加　　工] 水蒸汽蒸馏法。

[其　　他] 用种子繁殖，早春播种。

288 臭灵丹（choulingdan）

[学　　名] **Laggera pterodonta** Benth. 菊科

[商 品 名] 臭灵丹油

[形态特征] 草本，高 0.5～1 米，有时高达 1.5 米。植株密被绿白色粘性腺毛；

茎圆柱形，多分枝，具有数列纵长参差不齐的带齿薄翅，近基部翅常随茎干的枯老而消失。单叶互生，质薄，椭圆形，有时狭卵形，长 3～24 厘米，宽 5～12 厘米，基部楔形，沿叶柄下延成翅状，先端渐尖或短尖，边缘具不规则牙齿，侧脉 9～12 对。头状花序直径约 1.5 厘米，周边为舌状花，内部为管状花，小花 15～20 朵，花冠白色，顶端略带红色。果长椭圆形，具白色丝状冠毛。花期 11 月至次年 5 月。

［生长环境］　常见于村庄院落附近。

［产　　地］　云南省

［用　　途］　叶可提取芳香油，也供药用。

［理化性质］　据中国科学院昆明植物研究所分析：鲜叶含芳香油 0.05%。

［采收处理］　夏秋采收茎叶。

［加　　工］　水蒸汽蒸馏法。

［其　　他］　用种子繁殖。

289　大马蹄香（damatixiang）

［地 方 名］　驱风败毒（云南）

［学　　名］　**Ligularia kanaitzensis** Hand. -Mzt.　菊科

［商 品 名］　大马蹄香油

［形态特征］　多年生草本，高 50～100 厘米，全体具香气。叶基生，大形，叶片卵状心形，先端钝，基部阔，呈截形或微心形，边缘具不规则的牙齿；叶柄长 15～60 厘米，柄上部有叶片延伸的窄翅。头状花序直径 4 厘米，排列成总状花序，总梗长 30～80 厘米，由根颈发出，花序梗长 2～3 厘米，向下俯垂；总苞绿色。瘦果光滑，具冠毛。

［生长环境］　本种性抗寒，喜阴湿，多生长于海拔 2000 米以上的高山草甸沼泽土上，在高山沟谷流水边和肥沃酸性腐植土上亦多生长。

［产　　地］　云南、四川等省。

［用　　途］　叶含芳香油。

［理化性质］　据中国科学院昆明植物研究所分析：叶含油量 0.5%。

［采收处理］　采收新鲜茎叶，立即加工。

［加　　工］　水蒸汽蒸馏法。

［其　　他］　分根或扦插都能繁殖。

290　母菊（muju）（图 1203）

［地 方 名］　洋甘菊、甘菊

［学　　名］　**Matricaria chamomilla** L.　菊科

［商 品 名］　甘菊油

［形态特征］　一年生草本，高约 60 厘米，光滑。茎直立多分枝。叶 2～3 回羽状

分裂，裂片短，窄线形。头状花序直径1～2厘米，顶生，具短梗；总苞片几等长，边缘膜质；花托圆锥形，不具托片；舌状花一层，雌性，白色；管状花两性，黄色，顶端4～5裂。瘦果有3～5条细棱，不具冠毛。花期5～7月。

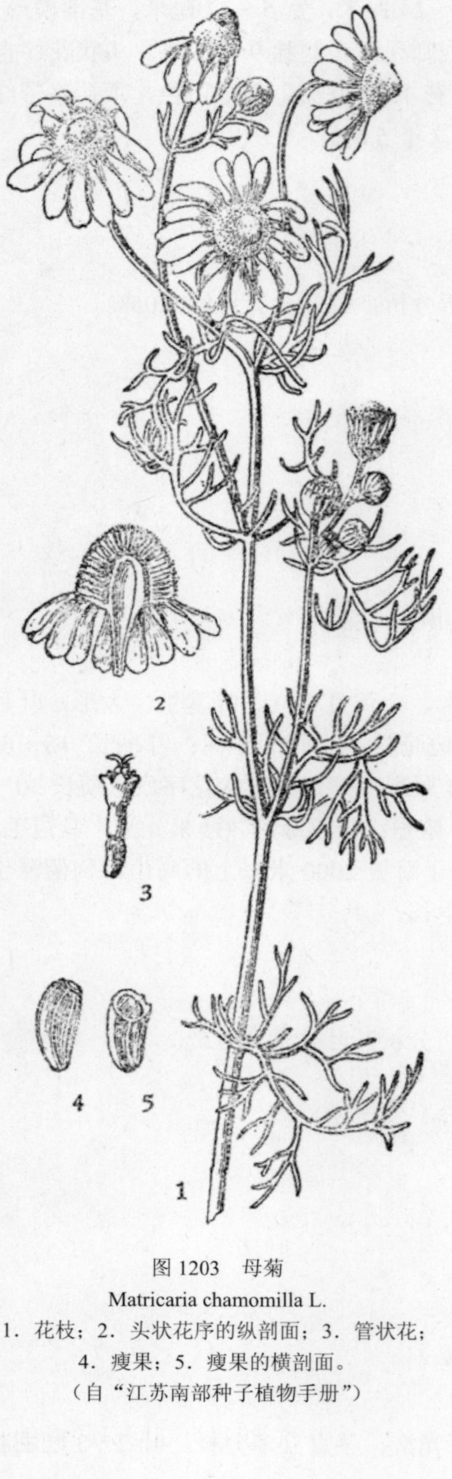

图1203　母菊

Matricaria chamomilla L.

1．花枝；2．头状花序的纵剖面；3．管状花；4．瘦果；5．瘦果的横剖面。

（自“江苏南部种子植物手册”）

［生长环境］　栽培于庭园及屋侧或野生于旷野。

［产　　地］　原产欧美，现我国江苏、台湾等地有栽培。

［用　　途］　花含有芳香油，可用制酒及调合香精的原料。

［理化性质］　干花含油率0.3～0.7%，精油所含主要成分为甘菊醇（chamomillol），及己酸乙酯（ethyl hexylate，$C_8H_{16}O_2$）等。

［采收处理］　在花期采取花朵，略阴干即行加工蒸馏。

［加　　工］　水蒸汽蒸馏法。

291 广木香（guangmuxiang）（图1518）

［学　　名］　**Saussurea lappa** Clarke　菊科

［商 品 名］　广木香油，广木香浸膏

（形态特征、生长环境、产地及其他用途见“药用类”，1961页）

［用　　途］　根部含有芳香油，定香力极强，可用作调香上原料，用于高级香水或化妆品香精中。

［理化性质］　干根含油量（蒸馏法）1～1.5%、（浸提法）4～6.5%；主要成分为木香内酯（costus lactone，$C_{15}H_{20}O_2$），二氢木香内酯（dihydrocostus lacton，$C_{15}H_{22}O_2$），木香醇（costol，$C_{15}H_{24}O$），香堇酮（紫罗兰酮）（ionone，$C_{13}H_{20}O$），木香脑（costol，$C_{15}H_{24}O$），α-及β-木香香油烃（costene，$C_{15}H_{24}$），木香酸（costus acid，$C_{15}H_{22}O_2$）等。

［采收处理］　挖取成熟之根部，阴干后加以破碎，再行加工。

［加　　工］　水蒸汽蒸馏法或浸提法。

［其　　他］　本种经济价值极高，但因各地土名混乱，应仔细鉴定品种，大力扩种。

292 兴安一枝黄花（xinganyizhihuanghua）

［学　　名］　**Solidago virga-aurea** L. var. **dahurica** Kitag.　菊科

［商 品 名］　一枝黄花油及叶油

（形态特征、生长环境、产地及其他用途见“药用类”，1963 页）

［用　　途］　根及叶含有芳香油。

［采收处理］　采取鲜叶及根，干燥并经碾碎后备用。

［加　　工］　水蒸汽蒸馏法。

293 露兜树（ludoushu）（图 281）

［学　　名］　**Pandanus odoratissimus** L. f.　露兜树科

［商 品 名］　露兜花浸膏

（地方名、形态特征、生长环境、产地及其他用途见“纤维类”，323 页）

［用　　途］　鲜花含有芳香油，可用作调合香精的原料，使用于化妆品及香皂中。

［理化性质］　油的比重（15℃）0.9614，折射率（20℃）1.4903，旋光度+2° 5’。主要成分有：甲基苯乙醚（methyl phenyl ethyl ether），含量 66%，芳樟醇（linalool，$C_{10}H_{18}O$），含量 19%，乙酸苯乙酯（phenyl ethyl acetate，$C_{10}H_{12}O_2$），含量 2%及柠檬醛（citral，$C_{10}H_{16}O$），含量 0.5%等。

［采收处理］　待花开放时采收鲜花，进行加工。

［加　　工］　浸提法。

294 柠檬茅（ningmengmao）（图 1204）

［地 方 名］　香巴茅（四川），香茅（广西），风茅、枫茅（广东）。

［学　　名］　**Cymbopogon citratus** (DC.) Stapf　禾本科

［商 品 名］　柠檬草油、枫茅油

［形态特征］　多年生草本，秆粗壮，高达 2 米，节常具蜡粉。叶片长达 1 米，宽 15 毫米，两面均粗糙呈灰白色。佛焰苞披针形，狭窄，长 1.5～2 厘米，红色或淡黄色，比总梗长 3～5 倍；伪圆锥花序，线形至长圆形，疏散，具三回分枝，基部间断，其分枝细弱而下倾或稍弯曲以至弓形弯曲，第一回分枝具 1～5 节，第二回和第三回分枝具 2～

图1204　柠檬茅

Cymbopogon citratus（DC.）Stapf

1. 全株；2. 基部叶鞘及根状茎；3. 分蘖之上部叶片；4. 花序（部分）；5. 孪生小穗；6. 无柄小穗；（7～9，无柄小穗）；7. 第一颖；8. 第一外稃；9. 第二外稃；10. 有柄小穗第一颖。

（自“中国主要植物图说，禾本科”）

3 节而单纯；总状花序孪生，长 1.5～2 厘米，具 4 节；穗轴节间长 2～3 毫米，具较长之柔毛，但其毛并不遮蔽小穗；无柄小穗两性，线形或披针形，无芒，锐尖；第一颖先端具 2 微齿，脊上具狭翼，背面微凹而在下部凹陷，脊间无脉；第一外稃先端浅裂，具短尖头而无芒；有柄小穗铅紫色。

［生长环境］　适宜栽培于气候暖和、湿润的环境、排水良好、中性至微酸性（pH6～7）的肥沃砂壤土上。

［产　　地］　广西、广东、云南、四川、福建、台湾、浙江南部、上海等地。

［用　　途］　柠檬茅油是一种重要香料，主要成分为柠檬醛，提取后可制造各种紫罗兰酮香料，是桂花型香精的重要原料，广泛用于肥皂及化妆品中，此外柠檬醛又是制造维生素甲的重要原料。

柠檬茅还可供医药用，煎水洗身，可袪风消湿、通经络、治头风、散跌打伤瘀血；煎水服用，可治心气痛等症。茎叶含纤维颇多，为造纸的好原料（见“纤维类”，341 页）。

［理化性质］　叶中芳香油，一般含量为 0.4～0.8%，原油呈赤黄色至褐赤色，其主要成分为柠檬醛（citral，$C_{10}H_{16}O$），含量可达 75～85%，其次还含有微量的香草醛（citronellal，$C_{10}H_{18}O$）、香草醇（geraniol，$C_{10}H_{18}O$）和甲基庚烯酮。

［采收处理］　柠檬茅一般可生长 4～8 年，在第一年的产油量较少，第二年以后至第四年含量最多，以后又逐渐减少；在第一年可收割 3 次，以后每年可收割 4～6 次，夏秋生长较快，50～60 天可收割一次，冬春需 80～90 天一次，在广东一带每年每亩可割取 2000～4000 公斤。收割时间和处理与香茅相同。

［加　　工］　把新收割的叶子切成长 20～25 厘米，用水蒸汽蒸馏法提取。

［其　　他］　柠檬茅结子不多，通常用分蘖繁殖。又根据广东一带所栽种的，一般在外形上可分两种，一种俗称短脚枫茅，一种叫高脚枫茅，前者含油量较高，芳香油

的质量亦较好。

295 芸香草（yunxiangcao）（图 1205）

［地 方 名］　臭草（四川），石灰草、山茅草、诸葛草、香茅草（云南）。

［学　　名］　**Cymbopogon distans** (Nees) A. Camus　禾本科

［商 品 名］　芸香草油

［形态特征］　茎较细弱，丛生，高 40～110 厘米，直立无毛。叶鞘无毛，基部多破裂，**破裂后不反卷，内面浅红色，**上部者短于秆节间；叶舌钝圆，长 2～3 毫米，先端多不规则破裂；叶片狭线形，长可达 25 厘米以上，宽 1～3 毫米，扁平或边缘外卷，两面均无毛，具白粉。伪圆锥花序稀疏，狭窄，较单纯，长 15～45 厘米；总状花序孪生，带黑紫色，长 1.5～2.5 厘米，具 3～5 节，其下托以佛焰苞；穗轴节长约 3 毫米，边缘被白色柔毛；有柄小穗长 4.5～6 毫米，无芒；无柄小穗长圆披针形，基盘具短毛；第一颖先端具二微齿；第二颖舟形，先端急尖或具小尖头；第一外稃较颖短三分之一；**第二外稃**长约为颖之半，**先端二齿裂间有芒，**芒长 12 毫米，中部膝曲，无内稃，雄蕊 3。花、果期 9～10 月。

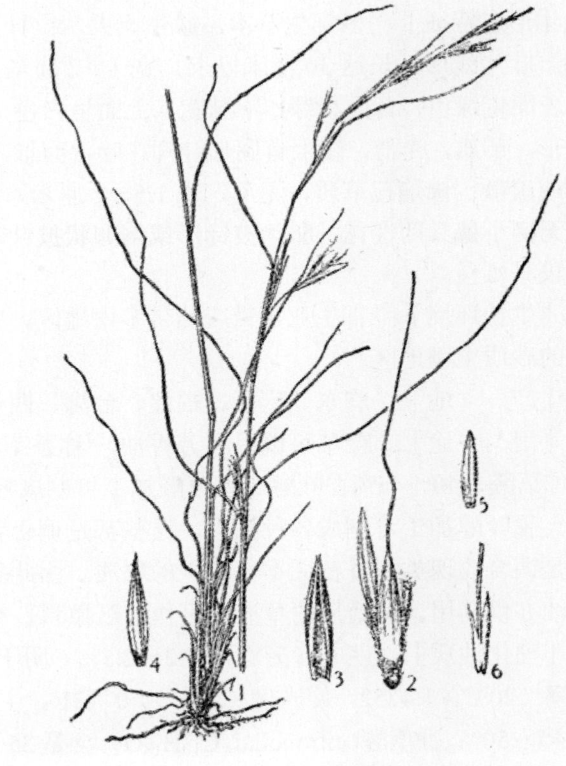

图 1205　芸香草

Cymbopogon distans（Nees）A. Camus

1．植株；2．孪生小穗；（3～6．无柄小穗）；3．第一颖（腹面）；4．第二颖（背面）；5．第一外稃；6．第二步外稃（去芒）。

（自“中国主要植物图说，禾本科”）

［生长环境］　多分布于高海拔地区之阳坡草地中，常生于石灰岩、玄武岩石山区。

［产　　地］　云南、四川、贵州、甘肃、陕西等省。

［用　　途］　全株含芳香油，经蒸馏提取后可作一般日用化妆品或皂用香精，还可用于杀虫与消毒剂。

经蒸馏后之残渣含纤维 40%，可做纸浆等原料。

［理化性质］　据四川省资料：茎、叶含油 0.4～1.2%。又据云南省资料：全株含

油 0.34%。油淡黄色，具有与橘草相似的香气，其主要成分据初步分析为香草醛与香草醇等。

［采收处理］ 参阅扭鞘香茅（1509 页）。

［加　　工］ 水蒸汽蒸馏法。

296 香茅（xiangmao）

［学　　名］ **Cymbopogon nardus** (L.) Rendle 禾本科

［商 品 名］ 香茅油、香草油

［形态特征］ 多年生草本，簇生成大丛；秆直立，高 60～150 厘米，基部有残存叶鞘。叶片线形，长达 30 厘米以上，宽 1～2 厘米，基部长狭楔形，先端狭细，向下弯卷，表面青绿色，背面粉绿；中脉宽，上面呈白色，背面绿色；叶鞘青红色，短于节间，圆柱形，革质，光滑，鞘上有圆形叶耳；叶舌卵形，粗糙，边缘被睫毛。圆锥花序延伸，紧缩或疏散；佛焰苞革质，无毛，长 1.5～2 厘米，狭披针形，先端渐尖；**小穗**成对，**无芒**；**无柄小穗**具两性花，**卵状披针形或倒卵状披针形**，长 3.5～4 毫米，**背部扁平**；有柄小穗仅具雄花。

［生长环境］ 喜生亚热带或热带多雨地区，宜栽培于通气、排水好、土层深厚、肥沃的砂质土壤地区。

［产　　地］ 广东、广西、福建、台湾、四川、贵州、云南等省区均有栽培。

［用　　途］ 全草可以提取芳香油，称香茅油，用途极广，从油中可提取 32～40%香草醛，40～45%香叶醇。香草醛加工可制成羟基香草醛，香草醇，玫瑰醇及薄荷脑等。香叶醇加工可制成各种酯类，这些都是调合各种化妆、皂用香精中的重要原料，特别是调合玫瑰类型香精所不可缺少的物质。因此香茅油有“香料之母”的称呼。

油亦供药用。蒸馏后的草渣，可作造纸原料，亦可作饲料、肥料及培养草菇等用。

［理化性质］ 茎叶含芳香油 1.2～2.5%（阴干样品），油的比重（15℃）0.9069，折射率（20℃）1.4752，旋光度（20℃）-0° 21’，主要成分香叶醇（geraniol，$C_{10}H_{18}O$），含量 45～50%，香草醛（citronellal，$C_{10}H_{18}O$），含量 35～45%，香草醇（citronellol，$C_{10}H_{20}O$），含量约 13%左右。

目前我国精制香茅油的商品规格：比重（15℃）0.885～0.897,折射率（20℃）1.466～1.472，旋光度（20℃）0° ～-0.5° 。总醇量（以香叶醇计）85～95%，含醛量（以香草醛计）35～45%。

［采收处理］ 夏秋植株生长快，每隔 60 天收割一次，冬季每 3 个月收割一次，一年可收割 4～6 次，以冬季收割的含油量高。适时收割，一般宜在植株生有 5 叶片，其最外一片变枯黄时进行。采收宜用锋利镰刀，从叶鞘上 2 厘米处割下，避免伤及生长锥；割下之叶乘鲜加工。大风久雨之后采收或久放均会影响出油率。

［加　　工］ 目前采用水上蒸馏法和水蒸汽蒸馏法提取芳香油。

［其　　他］　栽培时主要用分蘖法繁殖。

297 扭鞘香茅（niuqiaoxiangmao）（图 1206）

［地 方 名］　芸香草、臭草（云南、贵州），野香茅（广东广州）。

［学　　名］　**Cymbopogon tortilis** (Presl) A. Camus　禾本科

［商 品 名］　野香茅油

［形态特征］　多年生草本；秆丛生，高 60～100 厘米，无毛，节被白粉色微小毛茸。叶片线形扁平，长 30～50 厘米，宽 4～6 毫米，除上面基部有微小毛茸外，余均无毛；叶鞘无毛，基部者多破裂，破裂后反卷，内面红棕色，上部者短于节间；叶舌长 2～5 毫米，先端钝圆，无毛。伪圆锥花序较大而稍密集，狭窄、较复合，长 25～35 厘米；总状花序孪生，叉开，长 8～18 毫米，具 3～6 节，带红棕色和紫色，其下托以长 12～15 毫米之佛焰苞，穗轴节间长 1.5～2 毫米，边缘被长 0.5～1 毫米之白色柔毛；无柄小穗长圆状披针形，长 3.5～5 毫米，基盘具长约 0.5 毫米之微毛；第二颖先端微呈裂齿状，具 2 脊，脊之上部具狭翼，脊间生 2～4 脉，背部扁平或在下部微呈波皱；第二颖舟形，先端尖，脊上具狭翼，边缘膜质而生小纤毛；第一外稃长圆状披针形，约较颖短四分之一，先端尖，具 2 脊，边缘具小纤毛；第二外稃极狭，较颖短三分之一，顶端具长约 0.5 毫米之二裂齿；芒从齿间伸出，长约 7 毫米，中部膝曲；无内稃；雄蕊 3，花药长 1.5～1.8 毫米；有柄小穗长 3.5～5 毫米，无芒，其柄被长 0.5～1 毫米之白色柔毛。花、果期 8～10 月。

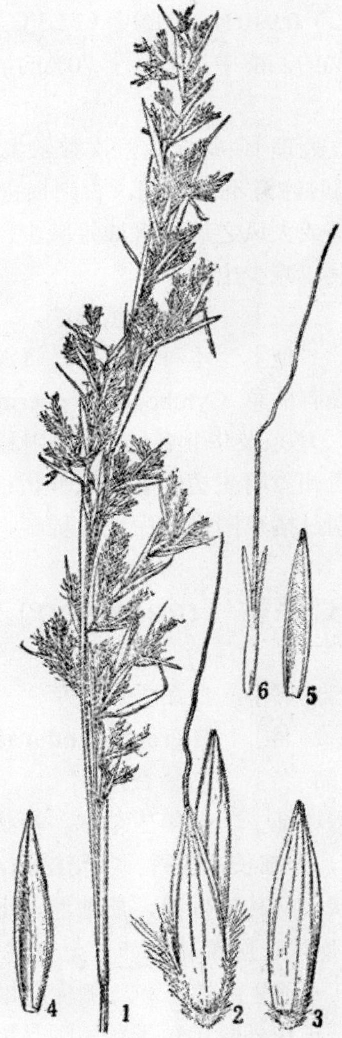

图 1206　扭鞘香茅

Cymbopogon tortilis（Presl）A. Camus

1．花序；2．孪生小穗；（3～6 无柄小穗），3．第一颖；4．第二颖；5．第一外稃；6．第二外稃及其芒。

（自“中国主要植物图说，禾本科”）

［生长环境］　生于海拔 500～

2000 米之间的干燥河谷两岸或阳坡草地中，常与菅草、芒草和余甘子（云南、贵州俗称橄榄）等混生。

［产　　地］　广东、广西、福建、台湾、云南、四川、贵州、湖南、湖北等省区。

［用　　途］　全草含芳香油，可作化妆品及皂用香精，又可作杀虫和消毒剂。提取芳香油后的秆、叶可作造纸原料。

［理化性质］　扭鞘香茅叶出油率 0.92%，精油呈淡黄色或黄色，具香草醛香气，比重（11℃）0.9102，旋光度（12.3℃）+53.9°，折射率（14.6℃）1.4855，能溶于 1.08 倍体积 88%的乙醇中，不溶于 70%的酒精，酸值 0.83，酯值 6.90，醛酮含量 6.5%，醇含量 20%。

［采收处理］　每年收割次数依生长地域气候条件的差异而有不同，一般可收割 2～4 次。收割时注意不伤叶鞘，否则损害生长锥，有碍新叶生长。收割宜在晴天早晨或傍晚间，久雨或大风之后，含油量减少，不宜收割，收后应及时加工，不要久置曝晒，以免油分挥发，减少出油率。

［加　　工］　水蒸汽蒸馏法。

［其　　他］　本种分布广，资源丰富，大有利用价值。

此外尚有橘草 Cymbopogon goeringii（Steud.）A. Camus 一种，分布于云南、贵州、台湾、华中、华东及华北各地。据中国科学院昆明植物研究所资料：茎叶含芳香油为 0.5～0.7%。据贵州省野生植物普查队分析：茎叶含芳香油为 0.3～0.4%。橘草与本种极相似，其主要区别是橘草圆锥花序较为稀疏，无柄小穗较长，而用途两者大致相同。

298 茅香（maoxiang）（图 1207）

［地 方 名］　白茅香、香草

［学　　名］　**Hierochloë odorata** (L.) Beauv.　禾本科

［商 品 名］　白茅香油

［形态特征］　多年生草本。根状茎细长，黄色。秆直立，无毛，高 50～60 厘米，具 3～4 节，上部长，裸露。叶鞘松弛，无毛，长于节间；叶舌膜质透明，长 2～5 毫米，先端啮蚀状；叶片披针形，质地厚，上面被微毛，长达 5 厘米，宽达 7 毫米，分蘖上者长可达 40 厘米。圆锥花序卵形至金字塔形，长约 10 厘米，分枝细长，光滑，上升或平展；小穗具一顶生两性花和二侧生的雄性花，长 5 毫米；颖膜质，具 1～3 脉，等长或第一颖稍短；雄花外稃稍短于颖，顶具微小尖头，背部向上渐被微毛，边缘具纤毛；孕花外稃锐尖，长约 3.5 毫米，上部被短毛。花期 6 月，果期 7～8 月。

［生长环境］　多生于荫蔽山坡、沙地或湿润草地。

［产　　地］　山东、山西、甘肃、云南、广东、广西、浙江、福建等省区。

［用　　途］　茎叶可提取芳香油，油可作调香原料。

［理化性质］　精油所含主要成分为香豆素（coumarin，$C_9H_6O_2$）。

［采收处理］　在秋季成熟时，采取茎叶于大半干时或干后进行加工。

［加　　工］　水蒸汽蒸馏法。

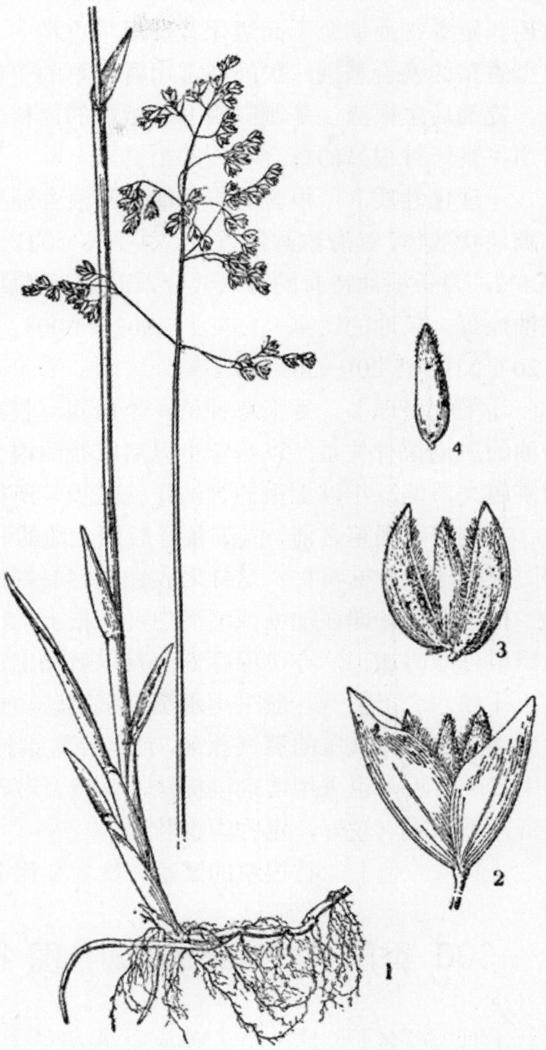

图 1207　茅香

Hierochloë odorata（L.）Beauv.

1．植株；2．小穗；3．小穗（去颖）；4．孕花。

（自“中国主要植物图说，禾本科”）

299 香根草（xianggen-cao）

［地 方 名］　岩兰草

［学　　名］　**Vetiveria zizanioides** (L.) Nash.　禾本科

［商 品 名］　香根油、岩兰草油

［形态特征］　多年生草本。须根浅黄色至黄褐色，老根色泽较深，以手搓之有浓郁的檀香香气，长 1～1.5 米，粗 3～4 毫米，在土层深 25～28 厘米处平展分布。秆直立，粗壮，簇生，高 1～2 米余。叶狭线形，直立，坚硬，长 40～100 厘米，宽 4～10 毫米，基部延伸，干时扁平或稍为折迭，先端短尖，中脉明显，叶鞘扁平而具有中脊，无毛；叶舌小，边缘膜质。圆锥花序顶生，直立，紫色或淡绿色，分枝多数轮生；花序主轴粗壮，分枝细弱，疏展而上举，长 5～12 厘米；无柄小穗均两性，线状披针形，基盘被短毛；第一颖革质或草质，长圆形，边缘内折，第二颖革质，边缘透明，被睫毛；第一外稃透明，被睫毛，第二外稃先端齿裂，无芒；有柄小穗雄性，形似无柄小穗。抽穗期秋季。

［生长环境］　性喜阳光，宜栽培于气候温暖地区，对土壤肥力要求不严，在土层深厚疏松、排水良好的砂壤土生长茂盛。唯在坡度大、干旱、寒而多风的地方不适生长。

［产　　地］　广东、广西、福建、台湾、浙江、上海等地均有栽培。

［用　　途］ 香根草油具有类似檀香香气，香气悦人且持久，是一种重要的香料，常用作定香剂而调合于高级化妆及皂用香精中。可与派超力油（或藿香油）共用作为东方型香精的调合基础。民间亦常用香根草的干根作为薰香用。

提油后之根渣，是制高级书写纸张的原料。嫩叶可作牛的饲料，老叶可织草包或盖房用，是一种很好的综合利用的植物。

［理化性质］ 根含有芳香油，干根含油率2～4%左右。精油为淡黄色至棕褐色的粘稠油状液体，具有浓醇的香气。主要成分为岩兰草酮（vetiverone，$C_{15}H_{22}O$），含量7.8～35.1%，为香根油特有的香气成分，此外尚有岩兰草醇（vetiverol，$C_{15}H_{24}O$）和岩兰草香油烃等。精油的比重（15℃）1.002～1.003，折射率（20℃）1.5259～1.5260，旋光度（20℃）+24° 20'～30° 04'。

［采收处理］ 香根草种植一年后即可收获，但延至二年以后收获亦可。根龄长短与油的质量很有关系，以一年半以后收获的根含油量较高，香气亦较好，根龄越老油的比重越大，但三年以上根的含油量就减少，所以香根草的根以在1～2年之间收获为宜。

在收获香根草之前，先准备好后期土地的利用。如欲连续种植香根草，则应在雨季，即时收获即时分株再种，这样采收比较容易挖净，而且可以保证新的种苗成活。

挖根以后，即在池塘或河溪中洗去根上的泥土，在通风处阴干，打包运输贮藏。香根草根可即时加工，亦可保存6个月以后加工，含油量和香味都不会降低。

［加　　工］ 一般采用水蒸汽蒸馏法，最好用加压蒸馏法。先将干根碾成碎末，使用4～12个大气压的蒸汽蒸馏，或者经常维持蒸锅内压力在1～2个大气压之间，则得油率较高。近来也采用溶剂浸提法，从浸膏蒸油，可获得较高得油率，同时还可直接用浸膏，不但香气较好，定香力也较强。

［其　　他］ 香根草的繁殖方法主要用分蘖法。

300 香附子（xiangfuzi）（图1208）

［地 方 名］ 地三草（河南），香胡子（贵州），野韭菜（江西），地蒲草（广西），山芽草（福建）。

［学　　名］ **Cyperus rotundus** L.　莎草科

［商 品 名］ 香附油、香附子油

［形态特征］ 多年生草本，高10～20厘米，有时可达60厘米。根状茎细长，并生有暗褐色膨大的块茎，有香气。茎散生，三棱形，光滑绿色。叶片线形，与茎等长或比茎长，宽2～8毫米，先端短尖，叶鞘短于叶片。伞房花序常复生，伞梗少数，长或短，苞4～6片，叶状，长过花序；小穗线形，长0.8～2.5厘米，短尖，3～8个合成短的穗状花序；小穗轴具显明的膜翅；鳞片10～25，狭长形，稍钝，红褐色而有绿色的中肋，花柱长3裂。小坚果光滑，长三棱形。花期5～6月，果期6～9月（华北）。

［生长环境］ 为一种常见的田间杂草，也喜生于旷野、草地、路旁、溪边。

［产　　地］　黑龙江、吉林、辽宁、河北、山东、山西、河南、陕西、甘肃、江苏、浙江、安徽、湖北、湖南、福建、四川、贵州、广东、广西等省区。

［用　　途］　根状茎部分含有芳香油，原油经分馏处理后可分别用于调制兰木香型及玫瑰麝香或馥奇等型香精。

蒸油后的残渣含有 40～50%淀粉，可以用来发酵制酒，酒糟尚可用作饲料。根状茎可入药（见“药用类”，1972 页）。

［理化性质］　根状茎含精油 1%左右，油呈棕黄色液体，有强烈药气。油的比重（15℃）0.960～0.992，折射率（20℃）1.498～1.528，旋光度（20℃）-11° 30'～+35° 30'。其主要成分为香附油精（cyperene，$C_{15}H_{24}$），约 32～37%，香附醇（cyperol，$C_{15}H_{24}O$），约 49%，及 α-香附酮（cyperone，$C_{15}H_{20}O$），此外，并含有脂肪酸及酚类。

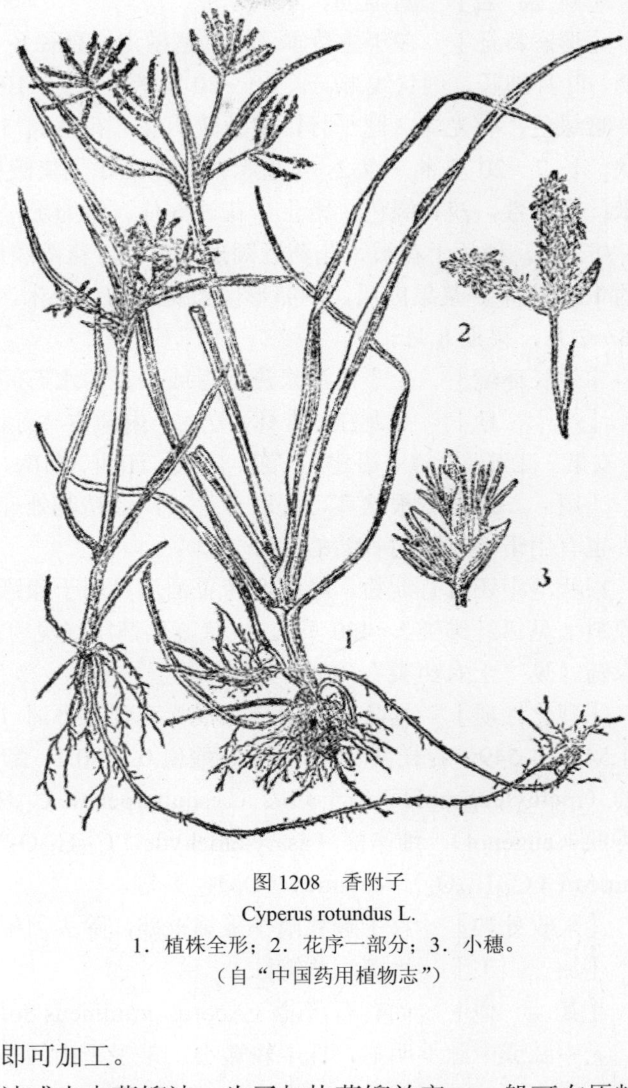

图 1208　香附子
Cyperus rotundus L.
1．植株全形；2．花序一部分；3．小穗。
（自“中国药用植物志”）

［采收处理］　将香附子挖出，洗净，晒干后碾成碎末，即可加工。

［加　　工］　水蒸汽蒸馏法或水中蒸馏法，为了加快蒸馏效率，一般可在原料中拌入 10%左右谷糠，以避免因含淀粉遇热结团而影响出油。

［其　　他］　香附子为农田中最难消灭的有害野草。生长普遍，应扩大利用。

301 菖蒲（changpu）

［地 方 名］　野菖蒲（浙江），泥菖蒲（浙江、山西），小菖蒲、菖蒲根（江苏），臭蒲（东北、山东、河南、江苏），水菖蒲（山西、浙江、河北、江苏），沙姜（湖北），溪菖蒲、野枇杷（福建），白菖蒲（山西、河南、河北），臭蒲子根（东北、河南）。

［学　　名］ **Acorus calamus** L.　天南星科

［商 品 名］ 菖蒲油、水剑草油

［形态特征］ 多年生草本。根状茎横走，直径 8～12 毫米，外皮黄褐色。叶基生、无柄，叶片细长，剑状线形，长 30～50 厘米，宽 6～10 毫米，先端渐尖，两面均光滑无毛，暗绿色，有光泽，脉平行，**中脉较明显**。花茎高 10～30 厘米，扁三棱形；佛焰苞叶状，长 7～20 厘米，宽 2～4 毫米；肉穗花序呈狭圆柱形，长 5～12 厘米，直径 2～4 毫米；花两性，淡黄绿色，密生、花被 6 片，倒卵形，长约 2 毫米，宽约 1 毫米，先端钝；雄蕊 6，稍长于花被，花药近圆形，黄色，花丝线形，子房长圆柱形，长约 3 毫米，宽约 1.25 毫米。浆果肉质，倒卵形，长宽均约 2 毫米，先端有宿存的花柱，带红色。花期 6～7 月，果期 8 月。

［生长环境］ 生于山涧泉流附近或泉流的水石间。

［产　　地］ 黑龙江、吉林、辽宁、内蒙古、河北、山西、甘肃、宁夏、山东、河南、安徽、江苏、浙江、福建、广东、广西、江西、湖南、湖北、四川、贵州、云南等省区。

［用　　途］ 根状茎可提取芳香油，经精制处理后用于化妆品香精和皂用香精，国外也有用于调制酒用香精的。

根状茎中还含有淀粉，经提取芳香油后可用于酿酒，渣还可作猪的饲料。叶可为纤维原料（见“纤维类”，400 页）。根状茎供药用（见“药用类”，1974 页）。全株均可作土农药（见“土农药类”，2056 页）。

［理化性质］ 据陕西省资料：根状茎含芳香油 1.5～3.5%，油的比重 0.97，折射率 1.548～1.549，旋光度+2°～9°；酸值 0.1～0.2，酯值 3～5。油的主要成分为甲基丁香酚（methyleugenol），倍半萜烯（sesquiterpene，$C_{15}H_{24}$），正庚酸（n-heptylic acid），丁香酚（eugenol），细辛醛（asarylaldehyde，$C_{10}H_{12}O_2$），细辛脑（asaron，$C_{12}H_{16}O_3$），calameon（$C_{15}H_{16}O_2$），calamen（$C_{15}H_{22}$）等。

［采收处理］ 宜于春秋雨季采掘根部，除去须根，洗净，阴干或晒干。

［加　　工］ 水蒸汽蒸馏法。

［其　　他］ 尚有石菖蒲（Acorus gramineus Soland.）与本种形态相似，但叶较狭，无中脉或中脉不明显，株干较矮小，常生于山间石上，用途与本种相似。

302 蒜（suan）（图 1209）

［地 方 名］ 大蒜（通称），葫（山西）。

［学　　名］ **Allium sativum** L. var. **pekinense** (Prokh.) Maekawa　百合科

［商 品 名］ 大蒜油

［形态特征］ 多年生草本，有强裂香气。**鳞茎具 6～10 瓣，小鳞茎包藏于银白色或粉红色膜被内**。叶数枚基生，**扁平或微凹**，宽达 2.5 厘米。花葶圆柱形，高出于叶之上，**佛焰苞片有长喙**，长 7～10 厘米；伞形花序，花稠密**常不结实**，**近白色或微绿色**，

花被片披针形，**雄蕊比花被短**，夏季开花。

［生长环境］　园圃中栽培。

［产　　地］　全国各地均有栽培。

［用　　途］　鳞茎含芳香油，可作调味用香精，亦可用作医药原料。

鳞茎和叶可食，鳞茎亦入药（见“药用类”，1982 页）。亦可作土农药（见“土农药类”，2059 页）。

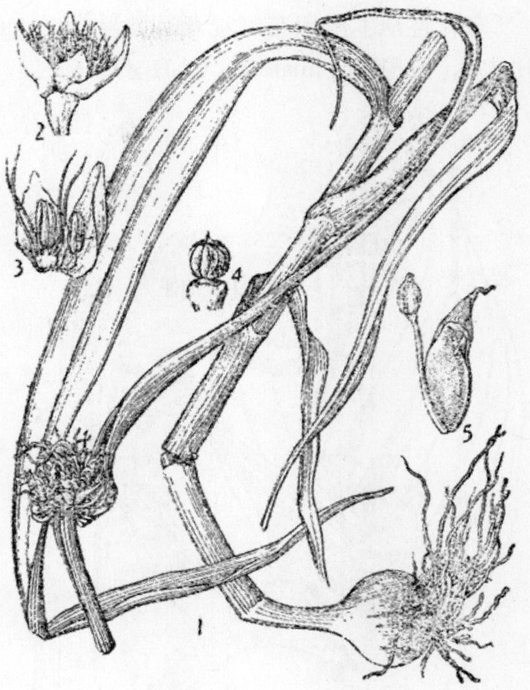

图 1209　蒜

Allium sativum L. var. pekinense（Prokh.）Maekawa

1．植株全形；2．花；3．花被及雄蕊；4．子房；5．花苞及珠芽。

（自“江苏南部种子植物手册”）

［理化性质］　鳞茎含芳香油约 2%，油中主含抗生性物质大蒜辣素（allicin，$C_6H_{10}OS_2$）和丙烯硫醚（allyl sulfide，$C_6H_{10}S$）及微量的碘等。精油比重（15℃）1.046～1.098，折射率（20℃）1.557～1.575。在新鲜大蒜中无大蒜辣素存在，而含大蒜氨酸（alliin），此酸经大蒜中含有的大蒜酶（allinase）的分解而产生大蒜辣素。大蒜辣素含量约为 0.5～2%，纯品为无色油状物，能与乙醇、苯、醚等混合，在水中的溶解度为 2.5%，很不稳定，对皮肤有刺激性，气味与大蒜类同，大蒜辣素溶液遇热时很快失去作用，遇碱亦失效，但不受稀酸影响。

［采收处理］　选取成熟之鳞茎，在鲜时或干时切碎进行加工。

［加　　工］　一般采用水蒸汽蒸馏法，操作时注意防护，以免操作人员的皮肤及眼鼻受到刺激，此法香气不佳，用浸提法或减压蒸馏法较妥。

［其　　他］　本种主要供食用，仅在多余时或必要时才用以提取芳香油。

303 铃兰（linglan）（图 1533）

［学　　名］　**Convallaria keiskei** Miq.　百合科

［商 品 名］　铃兰浸膏

（地方名、形态特征、生长环境、产地及其他用途见“药用类”，1985 页）

［用　　途］　花含芳香油，是一种高贵的香料，用于调制各种花香香精，作化妆

品、香皂的赋香剂，鲜花又可供早春观赏。

［理化性质］　用花制浸膏得量为0.4～0.6%，成分约为金合欢花醇（farnesol，$C_{15}H_{26}O$），芳樟醇（linalool，$C_{10}H_{18}O$）。

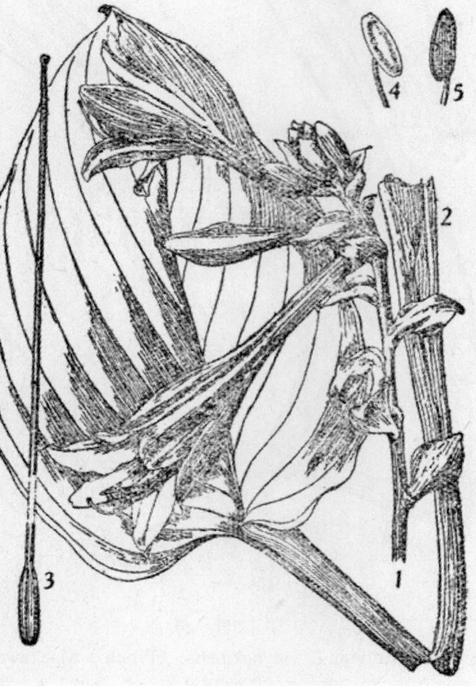

图1210　玉簪

Hosta plantaginea Aschers.

1．花序；2．叶；3．雌蕊；4．雄蕊腹面；5．雄蕊背面。

（自“江苏南部种子植物手册”）

［采收处理］　5～6月采收鲜花进行加工。

［加　　工］　必须用低温浸提法，常温下浸提则香气全变，价值尽失。

［其　　他］　铃兰浸膏向为国内外市场上的著名香料，今后发展前途甚大。

304 玉簪（yuzan）（图1210）

［地 方 名］　玉泡花（四川）

［学　　名］　**Hosta plantaginea** Aschers.　百合科

［商 品 名］　玉簪浸膏

［形态特征］　多年生草本，具粗壮根状茎，叶基生，卵形至心状卵形，长15～25厘米，具侧脉8～9对，有长柄，柄长15～22厘米，花葶于夏秋间从叶丛中抽出，长45～75厘米，常有叶状的苞片1枚，总状花序；花白色，芳香；花梗基部常有1～12膜质卵形的苞片；花被长10～13厘米，裂片6，略短于花被管，近直立或扩展；雄蕊6，子房无柄，3室，花柱线形。蒴果圆柱形或三棱形，长5～7厘米。花期7～8月，果期8～9月。

［生长环境］　常栽培于园圃中。

［产　　地］　黑龙江、吉林、辽宁、内蒙古、河北、山西、山东、河南、陕西、甘肃、青海、新疆、安徽、江苏、浙江、湖南、江西、湖北、四川、贵州、福建、台湾、广东、广西、云南等省区。

［用　　途］　鲜花含芳香油，香气甚佳，可提制芳香浸膏，供调合化妆香水及香精用。

［采收处理］　在花期采收将盛开之鲜花进行加工。

［加　　工］　浸提法。

305 风信子（fengxinzi）（图 1211）

［学　　名］ **Hyacinthus orientalis** L.　百合科

［商 品 名］ 风信子浸膏

［形态特征］ 多年生草本，具近球形的鳞茎；鳞茎长约 3 厘米，外部黑褐色。叶质厚，带状，长 15～21 厘米，宽 1.4～2.4 厘米，先端渐尖。花葶肥粗，长 21 厘米；苞片膜质，短小；总状花序；小花梗长 1 厘米，比花短，具小苞；花被管长 1.5 厘米，近基部处膨大成囊状；花被裂片 6，园艺品种颜色不一，长 1.5 厘米，宽 3 毫米，反卷；雄蕊 6，着生于花被管上；子房 3 室。蒴果卵圆形，具三棱，室背开裂。花期 3 月。

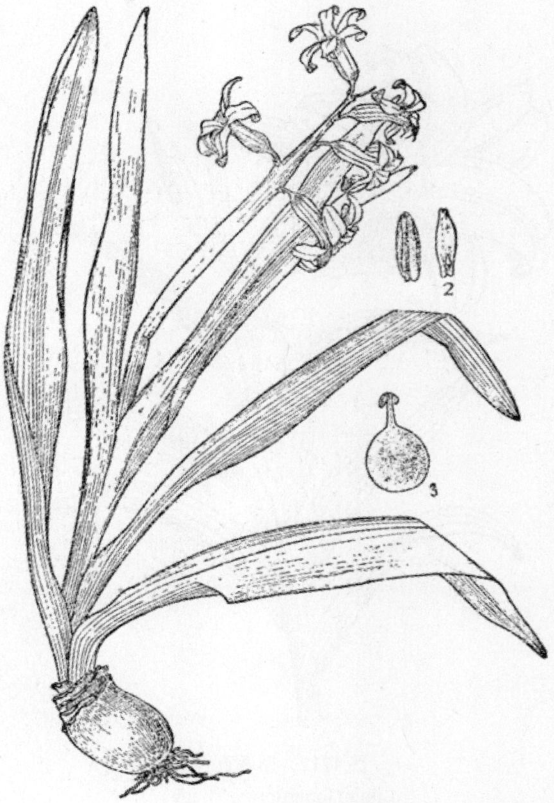

图 1211　风信子
Hyacinthus orientalis L.
1．植株全形；2．雄蕊的腹、背面；3．雌蕊。
（自“江苏南部种子植物手册”）

［生长环境］ 各地花园中均有栽培。

［产　　地］ 原产小亚细亚。我国河北、江苏、四川等省均有栽培。

［用　　途］ 花中含有芳香油，是一种名贵的香料，用于调制香水及高级化妆香精。

［理化性质］ 鲜花含油率 0.15～0.25%，主要成分为桂醇（cinnamyl alcohol, $C_9H_{10}O$），苄醇（benzyl alcohol，C_7H_8O）及丁香酚（eugenol，$C_{10}H_{12}O_2$）等。

［采收处理］ 采取鲜花进行加工。

［加　　工］ 浸提法。

306 百合（baihe）（图 522）

［学　　名］ **Lilium brownii** F. E. Brown var. **colchesteri** (Wall.) Wils.　百合科

［商 品 名］ 百合花浸膏

（地方名、形态特征、生长环境、产地及其他用途见“淀粉及糖类”，629 页）

［用　　途］　鲜花含有芳香油，可提制浸膏。在调香上作香料使用于花香型香精中。

［采收处理］　于5～7月之间花苞待放时选采鲜花进行加工。

［加　　工］　浸提法。

［其　　他］　本属品种甚多，如山丹（Lilium concolor salib.），其商品名为山丹花浸膏，各地都有资源，但香气浓淡不一，为了充分利用，均应予以研究试制。

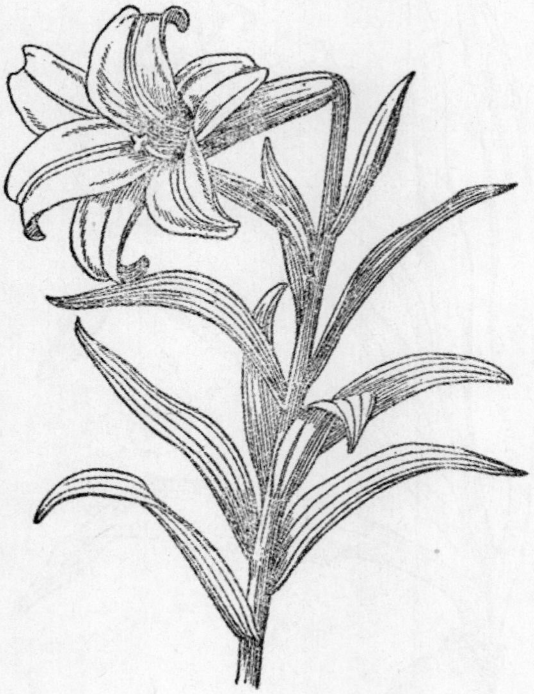

图 1212　麝香百合
Lilium longiflorum Thunb.
茎上部

307 麝香百合（she-xiangbaihe）（图 1212）

［学　　名］　**Lilium longiflorum** Thunb.　百合科

［商 品 名］　麝香百合浸膏

［形态特征］　多年生直立草本，高45～90厘米；鳞茎球形，不具匍匐根状茎，长2.5～5厘米，白色或白色微黄，有紧贴地复瓦状排列的鳞片，茎绿色而有灰斑点，基部淡红色。叶散生，多数，披针形或长圆状披针形，长10～15厘米，宽达1.5厘米，先端渐尖，平滑。花纯白色，基部微带淡绿，极香，单生或2～4朵生于短梗上，平生或稍下弯，长10～15厘米，呈喇叭状，上部直径10～12厘米；花被片6，倒披针形，先端钝，上部宽2.5～4厘米；雄蕊6，比花被稍短，花药丁字着生，花丝纤弱，无毛；花柱长，上部微向上弯曲，柱头3裂，蒴果长圆形，3室，有多数种子。花期初夏。

［生长环境］　视气候条件而定，露天或温室栽培。

［产　　地］　原产琉球群岛，我国近有栽培。

［用　　途］　鲜花香气甚浓，含有芳香油，是调制香水及化妆品的香料。

［理化性质］　鲜花含油率0.2～0.3%。主要成分为甲苯酚（cresol，C_7H_8O）及松油醇（terpineol，$C_{10}H_{18}O$）等。

［采收处理］　采收鲜花加工。

［加　　工］　浸提法。

308 水仙（shuixian）（图 1213）

［学　　名］　**Narcissus tazetta** L. var. **chinensis** Roem.　石蒜科

［商 品 名］　水仙花浸膏、水仙花净油

［形态特征］　多年生草本，鳞茎卵圆形。叶直立扁平，长 30～45 厘米，宽 10～18 毫米，顶端钝，稍呈粉绿色。花葶扁平，中空，约与叶等长，佛焰苞膜质，披针形，管状；花 4～8 朵排成伞形花序，平伸而下倾，芳香，直径 2.5～3 厘米，花梗突出苞外；花被高脚碟状，管纤弱，长 1.5～2 厘米，裂片倒卵形，扩展而外反，白色；副花冠浅杯状，淡黄色；雄蕊着生于花被管上；子房下位，每室有胚珠多数，柱头 3 裂。蒴果室裂。花期冬季。

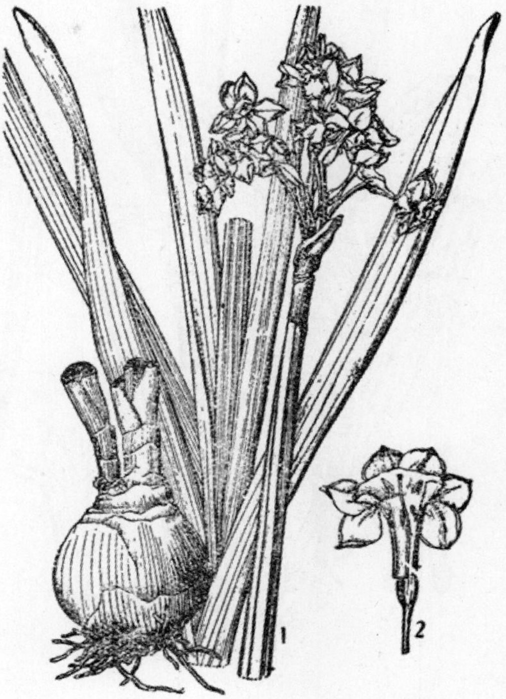

图 1213　水仙
Narcissus tazetta L. var. chinensis Roem.
1．植株；2．花剖开。
（自“江苏南部种子植物手册”）

［生长环境］　我国多栽培于花圃中。

［产　　地］　福建、广东、江苏、贵州等省。

［用　　途］　鲜花含有芳香油，是一种香气幽雅名贵的香料，调制高级花香香精，用于香水及香皂、化妆品中。

［理化性质］　鲜花含油量 0.2～0.45%，浸膏为淡黄色半固体物，净油的比重（15℃）0.960～0.973，折射率（20℃）1.4884～1.4928，主要成分为：丁香酚（eugenol, $C_{10}H_{12}O_2$），苯甲醛（benzaldehyde, C_7H_6O），苄醇（benzyl alcohol, C_7H_8O）及桂醇（cinnamyl alcohol, $C_9H_{10}O$）等。

［采收处理］　采收鲜花即行加工。

［加　　工］　浸提法。

309 晚香玉（wanxiangyu）（图 1214）

［地 方 名］　月下香

［学　　名］　**Polianthus tuberosa** L.　石蒜科

［商 品 名］　晚香玉浸膏

［形态特征］　草本，直立，具块茎；茎高可达 1 米，具茎生叶与基生叶。茎生叶近卵状披针形或鳞片状；基生叶线状；长约 40 厘米。穗状花序着生茎的上端；花乳白色，成对，长 厘米，有浓香，花被长 3～4 厘米，管略弯曲，裂瓣长圆形，先端钝；雄蕊着生在花被管上，不伸出管外，子房 3 室，每室具多数胚珠；花柱细长，柱头 3 裂。蒴果顶端有宿存花被；种子扁平。花期 7～8 月，果期 9～10 月。

图 1214　晚香玉

Polianthus tuberosa L.

1．植株全形；2．花被剖开示雄蕊；3．雄蕊；4．雌蕊。

（自“江苏南部种子植物手册”）

［生长环境］　喜湿润肥沃土壤。

［产　　地］　江苏、浙江、四川及广东等省均有大面积栽种，以四川、广东生长最良好。

［用　　途］　花中含芳香油，是一种高贵的香料，常用作调制各种花香精，或用于高级香水、香皂中。

［理化性质］　花含油 0.08～0.14%，外形为淡黄色或深黄色半固体胶状物。主要成分为香叶醇（geraniol, $C_{10}H_{18}O$），橙花醇（nerol, $C_{10}H_{18}O$），金合欢花醇（farnesol, $C_{15}H_{26}O$），丁香酚（eugenol, $C_{10}H_{12}O_2$），及邻氨基苯甲酸甲酯（methyl anthranilate, $C_8H_9O_2N$）等。

［采收处理］　在花期采收将盛开之花朵，即进行溶剂浸提，如条件具备可先用吹气吸附法，然后再浸提，可提高得油率及品质。

［加　　工］　低温浸提法。

［其　　他］　应予扩大种植利用。

310 香雪兰（xiangxuelan）

［学　　名］　**Freesia refracta** Klatt.　鸢尾科

［商 品 名］　香雪兰浸膏

［形态特征］　草本，高 35～45 厘米；球茎卵珠形或圆锥形，有多数鳞片；茎纤弱。叶线形，宽 1～1.3 厘米，基部叶与茎几等长，上部叶较短。花冠略呈狭漏斗形，绿黄色至浅黄色，有香味，多数着生在水平或一边倾斜的花梗上；花冠管中部以下骤然渐狭，

花被片不等长；苞片狭，不包被子房。雄蕊 3，子房下位，3 室。蒴果小，室裂。

［生长环境］　栽培于庭园中。

［产　　地］　广东、福建、台湾及其他地方都有栽培。

［用　　途］　花含有芳香油，有清香，可提制浸膏，使用在花香型香精中。

［理化性质］　鲜花含油率 0.2%左右。

［采收处理］　采取盛开之花于鲜时进行加工。

［加　　工］　浸提法。

311 华良姜（hualiangjiang）（图 1215）

［地 方 名］　姜活、野姜、良姜、见秆风（四川），山姜（广西、四川）。

［学　　名］　**Alpinia chinensis** Rosc. [*Languas chinensis* (Rosc.) Merr.]　蘘荷科

［商 品 名］　良姜油

［形态特征］　多年生直立草本，根状茎匍匐，肉质。地上部分高 70 厘米，绿色，全体具稀疏柔毛。叶互生，排成 2 行，叶片披针形，近线状披针形或倒披针形，长 25～35 厘米，宽 3.5～7.5 厘米，先端渐尖，基部狭长楔形，全缘，表面深绿色，背面淡绿色，中脉较粗，侧脉斜出平行，边缘被较密的白色短细毛；叶柄鞘状抱茎。总状圆锥花序顶生，狭长，长 10～20 厘米，分枝极短，最下部的有花 2 或 3 朵；花无柄，淡黄绿色，长约 11 毫米，美丽，萼管状，白色，截形，长 3～4 毫米；花冠漏斗状，3 裂，唇瓣呈阔卵形，大而明显，无柄，先端稍凹入；雄蕊 1，退化雄蕊小，呈花瓣状；子房 1，下位，光滑，长 1 毫米。蒴果球形，直径 6～7 毫米，有种子数

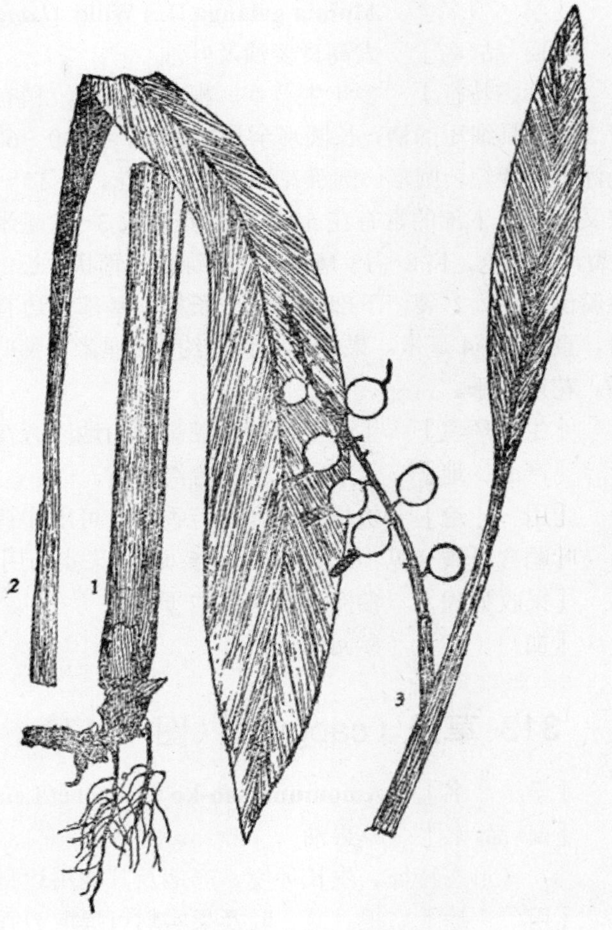

图 1215　华良姜

Alpinia chinensis Rosc.

1. 茎下部及根状茎、根；2. 叶；3. 果序。

颗。花期5～7月，果期6～8月。

［生长环境］ 常生于山谷、溪边、疏林下等潮湿的地方。

［产　　地］ 四川、贵州、云南、湖北、湖南、广西、广东、福建等省区。

［用　　途］ 根状茎含芳香油，可用作调合香精的原料。叶鞘含纤维，质坚韧，供纺织用（见“纤维类”，414页）。

［理化性质］ 干根含油量1～1.5%，精油的主要成分为良姜素（galangin, $C_{15}H_{10}O_5$），杜松子香油烃（cadinene, $C_{15}H_{24}$），桉叶醇（cineol, $C_{10}H_{13}O$）等。

［采收处理］ 冬季叶枯后采收根状茎。

［加　　工］ 水蒸汽蒸馏法。

312 大高良姜（dagaoliangjiang）

［学　　名］ **Alpinia galanga** (L.) Willd. [*Languas galanga* (L.) Stuntz] 蘘荷科

［商 品 名］ 大高良姜油及叶油

［形态特征］ 多年生草本。根状茎块状，稍有香气；茎粗壮，直立，高达2米。叶2裂，具细短的柄，长圆形至长披针形，长30～60厘米，宽7～15厘米，两面无毛有光泽；舌片短，圆形。圆锥花序直立，多花，长15～30厘米，总轴密被小柔毛，具多数双叉分枝，下部的常有花5～6朵；花梗长3～4毫米；小苞片长圆状披针形；萼不规则3裂，淡绿色，长8～13毫米；花冠绿色，管状，长1.5厘米，裂片狭；长1.2～1.6厘米；唇瓣倒卵形，2裂，下部收缩成一长柄，基部每边有一淡红色的短裂片；子房球形，光滑，直径3～4毫米。果球形，直径约1.2厘米，熟时橙红色，顶端冠以白色、管状的宿萼。花期秋季。

［生长环境］ 生于土壤肥沃潮湿的山地溪旁及灌丛中。

［产　　地］ 云南、广东、台湾等省。

［用　　途］ 块根及叶含有芳香油，可用作调合香精原料。

叶鞘含纤维（见“纤维类”，415页）。果实药用（见“药用类”，2004页）。

［采收处理］ 参阅球姜（1527页）。

［加　　工］ 参阅球姜。

313 草果（caoguo）（图1547）

［学　　名］ **Amomum tsao-ko** Crevect et Lemaire 蘘荷科

［商 品 名］ 草果油

（形态特征、生长环境、产地及其他用途见“药用类”，2004页）

［用　　途］ 根、茎、叶及果实均可提取芳香油。

［理化性质］ 据云南省资料：茎、叶芳香油得油率为0.05%，果实为0.4%。

［加　　工］ 水蒸汽蒸馏法。

314 姜黄（jianghuang）（图 1216）

［地 方 名］ 黄姜

［学　　名］ **Curcuma longa** L.　蘘荷科

［商 品 名］ 姜黄油

［形态特征］ 多年生丛生宿根草本，根状茎圆柱形，内面黄色，块茎自根状茎侧面生出，多数，呈圆柱状或指状，具残存的鳞片；根粗壮，自根状茎生出，末端膨大成长卵形或纺锤形的块根，块根长 1.5～2.5 厘米，表面灰褐色，横断面黄色。叶丛生，叶片长圆形，长 25～40 厘米，宽 10～20 厘米，先端渐尖，基部渐狭，绿色，平展；叶柄约与叶片等长。**穗状花序单一，自叶鞘内抽出**，长 10～15 厘米，径约 5 厘米，总梗长约 13 厘米；花苞卵形，苞片绿色，长 2～5 厘米，花序淡红色；花与苞片等长；花冠漏斗状，裂片淡红色；唇瓣圆形，黄色；柱头 2 裂。蒴果膜质，球形，3 瓣裂；种子卵状长圆形，具假种皮。花期 8～11 月。

［生长环境］ 常生长在海拔 2000 米以下的草坡或松林边缘，或阔叶疏林下，主要喜温暖环境。

［产　　地］ 浙江、四川、福建、台湾、广东、云南及贵州等省均有栽培。

［用　　途］ 根含芳香油，主要用于食品香精中。

根状茎亦可提取黄色染料，用于纺织、食品工业（见“其他类”，2076 页）。

［理化性质］ 据云南省资料：姜黄油为橘黄色偶有莹光的液体，有香气；鲜根含油率 0.25～0.5%，干根含油率 1.5～3.5%；油的比重（15℃）0.938～0.967，折射率（20℃）1.512～1.517，旋光度 13°～25°，酸值 0.6～3.1，碱化值 0.5～3.1，乙酰化后碱化值 28～53，能溶于容量 4～5 倍 80%的乙醇或容量 0.5～1 倍 90%的乙醇中；主要成分有：水芹香油烃（phellandrene, $C_{10}H_{16}$）1%，侧柏油烃（thujene, $C_{10}H_{16}$）0.6%，姜黄酮（turmerone, $C_{15}H_{22}O$） 25%，桉叶

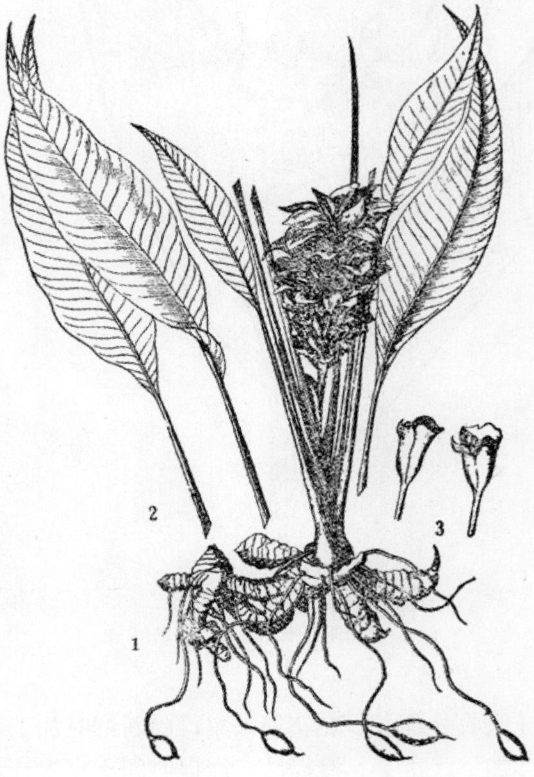

图 1216 姜黄

Curcuma longa L.

1．植株；2．叶；3．花。

醇（cineole, $C_{10}H_{13}O_3$）1%，龙脑（borneol, $C_{10}H_{18}O$）0.5%。

［采收处理］ 参阅姜（1525 页）。

［加　　工］ 水蒸汽蒸馏法。

315 白姜花（baijianghua）（图 1217）

［地 方 名］ 蝴蝶花（广东）

［学　　名］ **Hedychium coronarium** Koen.　蘘荷科

［商 品 名］ 白姜花浸膏、缩砂密浸膏

［形态特征］ 多年生草本，高 1～2 米，茎直立。叶无柄，长圆状披针形至披针形，长 10～50 厘米，宽 3～11 厘米，先端渐尖，无毛或背面薄被疏长毛，舌片明显，长 1～3 厘米。穗状花序椭圆形，粗厚，长 5～20 厘米，宽 4～8 厘米；苞片绿色，卵形或倒卵形，长 4～5 厘米，先端圆形或短尖，**其内有花 2～3 朵**；花极香，白色；萼管状无毛，长约 4 厘米，先端一边开裂；花冠管长约 8 厘米，裂片线状披针形，长约 4 厘米；唇瓣倒卵形或倒心形，直径 5～6 厘米，中央淡黄色；**退化雄蕊倒长披针形，长 4.5 厘米**，宽 2～2.5 厘米。花期秋季。

图 1217　白姜花
Hedychium coronarium Koen.
开花时的植株上部

［生长环境］ 热带山区沟谷低平地。

［产　　地］ 台湾、广东、云南等省。

［用　　途］ 花含有芳香油，其浸膏可使用于调合香精中。

［理化性质］ 花用浸提法，浸提率为 0.05%左右，浸膏中含有吲哚等成分。

［采收处理］ 在花期采集，趁新鲜时加工。

［加　　工］ 浸提法。浸提时间不宜太长。

［其　　他］ 除白姜花外，尚有一种黄姜花（Hedychium flavum），其花亦可用浸提法制取黄姜花浸膏，浸提率为 0.05～0.06%。所含成分与白姜花类似，采收处理和加

工方法亦同。

316 山奈（shannai）（图 1218）

［地 方 名］ 沙姜、三奈、香奈子（云南），沙姜（广东）。

［学　　名］ **Kaempferia galanga** L.　蘘荷科

［商 品 名］ 山奈油

［形态特征］ 多年生宿根草本。地下具块状根状茎，单生或簇生，淡绿色，芳香，无茎。叶数片，**无柄或有短柄**，平展生长，圆形或阔卵形，长 8～15 厘米，宽 5～12 厘米，质薄，绿色；叶柄下延成鞘，长 1～5 厘米。穗状花序自叶鞘内生出，具花 4～12 朵，花白色，芳香，花冠管细长，裂片披针形；子房下位，花柱细长，柱头盘状，具缘毛。果实为蒴果。花期 8～9 月。

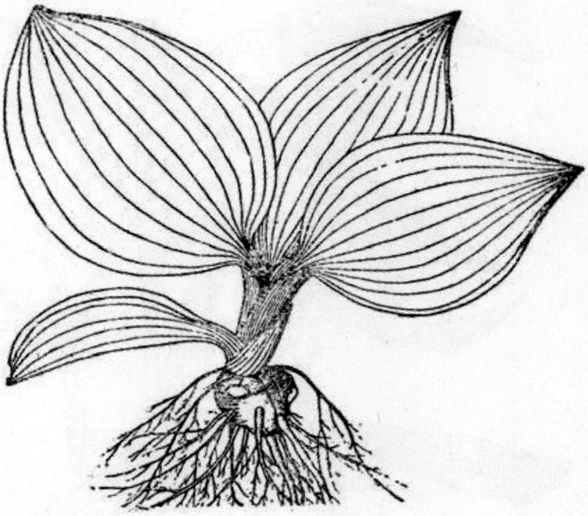

图 1218　山奈
Kaempferia galanga L.
植株

［生长环境］ 山奈系热带植物，对环境要求不严格，性耐瘠薄干旱土壤。

［产　　地］ 云南、广东及台湾等省均产，但目前产量尚不多。

［用　　途］ 根状茎可提取芳香油，用作调香原料，定香力极强。亦可供药用。

［理化性质］ 干根状茎含芳香油 3～4%。比重（15℃）1.0261～1.0367，折射率（20℃）1.4771～1.4855，旋光度-0° 27’～4° 30’。据云南省资料：比重（30℃）0.8712～0.8914，折射率（20℃）1.4773～1.4855，旋光度（30℃）-2° 36’~-4° 30’。主要成分为桂酸乙酯（ethylcinnamate, $C_{11}H_{12}O_2$），香豆酸乙酯（ethyl coumarate, $C_{11}H_{12}O_3$），龙脑（borneol, $C_{10}H_{18}O$），桉叶油素（cineole, $C_{10}H_{18}O$）等。

［采收处理］ 冬季叶枯后采收根状茎。

［加　　工］ 水蒸汽蒸馏法。

［其　　他］ 选当年生芽多而粗壮的根状茎作种，在清明前栽培。

317 姜（jiang）（图 1219）

［学　　名］ **Zingiber officinale** Rosc.　蘘荷科

［商 品 名］ 姜油、生姜油

［形态特征］ 多年生草本，高40～100厘米，根状茎肉质，肥厚，稍扁平，横走，分歧，有芳香及辛辣味。叶成2列，无柄，**线状披针形到线形**，长15～30厘米，宽约2厘米，先端渐尖，基部狭，光滑无毛；叶舌长1～3毫米，膜质。花茎直立，由根状茎抽出，高15～25厘米，被以复瓦状疏离的鳞片。穗状花序卵形至椭圆形，长约5厘米，宽约2.5厘米；苞片卵形，淡绿色，复瓦状排列，先端有小尖头；萼管状，长1厘米，短3裂；花冠绿黄色，管和裂片长2厘米；唇瓣长圆状倒卵形，短于冠瓣，稍杂紫色，有黄白色斑点，药隔向上伸延，成一长喙，约与药室等长，子房3室，无毛。花期夏、秋。本种植物在栽培时很少开花。

图1219 姜
Zingiber officinale Rosc.
2. 植株；2. 花。

［生长环境］ 栽培于土层深厚而肥沃的地方。

［产　　地］ 河南、陕西、安徽、江苏、浙江、湖南、湖北、四川、福建、广东、广西等省区种植最多，河北、山西、山东、甘肃、江西、贵州、云南等省亦有栽培。

［用　　途］ 根状茎芳香油含量甚高，叶也可提炼少量姜油，用于饮料、食品及化妆品香料中。

民间普遍使用新鲜或干根状茎作佐料调味品，或以糖醋浸渍作食品。姜也作药用，有驱风、发汗功效，并外用治疗创伤及皮肤病等（见“药用类”，2008页）。

［理化性质］ 干姜含油率2～3.5%，精油为呈淡黄色或黄绿色的油状液体，具特异香辣气，比重（15℃）0.872～0.895，折射率（20℃）1.4800～1.4990，旋光度（20℃）-25°～-55°，沸点240°～265℃，馏出物60%，酯值1～15，酸值0～2。主要成分有；姜油酮、姜油醇、龙脑、柠檬醛、β-水芹萜、桉叶醇等。姜油酮（zingerone, $C_{11}H_{14}O_3$）有结晶性，熔点40～41℃。另有油状的辣味成分叫生姜素（shogaol, $C_{17}H_{24}O_3$）。

［采收处理］ 将新鲜的根状茎切片并设法去除水分（可阴干或晒干，忌用火烘干，一般以400公斤鲜姜晒成50公斤为度），最好整个晒干，加工时再碾碎，立即进行蒸馏。

［加　　工］ 水蒸汽蒸馏法。

318 野姜（yejiang）（图 1220）

［地 方 名］ 野良姜（云南）

［学　　名］ **Zingiber striolatum** Diels. 蘘荷科

［商 品 名］ 野姜油

［形态特征］ 多年生草本，高 0.5～1 米。根状茎肉质，肥厚而白色，微具芳香味。叶似姜叶，披针形，长 25～32 厘米，宽 3～5 厘米，两面均平滑无毛；**叶舌全缘，长 4～6 毫米**。在 3～4 月间自根状茎节上抽出长约 2～3 厘米的穗状花序，着花 3～10 朵，花淡红色，**两面无毛**。果为蒴果，长 1～3.5 厘米，3 瓣开裂，瓣内鲜红色，种子每室 1，圆球形，黑色，直径约 4 毫米。果期 10～11 月。

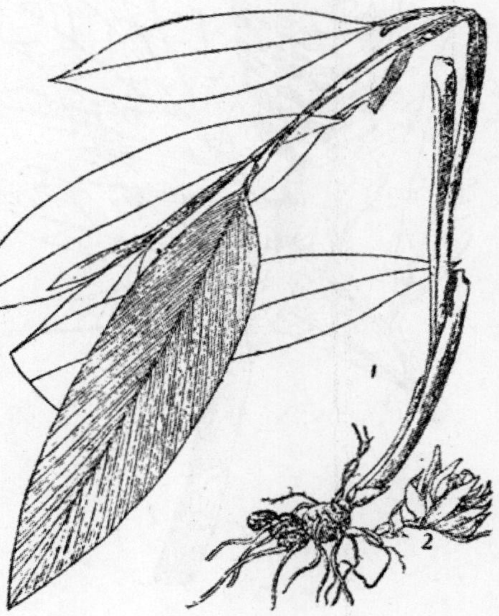

图 1220 野姜
Zingiber striolatum Diels
1.植珠；2.花序。

［生长环境］ 常生于稀疏阔叶林下，或在山沟两旁湿润的灌木丛中，有的生于石灰岩山区，在林下腐植土深厚处生长繁茂。凡冬季气温平均在摄氏零度以上，夏季气温平均在 18～23℃间，年降水量在 1000～2000 毫米的地区，都适生长。

［产　　地］ 云南、四川、湖南、福建等省。

［用　　途］ 根状茎含有芳香油，经提取后可以使用于低级皂用香精中。

［理化性质］ 据云南省资料：鲜根状茎含油 1～2%。精油为淡黄色液体，具有强烈性的刺激香气。精油的比重（13.5℃）0.9202，折射率（11℃）1.4759，旋光度（12℃）～4° 30'，酸值 0.4，酯值 9.17，醛酮含量 3%左右。

［采收处理］ 参阅姜（1525 页）。

［加　　工］ 水蒸汽蒸馏法。

［其　　他］ 我国各地野生的姜，品种甚多，资源丰富，应进一步研究利用。

319 球姜（qiujiang）（图 1221）

［学　　名］ **Zingiber zerumbet** (L.) Smith 蘘荷科

［商 品 名］ 球姜油

［形态特征］ 多年生草本，高 0.6～2 米：根状茎块状，内部淡黄色；茎直立。叶

2 裂，无柄或具短柄，披针形至长圆状披针形，长 15～30 厘米，宽 3～8 厘米，无毛或沿背中脉有疏柔毛：叶舌膜质，长 1.2 厘米或过之。花茎由根状茎抽出，高 10～30 厘米，有苞片；穗状花序近卵形至长圆形，球果状，长 5～15 厘米，宽 3.5～5 厘米；苞片圆形，复瓦状排列，长 2.3～3.5 厘米，钝头，被疏毛，淡绿色，后变红色，中常贮水；萼长 1.2 厘米，白色，佛焰苞状，花冠管状，细弱，长 2 厘米，裂片披针形，白色；唇瓣鲜黄色，无斑点，中间裂片圆形，凹入，直径约 1.8 厘米；蒴果长椭圆形。花期秋季。

图 1221 球姜
Zingiber zerumbet (L.) Smith
1. 植株上部；2. 花序。

［生长环境］ 生长于近热带山区，常栽培于沟谷低平地。

［产 地］ 广东、福建南部、台湾等地。

［用 途］ 根状茎含有芳香油，可用作调合香精原料。根状茎的辛香气比姜薄，且有苦味，不适于佐馔用。嫩茎和叶经煮后可作蔬食，亦可作鱼肉的调料。根状茎加其他香料捣烂后，可治腹痛。

［理化性质］ 根状茎含油率 0.6～0.7%，有黄樟油素香气。

［采收处理］ 采取老熟之根状茎，曝晒干燥，临加工时打成粗粉，立即蒸馏。

［加 工］ 水蒸汽蒸馏法。

320 兰花（lanhua）（图 1222）

［学 名］ **Cymbidium virescens** Lindl. 兰科

［商 品 名］ 兰花浸膏

［形态特征］ 多年生草本；根状茎短，丛生。叶常绿，线形，长 20～35 厘米，宽 6～10 毫米，先端尖锐，边缘有微齿，基部突狭而成短鞘，鞘枯死后余留少数黄褐色纤维。花葶直立，生一花，稍肉质，高 10～25 厘米，有少数淡褐色鞘，苞片佛焰苞状，形似鞘，披针形，先端急尖，长 3～4 厘米，花带绿色，芳香；萼片稍肉质；倒披针形，端稍钝，长 3～3.5 厘米，宽 7～10 厘米；花瓣与萼片形状相似而稍短，偏斜，唇瓣稍较萼

片短，外形为长圆形或宽椭圆形，白色，有浓赤紫色斑点，中部以下3裂，侧裂片2个，斜半长圆形，三角形或圆形，顶端钝，中裂片较侧裂片大，长圆形宽舌状或正方形，前方外卷，顶端钝，内面具2条并行龙骨突起，雌蕊柱长约15毫米。花期3～4月，果期8～9月。

［生长环境］　性喜湿润，在山沟溪边沙质土壤成群落生长。

［产　　地］　安徽、浙江、福建、湖南、湖北、贵州、四川等省均有野生及栽培。

［用　　途］　花含有芳香油，其香气幽雅高尚，自古闻名，为高级的调香原料，所提制之浸膏或净油，可用作高等香水及化妆品用。

本种花美观可作观赏植物。

［理化性质］　鲜花含油量在0.2%左右。

［采收处理］　宜采收盛开的鲜花加工。

［加　　工］　浸提法。最好用吹气吸附法与低温浸提法联合提取。

［其　　他］　兰花是我国的特产，除兰花外，尚有同属的蕙花（Cymbidium pumilum Rolfe），野生的较多，在安徽（大别山一带）有较多的资源。花很香，也可用浸提法提取浸膏。

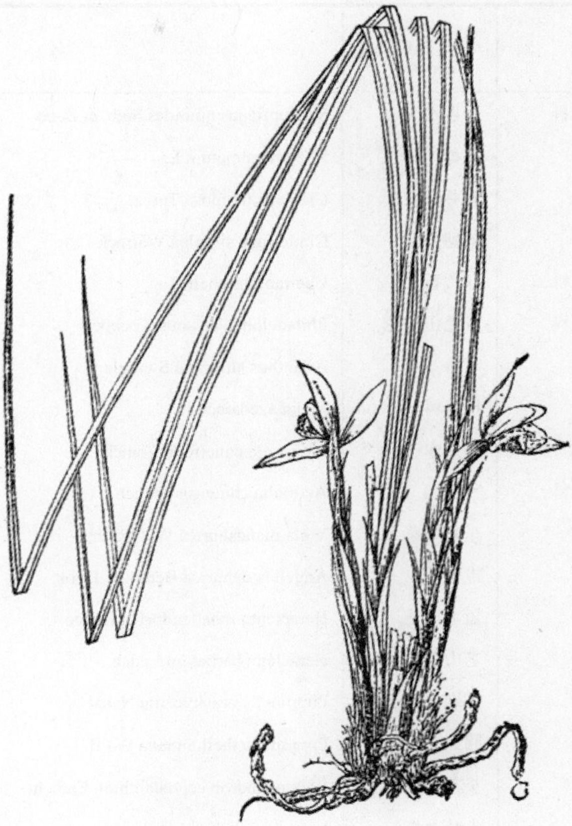

图1222　兰花
Cymbidium virescens Lindl.
植株全形

附 表

我国尚有下表所列植物含芳香油，可试提利用。

科别	中名	学名	可利用部分	加工方法	主要产区
铁青树科	青皮木	Schoepfia jasminoides Sieb. et Zucc.			湖北、云南、四川
蓼科	大黄	Rheum palmatum L.	根	蒸馏	甘肃、青海、四川
毛茛科	卷萼铁线莲	Clematis tubulosa Turcz.	花	浸提	辽宁、吉林
毛茛科	单穗升麻	Cimicifuga simplex Wormck	茎、叶	蒸馏	辽宁、吉林
十字花科	桂竹香	Cheiranthus cheiri L.	花	浸提	山西有栽培
虎耳草科	灰毛山梅花	Philadelphus incanus Kochne	花	浸提	陕西、甘肃、湖北、四川
苦木科	臭椿	Ailanthus altissima Swingle	花	浸提	华北
楝科	楝子树	Melia azedarach L.	花	浸提	山东、河南、陕西及华中等地
清风藤科	降龙木	Meliosma cuneifolia Franch.	花	浸提	陕西、甘肃、湖北、四川
猕猴桃科	猕猴桃	Actinidia chinensis Planch	花	浸提	陕西、湖北、四川、河南
堇菜科	东北堇菜	Viola mandshurica W. Becker.	花	浸提	辽宁
伞形科	走马芹	Angelica dahurica Benth. & Hook.	种子、根	蒸馏	辽宁、吉林
伞形科	短毛白芷	Heracleum moellendorffii Hance	种子、根	蒸馏	辽宁
伞形科	老山芹	Heracleun barbatum Ledeb.	种子、根	蒸馏	辽宁、吉林
伞形科	蜘蛛香	Pimpinella brachycarpa Nakai	种子	蒸馏	辽宁、吉林
伞形科	回芹	Pimpinella thellungiana Woiff	种子	蒸馏	辽宁
杜鹃花科	头花杜鹃	Rhododendron cephalanthum Franch.	花	浸提	甘肃、青海
木犀科	小叶女贞	Ligustrum quihoui Carr.	花	浸提	湖北、四川、陕西
木犀科	西蜀丁香	Syringa emodii Wall.	花	浸提	河北、陕西、四川
木犀科	小叶丁香	Syringa micropnylla Diels	花	浸提	陕西、湖北、四川、河南
木犀科	紫丁香	Syringa oblata Lindley	花	浸提	河北、山西、辽宁、陕西、甘
木犀科	白丁香	Syringa affinis (L. Henry) Lingelsh.	花	浸提	陕西、河北、山西有栽培
木犀科	北京丁香	Syringa pekinensis Rupr.	花	浸提	华北
木犀科	花叶丁香	Syringa persica L.	花	浸提	甘肃东南部华亭特多
马钱科	白花醉鱼草	Buddleia albiflora Hemsl. var. giraldii Franch.	花	浸提	陕西、甘肃

科别	中名	学名	可利用部分	加工方法	主要产区
马钱科	醉鱼草	Buddleia alternifolia Maxim.	花	浸提	陕西、山西、甘肃
马钱科	大醉鱼草	Buddleia davidii Franch.	花	浸提	陕西、湖北、四川、甘肃
旋花科	日本兔丝子（无娘米）	Cuscuta japonica Choisy	花	浸提	陕西、湖北、四川、甘肃、河南
紫草科	九曲耙	Tournefortia sibirica L.	花	浸提	山西、河北、陕西、甘肃、内蒙古
马鞭草科	蒙古莸	Caryopteris mongolica Bge.	叶	蒸馏	内蒙古、陕西、甘肃
马鞭草科	莸	Caryopteris incana Miq.	叶	蒸馏	陕西、甘肃、浙江、湖北、四川、广东
唇形科	陇塞青兰	Dracocephallum tanguticum Maxim.	叶	蒸馏	四川、甘肃
唇形科	甘肃香薷	Elsholtzia calycocarpa Diels	茎、叶	蒸馏	陕西、甘肃
唇形科	斜萼草	Loxocalyx urticifolius Hemsl.	茎、叶	蒸馏	陕西
唇形科	扁花草	Panzeria lanata Pers.	茎、叶	蒸馏	内蒙古、陕西
唇形科	小叶香茶菜	Plectranthus excisus Maxim.	茎、叶	蒸馏	陕西、湖北、四川、甘肃、
唇形科	香茶菜	Plectranthus glaucocalyx Maxim.	茎、叶	蒸馏	陕西、甘肃、山西、河北、河南
唇形科	鼠尾草	Salvia maximowicziana Hemsl.	茎、叶	蒸馏	甘肃、青海
唇形科	雪见草	Salvia plebeia R. Br.	茎、叶	蒸馏	华北
唇形科	粗糙水苏	Stachys aspcra Michx.	茎、叶	蒸馏	华北
紫葳科	楸树	Catalpa bungei C. A. Meyer	花	浸提	华北
忍冬科	探春	Viburnum fragrans Bge.	花	浸提	湖北、四川、甘肃
忍冬科	大叶荚蒾	Viburnum veitchii C. W. Wright	花	浸提	陕西、湖北
败酱科	异叶败酱	Patrinia heterophylla Bge.	根	蒸馏	辽宁、河北、山西、河南、陕西、甘肃
菊科	毛果艾	Artemisia eriopoda Bge.	茎、叶	蒸馏	辽宁、内蒙古、河北
菊科	冷蒿	Artemisia frigida Willd.	茎、叶	蒸馏	陕西、甘肃、宁夏、内蒙古、辽宁
菊科	篦叶蒿	Artemisia pectinata Pall.	茎、叶	蒸馏	陕西、甘肃、青海、宁夏

第六章

树脂及树胶类

目　录

一. 总论

树脂及树胶是重要的工业原料，都是从植物中提炼取得的。

松脂，是树脂类的一个重要产品，它可以加工制造松香和松节油，在轻重工业中均有广泛的用途。松香在造纸工业中，可作为胶料和耐水剂，能使纸张遇水不松，质地坚韧；在肥皂工业中，可增加肥皂的泡沫性和去垢能力；在造漆工业中，用以制造干燥剂、溶剂、柔软剂和人造干性油；在电器工业中，用以制造绝缘材料、制电缆填充剂；在橡胶工业中作为软化剂，可增加橡胶的弹性；此外，在国防工业、水泥工业、火柴工业、酿造工业、塑料工业、文教用品工业等等，均需采用松香作原料。同时，松香在催化剂的存在下加热裂化，尚可制得热值和辛烷值均较高的液体燃料，加入汽油中可提高汽油的辛烷值。松节油则是一种重要的溶剂，广泛用于造漆工业、皮革工业以及其他需用溶剂的工业等。松节油还用于印染工业，作媒染剂用；松节油也是制造人造樟脑、人造薄荷脑以及其他人造香料和制药工业的原料，亦可直接用作医药品，可作皮肤兴奋剂、抗毒剂、内服驱虫剂、利尿剂、祛痰剂等用，此外，还可当做液体燃料。

生漆乃采自漆树（Rhus verniciflua），是一种含酶树脂，也是一种很好的涂料，有很优良的耐酸性、耐水性、耐油性和耐热性，电的绝缘性也很好，广泛用于房屋建筑、木制器具、船舶、机械设备等的涂刷，向为我国人民所喜用。近来又利用生漆加工试制了化工设备的防腐涂料，防腐性能远远超过其他的油漆类，有很大的发展前途。

我国的松科植物种类很多，从南到北都有生长，大多可利用来采割松脂，惜过去长时间内，因为工业落后未加利用。我国大量利用松脂加工生产松香和松节油，是在解放以后逐步发展起来的，如以解放前松香的最高产量作 100，则 1952 年已达 260，1959 年已到 605，松香的生产虽如此迅速，但随着轻重工业的发展，需要日益增加，因此目前松香的产量还远远不能满足需要，有待积极大力发展。生漆是我国的特产，目前每年虽有很大的产量，但仍供不应求。同时，松香和生漆都是重要的出口物资，将来的需要量是相当巨大的。

在树脂类中，除了上述的松脂和生漆外，我国尚有枫树（Liquidambar formosana），苏合香（Liquidambar styraciflua），阿魏（Ferula asafoetida），羯布罗（Dipterocarpus turbinatus）等等，可以利用，而这些树脂产品在香料、医药等工业上都很需要。

阿拉伯树胶系采自金合欢属（Acacia）的植物，主要用作乳化剂、上浆剂、稠厚剂，制造胶水、墨水、糖果，并用作制药工业中制片剂的赋形剂等；在印染工业中还可用作调制织物印花浆等。黄蓍胶又叫龙胶，乃是豆科黄蓍属（Astragalus）、黄蓍亚属（Tragacantha）植物所产，常用于印染工业作印花浆的稠厚剂，也用作乳化剂，医药赋形剂、粘合剂，并用于食品糖果、墨水、皮革整理、化妆品等。

树脂存在于树脂植物的特殊管道中、乳管内、瘤以及其他不同部分的贮藏器官内，在树脂植物的根、茎、叶、籽和木质部中均易找到。树脂和芳香油一样，均是植物新陈代谢的正常产物，是一种次生物质。当树脂植物被人为或自然的机械损伤后，树脂即分泌出来。树胶的存在和分泌均与树脂有类似情况。

树脂和树胶是怎样在植物体内形成的，这是一个很复杂的问题，也是植物生物化学中的一个研究专题，目前虽有不少假设，但还没有得出一个定论，尚有待进一步的研究解决。

树脂和树胶从植物体内刚分泌出来的时候，都是流质的胶体，颜色比较淡，但经与空气、日光接触后，便逐渐固化，形成透明或半透明而外表如玻璃的不规则块状物，质脆易碎，颜色亦逐渐从无色或淡色而变成深黄色、褐色甚至黑色。某些香树脂类因含有较多的芳香油，与空气、日光接触后虽不易固化，但亦形成牢固体的状态。

树脂并不是一种单一的物质，而是含有很复杂的化学成分，一般均是无定形高分子化合物的混合体。味带苦而有芳香，不能随水蒸汽挥发，加热时呈胶粘性，燃烧时产生发烟的火焰，完全不溶于水，也不溶于稀酸，但能溶解于碱溶液，也能溶解于乙醚、苯、石油醚、松节油、酒精、丙酮、汽油、氯仿、二氯乙烷等有机溶剂和这些溶剂的混合物中。又树脂在冷的浓硫酸中不会分解而能溶解，但将浓硫酸液稀释后又能析出树脂；树脂如与浓硫酸共热，则发生变化，放出二氧化硫，其在浓硝酸中易起剧烈作用，产生黄色非结晶体的硝基化合物，但与硝酸共热则根据不同的树脂而生成苦味酸、对苯二甲酸、间苯二甲酸、草酸以及其他的物质等。树脂与碱液共热，则能使树脂中的酯类碱化而生成树脂酸和树脂醇，甚至可以得到一些芳香酸，如苯甲酸、桂酸、对位香豆酸、伞形酸、阿魏酸、对羟基苯甲酸等，有时还有如间苯二酚、间苯三酚等物质的存在。树脂类的化学成分虽很复杂，但根据它们的性质，可以分为：

（1）树脂酸类　有很明显的酸性，其中有些树脂酸易结晶，能和金属的氧化物生成易结晶的盐类。树脂酸往往呈游离状态存在于树脂中，成为树脂的主要组成部分，最著名的树脂酸如左旋的和右旋的海松脂酸（Pimaric acid, $C_{20}H_{30}O_2$），它是我国产松香的主要成分，它的构造式如下所示。它的异构体则为松脂酸（Abietic acid, $C_{20}H_{30}O_2$），存在于苏联和美国产的松香中。

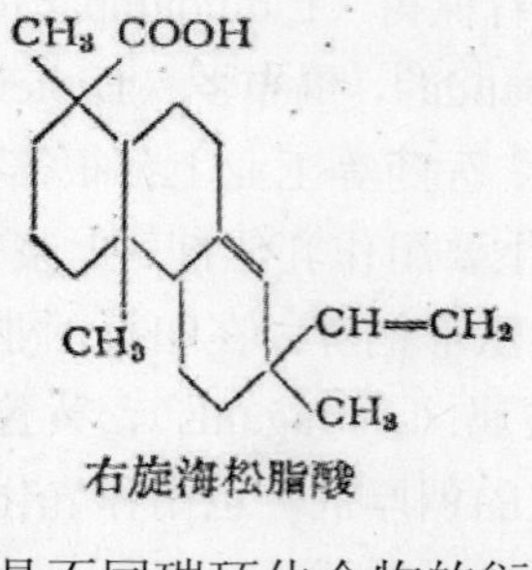

右旋海松脂酸

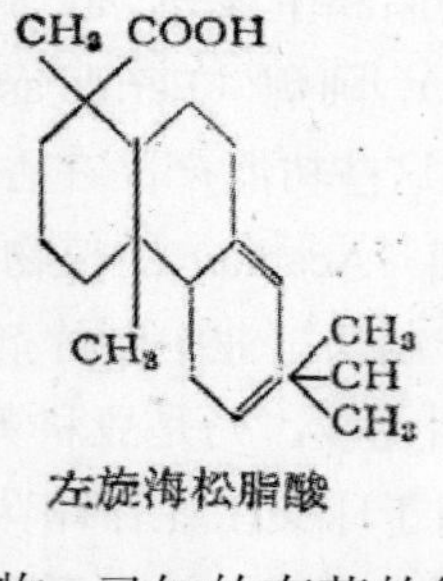

左旋海松脂酸

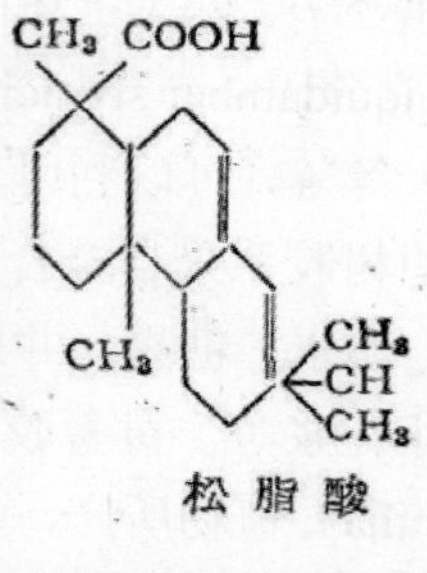

松脂酸

树脂酸是不同碳环化合物的衍生物，已知的有萘的衍生物如马尼拉珐琍脂中的玛脑酸，有菲的衍生物如上述的海松脂酸等，最近还发现了一些分子量很大而具有二个或三个以上碳环的树脂酸。

（2）树脂醇类　具有一个或几个羟基，其中有些亦易结晶，也有呈游离状态存在于树脂中，但也有成酯状存在，已知的树脂醇具有$C_{30}H_{50}O$的实验式，但数量还不多，在安息香树脂中发现的树脂醇的成分为$C_{29}H_{44}O$和$C_{30}H_{48}O$等。

（3）碱不溶性物质　这类物质的化学性质还不很清楚，但只知不溶于碱；也不溶于酸，有耐酸耐碱的性能。按照它的性质，既不能列为酸类，也不能列为醛类或酮类。某些树脂含有很多的这类物质，如大戟（Euphorbia biglandulosa Desf.）脂中含量高达95%左右。

树脂的种类，可以根据以上的化学成分分类，但在习惯上最流行的分类则为：

（1）香树脂类　这类树脂中含有芳香油的成分，如松脂等。

（2）硬树脂类　这类树脂中不含有芳香油，如琥珀、玷珀脂等。

（3）树胶树脂类　这类树脂中含有能溶于水的树胶物质。

商品树脂的质量，目前除松脂以外，还没有任何技术指标；但可以参考以下的项目，来逐步研究确定：（1）在有机溶剂（乙醚、汽油、酒精、二氯乙烷、丙酮等）和在碱溶液的溶解度；（2）颜色、气味、比重、沸点等物理性质；（3）芳香油含量、灰分含量、水溶性物质含量以及在必要时尚可测定其酸值、酯值等。

树胶的理化性质也同树脂一样的复杂，各种树胶的成分和性质也是不同的，但从化学性质来说，树胶均属于多糖类的物质，而一切树胶均由可溶性部分和不溶性部分所组成。可溶性部分叫阿拉伯树胶素（arabin），不溶性部分叫黄蓍胶素（bassorin）。有时树胶含黄蓍胶素多些，有些则含阿拉伯树胶素多些，含量比例各不相同。树胶类的种类也可根据这二部分的不同含量等而分为：

（1）几乎完全溶解于水的真正树胶，如阿拉伯树胶等。

（2）部分溶解于水的真正树胶，如樱桃胶、桃胶等。

（3）混合树胶，如黄蓍胶等。

（4）其他树胶，如含鞣质的树胶等。

树胶能与水结合成胶体溶液，这种溶液乃随着树胶浓度的不同而具有不同的粘度。不溶于水的部分，即黄蓍胶素，在吸取水分后则能膨胀，如黄蓍胶能吸取50～80，甚至100容积的水分，因此它在工业用途上有特殊的价值。

在树胶类中，阿拉伯树胶的主要成分是阿拉伯树胶酸（arabig acid），其中一部分还有钙、镁、钾等盐类物质，水解后能生成半乳糖、阿拉伯糖、鼠李糖和葡萄糖醛酸，溶解于加倍的水中，则形成淡黄色、透明、无味、呈弱酸性反应液体，加碘不变蓝色。黄蓍树胶中，以黄蓍树胶类占大部分，其他为阿拉伯树胶素，水解生成阿拉伯糖、木糖、半乳糖醛酸等。樱桃胶经水解后生成阿拉伯糖、半乳糖、半乳糖醛酸等。李树和杏树的树胶与樱桃胶完全相近。此外，苏联曾从胡颓子（Elaeagnus angustifolia L.）中提取胡颓子胶，作为进口黄蓍胶的代用品，其物理特性几乎与黄蓍胶相同，而在某些指标上甚至超过黄蓍胶。但在化学成分上还很少研究。在我国有不少野生植物体中亦含有树胶，各地农民曾采集作为粘合剂，用于纸伞的生产等，但理化性质亦尚未进行研究。

植物体中含有树胶的测定方法很简便，只要有任何类似树脂树胶状的分泌物，发现存在于乔木或灌木的树干上，如取下用水滴湿，见有较大的粘性时即为树胶；树脂则没有粘性，因此粘性也是树胶质量的主要指标，粘性可采用各种粘度计来测定。

从植物体采收树脂的方法很多；但归纳起来可分为：

（1）采割法　对针叶树类常采用这种方法，可参阅各论中松脂的采收处理及加工方法。

（2）溶剂浸提法　这种方法最适用于灌木或草本植物，所用的溶剂，一般为有机溶剂，但也有用碱溶液作为溶剂的，因有些树脂易溶于碱液而品质仍能保持优良。

采取树胶时，在树胶植物的树干上用人工创伤或割开孔口，即有树胶从伤口处分泌出来（如采收阿拉伯树胶 Acacia arabica Willd. 等），胶汁与空气接触，凝结成固体，收集这些固体，可不经任何加工即可作商品出售。这些方法，亦可适用于采取桃胶、李胶、杏胶以及胡颓子胶等。黄蓍胶常用开孔法采取，可用特制的锥子或普通的枝剪，把黄蓍属、黄蓍亚属含胶树种的树干稍微劈开或剪伤，即有胶液流出，在空气中凝固，形成不同形状的凝结物。用锥子开孔采的为圆筒状的黄蓍胶，用剪刀开孔采的为片状胶。采收后亦不需加工即可出售，片状的黄蓍胶在商品习惯上常列为优等级别。

根据我国丰富的植物资源来说，开发和利用树脂树胶是具备极有利条件的，最近已在各地新发现一些树脂树胶植物资源，预计还能发掘不少品种，因此，对已发现的资源，应该立即利用，同时还应进一步发掘尚未发现的新品种，争取逐步使树脂树胶的生产能满足国内日益增长的需要。

对松脂的生产，应扩大生产地区和发掘新的产脂树种，特别在北方针叶林多的地区，对采脂工作应立即开展研究，以求把利用明子提取松香的工作，迅速地开展起来。

对生漆也要扩大漆树的栽培，增加产量。

在医药上和香料工业上需要的香树脂类，最近已发掘了好几种植物，如苏合香、岩蔷薇、羯布罗、枫树、阿魏等，急待解决的是对这类树脂如何采收和如何利用的问题。

阿拉伯树胶和黄蓍胶，国内需要很多，生产这类树胶的类似植物我国也有，但能否提取树胶还有待研究。黄蓍胶在我国亦可以胡颓子胶代用，且已取得了很大成绩。此胡颓子又叫沙枣（Elaeagnus angustifolia L.），普遍在我国西北和新疆分布。花味极香，故又名桂香柳，应吸取苏联的经验，加以研究利用。

此外在福建，湖南等省，已利用有一些含树胶植物的根，干浸取粘液，作为纸伞生产中的粘结剂，这些由群众发掘出来的宝贵经验，极应及时总结推广。

二. 各　论

1 华北冷杉（huabeilengsha）（图 820）

［学　　名］ **Abies nephrolepis** Maxim. (*A. sibirica* var. *nephrolepis* Trautv., *A. sibirico-nephrolepis* Takenouchi et Chien)　松科

［商 品 名］ 松脂、松香、松节油

（地方名、形态特征、生长环境、产地及其他用途见“鞣料类”，1022 页）

［用　　途］ 枝干含树脂，可提取松香、松节油，供工业及医药用。

［理化性质］ 参阅马尾松（1544 页）。

［采收处理］ 参阅马尾松。

［加　　工］ 参阅马尾松。

［其　　他］ 辽东冷杉（Abies holophylla Maxim.）亦可从树干中割取树脂，但含量较少。

2 兴安落叶松（xinganluoyesong）（图 1223）

［地 方 名］ 一齐松、意气松（黑龙江）

［学　　名］ **Larix gmelini** (Rupr.) Litvin. (*Larix dahurica* Fisch. et Turcz.)　松科

［商 品 名］ 落叶松脂、松香、松节油

［形态特征］ 落叶乔木，高 25～30 米，胸径可达 80 厘米，通常多在 60 厘米左右；大枝水平开展，稀有斜上者，先端有时微下垂，形成卵状圆锥形树冠；幼树皮暗褐色，片状剥离，落后痕迹呈紫色，老皮暗灰褐色，鳞状纵裂，裂缝现紫褐色。一年生小枝纤细，直径仅 1 毫米，淡黄白色，具沟，密生短柔毛或近平滑无毛，有光泽，二年生枝淡赤褐色，稍粗壮；三年以上的枝多呈暗灰黑色，稀灰紫色。叶丛生于短枝顶端，但螺旋状散生于长枝上，针叶线形，极细，长 10～31 毫米，宽约 0.7～0.9 毫米，向基部渐狭，先端钝尖，背面中脉隆起，气孔带极不显明，全叶现鲜绿色。雌雄花序均单一，顶生于短枝上，雄花序球形，由多数花药合成，黄色；雌花序圆球形，通常为绿褐色，苞鳞长于果鳞。球果卵形或卵状椭圆形，二年后开裂时多呈倒卵形，长 1.2～1.8 厘米；鳞片 16～20 枚，稀有较多者，卵形，先端微凹或狭截形，边缘有时有不整齐的微齿牙，有皱纹，具光泽，黄褐色或紫褐色，坚硬；苞鳞暗紫褐色，先端渐尖或略呈截形，有细长尖，在球果基部两层鳞片间常露出，种子极小，长 3 毫米许，近卵形，花期 5 月，果期 9 月。

［生长环境］ 阳性树种，不耐荫蔽，根浅，易受风害，常形成纯林，喜生山坡，在河谷两岸平坦肥沃地生长良好，在岩石多的瘠薄地区亦能生长，但发育不良。

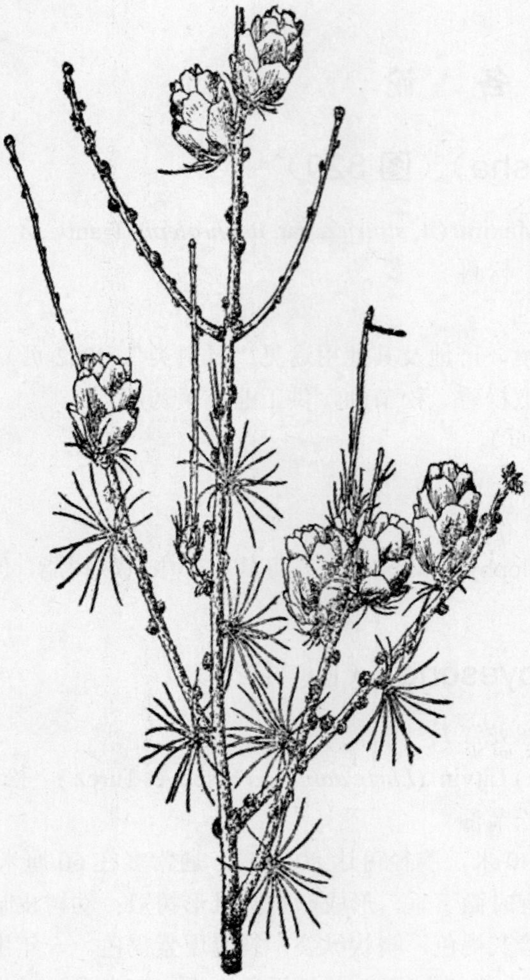

图 1223 兴安落叶松
Larix gmelini（Rupr.）Litvin.

［产　　地］　内蒙古（东部）及黑龙江等地。

［用　　途］　树干可采取树脂。

木材可用于建筑。种子可榨油（见“油脂类”，692 页）。树皮含鞣质，可制栲胶（见“鞣料类”，1023 页）。废材可造纸及提取维生素丙（平均为 125 毫克/100 克）。

［理化性质］　参阅马尾松（1544 页）。

［采收处理］　落叶松的松脂主要存于皮脂囊中和木质部树脂道内，一般常用的采脂方法有以下二种：

1. 齐罗尔斯基法：在 4～5 月间，于树干离地面 30 厘米高处，斜向下钻一直径 3 厘米粗的圆孔，深达树干的中心。将孔中木屑掏出后，即以木塞塞住孔口。由脂囊分泌出来的松脂，渐渐充满孔洞，每年秋季收脂一次。约得脂 100～130 克，收脂后仍塞住孔口，防止雨雪杂质混入，以便来年进行收脂。

2. 施捷林斯基法：离地面 30～40 厘米处，斜向上钻一孔，深入树心，在洞口下方安装受器承受松脂。收脂时间随受器大小而定，每 10 天收脂 1 次，一个孔洞可利用 2～6 年。以后用木塞塞住，使树木得到营养，其产脂量随孔洞深浅大小而不同，每年产脂量可达 1.5 公斤，一般约 450 克。

［加　　工］　参阅马尾松（1544 页）。

［其　　他］　以下两种落叶松亦可生产松脂：

1. 黄花落叶松（Larix koreana Nakai）（地方名；形态特征、生长环境、产地及其他用途见“鞣料类”，1024 页）。

2. 华北落叶松［Larix principis-rupprechtii］（Mayr.）Pilger（地方名、形态特征、生长环境、产地及其他用途见“鞣料类”，1026 页）。

3 日本落叶松（ribenluoyesong）（图 1224）

［地 方 名］ 落叶松、富士松

［学　　名］ **Larix leptolepis** (Sieb. et Zucc.) Gord.　松科

［商 品 名］ 落叶松脂、松香、松节油

［形态特征］ 落叶大乔木，高达 25～30 米，胸径可达 1 米；大枝水平开展，树冠尖塔形，幼树树皮灰红褐色，片状剥落，老皮灰褐色，鳞状剥裂；一年生枝暗赤褐色，有时被白粉，光滑无毛，较粗壮，三年生以上的枝渐呈灰褐色。叶线形，长 1.6～4 厘米，宽 1 厘米许，近基部狭，先端钝尖，或钝圆，表面光滑，绿色，背面中脉微隆起，气孔带极显明。雄花序球形，黄色，雌花序呈紫色，卵形，长达 1.5 厘米。苞片特长反曲，具短尖头，带绿色。球果形大，有长梗，梗长有时可达 厘米，弯曲，卵状椭圆形，长 3 厘米左右，直径约 2.5 厘米；鳞片卵圆形，50 枚以上，黄褐色，先端圆形或微凹，反曲，密生腺状短柔毛；苞鳞极短，除基部外，完全隐没；种子卵状三角形，长 4 毫米，翅长 1.1 厘米，宽 4 毫米。花期 5 月，果期 9 月。

［生长环境］ 栽培于东北抚顺及安沈沿线的山坡上。

［产　　地］ 辽宁省

［用　　途］ 参阅马尾松（1544 页）。

［理化性质］ 参阅马尾松。

［采收处理］ 参阅兴安落叶松（1541 页）。

［加　　工］ 参阅马尾松。

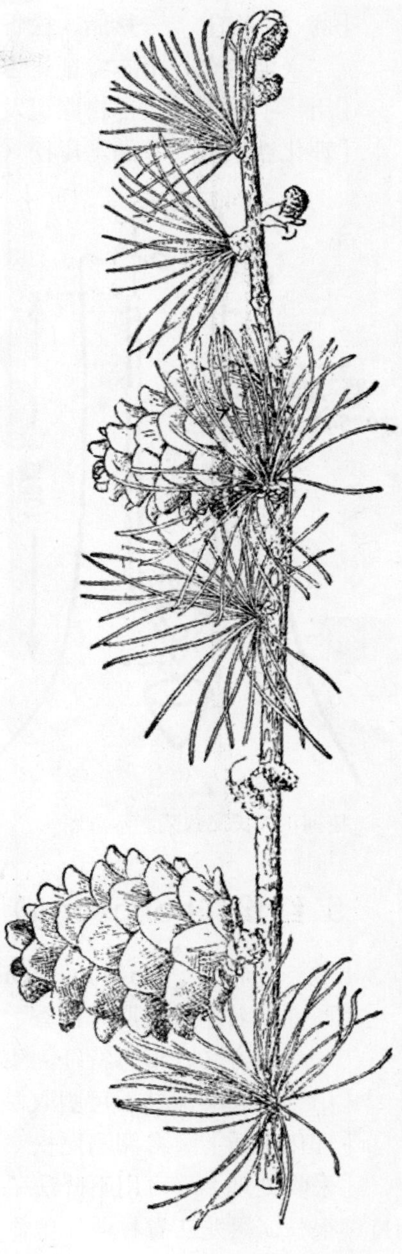

图 1224　日本落叶松
Larix leptolepis（Sieb. et Zucc.）Gord.
果枝

4 鱼鳞云杉（yulinyunsha）（图 827）

［学　　名］ **Picea jezoensis** Carr.　松科

［商 品 名］ 云杉脂、松香、松节油

（地方名、形态特征、生长环境、产地及其他用途见“鞣料类”，1030页）

［用 途］ 皮部树脂道发达，可割取树脂。

［理化性质］ 参阅马尾松（本页）。

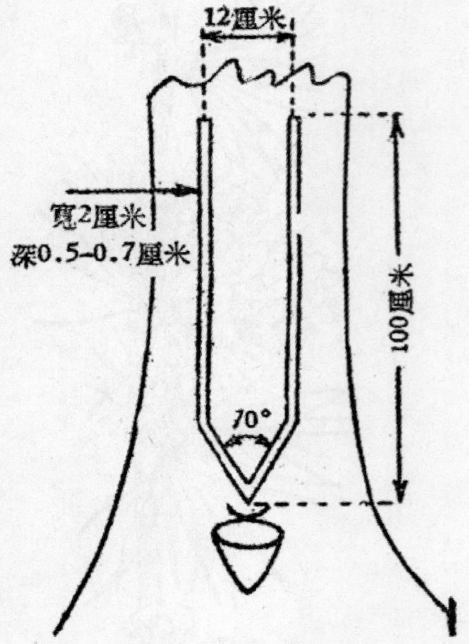

捷列霍夫氏叉式采脂示意图

［采收处理］ 由于云杉木质部树脂道的分泌细胞很快地木质化，胞壁加厚，故形成的树脂很少。但在皮部的树脂道却相当发达，而且粗皮受伤，容易形成木瘤，这种木瘤能分泌树脂（云杉脂）。所以云杉的采脂法不同于一般采脂法，只要割一次切面（伤口），树脂就可以长期源源流出。不过云杉对外伤非常敏感，菌类很容易从伤口侵入木质部中。苏联用新法（捷列霍夫氏的叉式法）进行云杉采脂，这种叉式割面很好，产量及劳动生产率都高，受虫害的机会也很少。用叉式法采脂每一割面的年产脂量，平均达50～60克，若一株有两个割面，可产脂100～120克。

［加 工］ 参阅马尾松（本页）。

［其 他］ 云杉（Picea asperata Mast.）亦可割取树脂。

5 红松（hongsong）（图553）

［学 名］ **Pinus koraiensis** Sieb. et Zucc. 松科

［商 品 名］ 松脂、松香、松节油

（地方名、形态特征、生长环境、产地及其他用途见“油脂类”，694页）

［用 途］ 枝干可割取松脂（其用途详见马尾松）。

［理化性质］ 参阅马尾松（本页）。

［采收处理］ 可用下降法采脂，但红松松脂系液状流体，结晶很慢，松脂流出时间持续很长。黑龙江省林业厅曾作过研究试验，每隔三天采割一次，每对侧沟平均产量达70克，不太熟练的采脂工人，每天每人可采割侧沟500对，不次于南方的采脂效果。

［加 工］ 参阅马尾松。

6 马尾松（maweisong）（图1225）

［地 方 名］ 青松（广东、河南），铁甲松、厚皮松（四川），山松（广东），松柏（福建），紫松（河南），松树（贵州、浙江、湖北）

［学　　名］　**Pinus massoniana** Lamb.　松科

［商 品 名］　松脂、松香、松节油

［形态特征］　常绿乔木，高可达 40 米，胸径 1.5 米；树皮红棕色至灰棕色，成不规则长方块状纵裂，老树树皮很厚；枝红棕色，皮呈薄鳞片状剥离；春枝单节，细长无毛，稍带橙色或灰黄色；芽圆柱状，先端尖，灰红棕色，芽的鳞片彼此散开或稍微反卷，先端渐尖至长渐尖，通常具丝状边缘。针叶 2 枚一束，很少 3 枚一束，颜色鲜绿，细长而微扭曲，长 10～20 厘米，叶缘具微细锯齿，干后稍内卷。树脂管外生，叶鞘永存。雄花序黄色，圆柱状卵形至圆柱形，外面有苞片一枚，苞片膜质，棕栗色，披针形，雄花序聚生成密簇；雌花序卵形，肉紫色；小球果青色，果鳞先端短尖，无芒而微尖。球果卵状圆锥形，长 4～7 厘米，具短柄，幼时柄反曲，球果在每节上单生或 2 枚以上簇生，果鳞长圆形，成熟后张开，鳞片盾菱形，扁平或微隆起，具龙骨状射出状突起，鳞脐无芒，凹入或有小突起，种子长 5～7 毫米，种翅长 2 厘米。花期 4～5 月，果期次年 8～9 月。

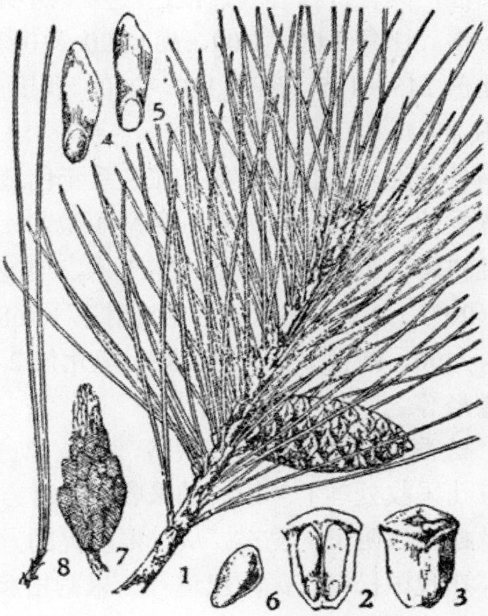

图 1225　马尾松

Pinus massoniana Lamb.

1．果枝；2．果鳞腹面，示二种子；3．果鳞背面；4．种子背面；5．种子腹面；6．种子；7．雄花序；8．针叶。

［生长环境］　马尾松适应性强，为荒山造林的先锋树种，常是山地的主要林木之一，一般在海拔 200～500 米的山地生长茂盛，在海拔低，较干燥，冲刷严重，土壤瘠薄的荒地上也能生长，在西部可分布到海拔 1500 米的山区。

［产　　地］　河南、安徽、江西、浙江、江苏、湖南、湖北、陕西（秦岭南坡）、四川、贵州、广西、广东、福建、台湾等省区。

［用　　途］　马尾松是我国松香和松节油的主要来源之一。从树干采割松脂，可以提炼松香和松节油。松香和松节油在轻重工业中均有广泛的用途（详见总论）。从树根（明子）也可用浸提法提取松脂。将树根干馏还可生产松焦油等。

针叶和果实可提芳香油（见“芳香油类”1281 页）。树皮可作栲胶原料（见“鞣料类”，1034 页）。种子可榨油（见“油脂类”，695 页）。木材可作建筑、家具及木器用材，又可作纸浆。松叶可提酒精，出酒精率为 2～3%（按鲜料计），经提制酒精或提取芳香油后的松叶还可利用其纤维。

［理化性质］　松脂刚从树干流出时，是一种含松节油较多的液体，但流出后，由

于松节油的挥发，才形成白色半固体状态。如露置空气中过久，则颜色变深而硬化。松脂的成分，随着产地、树种和采收方法的不同而有差别，一般约含松香 65～70%，松节油 15～25%，水分及其他杂质 10～15%。松脂的比重（20℃）在 0.997～1.038 之间。

松香是松脂的主要加工产品，为淡黄色至褐色的无定形块状物，稍具光泽，质脆而有粘性，具有特种香气，浅色的几呈透明，能溶于醇、醚、苯、氯仿等有机溶剂，但不溶于水。比重 1.07～1.09，熔点 90～100℃（但至 80℃已开始软化），酸值 140～185，皂化值 145～195，碘值 100～200。我国产松香的主要成分为海松脂酸（Pinaric acid, $C_{20}H_{30}O_2$）。

松节油亦来自松脂的加工，系无色透明液体，能溶解橡胶、硫黄、磷、树脂等物质，有挥发性，具有特殊芳香，味辛而微苦，贮存日久或久露空气中，则颜色变深，会变成粘性树脂状沉淀。松节油不溶于水，但能溶于乙醇、氯仿、醚、冰醋酸等。松节油的比重（20℃）0.8617～0.8889，折射率 1.4684～1.4818，沸点 154～159℃，碘值（韦氏法）350～400，酸值 0.140～0.286，皂化值 2.44～8.60，主要成分系甲位蒎烯，乙位蒎烯及柠檬烃等。

松香和松节油的商品规格，林业部已拟定分级标准草案，列表如下页。

［采收处理］ 松脂的采收，一种方法是从活的松树上采割，而另一种方法则用溶剂从松根（明子）浸提。从松根浸提的方法，目前我国正在开始，而从活的松树采割松脂，在我国松树产区均已进行。采割松脂的方法有新旧两种，苏联的下降式和上升法，均属新法采脂，其中尤以下降式采脂最为先进，在我国也已学习采用，兹把此法的采割技术简介如下：

下降式采脂，可按森林的采伐计划确定采脂年限：对在 3～5 年内即将采伐的树，可在一株树上同时并排开割几个割面，割面宽度的总和可达树干周长的 4/5，实行采伐前强度采脂。如条件许可，尚可采用化学刺激采脂，对短期内不采伐的松树，应采用长期采脂法，割面宽度总和不应超过树干周长的 1/3。

采脂工具（1）刮刀：用以刮去松树粗皮。广东、广西采用的双柄刮刀，刀身长 50 厘米，宽约 6 厘米，轻便灵巧，去皮均匀，不易伤及内皮；（2）割刀：用以开割口。各地常用的均为钩刀；钩口长约 12 厘米，前端 3～4.5 厘米，钩刀凹槽深约 9 厘米，宽 7.5 毫米，形似剖开的半个竹管，刀上装 30～170 厘米长木柄，在离地 3.5～4 米的高度均可使用；（3）受器：用以盛松脂，可用竹筒，用直径 3 厘米的老竹截取 6 厘米长，一端削成马耳形作导脂器，另用 6 厘米左右直径的大竹截取 15～20 厘米，在其上钻一小孔，用作受脂器，并备木盖；（4）收集松脂用具：用以伸入受器取出松脂，可用 4.5 厘米直径的老竹锯成长约 35～45 厘米，在距一端 25 厘米左右处，横锯一裂口，制成竹柄。

采脂准备（1）开辟采脂林道：道宽 60～100 厘米（也可不开）；（2）刮划刮面：一般选树干直径 20～45 厘米的松树，在离地面 2～2.3 米处开始向下划定刮面，对一、二年内即砍伐的，可降低高度。刮面长度为 50～60 厘米，刮面宽度，一般 30～45 厘米直

（1）松香分级标准（草案）

指标	甲等			乙等			丙等
	特级	一级	二级	三级	四级	五级	（六级）
（1）颜色（不深于规定色）	微黄	淡黄	黄色	深黄	黄棕	黄棕	棕红
相当于罗维邦比色：（红）	1.4	2.1	2.5	3.4	4.5	5.5	18.5
（黄）	12	20	30	40	59	60	75
相当于苏联标准：	特等	特等	特等	一等	一等	一等	一等
相当于美国标准：	X	WW	WG	N	M	K	I-G
（2）软化点（不低于℃）	74			72			70
（3）酸值（不低于）	164			162			160
（4）不皂化物含量不大于（%）	6			7			8
（5）机械混杂物不大于（%）	0.05			0.07			0.1

注：1）除色泽和酸值外，如有一个或一个以上指标不符规定时，均作为各该级的副品，如特级的软化点低于 74℃，作为特级的副品；

2）色泽深于六级规定的松香作为不列级论，但对外销则按国际通用标准办理；

3）凡结晶严重，半透明，或软化点低于 70℃，亦作不列级。

（2）松节油分级标准（草案）

指标	优级	一级	二级
（1）颜色以重铬酸钾毫米数（mm）表示，不大于：	90	90	不规定
（2）比重（15.5℃）	0.856～0.868	0.860～0.873	0.890～0.940
（3）折射率（20℃）	1.4670～1.4720	1.468～1.473	1.4895～1.5000
（4）旋光度	不规定	不规定	不规定
（5）初馏点（℃）	150～160	150～160	—
（6）170℃以前馏出物体积不少于(%)	90	85	不规定
（7）酸值不大于	0.7	1.0	9.0

径的松树而采脂 6 年以上的，刮面宽 25～30 厘米，少于 5 年的可加宽，采脂 1～2 年的可加宽到 36 厘米以上，但最宽不得超过 50 厘米，对大树或短期采脂，可同时刮几个面；（3）开割中沟：沟长 30～45 厘米，宽 1～1.2 厘米，深入木质部 1～1.2 厘米；（4）安装受器：在中沟下向上倾斜凿一 1.2～1.5 厘米深的孔，再把马耳形导管钉入，再挂上受器；（5）开割第一对侧沟：在中沟顶端开一对侧沟，二沟中间的夹角，在南方应略小于 90 度，在北方应为 60～70 度，侧沟深入木材约 6 毫米，侧沟宽 4.5～6 毫米。

经常采割：（1）采割季节：在昼夜平均气温 10℃以上即可采割，15～25℃产量较多，30～35℃为最好。广东、广西、福建等省区全年可采割 9 个月，部分地区尚可常年采脂，长江以南各地可采割 6 个月（5～10 月）；（2）采割间隔期：南方地区对 1～2 年内即将采伐的树每天割一次，4～5 年内采伐的 1～2 天割一次，4～5 年后采伐的 2～3 天割一次，北方地区以 2～3 天割一次最宜；（3）割面宽度（指刮面内采割部分的宽度）应比相应刮面的宽度约小 1.8 厘米，而长期采脂的割面宽不应超过 25～30 厘米，短期采脂的则不超过 42 厘米。

化学品刺激采脂：可增加松脂产量，节省劳动力，但对树木易损害，故只能在短期内（3～4 年）即将采伐的林区采用。常用的化学品为漂白粉和硫酸。在采伐前 3～4 年的采脂可用漂白粉刺激，而采伐前 1～2 年的采脂则可用硫酸刺激。根据苏联的经验：漂白粉 1.5 公斤，应加水 1 升，调成糊膏。硫酸则用 92～96%硫酸，1 升加 700 克高岭土调成糊膏。每一对侧沟涂用漂白粉糊膏 2.5～3 毫升，硫酸糊膏则为 1.2～1.5 克。详细办法可参阅苏联化学刺激采脂暂行规程（1957 年）。

松脂的收集和储运：松脂应每 2～3 天收集一次，如劳力不足也可 7～10 天收集一次，但不要超过 15 天。收集松脂时，应随时清除杂质，分级装入木桶，密封贮藏，存在阴凉地方，避免日晒或敞露空气中，更不要接近火种以防火灾。

松脂的等级：一般松脂：杂质含量在 0.3%以下，含油 25%以上，色泽雪白或略带黄，成稀糊状但较易流动，静置一天后表面即有一层油出现，松脂内无大结块，表面看不到杂质；二级松脂：杂质在 0.6%以下，含油 20～25%，色泽白或黄白，呈糊状或小粒状的粘体或白色块状，将块状折断时，在断面应呈油润状；三级松脂：杂质在 0.6%以上，含油 15%以上，色泽暗黄或淡棕，为糊状或不硬的固体，杂质较多；低级松脂（不列级）：颜色深，结成硬块，杂质特别多。又各级松脂的水分含量均以 5%为最高标准，如超过 5%，级别虽可不变，但必须扣除水分重量。

［加　　工］　近年来，我国各地对松脂的加工均有很大的改进，大部分的土法加工厂亦均吸取了蒸汽加工的优点，改用滴水法加工，而设备则仍以土法设备为主，有设备简单，操作容易，产品质量好，投资少而收效大等特点。滴水法蒸馏器系林业部所提出的，蒸馏容积为 0.54 立方米，锅身可用铝或铜制，也可用铁板制而锅内镀铜，松节油冷凝器的冷却面为 3 平方米，用白铁皮做材料。主要设备的基建投资为 8000 元（用铝锅）到 10000 元（用铜锅），年产松香 300 吨（以固体松脂为原料）到 450 吨（以液体松脂为原料）。

加工方法：（1）投料：投料时，锅内温度应低于 100℃，投料量如下表：

松 脂 种 类	投料量（公斤）	占蒸锅容积（%）
液体松脂（含油 13%以上）	432	80
松软状固体松脂（含油 6～12%）	351～432	65～80
硬固体松脂	189～351	35～65

（2）蒸馏操作：投料后，盖好锅盖，然后生火，使温度在 25～30 分钟内升至 105℃，使松脂熔化。继续在 30 分钟内升温到 135℃，开始滴水、滴水量应每分钟 2.5 公斤，待温度上升至 160℃（在 60 分钟内），松脂内的全部优油应蒸馏完毕，馏出液的油水比

约等于1比1。温度自160℃上升至185℃。约需35分钟，此时应加强火力，加大滴水量，平均每分钟滴水3.5公斤，馏出液的油水比为1比9或1比10，此时，次油应全部馏出，可停止滴水。自停止滴水到开始出料约需15分钟，为熔炼阶段，应保持火力，待水分继续蒸发而温度升至190℃后，然后停火，开盖，搅拌，放出松香，这时温度还会继续上升，但必须控制在190～195℃之间。含松节油多的松脂蒸馏的时间可适当延长，出料时温度亦适当升高。（3）过滤及压箱：放出的松香，应趁热过滤，除去杂质，滤器系由二个木制滤框组成，上层滤框的铜丝布为80目／平方吋，下层为120目／平方时，二框之间置脱脂棉作过滤介质，松香过滤后，流入贮器，待冷至165℃左右，即可装箱。

［其　　他］　樟子松（Pinus sylvestris L. var. mongolica Litvin.），华山松（Pinus armandii Franch.）及赤松（Pinus densiflora Sieb. et Zucc.）的树干也可割取松脂，制造松香及松节油。

7 油松（yousong）（图555）

［学　　名］　**Pinus tabulaeformis** Carr.　松科

［商 品 名］　松脂、松香、松节油

（地方名、形态特征、生长环境、产地及其他用途见“油脂类”，696页）

［用　　途］　从树干可割取松脂，松脂的用途与马尾松同。

［理化性质］　参阅马尾松（1544页）。

［采收处理］　参阅马尾松。

［加　　工］　参阅马尾松。

8 黑松（heisong）（图1226）

［学　　名］　**Pinus thunbergii** Parl.　松科

［商 品 名］　松脂、松香、松节油

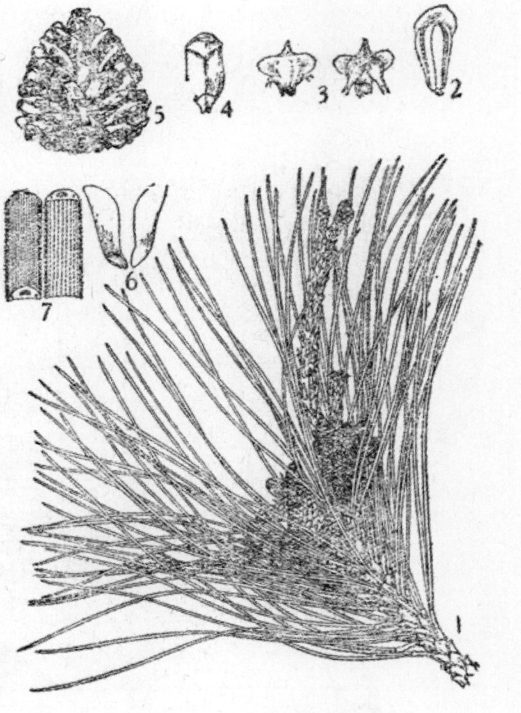

图1226　黑松

Pinus thunbergii Parl.

1．花枝（上部雌花，下部雄花）；2．雄蕊腹面；3．雌鳞腹面（右），背面（左）；4，果鳞背面；5．球果；6．种子；7．叶扩大一段示腹、背面。

（自“江苏南部种子植物手册”）

［形态特征］ 常绿乔木，高达 30 米；树皮黑灰色，纵裂为不规则的裂片；小枝橙黄色，顶芽长椭圆形，白色或淡灰白色。叶 2 针一束；坚硬并尖锐，长 10～15 厘米，绿色。球果有短柄，圆锥状卵形，长 4～6 厘米，褐色，鳞背扁平，具有扁小而常有刺的鳞脐。种子灰褐色。具翅。花期 5 月，果期次年 9 月。

［生长环境］ 生长于海拔 800 米以下的山坡，成纯林或与赤松混生，也有零星分布于针阔叶混交林中。

［产　　地］ 山东、江苏、台湾等省。

［用　　途］ 枝干富含树脂，其用途同马尾松，松针可提取芳香油和做纤维原料。种子可榨取脂肪油。

［理化性质］ 参阅马尾松（1544 页）。

［采收处理］ 参阅马尾松。

［加　　工］ 参阅马尾松。

9 广东松（guangdong-song）（图 1227）

［地 方 名］ 野松树（广西）

［学　　名］ **Pinus wangii** Hu et Cheng var. **kwangtungensis** (Chun) Cheng et Law (*P. kwangtungensis* Chun) 松科

［商 品 名］ 松脂、松香、松节油

［形态特征］ 乔木，高可达 30 米以上，胸径可达 1.5 米，全部无毛；树皮灰褐色，纵裂并呈片状剥落；枝条暗灰色，圆柱形，有不规则条纹；芽顶生，长圆形，长 2～4 毫米。针叶弯曲，5 针一束，稀 4 针一束，长 3.5～7 厘米，宽 1 毫米，边缘有微弱小锯齿，两面均有白色气孔 4～5 行。苞片能脱落，长 7 毫米，宽 2 毫米，球果有短柄，幼时瘦长而直立，成熟时为长方卵状，侧向，最小的长仅 3 厘米，最大的可达 16 厘米；鳞片 23～79 片，无毛，阔匙形，暗褐色，长 2～3 厘米，

图 1227 广东松
Pinus wangii Hu et Cheng var. kwangtungensis（Chun）Cheng et Law
果枝

宽 1.6～2 厘米；鳞盾长 7～10 毫米，鳞脐直径 4～5 毫米。种子有翅，椭圆长方形，两端渐尖，长 10～12 毫米，宽 5～6 毫米，翅偏斜。

［生长环境］ 生于海拔 1300～1600 米的山地；喜生阳光充足，岩石露头和多砂砾处，宜酸性土壤。

［产　　地］ 湖南南部、广西、广东北部等地。

（用途、理化性质、采收处理及加工参阅马尾松，1544 页）。

10 云南松（yunnansong）（图 1228）

［地 方 名］ 黄松（贵州），地盘松（云南），青松、飞松、长毛松（云南、广西）。

［学　　名］ **Pinus yunnanensis** Franch.　松科

［商 品 名］ 松脂、松香、松节油

［形态特征］ 常绿乔木，高达 30 米，胸径可达 1 米；树皮幼时红褐色，渐老则呈灰褐色，深纵裂并呈片状剥落：枝轮生状，平展或稍下垂；冬芽粗大，圆锥状卵形至圆柱形。针叶 3 枚一束，间或 2 针一束，细长，下垂，长 10～20 厘米，边缘及中肋有细锯齿，外鞘永存，长 1～1.5 厘米。雄花序黄色，圆柱形，长 2～3 厘米，外有一苞片承托，聚生于当年生小枝的下部，组成长达 10 厘米之密丛。球果具短柄或近无柄，卵状圆锥形或椭圆状圆锥形，对称或不对称，长 4.5～10 厘米，直径 4.5～7 厘米，成熟时咖啡色；果鳞长圆形，鳞背稍隆起或显著隆起。种子小，长 5～7 毫米，微扁，卵状或椭圆形，有种翅，翅长约 2 厘米。花期 3～4 月，果期 11～12 月。

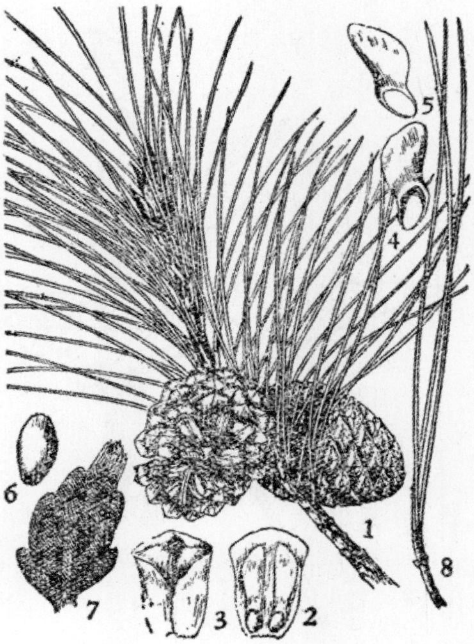

图 1228　云南松

Pinus yunnanensis Franch.

1. 果枝；2. 果鳞腹面及种子；3. 果鳞背面；4、5. 种子；6. 去翅的种子；7. 雄花序；8. 叶束。

［生长环境］ 一般分布在海拔 500～2500 米之间的山区。喜酸性黄壤或红壤，多生长于阳光充足开阔坡地，常成纯林或与落叶性栎类混交。

［产　　地］ 云南、贵州（南部）、四川、广西（西部）等省区，尤以云南最多和最普遍，形成宽广的森林。

［用　　途］ 本种为我国西南地区的松脂主要来源，可割取树脂制造松香、松节油（见马尾松）。

针叶可提芳香油（见“芳香油类”，1282 页）。树皮、球果、针叶皆可提取鞣料（见“鞣料类”，1036 页）。种子可榨油（见“油脂类”，697 页）。此外，松针还可提取叶绿素、胡萝卜素及维生素丙等，供药用。纤维可供造纸等。木材淡黄色，质地轻软，易扭曲或挢裂，为云南各地一般建筑用材，亦可为电杆、矿山支柱和制家具、器具等。民间常用松针作肥料、燃料及照明用。

［理化性质］　树脂性质同马尾松。

云南松针叶含有单糖 1.66%，双糖 1.04%，淀粉 4.1%，半纤维 3.28%，纤维素 11.47%，蛋白质 4.56%，胡萝卜素 4.55 毫克/100 克，维生素丙 97.63 毫克/100 克，叶绿素 51.3 毫克/100 克（据云南省资料）。

［采收处理］　参阅马尾松（1544 页）。

［加　　工］　参阅马尾松。

［其　　他］　从广西现产云南松的良好生长情况来看，它比马尾松有更大的造林价值，很值得在华南和西南山地地区推广造林，但它要求比马尾松更温暖的气候条件和酸性红壤的特点，可先在北纬 23～27° 的范围内试种。

11 大翅桦（dachihua）（图 1229）

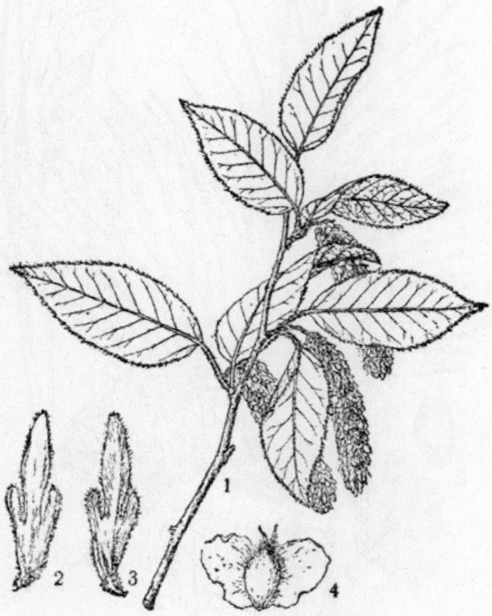

图 1229　大翅桦
Betula baeumkeri Winkl.
1．果枝；2，3．果苞；4．小坚果。
（自“中国森林树木图谱”）

［地 方 名］　毛杨梅、岩刷子（四川）

［学　　名］　**Betula baeumkeri** Winkl. 桦木科

［形态特征］　落叶乔木，高可达 16 米；茎黑褐色；小枝密生绒毛。叶长椭圆形或卵状长椭圆形，长 3～9 厘米，宽 2～5 厘米，基部圆形或钝圆，略歪斜，先端急尖或短渐尖，表面暗绿色，背面淡绿色，有树脂腺点，沿脉处有褐色长软毛，边缘有尖齿；叶柄长约 1 厘米，密生绒毛。果穗单生，下垂，长 3～9 厘米；果苞小，三裂，中裂片匙形，长于侧裂片约 2 倍，顶端有纤毛；小坚果长圆形至倒卵长圆形，翅较小坚果阔 2～3 倍。

［生长环境］　分布海拔 600～1600 米的坡地与半山向阳的地方。

［产　　地］　云南、四川、湖北等省。

［用　　途］　树皮可提取树脂，含有芳香油。

树皮、果实、枝、叶均含有鞣质，可提制栲胶。

12 潺槁树（changaoshu）（图 600）

［学　　名］　**Litsea glutinosa** (Lour.) C. B. Rob.　樟科

（地方名、形态特征、生长环境、产地及其他用途见“油脂类”，754 页）

［用　　途］　树皮及木材均含有胶质，以水浸出其胶，可以润发。

［采收处理］　成年树材，四季均可采伐。

［加　　工］　将树皮切碎、木材刨成薄片浸于水中浸出胶液。

13 华东楠（huadongnan）（图 1230）

［学　　名］　**Machilus leptophylla** Hand.-Mzt.　樟科

［形态特征］　小乔木，高通常达 8 米；枝粗壮，暗褐粟色，幼时无毛；顶芽球形，外鳞片宽卵形，长 2 毫米，近革质，被细绢毛，先端具小尖头，内鳞片有黄色绢毛。叶坚纸质，互生，或于当年生枝端近轮生，**倒卵状长圆形，长 12～23 厘米，宽 3.5～6.5 厘米**，基部渐狭成狭楔形，先端短渐尖或长渐尖，表面无毛，深绿色，具有细致的网纹，背面苍白色，初疏被银白绢毛，且叶脉处被毛较密，其后常近于无毛，中肋在表面凹陷，背面则明显隆起，侧脉 14～20 对，两面隆起，略带红色；叶柄长 1～3 厘米，上部略具沟槽，无毛。花序圆锥状，着生在新枝下部叶腋内，果序有长柄，开展，稍粗壮，被绢毛或无毛，长度只及叶的一半，浆果球形，直径约 1 厘米，果梗长 5～10 毫米，花萼在果时开张，稍坚硬，裂片线状矩圆形，长 6～7 毫米，外反，外面密被细绢毛。果期 6～9 月。

图 1230　华东楠
Machilus leptophylla Hand. -Mzt.
果枝

［生长环境］ 生于山区，分布在海拔 450～1200 米之间。

［产　　地］ 福建、浙江、江苏、湖南、广东、广西等省区。

［用　　途］ 树皮可提树脂。种子又可榨油。

［理化性质］ 据中国科学院华南植物研究所分析：湖南样品，含树脂 20.41％，橡胶 0.238％（按绝干样品计算）。

14 刨花楠（baohuanan）（图 603）

［学　　名］ **Machilus pauhoi** Kanehira　樟科

（地方名、形态特征、生长环境、产地及其他用途见“油脂类”，757 页）

［用　　途］ 树皮可提取树脂。木材削成薄片，在水中浸出粘液，南方妇女用于润发，近来已试用作为木材的粘合剂，如制造胶合板等。

［理化性质］ 据中国科学院华南植物研究所分析：树皮含树脂 12.38％，橡胶 0.688％。

15 枫香（fengxiang）（图 1069）

［学　　名］ **Liquidambar formosana** Hance　金缕梅科

［商 品 名］ 枫脂、芸香

（地方名、形态特征、生长环境、产地及其他用途见“芳香油类”，1350 页）

［用　　途］ 树干内含有树脂，可以代替苏合香，作医药上祛痰剂，外用涂擦剂治疥癣；用于显微技术，熏香片或粉，香料定香剂等。

［理化性质］ 枫香树脂的理化性质尚未详细分析，但可参考苏合香的理化性质如下：1. 琥珀色之固体或粉末，或为半液态之灰色稠厚物质。2. 主要成分为苏合香硬脂，桂醇及其酯类。3. 比重 0.890～1.100；沸点 150～300℃；旋光度-3°～-38°。4. 能溶于醚、丙酮、二硫化碳及温热之酒精，常残留少许不溶性固体。

［采收处理］ 树脂的割取在浙江、福建两省一般在 7～8 月间凿开枫树外皮，从树根起每隔 15～20 厘米交错凿开一洞，自立冬后到次年清明为止，即可采收流出的树脂，将流出的树脂采回，使其自然干燥，注意勿混入杂质和泥沙，贮存在干燥密闭的容器中。

［加　　工］ 枫脂可溶子酒精中精制。

［其　　他］ 用种子繁殖。

16 桃（tao）（图 629）

［学　　名］ **Prunus persica** (L.) Batsch.　蔷薇科

［原 料 名］ 桃胶、树胶

（地方名、形态特征、生长环境、产地及其他用途见“油脂类”，783 页）

［用　　途］　树干能分泌胶质，可用作粘接剂或赋形剂等，可食用，亦可作药用。

［理化性质］　桃胶呈淡红色或淡黄色至黄褐色，为半透明固体块状，外表平滑，易溶于水，水溶液呈粘性，系一种多糖类物质，主含阿拉伯胶糖、半乳糖、木蜜糖、鼠李糖、D-葡萄糖酸等，加水分解能生成单糖。

［采收处理］　在桃树生长季节，收集树干分泌的胶质，晒干，拣去树叶、树皮等杂质，即为桃胶。产品应贮放干燥通风处，防止受潮发霉等。

［其　　他］　和桃近似种，树干也产树胶的有下列数种：

1．山桃 P. davidiana Franch.（地方名、形态特征、生长环境、产地及其他用途见“淀粉及糖类”，529 页）；

2．李 P. salicina Lindl.（地方名、形态特征、生长环境、产地及其他用途见“淀粉及糖类”；532 页）；

3．杏 P. armeniaca L.（地方名、形态特征、生长环境、产地及其他用途见“油脂类”，778 页）；

4．欧洲樱桃 P. cerasus L. 产辽宁、山东，多系栽培；

5．苦李 P. simonii Carr. 地方名：秋根子、红李（河北），产辽宁、吉林、黑龙江、内蒙古、河北、山西、陕西、云南，多系栽培。

17 鸭皂树（yazaoshu）

［学　　名］　**Acacia farnesiana** (L.) Willd. 豆科

［商 品 名］　鸭皂树胶、阿拉伯树胶

（地方名、形态特征；生长环境、产地及其他用途见“芳香油类”，1357 页）

［用　　途］　茎上流出树胶可供制胶水、制药、墨水、糖果等工业以及艺术上用，其品质相当于进口的阿拉伯胶，可为代用品。

［理化性质］　胶为固体，呈灰色、淡黄色以至淡红色，外表平滑，内部透明，质脆。主要成份可能与阿拉伯胶同，为阿拉伯胶酸（arabic acid）及其钙、镁、钾等盐类。易溶于水及大多数的有机溶剂；水溶液有很高粘性。胶的比重 1.35～1.49，含水分约 15～20%。

［采收处理］　割伤干皮，即有胶状物分泌出来，收集并适当干燥，即成商品。

［其　　他］　阿拉伯树胶向来靠国外进口，而近来国内需用量日有增加，为了发展我国固有费源，减少外汇，今后应在分布区内提倡多种植鸭皂树，并进一步研究利用，提高质量。

18 香椿（xiangchun）（图 660）

［学　　名］　**Toona sinensis** (A. Juss.) Roem. (*Cedrela sinensis* A. Juss.)　楝科

（地方名、形态特征、生长环境、产地及其他用途见“油脂类”，823 页）

［用　　途］ 树干能分泌树胶，可以精提利用。

［理化性质］ 香椿树分泌的胶呈黄色或黄褐色，为光滑而透明的物质，往往集结成乳头状胶块。

［采收处理］ 割伤老树干皮或砍剥枝条，均易引起流胶，在空气中干燥，收取备用。

19 杧果（mangguo）（图 1231）

［学　　名］ **Mangifera indica** L.　漆树科

［商 品 名］ 杧果脂

［形态特征］ 常绿大乔木，光滑无毛，树冠具稠密，扩展的枝。单叶革质，簇生枝顶，长圆形至长圆状披针形，长 10～20 厘米，宽窄不定，有光泽，先端短尖或渐尖，边缘常呈波浪形，无锯齿。圆锥花序，常与叶等长或过之，被柔毛；花黄色，无梗或具短梗，芳香，长 3～4 毫米；萼片卵形或长椭圆形，被柔毛；花瓣淡黄色，长约为花萼之 2 倍；**花盘肉质，5 裂；发育雄蕊 1**。核果形状不一，肉质，长 8～15 厘米，淡绿色或淡黄色，稍压扁；核大，扁平，有纤维。花期春季，果期 5 月。

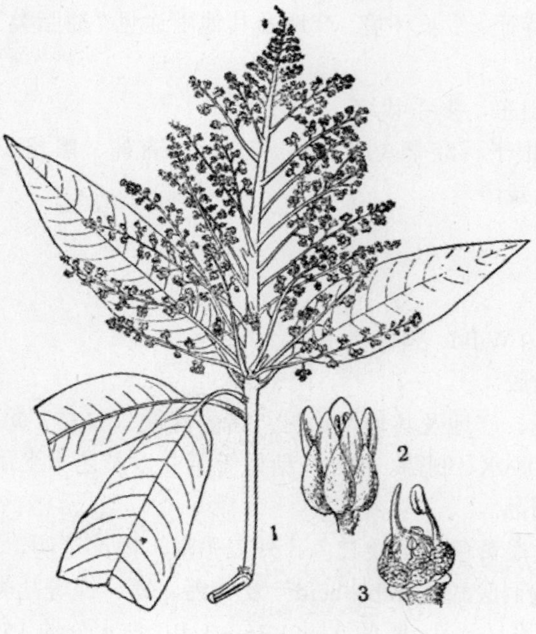

图 1231　杧果

Mangifera indica L.

1．花枝；2．花；3．去掉花萼、花瓣，示发育雄蕊和子房。

［生长环境］ 热带或亚热带果树，庭园栽培，或作行道树。

［产　　地］ 广西、广东、云南、福建、台湾等省区。

［用　　途］ 树皮分泌一种胶质树脂，可研究利用。

果皮供药用，为利尿峻下剂。叶和树皮可为黄色染料。树冠圆球形，可作热带行道树。木质暗褐色，稍坚硬，强韧密致，施工容易，能耐海水，宜于制舟车和家具等。果实味美可食（见“淀粉及糖类”，562 页）。

20 木蜡树（mulashu）（图 685）

［学　　名］ **Rhus succedanea** L．漆树科

［商 品 名］ 生漆、漆

（地方名、形态特征、生长环境、产地及其他用途见“油脂类”，852 页）

［用　　途］　植物体含树脂（漆），其用途同生漆。广西北部山区群众直接以其新鲜的树脂（漆）涂漆烟杆、烟袋等器物。

除漆树外，木蜡树是漆树属中产漆最多和最好的一种，一般称做“大木漆”。

［采收处理］　参阅漆树（本页）。

21 漆树（qishu）（图 1232）

［地 方 名］　大木漆，小木漆（湖北），山漆（福建、湖南），楂首（湖南），瞎妮子（山东）。

［学　　名］　**Rhus verniciflua** Stokes　漆树科

［原 料 名］　漆、生漆（通称）

［形态特征］　落叶乔木，高可达 20 米，树皮初时灰白色，稍有光泽，后粗糙成不规则纵裂；幼枝粗壮，初具棕色柔毛。奇数羽状复叶互生，鲜绿色，具小叶 9～13；小叶具短柄，卵状椭圆形至长圆形，**长 7～15 厘米，宽 2～5 厘米**，基部偏斜，圆形或钝形，先端渐尖，全缘，**两面脉上均有棕色短毛，侧脉 12～15 对。圆锥花序腋生，长 12～20 厘米**；花细小，杂性或雌雄异株，黄绿色，花瓣卵状长圆形，雄蕊 5，生花瓣基部。果序下垂，核果扁平，肾形，直径约 8 毫米，棕黄色，光滑，中果皮蜡质，内果皮坚硬。花期 5～6 月，果期 9～10 月。

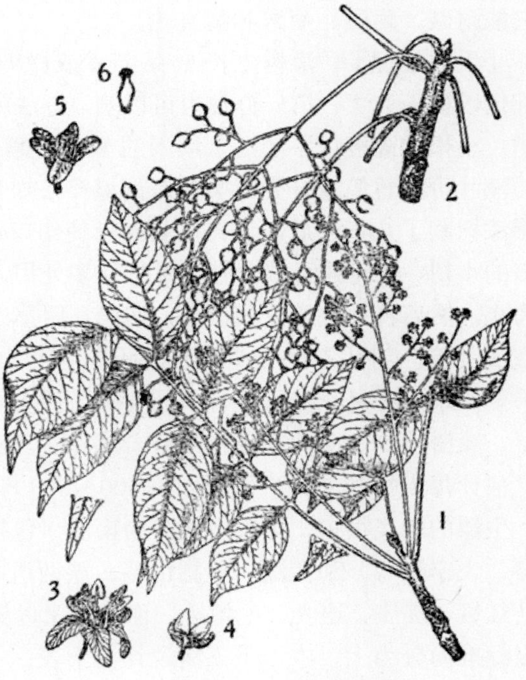

图 1232　漆树

Rhus verniciflua Stokes

1. 花枝；2. 果枝；3. 雄花；4. 雌花；5. 两性花；6. 子房。

［生长环境］　喜生向阳避风山坡，以湿润肥沃排水良好的黄壤土为最适宜，也能生长于较干旱的土壤上，现各地均有栽培，也有野生。

［产　　地］　台湾、浙江、广东、广西、福建、西藏、云南、贵州、四川、湖北、江西、湖南、安徽、河南、陕西、甘肃、河北、辽宁等省区。

［用　　途］　漆树的主要经济价值在于产生漆，生漆是一种优良的防腐防锈涂料，不易氧化，能耐酸类和其他化学药品的腐蚀，除用于涂漆建筑物及家具、

器具之外，也用于制造电线等所需的绝缘材料。

种子可榨油，果皮可取蜡（见“油脂类”，854 页）。叶含鞣质，可提制栲胶。根、叶均可作农药杀虫。木材可供装饰材及制家具用。

［理化性质］ 生漆的主要成分为漆酚（Urushiol $C_{21}H_{34}O_2$），含量为 40～70%，有时高至 80%左右，此外，含水分 20～40%，胶质 10%左右，含氮物质 10%左右。

生漆品质的优劣视漆酚及水分的多寡而定，凡漆酚多而水分少的为上品，反之则为次品，其简单鉴别的方法：取一定量的生漆盛于小锅中（称煎盘），经煎去水分，使其变色后，秤之即知水分的多寡。

初从植物体流出来的漆液是乳白色的，与空气接触后逐渐变为绿灰色，最后变为黑色，同时也从较稀的液态变稠，用密闭的容器盛装的漆液可以经久不变色。漆液有一种特性，就是它需要在湿润的大气中干燥和硬化，而不是在干燥的大气中干燥和硬化，同时也不能加热企图使其干燥和硬化的加速进行。因为这一原因，有时油漆的工作是在一种特别的湿润房子里进行，用于油漆上的漆，在湿润的空气中，其表面的薄膜很快就硬化起来，这是由于氧化作用的缘故。漆对器物、家具等之所以有显著的保护效能，是因为它能耐碱、耐酸、耐醇和耐高热。

［采收处理］ 漆树生长 5～6 年，或树干直径达到 15 厘米左右便可开割取漆，割的部位以树干为主，第一分枝也可以割，方法就是在干或枝上切若干斜形而彼此平衡的小槽，小槽的高度以不超过于周围的 1/4 为度，树皮开割后便有乳白色的液汁流出，流出的液汁可用竹筒或蚌壳之类的东西盛接，割开后可接液汁一星期。每年可割 6～7 次，一棵漆树割了几年之后，便需停割数年使伤口愈合后再割。另一种割漆法是把 10 年生左右的小树，不论树干或分枝，尽量地多处用刀割切，割至没有任何位置可割或树液流尽为止，然后再把主要分枝砍下，切段，用蒸汽抽提里面可能遗留下来的树液，但用这种方法割漆，割过之后，漆树便已死去，应禁止采用。

割漆最好在夏季伏天进行，因春天汁液含水很多，出漆质量不佳。割漆时候最好在清早。漆树从 5～6 年的树龄开割，若割法正确，不是滥割，可以一直割至 50～60 年之久，估计每人每季（年）可割大树 600～800 株，或小树 1000 株。

生漆的种类很多，可按产区分为南漆（包括毛坝漆、平利漆、建始漆、龙潭漆、万足漆、大宁漆等）和西漆（包括山西、陕西所产的）。如以品质分，又可分为生漆、广青、红贵、提庄、退光、毛坝等，而其中又以提庄为最佳。生漆的商品规格，可按化学检定标准而分为上、中、下三级，详见下表：

品质	漆分	水分	含氮物	橡胶质
上	58.38	32.60	1.94	7.08
中	55.57	33.13	2.05	9.25
下	39.09	34.95	2.32	23.64

［其　　他］　繁殖方法

播种：漆子藏在坚硬骨质的内果皮中，果皮外有油脂，播种的种子不经处理很难萌芽。处理方法有二：1）秋后采收成熟漆子，埋在松散的牛粪堆里，次年春天取漆子随牛粪挖窝点播；2）将种子事先置于石臼中轻轻地把果皮捣碎，取出后装入布袋，放在水中浸泡一下，晒干贮存，次年1～2月播种。

分根：谷雨前后掘取健壮漆树的幼根，切成30厘米长一段，注意保存须根和根皮，栽前松土挖窝深20～25厘米，然后将根斜栽窝内，上面露出约3厘米，盖土踏实，即能发芽成活。此外亦可用扦插及压条繁殖。

22 细叶冬青（xiyedongqing）（图1233）

［学　　名］　**Ilex triflora** Bl. var. **viridis** (Champ.) Loes.　冬青科

［形态特征］　灌木或小乔木，多分枝，绿色，高1～6米，小枝四棱形或具条纹。叶具柄，近革质，卵形，或卵状长圆形，长3～6厘米，先端钝、短尖或渐尖，基部短尖或狭楔形，边缘有小圆齿，平滑有光泽，叶脉不明显。花梗腋生，粗壮，雌花通常单生，花梗长4～6毫米，中部以下有小苞片；雄花序呈聚伞状，簇生，含1～5花，总花梗较小花梗为长；花冠扩展，径约7毫米，花瓣分裂不达中部，白粉红色。核果球形，径约7毫米，顶端具较长的宿存花柱，熟时紫色，内包4个分核；分核背曲，具绉纹，花期4月（广东）。

图1233　细叶冬青

Ilex triflora Bl. var. viridis（Champ.）Loes.

1. 花枝；2. 果枝。

［生长环境］　生于低山或丘陵地区的疏林中。

［产　　地］　安徽、浙江、江西、福建、广东等省。

［用　　途］　树皮可提取树脂，又含少量橡胶。

［理化性质］　据中国科学院华南植物研究所分析：树皮含树脂5.49%，橡胶0.56%，糖类8.77%，水份17.83%，灰分9.92%。

23 乌蔹莓（wulianmei）（图152）

［学　　名］ **Cayratia japonica** (Thunb.) Gagnep.　葡萄科

（地方名、形态特征、生长环境、产地及其他用途见“纤维类”，190页）

［用　　途］ 根部含有胶质，可用作造纸胶料。

［采收处理］ 结合采收纤维原料，挖取根部。

［加　　工］ 将根碾碎后，用水浸出胶质。

24 黄蜀葵（huangshukui）（图1234）

［学　　名］ **Abelmoschus manihot** (L.) Medic. (*Hibiscus manihot* L.)　锦葵科

［商 品 名］ 黄蜀葵胶料

［形态特征］ 一年生或多年生粗壮直立草本，高90～270厘米；茎密生黄色刚毛。叶大，卵形至近圆形，直径15～30厘米或过之，掌状分裂，有5～9狭长大小不等的裂片，边缘有齿牙；叶柄长。花单生叶腋，向枝端成近总状花序，淡黄色或白色，花瓣内面基部暗褐色，直径10～22.5厘米；苞片卵状披针形，4～5片，长约25毫米，宽5～10毫米；萼片匙形，早落，果长圆形，端尖，具粗毛，长5～7.5厘米，含多数种子。

图1234　黄蜀葵
Abelmoschus manihot（L.）Medic.
1．花枝；2．雌蕊；3．花药。

［生长环境］ 栽培，适生于湿润肥沃沙质土壤。

［产　　地］ 广东、广西、贵州、云南、湖北、江西、陕西等省区皆有栽培。

［用　　途］ 根含粘胶质，可为造纸胶料。

［理化性质］ 黄蜀葵根中含有粘胶质16%左右。粘胶质可用冷水浸出，加热则失去粘性，遇氢氧化钡、醋酸铅、硫酸铜、明矾、硫酸铝等盐类及酒精、丙酮、乙醚等均会产生沉淀。经加压加热液化并加硫酸钠溶液后，此种胶质成分即沉淀出来，据分析系由1分子鼠李糖和2分子半乳糖酸所组成的多糖类。

［采收处理］ 挖取根部备用。

［加 工］ 把根切细，置布袋中，然后在冷水中浸渍，把粘胶质浸出。开始浸出的粘胶质品质较好，可供制上等纸用，以后浸出的质量较差，可供制次等纸用。浸出后最好立即使用，一般在冬季天冷时可保存三天，粘性不减。粘胶质易腐败，可加1%甲醛防腐。

25 猕猴桃（mihoutao）（图 1566）

［学 名］ **Actinidia chinensis** Planch. 猕猴桃科

［商 品 名］ 猕猴桃胶

（地方名、形态特征、生长环境、产地及其他用途见“其他类”，2079 页）

［用 途］ 茎皮及髓中含丰富的胶液，可作制造蜡纸调浆用胶料的代用品。

［理化性质］ 这种胶外形呈淡黄色至深褐色的固体块状，易溶于水，水溶液有很强粘性。

［采收处理］ 多于秋天采其藤，切成长10～20厘米的小段，置入水中浸泡数天，直至浸液发粘时即可，最好是用新鲜的材料浸泡，随采随泡，泡出的胶液经过滤即可打入纸浆中。

26 革叶猕猴桃（geyemihoutao）（图 479）

［学 名］ **Actinidia coriacea** (Fin. et Gagnep.) Dunn 猕猴桃科

［商 品 名］ 猕猴桃胶

（地方名、形态特征、生长环境、产地及其他用途见“淀粉及糖类”，579 页）

［用 途］ 嫩枝可浸提胶质，供造纸用。

［理化性质及采收处理，可参阅猕猴桃（Actinidia chinensis Planch.）本页］

27 黄牛木（huangniumu）（图 1235）

［学 名］ **Cratoxylon ligustrinum** (Spach.) Bl. (*C. polyanthum*. Korth.) 藤黄科

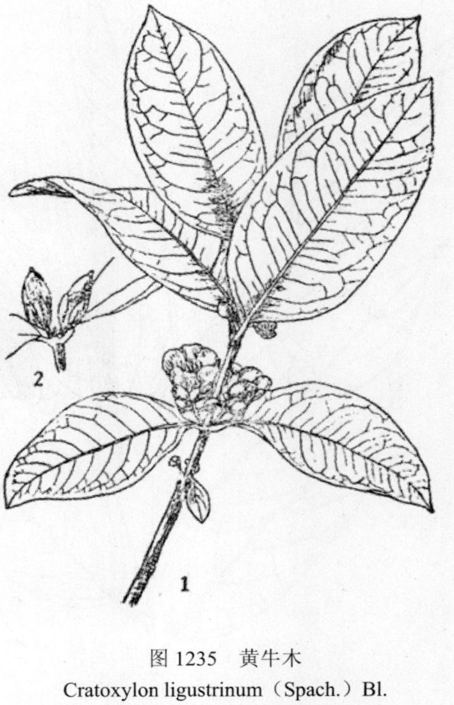

图 1235 黄牛木
Cratoxylon ligustrinum（Spach.）Bl.
1. 花枝；2. 果枝。

［形态特征］　灌木或小乔木，有芳香，树皮淡黄色，光滑，小枝压属。叶纸质，椭圆形至长圆形，长5～8厘米，宽2～3厘米，两端均狭尖，无毛，表面深绿色，背面色较浅，具透明黑色油点。聚伞花序腋生或稍腋生，有花1～3朵；花粉红色，直径约1厘米；萼片椭圆形，先端钝，长约4毫米，结果时增大一倍；花瓣有腺脉，长约为萼之2倍；下位腺体有时不明显。蒴果长于萼，长8～12毫米。种子长约6毫米，一边有翅。花期5月。

［生长环境］　喜生于热带阳坡的次生疏林或灌丛中，性耐干旱，海拔1000米以下。

［产　　地］　广东、广西、云南（南部）等省区。

［用　　途］　茎皮可提取树脂。叶可提取芳香油。嫩叶又可代茶用。木材坚硬细密，是良好细工用材。

28 坡垒（pelei）（图1236）

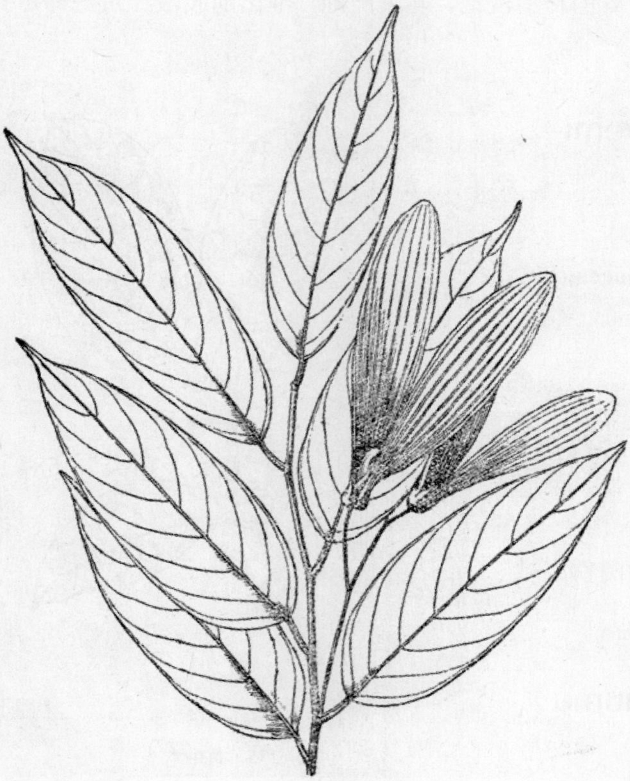

图1236　坡垒
Hopea chinensis Hand. -Mzt.
枝条

［地 方 名］　万年木、咪丁扒（广西）

［学　　名］　**Hopea chinensis** Hand. -Mzt.　龙脑香科

［商 品 名］　达麻脂

［形态特征］　常绿乔木，高达13米；树皮灰黑色，平滑；幼枝红褐色，无皮孔。单叶互生，长方椭圆形或披针形，长6～12厘米，宽2～3厘米，基部圆形，先端渐尖，全缘，侧脉约10对，弯拱，在背面凸起，显著，小脉网状；叶柄长9～12毫米。花序圆锥形，疏松，长15～20厘米，花具梗，长约2厘米；萼片5，复瓦状排列，萼管极短；花瓣淡红色，旋转排列；雄蕊15，花药卵形；子房3室，每室有胚珠2颗。果为坚果，为增长萼片的基部所围绕，卵状，长约18毫米，弯垂，黑褐色，近于木质部生种子1颗。花期12月（广西）。

［生长环境］ 喜生热带山谷阔叶林中、溪边或其他水湿处，以及母岩为疏松砂岩、含砂相当多的土壤。海拔 650 米以下。

［产　　地］ 特产于广东，广西十万大山亦有分布。

［用　　途］ 龙脑香料植物所产的树脂在马来亚一带商业上称为达麻脂，主要用于喷漆制造，因其色淡光洁，粘着力强；尤宜于纸板上光之用，品质差的也可用来涂刷船底。木材纹理细致，坚硬持久，耐湿力强，可作制造船只、桥梁、家具及供建筑等用。产地群众称之为“万年木”。

［理化性质］ 本种所产的树脂类似达麻脂，溶于醇、松节油和煤焦油、烃类，而不溶于水合三氯乙醛。

［采收处理］ 据国外割脂的方法，割时在树干上或分枝上开凿 10×10 厘米的孔，深入木质部 12 毫米，便有脂流出。开凿面要平滑，以免木屑掺入树脂内，影响质量。割脂一般在三至四个月的时间内间歇地进行，伤口大约经过三个月后便可复原。

［加　　工］ 树脂可溶解于乙醇、苯、乙醚等有机溶剂，经过滤除去杂质，用干燥剂除去水分，蒸馏回收溶剂，即为精制品。

［其　　他］ 繁殖方法，一般可用种子繁殖法试种。产达麻脂的植物主要是龙脑香科植物，橄榄科也有若干种产类似的树脂，此类植物的分布区在东南亚，印度、缅甸也有一些种生产树脂。本科在我国有坡垒属（Hopea），青梅属（Vatica），龙脑香属（Dipterocarpus），共 3 属 4 种。坡垒属在两广南部（包括海南鸟）产 1 种，云南东南部产 1 种（Hopea mollissima C. Y. Wu），青梅属 1 种（Vatica astrotricha Hance）只产广西十万大山和广东海南岛。龙脑香属在云南东南部产 1 种，这些均应加以研究利用。

29 沙枣（shazao）（图 483）

［学　　名］ **Elaeagnus angustifolia** L.　胡颓子科

［商 品 名］ 沙枣胶、胡颓子胶

（地方名、形态特征、生长环境、产地及其他用途见“淀粉及糖类”，584 页）

［用　　途］ 参阅总论。

［理化性质］ 据苏联资料：沙枣树胶在外形上与樱桃胶近似，呈瘤状或不规则形状，褐色，在新鲜时略为栗褐色，有淡黄色的晕纹，透明，大小不一，重量约有 50～60 克，大者可重达 200 克。在理化性质上与进口的阿拉伯胶及黄蓍胶没有很大差别，兹将其成分性质的数据列表于下：

品　　名	吸湿性（%）	灰　分（%）	不溶性物（%）（黄蓍树胶素）	全部溶解于水的时间
沙枣树胶	11.54	2.00	0.91	3　小　时
阿拉伯树胶	12.19	2.94	0.88	30　分　钟

［采收处理］ 在树干或小枝上用刀割伤后，树胶即在伤口愈合处形成；胶的产量因外界条件及树木生长的不同而变化很大。

沙枣胶采法及产胶率见下表：

采割方法	按旬（每 10 天为 1 旬）计的树胶产量（克）				4 旬总重（克）
	1 旬	2 旬	3 旬	4 旬	
用刀横割	0.3	0.5	0.1	0.1	1.0
用刀纵割	0.5	0.3	1.1	0.2	2.1

30 腋花络石（yehualuoshi）（图 1237）

［地 方 名］ 车藤（广西）

［学　　名］ **Trachelospermum axillare** Hook. f.　夹竹桃科

［商 品 名］ 络石树脂

［形态特征］ 攀援藤本，茎粗壮，褐色，密生大皮孔，折断有白色乳汁。单叶对生，稍革质，倒披针形、倒卵形或椭圆状长圆形，长 7.5～12.5 厘米，宽 2.5～3.7 厘米，先端突尖以至尾状渐尖，全缘，表面深绿色，背面灰绿色，无毛。聚伞花序腋生，径约 3 厘米，总花梗长约 5 毫米，小花梗较总梗长；花萼被毛，萼片圆形，长为冠管之半；花冠暗紫色或橙黄色，冠管长 4 毫米，高脚杯状，裂瓣线状长圆形，近直立，先端钝，冠口及冠喉部均无毛；雄蕊内藏；子房被毛，花柱极短，粗壮。蓇葖果圆柱状，弯曲，被毛，长 15～20 厘米，径 12 毫米。种子线形，长 19 毫米，顶端有灰褐色簇毛，长 5 厘米。

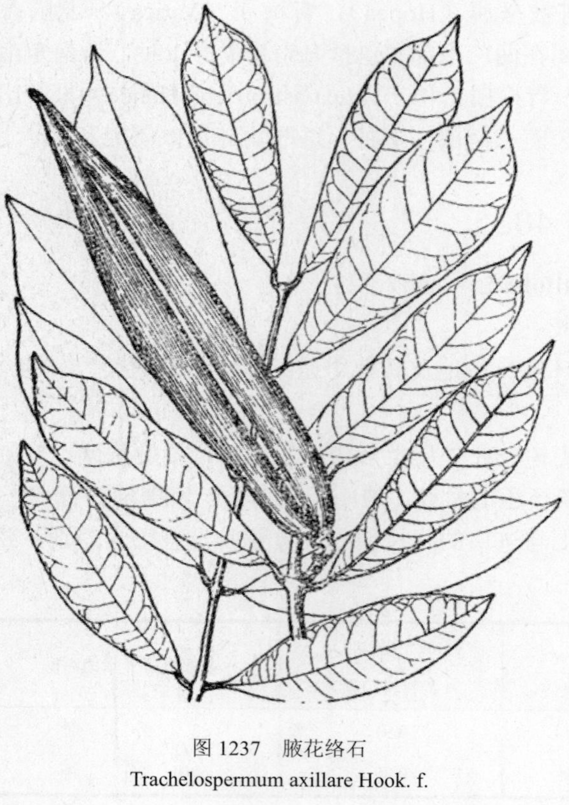

图 1237 腋花络石
Trachelospermum axillare Hook. f.

［生长环境］ 生丛林内，或山沟溪水边，分布于海拔 900～1600 米之间。

［产　　地］ 广东、广西、湖南、湖北、四川、云南、贵州、浙江、福建等省区。

［用　　途］ 植物体可提取树脂及橡胶。

茎纤维可制绳和织麻袋（见“纤维类”，294 页）。

［理化性质］　据中国科学院华南植物研究所分析：植物体各部分树脂和橡胶的含量如下表（湖南样品）：

项　　目	藤　　枝	藤　　茎	藤 茎 皮	叶
树　脂　（ % ）	8. 618	11.74	21.06	13.79
橡　胶　（ % ）	0.782	1. 285	349	0.247

第七章

橡胶及硬橡胶类

目　录

一. 总　论

橡胶是高分子的不饱和碳氢化合物。它的特别宝贵的性能就是具有高度的弹性，即高弹变形的能力。高弹变形在性质上或机能上，根本不同于固体的普通弹性变形。固体的弹性变形，通常不超过固体原来大小的百分之几，橡胶的高弹变形可以象声波那样的频率进行，比固体的变形大几百到几千倍，同时，橡胶又是不透水、不透气、不导电、耐摩擦、耐化学腐蚀、比重轻（一般为 0.9～1.2）的原料。橡胶的这些宝贵性能，是其他原料所不能代替的。它在现代国民经济中，已经同钢铁、有色金属、石油、煤、纤维等一样，成为极其重要的资财。

橡胶原料广泛应用在交通运输设备、工农业设备、建筑工程器材、国防装备、医疗卫生器具、电讯器材、日常生活用品、文化体育用具和科学研究仪器等各个方面。现代橡胶工业制品总计已达四、五万种的规格，其中以飞机、轮船、汽车、拖拉机、自行车等交通工具上的轮胎需要橡胶量最大。例如，一辆高级小客车需要装置四、五百种橡胶零件：一辆普通载货汽车需要橡胶 240 公斤，一架飞机需要橡胶 600 公斤，一艘大型轮船需要橡胶几十吨。此外，如橡胶空气弹簧可以代替汽车、火车上的钢弹簧；机械动力传导使用大量的橡胶带；水、汽油以及各种液体的输送使用各种性能的橡胶管；机械设备上需要各种各样的减震、密封、隔膜、衬里等橡胶零件；连续运送煤炭、矿石、粉末原料的有力工具橡胶运输带，造纸、印刷、纺织、磨米机器上的各种橡胶滚轴，以及电缆线的绝缘器材，火箭技术上的多种橡胶制品，观测气象的橡胶气球等等，也常用大量橡胶。还有日常生活中的胶鞋、热水袋、雨衣、玩具、衣着等等也都要用到橡胶。随着工农业的发展和人民生活需要的日益增长，橡胶用途将更为广阔，橡胶制品益增繁多。毫无疑问，它已成为工农业、交通运输业、国防、人民日常生活等各方面不可缺少的重要原料。

人类利用橡胶原料的历史，比用金属、陶瓷、纤维原料来说，虽然还是十分年轻，但由于它在现代国民经济中所起的作用是如此巨大，因而在近 60 年中橡胶植物的栽培就有了很大的发展。虽然如此，天然橡胶的生产还是不能满足需要，所以在近 30 年中，合成橡胶工业也快速的发展起来。天然橡胶的世界产量，由 1840 年的 370 吨，到 1940 年就达到 140 万吨，即百年中增长了 3800 倍。1958 年全世界橡胶（天然与合成的）产量达到 400 万吨，即在近 20 年间又增长了 2.8 倍。世界钢的产量 1940 年约为一亿吨，1958 年约为 2.7 亿吨，即比 1940 年增长了 2.7 倍。由此可见，近年来，橡胶生产的增长速度，在一定程度上已超过钢铁生产的增长速度。因此，橡胶原料在国民经济中所占的重要地位是愈来愈明显了。

在历史上，天然橡胶植物的发现和利用是很早的，大概在八、九百年以前，美洲的印第安人已割取橡胶树的胶乳制成橡皮球、水瓶、鞋子、雨衣等各种用品。欧洲人知道橡胶还是在1492年发现美洲新大陆以后。从1780年以后，欧洲开始生产一些生胶用品。但生橡胶制品的缺点是在天热时变软发粘，在天冷时变坚硬。自从1839年发明了橡胶硫化法以后，就显著地改进了生胶的性能，使橡胶的软硬性能不随着气温的变化而改变，不受溶剂的溶解作用，使橡胶具有更高的弹性和韧性。橡胶硫化法的发明，为天然橡胶的利用开辟了一条新的广阔的道路，促进了橡胶工业的迅速发展。

橡胶事业，很早就受到帝国主义的掠夺和垄断。殖民主义者利用大批黑人和印第安人的劳动，把他们运到南美采割生胶，对他们施以残酷的剥削。随着橡胶需要量的增加和天然橡树产胶已不能满足需要，从1876年英国人开始在南洋热带地区进行栽培，建立殖民地的橡胶园。第二次世界大战期间，东南亚的橡胶又为日本所垄断。此时南美的橡胶事业虽又重新受到重视，但由于橡胶树叶疫病的猖獗，未能得到推广。

由于橡胶植物是在热带地区发现的，人们就长期错误地认为橡胶植物只可能生长在热带地区。但苏联人在他们的国境内发现了许多非热带性的橡胶植物种类，并进行了大规模栽培、生产。这一事实有力地打破了“橡胶植物只可能生长在热带地区”的谬论。

甲．我国橡胶植物资源概况

我国引种三叶橡胶树，是从1904年在云南西北部开始的，1905年又在台湾引种，1909年大量栽培。海南岛和雷州半岛引种三叶橡胶树是从1906年开始，首先由华侨投资进行试脸，1935年以后才较大量栽培。但当时外受帝国主义的侵略，内遭反动政府的压迫，尤其在抗日战争时期，又遭日寇的摧残。解放后，在党的领导下，我国橡胶事业才得以恢复和发展，在短短时间内，大大扩展了栽培面积，提高了单位面积产量，在采割，加工方面也创造了新的方法；同时，还组织了许多橡胶专业调查队和普查队，深入大山、密林、丘陵、旷野寻找野生橡胶植物，在祖国的大地上，发现了许多有价值的橡胶植物，证明了我国有丰富的天然橡胶资源及无限的开发前景。

据统计，全世界含橡胶植物约有两千余种，广布于热带、亚热带和温带地区。我国栽培和野生重要橡胶植物种类在植物学上主要隶属于大戟科、桑科等。现简要说明如下：

1．桑科（Moraceae）　条隆胶树属的米扬噎（Teonongia tonkinensis Stapf）是常绿乔木，产广西西南部和云南东南部。榕属中许多种类也含有橡胶，如印度橡胶树（Ficus elastica Roxb.）在我国南部和西南部都有栽培。桂木属的白桂木（Artocarpus hypargyraea Hance），广布于华南各地。

2．大戟科（Euphorbiaceae）　本科的许多种类都含有橡胶，最重要的是我国南部大量栽培的三叶橡胶树（Hevea brasiliensis Muell. -Arg.）。原产南美的木薯属植物，木薯橡胶树（Manihot glaziovii Muell. -Arg.）在我国南部也有少量种植。

3．夹竹桃科（Apocynaceae） 本科中的产胶种类均为藤本植物，主要野生在我国南部，种数多，胶质优良，其中一些种类已经利用。主要种类有：鹿角藤属 4 种，产云南和广西，以鹿角藤（Chonemorpha eriostylis Pitard）分布较广；花皮胶藤属的花皮胶藤（Ecdysanthera utilis Hay. et Kaw;）产华南和西南，也是分布广、产量大、胶质优良的种类；杜仲藤属的产胶种类有红杜仲藤（Parabarium chunianum Tsiang）、毛杜仲藤（P. huaitingii Chun et Tsiang）、牛角藤（P. linocarpum Pierre）、杜仲藤（P. micranthum Pierre）、中赛格多（P. spireanum Pierre）、大赛格多（P. tournieri Pierre）等，它们均含丰富的胶乳，凝固胶块含胶量达 85～90％；节荚藤属的赫当杜（Parameria barbata K. Schum.）产云南滇缅边境一带。

4．杜仲科（Eucommiaceae） 杜仲（Eucommia ulmoides Oliv.）是我国特产的硬橡胶植物，分布在长江、黄河流域及江西、广西等省区。1896 年流入欧洲，1906 年移植苏联，并于 1931 年开始大量栽培。杜仲系落叶乔木，全体除木质都以外，各种组织或器官都含有硬橡胶。可做海底电线的良好绝缘材料、补牙材料、抗腐蚀药剂的容器和其他橡胶日用品原料。此种植物也供药用，治疗高血压、风湿等症。

5．菊科（Compositae） 蒲公英属的橡胶草（Taraxacum kok-saghyz Rodin）是多年生宿根草本橡胶植物，原产我国新疆特克斯河流域和哈萨克苏维埃社会主义共和国的天山山谷，现东北、华北、西北等地有栽培。生产橡胶多用一、二年生的根，种植后当年便可提胶。久苓菊属的川木香（Jurinea souliei Franch.）也是一种多年生宿根草本橡胶植物，产四川西北部和东北部，茎的基部（俗称胶头）含硬橡胶 13.39％。

6．卫矛科（Celastraceae） 卫矛属植物遍布全国，有些种类有硬橡胶，以根皮和茎皮含量最多。如卫矛（Evonymus alata Regel.）、丝棉木（E. bungeana Maxim.）、大花卫矛（E. grandiflora Wall.）、疏花卫矛（E. laxiflora Champ.）、华北卫矛（E. maackii Rupr.）、大果卫矛（E. myriantha Hemsl.）等都是含胶量较高的种类。

乙．天然橡胶存在植物体的部位和理化性质

橡胶植物含胶部分和组织有下面几种类型：第一种类型是高大乔木，其树干皮层内含丰富胶乳，也就是取胶的主要部位。胶乳产生在树皮中的乳管系统里。乳管有初生乳管和次生乳管二类，而胶乳的绝大部分是由次生乳管所分泌。次生乳管由韧皮薄壁细胞分化而成，呈多数同心圈，分层分布在树干皮部的次生韧皮部里。在同一圈乳管间，彼此交接，形成互相通连的网状系统，这叫做网状次生乳管系统。树干下部的乳管比上部多，愈近形成层愈多，向外渐少。如三叶橡胶树就是属于这一类型，所以割胶时只需切断交生韧皮部里的网状次生乳管系统，胶乳便由乳管沿着切口流出。第二种类型是多年生宿根草本，其含胶特多的部位是根部，橡胶是从根部取得。胶乳是由根部次生韧皮层中产生的次生乳管所分泌。如橡胶草就是属于这一类型的产胶植物。当它花芽出现的时候，根的次生皮层已脱落，根的保护组织由新生一层的几个细

胞厚的木栓层所代替。这时韧皮层里有七、八群成圈的乳管，每群有 4～6 个乳管。当果实形成时则有 9～11 圈乳管。因此橡胶的提炼方法，采取研磨法，将根部加水磨碎粗筛过滤，即得粗橡胶。若需得纯胶再水磨一次，用漂浮法去掉杂质，经漂洗一次，然后去水干燥。第三种类型也是一种乔木，除木质部以外，各种组织和器官都含有硬橡胶。如杜仲就是属于这一类型的橡胶植物。它的叶部的橡胶集中在叶脉和叶柄里，以薄膜细胞含胶较多；树干部的橡胶集中在树皮里，且分散在各种薄壁组织中；果实的薄翅和果皮也都含有多量橡胶。橡胶是含在特别的胶腺里。各部胶腺数量的多少是决定橡胶含量的主要因子。从树顶向下到树根，随胶腺数量的增多面含胶量也随之增加。整株胶腺的数量也跟着树的年龄逐渐增多。因此，树干长大，橡胶增多，根里的橡胶比地上部更多一些。这一类型的橡胶提取法是将皮部和叶子经发酵、粉碎后再进行分离，净化。

巴西橡胶树的胶乳通常是乳白色的，也有呈淡黄色或灰色的。胶乳的化学成分，随着树龄、生长环境、割胶时间等有所不同，一般的组成是（%）：

水分	52.3～60	树脂	1.65～3.4
橡胶	33.99～37.3	糖类	1.5～4.2
蛋白质	2.03～2.7	灰分	0.2～0.7

其他各种含橡胶植物的橡胶成分基本与巴西橡胶类似，而硬橡胶中含树脂量为干胶的 10～30%。胶乳经凝固、压片、干燥而成为原料橡胶，通称生胶。国际标准生胶的化学成分一般为（%）

橡胶	93～93.5	水抽出物	0.85～0.4
蛋白质	2.4～2.94	丙酮抽出物	3.1～3.2
糖类	0.3	灰分	0.31～0.3

胶乳中含有无数球形、卵形、梨形、椭圆形、扁形以及不规则形的橡胶颗粒。这种颗粒极为微小，它的最大直径也不过 6 微米，最小的只 0.17 微米，而大多数的颗粒（约 90%），其直径为 0.5 微米。因此，含纯橡胶 35%的每克胶乳中含有橡胶颗粒的数量很多，约有 6.4×10^{11}个。这些颗粒又叫质点，在胶乳中都进行着活泼的、不规则的运动（布朗运动），运动的速度约为 12 微米／秒。颗粒的构造也很复杂；内部是一种粘稠的半液体状的溶胶体，中层是稍硬而有弹性的凝胶体薄膜，包围着内部的溶胶体，最外部吸附着脂肪酸、盐、蛋白质等等，可使胶乳构成稳定的分散胶体。新鲜的胶乳呈弱碱性（酸碱度为 7.0～7.2），放在清洁的容器内不会立刻凝结起来。因为橡胶质点都带有负电荷，如通入电流，胶体颗粒就向阳极移动，失去负电荷而凝固。如在胶乳内加酸，则因酸在水溶液虽常离解成带正电和负电的离子，所以也能使胶乳凝结。胶乳中有细菌繁殖时也会凝结，原因是细菌能产生一些有机酸，所以这也是常被用做从胶乳制取橡胶的方法。

纯橡胶的分子组成是$(C_5H_8)_n$。或称为异戊二烯的高聚物。单分子的结构式是

$CH_2{=}C(CH_3){-}CH{=}CH_2$。高聚物的分子式是 $[-CH_2-C(CH_3){=}CH-CH_2-]_n$，分子量（n）为20,000～280,000 之间。橡胶分子中含有不饱和的双键及大分子的聚合状态，这就是橡胶弹性的主要根源。生橡胶的比重为 0.915～0.93。橡胶的不饱和的高分子的组成与结构，决定了橡胶的化学性质是十分活泼的，决定了它的一切化学变化的形式和性质。橡胶与卤族元素、氢卤酸、硫酸、磺酸、氧化剂、硫、氯化硫等反应，都能生成新的橡胶化合物。橡胶生产技术上有重大意义的化学性质计有三个：首先是橡胶与硫黄反应后成为弹性更高、强力更大的硫化橡胶。这种性质是制成橡胶制品的重要技术条件。其次是橡胶在塑炼氧化过程中，会使橡胶逐渐老化，变软而发粘，最后失去了橡胶的使用性能。这是对橡胶经济价值极其有害的性质，也是橡胶利用技术中始终要求克服的重大问题。第三是橡胶与卤素、卤化氢、磺酸等反应能生成树脂性的新化合物，常叫着橡胶衍生物，是很有用的漆料和粘着剂。

硬橡胶与橡胶的分子式与成分相同，只是结构型式不同，它的化学性质与橡胶极相似，而物理性质则不一样。经 X-射线分析，橡胶分子的恒等周期为 8.16 Å，是一种顺式异构物；而硬橡胶分子的恒等周期为 4.8 Å，是反式异构物。纯粹的硬橡胶也容易被空气中的氧所氧化，变硬变脆。硬橡胶的比重 0.935～0.955，弹性比橡胶弱，加热后（50℃时），可塑性和黏性增大。为了利用这种可塑性，常在 50～90℃间加工制成各种物品，在常温时是固体，但加热到 130～150℃会变成流动性液体。

丙．加工方法

从橡胶植物提取橡胶，可根据不同的橡胶植物而采取不同的方法，这些方法有（1）采割法，（2）研磨法，（3）浸提法等几种，简要介绍如下：

（1）采割法　从巴西橡胶树或印度橡胶树等采取橡胶时采用此法。方法是：1）采集胶乳：用特制割胶刀割开树皮，使胶乳流出、收采起来。2）凝固胶乳：使用酸类（通常用醋酸）作为凝固剂，加入胶乳中，使胶乳凝固。3）压片：将凝固的胶乳压薄，浸入水中进行洗涤，凉干。4）烟熏：将晾干的胶片送入烟房熏烟，即得烟熏片。

另一方法是在采得胶乳后，先将胶乳稀释，加酸性亚硫酸钠漂白，再加醋酸凝固，经过洗涤，压成薄片，但不经熏烟而在空气中风干，所成胶片为白胶片。

（2）研磨法　从草本橡胶植物或从木本橡胶植物的树皮、茎、叶提取橡胶，如银色橡胶菊、杜仲等即用此法。将水泡过的植物在球磨中磨碎后泡在水中浸洗，使橡胶与其他物质分开，然后用离心机法去水，取出橡胶。又经过干燥，压成大块，即成生胶。

（3）浸提法　亦应用于从草本橡胶植物或木本橡胶植物的树皮、叶等提取橡胶，如杜仲胶，卫矛胶等的加工即采用此法。这种方法的操作步骤是：首先采集杜仲的叶或卫矛的树皮等，经过洗涤，除去脏物、泥土等，将原料堆集发酵，使橡胶和植物分开。将已发酵的原料粉碎，水洗，然后用水煮，除去色素及其他可溶性物质，加溶剂浸渍。最常用的溶剂是二氯乙烷和苯。经过浸提以后，将溶液浓缩并蒸出溶剂。浓缩的橡胶经过适当的净化，除去树脂后，压成胶片，即成生胶。

橡胶制品的制法是：先用炼胶机将生胶压软，混进各种配合药品（硫黄粉、炭黑粉、硫化促进剂、软化剂、氧化锌、防老剂、陶土等填充材料）经压片、压管涂胶等方法，作成半成品和胶布，再贴成轮胎、胶管、胶带、胶鞋，最后用模型或不用模型在加压、加热的硫化设备（罐或平板压力机）里定形成为产品。现在绝大部分的橡胶制品都是这样生产的。这个工艺可洋可土，可完全采用连续自动化的、大型机械设备的大规模生产，如日产汽车轮胎几万套；但也可完全采用土方法生产，如将生胶料用汽油泡开，加上配料，搅成胶浆，涂到布上，制成各种胶布制品。后者只要有一个小型两滚炼胶机和一个蒸锅就可以制成很多样胶制品。因此在掌握橡胶制造的基本工艺知识条件下，可以用小土的方法，在人民公社中进行小规模生产。

另外，也可以不将胶乳凝固，就直接制造各种橡胶制品，如手套、奶嘴、充气制品（如汽球）、座垫、轮胎等等。其方法即直接用胶乳，经过配料和不同的成形工艺（浸成薄膜、凝固成一定形状，涂在纤维织物上，发泡成海绵等），再加热硬化而制成各种制品。但天然胶乳从树上流出后 6～12 小时就自然凝固；即胶乳在贮存期中，由于细菌及酶的作用产生有机酸，在酸碱度降到 7 以下的时候，也就开始凝固。在胶乳中加入 0.5%的氨或烧碱可以防止这种现象发生。近年来胶乳的需要大大提高，应用范围日益扩大，同样可以用土办法从胶乳制造橡胶物品。如用瓦缸，磁盆盛胶乳和配料，用手搅拌，用模型浸制各种薄膜制品；用水煮硫化成产品；用钢模子，也可以用火烤硫化成模型零件和海绵橡胶制品。总之，可以说，胶乳更适于就地加工，制成生胶，也适于在人民公社中建立小型工厂，生产各种制品，以供农村需要。

丁．对天然橡胶生产的一些意见

随着现代科学技术的发展，橡胶在国民经济生活中愈来愈为重要，每一个工业部门都不可能离开橡胶制品；特别在国防上，橡胶和金属一样，具有极为重要的意义。我国人民在党的领导下正以豪迈的步伐建设社会主义社会，我们的工业、农业以及各种经济事业的飞跃发展都需要大量橡胶原料和日趋复杂的橡胶制品，而天然橡胶仍然是目前我国橡胶工业的基础。因此橡胶植物的调查利用显得极其重要。

我国有优良的气候条件，有丰富的植物资源。三叶橡胶树的栽培事业已在大力开展，有些野生植物的橡胶，已应用于橡胶工业。但是大多数野生橡胶植物还未得到充分利用，可能还有不少野生橡胶植物未被发现。因此，对于野生橡胶植物的继续发掘，提取橡胶的技术，所产橡胶的物理、化学性能以及橡胶制品的工艺过程等等，都有待于广大群众和科研机关开展进一步的调查研究。对于已经利用的野生橡胶植物，也应该研究它们的生长发育和环境条件的相互关系，掌握它们的生长规律、栽培方法，把野生种类变为家生，以扩大橡胶植物的生产和应用。我国幅员广阔，各个地区也应该根据本地区橡胶资源情况，发掘和选择可资利用的野生橡胶植物，开展试验研究，结合发展农林业和山区开发，因地制宜，在各地人民公社中引种有经济价值的野生橡胶植物，发展橡胶植物栽培事业，就地加工，制成橡胶制品，以支持国家建设的需要。

自从第二次世界大战以后，合成橡胶事业有了迅速发展，我国也正在发展合成橡胶工业。合成橡胶虽然日益广泛和重要，但天然橡胶的通用性大，加工手续比合成橡胶简单，更适合于广大人民公社的加工利用。在合成胶乳，如氯丁胶乳中，加入 10～15%（以干胶汁）的天然胶乳，可以大大的提高氯丁胶乳的耐寒性能；在天然胶乳中加入少量氯丁胶乳也可大大地提高天然胶乳的耐油性能。因此，不仅天然橡胶的应用有广阔前途，如何更合理的使用天然橡胶和合成橡胶以及在同一产品中天然橡胶与合成橡胶的配比使用等等，都是值得进一步研究的重要科学问题。

对于橡胶工业来说，采用胶乳工艺是橡胶工艺上的革命。我国目前已经以胶乳制造浸渍制品，它的工艺过程简单，不需要重型设备的大量投资，还可以减少电能、劳动力以及有机溶剂的消耗；改善劳动条件，保证生产安全，更适合人民公社工厂的应用。因此，对于应用胶乳的工艺过程和经验还有待于积累与研究。

20 世纪的 60 年代是我国伟大的跃进时代。在中国共产党英明的领导下，我国的社会主义建设正在以最高的速度向前迈进。随着我国工农业的迅速发展，橡胶制品也将日趋复杂繁多。在大力开展三叶橡胶树等经营的同时，对于野生橡胶植物的利用与保育，也成为急待进行的工作。我国有丰富的野生橡胶植物资源，我们必须努力开发这个天然宝藏，以满足我国工业发展和人民生活对橡胶原料日益增长的需要。

二. 各 论

1 白桂木（baiguimu）（图 1238）

［地 方 名］ 将军树（广东）

［学　　名］ **Artocarpus hypargyreus** Hance. 桑科

［形态特征］ 乔木；幼枝和叶柄被锈色小柔毛。单叶互生，具柄，革质，长圆形。长 7～15 厘米，宽 3～5.5 厘米，基部圆形，先端狭渐尖，全缘或稍有波状齿缺，表面无毛而光亮，背面被白色小茸毛，羽状脉，侧脉与网脉均明显：叶柄长 1.5～2 厘米。花单性同株，密生于腋生的花托上，花托倒卵形、球形、单生，常与盾形苞片混生；总花梗长 1～3 厘米，被茸毛；雄花序长 12～16 毫米，花被裂片线状匙形，被毛，雄蕊 1，直立；雌花序较小，花被管状，被密毛，下部埋藏于总轴内，子房直。果实球形，具长柄，直径约 1.5 厘米，外被褐色短柔毛。花期 6 月。

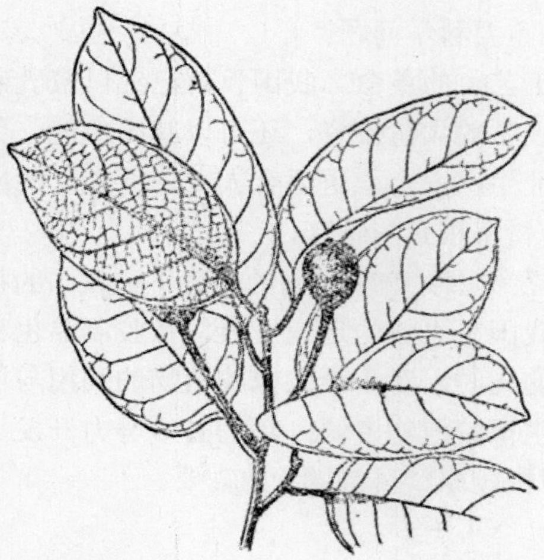

图 1238　白桂木
Artocarpus hypargyreus Hance.
果枝

［生长环境］ 本种为热带山地常绿林树种之一，在我国南部生长于丘陵地上和山地的山谷及河谷地区，以温暖湿润、土壤肥沃的山间，河谷地区为最适宜生长。

［产　　地］ 云南、广东、广西等省区。

［用　　途］ 白桂木所产的胶是一种硬性胶，用途与杜仲胶相似。果味酸甜可口，可生食，亦可糖渍或用作调味品的配料。材质坚硬，纹理通直，可作建筑、家具等用。

［理化性质］ 白桂木的胶乳微带淡黄色。总固形物含橡胶量 26.31%，丙酮抽出物 15.19%。植物体各部分的含胶量有所不同，据中国科学院华南植物研究所分析列表如下：

器官名称	橡胶%	水分%	丙酮抽出物%	糖类%	灰分%
根皮	1.43	6.11	3.36	8.24	1.98
茎皮	0.25	6.44	1.48	2.42	3.28

2 印度橡树（yinduxiangshu）

［学　　名］　**Ficus elastica** Roxb.　桑科

［形态特征］　常绿大乔木，高可达33米。叶互生，具长柄，厚革质，长圆形至椭圆形，长8～30厘米，宽约10厘米，先端短锐尖，基部圆或狭，全缘，叶脉羽状，侧脉多而细，平行而稍直，近边缘处汇合成一边脉，主脉粗，在叶背面显明凸起；叶柄粗壮，长2～5厘米；托叶单生，大，披针形，脱落后在枝上留下一环状的痕迹。花单性同株，极多数，生于肉质花托的内壁上；花托无柄，口部为复瓦状排列的苞片所封闭，成对生于叶腋内，最初为风帽状的总苞所包围，不久此总苞脱落而于基部为一截头状的杯所围绕，熟时卵状长圆形，长约1厘米，平滑，绿黄色；雄花具柄，萼片4，卵形；雌花大部无柄，瘿花的萼片4。花期11月。

［生长环境］　本种是热带河谷森林植物之一，喜于高温高湿、土壤肥沃的地区生长，但耐寒耐旱力较强，在有0℃低温和1000毫米左右雨量的亚热带地区亦能正常生长，但产胶量较低。

［产　　地］　四川、广西、广东、台湾、云南等省区都有栽培。

［用　　途］　从胶液中可提炼硬性橡胶，用途与杜仲橡胶相似。

［理化性质］　胶乳的含胶量是随着年龄而增加，5～6年生的树平均含量约20%，10～20年生的约30%，20～30年生的可以高达45%，但过了这个年龄，胶乳产量减少，含胶量也降低。胶乳白色，酸性很强，放久了就变微棕色，重庆八年生树取胶乳作周年分析的平均结果：水分60%，总固形物39.4%，水溶物4.07%，丙酮溶物17.18%，蛋白质0.61%，灰分1.86%，氢氧化钾酒精液溶物0.69%，橡胶碳氢化合物15.07%。(据柳大绰等著“橡胶植物”)。

［采收处理］　栽树6年就可以开始割胶，一直可以延续到40年左右；在海南，一年有8个月可以割胶，大概从清明到冬至之间。割胶方法和三叶橡胶树同。

［加　　工］　将采得的胶乳先过滤，加醋酸凝结，再压去水分，用烟熏，直到透明为止，就生成胶片，在商业上叫做阿萨胶（Assam caout-chouc）。

［其　　他］　繁殖方法：通常采用插枝和压条的方法，于春夏之间进行。插枝方法是在阴历3月初（或清明后）就在大树枝梢上割取上年抽出枝条三段，每段20厘米长，等伤口流胶凝固后，即插入疏松土里，大约8厘米深，地面上保留2～3片叶子。春季用直插，秋季用斜插。然后压紧四周土壤，灌水透湿，以后在土干的时候才浇水。插枝后需遮荫3个月，到时候已生了根，可以移植到别处去。

3 薜荔（bili）（图406）

［学　　名］　**Ficus pumila** L.　桑科

（地方名、形态特征、生长环境、产地及其他用途见“淀粉及糖类”，496页）

［用　　途］　干、枝、叶、果均含胶乳，可提橡胶。

［采收处理］　薜荔的干、枝、叶三部分不宜以割皮法采取胶乳，可以将其磨碎，经化学方法处理，提取橡胶；果实宜在成熟后一个月前后采收，此时胶乳最多，可采用压榨法榨取胶乳，约1200～2000个果实可得生胶0.5公斤。

［加　工］　采得的胶乳可用0.2%醋酸使其凝固，加醋酸后5～6小时橡胶便可凝固完全，用水洗濯凝固后的胶团，所得未干的鲜胶约占胶乳重量50%左右。

不用醋酸凝固，用烘干法亦可得生胶片，其方法是把胶乳倒入平底的器皿内，成一薄层，置于干燥箱内保持温度在70℃以下，胶乳的水分蒸发后，即得生胶片。

［其　他］　可用种子繁殖，亦可用插条法。繁殖时应剪取叶大型有果的成长枝条；这样容易生长和早结果。

4 米扬噎（miyangye）（图1239）

［学　名］　**Teonongia tonkinensis** Stapf　桑科

［形态特征］　常绿乔木，高达15米；树皮白色，分枝甚多，小枝细瘦，几无毛。单叶互生，具短柄，近膜质，长圆状披针形，长9～17厘米，宽2.5～5厘米，基部尖或钝，先端短尾状渐尖，近顶部分有少数粗锯齿，表面无毛，背面有疏毛；叶柄长5～7毫米，有短绒毛；托叶侧生，脱落。花单性，雌雄同株；雄花无柄，为圆头状花序，腋生，直径3～7毫米；萼片4～5，长2.5～3毫米，复瓦状排列；雄蕊4～5，与萼片对生，花后突出；雌花单生，具短柄，长约1厘米，有2～4不等苞片；萼片4，几相等，排成2轮，外轮2个长圆形，长3～4毫米，内轮2个以边缘连合成鞘状包围子房，密生短毛，花后增大；子房长圆形，无毛，花柱2，线状，屈曲，基部合生，柱头延长；胚珠1，下垂。果微带肉质，近球形，大小如小豌豆，先端膜质，为4片增大之萼片所包围；种子球形，无胚乳，胚近球形。花期12月。

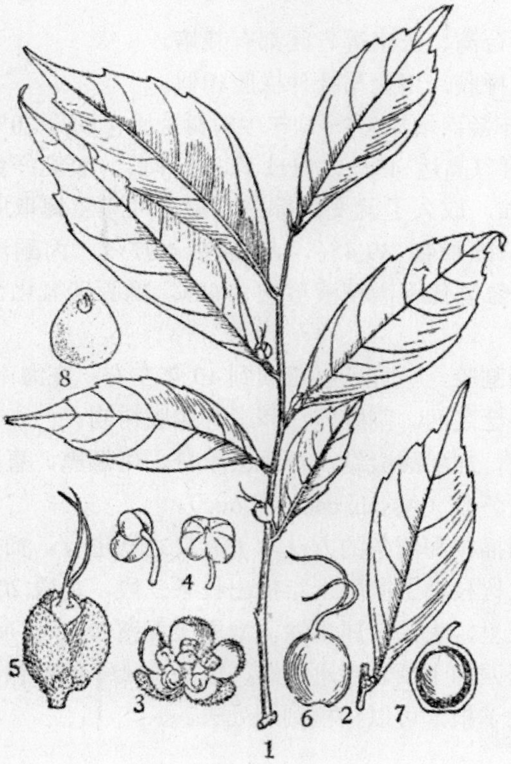

图1239　米扬噎
Teonongia tonkinensis Stapf
1．雌花枝；2．雄花枝；3．雄花；4．雄蕊；5．雌花；6．子房；7．子房剖面；8．胚。

［生长环境］ 生长在石灰岩石山，或石灰岩山间小盆地的阴坡湿润地，土壤为棕色石灰土或淋溶棕色石灰土，酸碱度为 6.5，也有少数生长于酸碱度为 5.0～5.5 的土壤上；垂直分布在海拔 400 米以下；气候温暖，冬季偶有 2～3 次轻霜。

［产　　地］ 广西西南部和云南东南部等地。

［用　　途］ 它的胶乳制成的橡胶耐酸碱及耐水性能都很强，能在较低的温度下塑炼、混炼，可用以制造胶管、胶板、垫圈、力车胎及胶鞋等。

叶可作牛饲料。

［理化性质］ 据广州橡胶厂所作机械物理性能初步试验结果如下：抗张力 134.6～149 公斤／厘米，伸长率 406.5～564％，硬度 49～67 度（邵氏），永久变形 22～26.5％。据广西僮族自治区工业厅化验：凝固的胶块经过干燥后，含水分 1%左右，丙酮抽出物 4.47%，灰分 1%;，蛋白质 1%，含胶量 90％，其他 1.5％，比重 0.98。又据华南亚热带作物科学研究所化验胶乳结果如下：水分 30%，橡胶 46.54%，树脂 0.8％，蛋白质 4.22％，水溶物 16.2％，灰分 1.24%。

［采收处理］ 采胶方法可以仿照三叶橡胶的割胶法进行；胸高直径 7 厘米以上的树便可开割，胸径在 7 厘米以下的小树产量过小，不宜开割。割线可在离地高 10 厘米之处开始，在茎上每隔 14～16 厘米割一线；一年可割几次，还待研究；割后流出的胶乳可用竹筒或瓦器盛接。

胶乳在割口及胶杯里会自然凝固干燥，次日从割口处剥下胶线，并从胶杯中取出凝块即可；如胶杯剩有不凝固胶乳，可用搅拌方法使之凝固，然后将厚的凝块用利刀切成薄片，再用清水除去胶线、胶片所含的泥沙、树皮等杂质。

［加　　工］ 将洗好的胶线、胶块用木棒或石板尽量把水压出，然后置于烟房，利用木材燃烧烟的热量与酚类物质使它达到干燥与防腐的程度；再将干燥的胶线、胶块放入有木板的箱内，再用一块木板盖上，用石头或其他重物压在盖板上，经过相当时间后，这些橡胶被压成固定形状的胶团，用干净草席包好。

5 猫儿屎（maoershi）（图 1240）

［地 方 名］ 八月瓜、鬼指梅（四川），鸣胀子（云南），鬼指头（甘肃），猫屎筒、小苦糖（湖北），猫屎瓜、猫屎筒（陕西）。

［学　　名］ **Decaisnea fargesii** Franch.　木通科

［形态特征］ 落叶灌木或小乔木，高约 5 米。奇数羽状复叶，长 60～70 厘米，有小叶 13～25；小叶对生，具短柄，卵形至卵状椭圆形，长 6～13 厘米，宽 3～6 厘米，基部阔楔形或圆形，偏斜，先端渐尖，全缘，表面绿色无毛，背面淡绿微具细毛；脉在背面明显，侧脉 7～8 对；总柄长 20 厘米。花杂性，着生于下垂而长约 25～40 厘米的总状或圆锥花序上；萼片 6，披针形，花瓣状：雄蕊 6，在雄花中的花丝长，连结成筒状，在雌花中的雄蕊较短，不连合；雌蕊为 3 离生心皮组成，子房圆柱形，

无毛，花柱短，柱头近圆形；花柄长 1.5～2 厘米。果为肉质蓇葖果，圆柱形略弯弓，长 5～10 厘米，直径 1～1.5 厘米，成熟后为蓝紫色，薄被白粉，富含浆汁，沿腹缝线开裂；种子 30～40 粒，卵状而扁平，棕黑色，长 0.8～1 厘米。花期 5～6 月，果期 9～10 月。

［生长环境］ 喜生在阴湿处，常见于阴山坡或山沟的杂木林下或混生在灌丛中；为高海拔植物（垂直分布约在海拔 800～2100 米）。

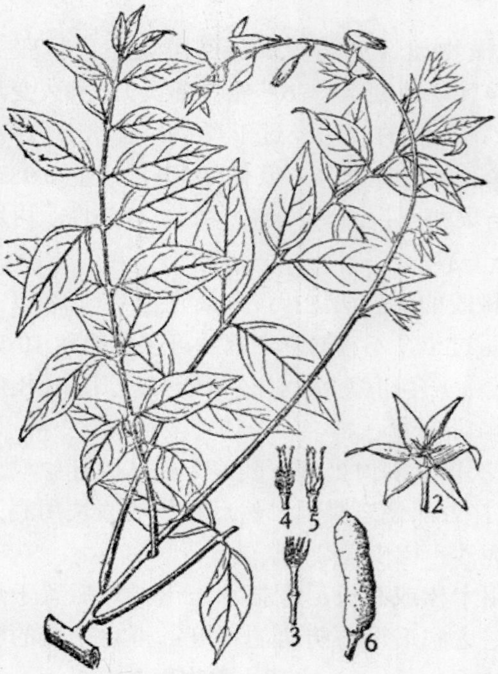

图 1240 猫儿屎

Decaisnea fargesii Franch.

1．花枝；2．雄花；3．雄花去掉花被；4．退化雄蕊及雌蕊；5．雌蕊；6．蓇葖果。

（自“峨嵋植物志”）

［产 地］ 四川、云南、贵州、陕西、甘肃、安徽、湖北、湖南、西藏等省区。

［用 途］ 果皮可提取橡胶。果味甜可食。果肉可供酿造，提取酒精。种子可榨油，（见“油脂类”，734 页）。酿造或榨油所得的副产品，可作肥料和饲料。

［理化性质］ 据四川省资料：果皮中的橡胶含量达 21.87%以上，弹性和韧性都很强，此外尚含树脂、蛋白质、水分和矿物质等。

［采收处理］ 9～10 月间果成熟时采收，采回的果实应即时加工。

［加 工］ 橡胶的提取方法：1）碱煮（或酸煮）：将果皮浸入 3%的烧碱或 1%的硫酸的水溶液中加热煮沸，直使果皮腐烂时为止。2）捣烂：将煮好的果皮，放于石槽或其他容器中，捣碎至糊状。3）水洗：已捣碎的果皮于石槽中反复冲洗，俟其中的非橡胶部分完全洗去，然后取出晾干。即成生橡胶；如不加工利用，消毒后可保存。

［其 他］ 本植物适应范围很广，生长快，3～5 年生即可开始结实。

6 杜仲（duzhong）（图 1241）

［地 方 名］ 丝棉木（湖南，甘肃），玉丝皮（四川），棉皮（河南），阴叶榆（江西）。

［学 名］ **Eucommia ulmoides** Oliv. 杜仲科

［形态特征］ 落叶乔木，高达 20 米；树皮灰色，折断时可见银白色细丝；小枝

淡褐色或黄褐色，初具黄色毛，后几乎无毛，具细小而显明的皮孔，髓心层片状。单叶互生，纸质，折断时可见银白色的细丝，卵状椭圆形，长 8～18 厘米，宽 3.5～7.5 厘米，基部楔形或圆形，先端渐尖，边缘有锯齿，表面亮深绿色，背面脉上有长柔毛，侧脉每边 6～9，网脉在表面下陷，背面微突起；叶柄长 1.2～2 厘米；无托叶。花单性，雌雄异株，先叶开放，无花被；雄花为疏散、具苞片的花束，生于短柄上，雄蕊 6～10，花药细长，先端渐尖，花丝短；雌花单生于每一叶腋内，子房长形，1 室，顶端 2 裂，裂片内侧为柱头面，具 2 胚珠。果为翅果，卵状长圆形，长 3～4 厘米（连柄），宽 8～12 毫米，先端有缺刻，翅革质，包围着小坚果；小坚果扁平，内具 1 种子。花期 4～5 月，果期 10～11 月。

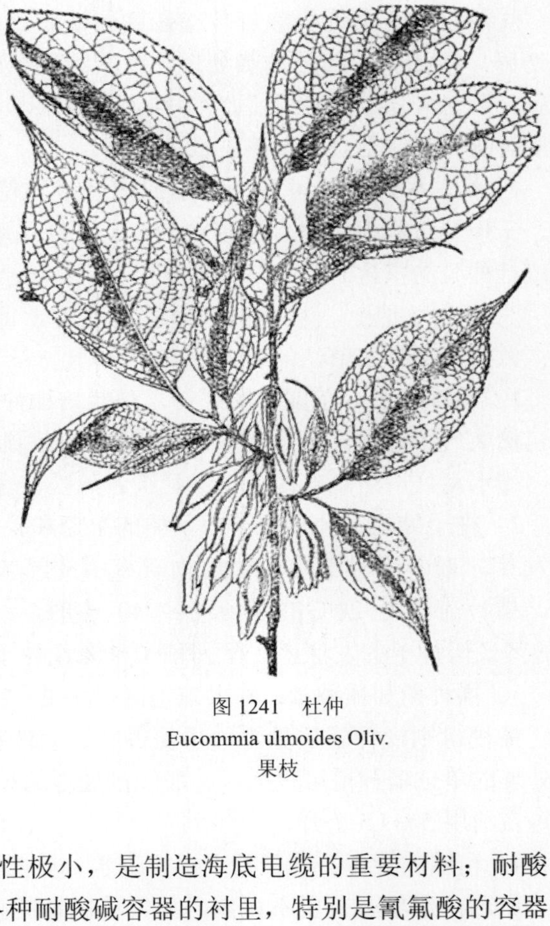

图 1241　杜仲
Eucommia ulmoides Oliv.
果枝

［生长环境］　生长在低山地区，谷地或坡地疏林里，或在村旁栽培，在阳光、湿度适中，微碱性至微酸性疏松肥沃的土壤以及粘重较瘠的红土或沙岩峭壁上均见生长，垂直分布一般在海拔 300～500 米处。

［产　　地］　主产四川、陕西、湖北、河南、贵州、云南等省；广西、湖南、江西、浙江、江苏、安徽、甘肃等省区亦有分布；其中有栽培，也有野生。

［用　　途］　所产的硬橡胶（非弹性橡胶），绝缘性能优异，吸水性极小，是制造海底电缆的重要材料；耐酸、碱、油及化学试剂的腐蚀，适于制造各种耐酸碱容器的衬里，特别是氰氟酸的容器，耐油和输油胶管的材料；对人的齿髓无刺激性，亦可用于补牙；杜仲胶溶液粘着性强，是制造粘着剂的重要材料之一。

树皮入药，为强壮药（见“药用类”，1741 页）。木材纹理细致，不挢不裂，宜于制造家具、舟、车，也可作建筑用材。种子可榨油，出油率达 27%。

［理化性质］　杜仲的含胶量因植物的部位和年龄而有所不同：陈杜仲皮（干）20%，厚杜仲皮 14.32%，薄杜仲皮 11.40%；果（干的未去仁）12.10%；嫩枝（干的，4 月初生）4.67%；嫩叶（干的，4 月初生）4～6%；老细枝皮（干）10%；鲜叶约 2.25%；果实（果皮特多）约 27.34%，树皮 3%。（据柳大绰等著“橡胶植物”）。又

据中国科学院四川分院化学研究所分析：嫩枝皮含 0.97%，老树皮含 10.46%。

杜仲胶为不饱和的碳氢化合物，分子式（C_5H_8）$_n$，它的结构式与三叶橡胶不同，与固塔波橡胶相同，为逆式异戊二烯。它的比重在 0.945～0.955 之间；折射率在 50℃时α-型为 1.514，β-型为 1.509；软化点α-型为 65℃，β-型为 56℃；分子量在 1.4～1.8×10^5；绝缘性能优越，特别是耐击穿电压；耐氰氟酸的侵蚀。为热塑性材料，可不经硫化而能制各种产品。（据化学工业部橡胶工业研究设计院资料）

［加　　工］　提取杜仲橡胶的方法有二：即浸提法和研磨法。浸提法是先将原料切碎，用稀碱或稀酸加热处理，使其组织松软，并除去可溶性的物质，然后用丙酮浸提，除去蜡类，最后用适当溶剂（一般用苯）浸提橡胶，蒸发，收回溶剂后，即得橡胶。这一方法耗费溶剂多，成本较高。

研磨法系将原料树皮、种子或树叶经过筛析，洗涤、加碱蒸煮、球磨、离心分离、干燥等过程而制得，这是在工业上可以采用的提炼方法。（据吴祥龙，罗启泽关于提炼杜仲胶的报告）

［其　　他］　杜仲的繁殖法有三种，即种子繁殖法、扦插繁殖法和压条繁殖法：兹简述播种繁殖法的要点如下：

1．苗圃选择：苗圃地的选择，是栽培杜仲成败的关键之一，过干或过湿都不适宜（包括大气湿度和土壤含水量）。最适宜的苗圃地是非全日照的谷地、林旁、村旁或屋旁，排水良好，灌溉方便。土壤肥沃、疏松、含腐植质丰富的砂质壤土。

2．种子处理：杜仲种子为革质的果翅和果皮所包藏，播种前用温汤浸泡，可以促进发芽。据中国科学院广西植物研究所的经验，最好在采得种子后用湿沙层藏法贮藏，播种前者用 20℃的温汤浸种 40 小时，经过这样处理的种子，其发芽率可达到 88.9%（但种子的发芽率，又因种子来源及种子本身的优劣而不同）。

3．播种期和播种量：在温热地区可于 2～3 月间，温和地区于 3～4 月间在苗圃播种，播种量则视种子质量及种子是否经过处理和处理的方法而定，种子质量好的或经过处理的单位播种量可少些，一般经过处理的种子，每亩约用 3.5～6 公斤，没有处理的每亩约用 5～7.5 公斤。

4．苗圃的管理：种子播下后，浇水、施肥、松土、除草等都要经常进行，尤其浇水工作，在干旱季节更不可少，如果苗圃地的自然水湿条件不够理想或灌溉的水源困难时，需要加盖荫棚补救。

［其　　他］　杜仲的分布广，用途大，树叶、种子和树皮可以提取硬橡胶，树皮入药，应用已久，木材坚实，可供建筑，是一种极有价值的植物，值得重视发展。

7 三叶橡胶树（sanyexiangjiaoshu）（图 1242）

［地 方 名］　三叶胶树（广东海南）

［学　　名］　**Hevea brasiliensis** (HBK.) Muell. -Arg.　大戟科

［原 料 名］ 橡胶树

［形态特征］ 大乔木，高达 20～30 米，有乳汁。掌状三出叶互生，在枝梢上的略近对生，小叶椭圆形至椭圆状披针形，长 10～30 厘米，宽 5～12 厘米，基部楔形稍偏斜，先端渐尖，全缘，两面无毛，两面的网脉均明显；具长柄，柄顶有腺体。花单性，雌雄同株；圆锥花序腋生，排列成聚伞花序，尖塔形，密被白色茸毛，长约为叶之半，生于每一个聚伞花序中央的常为雌花，其他的为雄花；萼钟状，5～6 齿裂，裂片镊合状排列；无花瓣；花盘的腺体 5；雄蕊 10，成两轮，花丝连合成一柱状体；子房 3 室，每室有 1 胚珠，柱头厚，近无柄。蒴果球形，有 3 槽，成熟后分裂为 3 个分果爿；种子椭圆形或圆形，长 2.5～3 厘米，有斑纹，深褐或浅褐色，背面呈半月形，中央有一隆起的种脊，腹面略平。花期 4～7 月，果期 8～11 月。

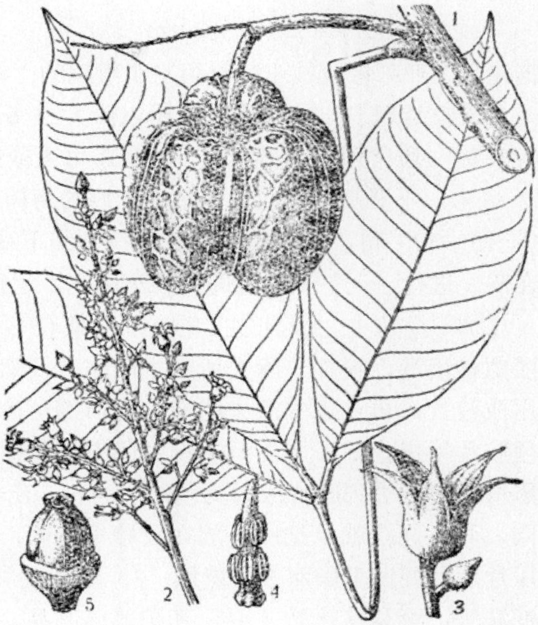

图 1242 三叶橡胶树

Hevea brasiliensis（HBK.）Muell. -Arg.

1．果枝；2．花序；3．雄花；4．雄花，去花被，示雄蕊；5．雌花，去花被，示雌蕊。

（自“广州植物志”）

［生长环境］ 是热带雨林树种之一，幼年时耐庇阴，成年后偏阳性，喜高温、多湿、雨量均匀、静风和土壤深厚肥沃并排水良好的环境。以温度高而少变化，普通在 25～27℃，土壤酸性（酸碱度 4～6），地势平坦的地方最适宜生长。我国华南北纬 23° 以南，寒潮不到的地区，基本上适宜于三叶橡胶树的栽培。

［产　　地］ 广东、广西、云南、福建、台湾等省区的南部均有栽培。

［用　　途］ 三叶橡胶树是世界最著名的橡胶植物，所产的胶乳是一种富于弹力的软性橡胶，用途极广，可制成各种橡胶制品，如汽车、飞机等的车胎和力车胎，煤气管，水管，抽气管的橡皮管，运动器具及玩具，机器的皮带、皮圈，橡胶雨衣、雨鞋、雨布、裤带等日用品；医药用的手套、胶布，电线的外包被，橡皮辊，橡皮印章等。

种子可榨油（见“油脂类”，834 见）。

［理化性质］ 胶乳主要成分是橡胶烃和水。但它的组成随品种、树龄、季节、割胶方法、割胶部位等而有不同，根据化学分析，一般胶乳的成分如下表：

组成	含量（%）	组成	含量（%）
水	60.00～52.30	树脂	1.65～3.40
橡胶烃	33.99～37.30	灰分	0.70～0.20
蛋白质	2.03～2.70	糖类	1.50～4.20

（据化学工业部橡胶技工教材编写小组编的“橡胶制品生产准备工艺”一书）

［采收处理］　三叶橡胶定植以后大约 6～9 年就可以开割（实生树迟些）。割胶法有多种，通常用“单线割法”，即在每天或隔天用割胶刀将树皮割破，割线深度约 1.27 毫米，不要割伤形成层，割线长度约为树干周围的 1／3，割线倾斜，约与树干纵轴成 15～30° 角，以便胶乳下流，在割线下端用承胶杯将割线流出的胶乳承接；割胶宜在清晨进行，上午 9 时许即可收集胶乳，运往加工场加工，制成生胶。

［加　　工］　胶乳加工的方法主要有三种，现分述如下：1）将滤清的胶乳加入醋酸的稀溶液，搅拌，除去所产生的泡沫，然后静置让它凝固，凝固以后，再经压片和压成胶片，再在水中漂去醋酸、乳清等可溶性物质，沥干，送入熏烟房熏烟，一方面使胶片干燥，另一方面利用烟中的有机物质来防止胶片腐烂，熏烟时要经常翻动，使熏得均匀，等到胶片成为褐色透明为止，所制出的产品叫烟片。2）本法与前法基本相同，其不同点就是把胶乳放在胶槽里凝固，再把它切碎，放在绉片机中压制成片，但压片后只经过干燥而不用熏烟。3）浓缩胶乳有膏化法、离心法、电解法、蒸发法和过滤法等，膏化法比较主要，凡是薄膜制品，如医用手套、气球等都用这种产品来制造。

［其　　他］　三叶橡胶树的良种繁育，可分为以下几种方法：1）优良品系的无性繁育：这种方法主要是用优良母树的芽片接在一般母树的实生苗上，使将来这株树的割胶部分，具有优良的产胶性能；2）用高产树的枝条来扦插或进行空中压条，以及用纵剖苗等方法来繁殖高产植株；3）用优良母树所结的种子直接繁殖；4）无性杂交与有性杂交交替运用，先用嫁接的方法把优良芽片接到由优良种子培育的实生苗上，然后再用它所产生的种子来繁殖，或用优良无性系的人工授粉的后代育成杂交实生苗，从杂交实生苗上取芽芽接，育成无性系；5）采用各种刺激法，如用放射性元素，γ 射线照射等，诱使产生变异，从而选育优良的品系。

8 木薯橡胶树（mushuxiangjiaoshu）（图 1243）

［学　　名］　**Manihot glaziovii** Muell. -Arg.　大戟科

［形态特征］　灌木或乔木，高可达 12 米，有乳状液汁；树皮平滑，呈银灰色，常常成条状脱落。单叶互生，掌状 5 或 3 裂，长 10～20 厘米，宽 15～25 厘米，背面粉绿色，裂片倒卵形至椭圆形，长 7.5～10 厘米，宽 4～7 厘米，先端短尖或钝，两面无毛，侧脉约 11 对，纤细，明显；叶柄长 5～11 厘米；托叶披针状卵形，长 4～6 毫米。花单性，雌雄同株，为圆锥花序式排列，长 4～9 厘米；雌花着生在花序的下部，雄花着生于上部；花中等大，无花瓣；雄花花萼钟状，5 裂，长约 9 毫米，裂片复瓦状

排列，外面绿色，内面紫色；雄蕊 10，二列，着生于花盘的腺体间，花丝分离；雌花花萼与雄花同；花盘 5 裂，子房 3 室，每室有胚珠 1，花柱基部合生。蒴果球形，直径 20～22 毫米，灰色，具皱折，成熟时分裂为 3 个 2 裂的分果爿；种子扁平，长 15 毫米，宽 10 毫米，灰色，有褐色斑纹，种皮坚硬，表面光滑。

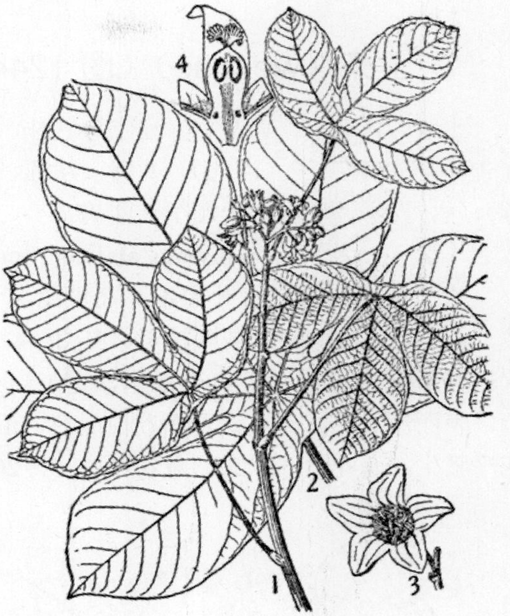

图 1243　木薯橡胶树
Manihot glaziovii Muell. -Arg.
1. 花枝；2. 叶；3. 雄花；4. 雌花纵切面。

［生长环境］　本种的适应性强，在原产地海拔 150～1100 米，年雨量 1220～2440 毫米的地区均能正常生长，并能稍耐低温；同时，抗旱力亦强，于原产地在 29.4～29.7℃的高温下的砂砾土上也能正常生长；因此，在我国南部气温高而稍干土壤的沙壤土至壤土的地方是适宜于本种栽培和发展的。

［产　　地］　广东海南岛有栽植。

［用　　途］　木薯橡胶可以制成各种工业上的橡胶产品，如车胎，胶管等。

［理化性质］　木薯橡胶商品标准是：水溶物 8～26%，水分 0.67～1.45%，树脂 4.74～6.85%，纯橡胶 49.6～77.8%，不溶物 1.63～15.54%，灰分 2.56～4.23%。

［采收处理］　木薯橡胶树的割胶，最早的是在种后 2 年可以开始，一般的约 5 年才能割胶，割胶季节在原产地是在雨季，每年可割 80 天，一棵橡胶树可以割胶 15～20 年。现在普遍认为基里氏（E. Kiihler）所首创的“里瓦割胶法”是最适合于木薯橡胶树采割的方法，这个方法是首先在树皮上涂一层胶乳凝固剂——过去用野橙略微去皮以后涂擦树干，以后大都用猴面色（猢狲面 Adansonia digitata）干果皮的汁液，此外，醋酸溶液或氯化钙溶液等凝剂也被广泛使用。涂擦以后，再在上面割成或刺成许多细小的伤口（约 1 厘米宽的水平割口），使胶乳流出，当胶乳流到涂有凝固剂的树皮上时，就凝成长条，一会儿，当橡胶还没有干的时候就可以撕下，卷成大球，或卷在木棒或卷筒上，以后再从这些木棒或木滚筒上割下，用洗涤机清洗。

［其　　他］　繁殖可用种子繁殖和插条繁殖；用插条繁殖成活率很高；用种子繁殖可以直接播种和育苗造林。播种前需将种子放置水里浸一昼夜，并且磨破种皮，则播后 7～10 天就能发芽。发芽后 5～6 个月后就可定植；适宜的株行距为 4～6 米，

植时要稍微密植些，以后再逐渐疏伐，将低产树淘汰。

9 卫矛（weimao）（图 1244）

［地 方 名］ 鬼箭羽（辽宁、吉林、河北），鬼箭（吉林、河南），山鸡条子（吉林），巴棱鸭子（河北），八树（江苏、江西、湖北），小鬼篾子、见肿消（江苏），六月凌（湖南），干篾子（四川）。

［学 名］ **Euonymus alatus** (Thunb.) Regel (*E. sacrosancta* Koidz.) 卫矛科

［形态特征］ 落叶灌木，高可达 3 米；树皮光滑，灰白色，具细皱纹；多分枝，丛生，小枝圆柱状或四棱形，**具 2～4 木栓质阔翅或无翅**。单叶对生，具短柄，菱状倒卵形或椭圆形，长 3～9 厘米，宽 1.5～5 厘米，基部楔形，先端锐尖，边缘具细锯齿，表面深绿色，无毛，背面苍白绿色，沿叶脉密生短柔毛；**叶柄长约 2 毫米**。聚伞花序腋生，有花 1～3 朵，总花梗长 5～20 毫米；花带绿白色；萼片 4；花瓣 4，圆形，长 2～2.5 毫米；雄蕊 4，较短，花药黄色。**蒴果深裂至底，成熟后由基部开裂**；种子卵圆形，长 5 毫米，淡褐色，假种皮桔红色。花期 6 月，果期 9 月。

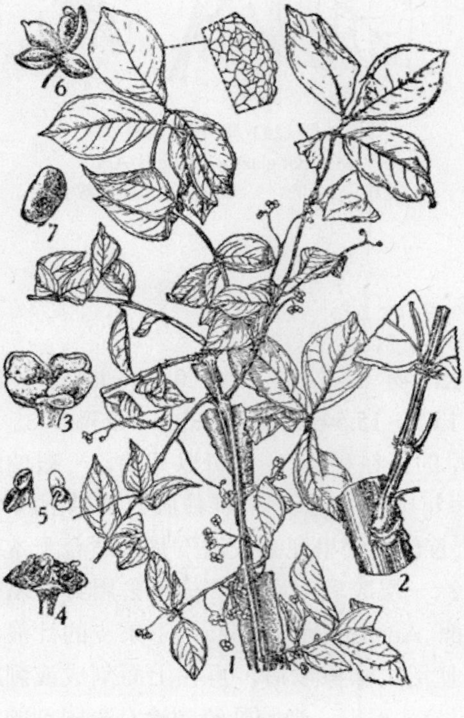

图 1244 卫矛

Euonymus alatus（Thunb.）Regel

1．花枝；2．枝条的一部分；3．花；4．花去瓣后，示花盘，雄蕊及雌蕊；5．雄蕊；6．蒴果；7．种子。

（自“江苏南部种子植物手册”）

［生长环境］ 喜阳光，通常生于阔叶混交林中、林缘或山坡草地。

［产 地］ 辽宁、内蒙古、河北、山西、山东、河南、陕西、江苏、浙江、安徽、江西、湖南、湖北、四川、贵州等省区。无翅变种及叶背有毛变种产吉林、辽宁、内蒙古及河北等省区。另一变种产河南、陕西、湖北、湖南、四川等省。

［用 途］ 茎皮、根皮所产橡胶属硬性橡胶，用途与杜仲相似。

茎和叶含鞣质，可提栲胶。茎皮可用来造纸，纤维又可搓绳。木质白色致密、坚韧，可用来作铲、镰刀等工具的把柄及手杖、弓、木钉等，亦可供细工，雕刻用。枝具宽翅，早春及初秋见霜后，叶变为紫红色，秋季落叶后，满树悬垂无数鲜红色的小种子，颇为美丽，庭园栽培，可供观赏。种子可榨油（见“油脂类”，859 页）。带木栓质翼的枝条入药（见“药用类”，1802 页）。

［理化性质］ 据四川省资料：根皮含硬橡胶 4.5%，树脂 14.9%；果实中含戊糖（Pentose）4.6%，甲基戊糖（Methylpentose）0.545%。

11～19 年生时根皮含胶量 3.09%，树脂 2.90%（干量），为固塔波或马莱树胶的一种，在常温下为硬性物质，但在 50～70℃时即软化，软化点为 65℃，为一种热塑性材料，比重为 0.935～0.955，折射率（20℃）为 1.523；分子式为（C_5H_8）$_n$。为逆式异戊二烯结构。分子量在 23000～50000 之间；能溶于苯等溶剂。

［采收处理］ 同疏花卫矛（见 1590 页）。

［加　　工］ 先经过天然发酵，或加 5%碱（NaOH）蒸煮，用球磨加水研磨，将浮于表面的胶取出，经过浮选，并通过精浆机磨碎精选，再用离心机去水，真空烘干，并通过压滤机除去渣滓，用炼胶机压片，加入防老剂，即得片状橡胶，贮于阴暗、温度 15～20℃处为宜。

另一加工制造方法是用溶剂浸提，此种方法能制得纯度较高的橡胶，但因消耗溶剂多，成本较高。

土法可用石研或石磨研磨，但仅能制得约含 40～50%橡胶的粗胶，需经过提纯后应用。

10 丝棉木（simianmu）（图 690）

［学　　名］ **Evonymus bungeana** Maxim.　卫矛科

（地方名、形态特征、生长环境、产地及其他用途见“油脂类”，859 页）

［用　　途］ 除木质部外，植物体的各部分都含有橡胶，所产橡胶属硬橡胶，用途与杜仲相似。

［理化性质］ 树龄约 30 多年，其干皮含胶量 16.3～21.8%（据武汉大学自然科学学报生物专号 1959 年 11 期“戴伦膺：野杜仲——种硬橡胶植物”）。

［采收处理］ 参阅疏花卫矛（1590 页）。

［加　　工］ 参阅杜仲（1582 页）。

［其　　他］ 据湖北省利川县齐岳山农民的经验，本种可以用扦插繁殖。单株产果数量很多，种子又很饱满，因此估计用种子繁殖应该是容易成功的。

11 大花卫矛（dahuaweimao）（图 1245）

［地 方 名］ 公鸡果、鸡娃娃果、野杜仲（云南）

［学　　名］ **Evonymus grandiflora** Wall.　卫矛科

［形态特征］ **常绿灌木或小乔木**，高 4 米；树皮灰黑色；**小枝圆筒形**，灰绿色，**折断后有白丝**；幼枝黄绿色，有 4 棱。单叶对生，具柄，薄革质，倒卵形至倒卵

状长圆形，长 4.5～13 厘米，宽 3～6 厘米，基部阔楔形，先端渐尖或短尖，边缘具均匀的细锯齿，表面光绿，背面淡绿，叶脉在两面均突起；叶柄长约 0.5 厘米。聚伞花序腋生，稀疏，由 5～9 朵花组成，总花梗长 1～3 厘米；**花大，直径约 2 厘米**，白色 4 数。**蒴果有 4 锐棱，黄色**：种子黑色，假种皮深红色。花期 6 月果期 7～8 月（四川）、10 月（江苏）。

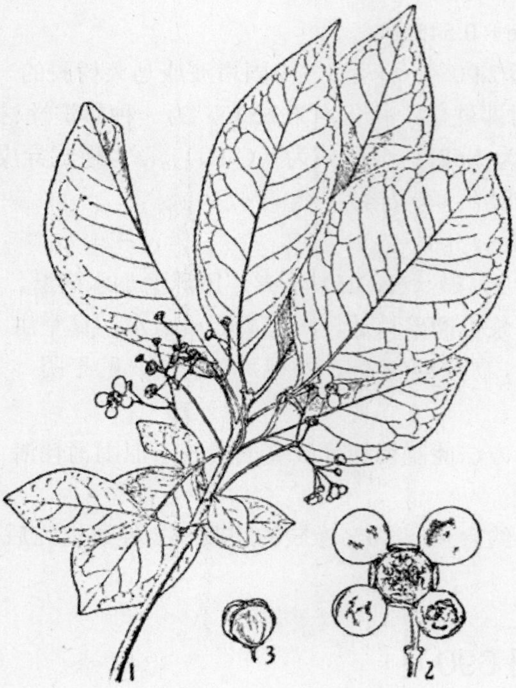

图 1245 大花卫矛
Evonymus grandiflora Wall.
1．花枝；2．花；3．蒴果。
（自“江苏南部种子植物手册”）

［生长环境］ 生于山中灌丛、河谷或岩坡上；在云南生长于海拔 1700～3000 米地区的林下或路旁坡地。

［产 地］ 安徽、江苏、浙江、江西、湖北、陕西，四川、云南等省。

［用 途］ 树皮可提制硬性橡胶，用途与杜仲相似。

种子可榨油（见“油脂类”，860 页）。

［理化性质］ 据四川省资料：树皮含硬橡胶，用比重法湿测，其含量为 3.38%，干测含量为 17.25%。

［采收处理］ 参阅疏花卫矛（本页）。

［加 工］ 参阅杜仲（1582 页）。

12 疏花卫矛（shuhuaweimao）

［地 方 名］ 土杜仲（广东）

［学 名］ **Evonymus laxiflora** Champ. 卫矛科

［形态特征］ 灌木，高 1～2.5 米；枝圆柱形，小枝四棱形。单叶对生，具柄，卵状椭圆形至椭圆状长圆形，长 5～10 厘米，宽 2～4 厘米，基部渐狭。先端钝渐尖，全缘或有不明显的小锯齿，平滑而光亮，侧脉每边 4～5，极不明显；叶柄长 0.8～1 厘米。**疏散的聚伞花序由 7 朵花聚合而成**，腋生，比叶略短；花淡绿色，具柄，直径约 10 毫米；萼片 5；花瓣 5，边缘波浪形；雄蕊 5，花丝极短；花盘扁平；子房埋藏于花盘内。**蒴果先端平坦，5 裂**；种子包于橙黄色的假种皮内。花期 4 月。

［生长环境］ 为我国南部丘陵地和山地疏林中不大常见的灌木之一，适应性较

强，土质肥瘠均能生长；两广中部地区较为适宜，往往成小乔木或大灌木。

［产　　地］ 广东、广西等省区。

［用　　途］ 根皮、茎皮产硬性橡胶，用途与杜仲同。

广东兴宁县群众有用树皮代杜仲浸酒饮用，以治腰骨酸痛，故有“土杜仲”之称。

［理化性质］ 据中国科学院华南植物研究所分析：树皮含橡胶量24.77%，水分11.1%，丙酮抽出物4.51%，糖类9.14%，灰分3.22%。

［采收处理］ 五、六月间用人工把根挖掘出来，放在阴凉地方，3～4小时内进行剥皮，剥皮是把根砍一个10～15厘米的长形裂口，同时用木棒打击，和用刀将皮和木质分离。为便于用手剥皮，可把根装入铁罐中，加水将植物根完全淹没，然后煮沸，当皮开始脱离木质部时即可。亦可采用在纤维工业上所采用的机械剥皮法，把剥下的皮在空气中干燥，并且按每15～25公斤的重量包装成捆。

为了清除皮中的土、砂子以及石块和其他混合物，在梯形的木槽或在连续作用的网状鼓式洗涤机里，把皮洗涤，以后将皮进行发酵，为了加速发酵过程，就必须使洗涤皮的水分达50～55%，并在室温下浸渍20分钟。

［加　　工］ 参阅杜仲（1582页）。

13 华北卫矛（huabeiweimao）（图691）

［学　　名］ **Evonymus maackii** Rupr.　卫矛科

（地方名、形态特征、生长环境、产地及其他用途见“油脂类”，860页）

［用　　途］ 树皮可提制硬性橡胶，橡胶用途与杜仲胶相似。

［理化性质］ 树皮含硬橡胶量10～16%（据柳大绰等著“橡胶植物”）。

［采收处理］ 参阅疏花卫矛（1590页）。

［加　　工］ 参阅杜仲（1582页）。

14 大果卫矛（daguoweimao）（图1246）

［学　　名］ **Evonymus myriantha** Hemsl.　卫矛科

［形态特征］ **常绿**灌木或小乔木，高可达5米，无毛；小枝圆柱形，略为粗壮。单叶对生，具短柄，薄革质，**披针形、倒披针形或罕为倒卵形**，长7.6～11厘米，宽2.5～3.5厘米，基部楔形，先端渐尖，短尖，钝或圆，**边缘具圆锯齿，干后略反卷**，主脉在两面均凸起，侧脉每边7～8，纤细；叶柄长0.8厘米，有很明显的沟。**聚伞花序极多数，密集，多花**，具短柄，着生在上部叶腋内或假顶生；花两性，黄色，稍大，辐射对称，4数；萼片阔圆形，膜质，略具疏细齿；花瓣椭圆形；雄蕊着生在花盘内，花药大，近无柄；花盘阔短环状；子房平滑，4室，柱头近无柄。**蒴果大，卵圆形，具4棱**；种子具假种皮。果期10月。

［生长环境］　为亚热带常绿林中的灌木之一，多生长于山地的疏林或密林中，而以山间谷地最宜于生长。

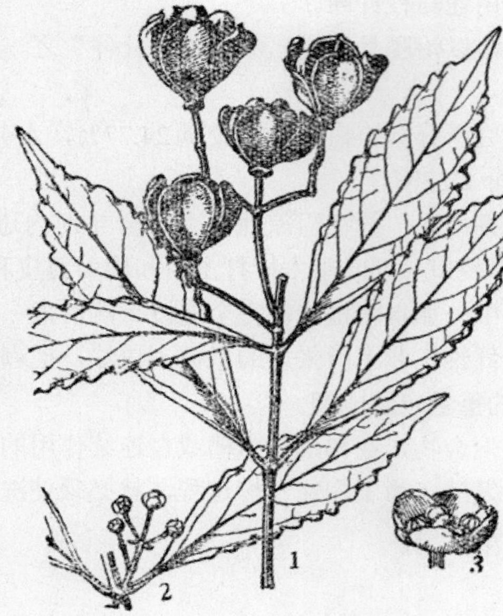

图 1246　大果卫矛
Evonymus myriantha Hemsl.
1．果枝；2．花枝一部分；3．花。

［产　　地］　湖南、四川、湖北、贵州、广东、广西等省区。

［用　　途］　根皮、茎皮、枝皮和叶含硬性橡胶，以根皮、茎皮含量较多，其用途和杜仲胶相似。

［理化性质］　据中国科学院华南植物研究所化验：树皮含硬橡胶量为 23.33%，丙酮抽出物为 15～99%。

［采收处理］　参阅疏花卫矛（1590 页）。

［加　　工］　参阅杜仲（1582 页）。

15 鹿角藤（lujiaoteng）（图 1247）

［地 方 名］　黄藤、奶汁藤（广西）

［学　　名］　**Chonemorpha eriostylis** Pitard　夹竹桃科

［形态特征］　攀援藤本，茎长 15～20 米；小枝幼时被黄色粗毛，老时脱落。单叶对生，厚纸质，卵状椭圆形、倒卵形或近圆形，长 15～30 厘米，宽 9～11 厘米，基部锐尖、圆形或心形，先端锐尖或突尖，全缘，表面近无毛，背面密被黄色绒毛，侧脉 10～12 对；叶柄长 1.5～2 厘米，粗壮，被黄色粗毛。聚伞花序顶生，长 10～12 厘米，具花 5～7；花两性，长 4.5～5 厘米，直径 5～8 厘米；花萼管状，长 1～1.5 厘米，萼片圆形或近锐尖；花冠白色或淡红色，近漏斗状，直径 5～8 厘米，喉内具 5 条长软毛带，无鳞片；雄蕊 5，着生在花冠管中部，花丝极短，花药箭头状，靠合于柱头，药室基部有距；花盘肉质，5 齿裂；子房为 2 个离生的心皮所成，花柱长 3 毫米，纤细，柱头卵球形；花梗长 2～4 厘米。蓇葖果长 30～40 厘米，直径 1.5～2 厘米，中部最宽，被毛；种子扁平。长 2 厘米；种毛丝状，银白色，长约 6 厘米。花期 5 月上旬～6 月中旬，果期 10 月。

［生长环境］　生于山谷或溪旁的疏林中，以气候温暖湿润、土壤疏松肥沃，并有庇荫的地方最适宜生长，阳光充足、土壤干旱的地方则生长不良。

［产　　地］　云南、广西、广东等省区。

［用　　途］　皮层（茎）、髓部（茎）、叶脉与果实均含胶乳，其橡胶成品可制鞋底、水袋和一般日用橡胶制品。亦可制飞机、汽车、自来水装备零件、瓶盖等用品，其品质均极优良。

［理化性质］　据中南野生橡胶植物调查总结资料：由鹿角藤胶乳制成的生胶片含水分 5.73%，灰分 1.00%，热水抽出物 2.87%，丙酮抽出物 3.11%，蛋白质 1.488%，纯橡胶 85.802%。

鹿角藤所产之胶乳及橡胶，与三叶橡胶等所产者不同：

1．三叶橡胶树及薜荔等所产胶乳，均需加醋酸或其他凝结剂，始能将橡胶微粒由胶乳中凝聚而出，且需数小时之久始能完全凝聚。若于此胶乳中加水，则胶乳变淡，更难凝固。鹿角藤所产之胶乳，不需加任何药品，只加水或将胶乳倾入水中，橡胶成分即凝聚成块，数分钟内即可完全凝聚。

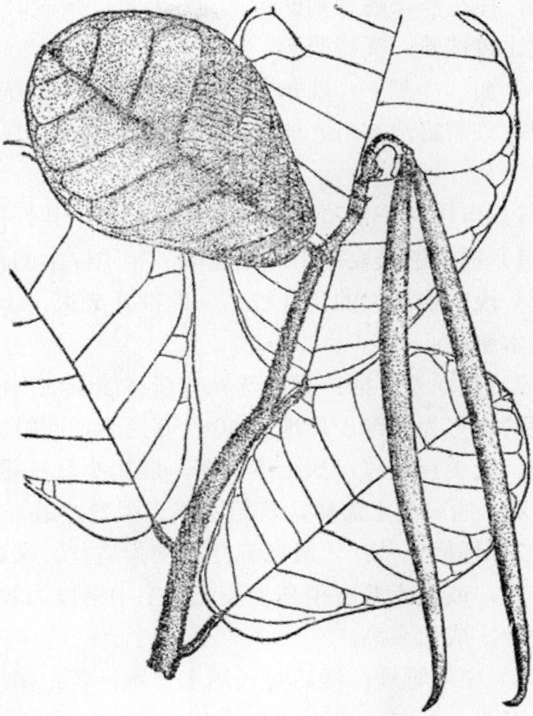

图 1247　鹿角藤

Chonemorpha eriostylis Pitard

果枝

2．一般橡胶，在未经熏制前，黏性颇大且可随意变形。熏制手续，需在特制之熏烟室内，用微火熏烤至数星期之久，或用化学药品，如用硝基酚之类，加以处理，以代替熏烟手续，然后可制成生胶片。但鹿角藤之橡胶，于水中凝固洗濯后已无粘性，不经熏烟及其他化学处理，即可将鲜胶压成薄片，晒干或风干，数日后即成生胶片。

3．三叶橡胶树所产橡胶，在熏制好前均不宜日晒（因日光能促进橡胶及所含杂质之氧化作用而增加粘性，降低橡胶之韧性）。鹿角藤橡胶则不甚畏光，即曝晒于日光下蒸发其水分，其品质亦无显著之变化。

除上述三特点外，其他溶解、调硫等类性质，与薜荔及外国已知橡胶相同。这证明鹿角藤橡胶为一新型橡胶。（据彭光钦等著“国产橡胶之发现及其前途”）。

［采收处理］　鹿角藤的茎、枝、叶、果都含有胶乳，除茎部可采用割皮法采胶之外，可剪断幼枝取胶，方法是将枝条切成半米一段，用抽提法或浸出法将胶提出。

不论割皮或剪枝取胶都宜在早晨进行，阴天采胶又比晴天采胶多得一些。鹿角藤生长力强，往往当年的春梢即可达 4～5 米。采胶时可以每天剪下一节，接取胶乳。但此法未经比较试验，尚待研究。

［加　　工］　鹿角藤的胶乳于水中凝固洗濯后已无粘性，不用烟熏和其他化学处理，只需将洗濯后之鲜胶压成薄片，晒干或风干数日即成生胶片。

［其　　他］

1．可用种子繁殖，亦可用扦插繁殖，其扦插繁殖法是：

1）插条的采取：于产地选取二年生以上的枝条剪下，去净叶片，每 15～20 厘米截成一段，俟切口的乳汁胶结，即捆扎成束，于切口两端用湿苔藓封上，装入竹筐或通气木箱。

2）整地及扦插：最好选择有疏林庇荫的南向山坡，土壤以湿润而较肥沃，并灌溉方便的地方为苗床，耕地深 40～50 厘米，起畦大小均可，以方便除草为度，底土宜稍大块，表土宜细碎，如土壤瘠薄，应施少量基肥。扦插时，行距 8～10 厘米，株距 4～6 厘米，插后洒水盖草，若苗圃阳光强烈，最好搭遮棚。

3）扦插季节：一般以春夏之交为适宜，又以空中温度、表土温度、底土温度三者相一致，或底土温度稍高于表土与空中温度为较好，因底土温度稍高，易促进先生根后发叶，成活率高。

4）中耕管理：插后每天洒水一次，若土壤湿润也可不洒水，因水分过多往往会使扦条腐烂。4～5 星期后开始生根，可施稀磷钾肥以促进生根，待发叶后，改 2～3 天洒水一次，以保持土壤湿润为度，每 1～2 月除草一次。

2．我国共有鹿角藤属植物 5 种，一种产于海南岛，两种产于云南南部，一种产于广西十万大山，另一种即鹿角藤，是我国本属植物分布较广，亦最普遍的一种，其体形，枝、叶、果的形状大小因环境条件之不同而变异甚大，花的颜色有自和淡红两种。因此过去常称为“鹿角藤”和“大叶鹿角藤”即印度植物志上记载的 Chonemorpha macrophylla（Roxb.）G. Don。但就现有的标本和资料来看，我国并没有 Chonemorpha macrophylla（Roxb.）G. Don。

16 花皮胶藤（huapijiaoteng）（图 1248）

［地 方 名］　花喉崩、头钳模、花杜仲藤（广西）

［学　　名］　**Ecdysanthera utilis** Hay. et Kaw.　夹竹桃科

［形态特征］　高大攀援藤本，长可达 50 米以上，直径可达 15 厘米以上；树皮红褐色；枝有多数明显的皮孔。单叶对生，革质，椭圆形或倒卵状椭圆形，长 6～8 厘米，宽 2～3.5 厘米，基部楔形或圆形。先端尖，全缘，两面均无毛，侧脉 3～4 对；叶柄长 1.5～2.5 厘米。聚伞花序顶生或腋生，总状式，三歧，长 6～12 厘米，薄被短绒毛；花细小，两性；萼 5 深裂，外被柔毛，内面基部有腺体与萼互生；花冠坛状，外

面无毛，内面被毛，黄白色；雄蕊着生于冠管基部；花盘5裂；子房2，分离，由一短花柱连接。蓇葖果两叉，几成一字形开展，圆柱状，长约10厘米，直径4～5毫米，每对蓇葖果约含种子8；种子长圆形，长11毫米，宽3毫米，压扁；种毛淡褐色，长约4厘米，轮生在种子的顶端。花期3月，果期11月。

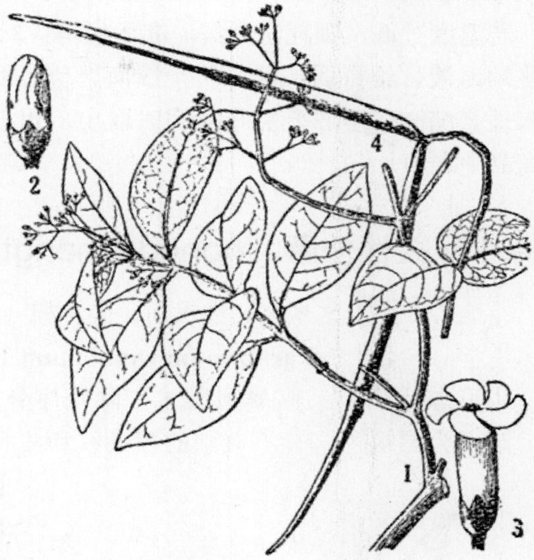

图1248 花皮胶藤
Ecdysanthera utilis Hay. et Kaw.
1. 花枝；2. 花蕾；3. 花；4. 果。

［生长环境］ 山林荫蔽湿润之处，常见于山沟，谷地，很少出现于坡面林地；生境的岩石多属砂岩和页岩，土壤为热带性的砖红壤或砖红壤化土。在阳光充足，土壤粘重并较干旱的地区则生长不良。

［产 地］ 广西、云南、四川、广东、台湾等省区。

［用 途］ 皮层（茎）、叶脉、果实的胶乳中含橡胶，所产橡胶可以制造力车胎、救生圈、橡皮艇、潜水衣、胶管、雨衣、雨鞋、鞋底、球胎、儿童玩具等用品。又适用于医疗器械等薄胶制品，曾试制过手套、气球等，性能良好。

［理化性质］ 胶乳微带粉红色，比重0.9828，总固形物37.9%，含胶量35%。生胶片含纯橡胶90.066%，水分1.07%，灰分1.10%，热水抽出物3.31%，丙酮抽出物4.016%，蛋白质0.438%。花皮胶藤的橡胶制成的鞋底（宽40毫米，厚6毫米），在250公斤抗张力试验机上试验，由5.08厘米拉至21.59厘米时所需的力为10公斤，三叶橡胶所需的力为16公斤，由此即表明花皮胶藤的胶是比三叶橡胶的胶较差。（据中南野生橡胶植物调查队总结资料）

［采收处理］ 采收花皮胶藤的胶乳可用割三叶橡胶的割胶法，即用刀把茎部的皮斜割成小槽状，以恰好把皮部割去为适度，不要割入木质部，以免影响植物生长，小槽之长度约为茎围的1/3为宜，槽之斜度宜在30～45度之间。从伤口流出来的胶乳，可用竹筒和其他器皿盛接。

由于胶乳的蛋白质，脂肪分解为游离酸而使胶乳凝固，所以要用碱性抗凝剂防止。抗凝剂有碳酸钙，氨化物，亚硫酸钠，以氨为最好，其用量约为0.8～0.2%，以贮藏时间的长短而定，并要密封。

［加 工］ 采得胶乳之后，可选择以下三种方法加工制成胶片：1）日晒法：把胶乳倒在平板上曝晒，水分蒸发之后便得胶片；2）蒸煮法：用缸和杯等器皿盛着胶

乳，放在锅内，保持 70～80℃的温度，把胶乳的水煮干，取得胶片，用此法比日晒法快，但要注意掌握温度；若温度过高，胶乳表面生成一层薄膜，阻碍内部水分蒸发，当继续加热时，则薄膜下面的水气压力增大，使胶乳起泡，这样制成的胶片质量甚劣；若温度过低，则耗时太久，亦不经济；3）醋酸凝固法：将胶乳过滤后加入 5%二硫化钠溶液，维持弱碱性，防止细菌繁殖，以免酸败，然后在搅拌下倒入凝固槽中，加入适量醋酸，至胶乳完全凝固时取出，用板压之，压去乳浆而得乳白色的胶片，是为商品中之白片。

17 红杜仲藤（hongduzhongteng）（图 1249）

［地 方 名］ 米崧、红喉崩、陶林模（广西）

［学　　名］ **Parabarium chunianum** Tsiang 夹竹桃科

［形态特征］ 高攀援藤本；除花序外全体无毛；树皮红褐色，有棱；幼枝褐色，渐变为黑褐色，有不规则的粗条纹和皮孔。单叶对生，近革质，卵圆状椭圆形或长圆形，长 5～10 厘米，宽 2.2～2.8 厘米，全缘，叶缘向下卷曲，**叶背有透明散生的腺点**，侧脉通常每边 5；叶柄长 6 毫米。二叉聚伞花序伞房式排列，顶生，有花 4～8 朵，密生；总花梗长 1.5～2 厘米；花细小，萼梅花五迭式，深裂，具微毛，每片基部有 1～2 枚小型腺；花冠壶形，黄色，外面微被疏长毛，**管短**，长 1.5 毫米，喉部具膜质的副花冠；雄蕊 5，着生于管的基部，花丝极短，**花药箭头形，先端高升达到喉部**，并固结于柱头，药室的基部具空距；花盘圆形或极不明显 5 裂；子房具长疏毛；花梗无毛，长 2 毫米。蓇葖果暗褐色，柱状披针形，长 7 厘米，下部膨大，中部以上渐细尖；种子扁平，长 2 厘米，直径 2 毫米，被黄色浓毛；种毛丝状长 4.5 厘米，花期 5～9 月，果期 11 月。

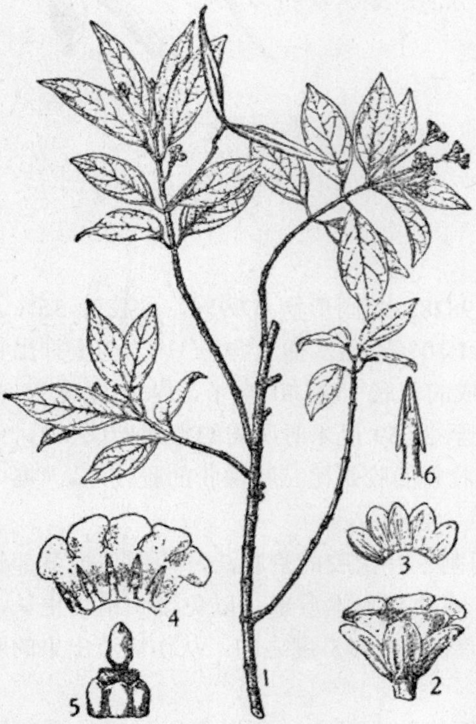

图 1249 红杜仲藤

Parabarium chunianum Tsiang

1．枝条之一部分；2．花；3．萼展开；4．花冠展开；5．花盘及雌蕊；6．雄蕊。

［生长环境］ 生于低山和丘陵地区的山谷、山溪等处疏林或灌木丛中，以气候温暖湿润、土壤肥沃，并有疏荫的地方最适宜生长。

［产　　地］ 广东、广西等省区。

［用　　途］ 皮层（茎）、叶脉、果实的胶乳中含橡胶，可制鞋底。

［理化性质］ 据中南野生橡胶植物调查队总结资料：胶乳制成的生胶片含纯橡胶 87.517%，水分 3.16%，灰分 1%，热水抽出物 1.88%，丙酮抽出物 6.18%，蛋白质 0.263%。此胶制成的鞋底（阔 40 毫米，厚 6 毫米）在 250 公斤抗张力试验机上试验，由 5.08 厘米拉至 21.59 厘米时所需的拉力为 13 公斤，较三叶橡胶（16 公斤）低，比花皮胶藤（10 公斤）高。

［采收处理］ 参阅花皮胶藤。由于此种胶藤的胶乳容易自然凝固，所以不需要再经过凝固处理；但自然凝固的胶块与空气接触很容易发霉变黑，若先用二硫化钠溶液充分洗涤，再浸于清水中，可以避免。

［加　　工］ 参阅花皮胶藤（1594 页）。

18 毛杜仲藤（maoduzhongteng）（图 1250）

［地 方 名］ 白喉崩、唛卡吐、鸡头藤、锐果结衣藤、大白皮胶藤（广西）

［学　　名］ **Parabarium huaitingii** Chun et Tsiang　夹竹桃科

［形态特征］ 高攀援藤本，长达 10 余米；枝圆柱形，粗壮，有皮孔，**幼枝被淡锈色柔毛**。单叶对生，纸质，卵状椭圆形，长 2.5～7.5 厘米，宽 1.5～3.5 厘米，基部近圆形，先端钝尖或短渐尖，全缘，略内卷，**两面均被淡锈色柔毛**，侧脉每边多至 10 条；叶柄长约 5 毫米。聚伞花序近顶生，很少腋生，伞房状，多花，长 4～6 厘米；**苞片叶状，长 1～3 厘米，宽 0.5～1 厘米**；花极小，两性，芳香；萼近钟状，5 裂，萼内的小鳞片 5，极小；花冠黄色，外有微毛，内面除基部外均无毛；雄蕊 5，着生于管的基部，花丝极短，花药箭头形；花盘浅 5 裂；子房由 2 个分离的心皮组成，具长疏毛；花梗长 1～2 毫米。蓇葖果双生，或因不育而仅有 1 个，卵状披针形，长 6～7 厘米，**基部膨大**，直径约 1.7 厘米，顶部渐尖；种子线状

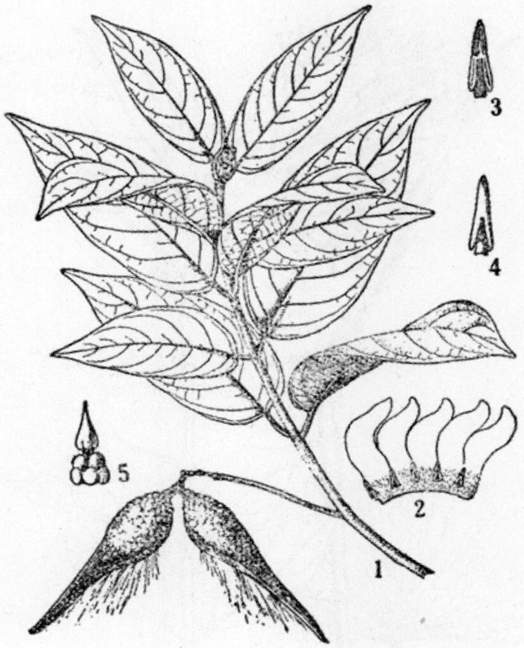

图 1250　毛杜仲藤

Parabarium huaitingii Chun et Tsiang

1．果枝；2．花冠展开，示雄蕊；3．雄蕊正面；4．雄蕊背面；5．花去萼及花冠后示花盘及雌蕊。

长圆形，长 1～1.5 厘米，宽 2～3 毫米，暗黄色，有毛；种毛白色，丝状，轮生，长约 3 厘米。花期 3～5 月，果期 10～11 月。

［生长环境］ 生于山地的山谷疏林下或林缘、山间溪旁的灌木丛中，无论砂质壤土或粘质壤土均适宜生长，但以肥沃湿润的壤土，并有庇荫的地方为最适宜。

［产　　地］ 广东、广西等省区；尤以广西十万大山附近的低山地区为多。

［用　　途］ 所产橡胶可制鞋底。

老茎入药，可治牛软筋症。

［理化性质］ 据中南野生橡胶植物调查队总结资料：胶乳呈乳白色，比重 0.9846，总固形物 37.7%，含胶量 34.5%。

［采收处理及加工］ 参阅花皮胶藤（1594 页）。

19 牛角藤（niujiaoteng）（图 1251）

［地 方 名］ 养当杜、杜仲藤（云南）

［学　　名］ **Parabarium linocarpum** Pierre　夹竹桃科

［形态特征］ 常绿攀援灌木，长达 20 米，全株光滑无毛，具白色乳汁；枝条具白色圆形皮孔。单叶对生，革质，椭圆形至卵状披针形：长 6～8 厘米，宽 3～3.5 厘米，基部阔楔形至近圆形，**先端骤狭的长尾状渐尖**，表面绿色，背面淡绿色，全缘；叶柄长 6～9 毫米。伞房花序腋生；花小，白色而微黄。蓇葖果 2，水平张开，线形，长约 13～14 厘米，直径约 5～10 毫米，**基部不膨大**。花期 8～12 月，果期 10 月至次年 4 月。

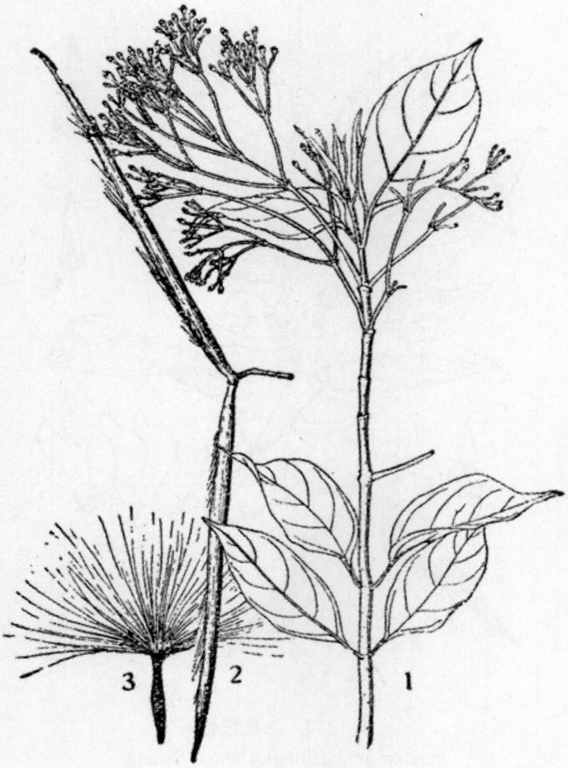

图 1251　牛角藤
Parabarium linocarpum Pierre
1．花枝；2．果；3．种子。

［生长环境］ 在云南生于海拔 540～1250 米热带季雨林中，常绿阔叶密林下，疏阳，润湿地方。

［产　　地］ 云南。

［用　　途］ 树皮胶乳中含橡胶，可割取加工各种橡胶制品。

［理化性质］ 据中国科学院昆明植物研究所分析资料：胶乳总

固形物含胶量达 90.9%。

［采收处理］　参阅大赛格多（1601 页）。

20 杜仲藤（duzhongteng）（图 1252）

［地 方 名］　白杜仲藤、白喉崩、英廖、小白皮藤（广西），棺材钉、老鸦嘴（广东），假杜仲、松筋藤、小赛格多（云南）。

［学　　名］　**Parabarium micranthum** (Wall.) Pierre　夹竹桃科

［形态特征］　高攀援藤本；长达数十米；枝直径可达 20 厘米以上，外皮白色，无显著的皮孔；小枝嫩时被微毛，老时脱落。单叶对生，椭圆形或长圆形，长 5～11 厘米，宽 2.5～5 厘米，基部急尖或圆形，先端狭渐尖，全缘，侧脉 5～6 对；叶柄长 1～1.5 厘米。聚伞花序总状式排列，紧密，长达 9 厘米，被小柔毛；花小，两性，红色；萼 5 深裂，长 1 毫米，基部的腺体少数或缺；冠瓣在未开放前向内弯曲，长达 2 毫米；雄蕊 5，着生于冠管的基部，内藏，花丝极短，长 0.5 毫米，彼此粘合且环绕着柱头；花盘圆形，子房由 2 个离生的心皮组成，先端具长柔毛。蓇葖果长 5～8 厘米，基部膨大，向顶部渐尖；种子长 2 厘米，种毛白色，绢质。花期 3～5 月，果期 11 月至次年 1 月。

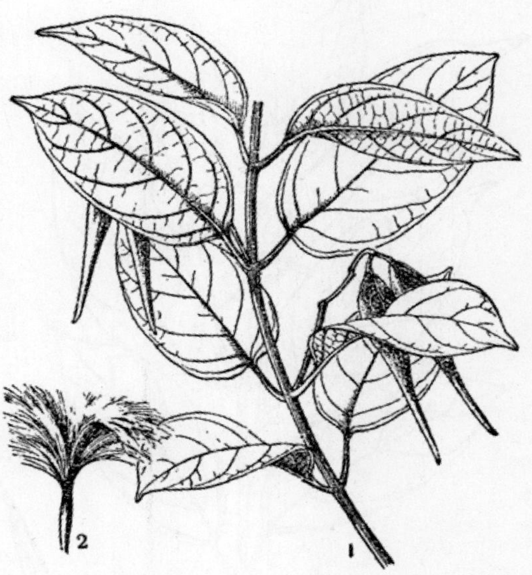

图 1252　杜仲藤

Parabarium micranthum（Wall.）Pierre

1．果枝；2．种子。

［生长环境］　生长于丘陵地、山地的山麓和山谷及溪边的疏林中，但以气候温暖，稍湿润、土壤为稍肥沃壤土的山谷地区和疏林下最适宜生长。

［产　　地］　云南、广西、广东等省区。

［用　　途］　茎（皮层）、叶脉、果实的胶乳中含有橡胶，可用以制胶鞋的中底等橡胶制品。

根、茎可供药用（见“药用类”，1867 页）。

［理化性质］　据中南野生橡胶植物调查队总结资料：胶乳呈乳白色，比重为 0.9845，总固形物 37.5%，含胶量 34%。杜仲藤橡胶制成的生胶片含纯橡胶 85.132%，水分 1.23%，灰分 1.6%，热水抽出物 5.45%，丙酮抽出物 5.8%，蛋白质 0.788%。杜仲藤橡胶制成的胶底鞋（阔 40 毫米，厚 6 毫米）在 250 公斤抗张力试验机上试验，由

5.08 厘米拉至 21.59 厘米时所需的拉力为 9 公斤，比红杜仲藤（13 公斤）、花皮胶藤（10 公斤）拉力均差，故只适合制帆布胶底鞋的中底，不能制轮胎和鞋底。

［采收处理］　参阅花皮胶藤（1594 页）。

［加　　工］　参阅花皮胶藤。

［其　　他］　本种所产的橡胶较差，但产量较大，分布较普遍。由于本种分布较普遍，在引种栽培方面获得成功的可能性很大。

21 中赛格多（zhongsaigeduo）（图 1253）

［地 方 名］　杜浓、中赛格多（云南金平）

［学　　名］　**Parabarium spireanum** Pierre　夹竹桃科

［形态特征］　常绿攀援灌木，长约 35 米，直径达 20 厘米，全株含乳白色液汁；茎皮棕褐色，密生圆形白色皮孔；小枝绿色细长，柔软。单叶对生，薄革质，卵状披针形至卵状椭圆形或椭圆形，长 6～13 厘米，宽 3～5.5 厘米，基部阔楔形，先端钝或渐尖，表面亮绿色，背面淡绿色，两面均无毛，全缘；叶柄长 1～3 厘米。圆锥花序顶生；总花梗细长，达 12 厘米，无毛；花小，白色，两性，管状；花萼杯状，5 裂；花冠 5 裂；雄蕊 5，内藏，着生于花冠管上，花药箭头形，花丝短。蓇葖果大，线形，长 10～17 厘米，直径约 8～10 毫米，基部不膨大。花期 11 月至次年 1 月，果期 8～11 月。

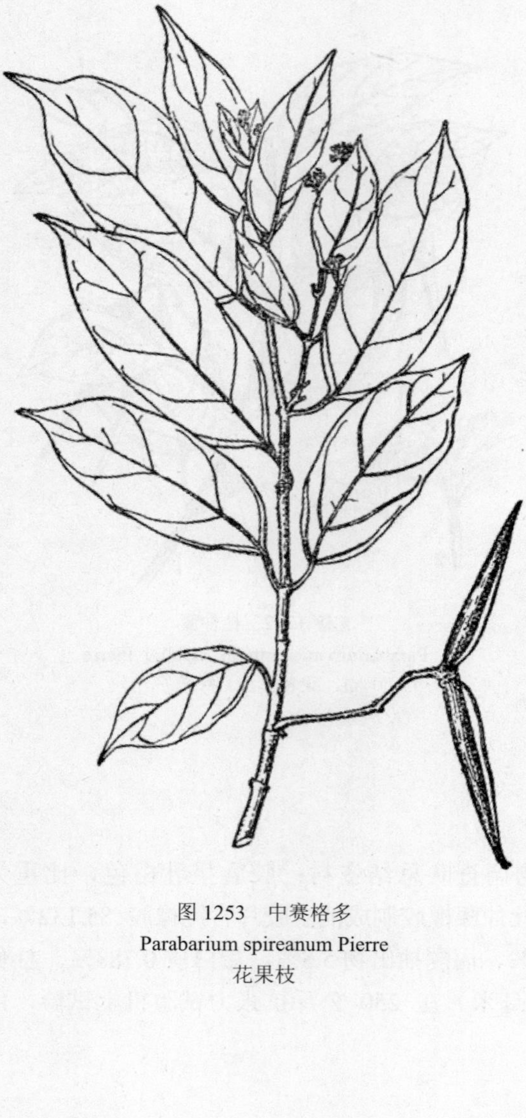

图 1253　中赛格多
Parabarium spireanum Pierre
花果枝

［生长环境］　在云南生于海拔 580～1280 米的常绿阔叶林中土壤肥沃润湿的地方。

［产　　地］　云南省

［用　　途］　胶乳中含橡胶，橡胶的品质优良，富弹性，可制各种橡胶制品。

花及果可食，味酸。

［理化性质］ 据中国科学院昆明植物研究所分析：胶乳总固形物含橡胶量88%。

［采收处理］ 参阅大赛格多（本页）。

22 大赛格多（dasaigeduo）（图 1254）

［地 方 名］ 大赛格多、赫马结（云南）

［学　　名］ **Parabarium tournieri** Pierre 夹竹桃科

［形态特征］ 常绿攀援灌木，长达 20 米，径达 10 厘米以上，具乳白色液汁；茎皮棕褐色，具白色圆形皮孔；小枝绿色，细长，柔软。单叶对生，薄革质，长椭圆形，长 13～19 厘米，宽 4.5～6.5 厘米，基部阔楔形，先端短渐尖，表面绿色，背面淡绿色，全缘；叶柄长 1～2 厘米。圆锥花序伞房状，顶生；花两性，色白，细小，管状；萼片杯状，5 裂，卵形；花瓣 5，长圆形；雄蕊 5，生于花冠管上；花梗细长，约 8～10.5 厘米，无毛。蓇葖果粗壮而短，长 10～12.5 厘米，直径约 15～17 毫米，基部不膨大。花期 11 月至次年 9 月，果期次年 8～11 月。

图 1254 大赛格多
Parabarium tournieri Pierre
1．叶枝；2．果；3．种子。

［生长环境］ 在云南生长在海拔 780～1750 米的常绿阔叶林中土壤肥沃湿润地方。

［产　　地］ 云南省

［用　　途］ 树皮的胶乳中含橡胶，茎干橡胶富于弹性，可制成各种橡胶制品。

［理化性质］ 据中国科学院昆明植物研究所分析：胶乳总固形物含橡胶量 87.75%。

［采收处理］ 以 5～10 月采收为宜，这时含胶量多。割胶应在早晨，用刀在藤子上每隔 5 寸长的地方砍一刀，刀子砍下去后，向两边摆动一下，刀口斜上方，刀口不宜过大，割前先用一片大型的叶片，铺在藤子下面，以备承接流出来的胶乳。采回后，应放于阴凉通风处，避免阳光直射和接近火或潮湿的地方，以防老化而影响质量，亦不能和金属物（如铜、锰、铁等）、化学药品接触。若采用三叶橡胶树的割胶技术和胶片的制造方法，可以提高胶片的质量。

23 赫当杜（hedangdu）（图 1255）

［学　　名］ **Parameria barbata** (Bl.) K. Schum.　夹竹桃科

图 1255　赫当杜
Parameria barbata（Bl.）K. Schum.
1．叶枝；2．果。

［形态特征］ 常绿攀援灌木，长约 10 米；小枝纤弱而细长，具小瘤状突起的皮孔；幼枝被黄色短柔毛，具乳白色液汁。单叶对生，稀为 3 叶轮生，倒卵状椭圆形或长圆状椭圆形，长 4.5～12 厘米，宽 2.5～5 厘米，基部楔形，先端具骤狭的短尖而钝头，表面亮绿色，背面淡绿色，全缘。圆锥花序顶生或腋生，分枝多；总花梗细长，长 3～12 厘米，被极短的柔毛；花小，密生，淡红色；萼片 5，甚小，里面有腺体；花冠近钟状，5 裂，裂片左旋折迭，卵形，先端钝，长 3.5～5 毫米，花冠管长约 2 毫米；雄蕊 5，着生于花冠管近基部，花药箭头形，花丝短；心皮 2，分离，胚珠多数，花柱短，柱头倒圆锥状：花梗长 2～4 毫米。蓇葖果 2，细长，约 22～35 厘米；种子长圆披针形，长 10～12 毫米，顶端具有白色丝状种毛，长约 25 毫米。花期 6～10 月，果期次年 1～4 月。

［生长环境］ 海拔 700～1400 米热带雨林中，常绿阔叶密林下、山谷及湿润疏阴的地区。

［产　　地］ 云南省

［用　　途］ 树皮胶乳中含橡胶，可割取加工制成各种橡胶制品。

［理化性质］ 据中国科学院昆明植物研究所分析：胶乳总固形物含胶量为 87.47%。

［采收处理］ 参阅大赛格多（1601 页）。

24 川木香（chuanmuxiang）

［学　　名］ **Jurinea souliei** Franch.　菊科

［形态特征］ 多年生草本，高 15～30 厘米。主根细长，圆柱形，通常不分枝，

直径 1～2.5 厘米，外皮褐色。叶基生，几乎平铺于地面，长椭圆形，长 20～30 厘米，宽 10～20 厘米，先端钝，基部阔楔形，叶缘具细齿裂或羽状半深裂，表面具稀疏的腺毛，背面被交织的白色茸毛；叶柄长 8～20 厘米，上面有槽，下面圆形，被白色茸毛。头状花序数个集生于枝顶，花序直径 5～10 厘米；总苞片 4 轮，复瓦状排列，卵形至披针形，长 1.5～3 厘米，宽 0.5～1 厘米，外轮较内轮短而宽；花全为管状花，紫色，全部两性；冠毛多层，芒状，不等长，长 1.5～3 厘米；花冠管状，冠管纤细，长 2.5～4 厘米，先端 5 深裂，裂片披针形；雄蕊 5 枚，花药箭形，花丝离生；子房下位，花柱略长于花冠，柱头 2 裂，花托有刺毛。瘦果无毛，4～5 角，平滑或角间有棱 1～3 条。花期 6～8 月，果期 7～9 月。

［生长环境］　生于海拔 3000 米以上的高山草地。

［产　　地］　四川省

［用　　途］　经中国科学院四川分院化工研究所化验，所产的橡胶属硬性橡胶，用途与杜仲相似。

［理化性质］　据中国科学院四川分院化工研究所分析，茎的基部（俗称胶头）含橡胶 13.39%。

［其　　他］　因其根部供药用，过去收购时，上段多弃置不用，若用来提取橡胶，则不但与药用部分无冲突，且能增加其利用价值，值得重视。

25 橡胶草（xiangjiaocao）（图 1256）

［地 方 名］　青胶蒲公英（甘肃）

［学　　名］　**Taraxacum kok-saghyz** Rodin　菊科

［形态特征］　多年生草本；根为直根，圆锥形，略肉质，长约 54 厘米，最上端直径 0.8～1.2 厘米，折断后在断口上可见橡胶丝，新鲜的根折断或擦伤后有白色的胶乳流出，幼根白色，老根黑褐色。叶基生，靠近或平铺于地面，叶片披针形或倒卵形，长 7～9 厘米，宽 1.2～1.5 厘米，基部下延，先端钝圆，边近全缘，倒向羽状分裂或琴状羽状分裂，表面光滑，颜色深绿带蓝，有光泽。花轴多数，长约 12～19 厘米；头状花序生于花茎之顶；花全部舌

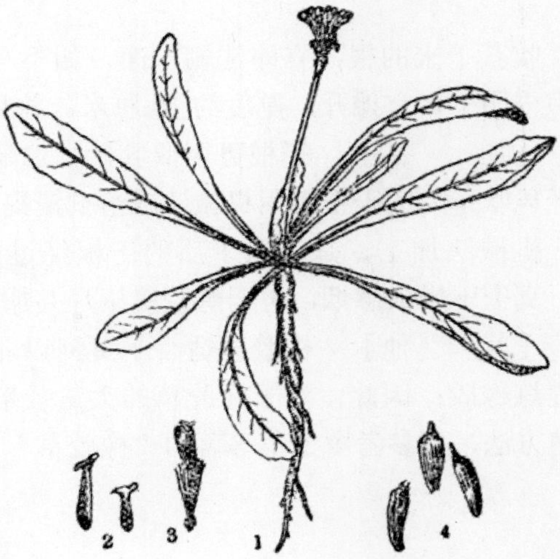

图 1256　橡胶草
Taraxacum kok-saghyz Rodin
1. 植株全形；2. 苞片；3. 花；4. 瘦果。

状，白色；总苞片 2～3 列，内列较外列长，苞片的近尖端有小角，角的尖端向下弯曲；花托扁平，裸露；花冠长 9～13 毫米，宽 2～3 毫米，顶裂为 5 小齿；雄蕊 5 枚，花丝丝状；子房近长圆形，上部密生小刺，花柱柱状，顶 2 裂。瘦果纺锤形，长约 4 毫米，有棱，上部具有多数短刺，顶延长成一喙，冠毛很多，白色。花期 7～8 月，果期 8～9 月。

［生长环境］　生长在大陆性气候，海拔约 1800～2000 米之间的新疆特克斯河河谷；对土壤的适应性颇大，但喜生于含盐类较少而含大量腐殖质，具有相当湿度，酸碱度为 5.5～8.5 的土壤上。

［产　　地］　新疆、甘肃、河北、黑龙江等省区国营农场有栽培。

［用　　途］　从根中可提取橡胶，适合于制造一般橡胶制品，如胶鞋、胶布、胶管、胶带等，也可代替三号烟片制造轮胎。

［理化性质］　据化学工业部橡胶工业研究所资料：橡胶含量：多年老根含 7～10%，1～2 年生根含 2～5%（干重）。胶乳比重 0.91，折射率（20℃）1.5190；橡胶性质与三叶橡胶类似，具弹性，为顺式异戊二烯多聚体结构；分子式为（C_5H_8）$_n$，分子量较三叶橡胶小，能溶于汽油和苯等溶剂中。

［采收处理］　橡胶草根的收获宜在第一年秋季生长停止以后，或次年春季生长开始以前；收获一年生的根，可延迟到秋雨或地冻之前进行，如在次年收获，则要在开花最盛和根套尚未脱落以前进行。

收获时先将地上部分锄去，然后掘出根部，应尽量将根全部采回，并且避免将根伤损折断。在苏联，收获时是用恭菜掘根机，亦有用犁将田土壤耕翻，然后用手拣拾。

收获下来的根，立即洗刷干净，如不马上提炼橡胶，可将根放在户外或空气流通的室内阴干，宜摊开，厚度约 10 厘米，并且要时常搅动。干根可贮藏在干燥的窖内。

［加　　工］　鲜根可压取乳汁，加醋酸凝固，按烟片的制造方法加工。但一般多经风吹干后的干根都用机械法或溶剂浸提法提胶。

机械法加工，是将风干后的干根经过筛选、洗涤、加压蒸煮、球磨、离心机去水、真空干燥或熏烟，再用炼胶机压片并加入防老药而制成片状橡胶。

［其　　他］　橡胶草适合于黄河以北地区种植，并且当年播种，当年即可收获供提炼橡胶；因此，对于橡胶草的大量栽培问题，应进一步加以研究。有关橡胶草的繁殖方法，可参考罗士苇等著的“橡胶草”一书。

第八章

药 用 类

目　录

一. 总　论

我国地区辽阔，气候复杂，药用植物的种类和蕴藏量极为丰富，素有“世界药用植物宝库”之称。很多药用植物如人参、甘草、黄蓍、大黄、三七、当归……等，不仅在国内广泛应用，而且也是驰名世界的重要药材，每年外销一定数量。

广大人民对中药（主要为植物药）有着崇高的信仰，全国80%以上的人口应用中药预防和治疗各种疾病，广大农村人口更是如此。可见药用植物在人民的保健事业中占着重要位置。

很久以来，药用植物对治疗某些疾病有卓越的效果；广泛流传各地的民间药和验方，对治疗一些疑难病症往往也很灵验。近数十年来，很多药用植物的疗效得到了进一步的科学验证，如大黄致泻，麻黄止喘，常山抗瘧，当归调经……等。

我国应用药用植物的历史极为悠久，几乎自有文字以来，就开始了关于药用植物的记载，例如我国第一部较为完备的药用植物专著“神农本草经”（约公元280年间）就收载了药物365种，其中包括植物药239种。以后各个朝代都有各种本草书籍的刊行。这些著作总结了我国劳动人民长期应用中药的广泛经验。历代较为重要的本草书籍有“神农本草经”，“名医别录”（452—536年），“唐本草”（695年），“本草拾遗”（739年），“开宝本草”（973—974年），“嘉祐补注本草”（1057—1061年），“图经本草”（1062年），“证类本草”（1108年），“本草衍义”（1116年），“救荒本草”（1406年），“本草纲目”（1590—1596年），“本草纲目拾遗”（1765年），“植物名实图考及长编”（1848年）等。其中以明朝李时珍著的“本草纲目”最为突出，可以说是我国16世纪以前医药成就的全面总结，收载了药物1896种，比“神农本草经”增加了5倍以上，其中包括了植物药1015种，占药物总数的52.48%。可见我国利用药物医疗疾病的经验是极为丰富的。

目前我国常用中药中以药用植物占极大多数。全国应用较为普遍的500种中药中，植物药有409种，占了总数的81.5%；已应用的植物药中仍以野生药用植物为主，栽培药用植物的比重不大，少数为植物加工品。

我国植物药的种类多、数量大的省份，有四川、浙江、广东、广西、云南、辽宁、吉林、黑龙江等省区，其他各省产量亦大，并各有名产药用植物。

药用植物广泛分布在植物界的各个科属里，几乎凡是具有特殊化学成分及生理作用的药用植物（主要为草本，木本较少），都可以作为药用植物。其中以双子叶植物种类为最多，如毛茛科、罂粟科、蔷薇科、伞形科、茄科、茜草科、马钱科、唇形科、菊科……等；单子叶植物次之，如百合科、石蒜科、薯蓣科、百部科……等；裸子植物中仅见于松科、柏科、麻黄科……等；蕨类植物中，如叉蕨科、骨碎补科、水龙骨科……等也有不少药用种类。

甲．药用植物的利用部分

由于每种药用植物的各个部分所含有效成分及效用往往不同，因而利用部分也各有不同，一般可分为下列十类：

（一）全草类药用植物

系指草本植物的全部或仅指地上部分供药用的种类，如龙牙草、茵陈蒿、藿香、薄荷等。

（二）根及根状茎类药用植物

为根及各类植物地下部分的统称，根状茎通常包括块茎、鳞茎、球茎、根状茎等。如人参、半夏、石蒜、百部、苍术等。

（三）茎类药用植物

系指药用植物的带叶或不带叶的地上茎或茎的一部分（如皮刺、茎翅等），供药用的种类如木通、通草、皂角刺、鬼箭羽等。

（四）树皮类药用植物

系指木本植物茎干形成层以外的部分（包括韧皮部、皮层及周皮），供药用的种类如黄柏、厚朴、杜仲、桂皮等。

（五）木类药用植物

系指木本植物茎杆以内的木质部分，供药用的种类，如樟木、苏木等。

（六）叶类药用植物

采用植物完整的叶供药用的种类，如桑叶、茶叶、侧柏叶等。

（七）花类药用植物

采用植物完整的花序或单花或仅采用花的一部分供药用的种类，如芫花、红花、金银花、莲蓬须、蒲黄等。

（八）果实类药用植物

采用植物完整的果实或果实的某一部分，供药用的种类，如土荆芥、五味子、木瓜、山楂萸肉等。

（九）种子类药用植物

采用植物成熟的种子或种子的一部供药用的种类，如葶苈子、木鳖子、槟榔、莲心、桃仁等。

（十）其他类药用植物

采用植物体的分泌物（如松香、沉香），加工品（如儿茶），或植物的某些器官经昆虫寄生而形成的虫瘿（如五倍子）等供药用的统可归于此类。

乙．药用植物的采集时期

药用植物的各个利用部分所含的有效成分和医疗效果在不同的生长时期内往往差异很大，因而正确掌握适当采集时季对药用植物的质量有着极大的关系。采集时期的基本原则应以其所含有效成分最高，产量也较大的期间为准。各类药用植物一般的采集时期可归纳如下，但个别药用植物仍有例外：

（一）全草、茎及叶类药用植物

以花初放期或花朵盛开而果实与种子尚未成熟前采收为宜。因此时植物生活力最旺盛，光合作用也最为强烈，因之所含的营养成分也最高。

（二）根及根状茎类药用植物

以秋末植物地上部分完全枯萎以前或初春植株刚刚萌发时采集为宜，因这时植物的生长、发育近于停止，故所含营养成分及有效成分也较高，一般应选择晴天收集，因泥土疏松，易于挖掘。

（三）木本类药用植物

秋末或冬初伐下，剥取茎干外皮，切制备用。

（四）树皮类药用植物

以春夏之交，约为 4、5 月间进行采集为宜。因这时植物体内汁液流动旺盛，形成层生长作用强烈，树皮极易与木质部分离而便于割裂及剥皮。

（五）花类药用植物

通常在花开放时进行采集（但个别花类仍有例外），如花盛开后则花多易散落，破碎及变色而影响花朵的完整及质量，采花应选择干燥的晴天进行，因雨后或清晨露水未退前，花含水分较多，易致霉烂及变色。

（六）果实类药用植物

于果实充分生长，但尚未完全成熟时采集，宜选择干燥的晴天进行采集。

（七）种子类药用植物

应在种子完全成熟后进行。

丙．药用植物的干燥方法

药用植物采收后应立即迅速干燥，否则因含有多量水分易霉坏或腐败，影响质量和疗效，造成浪费。一般的干燥方法可分为下列四类：

（一）阳干法（日干法）

将药用植物的利用部分直接置于阳光下曝晒，利用日光及热气的流动使药用植物迅速干燥，通常多摊在搭架的竹帘、竹席或铁皮上进行，如在河边、海滨或沙石地可直接铺于地上进行。药用植物的干燥多用阳干法。本法设备简单，用费低廉，但缺点是温度不易调节和受天气变化的影响很大。

（二）烘干法（火干法）

应用电力、火力或蒸汽使药用植物干燥。本法不受气候的影响，随时可以使用，温度可以随时控制和调节，但须有一定的经费和设备。

（三）阴干法

将药用植物置于阴凉、干燥、通风处的架上或悬挂在室内，利用空气的流动，使药用植物的水分自然蒸发，达到干燥的目的。阴干法多用于花类及芳香性叶类或草类药用植物。

（四）其他方法

少数不适用以上方法干燥的，可利用石灰干燥器进行干燥，易见光而变色的药用植物亦可采用本法进行。

丁．药用植物的贮藏方法

药用植物往往由于贮藏方法不当，贮藏地方不适，受到潮湿、光线、高温的作用而发生霉烂，变色或变质现象，或受虫害后其营养成分全为虫所蛀食，使之完全失去疗效，造成不应有的损失。因之药用植物的合理贮藏方法有着极为重要的意义。

贮藏期间应特别注意周围环境的温度、湿度、空气、虫蛀等条件对药用植物的影响及某些药用植物本身的特点如贮藏年限等。

（一）湿度

很多药用植物往往因吸收空气中的水分而引起霉菌及其他微生物的繁殖活动，以致破坏了植物细胞中所贮存的内含物或引起植物有效成分的分解和失效。

（二）温度

温度增加促进各种酶及微生物的活动力增强，造成变色及氧化变质等现象。

（三）氧气

空气中的氧气与药用植物长期接触后发生氧化作用，增加变色速度。一般干燥药用植物较潮湿的药材变色为慢。

（四）光线

强烈的光线特别是偏极光也是加速植物变色、变质的主要因子之一。

（五）虫蛀

药用植物的各个部分往往富含淀粉、糖类、蛋白质类、脂肪油类等成分，这些都是很好的营养物质，因而常易招致昆虫（如时象、谷象、标本虫、眼草甲虫、粉虱等）蛀食而失效，但含辛辣和有毒成分的药用植物不易遭受虫蛀。

（六）贮藏时间

贮藏时间依种类而有所不同，有的久存后与周围环境长期接触而变质失效，如大黄、天门冬等；有的新鲜品不宜药用，而须经贮存一定时期，因有效成分的形成与特化关系；反而增加了作用。但一般以新鲜品疗效为高，而陈旧品常易失效变质。

由以上各因素可看出药用植物的合理贮藏方法是非常重要的。一般均宜贮存于高爽干燥、空气流通的房间，分层摊放，并应作好防潮、防虫工作。有些药用植物经日晒或其他方法干燥后仍易还潮或招虫蛀的，可贮存于石灰缸内；少数易氧化、挥发性强或贵重的药用植物可贮于密闭着色的瓶内或锡罐中。

戊．药用植物的化学成分

药用植物的成分，特别是有效成分，即具有医疗作用的成分，常因植物的年龄、土质、气候或采集时期、采集条件的不同而致变质。不仅同科同属的植物中所含成分往往不同，甚至同种植物在不同的产地，不同环境条件下其成分的质量也有变化，而同种植物的根、茎、叶、花……等各器官的成分及含量也有不同，因而药用植物的化学成分与品种、栽培、采集、加工、鉴定、贮藏都有着极为密切的关系。

药用植物的成分通常可分为植物碱（如麻黄、防己、延胡索、乌头、茶、藜芦等），配糖体（如桃、大黄、夹竹桃、铃兰等）。皂角甙（如串龙薯蓣、问荆、甘草、龙胆、人参、桔梗等），鞣质（如五倍子、拳参、地榆等），挥发油类（如枳壳、侧柏、当归、薄荷、苍术等），油脂（如蓖麻子、巴豆等），淀粉（括楼根、葛根等），树脂（如松香、阿魏等），树胶（杏胶、桃胶等），粘液质（如白及），维生素（如当归、酸枣、猕猴桃、玉米须、金樱子等），蛋白质（如菟丝子等），有机酸（如乌梅、复盆子、野山楂等），色素（如紫草、茜草等），植物杀菌素（如蒜等），无氮物质（如绵马、贯众等）等类。

在医疗上具特殊作用和价值的称为主要成分，如植物碱、配糖体、挥发油等，其他不具医疗作用的称次要成分或辅助成分，如油脂、淀粉、蛋白质、酶、树脂等。但植物的主要成分还要根据各个药用植物的具体情况而定。

己．药用植物对发展医药工业的意义

药用植物除本身供药用外，还可利用化学方法提取其有医疗作用的化学成分或制成加工品，直接应用于医疗各种疾病。

目前，国内很多制药厂从事于药用植物有效成分的提取和合成制造工作，并已制成各种成药，例如由麻黄属（Ephedra）植物全草中提取治喘特效成分的麻黄素（Ephedrina）；由黄连属（Coptis）、小檗属（Berberis）及其他有关科属植物中提取杀菌成分的小檗碱（Berberine）；再如具抗高血压的植物萝芙木（Rauwolfia verticillata Baill.）所含的植物碱，已制成商品成药“降压灵”已广泛利用。

有些药用植物所含成分可作为合成其他化学药物的中间原料，如由薯蓣属植物根状茎中提取出来的薯蓣皂甙元（Diosgenin）就是合成药物“可的松”的重要原料。

当药用植物的有效成分确定后，就可以根据其化学结构进行人工合成及作效用方面的改进。例如由罂粟（Papaver somniferum Linn.）未熟果实割破流出的乳汁（即鸦片）中分离出有效成分吗啡（Morphine），为中枢神经镇痛药。根据吗啡的结构式及疗效，目前已制造出很多适用于临床的合成药物如狄奥宁（Dionine），波诺宁（Peronine），大劳地特（Dilandide），海洛因（Heroine）……等，其中有些种类的疗效较吗啡还高若干倍，唯毒性较大。

以上的例子是以说明药用植物的研究对医药工业有着极为密切的关系；而药用植物资源的发现与栽培对发展医药工业有着很重要的意义。

庚．对开展我国药用植物科学研究的意见

（一）澄清种类的混乱现象，保证医疗效用的正确性

我国药用植物产区辽阔，种类繁多，由于用药习惯不同及其他种种历史的和地理的原因，以致在药用植物种类上同名异物，同物异名的混乱现象相当普遍的存在，如虎杖与半夏，藜芦与萱草，白薇与白前……等，再如仅白头翁一种药材在国内就发现包括4科12属16种植物的混乱现象。这种种类名称混乱现象，必须在全国深入普查的基础上及时加以整理、澄清，以保证用药的准确性和中医中药研究工作的顺利开展。

（二）药用植物有效成分的鉴定、研究

国内较系统的研究药用植物已有四十多年的历史，研究过的种类约有数百种。但由于药用植物的种类名称异同现象及过去化学家们往往只注意成分的探讨而忽略了这种成分是否有效，因而所获成绩还不能适应当前形势，例如防己在国内外先后进行研究者近10人，但每人所获的结果多有不同，这就妨碍了有效药用植物的推广、应用。为此，应当积极地进行正确鉴定药用植物有效成分的研究，为合成药物开辟新的道路，为药用植物栽培提供科学依据。

（三）积极开展药用植物栽培工作

由于中国医学在国内的不断发展，应用中药医疗疾病的群众日益增多，仅仅依靠山区、荒地出产的野生药用植物及目前少量的栽培药用植物已远远不能满足人民保健事业的需要；同时为了摆脱对国外输入药用植物的依赖，减少进口，节约外汇，必须大力开展药用植物的栽培工作，变野生为栽培，变低产为高产，在人工控制下不断提高药用植物的质量，逐步达到“就地生产，就地供应”的目的。

（四）中西医药合流统一

解放以后，由于党的正确领导和重视，中西医间出现了团结、合作，相互学习、共同提高的新气象，因而在医疗工作上作出了不少惊人的成绩。这对于中西医的合流统一对于发展我国独特的“中国医药”，对保证人民健康都将起着巨大的推动作用。中西药是中西医医疗疾病应用的主要武器；在中西医不断交融、合流的情况下，中西药也一定会同时并举，相互取长补短，达到合流统一的目的。

（五）加强药理及临床研究工作，确定疗效，发现新的有效药用植物

药用植物的药理试验和临床应用是我国研究药用植物的一个极重要的环节。很多药用植物所含化学成分疗效的证实，新的医疗效用的发现，有效的民间药及验方的整理、确定，古今验方的比较研究，各种药用植物的剂量确定等，都需要经过药理试验加以肯定，临床应用加以证实。因而迅速加强药理及临床方面的研究工作是一项刻不容缓的重要任务。

二. 各 论

1 石松（shisong）（图 1257）

［地 方 名］ 伸筋、狮子尾、过山龙、地滔（浙江），寸金草、地梭罗、蜈蚣七、叉梭罗、地白牙、木石松（四川），金毛狮子草（四川、江苏），金腰带（湖北），狮子草（贵州）。

［学　　名］ **Lycopodium clavatum** L.　石松科

［药 材 名］ 伸筋草（浙江、安徽、四川），石松子（吉林、辽宁、黑龙江、河南）。

［形态特征］ 多年生草本，高 35～60 厘米。茎长，匍匐地面，下面生分岐白色的不定根，上面随处生有直立或斜上的分枝，侧枝常为二岐分枝。叶线状锥形或稍呈镰形，螺旋状排列，密生，长 4～6 毫米，宽约 1 毫米，先端延长为白色芒状尖，全缘。孢子囊穗圆柱状，长 4～5 厘米，宽 4～5 毫米，通常 2～3（稀 5）个，着生于枝顶；总梗长 5～12 厘米，常分岐成小梗；小梗长 2～4.5 毫米；孢子叶卵状三角形，先端具长尾状长毛，边缘膜质，有不整齐撕裂齿。孢子囊肾形，淡黄褐色，横裂；孢子为四面体球形，有密网纹及小突起。

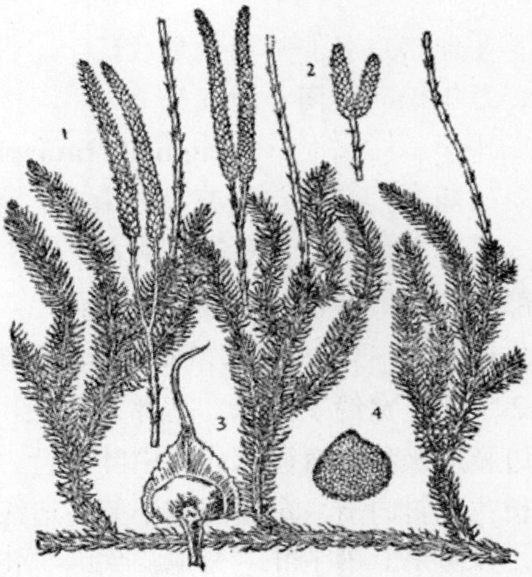

图 1257　石松

Lycopodium clavatum L.

1．植株；2．孢子囊穗；3．孢子叶和孢子囊（腹面观）；4．孢子。

（自“东北草本植物志”）

［生长环境］ 喜生于林下、沟边、坡地等阴湿的酸性土壤上，海拔 500～1500 米处。

［产　　地］ 内蒙古、黑龙江、吉林、河南、江苏、浙江、福建、台湾、广东、广西、云南、贵州、江西、湖南、湖北、四川等省区。以云南、广西、四川、贵州产量最多。

［用　　途］ 全草入药、治腰酸痛、跌打损伤、经血不调等症。孢子药用称“石松粉”或“石松子”，可作撒布粉，以保护嫩弱皮肤表面，并可作为吸收剂；在药剂上石松子不吸收湿气，且有抗外气侵入之性，故可用于制丸剂、栓剂，以防止相互粘着。

孢子又为冶金工业的优良脱模剂，用于照明工业（如火箭照明弹，信号弹等），全草可制取蓝色染料（见“其他类”，2094 页）。

［理化性质］　石松子含有49％的脂肪油，其主要成分是石松子油酸（lycopodiumolsäure）的甘油酯，占80～86%，石松子内膜中除纤维素之外，尚含有23％的sporonin［$C_{99}H_{127}O_{12}$（OH）$_{15}$］样的物质，此外还含有植物甾醇0.3％，蔗糖2％及石松子碱（lycopodine, $C_{32}H_{52}N_2O_2$）。

［采收处理］　6～7月间拔取全草，晒干即成。

［其　　他］　在四川、浙江等省所用的伸筋草尚有同属的铺地蜈蚣（Lycopodium cernuum L.）当地又叫龙灯草及玉柏（Lycopodium obscurum L.）；这三种植物的区别如下：

1．孢子囊穗着生在长梗上；叶片先端渐尖，延长成白色长芒………………石松

1．孢子囊穗不具长梗；生于小枝的先端。

　2．孢子囊穗长2～3厘米，直径5～7毫米，每植物仅有1～3个孢子囊穗；叶为线状披针形，通直………………………………………………………………玉柏

　2．孢子囊穗长4～8厘米，直径2～3毫米，多数，遍生于侧生小枝的先端；叶为线状钻形，并向上弯曲………………………………………………………铺地蜈蚣

2 卷柏（juanbai）

［地 方 名］　佛手草（辽宁、吉林、河南），老虎爪（山东），长生草、九死还魂草、万年松（河南、浙江）。

［学　　名］　**Selaginella tamariscina** (Beauv.) Spr.　卷柏科

［药 材 名］　还魂草（山东、河南、浙江、四川），万年青（山东、广东）。

［形态特征］　多年生草本，高5～15厘米。茎短而直立，成垫状，上部分枝密集，下部着生多数须根，各枝直立，丛生，干后拳卷，密被复瓦状叶，常为二岐式，各枝扇状分枝至2～3回羽状分枝。叶小异型，交互排列，侧叶稍卵状钻形或长圆状卵形，长约2毫米，宽约1毫米，基部龙骨状，先端有长芒，远轴的一边全缘，宽膜质；近轴的一边膜质极狭，有微锯齿；中叶两行，长卵状披针形，长1.7毫米，宽0.75毫米，先端有长芒，斜向上，左右两侧不等，边缘有微锯齿，中脉在叶上面下陷。孢子囊穗着生枝端，四棱形，孢子叶三角形，先端有长芒，边缘有宽的膜质，孢子囊肾形，大小孢子囊的排列不规则。

［生长环境］　生于裸露山顶岩石上，遇天气干燥或冬季到临时，全体向内卷缩如拳，遇雨天潮湿时又向外伸开，所以民间称它为长生不死草或还魂草。

［产　　地］　广东、福建、台湾、浙江、江苏、江西、山东、河南、河北、陕西、辽宁、吉林等省。

［用　　途］　全草供药用，为收敛止血剂。治肠出血、痔出血、脱肛、尿血等。吉林群众用叶烧灰和菜油拌和，治小儿脑膜炎。

［理化性质］　据山东省资料：全草含少量鞣质。

［采收处理］　全年均可采收，拔取全草，剪去须根，晒干，用席包或竹篓装，置于干燥通风处备用。

［其　　他］　除本种外，四川尚用兖州卷柏［S. involvens（Sw.）Spr.］地方名：地柏枝、扁柏（四川），分布于四川、贵州、云南、广西、广东、福建、浙江、江西、湖北至陕西，也作还魂草入药。与卷柏的主要区别是植株高大，不成垫状，孢子叶同型，茎棕黄色，主茎通常仅在基部着根，小枝无毛，主茎近基部各叶密生，上下被复，中叶无白边。

3 问荆（wenjing）（图 1258）

［地 方 名］　马草、土麻黄、马须（四川），笔头菜、笔管草（河南）。

［学　　名］　**Equisetum arvense** L.　木贼科

［药 材 名］　问荆

［形态特征］　多年生草本，根状茎长，横走，匍匐生根，深埋地下。营养茎与生孢子囊茎绝然不同；营养茎在夏季生出，高 30～60 厘米，直径 2～8 毫米，棱脊 6～15 条，沟中气孔成带条，中心孔小形，先端长尾状；鞘疏松，长 6 毫米，鞘片背面向先端有浅沟 1 条；披针形，黑色，边缘不为膜质，白色；分枝轮生，中实，3～4 棱，通常不再分枝。生孢子囊穗的茎春季先生出，无绿色素，易雕萎，鞘漏斗形，长 12～15 毫米，齿棕色，膜质；穗有短梗，长 25～35 毫米，钝头。

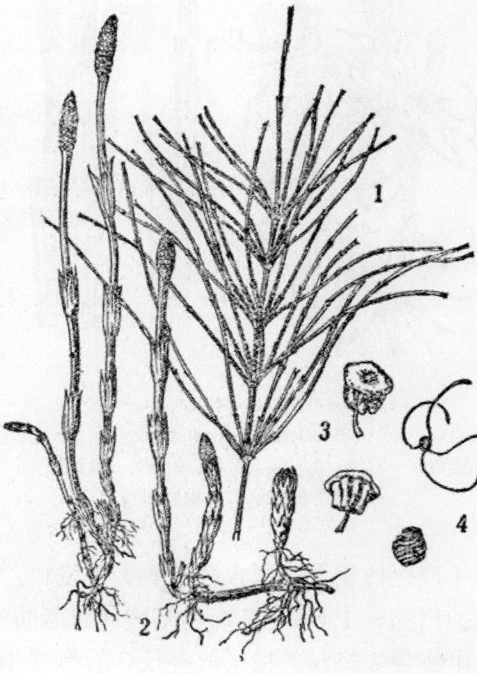

图 1258　问荆

Equisetum arvense L.

1．营养茎的一部；2．孢子囊茎；3．孢子叶及孢子囊；4．孢子。

（自“东北草本植物志”）

［生长环境］　生于草地、河边、荫谷、沙地、耕地或休闲地。

［产　　地］　内蒙古、辽宁、河北、山西、河南、山东、陕西、新疆、西藏、四川、贵州等省区。

［用　　途］　全草入药，为利尿剂。本品煎剂内服治各种出血，如鼻出血、月经过多、肠出血、喀血、痔出血等。

［理化性质］　根据吉林省农业科学院分析：全草含有皂角甙，可溶性硅酸盐，植物甾醇，维生素丙及胡萝卜素等。

［采收处理］ 参阅木贼（本页）。

4 木贼（muzei）（图 1259）

［地 方 名］ 节节草（四川），笔头草、锉草（河北、东北）。

［学 名］ **Equisetum hiemale** L. 木贼科

［药 材 名］ 木贼

［形态特征］ 多年生常绿草本。根状茎短，横走，黑色，多分枝。营养茎与孢子囊穗的茎同形，直立，单一或仅于基部分枝，高 60～100 厘米，直径 6～10 毫米，中心孔大形，有脊 20～30 条，粗糙，沟中气孔成单行；鞘紧抱，长 8～12 毫米，灰绿色，顶部及基部各有一黑色的圈；鞘片中央有 1 浅沟，齿早落。孢子囊穗紧密，长圆形，生于茎顶，长 7～13 毫米，有小尖头。

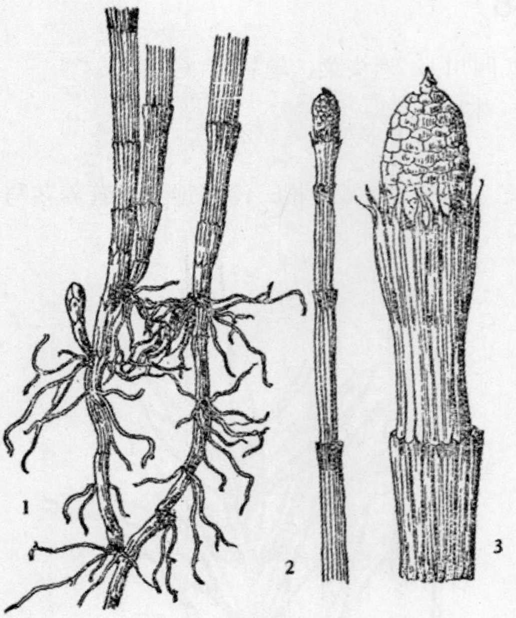

图 1259 木贼
Equisetum hiemale L.
1．植物的一部分；2．孢子囊穗；3．孢子囊穗放大。
（自“东北草本植物志”）

［生长环境］ 常成片生长于针叶林或针阔叶混交林中及溪边、沟旁等荫湿地。

［产 地］ 辽宁、吉林、河北、内蒙古、陕西、新疆、四川等省区。

［用 途］ 全草为收敛止血药，治肠出血、痔出血，也可利尿发汗及治砂眼病。

兽医用全草治疗牛的伤风感冒、慢性胃炎、膀胱麻痹、眼炎等症。茎叶富含矽酸，可做金工及木工的摩擦材料，以代砂布。

［理化性质］ 据吉林农业大学资料：全草含灰分 18.2%，其中大部分为硅质；石油醚抽出物有 1.4%的棕绿色半液体状脂肪油；醚抽出物得 5.33%的绿色半固体树脂；水抽出物含 2.25%的糖；此外还含有鞣质 10.96%，及少量皂角甙。

［采收处理］ 8～10 月采收，将采挖的全草除去泥土，晒干备用。

5 海金砂（haijinsha）（图 1260）

［地 方 名］ 吐丝草（江苏），虾蟆藤（江西），转转藤、金线风、左转藤（四川），铁线藤、虾鸡藤子（福建）。

［学　　名］　**Lygodium japonicum** (Thunb.) Sw.　海金砂科

［药 材 名］　海金砂

［形态特征］　多年生大形攀援草本，高可达 4 米。地下茎细长而匍匐，全体被成节的毛。叶 1～2 回羽状复叶，纸质，两面略被细柔毛；生孢子囊叶为卵状三角形，边缘有锯齿或不规则分裂，上部的小叶无柄，羽状或戟形，在下部的有柄，长约 1 厘米；不育羽片尖三角形，通常与能育的羽片相似，但有时为一回羽状复叶，小叶阔线形或基部分裂成不规则的小羽片。孢子囊生于能育叶的边缘，成穗状排列，长 2～4 毫米，孢子囊盖鳞片状，卵形，每盖下生一卵形的孢子囊。孢子囊多在夏秋两季产丝，孢子 9 月下旬成熟。

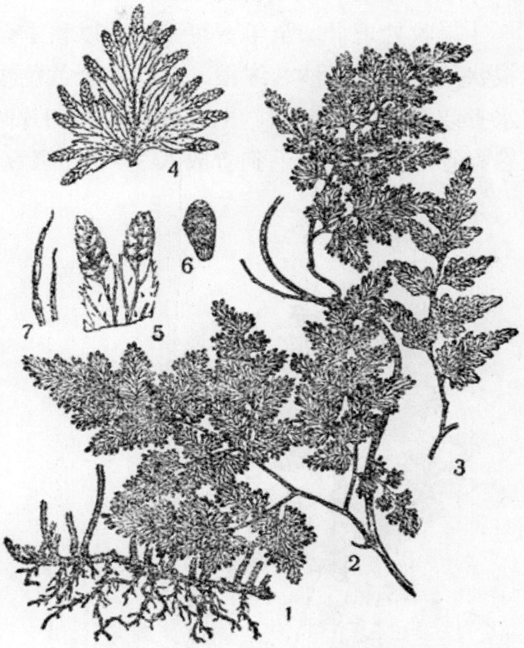

图 1260　海金砂

Lygodium japonicum（Thunb.）Sw.

1．地下茎；2．地上茎及生孢子囊之叶；3．不生孢子囊之叶；4，生孢子囊之叶放大；5．生孢子囊叶的一部放大，示孢子囊盖；6．孢子囊放大，示环带的位置；7．地下茎上所生的节毛。

（自“中国药用植物志”）

［生长环境］　生长于林下，路旁、阴湿浅山沟及乱石隙间，常缠绕其他植物上。海拔 200～500 米处。

［产　　地］　陕西、河南、江苏、浙江、安徽、湖南、湖北、江西、福建、台湾、广东、广西、四川、贵州、云南等省区。以广东、浙江产量较多。

［用　　途］　孢子入药为利尿剂，治淋病、水肿，对于急性淋病的尿道炎，排尿刺痛及膀胱结石的砂淋尿痛等有效；又为清凉性镇静药，用于急性热痛，烦热惊狂，小便赤热等。

孢子亦可作剧台用的火花及信号照明，另外，叶可防治农业虫害及除四害。

［采收处理］　孢子成熟时采收，选择晴天清晨早露未干时，将叶割下，放于衬布的竹筐内，在避风处曝晒，接近中午时，用手搓揉抖动，则孢子脱落，再用细筛筛去残叶，晒干即成。茎叶作土农药用，可常年采收，晒干备用。

6 金毛狗脊（jinmaogouji）（图 361）

［学　　名］　**Cibotium barometz** (L.) J. Sm. 蚌壳蕨科

［药 材 名］　金毛狗脊

（地方名、形态特征、生长环境、产地及其他用途见“淀粉及糖类”，442 页）

［用　　途］ 根状茎为强壮、缓和镇痛、利尿药，又用于孕妇的腰酸痛及赤白带下等。

［理化性质］ 根含淀粉 30%左右。

［采收处理］ 全年皆可采收，以秋季至冬季地上部分枯萎时采挖的质量较好，挖出根状茎，除去泥沙、细根、叶柄及金黄色柔毛，晒干或切片后晒干，称为“生狗脊”；用水煮或蒸后，晒至六、七成干时，再切片晒干者称“熟狗脊”。广西及浙江等地在加工熟狗脊时每百斤金毛狗脊放入 3～5 斤黑豆皮，煮两天左右，视其颜色变黑时，捞出晒干或阴干。

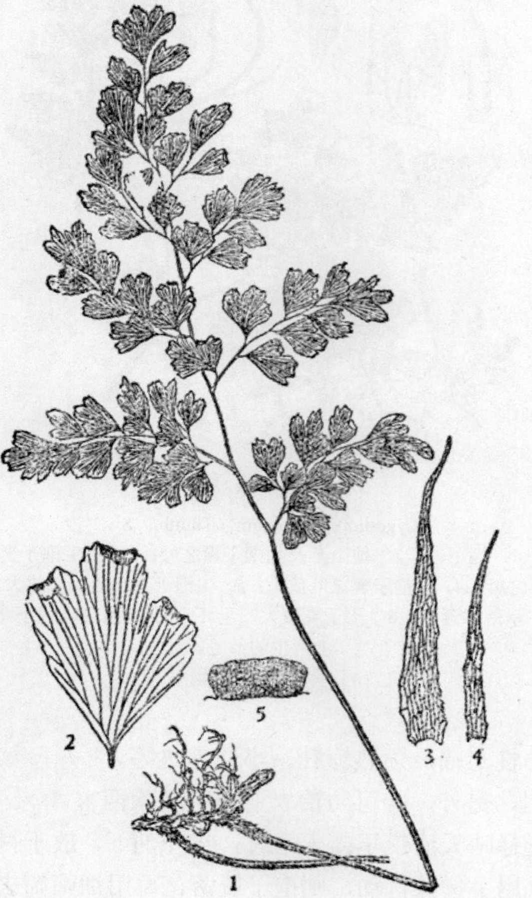

图 1261　铁线蕨
Adiantum capillus-veneris L.
1. 植物全形；2. 末次小羽片；3、4. 地下茎上的鳞片；
5. 孢子囊盖的内面，示着生的子囊。

7 铁线蕨(tiexianjue)(图1261)

［地 方 名］ 石中珠（四川、广东），高脚铁军捞、金钱茆、乌骨笔、铁丝草（广东）。

［学　　名］ **Adiantum capillus-veneris** L.　铁线蕨科

［形态特征］ 多年生草本；根状茎短小，横生，黄褐色，密被淡褐色鳞片，下面生多数须根。叶近生，叶柄细弱如铁丝，长 10～15 厘米，黑紫色，光滑无毛，叶片三角状长圆形，长 20～40 厘米，宽 12～20 厘米；至少基部通常为二回羽状复叶；羽片互生；小羽片长约 2 厘米，宽达 1.5 厘米，先端几平截而中间稍凹入，或为 2～3 深裂，基部楔形。叶脉自羽片基部向叶缘扇形放射。孢子囊盖由叶片顶端的叶缘向下面反折，有明显的叶脉，子囊群即生叶脉顶部，微小。

［生长环境］ 喜生阴湿处，如溪边及湿石上，为钙质土的指示植物。

［产　　地］ 广东、广西、福建、台湾、浙江、江苏、江西、安徽、湖北、

湖南、四川、云南、贵州、陕西、山西等省区。

[用　　途]　全草入药。据“广东中医”杂志1959年第1期报导，用全草治疗颈部淋巴结核（即瘰疬）有显著疗效。广东梅县、兴宁、汕头、揭阳等地，用全草治痢疾、蛇咬伤及跌打外伤。

[采收处理]　采集全草阴干后，供药用。

[其　　他]　内服每次4～6钱，与猪肉同煮，每日或隔日服用，全草无任何不快气味或副作用，可长期服用。

8 狗脊（gouji）（图364）

[学　　名]　**Woodwardia japonica** (L. f.) Sm.　乌毛蕨科

[药 材 名]　金毛狗脊（湖南）

（地方名、形态特征、生长环境、产地及其他用途见“淀粉及糖类”，445页）

[用　　途]　根状茎入药，为缓和镇痛、利尿剂及强壮剂，治虚弱腰痛。浙江民间用根状茎的鳞片作刀伤止血药。四川宜宾、屏山、江安一带以这种植物的根状茎作贯众入药，有杀虫效力。

[采收处理]　一年四季均可采挖，但以秋后较好；掘取根状茎去掉叶片及鳞片，洗净泥沙，趁新鲜时切成8～15毫米厚的薄片，晒干或烘干即可。

[其　　他]　这种植物的根状茎在湖南、江西、广西以“狗脊”入药，在四川、湖北及浙江部分地区以“贯众”入药；此两者的效用显然不同，希有关部门研究解决。

9 贯众（guanzhong）（图1262）

[地 方 名]　神箭根（河南），小金鸡尾、小叶山鸡尾（浙江）。

[学　　名]　**Cyrtomium fortunei** J. Sm.　叉蕨科

[药 材 名]　贯众

[形态特征]　多年生草本，高30～50厘米。根状茎短，倾斜或直立，密被鳞片，鳞片大形，长1厘米或更长，红棕色，有亮光，卵形，渐尖。叶丛生，长15～30厘米，密被鳞片，鳞片除上述外，还有线形或线状披针形的鳞片混生；叶片长圆形，长15～45厘米，宽10～17厘米，奇数羽状复叶，顶片三叉状，羽片10～20对，互生，下部羽片不缩短，长10厘米左右，宽2厘米，镰刀形，长渐尖，有短柄，基部圆形或上侧耳形，边缘具细锯齿；叶纸质，淡绿色，叶轴被鳞毛，叶脉联结，网眼六角形，内藏细脉1～2条。孢子囊群圆形，撒布于羽片背面；囊群盖圆形，盾状着生。

[生长环境]　水沟边，山谷路旁及墙脚阴湿处，喜石灰岩缝内。

[产　　地]　浙江、江苏、安徽、江西、福建、广东、广西、湖南、湖北、四川、贵州、云南、陕西、河南等省区。

[用　　途]　浙江平阳民间用根状茎煎汁，可杀钩虫；少量连服，可预防流行性

感冒。

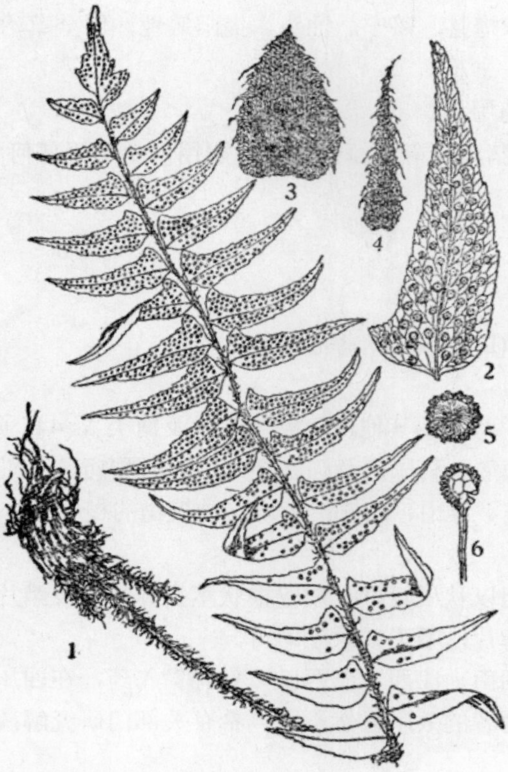

图 1262 贯众
Cyrtomium fortunei J. Sm.
1. 植株全形；2. 小叶；3. 叶柄基部之鳞片；4. 髓轴上之鳞片；5. 孢子囊群；6. 孢子囊。
（自“中国药用植物志”）

根状茎可制淀粉或酿酒（见“淀粉及糖类”，447 页）。根状茎可作杀虫药，磨粉，每公斤加水 10 公斤，配成水悬液喷洒，对蚜、螟虫、孑孓的杀灭均有效。

［采收处理］ 全年均可采收；一般在夏秋季挖取根状茎，晒至半干，用火微烧，除去鳞片须毛，再晒干即成。

［其　　他］ 全国各地药材公司所收购的贯众种类相当混乱，根据现在了解，四川药材公司所收的“贯众”为亚美蹄盖蕨［Athyrium acrostichoides（Sw.）Diels］的根状茎，这种植物分布于东北各省、河北、安徽、云南、陕西、甘肃、内蒙古等省区；单芽狗脊（Woodwardia unigemmata Nakai）的根状茎，这种植物分布于浙江、福建、台湾、湖北、四川、云南、甘肃等省，而江苏、安徽、山东等省药材公司所收购的“贯众”为紫萁（Osmunda japonica Thunb.）的根状茎。这种植物分布很广，南至台湾，北至陕西（秦岭以南），西达四川、云南；它们的区别如下：

1．叶同型（孢子生于营养叶上）。

2．叶草质，叶脉羽状分离，孢子囊盖长圆形，膜质，同中肋斜交；叶片顶部没有腋生无性芽……………………………………………………亚美蹄盖蕨

2．叶草质，叶脉网状，袍子囊盖线形。草质，同中肋并行。叶片顶部有一腋生无性芽……………………………………………………单芽狗脊

1．叶二型（孢子叶和营养叶分开）……………………………………紫萁

10 绵马羊齿（mianmayangchi）

［地 方 名］ 野鸡膀子（辽宁、吉林）

［学　　名］ **Dryopteris crassirhizoma** Nakai 叉蕨科

［药 材 名］　贯众（东北）

［形态特征］　多年生草本，高 50～120 厘米。根状茎斜生，块状，坚硬如木质，密被锈色或褐色的大形鳞片。叶柄长约 10 厘米，粗壮，密被鳞片，鳞片长 10～25 毫米，黄褐色或深褐色，长椭圆形至线形，先端长渐尖，向叶轴上部则渐狭小；叶片倒披针形，最宽在上部 1 / 3 处，长 60～100 厘米，宽 20～25 厘米，二回羽状分裂，中轴及叶脉上多少被褐色或深褐色线状披针形的小形鳞片；羽片 20～30 对，无柄，线状披针形，渐尖，在中部的长达 15 厘米，宽达 3 厘米，向基部的渐缩短，长仅 5 厘米；裂片多数，密接，长圆形，圆头，全缘或先端有钝锯齿，两面均被锈色纤维状鳞毛；表面深绿色，背面淡绿色，纸质，叶脉分离。孢子囊群圆形，着生叶片上 1 / 3 部分，每裂片有 2～4 对，近中肋着生；囊群盖圆肾形，棕紫色，质厚。

［生长环境］　生于针阔混交林下的沼地和稍阴湿腐殖质丰富的土壤上。

［产　　地］　河北（小五台山）、辽宁、黑龙江、吉林等省。

［用　　途］　对绦虫有强烈的毒性，可使其麻痹，不能牢附肠壁，服后再加服泻剂，使绦虫排出体外（但不宜与蓖麻油同用，因蓖麻油能促进有效成分的吸收，有引起中毒的危险）。本品内服一般不超过 4～8 克，过量则产生痉挛、心跳微弱、失明等毒症。另对十二指肠虫也有驱除的功效。

根状茎含鞣质可提制栲胶（见“鞣料类”，1021 页）。

［理化性质］　主要成分为绵马素（filmarone, $C_{47}H_{54}O_{16}$）及白绵马素（albaspidin, $C_{25}H_{32}O_8$）前者水解后生成绵马酸（filicic acid, $C_{35}H_{40}O_{12}$）及绵马酚（aspidinol, $C_{12}H_{16}O_4$），此外含鞣酸及油脂。

东北产本种植物的制剂：绵马流浸膏中含绵马精（filicin），系绵马醚提出成分的总称，有效成分达 49.17%，比英、美、德、日等国药典规定含量高出很多。

［采收处理］　一般在夏秋季挖取根状茎，洗净泥土，除去地上部分及须根，晒干。放置干燥地方贮存。

11 槲蕨（hujue）（图 1263）

［地 方 名］　碎补、巴岩姜、树连姜（四川），猢猴姜（浙江），爬岩姜（湖南、贵州），岩莲姜、观音桥、猴掌、猴子姜（湖南），猴姜（福建、浙江），石岩姜、骨碎补（浙江）。

［学　　名］　**Drynaria fortunei** J. Sm.　水龙骨科

［药 材 名］　骨碎补

［形态特征］　附生草本；根状茎肉质粗壮，长而横走，密被鳞片，鳞片线状凿形，边缘为流苏状。叶二型；不育叶无柄，灰棕色，无绿色素，广卵形，长宽约 5～7 厘米，先端急尖，基部心形，上部羽状深裂，裂片三角形，长 1～1.5 厘米，革质，叶脉粗突；孢子叶绿色，柄长 5～8 厘米，有翅，长圆形，长 20～32 厘米，宽 14～18 厘米，羽状深裂，裂片 7～13 对，披针形，长 7～9 厘米，宽 2～3 厘米，先端急尖或钝，下部羽片

缩短，基部羽片缩成耳状；叶厚纸质，两面绿色而无毛，叶脉明显，细脉连成4～5行长方形网眼。孢子囊群大形、圆，沿中肋两旁各2～4行，每一网眼内1枚；无囊群盖。

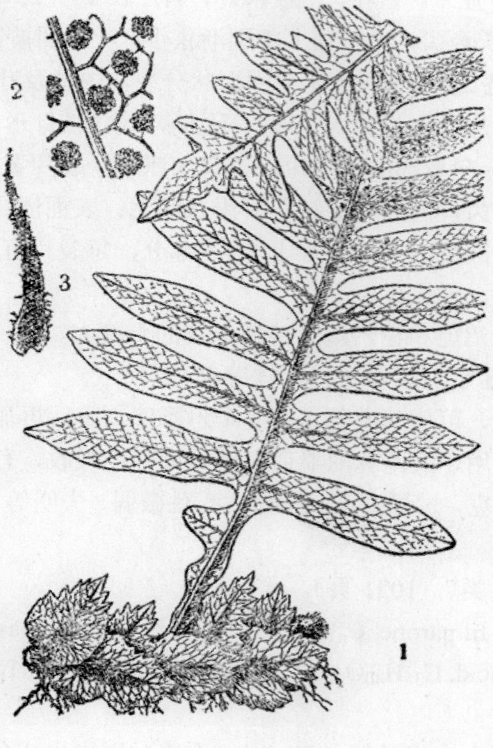

图1263 槲蕨

Drynaria fortunei J. Sm.

1. 植物全形；2. 孢子囊群（放大）；3. 根状茎之鳞片（放大）。

［生长环境］ 附生于树上，山林石壁上或墙上。

［产　地］ 台湾、浙江、福建、广东、广西、江西、湖北、湖南、四川、贵州、云南等省区。

［用　途］ 根状茎为缓和补骨药，又为镇痛剂。用于跌打损伤、筋骨痛及腰脊关节诸痛。四川用根状茎泡酒服，治风湿麻木、关节炎及筋骨痛。

兽医用治牛跌伤、骨折、胀胆症、喉风症、炭疽病等。根状茎可提取淀粉或酿酒（见“淀粉及糖类”，447页）。

［采收处理］ 全草均可采收，一般多在农闲时或4～8月采取根状茎；若用新鲜的，抖净泥土，除去附叶即可；若用干燥的，抖净泥土及附叶，生晒或蒸熟后晒干，用火燎去毛茸即成。

［其　他］ 除这一种外在云南西北部、四川西部、青海、甘肃、陕西等省还有一种华槲蕨（Drynaria sinica Diels），常用作骨碎补入药（形态特征、生长环境与产地参阅“淀粉及糖类”，447页）。

12 福氏星蕨（fushixingjue）（图1264）

［地 方 名］ 尖刀草（福建），七星剑（浙江）。

［学　　名］ **Microsorium fortunei** (Lowe) Ching 水龙骨科

［形态特征］ 多年生附生植物，高50～70厘米。根状茎横生，细弱，被疏鳞片，鳞片阔卵形，急尖，淡棕色，早脱落。叶近生，柄长不及18厘米；叶片狭线状披针形至阔线状披针形，长30～45厘米，宽1.5～5厘米，两端均狭尖，全缘，近革质，淡绿色，叶脉不明显。孢子囊群大，棕黄色，排列成一行或有时为不整齐的两行，较近中肋，无盖，也不具隔丝。

［生长环境］ 喜阴湿，生墙上，谷中石上或树上以及屋瓦缝隙。有机质多的中性或微酸性的土壤中生长良好。

［产 地］ 浙江、江西、安徽、江苏、福建、台湾、广东、广西、湖南、湖北、陕西、贵州、四川、云南等省区。

［用 途］ 福建民间用全草加水煎汁内服治疟疾和腹泻病。浙江乐清县民间用全草煎水服治痢疾。

［采收处理］ 全年可采收；全草晒干，除去杂质储备。

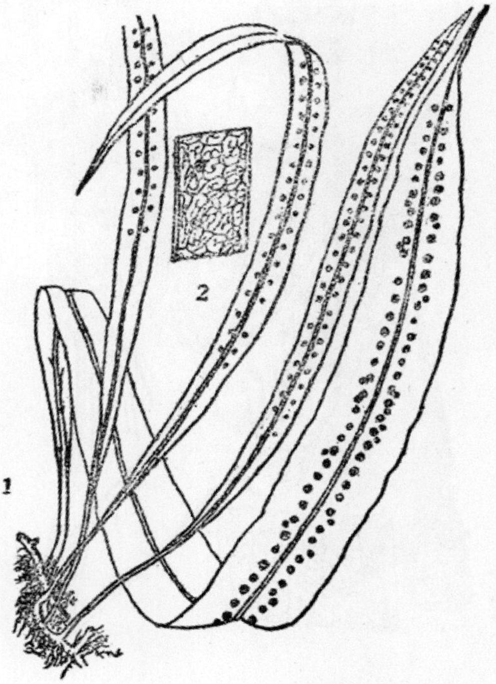

图 1264 福氏星蕨
Microsorium fortunei（Lowe）Ching
1. 植株全形；2. 叶的一部分。
（自“中国主要植物图说，蕨类植物门”）

13 庐山石韦（lushanshiwei）（图 1265）

［地 方 名］ 大石韦、石箬、石韦（浙江），猫耳朵（四川）。

［学 名］ **Pyrrosia sheareri** (Bak.) Ching 水龙骨科

［药 材 名］ 大叶石韦（四川、浙江）

［形态特征］ 多年生附生草本，高30～60 厘米。根状茎粗壮，短而横走，密被鳞片，鳞片披针形，锈褐色，边缘有锯齿。单叶近于簇生，叶柄长 10～20 厘米。粗壮，被星状毛；叶片阔披针形，长 15～30 厘米，宽 3～6 厘米，先端渐尖，基部稍宽，近心形或圆形，两边呈不等的近耳形，厚革质，表面有斑点，幼嫩时被稀疏星状毛，背面密被红棕色星芒状毛，芒短而阔，中脉及侧脉均稍明显。孢子囊群散生于叶的背面，淡褐色至深褐色，无囊群盖。

［生长环境］ 生于山坡林下岩石缝或溪谷旁，见于海拔 1200 米左右的山地。

［产 地］ 云南、四川、广西、广东、福建、台湾、浙江、安徽、江西、湖南、湖北等省区。

［用 途］ 全草为收敛性利尿剂，适用于急性淋病、尿道炎、膀胱炎、小便出血、淋痛等症。浙江民间用全草治尿结石及尿血症。四川民间以叶入药，治牛的胀臌症及喉风症。

［理化性质］ 据北京医学院药学系 1958 年分析资料：全草含皂角甙 0.83%，并有鞣质、蒽甙及黄碱甙成分的反应。

［采收处理］ 全年均可采收，拔取全草，除掉根状茎及须根，洗净泥砂，阴干或晒干即成。

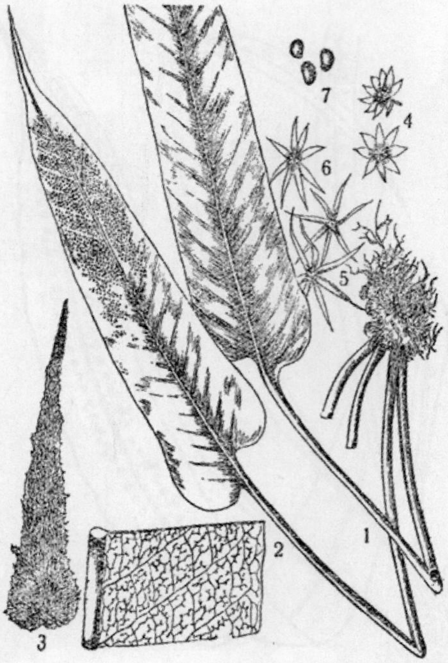

图 1265 庐山石韦
Pyrrosia sheareri（Bak.）Ching
1．植物全形；2．叶片的一部分；3．根状茎上鳞片；4，叶下星状鳞片；5．叶柄上星状毛；6．叶上面星状毛；7．孢子。

［其 他］ 除这一种外，四川及其他地区还用以下几种植物同样作石韦入药，如石韦［Pyrrosia lingua（Thunb.）Farw.］分布于西南、华南、福建、台湾、浙江、江苏、安徽、江西及湖北；毡毛石韦［Pyrrosia drakeana（Franch.）Ching］分布于陕西（秦岭）、四川、湖北；有柄石韦［Pyrrosia petiolosa（Christ）Ching］分布于西南、江苏、安徽、山东、河南、陕西、河北、辽宁、吉林；光石韦［P. clavata（Bak.）Ching］分布于云南、四川、贵州、广西、广东、湖北等省区。其中应用较广的是石韦。

14 银杏（yinxing）（图 366）

［学 名］ **Ginkgo biloba** L. 银杏科

［药 材 名］ 白果

（地方名、形态特征、生长环境、产地及其他用途，见“淀粉及糖类”，448页）

［用 途］ 油泡白果（即用菜油泡过的没有除去肉质外种皮的未成熟种子），其外种皮及仁，有治肺病的效能；成熟种子治久咳气喘、遗精、带浊、小便频繁等症。

叶可杀虫，防治植病。

［理化性质］ 种子含蛋白质 6.4%，脂肪 2.4%，碳水化合物 36%，钙 0.01%，磷 0.218%，铁 0.0015%，胡萝卜素 0.00032%，核黄素 0.00005%。据另一报告，种子含糖［主要为蔗糖 6%及少量的组氨酸（histidine）］。干燥品含淀粉 67.6%，蛋白质 13.1%脂肪 2.9%，多缩戊糖（pentosan）1.6%，粗纤维 1%，灰分 3.4%。肉质外种皮中含银杏酸［ginkgolic acid, $C_{20}H_{30}$（OH）COOH］，银杏二醇［bilobol, $C_{21}H_{32}$（OH）$_2$］及银杏醇（ginnol, $C_{27}H_{55}OH$），天门冬酰胺（asparagin），磷酸等。

［采收处理］ 种子成熟时采收；将采得的种子，堆放地上或浸水中，使外种皮腐烂或捣去肉质外种皮，洗净，晒干。也有将种子入开水中稍煮或稍蒸一下，然后干燥。油泡白果是采未成熟的种子，浸入菜油中，百日以后（愈久愈好）取出服用。

15 油松（yousong）（图 555）

［学　　名］ **Pinus tabulaeformis** Carr.　松科

［药 材 名］ 松花粉、油松节、松香

（地方名、形态特征、生长环境、产地及其他用途见“油脂类”，696 页）

［用　　途］ 松花粉外用为撒粉剂，可防治汗疹，也作创伤止血剂。松节油可治筋骨疼痛，骨节风湿等症；又可制软膏，外用为局部刺激剂，皮肤发赤剂。松香在医药上用来调制硬膏。松针是制造维生素丙的原料；也用来提取叶绿素、胡萝卜素（维生素甲）并利用他制造药膏；医治烫伤，缺乏维生素甲的皮肤病，以及溃疡、湿疹、疖病、阴道滴虫炎等症，效果都很好。

［理化性质］ 松花粉含淀粉 20%。油松节含纤维素（cellulose）及木质素（lignin），另含油树脂，油树脂蒸馏之后可得松节油，油的主要成分为 α～β蒎萜（$C_{10}H_{16}$）90%以上，另有少量 1-莰萜（樟脑萜），二戊萜等。α-萜蒎约占 58～65%，β-萜蒎约占 30%。蒸馏后的残渣为松香，主要成分为松香酸酐，多至 80%以上，并含树脂烃 5～6%，挥发油 0.5%及微量苦味质；松香酸酐经过醇处理可得松香酸（1-abietic acid, $C_{20}H_{30}O_2$）。

［其　　他］ 现我国各省所收购的松花粉、油松节是以油松及马尾松（P. massoniana Lamb.）为主要来源。其他种类如赤松（P. densiflora Sieb. et Zucc.）、红松（P. koraiensis Sieb. et Zucc.）也供药用。

16 金钱松（jinqiansong）（图 1266）

［学　　名］ **Pseudolarix amabilis** (Nels.) Rehd. (*P. kaempferi* Gord.)　松科

［药 材 名］ 土荆皮（江苏）

［形态特征］ 落叶乔木，高 20～40 米。树干通直，枝轮生，平展，成圆锥状的树冠；枝有长枝与短枝两种，长枝上的叶散生，短枝上的叶簇生。叶线形，或稍呈镰刀状，向四周伸展如星芒状。花单性，雌雄同株，生于短枝端；雄花序穗状，下垂，黄色，数个或数十个着生于短枝顶端，下部包以无数膜质倒卵状楔形鳞片，雄花序花柄长约为花序之半，通常每花具模裂的花粉囊约 20 个，花粉囊座生，顶有细鳞状突起。球果单生于有叶的短枝顶端，果鳞木质，广卵形或卵状披针形，先端微凹或钝头，基部心形，成熟时由中轴上脱落；苞鳞披针形，先端长尖，中部突起。每果鳞有 2 种子，富油脂，有膜质长翅，与果鳞等长或稍短。花期 4～5 月，果期 10～11 月。

［生长环境］ 喜生多阳光处，多为栽培，环境适宜者，近百龄老树高达 20～30 米，直径达 50 厘米左右。

［产　　地］ 产于江苏、浙江、安徽、江西、湖南、广东等省，而以浙江中部及安徽南部最为常见，但野生的已很少，急待进行人工保护培育。我国特产，世界仅有 1 种。

［用　　途］ 树皮入药，市售的复方土槿皮酊剂，即为金钱松树皮加入安息香酸、

水杨酸等配制而成；治皮肤癣疾效果良好。

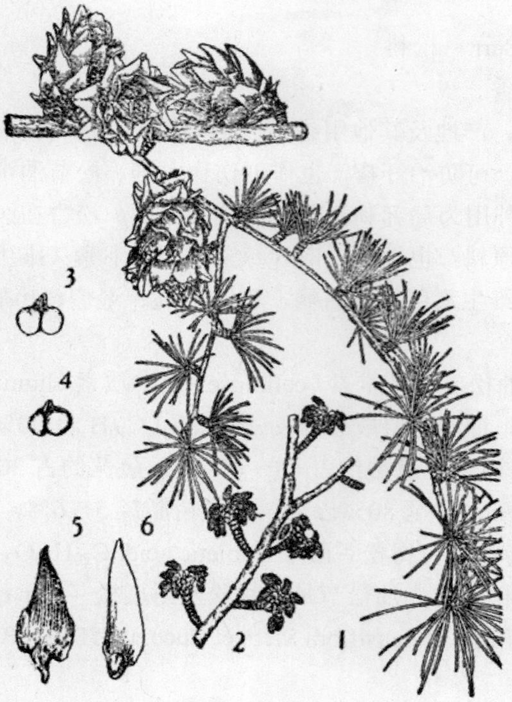

图 1266 金钱松
Pseudolarix amabilis（Nels.）Rehd.
1．果枝；2．雄花枝；3．雄蕊外面；4．雄蕊内面，5．果鳞背面；6．种子。
（自“中国森林植物志”）

种子可榨油。根皮可作造纸胶料。木材坚韧，适宜作桥梁，土木建筑等用。树姿优美，为一种著名的风景树。

［理化性质］ 根据上海公安医院中药研究室分析：初步提得白色结晶（醚结晶为针状，无水醇结晶为白色雪花状）及疏松淡棕色沉淀（鞣质类）及黑色沉淀（鞣质类），以及色素溶液，经过药理试验这三种成分都能抑制霉菌生长。

［采收处理］ 秋季剥皮，剥皮时须选择树梢及小枝的部位，不可损伤树干，皮剥下后切成条捆札。

17 侧柏（cebai）（图 1014）

［学 名］ **Biota orientalis** (L.) Endl. (*Thuja orientalis* L.) 柏科

［药 材 名］ 侧柏叶

（地方名、形态特征、生长环境、产地及其他用途见“芳香油类”，1284 页）

［用 途］ 枝叶为苦味健胃药，又为清凉收敛药，适用于各种出血症，如咳血、吐血、鼻衄血、肠出血、尿血、子宫出血及赤白带下等症。大量失血时使用本品过量也无流弊。又为淋疾的利尿药。柏子仁（种仁）为强壮滋补药。据“广西中兽医药用植物”记载：果实、枝叶、树皮可作兽医用药，治牛咳嗽症、胀胆症、以及红白痢疾症。

［理化性质］ 叶内含有松柏苦味素（pinipicrin），侧柏甙（quercitrin）及挥发油，鞣酸，树脂等，并含芳香油 2%；另据中国医学科学院药物研究所植化室分析，有强心甙反应。

［采收处理］ 叶全年都可采收，但以秋冬季采的较好，剪下带叶枝梢，去掉粗梗，放通风处阴干即成。品质以干燥，枝少，色绿的较佳；种子于冬季果实成熟时采收，将采来的种子，碾筛去种壳（勿压碎），而得种仁（柏子仁）；品质一般要求干净、不出油，无虫蛀的较好，贮存在较干燥地方，要经常复晒。供兽医用的可随用随采。

18 麻黄（mahuang）（图 1267）

［地 方 名］ 川麻黄（山西），海麻黄、麻黄草（山东），哲里根（内蒙古）。

［学　　名］ **Ephedra sinica** Stapf　麻黄科

［药 材 名］ 麻黄、麻黄根、草麻黄（河北）

［形态特征］ 多年生草本状小灌木，高 20～40 厘米。木质茎匍匐土中，绿色枝直立，节间细长，一般长 2.5～5 厘米，直径 1～1.5 毫米，折断面有棕红色髓心。叶对生于节上，退化成膜质鞘状，包于茎节，分裂几达基部，裂片锐三角形，先端渐尖或短尖。花单性，雌雄异株；雄花序宽卵形，通常 3～5 朵集成复穗，很少单生；每花序有苞片 3～5 对，苞片互生，卵圆形，基部合生，苞内花被由二鞘组成，中间着生 1 雄花；雄花具雄蕊 6～8，花丝合生成柱状伸出苞外，花药长方形或倒卵形，聚成一团；雌花序多单生于枝端或侧枝顶端，具 3～4 对苞片，最顶端的一对，内着生两花（两个胚珠），余皆无花，胚珠先端延长成细长筒状的胚管。雌花成熟时苞片增大，肉质，红色，成浆果状（果序）。拟浆果（果序），球形，具种子 2，卵形。花期 5～6 月，果期 7～8 月。

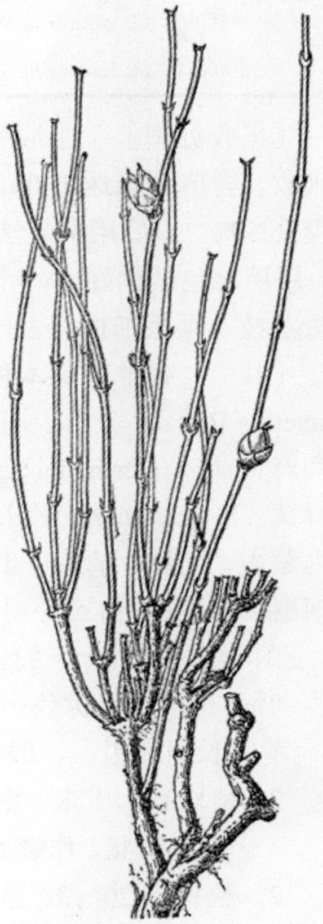

图 1267　麻黄
Ephedra sinica Stapf
植物全形

［生长环境］ 生于砂质干燥地带、海岸沙滩及固定沙丘，常成片丛生；也见于黄土山坡、山岗，干枯河床或沙滩附近的田边、路旁。

［产　　地］ 辽宁、内蒙古、河北、河南、山东、山西、陕西、新疆等省区，以新疆、内蒙古产量较多。

［用　　途］ 茎入药，主治支气管性气喘，并用于枯草热、休克等。此外，为发汗、解热、镇咳、镇痛及止血剂。麻黄碱盐类用作血管收缩剂，扩瞳剂，交感神经系统兴奋剂。麻黄根不含生物碱，其作用相反，有止汗的功效。中医处方中有时规定应用去节的麻黄，谓节有止汗作用，但据报导，节部亦含麻黄碱，唯含量约为节间的 1 / 3。

［理化性质］ 含主要植物碱计有：（1）麻黄碱（ephedrine, *l*-ephedrine, $C_{10}H_{15}NO$）；（2）伪麻黄碱（*d*-pseudo-ephedrine, $C_{10}H_{15}NO$）；（3）1-N-甲基麻黄碱（1-N-methylephedrine, $C_{11}H_{17}NO$）；（4）*d*-N-甲基伪麻黄碱（*d*-N-pseudomethylephedrine, $C_{11}H_{17}NO$）；（5）1-去甲基麻黄碱（1-norephedrine, $C_9H_{13}NO$）；（6）*d*-去甲基伪麻黄碱（$C_9H_{13}NO$）；其中以麻黄碱为主要有效成分，含量以秋季采者最高，可达 1.3%，伪麻黄碱含量较少，约为

0.2%。其余四种含量较少。国产几种麻黄的植物碱含量如下：

品　　种	植物碱总含量（%）	麻黄碱所占的比例（%）
草麻黄（E. sinica Stapf）	1.315	80～85
木贼麻黄（E. equisetina Bge.）	1.754	85～90
矮麻黄（E. gerardiana Wall.）	1.65～1.70	70～80
中间麻黄（E. intermedia S. et M.）	1.155	40～41

［采收处理］　通常在秋季采收，因此时植物体内生物碱含量最高。据研究报导秋季采收，含麻黄碱达 100%，在春季与秋季之间的含量最低，仅达 25～30%，冬季所产者也仅及 50%。最好用刈收法割取地上部分，以便保留根部继续繁殖。采后除净泥土，阴干。用芦席包装捆好后，贮存于干燥处。内蒙古除用茎以外根也入药（止汗）挖取根部，除去茎枝及须毛细根，去掉土沙杂质，晒干或阴干后打成捆，置干燥处。

［其　　他］　除本种外，麻黄属还有其他几种植物，也可入药，如木贼麻黄（E. equisetina Bge.）（分布于河北、内蒙古、山西、陕西、河南、甘肃、新疆、四川等省区）。中间麻黄（E. intermedia Schrenk et Mey.）（分布于甘肃、新疆、青海、内蒙古等省区）。矮麻黄（E. gerardiana Wall.）（分布于四川等省）。普氏麻黄（E. przewalskii Stapf）（分布于内蒙古、新疆、青海、甘肃、柴达木荒漠）。丽江麻黄（E. likiangensis Florin）（分布云南丽江）。其中前三种用得较多而普遍；这三种植物的区别如下：

1．节间短而纤细，一般长不超过 3 厘米，木质茎粗大直立，雄花较小，长 2～3 毫米，叶 2 片，短小棕色……………………………………………………………木贼麻黄

1．节间长而较粗，一般长 3～6 厘米。

　2．植株高达 1 米，木质茎枝直立，节间粗长，直径 2 毫米以上，叶及花多为 3 数；珠被管状，作螺旋形卷曲。多生于沙漠地带……………………………中间麻黄

　2．植株高 20～30 厘米，木质茎枝匍匐地上，节间直径 1.5～2 厘米，叶及花均为 2 数；珠被管短而直；多生长于山坡或田间、河滩等处…………………矮麻黄

19 蕺菜（jicai）（图 1268）

［地 方 名］　鱼腥草、臭菜（江西），鱼腥草（江苏），侧耳根、猪鼻孔（贵州、四川），臭根草、丹根苗（浙江）。

［学　　名］　**Houttuynia cordata** Thunb.　三白草科

［药 材 名］　鱼腥草、鱼鳞草（福建）

［形态特征］　多年生草本，高 50 厘米，有腥气。茎具明显的节，下部伏地，节上生根，上部直立，无毛或被疏毛。单叶互生，宽卵形，长 3～7 厘米，宽 4～6.5 厘米，先端渐尖，基部心形，全缘，叶脉被柔毛，表面绿色，密生细粒状突起，背面常为紫色。叶柄长达 4 厘米，被疏毛；托叶大，膜质，阔线形或阔披针形，长约 2.5 厘米，宽约 1 厘米，先端钝尖，下半部与叶柄合生，边缘被细毛，基部抱茎。穗状花序生于茎的上端，

与叶对生，总花梗长1～3厘米；总苞片4，长倒卵形，白色，长1～2厘米，宽约8毫米，先端钝；花小而密，无花被，具1小的披针形苞片；雄蕊3，下部与子房合生，花药长圆形，纵裂；雌蕊卵形，1室，花柱3，分离，柱头多半弯曲。蒴果卵圆形，顶端开裂；种子多数，卵形，有条纹。花期6～8月，果期7～10月。

［生长环境］　生于阴湿或水边洼地，以及田埂渠旁、路边。

［产　　地］　福建、台湾、广东、广西、云南、贵州、四川、江西、浙江、安徽、江苏、河南、湖北、湖南、陕西等省区。主产浙江、江苏、安徽。

［用　　途］　全草入药，有散热消肿、解毒之效。主治肺病吐浓血，淋疾尿道炎、霉毒、子宫病；外敷或煎汤熏洗治痈肿恶疮、脱肛、痔漏、虫毒等症。浙江诸暨县民间用全草四两，煎水浴洗治痔疮有效。

全草又可供食用和制农药用。

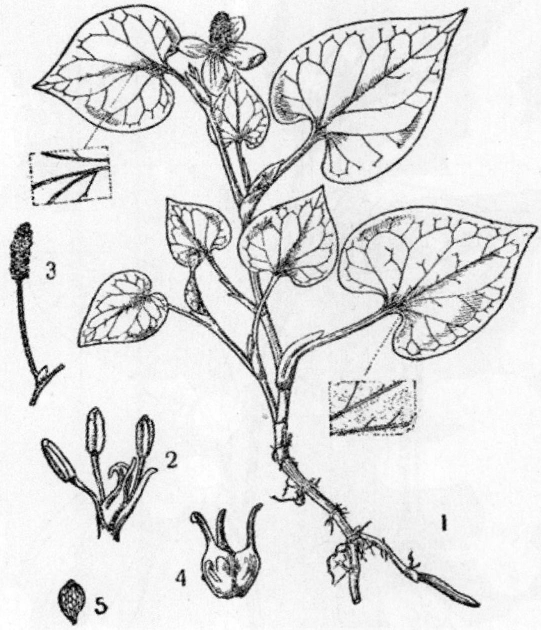

图1268　蕺菜

Houttuynia cordata Thunb.

1．植株全形；2．花；3．花序；4，果实；5．种子。

（自“中国药用植物志”）

［理化性质］　含有精油，油的主要成分为甲基壬酮［methyl-n-nonylketone, $CH_3CO(CH_2)_8CH_3$］（为恶臭的主要来源），月桂油烯（myrcene），羊蜡酸（caprinsäure）等，另含蕺碱（cordaline）。

［采收处理］　夏秋两季均可采收；将草连根拔起，除去根和泥土，晒干或采后用热水浸泡数分钟，捞取晒干，但以前者处理较为普遍。品质以干燥、无根、茎叶齐全、无杂质的较佳。贮藏于干燥通风处。

20 三白草（sanbaicao）（图1269）

［地 方 名］　过山塘、过山龙（江西），白头翁（浙江），白舌骨、水伴深乌、白面姑（湖南）。

［学　　名］　**Saururus chinensis** (Lour.) Baill.　三白草科

［药 材 名］　三白草

［形态特征］　多年生草本，高30～90厘米。地下茎有须状小根；茎直立，有纵肋，无毛。单叶互生，卵形或披针状卵形，长5～14厘米，宽3～7厘米，先端尖或渐尖，基部心形略成耳状，全缘或近全缘，基出5脉，茎端花序下的叶2片或3片，常呈

白色，两面无毛；叶柄长 2～3 厘米，基部略抱茎，无毛。总状花序顶生，与叶对生，长达 14 厘米；总花梗及花梗均有毛；花苞倒披针形，长约 2 毫米，边生细毛；花出自花苞基部，无花被；雄蕊 6，花丝与花药等长；雌蕊 1，由 4 心皮联合而成，子房圆形，柱头 4，向外反曲。蒴果成熟后顶端开裂。种子圆形。花期 5～8 月，果期 6～9 月。

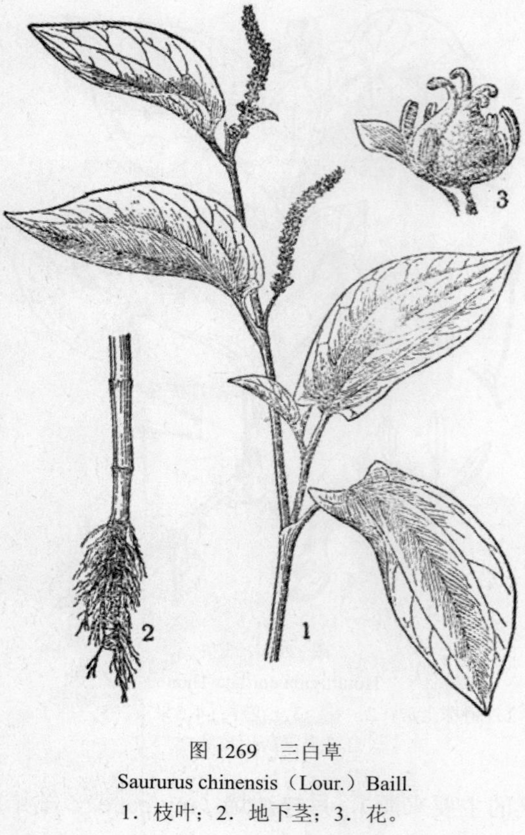

图 1269 三白草
Saururus chinensis（Lour.）Baill.
1. 枝叶；2. 地下茎；3. 花。

［生长环境］ 喜生于阴湿地；如泉边、田梗、渠旁、浅水中及低湿近水地方。

［产 地］ 河北、山东、安徽、江苏、浙江、广东、湖南、湖北、江西、四川等省。

［用 途］ 根及茎叶均供药用。主治水肿脚气，有利小便，消痰破癖，除积聚，消肿等症；根煎水可治癣疮。江苏民间将花枝煎水服有治火淋、亏淋、利小便之效。

茎叶又可作饲料和农药用。

［理化性质］ 根、茎、叶均含水解类鞣质，茎含 1.722%，叶含 0.544%，根含 0.48%。

［采收处理］ 7～9 月采收，将采来的全草除去根，置热水中浸泡数分钟后，取出晒干即成。品质以干燥、无根、茎叶齐全、微带赤黄色的较佳，贮存于干燥通风的地方。若作饲料用，应先进行发酵，才能使用。

21 胡椒（hujiao）（图 1270）

［学 名］ **Piper nigrum** L. 胡椒科

［药 材 名］ 胡椒、白胡椒、黑胡椒

［形态特征］ 强壮木质藤本。茎上多节，节处膨大，常生根，幼枝略带肉质。叶互生，通常与小枝对生，叶片长椭圆形，卵形或长卵形，长 8～16 厘米，宽 4～7 厘米，先端渐尖或近锐尖，基部圆形，全缘，纵脉 5～7，很明显；叶柄长可达 3 厘米。花单性，雌雄异株，或为杂性；穗状花序长约 10 厘米，每花有一盾状或杯状苞片；花无花被；雄蕊 2，花丝短；子房圆形，1 室，无花柱，柱头 3～5，有毛。浆果小，球形，排成一

稠密的圆柱状的穗状果序，幼时绿色，熟时红黄色，干后外皮有皱纹而成黑色。花期 4～10 月；果期 10 月至次年 4 月。

［生长环境］　生于荫蔽的树林中，在腐殖质多、排水良好的土壤上生长最好。匍匐或平卧于岩石阴处，或悬岩峭壁上，海拔在 1000～3000 米之间。

［产　　地］　胡椒原产亚洲热带，我国广东（海南）、广西、云南、台湾等省区均有引种栽培的。

［用　　途］　果实入药，治脘腹冷痛、呕吐、泄泻、消化不良、寒痰食积等症。茎叶为健胃驱风药，对腹痛、齿痛有效；并能增进食欲、暖肠胃、除寒湿；也能治虚胀、冷积、牙齿热浮作痛等症。

果实也含芳香油（见“芳香油类”，1291 页）。果除供药用外，多用作食品调味料。

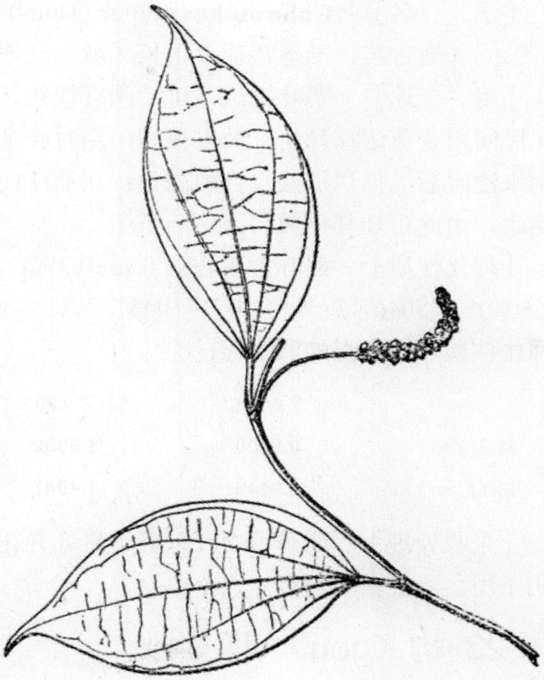

图 1270　胡椒
Piper nigrum L.
果枝

［理化性质］　1．辛辣成分为两种植物碱：一种是结晶性的胡椒碱（piperine, $C_{17}H_{19}O_3N$），含量约 5～9%；另一种是油状的胡椒脂碱（chavicine，为胡椒碱的光学异构体），含量约 0.8%，胡椒碱水解生成胡椒圜（piperidine, $C_5H_{11}N$）及胡椒酸（piperic acid, $C_{12}H_{10}O_4$）；胡椒脂碱水解生成胡椒圜及胡椒脂酸（chavicinic acid, $C_{12}H_{10}O_4$），胡椒脂酸为胡椒酸的光学异构体；2．芳香油成分为挥发油（见“芳香油类”，1291 页）。此外，含脂肪油约 8%，淀粉约 36%，灰分约 4.5%。

［采收处理］　采收期以果实开始由绿色变为红色时为宜。将果穗剪下后晒干或烘干，果实变成黑褐色通称“黑胡淑”。如采收较晚，果实全部成熟变红色时，剪下果穗，用水浸几天，擦去外皮，洗净，晒干，表面呈灰白色，通称“白胡椒”。白胡椒以个大、粒圆、坚实、色白、气味强烈者为好；黑胡椒则以色黑、皮皱为好。放于阴凉干燥处保存。

［其　　他］　另有一种山蒟（Piper hancei Maxim.）（分布在浙江、福建、广东、海南），在浙江作“海风藤”入药。它和胡椒主要的区别是叶长圆状披针形，基部钝或楔尖；雄花序长 7～9 厘米。

22 接骨金粟兰（jiegujinsulan）（图 1019）

［学　　名］ **Chloranthus glaber** (Thunb.) Makino　金粟兰科

（地方名、形态特征、生长环境、产地及其他用途见“芳香油类”，1292 页）

［用　　途］ 茎叶捣烂，可治跌打损伤，四川民间并用来煎水服治风湿麻痹症；浙江民间用全草治疗骨伤，效果很好，用时将全草焙干研细用酒冲服；外用取全草 63 克用水浸湿后，捣烂加盐少许敷患处；在浙江民间流传有“接骨四叶背，不怕骨头碎”的谚语，由此可知其疗效。

［理化性质］ 鲜叶含芳香油 0.2～0.3％，比重 15℃ 0.9851～0.9879，折射率 20℃1.5040～1.5046，旋光度 20℃ +945° ～11° 0'。又据福建蒲城和浙江广元二地的产品其理化性质，据上海的测定为：

	比重（15℃）	折射率（20℃）	旋光度	含酯量（乙酸芳樟酯计）
福建蒲城产	0.9200	1.5002	+12°30'	22.2％
浙江广元产	0.9148	1.4947	—	26.80％

［采收处理］ 四季可产，以夏季将近开花时采收为宜，连根状茎全株拔起，鲜用或阴干用。

23 构（gou）（图 34）

［学　　名］ **Broussonetia papyrifera** (L.) Vent.　桑科

［药 材 名］ 楮实子

（地方名、形态特征、生长环境、产地及其他用途见“纤维类”，70 页）

［用　　途］ 果实为强壮剂，治阳萎、消水肿、壮筋骨、明目、健胃；根皮为利尿药；构胶即树皮中的白汁，能敷治蛇、虫、蜂、蝎、犬等咬伤。

［理化性质］ 果含皂角甙 0.51%。

［采收处理］ 8～10 月采收，采取果实，用脚多次踩踏，再用水淘洗，收集种子，晒干；也有将果实直接晒干，磨碎果壳，过筛或借风方除去果壳的。品质以干燥、棕红色，无果壳、无杂质的为好，贮藏于干燥处。

24 大麻（dama）（图 35）

［学　　名］ **Cannabis sativa** L.　桑科

［药 材 名］ 火麻仁、麻仁、大麻仁、黄麻仁（江苏）

（地方名、形态特征、生长环境、产地、及其他用途见“纤维类”，72 页）

［用　　途］ 果实有滋养润燥、镇咳、镇疼的功效；用于衰弱患者及老人小儿或产妇，与大病后之大便干燥、慢性便秘等；外涂可治疮癞。

［理化性质］ 种子含树脂 15～20％，称大麻树脂，为棕色无定形牢固体，有麻醉

作用。其中成分已知者有（1）四氢大麻酚（tetrahydrocannabinol, $C_{21}H_{32}O_2$），（2）大麻二酚（cannabidiol, $C_{21}H_{32}O_2$），（3）大麻酚（cannabinol, $C_{21}H_{26}O_2$），此外并含挥发油约0.5%；植物碱胡芦巴碱（trigonelline, $C_7H_7O_2N \cdot H_2O$），胆碱，糖甙（cannabin）等。

［采收处理］ 8～9月果实成熟后采收，通常都在收获大麻时一起采收果实，经晒干后，打下果实收集之。通常多用麻袋或布袋包装；本品在贮藏中容易产生虫蛀及老鼠咬食，须注意检查复晒，贮存于干燥处。

25 薜荔（bili）（图406）

［学　　名］ **Ficus pumila** L. 桑科

［药 材 名］ 络石藤

（地方名、形态特征、生长环境、产地及其他用途见“淀粉及糖类”，496页）

［用　　途］ 枝叶用作激性药及消肿炎药，适用于恶疮、痈疽及癣疥等症。藤叶的乳白色浆汁可以消肿消毒；外用治恶疮，疥癣，一切痈疽。果实用以壮阳、固精、止血、下乳；亦治久痢肠痔脱肛等症。

［采收处理］ 4～6月间将采下的枝叶，扎成小束，晒干后，再轻轻的敲除附着在气根上的泥沙。品质以不育枝干燥，枝细，叶片完全没有雕落，气根上不带有泥沙的为好。用竹篓或麻袋包装贮藏在干燥处。果实7～8月间采收，花托圆球形，将熟时采下，剪去基部的短梗后晒干。

26 榕（rong）（图53）

［学　　名］ **Ficus retusa** L. 桑科

（地方名、形态特征、生长环境、产地及其他用途，见“纤维类”，89页）

［用　　途］ 叶芽煲粥治赤眼。树皮入药，有固齿、止牙痛的功效。气生根治牛毛肚发烧（烧肚）及气肿疽（箭脚、腿肿等）。

［采收处理］ 全年可以采收；刈下叶芽，扎成圆形小捆，晒到全干，再并成大捆，放在干燥的地方。6～9月可采收树皮，将树枝砍下，除去旁枝及叶，趁鲜剥皮，晒干贮藏。

27 葎草（lücao）（图56）

［学　　名］ **Humulus scandens** (Lour.) Merr. (*H. japonica* Sieb. et Zucc.) 桑科

（地方名、形态特征、生长环境、产地及其他用途，见“纤维类”，92页）

［用　　途］ 全草供药用。茎叶可治瘀血、白痢、伤寒；并有和尿、凉血、治肺结核、解热等功效。果实可健胃、消疮、治蛇咬伤等。北京达仁堂以全草谓“穿肠草”用作痔疮的洗涤药。

［理化性质］ 全草含有木犀草黄素葡萄糖甙（$C_{21}H_{20}O_{11}$）、挥发油、鞣质等。其球果中含有两种环状不饱和酮类，称为蛇麻酮（lupulon, $C_{26}H_{33}O_4$）与酒花酮（humulon, $C_{21}H_{30}O_5$）。

［采收处理］ 秋季割取地上部分，晒干。果实待其成熟后，即采下晒干，贮藏备用。

28 桑（sang）（图 58）

［学　　名］ **Morus alba** L. 桑科

［药 材 名］ 桑白皮，桑皮（根皮），桑枝，桑枝片（枝条），桑叶，片桑叶（叶），桑椹，桑椹子（果穗）。

（地方名、形态特征、生长环境、产地及其他用途见“纤维类”，94 页）

［用　　途］ 根皮为利尿镇咳药，对水肿、喘咳、祛痰有效；叶有祛风清热、明目有效。市售中药“桑椹膏”即本种由果实（桑椹）调制而成，有滋养补血、明目安神之效。治慢性关节痛的效果亦显著。桑枝片煎膏服，治高血压及手足麻木等。

［理化性质］ 桑白皮含 α 及 β-amyrin （$C_{30}H_{50}O$）、软脂酸、谷甾醇（sitosterol）及其葡萄糖甙；此外尚含一种树脂类醇（resinstannol）及约 0.07%的挥发油。叶含五炭糖、失水乳糖、葡萄糖等。果实含胡萝卜素、核黄素、抗坏血酸、硫胺素、烟酸等。

［采收处理］ 根皮在春季采挖，以老桑树根为好，洗净后，剥下皮，再去净外部的木栓，晒干。商品应干燥、大而完整。桑枝全年均可采收，但以春季萌芽时采收为佳，把枝条切成薄片后晒干，以片大、完整、干燥、土黄色、无碎片屑的为佳。桑叶用秋天落地的桑叶，在霜降后从地上拾起收集之，再行晒干，在此过程中应注意保持完整。果实于春末 4～5 月，呈红色时采收；若呈紫黑色后即不应再行采收；将采下的果实晒干即得，也有先将果实置热水中浸泡，然后再晒干的。果实用席包包装，为防止霉烂和受潮，贮存在封闭的石灰袋缸中为宜。

［其　　他］ 除本种外，各地有用鸡桑（Morus australis Poir.）及华桑（Morus cathayana Hemsl.）代桑树用的。三种植物的主要区别为：

1. 叶缘锯齿圆形或锐尖，叶常分裂（分布于东北、华北、四川、云南、贵州）……鸡桑
1. 叶边缘具钝齿，叶通常不分裂。
    2. 叶表面近于光滑，背面脉腋间具簇状毛……………………………………………桑
    2. 叶表面粗糙，背面密生细柔毛（分布于黄河及长江流域）…………………华桑

29 苎麻（zhuma）（图 65）

［学　　名］ **Boehmeria nivea** (L.) Gaud. 荨麻科

［药 材 名］ 苎麻根

（地方名、形态特征、生长环境、产地及其他用途见“纤维类”，100 页）

［用　　途］　根叶入药。根为利尿解热药，有安胎作用，治淋病消渴及孕妇因热病而胎漏腹痛，下血。叶为止血剂，治疮伤出血。根叶并用于急性淋浊、尿道炎出血以及肛门肿痛，脱肛不收，妇人子宫炎，赤白带下等有效。

［采收处理］　秋季采收，通常多在夏末采挖根部，将挖出的根，洗去泥土，晒干入药。商品以干燥、不空心、棕色、无泥较佳，应贮存在干燥的地方。

30 桑寄生（sangjisheng）

［学　　名］　**Loranthus parasiticus** (L.) Merr.　桑寄生科

［药 材 名］　桑寄生

［形态特征］　常绿寄生小灌木。小枝稍被暗灰色短毛，老枝无毛，具凸起的灰黄色皮孔。单叶互生或近于对生，革质，卵圆形或长卵形，长3～7厘米，宽2～5厘米，先端钝圆，基部圆形或阔楔形，全缘，叶脉稀疏而不明显；叶柄长1～1.5厘米，无毛或幼时被短的星状毛。花1～3朵形成腋生聚伞花序；总花梗长4～10毫米，被红褐色星状毛；小花梗通常较总花梗稍短，被红褐色小柔毛；小苞片1，卵形，极小；花萼近球形，长1.5～2毫米，与子房合生，外被红褐色的星状毛；花冠狭管状，长2～2.5厘米，顶端4裂，裂片长约5毫米，紫红色，柔弱，稍弯曲，外被红褐色星状毛；雄蕊4，着生于花冠管的裂片上，花丝短；子房下位，1室，胚珠1，花柱细长，约3厘米，柱头扁头状。浆果椭圆形，长约8毫米，直径约6毫米，外具小疣状突起。花期8～9月，果期9～10月。

［生长环境］　为常见的寄生植物，无一定寄主，一般寄生在构树、槐树、八角枫及木棉树上。

［产　　地］　台湾、广东、广西、福建、云南等省区。

［用　　途］　茎和叶供药用。为强壮剂和安胎药。据云有消肿催乳作用；可治腰膝部神经痛、高血压、血管硬化性四肢麻木、酸痛等症，尤其对于妇女怀孕期之腰痛，效果显著。

［采收处理］　一般在夏季砍下枝条，晒干即成。

［其　　他］　此外云南、福建所用日本桑寄生（Loranthus yadoriki Sieb.）分布在云南、四川、湖北、湖南、广东、广西、浙江、福建等省区。与本种的区别在于小枝和叶的背面密生锈色绒毛。

31 槲寄生（hujisheng）（图1271）

［地 方 名］　寄生子（四川），桑上寄生、桑生（河北）。

［学　　名］　**Viscum coloratum** (Kom.) Nakai　桑寄生科

［药 材 名］　槲寄生、北寄生（东北）

［形态特征］　常绿寄生小灌木，高30～60厘米。茎枝圆柱状，2～3叉状分枝，

各分枝处膨大成节，节间长 5～10 厘米，黄绿色或绿色，稍带肉质。单叶对生，生于枝端节上分枝处，无柄，厚实近肉质，橄榄绿色，椭圆披针形或倒披针形，长 3～7 厘米，宽 7～15 毫米，先端钝圆基部楔形，全缘，两面无毛，有光泽，主脉 5 出，中间 3 条显着，两旁的不明显。花单性，雌雄异株；生于枝端 2 叶的中间，米黄色或近于肉色，无花梗；雄花，3～5，苞片呈杯状，长约 2 毫米；花被钟形，先端 4 裂，质厚；雄蕊 4，与花被对生，花药多室，无花丝；雌花 1～3；花被钟形，与子房合生，先端 4 裂，长约 1 毫米；子房下位，1 室，胚珠 1，无花柱，柱头头状。浆果圆球形、半透明，直径 6～7 毫米，熟时橙红色，果皮有粘胶质；种子 1，侧扁状。花期 4～5 月，果期 9～11 月。

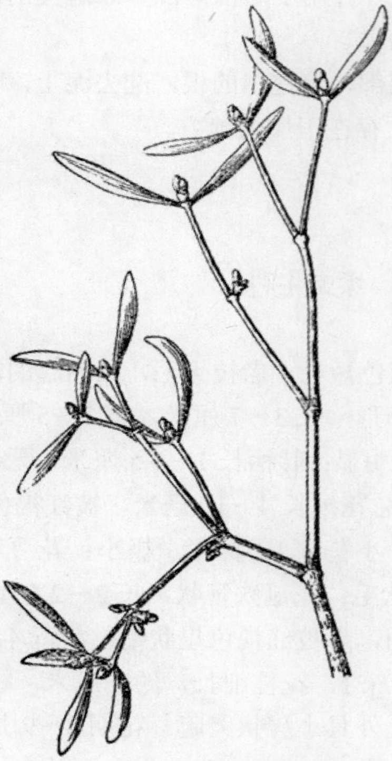

图 1271　槲寄生
Viscum coloratum （Kom.）Nakai
花枝

［生长环境］　常寄生于榆树、桦树、槲树、柳树；桐树、桑树、柿树、梨树或麻栎等树上。

［产　　地］　黑龙江、吉林、辽宁、内蒙古、河北、河南、陕西、江苏、湖北、湖南、四川等省区。

［用　　途］　茎供药用。有补肝肾、除风湿、强筋骨、安胎下乳之效；能治筋骨痺痛，腰痛背强，胎动胎漏，产后乳少等症；此外尚有止咳、强心、降低血压的作用。

［理化性质］　东北产的茎叶中分离出七种结晶体，其中第一种为土当归酸（$C_{30}H_{48}O_3$）第二种为 β-香树脂醇（$C_{32}H_{52}O_2$），第三种为中肌醇（熔点 215℃），其余四种为黄碱素类结晶。

［采收处理］　一般在冬季采集；河南、湖南则在 3～8 月采割。除去粗枝，晒干即成。为了不使变色，可先用沸水捞过，再晒干备用亦可。

32 马兜铃（madouling）（图 1272）

［地 方 名］　一点气、青藤香（四川），青木香（四川、浙江），土青木香、痒辣菜、臭拉秧子、野木香根（湖南、江苏）。

［学　　名］　**Aristolochia debilis** Sieb. et Zucc.　马兜铃科

［药 材 名］　青木香（根）、马兜铃（果实）、天仙藤（茎）

［形态特征］　多年生缠绕草本。根长圆柱形，直径 0.3～1 厘米，外皮黄褐色。

茎草质，绿色，初生时直立，后渐变为缠绕状，长达 1 米或更长。单叶互生，具细柄，长 1～1.5 厘米；**叶片长圆状卵形或狭卵形**，长 3～8 厘米，宽 1.8～4.5 厘米，中部以上渐狭，先端钝圆或微凹，基部心形，两侧圆耳形，**光滑无毛**，有 5～7 条较为明显的基出脉。花单生于叶腋；花被斜喇叭状，左右对称，黑紫色，长 3～5 厘米，略弯斜，先端渐尖，中部收缩呈管状，下部在子房处膨大呈球形，内被有倒生的细柔毛，常有 5 条纵脉达花被顶端；雄蕊 6，几无花丝，胎生于肉质的花柱体上，药 2 室，纵裂；子房下位，6 室，长柱形，花柱由 6 肉质短厚花柱愈合成柱体，柱头短；花梗细，长 1～1.5 厘米。蒴果近圆形，熟时黄绿色，由基部**沿室间开裂为 6 瓣**，果柄亦裂成 5～6 条丝。种子扁平，三角形，边缘具白色膜质的宽翅。花期 7～8 月，果期 9 月。

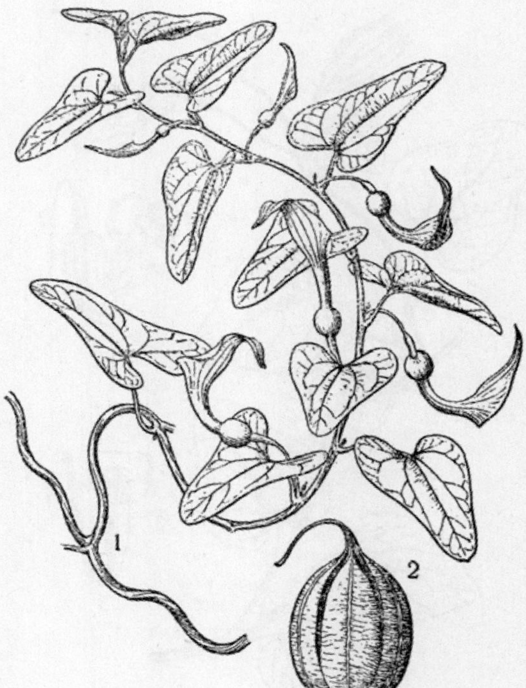

图 1272 马兜铃
Aristolochia debilis Sieb. et Zucc.
1. 花枝；2. 果。

［生长环境］ 生于山坡阴湿处、山谷、沟边、路旁或山坡丛林中。

［产 地］ 山东、安徽、江苏、浙江、广西、江西、湖南、湖北、四川等省区。

［用 途］ 果实称马兜铃，为镇咳祛痰药，治喘息、气管炎，外用治痔出血；根称青木香，可治霍乱、腹痛及高血压症；民间用叶煎水服或捣烂敷治毒蛇咬伤；茎称天仙藤，用作利尿药，镇疼病，并能消妊娠水肿；江西西北部和江苏民间用根的少量粉末，用开水服，治中暑、发痧及肚痛有特效。并有开胃气、清热化痰、治肺热喘咳、消痰结喘促之效。

据四川省资料：果、花、根及老茎可供兽药，治牛胀胆症，气肿疽，被毒蛇咬伤，并可治牛喉风症。

［理化性质］ 据江西省资料：干根含芳香油 3%。分离得到数种结晶性物质：（1）土青木香甲素（$C_{30}H_{29}O_{11}N$），深黄色棒状结晶；（2）尿囊素（allantoin, $C_4H_6O_3N_4$），无色棒状结晶；（3）土青木香丙素（$C_{34}H_{23}O_{14}N$），金黄色鳞片状结晶。此外尚有植物碱，名马兜铃碱（aristolochine, $C_{37}H_{32}N_2O_{13}$），苦味质。

［采收处理］ 10～11 月挖取根部，除去已枯萎的地上茎及须根，洗净泥土，晒干

即成；果在 9～10 月即可采收，晒干入药。

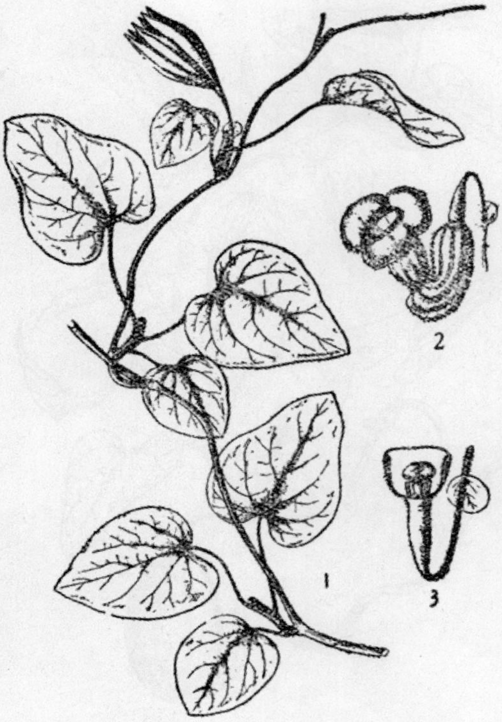

图 1273 异叶马兜铃
Aristolochia heterophylla Hemsl.
1．果枝；2．花；3．花被剖开后，去其上端，示雄蕊及雌蕊。
（自“中药志”）

33 异叶马兜铃（yiyemadouling）（图 1273）

［地 方 名］ 防己（四川）

［学　　名］ **Aristolochia heterophylla** Hemsl. 马兜铃科

［药 材 名］ 防己（四川会东县），青木香（湖南、湖北）。

［形态特征］ 藤本，嫩枝被黄色细毛，老枝木质化。单叶互生，叶片较大，宽卵形，长 7～22 厘米，宽 5～15 厘米，先端短尖，基部心形，两侧耳状下垂，全缘，除背面脉上有褐色绒毛外，其余几无毛；叶柄细，长约 5～15 厘米，被有褐色细毛。花单生于叶腋，长约 6 厘米，喉部有点，裂片上有紫色的细突起物。蒴果黑褐色，长 5 厘米左右，成熟时由基部开裂；种子多数。花期 6 月，果期 7～8 月。

［生长环境］ 生于中性土壤的岩壁上、灌丛中以及山坡草丛中。

［产　　地］ 四川、湖南、湖北等省。

［用　　途］ 种子入药，可治肚痛，磨成粉煮食，散寒热。

［采收处理］ 秋末果实成熟时，摘下果实，取出种子，晒干供药用。

［其　　他］ 除所载种类外，四川尚有木香马兜铃（Aristolochia moupinensis Fr.）当地名马兜铃（全阳县、宝兴）、藤藤黄（古岭）、大半药（会东）、木香（沧溪）、青木香（南江）及清藤香（Aristolochia cf. wesllandii Hemsl.）当地名清藤香（叙永）都以同样的效用作“青木香”及“马兜铃”入药。

34 绵毛马兜铃（mianmaomadouling）（图 1274）

［地 方 名］ 马鞭（浙江），猪耳朵、毛风草、穿地筋、毛香（江苏）。

［学　　名］ **Aristolochia mollissima** Hance 马兜铃科

［药 材 名］　寻骨风（江苏、陕西南部）

［形态特征］　多年生缠绕草本，**全株密被白黄色绵毛**；茎细长，具数条纵沟。单叶互生，**卵形或卵圆状心形**，长3～10厘米，宽3～7.5厘米，先端尖或钝，基部心形，全缘，**两面密生绵毛**，尤以背面密厚；**叶柄长1.5～4厘米**。花单生于叶腋；花被弯曲，上端烟斗状，内侧黄色，中央紫色；雄蕊6，花药贴生于合蕊柱周围；子房下位，6室，花柱先端6裂；花梗长2～4厘米；花下约1厘米处有1苞片，苞片卵圆形，长约5毫米。蒴果椭圆状倒卵形，**成熟时由基部胞间开裂**；种子扁平。花期6～8月，果期9～10月。

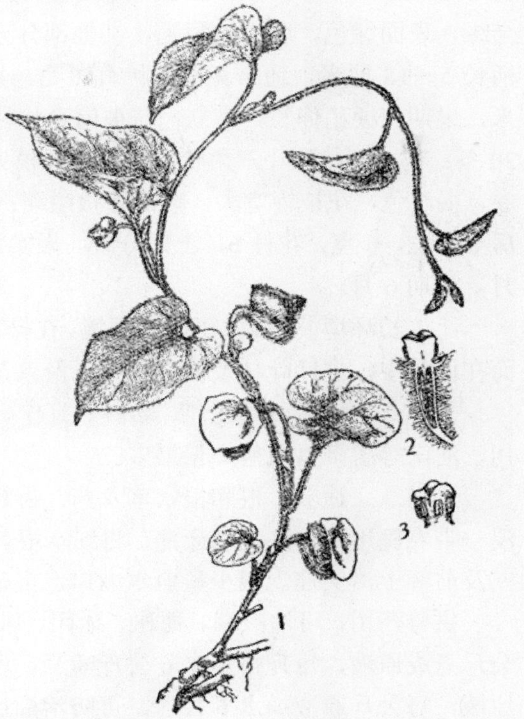

图1274　绵毛马兜铃

Aristolochia mollissima Hance

1．花技；2．雌蕊的纵切面，示胚珠；3．花柱轴，示侧生的花药。

（自“江苏南部种子植物手册”）

［生长环境］　常生于山区及丘陵地区的路旁山坡草丛中，沟沿，田边及荒地。

［产　　地］　河南、江苏、浙江、湖北、陕西等省。

［用　　途］　全草入药，用酒浸服，可治筋骨痛及肚痛。

［理化性质］　据江苏省资料：根含精油及有机酸（$C_{32}H_{32}N_2O_{18}$）等；果实含马兜铃碱。

［采收处理］　夏季开花前采收，将采挖的全草晒干，除净杂质。品质以干燥、无泥、无杂草的为好。贮藏在干燥的地方。

35 东北细辛（dongbeixixin）

［地 方 名］　山细辛、独叶草（河南）

［学　　名］　**Asarum heterotropoides** Fr. Schmidt var. **mandshuricum** (Maxim.) Kitag.　马兜铃科

［药 材 名］　细辛

［形态特征］　多年生草本。地下根状茎横走：顶部分岐，分岐上具有2～3鳞片；根多数，细长线状，手捻其根，有辛香气味。叶2～3，根生；叶片**卵圆形或近于肾形**，

长 4～9 厘米，宽 6～12 厘米，先端急尖偶或钝尖，基部心形至深心形，两侧成耳状，全缘，表面绿色，脉上被短毛，其他部分亦疏被极短的伏毛，背面色淡，密被短伏毛；柄长 5～18 厘米，通常无毛或稀有短毛，具浅沟槽。花单生叶腋，有长梗，长 3～5 厘米，果期花梗稍伸长，直立；花被筒壶状杯形，紫褐色，内面有隆起的紫褐色棱条，约 20 条；花 3 裂，裂片三角状阔椭圆形，稍尖，长 7～9 毫米，宽 10 毫米，由基部向外反卷，褐红色，花被管宽大，喉部环状缢缩；雄蕊 12，交错排列于合蕊柱的下部周围；子房半下位，6 室，花柱 6，上部分歧。果实为假浆果，半球形；种子卵状圆锥形。花期 5 月，果期 6 月。

[生长环境] 多生于荫蔽环境，在排水良好及富含腐殖质深厚湿润的土壤中最多，而在山林中，生针叶林及混交林下以及繁茂的灌丛间。

[产　　地] 黑龙江、吉林、辽宁、陕西、山东、山西、浙江、湖北、湖南、四川、河南等省，以河南产量最多。

[用　　途] 根和根状茎入药，为解热、利尿、发汗、祛痰药。辽宁省凤城、本溪一带农民用根治头痛和牙痛，将细辛根剪碎加入花椒和烧酒及面粉制成饼，贴于太阳穴及前额上治头痛。根少量煎水漱口，可治牙痛。

供兽药用，可治咳喘、便秘、牙闭、风湿等症。供农药用：（1）用本种 1 两加水 0.5 公斤煮成原液，每斤再加水 6 公斤喷洒，可防治蚜虫；（2）本种 2 两加水 0.5 公斤煮成原液，每公斤原液加水 6 公斤，可防治棉蚜。

[理化性质] 含挥发油，其中主要成分为松油二圜烃，甲基丁香油酚（methyleugenol），左旋细辛素（1-asarinin, $C_{20}H_{18}O_6$），细辛酮（asarylketon, $C_{10}H_{16}O \cdot C_{10}H_{10}O_4$）等。

[采收处理] 春季采收，挖掘植株，剪去地上部分洗净泥土，挂在阴凉通风处阴干或晒干即成，贮藏在干燥的地方。

[其　　他] 江苏地区以福氏细辛（Asarum forbesii Maxim.）作细辛入药，称为马辛，它的主要特征是：花被裂片直立，花被管无明显的缢缩，外面黄褐色，内部紫色。其药用部分系根及根状茎，偶见有残留皱缩的叶及花。

36 土细辛（tuxixin）（图 1275）

[学　　名] **Asarum insigne** Diels 马兜铃科

[药 材 名] 细辛（广西）

[形态特征] 多年生草本。根须状，干时表面淡黄色，内部呈白色，髓心浅黄色，气香，味辣。单叶丛生，**长椭圆状心形或阔三角形**，先端渐尖，基部耳形，表面深绿色，背面绿色。花单 1，腋生；萼暗紫色，裂片 3，萼管在喉部收缩，前部张开，微弯曲；雄蕊 6，药 2 室；子房卵圆形，6 室。蒴果肉质，不开裂。花期 4～5 月，果期次年 1～2 月。

[生长环境] 生于山谷疏林内，灌丛边缘等处的肥沃阴湿地方。

[产　　地] 广西龙胜、全县、兴安、阳朔、桂平、大瑶山、百色、武鸣、靖西、

龙津等地。

［用　　途］ 据广西僮族自治区资料：全株入药，发汗祛痰，治感冒头疼、牙齿疼，去口中臭气，并治口舌疮、跌打、风疹及毒蛇咬伤。

［采收处理］ 夏秋季采收，挖取全草：除去地上部分，洗净泥沙，晒干即可备用。

［其　　他］ 除以上三种外，四川的石南七细辛（Asarum himalaicum Hook. f. et Thoms.）及大花细辛（Asarum maximum Hemsl.）也作细辛药用。

图 1275　土细辛
Asarum insigne Diels
植株全形

37 细辛（xixin）（图 1276）

［地 方 名］ 大药（山东），苔叶细辛（四川），华细辛（陕西），马蹄香（安徽、浙江）。

［学　　名］ **Asarum sieboldii** Miq.　马兜铃科

［药 材 名］ 细辛（山东），华细辛（陕西）。

［形态特征］ 多年生草本，高10～20 厘米。根状茎的节间密，生多数须根，具特异的辛香气味。叶基生，通常 2，心形，先端尖或钝尖，基部深凹呈耳状，全缘，表面绿色，散生短毛；背面淡绿色，密生或疏生较长的毛。花顶生，单一，淡绛红色；花被筒状杯形，裂片 3，卵形至阔卵形，先端急尖或钝尖；雄蕊 12；子房半下位，花柱 6，短，与雄蕊形成蕊柱。假浆果半球形。花期 5 月，果期 6 月。

［生长环境］ 阴性植物，生于山谷溪边林下岩石旁或山坡林下阴湿处。喜含腐殖质较多的沙质土壤。

［产　　地］ 黑龙江、吉林、辽宁、山东、浙江、安徽、江西、湖北；四川、陕西、甘肃等省。

［用　　途］ 根为发汗、祛痰药，治感冒头疼等症，含于口中能去口臭，治口舌

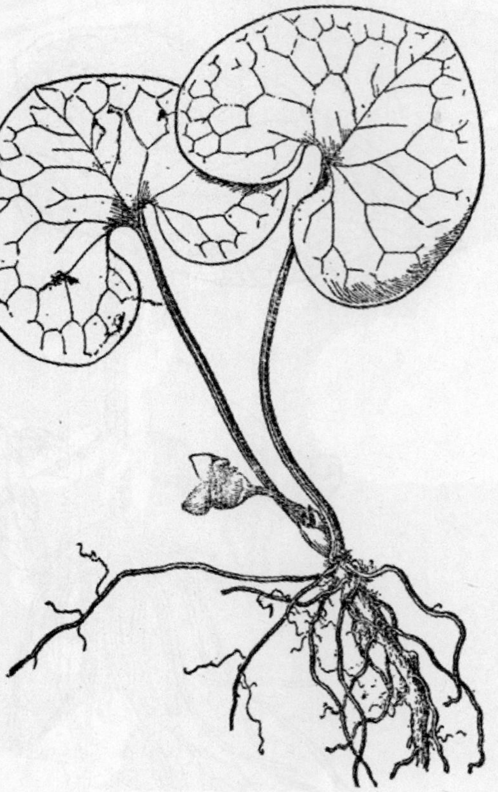
图 1276　细辛
Asarum sieboldii Miq.
植株全形

疮，将其叶塞蛀牙孔中，可治牙疼。

根可提芳香油，(参阅"芳香油类"1300 页)。

［理化性质］　根及根状茎含：（1）不挥发性成分 asarinin 的异性体 *l*-sesamin（$C_{20}H_{18}O_6$），精油 2.21%；其精油由 methylengenol（约 47%）、palmitic acid、黄樟油素（safrol），*l*-β-pinen, carvone （$C_{10}H_{14}O$）及酚类性物质（$C_{10}H_{10}O_4$）（熔点 110℃）结晶性物质等构成；（2）根含挥发油，出油率（干根 3%），油的主要成分为甲基丁香酚（methyleugenol）50%，palmintinsaure, asarinin，细辛酮（asaryl-ketone），黄樟油素（safrol），烯萜（pinene）和松油烃。

［采收处理］　开花期间采收，把全植物除去茎叶，取根及根状茎用水洗后晒干。品质以干燥、黄色、香气浓、无泥沙的为佳；混有他种植物根的不收购。

［其　　他］　东北细辛［A. heterotropoides F. Schmidt var. mandshuricum（Maxim.）Kitag.］与细辛的主要区别是花被裂片由基部反卷，叶通常仅在叶脉上生有短毛，背面全体生有短毛，叶柄无毛。

38 木通马兜铃（mutongmadouling）

［学　　名］　**Hocquartia mandshuriensis** (Kom.) Nakai (*Aristolochia mandshuriensis* Kom.)　马兜铃科

［药 材 名］　木通（东北）

［形态特征］　大形藤本，茎长 8～10（35）米，直径 5～8（13）厘米，有暗灰色木栓层，并有纵皱纹。枝灰色，幼枝鲜绿色，有毛；芽圆形，密生白色绢毛。单叶互生，具柄，长 6～13 厘米，断面近圆形；**叶片圆状心形**，长 11～14 厘米，宽 11～15 厘米，大的长 26～29 厘米，宽 25～28 厘米，先端稍钝或尖，基部深心形，全缘，表面绿色，近无毛，背面色淡，密生短毛。由基部伸出 3 条隆起的主脉。花单一，稀为两朵，生于

腋生的短枝上；花梗长1.5～3厘米，基部附近具1～2片干质淡褐色鳞片；花梗下部着生小苞2，长达1厘米，心状卵形或心形，或无小苞片。花被筒成马蹄形弯曲，长5～6厘米，在合蕊柱周围处膨大，宽15毫米，有毛；继渐变窄而弯曲，在弯曲处又膨大，宽16～18毫米，外面淡绿色，内面具紫色圈及斑点，筒上部膨大，舷部褐色或淡黄色，直径22毫米，3深裂，近整齐，盛开时近平展，舷片广三角形，先端钝或尖，边缘有短毛；子房圆柱形，合蕊柱三棱形，柱头3深裂；雄蕊6，成对贴附于柱头裂片的外面。果实为6棱柱形，长9～11厘米，宽3～4厘米，**成熟时由先端裂为6瓣**，每瓣中央有1条钝圆的纵棱。种子心状三角形，淡灰褐色，长与宽略相等，背面凸起，具小突起，腹面凹入，平滑无毛。花期5月，果期8～9月。

［生长环境］　生于林区稍湿润的蔽荫处，常见于河川附近的阔叶及针叶混交林中或林缘，缠绕在乔木或灌木上。

［产　　地］　黑龙江、辽宁、吉林等省；吉林山区各县多有生长，尤以延边缘地区为多。

［用　　途］　据吉林省资料：茎的木质部为利尿药，治肾脏病及孕妇浮肿，并有通经、镇痛、消炎、排脓的功效。

又可作兽药，用于利尿、消炎、治尿闭水肿、子宫炎等症。

［理化性质］　含木通素甲（$C_{12}H_{11}NO_4$）0.091%，为黄色结晶。

［采收处理］　冬季10月至次年2月间采收，采后用刀刮去外皮，晒干或烤干。干燥时应随时把弯曲的拉直，八成干时打捆。再晒至足干即可。商品以干燥、浅黄色、无粗皮的为佳。

39 萹蓄（bianxu）

［地 方 名］　乌蓼（山西、河南、甘肃），扁竹（福建、湖南、山西），猪牙草（东北、山西），地蓼扁竹（四川）。

［学　　名］　**Polygonum aviculare** L. var. **vegetum** Ledeb.　蓼科

［药 材 名］　萹蓄

［形态特征］　一年生草本，高20～70厘米。茎平卧地上或斜上伸展，罕近直立，基部分枝，绿色，表面具明显沟纹，**秃净无毛**，基部圆柱形，幼枝具角棱。单叶互生，叶片狭椭圆形至披针形，或倒披针形，长1～3.5厘米，宽5～10毫米，先端钝或尖，基部楔形，全缘，两面均无毛。叶鞘长4～5毫米，下部褐色或带绿色，上部呈薄膜状，白色透明，先端多裂，有数条脉纹；叶柄短或近无柄。**花小，簇生于叶腋**，自基部至顶部均有，不同时开放；花梗细短，顶端有关节，苞片小，苞均为膜质，长几等于花梗；花被绿色，5深裂，裂片椭圆形，开展或半开展，具白色边缘，结果后呈复瓦状包被瘦果；雄蕊8，花丝短，子房卵形，具3棱，花柱3，分离，极短。瘦果卵状三角形，长2～4毫米，黑色，具细纹及小点，仅先端露出于宿存花被之外。花期4～9月，果期自6

月渐次成熟。

［生长环境］ 生于田野、路旁、荒地、水边、河沟旁及湿地。

［产　　地］ 全国各地皆有分布，为习见野草。以河南、四川、浙江、山东、吉林、山西，陕西、甘肃、河北、内蒙古等省区产量较多。

［用　　途］ 全草为利尿、消炎、止泻、驱虫药。可治黄疸、霍乱、腹痛、下痢等症和驱蛔虫。

全草又可为猪羊的饲料。果实含有淀粉；鲜茎叶又可为农业杀虫药，并能杀死蝇蛆。

［理化性质］ 全植物内含鞣料、香精油、糖、蜡、树脂、去氢黄酮类、糖甙（avicularin）等。

［采收处理］ 5～9 月，割取地上茎叶，晒干后扎成小捆。河北、江苏等地是趁鲜时切成约 15 厘米长的小梗晒干。品质以干燥茎叶壮绿、无杂质、无泥土的为好。

40 拳参（quanshen）（图 871）

［学　　名］ **Polygonum bistorta** L. (*Bistorta vulgaris* Hill) 蓼科

［药 材 名］ 草河车、重楼、紫参

（地方名、形态特征、生长环境、产地及其他用途见“鞣料类”，1093 页）

［用　　途］ 根状茎入药，有清热解毒、散结消肿之效。内服治赤痢；含漱作口腔收敛剂；外用治痔疮、毒疮痛肿，并解虫蛇毒等症。

［理化性质］ 根状茎含鞣酸、棓酸、草酸钙、黄碱素等，此外还含有氧化蒽醌甙类（oxyanthrachinonglycoside），其鞣酸称为 polygonum-rhizotannid。

［采收处理］ 春季未萌发前，或秋季茎叶枯萎时挖取根状茎，去净泥土及地上茎，除去须根晒干。品质以根状茎肥大、质坚实、断面棕红色、无须根者为佳。

41 虎杖（huzhang）（图 872）

［学　　名］ **Polygonum cuspidatum** Sieb. et Zucc. 蓼科

［药 材 名］ 班根（江苏）

（地方名、形态特征、生长环境、产地及其他用途见“鞣料类”，1094 页）

［用　　途］ 根及根状茎为利尿及通经药，有镇痛解毒之效。可治闭经、月经困难、产后瘀血腹胀痛、小便不通等症。民间用根配方泡酒服，可伸筋活血，治跌打损伤。

全株可治牛鼓胀症、胀肚症、黄蜂胃病，并可防治螟虫、蚜虫、青虫等害虫。用法是将根、茎、叶 1 公斤捣烂加水 3 公斤，煎成原液 1 公斤；用时每公斤原液加水 10 公斤使用。

［理化性质］ 据山东资料：根状茎含虎杖甙（cuspidatin, $C_{21}H_{20}O_{10}$）为橙黄色结晶，水解后生成葡萄糖及大黄泻素（emodin, 4，5，7，-三羟基—2 甲基蒽醌），另含蒽

醌（anthrachinone），大黄素甲酯（emodin monomethylather）。皮部亦含大黄素（emodin）。

［采收处理］ 4～10月间采收，将挖到的根切断后晒干。品质以根粗壮、干燥、黄色、无他物混杂的为好。

42 蓼（liao）（图 1277）

［地 方 名］ 辣蓼（辽宁、吉林），水胡椒（吉林），水公子、辣花子（辽宁），水蓼；泽蓼、虞蓼、柳蓼（浙江），白辣蓼（广东），班焦草（湖南）。

［学　　名］ **Polygonum hydropiper** L.　蓼科

［形态特征］ 一年生草本，高30～80厘米。茎直立或倾斜，单一或基部分歧，红褐色，无毛，节常膨胀，基部节上生根。单叶互生，纸质，叶片披针形，长3～7厘米，宽5～15毫米，先端渐尖，基部狭楔形或楔形，全缘，通常两面具腺点；托叶鞘圆筒形，长约1厘米，褐色或紫红色，有腺点，先端具长1～4毫米的缘毛；叶柄短。穗状花序细长，腋生或顶生，长4～8厘米，花疏生，下部间断；苞钟形，上部略斜，疏生缘毛或无缘毛；花通常3～5集生于苞内，花梗比苞长；花被4～5裂，淡绿色或粉红色，有腺点；雄蕊通常6，很少为8；雌蕊1，子房上位，花柱2～3裂。小坚果卵形，长2～3毫米，通常一面平一面凸出，稀三棱形，暗褐色，具粗点。花期8～9月，果期9～11月。

图 1277　蓼
Polygonum hydropiper L.
花枝

［生长环境］ 喜生潮湿地，多见于山野溪边，田野水沟边或浅水中，常成群生长。

［产　　地］ 辽宁、吉林、黑龙江、河北、山西、河南、陕西、甘肃、江苏、浙江、湖北、湖南、福建、广东、广西、云南、贵州等省区。

［用　　途］ 江苏民间医生将嫩叶连枝捣烂浸酒，可敷跌打损伤，外敷可消疮肿及蛇毒。浙江民间以小坚果入药，为利尿剂；又治水肿及疮毒，蛇及虫咬伤等有效。

全草可作土农药（见“土农药类”，2024 页）。

［理化性质］ 叶内含有甲氧基蒽醌（oxymethylanthraquinones）、polygonic acid、糖甙（hyperin, $C_{21}H_{20}O_{12}$）、氧茚类化合物（persicarin, $C_{16}H_{11}O_7SO_3K$）、persicarin-7-methylether （$C_{17}H_{13}O_7SO_3K$）及 rhamnazin（$C_{17}H_{14}O_7$）等。

［采收处理］ 嫩叶、枝随时皆可采收。果实的采收以成熟的较好；采下后去掉杂质，放在干燥通风的地方贮存。

43 何首乌（heshouwu）（图 1278）

［地 方 名］ 马肝石、交藤、桃柳藤、地精、红内清（山西），棋藤（江苏），夜合、何相公（湖南），陈知白、九其藤、赤葛、串枝莲、首乌（湖南、贵州、四川）。

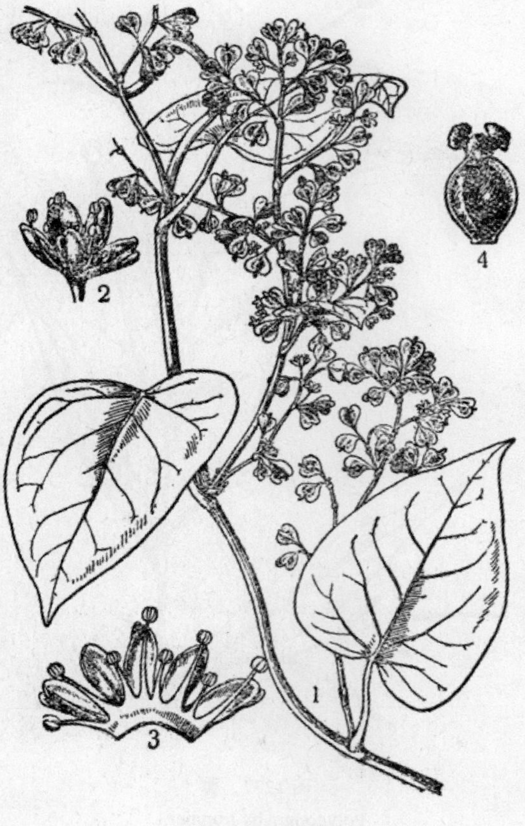

图 1278 何首乌

Polygonum multiflorum Thunb.

1. 花果枝；2. 花；3. 花被剖开示雄蕊；4. 雌蕊。

［学 名］ **Polygonum multiflorum** Thunb. [*Tiniaria multiflora* (Thunb.) Hu] 蓼科

［药 材 名］ 何首乌、首乌、夜交藤、首乌藤

［形态特征］ 多年生草本，无毛。根极长，先端具大块根，皮黑色或黑紫色，断面紫红色。**茎缠绕**，长 3～4 米，绿紫色，中空，多分枝，基部木质化。单叶互生，纸质，叶片心形，长 5～7 厘米，宽 3.5～5 厘米，顶端渐狭尖，基部心形，全缘，两面无毛；叶柄细，长 1.5～4 厘米，基部具膜质鞘，短圆筒状，褐色，易破裂，常早落。**花序圆锥状**，**开展**，具柔毛；花多数，细小，黄白色或白色；苞片卵形或卵状披针形，每苞片内有 1 至数花；花梗细，有节；花被 5 裂，裂片大小不等，宿存，外 3 片肥厚，长约 2 毫米，**背部具翅**，翅下延至花梗节部，结果时增大，长约 6 毫米，即形成果实外面的 3 片纵翅；雄蕊 8，短于花被，花丝细，基部扩大，花约 2 室，卵形；子房三角形，花柱 3，短，分离，呈鸡冠状。瘦果卵形至椭圆形，长 2～2.5 毫米，具三棱，表面光滑，黑色，光亮，全部为

扩大的花被所包。花期 8～10 月，果期 10～11 月。

［生长环境］ 习见于河边、山谷矮林缘、灌木丛中、山脚阴处或石隙中。

［产　　地］ 产于山西、陕西、甘肃、河南（南部）、湖南、湖北、四川、云南、贵州、广西、广东、江苏、浙江、安徽、江西、山东等省区。

［用　　途］ 块根为滋养强壮剂，常用于精神衰弱及神经疾患，促进血液新生，有强心作用；对佝偻病、便泌等亦有效；又可治腹水肿胀。用鲜叶贴肿疡处，有吸脓的作用。

块根煮熟喂母猪有催乳作用。

全株切碎捣烂，每公斤加水 16～24 公斤，浸泡后，滤液可防蚜虫、红蜘蛛和稻螟等，杀虫率为 70%。鲜叶捣烂加水 10 倍，浸泡后可杀蛆，效率为 30%。

块根含淀粉还可用于酿酒（见“淀粉及糖类”，503 页）。

［理化性质］ 块根含蒽醌类衍生物约 1.8%，主要为大黄酚（chrysophanol）及大黄泻素（emodim），其次为大黄酸（rheim）、大黄泻素甲醚、淀粉及脂肪等。

［采收处理］ 根在春、秋两季均可采挖，但以立秋后采挖的为最佳。采时用镐深刨，刨出全根后，洗净泥土，除掉残茎和须根，晒干后供药用；也有在鲜时加工切成薄片晒干入药的。

44 荭草（hongcao）（图 1279）

［地 方 名］ 蓼子、大麻、水辣蓼子、马蓼（安徽），柳花（福建），天蓼、大蓼、水红花、狗尾巴花（河南、河北、内蒙古），水红、水红花、水公子花（山东），天红（浙江），水红子、水红（江苏）。

［学　　名］ **Polygonum orientale** L.

［药 材 名］ 水红花子、散血七（湖北）

［形态特征］ 一年生草本，高达 3 米。茎直立，有节，**分枝甚多**，中空，**全体被有粗长毛**。单叶互生；叶片阔卵形或卵形，长 10～20 厘米，宽 6～12 厘米，先端渐尖，基部近圆形，稍带心形或楔形，全缘；近花序的叶为卵状披针形，叶两面均有粗长毛及腺点；托叶鞘状，围绕茎节，托叶下部褐色膜质，**上部为叶状，绿色**；叶柄长达 7 厘米，基部阔，上面有槽，下面圆形，遍生粗长毛，茎下部的叶较大。花淡红色或白色；花序总状，出自枝顶或叶腋，下垂，长达 10 厘米，宽 2 厘米，单一或数个集生成圆锥形的复花序；花总梗长达 8 厘米，有粗长毛；苞片鞘状，阔卵形，长约 5 毫米，宽约 3 毫米，外面有长毛，内面无毛，边有缘毛，每苞有 1～5 花；花被 5，花被片椭圆形，长约 3 毫米，宽约 1.5 毫米，基部连生，顶端圆，全缘，无毛；雄蕊 7，偶有 8，着生于花被基部，花丝稍长出花被，长约 3 毫米，花盘分裂数个，呈油腺状，直径不及 1 毫米；子房上位，花柱上部 2 裂，柱头头状。瘦果扁圆形，直径 2.5～3 毫米，先端微尖，基部圆形，黑色，有光泽，果皮甚厚。花期 7～9 月，果期 9～10 月。

［生长环境］ 常生在荒地沟边、河川两岸；草地或水湿地，多成片生长。栽种一次后，第二年即自生，有些地方已成半野生状态。

图 1279 荭草

Polygonum orientale L.

1．植株上部；2．花簇；3．花；4．花被展开示雄蕊和雌蕊；5．瘦果。

（自“江苏南部种子植物手册”）

［产　　地］ 辽宁、吉林、黑龙江、内蒙古、河北、安徽、湖北、山东、浙江、江苏、河南、海南、福建、云南等省区。

［用　　途］ 全草入药，果实有解毒明目之效，治烦渴及颈淋巴腺炎；花能散血、消食、止痛；叶治恶疮祛痺气；根除恶疮肿、脚气。浙江温州民间用茎叶和文旦皮煎汤熏洗治脚肿，龙泉民间用根治风疹块。

全草又可治牛的疮毒，祛风消肿。果实含有淀粉，可制饴糖及酿酒（见“淀粉及糖类”，503 页）。又可供观赏。

［采收处理］ 全株枯萎前随用随采，花在花蕾近开时采下；果实在果熟后采收；除去泥砂及其他杂质，晒干，放在干燥的地方贮存。

［其　　他］ 在西北用的水红花子为其变种 *P. orientale* L. var. *pilosum* (Kaeb.) Meisn. 的种子。

45 杠板归（gangbangui）（图 1280）

［地 方 名］ 白拉秧、拉拉秧（山东），蚂蚱腿（河北），拉狗蛋（辽宁），蛇腿（湖北），酸藤（江西），蛇倒退（四川），酸汤菜、酸米米（贵州）。

［学　　名］ **Polygonum perfoliatum** L. 蓼科

［药 材 名］ 杠板归、河白草（江苏）

［形态特征］ 多年蔓生草本，长可达 2 米。茎蜿蜒弯曲，多分枝，有棱角，**棱上生倒钩刺**。单叶互生，具柄；叶片**近等边三角形**，**盾状着生**，长宽均为 3～5.5 厘米，先端微尖，基部截形或近心形，背面中肋及侧脉通常具钩刺，有时表面中肋亦具刺；柄长 2～8 厘米，具倒钩刺；**托叶鞘叶状**，圆形或卵形，直径 1.5～3 厘米，**穿茎**。花序短穗状，顶生或生于上部叶腋，常包子叶鞘内，长 1～3 厘米；花多数；花梗具刺，每花有

短梗；花被白色或粉红色，5 裂，裂片近圆形，果时增大；雄蕊 8，较花被短；子房卵圆形，花柱由中部成三叉状，与雄蕊几等长。瘦果卵状球形，光亮，成熟时完全包于蓝色多汁的花被内。花期 6～8 月，果期 9～10 月。

［生长环境］　多生于山坡、山谷、路旁草丛中，灌木丛中，荒地及水沟旁。

［产　　地］　吉林、内蒙古、河北、河南、山东、陕西、甘肃、江苏、浙江、安徽、江西、湖南、湖北、四川、贵州、云南、福建、台湾、广东、广西等省区。

［用　　途］　茎叶入药，取茎叶煎服，能止泻痢；煎水洗痔疮，散毒，能治瘰疬。江苏民间用此草治“河白病”（面孔肿胀白色，似乳肿），故有“河白草”之称。又全草为治淋浊要药；打烂敷治青皮蛇咬伤。

又全草可治牛被毒蛇咬伤。茎、叶可作杀虫剂；将全草烘干制成粉，或用粉 1 公斤加水 3 公斤煮成汁液过滤后即得原液；如用粉剂以干粉加水 12.5 公斤施用；如用液剂则以原液 1:10 倍的稀释液施用，可防治蔬菜害虫。根含鞣质，可提取栲胶（见“鞣料类”，1096 页）。叶发酵可分解出靛，以制取靛蓝，用于印染方面及墨水，油漆，靛蓝衍生物之制造（贵州省经济植物图说第二册）。

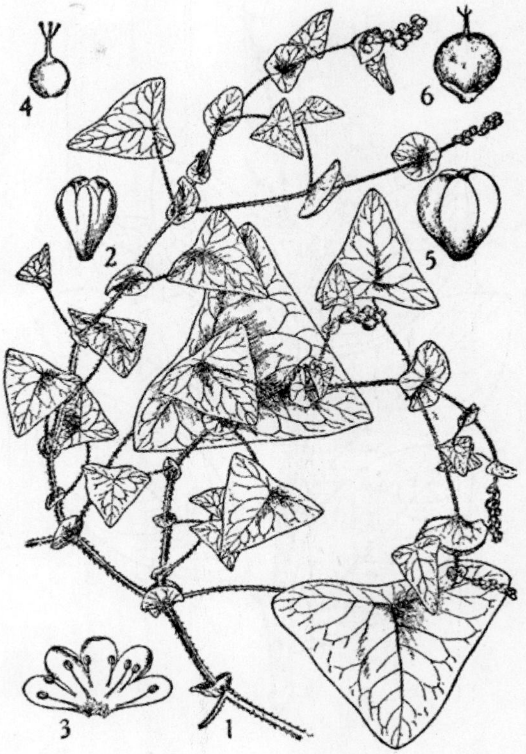

图 1280　杠板归

Polygonum perfoliatum L.

1. 植物上部；2. 花枝；3. 花被及雄蕊；4. 雌蕊；5. 瘦果外包裹有宿存的花被；6. 瘦果。

（自“江苏南部种子植物手册”）

据贵州省野生植物普查办公室分析：瘦果含脂肪油 12.47％。

［采收处理］　7～8 月采收，将全草割掉，按 1/4～1/2 公斤捆成小把，晒干，放于干燥处。以干燥、茎叶红色、无杂质为好。

46 蓼蓝（liaolan）（图 1281）

［地 方 名］　蓝、小蓝

［学　　名］　**Polygonum tinctorium** Lour.　蓼科

［药 材 名］　大青叶（河北）

［形态特征］ 一年生草本，高 50～80 厘米。茎直立，单一或分枝，几无毛。单叶互生，有柄；叶片卵形至卵状披针形，长 3～8 厘米，宽 2～5.5 厘米，先端短尖或钝，基部阔楔形或楔形，全缘，无毛或沿叶脉被短毛，**叶鞘圆筒状，具长睫毛**。**穗状花序**顶生或腋生；花小，带红色；花下**苞片具纤毛**；花被 5 裂，裂片卵形；雄蕊 6～8，比花被短，药淡红色；子房卵状椭圆形，花柱 3 歧。小坚果具三棱，褐色有光泽。花期 6～7 月，果期 8～9 月。

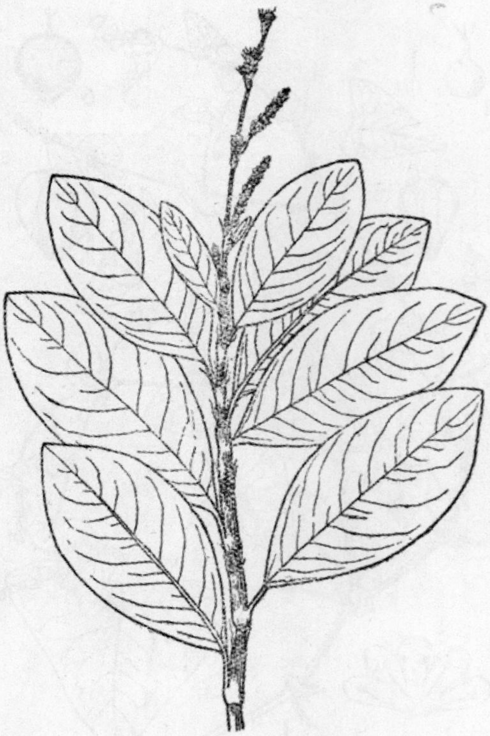

图 1281 蓼蓝
Polygonum tinctorium Lour.
植株上部

［生长环境］ 生于旷野水沟边；多为栽培或成半野生状态。

［产 地］ 辽宁、广东皆有栽培，广西、贵州亦有。主产河北安国、唐县、蓟县、青龙、平泉县以及天津、山西沁源等地。以天津产量较多，西北从前多栽培，现已少见。

［用 途］ 叶为清热、解毒药，治热毒、热痢、喉痺、喉风等症；外用对于火热口疮等症有效。

叶又可加工成青靛，作染料。[见其他类菘蓝（Isatis tinctoria L），2023 页]

［理化性质］ 全草含靛甙（indican, $C_{14}H_{17}NO_6$）在酸液中水解得 indigowei，继续水解得 indigoblau。

［采收处理］ 6～7 月或 9～10 月采收叶片，割下后去掉老梗晒干即成。天津习惯割取地上部全草，新鲜时切成段晒干。

47 掌叶大黄（zhangyedahuang）（图 1282）

［学 名］ **Rheum palmatum** L. var. **tanguticum** Maxim. 蓼科

［药 材 名］ 大黄

［形态特征］ 多年生高大草本。根粗壮，表面棕褐色，有横纵皱纹，断面有多数星点排列成的环圈。茎直立，高达 2 米余，茎节膨大。根生叶大，有长柄，粗壮，肉质，约与叶片等长；叶片阔心形或近圆形，**3～7 掌状深裂**，裂片全缘或有齿，或再羽状分裂，基部心形背面被白色毛，叶缘、叶脉处较多；茎生叶较小；互生，具膜质叶鞘。圆锥花

序，丛生于枝上，幼时为紫红色；花被 6，排列为 2 轮，宿存，内轮 3，花后增大；雄蕊 9，花药外露；子房上位，雌蕊子房三角形，花柱 3，向下弯曲，柱头头状。瘦果有 3 棱，有翅，先端微凹，茎部略呈心形。花期 6～7 月，果期 7～8 月。

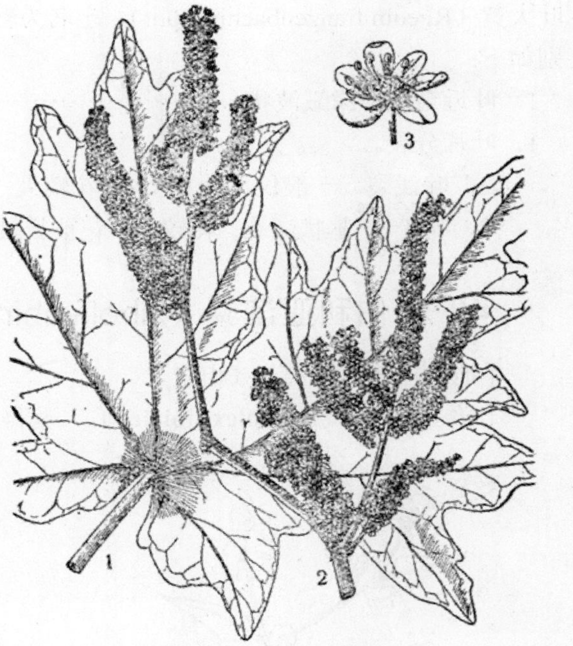

图 1282　掌叶大黄
Rheum palmatum L. var. tanguticum Maxim.
1．叶；2．花序；3．花。

［生长环境］　生于林缘、河流两岸及稀疏的树林中，性喜半阴湿的地方。

［产　　地］　西藏昌都、甘肃以至青海等地，大量野生或半栽培。主产于青海同仁、同德、贵德、都兰，甘肃武威、岷县、临潭、临夏、西礼、文县，四川阿坝藏族自治州，甘孜藏族自治州，凉山彝族自治州等，以青海同仁一带所产品质最好。

［用　　途］　根为常用的泻下药，并有苦补健胃之效；另外可治腹痛、便秘、黄疸、胸腹胀满、伤寒发热或肿毒等症。

［理化性质］　各种大黄根状茎通常含有两类化合物：一类泻下性成分，称大黄蒽甙（rheoanthraglycosides），系蒽醌类化合物；另一类为收敛性成分，称大黄鞣甙类（rheotannoglycosides）。

（1）蒽醌类化合物，约有下列多种：

大黄酚（chrysophanol, $C_{15}H_{10}O_4$），芦荟泻素（aloe-emodin, $C_{15}H_{10}O_5$）；大黄酸（rhein, $C_{15}H_8O_6$）；大黄泻素（emodin, rheum-emodin, $C_{15}H_{10}O_5$）；大黄泻素甲醚（emodin-monomethyl ether, $C_{16}H_{12}O_5$）及其他配糖物，上列各化合物的总含量约 2～4.5%。

（2）收敛性成分：主要为棓酸 β-葡萄糖（glucogalin, $C_{13}H_{16}O_{10}$），经水解产棓酸及葡萄糖，此外尚含没食子酸及儿茶素（catechin）等。

［采收处理］　入冬前后当地上部分枯萎时采收。栽培者选择生长三年以上者挖。挖出根状茎，除去泥土，用磁片刮去外皮，通常横切成较薄的片子，晒干，或用绳子挂在屋檐下及棚内透风处阴干，有的用微火烘至快干时改用急火，直烘到干足为止。品质以外表色黄、个重、质坚实、断面呈星点花纹，气清香及味苦为好，放于干燥通风处，注意虫蛀，并在每年入夏前取出在阳光下复晒。

［其　　他］ 四川及河南伏牛山一带尚产一种药用大黄（Rheum officinale Baill.），在四川称为马绵黄，并分布于湖北、甘肃、河南、陕西等省。河北及内蒙古另产一种波叶大黄（Rheum franzenbachii Münt），土名为籽黄及山大黄，也供药用。现将它们的区别如下：

1．叶近全缘，缘皱波状……………………………………………………………………波叶大黄

1．叶片分裂。

　2．叶浅裂，一般仅达叶片 1/4；花较大；花被长 2 毫米…………………………药用大黄

　2．叶 3～7 掌状深裂；花较小；花被长最多 15 毫米……………………………掌叶大黄

48 西伯利亚滨藜（xiboliyabinli）（图 1283）

［地 方 名］ 灰菜（山东）

［学　　名］ **Atriplex sibirica** L.　藜科

［药 材 名］ 软蒺藜（山东）

［形态特征］ 一年生草本，高 20～50 厘米。茎有棱角，从基部分歧，枝条上部有银灰色粉粒，下部较光滑。叶互生，叶片近菱状卵形至阔披针形，通常中部以下具二钝或锐的裂片，表面绿色平滑，背面银灰色，密被粉状物。花单性，雌雄同株，簇生于叶腋；雄花无苞，萼片 5，雄蕊 5；雌花无花被，有 2 苞片，合生仅在顶端分离，萼片缺，苞片随果增大，近于球形，成小坚果状，表面具尖锐而硬的刺状突起。胞果成熟后扁平扇形，直径 5～14 毫米，表面土棕色，粗糙，主脉 3 条，放射状隆起，细脉网状，老熟的果实基部有时具珊瑚刺状突起，上部扇形，边缘波状或 5 浅裂，基部渐细成细短果柄，种子 1，胚环形。花期 8～9 月，果期 10 月。

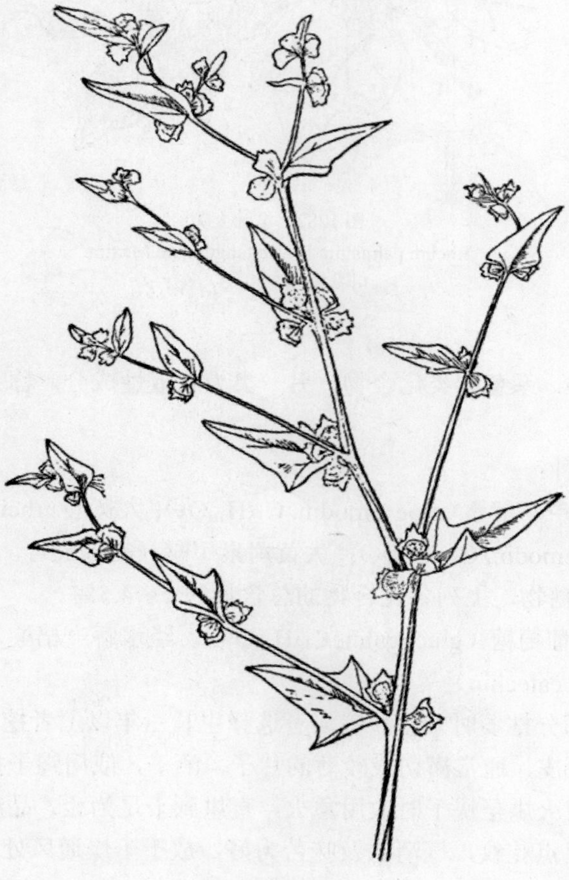

图 1283　西伯利亚滨藜
Atriplex sibirica L.

［生长环境］ 野生于海滨盐碱地带，或平坦的盐碱地区的田边，小土堆上或大路两旁都能生长。

［产　　地］ 分布于山东、内蒙古、甘肃、新疆等省区。

［用　　途］ 果实为明目、强壮缓和药，主治恶血症结、头痛、咳逆、皮肤风痒、喉痹、疮痒、肿毒及妇女乳闭不通等症。

［理化性质］ 其同属植物 Atriplex halymus L. 的叶含皂角甙；果实含草酸，氯化钠等。

［采收处理］ 10～11 月果实成熟时，将全草割下晒干，用木棒打下果实，簸出碎叶、枝条及杂质后，用麻袋或席包装。品质以成熟、灰黄色、大小均匀、干净无杂质的为好。放在干燥通风的地方贮藏。

49 土荆芥（tujingjie）（图 1284）

［地 方 名］ 沙塘香草（广西）

［学　　名］ **Chenopodium ambrosioides** L.　藜科

［药 材 名］ 土荆芥

［形态特征］ 一年生直立草本，高约 1 米。茎有棱。分枝，被腺毛或无毛。单叶互生，具短柄，**长圆形至长圆状披针形**，长 3～16 厘米，先端短尖或钝，下部叶的边缘有**不规则钝齿或呈波浪形**，上部的叶较小，全缘有疏齿，变为线形或线状披针形，表面绿色，背面有腺点，**揉之有一种特异的香气**。花小，绿色，簇生或单生于苞腋内；苞片极小或叶状而长于花束；花束为纤弱，腋生及顶生，分枝或不分枝的穗状花序；此等花序复形成硕大具叶的圆锥花序，占全植株的大部；萼片 5，有时仅 3；雄蕊与萼片同数，花丝分离，花药内向；子房 1 室。果为一膜质的胞果，长不及 1 毫米，包藏于萼内，**胚环形**。花期夏秋间。

［生长环境］ 喜生在阳光充足，土壤润湿而肥沃的地方，常见于村落附近的旷地及路旁，亦有栽培者。

［产　　地］ 广东、广西、福建、贵州等省区。

图 1284　土荆芥

Chenopodium ambrosioides L.

1．花枝；2．花；3．花药；4．种子。

［用　　途］ 全草经提取后所得的土荆芥油为强烈的体内寄生虫驱除剂，对蛔虫、十二指肠虫以及绦虫等皆有良效。

又全草切碎投入厕所可杀蛆，晒干燃点可驱逐蚊、蝇；花和叶用开水浸17小时可毒杀孑孓。

［理化性质］ 果实出油率1～2%，又据广西僮族自治区资料：全株出油率1.4%左右，土荆芥油呈淡黄色或橙色，比重（15℃）0.9550～0.9768，折射率（20℃）1.474～1.484，旋光度（20℃）-4°～-5°，主要成分是除蛔素（ascaridole, $C_{10}H_{16}O_2$），黄樟油素（safrole, $C_{10}H_{10}O_2$），柳酸甲酯（methyl-salicylate, $C_8H_8O_3$）等。

［采收处理］ 秋后果实成熟，可自近地面的茎基部割下，直接送厂加工或阴干保存，以供药用。

［其　　他］ 在用水蒸汽蒸馏法提油前；应将茎杆切成5厘米长小段进行蒸馏，这样则出油较快。

50 大叶藜（dayeli）（图1285）

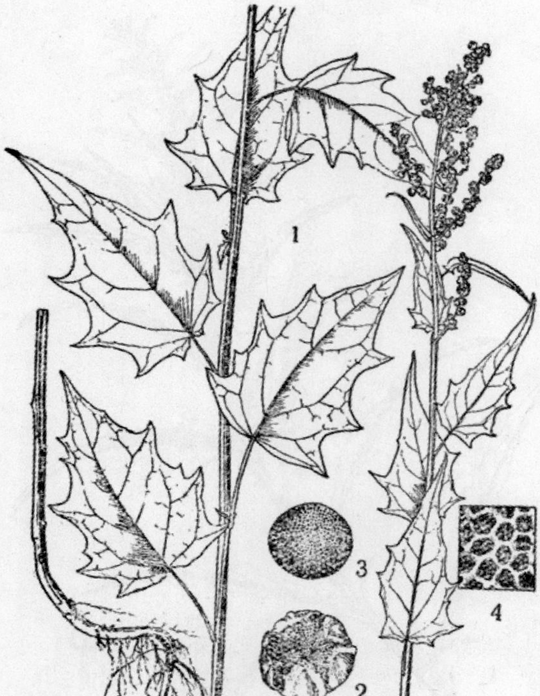

图1285　大叶藜
Chenopodium hybridum L.
1．植株全形；2．胞果及宿存的花被；3．胞果；4．果皮上的网纹。

［地 方 名］ 杂配藜（中国北部植物图志）

［学　　名］ **Chenopodium hybridum** L.　藜科

［药 材 名］ 血见愁（黑龙江）

［形态特征］ 一年生草本，高30～110厘米，茎、叶无毛。茎直立，粗壮，单一或分歧，具5锐棱。单叶互生，质薄，叶卵形、阔卵形或三角状卵形，长4～10厘米，宽1.5～6.5厘米，先端渐尖，基部微心形或近截形，边缘弯曲状渐尖或具锐尖的牙齿，有长叶柄。花于茎上部构成疏散的大圆锥花序；花被5，裂片卵状披针形或披针形，先端钝，背部具肥厚隆脊，腹面凹，包被胞果；花序的叶腋及花被具腺毛。胞果的果皮薄膜质，具蜂窝状的4～6角形网纹；种子横生，扁球形，直径1.5～2毫米，近黑色，胚环形。花期8月，果期9月（黑龙江）。

［生长环境］　多见于林缘、村边杂草地、垃圾堆及荒地。

［产　　地］　黑龙江、辽宁、吉林、山西、陕西、甘肃、内蒙古、河北、河南、山东等省区。

［用　　途］　全株为止血药。种子可榨油。

［采收处理］　7～8 月间采带花果的全株，晒干后，即可供药用。放在干燥的地方贮存。

［其　　他］　黑龙江省黑河专区漠河县洛古河一带民间习用另一种“血见愁”，其原植物是毛茛科的小耧斗菜（Aquilegia parviflora Ledeb.），当地用其根及茎叶煎膏，名“血见愁膏”，用于妇女月经不调等症，效果甚佳。沿黑龙江一带居民对“血见愁膏”都很喜爱。

51 地肤（difu）（图1286）

［地 方 名］　苕帚菜、家扫帚、野扫帚（辽宁），落帚、独帚、扫帚（山西），扫帚草（浙江），蒿蒿头、苗扫帚、锦扫帚、扫帚秧（江苏），扫帚条（山东），扫帚苗（河南、甘肃、吉林、河北、黑龙江）。

［学　　名］　**Kochia scoparia** (L.) Schrad. (*Chenopodium scoparium* L.)　藜科

［药 材 名］　地肤子、千头子(河南、山东、山西)

［形态特征］　一年生草本，高 50～150 厘米。茎直立，多分枝：秋季常变为红色，**幼枝有白色柔毛**。单叶互**生，无柄**，叶狭披针形至线状披针形，长 1～7 厘米，**全缘，多数无毛，幼叶或边缘常有白色长柔毛，逐渐脱落**，叶腋内无毛。花两性（稀杂性），穗状花序腋生，有 1 或数花。花黄绿色，无柄；花被短筒状，先端 5 齿裂，裂片三角形，向内弯曲包裹子房，中肋突起似龙骨状，在花被裂片弯曲处背部有一横生的绿色突起，随着胚珠的发育而长大成**横生翅**；雄蕊 5，伸

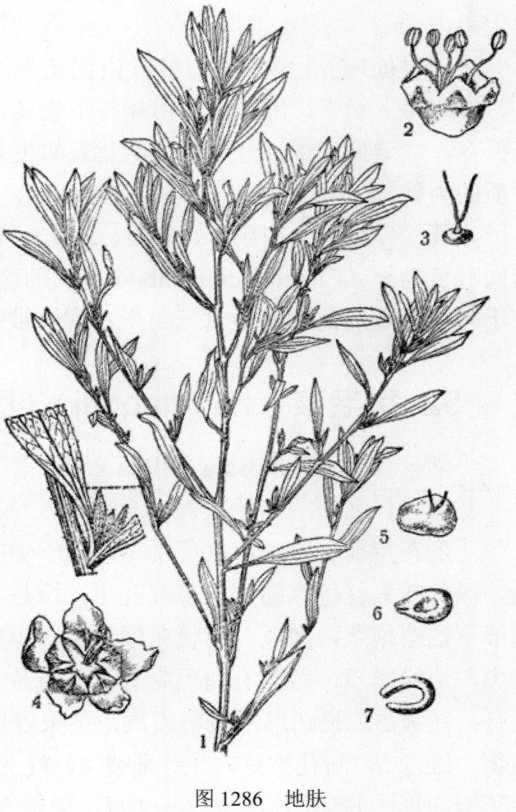

图 1286　地肤

Kochia scoparia（L.）Schrad.

1．植株的一部分；2．花；3．雌蕊和柱头；4．胞果及具横翅的萼；5．胞果；6．种子；7．胚。

（自“江苏南部种子植物手册”）

出花被外；子房扁圆形，横生，花柱极短，柱头 2，有毛。胞果扁圆形，基部有大型宿存花萼，**具 5 横生翅**。种子 1，黑色，**胚环形**。花期 6～9 月，果期 7～10 月。

［生长环境］ 生于山野荒地、田园路旁、村舍旁、沟边，或作庭院栽培。

［产　　地］ 各地普遍分布，栽培或半自生状态。主产河北、山西、河南、山东等省；此外，辽宁、青海、陕西、甘肃、四川以及江苏均产之。

［用　　途］ 果实为强壮利尿剂，治淋疾、水肿及脚气；煎汤洗濯，可治皮肤恶疮、疥癣、瘙痒等。

其种子可以榨油（见“油脂类”726 页）。嫩茎叶可当菜吃，也是喂猪的好饲料，又可用作土农药。

［理化性质］ 含植物皂角甙；另据河南省资料：幼嫩枝叶含胡萝卜素、核黄素及维生素丙。

［采收处理］ 9～10 月枝叶由绿变为红色时，果实成熟，摘取果枝或用刀割取植株，摊在席上晒干，用手搓或用棒打下果实，除净枝叶等杂质即成商品。放置通风干燥处保存，贮藏期间要注意复晒，防止发霉变质。品质以干燥、果实灰绿色、饱满、不含杂质的为佳。

［其　　他］ 在华东、湖南、湖北、江西、贵州、山东、福建等地所用的地肤子，为同科植物藜（Chenopodium album L.）的胞果，俗称“灰菜子”。它与地肤的主要区别在于叶为卵形三角形或菱状三角形，背面被有白粉，结果后花被无横生的翅。

52 猪毛菜（zhumaocai）（图 1287）

［学　　名］ **Salsola collina** Pall.　藜科

［药 材 名］ 猪毛菜

［形态特征］ 一年生草本，高 20～100 厘米。茎近直立，基部多分枝，开展，光滑，绿色或具红色纵肋纹。单叶互生，圆柱状叶线形，长 1～5 厘米，先端有小刺尖，基部下延略抱茎，肉质。**穗状花序顶生**，少数单生叶腋；花小，多数，苞片卵形，具锐长尖，边缘膜质，背面有白色隆脊；**小苞片 2**，狭披针形，先端具刺尖，背面亦具白色隆脊；花被 5，长圆形，透明膜质，结果时期背部 2/3 处常生有**长短不等的不发育的附属物**；雄蕊 5，与花被片对生；雌蕊 1，柱头 2 裂，线形。胞果倒圆锥形，果皮干膜质；种子倒卵形，**胚环形**。花期 6～9 月，果期 7～10 月。

［生长环境］ 生于路边、荒地、宅旁、沙丘、沟沿、田间或含盐碱的砂质土壤上。

［产　　地］ 黑龙江、辽宁、吉林、河北、河南、山东、陕西、山西、甘肃、内蒙古、青海等省区。

［用　　途］ 花期，植株的地上部分有降压作用，可治高血压症，效果甚好。又其嫩茎叶可食用，种子可榨油；全株可提取绿色及黄色染料，可制碱；茎、叶可作饲料。

［理化性质］ 据河南省资料：茎叶含水分 10.6%，粗蛋白质 16.11%，粗脂肪

1.28%，无氮浸出物38.05%，粗纤维15.35%，粗灰分18.61%，钙4.17%，磷酸0.52%。药用成分主要为植物碱 salsoline 及 salsoligine。

［采收处理］　花期割取全株，晒干，除去泥沙，打成捆，放于干燥处贮藏，以备提制植物碱。

［其　　他］　除本种外，尚有一种刺沙蓬（辽西）［Salsola pestifer A. Nelson（=*S. rutheanica* Iljin）］，别名：苏联猪毛菜（甘肃），分布于东北、华北、内蒙古、甘肃、新疆等地，亦具有降低血压的作用，它与猪毛菜主要的区别在于：果翅发达，大形，具扇状脉纹，基部叶带状，叶顶具长尖刺；花序具下垂的苞叶及小苞。

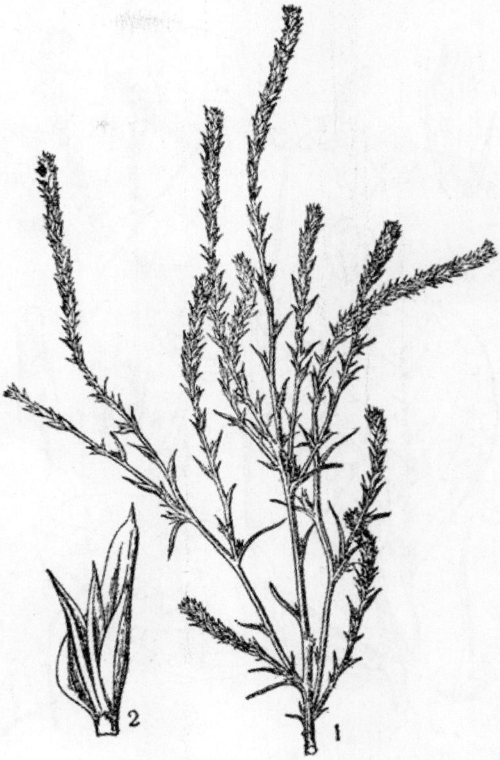

图1287　猪毛菜
Salsola collina Pall.
1．植株上部；2．苞片。
（自"中国北部植物图志"）

53 牛膝（niuxi）（图1288）

［地 方 名］　透骨草、喉巴棵子、牛鞭郎草（江苏），牛筋、百倍、山苋菜（山西），土牛膝（江西、江苏、浙江、安徽），怀牛膝（河南），疔疮草（福建），山牛膝、牛膝草、鸡骨草、对节草、鼓种头（浙江），红牛文（安徽），红牛膝、牛克膝（四川），白牛膝（浙江、四川）。

［学　　名］　**Achyranthes bidentata** Bl.　苋科

［药 材 名］　牛膝

［形态特征］　多年生草本，高30～100厘米。根细长，丛生，圆柱状，直径0.6～1厘米，外皮土黄色，质柔软。茎直立，有黄红色条纹，方形，被疏柔毛，节稍膨大，节上有对生的分枝。单叶对生，椭圆形或椭圆状披针形，长5～10厘米，宽2～5厘米，先端长尖，基部楔形或阔楔形，全缘，两面被柔毛；叶柄长5～20毫米。穗状花序腋生或顶生，花梗和总花梗密生绒毛；每花具1苞片，苞片膜质，阔卵形，上部突尖成粗刺状，小苞片2，针状，先端略向外曲，基部两侧各具1卵状膜质的小裂片；花小，开花后花渐向下反折，贴近花梗；花被5，绿色，披针形，长3～5毫米，具1脉，先端尖，边缘膜质，有光泽；雄蕊5，基部合生，退化雄蕊顶端平或呈波状缺刻；花柱线形，较

子房短，柱头头状。胞果长圆形，长2毫米。果皮薄，平滑；种子1，长圆形，黄褐色。

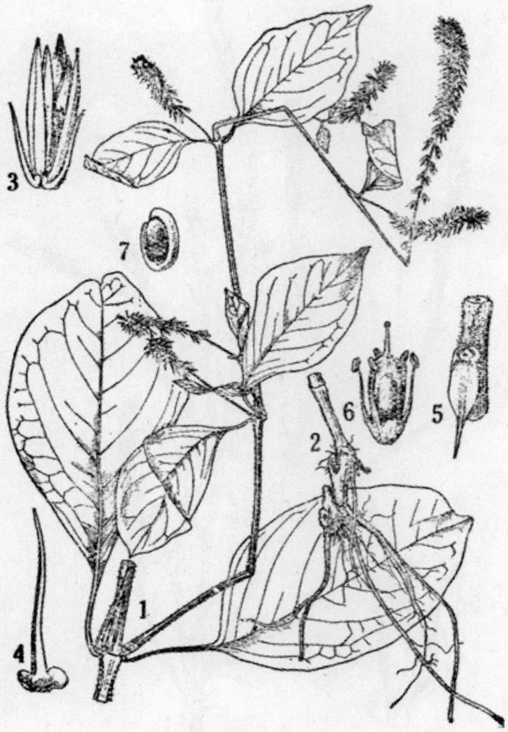

图1288 牛膝

Achyranthes bidentata Bl.

1. 植株的一部分；2. 根；3. 具2小苞的花；4. 小苞；5. 苞片；6. 雄蕊和雌蕊；7. 种子。

（自"江苏南部种子植物手册"）

花期7～8月，果期9～10月。

［生长环境］ 野生的多生长在山野、路旁；栽培的须选择疏松肥沃的土壤，深耕一般以1～1.3厘米为宜。

［产　　地］ 河北、山西、河南、山东、江苏、浙江、安徽、江西、福建、湖南、湖北、广东、广西、台湾、云南、贵州、山西、甘肃、陕西等省区。

［用　　途］ 根入药，为利尿、强精、通经药；治脚气、关节炎，使腰脚筋强健；对打扑刀伤，淋疾，腹痛等有缓和疼痛之效。

根可治牛软脚症，跌伤断骨，斑疹转软脚症，牛不吃草而反刍，并可治牛马胎衣不下及偻麻斯质症。

全株又可作土农药（见"土农药类"，2025页）。

［理化性质］ 牛膝根含皂角甙，水解则生成齐墩果酸（oleanolic acid，$C_{30}H_{48}O_3$）及葡萄糖醇类物质，并含多量的钾盐。

［采收处理］ 9～11月采挖最为适宜，挖取根部，去净泥土及须根，然后按不同长短，分别捆扎，将顶端切齐，晒干即成。

［其　　他］ 药用牛膝除本种外，尚有：（1）土牛膝（Achyranthes aspera L.）与牛膝不同之点为本种的退化雄蕊成丝状，苞片基部两侧或1/3处有全缘的膜质；（2）柳叶牛膝（Achyranthes longifolia Mak.）与牛膝及其他种之区别在于本种叶狭长如柳叶；土牛膝与柳叶牛膝在我国西南及长江以南诸省都有出产，但数量较少，效用也不同，仅供本省自用或作民间草药。

54 青葙（qingxiang）（图1289）

［地 方 名］ 野鸡冠花（山东、江苏、浙江、四川），鸡冠菜、狼尾巴、狼尾巴棵子（江苏），鸡冠花（福建）。

［学　　名］ **Celosia argentea** L. 苋科

［药 材 名］ 青葙子

［形态特征］ 一年生草本，高60～100 厘米，全体无毛。茎直立，绿色或红紫色，通常分枝，具条纹。单叶互生，薄纸质，披针形或椭圆状披针形，长5～9 厘米，宽1～3 厘米，先端尖或长尖，基部渐狭下延，全缘，表面叶脉下陷，背面微凸；叶柄长1.5～2 厘米。穗状花序单生于茎顶或分枝末端，圆柱形或圆锥状，长 3～10 厘米；花着生甚密，初为淡红色，后变为银白色；每花具3 干膜质苞片，阔披针形，长3～4 毫米，较花被短；花被5，干膜质，长圆状披针形，长6～8 毫米；雄蕊5，花药粉红色，丁字状着生，花丝基部合生；子房长圆形，花柱1，线形，红色，柱头2 裂。胞果球形，盖裂；种子数粒，扁圆形，质坚硬，色黑有光泽。花期5～7 月，果期7～9 月。

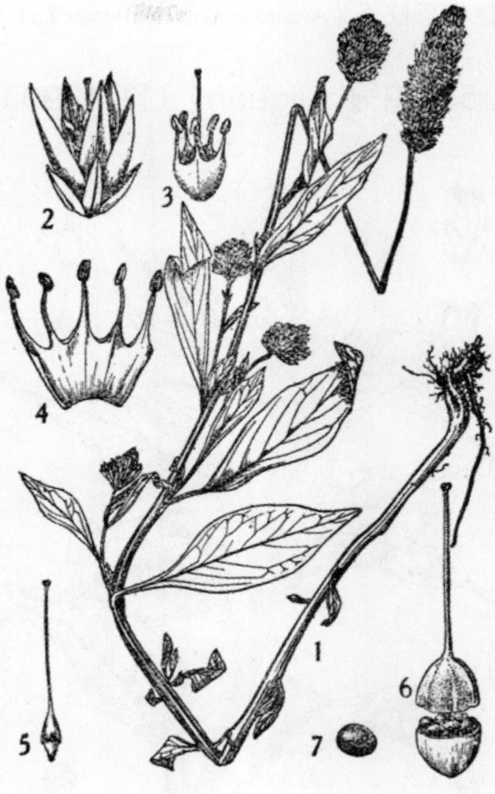

图 1289　青葙

Celosia argentea L.

1．植株全形；2．花；3．雄蕊和雌蕊；4．雄蕊；5．花柱和柱头；6．胞果；7．种子。

（自“江苏南部种子植物手册”）

［生长环境］ 喜生于荒野、路旁、山沟、河滩、沙丘等疏松土壤上；也有栽培。

［产　　地］ 云南、贵州、四川、湖北、湖南、江西、广西、广东、台湾、福建、浙江、江苏、安徽、山东、河南、陕西、甘肃等省区。

［用　　途］ 种子供药用，为消炎和收敛药，功能明耳目、散风热、杀虫、治皮肤风热、痔疾、赤痢、便血等；外用于湿疮、疥癣、目疾赤障、网膜出血；又可作强壮药，有益脑髓、镇肝、坚筋骨、去风湿等功效。

种子可榨油，见“油脂类”，730 页。上海已用种子代芝麻用于做点心、烧饼等。嫩茎叶煮熟，水浸去苦味，可作蔬菜用。全株可作猪的饲料，其营养素每100 克物质中，有蛋白质2.36 克，脂肪0.72 克，糖9.87 克，粗纤维3.23 克，无机盐1.82 克。

［理化性质］ 种子内含脂肪油及丰富的硝酸钾（KNO_3）。

［采收处理］ 7～9 月种子成熟未脱落前采收，拔起全株，打下种子晒干。

［其　　他］　很多地区常将鸡冠花子和青葙子混用；另在华北、内蒙古、西北部分地区把反枝苋（Amaranthus retroflexus L.）作青葙子入药。

55 鸡冠（jiguan）（图 1290）

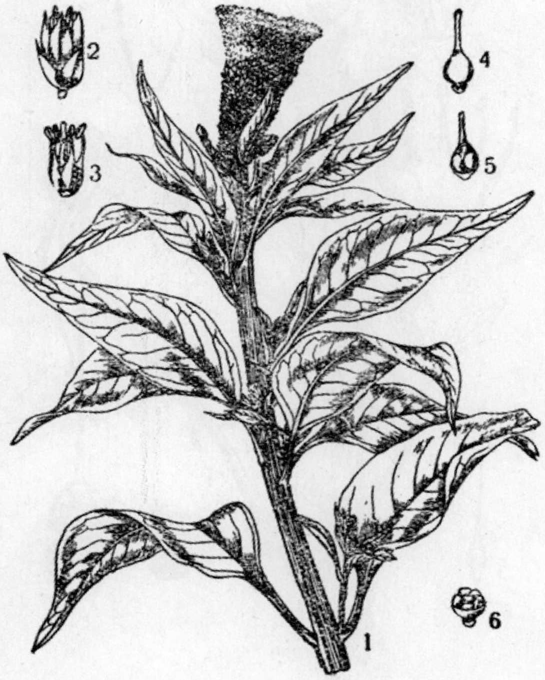

图 1290　鸡冠

Celosia cristata L.

1．茎上部；2．花；3．雄蕊和雌蕊；4．雌蕊；5．同 4，子房纵切；6．横裂的胞果。

［地 方 名］　红鸡冠花、白鸡冠花、鸡冠头花（江苏）

［学　　名］　**Celosia cristata** L. [*C. argentea* L. var. *cristata* (L.) O. Ktze.]　苋科

［药 材 名］　鸡冠花

［形态特征］　一年生草本，高 60～90 厘米，全体无毛。茎直立，粗壮，绿色或带红色，稀分歧，有条纹，近枝端形扁。单叶互生，长椭圆形至卵状披针形，长 5～10 厘米，宽 2～5 厘米，先端渐尖或长尖，基部渐狭成柄，全缘；叶柄长约 2 厘米，上面微凹，基部较肥厚而膨大。穗状花序多变异，生于茎顶或分枝的末端，通常呈鸡冠状，颜色有紫、红、淡红、黄或杂色；花密生，每花下生有 3 苞片，苞片披针形，干膜质，先端尖，具 1 中肋，背面微突起；花被 5，长披针形，长约 5 毫米，宽约 1 毫米，干膜质，有光泽；雄蕊 5，花丝下部合生成杯状，上部分离，线形；雌蕊 1，子房卵圆形，花柱丝状，柱头 2 浅裂。胞果熟时盖裂；种子细小，2 或数粒，扁圆形或略带肾形，表面黑色，有光泽。花期 7～10 月，果期 10～11 月。

［生长环境］　栽培于花盆、庭园或公园中。

［产　　地］　全国各地均有栽培。

［用　　途］　花和种子供药用，为收敛剂，有止血、止泻的效能；用于赤白痢疾、痔疮出血、肠出血、吐血、衄血等症，又治肝脏病和眼疾；民间草药医生也用来治妇女血崩。

［采收处理］　种子成熟时，割取地上部分，晒干，打下种子；花序品质以干燥、个大、淡红色、无枝叶的为佳，贮藏于干燥通风处。

56 川牛膝（chuanniuxi）（图 1291）

［学　　名］ **Cyathula capitata** Moq.　苋科

［药 材 名］ 川牛夕

［形态特征］ 多年生草本，高 50～80 厘米。主根圆柱形，直径 0.8～1.5 厘米，外皮土棕色。茎直立，近圆形，下部有棱或近方形，节稍膨大，具粗毛。单叶对生，椭圆形至狭椭圆形，长 3～8 厘米，宽 1.5～3 厘米，先端渐尖，基部楔形，全缘，表面暗绿色，密生倒伏糙毛，背面灰绿色，密被长柔毛；叶柄长 0.3～1 厘米，密生糙毛。花多数，密集成头状花序，常数个着生于枝顶；苞片卵形，干膜质而有光泽，在苞腋内有 2 花或更多能育花，周围有数朵不育花，不育花钩状，能育花整齐；花被 5 裂，裂片完全分离，干膜质，卵状披针形或线形，先端呈齿状，具 1 脉；雄蕊 5；花药长椭圆形，4 室，花丝基部联合，膜质；子房圆筒形，花柱短，柱头头状。胞果长椭圆状倒卵形，暗灰色，基部略被疏柔毛；种子卵形，赤褐色，被柔毛。花期 6～7 月，果期 8～9 月。

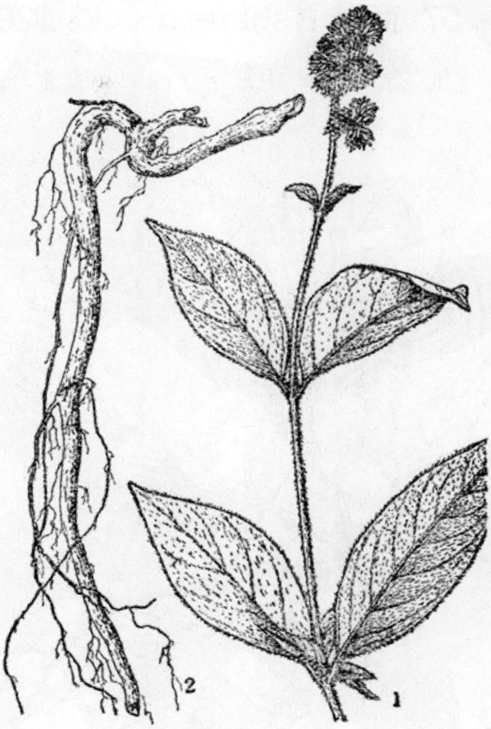

图 1291　川牛膝
Cyathula capitata Moq.
1．植株的一部分；2．根。

［生长环境］ 一般生长在海拔 1500 米以上的地区；有栽培，宜栽培于土层深厚，土质肥沃，富有有机质的粘壤土及排水良好的坡地或平地。

［产　　地］ 四川西部、云南、贵州、福建等地。产量以四川为最多。四川天全及峨眉山为主要栽培区。

［用　　途］ 根入药，有补肝肾，强筋骨，通经散恶血之效。治肝虚，寒湿腰膝骨痛，足痿筋挛，淋病尿血，妇女经闭。

［理化性质］ 据 1958 年北京医学院药学系分析；川牛膝不含皂角甙，而含植物碱。

［采收处理］ 秋冬二季均可采收，野生的以 9～10 月间采收较好，栽培的在 11～12 月采收。将挖掘的根，除去泥土，切掉芦头，剪去周围的支根及稍大的侧根，然后按照大小分别捆把，放在火炕上，用无烟煤微火炕到八九成干时，再修剪，捆把，晒干或

炕干。也有地区不经火炕，而直接晒干的。

57 商陆（shanglu）（图 1292）

［地 方 名］ 山萝卜（四川、湖北、河南），土鸡母、牛萝卜、地萝卜、（湖北），王母牛（山东），白抱鸡婆、倒水莲（江西），下奶棵子（江苏）。

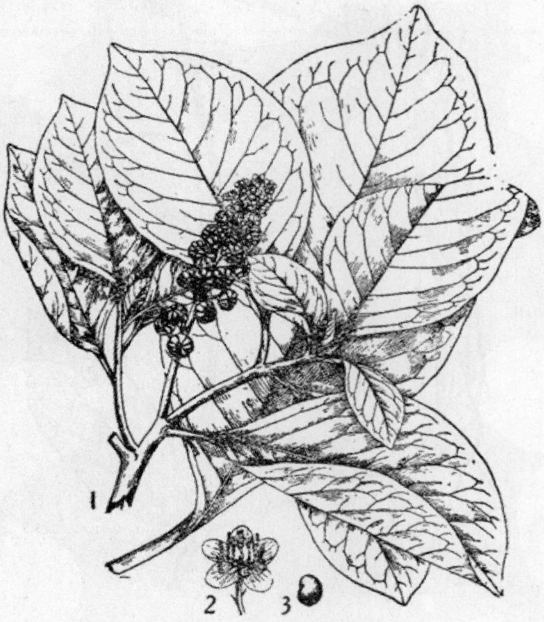

图 1292 商陆
Phytolacca acinosa Roxb.
1. 植株的一部分；2. 花；3. 种子。
（自“江苏南部种子植物手册”）

［学 名］ **Phytolacca acinosa** Roxb. (*P. esculenta* van Houtte) 商陆科

［药 材 名］ 商陆

［形态特征］ 多年生草本，高70～100厘米，全株无毛。根圆锥形，粗壮，肉质，侧根甚多，外皮淡黄色，内部粉红色。茎直立，多分枝，绿色或紫红色，肉质多汁。单叶互生，卵状椭圆形或长椭圆形，长12～15厘米，宽5～10厘米，先端尖，基部楔形而下延，全缘，侧脉羽状，主脉粗壮；叶柄长2～4厘米，上面具槽，下面半圆形。总状花序生于茎顶或侧生，常与叶对生，长10～20厘米；苞片1及小苞片2；花白色，生于苞片腋部，花被5，少有4，卵形，全缘，初白色，后变淡红色；雄蕊8，花药淡粉红色；雌蕊8～10，子房上位，离生，花柱向内弯曲，柱头不明显。浆果紫色或黑紫色；种子具三棱。花期6～7月，果期8～9月。

［生长环境］ 是比较喜阴的植物，多生在靠水的山地、疏林下、林缘、路旁、山沟湿润的地方，以及房前屋后、稻畦上，比较肥沃的土壤上生长最茂。

［产 地］ 辽宁、河北、山西、山东、河南、安徽、江苏、浙江、福建、台湾、广东、广西、江西、湖南、湖北、四川、贵州、云南、陕西、甘肃等省区。主产于河南南阳、安阳；湖北恩施、襄阳；安徽芜湖、六安；陕西安康、兰田等地。

［用 途］ 根入药，能利尿，治慢性肾脏炎、肋膜炎、心囊水肿、腹水、脚气、梅毒等症。但有堕胎之弊，孕妇不宜用。

根可作兽药，外敷可治无名肿毒。果实含鞣质，可提制栲胶（见“鞣料类”，1103页）。

［理化性质］ 据河南省资料；（1）根中含淀粉25%，植物碱0.5%，商陆素（Phytolaccatoxin，$C_{24}H_{30}O_9$）4～5%，氧化肉豆蔻酸（oxymysistinic acid，$C_{14}H_{28}O_3$）及皂角甙，脂肪和多量的KNO_3等；（2）茎含水分6.96%；油质腊质7.70%，水溶物0.36%，果胶1.78%，半纤维素6.06%，木质素17.89%，纤维素59.79%，灰分0.46%；（3）种子含脂肪油，为硬脂酸和软脂酸的甘油脂。

［采收处理］ 一般在8～11月挖取根部，但也有在春、冬两季挖取的。根挖出后，除去茎叶、须根及泥土，切成5～10毫米的厚片，晒干或阴干。品质以片大、白色、有粉性、两面有环纹的为好，放置干燥的地方保存。

58 马齿苋（machixian）（图1293）

［地 方 名］ 蚂蚱菜（山东、辽宁、江西），马蛇子菜（山西、辽宁），马齿菜、马齿（河南），马马菜（江苏）。

［学 名］ **Portulaca oleracea** L. 马齿苋科

［药 材 名］ 马齿苋

［形态特征］ 一年生肉质草本，全株光滑无毛。茎平卧或斜向上，由基部分歧四散。单叶互生，有时对生，叶柄极短，叶片肥厚，倒卵形或匙形，长1～3厘米，宽5～14毫米，先端钝圆，截形或微凹，基部阔楔形，全缘，背面淡绿色，或暗红色。花黄色，通常3～5朵丛生枝顶叶腋；萼片2，对生，卵形，基部与子房连合；花瓣5，倒卵状长圆形；雄蕊8或多数，花丝短，基部合生；雌蕊1，子房半下位，1室，花柱顶端4～6裂，形成线状柱头。蒴果短圆锥形，棕色，盖裂；种子多数，黑褐色，表面具细点。花期5～9月，果期6～10月。

［生长环境］ 生活力强，耐旱亦耐涝，为田间主要杂草之一，常生于田间、地边、路旁、荒地及沙漠等地。

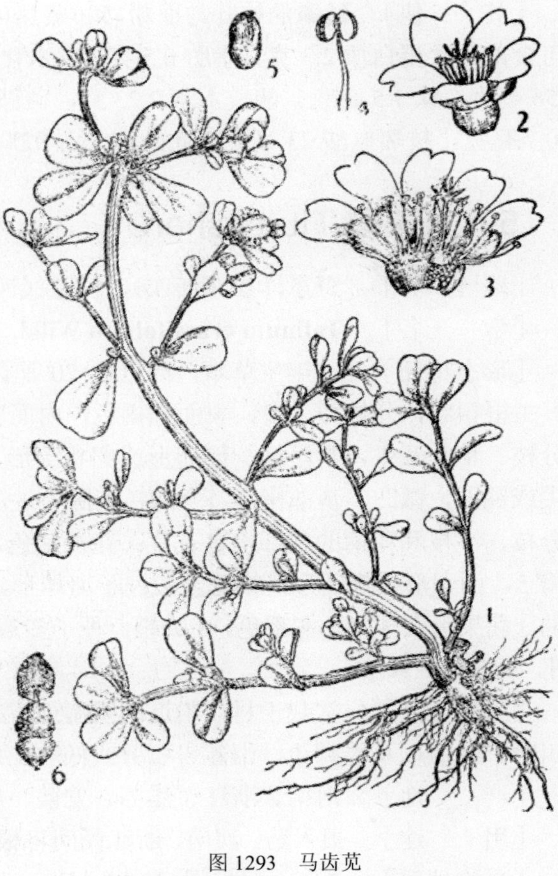

图1293 马齿苋

Portulaca oleracea L.

1. 植株全形；2. 花；3. 花的纵剖面，示雄蕊和雌蕊；4. 雄蕊；5. 子房；6. 蒴果示环状盖裂。

（自“江苏南部种子植物手册”）

［产　　地］　辽宁、吉林、黑龙江、内蒙古、甘肃、陕西、山西、河北、河南、山东、江苏、安徽、浙江、福建、江西、湖南、湖北、四川、云南、贵州、广东、广西等省区。

［用　　途］　全草入药，为解毒治疮药，有消炎利尿作用，对于细菌性痢疾、急性关节炎、梅毒性或淋浊性关节疼痛、妇人带下、小儿丹毒、蛇咬伤等内服或外敷均可。

又可作兽医用药，鲜马齿苋 375 克，甘草 40 克，煎水灌服，治牝马牛的赤白带下，尿道炎等症。据河南省资料；又马齿苋 250 克，黄柏、苍术各 32.5 克，煎水灌服，治牛马关节炎。

可作土农药，杀棉蚜，抑制马铃薯晚疫病及小麦叶锈病菌孢子发芽有效。又作蔬菜食用。还是很好的饲料。

［采收处理］　夏秋两季当茎叶茂盛时采收，割取较嫩的全草，去根，洗净泥土，然后用开水烫或稍蒸一下，晒干即可。品质以棵小，质嫩，叶多为佳。放于干燥处贮存。

［其　　他］　幼嫩的枝叶与面粉拌和蒸熟可食用。据中央卫生研究院化验，每 100 克可食部分含蛋白质 2.3 克，脂肪 0.5 克，碳水化合物 3 克，粗纤维 0.7 克，钙 85 毫克，磷 56 毫克，铁 1.5 毫克，胡萝卜素 2.23 克，硫胺素 0.03 毫克，核黄素 0.11 毫克，尼克酸 0.7 毫克，抗坏血酸 23 毫克，此外水分占 92%，灰分占 1.3%。

59 土人参（turenshen）

［地 方 名］　野东洋参（浙江），栌兰（河南），土高丽参（浙江、河南）。

［学　　名］　**Talinum crassifolium** Willd.　马齿苋科

［形态特征］　一年生草本，高可达 70 厘米，根、茎、叶皆带肉质，全体光滑无毛。主根粗壮，分枝如人参，表面棕褐色，内面乳白色。茎直立，绿色，圆柱形，基部多分枝。单叶互生，具短柄，倒卵形或卵状圆形，长 5～7 厘米，宽 2.5～3.5 厘米，先端尖或钝圆，微凹，基部楔形，全缘，侧脉不达边缘。圆锥花序顶生或侧生，多呈二叉状分枝，小枝和花柄的基部均有苞片；花淡紫色，小花梗细长；萼 2，卵圆形，早落；花瓣 5，倒卵形或椭圆形；雄花多数；子房球形，花柱 1，细长，柱头 3 裂，先端向外弯曲。蒴果近圆球形，灰褐色，3 瓣裂；种子多数，黑色，细小，表面有突起。花期 5～6 月，果期 8～9 月。

［生长环境］　常栽于村庄附近的阴湿地方，繁殖力很强，现在已呈半野生状态，凡田野、路边以及墙脚边，山麓岩石旁或低坡上均有生长。也能耐燥瘠土地。

［产　　地］　河南、浙江、江苏、安徽、广东、广西、四川等省区。

［用　　途］　根入药。河南、浙江民间将根煎水服或炖肉共食，有滋补强身之效。

［采收处理］　7～10 月挖根，洗去泥土，晒干即可。放在干燥通风的地方保存。

［其　　他］　在四川木里，云南，广东等地尚有一种锥花土人参［Talinum paters（L.）Willd.］也供药用。

60 石竹（shizhu）（图 1294）

［地 方 名］ 瞿麦（河北、河南、江苏），石竹花、石竹子花、山竹、石竹茶（山东）。

［学　　名］ **Dianthus chinensis** L. 石竹科

［药 材 名］ 瞿麦（河北、河南、江苏）

［形态特征］ 多年生草本，高 30～50 厘米。茎直立，上部分枝，光滑，有节，上部节间较长。单叶对生，线状披针形，长 1～3 厘米，宽 5～7 毫米，先端渐尖，基部渐狭成短鞘围抱于节上，全缘。花单生或数朵簇生成聚伞花序；花粉红色、白色或杂色，径 2～2.5 厘米；萼下有小苞片 4，披针形，长约为花萼的 1/2；花萼圆筒形，先端 5 裂，裂片披针形；花瓣 5，瓣片先端锯齿状，基部狭窄成爪，瓣片基部与爪上部（喉部）有斑纹与疏生须毛；雄蕊 10；子房 1 室，花柱 2。蒴果长圆筒形，包于宿存萼筒内，先端 4 齿裂；种子扁圆形，黑色。花期 5～9 月，果期 6～10 月。

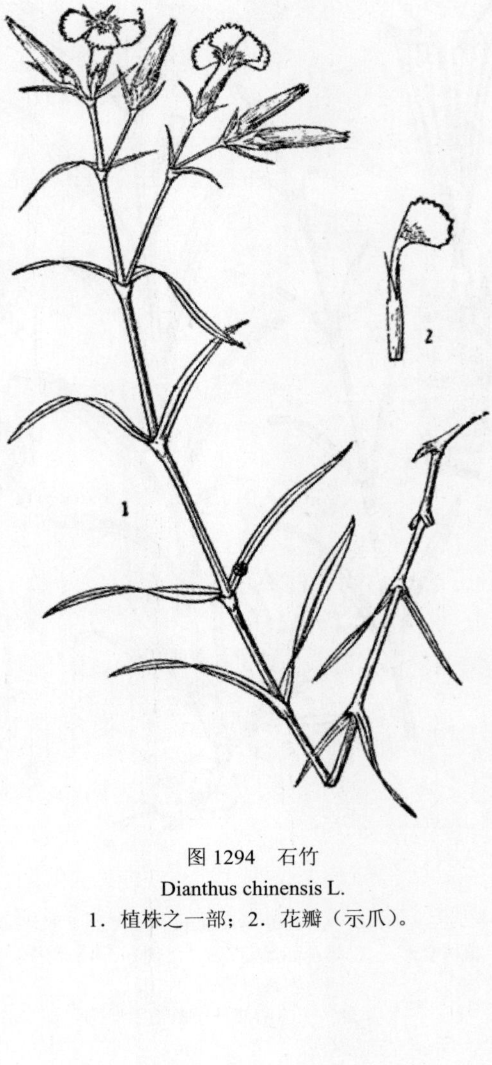

图 1294 石竹
Dianthus chinensis L.
1．植株之一部；2．花瓣（示爪）。

［生长环境］ 山野杂草中、田边或路旁；庭园中也常栽培。

［产　　地］ 分布很广，栽培也很普遍，如辽宁、吉林、黑龙江、内蒙古、河北、山东、山西、河南、陕西、甘肃、宁夏、青海、新疆、江苏、浙江、安徽、湖北、湖南、四川、云南、台湾等省区均有栽培。

［用　　途］ 全草用作利尿药，治水肿及淋病，对于血淋有特效；又为通经、催产和堕胎药，故孕妇忌服。本种也常栽培作观赏用。

花含芳香油，可提制浸膏（见“芳香油类”，1301 页）。

［理化性质］ 根含皂角甙。

［采收处理］ 在 6～9 月间开花后割取全草，除去杂草，晒干即可。注意湿霉，

以防变色，应放置干燥通风处保存。品质以茎嫩、色青绿、穗多和叶密的为佳。

［其　　他］　在东北各省尚分布有一种东北石竹（Dianthus amurensis Jacq.）（土名:石竹子），在当地也作瞿麦药用。

61 瞿麦（Jumai）（图 1295）

［地 方 名］　石竹（山东、河南），大石竹（江苏新海连）。

［学　　名］　**Dianthus superbus** L.　石竹科

［药 材 名］　瞿麦

［形态特征］　多年生草本，高 20～50 厘米。茎直立，上部分枝呈二叉式，有节。单叶对生，线形至线状披针形，先端渐尖，基部成短鞘围抱于节上，全缘。花单生或成疏二叉式分枝，淡紫色；萼下有 6 小苞片，先端 5 裂；花瓣 5，瓣片上部深裂成线形，基部有长爪，喉部有须毛；雄蕊 10；子房 1 室，花柱 2。蒴果长圆筒形，包于宿存萼筒内，先端 4 齿裂；种子扁圆形，多数。花期 6～9 月，果期 7～10 月。

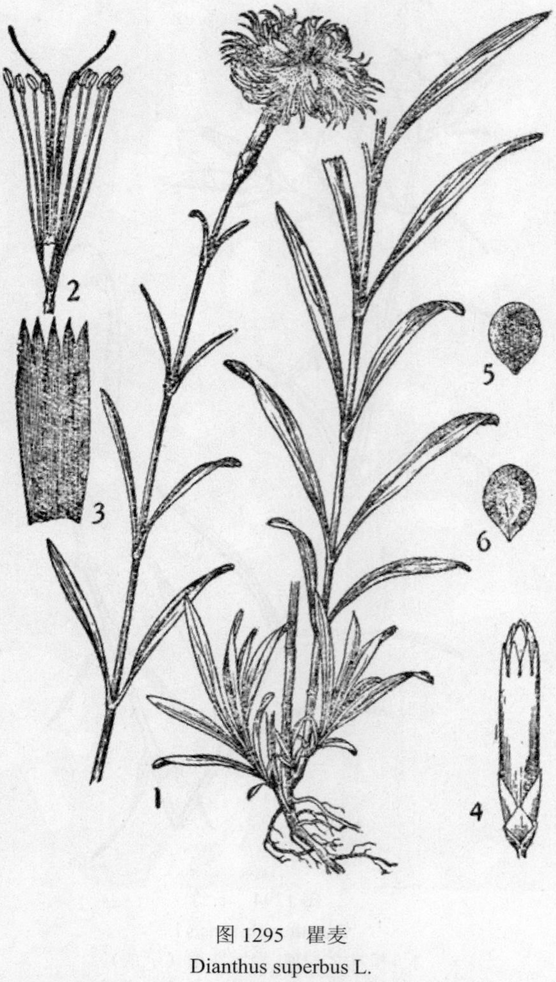

图 1295　瞿麦

Dianthus superbus L.

1．植株全形；2．雄蕊和雌蕊；3．萼剖开；4．蒴果、宿存萼和苞片；5～6．种子。

（自“江苏南部种子植物手册”）

［生长环境］　生长于山野，草丛中或岩石隙缝处，庭园中有时亦常栽培作观赏用。

［产　　地］　东北、内蒙古、河北、山东、河南、山西、陕西、甘肃、江苏、浙江、江西、四川、广东等省区。

［用　　途］　参阅石竹（1679 页）。

［理化性质］　据河南省资料；鲜草含水分 77.3%，粗蛋白质 2.62%，无氮浸出物 13.13%，粗纤维 4.95%，粗灰分 11.0%，纯蛋白质 2.33%，磷酸 0.13%。

［采收处理］　参阅石竹（1679 页）。

62 孩儿参（haiershen）（图 1296）

［学　　名］ **Krascheninnikowia rhaphanorhiza** (Hemsl.) Kryl.　石竹科

［药 材 名］ 太子参

［形态特征］ 多年生草本，高 7～20 厘米。地下有直生块根，呈纺锤形，直径 4～6 毫米，表面光滑，白色而带微黄色，下端渐尖，疏生须根。茎单一，罕有双生者，直立，下部带紫色，近四方形，上部较圆而色绿，节 5～7，节略膨大，茎上有短柔毛二行。叶对生，略带肉质，薄嫩无毛，通常着生于茎中部以下的呈倒披针形，先端尖，基部渐狭如柄状，中脉微凹；近于地面的叶逐渐变小；生于茎顶部的叶较大，常 4 枚如轮生状，卵状披针形，长 3～9 厘米，宽 2～4 厘米，先端渐尖，基部狭窄，全缘或略呈波状，表面嫩绿色，背面绿白色，两面均光滑无毛。花两型，均腋生，在茎下部而近于地面的称闭锁花，形小，有短柄，紫色，被有细柔毛；萼片 4，闭着，卵形，先端尖，背面紫色，边缘白色而膜质；花瓣缺；雄蕊通常 2；雌蕊具花柱，柱头 3 裂，稍反卷，子房卵形，内有胚珠 7 或 8。着生于茎端的为正常花，形大，白色，通常每叶腋间生有 1 花，开时向上直立，凋后渐向下垂；梗细而圆，长 2～3 厘米，紫绿色，有细柔毛；萼片 5，披针形，边缘色白而薄，锐头，长约 8 毫米，边缘及背面疏生毛；花瓣 5，倒卵形，先端呈 2 或 3 浅齿牙状，长约 1 厘米；雄蕊 10，花丝较花瓣稍短；子房阔卵形，先端突尖，有细长花柱 3。蒴果熟时开裂，近球形，内有种子 8 粒。花期 4～5 月，果期 5～6 月。

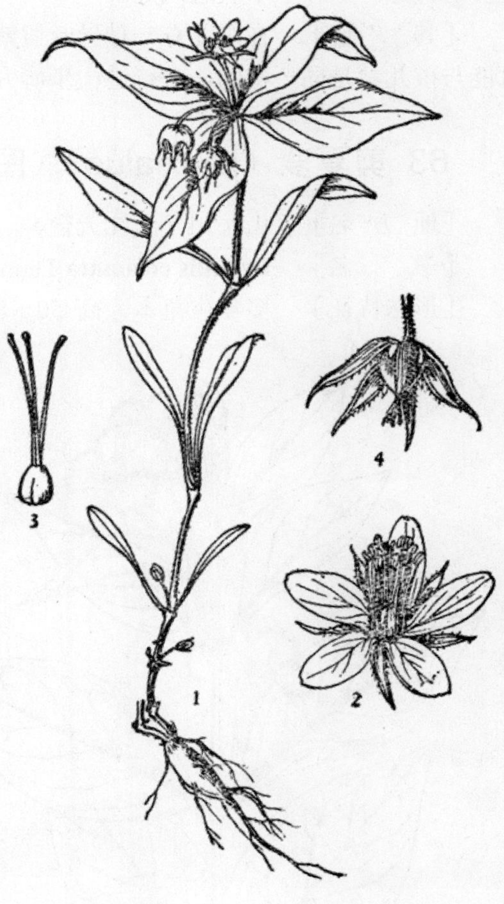

图 1296　孩儿参
Krascheninnikowia rhaphanorhiza（Hemsl.）Kryl.
1．植株全形；2．花；3．雌蕊；4．果实（具宿存萼）。

［生长环境］ 喜生于阴湿的山坡、林下富腐殖质的深厚土壤中，以及岩石缝隙中。

［产　　地］ 辽宁、河北、山东、河南、陕西、甘肃、江苏等省。以往多系野生，现在已有人工栽培，主产于江苏南京郊区，此外，山东及安徽亦产。

［用　　途］ 根入药，为滋补强壮药，治小儿出虚汗；江苏地区有作人参代用品的。

［理化性质］ 据山东省化验资料；根含淀粉 35.10%，另含糖类。

［采收处理］ 栽培的通常是在每年 2 月底移植野生植株，于 6 月间挖根（过迟时挖出后较易腐烂），洗净，置沸水中稍行浸烫和晒干，除去须根，再晒干即得，也有不经过沸水浸烫就直接晒干的；采野生的通常也在 6～7 月间。药材以干燥、鲜黄白色、坚实的为好。贮存于干燥通风处。

［其　　他］ 在东北有一种异叶假繁缕（Krascheninnikowia heterophylla Miq.），可能与孩儿参是同一植物，有待进一步研究。

63 剪夏萝（jianxialuo）（图 1297）

［地 方 名］ 山茶田（浙江天台）

［学　　名］ **Lychnis coronata** Thunb.　石竹科

［形态特征］ 多年生草本，高 50～80 厘米。根横生，竹节状，表面黄色，内面白色，具条状侧根。茎直立，数枝丛生，微有棱，节略膨大，光滑。单叶对生，无柄；叶片卵状椭圆形，长 6～10 厘米，宽 2～4 厘米，先端渐尖或长渐尖，基部圆形或阔楔形，边缘有浅细锯齿。花 1～5，集成聚伞花序，疏生枝顶端，花橙红色；花萼长筒形，先端 5 裂，裂片尖卵形，具脉 10 条；花瓣 5 裂，瓣片先端有不规则浅裂，基部狭窄成爪状，瓣片与爪之间有鳞片 2；雄蕊 10，与花瓣互生；子房圆柱形，花柱 5。蒴果具宿存萼，先端 5 齿裂；种子多数。花期 7 月，果期 9～10 月。

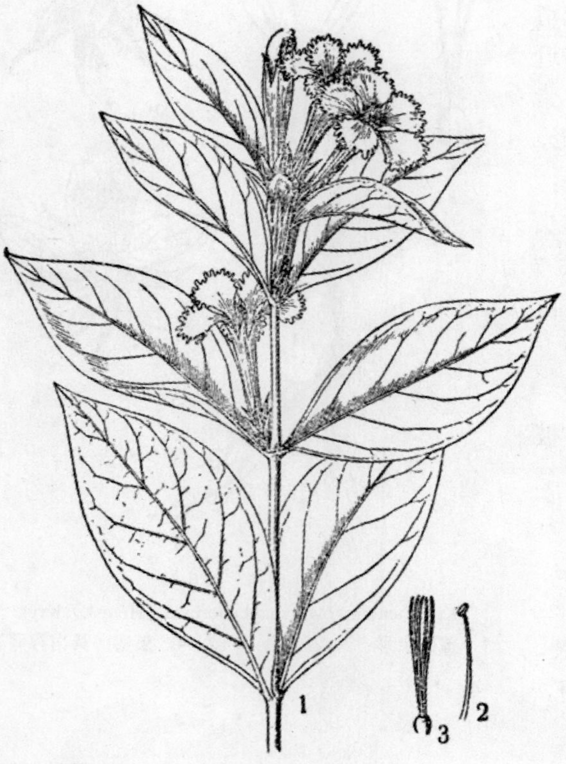

图 1297　剪夏萝
Lychnis coronata Thunb.
1．茎上部；2．雄蕊；3．雌蕊。

［生长环境］ 生于山坡疏林内或山谷林缘草丛中的较阴湿处。

［产　　地］ 浙江、江西等省。

［用　　途］ 根入药，浙江天台民间将根煎水服，能止腹泻；

外用治腰中癣（当地叫白蛇癣），用时将根研成粉末，与柏子油调匀，涂患处。

［采收处理］ 秋季挖根，洗去泥土，晒干。

64 旱麦瓶草（hanmaipingcao）

［地 方 名］ 山蚂蚱菜（山东）

［学　　名］ **Silene jenisseensis** Willd. 石竹科

［药 材 名］ 银柴胡

［形态特征］ 多年生草本，高 20～40 厘米。主根圆柱形或纺锤形，外皮灰黄色。茎直立，多分枝。叶对生，**叶片线形或线状披针形**，先端尖，基部狭窄成短鞘，围抱茎节上，边缘有疏齿。聚伞花序顶生枝端；花萼钟状或圆柱状，先端 5 裂，绿色或紫绿色，有纵脉约 10 条，基部光滑无毛；花瓣 5，白色，先端 2 裂，有长爪，中部常有鳞片 2 个；雄蕊 10；子房上位，近于球形，雌蕊 1，花柱 3，细长。蒴果长卵圆形，内含多数褐色细小的种子。花期 7～9 月，果期 9～10 月。

［生长环境］ 喜野生于砂质山坡、石缝、路旁的草丛中或疏林下。

［产　　地］ 内蒙古、河北、山东等省区。

［用　　途］ 根入药，为清热凉血及生津药。主治阴虚劳疟、潮热、烦温、骨蒸和盗汗等症。

［采收处理］ 春季 3～4 月或秋后 10 月间将根刨出，除去茎叶及泥土，晒干；用苇席包装。品质以条长、肥大、外面黄褐色、内面淡黄白色、无杂质的为好。贮藏于干燥通风的地方。

［其　　他］ 药用银柴胡除上述的一种外，在河南、山东还将丝石竹（Gypsophila oldhamiana Miq.）的根称为“银柴胡”，并代商陆作利尿药。据河南省资料；丝石竹根内含皂角甙（萜烯类）2.749%及油脂等。又据山东野生植物普查队化验结果；根含 10%的皂角甙，溶血指数为 2200，全株含维生素丙 18.74 毫克/100 克。外用贴敷可消肿毒。此种分布于东北、山东、湖北、山西、甘肃、河南等地。

另外辽宁也将丝石竹当银柴胡及商陆收购。它与旱麦瓶草的主要区别是萼有 5 片，花瓣无爪；叶阔圆状披针形至长椭圆形，花聚生成伞房状的复聚伞花序。

65 银柴胡（yinchaihu）

［地 方 名］ 牛肚根（陕西）

［学　　名］ **Stellaria dichotoma** L. var. **lanceolata** Bge. 石竹科

［药 材 名］ 银柴胡（陕西、内蒙古、宁夏）

［形态特征］ 多年生草本，高 20～40 厘米。主根圆柱形，直径 1～3 厘米，外皮淡黄色，根冠处有许多疣状的残茎痕迹。茎直立，上部二叉状分歧，有节，节处稍膨大，密被短毛或腺毛。单叶对生，无柄；茎下部叶较大，叶片披针形，长 4～30 毫米，宽 1.5～

4毫米，先端锐尖，基部圆形，全缘，表面绿色，疏被短毛或几无毛，背面淡绿色，被短毛。花单生；花梗长1～4厘米，花小，直径约3毫米，白色，萼5，绿色，披针形，先端钝，边缘白色，膜质，外侧疏被短绒毛；花瓣5，白色，较萼片为短，先端2深裂；雄蕊10，着生于花瓣的基部；雌蕊1，子房上位，近球形，花柱3，细长。蒴果近球形，成熟时顶端6齿裂。花期6～7月，果期8～9月。

［生长环境］ 常见于干燥的草原中，在石崖隙缝或碎石中，也有生长。

［产　　地］ 陕西、甘肃、内蒙古、宁夏等省区。

［用　　途］ 根入药，治小儿疳积消瘦及发热等症。

［采收处理］ 秋季8～10月挖取根部，除去茎叶及须根，洗净泥土，晒干。品质以根条长、皮细、色淡棕有光泽者为好。贮存在干燥的地方。

66 麦蓝菜（mailancai）（图1298）

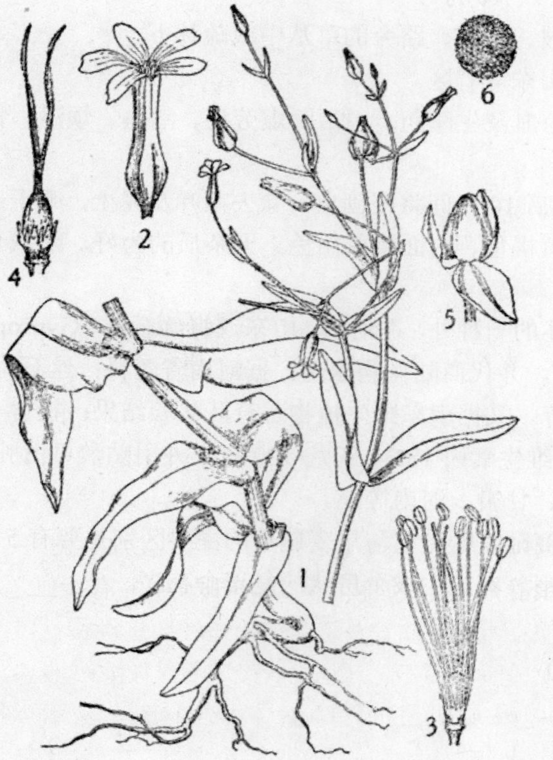

图1298 麦蓝菜

Vaccaria pyramidata Medic.

1. 植株的基部及花序；2. 花；3. 雄蕊和雌蕊；4. 雌蕊；5. 蒴果（去掉萼筒）；6. 种子。

（自“江苏南部种子植物手册”）

［地 方 名］ 豆蓝子（甘肃），王不留（陕西、甘肃、山东），麦蓝子（河南）。

［学　　名］ **Vaccaria pyramidata** Medic. 石竹科

［药 材 名］ 王不留行

［形态特征］ 一年或二年生草本，高30～70厘米。茎直立，上部呈二叉状分枝，节略膨大。单叶对生，无柄，叶片卵状披针形至披针形，长1.5～7厘米，宽0.4～3厘米，先端渐实，基部圆形或近心形，稍连合抱茎，全缘，背面主脉隆起。疏聚伞花序顶生于枝端，花淡红色，有细长花梗，下有2叶状小苞片；花萼卵状圆筒形，花后增大，有5条隆起的纵脉，先端5齿裂；花瓣5，倒卵形，先端常有不整齐齿裂，下部渐狭成爪；雄蕊10，不等长，很少露出花冠外；子房椭圆形，1室，花柱2，细长。蒴果卵形，包于宿存花萼内，成熟后先端呈4齿状开裂；种子球形，黑色，表面有小颗粒状

突起。花期4～6月，果期5～7月。

［生长环境］ 山地、路旁、田埂边以及丘陵地带，尤以麦田中生长最多；少有栽培。

［产　　地］ 除华南地区外，各地几皆有分布。辽宁、吉林、黑龙江、河北、山东、山西、陕西、甘肃、宁夏、青海、新疆、湖南、湖北、江苏等省区均系自产自销。

［用　　途］ 种子用作催乳剂，又有通经及利尿作用；外可用来止血、镇痛和治疮肿。

种子可制淀粉，制醋，酿酒（见“淀粉及糖类”，507页）。

［理化性质］ 据北京医学院药学系1958年分析：种子含皂角甙0.72%；另含碳水化合物（lactosin，$C_6H_{10}O_5 \cdot 2H_2O$）。

［采收处理］ 6～7月间，当种子成熟时，割取全草，晒干，果壳自然裂开，将种子打下或搓出，晒干即可。

［其　　他］ 目前市场上王不留行子有同名异物的现象，据“药学学报”7卷2期65页（1959）报导，其原植物有11种之多。

67 莲（lian）（图413）

［学　　名］ **Nelumbo nucifera** Gaertn.　睡莲科

［药 材 名］ 藕节（地下茎干燥的节），荷梗（叶柄），荷叶（叶片），荷蒂（荷叶中央连叶柄部位剪下的一小部分叶片），莲房（花托），莲须（莲花的雄蕊），石莲子（果实），莲子（种子），莲子蕊（莲子中央的干燥绿色胚）。

（地方名、形态特征、生长环境、产地及其他用途见“淀粉及糖类”，509页）

［用　　途］ 藕节有凉血散瘀，止血，止咯血、止吐血及解酒毒的效能；荷梗为收敛药，用于慢性衰弱的肠炎，久下痢，肠出血，男子遗精或夜尿等症，又为解毒药；荷叶有清暑热、散瘀止血、利尿之效；治暑温泄泻，吐血，衄血，崩漏便血，水肿等症；荷蒂有安胎，去恶血，留好血，止血痢等症；荷花有通血脉，镇心安神之效，并治血虚心腹痛、月经不调、血崩等症；莲房有收敛止血止泻的效能，治久痢、便血、肠痔、脱肛、妇人崩中带下等症；莲须为收敛及镇静剂，主治遗精、梦魇、失眠等，并有止血之功，治妇人经漏，赤白带下，慢性淋浊，小便赤濇、浑浊等；石莲子治慢性痢疾及慢性淋浊；莲子及莲子蕊有安神、濇肠、固精之效，治脾虚泄痢、遗精、崩带、心悸失眠等症。

［理化性质］ 叶及叶柄含有一种莲碱（nelumbine）。种子中含多量淀粉及棉子糖（raffinose，$C_{18}H_{32}O_{16} \cdot 5H_2O$）。莲子蕊中含有植物碱0.06%。莲蓬含蛋白质、脂肪、碳水化合物、胡萝卜素、核黄素、抗坏血酸等。

［采收处理］ 藕节于8～10月采收，将藕节切下，切除节上的须根后晒干。须充分干燥，以免回潮霉烂。荷梗于9～11月采收，将折断的荷梗剪成小段，晒干即可。叶于6～9月采收，将叶摘下，去掉叶柄，晒至七、八成干，然后对折成半圆形，再晒至

全干，扎成小捆即可；夏季可采鲜叶配方。荷蒂通常在7～9月结实后采收，将荷叶采下后，剪取中央一块小叶片及叶柄基部，晒干即可。荷花多在盛暑6～7月采收，采含苞未放的大花蕾或将开放的花朵，阴干即可。莲房于8～10月，果实成熟后陆续采收，将莲蓬采下后，剥出莲子，取莲壳晒干。莲须于6～7月花盛开时，择晴天采收；花中的雄蕊（即蓬须）约350朵花可采得500克。石莲子于冬季落霜时，待果实变为黑褐色，果壳变硬后进行采收；将莲蓬剪下，剥出果实，晒干即得。莲子于9～10月间种子成熟时割下莲蓬，取出果实，除去果皮，晒干；福建地区常把种皮一并剥除，取出莲子中的绿胚，晒干，即为莲子蕊。

68 乌头（wutou）（图1299）

［地 方 名］ 老乌（山西）

［学　　名］ **Aconitum carmichaelii** Debx. 毛茛科

［药 材 名］ 附子

［形态特征］ 多年生草本，高60～120厘米。块根通常2个并生，纺锤形至倒卵形，外皮黑褐色；栽培品侧根甚肥大，倒卵圆形至倒卵形，直径达5厘米。茎直立，或稍倾斜，下部光滑无毛，上部被贴伏短柔毛。叶互生，革质，叶片卵圆形，宽5～12厘米，3裂，几达基部，两侧裂片再2裂，中央裂片菱状楔形，上部再3浅裂，各裂片边缘具有粗齿或缺刻。有柄。总状圆锥花序，长10～20米。花序上有贴伏的短柔毛；萼片花瓣状，青紫色，上方萼片盔状，长1.5～1.8厘米，宽约2厘米，侧瓣近圆形，外被短毛；花瓣（蜜叶）一对，紧贴于盔幅下，头部卷曲，具长爪；雄蕊多数，花丝下半部扩张成宽线形的翅；心皮3～5，离生，密被灰黄色的短绒毛。蓇葖果长圆形，长约2毫米，无毛，具横脉，宿存花柱生于果实先端的外侧，齿尖状。花期6～7月果期8月。

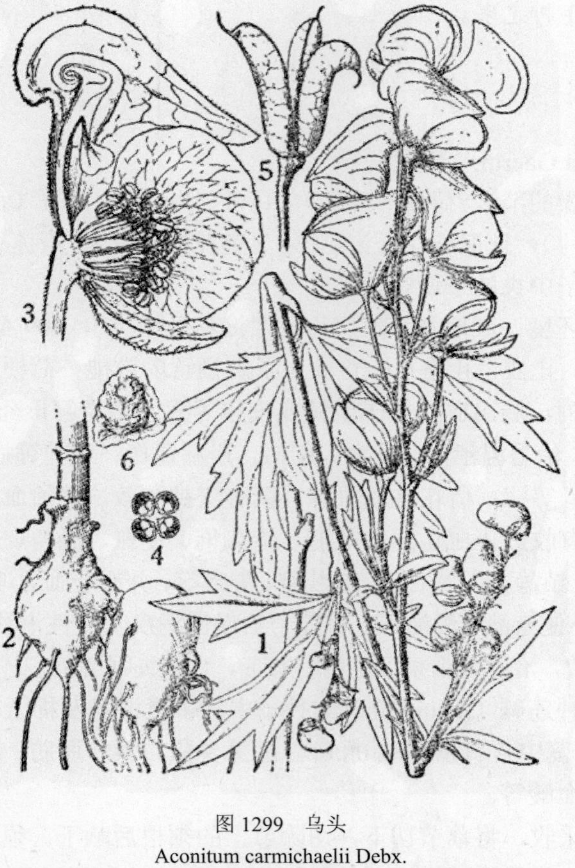

图1299　乌头
Aconitum carmichaelii Debx.
1．花枝；2．根；3．花纵切面；4．子房横切面；5．蓇葖果；6．种子。

［生长环境］　栽培的生于肥沃的砂质土壤中；野生的多在向阳之山坡，或草坡上。

［产　　地］　主要栽培于四川江彰县。野生于江西、湖南、湖北、四川、贵州、云南、陕西、甘肃。

［用　　途］　由母根加工成的称川乌；由子根加工成的称附子。（1）川乌有祛风、燥湿、逐寒之效，主治风寒湿痹、手足拘挛、半身不遂、腹痛、阴疽疮疡、久不散溃、及溃不收口等症。（2）附子有回阳、逐冷、祛风湿之效。治大汗亡阳、四肢厥逆、霍乱转筋、脉微欲绝、肾阳衰弱的腰膝冷痛、阳痿、水肿、脾阳衰弱的泄泻久痢、脘腹冷痛、形寒畏冷、精神不振以及风寒湿痹、脚气等症。

［理化性质］　参阅草乌（Aconitum chinense Paxt.，本页）。

［采收处理］　6～7 月，挖取根部，洗净泥土，选取侧生块根（称为泥附），再按不同规格要求，进行如下处理：

盐附子：将大个的泥附洗净，放入氯化镁（胆巴）及食盐（盐巴）的混合液中，浸泡数日捞出晾晒至半干，然后再浸入氯化镁的溶液中，随时增加食盐，使其保持饱和状态，为此反复多次，至附子外面有食盐结晶附着时，捞出晒干。

黑顺片：将小个泥附洗净后，放入氯化镁的溶液中，浸泡数日，加热煮沸 2～3 分钟，取出后以清水漂洗，纵切成约 0.5 厘米的薄片，用红糖及菜油制成调色剂，将切好的片放入使之染成浓茶色，再以清水漂洗至不麻舌时，取出蒸熟，炕半干后再晒干。

白附片：加工方法与黑顺片略相同，热煮至半透明，剥去外皮，不加调色剂，晒至半干，用硫磺熏成白色，再晒干。

［其　　他］　在采收附子时，其主根（即作为繁殖材料的母根）也行采收，晒干后即为“川乌”。药用的除了栽培的之外也有采山地野生或半野生本种植物的块根干燥后当作“川乌”的。

69 草乌（caowu）（图 1300）

［地 方 名］　乌头（山东）

［学　　名］　**Aconitum chinense** Paxt.　毛茛科

［药 材 名］　草乌（浙江、江苏、山东、安徽）

［形态特征］　多年生草本，高约 50 厘米。块根倒卵形，深紫红色。茎直立，上部疏被伸展的白色柔毛。单叶互生，质稍厚，有光泽，叶片掌状 3 深裂，每裂片又 2～3 深裂，先端有粗齿，两面均具毛，基生叶有柄，向上渐短而终至无柄，叶片也渐小。总状花序顶生或腋生，花柄中部有 2 苞片；萼片 5，花瓣状，蓝色，下方 2 片长圆形，内卷，侧 2 片为倒卵圆形，上方 1 片盔瓣半圆形，外面皆被白色毛并有脉纹；花瓣（蜜叶）2，贴生于盔瓣下；雄蕊多数，花丝下半部膨大成翼；心皮 3～5，离生。蓇葖果成熟后

在内面缝线开裂。花期 9～10 月，果期 10～11 月。

[生长环境] 山涧、山谷、山坡林下蔽荫处及石崖下湿土上。

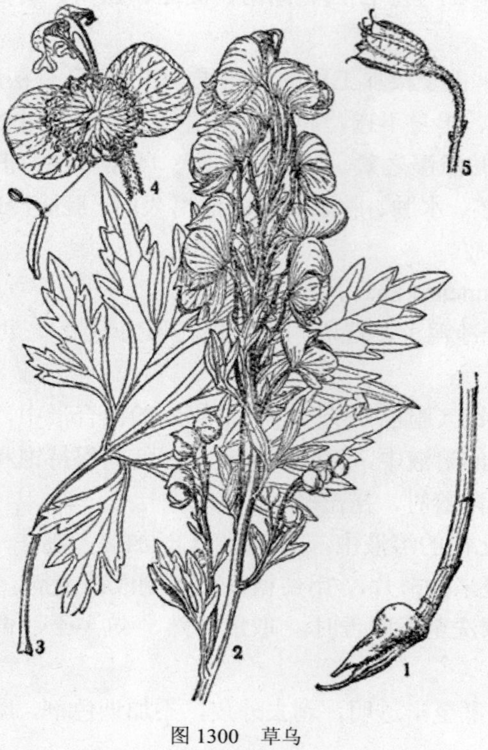

图 1300 草乌
Aconitum chinense Paxt.
1. 根；2. 花枝；3. 茎下部的叶；4. 花；5. 蓇葖果。
（自"江苏南部种子植物手册"）

[产 地] 浙江、江苏、安徽、山东等省。

[用 途] 块根为镇静、镇疼药，常用于神经疼，风湿疼及牙疼，并有发汗及利尿作用。

[理化性质] 含植物碱、乌头碱（aconitine，$C_{34}H_{47}O_{11}N$）、中乌头碱（mesaconitine，$C_{33}H_{45}O_{11}N$）等。

[采收处理] 草乌通常于 8～10 月间挖根，洗涤干净，剪去茎梗及须根，晒干。乌头入夏易受虫蛀，须贮于干燥处，并注意复晒；药材以个大，外皮黑褐色，内部灰白色，干燥坚实，不带茎迹的为好。

70 黄花乌头（huanghua-wutou）（图 1301）

[地 方 名] 山喇叭花、乌拉花（吉林）

[学 名] **Aconitum koreanum** R. Raym. (*A. komarovii* Steinb.) 毛茛科

[药 材 名] 关白附（东北）

[形态特征] 多年生草本，高 50～120 厘米。块根倒卵形或纺锤形，通常二个并生。茎直立，单一。叶互生，有柄，叶片 3～5 掌状全裂，裂片再二回羽状分裂，最终裂片成线形，宽约 2 毫米，先端锐尖。总状花序顶生，单一或分枝；花左右对称，萼片花瓣状，**淡黄色**，带紫色网纹，上方萼片盔状，先端突出呈喙状，长 1～2 厘米，宽 1～1.5 厘米，外面密被白色茸毛，侧瓣扁圆形；花瓣（蜜叶）2，紧贴盔帽下，具长爪；雄蕊多数，不等长；心皮 3～5，离生，扁卵形密被白色茸毛。蓇葖果疏被白毛；种子有棱，在棱处具翅。花期 8～9 月，果期 9～10 月。

[生长环境] 生于荒山坡的灌木丛或高山草丛边缘地。

[产 地] 黑龙江、吉林、辽宁、内蒙古等省区，以吉林产量最多。

[用 途] 块根入药有祛风痰、逐风湿、镇痉之效。治中风痰壅、口眼歪斜、

偏头痛、破伤风等症。

［理化性质］ 参阅草乌（Aconitum chinense Paxt. 1687 页）。

［采收处理］ 9～10 月间挖掘，挖取块根，洗净泥土，剪去残茎及须根，晒干。

［其 他］ 目前商品主要有两类；销用最广者为禹白附（或称牛奶白附），原植物为天南星科的独角莲；此外个别地区使用关白附，原植物为毛茛科的黄花乌头。

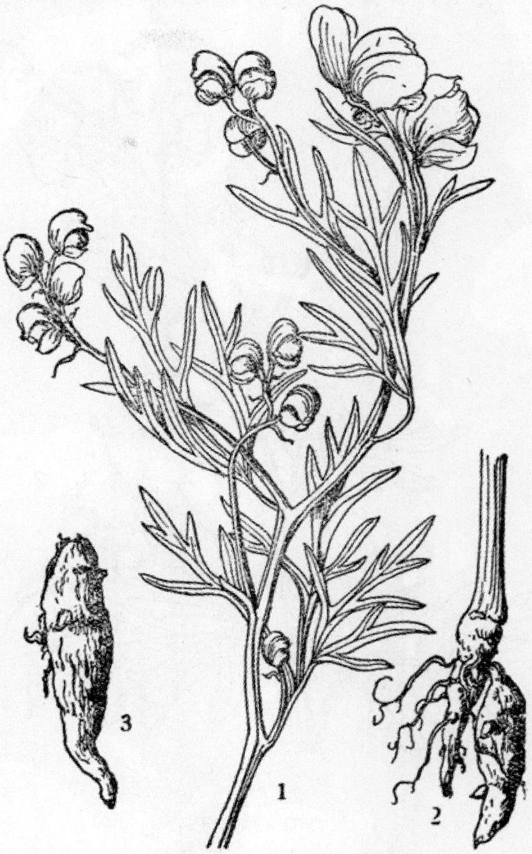

图 1301 黄花乌头

Aconitum koreanum R. Raym.

1．植株上部；2．根；3．生药外形。

71 东北草乌（dongbei-caowu）（图 1302）

［地 方 名］ 草乌头、五毒狼、八叶芦、勒革拉花（山西），小乌头（河南），五毒根（辽宁），鸦头（河北）。

［学 名］ **Aconitum kusnezoffii** Rchb. 毛茛科

［药 材 名］ 草乌（东北）

［形态特征］ 多年生宿根草本，高 70～150 厘米。块根通常 2～3 块并连在一起，倒圆锥形，略弯曲，形如乌鸦头，长约 3～5 厘米，直径 1～3 厘米，顶端常残留茎基或茎基残痕，外皮黑褐色，具少数须根。茎直立，粗壮，无毛，光滑。叶互生，有柄，无毛，叶近于革质，卵圆形，长 6～14 厘米，宽 8～19 厘米，掌状全裂至基部，裂片菱形，再作深浅不等的羽状缺刻状分裂，最终裂片线状披针形或披针形；叶柄长 2.5～8 厘米。总状花序，或有时为紧缩的圆锥花序；花左右对称，萼片 5，深蓝色，上方一片盔状，长 1.5～2 厘米，宽几相等，侧片近圆形，稍偏斜，长 1.5～1.7 厘米，宽 1.2～1.4 厘米，内面具长柔毛，下方二片长圆形至狭椭圆形，长 1.4～1.7 厘米；花瓣（蜜叶）一对，具长爪，直立，紧贴于盔瓣下，短小，呈钩状弯曲，唇大，先端 2 浅裂，向上弯曲；雄蕊多数，不等长；心皮通常 5，无毛，花柱与子房等长。蓇葖果有多数种子。花期 7～8 月，果期 8～9 月。

［生长环境］ 生于草甸、灌木丛间、山坡及林缘地以及路旁溪边等地。

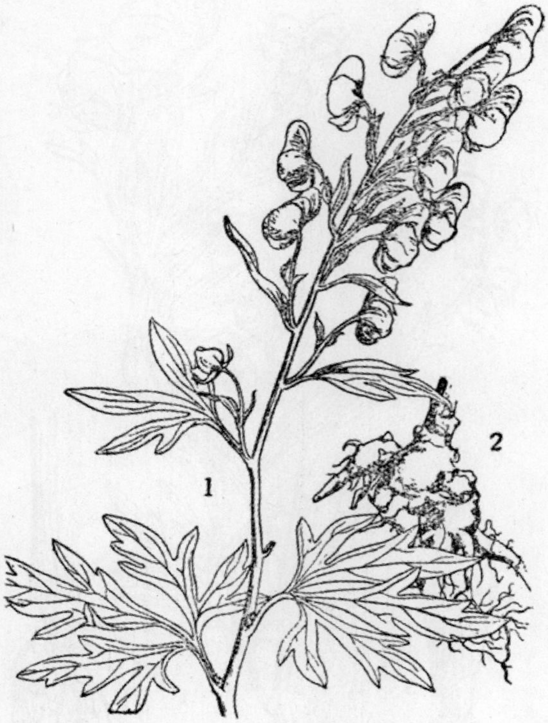

图 1302 东北草乌
Aconitum kusnezoffii Rchb.
1.植株上部；2.根。

［产 地］ 黑龙江、吉林、内蒙古、辽宁、河北、河南、山西、山东等省区。

［用 途］ 根供药用，有散风寒湿、止痛之效。治寒湿痹痛、关节疼痛、手足拘挛、半身不遂、里寒腹痛、阴疽漫肿不易消溃及溃不收口等症。

［理化性质］ 参阅草乌（1687页）。

［采收处理］ 秋季挖取根部，除去残茎及少数须根，晒干或低温烘干即可。

［其 他］ 东北产乌头属植物约有三十种，除黄花乌头的块根作“白附子”药用外，其他本属植物凡具有肥大的块根者皆有可能采作“草乌”药用，但各地所用“草乌”以本种为最多，分布也最广泛，所以本种作东北产药用“草乌”之代表。

72 雪上一枝蒿（xueshangyizhihao）（图 1303）

［地 方 名］ 铁棒锤（陕西、甘肃）

［学 名］ **Aconitum szechenyianum** Gay. 毛茛科

［药 材 名］ 雪上一枝蒿（云南）

［形态特征］ 多年生草本，高 30～80 厘米。根长圆柱形，长可达 8 厘米或更长，直径约 5～15 毫米，外皮黑褐色或黄棕色，有皱纹。茎直立，不分枝。叶互生，有短柄，上部叶近无柄；叶片掌状深裂，小叶又复 2～3 裂，裂片细线形，被稀疏毛。总状花序生于枝端，长 8～20 厘米，总花梗密被黄色伸展毛；花左右对称，淡黄绿色，长 2 厘米左右，外密被毛；萼片 5，花瓣状，上方一片呈浅盔状；花瓣 1 对，藏于盔瓣下，呈钩状弯曲的蜜腺；雄蕊多数；心皮 5，离生，柱头单一。蓇葖果有毛，成熟后向内开裂，宿存花柱，生于果实先端的外侧，呈芒尖状。种子多粒。花期 8～9 月，果期 9～10 月。

［生长环境］　生于空旷草丛中，或森林边缘，海拔 2950～3000 米处。

［产　　地］　云南、陕西等省。

［用　　途］　块根入药，为外科用的草药，对骨折止痛有著效。

［采收处理］　秋季挖出块根，去苗及小根，洗净，晒干，装入麻袋内撞光滑即可。品质以皮黑心白、带粉质、有黑圈、饱满、光滑的为最好。贮存于干燥通风的地方。

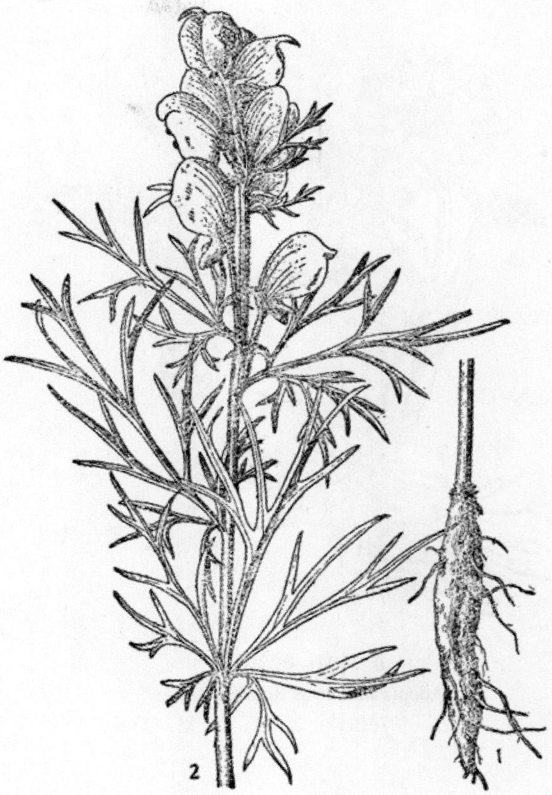

图 1303　雪上一枝蒿
Aconitum szechenyianum Gay.
1．根；2．茎上部。

73 侧金盏花（cejinzhanhua）（图 1304）

［地 方 名］　福寿草、冰郎花（吉林）

［学　　名］　**Adonis amurensis** Regel et Radde　毛茛科

［形态特征］　多年生草本。根状茎短而粗，簇生黑褐色须根。茎在开花时高 5～15 厘米，其后高达 30～40 厘米，单一或下部稍分枝，茎下部无叶，但生有淡褐色的或近白色的和长达 2.5 厘米的膜质鳞片。叶子开花时尚未完全长出，花后继续长大，为 2～3 回羽状复叶；小叶羽状深裂，裂片披针形或线状披针形，先端锐尖，具齿牙缘，稍有毛或无毛，茎中部的叶具长柄。花单 1，顶生，直径 2～3 厘米，金黄色；萼片数枚，无毛或稍有毛，黄色而外侧带紫绿色，长圆状倒卵形，先端稍有齿牙，与花瓣等长或稍长；花瓣多数，长圆状椭圆形，长 12～23 毫米，宽 3～8 毫米，先端钝，有不整齐的齿牙；雌雄蕊均多数，子房具 1 胚珠，聚合瘦果生于球状花托上，全体呈球形。瘦果具皱纹，长 4～5 毫米，宽 3～3.5 毫米，有毛，具有钩状弯曲而背腹扁的嘴。花期 3～4 月，果期 5～6 月。

［生长环境］　生于富有腐殖质的湿润土壤上，常见于山坡或山脚的灌丛中，以及林缘向阳而背风的地方。

［产　　地］　主产吉林、黑龙江、辽宁；小兴安岭、完达山脉、小白山脉、老爷岭山脉、长白山脉、千山山脉等都有分布。

［用　途］ 全草供药用，为强心剂利尿药，用于癫痫，与溴化钠合用能加强对癫痫症的治疗作用。也具有降低神经系统的兴奋性和脊髓反射机能亢进的作用。

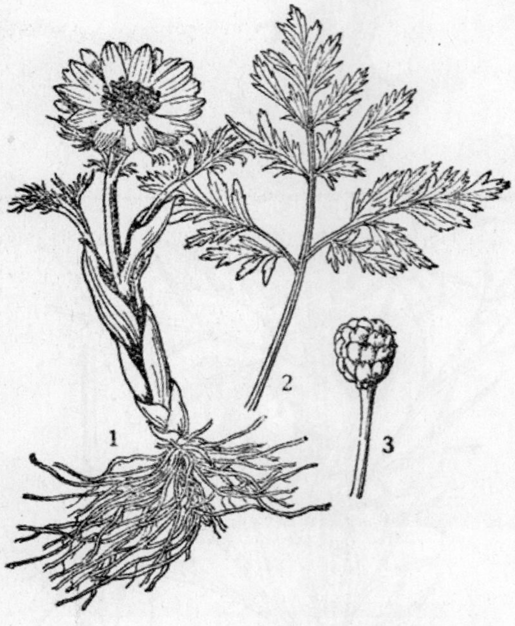

图 1304 侧金盏花
Adonis amurensis Regel et Radde.
1．带花植株；2．叶；3．果。

［理化性质］ 全草含强侧金盏花甙（adonin，$C_{24}H_{40}O_9$）。

［采收处理］ 4～5 月，花近于盛开时连根挖起，除去泥土、晒干贮存备用。

［其　他］ 这一属植物的另一种（Adonis vernalis L.），苏联已制成制剂，广泛应用，我国目前尚未利用，应积极研究利用起来。

74 阿尔泰银莲花（aertai-yinlianhua）（图 1305）

［地 方 名］ 菖蒲（河南、山西），九节难、节菖蒲、京玄参（山西）。

［学　名］ **Anemone altaica** Fisch. 毛茛科

［药 材 名］ 九节菖蒲

［形态特征］ 多年生草本。地下根状茎横走，棕黄色，长约 4 厘米，直径约 2～3 毫米，具多数须状细根及鳞片痕迹。茎直立，高 8～25 厘米。基生叶为一至二回三出复叶，叶柄长约 13 厘米；小叶片长圆形至卵圆形，通常两侧小叶片小，中间小叶片较大而具短柄，每小叶偶具 3 深裂或具缺刻及粗锯齿，两面均被少数细软白色柔毛或毛早落。花茎细长，高出基生叶甚多，约在近顶端 1/4 处有 3 片总苞，总苞片叶状具细柄，3 出或 3 深裂，花茎顶生 1 花；萼片 8～15，花瓣状，长圆形，长约 1.3 厘米，宽约 4 毫米，白色或淡紫色；雄蕊多数，花药椭圆形，花丝线状，长约 6 毫米；心皮多数，分离，成螺旋状排列，被白色短毛。瘦果卵圆形或新月形，长约 4 毫米，灰褐色，密生白色柔毛。常带宿存花柱，有种子 1。花期 4～5 月，果期 5～6 月。

［生长环境］ 喜生于气候阴凉湿润及富有腐殖质的土壤中，多见于海拔 1000 米以上的密林中。

［产　地］ 内蒙古、山西、河南、陕西、新疆等省区。

［用　途］ 根状茎供药用，有芳香，能开窍醒神，散湿浊开胃；外用有解毒杀

虫之效。主治热病神昏谵语、癫痫、下痢，因湿浊阻于胃中而致呕吐不食等。外敷治痈疽疥癣。

［采收处理］　在春季抽苗后，用小铲挖出根部，除去茎叶，洗净泥沙，晒干或凉干，贮存在干燥通风处，防潮湿。

75 打破碗花花（dapowan-huahua）（图 1306）

［地 方 名］　野棉花、秋芍药、压竹花（四川、贵州、云南）

［学　　名］　**Anemone hupehensis** Lemoine　毛茛科

［形态特征］　多年生草本，高 30～100 厘米；茎被白色柔毛，有分枝。叶为三出复叶，基生叶具有毛的长柄；中间小叶片较大，卵形至心形，长 4～11 厘米，宽 5～9 厘米，两侧小叶斜卵形，先端渐尖，基部心形，叶缘有不等的粗锯齿，表面深绿色，背面紫红色至苍绿色，两面均有疏毛；苞叶 2～3，对生或轮生，形状似基生叶，但较小，具短柄或几无柄。自苞叶抽出三歧分枝的聚伞花序；花白色或粉红色，直径 6～7.5 厘米；花被 5～6，复瓦状排列，倒卵形或椭圆形，外面密生丝状毛；雄蕊多数，花药黄色；心皮多数，密生绵毛，柱头长方状倾斜。瘦果近卵形，密生长丝毛，多数集成球状。花期 7～10 月。

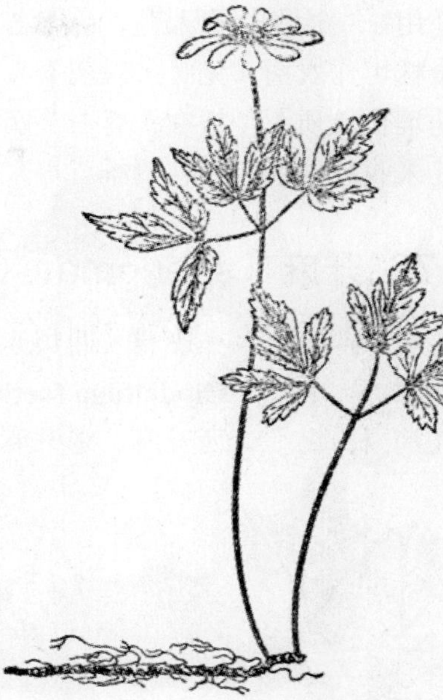

图 1305　阿尔泰银莲花
Anemone altaica Fisch.
植株全形

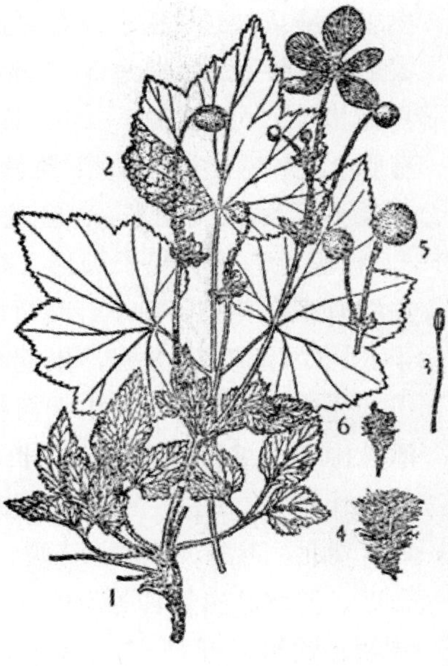

图 1306　打破碗花花
Anemone hupehensis Lemoine
1. 植株全形；2. 较大的基生叶；3. 雄蕊；4. 雌蕊；5. 果球；6. 瘦果。
（自“中国药用植物志”）

［生长环境］　喜生阳光充足的山坡、沟边、路旁，适应性很强。

［产　　地］　江西、湖南、湖北、陕西、四川、云南、贵州、广西、广东

等省区。

［用　　途］ 根入药，为强心利尿药，又可治热性痢疾、子宫炎、胃炎等。全株可作农药（见“土农药类”，2026 页）。

［理化性质］ 根中含有白头翁素（anemonin，$C_{10}H_8O_4$）。

［采收处理］ 夏秋两季皆可采收，但以秋季为好，挖根晒干，贮在干燥的地方。

76 升麻（shengma）（图 1307）

［地 方 名］ 火麻草（四川）

［学　　名］ **Cimicifuga foetida** L.　毛茛科

［药 材 名］ 西升麻、绿升麻、鬼脸升麻、鸡骨升麻（市场别名）

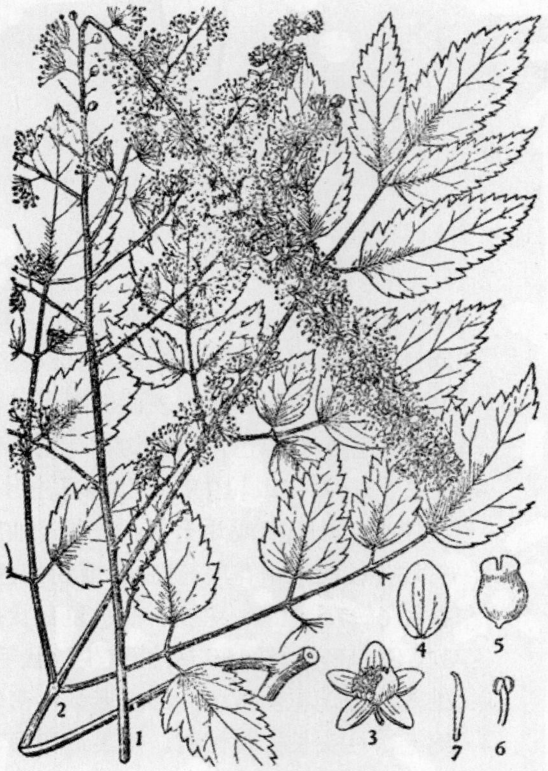

图 1307　升麻

Cimicifuga foetida L.

1．花序一部分；2．叶；3．花；4．萼片；5．腺体；6．雄蕊；7．雌蕊。

［形态特征］ 多年生草本，高 1～2 米。根状茎呈不规划块状，有洞状的茎痕，须根多而长。茎直立，分枝，被疏柔毛。叶为数回羽状复叶；叶柄密被柔毛；小叶片卵形或披针形，长 2～4 厘米，宽 1～2.5 厘米，边缘有深锯齿，表面绿色，背面灰绿色，两面均被短柔毛。复总状花序着生于叶腋或枝顶，狭窄或有时扩大成大形的圆锥花序；萼片 5，花瓣卵形，复瓦状排列，有 3 脉，白色，具睫毛；蜜腺 2，先端 2 裂，白色；雄蕊多数，花丝不等长，较萼片长；心皮通常 2～5，被腺毛。蓇葖果长圆形，略扁，先端有宿存花柱，短小，路弯曲；种子 6～8。花期 7～8 月，果期 9 月。

［生长环境］ 喜生于树林下或灌丛中、山坡草丛中亦有生长。

［产　　地］ 云南、贵州、四川、湖北、青海、甘肃、陕西、河南、山西、河北、内蒙古等省区。主产于陕西、四川、青海。

［用　　途］ 根供药用，有解热、解毒、净血、解麻疹、痘疮、诸疡之毒及伤寒之热。能镇静前额之头痛。煎汤为含漱料，治口内炎、咽喉肿痛、扁桃腺炎等。

［理化性质］　含升麻苦味素（cimitin，$C_{20}H_{34}O_7$）及升麻碱（cimicifugine），水杨酸，鞣酸，脂肪酸等。

［采收处理］　秋季挖取地下根状茎，晒至 8～9 成干后，烤去表面须根，再用竹筐撞擦干净，晒干即可；也有不再撞擦而直接晒干的。

［其　　他］　除本种外，尚有一种达胡尔升麻（Cimicifuga dahurica Maxim.），在东北、湖北、四川也作升麻入麻。它与升麻主要的不同点是花单性，稀有两性；蜜叶先端 2 深裂，裂片顶端常具一明显花药。

77 威灵仙（weilingxian）（图 1308）

［地 方 名］　华中威灵仙、铁脚威灵仙、铁灵仙（江苏），小木通（江西、湖南、四川），青龙须（湖北），百根草（福建），七寸风（广西）。

［学　　名］　**Clematis chinensis** Osbeck　毛茛科

［药 材 名］　威灵仙、杜灵仙（浙江），软灵仙（山东）。

［形态特征］　攀援灌木，长 4～10 米。根多数，丛生，细长，外皮黑褐色。茎细长，具明显条纹，幼时被白色细毛，老时脱落。羽状复叶对生，干时变黑色，小叶通常 5，稀为 3，小叶卵形或卵状披针形，长 3～7 厘米，宽 1.5～3.6 厘米，先端尖，基部楔形或阔楔形，全缘，表面沿叶脉有细毛，背面光滑，主脉 3 条；叶柄长 2～2.5 厘米。圆锥花序腋生或顶生，长 12～18 厘米；苞片叶状，较叶为小；萼片 4，有时为 5，白色，花瓣状，长圆状倒卵形，顶端常有小尖头突出，外侧被白色柔毛；雄蕊多数，不等长，花丝扁平；心皮多数，分离，子房及花柱上密生白毛。瘦果扁平状卵形，略生细柔毛，花柱宿存，延长呈白色羽毛状。花期 5～6 月，果期 6～7 月。

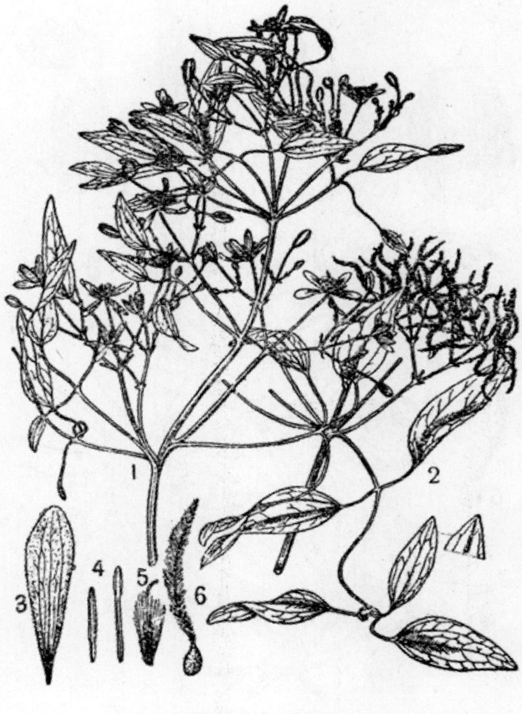

图 1308　威灵仙
Clematis chinensis Osbeck
1．花枝；2．果枝；3．花被背面；4．雄蕊；5．雌蕊；6．瘦果。
（自“中国药用植物志”）

［生长环境］　多生于海拔 1000 米以下的山谷、溪旁、山坡、灌丛、草地、河边林缘、山埂、田埂及路旁。

［产　　地］　河南、陕西、山东、安徽、江苏、浙江、江西、湖南、湖北、四川、贵州、云南、福建、广东、广西等省区。

［用　　途］　根入药，有祛风湿、利尿、通经、镇痛之效，治风寒湿热、偏头疼、黄疸浮肿、鱼骨哽喉、腰膝腿脚冷痛等症。

全株又可作农药（见“土农药类”，2026 页）。

［理化性质］　根中含白头翁素，为白色结晶，能随水蒸汽挥发，熔点 157～158℃，微溶于冷水，易溶于热水，可溶于热酒精或氯仿，不溶于醚，能溶于碱性溶液和白头翁醇（“中国土农药志”）。

［采收处理］　根自春季萌芽至秋季枯萎前都可采收，一般在早春挖取根部，去掉根上泥土及茎藤部分，晒干即得。有的地区采用茎藤的，是将植株的根部切除，把茎藤晒干，扎成捆。根部的药材是以长而粗壮、干燥、黑褐色、无杂质为好。放在干燥通风处贮存。

78 四季牡丹（sijimudan）（图 1309）

［地 方 名］　三角枫（四川）

［学　　名］　**Clematis montana** Buch. -Ham.　毛茛科

［药 材 名］　花木通（四川）

［形态特征］　攀援灌木，通常长 3～5 米，有达 9 米的；茎褐色或紫色，有条纹，无毛。三出复叶，对生，侧生小叶柄长 1～3 毫米，中央者倍之，有细毛，小叶卵形或椭圆形，基部圆或阔楔形，先端尖，侧生者长 4～4.5 厘米，宽 2.5 厘米，顶生者长 5～10 厘米，宽 2.5～4（～5）厘米，边缘有粗锯齿，有时深如小裂片，齿端细尖，两面均有稀毛，或沿叶脉上有毛，或上面无毛，上面脉下陷，下面稍突起，与花同出之叶簇生，出自上年枝条，基部芽鳞围生，鳞片三角形，长 3 毫米，两面密生白柔毛，叶之形态及其他性质与对生叶相同，叶柄细长，长 5～8.5 厘米，有细毛也有几无毛者。花 1～

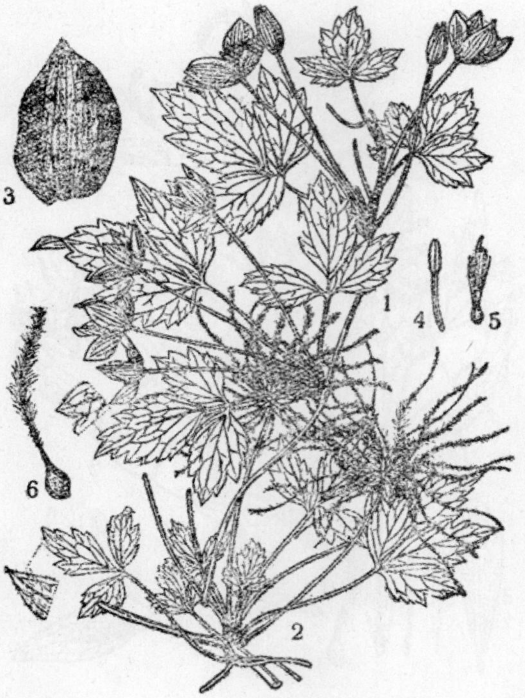

图 1309　四季牡丹
Clematis montana Buch. -Ham.
1. 花枝；2. 果枝；3. 萼片；4. 雄蕊；5. 雌蕊；6. 瘦果。
（自“中国药用植物志”）

6 簇生，花梗柔细，长 5～15 厘米，白色，直径 3～5 厘米；萼片 4，椭圆长方形，圆头，或呈短尖头，或微凹，长 1.5～2.5 厘米，宽 9～15 毫米，下面两侧有密生绒毛之阔带，中间部分具毛较稀，或几无毛，上面无毛或有疏毛；雄蕊多数，长 1.5 毫米，无毛，花药黄色，长 1 毫米；雌蕊多数，长约 8 毫米，子房卵形，无毛，长 1 毫米，花柱直立，丝状，密被长毛，近柱头处毛短。瘦果扁卵形，长 4 毫米，花柱宿存，钩状弯曲，有羽状毛，长至 6.5 厘米。花期 5～7 月，果期 7～9 月。

[生长环境]　喜生于山坡灌丛中或杂草丛中。

[产　　地]　陕西、河南、安徽、江西、湖北、广西、四川、云南、贵州等省区；此种花叶变异颇大，因此其花多而且美，各处多有栽培。

[用　　途]　吴其浚谓：“土医或谓木通，以为熏洗之药”。四川草药铺称本种为花木通，作发表药。

[采收处理]　6～7 月采收，割取茎枝，除去叶，切成 1.5 米长的小段，捆成把，晒干即可。

[其　　他]　绣球藤载吴其浚“植物名实图考”，按其图及形态记载与此所定之学名很相近似，唯花白色而非紫色是其不同点。另有一变种 C. montana Buch. -Ham. var. lilacina Lemoine 花为紫色。

79 黄连（huanglian）

[地 方 名]　黄连（四川、浙江）

[学　　名]　**Coptis chinensis** Franch.　毛茛科

[药 材 名]　黄连

[形态特征]　多年生草本，高 25～35 厘米。地下茎根状，有分枝，须根多数，黄色，味苦。叶基生，三出复叶，有长叶柄，老叶的叶片略带革质，轮廓为三角状卵形，长 5～8 厘米，宽 3～5 厘米，中央小叶片一般常较两侧者略长，近菱形，羽状深裂，最下一对裂最深，表面脉上有微毛；小叶柄长 1～1.8 厘米，柄长 10～20 厘米。花茎 1～2 枝，长 20～30 厘米，顶端着生圆锥聚伞花序，有 5～9 花；花白绿色，苞片披针形；3～5 羽状深裂，基部宽；萼片 5，线形，长约 1 厘米；花瓣蜜腺状，窄披针形；雄蕊多数；雌蕊多数，子房有短柄。蓇葖 6～9，有柄，排列在果柄顶端，有如伞形果序，果序柄长 4～6 厘米；种子 8～12，长圆形，黑褐色，直径约 1 毫米。花期 2～4 月，果期 3～6 月。

[生长环境]　生长在寒湿疏林的地方，一般野生于海拔 1500 米左右的山中。也栽培在海拔高处，并搭疏荫棚，使阳光略能射入。

[产　　地]　安徽、浙江、江西、湖北、贵州、四川、湖北等省均有栽培，为黄连的主要产区。

[用　　途]　根状茎入药，味苦，为健胃药，治消化不良、肠炎下痢、呕吐腹痛，对杆菌性痢疾很有效；浸剂可用治眼结膜炎；外用可治化脓性外症，并作防腐剂。黄连

煎剂在体外对赤痢菌、伤寒菌、大肠杆菌、金色葡萄状球菌等皆有显着杀菌作用，近采用黄连中的小檗碱（生物碱），与凡士林配成软膏外敷治脓疮及炎症。

［理化性质］　含多种植物碱，主要为小檗碱（berberine，$C_{20}H_{19}O_5N$）7～9%，其次为黄连碱（coptisine，$C_{19}H_{15}O_5N$），甲基黄连碱（worenine，$C_{20}H_{17}O_5N$），非洲防己碱（palmatine，$C_{20}H_{21}O_5N$）。

［采收处理］　全年均可采收，但以冬季下雪之前（10～11 月）采收的，其根内水分较少，质地坚实品质较佳。栽培的以采收生长 3～5 年的为宜。挖出根后，除净泥土，剪去茎部及须根，风干 1～2 天后，放于低温烘箱中烘烤，需注意翻动，以免干湿不均。烘至全干后（以手折即脆断为度），放于特制撞筐内，混入适量碎瓷片，来回摇动，撞净须根皮及泥土取出晒干即可。云南地区有先以硫磺熏 24 小时后，再晒干者。

［其　　他］　除本种外，尚有野生于四川省峨眉山海拔 1800 米以上阴湿丛林中的峨眉黄连（Coptis chinensis var. omeiensis Chen），它与黄连的主要区别是叶片全形为长方披针形，两侧裂片短小，其长度一般不超过中央裂片宽度的 1/2。广东、广西、湖南一带（山地、林下、阴湿地，表土疏松处）的家黄连亦属川连（Coptis chinensis Franch.），当地普遍应用。

80 翠雀（cuique）

［地 方 名］　鸡爪莲（吉林）

［学　　名］　**Delphinium grandiflorum** L.　毛茛科

［形态特征］　多年生草本，高 70 厘米左右，全株被短毛。茎具疏分枝。基生叶及茎下部叶有长柄，茎上部叶渐无柄；叶片 3 全裂，中间裂片近菱形，羽状深裂，小裂片线形或披针形，宽 1.3～2 毫米，两侧裂片二深裂，继二回深裂。花序总状；花梗长 2～3 厘米，向上斜展，上部有 2 线状苞片，长约 4 毫米。花鲜蓝色，左右对称，直径 2.5～3 厘米；萼片 5，花瓣状，上面 1 片有距，距长 2～2.5 厘米，先端常微凹，被白毛，带淡紫色；花瓣 4，较小，侧片蓝色，斜卵圆形，先端圆形或近截形，上面 2 片，下部有距，伸入萼距中；雄蕊多数，花丝下部较宽；心皮 3，离生。蓇葖果。花期 8～9 月，果期 9～10 月。

［生长环境］　常生于林外或杂草地、固定砂丘、草甸及草原上。

［产　　地］　黑龙江、吉林、辽宁、内蒙古、河北、山西、甘肃、云南等省区。

［用　　途］　在吉林省镇赉、通榆等县，群众采根作黄连的代用品，含于口中可治牙痛。

其茎、叶浸汁可杀灭体虱。花美丽，可作观赏。

［采收处理］　秋季挖取其根，除去地上部及须根，洗去泥土，晒干即可。

81 芍药（shaoyao）（图 1310）

［地 方 名］　赤芍（山西），白芍、赤芍（河北），芍药（四川、吉林、辽宁、山东），山赤芍（内蒙古），白芍（浙江）。

［学　　名］　**Paeonia lactiflora** Pall. (*P. albiflora* Pall.)　毛茛科

［药 材 名］　白芍

［形态特征］　多年生草本，高 50～80 厘米。根肥大，通常圆柱形或略呈纺锤形。茎直立，上部略分枝，光滑无毛。叶为二回三出复叶，具长柄；小叶片椭圆形至披针形，长 8～12 厘米，宽 2～4 厘米，先端渐尖或锐尖，基部楔形，全缘，叶缘具极小的软骨质齿，粗糙，表面深绿色，背面淡绿色，叶脉在背面隆起，叶基部常带红色。花单生于花茎分枝顶端，或数个生茎上部叶腋，白色、粉红色或红色，直径 9～13 厘米；萼片 3，多为倒卵状椭圆形，微带紫红色；花瓣约 6～9，倒卵形；雄蕊多数，花药黄色；心皮 3～5，分离，无毛或被毛，蓇葖卵形，长约 2 厘米，先端钩状向外弯，无毛或被浓密白毛。花期 5～7 月，果期 8～9 月。

图 1310　芍药
Paeonia lactiflora Pall.
1．花枝；2．蓇葖。

［生长环境］　生于山坡、山谷的灌木丛或高草丛中。

［产　　地］　主产于浙江、安徽、四川、山东等省。黑龙江、吉林、辽宁、内蒙古、山西、河北、西藏一带均自然分布。其他各省均有栽培。

［用　　途］　根为镇痉、镇痛、通经药。对妇人诸病如腹痛、胃痉挛、眩晕、痛风、利尿等病症有效。因寄生虫而起之腹痛添峨术，因冒冷而起之腹痛加肉桂。

也可作土农药，用以杀大豆蚜虫和防治小麦秆锈病等。根含淀粉 19.48%。种子可榨油（见“油脂类”，732 页）。叶含鞣质，可提栲胶（见“鞣料类”，1105 页）。

［理化性质］　含安息香酸，挥发油，树脂状物，脂肪油，鞣质等。

［采收处理］　春、秋两季采挖根部，以秋季挖者最佳。挖出后除掉须根及地上部（叶可收集加工栲胶），再按粗细分别捆扎，晾晒至近干时堆成垛，使其四面通风，干后切去两端黑头及枯心即可。

［其　　他］　白芍一般均为芍药的栽培种，因其根肥大而平直，加工后的成品质量好。野生的芍药因其根较瘦小，所以一般不加工作白芍入药，仅作赤芍出售。

82 草芍药（caoshaoyao）（图 1311）

［地 方 名］　赤芍、山芍药、参幌子（辽宁），白芍、山芍药花（河北）。

［学　　名］　**Paeonia obovata** Maxim.　毛茛科

［药 材 名］　赤芍

［形态特征］　多年生草本，高 40～70 厘米。根肥大，呈圆柱形或纺锤形，有分枝，外皮棕红色。茎直立，光滑无毛。叶为二回三出复叶，互生，长达 25 厘米；顶生小叶片最大，倒卵形或阔卵形，先端锐尖，基部楔形，长达 13.5 厘米，宽 4.6～7.8 厘米，侧生小叶片稍小，椭圆状倒卵形或卵形，基部楔形、阔楔形或偏斜形；叶柄长约 14 厘米。花单生于茎顶，直径约 7 厘米；萼片 2～3，淡绿色或淡红色；花瓣通常 6～8，倒卵形，先端钝，粉红色；雄蕊多数，花药黄色；心皮 3～5，通常为 3，离生，无毛。蓇葖果长圆形，长约 4 厘米，稍呈弓形弯曲，表面粗糙，成熟时开裂；种子近球形，直径约 6 毫米，蓝黑色，有光泽。花期 5～6 月，果期 8～10 月。

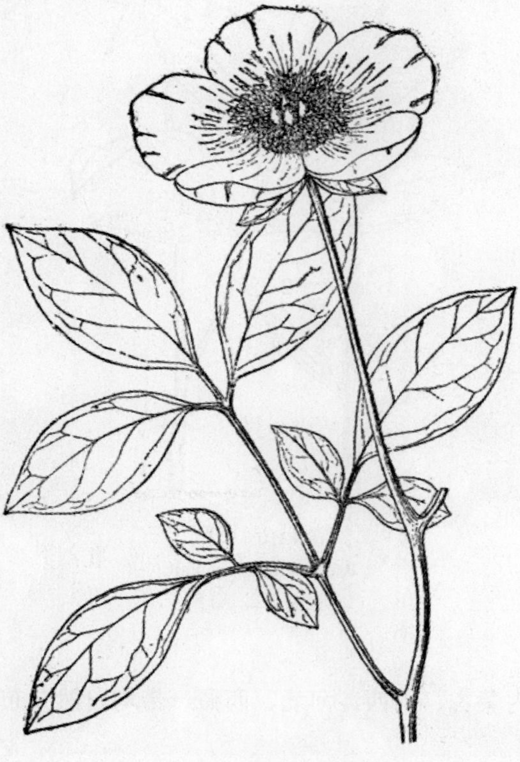

图 1311　草芍药
Paeonia obovata Maxim.
植物全形

［生长环境］　喜生于腐殖质深厚的土壤中，多生长在阔叶林下及山沟中。

［产　　地］　黑龙江、吉林、辽宁、内蒙古、河北、山西、陕西、河南、安徽、四川、贵州、云南等省区。

［用　　途］　根供药用，有散瘀、活血、止痛、泻肝火之效。主治月经不调、瘀滞腹痛、闭经症瘕、痛肿疮毒、关节肿痛、胸痛、肋痛等症。

［理化性质］　据河南省资料；根中含安息香酸约 0.37%，葡萄糖 4.2%及少量的盐基物质。

［采收处理］　一般在 3～5 月或 5～10 月间挖取根部，除去根状茎及须根，并剪

去支根成为单枝，洗净泥土，晾晒至半干时，按大小捆成小把，以免干后弯曲，然后晒干即得。

［其　　他］ 商品赤芍的原植物除本种外，在东北、华北、内蒙古、西北用野生芍药（Paeonia lactiflora Pall.）的根，在四川部分地区（石柱、南江、彭水、旺苍）用美丽芍药（P. mairei Leveille）及毛叶芍药（P. willmotliae Stapf）的根作赤芍入药。

83 牡丹（mudan）

［学　　名］ **Paeonia suffruticosa** Andr.　毛茛科

［药 材 名］ 牡丹皮

［形态特征］ 落叶灌木，高 1～2 米；枝粗壮而多。叶通常为二回羽状复叶，互生，具叶柄，小叶卵形至披针形，上部呈 3～5 裂，或有深缺刻，背面被粉。花单生于枝顶，很大，直径 10～30 厘米；花有单瓣或重瓣，红色、紫红或白色等，颇美丽；雄蕊多数，花药黄色；心皮通常为 5，被毛。蓇葖果先端弯曲有毛。花期 5～7 月，果期 8～9 月。

［生长环境］ 栽培于庭园间或村旁。

［产　　地］ 山东、安徽、江苏、山西、陕西、甘肃、云南、贵州、四川等省多为栽培种。以安徽、山东、四川出产较多。

［用　　途］ 根皮供药用，治中风、头痛，并为散恶血、顺血脉要药。主治头痛、腰痛、关节痛等。并用于月经不调及产后诸病。

［理化性质］ 含安息香酸、葡萄糖、植物甾醇（phytosterin）、牡丹香醇（paeonol，$C_9H_{10}O_3$）等。

［采收处理］ 多在秋季寒露前后采收，此时茎叶近于枯萎，根部浆汁饱满，质量最佳。将根挖出（一般是生长三年后采挖），除去茎苗、须根和泥沙，将根纵直剖开，除去木心，或稍晒使水分蒸发，根条变软，轻捶外皮，剥皮并抽去木心后置日光下晒干或烘干即成。

［其　　他］ 除本种外尚有一种黄牡丹（Paeonia lutea Franch.）产于四川金沙江沿岸的会东、盐边等县，其根皮在四川部分地区也作丹皮入药。

84 白头翁（baitouweng）（图 1312）

［地 方 名］ 毛姑朵花（吉林、辽宁），老公花（山东），头痛棵（河南），大将军草、大碗花（江苏）。

［学　　名］ **Pulsatilla chinensis** (Bge.) Regel (*Anemone chinensis* Bge.)　毛茛科

［药 材 名］ 白头翁

［形态特征］ 多年生草本，全株密被白色长柔毛。主根肥大强直，圆柱形，有时稍扭曲，直径 1～1.5 厘米，外皮黄褐色，粗糙，有纵纹。花茎通常 1，有时 2，高 10～

40 厘米。叶基生，三出复叶，果期后增大，具长叶柄，叶柄基部较宽或成鞘状；小叶再分裂，裂片倒卵形或长圆形，先端有 1～3 个不规则浅裂片，表面疏被白色柔毛，背面密生白色长柔毛。总苞由 3 苞片组成，苞片通常 3 深裂，基部愈合抱茎；花先叶开放，单一，顶生，钟形，直径 3～4 厘米；花被片 6，排列为两轮，紫色，花瓣状，卵状长圆形或圆形，长 3～3.5 厘米，宽 1.2～1.5 厘米，外密被白色柔毛；雄蕊多数，花药基生，黄色，椭圆形；心皮多数，稍短于雄蕊，花柱丝状，密被白色长毛，上部的毛较短而稀疏。瘦果多数，密集成头状，每一瘦果的顶端有羽毛状的宿存长花柱。花期 3～5 月，果期 5～6 月。

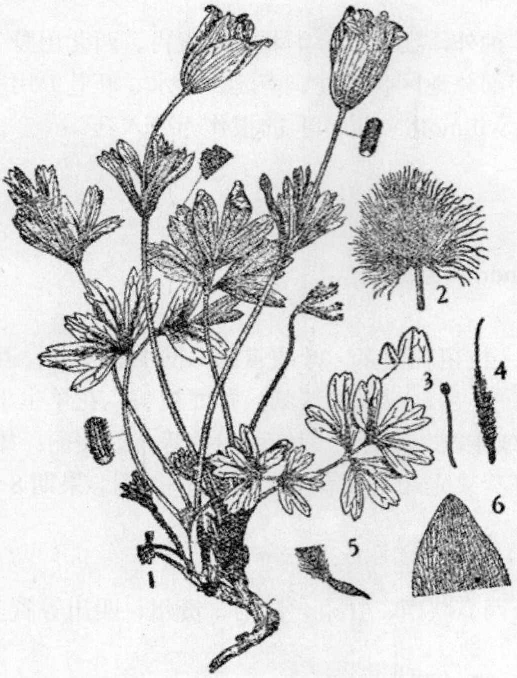

图 1312 白头翁

Pulsatilla chinensis（Bge.）Regel

1．花株；2．果序；3．雄蕊；4．雌蕊；5．瘦果；6．萼片。

［生长环境］ 常生于荒山、草地、及稀疏的灌木丛中。

［产　　地］ 黑龙江、吉林、辽宁、内蒙古、河北、河南、山东、山西、陕西、安徽、江苏等省区。

［用　　途］ 根供药用，为治痢疾要药，对阿米巴痢疾疗效显着。其醇浸液对体外枯草杆菌及金色葡萄状球菌有抑制作用。并治温疟，鼻衄；痔疮出血等症。

亦可作兽药，能止泻，止血，消母畜子宫炎等。全草亦可作土农药（见“土农药类”，2027 页）。

［理化性质］ 含皂角甙（$C_{45}H_{76}O_{20}$），水解生成固醇类皂甙原（$C_{27}H_{44}O_4$）与葡萄糖。此外尚含有一种中性物质（$C_{30}H_{52}O_{10}$）。

［采收处理］ 3～5 月或 9～10 月均可采挖，但以 3～5 月开花时采挖的品质较好。挖取根部，除去地上茎，洗净泥土，晒干即可药用。

［其　　他］ 各地以不同植物种类而统叫“白头翁”的有 20 种左右（详见“药学学报”）。

85 毛茛（maogen）（图 1313）

［地 方 名］ 鹤膝草、老虎草、瞌睡草（江苏），老虎脚板底、毛建草（浙江、华南），水茛、毛堇、天炎、猴蒜（华南）。

［学　　名］ **Ranunculus japonicus** Thunb.　毛茛科

［形态特征］ 多年生草本，高可达 90 厘米，茎及叶柄被伸展的粗糙毛。基生叶具长柄，掌状，3 深裂，裂片椭圆状菱形或倒卵形，多裂，中央裂片常 3 浅裂，侧面裂片为不等 2 裂，茎生叶具短柄，3 深裂。花有长梗，数朵生于茎顶端，直径，约 1.6 厘米；萼片在花蕾时呈复瓦状排列，早落；花瓣 5，黄色阔倒卵形，先端微凹，基部有蜜槽；雄蕊多数，离生，柱头单一。瘦果密集成头状，先端有宿存柱头，呈短嘴状。花期 4～8 月，果期 6～8 月。

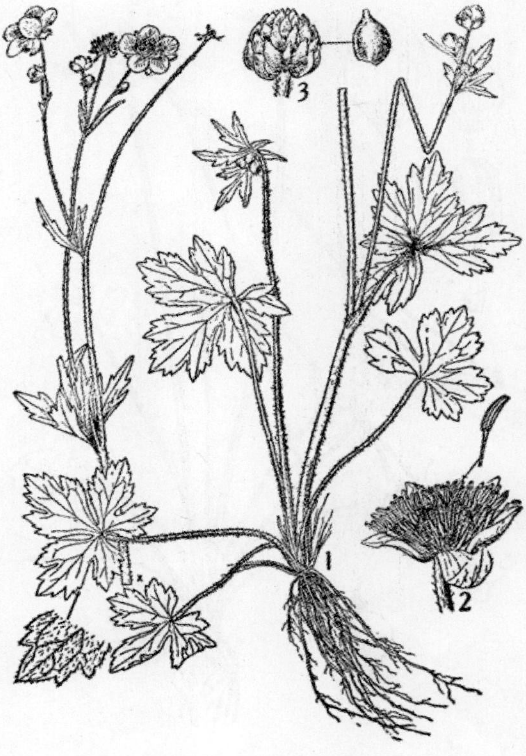

图 1313　毛茛
Ranunculus japonicus Thunb.
1．植物全形；2．花；3．果。
（自“江苏南部种子植物手册”）

［生长环境］ 喜生潮湿地方，河沟、池沼近水处，水堤坪旁，水田畦附近。

［产　　地］ 河北、陕西、甘肃、安徽、浙江、福建、江西、湖北、湖南、广西、贵州、四川等省区。

［用　　途］ 全草入药。据华南药用植物图说载：根、茎、叶为强烈的皮肤刺激药，全草捣烂包贴在颈后脊椎骨间，使发泡，往往可以使疟疾自愈；捣液汁敷在黄疸病者的臂上，使发泡，刺破后，流出黄水，病自愈。此外，还可以治其他的疮肿，民间常用其叶消肿吸脓。江苏民间也常用之。用发泡疗法治关节结核有相当效果。又江苏句容用以治疟、牙痛、痛风等症。

茎叶可作土农药（见“土农药类”，2027 页）。

［理化性质］ 含毛茛油（protoanemonin，$C_5H_4O_2$），具挥发性及刺激性。长时间贮藏干燥或短时日高温干燥后，刺激性即失去，转变为白色无晶体（anemonin），不具挥发性。

86 小毛茛（xiaomaogen）（图 1314）

［学　　名］ **Ranunculus ternatus** Thunb.　毛茛科

［药 材 名］ 猫爪草（河南）

［形态特征］ 多年生小草本，高 6～15 厘米。块根纺锤形，常 5～6 个密集，形似猫爪，有须根。基生叶为三出复叶或三全裂，有柄长 3～4 厘米，叶柄基部扩大，边缘膜质；茎叶互生，下部叶具长柄，小叶片不裂或 3 深裂，圆形或阔倒卵形，长约 6 毫米，宽约 5 毫米，先端常齿状浅裂，基部楔形，边缘有钝齿，表面有粗长毛，背面毛较疏；茎上部叶有短柄或无柄，常 3 深裂，裂片线形。花单生于茎顶或分枝顶端，花梗长 3～17 毫米，有短柔毛；萼片 5，圆卵形，长宽各约 3 毫米，外被短柔毛，先端钝，绿色，边缘浅黄色，近膜质；花瓣 5，倒卵形，长约 5 毫米，黄色，基部色较深；雄蕊多数，花药 2 室，纵裂，与花丝等长，花丝扁平；心皮多数，离生。瘦果具短嘴，无毛。花期 4～5 月，果期 5～6 月。

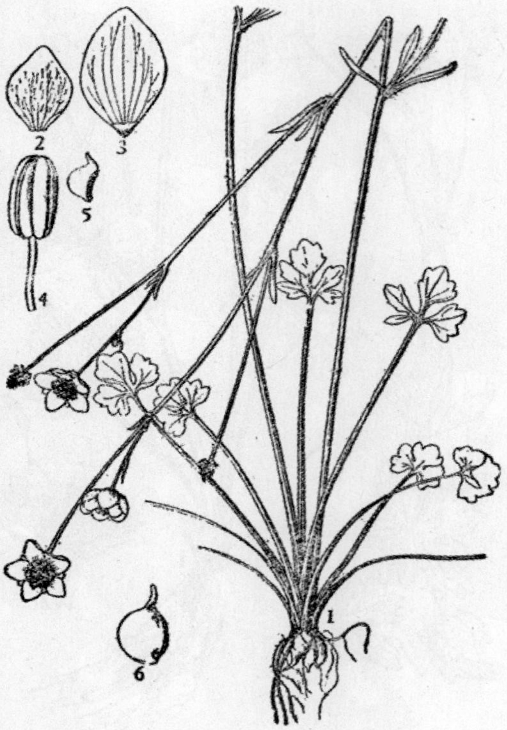

图 1314 小毛茛
Ranunculus ternatus Thunb.
1．植株全形；2．花萼；3．花瓣；4．雄蕊；5．雌蕊；6．瘦果。

［生长环境］ 生于丘陵、草坡、田埂、路旁，荒地等处。

［产　　地］ 江苏、浙江、河南、江西、广东、广西、湖南、贵州、四川等省区。

［用　　途］ 根供药用。可治淋巴腺结核，不论结核大小或是否化脓都有优良疗效。

［理化性质］ 据河南省资料：根状茎中含糖类及淀粉。

［采收处理］ 以春季采收为宜。因本植物较小，不易寻找，故宜在春末或初夏采收；采时将根挖出剪去茎部、晒干即可。

87 天葵（tiankui）（图 1315）

［地 方 名］ 老鼠屎、夏无踪（浙江）

［学　　名］ **Semiaquilegia adoxoides** (DC.) Mak. 毛茛科

［药 材 名］ 天葵子、天去子（湖南）

［形态特征］ 多年生草本，高 15～40 厘米。块根通常呈椭圆形或纺锤形，灰黑色，内部肉质，白色，块根下部有细长分枝的淡黄色须根。数茎丛生，直立，有分枝，

幼茎细圆，老茎呈四方形，密被白色的细柔毛。基生叶丛生，为三出复叶，有长柄，柄基部扩张而成叶鞘状；小叶阔楔形，3 裂，裂片先端圆，并有 2 或 3 圆锯齿，小叶柄短，有细柔毛，背面紫色，茎生叶形状与基生叶相似，唯由上而下逐渐变小。花单生叶腋，白色，外带淡红色，花梗初短，果后伸长，中部有近于对生的苞片 2，线形，细小；萼片 5，花瓣状卵形，长 4～6 毫米；花瓣 5，长 2～2.5 毫米，楔形，较萼片稍短，先端平截或微凹，下部连合呈短筒状，基部背面膨出成短矩；雄蕊约 10 枚，其中有 2 枚退化成鳞片状；心皮 3～4，花柱短，向外反卷，柱头不明显。蓇葖豆荚状，长 6～7 毫米，熟时开展；种子细小，倒卵形，表面皱缩，黑色。花期 3～4 月，果期 5～6 月。

［生长环境］　生于山野石隙阴处，山麓或田地草丛间，常见于水沟边，北向的墙脚边。

［产　　地］　江苏、浙江、福建、安徽、江西、湖北、四川、贵州及云南东北部等地。

［用　　途］　块根及种子供药用。根状茎炖肉服用，可祛痰；安徽滁县琅玡山民间取根状茎与公猪的前蹄共煮服用，治肺痨病有著效，打烂并可敷治颈部瘰疬，又可敷治乳毒，甚有效。

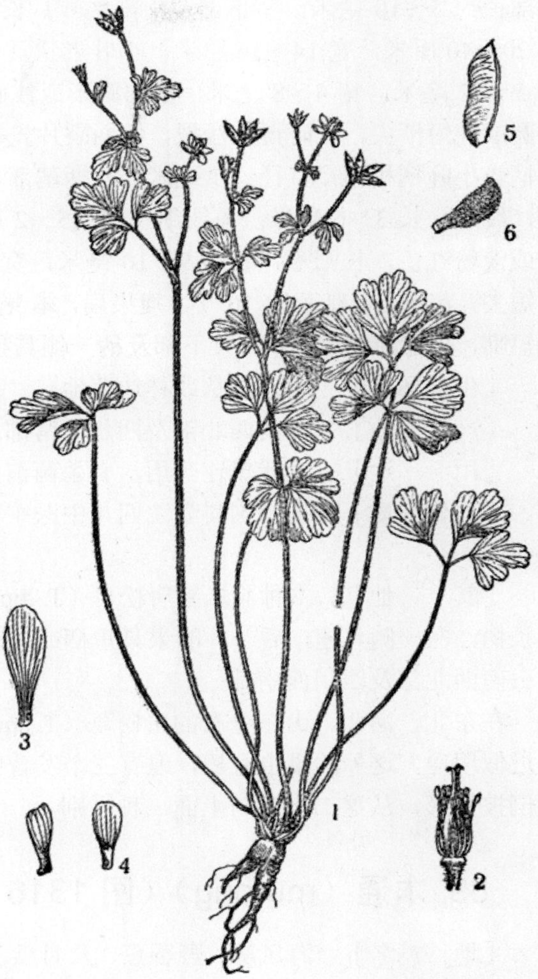

图 1315　天葵

Semiaquilegia adoxoides（DC.）Mak.

1．植物全形；2．花去除花冠后示雄蕊和雌蕊；3．花萼；4．花瓣；5．果实；6．种子。

根研成细粉，加水掺合陶土作农药，有防治蚜虫、红蜘蛛和稻螟虫的功效。

［采收处理］　夏季采收，挖取根状茎，除去地上部分及须根，洗净晒干即可。

88 马尾黄连（maweihuanglian）

［学　　名］　**Thalictrum delavayi** Franch.　毛茛科

［形态特征］ 多年生草本，无毛。须根丛生，细长，黄色。茎高60～100厘米，基部径约5～10毫米。茎下部及中部之叶具长柄，为3～4回羽状复叶，轮廓三角形，长20～40厘米，宽14～36厘米，小叶形状及大小的变化很大，宽卵形或椭圆状菱形，长5～22毫米，宽4～8毫米，基部圆形或浅心形，常在中部以上三浅裂，中央裂片先端圆或钝短渐尖，有时再三浅裂，侧面裂片先端圆或钝，小叶柄短，纤细，一回羽轴及羽柄较小叶柄稍粗，直径约1毫米，叶柄基部具短鞘。圆锥花序金字塔形，顶生，苞片小，线形，长3～6毫米；花梗细长约1.5～2厘米；花直径1.5～1.8厘米，萼片4，堇色或淡粉红色，长圆形，长约9～10毫米，宽约3～4毫米；雄蕊多数，花药长圆形，具短尖，花丝形；雌蕊约10个。瘦果扁，本身近椭圆形，包括柄长约7毫米，具肋，顶具短嘴，基部渐狭成长柄，果下部及柄一侧具狭翅（果因此多少成镰形）。7～8月开花。

［生长环境］ 山地灌丛或林边草地。

［产　　地］ 云南西北部及四川西南部。

［用　　途］ 根代黄连药用，有杀菌消炎之功效。

［理化性质］ 据中国科学院四川中医中药研究所分析：根含小檗碱的量高达2.96%。

［其　　他］ 本种与二翅唐松草（T. dipterocarpum Franch.）最为接近，但本种果具长柄，在一侧具翅，后一种的果具短柄或几无柄，两侧均具狭翅。二翅唐松草也分布于云南西北部及四川西南部。

在东北、河北、山东分布的唐松草（T. aquilegifolium L. subsp. asiaticum Nakai）也有近似用途，这种的果也有翅，但有三个发育的翅，此外，这种的雄蕊花丝宽扁平，线状倒披针形，从这二点可与上面二种区别。

89 木通（mutong）（图1316）

［地 方 名］ 海风藤、野香蕉、八月瓜、预知子（江苏），野木瓜（河南），椰子、牛奶子（江西），山地瓜、山黄瓜（山东），木通果、万年藤、通草、附枝（四川）。

［学　　名］ **Akebia quinata** (Thunb.) Decne. 木通科

［药 材 名］ 预知子、八月炸（江苏），海风藤（江苏云台山），八月瓜（四川），羊开口、八月炸（湖南）。

［形态特征］ 落叶缠绕藤本，全体无毛。幼枝灰绿色，有纵纹。叶为5小叶的掌状复叶，簇生于短枝端，叶柄细长；小叶片倒卵形或椭圆形，先端圆，微凹，并具一细短尖，全缘。花单性，雌雄同株；总状花序腋生，下部着生雌花1～2朵，上部着生密而较小的雄花，花紫色；花被3片；雄花雄蕊6枚；雌花较雄花大，有雌蕊3～12枚。果实肉质浆果状，长椭圆形，或略呈肾形，两端圆，长8厘米，直径3厘米，表面光滑，熟后紫色，柔软，沿腹缝线开裂，现出白瓤。种子多数，长卵形而稍扁，黑色或黑褐色，光滑。花期4～5月，果期8～9月。

[生长环境] 常生长于山坡、山沟、溪旁等处的乔木与灌木林中。

[产　　地] 河南、山东、安徽、江苏、江西、湖南、湖北、广东、贵州、四川、陕西等省；主产于江苏南京、镇江、宜兴，湖南沅陵、溆浦、黔阳、安化、石门，湖北宣恩、建始，四川秀山、南充等地，产量较大。

[用　　途] 果实入药，能解毒、杀虫、利尿、催生；主治小便不利、难产；外用可涂治一切蛇虫毒；泡酒或煎水服，可治腰痛（每次用果实7～8个）；茎藤有行水、泻火的效能，并为利尿剂；树皮可作通乳药。

果实味甜可食，亦可酿酒（见“淀粉及糖类”，512页）；种子可榨油（见“油脂类”，733页）；茎藤可编用具并代绳。

[理化性质] 茎含木通皂角甙［akebin，($C_{35}H_{56}O_{20}$)$_3$］，水解后生成 akebigenin（$C_{30}H_{50}O_4$）及葡萄糖和鼠李糖，并含钾盐。

[采收处理] 8～9月采收，将采到的果实，先置热水中泡透，然后取出晒干，如此得到的果实为暗黄色，也有采下果实后直接晒干的，这样得到的果实为浅黄色；茎藤一年四季均可采收，把采下的茎藤去除叶片，晒干即成。

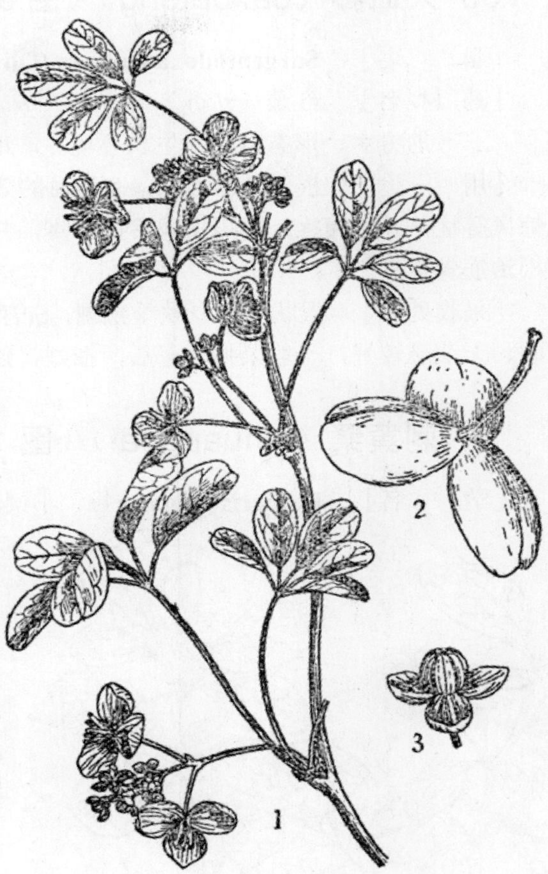

图1316 木通
Akebia quinata (Thunb.) Decne.
1．花枝；2．果枝；3．雄花。
（自“中国药用植物志”）

[其　　他] 药用预知子除本种外，尚有一种三叶木通［Akebia trifoliata（Thunb.）Koidz.］，分布于湖南、河南、安徽一带，（土名；白木通、八月瓜、八月炸），除可药用，并可作土农药，杀棉蚜虫有效。此外在湖北、河南另有一变种（Akebia trifoliata Koidz. var australis Rehd.），名称白木通，也供药用。

1．叶为5出掌状复叶……………………………………………………………………木通

1．叶为3出复叶。

　2．小叶阔卵形或卵形，边缘具波状齿或不规则微裂……………………三叶木通

　2．小叶卵形或卵状长圆形，上部较狭，全缘或略呈浅波状…………………白木通

90 大血藤（daxueteng）（图 90）

［学　　名］ **Sargentodoxa cuneata** (Oliv.) Rehd. et Wils.　木通科

［药 材 名］ 红藤（江苏）

（地方名、形态特征、生长环境、产地及其他用途见“纤维类”，123 页）

［用　　途］ 根及茎藤入药，有活血的效用。浙江温州地区民间用以治痧气及小儿惊风等症，并治腹疼。四川民间治筋骨疼，并能追风健腰，祛风，行血。江西民间也用根治筋骨疼症。

［采收处理］ 根状茎在夏秋季挖掘，洗净泥土，切成段，晒干入药。品质以干燥、质硬、无杂质较好，一般采掘晒干后，捆好，贮存在干燥通风处。

91 刺黄檗（cihuangbai）（图 1317）

［学　　名］ **Berberis vulgaris** L.　小檗科

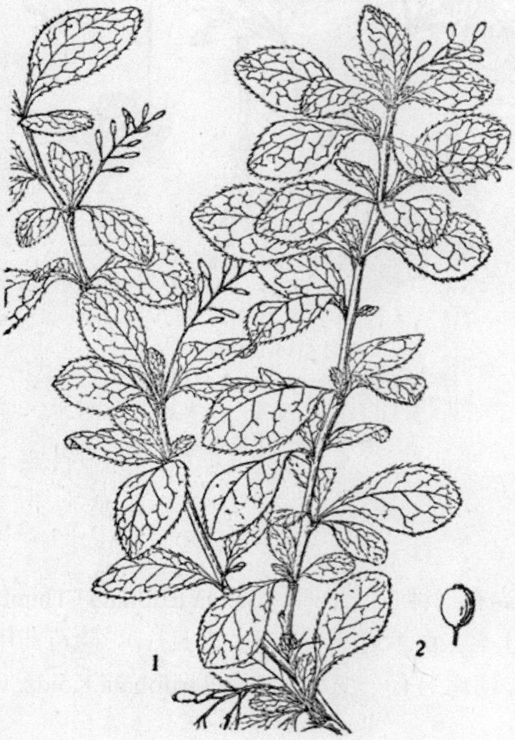

图 1317　刺黄檗
Berberis vulgaris L.
1．果枝；2．果。

［形态特征］ 落叶灌木，高 2.5 米左右，有时更高。小枝有显著槽，幼时带黄色或有时黄红色，第二年变为灰色；刺通常三歧，长 1～2 厘米。叶常 3 叶簇生，叶片长倒卵形至倒卵形，长 2～4 厘米，宽 1～1.5 厘米，先端钝或尖，基部狭缩成短柄，背面带绿色而微有网状脉。总状花序长 4～8 厘米，有多数花；花鲜红色或紫色，有花梗，萼片 6，其下有 2 小苞；花瓣 6，较萼片为小，基部具 2 蜜腺；雄蕊 6，花药 2 瓣裂；子房上位，1 室，花柱短，柱头头状。浆果长椭圆形，长 7～10 毫米，熟时红色。

［生长环境］ 多生于山地，高寒地带，在海拔 2000～3000 米以上皆有生长。

［产　　地］ 河北、山东、四川、西藏、甘肃等省区。

［用　　途］ 据四川省资料；根、茎、果可提取黄连素，代黄连用。民间用以退火。

［理化性质］ 含小檗碱达 9.4%。

［采收处理］　秋季挖根，洗去泥土，切片，晒干，放在干燥的地方。

［其　　他］　黄连中主要成分为小檗碱，近年来经国内中西医师在临床上的使用证明，具有明显确切的抗菌作用，尤其对于痢疾更有显著疗效，因而扩大了小檗碱在医药上使用的范围。由于黄连、黄檗应用日增，但两者都是栽培多年才能药用的植物，资源有限，供不应求，因此目前在我国寻找小檗碱的新资源，就成为迫切需要解决的实际问题。我国小檗属植物约有 100 多种，分布很广，产量很大，本属植物民间广泛地代黄连和黄柏应用，它们的根皮都含有生物碱。据最近有关部门的研究报导，刺黄檗小檗碱的含量高可达 9.4%，另外主产北部（东北、西北、华北）的小檗（Berberis amurensis Rupr.）（见“油脂类”，734 页），四川的刺黄花（地方名三颗针）（B. polygantha Hemsl.），华西小檗（B. silvataroucana Schneid.），小檗碱含量都比较高。

92 类叶牡丹（leiyemudan）（图 1318）

［地 方 名］　红毛三七、海椒七、鸡骨升麻（四川）

［学　　名］　**Caulophyllum robustum** Maxim.　小檗科

［形态特征］　多年生草本，高 40～70 厘米。根状茎块状，横生。茎直立无毛，基部具鳞片。三回羽状复叶互生；小叶片卵圆形、长圆形或阔披针形，长 6～7 厘米，全缘或 2～3 裂，叶背面带白色。圆锥花序顶生，花径 7～8 毫米，黄绿色，通常具 3 苞片；萼片 6，大型，花瓣状；花瓣 6，很小，密腺状；雄蕊 6，分离，花药顶部 2 瓣开裂；雌蕊 1，胚珠 2 个。蒴果膜质；种子浆果状，黑蓝色。花期 4～6 月，果期 7～8 月。

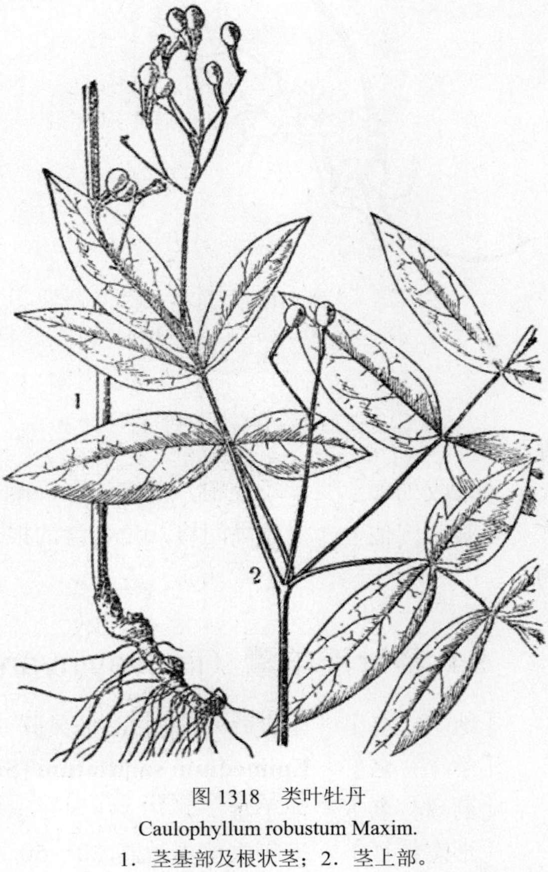

图 1318　类叶牡丹
Caulophyllum robustum Maxim.
1．茎基部及根状茎；2．茎上部。

［生长环境］　生于山坡阴湿肥沃之处，以及深山林内。

［产　　地］　四川、陕西、甘肃、辽宁、吉林、黑龙江等省。

［用　　途］　根叶供药用。四川民间用作跌打损伤药；煎水服用，据说可代云南三七用。

［采收处理］　秋季挖根，除去须根，洗净后，蒸 10 分钟，晒干即成。

93 八角莲（bajiaolian）（图 1319）

［地 方 名］ 八角金盘、金盘托荔（浙江）

［学　　名］ **Dysosma chengii** (Chien) Keng f. 小檗科

［形态特征］ 多年生草本；有粗壮根状茎。茎叶 2 片，盾状轮廓圆形，直径 20～30 厘米，3～8 浅裂，裂片阔三角状卵形，边缘有针刺状锯齿，中脉自中部放射而出，无毛。花两性，5～8 朵组成伞形花序，生于二茎叶交叉处；花梗下垂，花深红色；花萼 6，矩状椭圆形，长 10～12 毫米；花瓣 6，长 3～4 厘米；雄蕊 6 枚下垂，花药内向，有大而延伸的药隔；雌蕊 1；柱头大，球形。浆果球形。花期 5～6 月，果期 7～8 月。

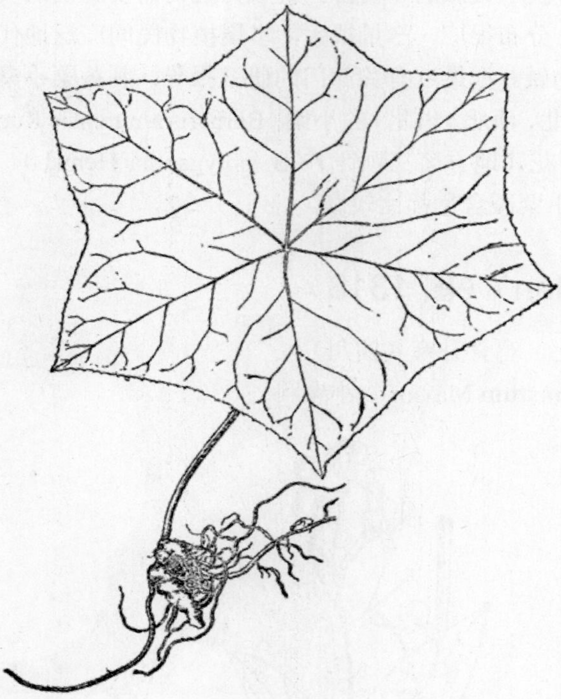

图 1319 八角莲
Dysosma chengii（Chien）Keng f.
植株全形

［生长环境］ 生于山谷、山坡、杂木林下阴湿地方。

［产　　地］ 浙江、安徽、湖北、四川、福建、广东、台湾等省。

［用　　途］ 地下茎供药用。浙江民间用作消肿毒，治跌打损伤及蛇咬伤等。民间还常用以治疗疔毒。

［采收处理］ 秋季挖根，洗去泥土，晒干即成。

［其　　他］ 福建民间将八角金盘的根也供药用，作祛风化痰药，为民间贵重药物。

94 箭叶淫羊藿（jianyeyinyanghuo）（图 1320）

［地 方 名］ 羊合叶（广西），仙灵脾（福建），天仁合（四川）。

［学　　名］ **Epimedium sagittatum** (Sieb. et Zucc.) Maxim. 小檗科

［药 材 名］ 淫羊藿

［形态特征］ 多年生草本，高 30～50 厘米。根状茎匍匐，呈结节状，质坚硬，

有多数须根。基生叶1～3，三出复叶，小叶卵圆形至卵状披针形，先端尖或渐尖，基部心形，边缘有细刺毛，表面青绿色，光滑无毛，背面灰白色；两侧小叶的基部呈不对称心形浅裂；复叶柄细长，长10～15厘米。早春自茎顶抽出总状或圆锥花序；花多数，萼片8，排列为2轮，外轮较小，外有紫色斑点，易脱落，内轮白色，呈花瓣状；花瓣4，囊状；雄蕊4；雌蕊1，子房上位。蓇葖果卵圆形，柱头宿存；种子数粒，肾形，黑色。花期4～5月，果期6～7月。

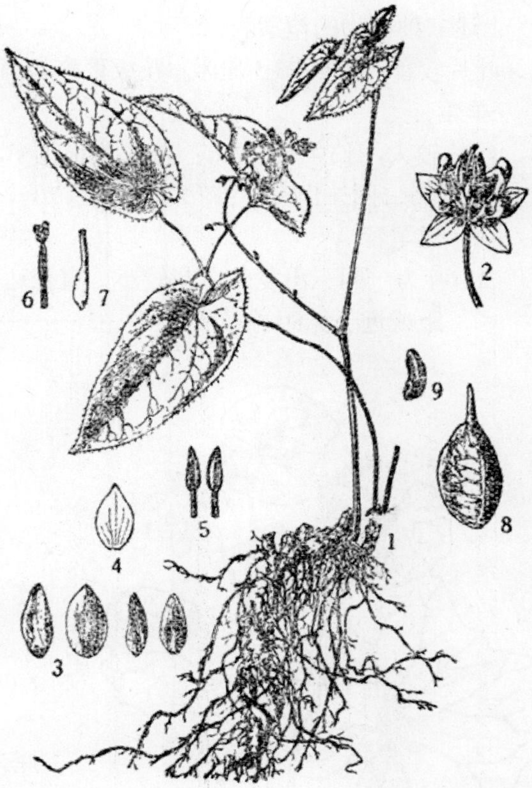

图1320　箭叶淫羊藿

Epimedium sagittatum（Sieb. et Zucc.）Maxim.

1．植株全形；2．花；3．外轮萼片示背面和腹面；4．内轮萼片；5．雄蕊；6．雄蕊，示瓣裂；7．雌蕊；8．果实；9．种子。

［生长环境］　常生于竹林下及山路两旁的岩石缝中，喜潮湿而深厚的土壤；也有盆栽供观赏的。

［产　　地］　江苏、江西、浙江、安徽、福建、台湾、广东、广西、湖北、四川等省区；以广西、四川、浙江、安徽产量较多。

［用　　途］　全草用作补精强壮药，主治阳痿、腰膝软弱、风寒湿痹、半身不遂、神经衰弱、健忘等症。也可治耳鸣、目眩及精神不振等。

全草也可作兽药，有强壮牛马性神经、补精之效；主治牛马阳痿及神经衰弱、歇斯底里等症。此外用本品制成的水浸出液浓缩成流浸膏，给牲畜喝后，交尾力特别亢进，但患脑充血的家畜忌内服。

［理化性质］　茎叶含黄碱甙（icariin，$C_{33}H_{42}O_{16}$）；黄色针状结晶，熔点231℃，叶中含挥发油、蜡醇（cery alcohol）、三十一烷（hemtriacontane）、植物甾醇、软脂酸、硬脂酸、油酸、亚油酸、葡萄糖及一种黄碱甙（$C_{27}H_{32}O_{12}$），熔点273～4℃，水解则得黄碱素（$C_{21}H_{20}O_6$）；又全叶含皂角甙2.58%，并可能含有少量植物碱。

［采收处理］　夏秋两季采收，采收其地上部的茎叶，除去杂质，捆成小把晒干。品质以叶多、黄绿色、梗少较佳。

［其　　他］　我国药用淫羊藿除本种外，尚有下列两种：（1）淫羊藿（Epimedium macranthum Morr. et Decne.）分布于黑龙江、吉林、辽宁、山东、江苏、江西、湖南、

四川、广西、贵州等省区；（2）心叶淫羊藿（Epimedium brevicornum Maxim.）分布于山西、陕西、甘肃、青海等省区。

上述三种植物的检索表；

1. 叶片较小，长 2.5～5 厘米；花成聚伞状圆锥花序，花梗具有明显的腺毛……心叶淫羊藿
1. 叶片较大，长 4～9 厘米；花成总状花序，花梗无腺毛。
   2. 叶为二回三出复叶；花大，直径达 20 毫米，每花序具 4～6 朵花，花瓣具长距……淫羊藿
   2. 叶为一回三出复叶；花较小，直径达 6～8 毫米，每花序具多数花，花瓣有短距或近于无距……………………………………………………………箭叶淫羊藿

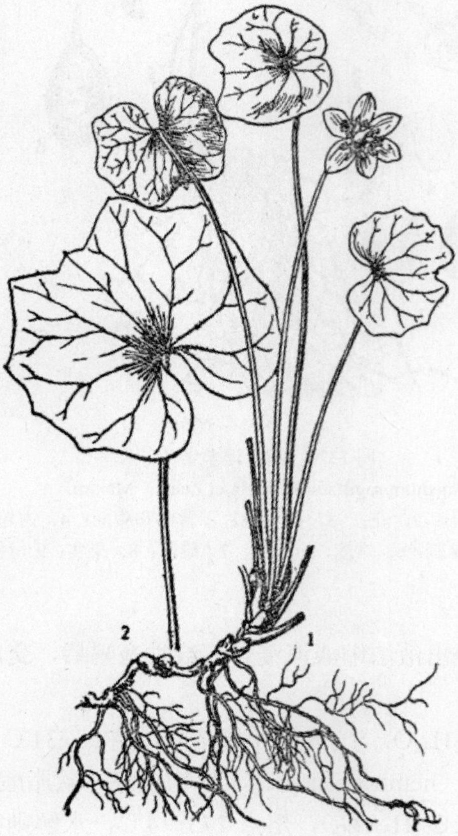

图 1321 鲜黄莲
Jeffersonia dubia（Maxim.）Benth. et Hook. f.
1．开花的植株；2．果期的叶。

95 鲜黄莲（xianhuanglian）

（图 1321）

［地 方 名］ 细辛幌子（辽宁），毛黄连（吉林）。

［学　　名］ **Jeffersonia dubia** (Maxim.) Benth. et Hook. f.　小檗科

［形态特征］ 多年生草本，高 9～30 厘米。根状茎横生，细长分枝，其上密生细而有分枝的须根，外皮暗褐色，内部鲜黄色。基生叶丛生；叶片近圆形，先端凹入，基部深心形，边缘波状，掌状脉 9～11 条，表面绿色，背面灰绿色，光滑无毛；柄长 9～35 厘米。花单生于花茎顶端，淡紫色；萼片 4，紫红色，早落；花瓣 6～8，倒卵形；雄蕊 8；雌蕊 1。蒴果纺锤形，长约 1.5 厘米；黄褐色，成熟时先端瓣裂；种子多数，黑色有光泽。花期 4～5 月，果期 5～6 月。

［生长环境］ 生于山坡灌木丛中或山旁阴湿地。

［产　　地］ 辽宁、吉林、黑龙江等省。

［用　　途］ 根状茎入药。吉林延边地区用以代替黄连使用。为苦味健胃药，治

消化不良，肠炎下痢，呕吐腹泻等；外用洗眼治结膜炎。

［理化性质］ 含小檗碱 2～3%。据沈阳药学院分析资料；含皂角甙，初步测定溶血指数在 7500 以上。

［采收处理］ 9～10 月采收，将根状茎挖出后，除去残茎及泥土，晒至纯干，放在干燥通风的地方，注意防潮。

96 阔叶十大功劳（kuoyeshidagonglao）（图 1322）

［地 方 名］ 土黄檗（浙江平阳），八角刺（浙江淳安）。

［学 名］ **Mahonia bealei** (Fort.) Carr. 小檗科

［药 材 名］ 功劳叶

［形态特征］ 常绿灌木，高约 4 米；茎粗壮直立。奇数羽状复叶互生，长 30～40 厘米；小叶厚革质，7～15 片，对生，阔卵圆形至卵状长圆形，长 5～11 厘米，宽 2.5～4.5 厘米，先端渐尖成大齿，顶生小叶较大，有柄，基部楔形或近心形，边缘反卷，每侧有 2～5 个大刺状牙齿；叶柄长 1～2 厘米，基部扁阔成鞘状。总状花序簇生，花褐黄色，芳香；小花梗长约 5 毫米，基部有披针形苞片；花萼 9，呈花瓣状，排列为 3 轮；花瓣 6，较内轮萼片小，先端 2 浅裂；雄蕊 6 枚离生。浆果卵圆形，暗蓝色，外被白粉。花期 6～7 月，果期 9～10 月。

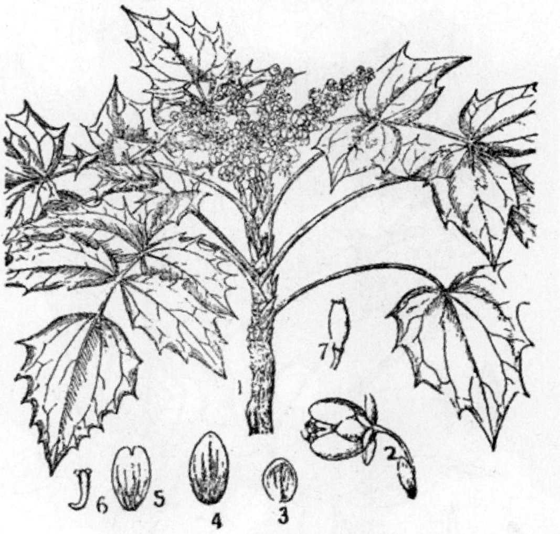

图 1322 阔叶十大功劳
Mahonia bealei（Fort.）Carr.
1. 花枝；2. 花的侧面观；3. 中萼片；4. 内萼片；5. 花瓣，示基部的蜜腺；6. 雄蕊；7. 雌蕊。
（自“中国药用植物志”）

［生长环境］ 生于阴湿山坡，山谷的乔灌木林下，或为庭院栽培。

［产 地］ 浙江、江西、湖北、河南、贵州、广东、四川、陕西、甘肃等省。

［用 途］ 叶入药，为强壮剂，浙江民间将根煎水服，有解毒、消炎、退热之效。

老茎可作兽药用，治牛肺病、咳嗽、膨胀症等。

［理化性质］ 含小檗碱。

［采收处理］ 9～10 月采收，采摘叶片，除尽细枝，翻晒 3～4 天即可。贮藏在干燥的地方。

［其 他］ 除本种外，同属植物十大功劳（M. fortunei Fedde）的叶子也作功劳

叶用，它与阔叶十大功劳的主要区别是：小叶狭披针形至线状披针形，长6～12厘米，宽1～1.5厘米，先端长狭或渐尖成锐刺，基部狭楔形，边缘有刺状锯齿。

97 南天竹（nantianzhu）（图1323）

［地 方 名］ 南竹子、天竺子、天竹（江苏），山莲（四川）。

［学　　名］ **Nandina domestica** Thunb.　小檗科

［药 材 名］ 天竹子（江苏）

［形态特征］ 灌木，高约2米，平滑无毛；茎直立，很少分枝，幼枝常为红色。三回羽状复叶，羽状叶均为对生，最末小羽片具小叶3～5；小叶革质，椭圆状披针形，长3～10厘米，先端渐尖，基部楔形，全缘，两面光滑无毛，冬季常变红色。圆锥花序顶生，长20～35厘米；花白色；萼片多轮，每轮3片，外轮较小，卵状三角形，内轮较大，卵圆形；雄蕊6，花瓣状。浆果球形，鲜红色；内有种子2颗，扁圆形，中央略凹下。花期5～7月，果期8～10月。

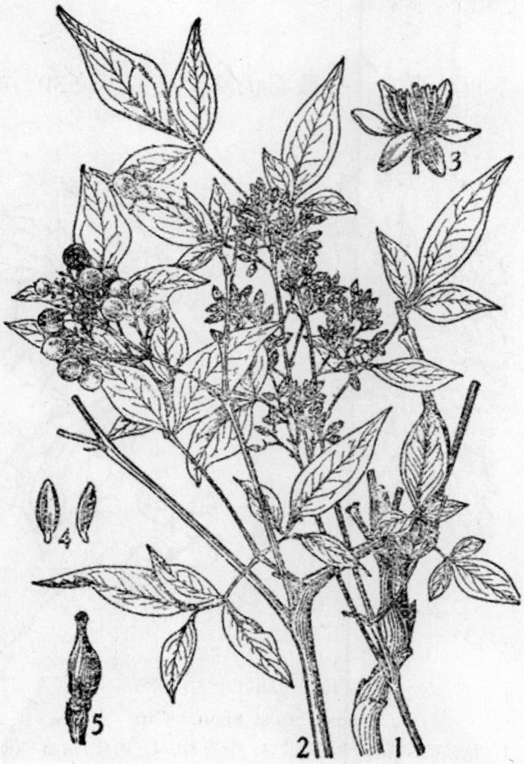

图1323　南天竹

Nandina domestica Thunb.

1．花枝；2．果枝；3．花；4．雄蕊；5．雌蕊。

（自“江苏南部种子植物手册”）

［生长环境］ 喜钙质土壤，多生于疏林下及灌木丛中。为庭园常见的一种观赏植物。

［产　　地］ 江苏、浙江、安徽、江西、湖北、四川、广西等省区；产量以江苏、江西、四川较多。

［用　　途］ 果实为镇咳药，对于喘息、百日咳等有效。据江西民间经验，根煎汁服，可治颈疬、止咳化痰等症。

［理化性质］ 果及树皮中含数种生物碱；1．小檗碱（berberine，$C_{20}H_{19}O_5N$），为黄色针状结晶，含5分子结晶水，100℃干燥后可失去2.5分子结晶水，热至110℃变为黄棕色，于160℃时分解；2．南丁碱（nandine，$C_{19}H_{19}O_4N$），熔点145～146℃；3．南天竹碱（domesticine，$C_{19}H_{19}O_4N$），熔点115～117℃；4．异南天竹碱（isodomesticine，$C_{19}H_{19}O_4N$），熔点85℃；5．蓝色南天竹碱（nandazurine，

$C_{18}H_{18}O_6N_2$），熔点大于350℃；6．南丁宁碱（nantenine）。

［采收处理］ 秋季10月间果实成熟时采收或至次年春季2月间采收。将果实晒干后，用竹篓或麻袋包装，因本品质脆易碎，用硬竹篓包装较好。品质以干燥、完整、无破碎、无泥土杂质的为佳。贮存于干燥的地方。

98 六角莲（liujiaolian）（图1324）

［地 方 名］ 独角莲、八角莲、独荷草、八角盘（四川）

［学 名］ **Podophyllum versipelle** Hance (*Dysosma pleianthum* Woods) 小檗科

［形态特征］ 多年生草本；地下茎块状，蔓生，粗壮，很少分枝，白色。叶通常1片，很少2片，盾形，4～6浅裂，绿色，嫩时有斑纹，背面浅绿色。花序在叶柄顶端与叶片相近处抽出，1～6花生于短梗上；花萼5，线状；花瓣5，倒匙形，暗紫色；雄蕊6，着生于花盘上，花丝片状斜立，花药长于花丝，2室，纵裂；雌蕊1，子房上位。浆果卵圆形，黑色；种子多数。花期5～6月，果期9～10月。

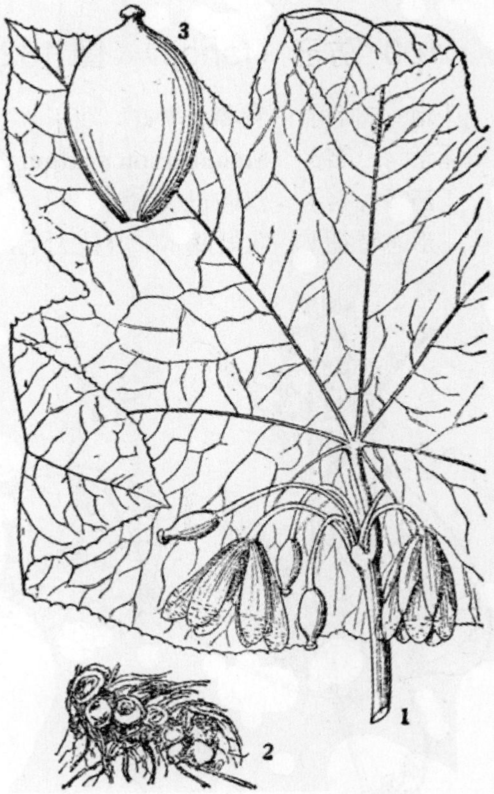

图1324 六角莲

Podophyllum versipelle Hance

1．花果枝；2．根状茎；3．果。

［生长环境］ 生于密林下，山谷，溪涧边，土壤肥沃而较阴湿的地方。

［产 地］ 广东、广西、江西、四川等省区。

［用 途］ 地下茎供药用。四川民间用来敷治一切疮毒及毒蛇咬伤。

［采收处理］ 夏秋两季采挖根状茎，随采随用。

99 木防己（mufangji）（图92）

［学 名］ **Cocculus trilobus** (Thunb.) DC. 防己科

［药 材 名］ 木防己

（地方名、形态特征、生长环境、产地及其他用途见“纤维类”，125页）

［用　　途］　根及茎供药用，有泻下部湿热、通经络、引水利窍之效。主治湿热、水肿、脚气、中风痉挛、骨节疼痛、膀胱热、大小便不利等症。

又根及茎用于兽药，有退热之效。主治牛马神经疼，关节痛及发高烧等症。

［理化性质］　由根提得木防己碱（irilobine，$C_{36}H_{36}O_3N_2$）；异木防己碱（isotrilobine，$C_{36}H_{36}O_5N_2$）。另外又得到 trilobine（$C_{36}H_{35}N_2O_5$），高木防己碱（homotrilobine，$C_{20}H_{21}NO_3$）及木防己胺碱（trilobamine，$C_{35}H_{36}N_2O_6$）等成分。

［采收处理］　春秋两季发芽时挖根，洗去泥土，刮去粗皮，晒干或烘干即可。

100 防己（fangji）（图1325）

［地 方 名］　青藤（浙扛、四川），大叶青绳儿（浙江），土藤（四川）。

［学　　名］　**Sinomenium acutum** (Thunb.) Rehd. et Wils.　防己科

［药 材 名］　汉防己（河南）

［形态特征］　落叶藤本；小枝无毛，具条纹。单叶互生，有长柄，叶片广卵形或肾形，长7～11厘米或较长，宽5～9厘米，先端渐尖，基部截形或近心形，边缘常3～7浅裂，表面光滑，背面有短绒毛或近光滑，略呈白色，柄长约10厘米。花序圆锥状，长10～22厘米；花小，淡绿色；花萼6，淡黄色，排列成两轮；花瓣6，甚小；雄蕊9～12，连合，退化雄蕊9；心皮3，花柱反曲，柱头浅裂。核果扁平，直径6～7毫米，蓝黑色，稍弯曲，背肋有瘤状物。花期6月，果期7～8月。

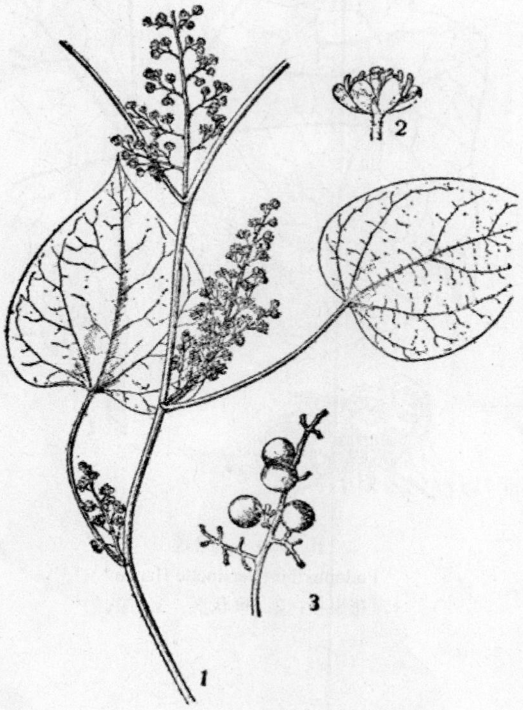

图1325　防己
Sinomenium acutum（Thunb.）Rehd. et Wils.
1．花枝；2．花；3．果枝。

［生长环境］　生于山坡、路旁的灌木丛中，常缠绕他物上升，一般在阳坡较多，是一种喜光植物。分布在海拔400～1000米左右。

［产　　地］　陕西、河南、浙江、福建、江西、湖南、四川等省。

［用　　途］　根药用。有通经络，行水利尿的功效。并可治疗水肿脚气、中风、痉挛、骨节疼痛、膀胱热、大小便不利等症。

茎条可做藤器（见“纤维类”，127 页）。

［理化性质］　根含 sinomenin（$C_{19}H_{23}NO_4$）、disinomenin（$C_{19}H_{23}NO_4$）、acutumin（$C_{20}H_{27}NO_8$）、sinactin（$C_{19}H_{21}NO_4$）、diversin（$C_{20}H_{27}NO_5$）等。

［采收处理］　早春植株发芽时或秋季采挖，将挖掘的根，用冷水洗净，置日光下曝晒，半干时，切成 5～15 厘米长的小段，纵剖成片，晒干或烘干即可。

［其　　他］　除本种外，尚有峨眉青藤（Sinomenium omeiense Fang）（分布于四川）亦作药用，据说效力与本种相似。又河南以本种的粗根，做汉防已入药，茎藤作木防已入药。河南另有一变种毛防已（俗称通条）（S. acutum Rehd. et Wils. var. cinerascens Rehd. et Wils.）当地也混而收购，与防已的区别是叶表面具短绒毛，背面灰色，绒毛更密，枝叶一般比较粗大。

101 盘花地不容（panhuadiburong）

［地 方 名］　白药、细三角藤、山乌龟（湖南）

［学　　名］　**Stephania disciflora** Hand. -Mzt.　防已科

［形态特征］　缠绕性落叶藤本；老茎木质化，小枝纤细而韧，表面有呈螺旋状的细纵条纹，平滑无毛。地下有肥壮的根，呈扁圆形，表皮黄褐色，内为白色。单叶互生，有柄；叶片盾形或稍带三角形，长 4～8 厘米，宽 3～7.5 厘米，先端钝，但有短突刺，基部圆形，全缘，表面深绿色，背面通常带白粉，两面均平滑无毛，掌状脉 7～9；叶柄长 5～8 厘米。花单性，雌雄异株，复伞形或聚伞花序腋生，花小，淡绿色；雄花花萼 6～8；花瓣 3～5，雄花丝愈合呈柱状体，药愈合呈盘状；雌花花萼 3～5，花瓣与萼片同数，子房卵圆形，柱头 3～5 裂。核果球形，紫红色。花期 6 月，果期 9 月。

［生长环境］　野生于山坡，溪畔或路旁，通常缠绕于他物上。

［产　　地］　四川、贵州、湖南、湖北、江西、安徽、江苏、浙江、福建、台湾、广东等省。

［用　　途］　根及茎供药用。治虚弱及疟瘴，根可治一切血毒及消肿，全草有去风寒之效。

根及叶可制土农药；块根亦可作淀粉用以酿酒。

［采收处理］　秋后挖根，将根洗去泥土晒干即可。

102 千金藤（qianjinteng）（图 419）

［学　　名］　**Stephania japonica** (Thunb.) Miers　防已科

（地方名、形态特征、生长环境、产地及其他用途见“淀粉及糖类”，516 页）

［用　　途］　根供药用，治虚痨及恶性疟疾有效；民间用以治毒蛇咬伤。

［理化性质］　根及叶含有千金藤碱（stephanine），原千金藤碱（protostephanine，$C_{39}H_{57}N_3O_8$），变千金藤碱（epistephanine）及 metasphanine（$C_{18}H_{20}NO_3$），假变千金藤碱（pseudoepistephanine）及 stephanoline 与类千金藤碱（homostephanoline）等七种结

晶性植物碱。

［采收处理］　春夏二季，采挖其根，除去地上茎及须根，洗净晒干即可备用（如供淀粉用者宜在秋末采挖）。

103 石蟾蜍（shichanchu）（图1326）

［地 方 名］　山乌龟、白药（广西），蟾蜍薯（广东），土防己、白木香（浙江），金线吊葫芦、防己、金线吊乌龟、野芋、根鞭（福建）。

［学　　名］　**Stephania tetrandra** S. Moore　防己科

［药 材 名］　粉防己

［形态特征］　多年生缠绕藤本。根圆柱状，有时呈块状，直径通常约6厘米，外皮淡棕色或棕褐色，有横行裂痕。茎柔弱，圆柱形，有时稍扭曲。单叶互生，质薄较柔；叶柄盾状着生；叶片三角状近圆形，长4～6厘米，宽4.5～6厘米，先端锐尖，基部截形或稍心形，全缘，两面均被短柔毛，柄长与叶片相等。花单性，雌雄异株，呈头状聚伞花序；雄花花萼4，肉质，三角状，基部楔形；花瓣4，边缘略向内弯，具爪；雌花的花萼、花瓣与雄花同，辐射对称。核果球形，直径3～5毫米。花期4～5月，果期5～6月。

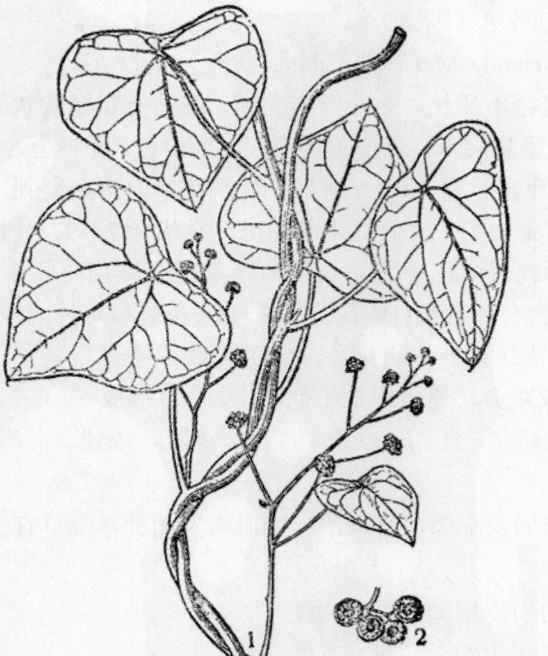

图1326　石蟾蜍
Stephania tetrandra S. Moore
1．花枝；2．果序一部分。

［生长环境］　适应性强，生于山野丘陵地，草丛及矮林边缘，石灰岩山地生长最茂盛。

［产　　地］　主产于浙江衢县、兰溪、武义、建德、金华及安徽宁国、青阳、广德；另外，江西、湖南、福建、广东、广西等省区亦有分布。

［用　　途］　根入药，有祛风、利水、泻下部湿热之效；治水肿、风肿、淋病、小便不利、风湿痹痛、脚气湿肿、下部痛肿湿疮等症。

块根含淀粉，可食，也能酿酒，（见“淀粉及糖类”，517页）。

［理化性质］　茎藤含多种植物碱，主要为粉防已碱（tetrandrine，$C_{38}H_{42}O_6N_2$）及去甲基粉防己碱（demethyl tetrandrine，$C_{37}H_{40}O_6N_2$）。又含植物碱 fanchimoline。

［采收处理］　9月采挖质量为佳。挖出的根洗去泥土后，刮去或不刮去外皮，较细的根切成5～10厘米长的小段，粗根再纵剖为二，晒干。放在干燥处，防生霉及虫蛀。

104 青牛胆（qingniudan）（图1327）

［地 方 名］　山慈姑（广西），青鱼胆、半边劳（湖北）。

［学　　名］　**Tinospora sagittata** (Oliv.) Gagnep.　防己科

［药 材 名］　金果榄

［形态特征］　缠绕藤本。块根长，黄色，形状不一；分枝圆形，细长，粗糙，有槽纹。单叶互生，叶片卵状披针形，长7～13厘米，宽5～8厘米，先端渐尖或钝，基部通常箭形或戟状箭形，全缘。花单性，雌雄异株；雄花呈疏生的总状花序，花萼两轮，椭圆形，外轮3片细小；花瓣6，倒卵形，基部楔形，较萼片短；雄蕊6，较花瓣长；雌花单生或双生，4～10朵，集成总状花序，雌花萼片与雄花相同；花瓣较小，匙形；退化雄蕊6；心皮3。核果红色，背部隆起，近顶端处有时具花柱的遗迹。花期3～5月，果期8～10月。

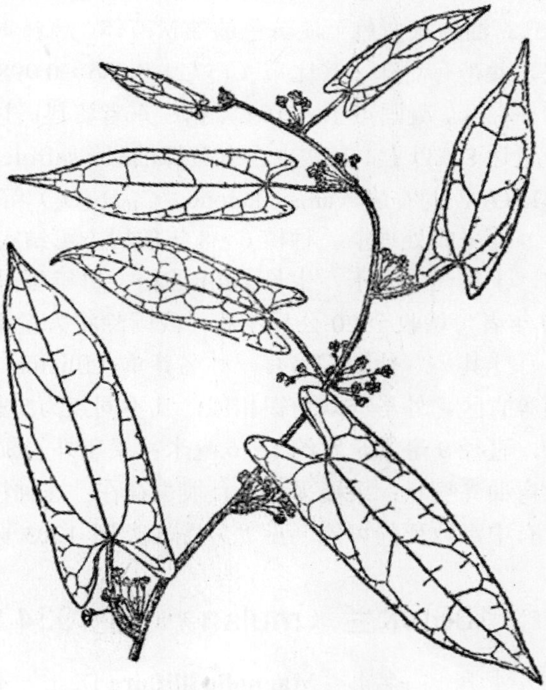

图1327　青牛胆
Tinospora sagittata（Oliv.）Gagnep.
花枝

［生长环境］　生长于山谷溪边疏林下，或生于石隙中。

［产　　地］　主产于湖南常德、邵阳，广西苍梧、大新，贵州铜仁；湖北、四川等省亦产。

［用　　途］　块根供药用，有清火解毒之效；治咽喉肿痛，热咳失音；外敷治痈肿疮毒等症。

［理化性质］　块根含中性物质 columbin（$C_{20}H_{22}O_6$）。

［采收处理］　9～11月间挖取块根，洗净，除去须根和茎，大的切成两半，晒干或烘干。品质以干燥、个大、色青黄、皮细、有细纹、质坚实的为好。

［其　　他］　除这一种外，广东、广西、贵州等省区尚有另一种金果榄，学名是Tinospora capillipes Gagnep.，和青牛胆同样收购供药用，这种药材除供内销外，尚有少量出口。它与青牛胆的主要区别是；叶为卵状箭形，基部多为耳状，背面被疏毛；花成

圆锥花序；萼片披针形。

105 八角（bajiao）（图 1029）

［学　　名］ **Illicium verum** Hook. f.　木兰科

［药 材 名］ 八角茴香

（形态特征、生长环境、产地及其他用途见“芳香油类”，1303 页）

［用　　途］ 果实供药用，有开胃下气、暖肾散寒、止痛之效；治胃寒呕吐、气逆、膀胱虚冷、疝气痛等症。

［理化性质］ 果实和叶均含芳香油，干果的含油量为 8～12%。鲜叶含油量为 0.3～0.5%。油为灰白色至淡黄色的油状液体，天冷时常有大量结晶析出，具有强烈的八角香气，并带有甜味。其比重（15℃）0.986～0.998，折射率（20℃）1.553～1.556，旋光度 −2～+1°，凝固点 15～19℃。据广东省资料；主要成分是大茴香脑（anethole，$C_{10}H_{12}O$），含量达 80%以上，其次也含有黄樟油素（safrole，$C_{10}H_{10}O_2$），大茴香醛（anisic aldehyde，$C_8H_8O_2$），茴香酮（anisic ketone，$C_{10}H_{12}O_2$）等。

［采收处理］ 种植 6～8 年的树方可结实。通常于每年 8～11 月分批采收成熟果实，于日光中晒干。生长 10 年的树，每年可得果实约 3 公斤，15 年者约 10～15 公斤，20 年者可增收至 20 公斤左右。我国除将大量果实输出外，并就地提取挥发油。

［其　　他］ 另有一种名莽草（Illicium anisatum L.），产台湾、湖南、广东、广西等省区。外形与八角很相似，其不同点为：蓇葖果发育不规则，形体较小，长 1.3 厘米，直径 9 毫米，宽约 5～6 毫米；果皮外表颇皱缩；每一蓇葖果的顶端较尖锐，成向上弯曲鸟嘴状；果梗平直，且很少存在；这种植物含数种有毒物质，不能供药用，误食后有中毒致死的可能（见“芳香油类”，1303 页）。

106 木兰（mulan）（图 1034）

［学　　名］ **Magnolia liliflora** Desr.　木兰科

［药 材 名］ 辛夷、春花

（地方名、形态特征、生长环境、产地及其他用途见“芳香油类”，1308 页）

［用　　途］ 花蕾用作镇痛药，治头痛。又作鼻病药；还用于肥厚性鼻炎、鼻窦出脓等症。

［理化性质］ 花中浸膏的含量为 1～1.2%，其主要成分为丁香酚（eugenol，$C_{10}H_{12}O_2$），黄樟油素（saprale，$C_{10}H_{10}O_2$），柠檬醛（citral，$C_{10}H_{16}O$，）大茴香脑（anethole，$C_{10}H_{12}O$）和草蒿素（estragol，$C_{10}H_{10}O$），油的折射率（20℃）1.4830。

［采收处理］ 1～2 月花蕾长大后，择晴天采收，将采下的花蕾立即晒干或烘干，用麻袋或蒲包包装，贮藏在干燥处。品质以干燥，紧而硬，长大，花柄短的为好。

［其　　他］ 药用辛夷除本种外，尚有玉兰（Magnolia denudata Desr.）及望春花

（Magnolia fargesii Cheng）两种，其区别如下：

1．叶倒卵形，先端急尖，花萼与花瓣无明显区别……………………………………玉兰

1．叶椭圆形或卵状椭圆形，先端渐尖；花萼与花瓣有明显区别。

2．花白色，萼片线形…………………………………………………………………望春花

2．花紫色，萼片披针形………………………………………………………………木兰

107 厚朴（houpu）（图 1328）

［地 方 名］ 厚朴花、油朴（四川）

［学　　名］ **Magnolia officinalis** Rehd. et Wils.　木兰科

［药 材 名］ 厚朴、厚朴根、厚朴花

［形态特征］ **落叶乔木**，高 7～15 米，具阔而密的树冠。树皮紫褐色，枝开展。芽圆筒状卵形或呈角状，先端微凹，具 1 被黄褐色绒毛的苞片。单叶互生，革质，椭圆状倒卵形，长 20～45 厘米，宽 10～20 厘米，先端钝圆而有短尖头，基部常为楔形，全缘或呈微波状，表面绿色，无毛，背面蓝灰色，有白色粉状物，羽状网脉，侧脉 20～40 对，于背面隆起。**花与叶同时开放**，花单生于幼枝顶端；**花梗粗壮而短**，密被丝状白毛；花白色，有香气，直径约 15 厘米；萼片与花瓣共 9～12，或更多，肉质，几等长；萼片长圆状倒卵形，淡绿白色，常带紫红色；花瓣匙形，白色；雄蕊多数，螺旋状排列；心皮多数，子房长圆形。聚合果长椭圆状卵形，心皮排列紧密，种子三角状倒卵形，外种皮红色。花期 4～5 月，果期 8～10 月。

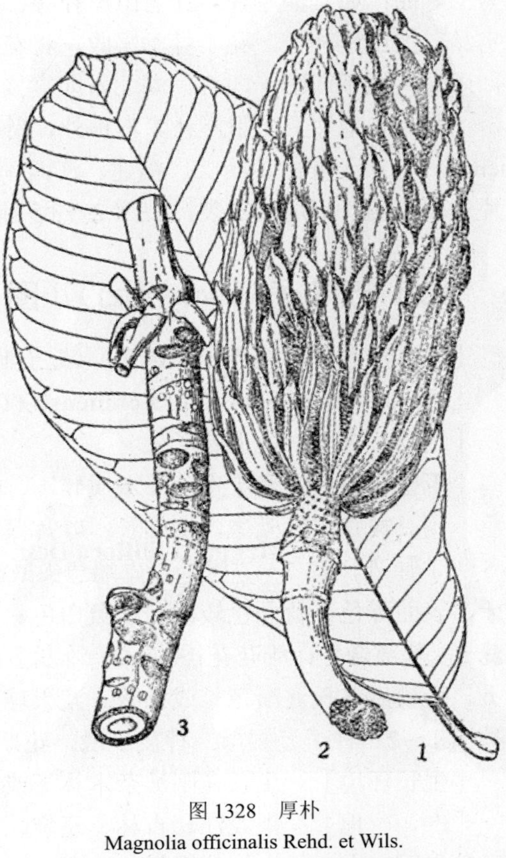

图 1328　厚朴
Magnolia officinalis Rehd. et Wils.
1．叶；2．果实；3．部分之小枝条。

［生长环境］ 生于温暖、湿润、土壤肥沃的坡地为宜。

［产　　地］ 浙江、江西、湖南、湖北、广西、四川、贵州、云南、陕西、甘肃等省区；主产于四川广元、荥经、三都、城口，湖北恩施、宜昌、利川，浙江龙泉、庆元、松阳，福建浦城、建阳及湖南衡阳、郴县等地。以四川、湖北所产的

质量最好，浙江所产的品质也佳。

［用　　途］　树皮、根皮及花均入药，有温中下气，散食满，健脾胃，化食消痰之效；治胸胃中冷逆、呕吐，腹痛胀满、泻痢、喘咳、血瘀气滞等症。芽可作妇科用药。种子有治虫瘿及明目益气之效。

种子可榨油（见“油脂类”，735 页）。皮含芳香油（见“芳香油类”，1309 页）。

［理化性质］　含三种结晶物质：（1）厚朴酚（magnolol，$C_{18}H_{18}O_2$）约 5%，熔点 103℃；（2）四氢厚朴酚（tetrahydro-magnolol），熔点 144.5℃；（3）异厚朴酚（iso-magnolol，$C_{18}H_{18}O_2$），熔点 143.5℃。此外含挥发油约 1%，油中主要成分为 machilol（$C_{15}H_{26}O$）；并含一种含箭毒素。

［采收处理］　9～10 月间，将枝条或树干砍下，选择树冠上径达 3～5 厘米的枝条锯下（每株应有计划适量采取，一次勿锯枝过多，且勿砍伐树干）。锯下枝后，先剥去外面粗皮，卷成筒状，晒干后即可作药用。一般以皮厚、滋润油多、紫棕色、皮细味辣的为上等品；如紫油厚朴，真老山厚朴等；反之，皮薄，紫灰色，断面粗糙，纤维多的为劣品，如山厚朴等。花于春季采收，将花采回后，放蒸器中蒸至上气后约 10 分钟取出，用文火烘干或晒干即可。湖北省即直接用火焙干或晒干。

［其　　他］　药用厚朴除本种外，尚有一种庐山厚朴［Magnolia biloba（R. et w.）Cheng］，分布于安徽、浙江、福建、江西、广西、湖北等省区，与厚朴的主要区别是：叶片先端凹陷，形成二圆裂，裂深 2～3.5 厘米。

108 五味子（wuweizi）（图 1329）

［地 方 名］　软枣子（山东），辽五味子，茎薯（山西），山花椒（黑龙江）。

［学　　名］　**Schisandra chinensis** (Turcz.) Baill.　木兰科

［药 材 名］　北五味子

［形态特征］　多年生落叶木质藤本，长可达 8 米。茎皮灰褐色，皮孔明显；小枝褐色，稍具棱角。叶互生，柄细长；叶片薄而带膜质，卵形，阔倒卵形以至阔椭圆形，长 5～11 厘米，宽 3～7 厘米，先端急尖或渐尖，基部楔形、阔楔形至圆形，边缘有小齿牙，表面绿色，背面色较浅，淡黄白色，有芳香；雄花具长梗，花被 6～9，椭圆形；**雌蕊 5，基部合生**；雌花花被 6～9；雌蕊多数，子房倒梨形，无花柱，螺旋状排列在花托上。受粉后花托逐渐延长成穗状。浆果球形，直径 5～7 毫米，成熟时呈深红色，内含种子 1～2。种子近圆形，种皮平滑。花期 5～7 月，果期 8～9 月。

［生长环境］　生长在阳坡杂木林下或灌木丛中，常缠绕在其他植物上。

［产　　地］　黑龙江、吉林、辽宁、内蒙古、河北、山东、山西、湖北、陕西、甘肃等省区；主产于吉林的桦甸、蛟河、抚松、柳河、临江和延边自治州安图、敦化及辽宁的本溪、桓仁、宽甸、风城、安东、岫岩、海域、盖平、清源、新宾，黑龙江阿城、宁安、富锦、棉川、方正、依兰、宝清、五常、尚志等地，称为北五味子，销全国并出口。

［用　　途］ 果实药用，有敛肺止咳，滋肾涩精、止泻、止汗之效；治肺虚喘咳、口渴、遗精、泄痢久下不止，自汗盗汗等症。

茎皮纤维柔韧，可代替绳索使用。种子提芳香油后，再取脂肪油供制肥皂或作机械润滑油用（见“油脂类”，736 页）。茎叶及种子可提芳香油（见“芳香油类”，1316 页）。

［理化性质］ 果肉含挥发油约 0.3%及少量有机酸（苹果酸、柠檬酸、酒石酸）。种子含脂肪油约 33%及挥发油约 1.6%。挥发油的主要成分为柠檬醛（citral）。此外并含结晶性物质，称五味子素（schisandren，$C_{23}H_{32}O_6$）、维生素丙、树脂、鞣质及少量糖类。

［采收处理］ 秋季果实完全成熟时采集，拣去果枝及杂质，晒干即可。

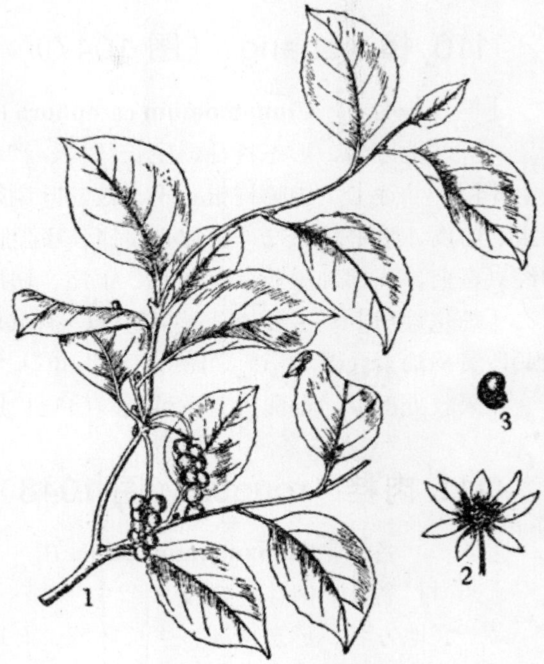

图 1329 五味子
Schisandra chinensis（Turcz.）Baill.
1．果枝；2．雌花；3．种子。

［其　　他］ 此外，尚有一种华中五味子（Schisandra sphenanthera Rehd. et Wils.），也作药用，称南五味子，与五味子形态很相似，主要区别为华中五味子的雄蕊 10～15，五味子的雄蕊为 5 枚。又四川省常以峨眉五味子（Schisandra henryi Clarke）、毛叶五味子（S. pubescens Hemsl. et Wils.）、红花五味子（S. grandiflora var. rubriflora Rehd. et Wils.）、铁箍散（S. propinqua var. sinensis Oliv.）等几种代五味子用。

109 蜡梅（lamei）（图 1043）

［学　　名］ **Chimonanthus praecox** (L.) Link. 蜡梅科

［药 材 名］ 蜡梅花（江苏）

（地方名、形态特征、生长环境、产地及其他用途见“芳香油类”，1317 页）

［用　　途］ 花入药，为清凉性解毒生津药，治心烦口渴、胃闷；浸入油内为蜡梅花油，敷之可治水火烫伤。

［采收处理］ 通常在正月花将开放而未开放时采收，将花散放席上或筛上，在阳光下晒干，此法较便。也有用烘干的，烘时用火一盆，距火焰约 2 尺处，架以铁丝网，花放在网上，须一天左右，经常翻动。火力过大、过小都会影响品质及色泽。品质以干

燥、黄色、完整、均匀的为好。然后包装在纸袋内，约 1 公斤一袋，然后放在盛有石灰的缸内，密闭贮藏，防止返潮。

110 樟（zhang）（图 1047）

［学　　名］ **Cinnamomum camphora** (L.) Sieb.　樟科

（地方名、形态特征、生长环境、产地及其他用途见“芳香油类”，1321 页）

［用　　途］ 由樟树根、干、枝、叶制得的樟脑供药用，可通窍除湿，利滞气，杀虫、防腐、治中恶邪气、霍乱心腹痛、寒湿脚气、疥癣。木材碎块也可入药，为中枢神经兴奋药，局部刺激药，有强心、镇痉、祛痰、防虫等效。

［理化性质］ 主要成分是樟脑（$C_{10}H_{16}O$，30～55%），桉叶油素（$C_{10}H_{18}O$，14～22%），黄樟油素（$C_{10}H_{10}O_2$，10%以下），单萜类，倍半萜类和倍半萜醇类等。

［采收处理］ 参阅“芳香油类”（1321 页）。

111 肉桂（rougui）（图 1048）

［学　　名］ **Cinnamomum cassia** Bl.　樟科

［药 材 名］ 肉桂、桂枝

（地方名、形态特征、生长环境、产地及其他用途见“芳香油类”，1324 页）

［用　　途］ 干皮及枝条为驱风剂、芳香健胃剂、矫味剂、缓和收敛剂等。

［理化性质］ 皮及茎枝含挥发油约 1.5%. 主要成分为桂皮醛（cinnamic aldehyde，C_9H_8O），并含少量醛酸桂皮脂（cinnamyl acetata），苯丙酸乙酯（phenyl-propylacetata）及粘液，鞣质等，不含丁香酚（eugenol）。

［采收处理］ 根据采收方法的不同，有各种商品名称；一般栽培 5～6 年的幼树，于 7～8 月间剥取树皮和枝皮，晒 1～2 天，卷成圆筒状，阴干，即成“官桂”；剥取十余年生的树干皮，将两端削成斜面，夹在木制的凹凸板中间，曝晒干燥，即成“企边桂”；7～8 月间将老林树干离地 30 厘米处用刀切开一轮圈，且把切口以下的皮部打碎剥掉，以使皮部易于剥离，将剥下的皮夹在桂夹内，晒至九成干，取出纵横堆迭，加压，约一个月可以完全干燥，即为板桂；在桂皮加工过程中余下的边条，削去外部栓皮，即为桂心，块片即为桂碎。另有桂枝一种，是在 3～7 月间剪下短枝，乘新鲜时切成圆斜薄片，晒干；或剪下嫩枝，截成 30～60 厘米左右，晒干。

［其　　他］ 目前从樟属植物中寻找肉桂代用品，已知的有云南樟（C. glanduliferum Meisn），黄樟（C. parthenoxylon Meissn）及川桂（C. wilsonii Gamble）等种，这几种植物的详细叙述均可见“芳香油类”，1324 页。

112 香叶树（xiangyeshu）（图 590）

［学　　名］ **Lindera communis** Hemsl.　樟科

（地方名、形态特征、生长环境、产地及其他用途见“油脂类”，743 页）

［用　　途］ 从成熟种子中，用乙醇提得的一种晶形或固形脂肪，用作栓剂基质，可作柯柯豆脂的代用品。种子油煎蛋，可治肺病（云南）。

［理化性质］ 种子含油 53.20%，水分 6.12%。油的折射率（20℃） 1.4729，碱化值 192.10，碘值 97.10，酸值 23.31。

［采收处理］ 9～10 月间果实成熟呈红色时，即可采收，趁鲜提取芳香油，然后除去外皮，晒干备用。

113 乌药（wuyao）（图 1055）

［学　　名］ **Lindera strychnifolia** (Sieb. et Zucc.) F. -Vill.

［药 材 名］ 乌药、天台乌药

（地方名、形态特征、生长环境、产地及其他用途见“芳香油类”，1336 页）

［用　　途］ “天台乌药”为芳香性健胃药，治胃痉挛、喘气、疝气、小儿腹中肠寄生虫等。对于充血性头痛、轻微之脑溢血、夜尿症、复痛、霍乱有效。

根又为治猫狗疾病的要药。

［理化性质］ 根含乌药碱甲（linderan，$C_8H_{10}O_2$），乌药香油（linderen，$C_{11}H_{14}O_2$），乌药醇（linderol，$C_{11}H_{22}O$）及乌药酸（linderic acid）与乌药醇结合生成的酯。此外尚含一种酮（$C_{15}H_{18}O_2$）。

［采收处理］ 全年均可采挖；一般在 11 月至次年 3 月间挖掘，而初夏时土壤粘较易挖，且粉性大，质量佳，根挖出后，去茎叶及须根，洗净，晒干即成商品“乌药个”；或刮去栓皮，横切厚约 1 毫米的薄片，用炭火缓缓烘干或不刮皮直接切成 2～4 毫米的厚片，晒干即“乌药片”。品质以干燥，形似连珠，质嫩粉性大，断面成棕色，香气浓者为佳。宜贮藏于阴凉干燥处，防生霉及虫蛀。

114 白屈菜（baiqucai）（图 1330）

［地 方 名］ 牛金花（山西），土黄连（山东、吉林、黑龙江、河南、山西），断肠草、黄连、八步紧、山黄连（辽宁）。

［学　　名］ **Chelidonium majus** L.　罂粟科

［形态特征］ 多年生草本，高 30～100 厘米，含黄色乳液。主根粗壮，圆锥形，不整齐，呈土黄色或暗褐色，密生须根。茎直立，多分枝，嫩绿色，外面有白粉，疏生细长白色绒毛，质脆弱。1～2 回奇数羽状复叶互生，基生叶长 10～15 厘米，小叶 5～8 对，对生或近于对生，向下渐小，顶端小叶阔倒卵形，长 2～2.5 厘米，宽 1～1.5 厘米，上部 3 裂，每裂片再 2～3 浅裂，边缘具钝齿，基部楔形而下延与两侧小叶基部相连，其他小叶不对称，2～3 浅裂，边缘具钝齿，基部下延与总叶柄相连；茎生叶与基生叶同形，小叶 2～4 对，背面粉白色，具白色细长柔毛。花黄色，成顶生或腋生伞形花序；

花梗长约1厘米，有短柔毛；花萼2，早落，椭圆形，长约5毫米，外面疏生柔毛；花瓣4，倒卵形或长圆状倒卵形；雄蕊多数，花丝黄色；子房绿色，线形，无毛，花柱短，柱头头状。蒴果线状圆柱形，长2.5～3.5厘米，成熟时由基部向上裂开。种子多数，卵形，细小，黑褐色，表面有光泽及网纹。花期5～7月，果期6～8月。

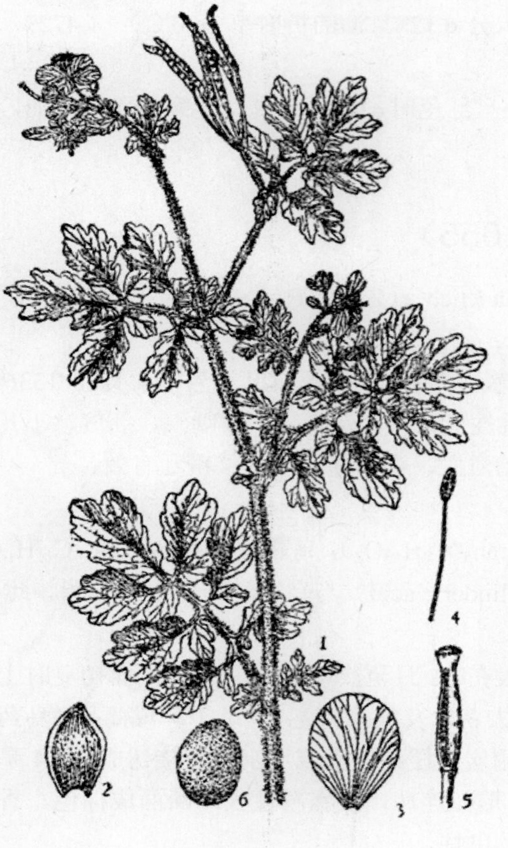

图1330 白屈菜
Chelidonium majus L.
1．花枝和果枝；2．萼片；3．花瓣；4．雄蕊；5．雌蕊；6．种子。
（自“中国药用植物志”）

［生长环境］ 性喜阴湿，常见山坡凹处，路旁，家舍附近的杂草地等处。

［产　　地］ 黑龙江、辽宁、吉林、内蒙古、河北、河南、山东、山西、江西、江苏等省区。除野生外，也有栽培。

［用　　途］ 全草入药，为镇痛药；治胃肠疼痛及溃疡等症；外用为疥癣药及消肿药。过去苏联曾用作治疣和皮肤结核，脚气病，胆囊病等，为民间广泛使用的药物。近年来据苏联科学家研究本品制剂可治皮肤结核，疗效很好。

此外全草可作土农药（见“土农药类”，2028页）；也可供观赏。

［理化性质］ 本种内含有白屈菜碱（chelidonine，$C_{20}H_{19}NO_5$）0.3%，血根碱（sanguinarine β-“pseudochelerythrine”，$C_{20}H_{19}NO_5$），白屈菜红碱（chelerythrine，$C_{21}H_{19}NO_5$），类白屈碱（homochelidonine，$C_{21}H_{23}O_5N$），含氧白屈菜碱（oxychelidonine，$C_{20}H_{19}NO_5$），甲氧基白屈菜碱（methoxychelidonine，$C_{21}H_{21}NO_6$），原阿片碱（protopine，$C_{20}H_{19}NO_5$），金雀花碱（sparteine，$C_{15}H_{26}N_2$）。叶中并含有维生素甲（胡萝卜素）及维生素丙。

［采收处理］ 在4～7月花期时，采收其地上部分，置通风处干燥即可。防止霉烂和变质。

115 东北延胡索（dongbeiyanhusuo）（图1331）

［地 方 名］　元胡（东北）

［学　　名］　**Corydalis ambigua** Cham. et Schltd. var. **amurensis** Maxim. 罂粟科

［药 材 名］　延胡索、元胡（东北）

［形态特征］　多年生草本，高10～15 厘米。块茎球形，直径约 1.5 毫米；茎细弱，通常单一。叶互生，为不完全的二回三出全裂，裂片狭倒卵形或狭卵状长圆形。总状花序顶生，苞卵状长圆形，近全缘或成栉齿状分裂；花淡紫红色至蓝色，花瓣 4，外轮 2 瓣大，唇形，前面 1 瓣平展，后面 1 片基部成距，内轮两侧瓣较小，同形；雄蕊 6,成 2 束；雌蕊 1。蒴果细长柱形，念珠状，稍有缢节。花期 4～5 月，果期 6～7 月。

图 1331　东北延胡索
Corydalis ambigua Cham. et Schltd. var. amurensis Maxim.
花枝

［生长环境］　生于阔叶林及杂木疏林下，沟谷斜坡稍阴处，腐殖层厚的肥沃土壤上，有时也见于林缘灌丛中。

［产　　地］　辽宁、吉林、黑龙江等省。

［用　　途］　块茎供药用，为破瘀血的要药，有镇痉、利气、活血、通经、散瘀之效。用于头痛、腹痛、月经不调、分娩后之阵痛及制止子宫出血等。

［理化性质］　参阅山延胡索（本页）。

［采收处理］　5～6 月为采收期，挖出块茎，去掉残茎及须根，将块茎外皮去掉，放入开水中略煮，至内部变黄色为止，捞出晒干；品质以根状茎大、色黄、皮细、质坚饱满、断面金黄色的为好。贮藏于干燥通风的地方，谨防虫蛀。

116 山延胡索（shanyanhusuo）（图 1332）

［学　　名］　**Corydalis bulbosa** DC.　罂粟科

［药材名］ 浙元胡（浙江），土元胡、元胡（山东）。

［形态特征］ 多年生草本，高15～20厘米。块茎球形或扁球形，直径0.5～2毫米，内部黄色，表面灰黄至黄棕色，有细皱纹或平滑。茎单生或在上面分枝。基生叶和茎生叶同形，有长柄；茎生叶互生，三出二回羽状分裂，裂片狭长圆形或狭卵圆形，全缘。总状花序顶生或与叶对生；苞片大小不等，位于上部的渐小，下部的较大，通常具1～2缺刻；花红紫色，横生于细花梗上；花萼小，早落；花瓣4，外轮2片稍大，唇形，边缘粉红色，中央青紫色，前面1片平展，后面1片基部延长成矩；内轮2片较小，上端青紫色，愈合，下部粉红色；雄蕊6，花丝连合成2束；子房上位，扁柱形，花柱细短，柱头2裂，膨大成蝴蝶状。蒴果长圆状椭圆形。花期4～5月，果期5～6月。

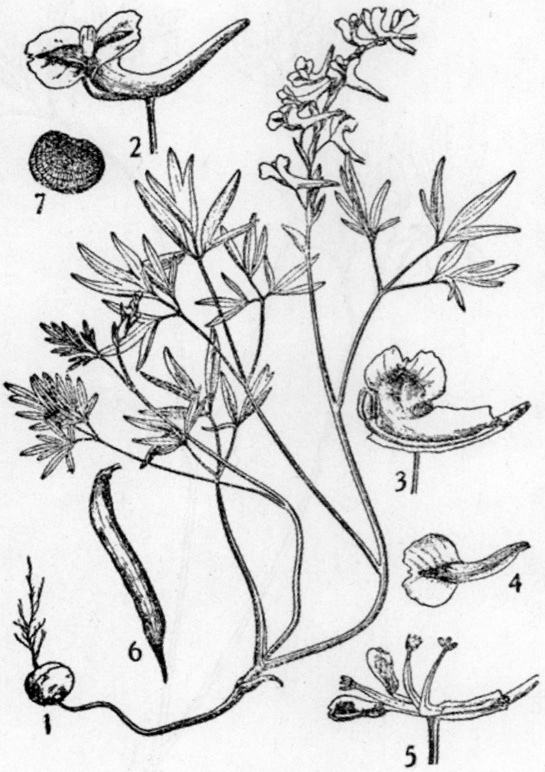

图1332 山延胡索

Corydalis bulbosa DC.

1．植物全形；2．花；3．花冠的后瓣和内瓣；4．花冠的前瓣；5．内瓣展开示2体雄蕊及雌蕊；6．蒴果；7．种子。

［生长环境］ 生于路旁、山坡上或山地林下，喜荫蔽、潮湿、腐殖质厚的地方。

［产 地］ 河北、山东、江苏、浙江等省均有分布；主产于浙江东阳、永康、缙云一带，其中东阳有大量种植。

［用 途］ 块茎入药，为破瘀血的要药，有静痉、利气、活血、通经、散瘀之效；用于头疼、腹疼、月经不调、分娩后的阵疼及制止子宫出血等。

［理化性质］ 块茎含植物碱；延胡索素甲（corydaline，$C_{22}H_{27}O_4N$），延胡索素乙（dl-tetrahydropalmatine，$C_{20}H_{23}O_4N$），延胡索素丙（protopine，$C_{20}H_{19}O_5N$），延胡索素丁（1-tetrahydrocoptisine，$C_{19}H_{17}O_4N$），延胡索素戊（dl-tetrahydrocoptisine，$C_{19}H_{17}O_4N$），延胡索素己（1-tetrahydrocolumbamine，$C_{20}H_{23}O_4N$），延胡索素庚（corybulbine，$C_{21}H_{25}O_4N$），另含黄连碱（coptisine，$C_{19}H_{15}O_5N$），去氢延胡索素（dehydrocorydaline，$C_{22}H_{23}O_4N$）等10余种。

据山东省资料；根含淀粉10%。

［采收处理］ 栽培品种多在夏季（5～6月）采挖；挖出块茎，洗去泥土，放入开

水中煮 3～5 分钟，至切开内部变黄，中心有米粒大的白点时捞出晒干，过生过熟均影响质量。块茎以大的、色黄、质坚、饱满、断面金黄色而发亮的为好。贮存于干燥通风的地方，注意防避生霉或虫蛀。

浙江种植的延胡索是在第二年立夏后 5 天进行采收。

117 本氏紫堇（benshizijin）（图 1333）

［地 方 名］ 紫花地丁（山东、河北）

［学　　名］ **Corydalis bungeana** Turcz.　罂粟科

［药 材 名］ 紫花地丁（山东）

［形态特征］ 多年生草本，高 15～30 厘米。茎由基部分枝，无毛。叶自基生，茎叶互生，叶片二回羽状全裂，裂片线形。花腋生，排列成总状花序，花不整齐；花萼 2，细小，鳞片状，早落；花冠紫色，花瓣 4，2 列，外列 2 瓣大，唇形，前面 1 瓣平展，后面 1 瓣基部成距，内列 2 瓣小，具爪，先端愈合；雄蕊 6，花丝连合成 2 束；子房上位，1 室，花柱线形，柱头 2 裂。蒴果扁椭圆形，不为念珠状，膜质，2 瓣裂；种子细小，黑色，扁球形，有光泽。花期 4 月，果期 5～6 月。

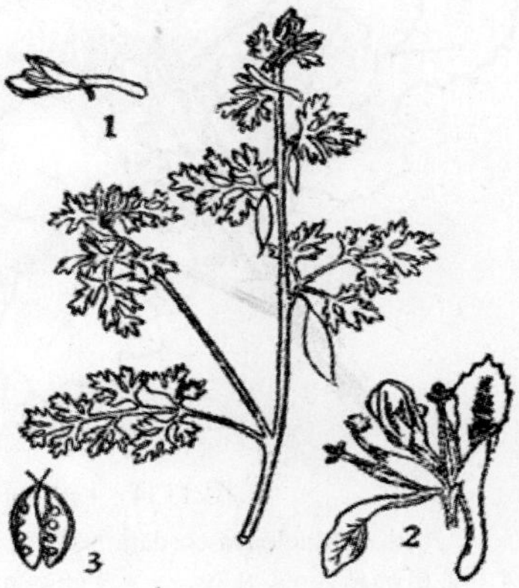

图 1333　本氏紫堇
Corydalis bungeana Turcz.
1．花；2．花放大；3．果。

［生长环境］ 生于山沟、溪流、杂草中及砾石处。

［产　　地］ 辽宁、吉林、黑龙江、山东。并在山东的长德、历城地区有人工种植。

［用　　途］ 全草入药，为泻热、解毒药。主治疔疮、痈疽及一切急性化脓炎症。

［理化性质］ 参阅山延胡索（1727 页）。

［采收处理］ 全草于花期时采取，将全草拔出，除去泥土，晒至完全干燥，贮于干燥处，并注意防潮。

118 博落回（boluohui）（图 1334）

［地 方 名］ 落回（四川），叭拉筒（江西），哇麻竹、喇叭草、号筒、蛤蟆竹、山大筒、喇叭竹、喇叭筒、麻骨（浙江），哈哈筒、哈筒树、号筒树、蛇罗麻、落回号、山号筒（安徽），号筒管（湖南）。

［学　　名］ **Macleaya cordata** (Willd.) R. Br.　罂粟科

［形态特征］ 多年生高大草本，高 1～2 米；全体带有白粉，折断后有黄色汁液流出。根状茎粗大肥厚；茎直立，圆柱形，中空，绿色或有时带红紫色。单叶互生，叶

片大，阔卵形，长 15～30 厘米，宽 12～25 厘米，通常掌状 5～7 分裂，裂片有不规则波状齿，表面绿色，光滑，背面白色，具密细毛；叶柄长 5～12 厘米，基部膨大而抱茎。圆锥花序顶生或腋生，花梗细弱；萼 2 片，白色，倒披针形，边缘薄膜质，早落；无花瓣；雄蕊多数，花丝细而扁；雌蕊 1，与花丝几等长，子房倒卵形，扁平，花柱极短，柱头肥厚，2 裂。蒴果下垂，阔披针形，长约 20 毫米，宽约 5 毫米，扁平，先端钝，花柱宿存，内有种子 4～6 粒；种子卵形或矩圆形，坚硬，表面褐黑色而有光泽。花期 6～7 月，果期 8～11 月。

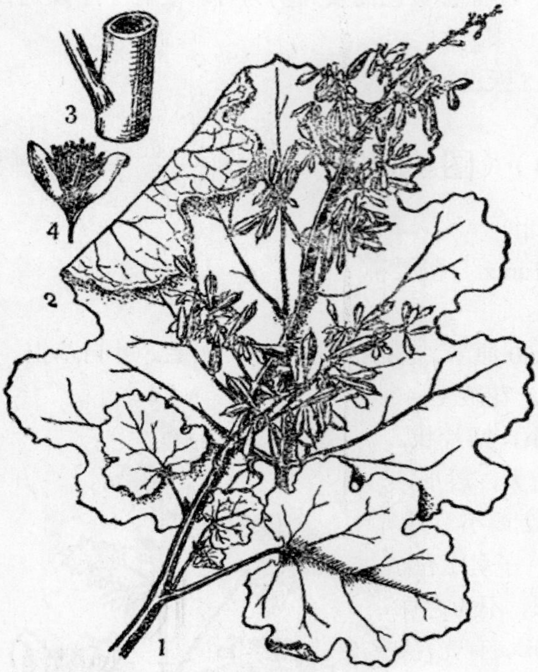

图 1334　博落回

Macleaya cordata（Willd.）R. Br.

1．着果的枝；2．叶片；3．茎的横断面；4．花，示萼片与雄蕊。

［生长环境］　常见于山坡、路边及沟边，阴湿山沟附近，石隙间，也见于阳坡，草地，尤在新开垦的荒地为最多；海拔高度可达 1000～2000 米。

［产　　地］　河北、河南、陕西、甘肃、四川、湖南、安徽、江西、江苏、浙江、福建、贵州、广西、台湾等省区。

［用　　途］　全草入药，用治一切恶疮及皮肤病，此植物有剧毒，不可内服。江西民间用茎叶中的黄色汁液，外涂治黄蜂刺伤有效。

根、茎、叶可作杀虫药（见“土农药类”，2029 页）。

果实可作黄色染料。

［理化性质］　主要成分有延胡索素丙（protopin，$C_{20}H_{19}O_5N$），类白屈菜碱（β-homochelidonine，$C_{21}H_{23}O_5N$），针状结晶，溶于酒精、醚、氯仿、醋酸乙脂、稀酸，熔点 159～160℃；白屈菜碱（chelerythrine，$C_{21}H_{19}O_5N$），微溶于氯仿，不溶于甲醇，熔点 210℃；血根碱（sanguinarine，$C_{20}H_{15}O_4N \cdot H_2O$）。

据河南省资料；其种子含脂肪油。

［采收处理］　夏秋季采收，将全草割下晒干，放在干燥通风的地方；新鲜品随采随用。

［其　　他］　另有一种小果博落回［Macleaya microcarpa（Maxim.）Fedde］，其用途与博落回相同。其主要区别点在于小果博落回的果实内只含一粒种子，花内有雄蕊 10 枚左右，主产于陕西、甘肃等省。

119 水槟榔（shuibinglang）（图 1335）

［地 方 名］　马槟榔、屈头鸡（广西）

［学　　名］　**Capparis masaikai** Lévl.　白花菜科

［药 材 名］　马槟榔（云南、广西）

［形态特征］　攀援灌木；老枝褐色，幼枝密被褐色毛。单叶互生或对生，有短柄；叶片椭圆形，长 7～12 厘米，宽 4～7 厘米，先端钝尖，基部阔楔形，全缘，叶表面绿色光亮，背面灰绿色，有细毛，叶脉羽状，两面突起，叶片干后为褐色；托叶有时变为钩刺。花白色；花萼 4，排列成两轮；花瓣 4，复瓦状排列；雄蕊多数；子房柄粗，长达 3 厘米，木质。果卵形或近球形，长达 2 厘米，顶端具 1 喙，似鸡头，外果皮皱缩，有不规则棱及粗短的棘状突起，果不开裂；种子扁，种皮坚硬。花期 3～6 月，果期 8～12 月。

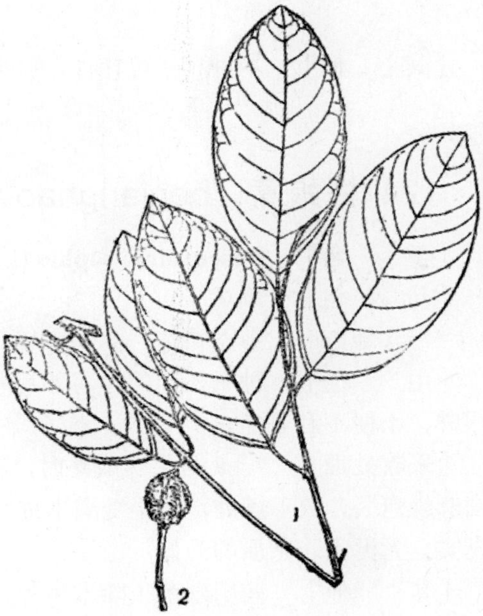

图 1335　水槟榔
Capparis masaikai Lévl.
1．枝叶；2．果。

［生长环境］　喜荫蔽、生于山谷密林中。

［产　　地］　主产广西南丹、平乐、容县、凌乐、靖西、睦边、龙津、陆川、博白、田林，此外，广东、云南、贵州等省也有分布。

［用　　途］　种子入药，味苦而甘凉，治喉炎，助消化，去斑痧，并能醒酒。

［采收处理］　当果实由青变为褐色时即可采收，破开果实，取出种子，洗去假种皮，晒至全干即可。品质以干燥、粒大、成熟饱满的为好。放在干燥的地方保存。

120 荠菜（jicai）（图 612）

［学　　名］　**Capsella bursa-pastoris** (L.) Medic.　十字花科

［药 材 名］　荠菜花（江苏）

（地方名、形态特征、生长环境、产地及其他用途见“油脂类”，765 页）

［用　　途］　全草为良好的止血剂，有紧缩子宫的效能，并为高血压的治疗药；又为止泻药，治肠炎及赤白痢；还有利尿及解热作用。

［理化性质］ 全草中含有胆素，乙酰胆素（acetylcholin），fumarsaure 及肌醇等。Bombelon 氏曾记载其止血效成分为 bursin acid。果皮中含有甙类 diosmin（$C_{28}H_{32}O_{15}$），经加水分解生成1分子葡萄糖、1分子鼠李糖（Rhamnose）以及 luteolinmethyläther（$C_{16}H_{12}O_6$）。果实中含有脂肪油28%，挥发油，busin acid，diosmin, hyssopin，胆素，乙醯胆素4%，苦杏仁酶（emulsin），维生素 A_2，灰分10～15%。

［采收处理］ 4～5月间果实即将成熟时，将植株割下，晒干，用蒲包或竹篓装，置干燥处贮藏。贮藏期间应经常复晒。品质以干燥、茎成绿色、无根、纯净无杂草的为好。

［其　　他］ 本种种子可榨油，可根据当地具体情况，确定利用部分然后进行采收。

121 播娘蒿（bonianghao）（图613）

［学　　名］ **Descurainia sophia** (L.) Schur　十字花科

［药 材 名］ 葶苈子

（地方名、形态特征、生长环境、产地及其他用途见“油脂类”，766页）

［用　　途］ 种子入药，为泻下利尿剂，治咳嗽、气喘、水肿、痰多、壅滞、面目浮肿、小便不利等症。

［采收处理］ 7～8月果实成熟时，割取全草，晒干，打下种子，筛净杂质，用双层细麻袋包装，放干燥处，防止受潮生霉结块，入夏宜经常晾晒。品质以黄棕色、粒匀整充实、无泥土、杂质的为好。

［其　　他］ 药用葶苈子除本种外，尚有下列几种；

（1）北美独行菜（Lepidium virginicum L.），广布于吉林、辽宁、河北、安徽、浙江、江苏、河南、福建、江西等省。辽宁、吉林及河北以其种子作“葶苈子”入药。

（2）腺茎独行菜（Lepidium apetalum Willd.），分布于黑龙江、吉林、辽宁、河北、内蒙古、山东、山西、甘肃、青海、云南、四川等省区。河北、内蒙古、新疆、东北及陕西以其种子作“葶苈子”入药。

（3）葶苈（Draba nemorosa L.），在黑龙江、吉林、山东等少数地区以本种作葶苈子用（形态特征、生长环境、产地及其他用途见“油脂类”，766页）。

122 菘蓝（songlan）（图1336）

［学　　名］ **Isatis tinctoria** L.　十字花科

［药 材 名］ 板蓝根、大青叶

［形态特征］ 二年生草本，高40～90厘米。主根深长，直径5～8毫米，外皮灰黄色。茎直立，上部多分枝，光滑无毛，多少带白粉状。单叶互生，基生叶较大，具柄，叶片长圆状椭圆形；茎生叶长圆形至长圆状倒披针形，在下部的叶较大，渐向上渐小，

基部箭形，半抱茎，先端钝尖，全缘或有不明显的细锯齿。阔总状花序着生于枝端，花小，直径3～4毫米，无苞，花梗细长；萼片4，绿色，花瓣4，黄色，倒卵形；雄蕊6，4强，雌蕊1，长圆形。角果长圆形，扁平翅状，具中肋，长约15毫米，宽约4毫米，先端楔形或微有凹缺，基部渐窄；种子1。花期5月，果期6月。

［生长环境］　生长于山沟、干河床比较低洼的地方。也有人工栽培。

［产　　地］　主产于内蒙古、河北；浙江、山东也有栽培。

［用　　途］　根入药，有清火解毒、凉血止血的作用；可治热病发斑、丹毒、咽喉肿痛、大头瘟及吐血、吻血等症。叶也可药用，除时疫温邪，泻心胃热，解毒；治时气热毒头痛、大热烦闷、发狂、阳毒发斑、喉痹。

叶可提取蓝色染料（见“其他类”，2073页）。内蒙古一带牧民常用植株捣碎制成棉纸代替打火用纸。

［采收处理］　一般在11月初挖取根部，去净泥土及茎叶，将根搓直，晒至八成干，扎成小捆，再晒干。品质以根平直、粗壮、坚实、粉性大的为佳。

［其　　他］　药用板蓝根除本种外，尚有一种大青（Isatis indigotica Fort.），形态上与菘蓝极相似，所不同的是它的叶片基部垂耳圆形，花梗细而下垂，果实顶端钝圆而不凹缺，或全截形。

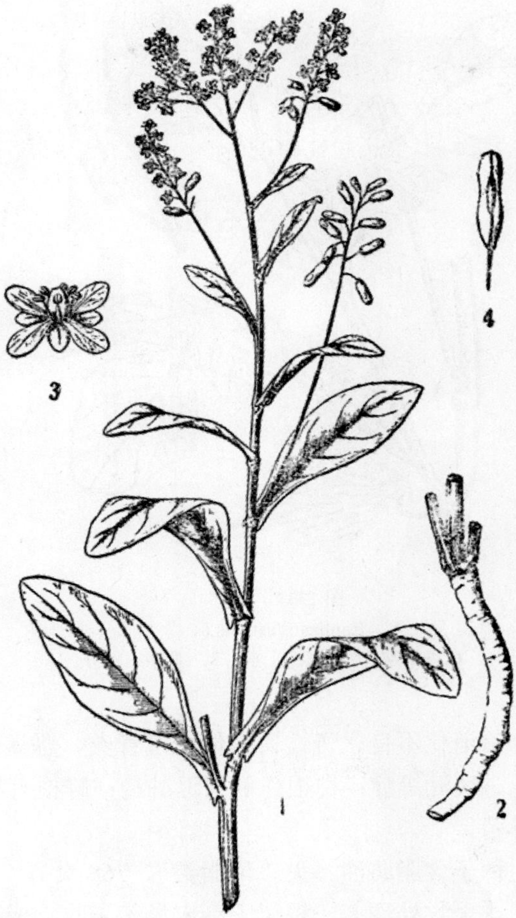

图1336　菘蓝
Isatis tinctoria L.
1. 花枝和果枝；2. 根；3. 花；4. 果实。
（自“中药志”）

123 萝卜（luobo）（图1337）

［学　　名］　**Raphanus sativus** L.　十字花科

［药 材 名］　地骷髅（根）、莱菔英（叶）、莱菔子（种子）

［形态特征］　一年生或二年生草本，高可达1米。根肥厚，肉质，大小、色泽、

形状不一。茎粗壮，具纵纹及沟，有分枝。根生叶丛生，长 30～45 厘米，成琴形羽状分裂，疏生粗毛；茎下部的叶也成琴形，羽状分裂，顶端的裂片最大，两侧的裂片通常 2～6 对，边缘有锯齿；茎上部的叶渐小，叶片长圆形，长 3～5 厘米，宽 1～1.5 厘米，先端短尖，边缘有浅锯齿或近于全缘，基部具短柄或近无柄。总状花序生于分枝顶端；萼片 4，线状长椭圆形；花瓣 4，倒卵状楔形，具长爪，白色、淡紫色或粉红色；4 强雄蕊；子房细圆柱形。长角果圆柱形，海绵质，于种子间有紧缢，花端具较长的喙。种子呈卵圆形而微扁，直径约 3 毫米，红褐色。花期 3～6 月，果期 5～8 月。

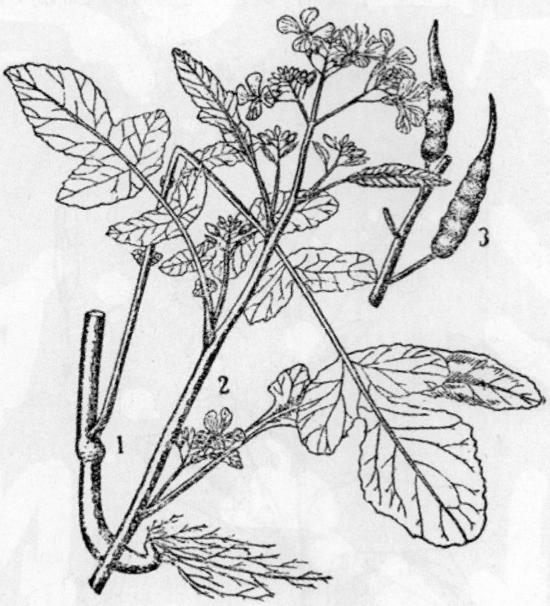

图 1337 萝卜
Raphanus sativus L.
1．植株下部；2．植株上部；3．果序一部分。

［生长环境］ 栽培于农圃或山坡。

［产　　地］ 全国各地皆产，以河北、河南、浙江、黑龙江、湖北、四川等省产量较大。

［用　　途］ 种子用作健胃祛痰药，治消化不良、慢性胃卡他、气管炎、恶臭性支气管炎，粘液分泌过多的胸闷气逆、呕吐、痰涎等症；枯根作利尿退肿药；鲜根有清凉止渴、利尿及助消化作用；叶煎汤作消肿药。

种子含脂肪油（见“油脂类”，768 页）。

［采收处理］ 种子于春末夏初采收，成熟后割取植株，晒干，打落种子，收集，以布袋装，贮藏在干燥处。品质以成熟、粒大、饱满、表面红色的为佳；根于 5 月间采收，种子成熟后，连根拔起，剪除地上部，取根用水洗净后，晒干，用麻袋或竹篓包装，贮藏在干燥处，防止吸湿，以免发霉；叶子冬季或早春采收（南方）和秋季收萝卜时一并剪下叶子收集（北方），将叶整齐晒干，用蒲包装，贮存在干燥处。

124 菥蓂（ximin）（图 617）

［学　　名］ **Thlaspi arvense** L.　十字花科

［药 材 名］ 败酱草（江苏、浙江）

（地方名、形态特征、生长环境、产地及其他用途见“油脂类”，771 页）

［用　　途］ 种子有明目、治目痛泪出、除痹、补五脏、益精气的效能；茎叶有

和中益气、利肝明目的效能。

［理化性质］　种子含黑芥子甙（sinigrin），芥子酶（myrosase），脂肪油、卵磷脂（lecithin），肌球蛋白（myrosin），肌球朊酶（myrosinase）等。

［采收处理］　5～6月果实成熟时，剪下果枝，晒干，用绳捆或麻袋包装，贮藏在干燥处。

125 瓦松（wasong）（图1338）

［地 方 名］　流苏瓦松、向天草、瓦花（河南），瓦莲花（四川），狼牙草、旱莲草、酸塔、塔松、梁黄黄、兔子拐杖、干吊鳖、石塔花、狼爪子（辽宁）。

［学　　名］　**Orostachys fimbriata** (Turcz.) Berger ［*Sedum fimbriatum* (Turcz.) Franch.］景天科

［药 材 名］　瓦松

［形态特征］　多年生肉质草本，高达10～30厘米，全株粉白色，密生紫红色斑点。根多分枝，呈须根状。不结实茎矮小，倾斜，基部叶呈莲座状，阔线形，先端渐尖；结实茎的基部叶也呈莲座状，线形至倒披针形，早期枯萎，先端**具一阔半月形，边缘流苏状的软骨片和一窄长的刺**；茎生叶互生，线形至倒卵形，长2～3厘米，宽4～5毫米，长尖。伞房花序（幼株）或总状花序；**花柄长约**3～10毫米，淡红色；萼片5，披针形，淡绿色；花瓣5，披针形，此萼片长1倍左右；雄蕊10，与花瓣略等长，通常稍短，花药暗红色或黑色；鳞片近四方形，或宽匙形；心皮5，离生。蓇葖果。花期8～10月，果期11～12月。

［生长环境］　生于屋顶、土墙石隙、向阳多石质的山坡上或石缝中，海拔1000米。

［产　　地］　黑龙江、吉林、辽宁、内蒙古、甘肃、青海、陕西、河南、山西、河北、山东、江苏、湖北、四川等省区。

［用　　途］　全草入药，为清凉剂，治口中干痛，又为收敛剂，治血痢、大肠下血，亦为通经药；

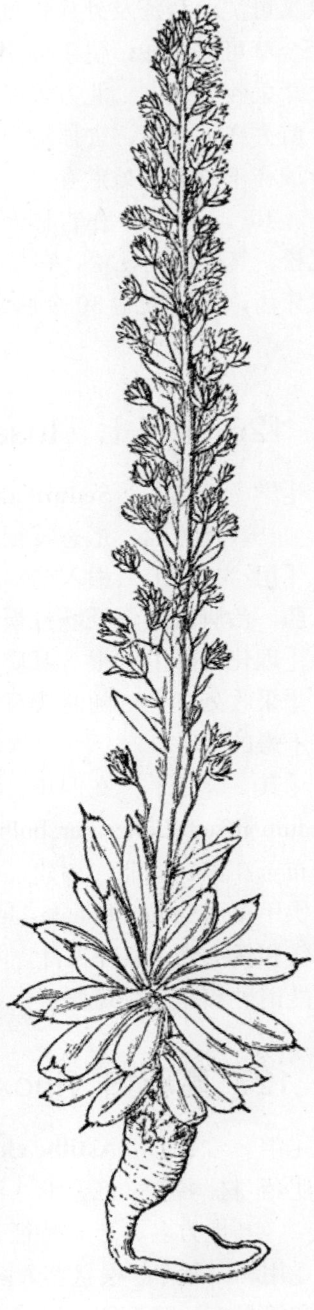

图1338　瓦松

Orostachys fimbriata（Turcz.）Berger

全草又可洗治痔疮及外疾伤口。

全草可提草酸，供工业用（见“其他类”，2083页）。

［采收处理］　北方多在6～8月，南方多在11～12月采收，全草枯死后，连根拔起，剪去或不去根，去掉泥土等杂质，晒干即可。品质以干燥，花穗带红色，质老者为好。放在干燥通风处贮存。

［其　　他］　在吉林尚产一种辽瓦松（Orostachys cartilaginea A. Bor.），当地名狼爪瓦松，其效用同瓦松，它与瓦松的区别是莲座状基生叶先端的软骨质附属物边缘不具刺状牙齿，植株高达30余厘米，花白色，稀具红色斑点呈粉红色，常在1花梗上着生数花。

126 土三七（tusanqi）（图883）

［学　　名］　**Sedum aizoon** L.　景天科

（地方名、形态特征、生长环境、产地及其他用途见“鞣料类”，1107页）

［用　　途］　根入药，煎水服，治吐血，尤以治肺出血有效。又据浙江民间用全草入药，治脚底蹬伤及跌打损伤症。

［理化性质］　根含鞣质（见“鞣料类”，1107页）及黄碱甙等物质。

［采收处理］　随时皆可采收，但以秋末至次年春初挖取其根为最佳，洗净晒干，放在干燥的地方。

［其　　他］　在四川、浙江尚有其同属植物，叶互生和种子边缘无翅的马尿花［Sedum alfredi Hance var. bulbiferum（Mak.）Fröd.］，四川民间用治妇人赤白带下，此种分布于江苏、湖北、福建、台湾、广东、云南等地。另在四川有一种，叶3～4片轮生的佛甲草（Sedum lineare Thunb.），其叶也可供药用，捣敷治诸病毒，头面肿胀，毒虫螫伤和烫火伤，取叶捣汁，内服能退热，止泻、止赤白痢；作含漱药能消咽喉口舌肿，滴眼能消肿和角膜生斑翳。

127 落新妇（luoxinfu）（图885）

［学　　名］　**Astilbe chinensis** (Maxim.) Franch. et Savat.　虎耳草科

［药 材 名］　红升麻（湖北），升麻（四川）。

（地方名、形态特征、生长环境、产地及其他用途见“鞣料类”，1109页）

［用　　途］　根状茎入药。浙江天台县民间采根捣烂煎汁用酒冲服，治跌打损伤积血和筋骨病。又据四川省资料，其根状茎治筋痛及肋痛，并有强心镇静的作用。

［理化性质］　据浙江野生植物普查队初步分析：根含淀粉19.47%，鞣质13.73%，水分46.6%。

［采收处理］　秋季采收，挖取根状茎，除去茎叶，洗净泥土，切片，晒干入药。贮存在干燥的地方。

［其　　他］　四川除上述一种外，尚有数种植物也以同样的用途入药。如泡盛落新妇（Astilbe japonica Gray），又称日本落新妇，产于达县；大落新妇（Astilbe grandis Stapf），又名升麻产于南充；绿花落新妇（Astilbe virescens Ham.），又名淫羊藿（叙永），产于叙永及雅安。

128 岩白菜（yanbaicai）（图 1339）

［学　　名］　**Bergenia purpurascens** (Hook. f. et Thoms.) Engl.　虎耳草科

［药 材 名］　岩白菜（四川）

［形态特征］　多年生常绿草本，高可达 30 厘米。根状茎粗壮，直或稍弯曲，节间短，每节生有叶。叶丛生，肉质而厚，倒卵形或长椭圆形，长 7.5～15 厘米，宽 3.5～7 厘米，先端钝圆，基部渐狭或楔形，边缘微波状或细齿牙状，表面深绿色，有光泽，背面黄绿色，有腺状小点；叶柄半圆形，上面微凹，长 2～7 厘米，基部扩大成鞘状，三角形至披针形，先端尖，底宽大而抱着根状茎，边缘光滑或有鳞状。花茎长约 10 厘米，花排列成伞房状；花萼 5 深裂，裂片开展，长椭圆形，先端钝圆，下部愈合成浅杯状；花瓣 5，白色，倒卵形，长 2～2.5 厘米，宽约 1 厘米，先端圆，基部渐狭；雄蕊 10，花丝线形，长约 15 毫米；雌蕊由 2 心皮组成，离生，子房卵形，花柱长，柱头头状，2 浅裂，向外稍曲。花期夏季。

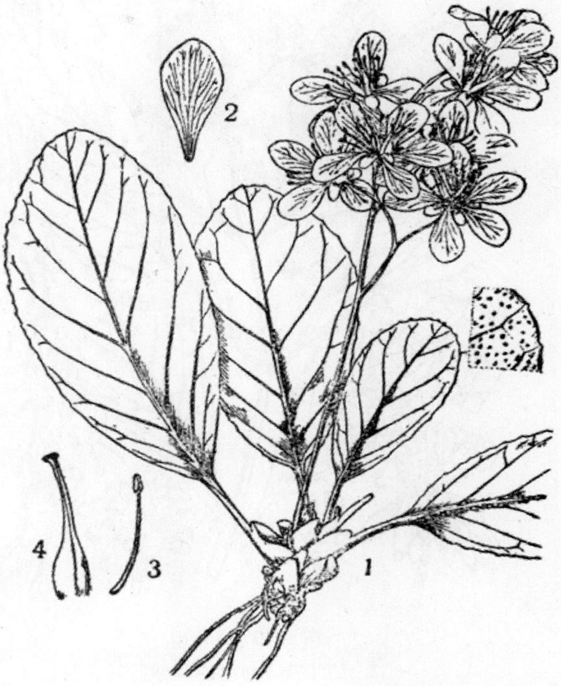

图 1339　岩白菜
Bergenia purpurascens（Hook. f. et Thoms.）Engl.
1．植株全形；2．花瓣；3．雄蕊；4．雌蕊。

［生长环境］　生于悬岩绝壁上。

［产　　地］　四川峨眉山及青城山等地。

［用　　途］　四川草药医生以全草入药，但以根状茎为主，主治吐血及头晕虚弱等症。

［采收处理］　6～7 月间挖取全草，洗净泥土，晒干即成。

129 黄常山（huangchangshan）（图 1340）

［地 方 名］　野兰子、鸡骨常山（四川）

［学　　名］ **Dichroa febrifuga** Lour.　虎耳草科

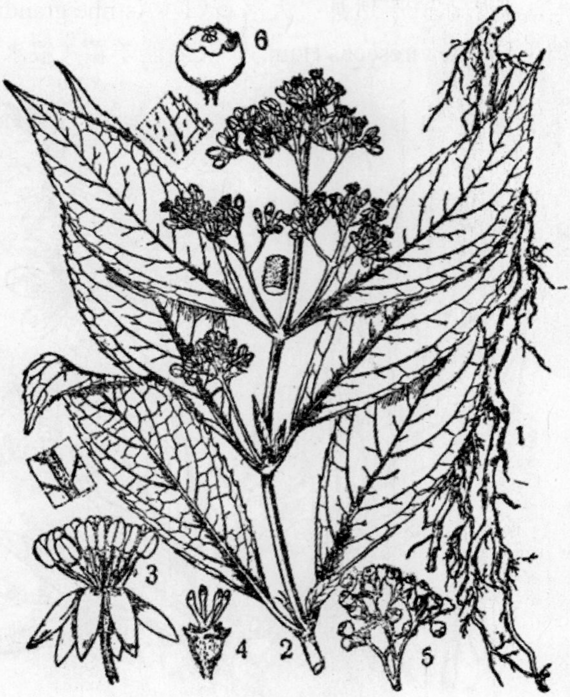

图 1340　黄常山

Dichroa febrifuga Lour.

1．根；2．花枝；3．花，示雄蕊及花瓣；4．花萼及雌蕊；5．果序；6．果实。

［药 材 名］　黄常山

［形态特征］　落叶灌木，高可达 2 米，栽培者通常高约 1 米。主根木质坚硬，圆柱形，常作波状弯曲，长达 30 厘米以上，直径 5～25 毫米，外皮黄棕色或灰棕色，有纵纹。茎圆形，绿色，遍体着生黄色短毛，有节。单叶对生，叶片椭圆形或长方状倒卵形，长 12～20 厘米，宽 4～5 厘米，先端长尖，基部楔形，边缘其锯齿，表面有短毛，背面通常无毛，主脉显着，背面突出，侧脉通常约 5 对；叶柄长 1～1.5 厘米。花序伞房状着生于枝顶或茎上部叶腋；花甚多，淡蓝色，花梗长约 5 毫米，有毛；苞片线状披针形，早落；花萼管状，顶端具 5～6 齿，管外密被黄褐色短毛，长约 2 毫米；花瓣 5～6，但以 6 数为多，展开后向下反折，长圆状披针形或卵形，长约 7 毫米，宽约 2.5 毫米先端钝，基部截形；雄蕊 4～12，长出花瓣，着生于花瓣的基部，花药蓝色，花丝长短不一；雌蕊 1，蓝色，子房半下位，1 室，胚珠多数，下部稍连接于萼管上，成熟后全为花萼所包围，圆形，花柱 3～5，柱头椭圆形。浆果圆形，直径 5～6 毫米，蓝色有宿存花萼及花柱，种子多数。花期 5～7 月，果期 8～9 月。

［生长环境］　生于山地灌木丛中，林缘、路旁、岩隙、溪边湿润的土壤中。

［产　　地］　云南、贵州、四川、湖北、湖南、甘肃、陕西、广东、广西、福建、江西、浙江等省区。

［用　　途］　根、叶供药用，为治疟疾的特效药，并有解热作用，又为催吐剂。

［理化性质］　含治疟成分为数种植物碱，总量约 0.1%；其中主要的有常山碱甲（α-dichroine，$C_{16}H_{21(19)}O_3N_3$），熔点 136℃，常山碱乙（β-dichroine，$C_{16}H_{21(19)}O_3N_3$），熔点 145℃和常山碱丙（γ-dichroine，$C_{16}H_{21(19)}O_3N_3$）。

［采收处理］　春秋两季采收，通常以秋季采收质量较佳。将挖出的根用水洗干净，晒干或晾干药用。品质以干燥、黄色、质坚、粗细均匀的较佳。贮存于干燥通风处。

［其　　他］　据中国科学院药物研究所报导；1948 年曾利用常山碱甲变为常山碱，

发现前者几无抗疟作用，而后者抗疟作用极强，超过奎宁148倍之多。

130 八仙花（baxianhua）（图1341）

［学　　名］ **Hydrangea macrophylla** DC. var. **hortensia** (Maxim.) Rehd.　虎耳草科

［形态特征］ 落叶灌木，高可达2米左右；小枝粗壮光滑，有明显的皮孔与叶迹。单叶对生，椭圆形或阔卵形至倒披针形，长6～20厘米，宽4～8厘米，先端短尖，基部阔楔形，边缘除基部外有粗齿，表面鲜绿或黄绿色，背面浅绿色，光滑或脉上有疏毛；叶柄粗壮，长1～3厘米。聚伞状伞房花序，呈大球形；花梗有柔毛；花全不孕，萼片4，阔卵形，初时淡红色，后变蓝色、大型、美丽。花期夏季。

图1341　八仙花
Hydrangea macrophylla DC. var. hortensia（Maxim.）Rehd.
花枝

［生长环境］ 喜阴湿肥沃土壤，多见于山沟或田边，常为栽培植物。

［产　　地］ 栽培供观赏植物，产河北、山东、江苏、浙江、安徽、湖北、湖南、江西、福建、广东、广西、云南、贵州等省区花园、公园或庙宇中都有栽培。

［用　　途］ 叶入药，据中国医学科学院药物研究所报告，治疟疾病，效果良好。

［理化性质］ 八仙花属植物的叶通常含有下列二种成分：八仙花酚（hydrangenol，$C_5H_{12}O_4$）和 phyllodulcin（$C_{16}H_{14}O_5$）。

［采收处理］ 鲜叶全年可采，晒干备用。保存中勿受搓压，以保持叶片的完整。

［其　　他］ 在浙江南部各县分布较普遍的一种伞花八仙（Hydrangea umbellata Rehd.），又称土常山，龙骨藤（遂昌），甜菜，斩心菜，常山（龙泉），黄山吊（泰顺），龙泉县中医师用根、叶治疟疾。在四川尚应用同属以下几种植物作药用；大卫绣球（H. davidii Franch），分布云南、贵州、广西。又称通草（四川西昌会东），用髓心煮水内服治麻疹和小便不通，民间亦有在春秋之际采根治疗疟疾的；马桑绣球（H. aspera D. Don），又称凉皮树（四川西昌会东），石花（四川宜宾屏山），据雷波县人民医院及雷马屏农场医院，用其茎、叶制成丸药，医治疟疾，效果显着；丸药的加工方法是；秋季采叶，将采回来的叶子揉碎，晒干，磨细之后，用水调合做成黄豆大小的丸子。又屏山县有槌叶敷外伤的，也有内服作止咳药的；冠盖绣球（H. anomala D. Don）又称鸡寡子（四川宜宾专区屏山县），将树皮表层削去，取其内皮用作收敛药。

131 虎耳草（huercao）（图 1342）

［地 方 名］ 澄耳草（江西），金线吊芙蓉、系系草、石荷叶（河南），金丝荷叶、耳朵红（浙江）。

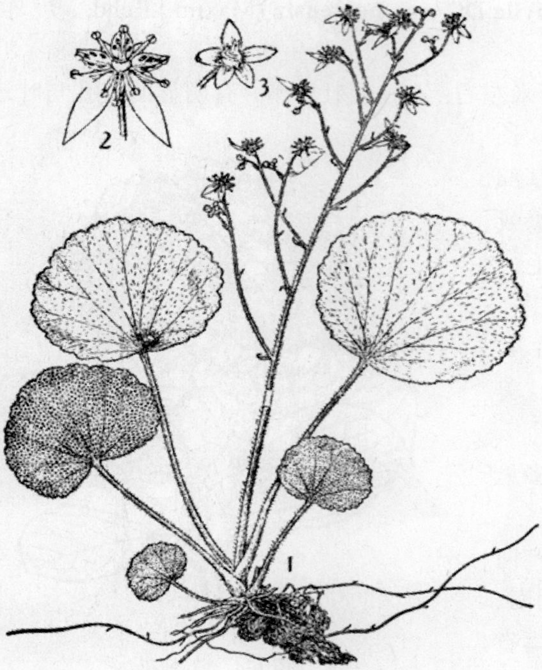

图 1342 虎耳草

Saxifraga stolonifera（L.）Meerb.

1．植物全形；2．花；3．雌蕊及萼（已去不等大的花瓣及雄蕊）。

［学 名］ **Saxifraga stolonifera** (L.) Meerb. (*S. sarmentosa* L. f.) 虎耳草科

［形态特征］ 多年生草本；匍匐枝细长，丝状，赤紫色，蔓延地上，先端长出成幼株，全体被线状毛。叶数片，基部丛生，肉质，圆形或肾形，径 4～9 厘米，基部心形或截形，边缘有不规划的钝锯齿，被毛，表面深绿色，沿脉处常具白色斑纹，背面及叶柄紫红色，密被小球形细点；叶柄长 3～10 厘米，基部扩大，有长缘毛。花茎高 10～30 厘米，有分枝，成圆锥花序，密被红毛；花白色；苞片卵状长椭圆形至线形，先端锐尖花梗较花长，密被绒毛及腺毛；萼片 5，卵形，先端尖，背面及边缘密生绒毛；花瓣 5，下方 2 片大于其他 3 瓣 3～4 倍，披针状椭圆形，上方 3 片小，卵形，基部有 5 个黄色斑点；雄蕊 10，花药淡红色；子房上位，球形，2 室，花柱 2。蒴果卵圆形，长 4～5 毫米，顶端 2 深裂呈嘴状；种子卵形，具瘤状突起。花期 5～8 月，果期 7～11 月。

［生长环境］ 生于阴湿处，溪旁树荫下，山间小溪两旁或岩石上。

［产 地］ 山东、河南、江苏、安徽、浙江、江西、湖南、湖北、四川、云南、贵州、广东、广西等省区。

［用 途］ 河南民间将全草治耳炎；又将全草阴干，放在桶内烧烟可熏治痔疮肿痛。浙江温州民间将叶挤汁或捣汁，滴入耳内治流脓肿痛，疗效很好。

［采收处理］ 通常以新鲜全草供药用，随用随采，但亦可采后阴干供药用的。

132 枫香（fengxiang）（图 1069）

［学 名］ **Liquidambar formosana** Hance 金缕梅科

［药 材 名］　路路通、枫球子（湖北），枫果、枫实（青海），路通子（福建），枫香、路路通（江苏）。

（地方名、形态特征、生长环境、产地及其他用途见“芳香油类”，1350 页）

［用　　途］　果实为镇痛药，适用于遍身痹痛，经络拘挛腰痛，四肢痛等。烧灰外用于皮肤湿癣，痔漏等，有收敛消炎消毒作用。又可作兽药，治牛水泻，红白痢疾等症。树脂习称“白胶香”有调气血，开窍化瘀，解毒止痛的功效。树脂又可代替苏合香，作医药上祛痰剂；外用作涂擦剂，治疥癣。

［理化性质］　树干含树脂、桂皮酸、桂皮醛；叶中含挥发油。主要成分为龙脑（borneol，$C_{10}H_{18}O$），莰烯。

［采收处理］　冬季果实将成熟时采收，这时叶落果熟，易自行脱落；采收较便。拾取脱落的果实或用竹竿从树上打落果实，去净泥土、晒干即得。品质以个大、无果柄的为好。放在干燥的地方保存。采收树脂在 7～8 月间凿开枫树外皮，从树根起每隔 5～6 寸交错凿开一洞，至立冬后到第二年清明为止即可采收流出的树脂。将流出的树脂采回后，听其自然干燥即可，但不要使泥沙混入。品质以块大、质脆无杂质、火燃香气浓厚者为佳。

133 杜仲（duzhong）（图 1241）

［学　　名］　**Eucommia ulmoides** Oliv.　杜仲科

［药 材 名］　杜仲

（地方名、形态特征、生长环境、产地及其他用途见“橡胶及硬橡胶类”，1582 页）

［用　　途］　树皮药用，古方用作强壮药；并治腰膝痛、风湿、习惯性流产及孕妇腰痛等。苏联将本品做成 10%或 20%浓度的醇浸液内服，对各种类型的高血压症都有良好的效果。

［理化性质］　树皮主含杜仲胶 22.5%，并含树脂。杜仲胶属硬橡胶类（guttapercha）。

［采收处理］　春秋两季，有计划的选择粗大的树干剥取树皮，为了保护资源，一般采取局部剥皮；将剥下的树皮以内皮相对平迭放置，外加稻草包围，压紧，使它发汗，经 6～7 天后，内皮成黑褐色，取出压平晒干，将外层表皮削去，即可入药。

134 龙牙草（longyacao）（图 1343）

［地 方 名］　金鸡咀壳、龙牙肾、地洞风、九龙牙、金仙公（浙江），黄牛尾（山东），过路黄、地罗盘、瘦狗还阳、地草（四川），白牙蒿、产后草、黄牛尾、脱方草（江苏），蛇疙疸（湖南），瓜香草、地仙草（黑龙江），仙鹤草、路边黄（湖北），山昆菜、咀草（福建）。

［学　　名］　**Agrimonia pilosa** Ledeb.　蔷薇科

［药 材 名］　仙鹤草

［形态特征］ 多年生草本，高 30～60 厘米。茎直立，全体被长柔毛。叶互生，奇数羽状复叶，有柄；托叶 2 枚，斜卵形，有深裂齿，被长柔毛；小叶片 3～7，长椭圆形或椭圆状卵形，长 1～6 厘米，宽 0.6～3 厘米，先端锐尖，基部楔形，有时稍斜，边缘锐锯齿，被柔毛；顶生及中部的叶较大；各小叶片之间夹杂数对小形小叶。总状花序，顶生和腋生，窄细，长 10～20 厘米；花有短梗，基部有 2 枚三叉形苞片；花萼下部筒状，上部 5 裂，裂片倒卵形，萼筒果期时增厚，周生钩刺，外有纵沟；花瓣 5 黄色，倒卵形，先端微凹；雄蕊约 10，或更多；子房包于萼筒内，花柱 2，柱头头状。瘦果，包于具钩刺的宿存花萼内。花期 7～8 月，果期 9～10 月。

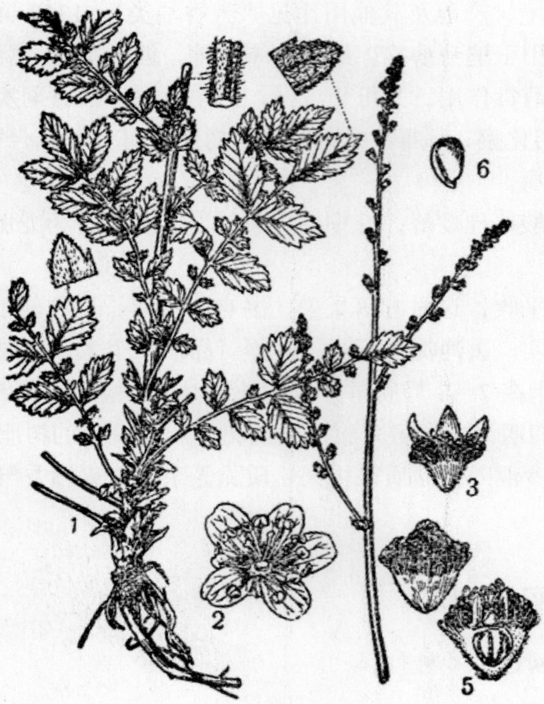

图 1343 龙牙草
Agrimonia pilosa Ledeb.
1．植物全形；2．花；3．花萼示钩刺；4．果实外形；5．果实纵切面；6．种子。
（自“中国药用植物志”）

［生长环境］ 常生于荒地、山坡、路旁、草地、或与其他杂草混生，有时成片生长。

［产 地］ 黑龙江、辽宁、吉林、内蒙古、河北、山西、山东、河南、陕西、甘肃、青海、江苏、湖南、湖北、浙江、福建、贵州等省区。

［用 途］ 全草为强壮性收敛止血药；并有强心作用，适用于胃溃疡出血、子宫出血、痔出血等症。市售仙鹤草素制剂，即由本种植物提取的有效成分；主要用作妇科止血药。全草又可作农药。

全草含鞣质，可提取栲胶（见“鞣料类”，1116 页）。

［理化性质］ 全草含挥发油及鞣质约 6.61%（河南）。其有效成分为仙鹤草素（agrimonine），系一种棕色含 C、H、O、N 的物质。果实含油 19.08%。

［采收处理］ 7～10 月茎叶生长茂盛时，割取全草，洗净泥土，除去杂质晒干，存放在干燥通风处。

［其 他］ 变种金线龙牙草（A. pilosa Ledeb. var. japonica Nakai）产辽宁、吉林、黑龙江、内蒙古、河北、山西等地，其全草，做仙鹤草用，它与正种的区别在于小叶片倒卵形至倒披针形，边缘通常具 9～11 个尖锐锯齿。用途同龙牙草。

135 贴梗海棠（tiegenghaitang）（图 1344）

［地 方 名］ 木瓜（山东）。

［学　　名］ **Chaenomeles lagenaria** (Lois.) Koidz.　蔷薇科

［药 材 名］ 木瓜（山东），皱皮木瓜。

［形态特征］ 灌木，高 2～3 米。枝棕褐色，有明显皮孔，具刺。单叶，具柄，叶片卵形至椭圆状披针形，长 2.5～14 厘米，宽 1.5～4.5 厘米，先端尖或钝，基部阔楔形至圆形，边具腺体状锐尖细锯齿，无毛或幼叶背面中肋被柔毛，柄长 3～15 毫米；托叶形状和大小变化较大，斜肾形或圆形，边缘有细锯齿，基部有淡紫色的短柄，往往脱落，花簇生，与叶同时开放或先叶开放；花萼 5，近于长圆形，全缘，直立，血红色，内面及边缘被黄色柔毛；花瓣 5，近圆形，长约 1.7 厘米；雄蕊多数，花药背着；雌蕊 1，子房下位，5 室，花柱 5，下部稍连合，被少许柔毛。梨果卵形或长椭圆形，长约 8 厘米，光滑，黄色或深黄色，芳香。花期 3～4 月，果期 9～11 月。

［生长环境］ 多栽培，为优良的园景植物。

［产　　地］ 云南、贵州、四川、广东、广西、福建、河南、浙江、江苏、山东、湖北、江西、湖南、安徽等省区；在西南地区亦有野生。

［用　　途］ 干燥的果实供药用，有驱风、强壮、舒筋、镇痛、消肿以及顺气之功效。市售木瓜酒，即以果实切成碎块浸于高粱酒内而制成。

［采收处理］ 10～11 月采收成熟果实，将采来的新鲜果实用刀纵剖为 2 或 4 块，摊于席上，使内面向上，晒干，这样可使颜色红。在晾晒期间，放置室外过夜，多经几次严霜，不但易干而且颜色更为鲜艳；如遇阴雨天，必须移至室内摊开，用微火烘干或放置通风处，以防霉烂。品质以个大，色紫红，皮皱者为佳。

［其　　他］ 除本种外，有一种西南木瓜，又称木桃（河南、四川）（C. lageneria Koidz. var. cathayensis Rehd.）分布在湖北、四川、广东、广

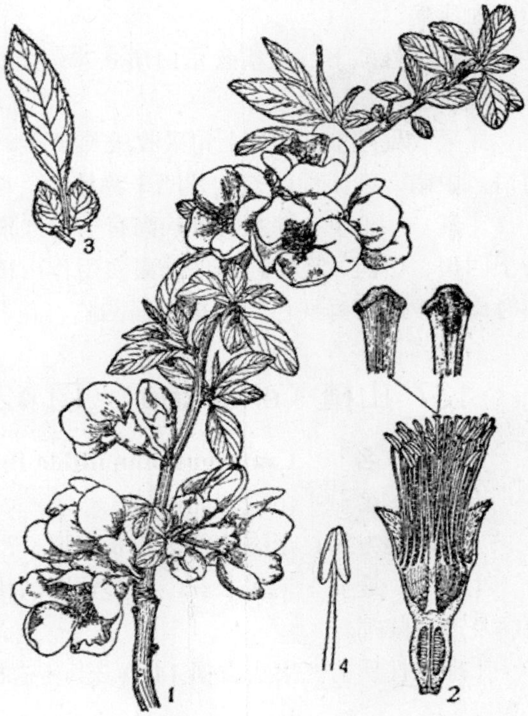

图 1344　贴梗海棠
Chaenomeles lagenaria（Lois.）Koidz.
1. 花枝；2. 花的纵剖面；3. 叶；4. 雄蕊。
（自“江苏南部种子植物手册”）

西、云南、贵州等地，也用作木瓜，其果实晒干后果皮也皱缩，它与正种的区别在于叶片背面多少被有棕色柔毛，至少是在背面中肋上被毛。

另外，尚有一种果皮干燥后仍光滑（不皱缩），称为光皮木瓜，亦通称木瓜[C. sinensis （Thouin.） Kochne]，果实主含苹果酸、酒石酸、枸橼酸及维生素丙等。在河南、山东、浙江、江西等地，亦当木瓜入药，它与以上两种植物的主要区别在于叶片边缘具不甚密的近于细圆柱状的锯齿；托叶较小；花单生在有叶的嫩枝上；萼片有外卷锯齿，效用同皱皮木瓜；另外，果实经蒸煮后作成蜜饯可食；树皮含单宁，可提取栲胶，作鞣革及染料用。

136 野山楂（yeshanzha）（图 421）

［学　　名］ **Crataegus cuneata** Sieb. et Zucc.　蔷薇科

［药 材 名］ 山楂、南山楂、楂肉（四川达县）

（地方名、形态特征、生长环境、产地及其他用途见“淀粉及糖类”，519 页）

［用　　途］ 果实供药用，有健胃、助消化、强心作用。苏联使用山楂的花和叶治高血压病。

［理化性质］ 果实含蛋白质 0.7%，脂肪 0.2%，糖 10%，灰分 0.6%，丙种维生素及柠檬酸等。

［采收处理］ 8 月上旬采收成熟果实，放沸水中浸片刻后，用木槌打扁或碾扁成楂饼，中南、西南地区有切片晒干称楂片；槌去种子后晒干的称楂肉。

［其　　他］ 除本种外，尚有一种红果山楂，又称辽山楂（C. sanguinea Pall.）分布于四川、山西、辽宁，当地采果实用作山楂药用，它与野山楂的主要区别是；果实成熟时肉质，通常鲜红色，小核内面凹陷，花药淡红色或紫色。

137 山楂（shanzha）（图 423）

［学　　名］ **Crataegus pinnatifida** Bge.　蔷薇科

［药 材 名］ 山楂、北山楂

（地方名、形态特征、生长环境、产地及其他用途见“淀粉及糖类”，521 页）

［用　　途］ 果实入药，有健胃助消化、强心的功效，中医并用种子治疝气痛、腰痛及产后阵痛。

［理化性质］ 果实含糖 14.5%，其中总酸量 4.5%，鞣质 0.56%，尚含有蛋白质和维生素等。

［采收处理］ 秋季果实成熟后采收，将采摘的果实整个晒干或切片晒干。商品以片大、色红、干燥者为佳。

138 枇杷（piba）（图 1345）

［学　　名］ **Eriobotrya japonica** Lindl.　蔷薇科

［药 材 名］ 枇杷叶

［形态特征］ 常绿小乔木，高2～7米。单叶互生，叶片革质，长倒卵形至长椭圆形，先端短尖，基部楔形，边缘有疏锯齿，表面深绿色有光泽，**背面密被锈色绒毛**；叶柄极短或无柄，托叶大而硬，三角形，渐尖。花每数十朵聚合为顶生圆锥花序，花序有分枝，密被绒毛；花萼5，萼管短，密被绒毛；花瓣白色，5，倒卵形，内面近基部有毛；雄蕊多数；子房下位，5室，花柱5。梨果圆形或梨形，黄色或橙黄色。花期9～10月，果期翌年4～6月（浙江）。

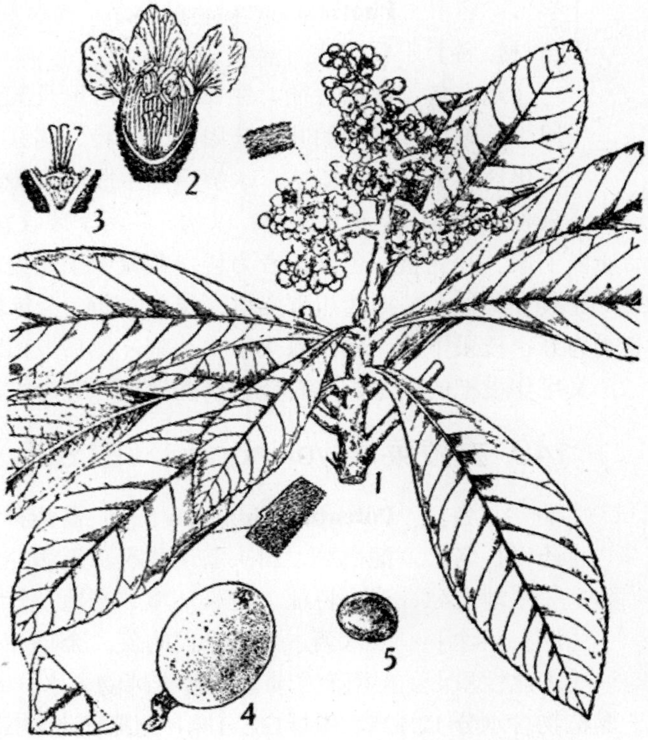

图1345　枇杷

Eriobotrya japonica Lindl.

1．花枝；2．花的纵剖面；3．雌蕊；4．果；5．种子。

（自“江苏南部种子植物手册”）

［生长环境］ 常栽种于村边、平地或坡地。很少生于山野。

［产　　地］ 四川、贵州、云南、湖北、湖南、陕西、甘肃、江苏、浙江、福建、江西、广东、广西等省区，一般就地作鲜枇杷叶用。以江苏产量大，通称“苏杷叶”，广东产质量高，通称“广杷叶”。

［用　　途］ 叶供药用，有镇咳、祛痰、止咳、清热之效。市售枇杷膏，即本植物的叶，经煎制而成。夏季用为防汗疹的俗汤料。嫩叶对慢性气管炎及久咳不止者有效。

枇杷仁蒸馏之后所得的水溶液成分与苦杏仁水同、规格亦与中国药典相符，有止咳作用；蒸馏后的废渣，可以制酒精，每100公斤平均产酒26公斤；酒糟又可作猪饲料。

果实甘甜，含水分及糖分很多，为良好的水果。

［理化性质］ 嫩叶含枇杷叶皂角甙；果核含苦杏仁甙，水解可得氢氰酸，叶又含维生素乙，约2.8毫克/克。

［采收处理］ 幼嫩的叶片全年皆可采收，老叶于秋季采收，将采来的叶晒干，刷去背面的茸毛，供药用，广东多拾取自然落叶供药用。

果实成熟时采摘。

139 石楠（shinan）（图 622）

［学　　名］ **Photinia serrulata** Lindl.　蔷薇科

［药 材 名］ 石楠叶

（地方名、形态特征、生长环境、产地及其他用途见“油脂类”，776 页）

［用　　途］ 干燥的叶供药用，为强壮、利尿、有镇痛解热等作用。

［理化性质］ 叶含氰甙，水解后则生成氢氰酸，枝中的含量约 0.011～0.030%。

［采收处理］ 全年可采收；以秋、冬两季采收较好，将采摘的叶晒干，扎成小把，品质以干燥、叶完整、色红棕者为佳，贮藏于干燥处。

［其　　他］ 据四川省资料；枝也入药，全年均可采收，以秋冬两季为主，尤以冬季为好；枝采下后，先浸入热水中片刻，然后取出晒干。枝以干燥，色灰褐者为佳。

又可作枇杷的砧木，用石楠嫁接的枇杷，寿命长，耐瘠薄土壤，生长强健（浙江）。

140 委陵菜（weilingcai）（图 895）

［学　　名］ **Potentilla chinensis** Ser.　蔷薇科

［药 材 名］ 翻白草、白头翁（武汉、天津）

（地方名、形态特征、生长环境、产地及其他用途见“鞣料类”，1120 页）

［用　　途］ 根入药，治阿米巴痢疾。全草又可清热解毒、消肿止血。

［理化性质］ 据河南省资料；新鲜植物含水分 62.39%，每克含维生素丙 0.494 克；干燥植物含水分 12.12%，粗蛋白 9.18%，粗脂肪 4.03%，粗纤维 2.89%，粗灰分 7.25%，磷 0.26%，钙 2.63%。

［采收处理］ 在 3～4 月，苗高约 5 厘米左右，尚未抽茎时采挖全草，除去泥土晒干，品质以嫩苗，色鲜，多白毛，无泥土及杂质者为好。

［其　　他］ 在许多地区常把本种当翻白草用，或与翻白草混合应用。

141 翻白草（fanbaicao）（图 1346）

［地 方 名］ 结梨、结梨根、麦后头、大叶铡草、野芽（江苏），天青地白（贵州），白头翁（浙江），鸡腿子（湖南），老鸦爪、山萝卜（山东）。

［学　　名］ **Potentilla discolor** Bge.　蔷薇科

［药 材 名］ 翻白草

［形态特征］ 多年生草本，高 15～30 厘米。根多分枝，下端肥厚成纺锤状，质坚硬，横断面粉色，茎上升向外倾斜，多分枝，表面具白色卷绒毛。基生叶丛生，奇数羽状复叶，小叶 5～9，茎生叶小，为三出复叶，顶端叶近无柄，小叶长椭圆形或狭长椭圆形，长 2～6 厘米，宽 0.7～2 厘米，先端钝尖，基部楔形，边缘具钝锯齿，表面稍有柔毛，背面密被白色绵毛；托叶披针形或卵形，亦被白绵毛。花黄色，聚伞状排列；萼绿色，宿存，5 裂，裂片卵状三角形，副萼线形，和萼的裂片互生，内面光滑，外面均

被白色绵毛；花瓣5，倒心形，凹头；雄蕊和雌蕊多数，子房卵形而扁，花柱侧生，乳白色，柱头小，淡紫色。瘦果卵形，淡黄色，光滑，脐部稍有薄翅突起。花期5～8月，果期8～10月（河南）。

［生长环境］　多生于丘陵山地、路旁和畦埂上，为较耐旱的植物。

［产　　地］　全国各地均有野生，主产于北京郊区，河北保定，安徽亳县，滁县等地。

［用　　途］　全草均可入药，而以根为最佳。一般作为清热润燥、解毒、消肿剂；并可止血。治痢疮，疔肿，吐血、下血和妇女血崩等症。最近经上海第二医学院实验证明，也可治阿米巴痢疾。

［理化性质］　据河南省资料：根含水解及缩合两类鞣质，其含量为0.04%。

［采收处理］　参阅委陵菜（1746页）。

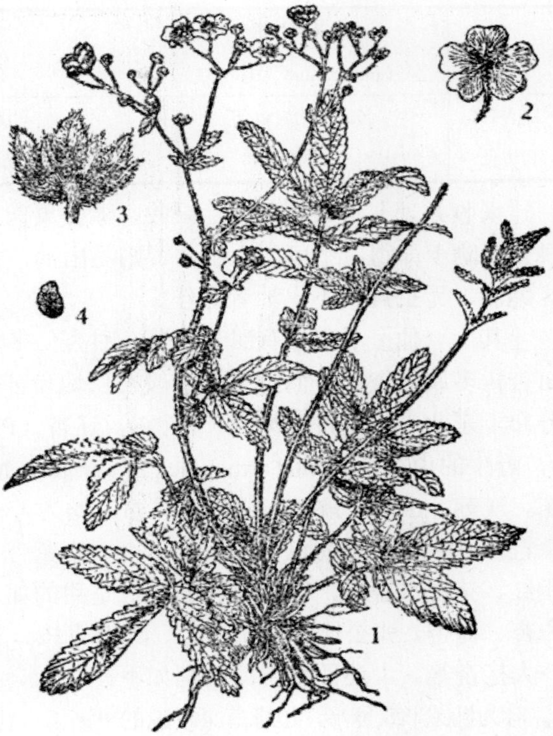

图1346　翻白草
Potentilla discolor Bge.
1．植株全形；2．花的正面观；3．萼的背面观；4．瘦果。
（自“中国药用植物志”）

［其　　他］　市售翻白草的原植物除本种外，有许多地区也把委陵菜当作翻白草应用，或将委陵菜本种混合应用。委陵菜与本种的主要区别是：叶近革质或坚纸质，羽状复叶的小叶长披针形，边缘羽状深裂，表面具细柔毛，淡绿色，叶脉凹下，背面边缘反卷。

142 杏（xing）（图625）

［学　　名］　**Prunus armeniaca** L.　蔷薇科

［药 材 名］　杏仁

（地方名、形态特征、生长环境、产地及其他用途详见“油脂类”，778页）

［用　　途］　干燥的核仁供药用。苦杏仁为止咳祛痰药，治支气管炎、咳喘等症；又是制造止咳糖浆的主药之一。甜杏仁内服有轻泻作用，并有滋补的功效；外用可为皮肤伤口的敷料，对伤处有保护作用。杏仁油可作良好的软膏剂，涂布剂及注射药的溶剂等；内服为营养剂及缓和剂；治胃肠粘膜炎、酸碱中毒等症；外用治手足破裂。

［理化性质］　甜杏仁与苦杏仁成分的分析比较如下；

［摘自曾广芳等；药学通报 1（7），261（1953）］

	苦杏仁甙（amygdalin, $C_{20}H_{27}NO_{11}$）	氢氰酸（HCN）	脂肪油
甜杏仁	0.111%	0.0067%	34.3%
苦杏仁	3.00%	0.1713%	29.8%

［采收处理］　果实成熟后采收，除去果肉（果肉供食用或制罐头）击破果核，取出种仁，晒干即得，不可用火烘，否则易出油，并使有效成分损失，品质以颗粒均匀而大、饱满、无虫蛀、不出油者为佳。

［其　　他］　杏仁有甜苦之分，甜杏仁多供作副食品用，药用多为苦杏仁；一般栽培杏树多属甜杏仁，而野生的一般杏仁均为苦杏仁如西伯利亚杏（Prunus sibirica L.）（分布于东北、内蒙古、河北、山西），辽杏（Prunus manshurica Kaoehne）（分布于东北），野生的山杏（Prunus armeniaca L. var. ansu Maxim.）（分布于辽宁、河北、内蒙古、山东、江苏、山西、陕西、宁夏、甘肃）均为苦杏仁；而杏及山杏的栽培种有些是苦的如金魁杏、大拳杏、荷包杏、水李子杏、麦黄杏、驴耳杏、大杏梅、小红杏、红水杏、咽脂红、猪皮水杏等，有些品种的杏仁是甜的如水晶杏、金州大杏、梅桃杏、白沙杏、荷白杏、梅杏、张公园、大山后杏、大麻真核、曹杏、李光杏、窝瓜二号、梨杏、海车杏、大接杏等。上述四种杏的区别如下；

1．叶为椭圆形或卵形，边缘有深而锐的重锯齿；花梗通常长于萼筒（分布于东北）…辽杏

1．叶为卵形、阔卵形或圆形，边缘为单锯齿；花梗短或无梗。

　2．叶基部楔形……………………………………………………………………山杏

　2．叶基部圆形或稍狭。

　　3．灌木；果实直径 2 厘米左右，果肉较薄，成熟时开裂，野生种…西伯利亚杏

　　3．乔木；果实直径 3～4 厘米，果肉多汁，成熟时不开裂，多为栽培种……杏

143 郁李（yuli）（图 1347）

［地 方 名］　日本郁李（河南），赤李（山东）。

［学　　名］　**Prunus japonica** Thunb.　蔷薇科

［药 材 名］　郁李仁、小李仁、李仁（浙江遂昌）

［形态特征］　落叶灌木，高 1～1.5 米。树皮灰褐色，有不规则的纵条纹，幼枝黄棕色，光滑。单叶互生，具短柄，被短柔毛；**叶片卵形或阔卵形**，长 5～6 厘米，宽 2.5～3 厘米，先端渐尖，基部圆形，边缘具尖锐重锯齿，背面主脉通常被短柔毛；托叶 2 枚，线形，呈篦状分裂，早落。花先叶开放，2～3 朵簇生；花梗长 3～10 毫米，散生，具短柔毛，基部有数鳞片包围，鳞片茶褐色，密被锈色绒毛，**有细齿**；花淡红色或近白色，有淡紫色网纹；花萼 5，基部连合成短筒；花瓣 5，斜长圆形；雄蕊多数，花丝不等长；

雌蕊1，子房长圆形，1室，花柱被柔毛。核果近圆球形，熟后呈红紫色。花期3～4月，果期7～9月。

［生长环境］　一般生长在向阳山坡，路旁或小灌木丛中。

［产　　地］　辽宁、内蒙古、河北、河南、山西、山东、江苏、浙江、福建、湖北、广东等省区。

［用　　途］　核仁供药用，为利尿剂，并有缓下作用，治慢性便秘、腹水，脚气水肿、孕妇浮肿等症。

成熟果实味酸甜，可食，并能酿制果酒及白酒。茎皮含单宁，纤维良好。茎、叶煮剂，又可为土农药，杀菜青虫效率为7%。浸汁杀菜蚜虫率为75%。本种植物又可为美丽的观赏植物。

图1347　郁李

Prunus japonica Thunb.

1．花枝；2．果枝；3．花的纵剖面；4．核果。

（自“江苏南部种子植物手册”）

［理化性质］　据北京医学院1958年分析：种核仁含皂角甙0.96%；又据山东省资料：核仁（种子）含脂肪油58.3～74.2%，挥发性有机酸，粗蛋白质，纤维素，淀粉，油酸。茎皮含单宁6.3%，纯纤维素24.94%；叶含维生素丙7.30毫克/100克。

［采收处理］　7～9月间采收成熟果实，食用或加工。取核仁的方法，将果核用锅蒸约2小时，使核仁变白（不蒸则种皮为红黄色，蒸的时间过久则易出油），再用石碾或机器压碎其核，然后取出核仁。山东地区是在果皮去掉后，用水洗干净，晒干后，用斧头砸碎核，拣出核仁即可；砸核仁时，是用相当于干郁李核粗的绳，作成1寸左右的小圆圈，搁在石板上，将核4～5枚放在圆圈内，用斧头砸碎核即可。

［其　　他］　目前市售商品分小李仁和大李仁两类；小李仁的原植物除本种外，尚有欧李（Prunus humilis Bge.），长梗郁李［P. japonica Thunb. var. Nakaii（Lévl.）Rehd.］二种；大李仁的原植物有毛樱桃（P. tomentosa Thunb.）及截形榆叶梅（P. triloba Lindl. var. truncata Komar.）二种。药用以郁李仁为正品，应用也比较普遍。现将有关的几种植物作检索表如下：

1．花柱被短柔毛；叶通常基部较宽。

　　2．花梗长不超过5毫米……………………………………………………郁李

　　2．花梗长1.5厘米以上……………………………………………………长梗郁李

1. 花柱无毛；叶中部较宽（产内蒙古、河北、山东、河南等）…………………欧李

河南所用的郁李仁为一混合品，其中有显脉欧李（P. dictyoneura Diels.）、日本郁李以及野生的李（P. salicina Lindl.）的种子。

在四川、广西等地亦将食用的李（P. salicina Lindl.）的核仁作李仁入药。

144 梅（mei）（图 1348）

［地 方 名］ 酸梅、红梅花（四川）

［学　　名］ **Prunus mume** Sieb. et Zucc. 蔷薇科

［药 材 名］ 乌梅

［形态特征］ 落叶小乔木，高 3～10 米，多分枝，树皮淡灰色或淡绿色，剥落性。单叶互生，有叶柄，通常有腺体，嫩枝上叶柄基部有线形托叶 2 片，托叶边缘其不整齐细锐锯齿；叶片卵形至长圆状卵形，长 4～7 厘米，宽 2.4～4 厘米，先端长尾尖，基部阔楔形，边缘具细锐锯齿，背面脉上被小柔毛。花单生或 2 朵簇生，白色或粉红色，芳香，通常先叶开放，有短梗，苞片鳞片状，褐色，3～4 列，花萼 5，基部与花托合生；花瓣单瓣或重瓣，通常 5，阔倒卵形；雄蕊多数，生于花托边缘；雌蕊 1，子房密被毛，花柱细长，弯曲。核果球形，直径约 2～3 厘米，一侧有浅槽，被毛，熟时黄色，味酸，核硬有槽纹。花期 2～3 月，果期 5～6 月。

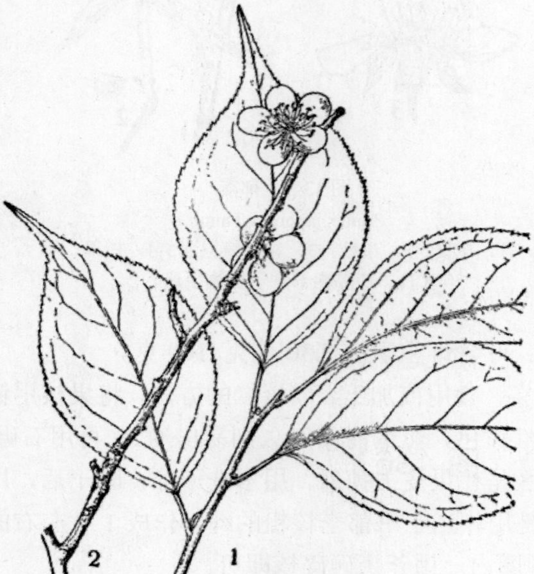

图 1348 梅
Prunus mume Sieb. et Zucc.
1. 枝叶；2. 花枝。

［生长环境］ 生于灌木林，路边，多为栽培。

［产　　地］ 全国各地均有栽培，江南多栽培于庭院，华北、东北多盆栽。白梅花主产浙江、江苏。以杭州拜符桥家种的品质为最佳。

［用　　途］ 干燥的花蕾供药用，有开胃散郁、生津化痰、安神解毒之功效。未成熟果实，中医用为镇咳、祛痰、镇呕、清凉解热药，又可预防细菌性肠疾，并有驱蛔虫、止泻的功效。树皮，果实可作染料。全体又可供观赏。

［理化性质］ 果含枸橼酸、苹果酸等，种子中含氰甙类。

［采收处理］ 立春前后采集含苞待放的花蕾，用炭火烘干即得，品质以花匀净，

含苞初露花不开瓣，颜色新鲜带绿，花白，气味芳香为好。

［其　　他］　本种植物的花有红白二种，红色者称之为红梅花，主产四川万县及湖北襄阳、安徽宿县、砀山等地，其中四川、湖北产量较大。药用以白梅花为主，而红梅花较少药用。

145 桃（tao）（图 629）

［学　　名］　**Prunus persica** (L.) Batsch.　蔷薇科

［药 材 名］　桃仁

（地方名、形态特征、生长环境、产地及其他用途见“油脂类”，783 页）

［用　　途］　桃仁用作治疗高血压及慢性盲肠炎、妇人子宫血肿病。为苦杏仁的代用品，有镇咳作用。花为峻下利尿药，治便秘及水肿。

［理化性质］　花含山奈酚（kampherol，$C_{15}H_{10}O_6$），香豆素（cumarin），叶含糖甙（$C_{22}H_{24}O_{11}$），柚花素（naringenin，$C_{15}H_{12}O_5$），儿茶（catechi），金鸡纳酸（chinasaure，$C_7H_{12}O_6$），来可品（lycopine，$C_{48}H_{56}$）；种子含苦杏仁甙（amygdalin，$C_{20}H_{27}NO_{11}$）约3.6%，另含苦杏仁酶，挥发油；桃胶的主要成分为阿拉伯胶、半乳糖、木蜜糖、鼠李糖、α-葡萄糖醛酸；此外在 100 克果肉中含胡萝卜素 0.01 毫克，核黄素 0.02 毫克，尼克酸 0.7 毫克，抗坏血酸 6 毫克。

［采收处理］　7～9 月间果实成熟时摘取果实，除去果肉，击破果核，取出种仁，晒干即得，品质以干燥、个均匀、饱满、无虫蛀、不出油、不霉败者为佳。

［其　　他］　药用桃仁除本种外，在辽宁、华北、山东、河南以及四川、贵州尚分布一种山桃（Prunus davidiana Fr.），又叫野桃（四川、河南、山西），花桃（山东、山西、贵州）其种仁亦作桃仁用。山桃与桃的主要区别是树皮光滑，托叶早落，叶卵状披针形，近基部最宽，鲜绿色；萼筒外面无毛，核圆球形。

146 毛樱桃（maoyingtao）（图 436）

［学　　名］　**Prunus tomentosa** Thunb. (*Cerasus tomentosa* Wall.)　蔷薇科

［药 材 名］　大李仁、山樱桃仁、梅桃仁、李仁

（地方名、形态特征、生长环境、产地及其他用途见“淀粉及糖类”，533 页）

［用　　途］　种子供药用。有表发斑疹、麻疹、牛痘的功效。种子捣汁可治蛇咬伤。

［采收处理］　果实成熟后采收，果肉酿酒，收集果核去壳，晒干，贮存。

［其　　他］　药用大李仁除这一种外，尚有一种截形榆叶梅（Prunus triloba Lindl. var. truncata Komar.）（分布于黑龙江、吉林、辽宁），也作大李仁入药。它与毛樱桃的主要区别是叶有裂片，先端成截形或近三角形。

147 月季（yueji）（图 1349）

［地 方 名］ 月月红（山东），月月开（四川）。

［学　　名］ **Rosa chinensis** Jacq.　蔷薇科

［药 材 名］ 月季花

［形态特征］ 常绿直立灌木；枝圆柱形，有三棱形钩状皮刺。奇数羽状复叶，互生，**具小叶 3～5 枚**，稀为 7 枚；小叶有柄，柄上有腺毛及刺，小叶片阔卵形至卵状长椭圆形，长 2～7 厘米，宽 1～4 厘米，先端渐尖或急尖，基部阔楔形或圆形，边缘有尖锯齿；总叶柄基部有托叶，边缘具腺毛。**花通常数朵簇生，稀单生**，红色或玫瑰色，重瓣；总苞 2，披针形，先端长尾状，表面有毛，边缘有腺毛；**花萼向下反卷，有长尾状锐尖头**，常羽状裂，外面光滑，内面密被白色绵毛；花瓣倒卵形；雄蕊多数，着生在花萼筒边缘的花盘上；子房有毛，果实卵形；花期 5～9 月。

图 1349　月季
Rosa chinensis Jacq.
花果枝

［生长环境］ 生于山坡或路旁。

［产　　地］ 原产我国，现广栽培，各地极普遍，以江苏产量大，品质好。主要产地为江苏、山东、河北、湖北、四川、贵州等省。

［用　　途］ 花为通经活血化瘀药。有消肿毒止疼之效，并治妇女月经不调及行经腹疼。

［采收处理］ 夏秋两季采收，一般选择晴天早晨，采下花蕾，铺开晒干，但久贮后易变黄色。最好用微火烘干，铺成数层薄层，在架上层层要有一定距离，烘烤时上下层要依次替换，直至烘干为止。品质以干燥、色紫，花未开放，味清香者为佳。装于箱中，勿压，并放置阴凉干燥处保存。

148 金樱子（jinyingzi）（图 442）

［学　　名］ **Rosa laevigata** Michx. (*R. sinica* Ait.)　蔷薇科

［药 材 名］ 金樱子

（地方名、形态特征、产地及其他用途见“淀粉及糖类”，541页）

［用　　途］ 果实入药，治遗精、遗尿、小便频繁、女子带下、脾虚泄痢久不止等症。浙江民间采果实蒸熟晒干浸酒服用，有强壮的效用。浙江诸暨民间用金樱子与芡实等分，研成细粉，制成蜜丸，治遗精病有效。

［理化性质］ 含苹果酸、柠檬酸、鞣酸、糖、树脂及维生素C。据北京医学院化验，含皂角甙17.12%。

［采收处理］ 霜降后9～10月花托成熟变红时采收，将果实晒干后，放于筐或木桶内，用木棍搅动，撞去毛刷，再晒至全干即成“金樱子”，再纵切为2，晒干成金樱肉或金樱片。品质以个大、色红、有光泽、毛净者为好。放于干燥通风处备用。注意防虫蛀。

149 玫瑰（meigui）（图1074）

［学　　名］ **Rosa rugosa** Thunb. 蔷薇科

［药 材 名］ 玫瑰花

（地方名、形态特征、生长环境、产地、及其他用途见“芳香油类”，1355页）

［用　　途］ 花用作矫味，矫臭药，有收敛性。治妇女月经过多，赤、白带下及一般肠炎、下痢等症。

［理化性质］ 含玫瑰油0.03～0.2%，其主要成分为苯乙酸、香草醇、香叶醇、橙花醇。

［采收处理］ 5～6月花盛开时，择晴天采收，其处理方法见月季花（见1752页）。

150 插田藨（chatian-biao）（图1350）

［地 方 名］ 胡须苗、乌沙莓（浙江），黑帽子（陕西）。

［学　　名］ **Rubus coreanus** Miq. 蔷薇科

［药 材 名］ 复盆子

图1350 插田藨

Rubus coreanus Miq.

1．花枝；2．果枝；3．瘦果。

（自“江苏南部种子植物手册”）

［形态特征］ 落叶小灌木，高约 3 米。茎皮赤褐色或紫红色，常被白粉，直立，或弯曲成拱形，常具扁平而弯曲的皮刺。奇数羽状复叶互生，有柄，**小叶 5～7**，顶端 1 片较大，菱状卵形，两侧的叶卵形，边缘有不整齐的粗尖锐锯齿，两面沿叶脉处有柔毛；托叶线形，着生于叶柄基部处。**伞房花序顶生**或腋生，有毛；萼片披针形，先端具尾状尖，两面有柔毛；花瓣粉红色倒卵形，短于萼片；雄蕊多数；雌蕊多数，着生于凸起的花托上，花柱近顶生。瘦果小，红色，在发育不良的情况下而为灰黑色。果味稍甜。花期 4～5 月，果期 7～8 月。

［生长环境］ 多见于山坡灌丛中、山路边、或林边、以及沟边等处。

［产　　地］ 河南、陕西、甘肃、浙江、江西、湖北、四川等省。以浙江建德、桐庐、昌化、淳安等县产量最多。

［用　　途］ 果实为强壮剂、主治阳萎、遗尿等病。

又成熟果实，味甜可食，可供酿酒用（见“淀粉及糖类”，545 页）。

［理化性质］ 果实含鞣花酸（ellagic acid, $C_{14}H_6O_8$），柠檬酸，维生素丙及糖类等。

［采收处理］ 5～6 月采收，摘下未成熟的果实，即颜色尚青（如已变为红色，则不用），放入沸水中稍浸后，捞出于烈日下晒干即成。品质以个大、饱满、黄绿色、坚实者为好。贮存于干燥通风的地方，防止虫蛀及鼠咬，

［其　　他］ 在中药材商品中，除上种外，还有悬钩子属其他种植物的未成熟果实，也作复盆子入药。如浙江除本种外尚有悬钩子（R. palmatus Thunb.）当地名细叶角公苗（浙江遂昌）及秦氏悬钩子（Rubus chingii Hu）别名细叶角公百公苗、牛奶蒙、大号角公都供药用，四川药用的复盆子为 Rubus eucalyptus Focke。

151 地榆（diyu）（图 914）

［学　　名］ **Sanguisorba officinalis** L. 蔷薇科

［药 材 名］ 地榆

（地方名、形态特征、生长环境、产地及其他用途见“鞣料类”，1140 页）

［用　　途］ 根入药有收敛性，可止血、止泻，用于肠胃发炎或出血、吐血、月经过多等症，又可治烫火伤。浙江龙泉民间将根焙枯煎水服，有止血痢的功效。

［理化性质］ 含鞣质及地榆皂角甙（sanguisorbin, $C_{38}H_{60}O_7$），水解生成地榆皂角甙原（sanguisorbigenin, $C_{33}H_{52}O_3$）及五碳糖。

［采收处理］ 春秋两季皆可采收，但以春季产者较佳，挖取根及根状茎，除去地上部及须根（可用以提栲胶），洗净晒干或切成斜片晒干。品质以质坚、断面粉红色、筋脉少者为好。放在干燥通风处保存。

152 广州相思子（guangzhouxiangsizi）（图 1351）

［地 方 名］ 鸡骨草（广东、广西），地香根（广东）。

［学　　名］ **Abrus cantoniensis** Hance 豆科

［形态特征］ **小灌木**，高45～60厘米。小枝及叶柄被粗毛。羽状复叶，小叶8～11对，膜质，椭圆形或倒卵形，长5～12毫米，宽3～5毫米，先端钝而有小锐尖，表面被疏毛，背面被紧贴的粗毛，**网脉两面隆起**，中轴顶端有一小尖突；小托叶极小。总状花序短，腋生；花长约6毫米：淡红色，聚焦短枝上；萼钟形，被灰毛；花冠蝶形，长约6毫米，紫红色，旗瓣卵形，翼瓣狭，龙骨瓣弓形；雄蕊9，合生，上部分离；子房近于无柄，花柱短，无毛。荚果椭圆形，扁平，被疏毛，**一般长不及3厘米**；种子4～5颗，椭圆形，扁平，褐黑色；种阜明显，蜡黄色，边缘为一椭圆状的环。花期8月，果期9～10月。

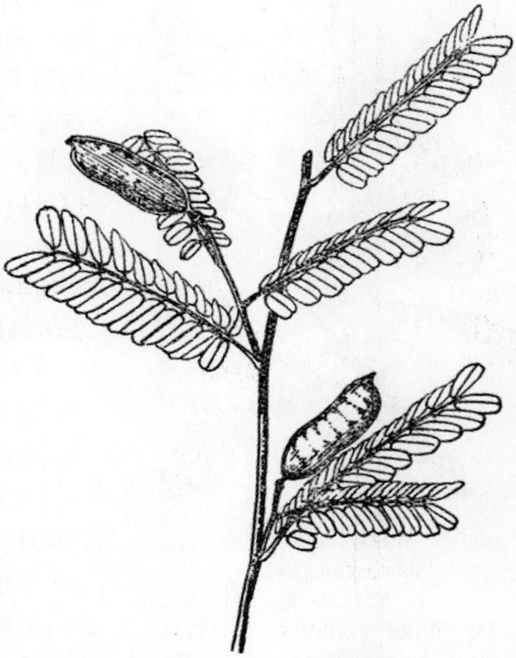

图1351 广州相思子
Abrus cantoniensis Hance
果枝

［生长环境］ 喜阳性植物，野生于山区、丘陵地或较干燥的山坡，性耐干旱高热。

［产　　地］ 广东、广西均有生长。

［用　　途］ 全株带根入药；为治疗传染性肝炎的重要植物药。广西民间用法以鸡骨草62克，瘦猪肉62克，共炖汤服。据广州红十字会医院、广西南宁工人医院的病例报告，治疗初期肝炎的效果极显著，并且能很快退去黄疸症状。全株亦可熬水洗疮疥。

［采收处理］ 果实完全成熟时采下，所得的种子除供药用外，尚可播种繁殖。所得的茎秆，切成约2厘米长，晒干，贮存在干燥处；品质以粗壮，茎紫黑色有光泽的为好。

153 相思子（xiangsizi）（图1352）

［地 方 名］ 猴子眼、亚公眼、鸡眼子（广西），美人豆、红豆（海南岛），小红豆（云南）。

［学　　名］ **Abrus precatorius** L. 豆科

［药 材 名］ 小红豆（云南）

［形态特征］ **缠绕藤本**。茎细长，稍木质化，表面疏生白色刚毛状伏贴细毛。偶数羽状复叶，互生，长4～11厘米，叶轴被刚毛状伏贴毛，先端有小尖突；小叶8～20对，具短柄；小叶片长圆形至长圆状倒卵形，长5～20毫米，宽3～8毫米，先端钝圆，具细尖，基部圆形或阔楔形，全缘，表面光滑，背面被刚毛状伏贴细毛；叶易凋落。总状花序腋生；花序轴粗壮；肉质，被刚毛状伏贴细毛；花小，排列紧密，淡紫色，长约9毫米，具短梗；花萼黄绿色，钟形，长约3毫米，先端有四短齿，外侧被毛；花冠蝶形，旗瓣阔卵形，基部有三角状的爪，翼瓣与龙骨瓣狭窄；雄蕊9枚成一束；子房上位，阔线形，被毛，花柱短，柱头具细乳头。荚果黄绿色，革质，长方形，扁平或膨胀，长2～4.5厘米，宽1.2～1.4厘米，先端有弯曲的喙，表面密被白色刚毛状伏贴细毛，有种子1～6；种子二色椭圆形，基部靠近种脐部分黑色，上部朱红色，有光泽。花期3～5月，果期5～6月。

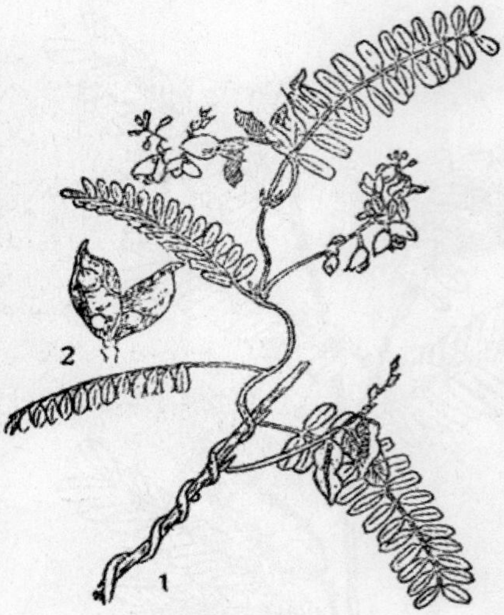

图1352 相思子
Abrus precatorius L.
1．花枝；2．果。
（自“中国主要植物图说，豆科”）

［生长环境］ 丘陵地灌木丛中或山间、路旁；常栽培于村边空隙地。

［产 地］ 分布于福建、台湾、广东、广西及云南等省区。以广西产量较多。

［用 途］ 种子供药用。治风痰瘴疟、热闷头痛、虫积等症。

［理化性质］ 种子含红豆碱（abrin，为白色粉末，溶于食盐水）及红豆酸（abrussin acid）；叶中含甘草糖。

［采收处理］ 秋季荚果成熟时摘下，晒干，打出种子，除去杂质，再将种子晒干即成。贮藏于干燥处。

［其 他］ 在云南、广西、湖南、湖北、四川等省区，有以相思子名赤豆［赤小豆（Phaseolus calcaratus Roxb; 或 Phaseolus angularis Wight）实则为两种药材，应注意区别。此外尚有广州相思子（Abrus cantoniensis Hance）（广西、广东通称鸡骨草）与本种主要区别是：广州相思子的全株密被张开的短柔毛；荚果小，长22～30毫米，宽7～8毫米。种子不分红黑两色。

154 儿茶（erchai）（图1353）

［地 方 名］ 孩儿茶、粉口儿茶

［学 名］ **Acacia catechu** (L.) Willd. (*Mimosa catechu* L.) 豆科

［药 材 名］ 儿茶羔

［形态特征］ 落叶乔木，高6～13米；树皮棕色，常成条状薄片开裂，但不脱落；小枝细弱，有棘刺。**托叶下面常生有一对细小而扁平的刺**，棕色或紫色。二回羽状复叶互生，羽片10～20对，长2～4厘米，**小叶片20～50对**，平行排列，有时成复瓦状，线形，先端尖，表面深绿色，背面色较淡，两面均有短毛。总状花序腋生，花黄色或白色；花萼基部连合成筒状，上部5裂，裂片半圆形，具有稀疏的毛，边缘较多；花瓣5，长披针形或卵狭长椭圆形，为萼长的3倍，先端微凹；雄蕊多数，伸出花冠外；雌蕊1，子房上位，长卵形，花柱细长。**荚果扁而薄**，紫褐色，有光泽；种子7～8。花期8～9月，果期10～11月。

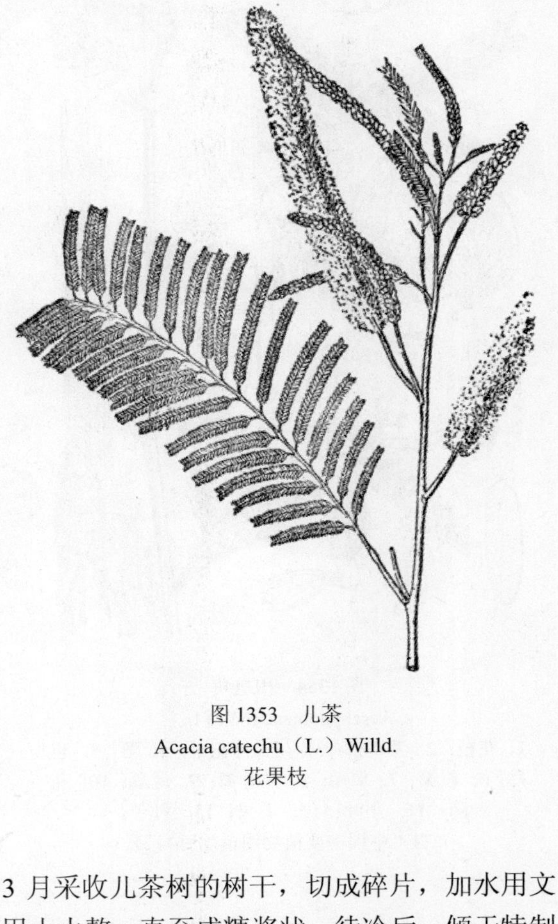

图1353 儿茶

Acacia catechu（L.）Willd.

花果枝

［生长环境］ 多见于村庄住宅附近，也有栽培的。

［产 地］ 云南西双版纳傣族自治州勐笼产量最多，台湾也有栽培。

［用 途］ 树干心材碎片的，煎汁，经浓缩干燥而得的浸膏，可作为局部收敛剂，治水泻。

［理化性质］ 主含儿茶鞣酸（20～50%），并含表儿茶素（epicatechol）及儿茶素等，但不含儿茶萤光素。

［采收处理］ 一般在12月至次年3月采收儿茶树的树干，切成碎片，加水用文火煎熬或用温热水浸泡后，过滤浓缩，再用小火熬，直至成糖浆状，待冷后，倾于特制的模型中，干后即成儿茶。品质以紫红色、不糊不碎、收敛性味强者为好。放在干燥阴凉处保存。

155 田皂角（tianzaojiao）（图1354）

［地方名］ 合萌（河南），锯没子、烂莲子、莒麦、水固麦子（江苏）。

［学 名］ **Aeschynomene indica** L. 豆科

［药材名］ 梗通草（江苏）

［形态特征］ 一年生半灌木状草本，高30～90厘米。茎直立，圆柱形，近根部木质，上部多分枝，无毛。偶数羽状复叶互生；小叶片密生，每边8～35对，晚间闭合，

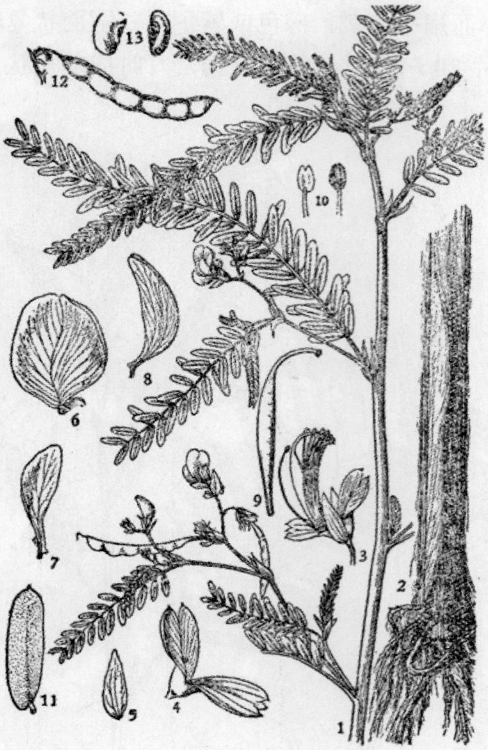

图 1354 田皂角

Aeschynomene indica L.

1. 花枝；2. 茎基部；3. 花去掉花冠；4. 萼；5. 苞片；6. 旗瓣；7. 翼瓣；8. 龙骨瓣；9. 雌蕊；10. 花药；11. 小叶；12. 荚果；13. 种子。

（自“中国主要植物图说，豆科”）

线状长圆形，长 4～6 毫米，宽 2～3 毫米，先端钝，全缘，无毛；叶柄长 2～11 厘米，具疏生短毛；托叶披针形，膜质。总状花序腋生，苞片似托叶而边缘具小锯齿，每苞有 2～4 花；小苞片短，宿存；花萼 5 裂，2 唇形，上唇 2 齿裂，下唇 3 裂。长约 4 毫米；花冠蝶形，黄色，长约 8 毫米，旗瓣圆形，龙骨瓣弯曲而略有喙；**雄蕊 10**；雌花具柄，线形。**荚果线形**而扁，**长 1～5 厘米，荚节 4～10 节，易于节处脱落**，每节有 1 种子。花期 7～8 月，果期 9～10 月。

［生长环境］　喜生于湿润之地，溪旁、池塘边和田埂等处。

［产　　地］　吉林、辽宁、河北、河南、山东、江苏、江西、湖北、四川、云南、贵州等省。

［用　　途］　茎的髓部入药，有解热利尿之效。民间中医用田皂角作杀虱虫药。

茎基部已木质化，但质地轻软，可作救生圈、游水带、瓶塞等。

［采收处理］　7～9 月采收，将植物连根拔起，除去枝、叶、根和茎的顶端部分，剥去茎的外皮，晒干、捆成小束即可备用。

156 合欢（hehuan）（图 1355）

［地 方 名］　绒花树（河南），萘花树（山东），马缨花、夜合树（四川）。

［学　　名］　**Albizzia julibrissin** Durazz.　豆科

［药 材 名］　合欢皮（江苏、河南），合欢花（江苏），合欢米（河南）。

［形态特征］　落叶乔木，高可达 16 米；树皮淡灰色，平滑；小枝微弯曲，带棱角，表面具细纵纹，黑褐色，无毛，散生黄褐色皮孔。偶数二回羽状复叶互生，长 30 厘米，羽片 4～12 对，小叶 10～30 对，镰状长圆形，长 7～10 毫米，宽 2～3 毫米，先端尖，基部楔形，全缘，边缘及背面主脉具细毛；叶柄四方形，近基部腹面具一突起腺

点；托叶线状披针形较小叶小。花序头状，多数，呈伞房状排列，互生于新枝的上部，总花梗生于苞腋，长 2～7 厘米，具细毛及红色小腺点；小花梗极短；花淡红色，花萼筒形，长约 4 毫米，具 5 齿，边缘及外面有毛；花冠漏斗形，长约 1 厘米，上部外面被毛及红色腺点，裂片 5，直立，长圆状披针形；雄蕊多数而细，长 4 厘米，花丝上部红色，下部 1/4 合生成管；子房卵形而扁，长约 4 毫米。荚果长圆形，扁而薄，基部楔形，先端钝或尖，边缘较厚而突起。花期 6～7 月，果期 9～10 月。

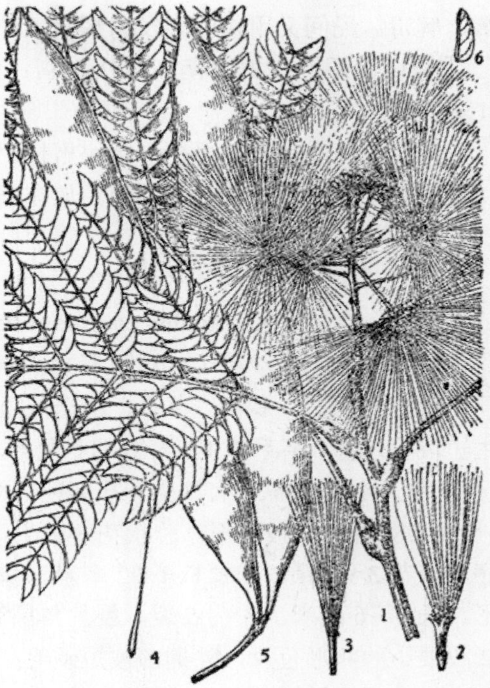

图 1355　合欢
Albizzia julibrissin Durazz.
1．花枝；2．花；3．雄蕊；4．雌蕊；5．果；6．小叶。
（自“中国主要植物图说，豆科”）

［生长环境］　生于路旁，村边，以及山坡上。能耐砂质土及干燥气候，耐寒力亦强。

［产　　地］　辽宁、河北、陕西、河南、山东、安徽、江苏、浙江、江西、湖北、湖南、广东、广西、四川、云南、贵州等省区。

［用　　途］　树皮、花蕾及花都供药用。合欢皮作煎剂，内服有强壮兴奋，利尿及驱虫作用。浸膏外用治骨折，痈疽肿痛等症。合欢花有安眠定神之效。

树皮及叶均含鞣质可提栲胶（见“鞣料类”，1148 页）；树皮纤维为人造棉原料；种子可榨油等。

［理化性质］　树皮含有皂角甙及鞣质等。

［采收处理］　树皮全年都可采收，一般在 4 月上旬，按照 20 厘米的长度，进行剥皮，捆扎晒干即可。花在 6～7 月开放后，选择晴天采花，当日晒干，贮藏于干燥通风处，以备利用。

157 土圞儿（tuluaner）

［学　　名］　**Apios fortunei** Maxim.　豆科

［药 材 名］　金线吊葫芦（浙江宁波）

（地方名、形态特征、生长环境、产地及其他用途见“淀粉及糖类”，552 页）

［用　　途］ 根为浙江宁波民间治百日咳的良药；又可治清心火；祛肺热、润燥、镇咳、解毒。民间又用作治多发脓疡及毒蛇咬伤药。

［理化性质］ 据河南省分析资料：鲜根含淀粉 35.81%，水分 55.8%，葡萄糖 2.41%。

［采收处理］ 秋后采挖，将块根挖出后，去茎和须根，洗去泥沙；如块根较大，可切成片晒干，用麻袋或篓筐盛装，放在干燥通风处，防止受潮发霉变质。

158 白蒺藜（baijili）

［学　　名］ **Astragalus complanatus** R. Br. 豆科

［药 材 名］ 沙苑子、沙苑蒺藜、潼蒺藜

［形态特征］ 多年生草本，全株被短硬毛。主根粗壮而长。茎略扁，偃卧，表面疏生短硬毛，无丁字毛着生。奇数羽状复叶互生，小叶片椭圆形，长 6～14 毫米，宽 3～7 毫米，先端钝或微缺，有细尖，基部钝形至钝圆形，全缘，背面被短硬毛；叶柄长 4～8.5 厘米，托叶小，披针形。总状花序腋生；总花梗细，长 5～9 厘米，疏被短硬毛；每花序上有花 3～9 朵，花梗长 1～2 毫米，基部有一线状披针形苞片，均被短硬毛；花萼钟形，长 5～6 毫米，先端 5 裂，裂片与萼筒几等长，外侧被黑色短硬毛，萼筒的基部有 2 枚很小的卵形苞片，外侧密被短硬毛；花冠蝶形，黄色，旗瓣近圆形，先端微凹，基部有爪，翼瓣稍短，龙骨瓣与旗瓣等长；雄蕊 10，2 体；雌蕊超出雄蕊之外，有柄，子房密被白色柔毛，花柱光滑，柱头有画笔状白色髯毛。荚果纺锤形，膨胀，长 3～4 厘米，直径约 8 毫米，先端有较长的尖喙，被黑色短硬毛，内含多数种子；种子圆肾形。花期 8～9 月，果期 9～10 月。

［生长环境］ 生于山野、路旁及荒地。

［产　　地］ 吉林、辽宁、内蒙古、河北、山西、陕西、甘肃等省区。主产于陕西。

［用　　途］ 种子入药，有补肝肾、固精、明目之效。主治肝肾虚弱，腰膝酸痛、遗精早泄、遗尿、小便频数，女子滞下等症。

［采收处理］ 秋末冬初，种子成熟时连根拔起，打出种子，除去杂质，晒干即成。

159 膜荚黄芪（mojiahuangqi）

［地 方 名］ 黄蓍、东北黄蓍（河北），黄芪、茨松（河北、山西）。

［学　　名］ **Astragalus membranaceus** (Fisch.) Bge. 豆科

［药 材 名］ 黄芪

［形态特征］ 多年生草本，高 50～80 厘米。主根深长，肥大，棒状，稍带木质不易折断，直径 1～3 厘米，外皮红色或棕红色。茎直立，上部多分枝，光滑或多少被毛。奇数羽状复叶互生，小叶 6～13 对，椭圆形、长圆状椭圆形或长卵圆形，长 5～23 毫米，宽 3～10 毫米，先端钝尖。截形或具短尖头，全缘，表面光滑或被疏柔毛，背面

多少被有白色长柔毛；基部具披针形或三角状的托叶。总状花序腋生，比叶长，具花 5～22 朵，排列疏松；苞片线状披针形；小花梗比苞片短或近等长，被黑色硬毛，花萼钟形，萼齿 5，甚短，被黑色短毛或仅在萼齿边缘被有黑色柔毛；花冠黄色，蝶形，长约 16 毫米，旗瓣长圆状倒卵形，先端微凹，翼瓣和龙骨瓣均有长爪，基部长柄状；雄蕊 10，2 体；**子房被疏柔毛**，子房柄长。荚果膜质，膨胀，半卵圆形，长 2～2.5 厘米，直径 0.9～1.2 厘米，先端尖刺状，**被黑色短毛**；种子 5～6 粒，黑色，肾形。花期 6～7 月，果期 8～9 月。

［生长环境］　向阳的山坡或路旁草丛中，最适于生长排水良好的砂质土壤上。

［产　　地］　广分布于内蒙古、黑龙江、辽宁、吉林、青海、陕西、甘肃、宁夏、河北、山西、山东、四川等省区。

［用　　途］　根为滋补药，治虚弱、贫血及消化不良。

［理化性质］　据中国科学院药物研究所分析：根中含胆汁碱（choline），甜菜碱，（betaine），数种氨基酸及蔗糖等。

［采收处理］　秋季挖掘根部，洗净泥土，去掉须根，晒干即可。

［其　　他］　除本种外，蒙古黄芪（Astragalus mongolicus Bge.）分布吉林、河北、山西、内蒙古等省区，根也作黄芪入药，其与膜荚黄芪的主要区别是子房及果荚光滑无毛，小叶 24～36 对。

160 南蛇簕（nanshele）（图 1356）

［地 方 名］　蛋妇灵牌（广东）

［学　　名］　**Caesalpinia minax** Hance　豆科

［药 材 名］　石莲子（广州）

［形态特征］　有刺藤状灌木。枝、叶幼嫩部被小毛，叶柄及总轴有散生钩刺。叶为二回羽状复叶，羽片 5～8 对，托叶锥尖；小叶 6～10 对，无柄，小叶叶片卵状披针形，长 2.5～3 厘米，宽 1.2～1.5 厘米，先端有小锐尖，基部截形，全缘。总状花序多花，基部分枝，

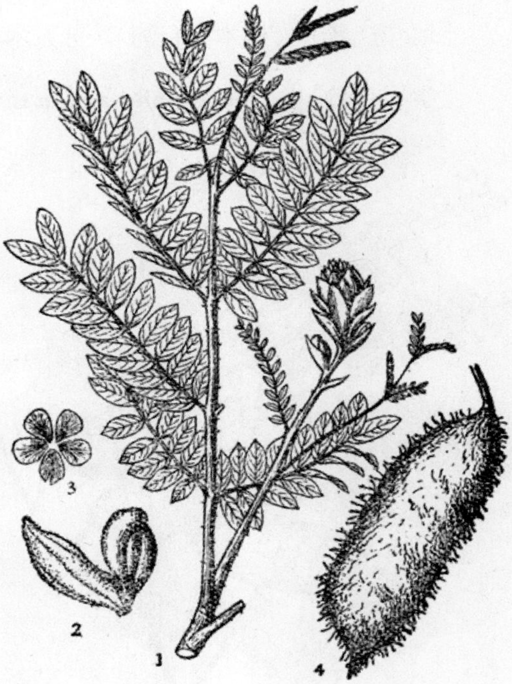

图 1356　南蛇簕
Caesalpinia minax Hance
1. 枝条；2. 花蕾；3. 花瓣；4. 果。

总轴有刺和被褐锈色茸毛；苞片大，长圆形，长2～2.5厘米，宽约1厘米，密被茸毛；花两性，左右对称，花柄与萼均被茸毛；萼管阔，倒卵形，有不明显的10条沟痕，裂片5，最下一片稍长；花瓣5枚，倒卵形，白色，或上面一片红紫色，边缘有小缺刻；雄蕊10，分离，下弯，花丝下部密被柔毛；子房上位，1室，被密刺。荚果椭圆状长圆形，扁平，有密刺，先端钝而有尖喙。花期3～4月，果期7～8月。

［生长环境］ 性喜阳，适应性广，生于气候温暖，土壤稍湿润的河旁，山间谷地，在村旁，池塘边亦常见生长。广州近郊有栽培。

［产　　地］ 云南、广东、广西等省区。

［用　　途］ 种子供药用，治心火，除湿热，治噤口痢，梦遗，淋浊等症。广东民间用治流行性感冒；嫩苗煎水洗蛇癞，或加糯米捣烂治小儿白泡疮；根治火热症。

［采收处理］ 秋季采下成熟果实，曝晒。果壳自行开裂，取出种子晒干或烘干即得。品质以足干、色黑、身重为好。用麻包封固，放在干燥通风的地方贮存。

161 苏木（sumu）（图1357）

［地 方 名］ 樱木（台湾），苏方木、苏枋（云南）。

［学　　名］ **Caesalpinia sappan** L. 豆科

［药 材 名］ 苏木

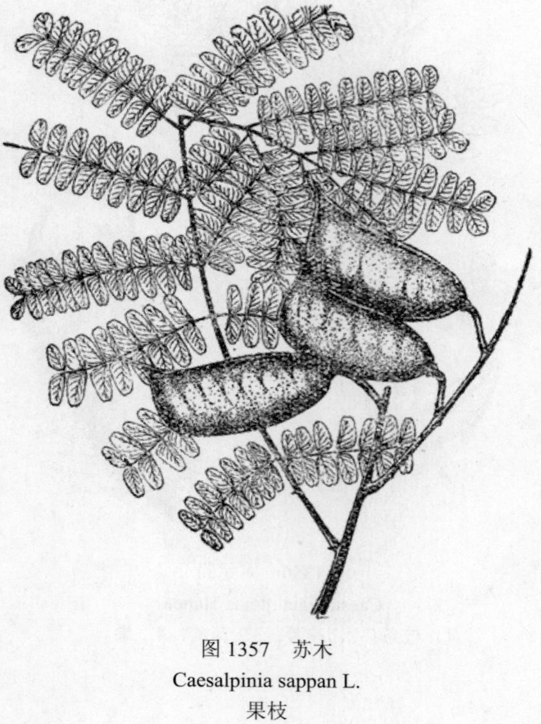

图1357 苏木
Caesalpinia sappan L.
果枝

［形态特征］ 灌木或小乔木，高5～10米；树干有刺，小枝灰绿色，具圆形凸出的皮孔，新枝被微柔毛，其后脱落。叶为二回偶数羽状复叶，叶全长达30厘米或更长；羽片对生，9～13对，长6～15厘米，叶轴上被柔毛；小叶9～16对，长圆形，长约14毫米，宽约5毫米，先端钝形微凹，全缘，表面绿色无毛，背面具细点，中脉偏斜，无柄；具锥刺状托叶。圆锥花序顶生宽大多花，与叶等长，被短柔毛；花黄色，直径10～15毫米；花萼基部合生，上部5裂，裂片略不整齐；花瓣5，其中4片圆形，等大，最下1片较小，上部长方倒卵形，基部约1/2处窄缩成爪状；雄蕊10，分离，花丝下部被绵状毛；子房上位，1室。荚果长圆形，偏斜，扁平，厚革质，

无刺，无刚毛，先端1侧有尖喙，长约7.5厘米，直径约3.5厘米，成熟后暗红色，具短茸毛，不开裂，**含种子4～5**。花期5～6月，果期9～10月。

［生长环境］ 栽培于海拔600～1800米的较热地带。

［产　　地］ 台湾、广东、广西、贵州、云南等省区。

［用　　途］ 干燥的心材入药，为清血剂；有祛痰、止痛、活血、散风的效用。心材亦可提制红色染料（见“其他类”2073页）。

［理化性质］ 含苏枋隐色素（brasilin, $C_{16}H_{14}O_5$）约20%，氧化后得苏枋素（brasilin, $C_{16}H_{12}O_5$）；另含挥发油，油的主要成分为右旋菲兰烃（*d*-*α*-phellandrene）及oscimene。此外尚含鞣质。

［采收处理］ 全年四季皆可采收，一般多在5～7月间。将树砍下，除去干茎，粗根的外皮及边材，取其红棕色的心材，晒干即得。品质以粗大、坚实、色红黄为佳。放在干燥的地方贮藏。

162 锦鸡儿（jinjier）（图1358）

［地 方 名］ 娘娘袜子（河北、山西），锈花针（广西）。

［学　　名］ **Caragana sinica** (Buchoz) Rehd. (*Caragana chamlagu* Lam.) 豆科

［药 材 名］ 白鲜皮（广西）

［形态特征］ 灌木，高1～2米，具直立或展开的枝条，小枝细长有棱，无毛，黄褐色或灰色。小叶4枚，羽状着生，顶端一对常较下方一对为大，倒卵形，先端圆或凹，具小短尖或无，两面具细脉，无毛，近革质；托叶三角形，具渐尖头，常硬化而成针刺，长达8毫米；叶轴脱落或宿存，并硬化成针刺，长达2.5厘米。花梗单生，长约1厘米，在中部有关节，关节上具极细小的苞片；花萼钟状，基部具浅囊状凸起，萼齿三角形；花冠蝶形，黄色而带红，凋谢时呈褐红色，旗瓣狭，倒卵形，基部带红色，翼瓣顶端圆，耳片

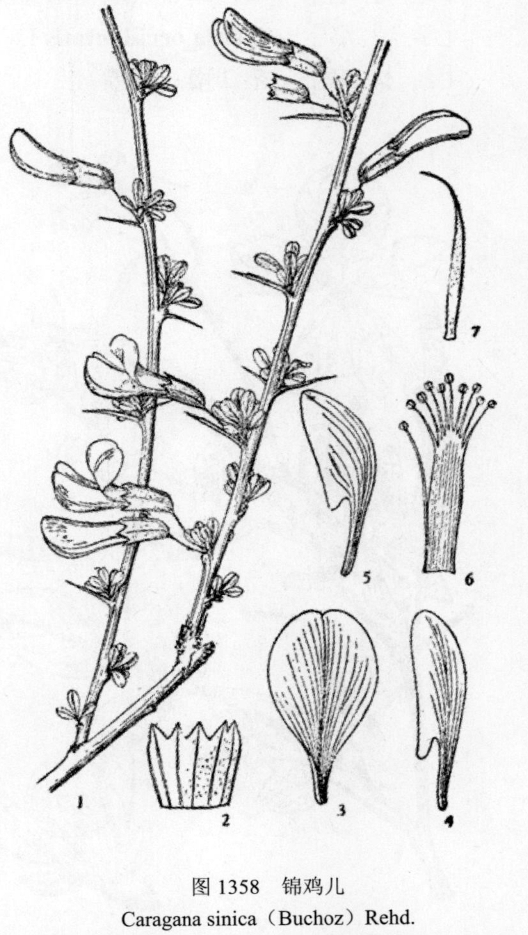

图1358 锦鸡儿
Caragana sinica（Buchoz）Rehd.
1. 花枝；2. 萼片（展开）；3. 旗瓣；4. 翼瓣；5. 龙骨瓣；6. 雄蕊；7. 雌蕊。

极短而圆，龙骨瓣阔而钝。荚果长约3～3.5厘米，两侧稍扁压，无毛。花期3～4月，果期4～5月。

［生长环境］　生于山坡阳处灌丛中，也见栽培于庭园，住宅附近。

［产　　地］　江苏、山东、河北、山西、陕西、江西、湖南、湖北、贵州、云南、四川、广西等省区。

［用　　途］　花及根皮供药用，有解热毒，通淋，去湿之效。

［采收处理］　在花将开放时，摘下晒干即可。根可随时采挖，除去杂物，剥取根皮，晒干，备用。

163 望江南（wangjiangnan）（图1359）

［地 方 名］　喉白草、凤凰花草（江苏），野扁豆（广东），羊角豆（台湾）。

［学　　名］　**Cassia occidentalis** L.　豆科

［药 材 名］　望江南（江苏）

［形态特征］　一年生灌木或半灌木状草本，高1～2米，植物体近于无毛。茎直立，圆柱形，下部木质化，上部多分枝。偶数羽状复叶互生，叶柄长3～5厘米；柄上面近基部有腺体1个；托叶卵状披针形；小叶3～5对，最下1对最小，小叶片卵形或卵状披针形，长2～6厘米，宽1～2厘米，先端尖或渐尖，基部近于圆形，稍斜，全缘，边缘有细柔毛，中脉在小叶中部；小叶柄极短，略肥厚，上面密被细柔毛。伞房状总状花序，腋生或顶生，花梗疏被细柔毛；苞片卵形，早落；花萼5；花瓣5，黄色，倒卵形或椭圆形，先端圆形或微凹，基部有短爪；雄蕊10，上面3个为退化雄蕊；子房线形而扁，被白色长毛，花柱丝状，内弯，柱头截形。荚果扁平，线形，有横隔膜；淡棕色，被稀毛。种子卵形而一端稍尖，扁平，近中央微凹。花期8～9月，果期10月。

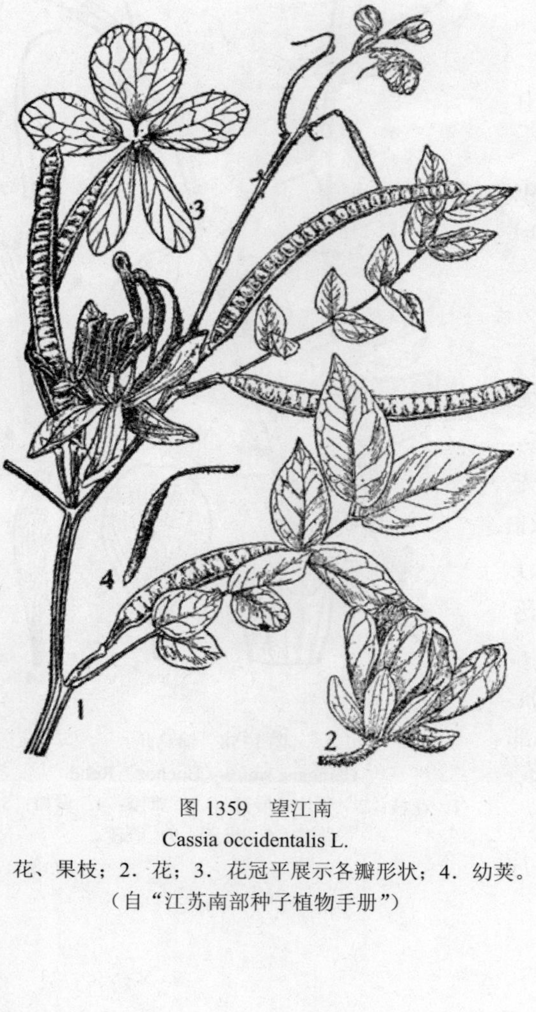

图1359　望江南

Cassia occidentalis L.

1. 花、果枝；2. 花；3. 花冠平展示各瓣形状；4. 幼荚。

（自“江苏南部种子植物手册”）

［生长环境］　喜生于砂质土壤的山坡或河边，能耐强日照。

［产　　地］　河北、山东、江苏、安徽、福建、台湾、广东、广西、云南等省区。

［用　　途］　种子内服治下痢腹疼，并治慢性便秘，能健胃整肠，治头胀。茎叶榨汁，治毒蛇或毒虫的螫伤；煎汤服之，治肺病有效。江苏无锡民间称此草有治咳嗽，初期肺病、胃病、气块、气胀等功効。

［理化性质］　全草含鞣质、脂肪油和粘液，种子含有大黄素（emodin），鞣质和多量的粘液 36%，脂肪油 2.55%，灰分 4.33%。

［采收处理］　秋末待种子成熟后，将地上部分割下，置于席上，晒干，轻轻捶出种子，然后将茎叶和种子筛选分开，分别收藏备用。

164 决明（jueming）（图 110）

［学　　名］　**Cassia tora** L.　豆科

［药 材 名］　决明子、马蹄决明、草决明

（地方名、形态特征、生长环境、产地及其他用途见“纤维类”，142 页）

［用　　途］　种子有缓下作用，治慢性便秘、高血压、头胀等有效。慢性便秘者，常服无流弊；也能治急性结膜炎及目赤肿等症。叶也有泻下作用，有作狭叶番泻树（Cassia angustifolia Vahl.）叶的代用品的。

［理化性质］　种子含有大黄素（emodin, $C_{15}H_{10}O_5$），糖甙类（glucoside），植物甾醇（phytosterine）及 glucosennin 等。

［采收处理］　于秋季前摘下果荚，晒干后便开裂，捶下种子，除去杂质，即可。

165 金钱草（jinqiancao）（图 1360）

［学　　名］　**Desmodium styracifolium** (Osb.) Merr. [(*D. retroflexum* (L.) DC.]　豆科

［药 材 名］　金钱草（广东）

［形态特征］　灌木状草本，高 30～

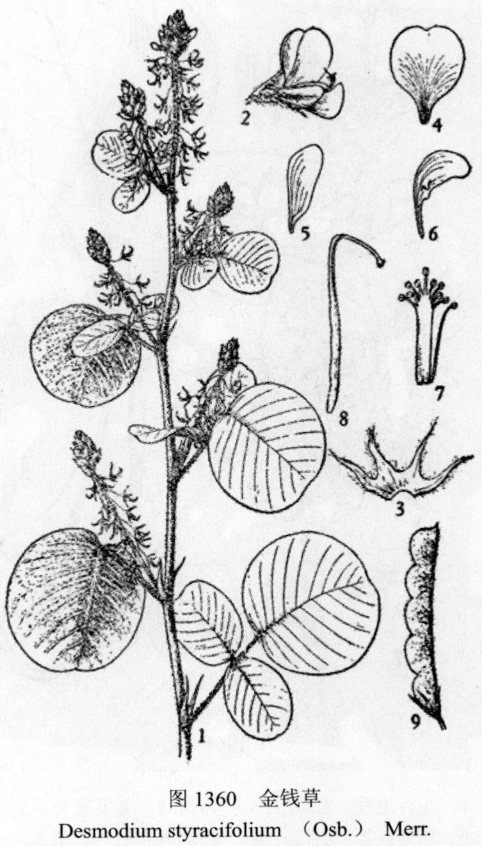

图 1360　金钱草

Desmodium styracifolium （Osb.） Merr.

1. 花枝；2. 花；3. 花萼剖开；4. 旗瓣；5. 翼瓣；6. 龙骨瓣；7. 示二体雄蕊；8. 雌蕊；9. 荚果。

（自“中国主要植物图说，豆科”）

90 厘米。茎直立，枝圆柱形，密被伸展的黄色短柔毛。**通常有小叶 1 片，有时 3 小叶，顶端小叶圆形，革质，先端微凹，基部心形，长 1.8～3.4 厘米，宽 2.1～3.6 厘米，表面无毛，背面密被贴复的茸毛**，脉上最密，侧生小叶如存在时，则远较顶生小叶为小，圆形或椭圆形，长 1～1.6 厘米；叶柄长 1～1.8 厘米，托叶小，披针状钻形，具条纹。总状花序顶生或腋生；苞片密集，复瓦状排列有 2 花，长 4 毫米，脱落；花梗长 2 毫米，果时稍增大；花小，紫色，有香气；花萼被粗毛，萼齿披针形，长为萼筒的 2 倍；花冠蝶形，旗瓣圆形或长圆形，基部渐狭成爪，翼瓣贴生于龙骨瓣上；雄蕊 10，2 体，子房线形。**荚果线状长圆形，被短毛**，腹缝线直，背缝线浅波状，**4～5 个节，每节近方形。**花期 6～9 月。

［生长环境］ 生荒地草丛中，或经冲刷过的山坡上。

［产 地］ 福建、广东、广西。

［用 途］ 据"广东中医"1958 年第 5 期报导，遂溪县国营前进农场用全草加藕节，治愈膀胱结石患者疗效很好。又据花县血吸虫防治站实验，全草有利尿作用，尤对晚期血吸虫病腹水有消退之效。

［采收处理］ 采集全草，晒干，放在干燥地方贮存。

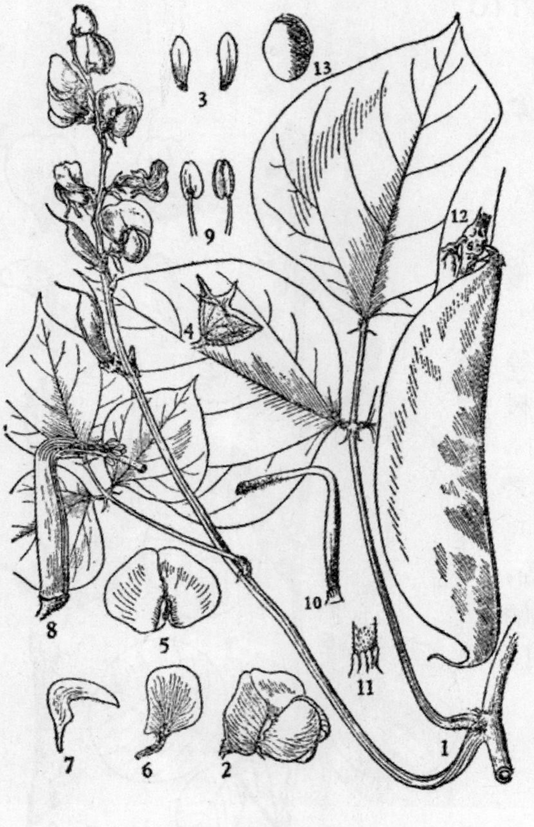

图 1361 藊豆

Dolichos lablab L.

1. 花、果枝；2. 花；3. 苞片；4. 萼及苞片；5. 旗瓣；6. 翼瓣；7. 龙骨瓣；8. 雄蕊和雌蕊；9. 雄蕊；10. 雌蕊；11. 腺盘；12. 果实；13. 种子。

（自"中国主要植物图说，豆科"）

166 藊豆（biandou）（图 1361）

［地 方 名］ 白扁豆、白眉豆、眉豆（河南），火镰扁豆（河北、山西），活扁豆（山西）。

［学 名］ **Dolichos lablab** L.

豆科

［药 材 名］ 白扁豆（种子）、扁豆衣（种皮）、扁豆花（花或花蕾）

［形态特征］ 一年生缠绕草本高可达 6 米；茎近光滑或被疏柔毛。叶为三小叶，小叶片阔卵形，长 5～12 厘米，宽 4～11 厘米，先端尖，基部阔楔形或截形，全缘，两面均被疏毛；叶

柄长4～12厘米；托叶细小，三角状卵形，被白色柔毛；小托叶被毛，线状披针形。总状花序腋生，花序有花数朵至20朵，每节具花2～4朵；总花梗长6～17厘米；小苞片2个，舌状，早落；花萼钟状，先端4～5裂，萼齿边缘密被白色柔毛；花冠蝶形，白色或淡紫色，旗瓣阔卵状椭圆形，先端向内微凹，翼瓣斜椭圆形，近基部处一侧有耳状突起，龙骨瓣舟状；雄蕊10，2体；子房线形，被柔毛，基部有腺体，柱头头状，疏生白色短毛。**荚果镰形，扁平，长5～8厘米，宽1～3厘米**，先端稍宽，顶上具1弯曲的喙。**种子长方状扁圆形，长约8毫米**，白色、黑色或红褐色。花期7～8月，果期9月。

［生长环境］　栽培植物。

［产　　地］　辽宁、河北、河南、山东、安徽、江苏、浙江、福建、台湾、广东、广西、江西、湖南、湖北、云南、贵州、四川、陕西、山西等省区。

［用　　途］　花或花蕾入药，治妇女赤白带下，红白痢疾病；种子用于治食物中毒性霍乱吐泻，又用于解酒毒，治酒醉的呕吐，解河豚毒，消渴；种皮治痢疾腹泻及脚肿有效。

［采收处理］　花于秋日或秋末择晴天采收，将花采下，迅速晒干，晒时要勤加翻动。种子成熟时采收，将果实采下，晒干后打破果壳，收集种子。白扁豆衣是将种子放入水中浸泡数小时，使种子吸水胀大后，用手揉下种皮，晒干即得。贮存于干燥地方。

［其　　他］　商品收购要求：白扁豆花要干燥、白色、无霉；白扁豆（种子）要干燥，成熟、粒大、无虫蛀；白扁豆衣（种皮）要完整，无破碎片的为好。

167 猪牙皂荚（zhuya-zaojia）（图1362）

［地 方 名］　小皂荚（山东），牙皂（四川）。

［学　　名］　**Gleditsia officinalis** L.　豆科

［药 材 名］　猪牙皂

［形态特征］　落叶乔木，高20～30米，树干有刺；枝暗褐色，稍弯曲，初有毛，后变为灰色，有多数皮孔。**一回偶数羽状复叶**，小叶6～16，对生或互生，卵圆形，或长椭圆形，长3～4.5厘米。宽1～1.5厘米，先端钝圆，常有细尖，基部斜圆形，

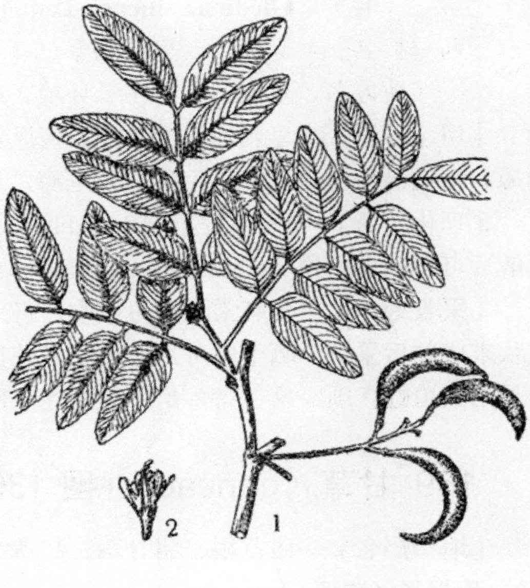

图1362　猪牙皂荚

Gleditsia officinalis L.

1．果枝；2．花。

不对称，边缘有不明显细钝锯齿，表面光滑，背面有短柔毛，后变光滑；叶柄长 2～2.5 厘米；小叶柄长 1～1.5 毫米。总状花序腋生，花杂性，黄白色；花梗被柔毛；萼片 4 裂；花瓣 4，较萼片稍长；雄花 6，药丁字形；子房扁平，被疏柔毛。**荚果镰刀形或扁平带形，长 10～12 厘米**，宽 1～1.8 厘米，**先端有长喙**，成熟后呈红棕色至黑棕色，几无毛，具白粉或白霜，内含种子数粒。花期 5 月，果期 7～8 月。

［生长环境］ 生长于海拔 1000～2000 米的山坡，村前或栽培于庭院内。

［产　　地］ 山东、湖北、四川、陕西、甘肃、云南、贵州等省。

［用　　途］ 药效与皂荚近似，山东以此种代皂荚入药；主治痈疽，乳痈及一切风疠恶疮等症；用米醋熬嫩刺可治癣疥。果荚为刺激性祛痰药，内服小量能祛痰，大量即能引起呕吐，一般用于痰涎蓄积，胶粘不易咯出，引起呼吸困难者使吐出粘痰以减轻病势。

［理化性质］ 含皂荚皂角甙（gleditschia saponin, $C_{59}H_{100}O_{20}$），另含皂荚甙（gledinin），水解后可得皂荚甙原（gledigenin, $C_{30}H_{48}O_3$）。

［采收处理］ 9～10 月间，用竹竿从树头打下果实，晒干备用。以身干、个小饱满。色紫红有光泽、无果柄、断面淡绿者为佳；放置干燥处，防虫蛀。

168 皂荚（zaojia）（图 1560）

［学　　名］ **Gleditsia sinensis** Lam. (*G. macracantha* Desf.) 豆科

［药 材 名］ 皂荚针、皂荚刺

（地方名、形态特征、生长环境、产地及其他用途，见“其他类”，2089 页）

［用　　途］ 皂刺治瘰疬恶疮，搜风杀虫。皂荚为强力的祛痰药，治淋病，并有利尿、杀虫的效能。皂荚子治瘰疬及疮癣，通便秘、老人中风后便秘等。

［理化性质］ 含皂荚皂角甙（gleditsia saponin, $C_{59}H_{100}O_{20}$），另含皂荚甙（gledinin），水解后可得皂荚甙原（gledigenin, $C_{30}H_{48}O_3$）。

［采收处理］ 皂刺常年均可采收，将采集的皂刺通常用刀纵剖成片，晒干。果实在秋末成熟后采下，晒干即可，皂荚子多是在果实未干时剥出，晒干。本品在贮藏期间极易招致虫蛀，须经常保持库房干燥及注意除虫工作，并要在夏季前拿出复晒。

169 甘草（gancao）（图 1363）

［地 方 名］ 甜草根、甜甘草、甜草（东北、内蒙古、山西），乌拉尔甘草（山西），甜根子（陕西）。

［学　　名］ **Glycyrrhiza uralensis** Fisch. 豆科

［药 材 名］ 甘草

［形态特征］ 多年生草本，高 30～70 厘米。根状茎圆柱状；根大，不分枝，长约 30～60 厘米；直径 0.5～3 厘米，表面红棕色或暗棕色。茎直立，稍带木质，被白色

短毛及腺鳞或腺状毛。奇数羽状复叶互生，长 8～20 厘米，小叶 9～17 片，**卵圆形或卵状椭圆形**，长 2～5.5 厘米，宽 1.5～3 厘米，先端急尖或近钝状，基部通常圆形，两面被腺鳞及短毛；托叶披针形，早落。总状花序腋生，花密集，长 5～12 厘米；花萼钟状，长约为花冠的 1／2，萼齿 5，披针形，较萼筒略长，外被短毛及腺鳞；花冠蝶形，淡紫堇色，长约 14～22 毫米，旗瓣大，长方椭圆形，先端圆或微缺，下部有短爪，龙骨瓣直，较翼瓣短，均有长爪；雄蕊 10，2 体，花丝长短不一，子房无柄。**荚果线状长圆形，镰刀状或弯曲呈环状**，密被褐色的刺状腺毛；种子 2～8，扁圆形或肾形，黑色光滑。花期 6～7 月，果期 7～9 月。

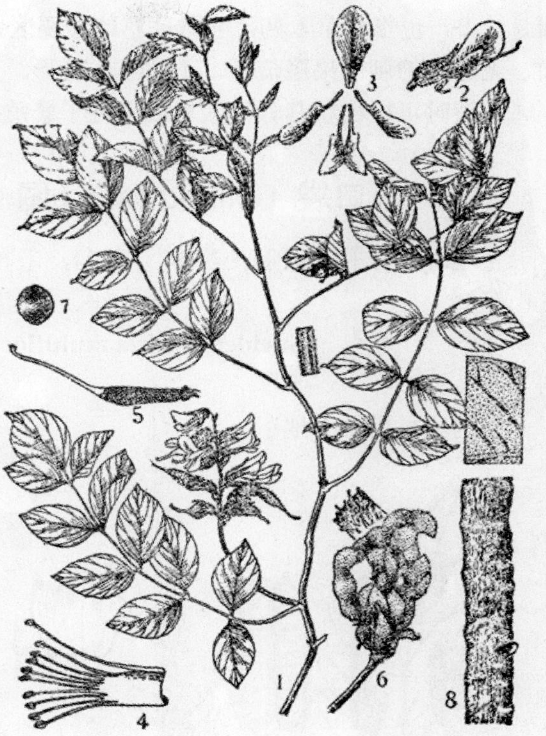

图 1363　甘草

Glycyrrhiza uralensis Fisch.

1．花枝；2．花的侧面观；3．花剖开后示旗瓣、翼瓣和龙骨瓣；4．雄蕊；5．雌蕊；6．果序；7．种子；8．根的一段。

（自“中国药用植物志”）

［生长环境］　多生于向阳干燥的钙质草原，河岸沙质土等地。

［产　　地］　黑龙江、吉林、辽宁、河北、山东、山西、陕西、甘肃、内蒙古、新疆、青海等省区。

［用　　途］　根供药用，为镇咳祛痰药，适用于干咳嗽、咽喉燥痛，腹部拘挛疝痛，痢疾之里急后重、小便赤涩淋痛等症，通常中医多用作矫味药。

干根可制甘草流浸膏（详见“芳香油类”，1359 页）。采挖甘草的同时，将地上茎杆收集起制纤维（详见“纤维类”，151 页）。

［理化性质］　含甘草甜素（glycyrrhizin）6～4%，系甘草甜酸（glycyrrhizinic acid, $C_{42}H_{62}O_{16}$）的钾钙盐，为甘草甜味成分。甘草酸经加稀硫酸水解，产生 1 分子甘草次酸（glycyrrhetinic acid, $C_{30}H_{46}O_4$）及 2 分子葡萄糖醛酸。甘草甜素是一种皂角甙，其水解后的甘草次酸具有溶血作用。此外尚含有甘草甙（liquiritin, $C_{21}H_{22}O_9$）及葡萄糖约 3～8%，蔗糖 2.4～6.5%。另含一种苦味质甘草苦素，大多存在于皮部木栓细胞中。

［采收处理］　春秋两季，皆可采挖。将挖得的根和根状茎，切去两端，除去小根，以及茎基及幼芽，洗净，晒干或烘干。使用时有的将外表红色栓皮剥去。秋季刨采较春季为佳。

［其　　他］　除这一种外，同属的其他种植物如欧甘草（G. glabra L.）分布于新疆、甘肃，也作甘草入药，它与甘草的主要区别是花长 9～12 毫米。荚果不弯曲或稍弯曲，无腺体的刺；果序疏松，不密集成球形。

种植时可用根状茎分根栽培或用种子繁殖，三四年后可以收获。

170 米口袋（mikoudai）（图 1364）

［地 方 名］　地丁（吉林、河南），米布袋、痒痒草、紫花地丁、槐连当、槐连（山东）。

［学　　名］　**Gueldenstaedtia multiflora** Bge. (*Amblytropis multiflora* Kitag.)　豆科

［药 材 名］　地丁

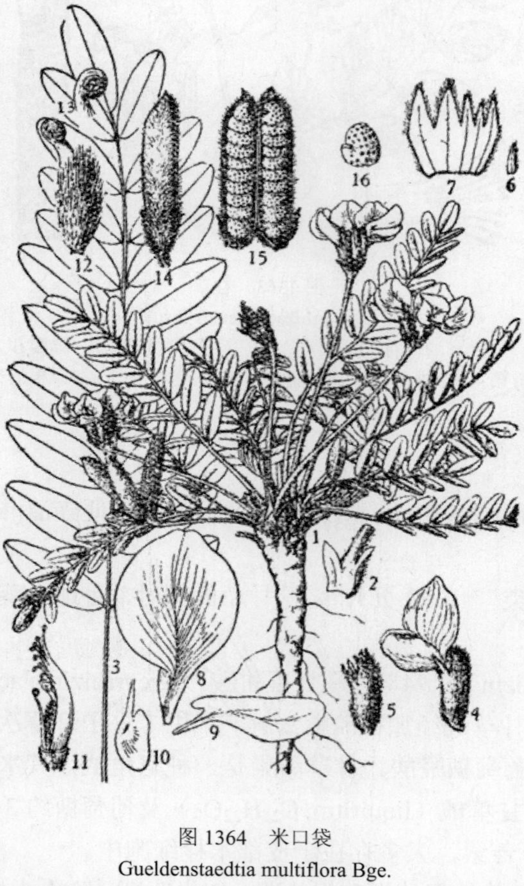

图 1364　米口袋
Gueldenstaedtia multiflora Bge.
1. 植株全形；2. 托叶；3. 叶；4. 花；5. 萼；6. 苞片；7. 展开的萼；8. 旗瓣；9. 翼瓣；10. 龙骨瓣；11. 雄蕊及雌蕊；12. 雌蕊；13. 柱头；14. 果；15. 果剖开；16. 种子。
（自“中国主要植物图说，豆科”）

［形态特征］　多年生草本。主根粗肥直下，圆柱状。茎极短不明显。叶丛生于根状茎处，奇数羽状复叶，小叶椭圆形，长 4.5～25 毫米，宽 2.5～10 毫米，先端有细尖，有时微凹，基部圆形，全缘，两面均被长柔毛；下部托叶阔三角形，上部托叶较长，基部合生，外被白色软毛。花葶与叶几等长，有毛；**花数个至十数个簇生于花葶顶端，成伞形**；苞片披针形，长 2～4 毫米，花梗长 1～3 毫米；小苞片 2；萼筒长约 3 毫米，先端具 5 齿；花冠紫色，旗瓣长约 13 毫米，先端微凹；翼瓣略短；**龙骨瓣最短，通常仅为翼瓣的一半长**；雄蕊 10，2 体。荚果圆柱状，一室，长 15～20 毫米，具有白色长软毛。花期 3～6 月，果期 4 月下旬渐次成熟。

［生长环境］　生于山区及平原。性耐旱，习见于荒芜的干旱地方，如坟台、丘陵、荒坡等地。

［产　　地］　吉林、河北、山东、河南、江苏、陕西、山西、湖北等省。

［用　　途］　全草为清凉性泻热解毒及消肿止痛药，可治各种化脓性炎症，痈疽恶疮，疔肿，并能止泻痢。

根含淀粉（见“淀粉及糖类”，554页）。

［采收处理］　7～8月，采挖全草，洗净泥沙，晒干，捆成小把，放通风干燥处。

［其　　他］　商品中的药材地丁比较混乱，除不同科属以外，这一属植物中的其他种如少花米口袋（G. pauciflora Fisch. et DC.）在黑龙江的兰西、双城、肇东作地丁大量收购。又细叶米口袋（G. stenophylla Bunge）在东北某些地区也作地丁收购，这三种植物的主要区别如下：

1．旗瓣长6～8毫米，小叶在早春后呈线状长圆形或线状披针形…………细叶米口袋
1．旗瓣长9～13毫米，小叶椭圆形、卵形、长圆形或披针形。
　2．伞形花序具2～4花……………………………………………………少花米口袋
　2．伞形花序具4～8花……………………………………………………米口袋

171 红花岩黄蓍（honghuayanhuangshi）（图1365）

［学　　名］　**Hedysarum multijugum** Maxim.　豆科

［药 材 名］　红黄蓍（甘肃）

［形态特征］　多年生半灌木，高60～150厘米。根细长，外皮黑褐色，直径约5毫米。茎直立，基部微木质化，有细毛。奇数羽状复叶互生，**小叶21～35，卵形、长卵形至倒卵形**，长5～12毫米，宽3～6毫米，**先端圆或微凹**，基部阔楔形，全缘，表面无毛，背面有平贴短柔毛；托叶卵状披针形，连合，上部分离，外面有毛。总状花序稀疏，腋生，长20～35厘米；总梗长；花红紫色，有黄色斑点，长1.5～2厘米，花梗有毛；萼斜钟形，萼齿极短；花冠蝶形，旗瓣近倒卵形，先端凹缺，龙骨瓣较旗瓣微短或近等长，翼瓣短狭；雄蕊10，2体；子房阔线形，花柱长，丝状，突然向内折曲，柱头小。荚果扁平，1～4节，荚节圆形，表面无毛。花期8～9月，果期9～11月。

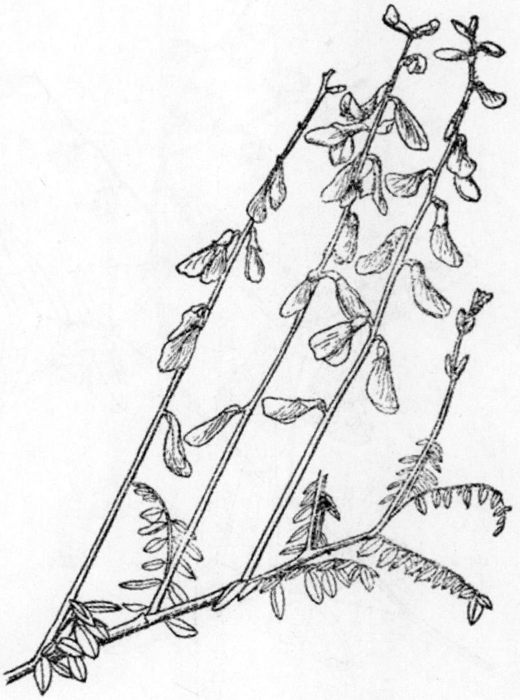

图1365　红花岩黄蓍
Hedysarum multijugum Maxim.
花枝

［生长环境］ 生于海拔1200米处，草原、沙丘、坡地。

［产　　地］ 山西、陕西、河南、湖北、甘肃、青海、内蒙古、西藏等省区。

［用　　途］ 根为强心利尿药，并能止盗汗。

［采收处理］ 秋季挖根，将根堆起闷数天，使其自然发热糖化后，剪去梢部须根，晒至发软后用手搓，再晒约7天左右，梢部发生霉点时再搓第二次，再晒，直至没有霉点时再搓第三次。品质以干燥、根条粗长、皱纹少、质坚而绵不易折断，无黑心和空心者为好。贮存于干燥通风的地方，防避虫蛀和生霉。

172 蝴蝶叶（hudieye）（图1366）

［地 方 名］ 蝴蝶草、飞锡草（广西）

［学　　名］ **Lourea vespertilionis** (L.) Desv. (*Hedysarum vespertilionis* L.) 豆科

［形态特征］ 草本；茎纤细，直立，灰绿色，渐向下部有细纤毛。叶通常有小叶3；小叶近草质，灰绿色，**顶生小叶菱形或长菱形，长8～15毫米，宽6～10厘米**，有2～3条侧脉，沿中脉平分为不等边三角形、线形、或披针形的二半，二半边平展或微向前上方斜伸，将整个小叶的顶端形成阔凹状，中肋在顶端沿伸成小刺尖；两侧小叶如存在时较小，斜倒三角形，顶端截形，也有由中肋沿伸的小刺尖。总状花序状的圆锥花序，长9～18厘米；花梗有短柔毛，较萼短；萼阔钟状，花谢后膨大，有5卵状披针形萼齿，齿与萼管等长；花冠蝶形，与萼等长或较长，旗瓣宽阔，龙骨瓣钝；雄蕊2体，药1室；子房有数胚珠，花柱丝状，向内折曲，柱头头状。荚果有4～5节，重迭藏于萼筒内，每节有种子1颗。花期6～8月，果期8～9月。

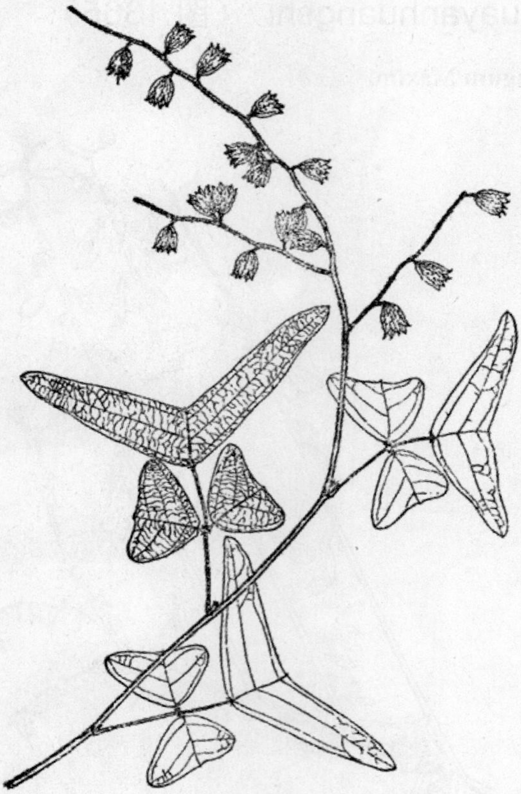

图1366 蝴蝶叶
Lourea vespertilionis（L.）Desv.
果枝

［生长环境］ 生于山坡草地或灌丛中。

［产　　地］ 广西及广东海南岛。

［用　　途］　广西民间用叶片治毒蛇咬伤，外敷为跌打接骨药。

［采收处理］　春夏两季采集，晒干。贮藏于干燥地方备用。

173 补骨脂（buguzhi）（图 1367）

［学　　名］　**Psoralea corylifolia** L.　豆科

［药 材 名］　补骨脂

［形态特征］　一年生草本，高 40～90 厘米，全体被黄白色毛及黑褐色腺点。茎直立，枝坚硬，具有纵棱。单叶，但有时枝端之叶除大叶片外，常侧生一三角状披针形、长约 1 厘米的小叶片；大叶片阔卵形或三角状卵形，长 4～11 厘米，宽 3～8 厘米，先端圆形或钝，基部心形、斜心形或圆形，边缘具疏而不等大的粗牙齿，两面均有显著的黑色腺点；叶柄长 2～4 厘米；小叶柄长 2～3 毫米；托叶成对。花多数，密集成穗状总状花序，腋生；花较小，长 3～5 毫米；花萼基部连合成管状，先端具 5 齿，被多数黄褐色腺点；花冠蝶形，比花萼稍长，淡紫色或黄色，旗瓣倒阔卵形，翼瓣阔线形，龙骨瓣长圆形，先端钝，稍内弯；雄蕊 10，连合成单束，不伸出花冠外，子房倒卵形或线形，花柱丝状。荚果椭圆形，有宿存花萼，不开裂，果皮黑色，与种子粘贴。种子 1，有香气。花期 7～8 月，果期 9～10 月。

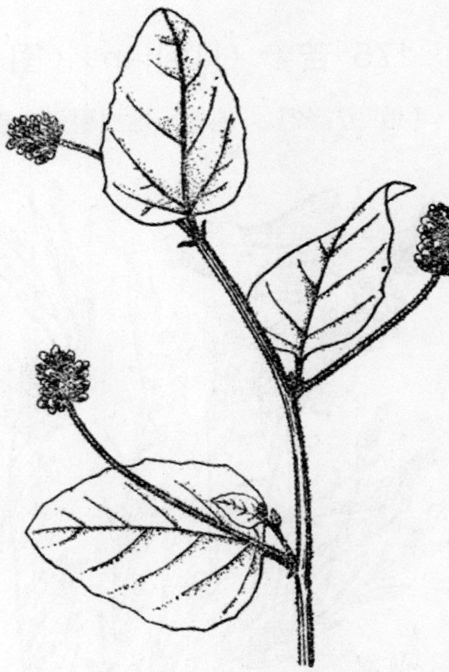

图 1367　补骨脂
Psoralea corylifolia L.
花枝

［生长环境］　长于温暖地带，栽培或野生。

［产　　地］　陕西、山西、河南、安徽、江西、广东、云南、四川、贵州等省。主产于四川、河南、陕西、安徽。

［用　　途］　种子供药用。有补肾、壮阳之效。主治肾虚阳萎，泄泻，遗尿，小便频数，腰膝寒冷酸痛等症。

［理化性质］　含树脂、挥发油、psoralen、isopsoralen 以及 psoralidin。

［采收处理］　秋季果实成熟时采收，将果枝剪下，晒干，打出种子，除去杂质即可。

174 葛藤（geteng）（图 129）

［学　　名］　**Pueraria pseudo-hirsuta** Tang et Wang (*Pueraria thunbergiana* auct. non Benth.)　豆科

［药 材 名］　葛根、甘葛根、粉葛根

（地方名、形态特征、生长环境、产地及其它用途见“纤维类”，163 页）

［用　　途］　根供药用，为发汗解热药，治热性病，医口渴，有止呕及缓解头痛肩凝的功效。

［理化性质］　含多量淀粉。据北京医学院药学系 1958 年分析含有皂角甙。

［采收处理］　4 月前及 10 月后挖取根部，洗净并刮去外皮，横切或纵切成厚约 0.5～1 厘米的小片，用硫磺熏后，晒干或用微火烘干即可备用。

175 苦参（kushen）（图 1368）

［地 方 名］　地槐、地槐根子（吉林、山西、四川），好汉拔、山槐、槐麻根子（辽宁、吉林、黑龙江、山东），苦骨、马介槐、白茎、山槐子（山西），水槐（四川），凤凰爪（广西），野槐（湖南），山花子（山东），山槐树、地参、野槐树（江苏），山豆根、野槐根（福建）。

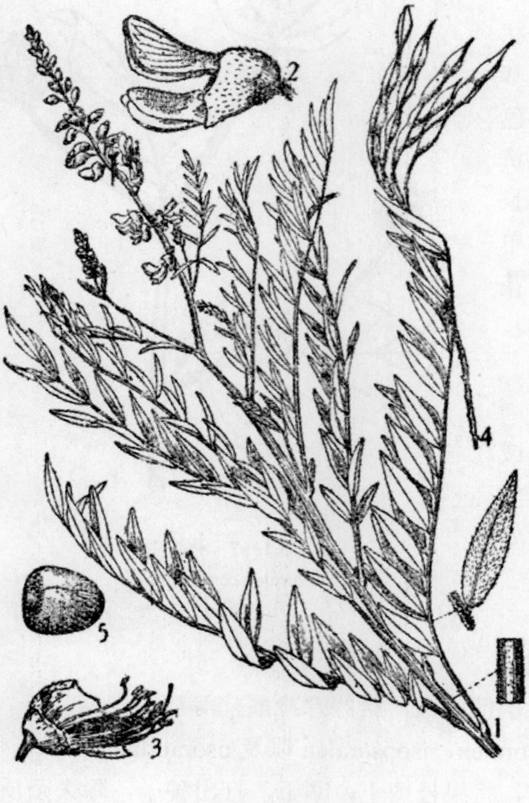

图 1368　苦参

Sophora flavescens Ait.

1．花枝；2．花；3．雄蕊和雌蕊；4．荚果；5．种子。

（自“江苏南部种子植物手册”）

［学　　名］　**Sophora flavescens** Ait.　豆科

［药 材 名］　苦参

［形态特征］　小灌木，高 2～3 米或较低。根圆柱形，长 10～30 厘米，直径 1～2.4 厘米，外皮黄色，有明显的纵皱，横断面黄白色，气刺鼻，味极苦。茎枝草本状，绿色，具不规则的纵沟，幼时被黄色细毛。奇数羽状复叶互生，叶轴上被细毛，小叶 5～10 对，有柄；小叶卵状椭圆形至长椭圆状披针形，长 2～4.5 厘米，宽 7～16 毫米，先端钝尖，基部圆形或近阔楔形，全缘；托叶线形，长 5～8 毫米。总状花序顶生，长 10～20 厘米，被短毛；苞片线形；花淡黄白色；花萼钟状，稍偏斜，先端 5 裂；花冠蝶

形，旗瓣较其他的花瓣稍长，先端圆形；雄蕊 10，花丝离生，仅基部愈合；子房上位，子房柄被细毛，花柱纤细，柱头圆形。荚果线形，先端具长喙，成熟时不开裂，内有种子 3～7，种子间有缢缩；种子黑色，近球形。花期 5～7 月，果期 7～9 月。

［生长环境］ 生于海拔 800 米以下的山坡草地、平原、路旁、沙质地和红壤的向阳地方。

［产　　地］ 全国各地均产，以山西产量最多。

［用　　途］ 根入药，有健胃、驱虫、治赤痢、止肠出血、血痔等功效。

皮部可作纤维（见“纤维类”，166 页）。种子可榨油（见“油脂类”，798 页）。种子可作农药，防治病虫害（见“土农药类”，2023 页）。

［理化性质］ 根含苦参碱（matrine, $C_{15}H_{24}N_2O$）约 2%。matrine 有 α、β、γ、δ 四型，混合物为柱状或针状结晶，熔点 77℃，旋光度$[\alpha]_D^{10°}$ +39.11°。另含金雀花碱（cytisine, $C_{11}H_{14}N_2O$），呈斜方形白色或微黄色结晶，熔点 153℃，旋光度 $[\alpha]_D^{17°}$ −119.6°。

［采收处理］ 春、秋二季挖根，将根挖出后，去掉残茎及须根，洗净泥土，切成薄片或不切片晒干即可。贮存于干燥地方备用。

［其　　他］ 播种繁殖。四川以灰毛槐树（Sophora glauca Lesch.）作苦参用。此外将植株煎水，可治牛马瘟症及肠臭病。

176 槐(huai)(图 1369)

［地 方 名］ 槐花树（江苏、四川、河北），槐豆角、家槐、本地槐、圆槐、中国槐、黄槐、黑槐（山东），细叶槐、金药槐树、豆槐（湖南），紫槐、白槐（山西、湖南），槐树（河南、湖北、山东）。

［学　　名］ **Sophora japonica** L.

［药 材 名］ 槐米（未开放花蕾）、槐角（近成熟的果荚）

［形态特征］ 落叶乔木，高达 25 米；树皮灰色或深灰色，粗糙纵裂，内支鲜黄色有臭味；枝棕色，幼时绿色，具毛，皮孔明显。奇数羽状复叶互生，长达 25 厘米，叶柄基部膨大，苞被侧芽；小叶 7～15，卵状长圆形或卵状披针形，

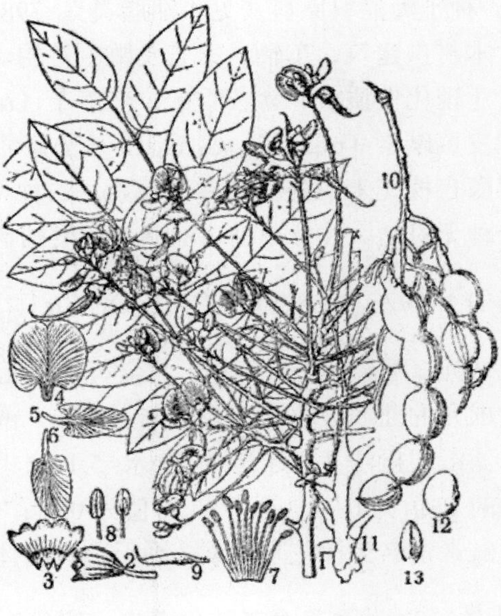

图 1369 槐

Sophora japonica L.

1. 花序；2. 萼；3. 展开的萼；4. 旗瓣；5. 翼瓣；6. 龙骨瓣；7. 雄蕊；8. 药的正反面；9. 雌蕊；10. 果序；11. 枝条；12. 种子侧面；13. 由脐处看种子正面。

（自“中国主要植物图说，豆科”）

长 2.5～7.5 厘米，宽 1.5～2.6 厘米，先端尖，基部圆形或阔楔形，全缘，表面绿色，微亮，背面有白粉，伏生白色短毛，小叶柄长 2.5 毫米，托叶镰刀状，早落。圆锥花序顶生；花乳白色，长 1.5 厘米；萼钟状，5 浅裂；花冠蝶形，旗瓣阔心形，有短爪，脉微紫；雄蕊 10，分离，不等长；子房筒状，有细长毛，花柱弯曲。荚果长 2.5～5 厘米，有节，呈念珠状无毛，绿色，肉质，不开裂；种子间极细缩，种子 1～6，深棕色，肾形。花期 7～8 月，果期 10～11 月。

［生长环境］ 为深根性喜阳光树种，适宜于湿润肥沃的土壤，酸性及石灰性土壤均能生长，但过于干瘠之地，则生长不良。分布于海拔 50～2000 米之间。

［产 地］ 辽宁、河北、山东、山西、河南、陕西、甘肃、内蒙古、宁夏、江苏、安徽、江西、浙江、湖北、湖南、四川、云南、广东、广西、福建、台湾等省区。

［用 途］ 槐米（花蕾）及槐花，为清凉性收敛止血药，用于各种出血，如痔疮、肠胃、膀胱及子宫出血等，并能降低血压，此外还能治糖尿病。中医称果实为槐实或槐角，内服也有止血及治高血压的效能。民间用槐角制成槐角丸治痔疮。其次尚可作兽药用，槐米，槐角及枝均可治牛膨胀病、胀胆症、软脚症、痢症（红白痢）、瘟症及风湿症等；也可制土农药。

花可提芳香油（见“芳香油类”，1360 页）。茎皮为纤维原料（见“纤维类”，166 页）。种子为油料原料（见“油脂类”，798 页）。

木材供建筑、车辆、家具及雕刻等用。

［理化性质］ 含芸香甙，名芦芋（rutin, $C_{27}H_{30}O_{16}$）约 10～28%，加水分解则产生槲皮黄碱素（quercein, $C_{15}H_{10}O_7$）及葡萄糖、鼠李糖。据“药学学报”5 卷 1959 年：用甲醇自槐花米中分出二种黄碱素，二种无色结晶（一种在空气中易潮解且易变色），另一种无机盐，并分出糖、油脂及挥发油等。第一种黄碱素，定名为槐花米甲素，占原生药的 14%左右，实验式 $C_{29}H_{36}O_{17}$ $[\alpha]_D^{24°}$ +12° （0.5%EtOH），用稀磺酸水解得到金黄色甙元、葡萄糖、鼠李糖，此金黄色甙元实验式为 $C_{17}H_{13(14)}O_{9(10)}$。经鉴定：槐花米甲素甙元的曲线吸收光谱较芦芋（rutin）甙元低 30%；甲素的消光度比芦芋低 10%左右；滤纸层析法（正丁醇:醋酸:水=5:1:4）甲素 0.68（0.71～0.725），芦芋 0.57，又甲素甙元的 R_f 值为 0.75，而芦芋 R_f 值为 0.81；由上述确知槐花米甲素不是芦芋物质。第二种黄碱素定名为槐花米乙素，系无色六面体结晶，熔点 272～274℃，实验式 $C_{27}H_{45}O_{10}$，$[\alpha]_D^{10}$=10，此系不含氮的化合物，对于 Liebermann's 反应呈紫色，对于 Molisch's 试验呈紫色，不起水解作用，也不为镁粉还原，故乙素系甾族化合物（steroides）而非三萜类配糖体（triterpenoid）类。

［采收处理］ 槐米是在花苞未开放时采下带花蕾的枝条，晒干后，采下花蕾备用。7～8 月当花盛开时，将落地的槐花收起，簸去杂质及灰分，当日晒干，避免露水或雨淋以防变色。槐角在冬季（10～11 月）采取晒干即可。

177 柔枝槐（rouzhihuai）

［学　　名］ **Sophora subprostrata** Chun et T. Chen　豆科

［药 材 名］ 广豆根

［形态特征］ 灌木，直立或平卧，高1～2米。根通常2～5条，圆柱形，长达30余厘米，直径0.5～1.5厘米，黄褐色。茎圆柱形，密被短柔毛，少分枝。奇数羽状复叶互生，小叶11～17；小叶柄短，被短柔毛；小叶片长圆状卵形或卵形，长1～2.5厘米，宽5～15毫米，顶端小叶较大，多为椭圆形，先端急尖或短尖，基部圆形，边全缘，表面被短毛，背面密被灰棕色短柔毛。总状花序顶生，长12～15厘米，密被短毛；花梗长约1厘米，被细毛；花萼阔钟形，外被稀毛，先端有5个三角状的短齿；花冠蝶形黄白色，旗瓣卵圆形，先端凹缺，下具短爪，翼瓣较旗瓣长，基部的耳呈三角状，龙骨瓣稍大于翼瓣；雄蕊10，花丝分离；雌蕊1，子房上位，圆柱形，密被长绒毛，花柱弯曲，柱头圆形，上簇生长柔毛。花期4～5月。

［生长环境］ 生于石灰岩，岩石缝中。

［产　　地］ 广西壮族自治区

［用　　途］ 根入药，治咽喉口腔肿痛、肺热咳嗽烦渴、黄疸及热结便秘等症。研末外敷治蛇虫咬伤及痔疮肿痛。

［采收处理］ 春季4～5月，秋季8～9月间采收。挖取根部，除去茎叶及须根，洗净泥土，晒干即可。品质以根条粗壮，外色棕褐，无须根，味苦者为好。放在干燥通风的地方贮存。

178 罗望子（luowangzi）（图1370）

［地 方 名］ 酸梅、酸豆（广东及广东海南），酸酸、曼姆（云南），酸角（四川）。

［学　　名］ **Tamarindus indica** L. 豆科

［药 材 名］ 罗望子（云南）

［形态特征］ 常绿乔木，高达6～

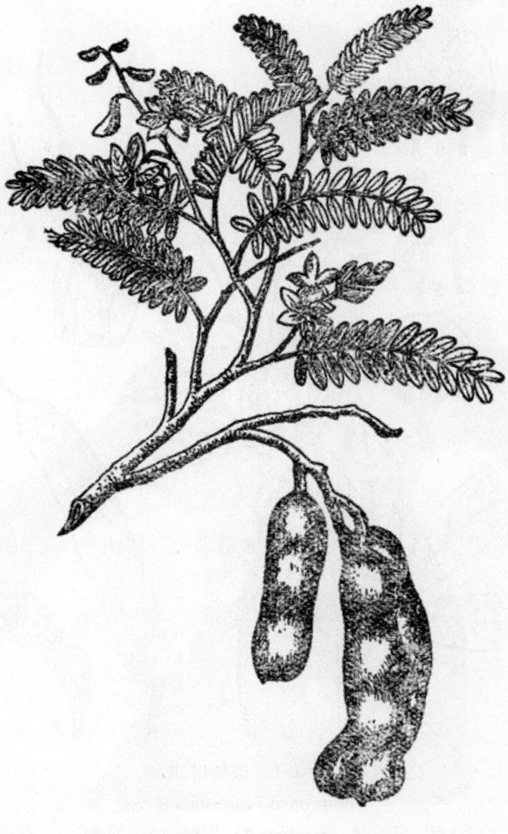

图1370　罗望子
Tamarindus indica L.
花果枝

20米；树皮暗灰色，成不规则裂开。枝多，不具刺，小枝被短柔毛，皮孔多，褐色。偶数羽状复叶长8～11厘米，小叶每边14～40，长圆形，长1～2.4厘米，宽4.5～9毫米，先端钝或微凹，基部偏斜不等，全缘，两面无毛。腋生总状花序或顶生圆锥花序；花萼喇叭状，萼片4，长圆形，长约1厘米；花瓣3，不等大，黄色，有紫红色线纹；下面2退化成鳞片；雄蕊发育者3，下部1/2处联合，其他不发育者退化成刺状，位于合生花丝鞘顶端；雌蕊1，子房有柄，具多数胚珠。荚果厚，长圆形，长约5.3厘米，宽约2厘米，灰褐色，无毛，不裂开，外果皮薄，硬壳质，中果皮厚而肉质，深褐色，有横纤维。种子红褐色，光亮，近圆形或长圆形。花期5～6月。

［生长环境］ 生于海拔400～1500米的密林，杂树林、灌木丛、河边、田地旁、河岸草地。

［产 地］ 广东、台湾、广西、四川、云南等省区。

［用 途］ 果肉（中果皮）入药，治小孩肠中生虫、腹痛、痞症和疟疾等有效。亦有清热缓泻之效。

木材坚硬而重，供建筑房屋、车辆、农具用。果肉可食、糖渍或盐渍均可。果汁加糖水为最佳冷饮料，又可制成糖浆。嫩叶可食，又为饮水漂白剂。

［理化性质］ 据“中国主要植物图说，豆科”：果肉含糖、醋酸、鞑靼酸和柠檬酸。

［采收处理］ 果实成熟后，即可摘下果实，剥取果肉，晒干备用。

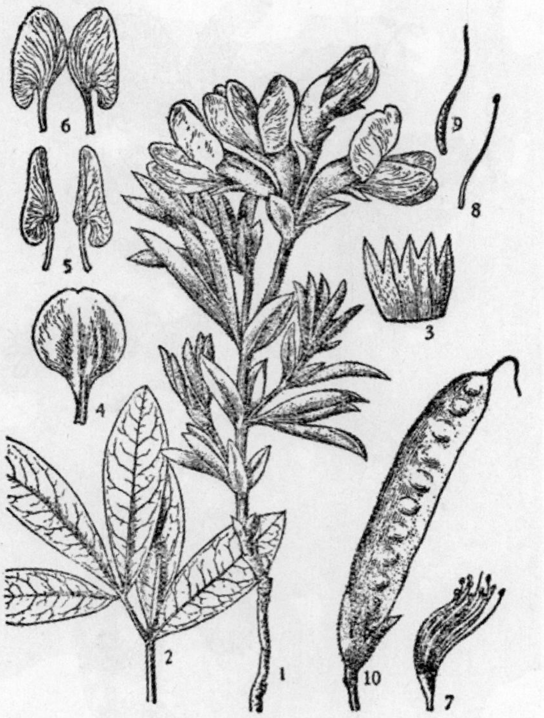

图1371 披针叶黄华
Thermopsis lanceolata R. Br.
1. 花枝；2. 叶；3. 萼；4. 旗瓣；5. 翼瓣；6. 龙骨瓣；7. 雄蕊和雌蕊；8. 雄蕊；9. 雌蕊；10. 荚果。
（自“中国主要植物图说，豆科”）

179 披针叶黄华（pi-zhenyehuanghua）（图1371）

［地 方 名］ 牧马豆（吉林）

［学 名］ **Thermopsis lanceolata** R. Br. 豆科

［形态特征］ 多年生草本，高20～45厘米。根状茎细长；茎直立，单一或分枝，被白色软毛。三出复叶互生，小叶倒卵状长圆形或倒披针形，长3～6厘米，宽6～17毫米，先端圆形或稍尖，基部楔形，全缘，表面近无毛或无毛

背面密被紧贴的短柔毛，托叶披针形，先端锐尖，长1～3厘米，阔4～6毫米。花轮生于上部叶腋，每轮2～3花，黄色，苞片长卵形，顶端尖，与萼均被紧贴的短柔毛；萼钟状，5裂，裂片披针形，与萼筒几等长；花冠蝶形，旗瓣圆形，先端微凹，龙骨瓣及翼瓣比旗瓣短或近等长。荚果扁平，线形，长5～7厘米，宽约1厘米，顶端突然变狭，或具花柱变成的细长的喙。种子黑紫色，卵状球形，稍扁。花期6～7月，果期7～8月。

［生长环境］　多生长于沙地，草原内微碱性砂质地，固定砂丘，稍湿润的砂砾质草地。

［产　　地］　吉林、内蒙古、河北、甘肃、陕西、山西、青海等省区。

［用　　途］　据东北资料：植株地上部分浸制或制成粉末作为祛痰剂。苏联用以代替进口的吐根。

［理化性质］　全草含五种植物碱，野决明碱（термопсин），类似野决明碱（гомотермопсин），臭豆碱（анагирин），пахикарпин，метиелцитизин。

［采收处理］　9～10月间，割取其地上部分，晒干即成。

［其　　他］　吐根碱到目前为止仍为进口商品，若能找到代用品，一方面可以满足广大人民的需要，另一方面也可以节约外汇。

180 尼泊尔老鹳草（niboerlaoguancao）（图1372）

［地 方 名］　老鹳草（广西、四川），牻牛儿苗（四川、河南）。

［学　　名］　**Geranium nepalense** Sweet　牻牛儿苗科

［药 材 名］　老鹳草、短嘴老鹳草

［形态特征］　多年生草本，茎软弱，蔓延于地上，长达60～70厘米，全株被疏毛。茎近方形，有节。单叶对生，具细长柄，叶片3～5深裂，叶片边缘齿裂或浅裂，齿顶具突尖；托叶披针形。聚伞花序腋生，花梗长8～10厘米，端生1或2～3朵花，花萼5，披针形，先端细尖，被短毛；花瓣5，淡红紫色，阔倒卵形，长于花萼；雄蕊10，基部连合；子房上位，5室，花柱5裂。蒴

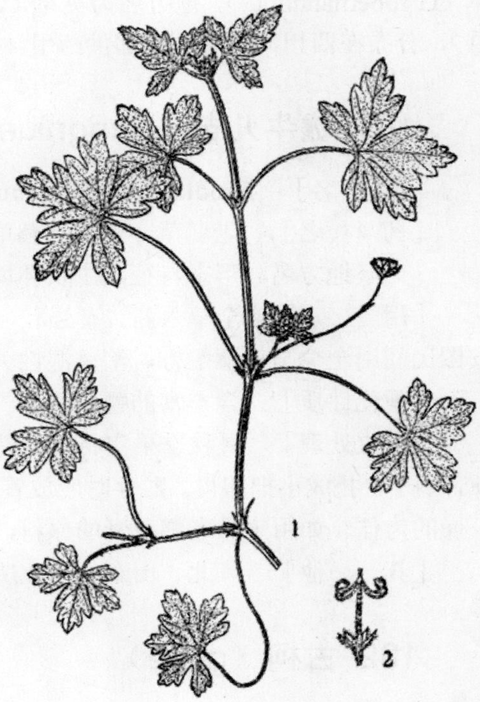

图1372　尼泊尔老鹳草
Geranium nepalense Sweet
1．植株的一部分；2．果。

果长圆锥形，喙状，有毛，成熟时由基部向上5瓣裂，每瓣具种子1，向上卷曲而悬乎中轴上。花期5～8月，果期7～9月。

[生长环境] 生于山野、路旁、田边、荒坡、杂草丛中以及潮湿肥沃的地方。

[产　　地] 四川、湖北、湖南、广西、云南、河南等省区。主产于四川的灌县、茂县、康定、绵竹及湖北汉阳。

[用　　途] 全草入药，有活血驱风、通经络、健筋骨之效。并治风湿及肢体麻木症。据说民间将全草熬膏浸酒服有驱风、去湿、治关节炎的功效。

[理化性质] 据四川省资料：全草含鞣质、没食子酸、琥珀酸、槲皮素及钙盐等。

[采收处理] 同牻牛儿苗（本页）。

[其　　他] 同属的其他种的全草也混用作老鹳草。例如：(1) 威氏老鹳草（拟）(G. wilfordii Maxim.)，分布于湖南、四川、贵州、云南、东北等地；(2) 西伯和亚老鹳草（G. sibiricum L.），地方名为鼠掌草（吉林、辽宁），老鸹筋（黑龙江），分布于东北、河北等地；(3) 块根老鹳草.（G. dahuricum DC.），分布在东北地区；(4) 汉兹鱼腥草（G. robertianum L.），地方名为臭草（四川省会东）、红老鹳草（宜宾）、老精官草（万县），分布在四川，这些种也都供药用。

181 牻牛儿苗（pangniuermiao）（图935）

[学　　名] **Erodium stephanianum** Willd.　牻牛儿苗科

[药 材 名] 老鹳草、长嘴老鹳草

（地方名、形态特征、生长环境、产地及其他用途，见“鞣料类”，1161页）

[用　　途] 全草入药。有强壮，活血驱风、通经络、健筋骨和收敛之效。吉林安图民间用全草与篇蓄配方，治风湿性关节痛，效果良好。

[理化性质] 含丰富的鞣质。

[采收处理] 夏秋季果实将近成熟时采收全草，割取或连根拔起，除去泥土和杂质，晒干，扎成小把即可。贮存时应放置干燥通风处，防潮。品质以色灰黄，无根无土，干燥的为佳。如用来做老鹳草膏的原料，则趁新鲜时洗净，切成小段即可。

[其　　他] 华北、山东、东北所用的老鹳草即为本植物全草。

182 古柯（guke）

[地 方 名] 高柯、古加（海南岛）

[学　　名] **Erythroxylum novogranatense** Hieron.　古柯科

[药 材 名] 古柯叶

[形态特征] 多年生灌木，茎高2米许。单叶互生，倒卵形或狭椭圆形，长4～8厘米，宽2.5～4厘米，淡绿色，叶端尖，基部较狭，全缘，主脉的两侧各有纵脉1条，叶柄短而弯曲。花小，雌雄异株，单生或丛生于叶腋内，黄绿色；萼片5，很少为6；

花瓣 5，里面有一直立重迭的舌；子房 3 室，很少 4 室，每室有胚珠 1。核果红色，每室有种子 1。一年四季开花，以 2～3 月为开花盛期。

［生长环境］ 原产南美高山地区，但在平地可以生长。怕霜害，年降雨量以 1800～2500 毫米且分布均匀的为佳。以排水良好，富含有机质，且阳光充足的地方最适宜栽培。

［产　地］ 广东海南岛

［用　途］ 叶为兴奋剂、强壮剂，用以恢复疲劳，本品主要用途为提制古柯碱的原料，为重要的局部麻醉药，其盐酸溶液作粘膜或皮下注射，在数分钟内即可麻痺感觉神经，而呈局部麻醉作用。在施行眼、鼻、耳等小手术时，大多用古柯碱作麻醉药。

［理化性质］ 叶含多种植物碱，重要的有以下四种（1）古柯碱（cocaine, $C_{17}H_{21}O_4N$），（2）桂皮酰古柯碱（cinnamyl-cocaine, $C_{19}H_{23}O_4N$），（3）α-组丝酰古柯碱（α-truxilline, $C_{38}H_{46}O_8N_2$），（4）β-组丝酰古柯碱（β-truxilline, $C_{38}H_{46}O_8N_2$），其中以古柯碱最为重要。

［采收处理］ 播种繁殖的植株，定植后一年半即可开始采叶，三年后采收较好，一年可采 3～4 次，摘下叶子应立即干燥，而以阴干为好。

183 蒺藜（jili）（图 1373）

［地 方 名］ 蒺藜狗子（辽宁、山西、吉林），蒺骨子、白蒺藜、野菱角、地菱儿、地菱、虎郎子、鬼见愁、鬼头刺（江苏）。

［学　名］ **Tribulus terrestris** L.　蒺藜科

［药 材 名］ 蒺藜、刺蒺藜、白蒺藜（山东、云南），蒺藜子、硬蒺藜（云南），蒺藜拉子（江苏）。

［形态特征］ 一年生草本。茎由基部分枝，平卧，淡褐色，长 30～60 厘米，柔软强韧，被丝状长毛及稍

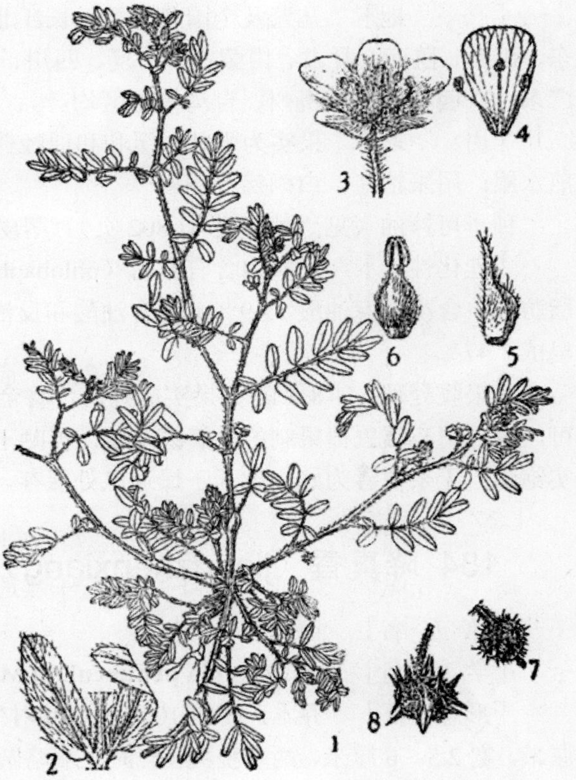

图 1373　蒺藜

Tribulus terrestris L.

1. 植株；2. 小叶；3. 花；4. 花瓣与雄蕊；5. 萼片；6. 雌蕊；7. 未成熟的果实；8. 已成熟的果实。

（自“江苏南部种子植物手册”）

卷曲的短毛。偶数羽状复叶，对生或互生，平铺地面，长1.5～5厘米；小叶6～14，对生，有时具短柄，小叶长椭圆形，长6～15毫米，宽2～5毫米，先端尖或钝，基部常稍偏斜，全缘，表面无毛或沿中脉有毛，背面密被白色丝状毛，托叶披针形，长约3毫米。花淡黄色，小形，单生叶腋；花梗长1～1.6厘米，具丝状毛；花萼5，卵状披针形，长约5毫米，宿存；花瓣5，淡黄色，长圆形，较花萼稍长，先端略呈截形；雄蕊10，生于花盘上，5个较长的雄蕊与花瓣对生，5个较短的雄蕊与萼片对生，外面有一对鳞片状腺体；子房5棱，花柱短，单体，柱头5裂。离果，扁球形，直径约1厘米，果瓣5，成熟后分离，各具长短刺一对及多数刺状突起及毛，内有种子2～3，种子间有隔膜。花期5～8月，果期6～9月。

［生长环境］ 本种性耐干旱，生活力强，常生于原野、路旁、河沿、荒丘、沙地、田边及田间，海拔在800米以下。

［产　　地］ 几遍及全国各地，以长江北部最多。辽宁、吉林、河北、河南、山东、山西、陕西、甘肃、内蒙古、宁夏、四川、湖北、江西、安徽、江苏、浙江、福建、广东、广西、云南、贵州、台湾等省区均产。

［用　　途］ 果实为强壮、缓和和通经药，并能促进乳汁分泌。南京民间将果实煎水服，用来治红、白痢疾等症。

种子可榨油（见“油脂类”，802页）。茎皮纤维可造纸（见“纤维类”，170页）。

［理化性质］ 果实内含有红粉（phlobaphen，或译为鞣酐）形成的甙和脂肪油，脂肪油中含次亚麻油酸25.9%，另含油酸和反油酸。又北京医学院1958年分析结果含皂甙1.47%。

［采收处理］ 8～10月果实成熟时，将全株割下，打落果实，簸净枝叶等杂质即可，也有用石碾去掉果刺的，簸去杂质，再晒干。品质以干燥，色灰白，颗粒均匀，坚实饱满，无杂质者为好。放于干燥通风处保存。

184 降真香（jiangzhenxiang）（图1374）

［地 方 名］ 山油柑（四川）

［学　　名］ **Acronychia pedunculata** Miq.　芸香科

［形态特征］ 乔木，高约10米。草叶对生，纸质，长圆形至长椭圆形，长6～15厘米，宽2.5～6厘米，两端狭尖，有时先端略圆或钝且微凹，叶面青绿色，光亮，全缘，网脉两面浮凸；叶柄长1～2厘米。花青白色，花梗长4～8毫米，几无毛；萼片4，长0.6～0.8毫米；花瓣4，线形或狭长圆形，两侧边缘内卷，长约6毫米，内面密被毛；雄蕊8，花丝中部以下两侧边缘被毛；子房密被毛，4室，花柱细长。核果黄色，平滑，半透明，径8～10毫米，4室，每室有种子1～2粒，果柄长5～8毫米；种子黑色，有肉质胚乳。花期6～7月，果期9～10月（广东海南）。

［生长环境］ 生于常绿阔叶林中；喜潮湿，肥沃，疏松的土壤。

［产　　地］ 广东、广西、云南、四川等省区。

［用　　途］ 根的木质供药用，为止血镇痛剂。用于吐血、咯血、金疮出血等，有收敛作用，能止血定痛。又用于心胃痛、头痛、跌打损伤等；又为芳香健胃剂，有平喘平气之效。

树皮可提栲胶（见“鞣料类”，1167 页）。

［理化性质］ 含挥发油。

［采收处理］ 将挖掘的根，用刀削去外皮，锯成数寸的段，粗者劈开，晒干，品质以质坚、紫色、油润、香浓放在水中，下沉者较佳，贮存在干燥的地方。

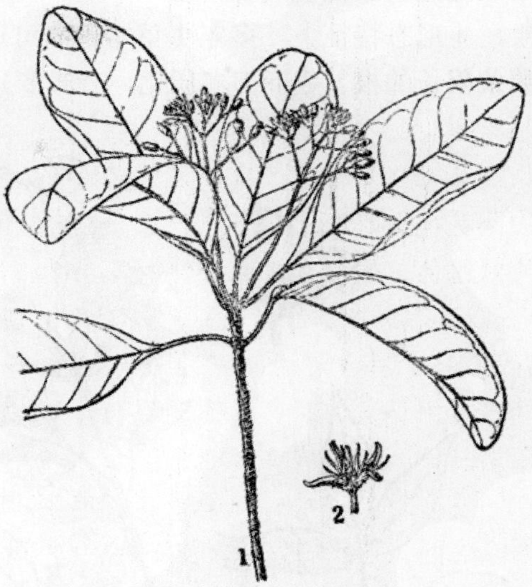

图 1374　降真香
Acronychia pedunculata Miq.
1．花枝；2．花。

185 松风草（songfengcao）（图 1078）

［学　　名］ **Boenninghausenia albiflora** (Hook.) Meiss.　芸香科

（地方名、形态特征、生长环境、产地及其他用途见“芳香油类”，1363 页）

［用　　途］ 全草为驱虫药。

［采收处理］ 夏季采挖全草，除去泥土，晒干供药用。

186 黄皮（huangpi）

［学　　名］ **Clausena lansium** (Lour.) Skeels　芸香科

（地方名、形态特征、生长环境、产地及其他用途见“油脂类”，803 页）

［用　　途］ 据“广东中医”杂志报导：叶用于治流行性感冒及疟疾有显著疗效。又以叶煎水作茶饮，有清凉、解热，并助消化的效能。另小儿患高热或疟疾时，取叶十余片煎水服，数次即愈，疗效很好。

［采收处理］ 采叶阴干即可。

187 白鲜（baixian）（图 1375）

［地 方 名］ 八股牛、好汉拔、羊癣草、金雀儿椒（辽宁、吉林），千斤拔、臭哄哄（山东）。

［学　　名］ **Dictamnus dasycarpus** Turcz.　芸香科

［药 材 名］　白鲜皮

［形态特征］　多年生草本，高可达1米，全株有强烈的香气。根状茎木质，生有数条粗长的根。茎下部木质化，上部多分枝。奇数羽状复叶互生，有柄；小叶9～13片，对生，无柄，长圆形或长圆状椭圆形，长3～9厘米，宽1.5～3厘米，先端渐尖或短尖，基部阔楔形，稍不对称，边缘具不整齐的锯齿，表面有腺点，背面有油点；叶柄及叶轴两侧有狭翅。总状花序顶生，花梗基部有线状总苞片1，中部以上有狭披针形小苞片1～2；花轴、花梗及苞片上皆密布细柔毛及突起的油腺；花白色或淡紫色；花萼5，宿存；花瓣5，其中1瓣向下倾垂而稍大；雄蕊10；子房上位，5室。蒴果5裂，裂瓣先端呈急尖的喙，表面密被棕黑色油腺及白色细柔毛。花期5～7月，果期6～7月。

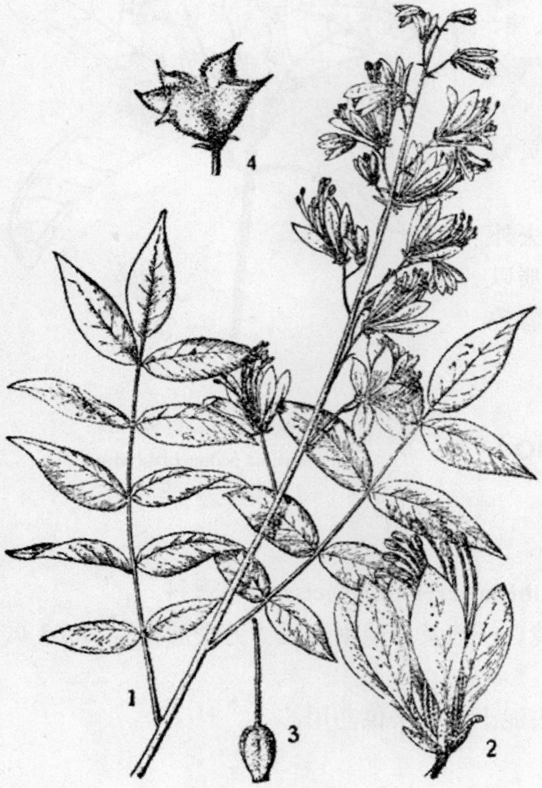

图1375　白鲜

Dictamnus dasycarpus Turcz.

1．花枝；2．花；3．雌蕊；4．果。

［生长环境］　生于疏林内，灌丛中，开阔多石的山坡以及平原草地上。

［产　　地］　辽宁、河北、河南、安徽、江苏、江西、四川、贵州等省。

［用　　途］　根皮入药，外用治疥癣、治疮，亦能治头风、黄疸，并用作通经药。

根状茎可制农业杀虫剂。叶可提芳香油（见“芳香油类”，1372页）。

［理化性质］　根皮中含有白鲜碱（dictamine, $C_{20}H_9O_2N$）0.03%，白鲜内酯（dictamnolactone，熔点279～280℃），梣皮酮（fraxinellone, $C_{14}H_{16}O_3$），葫芦巴碱（trigonelline），胆碱（cholin）。

［采收处理］　4～5月及8～9月均可采收，但以春季产的质佳。挖出根后，用水洗净泥土，立即剥皮（干后不易剥掉），及时晒干，用麻袋或筐篓包装。品质以条大、肉厚、皮灰白色、断面分片层的为好。放于干燥通风处保存。

188 吴茱萸（wuzhuyu）（图1376）

［地 方 名］　茶辣（广西），吴椒、野储油子、储油树子（湖北），苦辣（安徽），泡椿、如意子、吴芋（云南），吴萸（广东、广西、贵州、四川、浙江、湖南），臭辣子柯、伏辣子、储油子（湖南），辣子、刷子（福建），山花椒、臭辣子（四川）。

［学　　名］　**Evodia rutaecarpa** (Juss.) Benth.　芸香科

［药 材 名］　茶辣（广西）

［形态特征］　直立灌木或小乔木，高 3～10 米；小枝紫褐色，初时被毛，以后逐渐脱落，具白色椭圆形的皮孔；幼枝，叶柄，及花序均被长柔毛。奇数羽状复叶对生；小叶 5～9，对生，椭圆形至卵形，基部圆形至楔形，先端渐尖或短尖，全缘或呈波状，表面被疏柔毛，背面密被白色柔毛。花单性，雌雄异株，聚伞花序顶生；花轴密生黄褐色长柔毛；花白色，萼片、花瓣各 5，雄花有雄蕊 5，长于花瓣，有退化子房；雌花有退化雌蕊 5，子房上位。蓇果有粗大腺点，**不为喙状**，紫红色，顶端开裂，每心皮有种子 1；种子卵圆形，中部粗厚，两端略狭而钝，长 5～6 毫米，厚约 4 毫米，黑色，有光泽。花期 6～8 月，果期 9～10 月。

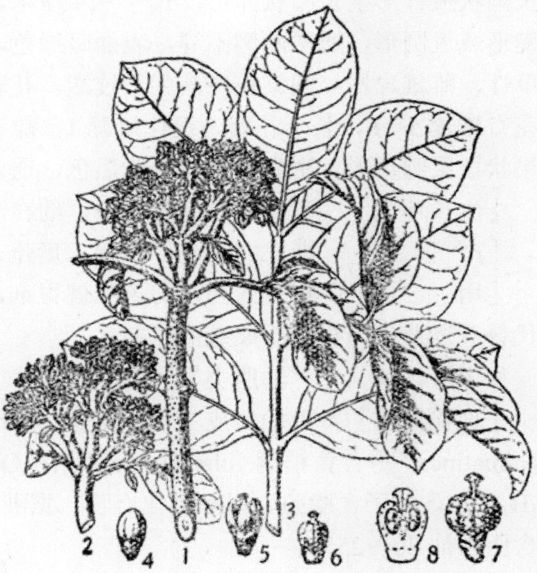

图 1376　吴茱萸

Evodia rutaecarpa （Juss.） Benth.

1. 果枝；2. 花枝；3. 叶；4. 花蕾；5. 花；6. 去花瓣的雌花（花蕾期）；7. 去花瓣的雌花（具子房柄）；8. 子房纵剖面。

［生长环境］　生于温暖地带的山地、疏林下或林缘空旷地，长江流域以南各省多有栽培。

［产　　地］　福建、安徽、浙江、广东、广西、云南、贵州、四川、湖南、湖北、江西、陕西等省区。

［用　　途］　果实为芳香性苦味健胃镇痛药，并有收缩子宫作用；治腹痛、吐泻及便秘、消化不良；又为驱风药，对疝痛、脚气、筋疼痛等症有效。

种子可榨油（见“油脂类”，806 页）。叶子可提取芳香油（见“芳香油类”，1372 页）。

［理化性质］　含挥发油 0.4%以上；此外还含有 3 种植物碱：吴茱萸碱（evodimine, $C_{19}H_{17}O_3$）、去甲基吴茱萸碱（或译为鲁太卡平碱，ruetacarpine, $C_{18}H_{13}NO_3$）、吴茱萸素（wuchuyine, $C_{13}H_{13}NO_3$）。

［采收处理］　8～11 月果实茶绿色时采收，采后立即揉搓，使果粒脱出，在烈日下晒干，除净枝叶；如遇阴天，亦可用炭火烘干。品质以色绿、子粒饱满、香气浓、坚实、无枝梗杂质者较好；宜放在干燥通风处，防止生霉。

189 黄皮树（huangpishu）

［地方名］ 黄栢、黄檗（浙江、四川、湖北、贵州）

［学 名］ **Phellodendron chinense** Schneid. 芸香科

［药材名］ 黄栢、黄皮（浙江）

［形态特征］ 乔木，高可达 12 米。树皮外层灰褐色，无加厚的木栓层，内层黄色，有粘性；小枝紫褐色，光滑无毛。奇数羽状复叶对生，小叶 7～15 片，有短柄，叶片长圆状披针形至长圆状卵形，长 9～14 厘米，宽 3～5 厘米，先端渐尖，基部狭楔或广楔形或近圆形，通常两侧不等，表面暗绿色，仅中脉被毛，背面淡绿色，被长柔毛。花单性，雌雄异株；圆锥花序丛生于枝端，花轴及花枝密被短毛；花萼 5；花瓣 5～8；雄花有雄蕊 5～6，长于花瓣，退化雌蕊 1；雌花有 5～6 退化雄蕊，雌蕊 1，子房 5 室。浆果状核果圆球形，密集，成熟后紫黑色，通常有 5 核。花期 5～6 月，果期 7～9 月。

［生长环境］ 生于山沟杂木林中，约在海拔 900 米以上。

［产 地］ 浙江、湖北、四川、贵州、云南等省。主产于四川及贵州。

［用 途］ 树皮入药，为苦味健胃剂，有退热、治痢疾的功效；外用治眼疾，可代替黄连及作为提制小檗碱的原料。

种子可榨油（见“油脂类”，807 页）。

［理化性质］ 黄栢树皮主含小檗碱（berberine, $C_{20}H_{19}O_5N$）并含少量非洲防己碱（palmatine），另含黄栢酮（obakunone, $C_{27}H_{35}O_7$ 或 $C_{28}H_{35}O_7$）及黄栢内酯（obakulactone, $C_{15}H_{16}O_6$）。种子含脂肪、甾醇类化合物。据浙江省化验资料：树皮含小檗碱达 3%。种子含脂肪油 20～25%。

［采收处理］ 宜于夏季采收。每年在树上轮流锯断部分树皮，以保持原料能继续生长。采割时，用利刀在断皮之间纵向割裂，将皮剥下。南方多将树皮晒至半干，压平后将粗皮刨净至显黄色为度，不可伤及内皮（或将树皮剥下先压晒，至全干后再刮去粗皮；此法所得成品较为平坦，惟干燥需时间较长），再用竹刷刷去刨下之皮层，晒干，或阴干即可。东北各地则将树皮剥下后，趁鲜时刮去粗皮，或在树上将粗皮刮净，再行剥皮、晒干。此法较简便省工。

［其 他］ 黄檗（Phellodendron amurense Rupr.）（分布于东北、内蒙古、河北、山西等地），当地名黄波罗，其皮也供药用，它与黄皮树的主要区别是树皮厚而为木栓质；另外分布在西北地区的小黄檗（P. chinensis Rupr. var. glabriusculum Schneid）其树皮也供药用。

190 枳（zhi）（图 1377）

［地方名］ 臭棘子、铜楂子、臭桔子、枸桔梨、杨桔（江苏），槿槿园枳（四川），青皮（湖北、山东），臭鸡蛋、铁篱寨（河南），野橙子、臭桔（广西）。

［学 名］ **Poncirus trifoliata** (L.) Raf. 芸香科

［药 材 名］　枳壳

［形态特征］　落叶灌木或小乔木，高 5～7 米，全株无毛。小枝分枝多，稍扁平，有棱角，密生粗壮硬刺，刺基部扁平，长 1～7 厘米。三出叶互生，叶柄长 1～3 厘米，有翅下延；小叶无柄，近革质，椭圆形、卵圆形或倒卵形，长 1.5～5 厘米，宽 1～2.5 厘米，基部惭狭呈楔形，先端钝而微凹，边缘微波状或全缘，表面沿主脉有短毛，背面光滑，侧脉 7～10 对。花单生或腋生，黄白色，有香气，先叶开放；萼片 5，卵状三角形；花瓣 5，长椭圆状倒卵形；雄蕊 8～20，分离；子房有短毛，6～8 室，每室有胚珠 4～12。柑果球形，直径 3～5 厘米，成熟时橙黄色，具茸毛，有香气。花期 4～6 月，果期 6～9 月。

［生长环境］　性稍耐寒，喜湿润而深厚肥沃土壤，多数为绿篱，或栽于村旁、庭园中，常生于海拔 1000 米以下的丘陵地山沟中。

［产　　地］　河南、河北、山东、陕西、甘肃、江苏、浙江、台湾、福建、广东、广西、安徽、江西、湖北、湖南、四川等省区。四川、福建产量最多。

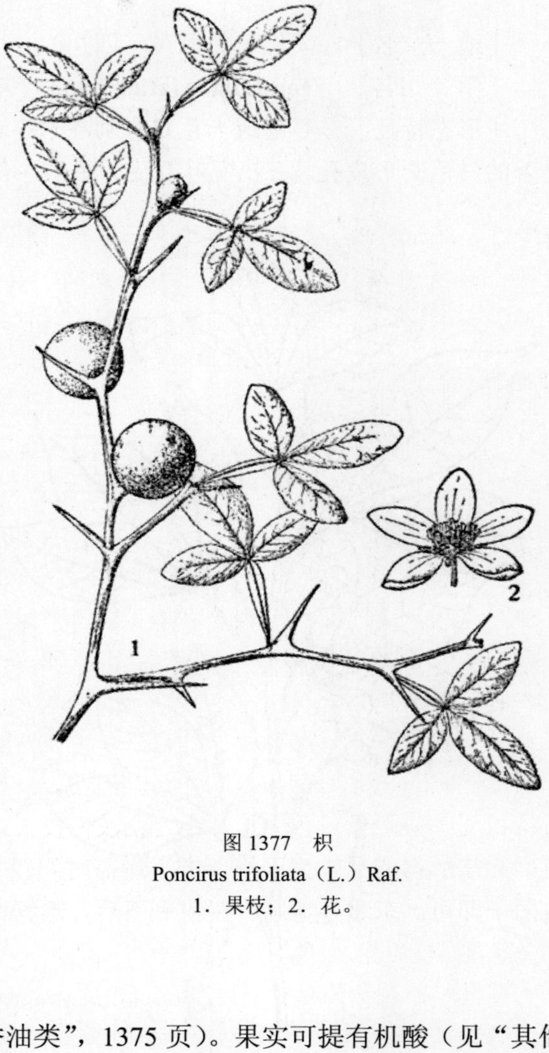

图 1377　枳
Poncirus trifoliata（L.）Raf.
1．果枝；2．花。

［用　　途］　果实为芳香健胃药。中医用治肝胃气、疝气，解酒毒，食积痰滞、胸腹痞满胀痛等症。南京民间取果实 6 个和酒泡服，主治小肠气。

叶、花、果皮可提芳香油（见“芳香油类”，1375 页）。果实可提有机酸（见“其他类”，2086 页）。种子可榨油（见“油脂类”，807 页）。也用果皮治牛炭疽病、难产、火症、瘫麻及猪瘟。

［采收处理］　6～8 月采收近成熟的绿色果实，最好选择晴天，将摘下的果实横切为两半，瓤肉向上，使其仰晒，晒至 7～8 成干时，再复晒皮面，直至全部干燥为止。如遇雨天，可以用火烘干。品质以大小均匀，干燥，皮黄色的较好。用蒲苞，麻袋或草包装，放在干燥通风处贮存。

［其　　他］　福建地区一年采收有二次，第一次在小暑（7 月上旬至中旬），第二

次在冬季；以青色时采收为宜。据福建药农谈枳实和枳壳为同一植物，果实小，皮厚，坚实，色青绿者叫实；又果实稍熟皮薄而空，呈黄棕色者称壳。

191 飞龙掌血（feilongzhangxue）（图 1378）

［地 方 名］ 溪椒、见血飞（四川）

［学 名］ **Toddalia asiatica** Lam. 芸香科

［形态特征］ 蔓延或半直立有刺灌木；老枝褐色，幼枝淡绿色或黄绿色，枝上有显著的白色圆形皮孔。三出复叶互生，革质，有柄；小叶几无柄；叶片椭圆形、倒卵形、长圆形至倒披针形，长 3～6 厘米，宽 1.5～2.5 厘米，先端急尖或微尖，基部狭楔形，稀阔楔形或楔形，两面光滑无毛，有隐约的腺点，边缘具细圆锥齿或绉纹。花单性，花梗短，有极细小呈鳞片状的苞片；花黄色或绿白色；萼片 4～5，边缘被短茸毛；花瓣 4～5，初时外面被短的微柔毛；雄花常成伞房状圆锥花序，腋生，雄蕊 4～5，较花瓣长，退化子房通常无毛；雌花常成聚伞花序或聚伞状圆锥花序，花较少，不育雄蕊 4～5；子房被毛。果橙黄色至朱红色，有深色的腺点，果皮肉质，表面有 3～5 条微凸起的肋纹，基部常宿存线形而略增长的不育雄蕊，每室通常有种子一粒，种子肾形，种皮软骨质，黑色。花期 10～12 月，果期 12 月至第二年 2 月。

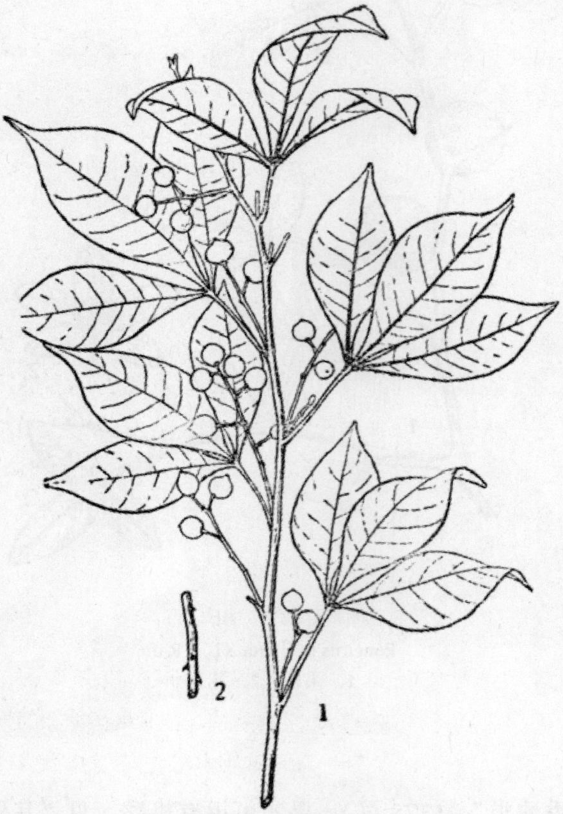

图 1378 飞龙掌血

Toddalia asiatica Lam.

1．果枝；2．枝的一段示刺。

［生长环境］ 生于山坡、路旁、灌木丛中或疏林中。

［产 地］ 湖南、湖北、陕西、福建、台湾、浙江、四川、云南、贵州等省。

［用 途］ 以根浸酒作为刀伤跌打药，可治肋骨痛、红痢及淋症。印度有人用根、皮部、叶及果实治疗肠胃病，风湿等症。而以根皮应用最广，治疟疾有良好的效果。

［采收处理］ 秋季挖掘根状茎，去掉泥沙，晒干后供药用。

192 野花椒（yehuajiao）（图 1098）

［学　　名］ **Zanthoxylum simulans** Hance　芸香科

［药 材 名］ 花椒

（地方名、形态特征、生长环境、产地及理化性质、其他用途见“芳香油类”，1385 页）

［用　　途］ 果实为芳香健胃药，能止吐泻；也有利尿作用。

［采收处理］ 一般在 8～10 月果实成熟后采收，自树上连小枝采下，晾晒至干，除枝梗及杂质。品质以完整、干燥、种子未落、香气浓、无杂质为好。用蒲包或布袋包装，放在干燥的地方。

［其　　他］ 除上种供药用外，还有崖椒（Zanthoxylum schinifolium Sieb. et Zucc.）（东北地方名叫香椒子、野椒等）；竹叶椒（Z. planispinum Sieb. et Zucc.）和花椒（Z. bungeanum Maxim.）等的果实也供药用。其主要区别如下：

1．花被两轮，萼片和花瓣均为 5～4 枚；雄花的雄蕊 5～4 枚；灌木高 1～3 米……崖青椒

1．花被一轮，8～5 枚。

　2．雌蕊或果实具有明显的子房柄，小叶片具肉眼可见的针刺（分布于福建、广东、湖南、湖北、江西、浙江、江苏、安徽、河南、河北）……………………野花椒

　2．雌蕊或果实无子房柄，如有也极短。

　　3．花序顶生或顶生于侧枝上，翼线形而狭，紧贴于叶轴，小叶背面主脉基部具柔毛一丛（分布于浙江）……………………………………………………………花椒

　　3．花序腋生；翼宽，侧脉隐约不明显（分布于云南、广东、广西、湖南、湖北、江苏、安徽、陕西、河南、甘肃）…………………………………………………竹叶椒

193 臭椿（chouchun）（图 651）

［学　　名］ **Ailanthus altissima** (Mill.) Swingle　苦木科

［药 材 名］ 椿根皮（树皮），凤眼草（果实）

（地方名、形态特征、生长环境、产地及其他用途见“油脂类”，813 页）

［用　　途］ 根皮为苦补健胃及收敛剂。内服作止血用，治妇人子宫出血、产后出血、赤痢、淋疾等症；外用煎汤洗皮肤寄生性癣疮，有灭菌杀虫的效能。果实可治大便下血。

［理化性质］ 臭椿叶、根皮、树皮含有皂角甙、鞣质、香精油、槲皮黄碱素（quercetin, $C_{15}H_{10}O_7$）等物质。

［采收处理］ 树皮全年皆可采收，通常在春季萌芽时将椿树枝锯下，切成长约 30 厘米长，将皮剥下，晒干即成，但要经常复晒，以免虫蛀；商品以干燥，皮厚而完整无虫蛀无霉为佳。果实在 8～10 月成熟时采集，采得的果实，去掉果柄，晒干商品以干燥、无枝、叶、果柄的为好。

194 鸦胆子（yadanzi）（图 1379）

［地 方 名］ 老鸦胆（广东）

［学 名］ **Brucea javanica** (L.) Merr. 苦木科

［药 材 名］ 鸦胆子

［形态特征］ 半常绿大灌木，高达 3 米，全体密被淡黄色绒毛，经 2～3 年始脱落。奇数羽状复叶，有柄，长达 14 厘米；小叶 7～11，通常为 7 片，对生，小叶柄长达 8 毫米，叶片长卵形，长 4～11 厘米，宽 2～4.5 厘米，缘有三角形粗锯齿，表面被茸毛，背面绒毛尤密，先端长尖，基部圆形或楔形，或两边不相称；侧脉 5～10 对，在背面隆起，被茸毛。花甚小，单性，异株或同株，也有两性者，圆锥花序，或部分呈聚伞状花序腋生，长可达 50 厘米；雄花雌蕊不发育，花萼 4，较小，卵形，长不及 1 毫米，外面密被淡黄色茸毛；花瓣 4，长圆状披针形，外面容具茸毛，长 1.5 毫米；雄蕊 4，着生花盘基部，花丝短壮，花粉囊小，长圆形，纵裂；花盘发达；雌花具不发育雄蕊，雌蕊通常 4，或 5，被有密绒毛，长圆形，无花柱；两性花雄蕊几无花丝，通常具 4 雌蕊者皆发育。核果椭圆形，黑色，长约 9 毫米，直径约 4 毫米，具突出网纹；种子卵形，头尖，长约 5 毫米，淡黄色。花期 4～5 月，果期 8～10 月。

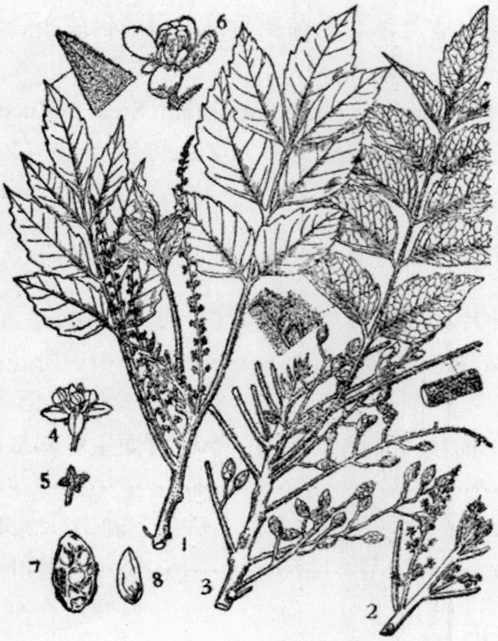

图 1379 鸦胆子
Brucea javanica（L.）Merr.
1. 雄花枝；2. 雌花枝；3. 果枝；4. 雄花；5. 花萼；6. 雌花；7. 果实；8. 种子。

［生长环境］ 本种为热带植物，适应性极广，常生于土壤疏松的海滨地带，平原及丘陵地区或灌木林中以及沟边、村旁、农地边缘也适生长。

［产 地］ 广东、广西、福建、台湾、云南等省区。

［用 途］ 种子入药，治阿米巴痢疾，疟疾，杀虫及痔出血等症。种子可榨油（见“油脂类”，814 页）。

［理化性质］ 有效成分未明；白果实中会得到糖甙（溶点 264～265℃），有机酸（溶点 62～63℃），含酚基物质（溶点 273～274℃）；另又得到结晶物质Ⅰ（$C_{12}H_{16}O_5$），Ⅱ（$C_{10}H_{16}O_5$），Ⅲ（$C_{17}H_{34}O_2$）。

［采收处理］ 秋季果实成熟时采收，摘下果枝，取其种子，晒干。品质以干燥、个大、质坚、油性足者为好。

195 楝（lian）（图 659）

［学　　名］ **Melia azedarach** L　楝科

［药 材 名］ 苦楝皮

（地方名、形态特征、生长环境、产地及其他用途见“油脂类”，822 页）

［用　　途］ 根皮及干皮供药用，有除湿热、杀虫之效；为肠寄生虫之驱除药，对绦虫、蛔虫、蛲虫都有效，并利大便；外用能涂疥癣。果实有收敛作用，治心腹疝疼，蛔虫腹疼，果肉捣烂可敷治冻疮。

［理化性质］ 含苦味的楝树碱（margosin）、中性树脂及鞣质等。

［采收处理］ 全年均可采收，但以春末夏初采收较为适宜。剥取干皮或将根挖出，洗净；洗净之根用铁锤打裂，然后剥下根皮，晒干。收购要求以根皮厚而干燥，条大，无糟朽者为佳；干皮要外皮光滑，不易剥脱可见多数麻点的嫩皮较佳。宜置干燥地方贮存。

196 川楝（chuanlian）

［地 方 名］ 川楝实、金饱子（四川、贵州、湖北），苦楝实（贵州）。

［学　　名］ **Melia toosendan** Sieb. et Zucc.　楝科

［药 材 名］ 苦楝子、川楝子

［形态特征］ 乔木，高达 10 米。**树皮灰褐色，小枝灰黄色**。二回奇数羽状复叶，柄长 5～12 厘米；羽片 4～5 对，各对间距离疏远；小叶 2～5 对，卵形或窄卵形，长 4～7 厘米，宽 2～3.5 厘米，先端渐尖或长渐尖，基部圆形，两侧常不对称，全缘或部分有稀疏锯齿。花成腋生圆锥状排列的聚伞花序，长宽各约 6 厘米，花中型，直径 6～8 毫米；花萼灰绿色，萼片 5～6；花瓣 5～6，淡紫色；雄蕊为花瓣数的 2 倍，花丝连合成一管；**子房瓶状，6～8 室**。**核果长圆形或近圆形**，黄色或栗棕色，内果皮为坚硬木质，梭形，具 5 棱；种子扁平，长椭圆形，黑色。花期 3～4 月，果期 9～11 月。

［生长环境］ 生长于温暖地区的疏林中、土壤潮湿而肥厚的地方。

［产　　地］ 河南、湖北、湖南、贵州、四川及甘肃南部。

［用　　途］ 果实供药用，有除湿热、止痛、杀虫之效；治脘腹胀痛、肋痛、疝气等，也用作肠内寄生虫驱除药。

［理化性质］ 果实中含脂肪油，油含硫质，有大蒜气；其有效成分为一种中性树脂，性质不稳定，贮存一年，效用即大减。

［采收处理］ 9～12 月果实成熟呈黄色时采收、晒干。品质以个大、饱满、表面黄色、肉白色、厚而松软的为佳。

［其　　他］　在个别地区如陕西西安、山东济南等地，以楝树（Melia azedarach L.）的果实作苦楝子药用。与川楝的主要区别是小叶片边缘多有明显圆齿，很少近于全缘；花序较疏阔宽大，几无毛；果实长圆形，直径约 1.5 厘米，果核通常有 5～7 棱。

197 远志（yuanzhi）（图 1380）

［地 方 名］　浅儿茶、小草、线儿茶、小草根（山东），神沙草、红籽细辛（四川）。

［学　　名］　**Polygala tenuifolia** Willd.　远志科

［药 材 名］　远志、远志筒（江苏）

［形态特征］　多年生草本，高达 30 厘米。根长而肥厚，圆柱形，略弯曲，深入土中。茎细弱，由基部展出，直立或斜上，分枝多，颜色深绿，具细软毛。单叶互生，斜向上伸，线形，长 1.3～4 厘米，宽 2～3 毫米，基部渐狭，具短柄或无柄，先端尖，全缘，叶两面淡绿色，无毛或微有毛，中脉于下面隆起，无侧脉。总状花序顶生，花数少，花梗细弱，长约 4 毫米；花缘白色带紫，直径约 8 毫米，花萼 5，分离，不等大，其中 3 片外萼呈卵状披针形，其他两片内萼较大，长圆形，呈花瓣状，基部狭成爪状，背面有绿色条纹；花瓣 3，其中 2 瓣呈倒卵形，一侧外斜，其他 1 瓣较长，呈龙骨状，在其先端外侧有缘形附属物；雄蕊 8，花丝愈合成鞘状，包围雌蕊，近端处，分离；雌蕊 1，花柱弯曲，线形扁平，柱头成 2 不等长的浅裂。蒴果扁平，倒卵形，径约 5 毫米，基部具宿存萼，中央有纵沟，先端微凹，绿色，无毛，成熟时沿边缘开裂。种子卵形，扁，黑色，密被白色细茸毛。花期 5～7 月，果期 6～8 月。

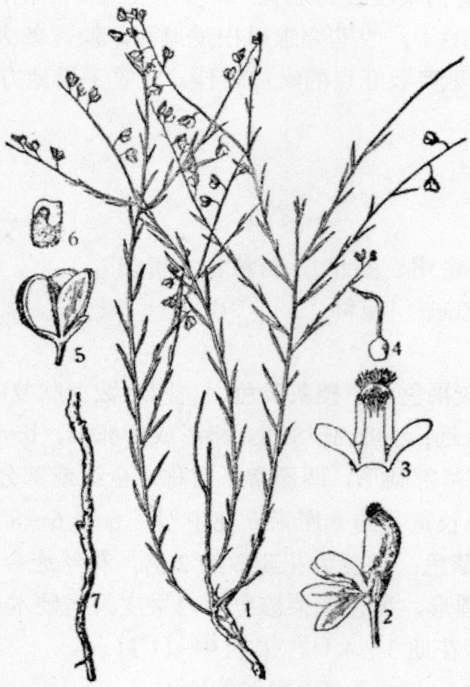

图 1380　远志

Polygala tenuifolia Willd.

1．植株全形；2．花；3．花剖开后示雄蕊（花丝大部愈合）；4，雌蕊；5．果实示一侧已裂开；6．种子；7．根。

［生长环境］　生于向阳干燥石砾或沙质的山坡，路旁，草地，或河岸谷地。

［产　　地］　辽宁、吉林、黑龙江、河北、河南、山东、安徽、江西、山西、陕西、甘肃、宁夏、四川、内蒙古等省区。

［用　　途］　根入药，为祛痰剂。

［理化性质］　含远志皂角甙（senegin, $C_{17}H_{26}O_{10}$）约 0.65～1%，又含 1，5-去水甘露醇［polygalit（1，5-anhydomannit），$C_6H_{12}O_5$］树脂 0.8%及结晶性的 onsicin（$C_{24}H_{47}O_5$），另含脂肪油，油的主要成分为油酸甘油酯。

［采收处理］　春季 4～5 月或秋后 8～9 月挖取根部，洗去泥土，在阳光下晒至半干，用手揉软，然后抽出中心的木质部即为“远志筒”，较小的根用棒捶裂，除去木质部，因不成筒，故称“远志肉”。全部晒干后，用麻袋或席包装贮于干燥的地方。品质以皮细、肉厚、条长的为好。

［其　　他］　西伯利亚远志（Polygala sibirica L.），也作远志入药，山东土名小叶远志，此种植物与远志的主要区别是叶子较宽，卵状披针形至披针形。茎较短，被短伏毛；果实周缘被短缘毛。小叶远志，分布在东北、华北、陕西、四川、云南、内蒙古等省区。

另外在江西尚有一种黄花远志（Polygala aureocaudata Dunn.）别名黄金印，吊吊黄，念健；在四川省有一种黄氏远志（Polygala arillata Hamilton）有别于树参，道苏莲，阳雀花。它们的根也供药用。

198 铁苋菜（tiexiancai）

（图 1381）

［地 方 名］　榎草、含珠草（广西），叶下双桃、金半斗（浙江），水芥、烂莲菜、血旱头杆子、蝎头棵、水耳朵草（江苏）。

［学　　名］　**Acalypha australis** L.　大戟科

［药 材 名］　血见愁（江苏、福建）

［形态特征］　一年生草本，高 30～50 厘米。单叶互生，膜质，卵状菱形至椭圆形，长 2.5～8 厘米，宽 1.5～3.5 厘米，先端渐尖，基部楔形，边缘有钝齿，两面略粗糙，有毛或近于无毛。花单性，雌雄同株，穗状花序腋生；雄花序极短，长 2～10 毫米，生于极小的苞片内；雌花序生于叶状苞片内，苞片开展时肾形，

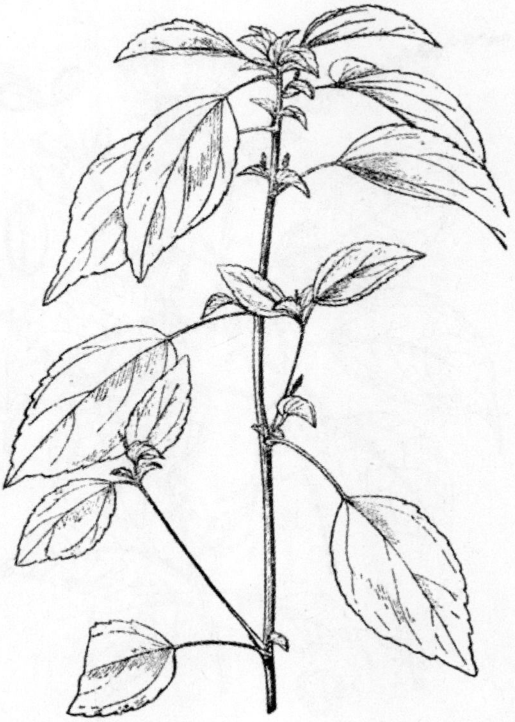

图 1381　铁苋菜
Acalypha australis L.
茎上部

长约1～2厘米，合时如蚌，边缘有钝锯齿，基部心形；花萼4裂，薄；无花瓣；雄蕊8，子房3室。蒴果小，三角状半圆形，被粗毛，3室，每室有1种子；种子卵形，长约2毫米，光滑，灰褐色。花期5～7月，果期7～10月。

［生长环境］ 生于旷野、耕地边、路边较湿润的地方，为夏季耕地上常见的一种野草。

［产　　地］ 河北、山西、山东、河南、陕西、甘肃、宁夏、浙江、福建、台湾、江西、湖北、湖南、四川、贵州、云南、广西、广东等省区。

［用　　途］ 全草入药，福建民间将全草煎汁服用治痢疾，效果良好；广西桂林民间用鲜草煎汁服或加砂糖炒后煎汁服治疗痢疾；浙江龙泉县民间将全草煎汁服用，有止泻和治疟疾的功效；外用煎水洗或将采挖的全草捣烂敷患处，可治皮肤病。四川、河北民间也有用鲜草作止血药。

［采收处理］ 5～7月间采收全草，除去泥土，晒干。如用新鲜的全草可随采随用。

199 巴豆（badou）（图1382）

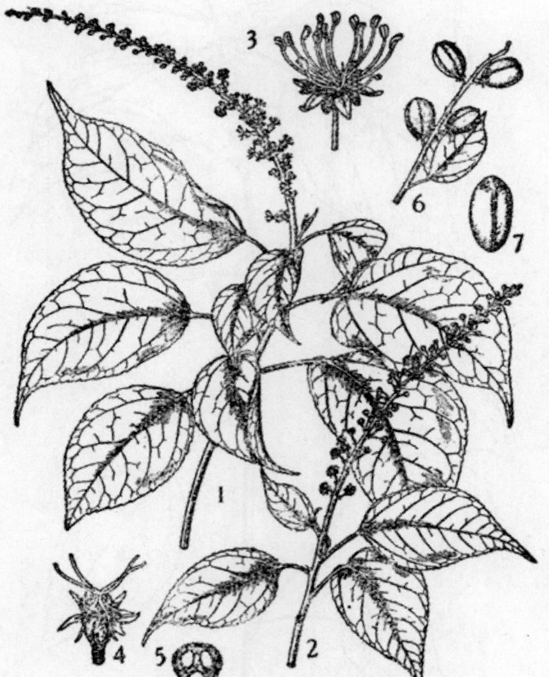

图1382 巴豆

Croton tiglium L.

1．雌花枝；2．雄花枝；3．雄花；4．雌花；5．子房横切面；6．果枝；7．种子。

［地 方 名］ 猛子仁（广东、湖南），江子（四川、广西），毒鱼子（福建），巴果（云南），川巴（江苏），銮豆、红子仁（台湾）。

［学　　名］ **Croton tiglium L.** 大戟科

［药 材 名］ 巴豆

［形态特征］ 常绿乔木，高6～10米。幼枝被疏星状柔毛。叶互生，卵形至长圆状卵形，长5～13厘米，宽约2.5～6厘米，先端长渐尖，基部圆形或楔形，在近叶柄处有2个腺体，叶缘有浅锯齿，两面均有疏星状毛，基部3脉，叶柄长2～6厘米；托叶早落。花单性，雌雄同株，成顶生总状花序，上部着生雄花，下部着生雌花，也有全为雄花而无雌花的；花梗细而短，有星状毛；雄花绿色，较小；花萼5深裂，疏生星状毛，裂片卵形；花瓣5，反卷，内面生细绵毛；雄蕊15～20，着生花盘边缘，花盘盘状，

边缘有浅缺刻；雌花花梗较粗，花萼5深裂，无花瓣，子房圆形，3室，密被星状毛，花柱3个，每个再2深裂。蒴果长圆形，有3钝角；种子长卵形，3枚，淡黄褐色。花期3～5月，果期7～9月。

［生长环境］　生于山野、丘陵地、房屋附近常见栽培。

［产　　地］　浙江、江苏、福建、台湾、湖南、湖北、四川、云南、广东、广西等省区，其中以四川产量最大，质量较好。

［用　　途］　种子制取巴豆油入药，为强烈峻泻剂，稀释液为外用的皮肤发赤药。中医用纸压种仁，吸去大部分油质后，取其粕小量供药用，为峻泻剂；近谓种子的稀浸出液对血吸虫的中间寄主钉螺蛳及姜片虫的中间寄主扁螺蛳均有杀死的功效。

种子可榨油又可作兽药，治牛衣不下和鸡瘟。种子、叶、茎为良好的土农药（见“土农药类”，2037页）。且可作为养鱼用的杀虫剂。

［理化性质］　种子含脂肪油（巴豆油）约53～57%，此外含蛋白质18%，其中包括有毒蛋白质（crotin，名巴豆毒素，类似蓖麻子毒蛋白），另有巴豆甙（crotonoside，*α*-oxy-6-aminopurin-rhiboside），精氨酸（arginine）等。脂肪油的主要成分为油酸、亚油酸、软脂酸、硬脂酸、巴豆油酸（crotonic acid）及顺芷酸（tiglic acid）等甘油所组成，油中含泻下成分巴豆树脂，系巴豆醇（phorbol）与甲酸、丁酸及顺芷酸形成的酯，在巴豆油中含有2～3%。

［采收处理］　8～9月果实成熟而未裂开时采集，摘下果实后，阴干，或堆在一起，经2～3日使其发汗变色后晒干，用木板或其它工具敲开果壳簸净杂质，就得种子，收集种子，放置阴凉干燥处，防止生霉及泛油；品质以籽粒饱满、不泛油者为佳。

200 狼毒大戟（langdudaji）（图1383）

［地 方 名］　狼毒疙瘩（黑龙江），猫眼睛（辽宁）。

［学　　名］　**Euphorbia fischeriana** Steud. (*E. pallasii* Turcz.)　大戟科

［药 材 名］　狼毒（东北）

［形态特征］　多年生草本，体内有乳汁。根肥大肉质，通常不分枝，圆柱形，外皮红褐色或褐色，成片状剥裂。茎单一直生、高达40厘米。近基部的叶为淡褐色鳞片状，中部叶互生，无柄，长圆形，长约3厘米，宽约1.2厘米，先端钝，基部狭，全缘；叶状苞3～5轮生，长卵状，基部圆形。多歧聚伞花序顶生，伞梗5，各出生3小伞梗或再抽出第三次小伞梗，苞卵状三角形，先端尖，苞外面有毛，内面无毛，其裂片边缘具白色长睫毛。花单性，无花被；雄花具雄蕊1；雌花具雌蕊1，生于小杯状花序中央，子房具长柄，有毛，3室，花柱3，长不超过7.5厘米（至分歧处）。蒴果阔卵形，有沟，密生微毛，后变光滑，熟时裂成3瓣；种子椭圆状卵形，有光泽，淡褐色，长约4毫米。

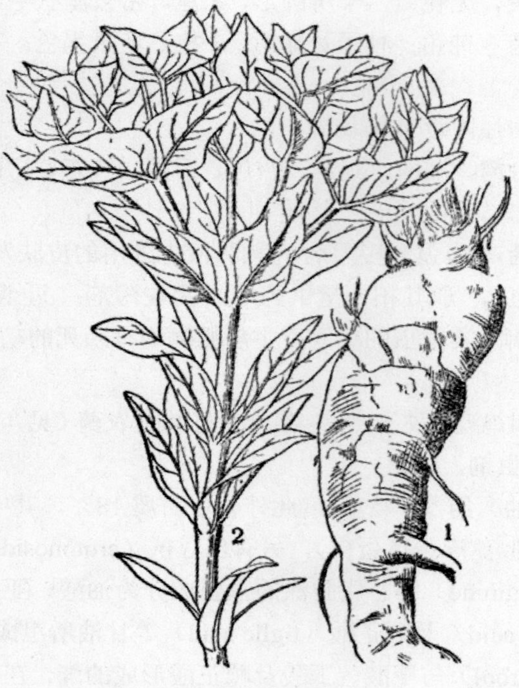

图 1383 狼毒大戟
Euphorbia fischeriana Steud.
1. 根；2. 植株上部。

花期5～6月，果期6～7月。

［生长环境］ 干燥草原、干燥丘陵坡地草丛中。

［产 地］ 辽宁、吉林、黑龙江、内蒙古、河北等省区。

［用 途］ 根入药。外用于治疗各种疮毒。近有用狼毒蒸大枣，名“狼毒枣”，治各种结核，有卓效。

又为良好的农药（见“土农药类”，2038页）。

［理化性质］ 据辽宁省资料：根含树脂10.46%；本属植物中大都含有七叶亭（aesculetin, $C_9H_6O_4$），树胶（gummii），大戟甙（euphorbon, $C_{37}H_{58}O_2$）等；种子含脂肪油。

［采收处理］ 根于4～6月或9～10月采收，将挖出的根，去净泥土及残茎，切成薄片、晒干。其汁液有毒，切时要防止沾手上，以免中毒；人畜误食，中毒能死。

201 地锦草（dijincao）（图947）

［学 名］ **Euphorbia humifusa** Willd. 大戟科

［药 材 名］ 血见愁（河北）

（地方名、形态特征、生长环境、产地及其他用途见“鞣料类”，1173页）

［用 途］ 全草入药，据山东省资料为通乳药，并能治高血压症。与鸡肝煎服可治大人腹泻及小儿疳积、肢倦、腹泻，还可配制蛇药。浙江民间用治赤痢，效果很好。

［采收处理］ 4～5月间拔取全草，洗净泥土和杂质，晒干，放在干燥的地方。品质以干燥、无杂质的全草为好。

202 甘遂（gansui）

［地 方 名］ 肿于花（陕西）

［学 名］ **Euphorbia kansui** Liou, ined. 大戟科

［药 材 名］ 甘遂

［形态特征］　多年生草本，全体含乳汁，高25～40厘米。根细长而微弯曲，部分呈连球状，亦有呈长椭圆形的，外皮棕褐色，其上生有少数细长侧根及须根。茎直立，下部稍木质化，淡红紫色，上部淡绿色，无毛。单叶互生，几无柄；茎下部的叶线状披针形；茎中部的叶狭披针形，长3.5～9厘米，宽4～10毫米，先端钝，基部楔形，全缘，光滑无毛。杯状聚伞花序常成1～3回聚伞状排列，通常5～9枝簇生茎顶端，在其枝端又抽出一至二回聚伞状三分枝，在各分枝处均有一对长卵状到三角状阔心形的叶状苞片，苞片全缘；总苞杯状，先端4裂，腺体4枚，生于裂片之间的外缘，呈新月形，黄色，花单性，雌雄同株；无花被；每一总苞中生有多数雄花，雄花只具1雄蕊，花丝与小花梗之间有关节，长短不等；雌花1朵，只有雄蕊1枚，生于杯状花序中央，受粉后，花梗伸长，将雌蕊挺伸出总苞外，子房三角状卵形，3室，花柱3枚，柱头2裂，球形。蒴果近圆形。花期6～9月；果期8～10月。

［生长环境］　山沟底荒地、山野自生。

［产　　地］　陕西、山西、河南、甘肃等省。主产于陕西（渭南、三原、韩城），甘肃（天水、西礼）等地，均系野生。

［用　　途］　根入药，为利尿剂，治各种水肿。又可作土农药。

［采收处理］　春秋两季采挖，以秋季产者为佳；将挖掘的根部，放在篮内，置于水中，加稻谷皮，石渣等用力撞净外皮，以硫磺熏后晒干即得。

203 续随子（xusuizi）（图667）

［学　　名］　**Euphorbia lathyris** L.　大戟科

［药 材 名］　千金子、续随子

（地方名、形态特征、生长环境、产地及其他用途见“油脂类”，831页）

［用　　途］　种子为利尿剂及通经药。外用涂疥癣恶疮等症。据江苏丹阳县卫生院试验应用，治晚期血吸虫病有效；并谓此药治疗肝脾肿大，更有显著疗效。

将种子捣烂后用水浸泡，可用于杀虫。

［理化性质］　含脂肪油40～60%，大戟甙（euphorbon）等，其他尚含有马七叶亭（aesculetin, $C_9H_6O_4$）0.6%及结晶性物质0.024%。

［采收处理］　7～8月间种子成熟后割下全草晒干，打落种子，除去杂质，收集种子，放在阴凉通风处；以防止油变质。品质以种子干燥、饱满、无杂质、不破碎者为好。

［其　　他］　本植物有毒。

204 大戟（daji）（图1384）

［地 方 名］　北京大戟、将军草（江苏、四川、山西），龙虎草（江苏、山西），猎儿眼（山东、辽宁、吉林、江苏），猫眼草（辽宁、山东、江苏），灯台草（吉林）。

［学　　名］　**Euphorbia pekinensis** Rupr.　大戟科

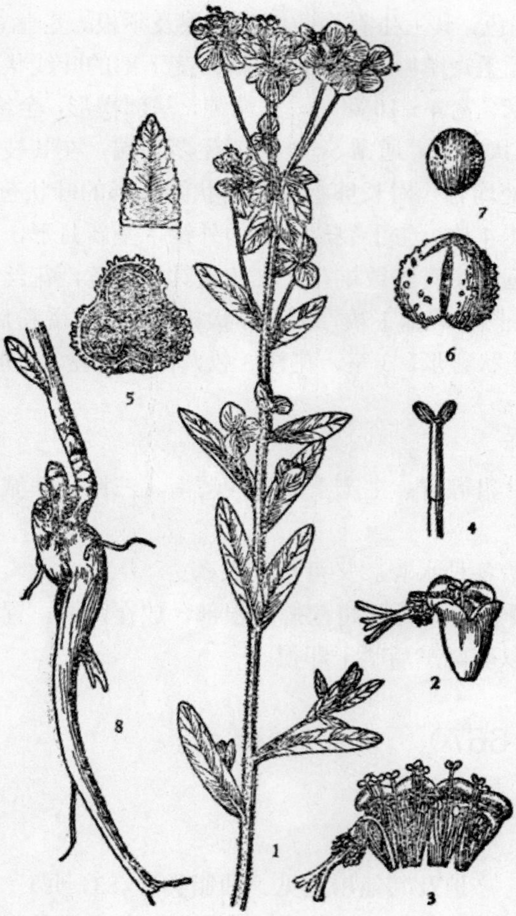

图 1384　大戟

Euphorbia pekinensis Rupr.

1. 花枝；2. 总苞，示腺体、雄蕊及雌蕊；3. 总苞剖开后示雄蕊；4. 雄蕊；5. 子房横切面；6. 果实；7. 种子；8. 根。

（自"中国药用植物志"）

［药 材 名］　大戟、京大戟

［形态特征］　多年生草本，高30～80厘米，体内含白色乳汁。根圆锥形，细长。茎直立，圆柱形，上部分枝，被白色短柔毛。叶互生，近无柄；叶片长圆形或披针形，长3～8厘米，宽5～13毫米，全缘，边缘反卷，背面灰绿色，稍有白粉。杯状聚伞花序，通常5枝排列成伞形，基部有5枚叶状苞片，每枝再分成3～4小枝，其基部着生4叶，近圆形，对生如十字形，每小枝又作一至数回叉状分枝，其分叉处着生近圆形叶片1对，各小枝顶端开绿黄色小花；花单性，雌雄花均无花被；杯状总苞内有雄花多枚，每花仅由1枚雄蕊组成，各花的雄蕊长短不等，花丝与小花梗交界处有一关节；雌花1朵位于中央，有1雌蕊组成，子房圆形，3室，花柱3枚，顶端2分叉，随小花梗的增长，子房伸出总苞外而下垂。蒴果三棱状球形，表面具疣状凸起；种子卵圆形，光滑，灰褐色。花期4～5月，果期6～7月。

［生长环境］　山坡、路旁、荒地、草丛、林缘及疏林下野生。

［产　　地］　黑龙江、吉林、辽宁、河北、山西、山东、河南、陕西、甘肃、青海、安徽、江苏、浙江、福建、江西、湖南、湖北、四川、贵州、广西、广东及云南等省区；主产于江苏（南京、镇江）。

［用　　途］　根及根皮入药，为峻泻剂，并有利尿之效。民间有用以治疗晚期性腹水和臌胀症，但身体弱者及孕妇忌服。

又可供兽药用，全株可治牛染疔火热症，通秘结。根又可供农药用。

［理化性质］　根含大戟甙（euphorbon, $C_{37}H_{58}O_{12}$）及橡胶乳汁。

［采收处理］　春季在幼苗未出之前，秋季多在茎枯萎时挖取其根，去掉须根及芦头（茎基部），晒干即得。贮藏于干燥处。品质以根条均匀、大而肥嫩、质软无须根的

为佳。

［其　　他］　药用的大戟除本种外，尚有一种茜草科植物红芽大戟（Knoxia corymbosa Willd.）主产于广西的石龙、邕宁、宁明和云南的弥勒、个旧、文山等地，销售全国。

205 钩腺大戟（gouxiandaji）（图 1385）

［地 方 名］　甘遂（浙江、江苏、河南），狠毒胖子棵（山东）。

［学　　名］　**Euphorbia sieboldiana** Morr. et Decne.　大戟科

［药 材 名］　狼毒

［形态特征］　多年生草本，高30～60 厘米；具白色乳汁。地下有纺锤形至圆锥形块根，土褐色平滑，内面黄白色。茎直立，单一，圆柱形，平滑无毛或被白色柔毛，绿色，基部带紫色。单叶互生，无柄，茎基部叶较小，愈往上愈大，椭圆状倒披针形，长 4～11 厘米，宽 1～2.5 厘米，先端钝圆，基部渐狭，全缘，两面平滑无毛，中脉粗大，在背面脉稍隆起，侧脉不显。在茎顶端叶腋内抽出 5 花梗，呈伞形，每小枝顶端开黄绿色小花，每花下对生 2 枚三角状卵形叶状苞，愈往上苞片愈小；花单性，雌雄同株，雌雄花均无花被，同生于筒状总苞内，成杯状聚伞花序；总苞呈花萼状，先端 4 浅裂，外侧有腺体 4 个，每裂片互生；总苞内有多数雄花，雄花有雄蕊 1，总苞中央有 1 个雌花，由 1 雌蕊组成，常伸出总苞而向下弯垂，子房 3 室，每室有 1 胚珠，花柱 3，顶端分叉。蒴果，扁球形，具深裂沟，花柱宿存，熟时褐色而开裂，每室具 1 粒种子；种子圆卵形，棕褐色，光滑。花期 4～5 月，果期 6～7 月。

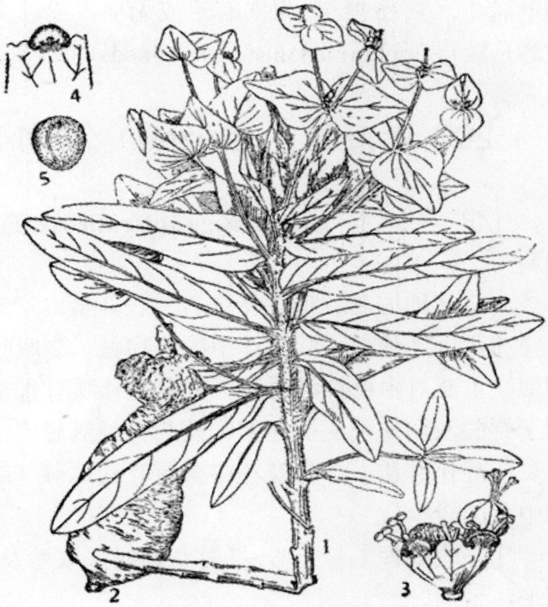

图 1385　钩腺大戟
Euphorbia sieboldiana Morr. et Decne.
1．植株全形；2．块根；3．杯状聚伞花序；4．总苞的腺；5．种子。

［生长环境］　喜生于林下草丛中，以及山坡。

［产　　地］　黑龙江、吉林、辽宁、河北、山东、河南、安徽、江苏、浙江、福建、湖南、湖北、陕西、四川、广西等省区。主产于安徽、河南，以安徽产量较大，河南质量最佳。

［用　途］ 块根入药，有治咳逆，破积聚，逐水气的功效，煎水外用，可洗治疥疮。

又可作土农药用。

［采收处理］ 嫩苗时采收，将挖掘的块根，除去泥土和茎叶，切片晒干，品质以干燥，色白，无虫蛀，粉质高的为佳，贮存于干燥地方。

［其　他］ 除这一种外在东北、内蒙古、河北，还有一种狼毒大戟（Euphorbia fischeriana Morr. et Decne.）也作狼毒入药，它与钩腺大戟的主要区别是：茎中部和上部的叶轮生（3～5 叶），果实有毛或无毛。过去文献多把本种作为甘遂，实系误用，现知甘遂应为（Euphorbia kansui Liou, ined.）。

206 叶底珠（yedizhu）（图 141）

［学　名］ **Securinega suffruticosa** (Pall.) Rehd. (*S. ramiflora* Muell-Arg.) 大戟科

（地方名、形态特征、生长环境、产地及其他用途见“纤维类”，177 页）

［用　途］ 叶及花中的植物碱，制成叶底珠碱的硝酸盐，其作用和硝酸士的宁相似，主要对中枢神经系统，特别是脊髓有兴奋作用。苏联保健部药理委员会已批准应用于脊髓灰白质炎所引起的瘫痪与神经病患者的强壮及兴奋剂；并用于治疗阳萎等症。

［理化性质］ 叶及花中含有叶底珠碱（securinin, $C_{13}H_{15}NO_2$）等多种植物碱，果实中含的较少。

［采收处理］ 于 6～7 月花期时采取叶及花阴干；8～9 月间，采近于成熟的果实晒干；备用。

207 地构菜（digoucai）（图 1386）

［地 方 名］ 瘤果地构菜（山东、甘肃），地海透骨草（西北）。

［学　名］ **Speranskia tuberculata** (Bge.) Baill. 大戟科

［药 材 名］ 珍珠透骨草（山东），铁线草（甘肃），透骨草（江苏）。

［形态特征］ 多年生草本，高 20～50 厘米，全体密被茸毛。根状茎木质，茎直立，通常少分枝。单叶互生，无柄或有短柄；叶片长椭圆形至披针形，先端钝或尖，基部楔形或圆形，边缘具疏钝锯齿，两面被绒毛，背面脉上尤密。花单性，雌雄同株，为顶生的总状花序；雄花生于花序上部，每一苞片内有 3 朵花；黄白色，花萼 5，披针形，有毛；花瓣 5，较萼片短而宽，黄色腺体盆状，雄蕊 10～15；雌花生于下部，子房 1 枚，3 室，被白柔毛，有疣状突起。蒴果扁圆状三角形，表面有多数疣状突起物，熟时顶端开裂。花期 5～7 月，果期 7～9 月。

［生长环境］ 生于山坡、山脚及村落草坡地。砂质草原及砂质干燥地亦生长。

［产　　地］　河北、山东、江苏、河南、山西、陕西、甘肃等省。

［用　　途］　全草入药，有祛风湿，通经络，活血止痛之效。可治筋骨一切风湿、疼痛挛缩、毒疮等症；但用时多作外用洗药。

［采收处理］　夏季茎叶茂盛时采收，采挖连根全草，除去泥土，晒干或阴干即可。以干燥、色绿、质嫩、无杂质者为佳。

［其　　他］　商品“透骨草”的种类很多，由于地区习惯用药，同名异物约有 10 种，地构菜仅其中之一种。

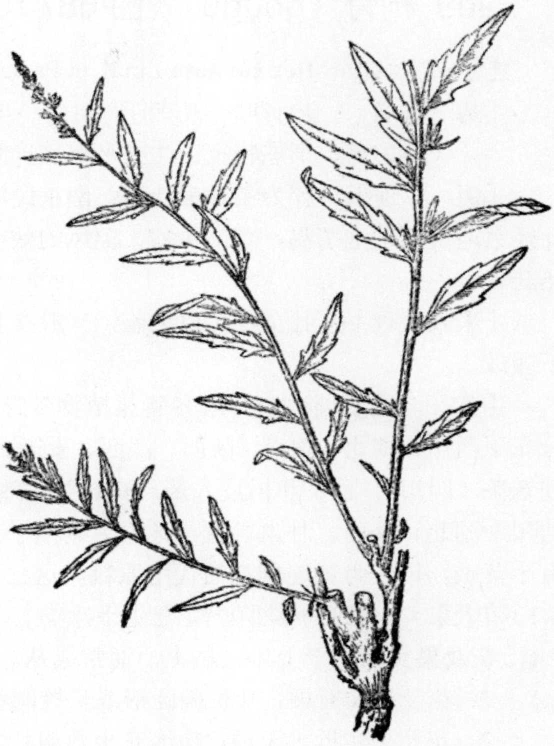

图 1386　地构菜
Speranskia tuberculata （Bge.） Baill.
植株

208 盐肤木（yanfumu）（图 955）

［学　　名］　**Rhus chinensis** Mill. (*R. semialata* Murr.)　漆树科

［药 材 名］　五倍子

（地方名、形态特征、生长环境、产地以及其他用途见“鞣料类”，1183 页）

［用　　途］　虫瘿（五倍子）入药，为收敛剂，用于火伤和烫伤；又为止血剂；并用作生物碱中毒的解毒药。浙江天台县民间将叶煎汁洗治漆疮。

［理化性质］　干燥的虫瘿（五倍子）含鞣质 60～70%，其中主要成分为五一间—双没食子酰葡萄糖（penta-m-digalloyl-glucose），系一分子葡萄糖与五分子的双没食子酸缩合而成，遇酸水解，产生没食子酸。此外含游离的没食子酸 2～4％及淀粉等。

［采收处理］　五倍子（虫瘿）在 7～8 月间采收，将采来的五倍子置于沸水中煮之，不断搅拌，使由黄褐色变成灰色，约经 3～5 分钟后取出晒干或阴干。品质以干燥、个大、完整、灰褐色的为佳。贮存于干燥处。

［其　　他］　药用五倍子是植物盐肤木的叶或小叶上的干燥虫瘿，由五子蚜虫（Schlechtendalia chinensis Bell.）寄生而成。同科属植物青麸杨（Rhus potanini Maxim.）及红麸杨［Rhus punjabensis Stew. var. sinica（Diels）Rehd. et Wils.］也能产生虫瘿。

209 枸骨（gougu）（图 687）

［学　　名］ **Ilex cornuta** Lindl. et Paxt.　冬青科

［药 材 名］ 功劳叶、功劳子

（地方名、形态特征、生长环境、产地及其他用途见“油脂类”，856 页）

［用　　途］ 叶为滋补强壮药；南京民间将其枝叶与红糖、枣子煎服做补药；嫩叶经水泡后晒干泡茶喝，有治头痛，驱风的效能；果实中医用于阴虚，内热，作滋养解热药。

［采收处理］ 叶全年可以采收，一般在秋季采摘较多，剪去叶子边缘上的刺，晒干即成。

［其　　他］ 除本种外，冬青属植物冬青（Ilex chinensis Sim.= Ilex purpurea Hassk）分布于四川、湖北、湖南、陕西、江西、安徽、江苏、浙江、甘肃等省，地方名青皮树、观音茶（四川）。种子和树皮入药，有补益之效：另一种老鼠刺（*Ilex pernyi* Fr.）分布于四川、湖北、陕西、甘肃等省，地方名刺楸子、相枕刺、三尖角刺（四川），树皮内含有小蘖碱，可作为黄连制剂的代用原料。这三种植物的区别如下：

1．花及果实单生或为单梗花序，腋生于嫩枝上，果实红色，叶缘有针刺状粗牙齿……冬青

1．花及果实腋生于上年之枝上，通常成丛。

　2．花及果实有梗，叶长椭圆形或长椭圆状四方形……………………………………枸骨

　2．花及果实近于无梗，边缘有少数粗壮之牙齿。果实有种子 4 颗…………老鼠刺

210 南蛇藤（nansheteng）（图 144）

［学　　名］ **Celastrus orbiculatus** Thunb. [*C. articulatus* Thunb.; *C. jeholensis* Nakai; *C. articulatus* var. *orbiculatus* (Thunb.) Wang]　卫矛科

［药 材 名］ 合欢花（河北、山东），合欢、明开夜合（辽宁）。

（地方名、形态特征、生长环境、产地及其他用途，见“纤维类”，181 页）

［用　　途］ 果实供药用。有调心脾，续筋骨功效；又为跌打损伤药和消散肿痛药。据中医经验，合欢花常配合他药用以治疗失眠症。根和果壳治无名肿毒，行血气；民间也用来治毒蛇咬伤。

［采收处理］ 秋季采收，当果实成熟后，将自落或用竹竿打下的果实收集起来，拣去杂质，晒干即可；品质以整齐、红黄色鲜艳、干燥、无杂质者为佳。花在近于开放时采下，晒干；根在秋末挖出，洗净后切成适当长短，晒干入药。

［其　　他］ 主产于河北的青龙、平泉、滦平、易县等县及承德市；辽宁省也有少量出产。

211 卫矛（weimao）（图 1244）

［学　　名］ **Euonymus alatus** (Thunb.) Regel　卫矛科

［药 材 名］　鬼见羽、鬼箭（河南、江苏）

（地方名、形态特征、生长环境、产地、其他用途及理化性质见“橡胶及硬橡胶类”，1588 页）

［用　　途］　带木栓质翅的枝（江苏仅用木栓质翅）为妇科药。用作通经、止血崩及产后败血。又为泻下及杀虫药。

［采收处理］　秋或夏季，割取带木栓质翅的枝，除去过嫩的枝叶，切成长约 30～50 厘米长，晒干即可。品质以干燥，条匀，翅齐者为佳。

212 七叶树（qiyeshu）（图 699）

［学　　名］　**Aesculus chinensis** Bge.　七叶树科

［药 材 名］　娑罗子、梭罗子、梭罗果

（地方名、形态特征、生长环境、产地及其他用途见“油脂类”，867 页）

［用　　途］　种子入药，为解郁药，有散郁闷、安心神之功效，尤对于妇女气郁、胃闷有效。

［理化性质］　种子含油脂 31.8%，淀粉 36%，纤维 14.7%，蛋白质 1.1%等。

［采收处理］　果实成熟时采收，采下晒 7～8 天，再用文火将内部烘干，为使果心易干，可切成四爿。品质以干燥、仁实、成熟的为好。为防止生虫和发霉，应存放于干燥的地方。

［其　　他］　药用的梭罗子除本种外，商品中还有天师栗（Aesculus wilsonii Rehd.）的果实也作梭罗子用。天师栗分布于湖北、江西、湖南、陕西、四川、贵州、云南东北部及广西、广东，主产陕西平和、紫阳、安康、商雒等地。天师栗与七叶树的主要区别是前者叶的下面密生细柔毛；花形大，密生，蒴果卵形或倒卵形，顶端突起而尖，种脐约占底部的 1/3。

213 四川清风藤（sichuanqingfengteng）（图 1387）

［地 方 名］　和尚叶、女儿藤、林林树（湖北），清木香（四川）。

［学　　名］　**Sabia schumanniana** Diels　清风藤科

［药 材 名］　青风藤（四川）

［形态特征］　落叶攀援灌木，长达 3 米。小枝细瘦，无毛。单叶互生，具短柄；叶片长椭圆状披针形或近长椭圆形，长 2～10 厘米，先端尖，基部阔楔形或近圆形，边缘具不整齐的钝齿，表面鲜绿色，背面淡绿色，侧脉 5～8 对。花钟形，长 6 毫米，3～6 朵成聚伞花序；花萼 5；花瓣 5，椭圆状倒卵形，长为花萼的 3～4 倍，绿色至暗紫色；雄蕊 5，与花瓣等长而对生；子房上位，2 室，基部有花盘。核果，圆球形或肾形，径 6～7 毫米，蓝色，有粗状网纹。花期 5 月，果期 9 月。

［生长环境］　生于海拔 1300～1500 米的丛林中。

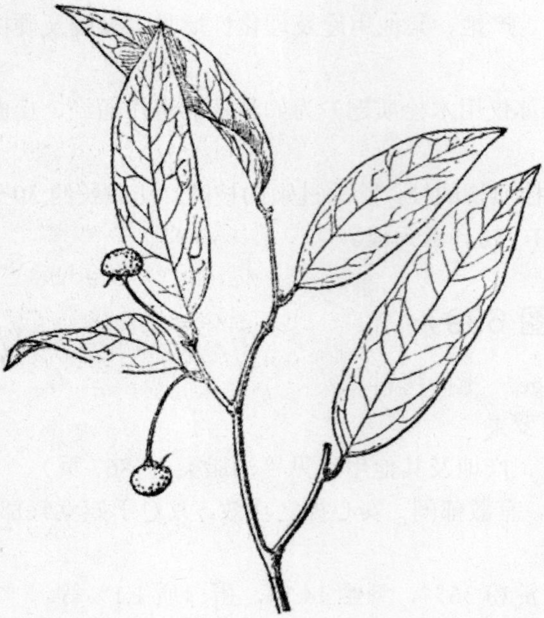

图 1387 四川清风藤
Sabia schumanniana Diels
果枝

［产　　地］ 湖北、四川等省。

［用　　途］ 茎入药可治腰痛。

［采收处理］ 6～9 月割取茎部，晒干即可入药。

［其　　他］ 本植物按“图经”所载，清风藤治风有效；及罗思举著的“草药图”所载：“采茎用治风疾、风湿、风流注、历节、鹤膝、麻痹、瘙痒、损伤、疮肿，入酒药中用”相符合。这一点是值得注意的，今后应该根据这条线索，研究清风藤植物的有效成分。

清风藤始载于宋“图经本草纲目”又名青藤、寻风藤，现今各地同名异物的发现有好几种植物，湖北所称青藤，原植物是汉防己［Sinomenium acutum（Thunb.）Rehd. et Wils］；江苏所称青藤是蝙蝠葛（Menispermum dahuricum DC.）；浙江所称清风藤确是清风藤（Sabia japonica Maxim.）；河南称小青藤是木防己［Cocculus trilobus（Thunb.）DC.］的茎。

214 凤仙花（fengxianhua）（图 1388）

［学　　名］ **Impatiens balsamina** L. 凤仙花科

［药 材 名］ 急性子（种子），透骨草（全草）

［形态特征］ 一年生草本，高达 80 厘米。茎肉质，被柔毛，节部常带红色。叶互生，叶片阔披针形或披针形，长 6～15 厘米，宽 1.5～2.3 厘米，先端渐尖，基部楔形，边缘有锯齿，两面无毛，柄长约 1 厘米，上面有浅槽，两侧有数腺体。花腋生，单一或数朵簇生；花萼 3，侧面 2 片甚小，不显明，绿色，下方 1 片，花呈瓣状，其囊状部有长距；花瓣 5，红色、粉红色、紫色或白色，上方 1 片圆形，2 侧裂片不等大，各在一侧合生而成 2 片；雄蕊 5，与花瓣互生，花丝上部连合，花药亦黏合而围着雌蕊；子房上位，椭圆形，5 室，花柱极短粗，柱头较大，5 浅裂。蒴果扁椭圆形，密被粗毛，果皮有弹力，成熟时开裂，弹出种子；种子多数，扁球形至扁卵形，赤褐色或棕色，密被褐黄色斑状毛及橙黄色短条纹。花期 7～9 月，果期 9～10 月。

［生长环境］ 栽培观赏植物。通常野生于比较潮湿的地方。

［产　　地］ 全国各地普遍栽培，以江苏、浙江、河北、安徽等省产量较大。

［用　　途］ 种子供药用。主治经闭、难产、噎膈，积块及骨鲠于咽诸症。又茎榨汁以黄酒冲服，可治跌打损伤。

［理化性质］ 种子含皂角甙（saponin）和脂肪油。

［采收处理］ 10月间果实成熟而尚未开裂时采收，将全枝割下，晒干后打下种子，簸去皮壳及碎叶收集贮存。

图1388 凤仙花

Impatiens balsamina L.

1．茎上部；2．萼片的腹面；3．前面的花瓣；4．两侧的花瓣；5．雄蕊和雌蕊；6．蒴果；7．种子；8．蒴果开裂。

（自“中国药用植物志”）

215 勾儿茶（gouercha）（图150）

［学　　名］ **Berchemia racemosa** Sieb. et Zucc.　鼠李科

（地方名、形态特征、生长环境、产地及其他用途见“纤维类”，188页）

［用　　途］ 根去皮后，熬汤内服，可治黄疸病，临床效果很好（福建民间）。

216 枳椇（zhiju）（图466）

［学　　名］ **Hovenia dulcis** Thunb.　鼠李科

［药 材 名］ 枳椇子

（地方名、形态特征、生长环境、产地及其他用途见“淀粉及糖类”，565页）

［用　　途］ 种子为清凉性利尿药。能解酒毒，适用于热病消渴、酒醉、烦渴、呕吐、发热等症。

［采收处理］ 9～10月采收果实食用后，将果核晒干，用石碾碾碎果壳，筛出种子即可。品质以暗红色，有光泽，无杂质的为佳。供作兽药的树皮可全年采收，叶在未落叶前采用。

217 鼠李（shuli）（图713）

［学　　名］ **Rhamnus davurica** Pall.　鼠李科

（地方名、形态特征、生长环境、产地及其他用途见“油脂类”，882 页）

［用　　途］ 果肉入药称鼠李子。可作解热、泻下及治瘰疬等症。

［理化性质］ 果肉含蒽醌类衍生物：大黄泻素（emodin, rheumemodin, $C_{15}H_{10}O_5$），大黄酚（chrysophanal, $C_{15}H_{10}O_4$）。

［采收处理］ 秋季采收，将采回的果实除去果核以作榨油外；将果肉干燥，储藏一年后即可供药用。

218 枣（zao）（图 467）

［学　　名］ **Zizyphus sativa** Gaertn. (*Z. jujuba* Mill.) 鼠李科

［药 材 名］ 大枣、红枣

（地方名、形态特征、生长环境、产地及其他用途见“淀粉及糖类”，566 页）

［用　　途］ 果实为缓和强壮剂，常用为滋补药。果实又可供兽药用，复方用治牛、马贫血症；牛、马阳痿和气管炎症。

［采收处理］ 9 月中旬果实成熟时，用竹杆打下或摘下，晒干即可，以个大、色红、肉厚质软和油润者为佳。

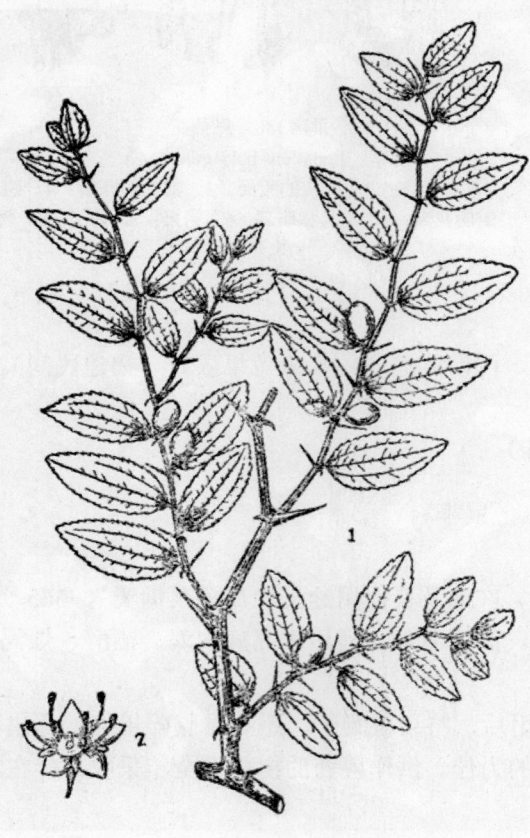

图 1389　酸枣

Zizyphus sativa Gaertn. var. spinosa（Bge.）Schneid.

1. 果枝；2. 花。

219 酸枣（suanzao）（图 1389）

［地 方 名］ 山枣（东北），别大枣（湖北），刺枣（四川），棘酸枣（山西）；酸枣（河北、山东），棘、黄毛棘、棘子、角针（山东），酸枣子（江苏）。

［学　　名］ **Zizyphus sativa** Gaertn. var. **spinosa** (Bge.) Schneid. [*Zizyphus jujuba* Mill. var. *spinosus* (Bge.) Hu；*Z. spinosus* Hu] 鼠李科

［药 材 名］ 酸枣仁

［形态特征］ 落叶灌木或小乔木，**高 1～3 米**。树皮灰褐色，有纵裂，幼枝绿色；枝上有二种刺，一为针状

直形，一为向下反曲。单叶互生，椭圆形至卵状披针形，长2～3.5厘米，宽6～12毫米，先端钝，基部圆形稍偏斜，边缘具细锯齿，三主脉自基部发出，托叶细长，针刺状；花小，2～3朵簇生叶腋，黄绿色，花梗极短；花萼5裂，裂片卵状三角形；花瓣5；雄蕊5，与花瓣对生，比花瓣稍长；花盘明显，10浅裂；子房椭圆形，埋于花盘中，花柱2裂。**核果近球形，直径约8～13毫米**，熟时暗红褐色，**有酸味，核两端常钝头**。花期6～7月，果期9～10月。

[生长环境] 生长在向阳或干燥的山坡，山谷，丘陵，平原，路旁以及荒芜地区，性耐干旱，常形成灌木丛。

[产　　地] 辽宁、内蒙古、河北、河南、湖北、山东、安徽、江苏、山西、陕西、甘肃、四川等省区。

[用　　途] 干燥的种仁为神经强壮药，又为滋补健胃和镇静药。治神经衰弱失眠、以及心悸亢进、自汗、盗汗和心烦易怒等症。据河南省资料：酸枣仁在兽医上可代替非布林解热用，亦可治疗牛马的痉挛症或燥泻不定症。

种子可以榨油，含油量30%。果实又可酿酒（见“淀粉及糖类”，567页）。枣肉更可提取维生素（见“其他类”，2078页）。花富蜜汁，故为蜜源植物。核壳可制活性炭。叶作猪的饲料。茎皮内含鞣质21%，可提制栲胶。

[理化性质] 酸枣仁内含糖分、枣酸、黏液质，丰富的维生素丙、挥发油和脂肪油等。并分离出两种甾醇物质，一种熔点为288～290℃，一种熔点为259～260℃；另含有桦木酸（betulinic acid, $C_{36}H_{54}O_6$）及桦木酮（betulin, $C_{30}H_{50}O_2$）。

据北京医学院1958年分析：含皂角甙2.52%，并有植物碱反应。

[采收处理] 秋季果实成熟时采收，除去果肉，将果核晒干备用。

[加　　工] 核仁加工方法：即取干燥果核用石碾碾碎核壳或砸碎核壳均可，100公斤枣核约可得16～18公斤核仁。

220 白蔹（bailian）（图1390）

[地 方 名] 猪儿卵（东北），山地瓜（山东），白根（吉林），白浆罐（辽宁），黄狗蛋子（江苏），小母猪藤（四川）。

[学　　名] **Ampelopsis japonica** Makino 葡萄科

[形态特征] 攀援藤本，多分枝，小枝平滑无毛，散有点状皮孔。**掌状复叶**互生，**小叶3～5**，小叶常为羽状分裂，裂片卵形，先端渐尖，基部楔形，边缘疏生粗锯齿，**总叶轴具翅**；有柄。聚伞花序与叶对生，生于细长缠绕状的花梗上；花小，淡黄色，萼片、花瓣、雄蕊均5数，雌蕊1，具花盘。浆果球形，白色或蓝色。花期7～8月，果期9～10月。

[生长环境] 生于山坡树林下或攀援于篱旁。

[产　　地] 河南、安徽、江苏、江西、湖北、四川、辽宁、吉林、黑龙江、山

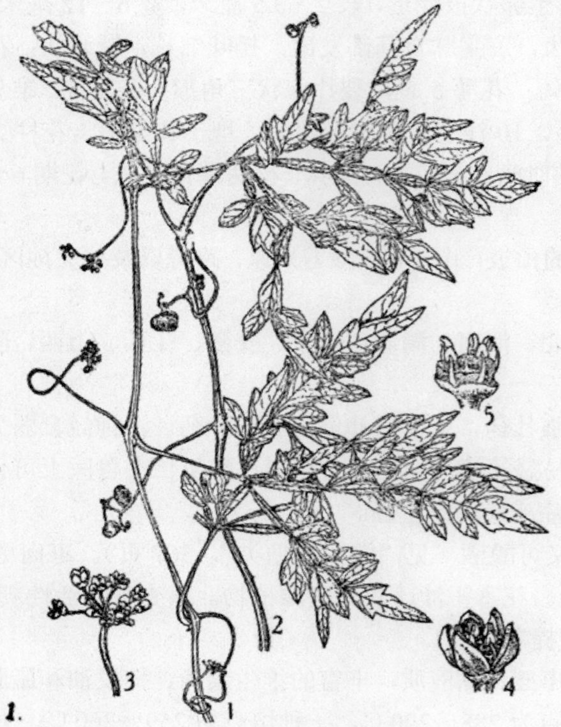

图 1390 白蔹

Ampelopsis japonica Makino

1．花枝；2．果枝；3．花序；4．花；5．雄蕊和雌蕊。

（自“江苏南部种子植物手册”）

东等省。

［用　　途］ 根入药，能解热、散结、止痛、消肿；又治疗疮、痛肿、妇女阴中肿痛、赤白带下等症；外用可治火烫伤及烂冻疮。根又可作农药。根含淀粉（见“淀粉及糖类”，569页）。

［采收处理］ 一年四季均可采收，惟在春季萌芽时或秋季为宜。采根后，除去茎叶，洗净泥土，剥去栓皮，纵切成二半，或切成斜片，晒至全干。品质以表面淡粉红色，断面粉白色，粉性足者较佳。放在干燥处，防止虫蛀。

221 苘麻（qingma）(图 185）

［学　　名］ **Abutilon avicennae** Gaertn. 锦葵科

［药 材 名］ 冬葵子

（地方名、形态特征、生长环境、产地及其他用途见“纤维类”，221 页）

［用　　途］ 种子为润滑性利尿剂。适用于尿道黏膜炎性小便濇痛或大便干燥；妊娠时水肿，后胎盘不脱落等症；并有通乳汁、消乳腺炎、顺产等功效。

［理化性质］ 种子含脂肪油及蛋白质，脂肪油含量 15～20%，高者可达 30%。

［采收处理］ 10～11 月果实成熟后采收，割取地上部分，晒干后用木棒敲打，使种子落下，筛除果皮和杂质即得。

222 木芙蓉（mufurong）（图 191）

［学　　名］ **Hibiscus mutabilis** L. 锦葵科

［药 材 名］ 芙蓉叶

（地方名、形态特征、生长环境、产地及其他用途见“纤维类”，227 页）

［用　　途］ 叶片为特殊消毒及解毒药。专用于化脓性炎肿疾患，似有抗生作用。

［采收处理］ 夏秋两季均可采收，近叶柄基部将叶剪下，把叶片迭好后，晒干，

用蒲包包好。本品久藏易招虫蛀，须隔一定时期进行复晒，存放在干燥通风处。品质以叶片完整无虫蛀者为好。

223 木槿（mujin）（图 193）

［学　　名］ **Hibiscus syriacus** L.　锦葵科

［药 材 名］ 木槿花、川槿皮（树皮）、朝天子（种子）

（地方名、形态特征、生长环境、产地及其他用途见“纤维类”，230 页）

［用　　途］ 花药用，为黏滑剂，焙干研粉用，治痢疾、腹痛；民间用花与生姜、红糖煎水服用，也治痢疾。茎皮药用，称“川槿皮”，为治疗皮肤癣疮药，对于顽癣、煎汤洗治，有止痒灭菌的效能。果实药用，称“朝天子”，治偏正头风，烧烟薰患处；又用猪骨髓调涂敷患处，可治黄水脓疮。

［理化性质］ 花含皂草根甙（saponarin, $C_{21}H_{24}O_2 \cdot 2H_2O$）系一种黄碱甙，水解则得葡萄糖及皂角甙元（saponaretin），与稀酸共煮，则一部分转变为蔓荆素（vitexin）系皂草根甙原的光学异性体。

［采收处理］ 茎皮于 4 月初采收，沿树枝上用刀切裂树皮，沿裂缝处将树皮剥下，晒干，剥皮时应注意选择各部分的枝条进行，避免集中于一处，以保持继续生长。花于 8～9 月择晴天采收，采下后立即晒干、晒时注意翻动，隔日再复晒为宜。果实于 9～10 月间采收，通常于果实成黄绿色，即将开裂时采收较好，采下果实，晒干即可。

224 木棉（mumian）（图 202）

［学　　名］ **Gossampinus malabarica** (DC.) Merr.　木棉科

（地方名、形态特征、生长环境、产地及其他用途见“纤维类”，241 页）

［用　　途］ 花晒干后入药，可去湿热和止痢疾的功效。幼根作补剂和收敛剂。

［理化性质］ 主要成分为水分 17.3%，阿拉伯糖胶（arabin）20.5%，间阿拉伯糖胶（metarabin）16.4%，杂质 12.3%，鞣质 33.5%。

［采收处理］ 花在春季初开时采下，及时在阳光下晒干，全干后收集贮存。

［其　　他］ 此种植物种毛可作填充料及供救生器用；而种子又可以榨油，故必须照顾到综合利用。

225 梧桐（wutong）（图 724）

［学　　名］ **Firmiana simplex** (L.) F. W. Wight　梧桐科

［药 材 名］ 梧桐子

（地方名、形态特征、生长环境、产地及其他用途见“油脂类”，894 页）

［用　　途］ 拾取初落的叶煮水，饮后有催生的功效，煎煮的蒸气可薰治白带；根据经验：种子烧灰，研细，可涂抹口疮，研取其汁涂在拔去白须发的根际，能促生黑

须发；花治癞痢头，烫火伤；树皮煎汁，可治脱肛。幼枝及叶可作农药用。

［采收处理］ 每年秋末至冬初，种子呈棕黄色时，证明已成熟，采时用竹竿敲打下干，去掉杂质。品质以干燥、淡黄色、无黑粒、无枝叶的为好。用木箱或麻袋装。贮放于干燥通风的地方，应注意经常翻晒，以免霉败，且注意防鼠。

226 茶（cha）（图 732）

［学　　名］ **Camellia sinensis** (L.) O. Ktze. (*Thea sinensis* L.)　茶科

（地方名、形态特征、生长环境、产地、及其他用途见“油脂类”，903 页）

［用　　途］ 茶叶除供作饮料外，主要是提取咖啡碱的原料，咖啡碱能够兴奋中枢神经系统及心脏，可使心搏加速有力。茶叶中因含少量茶碱及可可豆碱，有利尿作用，又因含多量鞣质，故有收敛作用。

［理化性质］ 含嘌呤类植物碱，（1）咖啡碱（caffeine, $C_8H_{10}O_2N_4$）含量 1～5%，为主要成分；（2）茶碱（theophylline, $C_7H_8O_2N_4$）；（3）可可碱（theobromine, $C_7H_8O_2N_4$）；（4）黄嘌呤（xanthine, $C_5H_4O_2N_4$）等。另含鞣质 12%左右，其主要组成为 3-棓酰-1-表棓-儿茶素（3-galloyl-1-epi-gallochatechol）及 3-棓酰-1-表儿茶素（3-galloyl-1-epi-chatechol）等。此外尚含有挥发油 0.006%（调制后的绿茶），此油在常温下为固体，具有强烈的香气，主要成分为 β，γ-己烯醇（β，γ-hexenol）占 50～90%，并含有 α，β-己烯醛等。其他还含有羟基黄碱素的槲皮素及番泻黄素、维生素丙、胡萝卜素、二氢基麦角甾醇等。

［采收处理］ 我国植茶已有悠久历史，由于品种、产地和季节的不同，各地区采茶都各有其特点，现作一般介绍：种植 3 年以上的茶树，即可采叶。通常在 4～5 月间，新芽已生 4～5 叶时，可采其 3 叶，是为“头茶”，经一月后二次采叶，是为“仔茶”，再经一月，三次采叶，是为“末茶”，此后不宜再采。茶的品质，一般认为初采者为优。

227 黄海棠（huanghaitang）（图 738）

［学　　名］ **Hypericum ascyron** L. (*H. pyramidatum* Ait.)　藤黄科

［药 材 名］ 红旱莲（山东莱阳，江苏南通，上海市，浙江），王不留行（四川兴文）。

（地方名、形态特征、生长环境、产地及其他用途见“油脂类”，909 页）

［用　　途］ 全草入药，煎水服可治头疼，止吐血，并有平肝火之效；种子泡酒服，有清火作用，也能治胃气病。

全草又可作兽药，治牛斑麻症、牛膨胀病。全草炒后可代茶叶。

［理化性质］ 据山东省资料：全草每 100 克含蛋白质 4.6 克，胡萝卜素 0.735 毫克，核黄素 0.024 毫克，尼克酸 0.12 毫克。

［采收处理］ 8～9 月间待果实充分成熟后采割全株，摘下果实；将作为药用部分的茎和叶用热水泡过后，置于阳光下晒干，用麻袋包装，贮放于干燥通风处，贮藏时主

意预防鼠啮和虫蛀。品质以无根、无杂质、带叶的为佳。

将摘下来的果实晒干，种子即可榨油。

228 贯叶连翘（guanyelianqiao）（图 1391）

［地 方 名］　千层楼（四川）

［学　　名］　**Hypericum perforatum** L.　藤黄科

［形态特征］　多年生草本，高约1米。茎直立，多分枝，几乎每一叶腋都有分枝；茎或枝皆圆形而略扁。单叶对生，无柄；叶片椭圆形至线形，长1～2厘米，先端钝，基部稍抱茎，全缘，上面满布透明腺点，叶缘有黑色腺点。圆锥花序顶生；花金黄色；花萼5；花瓣5，边缘均有多数黑色腺点；**雄蕊多数，组成3束**，子房1室，心皮3，花柱3裂。蒴果长圆形；种子圆形，多数。花期5～6月，果期7～8月。

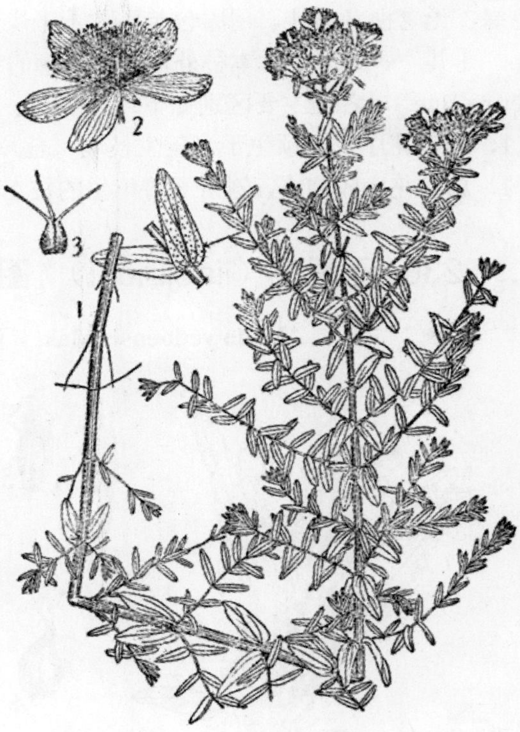

图 1391　贯叶连翘

Hypericum perforatum L.

1．植株全形；2．花；3．雌蕊。

（自“江苏南部种子植物手册”）

［生长环境］　生于山坡杂草间、田坎、土埂上。

［产　　地］　四川、陕西、河北、山东、江西、江苏等省。

［用　　途］　全草入药，四川民间用来治吐血及外伤出血，无名肿毒等症。

［理化性质］　全草含鞣质10%，挥发油，油的主要成分为蒎烯、倍半萜类。另含树脂、维生素丙、胡萝卜素。

［采收处理］　开花时期采收全草，割取带花的植株，剪去茎下部较粗的部分，放置阳光下晒干。

229 柽柳（shengliu）（图 224）

［学　　名］　**Tamarix chinensis** Lour.　柽柳科

［药 材 名］　山川柳

（地方名、形态特征、生长环境、产地及其他用途见“纤维类”，263页）

［用　　途］　木材和树枝可治痘症。嫩枝幼叶为解热利尿药，治急性或慢性的关节风湿；透发麻疹剂适用于麻疹痘疮的透发不快者；并能解酒毒；外用洗皮肤和治癣。浙江淳安县民间用嫩枝煎水服用，治由劳累而引起的吐血病。

又可作兽药，嫩枝幼叶可治牛的斑麻症。

［采收处理］　4～5月开花时，采收嫩枝，放于通风处阴干即可。品质以嫩枝叶、色绿、无老梗者为佳。用席包装，放于干燥的地方。

［其　　他］　除本种外，华北柽柳的幼嫩枝叶也供药用，其学名为 Tamarix juniperina Bge. 二者的主要区别如下：

1．圆锥花序大而顶生于当年生枝端；苞片线状锥形；花盘10裂……………………柽柳

1．总状花序较狭小，侧生于前年生的枝上；苞片线状披针形；花盘5裂……华北柽柳

230 辽堇菜（liaojincai）（图1392）

［学　　名］　**Viola yedoensis** Mak.　堇菜科

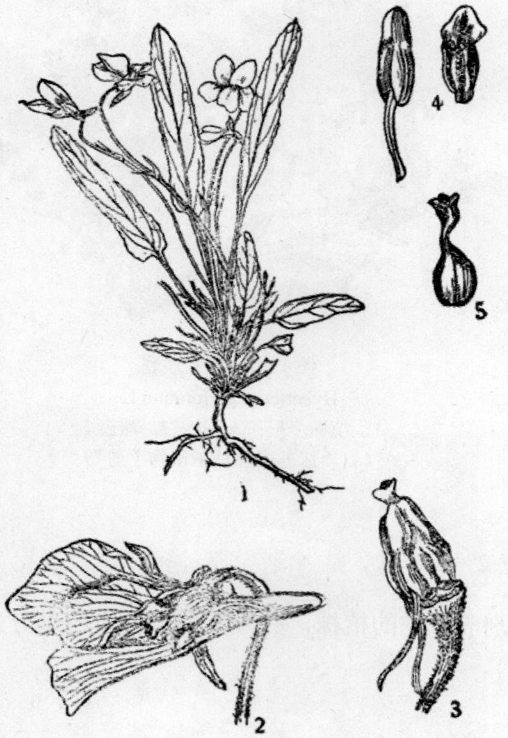

图1392　辽堇菜

Viola yedoensis Mak.

1．植株全形；2．花；3．雄蕊围绕着雌蕊的柱头；4．具有附属物的雄蕊和无附属物的雄蕊；5．雌蕊。

［药 材 名］　地丁草（江苏）

［形态特征］　多年生草本，全株密被白色短毛。主根细圆柱形，白色。单叶丛生，有长柄；叶片长椭圆形或线状披针形，长2～5厘米，先端钝，基部截形或略呈心形，稍下延，边缘具波状钝锯齿；托叶与叶柄基部合生，上端分离呈狭披针形。花茎高5～7厘米，近中部有小苞片2；花淡紫色；花萼5，披针形，花瓣5，倒卵状椭圆形，有爪，最下一片基部延长成细囊状之距，长5～7毫米；雄蕊5，子房1室，花柱1，基部弯曲，柱头3裂。蒴果三角状卵形或椭圆形。花期3～4月，果期5～6月。

［生长环境］　生于田野、路旁、墙脚边、或草地上。

［产　　地］　河北、河南、山东、浙江、安徽、江苏、福建、江西、广东、广西、贵州、云南、四川等省区。

［用　　途］　全草为清凉性解

毒药。适用于各种化脓性炎症，如痈疽、疔肿、颈部淋巴腺炎肿、疮伤等；内服并外用。将生根捣汁，用布贴于患部，能吸出脓液；将根煎服，能止泻痢。

［采收处理］　4～7月采收，将采来的全草，除去泥土和杂质，晒干即可。

［其　　他］　各地区药材中称紫花地丁的除本种外，尚有同属的及其他科的数种植物，在同属的植物中应用较多的尚有白花地丁［Viola patrini DC.（*V. chinesis* G. Don）］。其花一般含蜡，蜡中含饱和酸，主要为蜡酸（cerotic acid）34.9%，未饱和酸5.8%，醇类10.3%，碳氢化合物约47%。

231 番木瓜（fanmugua）（图482）

［学　　名］　**Carica papaya** L.　万寿果科

（地方名、形态特征、生长环境、产地及其他用途见“淀粉及糖类”，582页）

［用　　途］　叶捣碎外敷可治愈溃疡并能消肿；从树枝及未熟青果中割取的白色浆液，民间广泛用以治消化不良症，并有防腐作用。熟果为清凉剂，可利大小便，也可治红白痢疾。

［理化性质］　未熟果实的浆液中含番木瓜蛋白酶；成熟的番木瓜并含有维生素丙和葡萄糖。

［采收处理］　番木瓜蛋白酶的采收，是在果实快要成熟时，用小刀将果皮划破四圈，将流出的浆液收集在盘子内，每过3～4天就可如此采割一次（在早晨尤以雨后流出的浆液更多）。所得浆液置太阳下晒干，即成为粗品番木瓜蛋白酶，如遇下雨天气，可在40℃温度下烘干，不可放置很久，烘干时用的温度不宜过高以免失效。通常一株三年生植物可得粗品番木瓜蛋白酶250～350克。

232 土沉香（tuchenxiang）（图1393）

［地 方 名］　白木香、牙香树、女儿香、莞香（广东）

［学　　名］　**Aquilaria sinensis** (Lour.) Gilg (*A. grandiflora* Benth.)　瑞香科

［药 材 名］　沉香

［形态特征］　常绿乔木；小枝和花序被柔毛；芽密被长柔毛。单叶互生，革质，卵形，倒卵形至长圆形，长5～10厘米，宽2～4厘米，先端渐尖而钝，基部楔形，全缘，两面均光滑，侧脉细而平行，略成弧形；叶柄短，腹面下凹成浅沟，被毛。伞形花序顶生和腋生，具梗，长1.5～2.5厘米，被灰色柔毛；花梗长4～12毫米；花黄绿色，被柔毛，芳香；**花被管长2～3毫米，裂片5，长圆形，先端钝，约与花被管等长**，扩展；雄蕊10，花丝极短，花药长圆形；**子房卵形，密被毛。蒴果木质，倒卵形，压扁，长2.5～3厘米，密被灰色茸毛，基部承以宿存、略为木质的花被**。种子卵形，长约8毫米，先端渐尖，基部延长为一角状附属体，附属体长于种子2倍。花期3～4月，果期6月（广东）。

［生长环境］　性喜湿热潮湿气候，多生于土壤肥沃深厚的平原、丘陵或山坡山谷

的树林中。

［产　　地］　广东的番昌、东莞、廉江、浦北、化县、茂名等县，以及该省海南岛的崖县；此外，广西省的北流、博白、陆川等县及福建亦产。

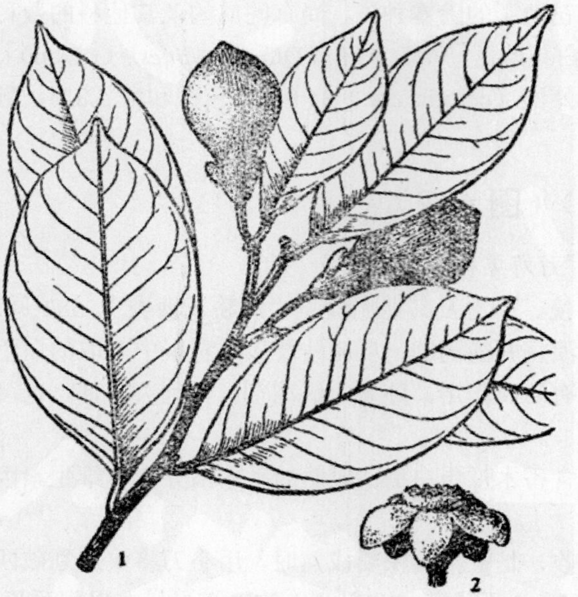

图 1393　土沉香
Aquilaria sinensis（Lour.）Gilg
1. 果枝；2. 花。

［用　　途］　“沉香”系沉香树老干或树根受伤感染菌类在木质部集聚形成棕黑色具芳香的棕黑色树脂状物。据中药手册：该树脂为胃病特效药，补脾益肾，助阳，理诸气止痛，祛痰涎，治气逆胸蒲、喘急、心腹痛、积痞、胃寒呕吐、霍乱、噤口痛等症。

［采收处理］　四季皆可采收，一般选择树干直径 30 厘米以上的小树，用刀在树干上顺砍数刀，伤口深 3～4 厘米，为菌类所感染，经过数年后，在伤口处如有黑色沉淀物就是沉香，取下沉香后，伤口又再继续生新的沉香。取下的沉香晒干后，用刀挖去粘附在其上面的白色木片即成商品。品质以深棕色、油润、香气浓厚、能沉水的为佳。应保存于干燥阴凉处。

［其　　他］　本属植物资源极为宝贵，不应滥伐，所谓“沉香”系木质受伤部分由树的分泌物浸润所生成，健康的木质并不甚香，应研究人工创伤并用人工使其感染菌类（曲霉菌有数种可用），俟沉香大量成长后利用，此外并应注意发展。

土沉香树生长较迅速，可用种子繁殖，选择土壤肥沃、阳光充足的地方，整地开畦后春天播种，苗床温湿度保持适中，使之易于发芽，于次年春季定植。

233 芫花（yuanhua）（图 226）

［学　　名］　**Daphne genkwa** Sieb. et Zucc.　瑞香科

［药 材 名］　芫花

（地方名、形态特征、生长环境、产地及其他用途见“纤维类”，265 页）

［用　　途］　花蕾为泻下利尿药，适用于水肿、腹水诸症。

［理化性质］　花含芫花素（genkwanin, $C_{16}H_{12}O_5$），洋芫荽素（apigenin, $C_{15}H_{10}O_5$），谷甾醇（sitosterol, $C_{27}H_{46}O$），苯甲酸及刺激性油状物质等。

又据北京医学院药学系 1958 年分析：无黄碱素反应，而含有较多的皂角甙。

根、叶在四川、浙江一带用以毒鱼，花根捣碎煮汁可杀天牛虫。枝梗也可用来杀虫。

［采收处理］　春季5月前后，当花将开放时采取花蕾，拣去杂质，阴干或烘干即得。品质以花细小灰紫色或淡紫色，有茸毛。无杂质者为好，放于干燥通风处保存。

234 结香（jiexiang）（图230）

［学　　名］　**Edgeworthia chrysantha** Lindl.　瑞香科

［药 材 名］　蒙花（四川）

（地方名、形态特征、生长环境、产地及其他用途见“纤维类”，270页）

［用　　途］　浙江天台县民间用根煎水冲酒服，可治跌打损伤。花及叶作兽药，可治牛跌打损伤，坭肚（瘤胃）发炎，膨胀症等。

茎叶亦可作土农药用。

［采收处理］　夏季挖根，洗去泥土，晒干贮存。

235 狼毒（langdu）（图1394）

［地 方 名］　断肠草（内蒙古），拔萝卜、燕子花（河北），馒头花（青海）。

［学　　名］　**Stellera chamaejasme** L.　瑞香科

［药 材 名］　狼毒（青海、甘肃）

［形态特征］　多年生草本，高20～40厘米。有长而粗大的**木质宿根，呈圆柱形，单一或分枝**，表皮棕色，内面淡黄色。茎直立，丛生，不分枝，基部木质化。**叶通常互生，无柄**；叶片椭圆状披针形至椭圆形，长1.5～2.5厘米，宽4～8毫米，先端渐尖或急尖，基部楔形或圆形，全缘，**两面平滑无毛。头状花序顶生**，花萼长圆筒形，紫红色，具明显纵脉，基部略膨大，先端5裂，裂片乳白色，其上有紫

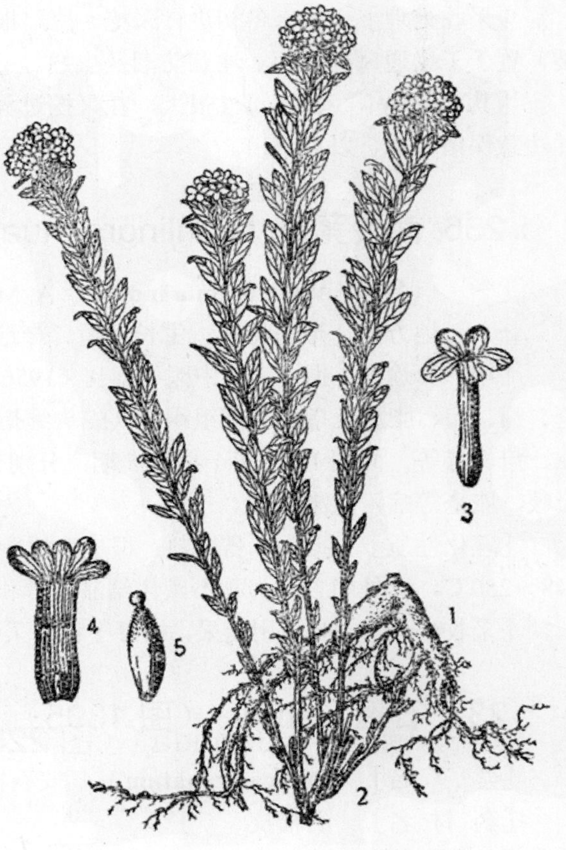

图1394　狼毒

Stellera chamaejasme L.

1．根的全形；2．花枝；3．花；4．剖开后的萼筒，示雄蕊及雌蕊；5．雌蕊。

（自“中国药用植物志”）

红色网纹；雄蕊 10，排列成两轮，着生于萼筒内面，花丝极短；子房椭圆形，1 室，被细柔毛，**花柱短，柱头头状**。果为花萼管基部所包，果皮膜质。花期 6～7 月。

［生长环境］ 喜生于干燥向阳的高山草坡，草坪或河滩等地。

［产　　地］ 辽宁、吉林、黑龙江、内蒙古、青海、甘肃、河南、河北、山西、云南、贵州、四川、西藏等省区。

［用　　途］ 根入药，有祛痰、消积、杀虫、止痛的功效。外敷可治癣、瘰疬痈疽及淋巴结核。此外还有杀虫的效能。

根含淀粉，可以酿酒提取酒精（见“淀粉及糖类”，583 页）；亦可供作土农药（见“土农药类”，2045 页）；此外，根与茎含纤维，可以造纸（见“纤维类”，272 页）。

［理化性质］ 据四川省初步分析资料：全植物具有植物碱反应。

［采收处理］ 秋末冬初进行采挖。挖出根后，洗净泥土及粗皮，晒干，用麻袋包装，置于干燥通风处保存。注意防潮及虫蛀。

［其　　他］ 狼毒毒性很大，在采挖过程中防止汁液与嘴、眼接触，以免中毒；并注意保留母株，以利繁殖。

236 南岭荛花（nanlingraohua）（图 237）

［学　　名］ **Wikstroemia indica** C. A. Mey.　瑞香科

（地方名、形态特征、生长环境、产地及其他用途见“纤维类”，277 页）

［用　　途］ 据“广东中医”创刊（1956 年）记载：民间用其叶捣烂外敷治疗毒疮、痈、疖、胀疡及指头蜂窝组织炎（蛇头缠指）功效很好；根煎水内服可治梅毒、白浊、疳、疔等。同刊 1957 年 1 期和 5 期：分别介绍了干根治风湿病，支气管哮喘、百日咳、脓疮等症，效果良好。

［理化性质］ 据广东省资料：根皮含树脂酸及粘液质以及一种结晶性物质，熔点 248～250℃，此外尚含有一种不碱化结晶甾醇和挥发油等。

［采收处理］ 叶随用随采，根可于秋季采挖，洗净，晒干，放在干燥通风处贮存。

237 石榴（shiliu）（图 1395）

［学　　名］ **Punica granatum** L.　安石榴科

［药 材 名］ 石榴皮

［形态特征］ 落叶灌木或小乔木，高 2～5 米；树皮青灰色，幼枝近圆形或微呈四棱形，枝端通常呈刺状，光滑无毛。叶对生或簇生，倒卵形至长椭圆形，长 2.5～6 厘米，宽 1～1.8 厘米，先端尖或微凹，基部渐狭，全缘，表面有光泽，无毛，背面有隆起的主脉，具短柄。花 1 至数朵，生于小枝顶端或为腋生，花梗短，长 2～3 毫米；花大艳丽，直径约 3 厘米；萼筒钟状，肉质而厚，顶端 5～7 裂，裂片三角状卵形；花瓣 5～7，着生萼筒内，倒卵形，基部渐狭，有皱纹，花萼、花瓣均为红色；雄蕊多数，花丝

细短；雌蕊1，子房下位，上部6室，具侧膜胎座，下部3室，具中轴胎座，花柱圆柱形，柱头头状。浆果近球形，具肥厚革质的果皮，熟时黄色，有时微带红色，内具薄隔膜，顶端有宿存花萼。花期5～6月，果期8～9月。

［生长环境］ 喜生于排水良好的肥沃土壤上，或山坡阳处。为庭园常见的栽培树种。

［产 地］ 辽宁、河北、河南、山东、安徽、江苏、浙江、福建、台湾、广东、广西、云南、四川、贵州、湖南、湖北、陕西、甘肃、山西等省区。

［用 途］ 果皮为肠收敛剂，治慢性下痢及肠痔出血等症，根皮有驱绦虫、蛔虫作用。果实煎汁可作扁桃腺炎、咽喉、口腔炎等的含漱料。

［理化性质］ 茎皮及根皮中含石榴皮碱（pelletierin, $C_8H_{15}ON$），异石榴皮碱（isopelletierin, $C_8H_{15}ON$），甲基石榴皮碱（methylpellerin, $C_8H_{14}(CH_3)ON$），甲基异石榴皮碱［methyl-isopetierin, $C_8H_{14}(CH_3)ON$］，伪石榴皮碱（pseudo-pelletierin, $C_9H_{15}ON$）等，总植物碱含量约1.8%；果皮含植物碱约0.187%。

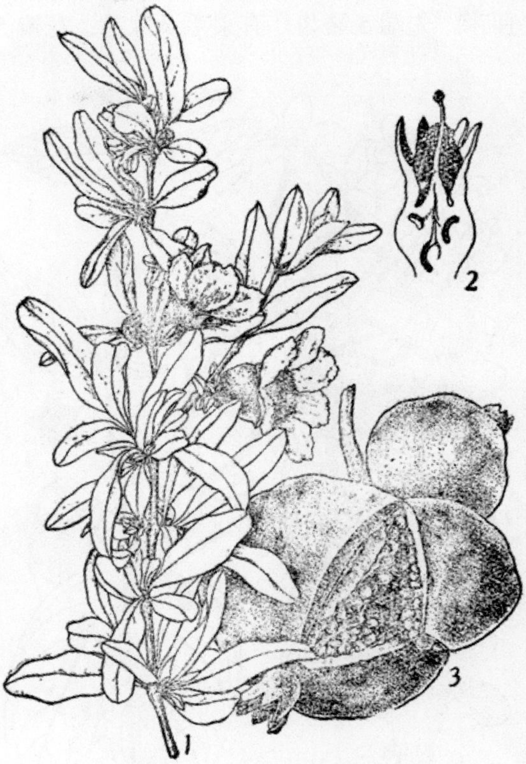

图1395 石榴
Punica granatum L.
1．花枝；2．花的纵切面；3．果。
（自“江苏南部种子植物手册”）
图1395 石榴

［采收处理］ 收集食用后的废果皮，洗净晒干备用。品质以干燥、皮厚无籽者为佳，存放于干燥通风处，防止生霉变质。

238 使君子（shijunzi）（图1396）

［地 方 名］ 留求子（四川）

［学 名］ **Quisqualis indica** L. 使君子科

［药 材 名］ 君子仁，使君子

［形态特征］ 落叶藤状灌木，嫩枝及幼叶均被黄色柔毛。单叶对生，叶片长圆形或长圆状披针形，基部阔楔形、圆形或略呈心形，先端渐尖，全缘；叶长5～15毫米，密被褐黄色柔毛，下部有关节，叶落后，叶柄下部宿存成硬刺状。穗状花序生于枝的顶

端，下垂，略芳香；每朵花下具脱落性的披针形或线形的苞片；萼筒绿色，细管状长达7厘米，先端5裂齿，有柔毛及腺毛；花瓣5，长圆形或倒卵形，先端圆，基部阔楔形，由白变红而成浅红色或红色，颇鲜艳；雄蕊10，排列成上下两轮，上轮5枚，外露，雌蕊1，子房下位。果实橄榄状，长2.5～4厘米，黑褐色或棕色，有5棱角，横切面呈星状，内含1种子。花期5～9月，果期7～10月。

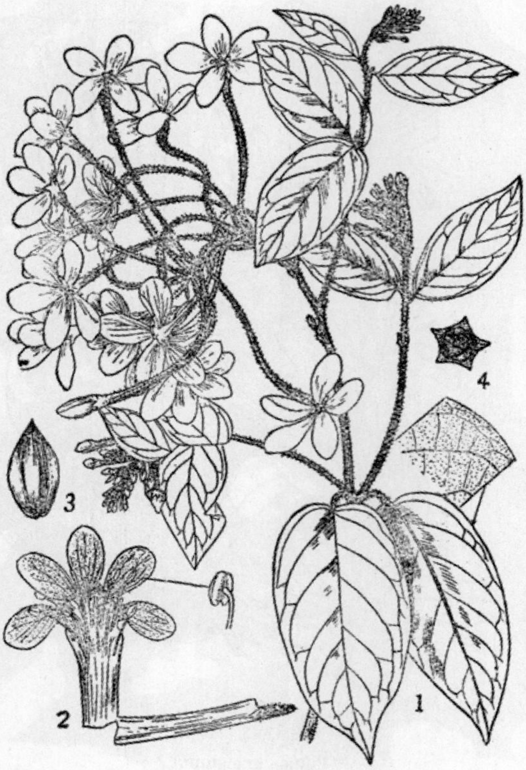

图1396 使君子

Quisqualis indica L.

1. 花枝；2. 花冠展开示雄蕊；3. 果；4. 果的横切面。

［生长环境］ 生长于平原、山坡、路旁、向阳处的灌木草丛中，垂直分布可以达到海拔2000米。

［产　　地］ 主产于四川、广东、广西、江西；而台湾、湖南、云南、贵州等省也有分布；其中以四川合川县产量最大，销售全国并出口。

［用　　途］ 果实及种子供药用，为驱除蛔虫要药。并能除虚热、治小儿疥癣、杀虫、疗泻痢、健胃。

［理化性质］ 种子含脂肪油约25%，主要成分为棕榈酸及油酸等的甘油脂，并含苹果酸、柠檬酸、琥珀酸等。有效成分为使君子酸钾（$C_{10}H_{16}N_6O_{16}K$）。

［采收处理］ 9～10月间种子成熟，果皮由绿色转为棕色时摘下果实晒干，即为使君子；除去果皮后即为使君子仁。品质以个大，颗粒饱满，种仁以色黄的为佳。

239 诃子（kezi）（图1397）

［学　　名］ ***Terminalia chebula*** Retz.　使君子科

［药 材 名］ 诃子

［形态特征］ 乔木。高20～30厘米。叶互生或近对生，卵形或椭圆形，长7～15厘米，宽3.5～8厘米，先端短尖，基部钝或圆，全缘，两面均光滑无毛，或于幼时背面被微毛；叶柄粗壮，长1.5～2厘米，有时于顶端有2个腺体。总状花序顶生，分枝；花全为两性，具短柄；萼钟形，长约2毫米，裂片三角形，短尖，内面被毛；花瓣缺；雄

蕊 10 枚，着生于萼管上：花柱长突出。核果倒卵形或椭圆形，长 2.5～3 厘米，宽 2～2.5 厘米，表面光滑，干时多少有 5 棱，不开裂，有种子 1 颗。夏季开花。11 月果熟。

［生长环境］　诃子宜种植于半阴而略潮湿的山岗边或与果树间作，广州市郊罗岗洞所种诃子，即在果园中与果树混种，也有种在屋边、山麓的，但不宜种在山顶，因易受台风侵袭将植株吹断：土壤以土层深厚，腐植质丰富的土地为好。

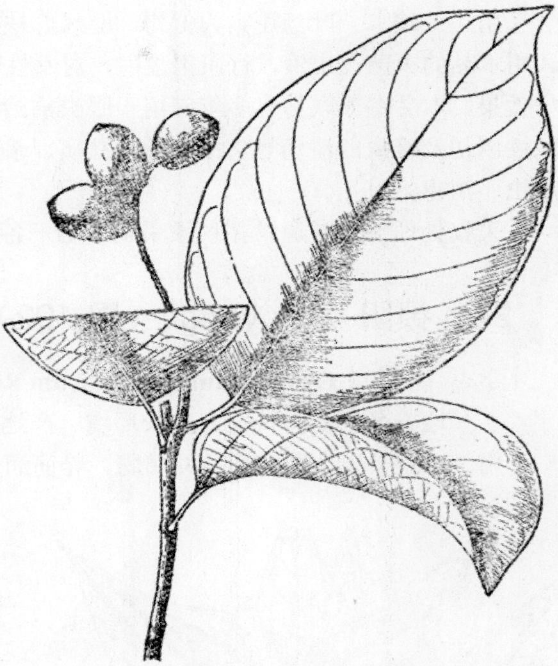

图 1397　诃子
Terminalia chebula Retz.
果枝

［产　　地］　本植物早在唐朝就有此名即“唐本草”所称的诃黎勒，分布在印度、缅甸、马来亚一带，我国广州市郊罗岗洞一带（归属番禺县）有栽种，但数量不多，广州光孝寺及石榴区也有；据最近调查，发现云南西部有野生种。

［用　　途］　果实入药为止泻剂，为治痢及喉炎的良药。

又果含单宁甚丰，很适于初期浸制厚革，为制革工业上重要原料之一。木材灰褐色，坚硬强固，木理密致，光泽美丽，可作农具，建筑车辆等用材。

［理化性质］　果含单宁 30～40%，诃黎勒酸（chebulic acid）3.5%，脂肪油 37%。

［采收处理］　诃子一年开花三次，即 6 月、9 月、11 月；果实也分三期成熟，6 月开花的果实为红色，9 月采收，产量多；9 月开花的果实为黄色，10 月采收，产量次之；11 月开花的，由于接近冬季，采收期多提早，果青时即采收，产量低。第二次采收的种子子实饱满，一般多作留种用，第一次与第三次采收的果实小，不宜留种，嫁接诃子 2～3 年后便可结果，15 年后为盛果期，果实采收后，放在晒场上或屋顶上晒，约晒 5～6 天，即可收藏。晒果时须翻动，但应注意勿撞伤果皮，以免发黑，降低质量。

［其　　他］　诃子一向为进口药材，若进一步留种繁殖，完全可以不必进口。

240 蓝桉（lanan）（图 1106）

［学　　名］　**Eucalyptus globulus** Labill.　桃金娘科

［药 材 名］ 桉叶

（地方名、形态特征、生长环境、产地、其他用途及理化性质见“芳香油类”，1397页）

［用　　途］ 叶药用，为健胃、驱风、祛痰、收敛、杀菌和抗疟剂。据苏联的经验，用本品的灭菌浸出液，行肌肉注射，对女性器官炎症，特别对慢性及恶急性炎症有良好效果。本品在苏联早已多年应用于眼炎的治疗，最近并应用桉叶的制剂，治疗各种化脓性创伤及难愈的溃疡等。桉油并为祛痰、杀菌剂；用于鼻炎及喉头炎，也用于健胃和杀虫、消毒。

［采收处理］ 叶通常在秋季采收，晒干备用。

241 锁阳（suoyang）（图492）

［学　　名］ **Cynomorium songaricum** Rupr. 锁阳科

（地方名、形态特征、生长环境、产地及其他用途见“淀粉及糖类”，593页）

［用　　途］ 全草药用，补精髓，养筋润燥；治肾虚痿弱、梦遗滑精、虚人大便燥结。

［采收处理］ 春秋两季均可采收，春季由开冻至5月间，秋季由9月至封冻为采收期，以春季采的为佳。采收后去掉花序，晒干即成；也有少数地区趁鲜时切片晒干的。品质以茎块肥大、体质坚实、断面粉性、不显筋脉的为佳。

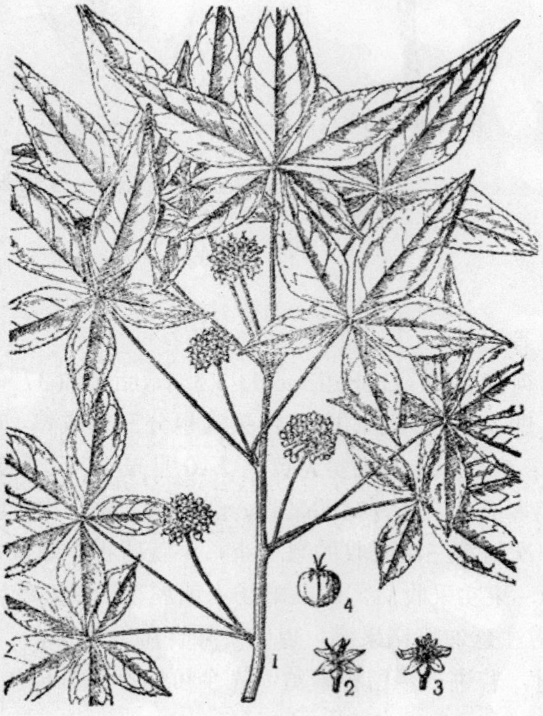

图1398 五加

Acanthopanax gracilistylus W. W. Sm.

1. 果枝；2. 雌花；3. 雄花；4. 果实。

242 五加（wujia）（图1398）

［地 方 名］ 鸟不站（江西）

［学　　名］ **Acanthopanax gracilistylus** W. W. Sm. 五加科

［药 材 名］ 五加皮

［形态特征］ 落叶灌木，高2～3米。根皮黄黑色，内面白色。枝灰褐色，具明显的皮孔，有刺或无刺，刺通常单生于叶柄的基部，长约5毫米，先端向下弯曲呈钩状，基部宽。掌状复叶

互生；小叶片几无柄，通常5，少有3～4，倒卵形或倒披针形，长3～6厘米，宽1～2.5厘米，先端渐尖或锐尖，基部楔形，边缘具锯齿或细重锯齿，两面无毛或有时沿叶脉上被绿色绒毛；叶柄长3～8厘米，光滑或具细刺。伞形花序通常单生于叶腋或侧枝末端，总花梗长1～3厘米，光滑；花梗纤细，长6～10毫米；花萼5齿裂或呈全缘状；花瓣5，卵状长圆形，长2毫米，锐尖：雄蕊5，花丝细小，长约2毫米，药室长圆形；子房下位，2室，花柱2，分离，柱头头状。果实浆果状，近球形，顶端有宿存的花柱2，内含种子2粒；种子半圆形而扁，淡褐色。花期5～7月，果期7～10月。

［生长环境］ 通常生于海拔700～1400米之山林，沟谷，路旁等处，有时达海拔2000米以上。

［产　　地］ 安徽、江苏、浙江、江西、湖南、湖北、河南、贵州、云南、四川等省。

［用　　途］ 根供药用，有祛风湿壮筋骨的效能；又为强壮剂。采它的皮泡酒，即称为五加皮酒或制成五加皮散，均作为药用。

五加的枝叶加水煮熬或浸泡，其液可治棉蚜，菜虫等。春季采芽，亦可作蔬菜。树皮含有芳香油（见“芳香油类”，1405页）。

［理化性质］ 据河南省资料：根皮富含维生素甲、乙，挥发油及树脂。

［采收处理］ 多于5～6月采收，剥取根皮晒干即成。

243 刺五加（ciwujia）（图746）

［学　　名］ **Acanthopanax senticosus** (Rupr. et Maxim.) Harms (*Eleutherococcus senticosus* Maxim.) 五加科

［药 材 名］ 红毛五加（四川）

（地方名、形态特征、生长环境、产地及其他用途见“油脂类”917页）

［用　　途］ 茎皮、根皮入药，民间用根皮治疗风湿、舒血、活血等病症。

［采收处理］ 5～6月进行采收，若过了这个季节，嫩枝变老，皮就不易剥落。采收时先将树枝砍成小段，长不超过20.厘米，再用木棒轻轻的敲打，使皮与木质部分离，剥下树皮，选择筒状大小一致、毛刺密集的切成长约10厘米的小段，用红麻绳扎成小把（每把重1/4公斤），置日光下晒干。品质以干燥、皮脆、色红刺密、净皮（无木质部）、无杂质的为好。如不影响药效，最好在果实成熟时采收茎皮、以便充分利用种子榨油。

［其　　他］ 本品为四川省重要中药材，除供四川销售外，并销其他各省及出口。

244 楤木（congmu）（图1399）

［地 方 名］ 野楸树、脱楸树（江苏），老虎肥（江西），老虎刺、老虎愁、鹊不登（河南），五龙头（甘肃）。

［学　　名］ **Aralia chinensis** L. 五加科

［形态特征］ 落叶灌木或小乔木，高 3～8 米。茎直立，通常具有针刺及斜环状叶痕，沿叶痕周围的皮刺较密。树皮呈剥落状，粗糙而不平，有纵皱纹及横纹，并有散生坚硬针刺，外面灰白色至灰褐色，内面白色而光滑，折断面呈纤维状。二至三回奇数羽状复叶互生，长40～100 厘米，叶柄密生短柔毛，有刺或无刺；小叶卵形至阔卵形，长 4～13 厘米，宽 3～8 厘米，基部圆形或近心形，两侧不对称，先端尖或渐尖，边缘锯齿稍向前曲，表面粗糙，近无毛，背面有细毛或至少叶脉上有毛，脉上常有刺。花序大，圆锥状，由多数小伞形花序组成，长达 50 厘米，密被褐色短毛；花梗细，长约 5 毫米，有毛，基部有膜质披针形小苞片；花萼钟状，先端 5 齿裂；花瓣 5，白色，三角状卵形，展开或向外稍反卷；雄蕊 5；子房下位，5 室，花柱 5，离生。浆果状核果近球形，具 5 棱，顶端具 5 枚展开的宿存花柱，熟时紫黑色。花期 7～8 月，果期 9～10 月。

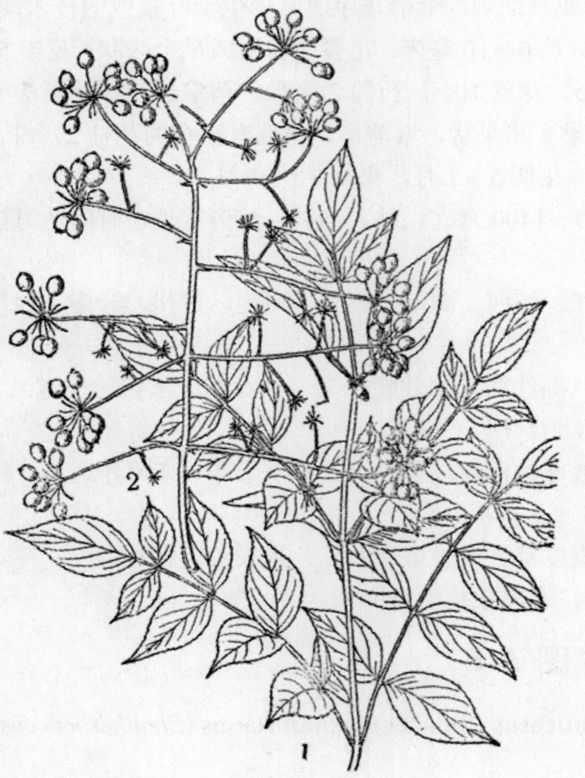

图 1399 楤木

Aralia chinensis L.

1. 复叶的一部分；2. 果序的一部分。

［生长环境］ 海拔 700～1200 米均有生长，多生于山沟、林缘、浅山的阴坡、深山的阳坡或半阳坡土壤较湿润的地方。

［产　　地］ 河北、山西、山东、河南、陕西、甘肃、安徽、江苏、浙江、湖南、江西、湖北、四川、贵州、福建、云南等省。

［用　　途］ 根皮供药用，民间将根打烂，敷治刀伤口；根可作兽药，治牛肚膨胀症、跌伤断骨、泻血（红痢）、热症。

种子可榨油（见“油脂类”，918 页）。

［理化性质］ 树皮内含有楤木素（araliin），糖甙（glucoside），皂角甙、鞣质、胆碱及挥发油。

［采收处理］ 根皮全年均可采收，将采挖的根，剥皮，除去泥土即可。

［其　　他］ 根据四川省资料：在四川所产的一种龙牙楤木即此种，树皮内含鞣质 1.9%。

245 东北刺人参（dongbeicirenshen）

［地 方 名］　刺参（吉林）

［学　　名］　**Echinopanax elatus** Nakai　五加科

［形态特征］　落叶灌木。根粗大而长，呈棒状，侧根较少。茎直立，少分枝，有刺，节处尤多。树皮淡灰黄色，髓部较大，白色。芽较大，芽鳞褐色，密生刺毛。单叶互生，叶片掌状，3～5 浅裂，质地较薄，长 10～20 厘米，宽 15～20 厘米，基部心形，沿主脉疏生刺毛，背面淡绿色，沿脉密生刺毛；叶柄长短不一，通常长 4～10 厘米，密生针刺，基部膨大抱茎。伞形花序成总状排列于轴上，腋生于顶部，长 15～20 厘米，棕褐色，密生刺毛；小伞形花序基部具鳞片状苞，内有 10 余朵花，花白绿色，梗长 1 厘米左右；花萼、花冠、雄蕊各 5，子房下位，花柱 2 或 2 歧。核果浆果状，扁球形，径约 4 毫米，花柱宿存。花期 8 月，果期 8～9 月。

［生长环境］　长白山区针叶林带内的针阔叶混交林中，多在排水良好，腐植质较多的地方。海拔 1500～1800 米。

［产　　地］　吉林安图县白山经营所附近，临江县天池林场西南野生。

［用　　途］　苏联用刺人参入药，效用与人参相似。

［理化性质］　本种成分未详。据日本刺人参（Echinopanax japonicus Nakai）主含精油刺人参萜（echinopanacene, $C_{15}H_{24}$）及刺人参瑙（echinopanacol, $C_{15}H_{26}O$）。

［其　　他］　本种为稀见的植物，仅在长白山少数地点发现。值得进一步调查研究。在药效未肯定以前，除注意资源保护外，并应注意适当的引种繁殖、制止乱挖乱采，以免绝种。

246 刺楸（ciqiu）（图 996）

［学　　名］　**Kalopanax pictus** (Thunb.) Nakai　五加科

［药 材 名］　海桐皮（浙江、江苏），鼓丁皮（广西）。

（地方名、形态特征、生长环境、产地及其他用途见“鞣料类”，1227 页）

［用　　途］　树枝供药用，治霍乱、赤白痢；并用治风湿痺痛、脚气、腰膝痛，有收敛及镇痛作用，也有用以治皮肤疥癣及牙痛的。

根与枝叶可治牛跌伤断骨及疖疮症。

［采收处理］　常年均可采收，以春季刚萌发时为佳；将采割的枝条，切成长 20～30 厘米的小段，晒干。品质以枝条均匀，刺多的较好。贮藏于干燥处。

247 人参（renshen）（图 1400）

［学　　名］　**Panax ginseng** C. A. Mey.　五加科

［药 材 名］　人参

［形态特征］　多年生草本，高达 60 厘米。根状茎直立细小，栽培者每年增生一

节，即俗称芦头部分；主根肉质、肥大，圆柱形或纺锤形，直径1～2.5厘米，年久者，有达5厘米，外皮淡黄色。茎圆柱形，光滑无毛。叶为掌状复叶，因植株生长年龄不同，数目各异，大抵一年生者一叶，两年生者二叶，至长成时多至3～6叶，叶柄长；小叶片掌状五出，偶为三出，基部的1对小叶最小，椭圆形或卵形，长2～4厘米，上部的3小叶大小儿相等，长圆状椭圆形、长圆状倒卵形或近于卵形，长4.5～15厘米，宽3～5.5厘米，先端渐尖，基部楔形，边缘具细锐锯齿，表面沿叶脉有稀疏刚毛，背面光滑。伞形花序单独顶生，每花序具4～40余花；总花梗由茎端抽出，较茎为细，长7～20厘米；花小；花萼绿色，5齿裂；花瓣5，淡黄绿色，卵形；雄蕊5，花药长圆形，花丝甚短；子房下位，2室，花柱2，基部合生；花盘杯状。果实为浆果状核果，扁球形，直径5～9毫米，成熟时呈鲜红色，内含半圆形的种子2：种子乳白色，长5～6毫米，直径4～5毫米。花期6～7月，果期7～9月。

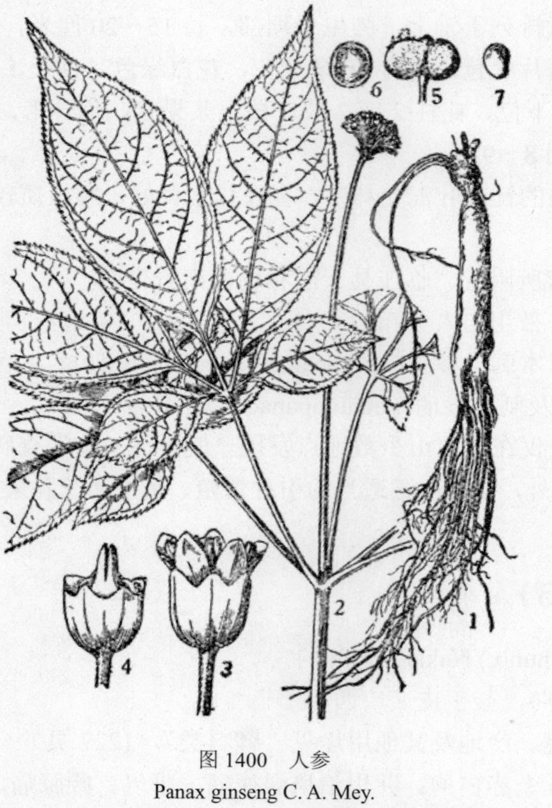

图1400 人参

Panax ginseng C. A. Mey.

1．根；2．花枝；3．花：4．去花瓣及雄蕊后示花柱及花盘；5．果实；6．种子：7．胚。

［生长环境］ 野生者天然生长在山坡密林下，对外界环境的要求比较严格，适宜于湿润冷凉的气候，排水良好，且腐植质较深厚的土层和一定的光照；另外在我国东北有栽培于接近天然生长条件下的森林中或利用人工开辟的旷野地区。

［产　　地］ 野生者分布于黑龙江、吉林、辽宁、山西、河北北部深山中。辽宁和吉林有大量的栽培，产量亦以该两省最为丰富。

［用　　途］ 根供药用，常用作强壮兴奋剂，对于一般虚弱、神经衰弱、贫血、消化不良等症，对神经衰弱更为适用，并用作祛痰剂。又据苏联临床界采用70%酒精所制的10%人参酊，每日饭前服用20～25滴，巴拉金氏曾用于治糖尿病，据云可代替胰岛素注射。

［理化性质］ 含人参甙（panaquilon, $C_{32}H_{56}O_{14}$），水解得一种三羟基甾醇皂角甙基（panaxsapogenol, $C_{27}H_{48}O_3$）的糖甙及水解后得$C_{38}H_{66}O_{12}$皂角甙基的甙，另含人参辛甙（panaxin, $C_{23}H_{38}O_{10}$）及人参宁（ginsenin）。此外尚含有人参酸（系软脂酸、硬脂酸、油酸和亚油酸的混合物），挥发油［主要成分为人参倍半萜萜（panacene, $C_{15}H_{24}$）是人

参特有香气的来源]。又含一种植物甾醇（$C_{26}H_{44}O$），维生素乙$_1$、乙$_2$、糖分、酶和其他物质。据苏联资料，从人参中提出五种对生理有效的物质：

（1）人参甙（panaxin, $C_{23}H_{38}O_{10}$）能刺激中脑、心脏和血管。

（2）人参酸（panax acid）兴奋心脏，促进新陈代谢。

（3）糖甙类，能刺激内分泌系统。

（4）挥发油人参萜（panacene, $C_{15}H_{24}$）主要作用于大脑与延脑。

（5）人参宁（ginsenin）有降低血糖作用。

［采收处理］　人参因加工方法不同而分为糖参、掐皮参、生晒参三类，现将其加工过程简介如下：

（1）糖参　凡人参须子，不管体形好坏、浆足与否，均可使用。加工时先将人参须子用冷水浸泡一会儿。再行洗刷干净泥土（注意：肩头及纹应轻洗，不要擦伤；以留作老嫩的鉴别），然后按头大小、确定水煮时间，一般参头煮5分钟后再将全身投入沸水，共煮20分钟，以骨针刺之不滞针时为止，捞出后“排针”、“顺针”，然后将人参按枝头大小分别摆入盆内。在沙糖内，加15%的水，用锅熬之，至滴点成凝固状为止，立即将热糖汁倒入盆中浸泡12小时（为头遍糖）；取出，再为顺针3～5孔，同样以热糖汁浸泡12小时（为二遍糖）；再取出，阴干，见外皮不粘手时，再为顺针4～5孔，同样以热糖汁，再浸泡12小时，最后取出，用温水洗净浮糖，顺序摆在盘内，晒干即为成品。

（2）掐皮参　要选体形好、须芦完整美观的须子来加工。首先把须子投入沸水中煮约15～20分钟，俗称“吊须”，然后再把全体投入水中煮之，时间与糖参同，浸糖也与糖参相同，不同的是：取出后，摆在盘内晾到2～3成干时，用炭火把外皮烤起，然后用骨簪在外皮上掐上爪痕，须子用白线缠之，俗称“绑须”，摆在盘内晒干即为成品。一般每斤水参可出成品0.6～0.7斤。掐皮参工序过程复杂，成本高，不是发展方向。

（3）生晒参　山参生晒一般均系全须生晒，要选体势粗大，或稍有疤痕者，但必须浆足，将人参须子用水洗净后晒干即为成品。因须子易断，也必须以线缠之。

248 竹节人参（zhujierenshen）（图1401）

［地 方 名］　东洋参（四川）

［学　　名］　**Panax japonicus** C. A. Mey.　五加科

［药 材 名］　竹节人参

［形态特征］　多年生草本，高约60厘米。地下有横卧呈竹鞭状的根状茎，肉质肥厚，白色，长短粗细视生长年数而异。茎直立，圆柱形，直径2～5毫米，表面无毛，具有纵条纹。掌状复叶，3～5片轮生于茎端，叶柄细柔，长4～9厘米，基部稍宽扁；小叶通常5，最下2片形小，柄极短；小叶片薄膜质，倒卵形至倒卵状椭圆形，长5～15厘米，宽2～5.5厘米，先端长尖，基部楔形，边缘锯齿细密或呈重锯齿，背面平滑无毛，表面仅沿脉上疏生灰白色细刺毛，有时在背面中肋上较多。伞形花序单生于总花

梗顶端，直径约2厘米；总花梗直立，长约15厘米，表面无毛，小花多数，有细梗；萼绿色，外面无毛，先端5齿裂；花瓣5，淡黄绿色，卵状三角形，先端尖，两面平滑无毛；雄蕊5，花丝背着，花药椭圆形，纵裂，内向；子房下位，2室，花柱2，离生，外弯。核果浆果状。花期5～6月，果期7～8月。

图1401 竹节人参

Panax japonicus C. A. Mey.

1．植株全形；2．花；3．花去花瓣及雄蕊后示雌蕊。

［生长环境］ 生于1000米以下山坡，沟边或杂林下。

［产　　地］ 浙江、安徽、江西、湖北、四川、云南等省。

［用　　途］ 根状茎供药用，可作刺激性祛痰药；我国民间亦用作健壮补药。

［理化性质］ 根状茎内含竹节人参皂角甙（panaxsaponin, $C_{101}H_{160}O_{31}$）约5%。加水分解后得原皂角甙配基（prosapogenin, $C_{42}H_{66}O_{10}$）及人参皂角甙配基（panax-sapogenin, $C_{36}H_{58}O_4$）。

［采收处理］ 秋季挖取根状茎，除去地上部分及须根，晒干即可。

249 大叶三七（dayesanqi）（图1402）

［地 方 名］ 疙瘩七（云南）

［学　　名］ **Panax major** (Burkill) Ting　五加科

［药 材 名］ 珠子参（云南）

［形态特征］ 多年生直立草本，高约40厘米。地下有细长、横卧的根状茎，节膨大；茎较细柔，表面具纵条纹，无毛。掌状复叶，三叶轮生；小叶片通常5，薄膜状，椭圆形至椭圆状卵形，长3.5～7厘米，宽2～3厘米，有时较大，先端长尖，基部近圆形或楔形而两侧稍下延，边缘具细密锯齿或重锯齿状，两面均无毛，惟齿尖及脉上疏生细刺毛，最下2片较小；叶柄细，长约7厘米，上面有1浅槽，平滑无毛，小叶柄长5～15毫米，亦无毛。伞形花序单一，顶生，总花梗细柔，远较叶柄为长，无毛，花梗丝状，长约1厘米；花两性或单性花与两性花共存；萼倒圆锥形，先端有5齿尖；雄蕊5，花丝短，药椭圆形，纵裂，内向；子房下位，2室，花柱2，基部合生。核果浆果状。花期7～8月，果期9～10月。

［生长环境］ 生于山坡树林下或山谷间，海拔 4000 米也有分布。

［产　　地］ 贵州、云南、四川、湖北、甘肃、陕西、河南等省。以云南的维西、兰坪、丽江、中甸、大理为主要产地，除内销外并出口。

［用　　途］ 云南丽江民间将根状茎入药，有止血滋补的功效，据云，可代三七用。

［采收处理］ 秋季挖取根状茎较好；新鲜根状茎挖回后，放进箩筐内浸入河水中，脚穿草鞋踩去外层须根及鳞叶，一种方法是置阳光下晒干，另一种方法是放进锅内用水煮，煮至近熟时加入蜂蜜（每 20 斤珠子参加入蜂蜜半斤），再煮，待水将近煮干时将火熄灭，停 10 分钟后，取出置日光下晒干，天阴或下雨用无烟柴炕干。

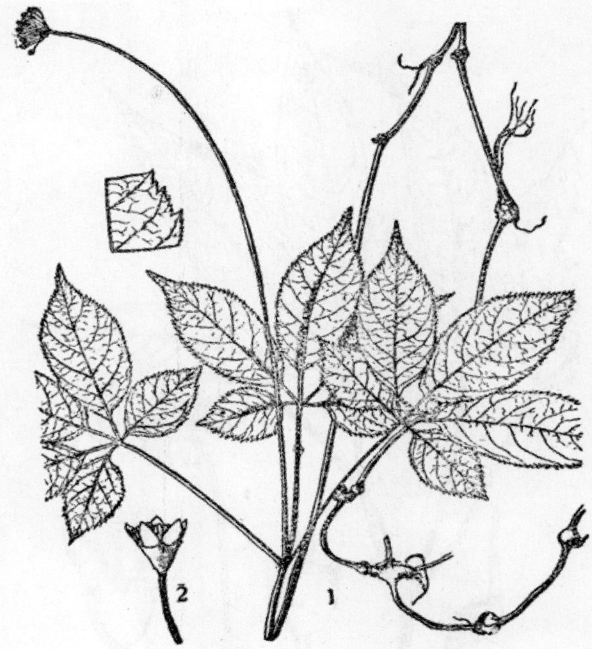

图 1402　大叶三七
Panax major（Burkill）Ting
1．植株全形；2．花的侧面观。
（自“中国药用植物志”）

250 三七（sanqi）（图 1403）

［地 方 名］ 盘龙七、竹根七、钮子七（四川），田七（广西）。

［学　　名］ **Panax pseudo-ginseng** Wall.　五加科

［药 材 名］ 三七

［形态特征］ 多年生草本，高 30～60 厘米。根状茎短，有老茎残留痕迹。根肉质，倒锥形或短圆柱形，长 2～5 厘米，直径 1～3 厘米，有数条支根，外皮黄绿色至棕黄色。茎直立，绿色或带多数紫色细纵纹，光滑无毛。掌状复叶，3～4 叶轮生于茎端，叶柄细长，表面无毛；小叶通常 5，罕为 3～7，小叶片椭圆形至长圆状倒卵形，长 5～14 厘米，宽 2～5 厘米，最下 2 片较小，先端长尖，基部近圆形或两侧不相称，边缘有细锯齿，表面沿脉有细刺毛，有时两面均近于无毛；小叶柄长 5～15 毫米。伞形花序单独顶生，总花梗从茎端叶柄中央抽出，直立，长 20～30 厘米；小花梗细短，基部具有鳞片状苞片；花多数，两性，有时单性花和两性花共存；花萼绿色，先端通常 5 齿裂，花瓣 5，长圆状卵形，黄绿色；雄蕊 5，与花瓣对生，长与花瓣相等，花药椭圆形，背

部着生，内向，纵裂；子房下位，2 室，花柱 2，基部合生；花盘平坦或微凹。核果浆果状，近于肾形，熟时呈红色，内有种子 1～3，球形，种皮白色。花期 6～8 月，果期 8～10 月。

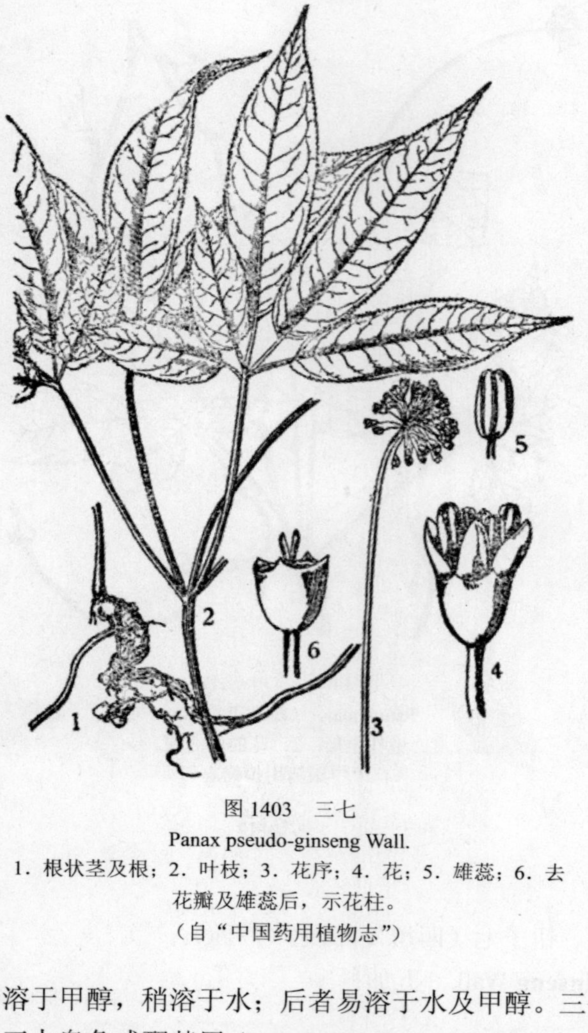

图 1403　三七

Panax pseudo-ginseng Wall.

1．根状茎及根；2．叶枝；3．花序；4．花；5．雄蕊；6．去花瓣及雄蕊后，示花柱。

（自“中国药用植物志”）

［生长环境］　栽培于海拔 800～1000 米的山腰斜坡或土丘缓坡上，以土壤疏松，含腐植质丰富的酸性粘黄壤土为宜；也有野生于 1000～3000 米的山坡丛林下。

［产　　地］　主要栽培于云南、广西、四川、湖北、贵州一带；西藏、云南、四川均有野生种。

［用　　途］　根供药用，为止血要药，主治跌打损伤，有止血、破血、散血之效。民间称三七为“生打熟补”之要药，生即用根泡酒，治跌打损伤；熟即用根炖鸡或猪肉，能治虚弱等症，市售“云南白药”即以本种为原料制成的，亦宜于产后服用。

［理化性质］　三七含两种皂角甙，定名为三七皂角甙甲（arasaponine A, $C_{30}H_{52}O_{10}$）和三七皂角甙乙（arasaponine B, $C_{23}H_{38}O_{10}$），二者均系粉状物。前者易溶于甲醇，稍溶于水；后者易溶于水及甲醇。三七皂角甙甲经稀硫酸水解后，即得两种三七皂角甙配基甲（arasapogenine A, $C_{17}H_{30}O_5$），一种熔点 244℃，另一种熔点 252℃。三七皂角甙乙在酒精盐酸溶液中水解后，即得三七皂角甙配基乙（arasapogenine B, $C_{29}H_{52}O_3$），系一种结晶物，熔点 247℃。

［采收处理］　7～8 月或 12 月至次年 1 月为采收期。一般多在花前挖取或于开花前去掉花苞，不使其开花，则其根充实饱满，品质较佳；若在结果后挖取，则根瘦而皱缩，质量稍次。生长 3～7 年或 7 年以上的根即可挖取，去净泥土，剪除地上茎及细小支根和须根，曝晒至半干，反复揉搓，再晒至全干即为“毛货”；再将毛货置麻袋内加蜡往返振荡，使皮呈棕黑色光亮，即为成品。一般将剪下较粗的支根称为“筋条”，细根及选剩的残次品为“剪口三七”，最细小的则称为“绒根”。

251 通脱木（tongtuomu）（图 1404）

［地 方 名］　大通草（湖北）

［学　　名］　**Tetrapanax papyrifera** (Hook.) K. Koch.　五加科

［药 材 名］　通草（通称）

［形态特征］　灌木，粗壮，高可达 6 米。茎直立，径 2～8 厘米，木质而不坚，中央含有白色纸质髓，幼时具有隔膜，老时则渐次充实；茎生长初期，表面密被星状毛，或少具脱落性灰黄色的茸毛。叶大，通常集生于茎的上部，叶片掌状分裂，常 5～7 裂，分裂达于中部或为浅裂，先端锐尖，基部心形，边缘有细锯齿，表面近于无毛或无毛，背面有残留的毡毛，叶柄粗而长；托叶 2 片，形大，膜质，披针状凿形，基部呈鞘状而抱茎。花序伞形球状，排列成为大圆锥花丛，花白色，有梗，苞片披针形；萼长约 1 毫米，不明显；花瓣 4～5，卵形，长约 2 毫米；雄蕊 4～5；花盘微凸；子房 2 室，花柱 2，离生，初直立，后向外展开，柱头头状。果为核果状浆果，近球形而扁。花期 10～12 月（广州）。

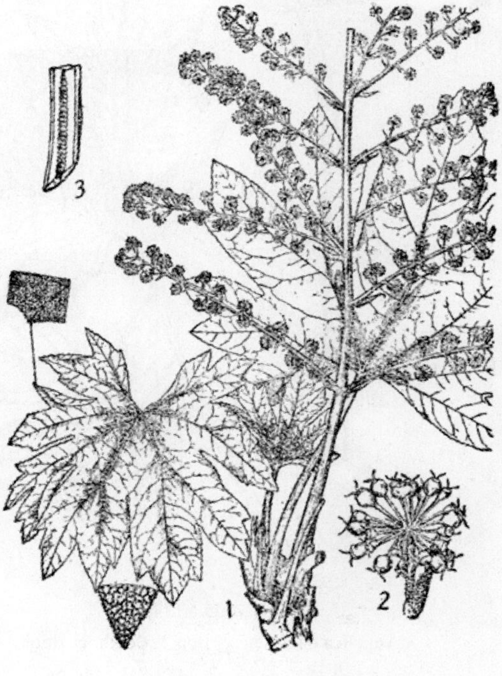

图 1404　通脱木

Tetrapanax papyrifera（Hook.）K. Koch.

1．花枝及叶；2．果序及苞；3．幼茎的纵切面，示髓及分隔。

［生长环境］　生于山坡屋旁、路边、以及杂木林中。

［产　　地］　福建、台湾、广东、湖南南部、湖北南部、江西南部、云南、贵州、四川。以四川产量最多。

［用　　途］　茎髓供药用，为利尿药，亦有清凉解热镇静的功效。

［采收处理］　秋季采收，将砍伐的茎，根据通草弯曲情况截成段，用细木棍将茎白髓顶出轻轻理直，晒燥。品质以干燥、粗壮、色洁白、空心、有弹性的为好。应贮藏在干燥的地方。

252 白芷（baizhi）（图 1405）

［地 方 名］　香大活、大活、走马芹（辽宁、吉林、黑龙江），独活（辽宁）。

［学　　名］　**Angelica dahurica** (Fisch.) Benth. et Hook.　伞形科

［药 材 名］ 白芷、杭白芷（杭州）

［形态特征］ 多年生草本，高1～1.5米。根粗大，垂直生长，直径约2.5厘米，有数支根。茎粗大，近于圆柱形，直径2.3厘米，中空，通常呈紫黑色。茎下部的叶大，有长柄；叶为二至三回羽状分裂，最终裂片卵形至长卵形，先端尖，边缘有尖锐的重锯齿，基部下延成短柄；在茎上部的叶较小，叶柄全部扩大成卵状的叶鞘。复伞形花序顶生或腋生，伞柄20～40个，长4～8厘米，有短柔毛；小伞形花序有花多数，密生，总苞缺或呈1～2片膨大的鞘状苞片；小总苞片多数，狭披针形，与小梗等长或稍短；花萼缺；花瓣5，卵状披针形，先端渐尖，向内弯曲；雄蕊5，与花瓣互生；子房下位，2室。双悬果扁平，椭圆形或近于圆形，分果具5棱，侧棱成翅状，翅宽1.5～2毫米，油管单生在每个棱槽内，合生面有2个油管。花期6～7月，果期7～9月。

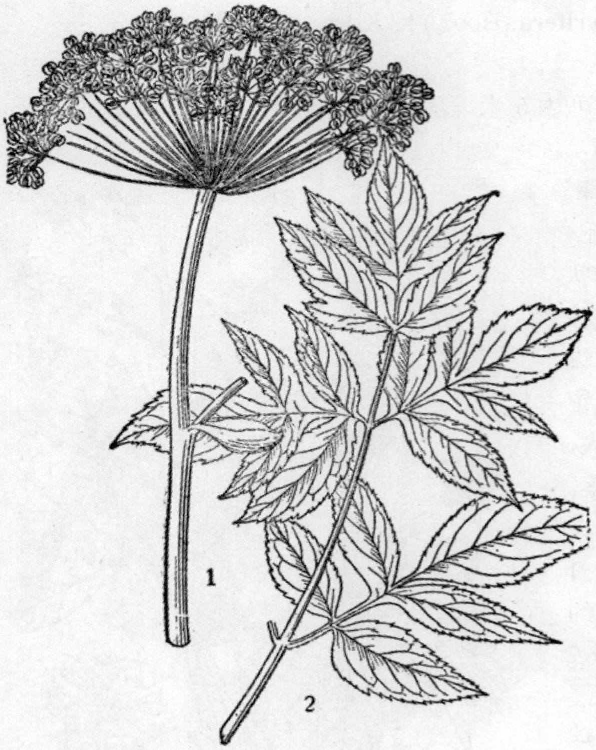

图1405 白芷

Angelica dahurica（Fisch.）Benth. et Hook.

1. 果序一部分；2. 叶片的一部分。

［生长环境］ 生于河岸和溪边，以及沿海的丛林砾岩上，很少生长在草原地上。

［产　　地］ 黑龙江、吉林、辽宁、河北等省有野生；四川、浙江杭州、河北安国等地大量栽培。

［用　　途］ 根为镇痛药，对头痛有卓效；用于流行性感冒及产前产后之头痛、眩晕、齿痛、颜面神经痛等症。有止血作用，对便血、鼻衄等也有效。又可作痔及诸疮之浴汤料和分娩时阵缩催进剂。

种子可榨油（见“油脂类”，919页）。

［理化性质］ 国产本种植物成分不详。据报告：日本产本种植物之根含有白芷毒素（angelicotoxin）0.43%，白芷素（byak-angelicin），水芹烯（phellandrene），挥发油1%，树脂6%。尚有结晶性的水解胡萝卜素（hydrocarotin）及类似白芷酸（angelic acid，C_4H_7COOH）的酸类。

［采收处理］ 果实成熟，茎叶枯萎时采收；在未挖根前，先割去茎叶，在畦旁挖

沟约 30 厘米深，然后由侧面取根，这样不致于使根部受伤。将挖出的根，除净泥土，平铺篾席上，置于日光下晒干。晒时要勤翻，若遇雨天需用微火烘干。浙江省的加工是将挖出的根，除净泥土后，然后放在缸中加石灰拌匀（每 50 公斤加石灰 2.5 公斤），约一周后，取出置日光下晒干。因此杭白芷质较坚硬。

［其　他］　目前药材市场上的白芷主要有杭白芷、川白芷、祁白芷和禹白芷四种。杭白芷的原植物为白芷，其他三种原植物为川白芷（A. anomala Lallem.），当地名叫野当归（四川），香白芷（河南）分布于黑龙江、吉林、辽宁。四川遂宁、铜梁县，河北安国县，河南禹县，以及安徽、福建、陕西、甘肃、江西、湖南、云南等省都有栽培。其与白芷的主要区别是茎较细弱，直径不超过 1 厘米；叶最终裂片有明显的叶柄。

253 当归（danggui）（图 1406）

［地 方 名］　秦归（云南）

［学　　名］　**Angelica sinensis** (Oliv.) Diels　伞形科

［药 材 名］　当归

［形态特征］　多年生草本，高 0.4～1 米。茎直立，带紫色。叶二至三回奇数羽状分裂，叶柄长 3～11 厘米，基部叶鞘膨大；叶片卵形，小叶 3 对，近叶柄的 1 对小叶柄长 0.5～1.5 厘米，近顶端的 1 对无柄；叶片呈一至二回羽状分裂，裂片边缘有缺刻。复伞形花序顶生，伞梗 10～14，长短不等，基部有 2 枚线状总苞片或缺如；小总苞片 2～4，线形；每一小伞形花序有花 12～36 朵，小伞柄长 0.3～1.5 厘米，密被细柔毛；萼齿 5，狭卵形；花瓣 5，白色，长卵形，先端狭尖，略向内折；雄蕊 5，花丝向内弯；子房下位，花柱短，基部圆锥形。双悬果椭圆形，长 4～6 毫米，宽 3～4 毫米，成熟后易从合生面分开；分果有果棱 5 条，背棱线形隆起，侧棱发展成宽而薄的翅，翅边缘淡紫色；横切面背部扁平，每棱槽中有油管 1 个，接合面油管 2 个。花期

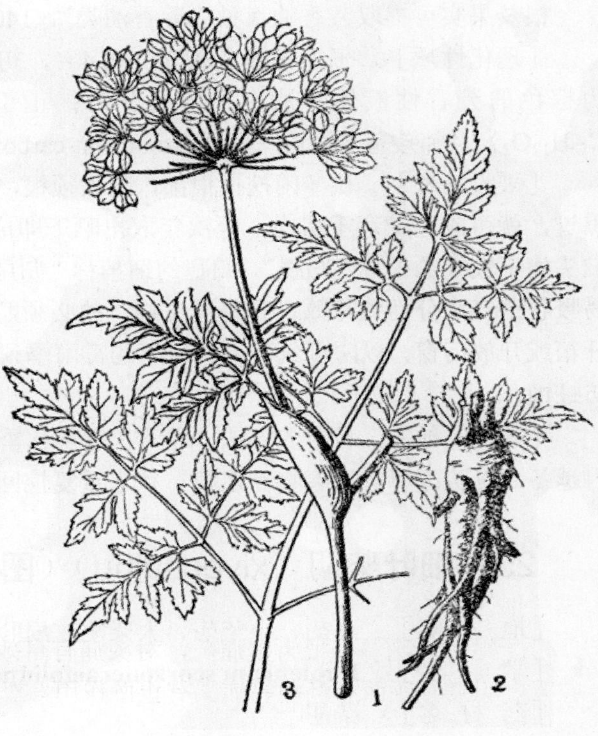

图 1406　当归
Angelica sinensis（Oliv.）Diels
1．果枝；2．根；3．叶。
（自“中药志”）

6～7月，果期7～8月。

［生长环境］ 生于气候比较寒冷，空气湿度较大的温带落叶林下或温带草原上，海拔 2500～3000 米；土壤大部分为黑钙土、河岸冲积土、黄土性钙质土，部分地区为黄砂土壤。其中以肥沃的沙质壤土为佳。

［产　　地］ 陕西、甘肃、四川、云南等省。南北各地均有栽培，但以甘肃与四川临界的岷县山区出产最多，品质最好。也有野生种，但是产量比较少。

［用　　途］ 根为妇科要药，治疗月经不调、痛经，并为镇静剂，有镇静大脑，兴奋和麻痹延髓诸中枢的作用；又能弛缓子宫肌肉，用以治疗月经不调、痛经诸症；其作用是由于抑制子宫的收缩，弛缓其他肌肉紧张，瘀血得以排出，直接治疗痛经；子宫肌肉弛缓后，血液循环通畅，子宫的局部营养改善，间接治疗痛经，使子宫发育不良者得以发育完善；有滑肠通便作用，使盆腔内组织的过分充血消灭，以减轻痛经。现国内药厂广泛的将本品做成制剂，如当归浸膏片等。

根及果实可提取芳香油（见“芳香油类”，1408 页）。

［理化性质］ 干根含挥发油 0.2～0.4%，初呈透明的淡棕黄色，经一段时间后变为棕色的芳香性液体。油中主要成分为：正丁烯基酞丙酯（n-butyidene-phthalide, $C_{12}H_{12}O_2$）及邻羧基苯丙酮（o-valerophenon-carboxylic acid, $C_{12}H_{14}O_3$）等。

［采收处理］ 秋冬闲挖掘根部，削去须根，置房内或棚内，层层架起，下用微火熏过，就可收起贮存于房内，至次年取出晒干即成。当归的主根加工后称“归头”，自归头摘下较细的根称“归腿”，归腿的细梢称“归尾”，目前统以当归出售。本品带油性，易吸收空气水分而致霉败，且易遭虫蛀，故必须贮存于干燥处，遇阴雨天气不可开包、开箱或开放门窗，以防潮气侵入。每年的霉雨季须用硫黄薰晒或置烘房中适当烘透，以防蛀蚀。

［其　　他］ 栽培的方法，通常在每年秋季下种，秋末冬初将苗株拔回，置地窖内越冬，以防冻坏，次春将苗定植，秋末重复挖回越冬，到第三年秋季就可收获。

254 细叶柴胡（xiyechaihu）（图 1407）

［地 方 名］ 芽胡、小柴胡、大柴胡、扁叶胡（江苏），香柴胡（东北）。

［学　　名］ **Bupleurum scorzoneraefolium** Willd. 伞形科

［药 材 名］ 柴胡

［形态特征］ 多年生草本，高可达 60 厘米。主根圆锥形，细长而弯曲，支根较少，棕色至暗棕色。茎单一，上部分枝开展。单叶互生，叶线状披针形，通常呈镰刀状，长 3～10 厘米，宽 2～5 毫米，全缘，先端渐尖，叶脉 5～9 条，近于平行，小脉网状。伞形花序有伞梗 3～15，总苞缺乏或具 2～3 个线形苞片；小伞形花序具小伞梗 10～20 个，长约 2 毫米，小总苞片 5 个，线状披针形，与小伞等长，先端渐尖，有 3 脉；花小形，黄色；花瓣 5，先端向内折曲，雄蕊 5；花药卵形；花柱短，基部扁圆锥形。双悬

果长圆形或长圆状卵形，分果的 5 条果棱粗而钝，成熟的果实棱槽中油管不明显，幼果横切面每个棱槽常见有油管 3 个。花期 7～9 月，果期 8～10 月。

［生长环境］　生于山坡林缘草丛中。

［产　　地］　黑龙江、吉林、辽宁、内蒙古、河北、山东、安徽、江苏、甘肃、青海、新疆、四川、湖北等省区。

［用　　途］　嫩株和根均为解热、抗疟的间歇热及潮热药，并治黑水病。

［理化性质］　根含挥发油及植物甾醇。

［采收处理］　春秋两季均可采收，通常将挖掘植株，除去茎叶和泥土，晒干供药用。贮存于干燥通风的地方。

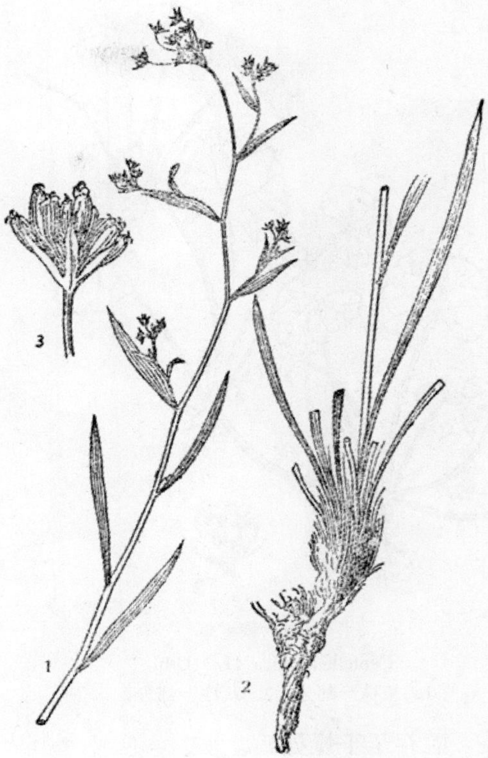

图 1407　细叶柴胡

Bupleurum scorzoneraefolium Willd.

1．植株上部；2．茎下部及根；3．小果序。

255 积雪草（jixuecao）（图 1408）

［地 方 名］　偷鸡落得打（江苏），顺地薄荷、金灯盏、铜钱草（浙江、江苏），地棠草、破铜钱、半边藤、凉菜（江西），马蹄草（云南、四川），崩大碗、钱凿（广东）。

［学　　名］　**Centella asiatica** (L.) Urb. (*Hydrocotyle asiatica* L.)　伞形科

［药 材 名］　落得打（江苏），马蹄草（云南、四川），崩大碗（广东）。

［形态特征］　多年生匍匐草本。茎节上生根，光滑或稍被疏毛。叶片圆形或肾形，直径 2～4 厘米，边缘有钝齿，表面光滑，背面有细毛；叶有长柄，长 1.5～7 厘米。伞形花序单生，伞梗生于叶腋，短于叶柄，每一花梗的顶端有花 3～6 朵，通常聚生成头状花序，花序又为 2 枚卵形苞片所包围；花萼截头形；花瓣 5，红紫色，卵形；雄蕊 5，短小，与花瓣互生；子房下位，花柱 2，较短，花柱基不甚明显。果实扁圆形，光滑，主棱和次棱同等明显，主棱间有网状纹相连。花期夏季。

［生长环境］　多生于路旁、沟边、田坎边稍湿润而肥沃的土壤上；常成群生长，高山少见。

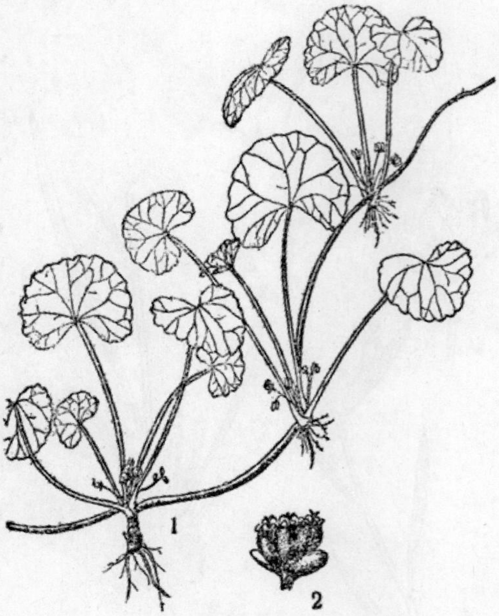

图 1408 积雪草
Centella asiatica（L.）Urb.
1．植株一部分；2．花序一部分。

［产　　地］　广布于热带及亚热带地区，广东、广西、云南、四川、江西、浙江、江苏等省区。

［用　　途］　广东、广西、江西民间常采其茎叶煎水饮，谓有清热利尿之效；广州长堤一带的凉茶店（即专售生草药煎汁之店）也出售此药。浙江、江苏民间用全草治跌打损伤，并用作蛇药。四川、云南民间谓此草有祛风寒，治肺热咳嗽，消瘿瘤及涂治痈疮肿毒的功效。

［理化性质］　全草中曾分离出积雪草甙（asiaticosia，$C_{54}H_{88}O_{23}$）针状结晶，可溶于酒精。

［采收处理］　4～11 月均可采收，拔取全草，洗去泥土晒干，用蒲包或麻袋包装，贮存于干燥处。

256 明党参（mjngdang-sben）（图 1409）

［地 方 名］　山花（江苏、安徽），粉沙参（江苏、浙江），南沙参（浙江）。

［学　　名］　**Changium smyrnioides** Wolff　伞形科

［药 材 名］　明党参

［形态特征］　多年生草本，高达 1 米。根呈纺锤形或长索形。茎直立，光滑中空，下部不分枝，上部分枝；枝疏散开展，下部分枝互生，上部分枝近对生且有再分枝。基生叶呈三出二至三回羽状分裂，有长柄，柄长 30～35 厘米；一回裂片阔卵形，小柄长约 10 厘米；二回裂片

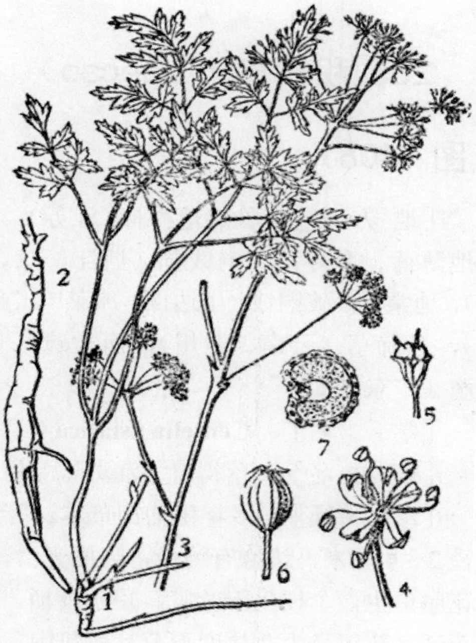

图 1409 明党参
Changium smyrnioides Wolff
1．基生叶；2．根；3．花序；4．花；5．雌蕊；6．果；7．悬果横切面。
（自“江苏南部种子植物手册”）

卵形至长圆状卵形，小柄长约 3 厘米；三回裂片阔卵形，长宽各约 2 厘米，基部截形或楔形，无小柄，3 裂或呈羽状缺刻，小裂片长圆状披针形，长 2～4 毫米，宽 1～2 毫米；茎上部叶缩小呈鳞片状或叶鞘状。伞梗长 3～10 厘米；伞辐 6～10 条，长 1～3 厘米；小伞形花序有 10～15 花，白色，顶生伞形花序的花几乎全孕，侧生伞形花序的花多数不孕，花柄线形，长 5～7 毫米。果实圆卵形至卵状长圆形。花期 4 月，果期 6 月。

［生长环境］　生长在山地土壤肥沃地或灌丛中。

［产　　地］　江苏、安徽、浙江等省。

［用　　途］　根为滋养强壮药；南方民间一般作补血或防瘴用。

［理化性质］　根中含淀粉 29%，及有机酸、糖、纤维素、微量挥发油等。种子含脂肪油约 4%。

［采收处理］　通常在 4～5 月采收，将挖得的根，放入水缸中洗去泥土，然后投入水内煮沸数分钟，捞出，用竹片刮去根的外皮，晒干即得。若不经煮沸，直接刮去根的外皮晒干的称“粉沙参”。本品易被虫蛀，须在贮藏前先将成品放置密闭室内，用硫磺熏一次，然后贮藏在干燥通风处。

257 蛇床（shechuang）

（图 1410）

［地 方 名］　野芫荽（山东），野胡萝卜、蛇床草（江苏），野茴香（辽宁、吉林）。

［学　　名］　**Cnidium monnieri** (L.) Cuss.　伞形科

［药 材 名］　蛇床子

［形态特征］　一年生草本，高 30～80 厘米；茎分枝，有棱。叶卵形二回羽状式的或三出式的羽状多裂；最后的裂片线状披针形，尖锐，长 2～10 毫米，宽 1～3 毫米；叶柄长 4～8 厘米，具短鞘。伞形花序，顶生与侧生；比叶长，总苞片 8～10，线形具长尖，长 4～7 毫米，边缘披缘毛，伞梗长 2～9 厘米，伞幅 15～30 条，长 1～2 厘米，不等长，

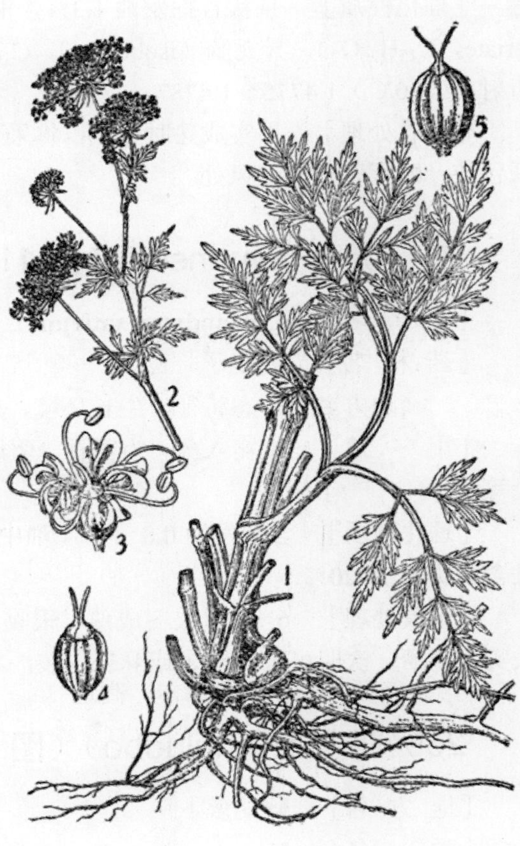

图 1410　蛇床

Cnidium monnieri（L.）Cuss.

1. 植株的下部；2. 花枝；3. 花；4. 雌蕊；5. 果实。

（自“江苏南部种子植物手册”）

小总苞片线形或丝线形，边缘披短缘毛；小花梗长3～5毫米，花白色，萼齿不显；花瓣倒卵形，先端有凹陷，内卷。果长圆状圆卵形，具棱，侧棱较阔，棱槽中各具油管1，合生面具油管2～4，胚乳的腹面略凹陷。花期3～4月（广东），5月（江苏），果期6～7月（广东）。

［生长环境］　田野或溪旁。

［产　　地］　辽宁、吉林、山东、陕西、云南、贵州、四川、河南、江苏、浙江、福建、江西、广东等省。

［用　　途］　果实为兴奋药，治阴萎；外用于妇女阴肿，除黏液分泌物及阴部搔痒症。最近从果实中提得白色结晶，外用治阴道滴虫病，有很好的疗效，现市售“蛇床子药膏”即本种果实的制剂。

果实可提取芳香油（见“芳香油类”，1410页）。亦可制土农药（见“土农药类”，2046页）。

［理化性质］　果实含挥发油1.3%，油的主要成分为异戊酸龙脑酯（bornyi isovaleriate，$C_{15}H_{26}O_2$），异龙脑（isoborneol，$C_{10}H_{18}O$）和蒎烯（pinene，$C_{10}H_{16}$）等。油的折射率（20℃）1.4775～1.4787。

［采收处理］　果实成熟时采收，将采下的果实晒干，簸净杂质，以麻袋或竹篓垫纸包装，贮存于干燥通风处。

258 芫荽（yuansui）（图1116）

［学　　名］　**Coriandrum sativum** L.　伞形科

［药 材 名］　芫荽子

（地方名、形态特征、生长环境、产地及其他用途见“芳香油类”，1141页）

［用　　途］　果实入药，为芳香、驱风、健胃剂，治小儿麻疹透发不快或透而复没等。

［理化性质］　含挥发油0.8～1%，油中主要成分为α-沉香油醇，香叶醇及蒎烯等；又含脂肪油10.20%。

［采收处理］　6～7月果实成熟时采收，晒干后打下果实，除去枝梗及叶片，收集果实，复晒一次即可。用布袋或麻袋包装，置干燥处贮藏。

259 胡萝卜（huluobo）（图1411）

［地 方 名］　野胡萝卜

［学　　名］　**Daucus carota** L.　伞形科

［药 材 名］　鹤虱

［形态特征］　二年生草本，高20～120厘米。茎直立，分枝少，表面有白色粗硬毛。根生叶有长柄，基部鞘状；叶片薄膜质，二至三回羽状分裂，最终裂片线形或披针

形；茎生叶的叶柄较短。复伞形花序顶生或侧生，有粗硬毛，伞梗 15～30 枝或更多，总苞片 5～8 枚，叶状，羽状分裂，裂片线形，边缘膜质，有细柔毛；小总苞片数枚，不裂或羽状分裂；小伞形花序有花 15～25 朵，花小，白色，黄色或淡紫红色，每一总伞花序中心的花通常有一朵为深紫红色；花萼 5，窄三角形；花瓣 5，大小不等，先端凹陷，成一狭窄内折的小舌片；子房下位，密生细柔毛，结果时花序外缘的伞辐向内弯折。双悬果卵圆形，分果的主棱不显著，次棱 4 条，发展成窄翅，翅上密生有钩刺。花期 5～7 月，果期 7～8 月。

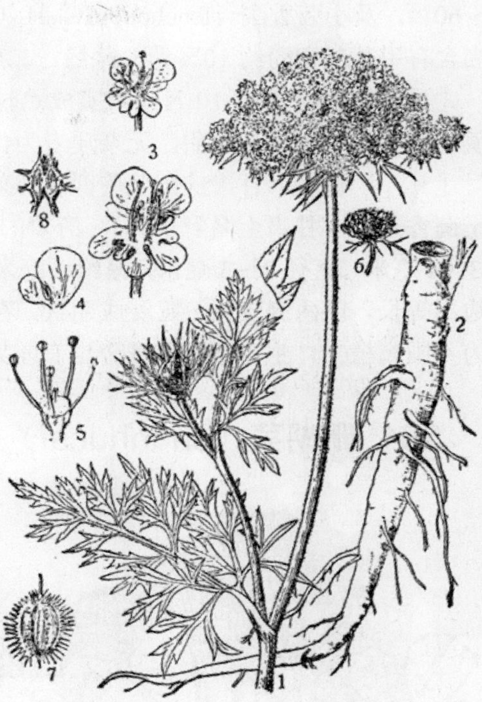

图 1411　胡萝卜
Daucus carota L.
1. 花枝；2. 根；3. 花；4. 花瓣；5. 去掉花瓣的花；6. 小伞形果序；7. 分果爿正面观；8. 果横切面。

［生长环境］　适应性强，由酸性土至碱性土均可生长，性喜湿润，常生于路旁，山沟溪边，荒地较湿润处，有时侵入田间。

［产　　地］　江苏、浙江、安徽、江西、湖南、湖北、四川、贵州等省。

［用　　途］　果实为驱虫药。

果实亦可提取芳香油（见“芳香油类”，1412 页）。

［理化性质］　果实含有挥发油 0.4～0.8%，其主要成分为细辛脑，胡萝卜醇（carolol），胡萝卜脑（daucol），松油烃、柠檬烃等。

［采收处理］　果实成熟时采收，将全草拔起或摘取果枝，晒干，敲打或手搓，过筛除去杂质，包装，贮藏于通风干燥处。

［其　　他］　各地栽培，供蔬菜食用的胡萝卜，是一变种（D. carota L. var. sativa DC.）药用者多取自野胡萝卜的果实。

260 小茴香（xiaohuixiang）（图 1117）

［学　　名］　**Foeniculum vulgare** Mill.　伞形科

［药 材 名］　小茴香

（地方名、形态特征、生长环境、产地及其他用途见“芳香油类”，1412 页）

［用　　途］　果实入药，为兴奋，驱风，健胃，矫味及催乳剂。

［理化性质］　果实含芳香油3～6%；油中主要成分为大茴香脑（anethole，$C_{19}H_{32}O$）50～60%，及小茴香酮（fenchone，$C_{10}H_{16}O$）18～20%，都为茴香特有香气的来源；其他尚含有甲基胡椒酚约10%、d-蒎烯、二戊烯、茴香醛等。

［采收处理］　9～10月间果实成熟时，割取全株，晒干，打下果实，簸去杂质。品质以粒饱满，色绿、味甜，无杂质者为佳。

［其　　他］　甘肃庆阳及广西以莳萝（Anethum gravealens L.）的果实作小茴香或土茴香入药（甘肃土名野小茴）。莳萝的果实形较小而圆，分果呈广椭圆形，扁平，长3～4毫米，直径2～3毫米，厚约1毫米，长与宽的此例约为1.6:1。横切面可见背面四边不等长，以两侧较长，延展成翅状，在外形上与小茴香显然不同，气味均弱。因二者为不同属植物，生药形状及成分也有差异；虽气味和功用相近，但名称上不应混淆。

261 珊瑚菜（shanhucai）（图1412）

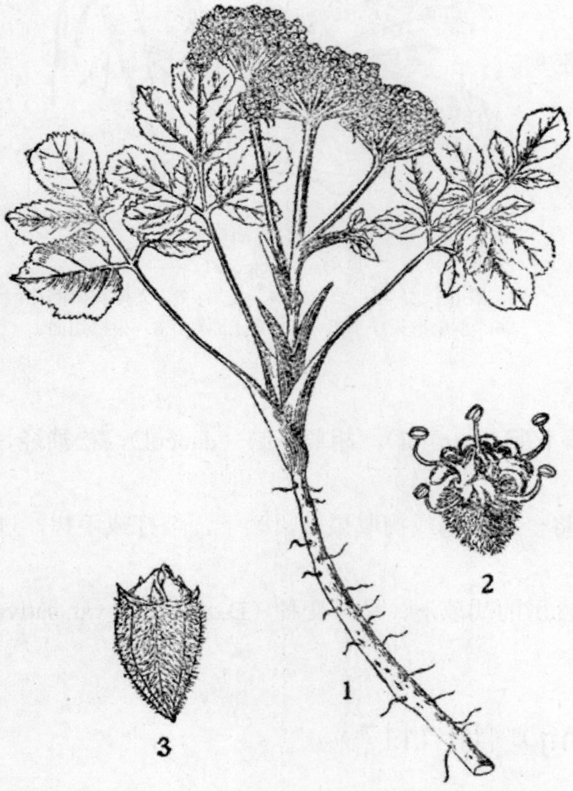

图1412　珊瑚菜

Glehnia littoralis F. Schmidt

1. 植株全形；2. 花；3. 果实。

［地 方 名］　辽沙参（辽宁），沙参、野沙参（山东），海沙参、银条参、莱阳参（江苏北部）。

［学　　名］　**Glehnia littoralis** F. Schmidt (*Phellopteris littoralis* Benth.)　伞形科

［药 材 名］　北沙参

［形态特征］　多年生草本，高7～35厘米。主根细长，圆柱形，长可达30厘米，很少有侧生支根。茎大部埋在沙土中，直立，少分枝。叶由基部生出，质厚，互生，卵圆形，三出分裂至二回羽状全裂，裂片卵圆形，先端圆至渐尖，基部楔形至截形，边缘具大小不等的锯齿；叶柄长达12厘米，基部呈阔鞘状。复伞形花序顶生，密生灰褐色绒毛；伞梗10～20条，长1～2厘米；总苞片有或无，小苞8～12，披针形；花白色，每一小伞形花序有花15～20，小伞梗长1.5～3毫米，有绒毛；花萼5齿裂，狭三角状披针形，疏生粗毛；花瓣5，卵形，顶端内折；

雄蕊5，花丝细长；子房下位，花柱2，基部扁圆锥形。双悬果圆球形或椭圆形，直径达1厘米，果棱显著地木栓化，发展成翅状，有棕色粗毛；分果的横切面扁椭圆形，有5个角棱，接合面平坦，油管约36条，连成一圈，胚乳腹面略凹陷。花期5～7月，果期6～8月。

［生长环境］ 野生在海边沙滩；栽培种要求肥沃疏松的沙质土壤。

［产　　地］ 辽宁、河北、山东、江苏、浙江、广东、福建、台湾等沿海地区。其中以山东莱阳除野生的外，并有大量栽培；数量既多，质量又好，除内销外，并大量出口。

［用　　途］ 根入药，为滋养、生津、祛痰、止咳剂。

［理化性质］ 根和芽含芳香油；根内并含淀粉。

［采收处理］ 6～8月间挖取根部，除去茎及须根，洗净泥土，置于沸水中浸烫，并不时翻动，烫至根部能搓下来为止（如不能立即剥皮，需先置阴凉处，用湿砂培起，避免接触光，以免去皮困难），然后捞出，自参头部向下刮去外皮，将根拉直，整齐的摊置席上，放在太阳下晒干，扎成小捆，称“毛参”。蒸至柔软时，放在板上搓平，用刀刮去须根痕迹，再按大小整齐扎成小捆，称为“净参”。

［其　　他］ 商品内销用“毛参”，外销出口多为“净参”。

262 破铜钱（potong-qian）（图1413）

［地 方 名］ 满天星、落地金钱（四川）

［学　　名］ **Hydrocotyle sibthorpioides** Lamk. 伞形科

［药 材 名］ 满天星（四川）

［形态特征］ 多年生铺地草本；茎细长而纤弱，平铺地上成片。叶圆形或肾形，叶片直径0.5～3.5厘米，基部心形，5～7浅裂，裂片短，边缘有2～3个钝齿状锯齿，表面光滑，背面有柔毛，或两面均光滑以至有柔毛；柄长0.5～9厘米。伞形花序与叶对生，单生于茎节上，伞梗长0.5～3厘米；总苞片4～10，倒披针形，长约2毫米；每一伞形花序具花

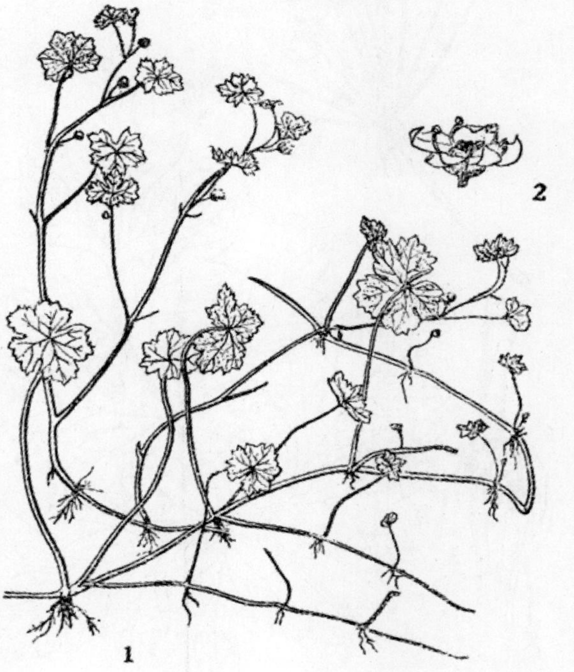

图1413 破铜钱
Hydrocotyle sibthorpioides Lamk.
1．植株全形；2．花。

10～15 朵，花无柄或有短柄；萼齿缺乏；花瓣卵形，绿白色。双悬果略呈心形，长 1～1.3 毫米，宽 1.5～2 毫米，分果侧面扁平，光滑或有斑点，背棱略锐。花期 4～5 月。

［生长环境］ 多生于路旁草地较湿润之处，常成片生长。

［产　　地］ 辽宁、河南、江苏、浙江、安徽、湖南、江西、四川、湖北、福建、台湾、广东、广西及云南等省区。

［用　　途］ 全草入药。有消炎、通鼻气、利九窍，吐风痰，去目翳等功效。据最近研究全草医治胆结石及鼻窦炎有效。浙江龙泉县民间用全草煎水服，治风寒症；舟山民间用全草煎汁服，治跌打损伤。

［采收处理］ 4～11 月间采收，拔取全草，洗净泥土晒干，用蒲包或麻袋包装，贮存于干燥处。

263 辽藁本（liaogaoben）（图 1414）。

［地 方 名］ 藁本、山香叶（辽宁、吉林），家藁本、水藁本（辽宁）。

［学　　名］ **Ligusticum jeholense** Nakai et Kitag. (*Cnidium jeholense* Nakai et Kitag.) 伞形科

［药 材 名］ 藁本（东北）

［形态特征］ 多年生草本，高 15～80 厘米。根状茎短，其上着生细长的根，表面深褐色，断面黄白色，具浓厚的香气。茎直立，单一或簇生，中空，上部分枝开展。茎生叶于花期凋落；茎生叶互生，在下部及中部的叶有长柄，叶片三回三出羽状全裂；茎上部的叶较小，叶柄鞘状，一回羽片 4～6 对，最下方的一对有较长的柄，其他则为短柄或无柄，羽片卵形或阔卵形，二回羽状全裂有粗缺刻状锯齿；二回羽片一般无柄或具短柄，卵形或阔卵形，羽状全裂有粗大缺刻状锯齿；三回羽片阔菱状卵形至菱状卵形，先端稍锐尖，基部阔楔形至楔形，最终裂片及锯齿先端均为钝头或细微凸头。复伞形花序顶生，总苞片约

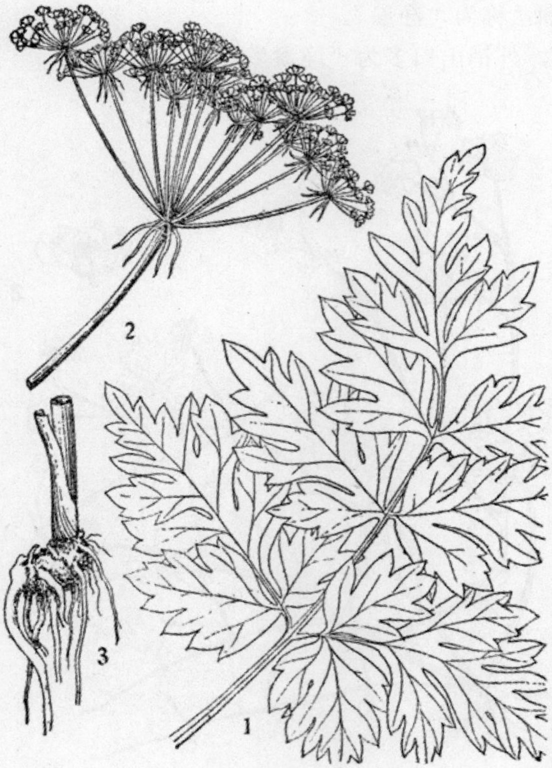

图 1414　辽藁本
Ligusticum jeholense Nakai et Kitag.
1. 茎生叶；2. 花序；3. 根。

有6，早落，伞梗6～19条；小伞形花序具小伞梗20条左右，均不等长，小总苞片10枚左右，针状，边缘粗糙；萼齿不明显；花瓣5，白色，椭圆形；雄蕊5，较花瓣长，花药黑褐色；花柱细，基部呈稍扁压的圆锥形，带褐色，双悬果椭圆形，长约3毫米，分果侧棱为狭翼状，背棱槽中有油管一个，侧棱棱槽中有油管1～2个，合生面有油管2～4个。花期7～9月，果期9～10月。

［生长环境］ 生于多石砾山坡杂木林下或山地林缘，多见于阴坡。

［产　　地］ 吉林、辽宁、河北、山东、山西等省。

［用　　途］ 根为治头痛及肠疝痛的要药；也有镇痉及镇痛的功效。

根也作兽医用药，作镇痉，镇痛药，治脑炎，头部强直风湿性关节痛，疥癣等症。

果实和根均可提芳香油（见“芳香油类”，1413页）。

［理化性质］ 据辽宁省资料：根中含挥发油1.5%。

［采收处理］ 根一般在4～5月和8～9月采挖，但以4～5月质量为佳，当4～5月芽高不超过5～6厘米时采收，此时根较粗大，香味浓馥，所以有“芽蒿本”之称。秋季产者香味薄。春季用锄头挖掘，除去根上的附泥，截去残茎，晒干即成；但本品极易被虫蛀，故在保管上要特别注意，暑天要用硫璜烟熏，贮于干燥通风处，以防发霉变质。

［其　　他］ 辽宁省药材藁本，除本种外尚有另一种细叶藁本［Ligusticum tenuissimum（Nakai）Kitag.］与辽藁本的主要区别，是叶三至四回羽状全裂，最后裂片细长，线形，叶质软，多生于石质山坡柞木林下。

264 藁本（gaoben）（图1415）

［地 名 方］ 野芫荽、野香草、山藁本（山东），川芎（湖北），秦芎（四川）。

［学　　名］ **Ligusticum sinense Oliv.** 伞形科

［药 材 名］ 藁本

［形态特征］ 多年生草本，高可达1米以上。茎直立，中空，表面具纵棱。叶互生，着生在茎下部的叶为二至

图1415 藁本

Ligusticum sinense Oliv.

1．根；2．植株上部。

三回奇数羽状复叶；叶柄长，基部抱茎；小叶3～4对，卵形，最下一对小叶有时有短的小叶柄，小叶裂片两侧不相等，边缘又作不整齐的羽状深裂，先端渐尖；着生在茎上部的叶，近于无柄，基部宽大呈卵状的鞘而抱茎。复伞形花序顶生或腋生，伞梗15～23，表面粗糙；总苞片羽状细裂，远较伞梗为短，小伞形花序有花约20朵，小伞梗纤细，长不过1厘米，被有短柔毛，小总苞片线形，较小伞梗为短；花小；无花萼；花瓣5，白色，椭圆形至倒卵形，先端有短尖突起，向内折卷；雄蕊5，花丝细，弯曲，药椭圆形，2室，纵裂；花柱2，细柔而反折，基部扁圆锥形，子房卵形，下位，2室。双悬果阔卵形，平滑无毛，每一分果，具有5果棱，主棱明显，在棱槽中有3个油管，合生面有5个油管。花期7～8月，果期9～10月。

[生长环境] 生于山坡林下阴湿地方或水滩边。

[产　　地] 江西、湖南、湖北、四川、陕西、山东等省。

[用　　途] 根和根状茎入药，主治风寒头痛、巅顶痛、寒湿腹痛泄泻等症；外用治疥癣等皮肤病。四川民间草药医师亦用作破血理气药。

[采收处理] 4～10月间挖掘根状茎和根，切除茎叶和附泥，晒干供药用。通常商品以干燥、整齐、香味浓者较佳，商品应贮存在干燥通风的地方。本品易虫蛀，应经常检查、翻动和勤晒。

265 川芎（chuanqiong）

[地 方 名] 小叶川芎（四川）

[学　　名] **Ligusticum wallichii** Franch. 伞形科

[药 材 名] 川芎

[形态特征] 多年生草本，根状茎呈不整齐结节状拳形团块，表面黄棕色，有明显结节状起伏轮节，上侧有很多呈圆形或卵圆形的茎痕，作凹洼状，下侧及轮节上有众多根痕，作小瘤状隆起。茎直立，圆柱形，中空。2～3回羽状复叶互生，叶柄长9～17厘米，基部扩大成鞘状；小叶3～5对，边缘又作不等齐的羽状全裂或深裂。复伞形花序生于分枝顶端，小伞梗纤细，长不超过1厘米，有短柔毛；花瓣5，椭圆形，长约1.5毫米，宽约1毫米，先端全缘，中央有短尖突起，向内弯曲；雄蕊5，与花瓣互生，花药椭圆形，2室，纵裂，花丝细软，伸出于花瓣外；雌蕊子房下位，2室，花柱2。双悬果卵形，分果背面棱槽中有油管1个，侧面棱槽中有油管2个，接合面有油管4个。

[生长环境] 海拔700～800米的平原地区气候温和湿润，年平均气温约14.8℃，平均最高气温为18.8℃，绝对最高气温33℃（7月），最低-2.6℃（12月），年降水量12.80毫米左右，霜期为60～100天，生长最好。土壤以略带酸性或呈中性，同时干湿适中，排水良好者为佳，过沙过粘，均不适宜。

[产　　地] 除四川灌县栽种外，云南、贵州也有少量栽种。

[用　　途] 根状茎古方用治头痛，并有平降血压，驱除产后淤血及止痛调经之效。

［理化性质］　含挥发油、植物碱（$C_{27}H_{37}N_3$）、阿魏酸（ferulic acid）、酚类物质及内酯［曾广方：化学学报，23，246（1957年）］。

［采收处理］　5月下旬至6月初，进行收获，选择晴天用二齿耙将川芎全株挖起，取下根状茎，抖去泥土，扯去须根，晒干或烘干，一般以炕干为佳；炕有方圆两种，大小也不同，大的方炕宽2.3米，长2.8米，从炕底到炕顶的高度为2.5米，这种大炕，每次可烘600斤。圆炕则炕底到炕面深约1～2米，炕前开门高约0.6～0.9米，宽约0.5～0.6米，在门口烧木柴，让火焰微微地深入，土炕上围以土墙，长宽约1.5～1.8米，厚2.5～3厘米，高出地面1.2米，炕中横木数根，上铺木板，将新挖回的川芎根状茎倒入炕内，每次可炕200斤。无论圆炕或方炕，每隔12小时翻动一次，需2～3天，始可全部干燥，才能起炕，否则不易贮藏，容易发霉。起炕时即倾入竹篼内，由二人互相抖撞，除去根状茎上所附的泥土和细根即成商品。

266 水芹（shuijin）（图1416）

［地 方 名］　水芹菜（四川、浙江）

［学　　名］　**Oenanthe decumbens** (Thunb.) K. -Pol. [*Oenanthe javanica* (Bl.) DC.; *Oenanthe stolonifera* (Roxb.) Wall. et DC.] 伞形科

［形态特征］　多年生湿生或水生草本，高可达1米，具匍匐状茎枝。茎圆柱形，中空，直立或由匍匐的茎部向上伸直，上部多分枝，常伸出水面，下部节较膨大，节上通常生多数白色须根。羽状复叶互生，叶片由3深裂至2二回羽状分裂，小叶或裂片卵圆形至菱状披针形，边缘具大小不等的尖齿或圆齿状锯齿。复伞形花序顶生，通常与顶生的叶相对；小伞形花序6～20；总苞缺，小总苞片2～8，线形；花白色，有柄，丝状而柔；萼齿5，形小，短尖；花瓣5，倒卵形，先端向内凹入，基部具短爪；雄蕊5，

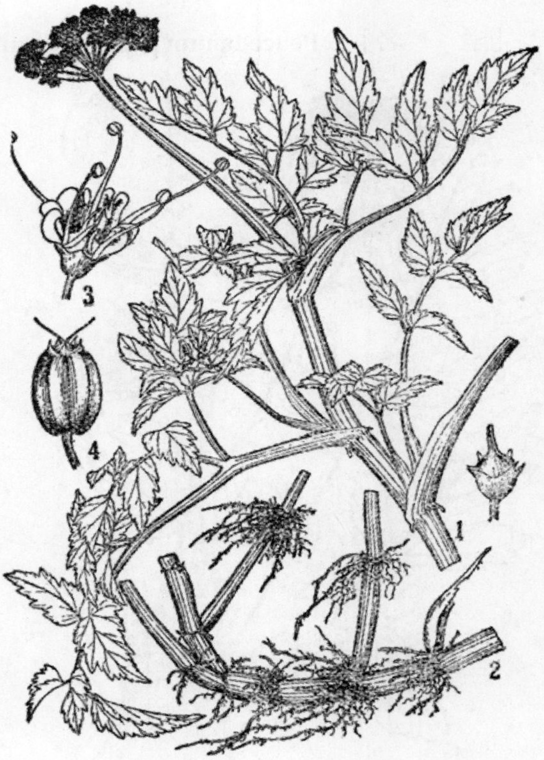

图1416　水芹

Oenanthe decumbens（Thunb.）K. -Pol.

1. 叶和花枝；2. 匍匐茎；3. 花去花瓣后示萼齿和雌蕊；4. 果实。

花丝长而微弯，花药线形而短；子房下位，2室，每室有1胚球，花柱叉状，茎部呈圆柱形。双悬果椭圆形或近圆锥形，上端有宿存的萼齿和花柱，果棱显著隆起，侧棱较其他三棱稍宽，木栓质。花期4～5月。

［生长环境］ 喜生于低湿的地方或水沟中，江苏民间常栽植在水田里。

［产　地］ 河南、江苏、浙江、安徽、江西、湖北、湖南、四川、广东、广西、台湾等省区。

［用　途］ 华东地区民间将新鲜的茎叶榨汁服，有降低血压的效用；四川民间将茎叶煮食治神经痛症。

［采收处理］ 一般在未开花时，连根拔起，洗净泥土，晒干或随采随用。

267 白花前胡（baihuaqianhu）（图1417）

［地 方 名］ 小防风（山东），防风、山独活（江苏、湖北、山东），土当归（浙江），香前胡、野前胡（安徽），棕包头、香草根（湖北），鸡脚前胡（湖南），官前胡（四川）。

［学　名］ **Peucedanum praeruptorum** Dunn 伞形科

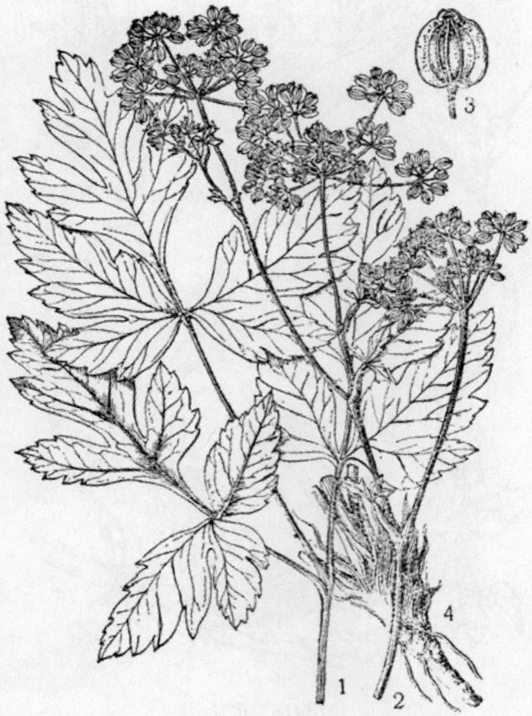

图1417 白花前胡
Peucedanum praeruptorum Dunn
1. 叶片；2. 果枝；3. 果实；4. 茎基部及根的一部分。

［药 材 名］ 前胡

［形态特征］ 多年生草本，高30～120厘米。根粗壮，直生，根处有叶鞘腐烂后的残存纤维。茎直立，单一，上部分枝。基生叶有长柄，基部膨大成叶鞘，抱茎；叶为二回羽状复叶，一回羽状复叶2～3对；最下方的一对有长柄，其他的有柄或无柄：二回羽状裂片再深裂，裂片呈菱状卵形或阔卵形，先端尖，基部楔形至肾形，边缘有缺刻状锯齿；茎生叶和基生叶相似，但叶片较小，有柄或几无柄，在顶端的叶片生在膨大的叶鞘上。复伞形花序顶生或腋生，总伞梗7～18，不等长；总苞片线状披针形，边缘膜质，开花后多数脱落；小伞形花序有多数小花，小总苞片披针形，较小伞梗长或等长，边缘膜质，有脉一条；花萼5，短三角形；花瓣白色，5片，阔卵形或近圆形，先端有向内曲的舌片；雄蕊5；子房有毛，花柱2，

极短。双悬果卵圆形，光滑无毛；分果有 3 条棱线，侧棱发展成狭而厚的翅，横断面背部扁平，棱间有油管 3～8。花期 8 月，果期 10～11 月。

［生长环境］ 生于向阳山坡的路旁或草丛中，但在阴湿山沟，杂木林内也有生长，海拔 1300 米以下。

［产　　地］ 山东、陕西、安徽、江苏、浙江、福建、江西、湖北、四川、广西等省区；品质和产量一般以浙江较著名，品质好，销全国并出口，湖南邵东一带产者名"信前胡"，质量也好。

［用　　途］ 根为解热、镇咳、祛痰药。适用于感冒、发热头痛、气管炎、咳嗽、喘息、胸闷等症。

［理化性质］ 根叶含芳香油。油中主要成分为草藁素、柠檬烃。

［采收处理］ 在苗近枯萎或新苗刚发出时采收为宜；挖出根后，除去地上部分及须根，洗净泥土，晒干即可。品质以干燥无须根，味清香，无霉斑的为好。一般多用芦苇，竹篓或麻袋包装。本品含油，易引起虫蛀或烂坏，除需贮藏在干燥通风处外，在雨季前后要特别注意复晒。

［其　　他］ 前胡属植物，因产地不同，种类也有所区别，因此商品"前胡"的种类；除不同属的植物外，有以下几种植物，也常作"前胡"入药。如紫花前胡（P. decursivum Maxim.）分布在河南、安徽、江苏、浙江、广西、江西、福建、湖南、湖北、四川、贵州等省区。根中含前胡甙（nodakenin，$C_{20}H_{24}O_9$）及挥发油等；石防风（P. terebinthaceum Fisch.）分布在四川、河南、河北、东北、山东、江西、湖北、贵州等地；沙茴香（P. rigidum Bge.）分布在东北、内蒙古；其中以白花前胡及紫花前胡用的地区比较广泛，而且普遍；其他如石防风仅四川、河南部分地区混用，沙茴香仅内蒙古以"沙前胡"作商品药材收购。白花前胡与紫花前胡的主要区别是白花前胡叶为二回羽状复叶，花白色；紫花前胡叶一回至近乎二回的羽状复叶，花紫色。

268 防风（fangfeng）（图 1418）

［地 方 名］ 哲里根呢（内蒙古）

［学　　名］ **Saposhnikovia divaricata** (Turcz.) Schischk. ［*Siler divaricatum* (Turcz.) Benth. et Hook. ; *Ledebouriella seseloides* auct. , non Wolff］ 伞形科

［药 材 名］ 关防风

［形态特征］ 多年生草本，高 30～80 厘米。根粗壮，垂直生长，根的上部（根颈）密被棕黄色叶柄残基。茎单生，由基部至顶端呈双叉式分枝。基生叶有长柄，基部宽阔成鞘，鞘抱茎；叶片三角状卵形，二回或近于三回羽状分裂，第一回裂片卵形，有柄，第二回裂片在顶端的无柄，在下部的有柄，然后再分裂成狭窄的裂片；茎生叶与基生叶相似，但较小，顶生的常生在较宽的叶鞘上，有不完全的叶片或缺如。伞形花序多数，顶生，形成聚伞状圆锥花序，伞梗 5～7，不等长，总苞片缺如；小伞形花序有花 4～

9，小总苞数片，披针形；萼齿短三角形，较显著；花瓣5，白色，倒卵形，凹头，向内卷；子房下位，2室，花柱2，基部圆锥形。双悬果卵形，幼嫩时呈疣状突起，成熟时裂开成2分果，悬挂在2果柄的顶端，分果有棱，合生面有油管2条，棱槽中通常有油管1。花期8～9月，果期9～10月。

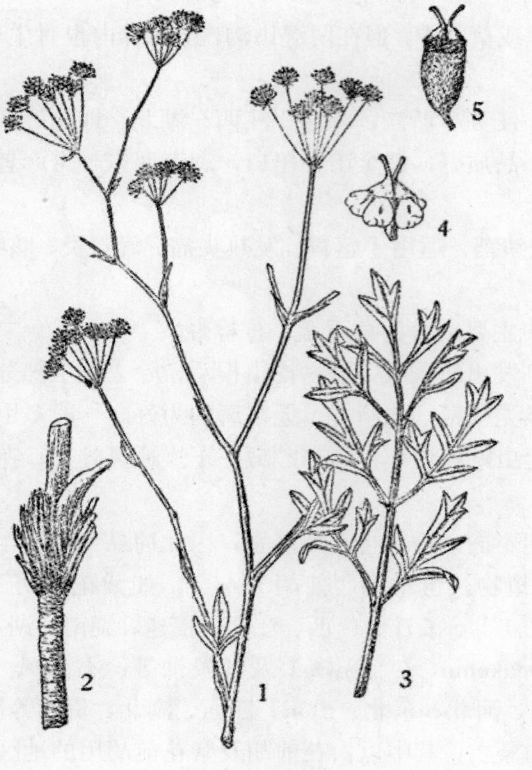

图1418 防风

Saposhnikovia divaricata（Turcz.）Schischk.

1. 花枝；2. 根；3. 叶片；4. 花；5. 果实。

［生长环境］ 常生于丘陵地带的山坡杂草丛中，田边路旁或高山的中下部，常成片生长，海拔约1500～1700米之间。

［产 地］ 黑龙江、吉林、辽宁、内蒙古、河北、河南、山东，以东北为主产地，量多质也好。

［用 途］ 根入药，有发汗、祛痰，驱风、镇痛之效。用治感冒头痛，周身关节痛、神经痛等症。

根作兽药，用为发汗、镇痛药，对头颈神经有特效。又可治瘫痪、拘挛、神经麻痹等症。

［理化性质］ 含挥发油及甘露醇等。

［采收处理］ 种子成熟后及出芽发苗前采收较好，根刨出土后，除净茎苗和须根、细梢及砂土，晒至8～9成干，分粗细大小捆成把，再晒至纯干后，用苇席包装，贮于干燥通风处。本品易受虫蛀及受湿霉烂，所以在梅雨季节前后，需用硫磺熏之，以防发霉及虫蛀变质。

269 竹叶防风（zhuyefangfeng）（图1419）

［地 方 名］ 云防风（云南），防风（四川）。

［学 名］ **Seseli delavayi** Franch. 伞形科

［药 材 名］ 云防风（云南）

［形态特征］ 多年生草本，高30～50厘米。有长圆柱状直根。茎单生或少数丛生，全体几光滑无毛。基生叶为三出羽状复叶，具柄，长3～4厘米；裂片长棱形或线状披针形，全缘，两端渐尖，平行脉3～5条，明显；茎生叶与基生叶相似，但叶片较小，叶柄基部抱茎；在顶端的叶几乎不为复叶而为披针形的单叶。伞形花序腋生或顶生，

伞梗5～8，无总苞；小伞梗10～20，不等长，基部有小总苞片数枚，狭披针形，无毛；萼齿短三角形；花瓣白色，先端尖锐，略向内弯；雄蕊花丝弯曲，药纵直开裂；子房卵形，花柱较短。双悬果卵圆形，紫棕色，有显著的果棱，但不木栓化，棱槽中间通常有油管3，接合面有油管5。花期8～9月，果期9～10月。

［生长环境］　生于荒山路旁及山坡草丛中。

［产　　地］　云南、四川、贵州等省都有野生，并已引种栽培。

［用　　途］　四川民间用根治燥热。又可治伤寒、眼症、中毒等症。幼苗在初春时发出，紫红色，可用以作菜蔬，味佳而爽口。

［采收处理］　秋季采挖根部，除去地上部分和泥土，晒干即成。幼苗食用于早春采挖。

［其　　他］　药材公司所收购的“防风”，除本种外还有川防风（Ligusticum brachylobum Franch.），分布于四川、贵州、云南；防风［Saposhnikovia divaricata（Turcz.）Schischk］，分布于东北、内蒙古、河南、山东。以上三种植物的主要区别如下：

图1419　竹叶防风

Seseli delavayi Franch.

1．根及植株下部；2．果枝；3．花；4．果实。

（自“中药志”）

1．幼嫩果实有疣状突起；茎分枝呈双叉式……………………………………………………………………防风

1．幼嫩果实无疣状突起；茎的分枝不呈双叉式。

　2．果实扁卵圆形，侧棱有窄翅；萼齿不明显；花瓣顶端向内反折…………川防风

　2．果实卵圆形无翅；萼齿显明；花瓣顶端略向内弯，但不反折…………竹叶防风

270　破子草（pozicao）（图1420）

［学　　名］　**Torilis anthriscus** (L.) Gmel.　伞形科

［药 材 名］　鹤虱

［形态特征］　一年生或多年生草本，高50～90厘米。茎直立，少分枝，具纵肋

和刺毛。叶互生；茎生叶的叶柄比基生叶的叶柄为短，基部鞘状；叶片卵形，二至三回羽状分裂，两面有短粗毛。复伞形花序，顶生或腋生；伞梗4～12，长8～25毫米，总苞片4，线形，长约5毫米；小伞形花序有花4～12朵，花梗长1～12毫米，有粗毛；花小，白色；萼片三角状披针形；花瓣倒心形，先端向内折；花柱短，基部圆锥形。双悬果卵圆形，长1.5～4毫米，被有直立向内弯曲或具钩的皮刺，刺的基部宽展，全部更具短倒刺。花期5～6月，果期6～7月。

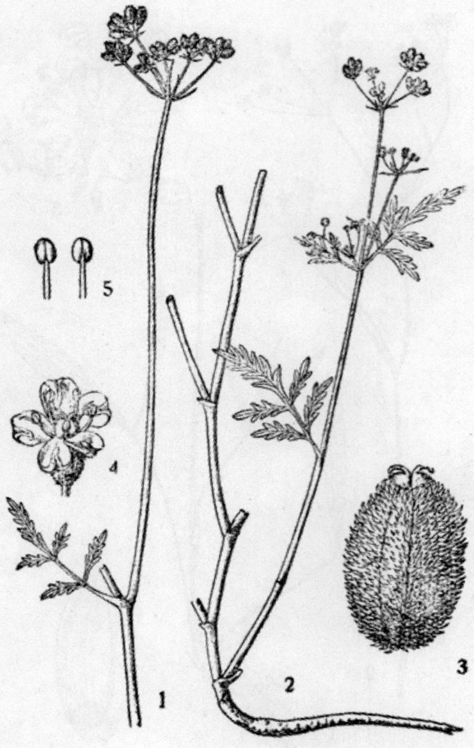

图1420 破子草

Torilis anthriscus（L.）Gmel.

1．果枝；2．植株的一部分；3．果实；4．花；5．雄蕊。

［生长环境］ 生于山地、林边、荒地、路旁。

［产　　地］ 广东、广西、四川、湖南、安徽、江苏等省区。

［用　　途］ 果实入药，内服有收敛作用，并能驱蛔虫；外用为消炎药。果实可提取芳香油。

［理化性质］ 据"江苏野生植物志"：果实含芳香油1.4%。

［采收处理］ 将全草拔出或摘取果枝，晒干后，敲打或用手搓，收集过筛而得果实。贮藏于干燥处，供药用；作提取芳香油用的果实，摘取后应放置阴凉处贮存或及时进行加工，勿置阳光下，以免挥发油成分受热挥发，而影响出油率。

271 山茱萸（shanzhuyu）（图1421）

［地 方 名］ 药枣（浙江、山西），红枣皮（浙江）。

［学　　名］ **Cornus officinalis** Sieb. et Zucc.　山茱萸科

［药 材 名］ 山茱肉，枣皮（出口名称）

［形态特征］ 落叶小乔木，高4～7米；树皮淡褐色，片状剥落；小枝4棱，无毛或有伏毛。单叶对生，卵形至长椭圆形，长5～13厘米，宽约7.5厘米，基部阔楔形或圆形，先端渐尖，全缘，表面疏生伏毛，背面被白色伏毛，脉腋有黄褐色毛丛，侧脉5～7对，弧形平行排列；叶柄长6～15毫米。花先叶开放，伞形花序，簇生于小枝顶

端，花柄很短；**总苞 4，黄绿色，椭圆形**；花小，花萼 4，不显著；花瓣 4，黄色；雄蕊 4；子房下位，2 室，花柱 1。核果长椭圆形，长 1.5 厘米，宽 0.6 厘米，萼片及花柱永存，无毛，成熟后红色，干后果皮褶皱呈网状，果柄细长，核两端圆，无肋；种子长椭圆形；两端钝。花期 5～6 月，果熟期 8～10 月。

图 1421　山茱萸
Cornus officinalis Sieb. et Zucc.
果枝

［生长环境］　喜湿润肥沃土壤，常生于阴湿山沟、溪旁、山麓或较湿润的山坡；在干燥脊薄的山坡往往生长不良。也有人工栽培。

［产　　地］　主产浙江和安徽；分布于陕西、河南、山东、山西、四川等省。

［用　　途］　果实为收敛性补血药。且具有健胃之功；应用于贫血、神精衰弱、心脏衰弱、耳鸣、自汗、盗汗、脉弱无力及遗精、早泄、小便频数、阳萎、月经过多等症。

［理化性质］　果实含山茱萸甙（cornin）、酒石酸、苹果酸、棓酸、糖类、树脂、鞣质及一种熔点为 245℃的结晶性酸。

［采收处理］　10～11 月间采收，经霜后采收的最佳；采摘后，置竹笼内，用炭火烘焙，捏出种子，将果肉晒干或烘干。此法所得产品质量较好。也有将果实放置沸水锅内煮 10 分钟，或放入木甑内蒸 5 分钟，取出稍凉，捏出种子，再将果肉晒干或烘干，惟品质较差。经过加工干燥后的果皮及果肉，放于通风干燥处，防止浸潮及虫蛀。品质以身干、核净、色鲜红、皮肥厚、味酸、外无黑白斑及焦皮的为佳。

272 鹿蹄草（luticao）（图 1422）

［地 方 名］　冬绿（四川），鹿含草、鹿衔草（河北、河南、浙江、四川），破血丹（河南）。

［学　　名］　**Pirola rotundifolia** L.　鹿蹄草科

［药 材 名］　鹿衔草（河南、四川）

［形态特征］　多年生常绿草本。具匍匐根状茎，褐色，分节不明显，每节上具小鳞片 1，棕色，鳞片内生出白色不定根。茎短小，圆形，基部有脱落的叶痕及丛生的根。

单叶互生，3～5，多至8，集生基部；叶片厚膜质，近圆形或卵圆形，长3～5厘米，宽2～5厘米，全缘或有稀疏不明显的波状锯齿，基部微下延，楔形，先端圆或微突，表面绿色，背面紫红色，网脉在两面皆隆起；叶柄红色，上面有沟，长3～5厘米。总状花序顶生，长4～10厘米；花略下垂，花梗长3～7厘米；有小苞片1，披针形，总花梗上部有一个披针形的苞片；花萼5，深裂，披针状；花瓣5，白绿色，椭圆形或倒卵形；雄蕊10，不出花冠外，花丝粗壮，花药先端缩小，在缩小部分孔裂；雌蕊1，子房上位，5室，扁球状，花柱单一俯倾，高于雄蕊，柱头5裂，头状。蒴果扁球形，5室，背裂；种子细小，多数。花期5～6月，果期9～10月。

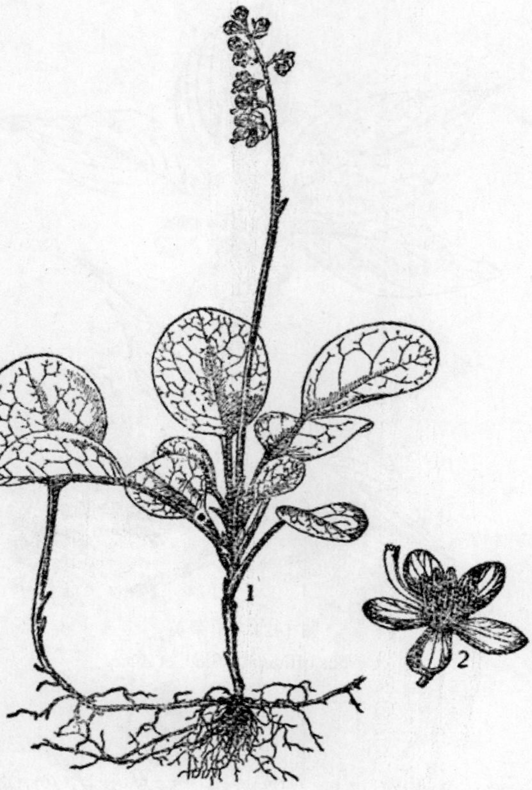

图1422 鹿蹄草

Pirola rotundifolia L.

1. 植株全形；2. 花。

［生长环境］ 喜生阴湿处，常见于林下潮湿处及山沟两旁，岩石缝中或沙质土壤上，一般分布在海拔500米左右。

［产　　地］ 主产浙江、安徽；分布黑龙江、吉林、辽宁、内蒙古、河北、河南、陕西、湖北、四川、贵州、云南等省区。

［用　　途］ 全草入药，用于止血，愈疮，又为调经药。河南民间用作补药，有治虚痨、止咳、强筋健胃，补腰肾，生精液的效能。

［理化性质］ 据河南省资料：含有微量鞣质，熊果叶甙（arbutin，$C_{12}H_{16}O_7$），及ericolin。

［采收处理］ 全年皆可采收，但以冬春两季为宜。浙江、安徽、河南省将采下的新鲜鹿蹄草，洗净泥土，晒到半干程度，即进行堆集，用麻袋压盖，促使发热，然后晒干。这样处理可使叶片全部变成紫红色，一般认为质量较好。有的地区，挖出后，直接晒干，这样处理，叶表面是灰绿色，背面暗红或紫色，一般认为质量较差。放在干燥通风处，注意防潮，生霉及虫蛀。

本种的相近种颇多，形态上较难区分。在有些地区出现本种的变种 *Pirola rotundifolia* L. var. *incarnata* DC.，花肉红色。

273 羊踯躅（yangzhizhu）（图 1423）

［地 方 名］　羊不食草（浙江、江苏、河南），羊不食、山茶花（江苏），黄喇叭花（浙江），老虎花（浙江、江西、河南），搜山虎（浙江、河南），黄杜鹃（江苏、河南），映山黄（湖南）。

［学　　名］　**Rhododendron molle** (Bl.) G. Don　杜鹃科

［药 材 名］　闹羊花、六轴子（江苏）

［形态特征］　落叶灌木，高 1～2 米，老枝光滑，带褐色，幼枝有短柔毛。单叶互生，叶柄短，被毛；叶片椭圆形至椭圆状倒披针形，先端钝而具短尖，基都楔形，边缘具向上微弯的刚毛，幼时背面密被灰白色短柔毛。花多数，成顶生伞形花序，与叶同时开放；萼 5 裂，宿存，被稀疏细毛；花金黄色，花冠漏斗状，外被细毛，先端 5 裂，裂片椭圆状至卵形，上面 1 片较大，有绿色斑点；雄蕊 5，与花冠等长或稍伸出花冠外；雌蕊 1，子房上位，5 室，外被灰色长毛，花柱细，长于雄蕊。蒴果长椭圆形，熟时深褐色，具疏硬毛，胞间裂开，种子多数，细小。花期 4～5 月，果期 6～7 月。

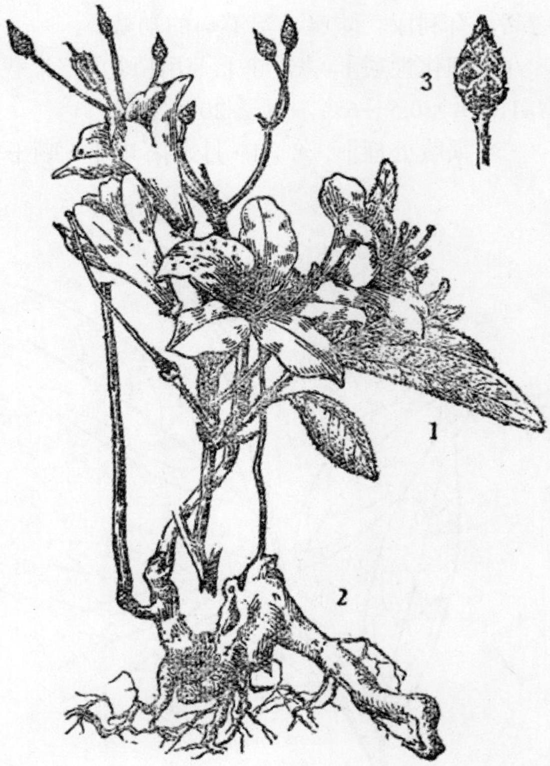

图 1423　羊踯躅

Rhododendron molle（Bl.）G. Don

1. 花枝；2. 根部全形；3. 冬芽外貌。

［生长环境］　常见于山坡、石缝、灌木丛中，喜酸性土壤。

［产　　地］　分布于江苏、浙江、江西、福建、湖南、湖北、河南、四川、贵州等省。

［用　　途］　花序为麻醉药，适量应用有镇疼之效；果序也为麻醉药，多用于伤科及浸药酒用。本种为有毒植物。

全株可作土农药（见“土农药类”，2047 页）。

［理化性质］　含梫木毒素（andromedotoxin，$C_{31}H_{50}O_{10}$），sparassol（$C_{10}H_{12}O_2$）为针状结晶，溶于水，溶点 60～68℃，rhodojaponin（$C_{18}H_{28}O_6$）等物质。

［采收处理］　4～5 月间开花时，选择晴天采收。花采下后立即晒干（晒时将花

多翻几次，使充分干燥），用蒲包、麻袋或木箱装，贮藏在干燥通风处。果实于9～10月间成熟而未开裂时采收，采下后，先用水浸，然后晒干，以防止果实裂开。

274 越桔（yueju）（图1001）

［学　　名］ **Vaccinium vitis-idaea** L.　杜鹃科

（地方名、形态特征、生长环境、产地及其他用途见“鞣料类”，1233页）

［用　　途］ 叶为尿道杀菌药。据“东北药用植物志”记载：叶可作熊果叶的代用品，有利尿、防腐、治淋病的功效。

［理化性质］ 据“东北药用植物志”记载：叶含熊果叶甙5～7%，黄烷醇（flavanol，$C_{15}H_{10}O_3$）0.5～6%，鞣质20%左右。

［采收处理］ 8～10月采摘其叶，晒干即可备用。

275 百两金（bailiangjin）（图1424）

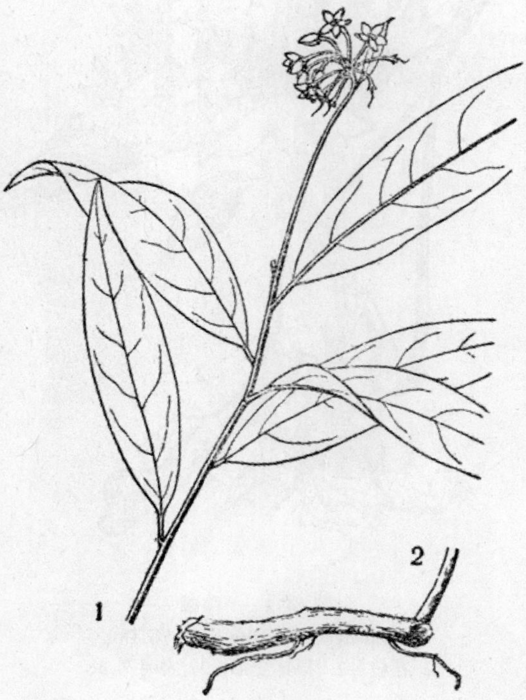

图1424　百两金
Ardisia crispa（Thunb.）A. DC.
1. 花枝；2. 根。

［地 方 名］ 珍珠伞、矮茶（浙江），白八爪金龙（四川）。

［学　　名］ **Ardisia crispa** (Thunb.) A. DC. (*Ardisia hortorum* Maxim.; *Bladhia crispa* Thunb.)　紫金牛科

［形态特征］ 常绿灌木，高达1米。茎通常单一，或于茎梢处分枝，表面光滑无毛。单叶互生，常数叶密生茎梢；叶片披针形至广披针形，长5～20厘米，宽1.5～5厘米，先端渐尖，基部阔楔形，全缘或具微波状锯齿，齿间生有腺体，两面均平滑无毛。伞房花序；由茎梢叶腋间抽出，花萼5裂，永存，基部连生；花冠紫红色，钟状，5深裂，开放后向外反卷，白色；雄蕊5；雌蕊1，子房上位。核果球形，熟时红色，表面光滑无毛，散生赤褐色斑点，基部具有宿萼，能长久着生枝上，至次年开花时脱落，内有1种子。花期6～7月，果期11月。

［生长环境］ 生长于海拔300～1600米间的山坡丛林中，喜阴湿环境，常见于岩

石旁及溪谷潮湿地方。

［产　　地］　四川、湖北、湖南、江西、浙江、广东、云南、贵州等省。

［用　　途］　四川民间用根煎水服，可消喉炎或喉病；浸酒服能治跌打损伤。通常用作祛痰药，治分泌粘稠痰液及咽喉肿痛。浙江民间用作接骨药。

［理化性质］　据四川省资料：根中含紫金牛酸甲、乙（ardisie acid A、B）及对羟基化二苯甲酮（p-hydroxybenzophenone）。

［采收处理］　秋季挖根，洗去泥土，晒干即可。

276 走马胎（zoumatai）（图 1425）

［地 方 名］　走马风（广西），山猪药（广东海南）。

［学　　名］　**Ardisia gigantifolia** Stapf　紫金牛科

［形态特征］　**常绿小乔木**，地下根状茎呈念珠状，膨大，粗壮。叶通常集生于枝端，纸质，长椭圆形或长圆状披针形，**长 20～40 厘米**，宽达 13 厘米，先端渐尖，基部渐狭而成一短柄，边缘有细锯齿，背面红色。**圆锥花序**顶生；花淡紫色；花冠轮状而基部合生；雄蕊着生于花冠管的基部；子房上位，花柱线形。浆果圆形，熟时红色，具细长的果柄。花期 4～7 月，果期 10～12 月。

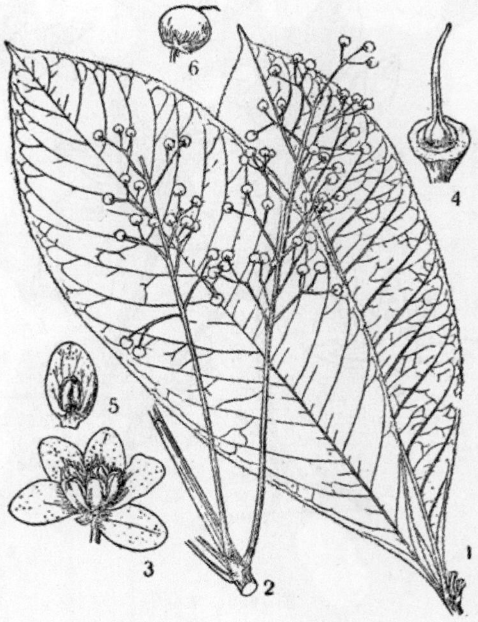

图 1425　走马胎

Ardisia gigantifolia Stapf

1. 叶；2. 果枝；3. 花；4. 雌蕊；5. 花瓣及雄蕊；6. 果实。

［生长环境］　喜生于森林下、山谷或溪旁等潮湿处。

［产　　地］　广西、广东（海南）等省区。

［用　　途］　广西民间用根状茎作药用，有祛风补血之效，并可治跌打损伤，产后腹痛及风湿等症。

［采收处理］　秋季挖根，洗去泥沙，除掉须根，晒干即可。

277 紫金牛（zijinniu）（图 1426）

［地 方 名］　地桔子、山桔、细叶矮茶、青果藤（浙江），矮脚樟（江西），千年不大（江苏）。

[学　　名]　**Ardisia japonica** (Thunb.) Bl.　紫金牛科

[药 材 名]　平地木（江苏）

[形态特征]　常绿小灌木，高 20～25 厘米，具细长地下茎。叶互生，集生于茎端，通常呈轮生状，叶片狭椭圆形至阔椭圆形，长 4～7 厘米，宽 1.5～3 厘米，两端尖，边缘具细锯齿，老时带革质，除主脉有微毛外，两面平滑无毛。花序着生于茎端叶腋，通常 2～6 朵，排列呈伞房状；花萼 5 裂，被腺毛；花冠白色，有赤色小点，直径 6～8 毫米，辐射状，5 裂，外展；雄蕊 5，着生在花冠基部与裂片对生；子房上位，1 室，球形，花柱细长。核果球形，熟时红色，经久不落，颇为美丽。花期 8～9 月，果期 9～11 月。

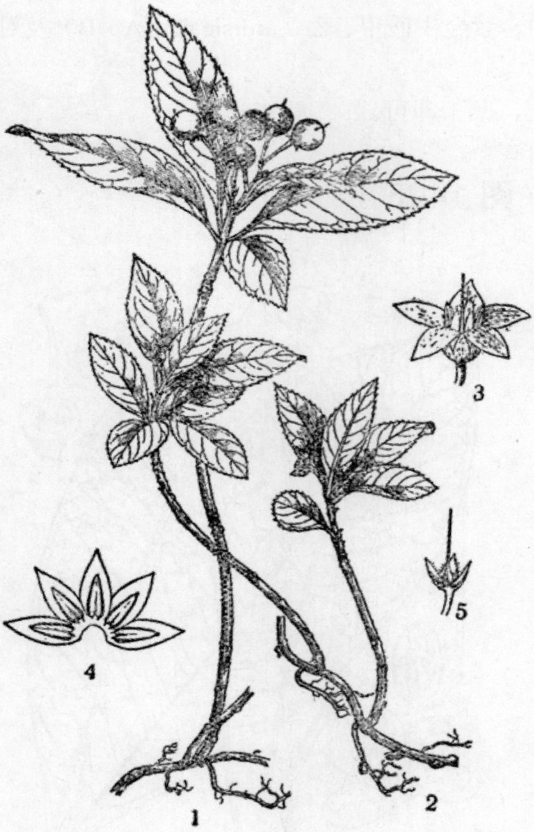

图 1426　紫金牛
Ardisia japonica（Thunb.）Bl.
1．结果实的植株；2．开花的植株；3．花；4．花冠剖开示雄蕊；5．雌蕊。

[生长环境]　常见生于山坡树荫下或竹林中。

[产　　地]　江苏、山东、山西、河南、河北、辽宁、安徽、浙江、江西、湖南、湖北、四川、贵州、广东、福建、台湾等省。

[用　　途]　茎叶入药，为强壮剂，有止血功效，治肺结核、咳嗽、咯血；酒服治跌打损伤、睾丸肿痛；根皮有解毒破血的效能。浙江天台县民间将根煎水服用，治晚期热淋，又作通经药用；全草煎汁内服，可治吐血症。

[采收处理]　秋季采收，将采挖的植株，扎成小把晒干或采后直接晒干。品质一般以干燥、叶绿色、无泥沙的为佳。贮藏在干燥通风处。

278 喉咙草（houlongcao）

[地 方 名]　喉癣草（浙江），点地梅。

[学　　名]　**Androsace saxifragifolia** Bge. [*A. umbellata* (Lour.) Merr.]　报春花科

［形态特征］ 一年生小草本，高8～15厘米，全体被有白色细柔毛。根生叶丛生，呈莲座状平铺地上，有细柄；叶片近于圆形，直径约15毫米，基部略呈心形，边缘呈圆齿状，表面绿色，有时局部带紫红色。春天自叶丛中抽出长花茎，3～7枝，每枝顶端有小伞梗5～7，排列成伞形花序；花萼绿色，5深裂，裂片卵形，果熟时向外平展，宿存；花冠白色，下部愈合成短管形，上部5裂；向外平展；雄蕊5，着生于花冠管下部；子房球形，柱头不明显。蒴果球形，直径2～3毫米，成熟时5瓣裂。种子细小多数，棕色。花期4月，果期5月。

［生长环境］ 常生于草地、路旁或牧场上。

［产　　地］ 河北、山东、山西、陕西、甘肃、青海、江苏、安徽、河南、浙江、江西、湖北、湖南、广东、广西、贵州、四川、云南等省区。

［用　　途］ 全草入药，主治喉癣、喉痹、喉疳及扁桃腺炎等症，又咽喉间发红，起红丝、红点、咽食哽痛、干痛等症，服后效果良好（据“浙江中医杂志”1957年第4期）。四川民间用全草治跌打损伤。

［采收处理］ 4～5月间花期采集，最好是在清明前后将全草拔出，洗去泥土，阴干或晒干。放在干燥的地方，注意受潮发霉。

［其　　他］ 干草100克，用开水冲泡，汁带浓绿色，有苦味。服后无副作用。

贵州省贵阳民间用的喉咙草，就是这种植物，土名佛顶珠、报春花、白花草。全草或果实供药用，为祛风清热、痨伤腰痛、咽痛口糜、明目散医药。

279 过路黄（guolu-huang）（图1427）

［地 方 名］ 红藤、金钱草、肺筋（四川）

［学　　名］ **Lysimachia christinae** Hance 报春花科

［形态特征］ 多年生草本，有少许柔毛或近无毛；茎柔弱平铺状匍

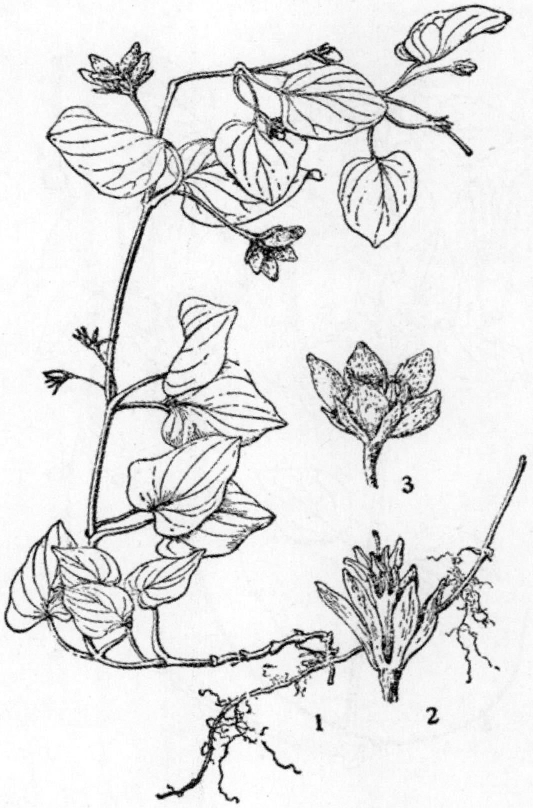

图1427 过路黄

Lysimachia christinae Hance

1．植株全形；2．花冠除去后的雄蕊；3．花。

匐地面，长20～60厘米，叶、萼、花冠均具点状及条纹状黑色腺体。叶对生，卵形或心形，长3～5厘米，宽2.5～4.5厘米，先端钝尖或钝，基部楔形或心形，全缘，有叶柄。花黄色，成对腋生，具花梗；萼片5，线状披针形至线形，幼嫩时稍有毛，成熟后无毛；花瓣5，长为萼片的2倍，裂片线状舌形，先端尖；雄花5，3枚较长，2枚较短，长约为花冠的一半，花丝基部连合成筒；子房上位，花柱长，柱头头状，通常宿存。蒴果球形或近于球形，有黑色短条状腺体。花期5～7月，果期9～10月。

［生长环境］ 喜生于山坡疏林潮湿地。

［产　　地］ 广东、广西、福建、浙江、江西、湖南、湖北、安徽、河南、甘肃、山西、陕西、云南、贵州、四川等省区。

［用　　途］ 全草入药，治黄疸、疝气、噎嗝反胃、水肿膨胀。四川民曾用此草榨汁饮服，并用它的渣滓敷。治毒蛇咬伤。又据“中医杂志”（1958年11月）记载：全草治疸结石病有效。

［采收处理］ 于枝叶茂盛时采收全草，去净泥土，晒干。品质以干燥、绿色、无泥土杂物的为好。包装扎捆成束，放在干燥通风的地方贮存。

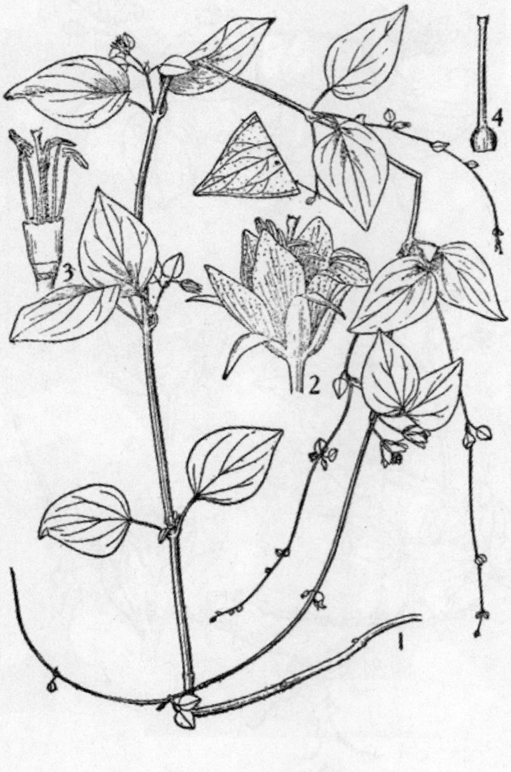

图1428　小花排草
Lysimachia hemsleyana Maxim.
1．植株；2．花；3．花除去萼及花冠；4．雌蕊。
（自“江苏南部种子植物手册”）

280 小花排草（xiaohua-paicao）（图1428）

［地 方 名］ 小黄药（四川）

［学　　名］ **Lysimachia hemsleyana** Maxim.　报春花科

［药 材 名］ 金钱草（四川）

［形态特征］ 多年生匍匐草本，全体均被短柔毛。单叶对生，叶片心形或宽卵形，长2～4厘米，宽1.2～3.3厘米，先端钝圆，基部心形，全缘，两面具不显著的突出小腺点，边缘较密。花腋生，花梗柔弱，较短；萼、花冠均具点状及条纹状黑色腺体；萼片5，线状披针形，长约8毫米；花冠黄色，钟形，5裂，裂片广倒披针形，稍长于萼片；雄蕊5，通常不等长，着生于花冠上，花丝基部连合成筒；子房上位，1室，有毛，花柱长，柱头棒状，通常宿

存。蒴果球形，直径约 3 毫米，有毛。花期 5 月，果期 7 月。

［生长环境］ 草地、路旁、海拔 1000 米左右。

［产　　地］ 江苏、浙江、安徽、江西、湖北、湖南、四川等省。

［用　　途］ 全草入药，为四川民间常用的药草，有除湿热、化郁结、利尿、健脾、平肝之效；主治黄疸病、肝疸结、肾结石、咳嗽，并能治疗火眼及其他眼病和小儿疳积症，以鲜草服用较好。最近据重庆第二中医院和重庆医学院附属医院临床试验，用此草治疗疸结石病疗效较好。

［采收处理］ 5 月开花时，采收全草。

281 柿（shi）（图 496）

［学　　名］ **Diospyros kaki** L. f.　柿科

（形态特征、生长环境、产地及其他用途见“淀粉及糖类”，597 页）

［用　　途］ 果蒂药用，治呃逆、夜尿症。柿霜（做柿饼时渗出于果实表面的糖形成粉状，称柿霜）可治咽喉痛、咳嗽、咽干。柿漆（未成熟的柿所榨取的果汁干燥而成）治高血压有效。果实为缓和滋养品，内服止血，润大便，降血压，缓和痔疮肿痛，止痔血及直肠出血等。

［理化性质］ 柿蒂含有三萜烯酸（triterpenic acid）、乌苏酸（ursalic acid）、齐墩果酸（oleanolic acid）及桦木酸（betulinic acid）。柿霜含甘露醇（mannit）。柿漆含鞣质样的涩素（shibuol $C_{14}H_{27}O_2$）。

［采收处理］ 10～11 月采下成熟果实结合果实加工，采收柿蒂晒干，用竹篓、麻袋或席包装，贮藏在干燥处。

［其　　他］ 除本种外，尚有油柿（Diospyros kaki L. f. var. silvestris Mak.），也有同柿效用，但质量较差。

282 连翘（lianqiao）（图 771）

［学　　名］ **Forsythia suspensa** (Thunb.) Vahl　木犀科

［药 材 名］ 连翘

（地方名、形态特征、生长环境、产地及其他用途见“油脂类”，942 页）

［用　　途］ 果实入药。有清热解毒、散结、消肿、排脓及利尿的作用；治热病初起、痈肿疮伤、瘰症、丹毒、淋病等症。

［理化性质］ 据北京医学院药学系 1958 年分析：青连翘含皂角甙 4.89%，及植物碱 0.2%。

［采收处理］ 8～9 月间果实青色时摘下，用沸水煮片刻或煮熟，取出晒干，称为“青翘”。10 月间果实成熟变黄并裂开时采收，将采集的果实，除去杂质，晒干，称为“老翘”。商品老翘以干燥、色黄、壳厚、无种子、无杂质的为佳。“青翘”以干燥、色

黑绿、不开裂的为佳。贮藏在干燥通风的地方，防止生霉变黑。

［其　　他］　浙江天台县民间用金钟花（Forsythia viridissima Lindl.）的果实作连翘应用，它与连翘的主要区别，是果实稍宽，呈卵形，此外外壳也较连翘的蒴果稍薄。

283 小叶白蜡树（xiaoyebailashu）

［地 方 名］　梣（四川）

［学　　名］　**Fraxinus bungeana** DC.　木犀科

［药 材 名］　秦皮

［形态特征］　小乔木或为灌木状，高达 8 米；树皮黑灰色，光滑，老时浅裂；小枝暗灰色，有微细柔毛；冬芽黑褐色。奇数羽状复叶对生，叶柄黄褐色，具小叶 5～7，下面一对小叶有时较小，有短柄；叶片卵形或圆卵形，长 2～4 厘米，宽 1.5～2.5 厘米，先端短尖或钝，基部阔楔形，边缘有钝锯齿，两面无毛。圆锥花序生于枝端，微被短柔毛；花冠完全分离，线形；雄蕊 2，较花瓣长；子房 2 室，柱头 2 枚。果实狭长圆形，退化为一室，翅果长 2.5～3 厘米，先端微凹或钝。花期 5 月，果期 7～8 月。

［生长环境］　山坡、疏林、沟旁。

［产　　地］　辽宁、吉林、河北、河南、内蒙古、陕西、山西、四川等省区。

［用　　途］　树皮入药。为苦味健胃收敛剂，用治肠炎下痢，有消炎解热，收敛止泻的功效；又煎汁洗涤眼疾，疗效很好。

可作兽药，退热，镇痛，治流行性感冒，风湿性关节炎，热性下痢等病症。种子可榨油（见“油脂类”，943 页）。

［理化性质］　树皮合皂角甙。

［采收处理］　春秋两季砍伐树枝或剥取干皮，晒干即成。品质以条长，整齐，身干，灰白色，有斑点者为好。放在干燥通风的地方保存。

［其　　他］　作为秦皮入药的，在东北河北等地区尚有一种大叶梣（Fraxinus rhynchophylla Hance.）其干皮和枝皮（秦皮）供药用，效用同小叶白蜡树（形态特征、产地等见“油脂类”，943 页）。

284 女贞（nüzhen）

［学　　名］　**Ligustrum lucidum** Ait.　木犀科

［药 材 名］　女贞子

（地方名、形态特征、生长环境、产地及其他用途见“其他类”，2093 页）

［用　　途］　果实药用。为强壮剂，治颈淋巴腺结核，肺结核潮热，水肿腹水等。叶有解热镇疼之功；外贴治诸疮有效，并可明目，也治口舌生疮肿疼。

［理化性质］　种子含多量脂肪酸、甘露醇，另含 oleanolic acid 为白色结晶，indotin 为黄白色粉末。

［采收处理］　冬季采摘成熟的果实，将采得的果实先在热水中烫过，然后晒干，用蒲包或麻袋包装，贮藏在干燥处，并注意通风。本品受潮后即霉烂脱皮，故需在每年雨季前后复晒。

285 密蒙花（mimenghua）（图 1429）

［地 方 名］　米汤花（四川），羊耳朵（云南）。

［学　　名］　**Buddleia officinalis** Maxim.　马钱科

［药 材 名］　密蒙花

［形态特征］　落叶灌木，高 1～3 米；小枝灰褐色，略呈四棱形，密被灰白色绒毛，后逐渐脱落。单叶对生，卵状披针形，长椭圆形至线状披针形，长 5～15 厘米，宽 3～8 厘米，先端渐尖，基部楔形或阔楔形，全缘或有小锯齿，表面深绿色，被细星状毛，叶脉凹陷，背面密被灰白色至黄色星状茸毛，叶脉隆起；叶柄长 6～10 毫米，密被灰白色茸毛；托叶在两叶柄基部之间常萎缩成一横线。圆锥花序顶生，长 5～12 厘米，密被灰白色柔毛；苞片披针形，被茸毛；花梗长约 6 毫米，密被茸毛；花萼钟状，先端 4 裂，裂片卵圆形，长约 1 毫米，被茸毛；花冠淡紫色至白色，略带黄色，管状，长约 1.5 厘米，直径约 3 毫米，先端 4 裂，裂片卵圆形，长约 4 毫米，管内全为黄色，疏生茸毛，管外密被茸毛；雄蕊 4，着生于花冠管中部，花药黄色，长圆形，2 室，花丝极短，或近于无；子房 2 室，先端被茸毛，花柱长约 3 毫米，柱头不裂。蒴果，长 5～6 毫米，2 瓣裂，基部有宿存花萼和花瓣；种子多数，细小，多扁平。花期 3～4 月，果期 5～6 月。

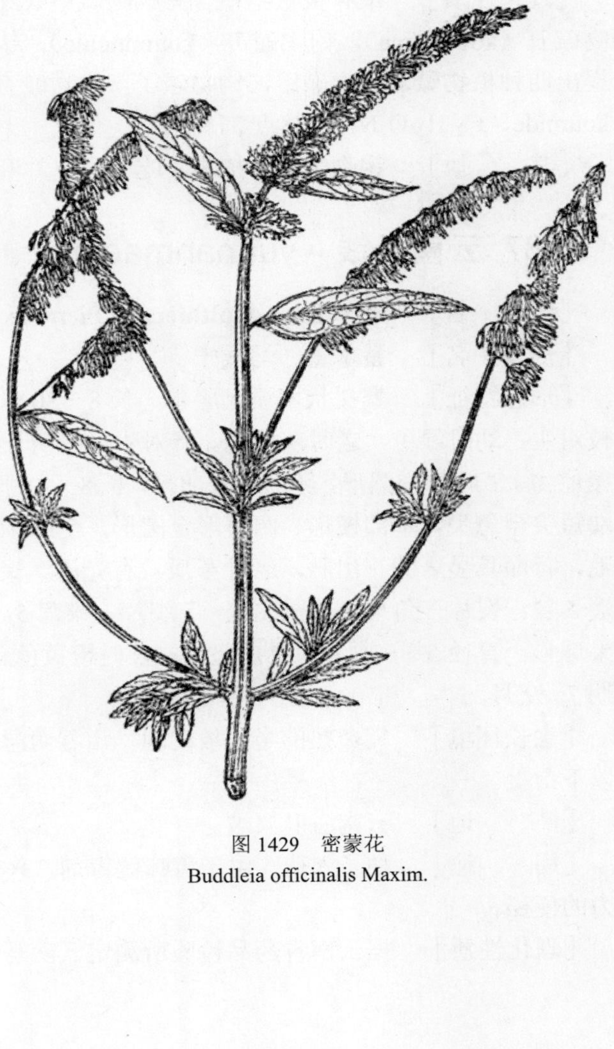

图 1429　密蒙花
Buddleia officinalis Maxim.

［生长环境］　喜生于向阳山坡、岩山缝、杂木林、丘

陵地、河边，在海拔1000米的岩石山地多有分布。

［产　　地］ 四川、云南、贵州、湖南、湖北、陕西、甘肃、广东、广西等省区。

［用　　途］ 花供药用，有清热明目，祛翳障之效；可治青盲翳障，赤肿流泪，羞明畏光等症。

［理化性质］ 含有密蒙花黄碱素（buddelin）。

［采收处理］ 三月间当花未开放时，采集簇生花蕾，除净枝梗等杂质，晒干即可。

286 钩吻（gouwen）（图1550）

［学　　名］ **Gelsemium elegans** (Gardn. et Champ.) Benth.　马钱科

（地方名、形态特征、产地及其他用途见“土农药类”，2047页）

［用　　途］ 福建上杭民间将叶捣碎，外敷治红肿；或将根与黄酒混合敷上也可消肿，治伤症。

［理化性质］ 根和根状茎中含有钩吻碱甲（koumine，$C_{20}H_{22}ON_2$，熔点170℃），钩吻碱丑（kouminine），钩吻碱寅（koumincine），钩吻碱卯（kouminidine）。自枝叶中曾提出四种植物碱即钩吻碱甲，钩吻碱子，钩吻碱丑以及一种新植物碱钩吻碱申（koumide，$C_{21}H_{24}O_5N_2$），熔点315℃。

［其　　他］ 钩吻为有毒植物，吃4～10片叶子，2小时后，就会腹绞痛而死。

287 云南马钱（yunnanmaqian）

［学　　名］ **Strychnos gaulthierana** Pierre ex Lesser.　马钱科

［药 材 名］ 番木鳖、马钱子

［形态特征］ 攀援状木质大藤本，长8～30米以上。树皮粗糙，灰色或灰棕色。小枝对生，幼时绿色，老时灰白色。叶对生，叶柄长5～8毫米；叶腋间有螺旋状卷须，攀援他物上；叶片椭圆形、卵形或长卵形，长8～11厘米或更长，宽4～5.5厘米或更宽，先端短尖至急尖，基部楔形、阔楔形至圆形，全缘，表面深绿色，背面淡绿色，两面均无毛，背面具显著的三出脉，老叶革质，有光泽。聚伞花序顶生，花白色；花萼绿色，先端5裂，裂片三角形，花冠先端，5裂片，雄蕊5，着生花冠管上；子房上位，卵形。浆果球形，直径5～6厘米，果皮坚硬，熟时橙黄色。种子被银色茸毛。花期3～5月，果期7～9月。

［生长环境］ 较炎热的半山坡凹地，山谷荫湿处或杂木林树丛中。见于海拔600米以下山上。

［产　　地］ 云南省麻粟坡。

［用　　途］ 种子入药，用于苦味健胃剂，兴奋肠粘膜，能增加蠕动，用于无紧张力的便秘。

［理化性质］ 据云南省药品检验所测定云南马钱子含植物碱3%，其中番木鳖碱

占2%。

［采收处理］ 9～10月间摘取果实，取出种子，洗净附着的果肉，晒干。品质以个大，肉厚饱满，灰棕色微带绿，有细密毛茸者为好。

288 华南龙胆（huananlongdan）（图1430）

［地 方 名］ 地丁（广东）

［学　　名］ **Gentiana loureirii** (G. Don) Griseb.　龙胆科

［药 材 名］ 紫花地丁（广西南宁）

［形态特征］ 矮小草本，高3～8厘米；茎直立，成丛，少分枝，略粗糙。单叶对生，叶小，长圆状椭圆形或长圆状披针形，近基部叶较大，上部叶很小，先端有小锐尖，基部常相连。花单生枝顶；花萼5裂，裂片线形，短于萼管；花冠漏斗状，外面绿黄色，内面紫蓝色5裂，裂片卵状披针形，片间皱折约为裂片长的1/3；雄蕊5，着生于花冠管；子房上位，1室，胚珠多数。蒴果倒卵形，压扁状。花期4～7月。

［生长环境］ 丘陵地带或山坡草地。

［产　　地］ 广西、广东等省区。

［用　　途］ 全草入药，能治疗毒疮、无名肿毒；煎服止泻痢。

［采收处理］ 夏季采收全草，除去泥土，晒干保存。

图1430　华南龙胆
Gentiana loureirii（G. Don）Griseb.
植株全形

289 秦艽（qinjiu）（图1431）

［地 方 名］ 大叶龙胆，大叶秦艽（新疆），萝卜艽（甘肃）。

［学　　名］ **Gentiana macrophylla** Pall.　龙胆科

［药 材 名］ 秦艽、西秦艽、大艽

［形态特征］ 多年生草本，高40～60厘米，基部为残叶纤维所包围。根直，长圆锥形，有分枝。茎直立或斜上，光滑无毛。叶片披针形或长圆形，基生叶较大，长达30厘米，全缘，通常有5条明显叶脉；茎生叶对生，稍小，3～5对，基部连合。花轮状簇生于上部叶腋，无花梗；花萼管状，膜质，长约6毫米，一侧裂开，先端有3～5短齿，不等长；花冠筒状，深蓝紫色，长约2厘米，先端5裂，裂片卵圆形，先端急尖，裂片间有短皱折；雄蕊5，着生于花冠筒的中下部；子房圆形，1室，花柱甚短，柱头2裂。蒴果长圆形，有种子多数；种子椭圆形，褐色，有光泽。花期7～8月，果期9～10月。

图1431 秦艽

Gentiana macrophylla Pall.

1．茎下部及根；2．花枝；3．花冠剖开；4．雌蕊。

（自“中国北部植物图志”）

［生长环境］ 生于林中、湿坡、草地或草甸。

［产　　地］ 主产陕西、甘肃、宁夏；分布于黑龙江、吉林、辽宁、内蒙古、河北、山西、青海及四川。以甘肃所产质量最佳。

［用　　途］ 根及根状茎入药，用作苦味健胃剂，并有驱风湿之效。

［理化性质］ 含三种植物碱，即秦艽碱甲（gentianine，$C_{10}H_9O_2N$，熔点79～81℃），秦艽碱乙（$C_9H_9O_2N$，熔点128～130℃），秦艽碱丙，熔点为206～208℃。秦艽碱甲与山萝卜科植物天蓝续断（Dipsacus azureus）提出的秦艽碱相同。

［采收处理］ 春秋两季均可采挖，而以9～10月为最佳。挖出后除去须根及残茎，晒干即可。甘肃等地则在晒至八成干时，堆积使返潮而颜色变深，再晒干。山西地区二挖取后，洗净泥土及外皮，晒干。

［其　　他］ 除上面一种外，以秦艽入药的还有几种植物，其中主要的是达乌里龙胆（又名小秦艽，Gentiana dahurica Fisch）（分布于河北、山西、陕西、甘肃、内蒙古、新疆、青海），它与秦艽的主要区别是，花萼筒状，筒部通常完整，先端有整齐齿裂，呈线状披针形。

290 龙胆（longdan）（图 1432）

［地 方 名］　龙胆草、胆草、观音草（广西）

［学　　名］　**Gentiana scabra** Bge.　龙胆科

［药 材 名］　龙胆

［形态特征］　多年生草本，高 30～60 厘米。根状茎短，簇生多数细长根，棕黄色，味苦。茎直立，单一或 2～3 枝，上部不分枝，带紫色，粗糙。单叶对生，无柄，基部叶小，鳞片状，中部及上部叶卵形至披针形，长 3～8 厘米，宽 4～40 毫米，先端渐尖，基部圆而连合抱于茎节上，叶缘粗糙，主脉 3 条，基出。花数朵簇生茎顶及上部叶腋，苞片披针形；花萼钟形，膜质，长约为花冠之半，先端 5 裂，裂片披针形；花冠钟形，紫蓝色，长约 4.5 厘米，先端 5 裂，裂片卵形，先端锐尖，裂片间有三角状皱折，全缘或有 2 齿；雄蕊 5，着生于花冠筒中部下方；子房长圆形，1 室，花柱短，柱头 2 裂。蒴果长圆形，有短柄。种子细小，线形而扁，四周有翅，褐色。花期 8～9 月（华东、华北及东北），11～12 月（广西），果期 9～10 月（华东、华北及东北），次年 4～5 月（广西）。

图 1432　龙胆
Gentiana scabra Bge.
1. 植株全形；2. 花冠展开示雄蕊；3. 花冠移去后示雌蕊。
（自“江苏南部种子植物手册”）

［生长环境］　生长于山坡草丛、灌木丛中及林缘地带。

［产　　地］　黑龙江、吉林、辽宁、内蒙古、河北、山东、江苏、安徽、浙江、福建、江西、广东、广西、湖南、湖北、贵州、四川等省区。

［用　　途］　根入药，用作苦味健胃剂，并有解热驱风之效。

［理化性质］　含龙胆苦甙（gentiopicrin，$C_{16}H_{20}O_9$），水解后产生龙胆苦甙基（gentiopigenin，$C_{10}H_{10}O_4$）及葡萄糖；另含龙胆三糖（gentianose，$C_{18}H_{32}O_{16}$）为二分子葡萄糖及一分子果糖组成；此外，尚含龙胆甙（gentiin，$C_{23}H_{28}O_{14}$），龙胆黄色素或称龙胆酸（gentisin 或 gentianic acid，$C_{14}H_{10}O_5$）。

［采收处理］　春秋两季均可采挖，以秋季挖的较佳。挖出根部，去掉茎叶，洗净

晒干即可。品质以根条粗长、黄色或黄棕色、无碎断的为佳。贮藏时，应存放干燥处，防生霉和虫蛀。

［其　　他］　除本种外，东北有一种三花龙胆（Gentiana triflora Pall.），当地作龙胆入药，它与龙胆的主要区别是，叶线状披针形，宽 0.5～1.2 厘米，先端渐尖，边缘及叶脉光滑，花冠裂片先端钝。

291 睡菜（shuicai）（图 1433）

［学　　名］　**Menyanthes trifoliata** L.　龙胆科

［形态特征］　多年生草本，平滑无毛。地下茎横走泥中，肥厚，带黄色，节间密，被复枯叶。叶全部基生，三出复叶，由 3 小叶组成；小叶椭圆形，长 4～9 厘米，宽 2～6 厘米，先端钝圆，基部楔形，边缘微波状，无柄；总叶柄长 20～30 厘米，下部宽，稍成鞘状，互相抱合。花茎由叶丛旁侧抽出，长约 35 厘米，花略成轮生状排列于花茎顶端而成总状花序，花白色，基部有苞片 1 枚，苞片披针形，花梗长 1～1.8 厘米；花萼绿色，5 深裂；花冠 5 裂，较萼长约 3 倍，管状，内侧密被长白毛；雄蕊 5，着生于冠管内；雌蕊 1，甚长，花柱伸出花冠外，柱头 3 叉。蒴果球形，内含种子 10 余枚。花期 6 月，果期 7 月。

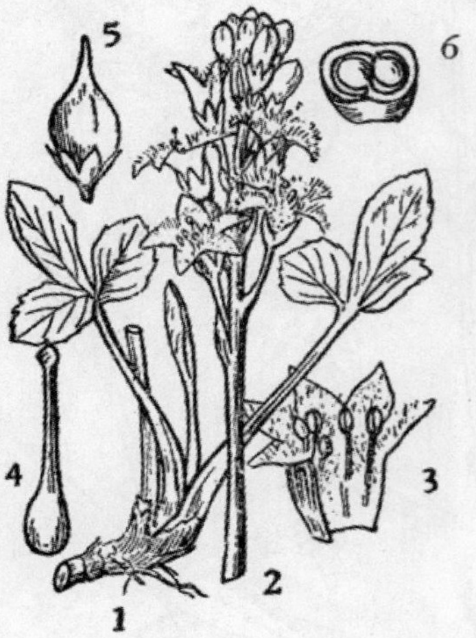

图 1433　睡菜

Menyanthes trifoliata L.

1．植株下部；2．花梗；3．剖开的花冠，示雄蕊；4．雌蕊；5．果实；6．果实剖面。

［生长环境］　喜生沼泽地，常成群生长。

［产　　地］　吉林、黑龙江、云南与四川西部。

［用　　途］　叶为苦味健胃药。

［理化性质］　据“东北药用植物志”记载：叶中的苦味成分为糖甙类 meliatin（$C_{15}H_{22}O_2$），含量约 1%，水解后生成 meliatinin（$C_9H_{12}O_9$）及葡萄糖，其次尚含有鞣质，脂肪油等。

［采收处理］　采鲜叶晒干备用。

［其　　他］　睡菜叶在各国（苏联、德国、瑞典、法国）药典中广为记载，为很好的苦味健胃药。目前我国尚未利用，建议有关部门考虑利用。又是啤酒苦味原料之一。

292 当药（dangyao）（图 1434）

［学　　名］　**Swertia chinensis** (Bge.) Franch.　龙胆科

［形态特征］　一年生或二年生草本，高 10～40 厘米。根通常黄色，有时黄褐色，略有分枝，须根较少。茎直立，四棱形，平滑无毛，通常下部分枝，带紫色。单叶对

生，无柄，披针形至狭披针形，长2～4厘米，宽3～9毫米，先端渐尖，基部狭细，全缘，无毛。花顶生或腋生，圆锥状聚伞花序，花梗纤细，长9～20毫米；花萼5，线状披针形或披针形，绿色，基部稍连合；花冠蓝紫色，径2～2.8厘米，5深裂，裂片椭圆状披针形或卵状披针形，开展，内侧基部有2腺体，腺体周围有长毛；雄蕊5，着生花冠筒的基部，花丝细长，花药暗紫色；子房长圆形，花柱极短，柱头2歧。蒴果椭圆形，上端狭；种子小，多数。花期8～9月，果期9～10月。

［生长环境］　生于山坡林缘草地及路旁。

［产　　地］　黑龙江、吉林、辽宁、内蒙古、河北、山东、山西、河南、陕西、四川、浙江等省区。

［用　　途］　全草入药，用作苦味健胃药；全草又可作兽药，治消化不良、腹痛、下痢等症。

［理化性质］　含苦味成分结晶性糖甙（swertiamarin，$C_{16}H_{22}O_{10}$），水解后生成葡萄糖及 erythrocentaurin（$C_{10}H_8O_3$）；其他含有龙胆黄色素（gentisin，$C_{14}H_{10}O_5$），龙胆黄色素糖甙（gentisinglucosid，$C_{20}H_{20}O_{10}$），swertisin（$C_{13}H_{10}O_6$），oleanolsaure（$C_{30}H_{48}O_3$），环己六醇（inosit）等。

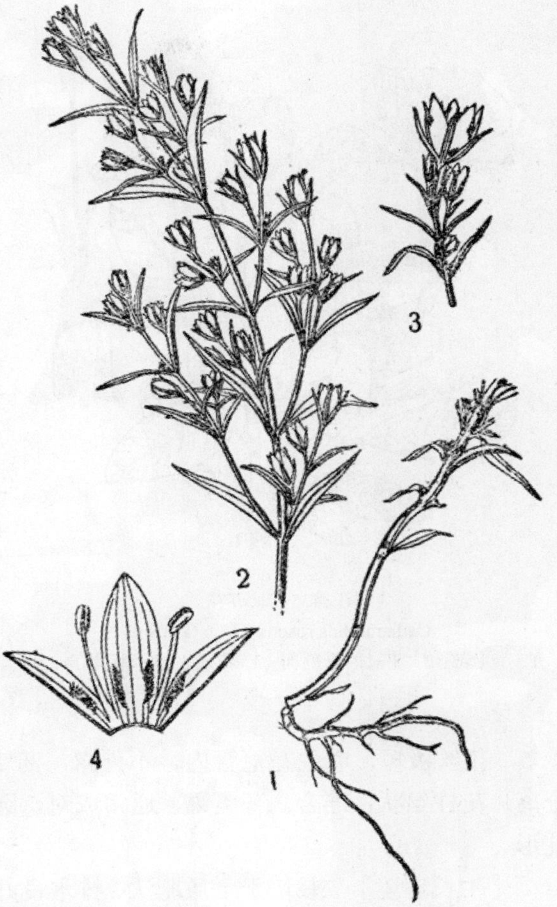

图1434　当药

Swertia chinensis（Bge.）Franch.

1．茎下部及根；2．茎上部；3．花；4．花冠部分剖开。

（自“中国北部植物图志”）

［采收处理］　8～9月间正当开花时，割取地上部分晒干即可。

［其　　他］　除本种外，在四川同属其他种，如獐牙菜（S. bimaculata Hook. f. et Thoms.）及红直当药（S. erythrosticta Maxim.）也都入药。獐牙菜主要特点是：一年生或二年生草本；花冠5深裂，裂片中部其2个圆形大斑点，上部具多数小斑点；分布在广东、广西、云南、四川、贵州、湖北、河南、山西及河北等省区。红直当药主要特点是：多年生草本；花冠绿色，具黑褐色小斑点，5深裂，裂片下方有1个边缘具长毛的腺洼；分布在四川、甘肃、陕西、山西及河北等省。

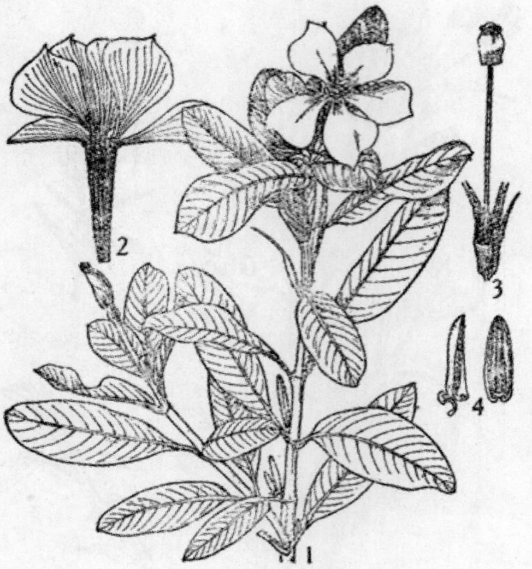

图 1435 长春花

Catharanthus roseus（L.）G. Don

1. 茎上部；2. 花冠的纵剖面；3. 花冠去掉示雌蕊；4. 雄蕊。

293 长春花（chang-chunhua）（图 1435）

［学 名］ **Catharanthus roseus** (L.) G. Don 夹竹桃科

［形态特征］ 多年生木质草本，高 30～50 厘米，近平滑无毛；茎直立，单一或上部分枝，圆柱形。单叶对生，长圆形、椭圆形或略倒卵形，长 2.5～5 厘米，先端常圆而具短尖头，基部渐狭而两侧稍不相等，全缘或略带微波状。花单一或成对腋生；萼小，绿色，5 裂；花冠高脚碟状，花冠管圆柱形，柔弱，先端 5 裂，裂片倒卵形，平展，粉红色或淡紫红色，背面白色，裂片基部愈合处，为深紫红色，管口有一环白色细柔毛，口内稍下处集生有白色细长毛；雄蕊 5，花丝极短，着生花冠管内，不外露，药 2 室，纵裂，围绕在柱头之上；心皮 2，分离，花柱丝状，连合。蓇葖果，通常成对，圆柱形。

［生长环境］ 栽培于土质肥沃、排水良好的地方。

［产 地］ 主产广东、广西、云南；长江以南各大城市均有栽培。

［用 途］ 全草入药，对降低血压有效。

［采收处理］ 开花时采收。将采回的全草，剪去根，晒干备用。

294 止泻木（zhixiemu）（图 1436）

［学 名］ **Holarrhena antidysenterica** Wall. 夹竹桃科

［形态特征］ 乔木，高 15 米左右；茎暗

图 1436 止泻木

Holarrhena antidysenterica Wall.

1. 果枝；2. 花枝。

褐色，幼枝有毛。叶对生，无柄或有短柄，被密毛；叶片长椭圆形或近卵形，长8～17厘米，最宽处达7.5厘米，先端锐尖，基部楔形至阔楔形，全缘，表面光滑，背面叶脉处有细柔毛，脉显著突出，无柄或有短柄。伞房花序式的聚伞花序，顶生或近腋生；花白色，萼5裂，内面常有腺体；花冠高脚碟状，喉部收缩，5裂，裂片长椭圆形；雄蕊5，着生于花冠管的基部；子房上位，心皮2，花柱1。蓇葖果，两个并生，圆柱形，长可达28厘米。种子多数，压扁状，先端有脱落的簇毛。花期4～5月，果期6～7月。

［生长环境］　生于海拔800～1100米间的杂木林内。

［产　　地］　云南省

［用　　途］　树皮有止泻的效能；又据有关部门的研究，有降血压、治痢疾的作用。

［采收处理］　春秋两季，采收树皮晒干备用。

295 夹竹桃（jiazhutao）（图253）

［学　　名］　**Nerium indicum** Mill.　夹竹桃科

（地方名、形态特征、生长环境、产地及其他用途见“纤维类”，293页）

［用　　途］　叶及树皮可用作强心剂。

［理化性质］　树皮及根内含有 neriodorein，neriodorin，karabin（树脂性物质）等的酚类结晶物质，及少量的精油，叶内含有无晶形物质 neriocorin 及 neriorein。

［采收处理］　常年均可采收。在剥皮时须注意，勿使植株死亡，将采回的树皮，晒干即可。

［其　　他］　本种植物有剧毒，用时要慎重。

296 杜仲藤（duzhongteng）（图1252）

［学　　名］　**Parabarium micranthum** (Wall.) Pierre　夹竹桃科

（地方名、形态特征、生长环境、产地及其他用途见“橡胶及硬橡胶类”，1599页）

［用　　途］　广西民间用茎浸酒治风湿腰痛；据说可代杜仲用。

根、茎又可治牛风湿症、软脚症，跌伤断骨及胎衣不下，猪丹毒等。

［采收处理］　全年可采收，将根、茎采回晒干即可。

297 花拐藤（huaguaiteng）（图1437）

［地 方 名］　红杜仲藤（广西）

［学　　名］　**Pottsia laxiflora** (Bl.) O. Ktze.　夹竹桃科

［形态特征］　常绿攀援藤本；枝柔弱、平滑，圆柱形；幼枝微被短茸毛。单叶对生，软纸质，近卵形至卵状长方形，长6.5～9厘米，宽3～4.5厘米，先端短渐尖，尖头稍钝，基部近心形，两面光滑无毛，侧脉4～6对；叶柄长约1.5厘米。聚伞花序开

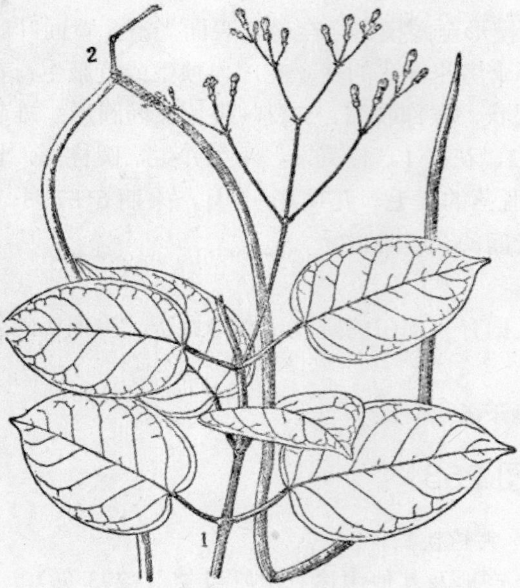

图 1437 花拐藤
Pottsia laxiflora（Bl.）O. Ktze.
1. 花枝；2. 果。

展，顶生及腋生，**下垂**，**长达 15 厘米**，近光净；花柄长约 1 厘米；花粉红色，长约 8 毫米，花冠高脚盆状，筒膨阔，冠片短，卵圆形，粘合于柱头之上。**蓇葖果柔弱**，**极细长**，**下垂略扭**，**长约 30 厘米**。种子扁平，长约 2 厘米，种毛白色，仅基部淡褐色，约与种子等长。花期 5～7 月，果期 11 月以后。

［生长环境］ 生于热带，一般常见于低山区或丘陵地灌木丛或小树林中。

［产 地］ 广西、广东、云南、贵州等省区。

［用 途］ 广西民间将根、茎浸酒服用，为治腰骨酸痛的良药。

茎皮可提取橡胶。

［采收处理］ 全年均可采收，采挖根状茎，除去泥土，用刀切成小段，晒干备用。

298 萝芙木（luofumu）（图 1438）

［地 方 名］ 矮青木、羊屎子、青辣椒、野辣椒（广西）

［学 名］ **Rauwolfia verticillata** (Lour.) Baill. 夹竹桃科

［药 材 名］ 萝芙木

［形态特征］ 灌木或亚灌木，高约 1～2 米，平滑无毛；小枝淡灰褐色，疏生圆点状的皮孔。单叶，**通常 3～4 片轮生**，稀对生，柄细而微扁，叶片质薄而柔，长椭圆形，长 4～14 厘米，宽 1～4 厘米，先端长尖，基部楔形，全缘或略带波状。聚伞花序呈三叉状分歧，顶生或腋生，总花梗纤细，长 2～4 厘米；花梗细，长约 5 毫米；总苞片针状或三角状，长约 1 毫米；花白色，花萼 5 深裂，裂片卵状披针形，花冠呈**高脚碟状**，长约 15 毫米，上部 5 裂，花蕾时裂片左旋折迭着，展开后呈卵形，花冠管细长呈圆筒状，内面有毛，**近中部处稍膨大**；雄蕊 5，着生花冠管内面，花丝短，花药线形，2 室，纵裂；雌蕊由 2 心皮而成，离生或合生，子房卵圆形，基部有杯状或环状的花盘，花柱丝状，柱头短棒状，而微扁，顶端钝形或浅裂，表面有短茸毛，基部有斜下垂薄膜呈笠状。果实核果状，离生或合生，卵圆形至椭圆形，表面光滑，鲜时黄红色而光亮，通常内有 1 种子，基部有宿存的花萼。花期 5～7 月，果期 8～10 月。

［生长环境］　生于溪边，河边，村旁坡地或山腰疏林中，砂质壤土或粘质壤土上，半阴性。

［产　　地］　台湾、广东、广西、云南和贵州等省区。以广东、广西分布最多。

［用　　途］　根为治疗高血压要药。市场上所售的“降压灵”，就是本植物的制剂；临床用其粉末、浸膏及植物碱，能使血管扩张，并微有镇静作用及心搏缓慢作用。在秋前用叶，秋冬用树皮或根，治斑痧、伤寒、头痛、跌打损伤，毒蛇咬伤等症，并有消热毒之效。

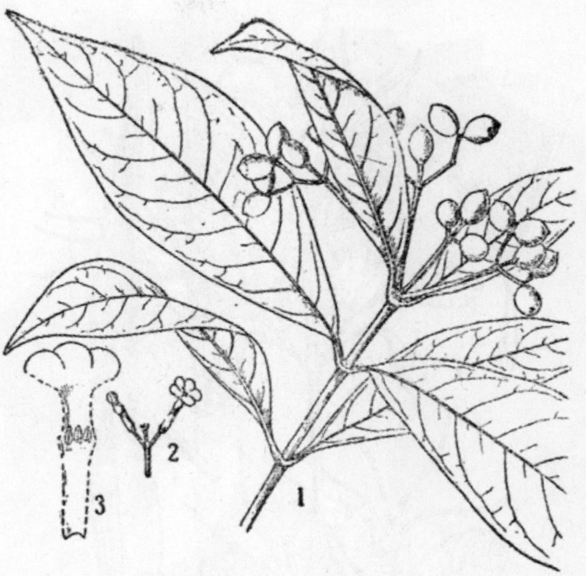

图 1438　萝芙木
Rauwolfia verticillata（Lour.）Baill.
1．果枝；2．花序的一部分；3．花冠展开。

［理化性质］　根含植物碱 28 种以上，总含量 0.5～2%。就植物碱的理化性质可分为两大类：

（1）深黄色而有强碱性的植物碱，如印度萝芙木碱（serpentine，$C_{21}H_{20}N_2O_3$）等，为属于第四胺的衍生物。

（2）无色而有弱碱性的植物碱，具中等强度碱性的，如西萝芙木碱（ajmaline，$C_{20}H_{26}N_2O_2$）等，为吲哚啉衍生物；具极弱碱性的，如 reserpine（$C_{33}H_{40}N_2O_3$）等，为吲哚衍生物（reserpine），为本植物的重要植物碱。

［采收处理］　夏季或秋季采收，挖取根，洗净泥土，鲜时即切成薄片晒干，用蒲包，麻袋或草席包装，贮藏在干燥处。

［其　　他］　最近在云南西部发现有野生的印度萝芙木（Rauwolfia serpentina Benth.）现正准备利用和引种。

299 羊角拗（yangjiaoniu）（图 1439）

［学　　名］　**Strophanthus divaricatus** (Lour.) Hook. et Arn.　夹竹桃科

［形态特征］　灌木，高达 2 米，全体无毛；多匐枝，折断后有白色乳液流出；小枝圆柱形，棕褐色或带暗紫色。单叶对生，有短柄，厚纸质，长椭圆形或椭圆状长圆形，先端短尖，基部楔形，全缘或略带微波状。聚伞花序顶生，通常三花聚生在总花梗顶端；花梗纤细，近花萼下方有狭披针形苞片 2；花萼 5 裂，裂片披针形，先端细长而尖，基

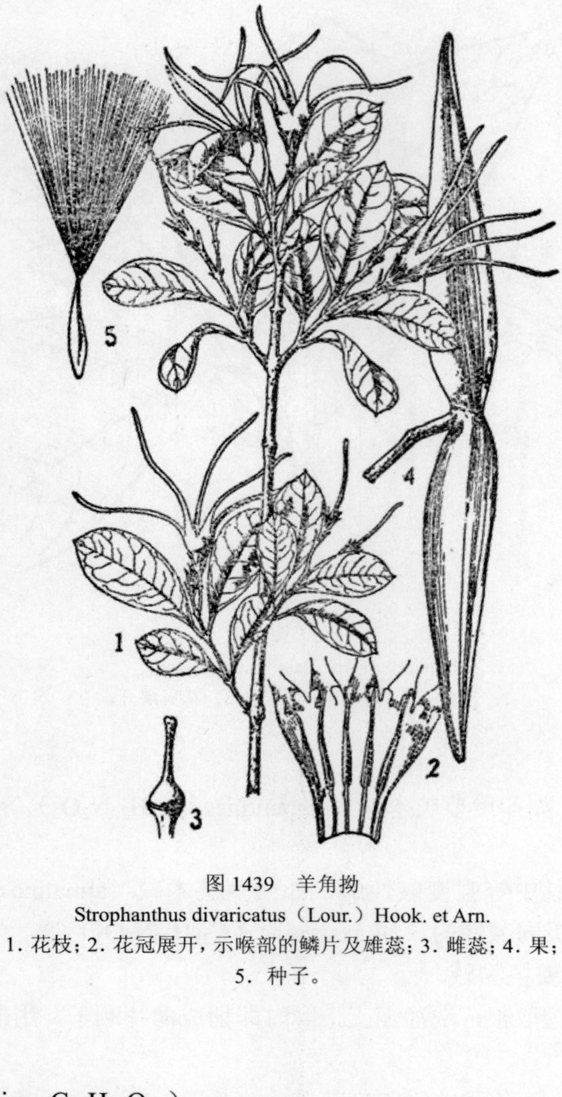

图 1439　羊角拗
Strophanthus divaricatus（Lour.）Hook. et Arn.
1. 花枝；2. 花冠展开，示喉部的鳞片及雄蕊；3. 雌蕊；4. 果；5. 种子。

部内有短线形腺体；花大形，花冠黄色，阔漏斗形，管长约 5 毫米，上部渐扩大而 5 裂；雄蕊 5，与花冠几等长，不外露，花药箭头形，相连，粘于柱头，花丝纺锤形；子房 2 室，半下位，花柱柱状，柱头头状或线裂。蓇葖果双出，平展，长椭圆形，先端渐狭而头钝，成熟后坚硬平展，内含多数种子。种子线形或纺锤形而扁，一端钝，一端渐尖，其上着生多数白色丝状细长毛，有光泽。花期 3～4 月，果期 8～9 月。

［生长环境］　生于山坡或丛林中。

［产　　地］　福建、广东、广西、贵州南部均有生产。

［用　　途］　据武汉医学院实验证明：羊角拗皂角甙无溶血性，而其强心作用与毒毛旋花子甙相似，认为可以代替进口的毒毛旋花子（S. kombe Oliver）的毒毛旋花子甙用。

全株可作农药（见“土农药类”，2048 页）。

［理化性质］　种子含植物碱；主要为毒毛旋花子甙配基（strophanthin，$C_{36}H_{54}O_{14}$）。

［采收处理］　通常于 6～7 月间采集成熟果实，剥去果皮，将去长冠毛的种子，晒干后供药用。

300 络石（luoshi）（图 254）

［学　　名］　**Trachelospermum jasminoides** (Lindl.) Lem.　夹竹桃科
［药 材 名］　络石
（地方名、形态特征、生长环境、产地及其他用途见“纤维类”，294 页）
［用　　途］　茎及叶用作祛风、止痛药，并有通络，消肿的效能；适用于关节痛，

肌肉痹痛，腰膝酸痛等症；也能消散诸疮，袪咽喉肿痛。

［采收处理］　春夏两季，均可采收，先割取地上茎、叶，捆成小把，晒干即成。商品要干燥、枝赤褐色、叶淡绿色、无霉蛀的较好。贮藏于干燥处。

301 红麻（hongma）（图 251）

［学　　名］　**Apocynum lancifolium** Russan [*Trachomitum venetum* R. E. Woods non L. ; *Apocynum venetum* auct. non L.]　夹竹桃科

（地方名、形态特征、生长环境、产地及其他用途见“纤维类”，291 页）

［用　　途］　全株供药用。如北美洲的加拿大种 A. conbinum L. 用作提取治疗心脏病的药剂。印度产的同属植物 A. sargandha 为治心脏病的重要药材，提取出来的止泻木碱（holarrhenin）治高血压症有良效。

此外嫩叶蒸炒揉制后做茶饮用，有清凉去火、防止头晕之效。

［理化性质］　叶中含橡胶 4～5%，药效成分未详。

［采收处理］　在 9 月前后采收，将全株割下，晒干即成。

302 白薇（baiwei）（图 1440）

［地 方 名］　白前、山鹤瓢、老虎瓢、白马薇（江苏）

［学　　名］　**Cynanchum atratum** Bge.　萝藦科

［药 材 名］　白薇

［形态特征］　多年生直立草本，高 30～60 厘米。根状茎短，簇生多数细长条状根。茎圆柱形，通常不分枝，上部绿色，表面密被灰白色细柔毛，下部木质化，近于平滑。单叶对生，叶片阔卵形至长圆形，长 3～10 厘米，宽 1.5～7 厘米，先端短尖，基部圆形，全缘或略带波状，表面绿色，被有短柔毛，老时渐脱落，背面白绿色，密被灰白色细柔毛，叶脉突起，沿脉上的毛较长；叶柄长 3～8 毫米，扁圆形，

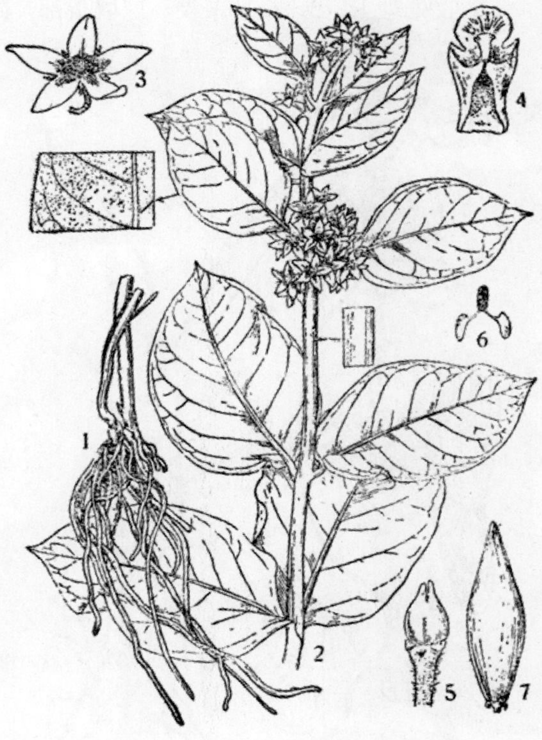

图 1440　白薇

Cynanchum atratum Bge.

1．茎基部及根；2．花枝；3．花；4．雄蕊剖开示内面和顶端的薄膜；5．雌蕊；6．花粉块及载粉块器；7．果实。

（自“中国药用植物志”）

上面中央有一浅槽，表面有灰白色细柔毛。花簇生于茎梢叶腋间，花柄细，长约5毫米，密被细柔毛；花萼绿色，5深裂，裂片披针形，先端渐尖，有时向外弯折，密被细柔毛；花冠5深裂，裂片平展呈5角星状，直径1～1.5厘米；外侧疏生褐色细柔毛；副花冠5裂，裂片椭圆形，上部围绕于蕊柱顶端，与蕊柱几等长，下部与花丝基部相连；雄蕊5，上部与雌蕊合成蕊柱，药2室，每室各有一淡黄色卵形的花粉块，相邻的2药室中的花粉块以一红色载粉器的二臂相连；雌蕊1，子房上位，2心皮，略连合，花柱四周有短柔毛，柱头位于蕊柱下。蓇葖果仅一个成熟，角状纺锤形，长约6厘米，宽约1.5厘米，成熟时沿一侧开裂，内有多数种子。种子褐色，扁平，一端有白色毡毛。花期5～7月，果期8～10月。

［生长环境］ 山坡、草丛中或林缘。

［产　　地］ 黑龙江、吉林、辽宁、内蒙古、河北、山西、河南、陕西、甘肃、山东、安徽、江苏、浙江、福建、广东、广西、江西、湖北、四川、贵州、云南等省区。以四川产量最多。

［用　　途］ 根入药，为解热利尿剂。

［理化性质］ 含白前醇（cynanchol，$C_{15}H_{24}O$）。另据中国医学科学院药物研究所植物化验室分析有强心甙反应。

［采收处理］ 5～6月采收，挖取根部，除去地上部分，洗去泥土，稍加整修，捆成把晒干。品质以干燥、黄色、无泥的较佳。贮存于干燥处。

［其　　他］ 除本种外，辽宁、河北、河南、山东、安徽、山西等省常以蔓生白薇（C. versicolor Bge.）的根当作白薇药用，它与白薇的主要区别是茎下部直立，上部蔓生；花较小，直径1厘米，初开时黄绿色，后渐变为黑紫色。

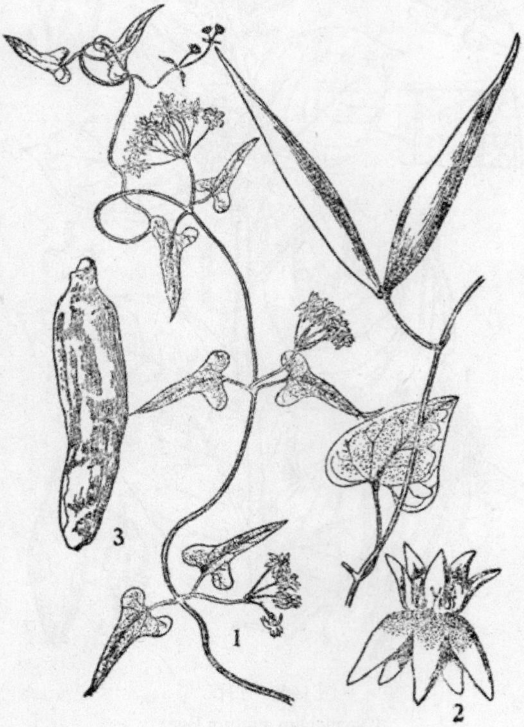

图1441 柏氏牛皮消
Cynanchum bungei Decne.
1. 花、果枝；2. 花；3. 根。

303 柏氏牛皮消（baishi-niupixiao）（图1441）

［地 方 名］ 何首乌（山东）

［学　　名］ **Cynanchum bungei** Decne. 萝藦科

［药 材 名］ 山东何首乌、白首乌

［形态特征］ 多年生缠绕草本，

长 1～2 米。根块状，长形或近圆形，外皮黄褐色。茎纤细，绿色或带紫色。单叶对生，叶片**戟形或三角状心形**，两侧圆耳形，长 3～6 厘米，宽 1～2 厘米，先端渐尖，基部近心形，全缘，表面被疏短硬毛，背面叶脉处有细毛，叶柄长 1～2 厘米。伞形花序腋生；花小，黄绿色；花萼 5，全裂，向下反卷；花冠辐状，5 深裂，裂片披针形；副花冠 5，呈披针形而展开，高出于柱头上，内面中央有一钻状附属物，近基部两侧向外反卷；雄蕊 5，花丝相连作管状，包围雌蕊，花药着生在柱头周围；雌蕊 1，由 2 分离心皮组成，花柱 2，分离，但顶部连合成一肥厚盘状 5 裂柱头。蓇葖果圆柱状，长角状，成熟时沿一侧开裂，内有多数种子。花期 6～7 月，果期 8～9 月。

［生长环境］　多生于阴湿山坡的岩石缝中，梯田边石缝内或土壤较肥沃而湿润的林下。

［产　　地］　辽宁、河北、山东等省。

［理化性质］　含白前醇。又据中国医学科学院药物研究所植物化验室 1958 年分析有强心甙反应。

［采收处理］　早春幼苗未萌发前或晚秋 11 月上、中旬采收，以早春采收最好，此时块根内贮存的养分多。采收时，用镢于植株的四周，向下深挖，但要注意要随时用手扒，不要损伤其块根，挖出后洗去泥土。品质以肉质多浆、生食味甜、质重的较佳，切成薄片，贮放在干燥通风的地方。

［其　　他］　本种为山东泰山产四种主要药材之一，当地颇为名贵。

304 斯氏牛皮消（sishi-niupixiao）（图 1442）

［药 材 名］　白前

［学　　名］　**Cynanchum stauntoni** (Decne.) Hand. -Mzt.　萝藦科

［形态特征］　多年生直立草本，高 25～60 厘米，全体平滑无毛。根状茎匍匐状，细长，每节丛生纤细弯曲多分歧的须根。茎单 1，圆柱形，直径约 2 毫米，下部木质化，且通常无叶。

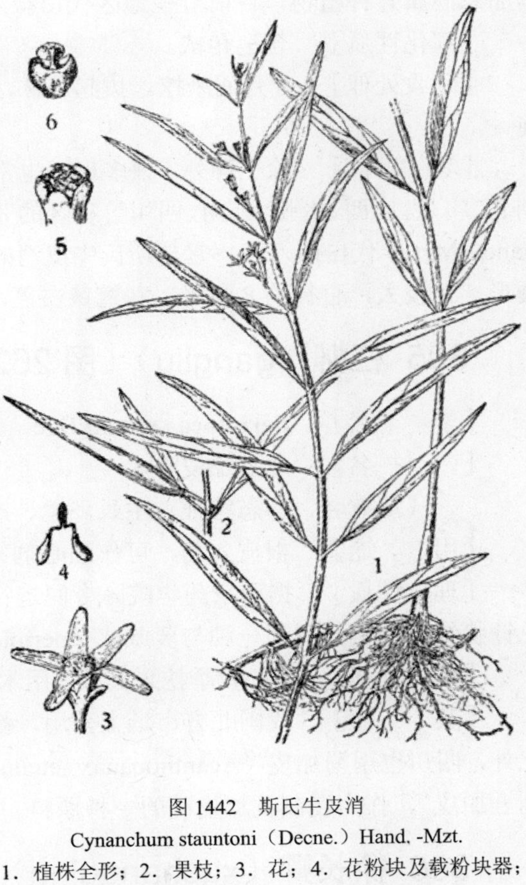

图 1442　斯氏牛皮消

Cynanchum stauntoni（Decne.）Hand. -Mzt.

1．植株全形；2．果枝；3．花；4．花粉块及载粉块器；5．雌雄合蕊，示外围的副冠；6．已剖开的花药。

（自“中国药用植物志”）

单叶对生，柄短；叶片披针形至线形，位于中部以上的叶较长，长达 18 厘米，宽 8 毫米，先端渐尖，基部渐狭，边缘反卷；位于下部的叶较短而宽；位于顶端者，则渐短而狭。聚伞花序腋生或顶生，总花柄斜上，长 8～15 毫米，中部以上着生多数小苞片；花 3～8 朵，花柄细，长 5～8 毫米，花萼 5 深裂，裂片卵状披针形；花冠辐射状，5 深裂，裂片线形，长约 5 毫米，宽约 1 毫米，基部连合成短筒状；副冠 5，位上部围于蕊柱顶端，较蕊柱短；雄蕊 5，与雌蕊合生成蕊柱，花药 2 室，每室有一淡黄色卵形的花粉块，相邻接 2 药室中的花粉块以一载粉块器的二臂相连；子房上位，由 2 分离心皮组成，两花柱顶端相连而呈肥厚平盘状柱头。蓇葖果，呈长角状；种子一端有白长绵毛。花期 6～8 月，果期 9～10 月。

［生长环境］ 常生于山谷阴湿处或水边。

［产　　地］ 浙江、江苏、安徽、广东、贵州等省。

［用　　途］ 据文献记载：白薇（Cynanchum atratum Bge.）有解热利尿作用，但本品系同属异种植物，目前有些地区代白薇入药，但是否药效相同，尚待研究。

［理化性质］ 含皂角甙。

［采收处理］ 8 月间采挖。拔起全株，割去地上部分，洗净泥土，晒干，即为白前。

［其　　他］ 除上种外，很多地区也常用分布于浙江、江苏、安徽、江西、湖南、湖北、广东、广西、贵州、云南、四川等省区的芫花叶白前［Cynanchum glaucescens（Decne）Hand. -Mzt.］代白前入药，它与斯氏牛皮消的不同点是根状茎节处丛生多数细根，叶椭圆形；花较大，直径约 8 毫米，花冠黄白色，裂片卵圆形。

305 杠柳（gangliu）（图 262）

［学　　名］ **Periploca sepium** Bge.　萝藦科

［药 材 名］ 北五加皮

（地方名、形态特征、生长环境、产地及其他用途见“纤维类”，302 页）

［用　　途］ 根皮入药，可作强心剂。

［理化性质］ 据南京药学院陈令闻进行成分分析：除得一种可随水蒸气挥发的白色针状结晶外，并得到一种与萝藦甙（periplocin）相类似的结晶。

［采收处理］ 春、秋季挖采其根，用木槌捶松，除去中心的木质部分。晒干即成。

［其　　他］ 我国北方市场上药用，都以杠柳的根皮称“北五加皮”，浸酒服用。此外，四川也用蜀加皮（Acanthopanax setchuensis Harms.），俗名“红毛五加皮”或“多刺五加皮”，作为浸制五加皮酒的一种原料。

306 徐长卿（xuchangqing）（图 1443）

［地 方 名］ 独脚虎、一枝香、中心草（江苏），寮刁竹（广西）。

［学　　名］ **Pycnostelma paniculata** (Bge.) Schum.　萝藦科

［形态特征］　多年生草本，高 40～60 厘米。根状茎短而斜生，有均一的棕色绳索状细根，具特殊气味。茎直立，细梗，单一或分歧，无毛，分枝直立。叶对生，有短柄或几无柄；叶线状披针形，长 7～8 厘米，宽 4～5 毫米，先端渐尖，基部渐狭，边缘稍反卷，具硬的短缘毛，表面具短粗毛，背面无毛，中脉隆起。花序顶生及腋生，几成伞形状总状花序；苞片甚小，披针形；花淡黄绿色；萼片 5，披针形，尖头；花冠 5 深裂，裂片长圆形，向外反卷；副冠裂片肉质，新月形，贴伏于花药及雄蕊筒部；雄蕊甚短，花药大形，向基部膨大，上端具极小的三角状膜质附属物，花粉块纺锤形，较粉腺稍长；粉腺卵形，顶端尖，与花粉块接着处膨大；柱头平扁，具 5 棱角。蓇葖果卵形，长渐尖，长 6.5～7.5 厘米，无毛。种子卵形，长 6～7 毫米，具狭缘。花期 7～8 月，果期 8～9 月。

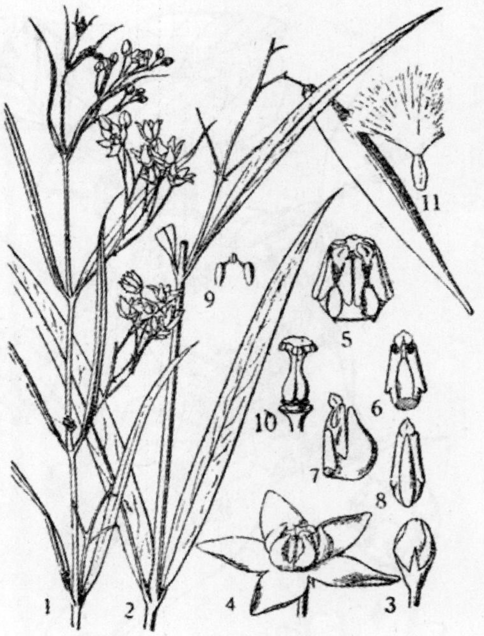

图 1443　徐长卿
Pycnostelma paniculata（Bge.）Schum.
1．花枝；2．果枝；3．花蕾；4．花；5．花去掉花被和副花冠；6．雄蕊内面观；7．雄蕊侧面观；8．雄蕊外面观；9．花粉块；10．雌蕊；11．种子。

［生长环境］　生于多石质干山坡，干燥丘陵草坡，杂木林及灌丛间。

［产　　地］　内蒙古、吉林、河北、河南、江苏、山东、江西、湖北、四川、广东、广西、福建等省区。

［用　　途］　根和幼苗供药用。根煎水服，可治一切痧症和肚痛、胃气痛、食积、霍乱等症。幼苗浸酒漱口，可治牙痛。广西民间用根苗锤烂敷治毒蛇咬伤。福建用根状茎代樟脑丸，防止虫蛀。

［采收处理］　幼苗春季采收，洗去泥土，晒干；根于秋季采挖，将采来的根除去残茎和泥土，晒干。如鲜用的可随采随用。

307 菟丝子（tusizi）（图 1444）

［地 方 名］　菟丝、豆寄生（江苏、辽宁），无根草（江苏、河南），没娘藤、无根藤（四川、贵州），豆阎王（河南），山麻子（河北），龙须子（辽宁），金丝藤、黄丝（山西）。

［学　　名］　**Cuscuta chinensis** Lam.　旋花科

［药 材 名］　菟丝子

［形态特征］　一年生寄生植物，全株无毛。茎蔓性，左旋，丝状，橙黄色，直径小于1毫米，长可达1米，随处生吸管附着寄主，无叶。花多数，簇生为球形，花梗强壮，较茎为粗，有苞；花圆球形，白色；萼片5，阔卵形，先端钝；花冠白色，为萼的一倍长，短钟形，5裂，裂片先端钝；雄蕊5，与花冠裂片互生，花丝短，几与花药等长；鳞片5，略呈长圆形，边缘縋形，着生于花冠之基部及雄蕊下；雄蕊露于花冠之外，子房2室，花柱2叉。蒴果球形，长约3毫米，柱头宿存。种子2～4，淡褐色。花期7～8月，果期8～10月。

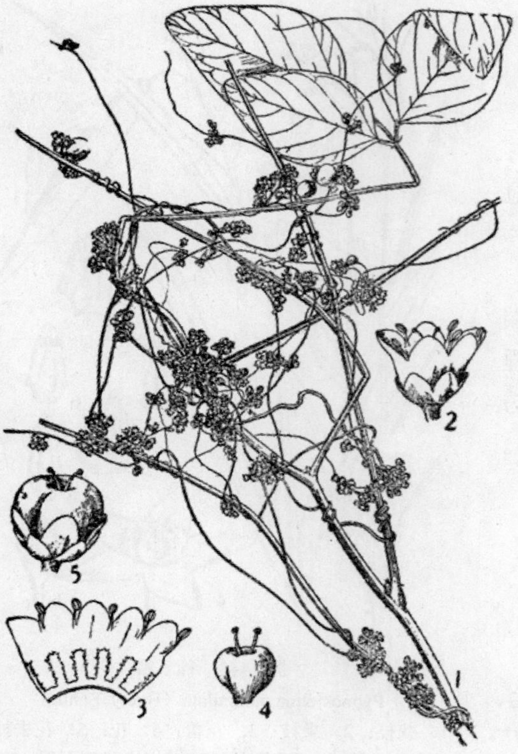

图1444　菟丝子
Cuscuta chinensis Lam.
1．植株全形；2．花；3．花冠展开示裂片、雄蕊和鳞片；4．雌蕊；5．果实。
（自"江苏南部种子植物手册"）

［生长环境］　寄生于草本植物上，尤以豆科、菊科、藜科为甚。常为害大豆。

［产　　地］　辽宁、吉林、黑龙江、河南、河北、山西、江苏、贵州、四川等省。

［用　　途］　种子为滋养性强壮收敛药，治阳痿、遗精、遗尿等症。

［理化性质］　种子含树脂样的糖甙、糖及淀粉等。

［采收处理］　9～10月间种子成熟时连寄主一起割下晒干，打下种子，簸去杂质，筛尽土屑，用布袋或双线麻袋装，贮藏于干燥处。品质以干燥、洁净、黑褐色、不蛀的为佳。

［其　　它］　药用菟丝子除本种外，尚有一种日本菟丝子（Cuscuta japonica Choisy.），其分布与菟丝子同。它与菟丝子的主要区别是：植株稍粗壮白色，常有紫色斑点；花白色，花序穗状，花柱愈合一起为一个，柱头2裂。

308 牵牛（qianniu）（图778）

［学　　名］　**Pharbitis nil** (L.) Choisy　旋花科

［药 材 名］　黑白丑、牵牛子、黑丑、白丑、二丑

（地方名、形态特征、生长环境、产地及其他用途见"油脂类"，950页）

［用　　途］　种子为峻下药；也有驱虫及利尿的效能。

［理化性质］　种子含树脂性甙名牵牛子甙（pharbitin）约 2%，为泻下成分；此外尚有脂肪油 11%及两种色素甙类。

牵牛子甙（pharbitin）是由牵牛子酸（pharbiticacid，$C_{28}H_{68}O_{23}$）的糖部与顺芷酸（tiglic acid）与尼里酸（nilic acid）等结合而成。牵牛子酸是由伊波露酸（ipurolic acid）与葡萄糖、鼠李糖而成的糖甙。

［采收处理］　9～10 月间果实成熟时，将藤割下，打下种子，除去杂质，晒干，用麻袋包装，贮于干燥处。品质以干燥、成熟的为佳。

309 东北鹤虱（dong-beiheshi）（图 1445）

［地 方 名］　兰花蒿、赖毛子、养汉精、粘珠子（辽宁），赖鸡毛子（黑龙江）。

［学　　名］　**Lappula echinata** Gilib. var. **heteracantha** O. Ktze.　紫草科

［药 材 名］　鹤虱（东北）

［形态特征］　一年或二年生草本，高 20～50 厘米，全株密被灰白色刚毛。茎直立，通常中上部分枝。基生叶丛生，早枯；茎生叶互生，无柄，披针形、倒披针形至线状披针形，长 1.5～4 厘米，宽 3～6 毫米，先端稍尖或钝头，基部楔形，全缘，密生粗毛。总状花序于顶部分歧，构成数个至 10 余个分枝；花小，蓝色；苞片线形或披针形，有毛；花萼 5 裂，裂片线形或线状披针形；花冠近钟形，先端 5 裂，裂片呈卵状长圆形，喉部有 5 小鳞片；雄蕊 5，着生于花冠中部，子房上位，雌蕊具 2 心皮。小坚果卵状三角形，表面有突起，边缘生钩毛。花期 5～7 月，果期 6～8 月。

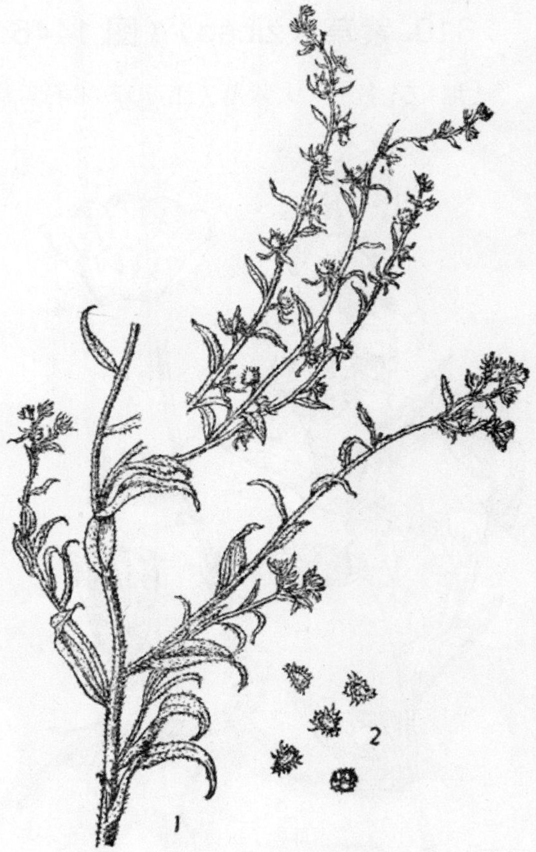

图 1445　东北鹤虱

Lappula echinata Gilib. var. heteracantha O. Ktze.

1．植株的一部；2．小坚果。

［生长环境］　路旁、河边、砂地、田边、山坡草地。

［产　　地］　辽宁、吉林、黑龙江。

［用　　途］ 果实为驱虫药。可驱蛔虫、蛲虫、绦虫等。种子可榨油（见“油脂类”，951页）。

［采收处理］ 果实成熟后将全草割下晒干，用木棒打落果实，除净杂质，放在通风干燥地方贮藏。

310 紫草（zicao）（图1446）

［地 方 名］ 大紫草（江苏），红条紫草（广西），紫草根子、地血、紫芙（山西），紫丹、鸦衔草（山东）。

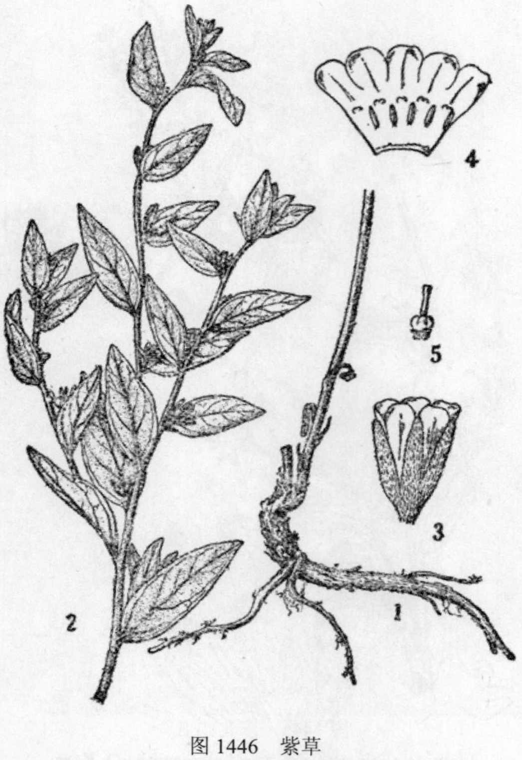

图1446　紫草

Lithospermum erythrorhizon Sieb. et Zucc.

1．根及茎的一段；2．果枝；3．花的侧面观；4．花冠剖开后示雄蕊及鳞片；5．雌蕊。

［学　　名］ **Lithospermum erythrorhizon** Sieb. et Zucc.　紫草科

［药 材 名］ 硬紫草（东北），紫草（华东）。

［形态特征］ 多年生草本，高约60厘米。根长条状，略弯曲，肥厚，紫红色，表面具纵直而微扭曲的深沟纹。茎圆柱形，上部分枝，全株被硬毛。叶互生，具短柄或无柄，卵状披针形，两端尖，全缘或稍呈不规则波状。聚伞状总状花序顶生，果实长达10厘米；苞片叶状，两面具粗毛；萼片5，披针形，基部微合生；花冠白色，筒状，先端5裂，喉部有5个鳞片状物；雄蕊5；子房深4裂，花柱单一，线形，生于子房的中央。小坚果直立，卵圆形，淡褐色。种子4个，卵圆形，淡褐色，有光泽，腹面中央有一条纵棱。花期5～6月，果期7～8月。

［生长环境］ 荒山、荒地、田野、路边及干燥多石山坡的灌丛中，据山东农民反映，紫草常在避西南风的山坡、山谷中；在华南地区常见于海拔800米处的山地。

［产　　地］ 辽宁、吉林、黑龙江、山西、山东、河北、陕西、江西、江苏、广西等省区。据调查以辽宁、吉林、黑龙江产量较多。

［用　　途］ 根入药，能活血、凉血、消炎、利尿；治天花、麻疹、猩红热、黄疸、丹毒及疮癣外疡等；近年已广泛使用为预防小儿麻疹药效果很好。浸制成软膏外用，治火伤、冻伤、湿疹、水泡等症有效。

紫红色的根又可作紫红色的染料，能染丝织品及棉织品。

［理化性质］　根中含紫色结晶性物质乙酰紫草宁（acetylshikonin，$C_{18}H_{18}O_6$），熔点 85～86℃，水解得紫草宁（shikonin，$C_{16}H_{16}O_5$），是萘醌衍生物，结构近似维生素 K，含量为 0.015%。另外含一种色素，名紫草红（lithospermin）。

［采收处理］　采掘紫草根一般在 4～5 月苗初出土时及 8～9 月茎叶枯萎时进行，尤以秋季采掘的质量较好。挖出全根后，去掉茎苗、泥土（勿用水洗以防变色），晒干或用微火烘干即成。包装用麻袋或条筐，存放在干燥通风处，防止受潮霉烂和虫蛀。品质以条粗长，暗紫色，质柔软，无残茎和杂质的为好；条细短，色淡，折断面黄白色，体硬，并带残茎和泥的为次。

［其　　他］　目前在许多地区，因大量挖掘紫草，产量逐渐减少，应注意保护并发展人工培植。据广西经验：在秋季种子成熟后，采集晒干收藏，冬季播种，春季发芽，幼苗 2～3 寸时移植，当年即能开花结果，次年秋季即可采挖。

311 新疆紫草（xinjiang-zicao）（图 1447）

［学　　名］　**Macrotomia euchroma** (Royle) Pauls.　紫草科

［药 材 名］　紫草

［形态特征］　多年生草本，高 15～25 厘米，全株被糙硬毛。根直生，略呈圆锥形或倒圆锥形，根头部常与支根扭卷一起，外皮暗红紫色，多栓皮。茎直立单一或基部分两歧，被长硬毛。基生叶无柄，叶片线状披针形，先端急尖，基部渐狭，全缘，黄绿褐色，两面被长硬毛，茎生叶互生，无柄，较基生叶短小。蝎尾状聚伞花序密生于茎顶；花两性，苞片叶状，线状披针形，具硬毛；花萼短筒状，先端 5 裂，裂片狭窄叶状，与花冠等长或超出；花冠长筒形，紫色或淡紫色，先端 5 裂，裂片椭圆形；雄蕊 5，着生于花冠管中部，花丝短；

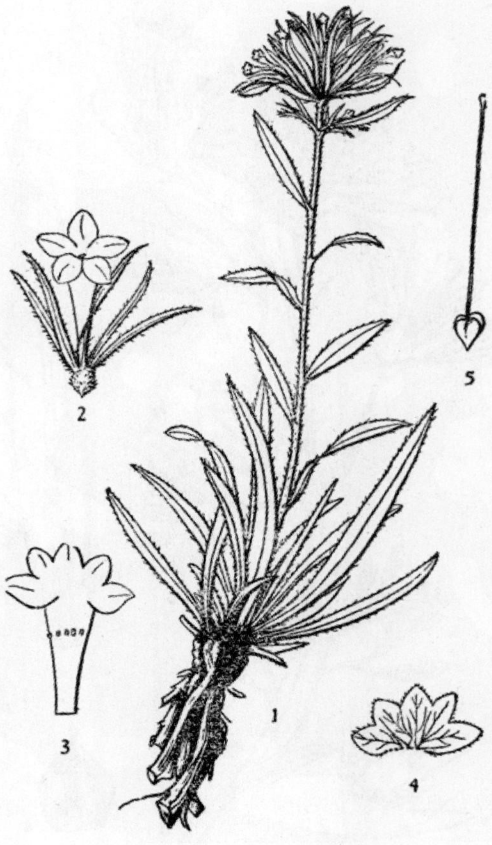

图 1447　新疆紫草

Macrotomia euchroma（Royle）Pauls.

1. 植株全形；2. 花；3. 花冠剖开；4. 萼；5. 雌蕊。

（自“中药志”）

子房上位，4 深裂，花柱纤细，柱头球形，2 深裂。小坚果，阔卵形，淡褐色。花期 6～7 月，果期 8～9 月。

［生长环境］ 生向阳的山野草丛中。

［产　　地］ 新疆维吾尔自治区。

［用　　途］ 根入药，有清热凉血、消肿解毒、滑肠通便的功效，主治斑疹痘毒，痈肿，大便燥结。

［采收处理］ 通常于春季 4～5 月或秋季 9～10 月间挖根，除去残茎和附泥，晒干供药用。

312 滇紫草（dianzicao）（图 1448）

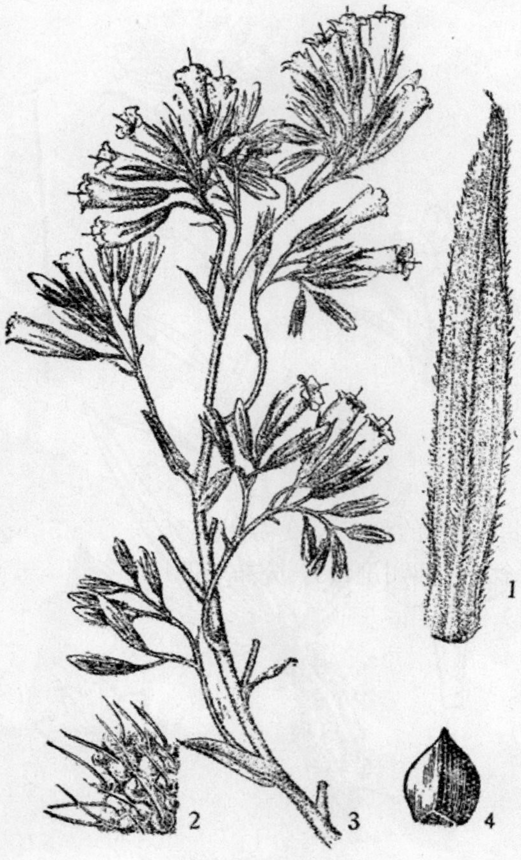

图 1448 滇紫草
Onosma paniculata Bur. et Franch.
1．叶的背面；2．叶面的刚毛；3．花序；4．小坚果。

［学　　名］ **Onosma paniculata** Bur. et Franch. 紫草科

［药 材 名］ 紫草（云南）

［形态特征］ 多年生草本，高可达 60 厘米。根直生，圆柱形，长可达 36 厘米余，直径 5～25 毫米，外皮黑紫色，易剥落。茎直立，不分枝，全株被长硬毛。单叶互生，无柄，下面叶较长大，长圆形或披针形，长约 20 厘米，宽约 2.6 厘米，先端渐尖，基部阔楔形，全缘；上部叶渐小，披针形。蝎尾状聚伞花序，排列呈圆锥状；萼筒深 5 裂，裂片线形至披针形；花冠筒状，紫色，先端 5 浅裂，裂片三角形，花期反卷；雄蕊 5，着生于花冠筒上，包围花柱，花丝被白色柔毛，子房上位，深 4 裂，花柱伸出花冠之外，柱头浅裂。小坚果卵形，淡褐色。花期 5～6 月，果期 8～10 月。

［生长环境］ 山野草丛中。

［产　　地］ 云南的大理、楚雄及保山等地。

［用　　途］ 滇紫草皮外用治各种疮症，内服防治麻疹、痘毒，有清凉解毒之效。根可预防麻疹，也可

凉血解毒。

［采收处理］ 秋季挖取根部。去掉残茎及泥土，晒干，剥下外皮为紫草皮；除去外皮的木部为紫草根。品质以色深紫红、皮厚心细的为好。贮存于干燥的地方。

313 珍珠枫（shenzhufeng）

［地 方 名］ 紫珠（陕西）

［学　　名］ **Callicarpa bodinieri** Lévl. 马鞭草科

［形态特征］ 灌木，高可达3米。幼枝及小枝通常密被茶褐色短柔毛及星状毛与腺点，老枝较光滑或无毛。单叶对生，具柄；叶片阔圆形或椭圆状披针形，长7～18厘米，宽2.5～8厘米，先端渐尖，基部楔形，边缘具细齿或齿状，表面疏被毛，背面密布单生或分枝的短柔毛、星状毛及腺点，侧脉每边6～9条，由主脉微弯向前射出。聚伞花序腋生，花小，淡红色；花萼短钟状，先端4浅裂，内面近于光滑；花冠短钟状，先端4裂；雄蕊4，花丝较花冠的裂片为长，无毛而具腺点，花药长椭圆形，药隔密生腺点；雌蕊1，子房球形，花柱细长，长于雄蕊。浆果状核果，球形，熟时堇紫色，内有种子2～4。花期7～9月，果期9～10月。

［生长环境］ 生于海拔600～900米的山坡林地或山地。

［产　　地］ 陕西、山西、江苏、安徽、浙江、湖北、江西、四川、云南、贵州等省。以四川地区的产量较大。

［用　　途］ 根及种子入药。浙江泰顺县民间用全株治消化不良症；龙泉县民间用根煎水洗眼，可治眼翳；四川山区人民用全株作妇科药，治女子白带症、通经及虚劳；又用根及种子为儿科伤寒发汗药。

［采收处理］ 秋末挖根，将根部洗净晒干；全株入药的通常是采用其茎上的枝条，晒干后，切成片入药。种子在熟后采下。

［其　　他］ 民间药用的除珍珠枫外，同属的尚有（1）狭叶红紫珠（Callicarpa rubella var. angustata Rehd.），地方名称为水金花（四川屏山），分布于四川、贵州、云南等省，四川民间用根泡酒服可调气和血；（2）红紫珠（Callicarpa rubella Lindl.），分布于浙江、四川、广东、广西、贵州、云南等省区，四川民间用叶子搓碎敷伤处可以接骨；（3）黄腺紫珠（Callicarpa luteopunctata Chang），产于四川的屏山、金阳等县；根煎水洗疮可消毒；（4）尖尾枫［Callicarpa longissima（Hemsl.）Merr.］，产广西梧州、阳朔、博白等县，民间用根煎水洗治风湿，内服治痧气。

314 海州常山（haizhouchangshan）（图1449）

［地 方 名］ 香楸（山东），臭树、野臭蒲、臭楸、追骨风、臭桐（江苏）。

［学　　名］ **Clerodendron trichotomum** Thunb. 马鞭草科

［药 材 名］ 臭梧桐

［形态特征］　落叶灌木或小乔木，茎直立，高约3米；树皮灰白色；幼枝有短柔毛。叶对生，叶片阔卵形或椭圆形，长5～17厘米，宽3～14厘米，先端渐尖，基部阔楔形或近于截形，全缘或有时疏生波状锯齿，两面均疏生短柔毛，沿叶脉处较密；叶柄长3～4厘米。花集成三分枝的聚伞花序，顶生，有长梗；花白色或淡红色；花萼带紫红色，中部膨大，先端5深裂；花冠管细，长2～2.2厘米，先端5裂，裂片长椭圆形，开展；雄蕊4，花丝细长，远伸出花冠外；子房上位，花柱细长，伸出花冠外，柱头分叉，先端尖。核果扁球形，外围有宿存的红色花萼，熟时蓝色。花期8～9月，果期9～10月。

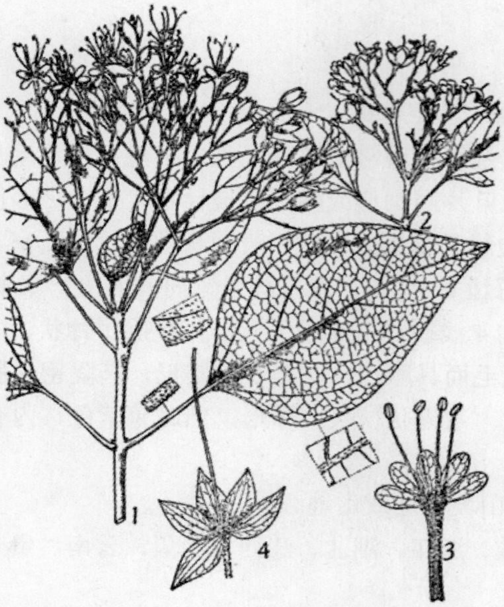

图1449　海州常山

Clerodendron trichotomum Thunb.

1. 花枝；2. 果枝；3. 花剖开，示雄蕊着生；4. 雌蕊及萼。

［生长环境］　低山坡、路旁、灌木丛中或林缘地带。

［产　　地］　河北、山东、江苏、浙江、湖北、四川、福建、陕西、江西、台湾等省。

［用　　途］　花枝入药。为镇痛、利尿药，并有降低血压的作用。

花枝煎汁外用、可为牛马杀虱药。此外还可作土农药。

［理化性质］　含有常山根碱（orixine），原马鞭草甙（n-verbenungen）等。

［采收处理］　8～10月间开花后采收，在江苏无锡是6～7月花开前采收；用镰刀割取花枝及叶，晒干，捆成束。品质以花枝干燥、带有绿色的叶、无杂质的为好；用草袋、竹篓或线袋包装，存放干燥处备用。

［其　　他］　在四川会东、米易、盐边等县有一种臭茉莉（Clerodendron fragrans Vent.），民间用花蒸鸡蛋可治头昏。该种叶为心形，表面被黑色硬毛，背面密被白色茸毛；花冠玫瑰色，与海州常山可以区别。

315 马鞭草（mabiancao）（图1450）

［地 方 名］　山荆芥、野荆芥（浙江），兔子丝、透骨草、蛤蟆棵、兔子草（江苏）。

［学　　名］　**Verbena officinalis** L.　马鞭草科

［药 材 名］　马鞭草

［形态特征］　多年生草本，高达 1 米以上。茎直立，基部木质化，上部有分枝，四棱形，棱及节上疏生硬毛。叶对生，茎生叶近无柄，叶片倒卵形或长椭圆形，长 3～5 厘米，宽 2～3 厘米，先端尖，基部楔形，羽状深裂，裂片上疏生粗锯齿，两面均有硬毛，表面叶脉下陷，背面隆起。穗状花序顶生或腋生，或分枝而成圆锥状，长 16～30 厘米，花梗四方形，具稀毛；花小，紫蓝色；花萼管状，长约 2 毫米，先端 5 浅裂，外面及顶端具硬毛；花冠唇形，下唇较上唇为大，上唇 2 裂，下唇 3 裂，喉部有白色长毛；雄蕊 4，着生花冠筒内，不外露；雌蕊 1，子房上位，4 室，花柱顶生，柱头 2 裂。蒴果长方形，成熟时分裂为 4 个小坚果。花期 6～8 月，果期 7～10 月。

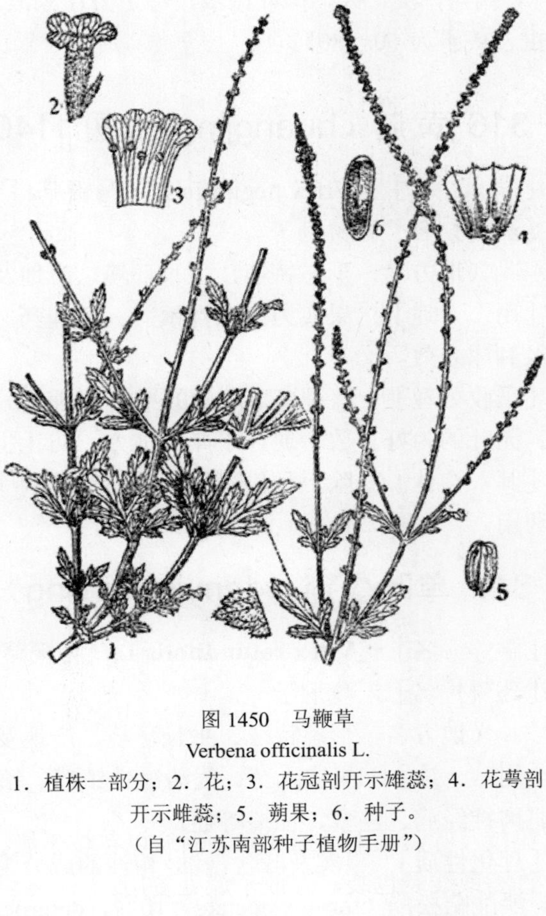

图 1450　马鞭草
Verbena officinalis L.
1．植株一部分；2．花；3．花冠剖开示雄蕊；4．花萼剖开示雌蕊；5．蒴果；6．种子。
（自“江苏南部种子植物手册”）

［生长环境］　河岸草地，荒地，路边，田边及草坡等处。

［产　　地］　全国各省都有，以江苏、浙江、江西、安徽、湖北、湖南、四川、云南、贵州、广西、广东、福建等省区产量最多。

［用　　途］　全草入药，为发汗药；茎叶有通经功效，内服可以促进分娩及产后胎盘脱离，清除产后排泄物的久滞及月经困难，并有消胀除虫之效；根用于赤白痢疾，慢性疟疾，水肿等症，并有下泻作用。

全草可作兽药，治牛膨胀症，水泻症，泻血症及猪丹毒。

［理化性质］　全草含马鞭草甙（verbenulan，$C_{17}H_{25}O_{10}$），为针状结晶，溶于水，熔点 180～182℃，及马鞭草油萜醇（verbenalol，$C_{11}H_{14}O_5$），溶于有机溶剂，熔点 133～135℃，（分解），另含转化酶等；茎叶含芳香油，油中主要成分为柠檬醛、香叶醇、柠檬烃、倍半萜等。

［采收处理］　7～10 月开花后，割取地上部分，晒干即得，也有少数地区采取全草，晒干。品质以色青绿、带花穗、无根及无杂质的为好。用麻袋包装，贮于干燥通风处。

［其　　他］　全草可供农药用。据河南省资料：马鞭草加清水捣碎，榨取汁液，

每15公斤原液加水35公斤及少量的肥皂，喷洒，防蚜虫率达100%；10倍马鞭草水浸出液，能抑制小麦秆锈菌及秆锈菌夏孢子发芽，效果达100%；20倍水浸出液对马铃薯晚疫病菌孢子发芽有显著的抑制效果。马鞭草切碎，每公斤加水20公斤煮沸，榨取原液，每公斤原液加水7公斤，喷洒，防治菜青虫效率80%。马鞭草捣烂，每1公斤加水1公斤，捣匀，浸一天，榨取原液，每1公斤原液加水4～5公斤喷洒，可防治蚜虫及甘薯花虫，效果为60～80%。

316 黄荆（huangjing）（图1140）

［学　　名］ **Vitex negundo** L.　马鞭草科

［药 材 名］ 黄荆子

（地方名、形态特征、生长环境、产地及其他用途见“芳香油类”，1436页）

［用　　途］ 果实为清凉性镇静、镇痛药。江苏省民间将新鲜的茎叶煎汁内服，有通经利尿之效。

［采收处理］ 秋季摘下成熟的果实，晒干，除去杂质。品质以个大、饱满、纯净、无梗、无叶的为好。放于通风干燥的地方，防止生霉。

［其　　他］ 除上种供药用外，尚有牡荆（V. cannabifolia Sieb et Zucc.）的种子也供药用。

317 单叶蔓荆（danyiemanjing）

［学　　名］ **Vitex rotundifolia** L.　马鞭草科

［药 材 名］ 蔓荆子

（地方名、形态特征、生长环境、产地及其他用途见“纤维类”，305页）

［用　　途］ 果实入药，为清凉性镇痛、镇静药，并有强壮作用，用于神经性头痛、肌肉神经痛、痉挛、惊搐等症。

［理化性质］ 果实及叶含精油，精油的成分为1-α-蒎烯，莰烯(l-α-pinim，camphen) 55%，醋酸萜松酯（terpinylacetate）10%，deterpen醇（$C_{30}H_{32}O$）20%，醋酸松油醇等3～19%。

［采收处理］ 8～10月采收，将果实摘下，晒干，除去杂质。品质以干燥、粒大、饱满、充实、无杂质的为好。贮藏于干燥的地方。

318 藿香（huoxiang）（图1451）

［地 方 名］ 土藿香（华东、四川），大薄荷、白薄荷、鱼香、铁马鞭、鸡苏（四川），家苗香（河北），薄荷、猫把蒿；把蒿、仁丹草、狗尾巴香、拉拉香（辽宁），大藿香（江苏），野薄荷（浙江）。

［学　　名］ **Agastache rugosa** (Fisch. et Mey.) O. Ktze.　唇形科

［药 材 名］　藿香

［形态特征］　一年生或多年生草本，高可达1米。茎直立，四方形，近基部几木质化，微带红色，稀被微毛及腺体。叶对生，具长柄；叶片椭圆状卵形或卵形，长2～8厘米，宽1～5厘米，先端锐尖或短渐尖，基部圆形或带心形，边缘具不整齐的钝锯齿，叶面散生透明腺点，背面被短柔毛；叶柄长2～4.5厘米。轮伞花序，聚成总状花序顶生，有时也有少数腋生；叶片线形或披针形；花萼筒状，先端5齿，有腺点；花冠唇形，紫红色少为白色，上唇微弯曲，顶端微凹，下唇3裂两侧裂片很短；雄蕊4，2强，伸出花冠外；子房深4裂，柱头2裂。小坚果倒卵形，有三棱，褐色，顶生有短柔毛。花期9月，果期10～11月。

图1451　藿香

Agastache rugosa（Fisch. et Mey.）O. Ktze.

1. 根；2. 植株上部；3. 花；4. 花萼展开；5. 花冠剖开示雄蕊和雌蕊；6. 小坚果。

［生长环境］　通常为栽培种，常栽培于排水良好、土质肥沃、阳光充足的地方，野生于路边、田野、林阴下、山坡上及小沟旁。

［产　　地］　主产于四川的南川、重庆附近、绵阳、温江等地，在辽宁、吉林、黑龙江、河北、山东、河南、安徽、江苏、浙江、江西、陕西、甘肃、宁夏、广东、福建、贵州、云南、台湾等省区也有分布。

［用　　途］　茎叶为芳香健胃，清凉退热药。有止恶心、呕吐作用。对消化不良及胃寒而引起的吐泻、腹痛、心闷等症有效。

茎叶可提芳香油（见“芳香油类”，1438页）。种子含脂肪油（见“油脂类”，954页）。

［理化性质］　茎叶中含挥发油0.950～0.964，其主要成分为草蒿素，柠檬烃；此外尚含有鞣质及苦味质。

［采收处理］　7～9月采收。将采回的全草，除去根，放于干燥通风处阴干，不要曝晒，以免挥发油挥发。品质以干燥，茎叶外面暗绿色，无根的为好。保藏于干燥通风的地方。

319 活血丹（huoxuedan）（图 1452）

［地 方 名］ 连钱草（江苏），铜钱草、破金钱（浙江），透骨香、野荆芥、透骨消，小过乔风、哈木叶、碗子草（四川），透骨消（广西阳朔）。

［学　　名］ **Glechoma hederacea** L. 唇形科

［形态特征］ 多年生匍匐草本，高 5～20 厘米，茎细，四棱形；枝梢直立，被短柔毛。单叶对生，叶片肾形至圆心形，直径 6～32 毫米，先端钝，基部心形，边缘具圆齿；被细毛；叶柄长 4～44 毫米。花轮腋生，每轮 2～6 朵；苞片钻形，顶端有芒；花红紫色；花萼筒状，先端 5 刺齿，被细毛；花 2 唇形，上唇短，倒心形，下唇 3 裂，中裂片最大，先端凹；雄蕊 4，2 强，花丝顶端 2 歧，其中 1 枚着花药，药室叉开成直角；子房 4 裂，花柱光滑，柱头 2 裂。小坚果长圆形，褐色。花期 3～4 月，果期 5～6 月。

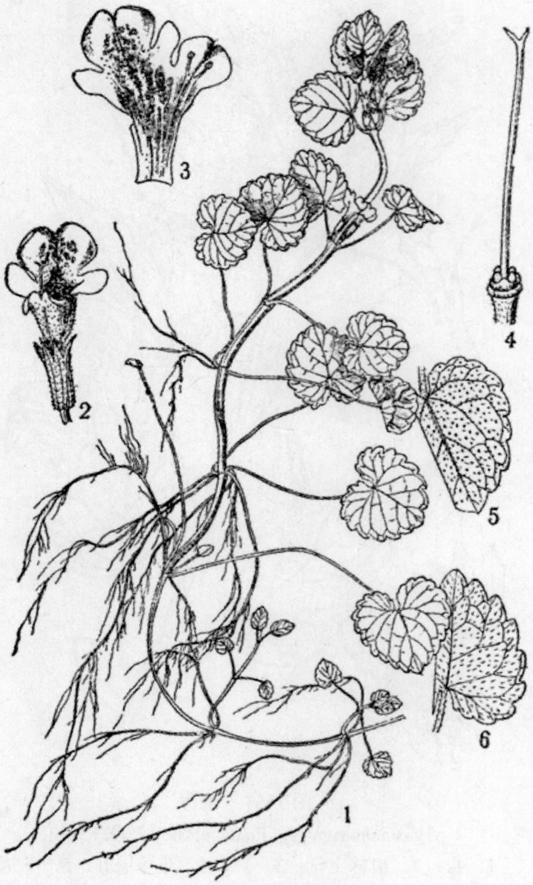

图 1452 活血丹

Glechoma hederacea L.

1．植株全形；2．花；3．花冠剖开示雄蕊；4．雌蕊示花盘；5．叶背面；6．叶正面。

［生长环境］ 生于田野、路旁、林缘、林间草地、疏林下、山谷下、溪边及河畔。

［产　　地］ 河北、山东、山西、河南、江苏、安徽、浙江、江西、湖南、湖北、陕西、四川、云南、福建、台湾、广东、广西等省区。

［用　　途］ 全草入药，治膀胱结石有效。浙江平阳民间用全草煎汁，用蜂蜜冲服，治全身关节痛；温州民间用茎叶捣汁，敷治小儿小疮及跌打损伤，叶汁内服可治小儿痫疾及慢性肺炎；四川民间用全草以盐揉贴可治肿毒和风癣。

茎叶晒干，可代茶叶用。

［理化性质］ 全草含芳香油（0.03%）、鞣质、皂角甙，另含维生素丙及胡萝卜素。

［采收处理］ 夏秋季采挖全草，除去杂质，晒干即可。外用时可随采随用。

320 野芝麻（yezhima）（图 1453）

［地 方 名］ 白花野芝麻、山麦胡（四川），白菜菜（辽宁）。

［学　　名］ **Lamium album** L. 唇形科

［形态特征］ 多年生草本，高 30～55 厘米。茎直立，单一，具 4 棱，被粗毛。单叶对生，叶柄长 6～50 厘米，有毛，叶片卵形，3～10 厘米，宽 1～5.5 厘米，先端长尾尖，基部心形，有时近截形，边缘具粗牙齿，两面有伏毛。轮伞花序生于茎上部叶腋；苞片线形；花萼 5 裂，裂片锥形或针形，比萼筒稍长或长近 1 倍；花冠白色，长 20～30 毫米，2 唇，有长毛，上唇呈兜状向下弯曲，下唇 3 裂，下垂。雄蕊 4，2 强，与上唇接着，花丝有茸毛，花药黑紫色；子房 4 深裂，花柱着生子房底，柱头 2 裂。小坚果三角状，暗褐色，长约 3 毫米。花期 5～6 月，果期 7～8 月。

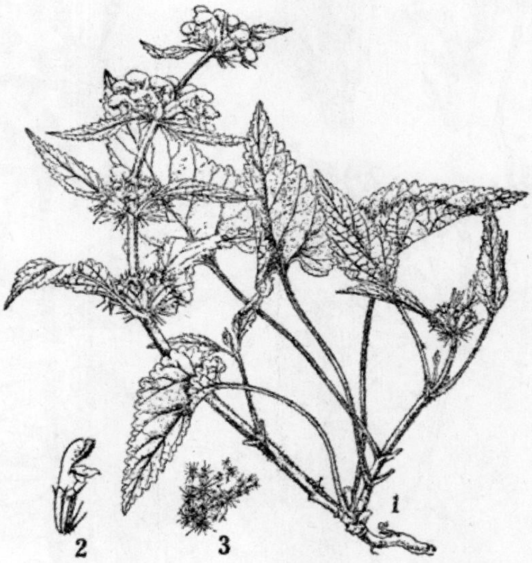

图 1453 野芝麻

Lamium album L.

1．植株全形；2．唇形花朵及萼；3．茎上星状毛。

［生长环境］ 林缘、林间空旷地、灌木丛间、路旁草丛中，溪边、山脚下都有生长。

［产　　地］ 辽宁、吉林、黑龙江、河南、河北、山西、陕西、江苏、浙江、安徽、湖北、湖南、四川等省。

［用　　途］ 花入药，用于子宫及泌尿系统疾患，治白带下及行经困难。

叶为提取维生素的原料；花可提取芳香油，并为较好的蜜源植物。

［理化性质］ 花中含有单宁、甙类、粘液质、糖分、植物碱、挥发油及皂角甙，100 克叶中含胡萝卜素 13.7～14.4 毫克，100 克幼茎中含维生素丙 33.2～130 毫克。

［采收处理］ 6～7 月开花时将花采下，阴干供药用。

321 益母草（yimucao）（图 1454）

［地 方 名］ 益母蒿（东北），茺蔚（山西、吉林），野麻（江苏），益母菜（广西），青蒿（四川），野故草、鸡母草（福建）。

［学　　名］ **Leonurus sibiricus** L. 唇形科

［药 材 名］ 益母草（全草），茺蔚子（种子）

［形态特征］ 一年或二年生草本。茎直立，方形，具白色倒生的细毛。叶对生；

基生叶具长柄，叶片略呈圆形，直径可达8厘米，叶缘具5～9浅裂，边缘具钝状锯齿，两面均密被茸毛；茎生叶有柄或近于无柄，叶片为掌状3裂，中央裂片通常又3裂，两侧裂片多有1或2小裂；茎上部之叶渐小，裂片多呈线形，顶端叶呈披针形，全缘。花多数，排列成腋生轮伞状花序；苞片圆锥形或针刺状，被毛，花萼筒状钟形，中部具长毛，先端5裂，裂片锥状；花冠唇形，粉红色，伸出萼筒外，有长毛，上唇兜状，具缘毛，下唇3裂，中裂片较两侧裂片长1倍，下唇长约为上唇的1/3；雄蕊4，2强；子房上位，4裂，花柱与上唇几等长，柱头2裂。小坚果4，三棱形，黑褐色。花期5～6月，果期7～8月。

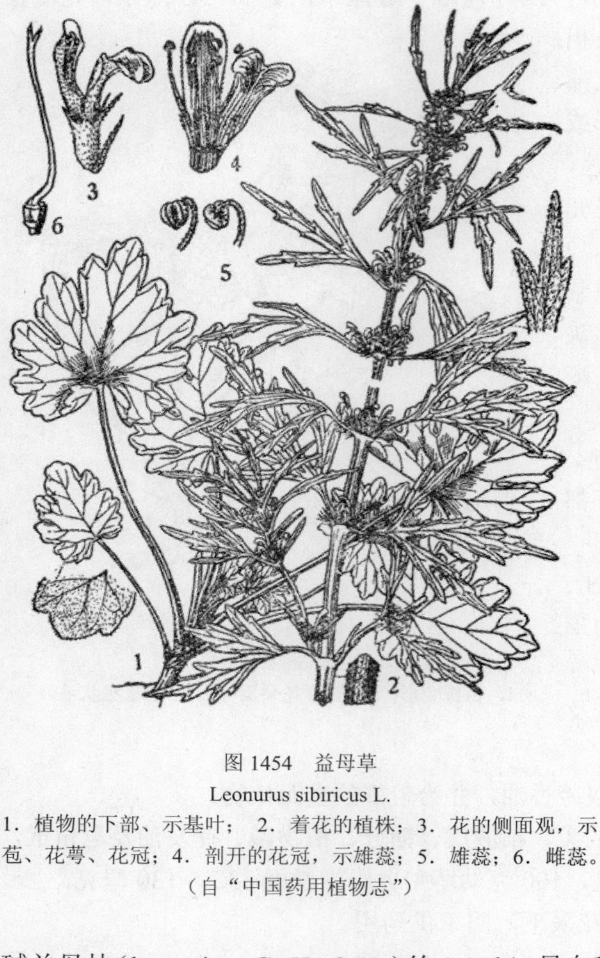

图1454 益母草

Leonurus sibiricus L.

1．植物的下部、示基叶； 2．着花的植株；3．花的侧面观，示苞、花萼、花冠；4．剖开的花冠，示雄蕊；5．雄蕊；6．雌蕊。

（自“中国药用植物志”）

［生长环境］ 野生于路旁、草地、荒地或多石的山坡，沙丘等处；喜生于贫瘠干燥的地方。

［产　　地］ 全国各地均产，以河南（洛阳、许昌）、安徽、四川、浙江等地产量最大。

［用　　途］ 全草为产后止血及子宫收缩药。月经过多和产后流血过多等病均有疗效，而无副作用；并认为叶的效用较茎为强。种子（茺蔚子）尚有利尿、治眼疾的功效。

又可作兽药。治牛胎衣不下和子宫脱出等症。

种子可榨油（见“油脂类”，954页）。

［理化性质］ 含结晶性植物碱益母林（leonurine，$C_{13}H_{20}O_4N_4$）约0.05%；另自种子内提得植物碱益母宁（leonurinine，$C_{10}H_{14}O_3N_2$），熔点262～263℃；又自全草中提得植物碱益母亭（leonuridine，$C_6H_{12}O_3N_2$），熔点221.5～222℃。

［采收处理］ 9～10月植株变黄，种子成熟时采收，将采来的全草，用槌轻打，打下种子，分别晒干；全草的品质以干燥，黄绿色，无根，无泥者为好；种子以干燥，饱满，无泥者较佳，贮藏于干燥通风处。

［其　　他］ 除上种益母草供药用外，尚有下列几种往往混入益母草中一起入药。（1）錾菜（Leonurus macranthus Maxim.）；（2）狭叶益母草（L. manshuricus Maxim.），

其与益母草主要区别如下：

1．生于茎中部的叶，阔卵形，3裂或羽状线裂，花序上部的叶披针形，全缘……錾菜

1．茎生叶掌状分裂，花序上部的叶分裂。

2．叶裂片狭窄，狭线形，花较大，长达23毫米……………………狭叶益母草

2．叶裂片较前种宽，花较小……………………………………………………益母草

322 地瓜儿苗（diguaermiao）（图1455）

［地 方 名］　地笋（江苏、吉林），小升麻、地筒子、地源子、别甲藕（四川）。

［学　　名］　**Lycopus lucidus** Turcz.　唇形科

［药 材 名］　泽兰

［形态特征］　多年生草本。地下茎与茎基部均肥厚，呈纺锤状，白色，节上着生须根。茎直立，高30～120厘米，方形，在棱上和节上有长毛。单叶对生，有短柄或近于无柄，叶片卵状披针形或披针形，长4～12厘米，宽2～3厘米，先端渐尖或尾尖，基部楔形，边缘有三角形粗锯齿，表面光滑，背面生长毛。轮状花序腋生，每轮有花6～10朵；萼片披针形，全缘，萼钟形，外被短柔毛，先端有5齿，绿色；花冠钟状，白色，长3.5～4毫米，二唇上下直立，先端微缺，下唇多裂，花冠喉内密被细软毛；雄蕊2，分离，稍伸出花冠筒外，花药2室，有退化雄蕊2，或有时缺，长圆状卵形，4深裂，花柱细长，伸出花冠之外，柱头2裂，外卷。小坚果扁平而光滑，顶端平截，暗褐色。花期7～9月，果期9～10月。

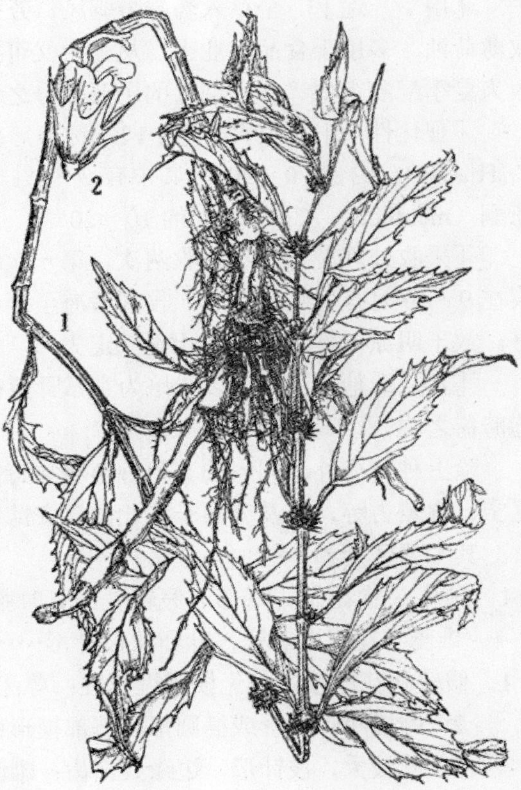

图1455　地瓜儿苗

Lycopus lucidus Turcz.

1．植株全形；2．花。

［生长环境］　性喜潮湿。多生于湖沼旁、阴湿地，山野的低湿地及溪流沿岸的灌木丛或草丛中。

［产　　地］　黑龙江、吉林、辽宁、河北、山西、山东、安徽、江苏、浙江、湖北、陕西、四川、云南、广东等省。

［用　　途］　全草为妇科要药。能通经、利尿，并对产前产后诸病均有效。

［采收处理］　夏秋两季当茎、叶生长最茂盛时采收；割取全草，去净泥沙，晒干即可；品质以干燥、茎短、质嫩、叶多、色灰绿者为好。用绳捆好，席包装，贮存于干燥通风处。

［其　　他］　大部地区采用地瓜儿苗当泽兰入药，少数地区用泽兰属的兰草（Eupatorium chinensis L.）、泽兰（E. japonicum Thunb.）入药。

323 薄荷（bohe）（图 1156）

［学　　名］　**Mentha arvensis** L.　唇形科

［药 材 名］　薄荷

（地方名、形态特征、生长环境、产地及其他用途见“芳香油类”，1452 页）

［用　　途］　全草入药，为驱风、芳香兴奋剂，大剂量用作发汗剂，此外，可提取薄荷油，多用于食品工业上，从油中又可提取薄荷脑，用来作皮肤粘膜局部镇痛剂，故为夏季配制市售“一心油”的主要成分之一。

［理化性质］　含挥发油约 1%，称为薄荷油，油中主要成分为：（1）薄荷脑（menthol，$C_{10}H_{19}OH$），约占 70～90%，其中有 3～6%与醋酸等结合成酯，其余游离存在；（2）薄荷酮（menthone，$C_{10}H_{18}O$）约 10～20%。

［采收处理］　每年可收两次，第一次收割在 6～7 月叶正盛花未开时；第二次采收在 9～10 月花开叶未落时。收割后凉至全干。品质以叶多，无根，绿色，气味浓者为好。放于阴凉干燥之处，防止香气走失。

［其　　他］　药用以栽培为主，野薄荷质量较差；江苏苏州的龙脑薄荷最好，有苏薄荷之称。

除上种薄荷外，同属的其他种植物如野薄荷（M. sachalinensis Kudo）分布于吉林、辽宁、内蒙古等，以及分布于东北的兴安薄荷（M. dahurica Fisch.）也都供药用。

其主要区别如下：

1．顶生头状花序，下部为假轮生，有时腋生，有花梗；萼齿宽短，较钝，几无毛；雄蕊与花冠近等长；叶卵状披针形……………………………………………兴安薄荷

1．假轮状花序腋生，无梗或近无梗；萼齿锐头。

　2．叶较小，卵形或椭圆形，基部楔形或圆形，边缘具牙齿；茎多分枝………薄荷

　2．叶较大，披针形，边缘具锯齿；雄蕊比花冠长；茎单一或分枝…………野薄荷

324 紫苏（zisu）（图 1456）

［地 方 名］　红苏、苏叶、红紫苏、黑苏（江苏），苏子、赤苏（山西），野苏（四川）。

［学　　名］　**Perilla frutescens** (L.) Britt. var. **crispa** (Thunb.) Decne. [*P. nankinensis* (Lour.) Decne.]　唇形科

［药 材 名］　苏梗、紫苏叶、紫苏子

［形态特征］　一年生直立草本，高 0.3～1 米，紫色或绿紫色，有紫色或白色细节毛，节上较密。单叶对生，有长柄；长 2.5～6.5 厘米；叶片卵形或卵圆形，长 4～11 厘米，宽 2.5～9 厘米，基部下延至叶柄，先端渐尖或尾状尖，边缘有粗锯齿，两面均为紫色。总状花序顶生或腋生，苞片卵圆形，先端渐尖；花萼钟状，具 5 齿和 10 条脉纹，呈 2 唇形，密被长柔毛，喉部有毛排列成环状；花冠管状，上端裂为 2 唇，红色或淡红色，上唇方形，顶端微凹，下唇较大，二侧瓣近圆形；雄蕊 4，2 强，花粉囊 2 室，稍作叉状；子房四裂，花柱出自子房基部。小坚果倒卵圆形，种子侧卵形。花期 7～8 月，果期 9～10 月。

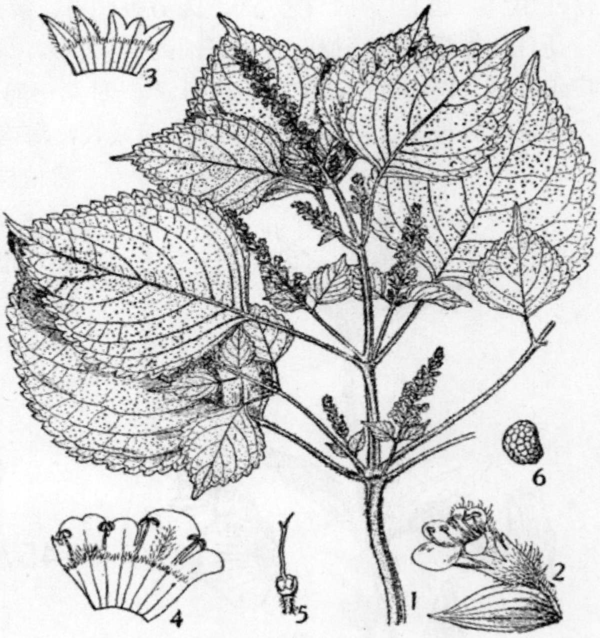

图 1456　紫苏

Perilla frutescens（L.）Britt. var. crispa（Thunb.）Decne.

1．植株全形；2．花及苞叶；3．花萼剖开；4．花冠剖开示雄蕊；5．雌蕊及花盘；6．小坚果。

（自“江苏南部种子植物手册”）

［生长环境］　栽培植物，适应性强；山坡，田野，路旁都能生长。

［产　　地］　辽宁、河北、山西、江苏、浙江、江西、福建、台湾、广东、湖北、四川、云南及贵州等省。

［用　　途］　茎、叶、种子均供药用。茎叶为发汗、镇咳、芳香性健胃利尿剂，并有镇痛、镇静、治感冒、解热、解鱼蟹中毒呕吐腹痛有效；种子有镇咳、祛痰、平喘之效，内服能发散精神的沉郁、有止呕的作用。

全草可提取芳香油，为食用香精和化妆品香精，并有强的防腐力，一般多用作糕点的香料。种子可榨油，可供作油漆等工业用油（见“油脂类”，955 页）。

［理化性质］　本品含挥发油约 0.5%，油中含紫苏醛（perillaaldehyde，$C_{10}H_{14}O$）约 50%，柠檬烃 20～30%，和少量间蒎烯等。

［采收处理］　6～8 月花未开放，叶正茂盛时采收较好。将全草连根拔出，摘下茎叶，放于通风的地方阴干即可；也有将采下的茎叶切成 1 厘米长的小段，晒干供药用的。品质以干燥、叶大、色紫、香气浓、无杂质为好。种子成熟时采收，将采得的种子晒干；品质以干燥、饱满、无泥屑的为佳。贮存于阴凉通风处保存。

325 广藿香（guanghuoxiang）（图 1166）

［学 名］ **Pogostemon cablin** (B1anco) Benth. 唇形科

［药 材 名］ 广藿香

（地方名、形态特征、生长环境、产地及其他用途见“芳香油类”，1463 页）

［用 途］ 叶、枝入药，为芳香健胃、解热、镇呕剂。

［理化性质］ 干燥叶含挥发油约 2～2.8％，称广藿香油（oil of patchouli），油中含广藿香脑（Palchoulol，$C_{15}H_{26}O$），系一种第三醇，并含苯甲醛、丁香酚及桂皮醛等。

［采收处理］ 广州市郊在 6～7 月采收，海南 5～6 月至 9～10 月二次均可采收。将植株连根挖出后，去掉幼根，将全草晒 2～3 天，堆起用草席盖面，约二天再晒，循环堆晒至干为止。品质以干燥，茎高 33 厘米左右，叶肥厚柔软，香气浓厚者为佳。放在干燥凉爽的地方，防止香气散失及虫蛀。

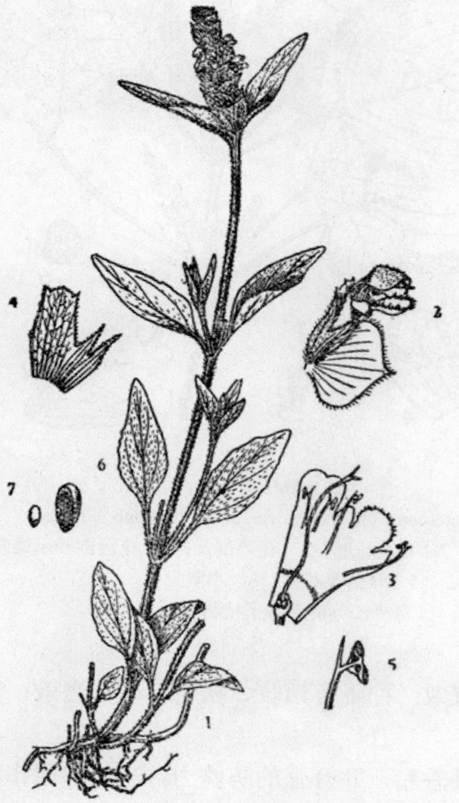

图 1457 夏枯草

Prunella vulgaris L.

1．植株全形；2．花及苞片；3．花冠剖开示雄蕊及雌蕊；4．花萼剖开示上唇及下唇；5．雄蕊；6．果实；7．种子。

（自“中国药用植物志”）

326 夏枯草（xiakucao）（图 1457）

［地 方 名］ 羊胡草、棒柱头草、棒头草（江苏），蜈蚣草头、四层楼、地疯婆（浙江），羊蹄尖（四川），蜂窝草、拳头母、夏枯（福建）。

［学 名］ **Prunella vulgaris** L. (*P. asiatica* Nakai) 唇形科

［药 材 名］ 夏枯草、夏枯球（湖北）

［形态特征］ 多年生草本，全株被白色细柔毛。根状茎匍匐于地上，下生多数细根。茎方形、直立或斜向上：通常带红色。叶对生，叶片椭圆状披针形，长 1.5～4.5 厘米，宽 0.5～1.4 厘米，先端锐尖，基部楔形，全缘或有疏锯齿，两面均有毛，背面有腺点。轮伞花序顶生，呈穗状，长 2～5 厘米；苞片阔肾形，背面及边缘均有

长硬毛，缘部呈紫色，有明显的脉纹，每苞片内含3朵花；花萼筒状，长8毫米，上唇平滑，长椭圆形，顶端具3小齿，中齿截形，中间有小突起，背面有或无毛，下唇具2深裂片，长约4毫米，背面及缘部均有粗毛；花冠唇形，紫色或白色，上唇帽状，2裂，下唇平展3深裂，花柱丝状。小坚果长椭圆形，褐色。花期5～6月，果期6～7月。

［生长环境］ 生于路旁、草地、林边、荒地山坡及草丛中。

［产　　地］ 辽宁、吉林、河北、河南、山东、江苏、安徽、浙江、湖北、江西、福建、台湾、湖南、广东、广西、四川、贵州、云南、西藏等省区。主产于河南省南阳、信阳，安徽省芜湖、安庆，浙江省兰溪、义乌，江苏南京等地，以河南、安徽、浙江产量最多。

［用　　途］ 花序为利尿药。治淋病有效；并能治高血压和瘰疬疮。

［理化性质］ 含水溶性无机盐类约3.5%，其中约有68%为氯化钾，并含植物碱样物质。

［采收处理］ 多在夏至到大暑间（6～7月）采收，采下花穗，剪去穗柄，晒干即可。品质以干燥、穗长、红棕色、不带叶柄的为好，放在干燥通风处贮存。

327 丹参（danshen）（图1458）

［地 方 名］ 红根、红参、活血根（江苏），紫丹参（江苏、四川），赤参（四川），红丹参（湖北），大红袍（河北）。

［学　　名］ **Salvia multiorrhiza** Bge.　唇形科

［药 材 名］ 丹参

［形态特征］ 多年生草本，全株密被黄白色柔毛及腺毛。根细长圆柱形，外皮朱红色，根状茎上生多数细长的根，根长10～25厘米，主根直径可达1.5厘米。茎直立，方形，上部分歧。奇数羽状复叶对生；具小叶3～5，稀为7，上方小叶较两侧小叶为大，卵圆形至阔披针形，长2～7厘米，宽1～4.5厘米，先端急尖，茎部斜圆形、阔斜形或近心形，边缘具圆锯齿，两面均被白

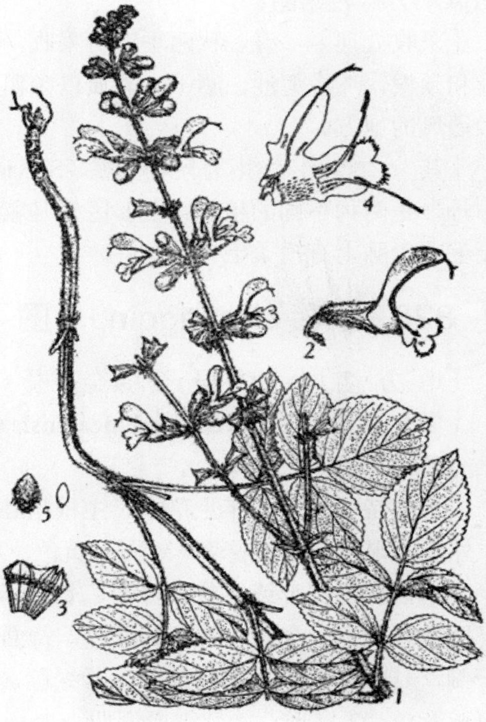

图1458　丹参

Salvia multiorrhiza Bge.

1. 植株全形；2. 花和苞片；3. 花萼剖开；4. 花冠剖开示雄蕊和花盘；5. 小坚果和胚。

（自“江苏南部种子植物手册”）

色柔毛。总状花序顶生或腋生，小花断续轮生，每轮有花3～10朵；苞片披针形：花萼长钟状，带紫色，2唇形；花冠筒状，蓝紫色，2唇形，上唇呈镰刀状，下唇较短，圆形，3裂，中央裂片较两侧为大；发育雄蕊2，从上唇伸出；子房上位，4深裂，柱头2裂；小坚果4，椭圆形。花期5～8月，果期8～9月。

［生长环境］ 多生于山野阳处，常见于山坡、草丛、林缘、山沟。

［产　　地］ 辽宁、河北、山西、河南、山东、安徽、江苏、浙江、江西、湖北、陕西、四川、贵州等省。主产于安徽的蚌埠、六安，山西的榆次，河北的易县、阜平，四川的金堂、中江，江苏的镇江等地；以安徽、江苏、河北产量最大，其质量次于四川栽培的丹参。

［用　　途］ 根为妇科要药。治子宫出血，月经不调，腹痛，疝痛，月经痛等症；有活血、止血、镇痛的功效。

根可提取栲胶。

［理化性质］ 根内含三种结晶性色素：即丹参酮甲（tanshinon Ⅰ，$C_{18}H_{12}O_3$），红棕色结晶；丹参酮乙（tanshinon Ⅱ，$C_{19}H_{18}O_3$），红色结晶及丹参酮丙（tanshinon Ⅲ，$C_{19}H_{20}O_3$），红色结晶。

［采收处理］ 春、秋两季皆可采收，但以秋末冬初挖取质量较好；挖出后，剪掉茎叶和须根，洗净泥沙，晒干。品质以条粗，内紫黑色，有菊花状白点者为好。贮放于干燥通风的地方。

［其　　他］ 河南有一种紫参（Salvia chinensis Benth.），在当地收购作丹参药用。它与丹参是两种不同的植物；主要区别是紫参的复叶由3小叶组成，罕为5小叶，叶背面无毛或仅脉上有短柔毛。

328 黄芩（huangqin）（图1459）

［地 方 名］ 山茶根子、黄金茶根（河北、内蒙古、山东、黑龙江、辽宁）

［学　　名］ **Scutellaria baicalensis** Georgi (*S. macrantha* Fisch.) 唇形科

［药 材 名］ 黄芩

［形态特征］ 多年生草本。主根粗壮，呈圆锥状，长可达50厘米，直径约2厘米，外皮黑褐色，片状脱落，断面呈黄色。茎丛生，分枝多而细，基部木质化。叶对生，近于无柄，长椭圆形或线状披针形，长2～4厘米，宽3～11毫米，先端渐尖或急尖，基部圆或阔楔形，全缘，表面深绿色，背面淡绿色，有黑色腺点。总状花序顶生；花偏于一侧，具叶状苞片；花萼唇形，紫绿色，上唇背面有盾状附属物，果时增大，膜质；花冠蓝紫色，2唇形，筒部细而弯曲；上唇3裂，兜状，下唇两侧向下反卷，中央部分下凹，雄蕊4，2强；雌蕊1，子房上位，4裂，花柱线状，先端2浅裂。小坚果4，近圆形，包于宿存萼内。花期7～9月，果期8～10月。

［生长环境］ 喜生于阳坡干燥之地。常见于山坡、草地石隙岩缝或灌丛中，在干旱及干燥的土壤上生长良好。

［产　　地］ 辽宁、吉林、黑龙江、河北、河南、山东、山西、陕西、宁夏、内蒙古、甘肃、江苏、安徽、四川、云南（西北部）。主产于河北的承德、保定，山西的汾阳、晋城，内蒙古的呼和浩特，以及河南、陕西。以山西产量最多，河北承德质量最好。

［用　　途］ 根为清凉性解热消炎药。对上呼吸道感染，急性胃肠炎等均有功效。少量服用有苦补健胃的作用。据苏联近年来研究黄芩制剂黄芩酊可治疗植物性神经的动脉硬化性高血压，以及神经系统的机能障碍；可消除高血压的头痛、失眠、心部苦闷等症。外用有抗生作用，如对白喉杆菌、伤寒菌、霍乱、溶血链球菌 A 型、葡萄球菌均有不同程度的抑止效用（“东北药用植物志”）。

茎秆可提制芳香油（见“芳香油类”，1467 页）。

［理化性质］ 本品含有两种黄碱素的衍生物，名汉黄芩素（woogonin，$C_{16}H_{12}O_5$）及黄芩甙（baicalin，$C_{21}H_{18}O_{11}$）。后者水解产生黄芩甙基（baicalein，$C_{15}H_{10}O_5$）及葡萄糖醛酸。

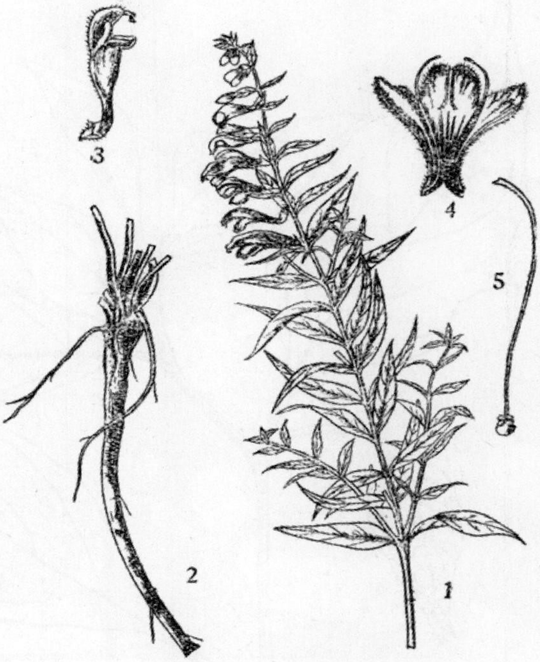

图 1459　黄芩
Scutellaria baicalensis Georgi
1. 花枝；2. 根；3. 花；4. 花冠展开示雄蕊；5. 雌蕊。

［采收处理］ 春秋两季皆可采挖，但以春季较好，挖取根部，去掉残茎及泥土，晒至半干，搓去外皮，再晒至 4～5 成干，再搓一次，如此反复进行，直到外皮全部去掉，再晒至全干。品质以根长、坚实、表面光滑呈棕黄色，根状茎少者为好；根短，中空者则较次。贮藏于通风处。

［其　　他］ 除本种黄芩普遍地入药外，在云南、四川等省尚有同属的一种川黄芩（Scutellaria amoena C. H. Wright），其根与黄芩极似，在西南地区也当作黄芩入药。其主要区别在于叶为长椭圆形，边缘疏生圆齿，分枝较少；花冠下唇全缘。

329 东莨菪（donglangdang）（图 1460）

［地 方 名］ 三分三（云南）

［学　　名］ **Anisodus luridus** Link et Otto [*Scopolia lurida* (Link et Otto) Dun.] 茄科

［形态特征］ 多年生草本，高 50～150 厘米，有时可达 2 米。根状茎粗大而短；主根几垂直，深入地下，有多数侧根，黄色，味苦有臭气。茎丛生，粗壮，基部直径可达 3 厘米，上部向上分枝，下垂，幼株茎略扭曲，斜上。单叶互生，叶片卵形或长圆状卵形，长 6～24 厘米，宽 3.5～16 厘米，先端尖，边缘波状，有短茸毛，表面多皱，背面被短茸毛，叶脉明显；叶柄长 1～4 厘米，被茸毛。花单生叶腋，有细长花梗，通常下垂；花整齐；花萼钟形，边缘具不等齿，有肋脉 10，果期花萼增长较快，萼外被绒毛；花冠钟形，绿色，边缘呈污紫色，长 3.5～4 厘米，直径 3～3.5 厘米，先端 5 裂，向外反卷；雄蕊 5，着生花冠管基部，长达 2～2.4 厘米；雌蕊 1，子房上位，2 室，花柱与雄蕊几等长，柱头肥厚。蒴果近球形，顶端开裂。花期夏末，果期晚秋。

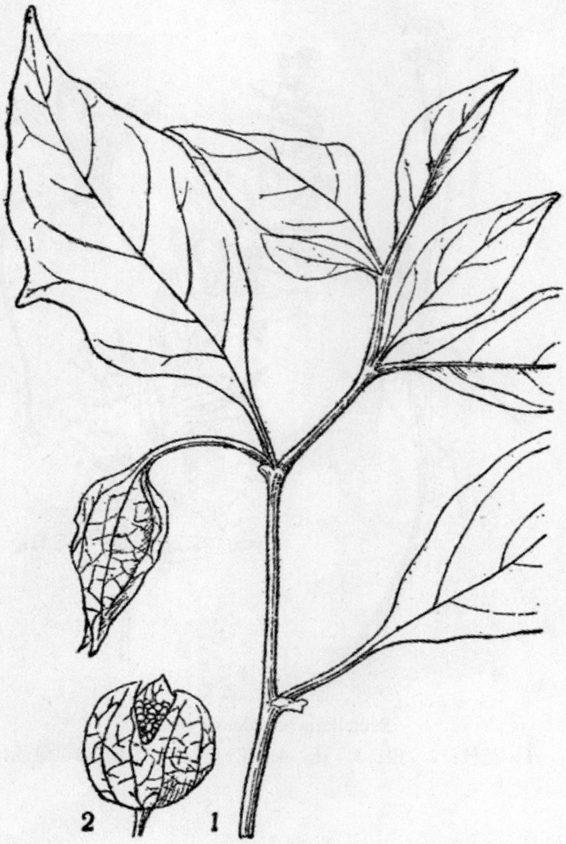

图 1460 东莨菪
Anisodus luridus Link et Otto
1. 幼果枝；2. 果。

［生长环境］ 在西藏分布极广，在云南分布于海拔 2800～3600 米的林间草地上。

［产 地］ 西藏、四川、云南等省区。

［用 途］ 藏医用种子入药，为抗痉挛和止痛剂。东莨菪碱是镇静剂、麻醉剂，用作抗痉挛和止痛。云南土医名为“三分三”，作麻醉剂，用于跌打损伤及胃痛，即云南白药中所用“保险子”。

［理化性质］ 东莨菪含三类植物碱：（1）固体结晶性植物碱，主要是莨菪碱（hyoscyamine，$C_{17}H_{23}O_3N$）；（2）液体植物碱，为多种（8～10 种）植物碱的混合物，其中有红古豆碱（$C_{12}H_{21}ON_2$）；（3）挥发性盐基。根及叶中植物碱的总含量随植株年龄一齐增高，一年生根含 1.154%，五年生根 3.038%；二年生叶含 0.710%，五年生叶含 1.134%。

［采收处理］ 秋季采收成熟的种子入药。花蕾期间根、茎、叶中植物碱含量最高，挖回后阴干或晒干，以供提取莨菪碱。

［其 他］ 通过各地分析，所含阿托品的含量也很高。

330 曼陀罗（mantuoluo）（图 1461）

［地 方 名］ 大麻子、洋金花、臭麻子（山东），枫茄花、野麻子（江苏）．狗核桃（云南），风茄儿（吉林）。

［学　　名］ **Datura stramonium** L.　茄科

［药 材 名］ 洋金花（山东）

［形态特征］ 一年生草本，高 50～150 厘米。茎粗壮，白绿色，圆柱形平滑，上部呈二歧状分枝。单叶互生，阔卵形，长 8～12 厘米，宽 4～12 厘米，基部渐狭，多数，两侧不相等，先端渐尖，边缘有不规则波状分裂，裂片先端短尖，有时再成不相等的齿状浅裂，两面脉上及边缘均有疏生短柔毛；叶柄长 3～5 厘米。花单生于茎枝分叉间或叶腋间，白色，直立，具有短柄；花萼筒状，长 4～5 厘米，具有五角棱，先端 5 裂，裂片卵状披针形；花冠漏斗状，长 7～10 厘米，直径 4～5 厘米；花冠管具 5 棱，上半部白色，5 裂，裂片顶端具短尖头；雄蕊 5，不伸出花冠管外，花丝呈丝状，下部贴生花冠管上；雌蕊 1，与雄蕊等长或稍长；子房卵形花柱丝状，长约 6 厘米，柱头头状而扁。蒴果直立，卵形，长 3～4.5 厘米，直径 2.5～4.5 厘米，表面具有不相等长的坚硬针刺，通常在上部的较长，成熟时先端向下作规则的 4 瓣裂，基部具五角形膨大的宿存萼，宽约 5 毫米，向下反卷；种子多数，近卵圆形而稍扁，干后黑色，长宽约 3 毫米，表面具有细孔状网纹。花期 6～10 月，果期 7～11 月。

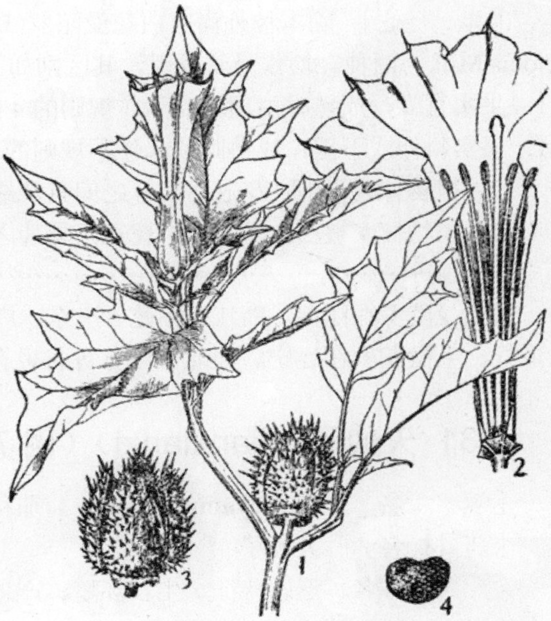

图 1461　曼陀罗

Datura stramonium L.

1．花、果枝；2．剖开部分的花冠，示雄蕊和雌蕊；3．蒴果，示开裂状；4．种子。

（自“药学学报 3 卷 2 期”）

［生长环境］ 野生于路旁、井旁、宅旁附近以及撩荒地，在海拔 1900～2500 米处较多。

［产　　地］ 辽宁、吉林、黑龙江、河北、山西、山东、河南、陕西、甘肃，新疆、安徽、江苏、浙江、湖南、江西、湖北、四川、云南等省区。

［用　　途］ 叶和花供药用，种子亦入药，作麻醉剂、镇静、镇痛、镇痉及瞳孔放大剂；主治呼吸器官的痉挛性疾患，如支气管炎及气喘等症。

亦可作土农药可防治稻螟虫、蚜虫、红蜘蛛及软体害虫等，并对小麦杆锈病，马铃薯晚疫病的孢子发芽有显著的抑制作用。种子富含脂肪油（见“油脂类”，959页）。

［理化性质］ 本品含植物碱0.2～0.7%，其中有莨菪碱（hyoscyamine，$C_{17}H_{23}O_3N$），阿托品（atropine，$C_{17}H_{23}O_3N$），东莨菪碱（scopolamine，$C_{17}H_{21}O_4N$）。主要成分为莨菪碱。种子含脂肪油。

［采收处理］ 6～10月间，在早晨花开放时，将花连萼一齐摘下，曝晒至八成干，扎成小把，再晒至完全干燥，贮存备用。7～11月果实成熟，及时采收，打出种子，晒干即可收藏备用。

［其　　他］ 除本种外尚有白花曼陀罗（Datura metel L. f. alba）和毛曼陀罗（Datura innoxia Mill.）两种。均作曼陀罗用，其区别如下：

1. 果实直立，成熟时由顶端向下作规则的4瓣裂；种子黑色……………………曼陀罗
1. 果实斜伸或下垂，成熟时顶端作不规则的开裂；种子淡褐色。
   2. 植物体近光滑；花冠两裂片之间具浅缺刻；蒴果外面疏生短刺……白花曼陀罗
   2. 植物体密被白色短柔毛；花冠两裂片之间具三角状突起；蒴果外面密生柔软针刺……………………………………………………………………………毛曼陀罗

白花曼陀罗在江苏、浙江、福建、广东、广西等省区都有栽培，以苏州的洋金花质量最好。毛曼陀罗在辽宁、河北、江苏等省也有栽培。

331 天仙子（tianxianzi）（图785）

［学　　名］ **Hyoscyamus niger** L.　茄科

［药 材 名］ 天仙子

（地方名、形态特征、生长环境、产地及其他用途见“油脂类”，960页）

［用　　途］ 种子、叶、花可供药用，有镇痉、止痛之效。内服主治癫狂、抽搐、痹痛、胃痛、喘咳、久痢久泻等症；外敷治痈肿恶疮等症。

［理化性质］ 叶中含植物碱约0.045～0.14%，其中主要为莨菪碱，阿托品及东莨菪碱；另含一种苦味甙，名莨菪苦甙（hyospicrin）。种子含脂肪油。

［采收处理］ 本品为家种，亦有野生的；8～9月果实成熟时割下或拔起全株，晒干，打下种子，簸去杂质，再晒干即成。

332 枸杞（gouqi）（图1462）

［地 方 名］ 枸杞菜（广西），枸杞叶（广州），狗奶子、狗奶棵、枸杞子（江苏、安徽、山西、河北、江西），地骨皮（山西、河北、吉林），狗奶子根（山东）、甜菜芽（河南），牛吉力（浙江），狗牙子（四川）。

［学　　名］ **Lycium chinense** Mill.　茄科

［药 材 名］ 地骨皮、枸杞子

［形态特征］　小灌木，高达 1 米余。茎皮带灰黄色；枝条细长，常弯曲下垂，侧生枝短，通常变为短刺，生于叶腋，长约 5 厘米。单叶互生或于枝下部数叶簇生，卵状狭菱形至卵状披针形，长 2～6 厘米，宽 0.6～2.5 厘米，基部狭楔形，先端尖或钝，全缘，两面均无毛；叶柄短，长约 3 毫米。花腋生，通常单生或 3～5 花簇生，花梗细，长 6～10 毫米，花紫色；萼钟状，先端 3～5 裂，裂片卵状三角形，顶端具纤毛一簇；花冠漏斗状，长约 5 毫米，先端 5 裂，裂片向外平展，长卵形，与管部几等长，边缘具疏纤毛；雄蕊 5，着生花冠管内，花药丁字形着生，2 室，花丝长短不一，通常伸出花冠外，近基部密生白色柔毛；雌蕊 1，子房长圆形，花柱细，较雄蕊稍长，柱头头状。浆果卵形或长圆形，深红色或橘红色；种子多数，扁肾形，棕黄色。花期 6～7 月，果期 7～10 月。

图 1462　枸杞
Lycium chinense Mill.
1．花枝；2．花。

［生长环境］　山坡、路旁、田梗、丘陵地带或灌木丛中。

［产　　地］　辽宁、吉林、黑龙江、河北、河南、山东、山西、陕西、甘肃、安徽、江苏、浙江、福建、台湾、广东、广西、江西、湖南、湖北、四川、贵州、云南等省区。多野生。河北静海一带有栽培。

［用　　途］　根皮为解热止咳药，对于结核性潮热，有解热的功效；果实（枸杞子）为滋养强壮药，治糖尿病、肺结核、虚弱消瘦等症有效。

种子可榨油（见“油脂类”，961 页）。枸杞藤煮水可杀棉蚜虫，效率达 100%。嫩叶可为蔬菜供食用。

［理化性质］　枸杞子含甜菜碱（betaine，$C_5H_{11}O_2N$）约 0.0912%，另含酸浆红色素（physalein，$C_{72}H_{116}O_4$）及隐黄尿园（cryptoxanthin，$C_{40}H_{56}O_2$）；在 100 克枸杞子中含胡萝卜素 3.96 毫克，硫胺素 0.23 毫克，核黄素 0.33 毫克，烟酸 1.7 毫克，抗坏血酸 3 毫克，钙 150 毫克，磷 6.7 毫克，铁 3.4 毫克，灰分 1.7 毫克。

［采收处理］　7～10 月间果实成熟时，在早晨或傍晚将果实摘下，去掉果柄，干燥方法有二：（1）置于席上放阴凉处，待皮皱后，再曝晒至干燥；（2）采下果实后，即开始晒，但在中午阳光很强而温度很高时，则放在阴凉处，这样四、五日就可干燥。在加工过程中宜避免用手翻动，以免变黑，影响品质。根皮常年可以采收，惟在清明节前

采到的，其皮质厚且易于剥离。采时可用铁镢挖出，再剪成相当长度，纵割成裂缝，剥下根皮，晒干，这样能保证根皮之完整，有的先把根部浸水中泡 1～2 小时后，取出用木棒将根皮撬裂，剥下晒干，用这种方法得到的根皮往往是破碎的，产量不高，而且用水浸过后，其香气亦减低。

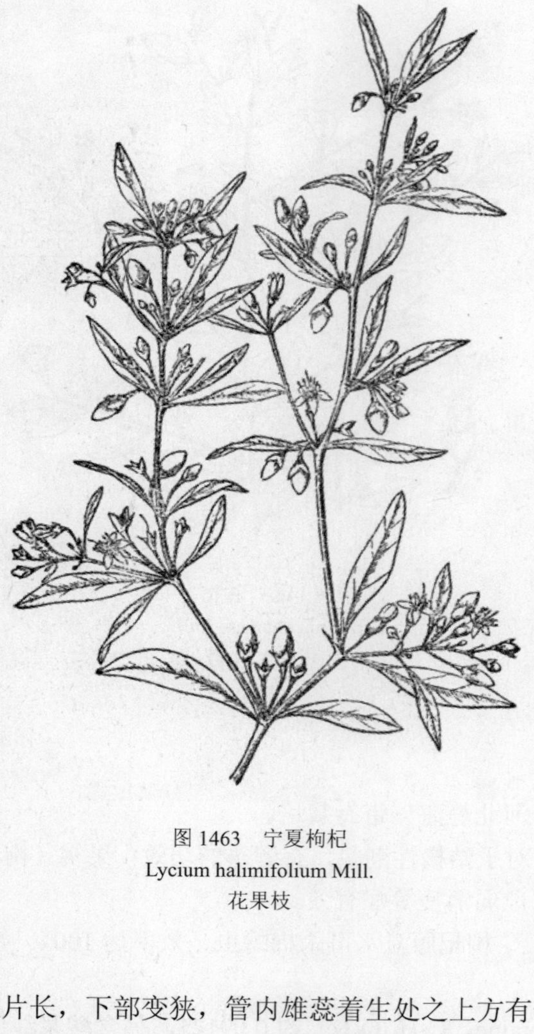

图 1463 宁夏枸杞
Lycium halimifolium Mill.
花果枝

333 宁夏枸杞（ningxia-gouqi）（图 1463）

［地 方 名］ 山枸杞（山西）

［学　　名］ **Lycium halimifolium** Mill. (*L. barbarum* L.) 茄科

［药 材 名］ 枸杞子、西枸杞

［形态特征］ 灌木，高 50～150 厘米（宁夏产者一般高 2～3 米）。主枝数条，果枝细长，先端通常弯曲下垂，外皮淡黄灰色，刺状枝短而细，生于叶腋，长约 1～4 厘米。单叶互生或数片丛生于短枝上，叶片卵状披针形或卵状长圆形，长 2～8 厘米，宽 5～30 毫米，先端尖，基部楔形或狭楔形而下延成叶柄，全缘，叶柄长 5～15 毫米。花腋生，通常 1～2 花簇生，或 2～6 花簇生于短枝上；花梗细，长 5～15 毫米；花萼钟状，长约 5 毫米，先端通常 2～3 裂，裂片长约 13 毫米，粉红色或淡紫红色，具暗紫色脉纹；花冠漏斗状，先端 5 裂，裂片卵形，管部较裂片长，下部变狭，管内雄蕊着生处之上方有一轮柔毛；雄蕊 5，着生花冠管中部，花药丁字着生；雌蕊 1，子房 2 室，花柱线形，柱头头状。浆果卵圆形或椭圆形，长 8～20 毫米，直径 5～10 毫米，红色或橘红色。花期 5～7 月，果期 8～10 月。

［生长环境］ 生于土层深厚的黄土河岸或山坡、灌溉地埂或水渠旁，喜盐渍化的砂质壤土。

［产　　地］ 甘肃、宁夏、新疆、青海、内蒙古。野生和栽培均有。主产于宁夏回族自治区中宁、中卫、灵武等处，均系栽培，品质最佳。

［用　　途］ 果实为强壮滋补药。

［理化性质］　叶及果实含甜菜碱及胆碱。

［采收处理］　参阅枸杞（1898 页）。

［其　　他］　药用枸杞子除这一种外，在有些地区，有用枸杞（Lycium chinense Mill.）的果实作枸杞子入药的。它与宁夏枸杞的主要区别是花冠管部与裂片等长，管的下部紧缩，然后向上扩大成漏斗状，管部及裂片均较宽，花紫色。

334 酸浆（suanjiang）（图 1464）

［地 方 名］　红姑娘（东北、河北、山西、四川），野胡椒、灯笼果（江苏），泡泡草（江西）。

［学　　名］　**Physalis francheti** Mast. var. **bungardii** Mak.　茄科

［药 材 名］　酸浆、挂金灯

［形态特征］　多年生草本，高 40～60 厘米。根状茎横走地下，地上茎直立，光滑，仅在上部疏生毛。单叶互生，常 2 枚双生于同一节上，有长柄；叶片卵形，长 4～10 厘米，宽 2～6 厘米，先端尖，基部阔楔形，近全缘或有疏波状锯齿，几无毛。花单生于叶腋，花黄白色，直径 1.5～2 厘米；萼片阔钟形，长 6～8 毫米，5 裂，裂片狭三角形，绿色，有毛，宿存，花后膨大，包住果实；花冠辐形，5 浅裂，裂片阔三角形，外被短毛；雄蕊 5，插生于花冠筒上；子房上位，卵形，2 室，花柱线形，柱头细小。浆果球形，熟时变红色，味酸甜而微苦，内含多数种子，外面包以膨大的橘红色宿存萼；种子小。花期 6～8 月，果期 8～10 月。

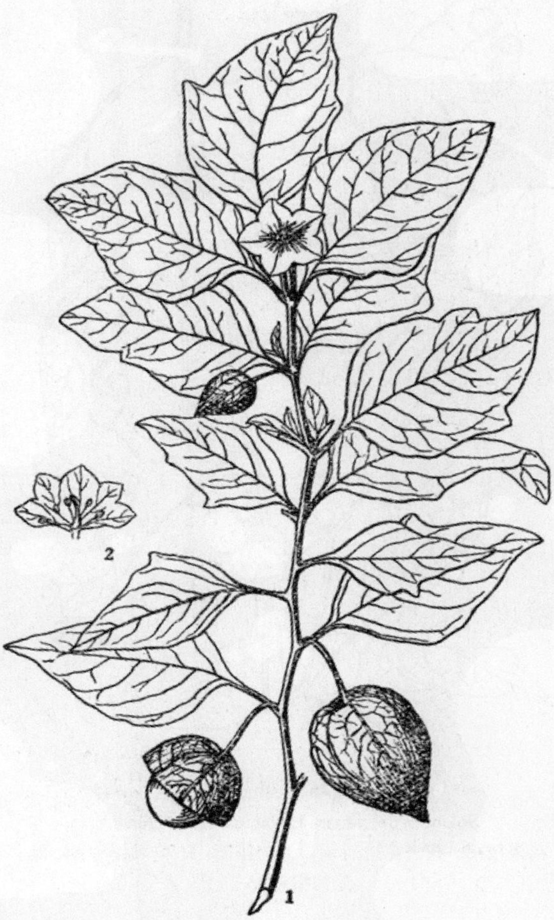

图 1464　酸浆

Physalis francheti Mast. var. bungardii Mak.

1．植株，左下果萼切去一半露出浆果；2．花剖开。

（自“中药志”）

［生长环境］　山间、林缘、溪边、田野、宅旁皆有生长。

［产　　地］　几遍全国各地；主产于吉林、河北、山东、新疆等省区。

［用　　途］　干燥膨大的宿存

萼入药，有清热、化痰、镇咳、利尿的功效。全草有泻下作用，治痛风，但多有堕胎之弊，孕妇忌用。

此外，全草可配制杀虫剂。

［理化性质］ 果实中含有枸橼酸及微量植物碱；果实及萼中含有酸浆红色素（physalien，$C_{72}H_{116}O_4$），水解后生成 2 分子的软脂酸和 1 分子的玉蜀黍黄尿园（zeaxanthin=cryptoxanthin，$C_{40}H_{56}O_2$）。

据吉林省资料：全草含苦味质，即酸浆红色素（physalin=physalien）。根中含有对子宫有收缩作用的结晶性物质 hystonin;种子含脂肪油。

［采收处理］ 8～10 月间，宿存萼变红色时即可采收，摘取带宿存萼的浆果，晒干，贮藏在干燥通风处。阴湿季节，要注意保持其干燥，可进行复晒；否则易受虫蛀。品质以果大、宿存萼红色、干燥的为佳。

［其 他］ 同属植物的黄姑娘（P. pubescens L.），又称鬼灯笼（浙江龙泉）、灯笼草、天泡草（浙江昌化），在浙江昌化，民间用全草煎水或榨汁，洗治天泡疮，5～6 月采收，将全草洗去泥土晒干。江苏尚有将苦蘵果实混入酸浆中，但因其果萼成熟时不为橘红色，且有细毛，故很易区别。

图 1465 苦茄
Solanum dulcamara L. var. chinense Dun.
1. 花果枝；2. 花去花冠后示萼裂与雄蕊；3. 花冠裂片；4. 雌蕊与宿萼。

335 苦茄（kuqie）（图 1465）

［学 名］ **Solanum dulcamara** L. var. **chinense** Dun. 茄科

［形态特征］ 多年生蔓生草本，长达 2 米余。单叶互生，具柄，叶片长圆形或卵状长圆形，长 4～9 厘米，宽 2～5 厘米，先端长尖，基部心形，下延，有时达叶柄 1/2，全缘或基部具 2 裂作戟形，两面均有细毛散生，沿脉较密，边缘具细毛颇密；叶柄上被细毛。聚伞花序与叶对生；总花梗细长有细毛；花紫色或白色，花萼漏斗形，花冠 5 裂。较萼长 3～4 倍，裂片向下反折，外面

及边缘有细毛，先端尤密；雄蕊5，着生于花冠管口，花丝极短，下部合生；子房卵形，2室，胚珠多数，花柱细长，上部突出于雄蕊之外，柱头小，半球形。浆果卵球形，红色。花期6～8月，果期8～10月。

［生长环境］ 野生于路边、山野、草丛或灌木丛中。

［产　　地］ 云南、四川、贵州、广东、广西、湖南、湖北、江西、安徽、江苏、浙江、福建、台湾等省区。

［用　　途］ 枝叶入药，有清血之效。江苏南通民间常用于治乳房癌及子宫癌等症。

［理化性质］ 茎、果含有龙葵碱（solanine），其中果含0.3～0.7%，茎含0.3%，果皮含色素花青甙及花青甙原。

1公斤果实中含0.46克的番茄素（粗品），相当于精制品0.26克。果肉含糖分31%。种子含脂肪23.9%，灰分28%，灰分中氧化镁占8.4%，氧化钾占36%，二氧化硅占18%，氧化钙占12%，五氧化二磷占8%，游离氯占6%，氧化钠占4%，三氧化二铁占2%。

［采收处理］ 夏秋季采收，采来的全草晒干备用。

［其　　他］ 与本种植物相近的，还有一变种，称为白英，又称红道士（浙江龙泉），生毛萱（平阳），笔苦茅、白茅笔（淳安），白毛笔根、毛笔鹊麻（昌化），火烧龙、毛道士（遂昌），学名是 Solanum dulcamara L. var. pubescens Bl. ［=S. dulcamara L. var. lyratum（Thunb.）S. et Z.=S. lyratum Thunb.］，据浙江省资料：在浙江景宁县民间用全草作妇女产后清血剂；龙泉县民间用全草治疟疾的单方；昌化县民间用根治妇女腰痛白带过多症。在江苏民间用全草治癌症；茎可治腰痛。此变种与苦茄的区别在于它的茎、叶柄（除花梗、花及果外），都密被长柔毛，上部的叶多作戟状3～5裂或羽状多裂。分布很广，遍及全国。华北、东北、西北产另一相近种即木山茄（Solanum depilatum Kitagawa），叶全缘，较大，近于无毛。

336 黄果茄（huangguo-qie）（图1466）

［地 方 名］ 黄果珊瑚、天刺果、马刺（四川）

［学　　名］ **Solanum xanthocarpum** Schrad. et Wendl.　茄科

［形态特征］ 多年生草本，常伏卧

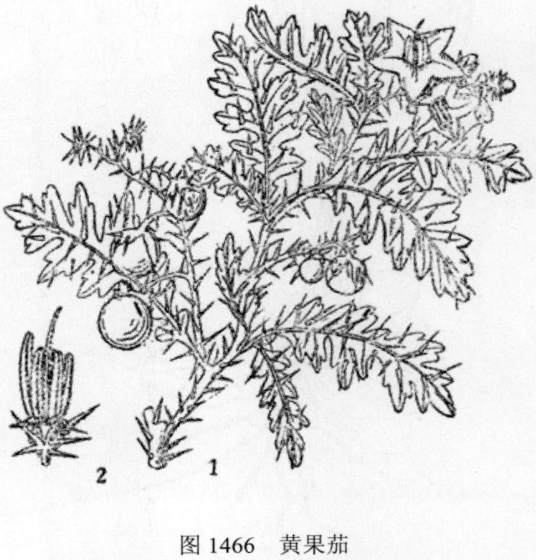

图1466 黄果茄
Solanum xanthocarpum Schrad. et Wendl.
1. 花果枝；2. 花去掉花被。

生长。茎直立，圆柱形，有纵棱，被细柔毛。茎、叶均密被细直针刺，长5～20毫米，鲜绿色，幼嫩时有毛，随后脱落。叶互生，叶片卵形、椭圆形，近羽状分裂，长5～6厘米，宽3～4厘米，先端尖或钝或3裂，基部多种形状，两面均被星状毛；叶柄长3厘米左右。花成侧生疏聚伞花序；总花梗短，被星状毛；花蓝色；花萼5裂，有刺，外被星状毛；花冠钟状，5浅裂，外面有毛。浆果球形，米黄色或带白色绿纵条纹，萼片宿存，不增大。花期6～8月，果期11月。

［生长环境］ 河边砂土上生长。分布于海拔240～1100米处。

［产　　地］ 云南、四川的长江河谷、红河河谷等热带地区。

［用　　途］ 果实内含甾体皂角甙物质为合成激素类药物的原料之一。

［理化性质］ 果实及种子中含一种糖甙（solasodamine，$C_{51}H_{82}O_{20}N$）水解后产生的配基为水解羟基龙葵碱（solasodine，$C_{27}H_{43}O_2N \cdot H_2O$），其含量约在1%左右。

［采收处理］ 果实成熟时采收。采后晒干。

［其　　他］ 茄属植物皂角甙的含量虽不高，但因其存在部位在叶、花、果实、种子中，故较薯蓣类 Dioscorea spp. 易于采收加工，栽培繁殖也较容易。

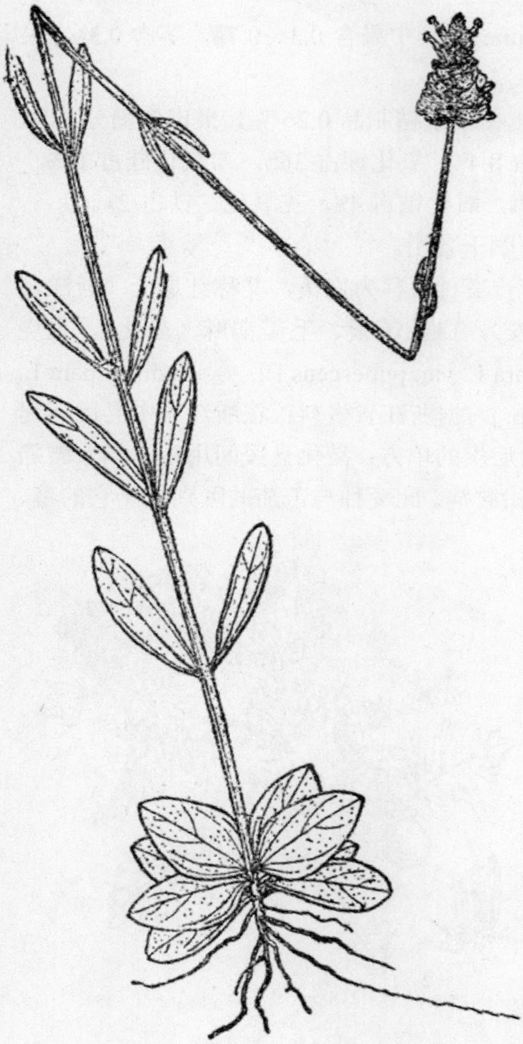

图1467 鬼羽箭
Buchnera cruciata Ham.

337 鬼羽箭（guiyujian）（图1467）

［地 方 名］ 黑草、克草（广西）

［学　　名］ **Buchnera cruciata** Ham. 玄参科

［药 材 名］ 鬼羽箭（广西）

［形态特征］ 一年生草本，高15～60厘米，茎单生或稍分枝，坚挺直立。基生叶卵形或倒卵形，长约2.5～5厘米，宽4～30毫米，先端锐或钝；全缘或有微齿，茎生叶疏离，下部的叶长圆形，

具 1～2 对疏牙齿，最上部的叶较小，全缘或有齿。花密集，排列成有棱的穗状花序，长 1.5～3 厘米，小苞片 2；花萼管短，长约 4 毫米，裂至 1/3 成 5 枚披针形之齿；花冠蓝紫色，管柔弱，通常长约为萼的 2 倍，内外两面均有毛，先端 5 裂，裂片倒卵形或长圆形；雄蕊 4，内藏，花药 1 室；雌蕊 1，花柱在顶端下生有侧着的柱头。蒴果长圆形，约与萼等长，室背开裂，果瓣厚。花期 9 月（广州）。

［生长环境］　生长在荒地、草坡、山上等阳处。

［产　　地］　湖南、广东、广西等省区常见野生。

［用　　途］　全草入药。据广西壮族自治区资料记载，有清热驱风、去痧气的功效。又据民间传说能治癫痫症。

［采收处理］　夏季采挖全草，晒干供药用。

338 地黄（dihuang）（图 1468）

［地 方 名］　生地（山东、江苏），密密罐、野地黄（河南），鲜生地、婆婆丁、米罐棵（江苏），天黄、人黄、野地黄（山西）。

［学　　名］　**Rehmannia glutinosa** (Gaertn.) Libosch.　玄参科

［药 材 名］　地黄

［形态特征］　多年生草本，高 10～30 厘米，全株被灰白色长柔毛及腺毛。根状茎肥厚肉质，直径 0.4～1 厘米。基生叶成丛，叶片倒卵形，长椭圆形，长 3～10 厘米，宽 1.5～4 厘米，先端钝，基部渐狭下延成长柄，边缘有不整齐钝齿，叶面多皱。茎直立，单一或由基部分生数枝，总状花序顶生，有叶状苞；花萼钟形，长约 1.5 厘米，先端 5 裂，裂片三角形，略不整齐开展；花冠筒状稍而微扁，中部下弯，长 3～4 厘米，外面暗紫色，内面杂以黄色，有明显紫纹，先端多浅裂，略呈 2 唇状，裂片伸展，先端近于截形；雄蕊 4，2 强，着生于花冠管的近基部处，子房上位，卵形，2 室，花柱单一，柱头膨大。蒴果卵形或卵圆形，先端尖，上有宿存花柱，外为宿存花萼所包；种子多数。花期 4～5 月，果期 5～6 月。

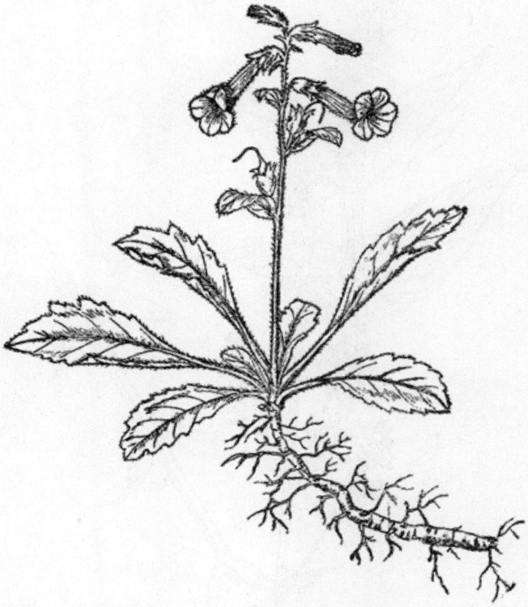

图 1468　地黄
Rehmannia glutinosa（Gaertn.）Libosch.

［生长环境］ 喜温和干燥的气候和排水良好而肥沃的沙质壤土，荒山坡，山脚下及路边荒土等处。

［产　　地］ 辽宁、河北、河南、山东、山西、陕西、内蒙古、安徽、江苏、浙江、湖南、湖北、四川等省区。

［用　　途］ 根入药。“生地”有降低血糖的作用，并能解热、通经、利尿。熟地为滋养强壮药，治体虚、神经衰弱、贫血等症，具补血、强心之效。

［理化性质］ 根状茎含甘露醇［mannite，C_6H_8（OH）$_6$］及地黄素（rehmannin），另含葡萄糖。

［采收处理］ 一般在 9～10 月采挖根部，挖取时注意勿碰破外皮。将鲜生地放火坑上，盖以麻袋，缓缓烘焙，使内部逐渐干燥而颜色变黑，焙至八成干时，用手搓捻，使成圆形即为生地，干生地，小条的一般晒干即可。将地黄加黄酒 50%，拌蒸即为熟地黄，简称熟地，放阴凉干燥的地方贮藏，防止潮湿霉坏。

［其　　他］ 另有一种怀庆地黄［Rehmannia glutinosa Libosch. f. hueichingensis（Chao et Schih）Hsiao］（河南温县、博爱、武陟、孟县等地栽培）的根也供药用，质量最佳，产量也大，销全国并大量出口。它与地黄的主要区别是怀庆地黄植株较大，高 25～40 厘米；根状茎较肥大，呈块状，圆锥形或纺锤形等，直径 2.5～5.5 厘米；花不密集于茎顶，分散排列，成稀疏的总状花序；花冠长约 4 厘米，紫红色或淡紫红色，有时 5 裂片呈淡黄色。

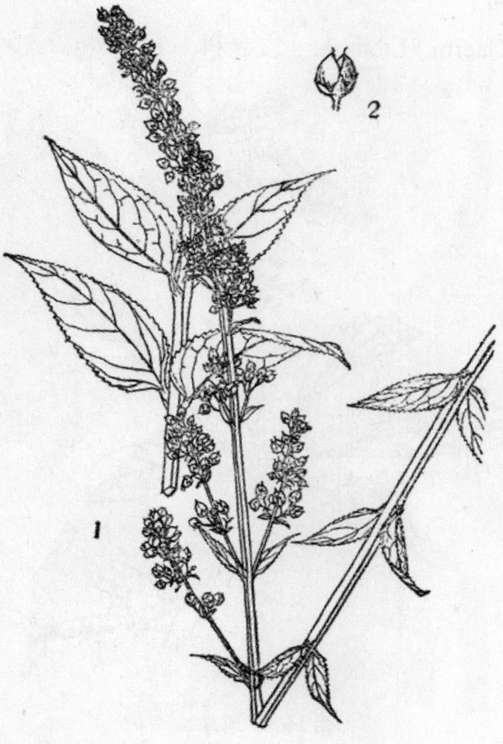

图 1469　玄参
Scrophularia buergeriana Miq.
1．茎上部；2．果。

339 玄参（xuanshen）（图 1469）

［学　　名］ **Scrophularia buergeriana** Miq. (*S. oldhami* Oliv.)　玄参科

［药 材 名］ 元参（吉林）

［形态特征］ 多年生草本，高 80～150 厘米。全株无毛，根块状，肥厚肉质，圆柱形或长纺锤形，径约 1～2 厘米，外表灰褐色，有多数细根。茎直立，四棱形，无毛。叶对生，具短柄，狭三角形或三角状长圆形，长 3～8 厘米，宽 2～5 厘米，

先端尖，**基部截形或宽楔形**，常下延，边缘具细微的尖锯齿，下部叶柄较长。**聚伞花序紧缩呈穗状，直径不过 4 厘米，花轴粗壮，总花梗及花梗均上升**，平滑，无毛；萼 5 裂，裂片卵形，边缘膜质；花冠黄绿色，壶状唇形，上唇 2 裂，裂片稍长于下唇的侧裂片，下唇 3 裂，微向外卷；雄蕊 4，2 强，退化雄蕊 1；花盘明显；雌蕊 1，子房上位，2 室，花柱细长。蒴果卵状椭圆形，熟时室间开裂，**长 6.5 毫米，宽 5.5 毫米**。花期 7～8 月，果期 8～9 月。

［生长环境］　喜生湿润的土壤，如河边草地、草甸子或干山坡。

［产　　地］　黑龙江、吉林、辽宁、河北、山东、山西、江苏、内蒙古等省区。

［用　　途］　根为清凉解热消炎药；亦有轻微强心及降低血糖的作用。

［采收处理］　当茎、叶近枯萎时采收，将根挖出，去掉地上部分须根，晒至半干，然后堆放 3～4 天（注意防霜冻），再晒，如此反复堆至全干为止。品质以皮细、肥大、体实，内部黑色者为好。放在干燥凉爽的地方贮藏。注意防止生虫，及潮湿发霉。

［理化性质］　根含玄参素（scrophalarin），此外含植物甾醇、脂肪、挥发油、左旋天门冬酰胺、植物碱、糖类等（庄长恭等，中国科学论文专刊，7 期，187～197，1932 年）。

［其　　他］　玄参绝大部分为野生，其根较浙玄参为小，因此应用不广。

340 浙玄参（zhexuan-shen）（图 1470）

［学　　名］　**Scrophularia ningpoensis** Hemsl.　玄参科

［药 材 名］　玄参

［形态特征］　多年生草本，高 60～120 厘米。根圆柱形，长 5～12 厘米，直径 1.5～3 厘米，上部常分叉，外皮灰黄褐色。茎直立，四棱形，光滑或有腺状柔毛。叶对生，有柄，卵圆形或卵状长圆形，长 7～20 厘米，宽 3.5～12 厘米，先端尖或渐尖，**基部圆形或近楔形**，边缘具钝锯齿，背面有稀疏散生的细毛；柄长 0.5～2 厘米。**聚伞花序疏散开展，呈圆锥状**；花梗长 1～3 厘米，

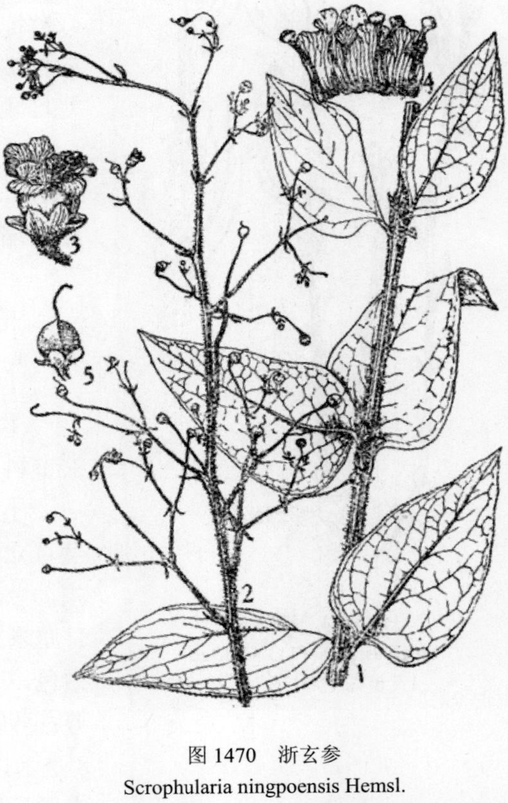

图 1470　浙玄参

Scrophularia ningpoensis Hemsl.

1．茎中部；2．花序；3．花；4．花冠展开示 4 枚雄蕊，1 枚鳞片状退化雄蕊；5．蒴果。

（自“江苏南部种子植物手册”）

花序和花梗都有显明的腺毛；萼5裂，裂片卵圆形，先端钝，外面有腺状细毛；花冠暗紫色，管部斜壶状，长约8毫米，先端5裂，呈唇形，上唇二裂片较长而大，下唇下面裂片最小；雄蕊4，2强，后方1个成为退化雄蕊，呈鳞片状，贴生在花冠管上；花盘明显；子房上位，2室；花柱细长。蒴果卵圆形，先端短尖，深绿或暗绿色，**长约9毫米，宽约7毫米**。萼宿存。花期7～8月，果期8～9月。

［生长环境］ 生长于山坡林下。

［产 地］ 安徽、江苏、浙江、福建、江西、湖南、湖北、贵州、陕西等省。浙江有大量栽培。

［用 途］ 根供药用，有滋阴降火、润燥生津、消肿解毒之效。主治热病阴伤、口渴、便秘、发斑；咽喉肿痛，痛肿瘰疬等症。

［理化性质］ 根含植物碱、植物甾醇、脂肪酸等。

［采收处理］ 据浙江经验：10～11月挖取根部，除去茎叶，剥脱子芽（留种用），置日光下曝晒，经常翻动使内外温度均匀，夜晚保温防止冰冻（冰冻后则空心），至半干且内色变黑时，修剪根的顶端（芦头）及须根，堆放3～4天后再晒，反复堆晒约40天始达全干。

［其 他］ 前述的玄参（Scrophularia buergeriana Miq.）的主要区别是其**花黄绿色；聚伞花序紧缩呈穗状**。

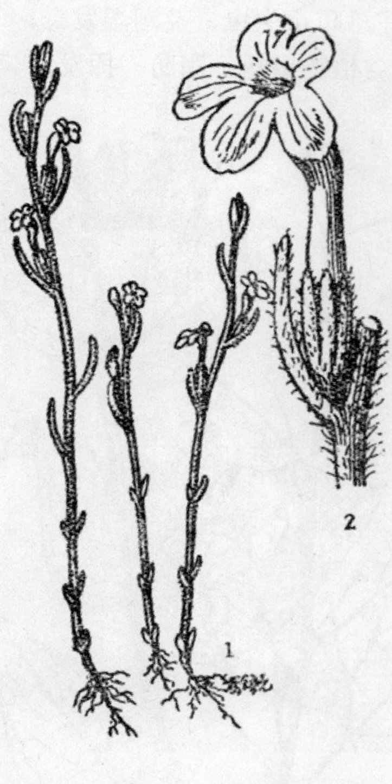

图1471 独脚金
Striga asiatica（L.）O. Ktze.
1．植株全形；2．花。

341 独脚金（dujiaojin）（图1471）

［地 方 名］ 干草（广东）

［学 名］ **Striga asiatica** (L.) O. Ktze. 玄参科

［形态特征］ 一年生草本，高8～15厘米；茎直立，粗糙或被毛，单生或略分枝。叶下部者对生，上部者互生，线形或下部的叶呈披针形，长约1厘米或更短。花序顶生，穗状；花黄色、红色或白色，下部者疏离，上部者较靠近；苞片通常长于萼；萼管状，5裂，通常10棱；花冠管纤弱，长约8毫米，近顶端弯曲，唇形，上唇2裂，下唇3裂，上唇远比下唇为短；雄蕊4，内藏，花药1室；雌蕊1，花柱细长。种子多数。花期7月，果期8～9月。

［生长环境］ 平原和丘陵间的放牧草地，梯田的田边及荒芜地，在气候温暖，稍

湿润的砂壤土中极易生长，常寄生于其他植物的根上。

［产　　地］ 广东、广西等省区，以广东海南岛产量较多。

［用　　途］ 全草为南方民间著名的治小儿疳疴药，并有清心火，解热毒之效。

［采收处理］ 宜在夏秋季采收，采时连根挖起，洗净泥土晒干，再扎成小把，放干燥处贮存，防止受潮和虫蛀。药用以干燥的为佳。

342 凌霄花（lingxiaohua）（图 1472）

［地 方 名］ 五爪龙、望江南（江苏），喇叭花（浙江）。

［学　　名］ **Campsis grandiflora** (Thunb.) K. Schum. (*Campsis chinensis* Voss) 紫葳科

［药 材 名］ 凌霄花（江苏）

［形态特征］ **落叶木质攀援藤本**，具或不具气根，**无卷须**。奇数羽状复叶对生，小叶 7～9 片，顶端小叶较大，卵形至卵状披针形，长 4～9 厘米，宽 2～4 厘米，先端渐尖，基部不对称，边缘有锯齿，**两面平滑无毛**，对生，小叶柄着生处有淡黄褐色束毛。聚伞花序或圆锥花序顶生；**花萼 5 裂至中部**，绿色，裂片披针形；花冠橙黄色，漏斗状钟形。短而阔，先端 5 裂，裂片圆形，开展；雄蕊 4 枚，2 长 2 短，第 5 枚退化；雌蕊 1，子房 2 室，基部有花盘。蒴果伸长，具子房柄，室背裂开；种子多数，压扁状，两端具大而薄的翅。花期 7～9 月，果期 8～10 月。

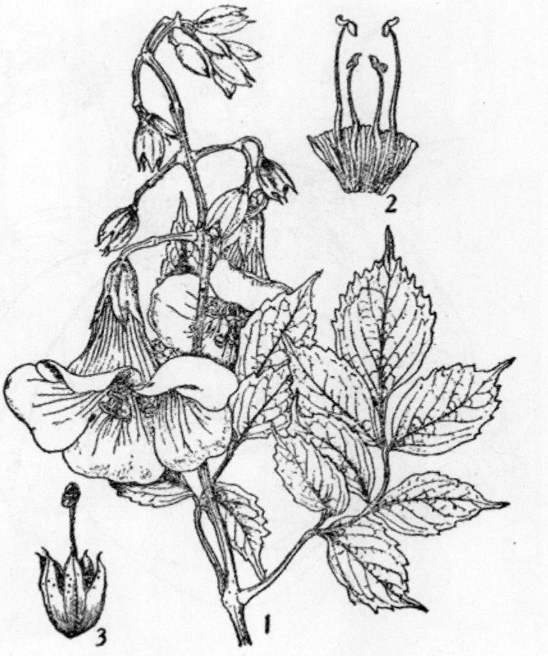

图 1472 凌霄花

Campsis grandiflora（Thunb.）K. Schum.

1. 花枝；2. 花冠管基部示雄蕊着生；3. 萼和雌蕊。

［生长环境］ 生于山坡，路旁，水沟边，攀援在其他树上，通常多栽培。

［产　　地］ 全国各地常见栽培。

［用　　途］ 花为通经利尿药，适用于妇女经闭、小腹胀痛、产后乳肿，并治崩中带下，有清血消炎作用。

［采收处理］ 8～9 月花开放时，选晴天将花摘下，晒干或用微火烘干即可备用。品质以干燥、无花梗、无霉较佳，贮藏于干燥的地方。

343 梓树（zishu）（图 1473）

［地 方 名］ 花楸、水桐、木角豆、河楸（河南），臭梧桐（东北）。

［学 名］ **Catalpa ovata** G. Don 紫葳科

［形态特征］ 落叶乔木，高达 10 余米。树皮灰褐色，纵裂；幼枝常带紫色，光滑或有时少被柔毛。单叶对生或常 3 枚轮生，稀互生，具柄，阔卵形至近圆形，长 14～24 厘米，宽 12～22 厘米，稀更大，不分裂或掌状三浅裂，裂片先端渐尖，基部近心形。全缘，表面暗绿色，被短毛，背面淡绿色，沿叶脉疏生短柔毛，掌状脉 5 出，**常带紫色，脉腋及叶片基部常具紫色斑点状的腺体**，柄长 9～17 厘米，带暗紫色。圆锥花序顶生；花序轴及分枝被疏生毛或无毛；花萼 2 裂，裂片阔卵形，绿色或紫色；**花冠黄白色，具数行紫色斑点**，2 唇形，前唇 2 裂，后唇 3 裂，裂片边缘成极不规则波状皱曲；雄蕊 5，**仅 2 枚完全发育**；雌蕊 1，子房上位，2 室，花柱细长，柱头 2 裂。蒴果长圆柱形，长达 35 厘米，深褐色；种子扁平，长椭圆形，长约 1 厘米，两端簇生白色长软毛。花期 5～6 月，果期 10～11 月。

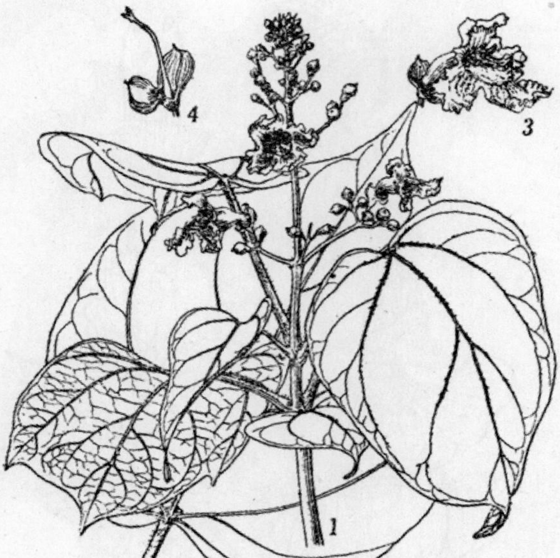

图 1473 梓树
Catalpa ovata G. Don
1．花枝；2．叶；3．花；4．萼和雌蕊。

［生长环境］ 常见于低山谷河边，湿润排水良好的土壤，并在各地普遍栽培。

［产 地］ 黑龙江、吉林、辽宁、山东、河北、山西、陕西、河南、江西、湖南、云南、贵州等省。

［用 途］ 果实入药。据“东北药用植物志”记载：果实有显著利尿作用，煎水用于浮肿。由本种果实中提取的 Bigsin 制剂作利尿剂，用于治肾脏病，湿性腹膜炎，水肿性脚气病等。

［理化性质］ 果实中含枸橼酸及其盐，其水浸液中含有灰分 14～16%，其中数量最多的是钾盐，在灰分中占 23～27%。此外，尚含有对羟基苯酸（p-oxybenzoic acid）1.4%。

［采收处理］ 蒴果近将成熟而未开裂时进行采摘，将采收的果实晒干，贮藏在干燥通风的地方。

344 木蝴蝶（muhudie）（图 1474）

［地 方 名］　千层纸（广西、云南、广东海南），土黄柏（广西），白玉纸（广东海南），破布子、白故子、木蝴蝶（云南），海船果心（云南西双版纳）。

［学　　名］　**Oroxylon indicum** (L.) Vent.　紫葳科

［药 材 名］　木蝴蝶、千张纸、千层纸、白故子、破布子

［形态特征］　大乔木，高 7～12 米，树皮厚。叶极大，三出二回羽状复叶，对生，长 40～160 厘米，宽 20～80 厘米；小叶多数，厚纸质，卵形或椭圆形，长 6～14 厘米。宽 4～9 厘米，先端短渐尖或长渐尖，基部圆形或阔楔形，全缘，表面绿色，背面淡绿色，两面无毛；小叶柄长 5～10 毫米。总状花序顶生，直立，长约 25 厘米；花柄长 6～25 毫米；花萼质肥厚，宿存，钟形，顶端截断状，长 25 毫米，宽 20 毫米，花冠质肥厚，钟形，长约 6.5 厘米，直径 5～8.5 厘米，淡紫色，先端 5 浅裂，裂片大小不等；雄蕊 5，稍伸出花冠外，花丝基部被绵毛，第 5 雄蕊花丝较其他 4 枚较短；花盘大，肉质；花柱长约 1 厘米，柱头 2 裂，半圆形，薄片状。**蒴果下垂、扁平、阔线形，长 30～90 厘米、宽 5～8.5 厘米**，先端短尖，基部楔形，成熟后，沿腹缝线开裂，裂爿与隔膜平行，中央具一不显明的纵肋。种子多数，着生于隔膜两侧，连翅共长 6～7.5 厘米，宽 3.5～4 厘米，淡棕色，扁平如纸质，三面有薄膜状椭圆形而无色半透明的翅。花期 7～8 月，果期 10～12 月（华南）。

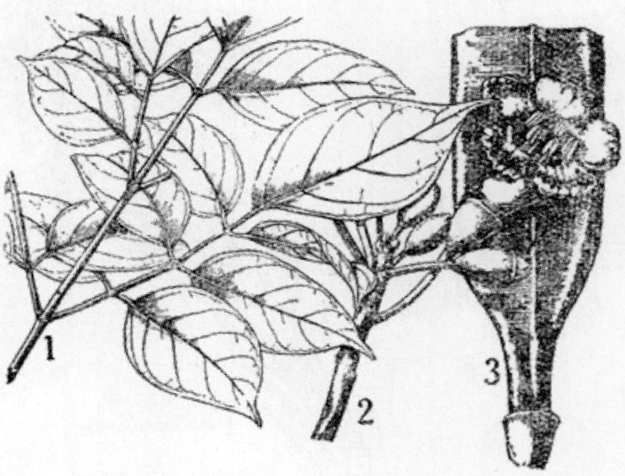

图 1474　木蝴蝶
Oroxylon indicum（L.）Vent.
1．枝叶；2．花序；3．果实的一部分。

［生长环境］　生于石灰岩山或土山，常见于海拔 1000 米以下的山谷、溪边、山坡草地、疏林或灌木丛中。

［产　　地］　以云南的思茅、普洱、墨江，广西的百色、宁明、龙津，贵州的安龙、望谟、罗甸产量最多，其他如福建、广东、四川等省亦有分布。

［用　　途］　种子入药，清肺热、治咳嗽、肝气痛及神经性胃痛、百日咳、干性气管炎、胃脘肝气痛等症；外用有治痈毒、疮口不敛的作用。广西个别地区也用树皮代黄柏用。

［采收处理］　秋冬之间采集成熟果实，在日光下曝晒，或放于炕上以微火烘之，其荚状蒴果自行开裂，以后再晒 1～2 日，剥取种子，再稍晒干。品质以干燥、张大、色白、翅柔软如绸质的为佳，放置干燥通风处贮存。

345 苁蓉（congrong）（图 1475）

［地 方 名］　察干高要（内蒙古）

［学　　名］　**Cistanche deserticola** Y. C. Ma　列当科

［药 材 名］　肉苁蓉，大芸

［形态特征］　多年生草本，高 40～100 厘米。茎肉质，单一，圆柱形，黄色；被多数鳞片，鳞片披针形或线状披针形，长 1.5～4 厘米，宽 4～8 毫米，在茎基部复瓦状排列，向上渐疏散，肉质，黄色。穗状花序圆柱状，花多而紧密；苞片线状披针形，长 2.5～3 厘米，近光滑，小苞片披针形或线状披针形，较萼稍长；花萼钟形，光滑，长 11～15 毫米，5 浅裂，卵状近圆形，缘具细圆齿；花冠管状钟形，长 2.5～3 厘米，黄色，干时变暗紫色；5 浅裂，6～8 毫米阔，近圆形，缘具细圆齿；雄蕊着生在花冠下部 1/4 处，花丝下部被皱曲长柔毛，上部光滑；花药被皱曲长柔毛，长 3～4 毫米，药室具渐尖的锐短尖；子房椭圆体，白色，基部具黄色蜜腺；花柱光滑，上部弯曲。蒴果卵形，2 裂，褐色；种子多数，椭圆状卵形，具网纹与光泽。花期 5～6 月，果期 6～7 月。

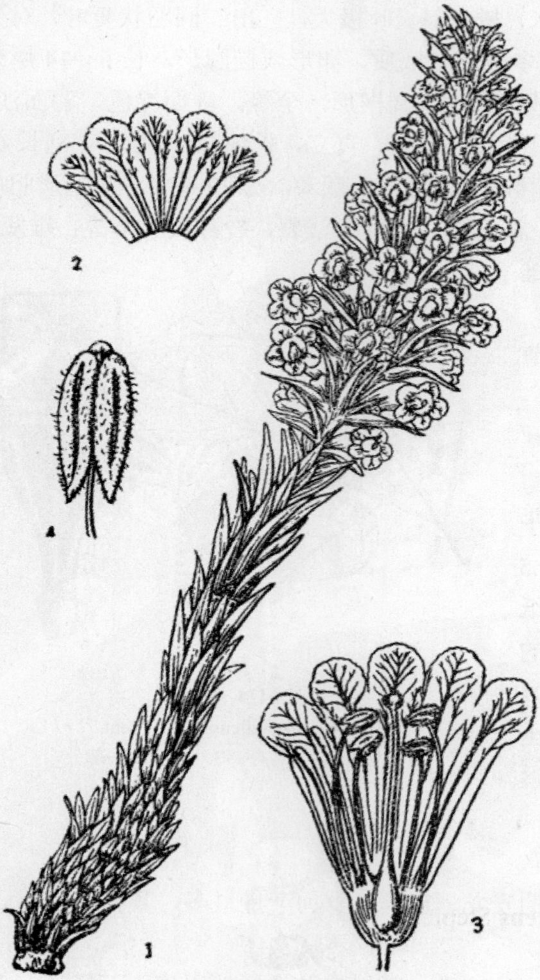

图 1475　苁蓉

Cistanche deserticola Y. C. Ma

1．植株；2．剖开的萼；3．花冠剖开；4．花药。

［生长环境］　荒漠地带湖边砂地的琐琐（Haloxylon ammodendron Bge.）林中，寄生在琐琐的根上。

［产　　地］　内蒙古西部巴彦淖尔盟。

［用　　途］　全草入药，有补精血、益肾强筋、润五脏，暖腰膝；治虚劳内伤，诸不足，男子滑精、遗溺、妇人血寒带下。

［采收处理］　春季苗刚出土时，因其柔软容易折断，采挖后通常置沙地上，使其在沙土中半埋半露，较全部曝晒干得快，此法所得成品称为甜大芸或淡大芸；秋季产的水分多，不易干燥，故多将肥大的腌成盐大芸（咸芸），即将大芸投入盐湖内腌一年即

可，如腌2～3年则更佳，但入药时仍需用水漂去盐。

［其　　他］　药用肉苁蓉除本种外，尚有下列两种：

（1）迷肉苁蓉［Cistanche ambigua（Bge.）G. Beck］，分布于内蒙古巴彦淖尔盟，寄生在琐琐（Haloxylon ammodendron Bge.）的根上。

（2）肉苁蓉［Cistanche salsa（C. A. Mey.）G. Beck.］，生长于盐碱地、干河沟沙地、戈壁滩一带，寄生于红沙［Reaumuria soongarica（Pall.）Maxim.］、盐爪爪（*Kalidium gracile* Fenzl.）、着叶盐爪爪［Kalidium foliatum（Pall.）Moq.］、珍珠（Salsola passerina Bge.）、西伯利亚白刺［Nitraria sibirica Pall.］等植物的根上。分布于内蒙古、陕西、甘肃、宁夏、新疆等省区。

以上三种植物的主要区别如下：

1．花黄色，花萼5浅裂，苞片线状披针形，较花萼长约1倍……………………………苁蓉

1．花冠裂片紫色，管部淡黄白色或白色。

2．茎的基部特别肥厚，高30～100厘米；苞片边缘被绵毛；寄生在琐琐的根上………………………………迷肉苁蓉

2．茎的基部不显著肥厚；高10～45厘米；苞片边缘多少被绵毛或近于无毛；寄生在红沙、盐爪爪或珍珠的根上…………………………………肉苁蓉

346 列当（liedang）（图1476）

［地 方 名］　草苁蓉（河北），裂马嘴、兔子拐棒（山东）。

［学　　名］　**Orobanche coerulescens** Steph. 列当科

［药 材 名］　鬼见愁、独根草（河北），兔子拐棒（河北、吉林）。

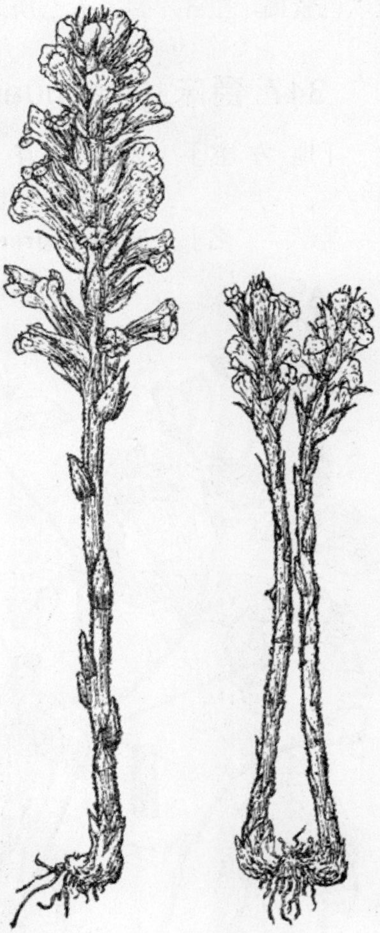

图1476　列当
Orobanche coerulescens Steph.
植物全形

［形态特征］　寄生草本，全株皆被绒毛，高15～35厘米，粗壮，暗黄褐色。叶鳞片状互生，披针形，长8～20厘米，暗黄褐色。穗状花序顶生，密被绒毛；苞片卵状披针形，先端锐尖；萼片带膜质，披针形至卵状披针形，长约为花冠1/2，先端2裂；花冠淡堇紫色，长1.5～2厘米，下部为筒形，上部稍弯曲，具2唇，上唇宽，顶端凹裂，裂片圆头，下唇3裂，裂片卵

圆形，边缘具微锯齿；雄蕊 4，2 强；雌蕊 1，花柱与花冠等长或稍短。蒴果卵状椭圆形，含多数细小的种子。花期 5～7 月，果期 6～8 月。

[生长环境] 多生于固定沙丘，山坡草地，常寄生于艾属（Artemisia）植物根部。

[产　　地] 辽宁、吉林、黑龙江、山东、陕西、四川、甘肃、内蒙古等省区。

[用　　途] 全草入药，为强壮剂；治阳萎、遗精，有补腰肾的功效。

[采收处理] 春夏间采收，将全草拔下，晒至八成干捆成小把，再晒至全干。品质以色紫褐，整齐不霉，无杂质为好。用筐包装，放在干燥通风处保存。

347 爵床（juechuang）（图 1477）

[地 方 名] 大鸭草、互子草（四川），赤眼老母草、鼠尾红（台湾），小青（福建）。

[学　　名] **Justicia procumbens** L. 爵床科

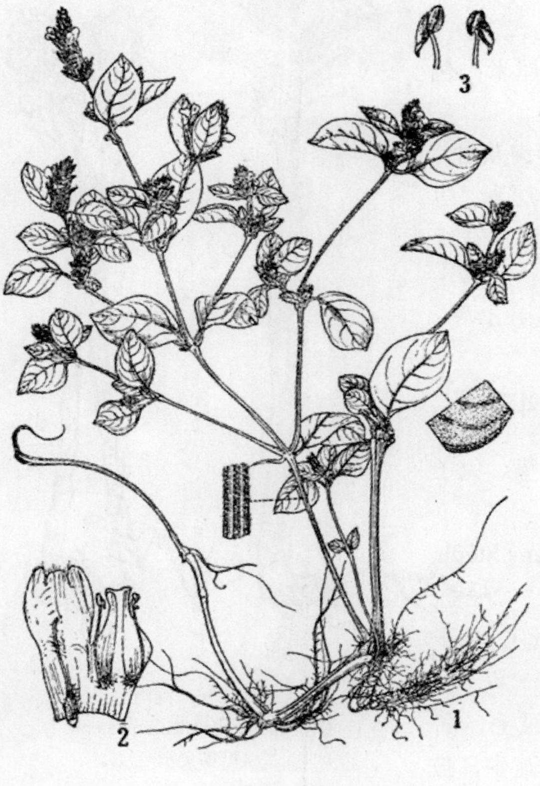

图 1477 爵床

Justicia procumbens L.

1．植株全形；2．花冠展开示雄蕊和雌蕊；3．雄蕊。

（自“江苏南部种子植物手册”）

[药 材 名] 小青草（江苏）

[形态特征] 一年生草本，高 15～30 厘米；茎柔弱，基部呈匍匐状。分枝有棱，被灰白色细柔毛，节稍膨大。单叶对生，叶片卵形、长椭圆形或阔披针形，长 1～5 厘米，宽 0.5～2 厘米，先端尖，基部楔形，全缘，两面均被短柔毛。叶柄长 5～10 毫米；穗状花序顶生或腋生，长约 2.5 厘米；花小，苞片 2，形状与萼片同；花淡红色或带紫红色；萼片 5，线状披针形或线形，长约 5 毫米，边缘白色，薄膜质，中脉在背面稍隆起，由基部直达先端，边缘及背面密被粗硬毛；花冠二唇形，淡红色或带紫红色，与萼几等长；雄蕊 2，着生于花冠筒口内，伸出，花丝近基部处有毛，药 2 室不等长，下面 1 个的基部有一距，下垂；雌蕊 1，子房卵形，2 室，被毛，花柱丝状，枝头头状，不很明显。蒴果线形，长约 6 毫米，由顶端向下开裂，被毛。花期 8～11 月，果实在花后不久，即成熟。

［生长环境］ 生于湿润旷野草地上和路旁阴湿处。

［产 地］ 山东、浙江、江苏、江西、湖北、四川、云南、广东、福建及台湾等省。

［用 途］ 全草入药，主治腰脊痛。浙江平阳县民间将全草煎服可治小儿感冒；龙泉、玉环两县民间用作治疟疾药。

［采收处理］ 春夏两季，采收全草，除去根及杂草，捆扎成小把，晒干即可备用。

348 透骨草（tougucao）（图1478）

［地 方 名］ 疥草（浙江），粘人裙、老婆子针线（四川），毒蛆草（山西），蝇毒草（吉林、河南），接生草（山东）。

［学 名］ **Phryma leptostachya** L. 透骨草科

［形态特征］ 多年生直立草本，高30～90厘米。茎四棱形，少分枝，密被柔毛，并具纵条纹，淡紫色，节部常膨大。单叶对生，有柄，叶片长卵形或长圆形，长5～10厘米，宽4～7厘米，先端渐尖，基部楔形或截形，全缘，边缘有大而不整齐的锯齿，表面被柔毛，尤以叶脉处较多，叶脉隆起；叶柄长0.5～3厘米。穗状的总状花序顶生或腋生，具长梗，萼片披针形，萼筒状，具5棱，长约3毫米，先端5裂，唇形，上唇3裂片，针形，长达2毫米，顶端弯曲成钩状，结果时硬化，下唇2裂片短小，呈卵状三角形，边缘有毛；花冠筒状，淡紫色，长约5毫米，裂为唇形，上唇2浅裂，直立，下唇3裂，中裂较大，裂片卵圆形，内面密被长柔毛；雄蕊4，2强，着生在花冠筒内；子房1室，有1胚珠，花柱顶生，细而微弯，柱头分叉。瘦果包于宿存花萼内，长8～10毫米，果柄弯曲而下垂。花期6～8月，果期9～10月。

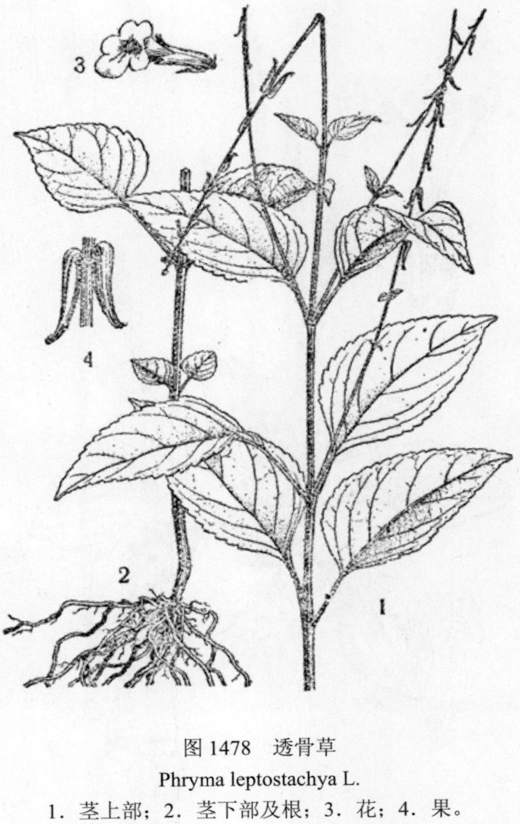

图1478 透骨草
Phryma leptostachya L.
1. 茎上部；2. 茎下部及根；3. 花；4. 果。

［生长环境］ 喜生于山坡林荫下或山林、林缘阴湿处。

［产 地］ 辽宁、吉林、河北、河南、山东、山西、湖北、四川、江西、浙江、

江苏、安徽、云南等省。

［用　　途］ 全草及根入药。四川民间将其植株捣烂，可搽治恶疮，有去毒的作用。

［采收处理］ 在枝叶茂盛时采收，割下全草，晒干，存放于干燥通风的地方。

［其　　他］ 全草可作农药，其配制方法叙述如下：

（1）透骨草 15 倍水浸液，对小麦秆锈病菌及叶锈病菌夏孢子发芽抑制效果在 90%以上，而对小麦秆锈病防治效果为 50%。对马铃薯晚疫病防治效果达 85%。

（2）将全草熬成水，去渣后，可防治菜青虫，喷洒后 24 小时，杀虫率达 100%，对于粪坑内的蝇蛆，其杀虫率也达 100%。

（3）将透骨草粉加水配成 1 与 5 之比，煮沸后所得原汁或浸泡的滤液，喷洒使用，可防治蚜虫、蝇、软体病虫等，其效果较砷酸钙大 3 倍。

（4）若制成毒饵，对粘虫杀死率可达 93.3%。

349 车前（cheqian）（图 1479）

［地 方 名］ 大车前、车串子、猪耳朵、猪不扎草（山西），虾蟆草、车皮草（江西），猪肚菜、蚂蚜草（广西），车轱辘菜、蛤蟆衣（浙江、福建），天军敌、野地菜（浙江），下马草（福建），车花、猪耳棵子、猪耳朵鞭子、牛田菜（江苏）。

［学　　名］ **Plantago asiatica** L. 车前科

［药 材 名］ 车前子、车前草、大粒车前子（吉林、辽宁）

［形态特征］ 多年生草本；隐茎粗短；根须状。单叶成丛，全部基出，直立或展开；叶阔卵状椭圆形或近卵形，长约 4～12 厘米，宽约 2～7 厘米，无毛或有疏短毛，先端尖或钝，基部阔楔形，渐狭成柄，边缘有齿，浅裂或近于全缘，通常有 5～7 条弧形脉；叶柄基部扩展成鞘状。花茎数个由叶丛中生出，直立或

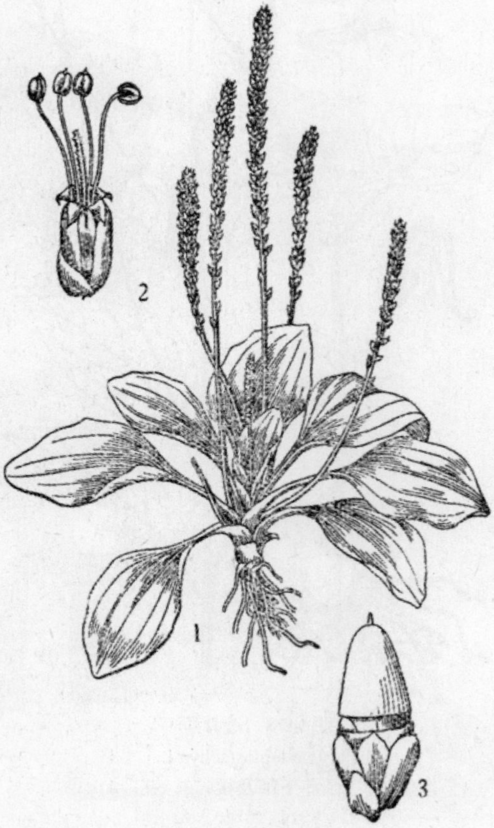

图 1479　车前
Plantago asiatica L.
1．植株全形；2．花；3．果实，示周裂蒴果。
（自“中国药用植物志”）

斜上，高 12～50 厘米，被毛；穗状花序狭长，上部花紧密，下部花较疏；每花有宿存苞片 1，三角形；花萼 4，基部稍合生；花冠筒状，干膜质，先端 4 裂，裂片三角形，向外反卷；雄蕊 4，伸出花冠外；雌蕊 1，子房 2 室，花柱丝状，柱头密被短毛。蒴果卵状圆锥形，下部有宿存花柱，熟时盖裂。种子细小，长圆形，棕黑色。花期 6～9 月，果期 7～10 月。

［生长环境］　喜生于较湿润的田野、沟渠旁、山地、路旁、田园、花圃、河岸两旁、宅旁等地。

［产　　地］　黑龙江、吉林、辽宁、内蒙古、河北、山西、山东、河南、陕西、甘肃、宁夏、安徽、江苏、浙江、湖南、江西、湖北、四川、贵州、福建、台湾、广东、云南等省区。

［用　　途］　叶可治结核性皮肤溃疡。种子为利尿、镇咳、祛痰、止泻、明目和治难产药。全草为利尿、镇咳剂。浙江民间将根嚼烂，用水冲服，有解暑清凉的效能。

种子可榨油（见“油脂类”，964 页）。全草还可作猪饲料，并可作农药，捣烂加水稀释，浸泡过滤，滤液可防治蚜虫、红蜘蛛及软体害虫。

［理化性质］　根含桃叶珊瑚甙（aucubine, $C_{15}H_{24}O_9$），全草含胆碱（choline）、腺碱（adenine）、柠檬酸、草酸、维生素丙及桃叶珊瑚甙；种子含脂肪油约 10%及粘液质等。

［采收处理］　8～9 月间种子成熟时采收，将采来的果穗晒干，搓出种子，簸去杂质；质量以干燥、粒大为好；全草于种子成熟后采收。将全草除去泥土，晒干即成。品质以干燥，无泥沙污物较好，贮藏于干燥的地方。

［其　　他］　除本种外，在华北、东北、西北地区分布较广的一种平车前（P. depressa Willd.）别名：小车前、猪耳朵、车轮菜、猪不扎草（山西），它的种子也收购入药。其与车前草的主要区别是直根，基生叶平铺地面；花冠裂片先端 2 浅裂，蒴果内含种子 4～5 粒。

350 金鸡纳树（jinjinashu）

［地 方 名］　奎宁树（云南）

［学　　名］　**Cinchona ledgeriana** Moens.　茜草科

［药 材 名］　金鸡纳皮

［形态特征］　常绿灌木或小乔木，普通高约 3 米。新枝四方形，初被褐色短柔毛，后渐脱落。单叶对生，椭圆状披针形或椭圆状长圆形，长 7～12 厘米，宽 2.5～4 厘米，先端钝或尖，基部楔形，全缘，上面平滑无毛，下面沿叶脉处被短柔毛，侧脉 7～9 对；托叶对生，脱落后留线形痕；叶柄长 1～1.5 厘米，无毛。花两性，聚伞花序腋生或顶生，序柄及花柄均被褐色短柔毛；花萼小，5 裂，牙齿状，被短柔毛；花冠白色，筒状，长约 1 厘米，裂片 5，披针形，长约等于筒部的 1／2，边缘有白色长毛；雄蕊 5，着生于花筒上，不伸出，药纵裂；子房 2 室，花柱 1，柱头 2 裂。蒴果椭圆形，长约 12 毫米，

成熟时室间开裂。

［生长环境］ 此树适宜之温度以年平均16～24℃，最高不超过29℃，最低不低于零度，忌霜雪，喜空气重湿而多雨的地方，降雨量需要分布均匀，年雨量以1500～2500毫米为宜，同时此树的生长，不需过多的日照，所以应预先种植遮荫树。土壤以火成岩所风化而富含有机质的土为宜，海拔以600～1000米的高度为适。

［产 地］ 云南、台湾有栽种。

［用 途］ 皮为苦补剂及健胃剂。主要为提制奎宁及金鸡纳碱（totaquine）的原料，用以治疗疟疾，并有镇痛解热及局部麻醉的功用。

［理化性质］ 含多种植物碱，总含量为8.6%，其主要的结晶性生物碱有以下四种：（1）奎宁（quinine, $C_{20}H_{24}O_2N_2$，左旋体）；（2）奎尼丁（quinidine, $C_{20}H_{24}O_2N_2$，右旋体）；（3）辛可宁（cinchonine, $C_{19}H_{22}ON_2$，右旋体）；（4）辛可尼丁（cinchonidine, $C_{19}H_{22}ON_2$，左旋体）。其中以奎宁和奎尼丁最为重要。

［采收处理］ 采收的方法有多种，我国主要是采用截枝法，自地面以上将树砍倒，剥取干皮，使残留的树干基部发生不定枝条，并留1～2枝任其生长，待树枝长大后，再将树皮剥下，晒干或烘干，即成商品。

［其 他］ 除本种外尚有红金鸡纳树（C. succirubra Par.）、正金鸡纳树（C. officinalis L.）、黄金鸡纳树（C. calisava Weddell.）等数种也可提取奎宁碱，云南、台湾都有栽培。

351 栀子（zhizi）（图1173）

［学 名］ **Gardenia jasminoides** Ellis (*G. florida* L.) 茜草科

［药材名］ 栀子

（地方名、形态特征、生长环境、产地及其他用途见“芳香油类”，1469页）

［用 途］ 果实入药，有解热、消炎之效。适用于各种充血性炎症，身热头痛、目赤、口渴等症；又能用于胆道炎所引起的黄疸，并有止血之效。外用作外敷消炎药。四川民间用叶治跌打损伤。

［理化性质］ 果实含栀子甙（gardenin），此甙即为番红花素（d-crocin），与番红花所含的相同，另含番红花色素甙基（a-crocetin, $C_{20}H_{24}O_4$ 属长黄色素类，熔点273℃）并含 chlerogenin，挥发油，木密醇等。此外含精油及花蜡，叶中含甘露醇（mannit）10～20%。

［采收处理］ 8～11月果实成熟时采收，将果实除去果柄及杂质，放入甑中微蒸或沸水中烫一下（水中加明矾，每100公斤加明矾0.5公斤），取出后曝晒数天，再放在通风阴凉处1～2天，使全干即成商品；也有将果实采后，不经过任何处理，直接晒干入药的，但以前者处理较好。品质以干燥、饱满、色红艳为好。放于干燥通风处贮存，防止生霉变质。

352 巴戟天（bajitian）（图 1480）

［地 方 名］　鸡肠风（广东、广西），鸡眼藤、三角藤、糖藤（广西）。

［学　　名］　**Morinda officinalis** How　茜草科

［药 材 名］　巴戟天

［形态特征］　缠绕藤本。**根状茎肉质肥厚，圆柱形，支根多少呈念珠状，鲜时外皮白色，干时暗褐色，有蜿蜒状条纹**，断面呈紫红色。茎圆形，有纵棱，小枝幼时有褐色粗毛，老时脱落，表面粗糙。叶对生，叶片长椭圆形，长 3～13 厘米，宽 1.5～5 厘米，先端短渐尖，基部楔形或阔楔形，全缘，背面中脉上被短粗毛，叶绿常有稀疏的短睫毛；托叶鞘状。花序头状，花 2～10 朵，簇生于小枝顶端，很少腋生；花萼杯形，先端有不整齐的齿裂或近平截；花冠肉质，白色花冠管的喉部收缩，通常深 4 裂，内面密生短毛；雄蕊 4，花丝极短；子房下位，4 室，花柱 2 深裂。浆果 1～4，近球形，熟后红色，萼宿存于果之顶端。花期 4～5 月，果期 9～10 月。

［生长环境］　喜半阳的地方生长，野生于山谷、溪边、山林下或丘陵地的荒地疏林下；以疏松肥沃的壤土或黏壤土生长良好。

［产　　地］　广东海南、福建、广西等省区。

［用　　途］　根为强壮剂，能增脑力，治男子阳萎早泄，女子生殖机能减退，月经不调等症。

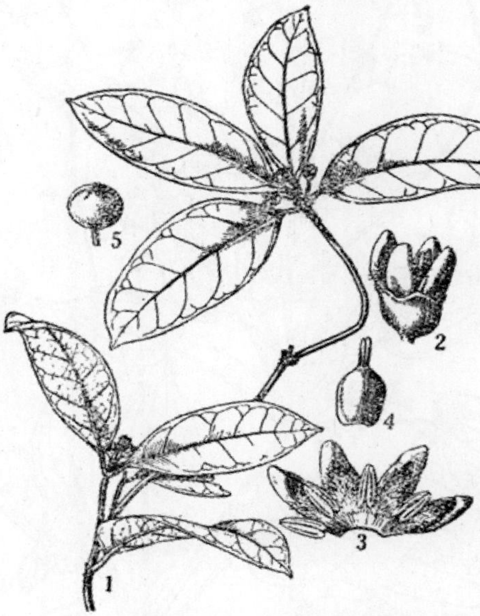

图 1480　巴戟天
Mofinda officinalis How
1. 花枝；2. 花；3. 花冠剖开示雄蕊；4. 子房；5. 果实。

［采收处理］　四季均可采收，但以冬春两季较好。栽培品种一般经 5～7 年才能收获。采收时挖取根部，洗净泥土，晒至半干，用木槌轻轻打扁，不宜用力过大，以免掉肉及液汁流出，直到晒至全干即成。品质以皮部坚实，肥厚，木质部细，外表略弯曲，形似念珠，性强韧不易折断，断面紫黑色为好。放于干燥的地方，要经常复晒，注意生霉。

353 茜草（qiancao）（图 1481）

［地 方 名］　鸡蛋根、染蛋草、七家旗（浙江），八仙草、大麦珠子（江苏），小活血（江西），挂拉豆、拉拉秧、辽茜草（东北），哲木苏韧（内蒙古），入骨丹、红藤

子（福建），女儿红、锯锯草、小血藤（湖北）。

［学　　名］ **Rubia cordifolia** L.　茜草科

［药 材 名］ 茜草、红茜（江苏、安徽）

［形态特征］ 多年生攀援草本，常缠绕他物上升。**根细长，圆柱形而微弯曲，外皮黄赤色，断面红色或淡红色。茎4棱形，棱上生逆刺。通常4叶轮生**；叶片卵状心脏形或狭卵形，长1.5～6厘米，宽1～4厘米，先端尖，基部心形，全缘，叶缘略向下反卷，表面粗糙，背面中脉上具逆刺，叶脉3～5出；有长柄，柄上具逆刺。花小，多数集为圆锥状聚伞花序，腋生或顶生；花萼不明显：花冠黄白色，辐射状，上部5深裂；雄蕊5枚，着生于花冠管喉部；子房下位，2室，花柱上部2裂，各有1小形头状柱头。浆果球形，红色转黑色。花期7～9月，果期9～10月。

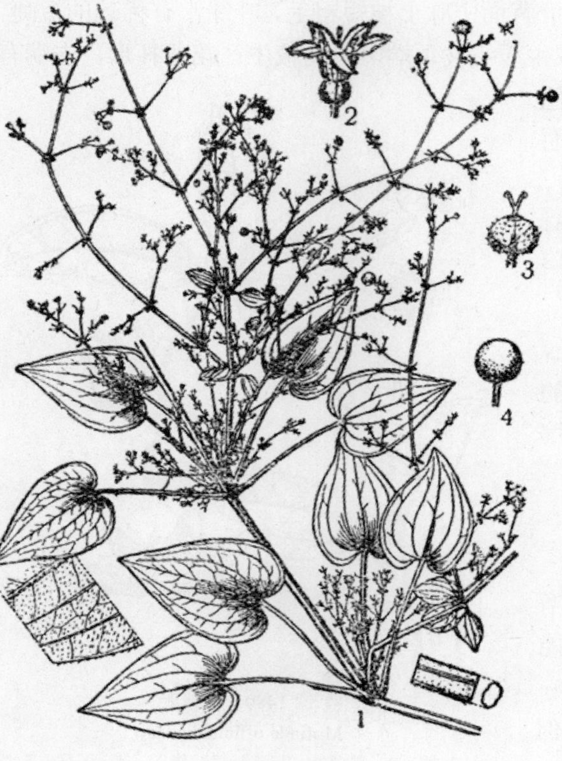

图1481　茜草

Rubia cordifolia L.

1. 花果枝；2. 花；3. 花萼和雌蕊；4. 果实。

（自“江苏省植物药材志”）

［生长环境］ 生于杂木林内或灌木丛中，路旁、沟边、山坡及草丛中。

［产　　地］ 黑龙江、吉林、辽宁、内蒙古、河北、河南、山东、山西、陕西、甘肃、宁夏、青海、江苏、安徽、浙江、福建、台湾、广东、广西、湖北、湖南、江西、四川、云南、贵州等省区；主产陕西渭南，河南洛阳、嵩县，安徽六安、芜湖，河北保定、邢台，山东莒南、蓬莱；以陕西、河南产量最多，质量较好。

［用　　途］ 根入药，有利尿、通经及行血之效。对咯血、吐血及月经困难、月经闭止等有效。四川民间用作跌打损伤药，并有行经活血的功效。浙江南部民间用根煎水与酒同服，有活血、破血之效；煎水服有通筋，祛风寒，退热的作用。取新鲜嫩叶略加食盐捣烂后，敷治疔疮，有吸脓消肿之效。

根又作兽药，用于消炎、镇痉以及肾虚、频尿等症。又可作红色染料（见“其他类”，2074页），茎叶还可制土农药。

［理化性质］ 根含茜紫素（purpurin, $C_{14}H_8O_5$），为橙色针形体，熔点256℃；茜根酸（rubierythrinic acid, $C_{26}H_{28}O_{14}$），为黄色针状结晶，熔点258～260℃；茜素（alizarin,

$C_{14}H_8O_4$），为红色针形体，熔点289～290℃。化学构造为1，2羟基蒽醌（1，2-Dioxy-anthrachinon）。

［采收处理］　春秋两季皆可采收，但以秋季挖到的根质量较好；根挖出后，除去茎苗和泥土，晒干或烘干即可，品质以根粗壮，表面红棕色，切断面深红色，无须根残茎者为好，放在干燥地方贮存，防止虫蛀。

［其　　他］　除这一种供药用外，广西出产的肉叶茜草（Rubia cordifolia L. var. herbacea Chun et How）的根也供药用，它与茜草的区别是：叶狭针形，长6～8厘米，花冠淡绿色，又在四川木里产的膜叶茜草（Rubia membranifolia Fr.）的根，在当地也供药用。

354 钩藤（gouteng）（图1482）

［地 方 名］　金钩钓、双钩藤（浙江、福建），金钩藤、鹰爪风（四川），桂钩藤，孩儿茶（广西），钩藤钩、金钩草（福建）。

［学　　名］　**Uncaria rhynchophylla** (Miq.) Jacks.　茜草科

［药 材 名］　钩藤

［形态特征］　常绿攀援状灌木，长可达10米。枝褐色，四方形，**变态枝成钩状，成对或单生于叶腋，钩向下弯曲，先端尖基部稍宽**。叶对生，椭圆形或卵状披针形，长6～11厘米，宽3～6.5厘米，基部楔形，先端渐尖，全缘，表面光滑无毛，背面脉腋有短毛；有柄；托叶1对，2深裂。头状花序单生于叶腋或顶生，花梗上有线形小苞片2轮，每轮4～6片；花萼管状，外面密生长毛，先端5裂；花冠长管状漏斗形，先端5裂，绿白色；雄蕊5，花丝极短；子房下位，纺锤形，花柱线形，柱头头状。蒴果倒卵状椭圆形，被疏柔毛，熟后2裂。花期6～7月，果期10～11月。

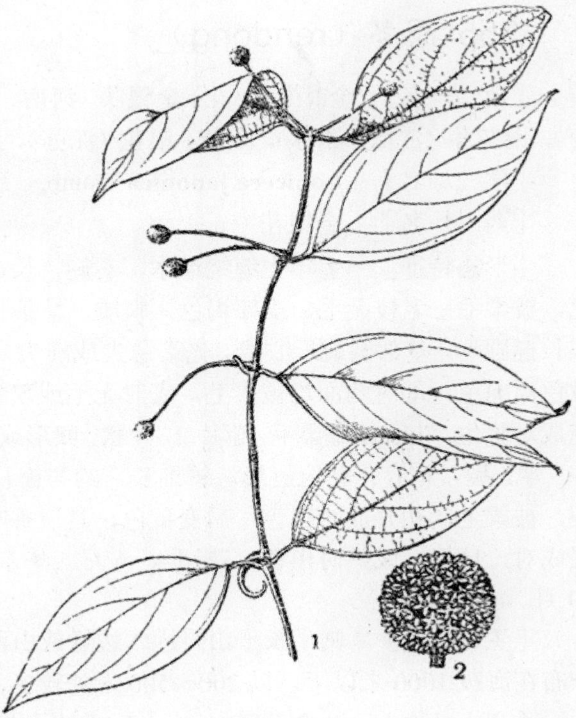

图1482　钩藤
Uncaria rhynchophylla（Miq.）Jacks.
1．花枝；2，头状花序。

［生长环境］　稍喜庇荫，多生于山谷林下、溪边、灌木丛及杂木林中。

［产　　地］ 广东、广西、福建、江西、贵州、四川、湖南、浙江等省区。主产于广西、湖南、江西等省区。

［用　　途］ 钩为镇痉的镇静药。用于高血压患者的头痛，眩晕及小儿惊痛等症。有效成分为钩藤碱，用其少量有兴奋呼吸中枢的作用；同时能扩张周围血管，使血压显著下降。浙江南部民间医师用钩藤煎汁服用，治小儿寒热，夜啼及受惊症。

藤皮纤维可作人造棉（见“纤维类”，312 页）。

［理化性质］ 叶及钩中含结晶性植物碱钩藤碱（rhinchophylline, $C_{22}H_{28}O_2N_2$）及非结晶性的异钩藤碱（isorhynchophylline, $C_{22}H_{24}O_2N_2$）。

［采收处理］ 11 月至次年 3 月（在寒露后至清明前）为采收期，剪取有钩的嫩藤，立即用剪刀把钩剪下，晒干。为使其色泽油润光滑，放于锅中蒸，或密闭使其发汗，然后再晒干。品质以双钩、质嫩、颜色紫红为好。贮存于干燥通风处。

［其　　他］ 除上种钩藤药用外，分布于广西、云南、贵州、四川、湖南、湖北的一种华钩藤［Uncaria sinensis（Oliv.）Havil.］也供药用，此种植物托叶圆形，全缘，向外反卷；叶较大，长 10～17 厘米，宽 5.5～9.5 厘米，与上种有区别。另在四川木里还有一种启五钩藤（Uncaria wangii How）也供药用。

355 忍冬（rendong）

［地 方 名］ 金银花，二花、金银藤（河南、江苏），双花（山东、东北），通灵草（河南），银花藤（江西、江苏），金花、银花（江苏），忍冬、老翁须（山西），二苞花（浙江）。

［学　　名］ **Lonicera japonica** Thunb.　忍冬科

［药 材 名］ 金银花

［形态特征］ 多年生**缠绕灌木**，右旋，长达 8 米。茎细，中空，多分枝，幼枝绿色，被柔毛；老枝无毛，皮棕褐色，膜质，呈条状剥裂。单叶对生，阔披针形，长卵形或长椭圆形，基部圆或近心形，先端急尖或渐尖，全缘，边缘密被长缘毛，表面深绿色，背色淡绿色，幼时两面均被柔毛，老时无毛或仅主脉上有毛；叶柄短，无毛，无托叶。花成对腋生，花密被短柔毛，苞片 2，**叶状，卵形或阔卵形**；小苞片约等于子房长度的$\frac{1}{3}$～$\frac{1}{2}$；萼 5 裂，宿存；花冠唇形，管细长，约与瓣片等长，上唇宽而 4 浅裂，下唇狭而不裂，被柔毛，初开放时白色，后变黄色，具清香味；雄蕊 5，高出花冠；子房下位。浆果成对，球形，成熟时黑色。花期 4～6 月（华东、华中），6～7 月（东北），果期 8～10 月。

［生长环境］ 常生长于山野灌木边缘或山涧阴湿处，沟旁、地边及石隙间；多半分布在海拔 1000 米以下，以 200～500 米处较多，常缠绕于他物上，庭园内有栽培。

［产　　地］ 分布于辽宁、山东、河北、河南、陕西、宁夏、甘肃、安徽、江苏、浙江、福建、台湾、江西、广东、广西、湖南、四川、贵州、云南等省区。其中以河南省所产的品质最佳，山东省的产量最多。

［用　　途］ 花为植物抗生性药，能解热、消炎、杀菌，治热性病、身热无汗、

痛肿、梅毒、淋病、肠炎、关节炎及一切化脓性疾患等；并有利尿作用。煎水洗治各种化脓性疮疖，可促使早日收口。藤、叶也有同样功用，使用时剂量应较花为重；但在习惯上，都以用花为多。

花可提制芳香油（见“芳香油类”，1470 页）。茎皮可作纤维用。

［理化性质］ 花含环已六醇 10%；叶中含鞣质约 8%；茎含皂角甙及木犀黄素（lutelin, $C_{15}H_{10}O_6$）；果实含还原糖 23%；茎皮含纯纤维素 26.3%。

［采收处理］ 以主产地山东为例，其采摘方法简述如下：采花的季节第一次在 5 月下旬至 6 月上旬，一般约三星期采完，称“头茬花”产量最多，质量最好；采头茬花一个月以后，又可采第二次，称二茬花，质量较差，产量也少；茎叶采集是在采二茬花之后进行。采花时，须摘已经长成而尚未开放的花朵。药材一般分成“大白花”、“二白花”、“三白花”三种。大白花花朵已渐膨大，白色，微带紫晕，如当天早晨不采，中午就要开放，即使当时摘下，晒时往往还能开放，已较晚，质量较差，二白花挺直如针，色白，如当天不摘，第二天才能开花，此种质量最好，三白花，略带绿色，尚幼嫩，可等 1～2 天再摘，采摘时间应在早晨 10 点钟以前，当天就可晒干，干燥的成色白、气香、味浓、质量好；如采摘过晚，花在枝上受日晒，香气蒸发，气味淡薄，且当天不能晒干，易变色损坏，晒时，要将花朵匀铺于苇席上，其厚薄要看阳光强弱（一般为 1.4～1.6 厘米）；以当天晒干为度，晒干后不能翻动，动后则变成黑色，有碍药材质量，花晒干后，应密闭贮存，防止风吹变成黄黑色。茎叶的采收较为简单，即选择当年生茎连叶用镰刀割下，晒干即成。

［其　　他］ 药用金银花除本种外，尚有一种山金银花（Lonicera confusa DC.）分布于四川及广东、广西，主要区别为花萼密被密白色细柔毛，而忍冬的花萼柔毛较少或近于无毛。另有一种细苞金银花（Lonicera similis Hemsl.），产于四川，主要特点是花为顶生总状花序。

356 欧接骨木（oujiegumu）（图 1483）

［地 方 名］ 舒筋树、樟木（江苏），九节风、臭草叶、接骨丹（四川）。

［学　　名］ **Sambucus racemosa** L. (*S. sieboldiana* Bl.) 忍冬科

［药 材 名］ 迁迁活（江苏）

［形态特征］ 落叶灌木或乔木，高 4～8 米；茎无棱，多分枝；枝灰褐色，无毛。奇数羽状复叶对生；通常具小叶 7 枚，有时 9～11 枚，长卵圆形或椭圆形至卵状披针形，基部偏斜阔楔形，先端渐尖，边缘具锯齿，两面无毛。圆锥花序顶生，密集成卵圆形至长椭圆状卵形；花淡黄色，直径 6～9 厘米，花间无黄色腺体；花萼钟形，裂片 5，舌形，花冠合瓣，裂片 5，倒卵形；雄蕊 5，着生于花冠上，与裂片互生，短于花冠。浆果红色，具 3～5 小核。花期 4～5 月，果期 7～9 月（江苏）。

［生长环境］ 生长于向阳山坡，农家习惯在庭院中栽培。

［产　　地］　辽宁、河北、河南、江苏、浙江、安徽、四川等省，但产量均不很大。

［用　　途］　茎叶为镇痛药。治手足偏风及风湿腰痛、骨间诸痛、四肢寒疼、脚肿；又为跌打损伤、骨疼、风湿、汗疹的浴汤料；种子取出的油可催吐。

［理化性质］　据西洋接骨木（S. nigra L.）花中含胆碱，萜烯（terpen），tricosan，缬草酸（valeriansaure）等。本种成分未详。

［采收处理］　全年均可采收。将茎枝用刀斜切成长2～6厘米的薄片，晒干。用蒲包装，未切断的茎枝，用绳捆扎，贮藏在干燥处。品质以干燥、片完整、黄白色、无破碎、无杂质的为好。

图1483　欧接骨木
Sambucus racemosa L.
1．花枝；2．茎的一段，示对生的枝；3．花：4．展开的花冠，示雄蕊；5．去花冠后示花萼及雌蕊。
（自“江苏南部种子植物手册”）

［其　　他］　除本种外，尚有一种蒴藋（Sambucus javanica Reinw.），分布于河南、山东、湖北、湖南、江苏、浙江、江西、福建、广东、云南、贵州、四川等省，土名八棱麻（江西），臭草、排草、接骨草（四川），根、皮、叶、花均入药，可发汗及治皮肤病；另东北、河南、河北等省以接骨木（Sambucus williamsii Hance）入药，土名马尿梢（吉林），为镇咳、发汗药，也可治骨节炎症。四川以陆英（Sambucus chinensis Lindl.）入药，土名臭草、臭牡丹、鸡骨常山、散血常。治疗诸疮及跌打损伤。

357 甘松（gansong）

（图1174）

［学　　名］　**Nardostachys jatamansi** DC.　败酱科

［药 材 名］　甘松

（形态特征、生长环境、产地及其他用途见“芳香油类”，1471页）

［用　　途］　根及根状茎为芳香性健胃药，有镇痉及镇静作用，适用于头痛、腹痛、及精神忧郁等症。并能驱除蛔虫。

［理化性质］　含挥发油，油的主要成分为戊酸香叶酯，戊酸香草酯，倍半萜类。

［采收处理］　一般在秋末、冬初，甘松茎叶将枯萎的时候采收最好。挖取后，去净泥沙，除去残茎及须根，晒干或阴干，品质以根状茎肥壮、条长、芳香气味浓、无碎片泥砂的为好。放在干燥的地方贮存。

358 败酱（baijiang）（图 1484）

［地 方 名］　野黄花、野芹（黑龙江），野黄花、女郎花、马草（吉林），土龙草（江苏）。

［学　　名］　**Patrinia scabiosaefolia** Fisch.　败酱科

［形态特征］　多年生草本，高达 1.5 米。根状茎粗壮，横卧或斜生；茎直立，上部分枝，光滑，下部有倒生粗毛。基生叶丛生，有长柄；长卵形或卵状披针形，先端尖，边缘具粗锯齿，平滑或有毛；茎生叶对生，具短柄或近于无柄；羽状全裂，或浅裂，裂片 5～11，顶端的裂片最大，披针形至线状披针形，先端渐尖，锐尖，边缘具不整齐的大锯齿，侧裂较狭小，两面无毛或被白色刚毛。复伞房状花序顶生，花轴及花梗上有毛；小苞片线形或长圆形，先端尖；花小，多数，黄色，直径 3～4.5 毫米；花萼极小，花冠 5 裂，冠筒短，内侧生白色长毛；雄蕊 4，几与花冠等长。干果椭圆形，具三棱，长 2.5～3.5 毫米，宽 1.7～2.2 毫米，无翼状小苞。花期 7～9 月，果期 8～10 月（东北）。

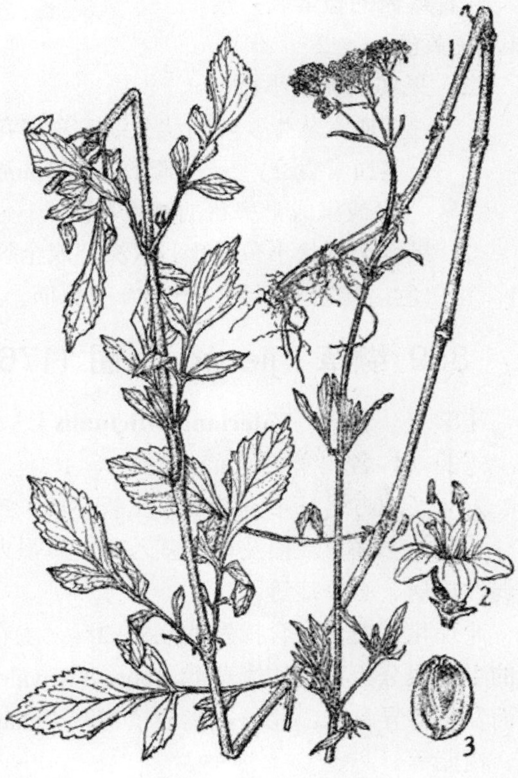

图 1484　败酱
Patrinia scabiosaefolia Fisch.
1. 植物全形；2. 花；3. 果。
（自“江苏南部种子植物手册”）

［生长环境］　生于干山坡、干草地、林缘草地及半湿草地。

［产　　地］　黑龙江、吉林、辽宁、河北、山西、山东、河南、安徽、江苏、浙江、湖南、湖北、江西、四川、贵州、福建、广东等省。以东北地区产量较大。

［用　　途］　根为消炎性解凝排浓及利尿药，能去瘀血，消浮肿痈肿；治肠炎下痢、慢性结肠炎、烂尾炎、腹膜炎，并治子宫炎分泌带下及眼结膜充血等。

根可提取芳香油。

［理化性质］　根含挥发油：含量约为8%。

［采收处理］　根在秋季至次年春季植株萌芽以前挖出，出土后，沿根的上端剪去茎部，并洗净泥土，阴干备用。品质以根干燥、肥厚、气味浓、无茎叶、干净的为好。贮藏在干燥通风地方。

［其　　他］　同属的（1）白花败酱（Patrinia villosa Juss.）分布于我国北部、东部、中部和西南各省；（2）岩败酱（Patrinia rupestris Juss.）分布于西北、内蒙古；（3）狭叶败酱（Patrinia angustifolia Hemsl.）分布于江苏、安徽、浙江、江西、湖北等省，这三种植物的根，其气味性状与败酱的根极相似，药材中也常混用。

几种败酱的检索表：

1．花黄色。
  2．果实具翼状小苞。
    3．茎通常丛生，叶羽状分裂，伞房花序……………………………………岩败酱
    3．茎通常直立，于上部分枝，基部通常3裂或不裂，上部叶通常全缘，聚伞花序或集成伞房状的圆锥花序……………………………………狭叶败酱
  2．果实无翼状小苞，叶羽状深裂或全裂……………………………………黄花龙芽
1．花白色，叶通常不裂，下部叶有翼柄，上部叶无柄………………………白花败酱

359 缬草（jiecao）（图 1176）

［学　　名］　**Valeriana officinalis** L.　败酱科

［药 材 名］　缬草

（地方名、形态特征、生长环境、产地及其他用途见“芳香油类”，1473页）

［用　　途］　根及根状茎入药，为强力驱风剂、兴奋剂及镇痉剂；主要用于神经衰弱性癔病、心悸症等。

［理化性质］　含挥发油0.5～2%（主存于根状茎的内皮层及根的下皮细胞中），油的主要成分为异戊酸缬草酯（bomyl isovalerianate），此成分在干燥时经酶分解成异戊酸而发生特异臭味。此外，尚含植物碱“chatinine”、缬草碱（valerianine）及蚁酸、鞣质、树脂等。

［采收处理］　9～10月采根，去掉茎叶及泥土，晒至全干；品质以须根粗长、整齐、外面棕褐色、断面淡棕色、不带残茎、气味浓的为好；用麻袋包装，放在干燥的地方保存，以免受潮发霉。

［其　　他］　除上种供药用外，尚有东北缬草（Valeriana coreana Briq.），土名拔地麻、媳妇菜及黑水缬草（Valeriana amurensis P. Smirn.）均供药用，为本种的狭义种；又四川尚产一种老君须（Valeriana hardekii Wall.），土名斗什草，也供药用。

360 毛节缬草（maojiejiecao）（图 1485）

［地 方 名］　媳妇菜、野鸡膀子（黑龙江）

［学　　名］　**Valeriana stubendorfi** Kreyer et Kom.　败酱科

［形态特征］　多年生草本，高达 1 米。须根多数，细长圆柱形。**黄褐色或褐色**，有特异臭气，常自根状茎生出**白色匍匐枝**。茎直立，单一或于顶部近花序处分枝，无毛或稍被白色柔毛，节处毛稍密。叶羽状对生，茎下部叶有时互生；基生叶具长柄；通常具 9～15 小叶，**小叶狭长圆状披针形或狭倒长卵形**，先端微渐尖，基部楔形，顶端小叶羽状 3 深裂或全裂。聚伞花序顶生，苞线形，有纤毛；花萼不显著，花后形成冠毛；花冠淡红色，先端 5 裂，冠筒基部有一小突起；雄蕊 3，超出花冠，雌蕊 1，子房下位。瘦果长卵形，扁平，先端有 10 余条羽状冠毛。花期 7～8 月，果期 8 月。

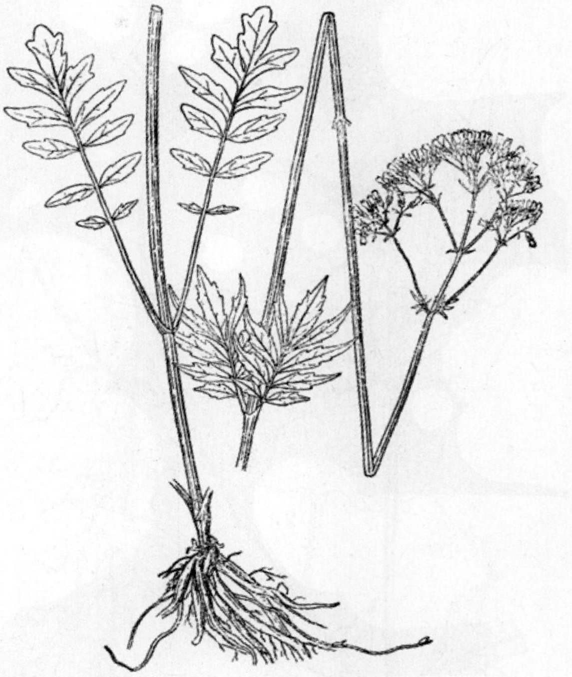

图 1485　毛节缬草
Valeriana stubendorfi Kreyer et Kom.
植株全形

［生长环境］　山坡、沼泽湿草地，林缘、山路边或河川两旁。

［产　　地］　黑龙江、吉林、辽宁、内蒙古等省区。

［用　　途］　根为镇静药，并有驱风作用，治神经衰弱、神经过敏、失眠、心悸等。此外，据吉林省资料：尚用于月经困难，月经闭止等。

［理化性质］　参阅缬草（1926 页）。

［采收处理］　7～8 月间采收，将根挖出后，去掉残茎及泥土，晒干，放在干燥通风的地方贮存。

361 续断（xuduan）（图 1486）

［地 方 名］　锅菜、属折、接骨、龙豆（河南），川断（湖北）。

［学　　名］　**Dipsacus japonicus** Miq.　山萝卜科

［药 材 名］　续断、川断、六汗（湖南、福建、四川）

［形态特征］　多年生草本，高约 1 米。根长锥形，直径 0.5～1.4 厘米，外皮黄褐色，多皱纹。茎粗壮，直立，多分枝，中空；幼枝有显明的棱和槽，密布细柔毛，棱上

有粗糙的刺毛。基生叶有长柄；叶片多为羽状深裂或3裂，柄长5～7厘米；茎生叶多为羽状3～5或不完全的7裂，中央裂片最大，披针状卵形至阔卵形，先端长渐尖，基部楔形，两侧裂片较小，基部下侧起延成翼状；茎顶端的叶较小，3裂。头状花序球形或阔椭圆形，总苞片数枚，线形，每花外有一倒卵形苞片，先端突尖呈粗刺状，边缘有针刺毛，副萼密生柔毛；花萼具4齿；花冠红紫色，4浅裂；雄蕊4，微伸出或不伸于花冠外，雌蕊1。瘦果楔状长圆形，具4棱，淡褐色，顶部具宿存花萼。花期8～9月，果期9～10月。

图1486 续断
Dipsacus japonicus Miq.
1．茎上部；2．叶；3．根。

［生长环境］ 生于山坡草地、土壤较湿润肥沃处或溪沟旁，阳坡草地也有生长。

［产　　地］ 河北、河南、山西、山东、安徽、江苏、浙江、福建、江西、广西、贵州、四川、陕西、湖北等省区。

［用　　途］ 根作强壮镇痛药，有补肝肾、续筋骨、通血脉之效；可治腰酸背痛及跌打损伤；有助组织再生的效能；也有催乳汁分泌及治金疮、痈疡、止血排脓、镇痛等作用。

［采收处理］ 9～10月间挖取根部，洗净泥沙，除去地上部及细根，切去根的尾部，用烟火稍熏，熏至发软为度，然后堆放在一起，上盖麻袋，使之返潮，至表面呈青黄色或灰褐色，内面呈暗绿色时，再用柴火炕干即成。也有挖起后除去泥沙及细根，不经火炕而直接阴干的；如经过晒干，其内面带白色，质量较次。品质以根条粗、质坚，易折断，断面黑绿色的较好。贮藏于干燥通风的地方。

［其　　他］ 药用续断除本种外，尚有一种川续断（Dipsacus asper Wall.）主要分布于湖北、四川及云南。其形态上主要区别是：苞片先端具刺毛，仅被白色柔毛；花冠白色或淡黄色。

362 假贝母（jiabeimu）（图1487）

［学　　名］ **Bulbostemma paniculatum** (Maxim.) Franquet 葫芦科

［药 材 名］　土贝母

［形态特征］　攀援性蔓生草本。地下块茎肉质，白色，扁球形，或不规则球形，直径达 3 厘米。茎纤弱，有单生的卷须，上端常 2 岐。叶互生，具柄；叶片心形，长宽均约 4～7 厘米，掌状深裂，裂片先端尖，表面及背面粗糙，微有柔毛，尤以叶缘较显著。花单性，雌雄异株；疏圆锥花序腋生，雄花直径约 1.5 厘米，花萼淡绿色，基部合生，上部 5 深裂，裂片窄长，先端渐尖呈细长线状；花冠与花萼相似，但裂片较宽；雄蕊 5，花丝 1 个分离，其余 4 个基部两两成对连合；雌花子房下位，3 室，花柱 3，下部合生，柱头 2 裂。**蒴果圆筒状，平滑，成熟后顶端盖裂**。种子 4 粒，斜方形，表面棕黑色，先端具膜质翅。花期 6～7 月，果期 8～9 月。

图 1487　假贝母
Bulbostemma paniculatum（Maxim.）Franquet
1．果枝；2．雄花的上面观；3．种子。

［生长环境］　生于山坡或平地。

［产　　地］　河南、河北、山东、山西、陕西、甘肃、云南等省。

［用　　途］　块茎为解毒及消肿药。外敷消肿止血。治乳痈、乳癌、瘰疬痰核、一切疮疡肿毒、蛇虫毒及刀伤出血。

［采收处理］　秋季 8～9 月间，地上苗枯后，挖取块茎，洗净，蒸透后晒干。品质以个大、红棕色、质坚实，有亮光，半透明者为好。贮存在干燥通风的地方。

363 南瓜（nangua）（图 804）

［学　　名］　**Cucurbita moschata** Duch.　葫芦科

［药 材 名］　南瓜蒂（江苏），南瓜子。

（地方名、形态特征、生长环境、产地及其他用途见“油脂类”，978 页）

［用　　途］　种子供药用，能驱除绦虫。对吸血虫有显著抑制作用和杀灭作用；大剂量对成虫也有一定的作用。瓜蒂（附带果柄的宿萼）也入药，有生肝气、益肝血、保胎等的作用；瓜蒂配研成粉，用麻油调涂，可治疗疔疮。

［理化性质］ 果肉含胡萝卜素、核黄素、磷质、铁质。种子含脂肪油，主要成分为亚麻仁油酸、油酸、硬脂酸等的甘油脂，并含尿素（urease）。

［采收处理］ 果实成熟时，多为食用剩下的种子，用水洗净，晒干供药用，瓜蒂于秋季9～10月采收，将成熟的南瓜沿蒂的先端切下晒干即得。贮藏于干燥的地方。

364 丝瓜（sigua）（图 807）

［学　　名］ **Luffa cylindrica** Roem.　葫芦科

［药 材 名］ 丝瓜络

（地方名、形态特征、生长环境、产地及其他用途，见“油脂类”，981页）

［用　　途］ 丝瓜络入药。即取成熟的果实晒干，除去瓜肉，剩下的网状纤维就是丝瓜络。有清凉活血之效。

［理化性质］ 丝瓜络含多缩木糖（xylan）及纤维素，可能还有多缩甘露糖（mannan）、多缩半乳糖（galactan）及木质素（lignin）等。果实含皂角甙及多量粘液；种子含脂肪油。

［采收处理］ 秋季丝瓜成熟时，摘下果实，搓去外皮及果肉，剪去两端，倒出种子；或将摘下的果实，浸泡水中，使果皮及果肉腐烂，取出洗净，剪去两端，倒出种子，晒干，应结合油脂类采收使用。品质以个大、色黄白、体柔软而壮、不带外皮、内无种子、不破碎者为好。放于干燥通风处保存。

365 番木鳖（fanmubie）

［地 方 名］ 漏苓子（广西、四川），木鳖子（湖南、湖北）。

［学　　名］ **Momordica cochinchinensis** (Lour.) Spreng.　葫芦科

［药 材 名］ 木鳖子

［形态特征］ 多年生草质藤本，具膨大的块状根。茎细长，近于光滑，有凸起纵棱；卷须粗壮，不分枝，无毛。单叶互生；叶圆形至阔卵形，长7～14厘米，通常3浅裂或深裂，裂片略呈卵形或长卵形，全缘或具微齿，基部近心形，先端急尖，表面光滑，背面密生小乳突，三出掌状网脉；叶柄长5～10厘米，具纵棱，**在中部或叶片处具2～5腺体**。花单性，雌雄同株，单生叶腋；花梗细长，每花具1片大型苞片，黄绿色；雄花萼片5，革质，粗糙，卵状披针形，基部连合；花瓣多，浅黄色，基部连合；**雄蕊5分离**，雌花萼片线状披针形，花冠与雄花相似，子房下位。瓠果椭圆形，成熟后红色，肉质，**外被软质刺突**。种子不十分规则，略呈扁圆形或近椭圆形，边缘四周具不规则的突起，呈龟板状，灰棕色。花期6～8月，果期9～11月。

［生长环境］ 生长于山坡、林缘，土层较深厚的地方也有栽培。

［产　　地］ 广西、四川、湖北、河南、安徽、浙江、福建、广东海南、湖南、贵州、云南等省区。

［用　　途］　种子供外科药用，对消疮肿毒、跌伤结肿、痔漏、瘰疬痛等症有效。种子可毒鼠及作土农药，杀棉蚜，红蜘蛛，金花虫，菜青虫等有效。种子还可榨油（见“油脂类”，982 页）。

［理化性质］　种子含皂角甙及多量脂肪油，另含 momordin（$C_{30}H_{48}O_3$），α-spinasterol（$C_{29}H_{48}O$），sesquibenihiol（$C_{15}H_{24}O$）。

［采收处理］　9～11 月采摘成熟的果实，剖开果实，晒至半干，剥出种子，或拌以草木灰，吸去果肉质液，再剥出种子置水中洗去瓤肉及外膜，晒干。品质以颗粒均匀、饱满、质硬、无硬壳者为佳。放置干燥地方贮藏。

366 栝楼（gualou）（图 1488）

［地 方 名］　瓜楼（河南、河北、山西、山东），天花粉（河北、山西、贵州），苦瓜、药瓜、瓜楼藤（江苏），野苦瓜（四川），果蠃、天仙、地楼、泽姑（山西），瓜楼、药瓜、狗粪瓜、野弥瓜（浙江）。

［学　　名］　**Trichosanthes kirilowii** Maxim.　葫芦科

［药 材 名］　天花粉（根），栝楼（果实），栝楼仁（种子）。

［形态特征］　多年生攀援草本，长达 10 余米。块根肥厚，圆柱形，外皮灰黄色。茎多分枝无毛；卷须腋生，细长，先端 2 歧。叶互生，近圆形或心形；长 8～20 厘米，宽几乎等长，通常 5～7 掌状深裂，很少 3 裂，裂片长圆形或长圆状椭圆形至长圆状披针形，先端急尖或短渐尖，边缘有疏齿，或作缺刻状；叶柄长 4～10 厘米。花单性，雌雄异株；雄花 3～8 着生于总花梗之先端；花萼合生成筒状，先端 5 裂，裂片披针形，开展或反卷；花冠白色，合生，5 深裂，裂片边缘分裂成流苏状长丝；雄蕊 3；雌花单生于叶腋；花萼合生，5 裂；花冠与雄花相同：子房下位。瓠果卵圆形至椭圆形，长 8～10 厘米，直径 5～7 厘米，熟时橙红色；种子

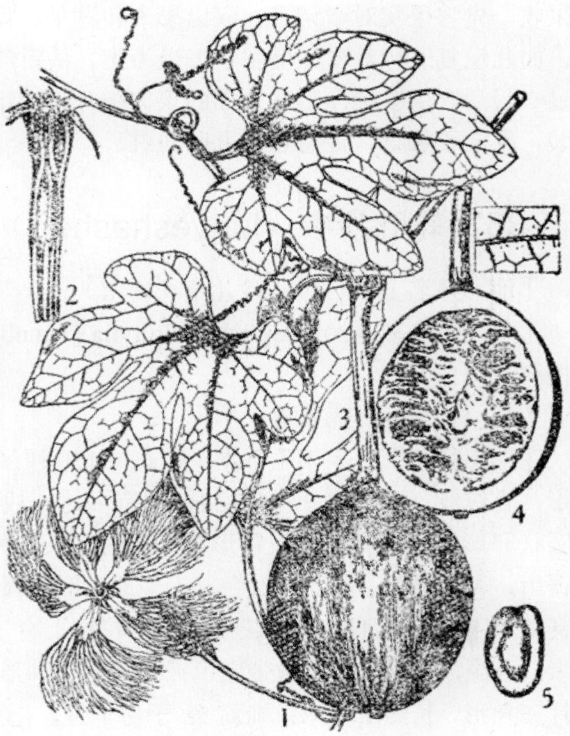

图 1488　栝楼

Trichosanthes kirilowii Maxim.

1. 雄花枝；2. 雄花纵剖面；3. 果枝；4. 果纵剖面；5. 种子。

（自“江苏南部种子植物手册”）

多数，扁平。花期7～8月，果期9～10月。

［生长环境］ 生长于向阳山坡、山脚、石缝、田野、草丛中，垂直分布可达海拔1200米。也有栽培。

［产　　地］ 辽宁、河北、山西、河南、山东、陕西、甘肃、青海、宁夏、安徽、江苏、浙江、福建、台湾、广东、广西、湖南、湖北、四川、贵州、云南等省区。以山东、安徽、河南等省所产质量好。

［用　　途］ 根药用，称天花粉；能解热止渴、催乳、利尿、消肿毒、镇咳祛痰；并能作撒布剂，治皮肤湿疹汗斑、擦伤等症。果实称栝楼，为镇咳镇静药；有解热利尿的效能；治急性气管炎、咳嗽、胃闷、胃痛等症；并能利膈、宽胃、豁痰、宁嗽；并治黄疸、水肿、解酒等症。种子用于呼吸器官疾患，又为解热及镇咳祛痰药。

块根含淀粉（见“淀粉及糖类”，604页）。种子含脂肪油（见“油脂类”，982页）。

［理化性质］ 块根含淀粉64.86%，种子含脂肪油26%。根中还含有皂角甙1%。

［采收处理］ 根于春季2～3月或秋季7～8月采收，将采得的鲜根剥去外皮，切成长约2寸的小段，用水洗净后晒干，也有在石灰水中泡过后再晒干的。果实于9～10月采收，先将果实对半切开，取出果肉和种子，将果皮洗净，先翻出里面晒过，后晒外面，如此反复进行数次，至完全干燥为止。从新鲜果实中取得种子，放入烧尽的草木灰中过2日后，用手搓净附在上面的果肉部分，再用水洗净晒干。根、果实、种子均用麻袋装，存放干燥处，注意通风并防虫蛀。

367 轮叶沙参（lunyeshashen）（图1489）

［地 方 名］ 白参、铃儿草（河南）

［学　　名］ **Adenophora triphylla** (Thunb.) A. DC. [(*A. verticillata* (Pall.)Fisch.)] 桔梗科

［药 材 名］ 南沙参

［形态特征］ 多年生草本，高60～150厘米。根粗壮，圆锥形，具皱纹。茎直立，圆形，有纵纹。叶通常3～4轮生，偶有多达6枚，也偶有互生，无柄或有短柄，多为椭圆状卵形，但亦有狭成披针形至线形的，长4～8厘米，宽5～35毫米，边缘有不规则锯齿，表面绿色，背面淡绿色，无毛或有时有微毛。圆锥花序大形，分枝，通常轮生花甚多，下垂，有不等长的花梗，每1花梗上有1小苞片；萼齿5，细而直，长1～2毫米，全缘，无毛，绿色微带黑色；花冠壶状钟形，蓝紫色，长7～10毫米，先端5裂裂片三角形，长约1毫米；雄蕊5；子房下位，花柱长1.6～2毫米，显著地伸出花冠外柱头3裂；花盘长约2毫米，围绕在花柱的基部。蒴果3室，卵圆形。花期7～8月（河南），9～10月（江苏）。

［生长环境］ 生长在山野的阳坡草丛中，林缘或路旁。

［产　　地］　黑龙江、吉林、辽宁、内蒙古、河北、山东、河南、安徽、江苏、浙江、广东、江西等省区。

［用　　途］　根入药，有养阴清肺热、祛痰止咳嗽，治疗气管炎的效能。根含淀粉，可酿酒（见“淀粉及糖类”，606页）。嫩茎叶可食。

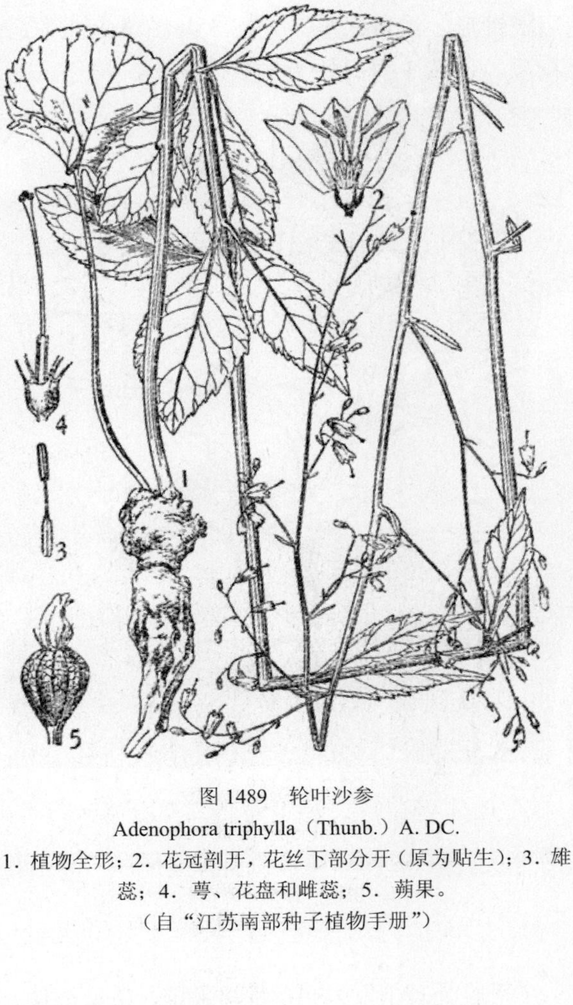

图1489　轮叶沙参

Adenophora triphylla（Thunb.）A. DC.

1. 植物全形；2. 花冠剖开，花丝下部分开（原为贴生）；3. 雄蕊；4. 萼、花盘和雌蕊；5. 蒴果。

（自“江苏南部种子植物手册”）

［理化性质］　含沙参皂角甙（$C_{36}H_{58}O_4$）。

［采收处理］　秋季挖取根部，及时除去茎叶，洗净泥土，用竹刀或小刀刮去灰褐色的外皮，晒干。如遇阴雨天需用微火烘干，烘时要勤翻动。品质以根粗大、饱满、去净外皮、呈黄白色的为好。放在干燥通风处贮藏。根有甜味，应防止生虫及霉坏。

［其　　他］　种子繁殖，一般在小雪前播种，春播在3月下旬化冻后播种。冬播比春播出苗齐，能抗旱，幼苗生长旺盛。播时一般采用条播或撒播，播后盖上细土。

南沙参的种类甚多，它们都是沙参属的植物。如分布在广东、湖北、四川、云南、陕西南部等地的线齿沙参（Adenophora capillaris Hemsl.），也是南沙参的一种。此种**叶互生，花冠**多少**张开**，可与轮叶沙参区别。

368 党参（dangshen）（图1490）

［地 方 名］　台参（河北），辽参、召参（河南），辽党、三叶菜、叶子草（山西），东党参、叶子菜（吉林）。

［学　　名］　**Codonopsis pilosula** (Franch.) Nannf.　桔梗科

［药 材 名］　党参

［形态特征］　多年生蔓性草本，高1.5～2米。根圆锥形而长，直径1～2厘米，顶端有一膨大的根颈，具多数瘤状的茎痕，末端分歧或不分歧，外皮乳黄色至淡灰棕色，

有纵横皱纹，粗糙。茎缠绕性，长而多分枝，常带暗紫色，大部分光滑或近于光滑，惟幼嫩部分疏生白色微糙之毛。叶互生、对生或偶有假轮生，叶片卵形至阔卵形，偶有狭长卵形，长1～7厘米，宽0.8～5.5厘米，基部截形或浅心形，先端钝或尖，全缘或微波状，表面被糙伏毛，背面密被疏柔毛。花单生，具细花梗；萼具5裂片，裂片披针形；花冠阔钟形，淡黄绿色，先端5裂；雄蕊5；子房半上位，3室。蒴果短圆锥形，有宿存花萼，顶端3裂；种子多数，细小，褐色。花期8～9月，果期9～10月。

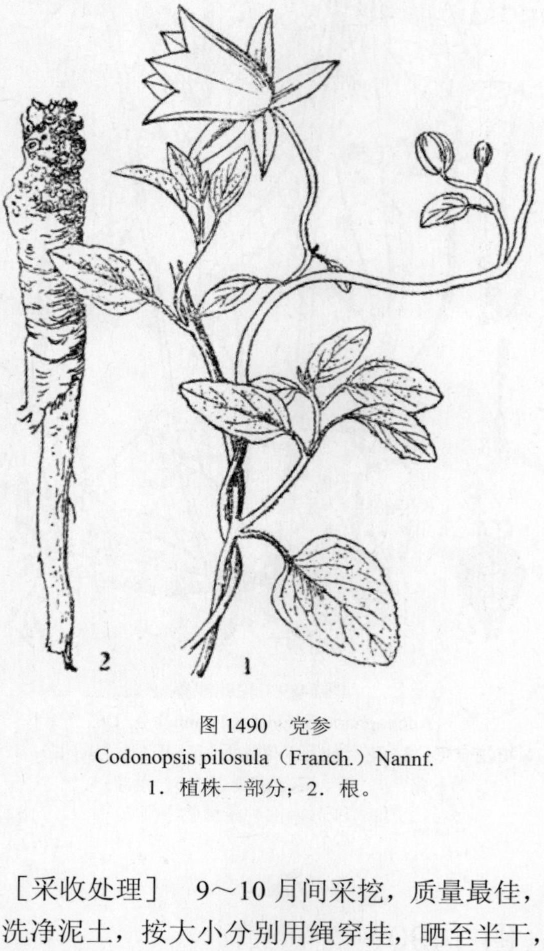

图1490 党参

Codonopsis pilosula（Franch.）Nannf.

1．植株一部分；2．根。

[生长环境] 生长在山地茂密灌丛间及林缘、山路旁、溪流边的树阴下，通常成片群生，喜腐植质深厚的土壤，一般分布在海拔1600米以下，在内蒙古可分布到海拔2000米以上。

[产　　地] 黑龙江、吉林、辽宁、内蒙古、河北、河南、山西、陕西、甘肃、青海等省区；以甘肃岷县、临潭、卓泥，陕西汉中、安康，山西五台，吉林蛟河、桦甸、舒兰、延边及辽宁凤城产量较多。

[用　　途] 根入药，为强壮剂，有增加血色素的作用；并有利尿、健胃、镇咳、祛痰之效。能治肺结核、衰弱症、贫血及血病等症。

根含淀粉及橡胶；种子可榨油（见“油脂类”，982页）。

[理化性质] 根含皂角甙、糖和淀粉。

[采收处理] 9～10月间采挖，质量最佳，将生长5～6年的根刨出，去掉地上部分，洗净泥土，按大小分别用绳穿挂，晒至半干，用手或木板搓揉，使皮部与木质部紧贴，然后再晒再搓，如此反复3～4次，最后晒干。放置干燥通风处，以防生霉、虫蛀、变质。品质以根条肥大，粗实、皮紧、横纹多、味甜者为佳。

[其　　他] 本种除野生外，现多栽培，用种子繁殖。栽培时，选择阴坡，排水良好，土层较深的砂质及腐植质壤土，进行深耕，用人粪尿及厩肥作基肥，于清明前后播种，播种后，注意除草、施肥、灌水，待生长3～4年时移植。

药用的党参除本种外，主要的还有川党参（Codonopsis tangshen Oliv.），主要分布于四川、湖北（四川土名臭党）。它与党参的主要区别在于子房完全上位，茎光滑无毛；

叶基部楔形，表面几无毛，背面生粗糙的茸毛。其他还有羊乳（C. lanceolata Benth.et Hook.），分布于辽宁、吉林、黑龙江、河北、山西、陕西、山东、湖北、河南、江苏、浙江、安徽，雀斑党参（C. ussuriensis Hemsl.）分布于东北，秦岭党参（C. tsinlingensis Pax et Hoffm.）分布于陕西、甘肃等的根，在某些地区也作为党参入药；至于后三种植物的根是否可代党参，尚须进一步研究。

369 半边莲（banbianlian）（图 1491）

［地 方 名］ 急解索、细米草（安徽、河南），橡皮草（四川），狗牙齿、细叶节节排、乳儿草、伏田龙、半边荷花（浙江）。

［学　　名］ **Lobelia chinensis** Lour. 桔梗科

［形态特征］ 多年生成丛草本，高 10～30 厘米。根多数，细圆柱形，黄白色。茎直立或匍匐，节着地生根，近基部有时带紫色，光滑无毛，多作之字形弯曲。单叶互生，具短柄或近于无柄，叶片线形至线状披针形，长 8～25 毫米，宽 2～5 毫米，先端尖，基部狭，边缘有细锯齿或全缘。花单生叶腋，淡红色或淡紫色；萼筒倒三角状圆锥形，萼齿 5，向外反曲披针形；花冠筒后方深裂至基部，先端 5 裂，裂片披针形，均偏向前方，内面有细毛；雄蕊 5，花丝着生在花筒内面，下部分离，花药聚合；子房下位，雌蕊位于中央，花柱细线形，柱头膨大，2 浅裂。蒴果成熟时开裂，种子多数而细小。花期甚长 5～8 月，果期 8～10 月。

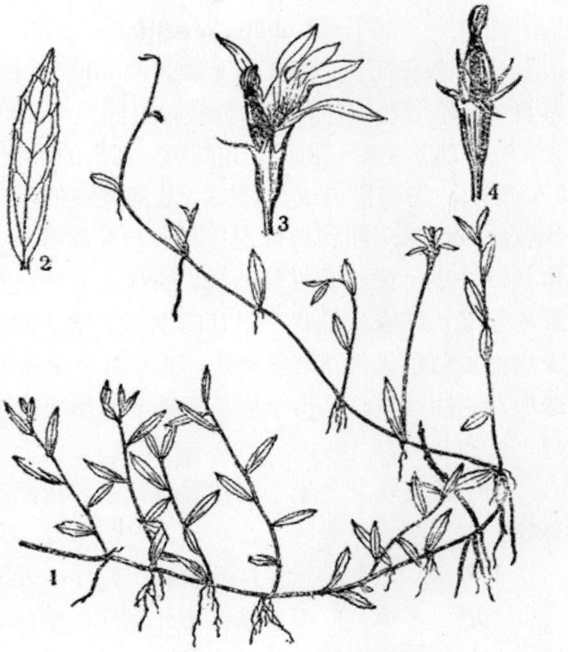

图 1491 半边莲
Lobelia chinensis Lour.
1. 植株全形；2. 叶；3. 花；4. 花去掉花冠示雄蕊。（自“江苏南部种子植物手册”）

［生长环境］ 多生于水田边、沟旁、路边及潮湿的荒地上，或生于阴坡。

［产　　地］ 湖南、湖北、贵州、四川、广西、广东、福建、江西、浙江、江苏、河南等省区。

［用　　途］ 全草入药，治疗晚期血吸虫腹水症有效。又为著名的解毒药物；外用及内服，对毒蛇咬伤或蜂、蝎、螫伤等有效。对疔疮初起、炎肿麻木，

用全草和盐少许，捣敷患处，疗效甚好。在浙江省各地民间流传谚语是“识得半边莲，不怕同蛇眠”，由此可见其疗效。

全草为农药杀虫剂（见“土农药类”，2053页）。又全草的浸出液，倾入粪坑内，有杀蝇蛆的功效。

［理化性质］ 含有毒的成分主要是北美山梗菜碱（lobeline, $C_{22}H_{27}NO_2$），其他是北美山梗菜酮碱（lobelanine, $C_{22}H_{25}ON$），北美山梗菜醇碱（lobelanidin, $C_{22}H_{29}O_2N$）及异北美山梗菜酮碱（iso-lobelanine, $C_{22}H_{25}O_2N$）等。

［采收处理］ 夏秋季皆可采收，将全草去掉泥土，晒至全干或烘干、阴干即可。贮藏在干燥地方。

［其　　他］ 分株或用种子繁殖皆可。

370 山梗菜（shangengcai）

［地 方 名］ 半边莲（吉林）

［学　　名］ **Lobelia sessilifolia** Lamb.　桔梗科

［形态特征］ 多年生草本，高30～80厘米。根状茎斜生土中，具多数白色须根。茎直立，不分枝，有时中部分枝，中部及上部叶密生，下部叶疏生且常早枯。单叶互生，无柄，下部茎生叶长圆形，先端钝，其余的线状披针形至披针形，长4～7厘米，宽0.5～1.5厘米，先端极尖或具短尖，基部宽楔形至圆形，边缘具微锯齿。总状花序顶生；叶状苞狭披针形至卵状披针形；花萼与花筒等长，筒部有棱角，齿5枚，线状披针形至三角状披针形；花冠鲜蓝紫色，二唇形，上唇沿花背缝线直裂至筒的基部，裂片卵状披针形，基部狭细成长爪状，斜升向上，下唇3裂，裂片与上唇者同而较大，展向前方，边缘均密生白色缘毛；雄蕊聚药，下方两个花药顶有刷状丛毛，花丝基部离生；子房上位，球形，花柱丝状，柱头2裂。蒴果倒卵形或球形，膜质，深褐色，有宿存萼。花期8～9月，果期9月。

［生长环境］ 生于河边湿草甸子、沼泽湿草地、泥炭藓塔头甸子及河边水湿草地等处。

［产　　地］ 黑龙江、吉林、辽宁、山东、台湾、云南等省。

［用　　途］ 根入药，可作利尿、催吐、泻下剂。

全草又可作农药，作杀虫剂。用山梗菜1斤切碎加水5斤，煮开半小时或浸一天，去渣防治蚜虫，红蜘蛛等。全草切碎，倒在厕所内可以杀蛆。花美丽，可栽培供观赏。

［理化性质］ 日本产本种植物根中含有s-lobelin。

［采收处理］ 供药用的根通常于夏秋季采挖，除去地上部分和根上的泥土，晒干。如作农药用可将全草晒干。

［其　　他］ 近年来我国用半边莲（Lobelia chinensis Lour.）治疗晚期血吸虫病腹水疗效较好，山梗菜和半边莲是同属植物，是否能用于此症，值得研究。

371 桔梗（jiegeng）（图 1492）

［地 方 名］ 和尚头（辽宁），桔梗菜（黑龙江），和尚帽（吉林、河北），梗草（山西、河北），大药（江苏），白药（河南、山西），荠蘑（山西），铃当花、姐姐包袱、包袱花（山东）。

［学　　名］ **Platycodon grandiflorus** (Jacq.) A. DC.　桔梗科

［药 材 名］ 桔梗

［形态特征］ 多年生草本，高 40～120 厘米，全株光滑无毛，多少带苍白色。根肥大肉质，圆锥形，由上部往下部渐细缩，少分枝，皮黄褐色，干燥后易皱裂。茎直立，单一或分枝。叶互生，也常轮生或对生，有短柄或无柄；叶片宽卵形至狭披针形，长 2.5～6 厘米，基部楔形或近圆形，先端尖或渐尖，边缘有不规则锯齿，两面均光滑，背面常有粉色。花单生于茎顶或二至多朵集成疏生的总状或圆锥花序；花萼钟形，5 裂，裂片长三角状披针形，先端尖；花冠蓝色或白色，为开张的浅钟状，直径 3～5 厘米，先端 5 裂；雄蕊 5，子房半下位。蒴果倒卵圆形，成熟时先端 5 瓣裂。种子多数，卵形，有 3 棱，黑褐色。花期 7～9 月，果期 8～10 月。

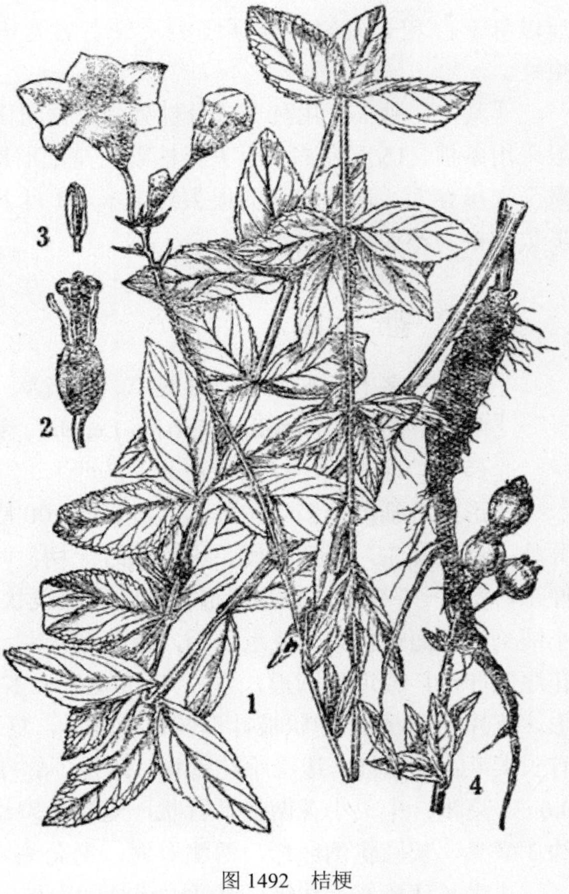

图 1492　桔梗
Platycodon grandiflorus（Jacq.）A. DC.
1. 植株全形；2. 花去掉花冠示雄蕊和雌蕊；3. 雄蕊；4. 果序。

［生长环境］ 分布于干燥丘陵地、草地荒坡及林缘的向阳干燥处。

［产　　地］ 辽宁、吉林、黑龙江、内蒙古、河北、山西、河南、山东、安徽、江苏，浙江、湖北、贵州、福建、广东等省区。以华东地区所产质量较好，东北、华北的产量较大。

［用　　途］ 根为祛痰药，对气管及气管卡他儿性咳嗽或肺脓疡，有松痰排脓的功效；又适用于咽喉炎症。根也为刺激性祛痰药，因能刺激咽头等粘膜而发呕心，又能刺激气管上部的粘膜使起咳嗽，由此而使痰得以咳出。还能治肋膜炎、利肠胃、治下痢止血。

种子可榨油（见“油脂类”，983 页）。根含淀粉（见“淀粉及糖类”，609 页）。花大美丽，又为庭园观赏植物。

［理化性质］ 根含桔梗皂角甙（kikyosaponin, $C_{29}H_{48}O_{11}$）约 2%，与酸加热共煮则水解生成桔梗皂甙原（kikyosapogenin, $C_{23}H_{38}O_6$）及一分子半乳糖。此外尚含植物固醇（$C_{27}H_{46}O$）及菊糖等。

［采收处理］ 通常于春秋二季采挖。根据经验，春季产者体轻质松，易生虫霉烂；秋季采挖，体重质实且便于贮藏，故质量较佳。挖取根部，去掉茎叶，洗净泥土，用竹刀或碗片刮去栓皮，晒干。如遇阴雨天，不要刮皮，以湿砂土培起或放入水中浸泡，勿动泥土与外皮，可以保管 5 至 10 天，待晴天再行刮皮晒干。北京及云南地区的加工方法是在去皮前用木棒轻锤，使外皮与中心（中柱）相离，然后剥皮晒干。品质以身干、粗长条匀、体质坚实，味苦者为佳，贮藏时应放置干燥通风处，防生霉及虫蛀。

［其　　他］ 用种子或分株繁殖。据河南经验播种期在 3 月下旬至 4 月上旬，一般采用条播。15 天左右发芽。分株繁殖是把旧株的根头进行栽培，把秋季采掘的根，贮藏至次年春天，切下有芽的根头约 1 米，3 月下旬至 4 月上旬之间定植。分株繁殖易生多数细根，不如种子繁殖。

372 蓍（shi）

［地 方 名］ 羽衣草、蚰蜒草、锯齿草

［学　　名］ **Achillea sibirica** Ledeb.　菊科

［药 材 名］ 一枝蒿（河北、陕西）

［形态特征］ 多年生草本，高 30～100 厘米。茎直立，有棱，光滑或有毛，上部分歧。单叶互生，**纸质稍硬**，无柄或近无柄；**叶呈栉齿状羽状深裂或中裂**，长 3.5～10 厘米，宽 5～6 毫米，裂片线形、长圆形或线状披针形，先端锐尖，有不整齐的牙齿或小缺刻，表面被伏柔毛或近无毛，背面毛较密，茎下部或基部叶在开花时即枯萎。头状花序倒卵形，或近长圆形，直径 6～8 毫米，多数，有细梗，密集成复伞房状；总苞钟形，苞片 4～6 裂，卵状披针形或长椭圆形，复瓦状排列，外列较短，背部具绿色中肋，有长柔毛；花杂性，**边缘小花舌状，雌性，6～8 朵**，白色，倒卵圆形，先端 3 浅裂，长 0.6～3 毫米；中央小花两性，管状，先端 5 裂；雄蕊 5；雌蕊 1。瘦果扁平，光滑，长约 3 毫米，长圆状倒卵形，两侧有翼，无冠毛。花期 7～8 月，果期 9～10 月（东北）。

［生长环境］ 林缘、路旁、或林间山坡向阳草地、灌丛、杂草丛以及村落屋舍附近都能生长。

［产　　地］ 内蒙古、河北、黑龙江、吉林；辽宁、江苏等省区。

［用　　途］ 全草入药，为健胃、强壮剂，又为治痔药。

茎、叶含芳香油（见“芳香油类”，1475 页）。

［理化性质］　全草含蓍素（achilein, $C_{20}H_{18}O_{15}N_2$），乌头酸（aconitic acid），菊糖（inulin），天门冬油（asparagin oil），油中有桉树脑（cineol）及（chamazulen, $C_{15}H_{18}$）。

［采收处理］　开花时采收全草，晒干即可。品质以干燥、纯净、无根、无杂质的为好。放于干燥地方贮存。

373 牛蒡（niupang）（图 808）

［学　　名］　**Arctium lappa** L.　菊科

［药 材 名］　牛蒡子、大力子

（地方名、形态特征、生长环境、产地及其他用途见“油脂类”，983 页）

［用　　途］　瘦果入药，为利尿解热药，有治浮肿、麻疹；又可治感冒咳嗽、咽喉肿痛、解疮毒、散脓等症。亦为缓下药，用于便秘。

果实又可作兽药，用于利尿、散热、消炎等症。

［理化性质］　果实含牛蒡甙（arctiin, $C_{27}H_{34}O_{11}$），牛蒡甙水解生成其甙原（arctigenin, $C_{22}H_{26}O_6$）（据“中药志”）。

［采收处理］　8～9 月果熟时采收：将全株割下或剪取果穗，晒干，用筛筛去泥土杂质，用木棒打下果实，再晒干即可。品质以粒大饱满、色灰褐、无嫩子及杂质的为好。放置干燥通风处保存。

［其　　他］　牛蒡子的叶在河北药店中称为“大夫叶”，也供药用。

374 黄花蒿（huanghuahao）（图 1181）

［学　　名］　**Artemisia annua** L.　菊科

［药 材 名］　黄蒿、黄花蒿、青蒿（江苏、辽宁）

（地方名、形态特征、生长环境、产地及其他用途见“芳香油类”，1478 页）

［用　　途］　全草地上部分入药；内服为解热剂，止盗汗，多用于慢性久热；亦为止血剂，治鼻中衄血及便血；也有健胃之效。民间用鲜叶揉烂取汁，治疥癣、恶疮等症及消蜂毒。

［理化性质］　全草含有桉萜醇（globulol, $C_{15}H_{26}O$），苦艾酮（artemisia ketone, $C_{10}H_{16}O$），异苦艾酮（isoartemisia ketone, $C_{10}H_{16}O$）等。

［采收处理］　多于秋季花开时采收，割取地上部分，日晒夜露使其变黄，待晒干后即可。品质以身干、花多、色黄、无根及杂质的为好。捆成束，放于干燥的地方。

375 青蒿（qinghao）

［学　　名］　**Artemisia apiacea** Hance　菊科

［药 材 名］　青蒿、香蒿

（地方名、形态特征、生长环境、产地及其他用途见“芳香油类”，1479 页）

［用　　途］　全草入药为优良的解热剂；并能止盗汗，治慢性久热稽留，骨蒸潮热，久疟寒热，黄疸及妇女带下产褥热等症。

［理化性质］　茎叶含缩合类及水解类鞣质，叶含 5.42%，茎含 0.52%。另含苦味质，精油及植物碱（abrotanine, $C_{21}H_{22}N_{20}$）

［采收处理］　7～8 月或夏季开花前采收，过嫩或已结实均不宜入药。用刀割取茎上部，阴干或晒干。以青绿色、质嫩、未开花、香气浓郁者为佳。放于干燥通风的地方贮存。

376 艾（ai）（图 1182）

［学　　名］　**Artemisia argyi** Lévl et Vant.　菊科

［药 材 名］　艾、艾叶

（地方名、形态特征、生长环境、产地及其他用途见“芳香油类”，1480 页）

［用　　途］　叶为止血药，兼有强壮作用，可治吐血，子宫出血，月经不调：又治腹痛、吐泻、气喘。外用作针灸疗法的燃烧料。

［理化性质］　据河南省资料：叶含儿茶类单宁 1.733％，根含儿茶类单宁 1.258％，并含有苦艾脑（absintol），侧柏萜酮（thujon），杜松子萜（codinene），侧柏萜醇（thujyl alcohol），水芹萜脂（phellendrenester）等。

［采收处理］　5～7 月花未开叶茂盛时采收，叶摘下晒干或阴干即可。以叶背面灰白色茸毛多，香气浓郁，无杂质者为佳。捆成束放于干燥通风处，注意防潮。

377 茵陈蒿（yinchenhao）（图 1183）

［学　　名］　**Artemisia capillaris** Thunb.　菊科

［药 材 名］　茵陈、茵陈蒿

（地方名、形态特征、生长环境、产地及其他用途见“芳香油类”，1481 页）

［用　　途］　全草入药，有发汗、解热、利尿的作用，为治黄疸病要药，亦能治传染性肝炎。

［理化性质］　全草含挥发油，油的主要成分为乙位蒎烯（β-pinene）及茵陈烃（capillen, C_6H_5～C_7H_9）。

［采收处理］　春季采收，当幼苗高 10～15 厘米时采收最好，太晚则不宜入药；挖取全株，去掉杂草、泥土，晒干即得。品质以干燥、质嫩、灰白色或灰绿色，质绵软如绒，气清香浓郁的为好。应贮藏在于燥处，注意防热、通风以免生霉变质。

［其　　他］　药用茵陈蒿除本种外，尚有一种东北茵陈蒿（Artemisia scoparia Waldst. et Kitaib.），分布东北、西北、华中及华东地区。在外形上，与茵陈蒿很相似，尤其在幼苗时更难区别；但长大后头状花序较小，直径约 1 毫米，可与茵陈蒿区别。

378 蛔蒿（huihao）

［学　　名］ **Artemisia incana** Druce　菊科

［药 材 名］ 蛔蒿

［形态特征］ 多年生半灌木状草本；高 66～74 厘米，全株绿色，多分枝，直立或成弓形，幼时植株呈灰绿色，全体密生白色绵毛。叶互生，基生叶长卵形或长圆形，二回羽状全裂，裂片短披针形，有长柄，幼叶灰绿色，密被绵毛，其后随植株的生长与发育，绵毛逐渐减少；茎生叶三角形，羽状全裂，中央裂片最长，有短柄；着生于花枝顶端的叶片呈线形单叶。复总状花序，花头小，呈长卵圆形或椭圆形，总苞膜质 9～13，呈复瓦状排列，最外层的苞片呈钝三角形，较厚，渐次向上，苞片呈卵形或椭圆形，较薄，每一苞片长约 2 毫米，背面着生无数带光亮的腺毛及细长弯曲的非腺毛，管状小花 7～10 个，红色。瘦果内藏种子 1 枚，芝麻状，淡灰色。花期 9 月，种子成熟期 11 月。

［生长环境］ 适宜生长于地势高干，排水良好，中性或微碱性的砂质土壤上，虽耐寒力强，但种于过冷的地方，如辽宁南部，冬季小苗则须覆盖越冬，再北移，冬季老苗亦须复盖越冬；对雨量的要求也更为严格，如种于多雨地区，6～8 月间，根部易腐烂而死，所以种植蛔蒿应选少雨干燥地区种植为宜。

［产　　地］ 内蒙古、辽宁、吉林、黑龙江、河北、山东等省区栽培。

［用　　途］ 未开放花头提出的山道年为驱肠虫剂，对蛔虫有特效。对蛲虫药效较差，对绦虫无效。

［理化性质］ 未开放花头主要含二种呈中性结晶性成分；山道年（蛔蒿素）（santonin, $C_{15}H_{18}O_3$）系山道年的内酯［为白色结晶体，遇光变为黄色的有色山道年（photosantonin 或 chromosantonin）］，用醇重结晶又得白色结晶体；苦艾素（artemisin, $C_{15}H_{18}O_4$）是 7-羟基山道年。

［采收处理］ 蛔蒿的采收过早或过晚均会影响山道年之含量；采收过早，花蕾未发育完全，山道年的含量与产量均低；若采收过晚，花开放后产量虽高，但山道年之含量迅速下降，所以蛔蒿的采收时期是栽培技术上的重要一环。在河北省的气候条件下，以 7 月上旬花蕾变成黄绿色时山道年含量最高（1.6%）。内蒙古地区则在 7 月下旬为好，若花蕾变为红色时则山道年含量下降到 1.24%。采收时需择晴天，在地面上留存 10～16 厘米以镰刀将植株割下，放置于清洁的场上，摊平约 10 厘米厚，须随时翻动，晚间堆起，盖席防露水落下，白天再晒，一般情况两日后可干燥。因华北雨季集中在 6～8 月，此时正是蛔蒿的采摘期，因此应有烘房设备，植株割下后放置于烘房内，其温度为 50～60℃，不可超过 60℃，二天后可干燥，质量最佳。如遇阴雨又缺乏烤干的设备，可将植株放在阴棚内阴干，因阴雨，空气湿度大，阴干更加缓慢，须 10 天以上，通常植株多变成黄褐色，再不干则严重的影响山道年的含量；因此不是万不得已，不采用此法。将干燥的植株，以着花蕾处为界，以铡刀铡成 1 寸长的小枝，包括花蕾，叶，细枝等，即为山道年之原料，或用脱谷机将花蕾脱下亦可。

［其　　他］　东北吉林及黑龙江分布一种东北蛔蒿（Artemisia finita Kitag.），其花瓣的腺点中含两种结晶性混合物 1-β-santonin 0.1％及 finitin（$C_{15}H_{20}O$）。另一种分布在内蒙古东部的蒙古蛔蒿（Artemisia maritima L.）山道年的含量可达 0.68％，都为提取山道年的原料。

379 紫菀（ziyuan）（图 1493）

［学　　名］　**Aster tataricus** L.　菊科

［药 材 名］　紫菀

［形态特征］　多年生草本。根状茎短，被有纤维状残余叶柄，簇生多数细根，长 5～14 厘米，直径 1～2 毫米：外皮灰褐色，有纵纹，常成瓣状排列。茎强壮，直立，高达 50～150 厘米，有纵沟，上部多分枝。基生叶丛生，花期枯萎，叶片长圆状匙形或椭圆状披针形，长达 50 厘米，基部渐狭成具翼的柄，边缘有具小尖端的单或重锯齿，两面疏生糙毛；茎叶互生，近无柄；上部叶线状披针形，全缘，渐作苞叶状。头状花序排列作复伞房状，直径 3 厘米，有长梗，梗上有短糙毛；总苞半球形，苞片 3 裂，长圆状线形或线状披针形，有毛，边缘带紫红色，边缘小花雌性，舌状，蓝紫色；中央小花两性，管状，黄色，先端 5 齿裂；雄蕊 5，聚药；子房下位，1 室。瘦果稍扁长圆状倒卵形，两面有棱，有毛，冠毛灰白色，比瘦果长，花期 7～8 月，果期 8～10 月。

图 1493　紫菀

Aster tataricus L.

1．根及根状茎；2．基生叶；3．花枝；4．舌状花；5．管状花。

［生长环境］　喜生于森林中或灌丛草野，河岸的阴湿地。

［产　　地］　黑龙江、吉林、辽宁、内蒙古、河北、山西、陕西、甘肃、安徽等省区。主产河北（安国）和安徽（亳县）。各地均为栽培。

［用　　途］　根及根状茎入药，治风寒咳嗽、劳热咳嗽、痰多气喘、咳吐脓血、小便不利等症。

［理化性质］　全草中含紫菀皂角甙（astersaponin, $C_{23}H_{44}O_{10}$），皂角甙及阿拉伯糖（arabinose）等。

［采收处理］　10月（寒露）即可采挖，挖掘前为了防止细根挖断，应先浇水，使土壤疏松，挖出后洗净泥沙，将细根编成小辫，晒干即可。以根条细长，去净地上茎，无杂质为好。放于阴凉通风处保存，夏季易反潮，注意保管工作。

［其　　他］　药用紫菀除这一种外，在黑龙江、吉林、辽宁、陕西、云南、四川、贵州尚产数种小紫菀，均为橐吾属（Ligularia）的不同种植物，其中常用的一种为肾叶橐吾（Ligularia fischeri Turcz.），分布于黑龙江、吉林、辽宁、四川、山西、陕西、甘肃等省。

380 苍术（cangzhu）（图 1192）

［学　　名］　**Atractylis chinensis** (Bge.) DC. [*Atractylodes chinensis* (Bge.) Koidz.] 菊科

［药 材 名］　苍术

（地方名、形态特征、生长环境、产地及其他用途见“芳香油类”，1490 页）

［用　　途］　根状茎为芳香健胃、发汗和利尿药，有兴奋作用，对慢性胃炎及肠炎亦有效。

［理化性质］　根状茎含挥发油，油的主要成分为苍术醇（atractylol, $C_{15}H_{26}O$）及苍术酮（atractylon, $C_{14}H_{18}O$）。

［采收处理］　春秋两季采掘，尤以秋季最好。掘出根状茎，除去残茎、须根及泥土，晒干即成。也有地区除去残茎和泥土后，放入筐内撞击去掉须根，一般撞击三次，取出晒干。品质以形如连珠状，质坚实，断面黄白色有朱砂点者为好。保存于干燥阴凉的地方。

［其　　他］　另有关东苍术［Atractylis japonica（Koidz.）kitag.］分布于东北；茅苍术（Atractylis lancea Thanb.），分布于华东、华中、山西，都称苍术入药。以上三种植物的区别如下：

1. 叶有长柄，三出或3～5羽状全裂（分布东北）……………………………关东苍术
1. 叶无柄，有缺刻或不裂。
    2. 叶片，总苞片均为披针形或倒披针形；头状花序圆柱形；退化雄蕊先端卷曲（分布华东、华中）……………………………………………………………………茅苍术
    2. 叶片，总苞片卵形或阔卵形，稀为狭卵形；头状花序卵形，退化雄蕊先端圆棒状……………………………………………………………………………………苍术

381 白术（baizhu）（图 1494）

［地 方 名］　于术（浙江）

［学　　名］　**Atractylis macrocephala** (Koidz.) Hand.-Mazz.　菊科

［药 材 名］　白术

［形态特征］ 多年生草本，高可达80厘米。根状茎粗大，略呈拳状，有不规则分枝，外皮灰黄色。茎直立，上部多分枝、基部木质化，具不明显纵槽。单叶互生；茎下部叶有长柄，3深裂，偶为5深裂；顶端裂片最大，或较大，椭圆形或卵状披针形，两侧裂片较小，歪卵状披针形，上部叶柄较短，椭圆形至卵状披针形，长4～10厘米，宽1.5～4厘米，基部渐狭下延成柄，先端渐尖，表面绿色，背面淡绿色，脉显著。头状花序顶生，直径2～4厘米，总苞钟形，总苞片7～8列，膜质，复瓦状排列，基部叶状苞一列羽状深裂，厚革质，包围总苞较总苞稍长；小花多数，着生于平坦的花托上，均为管状，紫色，下部细，上部稍膨大，先端5裂，开展或反卷；雄蕊5；子房下位，表面密被茸毛，花柱细长，柱头头状，顶端有一片裂缝。瘦果长圆状椭圆形，微扁，被黄白色茸毛，顶端具冠毛残留的圆形痕迹。花期9～10月，果期10～11月。

图1494 白术
Atractylis macrocephala（Koidz.）Hand.-Mazz.
1．花枝；2．管状花；3．花冠切开后示雄蕊；4．雌蕊；5．果实；6．根状茎。

［生长环境］ 广为栽培，性喜凉爽，在微酸性红土壤较适宜；微碱性排水良好的沙质土生长也很好。

［产　　地］ 安徽、江苏、浙江、福建、江西、湖南、湖北、四川、贵州、山西等省。以浙江栽培量最大，占全国产量的90％以上。

［用　　途］ 根状茎为补气、补脾、健胃药，又治燥湿化痰，利水止汗、泄泻、水肿等症。

根状茎含芳香油（见“芳香油类”，1491页）。

［理化性质］ 含有精油1.4％。油中主要成分为苍术醇（atractylol, $C_{15}H_{26}O$）和苍术酮（atractulone, $C_{14}H_{18}O$）。

［采收处理］ 10月下旬（霜降后）为采收期，当植株下部叶枯黄，茎杆变褐时，选晴天土壤干燥时挖取根状茎，剪去茎叶，用火烘干，称白术或烘术；鲜时切片或整个晒干，称生晒术或冬术。品质以个大，表面色灰黄，断面色黄白，质坚实，无空心的为好。放在干燥的地方贮存。

382 鬼针草（guizhencao）（图 1495）

［地 方 名］　婆婆针（湖北）

［学　　名］　**Bidens bipinnata** L.　菊科

［药 材 名］　盲肠草（福建）

［形态特征］　一年生草本，高 40～80 厘米，茎直立，下部略带淡紫色，四棱形，无毛，或于上部的分枝上略具细毛。中部和下部叶对生，长 11～19 厘米，二回羽状深裂，裂片披针形或卵状披针形，先端尖或渐尖，边缘具不规则的细尖齿或钝齿，两面略具短毛；上部叶互生，较小，羽状分裂。头状花序有梗，长 1.8～8.5 厘米；总苞片线状椭圆形，先端尖或钝，被有细短毛；花托椭圆形，花杂性，边缘舌状花 1 列，雌花黄色，通常有 1～3 朵不发育；中央花管状，两性，全育，先端 5 裂；雄蕊 5，聚药；雌蕊 1，花柱细长，柱头 2 裂。瘦果长线形，黄褐色，具 3～4 棱，有短毛，顶端通常具 3 条芒刺状冠毛，有时为 2 条或 4 条。花期 8～9 月，果期 9～11 月。

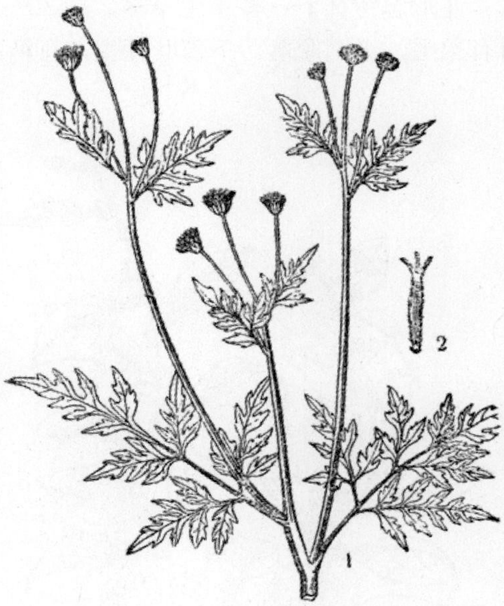

图 1495　鬼针草
Bidens bipinnata L.
1．茎上部；2．瘦果。

［生长环境］　生于路边、荒野、住宅附近及较润湿之土壤上。

［产　　地］　黑龙江、吉林、辽宁、河北、山西、陕西、甘肃、山东、河南、江苏、安徽、浙江、江西、福建、台湾、广东、广西、湖南、湖北、贵州、四川及云南等省区。

［用　　途］　福建省中医以茎入药，治疗烂尾炎效果显著。

383 狼把草（langbacao）（图 810）

［学　　名］　**Bidens tripartita** L.　菊科

（地方名、形态特征、生长环境、产地及其他用途见“油脂类”，936 页）

［用　　途］　全草入药。治感冒、百日咳；又有治赤白痢、止盗汗的效用。据南京民间药草记载：根煎水服，有通经、活血、拔毒的效能。用量最多 16 克，多则有麻醉性。

［采收处理］　在枝叶茂盛时、未开花前采收最好。割下全草，晒干，放在阴凉干

燥通风的地方保存。

［其　　他］　北京把狼把草混入鬼针草（Bidens bipinnata L.）内，当毛豨莶草（Siegesbeckia pubescens Mak.）入药。

384 天名精（tianmingjing）（图 1496）

［学　　名］　**Carpesium abrotanoides** L.　菊科

［药 材 名］　鹤虱

［形态特征］　多年生草本，高 30～100 厘米，有臭味。茎直立，上部多分枝，幼时有柔毛，老则脱落。下部叶互生，有柄，叶片阔卵形或长椭圆形，长 8～12 厘米，宽 4～7 厘米，先端尖或钝，全缘或有稀疏锯齿，表面深绿色，光滑，背面有细柔毛或腺点，上部叶长椭圆形，有短柄，向上则逐渐变小。头状花序腋生，近无柄，有时下垂；总苞片数层，外层苞片较短，阔卵形，中层和内层苞片长圆形，先端钝圆，干膜质；花托平坦，具细点；小花全部为管状，黄色，杂性；边缘为雌花，花冠细长，先端 5 裂，柱头 2 深裂，伸出花外；中心小花两性，花冠先端 5 裂，雄蕊 5 枚，药合生，花药基部具箭形细长尾，雌蕊 1 枚，子房圆柱形，柱头 2 深裂，裂片线形。瘦果细长圆柱形，长 3～4 毫米，有纵沟多条，顶端具短喙，无冠毛。花期 6～9 月，果期 10～11 月。

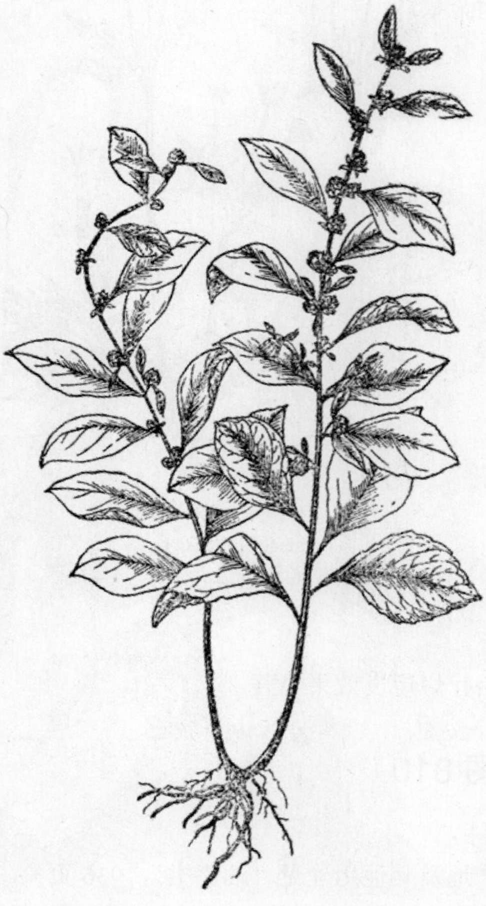

图 1496　天名精
Carpesium abrotanoides L.
植株全形

［生长环境］　喜生于山坡、路旁、灌丛中、草丛内、河边、田埂等处，在海拔 1000 米以下。

［产　　地］　山东、江苏、河南、陕西、江西、四川、湖南、湖北、广东、云南等省。

［用　　途］　果实入药，煎水内服可治腹痛，亦为绦虫、蛲虫、蛔虫的驱除剂。全草用于各种充血性炎症，有催吐、祛痰及泻下作用，并可治喉头炎，

胸肋膜炎，气管炎等症；茎叶捣汁、涂毒虫之刺螫。

茎叶还可作土农药，防治甘藷黑斑病、小麦叶锈病、马铃薯晚疫病等。

［理化性质］ 据江西省资料：茎叶含精油 0.25%，果实含苦味质及挥发油。又据河南省资料：果实中含有植物碱。

［采收处理］ 果实成熟后，将果序摘下，晒干，搓下果实，收集即得。品质以身干、饱满、无杂质的为好；放在干燥通风处保存。

［其　　他］ 商品鹤虱（即天名精子）主产贵州铜仁、安顺、都匀，陕西安康；此外湖北、湖南、河南亦产。此种应用不广，只销北京、天津地区，其他地区销得较少，因此收购数量不应过多。

385 红花（honghua）（图 1497）

［地 方 名］ 怀红花、红兰花（河北、河南、山西），草红花（河北），杜红花、淮红花（江苏），黄兰（河北、山西），红花尾子（湖南）。

［学　　名］ **Carthamus tinctorius** L. 菊科

［药 材 名］ 红花、草红花

［形态特征］ 一年生草本，高 30～90 厘米，全体光滑无毛。茎健壮，直立，基部木质化，上部多分枝。叶互生，质硬，近于无柄而抱茎；卵形或卵状披针形，长 3.5～9 厘米，宽 1～3.5 厘米，基部渐狭，先端尖锐，边缘具刺齿，两面光滑无毛；上部叶逐渐变小，成苞片状，围绕着头状花序。花序大，顶生，总苞片多列，外面 2～3 列呈叶状，披针形，边缘有针刺；内列呈卵形，边缘无刺而呈白色膜质；花托扁平，着生多数管状花，通常两性，桔红色；花冠先端 5 裂，裂片线形；雄蕊 5，花药聚合；雌蕊 1，位于中央，花柱细长，伸出花药管外面，柱头 2 裂，裂片短，舌状。瘦果椭圆形或倒卵形，长约 5 毫米，基部稍歪斜，白色，无冠毛，具 4 棱。花期 6～7 月，果期 8～9 月。

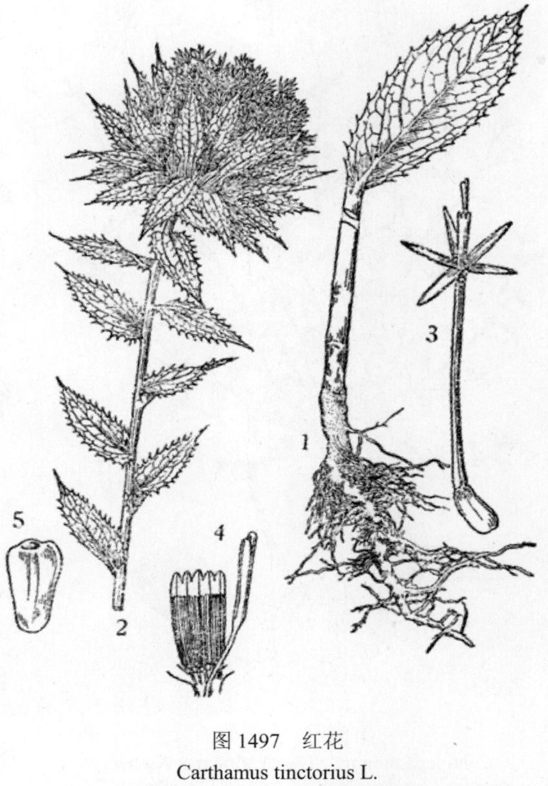

图 1497 红花

Carthamus tinctorius L.

1．根；2．花枝；3．花；4．雄蕊剖开示药室和雌蕊的一部分；5．果实。（自“中国药用植物志”）

［生长环境］ 一般栽培于庭园

和药圃，适应性强，能耐寒，耐干旱，耐碱，在贫瘠的土壤上种植，也能生长。

［产　　地］ 黑龙江、辽宁、内蒙古、河北、山东、山西、河南、甘肃、江苏、安徽、浙江、福建、广东、湖北、湖南、江西、四川、贵州等省区均有栽培。主产河南、浙江。

［用　　途］ 花为通经药。有破血、活血、消肿、止痛的作用；主治妇女月经不调、分娩时阵缩催进；解热、发汗等症亦有效。

果实可榨油（见“油脂类”，987页）。花可作染料（见“其他类”，2075页）。花序大而美丽，也可供观赏。

［理化性质］ 花含红花黄色素（safflor yellow, $C_{24}H_{30}O_5$），及红花甙（carthamin, $C_{21}H_{22}O_{11}$）0.3～0.6%。红花的花冠内含色素配糖体，用盐酸处理后，得黄色结晶体一异红花红色素（isocarthamin）。

［采收处理］ 花开放时，宜在早晨太阳未出前，趁有露水时采收；此时花苞潮湿较软不太刺手，选择已变橙红色的花摘下；阴干或在弱光下晒干（阳光太强易变色），放置干燥通风的地方，注意防吸湿和虫蛀。品质以干燥、花色红鲜艳、质柔软无枝刺者为佳。

［其　　他］ 采花时应注意，不要采太嫩和过老者，嫩者成品颜色发黄，过老者花黑色、无油性，质量较次。此外，药用如基本能满足市场需要，可尽量兼顾染料和适量留种子照顾榨油需要。

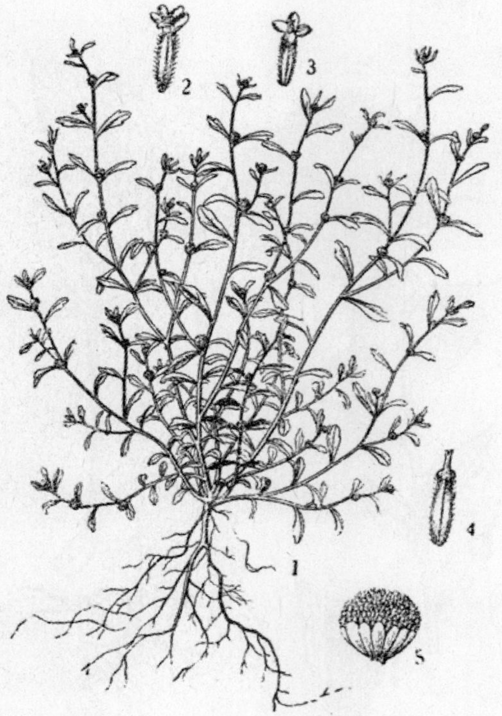

图1498　石胡荽
Centipeda minima（L.）A. Braun et Aschers
1. 植株；2～3. 管状花；4. 去花冠之花示雌蕊；5. 头状花序。

386 石胡荽（shihusui）（图1498）

［地 方 名］ 鹅不食草（江苏、浙江、广东）

［学　　名］ **Centipeda minima** (L.) A. Braun et Aschers　菊科

［药 材 名］ 不食草（江苏），鹅不食草（浙江、广东）。

［形态特征］ 一年生柔弱草本。茎基部匍匐，着土后易生根，茎枝多广展，高5～20厘米，无毛或稍被棉毛。叶互生，倒卵状椭圆形或匙形，长7～20毫米，宽

3～5毫米，基部楔形，先端钝，无毛，中部以上有疏齿；具短柄。头状花序细小，单生叶腋，无柄，半球形，直径3～4毫米；总苞片2裂，边缘干膜质；花托平坦或稍隆起，全部为管状花；边缘为雌花，多裂，花冠管细，长约3毫米，中心花两性，数朵，花冠钟状，长约5毫米，顶端4裂；雄蕊4，聚药，花药基部钝，花柱裂片短，钝或截头形，具4棱，棱上有毛；无冠毛。花期9～11月（江苏）。

［生长环境］　野生于稻田或阴蔽湿处。

［产　　地］　江苏、浙江、广东等省。

［用　　途］　据广东中医杂志报导，全草入药可治百日咳，疗效甚佳，且无副作用。通常用时将全草制成糖浆内服。又全草制成的滴鼻液可治疗慢性鼻窦炎。浙江天台县民间将全草煎水洗治脚丫烂，农民脚被锄头碰伤，用全草捣烂敷之有效。

［采收处理］　开花后采收，将全草晒干，除去杂质供药用。商品以干燥、色绿、无泥土、无杂质的为佳。应贮藏于干燥处。

387 野菊（yeju）（图1196）

［学　　名］　**Chrysanthemum indicum** L.　菊科

［药 材 名］　野菊花

（地方名、形态特征、生长环境、产地及其他用途见“芳香油类”，1494页）

［用　　途］　花入药，可治霍乱，并止腹痛，又为创伤防腐剂；又治痈疔及淋巴腺炎肿，对各种急性化脓性炎症有消炎、杀菌抗生效力。以鲜者捣汁外涂，或作洗剂，功效显著。

［理化性质］　含有芳香油及菊胺（chrysanthemine, $C_{21}H_{20}O_{11}$），菊黄质（chrysanthemaxanthin, $C_{40}H_{56}O_3$）等。芳香油的主要成分为白菊醇（chrysol），白菊酮（chrysantone）。

［采收处理］　多在霜降前后，当花正开时采收，拣去枝梗，每朵摘开，曝晒至干爽即成。亦有用烘干的。品质以干燥、色白、花香气浓、完整、无杂质为好。野菊花易吸水生霉变质，应放于石灰箱中密闭保存，切忌熏晒，需常检查并换石灰。

［其　　他］　另一种拉芬野菊（Chrysanthemum lavandulaefolium Mak.）也常作野菊用。

388 蓟（ji）（图1499）

［地 方 名］　大蓟草、将军草（江苏），老虎脷、山萝卜（广西），大青青菜（山东），马刺草（甘肃、山西），牛海风、精鸡齿（福建）。

［学　　名］　**Cirsium maackii** Maxim.（*Cirsium japonicum* DC.）　菊科

［药 材 名］　大蓟

［形态特征］　多年生草本。根纺锤形或柱状圆锥形，淡紫褐色。茎直立，粗壮，

密被白色绵毛。基生叶有柄，开花时不枯萎，叶片倒披针形或倒卵状披针形，长10～35厘米，羽状深裂或中裂，裂片具缺刻状齿及针刺，表面绿色，疏生白色丝状毛，背面灰绿色，密被白色绵状毛；茎生叶无柄，向上逐渐变小。头状花序单生枝端，直径3～5厘米；总苞半球形，苞片先端具粘质腺4～6列，复互状排列，革质，线状披针形，最外数列较小，先端有刺；花大形，皆为管状，紫红色，雄蕊5，聚药；雌蕊1，子房下位，花柱细长，伸出花冠外。瘦果椭圆形而略扁，顶端截形；冠毛羽状，暗灰色。花期6～7月，果期7～8月。

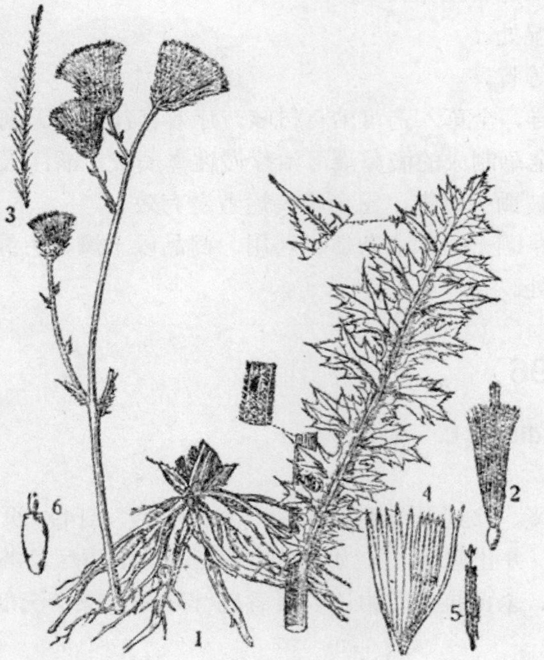

图1499 蓟
Cirsium maackii Maxim.
1. 花枝，根和茎叶；2. 管状花；3. 冠毛；4. 花冠剖开示雄蕊和雌蕊；5，雄蕊；6. 子房。

［生长环境］ 生于山野、荒地、山坡、路边、田间、旷野干草甸子等处。性喜向阳。

［产　　地］ 辽宁、河北、山东、山西、甘肃、安徽、江苏、浙江、福建、江西、湖北、湖南、广东、广西、四川、贵州、云南等省区。

［用　　途］ 据江苏吴江县黎里公社医院用鲜根煎服，可治疗烂尾炎。全草可治吐血、衄血、崩漏下血、尿血、外伤出血，及疮毒痈肿等症。

［理化性质］ 全草含甙（tiliain）、酶（labenzyme）、挥发油、液状植物碱、树脂、菊糖、氰甙类。

［采收处理］ 花盛开时采挖全草，晒干，但以秋季产者为好。挖取根部，除去泥土，洗净晒干。品质全草以色灰绿，无杂质者为佳；根以条粗壮，无毛须者较好。贮存在干燥通风的地方。

389 刺蓟（ciji）（图1500）

［地 方 名］ 刺儿菜（通称），青青菜、济济菜（山东），野红花（四川），刺狗牙（湖北）。

［学　　名］ **Cirsium segetum** Bge. 菊科

［药 材 名］ 小蓟

［形态特征］ 多年生草本，具长匍匐根；茎直立，高约50厘米，少分枝，稍被

蛛丝状绵毛。基生叶花期枯萎：茎生叶互生，长椭圆形或长圆状披针形，长 5～10 厘米，宽 1～2.5 厘米，两面均被蛛丝状绵毛，全缘或有波状疏锯齿，齿端钝而有刺，边缘具黄褐色伏生倒刺状牙齿，先端尖或钝，基部狭窄或钝圆，无柄。雌雄异株，头状花序单生于茎顶或枝端；总苞钟状，苞片 5 裂，疏被绵毛，外列极短，卵圆形或长圆状披针形，顶端有刺；内裂的呈披针状线形，较长，先端稍宽大，干膜质；花冠紫红色，雄花冠细管状，长达 2.5 厘米，5 裂，花冠管部较上部管檐长约 2 倍；雄蕊 5，聚药，雌蕊不育，花柱不伸出花冠外；雌花花冠细管状，长达 2.8 厘米，花冠管部较上部管檐长约 4 倍，子房下位，花柱细长，伸出花冠管之外。瘦果长椭圆形，无毛；冠毛羽毛状，浅褐色，在果熟时稍较花冠长或与之等长。花期 5～7 月，果期 8～9 月。

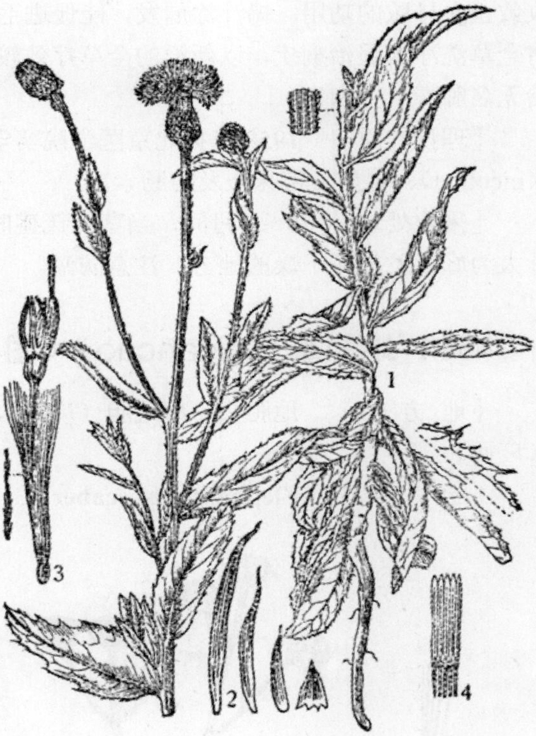

图 1500　刺蓟
Cirsium segetum Bge.
1. 植株全形；2. 总苞的不同形苞片；3. 管状花全形；4. 已剖开的雄蕊。

［生长环境］　习见野草，常生于路旁、沟岸、田间、荒丘、农庄附近：繁殖力很强，常成丛生长。

［产　　地］　黑龙江、吉林、辽宁、河北、山西、陕西、甘肃、山东、河南、江苏、安徽、浙江、江西、福建、台湾、广东、广西、湖南、湖北、贵州、四川及云南等省区。

［用　　途］　全草入药，能消热、解毒、凉血、消肿、止血、利尿、消肿散瘀，又能治疮痈，并能催透乳汁。

全株可作牲畜饲料，牛、猪皆喜食。幼苗可作野菜用。

［理化性质］　据北京医学院分析：全草含植物碱 0.05%，皂角甙约 1.44%。据河南省资料：干草含粗蛋白质 12.12%，粗脂肪 4.39%，无氮浸出物 34.59%，粗纤维 24.05%，粗灰分 17.42%，钙 4.25%，磷酸 0.66%。

［采收处理］　夏秋两季皆可采收，但以春季采收为好。将全草晒干即成。品质以色绿、叶多、干燥的为好。保存于通风干燥处。

390 鳢肠（lichang）（图 1010）

［学　　名］ **Eclipta prostrata** L.　菊科

［药 材 名］ 旱莲草、墨旱莲（江苏）

（地方名、形态特征、生长环境、产地及其他用途见“鞣料类”，1243 页）

［用　　途］ 全草为滋养性收敛药。适用于吐血、衄血、肠出血及各种出血，有收敛止血排脓的功用。捣汁涂眉发，能促进毛发的生长；内服有乌发的功能。江苏民间将全草洗净煎服治痢疾，以新鲜的全草疗效较好。浙江南部民间取全草捣烂，敷患处可治无名肿毒。

［理化性质］ 1958 年据北京医学院药学系分析：含皂角甙 1.32%，还含有烟碱（nicotine）、鞣质、苦味质及鳢肠素。

［采收处理］ 6～9 月间，当茎叶茂盛时，割取全草晒干；品质以墨绿色，茎长，叶大为好。贮放在干燥的地方，注意防潮。

391 地胆草（didancao）（图 1501）

［地 方 名］ 地胆头、磨地胆（广东），草鞋根、土蒲公英、吹大根、毛儿细辛（广西）。

［学　　名］ **Elephantopus scaber** L.　菊科

［药 材 名］ 地胆草（广州）

［形态特征］ 直立草本，高 30～60 厘米。茎二歧分枝，枝少而硬，粗糙，有时被白色紧贴的粗毛。单叶大部根生，匙形或长圆状倒披针形，长 5～15 厘米，宽 2～4.5 厘米，基部渐狭，先端钝或短尖，边缘略具钝锯齿，茎叶少而细；叶柄长 5～15 毫米，基部扩大抱茎，或近无柄。头状花序每 4 个成束，紧密生于枝顶，通常有 3 片状苞，苞叶卵形或长圆状卵形，长 1～1.5 厘米；总苞片长 8～10 毫米；花托无毛，小花全为管状，两性，淡紫色，长 7～9 毫米，先端 4 裂，一边开裂，裂片稍阔展；雄蕊 4～5，略伸出管外；子房下位，1 室。瘦果有棱，顶端具长硬刺毛 4～6。花期 8～12 月，果期 11 月至次年 2 月。

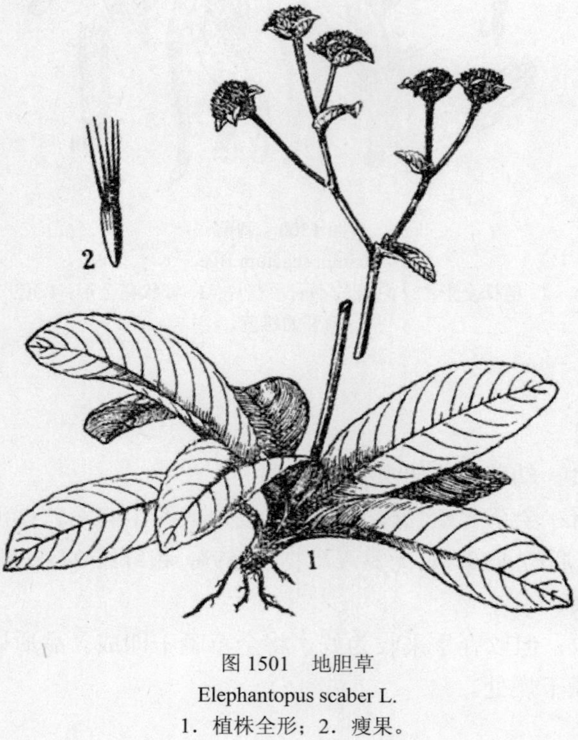

图 1501　地胆草
Elephantopus scaber L.
1．植株全形；2．瘦果。

［生长环境］ 平原、丘陵、山地稍湿润灌木丛或草丛中，但以山谷、村边及路旁生长最好，荒地、耕地等低草丛中亦常见。

［产 地］ 浙江、福建、台湾、江西、湖南、广东、广西、云南、贵州等省区。

［用 途］ 全草入药。广东民间常用为治湿热症。外用捣烂敷热疮。又可作兽药，治牛瘟症；猪丹毒症和治牛膨胀症。

［采收处理］ 夏季采挖全草较好，采掘后用水洗净泥沙，晒干即可，以无花者为佳，新鲜用时随用随采。

392 兰草（lancao）（图 1502）

［地 方 名］ 孩儿菊、白头翁（广东）

［学 名］ **Eupatorium chinense** L. (*E. reevesii* Wall.) 菊科

［药 材 名］ 土牛夕（广东）

［形态特征］ 多年生草本，高 80～150 厘米。枝蜿蜒状，稍被短柔毛。单叶对生，有短柄；**卵形或椭圆状披针形**，长 2.5～5 厘米，先端急尖，**基部圆心或近心形**，边缘有不整齐粗齿，无毛或近无毛，脉显明，脉上毛密；叶柄长 3～10 毫米，具短柔毛。头状花序，有短梗，在茎顶端呈紧密聚伞花序，花序有花 5～6 朵，总苞片约 10 枚，复瓦状排列，长圆形或卵形，不等大，先端钝，边缘干膜质；小花皆为管状，两性，先端 5 裂，裂片三角状；雄蕊 5，聚药，花药基部钝；子房下位，1 室，花柱伸出花冠外，柱头 2 深裂。瘦果圆柱形，微有毛，通常有 5 棱；冠毛 1 列，刚毛状。花期 7～9 月（广州）。

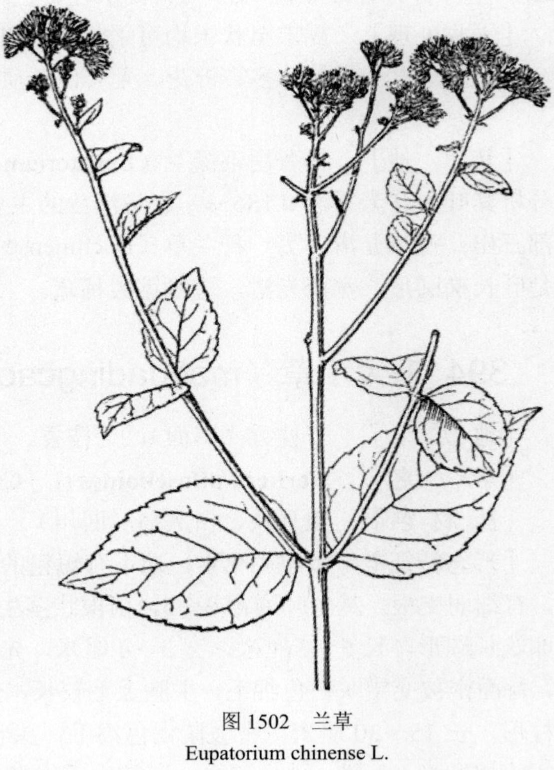

图 1502 兰草
Eupatorium chinense L.

［生长环境］ 野生于山坡草地。

［产 地］ 广东省

［用 途］ 根入药，治疗白喉效果很好；并对扁桃腺炎，喉头炎及调经、健肾、利尿均有明显疗效。

［理化性质］ 含油 0.8～1.4%，其主要成分为二甲基百里香对草醌，芳樟醇，乙

酸龙脑酯，飞芨草醇，飞芨草醛。

［采收处理］ 秋季挖根，除去泥土晒干，备用。

［其 他］ 经过广东佛山专区各医院对498个病例的临床实验，认为土牛夕对治疗白喉的疗效显著，价格便宜，正在推广应用。

393 泽兰（zelan）

［学 名］ **Eupatorium japonicum** Thunb. 菊科

［药 材 名］ 佩兰

（地方名、形态特征、生长环境、产地及其他用途见“芳香油类”，1498页）

［用 途］ 茎叶为利尿药，有活血通经之效；治产后诸病及经血不调，尤其对于产前浮肿有效；并用于肾脏炎及糖尿病。

用全株可治牛脚软症，牛被虫咬伤，牛寒症等。

［理化性质］ 据河南省资料：叶含有香豆精（coumarin）及邻位香豆酸（o-coumaric acid）。茎叶含芳香油0.17～0.4%为比水轻黄色透明液体。并含鞣质。

［采收处理］ 夏末至秋末均可采收，割取地上部分晒至半干后，分捆成束，再晒至全干。品质以干燥、叶多、带花、无其他杂质者为好。用麻袋或席包装放于干燥的地方。

［其 他］ 另有用毛泽兰（Eupatorium lindleyanum DC.）作泽兰用的。据河南省分析其叶内含芳香油0.186%。它与泽兰的主要区别是叶无柄，线状披针形，叶脉自基部三出；瘦果光滑。另一种兰草（E. chinense L.）与本种很相近，它与泽兰的主要区别是叶长椭圆形，宽而光滑，边缘锯齿稀疏。

394 毛大丁草（maodadingcao）

［地 方 名］ 一柱香（广西），一枝香、毛灯草（浙江）。

［学 名］ **Gerbera piloselloides** (L.) Cass. 菊科

［药 材 名］ 兔耳风、白头翁（四川）

［形态特征］ 多年生草本。地下有短粗的根状茎，密被白色绵毛，须状根多而粗长，有细弱支根。基生叶通常3～5，由根状茎生出，具短柄，质较厚软；叶片椭圆形或倒卵状长圆形，长5～7厘米，宽3～4厘米，先端圆，基部楔形，表面疏生柔毛，深绿色，背面密被交错灰白色绵毛，主脉上毛较长，全缘，有淡褐色缘毛。花茎单一，直立，细柱形，长15～30厘米，密被淡褐色绵毛，头状花序生于葶端，直径约4厘米，总苞片线状披针形，2裂，外裂稍短，密被绵毛；花杂性，边缘舌状花，雌性，白色，2唇形，外唇片伸长，先端3齿裂，内唇片细小，2深裂，柱头2裂；中央为管状花，两性，花冠上部也为2唇形，外唇3裂，内唇2深裂；雄蕊5，药合生。瘦果线状披针形，微扁，具纵肋；冠毛多数，淡红色。花期5～6月，果期8～9月。

［生长环境］　喜生于向阳地、坡地、路边、草丛或灌丛中，田边及干燥的草地。

［产　　地］　江苏、浙江、四川、广西、广东、云南等省区。

［用　　途］　全草入药，治咳嗽、热淋、疟疾、腹疼，并有消肿止疼的功效。

［采收处理］　夏秋两季采收，将采来的全草，除浮泥沙晒干即得，放在干燥地方贮存。

［其　　他］　在河北、山东、湖北、湖南、四川尚产一种大丁草［Gerbera anandria（L.）Sch.-Bip.］土名兔儿风，生于山野、林内、路旁，在海拔500～1500米处也有分布。煎水或煮甜酒内服可治气喘、咳嗽及伤风感冒等。它与毛大丁草的主要区别是叶长倒卵形，基部楔形，羽状浅裂。叶背面主脉上无毛，质地极薄。

395 鼠曲草（shuqucao）（图1503）

［地 方 名］　浦杨、野菊、爪老鼠（福建）

［学　　名］　**Gnaphalium multiceps** Wall.　菊科

［药 材 名］　佛尔草（江西、浙江、江苏）

［形态特征］　一年生或二年生草本。全株密被白色绒毛；茎直立，通常由基部分枝，呈丛生状。单叶互生，无柄，叶片倒披斜形或匙形，长2～6厘米，宽3～10毫米，先端圆钝，具尖头，基部窄狭，全缘，两面均被白色绵毛。头状花序排列成密伞房状；总苞片多层，革质，金黄色；外层苞片较短，近卵圆形，内层苞片渐长，近椭圆形，先端钝圆。花杂性，皆为管状花，金黄色；外围为雌花，花冠先端3～4裂，花柱1，短于花冠，柱头先端2裂，中央为两性花，花冠先端5裂，雄蕊5，药合生，雌蕊1，柱头2裂，先端钝。瘦果短圆形而微扁，有乳头状毛，冠毛黄白色。花期4～6月，果期8～9月。

［生长环境］　喜生于原野，田中，路旁，地埂的湿草地等处。

［产　　地］　河北、江苏、浙江、广东、广西、福建、云南、四川、

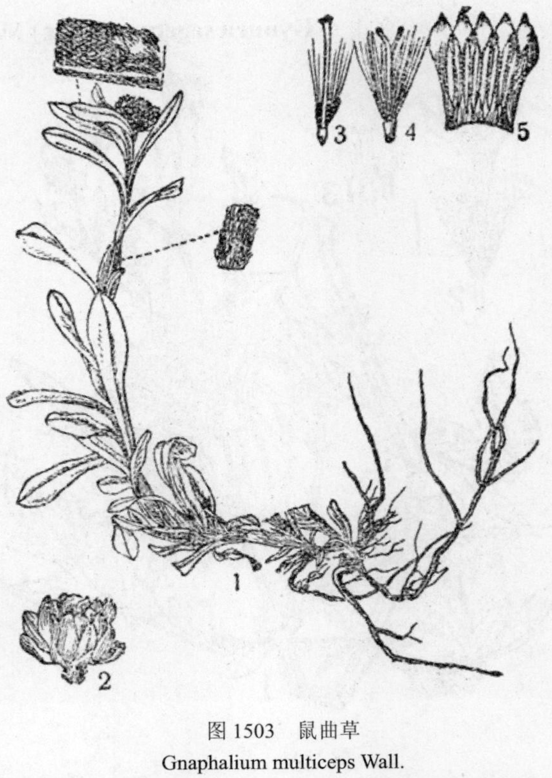

图1503　鼠曲草

Gnaphalium multiceps Wall.

1. 植物全形；2. 头状花序；3. 管状花；4. 雌蕊和花柱；5. 管状花冠展开示雄蕊。

贵州、江西、湖北等省区。

［用　　途］　全草入药，可镇咳祛痰，治气喘及支气管炎，并能扩张局部血管，可用以治非传染性溃疡及创伤。内服为降压剂及胃溃疡的治疗药。

又民间采其茎，嫩叶和米磨碎作糯粑食。干花及全株可提取芳香油（见“芳香油类”1501 页）。

［理化性质］　据江苏省资料：含有脂类物质，胡萝卜色素及少量维生素 B 等。

［采收处理］　夏季开花时采收全草，晒干备用。品质以干燥、茎灰白色、花头叶片齐全的较好。贮藏干燥处。

［其　　他］　另有一种湿鼠曲草（Gnaphalium uliginosum L.）据东北药用植物志载也可作药用，效用与鼠曲草相同。其理化性质为含有大量胡萝卜素、植物碱、挥发油、脂肪、树脂、植物甾醇等。此种植物喜生于阴湿地、河岸等处。它与鼠曲草的区别在于茎斜上，总苞淡黄色。

396 土三七（tusanqi）（图 1504）

［地 方 名］　白田三七（江西），叶下红（河南）。

［学　　名］　**Gynura segetum** (Lour.) Merr. (*G. pinnatifida* DC.)　菊科

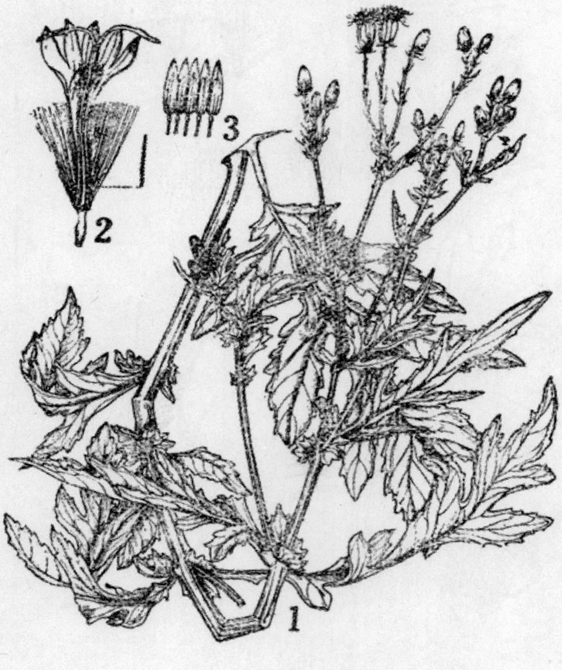

图 1504　土三七

Gynura segetum（Lour.）Merr.

1．花枝；2．管状花冠展开示雄蕊和雌蕊；3．雄蕊。

［形态特征］　多年生草本，高 1～1.5 米。宿根肉质肥大。茎直立，带肉质，幼时紫褐色，上部多分枝，具纵沟。基生叶多数，全缘，有锯齿或成羽状分裂，幼时表面深绿色，背面紫褐色，花时凋落；茎生叶互生，大形，长 8～24 厘米，宽 5～10 厘米，羽状分裂，裂片卵形或披针形，边缘浅裂或有疏锯齿，先端尖或渐尖，基部阔楔形；叶柄短或近无柄，基部具托叶一对，3～5 浅裂；卵状披针形，羽状齿裂，两面均光滑无毛。头状花序多数，生于枝梢，排列成疏伞房状，具细花梗；总苞钟状，苞片一列，约 10～12 片，线状披针形，长约 10 毫米，宽 2 毫米，边缘为半透明膜质；基部小苞片数个；花托扁平，具小凹点。小花管状，黄色，先端 5 裂，裂片线形或长圆形，先端尖锐，雄蕊 5，

药合生；雌蕊1，柱头2深裂，钻形，被短毛。瘦果线形，细小，有棱，冠毛多数白色，上具疏生向上的短刺。花期7～9月，果期10～11月。

［生长环境］　各地农村栽培于村边、路旁，也有野生者，但不常见。

［产　　地］　江苏、浙江、河南、安徽、江西、湖北、四川、云南、贵州、广东、台湾等省。

［用　　途］　根及叶为金疮折伤要药；治吐血症。

又全株及根部，治牛缩阴症，并可治牛跌伤断骨等症。又能作土农药，杀稻飞虱、浮尘子、稻螟、蚜虫有效。

［理化性质］　三七草含水分87.62%，干物质12.38%，蛋白质1.58%，脂肪0.97%，粗纤维2.46%（未经灰化处理计算的），无氮浸出物5.09%，灰分2.28%，磷0.26%，钙0.39%。

［采收处理］　夏秋季采收，但以秋季较好，挖出根除去地上部分、细根及泥土，晒干，放在干燥通风处保存。全草或叶随时都可采收。

［其　　他］　土三七根及茎叶虽未收购，但各地民间用根治疗跌打损伤及吐血是非常普遍。

397 旋复花（xuanfuhua）（图1505）

［地 方 名］　复花、羊蹄子金棵、金复花；黄花子（江苏）

［学　　名］　**Inula britannica** L. var. **chinensis** (Rupr.) Regel　菊科

［药 材 名］　旋复花

［形态特征］　多年生草本，全体密被白色绵毛。茎直立，高约20～60厘米，**分枝少**。基部叶花后凋落；中部叶互生，无柄，**长椭圆状披针形或披针形**，长4～10厘米，宽1.5～2.5厘米，**基部渐狭近心形略抱茎**，先端渐尖，全缘或微具锯齿，表面绿色，背面淡绿色，密被糙伏毛；上部叶渐小。**头状花序少数**，3～5朵或单生枝端，呈伞房状排列，直径3厘米；总苞半圆形，苞片4列，外被白色细毛或绵

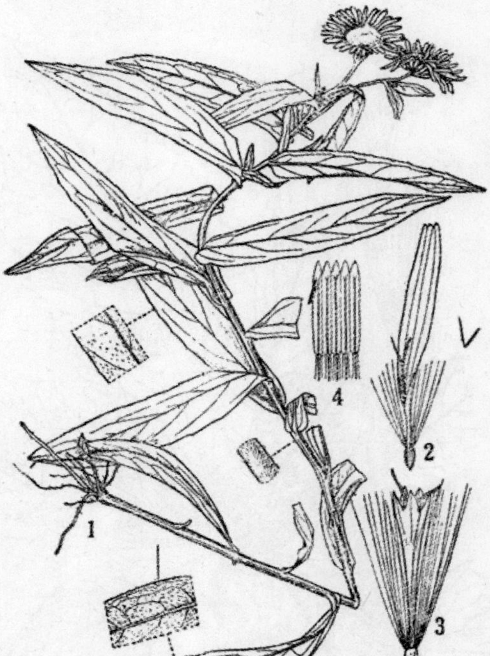

图1505　旋复花
Inula britannica L. var. chinensis（Rupr.）Regel
1．植株全形；2．舌状花；3．管状花；4．聚药雄蕊。
（自"江苏南部种子植物手册"）

毛，外列披针形，绿色，内列线形或线状披针形，干膜质，具细缘毛。花黄色，边缘雌花一列，舌状，先端3裂；雌蕊1，柱头2深裂。中央小花两性管状，先端5裂；雄蕊5，聚药；雌蕊1，柱头2深裂。瘦果长椭圆形，有白毛，冠毛白色。花期7～10月，果期8～11月。

［生长环境］ 喜生于溪边、沟边、山坡、路旁的阴湿地。

［产　　地］ 黑龙江、吉林、辽宁、河北、内蒙古、山东、江苏、浙江、新疆、宁夏、陕西、青海等省区。

［用　　途］ 花、叶、根均可入药。花治胃部膨胀，嗳气等；叶及根治刀伤及疔毒。

［理化性质］ 花含有菊糖。

［采收处理］ 8～10月采收，当花开放时，摘取头状花序，去掉枝叶，晒干。以未开放的花苞，气味清香的品质为好。装入箱中，保存于阴凉干燥处。

［其　　他］ 药用旋复花除上述一种外，吉林、河北、西北等地区尚用一种日本旋复花（Inula britannica L. var. japonica Franch. et Sav.），它与旋复花的主要区别是头状花序，**5～20（30）**个成伞房状排列；茎分枝，花梗细；叶披针形，较窄。

398 木里久苓草（mulijiulingcao）（图1506）

［地 方 名］ 木香（四川）

［学　　名］ **Jurinea muliensis** Hand. -Mzt. 菊科

［药 材 名］ 越隽木香（四川）

［形态特征］ 多年生草本，高10～15厘米。主根细长，圆柱形，通常不分枝，外皮暗褐色。叶基生，平铺于地面；有柄；叶片匙状长圆形，长13～22厘米，宽5.5～12厘米，基部渐狭成翼状柄，先端尖或钝尖，叶缘具不规则浅齿或裂齿，齿端具刺尖，表面绿色，具腺毛，背面淡绿色，具稀疏腺毛。头状花序数个集生于短枝端叶丛基部，

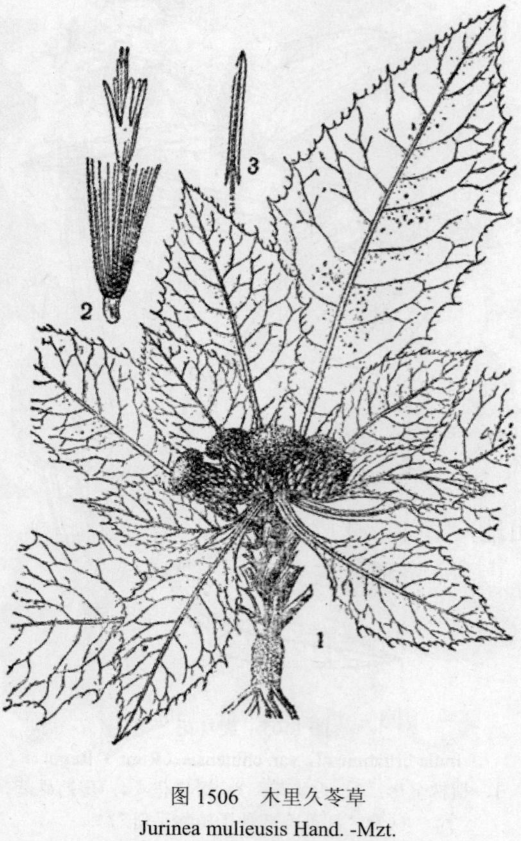

图1506 木里久苓草
Jurinea mulieusis Hand. -Mzt.
2．植株全形；2．花；3．花药。

花梗短，头状花序直径3～4厘米；总包片数列，复瓦状排列，卵形至披针形，外列较内列短而宽卵形，干膜质或革质，边缘紫褐色；花紫色，全为管状花；先端5裂，上部膨大，向下延成细管状；雄蕊5，花药箭形；子房下位，花柱略长于花冠，柱头2裂，暗紫色。瘦果上有多数褐白色刺状冠毛。花期6～8月，果期9～10月。

［生长环境］　生于山坡向阳的荒草地，海拔2000米左右，常成群生长。

［产　　地］　四川越雋大坪子。

［用　　途］　根为芳香性健胃药，有利尿、发汗、袪痰、驱虫、防腐之效。

［采收处理］　10月至次年1月间挖取根部，除去茎叶，洗净泥土，晒干。如遇阴雨天可用微火烘干。在处理时也有不经晒干而直接烘干的。品质以干燥、质坚实、香气浓、油多者为好，放在阴凉干燥地方密闭处保存。

399 肾叶橐吾（shenyetuowu）

［地 方 名］　马蹄叶（吉林）

［学　　名］　**Ligularia fischeri** Turcz.　菊科

［药 材 名］　紫菀（东北）

［形态特征］　多年生草本，高60～100厘米。根状茎短，基部常具纤维状残叶柄，根丛生，外皮灰褐色或棕褐色。茎直立，具纵沟槽，被淡褐色卷缩毛。基出叶及茎下部叶具长柄，柄长达30厘米；叶甚大，肾状心形、圆心形或卵状箭形，长4～16厘米，宽6～20厘米，基部箭状心形或宽耳形，先端钝圆或稍尖，边缘具不整齐粗大牙齿，表面无毛或有微毛，背面密被褐色毛；茎生叶1～4，卵状披针形或倒卵状长圆形，疏生，愈上部者愈小，近顶部者无柄，基部成翼状抱茎。头状花序多数，在茎顶排列成长总状花序；叶状苞卵状披针形，总苞筒状钟形，2列，苞片线状披针形，背面密生褐色卷缩毛；边缘小花舌状，雌性，黄色，中央小花管状；雄蕊5，花药合生，包围花柱，花柱细长，柱头2裂。瘦果黑褐色，长卵状披针形，冠毛淡褐色，粗糙。花期7～8月，果期8～9月（东北）。

［生长环境］　喜生阴湿处，草原或山地，草甸，林边湿地及河谷湿草地。

［产　　地］　黑龙江、吉林、辽宁、山西、陕西、甘肃、四川等省。

［用　　途］　根入药，有补虚、散结气、镇咳、袪痰之效；治支气管炎；因肺结核引起的咳嗽，咽喉肿痛等症；又为利尿剂。

也可作兽药。

［采收处理］　春秋两季皆可挖根，除去茎及泥土，晒干即可。品质以根条细长，表面色紫棕，质柔润，去净地上茎，无杂质的为好。放在阴凉通风处保存，夏季很容易反潮，应注意保管工作。

［其　　他］　在商品中紫菀的种类甚多，很多地区以同属的根皆供药用。

400 祁州漏芦（qizhouloulu）（图 1507）

［地 方 名］ 和尚头（东北、河北），大脑袋花（辽宁），独花山中蒡（西北）。

［学　　名］ **Rhapontica uniflora** (L.) DC. (*Centauria monanthos* Georgi) 菊科

［药 材 名］ 漏芦

［形态特征］ 多年生草本。主根粗大，长圆锥形或长圆柱形，粗 1～2 厘米，通常不分歧，偶有 2～3 支根，外皮土棕色或暗棕色。茎直立，不分枝，被柔毛或蛛丝状毛。基生叶大，有长柄；叶片羽状深裂或全裂，先端有小刺尖，两面被蛛丝状毛；茎中部及上部叶渐向上渐小，有短柄或近于无柄。头状花序大形，单生茎顶；总苞阔钟形，由多列干膜质总苞片组成，外列与中列苞片匙形，先端扩大成圆形撕裂状的附属体，最内一列总苞片狭披针形或线形，先端扩大，比外列总苞片长；花皆为管状，淡红紫色，先端 5 裂；雄蕊 5，药合生；子房下位，花柱细长，柱头 2 裂。瘦果倒圆锥形，冠毛羽状，宿存。花期 5～7 月，果期 6～8 月。

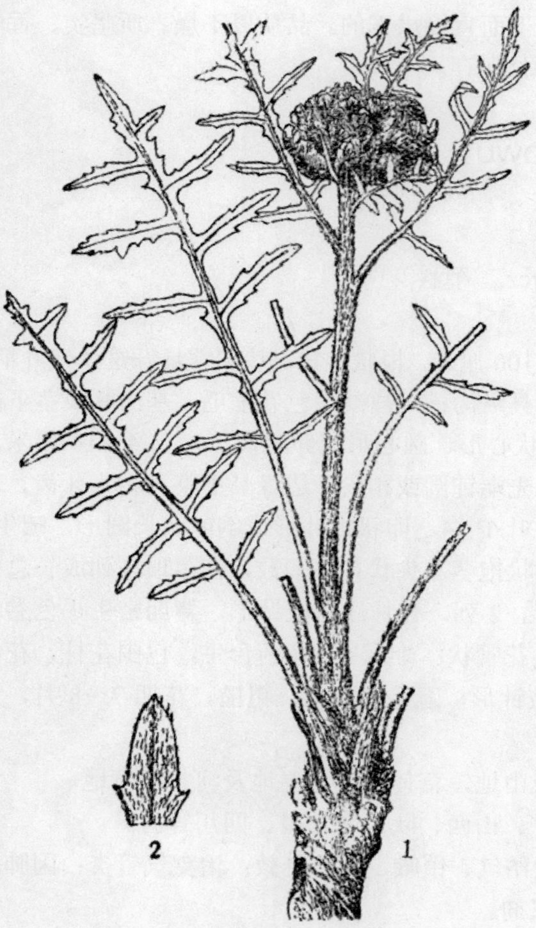

图 1507 祁州漏芦

Rhapontica uniflora（L.）DC.

1．植株全形；2．叶裂片一部分。

［生长环境］ 喜生于向阳地，干山坡，草地，路边，盐碱性草甸、草原及轻碱性草地。

［产　　地］ 辽宁、吉林、黑龙江、河北、山东、山西、陕西、甘肃、宁夏、内蒙古等省区。主产河北唐山、迁安，辽宁绥中，以河北产量最大。

［用　　途］ 根入药，可排脓止血、治恶疮及肠出血，又能催乳，治乳痛等症。河南民间用根加水两碗共煎，配上红糖，内服治跌打损伤；加大剂量可治马足扭拐伤。

［理化性质］ 据吉林省资料：根含挥发油 0.1%。

［采收处理］ 4～5 月或 8～9 月挖根，去掉残茎及泥土，晒干即得。品质以表面

黑色、粗壮、坚实无枯心者为好。

［其　　他］　漏芦除上种外，尚有蓝刺头（Echinops latifolius Tausch.）（分布于东北、内蒙古、河南、河北、山西），它的根也常混入供药用。它与祁州漏芦的主要区别是头状花序，每花序有一小花，很多头状花序密集成头状，球形，直径在4厘米以下，叶较小，叶缘有尖刺，内列苞片披针形。

401 广木香（guangmuxiang）（图1508）

［学　　名］　**Saussurea lappa** Clarke　菊科

［药 材 名］　云木香、广木香

［形态特征］　二年生高大草本，茎高1.5～2米，不分枝，上部粗糙。主根粗壮，圆柱形，直径达5厘米以上，外皮褐色，有稀疏支根。叶三角状卵形或长三角形，长30～100厘米，宽15～30厘米，基部下延达叶柄基部，成不规则分裂的翅状，叶缘呈不规则的浅裂或波状，疏生短刺，表面深绿色，被短毛，微粗糙，背面淡绿，带褐色；基生叶具长柄，为叶片长的1.5～2倍。花茎高30～100厘米，最高可达2米以上，基部直径约1～1.5厘米，有细纵棱，被短柔毛，具叶，长10～30厘米，有短柄或无柄抱茎；头状花序单一，顶生及腋生，或数个丛生于花茎端；总花梗短或无；总苞片约10列，三角状披针形或长披针形，外列最短，先端长锐尖刺状，疏被微柔毛；花全为管状，暗紫色，花冠管长1.5厘米，先端5裂，雄蕊5；子房下位，花柱伸出花冠外，柱头2裂；花托有长硬毛。瘦果线形，先端平截，长6毫米，有棱，上端着生一轮黄色羽状冠毛，长约1.5厘米，果熟时多脱落。花期7～9月，果期8～10月。

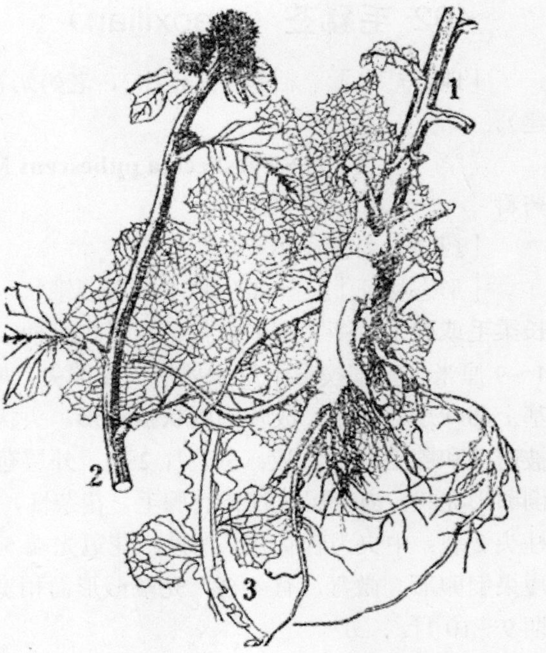

图1508　广木香
Saussurea lappa Clarke
1. 根；2. 花枝；3. 叶。

［生长环境］　通常生于海拔2500～4000米的山地。

［产　　地］　原产印度；我国云南西北部、广西及四川等地有栽培。

［用　　途］　根供药用。有健脾和胃、调气解郁、止痛、安胎之效。主治胸腹胀

痛、消化力弱、呕吐泄泻、痢疾后重、胎动不安等症。取木香用火煨过之后，治泻痢更有效。

根部含芳香油，定香力极强（见“芳香油类”，1504页）。

［理化性质］ 含挥发油1～2.8%，树脂6%，广木香碱（saussurine）0.05%。此外尚含有菊糖18%。挥发油主成分为aplotaxen（$C_{17}H_{28}$），α-及β-木香烃（costen, $C_{15}H_{24}$），木香内酯（costus lacton, $C_{15}H_{20}O_2$），二氢木香内酯（dihydrocostus lacton, $C_{15}H_{22}O_2$），木香脑（costol, $C_{15}H_{24}O$），香堇酮（紫罗兰酮 ionone, $C_{13}H_{20}O$），木香酸（costus acid, $C_{15}H_{22}O_2$），木香醇（costol, $C_{15}H_{24}O$）等及少量莰烯（camphene），菲蓝烃（phellandrene）等。

［采收处理］ 栽后第二年10月至次年1月间挖取根部，除去残茎，洗净泥土，晒干即得。

402 毛豨莶（maoxilian）

［地 方 名］ 粘苍子（辽宁），老奶奶补补丁（江苏），粘分札（山西），珠草（福建）。

［学 名］ **Siegesbeckia pubescens** Makino (*S. orientalis* L. f. *pubesens* Makino) 菊科

［药 材 名］ 豨莶草

［形态特征］ 一年生草本。根圆锥状，木质化。茎直立，常带紫色，**密被灰白色长柔毛或腺毛**，茎上部多分枝。叶对生有柄；阔卵形或卵状三角形，长9～14厘米，宽4～9厘米，基部楔形下延成翼柄，先端尖，叶缘有不规则的锯齿，**两面均密被长柔毛**，基上部叶逐渐变小，成长椭圆状披针形。头状花序顶生或腋生，排列成圆锥状；**总花梗被密毛和腺毛分泌粘液**；总苞片2层，**外层苞片5枚，线状匙形**，内层苞片10～12枚；倒卵形兜状，内外层苞片皆有腺毛。花杂性，黄色，边缘为舌状花，雌性，先端3浅裂；柱头2裂；中央为管状花，两性；花冠先端5裂，雄蕊5，聚药；子房下位，柱头2裂。瘦果倒卵形，微弯，有4棱，先端截形而稍宽，基部渐狭，无冠毛。花期6～8月，果期9～10月。

［生长环境］ 常见于山坡、水沟、山谷、潮湿地、路旁等处。一般在海拔800米以下。

［产 地］ 云南、贵州、福建、四川、江苏、山西、辽宁等省。

［用 途］ 全草入药，可作止痛剂，对全身酸痛，四肢麻痹，风湿痛有效；并有平降血压作用；用其新鲜叶汁，可医疗毒蛇咬伤及蜂刺伤，治秃疮。

种籽可榨油（见“油脂类”，987页）。

［理化性质］ 叶内含有豨莶苦味质（darutiubitters）。

［采收处理］ 6～8月开花时采收，割取幼枝及叶，晒干或放于阴凉干燥通风处阴

干，扎成小捆。品质以干燥，叶多，青绿色为好。放于干燥通风处保存。

403 兴安一枝黄花（xinganyizhihuanghua）

［地 方 名］　朝鲜一枝蒿（吉林）

［学　　名］　**Solidago virga-aurea** L. var. **dahurica** Kitag.　菊科

［形态特征］　多年生草本，高 40～90 厘米。根状茎粗壮，垂直或斜生，密生须根；茎直立，单一，有细棱或条纹。单叶互生，下部叶大，具长柄；上部叶小，具短柄或近无柄；叶柄有翼，叶形多变化，叶片椭圆状披针形、长卵状披针形，或椭圆状披针形，愈向茎上部叶愈狭窄，为长圆状披针形或披针形，先端渐尖或骤尖，基部楔形，下延，叶柄有翼，疏锐牙齿或浅锯齿，全缘。头状花序，直径 1.2～1.4 厘米，有短梗；总苞长 5.5～7 毫米，总苞片 3～4 列，卵状披针形至狭披针形，先端钝，淡黄绿色，膜质，外列者短小；外缘为舌状花，雌性，鲜黄色，长 5～6.5 毫米；中央为管状花，两性，冠毛白色，比头状花序短。瘦果线状柱形，长约 3 毫米，光滑无毛，有细棱，冠毛宿存。花期 8～9 月，果期 9～10 月。

［生长环境］　多见于林下及林缘。

［产　　地］　辽宁、吉林、黑龙江等省。

［用　　途］　全草入药，主治肾脏疾患，膀胱炎等症；并有解毒作用。

又可为兽药，功效同上。全草并可提取黄色染料。根及叶含芳香油（见“芳香油类”，1505 页）。

［采收处理］　开花时，采收全草，阴干。存放在干燥的地方。

［其　　他］　本种花期很长，由 7 月下旬至 9 月，因此也是较好的蜜源植物；另全草又可提取黄色染料。除本种外，在浙江尚有一种 Solidago decurrens Lour. 名叫一枝香、金钗串、金锁匙、满山黄，在天台民间将全草煎水服用治初期乳痈，又可治喉头炎。

404 苣荬菜（jumaicai）（图 1509）

［地 方 名］　野苦菜、取麻菜、苦荬菜、野苦荬、苦葛麻、苦麻子、荬菜（东北）、曲心菜、马蓟、虎蓟、刺蓟（河北）。

［学　　名］　**Sonchus brachyotus** DC.　菊科

［药 材 名］　小蓟（东北），败酱草（华北）。

［形态特征］　多年生草本，高 30～80 厘米，植物体含乳汁。地下茎匍匐，须根多数。茎直立，圆柱形，光滑或微被腺毛。基生叶具短柄，茎生叶互生，无柄，叶片长圆形或长圆状披针形，长 8～20 厘米，宽 2～5 厘米，基部呈耳状抱茎，先端钝，边缘具稀疏的缺刻或成羽状浅裂，裂片卵状三角形，先端有细小尖齿。头状花序顶生，单一或呈伞房状，花皆为舌状花；总苞片多列，革质，绿色，无腺毛，但被白色绵毛；舌状花黄色，舌片线形，顶端齿裂；雄蕊 5，药合生；雌花 1，子房下位，花柱纤细，柱头 2

深裂，花柱及柱头皆被白色腺毛。瘦果长椭圆形，具纵肋，有4棱，冠毛细软，银白色。花期7月至次年3月，果期8～10月至次年3～4月。

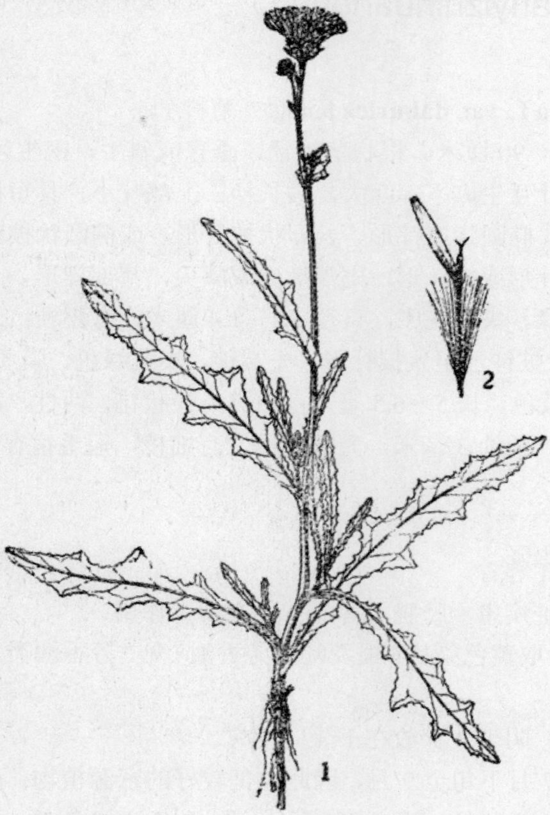

图1509 苣荬菜

Sonchus brachyotus DC.

1. 植物全形；2. 舌状花。

［生长环境］ 生于田野、路旁、耕地及家舍附近。

［产　　地］ 辽宁、吉林、黑龙江、内蒙古、河北、山东、江苏、浙江、广东、广西、江西、湖北、四川、贵州、云南、山西、陕西、甘肃、宁夏等省区。

［用　　途］ 全草（去根）为利尿及止血药，外用可治疮。

［理化性质］ 全草中含油脂、蜡醇（ceryl alcohol, $C_{26}H_{54}O$），转化糖，胆碱，酒石酸，乳汁中含氧化酶（oxydose），弹性橡胶（kautschuk），甘露醇（mannitol），左旋肌醇（l-inositol），苦味质。

［采收处理］ 3～7月植物高约15厘米花未开时，采其地上部分，阴干。但以4～5月采的质量较好。品质以色青绿，无茎无花者为好。放在干燥的地方，注意防潮，发霉及变质。

405 蒲公英（pugong-ying）（图1510）

［地 方 名］ 黄花地丁、婆婆丁（山东、河北、东北），奶汁草（湖南）。

［学　　名］ **Taraxacum mongolicum** Hand. -Mzt.　菊科

［药 材 名］ 蒲公英

［形态特征］ 多年生草本，植物体含白色乳汁；根长，单一或分枝。叶基生，多匍匐地面成莲座状，有柄，叶片长圆状倒披针形，或倒披针形，长达15厘米，宽达3.5厘米，先端尖或钝，基部狭窄下延成柄，边缘为不规则的羽状浅裂或倒向羽状深裂，顶裂片阔三角形，侧裂片三角形。头状花序顶生于花茎；总苞片多层，外层卵状披针形带反卷，密被白色绵毛，先端有角状突起，边缘有缘毛；花冠黄色，先端平截，5齿裂；

雄蕊5，药合生，雌蕊1，子房下位，花柱细长，柱头2深裂。瘦果倒披针形，纺锤形，有棱，具多数刺状突起，先端延长成喙，冠毛白色。花期4～6月，果期6～8月。

［生长环境］ 常见杂草之一种。生长路边、沟边、宅畔、荒地、墓地、田间及丘陵地带，适应性很强，既耐干旱又耐寒冷。

［产 地］ 河北、山西、辽宁、吉林、黑龙江、陕西、甘肃、宁夏、青海、山东、江苏、安徽、浙江、福建、台湾、河南、湖北、湖南、江西、广东、广西、四川、贵州、云南等省区。

［用 途］ 全草入药。为滋补剂及缓和轻泻，苦味剂；用于消化不良，有消炎止痛之效。又治疮肿毒，乳腺炎，淋巴腺炎等症。鲜草汁外用解蛇咬毒。叶用于催乳剂。福州民间将全草煎汁内服，治肺瘤，疗效很好。

［理化性质］ 含有一种结晶性苦味质蒲公英苦素（taraxacin），据近时研究系一种未确定的混合物。并含植物甾醇、果胶、菊糖、蒲公英素（taraxacerin）。

［采收处理］ 春秋两季皆可采收，但以春季采收为好。在开花或刚开花时连根挖出，洗净，晒干即可入药。品质以色黄绿，茎短，有花序为好。存于干燥通风处。

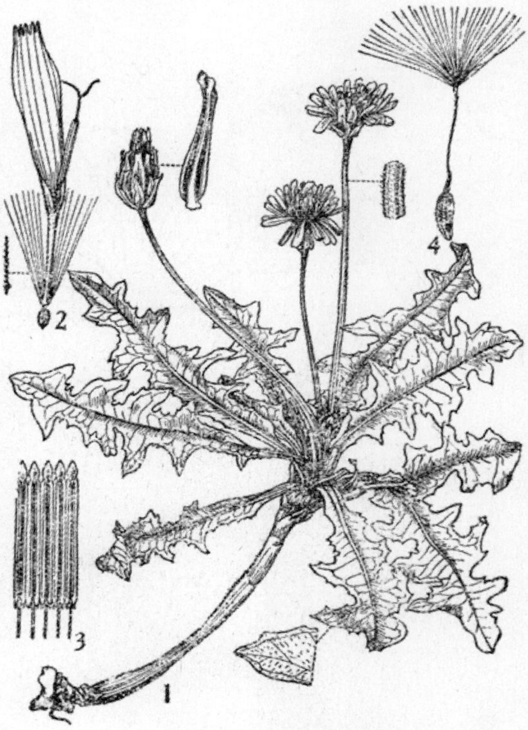

图1510 蒲公英

Taraxacum mongolicum Hand. -Mzt.

1. 植株全形；2. 舌状花；3. 花药管展开；4. 瘦果。

（自“江苏南部种子植物手册”）

［其 他］ 蒲公英种类较多，一般除上种药用外，尚有多种同属的种混用，它们在外形上都很相似，其中如异苞蒲公英（Taraxacum heterolepsis Nakai et Koidz.）分布于东北，都供药用。

406 款冬（kuandong）（图1511）

［地 方 名］ 虎须（河北）

［学 名］ **Tussilago farfara** L. 菊科

［药 材 名］ 款冬花、冬花

［形态特征］ 多年生草本，高10～20厘米。根状茎细长，褐色，横生地下。基

生叶阔心形，长3～12厘米，宽4～14厘米，边缘有波状先端增厚的疏齿，背面密生白色茸毛，幼叶尤多，具掌状网脉，主脉5～9条；叶柄长5～15厘米，密被白色绵毛；早春抽出花葶数条，高5～10厘米，被白茸毛，具互生鳞状叶10多片，淡紫褐色，头状花序单生顶端，花先叶开放；总苞圆筒状，苞片1～2列，质薄，黄棕色，长椭圆形，被茸毛；花托平坦；边缘为舌状花，黄色，雌性，雌蕊1，子房下位，柱头2裂；中央为管状花，两性，先端5裂；雄蕊5，花药基部尾状；雌蕊1，柱头头状通常不结实。瘦果长椭圆形，具纵棱，冠毛淡黄色。花期2～3月，果期4月（河南）。

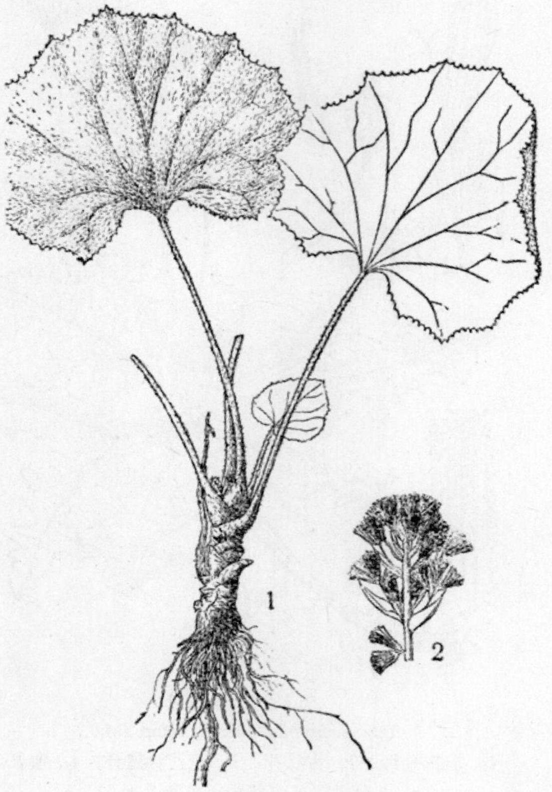

图1511 款冬
Tussilago farfara L.
1. 植株全形；2. 花序一部分。

［生长环境］ 性喜湿润，耐寒，在海拔1500米以下，多生长在河边沙地、山谷沟旁、林缘、丘陵地、山泉附近的湿地上。

［产　　地］ 河北、河南、山西、陕西、甘肃、宁夏、内蒙古、新疆、青海、湖北、湖南、江西、四川、西藏等省区。主产于河南、甘肃、山西、陕西；以河南产量最大，甘肃灵台、陕西榆林所产质量最佳。

［用　　途］ 花蕾用作止咳药，润肺消痰。叶也止咳。

［理化性质］ 花蕾含粘液质，款冬二醇（faradiol）。叶含苦味性款冬甙（tussilagin）约2.6%，并含粘液质、菊糖、鞣质等。

［采收处理］ 冬至前后，当花蕾初出土时摘其花蕾，采时带手套，不宜用手摸或水洗，以免变色，放于通风处阴干至半干时筛去泥土，去净花梗，再晾至全干，晒时忌日照及用手翻动，并防冻，否则变为黑色。干后放置通风阴凉处贮藏，防止内部发热、虫蛀及变色；夏季要经常检查，防止受潮。品质以无土、蕾大、肥壮、色紫红鲜艳以无花梗者为佳。

［其　　他］ 在陕西及内蒙古某些地区有用蜂汁菜（Petasites japonicus Miq.）花蕾代款冬花入药的。

407 苍耳（canger）（图 812）

［学　　名］ **Xanthium sibiricum** Patr.　菊科

［药 材 名］ 苍耳子

（地方名、形态特征、生长环境、产地及其他用途见“油脂类”，988 页）

［用　　途］ 果实入药，为发汗利尿药，有镇痉、镇痛作用，可用于肌肉神经的麻痹、麻疯、关节痛、梅毒、水肿等症。又茎叶捣汁为涂敷疥癣、湿疹、虫伤等。

［理化性质］ 果实中含苍耳甙（xanthostrumarin）1.2%，为黄色无晶体，树脂3.3%，脂肪油、维生素丙、植物碱与色素等。

［采收处理］ 9～10 月果实成熟时将全草割下，晒干后打下果实，除去杂质。品质以粒大、饱满、色青黄、干燥的为好。放于通风干燥处以防发霉。

408 水烛（shuizhu）

［学　　名］ **Typha angustifolia** L.　香蒲科

［药 材 名］ 蒲黄

（地方名、形态特征、生长环境、产地及其他用途见“纤维类”，320 页）

［用　　途］ 雄花花粉内服为消炎利尿剂；外用为止血剂。对咳血或血痰、便血、尿血、鼻血、妇女子宫出血、痔出血等有效，也治妇女白带。

［理化性质］ 花粉含异鼠李素（iso-rhamnetin, $C_{16}H_{12}O_7$）及蜡质等。

［采收处理］ 4 月初（东北地区 6 月初），花刚开放时，剪下蒲棒的顶端（雄花部分），晒干，碾碎，除去花茎等杂质，得带花粉的雄花，称草蒲黄。再经细筛，所得的纯花粉，称蒲黄。

［其　　他］ 本属植物雄花粉几乎都可作药用，除水烛外尚有宽叶香蒲（Typha latifolia L. 见“纤维类”，320 页）其主要特征是雌雄花穗紧相连接，雌花基部的白色细毛稍短于柱头，花粉连成四体；蒙古香蒲［（Typha davidiana Hand. -Mzt.）（见“纤维类”，320 页）］，其主要的特征是雌雄花序不相连结，雌穗长约 4 厘米，叶宽 2～4 毫米，叶鞘达中部以上；小香蒲（Typha minima Funck.）雌雄穗不连接，雌花穗阔长圆形，长不超过 2 厘米，产于西北、内蒙古自治区，华北和华东各地；蕲蕫（T. angustata Bory et Chaub.）雌雄花序不连接，雌穗圆柱形，长达 20 厘米，产于湖南、浙江、河南、甘肃、贵州等省。

409 黑三棱（heisanling）（图 1512）

［地 方 名］ 三棱（辽宁），去皮三棱（黑龙江）。

［学　　名］ **Sparganium stoloniferum** Buch. -Ham.　黑三棱科

［药 材 名］ 三棱

［形态特征］ 多年生草本，高 50～100 厘米。根状茎横走，呈圆柱形，下生粗而

短的块茎。茎直立，圆柱形，光滑。叶丛生，排为二列，线形，长60～95厘米，宽7～12毫米，先端钝尖，基部抱茎，背面有纵棱1条。花葶单生，有时分枝；花序长30～50厘米，具叶状苞；花单性，雌雄同株，集成头状花序；雄花序位于雌花序的上部，直径约10毫米，通常每株2个；雌花序位于下部，直径约12毫米，通常每株1～3个；雄花花被3～4，倒披针形，膜质，雄蕊3；雌花子房纺锤形，**柱头长3～4毫米，丝状**。果呈核果状；倒卵状圆锥形，长6～10毫米，径4～8毫米，无梗，花被宿存，呈干革质状。花期6～7月，果期7～8月。

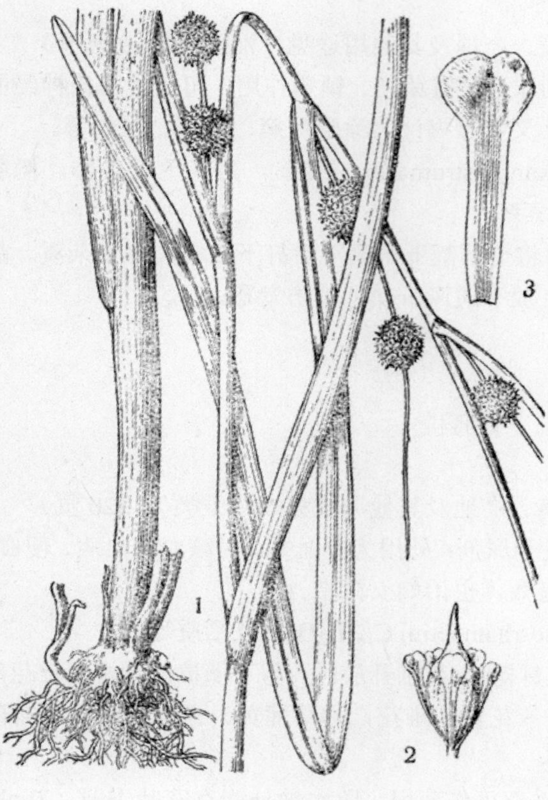

图1512 黑三棱
Sparganium stoloniferum Buch. -Ham.
1. 植株；2. 雌花；3. 花被片。

［生长环境］ 池沼或水沟处聚生。

［产　　地］ 以辽宁、吉林、黑龙江、内蒙古、新疆等省区产量较大。河北、山东、陕西、甘肃、宁夏、河南、安徽、江苏；浙江、江西、湖南、湖北等省区亦产。

［用　　途］ 块茎剥去外皮供药用。东北地区称为“三棱”或“去皮三棱”。用以通经、催乳；治子宫血肿、产后腹痛、月经闭止等症；孕妇忌服。

［采收处理］ 秋冬两季均可采收，采挖时将全草连同块茎一起拔起，去掉茎部及须根，洗净泥土，削去外皮，晒干。

410 泽泻（zexie）（图1513）

［地 方 名］ 车苦菜（山西）

［学　　名］ **Alisma plantago-aquatica** L. var. **orientale** Sam. [*A. orientale* (Sam.) Jucep.] 泽泻科

［药 材 名］ 川泽泻、建泽泻

［形态特征］ 多年生沼生植物，高50～100厘米。地下有球形块茎，直径可达4.5厘米，外皮褐色，密生多数须根。叶全部基生，卵状椭圆形至卵形，全缘，两面均光滑

无毛，叶脉 5～7 条；叶柄长可达 54 厘米，下部鞘状。花茎由叶丛中生出，总花梗通常 5～7 枚，轮生，集成大形的轮生状圆锥花序；小花梗不等长，呈伞状排列，苞片披针形至线形；萼片广卵形，绿色；花瓣白色，倒卵形，较萼片为短；雄蕊 6，雌蕊多数，离生。瘦果倒卵形，扁平，长 1.5～2 毫米，宽 1.5 毫米。花期 6～8 月，果期 7～10 月。

［生长环境］ 浅沼泽地中，可栽培于温暖潮湿，富于腐植质的粘土地上，经常保持浅水；或在土壤肥沃、水源多的稻田或莲子田栽培。

［产　　地］ 辽宁、吉林、黑龙江、内蒙古、宁夏、河北、山东、河南、江苏、安徽、浙江、江西、陕西、甘肃、四川、贵州、云南、福建等省区，以四川、福建产量较多，质量较好。

［用　　途］ 球茎用于肾脏炎、水肿；有利尿消肿的功效。

［理化性质］ 块茎含淀粉 23%，蛋白质 7%，树脂及灰分 14%等。

［采收处理］ 茎叶枯萎后采挖块茎，产量较高，质地坚硬，品质好；如春季采挖，质地松软，品质差。块茎挖出后，除去茎叶，洗净泥沙，用火焙 5～6 天，干后装入竹笼内不断摇动，使互相擦撞，须根及粗皮脱落，再用硫磺薰白备用。川泽泻也有在采挖后不用火焙干，而在日光下晒干，入竹笼内擦撞去其须根及粗皮的。

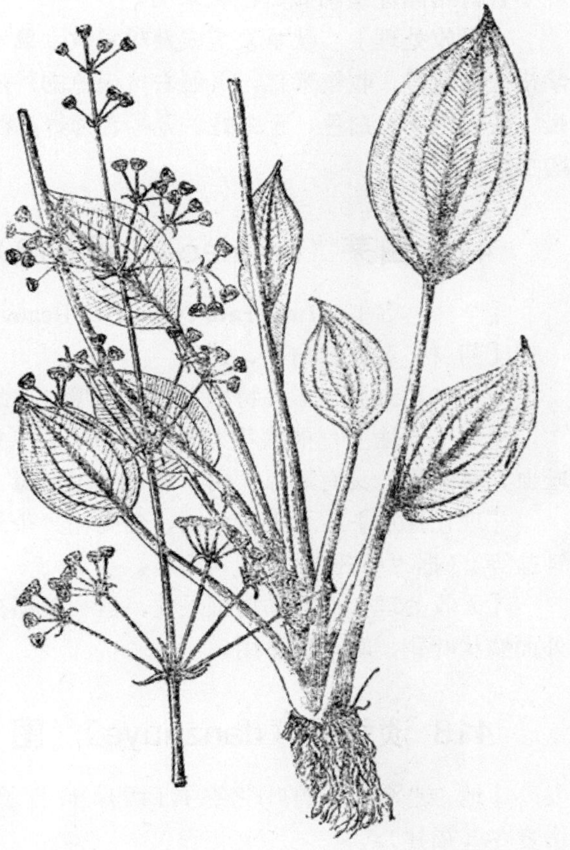

图 1513 泽泻

Alisma plantago-aquatica L. var. orientale Sam.

植株全形

411 薏苡（yiyi）（图 510）

［学　　名］ **Coix lathryma-jobi** L. 禾本科

［药 材 名］ 薏苡仁

（地方名、形态特征、生长环境、产地及其他用途见“淀粉及糖类”，614 页）

［用　　途］ 种仁入药，为良好的营养剂，并有利尿之效。

全株或根部又可供兽医用药。可治膨胀症，大便秘结，软脚症，小牛排白粪以及猪丹毒症。

［理化性质］ 种子除含有“淀粉及糖类”，614页所列的物质外，还含钙，磷，铁，白氨基酸，离氨基酸，鲑卵酸，干酪氨基酸，组织氨基酸，薏苡素，麸氨基酸；据记载：叶中含有结晶性植物碱，性状未明。

［采收处理］ 秋季果实成熟时采收，果实晒至干燥，碾去外壳，用风车或簸箕清除皮壳糠灰等，收集米仁，再碾去黄褐色的外皮，筛净杂质，收集种仁即成。品质以干燥、粒大饱满、白色、无虫蛀、无霉者为好，贮存于阴凉干燥通风的地方，要经常注意防虫蛀。

412 白茅（baimao）（图513）

［学　　名］ **Imperata cylindrica** Beauv. var. **major** (Nees) C. E. Hubb.　禾本科

［药 材 名］ 白茅、茅根

（地方名、形态特征、生长环境、产地及其他用途见“淀粉及糖类”，618页）

［用　　途］ 根状茎为缓和性利尿剂，并为止血药；用于肾脏病、浮肿、淋病、吐血、鼻衄等；又有清凉作用，兼可去湿解毒。也可作兽药以治牛排尿带血症。

［理化性质］ 含多量蔗糖、葡萄糖、少量果糖、木糖及枸橼酸、草酸、苹果酸、钾盐等。（据“中药志”）

［采收处理］ 四季均可采收，但一般都在春、秋两季。挖取根状茎，洗净泥土及外面鳞状叶鞘，晒干后备用。

413 淡竹叶（danzhuye）（图1514）

［地 方 名］ 竹叶麦冬（江西），碎骨子（四川、浙江），野麦冬（江苏），草子山麦冬（福建）。

［学　　名］ **Lophatherum gracile** Brongn.　禾本科

［药 材 名］ 淡竹叶

［形态特征］ 多年生草本，高40～100厘米。有短而稍木质化的根状茎，须根的中部常膨大成纺锤状块根。秆直立，中空，表面有细的纵脉。叶互生，叶片披针形，长5～20厘米，先端渐尖，基部楔形而渐狭缩成柄状，全缘；叶舌截形，长0.5～1毫米，质硬，边缘有毛。圆锥花序顶生，分枝较少；小穗疏生、伸展或成熟时扩展，具极短的小穗柄；颖长圆形，先端钝圆，边缘膜质，第一颖较第二颖短；外稃较颖长，披针形，具7～9脉，顶端的数片外稃中空，先端具短芒，内稃较短，膜质透明；子房卵形，花柱2，柱头羽状。花期7～9月，果期9～10月。

［生长环境］ 海拔500～1200米处山坡林下或阴湿处。

［产　　地］ 以浙江产量最大，品质佳，销售全国并出口。其他如河南、安徽、

江苏、湖南、江西、湖北、四川、贵州、福建、广东、广西、云南等省区也有分布。

［用　　途］ 叶为清凉、解热、利尿剂；根治热痛口渴，牙龈肿痛，口腔炎等病，并有堕胎、催产之效。

［采收处理］ 5～6月花未开放时采收；将植株连根拔起，切除须根，扎成小捆，晒干。

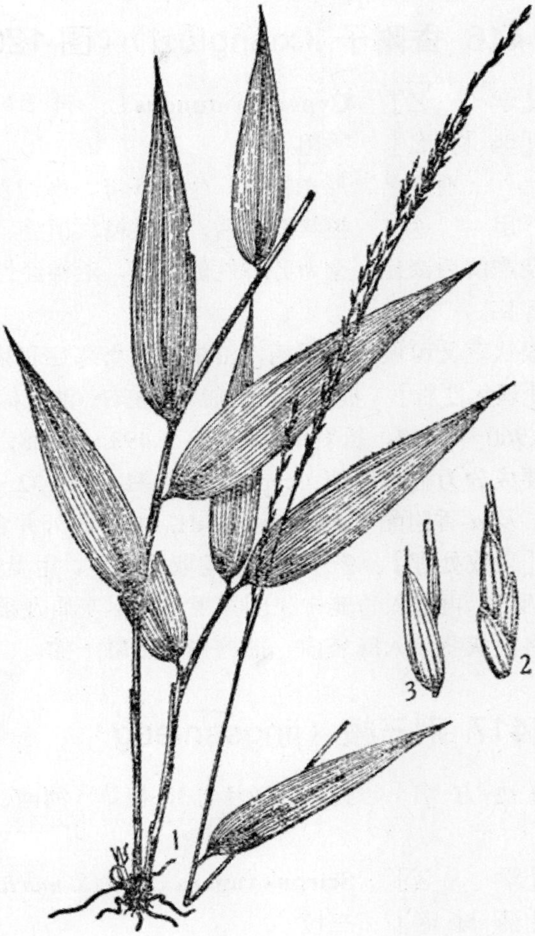

图 1514 淡竹叶

Lophatherum gracile Brongn.

1．植株；2．小穗；3．小穗（去顶）。

（自“中国主要植物图说，禾本科”）

414 芦苇（luwei）（图311）

［学　　名］ **Phragmites communis** (L.) Trin.　禾本科

［药 材 名］ 芦根

（地方名、形态特征、生长环境、产地及其他用途见“纤维类”，359页）

［用　　途］ 根状茎为利尿、解毒药；并有清凉镇呕作用；用于一切热病之口渴及小便赤涩；亦治黄疸和急性关节炎等。又为鱼蟹、河豚中毒的解毒药。

［理化性质］ 根状茎含天门冬酰胺（asparagin, $C_4H_8O_2N_2$）1%，并含蛋白质6%及糖类。

［采收处理］ 一般在6～10月挖取地下根状茎，除去泥土、残茎及芽，剪净须根，晒干即成。如用鲜芦根则随时可挖，挖回后埋入砂中，以备随时应用。

415 菰（gu）（图326）

［学　　名］ **Zizania caduciflora** (Turcz.) Hand. -Mzt.　禾本科

［药 材 名］ 茭白子（江苏）

（地方名、形态特征、生长环境、产地及其他用途见“纤维类”，379页）

［用　　途］ 果实入药，有止渴、解烦热、润肠胃的功效。

［采收处理］　果实成熟后采收，将采来的果实，放置席上晒干；果实以干燥、粒饱满、无虫蛀的较好。应贮存在干燥通风处，夏日要经常翻晒。

416 香附子（xiangfuzi）（图 1208）

［学　　名］　**Cyperus rotundus** L.　莎草科

［药 材 名］　香附

（地方名、形态特征、生长环境、产地及其他用途见“芳香油类”，1512 页）

［用　　途］　根状茎入药，为通精、镇痉、镇痛要药，又治疗慢性子宫炎、月经困难及产前后诸症，也为芳香性健胃药，治神经性胃痛、消化不良、胸闷、呕吐、下痢腹痛等症。

根状茎又可做兽医用药，治牛暑热伤寒症和猪瘟。

［理化性质］　根状茎含精油 1%左右，油呈棕黄色液体，有强烈药气。油的比重（15℃）0.960～0.992，折射率（20℃）1.498～1.528，旋光度（20℃）-11° 30'～+35° 30'。其主要成分为香附油精（cyperene, $C_{15}H_{24}$）约 32～37%，香附醇（cyperol, $C_{15}H_{24}O$）约 49%，及 α-香附酮（cyperene, $C_{15}H_{20}O$），此外并含有脂肪酸及酚类。

［采收处理］　9～10 月间挖取根状茎，用温火烤去须根及鳞叶，放入沸水中片刻，取出晒干，再放入竹笼中来回撞擦，去尽灰屑及须毛，即成“光香附”；也有不经火烧，直接将根状茎装入麻袋内，撞擦去须毛晒干的。

417 荆三棱（jingsanleng）

［地 方 名］　野荸荠（江苏），棱草（河南、辽宁），蓑衣草（辽宁），三棱草（山东）。

［学　　名］　**Scirpus yagara** Ohwi (*S. maritimus* auct., non L.)　莎草科

［药 材 名］　三棱

［形态特征］　多年生草本，高 0.5～1.5 米。根状茎匍匐，通常单一，间或有分枝，节膨大，末端生有坚硬的球形块茎，外皮黑褐色，两头略尖，生多数须根。秆锐三棱形，直立，光滑。叶互生，线形或披针形，长 20～30 厘米，宽 6～10 毫米，先端渐尖，基部呈鞘状而抱秆。全缘，叶脉平行。聚伞花序简单，花序通常 3～8 集生；小穗长圆形或椭圆形，长约 1 厘米，锈褐色；鳞片长椭圆形，膜质，先端尖：芒状；下有刚毛 6 条；雄蕊 3；花柱细长，3 裂。小坚果倒卵形，黄白色。花期 5～7 月，果期 7～8 月。

［生长环境］　水洼荒地、沼池、静水河道旁、浅水塘中。

［产　　地］　辽宁、吉林、黑龙江、内蒙古、河北、山西、山东、河南、江苏、安徽、浙江、江西、湖北、福建、云南、贵州等省区。

［用　　途］　块茎药用，为镇痉、通经剂；治妇女病，如硬塞子宫血肿，产后腹疼，月经闭止等，妊妇忌用。

茎秆可供造纸（见“纤维类”，398 页），块茎含淀粉。

［理化性质］　据安徽省资料：根含淀粉 18～33%，及二氧化硅、氧化钙、氧化钠、氯化钠等矿物质。

［采收处理］　秋冬两季均可采收。挖取块茎后，除去茎苗和须根，洗净泥土，削去外皮，晒干即可。

［其　　他］　茎叶可结合采挖块茎时利用，块茎虽可酿酒，但应以药用为主。

418 槟榔（binlang）（图 1515）

［地 方 名］　宾门（广东），青仔（台湾），国马（云南）。

［学　　名］　**Areca catechu** L.　棕榈科

［药 材 名］　槟榔

［形态特征］　直立乔木，高 10～20 米，不分枝；叶脱落后形成明显的环纹。羽状叶，聚生于茎的顶端，长 1.3～2 米；小叶片多数，线形或线状披针形，长 30～60 厘米，先端有不规则的齿裂。肉穗花序生于叶束之下的茎上，基部托以草黄色、平滑的佛焰苞，花序多分枝，分枝蜿蜒状；花单性，雌雄同株；雄花小，无柄，多数，紧贴分枝上部，通常单生，很少成对，萼片 3，极小，长约 1 毫米；花瓣 3，卵状长圆形，长 5～6 毫米；雄蕊 6，几无花丝，花药基生，退化雌蕊 3，丝状；雌花较大，无柄，少数，着生于花序轴或分枝的基部，单生，萼片与花瓣各 3，近相似，长圆状卵形，长 12～15 毫米，退化雄蕊 6，合生，子房 1 室，柱头 3，胚珠 1。坚果卵形，长 4～6 厘米，红色，基部有宿存的花萼与花瓣，中果皮厚，纤维质；种子卵形，基部平坦。花期 3～8 月，冬花不结果，果期 12 月至次年 2 月。

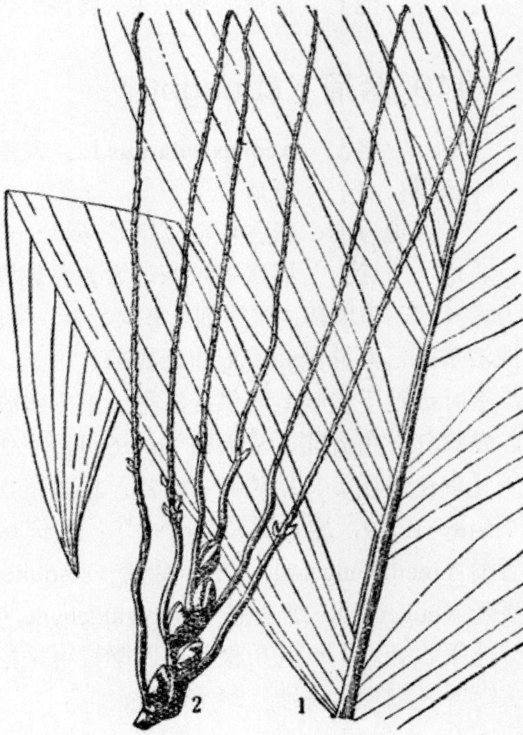

图 1515　槟榔
Areca catechu L.
1．叶片；2．果枝。

［生长环境］　生在热带地区，土层深厚而湿润的壤土中，常栽培在阳光比较充足的林间地。

［产　　地］　云南南部，福建、台湾、广东均有栽培。主产广东海南。

［用　　途］　种子入药，民间习用作驱虫药，可驱除各种肠寄生虫。如姜片虫、绦虫；又可助消化，治疟疾：民间用槟榔花和猪肉煮汤服，治疗咳嗽。

果皮含有鞣质。羽状叶片长、质坚韧，可供编织蒲扇、凉帽等用。

［理化性质］　含数种生物碱，有效的为一种常温下呈油状液体的槟榔碱（arecoline, $C_8H_{13}NO_2$），含量约为 0.1～0.5%；另外含少量的槟榔次碱（arecodine, $C_7H_{11}NO_2$）及微量去甲基槟榔次碱（guvacine, $C_6H_9NO_2$）与异槟榔碱（arecolidine）。此外尚含脂肪油约 14～18%。

［采收处理］　当果实成熟时用竹杆打下，除去果皮，取种子置放在石灰水中煮过（防虫蛀），然后晒干。也有将鲜果先剥去皮，取种子放在清水中煮约 4 小时，然后烘干。

［其　　他］　槟榔的果皮（大腹皮）也入药，有利尿之效，可治腹水。

419 菖蒲（changpu）

［学　　名］　**Acorus calamus** L.　天南星科

［药 材 名］　菖蒲

（地方名、形态特征、生长环境、产地及其他用途见“芳香油类”，1513 页）

［用　　途］　根状茎入药，为芳香健胃剂，用于消化不良及痉挛性腹痛、腹泻。也力矫臭药，驱风药；作煎剂，每次 1 钱；又能散痈肿。浙江天台县民间将根煎水洗澡，可洗治疥疮；泰顺民间用根作开胃药。

茎叶或地下根状茎均供兽医用，治牛臌胀症、胀肚症、百页胃（重瓣胃）病、胀胆病、发疯狂、泻血症、炭疽病等；还可治牛伤寒症。

［理化性质］　据陕西省资料：根状茎含挥发油 1.5～3.5%，油的比重 0.97，折射率 1.548～1.549，旋光度+2°～+9°；酸价 0.1～0.2，酯价 3～5。油的主要成分为甲基丁香酚（methyleugenol），倍半萜烯（sesquiterpene, $C_{15}H_{24}$），正庚酸（N-heptylic acid），丁香酚（eugenol），细辛醛（asaryl aldehyde, $C_{10}H_{12}O_4$），细辛脑（asarone, $C_{12}H_{16}O_3$）。

［采收处理］　药用根状茎四季皆可采挖，但以 8～9 月采者为佳。挖取根状茎，除去茎叶及细根，洗净，晒干即可。

［其　　他］　另有一种石菖蒲（Acorus gramineus Soland.）（分布在四川、浙江、江苏、福建、广东、广西、江西、湖南、湖北、四川、贵州、云南），也供药用，其与菖蒲的区别是，植物体较小，叶无中脉，或中脉不显明，肉穗花序长 4～8 厘米，直径 6～12 毫米。

420 海芋（haiyu）

［地 方 名］　痕芋头、尖尾野芋头（广东），山芋头、野芋头（广东），野芋、大

虫芋（广西），天蒙（广西）。

［学　　名］ **Alocasia odora** (Roxb.) C. Koch. [*A. macrorrhiza* auctt. non (L.) Schott] 天南星科

［药 材 名］ 海芋

［形态特征］ 多年生肉质高大草本，高可达 5 米。叶极大，近革质，叶片箭状阔卵形，长 30～90 厘米，宽 20～60 厘米，先端短尖或钝，基部心状箭形，叶缘呈浅波状，先端圆，侧脉 9～12 对，叶柄粗壮，长 60～90 厘米，下部扩大成鞘。花单生，雌雄同株，无花被，常有臭味；肉穗花序具佛焰苞，总花梗粗壮，每一叶腋内约 2 个，长 15～20 厘米；佛焰苞直立，具柄，包旋；苞片盘状，长 10～14 厘米，宽 4～5 厘米，绿黄色，先端钝尖，脱落；苞管长椭圆形，长 3～4 厘米，粉绿色，宿存；肉穗花序，先端延伸呈狭圆锥状附属物，下部较粗，上部渐狭，短于佛焰苞；雌花生于花序的下部；雄花在花序的上部，介于两者间的常为中性花；雄蕊连成六角体，子房 1 室，花柱极短，柱头 3～4 裂，胚珠多数直立。浆果鲜红色近球形，密排于肉穗花序上。花期春末夏初。

［生长环境］ 生于山谷疏林下的阴湿地方，林边园地亦常见，耐阴，而以气候较温暖的山间溪旁最适宜生长。

［产　　地］ 广西、广东、福建、台湾等省区。

［用　　途］ 球茎入药，是一种健胃药，对腹痛、霍乱、疝气等有效；又可治肺结核，痧症热病等；捣烂根、茎、叶，外敷可以消肿。

茎可治牛伤寒（伤风）症，猪丹毒等。

［理化性质］ 据广东省资料：球茎含水分 17.40%，粗蛋白 4.11%，粗脂肪 0.84%，粗纤维 4.99%，灰分 3.76%，无氮抽出物 68.90%，另含山芋碱，有毒。

［采收处理］ 秋后挖取球茎，去梗刮皮，切片晒干即可。

［其　　他］ 海芋供食用必须经过处理，除去山芋碱；其法可将海芋煮熟，并换火 2～3 次即可食。

又据广西化工公司分析：野芋酿的酒含甲醇 0.04 克/100 毫升以下，杂醇油 0.4 克/100 毫升，无氰化物及植物碱反应，因含杂醇油，不能饮用，只能供工业酒精用。

421 天南星（tiannanxing）

［地 方 名］ 山磨芋、蛇苞谷、独足莲、野茉芋（四川），南星（江西、浙江），黄狗卵（浙江），山苞米（河南）。

［学　　名］ **Arisaema consanguineum** Schott　天南星科

［药 材 名］ 天南星

［形态特征］ 多年生草本，高 40～90 厘米。块基平压状球形，外皮黄褐色，直径 2.5～5.5 厘米。叶 1，基生，全裂成 7～23 片，如掌状复叶，裂片披针形至长披针形，先端渐尖至末端呈芒状，基部狭楔形；叶柄肉质，圆柱形，直立如茎状，长 40～85 厘

米，下部成鞘，基部包有长短不等的鞘，一般3枚，膜质，稍透明，白绿色或其上散生污紫色斑点。花雌雄异株，成肉穗状花序，花序柄长30～70厘米，佛焰苞绿色，稀为紫色，长11～16厘米，花序轴肥厚，顶端附属物棍棒状；雄花有多数雄蕊，每2～4雄蕊聚成一簇，花药黑紫色，孔裂；雌花密聚，每花由一雌蕊组成，子房卵形，花柱短。浆果红色。花期5～6月，果期8月。

［生长环境］ 生于阴坡，常见于较阴湿的树林下，或山沟两旁草丛中。

［产　　地］ 河北、山西、河南、陕西、湖南、湖北、四川、贵州、云南、广西、江西、浙江、福建、台湾等省区，以四川产量多、河南质量好，市场称“禹南星”或“会南星”，除自产自销外，还能供应全国和出口。

［用　　途］ 块茎入药，为刺激性祛痰药，有镇静作用，适用于痰多气喘等症；研末外用有麻醉止血、止痛等效。

［理化性质］ 含皂角甙及淀粉等。

［采收处理］ 宜于夏季采收，将块茎挖出后，去掉残茎及须根，然后去皮干燥。去皮方法各地不一，有的用竹刀刮皮，有的用麻袋或筐撞皮，有的堆放室内2～3日，时常翻动，至有液体渗出，再搓去外皮；去皮后晒或烘至半干时用硫磺熏，然后再晒干或烘干即可。江苏地区加工方法有二：一法为将块茎放置石灰内。使其去掉一部分水气，再用清水洗，然后去皮晒干，此法易于干燥；另法是用明矾水浸泡，泡至色白晒干，此法外皮易脱落。四川则煮后烘干。

［其　　他］ 目前商品天南星为天南星属许多种植物的干燥球状块茎，如广西，浙江用糊斑杖（Arisaema ambiguum Engl.），河北用东北天南星（Arisaema amurense Maxim.），四川用花南星（Arisaema lobatum var. rosthornianum Engl.），油跋（Arisaema ringens Schott），浙江用阔叶天南星（Arisaema rubotum Nakai），江西、浙江、安徽用虎掌（Arisaema thunbergii Bl.）等都作天南星入药，惟上述各种应用地区都不广，仅限于邻省或省内局部地区。

422 半夏（banxia）（图1516）

［地 方 名］ 三叶半夏（山西、河南、广西），三步跳（湖北、贵州），麻玉果（贵州），地文和姑（山西），田里星、无心菜、老鸦眼、老鸦芋头（山东），燕子尾、地慈姑、地鹧鸪（广西），老黄嘴、老和尚扣、野芋头、老鸹头、地星（江苏），三步魂、麻芋子（四川）。

［学　　名］ **Pinellia ternata** (Thunb.) Breit. (*P. tuberifera* Tenore) 天南星科

［药 材 名］ 华夏

［形态特征］ 多年生草本，高15～30厘米。地下块茎球形或扁球形，直径1～2厘米，下部生多数须根。叶出自块茎顶端，一年生的叶为单叶，卵状心形；二至三年生的叶为三小叶的复叶，小叶片椭圆形至披针形，中间一片比较大，长5～8厘米，宽3～4厘米，两侧的比较小，先端锐尖，基部楔形，有短柄，叶脉为羽状网脉；叶柄长6～

23 厘米。在叶柄下部内侧面生一白色珠芽，卵形，直径约 5 毫米。肉穗花序顶生，花序梗长约 30 厘米，较叶柄稍长；佛焰苞下部绿色，内部黑紫色；呈细管状，不张开，上部片状，呈椭圆形；佛焰苞内有肉穗花序；雌花着生在花序的下部，淡绿色，雄花生在雌花的上部，白色，二者相距 5～8 毫米，花序中轴先端延伸呈鼠尾状的附属物，伸出佛焰苞外，基部与佛焰苞一侧贴生。浆果卵状椭圆形，绿色，长 4～5 毫米。花期 5～7 月，果期 8～9 月。

［生长环境］　喜生于较阴湿多腐植质和疏松的土壤中，常见于山坡崖石下，溪边的草丛或林下，且常成片生长，农家房屋背阴墙下也很常见。

［产　　地］　主产南方各省，以四川产量多，品质好，行销外省，并大量出口；此外贵州、辽宁、河北、山西、山东、陕西、河南、江苏、浙江、安徽、江西、湖南、湖北、福建、广东、广西、云南等省区均产。

［用　　途］　块茎入药，有镇呕、祛痰、镇静作用，因能降低呕吐中枢神经的兴奋性，为治恶心呕吐之要药，对妇女妊娠呕吐，恶阻有著效；也用于慢性胃炎及胃溃疡而引起的呕吐；并治咽喉肿痛；制剂有复方半夏煎。

块茎可治牛喉双单鹅症；水牛生黄症，喉风症，炭疽（脾脏）病。

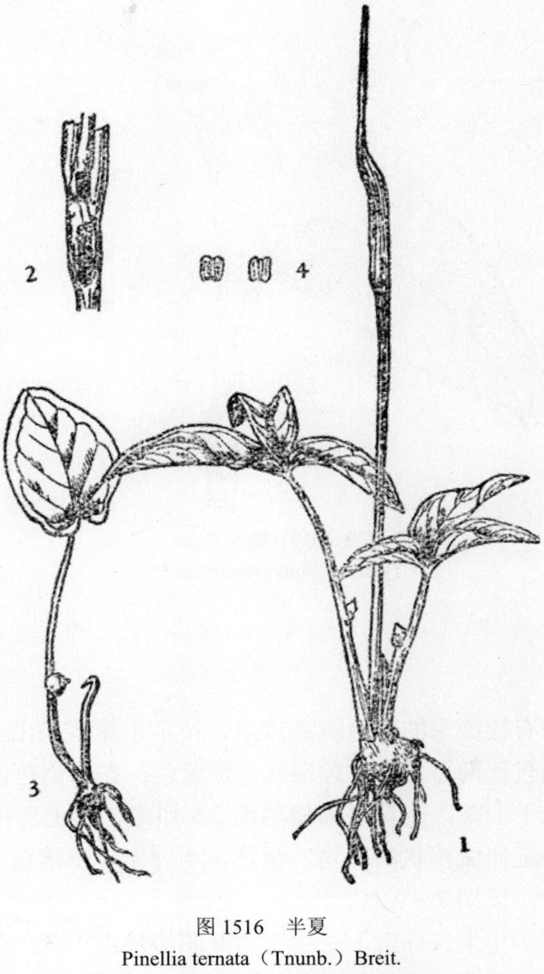

图 1516　半夏

Pinellia ternata（Tnunb.）Breit.

1．植物全形；2．佛焰苞剖开示雄花（上）和雌花（下）；3．幼块茎和幼叶；4．雄蕊。

（自“中药志”）

［理化性质］　块茎含少量挥发油，含量 0.003～0.013％及一种植物碱；另含一种醇类的辛辣成分，其他含有脂肪油，淀粉，粘液及微量草酸等。

［采收处理］　7～9 月间采挖为宜，此时块茎生长肥实，太早则干后瘦小，太晚则苗枯萎不易寻找；挖得的块茎，洗净泥土，除去须根及外皮；去皮时可放入筐内，浸于河沟或水池中，搅拌搓去外皮后，晒干或烘干，干后再用硫磺熏，使颜色洁白。

［其　　他］　除本种外，药材中还常混入心叶半夏（Pinellia cordata N. B. Br.）（浙

江、安徽)，魔芋（Amorphallus rivieri Durieu）（云南），掌叶半夏（Pinellia pedatisecta Schott）；其中以掌叶半夏比较普遍，与半夏的区别是块茎大，通常直径 3～4 厘米；叶柄长 45～60 厘米，叶片掌状，具小叶 9～11 枚。

423 独角莲（dujiaolian）（图 1517）

图 1517 独角莲
Typhonium giganteum Engl.

［学　　名］ **Typhonium giganteum** Engl. 天南星科

［药 材 名］ 禹白附、牛奶白附（河北）

［形态特征］ 多年生草本。地下球茎卵圆形或卵状椭圆形，大小不等，直径 2～4 厘米，外被暗褐色小鳞片，有 6～8 条环状节，节间短，上端周围生有须根。无地上茎，1～2 年生的通常只有一叶，3～4 年生的有 2～4 叶，初生时叶片向右捲旋，(所以有“独脚莲”之称)，出土后渐展开，成戟状箭形，先端渐尖，边缘全缘或带波状，基部似箭形；叶柄肥大肉质，近基部处有较细密的紫色纵条斑点。花葶由球茎长出，圆柱形，肉质，具紫色细纵条斑点；佛焰苞基部呈管状，顶端张开，紫色；在佛焰苞内有肉穗花序，雌花序位于基部，雄花序位于上部，两花序间相隔约 2.5 厘米，其上着生肉质条状不发育的中性花；花序顶端中轴延伸成棒状附属物，紫色，不伸出于佛焰苞的外面。浆果，长约 1 厘米。花期 6～8 月，果期 7～9 月。

［生长环境］ 生于山间阴湿地或山麓的深沟近水处。

［产　　地］ 河北、山东、山西、陕西、甘肃、宁夏、四川、贵州等省区都有野生；此外辽宁、吉林、河南、湖北、江苏有栽培，但以河南产量多，质量好。

［用　　途］ 球茎入药，治疗淋巴结核有效，另有杀菌防腐生肌的效能，常制成“独形莲膏”使用。

［理化性质］ 球茎含有粘液、草酸钙、蔗糖、皂角甙及一种植物甾醇类物质（后者可能是有效成分）。

［采收处理］ 春秋两季均可采收，以秋季 9～10 月采收的质量较好；挖出根状茎后，先用水浸泡，并混加砂石，撞去或用刀削去灰褐色外皮，洗净晒干。

424 波氏谷精草（boshigujingcao）（图 1518）

［地 方 名］　耳朵刷子、挖耳朵草（浙江）

［学　　名］　**Eriocaulon buergerianum** Koern.　谷精草科

［药 材 名］　谷精草

［形态特征］　一年生草本。叶簇生，线状长披针形，长 8～18 厘米，基部最宽，5～8 毫米。花葶多数，长可达 4～18 厘米，簇生，鞘部筒状，上部斜裂；头状花序半球形，径约 6 毫米；总苞片圆状倒卵形，苞片楔形，膜质，长约 2.2 毫米，背面上部及边缘密生白色短毛；花单性，生于苞片腋内，雌雄花同生于头状花序上：雄花少数，生在花序中央，有短花梗，萼片愈合成佛焰苞状，倒卵形，侧方开裂，先端 3 浅裂，裂片边缘有短毛，花瓣连合成漏斗状，先端 3 浅裂，每裂片上端有褐色腺体 1 枚，雄蕊 6，花药黑色；雌花多数，生在花序周围，几无花梗；花瓣 3，离生，**匙形或倒披针形，顶端各具有褐色腺体 1 枚，质厚**；子房 3 室，各具 1 胚珠，**柱头 3 裂**。蒴果 3 裂。花期 6～8 月，果期 8～11 月。

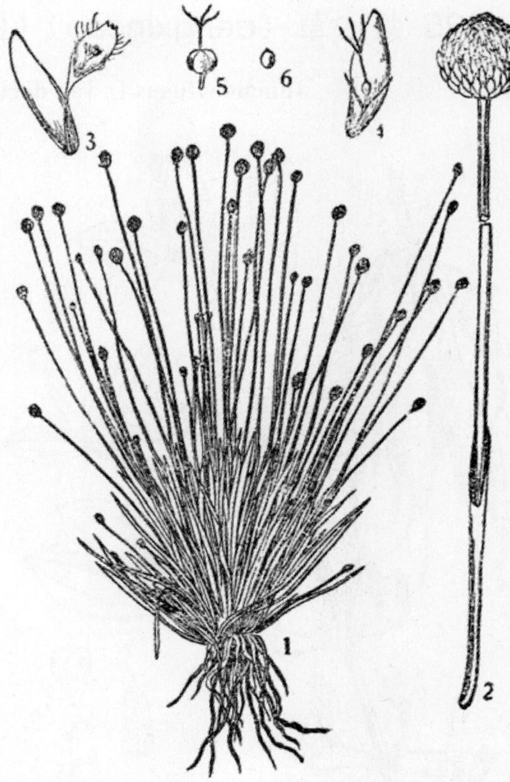

图 1518　波氏谷精草

Eriocaulon buergerianum Koern.

1. 植物全形；2. 花葶和头状花序；3. 雄蕊；4. 雌蕊；5. 子房；6. 种子。

［生长环境］　为水稻田中常见的杂草，水稻收割后，田内生长最多，在浅池沼边也有生长。

［产　　地］　陕西、安徽、江苏、浙江、江西、湖南、湖北、台湾、福建、广东、云南、贵州等省。

［用　　途］　花葶及花序（花头）为清凉性明目药，有消炎作用，专用于各种炎症性眼疾，内服或煎汁洗眼均有效；又为利尿解热药，用于感冒性喉头炎，各种热病引起的头部充血性疼痛，有清凉镇痛、镇静的效用。

［采收处理］　秋季开花结实时采收，拔取全草，剪下花葶部分，除净杂质，晒干后扎成小把贮存。

［其　　他］　除本种外，在江苏、浙江一带尚用同属植物赛谷精草（E. sieboldianum Steud.），土名叫雷步草（浙江平阳），挖耳朵草（浙江龙泉、泰顺），也当波氏谷精草入药；它的主要特征在于花药白色，头状花序直径 2～4 毫米。此外在广东、广西生长的一种谷精草（E. wallichianum Mart.）当地土名叫谷精珠，也当波氏谷精草用；此种与波氏谷精草的区别点在于头状花序稍大，花的苞片近菱形。

425 灯心草（dengxincao）（图 346）

［学　　名］ **Juncus effusus** L. var. **decipiens** Buch. (*J. effusus* auct., non L.) 灯心草科

［药 材 名］ 灯心草

（地方名、形态特征、生长环境、产地及其他用途见“纤维类”，400 页）

［用　　途］ 茎中髓入药，治淋痛，水肿，小便不利，心烦不寐；外用敷金疮。浙江天台县民间用根煎水服用，有利尿作用。

［采收处理］ 秋季采收全草，用小刀稍微划开梢端皮部，用手将皮撕下，把髓取出后捆扎成把，晒干。

426 直立百部（zhilibaibu）（图 1519）

［地 方 名］ 一窝虎、百部、百部袋（江苏），百部子（山东），百部草（浙江）。

［学　　名］ **Stemona sessilifolia** Miq. 百部科

［药 材 名］ 百部

［形态特征］ 多年生草本，高 30～60 厘米。块根肉质，纺锤形，常几个或数十个丛生成簇。茎直立，很少分枝，全体平滑无毛。叶通常 3～4 片轮生，卵形至椭圆形，先端短尖，基部渐狭而成短柄，全缘，叶脉 3～5 条，基出，中间 3 脉明显，在背面突起，两边 2 脉靠近叶缘。花淡绿色，具花梗，多数生在茎下部鳞片状叶

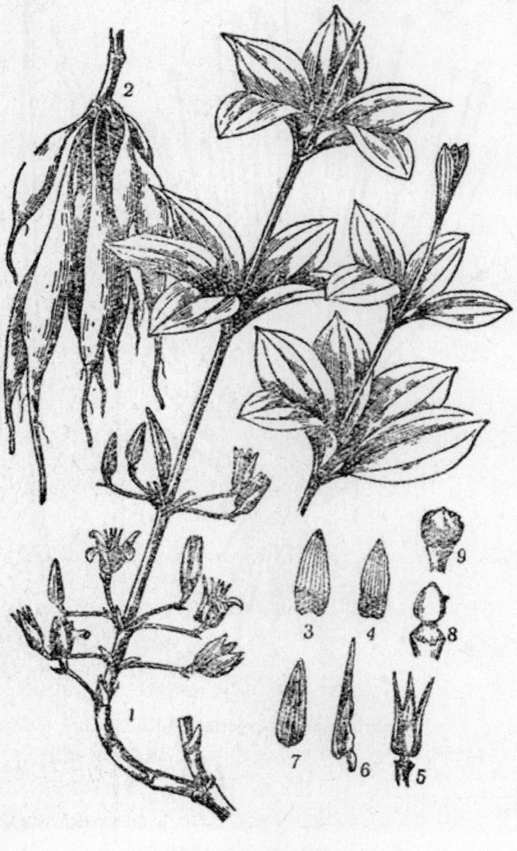

图 1519　直立百部

Stemona sessilifolia Miq.

1．植株；2．块根；3．外轮花被；4．内轮花被；5．雄蕊（除去花被及前面一雄蕊的药隔附属物）；6．雄蕊侧面；7．雄蕊正面；8．雌蕊；9．果实。

（自“江苏南部种子植物手册”）

的腋间，花被片 4，卵状披针形；雄蕊 4，紫色，药隔膨大而成披针形附属物，包围在药外，药线形，顶部也有狭卵形附属物；子房卵形，表面平滑，上有 3 条浅槽；柱头头状，2 裂，无花柱。蒴果。花期 4～5 月。

［生长环境］ 多分布在海拔 100～300 米的丘陵地带，生于向阳山坡土层较深厚处或石缝中。

［产　　地］ 主产于河南、山东、江苏、浙江、安徽、福建、江西，尤以山东临沂专区及安徽滁县产量最大。

［用　　途］ 根为杀寄生虫病的特效药，外为杀虫剂，用 20%的醇（70%）浸液或 50%的水煎液涂擦，对人畜的头虱、阴虱及虱卵都有强力的驱杀力。内服有止咳作用。

［理化性质］ 药用百部的根中含多种植物碱，其中有直立百部碱（sessilistemonine, $C_{25}H_{35}O_7N$），荷道灵（hordorine, $C_{19}H_{31}O_5N$）。

［采收处理］ 9 月至次年 4 月均可采挖，一般在新芽出土前及苗枯后挖取，挖出后洗净泥土，除去须根，在沸水中浸烫，晒干。不经热水浸烫，则皮部与木部易剥离，也不容易干燥。有少数地区用硫磺熏 2～3 次。

［其　　他］ 我国药用百部除本种外尚有下列两种：

（1）百部［Stemona japonica（Bl.）Miq.］；分布及生长环境同直立百部。其所含植物碱主要为百部碱（stemonine, $C_{17}H_{25}NO_4$）、百部次碱（stemonidnie, $C_{19}H_{29}NO_5$）及异百部碱（iso-stemonidine）。

（2）对叶百部（Stemona tuberosa Lour.）。分布于华南及西南各省，其所含成分为对叶百部碱（tuberostemonine, $C_{22}H_{33}NO_4$）。

上述三种植物检索表：

1．茎直立；叶常轮生，无柄或几无柄……………………………………………直立百部

1．攀援状多年生草本；叶对生或轮生，叶柄长。

　2．叶对生，叶片卵形而大；花不着生在叶片中脉上………………………对叶百部

　2．叶常为四叶轮生，卵形或卵状披针形，叶片较小，花着生在叶片中脉上……………………………………………………………………蔓生百部

427 小根蒜（xiaogensuan）（图 1520）

［地 方 名］ 小根菜（辽宁、吉林），石蒜（辽宁）。

［学　　名］ **Allium macrostemon** Bge.　百合科

［药 材 名］ 薤白（东北）

［形态特征］ 多年生草本。鳞茎近球形，外具无色膜被，后变黑色，叶狭线形，常卷状圆柱形或稍平张，基部具鞘，长达 40 厘米，宽 4 毫米，无毛。花葶单一，高达 70 厘米；伞形花序，密生小鳞珠或密而多花［var. uratense（Franch.）Airy-Shaw］呈半球形或近圆球形，佛焰苞片卵形，膜质，反折，顶端渐尖；花粉红色或淡红色，花被片

6，卵状长圆形，具明显中脉一条，花梗远比花为长；雄蕊 6，伸出花被外；雌蕊 1，子房上位，3 室，有 3 棱，花柱细长。蒴果倒卵形，先端凹入。花期 7～8 月，果期 8～9 月。

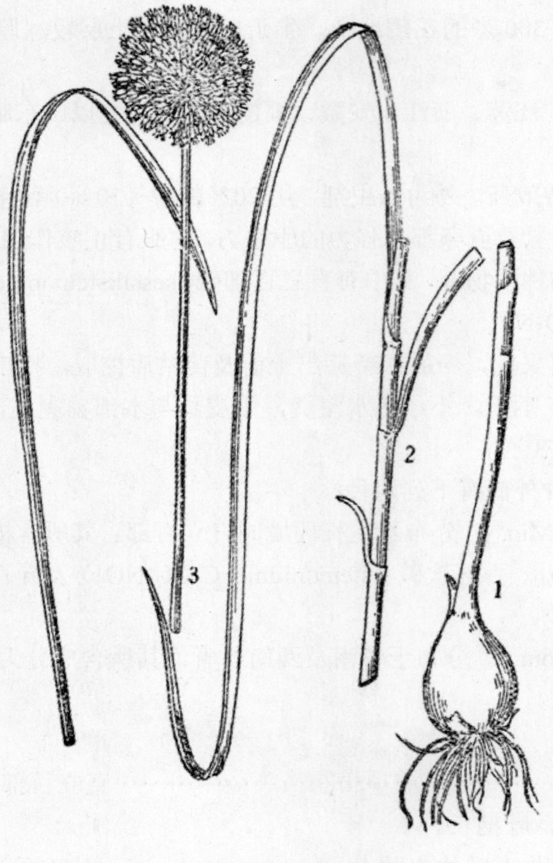

图 1520　小根蒜
Allium macrostemon Bge.
1．根部；2．茎生叶；3．花序。

［生长环境］　多野生于田野，田边荒地及墝旷地上，山地较干燥地方也常有分布。

［产　　地］　分布广，辽宁、吉林、黑龙江、河北、山西、山东、陕西、甘肃、湖北、湖南、贵州、云南等省。

［用　　途］　内服为健胃整肠药，也有祛痰作用；外用为涂布剂，治火伤。

鳞茎也为家畜健胃整肠药；治食积，尤对幼畜消化不良有效；鳞茎捣烂外敷可治创伤。也可作土农药和食用。

［采收处理］　4～6 月或 8～9 月挖出鳞茎，除去茎叶和须根，洗净泥沙，蒸煮至半熟，晒干或阴干，即可药用。

［其　　他］　同属植物野韭（Allium bakeri Regel）分布于江苏、浙江、安徽、山东，药材名称“野白头”或“薤白”也供药用。

428 蒜（suan）（图 1209）

［学　　名］　**Allium sativum** L. var. **pekinense** (Prokh.) Maekawa　百合科

（地方名、形态特征、生长环境、产地及其他用途见“芳香油类”，1514 页）

［用　　途］　鳞茎药用，其制剂有多种，配成大蒜普鲁卡因注射液可治疗流行性脑膜炎。配制成静脉注射剂治疗小儿肺炎有良效；也可作结核病患者气管滴入用；配制成大蒜素丸可治疗细菌性痢疾及急性胃肠炎，也可治疗小儿百日咳。

广西兽医用鳞茎治牛臌胀症，水泻症，牛喉风症，慢性炭疽，猪瘟及鸡瘟。

［采收处理］　秋季掘鳞茎，除去须根及外部的鳞片，晒干即成。

429 知母（zhimu）（图 1521）

［地 方 名］　蒜辫子草、兔子油草（辽宁），毛知母、京知母（辽宁、吉林、黑龙江）、羊胡子根（河北），穿地龙、山韭菜（山东），地参、连母（山西），老娘脚后跟（内蒙古）。

［学　　名］　**Anemarrhena asphodeloides** Bge.　百合科

［药 材 名］　知母

［形态特征］　多年生草本。**根状茎横生于地面**上，长 10～30 厘米，直径 7～15 毫米，上具**许多黄褐色纤维**，下生多数粗而长的须根。单叶基生，**禾叶状，线形，质稍硬**，长 20～70 厘米，宽 3～6 毫米，无毛。花葶直立，圆柱状，高 50～100 厘米，上生鳞片状小苞叶，穗状花序稀疏而狭长，花常 2～3 朵簇生，**无花梗或有很短的花梗**，长达约 3 毫米，**花梗顶端具关节**，花绿色或紫堇色，花被片 6 片，宿存，排成 2 轮，有三条紫色纵脉；**雄蕊 3，比花被为短、贴生于内轮花被片的中部、花丝很短，具丁字药**；子房近圆形，3 室；花柱长 2 毫米。**蒴果长卵形**，长 10～15 毫米，直径 5～7 毫米，**成熟时沿腹缝线上方开裂，每室含种子 1～2 粒**；**种子三棱形，两端尖，黑色**。花期 5～6 月，果期 8～9 月。

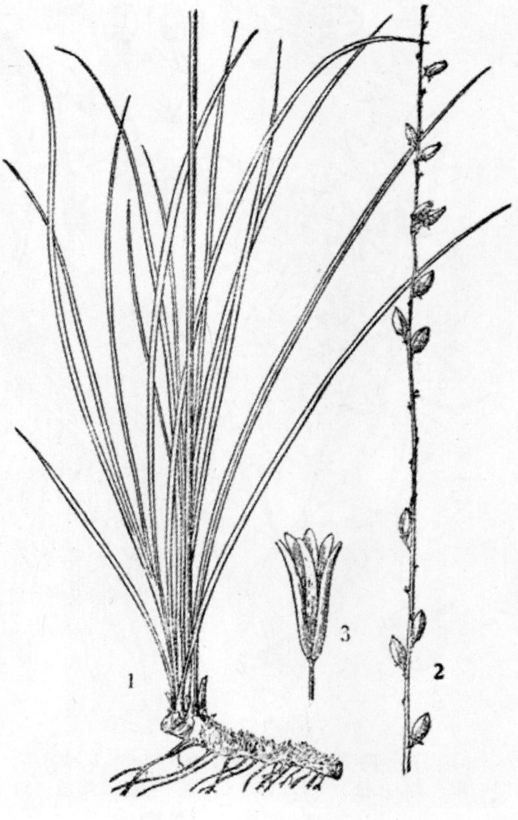

图 1521　知母

Anemarrhena asphodeloides Bge.

1．植株下部及根状茎；2．果序；3．花。

［生长环境］　生长在向阳干燥的丘陵草地，及固定砂丘上，常形成群落。

［产　　地］　黑龙江、吉林、辽宁、内蒙古、河北、河南、山东、山西、陕西、甘肃等省区；以河北易县所产品质最佳，又称“西陵知母”，东北以辽西产者质量最好。

［用　　途］　根状茎为解热药，对热性病作清凉止渴剂，并治肺结核病的潮热；另有镇咳祛痰的功效。

根状茎含淀粉（见“淀粉及糖类”，626 页）

［理化性质］　根状茎含无晶形的知母皂角甙（asphonin）及多量粘液。

［采收处理］　7～10 月或 3～4 月采挖，一般以秋季采收为佳；据中国医学科学院

药物研究所实验结果，秋季产品的水浸物含量较同等级而直径较粗的春季产品为高。根状茎挖出后，剪去地上部分及须根，置日光下，晒至断面呈白色，折断时声脆即为干燥的毛知母；若鲜时剥去或刮去栓皮，然后干燥者称知母肉（光知母）。

430 天门冬（tianmendong）（图 1522）

［地 方 名］ 明天冬（山东、贵州），赶条蛇（江西），多仔婆（广西），天冬（山东、广西、贵州、浙江、福建、江苏），天冬草（山西），倪铃（四川），丝冬（海南）。

［学 名］ **Asparagus cochinchinensis** (Lour.) Merr. (*A. lucidus* Lindl.)百合科

［药 材 名］ 天门冬

图 1522 天门冬

Asparagus cochinchinensis（Lour.）Merr.

1．根；2．花枝及果枝；3．花；4．花被及雄蕊；5．雄蕊；6．雌蕊；7．果实。

（自"江苏南部种子植物手册"）

［形态特征］ 多年生攀援草本，全体光滑无毛。肉质块根丛生，长椭圆形或纺锤形，长 4～10 厘米，外皮灰黄色。**茎细长，常扭曲，长 1～2 米，具很多分枝，主茎上的鳞状叶常变为向下弯的短刺**；叶状枝通常 **2～4（～6）个簇生，扁平面有棱，线形或狭线形，长 1～2.5 厘米，少有至 3 厘米**，宽 1 毫米左右，**略直或稍弯曲**，先端锐尖，具一脉，中央的叶状枝比侧生的长。花为**杂性式，多数**，钟状 1～3（～4）朵簇生，黄白色或白色，下垂，花梗长约 2～3 毫米，**中部具关节**；花被片 6，二轮排列，长约 2 毫米；雄蕊 6，着生近花被基部，花药呈丁字形；雌蕊 1，子房 3 室，柱头 3 歧。浆果球形，直径约 6 毫米，成熟时红色。花期 5～6 月，果期 10～12 月。

［生长环境］ 喜半阴湿环境，生于石灰岩的丘陵地带或灌木丛中。

［产 地］ 河南、山东、安徽、江苏、浙江、福建、台湾、广东、广西、江西、湖南、湖北、四川、贵州、云南等省区。

［用 途］ 根为强壮药，有镇咳、解热、利尿之效。

种子可作咖啡的代用品。根可作副食（见“淀粉及糖类”627 页）。

［理化性质］　含天门冬酰胺（asparagine, $C_4H_8O_3N_2$）及粘液质等。

［采收处理］　一般在 9 月至次年 2 月采挖，但以 1～2 月挖取的质量好，因冬季含水分少；采挖后，洗净泥土，除掉须根，按大小分开，放入锅内煮至外皮易于剥落时为止。趁热进行剥皮，然后用温水漂洗干净，置日光下晒干即成。

［其　　他］　四川除以上一种外，还用羊齿天门冬（Asparagus filicinus Ham.）的块根混作天门冬或土百部用，但这种块根较小，故易于区别。

以上两种植物的区别如下：

1. 叶线形或钻状针形，长 1～3 厘米，宽约 1 毫米；根肥大，长 3～8 厘米，直径 0.8～1.8 厘米……………………………………………………………………………天门冬

1. 叶镰刀形，长 5～8 毫米，宽 1.53 毫米；根较瘦小，长 2.3 厘米，直径 3～6 毫米………………………………………………………………………………羊齿天门冬

431 铃兰（linglan）（图 1523）

［地 方 名］　小芦铃（辽宁），香水花、鹿铃（黑龙江、吉林），草玉铃、君影草（山西），藜芦花（河北、黑龙江、吉林）。

［学　　名］　**Convallaria keiskei** Miq.　百合科

［药 材 名］　铃兰（东北）

［形态特征］　多年生草本，最高达 30 厘米。根状茎**细长，匍匐。叶 2 枚，具长叶柄**，叶片椭圆形，长 13~15 厘米，宽 7～7.5 厘米，先端急尖，基部稍狭窄；叶柄长约 16 厘米，**呈鞘状互相抱着**，基部有数枚鞘状的膜质鳞片。花葶由鳞片腋伸出，顶端微弯；总状花序偏向一侧；苞片披针形，膜质；**花乳白色，阔钟形，下垂**，长约 7 毫米，宽约 1 毫米；**花被片先端 6 裂，裂片卵状三角形**；雄蕊 6；花柱比花被短。浆果球形，成熟后红色；种子 4～6 颗。花期 5～6 月，果期 6～7 月。

［生长环境］　生于海拔约 500～1000 米的山地林下或林缘灌丛间，在湿润、肥沃、排水良好的土壤上，常成片

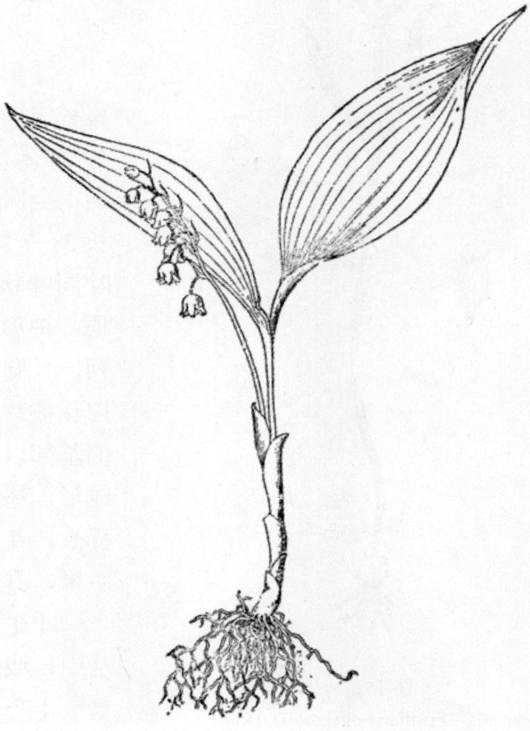

图 1523　铃兰

Convallaria keiskei Miq.

植株全形

生长。

［产　地］ 黑龙江、吉林、辽宁、河北、山东、河南、山西、陕西等省，但以黑龙江、吉林、辽宁产量较大。

［用　途］ 全草为强心利尿药。其强心作用类似洋地黄，并无局部刺激作用及呼吸刺激作用，积蓄作用也很小。

花中含芳香油，可制芳香浸膏（见“芳香油类”，1515页）。

［理化性质］ 全草含数种强心甙，铃兰毒甙（convallatoxin, $C_{29}H_{42}O_{10}$），铃兰苦甙（convallamarin, $C_{44}H_{70}O_{19}$），铃兰皂角甙（convallarin）。

［采收处理］ 7～8 月果实成熟后，将全草挖出，除去泥土，晒干，用草纸打捆，贮放于干燥通风处。

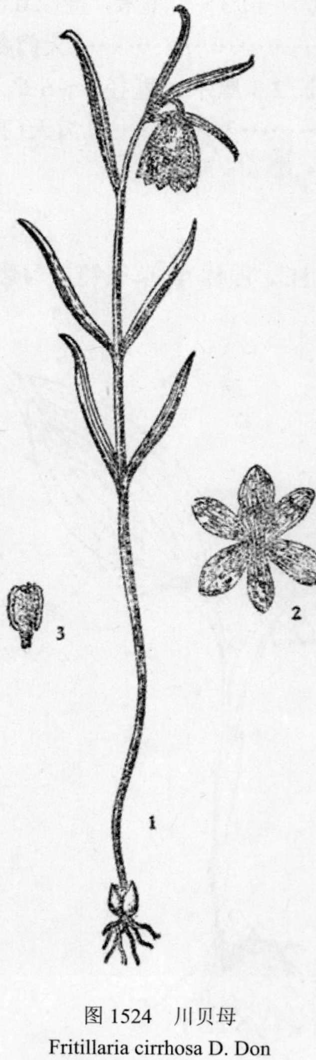

图 1524　川贝母
Fritillaria cirrhosa D. Don
1．植株全形；2．花；3．果实。

432 川贝母（chuanbeimu）（图 1524）

［学　名］ **Fritillaria cirrhosa** D. Don 百合科

［形态特征］ 多年生草本。鳞茎白色，圆锥形，直径 6～15 毫米，鳞片少而多肉。茎直立。高 15～40 厘米，光滑，下部紫褐色，上部绿色。单叶，无柄，全株具叶 6～9 枚，下部叶对生，披针形至线形，长 3～7 厘米，宽 3～8 毫米，先端钝，茎中部以上诸叶同叶状苞片一起先端卷曲呈卷须状。花单生于茎顶，钟形俯垂，长 2.5～3 厘米；花被 6 片，两轮排列，长圆形或狭倒卵形，外花被片较狭，先端圆形，内花被片先端近于急尖，具绿紫色棋盘格状斑纹，内侧基部以上具腺穴；雄蕊 6，长约为花被之半，花药线形，基部着生，内向，花丝具疏生短毛；雌蕊较雄蕊长，花柱长，顶端 3 裂。蒴果长圆形，长 1.5～2 厘米，具 6 纵翅。花期 4～5 月，果期 6 月。

［生长环境］ 生于高山草地，或阴湿的小灌木丛中，或悬岩石隙中。海拔约 3000 余米。

［产　地］ 四川、甘肃、宁夏、青海等省区。据说四川有大量栽培。

［用　途］ 鳞茎入药，为镇咳祛痰剂。

［理化性质］　川贝母素（$C_{38}H_{62}N_2O_3$）等植物碱，参阅浙贝母（本页）。

［采收处理］　一般野生者多于积雪融化，野草未长时采收；栽培的是在秋季植株枯萎时挖三年生的鳞茎，将采挖来的贝母，去净泥土及须根，晒干即成；如遇阴雨天，可用微火烘干。有的地区用水洗去泥土后晒干，这样鳞茎经水浸易变色，影响质量；所以最好采用前法处理较妥。商品以干燥、粉足、色白、无破碎者为好，贮藏于干燥的地方。

433 甘肃贝母（gansubeimu）

［学　　名］　**Fritillaria przewalskii** Maxim.　百合科

［药 材 名］　岷贝

［形态特征］　多年生草本。**鳞茎圆锥形，直径约 1 厘米**，高约 5～10 毫米，表面灰白色，外层两鳞片大小相似，偶有悬殊，顶端开裂，平或略尖，茎基部常留有须根。茎直立，高 30～40 厘米。茎基部无叶，下部的叶对生，披针形至线形，长 5～9 厘米，宽 5～10 毫米，先端钝；上部的叶对生或 3 叶轮生，**叶片**较狭，多成线形，**先端不弯曲**。花单生于茎顶，附垂，钟形，长 3～4.5 厘米；**花被片**长圆形或倒卵形，**黄色，上有淡紫色小斑点**，基部具红褐色密腺；雄蕊长约为花被之半，花药线形，花丝具乳头状突起；雌蕊较雄蕊长，先端三歧。花期 6 月。

［生长环境］　高山或河谷坡地草丛中。

［产　　地］　甘肃南部的岷县、武都、文县，四川也有生长。

［用　　途］　可为镇咳祛痰剂。

［理化性质］　含植物碱，参阅浙贝母（本页）。

［采收处理］　5 月间采挖；挖出后，洗净泥沙，用矾水擦去外皮；也有用盐浸泡后，再晒干或用木炭烘焙至干，然后用硫磺熏后，再晒干。

［其　　他］　贝母属（Fritillaria）的植物，几乎全部都供药用，除川贝、浙贝、平贝、甘肃贝母外在新疆有一种伊贝母（F. pallidiflora Schrek.）药材名生贝，鳞茎也入药。它与甘肃贝母的主要区别是鳞茎直径 14～28 毫米，下部叶片广披针形至椭圆形。另云南丽江玉龙雪山有一种棱砂贝（F. delavayi Franch.），鳞茎椭圆状圆锥形，直径 1.5～1.8 厘米，叶互生，阔披针形，花单生于茎顶，也供药用。

434 浙贝母（zhebeimu）（图 1525）

［地 方 名］　土贝母（安徽、江苏），苏贝母（江苏）。

［学　　名］　**Fritillaria thunbergii** Miq.　百合科

［药 材 名］　浙贝母

［形态特征］　多年生草本；**鳞茎半球形，直径 1.5～3 厘米，有 2～3 片肉质的鳞片**。茎单一直立，圆柱形，高 50～80 厘米。单叶无柄；茎下部的叶对生：罕互生，狭

披针形至线形，长6～17厘米，宽6～15毫米，中上部的叶常3～5片轮生，罕互生，叶片较中部为短，先端叶状苞片一样呈卷须状。花单一或数朵生于茎顶，花梗长1～1.5厘米；花钟形，俯垂；花被片6片，二轮排列，长椭圆形，淡黄色或黄绿色，具不明显的网纹但无淡紫色棋盘格状斑纹，内面基部具腺体；雄蕊6，花药基部着生，外向；雌蕊1，子房3室，每室有多数胚珠。蒴果卵圆形，具6条较宽的纵翅，成熟时室背开裂；种子近半圆形，边缘具翅。花期3～4月，果期4～5月。

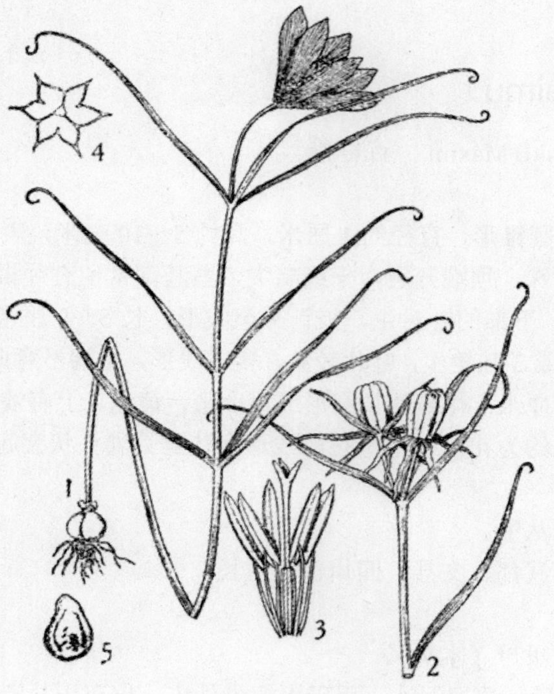

图1525　浙贝母
Fritillaria thunbergii Miq.
1. 植株全形；2. 果枝；3. 花去花被示雄蕊及雌蕊；4. 果实横切面；5. 种子。
（自“江苏南部种子植物手册”）

［生长环境］　喜生于湿润的山脊，山坡，沟边及村边的草丛中；栽培以肥沃疏松的砂质土壤为最适宜。

［产　　地］　浙江、江苏、安徽等省；在浙江宁波专区大量栽培。

［用　　途］　鳞茎入药，为镇咳祛痰剂；并能消肿解毒及治喉痹、瘰疬、痈肿疮毒等症。

［理化性质］　据赵成嘏等研究，浙贝母含植物碱，贝母素甲（peimine, $C_{26}H_{43}O_3N$），贝母素乙（peiminine, $C_{26}H_{41}O_3N$），另有4种微量植物碱 peimisine（$C_{27}H_{43}O_4N$），peimiphine（$C_{27}H_{42}O_3N$），peimidine（$C_{27}H_{45}O_2N$），peimitidine（$C_{27}H_{47}O_3N$）。另据其他数据：含植物碱 fritilline（$C_{15}H_{41}NO_3$），fritillarine（$C_{19}H_{33}NO_2$）verticine（$C_{18}H_{33}NO_2$）verticilline（$C_{19}H_{33}NO_2$）等。

［采收处理］　6月间采挖。因适在雷雨季节，鳞茎易腐烂，故在挖出后，应立即进行加工，洗去泥土，摘除心芽，分成两片，作元宝状或因过小不摘出心芽，分别放置于特制的木桶内，擦去表皮后。每百公斤加入熟石灰或贝壳粉约3～4公斤，使均匀布于贝母表面，以吸去擦出之浆液，再晒干或烘干即可。

435 平贝母（pingbeimu）

［地 方 名］　平贝（东北）

［学　　名］　**Fritillaria ussuriensis** Maxim.　百合科

［药 材 名］　平贝（东北）

［形态特征］　多年生草本。鳞茎由 2～3 瓣鳞片组成：茎直立光滑，高 30～60 厘米。中部的叶轮生，上部的叶对生，或全为互生，线形，长达 15 厘米，宽 0.2～0.6 厘米，较上部的叶同叶状苞片一起先端卷曲成卷须状。花 1～3 朵生于茎顶，花梗细，下垂，稍短于花被或近等长；**花被狭钟形**，外面**紫色**，**内面淡紫色并带有绛红色**，**散生黄色方格状斑纹**，顶端带黄色；花被片 6，外花被片长圆状倒卵形，先端钝，内花被片长圆状椭圆形，稍尖，此外花被片稍短，**蜜腺圆形**，**呈小瘤状隆起**；雄蕊 6，比花被片短，花丝向基部逐渐膨大，**稍有毛**，花药黄色；雌蕊 1，子房 3，花柱稍有毛，柱头三深裂。蒴果阔倒卵形，3 室，具 6 圆棱，顶端圆形。花期 5 月，果期 6 月。

［生长环境］　性喜湿润的砂质土壤，生于森林中、灌丛间、草甸以及河谷地。

［产　　地］　黑龙江、吉林、辽宁。吉林省临江、通化等县有栽培。

［用　　途］　鳞茎为镇咳、祛痰、利尿药；又为止血和催乳剂。

又可作兽药，有润肺、止咳之效；对气管卡他、咽喉卡他及乳腺炎等症也有效。

［理化性质］　参阅浙贝母（1987 页）。

［采收处理］　6 月左右地上部枯萎时，选挖 3～4 年生的鳞茎，除去枯茎，洗去泥沙晒干或略微晾干，再用火炕。火炕时将炕烧至温热，炕上铺一层石灰，以便吸收水分，然后将晾干的贝母分开排列在炕上，不可重迭，经约 24 小时，筛去石灰，挑出成品。品质以大小均匀，皮细而富粉质者较好。放在通风良好干燥处，注意晾晒，以防虫蛀。

［其　　他］　东北野生平贝，质量较好，但产量不多应大力进行人工培植。

436 黄花萱草（huanghuaxuancao）

［地 方 名］　野金针菜、萱草根、黄花菜（江苏、浙江、安徽、山东）

［学　　名］　**Hemerocallis thunbergii** Baker　百合科

［药 材 名］　藜芦（江苏）

［形态特征］　多年生草本，全株光滑无毛。根状茎短，具多数纤维状须根，长达 30 厘米，其中有些膨大呈纺锤状肉质块根。叶基生成簇状，线形，长 30～60 厘米，宽 6～15 毫米，基部枯烂后残存成灰褐色纤维。花茎高于叶，高达 1 米，顶端常二歧呈疏生伞房花序，苞片线状披针形，花梗长达 8 毫米；**花大**，**淡黄色**，**夜间开放**，**花被筒长 2～3 厘米**，6 裂，裂片卵形至长圆状卵形，长 6～7 厘米，内轮 3 片较外轮 3 片稍宽；雄蕊 6，着生于花冠管上，较雌蕊稍短，花药近丁字形着生；子房长圆形，3 室，胚珠多数。蒴果三角状长圆形，熟时胞背开裂，散出种子；种子近圆形而扁，表面黑色，有光泽。花期 6～8 月，果期 7～9 月。

［生长环境］　生于山坡荒草地，也有栽种于田边或庭园内的。

［产　　地］　吉林、辽宁、内蒙古、河北、河南、山东、江苏、浙江、安徽、湖北、湖南、贵州、四川、云南、青海、宁夏等省区。

［用　　途］　新鲜根捣烂外用作罨包剂；治乳腺炎及乳痈肿等症。

［理化性质］　根内含有天门冬酰胺及秋水仙碱（colchicin）（“中国药用植物志”）。

［采收处理］　四季可采，惟以开花前及果实成熟后采收较好；把挖得的根，除去茎叶和泥土晒干。收购以干燥、根粗而长、无泥杂的为佳，用蒲包或席包包装，贮藏在干燥处。

437 百合（baihe）（图 522）

［学　　名］　**Lilium brownii** F. E. Brown var. **colchesteri**（Wall.）Wils.　百合科

［药 材 名］　百合

（地方名、形态特征、生长环境、产地及其他用途见“淀粉及糖类”，629 页）

［用　　途］　鳞茎为润肺止咳、清热、安神和利尿药。浙江民间将鳞茎加糖饮食，有滋养清肺之效；天台县民间将百合浸去白沫加乌药煎服，治心肺胸疼；也有用百合与猪肉共煮，据说久服能治肺痿、肺烘等症。

［采收处理］　7～9 月间地上部分枯萎时，挖取地下鳞茎，除去地上部分，将鳞片剥开，洗净泥土，用沸水捞过，烘干或晒干。品质以瓣匀、肉厚、色白、筋脉少的为佳。

［其　　他］　除上种供药用外，东北、内蒙古北部尚产一种卷莲百合（Lilium dahuricum Ker-Gawl.）也供药用，两种植物的区别在于百合的叶片较宽，宽 1.5～2 厘米；花大，长 12～15 厘米，花被白色微带红。卷莲百合叶较窄，宽不及 1 厘米：花较小，花被长 3～6 厘米，有时可达 8 厘米，橙黄色至深红色。

438 细叶百合（xiyebaihe）（图 527）

［学　　名］　**Lilium tenuifolium** Fisch.　百合科

［药 材 名］　百合（黑龙江）

（地方名、形态特征、生长环境、产地及其他用途见“淀粉及糖类”，634 页）

［用　　途］　鳞茎为滋养强壮性镇咳祛痰药，并有镇静利尿作用。治热性病之神经衰弱，虚弱无力，肺结核及慢性气管炎之干咳、气喘、浮肿、小便不利等症。鲜百合可治心腹痛及胃痛（吉林省资料）。

［采收处理］　秋后采挖，挖出后除去茎叶及须根，洗净泥沙，将鳞片剥开，用开水烫过或放入笼屉内蒸 5～10 分钟，至鳞片边缘柔软，中部半熟，取出，如有粘液用清水洗去，晒干即可。如遇雨天可进行焙烘，烘时不可乱翻动，以免鳞片破碎。品质以肉厚、色白、质坚、无霉为好，贮存在干燥通风处。

439 麦冬（maidong）（图 1526）

［地 方 名］　假麦冬（广西），麦冬苗子、野韮菜（江苏），土麦冬（江苏、浙江），兰花麦冬、韮叶麦冬（浙江）。

［学　　名］　**Liriope graminifolia** (L.) Baker (*L. spicata* Lour.)　百合科

［药 材 名］　麦冬

［形态特征］　多年生草本。根状茎短，上具匍匐根状茎，**须根常于中部膨大成纺锤状**。叶丛生，革质，线形，长 15～30 厘米，宽 2～6 毫米；**叶柄有膜质鞘**。花葶高 15～30 厘米，总状花序顶生，长 4.5～9 厘米，具多数花；苞片膜质，花淡紫色或蓝色，常 1～4 朵聚生在一起；花梗长 3～4 毫米；花被片 6，离生；雄蕊 6，花丝略与花药等长；**子房上位**，3 室，花柱肥厚，柱头 3 裂。浆果球形，熟时蓝黑色。花期 6～7 月，果期 8～10 月。

图 1526　麦冬
Liriope graminifolia （L.） Baker
1．植株全形；2．花。

［生长环境］　喜生于溪边、山谷林下较阴湿之处。

［产　　地］　河北、山东、河南、江苏、安徽、浙江、江西、湖南、湖北、福建、广西、广东、贵州、云南、四川等省区。

［用　　途］　块根为缓和滋养强壮药，有镇咳祛痰的功效，并能促进乳汁分泌。浙江平阳县民间用根能清心火，止烦渴；天台县民间用块根治小儿口腔炎，煎服数次即愈。

［理化性质］　含粘液质及糖类。

［采收处理］　秋季挖出块根，洗净泥沙，剪去根须，晒干即可。

440 沿阶草（yanjiecao）（图 1527）

［地 方 名］　韮菜麦冬（广西、江西），细叶麦冬、麦门冬、土麦冬（浙江）。

［学　　名］　**Ophiopogon japonicus** (Thunb.) Ker-Gawl.　百合科

［药 材 名］ 麦冬（四川、贵州、浙江）

［形态特征］ 多年生草本。根状茎短而粗厚，具细长匍匐茎，匍匐茎上被膜质鳞片，须根常膨大成纺锤形。叶丛生，狭线形，长15～25厘米，宽1～4毫米，叶脉明显，两面光滑无毛，通常呈暗绿色。花葶高7～12厘米或更高，短于叶而常隐于叶丛中；总状花序具少数小花，花梗弯曲，长2～6毫米，花青紫色或淡紫色，常1～3朵聚生，下垂，直径4～6毫米；花被片6，开展，卵圆形；雄蕊6；子房半下位，种子球形，直径约5毫米，碧紫色。初夏开花，秋季果熟。

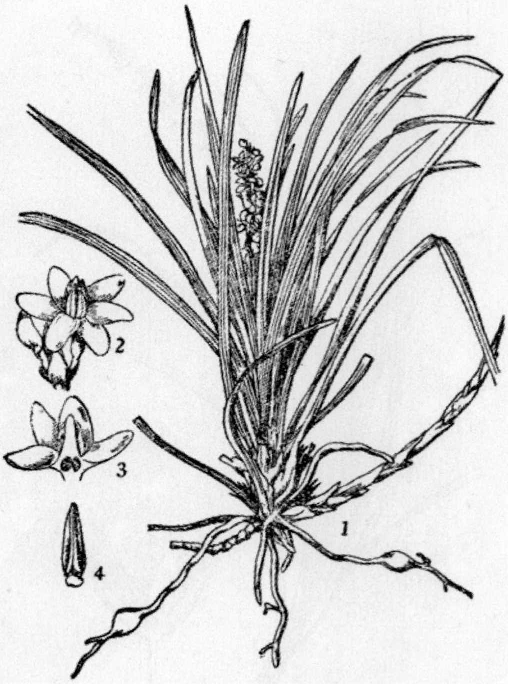

图1527 沿阶草
Ophiopogon japonicus（Thunb.）Ker-Gawl.
1．植株全形；2．花；3．花纵切面；4．雄蕊。

［生长环境］ 多生在溪沟岸边，山坡、山谷、竹林、疏林下；也是一种观赏植物，多植于园圃或花坛，边缘。

［产　　地］ 河北、山东、江苏、安徽、浙江、江西、湖南、湖北、四川、云南、贵州、福建、台湾、广东、广西等省区；浙江、四川栽培甚多。

［用　　途］ 根为滋养强壮药，有镇咳解热的功效；治肺热咳嗽，心热烦渴，兼有利尿及促进母乳的功效。浙江景宁县民间用全草（根、茎、叶）水煎服治咳嗽病。

［理化性质］ 含多量葡萄糖，少量β-谷甾醇（β-sitosterol）。

［采收处理］ 秋季挖出块根，洗净泥沙，置日光下曝晒，将大个拣出剪去须根，或晒干后撞掉须根，筛净杂物即得。

［其　　他］ 药材市场上著名的“杭麦冬”及“川麦冬”都为本植物的块根。

441 重楼（chonglou）（图1528）

［地 方 名］ 七叶一枝花（通称），独脚莲、铁灯台、枝花头（广西），独立一枝花、金盘托荔枝（浙江）。

［学　　名］ **Paris polyphylla** Sm. 百合科

［形态特征］ 多年生草本。根状茎肥厚，匍匐，黄褐色；茎单一直立。单叶轮生，叶片长圆形或倒披针形，先端渐尖，基部圆或楔形，具柄。花单生顶端，花梗长5～20

厘米，萼片 4～6，少数为 5～7，叶状，阔披针形，有 3 脉，无柄；内轮花瓣黄绿色，线形，与花萼等长或较长；雄蕊 4 或更多，花药基生，花丝钻状，花药线形，2 室，**顶端的药隔不明显**；子房球形，花柱极短，粗状：柱头 4～5，钻状近肉质，向外弯曲，上面略粗糙，3 室，有多数胚珠。浆果状蒴果，黄色或暗紫色，室背开裂，种子多数。花期 4～5 月，果期 9～10 月。

［生长环境］　喜阴性植物，多生于山坡林下或溪边阴湿处。

［产　　地］　浙江、江西、广东、广西、四川、云南、贵州等省区。

［用　　途］　根状茎入药，江西民间将根状茎捣碎用酒研磨敷治毒蛇咬伤，跌打损伤及无名肿毒有特效。广西民间治痈疽初起，取鲜根状茎数个，加红糖捣敷；瘰疬初起则磨醋涂之；毒蛇、虫伤磨水涂之，并用根状茎二钱煎水内服，浙江南部民间用根状茎治蛇咬伤和无名肿毒，俗语说“七叶一支花，无名肿毒一把抓”由此可见其药效了。

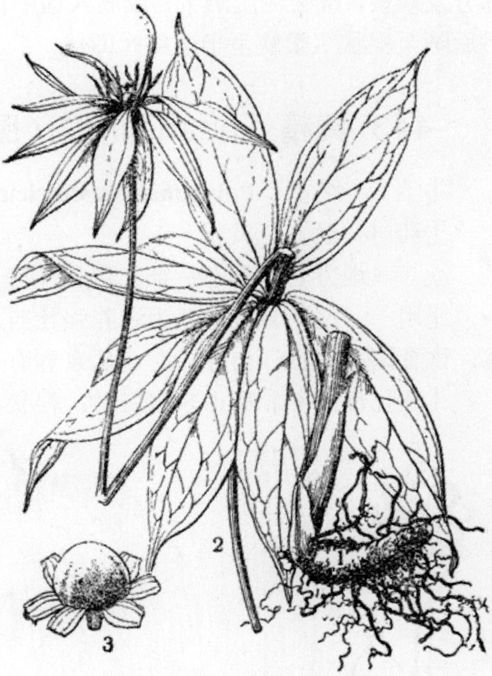

图 1528　重楼

Paris polyphylla Sm.

1．根状茎；2．植物体一部分；3．雌蕊。

［理化性质］　据浙江省化验资料：根状茎呈现植物碱及皂角甙的反应。

［采收处理］　冬季果实成熟后采收，用刀切下地下茎，洗净晒干即可。

［其　　他］　本种的用途上面仅例举了江西及广西的民间用途，其实在江苏、安徽、云南、四川等省都以同样的疗效在民间广泛应用，因此该植物的药用价值得进一步研究。

442 玉竹（yuzhu）（图 529）

［学　　名］　**Polygonatum officinale** All.　百合科

［药 材 名］　玉竹

（地方名、形态特征、生长环境、产地及其他用途，见“淀粉及糖类”，636 页）

［用　　途］　根状茎入药，为滋养强壮剂。治身体虚弱及制止多汗、多尿、遗精等。江苏民间常以根状茎和冰糖煎水服用作补剂、润肺生津；另外，内服可驱除蛔虫，

并对高血压有效；外用可治跌打损伤。

［理化性质］ 含君影草苦甙（convallamarin）及君影草甙（convallarin），此外尚含有粘液质。最近据北京医学院生药教研组试验，本品无强心甙反应（“中药志”）。

［采收处理］ 春秋两季都可采挖，以10月采收者为佳。挖取根状茎，除去地上部分及须根，洗去泥土晒干，或放入锅中稍煮片刻，捞出，晾至半干后，反复用手揉搓，然后晒至根状茎柔软呈半透明时即成。

443 黄精（huangjing）（图530）

［学　　名］ **Polygonatum sibiricum** Redoute 百合科

［药 材 名］ 黄精

（地方名、形态特征、生长环境、产地及其他用途见“淀粉及糖类”，637页）

［用　　途］ 根状茎为滋养强壮药，治身体衰弱、腰腿疲软、面黄肌瘦、精神倦怠、饮食渐少、自汗盗汗；对病后衰弱有补益作用。

［理化性质］ 据山东省资料：根状茎含糖约40%，其中原糖为10%。

［采收处理］ 全年均可采挖，一般是在4～10月挖取，以春季挖到的质量较好，出土后，除去地上部分及须根，洗净，晒干，或放入锅中煮沸，捞出晒干或烘干。

［其　　他］ 除本种外还有老虎姜（Polygonatum cirrhifolium Royle）。土名：大川七子、黄金（四川），分布于四川及云南一带，也作黄精入药；与黄精的主要区别是叶3～6枚轮生，花被白色，长5～18厘米，另在浙江及东北尚有一种多花黄精［Polygonatum multiflorum（L.）All.］的根也作黄精药用。

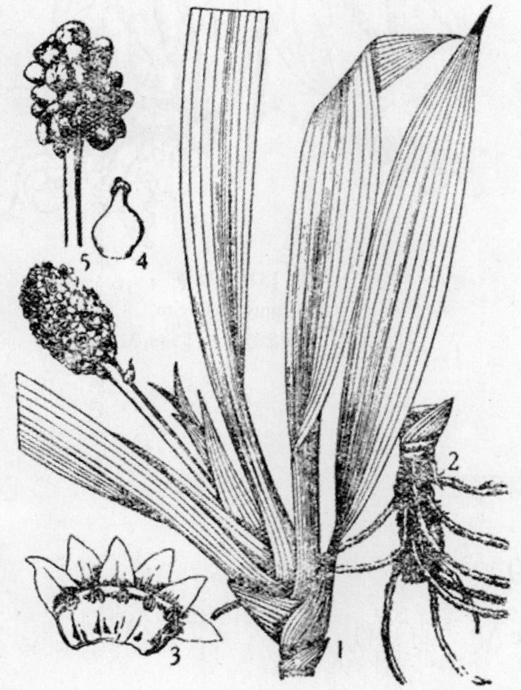

图1529 万年青

Rhodea japonica（Thunb.）Roth.

1. 植物全形；2. 根状茎；3. 花冠剖开示雄蕊；4. 子房；5. 果序。

444 万年青（wannian-qing）（图1529）

［地 方 名］ 铁棕榈（浙江），包谷七、九石马（四川），白河车（江苏）。

［学　　名］ **Rhodea japonica**

(Thunb.) Roth. 百合科

［形态特征］ 多年生常绿草本。根状茎匍匐斜升，短而肥厚，须根细长，叶自根状茎处丛生，厚革质披针形，长 10～25 厘米，宽 2.5～5.5 厘米，先端尖，基部渐狭而近叶柄状，深绿色，具光泽，全缘，中脉在叶背面隆起。穗状花序狭长椭圆形顶生，长约 3 厘米；花葶长约 6 厘米，花很密，无柄，直径约 5 毫米。花破裂片 6，非常短，淡绿白色，花被筒成盘状；雄蕊 6，无柄，着生于花被筒上；子房球形，柱头 3 裂，外展。浆果球形桔红色。花期 6～7 月，果期 8～10 月。

［生长环境］ 为庭园盆栽植物；也有野生，喜生于阴湿的林下，山谷、土壤肥沃的地方。

［产　　地］ 湖南、江西、湖北、四川、贵州、福建、台湾、广东、江苏、安徽、浙江等省。

［用　　途］ 根入药能增强心肌的收缩及扩张，并有利尿作用，与洋地黄(Digitalis purpurea L.）的作用相似。浙江天台县民间取根煎服，治喉头炎；叶阴干煎汁洗治坐板疮；捣汁洗擦可治天泡疮，痔疮及阴囊肿大。湖北民间取叶煎汁内服，可治喉头疼。

［理化性质］ 含万年青甙（rhodein,$C_{30}H_{44}O_{10}\cdot 2\frac{1}{2}H_2O$）。

［采收处理］ 全年可采，挖取根及根状茎，除去茎叶及须根后，洗净泥土，晒干或低温烘干，晒干的呈白色，低温烘干的呈暗红色，一般以烘干后色红的较佳。贮存于干燥的地方。

445 光菝葜（guangbaqi）（图 532）

［学　　名］ **Smilax glabra** Roxb. 百合科

［药 材 名］ 土茯苓

（地方名、形态特征、生长环境、产地及其他用途见“淀粉及糖类”，639 页）

［用　　途］ 根状茎入药，祛湿热利水，健脾胃，止泻，解梅毒。治风湿筋骨枸挛，腹泻淋浊，痈肿瘰疬，杨梅毒疮，为疮科要药，炙汁涂敷或煲酒均可。

［理化性质］ 根状茎含皂角甙、淀粉、单宁、树脂。

［采收处理］ 全年均可采收，但以秋末冬初采收者质量为佳，此时浆水足，粉性大。挖取根状茎，除去须根，切片晒干或投入沸水中煮数分钟，再切片晒干，或用微火烘干。品质以干燥，粉性大，筋脉少，断面淡棕色较佳。贮藏于干燥通风的地方。

446 延龄草（yanlingcao）（图 1530）

［地 方 名］ 玉儿七、佛手七、头上一颗珠（四川）

［学　　名］ **Trillium tschonoskii** Maxim. 百合科

［形态特征］ 多年生草本，高 40 厘米。地下有匍伏状椭圆形的根状茎，其上着生多数黄白色须根。茎直立，不分枝。叶 3 枚轮生于茎的近顶部，无柄；叶片近菱形，先端突尖，基部阔楔形；全缘，基出 3～5 主脉，花单生于茎顶，即轮生叶之上部，侧向；花被外轮 3 片，绿色，披针形，宿存，内轮 3 片花瓣状，白色，脱落或枯萎；雄蕊 6，花丝短而扁平；子房 3 室，有多数胚珠，花柱 3 裂，极短，向外反卷，浆果球形或卵形。花期 4～5 月，果期 6～7 月。

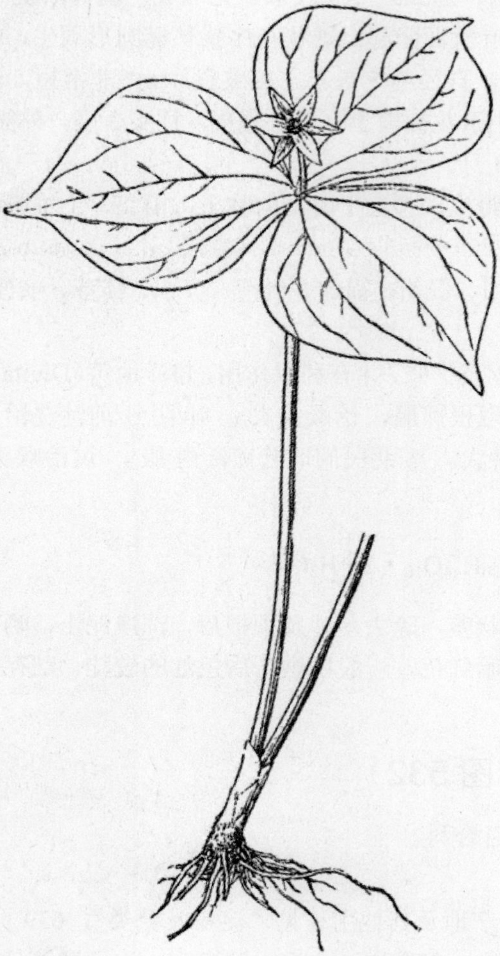

图 1530 延龄草
Trillium tschonoskii Maxim.
植株全形

［生长环境］ 野生于腐殖质较多的阴湿林下。

［产 地］ 云南、湖北、四川、辽宁、吉林、黑龙江、内蒙古、河南、陕西、甘肃等省区。

［用 途］ 据中国科学院南京中山植物园化验的结果，全株植物含有甾体皂角甙。

447 藜芦（lilu）（图 1531）

［地 方 名］ 大叶藜、山葱、葱苒、鹿苏、鹿葵（河北）

［学 名］ **Veratrum nigrum** L. 百合科

［药 材 名］ 人头发（四川）

［形态特征］ 多年生草本，高 60～100 厘米。地下宿根多数，细长，带肉质。茎直立，上部密被白色绒毛，基部通常被有叶鞘腐烂后残余的叶脉，呈黑褐色纤维状。叶互生，茎生叶阔卵形以至阔卵状披针形，基部渐狭呈鞘状，包围于茎的周围，叶初放时呈折扇状，后逐渐平展或稍有皱折。圆锥状复总状花序，通常雄花多着生于花序轴下部，两性花多数着生于中部以上；花极多数而密生，较小；花被片 6，紫黑色，卵形，长 5～6 毫米，宽约 2 毫米，先端尖或钝，基部渐狭；雄蕊 6，花丝丝状；子房卵形，3 室，花柱 3 裂，裂片线形而尖头。蒴果卵状三角形，成熟时 3 裂；具多数种子。花期 7～8 月，果期 8～9 月。

［生长环境］　生于阴坡，灌木林中，水沟边及海拔3000米左右的高山草坡上，通常成片生长。

［产　　地］　山西、河北、辽宁、陕西、四川等省。

［用　　途］　根入药，中医用作为催吐剂，多用于家畜。外用治疥癣，白秃，虫疮等症。

根可制土农药（详见“土农药类”，2060页）。

［理化性质］　根含多种植物碱，其中主要为藜芦碱（jervine,$C_{27}H_{39}O_3N$）。

［采收处理］　5～6月未抽花茎前采挖，截去地上部分，除去根上的泥土，晒干。

［其　　他］　除这一种外尚有毛叶藜芦（Veratrum puberulum Loes. f.），分布于湖北、四川；马氏藜芦（Veratrum maackii Regel）分布于吉林，也都用作杀虫药或土农药。

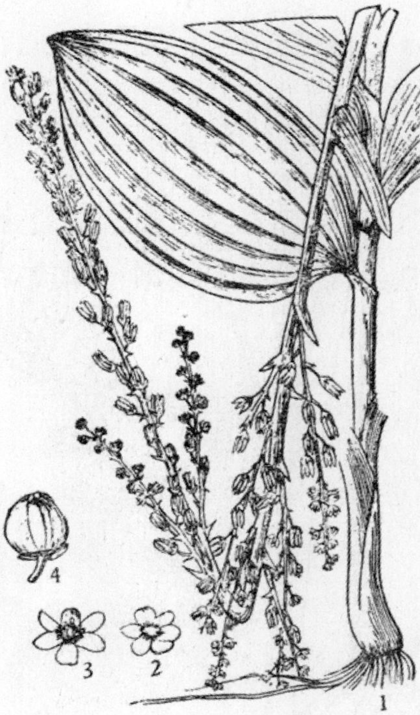

图1531　藜芦
Veratrum nigrum L.
1. 植物全角；2. 花被；3. 花；4. 果。

448 天目藜芦（tianmulilu）（图1532）

［学　　名］　**Veratrum schindleri** Loes. f.　百合科

［形态特征］　多年生草本。地下具多数肉质细长宿根，茎直立，连花序高约1米，上部被短绵状毛，基部较肥厚而无毛，常被以叶鞘，或叶鞘腐烂后残存的细长黑褐色呈纤维状的叶脉。叶互生，基生叶通常1～4片，阔长卵形至椭圆形，带革质；两面无毛，平行脉多数而明显，**茎生叶披针形**；向上至总花轴叶形渐小，而呈苞片状。圆锥花序顶生，**花少数**，褐绿色或褐黑色，着生于总花轴上的通常为两性花，侧生花轴具多数雄花，但位于下部的常为两性花：花被裂片长圆形或线状卵形，具直出脉纹7～12条；雄蕊6，子房三角状卵形，半下位。蒴果成熟时由上端向下开裂成3果爿；种子长圆形而扁，表面密被细孔纹。花期7～8月，果期8～9月。

［生长环境］　生于山坡灌木林下，腐殖质较深厚处，通常形成群落，海拔约500～1000米。

［产　　地］　以浙江天目山出产量较多。江西庐山、安徽、江苏江浦狮子岭一带

亦有分布。

［用　　途］ 根及根状茎入药，为家畜催吐剂，据中国科学院药物研究所研究，从根中提出植物碱经药理实验具有明显的降低血压作用；全草又可作杀虫药。

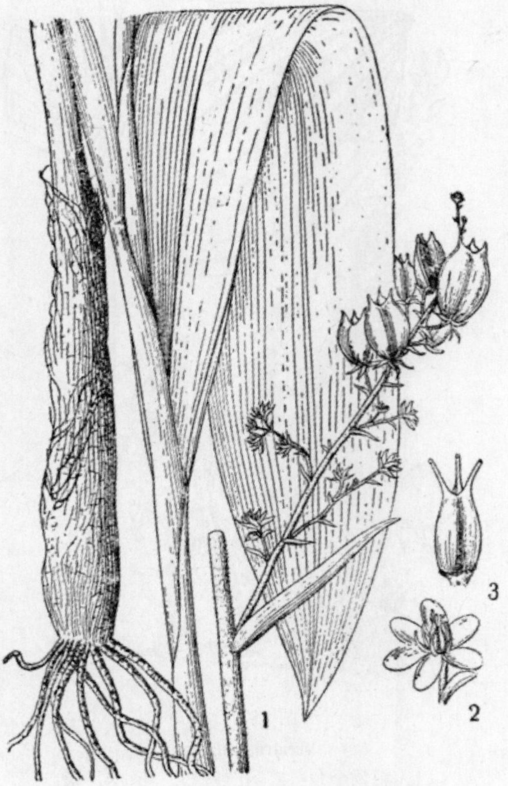

图 1532 天目藜芦
Veratrum schindleri Loes. f.
1．花枝；2．花；3．子房。

［理化性质］ 含两种植物碱，暂命名为天目藜芦碱甲（$C_{27}H_{43}ON$）和天目藜芦碱乙（$C_{34}H_{51}O_8N$）。用同样的方法从这种植物的叶和茎中提炼出来的天目藜芦碱甲，要比根中多些。

［采收处理］ 一般在 5～6 月抽花茎前采挖，截去地上部分，除去根上的附泥晒干，放置干燥地方贮存。

449 石蒜（shisuan）（图 538）

［学　　名］ **Lycoris radiata** Herb. 石蒜科

［药 材 名］ 石蒜

（地方名、形态特征、生长环境、产地及其他用途见“淀粉及糖类”，645 页）

［用　　途］ 鳞茎入药，有强力催吐作用，为吐根的代用品，其毒性较吐根为小，可作恶心性祛痰药；又河南民间常将鳞茎捣烂，用醋和白糖调制成糊状，敷治肿毒（皮肤破烂后不能用）。

据广西中兽医药用植物记载鳞茎可治牛臌胀症、泻血症、气肿疽（箭脚、黑腿），又可治牛喉风症。

［理化性质］ 鳞茎含淀粉 59.7%，水分 11.1%，植物胶 8.84%，灰分 2.36%，脂肪 0.64%，石蒜碱（lycorine，$C_{16}H_{17}NO_4$）0.1～0.17%。粗纤维 2.47%，还原糖 1.72%，以及少量的葡萄糖等，其中石蒜碱是重要的制药原料（具有毒性）。

［采收处理］ 春或秋季（开花期易于找到），挖出鳞茎，除去外层黑色的膜质，洗净泥土，用刀切成薄片，晒干或烘干即成；石蒜内含有石蒜碱，有剧毒，触及人的皮肤，容易引起红肿发痒，进入呼吸道会流鼻血，因此加工时，工作人员必须带口罩，防

止中毒。又供兽医用的可随采随用。

［加　　工］　石蒜可先提取石蒜碱，后利用淀粉。

［其　　他］　吐根碱是我国进口的医药原料，若利用石蒜碱代替吐根碱，无论在节省外汇或在人民保健事业中，都能起很大的作用，希有关部门进行深入的研究。又这一属植物的另一种植物铁色箭（Lycoris aurea Herb.）称黄花石蒜（广西）含石蒜碱 0.25%，也是很好的医药原料，它与石蒜的主要区别在于花黄色或枯黄色（见“淀粉及糖类”，645 页）。

450 山药（shanyao）（图 1533）

［地 方 名］　山药（山东），鲜山药（河南），甘薯、白薯、红薯（山西），铁棍山药、山薯（福建、广西），山药薯（湖南），野薯（广东），山药蛋（辽宁）。

［学　　名］　**Dioscorea batatas** Decne.　薯蓣科

［药 材 名］　山药

［形态特征］　多年生缠绕草本。根状茎直生肉质肥厚，外皮不脱落，略呈圆柱状，长可达 1 米，直径 2～7 厘米，外皮灰褐色，生有须根。茎细长，蔓性，通常带紫色，有棱，光滑无毛。叶对生或三叶轮生，叶腋间常生珠芽（名零余子），叶片形状多变化，三角状卵形至三角状阔卵形，长 3.5～7 厘米，宽 2～4.5 厘米，基部戟状心形，通常耳状三裂，中间裂片先端渐尖，两侧叶片成圆耳状，两面均无毛，叶脉 7～9 条基出；叶柄细长，长 1.5～3.5 厘米。花单性，雌雄异株，花极小，黄绿色，均成穗状花序；雄花序直立，2 至数条生于叶腋，花被 6，雄蕊 6，花丝很短；雌花序下垂，每花的基部各有 2 片大小不等的苞片，花被 6，子房下位，长椭圆形，3 室，花柱 3 裂。蒴果 3 棱，呈翅状。种子扁圆形，有阔翅。花期 7～8 月，果期 9～10 月。

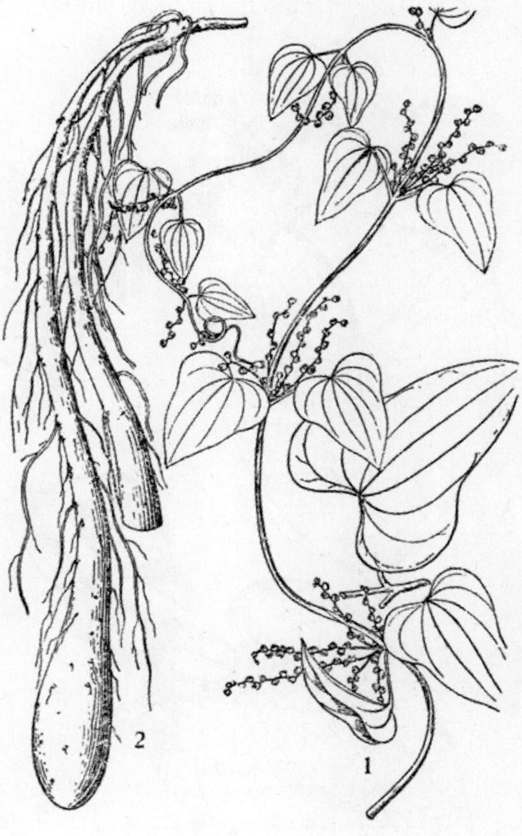

图 1533　山药
Dioscorea batatas Decne.
1. 花枝；2. 根状茎。

［生长环境］ 栽培或野生于山地向阳处。

［产　　地］ 陕西、山西、河北、山东、河南、湖北、湖南、四川、云南、贵州、江苏、江西、浙江、福建、广东、广西等省区。

［用　　途］ 根状茎入药，为滋养强壮剂，微有收敛性，对于虚弱及消化不良的慢性肠炎、遗精、夜尿及糖尿病等有效。

根状茎可作副食和酿酒原料。（见“淀粉及糖类”648页）

［理化性质］ 根状茎主含淀粉，另含粘液蛋白（mucin），尿囊素（allantoin），精氨酸（arginine），胆碱等，又含有一种麦芽糖转化酶。

［采收处理］ 茎叶枯萎，至次年发苗生叶时，采挖质量最佳。采挖时用刀割去地上部分，然后将根状茎挖出，洗净泥土，即可进行加工。

［加　　工］ 加工方法有二种：

1．毛山药 一般多选择较细的鲜根状茎或质量不好的鲜根状茎，浸泡在水中，2～3小时，用竹刀刮去外皮，置筐中用硫磺熏，然后晒干或烘干即成。

2．光山药 选择粗大的鲜根状茎，按毛山药加工法加工后，在水中浸一天，再加微热并用棉被盖好，不使热气消散，密闭12小时，然后放在木板上搓圆，用刀将两头切齐，再切成12～23厘米长的小段，晒干即成。

［其　　他］ 另有一种日本薯蓣（Dioscorea japonica Thunb.）也常作山药入药。他与山药的区别是花序轴呈螺丝状弯曲。

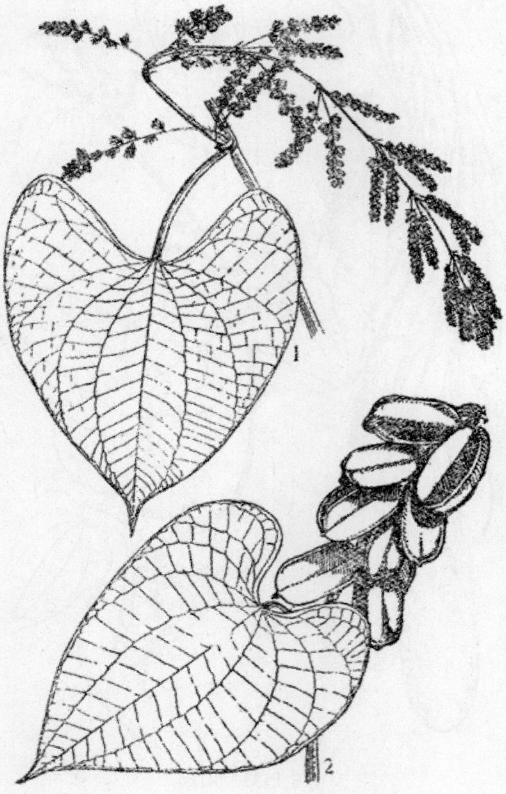

图1534 黄独
Dioscorea bulbifera L.
1．花枝；2．果枝。

451 黄独（huangdu）（图1534）

［地 方 名］ 黄药子（江苏宜兴）

［学　　名］ **Dioscorea bulbifera** L. 薯蓣科

［药 材 名］ 黄药子（江苏、湖南、河南、湖北、浙江），老头蛋（河南），野尿屯、山药薯、山淮（福建），

金丝卵蛋、金线蛤蟆（浙江）。

［形态特征］ 一年生缠绕草质藤本，无毛，具球圆状地下块茎，长可达40厘米。茎圆形，少有分枝，外皮暗黑色，密生细长须根。单叶互生，有长柄；叶腋常有球形的珠芽，呈黄褐色，有疣状突起；叶片心状卵形或圆心形，长7～13厘米，宽7～12厘米（有时长可达33厘米，宽32厘米），全缘，先端尖，基部宽心形，有脉7～9条，明显；叶柄长4～5厘米。花单性，雌雄异株，花序穗状，腋生，下垂；雄花序纤弱，短而丛生或延长为圆锥花序状，长3～10厘米；花被6片，披针形；雄蕊6，着生在花被裂片的基部，花丝很短；雌花序长可达16.5厘米，通常1～4个丛生于叶腋，有退化雄蕊6，子房下位，长椭圆形，3室，花柱3裂。蒴果下弯，长圆形，长约2厘米，有3翅，3瓣裂；种子菱形，呈镰刀状，长约1.5厘米，褐色，有膜质翅。花期7～9月，果期9～10月。

［生长环境］ 山坡路旁、林缘、灌丛及溪流两岸的林间都有生长。园圃中也有栽培。

［产　　地］ 河北、山东、河南、四川、贵州、云南、广西、广东、福建、江苏、浙江、湖北、湖南等省区。以云南及广东、广西产量较多。

［用　　途］ 块茎入药，可治腰酸痛，并治甲状腺肿。

块根含淀粉可酿酒（见“淀粉及糖类”，649页）亦可食用。

［理化性质］ 块茎富含淀粉，单宁，并含少量薯蓣皂角甙。

［采收处理］ 块茎在果实成熟后至第二年发芽生叶前和秋季叶落后采收，但以10～11月采挖的较好，质量坚实，将块茎挖出，去掉茎叶，洗净泥土，横切成厚1~1.5厘米的片，晒干即可备用。

452 穿龙薯蓣（chuanlongshuyu）（图1535）

［地 方 名］ 穿山龙、土龙骨、鞭梢菜、穿地龙、穿山骨（东北、山西），爬山虎（吉林），野山药（河北），鸡骨常山（北京），山常山、常山（山东），黄姜、蝴蝶菜、土山薯、土黄连、茯苓（安徽）。

［学　　名］ **Dioscorea nipponica** Makino　薯蓣科

［药 材 名］ 金钢骨、地龙骨（北京），山常山（山东），粉萆薢（浙江）。

［形态特征］ 多年生缠绕草本；块根横生，呈长圆柱形，表面黄褐色，光滑，断面暗黄色，外皮脱落成片状，直径1～3厘米。叶互生，具长柄；叶片卵形至阔卵形，边缘3～5浅裂，先端尾尖，基部心形，背脉隆起，生有短毛。花雌雄异株；雄花序长，复穗状；花小，花瓣6，雄蕊6；雌花序单一，呈穗状，下垂，子房3。蒴果倒卵状椭圆形，具3翅；种子上部具长方形膜质的翅。花期6～7月，果期8～9月。

［生长环境］ 山坡、灌木林下、山间两旁及土层较深厚的岩石缝中。

［产　　地］ 辽宁、吉林、黑龙江、河北、山西、陕西、甘肃、山东、河南、湖北、四川、安徽、浙江、福建等省。以浙江天目山及山东昆仑山产量较多。

［用　　途］　块根为提取甾体皂角甙合成治疗风湿性关节炎、风湿性心脏病的新药“可的松”和治疗习惯性流产的新药“黄体酮”等的重要原料，东北民间用块根泡酒或煎服，治腰、腿痛及筋骨麻木症；浙江天台县民间用少量的根水煎服可治腹痛症。

块根还作土农药，民间也用根切碎毒鱼。植株的水浸液，喷洒于农作物上能防治蚜虫。植株的酒精浸液，能杀伤孑孓，效果良好。块根中含有淀粉，又可供酿造酒精（见“淀粉及糖类”，651 页）。

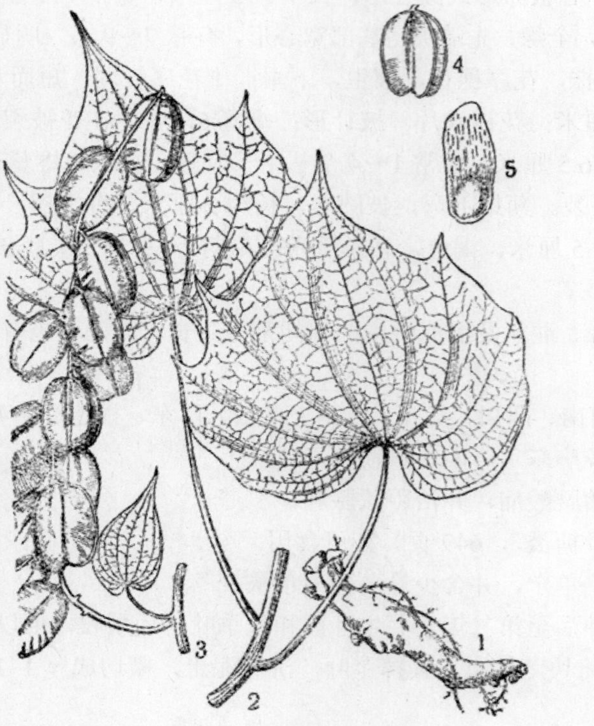

图 1535　穿龙薯蓣
Dioscorea nipponica Makino
1．根；2．枝叶；3．果序；4．果实；5．种子。

［理化性质］　据吉林农业大学化验资料：块根含薯蓣皂角甙元达 2%，鞣质 0.58%，并含尿囊素（allantoin，$C_4H_6N_4O_3$）。其中薯蓣皂角甙元是主要的有效成分。另外块根中含淀粉 17.31%，可溶糖 9.98%。

［采收处理］　果实成熟后或植株初发叶时采收较好。将掘得的鲜块根，除去泥土，晒干，即可提取薯蓣皂甙元。品质以根粗长、色暗黄、质坚硬的较好。用麻袋或竹篓包装，放于干燥通风处保存。

［其　　他］　另外还有几种，如蜀葵状薯蓣（Dioscorea althaeoides R. Kunth）（分布于云南、四川），黄山药（D. panthaica Prain et Burk.）（分布于四川、云南），盾叶薯蓣（D. zingeberiensis C. H. Wright）（分布于湖北、湖南、四川、云南），其薯蓣皂角甙元的含量在 2%左右。

453 射干（shegan）（图 1536）

［地 方 名］　山蒲扁（辽宁、吉林），老鸹扇（河南），紫良姜、铁扁担、冷水花、黄姜（江苏），乌扁、紫金牛、草姜（山西），扁竹、扇把草（广西），土铰剪、金丝蝴蝶（浙江）、马尾扇子、燕尾、山大刀、马虎扇子（山东），金蝴蝶、草羌、芋田（福建）。

［学　　名］　**Belamcanda chinensis** (L.) DC.　鸢尾科

［药 材 名］　射干、扁蓄片（广东、广西）

［形态特征］　多年生草本，高 50～120 厘米。地下具匍匐状的根状茎，外皮呈鲜黄色，须根细长。叶 2 列，扁平，嵌迭状广剑形，长 25～60 厘米，宽 2～4 厘米，先端渐尖，基部抱茎，全缘，两面无毛，具多数平行脉。总状花序顶生，二叉分枝；花梗基部有膜质苞片，卵形至卵状披针形；长 1～2 厘米；花直径 3～5 厘米，桔黄色带有暗红色斑点，花被片 6，长圆状披针形，先端钝或微凹，排成两轮：内轮 3 片较外轮 3 片略小；雄蕊 3，着生于花被基部，花药外向，线形；子房下位，3 室，花柱棒状，柱头 3 浅裂，被短柔毛。蒴果椭圆形，长 2.5～3.5 厘米，成熟时 3 瓣裂；每室有种子 3～8 粒，黑色，近球形，有光泽。花期 7～9 月，果期 8～10 月。

［生长环境］　生于山坡路旁、草地、原野旷地、杂木林下，或沟边岩石旁；也常栽培在庭园或农舍前后作观赏用的。

［产　　地］　黑龙江、吉林、辽宁、内蒙古、河北、山西、山东、河南、陕西、甘肃、青海、宁夏、新疆、安徽、江苏、浙江、江西、湖南、湖北、四川、贵州、福建、台湾、广东、广西、云南等省区。

图 1536　射干
Belamcanda chinensis (L.) DC.
1．植株全形；2．雄蕊；3．雌蕊；4．示蒴果的胞背开裂。
（自“江苏南部种子植物手册”）

［用　　途］　根状茎为利尿、泻下及退热药，又为消炎、解毒、消火要药。治咽喉肿痛、扁桃腺炎及腰痛等症。民间取新鲜的根状茎捣汁与热酒冲服，治跌打损伤；块根捣烂外敷，能消疮毒，妇女乳痛等；福建建瓯县民间用根和花治鼻内生疮。

广西兽医用根状茎治牛肺病咳嗽症。根状茎可供酿酒用。叶、茎含纤维可作造纸原料（见“纤维类”，408 页）。

［理化性质］　含射干甙（balamcandin，$C_{24}H_{24}O_{12}$），及与鸢尾甙（iridin，$C_{24}H_{26}O_{13}$）类似的物质 tectoridin（$C_{22}H_{22}O_{11}$）及射干素（shekanin）。

［采收处理］　全年均可采收，但开花期不宜采。9 月后采挖，老根状茎质量较好，采挖后，随即将小的根状茎埋入土中，使其来年继续生长。挖出根状茎去掉茎叶，晒干

或晒至半干，在铁丝筛中用微火烤，边烤边翻，直至毛须烧净为止，再晒干即可备用。

454 大高良姜（dagaoliangjiang）

［学　　名］ **Alpinia galanga** (L.) Willd. [*Languas galanga* (L.) Stuntz.] 姜科

［药 材 名］ 红头蔻、山姜子（广东），山羌子（广西）。

（形态特征、生长环境、产地及其他用途见“芳香油类”，1522 页）

［用　　途］ 本种的果实，药材称为红豆蔻，现市场多用此果实代替白豆蔻用，而白豆蔻（Amomum cardamomum L.）是重要进口药材，为芳香性健胃驱风剂，另有镇呕作用，对消化不良、呕吐、胃痛等有效。是否本种有统一的效用，尚需进一步的研究。

［理化性质］ 种子含挥发油、淀粉及蛋白质。

［采收处理］ 9～10 月间，果实近成熟时采收，晒干即可。

［其　　他］ 本属的另一种植物山姜（Alpinia japonica Miq.）（形态特征、生长环境、产地及其他用途见“纤维类”，415 页）其果实在广东也作红豆蔻入药。

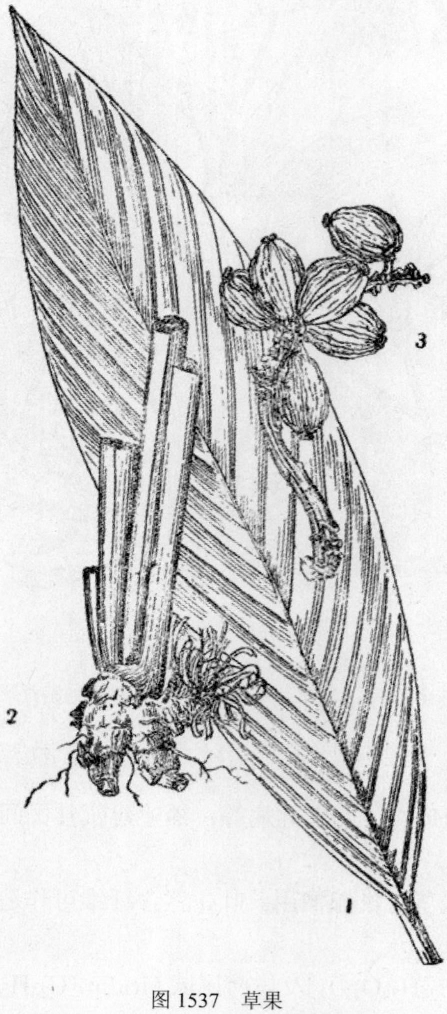

图 1537　草果

Amomum tsao-ko Crevost et Lemaire

1. 叶；2. 根状茎；3. 果序。

455 草果（caoguo）（图 1537）

［学　　名］ **Amomum tsao-ko** Crevost et Lemaire 姜科

［药 材 名］ 草果

［形态特征］ 多年生常绿草本，丛生，高达 2.5 米，全株都有辛香气。根状茎横走，地下部略似生姜，粗壮有节，肥大，淡紫红色，直径约 2.5 厘米。地上茎圆柱状，直立或稍倾斜，粗壮，淡绿色。叶二列；有短柄或无柄；叶片长椭圆形或狭长圆形，长约 55 厘米，宽 20 厘米，先端渐尖，基部渐狭，全

缘，边缘干膜质，叶两面均光滑无毛，叶鞘开放，抱茎，叶舌长 0.8～1.2 厘米。穗状花序从根中生出，长约 13 厘米，直径约 5 厘米，每花序有花 5～30 朵；花冠红色。蒴果密集，长圆形或卵状椭圆形，紫褐色，味辛辣而有香气，长 2.5～4.5 厘米，直径约 2 厘米，顶端具宿存花柱，呈短圆状突起，熟时红色，外表面呈不规则的纵皱纹，小果梗长 2～5 毫米，基部具宿存苞片。花期 4～6 月，果期 9～12 月。

［生长环境］　性喜阴蔽潮湿，一般生于沟谷两岸疏林内，但在阳光绝少的森林内则生长不良，适应于深厚疏松肥沃土壤，海拔在 1300～1800 米间。

［产　　地］　云南、广西、贵州等省区，主产云南西畴、马关、文山、屏边、麻栗坡。广西靖西、睦边，贵州罗甸。

［用　　途］　果实入药，治痰饮积聚，痞满，反胃，呕吐，疟疾等症。

根、茎、叶及果均可提取芳香油（见“芳香油类”，1522 页）；叶柄可为人造纸原料及麻类代用品。

［理化性质］　据云南省资料：果含挥发油 0.4%。

［采收处理］　果实将成熟时，摘取果实，晒干，放干燥通风处保存。品质以个大，饱满，表面红棕色者为好。

456 阳春砂（yangchunsha）

［地 方 名］　砂仁（云南）

［学　　名］　**Amomum villosum** Lour.　姜科

［药 材 名］　砂仁、春砂仁（广东）

［形态特征］　多年生草本，一般高 1.5 米左右。根状茎圆柱形，横走，有节，节上有筒状的膜质鳞片，棕色，根状茎伸长 30～60 厘米时，不定芽萌发后长出分枝。茎直立，无分枝。叶无柄，长圆形或披针形，长 14～60 厘米，宽 2～8 厘米，平行脉；具鞘状叶柄。花茎由根状茎抽出，通常无叶，复以鳞片；穗状花序球形，花萼管状，先端 3 浅裂；花白色，花冠管不长于萼，3 裂，裂片长圆形；唇瓣常阔而较大，倒卵状匙形，侧生小雄蕊退化呈齿状；雄蕊 1，药隔附属物 3 裂，中央裂片宽大而反卷；子房下位，被细毛，3 室，花柱细长，基部具 2～3 蜜腺。蒴果近球形，直径约 1.5 厘米，红棕色，具刺状凸起。种子多数，芳香。花期 3～6 月，果期 6～9 月。

［生长环境］　生于高温、高湿、静风处土壤疏松、潮湿、肥沃与排水良好的丘陵地和山地的山谷密林下，以荫蔽度 60～70%为最好；气候温暖而有霜地区，可生长，但不能开花结果。

［产　　地］　广东、广西、云南等省区。广东以阳春、阳江、高州、东兴为多，次为开平、罗定，而以阳春产者品质好；广西、云南少数地区亦产，均系栽培品种。

［用　　途］　种子入药，治消化不良、呕吐、胃病、嗳酸、腹痛、妊娠恶阻。胎动不安，并有健胃、化滞之效。

［理化性质］ 据北京医学院药学系1958年分析：阳春砂含皂角甙0.69%。据同属植物缩砂密（Amomum xanthioides Wall.）的果实含挥发油约1.7～3%，主要成分为右旋樟脑、龙脑、乙酸龙脑酯、沉香油醇（linalool）、橙花叔醇（nerolidol，$C_{15}H_{26}O$）。

［采收处理］ 立秋前后果实成熟，采果要用剪刀将果实剪下，不可用手摘及挖伤根状茎，影响下年结果。将采收的果实放在筛中或席子上用微火烘至半干时，趁热喷冷水一次，令其骤然收缩，使果实与种子紧密结合，这样保存时不易生霉。为了提高其品质，一般在干后，燃烧砻糠或木炭，其上盖樟树叶，经过熏后香气更浓。阳春砂均加工成壳砂。剥除种子团后的果皮，为砂仁壳，也供药用。适时采摘，每斤湿货可得干货4两，初夏采摘，1斤湿货干燥后能得到1两5钱。品质以皮包紫红、肉红褐色而光润，仁肉饱满大粒，梗短较好。

457 闭鞘姜（biqiaojiang）（图1538）

［地 方 名］ 水蕉花（广东海南），路羌猫、广东商陆（广东），鬼羌（广西龙州）。

［学　　名］ **Costus speciosus** (Koenig) Sm.　姜科

［药 材 名］ 樟柳头（广东）

［形态特征］ 高大草本，高1.5～2.5米。根状茎块状，平生。茎基部近木质，通常上部分枝。单叶，螺旋状排列，叶片长圆形至披针形，长15～20厘米，宽6～7厘米，先端渐尖或尾尖，基部圆，全缘，直立平行的羽状脉由中央斜出，背面密被绢毛；叶鞘阔而封闭。穗状花序，无柄，苞片复瓦状排列，卵形，红色，长约2厘米，具增厚和略锐利的刺状渐尖，每一苞片内，有一朵花，其侧有一小苞片，长1.2～1.5厘米；花左右对称；花萼管状，长1.8～2厘米，红色，先端3裂；花冠管短而大，裂片椭圆形或卵形，长2.5厘米，白色或带红色，唇瓣（退化雄蕊）卵形，白色，中部橙黄色，长宽约4～8厘米，先端具裂片及皱波状；雄蕊1，花瓣状，药室线形，长约9毫米，平行；子房下位，2～3室，胚珠多数。蒴果球形，稍木质，长1.3厘米，红色。种子黑色光亮，长3毫米。花期秋季。

图1538 闭鞘姜
Costus speciosus (Koenig) Sm.
花枝

［生长环境］ 生于气候温暖的平原丘陵地的潮湿地或溪边的灌木中或草丛中，但以山谷和溪边生长最好。

［产　　地］ 广东、广西等省区。广东产于新兴、英德、台山、高要、高州、翁源和海南。

［用　　途］ 根状茎入药，治肾脏水肿。

［采收处理］ 全年均可采收，以秋季采收为佳，将采来的根状茎，洗净泥沙，除去须根，切成约5毫米厚的薄片，晒干即可。

458 郁金（yujin）（图1539）

［学　　名］ **Curcuma aromatica** Salisb. 姜科

［药 材 名］ 郁金、姜黄、莪术

［形态特征］ 多年生宿根草本。块茎卵圆状，侧生，根状茎圆柱状，横断面黄色；根粗壮，末端膨大成长卵形块根。叶基生，叶柄长约5厘米，基部的叶柄较短，有时近于无柄，具叶耳；叶片长圆形，长15～37厘米，宽7～10厘米，先端尾尖，基部圆形或三角形，表面光滑，背面被伏毛，后变光滑。穗状花序自根状茎生出，圆柱状，先叶开花或与叶同时开花，总花梗长7～15厘米，具鞘状叶；基部苞片宽卵圆形；顶端苞片较狭，先端淡紫红色，腋内无花；小花数朵，生于苞片内；次第开花：花萼白色，筒状，不规则3齿裂，长约为花冠管之半，花冠成漏斗状，喉部密生柔毛；花冠裂片3，上端一枚较大，先端呈兜状；唇瓣圆形，先端3浅裂，外折；侧生退化雄蕊长圆形，先端钝，与花冠裂片等长，药隔矩形，基部有矩，花丝扁阔；子房被伏毛，花柱丝状，光滑或被疏毛，基部有二棒状附属物，柱头略呈二唇形，具缘毛。花期4～6月，极少秋季开花。

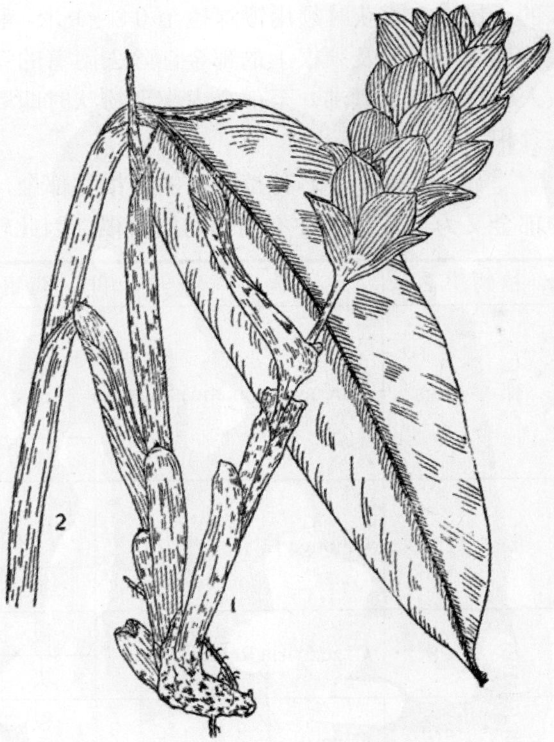

图1539 郁金

Curcuma aromatica Salisb.

1. 着花的植株；2. 叶。

［生长环境］ 一般气候温和湿润，一年中霜雪较少的地区都适于栽种；对土壤要

求疏松、肥沃、土层深厚，排水良好；在四川双流，崇庆沿金马河的一带冲积土，因其肥沃深厚，生长良好。

［产　　地］ 浙江、福建、广东、广西、江西、四川、云南等省区。

［用　　途］ 块根为健胃镇痛药，又有止血、治胃溃疡、胃痛及尿血，并有治妇女月经痛及黄疸病等功效。

［理化性质］ 块根含挥发油 6.1%，其主要成分为莰烯 0.8%，樟脑 2.5%，倍半萜烯 65.5%，倍半萜烯醇 22.0%。倍半萜烯主要为 l-curcumen。

［采收处理］ 12 月下旬（冬至节前后），郁金地上茎叶逐渐枯萎，即可开始收获。但不宜收获过早，以免影响产量，以 2 月上旬（立春前后）采收最适合；如至 2 月下旬（雨水节），郁金水分增多，挖时须根易断，费工较多，同时挖后要干燥也较困难，容易影响质量，但极少延至 4 月上旬（清明节前）才收获完毕。郁金多分布在 0.5～0.8 米深的土层中，收获时须用锄深挖至 0.8～1 米，将块根全部挖起，依次一行行挖完。取下根状茎（姜黄）及须根上的郁金，除去附着的泥土，装入筐中，置水中洗去泥沙，而后放入锅里，用水煮沸，至郁金内部现粉状时即取出，摊在席上曝晒，干后放入竹篦中撞去须根，即得商品。

［其　　他］ 本种植物它的块根称郁金，而根状茎又称姜黄或莪术，且现在所用的郁金又为姜黄的数种不同植物的块根，因此较混乱，为了清楚起见，特列表如下：

植物中名	学　名	药用部分	药材名称	产　地
郁　金	Curcuma aromatica Salisb.	根状茎	姜　黄	广东、广西
			片姜黄	浙江
			蓬　莪	浙江
		块　根	温郁金、郁金	浙江、福建
姜　黄	C. longa L.	根状茎	姜　黄	四川、福建、海南岛、陕西
		块　根	黄丝郁金	四川
莪　术	C. zedoaria Rosc.	根状茎	莪术、文术	福建、四川
		块　根	绿丝郁金	四川
毛莪术	C. sp.	根状茎	莪　术	广西
		块　根	桂郁金（莪苓）	广西

459 姜（jiang）（图 1219）

［学　　名］ **Zingiber officinale** Rosc.　姜科

［药 材 名］ 生姜衣（通称）

（形态特征、生长环境、产地及其他用途见“芳香油类”，1525 页）

［用 途］ 药用以姜衣（栓皮）为主，根状茎次之，主要用作调味剂，药用为驱风剂，芳香兴奋剂，有发汗功效。通常与泻下剂同用，以减少肠绞疼。外用于脓肿创伤，皮肤癣症。

［理化性质］ （1）芳香性成分为挥发油，约含 0.25～0.3%，其中主要香气成分为姜醇（zingiberol,$C_{15}H_{26}O$）及姜烯（zingiberene,$C_{15}H_{24}$），莰烯，水茴香烯，龙脑，柠檬醛及桉油。（2）辛辣成分为姜辣素（gingenol），呈黄色油状液体，具强烈辣味；如遇氢氧化钡液共煮沸，可被分解，产生挥发性的醛类与结晶性的辣味物质，称姜酮（zingerone），熔点 41℃及姜烯酮（shogaol），沸点 201～203℃。此外尚含树脂、粘液质及淀粉等。

［采收处理］ 于 9～11 月间，当茎叶枯萎时，挖掘根状茎，洗涤后除去须根干燥即可。如需去皮，则将根状茎掘起，除去根及芽，洗涤干净后，浸于清水中过夜，用刀将深色的木栓及附着的一部分皮层剥去，再用水洗涤，置帘上晒干，约 5～6 天可干燥。

460 金线兰（jinxianlan）

［地 方 名］ 金钱草、金蚕、金石松、金不换、金线莲（福建）

［学 名］ **Anectochilus formosanus** Hay. 兰科

［形态特征］ 多年生草本，高 4～10 厘米；根状茎匍匐，长达 4～5 厘米。茎节明显，叶互生，具柄，基部呈鞘状；叶片卵形，长 2～5 厘米，宽 1～3 厘米，顶端急尖或短尖状急尖，基部圆形，表面有细微鳞片状突起，有光泽，背面暗红色，弧形脉 3～7 条，通常为 5 条，幼叶的叶脉为金黄色，老叶脉呈橙红色。花茎长 4～5 厘米，具 2～3 朵花，苞片卵状披针形，长 1 厘米；花淡红色，中萼片圆形末端具骤尖，背面被长硬毛，里面无毛，极凹，与花瓣粘合成盔，具 1 条脉，长 6 毫米，骤尖长 1 毫米；侧萼片卵长圆形，极偏斜，顶端具短骤尖，长 8 毫米，具 1 条脉，外面被长硬毛，里面无毛；花瓣半卵圆形，极偏斜，长 7 毫米，顶端具长 2 毫米的骤尖，亦有 1 条脉；唇瓣整体为一叉形，下部的爪（即柄）长 5～6 毫米，两边撕裂，裂条线形，长 5 毫米，唇瓣深 2 裂，裂片狭长圆形，分开，顶端钝，长 5 毫米，宽 0.3 毫米；矩囊状三角形，长 4 毫米，宽 3 毫米，基部前方有二个疣状突起；雄蕊 1，长圆形，长 4 毫米。花期 8～9 月，果期 9～10 月。

［生长环境］ 喜阴湿，生长在常绿阔叶林或竹林下枯枝落叶中，海拔 200～1400 米左右。

［产 地］ 台湾、福建等省。

［用 途］ 全草入药，有退热消炎作用，疗效显著。可治膀胱炎、遗精等症；又可治毒蛇（竹叶青）的咬伤。

［采收处理］ 秋季采收，洗净根上泥土晒干备用。

461 白及（baiji）（图 544）

［学　　名］ **Bletilla striata** (Thunb.) Reichb. f.　兰科

［药 材 名］ 白及

（地方名、形态特征、生长环境、产地及其他用途见“淀粉及糖类”，654 页）

［用　　途］ 假鳞茎入药，中医用作胶粘性止血剂。内服治吐血、肺病咳血、胃溃疡呕血等。外敷用于疔疮等。

本品粘液质可作混悬剂及乳化剂；并可制土农药。

［理化性质］ 块茎含粘液质约 55%，淀粉、挥发油等。

［采收处理］ 宜于 8～10 月间挖取；除去残茎及须根，洗净泥土，用微火焙干；或用开水浸泡，使内含物糊化，然后除去外皮，晒干；或煮透后，取出用冷水洗去粘液，晒或微火焙至半干后，除去外皮，再用硫磺熏白或晒干。

462 金钗石斛（jinchaishihu）（图 1540）

［地 方 名］ 吊兰花、金耳环（四川）

［学　　名］ **Dendrobium nobile** Lindl.　兰科

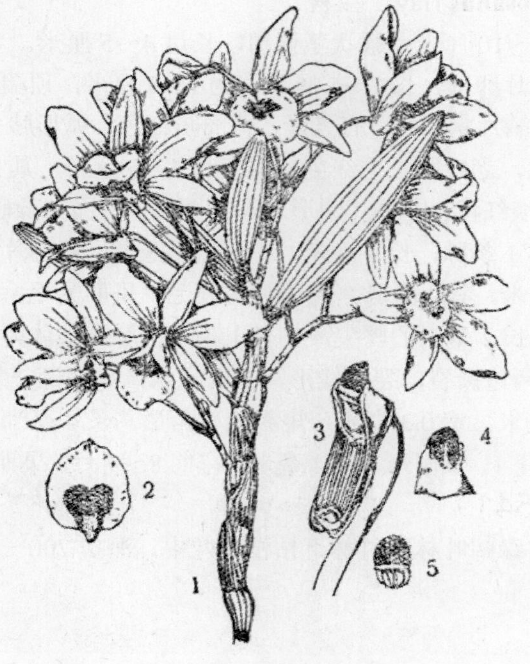

图 1540　金钗石斛

Dendrobium nobile Lindl.

1. 着花之茎；2. 花之唇瓣；3. 蕊柱之剖面，示蕊柱、蕊柱足及子房之一部；4. 蕊柱背面；5. 蕊柱正面，下端示雄蕊。

［药 材 名］ 石斛

［形态特征］ 多年生附生草本，高 30～50 厘米。茎丛生，直立，直径 1～1.3 厘米，黄绿色，多节，节间长 2.5～3.5 厘米。叶无柄，近革质，常 3～5 生于茎的上端；叶片长圆形或长圆状披针形，先端钝，有偏斜状的凹缺；叶鞘紧抱于节间，长 1.5～2.7 厘米。总状花序自茎节生出，通常具花 2～3；花甚大，下垂，直径 6～8 厘米；花萼及花瓣白色，末端呈淡红色；萼片 3，中央 1 片离开，两侧者基部斜生于蕊柱足的前方，近圆卵形，下半部向上反卷包围蕊柱，近基部的中央有一块深紫色的斑点；雄蕊呈圆锥形，花药 2 室，花粉块 4 个，蜡质。果实为蒴果。花期 5～6 月。

［生长环境］ 喜阴湿植物，附生于森林中树干外皮上。

［产　　地］ 四川、贵州、

云南、湖北、台湾等省。各地已进行引种栽培。

［用　　途］ 能促进唾液分泌，使口腔滋润，并为强壮剂及退热剂；用于阴萎，又有健胃作用。四川民间用根作补药。泡酒内服，可治痨伤。

［理化性质］ 市售金石斛中含石斛碱（dendrobine，$C_{16}H_{25}NO_2$）及其他两种植物碱；据北京医学院药理系 1958 年分析这一种鲜石斛含植物碱仅 0.05%，无皂角甙及鞣质反应。

［采收处理］ 4～5 月采挖，剪去须根，洗净，晒干或烘干。在广西地区先用开水烫过，在晒或烘前，趁热边搓边晒，至全部干燥为止。在悬岩绝壁石缝采摘，采者须有采挖技术和经验，否则不易采到，采时用粗绳索一条，一端捆在山顶树身上，另一端捆扎在采者腰间，悬吊而下进行采摘。采后如保存鲜用时，应及时种于细砂石中，放置阴湿处，随时洒水于砂石上，使根部保持湿润，切勿使茎叶受水．更不能遭雨淋。

［其　　他］ 本属尚有数种植物几乎全作药用，如铁皮石斛（Dendrobium officinale K. Kimura et Miq.）分布于安徽、浙江、陕西、山西、河南、福建、广西、广东、江西、云南、贵州等省区。其主要区别是茎圆形，通常高 40 厘米以下，叶鞘灰色呈不清洁状，有花 2～5 朵，花径 3.5～4 厘米。另一种铜皮石斛（Dendrobium crispulum K. Kimura et Miq.）分布于浙江、安徽，其主要区别是叶非线形，叶鞘非灰色不清洁状；花径 2 厘米左右。

463 天麻（tianma）（图 1541）

［地 方 名］ 赤箭（四川、吉林），木浦（云南）。

［学　　名］ **Gastrodia elata** Bl.　兰科

［药 材 名］ 天麻

［形态特征］ 多年生寄生草本，高 60～100 厘米。块茎肥厚，肉质长圆形，长约 10 厘米，直径 3～4.5 厘米，有不甚明显的环节。

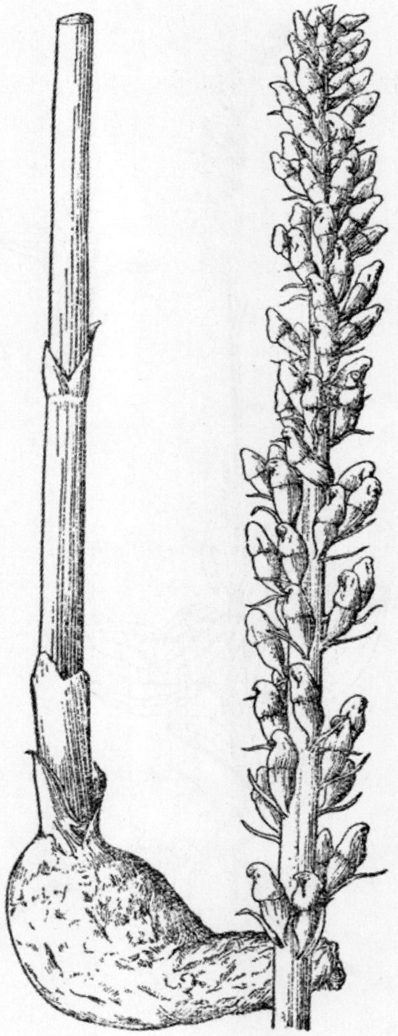

图 1541　天麻
Gastrodia elata Bl.
植株全形

茎直立，圆柱形，黄赤色。膜质鳞片，长1～2厘米，基部成鞘状抱茎。总状花序，长10～30厘米；花黄赤色，梗短；苞片膜质，狭披针形或线状长椭圆形；二侧萼片长圆形，长7毫米，顶部以下合生，中萼片长6毫米，在中部以上与侧萼片合生成歪壶状，口部倾斜，5裂，基部下侧膨大；唇瓣高于花被管约2/3，中部以下宽3.5毫米，3裂，中裂片大，三角宽卵形，前半部边缘具流苏，侧裂片直立，褶片状，斜三角形；子房长5～6毫米，光滑，上有数条棱。蒴果长圆形至长倒卵形，具短梗；种子多而细小，粉末状。花期6～7月，果期7～8月。

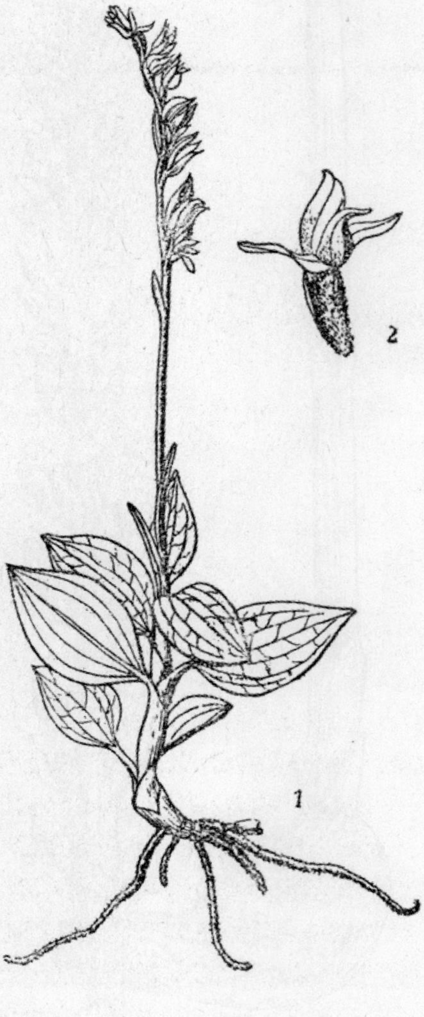

图1542 斑叶兰
Goodyera schlechtendaliana Reich. f.
1. 植株全形；2. 花。（自“江苏南部种子植物手册”）

［生长环境］ 生于林下荫湿、腐殖质较厚的地方，有时与禾本科植物混生。

［产　　地］ 吉林、辽宁、河北、河南、安徽、湖北、四川、江西、云南、贵州、陕西等省。

［用　　途］ 块茎为强壮药。用于眩晕、头疼及神经衰弱等症。能缓解由于冒寒或潮湿所引起的四肢筋骨疼痛。并治因中风所引起的上下肢知觉麻痹、言语障碍。

［采收处理］ 由于采收季节不同，分为“春麻”及“秋麻”两种。在3～5月间植物刚出芽或仅具短茎时挖出的称为“春麻”，秋季采挖的称为“秋麻”，春季容易采挖，产量较秋季采的为大，质量也较好。将根状茎挖出后，除去地上茎部及须根，擦去外皮，洗净，放入水锅中煮透（约半小时）或蒸透，然后取出平铺席上，置通风处凉至半干，再用木制的薄板将块根压扁，晒干或用微火烤干。蒸煮后的天麻块根如果吸水太多而膨胀时，通常是用针刺成小孔，将水分压出后再晒干。

464 斑叶兰（banyelan）（图1542）

［地 方 名］ 小叶青、小青、麻叶青（浙江），银线莲（福建）。

［学　　名］ **Goodyera schlechtendaliana** Reich. f.　兰科

［形态特征］　多年生小草本，高约 12～20 厘米；茎基部有肉质匍匐茎。叶近基生，狭卵形或卵形急尖，长 2～5 厘米，宽 1.2 厘米，先端急尖，表面暗绿色，具灰白色网状纹；叶柄基部具筒状膜质鞘；苞片短于花，卵状披针形，长 13 毫米。花白色，5～10 朵成一侧生的总状花序，有腺毛；萼片白色或带微红，卵披针形，急尖，侧萼稍倾斜，长约 8～11 毫米，花瓣卵披针形，急尖，上半部粘合呈盔状，长度与萼片相仿；唇瓣与萼片等长，基部具球形的囊，囊内有毛；前面具长圆披针形的长喙，花柱短，药直立，花粉块 2，附着在花柱顶端的蕊喙上。花期 9 月。

［生长环境］　喜生于山谷山坡林下阴湿处多腐殖质的土壤上。

［产　　地］　江苏、浙江、江西、湖北、贵州、四川、广东、福建等省均有零星分布。

［用　　途］　全草入药，浙江天台县民间将全草揉碎，敷于毒蛇咬伤处，能免毒汁串流；天台民间有这样谚语“识得小叶青，不怕深山猛蛇精”由此可知其药效了。

［采收处理］　夏秋两季采挖，一般随采随用。将挖掘的全草，洗去泥土供药用。

465 手参（shoushen）（图 1543）

图 1543　手参
Gymnadenia conopsea R. Br.
植株全形

［地 方 名］　掌参（黑龙江），佛掌参（四川），阴阳草（吉林）。

［学　　名］　**Gymnadenia conopsea** R. Br.　兰科

［药 材 名］　佛手参（北京）

［形态特征］　多年生草本，高 30～80 厘米。块茎 4～6 裂，肥厚似手掌，通常 2 枚，初生时白色，后呈黄白色，次年生出一新块茎，其中一老块茎腐坏。茎直立，基部具淡褐色叶鞘。茎生叶 4～7，叶片长圆形急尖，基部抱茎。顶生穗状花序，长 6～15 厘米；花多数，粉红色或淡红紫色；苞片卵状披针形几与花等长；萼片张开长圆形，末端钝，具 3 脉；花瓣粘合，卵形，末端钝，偏斜，短于萼片；唇瓣长宽相等，菱形，三

浅裂；裂片近于卵形；距通常呈镰刀状弯曲，细长，长 1.3～1.8 厘米；子房扭曲，长约 8 毫米。蒴果长圆形；种子小。花期 6～7 月，果期 7～8 月。

［生长环境］ 生于草甸，林间草地，河谷草甸子及灌丛间。

［产　地］ 吉林、辽宁、黑龙江、河北、山西、陕西、宁夏、内蒙古、四川等省区野生。

［用　途］ 块茎入药，多研成粉末，制成粘液，用作解毒药，并有泻下作用。内蒙古额尔古纳旗一带用块茎泡酒服，为强壮强精剂。

块茎含淀粉（见“淀粉及糖类”，655 页）。

［理化性质］ 块茎中含粘液质 50%，淀粉 27%，蛋白质 5%，糖分 1%及其他草酸钙，无机盐分。

［采收处理］ 春季或秋季挖取块茎，洗净泥土，晒干即可。

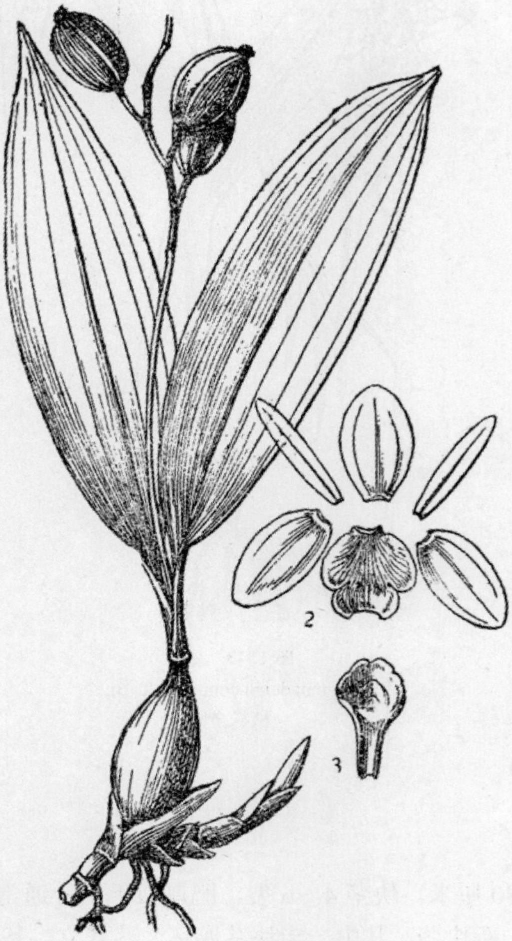

图 1544 石仙桃

Pholidota chinensis Lindl.

1．植株全形；2．花冠；3．合蕊柱。

466 石仙桃（shixian-tao）（图 1544）

［学　名］ **Pholidota chinensis** Lindl.　兰科

［形态特征］ 多年生附生草本。根状茎肥厚，匍匐而短；假鳞茎卵形或圆形。叶 2 片，长圆形或椭圆形，长 5～15 厘米或超过，先端渐尖，有脉多条。花茎高 10～15 厘米，有叶 1～2 枚，基部有鞘状鳞叶；总状花序生于花茎顶端，下弯，有花 8～20 朵，绿白色；苞片卵状披针形，不落，2 列，边缘里卷；萼片长圆形急尖，背面龙骨状，长约 10 毫米，花瓣线形急尖，稍短；唇瓣外形为长圆形，分上下两部，下部凹下，上部反折，三裂，侧裂片宽长圆形，侧裂片小，急尖；蕊柱顶端翅状，花药顶生，每室横裂为 2 药瓣，花粉块 4 个。花期 4～5 月，果期 6～8 月。

［生长环境］ 山林下岩石或附生于他树上。

［产　　地］　福建南部、广东、广西、云南等省区。

［用　　途］　假鳞茎入药。广西民间用其煎水内服，治哮喘咳嗽、牙疼、头昏头疼等。

［采收处理］　假鳞茎常年可采，洗净晒干入药。

第九章

土农药类

目录

一. 总 论

植物性农药在防治作物病虫害中，占有很重要的地位。它的优点是由于绝大多数植物性农药对人畜均比较安全，在施用中不会发生严重的中毒事故；同时，喷在作物上容易分解，能避免留有残毒的危险，很适用在果蔬类的食用植物上；此外，不少植物性农药还有刺激生长的作用，有利于作物产量的增加。我国野生植物资源丰富，自 1958 年群众大搞土农药以来，已发掘植物性农药品种 500 种左右，复方合剂也有 1000 个以上，对保证农业丰产起了巨大的作用。

我国植物性农药的利用，已有很悠久的历史。在二千多年前，“周礼”已有“剪氏掌除蠹物，以攻禜攻之，以莽草熏之”的记载；“本草纲目”也有世界驰名的有毒植物——鱼藤根的记载。而欧美各国对植物性农药的使用最早也不过自十七世纪起，直到最近几十年来有较大发展，他们虽然做了不少的研究，但对除虫菊、鱼藤、烟草、毒藜、赛藜芦（Sabadilla）及雷尼亚（Ryania）等少数品种的利用工作，发展不是很快。除虫菊由于对人、畜的毒性很低，国外目前大多用来防治苍蝇、蚊子、温室蚜虫等，并且已人工合成拟除虫菊酯（allethrin）用来防治蔬菜害虫及家庭害虫。烟草及毒藜的有效成分，由于它们的挥发性很大，世界各国常制成硫酸烟碱（nicotinesulphate）及硫酸毒藜碱（anabasinesuiphate）两种形式来使用。赛藜芦对蟤象类的害虫效果特别好，雷尼亚对防治玉米螟有特殊的效果。我国南方产的鱼藤，长期以来，在防治蔬菜害虫上起很大作用，现广东及广西已大量栽培；鱼藤乳剂已成为普遍使用的商品农药。除虫菊是从日本传入我国的，为制造蚊香的主要原料。烟草已很广泛地用来防治螟虫及蚜虫，但国内目前尚未有大量硫酸烟碱的制备。毒藜在我国新疆干旱荒漠区有大量生产，去年已广泛使用。近几年来，我们对闹羊花、巴豆、百部、雷公藤、厚果鸡血藤、鸡血藤等也作了研究和应用方面的实验工作，取得了不少成绩。到 1958 年，由于农业生产新形势的需要，各地掀起了大搞土农药的群众运动，植物性农药在我国农村更进一步地得到发展与利用。一年来在这方面的发展是很惊人的，发掘利用的植物品种是很广泛；仅从中国“土农药志”所包括的品种来看，已有 220 种的植物性农药，计分布在 86 个科，其中属于蓼科、毛茛科、豆科、芸香科、大戟科、茄科、菊科、百部科、天南星科等八个科的种类最多。

植物性农药的有效成分，一般分布在整个植株的各部分，但往往在植物体出特定的部位特别多些。如鱼藤、百部、雷公藤、狼毒、苦参等的有效成分在根部较多，苦楝、无患子、巴豆、厚果鸡血藤、皂角、豆薯等在种子内较多，烟草、番茄、夹竹桃等在叶内较多，除虫菊、闹羊花、曼陀罗等在花内较多，苦树、臭椿、榆树在皮内较多。

植物性农药的有效成分种类亦很复杂，有的含有植物碱类，如烟草、雷公藤、蓖麻、苦楝、百部等；有的含有糖甙类，如苦葛、苦参、杠柳等；有的含有皂素，如皂荚、无患子等；有的含有鱼藤酮，如鱼藤、厚果鸡血藤、鸡血藤、豆薯等；有的含有挥发性的芳香油，如大叶桉、蛇床子、细辛等。一般地说，植物碱类不但对植物病、虫有毒效，且对高等动物的毒性也较大，使用时要特别注意安全。糖甙与皂素除对病、虫有毒效外，如果与化学农药混用，尚可改进农药的物理性能，增加毒效。芳香油则具有很大的穿透作用，亦有助于提高杀虫毒效。

植物性农药所含有效成分的多少，受采收时期的影响很大，如烟叶内所含烟碱量以愈老熟愈多，除虫菊花则在初开放时有效成分最多，乌头在冬季挖掘最好，狼毒则春冬两季皆可挖掘，而百部在秋季最好。就一般而论，植物的地下部分，如地下茎及根部，在秋冬枝叶尚未枯萎时进行采集为宜；茎叶则在生长旺盛时季为宜；花类则在含苞待放或开放初期为宜；种子则以老熟的为宜；果实则以成熟的为宜；树皮则以生长旺盛、汁质最多时为宜。

植物性农药采收后，需立即晾干或晒干，绝不能让它发霉。待充分干燥后，可以贮藏在空气流通的干燥仓库中。

土农药加工方法，从我国目前条件来看，以磨成细粉为宜，水浸，水煮及压榨等方法，只适合于随配随用，久贮就会失效。用有机溶剂来抽提其有效成分，当然很好，可以逐步向这个方向发展。

我国植物性农药的发展前途是异常广阔的。根据中国科学院昆虫研究所总结群众经验的初步结论，认为植物性农药除本身的毒效外，还有改进农药的物理性能，增加残效和毒效等作用，而这许多性能，特别在混合使用时，效果最大。目前各地均普遍用着植物性农药的复方合剂就是这个道理。这种混合使用不但可以更广泛地发挥各类野生植物农药的作用，还可提高农药的毒效，减少单位用量。因此大力推行植物性农药的混合使用，确是充分发挥植物性农药的积极措施，也是更合理地解决目前化学农药不足的最好方法。从发展趋势来看，一年多来已经发现了不少高效的植物性农药，但其中有效成分还急待进一步弄清。如果在化学方面尽快地确定它们的化学结构，毒理方面迅速地明确它们的毒理机制，则不但对现有的植物性农药的使用，能起更好的指导作用，并且对新农药的合成，也可以指出新的途径。

由于我国植物性农药种类多，成分复杂，自大跃进以来，虽然各地科学研究机关作了不少工作，但还远远跟不上万马奔腾的群众运动。各地群众已发掘的品种，大多数还没有搞清它们的有效成分，因此科学研究工作还必须加倍努力地跟上去。

这里仅介绍产量较大，毒力较强，分布也较广的植物性农药50种，以供各地参考应用。

二. 各　论

1 银杏（yinxing）（图 366）

［学　　名］　**Ginkgo biloba** L.　银杏科

（地方名、形态特征、生长环境、产地及其他用途见“淀粉及糖类”，448 页）

［用　　途］　银杏杀虫主要部分为肉质外果皮，杀虫效果较好；亦可防治植病，常用的几种配制方法和防治对象如下：1. 将银杏外果皮捣烂，每公斤加水 3 公斤浸泡 24 小时，过滤后再加水浸泡 4 小时，两次共得原液约 4 公斤。使用时，每公斤原液加水 5 倍，对蚜虫杀虫率达 100%。

2. 银杏核果状种子放入臼内捣烂，再加入等量的水，过滤得原液，每公斤原液加水 2 倍使用。对稻螟、棉蚜杀虫率达 100%；蛴螬 80%以上。

3. 银杏叶 20～25 公斤，加水 30～40 公斤，充分捣烂榨取原液，再加水 1～2 倍使用。对棉蚜杀虫率 80%以上。

4. 银杏外种皮 5 倍水煮液，对斜纹夜盗蛾杀虫效果较好。

5. 将银杏树叶或外种皮捣烂浸汁，喷施于田中，可防治棉蚜、红蜘蛛、稻螟虫、桑蟥。

6. 银杏种子捣烂，浸泡 24 小时，另加松碱合剂 400 克，樟脑粉 6.5 克混合，每公斤原液加水 80 公斤，防治红铃虫，红蜘蛛，杀虫率 85%左右。

7. 银杏种子 30 倍水浸液对马铃薯晚疫病菌孢子发芽有抑制作用。

［理化性质］　据“中国土农药志”：种子中含有蛋白质及组氨酸（histidine）。外种皮内含有白果酚酸［ginkgolic acid，$C_{20}H_{30}$（OH）—COOH］，熔点 42～43℃；pinit（$C_7H_{14}O_6$），熔点 186～188℃，溶于水及醇；bilobol（$C_{21}H_{34}O_2$），熔点 36～37℃，溶于石油；ginnol（$C_{27}H_{55}OH$），熔点 83～83.7℃，溶于酒精；ginkgol（$C_{21}H_{34}O$），沸点 237～242℃（7 毫米）。

叶内含有ginnol，莽草酸（shikimic acid，$C_7H_{10}O_5$），熔点 184℃；谷甾醇（sitorterol，$C_{35}H_{60}O_6$）。

［采收处理］　银杏种子一般在 10～11 月成熟后落地，收拾利用。

2 胡桃（hutao）（图 559）

［学　　名］　**Juglans regia** L.　胡桃科

（地方名、形态特征、生长环境、产地及其他用途见“油脂类”，703 页）

［用　　途］　胡桃树叶、外果皮对昆虫都有很强的胃毒和防治植病的作用。但以青的外果皮含杀虫有效成分最高。常用的几种配制方法和防治对象如下：

1. 将胡桃皮压成浆液，每公斤加水 10～20 公斤，喷洒使用可防治蚜虫、红蜘蛛。

2．胡桃叶晒干，碾成细粉，撒在稻田内可防治螟虫、稻负泥虫。另可防治桑苗粉虱和菜青虫，杀虫率达 80%，对棉铃虫亦有效。

3．将胡桃叶切碎，捣烂，每 10 公斤加石灰 500 克，再加清水 2～3 倍，用力搓后，搅匀浸泡 5～6 小时，过滤制成原液，每公斤原液加水 20 倍喷洒。可治棉蚜、红蜘蛛、金刚钻。

4．胡桃外果皮的 10 倍水浸液，对马铃薯晚疫病菌孢子发芽抑制效果为 96.7%；对甘薯黑斑病菌的孢子发芽抑制效果为 98.7%。

［理化性质］ 据“中国土农药志”：叶内含没食子酸，缩没食子酸，反油酸（elaedic acid），α及β-hydrojuglone（$C_{10}H_8O_3$）；果内含胡桃叶醌（juglone）。

［采收处理］ 以青果皮为最好，因此要随采随用，不宜久藏。

3 蓼（liao）（图 1277）

［学　　名］ **Polygonum hydropiper** L.　蓼科

（地方名、形态特征、生长环境、产地及其他用途见“药用类”，1659 页）

［用　　途］ 蓼的茎和叶都能杀虫和防治植病，用时多制成粉剂或水煮液使用。常用的几种配制方法和防治对象如下：

1．蓼的茎叶 1 公斤，捣烂，加水 5 公斤，过滤得药液，喷洒。每亩用药量 150 公斤。对蚜虫、地老虎、茶毛虫、菜虫、叶跳虫、金花虫等均有效。

2．将蓼的全株捣烂，施在田中，每亩用 30～40 公斤，能防治螟虫、稻飞虱、稻苞虫、卷叶虫，其杀虫效率均在 80%以上。

3．将蓼的全株晒干碾成细粉，在早晨露水未干时撒在蔬菜上，可防治蚜虫和黄条跳蚺。

4．蓼、大叶柳、马尾松叶、博落回等量混合切碎压榨，每公斤压榨液加水 5 公斤，每 100 公斤稀释液加 D.D.T.乳剂 125 克，每亩喷药 75 公斤，防治稻飞虱、浮尘子、杀虫率在 90%以上。

5．蓼叶 50 公斤，马尾松叶 80 公斤，食盐 125 克，加水 150 公斤熬煮后，加入桐油 250 克搅拌均匀喷洒，对稻飞虱、浮尘子杀虫率达 90%。

6．蓼的全株 10 倍水浸液对棉花炭疽病效果为 75%；对小麦叶锈病菌夏孢子发芽抑制效果达 80%以上。

［理化性质］ 据“中国土农药志”：叶内含甲氧基蒽醌（oxymethylanthraquionones）、polygonic acid，糖甙（hyperin，$C_{21}H_{20}O_{12}$）。氧茚类化合物（persicarin，$C_{16}H_{11}O_7SO_3K$）、rhamnrzin（$C_{17}H_{14}O_7$）、persicarin-7-methylether（$C_{17}H_{13}O_7SO_3K$）。

［采收处理］ 秋季采收最好。

［其　　他］ 此药刺激性较强，触到皮肤会发生红肿，配制时应小心。

4 无叶毒藜（wuyeduli）

［地 方 名］ 无叶假木贼（新疆）

［学　　名］ **Anabasis aphylla** L.　藜科

［形态特征］ 多年生半灌木，高 20～80 厘米，基部分枝多；**小枝圆筒状**，鲜绿色，多汁。**叶对生，退化为宽三角形**，微凸的鳞片，基部合生成短鞘状；叶腋内具毛。花两性，单生在叶腋内，6～30 朵组成顶生的穗状花序；苞片披针形或斜状披针形；**花被 2 轮**，长 1.5～2.5 毫米，外轮 3，阔椭圆形或近圆形，其外侧有**横生的膜质翅**，它随果实成长而发育为圆肾形，淡黄绿色或淡粉红色，内轮 2 片，形状较窄，**不具翅或只有退化的翅**；柱头粗短。果为卵圆形，先端短尖，深褐色，多汁，**胚为环形**。

［生长环境］ 喜生于含盐的干旱钙粘土的平坡地或含盐的灰钙土砾石层上。为一种典型的荒漠植物，极耐干旱。

［产　　地］ 新疆及内蒙古荒漠地带。

［用　　途］ 对昆虫有触杀、胃毒和熏杀作用。枝条内含有杀虫力很强的毒藜碱，杀虫作用与烟草类似。常用的几种配制方法和防治对象如下：

1．用毒藜半公斤，加水 10 公斤，煮沸半小时，过滤，制成毒藜水；另用石灰半公斤加水 10 公斤，过滤制成石灰水；将毒藜水与石灰水混合、搅匀，喷洒防治蚜虫，红蜘蛛，菜青虫，棉叶跳虫。

2．将毒藜枝条碾碎，加水及氢氧化钠，在蒸馏器中进行水蒸汽蒸馏，游离的毒藜碱及水蒸汽，通过冷凝管液化，用硫酸吸收，必要时进行浓缩，即制成 30～40%硫酸毒藜碱（又称硫酸铵那巴辛）：加水 1000 倍，防治棉蚜、蓟马，每亩喷洒药水 100 公斤；加水 500 倍，防治苹果蚜虫，木虱，每亩喷洒药水 100 公斤；加水 500 倍，防治烟草蚜虫、蓟马、甘蓝蚜虫、菜蛾、苜蓿盲蝽象，每亩喷洒药水 50 公斤。

［理化性质］ 据“中国土农药志”：主要含有毒藜碱（anabasine，$C_{10}H_{14}N_2$），为一液状生物碱，沸点 280.9℃（238 毫米），露在空气中，颜色变深，可与水任意混合，可溶于大多数有机溶剂中。毒藜碱是杀虫的主要成分，此外还有羽扇豆碱（$C_{10}H_{19}ON$）、毒藜素（aphylline，$C_{15}H_{24}ON_2$），熔点 52～57℃，去氢毒藜素（aphyllidine，$C_{15}H_{22}ON_2$）等植物碱。幼嫩的枝条约含有毒藜碱 1～2.6%。

［采收处理］ 本种在新疆戈壁滩上生长很多，8～9 月开花，10～11 月果实成熟。以一年生的幼嫩枝条含毒藜碱较多，在开花前和开花期间含量最高。采收时应割取其地上嫩枝，保留下部老枝，以便来年发出新枝。采后即行加工。

5 牛膝（niuxi）（图 1288）

［学　　名］ **Achyranthes bidentata** Bl.　苋科

（地方名、形态特征、生长环境、产地及其他用途见“药用类”，1671 页）

［用　　途］ 牛膝全植株均可杀虫及防治植病。常用的几种配制方法和防治对象

如下：

1．将牛膝根叶捣烂取汁，可治棉蚜虫，猿叶虫和螟虫。

2．牛膝1公斤，加水10公斤，其浸出液，对小麦秆锈病菌夏孢子发芽抑制效果为70～80%。20倍水浸液对马铃薯晚疫病菌孢子发芽有显著抑制作用。

［理化性质］ 据“中国土农药志”：含有牛膝皂素及粘液等。

［采收处理］ 秋季采收全株，晒干，扎成小把，放于通风干燥处贮藏。

6 打破碗花花（dapowanhuahua）（图1306）

［学　　名］ **Anemone hupehensis** Lemoine　毛茛科

（地方名、形态特征、生长环境、产地、采收处理及其他用途见“药用类”，1693页）

［用　　途］ 打破碗花花全植株均可杀虫，尤以新鲜时效果为好。亦可防治植病。常用的几种配制方法和防治对象如下：

1．将新鲜的打破碗花花切碎，捣出汁液，每公斤汁液加水1公斤混匀，滤渣得原液1.5公斤，每公斤原液加水5～6公斤喷洒，对棉蚜、红蜘蛛杀虫率为96%。

2．将新鲜的打破碗花花1公斤切碎捣出汁液，加水50公斤煮半小时。每亩用100公斤喷洒。杀稻螟和稻苞虫，其杀虫率为80%。

3．将打破碗花花全植株晒干，磨成细粉，防治稻螟、棉蚜、棉红蜘蛛，杀虫率近100%。

4．打破碗花花5公斤，加水50公斤，煮半小时，过滤，加肥皂少许，喷雾，防治棉蚜、红蜘蛛，杀虫率近100%。

5．鲜植株压出浆汁，撒在孑孓滋生的地方，杀虫效率很好。

6．打破碗花花的10倍水浸液，对小麦叶锈病夏孢子发芽抑制效果为100%。20倍水浸液，对马铃薯晚疫病菌孢子发芽有抑制作用。15倍水浸液，对小麦秆锈病，防治效果为70～80%。

［理化性质］ 据“中国土农药志”：根中含有白头翁素。

7 威灵仙（weilingxian）（图1308）

［学　　名］ **Clematis chinensis** Osbeck　毛茛科

（地方名、形态特征、生长环境、产地、理化性质、采收处理及其他用途见“药用类”，1695页）

［用　　途］ 威灵仙全植株均可杀虫，常用的几种配制方法和防治对象如下：

1．将威灵仙根、茎、叶1公斤切碎捣烂，加水4公斤，樟脑0.13公斤，煮沸10分钟，榨取约3.5公斤原液。每公斤原液加水4公斤喷洒，防治造桥虫、菜青虫、地老虎，杀虫效果好。

2．将根切碎后，制成2%的水浸液，喷洒，经48小时后，可使孑孓全部死亡。

8 白头翁（baitouweng）（图1312）

［学　　名］　**Pulsatilla chinensis** (Bge.) Regel　毛茛科

（地方名、形态特征、生长环境、产地、理化性质及其他用途见“药用类”，1701页）

［用　　途］　白头翁全草可杀虫及防治植病，效果良好。一般多用水浸，水煮及捣烂取汁等方法，滤取汁液，喷洒使用。常用的几种配制方法和防治对象如下：

1．白头翁全草1公斤，加水5公斤，浸泡1日，或煮沸半小时，过滤，滤液可防治蚜虫和红蜘蛛，效果良好。

2．用新鲜的白头翁全草砸碎后，加水挤出汁液，1公斤汁液加水10公斤，可杀孑孓、蝇蛆。

3．白头翁全草的15倍水浸液对小麦叶锈病菌夏孢子发芽抑制效果为100%；30倍水浸液对马铃薯晚疫病菌孢子发芽抑制效果达95%以上；对稻瘟病菌孢子发芽抑制效果达100%。

［其　　他］　白头翁对人毒性较大，在捣烂时有强烈的催泪刺激性，捣碎后接触空气易变成黑褐色。

9 毛茛（maogen）（图1313）

［学　　名］　**Ranunculus japonicus** Thunb.　毛茛科

（地方名、形态特征、生长环境、产地及其他用途见“药用类”，1702页）

［用　　途］　毛茛茎、叶都能用来杀虫，其有效成分以干植物含量为高。用时加水煮或冷水浸泡，然后过滤喷洒。常用的几种配制方法和防治对象如下：

1．毛茛1公斤，加水10公斤煮半小时或浸一天，过滤后喷洒，可防治稻螟。

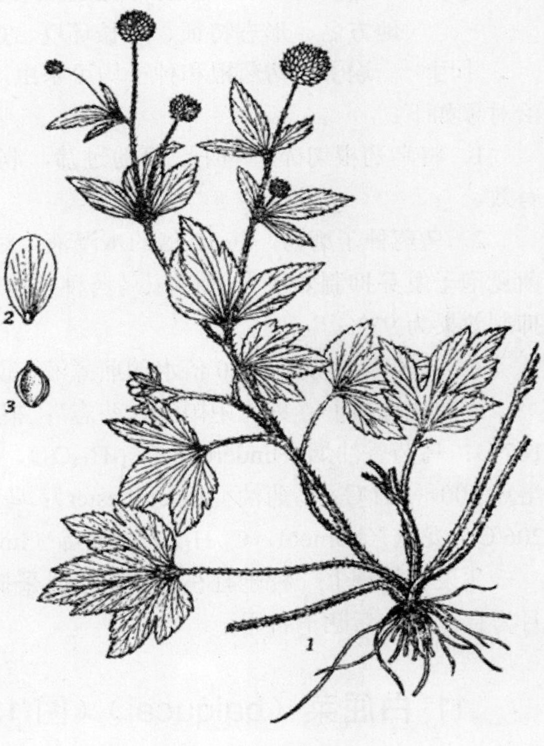

图1545　小回回蒜
Ranunculus cantoniensis DC.
1．植株全形；2．花瓣；3．瘦果。

2．毛茛1公斤，捣烂后加水10公斤，煮半小时，过滤喷洒可杀蚜虫。新鲜的根、茎、叶捣烂加水，对蚊、蝇幼虫均有效。

［理化性质］ 据浙江省资料：主要成分是原白头翁素（protoanemonin，$C_5H_4O_2$），鲜植物中含0.05%，干植物中可得0.23%。原白头翁素二分子重合，变成无刺激性结晶的白头翁素（anemonin，$C_{10}H_8O_4$）。

［其　　他］ 在“中国土农药志”中所记载的毛茛学名误定为Ranunculus acris L.，正确的学名应该是R. japonicus Thunb.。

在长江流域以南常见的小回回蒜（Ranunculus cantoniensis DC.）（见图1545）广泛分布于安徽、江苏、江西、湖北、湖南、福建、广东、广西、贵州、云南、四川等省区，陕西南部也有。与毛茛有同样的杀虫用途，其形态和毛茛稍近似，茎及叶柄也密生伸展的糙毛，但叶为三出复叶，与毛茛不同。

10 乌药（wuyao）（图1055）

［学　　名］ **Lindera strychnifolia** (Sieb. et Zucc.) F. -Vill.　樟科

（地方名、形态特征、生长环境、产地及其他用途见“芳香油类”，1336页）

［用　　途］ 乌药根和种子均可杀虫，亦可防治植病。常用的几种配制方法和防治对象如下：

1．将乌药根切碎、晒干、磨粉过筛，制成乌药粉，用1～2%拌种，防治地下害虫有效。

2．乌药种子磨粉，其10倍的水浸液，对菜类蚜虫的杀虫率为77%，对小麦叶锈病菌夏孢子发芽抑制效果为100%；乌药种子粉30倍水浸液对马铃薯晚疫病菌孢子发芽的抑制效果为97%。

3．乌药根磨粉，加10倍水的煎煮液，防治蚜虫，杀虫率几达100%。

［理化性质］ 据“中国土农药志”：根含乌药碱甲（linderane，$C_8H_{10}O_2$），熔点187℃；乌药香油烟（linderene，$C_{11}H_{14}O_2$），熔点145℃；乌药醇（linderol，$C_{11}H_{22}O$），熔点200～201℃；乌药油（linderol ester）；乌药酸（linderic acid，$C_{15}H_{18}O_3$），熔点205～206℃；龙脑（borneol，$C_{10}H_{18}O$）；萜烯（limonen，$C_{10}H_{16}$）；壬酸等。

［采收处理］ 种子宜在果实成熟时采摘，根全年均可采挖，但以11月至次年3月为宜，采收后晒干备用。

11 白屈菜（baiqucai）（图1330）

［学　　名］ **Chelidonium majus** L.　罂粟科

（地方名、形态特征、生长环境、产地、理化性质及其他用途见“药用类”，1725页）

［用　　途］ 主要用其茎和叶防治害虫。常用的几种配制方法和防治对象如下：

1．干燥全草揉成粉末，防治地蚤类害虫有特效；亦可作熏烟剂，熏治果园中的无脚蜥蜴类害虫及菜园中的蝶类害虫。用时将全草放在烧着的火堆中使其发烟。

2．以新鲜或干燥的全草1.6公斤，加热水20公斤，浸泡36~50小时，过滤喷洒，可以防治蚜虫和甲虫。

［采收处理］　开花期间采收地上部分，阴干或揉成粉末贮藏。

12 博落回（boluohui）（图1334）

［学　　名］　**Macleaya cordata** (Willd.) R. Br.　罂粟科

（地方名、形态特征、生长环境、产地、理化性质及其他用途见“药用类”，1729页）

［用　　途］　博落回有杀虫，防治植病，灭蛆作用。常用的几种配制方法和防治对象如下：

1．博落回1公斤，加水20公斤，熬煮1小时，过滤后所得的原液，喷洒施用。每亩用药液100～150公斤，可防治茶毛虫。治豆尺蠖，杀虫率为80～90%。

2．博落回全株的浸煮液或直接沤入粪坑，可以杀死孑孓和蛆。

3．博落回1公斤，加水10公斤，制成的浸出液，对小麦秆锈病菌夏孢子发芽抑制效果为70～80%，对小麦秆锈病防治效果为70～80%。

［采收处理］　博落回应用部分为全植株，夏秋之间随时可采。

13 锈毛鱼藤（xiumaoyuteng）

［地 方 名］　荔枝藤，老荆藤（广东、广东海南）

［学　　名］　**Derris ferruginea** Benth.　豆科

［形态特征］　攀援状灌木，小枝密生锈色茸毛。奇数羽状复叶，小叶5～9，革质，倒卵状长圆形至椭圆形，长约6～13厘米，宽2～4.5厘米，基部钝圆，先端渐尖，表面无毛而有光泽，背面疏生锈色绒毛或无毛，具明显的侧脉。圆锥花序腋生，长15～30厘米，分枝不规则，密生锈色短柔毛；**花萼被柔毛**；花冠淡红色或白色，长8～10毫米，**旗瓣基部无胼胝体，翼瓣有急尖的耳，雄蕊10个合为单体。**荚果薄革质，长椭圆形至舌状椭圆形，长5～8厘米，宽2～2.5厘米，幼时密被锈色茸毛，成熟时几无毛，缝线处有翅，上缝翅宽3～5毫米，下缝翅宽2～4毫米；种子1～2粒。

［生长环境］　山坡或山沟灌丛内。

［产　　地］　云南、广西、广东等省区。

［用　　途］　鱼藤在很早以前就成为一种很有效的植物杀虫剂，在我国南方亚热带地区广为栽培。鱼藤这一属的植物品种多达80余种，但普遍栽培的也只有数种，即锈毛鱼藤（Derris ferruginea）、边荚鱼藤（Derris marginata）。在这两个比较好的品种中，又分出了若干个品系。

鱼藤的有效成分以根部含量最高，因此应用时多以其根部为主。常用的几种配制方法和防治对象如下：

1．通常都用水悬剂或乳剂，也有用粉剂的。水悬液是将根部捣烂，浸于水中，经一昼夜后揉压，再加清水揉压，反复3～4次后，最后加水至定量，常用浓度为1:200～1: 400倍。鱼藤乳剂多为商品生产。粉剂因其效果不高，故少有使用。由于鱼藤对人几乎无毒，因此是目前在蔬菜上使用最多的药剂之一。

2．鱼藤除对蔬菜害虫有毒效外，对其他多种害虫也有杀害作用，如：

（1）400倍的水悬液对菜蚜、桑毛虫有效。

（2）300倍的水悬液对桃蚜、白背稻飞虱有效。

（3）600倍的水悬液对玉米蚜虫有效。

（4）250倍的水悬液，对柑桔木虱有效。

（5）200倍的水悬液，对黄守瓜的成虫和幼虫、大猿叶虫的成虫和幼虫均有效。

（6）450～600倍的水悬液，对水稻铁甲虫成虫有效。

（7）250～300倍的水悬液，对黄条跳蚺成虫有效。

（8）150～200倍的水悬液，对二十八星瓢虫有效。

（9）200～300倍的水悬液，对茶毛虫幼虫、菜白蝶幼虫有效。

（10）250倍的水悬液，对洋桃乌羽蛾成虫有效。

（11）150～200倍的水悬液，对桑蟥成虫，幼虫有效。

3．鱼藤根的水悬液与野花椒混合使用时，对粘虫和菜蚜有显著的增效作用。

4．鱼藤剂在应用时，不宜与碱性药剂混用，否则会分解减效。但在水溶液中加入0.2～0.3%的肥皂，随配随用，因增加药液的粘着及润湿性能而提高杀虫效果。

［理化性质］ 鱼藤根中所含的有效杀虫成分为鱼藤酮（$C_{23}H_{22}O_6$）；通常是无色六角板状结晶，熔点163℃。此外还含鱼藤素（degnelin）、灰叶素（tephrosin）、灰叶酚（toxicarol，$C_{23}H_{22}O_7$）以及其他拟鱼藤酮化合物（黄瑞纶著“杀虫药剂学”）。

［采收处理］ 最好在夏天高温季节采收，这时根长得多，有效成分含量也最高。一般每市亩可收获干根75～125公斤。

14 皂荚（zaojia）（图1560）

［学　　名］ **Gleditsia sinensis** Lam. (*G. macracantha* Desf.) 豆科

（地方名、形态特征、生长环境、产地及其他用途见“其他类”，2089页）

［用　　途］ 皂荚可杀虫和防治病害，也可作为其他土农药的辅助剂混用。常用的几种配制方法和防治对象如下：

1．皂荚10倍水煮液对红蜘蛛杀虫率约达100%。水煮或浸出液对防治瓢虫、棉蚜效果亦很好。

2．将洋地黄或野菊花2公斤和皂荚1公斤混合，每公斤加水10公斤，煮沸5分钟过滤，对棉蚜虫杀虫率为 90～100%。羊踯躅加皂荚（按上述比例），每公斤加水 15 公斤，煮沸 5 分钟过滤，对棉蚜虫杀虫率为 70～100%。

3．皂荚 10 倍水浸液对小麦秆锈病、叶锈病菌夏孢子发芽抑制效果为 100%。20 倍水浸液，对小麦秆锈病菌夏孢子发芽抑制效果为 92%；对马铃薯晚疫病菌孢子发芽有显著抑制效果。

［理化性质］　据“中国土农药志”：皂荚的荚果皮中约含有皂荚皂素（gleditschia saponin $C_{59}H_{100}O_{20}$），另含皂荚素（gledinin），经水分解得皂荚糖甙元（gledigenin $C_{30}H_{48}O_3$）。

［采收处理］　10 月采收果实，晒干放于通风干燥处，夏季易受虫蛀，故需注意复晒防虫。

15 厚果鸡血藤（houguojixueteng）（图 1546）

［地 方 名］　苦檀子（四川、贵州），苦蚕子，崖豆藤，鸡血藤，毒鱼藤，少果鸡血藤、秤杆子（湖南）。

［学　　名］　**Millettia pachycarpa** Benth.　豆科

［形态特征］　高攀援灌木，有时呈小乔木状，高约 7 米；枝幼时有绒毛，老时几无毛。羽状复叶长 30～50 厘米，有 13～17 小叶；小叶长圆状披针形，长 14～16 厘米，表面无毛，光亮，背面有平贴丝状毛；无小托叶。圆锥花序近总状，长 15～30 厘米；花在节上 2～5 朵成一簇，长 2.1～2.3 厘米，淡紫色，无毛；雄蕊 1 组。荚果肥厚，长圆形，有数粒种子；卵形的，有 2 粒种子，长可达 23 厘米，宽约 5 厘米，厚 3 厘米，在种子间稍有收缩；种子肾形，长约 3 厘米。

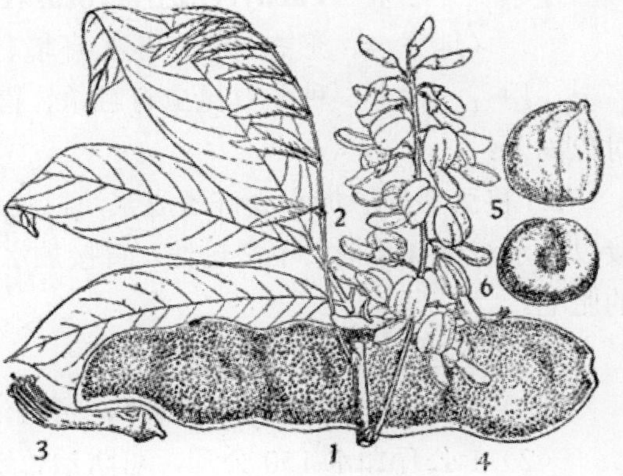

图 1546　厚果鸡血藤
Millettia pachycarpa Benth.
1．花枝；2．叶；3．切去萼和花冠的花（示雄蕊和花柱）；4．夹果；5、6．种子。
（自“中国主要植物图说，豆科”）

［生长环境］　山坡谷地的丛林中。

［产　　地］　云南、贵州、四川、湖南、广东、福建等省。

［用　　途］　厚果鸡血藤的种子对昆虫具有强烈触杀胃毒作用，以及一定的忌避作用。种子粉（含水分 12%）对四龄家蚕的致死中率为 0.027 毫克(即每克体重所需重量)，这约高于酸性砒酸铅的 3 倍，而为鱼藤酮的 1/9。根据各地使用经验，它可用于防治多种棉，粮，蔬菜的害虫以及蚊蝇等害虫，对蚜虫、蟒象、金花虫、鳞翅目的毒效尤大。常用的几种配制方

法和防治对象如下：

1．厚果鸡血藤种子丙酮抽出液（1:5）对初孵三化螟幼虫触杀很强。

2．厚果鸡血藤种子在 50℃以下烘干或晒干，使水分减少至 10～11%，磨成细粉，可直接作为粉剂使用，在清晨露水未干时撒在作物上，可杀稻螟。

3．厚果鸡血藤种子粉与烟草粉按 1:1 的比例配成粉剂或调制成 1～10%水悬液，再加入 0.2～0.3%肥皂，供做喷雾剂。可防治角胸蜷象，棉黑蜷象，猿叶虫，甘蔗蚜虫等。

4．厚果鸡血藤种子与竹叶椒混用，对杀蚊幼虫，棉蚜，粘虫有显著的增效作用。

茎皮纤维可用于造纸（见“纤维类”，157 页）。

［理化性质］ 据“中国土农药志”：根及种子皆含鱼藤酮（$C_{23}H_{22}O_6$）和拟鱼藤酮。种子含杀虫有效成分较根中约多 1.22%（以鱼藤酮相当量计算）。

［采收处理］ 秋末成熟采收。种子受热（如 90℃以上 2 小时）或日晒（阳光下 8 小时），毒力减小，这是贮藏应用上应予注意的。

［其　　他］ 除厚果鸡血藤外，还有鸡血藤（Millettia reticulata Benth.）及其他鸡血藤，亦可用于防治害虫，使用方法与厚果鸡血藤相同。

16 豆薯（doushu）（图 458）

［学　　名］ **Pachyrrhizus erosus** (L.) Urban (*Dolichos erosus* L.)　豆科

（地方名、形态特征、生长环境、产地及其他用途见“淀粉及糖类”，556 页）

［用　　途］ 种子对昆虫有触杀、胃毒及忌避作用。常用的几种配制方法和防治对象如下：

1．将豆薯种子加水少许磨成浆汁，使用时加水稀释，或将已磨好的豆薯种子粉直接以冷水浸泡 4 小时，不必过滤，直接加水使用。为了提高药效，在稀释液中加入 0.3%的肥皂。

2．用上述方法制出的原液：

（1）1 公斤加水 200 公斤稀释，可防治黄条跳甲、烟蚜。

（2）1 公斤加水 150 公斤，可防治竹铁甲虫的成虫。

（3）1 公斤加水 120 公斤，可防治黑守瓜。

（4）1 公斤加水 80 公斤，可防治黄守瓜。

［理化性质］ 种子所含的杀虫有效成分为鱼藤酮（rotenone）和拟鱼藤酮（rotenoides），豆薯酮（erosone，$C_{20}H_{16}O_6$）一类的化合物。

［采收处理］ 南方各省大都在田间栽培，开花期甚长，自 7～10 月，通常于 11～12 月间开始收种。

［其　　他］ 豆薯种子作杀虫剂，浓度高时对人畜有害。30 倍药液对瓜类幼苗，50 倍药液对青菜幼苗都可引起药害，尤以瓜苗最易受害，严重时有碍生长，用于苗期

以后则可不生药害。

17 云南葛藤（yunnangeteng）（图 127）

［学　　名］　**Pueraria peduncularis** Grah. (*P. yunnanensis* Franch.)　豆科

（地方名、形态特征、生长环境、产地及其他用途见“纤维类”，161 页）

［用　　途］　云南葛藤在云南各地分布很广，产量很大，并具有良好的杀虫效能，藤及根有胃毒和触杀的作用，并兼有一定的乳化效能，因此是一个可以发掘的相当大的农药资源。常用的几种配制方法和防治对象如下：

1．葛藤根磨粉作成毒饵诱杀粘虫，杀虫效果良好。

2．干藤磨粉通过 80 号目筛后加水制成 200 倍的水悬液，使用时加 0.3%肥皂液，搅拌后喷雾，可杀棉叶跳虫。

3．干藤磨成细粉 1 公斤加水 5 公斤煮开 2 小时过滤，得母液，母液 1 公斤再加 4 公斤水喷雾，可杀蚜虫，红蜘蛛。

4．干葛藤 1 公斤磨细，加 20 公斤水，煮 1 小时后，过滤，滤液再混以千分之五的肥皂，或棉油皂，可杀蚜虫，效率达 90%以上。

5．干葛藤 1 公斤，加水 20 公斤，再以干姜 1 公斤，加水 20 公斤，两者相混，可杀幼龄棉铃虫。

6．葛藤茎与野胡椒混用，可提高杀虫效果。

7．葛藤茎有良好的展布与湿润性能，故可作辅助剂。

8．葛藤茎与 666 粉混用，可增加 666 粉的效能。

9．葛藤茎 1 公斤，加水 20 公斤熬煮，过滤后液内再加 0.1%～6%可湿性 666 粉，喷雾，可治水稻蚁螟，杀虫率达 100%。

据中国科学院昆虫研究所对葛藤不同加工方法的药效比较试验结果，同样磨粉粗细相同的葛藤，以煮制的效果较冷浸为高，且有随熬煮时间增长而效果提高的趋势。同样的制作方法（冷浸或煮制），磨得较细的原料效果比较粗的为好。

［理化性质］　含有糖甙（kaempferol rhamnoside，$C_{27}H_{30}O_{15}$）为黄色结晶，溶于水及酒精，含有四个结晶水者熔点为 156～158℃。

18 苦参（kushen）（图 1368）

［学　　名］　**Sophora flavescens** Ait.　豆科

（地方名、形态特征、生长环境、产地及其他用途见“药用类”，1774 页）

［用　　途］　根、茎、种子皆有杀虫作用，可防治植物病。苦参浸出液与 666 混用，可以增加杀虫效力。苦参尚具有良好的湿润及展布性能，因此又可做辅助剂用。常用的几种配制方法和防治的对象如下：

1．苦参 1 公斤，切碎，加水 50 公斤，煎煮 30 分钟，即可喷洒，泼浇。喷洒每亩

100公斤，泼浇每亩250～400公斤，杀螟率达95%。

2．将根、皮制成细粉，随种子播下，可防治蛴螬。

3．苦参砍碎后每公斤加水5公斤，煮开半小时后，去渣喷雾，治稻飞虱、浮尘子，杀虫率95%。

4．将新鲜的茎、叶切碎，每公斤加水6公斤，熬1～2小时，成为酱油色为止，冷后过滤；原液每公斤加水3～5公斤稀释，治杨树天社蛾，杀虫率90%以上。

5．苦参种子1公斤，加水5公斤制成的煎煮液，治大麦蚜虫，杀虫率为94%。

6．用苦参、断肠草各1公斤，加水10公斤煮1小时过滤即成原液，每公斤原液加水2～4公斤喷洒，防治菜蚜，杀虫率达96%。

7．将苦参鲜根切碎，热水浸48小时，制成20倍药液施用，对孑孓杀虫率93～100%。

8．苦参15倍水浸液，对小麦秆锈病及叶锈病菌夏孢子发芽抑制效果达90%以上。苦参30倍水浸液对马铃薯晚疫病菌孢子发芽有显著抑制作用。

［理化性质］ 据“中国土农药志”：含有金雀花碱（cystisine，$C_{11}H_{14}N_2O$），熔点152～153℃，能升华，熔于水、丙酮、酒精、苯等有机溶剂中；matrine（$C_{15}H_{24}N_2O$），有四种形式：α-式，熔点76℃；β-式，熔点87℃；γ-式为液体；δ-式，为84℃，熔于水、苯、氯仿、乙醚、二硫化碳等植物碱。根、茎、叶均有苦味。

［采收处理］ 以春秋两季采收为宜。将根挖出后，去掉残茎及须根，用水洗净，切成薄片晒干，用席、麻袋等包装，贮藏于通风干燥处，并注意复晒以免发霉。

19 臭椿（chouchun）（图651）

［学　　名］ **Ailanthus altissima** (Mill.) Swingle　苦木科

（地方名、形态特征、生长环境、产地及其他用途见“油脂类”，813页）

［用　　途］ 树皮和叶都可防治植物病虫害，但以树皮的毒效最好。常用的几种配制方法和防治对象如下：

1．树皮20公斤，生石灰10公斤，加水100公斤，浸24小时过滤后，将滤液泼在田中可杀死初孵化的蚁螟。

2．树皮1公斤，加春麦芽0.16公斤，煮1小时后过滤，加水20公斤，喷洒，或把干皮碾成细粉，趁有露水时撒在作物上，可以防治棉红铃虫、造桥虫、金刚钻等。对棉蚜虫的杀虫率达80%。

3．将树叶晒干，用时每公斤加水25公斤，捣烂后，取400克放入2公斤的粪中，经12小时后杀蛆率达100%。

4．树叶1公斤，加水3公斤，浸泡过滤得原液3公斤。每亩喷洒40公斤，可以防治菜青虫和蚜虫。

5．树叶8公斤，加水2公斤，煮成原液1.25公斤，每公斤原液加水6公斤，对棉蚜杀虫率达 80%，对红铃虫达 57%，对土牛子为 80%，对造桥虫为 50%。

6．树叶加 5 倍水煮液对霜霉病有抑制作用。

［理化性质］　据“中国土农药志”：树皮及叶含皂素、鞣质、苦香油及槲皮黄碱（quercetin, $C_{15}H_{10}O_7$）。

［采收处理］　一年四季都可采树皮，晒干贮藏。秋季采摘树叶，晒干备用。

20 苦木（kumu）（图 1547）

［地 方 名］　土樗子、空条、红连茶（山东），苦皮树（河南、四川），苦枟(河南)，苦弹子、苦楝树（四川）。

［学　　名］　**Picrasma quassioides** (D. Don.) Benn.　苦木科

［形态特征］　灌木或落叶小乔木，高 7～10 米；树皮灰黑色；幼枝灰绿色，无毛，具明显黄色皮孔。奇数羽状复叶互生，常集生于枝端，长 20～30 厘米，具小叶 11～13，小叶片卵状披针形至阔卵形，长 4～10 厘米，宽 2～4 厘米，先端长尖，基部阔楔形，两侧不对称，边缘具不整齐锯齿；柄极短或几无柄。花杂性，雌雄异株；黄绿色而小，6～8 朵集成腋生聚伞花序，总梗长达 12 厘米，密生短柔毛；花萼 4～5，卵形，有时被细毛；花瓣 4～5，倒卵形，比萼片长约 2 倍；雄蕊 4～5，着生在 4～5 裂的花盘基部；雌花较雄花小；子房卵形，4～5 室，花柱 4～5，彼此相拥扭捩，基部连合。核果倒卵形，肉质，红色，基部具宿存花萼。花期 4～5 月，果期 8～9 月。

图 1547　苦木

Picrasma quassioides（D. Don.）Benn.

1．雌花序；2．雄花序；3．果序；4．雄花；5．萼及花瓣；6．雌花。（自“中国森林植物志”）

［生长环境］　喜生于湿润而肥沃的山坡、山谷、林缘、溪边、路旁等地。

［产　　地］　河北、山西、河南、山东、江苏、江西、湖南、湖北、陕西、甘肃、四川、云南、广东、广西等省区。

［用　　途］　茎皮、根皮皆苦、有毒，为杀虫剂。将茎皮和根皮磨成粉后常用的几种配制方法及防治对象如下：

1．20倍水浸液对孑孓的杀虫率为100%。

2．5倍水浸液对马铃薯晚疫病孢子发芽抑制效果为98.1%。

3．每1公斤干粉加水10～20公斤，浸泡24小时或煮沸半小时，过滤喷洒，可防治蚜虫、红蜘蛛和稻螟等。

［理化性质］ 茎中含苦楝树甙（quassin $C_{22}H_{30}O_6$）与苦木胺（picrasmin $C_{22}H_{30}O_6$），为苦木中之苦味质，微溶于水，能溶于酒精中（“中国土农药志”）。

皮中主要含有苦木素（quassin $C_{31}H_{42}O_9$）及鞣质（河南资料）。

［采收处理］ 冬、春季时根皮、茎皮厚，质量高，可进行采取，去掉泥土，置日光下晒干备用。

21 楝（lian）（图659）

［学　　名］ **Melia azedarach** L.　楝科

（地方名、形态特征、生长环境、产地及其他用途见“油脂类”，822页）

［用　　途］ 苦楝树的叶、树皮、花及种子都能作杀虫剂，惟种子毒效最好。据中国科学院昆虫研究所试验苦楝除本身有毒效外，对666及DDT有一定的增效作用。并且能延长666的残效时间。常用的几种配制方法和防治对象如下：

1．苦楝树叶、树皮或种子10公斤捣碎，加水30公斤，榨汁喷洒。对稻螟虫、蚜虫等都有效。

2．苦楝树皮1公斤，水10公斤，煮半小时，过滤喷洒，可以防治棉蚜虫、小麦吸浆虫和小麦锈病。

3．苦楝叶1公斤，水12公斤，煮成原液8公斤，每公斤原液加水6公斤，防治蚜虫，杀虫率达90%左右。

4．苦楝叶1公斤，捣碎，加水3公斤，浸泡6小时，去渣即成原液。使用时每公斤原液加水8公斤，喷洒，防治稻螟虫、稻飞虱、浮尘子、棉蚜虫等效果很好。

5．苦楝种子1公斤加水10公斤，浸泡24小时过滤喷洒，防治小麦蚜虫，杀虫率达84%。

6．苦楝种子1公斤捣碎，加水12公斤，煮得原液8公斤，每公斤原液加水6公斤喷洒，防治棉蚜虫，杀虫率达90%左右。

7．苦楝种子2公斤，牵牛子1公斤，马桑子1公斤，加水24公斤，捣碎煮1小时过滤即得原液。使用时每公斤原液加水1公斤，喷洒，防治红茹卷叶虫，杀虫率达81.8%。

8．苦楝树皮干粉加10倍水的浸液，对小麦锈病的抑制效果为70%；10倍水煮液为85.88%；5倍水浸液喷洒，对甘薯黑斑病孢子发芽抑制效果达92.2%。

9．5%苦楝子粉剂对棉角斑病抑制效果为100%；对棉炭疽病为75%；对棉立枯病为50%。

10．苦楝种子 15 倍水浸液对小麦秆锈病防治效果为 60%；对小麦叶锈病防治效果达 90%以上。

11．用苦楝花捣碎放入粪中，2 天后蛆全部死亡，且能保持药效 20 天。

12．苦楝根 1 公斤，加水 8 公斤，煮开后 30 分钟过滤即得，喷洒原液防治稻瘟病，效果达 74%。

［理化性质］　据“中国土农药志”：含有苦楝碱azaridine（含在果实中的一种生物碱）、bakayanin及苦味质（margosine），此外尚有n-nonacosan （$C_{29}H_{60}$）、岩藻糖（l-fucose，$C_6H_{12}O_5$）及山萘酚（kaempferole）等。山萘酚为黄色针状结晶，溶于酒精，熔点 275～277℃；岩藻糖为针状结晶，溶于酒精，熔点 145℃。

［采收处理］　一年四季都可采收，但以老叶子为好；苦楝果要呈黄色时采收。采收后晒干贮藏或立即应用。

22 巴豆（badou）（图 1382）

［学　　名］　**Croton tiglium** L.　大戟科

（地方名、形态特征、生长环境、产地、理化性质及其他用途见“药用类”，1794 页）

［用　　途］　巴豆子、叶和茎都可以杀虫，常用的几种配制方法和防治对象如下：

1．巴豆粉 7 公斤，碱块 2～3 公斤，肥皂 3～4.5 公斤，水 1000～5000 公斤，先将巴豆磨成细粉，加热碱（碳酸钠）水浸泡半小时，过滤喷洒，对桑螨极为有效。

2．巴豆粉 1 公斤，肥皂 47 克，水 20～30 公斤，先将巴豆粉在水中浸泡 1～2 小时，再与肥皂水混合即可使用，对棉大卷叶虫、玉米螟、猿叶虫、蚜虫和水稻螟虫均有效。

3．巴豆叶 120 公斤，捣烂加水 300 公斤，煮出药味后用水 1200 公斤稀释，泼洒秧田，防治稻瘿蝇杀虫率达 57%。

4．巴豆 1 公斤加水少许，放在锅内煮一会，滤去渣再加 70 公斤水喷洒，防治棉蚜、菜蚜，杀虫率在 90%以上。

5．将巴豆种子捣去壳取其仁，磨成细粉，每公斤粉加水 20～30 公斤浸 2 小时后过滤，再加肥皂 59 克用 3 公斤热水化开与巴豆水混合使用，可以防治桑树上、林木上和蔬菜上的软体害虫。

6．巴豆种子 15 倍水浸液，对小麦叶锈病菌夏孢子发芽抑制效果达 100%；防治叶锈病效果达 50～60%。

7．将巴豆叶捣碎按 10～20%比例加入有蛆粪内，3 日后杀虫率达 95%。

8．将巴豆 1 公斤，加水 25 公斤，煮 2～3 小时，再加肥皂 62.5 克，混合成原液，使用时稀释 1 倍，防治油茶毛虫，杀虫率达 100%。

9．将巴豆用热水浸 48 小时，再制成 5%浓度的药液，防治孑孓，在 24 小时内杀虫率达 100%。

10．巴豆 1 公斤，水 5 公斤煮开后冷却 20～30 分钟过滤喷洒，防治大麦蚜虫率达 98.18%。

11．硫磺 20%、巴豆 5%、良姜 5%、石灰 20%、苦楝皮 50%，分别晒干碾成细粉混合即成原粉，每亩喷洒 2.5～3 公斤，防治小麦吸浆虫，效果达 89～95%以上。

12．巴豆、丑牛各一半，每公斤加半夏 260 克，切碎研成细末，每公斤加水 150～200 公斤喷射，防治棉花蚜虫、红苕金花虫、果树害虫均有效。

13．巴豆 125 克、斑蝥 6.3 克，加水 2 公斤煮汁，使用时每公斤原液加水 30 公斤，防治棉蚜虫，杀虫效达 80%。

［采收处理］　茎叶在生长期间随时都可采收；种子宜在成熟后采收。

23 狼毒大戟（langdudaji）（图 1383）

［学　　名］　**Euphorbia fischeriana** Steud.　大戟科

（地方名、形态特征、生长环境、产地及其他用途见“药用类”，1795 页）

［用　　途］　狼毒大戟的茎和叶都能杀虫、杀鼠，但以叶的毒效为好。狼毒大戟和狼毒的配制方法和防治对象是相同的。常用的几种配制方法和防治对象如下：

1．对麦秆蝇在室内测定杀虫率达 100%。

2．将狼毒大戟以 1:5 的水煮液喷洒，防治水稻螟虫，杀虫率达 70～80%。

3．狼毒大戟 1 公斤，加水 10 公斤，煮 4 小时，过滤得原液，使用时每公斤原液加水 10 公斤喷洒，防治大豆蚜虫，杀虫率达 87%。

4．狼毒大戟 1 公斤，加水 10 公斤，煮 1 小时，过滤喷洒，或者将狼毒大戟制成粉剂喷粉，防治土蝗，杀虫率达 86.7%。

5．狼毒大戟 2 公斤，肥皂 500 克，加水 80 公斤，先用少量热水把肥皂化开，狼毒大戟捣烂加水煮沸半小时，过滤后混合，再加水至配合量即可喷射，不加肥皂改用石灰亦可，用以防治螟虫。

6．狼毒大戟叶 3 公斤，加水 16 公斤，煮成原液 13 公斤，用时以原液 1 公斤加水 5 公斤喷洒；或用花 3 公斤，加水 16 公斤，煮成原液 13 公斤，用时以原液 1 公斤加水 6 公斤喷洒，可防治棉蚜虫、红蜘蛛，杀虫率达 70%。

［理化性质］　根中含有一种无水酸，其他成分见“药用类”，1795 页。

［采收处理］　4～6 月或 9～10 月采其茎叶，随采随用，或晒干碾成细粉备用。

24 泽漆（zeqi）（图 1548）

［地 方 名］　五朵云（四川），漆茎、猫儿眼睛草、大戟苗、河白草、绿叶绿花草、五风草（浙江），五灯头草、乳浆草、猫儿眼（江苏）。

［学　　名］ **Euphorbia helioscopia** L. 大戟科

［形态特征］ 二年生直立草本，高约 10～30 厘米，内含白色乳汁。茎无毛或仅小枝略具疏毛，基部紫红色，上部淡绿色，分枝多而斜升。单叶互生，倒卵形或匙形，长 1～3 厘米，宽 5～18 毫米，先端钝圆或微凹，基部阔楔形，无柄或突狭而成短柄，边缘在中部以上有细锯齿；茎顶端具 5 片轮生叶状苞，与下部叶相似，但较大些，由此射出 1～2 回分枝，形成复伞形花序。花小，不显著，单性，无被，黄绿色；雄花多数与雌花 1 枚同生于筒状总苞内，后者常居中央；总苞萼状，先端 4 裂，其上有肾状腺体；子房 3 室。蒴果表面平滑，种子卵圆形，直径 1.5 毫米，表面有网纹，熟时褐色。

［生长环境］ 生于山沟、路旁、荒野、湿地。

［产　　地］ 辽宁、吉林、黑龙江、青海、河南、陕西、湖南、江西、山东、江苏、浙江、安徽、四川、云南、贵州等省。

［用　　途］ 泽漆的茎、叶均有杀虫作用，同时还可防治植病。

泽漆在应用时，多煮成水剂或磨成细粉作水悬液使用。常用的几种配制方法和防治对象如下：

1．泽漆 50 公斤，加水 250 公斤，浸 24～48 小时，滤后将滤液喷洒，防治小麦吸浆虫、粘虫、麦蚜虫、红蜘蛛等。

2．泽漆 1 公斤，加水 10 公斤，煮后过滤，喷洒，可防治棉花、大豆上的造桥虫。

3．将泽漆碾碎挤出毒液，每公斤毒液加水 10～12.5 公斤喷洒，防治棉蚜虫，杀虫率为 100%。

4．泽漆 1 公斤，加水约 70 公斤，先浸 2～3 小时，煮沸 30 分钟，过滤喷洒；每亩喷洒 100～150 公斤，对麦锈病有效，防治棉红蜘蛛、棉蚜效果好。

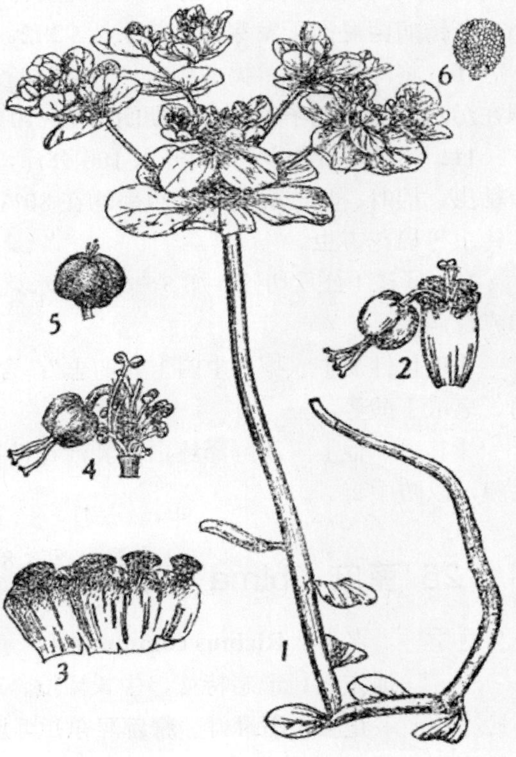

图 1548 泽漆

Euphorbia helioscopia L.

1．植株全形；2．杯状聚伞花序；3．总苞纵剖面；4．雌花和雄花；5．雌花；6．种子。

5．新鲜的泽漆 10 公斤，加水 10 公斤，在缸内浸泡 5～7 天（如用热水不能过烫），过滤后待用。每公斤原液加水 2.5～3 公斤喷洒，可以防治螟虫。

6．泽漆 1 公斤，肥皂 0.62～1.25 克，水 20 公斤；先将泽漆切碎捣烂，加水一半（10

公斤）煮沸过滤，加入已配好的肥皂水中，充分搅拌，再把余下的水加入调匀，喷洒，可代替 666 使用。

7．将泽漆茎叶切碎晒干，磨成细粉，每亩用 2.5～3 公斤，其法先将药粉用尿调湿，再拌到土粪中，与种子同时播下，防治蛴螬、金针虫，杀虫率达 85%。

8．新鲜泽漆 1 公斤，切碎捣烂，掺水 600 克，滤后再加水 30 公斤，喷洒。防治棉蚜，杀虫率达 83.6%。

9．泽漆的 10 倍水浸液，防治小麦锈病效果达 76.6%；15 倍水浸液对甘薯黑斑病孢子发芽抑制效果为 97.5%；对马铃薯晚疫病菌孢子抑制效果为 94.4%；20 倍的水煮液对小麦秆锈病菌夏孢子发芽抑制效果达 92.1%。

10．将泽漆切碎，捣成糊状，再以适量的水稀释成汤状，倒在粪坑内，可以杀蛆；倒在污水中能杀死孑孓，有效期间为 7～10 天。

11．泽漆茎叶 20 公斤，开水 100 公斤，浸泡 24～48 小时，或熬煮，过滤喷洒，防治粘虫、棉蚜、棉红蜘蛛，杀虫率均在 80%以上。也可兼治盲蝽象、叶跳虫、金刚钻、红铃虫等棉花害虫。

12．泽漆 1 公斤切碎，加 5～6 公斤水熬煮，过滤，用滤液喷洒。可以防治小麦锈病和赤霉病等。

［理化性质］ 据“中国土农药志”：含大戟乳酯（Euphorbin）、泽漆毒素、麦芽糖钙、皂甙丁酸等。

［其　　他］ 新鲜泽漆白色乳汁毒性很大，触到眼睛可以失明，也不能接触口腔粘膜，以防中毒。

25 蓖麻（bima）（图 676）

［学　　名］ **Ricinus communis** L.　大戟科

（地方名、形态特征、生长环境、产地及其他用途见“油脂类”，840 页）

［用　　途］ 蓖麻叶、籽都可杀虫，防治植病，但以蓖麻籽的毒效最好。常用的几种配制方法和防治对象如下：

1．将蓖麻叶撒于田间或在田间栽植蓖麻，可以诱杀金龟子。

2．将蓖麻叶、秸杆晒干磨成粉，将药粉拌在粪里，随种子播下，每亩用 3～4 公斤，防治蛴螬，经 20 小时后，死亡率达 90%。

3．将蓖麻叶 10 公斤捣烂后，加水 10 公斤，过滤成原液。每公斤原液加水 2 公斤喷洒，防治红薯金花虫、稻螟虫、棉蚜有效。室内试验防治棉蚜杀虫率达 90%。

4．蓖麻叶 1 公斤，加水 10 公斤，煮沸后继续加热 15 分钟，冷却后过滤即成浸煮液，每亩用 20～25 公斤浸煮液，可以防治蔬菜害虫。

5．蓖麻干叶 1 公斤，加水 15 公斤，煮开后继续加热 20 分钟即得原液 11 公斤，将原液喷洒，防治红蜘蛛，杀虫率达 77%。

6．蓖麻子榨油后所得的残渣，可以杀死各种蜂类。将油渣 1 公斤，加水 5 公斤及肥皂 0.13 公斤，制成乳剂，能防治蚜虫、菜虫和金龟子。

7．将蓖麻子仁捣成糊状，加水 1 公斤调匀，另加肥皂 60 克（用少量水化开），慢慢加入蓖麻子仁水中，边加边搅，调匀后再加水 100～150 公斤，可以防治金龟子成虫和各种蚜虫。

8．将蓖麻果实的外壳捣碎，撒入厕所粪坑内，灭蛆效果良好。

9．蓖麻叶 20 倍水浸液对孑孓的杀虫率为 100%。

10．将蓖麻叶榨汁，每公斤加水 10 公斤喷洒，防治小麦秆锈病，效果达 95.86%。

11．蓖麻叶 1 公斤，加水 20 公斤和 0.1%可湿性 666，防治水稻蚁螟，杀虫率达 97.5%。

12．蓖麻叶干粉 5 倍水煮液，对小麦秆锈病菌夏孢子发芽抑制效果达 96.8%；对小麦叶锈病抑制效果为 73.73%。

13．蓖麻叶 10 倍水浸液，对棉角斑病的抑制效果为 50～100%。

14．将蓖麻子捣碎以 10 倍水浸液，对小麦秆锈病菌夏孢子发芽抑制效果为 90%；对小麦叶锈病菌夏孢子发芽抑制效果为 100%；20 倍水浸液对马铃薯晚疫病菌孢子发芽有显著的抑制效果。

15．在 666 中加入蓖麻叶（先将蓖麻叶捣碎，用 20 倍水浸渍一昼夜过滤后再与配好的 666 药液混合）对杀棉蚜虫效果显著增加；在 DDT 中加入蓖麻叶对棉铃虫也有一定的增效作用。且能作某些药物的溶剂，以加强毒物的渗透力。

[理化性质]　据“中国土农药志”：蓖麻子主含蓖麻碱（ricinine，$C_8H_8O_2N_2$）与蓖麻油。蓖麻碱为针状结晶，熔点 201.5℃，难溶于水、酒精、氯仿或醚，不溶于蓖麻油中，性极毒。因其不溶于蓖麻油中，所以在压制蓖麻油时不致被提出来。

[采收处理]　在南方一年四季均可采收，但以老叶为好，又要在落叶前采收；果子要在老熟呈褐色时采收；晒干贮藏或随采随用都可。

26 马桑（masang）（图 463）

[学　　名]　**Coriaria sinica** Maxim.　马桑科

（地方名、形态特征、生长环境、产地及其他用途见“淀粉及糖类”，561 页）

[用　　途]　马桑叶、果都能杀虫和防治植病，但以果的毒效最佳。常用的几种配制方法和防治对象如下：

1．将马桑的鲜叶和种子切碎弄细搅匀后，取 1 公斤，加水 4～5 公斤，浸泡过滤喷洒，防治棉蚜和红蜘蛛，其杀虫率为 100%。

2．将马桑叶晒干磨成细粉，每亩撒粉 20 公斤，对防治水稻负泥虫、稻螟和稻螟蛉有效。

3．将叶晒干，磨成粉末，以 2.5～5 公斤放入 10 担粪内，3 小时后蝇蛆即死亡，并可维持药效15～25天。杀灭稻田内的孑孓，效果也良好。

4．在清明前后，叶子长到1寸长时即可采摘，晒干，碾成细粉，在早晨露水未干前把粉末撒于水稻上，防治水稻负泥虫，杀虫率达100%；对稻螟效果也很好。

5．将捣烂的1公斤马桑子加清水1公斤，浸泡48小时后过滤，即得原液；使用时每公斤原液加水20公斤喷洒，对大田防治水稻螟虫，杀虫率达90%。

6．马桑叶20公斤，加水80公斤，煮1小时后，过滤用浸出液喷洒；每亩用15～20公斤浸出液，防治红蜘蛛，杀虫率在90%以上。

7．马桑叶粉的30倍水浸液对马铃薯晚疫病孢子发芽的抑制效果达98.4%；30倍水煮液对棉苗轮纹斑病菌及顶枯病菌孢子的发芽抑制效果分别为97.8%和89.6%。

［理化性质］ 据“中国土农药志”：种子和果实内均含有coriamyrtin（$C_{15}H_{18}O_5$），tutin（$C_{15}H_{18}O_6$）；茎中含有马桑糖coriose（$C_6H_{12}O_6$）。此外尚含有没食子酸、山萘酚（kaempferol，$C_{15}H_{10}O_6$)等物质。山萘酚为黄色针状结晶，溶于酒精，熔点225～229℃。

27 马断肠（maduanchang）（图142）

［学　　名］ **Celastrus angulatus** Maxim. (*C. latifolius* Hemsl.)　卫矛科

（地方名、形态特征、生长环境、产地及其他用途见“纤维类”，179页）

［用　　途］ 马断肠的根皮和树皮都有杀虫和防治植病的效力。使用时多以悬剂为主。常用的几种配制方法和防治对象如下：

1．把马断肠的根皮磨成细粉，作成10%的水悬液，对天幕毛虫有胃毒和忌避作用。

2．马断肠皮1公斤，白矾31.25克，加水60公斤，熬煮后，再加水10公斤，喷洒。或煮沸过滤，再加肥皂15.64克，搅拌均匀后喷洒。对棉蚜、红蜘蛛、菜青虫效果都很好。

3．马断肠皮1公斤，加水5公斤，煮沸后过滤，用滤液喷洒，防治稻苞虫，杀虫率达90%以上。

4．马断肠茎皮及根皮磨成细粉，取细粉1公斤，加草木灰或细土2公斤，喷粉，防治猿叶虫，杀虫率达70～80%。

5．马断肠根皮的30倍水浸液，对马铃薯晚疫病菌孢子发芽抑制效果为98.5%。

［理化性质］ 据河南省资料：根部含鞣质4.3%，皂素1.7%，植物碱0.1%。

［采收处理］ 冬季或春季采收根皮或茎皮阴干或晒干备用。

［其　　他］ 本种的用途引自“中国土农药志”，根据其原始材料，可能是河北、山东、安徽、江苏、浙江来的另一种植物——南蛇藤（Celastrus orbiculatus Thunb.)，但由于多种南蛇藤属植物均有杀虫效力，故可供参考。

28 雷公藤（leigongteng）（图1549）

［地 方 名］　黄藤根、断肠草（浙江、湖南）；红药、菜虫药、红柴根、蝗虫药、菜子龙草（浙江），黄药（安徽），山花色、水莽藤（江西）。

［学　　名］　**Tripterygium wilfordii** Hook. f.　卫矛科

［形态特征］　攀援藤本，小枝红褐色，有棱角，具长圆形的小瘤状突起和**锈褐色绒毛**。单叶互生，椭圆形或阔卵形，长 5～10 厘米，宽 3～5 厘米。先端渐尖，基部圆或阔楔形，边缘有细锯齿，表面绿色，背面浅绿色，光滑，仅脉上疏生锈色短柔毛；叶柄长约 5 毫米。花小，白色，**为顶生或腋生的大形圆锥花序**，萼为 5 浅裂；花瓣 5；雄蕊 5，着生在杯状花盘边缘。果实具 3 翅，翅纵列，膜质，黄褐色，长约 1.5 厘米，宽约 1 厘米；中央有种子 1 粒，种子细长，线形。

［生长环境］　生于背阴多湿稍肥的山坡灌丛和山谷、溪边灌木林和次生杂木林中。

［产　　地］　浙江、江西、安徽、湖南、广东、福建、台湾等省。

［用　　途］　雷公藤碱有强烈的胃毒及接触杀虫效能，存在于根、茎、叶各部，但以根内含量最高，杀虫效果也最好。常用的几种配制方法和防治对象如下：

1．将雷公藤的根皮磨成细粉 1 公斤，加水 30 公斤，煮 10 分钟或冷浸 24 小时，喷洒防治菜青虫、猿叶虫、黄守瓜、水稻负泥虫、铁甲虫、茶毛虫、松毛虫等，杀虫率达 80%以上。

2．将雷公藤根或植株切碎，每公斤加水 20 公斤，煮 1 小时，过滤喷洒，防治松毛虫及油桐尺蠖，杀虫率达 98%。

3．将雷公藤晒干研成细粉，过筛，喷撒或以 20 倍水浸泡一天，喷洒，防治菜青虫及黄守瓜，杀虫率达 80%。

4．雷公藤根 1 公斤，加水 10 公斤，冷浸 24 小时，过滤喷洒，防治菜蚜效果显著；对菜青虫及黄条跳蚲也都有一定效果。

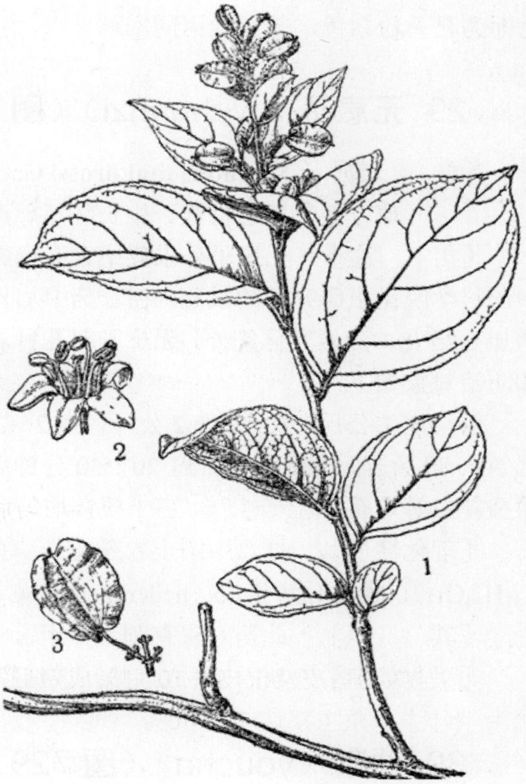

图 1549　雷公藤
Tripterygium wilfordii Hook. f.
1．果枝；2．花；3．果。

5．将 666 加入雷公藤根粉或水浸液中，对防治棉蚜虫增效显著。

6. 雷公藤的细根比粗根的毒力大，因为根皮仅占粗根（直径大于半寸）重量41.2%，而根皮占细根（直径小于半寸）重量可达59.5%。

［理化性质］ 根中含有雷公藤碱（tripterygine），熔点不明显，160℃开始软化，165℃时熔化，此为强力的杀虫有效成分，其中含有五种植物碱的混合物：wilforine，$C_{43}H_{49}O_{48}N$，熔点169～170℃；wilfordine，$C_{43}H_{49}O_{19}N$，熔点175～176℃；wilfortrine，$C_{41}H_{47}O_{2}N$，熔点238℃；wilforgine，$C_{41}H_{47}O_{19}N$，熔点211℃；wilforzine，$C_{41}H_{47}O_{17}N$，熔点177～178℃。

［其　　他］ 与本种极相似的昆明山海棠［Tripterygium hypoglaucum（Lévl.）Hutch.］，又名大叶黄藤、火莽子；产湖南、广西、贵州、四川、云南等省区。其叶较大，背面为显著粉白色，杀虫效用同本种。

29 无患子（wuhuanzi）（图 707）

［学　　名］ **Sapindus mukorossi** Gaertn.　无患子科

（地方名、形态特征、生长环境、产地及其他用途见“油脂类”，876 页）

［用　　途］ 无患子外果皮中含有皂素，可做农药，是很好的农药乳化剂。根据中国科学院昆虫研究所的试验，在农药中加入无患子果皮的水浸液，可使药剂的展布性增加6.25倍。除做乳化剂外，无患子对几种农业害虫也有杀虫作用。其常用的配制方法和防治对象如下：

用果皮1公斤，加水1～2公斤，煮2～3小时，过滤得原液。用时以1公斤原液加水50～80公斤，充分搅匀，过20～30分钟后即可喷洒。大田试验对棉蚜、红蜘蛛、甘薯金花虫等均有效。

［理化性质］ 据“中国土农药志”：有效成分是无患子皂素（sapindus saponin，$C_{41}H_{64}O_{13}$），加水分解生成（hederagenin，$C_{30}H_{48}O_{4}$）。

［其　　他］ 此药对胃有刺激作用，，喷药时应带口罩。

［采收处理］ 秋季9～10月果成熟后采收，除去子仁榨油后，即可备用。

30 油茶（youcha）（图 729）

［学　　名］ **Camellia oleifera** Abel　山茶科

（地方名、形态特征、生长环境、产地及其他用途见“油脂类”，899 页）

［用　　途］ 油茶子具有优良的杀虫性能，可利用榨油后的茶子饼作农药，既防虫又可以兼做基肥，为经济实用的农药原料，常用的几种配制方法和防治对象如下：

1. 利用榨油后的茶子饼，烘热后研成细末，在晴天中午时撒入田中，每亩用20公斤左右，或将茶子饼15～20公斤捣碎；加水沤烂（约1星期左右），再加草木灰50公斤，在播种前施作基肥，可防治蛴螬，甘薯小象鼻虫等。

2. 用茶子饼25公斤，熏烤后捣碎混土肥，可做1亩稻田的返青肥，以防治稻食根金花虫。

3．5 公斤茶子饼，加温水 50 公斤，浸 1 日后过滤，滤液喷洒，可杀棉蚜、红蜘蛛 95%以上。

4．茶砒合剂——砒灰 1 公斤，茶子饼 36 公斤，清水 63 公斤，先将信石炼成灰，茶子饼研成粉，再加入清水煮沸 30～40 分钟，过滤，即得原液，原液 1 公斤，加水 30 公斤，喷洒，可防治浮尘子、麦蚜、二十八星瓢虫、菜青虫、玉米螟等，杀虫率可达 100%。

5．茶子饼 20～25 公斤，碾细过筛，加入石灰粉 8～10 公斤，细土灰 60～80 公斤，拌和均匀，用时可将此茶子饼粉放到开水内浸半天，在晴天中午将田水放浅后，把浸好的茶子饼水均匀浇到田里，再过 4～5 小时撒入 40～50 公斤石灰，可治蚁螟，并有肥效。

6．茶子饼 1 公斤，加水 100 公斤，浸一昼夜后过滤喷洒，可防治小麦锈病。

［理化性质］　含有效成分为皂素、鞣质、植物碱。

［采收处理］　中秋节前后采收种子。

31 狼毒（langdu）（图 1394）

［学　　名］　**Stellera chamaejasme** L.　瑞香科

（地方名、形态特征、生长环境、产地、采收处理及其他用途见“药用类”，1815 页）

［用　　途］　狼毒分布很广，但同名异种的不少，如东北和内蒙古一带的狼毒是指大戟科的狼毒大戟（Euphorbia fischeriana Steud.）。安徽省的狼毒属于大戟科的甘遂（Euphorbia sieboldiana Morr. et Decne.）。湖南省的狼毒是毛茛科的牛扁。云南、贵州、四川的狼毒才是真正瑞香科的狼毒。狼毒主要采用根部，因其含浆汁很多，既能杀虫，又有防治植病的功效。常用的几种配制方法和防治对象如下：

1．将狼毒根晒干碾成细粉，深翻土地时放入沟内，每亩用 3 公斤，可以防治地下害虫。

2．狼毒 1 公斤，加水 30～40 公斤，浸 2～3 天，随加揉搓，过滤喷洒，可以防治菜青虫和猿叶虫。

3．狼毒根 1 公斤，捣烂后加水 10 公斤，过滤喷洒，每亩用 100～150 公斤，可以防治蚜虫和地下害虫。

4．将狼毒晒干磨成细粉，按 1%的用量拌种，防治地下害虫很有效。

5．狼毒 2 公斤，肥皂半公斤，加水 150～180 公斤，每亩用 75～90 公斤，防治蚜虫效果良好。

6．将狼毒的根状茎叶磨碎，1 挑粪内放 125 克，经过 17 小时，蛆即全部死亡。

7．狼毒根状茎叶的 20 倍水浸液对孑孓的杀虫率达 75%。

8．狼毒干粉 20 倍水煮液对小麦秆锈病夏孢子发芽抑制效果为 79.7%。

［理化性质］　根部有毒，含一种无水酸。

32 大叶桉（dayean）（图 1109）

［学　　名］　**Eucalyptus robusta** Smith　桃金娘科

（地方名、形态特征、生长环境、产地及其他用途见“芳香油类”，1401 页）

［用　　途］　叶可防治农作物病虫害及卫生害虫。常用的几种配制方法和防治对象如下：

1．将叶采回后，切细捣烂。用原药 1 公斤，加水 1～1.5 公斤，浸泡 12 小时或煎熬亦可，再用纱布滤去渣滓，即可得母液，使用时，用母液 1 公斤加水 7～10 公斤搅匀后，喷洒，可防治棉蚜虫，红苕金花虫、稻螟等。

2．桉叶 10 公斤切碎加水 50 公斤，加盖煮沸半小时后，过滤去渣，再加石灰水 1 公斤（1 公斤石灰加水 5 公斤）混合即可喷洒，或用桉叶 1 公斤切细，加水 10 公斤揉浸 24 小时，压出汁液过滤去渣喷洒，可防治稻螟、幼龄粘虫、蝇蛆等。

3．桉叶与 666 混用，可提高 666 的杀虫效果。

［理化性质］　叶和嫩枝中含有芳香油，油的主要成分为：1）α-蒎烯（α-pinene $C_{10}H_{16}$）；2）桉叶油素（cineole $C_{10}H_{18}O$）；3）α-水芹香油烃，（α-phelladrene $C_{10}H_{16}$）；4）倍半萜类。

［采收处理］　枝叶四季均可采收使用。

33 蛇床（shechuang）（图 1410）

［学　　名］　**Cnidium monnieri** (L.) Cuss.　伞形科

（地方名、形态特征、生长环境、产地、其他用途及采收处理见“药用类”，1835 页）

［用　　途］　蛇床子供做农药用，可以杀虫及防治多种植病。蛇床子如与 DDT 混用，可提高 DDT 的杀虫效果。常用的几种配制方法和防治对象如下：

1．蛇床子 1 公斤，加水 20 公斤，浸泡 24 小时，过滤去渣喷洒，可防治小麦蚜虫，玉米蚜虫及红蜘蛛等。

2．蛇床子 15 倍水浸液，对小麦叶锈病菌夏孢子发芽抑制效果达 100%，对小麦秆锈病菌防治效果为 60%。

3．蛇床子 20 倍水煮液，对棉角斑病抑制效果为 75～100%。

4．蛇床子 30 倍水浸液，对甘薯黑斑病孢子发芽抑制效果为 95%以上；对马铃薯晚疫病孢子发芽亦有抑制效果；对稻瘟病孢子发芽抑制效果达 100%。

［理化性质］　蛇床子的果实含芳香油 1.3%左右，油的主要成分为：1）异戊酸龙脑酯（borny isovaleriate，$C_{15}H_{26}O_2$）；2）异龙脑（iso-borneol，$C_{10}H_{18}O$）。

34 羊踯躅（yangzhizhu）（图 1423）

［学　　名］ **Rhododendron molle** (Bl.) G. Don　杜鹃花科

（地方名、形态特征、生长环境、产地、理化性质及其他用途见“药用类”，1851 页）

［用　　途］ 花、茎、叶都可防治多种害虫，对鳞翅目幼虫具有胃毒及触杀作用。很多地方用来防治水稻害虫和负泥虫等。常用的几种配制方法和防治对象如下：

1．花 1 公斤，加水 10 公斤的煮出液，对稻褐虱触杀效力很强。花 1 公斤，加水 80 公斤，煮开 90 分钟后，煮液呈褐色，过滤喷洒，对竹蝗、稻蝗杀虫率为 80～90%。

2．根 5 倍水浸液，对二十八星瓢虫的幼虫杀虫率为 81%。将秆叶切细，加水 1 倍，浸泡 24 小时，过滤得原液，每公斤原液加水 4～5 公斤，喷洒，对螟虫杀虫率为 80%。根 1 公斤，加水 20 公斤，煮 4 小时，过滤，喷洒，防治稻瘿蝇、黄花菜蚜虫杀虫率约 80%。

3．羊踯躅 10 公斤，加水 60 公斤和块石灰 2 公斤；先将羊踯躅加水煮沸，再加石灰（石灰应事先加水溶化成浆状），煮 1 小时左右，等水由黄色转为深红色即成。每亩稻田用原液 10 公斤，加水 90 公斤，稀释后喷射，治螟虫、蚂蝗等杀虫率达 90%以上。

4．羊踯躅 5 公斤，切细捣烂，加清水 30 公斤，煮 2 小时，等水变为深黑色，即捞起榨干得原液。用原液 15 公斤，加入 0.25 公斤石灰硫磺合剂，充分搅拌均匀即成。每亩稻田用混合液 10 公斤，加水 75～100 公斤稀释，可治螟蛾、稻飞虱、卷叶虫等，杀虫率将达 100%。每公斤混合液加水 6 公斤，治花果刺毛虫，杀虫率达 95%。

5．羊踯躅 15 倍水浸液，对小麦叶锈病防治效果为 70～80%。根 5 倍水浸液，对稻霜霉病有抑制效果。

［采收处理］ 全植株均可做农药，4～5 月采花，夏秋可采茎、叶和根。

［其　　他］ 人误食后会泻肚、呕吐或痉挛，在配制时应特别注意；羊食后中毒性强，放牧者要注意。

35 钩吻（gouwen）（图 1550）

［地 方 名］ 胡蔓藤（通称），大茶藤（广西），大茶药（广东），大炮叶（贵州），梭柙、黄藤根、甘尾、断肠草（福建）。

［学　　名］ **Gelsemium elegans** (Gardn. et Champ.) Benth.　马钱科

［形态特征］ 常绿藤本，枝光滑。叶对生，卵状长圆形至卵状披针形。长 7～12 厘米，阔 2～5.5 厘米，先端渐尖，基部楔形或近圆形，全缘；叶柄长约 1.2 厘米。3 歧分枝的聚伞花序顶生或腋生，花小，黄色；苞片小而狭；萼片 5，分离，长约 3 毫米；花冠漏斗状，先端 5 裂，长 1～1.6 厘米，内有较淡的红色斑点，裂片卵形，先端尖，较花筒为短，雄蕊 5，着生于花冠筒内；子房上位，2 室，每室有胚珠数颗，花柱丝状，柱头 4，短裂。蒴果卵状椭圆形，分裂为 2 个 2 裂的果瓣；种子多数，有翅。花期 8 月。

图 1550 钩吻

Gelsemium elegans (Gardn. et Champ.) Benth.

1．果枝；2．花。

［生长环境］ 喜生于阳光充足的地方，山坡、路边的草丛或灌丛中，单株或成群生长。

［产 地］ 浙江、福建、广东、广西、贵州、云南等省区。

［用 途］ 根、茎、叶都可用作杀虫药剂，用时以水浸液为主。常用的几种配制方法和防治对象如下：

1．钩吻藤 1 公斤，捣烂，加水 10 公斤，过滤，防治稻瘿蝇，杀虫率达 64.7%。

2．钩吻藤的根、茎、叶 1 公斤，捣烂，加水 10 公斤，浸 2 小时滤后喷洒，防治稻螟有效。

叶和根可供药用（见“药用类”，1860 页）。用少许叶饲猪，据云“有催肥之效”。

［理化性质］ 据“中国土农药志”：根和根状茎中含有钩吻碱甲（koumine, $C_{20}H_{22}ON_2$），熔点 170℃，易溶于酒精，难溶于醚，不溶于石油醚或水中。溶在浓硫酸中为无色溶液，加入二氧化锰转呈微紫色，性不甚毒，是国产钩吻中主要成分。此外还含有钩吻碱丑（kouminine），钩吻碱寅（kourainicine），钩吻碱卯（kouminidine），钩吻碱申（koumide $C_{21}H_{24}O_5N_2$）。

36 羊角拗（yangjiaoniu）（图 1439）

［学 名］ **Strophanthus divaricatus** (Lour.) Hook. et Arn. 夹竹桃科

（形态特征、生长环境、产地及其他用途，见“药用类”，1869 页）

［用 途］ 羊角拗制剂，药效维持时间较长。可以作浸苗和拌种用。常用的几种配制方法和防治对象如下：

1．羊角拗 10 公斤，先捣烂，煮水 100 公斤，煮出味后放入桶内。待冷却后将拔起的秧放入桶内浸 2 小时，治稻瘿蝇效果约 70%以上；治三化螟幼虫，杀虫率达 90%。但须注意，即日浸秧即日插入田中，插后 8 日内田中应保持有水。

2．用羊角拗煮出液 100 公斤，加肥皂 156 克，杀三化螟蛾率达 70%。

3．枝、叶、果沤水或煎水后，与花生拌种，可杀地下害虫。

4．樟树叶 3 公斤，毒鱼藤 3 公斤，辣蓼 2 公斤，羊角拗 1 公斤，大茶藤 1 公斤，混合煮成2公斤原液，每3公斤原液加7公斤水稀释，喷洒，能杀很多害虫。

5．茎、枝、叶、果皆可毒雀及老鼠。

［理化性质］　据“中国土农药志”：含kombe-strophanthin（$C_{40}H_{56}O_{15}$)和cymarin等。

［采收处理］　茎、叶茂盛时采收，其全植株均可作农药。

37 杠柳（gangliu）（图262）

［学　　名］　**Periploca sepium** Bge.　萝藦科

（地方名、形态特征、生长环境、产地及其他用途见“纤维类”，302页）

［用　　途］　杠柳叶及根皮均可用来杀虫及防治植病。因其具有良好的湿润及展布性能，故也可作辅助剂用。如用作666的辅助剂，即可增强666湿润及展布性，并能延长其有效时间。常用的几种配制方法和防治对象如下：

1．将杠柳根皮晒干，磨成细粉，在早晨露水未干前撒在蔬菜上，可防治蚜虫、菜青虫及二十八星瓢虫等。

2．杠柳叶1公斤，加水5～6公斤，熬煮成药液，使用时将原液稀释一倍喷洒，可防治稻飞虱。

3．杠柳皮用乙醇进行有效成分的提取，其总抽物1份，加水100份，可防治红蜘蛛，效果达76%。

4．杠柳30倍水浸液，对马铃薯晚疫病菌孢子发芽抑制效果为70～90%；对稻瘟病菌孢子发芽抑制效果达100%；对甘薯黑斑病菌孢子发芽抑制效果达95%以上。

［理化性质］　本种理化性质没有资料，现举其同属的一种长果杠柳（Periploca graeca L.）作为参考，此种的皮中含有杠柳毒甙（periplocin，$C_{36}H_{53}O_{13}$），熔点207～209℃，溶于水。

38 白花曼陀罗（baihuamantuoluo）（图1551）

［地 方 名］　洋大麻子、山大麻子（河北），闹洋花（广东、四川），喇叭花、弥陀花、山茄子、洋金花、醉仙桃、洋蓖麻（山西）。

［学　　名］　**Datura metel** L.　茄科

［形态特征］　一年生粗壮草本，有时呈半灌木状，基部木质，高0.5～2米，植株近于光滑；茎直立，上部呈二歧状分枝。叶互生，上部对生，卵形至长圆状卵形，长6～18厘米，先端渐尖，基部圆形或两侧呈不对称的楔形，全缘，微带波状或有短齿，两面近于光滑。花单生于上部枝条二歧分枝处或腋生，花大；萼绿色，长4～6厘米，裂片上端有线状齿，萼筒随花凋萎，隔数天后基部周裂而脱落，其余部分随果实增长而扩大，呈浅盆状白色，宿存；花冠漏斗状，长12～18厘米，直径5～8厘米，花筒淡绿色，有5棱，上部喇叭状，白色，其5裂片的先端有短尖；雄蕊5，花丝下部贴生于花管，花

图 1551 白花曼陀罗
Datura metel L.
花枝

药白色；雌蕊 1。蒴果球形，直径约 3 厘米，表面有疏短刺，成熟后由白绿色变为淡褐色。

［生长环境］ 生于河沟、山坡、田间、路旁。在江苏、浙江一带常栽培作药用。

［产 地］ 河北、河南、山西、江苏、浙江、江西、四川、福建、云南、广东、贵州等省。

［用 途］ 茎、叶、花、果都含有效杀虫成分，其中以花含量为最高。用时多以水煮液或水浸液为主。常用的几种配制方法和防治对象如下：

1．曼陀罗的茎叶 1 公斤，加水 8 公斤，煮成 3 公斤原液。将原液按 1:6 倍稀释喷洒使用，杀蚜虫效果达 100%。

2．曼陀罗茎叶 1 公斤，加水 8 公斤，煮成 4 公斤原液，每公斤原液，加水 4 公斤，喷洒使用，对蚜虫、玉米螟防治效果达 90%。

3．将曼陀罗全株切碎，每 10 公斤，加热水 50～100 公斤，浸 24 小时，滤过后的浸液每亩喷 150 公斤，对稻螟、蚜虫、红蜘蛛等有效。

4．曼陀罗茎叶的 15 倍水浸液，对马铃薯晚疫病菌孢子发芽的抑制效果为 95.6%，对小麦秆锈病及叶锈病菌孢子的抑制效果达 90%。

［理化性质］ 据“中国土农药志”：含东莨菪碱（l-hyoscine= scopolamine，$C_{17}H_{21}NO_4 \cdot H_2O$），熔点 55～57℃，微溶于水，溶于酒精，氯仿、醚及油类中，其次含伪莨菪碱pseudo-hyoscyamine（norhyoscyamine，$C_{16}H_{21}O_3N$），为白色结晶，熔点 140℃，微溶于水、乙醚，溶于酒精、氯仿中。此外还含有莨菪碱（hyoscyamine，$C_{17}H_{23}NO_3$）与少量阿托品（atropin）。

［采收处理］ 开花前采叶，开花时早晨采花，用绳穿好阴干即可。

［其 他］ 本种常与紫花曼陀罗（Datura tatula L.），曼陀罗（Datura stramonium L.）等混合使用，在东北市售的“洋金花”则以白花曼陀罗为主。

39 番茄（fanqie）（图 1552）

［地 方 名］　西红柿（河北、山西），洋柿子、红茄、洋海椒、番柿（福建），洋辣子（云南）。

［学　　名］　**Lycopersicum esculentum** (L.) Mill.　茄科

［形态特征］　一或二年生植物，全身有毛，高 60～100 厘米。1～2 回羽状复叶互生，大小变化甚多，小叶片 5～9，卵形或长圆形，边缘有波状缺刻。花黄色，3～7 朵成聚伞状排列，花梗下垂；萼片 5，狭披针形；花瓣 5，披针形。浆果卵形或扁球形、圆形，黄绿色或绿红色，直径可达 8 厘米。

［生长环境］　各种土壤、气候条件下均能栽种。

［产　　地］　全国各省均有栽培。

［用　　途］　番茄在我国栽培很广，果实的营养价值大，可供食用；茎叶又可制农药，但过去在农村里，番茄采收后，茎、叶除用作燃料或肥料外，没有其他用途。每亩番茄估计可以收获新鲜茎叶约 5000 公斤（相当于干茎叶 750 公斤），假如粗番茄素的含量平均以 1%计，防除病害施药浓度以 0.2%计，每亩防病喷洒药液一次为 100～125 公斤时，则一亩地的番茄茎叶，几乎可以一次喷治 20～30 亩面积的病害，因此，这是一个可以发掘的相当大的农药资源。常用的几种配制方法和防治对象如下：

图 1552　番茄
Lycopersicum esculentum (L.) Mill.
1. 花枝；2. 花；3. 花冠展开示雄蕊；4. 花萼和雌蕊；5. 浆果。
（自“江苏南部种子植物手册”）

1．取番茄茎叶 1 公斤，加水 4 公斤，煎熬成 2 公斤的原液，再加水 5 公斤即可喷洒使用，可防治蚜虫、红铃虫及盲蝽象等。

2．取番茄茎叶 1 公斤，加水 3 公斤，捣烂取汁拌饵料，可防治蝼蛄。

3．将番茄茎叶加少量清水捣烂后，榨取汁液，以 3 份原液加水 2 份，再加少量的肥皂液搅拌均匀喷洒，可以防治蚜虫、红蜘蛛、甜菜象甲等。

4．将番茄叶 1 公斤捣烂，加水 5 公斤，可杀孑孓及蝇蛆。

5．番茄素对于多种细菌和真菌具有抑制作用。

［理化性质］　含有番茄素（Tomatine），在植株中分布情况，以叶中含量最多，根

中次之，茎中和果实中最少。据分析，叶中（新鲜）粗番茄素含量约在 1%左右。番茄素是一种配糖体类的植物碱（$C_{50}H_{83}O_{21}N$），纯番茄素为无色针状结晶体（粗制品因含有色素及其他杂质，故为绿色），熔点为 263～267℃（分解）。能溶于甲醇、乙醇、异丙醇、丁醇、甘油、二氯六圜等有机溶剂，不溶于乙醚、石油醚、氯仿、芳香族与脂肪族烃、酮类及酯类。几乎不溶于水，但可成盐酸盐而溶解，这种溶液为左旋性。番茄素在碱性中稳定，亦不易受高温的影响；但在稀酸中煮沸，即起水解作用，水解后产生水解番茄素（tomatidine，$C_{27}H_{45}O_2N$）。

［采收处理］　茎叶在生长季节均可采收使用。但最好在番茄采摘后，再采收其茎叶。

40 黄花烟草（huanghuayancao）

［地 方 名］　小花烟（陕西），山烟（山西）。

［学　　名］　**Nicotiana rustica** L.　茄科

［形态特征］　一年或二、三年生直立粗壮草本；茎高 90～120 厘米，密生粘质柔毛，下部分枝。叶具柄，叶片大型，长达 30 厘米，卵形或卵状长圆形，先端钝尖，基部心形或近于心形，全缘或呈浅波状。总状花序顶生，有梗，日间开放；花淡黄色或淡黄绿色，长约 2.5 厘米；萼长约 1.3 厦米，裂片卵形；花冠合瓣，管阔，圆柱形，上部膨大，喉部收缩，有毛，长约为萼的 2～3 倍，裂片 5；短圆形。蒴果卵圆形至球形。

［生长环境］　多栽培于高原山地的贫瘠土壤上。

［产　　地］　我国西南、西北各地均有栽培，在云南、四川高山地区常变野生。

［用　　途］　烟草的根、茎、叶都可杀虫，具有胃毒、接触、薰蒸三种杀虫作用。防治稻螟虫、稻蝗虫、稻飞虱、浮尘子、蝽象、蚜虫、蓟马、二十八星瓢虫和柑桔潜叶蛾等多种害虫。此外还有杀卵作用。常用的几种配制方法和防治对象如下：

1．将烟叶按重量用水 40 倍浸泡 24 小时后即可使用；或将烟叶磨成细粉，通过 200 号筛筛出的粉末，再混以消石灰配成 1%的烟草碱粉剂，可防治蚜虫。

2．烟杆 10 公斤，加水 90 公斤，熬 2 小时，其滤液可防治蚜虫、红蜘蛛、蓟马、军配虫、蔬菜害虫、苹果食心虫、柑桔潜叶蛾等。如加入适量的石灰水，碱或肥皂，可增加防治效果。

3．烟草粉的 20 倍水浸液，对小麦秆锈病菌夏孢子发芽抑制效果良好，对小麦叶锈病抑制效果亦好。

4．秆叶碾细，加入稀粥或米汤搅匀，再加适量的糖，能诱蝇，蝇食后神经麻痹，而掉入米汤里淹死。

［理化性质］　据“中国土农药志”：烟草的主要成分是烟草碱（$C_{10}H_{11}N_2$）。此外尚含有类似烟草碱的生物碱多种。烟草碱为无色油状液体，沸点 246.1℃，易溶于水，对温血动物毒性很大。

［采收处理］ 烟草碱普遍存在于整个植株中，叶部含量最多，茎部含量最少，烟草愈老熟，烟叶所含的烟草碱也愈多，采收阴干后，宜贮藏在干燥地方。烟草水或烟草碱制剂配好后，应尽快使用，放久易失效。

［加　　工］

1．烟草碱的提取方法是用热水浸渍新烟叶，将浸渍液减压浓缩，在浓缩液中加入氢氧化钠，使成为碱性，如用蒸汽蒸馏，再将蒸馏液导入苦味酸悬液中，使成烟碱苦味酸沉淀；过滤的沉淀用水及酒精洗涤，在沸水中重复结晶 3 次；在所得的结晶中，加入 20%过量的 10%浓度的盐酸使成盐酸盐，过滤；将滤液蒸发成粘状液，冷却后加氢氧化钠，使烟草碱游离，再用乙醚提取；将乙醚提取液用无水硫酸钠干燥后除去乙醚，在减压真空下蒸馏，即可得烟草碱。

2．石灰处理烟叶后，再用有机溶剂提取，然后再以稀硫酸洗出，稀的硫酸烟碱液蒸发浓缩，即得硫酸烟碱。

［其　　他］ 本种含烟碱量较高，操作时必须注意中毒，不宜吸用。

一般栽培的烟草为红花烟草（Nicotiana tabacum L.），其用途同上。

41 半边莲（banbianlian）（图 1551）

［学　　名］ **Lobelia chinensis** Lour.　桔梗科

（地方名、形态特征、生长环境、产地及其他用途见“药用类”，1935 页）

［用　　途］ 茎、叶都有杀虫作用，用时以水煮或用冷水浸泡过滤的药液喷洒。常用的几种配制方法和防治对象如下：

1．将半边莲 1 公斤，切碎加水 5 公斤，煮沸半小时，或浸泡一天，去渣喷洒，防治蚜虫和红蜘蛛。

2．将半边莲切碎撒在粪坑中或孑孓孳生地，可杀死蝇蛆和孑孓。

［理化性质］ 据“中国土农药志”：有毒成分主要是北美山梗菜碱（lobeline，$C_{22}H_{27}NO_2$），其次是北美山梗菜酮碱（lobelanine，$C_{22}H_{25}ON$），北美山梗菜醇碱（lobelanidin，$C_{22}H_{29}NO_2$）及异北美山梗菜酮碱（isolobelanine，$C_{22}H_{25}NO_2$）。

［采收处理］ 通常在夏季带根状茎一起采收，洗净阴干备用。

42 黄花蒿（huanghuahao）（图 1181）

［学　　名］ **Artemisia annua** L.　菊科

（地方名、形态特征、生长环境、产地及其他用途见“芳香油类”，1478 页）

［用　　途］ 黄花蒿的茎、叶、花均可用来杀虫及防治植病，具有良好的胃毒、触杀、忌避和兼有刺激生长的作用。又黄花蒿尚具有优良的湿润及展布的性能，故又可做展着剂用，如黄花蒿与石硫合剂混用，可以增加硫在叶面上的附着量较单独使用石硫合剂高至一倍多；还可延长其残留时间，喷药 6～7 日后残留量可比单独使用石硫合剂

高三倍多，超过著名的展着剂“利诺”或“骨胶”。此外，黄花蒿与666混用，可提高666的杀虫效果3倍以上。常用的几种配制方法和防治对象如下：

1．用黄花蒿10公斤捣碎后，加水50～100公斤，浸泡一日，过滤后喷洒使用，可防治棉蚜和红蜘蛛。

2．黄花蒿植株放在田里沤泡，每亩75公斤，可以防治水稻蚊螟，并可兼做绿肥。

3．黄花蒿做成毒饵可诱杀粘虫，效果可达76%。

4．黄花蒿全株晒干，点燃熏烟，可驱蚊虫。

5．5倍的黄花蒿水煮液对小麦锈病菌夏孢子发芽抑制效果为95.4%，15倍水浸液对小麦叶锈病防治效果50～60％。

6．30倍水浸液对马铃薯晚疫病菌孢子发芽有抑制作用。对甘薯黑斑病菌内生孢子抑制效果良好。

［理化性质］　黄花蒿全草含芳香油0.3～0.5％，油的主要成分为：1）桉萜醇（globulol，$C_{15}H_{26}O$）；2）苦艾酮（artemisia ketone，$C_{10}H_{16}O$）；3）异苦艾酮（isoartemisia ketone，$C_{10}H_{16}O$）。

［采收处理］　茎叶在生长季节内均可采集使用。秋天采收全草晒干，注意保藏。

43 艾（ai）（图1182）

［学　　名］　**Artemisia argyi** Lévl. et Vant.　菊科

（地方名、形态特征、生长环境、产地及其他用途见“芳香油类”，1480页）

［用　　途］　艾的茎叶具有触杀及忌避的作用，可用来杀虫及防治植病。常用的几种配制方法和防治对象如下：

1．将艾叶1公斤，切碎，加水10公斤，煮沸半小时或浸泡1日，过滤喷洒，可防治蚜虫和红蜘蛛。

2．10倍艾水煮液，对幼龄斜纹夜盗蛾杀虫率为85.7％。

3．将艾叶阴干后，点燃熏烟，可驱蚊虫。

4．艾叶干粉5倍水煮液对小麦秆锈病菌夏孢子发芽抑制效果为90.8％，水浸液效果较差。

5．20倍艾水浸液对马铃薯晚疫病菌孢子发芽有抑制作用。

［理化性质］　含absintol，thujon油状液体，沸点200～202℃；杜松子萜（cadinene），溶于水，含有两个结晶水的结晶，溶点为117℃；侧柏萜醇（thyujyl alcohol）。

［采收处理］　生长季节内均可采集使用。

44 白花除虫菊（baihuachuchongju）（图1553）

［地 方 名］　除虫菊（云南、四川、江苏）

［学　　名］　**Chrysanthemum cinerariaefolium** Vis.　菊科

［形态特征］　多年生柔弱草本，被灰白色柔毛；茎高30～60厘米。叶单生，长圆形至卵状长圆形，长15～20厘米，1～2回羽状分裂，最小裂片线形，先端尖锐，两面均生灰白色短柔毛；基部的叶有柄。头状花序单生于茎端，直径2.5～4厘米，有长梗；总苞片长圆形，钝尖，先端膜质，外被柔毛；花序边缘为舌状花，白色，倒披针形，中央为管状花，黄色。瘦果倒圆锥形，上部及右侧有圆翅。花期在春夏之间。

［生长环境］　多栽于田间。

［产　　地］　各地均有栽培。

［用　　途］　杀虫常以花为主。常用的几种配制方法和防治对象如下：

1．粉剂：将除虫菊花磨碎过筛成粉状，若除虫菊含量在0.8%左右，粉的细度最低应通过120号筛目，含量高的应通过200号筛目。然后将除虫菊粉以1:300的比例加水，并酌加肥皂搅匀，即可当作悬浊液应用。

2．烟剂：一般主要用作杀灭蚊虫，其配制比例如下：除虫菊粉50%，榆树皮粉48%，萘酚1%，色料1%。用适量的水作成糊状，制成条香，晒干即成。

3．油剂：一般用作杀蚊、蝇、蚤、臭虫等，效力迅速。

4．乳剂：是防治蔬菜、果树、茶、烟草等害虫的良好药剂。配制方法，用煤油提取液加肥皂便成乳剂。若用椰子油皂则更可延长贮存的时间。

5．用除虫菊粉1公斤，加草木灰1公斤；先用水把草木灰溶化，然后倒在350公斤水中，再取除虫菊粉用少量肥皂水调成糊状，倒在肥皂水中搅匀，作喷雾用。

6．除虫菊1公斤，肥皂1公斤，清水160公斤，先将肥皂制成肥皂水，再加入除虫菊粉 1 公斤，搅匀即可使用。

7．用酒精或其他溶剂从花中提取除虫菊素，然后将提取液徐徐喷到高岭土、滑石粉等惰性粉上，边喷边混合，待溶剂蒸发后，磨成粉，过筛即成杀虫粉。

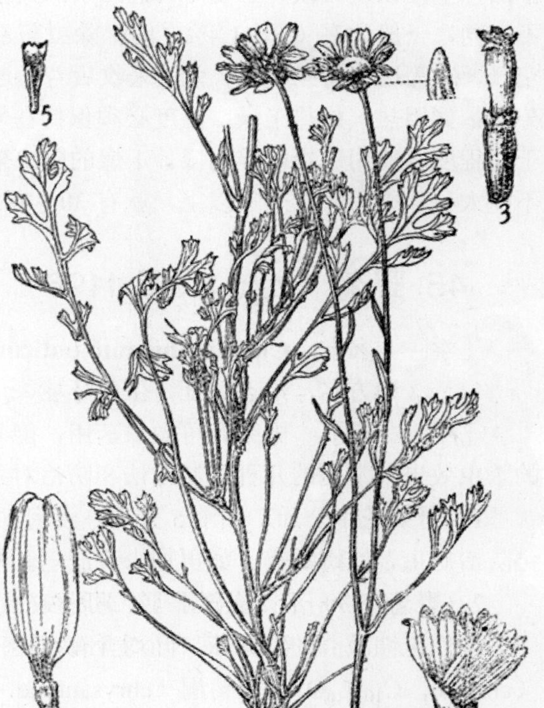

图1553　白花除虫菊
Chrysanthemum cinerariaefolium Vis.
1．植株全形；2．舌状花；3．管状花；4．管状花冠展开示雄蕊和花柱；5．瘦果。
（自“江苏南部种子植物手册”）

8．10 倍的水浸液对小麦秆锈病及叶锈病菌夏孢子发芽抑制效果达 90%以上。

9．芝麻油中含有芝麻素，对除虫菊有增效作用。若在除虫菊制剂中加入 5%的芝麻油，可以大大提高除虫菊的杀虫效率，最高可达 10 倍以上。

10．黑胡椒中含有黑胡椒碱及其水解产物胡椒酸，这两种物质均能杀虫，若和除虫菊合用，则能增大药效。

11．大叶花椒中含大叶花椒酰胺，与除虫菊合用可增加效力。

12．25%除虫菊粉与波尔多液合用，能刺激马铃薯生长，其花蕾数目可增加一倍。

［理化性质］ 主要有效成分是除虫菊素I（$C_{21}H_{30}O_3$），除虫菊II（$C_{22}H_{30}O_5$），瓜叶除虫菊素I（$C_{26}H_{28}O_3$）及瓜叶除虫菊素 II（$C_{21}H_{28}O_5$）。

［采收处理］ 春夏间采摘即将开放的花朵，过早或过迟都会使有效成分降低。由于品种不同以及气候、土壤等其他因素的关系，全国各地所产的除虫菊有效成分含量各不相同，一般约在 0.8～1.4%之间。除虫菊素能溶于石油等有机溶剂中，如接触日光、空气、碱等过久均能使之失效。采收后若迅速晒干贮藏，其所含的除虫菊素并无显著的分解；如用热气加热干燥，温度必须保持在 60℃以下，温度过高除虫菊素会分解失效。干燥程度以能用手指研碎为限。干燥的除虫菊可装在麻袋中，最好密闭贮藏，但贮存期不能太长，因为贮存一年以上，就有 30～38.4%的除虫菊素分解。

45 野菊（yeju）（图 1196）

［学　　名］ **Chrysanthemum indicum** L.　菊科

（地方名，形态特征，生长环境，产地及其他用途见“芳香油类”，1494 页）

［用　　途］ 野菊花可做农药用，能杀虫及防治植病，如与 666 混用可提高 666 的杀虫效果。常用的几种配制方法和防治对象如下：

1．野菊花 1 公斤，加水 5 公斤，浸泡 1 日或加热煮沸半小时，过滤去渣，喷洒，可防治蚜虫、红蜘蛛等。如再加少许肥皂，则效果更高。

2．野菊花 30 倍水浸液对马铃薯晚疫病菌孢子发芽抑制效果达 95%以上。

［理化性质］ 野菊花、叶均含有 0.1～0.2%的芳香油，油的主要成分为白菊醇（chrysol，$C_{10}H_{16}O$）、白菊酮（chrysantone，$C_{10}H_{16}O$）等。

［采收处理］ 宜在春夏两季茎叶繁茂，花朵开放时采摘，茎叶过嫩不宜采，采割时应注意不超过全部叶子的 1/3，最高限度决不超过一半，以免影响植物的继续正常生长，又因花是芳香油和药用的主要部分，故农药以茎叶为主。采摘后，阴干，贮存于干燥地方。

46 菖蒲（changpu）

［学　　名］ **Acorus calamus** L.　天南星科

（地方名、形态特征、生长环境、产地及其他用途见“芳香油类”，1513 页）

［用　　途］ 菖蒲全株均可做农药用，防治病虫害均有良好的效果。常用的几种配制方法和防治对象如下：

1．菖蒲 1 公斤，捣烂，加水 2 公斤，煮成原液，每公斤原液加水 6 公斤，喷雾，每亩用 40～50 公斤，防治棉蚜、红蜘蛛、稻飞虱、浮尘子、稻螟蛉等，可收到良好杀虫效果。

2．菖蒲根，茎与羌活、艾叶、苍术等混合碾细，点燃薰烟可驱蚊虫。

3．菖九皂乳剂：菖蒲 40%，九丛根 60%，另加皂角 10%，混合捣烂后，每份加煤焦油 1.5 份密闭浸泡 48 小时后，过滤去渣，另取肥皂 1 份溶于 2 份水中，再将滤液徐徐加入，随时搅拌，经半小时充分乳化后，即可使用。可杀高粱蚜虫、蚁螟、稻浮尘子、玉米螟、红苕卷叶虫及棉金刚钻等。

4．菖蒲切细置于干馏锅内，密闭加火干馏，引出气体冷却，所得干馏液 125 克，用肥皂乳化后，徐徐倒入 1.5 公斤混合液（混合液为烟叶 2 份、石灰 1 份、加水 4 份浸泡 24 小时后过滤）中，熬煮 10 分钟后冷却即可喷洒，可防治高粱蚜虫、水稻三化螟等，杀虫效果良好。

5．30 倍菖蒲水浸液对马铃薯晚疫病菌孢子发芽有显著抑制作用，对棉袍黄萎病菌和稻瘟病孢子发芽抑制效果均达 100%。

6．15 倍水浸液对小麦秆锈病防治效果为 60%；对小麦叶锈病防治效果为 90%以上。

［理化性质］ 根状茎含挥发油 1.5～3.5%，油的比重 0.97，折射率 1.548～1.549，旋亮度 2～9°，（陕西省资料）。油的主要成分为甲基丁香酚（Methyleugenol），倍半萜烯（sesquiterpene，$C_{15}H_{24}$），正庚酸（N-heptylic acid），丁香酚（eugenol），细辛醛（asaryl aldehyd，$C_{10}H_{12}O_4$），细辛脑（asaron，$C_{12}H_{16}O_3$），calameon（$C_{15}H_{16}O_2$），calamen（$C_{15}H_{22}$）。

［采收处理］ 采收以 5 月及 12 月两个时期为最好，全株采收，阴干，贮藏在阴凉处，严防虫蛀。

［其　　他］ 牛食菖蒲后，易致消化不良，严重者成为剧烈的肠胃炎，故宜注意。

47 蛇芋头（sheyutou）

［地 方 名］ 蛇包果、五不跳、野磨、磨芋（湖南），半夏精、蛇头根草、鬼药蒻（安徽），虎掌（浙江），三不跳罢（苗族语）。

［学　　名］ **Arisaema japonicum** Bl.　天南星科

［形态特征］ 多年生草本；块茎扁球形，偶有侧生的小球茎，乳白色，其上生有须根。茎高 30～50 厘米，叶 2 片，下叶较大，掌状复叶，有柄，小叶 5～7 片，长椭圆形或阔披针形，先端渐尖，基部阔楔形，具短柄或无柄，全缘或呈浅波状。雌雄异株，花轴自叶腋生出，顶端生有绿色至暗紫色的大型佛焰苞，苞片下部边缘折迭成筒状，但不合生，筒口的上缘略向外弯，苞片的上部狭卵形或长椭圆形，开展，向外弯曲，先端

锐尖，苞内着生有肉穗花序，花序先端延长，呈棒状，径 4～5 毫米，稍平滑，较佛焰苞短。浆果在成熟时鲜红色。花期 6～7 月。

［生长环境］ 喜生于阴湿的山谷草丛或阴暗灌丛林下。

［产　　地］ 河北、浙江、安徽、湖南、四川、台湾等省。

［用　　途］ 蛇芋头块茎可以杀虫，防治植物病害，新鲜时杀虫效能较干的为好，又蛇芋头遇热易破坏其有效成分，因此可以水浸或捣烂取汁使用。常用的几种配制方法和防治对象如下：

1. 取鲜蛇芋头块茎 1 公斤，捣烂取汁，1 公斤汁液加水 6 公斤喷洒，可防治蚜虫、红蜘蛛。

2. 将蛇芋头块茎切碎磨粉，在早晨露水未干时进行喷粉，每亩施药量 1.5～2.5 公斤，对稻螟有效。

3. 蛇芋头的 10 倍水煮液，对棉立枯病抑制效果为 75%。

4. 蛇芋头干粉 1 公斤，加水 20 公斤，浸液对小麦秆锈病菌夏孢子发芽抑制效果达 95%，水煮液效果差。

5. 蛇芋头块茎的 15 倍水浸液，对防治小麦秆锈病效果为 70～80%。

6. 蛇芋头 20 倍水浸液，可杀死孑孓。

7. 蛇芋头可与辣蓼草混用，杀虫效果较单用为优。

新鲜蛇芋头块茎富淀粉，可制酒精。

［理化性质］ 据“中国土农药志”：含皂素及多量淀粉，子实中含有类似 Coniline 的生物碱。

［采收处理］ 5～8 月采收地下块茎使用。

［其　　他］ 天南星属植物的块茎内，均含有毒的植物碱，大都能做土农药，本属除上述这种外，常见的还有东北天南星（Arisaema amurense Maxim.）；天南星（Arisaema consanguineum Schott）；虎撑（Arisaema thunbergii Bl.）；糊斑杖（Arisaema ambigunum Engl.）等种，这些种类形态特征产地及用途等详见“淀粉及糖类”，623～624 页。另外新鲜的蛇芋头有毒，手触后，引起瘙痒，配制时要注意。

48 百部（baibu）（图 1554）

［地 方 名］ 百部根（江西），子母（安徽），婆妇草、百奶、野天冬（浙江），多崽婆、儿多母苦（湖南），药虱药（河南）。

［学　　名］ **Stemona japonica** (Bl.) Miq. 百部科

［形态特征］ 多年生草本，高 60～90 厘米，块根纺锤形，肉质，几个或几十个簇生。茎下部直立，上部成蔓生状。单叶 2～4 片轮生，卵形或卵状披针形，先端锐尖或渐尖，基部圆形或近截形，全缘，叶脉 5～9 条，小脉细密横行；叶柄，线形，基部稍宽。总花梗直立，基部贴生在叶片中肋上，顶端着生 1～2 朵浅绿色花，无梗，花被

片4，开放后向外卷；雄蕊4，有附属物，紫色；子房小，卵形。蒴果表面平滑、暗赤褐色，成熟裂开，内有种子数粒。花期5月，果期7月。

［生长环境］ 多生于山林或竹林中。

［产　　地］ 山东、河南、安徽、江苏、浙江、福建、江西、湖南、湖北、贵州、四川、陕西等省。

［用　　途］ 对多种昆虫具有强烈的触杀作用。冷浸液和煮液都具有药效。常用的几种配制方法和防治对象如下：

1．百部1公斤，加水5～10公斤浸泡，浸液可杀蚜虫、红蜘蛛，效果良好。

2．20倍水浸液对孑孓杀虫率100%。

3．制毒饵诱杀家蝇，杀虫率为61%。

4．20倍水煮液对小麦秆锈病菌夏孢子发芽抑制效果为81%。

5．15倍水浸液对小麦叶秆锈病菌夏孢子发芽抑制效果为90%以上。

6．3%百部粉剂对棉角斑病抑制效果为75%以上，对棉炭疽病为75%，对棉立枯病为75%，对蚕豆根腐病为95%。

7．百部根烘干，碾成细粉，可杀各种牲畜体虱和跳蚤。

另外百部块根含淀粉可作提取酒精的原料。

［理化性质］ 据“中国土农药志”：含多种生物碱，如蔓生百部碱甲（stemonine I；$C_{17}H_{25}O_4N$），蔓生百部碱乙（stemonine II，$C_{19}H_{31}O_5N$），直立百部碱（hodorine，$C_{19}H_{31}O_5N$）及对叶百部碱（tuberostemonine，$C_{22}H_{38}O_4N$）等。

［采收处理］ 春季或秋季采收。

图1554 百部

Stemona japonica（Bl.）Miq.

1．植株一部分；2．花；3．花除去一花被及一雄蕊；4．雄蕊正面及侧面；5．叶。

（自“江苏南部种子植物手册”）

49 蒜（suan）（图1209）

［学　　名］ **Allium sativum** L. var. **pekinense** (Prokh.) Maekawa　百合科

（地方名、形态特征、生长环境、产地、理化性质及其他用途见“芳香油类”，1514页）

［用　　途］ 常用的几种配制方法和防治对象如下：

1．用蒜鳞茎 1 公斤，加水 1 公斤，捣烂得原液 1.6 公斤，每公斤原液加水 5～6 公斤，可防治蚜虫、红蜘蛛、桑蟥等。

2．大蒜、洋油、666 合剂（大蒜 3 公斤磨细，过滤去渣后，加入洋油 375 克，6%可湿性 666 半公斤，加水 100 公斤），均匀喷在一亩田内，防治浮尘子，杀虫率达 100%，并可兼治稻瘟病。

3．蒜鳞茎 3 公斤，捣成糊状，放在 100 公斤水内浸半小时，喷洒，可防治稻热病。

4．蒜 10 倍水浸液，对棉花立枯病抑制效果达 90～100%，对棉炭疽病及棉角斑病的抑制效果为 100%。

5．合成的乙基大蒜素具有广制菌谱，用乙基大蒜素 4000 倍对棉炭疽病菌和立枯菌有抑制生长的作用。

6．合成的乙基大蒜素 1000 倍稀释液，对苹果炭疽病有良好的防治效果，每年自 8 月中旬开始，每隔 10 天喷药 1 次，3 次以后，病果率下降为 13.5%；采收后贮藏 9 天发病率亦较少，特别是在采收前多喷 1 次对贮藏期炭疽病发病率可以大为降低。

7．乙基大蒜素尚具有植物内吸作用，故应用于带菌种子的浸种处理上是理想的，这是防治植病（尤其是苗期病害）的最经济、简便而有效的办法。

8．乙基大蒜素应用低浓度时，尚有刺激植物生长作用。

50 藜芦（lilu）（图 1531）

［学　　名］　**Veratrum nigrum** L.　百合科

（地方名、形态特征、生长环境、产地及其他用途见“药用类”，1996 页）

［用　　途］　藜芦在很早以前就被用来杀虫，其茎基部和根须皆为有效的胃毒药剂。其所含有效成分为一系列植物碱，总称为“藜芦植物碱”。浸用时多以水煮液为主。常用的几种配制方法和防治对象如下：

1．用 20～100 倍水溶液和米汤、糖水等混合，可以诱杀苍蝇，杀虫率 75～90%。

2．用藜芦 1 份，加消石灰 5 份，可杀苹果锯蜂。防治蓟马、蝇类等效果很好。液剂防治蚜虫杀虫率达 100%。

3．藜芦根状茎 1 公斤，捣烂加水 45 公斤，煮沸或冷浸 24 小时，再加肥皂 62.5 克喷洒，对家蝇击倒率 75～90%。其他对蚜虫、菜青虫、桑蟥、野蚕、螟虫等均有效。

4．用藜芦作毒饵诱杀粘虫的杀虫率为 70%。

5．20 倍的藜芦水浸液对孑孓的杀虫率为 88.8%。

6．5%的藜芦粉剂，对棉立枯病效果为 70%。

［理化性质］　据“中国土农药志”：含藜芦碱（jervine，$C_{27}H_{39}NO_3$）；针状结晶，熔点 243～244℃。此外还含有rubijervin, pseudojervin, colehicine。

［采收处理］　有效成分在空气中易挥发，因此要密闭贮藏。

［其　　他］　对高等动物有毒，防止误食，在使用及配制时，应注意安全。

第十章

其 他 类

目 录

(六)虫胶、虫蜡类

(七)杂类

一. 总　论

除了上述九类原料植物以外，尚有部分野生植物和农副产品的废料，在工农业生产中或人民日常生活中，亦常常利用它们所含的成分来作为工业原料或生活资料。这类植物的现知数量虽不多，但关系面却很广，应该吸收进来。为了便于叙述起见，兹把这类原料植物归纳在一起，列为“其他类”，并把这些植物种类按照它们的用途又分为：（一）植物色素类（主要是食用色素类）；（二）维生素类（主要是维生素丙）；（三）有机酸类（柠檬酸、酒石酸、醋酸、草酸等）；（四）钾盐类；（五）皂素类；（六）虫胶和虫蜡类及（七）杂类。

1. 植物色素类

我国在利用植物色素作为纺织品和食品的染色，已有很悠久的历史。远在黄帝时代就有“玄冠黄裳”的名称，这说明那时候已有了黑色和黄色的染料。根据考证：那时候的染料决非人工合成，而是天然色素（矿物或植物）。我国很早就用植物色素靛蓝染色，它的制品在国际市场上素负盛名，直到现在还常为人们所称道。在利用植物色素作为食品着色方面，我国人民也在很早以前就知道采用南瓜叶等作为糕点的着色染料。近年来，由于煤焦染料的飞跃发展，对植物色素的利用已不甚为人们注意。但是植物色素仍有它一定的优点，特别是可用于食品方面的植物色素，安全可靠，应该充分加以发展利用。

在食品工业方面，酒类、冷食、糖果、糕点、肉类、乳类等制品，通常都要用食用色素来着色，使其颜色鲜艳美观。食用色素可分为天然的和合成的两类。随着化学工业的发展，由于合成染料鲜艳，价廉，因而食品着色使用它们也日益增多。但据目前了解，合成染料本身没有营养价值，且有的有毒或有其他毒性杂质，如果不谨慎选择使用或者用量过多，对人们的身体健康产生不良的影响，甚至有的还有致癌作用。

因此在食品色素使用方面，目前不少国家都有较严格的限制。准许使用的合成食用色素，苏联仅有 8 种，美国有 20 种，法国则完全禁止使用，我国目前暂行规定使用的有 5 种。天然的食用色素，又可分为植物性的和动物性的两类，苏联法定的天然食用色素计有 14 种，美国 21 种，英国 6 种，其中属于植物性的食用色素如下表。

我国民间使用的植物性食用色素，种类很多，如茜草、姜黄、靛蓝等；但尚缺少系统的研究。目前各有关部门，已开始这方面的研究利用。

植物性食用色素大多存在于花朵中，其次为果实、叶、根以及木材等部位，在植物很多科、属中广泛存在，而以蘘荷科（姜黄）、茜草科（栀子、茜草）、十字花科（菘

科名	植物名称	学名	利用部分	色素名称	主要化学成分	使用国别
地衣类	石蕊茶渍 染料衣	Lecanora tartarea Ach. Roccella tinctoria DC.	全株	石蕊蓝 (Baric litmus) 酸性硫 (Acid litmus)	石蕊素 (Azolitmin，$C_7H_7NO_4$)	苏、美
山毛榉科 (Fagaceae)	染色栎	Quercus tinctoria Bartr.	叶	槲黄 (Quercition)	栎精 (Quercetin，$C_{15}H_{10}O_7$)	美
藜科 (Chenopodiaceae)	甜菜	Beta vulgaris L.	块根	甜菜红 (Beets)	甜菜素 (Betanin. $C_{21}H_{23}O_{10}N_2Cl$)	美
豆科 (Leguminosae)	巴西苏木	Caesalpinia brasiliensis Sw.	木材	苏木红 (Brasilwood)	苏木精 (Brasilin，$C_{16}H_{14}O_5$)	美
	槐蓝	Indigofera tinctoria L.	叶	靛蓝 (Indigo)	靛蓝 (Indigotin，$C_{16}H_{10}N_2O_2$)	苏、美
	洋苏木	Haematoxylon campechianum L.	木材	黄檀 (Logwood)	黄檀素 (Haematoxylin，$C_{10}H_{14}O_6$)	苏、美
	紫檀	Pterocarpus santalinus L.	木材	檀木红 (Sanderswood)	檀香烯酸 (Santalin，$C_{34}H_{28}O_{10}$)	美
鼠李科 (Rhamnaceae)		Rhamnus amygdalinus Desf.	果实	果酱黄 (Persian berries)	鼠李醚 (Rhamnetin，$C_{16}H_{12}O_7$) 鼠李精 (Rhamnegin，$C_{12}H_{10}O_5$)	美
锦葵科 (Malvaceae)	锦葵	Malva pusilla Sm. (*M. sylvestris* L.)	花	锦葵红 (Mallon extract)		苏
梧桐科 (Sterculiaceae)	可可	Theobroma cacao L.	种子	可可红 (Cocoa red)	$C_{40}H_{60}O_{27}N$	美

红木科 (Bixaceae)	胭脂树	Bixa orellana L.	果实	安那多黄 (Annetto)	红木素 (orellin，bixin，$C_{25}H_{30}O_4$)	苏、美、英
伞形科 (Umbelliferae)	野胡萝卜或胡萝卜	Daucus carota L.或 D. carota L. var. sativa DC.	肉质根	胡萝卜素（Carotene)	胡萝卜素 (carotene，$C_{40}H_{56}O_2$)	苏、美、英
紫草科 (Borraginaceae)	红根草	Alkanna tinctoria Tausch	根皮	碱蓝 (Alkanet)	碱蓝素 (alkannin，$C_{16}H_{16}O_5$)	美
茜草科 (Rubiaceae)	茜草	Rubia tinctoria L.	根	茜草 (Madder)	茜红素 (alizarin，$C_{14}H_3O_4$)	美
菊科（Compositae）	红花	Carthamus tinctorius L.	花	碱红 (Safflower)	碱红素 (carthamin，$C_{15}H_{12}O_6$)	美
鸢尾科 (Iridaceae)	番红花	Crocus sativus L.	雌蕊的柱头	番红花 (Saffron)	藏花酸 (crocetin，$C_{20}H_{24}O_4$)	苏、美、英
姜科 (Zingiberaceae)	郁金	Curcuma longa L.	地下茎	姜黄 (Turmeric)	姜黄素 (Curcumin，$C_{21}H_{20}O_6$)	苏、美、英
			所有植物的叶子	叶绿素 (Chlorophyll)	叶绿素甲 (chlorophyll a，$C_{55}H_{72}O_5N_4Mg$) 叶绿素乙 (chlorophyll b，$C_{55}H_{70}O_6N_4Mg$) 叶黄素 (xanthophyll，$C_{40}H_{56}O_2$) 胡萝卜素（carotene，$C_{40}H_{56}O_2$)	苏、美

蓝大青）、菊科（红花）等为主，而且这些植物性的食用色素大多均有药效。

一般从蔬菜、水果中提出的食用色素，因含有维生素等成分，不但对人体无害，而且具有很高的营养价值。天然色素以溶解性质的不同分为水溶性、醇溶性及油溶性等；又以各种酸碱度显色的不同，分为酸性色素及碱性色素等；按照化学结构的不同，又可分为多烯类（polyene），花青素类（anthocyanins），黄色酮类（flavones），黄色素酮酚类（flavonols）及吡咯类（pyrrole）等。含色素的植物一般可在采收后，干制保藏，以备提制。提制方法：有浸渍法、渗漉法及浸提法等。可用水、酒精、石油、醚或乙醚等作为溶剂。有的也可磨成粉，直接应用，如姜黄。也有用酦酵法，如靛蓝素的提制。"奇花异彩""万紫千红"说明自然界植物色素的丰富，我国地处亚热带及温带，植物色素的资源种类很多，民间用于染织、食品、化妆及医药的种类为数不少，利用的经验亦很丰富，今后尚需进一步加以调查研究利用。

2．维生素类

我国富含维生素的野果及野生植物种类很多，遍及全国各地。其中最著名而分布较普遍的有蔷薇属的金樱子（Rosa laevigata Michx.），缫丝花（Rosa roxburghii Tratt.）和玫瑰（Rosa rugosa Thunb.）等；猕猴桃（Actinidia chinensis Planch.）及沙棘（Hippophae rhamnoides L.）等也分布很广。这些野果在我国很早就用于中药作为补剂，如金樱子在李时珍的"本草纲目"中记述："子气味酸涩平无毒，主治脾泄下痢，止小便，利涩精气，久服令人耐寒轻身"。猕猴桃在"本草纲目"中也有记载："实气味酸，甘寒无毒，主治止暴渴，解烦热，压丹石……"等。

含有维生素的植物资源在国外早已大量应用于工业生产，如苏联已用蔷薇果为原料，制成维生素浓缩剂、维生素药片和含有多种维生素的果干、果粉等；抽提维生素后的果渣尚可提制食用色素；果内的种子可榨油，油内亦含有维生素 E 及维生素 A 原（胡萝卜素）等，为一种很好的维生素油剂。若将种子磨成粉，混入饲料内，还可以增加家畜或家禽的营养，促进其生殖机能。

沙棘属（Hippophae）的野果也可用作维生素 A 油剂及维生素 C 浓缩剂。

根据轻工业部科学研究设计院食品研究所对一部分含有维生素C的野果分析结果，其中以蔷薇属（Rosa）的果实含量较高，尤其是缫丝花含量可达 2000 毫克/100 克。野蔷薇果实中除含有较高的维生素C外，还含有维生素P（桔皮苷）、少量的维生素A原（胡萝卜素）、维生素B_1、B_2等以及含有较高的糖分，果胶质和有机酸等。

沙棘的果肉内除含有较高的维生素 C 外，并含有 6～8%的油脂，油脂内含有 100 毫克/100 克维生素 A。这种油脂，在苏联常作为维生素 A 的浓缩剂。沙棘的酸度特高，根据轻工业部科学研究设计院食品研究所的分析，沙棘（采自山西汾阳）含有机酸 3～4%。其种子内含油约 12%，油中亦含有较高的维生素 A 原。

一般含维生素的野果，还含有较多的有机酸、鞣质、果胶质、糖类、粗纤维、灰分等，有的还含有油脂及色素。

维生素类植物的采收时季和处理方法，对于维生素的含量影响很大，采收的季节性要求甚严。如野果类要掌握一定的成熟度，含维生素植物的叶，以嫩叶含维生素 C 较高，如君迁子、松针等，故以采摘嫩叶为宜。为了提制维生素，采收后的野果或叶子，应立即加工，或就地制成半成品，而不宜长期贮藏，因随着贮藏期的延长，维生素的含量会逐渐减少，有时会完全消失。

半成品的加工方法，一般是果实经熏硫处理后，烘干制成干制品。假若是浆果，也可打浆或榨汁后通入二氧化硫，装罐密封保藏。例如野蔷薇果经采收后，应先除去夹杂物，洗净，放在熏硫室内熏 3～4 小时（1000 公斤果实用硫磺 2～3 公斤）然后取出移入烘房，在 80℃左右的温度下，烘到含水分为 5～15%时，取出晾干，装入箱匣或麻袋内，架空放在凉爽而干燥的地方，这样贮藏一年左右，维生素损失也不十分显著。在我国农村中可以利用烤果干、烤烟叶或烘茧的烤房，来制果干。在贮藏运输中，应避免受潮。

如属浆果类，可用打浆机或榨汁机将其制成汁水。若无这种设备，也可用竹筐架在缸上，用木棒捣碎，挤压取汁，然后将果汁装入小口坛内（如硫酸坛等）。通入 0.1%的二氧化硫（以果汁的重量计），再将坛密封。这样制成的半成品，可耐长途运输，也可长期保存。

维生素制剂有维生素浓缩糖浆、维生素酒精糖质浓缩物、维生素粉末以及药片等。制备过程：先将干果冲洗干净，经破碎机粉碎，通过风速分离器，将果肉、种子及杂质分开，用果肉在逆流式浸提器中用 70～80℃的温水连续浸提后，将浸提液在真空浓缩锅中浓缩到总固体的 50%左右，取出喷露干燥，即得粉剂；由此亦可压成药片。若在浓缩液内加入等量的白沙糖或 80%的葡萄糖浆，在双重锅内保温 50℃左右混合后，即为维生素浓缩糖浆，根据资料介绍，比市售药片的效值提高一倍左右。苏联和其它社会主义国家多将某些含维生素类的植物，大量地进行人工栽培；同时天然维生素制剂已成为新型的工业，正在飞速发展。我国地大物博，含维生素类的植物种类极为丰富，应加强研究充分利用。

3. 有机酸类

有机酸类常呈游离状态或成盐类，有些也以酯类的形式存在于各种植物的根、茎、叶、花、果等部位。一般可用水（酸性的水）、酸性的酒精等作为溶剂浸提取得。以植物为原料制得的有机酸类，主要有柠檬酸、酒石酸、醋酸、草酸等。

（1）柠檬酸 化学名为 3-羟基-3-羧基戊二酸［1.5］，化学分子式为：

$$HOOC—CH_2—C(OH)(COOH)CH_2—COOH$$

广泛存在于芸香科柑桔类植物的果实中，亦存在于棉花叶和烟叶中。一般可利用柑桔类果实加工时所榨出的酸汁进行提取，提取方法：先在酸汁中加石灰乳使成钙盐，然后再用硫酸分解即得柠檬酸。

柠檬酸的生物合成过程，可用下式表示：

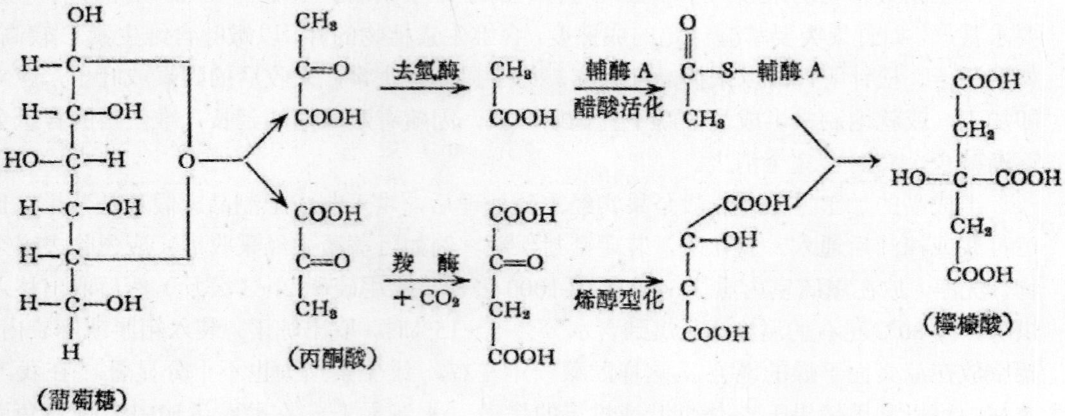

（2）酒石酸　化学名为二羟基丁二酸，化学分子式为：

HOOC—CH(OH)—CH(OH)—COOH

大量存在于葡萄属（Vitis）的果实及叶中。在植物体内的酒石酸，具有旋光性的D-酒石酸及外消旋的D、L-酒石酸或外消旋酒石酸。在葡萄中D-酒石酸又常与L-酒石酸及外消旋酒石酸共存，在其他果实内则D-酒石酸的含量极小或完全没有。工业上常利用酿造葡萄酒的下脚（沉淀）、蒸馏废液、果皮或葡萄叶作为提制酒石酸的原料。提制方法：如在葡萄渣（果皮）中加入等量的水，煮沸后，滤出浸液加入石灰粉，使成酒石酸钙，然后用硫酸使其分解，最后可得大晶体的酒石酸。

（3）醋酸　化学名为乙酸，化学分子式为CH_3COOH，在工业上有很大用途。醋酸存在于各种果实和植物汁液内。但在工业上制造醋酸，除用酒精、电石、甲醇，一氧化碳等为原料的合成法，和以淀粉等为原料的发酵法以外，也常用植物热解时的产物来分离提取。干馏木材时（如生产木炭），可获得大量木醋液，其中含醋酸约7%左右，经用石灰中和后，即得醋酸钙，俗称醋石。再把醋石用盐酸或硫酸使其分解、蒸馏，可得醋酸。我国各地每年秋冬两季均有大批木炭的生产，有些地区则全年均产，生产木炭时的废气，若加以回收，即可取得大量醋酸。特别是桦（Betula platyphylla Suk.）的木材干馏时，醋酸的获得率更多，一般可达全干木材产量的7.08%。

（4）草酸　化学名为乙二酸，化学分子式为COOH—COOH，广布于植物界，常呈游离状态或成草酸盐（主要为草酸钙）存在于植物体内。一般在多浆植物体中含量较多，而果实与浆果中含量最少。可用浸提法取得，但在工业上亦常利用木屑等废料，与氢氧化钾共熔而制取草酸。

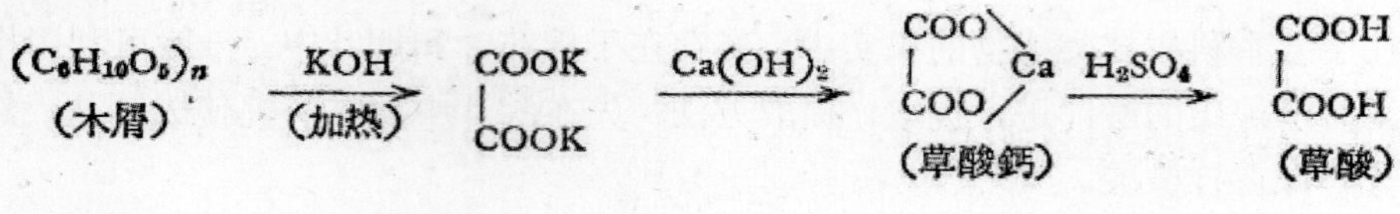

4．钾盐类

植物体中均含有钾，工业上常利用植物的灰分来提取钾盐。在植物灰分中的钾盐主要是碳酸钾，硫酸钾及氯化钾等。

各种植物灰分中钾盐的含量均有不同，兹列举几种主要植物灰分的含钾量如下：

植物名称	学　　名	含钾量（%）	
		以干物质计算	以植物灰分计算
石　松	Lycopodium clavatum L.	2.212～2.288	52.784～54.782
灰　菜	Chenopodium glaucum L.	3.374～4.185	17.710～22.710
羊辣辣	Lepidium latifolium L.	3.108	21.156
珊瑚菜	Glehnia littoralis（A. Gray）Fr. Schmidt	2.970	21.627
花　椒	Zanthoxylum simulans Hance.	5.317	28.061
碱　蓬	Suaeda glauca Bge.	1.556～2.504	3.704～10.860
羊耳朵	Inula cappa DC.	1.898～2.488	21.637～32.235
白　花	Limonium bicolor（Bge.）O. Ktze.	0.812～3.861	8.980～23.494

从植物灰分中提取钾盐的方法是：将植物灰分用水浸渍，使其中的钾盐溶解于水中，浓缩后，即有钾盐析出。

碳酸钾、硫酸钾、氯化钾在工农业中均有广泛用途，其中尤以碳酸钾的用途最大。

5．皂素类

皂素也叫皂甙元或简称皂元，广泛存在于植物界中。植物体内的皂素一般以钙盐、镁盐、钾盐的形式存在，因皂素具有吸湿性，可防止水分的蒸发，因此皂素在植物体中的作用，可视为一种保湿剂。另外，皂素水解后能生成糖，大多为葡萄糖、半乳糖、阿拉伯胶糖等，因此也可视为植物的一种贮藏物质，皂素在植物各部分的分布，一般以根、茎、叶等部位为最多。

皂素有吸湿性，易溶于水或90%以下的乙醇溶液中，亦可溶于甲醇里；在乙醚、氯仿和纯酒精中则较难溶解。皂素的水溶液遇氯化钡，醋酸铅，盐基性醋酸铅等溶液，均易发生沉淀。但钡盐的沉淀可用二氧化碳分解，铅盐的沉淀则可用硫酸分解，而使皂素游离。皂素的水溶液经搅动后易生成泡沫，皂素名称的来源恐即在此。皂素有破坏红血球而有溶血作用。此外，皂素尚具有如下的各种物理化学性状：

（1）将皂素溶解于醋酐中，再滴加浓硫酸，先呈紫红色，再变为紫黑色。

（2）把皂素的粉末加于浓硫酸时，初呈黄色，经约 30 分钟变为红色，再经过一个时间则变成紫红色。

（3）在皂素中加入 96%乙醇和浓硫酸等量混合的溶液时，初呈黄色，再呈紫红色。

（4）皂素的水溶液与油脂混合，经搅拌后能生成良好的乳浊剂。

（5）皂素的水溶液有辛辣味，皂素的粉末能引起喷嚏。

（6）皂素的水溶液甚易吸收气体，如二氧化碳等，因此在生产汽水等饮料时，常加些皂素在内。

从植物体提取皂素的方法，一般可先用乙醚等除去植物体内所含的油脂成分，经过加酸水解，再用水或80～90%酒精浸提，然后将浸液浓缩至一定程度，再注加乙醚，而使粗皂素析出。粗皂素的精制方法很多，有酒精乙醚法、铅盐沉淀法、氢氧化钡法、醋酐法、电气透析法等，均可视条件情况的不同而试用。

我国含皂素的植物极为丰富，其中已利用作为制造甾体激素的薯蓣皂素，因已列在药用类，故在本类中不再列入。此外，在我国民间常用作代替肥皂等用的几种植物在本类中作了介绍。

6．虫胶和虫蜡类

虫胶和虫蜡不属于植物的直接产物，但均系寄生于某些植物上的紫胶虫和白蜡虫的分泌产物。紫胶虫是一种广食性的昆虫，据在云南调查，它的寄主就有117种，其中较重要的为牛肋巴（Dalbergia obtusifolia Prain），酸香（Dalbergia szemaoensis, Prain），火绳树［Eriolaena malvacea（Lévl.）Hand.-Mazt.］，大青树（Ficus altissima B1.），三叶豆（Cajanus flavus DC.）等。白蜡虫多寄生在白蜡树（Fraxinus chinensis Roxb.）、女贞（Ligustrum lucidum Ait.）等植物上。

7．其他杂类

除了上述6类外，在“其他类”中，还列入了在工农业生产上极为重要的其他国产植物资源，如栓皮、啤酒花、柿漆、松焦油、蔗脂以及石松、地刷子等植物的孢子等等，均作了简单的介绍，以供今后进一步深入研究利用的参考。

二. 各 论

1 菘蓝（songlan）（图 1336）

［学　　名］ **Isatis tinctoria** L.　十字花科

（地方名、形态特征、生长环境、产地及其他用途见“药用类”，1732 页）

［用　　途］ 叶可提制蓝色的天然染料，用于染动物纤维（毛或丝）植物纤维（棉、麻），为一种直接性的染料，不需要媒染。在苏联已作为一种法定的天然食用色素。

［理化性质］ 靛蓝素（indigotin，$C_{16}H_{10}N_2O_2$）为天然靛蓝中的主要色素。纯粹的靛蓝素为美丽的蓝色结晶，或成紫色的针状结晶，具有金属光泽，在 170℃时，即行升华。

靛蓝素不溶于水、醚、稀酸或稀碱中；微溶于乙醇、戊醇、酚、三氯甲烷或二硫化碳的热液中；易溶于冰醋酸、硝基苯、喹啉及苯胺中。靛蓝素遇稀硝酸、铬酸等氧化剂的作用，变为菘蓝精（isatin）；受还原剂的作用时变成靛白素（indigo-white，$C_{16}H_{12}N_2O_2$），若一经氧化，复变靛蓝素，靛蓝素染于纤维，即利用此性质。

靛红素（indirubin $C_{16}H_{10}N_2O_2$）为天然靛蓝中的杂色之一，在染液中易于分解，故无染料的价值。此外还有靛棕素及其他黄色素存在，同为天然靛蓝中的杂色。

［采收处理］ 在 6～7 月，采回叶子洗净，即可加工。采后二至三个月，待新生叶长大，即可进行第二次采收。

［加　　工］ 将鲜叶浸入水中，浸渍时间 15～30 小时，使其完全发酵后，将残叶捞去，在浸液中加入碱剂（如石灰等）使靛蓝沉淀增速，并中和发酵时所生的酸质，碳酸盐沉下除去，然后搅动，使其氧化，直至上部的液澄清至无色为止，倾去上层清液，即为浆状的靛蓝。如制成粉状，可将沉淀煮沸，加酸中和碱质，滤洗数次，再经压榨烘干即得。

［其　　他］ 靛蓝还可从蓼蓝（Polygonum tinctorium Lour.,蓼科），槐蓝（Indigofera tinctoria L.,豆科），大青（Isatis indigotica Fort.,十字花科）、马蓝（Raphicanthus cusia（Nees）Bremek.，爵床科）等植物中提取。

2 苏木（sumu）（图 1357）

［学　　名］ **Caesalpinia sappan** L.　豆科

（地方名、形态特征、生长环境、产地及其他用途见“药用类”，1762 页）

［用　　途］ 从心材中可提制红色染料，用于染制棉、麻、线、毛等纤维及纸料，为一种媒染性的色素。可作油漆木器的底色。

［理化性质］ 由木材中提取的红色素即称苏枋素（brasilein，$C_{16}H_{12}O_5$）系由木材中无色的原色素——苏枋隐色素（brasilin，$C_{16}H_{14}O_5$）氧化而来。

苏枋素为红褐色的片状结晶，有黄绿色金属光泽，可溶于热水，呈橙黄色，不溶于有机溶剂中，遇碱呈紫红色。

［采收处理］ 苏木的砍伐应结合有计划的采伐同时进行。伐回的苏木，削去外皮，锯截成小段，晒至足干，即可加工。贮存时，切勿受雨淋，因木材遇水，其所含的红色素溶出，即成为废品。

［加　工］ 将木材小段浸入水中，煮沸数小时，浸液变为带棕色的橙色溶液，捞去残渣，过滤，浓缩至 1.4 波美度，放置数日，即可析出深紫红色的苏枋素粗结晶，然后用亚硫酸及水，重结晶，可得纯粹的结晶体。

3 冻绿（donglü）（图 719）

［学　名］ **Rhamnus utilis** Decne. (*R. sieboldiana* Makino) 鼠李科

（地方名、形态特征、生长环境、产地及其他用途见“油脂类”，887 页）

［用　途］ 茎皮含绿色色素，可作染料，用于染棉及丝织品。河南山区群众惯用于染布。

［采收处理］ 茎皮须在有叶时采剥。

［加　工］ 用沸水浸泡鲜茎皮，即可提出绿色染料。

4 栀子（zhizi）（图 1173）

［学　名］ **Gardenia jasminoides** Ellis (*G. florida* L.) 茜草科

（地方名、形态特征、生长环境、产地及其他用途见“芳香油类”，1469 页）

［用　途］ 果实可提制黄色染料，供食品和纤维染色用。

［理化性质］ 果实中含栀子甙（gardenin，$C_{44}H_{70}O_{28}$），番红甙元（*α*-crocetin，$C_{20}H_{24}O_4$）。鞣质 8.24～13.52%。此外还含果胶等。据北京医学院药学系 1958 年分析结果：果实含甙类 8.64%。

［采收处理］ 冬季采摘果实，供提制染料。

［加　工］ 果实煎汁，即成黄色染料。

5 茜草（qiancao）（图 1481）

［学　名］ **Rubia cordifolia** L. 茜草科

（地方名、形态特征、生长环境、产地及其它用途见“药用类”，1919 页）

［用　途］ 从根中可提取鲜红色的茜素（alizarin）用于染动物或植物性的纤维，为一种媒染性的天然染料；亦是一种天然的红色食用色素。

［理化性质］ 根含茜素（alizarin，$C_{14}H_8O_4$）在新鲜的茜草根中，常以配糖体（原

茜素ruberythrinsaure，$C_{26}H_{28}O_{14}$）的形式存在；微溶于冷水，易溶于热水、酒精及醚中，溶于碱性液内呈血红色；在 130℃时升华成茜素；与稀酸作用时，分解成茜素及醣类。茜素为红色针状结晶，融点 289～290℃，一部分能升华。

在茜草根还含有茜紫素（purpurin，$C_{14}H_8O_5$）、假茜紫素（pseudopurpurin，$C_{15}H_8O_7$）和甲花茜素（rubiadin，$C_{15}H_{10}O_4$）等，染色时，若混有这些杂色素，均会影响色泽。故茜草染色时宜与上述杂色素分离，而提取纯粹的茜素。

［采收处理］　茜草根可于 5～9 月采挖，挖出的根，去除茎叶和泥土杂物，晒干即可加工。

［加　　工］　用酸液分离杂色素，提出茜素。

6 南瓜（nangua）（图 804）

［学　　名］　**Cucurbita moschata** Duch.　葫芦科

（地方名、形态特征、生长环境、产地及其他用途见“油脂类”，978 页）

［用　　途］　叶子可提取叶绿素，为一种良好的天然食用色素，主要用于食品的染色等。亦用于香脂及其他化妆品中。

［理化性质］　南瓜叶及其他绿色植物的叶子均含有叶绿素。叶绿素属于非盐基性碳氮环状化合物中的紫质（porphyrine）衍生物，为非结晶性物质，不溶于水，而易溶于石油醚以外的其他有机溶剂中，由叶绿素甲和叶绿素乙二物质组成；组成比例为 3:1。叶绿素甲呈深绿色，而叶绿素乙呈黄绿色。

［采收处理］　可于夏季采收南瓜叶，但采量以不影响正常生长为度。采后晒干即可加工。

［加　　工］　把晒干而粉碎的南瓜叶用 90%酒精或 80%丙酮浸提（可进行数次浸提），再在浸提液中加适量的吸附剂（如酸性白土、碳酸钙等），使叶绿素吸附在吸附剂上，过滤，再用少量溶剂（如乙醚等），把叶绿素溶解，浓缩，然后加石油醚沉淀，即得粗制叶绿素甲和乙的混合物，经用乙醚、石油醚数次溶解精制后可得精制品。

叶绿素甲和乙的分离：把混合物溶于乙醚、石油醚的等量混合液中，再加 60%甲醇搅拌，则大部分的叶绿素乙均溶于甲醇层中，将此与色层分离法结合进行分离精制。

［其　　他］　除南瓜叶子外，其他一切绿色植物的叶子（尤其是蔬菜的叶子）及蚕粪均可提制天然绿色色素。

7 红花（honghua）（图 1497）

［学　　名］　**Carthamus tinctorius** L.　菊科

（地方名、形态特征、生长环境、产地及其他用途见“药用类”，1947 页）

［用　　途］　花可作红色染料，将干花捣烂成粉末与滑石粉制成化妆用的胭脂；

亦可作糕点类的着色料。红花色素可用于棉布印染上。

［理化性质］ 花含红花黄色素（safflorgelb，$C_{24}H_{30}O_{15}$）20～30%，无染料价值。红花素（Carthamine，$C_{21}H_{22}O_{11}$）0.3～0.6%，系一种甙类，成红色三棱针状的结晶，熔点 228～230℃，能溶于乙醇、苛性碱、碳酸盐及氨水中，呈橙红色，加酸后则重行沉淀；不溶于水、酸液或乙醚中。

［采收处理］ 第一年 10 月下种，第二年麦收后采收，采收时趁早晨有露水时（此时花苞潮湿不刺手）选已变橙红色的花摘下，采后阴干，不宜日晒，否则易变色，在红花开花后，每天早晨都要去采，过期则花色不好，影响质量。

［加　　工］ 将红花用微含酸性的水浸渍，除去黄色素，然后在含碳酸钠水溶液中浸渍多时，在此碱性液中。加醋酸或酒石酸，则生细粒的沉淀，即为红花素。用棉花吸附，然后用稀碱液溶解，再加酸使其析出颗粒较大而鲜艳的红色结晶。用酒精溶解，加水重结晶，即得纯粹的红花素结晶。

［其　　他］ 本种在利用时应首先满足药用的需要。

8 姜黄（jianghuang）（图 1216）

［学　　名］ **Curcuma longa** L.　蘘荷科

（地方名、形态特征、生长环境、产地及其他用途见“芳香油类”，1523 页）

［用　　途］ 由根状茎提出的黄色染料，对各种动物或植物性纤维、不同助剂或媒染剂，均可直接上染或只须少量的明矾、酸、酸性盐亦可。

另可供食品染色用。是一种很好的天然黄色食用色素。

［理化性质］ 姜黄根状茎中含姜黄素（curcumin $C_{21}H_{20}O_6$）约 0.3%，挥发油 1～5%，淀粉 30～40%及少量脂肪油等。

纯粹的姜黄素为橙色棱柱状的结晶体，熔点为 178℃，易溶于水、醇或醚中，遇碱立即变红，中和后即复原。

［采收处理］ 6～7 月间挖掘根状茎，切片晒干，即可加工。

［加　　工］ 根据道博（Dauble）氏提取姜黄素方法如下：先通蒸气于姜黄的粉末中，得芳香油，然后用热水提出可溶的杂质，再将残留物干燥，用苯之沸液提取、冷却后可析出姜黄素的粗结晶（鲜艳的橙红色结晶片）。过滤，再溶于酒精内，将黄色茸毛状物滤去，然后将酒精溶液用醋酸铅沉淀，并酌加少量的碱性醋酸铅（用以中和所生成的醋酸），可得深红色的沉淀，用酒精洗之，置放水中，通入硫化氢的气体，用沸酒精提取，浓缩，即得姜黄素的结晶。

9 缫丝花（chaosihua）（图 1555）

［地 方 名］ 刺梨（贵州），木梨子（四川）。

［学　　名］ **Rosa roxburghii** Tratt.　蔷薇科

［形态特征］　落叶灌木，高可达 2.5 米，通常 1 米左右。茎多分枝，老枝外皮灰色成片状剥落，茎上有成对小皮刺。奇数羽状复叶，**小叶 9～15**，椭圆形至披针形，长 1～2 厘米，先端急尖，基部阔楔形，缘有细锐锯齿，两面无毛。花 1～2 朵生于短枝上，直径约 7～9 厘米，微芳香，淡红色或洋红色；萼片 5 裂，裂片阔卵形，宿存，大部连合成管状，有刺；花梗与花托有刺。蔷薇**果扁球形**，绿色，**外被毛刺**，瘦果生于花托内部。花期 4 月，果期 5～6 月。

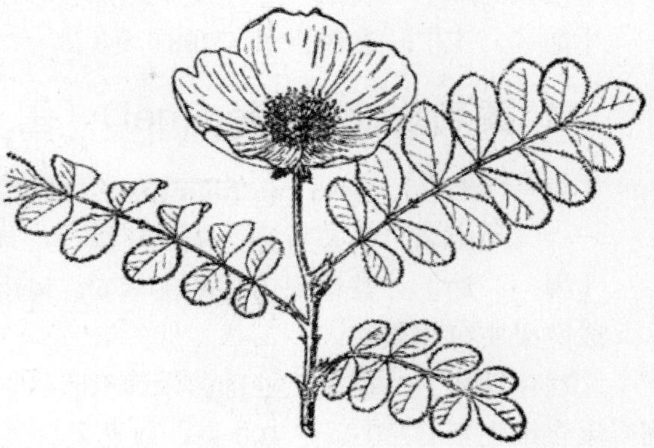

图 1555　缫丝花
Rosa roxburghii Tratt.
花枝

［生长环境］　生于海拔 500～1000 米，溪沟路旁及山林间。

［产　　地］　四川、贵州、云南、江苏、湖北、广东等省。

［用　　途］　果实富含维生素 C，可供食品与医药用。味甜可生食也可熬糖和作蜜饯（刺梨干）。果实还可酿酒，名“刺（茨）梨酒”。叶泡茶吃可作药用，能解热降暑。

根皮及茎皮含鞣质，可提制栲胶（见“鞣料类”，1132 页）。种子可榨油。

［理化性质］　据轻工业部科学研究设计院食品研究所分析：果实含维生素 C 为 2000.7 毫克/100 克（2，6-二氯靛酚滴定法）及 1650 毫克/100 克（2，4-二硝基苯肼比色法）。

［采收处理］　采收成熟果实破碎去种籽后置于溶有 0.2%二氧化硫的水溶液中（溶液的用量为果实的 1～1.5 倍）。浸泡后入罐内或小口坛内，严封罐口，便成半制成品，即可运输或贮存。

在没有条件密封罐装的地方，可将果实制成干品，在干制中要经过熏硫，使干果中的二氧化硫含量约达到 0.1～0.2%，然后包装即可运输和长期贮存。

［加　　工］　由半成品制成维生素 C 成品的方法，详见沙棘（2081 页）。

10 玫瑰（meigui）（图 1074）

［学　　名］　**Rosa rugosa** Thunb.　蔷薇科

（地方名、形态特征、生长环境、产地及其他用途见“芳香油类”，1355 页）

［用　　途］　蔷薇果含有丰富的维生素 C，可用于食品及医药上。

［理化性质］　据轻工业部科学研究设计院食品研究所分析：果含维生素 C579.15 毫克/100 克（2，6-二氯靛酚滴定法）及 500 毫克/100 克（2，4-二硝基苯肼比色法）。

前面的滴定法分析维生素C的含量较后者比色法要高，可能因果实中含有其它还原物质的影响。

［采收处理］　将成熟果实采下，除去种子，可立即进行加工，或制成半成品。

［加　　工］　参阅沙棘（2081页）

11 黄刺玫（huangcimei）（图443）

［学　　名］　**Rosa xanthina** Lindl.　蔷薇科

（地方名、形态特征、生长环境、产地及其他用途见“淀粉及糖类”，542页）

［用　　途］　蔷薇果内含维生素C，可用于食品及医药工业上。

成熟果实可作果酱。

［理化性质］　据轻工业部科学研究设计院食品研究所用2，4-二硝基苯肼比色法测得果含维生素C730毫克/100克；成熟果含维生素C1010毫克/100克。

［采收处理］　果实将成熟时即可用剪子采收。采后最好即进行加工。

［加　　工］　将采收的果实，除去种子，即可提制维生素C。

［其　　他］　如用于制造果酱时，应选择完全成熟的果实，去掉果柄浸入清水中泡1～2分钟，然后用清水冲洗。洗果实时切忌把果皮捣破，进入脏水。将洗好的果实放在筐里，滤去水分，然后去掉种子、果心部分，将果肉放入锅内（铜锅或铝锅），加少量的水，煮沸60～80分钟后加糖（糖占果实的2/3或更多些）搅拌，急火加热，时间不可过久，使糖和果实溶和一起即可停火，冷却后即成果酱。

12 酸枣（suanzao）（图1389）

［学　　名］　**Zizyphus sativa** Gaertn. var. **spinosa** (Bge.) Schneid. (*Zizyphus jujuba* Mill. var. *spinosa* (Bge.) Hu; *Z. spinosa* Hu)　鼠李科

（地方名、形态特征、生长环境、产地及其他用途见“药用类”，1806页）

［用　　途］　枣肉可提取维生素C，或酿酒及制果酱。

［理化性质］　由于果熟程度不同，其中维生素C的含量相差很大，根据中国科学院植物研究所［I］与轻工业部科学研究设计院食品研究所［II］分析结果列表如下：

分析单位	果熟程度	维生素丙含量（毫克/100克）
I	未成熟新鲜果实	250～350
	已成熟新鲜果实	100～150
	成熟晒干后果实	0.05
II	未成熟果实（半红半绿）	676.13
	未成熟果实（半红半绿）	640.34
	成熟果实	114.76

注：分析方法均系2，6-二氯靛酚滴定法。

［采收处理］　在果实未成熟前采收，并须及时加工提制，以防维生素C破坏而损失。

［加　　工］　先用水浸泡后再榨汁。在加工过程中为了防止维生素C的氧化而破坏，可通入0.1%二氧化硫。然后过滤、浓缩（详细操作见沙棘，2081页）。

13 猕猴桃（mihoutao）（图1556）

［地 方 名］　阳桃、羊桃（江苏、安徽、湖南、贵州、湖北、陕西、河南），野洋桃、公洋桃（湖南），鬼桃（陕西、湖南），藤梨、绳梨（浙江、湖南），毛桃子、毛梨子（四川）。

［学　　名］　**Actinidia chinensis** Planch.　猕猴桃科

［形态特征］　落叶缠绕性藤本，长4～8米。当年生幼枝，略成方形，密被褐色毛或刺毛，一年以上老枝红褐色，近乎圆形，光滑无毛，有淡色长皮孔；髓大，白色，片状；冬芽小，密被棕黄色短毛，包于膨大的叶柄基部。单叶互生，营养枝上的阔卵圆形至椭圆形，先端极短渐尖至突尖；花枝上的近圆形，长6～17厘米，宽5～13厘米，先端短突尖，圆或截形，基部圆形至多少心形，边缘有纤毛状细齿，表面常仅叶脉上被疏毛，背面灰白色，密被星状绒毛；叶柄长3～7.5厘米。花杂性，通常3～6朵成腋生聚伞花序，少为单生，初开时乳白色，后变为黄色，芳香；萼片5，外被黄色绒毛；花瓣5，先端内凹成缺刻，光滑无毛；雄蕊多数，花丝长短不等；子房上位，密生黄色绒毛，多室，每室1胚珠，花柱多数，成放射状。浆果卵状或近球形，密生棕黄色长硬毛。花期4～6月，果期8～10月。

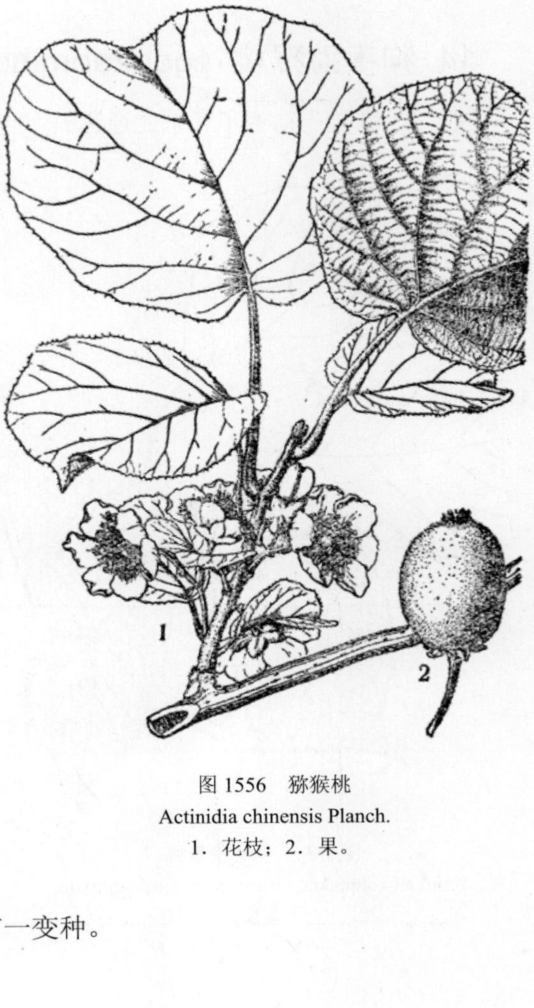

图1556　猕猴桃
Actinidia chinensis Planch.
1．花枝；2．果。

［生长环境］　常生于海拔200～2300米山坡上，林缘或灌木丛中，在温暖、潮湿处生长较好。

［产　　地］　河南、江苏、安徽、浙江、湖南、湖北、陕西、四川、甘肃、云南、贵州、福建、广东、广西。台湾有一变种。

［用　　途］ 从果实中可提制维生素 C，供食用和医药用。

果甜而酸香，味美，可生食，为一种鲜美的野生水果。亦可制果酱和酿酒（见“淀粉及糖类”579 页）。茎枝纤维的质量较好，可制高级文化用纸。茎皮及髓中含胶质，可作造纸用的胶料（见“树脂及树胶类”1561 页）。花可供提制香精，也是很好的蜜源植物。果可入药，根、茎、叶并可作土农药。

［理化性质］ 据轻工业部科学研究设计院食品研究所分析：果实（由中国科学院南京中山植物园供给）在不同的成熟期，其维生素 C 含量变化很大，如未熟浆果含 68.63 毫克/100 克；熟浆果含 156.86 毫克/100 克（均为 2，6-二氯靛酚滴定法分析）。

［采收处理］ 在 9 月果实刚成熟时，即可进行采摘，采后应立即进行加工。

［加　　工］ 参阅沙棘（2081 页）。

［其　　他］ 利用藤蔓浸制胶质的方法：将春、夏或秋季采回的藤蔓切成 10～20 厘米长的小段，用木棒锤打，使藤开裂，然后浸入水中，直到浸液发粘为止，过滤，除去渣质，即成。最好用新鲜原料，随采随泡。

14 狗枣猕猴桃（gouzaomihoutao）（图 1557）

［地 方 名］ 狗枣子（东北通称），母猪藤（四川）。

［学　　名］ **Actinidia kolomikta** (Rupr. et Maxim.) Maxim. 猕猴桃科

［形态特征］ 落叶缠绕藤本，长 7～15 米，皮暗褐色；一年生枝紫褐色，极幼时微有毛，二年生枝褐色，有光泽；髓褐色，片状。叶膜质，卵圆形，椭圆状卵形或长圆状倒卵形，长 8～10（15）厘米，宽 5～7（12.5）厘米，先端渐尖成尾状，基部心形，很少近圆形，两侧不对称，表面无光泽，绿色，受阳光充足的叶（特别在雄株中）先端常变白色，后渐变成紫红色，背面脉腋有较长的密簇毛，沿叶脉有褐色短柔毛，边缘有细的单锯齿或重锯齿；叶柄长 2～7 厘米。无毛或疏生褐色毛。花单性，雌雄异株或为杂性；雄花通常 3 朵，稀为 1～5 花组成的聚伞花序；雌花（或两性花）

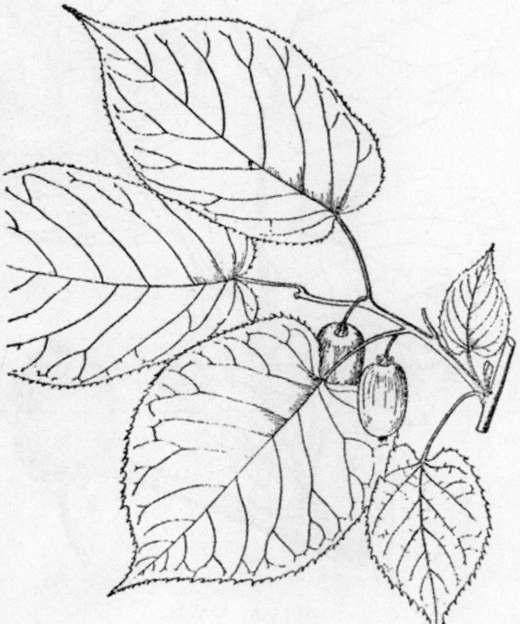

图 1557　狗枣猕猴桃

Actinidia kolomikta（Rupr. et Maxim.）Maxim.

果枝

单生；均白色或粉红色，极芳香；萼片卵圆形，先端锐尖；花瓣长圆形，先端圆；雌花有发育的正常雄蕊，雄蕊短，很少有受精能力；子房长圆形，柱头 8～12（15），基部合生成 3～5 毫米长的花柱；雄花的子房不发育，无花柱。浆果光滑，多为长圆状椭圆形，长 2～2.5 厘米，暗绿色，具 12 条深色纵条纹，萼片宿存；种子暗褐色。花期 6～7 月，果期 9～10 月。

［生长环境］　常生于山地混交林或水边灌丛中。

［产　　地］　本种产辽宁、吉林、黑龙江、河北。变种产陕西、湖北、四川。

［用　　途］　果实为提取维生素 C 的原料；果有香味，可生食；果可酿酒，并可制果子酱（见“淀粉及糖类”581 页）。皮可供纤维用。

［理化性质］　据轻工业部科学研究设计院食品研究所分析：果实（由昌黎果树研究所供给）合维生素 C 209.67 毫克/100 克（2，6-二氯靛酚滴定法）。苏联植物志中记载本种 1 公斤果实可提制 4650 毫克的维生素。

［采收处理］　果实在 9 月成熟，成熟后要及时采摘，勿使脱落，采收时只能用手逐枝逐个摘取；未成熟者也应采下，稍行后熟，即可应用，采后装入筐篓，装的不要太多，以免将果实压碎，降低利用价值。加工之前应严格分选，挑去腐坏者，冲洗干净再行加工。

［加　　工］　本种系浆果可直接榨汁，其他操作方法见沙棘（本页）。

15 沙棘（shaji）（图 486）

［学　　名］　**Hippophae rhamnoides** L.　胡颓子科

（地方名、形态特征、生长环境、产地及其他用途见“淀粉及糖类”，587 页）

［用　　途］　沙棘果实中含有丰富的维生素 C，经加工提取出的维生素 C，可作药用及营养品。

［理化性质］　经轻工业部科学研究设计院食品研究所分析结果：浆果因采集地点不同，维生素 C 的含量也有很大差异，如下表：

维生素 C 含量，毫克/100 克	样品采集地点	备　注
453.9	北京植物园	另用 2，4-二硝基苯肼比色法分析结果：果含有维生素 C520 毫克/100 克，栽培。
882.6	北京天坛苗圃	栽　培
769.2	山西汾阳	野　生

注：分析方法均系 2，6-二氯靛酚滴定法。

［采收处理］　采摘将熟的果实，立即进行加工，或就地制成半成品。

［加　　工］　由沙棘果制成果汁（半成品），和再制成维生素 C 的浓缩剂，据轻工业部科学研究设计院食品研究所资料：其加工工艺过程如下：

果汁的提制：榨汁、过滤，并通入 0.2%二氧化硫的气体，装罐密封，即得半成品。

亦可将果实干制成半成品。在干制中要经过熏硫，使干果中二氧化硫的含量约达 0.1%，经过密封后，即可长期保存。

由果汁制成维生素 C 浓缩剂：1．原料处理：将用二氧化硫保藏的半成品，经篮式离心机过滤一次，以除去残渣等。2．真空浓缩：真空度 650～700 毫米，浓缩温度以 50～60℃为宜。3．配料：在浓缩汁中加入同量的 80%葡萄糖（或在 10 公斤浓缩汁中加入白砂糖 8 公斤），配料时应在双重锅中，加温到 50℃左右，充分混合均匀，即得维生素 C 浓缩剂。4．包装；将混合均匀的维生素 C 浓缩剂分装于预先已洗净，消毒的棕色瓶中，压盖，贴上标签，注明年、月、日及维生素 C 的含量，即为成品。

16 君迁子（junqianzi）（图 497）

［学　　名］ **Diospyros lotus** L.　柿科

（地方名、形态特征、生长环境、产地及其他用途见“淀粉及糖类”，598 页）

［用　　途］ 可从果实及叶中提制浓缩维生素 C，用于食品及医药。

［理化性质］ 据轻工业部科学研究设计院食品研究所用 2，6-二氯靛酚滴定法分析结果：果含维生素 C 97.93 毫克/100 克，嫩叶含维生素 C 1148.71 毫克/100 克，老叶含维生素 C 552.29 毫克/100 克。

［采收处理］ 果实宜在将熟时采摘；叶子以在嫩叶时采摘为宜。采后可立即进行加工，或就地制成半成品。

［加　　工］ 参阅沙棘（2081 页）。

17 桦（hua）

［学　　名］ **Betula platyphylla** Suk.　桦木科

（地方名、形态特征、生长环境、产地及其他用途见“油脂类”，705 页）

［用　　途］ 木材干馏时可制取大量的液体产物：如醋酸、甲醇、丙酮、木焦油等，广泛用于各种工业上，其中尤以醋酸可制造醋酸溶剂，醋酸盐，醋酸人造丝和醋酸纤维，醋酸酐，各种染料，以用于纺织工业、皮革工业、木材加工工业以及其他工业上。在化学试验室中，也是一种必不可少的化学药品。干馏后，遗留在干馏釜内的固体产物——木炭为一种良好的燃料，可代替液体燃料，主要用于运输机器中的气体发生器。树皮可提制栲胶。种子可供榨油（见“油脂类”705 页）。

［理化性质］ 木材热分解时（即在干馏过程中），可获得以下几种产品（产品的产量以全干木材的百分比计算）：醋酸 7.08%，甲醇 1.60%，丙酮 0.19%，乙酸甲酯 0.02%，可溶性焦油 8.15%，沉淀焦油 7.93%，二氧化碳 9.96%，一氧化碳 3.32%，甲烷 0.54%，木炭 31.80%等。

纯净醋酸为无色半透明液体， 有刺激性气味，在 16.3～16.7℃时即凝成冰状结晶。

［采收处理］　一般宜在春季砍伐，剥除树皮，晒干，使木材含水量低于 10%为宜。

［加　　工］　将干材锯成小块，投入干馏釜中，在高温低压下使其分解，以分出冷凝物——木醋液，再用醋石法（亦可用浸提法，恒沸点法及吸取法）由木醋液中抽出醋酸，具体过程为：

$$2CH_3COOH + Ca(OH)_2 \rightarrow (CH_3COO)_2Ca + 2H_2O$$

熟石灰　　醋酸钙

$$(CH_3COO)_2Ca + H_2SO_4 \rightarrow CH_3COOH + CaSO_4$$

硫酸　　醋酸

即用熟石灰 ($Ca(OH)_2$) 中和木醋液，得醋酸钙（或称醋石），经烤干后（烘烤温度不宜超过 120～130℃），与硫酸（或盐酸）作用，使其分解即得醋酸。

［其　　他］　各种木材在干馏时所得的林产化学产品的产量是不同的，如硬阔叶树材［桦（Betula platyphylla Suk），栎（Quercus acutissima Carr.），枫，（Liquidambar sp.），鹅耳枥（Carpinus sp.），榆树（Ulmus sp.），白杨（Populus sp.）等］的醋酸与甲醇产量一般比针叶树材［冷杉（Abies sp.），云杉（Picea sp.），松（Pinus sp.），落叶松（Larix sp），红松（Pinus koraiensis Sieb. et Zucc.）等］约高一倍，而阔叶树材木炭的产量则较针叶树材的产量为低。

18 瓦松（wasong）（图 1338）

［学　　名］　**Orostachys fimbriata** (Turcz.) Berger [*Sedum fimbriatum* (Turcz.) Franch.]　景天科

（地方名、形态特征、生长环境、产地及其他用途及采收处理见“药用类”，1735 页）

［用　　途］　全草可提制草酸又称乙二酸（oxalic acid，HO_2CCO_2H），供工业用。

［加　　工］　将原料捣碎或磨细，装入砂锅，加入 10%的烧碱溶液煮 2 小时，过滤，溶液加饱和氯化钙至不再生成沉淀为止。过滤，滤渣加浓硫酸（先加点水）溶解后，生成硫酸钙沉淀。过滤，滤液即为草酸溶液。

将草酸溶液加入适量活性炭，加热脱色 1 小时。过滤，这时滤液为无色的液体，在水浴锅上加热浓缩，至有白色针状结晶后，将晶体过滤出来，即为草酸结晶。溶液再用以上方法继续加热浓缩，直到溶液蒸干，草酸完全结晶为止。将几次所得的晶体合并烘干，即为草酸。

19 酸橙（suanchen）（图 1558）

［地方名］　酸栾（浙江），代代（江苏、浙江）。

［学　名］ **Citrus aurantium** L. 芸香科

［商品名］ 柠檬酸

［形态特征］ 小乔木；茎枝三棱形，光滑，有长刺，长5～20毫米。叶互生，革质，卵状长圆形，长5～8厘米，宽2.5～4厘米，先端短而钝渐尖，或微凹头，基部阔楔形或钝圆形，全缘或有不明显的波状锯齿，两面无毛而有油点，背脉明显；**叶柄有狭长形或倒心形的翅，长0.8～1.5厘米，宽3～6毫米**。花单生，或数朵簇生于叶腋内，白色芳香；花萼皿状，5裂，裂片阔三角形，外疏被短毛；花瓣5，长椭圆形，长约1.8厘米，略有反卷；雄蕊多至20枚以上，花丝分离，长出于柱头；子房上位，球形，约12室，每室内含胚珠多数，花柱圆柱形，柱头头状。**果球形而稍扁**，橙黄色，果皮粗糙，**厚约0.8厘米**，熟时中心空虚，皮膜味苦，果汁味酸。花期4～5月，果期11月。

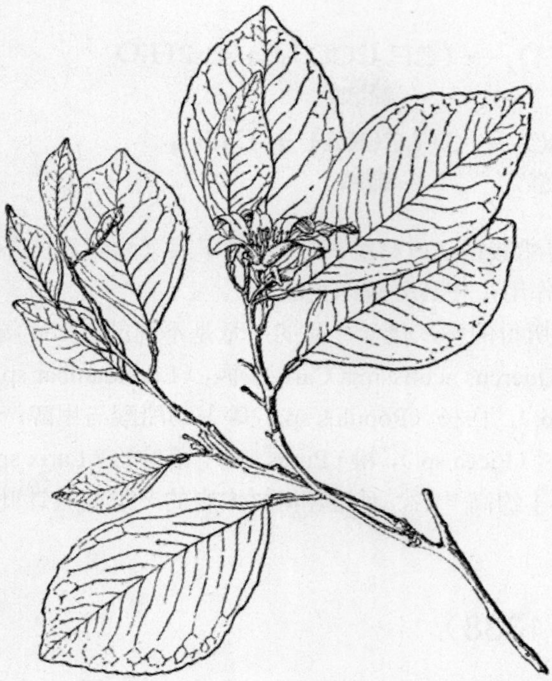

图1558 酸橙
Citrus aurantium L.
花枝

［生长环境］ 为亚热带植物，生于气候温暖、湿润、少风、排水良好的地区，适疏松、深厚、肥沃的中性沙质壤土，在风强的处所和过于粘重的土壤生长不良。

［产　地］ 江苏、浙江、江西、福建、广东、广西、四川、贵州、湖南、湖北等省区。

［用　途］ 果实中含有大量的有机酸，味酸而苦，不适食用，但可用以提制柠檬酸，供医药和食品工业用。

花、叶、果皮为提制芳香油的原料。果实入药，幼小的果实称“枳实”，将熟的果实称“枳壳”，有破气消积化痰除痞之功效。

［理化性质］ 果实中主要含有有机酸，其中又以柠檬酸为主，每100公斤酸橙果实，可提制0.6～0.9公斤的柠檬酸。另外还含有维生素C、维生素P、芳香油、果胶物质、糖甙、色素及某些无机盐等。

［采收处理］ 结合采集果实制作蜜饯品的同时，利用其酸汁提制柠檬酸。

［加　工］ 参阅柠檬（2085页）。

20 柠檬（ningmeng）（图 1082）

［学　　名］　**Citrus limon** Burm. f.　芸香科

［商 品 名］　柠檬酸

（形态特征、生长环境、产地及其他用途见“芳香油类”，1367 页）

［用　　途］　在果实中含有大量的柠檬酸（citric acid，$C_6H_8O_7$），主要用于食品工业作酸味剂，医药工业制造盐类作温和的收敛剂、解热止痛剂、强壮剂、沙眼治疗剂等；在塑料工业和涂料工业中，它的酯类可作增塑剂溶剂，其钡盐亦用于涂料；其盐基性铵盐可作锅垢清除剂，在油井又可防止铁盐沉淀而造成铁阻塞现象；此外也少量用于电镀、皮革、印图、墨水、捺染等工业。

果皮中含有极丰富的维生素 C 和维生素 P（柠檬素，citrin）。维生素 C 能提高有机体对传染病的抵抗能力，预防坏血病及促进血液形成和加速创伤复原。维生素 P 能预防人体血管的脆弱，防止硬化的发展和溢血。

［理化性质］　苏联所栽培的柠檬品种之一，新格鲁吉亚柠檬，果实含酸量约为 6.5%，维生素 C 含量约为 70 毫克/100 克（果皮）。但随着柠檬成熟的程度不同，其中酸、糖和维生素 C 的含量均有很大的变化，如下表：

分析项目 / 果实不同成熟阶段	水　分（%）	糖的总量（%）	酸（柠檬酸）（%）	维生素 C（毫克/100 克）
未熟（淡绿色）	87.52	3.25	5.34	74.11
成　　熟	87.88	3.37	4.51	80.70
过　　熟	87.91	2.75	3.43	61.77

随着柠檬果的成熟程度，含酸量就会降低，而在成熟期，维生素 C 和糖的含量增高，至过熟期，维生素 C 含量又会降低。

商品柠檬酸应含柠檬酸的一水物 99%以上，液体柠檬酸含量为 70%。

柠檬酸为无色无臭的结晶或白色粉末，易溶于水、酒精，稍溶于醚，溶点 153℃，比重 1.542，由常温结晶的有一分子结晶水，有风化和潮解性。

［采收处理］　果实在将熟时采收。分级放入箱内，置于干燥、通风处贮存。

［加　　工］　柠檬酸的制法：将柠檬果先榨取果汁加石灰乳（氢氧化钙）制成柠檬酸钙，再加硫酸，使柠檬酸游离而制得，化学反应式如下：

$$\underset{\text{檸檬酸}}{2HOOC\cdot CH_2C(OH)COOH\cdot CH_2COOH}+\underset{\text{石灰乳}}{3Ca(OH)_2}\rightarrow \underset{\text{檸檬酸鈣}}{Ca_3(C_6H_5O_7)_2}+\underset{\text{水}}{6H_2O}$$

$$\underset{\text{檸檬酸鈣}}{Ca_3(C_6H_5O_7)_2}+\underset{\text{硫酸}}{3H_2SO_4}\rightarrow \underset{\text{檸檬酸}}{2C_6H_8O_7}+\underset{\text{硫酸鈣}}{3CaSO_4\downarrow}$$

生产过程：果汁→发酵沉清→加石灰乳（中和）→加热浓缩并过滤→柠檬酸钙→加

稀硫酸（分解）→柠檬酸溶液→浓缩结晶→粗制柠檬酸→再结晶（溶于水）→精制柠檬酸。

21 枳（zhi）（图 1377）

［学　　名］ **Poncirus trifoliata** (L.) Raf.　芸香科

（地方名、形态特征、生长环境、产地及其他用途见“药用类”，1786 页）

［用　　途］ 果实中含有极丰富的有机酸，主要为柠檬酸（$C_6H_8O_7 \cdot H_2O$），用于医药及食品工业上。

［采收处理］ 参阅柠檬（2085 页）。

［加　　工］ 参阅柠檬。

22 山葡萄（shanputao）（图 470）

［学　　名］ **Vitis amurensis** Rupr.　葡萄科

（地方名、形态特征、生长环境、产地及其他用途见“淀粉及糖类”570 页）

［用　　途］ 酿酒后的酒脚（沉淀）、蒸馏废液、果皮及葡萄叶可提制酒石酸（tartaric acid，$C_4H_6O_6$）及其他盐类（如吐酒石、酒石酸氢钾、酒石酸钾钠等）。果渣可作混合饲料。果皮及蒸馏废液还可提制食用色素（紫色）。

酒石酸的用途很大，如在食品工业上，用制清凉饮料、发面包等。亦用于印染工业和制药、制革、电镀、照相以及制化学分析试剂等。

［理化性质］ 酒石酸为葡萄汁中固有的酸，未熟的葡萄中含量更多。一般葡萄汁中酒石酸的含量在 1～1.5%之间，叶中含酒石酸 1.5～2.0%。酒石酸为无色透明的结晶，有爽快的酸味，比重 1.7568，熔点 170℃，易溶于水和酒精，微溶于醚，还原性很强。

［采收处理］ 宜在秋季采收成熟的果实。夏季采摘青绿色的叶子，但采量以不影响正常生长为度。

［加　　工］ 1．酒石酸的加工过程：

在高温的蒸馏废液或煮沸的葡萄渣（果皮）的水液中，加入石灰粉，搅拌，至溶液呈微酸性为止，然后再加入适量的氯化钙，继续搅拌，静置片刻，倾出上层清液，将沉淀的酒石酸钙取出自然干燥即得。

以酒石酸钙为原料，加入适量的硫酸，待硫酸钙完全沉淀后，过滤，将滤液用 1%的活性炭脱色，过滤，滤液进行减压浓缩后，在常温下即可析出酒石酸的大晶体。

欲制纯粹的酒石酸，可用不合铁、钙及镁等无机盐的蒸馏水，重结晶 2～3 次（或 5 次），脱色 1～2 次，即可获得纯粹的酒石酸结晶。

2．提制紫色天然食用色素的方法：

将发酵后的山葡萄渣（果皮），加 4～5 倍的水，煮沸，滤去渣滓，浓缩到 25 波美度以上，即为紫色液体色素，若再进一步除去液体中的果胶、蛋白质、糖分等杂质后，即制成粉状的色料，通常用在露酒，清凉饮料及其他食品中。

23 陆地棉（ludimian）

［学　　名］ **Gossypium hirsutum** L. 锦葵科

［形态特征］ 灌木状草本，多分枝，高0.5～1.5米，幼嫩部常被疏长毛。叶阔卵形或近圆形，长与宽约相等或宽过于长，直径5～12厘米，3或5裂，中间裂片常深达叶片之半，先端突渐尖，基部心形或心状截头形，多少被粗毛。花小，白色或淡黄色，后变淡红色或紫色；总苞片3，离生，远较萼片为大，三角状卵形，基部心形，边撕裂状，被疏长毛；萼5裂；花瓣5，长约4厘米；单体雄蕊，雄蕊柱短，花药散列于长短不等的花丝上；花柱棒状，柱头5裂而不分，子房5室，每室有胚珠多数。蒴果卵圆状长圆形，长约3.5～5厘米、先端锐尖；种子多数，除被长绵毛外，密被淡绿色或灰色、不易剥离的绒毛。花期8～9月（北京）。

［生长环境］ 喜生于较干燥，易于排水的轻松而带砂质的土壤中。

［产　　地］ 原产于南美的墨西哥，19世纪末才引种于我国，直到1955年，据农业部估计，陆地棉已占全国棉花生产总量的80%以上。现广栽培于全国各地。

［用　　途］ 叶子可提制柠檬酸。柠檬酸的用途极广，主要用于饮料食品；此外，它在医药上是温和的收敛剂，由于它还可合成各种柠檬酸盐，更具有广泛的医药效果。

种子表皮毛为一种极重要的纺织原料。种子可榨油，含油量一般为16～24%，出油率为12～16%，棉子油可食用或制造肥皂、甘油、人造脂油、润滑油等；榨油后剩下的油饼可作饲料或肥料；榨油后剩下的棉籽壳，可制造各种爆炸物，包装纸，碳酸钾或饲料等。茎秆皮可掺在黄麻内做麻袋。

［理化性质］ 棉花叶含柠檬酸1.5～2.5%，柠檬酸的理化性质可参阅柠檬（2085页）。

［采收处理］ 采集鲜叶晒干、或在棉花收获后采枯棉叶备用。

［加　　工］ 用稀硫酸溶液浸提，再沉淀净化并用石灰中和浸提液，浓缩结晶，即得柠檬酸钙；然后再用硫酸分解而得柠檬酸。

［其　　他］ 除本种以外，其他各种和各品种棉花的叶子均可提制柠檬酸。

24 碱蓬（jianpeng）（图576）

［学　　名］ **Suaeda glauca** Bge. 藜科

（地方名、形态特征、生长环境、产地及其他用途见“油脂类”，726页）

［用　　途］ 全株均含有丰富的钾盐，其中以碳酸钾含量最高。碳酸钾在印染工业上，用作士林染料色浆的碱剂；在玻璃工业上，用做钾玻璃的原料，以增加玻璃的光泽，降低玻璃的结晶作用，钾玻璃多用作电子管和电灯泡的玻璃。在制药工业上，是制

造对胺基水杨酸钠（PAS），高级防腐剂尼泊金乙酯，治疗变形虫痢疾病及血丝虫病的卡巴胂，治疗心脏病的盐酸普鲁卡因，利尿剂柠檬酸钾及醋酸钾等原料。在化学工业上，是用作制造高锰酸钾、苛性钾、酒石酸钾钠、人造纤维“涤纶”等的主要原料。

其次硫酸钾与氯化钾，主要用作农业钾肥；氯化钾还可作氯酸钾，过氯酸钾，染料中间体G盐等生产原料，亦用于金属焠火剂的配制等。

［理化性质］ 据中国科学院植物研究所分析结果，碱蓬植物体含钾量列表如下：

样品采集地点	含钾量（%）	
	以干物质计算	以植物灰分计算
内蒙古包头	2.504	10.860
江苏灌云县	1.556	3.704
山西平遥县	1.658	6.708
山西解县	2.314	7.003

［采收处理］ 植株可于5～6月采收。

［加　　工］ 将植株晒干烧成灰，然后用水浸渍，使其中的钾盐溶于水中，过滤、浓缩后，即有钾盐析出。

25 丝石竹（sishizhu）（图1559）

［地 方 名］ 山蚂蚱、蚂蚱菜、兔子自音（山东）

［学　　名］ **Gypsophila oldhamiana** Miq.　石竹科

［形态特征］ 多年生草本，高30～60厘米。根粗大，圆柱形。茎丛生，直立，无毛，具白粉，基部稍木质化，幼茎淡绿色，老茎微红色。单叶对生，椭圆状披针形，长3.5～5.5厘米，宽5～8毫米，先端尖，基部渐狭或楔形，抱茎，全缘，主脉3～5条，在背面较明显。聚伞花序排列成圆锥花序，腋生，无苞片；花小，白色或粉红色；萼钟状，5裂，绿白色，具5脉，脉间膜质；花瓣5，较萼长2～3倍；雄蕊10；花柱2；子房1室。蒴果球形，种子多数。花期6～8月，果期7～8月。

［生长环境］ 多生于山坡、石缝及石灰岩山地，能耐干瘠地，海拔可达2400米。

［产　　地］ 辽宁、吉林、黑龙江、河北、山东、陕西、河南、湖北等省。

［用　　途］ 根含大量皂素，可作洗涤剂，用以洗涤高级毛织品和丝织品，为一种良好的肥皂代用品。

根可入药。根的水浸液可防治棉蚜虫、红蜘蛛、地老虎等农作物害虫。嫩苗可食用或作猪饲料。

［理化性质］ 据山东省野生植物普查队化验：根含皂素约10%，溶血指数为2200。又据河南省资料：根含皂素2.75%及内脂等。

［采收处理］ 以春、秋两季采挖为宜，将挖出的根除去茎叶、泥土，晒干，贮于

通风干燥处备用。

［加　　工］ 将原料切碎，水浸后，捞出残渣，即可。

26 皂荚（zaojia）（图1560）

图 1559 丝石竹
Gypsophila oldhamiana Miq.
1. 植株上部；2. 植株下部；3. 花；4. 雌蕊。

［地 方 名］ 山皂荚、皂角刺、肥皂树（江苏），悬刀、扁皂角、山皂角（山西），皂角（四川、河南、山西、河北），皂角树、肥皂荚、山皂角、胰皂（湖南）。

［学　　名］ **Gleditsia sinensis** Lam. (*G. macracantha* Desf.) 豆科

［形态特征］ 乔木，高达 15 米；有粗壮圆锥状多分枝的刺，小枝无毛或仅嫩枝有毛。偶数羽状复叶互生，长 12～18 厘米；小枝 6～14，少有至 18，在下部的较小，卵形、长卵形或披针形，少有倒卵形，长 2.5～7.5 厘米，宽 1～3 厘米，先端钝或略急尖，有细尖，基部阔楔形或近圆形，偏斜，边缘有细齿，表面及背面中脉均有细毛或光滑；叶轴的凹沟两沿和小叶柄上被短柔毛。花杂性，成细长被柔毛的总状花序；花梗长 3～10 毫米；花萼下部连合成钟形，上部 4 裂，裂片卵状披针形；花瓣 4，卵形至长椭圆形，淡黄色；雄蕊 8，4 长 4 短；子房线形，无毛，沿子房两边缘有短柔毛。荚果直而扁平，长 12～30 厘米，宽 2～3.5 厘米，紫黑色，有光泽；种子多数，扁平，长椭圆形，长约 10 毫米，棕色，有光泽。花期 5 月，果期 10 月。

［生长环境］ 喜生长在村边、路旁、向阳温暖的地方。

［产　　地］ 黑龙江、吉林、辽宁、内蒙古、河北、山西、山东、河南、陕西、甘肃、湖北、湖南、江苏、浙江、安徽、江西、广东、广西、四川、贵州等省区。

［用　　途］ 荚煎汁可代肥皂，尤以洗涤丝织品为好，不损害光泽。荚果灰中含有丰富的碳酸钾，可用于化学工业。

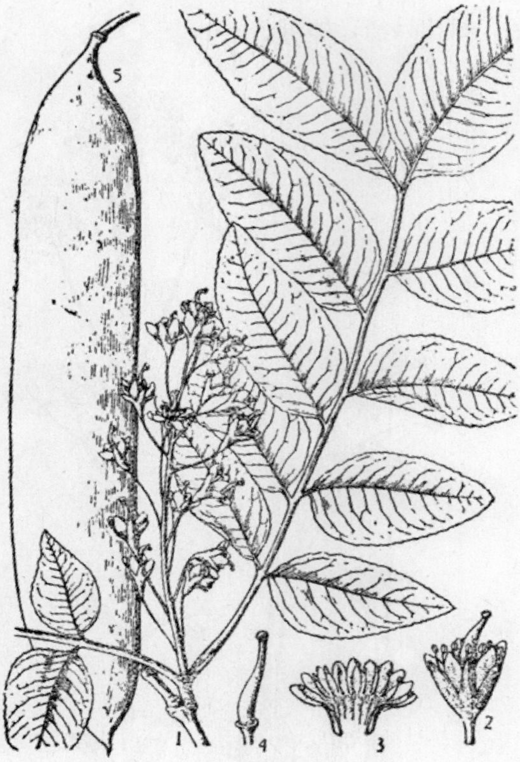

图 1560 皂荚

Gleditsia sinensis Lam.

1．花枝；2．花；3．花的纵剖面示花瓣及雄蕊；4．雌蕊；5．荚果。

（自“中国森林植物志”）

荚（皂角）、种子（皂角子）、刺均作药用（见“药用类”1768页）。果实可供染料用，种子可榨油，供制肥皂、润滑油用。木材坚硬，供车辆家具用材。皂荚可防治农业害虫（见“土农药类”2030页）。种仁可食用。

［理化性质］ 果皮内含皂荚素(gleditischia saponin，$C_{59}H_{100}O_{20}$) 23.47%。

［采收处理］ 10月间采果，晒干备用。

［加　　工］ 从皂荚中提取皂荚素。加工过程，分为以下几个步骤：

1．粉碎：将干燥的皂荚除去种子后，磨成均匀的粉末。

2．浸提：把皂荚粉末浸泡在9倍于原料的热水中，水温30～40℃，浸泡3～4小时，并经常用木棒搅动。

3．过滤：将浸液倒入布袋中，滤去残渣，若未提净，手捏残渣时带有粘滑性，则须继续浸提1～2次，直到全部提净为止。

4．浓缩、干燥：将澄清溶液放在陶瓷或搪瓷的容器内（不宜用铜、铁器皿）缓缓加热，温度以80～95℃为宜，逐渐蒸发、干燥至黄褐色固体即成。

27 无患子（wuhuanzi）（图707）

［学　　名］ **Sapindus mukorossi** Gaertn. 无患子科

（地方名、形态特征、生长环境、产地及其它用途见“油脂类”，876页）

［用　　途］ 果皮含皂素，可代肥皂作洗涤丝织品剂，对皮肤有消毒作用。

［理化性质］ 果皮含无患子皂素（sapindus saponin，$C_{41}H_{61}O_{18}$）。

［采收处理］ 果实于9～10月采收。除去果核榨油外，留下果皮晒干备用。

［加　　工］ 参阅皂荚（2089页）。

28　牛肋巴[1)]（niuleiba）（图 1561）

［学　　名］ **Dalbergia obtusifolia** Prain　豆科

［原 料 名］ 紫胶、洋干漆、虫胶

［形态特征］ 乔木，高 13～17 米，有许多展开的枝；幼枝条下垂，无毛。奇数羽状复叶互生，小叶 5～7，近革质，倒卵形或椭圆形，最下的小叶少有圆形，顶端小叶最大，长 5～13 厘米，宽 2～7.7 厘米，先端微缺或钝，有或无细尖，很少具有短的硬尖，小叶柄长 5 毫米；托叶早落。圆锥花序顶生或腋生，长 15.5～20.5 厘米，宽 13～15.5 厘米，总花梗及花梗初有稀少短柔毛，花梗短；小苞片 2，长不及萼管的 1/2；花萼钟状，萼齿顶端钝，较萼管短；花瓣带黄白色，除旗瓣外，有相当长的爪，旗瓣近长方形，先端微缺有短爪；雄蕊 9，成 1 组；子房无毛，有长子房柄：通常有 3 个胚珠，花柱狭长，柱头小。荚果有明显的子房柄，有 1～2 颗种子，很少有 3 颗，密致，革质，无毛，在生种子处有明显的脉，长 5～6.5 厘米，宽 1.1 厘米；种子极扁，肾形，平滑，棕色，长 10 毫米，宽 6 毫米。

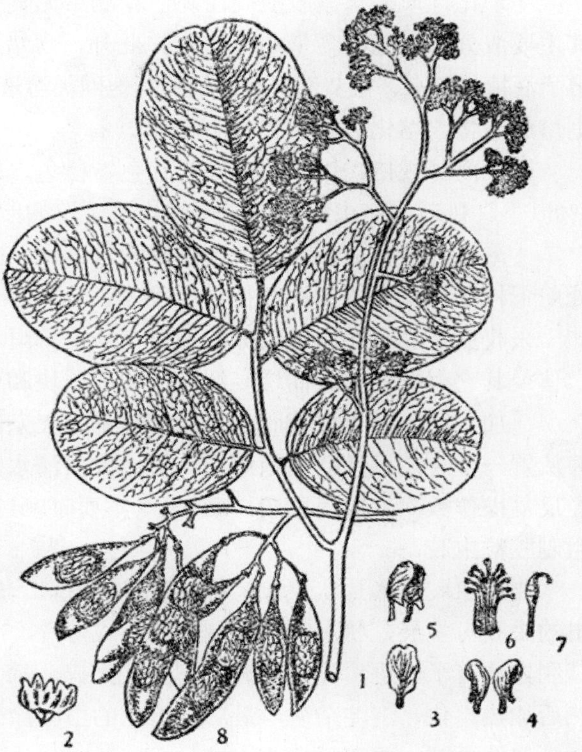

图 1561　牛肋巴

Dalbergia obtusifolia Prain

1. 花枝；2. 展开的萼；3. 旗瓣；4. 翼瓣；5. 龙骨瓣；6. 雄蕊；7. 雌蕊；8. 果枝。

（自“中国主要植物图说”）

［生长环境］ 生长在海拔 1000 米以下的热带稀树草地中。

［产　　地］ 云南南部。

［用　　途］ 本种为紫胶虫的寄主树。由紫胶虫所产生的分泌物——紫胶，经精制过的紫胶叫洋干漆或虫胶，是许多工业的重要原料之一。例如在电机、仪表等制造上，多用作绝缘材料；在交通工业上，特别是在飞机制造工业上，亦有它的重要用途；紫胶也用做留声机唱片的原料。此外，塑料和各种电工器材也需用紫胶。与松香等混合可制成钮扣塑料，在绘图墨水中作耐水的固色剂，在灯泡工业作灯泡的胶合剂，也可做金属

1) 本种绝大多数内容系引自刘崇乐著：“紫胶生产的意义和方法”一书。

表面的防水防锈剂等；在油漆工业上，紫胶是一种很好的涂饰剂叫泡力水。除以上民用工业外，在国防工业上，也占有很重要的地位。

［理化性质］ 紫胶质硬而脆，精制后无臭无味、透明，平均比重为1.08～1.13，其主要成分为树脂，含量90%左右，此外，含蜡质约4～6%，水分1～4%，不溶于水，溶于酒精、氨水、松节油、碳酸钠或其他碱类溶液中，加热至40℃即开始软化，于100℃则熔成液体，熔化后所留残渣不超过2%。

国产商品规格：以颜色分，为棕色、橙色、柠檬色三种，含酒精不溶物均应在1～3%以下。目前国产虫胶，完全可以代替进口的印度虫胶。

［采收处理］ 收胶应结合修枝同时进行，在收胶时需要用锐利的刀剪，紧靠树干处剪下枝条，以便树皮逐渐把伤口包盖。

采收后宜贮存在通风阴凉的地方，并须防雨水浸湿，以免由于贮存不当，使紫胶虫尸体及其它有机物发酵而增高湿度，促成结块和引起变质的后果。

［加　　工］ 将紫胶采集后磨碎筛去夹杂物及树枝树叶等，放置桶中用水浸湿，并放置一个时期，然后捣烂组织，再用大量清水浸渍，浸去色素和捞去上浮的虫尸等，经反复操作数次，取出虫胶，晒干，（不要曝晒过久，以免使颜色过深）即得小粒状的粗制胶粒虫胶。

制造虫胶片（片状虫胶），尚需经过精炼，其方法：在炭火上烘热熔化，压榨，榨出的虫胶可呈展延状态，用磁制辊筒压成薄片，冷却后击碎，即为虫胶片。近来对这种精制方法有了改进，先用粉碎机把虫胶磨碎，筛去杂质，再用洗涤器洗去色素，烘干，然后加热熔化，沉淀杂质，最后将熔化的虫胶涂于锌制圆筒，筒中通冷水，使冷却，即成大张的虫胶，击碎后即为虫胶片。

［其　　他］ 据调查在云南省有117种植物为紫胶虫的寄主植物，其中包括某些偶然寄居的种类。主要的寄主植物除本种外，还有火绳树（Eriolaena malvacea （Levl.）Hand.-Mazt.）（形态特征、生长环境与产地等见“纤维类”，246页），酸香（Dalbergia szemaoensis Prain.），大青树（Ficus altissima Bl.）和三叶豆（Cajanus flavus DC.）等。

紫胶虫最宜放种在2、3年生枝条较多的寄主植株上。放种的方法，多采用把长约30厘米左右的种胶单独或两三条成束地用细绳或干草在其两端紧紧捆在放养的树枝上；为便于幼虫爬上新枝，种胶的全长必须紧靠着新寄主的枝条。

29 白蜡树（bailashu）（图1562）

［地 方 名］ 白荆树、青郎树（河南），蜡条（江苏）。

［学　　名］ **Fraxinus chinensis** Roxb. 木犀科

［形态特征］ 落叶乔木，高可达15米；树皮灰黄色，略有龟裂，具锈色小皮孔，不明显；小枝浅灰色，平滑无毛；冬芽深褐色。奇数羽状复叶，对生，长10～20厘米；

小叶 **5～9**，通常 7，革质，椭圆形或椭圆状卵形，长 3～10 厘米，宽 2～5 厘米，基部一对小叶略小，先端渐尖，基部圆形或阔楔形，边缘有锯齿或钝齿，表面光滑，**背面中脉及侧脉上均有短柔毛**；小叶柄短或几无；叶柄上面下陷成沟，基部略膨大。花单性，雌雄异株，成侧生或顶生圆锥花序，大而疏松，光滑，长 8～15 厘米；花萼钟状，小而不显，4 深裂；**无花瓣**；雄蕊 2；子房 2 室。翅果，倒披针形，长 3～4.5 厘米，宽 4～6 厘米，顶端钝或尖或微下凹。花期 5 月，果期 10 月。

图 1562 白蜡树
Fraxinus chinensis Roxb.
1. 果枝；2. 果实。

［生长环境］ 性喜潮湿含石灰质的土壤及酸性土壤；多生于山坡、山谷、山沟、林下，海拔可达 2650 米。

［产　　地］ 河北、山西、河南、山东、江苏、浙江、安徽、湖北、陕西、四川、贵州、云南、广东等省。

［用　　途］ 枝叶放养的白蜡虫，能产白蜡。白蜡在工农业及医药方面用途极广（放养技术见女贞）。

枝条细而柔软并富有弹性，适宜于编制提篮、抬筐、荆笆等农具。木材坚韧，可制工具柄或作搭棚，建房等用材。此外本种枝叶茂密，常密植以防风固沙。

［采收处理］ 参阅女贞（本页）。

［加　　工］ 参阅女贞。

30 女贞（nüzhen）

［地 方 名］ 冬青（山西、江苏），大叶女贞（江苏），白蜡树（湖北、云南）。虫树（四川）。

［学　　名］ **Ligustrum lucidum** Ait. 木犀科

［形态特征］ 常绿大灌木或乔木，高达 10 米；树皮灰绿色，光滑不裂；枝开展，平滑无毛，具明显的皮孔。叶对生，卵形至卵状披针形，长 6～12 厘米，宽 4～6 厘米，先端尖锐或渐尖，基部阔楔形或圆形，光滑，侧脉 6～8 对；叶柄长 1～2 厘米。圆锥花序顶生，花白色，芳香，几无柄；花萼及花冠钟状，均 4 裂，长略相等；雄蕊 2；子房

上位，柱头2浅裂，浆果状核果，长圆形至长椭圆形，长约1厘米，熟时蓝黑色。花期6～7月，果期10～12月。

［生长环境］ 生于海拔200～2900米的向阳坡地，丘陵和山麓疏林中，在气候较温暖地区的湿润地方，生长更好。

［产　　地］ 山东、山西、河南、陕西、江苏、浙江、安徽、湖南、江西、湖北、四川、贵州、广东、广西、福建、台湾、云南等省区。

［用　　途］ 枝、叶上放育的白蜡虫，所生产的白蜡，可用于工业及医药等方面。

女贞果和叶可入药（见“药用类”，1858页）；种子亦可榨油（见“油脂类”，946页）。本种可作嫁接丁香、桂花的砧木，栽培于庭园或作行道树。花可提取芳香油（见“芳香油类”，1430页）。果含淀粉26.43%，可供酿酒。

［采收处理］ 放蜡与收蜡的方法如下：

一、自生蜡虫：将满树自生的白色蜡状物刮下炼蜡。以后任其自己传生，直至树死为止。

二、放养蜡虫：看寄生树生长情况，如果茂盛，可每年就树放养。若树势不旺，需砍下直径约3厘米的枝条插条，当插条盛长时再放养。生蜡后在离根1米处截去枝干收蜡，随即以肥土壅根，以后在壅旁生长新枝，如此让寄生树继续盛长，次年仍可放养。放养时间宜在立夏前后，此时可从寄生树上剪下虫枝，剥下虫颗，以三、四颗至十几颗作一簇。先用稻壳浸水约半日，滤出壳取水，将剥下虫颗浸水中约15分钟，然后取出用竹箬空空的包住，大的六、七颗，小的三、四颗作一包，用韧草捆起，放在干净瓮中，遇阴雨可储放瓮中数日，如天热则虫容易涌散，要赶快放养。放养法：系将箬包剪去角，成小豆大的孔，仍用草系在树枝上（枝粗如指的可以放养，太细或太粗的都不宜放养）。放养数日以后，要严防鸟害。树下杂草须除尽，以防虫子出包后，附生于草上不再上树。虫上树后吸树汁生活，背上即逐渐分泌蜡花。秋分后要注意检看蜡花的老嫩，太嫩太老的都不成蜡。剥蜡时不管就树剥或剪枝下来剥，均须事先洒水，或趁雨后或清晨带露时剥，因为湿后虫颗容易剥落。

［加　　工］ 剥下的蜡花投入沸水中溶化，俟稍冷后，取出水面上的蜡再溶，如此反复以去净渣滓；最后趁热倾入绳套内冷却即成蜡饼。

31 石松（shisong）（图1257）

［学　　名］ **Lycopodium clavatum** L.　石松科

（地方名、形态特征、生长环境、产地及其他用途，见“药用类”，1627页）

［用　　途］ 孢子用于冶金工业的模型铸造上，可防止铸液粘附于模上，而且零件出型后光滑，不必研磨；亦用在照明工业上做闪光剂，用于信号弹，照明弹，火箭和火花等。此外全草可制取蓝色染料。

［理化性质］ 孢子为浅黄色易于流动的粉末，撒布水中，浮于水面（因不吸水），

煮沸后则下沉。

［采收处理］ 在7～8月间，孢子将成熟时及时采收，采收时用特制的长刀口剪刀，其中的一个刃口上焊有小铁盒，另一刃口上装有盖，用这种剪刀，将石松孢子囊穗剪到盒里，待装满后，倒在另一个较大的盒或盆里集中起来。

将采集的孢子囊穗均摊在容器上面，置于避风处或干燥室里，使其自然干燥或烘干，干燥时温度宜低于40℃。干后搓出孢子，去净杂质，即可用作工业原料。

32 地刷子（dishuazi）

［学　　名］ **Lycopodium complanatum** L. 石松科

［形态特征］ 多年生草本，高20～30厘米，匍匐生长，侧枝开展或斜上，呈扇状二歧分枝。主枝和孢子囊穗总梗上的叶为钻形而疏生，侧枝扁平如侧柏；叶鳞片形，交叉对生，侧叶、背叶及腹叶多少呈二型，腹叶线形。孢子囊穗总梗长达30厘米，每总梗着生囊群穗数个，二歧分枝，穗长约3厘米，宽5毫米；孢子叶与营养叶不同，呈卵状三角形，渐尖；孢子囊肾形。

［生长环境］ 生于针叶林、针阔混交林及阔叶林下石上。

［产　　地］ 湖南、湖北、四川、贵州、云南、福建、台湾、广东、广西等省区。

［用　　途］ 孢子用于冶金工业上，为优良脱模剂，又可作闪光剂和供药用。全株可提制绿色染料。

［采收处理］ 参阅石松（2094页）。

［加　　工］ 参阅石松。

33 马尾松（maweisong）（图1225）

［学　　名］ **Pinus massoniana** Lamb. 松科

［原 料 名］ 松焦油

（地方名、形态特征、生长环境、产地及其他用途见“树脂及树胶类”，1544页）

［用　　途］ 自然枯死腐朽的树身或砍伐后留在土中的树根，可提取松根原油（松焦油）。

主要用作橡胶原料，亦可再经分溜而得汽油、柴油、润滑油，用于发动机、车船等机械。

松树根也可作松香、松烟、松节油等产品原料。

［理化性质］ 据江西省分析资料：松根含油量一般为25～30%，高者可达50%；出油率最低不少于16%。从松根原油中可提取15～20%的汽油。松根原油的性质：比重（20℃）0.9860，水分0.3%，为红褐色半透明液体，有浓厚的松节油气味。

［采收处理］ 挖掘埋藏在土里的松树根和树干茎部，除去腐烂部分，及泥土杂物，

即可加工。

［加　　工］　目前生产松根原油的方法很多，现仅举出一种干馏堆提炼松根原油的方法以备参考：先用砖砌成高 5 米，直径 2.5 米的椭圆形干馏堆，堆里面的地平线稍斜，用水泥抹平以便流油，上部的侧面留一个 70 平方厘米的投料孔，周围每隔 35 厘米，留一个 10 平方厘米的风眼，下面留一个高 90 厘米，宽 60 厘米长方形的出炭口，底部侧面开两个孔边，上孔走烟，下口安装导油管接入冷却器。这个干馏堆，每次可投料 6 吨左右。

在操作过程中注意投料高度应低于风眼；料上铺 10 厘米厚的木炭，燃着木炭后，把风眼堵严，密闭干馏，不久松根原油就不断的从导油管流出。每生产一次约 24 小时。

［其　　他］　我国还有红松（Pinus koraiensis Sieb. et Zucc.）；赤松（Pinus densiflora Sieb. et Zucc.）；黑松（Pinus thunbergii Parl.）等，其腐朽树身或根部用途与本种同。

34 白桦（baihua）（图 860）

［学　　名］　**Betula platyphylla** Suk. var. **japonica** (Sieb.) Hara　桦木科

［原 料 名］　桦皮漆

（地方名、形态特征、生长环境、产地及其他用途，见“鞣料类”，1067 页）

［用　　途］　利用树皮，提制出的桦皮漆，可作虫胶漆片的代用品，用于家具、特殊建筑和机械器具的制造上，是一种很好的油漆涂料。

［理化性质］　白桦树皮（尤其是外皮），含有大量的桦木脑［betulin，$C_{30}H_{48}(OH)_2$］及各种高级脂肪酸。据东北林学院分析：前者约占桦树外皮的 35%，后者约占 35%以上。两者均为桦皮漆的主要成分。

桦木脑能单独溶解在酒精中，各种高级脂肪酸则可溶于稀碱液中。

［采收处理］　结合砍伐剥取树皮，除去表面杂物与内皮，进行干燥（一般以气干法为宜），切碎贮存备用。

［加　　工］　据东北林学院试验证明，用硝酸氧化法提制桦皮漆，收量高，质量好。生产过程为：在 100 份原料中，加入 150 份浓硝酸（以 50%以上的浓度为宜）后，在 90～95℃之间，反应 4 小时，使其树脂化，即得黄色易溶于 95%酒精的产品。若酸液浓度再增高，数量还可增加，但漆的颜色亦随之加深。

桦皮漆的调制方法，基本上与虫胶片相同，即将桦皮漆用酒精溶化，为提高溶解度和干燥速度，也可掺入一些松节油，松节油与酒精之比为 1:6。

35 栓皮栎（shuanpili）（图 404）

［学　　名］　**Quercus variabilis** Bl.　山毛榉科

［原 料 名］　栓皮

（地方名、形态特征、生长环境、产地及其他用途见“淀粉及糖类”493 页）

［用　　途］　栓皮可作轮船、火车、食品工业等冷藏用的软木砖；作保温设备及电气绝缘的材料；作弹簧座垫及鞋垫；制造救生衣、救生圈、浮标；做广播室的隔音板，用于安装机器的隔音板，汽车引擎床填板等。并可制瓶塞及各种工艺品。目前我国软木已出口，品质极好。

［理化性质］　栓皮体质轻软，富有弹性，不易传热，不导电，不透水，耐摩擦，又不易与化学药品起作用。

［采收处理］　一般在6～8月间，剥取栓皮，因这时易剥。将剥下来的栓皮，按大小分开，经压平后，刷净表面杂物即为半成品，可进一步加工，制成各种成品。

［其　　他］　我国所产的栓皮，品质坚韧，有弹性，沙室极少，略有杂质，比进口货的质量好。

36 蛇麻（shema）（图1563）

［地 方 名］　酒花、香蛇麻（陕西、甘肃）

［学　　名］　**Humulus lupulus** L. var. **cordifolius** Maxim.　桑科

［形态特征］　多年生，蔓生攀缘草本；茎长4～6米，密被卷曲柔毛，略粗糙。单叶对生，长、宽各5～13厘米，基部心形，3～5裂，裂片具小尖头的粗齿，先端尖或突尖，表面粗糙，背面有稀腺点，脉上有粗毛；花序上基部生的叶不分裂，较小；叶柄长3～8厘米，有时具腺状短刺。雌雄异株，雄圆锥花序长10～20厘米，常成繸樱状，小花梗中部有小苞2片，基部有1片；萼片5，长圆形，内向环抱，中脉绿色，略厚，雄蕊4～5，药几与萼片等长或稍短，椭圆形，先端尖，花丝极短或近于无；雌花序为短穗状，长约1厘米，有长梗，梗有关节和小苞一对，小苞披针形，长2～3毫米；雌穗每苞片基部含2花，萼不分裂，包裹子房；柱头2裂，脱落。果穗长圆形，长2～3厘米，穗轴有密毛；苞片随种子成熟而增大，椭圆形或卵形，长10～18毫米，膜质，半透明，有脉5～7条，先端钝圆，基部偏斜，被有许多金黄色有香气的腺点，一边向内折迭，半掩子房。小坚果圆形，稍扁，径1.5～2毫米，周边有环形，突出肋纹一条。花期7～8月，果期10月（陕西）。

［生长环境］　喜湿润肥沃土壤，多生于山谷沟底边缘，疏灌丛下，有时生山坡泉水渗出的附近地方；亦有栽培。

［产　　地］　陕西、甘肃、河北、山西、浙江、广东等省。

［用　　途］　雌花苞片基部的腺体，可作啤酒的配料，使其具有特异的芳香和爽快的苦味，亦有澄清防腐之效。另外还可供药用，为健胃，镇静，利尿药，用于治疗失眠、膀胱炎等症，也有抗菌作用，能治肺结核病。茎皮纤维为造纸与代麻的良好原料。

［理化性质］　花的成分：水分6～17%，树脂7～25%，含氮物10～17%，芳香油0.13～0.48%，灰分5～10%，鞣质7～11%，粗纤维10～18%。

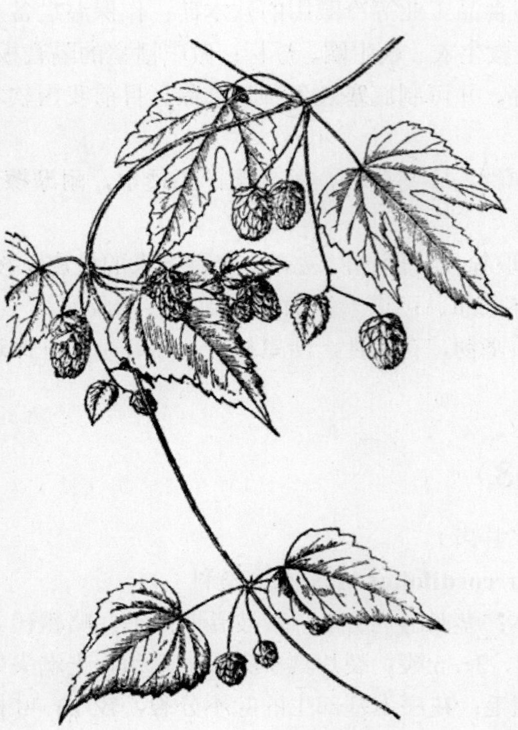

图 1563　蛇麻
Humulus lupulus L. var. cordifolius Maxim.
果枝

芳香油中主要成分：月桂油烯（myrcene，$C_{10}H_{16}$），含量为 30～50%，蛇麻草香油烃（humulene，$C_{15}H_{24}$）等。苦味成分主要是二种结晶性物质，即酒花酮（humulon，$C_{21}H_{30}O_5$）和蛇麻酮（lupulon，$C_{26}H_{33}O_4$）。

鞣质能使啤酒中的蛋白质或其它含氮物凝成不溶解的物质而沉淀下来，以便于长期保存和澄清。

［采收处理］　7～9 月间采摘花朵，自摘下后的花中，除去梗叶与受损花片，凉透，放入炉中烘干，干燥时的温度不宜超过 40℃，干燥度以含 15%的水分为宜。

［包　　装］　将干燥的蛇麻花用压榨机压成方形，以双层纸包裹，再用布袋包装，如不受潮，可保存 3～4 年不变质。

37 可可树（kekeshu）

［学　　名］　**Theobroma cacao** L.　梧桐科

［形态特征］　常绿乔木，高可达 10 米；枝广展，小枝有短柔毛。单叶互生，革质，长椭圆状卵形或椭圆状长圆形，长达 25 厘米，有短柄，先端为突尖，全缘，有粗脉。花成簇，生于树干或树枝上，花梗细，长 1.2 厘米或较长，花径 1.2～1.8 厘米；萼片玫瑰色，花冠黄色。果为椭圆状卵形，长 10～15 厘米，红色或黄色，表面有瘤，肉质，果皮较厚，5 室，各室有多数种子。花期全年。

［生长环境］　原产热带美洲，多栽培于低海拔地区，以深松肥沃富含有机质和排水良好的壤土和沙壤土为宜。

［产　　地］　广东海南有栽培。

［用　　途］　种子（或种仁）炒后，研成粉，即可可粉（Cocoa）是较普通的饮料。种子可榨油，为可可油，供医药用；将种仁的粉末，渗入糖浆或色素少许，即为巧克力糖或车古律糖，供食用。

［理化性质］　可可豆仁含有可可碱（theobromine）0.9～3%，少许的咖啡碱，固定脂肪 40～60%，糖 2.5%（多为淀粉，蔗糖和葡萄糖）等。

［采收处理］ 将成熟的果实采后，经发酵、烤干后即可加工。

［加　　工］ 将烤过的果实除去果皮和种皮，经碱化后，经压榨除去一部分脂肪，即可研碎成细粉，即可可粉。

38 浙江柿（zhejiangshi）（图 1006）

［学　　名］ **Diospyros glaucifolia** Metc.　柿科

（地方名、形态特征，生长环境、产地及其他用途见“鞣料类”，1239 页）

［用　　途］ 刚成熟的果实，为提制柿油（柿漆）的原料。柿油是一种很好的胶粘剂，具有耐潮，防腐的性能，除供渔业上鞣染鱼网使用外，也常用作制伞、油墨、纸扇的涂料。

［采收处理］ 参阅老鸦柿（本页）。

［加　　工］ 参阅老鸦柿。

39 油柿（youshi）

［学　　名］ **Diospyros kaki** L. f. var. **silvestris** Makino　柿科

（地方名、形态特征、生长环境、产地及其他用途见“鞣料类，”1240 页）

［用　　途］ 刚成熟的果实为提制柿油的原料。柿油的用途同浙江柿（本页）。

［采收处理］ 参阅老鸦柿（本页）。

［加　　工］ 参阅老鸦柿。

40 老鸦柿（laoyashi）（图 1564）

［地 方 名］ 山柿子、野山柿（江苏），苦梨、野柿子（浙江）。

［学　　名］ **Diospyros rhombifolia** Hemsl.　柿科

［形态特征］ 落叶灌木，高约 2～3 米；树皮褐色，有光泽；枝条细而稍弯曲，有刺，嫩枝有柔毛。叶互生，纸质，卵状菱形至倒卵形，长 4～4.5 厘米，宽 2～3 厘米，先端短尖或钝，基部狭楔形，全缘，表面沿脉上有黄褐色毛，后脱落，背面多少有毛，沿脉上较多。花草生于叶腋，花梗长约 2 厘米；花白色；萼片 4 裂，裂片近长圆状披针形，具显著的纵向脉纹，果卵状球形，直径约 2 厘米，具长柔毛，熟时红色，有蜡质与光泽；宿存萼花后增大，裂片革质，披针形，长约 2 厘米，阔约 5 毫米。花期 5 月，果期 10 月。

［长生环境］ 常生于山坡灌丛与水沟边林中。

［产　　地］ 福建、江苏、浙江等省。

［用　　途］ 刚成熟的果实为提制柿油（柿漆）的原料。柿油的用途同浙江柿（本页）。

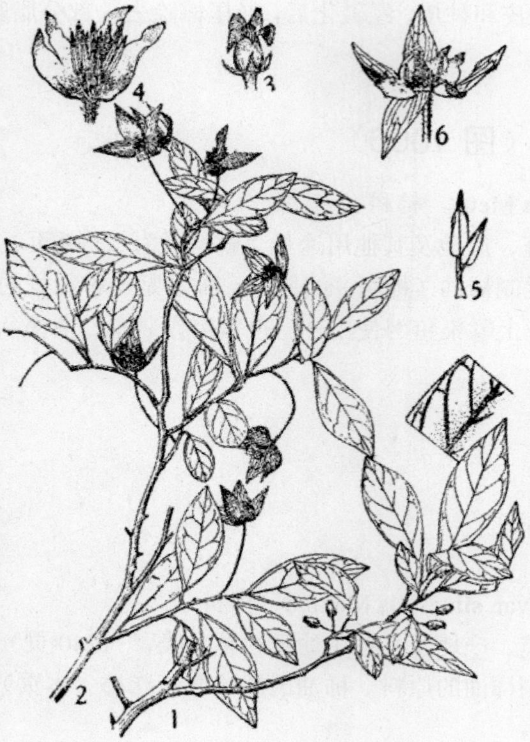

图 1564 老鸦柿

Diospyros rhombifolia Hemsl.

1. 雄花枝；2. 雌花枝；3～4.雄花；5. 具有分枝的雄蕊；6. 雌花的纵剖面，示花萼增大花冠展开，退化的雄蕊和雌蕊。

（自“江苏南部种子植物手册”）

［采收处理］ 柿油的生产季节性很强，适时采摘果实是相当重要的，如采过早，果实未成熟，出油率低，过迟则会自落腐烂，一般在果期（10月）前果实刚成熟时采收为宜。

［加 工］ 摘下的青柿先去蒂（此为少量加工，如大量加工去蒂困难，可不去），放入石碾中碾碎，然后将碾碎的柿全部放入缸内或水池，木桶等容器内（忌用铁制工具和容器）。每 100 公斤原料加入清水 80～100 公斤浸泡，浸至水液发粘为止（浸泡时间不宜过长，否则会引起原料发酵，影响柿油的质量）。浸出的柿油（称原油或头油），其浓度约为 3～3.5° Bé 即可包装贮存。取出所剩的残渣再碾碎，加 30～50 公斤清水，浸泡 3～5 日即成二水。再以二水浸泡刚碾碎的柿，或以 30%的二水掺入 70%的头水即得到浓度为 2～3° Bé 的柿油。所采集的鲜柿最好当天加工，至迟不能超过第二天，否则色泽变黄，油质挥发，质量降低。

41 烟草（yancao）（图 1565）

［学 名］ **Nicotiana tabacum** L. 茄科

［商 品 名］ 烟叶

［形态特征］ 一年生或二至三年生草本，高 0.7～1.5 米，基部木质化，具粘毛。茎直立，多分枝。叶大，长圆状披针形，长 30 厘米余，宽 8～15 厘米，先端渐尖，基部半抱茎，稍呈耳状，全缘或呈微波状，无柄，或稍下延成翅状柄。花 3～5 厘米，日间开花，有柄和苞片，成短圆锥花序或总状花序；花萼长圆形，裂片披针形，先端尖锐，不相等；花冠漏斗形，外部具柔毛，较萼长 2～3 倍，喉部稍膨大，管部淡红色或白色，裂部红色或绯色，裂片先端尖锐。蒴果卵圆形，长约 1.5 厘米。花期 5～8 月，果期 8～

10月。

［生长环境］ 喜生在炎热多雨的地区，生长期中尤需高温；常栽培于疏松、排水良好的沙质土壤，并以略含有机物，而钾肥较多者为佳。

［产　　地］ 原产美洲热带地区，我国各地均有栽培。以云南、河南、山东、安徽、江西、福建、湖南、湖北、山西、四川及贵州等省产量较多。

［用　　途］ 叶供做卷烟工业的原料。另供药用，可做麻醉、发汗、镇静和催吐剂，但不常供内服。浸剂灌肠可驱除肠道虫；和大量用作农业杀虫药。

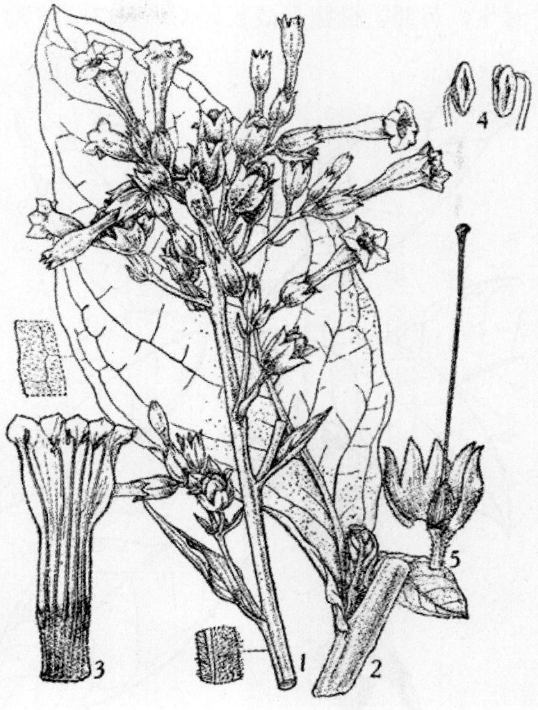

图1565　烟草

Nicotiana tabacum L.,

1. 花枝；2. 叶；3. 花冠展开示雄蕊；4. 花药；5. 萼及雌蕊。

（自“江苏南部种子植物手册”）

［理化性质］ 烟叶的主要有效成分为烟碱（1-nicotine,$C_{10}H_{14}N_2$），另外尚含有少量的烟胺碱（nicotimine,$C_{10}H_{14}N_2$），去甲基烟碱（1-nornicotine,$C_9H_{12}N_2$），异尼古丁（isonicoteine,$C_{10}H_{12}N_2$），尼古丁（nicotelline,$C_{10}H_8N_2$），毒藜碱（anabasine，$C_{10}H_{14}N_2$），阿那托品（anatabine，$C_{10}H_{12}N_2$）等。还有一种芳香物质，名为烟叶脑（nicotianin)，为烟叶制备时所形成的；烟叶香气即由此物质所致。

烟碱在常温下为无色、无臭的液体，沸点248℃，比重1.011（15～20℃），性不稳定，易挥发，在植物体内，烟碱常与苹果酸、柠檬酸等结合成盐。烟碱性极毒，人吃40毫克，在5～30分钟内便可致死。

［采收处理］ 常于七月间，俟叶由深绿色变为淡黄色，叶端下垂时即可采收，最好按叶的成熟先后，由下向上分批采收。

［加　　工］ 采后分级烘干或晒干，然后将烟叶回潮，使其堆集发酵约一、二月后，再行干燥，即可供卷烟工业或医药工业进一步加工至成品。

42 咖啡树（kafeishu）（图1566）

［学　　名］ **Coffea arabica** L.　茜草科

［形态特征］　常绿灌木或小乔木，高 3～5 米，侧枝平展，对生或稀有轮生。单叶对生，革质，椭圆形或长圆形，长 7～15 厘米，宽 4～7 厘米，先端急尖，基部短尖；托叶长 4～6 毫米，基部阔，先端急尖。花 3 至多朵成束，腋生，具短柄，白色，芳香；萼截头形，管长约 2 毫米；花冠管长 6～8 毫米，裂片通常 5 枚，长圆形，长 8～10 毫米，先端钝或短尖；花柱长 12～14 毫米，柱头有 2 分枝。浆果红色，肉质，直径 8～10 毫米，具有种子 2 颗，花期夏秋间。

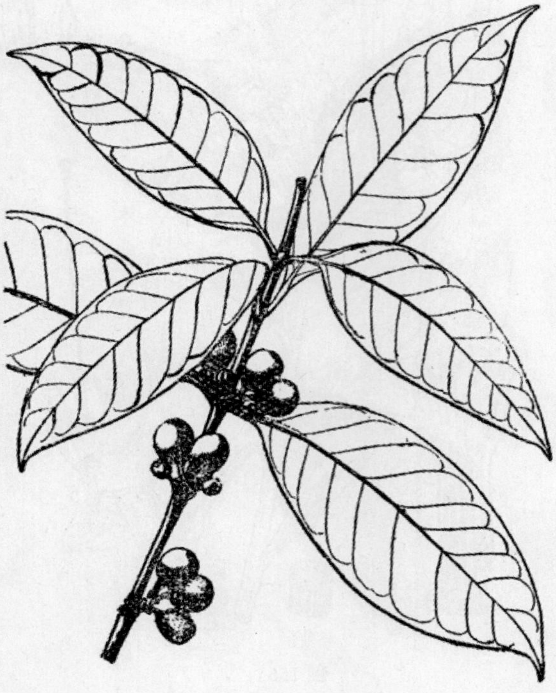

图 1566　咖啡树
Coffea arabica L.
果枝

［生长环境］　原产于热带非洲，喜生长在疏松肥沃、排水良好的沙质土壤上。

［产　　地］　在广东、云南等省栽培。

［用　　途］　种子（咖啡豆）炒熟后，可作饮料。并且有健胃、兴奋利尿的功效。种子和叶可供提制咖啡碱的原料。咖啡浆果可酿酒，做饲料或肥料。

［理化性质］　种子含水份 8.98%，蛋白质 9.87%，咖啡碱 1.08%，脂肪 12.60%，糖 9.55%，糊精 0.87%，咖啡鞣酸（caffetannic acid）8.46%，灰分 3.74%。

［采收处理］　采回的果实，晒干后，除去果皮和种皮，或将果实浸于水中，待稍发酵后除去果皮和种皮，即为咖啡豆。

［加　　工］　咖啡豆经焙烤至暗褐色，磨细成粉，即可作饮料或作提制咖啡碱用。

43 甘蔗（ganzhe）

［学　　名］　**Saccharum offcinarum** L.　　禾本科

［原 料 名］　蔗蜡

（地方名、形态特征、生长环境、产地及其他用途见“纤维类”，367 页）

［用　　途］　甘蔗皮含蔗蜡。蔗蜡可作为进口的卡那巴蜡的代用品，主要用于唱片、复写纸、皮鞋油、电气绝缘物、火漆、光皮油等产品的制造。

［理化性质］　纯蔗蜡为浅黄色或浅棕色的植物硬蜡，熔点 79～82℃，不溶于水及

冷酒精，稍溶于冷乙醚及氯仿，易溶于热的酒精、乙醚、氯仿、四氯化碳、石油醚、乙酸乙酯等。

蔗蜡含于甘蔗表皮，与酯、游离酸、醇类以及烃类等混合存在，含量为0.15～0.20%。

［采收处理］　可收集蔗皮或制糖时的滤泥来提取，如收集滤泥加工，应在收集后立即干燥，防止发酵而使蔗蜡损失或降低蔗蜡的质量。

［加　　工］　用热酒精（74～78℃）进行抽提。再从抽提液回收酒精，得粗蔗蜡，然后用次氯酸钠溶液进行漂白脱色，得精制蔗蜡制品。

附　　录

一、经济植物用途及产地一览表

名称	用途											产地																										
	纤维	淀粉及糖	油脂	芳香油	树脂	鞣料	树胶	橡胶及硬橡胶	药用	土农药	其他	黑龙江	吉林	辽宁	内蒙古	河北	山西	山东	河南	陕西	甘肃	宁夏	青海	新疆	安徽	江苏	浙江	湖南	江西	湖北	四川	贵州	福建	台湾	广东	广西	云南	西藏
石松科 Lycopodiaceae							●																															
石松 Lycopodium clavatum L.									●		◎	△	△		△				△							△	△	△	△	△	△	△	△	△	△	△	△	
地刷子 L. complanatum L.											●																	△		△	△	△	△	△	△	△	△	
卷柏科 Selaginellaceae																																						
卷柏 Selaginella tamariscina (Beauv.) Spr.									●				△	△		△		△	△	△						△	△		△				△	△	△			
木贼科 Equisetaceae																																						
问荆 Equisetum arvease L.									●					△	△	△	△	△	△	△				△							△	△						△
木贼 E. hiemale L.									●				△	△	△	△				△				△							△							
观音座莲科 Angiopteridaceae																																						
福建观音座莲 Angiopteris fokiensis Hieron.		●																												△		△	△		△	△		
海金沙科 Lygodiaceae																																						
海金砂 Lygodium japonicum (Thunb.) Sw.									●										△	△					△	△	△	△	△	△	△	△	△	△	△	△	△	
蚌壳蕨科 Dicksoniaceae																																						
金毛狗脊 Cibotium barometz (L.) J. Sm.	◎	●							◎																		△	△	△		△	△	△	△	△	△	△	
蕨科 Pteridiaceae																																						
蕨 Pteridium aquilinum (L.) Kuhn var. latiusculum (Desv.) Underw.	◎	●			◎							△	△	△	△	△	△	△	△	△	△		△	△	△	△	△	△	△	△	△	△	△		△	△	△	
毛蕨 P. excelsum (Bl.) Ching		●																													△	△		△	△	△	△	△
铁线蕨科 Adiantaceae																																						
铁线蕨 Adiantum capillus-veneris L.									●								△			△					△	△	△	△	△	△	△	△	△	△	△	△	△	
乌毛蕨科 Blechnaceae																																						
狗脊 Woodwardia japonica (L. f.) Sm.		●							◎										△								△		△	△	△	△	△	△	△	△	△	
东方狗脊 W.orientalis Sw.		●																									△						△	△	△			
叉蕨科 Aspidiaceae																																						
贯众 Cyrtomium fortunei J. Sm.		◎							●										△	△					△	△	△	△	△	△	△	△	△		△	△	△	
绵马羊齿 Dryopteris crassirhizoma Nakai					◎				●			△	△	△		△																						

注：●表示主要用途，◎表示次要用途，△表示有分布。

名称	用途											产地																										
	纤维	淀粉及糖	油脂	芳香油	树脂	鞣料	树胶	橡胶及硬橡胶	药用	土农药	其他	黑龙江	吉林	辽宁	内蒙古	河北	山西	山东	河南	陕西	甘肃	宁夏	青海	新疆	安徽	江苏	浙江	湖南	江西	湖北	四川	贵州	福建	台湾	广东	广西	云南	西藏
水龙骨科 Polypodiaceae																																						
槲蕨 Drynaria fortunei J. Sm.		◎							●																		△	△	△	△	△	△	△	△	△	△	△	
华槲蕨 D. sinica Diels		●																		△	△		△								△						△	
福氏星蕨 Microsorium fortunei (Lowe) Ching									●											△					△	△	△	△	△	△	△	△	△	△	△	△	△	
庐山石韦 Pyrrosia sheareri (Bak.) Ching									●																△		△	△	△	△	△		△	△	△	△	△	
银杏科 Ginkgoaceae																																						
银杏 Ginkgo biloba L.		●							◎	◎				△		△	△	△	△	△					△	△	△	△	△	△	△	△	△	△	△	△	△	
紫杉科 Taxaceae																																						
穗花杉 Amentotaxus argotaenia (Hce.) Pilg.				●																							△	△		△	△		△	△	△	△	△	
红豆杉 Taxus chinensis (Pilg.) Rehd.				●																△	△				△		△		△	△	△	△	△	△	△	△	△	
紫杉 T. cuspidata Sieb. et Zucc.					●	◎							△	△																								
榧 Torreya grandis Fort.				●		◎																			△	△	△	△	△				△					
罗汉松科 Podocarpaceae																																						
竹柏 Podocarpus nagi Pilg.				●																							△		△				△	△	△	△		
粗榧科 Cephalotaxaceae																																						
三尖杉 Cephalotaxus fortunei Hook.				●														△	△	△	△				△	△	△	△	△	△	△	△			△	△	△	
粗榧 C. heterophylla Cheng et L. K. Fu				●	◎													△	△	△	△				△	△	△	△	△	△	△	△					△	
松科 Pinaceae																																						
辽东冷杉 Abies holophylla Maxim.				●								△	△	△																								
华北冷杉 A. nephrolepis Maxim.					●	◎	◎					△	△	△		△	△																					
铁坚杉 Keteleeria davidiana (French.) Beiss.				●																△							△			△	△		△	△	△	△	△	
兴安落叶松 Larix gmelini (Rupr.) Litvin.				◎	◎		●					△			△																							
黄花落叶松 L. koreana Nakai					●							△	△	△																								
日本落叶松 L. leptolepis (Sieb. et Zucc.) Gord.							●							△																								
红杉 Larix potanini Batal.					●												△			△	△										△						△	
华北落叶松 L. principis-rupprechtii Mayr					●									△	△	△	△																					
西伯利亚落叶松 L. sibirica Ledeb.					●																			△														
云杉 Picea asperata Mast.					●	◎															△		△								△							
米条云杉 P. complanata Mast.					●																										△						△	
鱼鳞云杉 P. jezoensis Carr.					●		◎					△	△																									

名称	用途											产地																														
	纤维	淀粉及糖	油脂	芳香油	树脂	鞣料	树胶	橡胶及硬橡胶	药用	土农药	其他	黑龙江	吉林	辽宁	内蒙古	河北	山西	山东	河南	陕西	甘肃	宁夏	青海	新疆	安徽	江苏	浙江	湖南	江西	湖北	四川	贵州	福建	台湾	广东	广西	云南	西藏
红皮云杉 P. koraiensis Nakai					●							△	△	△																								
丽江云杉 P. likiangensis Pritz.					●																										△						△	
西康云杉 P. sikangensis Cheng					●																										△						△	
白杄云杉 P. wilsonii Mast.					●											△	△			△	△		△							△	△							
华山松 Pinus armandii Franch.				●	◎	◎											△		△	△	△									△	△	△	△	△			△	
赤松 P. densiflora Sieb. et Zucc.				◎		●							△	△				△								△							△	△				
红松 P. koraiensis Sieb. et Zucc.				●	◎	◎	◎					△	△	△																								
马尾松 P. massoniana Lamb.				◎	◎	◎	●				◎								△	△					△	△	△	△	△	△	△	△	△	△	△	△		
偃松 P. pumila Regel				●								△	△	△	△																							
樟子松 P. sylvestris L. var. mongolica Litvin.					●							△	△		△																							
油松 P. tabulaeformis Carr.				●	◎		◎		◎				△	△		△	△	△	△	△	△	△	△															
黑松 P. thunbergii Parl.						◎	●											△								△								△				
广东松 P. wangii Hu et Cheng var. kwangtungensis (Chun) Cheng et Law.							●																					△							△	△		
云南松 P. yunnanensis Franch.				◎	◎	◎	●																								△	△				△	△	
金钱松 Pseudolarix amabilis (Nels.) Rehd.									●																△	△	△	△	△						△			
铁杉 Tsuga chinensis (Franch.) Pritz.				◎	●														△	△	△									△	△	△		△				
云南铁杉 T. yunnanensis Mast.					●	◎																									△						△	
杉科 Taxodiaceae																																						
柳杉 Cryptomeria japonica (L. f.) D. Don					◎	●																			△	△	△	△	△	△	△		△	△		△	△	
杉 Cunninghamia lanceolata (Lamb.) Hook.				◎	●	◎													△						△	△	△	△	△	△	△	△	△	△	△	△	△	
柏科 Cupressaceae																																						
侧柏 Biota orientalis (L.) Endl.				◎		●			◎							△	△	△	△		△		△		△	△	△	△	△	△	△	△	△	△	△	△	△	
柏 Cupressus funebris Endl.				◎		●													△	△	△				△	△	△	△	△	△	△	△	△	△	△	△	△	
桧 Juniperus chinensis L.																																						
檜 Juniperus chinensis L.						●						△	△	△	△	△	△	△	△	△	△					△	△	△		△	△	△		△			△	
兴安檜 J. davurica Pall.						●						△	△		△																							
山刺柏 J. formosana Hay.				◎		●											△			△	△				△	△	△	△	△	△	△		△	△	△		△	
杜松 J. rigida Sieb. et Zucc.						●						△	△	△	△	△	△	△	△	△	△																	
新疆圆柏 J. sabina L.						●															△			△														
高山檜 J. sibirica Burgs.						●						△	△		△									△														

名称	用途											产地																													
	纤维	淀粉及糖	油脂	芳香油	树脂	鞣料	树胶	橡胶及硬橡胶	药用	土农药	其他	黑龙江	吉林	辽宁	内蒙古	河北	山西	山东	河南	陕西	甘肃	宁夏	青海	新疆	安徽	江苏	浙江	湖南	江西	湖北	四川	贵州	福建	台湾	广东	广西	云南	西藏
麻黄科 Ephedraceae																																						
麻黄 Ephedra sinica Stapf									●					△	△	△	△	△	△	△				△														
买麻藤科 Gnetaceae																																						
买麻藤 Gnetum montanum Markgr.	●			◎																													△		△	△	△	
木麻黄科 Casuarinaceae																																						
木麻黄 Casuarina equisetifolia L.					●																												△		△			
三白草科 Saururaceae																																						
蕺菜 Houttuynia cordata Thunb.									●										△	△					△	△	△	△	△	△	△	△	△	△	△	△	△	
三白草 Saururus ckinensis (Lour.) Baill.									●							△		△							△	△	△	△	△	△	△				△			
胡椒科 Piperaceae																																						
蒌叶 Piper betle L.						●																												△	△	△	△	
胡椒 P. nigrum L.						◎			●																									△		△	△	
金粟兰科 Chloranthaceae																																						
接骨金粟兰 Chloranthus glaber (Thunb.) Mak.						●			◎																△		△	△	△	△	△	△	△		△	△	△	
银线草 C. japonicus Sieb.						●								△		△				△	△						△			△	△							
珠兰 C. spicatus (Thunb.) Makino.						●																				△							△	△	△		△	
杨柳科 Salicaceae																																						
响叶杨 Populus adenopoda Maxim.	●																			△					△	△		△	△	△	△	△					△	
山杨 P. davidiana Dode	●											△	△	△	△	△	△		△	△											△							
香杨 P. koreana Rehd.	●											△	△	△	△																							
钻天杨 P. nigra L. var. italica Du Roi						●						△	△	△	△	△	△	△		△	△	△	△	△										△				
小叶杨 P. simonii Carr.					●							△	△	△	△	△	△	△	△		△		△		△	△				△	△						△	
毛白杨 P. tomentosa Carr.					●									△	△	△	△	△	△	△	△					△						△					△	
大青杨 P. ussuriensis Kom.	●											△																										
垂柳 Salix babylonica L.	◎				●							△	△	△	△	△	△	△	△	△	△					△	△			△	△	△			△	△	△	
黄花儿柳 S. caprea L.					●										△	△	△		△	△		△																
水杨柳 S. glandulosa Seem.	●															△		△	△	△					△	△												
谷柳 S. livida Wahlenb.					●							△																										
旱柳 S. matsudana Koidz.	◎				●								△	△	△	△	△	△	△	△	△				△						△							
小红柳 S. microstachya Turcz.					●									△	△						△	△	△	△														

名称	用途											产地																										
	纤维	淀粉及糖	油脂	芳香油	树脂	鞣料	树胶	橡胶及硬橡胶	药用	土农药	其他	黑龙江	吉林	辽宁	内蒙古	河北	山西	山东	河南	陕西	甘肃	宁夏	青海	新疆	安徽	江苏	浙江	湖南	江西	湖北	四川	贵州	福建	台湾	广东	广西	云南	西藏
五蕊柳 S. pentandra L.					●							△	△	△	△																							
山柳 S. phylicifolia L.					●										△	△						△																
红皮柳 S. purpurea L.	◎				●							△	△	△	△	△	△	△	△						△	△	△											
三蕊柳 S. triandra L.					●							△	△	△		△		△								△												
簑柳 S. viminalis L.					●								△	△	△	△																						
崖柳 s. xerophila Floder.					●							△	△	△	△																							
杨梅科 Myricaceae																																						
毛杨梅 Myrica esculenta Buch. -Ham.					●																										△	△				△	△	
杨梅 M. rubra Sieb. et Zucc.		●			◎	◎																			△	△	△	△	△	△	△	△	△	△	△	△		
胡桃科 Juglandaceae																																						
山核桃 Carya catkayensis Sargent				●																					△		△	△				△						
青钱柳 Cyclacarya paliurus (Batal.) Iljinsk.	◎				●																				△	△	△	△	△	△	△	△	△		△	△	△	
黄杞 Engelhardtia chrysolepis Hance	●				◎																						△	△		△	△	△	△	△	△	△	△	
云南黄杞 E. spicata Bl.	●				◎																										△	△	△			△	△	
野核桃 Juglans cathayensis Dode				●	◎																△				△	△	△	△	△	△	△	△					△	
核桃楸 J. mandshurica Maxim.	◎			●	◎							△	△	△		△	△				△																	
胡桃 J. regia L.				●						◎						△	△	△	△	△	△		△	△	△	△	△	△	△	△	△	△					△	
化香树 Platycarya strobilacea Sieb. et Zucc.	◎			◎	●													△	△	△	△				△	△	△	△	△	△	△	△	△		△	△	△	
云南枫杨 Pterocarya delavayi Franch.	●																																				△	
湖北枫杨 P. hupehensis Skan.	●																		△	△	△									△	△							
枫杨 Pterocarya stenoptera DC.	●			◎	◎									△				△	△	△	△				△	△	△	△	△	△	△	△		△	△	△	△	
越南枫杨 P. tonkinensis Dode	●																																			△	△	
桦木科 Betulaceae																																						
桤木 Alnus cremastogyne Burk.					●																										△							
毛赤杨 A. hirsuta Turcz.					●							△	△		△																							
赤杨 A. japonica Sieb. et Zucc.					●							△	△	△				△	△																			
蒙自桤木 A. nepalensis D. Don					●																										△	△					△	
江南桤木 A. trabeculosa Hand. -Mzt.					●																				△		△	△	△			△	△		△			
牛皮桦 Betula albo-sinensis Burk. var. septentrionalis Schneid.					●											△	△			△	△									△	△							
西南桦木 B. alnoides. Ham.					●																										△	△					△	

名称	用途											产地																										
	纤维	淀粉及糖	油脂	芳香油	树脂	鞣料	树胶	橡胶及硬橡胶	药用	土农药	其他	黑龙江	吉林	辽宁	内蒙古	河北	山西	山东	河南	陕西	甘肃	宁夏	青海	新疆	安徽	江苏	浙江	湖南	江西	湖北	四川	贵州	福建	台湾	广东	广西	云南	西藏
大翅桦 B. baeumkeri Winkl.							●																							△	△						△	
棘皮桦 B. dahurica Pall.					●							△	△		△	△	△																					
香桦 B. insignis Franch.						●																						△		△	△	△						
光叶桦 B. luminifera H. Winkl.						●																						△		△	△	△			△	△		
桦 B. platyphylla Suk.				●							◎	△	△	△																								
白桦 B. platyphylla Suk. var. japonica (Sieb.) Hara					●						◎	△	△	△	△	△	△		△												△							
桦 B. platyphylta Suk.				●							◎	△	△	△																								
千金榆 Carpinus cordata Bl.				●								△	△	△		△	△	△	△	△										△								
鹅耳枥 C. turczaninowii Hance				●	◎							△	△	△	△	△	△		△	△	△		△							△	△	△					△	
山白果 C. chinensis Franch.																																						
滇刺榛 C. ferox Wall.				●																																	△	
榛 C. heterophylla Fisch.		◎		●	◎							△	△	△	△	△	△	△	△		△				△					△		△						
角榛 C. mandshurica Maxim.		◎		●	◎							△	△	△	△	△	△	△			△									△	△							
川榛 C. sutchuenensis (Franch.) Nakai		●																		△					△	△	△		△	△	△				△			
刺榛 C. tibetica Batal.		●		◎																△	△									△	△						△	
滇榛 C. yunnanensis (Fr.) A. Camus				●																																	△	
虎榛子 Ostryopsis davidiana Decne.				●	◎									△	△	△	△			△	△		△			△					△							
山毛榉科 **Fagaceae**																																						
珍珠栗 Castanea henryi Rehd. et Wils.		●			◎																						△	△	△	△	△	△			△	△		
板栗 C. mollissima Bl.		●			◎									△		△	△	△	△	△	△				△	△	△	△	△	△	△	△	△		△	△	△	
毛栗 C. seguinii Dode		●															△		△	△					△	△	△	△	△	△	△	△	△		△		△	
瓦山锥栗 Castanopsis ceratacantha Rehd. et Wils.					●																										△					△	△	
锥栗 C. chinensis Hance		●																										△	△	△	△	△			△	△	△	
锥粟 C. chinensis Hance																																						
华南栲树 C. concinna A. DC.		●																									△								△	△		
元江栲树 C. concolor Rehd. et Wils.		●																													△					△	△	
米槠 C. cuspidata (Thunb.) Schottky		●			◎																				△		△		△				△	△	△			
高山栲 C. delavayi Franch.					●																										△						△	
槠 C. eyrei (Champ.) Tutch.		●			◎																				△		△	△					△		△	△		

名称	用途											产地																										
	纤维	淀粉及糖	油脂	芳香油	树脂	鞣料	树胶	橡胶及硬橡胶	药用	土农药	其他	黑龙江	吉林	辽宁	内蒙古	河北	山西	山东	河南	陕西	甘肃	宁夏	青海	新疆	安徽	江苏	浙江	湖南	江西	湖北	四川	贵州	福建	台湾	广东	广西	云南	西藏
丝栗树 C. fargesii Franch.		●			◎																				△			△		△	△	△					△	
大叶栗 C. fissa (Champ.) Rehd. et Wils.		●			◎																							△	△				△		△	△	△	
南岭栲树 C. fordii Hance		●			◎																						△		△				△		△	△		
红锥 C. hickelli A. Camus					●																												△		△	△		
栲树 C. hystrix A. DC.		●			◎																						△	△	△		△	△	△		△	△	△	
印度锥栗 C. indica (Roxb.) A. DC.		●																																	△	△	△	
苦槠 C. sclerophylla (Lindl.) Schottky		●			◎															△					△	△	△	△	△	△	△		△		△		△	
钩栗 C. tibetana Hance		●			◎																				△		△	△	△	△		△	△		△	△		
南亚锥栗 C. tribuloides (Sm.) A. DC.		●			◎																														△	△	△	
竹叶栎 Cyclobalanopsis bambusaefolia (Hance) Chun		●																																	△	△		
美栎 C. bella (Chun et Tsiang) Chun		●																																	△	△		
栎子树 C. blakei (Skan) Schottky					●																											△			△	△		
黄栎 C. delavayi (Franch.) Schottky.					●																										△						△	
饭甑树 C. fleuryi (Hickel et A. Camus) Chun		●			◎																											△			△	△	△	
槠 C. glauca (Thunb.) Oerst.		●			◎														△	△						△	△	△	△	△	△		△		△	△	△	
拟槠 C. glaucoides Schottky					●																										△						△	
雷公果 Cyclobalanopsis hui (Chun) Chun		●																																	△	△		
青栲 C. myrsinaefolia (Bl.) Oerst.		●																							△			△	△		△	△	△		△	△		
红椆 C. nubium (Hand.-Mzt.) Chun		●																									△	△							△	△		
曼青岗 C. oxyodon (Miq.) Oerst.					●																									△	△						△	
山毛榉 Fagus longipetiolata Seem.				●																							△	△	△	△	△	△			△	△	△	
金毛石柯 Lithocarpus chrysocoma Chun et Tsiang		●																										△							△	△		
全包石柯 L. cleistocarpa (Seem.) Rehd. et Wils.					●																							△		△	△	△			△	△	△	
石柯 L. cornea (Lour.) Rehd.		●																																	△	△	△	
贵州石栎 L. elizabethae Rehd.		●																														△			△	△		
华南石柯 L. fenestrata Rehd.		●																										△					△		△	△		
柯 L. glabra Rehd.		●		◎																						△	△	△	△				△		△			
黄椆 L. hancei (Benth.) Rehd.		●																									△	△			△	△	△		△	△		

名称	用途											产地																										
	纤维	淀粉及糖	油脂	芳香油	树脂	鞣料	树胶	橡胶及硬橡胶	药用	土农药	其他	黑龙江	吉林	辽宁	内蒙古	河北	山西	山东	河南	陕西	甘肃	宁夏	青海	新疆	安徽	江苏	浙江	湖南	江西	湖北	四川	贵州	福建	台湾	广东	广西	云南	西藏
绵槠 L. henryi Rehd. et wils.		●																							△		△	△	△	△	△						△	
柄果石柯 L. podocarpa Chun		●																																	△			
多穗石柯 L. polystachya (Wall.) Rehd.		●																									△	△	△		△	△	△		△	△	△	
犁耙椆 L. silvicolarum (Hance) Chun		●																																				
椆栎树 L. spicata (Sm.) Rehd. et Wils.		◎			●																				△		△	△		△	△						△	
绿叶石柯 L. synbalanos (Hance) Chun		●																													△				△	△	△	
毛茸石柯 L. vestita A. Camus		●																																	△	△		
绿叶石栎 L. viridis (Schottky) Rehd. et. Wils.					●																										△						△	
栎 Quercus acutissima Carr.		●		◎	◎									△		△	△	△	△	△	△					△	△	△	△	△	△			△	△		△	
槲栎 Q. aliena Bl.		●			◎											△	△	△	△	△	△				△	△	△	△		△	△	△			△	△		
橿子树 Q. baronii Skan		●															△		△	△	△									△	△							
槲树 Q. dentata Thunb.		●			◎								△	△		△	△	△	△	△	△				△	△	△	△	△	△	△		△				△	
小叶青刚 Q. engleriana Seem.					●																						△			△	△		△					
白栎 Q. fabri Hance		●																							△	△	△	△	△	△	△	△			△	△		
枹树 Q. glandulifera Bl.		●			◎													△	△	△						△		△	△	△	△	△					△	
大叶槲栎 Q. griffithii Hook. f. et Thoms.					●																											△					△	
辽东栎 Q. liaotungensis Koidz.		●			◎							△	△	△		△	△	△	△	△	△		△															
江南槲栎 Q. liouii Cheng		●																									△											
蒙古栎 Q. mongolica Fisch.		●			◎							△	△	△	△	△	△	△																				
乌岗栎 Q. phillyreoides A. Gray		●																									△	△	△	△	△	△	△		△	△	△	
高山栎 Q. semecarpifolia Sm.		◎			●																										△						△	
刺叶栎 Q. spinosa David		●																		△	△									△	△						△	
黄山栎 Q. stewardii Rehd.		●																							△		△											
栓皮栎 Q. variabilis Bl.		●			◎						◎			△		△	△	△	△	△	△				△	△	△	△	△	△	△	△			△	△	△	
榆科 Ulmaceae																																						
糙叶树 Aphananthe aspera (Thunb.) Planch.	●																	△							△	△	△	△	△		△		△	△	△	△		
紫弹树 Celtis biondii Pamp.	●			◎																△					△	△	△	△	△		△	△	△		△	△	△	
小叶朴 C. bungeana Bl.	●													△		△		△	△	△	△				△	△	△			△	△						△	
珊瑚朴 C. julianae Schneid.	●																		△	△					△		△		△	△	△	△						
大叶朴 C. koraiensis Nakai	●			◎										△		△	△	△	△	△						△												

名称	用途											产地																										
	纤维	淀粉及糖	油脂	芳香油	树脂	鞣料	树胶	橡胶及硬橡胶	药用	土农药	其他	黑龙江	吉林	辽宁	内蒙古	河北	山西	山东	河南	陕西	甘肃	宁夏	青海	新疆	安徽	江苏	浙江	湖南	江西	湖北	四川	贵州	福建	台湾	广东	广西	云南	西藏
朴树 C. sinensis Pers.	◎			●														△			△				△	△	△	△	△				△	△	△	△		
西川朴 C. vadervoetiana Schneid.				●																											△		△		△			
云南朴 C. yunnanensis Schneid.	●																																				△	
大叶白颜树 Gironniera subaequalis Planch.	●																																		△	△	△	
刺榆 Hemiptelea davidii Planch.	●												△	△	△	△	△		△						△				△									
青檀 Pteroceltis tatarinowii Maxim.	●															△		△	△	△	△		△		△	△	△	△	△	△	△	△						
狭叶山黄麻 Trema angustifolia Bl.	●																																		△	△	△	
光叶山黄麻 T. cannabina Lour.	●			◎																								△	△			△	△		△	△	△	
山油麻 T. dielsiana Hand.-Mzt.	●																								△		△		△	△			△		△	△	△	
麻柳树 T. levigata Hand.-Mzt.	●																													△	△						△	
山黄麻 T. orientalis (L.) Bl.	●			◎	◎																							△					△	△	△	△	△	
青榆 Ulmus laciniata Mayr.	●											△	△	△		△									△	△												
黄榆 U. macrocarpa Hance	●											△	△	△	△	△	△		△	△																		
榔榆 U. parvifolia Jacq.	●																	△							△	△	△	△	△		△		△	△	△	△		
春榆 U. propinqua Koidz.	●											△	△	△	△	△		△	△												△							
榆树 U. pumila L.	●	◎		◎								△	△	△	△	△	△	△	△	△	△		△	△	△	△	△	△	△	△	△		△				△	
光叶榉 Zelkova serrata Makino	●												△	△						△					△			△	△		△		△					
马尾树科 Rhoipteleaceae																																						
马尾树 Rhoiptelea chiliantha Diels et Hand.-Mzt.					●																											△				△	△	
桑科 Moraceae																																						
见血封喉 Antiaris toxicaria Leschen.	●																																				△	
木波罗 Artocarpus heterophyllus Lam.		●																																	△	△	△	
白桂木 A. hypargyraea Hance.								●																											△	△	△	
藤构 Broussonetia kaempferi Sieb.	●																		△	△					△	△	△	△	△	△	△	△	△		△	△	△	
构 B. papyrifera (L.) Vent.	●			◎	◎				◎							△	△	△	△	△	△				△	△	△	△	△	△	△	△	△	△	△	△	△	
大麻 Cannabis sativa L.	●			◎					◎			△	△	△	△	△	△	△	△	△	△				△	△	△		△	△	△	△			△		△	
构棘 Cudrania cochinchinensis (Lour.) Kudo et Masam.	●																								△		△	△					△		△	△		
柘 C. tricuspidata (Carr.) Bur.	●	◎														△		△	△	△	△				△	△	△	△	△	△	△	△	△		△	△	△	
天仙果 Ficus beecheyana Hook. et Arn.	●																										△	△					△	△	△	△	△	

名称	用途											产地																										
	纤维	淀粉及糖	油脂	芳香油	树脂	鞣料	树胶	橡胶及硬橡胶	药用	土农药	其他	黑龙江	吉林	辽宁	内蒙古	河北	山西	山东	河南	陕西	甘肃	宁夏	青海	新疆	安徽	江苏	浙江	湖南	江西	湖北	四川	贵州	福建	台湾	广东	广西	云南	西藏
青果榕 F. chlorocarpa Benth.	●																																△		△	△		
山枇杷果 F. cunia Ham.	●																															△					△	
印度橡树 F. elastica Roxb.								●																							△			△	△	△	△	
台湾榕 F. foreolata Wall.	●																										△	△	△		△		△	△	△	△		
珍珠莲 F. formosana Maxim.	●																								△		△	△	△	△	△	△	△		△	△	△	
斜叶榕 F. gibbosa Bl.	●																															△	△		△	△	△	
海南榕 F. hainanensis Merr. et Chun.	●																																		△	△		
尖尾榕 F. harmandii Gagnep.	●																																△		△	△	△	
异叶榕 F. heteromorpha Hemsl.	●																		△								△	△	△	△	△	△	△		△	△	△	
粗叶榕 F. hirta Vahl	●																															△			△	△	△	
对叶榕 F. hispida L. f.	●																															△			△	△	△	
黄葛树 F. lacor Ham.	●																										△				△	△			△	△	△	
爬藤榕 F. martini Lévl. et Vant.	●																								△	△	△	△	△		△	△			△	△	△	
枇杷果 F. obscura Bl.	●																															△					△	
琴叶榕 F. pandurata Hance	●																										△		△				△		△	△	△	
薜荔 F. pumila L.	◎	●						◎	◎																△	△	△	△	△	△	△		△	△	△	△		
榕 F. retusa L.	●								◎																		△					△	△	△	△	△	△	
变叶榕 F. variolosa Lindl.	●																										△	△	△				△		△	△	△	
啤酒花 Humulus lupulus L.	●											△		△		△		△																				
蛇麻 H. lupulus L. var. cordifolius Maxim.											●					△	△			△	△						△								△			
葎草 H. scandens (Lour.) Merr.	●			◎					◎			△	△	△	△	△	△	△	△	△	△				△	△	△	△	△	△	△		△	△	△		△	
牛筋藤 Malaisia scandens (Lour.) Planch.	●																																	△	△	△		
桑 Morus alba L.	●	◎		◎					◎			△	△	△	△	△	△	△	△	△	△	△	△	△	△	△	△	△	△	△	△	△	△	△	△	△	△	
鸡桑 M. australis Poir.	●	◎		◎												△		△	△						△			△	△		△	△	△		△	△	△	
华桑 M. cathayana Hemsl.	●	◎														△			△	△					△	△	△	△		△	△							
鹊肾树 Streblus asper Lour.	●																																		△	△	△	
米扬噎 Teonongia tonkinensis Stapf.								●																												△	△	
荨麻科 Urticaceae																																						
细野麻 Boehmeria gracilis C. H. Wright	●													△		△	△	△		△	△				△	△	△		△	△	△		△					
大叶苎麻 B. grandifolia Wedd.	●																	△								△			△				△			△		

名称	用途											产地																										
	纤维	淀粉及糖	油脂	芳香油	树脂	鞣料	树胶	橡胶及硬橡胶	药用	土农药	其他	黑龙江	吉林	辽宁	内蒙古	河北	山西	山东	河南	陕西	甘肃	宁夏	青海	新疆	安徽	江苏	浙江	湖南	江西	湖北	四川	贵州	福建	台湾	广东	广西	云南	西藏
长叶苎麻 B. macrophylla D. Don.	●																																			△	△	
苎麻 B. nivea (L.) Gaud.	●			◎					◎									△	△	△					△	△	△	△	△	△	△	△	△		△	△	△	
悬铃木叶苎麻 B. platanifolia French. et Sav	●															△		△	△	△	△		△		△		△	△	△	△	△		△					
水苎麻 B. platyphylla D. Don	●																																			△	△	
赤麻 B. tricuspis (Hance) Makino	●											△	△	△		△			△	△	△				△				△	△	△							
水麻 Debregeasia edulis (Sieb. et Zucc.) Wedd.	●																											△		△	△	△		△		△	△	
长叶水麻 D. longifolia (Burm. f.) Wedd.	●																			△	△									△	△	△				△	△	
蝎子草 Girardinia cuspidata Wedd.	●											△	△	△	△	△				△																		
大蝎子草 Girardinia palmata (Forsk.) Gaud.	●			◎																											△	△				△	△	
珠芽艾麻 Laportea bulbifera (Sieb. et Zucc.) Wedd.	●											△	△	△																								
艾麻 L. macrostachya (Maxim.) Ohwi	●																△		△	△							△	△		△	△						△	
顶花艾麻 L. terminalis Wight	●			◎																△	△									△	△				△	△	△	
水丝麻 Maoutia puya (Wall.) Wedd.	●																														△	△				△	△	
糯米团 Memorialis hirta (Bl.) Wedd.	●																								△	△	△	△			△				△	△	△	
紫麻 Orcocnide fruticosa (Gaud.) Hand. -Mzt.	●																											△	△	△	△	△	△	△	△	△	△	
红雾水葛 Pouzolzia sanguinea (Bl.) Merr.	●																															△			△	△	△	
狭叶荨麻 Urtica angustifolia Fisch.	●				◎							△	△	△	△	△																						
焮麻 U. cannabina L.	●											△	△	△	△	△					△	△	△	△														
乌苏里荨麻 U. cyanenscens Kom.	●											△	△																									
单性荨麻 U. dioica L.	●																														△						△	
宽叶荨麻 U. laetevirens Maxim.	●											△	△	△	△	△	△	△		△																		
巨根荨麻 Urtica macrorrhiza Hand. -Mzt.	●			◎																																	△	
三角叶荨麻 U. triangularis Hand. -Mzt.	●																														△						△	
山龙眼科 **Proteaceae**																																						
红叶树 Helicia cochinchinensis Lour.		◎		●																							△	△	△	△	△		△	△	△	△	△	
广东山龙眼 H. kwangtungensis W. T. Wang		●																															△		△			
长倒卵叶山龙眼 H. obovatifolia Merr. et Ghun var. mixta (Li) Sleum.		●																																	△	△		
铁青树科 **Olacaceae**																																						

名称	用途											产地																										
	纤维	淀粉及糖	油脂	芳香油	树脂	鞣料	树胶	橡胶及硬橡胶	药用	土农药	其他	黑龙江	吉林	辽宁	内蒙古	河北	山西	山东	河南	陕西	甘肃	宁夏	青海	新疆	安徽	江苏	浙江	湖南	江西	湖北	四川	贵州	福建	台湾	广东	广西	云南	西藏
青皮木 Schocpfia chinensis Gardn. et Champ.				●																								△					△		△	△		
檀香科 Santalaceae																																						
线苞米面蓊 Buckleya graebneriana Diels		●																	△	△	△																	
米面蓊 B. lanceolata (Sieb. et Zucc.)Miq.		●																	△	△					△					△	△							
沙针 Osyris wightiana Wall.						●																									△						△	
冠梨 Pyrularia edulis(Wall.) A. DC.				●																															△	△	△	
硬核 Sclcropyrum wallichianum (W. et A.) Arn.				●																															△			
桑寄生科 Loranthaceae																																						
桑寄生 Loranthus parasiticus (L.) Merr.									●																								△	△	△	△	△	
槲寄生 Viscum coloratum (Kom.) Nakai									●			△	△	△	△	△			△	△						△		△		△	△							
马兜铃科 Aristolochiaceae																																						
马兜铃 Aristolochia debilis Sieb. et Zucc.									●									△							△	△	△	△	△	△	△					△		
山草果 A. delavayi Franch. var. micrantha W. W. Smith.						●																															△	
异叶马兜铃 A. heterophylla Hemsl.									●																			△		△	△							
绵毛马兜铃 A. mollissima Hance									●										△	△						△	△			△								
杜衡 Asarum forbesii Maxim.						●																			△		△	△	△		△							
东北细辛 A. heterotropoides Fr. Schmidt var. mandshuricum (Maxim) Kitag.									●			△	△	△			△	△	△	△							△	△		△	△							
石南七细辛 A. himalaicum Hook. f. et Thoms.						●															△										△							
土细辛 A. insigne Diels									●																											△		
细辛 A. sieboldii Miq.						◎			●			△	△	△				△		△	△				△		△		△	△	△							
木通马兜铃 Hocquartia mandshuriensis (Kom.) Nakai									●			△	△	△																								
蓼科 Polygonaceae																																						
苦荞麦 Fagopyrum tataricum Gaertn.		●													△					△	△									△	△						△	
萹蓄 Polygonum aviculare L. var. vegetum Ledeb.									●			△	△	△	△	△	△	△	△	△	△	△	△	△	△	△	△	△	△	△	△	△	△	△	△	△	△	
拳参 P. bistorta L.		◎			●				◎				△	△	△	△	△	△	△	△	△			△	△	△	△			△		△						
虎杖 P. cuspidatum Sieb. et Zucc.					●				◎									△	△	△					△	△	△	△	△	△	△	△	△	△			△	
叉分蓼 P. divaricatum L.				◎	●							△	△	△	△	△	△																					

名称	用途											产地																										
	纤维	淀粉及糖	油脂	芳香油	树脂	鞣料	树胶	橡胶及硬橡胶	药用	土农药	其他	黑龙江	吉林	辽宁	内蒙古	河北	山西	山东	河南	陕西	甘肃	宁夏	青海	新疆	安徽	江苏	浙江	湖南	江西	湖北	四川	贵州	福建	台湾	广东	广西	云南	西藏
蓼 P. hydropiper L.									●	◎		△	△	△		△	△		△	△	△					△	△	△		△		△	△		△	△	△	
何首乌 Polygonum multiflorum Thunb.		◎							●								△	△	△	△	△				△	△	△	△	△	△	△	△			△	△	△	
荭草 P. orientale L.		◎							●			△	△	△	△	△		△	△						△	△	△			△			△				△	
草血竭 P. paleaceum Wall.					●																										△						△	
杠板归 P. perfoliatum L.					◎				●				△		△	△		△	△	△	△				△	△	△	△	△	△	△	△	△	△	△	△	△	
赤胫散 P.m runcinatum Ham.					●																							△			△	△		△			△	
蓼蓝 P.m tinctorium Lour.									●					△		△	△															△			△	△		
珠芽蓼 P. viviparum L.		●													△					△	△		△	△							△							△
波叶大黄 Rheum fanzenbachii Münt.					●										△	△	△			△																		
掌叶大黄 R. palmatum L. var. tanguticum Maxim.									●												△		△								△							
酸模 Rumex acetosa L.					●							△	△	△	△	△	△	△	△	△	△				△	△	△	△	△	△	△	△			△	△	△	
皱叶酸模 R. crispus L.		◎		◎	●							△	△	△	△	△	△	△		△	△		△								△		△	△		△		
毛脉酸模 R. gmelini Turcz.					●							△	△	△	△																							
羊蹄 R. japonicus Meisn.		●			◎													△								△	△			△								
巴天酸模 R. patientia L.					●										△	△	△		△	△	△		△															
天山酸模 R. thianschanicus A. Los.					●																			△														
藜科 Chenopodiaceae																																						
沙蓬 Agriophyllum arenarium M. B.		●										△	△	△	△		△	△		△			△	△														
无叶毒藜 Anabasis aphylla L.										●					△									△														
西伯利亚滨藜 Atriplex sibirica L.									●						△			△			△			△														
恭菜 Beta vulgaris L. var. rapa Dumort.		●										△	△	△		△	△	△	△	△	△	△	△								△							
藜 Ckcnopodinm album L.				●								△	△	△	△	△	△	△	△					△							△			△				
土荆芥 C. ambrosioides L.									●																							△	△		△	△		
大叶藜 C. hybridum L.									●			△	△	△	△	△	△	△	△	△	△																	
地肤 Kochia scoparia (L.) Schrad.				◎					●					△		△	△	△	△	△	△		△			△					△							
猪毛菜 Salsola collina Pall.									●			△	△	△	△	△	△	△	△	△	△		△															
碱蓬 Suaeda glauca Bge.				●							◎				△	△		△	△							△												
盐蒿 S. hetcroptera Kitag.				●								△	△	△		△		△																				
滨海碱蓬 S. maritima Damort.				●										△																								
盐地碱蓬 S. salsa Pall.				●												△	△	△								△												

名称	用途											产地																										
	纤维	淀粉及糖	油脂	芳香油	树脂	鞣料	树胶	橡胶及硬橡胶	药用	土农药	其他	黑龙江	吉林	辽宁	内蒙古	河北	山西	山东	河南	陕西	甘肃	宁夏	青海	新疆	安徽	江苏	浙江	湖南	江西	湖北	四川	贵州	福建	台湾	广东	广西	云南	西藏
苋科 Amaranthaceae																																						
牛膝 Achyranthes bidentata Bl.									●	◎						△	△	△	△	△	△				△	△	△	△	△	△		△	△	△	△	△	△	
青葙 Celosia argentea L.				◎					●									△	△	△	△				△	△	△	△	△	△	△	△	△	△	△	△	△	
鸡冠 C. cristata L.									●			△	△	△	△	△	△	△	△	△	△	△	△	△	△	△	△	△	△	△	△	△	△	△	△	△	△	
川牛膝 Cyathula capitata Moq.									●																						△	△	△				△	
商陆科 Phytolaccaceae																																						
商陆 Phytolacca acinosa Roxb.					◎				●					△		△	△	△	△	△	△				△	△	△	△	△	△	△	△	△	△	△	△	△	
马齿苋科 Portulacaceae																																						
马齿苋 Portulaca oleracea L.									●			△	△	△	△	△	△	△	△	△	△				△	△	△	△	△	△	△	△	△		△	△	△	
土人参 Talinum crassifolium Willd.									●										△						△	△	△				△				△	△		
石竹科 Caryophyllaceae																																						
石竹 Dianthus chinensis L.						◎			●			△	△	△	△	△	△	△	△	△	△	△	△	△	△	△	△	△		△	△			△			△	
瞿麦 D. superbus L.									●						△	△	△	△	△	△	△					△	△		△		△				△			
丝石竹 Gypsophila oldhamiana Miq.											●	△	△	△		△		△	△	△										△								
孩儿参 Krascheninnikowia rhaphanorhiza (Hemsl.) Kryl.									●					△		△		△	△	△	△				△	△												
剪夏萝 Lychnis coronata Thunb.									●																		△		△									
旱麦瓶草 Silene jenisseensis Willd.									●						△	△		△																				
银柴胡 Stellaria dichotoma L. var. lanceolata Bge.									●						△					△	△	△																
麦蓝菜 Vaccaria pyramidata Medic.		◎							●			△	△	△		△	△	△		△	△	△	△	△		△		△		△								
睡莲科 Nymphaeaceae																																						
芡 Euryale ferox Salisb.		●										△	△	△		△		△	△						△	△	△	△	△	△	△	△	△	△	△	△	△	
莲 Nelumbo nucifera Gaertn.		●							◎			△		△		△	△	△	△	△	△				△	△	△	△	△	△	△	△	△		△	△	△	
睡莲 Nymphaea tetragona Georgi		●											△							△							△	△										
连香树科 Cercidiphyllaceae																																						
连香树 Cercidiphyllum japonicum Sieb. et Zucc.					●														△	△					△		△		△	△	△						△	
毛茛科 Ranunculaceae																																						
乌头 Aconitum carmichaeli Debx.									●											△								△	△	△	△	△					△	
草乌 A. chinense Paxt.									●									△							△	△	△											

名称	用途											产地																										
	纤维	淀粉及糖	油脂	芳香油	树脂	鞣料	树胶	橡胶及硬橡胶	药用	土农药	其他	黑龙江	吉林	辽宁	内蒙古	河北	山西	山东	河南	陕西	甘肃	宁夏	青海	新疆	安徽	江苏	浙江	湖南	江西	湖北	四川	贵州	福建	台湾	广东	广西	云南	西藏
黄花乌头 A. koreanum R. Raym.									●			△	△	△	△																							
东北草乌 A. kusnezoffii Rchb.									●			△	△	△	△	△	△	△	△																			
雪上一枝蒿 A. szechenyianum Gay.									●											△																	△	
侧金盏花 Adonis amurensis Regel et Radde									●			△	△	△																								
阿尔泰银莲花 Anemone alaica Fisch.									●						△		△		△	△				△														
打破碗花花 A. hupehensis Lemoine									●	◎										△								△	△	△	△	△			△	△	△	
大火草 A. tomentosa (Maxim.) P'ei	●															△	△		△	△	△										△						△	
紫霞耧斗 Aquilegia yabeana Kitag.		●													△	△	△	△	△																			
升麻 Cimicifuga foetida L.									●						△	△	△		△	△	△		△							△	△	△					△	
女萎 Clematis apiifolia DC.	●																								△	△	△		△				△	△	△	△		
威灵仙 C. chinensis Osbeck									●	◎								△	△	△					△	△	△	△	△	△	△	△	△		△	△	△	
大叶铁线莲 C. heracleifolia DC.				●								△	△	△		△	△		△	△																		
辣铁线莲 C. manshurica Rupr.					●							△	△	△																								
老虎须藤 C. meyeriana Walp.	●																											△	△				△		△	△	△	
四季牡丹 C. montana Buch. -Ham.									●										△	△					△				△	△	△	△				△	△	
齿叶铁线莲 C. serratifolia Rehd.				●								△	△	△																								
黄连 Coptis chinensis Franch.									●																△		△		△	△	△	△						
翠雀 Delphinium grandiflorum L.									●			△	△	△	△	△	△				△																△	
芍药 Paeonia lactiflora Pall.				◎	◎				●			△	△	△	△	△	△	△							△		△				△							△
草芍药 P. obovata Maxim.									●			△	△	△	△	△	△		△	△					△						△	△					△	
牡丹 P. suffruicosa Andr.									●								△	△		△	△				△	△					△	△					△	
赤芍 P. veitchii Lynch		●															△				△	△	△								△							
白头翁 Pulsatilla chinensis (Bge.) Reg.									●	◎		△	△	△	△	△	△	△	△	△					△	△												
毛茛 Ranunculus japonicus Thunb.									●	◎						△				△	△				△		△	△	△	△	△	△	△			△		
小毛茛 R. ternatus Thunb.									●										△							△	△	△	△		△	△			△	△		
天葵 Semiaquilegia adoxoides (DC.) Mak.									●																△	△	△		△	△	△	△	△				△	
马尾黄连 Thalictrum delavayi French.									●																												△	
黄唐松草 T. simplex L.				●								△	△	△	△	△				△	△		△	△						△	△							
歧序唐松草 T. squarrosum Steph.					●							△	△	△	△	△	△			△																		
大瓣金莲花 Trollius macropetalus Fr. Schmidt				●								△	△																									

名称	用途：纤维	淀粉及糖	油脂	芳香油	树脂	鞣料	树胶	橡胶及硬橡胶	药用	土农药	其他	产地：黑龙江	吉林	辽宁	内蒙古	河北	山西	山东	河南	陕西	甘肃	宁夏	青海	新疆	安徽	江苏	浙江	湖南	江西	湖北	四川	贵州	福建	台湾	广东	广西	云南	西藏
木通科 Lardizabalaceae																																						
木通 Akebia quinata (Thunb.) Decne.		◎		◎					●									△	△	△					△	△		△	△	△	△	△			△			
三叶木通 A. trifoliata Koidz.		●																	△		△				△		△	△	△	△								
猫儿屎 Decaisnea fargesii Franch.				◎				●												△	△				△			△		△	△	△					△	△
鹰爪枫 Holboellia coriacea Diels		●																							△					△	△							
牛姆瓜 H. grandiflora Reaub.		●																												△	△							
大血藤 Sargentodoxa cuneata (Oliv.) Rehd. et Wils.	●								◎										△	△					△		△	△	△	△	△		△		△	△	△	
串果藤 Sinofranchetia chinensis (Fr.) Hemsl.		●																		△	△								△	△	△						△	
假荔枝 Stauntonia chinensis DC.		●		◎																							△		△						△	△		
小檗科 Berberidaceae																																						
小檗 Berberis amurensis Rupr.				●								△	△	△	△	△	△	△																				
刺黄檗 B. vulgaris L.									●							△		△			△										△							△
类叶牡丹 Caulophyllum robustum Maxim.									●			△	△	△						△	△										△							
八角莲 Dysosma chengii (Chien) Keng f.									●																△		△			△	△		△	△	△			
箭叶淫羊藿 Epimedium sagittatum (Sieb. et Zucc.) Maxim.									●																△	△	△		△	△	△		△	△	△	△		
鲜黄莲 Jeffersonia dubia (Maxim.) Benth. et Hook. f.									●			△	△	△																								
阔叶十大功劳 Mahonia bealei (Fort.) Carr.									●										△	△	△						△		△	△	△	△			△			
南天竹 Nandina domestica Thunb.									●																△	△	△		△	△	△					△		
六角莲 Podophyllum versipelle Hance									●																				△		△				△	△		
防己科 Menispermaceae																																						
毛木防己 Cocculus sarmentosus (Lour.) Diels	●																											△				△	△	△	△	△		
木防己 C. trilobus (Thunb.) DC.	●	◎							◎					△				△	△						△	△	△		△	△	△		△		△		△	
蝙蝠葛 Menispermum dahuricum DC.	●			◎								△	△	△	△	△	△	△	△						△	△	△		△				△					
防己 Sinomenium acutum (Thunb.) Rehd. et Wils.	◎								●										△	△							△	△	△		△		△					
盘花地不容 Stephania disciflora Hand. -Mzt.									●																△	△	△	△	△	△	△	△	△	△	△			
千金藤 S. japonica (Thunb.) Miers.	◎	●							◎																△	△	△		△	△	△	△	△	△			△	
粪箕笃 S. longa Lour.	●																																		△	△		
石蟾蜍 S. tetrandra S. Moore		◎							●																		△	△	△				△		△	△		

名称	用途											产地																										
	纤维	淀粉及糖	油脂	芳香油	树脂	鞣料	树胶	橡胶及硬橡胶	药用	土农药	其他	黑龙江	吉林	辽宁	内蒙古	河北	山西	山东	河南	陕西	甘肃	宁夏	青海	新疆	安徽	江苏	浙江	湖南	江西	湖北	四川	贵州	福建	台湾	广东	广西	云南	西藏
青牛胆 Tinospora sagittata (Oliv.) Gagnep.									●																			△		△	△	△				△		
木兰科 **Magnoliaceae**																																						
莽草 Illicium anisatum L.						●																						△	△		△			△	△	△		
红茴香 I. henryi Diels						●													△	△									△	△	△	△						
披针叶茴香 I. lanceolatum A. C. Smith.						●																					△											
八角 I. verum Hook. f.						●			◎																											△	△	
冷饭团 Kadsura coccinea (Lemoine) A. C. Smith	●																																			△	△	
盘柱南五味子 K. longepedunculata Fin. et Gagn.	◎					●																			△		△	△	△		△		△		△		△	
夜合花 Magnolia coco (Lour.) DC.						●																											△	△	△	△		
玉兰 M. denudata Desr.						●										△		△	△								△	△	△	△							△	
广玉兰 M. grandiflora L.						●												△								△	△							△	△			
木兰 M. liliflora Desr.						●			◎											△					△	△	△			△	△							
厚朴 M. officinalis Rehd. et Wils.				◎		◎			●											△	△						△	△	△	△	△	△	△			△	△	
天女木兰 M. parviflora Sieb. et Zucc.						●								△																								
香木莲 Manglietia aromatica Dandy						●																														△	△	
白兰花 Michelia alba DC.						●																			△	△	△		△		△		△	△	△	△	△	
黄心夜合 M. bodinieri Finet et Gagnep.						●																									△							
黄兰 M. champaca L.						●																				△					△		△	△	△	△	△	
含笑花 M. figo (Lour.) Spreng.						●																					△				△		△		△	△		
深山含笑花 M. maudiae Dunn						●																					△											
皮袋香 M. yunnanensis Franch.						●																															△	
五味子 Schisandra chinensis (Turcz.) Baill.				◎		◎			●			△	△	△	△	△	△	△		△	△									△								
铁箍散 S. propinqua Hook. f. et Thoms. var. sinensis Oliv.						●																								△	△						△	
华中五味子 S. sphenanthera Rehd. et Wils.				●													△	△	△	△	△				△				△	△	△	△					△	
蜡梅科 **Calycanthaceae**																																						
蜡梅 Chimonanthus praecox (L.) Link.						●			◎											△						△	△			△	△							
番荔枝科 **Annonaceae**																																						
鹰爪花 Artabotrys uncinatus (Lam.) Merr.						●																											△	△	△	△	△	

名称	用途											产地																										
	纤维	淀粉及糖	油脂	芳香油	树脂	鞣料	树胶	橡胶及硬橡胶	药用	土农药	其他	黑龙江	吉林	辽宁	内蒙古	河北	山西	山东	河南	陕西	甘肃	宁夏	青海	新疆	安徽	江苏	浙江	湖南	江西	湖北	四川	贵州	福建	台湾	广东	广西	云南	西藏
酒饼叶 Desmos cochinchinensis Lour.	●																															△			△	△	△	
瓜馥木 Fissistigma oldhamii (Hemsl.) Merr.	●			◎		◎																											△	△	△	△		
斜脉暗罗 Polyalthia plagioneura Diels	●																																		△	△		
樟科 Lauraceae																																						
川桂皮 Cinnamomum argenteum Gamble						●																									△							
阴香 C. burmanni (Nees) Bl.						●																							△				△		△	△		
樟 C. camphora (L.) Sieb.				◎	◎	●			◎																△	△	△	△	△	△	△	△	△	△	△	△	△	
肉桂 C. cassia Bl.						●			◎																										△	△	△	
浙樟 C. chekiangensis Nakai				●																							△											
细叶香桂 C. chingii Metcalf						●																			△		△						△					
云南樟 C. glanduliferum (Wall.) Nees				◎		●																								△	△	△			△	△	△	△
猴樟 C. hupehanum Gamble				●		◎																						△		△	△							
油樟 C. inunctum (Nees) Meissn.						●																									△							
留氏樟 C. loureirii Nees				●																																	△	
卵叶樟 C. ovatum Allen				●																																		
黄樟 C. parthenoxylon (Jack.) Nees						●																						△	△	△	△	△	△		△	△		
川桂 C. wilsonii Gamble						●																								△	△				△		△	
白叶厚壳桂 Cryptocarya maclurei Merr.					●																														△			
月桂树 Laurus nobilis L.						●																				△							△	△				
狭叶山胡椒 Lindera angustifolia Cheng				●		◎										△		△							△	△	△		△						△	△		
香面叶 L. caudata Benth.				●		◎																															△	
红叶甘橿 L. cercidifolium Hemsl.				●															△								△		△	△	△							
香面叶 L. ceudata Benth.				●		◎																															△	
钱氏钓樟 L. chienii Cheng				●																						△	△											
香叶树 L. communis Hemsl.				●		◎			◎																			△		△	△			△	△	△	△	
毛香叶树 L. communis Hemsl. var. tomentosa Cheng			●																								△											
香叶子 L. fragrans Oliv.						●																								△	△							
绿叶甘橿 L. fruticosa Hemsl.				●																							△			△								
山胡椒 L. glauca (Sieb. et Zucc.) Bl.				●		◎												△	△	△					△	△	△	△	△	△	△		△	△	△	△	△	
广东钓樟 L. kwangtungensis (Liou) Allen				●																												△			△	△		

名称	用途：纤维	淀粉及糖	油脂	芳香油	树脂	鞣料	树胶	橡胶及硬橡胶	药用	土农药	其他	产地：黑龙江	吉林	辽宁	内蒙古	河北	山西	山东	河南	陕西	甘肃	宁夏	青海	新疆	安徽	江苏	浙江	湖南	江西	湖北	四川	贵州	福建	台湾	广东	广西	云南	西藏
团香果 L. latifolia Hook. f.						●																															△	
黑壳楠 L. megaphylla Hemsl.				●		◎																			△					△	△				△	△	△	
三桠乌药 L. obtusiloba Bl.				●		◎								△			△	△	△	△					△	△			△	△	△							
白叶子 L. playfairii (Hemsl.) Alien				●																															△	△		
庐山乌药 L. rubronervia Gamble						●																					△		△									
乌药 L. strychnifolia (Sieb. et Zucc.) F. Vill.				◎		●			◎	◎									△						△	△	△	△		△	△		△	△	△	△		
小胡椒 L. supracostata H. Lec.				●																																	△	
三股筋香 L. thomsonii Allen				●		◎																									△					△	△	
钓樟 L. umbellata Thunb.				●		◎													△							△	△		△	△	△							
山鸡椒 Litsea cubeba (Lour.) Pers				◎		●																			△	△	△	△	△	△	△	△	△	△	△	△		
清香木姜子 L. euosma W. W. Smith.						●																						△			△	△		△	△	△	△	
川木姜子 L. faberi Hemsl.				●																									△		△							
潺槁树 L. glutinosa (Lour.) C. B. Rob.				●			◎																										△		△	△	△	
毛叶木姜子 L. mollifolia Chun				◎		●																								△		△						
圆叶木姜子 L. populifolia (Hemsl.) Gamble				◎		●																									△						△	△
木姜子 L. pungens Hemsl.				◎		●																					△	△		△	△	△					△	
豺皮樟 L. rotundifolia Hemsl. var. oblongifolia (Nees) Allen				●																								△	△			△			△	△		
大叶楠 Machilus ichangensis Rehd. et Wils.				●																					△		△		△	△	△		△		△			
华东楠 M. leptophylla Hand. -Mzt.							●																			△	△	△					△		△	△		
刨花楠 M. pauhoi Kanehira				●			◎																				△	△	△				△		△	△		
红楠 M. thunbeigii Sieb. et Zucc.				●														△							△		△	△	△	△	△			△	△	△		
绒楠 M. velutina Champ.				●																							△						△		△			
云南楠 M. yunnanensis H. Lec. var. duclouxii H. Lec.						●																															△	
新樟 Neocinnamomum delavayi (H. Lec.) Liou						●																															△	
细叶香樟 N. parvifolium (H. Lec.) Liou						●																															△	
浙新姜 N. chekiangensis Nakai				●																							△											
大新姜 N. chuii Merr.				●																									△						△	△	△	
皱柄新姜 N. ellipsoidea Allen				●																															△			

名称	用途											产地																										
	纤维	淀粉及糖	油脂	芳香油	树脂	鞣料	树胶	橡胶及硬橡胶	药用	土农药	其他	黑龙江	吉林	辽宁	内蒙古	河北	山西	山东	河南	陕西	甘肃	宁夏	青海	新疆	安徽	江苏	浙江	湖南	江西	湖北	四川	贵州	福建	台湾	广东	广西	云南	西藏
云南新木姜 N. homilantha Allen						●																															△	
多果新姜 N. polycarpa Liou				●																																	△	
鳄梨 Persea americana Mill.				●																													△	△	△			
紫楠 Phoebe sheareri (Hemsl.) Gamble				◎		●																			△	△	△	△	△	△	△		△		△	△	△	
檫树 Pseudosassafras tzumu H. Lec.					◎	●																			△	△	△	△	△	△	△	△	△		△	△	△	
蒜头果 Syndiclis oleifera Chun et Lee. ined.				●																																△		
罂粟科 Papaveraceae																																						
白屈菜 Chelidonium majus L.									●	◎		△	△	△	△	△	△	△	△							△			△									
东北延胡索 Corydalis ambigua Cham. et Schltd. var. amurensis Maxim.									●			△	△	△																								
山延胡索 C. bulbosa DC.									●							△		△								△	△											
本氏紫堇 C. bungeana Turcz.									●			△	△	△				△																				
博落回 Macleaya cordata (Willd.) R. Br.																																						
白花菜科 Capparidaceae																																						
水槟榔 Capparis masaikai Lévl.									●																							△			△	△	△	
黄花菜 Polanisia icosandra (L.) Wight et Arn.	◎			●																									△					△				
十字花科 Cruciferae																																						
荠菜 Capsella bursa-pastoris (L.) Medic.				●					◎			△	△	△	△	△	△	△	△	△	△	△	△	△	△	△	△	△	△	△	△	△	△	△	△	△	△	△
播娘蒿 Descurainia sophia (L.) Welb. et Berth.				●					◎						△	△	△	△	△	△	△			△	△	△					△							
葶苈 Draba nemorosa L.				●								△	△	△	△		△	△	△							△					△							
菘蓝 Isatis tinctoria L.									●		◎				△	△		△									△											
萝卜 Raphanus sativus L.				◎					●			△	△	△	△	△	△	△	△	△	△	△	△	△	△	△	△	△	△	△	△	△	△	△	△	△	△	
球果蔊菜 Rorippa globosa (Turcz.) Thellg.				●																														△				
蔊菜 Rorippa montana (Wall.) Small				●																					△	△	△											
风花菜 Rorippa palustris (Leyss.) Bess.				●								△	△	△	△			△								△					△							
菥蓂 Thlaspi arvense L.				●					◎			△	△	△	△	△	△	△	△		△			△		△					△	△						
景天科 Crassulaceae																																						
瓦松 Orostachys fimbriatus (Turcz.) Berger									●		◎	△	△	△	△	△	△	△	△	△	△		△			△				△	△							
土三七 Sedum aizoon L.					●				◎			△	△	△	△	△	△	△	△	△					△	△	△		△	△								
香景天 S. dumulosum Franch.					●											△																						
虎耳草科 Saxifragaceae																																						

名称	用途											产地																										
	纤维	淀粉及糖	油脂	芳香油	树脂	鞣料	树胶	橡胶及硬橡胶	药用	土农药	其他	黑龙江	吉林	辽宁	内蒙古	河北	山西	山东	河南	陕西	甘肃	宁夏	青海	新疆	安徽	江苏	浙江	湖南	江西	湖北	四川	贵州	福建	台湾	广东	广西	云南	西藏
落新妇 Astilbe chinensis (Maxim.) Franch. et Savat.					●				◎					△		△	△	△	△	△	△				△		△		△	△	△	△					△	
山荷叶 Astilboides tabularis (Hemsl.) Engl.		◎			●								△	△																								
岩白菜 Bergenia purpurascem (Hook. f. et Thoms.) Engl.									●																						△							
黄常山 Dichroa febrifuga Lour.									●											△	△						△	△	△	△	△	△	△		△	△	△	
八仙花 Hydrangea macrophylla DC. var. hortensia (Maxim.) Rehd.									●							△		△							△	△	△	△	△	△		△	△		△	△	△	
大叶鼠刺 Itea macrophylla Wall.	●																																			△	△	
云南鼠刺 I. yunnanensis Franch.					●																											△				△	△	
西洋山梅花 Philadelphus coronarius L.						●																				△	△		△									
西南山梅花 P. delavayi L. Henry						●																									△						△	
鬼灯檠 Rodgersia aesculifolia Batal.		●																	△	△	△										△							
羽叶鬼灯檠 R. pinnata Franch.					●																									△	△						△	
虎耳草 Saxifraga stolonifera (L.) Meerb.									●									△	△						△	△	△	△	△	△	△	△			△	△	△	
海桐花科 Pittosporaceae																																						
光叶海桐 Pittosporum glabratum Lindl.	◎			●																△							△	△	△	△	△	△	△		△	△	△	
异叶海桐花 P. heterophyllum Franch.	●																														△						△	
金缕梅科 Hamamelidaceae																																						
杨梅蚊母树 Distylium myricoides Hemsl.					●																				△		△					△	△		△	△		
蚊母树 D. racemosum Sieb. et Zucc.					●																						△		△	△	△		△	△	△			
金缕梅 Hamamelis mollis Oliv.					●														△						△		△	△	△	△	△							
枫香 Liquidambar formosana Hance					◎	●	◎		◎										△	△						△	△	△	△	△	△	△	△	△		△	△	
檵木 Loropetalum chinense (R. Br.) Oliv.					●													△	△						△	△	△	△	△	△		△	△		△		△	
杜仲科 Eucommiaceae																																						
杜仲 Eucommia ulmoides Oliv.								●	◎										△	△	△				△	△	△	△	△	△	△	△				△	△	
蔷薇科 Rosaceae																																						
龙牙草 Agrimonia pilosa Ledeb.					◎				●			△	△	△	△	△	△	△	△	△	△		△			△	△	△		△		△	△					
贴梗海棠 Chaenomeles lagenaria (Lois.) Koidz.									●									△	△						△	△	△	△	△	△	△	△	△		△	△	△	
木瓜 C. sinensis (Thouin) Koehne				●													△	△	△						△	△	△	△	△	△								
野山楂 Crataegus cuneata Sieb. et Zucc.		●							◎										△	△					△	△	△	△	△	△	△	△	△		△	△	△	

名称	用途											产地																										
	纤维	淀粉及糖	油脂	芳香油	树脂	鞣料	树胶	橡胶及硬橡胶	药用	土农药	其他	黑龙江	吉林	辽宁	内蒙古	河北	山西	山东	河南	陕西	甘肃	宁夏	青海	新疆	安徽	江苏	浙江	湖南	江西	湖北	四川	贵州	福建	台湾	广东	广西	云南	西藏
山楂 C. pinnatifida Bge.		●							◎			△	△	△	△	△	△	△	△							△	△											
山里红 C. pinnatifida Bge. var. major N. E. Br.		●										△	△	△	△	△	△	△								△	△											
甘肃山楂 G. kansuensis Wils.		●																		△	△									△	△							
山枇杷 Eriobotrya eavaleriei (Lévl.) Rehd.	◎	●																										△	△		△	△			△	△		
枇杷 E. japonica Lindl.									●											△	△					△	△	△	△	△	△	△	△		△	△	△	
合叶子 Filipendula palmata (Pall.) Maxim.					●							△	△	△	△									△														
草莓 Fragaria orientalis Lozinsk.		●										△	△	△	△	△	△	△	△	△	△		△							△	△							
水杨梅 Geum aleppicum Jacq.	◎			◎	●							△	△	△	△	△	△	△	△	△	△		△	△				△	△	△		△						
山荆子 Malus baccata (L.) Borkh.		●										△	△	△	△	△	△	△	△	△	△								△									
野海棠 M. hupehensis (Pamp.) Rehd.		●																△	△	△	△				△		△		△	△	△	△					△	
甘肃海棠 M.s kansuensis Schneid.		●																		△	△									△	△							
华中石楠 Photinia amphidoxa Rehd. et Wils.		●																													△							
山降木 P. glabra (Thunb.) Maxim.				●																						△	△	△						△		△		
石楠 P. serrulata Lindl.				●					◎																△	△	△	△	△	△	△		△		△		△	
毛叶石楠 P. villosa (Thunb.) DC.				●																					△	△	△			△	△				△			
鹅绒委陵菜 Potentilla anserina L.		◎			●							△	△	△	△	△	△						△	△														
委陵菜 P. chinensis Ser.					●				◎				△	△		△	△	△	△							△	△				△	△						
翻白草 P. discolor Bge									●			△	△	△	△	△	△	△	△	△	△	△	△	△	△	△	△	△	△	△	△	△	△	△	△	△	△	△
金老梅 P. fruticosa L.					●								△	△	△	△	△							△														
蕤核 Prinsepia uniflora Batal.		●													△		△			△	△																	
扁核木 P. utilis Royle				●																											△	△		△			△	
杏 Prunus armeniaca L.				●		◎			◎			△	△	△	△	△	△	△	△	△	△	△		△		△					△	△						
山杏 P. armeniaca L. var. ansu Maxim.				●										△	△	△	△	△		△	△	△				△					△							
扁桃 P. amygdalus Batsch.						●														△	△		△	△														
山桃 P. davidiana Franch.		●		◎											△	△	△	△	△	△	△								△	△	△	△						
欧李 P. humilis Bge.		●										△	△	△	△	△		△	△																			
郁李 P. japonica Thunb.									●					△	△	△	△	△	△							△	△			△			△		△			
东北杏 P. mandshurica Koehne		●										△	△	△	△																							
梅 P. mume Sieb. et Zucc.									●			△	△	△	△	△	△	△	△	△	△	△	△	△	△	△	△	△	△	△	△	△	△	△	△	△	△	
长梗郁李 P. nakaii Lévl.				●								△	△	△																								

名称	用途											产地																										
	纤维	淀粉及糖	油脂	芳香油	树脂	鞣料	树胶	橡胶及硬橡胶	药用	土农药	其他	黑龙江	吉林	辽宁	内蒙古	河北	山西	山东	河南	陕西	甘肃	宁夏	青海	新疆	安徽	江苏	浙江	湖南	江西	湖北	四川	贵州	福建	台湾	广东	广西	云南	西藏
稠李 P. padus L. var. pubescens Regel		◎		●								△	△	△		△	△	△		△	△																	
桃 P. persica (L.) Batsch.				●			◎		◎						△	△	△	△	△	△	△			△	△	△	△	△		△	△	△		△				
腺叶野樱 P. phaeosticata (Hance) Maxim.				●																														△	△	△		
李 P. salicina Lindl.		●														△	△		△	△	△		△					△		△	△	△		△	△		△	
西伯利亚杏 P. sibirica L.				●	◎							△	△	△	△	△	△																					
毛樱桃 P. tomentosa Thunb.		●		◎					◎			△	△	△	△	△	△	△	△	△	△		△			△					△	△	△	△	△	△	△	
火把果 Pyracantha fortuneana (Maxim.) Li		◎			●														△	△					△	△	△	△	△	△	△	△				△	△	
棠梨 Pyrus betulaefolia Bge.		●														△	△	△	△	△	△					△	△		△	△								
豆梨 P. calleryana Decne.		●																△	△	△	△					△	△		△						△			
沙梨 P. pyrifolia (Burm.) Nakai		●														△		△	△						△	△	△		△	△	△	△					△	
酸梨 P. serrulata Rehd.		●																		△	△		△					△		△	△							
花盖梨 P. ussuriensis Maxim.		●		◎								△	△	△	△	△	△		△	△																		
白玫瑰 Rosa alba L.						●										△										△												
小刺大叶蔷薇 R. acicularis Lindl. var. taquetii Nakal.					●								△																									
山刺玫 R. bella Rehd. et Wils.		●														△	△			△	△		△														△	
大苞蔷薇 R. bracteata Wendl.					●																						△	△										
粉团蔷薇 R. cathayensis (Rehd. et Wils.) Bailey.					●													△	△	△	△				△	△	△	△	△	△	△	△	△		△	△	△	
月季 R. chinensis Jacq.									●							△		△								△				△	△	△						
山木香 R. cymosa Tratt.					●														△						△	△	△	△	△	△	△	△	△	△	△	△	△	
突厥玫瑰 R. damascena Mill.						●																																
大卫蔷薇 R. davidii Crép.		◎			●															△	△									△	△						△	
达乌里蔷薇 R. davurica Pall.		◎		◎	●							△	△	△	△	△	△																					
海伦蔷薇 R. helenae Rehd. et Wils.					●																									△	△						△	
黄蔷薇 R. hugonis Hemsl.		●															△	△		△	△										△							
金樱子 R. laevigata Michx.		●			◎				◎										△						△	△	△	△	△	△	△	△	△	△	△	△		
伞花蔷薇 R. maximowicziana Regel				●								△	△	△																								
荷花蔷薇 R. multiflora Thunb.					●	◎												△	△						△	△	△	△	△	△	△	△	△		△	△	△	
香水月季 R. odorata Sweet.						●																				△	△				△						△	
峨眉蔷薇 R. omeiensis Rolfe		◎			●															△	△		△							△	△						△	

名称	用途											产地																										
	纤维	淀粉及糖	油脂	芳香油	树脂	鞣料	树胶	橡胶及硬橡胶	药用	土农药	其他	黑龙江	吉林	辽宁	内蒙古	河北	山西	山东	河南	陕西	甘肃	宁夏	青海	新疆	安徽	江苏	浙江	湖南	江西	湖北	四川	贵州	福建	台湾	广东	广西	云南	西藏
玫瑰 R. rogosa Thunb.		◎				●			◎		◎	△	△	△	△	△	△	△	△	△	△	△	△	△	△	△	△	△	△	△	△	△	△	△	△	△	△	
缫丝花 R. roxburghii Tratt.					◎						●															△				△	△	△			△		△	
荼蘼花 R. rubus Lévl. et Vant.					●																									△	△	△						
威氏蔷薇 R. sino-wilsoni Hemsl.					●																										△	△					△	
黄刺玫 R. xanthina Lindl.	◎	●									◎	△	△	△		△	△	△			△																	
寒莓 Rubus buergeri Miq.		●																								△	△			△								
秦氏悬钩子 R. chingii Hu		●																									△											
山莓 R. corchorifolius L. f.		●														△				△						△			△			△	△		△		△	
插田藨 R. coreanus Miq.		◎							●										△	△	△						△		△	△	△							
蓬蘽 R. crataegifolius Bge.		●			◎							△	△	△	△	△		△																				
德氏悬钩子 R. delavayi Franch.					●																										△						△	
栽秧藨 R. ellipticus Smith var. obcordata Focke					●																										△	△					△	
大红藨 R. eustephanus Focke					●																							△			△		△					
胡氏悬钩子 R. hui Metcalf		●																									△						△					
高粱泡 R. lambertianus Ser.		●																								△	△		△	△			△		△			
羊尿藨 R.s malifolius Focke					●																							△							△		△	
茅莓 R. parvifolius L.		●														△	△			△						△		△	△	△								
石生悬钩子 R. saxatilis L.					●							△	△	△		△	△							△														
川莓 R. setchuenensis Bur. et Franch.					●																										△							
黄果悬钩子 R. xanthocarpus Bur. et Franch.		●																		△	△		△								△							
高山地榆 Sanguisorba alpina Bge.					●																			△														
腺地榆 S. glandulosa Kom.					●							△	△	△	△																							
地榆 S. officinalis L.					●				◎			△	△	△	△	△	△	△	△	△	△		△		△	△	△	△	△	△	△	△	△		△	△	△	
小白花地榆 S. parviflora (Maxim.) Takeda					●							△	△																									
大白花地榆 S. sitchensis C. A. Mey.					●								△																									
水榆 Sorbus alnifolia (Sieb. et Zucc.) K. Koch.	◎	●			◎											△	△	△	△	△					△			△	△	△	△	△					△	
花楸 S. pohuashanensis Hedl.		●											△	△	△	△	△																					
三裂叶绣线菊 Spiraea trilobata L.					●							△	△	△	△	△	△		△	△				△														
野珠兰 Stephanandra incise (Thunb.) Zabel.	●																								△													
牛栓藤科 Connaraceae																																						

名称	用途											产地																										
	纤维	淀粉及糖	油脂	芳香油	树脂	鞣料	树胶	橡胶及硬橡胶	药用	土农药	其他	黑龙江	吉林	辽宁	内蒙古	河北	山西	山东	河南	陕西	甘肃	宁夏	青海	新疆	安徽	江苏	浙江	湖南	江西	湖北	四川	贵州	福建	台湾	广东	广西	云南	西藏
单叶豆 Ellipanthus glabrifolius Merr.					●																														△			
红叶藤 Santaloides microphyllum (Hook. et Arn.) Schellenb.	●																																		△	△	△	
豆科 **Leguminosae**																																						
广州相思子 Abrus cantoniensis Hance									●																										△	△		
相思子 A. precatorius L.									●																								△	△	△	△	△	
儿茶 Acacia catechu (L.) Willd.									●																									△			△	
金合欢 A. concinna DC.					●																														△		△	
台湾相思 A. confusa Merr.					●	◎																											△	△	△	△		
阔叶相思树 A. delavayi Franch.	●																																				△	
鸭皂树 A. farnesiana (L.) Willd.					◎	●	◎																				△				△		△	△	△	△	△	
田皂角 Aeschynomene indica L.									●				△	△		△		△	△							△			△	△	△	△					△	
楹树 Albizzia chinensis (Osb.) Merr.					●																							△					△		△	△	△	
合欢 A. julibrissin Durazz.					◎				●					△		△		△	△	△					△	△	△	△	△	△	△	△			△	△	△	
山合欢 A. kalkora (Roxb.) Prain.	◎				●											△		△	△						△	△	△	△	△	△	△		△		△	△	△	
毛叶合欢 A. mollis (Willd.) Boiv.					●																																△	
紫穗槐 Amorpha fruticosa L.	◎			●		◎							△	△	△	△	△	△	△						△	△				△	△							
肉色土圞儿 Apios carnea Benth.				●																											△	△					△	
土圞儿 A. fortunei Maxim.		●							◎										△	△	△						△	△	△	△	△	△	△	△	△			
落花生 Arachis hypogaea L.				●										△		△		△	△						△	△				△	△				△	△	△	
白蒺藜 Astragalus complanatus R. Br.									●				△	△	△	△	△			△	△																	
膜荚黄芪 A. membranaceus (Fisch.) Bge.									●			△	△	△	△	△	△	△		△	△	△	△								△							
龙须藤 Bauhinia championi Benth.					●																						△	△	△	△	△	△	△	△	△	△	△	
马鞍叶羊蹄甲 B. faberi Oliv.	●																														△	△				△	△	
鄂羊蹄甲 B. hupehana Craib	●																											△	△	△	△	△				△	△	
粤羊蹄甲 B. kwangtungensis Merr.					●																														△			
羊蹄甲 B. variegata L.					●																												△		△	△	△	
大托叶云实 Caesalpinia crista L.					●																													△	△	△		
南蛇簕 C. minax Hance									●																										△	△	△	
苏木 C. sappan L.									●		◎																					△		△	△	△	△	
云实 C. sepiaria Roxb.				◎	●																				△	△	△	△	△	△	△		△		△	△	△	

名称	用途											产地																										
	纤维	淀粉及糖	油脂	芳香油	树脂	鞣料	树胶	橡胶及硬橡胶	药用	土农药	其他	黑龙江	吉林	辽宁	内蒙古	河北	山西	山东	河南	陕西	甘肃	宁夏	青海	新疆	安徽	江苏	浙江	湖南	江西	湖北	四川	贵州	福建	台湾	广东	广西	云南	西藏
木豆 Cajanus flavus DC.		●																																	△	△		
西南杭子梢 Campylotropis delavayi (Franch.) Schindl.				●																											△						△	
杭子梢 C. macrocarpa (Bge.) Rehd.	●													△		△	△		△	△	△																	
蒙古锦鸡儿 Caragana arborescens (Amm.) Lam.				●									△	△	△		△	△	△	△	△																	
鬼箭锦鸡儿 C. jubata (Pall.) Poir.	●													△	△	△	△			△	△	△	△	△							△							
小叶锦鸡儿 C. microphylla Lam.	●											△		△	△	△		△																				
矮锦鸡儿 C. pygmaea (L.) DC.	●														△		△			△	△																	
锦鸡儿 C. sinica (Buchoz) Rehd.									●							△	△	△		△						△		△	△	△	△	△				△	△	
望江南 Cassia occidentalis L.									●							△		△							△	△							△	△	△	△	△	
铁刀木 C. siamea Lamk.					●																													△	△		△	
决明 C. tora L.	●								◎							△		△							△	△	△						△	△	△	△	△	
垂丝紫荆 Cercis racemosa Oliv.	●																			△										△	△	△					△	
猪屎豆 Crotalaria mucronata Desv.	●																																△	△	△	△	△	
印度麻 C. juncea L.	●																																					
两粤黄檀 Dalbergia benthami Prain	●																																		△	△		
藤黄檀 D. hancei Benth.	◎				●																				△		△	△	△			△	△		△	△		
牛肋巴 D. obtusifolia Prain											●																										△	
锈毛鱼藤 Derris ferruginea Benth.										●																									△	△	△	
中南鱼藤 D. fordii Oliv.	●																										△	△	△		△	△	△		△	△		
圆锥山马蝗 Desmodium esquirolii Lévl.	●																														△						△	
金钱草 D. styracifolium (Osb.) Merr.									●																								△		△			
扁豆 Dolichos lablab L.									●					△		△	△	△	△	△					△	△	△	△	△	△	△	△	△	△	△	△	△	
柔毛山黑豆 Dumasia villosa DC.				●																										△	△	△					△	
榼藤子 Entada phaseoloides (L.) Merr.	●																																△	△	△	△	△	
毛瓣花 Eriosema chinensis Vog.		●																																	△	△		
山皂角 Gleditsia japonica Miq.				●									△	△		△	△	△							△	△	△											
猪牙皂荚 G. officinalis L.									●									△		△	△									△	△	△					△	
皂荚 G. sinensis Lam.									◎	◎	●	△	△	△	△	△	△	△	△	△	△				△	△	△	△	△	△	△	△			△	△		
野大豆 Glycine soja Sieb. et Zucc.				●								△	△	△		△		△							△	△				△								

名称	用途											产地																										
	纤维	淀粉及糖	油脂	芳香油	树脂	鞣料	树胶	橡胶及硬橡胶	药用	土农药	其他	黑龙江	吉林	辽宁	内蒙古	河北	山西	山东	河南	陕西	甘肃	宁夏	青海	新疆	安徽	江苏	浙江	湖南	江西	湖北	四川	贵州	福建	台湾	广东	广西	云南	西藏
刺果甘草 Glycyrrhiza pallidiflora Maxim.	●											△	△	△	△	△	△	△	△	△						△												
甘草 G. uralensis Fisch.	◎					◎			●			△	△	△	△	△	△	△		△	△		△	△														
云南甘草 G. yunnanensis S. S. Cheng et L. K. Pai			●									0																									△	
米口袋 Gueldenstaedtia multiflora Bge.		◎							●				△			△	△	△	△	△						△				△								
肥皂荚 Gymnocladus chinensis Baill.				●																					△	△	△	△	△	△	△		△		△			
红花岩黄蓍 Hedysarum multijugum Maxim.									●						△		△		△	△	△		△							△								△
花木蓝 Indigofera kirilowii Maxim.	◎			◎	●									△		△		△	△								△											
垂花木蓝 I. pendula Franch.	●																																				△	
胡枝子 Lespedeza bicolor Turcz.	◎			●								△	△	△	△	△	△	△	△	△																		
短梗胡枝子 L. cyrtobotrya Miq.	●												△	△	△	△	△			△																		
大叶胡枝子 L. davidii Franch.	●																										△	△	△			△			△	△		
蝴蝶叶 Lourea vespertilionis (L.) Desv.									●																											△		
榎槐 Maackia amurensis Rupr. et Maxim.					●							△	△	△				△																				
印度草木樨 Melilotus indica (L.) All.	●																								△	△	△				△	△			△	△	△	
黄香草木樨 M. officinalis (L.) Desr.						●						△	△	△	△	△	△	△	△	△	△	△	△	△	△	△	△	△	△	△	△	△	△	△	△	△	△	
草木樨 M. suaveolens Ledeb.	●	◎				◎						△	△	△	△	△		△	△	△	△										△	△					△	
绿花崖豆藤 Millettia championi Benth.	●																																△		△			
香花崖豆藤 M. dielsiana Harms et Diels	●																											△		△	△	△	△		△	△	△	
光叶崖豆藤 M. nitida Benth.	●																																△	△	△			
厚果鸡血藤 M. pachycarpa Benth.	◎									●																		△			△	△	△		△		△	
鸡血藤 M. reticulata Benth.	●																								△	△	△	△	△	△			△		△	△	△	
美丽崖豆藤 M. speciosa Champ.		●																																	△	△		
白花油麻藤 Mucuna birdwoodiana Tutch.		●																																	△	△		
常春油麻藤 M. sempervirens Hemsl.	●																										△		△	△	△	△	△				△	
蓝花棘豆 Oxytropis coerulea (Pall.) DC.	●														△	△	△																					
豆薯 Pachyrrhizus erosus (L.) Urban.		●								◎																		△		△	△	△	△	△	△	△	△	
猴耳环 Pithecolobium clypearia Benth.					●																							△					△		△	△	△	
牛蹄豆 P. dulce (Roxb.) Benth.					●																													△	△	△		
补骨脂 Psoralea corylifolia L.									●								△		△	△					△				△		△				△		△	
毛花葛藤 Pueraria alopecuroides Craib.	●																																				△	

名称	用途											产地																										
	纤维	淀粉及糖	油脂	芳香油	树脂	鞣料	树胶	橡胶及硬橡胶	药用	土农药	其他	黑龙江	吉林	辽宁	内蒙古	河北	山西	山东	河南	陕西	甘肃	宁夏	青海	新疆	安徽	江苏	浙江	湖南	江西	湖北	四川	贵州	福建	台湾	广东	广西	云南	西藏
食用葛藤 P. edulis Pamp.	●																														△					△	△	
云南葛藤 P. peduncularis Grah.	●									◎																					△					△	△	
三裂叶野葛 P. phaseoloides (Roxb.) Benth.	●	◎																									△							△	△	△		
葛藤 P. pseudo-hirsuta Tang et Wang	●	◎		◎					◎				△	△			△	△	△	△	△				△	△	△	△	△	△	△	△	△		△		△	
甘葛藤 P. thomsonii Benth.	●	◎																	△											△	△				△	△	△	△
南葛藤 P. tonkinensis Gagn.		●																															△	△	△	△	△	
刺槐 Robinia pseudoacacia L.				●		◎						△	△	△	△	△	△	△	△	△	△	△	△	△	△	△	△	△	△	△	△	△	△		△	△	△	△
田菁 Sesbania cannabina Pers.	●																									△	△						△	△	△			
苦参 Sophora flavescens Ait.	◎			◎					●	◎		△	△	△	△	△	△	△	△	△	△	△	△	△	△	△	△	△	△	△	△	△	△	△	△	△	△	
槐 S. japonica L.	◎			◎		◎			●					△	△	△	△	△	△	△	△	△			△	△	△	△	△	△	△		△	△	△	△	△	
柔枝槐 S. subprostrata Chun et T. Chen									●																											△		
罗望子 Tamarindus indica L.									●																						△			△	△	△	△	
银毛灰叶 Tephrosia kerrii Drumm. et Craib	●																																				△	
披针叶黄华 Thermopsis lanceolata R. Br.									●				△		△	△	△			△	△		△															
胡卢巴 Trigonella foenum-graecum L.						●										△				△	△		△	△														△
山野豌豆 Vicia amoena Fisch.				●								△	△	△	△	△	△	△	△	△	△		△															
歪头菜 V. unijuga A. Br.		●										△	△	△	△	△	△		△	△	△		△		△	△	△		△	△	△	△					△	
紫藤 Wistaria sinensis Sweet	●					◎								△	△	△	△	△	△	△	△					△	△	△		△	△				△			
牻牛儿苗科 Geraniaceae																																						
牻牛儿苗 Erodium stephanianum Willd.				◎	●				◎			△	△	△	△	△	△	△	△	△	△	△	△			△	△			△	△							
块根老鹳草 Geranium dahuricum DC.					●							△	△	△	△	△					△			△														
毛雄蕊牻牛儿苗 G. eriostemon Fisch.					●							△	△	△	△	△	△		△	△	△	△																
朝鲜老鹳草 G. koreanum Kom.					●								△	△																								
尼泊尔老鹳草 G. nepalense Sweet									●										△									△		△	△					△	△	
鼠掌草 G. sibiricum L.					●							△	△	△	△	△	△		△	△	△		△	△														
香叶天竺葵 Pelargonium graveolens L'Her.						●																				△	△				△		△	△			△	
亚麻科 Linaceae																																						
粘木 Ixonanthes chinensis Champ.					●																														△			
繁缕亚麻 Linum stellarioides Planch.	●											△	△	△	△						△		△			△												
亚麻 L. usitatissimum L.	●			◎								△	△	△	△	△	△	△	△	△	△	△	△	△							△		△	△			△	

名称	用途											产地																										
	纤维	淀粉及糖	油脂	芳香油	树脂	鞣料	树胶	橡胶及硬橡胶	药用	土农药	其他	黑龙江	吉林	辽宁	内蒙古	河北	山西	山东	河南	陕西	甘肃	宁夏	青海	新疆	安徽	江苏	浙江	湖南	江西	湖北	四川	贵州	福建	台湾	广东	广西	云南	西藏
古柯科 **Erythroxylaceae**																																						
古柯 Erythroxylum novogranatense Hieron.									●																													
蒺藜科 **Zygophyllaceae**																																						
白刺 Nitraria sibirica Pall.		●		◎										△	△	△	△	△	△	△	△	△	△	△							△							
骆驼蓬 Peganum harmala L.				●											△	△	△			△	△	△	△	△														
蒺藜 Tribulus terrestris L.	◎			◎					●				△	△	△	△	△	△	△	△	△				△	△	△		△	△	△	△	△	△	△	△	△	
芸香科 **Rutaceae**																																						
降真香 Acronychia pedunculata Miq.					◎				●																						△				△	△	△	
松风草 Boenninghausenia albiflora (Hook.) Meiss.						●			◎																△		△	△	△	△	△	△	△	△	△	△	△	
酸橙 Citrus aurantium L.											●															△	△	△	△	△	△	△	△		△	△		
代代花 C. aurantium L. var. amara Engl.						●																				△	△	△			△		△		△			
柚 C. grandis (L.) Osbeck				◎		●																			△	△	△	△	△	△	△		△	△	△	△	△	
蟹橙 C. junos Tanaka						●														△					△	△	△	△	△	△	△	△					△	
柠檬 C. limon Burm. f.						●					◎															△	△	△	△		△		△		△		△	
枸橼 C. medica L.						●																					△	△		△	△		△	△	△	△	△	
佛手 C. medica L. var. sarcodactylis (Noot.) Swingle						●						0	0													△	△				△		△		△		△	
柑橘 C. reticulata Blanco				●		◎																				△	△	△	△	△	△		△	△	△	△	△	
橙 C. sinensis (L.) Osbeck						●																				△	△	△	△	△	△	△	△		△	△	△	
香圆 C. wilsonii Tanaka						●																			△	△	△		△	△								
黄皮 Clausena lansium (Lour.) Skeels				●					◎																								△	△	△	△	△	
白鲜 Dictamnus dasycarpus Turcz.						◎			●					△		△			△						△	△			△		△	△						
臭檀 Evodia daniellii (Benn.) Hemsl.				●										△		△		△	△	△	△							△		△	△						△	
楝叶吴茱萸 E. meliaefolia Benth.				●																													△	△	△	△	△	
吴茱萸 E. rutaecarpa (Juss.) Benth.				◎		◎			●											△					△		△	△	△	△	△	△	△		△	△	△	
山橘 Fortunella hindsii (Champ.) Swingle						●																					△		△				△		△	△		
金氏九里香 M. koenigii Spreng.						●																													△		△	
九里香 M. paniculata (L.) Jacks.						●																						△				△	△	△	△	△	△	
黄檗 Phellodendron amurense Rupr.				●								△	△	△		△																						
黄皮树 P. chinense Schneid.				◎					●																		△			△	△	△					△	

名称	用途											产地																										
	纤维	淀粉及糖	油脂	芳香油	树脂	鞣料	树胶	橡胶及硬橡胶	药用	土农药	其他	黑龙江	吉林	辽宁	内蒙古	河北	山西	山东	河南	陕西	甘肃	宁夏	青海	新疆	安徽	江苏	浙江	湖南	江西	湖北	四川	贵州	福建	台湾	广东	广西	云南	西藏
枳 Poncirus trifoliata (L.) Raf.				◎		◎			●		◎					△		△	△	△	△				△	△	△	△	△	△	△		△	△	△	△		
山麻黄 Psilopeganum sinensis Hemsl.						●																								△	△							
芸香 Ruta graveolens L.						●																				△	△								△	△		
飞龙掌血 Toddalia asiatica Lam.									●											△							△	△		△	△	△	△	△			△	
毛刺花椒 Zanthoxylum acanthopodium DC. var. villosum Huang						●																									△						△	
樗叶花椒 Z. ailanthoides Sieb. et Zucc.				◎		●																					△						△	△	△	△		
勒欓 Z. avicennae (Lam.) DC.						●																							△			△	△	△	△	△		
花椒 Z. bungeanum Maxim.				◎		●										△	△	△	△	△	△							△	△	△	△	△			△	△	△	△
花椒簕 Z. cuspidatum Champ.				●																								△	△			△	△	△	△	△	△	
刺异叶花椒 Z. dimorphophyllum Hemsl. var. spinifolium Rehd. et Wils.						●														△										△	△	△						
岩椒 Z. esquirolii Lévl.				●																											△	△					△	
朵椒 Z. molle Rehd.						●																			△		△		△	△		△						
两面针 Z. nitidum (Lain.) DC.				●																														△	△	△	△	
川陕花椒 Z. piasezkii Maxim.				◎		●														△	△										△			△				
竹叶椒 Z. planispinum Sieb. et Zucc.				◎		●												△	△	△	△				△	△	△	△	△	△	△	△	△	△	△	△	△	
香椒子 Z. schinifolium Sieb. et Zucc.				◎		●								△	△	△		△	△						△	△	△	△	△		△				△	△		
野花椒 Z. simulans Hance						●			◎							△		△	△						△	△	△	△	△	△	△	△	△		△		△	
苦木科 **Simaroubaceae**																																						
臭椿 Ailanthus altissima (Mill.) Swingle				●	◎				◎	◎				△	△	△	△	△	△	△	△			△		△	△	△	△	△	△	△	△	△	△	△	△	
鸦胆子 Brucea javanica (L.) Merr.				◎					●																								△	△	△	△	△	
苦木 Picrasma quassioides (D. Don.) Benn.										●						△	△	△	△	△	△					△		△	△	△	△				△	△	△	
橄榄科 **Burseraceae**																																						
橄榄 Canarium album (Lour.) Raeusch.				●																											△		△	△	△	△	△	
华南橄榄 C. austro-sinense Huang. ined.				●																																	△	
乌榄 C. pimela Koenig				●																													△		△	△	△	
东京榄 C. tonkinense Engl.				●																																	△	
云南橄榄 C. yunnanense Huang. ined.				●																																	△	
羽叶白头树 Garuga pinnata Roxb.					●																																△	
楝科 **Meliaceae**																																						

名称	用途											产地																										
	纤维	淀粉及糖	油脂	芳香油	树脂	鞣料	树胶	橡胶及硬橡胶	药用	土农药	其他	黑龙江	吉林	辽宁	内蒙古	河北	山西	山东	河南	陕西	甘肃	宁夏	青海	新疆	安徽	江苏	浙江	湖南	江西	湖北	四川	贵州	福建	台湾	广东	广西	云南	西藏
碎米兰 Aglaia odorata Lour.						●																									△		△	△	△	△	△	
大叶山楝 Aphanamixis grandifolia Bl.				●																															△	△	△	
山楝 A. polystachya(Wall.)R. N. Parker				●																															△	△	△	
灰毛浆果楝 Cipadessa cinerascens (Pell.) Hand. -Mzt.				●																											△	△				△	△	
楝 Melia azedarach L.				●	◎				◎	◎						△	△	△	△	△	△				△	△	△	△	△	△	△	△	△	△	△	△	△	
川楝 M. toosendan Sieb. et Zucc.									●										△									△		△	△	△						
香椿 Toona sinensis (A. Juss.) Roem.				●		◎	◎							△	△	△	△	△	△	△	△	△			△			△	△	△	△	△			△	△	△	
红楝子 T. sureni (B1.) Merr.					●																														△	△	△	
木果楝 Xylocarpus granatum Koenig.					●																																	
远志科 Polygalaceae																																						
远志 Polygala tenuifolia Willd.									●			△	△	△	△	△	△	△	△	△	△	△			△				△		△							
蝉翼藤 Securidaca inappendiculata Hassk.	●																																			△	△	
大戟科 Euphorbiaceae																																						
铁苋菜 Acalypha australis L.									●							△	△	△	△	△	△	△					△	△	△	△	△	△	△	△	△	△	△	
山麻杆 Alchornea davidi Franch.	●																			△					△	△	△	△		△	△	△						
油桐 Aleuries fordii Hemsl.				●															△	△	△				△	△	△	△	△	△	△	△	△	△	△	△	△	
石栗 A. moluccana (L.) Willd.				●	◎																												△	△	△	△	△	
木油树 A. montana (Lour.) Wils.				●	◎																						△	△	△		△		△		△	△	△	
重阳木 Bischofia trifoliata (Roxb.) Hook. f.				●															△	△					△	△	△	△	△	△	△	△	△	△	△	△	△	
黑面神 Breynia fruticosa (L.) Hook. f.					●																											△			△	△		
禾串树 Bridelia balansae Tutch.					●																												△		△			
土蜜树 B. monoica (Lour.) Merr.					●																												△	△	△	△		
巴豆 Croton tiglium L.									●	◎																△	△	△		△	△		△	△	△	△	△	
牛耳枫 Daphniphyllum calycinum Renth.				●																									△						△	△		
虎皮楠 D. glaucescens Bl.				●																							△	△	△	△			△	△	△	△		
狼毒大戟 Euphorbia fischeriana Steud.									●	◎		△	△	△	△	△																						
泽漆 E. helioscopia L.										●		△	△	△				△	△	△			△		△	△	△	△	△		△	△					△	
地锦草 E. humifusa Willd.					●				◎			△	△	△	△	△	△	△	△	△	△		△	△	△	△	△	△	△	△	△							
甘遂 E. kansui Liou. ined.									●								△		△	△	△																	
续随子 E. lathyris L.				●					◎				△	△		△	△		△							△	△				△		△	△			△	

名称	用途											产地																										
	纤维	淀粉及糖	油脂	芳香油	树脂	鞣料	树胶	橡胶及硬橡胶	药用	土农药	其他	黑龙江	吉林	辽宁	内蒙古	河北	山西	山东	河南	陕西	甘肃	宁夏	青海	新疆	安徽	江苏	浙江	湖南	江西	湖北	四川	贵州	福建	台湾	广东	广西	云南	西藏
大戟 E. pekinensis Rupr.									●			△	△	△		△	△	△	△	△	△		△		△	△	△	△	△	△	△	△	△		△	△	△	
钩腺大戟 E. sieboldiana Morr. et Decne.									●			△	△	△		△		△	△	△					△	△	△	△		△	△		△			△		
草沉香 Excoecaria acerifolia F. Didr.				●																								△		△	△	△					△	
厚叶算盘子 Glochidion dasyphyllum K. Koch					●																													△	△	△		
馒头果 G. forttunei Hance.				●																					△	△	△	△		△	△		△	△	△			
香港算盘子 G. hongkongense Muell. -Arg.					●																														△			
算盘子 G. puberum (L.) Hutch.				●																△	△				△	△		△		△	△	△			△	△	△	
圆果算盘子 G. sphaerogynum Kurz.					●																										△					△	△	
白背算盘子 G. wilsonii Hutch.					●																								△	△		△				△		
三叶橡胶树 Hevea brasiliensis (Hbk.) Muell. -Arg.			◎					●																									△	△	△	△	△	
水柳仔 Homonoia riparia Lour.	●																														△			△			△	
麻风树 Jatropha curcas L.				●																											△	△			△	△	△	
血桐 Macaranga tanarius Muell. -Arg.	●																														△			△	△			
白背叶 Mallotus apelta (Lour.) Muell. -Arg.	◎			●															△						△		△	△							△	△		
毛桐 M. barbatus (Wall.) Muell. -Arg.	●			◎																										△	△	△			△	△	△	
白楸 M. cochinchinensis Lour.	●																																	△	△	△	△	
毛桐子 M. nepalensis Muell. -Arg.	●																													△	△						△	
粗糠柴 M. philippinensis (Lam.) Muell. -Arg.	◎			●																							△	△		△	△	△		△	△	△	△	
石岩枫 M. repandus Muell. -Arg.	◎			●																△					△	△	△	△		△	△		△	△	△			
野桐 M. tenuifolius Pax	◎			●																					△	△	△	△		△	△		△			△		
木薯 Manihot esculenta Crantz		●																														△	△	△	△	△	△	
木薯橡胶树 M. glaziovoii MuelL. -Arg.								●																														
余甘子 Phyllanthus emblica L.				◎	●																										△	△	△	△	△	△	△	
蓖麻 Ricinus communis L.	◎			●						◎		△	△	△	△	△	△	△	△	△	△	△	△	△	△	△	△	△	△	△	△	△	△	△	△	△	△	
白乳木 Saplum japonicum (Sieb. et Zucc.) Pax et Hoffm.				●														△	△	△					△		△	△	△	△	△	△	△		△	△		
山乌桕 S. discolor (Champ.) Muell.-Arg.				●																							△	△	△			△	△	△	△	△	△	
圆叶乌桕 S. rotundifolium Hemsl.				●																								△							△	△		
乌桕 S. sebiferum (L.) Roxb.				●	◎													△	△	△	△				△	△	△	△	△	△	△	△	△	△	△	△	△	

名称	用途											产地																										
	纤维	淀粉及糖	油脂	芳香油	树脂	鞣料	树胶	橡胶及硬橡胶	药用	土农药	其他	黑龙江	吉林	辽宁	内蒙古	河北	山西	山东	河南	陕西	甘肃	宁夏	青海	新疆	安徽	江苏	浙江	湖南	江西	湖北	四川	贵州	福建	台湾	广东	广西	云南	西藏
叶底珠 Securinega suffruticosa (Pall.) Rehd.	●								◎			△	△	△		△	△	△	△	△					△	△	△				△		△					
地构菜 Speranskia tuberculata (Bge.) Baill.									●							△	△	△	△	△	△					△												
马桑科 Coriariaceae																																						
马桑 Coriaria sinica Maxim.		●		◎	◎					◎							△		△	△	△							△		△	△	△				△	△	
漆树科 Anacardiaceae																																						
岭南酸枣 Allospondias lakonensis (Pierre) Stapf				●																													△		△			
南酸枣 Choerospon dias axillaris (Roxb.) Burtt et Hill	◎				●																						△	△		△		△	△		△	△	△	
黄栌 Cotinus coggygria Scop.					●	◎										△	△	△	△	△							△			△	△	△					△	
人面子 Dracontomelon dao (Blanco) Merr. et Rolfe				●																															△	△		
厚皮树 Lannea grandis (Dennst.) Engl.					●																														△		△	
杧果 Mangifera indica L.																																						
黄连木 Pistacia chinensis Bge.				●	◎	◎										△		△	△	△					△	△	△	△		△	△	△		△	△	△	△	
清香木 P. weinmannifolia Poiss.						●																									△						△	
盐肤木 Rhus chinensis Mill.				◎	●				◎					△		△	△	△	△	△	△				△	△	△	△	△	△	△	△			△	△	△	
山漆树 R. delavayi Franch.				●																											△	△					△	
青麸杨 R. potanini Maxim.				◎	●											△	△		△	△	△						△	△	△	△	△	△	△					
红麸杨 R. punjabensis Stew. var. sinica (Diels) Rehd. et Wils.					●																							△		△	△	△						
木蜡树 R. succedanea L.				●	◎		◎									△			△						△	△	△		△	△	△	△		△	△	△	△	
野漆树 R. sylvestris Sieb. et Zucc.				●																					△	△	△	△	△	△	△	△	△	△				
漆树 R. verniciflua Stokes				◎			●							△		△			△	△	△				△		△	△	△	△	△	△	△	△	△	△	△	△
冬青科 Aquifoliaceae																																						
冬青 Ilex chinensis Sims					●																				△	△	△	△	△	△	△	△	△		△		△	
枸骨 I. cornuta Lindl.				●					◎										△						△	△	△	△	△	△						△		
铁冬青 I. rotunda Thunb.				●	◎																				△	△	△	△	△				△	△	△	△	△	
细叶冬青 I. triflora Bl. var. viridis (Champ.) Lces.							●																		△		△		△				△		△			
卫矛科 Celastraceae																																						
马断肠 Celastrus angulatus Maxim.	●									◎									△	△	△									△	△	△			△	△	△	

名称	用途											产地																										
	纤维	淀粉及糖	油脂	芳香油	树脂	鞣料	树胶	橡胶及硬橡胶	药用	土农药	其他	黑龙江	吉林	辽宁	内蒙古	河北	山西	山东	河南	陕西	甘肃	宁夏	青海	新疆	安徽	江苏	浙江	湖南	江西	湖北	四川	贵州	福建	台湾	广东	广西	云南	西藏
刺叶南蛇藤 C. flagellaris Rupr.				●									△	△		△											△											
大芽南蛇藤 C. gemmatus Loes.	●			◎																					△		△	△	△	△	△		△		△	△	△	
南蛇藤 C. orbiculatus Thunb.	●			◎					◎				△	△	△	△	△		△		△				△	△	△			△	△							
红果藤 C. paniculatus Willd.				●																														△		△	△	
短梗南蛇藤 C. rosthornianus Loes.	●																											△		△	△	△			△	△	△	
卫矛 Evonymus alata (Thunb.) Regel				◎				●	◎				△	△	△	△	△	△	△	△					△	△	△	△	△	△	△	△						
丝棉木 E. bungeana Maxim.				●				◎					△	△	△	△	△	△	△	△	△				△	△	△			△			△					
大花卫矛 E. grandiflora Wall.				◎				●												△					△	△	△		△	△	△						△	
疏花卫矛 E. laxiflora Champ.								●																											△	△		
华北卫矛 E. maackii Rupr.				●				◎				△	△	△	△	△	△	△			△				△	△					△							
翅卫矛 E. macroptera Rupr.				●								△	△	△																								
大果卫矛 E. myriantha Hemsl.								●																				△		△	△	△			△	△		
染用卫矛 E. tingens Wall.				●																											△					△	△	
垂丝卫矛 E. oxyphylla Miq.	◎			●														△							△		△	△			△							
东北雷公藤 Tripterygium regelii Sprague et Takeda	●													△																								
雷公藤 T. wilfordii Hook. f.	◎									●															△		△	△	△				△	△	△			
省沽油科 Staphyleaceae																																						
野鸦椿 Euscaphis japonica (Thunb.) Kanitz.				●	◎												△		△						△	△	△	△	△	△	△	△	△	△	△	△		
省沽油 Staphylea bumalea DC.				●								△	△	△		△	△								△		△			△								
茶茱萸科 Icacinaceae																																						
琼榄 Gonocaryum maclurei Merr.				●																																		
槭树科 Aceraceae																																						
毛脉槭 Acer barbinerve Maxim.					●							△	△	△																								
小叶青皮槭 A. cappadocicum Gled. var. sinicum Rehd.	●																								△		△			△	△						△	
青榨槭 A. davidi Franch.	●				◎											△	△		△	△	△				△	△	△	△	△	△	△	△	△		△	△	△	△
茶条槭 A. ginnala Maxim.	◎			◎	●							△	△	△	△	△	△	△	△	△	△		△		△	△	△		△	△					△			
小楷槭 A. komarovii Pojark.					●								△	△																								
疏花槭 A. laxiflorum Pax	●																														△							
白牛槭 A. mandshuricum Maxim.					●							△	△	△																								

名称	用途											产地																										
	纤维	淀粉及糖	油脂	芳香油	树脂	鞣料	树胶	橡胶及硬橡胶	药用	土农药	其他	黑龙江	吉林	辽宁	内蒙古	河北	山西	山东	河南	陕西	甘肃	宁夏	青海	新疆	安徽	江苏	浙江	湖南	江西	湖北	四川	贵州	福建	台湾	广东	广西	云南	西藏
色木槭 A. mono Maxim.	●				◎							△	△	△	△	△	△	△	△	△	△				△	△	△	△	△	△	△						△	
紫花槭 A. pseudo-sieboldianum Kom.					●							△	△	△																								
青楷槭 A. tegmentosum Maxim.				●	◎							△	△	△																								
三花槭 A. triflorum Kom.	◎				●								△	△																								
花楷槭 A. ukurunduense Trautv. et Mey.					●							△	△	△																								
七叶树科 Hippocastanaceae																																						
七叶树 Aesculus chinensis Bge.				●					◎							△	△	△	△	△	△					△	△											
天师栗 A. wilsonii Rehd.				●																								△	△	△	△	△			△			
无患子科 Sapindaceae																																						
细子龙 Amesiodendron chinense (Merr.)Hu				●																												△			△	△	△	
龙眼 Euphoria longan (Lour.) steud.		●																													△		△	△	△	△		
茶条木 Delavaya yunnanensis-Franch.				●																																△	△	
车桑仔 Dodonaea viscosa (L.) Jacq.				●																											△		△	△		△	△	
平舟木 Handeliodendron bodinieri (Lévl.) Rehd.				●																												△				△		
栾树 Koelreuteria paniculata Laxm.				●	◎							△	△	△		△	△	△	△	△	△				△	△	△				△		△	△				
荔枝 Litchi chinensis Sonn.		●																													△		△	△	△	△	△	
海南韶子 Nephelium lappaceum L. var. topengii (Merr.) How et Ho				◎	●																														△		△	
云南无患子 Sapindus delavayi (Fr.) Radlk.				●																											△						△	
无患子 S. mukorossi Gaertn.				●						◎	◎									△					△	△	△	△	△	△	△	△	△	△	△	△		
文冠果 Xanthoceras sorbifolia Bge.				●										△	△	△	△	△	△	△	△																	
清风藤科 Sabiaceae																																						
红枝柴 Meliosma oldhamii Miq.				●																					△	△		△	△	△	△	△					△	
山様叶泡花树 M. buchananifolia Merr.				●																												△	△		△	△	△	
山青木 M. Kirkii Hemsl. et Wils.					●																							△			△						△	
笔罗子 M. rigida Sieb. et Zucc.				◎	●																						△						△	△	△	△		
四川清风藤 Sabia schumanniana Diels									●																					△	△							
凤仙花科 Balsaminaceae																																						
凤仙花 hmpatiens balsamina L.									●			△	△	△	△	△	△	△	△	△	△	△	△	△	△	△	△	△	△	△	△	△	△	△	△	△	△	
鼠李科 Rhamnaceae																																						

名称	用途											产地																										
	纤维	淀粉及糖	油脂	芳香油	树脂	鞣料	树胶	橡胶及硬橡胶	药用	土农药	其他	黑龙江	吉林	辽宁	内蒙古	河北	山西	山东	河南	陕西	甘肃	宁夏	青海	新疆	安徽	江苏	浙江	湖南	江西	湖北	四川	贵州	福建	台湾	广东	广西	云南	西藏
勾儿茶 Berchemia racemosa Sieb. et Zucc.	●								◎																△			△	△	△			△	△	△			
枳椇 Hovenia dulcis Thunb.		●							◎							△		△	△	△	△				△	△	△	△	△	△	△	△	△		△	△	△	
铜钱树 Paliurus hemsleyanus Rehd.					●															△					△	△				△	△					△	△	
马甲子 P. ramosissimus Poir.				●																△					△	△	△	△	△	△	△	△	△	△	△	△	△	
卵叶猫乳 Rhamnella obovalis Schneid.	●																		△							△			△	△								
锐齿鼠李 Rhamnus argutus Maxim.				●								△	△	△	△	△			△	△	△																	
鼠李 R. davurica Pall.				●	◎				◎			△	△	△	△	△	△	△	△	△								△		△	△							
圆叶鼠李 R. globosus Bge.				●												△		△		△					△	△	△		△				△					
海南鼠李 R. hainanensis Merr. et Chun				●																															△	△		
朝鲜鼠李 R. koraiensis Schneid.				●									△	△																								
长柄鼠李 R. longipes Merr. et Chun				●																															△			
乌苏里鼠李 R. ussuriensis J. Vass.				●								△	△	△	△																							
冻绿 R. utilis Decne.				●							◎								△	△	△					△	△	△		△		△					△	
枣 Zizyphus sativa Gaertn.		●							◎							△	△	△	△	△	△																	
酸枣 Z. sativa Gaertn. var. spinosa (Bge.) Schneid.		◎							●		◎	0		△	△	△	△	△	△	△	△				△	△				△	△							
葡萄科 Vitaceae																																						
蓝果野葡萄 Ampelopsis bodinieri (Lévl. et Vant.) Rehd.					●																									△		△						
蛇白蔹 A. brevipedunculata (Maxim.) Trautv.		●												△		△	△	△								△									△			
光叶蛇白蔹 A. brevipedunculata (Maxim.) Trautv. var. maximowiczii Rehd.				●	◎							△	△	△	△			△																				
白蔹 A. japonica Makino.		◎							●			△	△	△				△	△						△	△			△	△	△							
乌蔹莓 Cayratia japonica (Thunb.) Gagnep.	●						◎																					△		△	△		△		△	△	△	
爬山虎 Parthenocissus tricuspidata (Sieb. et Zucc.) Planch.		●														△	△	△	△	△	△						△	△	△	△					△			
山葡萄 Vitis amurensis Rupr.		●		◎							◎	△	△	△		△		△	△	△	△				△	△	△											
刺葡萄 V. davidi Foëx.		●																	△						△	△	△	△	△	△	△	△					△	
葛藟 V. flexuosa Thunb.		●																								△	△		△	△					△		△	
复叶葡萄 V. piasezkii Maxim.		●																	△	△	△							△		△	△							
腺葡萄 V. romaneti Roman.		●																	△	△										△	△							
蘡薁 V. thunbergii Sieb. et Zucc.	◎	●																△							△	△	△		△	△	△		△	△				

名称	用途											产地																										
	纤维	淀粉及糖	油脂	芳香油	树脂	鞣料	树胶	橡胶及硬橡胶	药用	土农药	其他	黑龙江	吉林	辽宁	内蒙古	河北	山西	山东	河南	陕西	甘肃	宁夏	青海	新疆	安徽	江苏	浙江	湖南	江西	湖北	四川	贵州	福建	台湾	广东	广西	云南	西藏
葡萄 V. vinifera L.		●		◎								△		△	△	△	△	△	△	△	△			△	△	△												
杜英科 Elaeocarpaceae																																						
中华杜英 Elaeocarpus chinensis (Gardn. et Champ.) Hook. f.					●																				△		△		△				△		△	△		
剑叶杜英 E. lanceaefolia Roxb.				●																														△	△	△		
山杜英 E. sylvestris (Lour.) Poir.	◎				●																						△	△	△				△	△	△	△		
椴树科 Tiliaceae																																						
柯榔木 Colona floribunda (Wall.) Crb.	●																																				△	
光果田麻 Corchoropsis psilocarpa Harms. et Loes.	●											△	△	△		△	△	△	△						△	△	△	△	△	△								
毛果田麻 C. tomentosa Makino	●											△	△	△		△	△	△	△						△	△	△			△								
假黄麻 Corchorus acutargulus Lam.	●																								△	△	△					△	△	△	△	△	△	
黄麻 C. capsularis L.	●																								△	△	△	△	△	△	△	△	△	△	△	△	△	
长蒴黄麻 C. olitorius L.	●																																		△	△	△	
苘麻叶解宝树 Grewia abutilifolia Juss.	●																																			△	△	
扁担杆 G. biloba G. Don	●															△	△		△	△	△				△	△	△	△	△	△	△	△			△	△	△	
毛果解宝叶 G. eriocarpa Juss.	●																																		△	△	△	
镰叶解宝叶 G. falcata C. Y. Wu	●																																				△	
亨利解宝叶 G. henryi Burret	●																															△				△	△	
黄果扁担杆 G. hirsute- velutina Burret	●																																		△	△	△	
澜沧扁担杆 G. lantsangensis Hu	●																																				△	
无柄解宝叶 G. sessilifolia Gagnep.	●																																		△	△		
破布叶 Microcos paniculata L.	●																																		△	△	△	
紫椴 Tilia amurensis Rupr.	●			◎								△	△	△	△		△																					
庐山椴 T. breviradiata Hu et Cheng	●																												△							△		
华椴 T. chinensis Maxim.	●																		△	△	△									△	△						△	
红皮椴 T. dictyoneura Engler	●																△		△	△																		
湘椴 T. endochrysea Hand. -Mzt.	●																											△										
粉椴 T. henryana Szysz.	●																		△	△	△				△	△			△	△								
糠椴 T. mandschurica Rupr. et Maxim.	●			◎								△	△	△	△	△		△	△		△																	
南京椴 T. miqueliana Maxim.	●																	△							△	△	△				△							

名称	用途											产地																										
	纤维	淀粉及糖	油脂	芳香油	树脂	鞣料	树胶	橡胶及硬橡胶	药用	土农药	其他	黑龙江	吉林	辽宁	内蒙古	河北	山西	山东	河南	陕西	甘肃	宁夏	青海	新疆	安徽	江苏	浙江	湖南	江西	湖北	四川	贵州	福建	台湾	广东	广西	云南	西藏
蒙椴 T. mongolica Maxim.	●													△	△	△	△		△	△	△																	
大叶椴 T. nobilis Rehd. et Wils.	●																														△							
鄂椴 T. oliveri Szysz.	●																		△	△						△	△	△		△	△							
椴树 T. tuan Szysz.	●					◎														△						△	△	△	△	△	△	△	△		△	△	△	
滇椴 T. yurnnanensis Hu	●																																				△	
小刺蒴麻 Triumfetta annua L.	●																																				△	
刺蒴麻 T. bartramia L.	●																																	△	△	△	△	
长钩刺蒴麻 T. pilosa Roth.	●																																	△		△	△	
毛刺蒴麻 T. tomentosa Bojer.	●																															△	△		△	△		
锦葵科 Malvaceae																																						
海南秋葵 Abelmoschus hainanensis S. Y. Hu	●																															△					△	
刚毛秋葵 A. manibot (L.) Medic. var. pungens (Roxb.) Hochr.	●																													△	△				△		△	
黄蜀葵 A.s manihot (L.) Medic.							●													△									△	△		△			△	△	△	
黄葵 A. moschatus (L.) Medic.	●					◎																							△					△	△	△	△	
苘麻 A. avicennae Gaertn.	●			◎								△	△	△		△	△	△	△	△	△				△	△	△	△	△	△	△	△	△	△	△	△	△	
磨盘草 A. indicum(L.) G. Don	●																															△	△	△	△	△	△	
蜀葵 Althaea rosea Cav.	●											△	△	△	△	△	△	△	△	△	△	△	△	△	△	△	△	△	△	△	△	△	△	△	△	△	△	△
海岛棉 Gossypium barbadense L.	●																																△	△	△	△	△	
陆地棉 G. hirsutum L.											●	△	△	△	△	△	△	△	△	△	△	△	△	△	△	△	△	△	△	△	△	△	△	△	△	△	△	△
洋麻 Hibiscus cannabinus L.	●											△	△	△		△		△	△						△	△	△	△	△	△	△	△	△	△	△	△	△	
大叶木槿 H. macrophyllus Roxb.	●																																				△	
木芙蓉 H. mutabilis L.	●			◎					◎									△		△					△	△	△	△	△	△	△	△	△	△	△	△	△	
扶桑 H. rosa-sinensis L.	●																																		△	△		
木槿 H. syriacus L.	●								◎											△					△	△	△	△	△	△	△	△	△	△	△	△	△	
黄槿 H. tiliaceus L.	●																																	△	△			
野西瓜苗 H. trionum L.				●								△	△	△		△				△					△	△								△				
美丽芙蓉 H. venustus Bl.	●			◎																											△				△	△	△	
槛的木 Kydia calycina Roxb.	●																																				△	
冬葵 Malva verticillata L.	●											△	△	△	△	△	△	△	△	△	△			△	△	△	△	△	△	△	△	△	△	△	△	△	△	
黄花稔 Sida acuta Burm.	●																																△	△	△	△	△	

名称	用途											产地																										
	纤维	淀粉及糖	油脂	芳香油	树脂	鞣料	树胶	橡胶及硬橡胶	药用	土农药	其他	黑龙江	吉林	辽宁	内蒙古	河北	山西	山东	河南	陕西	甘肃	宁夏	青海	新疆	安徽	江苏	浙江	湖南	江西	湖北	四川	贵州	福建	台湾	广东	广西	云南	西藏
心叶黄花稔 S. cordifolia L.	●																																	△	△	△	△	
白背黄花稔 S. rhombifolia L.	●																											△	△	△		△		△	△	△	△	
拔毒散 S. szechuensis Matsuda.	●																														△	△				△	△	
肖槿 Thespesia lampas (Cav.) Dalz. et Gils.	●																																		△	△	△	
肖梵天花 Urena lobata L.	●			◎																					△	△	△	△	△	△	△	△	△	△	△	△	△	
梵天花 U. lobata L. var. sinuate (L.) Gagnep.	●																										△						△		△			
波叶野棉花 U. rependa Roxb.	●																																			△	△	
木棉科 Bombacaceae																																						
吉贝 Ceiba pentandra (L.) Gaertn.	◎			●																															△	△	△	
木棉 Gossampinus malabarica (DC.) Merr.	●			◎					◎																				△		△	△	△	△	△	△	△	
梧桐科 Sterculiaceae																																						
昂天莲 Abroma angusta (L.) L. f.	●																															△			△	△	△	
刺果藤 Buettneria aspera Colebr.	●																																		△	△	△	
山麻树 Commersonia bartramia (L.) Merr.	●																																		△		△	
广西芒木 Eriolaena kwangsiensis Hand. –Mzt.	●																																			△		
火绳树 E. malvacea (Lévl.) Hand. -Mzt.	●																																				△	
梧桐 Firmiana simplex (L.) F. W. Wight	◎			●					◎							△		△	△	△	△				△	△	△	△	△	△	△	△	△	△	△	△	△	
山芝麻 Helicteres angustifolia L.	●																												△				△		△	△		
长角山芝麻 H. elongata. Wall.	●																																				△	
雁婆麻 H. hirsuta Lour.	●																																		△	△		
纽蒴山芝麻 H. isora L.	●																																				△	
剑叶山芝麻 H. lanceolata DC.	●																																		△	△	△	
鹧鸪麻 Kleinhovia hospita L.	●																																	△				
马松子 Melochia corchorifolia L.	●																								△	△	△		△				△		△	△		
翻白叶树 Pterospermum heterophyllum Hance	●																																△	△	△	△		
长柄梭罗树 Reevesia longipetiolata Merr. et Chun	●																																		△	△		
大叶梭罗树 R. megaphylla Hu	●																																				△	
毛叶梭罗树 R. pubescens Mast.	●																														△					△	△	
梭罗树 R. sinica Wils.	●																												△		△						△	
两广梭罗树 R. thyrsoidea Lindl.	●																																		△	△		

名称	用途											产地																											
	纤维	淀粉及糖	油脂	芳香油	树脂	鞣料	树胶	橡胶及硬橡胶	药用	土农药	其他	黑龙江	吉林	辽宁	内蒙古	河北	山西	山东	河南	陕西	甘肃	宁夏	青海	新疆	安徽	江苏	浙江	湖南	江西	湖北	四川	贵州	福建	台湾	广东	广西	云南	西藏
假苹婆 Sterculia lanceolata Cav.	●			◎																												△			△	△	△	
苹婆 S. nobilis Smith	●																															△			△	△		
棉毛苹婆 S. pexa Pierre	●																																			△	△	
长毛苹婆 S. villosa Roxb.	●																																				△	
滇苹婆 S. yunnanensis Hu	●																																				△	
可可树 Theobroma cacao L.											●																											
和他草 Waltheria americana L.	●																																△	△	△	△		
第伦桃科 Dilleniaceae																																						
锡叶藤 Tetracera scandens (L.) Merr.	●																																		△	△	△	
猕猴桃科 Actinidiaceae																																						
软枣猕猴桃 Actinidia arguta (Sieb. et Zucc.) Planch.		●										△	△	△		△	△	△	△	△					△	△	△											
京梨 A. callosa Lindl.		●																							△		△	△	△	△	△	△		△	△	△	△	
猕猴桃 A. chinensis Planch.		◎					◎				●								△	△	△				△	△	△	△		△	△	△	△	△	△	△	△	
革叶猕猴桃 A. coriacea (Fin. et Gagnep.) Dunn		●					◎																								△	△					△	
毛花杨桃 A. eriantha Benth.		●																									△	△	△				△		△	△		
狗枣猕猴桃 A. kolomikta (Rupr. et Maxim.) Maxim.		◎									●	△	△	△		△				△										△	△							
木天蓼 A. polygama (Sieb. et Zucc.) Miq.		●										△	△	△		△																						
峨眉铁线山柳 Clematoclethra faberi Franch.					●																										△	△						
山茶科 Theaceae																																						
尖叶杨桐 Adinandra bockiana Pritzel. var. acutifolia (Hand. -Mzt.) Kob.	●																											△	△			△	△			△		
红花油茶 Camellia chekiang-oleosa Hu				●																					△		△		△				△					
尖叶山茶 C. cuspidata (Kochs) Veitch.				●																					△	△		△		△	△				△	△		
香港山茶 C. hongkongensis Seem.				●																															△			
山茶花 C. japonica L.				●																					△	△	△	△		△	△				△		△	
梨茶 C. latilimba Hu				●																													△					
油茶 C. oleifera Abel				●						◎															△	△	△	△	△	△	△		△	△	△	△	△	
宛田红花油茶 C. polyodonta Chun et How. ined.				●																								△	△		△				△	△		

名称	用途											产地																										
	纤维	淀粉及糖	油脂	芳香油	树脂	鞣料	树胶	橡胶及硬橡胶	药用	土农药	其他	黑龙江	吉林	辽宁	内蒙古	河北	山西	山东	河南	陕西	甘肃	宁夏	青海	新疆	安徽	江苏	浙江	湖南	江西	湖北	四川	贵州	福建	台湾	广东	广西	云南	西藏
广宁油茶 C. semiserrata Chi				●																															△	△		
茶 C. sinensis (L.) O. Ktze.				●					◎											△					△	△	△	△	△	△	△	△	△		△	△		
茶 C. sinensis Kuntze.				●					◎											△					△	△	△	△	△	△	△	△	△		△	△		
野山茶 C. yunnanensis (Pitard) Cohen-Stuart.				●																											△						△	
光枝胡氏柃 Eurya huiana Kobuski f. glaberrima Chang					●																						△											
大头茶 Polyspora axillaris (Roxb.) Sweet					●																						△				△		△	△	△	△	△	
天目紫茎 Stewartia gemmata Chien et Cheng.				●																							△	△	△									
厚皮香 Ternstroemia gymnanthera (Wight et Arn.) Sprague				●	◎																				△		△	△	△		△				△	△	△	
藤黄科 Guttiferae																																						
黄牛木 Cratoxylon ligustrinum (Spach.) Bl.							●																												△	△	△	
多花山竹子 Garcinia multiflora Champ.				●																									△					△	△	△	△	
海南山竹子 G. oblongifolia Champ.				●																															△	△		
黄海棠 Hypericum ascyron L.				●	◎				◎			△	△	△	△	△	△	△	△	△	△		△		△	△	△	△	△	△	△	△	△	△	△	△	△	
贯叶连翘 H. perforatum L.									●							△		△		△						△			△		△							
铁力木 Mesua ferrea L.				●																																△	△	
龙脑香科 Dipterocarpaceae																																						
羯布罗香 Dipterocarpus turbinatus Gaertn.						●																															△	
坡垒 Hopea chinensis Hand. -Mzt.							●																												△	△		
柽柳科 Tamaricaceae																																						
柽柳 Tamarix chinensis Lour.	●				◎				◎			△	△	△		△	△	△	△	△						△				△								
半日花科 Cistus																																						
赖百当 Cistus ladaniferus L.						●																																
堇菜科 Violaceae																																						
紫罗兰 viola odorata L.						●						△	△	△	△	△	△	△	△	△	△	△	△	△	△	△	△	△	△	△	△	△	△	△	△	△	△	
辽堇菜 V. yedoensis Mak.									●							△		△	△						△	△	△		△		△	△	△		△	△	△	
大枫子科 Flacourtiaceae																																						
山桐子 Idesia polycarpa Maxim.				●																△							△	△		△	△	△		△	△	△	△	
柞木 Xylosma racemosum (s. et Z.) Miq.				●															△	△					△	△	△	△	△	△	△	△	△		△	△	△	
旌节花科 Stachyuraceae																																						

名称	用途											产地																										
	纤维	淀粉及糖	油脂	芳香油	树脂	鞣料	树胶	橡胶及硬橡胶	药用	土农药	其他	黑龙江	吉林	辽宁	内蒙古	河北	山西	山东	河南	陕西	甘肃	宁夏	青海	新疆	安徽	江苏	浙江	湖南	江西	湖北	四川	贵州	福建	台湾	广东	广西	云南	西藏
卵叶旌节花 Stachyurus obovata (Rehd.) Cheng					●																										△							
西番莲科 Passifloraceae																																						
鸡蛋果 Passiflcra edulis Sims.				●																													△	△	△			
万寿果科 Caricaceae																																						
番木瓜 Carica papaya L.		●							◎																								△	△	△	△	△	
瑞香科 Thymelaeaceae																																						
土沉香 Aquilaria sinensis (Lour.) Gilg.	◎			◎		◎			●																								△		△	△		
结香 Edgeworthia chrysantha Lindl.	●								◎										△	△					△	△	△	△	△	△	△				△	△	△	
长梗结香 E. gardneri (Wall.) Meisn.	●					◎																															△	
费氏瑞香 Daphne feddei Lévl.	●																														△	△					△	
芫花 D. genkwa Sieb. et Zucc.	●								◎							△	△	△	△	△	△				△	△	△	△	△	△	△			△				
黄瑞香 D. giraldii Nitsche	●																			△	△		△								△							
瑞香 D. odora Thunb. var. atrocaulis Rehd.	●					◎																			△		△	△	△	△	△			△		△		
白瑞香 D. papyracea Wall.	●																											△			△	△			△	△	△	
狼毒 Stellera chamaejasme L.	◎	◎							●	◎		△	△	△	△	△	△		△		△		△								△	△					△	
黄构皮 Wikstroemia angustifolia Hemsl.	●																													△								
小黄构 W. brevipaniculata Rehd.	●																			△										△	△						△	
荛花 W. canescens Meisn	●																			△								△	△	△							△	
河朔荛花 W. chamaedaphne Meisn.	●															△	△		△	△	△									△								
长花荛花 W. dolichantha Diels	●																														△						△	
光叶荛花 W. glabra Cheng	●																								△		△		△									
南岭荛花 W. indica C. A. Mey.	●			◎					◎																		△	△	△		△		△	△	△	△		
北江荛花 W. monnula Hance	●																										△	△				△			△	△		
细轴荛花 W. nutans Champ.	●																											△					△		△	△		
山棉皮 W. pilosa Cheng.	●																										△			△						△		
雁皮 W. sikokiana Franch. et Savat.	●																								△		△											
胡颓子科 Elaeagnaceae																																						
沙枣 Elaeagnus angustifolia L.		●				◎	◎							△	△		△		△	△	△	△	△	△														
木半夏 E. multiflora Thunb.	●					◎												△							△	△	△	△	△	△	△		△					
胡颓子 E. pungens Thunb.	◎	●				◎														△					△	△		△	△	△	△	△	△					

名称	用途											产地																										
	纤维	淀粉及糖	油脂	芳香油	树脂	鞣料	树胶	橡胶及硬橡胶	药用	土农药	其他	黑龙江	吉林	辽宁	内蒙古	河北	山西	山东	河南	陕西	甘肃	宁夏	青海	新疆	安徽	江苏	浙江	湖南	江西	湖北	四川	贵州	福建	台湾	广东	广西	云南	西藏
牛奶子 E. umbellata Thunb.		●													△	△	△	△	△	△	△					△	△	△	△	△	△		△				△	
沙棘 Hippophae rhamnoides L.		●		◎	◎						◎				△	△	△		△	△	△		△	△							△	△					△	△
千屈菜科 Lythraceae																																						
吴福花 Woodfordia fruticosa (L.) Kurz					●																														△	△	△	
安石榴科 Punicaceae																																						
石榴 Punica granatum L.					◎				●					△		△	△	△	△	△	△				△	△	△	△		△	△	△	△	△	△	△	△	
红树科 Rhizophoraceae																																						
木榄 Bruguiera conjugata (L.) Merr.					●																													△	△	△		
海莲 B. sexangula (Lour.) Poir.					●																																	
角果木 Ceriops tagal (Perr.) C. B. Rob.					●																																	
秋茄树 Kandelia candel (L.) Druce					●																													△	△			
红树 Rhizophora apiculata Bl.					●																																	
红茄苳 R. mucronata Lam.					●																													△	△			
八角枫科 Alangiaceae																																						
八角枫 Alangium chinense (Lour.) Rehd.	●																		△	△	△				△	△	△	△		△	△	△	△	△	△		△	
毛八角枫 A. kurzii Craib.				●																								△					△		△	△	△	
瓜木 A. platanifolium (Sieb. et Zucc.) Harms	◎				●									△		△		△	△						△		△	△	△	△	△	△	△	△				
使君子科 Combretaceae																																						
榄李 Lumnitzera racemosa Willd.					●																													△	△			
使君子 Quisqualis indica L.									●																			△	△		△	△		△	△	△	△	
榄仁树 Terminalia catappa L.				●																														△	△		△	
诃子 T. chebula Retz.									●																										△		△	
夫兰氏榄仁 T. franchetii Gagnep.					●																										△					△	△	
无毛滇榄仁树 T. franchetii Gagnep. var. glabra Exell.	●																																				△	
海南榄仁 T. hainanensis Exell					●																																	
桃金娘科 Myrtaceae																																						
岗松 Baeckia frutescens L.						●																							△						△	△		
杏仁桉 Eucalyptus amygdalina Labill.						●																													△			
赤桉 E. camaldulensis Dehnh.						●																									△		△		△	△	△	
蓝桉 E. globulus Labill.						●			◎																						△	△	△		△	△	△	

名称	用途：纤维	淀粉及糖	油脂	芳香油	树脂	鞣料	树胶	橡胶及硬橡胶	药用	土农药	其他	产地：黑龙江	吉林	辽宁	内蒙古	河北	山西	山东	河南	陕西	甘肃	宁夏	青海	新疆	安徽	江苏	浙江	湖南	江西	湖北	四川	贵州	福建	台湾	广东	广西	云南	西藏
柠檬桉 E. maculata Hook. var. citriodora (Hook. f.) Bail.						●																									△		△		△			
摩利桉 E. morrisii Bak.						●																													△			
大叶桉 E. robusta Smith					◎	●				◎																		△				△	△		△	△	△	
谷桉 E. smithii Bak.						●																													△			
细叶桉 E. tereticornis Smith						●																											△		△	△		
白千层 Melaleuca leucadendra L.						●																											△		△	△		
番石榴 Psidium guajava L.					●	◎																									△	△	△		△	△	△	
桃金娘 Rhodomyrtus tomentosa (Ait.) Hassk.		◎			●																							△				△	△	△	△	△	△	
赤楠 Syzygium buxifolium Hook. et Arn.		●																							△		△	△	△			△	△	△	△	△		
韩氏蒲桃 S. hancei (Hance.) Merr. et Perry					●																														△			
蒲桃 S. jambos (L.) Alston.		●																															△		△	△	△	
阔叶蒲桃 S. latilimbum (Merr.) Merr. et Perry					●																														△		△	
洋蒲桃 S. samarangense (Bl.) Merr. et Perry		●																																	△	△		
野牡丹科 Melastomataceae																																						
柏拉木 Blastus cochinchinensis Lour.					●																												△	△		△	△	
地菍 Melastoma dodecandrum Lour.					●																										△	△			△	△	△	
狭叶锦香草 Phyllagathis stenophylla (Merr. et Chun) Li					●																																	
菱科 Trapaceae																																						
菱 Trapa bispinosa Roxb.		●										△	△	△	△	△	△	△	△	△	△	△	△	△	△	△	△	△	△	△	△	△	△	△	△	△	△	
细果野菱 T. maximowiczii Korshinsky		●			◎							△	△	△														△				△						
四角野菱 T. natans L.		●										△	△	△		△	△	△	△	△					△	△		△		△	△							
柳叶菜科 Onagraceae																																						
柳兰 Chamaenerion angustifolium (L.) Scop.	◎				●							△	△	△	△	△	△			△			△	△							△						△	
香待霄草 Oenothera odorata Jacq.	◎			●		◎						△	△	△				△								△												
锁阳科 Cynomoriaceae																																						
锁阳 Cynomorium songaricum Rupr.		●			◎				◎						△					△	△		△	△														
五加科 Araliaceae																																						
五加 Acanthopanax gracilistylus W. W. Sm.						◎			●										△						△	△	△	△	△	△	△	△					△	

名称	用途											产地																										
	纤维	淀粉及糖	油脂	芳香油	树脂	鞣料	树胶	橡胶及硬橡胶	药用	土农药	其他	黑龙江	吉林	辽宁	内蒙古	河北	山西	山东	河南	陕西	甘肃	宁夏	青海	新疆	安徽	江苏	浙江	湖南	江西	湖北	四川	贵州	福建	台湾	广东	广西	云南	西藏
刺五加 A. senticosus (Rupr. et Maxim.) Harms				●					◎			△	△	△		△	△			△											△							
楤木 Aralia chinensis L.				◎					●							△	△		△	△	△				△	△	△	△	△	△	△	△	△				△	
龙牙楤木 A. elata (Miq.) Seem.				●								△	△	△																								
东北刺人参 Echinopanax elatus Nakai									●				△																									
中华常春藤 Hedera nepalensis K. Koch var. sinensis (Tobl.) Rehd.					●														△	△	△				△	△	△	△	△	△	△		△		△	△	△	
刺楸 Kalopanax pictus (Thunb.) Nakai				◎	●				◎			△	△	△		△	△	△	△						△	△	△	△	△	△	△	△			△	△	△	
大卫梁王茶 Nothopanax davidi Harms						●																								△	△	△					△	
人参 Panax ginseng C. A. Mey.									●			△	△	△		△	△																					
竹节人参 P. japonicum C. A. Mey.									●																△		△		△	△	△						△	
大叶三七 P. major (Burkill) Ting									●										△	△	△									△	△	△					△	
三七 P. pseudo-ginseng Wall.									●																					△	△	△				△	△	△
鹅掌柴 Schefflera octophylla (Lout.) Harms						●																					△					△	△	△	△	△	△	
通脱木 Tetrapanax papyrifera (Hook.) K. Koch									●																			△	△	△	△	△	△	△	△		△	
伞形科 Umbelliferae																																						
莳萝 Anethum graveolens L.						●						△	△	△																								
白芷 Angelica dahurica (Fisch.) Benth. et Hook.				◎					●			△	△	△		△											△				△							
大齿当归 Angelica grosseserrata Maxim.						●						△	△	△		△			△							△	△				△							
当归 A. sinensis (Oliv.) Diels						◎			●											△	△										△						△	
旱芹 Apium graveolens L.						●						△	△	△	△	△	△	△	△	△	△	△	△	△	△	△	△	△	△	△	△	△	△	△	△	△	△	
细叶柴胡 Bupleurum scorzoneraefolium Wiild.									●			△	△	△	△	△		△			△		△	△	△	△				△	△							
页蒿 Carum carvi L.						●						△		△	△									△														
积雪草 Centilla asiatica (L.) Urb.									●																	△	△		△		△				△	△	△	
明党参 Changium smyrnioides Wolff									●																△	△	△											
蛇床 Cnidium monnieri (L.) Cuss.						◎			●	◎			△	△				△	△	△						△	△		△		△	△	△		△		△	
芫荽 Coriandrum sativum L.						●			◎			△	△	△	△	△	△	△	△	△	△	△	△	△	△	△	△	△	△	△	△	△	△	△	△	△	△	
鸭儿芹 Cryptotaenia japonica Hassk.				●								△	△	△											△	△	△											
胡萝卜 Daucus carota L.						◎			●																△	△	△	△	△	△	△	△						
小茴香 Foeniculum vulgare Mill.						●			◎			△	△	△	△	△	△	△	△	△	△	△	△	△	△	△	△	△	△	△	△	△	△	△	△	△	△	

名称	用途											产地																										
	纤维	淀粉及糖	油脂	芳香油	树脂	鞣料	树胶	橡胶及硬橡胶	药用	土农药	其他	黑龙江	吉林	辽宁	内蒙古	河北	山西	山东	河南	陕西	甘肃	宁夏	青海	新疆	安徽	江苏	浙江	湖南	江西	湖北	四川	贵州	福建	台湾	广东	广西	云南	西藏
珊瑚菜 Glehnia littoralis F. Schmidt									●					△		△		△								△	△						△	△	△			
破铜钱 Hydrocotyle sibthorpioides Lamk.									●					△					△						△	△	△	△	△	△	△		△	△	△	△	△	
辽藁本 Ligusticum jeholense Nakai et Kitag.						◎			●				△	△		△	△	△																				
藁本 L. sinense Oliv.									●									△		△								△	△	△	△							
川芎 L. wallichii Franch.									●																						△	△					△	
水芹 Oenanthe decumbens (Thunb.) K. -Pol.									●										△						△	△	△	△	△	△	△			△	△	△		
紫花前胡 Peucedanum decursivum (Miq.) Maxim.						●													△						△	△	△	△	△	△	△	△	△			△	△	
白花前胡 P. praeruptorum Dunn									●									△		△					△	△	△	△	△	△	△		△			△		
苦爹菜 Pimpinella diversifolia DC.						●																			△	△	△	△		△	△	△	△		△	△	△	
防风 Saposhnikovia divaricata (Turcz.) Schischk.									●			△	△	△	△	△		△	△																			
竹叶防风 Seseli delavayi Franch.									●																						△	△					△	
破子草 Torilis anthriscus (L.) Gmel.									●																△	△		△			△				△	△		
山茱萸科 Cornaceae																																						
灯台树 Cornus controversa Hemsl.				●	◎													△	△						△		△	△	△	△	△	△			△	△	△	
广东灯台树 C. fordii Hemsl.				●																										△					△	△		
梾木 C. macrophylla Wall.				●	◎													△	△	△	△					△	△	△		△	△	△					△	
水泡叶树 C. oblonga Wall.						●																									△	△					△	
山茱萸 C. officinalis Sieb. et Zucc.									●								△	△	△	△					△		△				△							
小梾木 C. paucinervis Hance	●																												△	△	△				△		△	
毛梾 C. walteri Wanger.				●	◎									△		△	△	△	△	△						△				△	△						△	
四照花 Dendrobenthamia japonica (A. DC.) Fang var. chinensis (Osborn) Fang		●																	△	△	△				△	△	△	△	△	△	△	△						
鹿蹄草科 Pyrolaceae																																						
鹿蹄草 Pirola rotundifolia L.									●			△	△	△	△	△			△	△					△		△			△	△	△					△	
杜鹃花科 Ericaceae																																						
亨氏克雷木 Craibiodendron henryi W. W. Sm.					●																																△	
星芒克雷木 C. stellatum W. W. Sm.					●																																△	
地檀香 Gaultheria forrestii Diels						●																						△			△						△	
滇白珠 G. yunnanensis (Franch.) Rehd						●																						△		△	△	△	△		△	△	△	

名称	用途											产地																										
	纤维	淀粉及糖	油脂	芳香油	树脂	鞣料	树胶	橡胶及硬橡胶	药用	土农药	其他	黑龙江	吉林	辽宁	内蒙古	河北	山西	山东	河南	陕西	甘肃	宁夏	青海	新疆	安徽	江苏	浙江	湖南	江西	湖北	四川	贵州	福建	台湾	广东	广西	云南	西藏
细叶杜香 Ledum palustre L. var. angustum N. Busch.						●						△	△	△	△																							
宽叶杜香 L. palustre L. var. dilatatum Wahlenb.						●						△	△	△	△																							
牛皮杜鹃 Rhododendron aureum Georgi					◎	●							△																									
臭枇杷 R. concinnum Hemsl.						●														△										△	△						△	
兴安杜鹃 R. dahuricum L.						●						△	△		△																							
小枇杷杜鹃 R. fastigiatum Franch.						●														△	△		△								△						△	
小花杜鹃 R. micranthum Turcz.						●							△	△	△	△			△	△	△									△	△							
羊踯躅 R. molle (Bl.) G. Don									●	◎									△							△	△	△	△	△	△	△	△					
迎红杜鹃 R. mucronulatum Turcz.					●							△	△	△		△																						
小叶杜鹃 R. parvifolium Adams						●						△	△		△																							
杜鹃 R. simsii Planch.					●														△						△	△	△	△	△	△	△	△	△	△	△	△	△	
长蕊杜鹃 R. stamineum Frahch.					●																							△		△	△	△					△	
乌饭树 Vaccinium bracteatum Thunb.		●																							△	△	△	△	△	△			△	△	△	△		
笃斯越桔 V. uliginosum L.		●										△	△		△																							
越桔 V. vitis-idaea L.		◎		◎	●				◎			△	△		△									△														
紫金牛科 Myrsinaceae																																						
桐花树 Aegiceras corniculatum (L.) Blanco					●																												△	△	△			
硃砂根 Ardisia crenata Sims				●																					△		△	△	△	△	△		△		△			
百两金 A. crispa (Thunb.) A. DC.									●																		△	△	△	△	△	△			△		△	
走马胎 A. gigantifolia Stapf									●																											△		
紫金牛 A. japonica (Thunb.) Bl.									●					△		△	△	△	△						△	△	△	△	△	△	△	△	△	△	△			
铁仔 Myrsine africana L.					●																							△	△	△	△	△	△	△	△	△	△	
云南密花树 Rapanea neriifolia (Sieb. et Zucc.) Mez var. yunnanensis (Mez) Walker					●																										△	△					△	
报春花科 Primulaceae																																						
喉咙草 Androsace saxifragifolia Bge.									●							△	△	△	△	△	△		△		△	△	△	△	△	△	△	△			△	△	△	
重穗排草 Lysimachia barystachys Bge.	●											△	△	△		△				△	△				△	△	△	△	△	△	△						△	
过路黄 L. christinae Hance									●								△		△	△	△				△		△	△	△	△	△	△	△		△	△	△	
珍珠菜 L. clethroides Duby				●								△	△	△	△	△	△	△	△	△	△	△	△	△	△	△	△	△	△	△	△	△	△	△	△	△	△	

名称	用途											产地																										
	纤维	淀粉及糖	油脂	芳香油	树脂	鞣料	树胶	橡胶及硬橡胶	药用	土农药	其他	黑龙江	吉林	辽宁	内蒙古	河北	山西	山东	河南	陕西	甘肃	宁夏	青海	新疆	安徽	江苏	浙江	湖南	江西	湖北	四川	贵州	福建	台湾	广东	广西	云南	西藏
灵香草 L. foenumgraecum Hance						●																								△	△	△			△	△	△	
小花排草 L. hemsleyana Maxim.									●																△	△	△	△	△	△	△							
白花丹科 Plumbaginaceae																																						
磯松 Limonium gmelinii (Willd.) O. Ktze.					●																			△														
山榄科 Sapotaceae																																						
海南紫荆木 Madhuca hainanensis Chun et How				●	◎																																	
紫荆木 M. subquincuncialis H. J. Lam				●																															△	△		
血胶树 Pouteria aurata (Lec.) Baehni				●																															△	△	△	
柿科 Ebenaceae																																						
浙江柿 Diospyros glaucifolia Metc.					●						◎																△		△									
柿 D. kaki L. f.		●							◎					△		△	△	△	△	△	△				△	△	△	△	△	△	△		△		△	△		
油柿 D. kaki L. f. var. silvestris Makino					●						◎							△							△	△	△	△	△	△	△	△	△		△	△	△	
君迁子 D. lotus L.		●		◎							◎			△		△	△	△		△								△	△	△	△				△	△	△	
老鸦柿 D. rhombifolia Hemsl.											●															△	△						△					
山矾科 Symplocaceae																																						
薄叶山矾 Symplocos anomala Brand				●																					△	△	△	△	△	△	△	△	△		△	△		
山矾 S. caudata Wall.				●																							△	△	△	△	△		△		△			
华山矾 S. chinertsis (Lour.) Druce				●																					△	△		△	△	△	△		△		△	△	△	
茶条果 S. ernesti Dunn.	●																											△		△	△	△			△	△	△	
细毛山矾 S. microtricha Hated. -Mzt.				●																												△	△		△	△	△	
白檀 S. paniculata (Thunb.) Miq.				●								△	△	△			△	△	△	△					△	△	△	△	△	△	△		△	△	△	△	△	
老鼠矢 S. stellaris Brand	●																								△	△	△		△		△	△	△			△	△	
安息香科 Styracaceae																																						
毛垂珠花 Styrax calvescens Perk.				●																									△	△					△			
垂珠花 S. dasyantha Perk.				●														△	△						△	△	△	△	△	△	△							
白花笼 S. faberi Perk.				●														△								△	△	△	△			△	△		△	△		
老鸹铃 S. hemsleyana Diels				●															△									△		△	△		△					
野茉莉 S. japonica Sieb. et Zucc.				●														△							△	△	△	△	△	△	△	△			△	△	△	
毛安息香 S. mollis Dunn				●																									△			△			△	△		
玉铃花 S. obassia Sieb. et Zucc.				●										△				△							△				△									

名称	用途											产地																										
	纤维	淀粉及糖	油脂	芳香油	树脂	鞣料	树胶	橡胶及硬橡胶	药用	土农药	其他	黑龙江	吉林	辽宁	内蒙古	河北	山西	山东	河南	陕西	甘肃	宁夏	青海	新疆	安徽	江苏	浙江	湖南	江西	湖北	四川	贵州	福建	台湾	广东	广西	云南	西藏
赛山梅 S. philadelphoides Perk.				●														△							△	△	△		△	△			△		△			
栓叶安息香 S. suberifolia Hook. et Arn.				●																					△		△	△			△		△	△	△	△		
乳白野茉莉 S. veitchiorum Hemsl. et Wils.				●																						△	△		△	△								
木犀科 Oleaceae																																						
流苏树 Chionanthus retusus Lindl. et Paxt.				●										△		△		△	△	△						△	△		△	△	△		△	△	△		△	
雪柳 Fontanesia fortunei Carr.	●													△				△	△	△					△	△	△		△									
连翘 Forsythia suspensa (Thunb.) Vahl				●					◎					△		△	△	△	△	△	△					△				△	△							
小叶白蜡树 Fraxinus bungeana DC.				◎					●				△	△	△	△	△		△	△											△							
白蜡树 F. chinensis Roxb.											●					△	△	△	△	△					△	△	△			△	△	△			△		△	
水曲柳 F. mandshurica Rupr.				●								△	△	△	△	△																						
大叶梣 F. rhynchophylla Hance.				●									△	△		△	△	△	△	△						△			△	△	△	△			△	△		
光清香藤 Jasminum lanceolarium Roxb.						●																			△			△	△		△	△	△	△	△	△	△	
素馨花 J. officinale L. var. grandiflorum (L.) Kobuski						●																					△				△		△	△	△		△	
茉莉 J. sambac (L.) Aiton.						●																				△	△				△		△	△	△		△	
蜡子树 Ligustrum acutissimum Koehne				●														△							△	△		△		△	△		△	△			△	
女贞 L. lucidum Ait.				◎		◎			◎		●						△	△	△	△					△	△	△	△	△	△	△	△	△	△	△	△	△	
小蜡树 L. sinense Lour.	●			◎																						△	△	△	△	△	△		△		△	△	△	
枝花李榄 Linociera ramiflora (Roxb.) Wall.					●																													△	△	△		
齐墩果 Olea europaea L.				●																														△			△	
桂花 Osmanthus fragrans Lour.						●														△						△	△	△	△	△	△	△	△	△	△	△	△	
跑马子 Syringa amurensis Rupr.					●	◎						△	△	△	△	△	△		△	△																		
马钱科 Loganiaceae																																						
大叶醉鱼草 Buddleia davidii Franch.						●														△								△		△	△	△					△	
密蒙花 Buddleia officinalis Maxim.									●											△	△							△		△	△	△			△	△	△	
钩吻 Gelsemium elegans (Gardn. et Champ.) Benth.									◎	●																	△					△	△		△	△	△	
云南马钱 Strychnos gaulthierana Pierre ex Lesser.									●																												△	
龙胆科 Gentianaceae																																						
华南龙胆 Gentiana loureiri (D. Don) Griseb.									●																										△	△		

名称	用途											产地																										
	纤维	淀粉及糖	油脂	芳香油	树脂	鞣料	树胶	橡胶及硬橡胶	药用	土农药	其他	黑龙江	吉林	辽宁	内蒙古	河北	山西	山东	河南	陕西	甘肃	宁夏	青海	新疆	安徽	江苏	浙江	湖南	江西	湖北	四川	贵州	福建	台湾	广东	广西	云南	西藏
秦艽 G. macrophylla Pall.									●			△	△	△	△	△	△			△	△	△	△								△							
龙胆 G. scabra Bge.									●			△	△	△	△	△		△							△	△	△	△	△	△	△	△	△		△	△		
睡菜 Menyantkes trifoliata L.									●			△	△																		△						△	
当药 Swertia chinensis (Bge.) Franch.									●			△	△	△	△	△	△	△	△	△							△				△							
夹竹桃科 Apocynaceae																																						
鸡骨常山 Alstonia yunnanensis Diels				●																																	△	
白麻 Apocynum hendersonii Hook. f.	●														△						△		△	△														
红麻 A. lancifolium Russan	●								◎				△	△	△	△	△	△	△	△	△			△	△	△												
长春花 Catharanthus roseus (L.) G. Don									●																										△	△	△	
鹿角藤 Chonemorpha eriostylis Pitard								●																											△	△	△	
花皮胶藤 Ecdysanthera. utilis Hay. et Kaw.								●																							△			△	△	△	△	
止泻木 Holarrhena antidysenterica Wall.									●																												△	
山橙 Melodinus suaveolens Champ.	●																																		△	△		
夹竹桃 Nerium indicum Mill.	●			◎					◎			△	△	△	△	△	△	△	△	△	△				△	△	△	△	△	△	△	△	△	△	△	△	△	
红杜仲藤 Parabarium chunianum Tsiang								●																											△	△		
毛杜仲藤 P. huaitingii Chun et Tsiang								●																											△	△		
牛角藤 P. linocarpum Pierre								●																													△	
杜仲藤 P. micranthum (Wail.) Pierre								●	◎																										△	△	△	
中赛格多 P. arabarium spireanum Pierre								●																													△	
大赛格多 P. tournieri Pierre								●																													△	
赫当杜 P. barbata (Bl.) K. Schum.								●																													△	
鸡蛋花 P. rubra L. vat. acutifolia(Poir.) Bailey						●																											△		△			
花拐藤 Pottsia laxiflora (Bl.) O. Ktze.									●																							△			△	△	△	
萝芙木 Rauwolfia verticillata (Lour.) Baill.									●																							△		△	△	△	△	
羊角拗 Strophanthus divaricatus (Lour.) Hook. et Arn.									●	◎																						△	△		△	△		
黄花夹竹桃 Thevetia peruviana (Pets.) K. Schum				●																													△	△			△	
腋花络石 Trachelospermum axillare Hook. f.	◎						●																				△	△		△	△	△	△		△	△	△	
络石 T. jasminoides (Lindl.) Lem.	●					◎			◎							△		△	△						△	△	△	△	△	△			△		△	△		
香络石 T. lucidum (D. Don) K. Schum.	●					◎																									△							△

名称	用途											产地																										
	纤维	淀粉及糖	油脂	芳香油	树脂	鞣料	树胶	橡胶及硬橡胶	药用	土农药	其他	黑龙江	吉林	辽宁	内蒙古	河北	山西	山东	河南	陕西	甘肃	宁夏	青海	新疆	安徽	江苏	浙江	湖南	江西	湖北	四川	贵州	福建	台湾	广东	广西	云南	西藏
温州络石 T. wenchowense Tsiang	●																										△											
萝藦科 Asclepiadaceae																																						
牛角瓜 Calotropis gigantea (L.) Dryander	●																														△						△	
古钩藤 Cryptolepis buchanani Roem. et Schult.	●																																			△	△	
白叶藤 C. sinensis (Lour.) Merr.	●																																	△	△	△	△	
白薇 Cynanchum atratum Bge.									●			△	△	△	△	△	△	△	△	△	△				△	△	△		△	△	△	△	△		△	△	△	
柏氏牛皮消 C. bungei Decne.									●					△		△		△																				
斯氏牛皮消 C. stauntoni (Decne.) Hand. -Mzt.									●																△	△	△					△			△			
纤冠藤 Gongronema nepalense (Wall.) Decne.	●																																		△	△	△	
萝藦 Metaplexis japonica (Thunb.) Makino	●											△	△	△	△	△		△	△	△						△	△		△	△			△					
美叶杠柳 Periploca calophylla (Wight) Falc.	●																													△	△					△	△	
杠柳 P. sepium Bge.	●			◎					◎	◎			△	△	△	△	△	△	△	△	△	△				△												
徐长卿 Pycnostelma paniculata (Bge.) Schum.									●				△		△	△		△	△							△			△	△	△		△		△	△		
须药藤 Stelmatocrypton khasiana (Benth.) Baill.						●																														△	△	
中华假夜来香 Wattakaka sinensis Hemsl.	●																													△	△	△					△	
假夜来香 W. volubilis (L. f.) Stapf.	●																																			△	△	
旋花科 Convolvulaceae																																						
打碗花 Calystegia hederacea Wall.		●										△	△	△	△	△	△	△	△	△	△				△	△				△								
菟丝子 Cuscuta chinensis Lam.									●			△	△	△		△	△		△							△					△	△						
七爪龙 Ipomoea digitata L.		●																																	△	△		
山红苕 I. hungaiensis Lingel. et Borza		●																													△							
牵牛 Pharbitis nil (L.) Choisy				●					◎			△	△	△		△	△	△	△	△	△					△	△	△		△	△	△		△	△	△		
圆叶牵牛 P. purpurca L.				●								△	△	△		△	△		△	△			△	△		△					△						△	
紫草科 Boraginaceae																																						
东北鹤虱 Lappula echinata Gilib. var. heteracantha O. Ktze				◎					●				△	△																								
紫草 Lithospermum erythrorhizon Sieb. et Zucc.									●			△	△	△		△	△	△		△						△			△							△		

名称	用途										产地																										
	纤维	淀粉及糖	油脂	芳香油	树脂	鞣料	树胶	橡胶及硬橡胶	药用	土农药	其他	黑龙江	吉林	辽宁	内蒙古	河北	山西	山东	河南	陕西	甘肃	宁夏	青海	新疆	安徽	江苏	浙江	湖南	江西	湖北	四川	贵州	福建	台湾	广东	广西	云南	西藏
新疆紫草 Macrotomia euchroma (Royle) Pauls.									●															△														
滇紫草 Onosma paniculata Bur. et Franch.									●																												△	
马鞭草科 Verbenaceae																																						
防臭木 Aloysia triphylla Britt.						●																				△	△											
珍珠枫 Callicarpa bodinieri Lévl.									●								△			△					△	△	△		△	△	△	△					△	
白叶莸 Caryopteris forrestii Diels						●																															△	
海州常山 Clerodendron trichotomum Thunb.									●							△		△		△						△	△		△	△	△		△	△				
马鞭草 Verbena officinalis L.									●																△	△	△	△	△	△	△	△	△		△	△	△	
牡荆 Vitex cannabifolia Sieb. et Zucc.				●		◎												△								△	△		△	△	△	△	△					
荆条 V. chincnsis Mill.				●								△	△	△		△	△		△	△											△							
黄荆 V. negundo L.	◎			◎		●			◎			△	△	△	△	△	△			△	△				△	△	△	△	△	△	△	△	△	△	△	△	△	
单叶蔓荆 V. rotundifolia L.	●					◎			◎					△		△		△								△	△		△				△	△	△	△		
唇形科 Labiatae																																						
藿香 Agastache rugosa (Fisch. et Mey.) O. Ktze.				◎		◎			●			△	△	△		△		△	△	△	△	△			△	△	△		△		△	△	△	△	△		△	
香青兰 Dracocephalum moldavica L.						●							△	△	△	△	△			△	△																	
白香薷 Elsholtzia blanda Benth.						●																															△	
东紫苏 E. bodinieri Vant.						●																										△					△	
吉龙草 E. communis (Coll. et Hemsl.) Diels						●																															△	
野香薷 E. cypriani (Pamp.) C. Y. Wu et H. Chow, comb. nov.						●														△										△	△	△					△	
野苏子 E. flava Benth.				◎		●																									△	△					△	
鸡骨柴 E. fruticosa (D. Don) Rehd.						●																								△	△	△				△	△	
紫香薷 E. longidentata Sun, ined.						●																					△											
黄香薷 E. luteola Diels						●																									△						△	
香薷 E. patrini (Lepech.) Garcke				◎		●						△	△	△	△	△	△		△	△					△	△	△	△	△	△	△			△	△	△	△	
垂花香薷 E. penduliflora W. W. Smith						●																															△	
野拔子 E. rugulosa Hemsl.						●																									△	△					△	
四方蒿 E. yunnanensis C. Y. Wu, ined.						●																															△	
活血丹 Glechoma hederacea L.									●							△	△	△	△	△					△	△	△	△	△	△	△		△	△	△	△	△	

名称	用途											产地																										
	纤维	淀粉及糖	油脂	芳香油	树脂	鞣料	树胶	橡胶及硬橡胶	药用	土农药	其他	黑龙江	吉林	辽宁	内蒙古	河北	山西	山东	河南	陕西	甘肃	宁夏	青海	新疆	安徽	江苏	浙江	湖南	江西	湖北	四川	贵州	福建	台湾	广东	广西	云南	西藏
野芝麻 Lamium album L.									●			△	△	△		△	△		△	△					△	△	△	△		△	△							
薰衣草 Lavandula officinalis Chaix						●										△				△						△	△		△		△							
益母草 Leonurus sibiricus L.				◎					●										△						△		△				△							
地瓜儿苗 Lycopus lucidus Turcz.									●			△	△	△		△	△	△		△					△	△	△			△	△				△		△	
甘牛至 Majorana hortensis Moench						●																													△	△		
薄荷 Mentha arvensis L.						●			◎							△	△	△		△	△				△	△	△	△	△	△	△	△	△	△	△	△	△	
留兰香 M. spicata L.						●										△										△					△							
姜味草 Micromeria biflora Benth.						●																										△					△	
冠唇花 M. insuavis (Hance) Prain						●																										△			△		△	
罗勒 Ocimum basilicum L.						●										△	△	△	△						△	△	△		△	△	△	△	△	△	△	△	△	
丁香罗勒 O. gratissimum L.						●																				△	△						△	△	△	△		
牛至 Origanum vulgare L.						●													△	△	△				△	△	△	△	△	△	△				△		△	
荠苧 Orthodon grosseserratus (Maxim.) Kudo						●						△	△	△													△						△					
疏花荠苧 O. lauceolatus (Benth.) Kudo						●																				△	△											
石荠苧 O. punctulatus (J. F. Gmelin) Ohwi.						●										△	△	△							△	△	△		△	△			△	△	△			
紫苏 Perilla frutescens (L.) Britt. var. crispa Decne.				◎					●					△		△	△									△	△		△	△	△	△	△	△	△		△	
白苏 P. frutescens (L.) Britt.				◎		●										△	△			△	△	△			△	△	△		△	△	△	△	△	△		△	△	
糙苏 Phlomis umbrosa Turcz.				●									△	△		△		△	△	△	△				△	△				△	△				△		△	
回菜花 Plectranthus glaucocalyx Maxim.				●	◎							△	△	△	△	△	△	△	△						△	△												
广藿香 Pogostemon cablin (Blanco) Benth.						●			◎																									△				
夏枯草 Prunella vulgaris L.									●				△	△		△		△	△						△	△	△	△	△	△	△	△	△	△	△	△	△	△
迷迭香 Rosmarinus officinalis L.						●						△	△	△	△	△	△	△	△	△	△	△	△	△	△	△	△	△	△	△	△	△	△	△	△	△	△	
丹参 Salvia muhiorrhiza Bge.									●					△		△	△	△	△	△					△	△	△		△	△	△							
鼠尾草 S. plebeia R. Br.				●									△	△		△	△	△	△	△					△	△	△	△	△	△	△		△	△	△	△	△	
荆芥 Schizonepeta multifida (L.) Briq.						●						△	△	△	△	△	△				△		△															
裂叶荆芥 S. tenuifolia (Benth.) Briq.						●								△		△	△			△	△		△								△						△	
黄芩 Scutellaria baicalensis Georgi.						◎			●			△	△	△	△	△	△	△	△	△	△	△			△	△					△						△	
野百里香 Thymus mongolicus Ronninger						●									△					△	△	△	△															
茄科 Solanaceae																																						
东莨菪 Anisodus luridus Link et Otto									●																						△						△	△

名称	用途											产地																										
	纤维	淀粉及糖	油脂	芳香油	树脂	鞣料	树胶	橡胶及硬橡胶	药用	土农药	其他	黑龙江	吉林	辽宁	内蒙古	河北	山西	山东	河南	陕西	甘肃	宁夏	青海	新疆	安徽	江苏	浙江	湖南	江西	湖北	四川	贵州	福建	台湾	广东	广西	云南	西藏
辣椒 Capsicum frutescens L.				●								△	△	△	△	△	△	△	△	△	△	△	△	△	△	△	△	△	△	△	△	△	△	△	△	△	△	
洋素馨 Cestrum nocturnum L.						●																													△	△	△	
白花曼陀罗 Datura metel L.										●						△	△		△							△	△		△		△	△	△		△		△	
曼陀罗 D. stramonium L.				◎					●			△	△	△		△	△	△	△	△	△			△	△	△	△	△	△	△	△						△	
天仙子 Hyoscyamus niger L.				●					◎			△	△	△	△	△	△	△	△	△	△	△	△	△		△	△		△									△
枸杞 Lycium chinense Mill.				◎					●			△	△	△		△	△	△	△	△	△				△	△	△	△	△	△	△	△	△	△	△	△	△	
宁夏枸杞 L. halimifolium Mill.									●						△						△	△	△	△														
番茄 Lycopersicum esculentum (L.) Mill.										●		△	△	△	△	△	△	△	△	△	△	△	△	△	△	△	△	△	△	△	△	△	△	△	△	△	△	
黄花苏草 Nicotiana rustica L.										●																					△						△	
烟草 N. tabacum L.											●						△	△	△						△			△	△	△	△	△	△				△	
酸浆 Physalis francheti Mast. var. bungardii Mak									●			△	△	△	△	△	△	△	△	△	△	△	△	△	△	△	△	△	△	△	△	△	△	△	△	△	△	△
苦茄 Solanum dulcamara L. var. chinense Dun.									●																△	△	△	△	△	△	△	△	△	△	△	△	△	
马铃薯 S. tuberosum L.		●										△	△	△	△	△	△	△	△	△	△		△	△	△	△	△		△	△	△	△	△	△	△	△	△	
黄果茄 S. xanthocarpum Schrad. et Wendl.									●																						△						△	
玄参科 Scrophulariaceae																																						
鬼羽箭 Buchnera cruciata Ham.									●																			△							△	△		
泡桐 Paulownia fortunei (Seem.) Hemsl.				●														△									△	△				△	△	△	△	△	△	
地黄 Rehmannia glutinosa (Gaertn.) Libosch.									●					△	△	△	△	△	△	△					△	△	△	△		△	△							
玄参 Scrophularia buergeriana Miq.									●			△	△	△	△	△	△	△								△												
浙玄参 S. ningpoensis Hemsl.									●											△					△	△	△	△	△	△		△	△					
独脚金 Striga asiatica (L.) O. Ktze.									●																										△	△		
紫葳科 Bignoniaceae																																						
凌霄花 Campsis grandiflora (Thunb.) K. Schum.									●			△	△	△	△	△	△	△	△	△	△	△	△	△	△	△	△	△	△	△	△	△	△	△	△	△	△	
梓树 Catalpa ovata G. Don									●			△	△	△		△	△	△	△	△								△	△			△					△	
木蝴蝶 Oroxylon indicum (L.) Vent.									●																						△	△	△		△	△	△	
胡麻科 Pedaliaceae																																						
脂麻 Sesamum orientale L.	◎			●												△		△	△						△	△			△	△								
列当科 Orobanchaceae																																						

名称	用途											产地																										
	纤维	淀粉及糖	油脂	芳香油	树脂	鞣料	树胶	橡胶及硬橡胶	药用	土农药	其他	黑龙江	吉林	辽宁	内蒙古	河北	山西	山东	河南	陕西	甘肃	宁夏	青海	新疆	安徽	江苏	浙江	湖南	江西	湖北	四川	贵州	福建	台湾	广东	广西	云南	西藏
苁蓉 Cistanche deserticola Y. C. Ma									●						△																							
列当 Orobanche coerulescens Steph.									●			△	△	△	△			△		△	△										△							
爵床科 Acanthaceae																																						
爵床 Justicia procumbens L.									●									△								△	△		△	△	△		△	△	△		△	
透骨草科 Phrymaceae																																						
透骨草 Phryma leptostachya L.									●				△	△		△	△	△	△						△	△	△		△	△	△						△	
车前科 Plantaginaceae																																						
车前 Plantago asiatica L.				◎					●			△	△	△	△	△	△	△	△	△	△	△			△	△	△	△	△	△	△	△	△	△	△		△	
茜草科 Rubiaceae																																						
水团花 Adina pilulifera (Lam.) Franch.	●																										△	△	△				△		△	△		
水冬瓜 A. racemosa (Sieb. & Zucc.) Miq.	●																			△					△	△	△	△	△	△	△			△	△	△		
水杨梅 A. rubella (Sieb. & Zucc.) Hance	◎			◎	●							△	△	△	△	△	△	△	△	△	△		△	△				△	△	△		△						
车轴草 Asperula odorata L.						●										△	△	△	△									△	△	△	△	△						
金鸡纳树 Cinchona ledgeriana Moens.									●																									△			△	
咖啡树 Coffea arabica L.											●																								△		△	
香果树 Emmenopterys henryi Oliv.	●																											△	△	△	△		△					
栀子 Gardenia jasminoides Ellis						●			◎		◎														△	△	△	△	△	△	△	△	△	△	△	△	△	
巴戟天 Morinda officinalis How									●																								△		△	△		
胶鸟藤 Mussaenda erosa Champ.	●																																	△	△	△	△	
玉叶金花 M. pubescens Ait. f.	●																														△		△	△	△	△		
鸡矢藤 Paederia scandens (Lour.) Merr.	●																	△							△	△	△	△	△	△			△	△	△	△		
茜草 Rubia cordifolia L.									●		◎	△	△	△	△	△	△	△	△	△	△	△	△		△	△	△	△	△	△	△	△	△	△	△	△	△	
白骨木 Tarenna depauperata Hutch.				●																										△	△					△	△	
钩藤 Uncaria rhynchophylla (Miq.) Jacks.	◎								●																		△	△	△		△	△	△		△	△		
无梗钩藤 U. sessilifructus Roxb.					●																										△					△	△	
忍冬科 Caprifoliaceae																																						
秦岭金银花 Lonicera ferdinandii Fr.	●											△	△	△						△	△		△															
忍冬 L. japonica Thunb.						◎			●					△		△		△	△	△	△	△			△	△	△	△	△		△	△	△	△	△	△	△	
陕西金银花 L. koehneana Rehd.		●																		△	△									△	△							
金银木 L. maackii (Rupr.) Maxim.	◎	◎		●								△	△	△	△	△	△	△	△	△	△	△				△	△		△	△	△		△				△	

名称	用途											产地																										
	纤维	淀粉及糖	油脂	芳香油	树脂	鞣料	树胶	橡胶及硬橡胶	药用	土农药	其他	黑龙江	吉林	辽宁	内蒙古	河北	山西	山东	河南	陕西	甘肃	宁夏	青海	新疆	安徽	江苏	浙江	湖南	江西	湖北	四川	贵州	福建	台湾	广东	广西	云南	西藏
毛接骨木 Sambucus buergeriana Bl.				●								△	△	△																								
朝鲜接骨木 S. coreana(Nakai) Kom.				●								△	△	△																								
宽叶接骨木 S. latipinna Nakai				●								△	△	△																								
东北接骨木 S. manshurica Kitag.				●								△	△	△																								
欧接骨木 S. racemosa L.									●					△		△			△						△	△	△				△							
接骨木 S. williamsii Hance				●								△	△	△	△	△	△			△	△																	
桦叶荚蒾 Viburnum betulifolium Batal.	●																								△	△		△	△	△	△							
修枝荚蒾 V. burejaeticum Reg. et Herd.				●								△	△	△	△	△	△				△																	
小黑果 V. calvum Rehd.				●																																	△	
心叶荚蒾 V. cordifolium Wall.	●																														△						△	△
水红木 v. cylindricum Buch. -Ham.				●	◎																									△	△	△					△	
荚蒾 V. dilatatum Thunb.	◎			●													△	△	△	△						△	△		△	△			△					
碎米荚蒾 V. foetidum Wall.				●																										△	△	△					△	
宜昌荚蒾 V. ichangense Rehd.	◎			●																						△	△	△	△	△	△							
甘肃荚蒾 V. kansuense Batal.	●																				△										△						△	
山枇杷 V. rhytidophyllum Hemsl.	◎	●																										△	△		△	△			△	△		
天目琼花 V. sargentii Koehne.				●								△	△	△	△	△		△									△			△	△							
败酱科 **Valerianaceae**																																						
甘松 Nardostachys jatamansi DC.						●			◎												△		△								△						△	
败酱 Patrinia scabiosaefolia Fisch.									●			△	△	△		△	△	△	△						△	△	△	△	△	△	△	△	△		△			
东北缬草 Valeriana coreana Briq.						●						△	△	△	△																							
马蹄香 V. jatamansi Jones						●																									△	△					△	
缬草 V. officinalis L.						●			◎							△	△	△	△	△	△		△							△	△			△				
毛节缬草 V. stubendorfi Kreyer et Kom.									●			△	△	△	△																							
山萝卜科 **Dipsacaceae**																																						
续断 Dipsacus Japonicas Miq.									●							△	△	△	△	△					△	△	△		△	△	△	△	△			△		
葫芦科 **Cucurbitaceae**																																						
盒子草 Actinostemma lobatum (Maxim.) Maxim.				●								△	△	△				△								△			△					△				
假贝母 Bulbostemma paniculatum (Maxim.) Franquet									●							△	△	△	△	△	△																△	

名称	用途											产地																										
	纤维	淀粉及糖	油脂	芳香油	树脂	鞣料	树胶	橡胶及硬橡胶	药用	土农药	其他	黑龙江	吉林	辽宁	内蒙古	河北	山西	山东	河南	陕西	甘肃	宁夏	青海	新疆	安徽	江苏	浙江	湖南	江西	湖北	四川	贵州	福建	台湾	广东	广西	云南	西藏
西瓜 Citrullus vulgaris Schrad.	●											△	△	△	△	△	△	△	△	△	△	△	△	△	△	△	△	△	△	△	△	△	△	△	△	△	△	
甜瓜 Cucumis melo L.				●								△	△	△	△	△	△	△	△	△	△	△	△	△	△	△	△	△	△	△	△	△	△	△	△	△	△	
南瓜 Cucurbita moschata Duch.	◎			●					◎		◎	△	△	△	△	△	△	△	△	△	△	△	△	△	△	△	△	△	△	△	△	△	△	△	△	△	△	
大五月五 Hemsleya elongata Kuang,. ined.		●																																		△		
油渣果 Hodgsonia macrocarpa (Bl.) Cogn.				●																																△	△	
葫芦 Lagenaria siceraria (Molina) Standl.				●								△	△	△	△	△	△	△	△	△	△	△	△	△	△	△	△	△	△	△	△	△	△	△	△	△	△	
丝瓜 Luffa cylindrica Roem.	◎			●					◎			△	△	△	△	△	△	△	△	△	△	△	△	△	△	△	△	△	△	△	△	△	△	△	△	△	△	
番木鳖 Momordica cochinchinensis (Lour.) Spreng.				◎					●										△						△		△	△		△	△	△	△		△	△	△	
栝楼 Trichosanthes kirilowii Maxim.		◎		◎					●					△		△	△	△	△	△	△	△	△		△	△	△	△		△	△	△	△	△	△	△	△	
桔梗科 Campanulaceae																																						
柳叶沙参 Adenophora coronopifolia Fisch.		●										△		△		△														△	△							
波氏沙参 A. potanini Korsh.		●																		△	△		△															
杏叶沙参 A. trachelioides Maxim.		●										△		△																								
轮叶沙参 A. triphylla (Thunb.) A. DC.		◎							●			△	△	△	△	△		△	△						△	△	△		△						△			
羊乳 Codonopsis lanceolata Benth. et Hook.		●										△	△	△		△	△	△	△						△	△	△		△	△								
党参 C. pilosula (Franch.) Nannf.				◎					●			△	△	△	△	△	△		△	△	△		△															
乌苏里党参 C. ussuriensis Hemsl.		●												△																								
半边莲 Lobelia chinensis Lour.									●	◎									△							△	△	△	△	△	△	△	△		△	△		
山梗菜 L. sessilifolia Lamb.									●			△	△	△				△																△			△	
桔梗 Platycodon grandiflorum (Jacq.) A. DC.		◎		◎					●			△	△	△	△	△	△	△	△						△	△	△			△		△	△		△			
菊科 Compositae																																						
千叶蓍 Achillea millefolium L.						●						△	△	△						△	△		△	△							△			△				
蓍 A. sibirica Ledeb.						◎			●			△	△	△	△	△										△												
藿香蓟 Ageratum conyzoides L.						●																				△			△						△	△	△	
零陵香 Anaphalis haucockii Hance						●										△	△			△	△		△						△									
山萩 A. margaritacea (L.) Benth. et Hook.						●														△	△						△					△				△	△	
牛蒡 Arctium lappa L.	◎			●					◎			△	△	△	△	△	△	△	△	△	△	△	△	△	△	△	△	△	△	△	△	△				△	△	
黄花蒿 Artemisia annua L.																																						
青蒿 A. apiacea Hance						●			◎			△	△	△		△	△	△	△							△	△	△		△	△		△		△			
艾 A. argyi Lévl. et Vant.						●			◎	◎		△	△	△	△	△	△		△	△	△								△	△	△		△					

名称	用途											产地																										
	纤维	淀粉及糖	油脂	芳香油	树脂	鞣料	树胶	橡胶及硬橡胶	药用	土农药	其他	黑龙江	吉林	辽宁	内蒙古	河北	山西	山东	河南	陕西	甘肃	宁夏	青海	新疆	安徽	江苏	浙江	湖南	江西	湖北	四川	贵州	福建	台湾	广东	广西	云南	西藏
茵陈蒿 A. capillaris Thunb.																																						
矮蒿 A. feddei Lévl. et Vant.						●						△	△	△																								
蛔蒿 A. incana Druce									●			△	△	△	△	△		△																				
小野艾 A. indica Willd.						●													△	△					△	△	△	△	△	△	△	△	△	△	△	△	△	
牡蒿 A. japonica Thunb.						●						△	△	△	△	△	△		△	△	△	△			△	△	△		△	△	△		△	△	△	△	△	
蒙古蒿 A. mongolica Fisch.						●						△	△	△	△	△	△	△		△	△																	
铁杆蒿 A. sacrorunl Ledeb.						●						△	△	△	△	△	△	△	△	△	△	△				△	△	△		△	△		△	△			△	
黄蒿 A. scoparia Waldst. et Kitaib.						●						△	△	△																								
大籽蒿 A. sievcrsiana Willd.				◎		●						△	△	△		△	△		△	△	△																	
野艾 A. vulgaris L.						●										△	△		△	△						△	△				△		△	△	△	△	△	
紫菀 Aster tataricus L.									●			△	△	△	△	△	△			△	△				△													
苍术 Atractylis chinensis (Bge.) DC.		◎				●			◎				△	△	△	△	△	△	△		△																	
关苍术 A. japonica (Koidz.) Kitag.		●										△	△	△																								
白术 A. macrocephala (Koidz.) Hand. -Mzt.						◎			●								△								△	△	△	△	△	△	△	△	△					
鬼针草 Bidens bipinnata L.									●			△	△	△		△	△	△	△	△	△				△	△	△	△	△	△	△	△	△	△	△	△	△	
小花鬼针草 B. parviflora Willd.				●								△	△	△	△	△	△	△	△																			
狼把草 B. tripartita L.				●					◎			△	△	△		△	△	△	△	△	△				△	△	△	△	△	△	△	△		△		△		
艾纳香 Blumea balsamifera DC.						●																										△	△	△	△	△	△	
天名精 Carpesium abrotanoides L.									●									△	△	△						△		△	△	△	△				△		△	
大花金挖耳 Carpesium macrocephalum Franch. et Savat.						●						△	△	△		△	△		△	△																		
红花 Carthamus tinctorius L.				◎					●		◎	△		△	△	△	△	△	△		△				△	△	△	△	△	△	△	△	△		△			
石胡荽 Centipeda minima (L.) A. Braun et Aschers									●																	△	△								△			
北野菊 Chrysanthemum boreale Makino						●						△	△	△																								
白花除虫菊 C. cinerariaefolium Vis.										●		△	△	△	△	△	△	△	△	△	△	△	△	△	△	△	△	△	△	△	△	△	△	△	△	△	△	
野菊 C. indicum L.						●			◎	◎				△		△	△	△		△						△	△			△	△	△		△	△	△	△	
甘菊 C. lavandulaefolium (Fisch.) Makino						●						△	△	△		△	△		△	△	△					△	△			△	△						△	
蓟 Cirsium maackii Maxim.									●					△		△	△	△			△				△	△	△	△	△	△	△	△	△		△	△	△	
刺蓟 C. segetum Bge.									●			△	△	△		△	△	△	△	△	△				△	△	△	△	△	△	△	△	△	△	△	△	△	
地胆草 Elcphantopus scaber L.									●																		△	△	△			△	△	△	△	△	△	

名称	用途											产地																										
	纤维	淀粉及糖	油脂	芳香油	树脂	鞣料	树胶	橡胶及硬橡胶	药用	土农药	其他	黑龙江	吉林	辽宁	内蒙古	河北	山西	山东	河南	陕西	甘肃	宁夏	青海	新疆	安徽	江苏	浙江	湖南	江西	湖北	四川	贵州	福建	台湾	广东	广西	云南	西藏
鳢肠 Eclipta prostrata L.					●				◎					△		△	△	△	△		△				△	△	△	△	△	△	△	△	△		△	△	△	
飞蓬 Erigeron acris L.						●						△	△	△	△	△	△		△	△	△				△	△			△	△								
小蓬草 E. canadensis L.						●						△	△	△			△	△	△	△							△		△	△	△			△				
兰草 Eupatorium chinense L.									●																										△			
泽兰 E. japonicum Thunb.						●			◎					△		△	△	△	△							△	△	△	△	△			△	△	△	△		
飞茇草 E. odoratum L.						●																													△		△	
佩兰 E. stoechadosmum Hance.						●																						△					△		△	△		
毛大丁草 Gerberia piloselloides (L.) Cass.									●																	△	△				△				△	△	△	
鼠麴草 Gnaphalium multiceps Wall.																																						
土三七 Gynura segetum (Lour.) Merr.					●				◎			△	△	△	△	△	△	△	△	△					△	△	△		△	△								
向日葵 Helianthus annuus L.	●											△	△	△	△	△	△	△		△	△	△			△	△	△	△	△	△	△	△	△	△	△	△	△	
菊芋 H. tuberosus L.	◎	●										△	△	△	△	△	△	△	△	△	△		△	△	△	△	△	△	△	△	△	△	△			△	△	△
旋复花 Inula britannica L. var. chinensis (Rupr.) Regel									●			△	△	△	△	△		△		△		△	△	△		△	△											
土木香 I. hetenium L.						●														△	△		△															
木里久苓草 Jurinea muliensis Hand. -Mzt.									●																						△							
川木香 J. souliei Franch.								●																							△							
六棱菊 Laggera alata (Roxb.) Schuhz. -Bip.						●																											△		△	△	△	
臭灵丹 L. pterodonta Benth.						●																															△	
肾叶囊吾 Ligularia fischeri Turcz.									●			△	△	△			△			△	△										△							
大马蹄香 L. kanaitzensis Hand. -Mzt.						●																									△						△	
母菊 Matricaria chamomilla L.						●																				△								△				
祁州漏芦 Rhapontica uniflora (L.) DC.									●			△	△	△	△	△	△	△		△	△	△																
广木香 Saussurea lappa Clarke						◎			●																						△					△	△	
光豨莶 Siegesbeckia glabrescens Makino				●								△	△	△				△								△	△	△		△					△	△	△	
毛豨莶 S. pubescens Makino				◎					●					△			△									△					△	△	△				△	
兴安一枝黄花 Solidago virga-aurea L. var. dahurica Kitag.									●			△	△	△																								
苣荬菜 Sonchus brachyotus DC.									●			△	△	△	△	△	△	△		△	△	△				△	△		△	△	△	△			△	△	△	
橡胶草 Taraxacm kok-saghyz Rodin								●				△				△					△			△														
蒲公英 T. mongolicum Hand. -Mzt.									●			△	△	△		△	△	△	△	△	△	△	△		△	△	△	△	△	△	△	△	△	△	△	△	△	

名称	用途											产地																										
	纤维	淀粉及糖	油脂	芳香油	树脂	鞣料	树胶	橡胶及硬橡胶	药用	土农药	其他	黑龙江	吉林	辽宁	内蒙古	河北	山西	山东	河南	陕西	甘肃	宁夏	青海	新疆	安徽	江苏	浙江	湖南	江西	湖北	四川	贵州	福建	台湾	广东	广西	云南	西藏
款冬 Tussilago farfara L.									●						△	△	△		△	△	△	△	△	△				△	△	△	△							△
苍耳 Xanthium sibiricum Patr.				●					◎			△	△	△	△	△	△	△	△	△	△		△	△	△	△	△	△	△	△	△	△	△	△	△	△	△	△
香蒲科 Typhaceae																																						
水烛 Typha angustifolia L.	●								◎			△	△	△			△	△		△					△	△	△	△	△	△	△	△	△	△	△	△	△	
蒙古香蒲 T. davidiana Hand. -Mzt.	●											△	△	△	△	△	△			△	△	△	△	△														
宽叶香蒲 T. latifolia L.	●											△	△	△		△	△		△	△				△						△	△							
露兜树科 Pandanaceae																																						
分叉露兜树 Pandanus frucatus Roxb.	●																																			△	△	
露兜树 P. odoratissimum L. f.	●					◎																													△	△		
黑三棱科 Sparganiaceae																																						
黑三棱 Sparganium stoloniferu Buch. -Ham.									●			△	△	△	△	△		△	△	△	△	△		△	△	△	△	△	△	△								
泽泻科 Alismataceae																																						
泽泻 Alisma plantago-aquatica L. var. oricntale Sam.									●			△	△	△	△	△		△	△	△	△	△			△	△	△		△		△	△	△				△	
小慈姑 Sagittaria natans Pall.		●										△	△	△																								
慈姑 S. sagittifolia L. var. sinensis (Sims.) Makino		●										△	△	△	△	△	△	△	△	△	△		△		△	△	△	△	△	△	△	△	△	△	△	△	△	△
花蔺科 Butomaceae																																						
花蔺 Butomus umbellatus L.		●												△	△	△	△	△	△	△	△	△		△	△	△												
禾本科 Gramineae																																						
远东芨芨草 Achnatherum extremiorientale (Hara) Keng	●											△	△	△	△	△				△	△	△	△	△														
京芒草 A. pekinense (Hance) Ohwi	●													△		△	△	△	△																			
西伯利亚芨芨草 A. sibiricum (L.) Keng	●											△	△	△			△		△	△	△	△	△															
芨芨草 A. splendens (Trin.) Ohwi	●											△	△	△	△	△	△		△	△	△	△	△															
冰草 Agropyron cristatum (L.) Gaertn.	●											△	△	△	△	△	△		△			△	△	△														
羊草 Aneurolepidium chinense (Trin.) Kitag.																																						
荩草 Arthraxon hispidus (Thunb.) Makino	●											△	△	△	△	△	△	△	△	△	△	△	△	△	△	△	△	△	△	△	△	△	△	△	△	△	△	
野古草 Arundinella hirta (Thunb.) Tanaka	●											△	△	△	△	△	△	△	△	△	△	△			△	△	△	△	△	△	△	△	△	△	△	△	△	
刺芒野古草 A. setosa Trin.	●																	△							△	△	△				△	△	△	△	△	△	△	
芦竹 Arundo donax L.	●																	△	△						△	△	△	△			△	△	△	△	△	△	△	

名称	用途											产地																										
	纤维	淀粉及糖	油脂	芳香油	树脂	鞣料	树胶	橡胶及硬橡胶	药用	土农药	其他	黑龙江	吉林	辽宁	内蒙古	河北	山西	山东	河南	陕西	甘肃	宁夏	青海	新疆	安徽	江苏	浙江	湖南	江西	湖北	四川	贵州	福建	台湾	广东	广西	云南	西藏
乌麦 Avena fatua L.		●												△				△			△		△		△	△	△				△	△			△		△	
青皮竹 Bambusa textilis McClure	●																																		△	△		
白羊草 Bothriochloa ischaemum (L.) Keng	●											△	△	△	△	△	△	△	△	△	△		△	△	△	△	△	△	△	△	△	△	△	△	△	△	△	
雀麦 Bromus japonicus Thunb.	●											△	△	△		△	△	△	△						△	△	△				△	△					△	
疏花雀麦 B. remotiflorus (Steud.) Ohwi	●																	△		△	△	△	△		△	△	△				△	△					△	
拂子茅 Calamagrostis epigejos (L.) Roth	●											△	△	△	△	△	△	△	△	△	△	△	△	△	△	△	△	△	△	△	△	△	△	△		△	△	
假苇拂子茅 C. pseudophragmites (Hall. f.) Koel.	●											△	△	△	△	△	△		△	△	△	△	△								△	△					△	
披碱草 Clinelymus dahuricus (Turcz.) Nevski	●											△	△	△	△	△	△		△	△			△								△							
薏苡 Coix lacryma-jobi L.	◎	●							◎							△				△						△	△	△	△	△	△	△	△		△	△	△	
柠檬茅 Cymbopogon citratus (DC.) Stapf	◎					●																					△				△		△	△	△	△	△	
芸香草 C. distans (Nees) A. Camus						●														△	△										△	△					△	
香茅 C. nardus (L.) Rendle						●																									△	△	△	△	△	△	△	
扭鞘香茅 C. tortilis (Presl) A. Camus						●																						△		△	△	△	△	△	△	△	△	
小叶章 Deyeuxia angustifolia (Kom.) Chang	●											△	△	△																								
大叶章 D. langsdorffii (Link) Kunth.	●											△	△	△	△	△	△		△	△	△	△	△															
芒稷 Echinochloa colonum (L.) Link.		●																△							△	△	△				△	△	△		△	△	△	
稗 E. crusgalli (L.) Beauv.	◎	●										△	△	△	△	△	△	△	△	△	△	△	△	△	△	△	△	△	△	△	△	△	△	△	△	△	△	
牛筋草 Eleusine indica (L.) Gaertn.	●											△	△	△	△	△	△	△	△	△	△	△	△	△	△	△	△	△	△	△	△	△	△	△	△	△	△	
金茅 Eulalia speciosa (Debx.) O. Ktze.	●																	△		△					△	△	△				△	△	△		△	△	△	
龙须草 Eulaliopsis binata (Retz.) C. E. Hubbard	●																		△	△	△	△	△					△	△	△	△	△	△	△	△	△	△	
茅香 Hierochloë odorata (L.) Beauv.						●											△	△			△						△						△		△	△	△	
白茅 Imperata cylindrica Beauv. var. major (Nees) C. E. Hubb.	◎	●							◎			△	△	△	△	△	△	△	△	△	△	△	△	△	△	△	△	△	△	△	△	△	△	△	△	△	△	△
单竹 Lingnania cerosissima (McClure) McClure	●																																		△	△		
粉单竹 L. chungii (McClure) McClure	●																											△							△	△		
淡竹叶 Lophatherum gracile Brongn.									●										△						△	△	△	△	△	△	△	△	△		△	△	△	
五节芒 Miscanthus floridulus (Labill.) Warb.	●																								△	△	△	△	△				△	△	△	△		
荻 M. sacchariflorus (Maxim.) Benth.	●											△	△	△		△	△	△	△	△	△	△	△	△	△	△	△						△					
芒 M. sinensis Anderss.	●											△	△	△	△	△	△	△	△			△	△	△	△	△	△	△	△	△	△	△	△	△	△	△	△	△

名称	用途 纤维	淀粉及糖	油脂	芳香油	树脂	鞣料	树胶	橡胶及硬橡胶	药用	土农药	其他	产地 黑龙江	吉林	辽宁	内蒙古	河北	山西	山东	河南	陕西	甘肃	宁夏	青海	新疆	安徽	江苏	浙江	湖南	江西	湖北	四川	贵州	福建	台湾	广东	广西	云南	西藏
拟麦氏草 Moliniopsis hui (Pilger) Keng	●																								△		△											
类芦 Neyraudia reynaudiana (Kunth) Keng	●																								△	△	△	△	△	△	△	△	△	△	△	△	△	
稻 Oryza sativa L.	◎			●									△	△		△	△	△	△			△			△	△	△	△	△	△	△	△	△	△	△	△	△	△
狼尾草 Pennisetum alopecuroides (L.) Spreng	●											△	△	△	△	△	△	△	△	△	△	△	△	△	△	△	△	△	△	△	△	△	△	△	△	△	△	△
白草 P. flaccidum Griseb	●											△	△	△	△	△	△	△	△	△	△	△	△	△							△	△					△	
芦苇 Phragmites communis (L.) Trin.	●	◎							◎			△	△	△	△	△	△	△	△	△	△	△	△	△	△	△	△	△	△	△	△	△	△	△	△	△	△	△
刚竹 Phyllostachys bambusoides Sieb. et Zucc.	●																	△	△						△	△	△	△	△	△	△						△	
毛竹 P. pubescens H. de Lehaie	●																								△	△	△	△	△	△	△	△	△	△	△	△	△	
沙鞭 Psammochloa mongolica Hitchc.	●														△					△	△																	
篱竹 Pseudosasa amabilis (McClure) Keng f.	●																											△							△	△		
斑茅 Saccharum arundinaceum Retz.	●																			△	△		△		△	△	△	△	△	△	△	△	△	△	△	△	△	
甘蔗 S. officinarum L.	◎	●									◎														△		△	△	△	△	△		△	△	△	△	△	
甜根子草 S. spontaneum L.	●																								△	△	△	△	△	△	△	△	△	△	△	△	△	
皱叶狗尾草 Setaria excurrens (Trin) Miq.	●																								△	△	△	△	△	△	△	△	△	△	△	△	△	
狗尾草 S. viridis (L.) Beauv.	●											△	△	△	△	△	△	△	△	△	△	△	△	△	△	△	△	△	△	△	△	△	△	△	△	△	△	△
箭竹 Sinarundinaria nitida (Mitf.) Nakai	●																				△								△	△	△						△	
慈竹 Sinocalamus affinis (Rendle) McClure	●																			△								△		△	△	△				△	△	
大头典竹 S. beecheyanus (Munro) McClure var. pubescens P. F. Li	●																																		△			
光高粱 Sorghum nitidum (Vahl) Pers.		●																									△					△	△	△	△	△	△	
大油芒 Spodiopogon sibiricus Trin.	●											△	△	△	△	△	△	△	△	△	△	△	△		△	△	△						△					
猪鬃草 Stipa baicalensis Roshev.	●											△	△	△	△	△																						
黄背草 Themeda triandra Forsk. var. japonica (Willd.) Makino	●												△	△		△	△	△	△	△	△				△	△	△	△	△	△	△	△	△	△	△	△	△	
香根草 Vetiveria zizanioides (L.) Nash.						●																					△						△	△	△	△		
玉蜀黍 Zea mays L.				●								△	△	△	△	△	△	△	△	△	△	△	△	△	△	△	△	△	△	△	△	△	△	△	△	△	△	△
菰 Zizania caduciflora (Turcz.) Hand. -Mzt.	●								◎			△	△	△	△	△	△	△	△	△	△	△	△	△	△	△	△	△	△	△	△	△	△	△	△	△	△	△
莎草科 Cyperaceae																																						
羊胡子薹草 Carex callitrichos V. Krecz.	●													△																								
十字薹 Carex cruciata Vahl.				●																								△					△	△	△			

名称	用途											产地																										
	纤维	淀粉及糖	油脂	芳香油	树脂	鞣料	树胶	橡胶及硬橡胶	药用	土农药	其他	黑龙江	吉林	辽宁	内蒙古	河北	山西	山东	河南	陕西	甘肃	宁夏	青海	新疆	安徽	江苏	浙江	湖南	江西	湖北	四川	贵州	福建	台湾	广东	广西	云南	西藏
筛草 C. kobomugi Ohwi	●											△		△		△		△																				
凸脉薹草 C. lanceolata Boott	●											△	△	△		△	△	△	△	△	△				△	△	△	△	△	△	△	△	△		△	△	△	
麦薹草 C. maximowiczii Miq.	●													△				△																				
乌拉草 C. meyeriana Kunth	●											△	△																									
大穗薹草 C. rkynchophysa C. A. Mey.	●												△																									
云南莎草 Cyperus duclouxii E. -G. Camus	●																														△	△					△	
毛轴莎草 C. pilosus Vahl	●																										△		△		△	△	△	△	△	△	△	
白花毛轴莎草 C. pilosus Vahl var. obliquus (Nees) C. B. Clarke	●																										△				△	△	△		△		△	
香附子 C. rotundus L.						●			◎			△	△	△		△	△	△	△	△	△				△	△	△	△		△	△	△	△		△	△		
丛毛羊胡子草 Eriophorum comosum Nees	●																				△									△	△	△				△	△	
水虱草 Fimbristylis miliacea (Thunb.) Vahl	●																										△	△	△		△	△	△	△	△	△	△	
单穗飘拂草 F. subbispicata Nees et Mey.	●													△		△	△	△	△						△	△	△						△	△	△	△		
爪哇黑莎草 Gahnia javanica Moritzi	●																																			△		
黑莎草 G. tristis Nees	●			◎																								△					△		△	△		
具槽秆荸荠 Heleocharis vaueculosa Ohwi	●																	△								△	△				△						△	
多枝扁莎 Pycreus polystachyus (Rottb.) P. Beauv.	●																																△	△	△			
席草 Scirpus filipes C. B. Clarke	●																									△	△				△	△	△					
萤蔺 S. juncoides Roxb.	●											△	△	△		△	△	△	△	△		△	△	△	△	△	△	△	△	△	△	△	△	△	△	△	△	△
扁秆藨草 S. planiculmis Fr. Schm.	●											△	△	△	△	△	△	△	△		△		△			△	△										△	
东北藨草 S. radicans Schkuhr	●											△	△	△																								
水毛花 S. triangulatus Roxb.	●																	△							△	△	△	△			△		△		△	△	△	
藨草 S. triqueter L.	●											△	△	△		△	△	△	△						△	△	△			△	△		△					
水葱藨草 S. validus Vahl	●												△	△	△	△	△	△		△	△			△		△					△	△					△	
荆三棱 S. yagara Ohwi																																						
棕榈科 Palmae																																						
槟榔 Areca catechu L.									●																								△	△	△		△	
桄榔 Arenga pinnata (Wurmb.) Merr.		●																																	△	△	△	
黄藤 Calamus tetradactylus Hance	●																																		△	△		
椰子 Cocos nucifera L.				●																													△	△	△		△	

名称	用途 纤维	淀粉及糖	油脂	芳香油	树脂	鞣料	树胶	橡胶及硬橡胶	药用	土农药	其他	产地 黑龙江	吉林	辽宁	内蒙古	河北	山西	山东	河南	陕西	甘肃	宁夏	青海	新疆	安徽	江苏	浙江	湖南	江西	湖北	四川	贵州	福建	台湾	广东	广西	云南	西藏
棕榈 Trachycarpus wagnerianus Becc.	●															△	△	△										△		△	△	△				△	△	
天南星科 Araceae																																						
菖蒲 Acorus calamus L.	◎					●			◎	◎		△	△	△	△	△	△	△	△		△	△			△	△	△	△	△	△	△	△	△		△	△	△	
海芋 Alocasia odora (Roxb.) C. Koch.									●																								△	△	△	△		
魔芋 Amorphophallus konjac K. Koch.		●																		△	△	△				△	△	△	△	△	△		△	△		△		
糊斑杖 Arisaema ambiguum Engl.		●																								△	△	△		△					△	△		
天南星 A. consanguineum Schott									●							△	△		△	△							△	△	△	△	△	△	△	△		△	△	
蛇芋头 A. japonicum Bl.										●						△									△		△	△			△			△				
虎掌 A. thunbergii Bl.		●														△	△	△	△	△		△	△		△	△	△			△	△							
半夏 Pinellia ternata (Thunb.) Breit.									●					△		△	△	△	△	△					△	△	△	△	△	△	△	△	△		△	△	△	
独角莲 Typhonium giganteum Engl.									●				△	△		△	△	△	△	△	△	△				△				△	△	△						
谷精草科 Eriocaulaceae																																						
波氏谷精草 Eriocaulon buergerianum Koern.									●											△					△	△	△	△	△	△		△	△	△	△		△	
凤梨科 Bromeliaceae																																						
凤梨 Ananas comosus (L.) Merr.		●																															△	△	△	△	△	
鸭跖草科 Commelinaceae																																						
鸭跖草 Commelina communis L.				●								△	△	△		△	△	△	△	△				△	△	△	△	△	△	△	△	△	△	△	△	△	△	△
灯心草科 Juncaceae																																						
灯心草 Juncus effusus L. var. decipiens Buch.	●								◎			△	△	△				△	△	△						△	△	△	△	△	△	△	△		△	△	△	
水茅草 J. leschenaultii Jacq.	●																	△								△												
小鬼葱 J. setchuensis Buch. var. effusoides Buch.	●																									△	△	△			△							
百部科 Stemonaceae																																						
百部 Stemona japonica (Bl.) Miq.										●								△	△	△					△	△	△	△	△	△	△	△	△					
直立百部 S. sessilifolia Miq.									●									△	△						△	△	△		△				△					
对叶百部 S. tuberosa Lour.		●																										△		△	△	△	△	△	△	△	△	
百合科 Liliaceae																																						
葱 Allium fistulosum L.				●								△	△	△	△	△	△	△	△																			
小根蒜 A. macrostemon Bge.									●			△	△	△		△	△	△		△	△							△		△		△					△	
蒜 A. sativum L. var. pekinense (Prokh) Maekawa						●			◎	◎		△	△	△	△	△	△	△	△	△	△	△	△	△	△	△	△	△	△	△	△	△	△	△	△	△	△	

名称	用途											产地																										
	纤维	淀粉及糖	油脂	芳香油	树脂	鞣料	树胶	橡胶及硬橡胶	药用	土农药	其他	黑龙江	吉林	辽宁	内蒙古	河北	山西	山东	河南	陕西	甘肃	宁夏	青海	新疆	安徽	江苏	浙江	湖南	江西	湖北	四川	贵州	福建	台湾	广东	广西	云南	西藏
知母 Anemarrhena asphodeloides Bge.		◎							●			△	△	△	△	△	△	△	△	△	△																	
天门冬 Asparagus cochinchinensis (Lour.) Merr.		◎							●									△	△						△	△	△	△	△	△	△	△	△	△	△	△	△	
铃兰 Convallaria keiskei Miq.						◎			●			△	△	△		△	△	△	△	△																		
车前叶山慈姑 Erythronium japonicum Decne.		●												△																								
川贝母 Fritillaria cirrhosa D. Don									●												△	△	△								△							
甘肃贝母 F. przewalskii Maxim.									●												△										△							
浙贝母 F. thunbergii Miq.									●																△	△	△											
平贝母 F. ussuriensis Maxim.									●			△	△	△																								
黄花苗 Hemerocallis citrina Baroni.	●															△		△	△	△																		
萱草 H. fulva L.	●															△	△	△	△	△					△	△		△	△	△	△	△			△	△	△	
黄花菜 H. minor Mill.	◎			●																									△					△				
黄花萱草 H. thunbergii Baker									●				△	△	△	△		△	△			△	△		△	△	△	△		△	△	△					△	
土茯苓 Heterosmilax japonica Kunth		●																							△	△	△	△	△	△	△	△	△	△	△	△	△	
玉簪 Hosta plantaginea Aschers.						●						△	△	△	△	△	△	△	△	△	△		△	△	△	△	△	△	△	△	△	△	△	△	△	△	△	
风信子 Hyacinthus orientalis L.						●										△										△					△							
百合 Lilium brownii F. E. Brown var. colchesteri (Wail.) Wils.		●				◎			◎								△	△	△	△	△				△	△	△	△	△	△	△	△	△		△	△	△	
荞麦叶贝母 L. cathayanum Wils. var. yunnanense Leicht.		●																		△								△		△	△	△					△	
山丹 Lilium concolor Salisb.		●											△	△	△	△		△	△	△						△		△	△	△	△	△						
卷莲百合 L. dahuricum Ker.-Gawl.		●										△	△		△																							
轮叶百合 L. distichum Nakai		●										△		△																								
卷丹 L. lancifolium Thunb .		●														△		△	△	△	△						△	△	△	△	△	△					△	
麝香百合 L. longifloruin Thunb.						●						△	△	△	△	△	△	△	△	△	△	△	△	△	△	△	△	△	△	△	△	△	△	△	△	△	△	
鹿子百合 L. speciosum Thunb. var. gloriosoides Baker		●																							△		△		△				△	△				
细叶百合 L. tenuifolium Fisch.		●							◎			△	△	△	△	△	△	△																				
麦冬 Liriope graminifolia (L.) Baker									●							△		△	△						△	△	△	△	△	△	△	△	△		△	△	△	
沿阶草 Ophiopogon japonicus (Thunb.) Ker-Gawl.									●							△		△							△	△	△	△	△	△	△	△	△	△	△	△	△	
重楼 Paris polyphylla Sm.									●																		△		△		△	△			△	△	△	

名称	用途											产地																										
	纤维	淀粉及糖	油脂	芳香油	树脂	鞣料	树胶	橡胶及硬橡胶	药用	土农药	其他	黑龙江	吉林	辽宁	内蒙古	河北	山西	山东	河南	陕西	甘肃	宁夏	青海	新疆	安徽	江苏	浙江	湖南	江西	湖北	四川	贵州	福建	台湾	广东	广西	云南	西藏
小苞黄精 Polygonatum nakaianum Ishidoga		●											△																									
玉竹 P. odoratum (Mill.) Druce var. pluriflorum (Miq.) Ohwi		●							◎			△	△	△	△	△	△	△	△	△		△	△	△	△	△	△	△	△	△	△	△			△	△	△	
黄精 P. sibiricum Redoute		●							◎			△	△	△	△	△	△	△	△	△	△					△				△	△	△						
万年青 Rhodea japonica (Thunb.) Roth.									●																△	△	△	△	△	△	△	△	△	△	△			
绵枣儿 Scilla sinensis (Lour.) Merr.		●												△		△		△	△	△					△	△	△		△	△	△	△	△		△	△	△	
光菝葜 Smilax glabra Roxb.		●							◎																			△		△	△	△	△		△	△	△	
粉菝葜 S. glauco-china Warb.		●																	△	△					△	△	△	△	△	△	△	△	△					
菝葜 S. japonica (Kunth) A. Gray.		●			◎													△	△						△	△	△	△	△	△								
鞘叶菝葜 S. pekingensis DC.		●														△	△		△																			
延龄草 Trillium tschonoskii Maxim.									●			△	△	△	△				△	△	△									△	△						△	
老鸦瓣 Tulipa edulis (Miq.) Baker		●																	△						△	△	△	△	△									
藜芦 Veratrum nigrum L.									●	◎				△		△	△			△											△							
天目藜芦 V. schindleri Loes. f.									●																△	△	△		△									
石蒜科 Amaryllidaceae																																						
龙舌兰 Agave americana L.	●																													△	△	△	△	△	△	△	△	
剑麻 A. rigida Mill.	●																										△		△	△	△		△	△	△	△	△	
铁色箭 Lycoris aurea Herb.		●																							△	△	△	△	△	△	△	△	△	△	△	△	△	
石蒜 L. radiata Herb.		●							◎									△	△	△					△	△	△	△	△	△	△	△	△	△	△	△		
水仙 Narcissus tazetta L. var. chinensis Roem.						●																				△						△	△		△			
晚香玉 Polianthus tuberosa L.						●																				△	△				△				△			
薯蓣科 Dioscoreaceae																																						
参薯 Dioscorea alata L.		●																															△		△			
山药 D. batatas Decne.		◎							●							△	△	△	△	△						△	△	△	△	△	△	△	△		△	△	△	
小叶薯莨 D. benthamii Prain et Burk.		●																																△	△	△		
黄独 D. bulbifera L.		◎							●							△		△	△							△	△	△		△	△	△	△		△	△	△	
薯莨 D. cirrhosa Lour.		◎			●																						△	△	△	△	△	△	△		△	△	△	
白薯莨 D. hispida Dennst.		●																															△		△	△	△	
日本薯蓣 D. japonica Thunb.		●																	△						△	△	△	△	△	△	△	△	△		△	△	△	
穿龙薯蓣 D. nipponica Mak.		◎							●			△	△	△		△	△	△	△	△	△				△		△			△	△		△					

名称	用途											产地																										
	纤维	淀粉及糖	油脂	芳香油	树脂	鞣料	树胶	橡胶及硬橡胶	药用	土农药	其他	黑龙江	吉林	辽宁	内蒙古	河北	山西	山东	河南	陕西	甘肃	宁夏	青海	新疆	安徽	江苏	浙江	湖南	江西	湖北	四川	贵州	福建	台湾	广东	广西	云南	西藏
五叶薯 D. pentaphylla L.		●																															△		△			
鸢尾科 Iridaceae																																						
射干 Belamcanda chinensis (L.) Lemen	◎								●			△	△	△	△	△	△	△	△	△	△	△	△	△	△	△	△	△	△	△	△	△	△	△	△	△	△	
香雪兰 Freesia refracta Klatt.						●																											△	△	△			
花菖蒲 Iris kaempferi Sieb.	●			◎								△	△	△	△																							
马蔺 I. pallasii Fisch.	●	◎		◎								△	△	△		△	△	△	△	△	△	△	△	△	△	△	△											
芭蕉科 Musaceae																																						
芭蕉 Musa basjoo Sieb. et Zucc.	●																	△							△	△	△				△							
甘蕉 M. paradisiaca L. var. sapientum O. Ktze.	◎	●																													△		△	△	△	△	△	
蕉麻 M. textilis Nees	●																																	△	△	△	△	
蘘荷科 Zingiberaceae																																						
华良姜 Alpinia chinensis Rosc.	◎					●																						△		△	△	△	△		△	△	△	
大高良姜 A. galanga (L.) Willd.	◎					●																												△	△		△	
山姜 A. japonica Miq.	●																										△			△		△	△	△	△	△		
艳山姜 A. speciosa K. Schum.	●																														△			△	△		△	
草果 Amomum tsao-ko Crevest et Lemaire						◎			●																							△				△	△	
阳春砂 A. villosum Lour.									●																										△	△	△	
闭鞘姜 Costus speciosus (Koenig) Sm.									●																										△	△		
姜黄 Curcuma longa L.						●					◎																△				△	△	△	△	△		△	
白姜花 Hedychium coronarium Koen.						●																												△	△		△	
山奈 Kaempferia galanga L.						●																												△	△		△	
郁金 Ourcuma aromatica Salisb.									●																		△		△		△		△		△	△	△	
蘘荷 Zingiber mioga Rosc.	●																										△		△									
姜 Z. officinale Rosc.						●			◎							△	△	△	△	△	△				△	△	△	△	△	△	△	△	△		△	△	△	
野姜 Z. striolatum Diels.						●																						△			△		△				△	
球姜 Z. zerumbet (L.) Smith						●																											△	△	△			
美人蕉科 Cannaceae																																						
姜芋 Canna edulis Ker.	◎	●																							△		△						△		△		△	
美人蕉 C. indica L.	●											△	△	△	△	△	△	△	△	△	△				△	△	△	△	△	△	△	△	△	△	△	△	△	
兰科 Orchidaceae																																						

名称	用途											产地																										
	纤维	淀粉及糖	油脂	芳香油	树脂	鞣料	树胶	橡胶及硬橡胶	药用	土农药	其他	黑龙江	吉林	辽宁	内蒙古	河北	山西	山东	河南	陕西	甘肃	宁夏	青海	新疆	安徽	江苏	浙江	湖南	江西	湖北	四川	贵州	福建	台湾	广东	广西	云南	西藏
金线兰 Anectochilus formosanus Hay.									●																								△	△				
白及 Bletilla striata (Thunb.) Reichb. f.		●							◎									△	△	△	△				△	△	△	△	△	△	△	△	△	△	△	△	△	
兰花 Cymbidium virescens Lindl.						●																			△		△	△		△	△	△	△					
金钗石斛 Dendrobium nobile Lindl.									●																					△	△	△		△			△	
天麻 Gastrodia elata Bl.									●				△	△		△			△	△					△				△	△	△	△					△	
斑叶兰 Goodyera schlechtendaliana Reich. f.									●																	△	△		△	△	△	△	△		△			
手参 Gymnadenia conopsea R. Br.		◎							●			△	△	△	△	△	△			△		△									△							
石仙桃 Pholidota chinensis Lindl.									●																								△		△	△	△	

二、中文名索引

（以中文拼音字母为序）

H

Y

三、拉丁名索引

（以字母为序）

Q

U

原书拉丁名	原书中文名	页码	学名	中文名
Amorphophallus konjac K. Koch.	魔芋	**622**	Amorphophallus rivieri Durieu	魔芋
Ampelopsis brevipedunculata (Maxim.) Trautv.	蛇白蔹	**568**	Ampelopsis glandulosa (Wall.) Momiy. var. hancei (Planch.) Momiy.	光叶蛇葡萄
Ampelopsis brevipedunculata (Maxim.) Trautv. var. maximowiczii Rehd.	光叶蛇白蔹	**888**, 1200	Ampelopsis glandulosa (Wall.) Momiy. var. brevipedunculata (Maxim.) Momiy.	东北蛇葡萄
Anaphalis haucockii Hance	零陵香	**1476**	Anaphalis hancockii Maxim.	铃铃香青
Androsace saxifragifolia Bge.	喉咙草	**1854**	Androsace umbellata (Lour.) Merr.	点地梅
Anemone hupehensis Lemoine	打破碗花花	**1693**	Anemone hupehensis (Lem.) Lem.	打破碗花花
Aneurolepidium chinense (Trin.) Kitag.	羊草	329	Leymus chinensis (Trin. ex Bunge) Tzvelev	羊草
Angelica grosseserrata Maxim.	大齿当归	**1407**	Ostericum grosseserratum (Maxim.) Kitag.	大齿山芹
Apocynum hendersonii Hook. f.	白麻	**290**	Apocynum pictum Schrenk	白麻
Apocynum lancifolium Russan	红麻	**291**, 1871	Apocynum venetum L.	罗布麻
Arenga pinnata (Wurmb.) Merr.	桄榔	**621**	Arenga westerhoutii Griff.	桄榔
Arisaema ambiguum Engl.	糊斑杖	**623**	Arisaema heterophyllum Blume	天南星
Arisaema thunbergii Bl.	虎掌	**624**	Arisaema heterophyllum Blume	天南星
Aristolochia heterophylla Hemsl.	异叶马兜铃	**1652**	Aristolochia kaempferi Willd. f. heterophylla (Hemsl.) S. M. Huang	异叶马兜铃
Artabotrys uncinatus (Lam.) Merr.	鹰爪花	**1318**	Artabotrys hexapetalus (L. f.) Bhandari	鹰爪花
Artemisia apiacea Hance	青蒿	**1479**, 1939	Artemisia carvifolia Buch.-Ham. ex Roxb.	青蒿
Artemisia feddei Lévl. et Vant.	矮蒿	**1482**	Artemisia lancea Vaniot	矮蒿
Artemisia scoparia Waldst. et Kitaib.	黄蒿	**1487**	Artemisia scoparia Waldst. et Kitaib.	猪毛蒿
Asperula odorata L.	车轴草	**1469**	Galium odoratum (L.) Scop.	车轴草
Astilbe japonica Gray	泡盛落新妇	1737	Astilbe rivularis Buch.-Ham. ex D. Don	溪畔落新妇
Astilbe virescens Ham.	绿花落新妇	1737	Astilbe rivularis var. myriantha (Diels) J. T. Pan	多花落新妇
Atractylis chinensis (Bge.) DC.	苍术	609, **1490**, 1943	Atractylodes lancea (Thunb.) DC.	苍术
Atractylis japonica (Koidz.) Kitag.	关苍术	**609**	Atractylodes japonica Koidz. ex Kitam.	关苍术
Atractylis macrocephala (Koidz.) Hand. -Mzt.	白术	**1943**, 1491	Atractylodes macrocephala Koidz.	白术
Bauhinia faberi Oliv.	马鞍叶羊蹄甲	**136**	Bauhinia brachycarpa Wall. ex Benth.	鞍叶羊蹄甲
Bauhinia hupehana Craib	鄂羊蹄甲	**137**	Bauhinia glauca (Wall. ex Benth.) Benth. subsp. hupehana (Graib) T. C. Chen	鄂羊蹄甲
Bauhinia kwangtungensis Merr.	粤羊蹄甲	**1151**	Bauhinia japonica Maxim.	日本羊蹄甲
Berchemia racemosa Sieb. et Zucc.	勾儿茶	**188**, 1805	Berchemia floribunda Wall.	多花勾儿茶

附录四、分类和名称变化对照表*

原书拉丁名	原书中文名	页码	学名	中文名
Abelmoschus hainanensis S. Y. Hu	海南秋葵	**218**	Abelmoschus crinitus Wall.	长毛黄葵
Abies nephrolepis Maxim.	华北冷杉	**1022**, 1279	Abies nephrolepis (Trautv.) Maxim.	臭冷杉
Abutilon avicennae Gaertn.	苘麻	1808, **221**, 890	Abutilon theophrasti Medik.	苘麻
Acacia concinna DC.	金合欢	**1145**	Acacia sinuata (Lour.) Merr.	藤金合欢
Acanthopanax gracilistylus W. W. Sm.	五加	1405, **1820**	Eleutherococcus nodiflorus (Dunn) S. Y. Hu	细柱五加
Acanthopanax senticosus (Rupr. et Maxim.) Harms.	刺五加	**917**, 1821	Eleutherococcus senticosus (Rupr. et Maxim.) Maxim.	刺五加
Achillea sibirica Ledeb.	蓍	1475, **1938**	Achillea alpina L.	高山蓍
Achnatherum extremiorientale (Hara) Keng	远东芨芨草	**324**	Achnatherum pekinense (Hance) Ohwi	京芒草
Aconitum koreanum R. Raym.	黄花乌头	**1688**	Aconitum coreanum (H. Lév.) Rapaics	黄花乌头
Aconitum szechenyianum Gay.	雪上一枝篙	**1690**	Aconitum pendulum Busch	铁棒锤
Actinidia coriacea (Fin. et Gagnep.) Dunn	革叶猕猴桃	**579**, 1561	Actinidia rubricaulis Dunn var. coriacea (Finet et Gagnep.) C. F. Liang	革叶猕猴桃
Actinostemma lobatum (Maxim.) Maxim.	盒子草	**976**	Actinostemma tenerum Griff.	盒子草
Adenophora coronopifolia Fisch.	柳叶沙参	**605**	Adenophora gmelinii (Spreng.) Fisch. subsp. gmelinii (Spreng.) Fisch.	狭叶沙参
Adenophora triphylla (Thunb.) A. DC.	轮叶沙参	606, **1932**	Adenophora tetraphylla (Thunb.) Fisch.	轮叶沙参
Adina racemosa (Sieb. & Zucc.) Miq.	水冬瓜	**307**	Sinoadina racemosa (Sieb. et Zucc.) Ridsdale	鸡仔木
Agave rigida Mill.	剑麻	**406**	Agave sisalana Perrine ex Engelm.	剑麻
Agriophyllum arenarium M. B.	沙蓬	**506**	Agriophyllum squarrosum (L.) Moq.	沙蓬
Aleuries fordii Hemsl.	油桐	**825**	Vernicia fordii (Hemsl.) Airy Shaw	油桐
Aleurites montana (Lour.) Wils.	木油树	**827**, 1171	Vernicia montana Lour.	木油桐
Alisma plantago-aquatica L. var. oricntale Sam.	泽泻	**1968**	Alisma plantago-aquatica L.	泽泻
Allium sativum L. var. pekinense (Prokh) Maekawa	蒜	**1514**, 1982, 2059	Allium sativum L.	大蒜
Allospondias lakonensis (Pierre) Stapf	岭南酸枣	**847**	Spondias lakonensis Pierre	岭南酸枣
Alpinia chinensis Rosc.	华良姜	414, **1521**	Alpinia oblongifolia Hayata	华山姜
Alpinia speciosa K. Schum.	艳山姜	**416**	Alpinia zerumbet (Pers.) B. L. Burtt et R. M. Sm.	艳山姜

* 重印注：植物名称由王文采、李振宇、李敏审校。

原书拉丁名	原书中文名	页码	学名	中文名
Beta vulgaris L. var. rapa Dumort.	莙菜	**506**	Beta vulgaris L.	甜菜
Betula albo-sinensis Burk. var. septentrionalis Schneid.	牛皮桦	**1065**	Betula utilis D. Don	糙皮桦
Betula baeumkeri Winkl.	大翅桦	**1552**	Betula luminifera H. J. P. Winkl.	亮叶桦
Betula platyphylla Suk. var. japonica (Sieb.) Hara	白桦	**1067**, 2096	Betula platyphylla Suk.	白桦
Biota orientalis (L.) Endl.	侧柏	698, **1284**, 1640	Platycladus orientalis (L.) Franco	侧柏
Bischofia trifoliata (Roxb.) Hook. f.	重阳木	**828**	Bischofia javanica Blume	秋枫
Boehmeria grandifolia Wedd.	大叶苎麻	**98**	Boehmeria longispica Steud.	大叶苎麻
Boehmeria platanifolia French. et Sav	悬铃木叶苧麻	**101**	Boehmeria tricuspis (Hance) Makino	悬铃木叶苎麻
Boehmeria platyphylla D. Don	水苧麻	**102**	Boehmeria macrophylla Hornem.	水苎麻
Boehmeria platyphylla Don var. tomentosa Wall.	茸毛水苎麻	103	Boehmeria tomentosa Wedd.	密毛苎麻
Boehmeria tricuspis (Hance) Makino	赤麻	**103**	Boehmeria silvestrii (Pamp.) W. T. Wang	赤麻
Bridelia monoica (Lour.) Merr.	土蜜树	**1173**	Bridelia tomentosa Blume	土蜜树
Bruguiera conjugata (L.) Merr.	木榄	**1208**	Bruguiera gymnorrhiza (L.) Savigny	木榄
Buettneria aspera Colebr.	刺果藤	**243**	Byttneria grandifolia DC.	刺果藤
Caesalpinia crista L.	大托叶云实	**1153**	Caesalpinia bonduc Wight et Arn.	刺果苏木
Caesalpinia sepiaria Roxb.	云实	790, **1154**	图：Caesalpinia bonduc (L.) Roxb.	刺果云实
			文字描述：Caesalpinia decapetala (Roth) Alston	云实
Cajanus flavus DC.	木豆	**552**	Cajanus cajan (L.) Millsp.	木豆
Capsicum frutescens L.	辣椒	**958**	Capsicum annuum L.	辣椒
Castanopsis concolor Rehd. et Wils.	元江栲树	**457**	Castanopsis orthacantha Franch.	元江锥
Castanopsis cuspidata (Thunb.) Schottky	米槠	**458**, 1072	Castanopsis carlesii (Hemsl.) Hayata	米槠
Castanopsis hickelli A. Camus	红锥	**1075**	Castanopsis fabri Hance	罗浮锥
Celtis yunnanensis Schneid.	云南朴	**54**	Celtis tetrandra Roxb.	四蕊朴
Cephalotaxus heterophylla Cheng et L. K. Fu	粗榧	**689**, 1022	Cephalotaxus sinensis (Rehd. et E. H. Wils.) H. L. Li	粗榧
Chaenomeles lagenaria (Lois.) Koidz.	贴梗海棠	**1743**	Chaenomeles speciosa (Sweet) Nakai	贴梗海棠
Chamaenerion angustifolium (L.) Scop.	柳兰	284, **1225**	Epilobium angustifolium L.	柳兰
Chloranthus glaber (Thunb.) Makino.	接骨金粟兰	**1292**, 1646	Sarcandra glabra (Thunb.) Nakai	草珊瑚
Chrysanthemum boreale Makino	北野菊	**1494**	Chrysanthemum lavandulifolium (Fisch. ex Trautv.) Makino	甘菊
Cinnamomum argenteum Gamble	川桂皮	**1319**	Cinnamomum mairei H. Lév.	银叶桂
Cinnamomum chingii Metcalf	细叶香桂	**1325**	Cinnamomum subavenium Miq.	香桂

原书拉丁名	原书中文名	页码	学名	中文名
Cinnamomum hupehanum Gamble	猴樟	**738**, 1328	Cinnamomum bodinieri H. Lév.	猴樟
Cinnamomum inunctum (Nees) Meissn.	油樟	**1328**	Cinnamomum longepaniculatum (Gamble) N. Chao ex H. W. Li	油樟
Cinnamomum ovatum Allen	卵叶樟	**739**	Cinnamomum rigidissimum H. T. Chang	卵叶桂
Cirsium segetum Bge.	刺蓟	**1950**	Cirsium setosum (Willd.) Bieb.	刺儿菜
Citrullus vulgaris Schrad.	西瓜	**317**	Citrullus lanatus (Thunb.) Matsum. et Nakai	西瓜
Citrus aurantium L. var. amara Engl.	代代花	**1364**	Citrus x aurantium L. ‘Daidai’	代代花
Citrus grandis (L.) Osbeck	柚	802, **1365**	Citrus maxima (Burm.) Merr.	柚
Clematis manshurica Rupr.	辣铁线莲	**1104**	Clematis terniflora DC. var. mandshurica (Rupr.) Ohwi	辣蓼铁线莲
Clematis montana Buch. -Ham.	四季牡丹	**1696**	Clematis montana Buch.-Ham. ex DC.	绣球藤
Clematoclethra faberi Franch.	峨眉铁线山柳	**1203**	Clematoclethra scandens (Franch.) Maxim. subsp. actinidioides (Maxim.) Y. C. Tang et Q. Y. Xiang	猕猴桃藤山柳
Clinelymus dahuricus (Turcz.) Nevski	披碱草	**340**	Elymus dahuricus Turcz. ex Griseb.	披碱草
Cocculus sarmentosus (Lour.) Diels	毛木防己	**124**	Cocculus orbiculatus (L.) DC.	木防己
Cocculus trilobus (Thunb.) DC.	木防己	**125**, 516, 1715	Cocculus orbiculatus (L.) DC.	木防己
Convallaria keiskei Miq.	铃兰	1515, **1985**	Convallaria majalis L.	铃兰
Corchoropsis psilocarpa Harms. et Loes.	光果田麻	**192**	Corchoropsis crenata var. hupehensis Pamp.	光果田麻
Corchoropsis tomentosa Makino	毛果田麻	**193**	Corchoropsis crenata Sieb. et Zucc.	田麻
Corchorus acutargulus Lam.	假黄麻	**194**	Corchorus aestuans L.	甜麻
Coriaria sinica Maxim.	马桑	**561**, 847, 1179, 2041	Coriaria nepalensis Wall.	马桑
Cornus fordii Hemsl.	广东灯台树	**921**	Cornus wilsoniana Wanger.	光皮梾木
Corydalis ambigua Cham. et Schltd. var. amurensis Maxim.	东北延胡索	**1726**	Corydalis fumariifolia Maxim.	堇叶延胡索
Corydalis bulbosa DC.	山延胡索	**1727**	Corydalis yanhusuo W. T. Wang ex Z. Y. Su et C. Y. Wu	延胡索
Corylus sutchuenensis (Franch.) Nakai	川榛	**451**	Corylus heterophylla Fisch. ex Trautv. var. sutchuenensis Franch.	川榛
Corylus tibetica Batal.	刺榛	**452**, 711	Corylus ferox Wall.	刺榛
Cratoxylon ligustrinum (Spach.) Bl.	黄牛木	**1561**	Cratoxylum cochinchinense (Lour.) Blume	黄牛木
Cudrania cochinchinensis (Lour.) Kudo et Masam.	构棘	**73**	Maclura cochinchinensis (Lour.) Corner	构棘
Cudrania tricuspidata (Carr.) Bur.	柘	**74**, 496	Maclura tricuspidata Carrière	柘
Cyathula capitata Moq.	川牛膝	**1675**	Cyathula officinalis Kuan	川牛膝
Cyclobalanopsis nubium (Hand.-Mzt.) Chun	红椆	**471**	Cyclobalanopsis sessilifolia (Blume) Schottky	云山青冈

原书拉丁名	原书中文名	页码	学名	中文名
Cymbidium virescens Lindl.	兰花	**1528**	Cymbidium goeringii (Rchb. f.) Rchb. f.	春兰
Daphne odora Thunb. var. atrocaulis Rehd.	瑞香	**268**, 1392	Daphne kiusiana var. atrocaulis (Rehder) F. Maek.	毛瑞香
Daphniphyllum glaucescens Bl.	虎皮楠	**830**	Daphniphyllum oldhami (Hemsl.) Rosenthal	虎皮楠
Debregeasia edulis (Sieb. et Zucc.) Wedd.	水麻	**104**	Debregeasia orientalis C. J. Chen	水麻
Decaisnea fargesii Franch.	猫儿屎	734, **1581**	Decaisnea insignis (Griff.) Hook. f. et Thomson	猫儿屎
Delavaya yunnanensis-Franch.	茶条木	**870**	Delavaya toxocarpa Franch.	茶条木
Dendrobenthamia japonica (A. DC.) Fang var. chinensis (Osborn) Fang	四照花	**594**	Cornus kousa F. Buerger ex Hance subsp. chinensis (Osborn) Q. Y. Xiang	四照花
Desmodium esquirolii Lévl.	圆锥山马蝗	**148**	Desmodium elegans DC.	圆锥山蚂蝗
Desmos cochinchinensis Lour.	酒饼叶	**129**	Desmos chinensis Lour.	假鹰爪
Deyeuxia langsdorffii (Link) Kunth.	大叶章	**342**	Deyeuxia purpurea (Trin.) Kunth	大叶章
Dioscorea batatas Decne.	山药	648, **1999**	Dioscorea polystachya Turcz.	薯蓣
Diospyros glaucifolia Metc.	浙江柿	**1239**, 2099	Diospyros japonica Sieb. et Zucc.	山柿
Dolichos lablab L.	扁豆	**1766**	Lablab purpureus (L.) Sweet	扁豆
Dracontomelon dao (Blanco) Merr. et Rolfe	人面子	**848**	Dracontomelon duperreanum Pierre	人面子
Drynaria fortunei J. Sm.	槲蕨	447, **1635**	Drynaria roosii Nakaike	槲蕨
Dysosma chengii (Chien) Keng f.	八角莲	**1710**	Dysosma pleiantha (Hance) Woods.	六角莲
Echinochloa colonum (L.) Link.	芒稷	**616**	Echinochloa colona (L.) Link	光头稗
Echinopanax elatus Nakai	东北刺人参	**1823**	Oplopanax elatus (Nakai) Nakai	刺参
Elaeocarpus lanceaefolia Roxb.	剑叶杜英	**889**	Elaeocarpus decipiens Hemsl.	杜英
Elsholtzia cypriani (Pamp.) C. Y. Wu et H. Chow	野香薷	**1442**	Elsholtzia cypriani (Pamp.) S. Chow ex Hsu	野草香
Elsholtzia longidentata Sun, ined.	紫香薷	**1444**	Elsholtzia argyi H. Lev.	紫花香薷
Elsholtzia patrini (Lepech.) Garcke	香薷	954, **1446**	Elsholtzia ciliata (Thunb.) Hyland.	香薷
Elsholtzia yunnanensis C. Y. Wu， ined.	四方蒿	**1449**	Elsholtzia blanda (Benth.) Benth.	四方蒿
Engelhardtia chrysolepis Hance	黄杞	**42**, 1056	Engelhardtia roxburghiana Wall.	黄杞
Equisetum hiemale L.	木贼	**1630**	Equisetum hyemale L.	木贼
Erigeron canadensis L.	小蓬草	**1498**	Conyza canadensis (L.) Cronq.	小蓬草
Eriolaena malvacea (Lévl.) Hand. -Mzt.	火绳树	**246**	Eriolaena spectabilis (DC.) Planch. ex Mast.	火绳树
Eriosema chinensis Vog.	毛瓣花	**553**	Eriosema chinense Vogel	鸡头薯
Eucalyptus maculata Hook. var. citriodora (Hook. f.) Bail.	柠檬桉	**1398**	Eucalyptus citriodora Hook.	柠檬桉

原书拉丁名	原书中文名	页码	学名	中文名
Eupatorium chinense L.	兰草	**1953**	Eupatorium chinense L.	华泽兰
Eupatorium odoratum L.	飞芨草	**1499**	Eupatorium odoratum L.	飞机草
Eupatorium stoechadosmum Hance.	佩兰	**1500**	Eupatorium fortunei Turcz.	佩兰
Euphoria longan (Lour.) Steud.	龙眼	**563**	Dimocarpus longan Lour.	龙眼
Eurya huana Kobuski f. glaberrima Chang	光枝胡氏柃	**1203**	Eurya muricata Dunn	格药柃
Evodia meliaefolia Benth.	楝叶吴茱萸	**805**	Evodia glabrifolia (Champ. ex Benth.) Huang	楝叶吴萸
Evonymus bungeana Maxim.	丝棉木	**859**, 1589	Euonymus maackii Rupr.	白杜
Evonymus grandiflora Wall.	大花卫矛	860, **1589**	Euonymus grandiflorus Wall.	大花卫矛
Evonymus laxiflora Champ.	疏花卫矛	**1590**	Euonymus laxiflorus Champ. et Benth.	疏花卫矛
Evonymus macroptera Rupr.	翅卫矛	**861**	Euonymus macropterus Rupr.	黄心卫矛
Evonymus myriantha Hemsl.	大果卫矛	**1591**	Euonymus myrianthus Hemsl.	大果卫矛
Evonymus oxyphylla Miq.	垂丝卫矛	183, **862**	Euonymus oxyphyllus Miq.	垂丝卫矛
Ficus beecheyana Hook. et Arn.	天仙果	**75**	Ficus erecta Thunb. var. beecheyana (Hook. et Arn.) King	天仙果
Ficus chlorocarpa Benth.	青果榕	**76**	Ficus variegata Bl. var. chlorocarpa (Benth.) King	青果榕
Ficus cunia Ham.	山枇杷果	**77**	Ficus semicordata Buch.-Ham. ex Sm.	鸡嗉子榕
Ficus foveolata Wall.	珍珠莲	**79**	Ficus sarmentosa Buch.-Ham. ex J. E. Sm. var. henryi (Oliv.) Corner	珍珠莲
Ficus gibbosa Bl.	斜叶榕	**80**	Ficus tinctoria G. Forst. subsp. gibbosa (Blume) Corner	斜叶榕
Ficus hainanensis Merr. et Chun.	海南榕	**81**	Ficus oligodon Miq.	苹果榕
Ficus harmandii Gagnep.	尖尾榕	**82**	Ficus langkokensis Drake	青藤公
Ficus lacor Ham.	黄葛树	**85**	Ficus virens Ait. var. sublanceolata (Miq.) corner	黄葛树
Ficus martini Lévl. et Vant.	爬藤榕	**86**	Ficus sarmentosa Buch.-Ham. ex Sm. var. impressa (Champ. ex Benth.) Corner	爬藤榕
Ficus obscura Bl.	枇杷果	**87**	Ficus cyrtophylla (Wall. ex Miq.) Miq.	歪叶榕
Ficus retusa L.	榕	**89**, 1647	Ficus microcarpa L. f.	榕树
Fontanesia fortunei Carr.	雪柳	**288**	Fontanesia phillyreoides Labill. subsp. fortunei (Carr.) Yalt.	雪柳
Fraxinus rhynchophylla Hance.	大叶梣	**944**	Fraxinus chinensis Roxb. subsp. rhynchophylla (Hance) E. Murray	花曲柳
Gaultheria forrestii Diels	地檀香	**1417**	Gaultheria fragrantissima Wall.	芳香白珠
Gaultheria yunnanensis (Franch.) Rehd	滇白珠	**1418**	Gaultheria leucocarpa Blume var. yunnanensis (Franch.) T. Z. Hsu et R. C. Fang	滇白珠
Geranium eriostemon Fisch.	毛雄蕊牻牛儿苗	**1163**	Geranium platyanthum Duthie	毛蕊老鹳草

原书拉丁名	原书中文名	页码	学名	中文名
Girardinia cuspidata Wedd.	蝎子草	**106**	Girardinia suborbiculata C. J. Chen	蝎子草
Girardinia palmata (Forsk.) Gaud.	大蝎子草	**107**, 720	Girardinia diversifolia (Link) Friis	大蝎子草
Gleditsia officinalis L.	猪牙皂荚	**1767**	Gleditsia sinensis Lam.	皂荚
Glochidion dasyphyllum K. Koch	厚叶算盘子	**1174**	Glochidion hirsutum (Roxb.) Voigt	厚叶算盘子
Glochidion forttunei Hance.	馒头果	**833**	Glochidion puberum (L.) Hutch.	算盘子
Glochidion hongkongense Muell. -Arg.	香港算盘子	**1175**	Glochidion zeylanicum (Gaertn.) A. Juss.	香港算盘子
Gnaphalium multiceps Wall.	鼠麴草	**1955**, 1501	Gnaphalium affine D. Don	鼠麴草
Gonocaryum maclurei Merr.	琼榄	**865**	Gonocaryum lobbianum (Miers) Kurz	琼榄
Gossampinus malabarica (DC.) Merr.	木棉	**241**, 893, 1809	Bombax ceiba L.	木棉
Grewia lantsangensis Hu	澜沧扁担杆	**201**	Grewia eriocarpa Juss.	毛果扁担杆
Gueldenstaedtia multiflora Bge.	米口袋	554, **1770**	Gueldenstaedtia verna (Georgi) Boriss. subsp. multiflora (Bunge) Tsui	米口袋
Gynura segetum (Lour.) Merr.	土三七	1956	Gynura japonica (Thunb.) Juel	菊三七
Hedera nepalensis K. Koch var. sinensis (Tobl.) Rehd.	中华常春藤	**1226**	Hedera nepalensis K. Koch var. sinensis (Tobl.) Rehd.	常春藤
Hemsleya elongata Kuang,. ined.	大五月五	**603**	Neoalsomitra integrifoliola (Cogn.) Hutch.	棒锤瓜
Hibiscus venustus Bl.	美丽芙蓉	**232**, 892	Hibiscus indicus (Burm. f.) Hochr.	美丽芙蓉
Hierochloë odorata (L.) Beauv.	茅香	**1510**	Anthoxanthum nitens (Weber) Y. Schout. et Veldk.	茅香
Hocquartia mandshuriensis (Kom.) Nakai	木通马兜铃	**1656**	Aristolochia manshuriensis Kom.	木通马兜铃
Holarrhena antidysenterica Wall.	止泻木	**1866**	Holarrhena pubescens Wall. ex G. Don	止泻木
Hydrangea macrophylla DC. var. hortensia (Maxim.) Rehd.	八仙花	**1739**	Hydrangea macrophylla (Thunb.) Ser.	绣球
Ilex triflora Bl. var. viridis (Champ.) Lces.	细叶冬青	**1559**	Ilex triflora Bl.	三花冬青
Illicium anisatum L.	莽草	**1301**	Illicium lanceolatum A. C. Sm.	红毒茴
Inula britannica L. var. chinensis (Rupr.) Regel	旋复花	**1957**	Inula japonica Thunb.	旋覆花
Ipomoea digitata L.	七爪龙	**600**	Ipomoea mauritiana Jacq.	七爪龙
Ipomoea hungaiensis Lingel. et Borza	山红苕	**601**	Merremia hungaiensis (Lingelsh. et Borza) R. C. Fang	山土瓜
Iris kaempferi Sieb.	花菖蒲	**408**, 999	Iris ensata Thunb.	玉蝉花
Iris pallasii Fisch.	马蔺	**409**, 652, 999	Iris pallasii Fisch. var. chinensis Fisch.	马蔺
Ixonanthes chinensis Champ.	粘木	**1166**	Ixonanthes reticulata Jack	粘木
Jasminum officinale L. var. grandiflorum (L.) Kobuski	素馨花	**1428**	Jasminum grandiflorum L.	素馨花
Jeffersonia dubia (Maxim.) Benth. et Hook. f.	鲜黄莲	**1712**	Plagiorhegma dubium Maxim.	鲜黄莲

原书拉丁名	原书中文名	页码	学名	中文名
Juncus effusus L. var. decipiens Buch.	灯心草	**400**, 1980	Juncus effusus L.	灯心草
Juncus leschenaultii Jacq.	水茅草	**401**	Juncus prismatocarpus R. Br.	笄石菖
Juniperus davurica Pall.	兴安桧	**1288**	Juniperus sabina L. var. davurica (Pall.) Farjon	兴安圆柏
Jurinea muliensis Hand. -Mzt.	木里久苓草	**1958**	Dolomiaea souliei (Franch.) C. Shih var. mirabilis (J. Anthony) C. Shih	灰毛川木香
Jurinea souliei Franch.	川木香	**1602**	Dolomiaea souliei (Franch.) C. Shih	川木香
Kalopanax pictus (Thunb.) Nakai	刺楸	919, **1227**, 1823	Kalopanax septemlobus (Thunb.) Koidz.	刺楸
Krascheninnikowia rhaphanorhiza (Hemsl.) Kryl.	孩儿参	**1681**	Pseudostellaria heterophylla (Miq.) Pax	孩儿参
Lannea grandis (Dennst.) Engl.	厚皮树	**1182**	Lannea coromandelica (Houtt.) Merr.	厚皮树
Laportea macrostachya (Maxim.) Ohwi	艾麻	**109**	Laportea cuspidata (Wedd.) Friis	艾麻
Laportea terminalis Wight	顶花艾麻	**110**, 720	Laportea bulbifera (Sieb. et Zucc.) Wedd.	珠芽艾麻
Lappula echinata Gilib. var. heteracantha O. Ktze.	东北鹤虱	951, **1877**	Lappula heteracantha (Ledeb.) Gürke	异刺鹤虱
Larix koreana Nakai	黄花落叶松	**1024**	Larix olgensis A. Henry	黄花落叶松
Larix leptolepis (Sieb. et Zucc.) Gord.	日本落叶松	**1543**	Larix kaempferi (Lamb.) Carr.	日本落叶松
Larix principis-rupprechtii Mayr	华北落叶松	**1026**	Larix gmelinii (Rupr.) Kuzen. var. principis-rupprechtii (Mayr) Pilg.	华北落叶松
Lavandula officinalis Chaix	薰衣草	**1450**	Lavandula angustifolia Mill.	薰衣草
Ledum palustre L. var. angustum N. Busch.	细叶杜香	**1419**	Ledum palustre L.	杜香
Ligusticum wallichii Franch.	川芎	**1842**	Ligusticum sinense Oliv. 'Chuanxiong'	川芎
Ligustrum acutissimum Koehne	蜡子树	**945**	Ligustrum leucanthum (S. Moore) P. S. Green	蜡子树
Lilium brownii F. E. Brown var. colchesteri (Wall.) Wils.	百合	**629**, 1517, 1990	Lilium brownii F. E. Br. ex Miellez var. viridulum Baker	百合
Lilium cathayanum Wils. var. yunnanense Leicht.	荞麦叶贝母	**630**	Cardiocrinum giganteum (Wall.) Makino var. yunnanense (Leicht. ex Elwes) Stearn	云南大百合
Lilium lancifolium Thunb .	卷丹	**633**	Lilium tigrinum Ker Gawl.	卷丹
Lilium tenuifolium Fisch.	细叶百合	**634**, 1990	Lilium pumilum Redouté	山丹
Lindera cercidifolium Hemsl.	红叶甘橿	**742**	Lindera obtusiloba Blume	三桠乌药
Lindera communis Hemsl. var. tomentosa Cheng	毛香叶树	**744**	Lindera communis Hemsl.	香叶树
Lindera fruticosa Hemsl.	绿叶甘橿	**745**	Lindera neesiana (Wall. ex Nees) Kurz	绿叶甘檀
Lindera playfairii (Hemsl.) Alien	白叶子	**749**	Lindera aggregata (Sims) Kosterm. var. playfairii (Hemsl.) H. P. Tsui	小叶乌药
Lindera strychnifolia (Sieb. et Zucc.) F. Vill.	乌药	750,**1336**,1725,2028	Lindera aggregata (Sims) Kosterm.	乌药
Lingnania cerosissima (McClure) McClure	单竹	**349**	Bambusa cerosissima McClure	箪竹

原书拉丁名	原书中文名	页码	学名	中文名
Lingnania chungii (McClure) McClure	粉单竹	**350**	Bambusa chungii McClure	粉箪竹
Linociera ramiflora (Roxb.) Wall.	枝花李榄	**1240**	Chionanthus ramiflorus Roxb.	枝花流苏树
Lithocarpus cornea (Lour.) Rehd.	石柯	**473**	Lithocarpus corneus (Lour.) Rehd.	烟斗柯
Lithocarpus podocarpa Chun	柄果石柯	**478**	Lithocarpus longipedicellatus (Hickel et A. Camus) A. Camus	柄果柯
Lithocarpus polystachya (Wall.) Rehd.	多穗石柯	**479**	Lithocarpus litseifolius (Hance) Chun	木姜叶柯
Lithocarpus synbalanos (Hance) Chun	绿叶石柯	**480**	Lithocarpus hancei (Benth.) Rehd.	硬壳柯
Lithocarpus vestita A. Camus	毛茸石柯	**481**	Lithocarpus bacgiangensis (Hickel et A. Camus) A. Camus	茸果柯
Lithocarpus viridis (Schottky) Rehd. et. Wils.	绿叶石栎	**1084**	Lithocarpus hancei (Benth.) Rehd.	硬壳柯
Litsea faberi Hemsl.	川木姜子	**753**	Litsea elongata (Nees) Benth. et Hook. f. var. faberi (Hemsl.) Yen C. Yang et P. H. Huang	石木姜子
Litsea mollifolia Chun	毛叶木姜子	755, **1341**	Litsea mollis Hemsl.	毛叶木姜子
Lonicera koehneana Rehd.	陕西金银花	**602**	Lonicera chrysantha Turcz. ex Ledeb. subsp. koehneana (Rehder) P. S. Hsu et H. J. Wang	须蕊忍冬
Loranthus parasiticus (L.) Merr.	桑寄生	**1649**	Scurrula parasitica L.	红花寄生
Lourea vespertilionis (L.) Desv.	蝴蝶叶	**1772**	Christia vespertilionis (L. f.) Bakh. f.	蝙蝠草
Lycium halimifolium Mill.	宁夏枸杞	**1900**	Lycium barbarum L.	宁夏枸杞
Lycopodium complanatum L.	地刷子	**2095**	Diphasiastrum complanatum (L.) Holub	扁枝石松
Macaranga tanarius Muell. -Arg.	血桐	**173**	Macaranga tanarius (L.) Müll. Arg. var. tomentosa (Blume) Müll.Arg.	血桐
Machilus yunnanensis H. Lec. var. duclouxii H. Lec.	云南楠	**1344**	Machilus yunnanensis Lecomte	滇润楠
Macrotomia euchroma (Royle) Pauls.	新疆紫草	**1879**	Arnebia euchroma (Royle) I. M. Johnst.	软紫草
Madhuca subquincuncialis H. J. Lam	紫荆木	**926**	Madhuca pasquieri (Dubard) H. J. Lam	紫荆木
Magnolia parviflora Sieb. et Zucc.	天女木兰	**1309**	Magnolia sieboldii K. Koch	天女木兰
Majorana hortensis Moench	甘牛至	**1451**	Origanum majorana L.	甘牛至
Mallotus cochinchinensis Lour.	白楸	**175**	Mallotus paniculatus (Lam.) Müll. Arg.	白楸
Matricaria chamomilla L.	母菊	**1503**	Matricaria recutita L.	母菊
Melaleuca leucadendra L.	白千层	**1404**	Melaleuca cajuputi Powell subsp. cumingiana (Turcz.) Barlow	白千层
Melilotus suaveolens Ledeb.	草木樨	**155**, 554, 1360	Melilotus officinalis (L.) Pall.	黄香草木犀
Meliosma buchananifolia Merr.	山様叶泡花树	**878**	Meliosma thorelii Lecomte	山様叶泡花树
Memorialis hirta (Bl.) Wedd.	糯米团	**112**	Gonostegia hirta (Blume ex Hassk.) Miq.	糯米团
Mentha arvensis L.	薄荷	**1452**, 1890	Mentha canadensis L.	薄荷
Michelia bodinieri Finet et Gagnep.	黄心夜合	**1312**	Michelia martinii (H. Lév.) Lév.	黄心夜合

原书拉丁名	原书中文名	页码	学名	中文名
Micromeria biflora Benth.	姜味草	**1455**	Micromeria biflora (Buch.-Ham. ex D. Don) Benth.	姜味草
Moliniopsis hui (Pilger) Keng	拟麦氏草	**355**	Molinia japonica Hack.	拟麦氏草
Musa paradisiaca L. var. sapientum (L.) O. Ktze.	甘蕉	412, **653**	Musa × paradisiaca L.	大蕉
Neocinnamomum parvifolium (H. Lec.) Liou	细叶香樟	**1346**	Neocinnamomum delavayi (Lecomte) H. Liou	新樟
Neolitsea chekiangensis Nakai	浙新木姜	**760**	Neolitsea aurata (Hayata) Koidz. var. chekiangensis (Nakai) Yen C. Yang et P. H. Huang	浙江新木姜子
Nephelium lappaceum L. var. topengii (Merr.) How et Ho.	海南韶子	874, **1196**	Nephelium topengii (Merr.) H. S. Lo	海南韶子
Nerium indicum Mill.	夹竹桃	**293**, 948, 1867	Nerium oleander L.	夹竹桃
Nitraria sibirlca Pall.	白刺	**560**	Nitraria tangutorum Bobrov	白刺
Nothopanax davidi Harms	大卫梁王茶	**1406**	Metapanax davidii (Franch.) J. Wen ex Frodin	异叶梁王茶
Oenanthe decumbens (Thunb.) K. -Pol.	水芹	**1843**	Oenanthe javanica (Blume) DC.	水芹
Oenothera odorata Jacq.	香待霄草	284, **916**, 1405	Oenothera biennis (L.) Scop.	月见草
Orcocnide fruticosa (Gaud.) Hand. -Mzt.	紫麻	**113**	Oreocnide frutescens (Thunb.) Miq.	紫麻
Orthodon grosseserratus (Maxim.) Kudo	荠苧	**1459**	Mosla grosseserrata Maxim.	荠苎
Orthodon lanceolatus (Benth.) Kudo	疏花荠苧	**1460**	Mosla scabra (Thunb.) C. Y. Wu et H. W. Li	石荠苎
Orthodon punctulatus (J. F. Gmelin) Ohwi.	石荠苧	**1461**	Mosla scabra (Thunb.) C. Y. Wu et H. W. Li	石荠苎
Osyris wightiana Wall.	沙针	**1297**	Osyris quadripartita Salzm. ex Decne.	沙针
Paeonia veitchii Lynch	赤芍	**511**	Paeonia anomala L. subsp. veitchii (Lynch) D. Y. Hong et K. Y. Pan	川赤芍
Panax major (Burkill) Ting	大叶三七	**1826**	Panax japonicum C. A. Mey. var. major (Burkill) C. Y. Wu et K. M. Feng	珠子参
Panax pseudo-ginseng Wall.	三七	**1827**	Panax notoginseng (Burk.) F. H. Chen ex C. Chow et W. G. Huang	三七
Pandanus odoratissimus L. f.	露兜树	**323**, 1505	Pandanus tectorius Sol.	露兜树
Parabarium chunianum Tsiang	红杜仲藤	**1596**	Urceola quintaretii (Pierre) D. J. Middleton	华南杜仲藤
Parabarium huaitingii Chun et Tsiang	毛杜仲藤	**1597**	Urceola huaitingii (Chun et Tsiang) D. J. Middleton	毛杜仲藤
Parabarium micranthum (Wall.) Pierre	杜仲藤	**1599**, 1867	Urceola micrantha (Wall. ex G. Don) D. J. Middleton	杜仲藤
Parabarium spireanum Pierre	中赛格多	**1600**	Urceola micrantha (Wall. ex G. Don) D. J. Middleton	杜仲藤
Parabarium tournieri Pierre	大赛格多	**1601**	Urceola tournieri (Pierre) D. J. Middleton	云南水壶藤
Parameria barbata (Bl.) K. Schum.	赫当杜	**1602**	Parameria laevigata (Juss.) Moldenke	长节珠
Perilla frutescens (L.) Britt. var.crispa Decne.	紫苏	955	Perilla frutescens (L.) Britton	紫苏
Peucedanum decursivum (Miq.) Maxim.	紫花前胡	**1414**	Angelica decursiva (Miq.) Franch. et Sav.	柴花前胡

原书拉丁名	原书中文名	页码	学名	中文名
Pharbitis nil (L.) Choisy	牵牛	**950**, 1876	Ipomoea nil (L.) Roth	牵牛
Photinia amphidoxa Rehd. et Wils.	华中石楠	**527**	Stranvaesia amphidoxa C. K. Schneid.	毛萼红果树
Photinia serrulata Lindl.	石楠	**776**, 1746	Photinia serratifolia (Desf.) Kalkman	石楠
Phragmites communis (L.) Trin.	芦苇	**359**, 619, 1971	Phragmites australis (Cav.) Trin. ex Steud.	芦苇
Phryma leptostachya L.	透骨草	**1915**	Phryma leptostachya L. subsp. asiatica (Hara) Kitamura	透骨草
Phyllostachys bambusoides Sieb. et Zucc.	刚竹	**361**	Phyllostachys reticulata (Rupr.) K. Koch	桂竹
Phyllostachys pubescens H. de Lehaie	毛竹	**362**	Phyllostachys edulis (Carrière) J. Houz.	毛竹
Physalis francheti Mast. var. bungardii Mak.	酸浆	**1901**	Physalis alkekengi L.	酸浆
Picea complanata Mast.	米条云杉	**1028**	Picea brachytyla (Franch.) E. Pritz. var. complanata (Mast.) Cheng ex Rehd.	油麦吊云杉
Picea sikangensis Cheng	西康云杉	**1032**	Picea likiangensis (Franch.) E. Pritz. var. rubescens Rehd. et Wils.	川西云杉
Pinus wangii Hu et Cheng var. kwangtungensis (Chun) Cheng et Law.	广东松	**1550**	Pinus kwangtungensis Chun et Tsiang	华南五针松
Plectranthus excisus Maxim.	尾叶香菜	957	Isodon excisus (Maxim.) Kudo	尾叶香茶菜
Pirola rotundifolia L.	鹿蹄草	**1849**	Pyrola rotundifolia L.	圆叶鹿蹄草
Plectranthus glaucocalyx Maxim.	回菜花	**956**, 1242	Isodon japonicus (Burm. f.) H. Hara var. glaucocalyx (Maxim.) H. W. Li	蓝萼香茶菜
Podocarpus nagi Pilger	竹柏	**686**	Nageia nagi (Thunb.) Kuntze	竹柏
Podophyllum versipelle Hance	六角莲	**1715**	Dysosma versipellis (Hance) M. Cheng ex Ying	八角莲
Polanisia icosandra (L.) Wight et Arn.	黄花菜	**772**	Cleome viscosa L.	臭矢菜
Polygonatum officinale All.	玉竹	1993	Polygonatum odoratum (Mill.) Druce	玉竹
Polygonum aviculare L. var. vegetum Ledeb.	萹蓄	**1657**	Polygonum aviculare L.	萹蓄
Polygonum cuspidatmn Sieb. et Zucc.	虎杖	**1094**	Reynoutria japonica Houtt.	虎杖
Polygonum multiflorum Thunb.	何首乌	503, **1660**	Fallopia multiflora (Thunb.) Haraldson	何首乌
Prunus amygdalus Batsch.	扁桃	**1351**	Amygdalus communis L.	扁桃
Prunus armeniaca L.	杏	**778**, 1352, 1747	Armeniaca vulgaris Lam.	杏
Prunus armeniaca L. var. ansu Maxim.	山杏	**780**	Armeniaca vulgaris Lam. var. ansu (Maxim.) T. T. Yu et L. T. Lu	野杏
Prunus davidiana Franch.	山桃	**529**, 780	Amygdalus davidiana (Carrière) de Vos ex Henry	山桃
Prunus humilis Bge.	欧李	**530**	Cerasus humilis (Bunge) Sokoloff	欧李
Prunus japonica Thunb.	郁李	**1748**	Cerasus japonica (Thunb.) Loisel.	郁李
Prunus mandshurica Koehne	东北杏	**531**	Armeniaca mandshurica (Maxim.) Skvortsov	东北杏

原书拉丁名	原书中文名	页码	学名	中文名
Prunus mume Sieb. et Zucc.	梅	**1750**	Armeniaca mume Siebold	梅
Prunus nakaii Lévl.	长梗郁李	**781**	Cerasus japonica (Thunb.) Loisel. var. nakaii (H. Lév.) T. T. Yu et C. L. Li	长梗郁李
Prunus padus L. var. pubescens Regel	稠李	532, **782**	Padus avium Mill. var. pubescens (Regel et Tiling) T. C. Ku et B. M. Barthol.	毛叶稠李
Prunus persica (L.) Batsch.	桃	**783**, 1554, 1751	Amygdalus persica L.	桃
Prunus phaeosticata (Hance) Maxim.	腺叶野樱	**784**	Laurocerasus phaeosticta (Hance) C. K. Schneid.	腺叶桂樱
Prunus sibirica L.	西伯利亚杏	**785**, 1122	Armeniaca sibirica (L.) Lam.	山杏
Prunus tomentosa Thunb.	毛樱桃	**533**, 786, 1751	Cerasus tomentosa (Thunb.) Wall.	毛樱桃
Psammochloa mongolica Hitchc.	沙鞭	**364**	Psammochloa villosa (Trin.) Bor	沙鞭
Pseudosassafras tzumu (Hemsl.) H. Lec.	檫树	1107, **1348**	Sassafras tzumu (Hemsl.) Hemsl.	檫木
Pteridium excelsum (Bl.) Ching	毛蕨	**444**	Cyclosorus interruptus (Willd.) H. Ito	毛蕨
Pterocarya delavayi Franch.	云南枫杨	**45**	Pterocarya macroptera Batalin var. delavayi (Franch.) W. E. Manning	云南枫杨
Pueraria pseudo-hirsuta Tang et Wang	葛藤	**163**, 557, 797, 1773	Pueraria montana (Lour.) Merr. var. lobata (Willd.) Maesen et S. M. Almeida ex Sanjappa et Predeep	葛
Pueraria thomsonii Benth.	甘葛藤	**164**, 558	Pueraria montana (Lour.) Merr. var. thomsonii (Benth.) Wiersema ex D. B. Ward	粉葛
Pueraria tonkinensis Gagn.	南葛藤	**558**	Pueraria montana (Lour.) Merr.	葛麻姆
Pycnostelma paniculata (Bge.) Schum.	徐长卿	**1874**	Cynanchum paniculatum (Bunge) Kitag.	徐长卿
Pyrularia edulis (Wall.) A. DC.	冠梨	**722**	Pyrularia edulis (Wall.) A. DC.	檀梨
Quercus glandulifera Bl.	枹树	**487**, 1088	Quercus serrata Thunb.	枹栎
Quercus liaotungensis Koidz.	辽东栎	**489**, 1088	Quercus wutaishanica Mayr	辽东栎
Quercus liouii Cheng	江南槲栎	**489**	Quercus aliena Blume	槲栎
Rapanea neriifolia (Sieb. et Zucc.) Mez var. yunnanensis (Mez) Walker	云南密花树	**1237**	Myrsine seguinii H. Lév.	密花树
Reevesia megaphylla Hu, nom. Seminude.	大叶梭罗树	**255**	Reevesia pubescens Mast.	梭罗树
Reevesia sinica Wils.	梭罗树	**256**	Reevesia pubescens Mast.	梭罗树
Rhapontica uniflora (L.) DC.	祁州漏芦	**1960**	Stemmacantha uniflora (L.) Dittrich	漏芦
Rheum fanzenbachii Münt.	波叶大黄	**1098**	Rheum undulatum L.	波叶大黄
Rheum palmatum L. var. tanguticum Maxim.	掌叶大黄	**1664**	Rheum tanguticum (Maxim. ex Regel) Maxim ex Balfour.	鸡爪大黄
Rhododendron parvifolium Adams	小叶杜鹃	**1425**	Rhododendron lapponicum (L.) Wahlenb.	高山杜鹃
Rhus delavayi Franch.	山漆树	**851**	Toxicodendron delavayi (Franch.) F. A. Barkley	小漆树

原书拉丁名	原书中文名	页码	学名	中文名
Rhus succedanea L.	木蜡树	**852**, 1187, 1556	Toxicodendron succedaneum (L.) Kuntze	野漆
Rhus sylvestris Sieb. et Zucc.	野漆树	**853**	Toxicodendron sylvestre (Siebold et Zucc.) Kuntze	木蜡树
Rhus verniciflua Stokes	漆树	854, **1557**	Toxicodendron vernicifluum (Stokes) F. A. Barkley	漆
Rorippa montana (Wall.) Small	蔊菜	**769**	Rorippa indica (L.) Hiern	蔊菜
Rosa acicularis Lindl. var. taquetii Nakai.	小刺大叶蔷薇	**1123**	Rosa acicularis Lindl.	刺蔷薇
Rosa cathayensis (Rehd. et Wils.) Bailey	粉团蔷薇	**1125**	Rosa multiflora Thunb. var. cathayensis Rehd. et E. H. Wils.	粉团蔷薇
Rubus hui Metcalf	胡氏悬钩子	**547**	Rubus reflexus Ker Gawl. var. hui (Diels ex Hu) F. P. Metcalf	浅裂锈毛莓
Salix glandulosa Seem.	水杨柳	**40**	Salix chaenomeloides Kimura	腺柳
Salix livida Wahlenb.	谷柳	**1045**	Salix taraikensis Kimura	谷柳
Salix phylicifolia L.	山柳	**1049**	Salix taishanensis C. Wang et C. F. Fang var. hebeinica C. F. Fang	河北柳
			Salix sinica (Hao ex C. F. Fang et Skv.) G. Zhu	中国黄花柳
			Salix sinica var. dentata (Hao ex C. F. Fang et Skv.) G. Zhu	齿叶黄花柳
Salix purpurea L.	红皮柳	42, **1050**	Salix sinopurpurea C. Wang et C. Y. Yang	红皮柳
Salix xerophila Floder.	崖柳	**1053**	Salix floderusii Nakai	崖柳
Salvia muhiorrhiza Bge.	丹参	**1893**	Salvia miltiorrhiza Bunge	丹参
Sambucus buergeriana Bl.	毛接骨木	**966**	Sambucus sibirica Nakai	西伯利亚接骨木
Sambucus latipinna Nakai	宽叶接骨木	**968**	Sambucus williamsii Hance	接骨木
Sambucus manshurica Kitag.	东北接骨木	**969**	Sambucus williamsii Hance	接骨木
Sambucus racemosa L.	欧接骨木	**1923**	Sambucus williamsii Hance	接骨木
Sanguisorba glandulosa Kom.	腺地榆	**1139**	Sanguisorba officinalis L. var. glandulosa (Kom.) Vorosch.	腺地榆
Sanguisorba parviflora (Maxim.) Takeda	小白花地榆	**1141**	Sanguisorba tenuifolia Fisch. ex Link var. alba Trautv. et C. A. Mey.	小白花地榆
Sanguisorba sitchensis C. A. Mey.	大白花地榆	**1142**	Sanguisorba stipulata Raf.	大白花地榆
Santaloides microphyllum (Hook. et Arn.) Schellenb.	红叶藤	**134**	Rourea microphylla (Hook. et Arn.) Planch.	小叶红叶藤
Sapindus mukorossi Gaertn.	无患子	**876**, 2044, 2090	Sapindus saponaria L.	无患子
Saussurea lappa Clarke	广木香	1504, **1961**	Saussurea costus (Falc.) Lipsch.	云木香
Schocpfia chinensis Gardn. et Champ.	青皮木	**723**	Schoepfia chinensis Gardn. et Champ.	华南青皮木
Scilla sinensis (Lour.) Merr.	绵枣儿	**638**	Barnardia japonica (Thunb.) Schult. et Schult. f.	绵枣儿
Securinega suffruticosa (Pall.) Rehd.	叶底珠	**177**	Flueggea suffruticosa (Pall.) Baill.	一叶萩
Sedum aizoon L.	土三七	**1107**, 1736	Phedimus aizoon (L.) 't Hart	费菜

原书拉丁名	原书中文名	页码	学名	中文名
Sedum dumulosum Franch.	香景天	**1109**	Rhodiola dumulosa (Franch.) S. H. Fu	小丛红景天
Sesamum orientale L.	脂麻	305, **962**	Sesamum indicum L.	胡麻
Setaria excurrens (Trin) Miq.	皱叶狗尾草	**369**	Setaria plicata (Lam.) T. Cooke	皱叶狗尾草
Sinarundinaria nitida (Mitf.) Nakai	箭竹	**371**	Fargesia nitida (Mitford ex Stapf) Keng f. ex T. P. Yi	华西箭竹
Sinocalamus affinis (Rendle) McClure	慈竹	**372**	Bambusa emeiensis L. C. Chia et H. L. Fung	慈竹
Sinocalamus beecheyanus (Munro) McClure var. pubescens P. F. Li	大头典竹	**373**	Bambusa beecheyana Munro var. pubescens (P. F. Li) W. C. Lin	大头典竹
Smilax japonica (Kunth) A. Gray.	菝葜	**641**, 1245	Smilax china L.	菝葜
Smilax pekingensis DC.	鞘叶菝葜	**642**	Smilax stans Maxim.	鞘柄菝葜
Solanum dulcamara L. var. chinense Dun.	苦茄	**1902**	Solanum lyratum Thunb.	白英
Solanum xanthocarpum Schrad. et Wendl.	黄果茄	**1903**	Solanum virginianum L.	黄果茄
Sophora subprostrata Chun et T. Chen	柔枝槐	**1777**	Sophora tonkinensis Gagnep.	越南槐
Stephania disciflora Hand. -Mzt.	盘花地不容	**1717**	Stephania cephalantha Hayata	金线吊乌龟
Sterculia nobilis Smith	苹婆	**259**	Sterculia monosperma Vent.	苹婆
Sterculia yunnanensis Hu	滇苹婆	**261**	Sterculia pexa Pierre	家麻树
Stewartia gemmata Chien et Cheng.	天目紫茎	**905**	Stewartia sinensis Spongberg	紫茎
Strychnos gaulthierana Pierre ex Lesser.	云南马钱	**1860**	Strychnos wallichiana Steud. ex A. DC.	长籽马钱
Styrax mollis Dunn	毛安息香	**933**	Styrax confusus Hemsl.	赛山梅
Styrax philadelphoides Perk.	赛山梅	**934**	Styrax confusus Hemsl.	赛山梅
Styrax veitchiorum Hemsl. et Wils.	乳白野茉莉	**936**	Styrax odoratissimus Champ. ex Benth.	芬芳安息香
Suaeda hetcroptera Kitag.	盐蒿	**727**	Suaeda salsa (L.) Pall.	盐地碱蓬
Swertia chinensis (Bge.) Franch.	当药	**1864**	Swertia diluta (Turcz.) Benth. et Hook. f.	北方獐牙菜
Symplocos caudata Wall.	山矾	**938**	Symplocos sumuntia Buch.-Ham. ex D. Don	山矾
Symplocos microtricha Hated. -Mzt.	细毛山矾	**939**	Symplocos wikstroemiifolia Hayata	微毛山矾
Syndiclis oleifera Chun et Lee. ined.	蒜头果	**764**	Malania oleifera Chun et S. K. Lee ex S. K. Lee	蒜头果
Syringa amurensis Rupr.	跑马子	**1241**, 1431	Syringa reticulata (Blume) H. Hara subsp. amurensis (Rupr.) P. S. Green et M. C. Chang	暴马丁香
Syzygium latilimbum (Merr.) Merr. et Perry	阔叶蒲桃	**1221**	Syzygium megacarpum (Craib) Rathakr. et N. C. Nair	阔叶蒲桃
Talinum crassifolium Willd.	土人参	**1678**	Talinum paniculatum (Jacq.) Gaertn.	土人参
Taxus chinensis (Pilg.) Rehd.	红豆杉	**684**	Taxus wallichiana Zucc. var. chinensis (Pilg.) Florin	红豆杉
Teonongia tonkinensis Stapf.	米扬噎	**1580**	Streblus tonkinensis (Dubard et Eberh.) Corner	米扬噎

原书拉丁名	原书中文名	页码	学名	中文名
Terminalia franchetii Gagnep.	天兰氏榄仁	**1217**	Terminalia franchetii Gagnep.	滇榄仁
Terminalia franchetii Gagnep. var. glabra Exell.	无毛滇榄仁树	**283**	Terminalia franchetii Gagnep.	滇榄仁
Terminalia hainanensis Exell	海南榄仁	**1218**	Terminalia nigrovenulosa Pierre ex Lanessen	海南榄仁
Tetracera scandens (L.) Merr.	锡叶藤	**262**	Tetracera sarmentosa Vahl.	锡叶藤
Themeda triandra Forsk. var. japonica (Willd.) Makino	黄背草	**377**	Themeda triandra Forssk.	黄背草
Tilia breviradiata Hu et Cheng	庐山椴	**205**	Tilia chingiana Hu et W. C. Cheng	短毛椴
Tilia chinensis Maxim.	华椴	**205**	Tilia tuan Szyszyl. var. chinensis (Szyszyl.) Rehder et E. H. Wilson	毛芽椴
Tilia dictyoneura Engler	红皮椴	**206**	Tilia paucicostata Maxim. var. dictyoneura (V. Engl. ex C. K. Schneid.) H. T. Chang et E. W. Miao	红皮椴
Tilia yurnnanensis Hu	滇椴	**214**	Tilia chinensis Schneid.	华椴
Toona sureni (B1.) Merr.	红楝子	**1168**	Toona ciliata M. Roem.	红椿
Torreya grandis Fort.	榧	**685**, 1279	Torreya grandis Fort. ex Lindl.	香榧
Torilis anthriscus (L.) Gmel.	破子草	**1847**	Torilis japonica (Houtt.) DC.	小窃衣
Trachelospermum wenchowense Tsiang	温州络石	**296**	Trachelospermum bodinieri (H. Lév.) Woodson	贵州络石
Trachycarpus wagnerianus Becc.	棕榈	**399**	Trachycarpus fortunei (Hook.) H. Wendl.	棕榈
Trapa maximowiczii Korsh.	细果野菱	**591**, 1225	Trapa incisa Sieb. et Zucc.	细果野菱
Trema dielsiana Hand.-Mzt.	山油麻	**59**	Trema cannabina Lour. var. dielsiana (Hand.-Mazz.) C. J. Chen	山油麻
Triumfetta bartramia L.	刺蒴麻	**215**	Triumfetta rhomboidea Jacq.	刺蒴麻
Triumfetta tomentosa Bojer.	毛刺蒴麻	**217**	Triumfetta cana Blume	毛刺蒴麻
Tsuga yunnanensis Mast.	云南铁杉	**1038**, 1283	Tsuga dumosa (D. Don) Eichler	云南铁杉
Ulmus propinqua Koidz.	春榆	**65**	Ulmus davidiana Planch. var. japonica (Rehd.) Nakai	春榆
Urena lobata L. var. sinuate (L.) Gagnep.	梵天花	**240**	Urena procumbens L.	梵天花
Urtica cyanenscens Kom.	乌苏里荨麻	**117**	Urtica laetevirens Maxim. subsp. cyanescens (Kom.) C. J. Chen	乌苏里荨麻
Urtica macrorrhiza Hand. -Mazt.	巨根荨麻	**119**, 721	Urtica thunbergiana Sieb. et Zucc.	咬人荨麻
Vaccaria pyramidata Medic.	麦蓝菜	507, **1684**	Vaccaria hispanica (Mill.) Rausch.	麦蓝菜
Valeriana coreana Briq.	东北缬草	**1472**	Valeriana officinalis L.	缬草
Valeriana stubendorfi Kreyer et Kom.	毛节缬草	**1926**	Valeriana officinalis L.	缬草
Viburnum calvum Rehd.	小黑果	**971**	Viburnum atrocyaneum C. B. Clarke	蓝黑果荚蒾
Viburnum cordifolium Wall.	心叶荚蒾	**314**	Viburnum nervosum D. Don	显脉荚蒾

原书拉丁名	原书中文名	页码	学名	中文名
Viburnum ichangense Rehd.	宜昌荚蒾	315, **974**	Viburnum erosum Thunb.	宜昌荚蒾
Viburnum sargentii Koehne.	天目琼花	**975**	Viburnum opulus L. var. sargentii (Koehne) Takeda	鸡树条
Viola yedoensis Mak.	辽堇菜	**1812**	Viola philippica Sasaki	紫花地丁
Vitex cannabifolia Sieb. et Zucc.	牡荆	**951**, 1436	Vitex negundo L. var. cannabifolia (Sieb. et Zucc.) Hand.-Mazz.	牡荆
Vitex chincnsis Mill.	荆条	**952**	Vitex negundo L. var. heterophylla (Franch.) Rehd.	荆条
Vitis thunbergii Sieb. et Zucc.	蘡薁	190, **575**	Vitis bryoniifolia Bunge	蘡薁
Waltheria americana L.	和他草	**261**	Waltheria indica L.	蛇婆子
Wattakaka sinensis Hemsl.	中华假夜来香	**303**	Dregea sinensis Hemsl.	苦绳
Wattakaka volubilis (L. f.) Stapf.	假夜来香	**304**	Dregea volubilis (L. f.) Benth. ex Hook. f.	南山藤
Wikstroemia brevipaniculata Rehd.	小黄构	**273**	Wikstroemia micrantha Hemsl.	小黄构
Wikstroemia canescens Meisn	荛花	**273**	Wikstroemia pilosa Cheng var. kulingensis (Domke) S. C. Huang	绢毛荛花
Wikstroemia sikokiana Franch. et Savat.	雁皮	**280**	Wikstroemia chamaedaphne Meissn.	河朔荛花
Xylosma racemosum (S. et Z.) Miq.	柞木	**911**	Xylosma congestum (Lour.) Merr.	柞木
Zanthoxylum acanthopodium DC. var. villosum Huang	毛刺花椒	**1377**	Zanthoxylum acanthopodium DC. var. timbor Hook. f.	毛刺花椒
Zanthoxylum cuspidatum Champ.	花椒簕	**809**	Zanthoxylum scandens Blume	花椒簕
Zanthoxylum dimorphophyllum Hemsl. var. spinifolium Rehd. et Wils.	刺异叶花椒	**1380**	Zanthoxylum ovalifolium Wight var. spinifolium (Rehd. et E. H. Wils.) C. C. Huang	刺异叶花椒
Zanthoxylum planispinum Sieb. et Zucc.	竹叶椒	812, **1383**	Zanthoxylum armatum DC.	竹叶花椒
Zizania caduciflora (Turcz.) Hand. -Mzt.	菰	**379**, 1971	Zizania latifolia (Griseb.) Turcz. ex Stapf	菰
Zizyphus sativa Gaertn.	枣	**566**, 1806	Ziziphus jujuba Mill.	枣
Zizyphus sativa Gaertn. var. spinosa (Bge.) Schneid.	酸枣	567, **1806**, 2078	Ziziphus jujuba Mill. var. spinosa (Bunge) Hu ex H. F. Chow	酸枣